비선형계획법

이론과 알고리즘

비선형계획법
이론과 알고리즘

초판 인쇄 2023년 1월 5일
초판 발행 2023년 1월 10일

지은이 목타르 S. 바자라, 하니프 D. 셰랄리, C. M. 셰티
옮긴이 김영창 | 펴낸이 이찬규 | 펴낸곳 북코리아
등록번호 제03-01240호 | 전화 02-704-7840 | 팩스 02-704-7848
이메일 ibookorea@naver.com | 홈페이지 www.북코리아.kr
주소 | 13209 경기도 성남시 중원구 사기막골로 45번길 14
우림2차 A동 1007호
ISBN | 978-89-6324-819-6 (93410)

값 45,000원

비선형계획법

이론과 알고리즘

Third Edition

목타르 S. 바자라, 하니프 D. 셰랄리, C. M. 셰티 지음

김영창 옮김

북코리아

역자 서문

이 책은 경영과학, 산업공학, 응용수학, 해석적 최적화 기법을 다루는 공학분야 등에서 비선형계획법 주제에 관한 훌륭한 참고도서이다. 역자는 최적화이론에 관심을 갖고 이 책의 제1판이 발간된 후 비선형최적화이론을 배워가며 전력시스템운용에 사용되는 최적전력조류계산 문제를 배웠고 대학원에서 선형계획법 강의를 하면서 제3판의 번역에 관심을 가졌다.

비선형계획법은 전력의 생산과 배분에 연관된 다양한 문제와 실시간 전력시스템운용 문제의 최적해, 즉 개별 발전기의 출력을 결정하는 목적에 성공적으로 사용되었다. 이들 문제에는 최적전력조류계산, 발전기의 기동정지스케줄 작성, 전력시스템확장계획 등의 연구가 포함된다. 1962년, 까르펑티에는 카루시-쿤-터커 조건에 의거해 변수의 상한과 하한이 존재하는 최적조류계산문제의 최적성 조건을 발표했다. 경제급전문제라 하는 이 문제는 일반적으로 실시간에서 5분마다 운전 중인 발전기 출력을 적절히 조정하기 위한 최적해를 구하는 것으로 최적화이론을 연구하는 수학자의 노력에 힘입어 커다란 진전을 이루었다.

이 책에서 설명하는 볼록해석(convex analysis) 및 최적화이론은 수학의 측도(measure) 이론에 관한 깊은 지식을 요구하지 않으므로 도전해 보기 좋은 주제라고 역자는 생각한다.

영문 용어를 우리말로 옮길 때, '대한수학회'의 용어를 되도록 많이 참조했으며 국내에서 발간된 관련 분야 서적의 용어도 참조했고, 문장의 표현 방법에 대해 권오헌 교수의 "미분 가능하지 않은 함수의 최적화"를 많이 참조했다. 정확한 의미를 전달하는 용어를 발견하기 어려운 경우 영문 발음을 그대로 우리말로 나타냈다. 원문의 인명 및 고유명사는 한글로 표기했으며, 한글로 표기한 영문 인명에 대해 인명 색인을 작성해 저자가 수록한 영문 참고문헌을 찾아가기 쉽게 했다. 정관사 "the"와 부정관사 "a"를 구분하거나, 아니면 "a"를 꼭 나타내야 할 때는 "하나의"로 표기했고 "one, single"의 경우는 "1개의"로 번역했다. 열경도(subgradient)는 도함수와 달리, 유일하지 않으므로 "하나의"라는 수식어를 되도록 붙여 사용했다.

이 책은 원저자의 수학기호 사용과 달리, 되도록 전치(transpose)를 최소한으로 사용해 문장의 줄간격을 줄였다. 따라서 내적(inner product) $\mathbf{x}^t\mathbf{y}$는 $\langle \mathbf{x}, \mathbf{y} \rangle$를 사용하기보다 $\mathbf{x} \cdot \mathbf{y}$로 나타냈다.

책의 편집과정에서 오타 없는 교정을 강조하신 이찬규 사장님과 김지윤 씨의 꼼꼼한 교정으로 인해 안심하고 읽을 수 있는 최적화이론 교과서가 되었다고 생각하며 노고에 대해 대단히 고맙게 생각한다. 아무쪼록 이 번역서가 비선형최적화의 이론과 알고리즘에 관심이 있는 독자에게 도움이 되기를 바란다.

2022년 8월
김영창

서문

비선형계획법은 등식 제약조건과 부등식 제약조건의 존재 아래 목적함수를 최적화하는 문제를 다룬다. 만약 모든 함수가 선형이라면 명백히 **선형계획법 문제**이다. 그렇지 않다면 **비선형계획법 문제**라 한다. 선형계획법 문제의 해를 구하기 위한 대단히 효율적이고 강건한 알고리즘과 소프트웨어 개발, 고속 전자계산기 출현, 그리고 수학적 모델링과 해석의 강점과 수익성을 중심으로 의사결정자와 업무담당자를 대상으로 한 교육은 선형계획법이 다양한 분야에서 문제의 최적해를 구하기 위한 주요도구가 되도록 했다. 그러나 목적함수가 갖는 비선형성의 본질 그리고/또는 어떤 제약조건이 갖는 비선형성으로 인해 현실세계의 다양한 문제를 선형계획법 문제로 적절하게 표현하거나 근사화할 수 없을 수도 있다. 이러한 비선형계획법 문제의 최적해를 효율적으로 구하려는 노력이 과거 40여 년 사이 급속한 진보를 이루었다. 이 책은 논리적이고 자체 내에 모든 설명을 포함하는 형태로 과거의 개발내용도 함께 제시한다.

이 책은 최적성 조건, 쌍대성, 계산방법(알고리즘)을 다루는 3개 주요 부분으로 구성되어 있다. 볼록해석은 볼록집합과 볼록함수를 포함하며 최적화이론 연구의 핵심 역할을 한다. 최적화이론 연구의 궁극적 목표는 주어진 문제의 최적해를 구하기 위한 효율적 계산구조를 개발하는 것이다. 최적성 조건과 쌍대성은 종료판단기준을 개발하기 위해서뿐만 아니라 알고리즘 자체의 개발동기를 부여하고 설계를 위해서도 사용할 수 있다.

이 책을 준비함에 있어, 책 자체로 내용을 충분하게 포함하고, 교재로 그리고 참고문헌으로도 모두 적합하게 사용할 수 있도록 특별한 노력을 기울였다. 각각의 장에서, 독자가 토의되는 개념과 방법을 이해하는 데 도움을 주기 위해 상세한 예제와 도식 예를 제시했다.

또한, 각 장은 많은 연습문제를 포함한다. 이들은 (1) 교재에서 토의하는 자료를 보강하기 위해 간단한 수치를 사용하는 문제, (2) 이 교재에서 개발한 것과 관계되는 새로운 자료를 소개하는 문제, (3) 고급과정 독자를 위한 이론의 연습문제 등을 포함한다. 각 장 끝에 내용의 확장, 참고문헌, 교재에서 설명한 내용과 관계되는 추가 자료를 제시한다. '주해'에서 언급한 자료는 독자가 더 깊은 내용을 연구하도록 함에 도움이 될 것이다. 이 책은 광범위한 참고문헌 자료를 포함한다.

제1장은 다양한 공학분야에서 일어나는 문제로 비선형계획법 문제라고 볼 수 있는 여러 예를 제시한다. 이산제어 및 연속제어의 양자를 포함하는 최적제어문제를 생산관리, 재고관리, 고속도로설계의 예를 사용해 토의하고 예시한다. 2-바 트러스와 2-베어링 저널의 설계에 관한 예제를 제시한다. 이차식계획법 문제의 최적해를 얻는 관점에서 전기회로의 정상상태 조건을 토의한다. 수자원관리문제에 나타나는 대규모 비선형계획법 모델을 개발하고, 확률계획법과 위치선정이론에서 일어나는 비선형계획법 문제를 토의한다. 마지막으로 이 책은, 비선형계획법 문제의 최적해를 구하기 위해 궁극적으로 사용될 알고리즘의 수행에 좋은 영향을 끼치는가의 관점에서, 비선형계획법 문제를 모델링하고 정식화하는 것에 관한 토의를 제공한다.

나머지의 장은 3개 부분으로 나뉘어 있다. 제2장, 제3장으로 구성한 제1부는 볼록집합과 볼록함수를 다룬다. 볼록집합의 위상수학적 특질, 볼록집합의 분리와 받침, 다면체집합, 다면체집합의 극점과 극한방향, 선형계획법을 제2장에서 토의한다. 열미분가능성과 볼록집합 전체에 걸친 최솟값, 최댓값 등을 포함해 볼록함수의 특질을 제3장에서 토의한다. 볼록함수에 적합한 비선형계획법 문제의 알고리즘은 유사볼록함수와 준볼록함수를 포함하는 더 넓은 부류의 문제에 사용할 수도 있으므로, 볼록함수의 일반화와 이들 사이의 상호관계도 포함한다. 부록은 일반화된 볼록성의 특질을 점검하기 위한 추가적 테스트 방법을 제공하고, 볼록 포락선의 개념을 토의하고, 연습문제를 제공해 전역최적화 기법에서 볼록 포락선의 사용방법을 소개한다.

제4장에서 제6장까지를 포함하는 제2부는 최적성 조건과 쌍대성을 다룬다. 제4장에서, 부등식과 등식의 제약이 있는 문제를 위해 고전적 프리츠 존의 최적성 조건과 카루시-쿤-터커의 최적성 조건을 개발한다. 몇 가지 주의를 필요로 하는 예제와 함께 1-계 최적성 조건과 2-계 최적성 조건을 유도하고 더 높은 계의 조건을 토의한다. 프리츠 존 점과 카루시-쿤-터커 점의 값, 성격, 의미의 해석을 설명하고 강조한다. 제5장에서 1-계와 2-계 제약자격에 관한 몇 개 기본적 자료를 제시한다. 제안된 다양한 제약자격 사이의 상호관계를 토의하고, 많은 예제를 사용해 통찰력을 제공한다. 제6장은 라그랑지 쌍대성과 안장점 최적성 조건을 다룬다. 쌍대성 정리와 쌍대함수의 특질을 토의하고 쌍대문제의 최적해를 구하기 위해, 미

분가능한 방법과 미분불가능한 방법을 토의한다. 또한, 쌍대성간격 부재를 위한 필요충분조건을 유도하고 적절한 섭동함수에 의해 필요충분조건을 해석한다. 또한, 선형계획법 문제와 이차식계획법 문제에 있어, 쌍대문제의 특수 형태와 라그랑지 쌍대성 사이의 관계를 토의한다. 비선형계획법 문제에는 라그랑지 쌍대성 이외에도, 공액쌍대성, 최소-최대 쌍대성, 대리쌍대성, 라그랑지 쌍대성과 대리쌍대성의 합성, 대칭쌍대성과 같은 여러 쌍대성 정식화가 존재한다. 이들 가운데 이론과 알고리즘 개발 분야에서 라그랑지 쌍대성이 가장 유망한 것으로 보인다. 더욱이 이러한 대안적 쌍대성의 정식화를 사용해 얻을 수 있는 결과는 긴밀하게 연결되어 있다. 이러한 관점에서, 그리고 간략화를 위해 이 책은 라그랑지 쌍대성을 토의하고 나머지 쌍대성의 정식화는 연습문제에서만 다룬다.

제7장에서 제11장까지의 장으로 구성한 제3부는 제약 없는 비선형계획법 문제와 제약 있는 비선형계획법 문제의 최적해를 구하기 위한 알고리즘을 제시한다. 제7장은 알고리즘을 점-집합 사상으로 보아 수렴정리만을 다룬다. 이와 같은 정리는 다양한 알고리즘의 수렴을 확립하기 위해 이 책의 나머지 부분에서 많이 사용한다. 마찬가지로, 수렴률의 주제를 토의하고, 알고리즘을 평가하기 위해 사용하는 판단기준에 관한 간략한 토의를 제시한다.

제8장은 제약 없는 최적화문제의 주제를 다룬다. 우선 첫째로, 다변수함수의 최소화 기법뿐만 아니라 '정확한 선형탐색'과 '부정확한 선형탐색' 양자를 실행하는 다양한 방법을 토의한다. 도함수 정보를 사용하는 방법과 도함수에 무관한 정보를 사용하는 방법도 제시한다. 뉴톤법, 신뢰영역에 근거한 알고리즘, 레벤버그-마르카르트의 방법과 같은 뉴톤법의 변형을 토의한다. 또한, 공액성 개념에 기반한 알고리즘도 다룬다. 특히, 실제로 상당한 인기를 얻은 준 뉴톤(가변 거리)법과 공액경도(고정 거리)법을 토의한다. 미분불가능한 문제의 열경도최적화 알고리즘의 주제를 소개하고 공액경도법과 가변거리법의 의미에 따라 구성된 변형을 토의한다. 이 장 전체에 걸쳐, 실제로 실행하는 측면의 문제뿐만 아니라 수렴문제와 다양한 알고리즘의 수렴율도 토의한다.

제9장은 비선형계획법 문제의 최적해를 구하는 페널티함수법과 장벽함수법을 토의하며, 여기에서 본질적으로 이 알고리즘은 일련의 제약 없는 문제의 최적해를 구해가는 과정에 따라 최적해를 구하는 것이다. 특별한 '정확한 절댓값 라그랑지 페널티함수법'과 '증강된 라그랑지 페널티함수법'뿐만 아니라 승수법과 함께 일반적 외부 페널티함수법도 설명한다. 내부장벽함수 페널티법도 제시한다. 모든 경우에 있어, 실행상 문제와 수렴율 특성을 언급한다. 이 장은 로그장벽함수법에 기

반한 선형계획법에 대한 다항식-횟수 원-쌍대 경로-추종 알고리즘을 설명하고 종료한다. 또한, 이 알고리즘은 볼록 이차식계획법 문제의 최적해를 다항식적으로 구하기 위해 확장할 수도 있다. 이 알고리즘보다도 좀 더 계산상으로 유효한 **예측자-수정자법**의 변형도 토의한다.

제10장은 실현가능방향법을 다루며, 여기에서 하나의 실현가능해가 주어지면 하나의 실현가능 개선방향을 먼저 구하고, 이 방향으로 목적함수를 최소화해, 하나의 새롭게 개선된 실현가능해를 결정한다. 쥬텐딕이 원래의 알고리즘을 제안하고 이어서 톱키스와 베이노트는 수렴을 보장하기 위해 수정한 알고리즘을 제시했다. 이에 뒤따라 전역수렴을 보장하기 위해 직접적으로 방향탐색 하위문제에서, 또는 공훈함수로 ℓ_1 페널티함수법을 사용함을 포함해, 인기 있는 계승선형계획법 알고리즘과 계승이차식계획법 알고리즘을 제시한다. 또한, 수렴율과 마라토스 효과를 토의한다. 이 장은 또한 이것의 수렴하는 변형과 함께 로젠의 경도사영법을 토의한다. 울프의 수정경도법과 '일반화된 수정경도법'을 장윌의 볼록-심플렉스 방법으로 특화한 방법과 함께 토의한다. 또한, 하위최적화의 개념과 슈퍼기저-기저-비기저 분할구도의 개념을 사용해 수정경도법과 볼록-심플렉스 방법을 단일화하고 확장한다. 이 알고리즘에 효과 있는 1-계와 2-계 변형을 토의한다.

마지막으로, 제11장은 다른 비선형계획법 문제의 해법에서뿐만 아니라 여러 적용과정에서 일어나는 몇 가지 특별한 문제를 다룬다. 특히, 선형상보 문제, 이차식 가분계획법, 선형분수계획법, 지수계획법의 문제를 제시한다. 지수계획법 문제를 위한 알고리즘 개발에 라그랑지 쌍대성 개념을 사용함과 같이, 문제의 최적해를 구하려고 사용하는 방법론은 앞의 장에서 설명한 아이디어를 강화하는 역할을 한다. 나아가서, 비볼록 이차식계획법 문제의 최적해를 구하기 위한 배경에서, 최적해를 찾기 위한 하나의 전역최적화 방법론으로, 재정식화-선형화/볼록화 기법의 개념을 소개한다. 전역최적해를 구하기 위한 일반적 비볼록 다항식계획법 문제와 인수분해가능계획법 문제에도 재정식화-선형화/볼록화 기법을 적용할 수 있다. 이들을 확장하기 위한 몇 가지 구도를 제11장의 연습문제에서 추구한다. '주해와 참고문헌' 절은 좀 더 깊은 연구 방향을 제시한다.

이 책은 경영과학, 산업공학, 응용수학, 해석적 최적화 기법을 다루는 공학 분야의 비선형계획법 주제에 관한 참고도서로 사용할 수 있다. 이 교과서에서 토의하는 내용을 이해하기 위해 약간의 수학적 성숙도와 선형대수 및 미적분에 관한 충분한 지식이 필요하다. 독자의 편의를 위해 부록 A는 행렬인수분해 기법을 포함해, 이 책에서 자주 사용하는 몇 개의 수학 주제를 요약한다.

하나의 교과서로, 이 책은 (1) 최적화이론의 기초에 관한 교과과정, (2) 아래에 설명하는 것과 같은 계산방법(알고리즘)에 관한 교과과정으로 사용할 수 있다. 또한, 이 책은 모든 주제를 다루는 2학기의 과정으로 사용할 수 있다.

1. 최적화의 기초

이 과정은 대학교 응용수학과의 학생과 나머지 전공과목의 대학원생을 대상으로 한 것이다. 예상하는 범위는 아래에 도식적으로 나타나 있으며, 이 책은 한 학기의 등가적 과정으로 사용할 수 있다. 연속성을 잃지 않고 제5장을 생략할 수도 있다. 선형계획법에 친숙한 독자는 절 2.7을 뛰어넘어도 좋다.

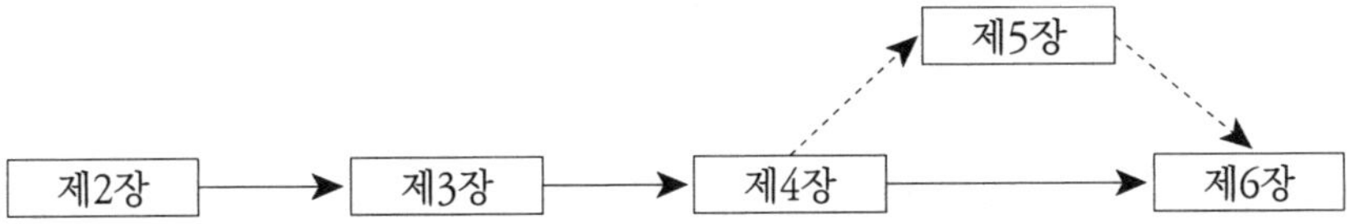

2. 비선형계획법에서의 계산방법

이 과정은 비선형계획법 문제의 최적해를 구하기 위한 알고리즘에 관심이 있는 대학원생을 대상으로 한 것이다. 예상하는 범위는 도식적으로 아래에 나타나며, 이것은 한 학기의 과정과 같은 등가의 시간에 강의할 수도 있다. 수렴분석에 관심이 없는 독자는 제7장과 수렴에 관한 제8장에서 제11장까지의 토의를 생략해도 좋다. 독자의 편의를 위해, 제8장에서 제11장까지의 내용을 이해하는 데 필요한 볼록해석과 최적성 조건에 관한 최소한의 예비지식을 부록 B에 요약해놓았다. 비선형계획법 문제의 다양한 예를 제시하는 제1장은 이 과정을 위해 좋은 정보를 제공한다. 그러나 만약 이 장을 넘어가더라도 연속성이 상실되지는 않는다.

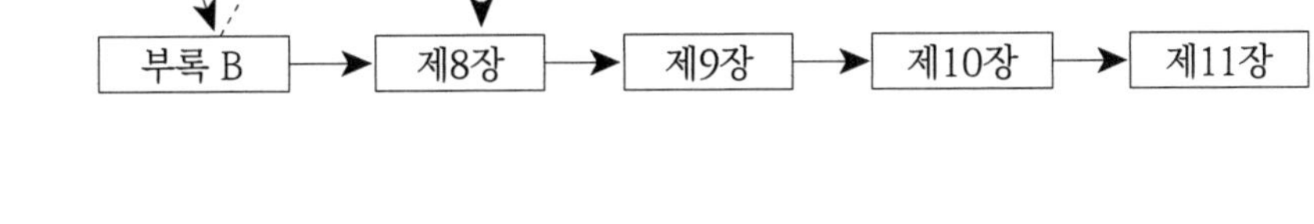

감사의 글

저자는 이 책의 제1판을 준비하는 데에 지원을 아끼지 않은 조지아 공과대학의 산업공학부 학장인 로버트 레러 교수에게 또 한 번 감사의 마음을 전하고, 그의 우정과 적극적 협조에 대해 감사의 마음을 전한다. 이 책의 제1판을 타이핑해 준 수고에 대해 미즈 캐롤린 피에스마, 미즈 조엔 오웬, 그리고 미쓰 카예 왓킨스에게도 감사의 마음을 전한다.

이 책의 제2판을 준비하는 과정에서, 지원해 준 버지니아 공과대학 및 주립대학의 산업공학과의 학장인 로버트 D. 드라이든 교수에게 감사의 마음을 전한다. 저자는 최경현 박사, 크리수나 무르티 박사, 그리고 미즈 세민 셰랄리에게 이들의 타이핑 수고에 대해 감사의 마음을 전하며, 조안나 렐르노 박사가 (부분적) 해답집을 열심히 준비해 준 것에 대해 감사의 마음을 전한다.

저자는 이 책의 3판을 준비하는 과정에서 지원을 아끼지 않은 버지니아 공과대학 및 주립대학의 산업공학부 학장 G. 돈 테일러 교수에게 감사의 마음을 전한다. 또한, 저자는 제11장에서 다루는 비볼록최적화의 연구를 지원해 준 국립과학재단(허가번호 0094462)에 감사의 마음을 전한다. 이번 제3판에 있어 그림과 표를 포함해, 샌디 달톤 양이 초안을 타이핑해 주었다. 이와 같은 엄청난 일을 완수함에 있어 그녀의 근면하고 아낌없는 노력에 무한히 감사한다. 또한, 바바라 프라티첼리 박사가 통찰력 있는 조언을 해주고 수고스럽게 원고를 꼼꼼하게 읽어 준 것에 대해 고마움을 표한다.

목타르 S. 바자라
하니프 D. 셰랄리
C. M. 셰티

목차

제3장 볼록함수와 일반화

제2부 최적성 조건과 쌍대성

제4장 프리츠 존의 최적성 조건과 카루시-쿤-터커의 최적성 조건

제5장 제약자격

제6장 라그랑지 쌍대성과 안장점 최적성 조건

제3부 알고리즘과 수렴

제7장 알고리즘의 개념

제8장 제약 없는 최적화

제9장 페널티함수와 장벽함수

제10장 실현가능방향법

제11장 선형상보 문제, 이차식계획법, 가분계획법, 분수계획법, 지수계획법

부록 A 수학의 개관

부록 B 볼록성, 최적성 조건, 쌍대성의 요약

제1장 서론

과거부터 경영과학(OR)[1]의 연구자, 공학도, 경영자, 계획수립자는 해를 구해야 할 많은 문제에 직면해 왔다. 이것은 하나의 최적 설계, 희소 자원의 최적 할당, 산업체의 운영문제, 또는 로켓 궤적추적 등을 포함한다. 과거에는 넓은 범위의 해를 허용가능한 것이라고 생각했다. 예를 들면, 공학의 설계에서 안전도를 높게 잡는 것은 흔한 일이었다. 그러나 부단한 경쟁으로 인해, 허용가능한 설계만을 개발하는 것은 이미 부적절한 것으로 되어 버렸다. 다른 예에서, 우주선 설계처럼, 허용가능 설계 그 자체는 제한적일 수도 있다. 그러므로 다음과 같은 질문에 답을 해야 할 진실한 필요성이 존재한다: 주어진 희소 자원을 가장 효과적으로 사용하고 있는가? 좀 더 경제적인 설계를 할 수 있는가? 허용가능 한계 이내에서 리스크를 받아들일 수 있는가? 이와 같은 질문이 여러 영역에서 증가함에 상응해 최적화문제의 모델링과 기법의 급격한 진보가 이루어졌다. 다행하게도, 개발한 기법을 사용함에 있어, 좀 더 빠르고 정밀하며, 복잡한 계산을 할 수 있는 능력의 병행성장은 대단히 큰 도움을 주었다.

문제의 최적해를 구하는 체계적 접근법을 사용하도록 촉진한 또 다른 측면은 2차 세계대전 이후 기술진보의 결과로, 문제의 크기와 복잡성이 급격하게 증가했다는 것이다. 공학도와 경영자는 문제의 모든 측면과 이들의 복잡한 상관관계를 연구하도록 요청을 받았다. 이들 상호관계의 일부는 이해하기조차도 어려울 것이다. 하나의 시스템을 전체로 어떻게 보아야 하는가에 대해 이해하기에 앞서 시스템의 개별 성분이 어떻게 서로 작용하는가를 이해할 필요가 있다. 가설검정을 위한 통계학 기법의 발달과 더불어 계측기법의 발달은 시스템에서 개별 성분 사이의 상호작용을 연구하는 과정에 크게 기여했다.

산업계, 경영분야, 군사작전, 정부 활동 등의 연구분야에서 경영과학을 채

1) OR: Operations Research, 작전연구, management science(관리과학)라고도 함.

택한 것은, 최소한 부분적으로, 경영과학적 접근법과 방법론이 의사결정자를 도와 준 역할에 기인한 것이라고 볼 수 있다. 2차 세계대전 직후 산업계의 필요에 따라 경영과학을 적용한 것은 주로 선형계획법과 통계학적 해석 분야였다. 그 이후 이러한 문제를 해결하기 위해 효율적 절차와 컴퓨터 프로그램이 개발되었다. 이 책은 최적해에 관한 특성의 설명과 알고리즘적 절차의 개발을 포함해, 비선형계획법에 관심을 두었다.

이 장에서 비선형계획법 문제를 소개하고 이러한 문제를 필요로 하는 몇 가지 간단한 상황을 토의한다. 이 책은 비선형계획법 문제의 몇 가지 기초를 제시하려는 것이다; 실제로 비선형계획법을 적용할 수 있는 철저한 토의가 이 책 전체의 주제이다. 이 책은 알고리즘의 효율과 문제해결 능력을 높이는 관점에서, 모델구성과 문제의 정식화를 위한 몇 가지 지침을 제공한다. 독자는 이 책을 배워가며 이에 관한 많은 내용을 이해하더라도 처음부터 기본적 코멘트를 마음속에 담아둠이 가장 좋을 것이다.

1.1 문제의 서술과 기본적 정의

다음의 비선형계획법 문제

$$
\begin{array}{lll}
\text{최소화} & f(\mathbf{x}) & \\
\text{제약조건} & g_i(\mathbf{x}) \le 0 & i=1,\cdots,m \\
 & h_i(\mathbf{x}) = 0 & i=1,\cdots,\ell \\
 & \mathbf{x} \in X &
\end{array}
$$

를 고려하고, 여기에서 f, $g_1, \cdots, g_m$, $h_1, \cdots, h_\ell$은 $\Re^n$에서 정의한 함수이다. X는 $\Re^n$의 피봇부분집합이고 $\mathbf{x}$는 n개의 성분 $x_1, \cdots, x_n$을 갖는 하나의 벡터이다. 위 문제는 f를 최소화하는 한편, 제한(제약조건)을 만족시키는 변수값을 구하는 것이다.

함수 f는 흔히 **목적함수** 또는 **판단기준함수**라 말한다. 각각의 제약조건 $g_1(\mathbf{x}) \le 0$, $\cdots$, $g_m(\mathbf{x}) \le 0$은 **부등식 제약조건**이라 하며, 각각의 제약조건 $h_1(\mathbf{x}) = 0$, $\cdots$, $h_\ell(\mathbf{x}) = 0$은 **등식 제약조건**이라 한다. 집합 X는 일반적으로 변수의 하한과 상한을 포함할 수 있으며, 비록 이것이 다른 제약조건에 내포되어 있더라도 어떤 알고리즘에서는 매우 유용한 역할을 할 수 있다. 대안적으로 이 집합은 최적화-루틴에 따라 활용하기 위해 강조되는, 특별하게 구성한 제약조건을 나타내거나, 아니면 어떤 국지적 포함관계 또는 특별한 메커니즘을 통해 별도로 처리해야 하는, 나머지의 복잡하게 만드는 제약조건을 나타낼 수도 있다. 모든 제약조건을 만족시키는 벡터 $\mathbf{x} \in X$는 문제의 **실현가능해**라 한다. 이러한 모든 해집합은 **실현가능영역**을 구성한다. 그렇다면 비선형계획법 문제는 각각의 실현가능해 $\mathbf{x}$에 대해 $f(\mathbf{x}) \geq f(\overline{\mathbf{x}})$이 되도록 하는 실현가능해 $\overline{\mathbf{x}}$를 찾는 것이다. 이와 같은 점 $\overline{\mathbf{x}}$는 **최적해** 또는 간단히 **해**라고 말한다. 만약 1개 이상의 최적해가 존재한다면, 이들은 집합적으로 **복수 최적해**라 한다.

언급할 필요도 없이, 비선형계획법 문제는 최대화문제로 나타낼 수도 있고, 부등식 제약조건은 $i=1, \cdots, m$에 대해 $g_i(\mathbf{x}) \geq 0$ 형태로 나타낼 수도 있다. 특별한 경우, 목적함수는 선형이며, 집합 X를 포함해 모든 제약조건을 선형부등식 그리고/또는 선형등식으로 표현할 수 있을 때, 위 문제는 **선형계획법 문제**라 한다.

예를 들어 설명하기 위해 다음 문제

$$
\begin{aligned}
\text{최소화} \quad & (x_1-3)^2+(x_2-2)^2 \\
\text{제약조건} \quad & x_1^2-x_2-3 \leq 0 \\
& x_2-1 \leq 0 \\
& -x_1 \leq 0
\end{aligned}
$$

를 고려해보자. 목적함수와 3개의 부등식 제약조건은 다음 식

$$
\begin{aligned}
f(x_1, x_2) &= (x_1-3)^2+(x_2-2)^2 \\
g_1(x_1, x_2) &= x_1^2-x_2-3 \\
g_2(x_1, x_2) &= x_2-1 \\
g_3(x_1, x_2) &= -x_1
\end{aligned}
$$

과 같다.

그림 1.1은 문제의 실현가능영역을 예시한다. 그렇다면, 문제는 실현가능영역에서 $(x_1-3)^2+(x_2-2)^2$가 가장 작고 가능한 값을 갖게 하는 점을 찾는 것이다. 점 (x_1, x_2)이 주어지고 $(x_1-3)^2+(x_2-2)^2=c$를 만족시키는 방정식은

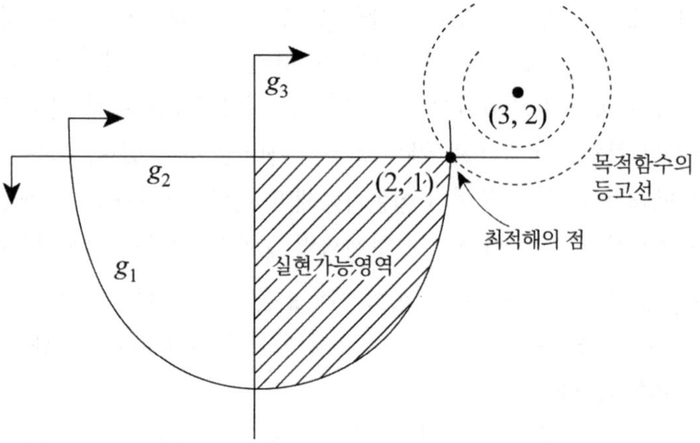

그림 1.1 비선형계획법 문제의 기하학적 해

반경이 $\sqrt{c}$ 이고 중심이 $(3, 2)$인 원을 나타냄을 주목하자. 이 원은 목적함수의 **등고선**이 c의 값을 갖는 원이라 한다. f의 최소화가 원하는 것이므로, 실현가능영역을 가로지르는 가장 작은 반경의 등고선의 원을 찾아야 한다. 그림 1.1에 보인 것처럼 이같이 가장 작은 원의 등고선은 $c=2$ 값을 갖는 등고선이며, 이 원은 점 $(2, 1)$에서 실현가능영역을 가로지른다. 그러므로 최적해는 점 $(2, 1)$에서 일어나고, 목적함숫값은 2이다.

위에서 사용한 방법은 실현가능영역을 가로지르는 가장 작은 목적함숫값을 갖는 목적함수의 등고선을 결정해 하나의 최적해를 찾는 것이다. 명백하게, 기하학적으로 문제의 최적해를 구하는 이 같은 방법은 소규모 문제에 적합하며, 2개 이상의 변수를 갖거나, 또는 복잡한 목적함수와 제약조건함수를 갖는 문제의 최적해를 구하는 목적으로는 실용적으로 사용하기 어렵다.

표기법

이 책 전체에 걸쳐 다음 표기법을 사용한다. 벡터는 $\mathbf{x}$, $\mathbf{y}$, $\mathbf{z}$와 같이 굵은 로마자 소문자로 나타낸다. 별도의 명시적 언급이 없는 한, 모든 벡터는 열벡터를 나타낸다. 행벡터는 열벡터를 전치한 것이다; 예를 들면, $\mathbf{x}^t$는 행벡터 $(x_1, \cdots, x_n)$를 나타낸다.[2)] 차원이 n인 실수의 벡터로 구성된 n-**차원 유클리드공간**은 $\Re^n$ 이라고

2) 지면을 절약하기 위해, 문장 내에서 열벡터를 $\mathbf{x}=(x_1, x_2, \cdots, x_n)$처럼 행벡터로 표시한다고 할지라도 $\mathbf{x}=(x_1, x_2, \cdots, x_n)^t$의 의미로 보면 된다. 그러나 앞뒤의 수식표현 사이의

나타낸다. 행렬은 $\mathbf{A}$, $\mathbf{B}$와 같은 로마문자의 굵은 대문자로 나타낸다. 스칼라 값을 갖는 함수는 f, g, θ와 같이 로마문자와 그리스문자의 소문자로 나타낸다. 벡터값을 갖는 함수는 $\mathbf{g}$, $\boldsymbol{\psi}$와 같이 로마문자 또는 그리스문자의 굵은 소문자로 나타낸다. 점-집합 사상은 $\mathbf{A}$, $\mathbf{B}$와 같은 로마문자의 굵은 대문자로 나타낸다. 스칼라는 κ, λ, α와 같은 로마문자와 그리스문자의 소문자로 표기한다.

1.2 예시를 위한 문제

이 절에서 비선형계획법 문제로 정식화할 수 있는 몇 개 예제를 토의한다. 특히, 다음 분야의 최적화문제를 토의한다:

A. 최적제어
B. 구조설계
C. 기계설계
D. 전기회로
E. 수자원관리
F. 확률론적 자원할당
G. 설비위치선정

1.2.1 최적제어

바로 알게 될 것이지만 이산제어문제는 비선형계획법 문제로 나타낼 수 있다. 더군다나 연속최적제어 문제는 비선형계획법 문제를 이용해 근사화할 수 있다. 그러므로 이 책에서 나중에 토의하는 절차는 최적제어 문제의 해를 구하기 위해 사용할 수 있다.

1) 이산최적제어

K개의 기간을 갖는 고정시간[3]이산최적제어문제를 고려해보자. 기간 k의 초기에

관계에서 반드시 전치(transpose)를 나타낼 필요가 있는 곳에서는 $(x_1, x_2, \cdots, x_n)^t$ 또는 $\mathbf{x}^t$를 사용한다.

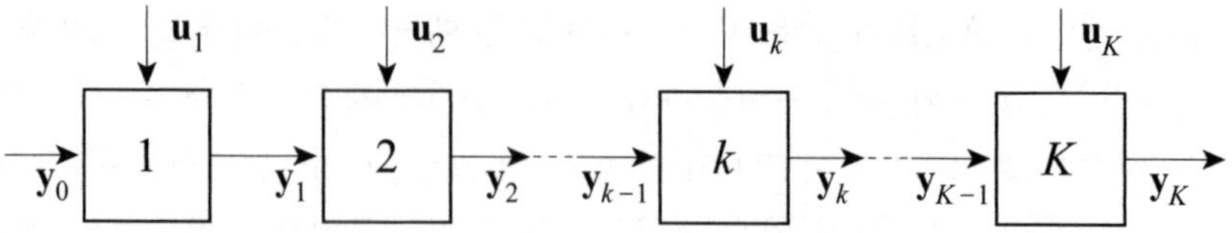

그림 1.2 이산제어 시스템

서 이 시스템은 상태벡터 $\mathbf{y}_{k-1}$로 표현한다. **제어벡터** $\mathbf{u}_k$는 기간 k 끝에 다음 식

$$\mathbf{y}_k = \mathbf{y}_{k-1} + \boldsymbol{\phi}_k(\mathbf{y}_{k-1}, \mathbf{u}_k) \qquad k = 1, \cdots, K$$

에 주어지는 관계에 따라 시스템 상태를 $\mathbf{y}_{k-1}$에서 $\mathbf{y}_k$로 바꾼다.

초기상태 $\mathbf{y}_0$가 주어지고, 일련의 제어벡터 $\mathbf{u}_1, \cdots, \mathbf{u}_K$를 적용하면, **궤적**이라 하는, 일련의 상태벡터 $\mathbf{y}_1, \cdots, \mathbf{y}_K$가 결과로 나타난다. 이 과정이 그림 1.2에 예시되어 있다.

만약 일련의 제어벡터 $\mathbf{u}_1, \cdots, \mathbf{u}_K$와 일련의 상태벡터 $\mathbf{y}_0$, $\mathbf{y}_1$, $\cdots$, $\mathbf{y}_K$가 다음 식

$$\begin{aligned} &\mathbf{y}_k \in Y_k && k = 1, \cdots, K \\ &\mathbf{u}_k \in U_k && k = 1, \cdots, K \\ &\psi(\mathbf{y}_0, \cdots, \mathbf{y}_K, \mathbf{u}_1, \cdots, \mathbf{u}_K) \in D && \end{aligned}$$

과 같은 제한을 만족시킨다면 이들은 **허용가능하다** 또는 **실현가능하다**고 말하며, 여기에서 $Y_1, \cdots, Y_K$, $U_1, \cdots, U_K$, D는 명시한 집합이며, ψ는 흔히 **궤적제약조건 함수**라고 하는, 알려진 함수이다. 모든 실현가능한 제어와 궤적 가운데, 어떤 주어진 목적함수를 최적화하는 제어와 이에 상응하는 궤적을 찾는다. 따라서, 이산제어문제는 다음 식

$$\begin{aligned} \text{최소화} \quad & \alpha(\mathbf{y}_0, \mathbf{y}_1, \cdots, \mathbf{y}_K, \mathbf{u}_1, \cdots, \mathbf{u}_K) && \\ \text{제약조건} \quad & \mathbf{y}_k = \mathbf{y}_{k-1} + \boldsymbol{\phi}_k(\mathbf{y}_{k-1}, \mathbf{u}_k) && k = 1, \cdots, K \\ & \mathbf{y}_k \in Y_k && k = 1, \cdots, K \end{aligned}$$

3) fixed-time discrete optimal control problem

$$\mathbf{u}_k \in U_k \qquad\qquad k=1, \cdots, K$$
$$\boldsymbol{\psi}(\mathbf{y}_0, \cdots, \mathbf{y}_K, \mathbf{u}_1, \cdots, \mathbf{u}_K) \in D$$

과 같이 나타낼 수 있다. $\mathbf{y}_1, \cdots, \mathbf{y}_K$와 $\mathbf{u}_1, \cdots, \mathbf{u}_K$를 벡터 $\mathbf{x}$로 합성하고, $\mathbf{g}$, $\mathbf{h}$, X를 적절하게 선택하면 위 문제를 절 1.1에서 소개한 비선형계획법 문제로 나타낼 수 있음을 쉽게 입증할 수 있다.

생산-재고관리의 예

이산제어문제의 정식화를 예시하기 위해 다음의 생산-재고관리의 예를 들어 설명한다. 어떤 회사는 알려진 수요를 공급하기 위해 어떤 제품을 생산한다고 가정하며, 생산스케줄은 반드시 K개 기간 전체에 걸쳐 결정되어야 한다고 가정한다. 어떤 기간 동안의 수요는 기간 초기의 재고와 기간 중의 생산량에서 충족할 수 있다. 임의의 기간 동안 최대 생산량은 가용설비의 생산능력이 b 단위를 초과할 수 없도록 하는 제한에 따라 제약을 받는다. 필요하면 적절한 수의 임시근로자를 채용할 수 있고 넘치면 임시로 해고할 수도 있다고 가정한다. 그러나, 인력의 커다란 요동을 막기 위해, 임의의 연속적 기간 동안 인력 차이의 제곱에 비례하는 비용이 필요하다고 가정한다. 또한, 하나의 기간에서 다음 기간으로 이월되는 재고에 비례해 비용이 필요하다. 기간 $1, \cdots, K$ 동안에 있어 수요를 충족시키고 총비용을 최소화하는 인력과 재고수준을 구하시오.

문제에서 기간 k의 끝에 재고수준 I_k, 인력 L_k의 2개 상태변수가 존재한다. 제어변수 u_k는 기간 k 동안 획득한 인력이다($u_k < 0$이라는 것은 인력이 $-u_k$ 만큼 감소함을 의미한다). 그러므로 생산-재고관리 문제는 다음 식

$$
\begin{array}{lll}
\text{최소화} & \displaystyle\sum_{k=1}^{K} (c_1 u_k^2 + c_2 I_k) & \\
\text{제약조건} & L_k = L_{k-1} + u_k & k=1, \cdots, K \\
& I_k = I_{k-1} + pL_{k-1} - d_k & k=1, \cdots, K \\
& 0 \le I_k \le b/p & k=1, \cdots, K \\
& I_k \ge 0 & k=1, \cdots, K
\end{array}
$$

과 같이 나타낼 수 있으며, 여기에서 초기 재고 I_0와 초기 인력 L_0은 알려진 것이

며 d_k는 기간 k 동안에 대해 알려진 수요이며 p는 임의의 주어진 기간 동안 근로자 1인이 생산하는 생산품의 수량이다.

2) 연속최적제어

이산제어문제의 경우 제어는 이산점에서 행한다. 지금 계획대상기간 $[0, T]$에 걸쳐 제어함수 $\mathbf{u}$가 가해지는 **고정시간 연속제어문제**를 고려해보자. 초기상태 $\mathbf{y}_0$가 주어지면 상태벡터 $\mathbf{y}$와 제어벡터 $\mathbf{u}$ 사이의 관계는 다음 미분방정식

$$\dot{\mathbf{y}}(t) = \phi[\mathbf{y}(t), \mathbf{u}(t)] \qquad t \in [0, T]$$

이 지배한다. 만약 다음 식

$$\begin{aligned} &\mathbf{y}(t) \in Y && t \in [0, T] \\ &\mathbf{u}(t) \in U && t \in [0, T] \\ &\psi(\mathbf{y}, \mathbf{u}) \in D \end{aligned}$$

과 같은 제한을 만족한다면 제어함수와 이에 상응하는 궤적함수는 허용가능하다고 말한다.

집합 U의 대표적 예는 $t \in [0, T]$에 대해 $\mathbf{a} \le \mathbf{u}(t) \le \mathbf{b}$가 되도록 하는 구간 $[0, T]$에서의 구간별 연속함수의 집합이다. 이 최적제어문제는 다음 식

$$\begin{aligned} \text{최소화} \quad & \int_0^T \alpha[\mathbf{y}(t), \mathbf{u}(t)]\,dt \\ \text{제약조건} \quad & \dot{\mathbf{y}}(t) = \phi[\mathbf{y}(t), \mathbf{u}(t)] && t \in [0, T] \\ & \mathbf{y}(t) \in Y && t \in [0, T] \\ & \mathbf{u}(t) \in U && t \in [0, T] \\ & \psi(\mathbf{y}, \mathbf{u}) \in D \end{aligned}$$

과 같이 나타낼 수 있으며, 여기에서 초기상태벡터 $\mathbf{y}(0) = \mathbf{y}_0$는 주어진 것이다.

연속최적제어문제는 이산최적제어문제로 근사화할 수 있다. 특히 계획 영역 $[0, T]$는 각각 Δ의 지속시간을 갖는 K개 구간으로 나눈다고 가정하며, 그래서 $K\Delta = T$이다. $k = 1, \cdots, K$에 대해 $\mathbf{y}(k\Delta)$를 $\mathbf{y}_k$라고 나타내고 $\mathbf{u}(k\Delta)$를

$\mathbf{u}_k$ 로 나타내면, 위 문제는 다음 식

$$\begin{array}{lll} \text{최소화} & \sum_{k=1}^{K} \alpha(\mathbf{y}_k, \mathbf{u}_k) & \\ \text{제약조건} & \mathbf{y}_k = \mathbf{y}_{k-1} + \Delta \boldsymbol{\phi}(\mathbf{y}_{k-1}, \mathbf{u}_k) & k=1, \cdots, K \\ & \mathbf{y}_k \in Y & k=1, \cdots, K \\ & \mathbf{u}_k \in U & k=1, \cdots, K \\ & \boldsymbol{\psi}(\mathbf{y}_0, \cdots, \mathbf{y}_K, \mathbf{u}_1, \cdots, \mathbf{u}_K) \in D & \end{array}$$

과 같이 근사화할 수 있으며, 여기에서 초기상태 $\mathbf{y}_0$ 는 주어진 것이다.

로켓발사의 예

시간 T 동안 지상에서 고도 $\bar{y}$로 올려야 하는 로켓발사 문제를 고려해보자. $y(t)$는 시간 t에서 지상에서의 높이를 나타낸다고 하고 $u(t)$는 시간 t에서 수직으로 가해지는 힘을 나타낸다. 로켓의 질량이 m이라고 가정하면 운동방정식은 다음 식

$$m\ddot{y}(t) + mg = u(t) \qquad t \in [0, T]$$

으로 주어지며, 여기에서 $\ddot{y}(t)$는 시간 t에서의 가속도, g는 중력에 의한 감속도이다. 더군다나 임의의 시간에 가할 수 있는 최대의 힘은 b를 넘을 수 없다고 가정한다. 만약 문제의 목적이 시간 T에 로켓이 고도 $\bar{y}$에 도달하기 위해, 있을 수 있는 가장 적은 양의 에너지를 사용함이라면 이 문제는 다음 식

$$\begin{array}{lll} \text{최소화} & \int_0^T |u(t)|\, \dot{y}(t)dt & \\ \text{제약조건} & m\ddot{y}(t) + mg = u(t) & t \in [0, T] \\ & |u(t)| \leq b & t \in [0, T] \\ & y(T) = \bar{y} & \end{array}$$

과 같이 정식화할 수 있으며, 여기에서 $y(0) = 0$이다. 2-계 미분방정식을 갖는 이 문제는 2개의 1-계 미분방정식을 갖는 등가 문제로 변환할 수 있다. 이것은 다음과

같이 대입해 실행할 수 있다: 즉 $y_1 = y$로 하고 $y_2 = \dot{y}$로 한다. 그러므로 $m\ddot{y} + mg = u$는 $\dot{y}_1 = y_2$, $m\dot{y}_2 + mg = u$에 대해 등가이다. 그러므로 문제는 다음 식

$$\begin{array}{lll} \text{최소화} & \displaystyle\int_0^T |u(t)|\, y_2(t)dt & \\ \text{제약조건} & \dot{y}_1(t) = y_2(t) & t \in [0, T] \\ & m\dot{y}_2(t) = u(t) - mg & t \in [0, T] \\ & |u(t)| \le b & t \in [0, T] \\ & y_1(T) = \bar{y} & \end{array}$$

과 같이 다시 나타낼 수 있으며, 여기에서 $y_1(0) = y_2(0) = 0$이다. 구간 $[0, T]$는 K개 구간으로 나누어진다고 가정한다. 표현을 단순화하기 위해 각각의 길이는 ℓ이라고 가정한다. $k = 1, \cdots, K$에 대해, 기간 k의 말의 힘, 고도, 속도를 각각 u_k, $y_{1,k}$, $y_{2,k}$라고 나타내면 위 문제는 다음 비선형계획법 문제

$$\begin{array}{lll} \text{최소화} & \displaystyle\sum_{k=1}^{K} |u_k|\, y_{2,k} & \\ \text{제약조건} & y_{1,k} - y_{1,k-1} = y_{2,k-1} & k = 1, \cdots, K \\ & m(y_{2,k} - y_{2,k-1}) = u_k - mg & k = 1, \cdots, K \\ & |u_k| \le b & k = 1, \cdots, K \\ & y_{1,K} = \bar{y} & \end{array}$$

로 근사화할 수 있으며, 여기에서 $y_{1,0} = y_{2,0} = 0$이다. 관심이 있는 독자는 이 문제와 나머지의 연속최적제어문제에 대해 루엔버거[1969, 1973a/1984]를 참조하시오.

고속도로 건설의 예

고속도로를 평탄하지 않은 지형에 건설한다고 가정한다. 건설비는 제거되거나 추가되는 흙의 양에 비례한다고 가정한다. T는 도로의 길이라 하고 $c(t)$는 임의의 주어진 $t \in [0, T]$에서 알려진 지형의 높이라 하자. 문제는 $t \in [0, T]$에 대해 도로의 높이 $y(t)$를 나타내는 방정식을 세우는 것이다.

도로의 과도한 경사를 방지하기 위해 최대경사는 b_1을 넘지 말아야 한다; 즉 $|\dot{y}(t)| \le b_1$이다. 또한, 자동차가 주행할 때 덜커덩거림을 줄이기 위해 도로경사의 변동율은 b_2를 초과하지 말아야 한다; 즉 $|\ddot{y}(t)| \le b_2$라는 제약조건이다. 더군다나 $y(0) = a$, $y(T) = b$라는 말단조건을 반드시 준수해야 한다. 따라서 이 문제는 다음 식

$$
\begin{array}{lll}
\text{최소화} & \displaystyle\int_0^T |y(t) - c(t)|\,dt & \\
\text{제약조건} & |\dot{y}(t)| \le b_1 & t \in [0, T] \\
 & |\ddot{y}(t)| \le b_2 & t \in [0, T] \\
 & y(0) = a & \\
 & y(T) = b &
\end{array}
$$

과 같이 정식화할 수 있다. 제어변수는 추가되거나 제거되는 흙의 양임을 주목하자; 즉 말하자면 $u(t) = y(t) - c(t)$이다.

지금 $y_1 = y$, $y_2 = \dot{y}$라고 놓고 도로의 길이를 K개 구간으로 나눈다. 단순화를 위해 각 구간의 길이는 ℓ이라고 가정한다. $c(k)$, $y_1(k)$, $y_2(k)$를 각각 c_k, $y_{1,k}$, $y_{2,k}$라고 나타내면 위 문제는 다음 비선형계획법 문제

$$
\begin{array}{lll}
\text{최소화} & \displaystyle\sum_{k=1}^{K} |y_{1,k} - c_k| & \\
\text{제약조건} & y_{1,k} - y_{1,k-1} = y_{2,k-1} & k = 1, \cdots, K \\
 & -b_1 \le y_{2,k} \le b_1 & k = 0, \cdots, K-1 \\
 & -b_2 \le y_{2,k} - y_{2,k-1} \le b_2 & k = 1, \cdots, K-1 \\
 & y_{1,0} = a & \\
 & y_{1,K} = b &
\end{array}
$$

로 근사화할 수 있다: 이 예제의 더 상세한 내용에 관해 관심이 있는 독자는 시트롱[1969]을 참조하시오.

1.2.2 구조설계

과거부터 구조설계전문가들은 예측한 하중을 안전하게 지지할 수 있는 구조설계를 개발하려고 노력했다. 최적성의 개념은 표준적 관행과 설계자 경험을 사용해서만 암묵적으로 반영되었다. 최근의 항공우주공간 구조와 같은 복잡한 구조물의 설계는 최적성의 좀 더 명시적 고려를 요구한다.

구조시스템의 최소하중설계에 사용하는 주요 접근법은 수리계획법 또는 나머지 구조해석법과 결합한 엄격한 수치계산 기법을 사용함에 기반한 것이다. 선형계획법, 비선형계획법, 몬테칼로-시뮬레이션은 이와 같은 목적을 위해 사용하는 주요기법이었다.

> **밧트 & 겔라틀리[1974]의 지적:**
> 정교한 항공우주의 구조설계를 위한 모든 과정은 전체적 시스템수행능력의 고려에서 개별 성분의 상세설계의 고려까지 걸치는 다단계절차이다. 설계과정의 모든 수준은 서로 어느 정도의 상호작용을 갖는 반면, 설계의 과거의 최고 기술수준은 스테이지 사이에 상대적으로 느슨한 결합을 가정하도록 요구했다. 비록 설계단계 사이의 구분을 영속화하려는 어떤 욕구보다는 아마도 최적화에 사용된 방법론의 결과로 이와 같은 상황이 발생했지만, 구조최적화에 관한 초기연구는 설계철학의 이와 같은 계층화에 치우쳤다.

다음 예제는 2-바 트러스의 최소하중설계를 포함하는 비선형계획법 문제를 산출하기 위해 구조해석법을 어떻게 사용하는가를 예시한다.

2-바 트러스[4)]

그림 1.3에 나타난 평면 트러스를 고려해보자. 이 트러스는 한쪽 끝이 핀으로 묶여 있고 다른 한쪽 끝이 2개 피봇 점에 고정된 2개 강철관으로 구성되어 있다. 2개 피봇 사이의 거리인 경간은 $2s$로 고정되어 있다. 설계문제는 트러스의 총하중을 최소화하면서 트러스가 $2W$의 하중을 지지할 수 있도록 트러스 높이와 두께와 강철관 평균반경을 선정하는 것이다.

---

4) 역자 주: 트러스(truss)는 부재를 마찰 없는 핀으로 연결해 사용하는 구조물이며, 따라서 삼각형만이 안정한 형태를 이루며, 부재와 인접하는 부재는 휘지 않는다. 2-바 트러스(two-bar truss)는, 그림 1.3과 같이 벽을 트러스의 3개 부재 가운데 하나로 사용하는 것이다.

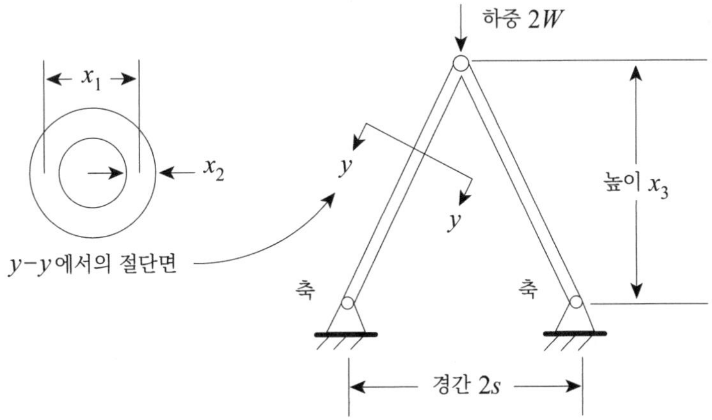

그림 1.3 2-바 트러스

튜브의 평균지름, 튜브두께, 트러스의 높이를 각각 x_1, x_2, x_3으로 나타낸다. 그렇다면 강철트러스의 무게는 $2\pi\rho x_1 x_2 (s^2 + x_3^2)^{1/2}$로 주어지며, 여기에서 ρ는 강철관의 밀도이다. 다음 제약조건을 반드시 준수해야 한다:

1. 공간의 한계로 인해 트러스 높이는 b_1을 초과하면 안 된다: 즉 말하자면 $x_3 \le b_1$이다.
2. 튜브 두께에 대한 튜브 지름의 비율은 b_2를 초과하면 안 된다; 즉 말하자면 $x_1/x_2 \le b_2$이다.
3. 강철관에 가해지는 압축응력은 강철의 굴복응력을 초과하면 안 된다. 이것은 다음 제약조건

   $$W(s^2 + x_3^2)^{1/2} \le b_3 x_1 x_2 x_3$$

   으로 나타나며, 여기에서 b_3는 상수이다.
4. 튜브의 높이, 지름, 두께는 하중을 받아도 좌굴하지 않도록 선정해야 한다. 이 제약조건은 수학적으로 다음 식

   $$W(s^2 + x_3^2)^{3/2} \le b_4 x_1 x_3 (x_1^2 + x_2^2)$$

   과 같이 표현할 수 있으며, 여기에서 b_4는 주어진 모수이다.

위 토의에서 트러스설계 문제는 다음 식

$$
\begin{aligned}
\text{최소화} \quad & x_1 x_2 \left(s^2 + x_3^2\right)^{1/2} \\
\text{제약조건} \quad & x_3 - b_1 \le 0 \\
& x_1 - b_2 x_2 \le 0 \\
& W\left(s^2 + x_3^2\right)^{1/2} - b_3 x_1 x_2 x_3 \le 0 \\
& W\left(s^2 + x_3^2\right)^{3/2} - b_4 x_1 x_3 \left(x_1^2 + x_2^2\right) \le 0 \\
& x_1,\ x_2,\ x_3 \ge 0
\end{aligned}
$$

과 같은 비선형계획법 문제로 나타낼 수 있다.

1.2.3 기계설계

기계공학설계에서 최적화 개념은 전통적 정력학과 동력학의 활용, 재료 특질 등과 관련해 사용할 수 있다. 아시모프[1962], 폭스[1971], 존슨[1971]은 수리계획법을 사용한 기계공학의 최적 설계에 관한 여러 예를 제시한다. 존슨[1971]이 지적하는 바와 같이 고속회전기기 메커니즘의 설계에 있어 상당한 동적 응력과 진동을 원천적으로 피할 수는 없다. 그러므로 이같이 바람직하지 않은 특성의 최소화를 기반으로 해 특정한 기계적 구성요소의 설계가 필요하다. 다음 예제를 베어링 저널[5]의 하나의 최적 설계로 예시한다.

그림 1.4에 보인 것처럼 직경 D인 축 위에 탑재되고 하중이 W인 플라이휠을 지지하는, 각각의 길이가 L인 저널을 갖는 2-베어링 저널을 고려해보자. 마찰계수를 최소화하면서 축의 뒤틀림각과 틈을 허용한계 이내로 유지하는 L, D를 결정해야 한다.

저널과 축 사이의 유막층은 강제윤활에 의해 유지된다. 이 유막은 마찰계수를 최소화하고 온도상승을 제한하기 위한 것이며 유막에 의해 베어링 수명이 연장된다. h_0는 정상 운전조건 아래 가장 작은 유막의 두께라 하자. 그렇다면 다음 식

5) 저널: journal, 굴대의 목부분(회전축의 베어링 안쪽),
journal bearing: 하중이 축선에 수직으로 작용하는 미끄럼 베어링

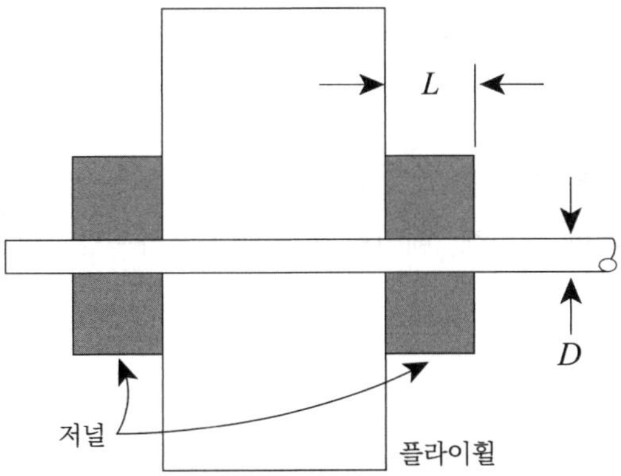

그림 1.4 저널베어링의 구조

$$\hat{h}_0 \le h_0 \le \delta$$

이 반드시 주어져야 하며, 여기에서 h_0는 금속 사이의 접촉을 방지하기 위한 유막의 최소두께이며 δ는 저널 반경과 축 반경의 차이로 명시한 **반경방향의 틈**[6]이다. h_0에 관한 또 다른 제한은 다음 부등식

$$0 \le e \le \hat{e}$$

으로 주어진다: 여기에서 e는 $e = 1 - (h_0/\delta)$로 정의한 **이심율**이며 $\hat{e}$는 미리 지정한 상한이다.

축에 토르크가 가해지는 점에 따라, 또는 토르크 충격의 성격에 따라, 최대의 전단응력에 대한 신축성의 전단율의 비율에 따라 상수 k_1이 다음 식

$$\theta = \frac{1}{k_1 D}$$

에 의해 주어진 축의 뒤틀림각의 제약을 만족시키도록 결정한다. 더군다나, 2개 베어링의 마찰계수는 다음 식

6) 반경방향의 틈: radial clearance

$$M = k_2 \frac{\omega}{\delta\sqrt{1-e^2}} D^3 L$$

으로 주어지며, 여기에서 k_2는 윤활유의 점도에 따르는 상수이며 ω는 회전속도이다. 유체역학적 고려에 기반해, 베어링의 안전한 부하부담능력은 다음 식

$$c = k_3 \frac{\omega}{\delta^2} DL^3 \phi(e)$$

에 의해 주어지며, 여기에서 k_3는 윤활유 점도에 따르는 상수이며 $\phi(e)$는 다음 식

$$\phi(e) = \frac{e}{(1-e^2)^2}\left[\pi^2(1-e^2)+16e^2\right]^{1/2}$$

으로 주어진다. 플라이휠 하중 W를 부담하기 위해 $2c \geq W$의 조건을 명백하게 주어야 한다.

따라서 만약 δ, $\hat{h}_0$, $\hat{e}$가 명시된다면, 대표적 설계문제는 허용한계 α 이내로 뒤틀림각을 유지하면서 마찰계수를 최소화하기 위해 D, L, h_0을 구하는 것이다. 따라서 이 모델은 다음 식

$$\begin{aligned}
\text{최소화} \quad & \frac{\omega}{\delta\sqrt{1-e^2}} D^3 L \\
\text{제약조건} \quad & \frac{1}{k_1 D} \leq \alpha \\
& 2\frac{k_3\omega}{\delta^2} DL^3 \phi\left(1-\frac{h_o}{\delta}\right) \geq W \\
& \hat{h}_0 \leq h_0 \leq \delta \\
& 0 \leq 1-\frac{h_0}{\delta} \leq \hat{e} \\
& D \geq 0 \\
& L \geq 0
\end{aligned}$$

으로 주어진다.

이 문제를 완벽하게 토의하기 위해 독자는 아시모프[1962]를 참조하기 바란다. 독자는 마찰계수가 하나의 주어진 최대한계 M' 이내에 존재하도록 하는 제약조건 아래 뒤틀림각도를 최소화하는 모델을 정식화할 수 있다. 또한, 만약 상대적 중요성을 반영하기 위해 이들 계수를 위한 적절한 가중치를 선택할 수 있다면 마찰계수와 뒤틀림 각도 2개를 목적함수에 포함함도 상상해 볼 수 있다.

1.2.4 전기회로

몇 세기에 걸쳐, 총에너지손실을 최소화하며 전기회로 또는 수력네트워크의 평형조건이 달성된다는 것은 잘 알려져 있다. 전기회로이론, 수리계획법, 쌍대성 사이의 관계를 조사한 것은 아마 데니스[1959]가 처음일 것이다. 다음 토의는 그의 선구적 연구에 기반한 것이다.

예를 들면, 전기회로는 m개 노드를 연결하는 n개 **가지**로 나타낼 수 있다. 다음에서, 직류네트워크가 고려대상이고, 다음 가운데 단 1개의 전기장치만 연결하도록, 노드와 각각의 연결가지가 연결된다고 가정한다:

1. c_s에 관계없이 상수의 가지전압 v_s를 유지하는 **전압원**. 이러한 기기는 $-v_s c_s$에 해당하는 전력을 흡수한다.
2. 가지 전류 c_d를 한 방향으로만 흐르게 하며 가지 전류 또는 가지전압에 관계없이 전력을 소비하지 않는 **다이오드**. 후자를 v_d로 나타내면 이것은 다음 식

$$c_d \geq 0, \qquad v_d \geq 0, \qquad v_d c_d = 0 \tag{1.1}$$

과 같이 나타낼 수 있다.

3. 전력을 소비하고 가지 전류가 c_r이며 가지전압이 v_r인 **저항기**는 다음과 같은 관계식

$$v_r = -rc_r \tag{1.2}$$

을 가지며, 여기에서 r은 저항기의 **저항**이다. 소비전력은 다음 식

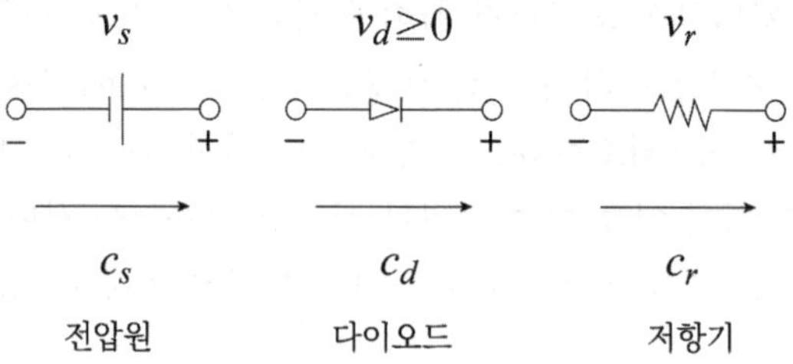

그림 1.5 전기회로 내의 대표적 전기장치

$$-v_r c_r = \frac{v_r^2}{r} = rc_r^2 \qquad (1.3)$$

으로 주어진다.

3개 장치가 그림 1.5에 나타나 있다. 그림에서 현재의 흐름은 가지의 음(−) 전압 단자에서 가지의 양(+)전압 단자로 흐르는 것으로 나타난다. 앞의 것을 가지의 **원천노드**라 하고 뒤의 것을 가지의 **종료노드**라 한다. 만약 전류가 반대방향으로 흐른다면, 상응하는 가지의 전류는 음(−) 값을 가질 것이며, 부수적으로 이 사실은 다이오드에 대해서는 허용될 수 없다. 동일한 부호약속을 가지 전압에 대해서도 사용한다.

복수의 가지를 갖는 네트워크는 **노드-가지 결합행렬 N**으로 나타낼 수 있으며, **N**의 행은 노드에 상응하고 **N**의 열은 가지에 상응한다. **N**의 대표적 요소 n_{ij}는 다음 식

$$n_{ij} = \begin{cases} -1 & \text{만약 가지 } j\text{가 노드 } i\text{를 원천노드로 갖는다면} \\ 1 & \text{만약 가지 } j\text{가 노드 } i\text{에서 종료한다면} \\ 0 & \text{그렇지 않다면} \end{cases}$$

으로 나타난다. 복수의 전압원, 다이오드, 저항기를 갖는 네트워크에 대해, $\mathbf{N}_S$는 전압원을 갖는 모든 가지의 노드-가지 결합행렬을 나타내며, $\mathbf{N}_D$는 다이오드를 갖는 모든 가지의 노드-가지의 결합행렬을 나타내고, $\mathbf{N}_R$은 저항기를 갖는 모든 가지의 노드-가지 결합행렬을 나타낸다고 하자. 그렇다면, 일반성을 잃지 않고, 다음 식

$$\mathrm{N} = [\mathrm{N}_S, \mathrm{N}_D, \mathrm{N}_R]$$

과 같이 $\mathbf{N}$을 분할할 수 있다. 유사하게 가지 전류를 나타내는 열벡터 $\mathbf{c}$는 다음

$$\mathbf{c}^t = \left[\mathbf{c}_S^t, \mathbf{c}_D^t, \mathbf{c}_R^t\right]$$

과 같이 분할되고 가지 전압을 나타내는 열벡터 $\mathbf{v}$는 다음

$$\mathbf{v}^t = \left[\mathbf{v}_S^t, \mathbf{v}_D^t, \mathbf{v}_R^t\right]$$

과 같이 나타난다.

각각의 노드 i와 연관해 **노드 전압** p_i가 존재한다. 노드 전압을 나타내는 열벡터 $\mathbf{p}$는 다음 식

$$\mathbf{p}^t = \left[\mathbf{p}_S^t, \mathbf{p}_D^t, \mathbf{p}_R^t\right]$$

과 같이 나타낼 수 있다.

다음 기본법칙은 전기회로의 평형조건을 결정한다:

키르히호프의 노드법칙

어떤 노드에 들어가는 전류의 합은 노드를 나가는 전류의 합과 같다. 이 사실은 $\mathbf{N}c = \mathbf{0}$으로 나타내거나, 아니면 다음 식

$$\mathbf{N}_S\mathbf{c}_S + \mathbf{N}_D\mathbf{c}_D + \mathbf{N}_R\mathbf{c}_R = \mathbf{0} \tag{1.4}$$

으로 나타낼 수 있다.

키르히호프의 루프법칙

각 가지의 끝 사이의 노드 전압의 차이는 가지 전압과 같다. 이 사실은 $\mathbf{N}^t\mathbf{p} = \mathbf{v}$로 나타내거나, 아니면 다음 식

$$\begin{aligned} \mathbf{N}_S^t\mathbf{p} &= \mathbf{v}_S \\ \mathbf{N}_D^t\mathbf{p} &= \mathbf{v}_D \\ \mathbf{N}_R^t\mathbf{p} &= \mathbf{v}_R \end{aligned} \tag{1.5}$$

으로 나타낼 수 있다. 또한, 전기기기의 특성을 나타내는 방정식을 얻는다. (1.1)에서 다이오드 집합에 대해 다음 식

$$\mathbf{v}_D \geq \mathbf{0}, \ \mathbf{c}_D \geq \mathbf{0}, \ \mathbf{v}_D \cdot \mathbf{c}_D = 0 \tag{1.6}$$

을 얻으며, (1.2)에서 저항기에 대해 다음 식

$$\mathbf{v}_R = -\mathbf{R}\mathbf{c}_R \tag{1.7}$$

을 얻으며, 여기에서 $\mathbf{R}$은 대각선 요소가 저항값인 대각선행렬이다.

따라서 (1.4)-(1.7)은 전기회로의 평형조건을 나타내며 이 식의 조건을 만족시키는 $\mathbf{v}_D$, $\mathbf{v}_R$, $\mathbf{c}$, $\mathbf{p}$를 구해야 한다.

지금, 절 11.2에서 토의하는 다음 식

$$\begin{aligned} &\text{최소화} \quad \frac{1}{2}\mathbf{c}_R^t\mathbf{R}\mathbf{c}_R - \mathbf{v}_S \cdot \mathbf{c}_S \\ &\text{제약조건} \quad \mathbf{N}_S\mathbf{c}_S + \mathbf{N}_D\mathbf{c}_D + \mathbf{N}_R\mathbf{c}_R = \mathbf{0} \\ &\qquad\qquad\qquad\qquad\qquad\qquad -\mathbf{c}_D \leq \mathbf{0} \end{aligned}$$

과 같은 **이차식계획법 문제**를 고려해보고, 여기에서는 저항기가 소비하는 에너지의 절반과 전압원의 에너지손실의 합을 최소화하는 가지 전류 $\mathbf{c}_S$, $\mathbf{c}_D$, $\mathbf{c}_R$를 결정해야 한다. 절 4.3에서 이 문제의 최적성 조건은 다음 식

$$\begin{aligned} \mathbf{N}_S^t\mathbf{u} - \mathbf{v}_S &= \mathbf{0} \\ \mathbf{N}_D^t\mathbf{u} - \mathbf{I}\mathbf{u}_0 &= \mathbf{0} \\ \mathbf{N}_R^t\mathbf{u} + \mathbf{R}\mathbf{c}_R &= \mathbf{0} \\ \mathbf{N}_S\mathbf{c}_S + \mathbf{N}_D\mathbf{c}_D + \mathbf{N}_R\mathbf{c}_R &= \mathbf{0} \\ \mathbf{c}_D \cdot \mathbf{u}_0 &= 0 \\ \mathbf{c}_D, \ \mathbf{u}_0 &\geq \mathbf{0} \end{aligned}$$

과 같으며, 여기에서 $\mathbf{u}$, $\mathbf{u}_0$는 라그랑지 승수를 나타내는 열벡터이다. $\mathbf{v}_D = \mathbf{u}_0$, $\mathbf{p} = \mathbf{u}$라고 놓고 (1.7)을 주목하면, 위 조건은 곧바로 평형조건 (1.4)-(1.7)임을 바로 입증할 수 있다. 라그랑지 승수 벡터 $\mathbf{u}$는 곧바로 노드 전압벡터 $\mathbf{p}$임을 주목

하자.

위 문제에 관련해 다음 식

$$
\begin{aligned}
\text{최대화} \quad & -\frac{1}{2}\mathbf{v}_R^t\mathbf{G}\mathbf{v}_R \\
\text{제약조건} \quad & \mathbf{N}_S^t\mathbf{p} = \mathbf{v}_S \\
& \mathbf{N}_D^t\mathbf{p} - \mathbf{v}_D = 0 \\
& \mathbf{N}_R^t\mathbf{p} - \mathbf{v}_R = 0 \\
& \mathbf{v}_D \geq 0
\end{aligned}
$$

으로 나타나는 쌍대문제가 있으며, 여기에서 $\mathbf{G} = \mathbf{R}^{-1}$은 요소가 콘닥턴스인 대각선행렬이고, 여기에서 $\mathbf{v}_S$는 고정된 것으로 하며, 여기에서 $\mathbf{v}_R^t\mathbf{G}\mathbf{v}_R$은 저항기가 흡수하는 전력이며, 가지 전압 $\mathbf{v}_D$, $\mathbf{v}_R$, 전압벡터 $\mathbf{p}$를 구해야 한다.

또한, 문제의 최적성 조건은 정확하게 (1.4)-(1.7)이다. 더군다나 문제의 라그랑지 승수는 가지 전류이다.

정리 6.2.4에 따라 최적해에서 위 2개 문제의 목적함숫값은 동일하다는 주요 라그랑지 쌍대성 정리를 주목함은 흥미롭다; 즉 말하자면 다음 식

$$\frac{1}{2}\mathbf{c}_R^t\mathbf{R}\,\mathbf{c}_R + \frac{1}{2}\mathbf{v}_R^t\mathbf{G}\mathbf{v}_R - \mathbf{v}_S\cdot\mathbf{c}_S = 0$$

이 성립한다. $\mathbf{G} = \mathbf{R}^{-1}$이므로, 그리고 (1.6), (1.7)을 주목하면 위 방정식은 다음 식

$$\mathbf{v}_R\cdot\mathbf{c}_R + \mathbf{v}_D\cdot\mathbf{c}_D + \mathbf{v}_S\cdot\mathbf{c}_S = 0$$

으로 되며 이 식은 정확하게 에너지보존 법칙을 나타낸다.

독자는 나머지의 전력생산과 배분[7]에 연관한 수리계획법 문제의 최적해를 구하는 응용사례에 관심이 있을 것이다. 이 장 끝의 '주해와 참고문헌' 절에서 적절한 참고문헌과 함께 간략한 토의내용을 소개한다.

7) 역자 주: 발전과 송배전: generation, transmission, and distribution

1.2.5 수자원관리

지금 수력발전과 농업용수공급의 2개 목적으로 결합해 수자원을 사용하는 최적화 모델을 개발한다. 그림 1.6에서 도식으로 제시한 강유역을 고려해보자.

강을 가로지르는 댐은 지표수 저장시설의 역할을 해, 수력발전과 농업용수 공급을 위해 물을 공급한다. 발전소는 댐에 근접해 있다고 가정하고, 관개용수는 댐에서 직접 공급하거나, 또는 발전에 사용한 후 수로를 따라 공급한다.

이 문제와 연관해 2개 변수의 부류가 있다.

1. 설계 관련 변수: 저수지의 최적 저수용량 S, 농업용수를 공급하는 수로 용량 U, 발전소 용량 E의 최적값은 얼마인가?
2. 운영 관련 변수: 농사용, 발전용, 나머지의 목적을 위해 얼마만큼의 물을 방류해야 하는가?

그림 1.6에서 운영에 관련된 변수는 j-째 기간에 대해 다음과 같다:

x_j^A = 댐에서 농사용으로 방류하는 수량

x_j^{PA} = 전력생산을 한 다음 농사용으로 방류하는 수량

x_j^{PM} = 발전용으로 사용하고 하류로 방류하는 수량

x_j^M = 댐에서 직접 하류로 방류하는 수량

계획수립용 모델을 작성하기 위해 댐과 같은 주요한 투자대상인 설비의 수명기간에 상응하는 N개 계획대상기간을 채택한다. 목적은 저수지, 발전소, 수로와

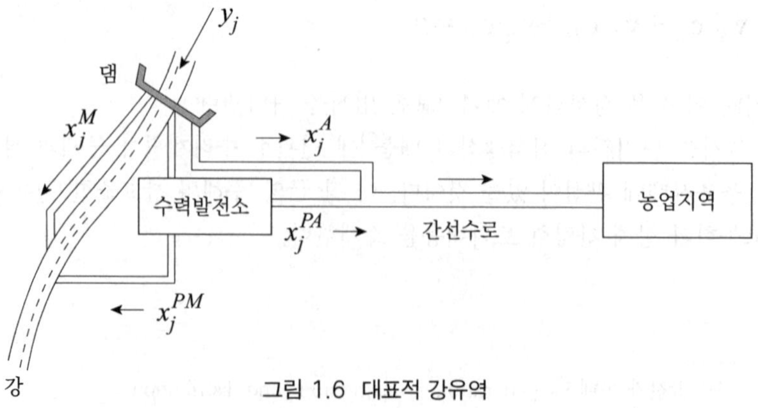

그림 1.6 대표적 강유역

연관된 연도별 비용의 현가를 합한 것에서 발전과 농사용의 연도별 수입의 현가를 합한 것을 뺀 것을 최소화하는 것이다. 이들의 비용과 수입을 아래에서 토의한다.

발전소

발전소에 관련해 다음 식

$$C(E) + \sum_{j=1}^{N} \beta_j \hat{C}_e(E) \tag{1.8}$$

과 같은 비용을 얻으며, 여기에서 만약 발전소 용량이 E라면, 그리고 $\hat{C}_e(E)$는 연간운전비, 수선유지비, 발전설비의 대체비용이라면, $C(E)$는 발전소 건설, 관련 구조물, 송전용 설비에 연관된 비용이며, 여기에서 β_j는 기간 j에서 발생한 비용의 현가를 계산하기 위한 할인율이다. 함수 $C(E)$, $\hat{C}_e(E)$의 성격에 대해 모바셰리[1968]를 참조하시오.

더군다나, 에너지판매에 연관된 할인된 수입은 다음 식

$$\delta\left\{\sum_{j=1}^{N}\beta_j[p_f F_j + p_d(f_j - F_j)]\right\} + (1-\delta)\left\{\sum_{j=1}^{n}\beta_j[p_f f_j - p_s(F_j - f_j)]\right\} \tag{1.9}$$

으로 나타낼 수 있으며, 여기에서 F_j는 p_f 가격으로 판매할 수 있는 확정 전력수요이며 f_j는 생산전력이며, 여기에서 만약 $f_j > F_j$이라면 $\delta = 1$이며, 잉여전력 $f_j - F_j$는 p_d라는 낮은 가격으로 판매할 수 있다. 반면에, 만약 $f_j < F_j$이면 $\delta = 0$이며 인접한 전력망에서 전력을 구매해야 하므로 $p_s(F_j - f_j)$의 페널티 비용이 부담된다.

저수지와 수로

할인된 투자비는 다음 식

$$C_r(S) + \alpha C_\ell(U) \tag{1.10}$$

으로 주어지며, 여기에서 $C_r(S)$은 용량이 S인 저수지의 건설비이며 $C_\ell(U)$는 용량이 U인 간선 수로의 투자비이며, 여기에서 α는 저수지의 수명기간에 비해 수로의 더 짧은 수명기간을 고려하기 위한 스칼라이다.

할인된 운영비는 다음 식

$$\sum_{j=1}^{N} \beta_j \left[\hat{C}_r(S) + \hat{C}_\ell(U) \right] \tag{1.11}$$

으로 나타낸다. 관심 있는 독자는 여기에서 토의한 함수의 성격에 관한 토의에 대해 마아쓰 등[1967]과 모바셰리[1968]를 참조하시오.

관개수입

관개에서 얻는 농작물수확량은 민하스 등[1974]이 제시한 바와 같이 기간 j 동안의 관개용수의 함수 R로 나타낼 수 있다. 따라서 농업용수 판매에서 얻은 수입은 다음 식

$$\sum_{j=1}^{N} \beta_j R\left(x_j^A + x_j^{PA}\right) \tag{1.12}$$

으로 주어지며, 여기에서 편의상 강우에 의한 유량 증가는 고려하지 않았다.

지금까지 목적함수에 있는 다양한 항을 토의했다. 또한, 이 모델은 설계변수와 의사결정변수에 부과한 제약조건을 반드시 고려해야 한다.

발전에 관한 제약조건

명확하게, 발전출력은 공급하는 유량이 갖는 에너지에 의한 출력을 초과할 수 없으며, 따라서 다음 식

$$f_j \leq \left(x_j^{PM} + x_j^{PA}\right) \Psi(s_j) \gamma e \tag{1.13}$$

을 얻으며, 여기에서 $\Psi(s_j)$는 기간 j 동안 저수지에 저장된 수량 s_j에 의해 만들어지는 수두(낙차)이며 γ는 전력전환계수이고 e는 수력발전시스템의 효율이다(함수 Ψ의 성격에 대해 올라오개느 & 힘멜블로[1974]를 참조 바람).

유사하게, 발전출력은 정격출력을 초과할 수 없으므로 다음 식

$$f_j \leq \alpha_j EeH_j \tag{1.14}$$

을 만족해야 하며, 여기에서 α_j는 하루 중의 최대출력에 대한 평균출력의 비율로 정의한 부하율이며 H_j는 운전시간이다.

마지막으로, 발전소 용량은 알려진 허용한계 이내에 존재해야 한다; 즉 말하자면, 다음 식

$$E' \leq E \leq E'' \tag{1.15}$$

과 같은 제한이다.

저수지 제약조건

만약 물의 증발을 무시한다면 댐에 유입하는 유량 y_j는 댐에 저장된 수량과 여러 목적으로 방류한 수량의 차이와 같아야 한다. 이 제약은 다음 식

$$s_{j+1} - s_j + x_j^A + x_j^M + x_j^{PM} + x_j^{PA} = y_j \tag{1.16}$$

으로 나타날 수 있다.

제약조건의 둘째 집합은 저수지의 저수량은 적절해야 하고, 허용가능 한계 내에 있어야 함을 나타낸다; 즉 말하자면, 다음 제약조건

$$S \geq s_j \tag{1.17}$$

$$S' \leq S \leq S'' \tag{1.18}$$

이 만족되어야 한다.

의무방류의 제약조건

흔히, 하류의 물사용 요구량을 만족시키기 위해 어떤 일정량의 물 M_j을 방류해야 함을 명시할 필요가 있다. 이 의무방류 요구사항은 다음 식

$$x_j^M + x_j^{PM} \geq M_j \tag{1.19}$$

과 같이 명시할 수 있다.

관개수로

마지막으로 관개수로 용량 U는 농업용수를 공급하기 위한 적절한 크기이어야 함을 명시해야 한다. 그러므로 다음 식

$$x_j^A + x_j^{PA} \le U \tag{1.20}$$

이 필요하다.

그렇다면 목적함수는 (1.8), (1.10), (1.11)의 합에서 (1.9), (1.12)에 나타난 수입을 뺀 순비용을 최소화하는 것이다. 모든 변수는 비음(-)이어야 한다는 제한과 함께 제약조건은 (1.13)에서 (1.20)까지의 식으로 주어진다.

1.2.6 확률론적 자원할당

다음의 선형계획법 문제

최대화	$\mathbf{c}\cdot\mathbf{x}$	
제약조건	$\mathbf{A}\mathbf{x}$	$\le \mathbf{b}$
	$\mathbf{x}$	≥ 0

를 고려해보고, 여기에서 $\mathbf{c}$, $\mathbf{x}$는 n-벡터, $\mathbf{b}$는 m-벡터, $\mathbf{A} = [\mathbf{a}_1, \cdots, \mathbf{a}_n]$는 $m \times n$ 행렬이다. 위 문제는 다음과 같은 자원할당모델로 해석할 수 있다. 벡터 $\mathbf{b}$로 표현되는 m개 자원이 있다고 가정한다. $\mathbf{A}$의 열 $\mathbf{a}_j$는 활동 j를 나타내고, 변수 x_j는 선택해야 할 활동수준을 나타낸다. 수준 x_j에서 활동 j는 가용자원 가운데 $\mathbf{a}_j x_j$를 사용한다; 그러므로 이것을 나타내는 제약조건은 $\mathbf{A}\mathbf{x} = \Sigma_{j=1}^{n} \mathbf{a}_j x_j \le \mathbf{b}$이다. 만약 활동 j의 1단위당 이익이 c_j라면 총이익은 $\Sigma_{j=1}^{n} c_j x_j = \mathbf{c}\cdot\mathbf{x}$이다. 따라서 이 문제는 총이익 최대화를 위해, 여러 종류의 활동을 위한 자원벡터 $\mathbf{b}$를 최적으로 할당하는 방법을 탐색하는 것이라고 해석할 수 있다.

몇몇 실제 문제에서 이익계수 $c_1, \cdots, c_n$은 고정된 것이 아니고 확률변수이므로 위의 확정론적 모델은 적절하지 않다. 따라서 $\mathbf{c}$는 평균이 $\overline{\mathbf{c}} = (\overline{c}_1, \cdots, \overline{c}_n)$이며 **공분산행렬**이 $\mathbf{V}$인 확률벡터라고 가정한다. 따라서 z로 표시한 목적함수는 평균이 $\overline{\mathbf{c}}\cdot\mathbf{x}$이며 분산이 $\mathbf{x}^t\mathbf{V}\mathbf{x}$인 확률변수가 될 것이다.

만약 z라는 기대치의 최대화를 원한다면, 다음 문제

$$\begin{aligned} &\text{최대화} && \bar{\mathbf{c}}\cdot\mathbf{x} \\ &\text{제약조건} && \mathbf{Ax} \leq \mathbf{b} \\ & && \mathbf{x} \quad \geq 0 \end{aligned}$$

의 최적해를 구해야 한다. 이 문제는 절 2.6에서 토의하는 선형계획법 문제이다. 반면에 만약 z의 분산을 최소화해야 한다면 문제의 최적해를 구하기 위해 다음 식

$$\begin{aligned} &\text{최소화} && \mathbf{x}^t\mathbf{Vx} \\ &\text{제약조건} && \mathbf{Ax} \leq \mathbf{b} \\ & && \mathbf{x} \quad \geq 0 \end{aligned}$$

의 해를 구해야 하며, 이 식은 절 11.2에서 토의하는 것과 같은 **이차식계획법 문제**이다.

1) 만족화하는 판단기준과 기회제약조건

기대치를 최대화함에 있어 게인 z의 분산을 완전히 무시했다. 반면에 분산을 최대화하지만 z의 기대치는 고려하지 않았다. 현실 문제에서 사람들은 기대치를 최대화하기를 원하면서 이와 동시에 분산도 최소화하려 한다. 이것은 다목적계획법 문제이며 이와 같은 문제를 다루기 위한 상당한 연구가 이루어졌다(에르고트[2004], 쉬퇴르[1986], 젤레니[1974], 젤레니 & 코크레인[1973]을 참조). 그러나 기대치와 분산을 동시에 고려하는 여러 가지 다른 방법도 존재한다.

어떤 사람은 기대치가 흔히 **희망수준** 또는 **만족화수준**이라고 말하는 어떤 값 $\bar{z}$와 같아야 함을 보장받는 데에 관심이 있다고 가정한다. 그렇다면 이 문제는 다음 식

$$\begin{aligned} &\text{최소화} && \mathbf{x}^t\mathbf{Vx} \\ &\text{제약조건} && \mathbf{Ax} \leq \mathbf{b} \\ & && \bar{\mathbf{c}}\cdot\mathbf{x} \geq \bar{z} \\ & && \mathbf{x} \quad \geq 0 \end{aligned} \tag{1.21}$$

과 같이 표현할 수 있으며 이것은 또다시 **이차식계획법 문제**이다.

채택할 수 있는 또 다른 접근법은 다음과 같다. $\alpha = Prob\left(\mathbf{c}\cdot\mathbf{x} \geq \bar{z}\right)$라고 하자; 즉 말하자면, α는 희망수준 $\bar{z}$에 도달할 확률을 나타낸다. 명확하게, 사람들은 α를 최대화하기를 원한다. 지금, 확률변수 벡터 $\mathbf{c}$는 함수 $\mathbf{d} + y\mathbf{f}$로 표현할 수 있고, 여기에서 $\mathbf{d}$, $\mathbf{f}$는 고정된 벡터이며 y는 확률변수라고 가정한다. 그렇다면 만약 $\mathbf{f}\cdot\mathbf{x} > 0$이라면 α는 다음 식

$$\begin{aligned} \alpha &= Prob\left(\mathbf{d}\cdot\mathbf{x} + y\mathbf{f}\cdot\mathbf{x} \geq \bar{z}\right) \\ &= Prob\left(y \geq \frac{\bar{z} - \mathbf{d}\cdot\mathbf{x}}{\mathbf{f}\cdot\mathbf{x}}\right) \end{aligned}$$

과 같다. 그러므로 이 경우 α를 최대화하는 문제는 다음 식

$$\begin{aligned} &\text{최소화} && \frac{\bar{z} - \mathbf{d}\cdot\mathbf{x}}{\mathbf{f}\cdot\mathbf{x}} \\ &\text{제약조건} && \mathbf{A}\mathbf{x} \leq \mathbf{b} \\ & && \mathbf{x} \geq \mathbf{0} \end{aligned}$$

으로 된다. 이 문제는 **선형분수계획법 문제**이며 절 11.4에서 해를 구하는 절차를 토의한다.

대안적으로, 만약 분산을 최소화하기를 원하면서, 그러나 또한 이익 $\mathbf{c}\cdot\mathbf{x}$가 원하는 값 $\bar{z}$를 초과할 확률이 최소한 어떤 명시한 값 q보다는 커야 함을 요구하는 제약조건을 포함하기를 원한다면, 다음 **기회제약조건**

$$Prob\left(\mathbf{c}\cdot\mathbf{x} \geq \bar{z}\right) = Prob\left(y \geq \frac{\bar{z} - \mathbf{d}\cdot\mathbf{x}}{\mathbf{f}\cdot\mathbf{x}}\right) \geq q$$

을 사용해 포함할 수 있다. 지금 y는 ϕ_q가 상위 $100q$ 백분위수 값을 나타내는 연속분포 확률변수라고 가정하면, 즉 말하자면, $Prob\left(y \geq \phi_q\right) = q$라면 앞에서의 제약조건은 등가적으로 다음 식

$$\frac{\bar{z} - \mathbf{d}\cdot\mathbf{x}}{\mathbf{f}\cdot\mathbf{x}} \leq \phi_q \quad \text{또는} \quad \mathbf{d}\cdot\mathbf{x} + \phi_q\mathbf{f}\cdot\mathbf{x} \geq \bar{z}$$

으로 나타낼 수 있다. 그렇다면, 이 선형제약조건은 (1.21)의 모델에서 기대치에

관한 제약조건을 대체하기 위해 사용할 수 있다.

2) 위험기피모델

수익의 분산과 기대치를 다루기 위한 위 접근법에서, 개인의 위험기피 행태는 고려하지 않았다. 예를 들면 위험기피형인 사람은 기대치가 110$, 분산이 30인 게인보다도 기대치가 100$, 분산이 10인 게인을 선호할 수 있다. 100$ 기대치를 선호하는 사람은 110$ 기대치를 선호하는 사람보다도 더 많이 위험을 기피한다. 위험감수행태에서의 차이는 사람마다 돈의 효용성을 생각하면서 고려할 수 있다.

대부분 사람에 있어 추가적 1$의 가치는 이들의 총 순가치가 증가함에 따라 감소한다. 순가치 z에 연관된 값을 z의 **효용**이라 한다. 흔히 $z=0$에 대해 $u=0$이며, z가 무한대에 접근함에 따라 $u=1$을 만족시키기 위해 효용 u를 정규화함이 편리하다. 함수 u는 개인의 효용함수라 하며, 일반적으로 비감소 연속함수이다. 그림 1.7은 2인에 관한 2개의 대표적 효용함수를 나타낸다. 사람 (a)에 대해 Δz의 게인은 효용을 Δ_1만큼 증가시키고 Δz의 상실은 효용을 Δ_2만큼 감소시킨다. Δ_2는 Δ_1보다도 크므로 이 사람은 더 작은 분산을 선호할 것이다. 이런 사람은 효용함수가 그림 1.7의 (b)와 같은 사람보다도 위험을 더 많이 기피한다.

그림 1.7의 (a) 또는 (b)와 같은 또 다른 곡선은 수학적으로 다음 식

$$u(z) = 1 - e^{-kz}$$

과 같이 표현할 수 있으며, 여기에서 $k > 0$는 **위험기피상수**라 한다. k 값이 커질수

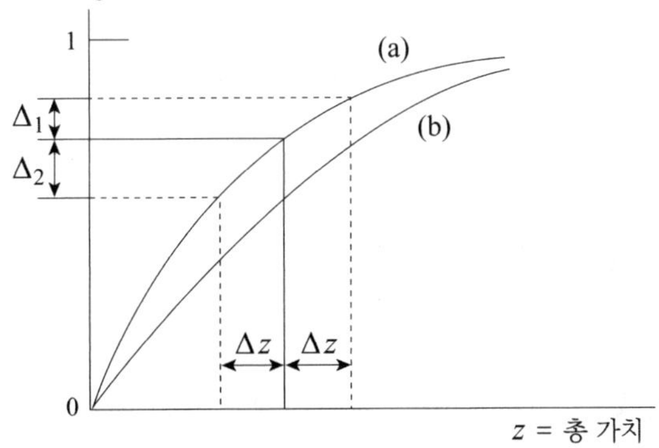

그림 1.7 효용함수

록 더욱 위험기피행태로 됨을 주목하자.

현재 가치는 0이며 그래서 총 가치는 게인 z와 같다고 가정한다. $\mathbf{c}$는 평균이 $\bar{\mathbf{c}}$, 공분산행렬이 $\mathbf{V}$인 정상(가우스) 확률벡터라 가정한다. 그렇다면 z는 평균이 $\bar{z} = \bar{\mathbf{c}} \cdot \mathbf{x}$, 분산이 $\sigma^2 = \mathbf{x}^t \mathbf{V} \mathbf{x}$인 가우스 확률변수라 한다. 특히 게인의 밀도함수 ϕ는 다음 식

$$\phi(z) = \frac{1}{\sigma\sqrt{2\pi}} exp\left[-\frac{1}{2}\left(\frac{z-\bar{z}}{\sigma}\right)^2\right]$$

으로 주어진다. 효용의 기대치를 최대화하기를 원하며 다음 식

$$\begin{aligned}
&\int_{-\infty}^{\infty}(1-e^{-kz})\phi(z)dz \\
&= 1 - \frac{1}{\sigma\sqrt{2\pi}}\int_{-\infty}^{\infty} exp\left[-kz - \frac{1}{2}\left(\frac{z-\bar{z}}{\sigma}\right)^2\right]dz \\
&= 1 - \frac{1}{\sigma\sqrt{2\pi}}\int_{-\infty}^{\infty} exp\left[-\frac{1}{2}\left(\frac{z-\bar{z}+k\sigma^2}{\sigma}\right)^2\right] exp\left(-k\bar{z} + \frac{1}{2}k^2\sigma^2\right)dz \\
&= 1 - \frac{exp\left(-k\bar{z} + \frac{1}{2}k^2\sigma^2\right)}{\sigma\sqrt{2\pi}}\int_{-\infty}^{\infty} exp\left[-\frac{1}{2}\left(\frac{z-\bar{z}+k\sigma^2}{\sigma}\right)^2\right]dz \\
&= 1 - exp\left(-k\bar{z} + \frac{1}{2}k^2\sigma^2\right)
\end{aligned}$$

으로 주어진다. 그러므로, 효용의 기대치의 최대화는 $k\bar{z} - (1/2)k^2\sigma^2$의 최대화와 등가이다. $\bar{z}$와 σ^2를 대체하면, 다음 **이차식계획법**

$$\begin{aligned}
\text{최대화} \quad & k\bar{\mathbf{c}} \cdot \mathbf{x} - \frac{1}{2}k^2\mathbf{x}^t\mathbf{V}\mathbf{x} \\
\text{제약조건} \quad & \mathbf{A}\mathbf{x} \le \mathbf{b} \\
& \mathbf{x} \ge 0
\end{aligned}$$

을 얻는다. 또다시 $\mathbf{V}$의 성격에 따라 제11장에서 토의하는 방법을 사용해 문제의 최적해를 구할 수 있다.

1.2.7 시설의 위치선정

자주 부딪히는 문제 가운데 하나는 활동센터의 최적 위치 선정이다. 이 문제는 기계 위치, 또는 공장 내의 부서, 공장 위치 또는 상품을 소매사업자에게 또는 소비자에게 전달하는 창고의 위치, 또는 도시지역에서 비상시설(예를 들면, 소방서 또는 경찰서)의 위치 등의 선정을 포함한다.

다음과 같은 간단한 케이스를 고려해보자. 수요와 장소가 알려진 n개 시장이 있다고 가정한다. 이들 수요는 창고 용량을 알고 있는 m개 창고에서 공급한다. 이 문제는 창고에서 시장으로 수송하는 물량에 따라 가중치를 부여한 총거리를 최소화하도록 하는 창고의 위치를 결정하는 것이다. 좀 더 구체적으로 다음 변수

(x_i, y_i) = 창고 i의 미지의 위치 $i=1, \cdots, m$

c_i = 창고 i의 용량 $i=1, \cdots, m$

(a_j, b_j) = 시장 j의 알려진 위치 $j=1, \cdots, n$

r_j = 시장 j의 알려진 수요 $j=1, \cdots, n$

d_{ij} = 창고 i에서 시장지역 j까지의 거리 $(i=1, \cdots, m,\ j=1, \cdots, n)$

w_{ij} = 창고 i에서 시장지역 j로 수송되는 상품의 개수 $(i=1, \cdots, m;\ j=1, \cdots, n)$

를 정의한다.

창고의 위치를 결정하고 수송패턴을 결정하는 문제는 다음 식

$$\text{최소화} \quad \sum_{i=1}^{m}\sum_{j=1}^{n} w_{ij} d_{ij}$$

$$\text{제약조건} \quad \sum_{j=1}^{n} w_{ij} \le c_i \quad i=1, \cdots, m$$

$$\sum_{i=1}^{m} w_{ij} = r_j \quad j=1, \cdots, n$$

$$w_{ij} \ge 0 \quad i=1, \cdots, m,\ j=1, \cdots, n$$

과 같이 나타낼 수 있다. w_{ij}, d_{ij}는 결정해야 할 변수임을 주목하자. 그러므로, 위

문제는 비선형계획법 문제이다. **직선 거리**, **유클리드 거리**, 또는 ℓ_p**노음 거리** 등을 사용해 여러 가지 거리 측도를 선택할 수 있고, 여기에서 p 값은 특정한 도시의 여행거리를 근사화하기 위해 선택할 수 있다. 이들은 각각 다음 식

$$d_{ij} = |x_i - a_j| + |y_i - b_j|$$
$$d_{ij} = \left[(x_i - a_j)^2 + (y_i - b_j)^2\right]^{1/2}$$
$$d_{ij} = \left[(x_i - a_j)^p + (y_i - b_j)^p\right]^{1/p}$$

으로 주어진다.

각각의 선택은 변수 $x_1, \cdots, x_m$, $y_1, \cdots, y_m$, $w_{11} \cdots, w_{mn}$을 갖는 특별한 비선형계획법 문제로 인도한다. 만약 창고 위치가 고정된 것이고 d_{ij} 값이 알려진 것이라면, 위 문제는 **수송문제**라 하며 선형계획법 문제의 특별 케이스가 된다. 반면에 수송변수값을 고정하면 (순수한) **위치선정문제**로 된다. 따라서 위 문제는 **위치할당문제**라고도 알려져 있다.

1.2.8 나머지의 응용사례

비선형계획법 모델과 기법을 적용한 나머지의 수많은 응용사례가 존재한다. 이 사례는 화공공정의 평형과 공정제어, 가솔린혼합; 오일추출, 혼합, 배분; 산림벌채(가꾸기)와 수확계획 수립; 다양한 시장행태의 현상 아래 공급과 수요 사이의 상호작용의 경제학적 평형; 물배급시스템의 신뢰도를 높이기 위한 파이프네트워크 설계; 전력회사의 발전시스템 확장계획과 수요관리계획; 기업의 생산과 재고관리; 통계적 모수의 최소제곱 추정과 데이터 피팅; 엔진, 항공기, 선박, 교량, 나머지의 구조물의 설계 문제를 포함한다. '주해와 참고문헌' 절은 이들과 나머지의 응용사례에 대해 상세한 내용을 제시하는 여러 참고문헌을 인용한다.

1.3 모델구축 지침

모델링과정은 하나의 주어진 문제에 대해 의사결정을 실행할 수 있도록 지침을 제시하는 의미 있는 해답을 생산하기 위해, 분석할 수 있는 수학적 추상화의 구성에

관심을 두고 있다. 이 과정에서 중심은 문제의 **확인**(식별) 또는 **정식화**이다. 사람 활동의 성격에 따라, 문제는 고립된 또는 명료하게 정의된 것도 아니며 나아가서, 주변의 여러 다른 문제와 상호작용을 하고, 불확실성으로 인해 가려진, 다양하고 상세한 내용을 포함한다.

예를 들면, 어떤 기계의 작업스케줄링은 원자재획득, 불확실한 수요예측, 그리고 재고품 저장과 소진(처리) 계획수립 등의 문제와 상호작용을 한다; 그리고 스케줄링에 있어 기계의 신뢰도, 근로자의 업무수행능력과 결근, 가짜작업 또는 긴급작업 끼워넣기 등의 문제도 치밀하게 고려해야 한다. 그러므로 모델을 구성하는 사람은 문제를 정식화함에 있어 명시적으로 고려할 문제의 특별한 범위와 측면을 식별해야 하고, 결과로 나타난 모델이 **표현 가능성**과 **수학적 해결능력** 사이에서 균형 잡힌 협상이 되도록 하는 적절한 단순화가정을 거쳐야 한다.

모델이라는 것은 실제 문제를 추상화한 것이므로 실제의 물리적 시스템을 나타내는 정확성이 의미가 있을 만한 답을 산출할 것이다. 반면에 과도하게 복잡한 모델은 너무나 복잡하므로 고려할 만한 어떤 믿을 만한 해를 얻기 위해 수학적으로 해석할 수도 없다. 물론 이와 같은 협상은 단지 1회 시도로 달성될 필요는 없다. 흔히 간단한 모델 표현에서 시작하고, 문제의 통찰력을 얻을 수 있는가를 테스트하고, 한편으로 적절하게 계산할 수 있는 능력을 유지하면서 모델이 좀 더 현실을 잘 나타낼 수 있도록 구체화하는 방향으로 안내하기 위해, 간단한 모델에서 출발함이 교훈적이다. 이 목적을 달성하면서 모델에서 얻은 답은, 의사결정자 역할을 대체한다기보다는, 의사결정을 위한 지침을 제시함을 명심해야 한다. 이 모델은 다만 현실을 추상화해 나타낸 것일 뿐이며 현실 그 자체를 등가적으로 표현한 것이라고는 말할 수 없다.

이와 동시에 이들 지침은 근거가 명확해야 하며 의미가 정확해야 한다. 나아가서, 하나의 중요한 기능은 **민감도분석**을 해, 시스템 행태에 대해 더 많은 정보를 제공해야 하며, 민감도분석에서는 여러 종류의 문제의 모수 섭동과 관련한 복수 시나리오 아래 시스템 반응을 검토해야 한다. 이러한 해석을 해 믿을 만한 통찰력을 얻기 위해 문제의 표현과 해결가능성 사이에서 조심스러운 균형을 취함이 중요하다.

앞서 말한 과정에 뒤이어 오는 것은 실제 **문제를 수학적 문장으로 구성하는 것**이다. 식별한 문제를 수학적으로 모델링하는 과정에는 흔히 다양한 방법이 존재한다. 비록 이들의 대안적 형태는 수학적으로 등가일지는 모르지만, 해를 구하는 알고리즘을 제공하는 측면에는 상당한 차이가 있다. 그러므로 알고리즘의 실행과

한계에 관한 어떤 예견이 필요하다. 예를 들면, 변수 x가 0, 1, 또는 2의 값만을 가져야만 한다는 제한은 제약조건 $x(x-1)(x-2)=0$을 사용해 정확하게 모델링 할 수 있다.

그러나 제약조건 집합이 볼록집합이 아닌 구조는, 예를 들면, 만약 이와 같은 이산성의 제한을 분지한정법 구조처럼, 별도로 그리고 명시적으로 취급하는 것보다도, 대부분 알고리즘에 대해 더욱 어려움을 가중시킨다(알고리즘을 이와 같은 다항식 구조를 활용하도록 설계하지 않는 한)(넴하우저 & 울시[1998], 또는 파커 & 라르딘[1988] 참조). 또 다른 예로, 부등식 $i=1, \cdots, m$에 대한 $g_i(\mathbf{x}) \leq 0$에 따라 정의한 실현가능영역을 등가적으로 새로운(부호 제한 없는) 변수 $i=1, \cdots, m$에 대한 s_i를 도입해, 등식 제약조건 $i=1, \cdots, m$에 대한 $g_i(\mathbf{x})+s_i^2=0$의 집합으로 나타낼 수 있다.

비록 등식 제약조건에 관련한 이론 또는 기법을 부등식 제약조건에 관련한 이론 또는 기법으로 확장하기 위해 이 방법을 사용하기는 하지만, 이 전략을 함부로 적용하는 것은 해를 구하는 알고리즘이 실패하는 원인이 될 수도 있다. 비선형적으로 나타나는 변수에 관한 차원을 증가시킴 이외에, 비록 위 기법이 원래의 부등식제약이 있는 문제의 케이스는 아니었다고 하더라도, 이 모델링 알고리즘은 제 4장에서 최적성 조건이 최적해가 아닌 점에서 만족될 수 있는가의 여부를 파악해, 문제에 비볼록성을 주입한다.

같은 의미로, 절 1.1에서 설명한 비선형계획법 문제의 부등식 제약조건과 등식 제약조건은 등가적으로 **단일** 등식 제약조건으로 다음 식

$$\sum_{i=1}^{m}\left[g_i(\mathbf{x})+s_i^2)\right]^2+\sum_{j=1}^{\ell}h_j^2(\mathbf{x})=0$$

또는 다음 식

$$\sum_{i=1}^{m} max\ \{g_i(\mathbf{x}),0\}+\sum_{j=1}^{\ell}\left|h_j(\mathbf{x})\right|=0$$

으로 또는 다음 식

$$\sum_{i=1}^{m} max\ ^2\{g_i(\mathbf{x}),0\}+\sum_{j=1}^{\ell}h_j^2(\mathbf{x})=0$$

으로 표현할 수 있다. 이들 다른 문장은 다른 구조적 특질을 갖는다; 그리고 만약 알고리즘적 능력과 적절하게 짝지어지지 않는다면, 설사 있다 해도, 무의미한 또는 임의의 해가 구해질 수도 있다. 그러나 비록 이와 같은 등가의 1개 제약조건은 실제로는 거의 채택되지 않지만, 제9장에서 보게 될 것이지만 이러한 등가의 제약조건 표현이 목적함수에 수용될 때, 이들 재정식화의 개념적 구성은 페널티함수를 고안하는 데에 대단히 유용하다. 또한, 이것은 실제로 적절하게 적용하고 소프트웨어를 이용해 생산한 결과를 해석할 수 있도록 비선형계획법 뒤에 숨은 이론을 알아야 할 필요성을 과소평가한다. 달리 말하면, **좋은 전문가로 업무를 훌륭히 수행하기 위해서는 훌륭한 이론가가 되어야 한다**. 물론, 이 문장의 역도 또한 장점이 있다.

일반적으로 말하자면 대부분 알고리즘에 적용하기 편리한, 적절한 수학적 정식화를 구축하기 위해 사용자가 따를 수 있는 어떤 지침이 존재한다. 이들 지침을 적용하는 데 있어 어느 정도 경험과 선견지명이 필요하며, 이 과정은 과학이라기보다는 기술이라 할 수 있다. 몇 개 제안을 아래에 제공하지만, 이들은 전반적 지침서 집합이라기보다는 일반적 추천사항과 안내원칙일 뿐임을 독자에게 알린다.

이들 지침 가운데 으뜸인 것은, 임의의 내재하는 특별한 구조를 확인하기 위해, 그리고 알고리즘적 과정에서 이들의 구조를 활용하기 위해, 문제의 적절한 서술을 요구하는 것이다. 이러한 구조는, 실행상 문제에서 또는 최적해를 포함하는 근방에 관한 지식에 의해 좌우되는, 단순하게 제약조건의 선형성, 또는 변수에 관한 꽉 조인 하계와 상계의 존재일 수도 있다. 대부분의 현존하는 강력한 알고리즘은 관련된 함수의 미분가능성을 요구하며, 그래서 어디에라도, 가능하다면, 도함수 정보를 매끈하게 표현함이 유용하다. 비록 2-계와 더 높은 계의 도함수 정보는, 일반적으로, 상대적으로 대형인 문제에 사용하기에는 과도한 메모리 용량이 필요하고 구매비용이 비싸지만, 만약 사용할 수 있다면 알고리즘 효율을 상당히 높일 수 있다. 그러므로, 대부분 효율적 알고리즘은 2-계 미분가능성을 가정해, 이 정보를 근사화해 사용한다. 선형성과 미분가능성 이외에도, 제약조건 자체의 성격(네트워크 플로의 제약조건과 같은)에 따라 또는, 일반적으로, 0이 아닌 계수가 제약조건에 나타나는 형태(예를 들면, 제약조건의 중요한 집합 전체에 걸쳐 블록 대각선 형태로, 라스돈[1970]을 참조)에 따라 제공되는 여러 가지의 구조가 존재한다. 이러한 구조는 알고리즘 수행능력을 높일 수 있고 그러므로 적절한 양의 계산 노력으로 해를 구할 수 있는 문제의 크기를 확대할 수 있다.

명시적으로 식별되고 활용되는 특수한 구조에 대비해, 최적화하는 문제함수는 값을 구하는 것 자체가 비용이 많이 드는, 아마도 실험을 요구하는 업무일 수도 있는, 암묵적으로 알려지지 않은 형태의 복잡한 "블랙박스"일 수 있다. 이런 경우 마이어스[1976]가 설명한 바와 같은 반응표면 피팅 알고리즘, 또는 이러한 함수의 어떤 이산화 격자근사화가 유용한 도구로 될 수 있다.

또한, 실제로는 아주 흔하게, 목적함수는 최적해 근처에서 상대적으로 평탄한 것일 수 있다. 목적함수의 최적값을 결정한 다음, 주어진 목적함수가 거의-최적인 값을 취하도록 요구함으로 이것을 제약조건 집합으로 이동할 수 있으며, 그것에 의해 다른 2차적 목적함수에 관해 다시 최적화할 기회를 부여한다. 이 개념은 복수의 목적함수를 갖는 케이스로 확장할 수 있다. 이 알고리즘은 우선순위가 주어진 다목적 함수의 계층을 고려하기 위한 **선점적 우선권전략**이라고 알려져 있다.

모델링과정에서 **딱딱한 제약조건**, 이것은 어떠한 타협도 없이 꼭 만족될 필요가 있으며, 그리고 **연한 제약조건**, 이것은 약간의 위반이 허용되며, 2개의 구분은 약간의 비용이 추가되더라도 유용하다. 예를 들면 어떤 활동벡터 $\mathbf{x}$의 비용 $g(\mathbf{x})$는 예산 B를 초과하지 말아야 한다고 제한을 가할 수 있으나 만약 경제적으로 정당화할 수 있다면 어떤 한계 이내로 위반을 허용할 수 있다. 그러면 이 제약조건은 $g(\mathbf{x}) - B = y^+ - y^-$처럼 모델링할 수 있으며, 여기에서 y^+, y^-는 비음(-)변수이고, 여기에서 "위반"의 크기 y^+는 차용하거나 아니면 조달할 수 있는 자본에 의해 '위로 유계'이며 그에 따라 또한, 목적함수의 비용 항에 $c(y^+)$가 수반된다. 이와 같은 제약조건은 이것이 제공하는 유연성 때문에 **탄력적 제약조건**이라고도 한다.

만약 허용할 수 있다면, 어떤 제약조건에 약간의 위반을 허용하면, 구하는 해에 상당한 충격을 가할 수 있음을 주목함은 통찰력이 있는 것이다. 예를 들면 제약조건 $h_1(\mathbf{x}) = 0$, $h_2(\mathbf{x}) = 0$의 쌍을 딱딱한 제약조건으로 부여하면, 이들의 교집합에 의해 정의한 실현가능 영역이 매력적 값을 갖는 해에서 멀리 떨어질 수도 있으며, 한편으로 이와 같은 해는 이들 제약조건을 연하게 위반하기만 할 수도 있다. 그러므로 이들을 연한 제약조건으로 취급하고, $-\Delta_i \le h_i(\mathbf{x}) \le \Delta_i$로 새로 작성하고, 여기에서 $i = 1, 2$에 대한 Δ_i는 작은 양(+) 허용요소이며, 경영의 관점에서 좀 더 신중하게 해의 품질과 실현가능성 사이에서 협상을 할 수 있는, 훨씬 더 좋은 해를 얻을 수도 있다. 이들 개념은 **목표계획법**(이니지오[1976] 참조)과 관계되며, 여기에서 과소 또는 과다 달성에 대해, 이에 수반하는 페널티 또는 보상과 함께, 연한 제약조건은 달성해야 할 목표를 나타낸다.

가장 중요하지만 **한계짓기**와 **척도구성**의 문제를 실행할 때 자주 무시하는 관행을 언급하면서 이 장을 마무리한다. 이 관행은 알고리즘적 수행능력에 심각한 영향을 미칠 수 있다. 연속최적화문제와 이산최적화문제를 위한 여러 알고리즘은 변수의 꽉 조인 하한과 상한의 존재로 인해 자주 혜택을 받는다. 이와 같은 한계는 실행측면-기반, 최적성-기반, 또는 실현가능성-기반에 관해 고려해 구성할 수 있다. 이에 더해 척도구성 연산에 세밀하게 관심을 가져야 한다. 이것은 제약조건에 (양(+)) 상수를 곱해 척도를 변경하거나 $\mathbf{y} = \mathbf{D}\mathbf{x}$ 로 대체하는 간단한 선형변환으로 변수 $\mathbf{x}$ 의 척도를 변경하는 것을 포함할 수 있으며, 여기에서 $\mathbf{D}$ 는 정칙대각선 행렬이다. 추구하는 최종 결과는 목적함수와 제약조건함수의 구조적 특질을 개선하려는 것이며 변수 크기와 제약조건 계수의 크기(쌍대변수 또는 라그랑지 승수의 값을 좌우하므로; 제4장 참조)를 유사한 또는 모순 없는 영역 내에서 변동시키려는 것이다. 이것은, 수치적 정확도 문제를 감소시키거나 최적화과정에서 부딪히는 심하게 불균형인 또는 대단히 급경사인 분수령과 같은 함수 등고선과 연관된, 악조건 효과를 완화하는 경향이 있다. 상상할 수 있는 바와 같이, 만약, 예를 들어, 파이프 네트워크 설계문제가 모두 다양한 가변차원 크기에서 파이프 두께, 파이프 길이, 유량을 나타내는 변수를 포함한다면 이것은 수치를 이용한 계산에 혼란을 가져올 수 있다. 이 외에도 대부분 알고리즘은, 미리 지정한 제약조건의 만족에 관한 허용오차를 갖고, 가장 최근에 하나의 미리 지정한 횟수만큼의 반복계산을 해 얻은 목적함숫값 개선에 기반해 종료판단 기준을 결정한다. 명백하게, 이러한 점검이 신뢰도를 갖기 위해, 문제의 척도를 적절하게 변환할 필요가 있다. 이것은 **척도불변 알고리즘**에 대해서조차도 참이며, 이 알고리즘은 문제의 척도변환에 무관하게 동일한 반복계산점 수열을 생산하기 위해 설계하지만, 이것을 위해 유사한 실현가능성과 객관적 개선을 위한 종료테스트를 사용한다. 종합적으로, 비록 아주 나쁘게 척도를 구성한 문제라도 척도구성으로 인해 혜택을 받을 수 있다는 것은 의심할 여지가 없지만, 사리에 맞게 척도를 잘 구성한 문제에 대해 사용한 척도구성 메커니즘의 효과는 확실하지 않다. 라스돈 & 벡크[1981]가 지적한 것처럼 비선형계획법 문제의 척도구성은 아직 연구를 더 해야 할 마술과도 같은 것이다.

연습문제

[1.1] 다음 비선형계획법 문제

$$\begin{aligned} &\text{최소화} && (x_1-4)^2+(x_2-2)^2 \\ &\text{제약조건} && 4x_1^2+9x_2^2 \le 36 \\ & && x_1^2+4x_2=4 \\ & && \mathbf{x}=(x_1, x_2) \in X \equiv \{\mathbf{x} \mid 2x_1 \ge -3\} \end{aligned}$$

를 고려해보자.

a. 실현가능영역과 목적함수 등고선을 작성하고 그려진 등고선에서 최적해를 확인하시오.

b. 위 문장에서 최소화를 최대화로 대체해 파트 a를 반복하시오.

[1.2] 제품 j의 일간수요는 $j=1, 2$에 대해 d_j라고 가정한다. 수요는 재고물량에서 충족해야 하며 재고량이 소진되면 새롭게 제품을 생산해 보충하며, 여기에서 생산기간은 별로 중요하지 않다고 가정한다. 각 제품의 생산작업 동안 Q_j의 물량은 고정 배치비 k_j\$와 변동비 $c_j Q_j$\$로 생산할 수 있다. 또한, 평균재고량에 기반해 1개 제품에 대해 하루당 가변재고유지비용 h_j \$에 상당하는 비용이 소요된다. 따라서 T일 동안 제품 j에 연관한 총비용은 $(Td_jk_j/Q_j + Tc_jd_j + TQ_jh_j/2)$\$이다. 각각의 기간 j에 있어서 최대 재고량 Q를 취급하기 위한 적절한 저장 면적을 확보해야 한다. 1단위 제품 j를 위해 s_j제곱피트의 저장공간이 필요하며 사용할 수 있는 최대공간은 S이다.

a. 어떤 회사는 총비용을 최소화하는 최적생산량 Q_1, Q_2를 구하려고 한다. 이 문제의 최적해를 구하기 위한 모델을 구성하시오.

b. 지금 공급부족상태는 허용할 수 있으며 재고수준이 0으로 되는 즉시 생산을 시작할 필요는 없다고 가정한다. 재고가 0인 동안에는 수요를 충족시킬 수 없으며 판매기회를 잃어버린다. 이렇게 발생하는 손실은 단위 판매량당 ℓ_j \$이다. 반면에 만약 판매한다면, 제품 1개당 이익은

P_j\$이다. 수리계획법 모델로 다시 정식화하시오.

[1.3] 어떤 제조회사는 4개의 서로 다른 제품을 생산한다. 필요한 원자재 가운데 어떤 종류는 공급이 부족해 단지 R 파운드만을 확보할 수 있다. 제품 i의 판매가격은 S_i \$/파운드이다. 더군다나 제품 i를 1파운드만큼 생산하기 위해 위와 같은 필수 원자재를 a_i만큼 사용한다. 제품 i를 x_i파운드만큼 생산하기 위한 변동비는 원자재 비용을 제외하고 $k_i x_i^2$이며, 여기에서 $k_i > 0$는 알려진 상수이다. 이 문제를 위한 수리계획법 모델을 개발하시오.

[1.4] n개 기간에 걸쳐 어떤 제품의 수요 $d_1, \cdots, d_n$는 알려져 있다고 가정한다. 기간 j 동안의 수요는 이 기간 동안 생산 x_j에서 충족할 수 있거나, 또는 창고의 재고에서 충족할 수 있다. 잉여생산품이 있으면 창고에 저장할 수 있다. 그러나 이 창고 용량은 K이며 1개 생산품을 하나의 기간에서 다른 기간으로 이월한다면 c\$의 비용이 소요된다. 기간 j 동안의 생산비는 $j=1, \cdots, n$에 대해 $f(x_j)$으로 주어진다. 만약 초기 재고가 I_0이라면 생산계획문제를 비선형계획법 문제로 정식화하시오.

[1.5] 길이가 70피트, 폭이 45피트인 사무실을 $W_1, \cdots, W_n$의 왓트의 n개 전구로 조명한다. 전구는 작용표면에서 7피트 높이에 설치한다. (x_i, y_i)는 i-째 전구의 x-좌표와 y-좌표를 나타낸다고 하자. 적절한 밝기를 보장하기 위해, (α, β)와 같은 격자점 형태로 작업 표면 수준에서 조도를 검사하며, 여기에서 (α, β)는 다음 자료

$$\alpha = 10p, \ p = 0, 1, \cdots, 7$$
$$\beta = 5q, \ \ q = 0, 1, \cdots, 9$$

와 같다. (x_i, y_i)에 설치한 W_i 왓트의 전구에 의한 (α, β)에서의 조도는 다음 식

$$E_i(\alpha, \beta) = k\frac{W_i \parallel (\alpha, \beta) - (x_i, y_i) \parallel}{\parallel (\alpha, \beta, 7) - (x_i, y_i, 0) \parallel^3}$$

과 같으며, 여기에서 k는 전구의 효율을 나타내는 상수이다. (α, β)에서의 총 조도는 $\Sigma_{i=1}^{n} E_i(\alpha, \beta)$라 한다. 각각의 점검 점에서 3.2 내지 5.6 유닛의 조도가 필요하다. 사용하는 전구의 소비전력(왓트)은 60 W와 300 W의 사이에 있다. 모든 i에 대해 W_i는 연속변수라고 가정한다.

- a. 전구 설치비용 및 주기적 교체비용은 사용하는 전구 수의 함수라고 가정하고, 사용되는 전구 수를 최소화하기 위해, 그리고 설치장소와 전력소비를 결정하기 위해 수리계획법 모델을 작성하시오.
- b. 모든 전구의 소비전력은 같아야 한다는 추가적 제한을 갖고 파트 a의 모델과 유사한 수리계획법 모델을 구축하시오.

[1.6] 다음 **포트폴리오선정 문제**를 고려해보자. 어떤 투자자는 1개 포트폴리오 $\mathbf{x} = (x_1, x_2, \cdots, x_n)$를 반드시 선택해야 하며, 여기에서 x_j는 j-째 유가증권에 할당하는 자산의 비중을 나타낸다. **포트폴리오**별 수익은 평균 $\bar{\mathbf{c}} \cdot \mathbf{x}$와 분산 $\mathbf{x}^t\mathbf{V}\mathbf{x}$를 가지며, 여기에서 $\bar{\mathbf{c}}$는 평균수익을 나타내는 벡터, $\mathbf{V}$는 수익의 공분산의 함수이다. 투자자는 기대수익을 증가하는 한편 분산과 이에 따른 위험을 감소시키려고 한다. 만약 더 큰 기대수익과 더 작은 분산을 갖는 포트폴리오가 존재하지 않는다면 이 포트폴리오는 효율적이라고 말한다. 효율적 포트폴리오를 찾는 문제를 정식화하고 이 가운데 1개 포트폴리오를 선택하는 절차를 제안하시오.

[1.7] 어떤 가정이 b의 예산으로 n개 일용품을 구매한다. 일용품 j의 1개 가격은 c_j이며 구매할 수 있는 일용품의 제한은 ℓ_j이다. n개 제품의 최소한의 양을 소비한 후, 나머지 예산의 함수인 a_j가 일용품 j에 할당된다. $\ell_1, \cdots, \ell_n$과 $a_1, \cdots, a_n$을 추정하기 위해 m개월에 걸쳐 이 가정의 구매행태를 관측한다. 이들 모수를 추정하기 위한 회귀분석모델을 개발하시오.

- a. 오차제곱의 합을 최소화한다.
- b. 오차의 절댓값의 최대치를 최소화한다.
- c. 오차의 절댓값의 합을 최소화한다.
- d. 파트 b, c 양자에 대해 선형계획법 문제로 재정식화하시오.

[1.8] 길이 L, 폭 W, 높이 H인 직사각형의 열저장 기기가 열에너지를 일시적으로 저장하기 위해 사용된다. 대류로 인한 손실율 h_c와 복사로 인한 열손실율 h_r은 다음 식

$$h_c = k_c A(T - T_a)$$
$$h_r = k_r A(T^4 - T_a^4)$$

으로 주어지며, 여기에서 k_c, k_r은 상수이며 T는 열저장 기기 온도이고 A는 표면적이며 T_a는 주변 온도이다. 기기에 저장된 에너지는 다음 식

$$Q = kV(T - T_a)$$

으로 주어지며, 여기에서 k는 상수이고 V는 열저장 기기의 부피이다. 이 기기는 최소한 Q'의 열 에너지를 저장할 수 있어야 한다. 더군다나 공간사용의 가능성은 열저장 기기 차원을 다음 식

$$0 \le L \le L',\ 0 \le W \le W',\ 0 \le H \le H'$$

과 같이 제한한다고 가정한다.

a. 총 열손실을 최소화를 위해 L, W, H의 차원을 결정하는 문제를 정식화하시오.

b. 상수 k_c, k_r은 절연두께 t의 선형함수라고 가정한다. 절연비용을 최소화하기 위해 최적 차원 L, W, H를 결정하는 문제를 정식화하시오.

[1.9] 만약 저장기기가 지름 D, 높이 H인 실린더라면 연습문제 1.8의 모델을 정식화하시오.

[1.10] 어떤 제품의 수요는 평균 150, 분산 49인 가우스 분포의 확률변수이며 생산함수는 $p(\mathbf{x}) = \boldsymbol{\alpha} \cdot \mathbf{x}$로 주어진다고 가정하며, 여기에서 $\mathbf{x}$는 n개 활동수준의 집합을 나타낸다. 선형제약조건으로, 생산이 수요를 5단위만큼 못 따라갈 확률은 1% 이하여야 한다는 기회제약조건을 정식화하시오.

[1.11] 최소화 $\mathbf{c}\cdot\mathbf{x}$ 제약조건 $\mathbf{Ax} \le \mathbf{b}$ $\mathbf{x} \ge \mathbf{0}$의 선형계획법 문제를 고려해보자. 벡터 $\mathbf{c}$의 성분 c_j는 서로 독립적으로 분포하고 $\mathbf{x}$-변수와도 서로 독립적으로 분포하는 확률변수이며 c_j의 기대치는 $j=1, \cdots, n$에 대해 $\bar{c}_j$라고 가정한다.

a. 기대비용의 최솟값은 최소화 $\bar{\mathbf{c}}\cdot\mathbf{x}$ 제약조건 $\mathbf{Ax} \le \mathbf{b}$ $\mathbf{x} \ge \mathbf{0}$ 문제의 최적해를 구해 얻음을 보이시오. 여기 $\bar{\mathbf{c}} = (\bar{c}_1, \cdots, \bar{c}_n)$이다.

b. 어떤 기업은 공통의 자원을 소모하는 2개 제품을 생산한다고 가정하며 이것은 다음 식 $5x_1 + 6x_2 \le 30$과 같은 제약조건으로 나타나며, 여기에서 x_j는 생산된 제품 j의 양을 나타낸다. 제품 1의 1개당 이익은 평균 4, 분산 2로 정상분포하는 확률변수이다. 제품 2의 1개당 이익은 자유도 2의 χ^2-분포로 주어진다. 확률변수는 독립적으로 분포하며 이들은 x_1, x_2에 종속하지 않는다고 가정한다. 기대이익을 최대화하는 각 제품의 양을 구하시오. 만약 첫째 제품의 분산이 4라면 답이 바뀌겠는가?

[1.12] 강을 따라 지역적으로 흘러나오는 물을 제어하는 다음 문제를 고려해보자. 현재, n개 제조회사는 강으로 폐기물을 버린다. 현재의 시설 j는 $\mu_1, \cdots, \mu_n$의 율로 폐기물을 방류한다. 수질은 강을 따라 설치한 m개 제어점에서 검사한다. 제어점 i에서 원하는 최소의 품질개선은 $i=1, \cdots, m$에 대해 b_i이다. x_j는 발생원 j에서 $f_j(x_j)$의 비용으로 제거해야 할 폐기물의 양이라 하고, a_{ij}는 제어점 i의 발생원 j에서 폐기한 각각의 폐기물 한 단위당 품질개선이라 하자.

a. 최소비용으로 수질을 개선하는 문제를 비선형계획법 문제로 정식화하시오.

b. 위 정식화에서 어떤 발생원은 상당한 양의 폐기물을 제거해야 하며 이에 반해 다른 발생원은 소량의 폐기물만을 폐기하거나 아무것도 폐기할 필요가 없을 수도 있다. 자원 사이의 형평성의 측도를 달성할 수 있도록 문제를 다시 정식화하시오.

[1.13] 어느 철강회사는 크랭크 축을 생산한다. 앞에서의 연구에 의하면 축의 평균

지름은 μ_1 또는 μ_2의 값을 가질 수 있으며, 여기에서 $\mu_2 > \mu_1$이다. 더군다나 평균이 μ_1일 확률은 p이다. 평균이 μ_1인지 또는 μ_2인지를 테스트하기 위해 크기가 n인 표본을 선정하고 지름 $x_1, \cdots, x_n$을 기록한다. 만약 $\bar{x} = \Sigma_{j=1}^{n} x_j / n$이 K보다도 작거나 같다면 $\mu = \mu_1$의 가설을 채택한다; 그렇지 않다면 $\mu = \mu_2$의 가설을 채택한다. 만약 모집단 평균이 각각 μ_1, μ_2라면 $f(\bar{x} \mid \mu_1)$, $f(\bar{x} \mid \mu_2)$를 각각의 표본평균의 확률밀도함수라 하자. 더군다나 $\mu = \mu_2$일 때 $\mu = \mu_1$을 받아들이는 페널티 비용은 α이며, $\mu = \mu_1$일 때 $\mu = \mu_2$를 받아들이는 페널티 비용은 β라고 가정한다. 총비용의 수학적 기대치를 최소화하는 K를 선택하는 문제를 정식화하시오. 이 문제를 비선형계획법 문제로 어떻게 다시 정식화할 수 있는가를 보이시오.

[1.14] 어떤 엘리베이터는 시간 t에서 수직 가속도 $u(t)$로 이동한다. 승객은 고도 0의 지상층에서 16층 50미터 고도에 가장 빨리 이동하고 싶어 하면서도 급속한 가속을 싫어한다. 승객의 시간은 시간당 α\$로 평가한다고 가정하며, 더군다나 승객은 급속한 가속을 막기 위해 시간당 $\beta\mu^2(t)$\$를 지불할 의사가 있다고 가정한다. 엘리베이터가 움직이기 시작해 16층에 도달할 때까지 하나의 최적제어문제를 사용해 가속도를 결정하는 문제를 정식화하시오. 비선형계획법으로 문제를 정식화할 수 있는가?

주해와 참고문헌

고속전자계산기의 도래는 대규모 최적화 문제, 선형계획법 문제, 비선형계획법 문제의 최적해를 구하기 위해 적용할 수 있는 반복계산절차의 능력을 상당히 향상했다. 비록 실제 문제 크기를 갖는 비볼록계획법 문제의 전역최소해를 구하는 능력에는 제한이 있지만, 계속되는 이론적 돌파구는 이와 같은 장애물을 극복하고 있다(호르스트 & 투이[1993], 호르스트 등[2000], 셰랄리 & 아담스[1999], 자빈스키[2003]를 참조하기 바람).

절 1.2는 이 책에서 토의한 비선형계획법 알고리즘에 의해 최적해를 구할 수 있는 문제에 관한 몇 개 단순화한 예를 제시한다. 저자의 목적은 완벽하게 상세한 내용을 제공하기보다는 해결하려는 다양한 문제 분야의 특징을 알려주는 것이다. 더 자세한 적용기법에 대해 라스돈 & 워렌[1980]을 참조하시오.

최적제어문제는 수리계획법에 긴밀하게 연결되어 있다. 단치히[1966]는 심플렉스 알고리즘을 적용해 최적제어문제의 해를 구하는 방법을 보였다. 제어문제에 수리계획법을 적용하는 것에 관한 더 상세한 내용에 대해 브락켄 & 맥코믹[1968], 캐넌 & 이튼[1966], 캐넌 등[1970], 커틀러 & 페리[1983], 타박 & 쿠오[1971]를 참조하시오.

우주항공과 이에 관계된 기술에 관한 최근의 개발과 관심과 더불어, 이 분야의 최적 설계의 중요성이 늘어났다. 사실상 1969년 이후 북대서양조약기구(NATO) 산하의 우주항공 연구개발자문기관은 구조최적화에 관한 여러 심포지엄을 주관했다. 특수 용도로 개선한 재료를 사용함에 따라 기계의 최적 설계의 중요성이 증가했다. 코흔[1969], 폭스[1969, 1971], 존슨[1971], 마지드[1974], 싯달[1972]의 연구는 최적화개념을 기계설계와 구조설계에 어떻게 적용하는가를 이해함에 있어 중요하다. 또한, 선박설계문제에 관계된 반응표면법의 방법론적 접근에 대해 셰랄리 & 가네산[2003](그리고 그의 참고문헌에 인용된)을 참조하시오.

수리계획법은 전력의 생산, 배분에 연관된 다양한 문제와 전력시스템운용문제의 최적해를 구하는 목적으로 성공적으로 사용되었다. 이들 문제에는 최적전력조류계산[8], 변전소 차단기의 여닫기, 전력시스템확장계획, 발전시스템의 예방보수 스케줄 작성 등의 연구가 포함된다. 최적전력조류계산 문제의 대상은, 지점[9]별로 나타나는 하나의 주어진 소비자부하를 충족시키기 위해 개별 발전기에서 나간 전력이 송전네트워크를 통해 어떻게 흘러가는가의 상황에 관한 것이다. 발전기에서 나간 전기는 잘 알려진 키르히호프의 법칙을 따라 흐르며, 각종 제약조건을 만족시키는 평형 전력조류는 비선형계획법 문제의 최적해를 구해 얻는다. 상황에 따라 수력발전기의 발전출력은 고정된 것으로 하고 화력발전시스템의 총연료비를 최소화함이 목적이다. 경제급전문제라고 말하는 이 문제는 일반적으로 실시간에서 수 분마다 운전 중인 발전기출력을 적절히 조정하기 위한 최적해를 구하는 것이다. 발전시스템확장계획 문제는 하나의 주어진 계획대상기간 전체에 걸쳐, 연도별로 신뢰도제약조건 아래 전력수요를 충족시키기 위해, 매년 추가되는 발전기 건설비와 매년의 시스템운용비의 현가의 합을 최소화하는, 발전기 건설계획을 찾아내는 것이다. 상세한 내용에 대해 아부-탈레브 등[1974], 아담스 등[1972], 앤더슨[1972], 벨가리 & 로톤[1975], 블룸[1983], 블룸 등[1984], 커크마이어[1958], 사쏜[1969a, 1969b], 사쏜 & 메릴[1974], 사쏜 등[1971], 셰랄리[1985], 셰랄리 & 소이스터[1983], 셰랄리

8) optimal load flow 또는 optimal power flow

9) 모선(bus) 또는 변전소

& 쉬타슈스[1985]를 참조하시오.

수자원시스템 해석분야는 과거 30여 년 동안 괄목할 만한 성장을 보였다. 과학과 기술의 여러 분야에서처럼, 수자원공학과 시스템해석의 급격한 발달은 정보량의 폭발적 급증에 동반한 것이다. 절 1.2에서 토의한 문제는 수력발전과 농업용수 사용 사이의 하나의 최적 균형을 요구하는 농촌의 수자원관리에 관심을 두고 있다. 이 분야의 대표적 연구는 해임스[1973, 1977], 해임스 & 나이니스[1974], 유 & 해임스[1974]에서 찾을 수 있다.

도시지역의 급격한 성장의 결과로, 도시관리기관도 역시 상수도공급과 토지사용에 관심을 기울인다. 도시의 상수도공급과 폐수처리에 관한 몇 개 대표적 정량적 연구는 아르가만 등[1973], 다자니 등[1972], 데브 & 사르카르[1971], 후지하라 등[1987], 자코비[1968], 로가나탄 등[1990], 샤미르[1974], 셰랄리 등[2001], 웰쉬 & 브라운[1973], 우드 & 찰스[1973]에서 찾을 수 있다.

포트폴리오 할당에 관한 고전적 연구에서 마코비츠[1952]는 포트폴리오 수익분산을 어떻게 최적 의사결정에 포함할 수 있는가를 보였다. 연습문제 1.6에서 포트폴리오할당문제를 간략하게 소개한다.

1955년부터 1959년까지, 선형계획법 문제의 모수 값에 존재하는 불확실성을 포함시키기 위해 다양한 연구가 진행되었다. 이 분야의 몇 개 초기연구에 관해 차른스 & 쿠퍼[1959], 단치히[1955], 프로인트[1956], 만단스키[1959]를 참조하시오. 그 이후 나머지의 다양한 연구가 진행되었다. 문헌에서 **기회제약 있는 문제**라고 말하는 이 접근법과 **사용자-의존형 프로그래밍**[10)]은 특히 매력적이다. 관심 있는 독자는 차른스 & 쿠퍼[1961, 1963], 차른스 등[1967], 단치히[1963], 엘마그라비[1960], 에베르스[1967], 지오프리온[1967c], 만단스키[1962], 맹거사리안[1964], 파리크[1970], 센굽타[1972], 센굽타 & 포르티오-캠벨[1970], 센굽타 등[1963], 바즈다[1970, 1972], 왜쓰[1966a, 1966b, 1972], 윌리암스[1965, 1966], 지엠바[1970, 1971, 1974, 1975]를 참조하시오. 또한, 강건한 최적화모델에 대해 멀비 등[1995]과 타크리티 & 아흐메드[2004]를 참조하고 확률적 최적화 기법에 관해 센 & 히글[2000]을 참조하시오.

나머지 응용사례의 내용을 알기 위해, 석유자원관리문제에 관심 있는 독자는, 알리 등[1978]; 텍사코의 "오메가 가솔린혼합문제"에 대해 라스돈[1985]과 프린스 등[1983]; 근해의 천연가스 파이프라인의 배치시스템설계에 대해 로스파브 등[1970]; 화공학 공정의 최적화와 평형문제에 대해 베르나 등[1980], 하이만[1990], 사르마 & 레클라이티스[1979], 웰 등[1986]; 수리경제문제에 대해 인트릴리게이터

---

10) 사용자-의존형 프로그래밍: programming with recourse

[1971], 머피 등[1982], 셰랄리[1984], 셰랄리 등[1983]; 위치할당문제에 대해 불라드 등[1985]; 산림벌채문제에 대해 아담스 & 셰랄리[1984], 프란시스 등[1991], 러브 등[1988], 셰랄리 & 툰치빌렉[1992], 셰랄리 등[2002], 셰티 & 셰랄리[1980]; 반응곡면방법론에 대해 존스[2001]와 마이어스[1976]; 데이터 피팅과 통계학의 모수추정 적용에 관한 최소제곱추정문제의 토의에 대해 데니스 & 슈나벨[1983], 플레쳐[1987], 셰랄리 등[1988]을 참조하시오.

문제의 척도를 구성함에 관한 상세한 토의에 대해 독자는 바우어[1963], 커티스 & 라이드[1972], 라스돈 & 벡크[1981], 톰린[1973]을 참조하시오. 질 등[1981, 1984d, 1985]은 모델 구축과 알고리즘의 영향에 관한 지침의 토의내용을 제시한다.

마지막으로, GAMS(부르크 등, 1985 참조), LINGO(커닝햄 & 쉬라즈, 1989 참조), AMPL(푸리에 등, 1990 참조)과 같은 다양한 모델링 언어가 모델링과 알고리즘의 실행을 돕기 위해 사용될 수 있음을 언급한다. 다양한 비선형계획법 소프트웨어 패키지와, 이들 가운데 MINOS(무르타그 & 손더스, 1982 참조), GIN0(리브만 등, 1986 참조), GRG2(라스돈 등, 1978 참조), CONOPT(드루드, 1985 참조), SQP(마히다라 & 라스돈, 1990 참조), LSGRG(스미스 & 라스돈, 1992 참조), BARON(사히니디스, 1996 참조), LGO(핀테, 2000, 2001 참조)와 같은 패키지가 실행을 돕기 위해 사용될 수 있다(마지막 2개는 전역최적화를 위한 컴퓨터 소프트웨어 패키지이다. 제11장 참조). 비선형최적화 문제의 알고리즘과 소프트웨어 평가를 위한 일반적 토의에 대해 디삐요 & 멀리[2003]를 참고하시오.

제1부 볼록집합

제2장 볼록집합

볼록성 개념은 최적화문제의 연구에 대단히 중요하다. 볼록집합, 다면체집합, 서로소인 볼록집합의 분리 등의 주제는 수리계획법 문제를 분석하고, 최적해에 대한 특성을 밝히고, 계산절차를 개발하는 목적에 자주 사용된다.

다음은 이 장의 개요이다. 독자는 부록 A의 수학에 관한 예비지식을 검토하기 바란다.

절 2.1: **볼록포** 이 절은 초보적 내용을 포함한다. 볼록집합의 몇 가지 예를 제시하고 볼록포를 정의한다. 볼록집합에 대해 이미 지식을 가진 독자는 이 절(카라테오도리의 정리를 제외하고)을 건너뛰어도 좋다.

절 2.2: **집합의 폐포와 내부** 집합의 내부, 경계, 폐포점에 연관된 몇 가지 위상수학적 특질을 토의한다.

절 2.3: **바이어슈트라스의 정리** 최소(min), 최대(max), 최대하계(inf), 최소상계(sup)의 개념을 토의하고 최소해 또는 최대해의 존재 여부에 관련한 중요한 결과를 제시한다.

절 2.4: **집합의 분리와 받침** 볼록집합의 분리와 받침에 관한 개념은 최적화에 자주 사용되므로 이 절의 내용은 매우 중요하다. 이 절을 면밀하게 검토하기 바란다.

절 2.5: **볼록원추와 극성** 극원추를 주로 설명하는 이 절은 건너뛰어도 연속성을 상실하지 않는다.

절 2.6: **다면체집합, 극점, 극한방향** 이 절은 다면체집합의 특별한 모음을 다룬다. 다면체집합의 극점과 극한방향의 특성을 설명하는 내용을 개발한다. 또한, 다면체집합의 극점과 극한방향에 의해 다면체집합을 표현함을 증명한다.

절 2.7: **선형계획법과 심플렉스 알고리즘** 앞의 절에서 토의한 자료의 자연스러운 확장으로, 잘 알려진 심플렉스 알고리즘을 개발한다. 심플렉스 알고리즘에 친숙한 독자는 이 절을 건너뛰어도 좋다. 선형계획법 문제를 위한 다항식-횟수 알고리즘은 제9장에서 토의한다.

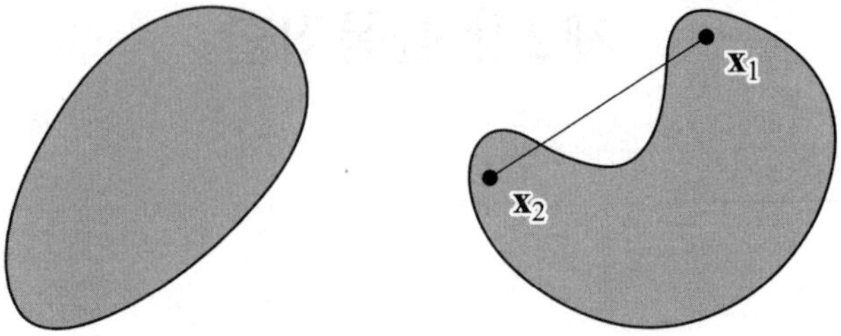

(a) 볼록집합 (b) 비볼록집합

그림 2.1 볼록집합과 비볼록집합

2.1 볼록포

이 절에서는 먼저, 볼록집합, 볼록포의 개념을 소개한다. 그리고 집합 S의 볼록포에 속한 어떠한 점도 집합 S에 속한 $n+1$개 점을 사용해 나타낼 수 있음을 입증한다.

2.1.1 정의

만약 $\Re^n$의 집합 S에 속한 임의의 2개 점을 연결하는 **선분**이 역시 S에 속한다면 S는 볼록집합이라 말한다. 달리 말하면 만약 $\mathbf{x}_1, \mathbf{x}_2$가 S에 속한다면 각각의 $\lambda \in [0, 1]$에 대해 $\lambda\mathbf{x}_1 + (1-\lambda)\mathbf{x}_2$도 역시 S에 속해야 한다. $\lambda \in [0, 1]$에 대해 $\lambda\mathbf{x}_1 + (1-\lambda)\mathbf{x}_2$와 같은 가중평균은 $\mathbf{x}_1$과 $\mathbf{x}_2$의 **볼록조합**이라 한다. 귀납적으로 $j = 1, \cdots, k$와 $\lambda_j \geq 0$에 대해, $\Sigma_{j=1}^k \lambda_j = 1$이라면, $\Sigma_{j=1}^k \lambda_j \mathbf{x}_j$ 형태인 가중평균도, 여기에서, 역시 $\mathbf{x}_1, \cdots, \mathbf{x}_k$의 **볼록조합**이라 한다. 만약 이 정의에서 승수 $\lambda_1, \cdots, \lambda_k$의 비음(-) 조건을 누락한다면 이 조합은 **아핀조합**이라 한다. 마지막으로 승수 $\lambda_1, \cdots, \lambda_k$는 단순히 $\Re$에 속하기만 한다는 조건 아래, 조합 $\Sigma_{j=1}^k \lambda_j \mathbf{x}_j$는 **선형조합**이라 한다.

그림 2.1은 볼록집합의 개념을 예시한다. 그림 2.1b에서 $\mathbf{x}_1, \mathbf{x}_2$를 연결하는 선분이 이 집합에 모두 속함은 아님을 주목하자.

다음은 볼록집합의 예이다:

1. $S=\{(x_1, x_2, x_3) \mid x_1+2x_2-x_3=4\} \subset \Re^3$.
이 집합은 $\Re^3$에서 평면의 방정식이다. 일반적으로 $S=\{\mathbf{x} \mid \mathbf{p}\cdot\mathbf{x}=\alpha\}$은 $\Re^n$에서 **초평면**이라 하며, 여기에서 $\mathbf{p}\neq\mathbf{0}$는 $\Re^n$의 벡터이며 초평면의 **경도** 또는 **법선**이라 하고 α는 스칼라이다. 만약 $\overline{\mathbf{x}}\in S$라면 $\mathbf{p}\cdot\overline{\mathbf{x}}=\alpha$이며 그래서 등가적으로 $S=\{\mathbf{x} \mid \mathbf{p}\cdot(\mathbf{x}-\overline{\mathbf{x}})=0\}$이라고 나타냄을 주목하자. 그러므로 $\mathbf{x}\in S$에 대해 $\mathbf{p}$는 모든 벡터 $(\mathbf{x}-\overline{\mathbf{x}})$에 직교하며, 따라서 이것은 초평면 S의 표면에 대해 수직이다.
2. $S=\{(x_1, x_2, x_3) \mid x_1+2x_2-x_3 \leq 4\} \subset \Re^3$.
이 집합에 속하는 점은 위에서 정의한 초평면의 한쪽에 있는 점이다. 이 점들은 하나의 **반공간**을 형성한다. 일반적으로 $\Re^n$에서 반공간 $S=\{\mathbf{x} \mid \mathbf{p}\cdot\mathbf{x}\leq\alpha\}$는 볼록집합이다.
3. $S=\{(x_1, x_2, x_3) \mid x_1+2x_2-x_3 \leq 4,\ 2x_1-x_2+x_3 \leq 6\} \subset \Re^3$.
이 집합은 2개 반공간의 교집합이다. 일반적으로 이와 같은 집합 $S=\{\mathbf{x} \mid \mathbf{A}\mathbf{x} \leq \mathbf{b}\}$는 볼록집합이며, 여기에서 $\mathbf{A}$는 $m\times n$ 행렬, $\mathbf{b}$는 m-벡터이다. 이 집합은 m개 반공간의 교집합이며 흔히 **다면체집합**[1)]이라고 말한다.
4. $S=\{(x_1, x_2) \mid x_2 \geq |x_1|\} \subset \Re^2$.
이 집합은 $\Re^2$의 **볼록원추**를 나타내며 절 2.4에서 좀 더 자세하게 설명한다.
5. $S=\{(x_1, x_2) \mid x_1^2+x_2^2 \leq 4\} \subset \Re^2$.
이 집합은 중심 $(0,0)$, 반경 2인 원의 둘레와 원 안에 있는 점을 나타낸다.
6. $S=\{\mathbf{x} \mid \mathbf{x}$는 아래의 문제 P의 최적해$\}$:
문제 P: 최소화 $\mathbf{c}\cdot\mathbf{x}$
제약조건 $\mathbf{A}\mathbf{x}=\mathbf{b}$
$\mathbf{x}\geq\mathbf{0}$,
여기에서 $\mathbf{c}$는 n-벡터, $\mathbf{b}$는 m-벡터, $\mathbf{A}$는 $m\times n$ 행렬, $\mathbf{x}$는 n-벡터

1) 역자 주: 다면체집합 = polyhedral set = polyhedron.
polyhedra는 polyhedron의 복수이다.

이다. 집합 S는 $\mathbf{Ax}=\mathbf{b}$, $\mathbf{x} \geq \mathbf{0}$으로 정의한 다면체집합 영역 전체에 걸쳐 선형함수 $\mathbf{c}\cdot\mathbf{x}$를 최소화하는 **선형계획법 문제**의 모든 최적해를 제공한다. 이 집합 자체는 다면체집합이며 $\mathbf{Ax}=\mathbf{b}$, $\mathbf{x} \geq \mathbf{0}$의 영역과 $\mathbf{c}\cdot\mathbf{x} = \nu^*$의 교집합이다. 여기에서 ν^*는 문제 P의 최적값이다.

다음 보조정리는 볼록성 정의의 즉각적 결과이다. 이것은 2개 볼록집합의 교집합은 볼록집합임을 말하며 2개 볼록집합의 대수합도 역시 볼록집합임을 말한다. 이 증명은 초보적이며 연습문제로 남겨둔다.

2.1.2 보조정리

S_1, S_2는 $\Re^n$의 볼록집합이라 하자. 그렇다면 다음 내용이 성립한다:

1. $S_1 \cap S_2$는 볼록이다.
2. $S_1 \oplus S_2 = \{\mathbf{x}_1 + \mathbf{x}_2 \mid \mathbf{x}_1 \in S_1,\ \mathbf{x}_2 \in S_2\}$는 볼록이다.
3. $S_1 \ominus S_2 = \{\mathbf{x}_1 - \mathbf{x}_2 \mid \mathbf{x}_1 \in S_1,\ \mathbf{x}_2 \in S_2\}$는 볼록이다.

볼록포

$\Re^n$의 임의의 집합 S가 주어지면 S에서 또 다른 볼록집합을 생성할 수 있다. 특히 아래에서 S의 볼록포를 토의한다.

2.1.3 정의

S는 $\Re^n$의 임의의 집합이라 한다. $conv(S)$로 나타내는 S의 **볼록포**는 S에 속한 점의 모든 볼록조합의 집합이다. 달리 말하면 $\mathbf{x} \in conv(S)$이라는 것은 $\mathbf{x}$를 다음 식

$$\mathbf{x} = \sum_{j=1}^{k} \lambda_j \mathbf{x}_j$$

$$\sum_{j=1}^{k} \lambda_j = 1$$

$$\lambda_j \geq 0 \qquad j = 1, \cdots, k$$

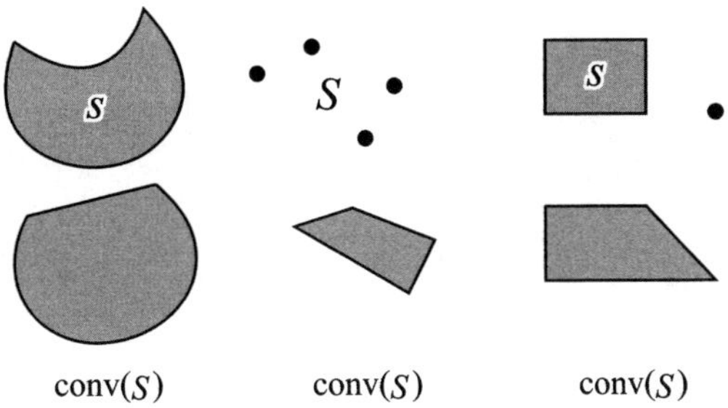

그림 2.2 볼록포

으로 표현할 수 있다는 것과 같은 뜻이며, 여기에서 k는 양(+) 정수이며, $\mathbf{x}_1$, $\cdots$, $\mathbf{x}_k \in S$이다.

그림 2.2는 볼록포의 몇 가지 예를 나타낸다. 실제로 각각의 케이스에서 $conv(S)$는 S를 포함하는 최소의(가장 꽉 조이는) 볼록집합임을 알 수 있다. 일반적으로, 진실로 이것은 2.1.4 보조정리에 주어진 것과 같은 케이스이다. 이 증명은 연습문제로 남겨놓았다.

2.1.4 보조정리

S는 $\Re^n$의 임의의 집합이라 하자. 그렇다면 $conv\,(S)$는 S를 포함하는 가장 작은 볼록집합이다. 진실로 $conv\,(S)$는 S를 포함하는 모든 볼록집합의 교집합이다.

앞서 말한 토의와 유사하게 S에 속한 점의 모든 아핀조합의 집합으로 S의 **아핀포**를 정의할 수 있다. 아핀포는 S를 포함하는 가장 작은 차원의 아핀 부분공간이다. 예를 들면, 서로 다른 2개 점의 아핀포는 이들 2개의 점을 포함하는 일차원 직선이다. 유사하게 S의 **선형포**는 S에 속한 점의 모든 선형조합의 집합이다.

위에서 임의의 집합 S의 볼록포를 토의했다. 유한개 점으로 구성된 볼록포는 유계다면체집합과 심플렉스의 정의로 인도한다.

2.1.5 정의

$\Re^n$에서 유한개 점 $\mathbf{x}_1$, $\cdots$, $\mathbf{x}_{k+1}$의 볼록포는 **유계다면체집합**이라 한다. 만약 $\mathbf{x}_1$, $\mathbf{x}_2$, $\cdots$, $\mathbf{x}_k$와 $\mathbf{x}_{k+1}$이 **아핀 독립**이라면, 그러면 이것은 $\mathbf{x}_2 - \mathbf{x}_1$, $\mathbf{x}_3 - \mathbf{x}_1$, $\cdots$,

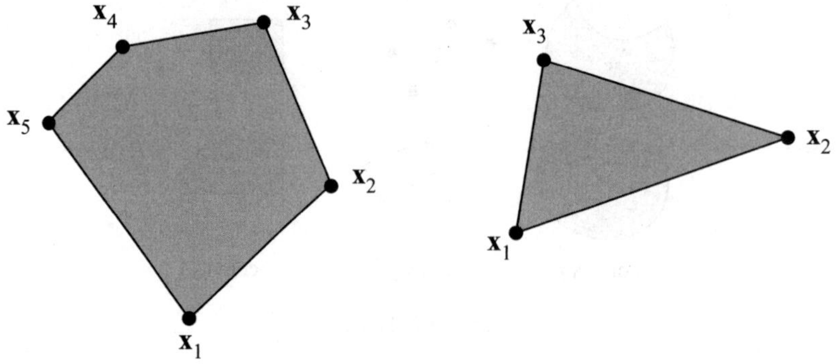

그림 2.3 유계다면체집합과 심플렉스

$\mathbf{x}_{k+1}-\mathbf{x}_1$이 선형독립 벡터임을 의미하며, $\mathbf{x}_1, \cdots, \mathbf{x}_{k+1}$의 볼록포 $conv(\mathbf{x}_1, \cdots, \mathbf{x}_{k+1})$는 정점 $\mathbf{x}_1, \cdots, x_{k+1}$을 갖는 **심플렉스**[2)]라 한다.

그림 2.3은 유계다면체집합의 예와 $\Re^n$의 심플렉스를 보여준다. $\Re^n$에서 선형독립인 벡터의 최대 개수는 n임을 주목하자. 그러므로 $\Re^n$에서 $n+1$개 이상의 정점을 갖는 심플렉스는 존재할 수 없다.

카라테오도리의 정리

정의에 따라, 어떤 집합의 볼록포에 속한 하나의 점은 이 집합에 속한 유한개 점의 볼록조합으로 표현할 수 있다. 다음 정리는, 집합 S의 볼록포에 속한 임의의 점 $\mathbf{x}$는 S에 속한, 많아야 $n+1$개 점의 볼록조합으로 표현할 수 있음을 보여준다. $\mathbf{x} \in S$에 대해 이 정리는 자명하게 참이다.

---

2) 역자 주: "simplex"는 "complex"의 반대말이 아니다. p-차원 공간의 심플렉스는 $\Re^p$에서, 동일 평면에 존재하지 않는 $(p+1)$개 점의 집합의 볼록포이다. 다시 말하면 $\Re^p$에서 모두가 동일 초평면에 존재하지는 않는 점의 집합이다. 그러므로 $p=1$에 대해 이것은 선분을 의미하고, $p=2$에 대해 삼각형을 의미하고, $p=3$에 대해 4면체(tetrahedron)를 의미한다. 이 책에서 "simplex method"는 심플렉스 방법으로 하고 선형계획법 문제의 "simplex algorithm"은 심플렉스 알고리즘이라 표현한다.

2.1.6 정리

S는 $\Re^n$에서 임의의 집합이라 하자. 만약 $\mathbf{x} \in conv(S)$이라면, $\mathbf{x} \in conv(\mathbf{x}_1, \cdots, \mathbf{x}_{n+1})$이며, 여기에서 $j=1, \cdots, n+1$에 대해 $\mathbf{x}_j \in S$이다. 달리 말하면 $\mathbf{x}$는 다음 식

$$\mathbf{x} = \sum_{j=1}^{n+1} \lambda_j \mathbf{x}_j$$

$$\sum_{j=1}^{n+1} \lambda_j = 1$$

$$\lambda_j \geq 0 \qquad j=1, \cdots, n+1,$$

$$\mathbf{x}_j \in S \qquad j=1, \cdots, n+1$$

과 같이 표현할 수 있다.

증명 $\mathbf{x} \in conv(S)$이므로 $\mathbf{x} = \Sigma_{j=1}^{k} \lambda_j \mathbf{x}_j$이며, 여기에서 $\lambda_1 > 0, \cdots, \lambda_k > 0$, $\mathbf{x}_1 \in S, \cdots, \mathbf{x}_k \in S$, $\Sigma_{j=1}^{k} \lambda_j = 1$이다. 만약 $k \leq n+1$이라면 결과는 손안에 있다. 지금 $k > n+1$이라고 가정한다. 기저실현가능해와 극점(정리 2.5.4 참조)에 친숙한 독자라면 지금, 집합 $\{\boldsymbol{\lambda} \mid \Sigma_{j=1}^{k} \lambda_j \mathbf{x}_j = \mathbf{x},\ \Sigma_{j=1}^{k} \lambda_j = 1, \boldsymbol{\lambda} \geq \mathbf{0}\}$의 하나의 극점에서, $\boldsymbol{\lambda}$의 단지 $n+1$개의 성분만이 양(+)임을 바로 알 것이다. 그러므로 이 결과를 증명한다. 그러나, 독립적 논증을 제시하기 위해 계속 진행한다.

이를 위해, $\mathbf{x}_2 - \mathbf{x}_1, \mathbf{x}_3 - \mathbf{x}_1, \cdots, \mathbf{x}_k - \mathbf{x}_1$는 선형종속 벡터임을 주목하자. 따라서 $\Sigma_{j=2}^{k} \mu_j (\mathbf{x}_j - \mathbf{x}_1) = \mathbf{0}$이 되도록 하는, 모두 0은 아닌, 스칼라 $\mu_2, \mu_3, \cdots, \mu_k$가 존재한다. $\mu_1 = -\Sigma_{j=2}^{k} \mu_j$라 하면, $\Sigma_{j=1}^{k} \mu_j \mathbf{x}_j = \mathbf{0}$, $\Sigma_{j=1}^{k} \mu_j = 0$임이 뒤따르고, 모든 μ_j 값이 0은 아니다. 최소한 1개의 μ_j는 0보다도 큼을 주목하자. 그렇다면 다음 식

$$\mathbf{x} = \sum_{j=1}^{k} \lambda_j \mathbf{x}_j + \mathbf{0} = \sum_{j=1}^{k} \lambda_j \mathbf{x}_j - \alpha \sum_{j=1}^{k} \mu_j \mathbf{x}_j = \sum_{j=1}^{k} (\lambda_j - \alpha \mu_j) \mathbf{x}_j$$

은 임의의 실수 α에 대해 성립한다. 지금, α를 다음 식

$$\alpha = \underset{1 \le j \le k}{minimum}\left\{\frac{\lambda_j}{\mu_j} \,\middle|\, \mu_j > 0\right\} = \frac{\lambda_i}{\mu_i} \quad \text{어떤 } i \in \{1, \cdots, k\}\text{에 대해}$$

과 같이 선택한다. $\alpha > 0$임을 주목하자. 만약 $\mu_j \le 0$이라면 $\lambda_j - \alpha\mu_j > 0$이며, 그리고 만약 $\mu_j > 0$이라면 $\lambda_j / \mu_j \ge \lambda_i / \mu_i = \alpha$이며, 그러므로 $\lambda_j - \alpha\mu_j \ge 0$이다. 달리 말하면, 모든 $j = 1, \cdots, k$에 대해 $\lambda_j - \alpha\mu_j \ge 0$이다. 특히, α의 정의에 따라 $\lambda_i - \alpha\mu_i = 0$이다. 그러므로 $\mathbf{x} = \boldsymbol{\Sigma}_{j=1}^{k}(\lambda_j - \alpha\mu_j)\mathbf{x}_j$이며, 여기에서 $j = 1, \cdots, k$에 대해 $\lambda_j - \alpha\mu_j \ge 0$이며, $\boldsymbol{\Sigma}_{j=1}^{k}(\lambda_j - \alpha\mu_j) = 1$이다. 더군다나 $\lambda_i - \alpha\mu_i = 0$이다. 따라서 S에 속한, 많아야 $k-1$개 점의 볼록조합으로 $\mathbf{x}$를 표현했다. $\mathbf{x}$를, S에 속한, 많아야 $n+1$개 점의 볼록조합으로 표현할 때까지 이 과정을 반복할 수 있다. 이것으로 증명이 완결되었다. (증명끝)

2.2 집합의 폐포와 내부

이 절에서 일반적 집합의 몇 가지 위상수학적 특질과 특히 볼록집합의 특질을 설명한다. 예비지식으로, $\Re^n$에 속한 하나의 점 $\mathbf{x}$가 주어지면 이 점의 하나의 ε-근방은 집합 $\mathbb{N}_\varepsilon(\mathbf{x}) = \{\mathbf{y} \mid \|\mathbf{y} - \mathbf{x}\| < \varepsilon\}$이다. 먼저, ε-근방의 개념을 사용해 폐포, 내부, $\Re^n$의 임의의 집합의 경계에 관한 정의를 검토하자.

2.2.1 정의

S는 $\Re^n$의 임의의 집합이라 하자. 만약 모든 $\varepsilon > 0$에 대해 $S \cap \mathbb{N}_\varepsilon(\mathbf{x}) \ne \varnothing$이라면 하나의 점 $\mathbf{x}$는 S의 **폐포**에 속한다고 말하며 S의 폐포는 $cl\,S$로 나타낸다. 만약 $S = cl\,S$라면, S는 **닫혀있다**고 말한다. 만약 어떤 $\varepsilon > 0$에 대해 $\mathbb{N}_\varepsilon(\mathbf{x}) \subset S$이라면 하나의 점 $\mathbf{x}$는 S의 **내부**에 있다고 말하며, $\mathbf{x} \in int\,S$라고 나타낸다. **속이 비지 않은 집합**[3] $S \subseteq \Re^n$은 공집합이 아닌 내부를 갖는 집합을 말한다. 만약 $S =$

3) 역자 주) solid = 속이 비지 않은, 공집합이 아닌

$int\,S$라면 S는 **열려있다**고 말한다. 마지막으로, 만약 모든 $\varepsilon > 0$에 대해 $\mathbb{N}_\varepsilon(\mathbf{x})$가 최소한 1개의 S에 속한 점과 S에 속하지 않는 최소한 1개 점을 포함한다면, $\mathbf{x}$는 S의 **경계**에 속한다고 말하며 $\mathbf{x} \in \partial S$라고 나타낸다. 만약 집합 S가 충분히 큰 반경의 구에 포함될 수 있다면 S는 **유계**라고 말한다. **콤팩트 집합**은 유계이며 닫힌집합을 말한다. 열린집합의 여집합은 닫힌집합(그리고 역도 성립함)이며, 임의의 집합의 경계점과 이 집합의 여집합은 열린집합의 여집합과 같음을 주목하시오.

예를 들어, $S = \left\{(x_1, x_2) \middle| x_1^2 + x_2^2 \leq 1\right\}$을 고려해보자. 이 집합은 중심이 $(0, 0)$이며 반경이 1인 원의 둘레와 원 안에 있는 모든 점을 나타낸다. S가 닫힌집합임은 쉽게 입증할 수 있다; 즉 말하자면 $S = cl\,S$이다. 더구나, $int\,S$는 엄격하게 원의 안에 존재하는 모든 점으로 구성되어 있다; 즉 말하자면 $int\,S = \left\{(x_1, x_2) \middle| x_1^2 + x_2^2 < 1\right\}$이다. 마지막으로 ∂S는 원의 둘레에 속한 점으로 구성되어 있다; 즉 말하자면, $\partial S = \left\{(x_1, x_2) \middle| x_1^2 + x_2^2 = 1\right\}$이다.

그러므로, 집합 S가 닫혀있다는 것은 이 집합이 S의 경계점(즉 $\partial S \subseteq S$)을 모두 포함한다는 것과 같은 뜻이다. 나아가서 $cl\,S \equiv S \cup \partial S$는 S를 포함하는 가장 작은 닫힌집합이다. 유사하게, 집합이 열려있다는 것은 이 집합의 어떠한 경계점도 포함하지 않는다는 것과 같은 뜻이다. (좀 더 명확히 하면 $\partial S \cap S = \varnothing$이다) 명확하게, 어떤 집합은 닫힌집합도 아니고 열린집합도 아닐 수도 있으며 $\mathfrak{R}^n$에서 유일하게 닫힌집합이면서 열린집합은 공집합과 $\mathfrak{R}^n$ 자체이다. 또한, 임의의 점 $\mathbf{x} \in S$는 S의 하나의 내점 또는 S의 하나의 경계점이어야 함을 주목하자. 그러나 S는 이것의 경계점을 포함할 필요가 없으므로 $S \neq int\,S \cup \partial S$이다. 그러나 $int\,S \subseteq S$이므로 $int\,S = S - \partial S$이지만, 한편으로 $\partial S \neq S - int\,S$일 필요가 있다.

닫힌집합의 또 다른 등가적 정의가 존재하며 흔히 이것은 집합이 닫혀있음을 보여준다는 관점에서 중요하다. 이 정의는 S에 포함된 점의 수열(이에 관한 수학적 개념에 대해 부록 A를 검토 바람)에 근거한 것이다. 집합 S가 닫혀있다는 것은 S에 포함된 점 $\{\mathbf{x}_k\}$의 수열의 집적점이 $\bar{\mathbf{x}}$인 임의의 수렴하는 수열에 대해서도 $\bar{\mathbf{x}} \in S$이라는 것과 같은 뜻이다. 이것과 앞에서의 닫힘성의 정의가 등가임은, S에 속한 점의 임의의 수렴하는 수열의 집적점 $\bar{\mathbf{x}}$가 S의 내부에 존재하든가 아니면 경계에 존재해야 함을 주목해 쉽게 알 수 있으며, 그렇지 않다면, $\{\mathbf{x} \mid \|\mathbf{x} - \bar{\mathbf{x}}\| < \varepsilon\} \cap S = \varnothing$이 되도록 하는 어떤 $\varepsilon > 0$이 존재할 것이며, $\bar{\mathbf{x}}$가 S에 포함된 수열의 집적점임을 위반하기 때문이다. 그러므로, 만약 S가 닫힌집합이라면

$\bar{\mathbf{x}} \in S$이다. 역으로, 만약 S가 위 수열의 특성을 만족한다면, 이것은 닫힌집합이다. 왜냐하면, 그렇지 않을 경우, S에 포함되지 않은 어떤 경계점 $\bar{\mathbf{x}}$가 존재할 것이다. 그러나 경계점의 정의에 따라, 각각의 $k=1,2,\cdots$에 대해 $\mathbb{N}_{\varepsilon^k}(\bar{\mathbf{x}}) \cap S \neq \varnothing$이며, 여기에서 $0<\varepsilon<1$은 어떤 스칼라이다. 그러므로, 각각의 $k=1,2,\cdots$에 대해 $\mathbf{x}_k \in \mathbb{N}_{\varepsilon^k}(\bar{\mathbf{x}}) \cap S$를 선택하면, $\{\mathbf{x}_k\} \subseteq S$이다; 그리고 명확하게 $\{\mathbf{x}_k\} \rightarrow \bar{\mathbf{x}}$이며, 여기의 가정에 따라, 이것은 반드시 $\bar{\mathbf{x}} \in S$이어야 함을 의미한다. 이것은 모순이다.

예를 들어 설명하기 위해 $S=\{\mathbf{x} \mid \mathbf{A}\mathbf{x} \leq \mathbf{b}\}$를 고려해 본다. $\{\mathbf{x}_k\} \rightarrow \bar{\mathbf{x}}$인 임의의 수렴하는 수열 $\{\mathbf{x}_k\} \subseteq S$가 주어지면, $\bar{\mathbf{x}} \in S$이므로 다면체집합 $S=\{\mathbf{x} \mid \mathbf{A}\mathbf{x} \leq \mathbf{b}\}$는 닫혀있음을 주목하시오. 모든 k에 대해 $\mathbf{A}\mathbf{x}_k \leq \mathbf{b}$이므로 이 내용이 뒤따른다; 따라서, 선형함수의 연속성에 따라, 극한에서 $\mathbf{A}\bar{\mathbf{x}} \leq \mathbf{b}$이기도 하며, 또는 $\bar{\mathbf{x}} \in S$이기도 하다.

집합의 폐포에 속한 점과 집합의 내부에 속한 점 사이의 선분

공집합이 아닌 내부를 갖는 볼록집합이 주어지면, 집합의 내부에 속한 하나의 점과 집합의 폐포에 속한 하나의 점을 연결하는 선분(끝점을 제외하고)은 집합의 내부에 속한다. 이 결과를 아래에서 증명한다(연습문제 2.43은 절 2.4에서 소개한, 받침초평면 개념에 기반한 좀 더 간단한 증명의 구성방안을 제시한다).

2.2.2 정리

$S \neq \varnothing$는 $\mathfrak{R}^n$에서 내부를 갖는 볼록집합이라 하자. $\mathbf{x}_1 \in cl\,S$, $\mathbf{x}_2 \in int\,S$라 한다. 그렇다면 각각의 $\lambda \in (0,1)$에 대해 $\lambda\mathbf{x}_1+(1-\lambda)\mathbf{x}_2 \in int\,S$이다.

증명 $\mathbf{x}_2 \in int\,S$이므로, $\{\mathbf{z} \mid \|\mathbf{z}-\mathbf{x}_2\|<\varepsilon\} \subset S$이 되도록 하는 어떤 $\varepsilon>0$이 존재한다. $\mathbf{y}$는 다음 식

$$\mathbf{y}=\lambda\mathbf{x}_1+(1-\lambda)\mathbf{x}_2 \tag{2.1}$$

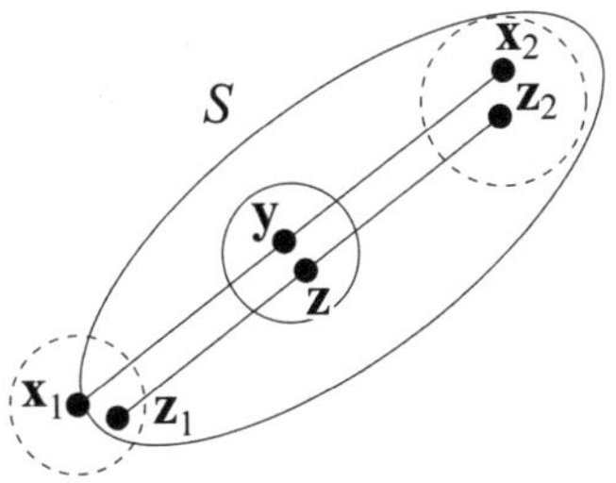

그림 2.4 집합의 폐포에 있는 점과 집합의 내부에 속한 점을 연결하는 선분

에 의해 결정된다고 한다. 여기에서 $\lambda \in (0,1)$이다. $\mathbf{y}$가 $int\,S$에 속함을 증명하기 위해, S에도 속하는 $\mathbf{y}$의 근방을 구성하면 충분하다. 특히, $\{\mathbf{z} \mid \|\mathbf{z}-\mathbf{y}\| < (1-\lambda)\varepsilon\} \subset S$임을 보여준다. $\mathbf{z}$는 $\|\mathbf{z}-\mathbf{y}\| < (1-\lambda)\varepsilon$을 만족시킨다고 하자(그림 2.4 참조). $\mathbf{x}_1 \in cl\,S$이므로, 다음 집합

$$\left\{\mathbf{x} \,\middle|\, \|\mathbf{x}-\mathbf{x}_1\| < \frac{(1-\lambda)\varepsilon - \|\mathbf{z}-\mathbf{y}\|}{\lambda}\right\} \cap S$$

은 공집합이 아니다. 특히 다음 식

$$\|\mathbf{z}_1-\mathbf{x}_1\| < \frac{(1-\lambda)\varepsilon - \|\mathbf{z}-\mathbf{y}\|}{\lambda} \tag{2.2}$$

을 만족시키는 $\mathbf{z}_1 \in S$가 존재한다. 지금 $\mathbf{z}_2 = (\mathbf{z}-\lambda\mathbf{z}_1)/(1-\lambda)$라고 놓는다. 슈워츠 부등식과 (2.2)에서 다음 식

$$\begin{aligned}\|\mathbf{z}_2-\mathbf{x}_2\| = \left\|\frac{\mathbf{z}-\lambda\mathbf{z}_1}{1-\lambda}-\mathbf{x}_2\right\| &= \left\|\frac{(\mathbf{z}-\lambda\mathbf{z}_1)-(\mathbf{y}-\lambda\mathbf{x}_1)}{1-\lambda}\right\| \\ &= \frac{1}{1-\lambda}\|(\mathbf{z}-\mathbf{y})+\lambda(\mathbf{x}_1-\mathbf{z}_1)\| \\ &\le \frac{1}{1-\lambda}(\|\mathbf{z}-\mathbf{y}\|+\lambda\|\mathbf{x}_1-\mathbf{z}_1\|) \\ &\le \varepsilon\end{aligned}$$

을 얻는다. 그러므로 $\mathbf{z}_2 \in S$이다. $\mathbf{z}_2$의 정의에 따라 $\mathbf{z} = \lambda\mathbf{z}_1 + (1-\lambda)\mathbf{z}_2$임을 주

목하자; 그리고 $\mathbf{z}_1$, $\mathbf{z}_2$는 모두 S에 속하므로, $\mathbf{z}$도 역시 S에 속한다. $\|\mathbf{z}-\mathbf{y}\| < (1-\lambda)\varepsilon$ 이 되도록 하는 $\mathbf{z}$는 S에 속함을 보였다. 그러므로 $\mathbf{y} \in int\, S$이며, 증명이 완결되었다. (증명 끝)

따름정리 1 S는 볼록집합이라 하자. 그렇다면 $int\, S$는 볼록집합이다.

따름정리 2 S는 공집합이 아닌 내부를 갖는 볼록집합이라 하자. 그렇다면 $cl\, S$는 볼록집합이다.

증명 $\mathbf{x}_1, \mathbf{x}_2 \in cl\, S$라 한다. $\mathbf{z} \in int\, S$를 뽑는다(가정에 따라 $int\, S \neq \varnothing$이다). 이 정리에 따라, 각각의 $\lambda \in (0,1)$에 대해 $\lambda\mathbf{x}_2 + (1-\lambda)\mathbf{z} \in int\, S$이다. 지금 $\mu \in (0,1)$를 고정한다. 이 정리에 따라, 각각의 $\lambda \in (0,1)$에 대해 $\mu\mathbf{x}_1 + (1-\mu)[\lambda\mathbf{x}_2 + (1-\lambda)\mathbf{z}] \in int\, S \subset S$이다. 만약 λ가 1에 접근함에 따라 극한을 취하면 $\mu\mathbf{x}_1 + (1-\mu)\mathbf{x}_2 \in cl\, S$임이 뒤따르며, 증명이 완결되었다. (증명 끝)

따름정리 3 S는 공집합이 아닌 내부를 갖는 볼록집합이라 하자. 그렇다면 $cl\,(int\, S) = cl\, S$이다.

증명 명확하게, $cl\,(int\, S) \subseteq cl\, S$이다. 지금 $\mathbf{x} \in cl\, S$로 놓고, $\mathbf{y} \in int\, S$를 뽑는다(가정에 따라, $int\, S \neq \varnothing$이다). 그렇다면 각각의 $\lambda \in (0,1)$에 대해 $\lambda\mathbf{x} + (1-\lambda)\mathbf{y} \in int\, S$이다. $\lambda \to 1^-$로 하면 $\mathbf{x} \in cl\,(int\, S)$임이 따라온다. (증명 끝)

따름정리 4 S는 공집합이 아닌 내부를 갖는 볼록집합이라 하자. 그렇다면 $int\,(cl\, S) = int\, S$이다.

증명 $int\, S \subseteq int\,(cl\, S)$임을 주목하자. $\mathbf{x}_1 \in int\,(cl\, S)$라 하자. $\mathbf{x}_1 \in int\, S$임을 보여야 한다. $\|\mathbf{y}-\mathbf{x}_1\| < \varepsilon$임이 $\mathbf{y} \in cl\, S$임을 의미하도록 하는 $\varepsilon > 0$이 존재한다. 지금 $\mathbf{x}_2 \neq \mathbf{x}_1$이 $int\, S$에 속한다고 놓고, $\mathbf{y} = (1+\Delta)\mathbf{x}_1 - \Delta\mathbf{x}_2$라 하며, 여기에서 $\Delta = \varepsilon/(2\|\mathbf{x}_1 - \mathbf{x}_2\|)$이다. $\|\mathbf{y}-\mathbf{x}_1\| = \varepsilon/2$이므

로 $\mathbf{y} \in cl\,S$이다. 그러나 $\mathbf{x}_1 = \lambda\mathbf{y} + (1-\lambda)\mathbf{x}_2$이며, 여기에서 $\lambda = 1/(1+\Delta) \in (0,1)$이다. $\mathbf{y} \in cl\,S$, $\mathbf{x}_2 \in int\,S$이므로, 그렇다면 이 정리에 따라 $\mathbf{x}_1 \in int\,S$이며, 증명이 완결되었다. (증명 끝)

정리 2.2.2와 이것의 따름정리는 상대적 내부의 개념을 사용해 상당히 강화할 수 있다(이 장의 끝에 있는 '주해와 참고문헌' 절을 참조하시오).

2.3 바이어슈트라스의 정리

대단히 중요하고 널리 사용되는 이 결과는 앞서 말한 개념에 기반한 것이다. 이 결과는 최적화문제에서 최적해의 존재에 관계되며, 여기에서 만약 $\overline{\mathbf{x}} \in S$이며 모든 $\mathbf{x} \in S$에 대해 $f(\overline{\mathbf{x}}) \le f(\mathbf{x})$이라면, $\overline{\mathbf{x}}$는 $min\{f(\mathbf{x}) \mid \mathbf{x} \in S\}$ 문제의 최소해라고 말한다. 이런 경우 최솟값이 존재한다고 말한다. 반면에 만약 α가 S에서 f의 최대하계라 하면 $\alpha = infimum\{f(\mathbf{x}) \mid \mathbf{x} \in S\}$(줄여서 inf)이라 말한다; 즉 말하자면 모든 $\mathbf{x} \in S$에 대해 $\alpha \le f(\mathbf{x})$이며 모든 $\mathbf{x} \in S$에 대해 $\overline{\alpha} \le f(\mathbf{x})$가 되도록 하는 $\overline{\alpha} > \alpha$가 존재하지 않는다. 유사하게 만약 $\alpha = f(\overline{\mathbf{x}}) \ge f(\mathbf{x})$가 되도록 하는 해 $\overline{\mathbf{x}} \in S$가 존재한다면 $\alpha = max\{f(\mathbf{x}) \mid \mathbf{x} \in S\}$이다. 반면에 만약 α가 S 내에서 f의 최소상계라면 $\alpha = supremum\{f(\mathbf{x}) \mid \mathbf{x} \in S\}$(줄여서 sup)이다; 즉 말하자면 $\alpha \ge f(\mathbf{x})$이며 모든 $\mathbf{x} \in S$에 대해 $\overline{\alpha} \ge f(\mathbf{x})$가 되도록 하는 $\overline{\alpha} < \alpha$가 존재하지 않는다.

그림 2.5는 최소해가 존재하지 않는 3개 상황을 예시한다. 그림 2.5a의 구간 (a, b)에서 f의 최대하계는 $f(b)$이지만 S는 닫힌집합이 아니며 특히 $b \notin S$이므로 최소해가 존재하지 않는다. 그림 2.5b에서 x가 b의 왼쪽에서 접근함에 따라 $inf\{f(x) \mid x \in [a, b]\}$은 $f(x)$의 극한으로 주어지며 $lim_{x \to b^-} f(x)$로 나타낸다. 그러나 f는 b에서 불연속이므로 최소해가 존재하지 않는다. 마지막으로 그림 2.5c는 무계인 집합 $S = \{x \mid x \ge \alpha\}$ 전체에 걸쳐 f가 무계인 상황을 예시한다.

지금 만약 S가 공집합이 아니고, 닫혀있으며 유계라면, 그리고 만약 f가 S에서 연속이라면, 그림 2.5의 여러 상황과는 달리, 최소해가 존재한다는 결과를 공식적으로 서술하고 증명한다. 독자는 이들의 서로 다른 가정이 다음 증명에서 만

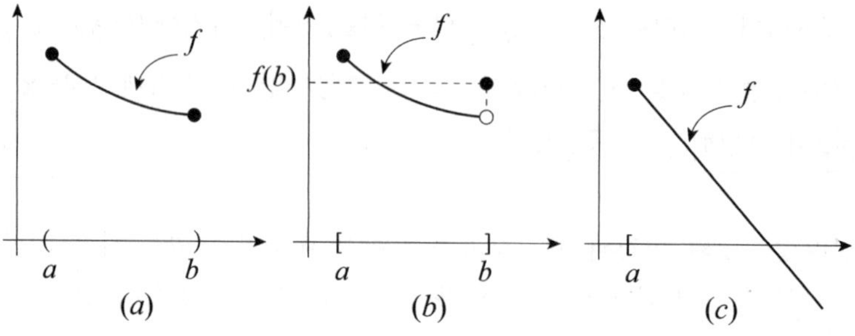

그림 2.5 최소해의 부재

들어진 다른 주장을 어떻게 보증하느냐를 연구해보기 바란다.

2.3.1 정리

$S \neq \varnothing$는 콤팩트 집합이라 하고, $f: S \to \Re$은 S에서 연속이라 하자. 그렇다면 문제 $min\{f(\mathbf{x}) \mid \mathbf{x} \in S\}$는 최솟값을 달성한다; 즉 말하자면, 문제의 최소해가 존재한다.

증명 f는 S에서 연속이며, S는 닫혀있고 유계이므로, f는 S에서 아래로 유계이다. 그 결과, $S \neq \varnothing$ 이므로 최대하계 $\alpha \equiv inf\{f(\mathbf{x}) \mid \mathbf{x} \in S\}$가 존재한다. 지금 $0 < \varepsilon < 1$로 하고, 각각의 $k = 1, 2, \cdots$에 대해 집합 $S_k = \{\mathbf{x} \in S \mid \alpha \leq f(\mathbf{x}) \leq \alpha + \varepsilon^k\}$를 고려해보자. 최대하계의 정의에 따라, 각각의 k에 대해 $S_k \neq \varnothing$ 이며, 각각의 $k = 1, 2, \cdots$에 대해 하나의 점 $\mathbf{x}_k \in S_k$를 선택해 점 $\{\mathbf{x}_k\} \subseteq S$의 수열을 만들 수 있다. S는 유계이므로, 집합 K에 따라 첨자가 지정되는, 수렴하는 부분수열 $\{\mathbf{x}_k\}_K \to \overline{\mathbf{x}}$ 가 존재한다. S의 닫힘성에 따라 $\overline{\mathbf{x}} \in S$이며, f의 연속성에 따라 모든 k에 대해 $\alpha \leq f(\mathbf{x}_k) \leq \alpha + \varepsilon^k$ 이므로, $\alpha = lim_{k \to \infty, k \in K} f(\mathbf{x}_k) = f(\overline{\mathbf{x}})$이다. 그러므로 $f(\overline{\mathbf{x}}) = \alpha = inf\{f(\mathbf{x}) \mid \mathbf{x} \in S\}$이 되도록 하는 해 $\overline{\mathbf{x}} \in S$가 존재함이 나타났고, 그래서 $\overline{\mathbf{x}}$는 최소해이다. 이것으로 증명이 완결되었다. (증명 끝)

2.4 집합의 분리와 받침

최적화문제에서 받침초평면에 관한 개념과 서로소(공통원소를 갖지 않는)인 볼록 집합의 분리에 관한 개념은 대단히 중요하다. 거의 모든 최적성 조건과 쌍대성 사이의 관계는 일종의 볼록집합의 분리 또는 볼록집합의 받침을 이용한다. 이 절의 결과는 다음의 기하학적 사실에 기반한다: 하나의 닫힌 볼록집합 S와 하나의 점 $\mathbf{y} \notin S$가 주어지면, $\mathbf{y}$에서 최단거리를 가지며, $\mathbf{y}$와 S를 분리하는 하나의 초평면에서 최단거리를 갖는 유일한 점 $\bar{\mathbf{x}} \in S$가 존재한다.

어떤 점에서 하나의 볼록집합까지의 최소거리

위의 주요 결과를 확립하기 위해, 다음 **평행사변형 법칙**이 필요하다. $\mathbf{a}$, $\mathbf{b}$는 $\Re^n$에 속한 2개 벡터라 하자. 그렇다면 다음 관계

$$\|\mathbf{a}+\mathbf{b}\|^2 = \|\mathbf{a}\|^2 + \|\mathbf{b}\|^2 + 2\mathbf{a}\cdot\mathbf{b}$$
$$\|\mathbf{a}-\mathbf{b}\|^2 = \|\mathbf{a}\|^2 + \|\mathbf{b}\|^2 - 2\mathbf{a}\cdot\mathbf{b}$$

가 성립한다. 2개 식을 합해 다음 식

$$\|\mathbf{a}+\mathbf{b}\|^2 + \|\mathbf{a}-\mathbf{b}\|^2 = 2\|\mathbf{a}\|^2 + 2\|\mathbf{b}\|^2$$

을 얻는다. 이 결과는 그림 2.6에 예시되어 있으며, 다음과 같이 해석할 수 있다: 평행사변형의 대각선의 노음 제곱의 합은 변의 노음 제곱의 합과 같다.

지금 **최근접점 정리를** 제시하고 증명한다. 또다시, 독자는 다양한 주장을 보증함에 있어, 여러 가정이 어떤 역할을 하는지를 조사해보기를 권한다.

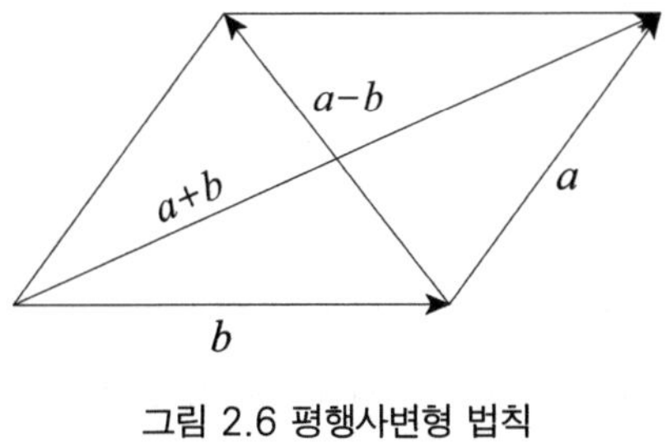

그림 2.6 평행사변형 법칙

2.4.1 정리

$S \neq \varnothing$는 $\Re^n$의 닫힌 볼록집합이라 하고, $\mathbf{y} \notin S$이다. 그렇다면 $\mathbf{y}$에서 최단거리인 유일한 점 $\bar{\mathbf{x}} \in S$가 존재한다. 더군다나, $\bar{\mathbf{x}}$가 최소화하는 점이라는 것은 모든 $\mathbf{x} \in S$에 대해 $(\mathbf{y}-\bar{\mathbf{x}}) \cdot (\mathbf{x}-\bar{\mathbf{x}}) \leq 0$이라는 것은 같은 뜻이다.

증명 먼저, 하나의 가장 가까운 점의 존재를 확립하자. $S \neq \varnothing$이므로, 하나의 점 $\hat{\mathbf{x}} \in S$ 가 존재하며, 집합 $\bar{S} = S \cap \{\mathbf{x} \mid \|\mathbf{y}-\mathbf{x}\| \leq \|\mathbf{y}-\hat{\mathbf{x}}\|\}$에 가장 가까운 점을 찾는 것으로 관심을 한정할 수 있다. 달리 말하면, '최근접점 문제' $inf\{\|\mathbf{y}-\mathbf{x}\| \mid \mathbf{x} \in S\}$는 $inf\{\|\mathbf{y}-\mathbf{x}\| \mid \mathbf{x} \in \bar{S}\}$와 등가이다. 그러나 후자의 문제는 공집합이 아닌, 콤팩트 집합 $\bar{S}$ 전체에 걸쳐 연속함수의 최솟값을 구하는 문제를 포함하며, 그래서 정리 2.3.1의 바이어슈트라스의 정리에 따라, $\mathbf{y}$에 가장 가까우며, S에 속하며 거리를 최소화하는, 하나의 점 $\bar{\mathbf{x}}$가 존재함을 안다.

유일성을 보여주기 위해, $\|\mathbf{y}-\bar{\mathbf{x}}\| = \|\mathbf{y}-\bar{\mathbf{x}}'\| = \gamma$가 되도록 하는 $\bar{\mathbf{x}}' \in S$가 존재한다고 가정한다. S의 볼록성에 따라 $(\bar{\mathbf{x}}+\bar{\mathbf{x}}')/2 \in S$이다. 삼각형 부등식에 따라 다음 식

$$\left\| \mathbf{y} - \frac{\bar{\mathbf{x}}+\bar{\mathbf{x}}'}{2} \right\| \leq \frac{1}{2}\|\mathbf{y}-\bar{\mathbf{x}}\| + \frac{1}{2}\|\mathbf{y}-\bar{\mathbf{x}}'\| = \gamma$$

을 얻는다. 만약 엄격한 부등식이 성립한다면 $\bar{\mathbf{x}}$가 $\mathbf{y}$에 가장 가까운 점이라는 것과 모순이다. 그러므로 등식이 성립하며, 어떤 λ에 대해 반드시 $\mathbf{y}-\bar{\mathbf{x}} = \lambda(\mathbf{y}-\bar{\mathbf{x}}')$이어야 한다. $\|\mathbf{y}-\bar{\mathbf{x}}\| = \|\mathbf{y}-\bar{\mathbf{x}}'\| = \gamma$이므로 $|\lambda| = 1$이다. 명확하게 $\lambda \neq -1$이다. 왜냐하면, 그렇지 않다면 $\mathbf{y} = (\bar{\mathbf{x}}+\bar{\mathbf{x}}')/2 \in S$이므로, $\mathbf{y} \notin S$라는 가정을 위반하기 때문이다. 그러므로 $\lambda = 1$이며, $\bar{\mathbf{x}}' = \bar{\mathbf{x}}$를 산출하며, 유일성을 확립했다.

증명을 완결하기 위해, 모든 $\mathbf{x} \in S$에 대해 $(\mathbf{y}-\bar{\mathbf{x}}) \cdot (\mathbf{x}-\bar{\mathbf{x}}) \leq 0$임은 S에 속한 $\bar{\mathbf{x}}$가 $\mathbf{y}$에 가장 가까운 점이 되기 위한 필요충분조건임을 나타낼 필요가 있다.

충분성을 증명하기 위해 $\mathbf{x} \in S$라 하자. 그렇다면 다음 식

$$\begin{aligned}\| \mathbf{y}-\mathbf{x} \|^2 &= \| \mathbf{y}-\overline{\mathbf{x}}+\overline{\mathbf{x}}-\mathbf{x} \|^2 \\ &= \| \mathbf{y}-\overline{\mathbf{x}} \|^2 + \| \overline{\mathbf{x}}-\mathbf{x} \|^2 + 2(\overline{\mathbf{x}}-\mathbf{x})\cdot(\mathbf{y}-\overline{\mathbf{x}})\end{aligned}$$

이 성립한다. 가정에 따라 $\| \overline{\mathbf{x}}-\mathbf{x} \|^2 \geq 0$, $(\overline{\mathbf{x}}-\mathbf{x})\cdot(\mathbf{y}-\overline{\mathbf{x}}) \geq 0$이므로, $\| \mathbf{y}-\mathbf{x} \|^2 \geq \| \mathbf{y}-\overline{\mathbf{x}} \|^2$이며 $\overline{\mathbf{x}}$는 최소화하는 점이다. 역으로, 모든 $\mathbf{x} \in S$에 대해 $\| \mathbf{y}-\mathbf{x} \|^2 \geq \| \mathbf{y}-\overline{\mathbf{x}} \|^2$이라고 가정하자. $\mathbf{x} \in S$라 하고, S의 볼록성에 따라, $0 \leq \lambda \leq 1$에 대해 $\overline{\mathbf{x}}+\lambda(\mathbf{x}-\overline{\mathbf{x}}) \in S$임을 주목하자. 그러므로, 다음 식

$$\| \mathbf{y}-\overline{\mathbf{x}}-\lambda(\mathbf{x}-\overline{\mathbf{x}}) \|^2 \geq \| \mathbf{y}-\overline{\mathbf{x}} \|^2 \tag{2.3}$$

이 성립한다. 또한, 다음 식

$$\begin{aligned}&\| \mathbf{y}-\overline{\mathbf{x}}-\lambda(\mathbf{x}-\overline{\mathbf{x}}) \|^2 \\ &= \| \mathbf{y}-\overline{\mathbf{x}} \|^2 + \lambda^2 \| \mathbf{x}-\overline{\mathbf{x}} \|^2 - 2\lambda(\mathbf{y}-\overline{\mathbf{x}})\cdot(\mathbf{x}-\overline{\mathbf{x}})\end{aligned} \tag{2.4}$$

이 성립한다. (2.3), (2.4)에서, 모든 $0 \leq \lambda \leq 1$에 대해 다음 식

$$2\lambda(\mathbf{y}-\overline{\mathbf{x}})\cdot(\mathbf{x}-\overline{\mathbf{x}}) \leq \lambda^2 \| \mathbf{x}-\overline{\mathbf{x}} \|^2 \tag{2.5}$$

을 얻는다. (2.5)를 임의의 이러한 $\lambda > 0$으로 나누고 $\lambda \to 0^+$라 하면, 이 결과가 뒤따른다. (증명 끝)

정리 2.4.1은 그림 2.7a에 예시되어 있다. S에 속한 임의의 점 $\mathbf{x}$에 대해

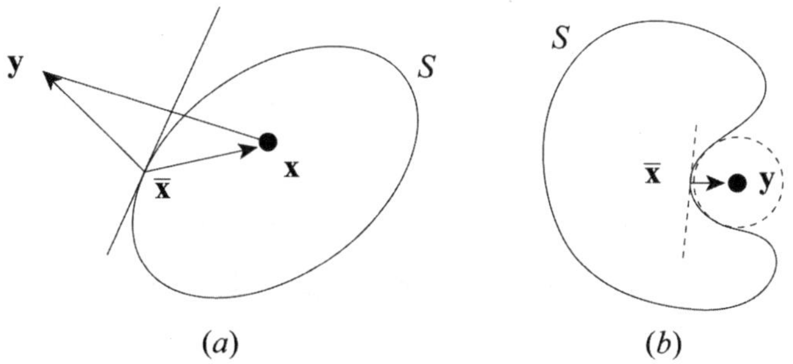

그림 2.7 닫힌 볼록집합까지의 최소거리

$(\mathbf{y}-\overline{\mathbf{x}})$와 $(\mathbf{x}-\overline{\mathbf{x}})$ 사이의 각도는 90°보다도 크거나 같음을 주목하고, 따라서 모든 $\mathbf{x}\in S$에 대해 $(\mathbf{y}-\overline{\mathbf{x}})\cdot(\mathbf{x}-\overline{\mathbf{x}})\le 0$이다. 이것은 집합 S가 법선 벡터 $\boldsymbol{\alpha}=(\mathbf{y}-\overline{\mathbf{x}})$를 가지면서, $\overline{\mathbf{x}}$를 통과하는 초평면 $\boldsymbol{\alpha}\cdot(\mathbf{x}-\overline{\mathbf{x}})=0$에 대해 상대적으로, 반공간 $\boldsymbol{\alpha}\cdot(\mathbf{x}-\overline{\mathbf{x}})\le 0$ 내에 존재함을 말한다. 또한, 그림 2.7b를 참조해 만약 S가 볼록집합이 아니라면 이 특징은 $\mathbb{N}_\varepsilon(\overline{\mathbf{x}})\cap S$ 전체에 걸쳐서조차도 성립할 필요가 없음을 주목하시오.

초평면과 2개 집합의 분리

분리초평면과 받침초평면에 관한 설명이 필요하므로 초평면과 반공간의 엄밀한 정의를 아래에 반복한다.

2.4.2 정의

$\Re^n$의 **초평면** H는 $\{\mathbf{x}\mid\mathbf{p}\cdot\mathbf{x}=\alpha\}$ 형태인 점의 집합이며, 여기에서 $\mathbf{p}\neq\mathbf{0}$는 $\Re^n$의 벡터, α는 스칼라이다. 벡터 $\mathbf{p}$는 이 초평면의 **법선 벡터**라 한다. 초평면 H는 2개의 **닫힌 반공간** $H^+=\{\mathbf{x}\mid\mathbf{p}\cdot\mathbf{x}\ge\alpha\}$, $H^-=\{\mathbf{x}\mid\mathbf{p}\cdot\mathbf{x}\le\alpha\}$와 2개의 **열린 반공간** $\{\mathbf{x}\mid\mathbf{p}\cdot\mathbf{x}>\alpha\}$, $\{\mathbf{x}\mid\mathbf{p}\cdot\mathbf{x}<\alpha\}$를 정의한다.

$\Re^n$의 임의의 점은 H^+, H^-, 또는 2개 모두에 속함을 주목하자. 또한, 초평면 H와 이에 상응하는 반공간은 하나의 고정된 점, 즉 말하자면 $\overline{\mathbf{x}}\in H$을 기준으로 해 표현할 수 있다. 만약 $\overline{\mathbf{x}}\in H$라면 $\mathbf{p}\cdot\mathbf{x}=\alpha$이며, 그러므로 임의의 점 $\mathbf{x}\in H$는 반드시 $\mathbf{p}\cdot\mathbf{x}-\mathbf{p}\cdot\overline{\mathbf{x}}=\alpha-\alpha=0$을 만족시켜야 한다; 다시 말하면, $\mathbf{p}\cdot(\mathbf{x}-\overline{\mathbf{x}})=0$이다. 따라서 $H^+=\{\mathbf{x}\mid\mathbf{p}\cdot(\mathbf{x}-\overline{\mathbf{x}})\ge 0\}$, $H^-=\{\mathbf{x}\mid\mathbf{p}\cdot(\mathbf{x}-\overline{\mathbf{x}})\le 0\}$이다. 그림 2.8은 $\overline{\mathbf{x}}$를 관통하며 하나의 법선 벡터 $\mathbf{p}$를 갖는 하나의 초평면 H를 나타낸다.

하나의 예로, $H=\{(x_1,x_2,x_3,x_4)\mid x_1+x_2-x_3+2x_4=4\}$을 고려해보자. 법선 벡터는 $\mathbf{p}=(1,1,-1,2)$이다. 대안적으로, 이 초평면은 H에 속한 임의의 점을 참조해 표현할 수 있다: 예를 들면, $\overline{\mathbf{x}}=(0,6,0,-1)$이다. 이 경우 $H=\{(x_1,x_2,x_3,x_4)\mid x_1+(x_2-6)-x_3+2(x_4+1)=0\}$라고 나타낸다.

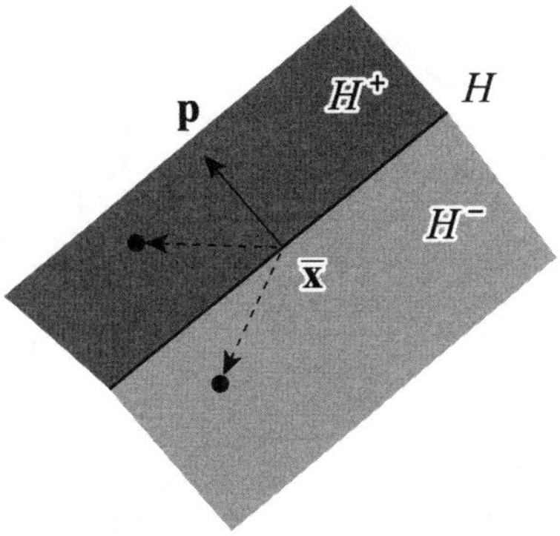

그림 2.8 초평면과 이에 상응하는 반공간

2.4.3 정의

$S_1 \neq \varnothing$, $S_2 \neq \varnothing$는 $\Re^n$의 집합이라 하자. 만약 각각의 $\mathbf{x} \in S_1$에 대해 $\mathbf{p} \cdot \mathbf{x} \geq \alpha$이며, 각각의 $\mathbf{x} \in S_2$에 대해 $\mathbf{p} \cdot \mathbf{x} \leq \alpha$라면, 초평면 $H = \{\mathbf{x} \mid \mathbf{p} \cdot \mathbf{x} = \alpha\}$는 S_1과 S_2를 **분리한다**고 말한다. 게다가, 만약 $S_1 \cup S_2 \not\subset H$라면, H는 S_1과 S_2를 **바르게 분리한다**고 말한다. 만약 각각의 $\mathbf{x} \in S_1$에 대해 $\mathbf{p} \cdot \mathbf{x} > \alpha$이라면, 그리고 각각의 $\mathbf{x} \in S_2$에 대해 $\mathbf{p} \cdot \mathbf{x} < \alpha$라면, 이 초평면 H는 S_1과 S_2를 **엄격하게 분리한다**고 말한다. 만약 각각의 $\mathbf{x} \in S_1$에 대해 $\mathbf{p} \cdot \mathbf{x} \geq \alpha + \varepsilon$이라면, 그리고 각각의 $\mathbf{x} \in S_2$에 대해 $\mathbf{p} \cdot \mathbf{x} \leq \alpha$라면 초평면 H는 S_1과 S_2를 **강하게 분리한다**고 말하며, 여기에서 ε은 하나의 양(+) 스칼라이다.

그림 2.9는 분리의 여러 형태를 보여준다. 물론, 강한 분리는 엄격한 분리를 의미하며 엄격한 분리는 **바른 분리**를 의미하고 이것은 또다시 **분리**를 의미한다. 그림 2.9에 보인 바와 같이 **부적절한 분리**는 S_1, S_2를 모두 포함하는 하나의 초평면에 해당하므로, 이것은 별로 가치가 없다.

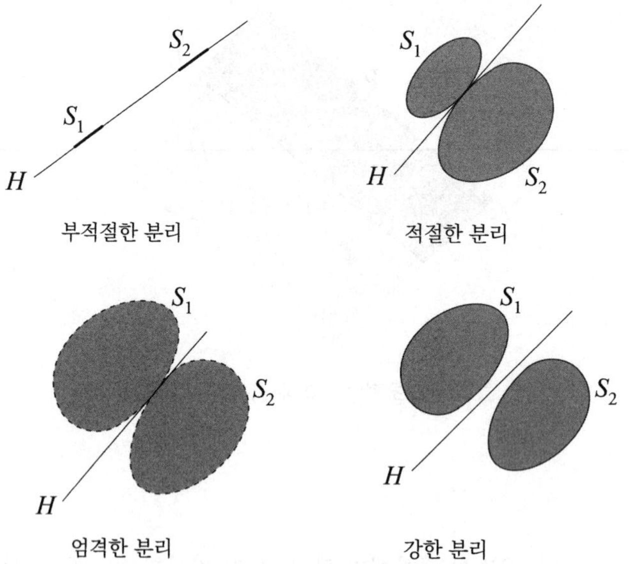

그림 2.9 분리의 여러 형태

볼록집합과 하나의 점의 분리

지금 첫째로, 그리고 가장 기본적인 분리정리를 소개한다. 이와 같은 기본적 결과에서 나머지의 분리정리와 받침정리가 뒤따른다.

2.4.4 정리

$S \neq \varnothing$는 $\Re^n$의 닫힌 볼록집합이라 하고, $\mathbf{y} \notin S$이다. 그렇다면 각각의 $\mathbf{x} \in S$에 대해 $\mathbf{p} \cdot \mathbf{y} > \alpha$, $\mathbf{p} \cdot \mathbf{x} \leq \alpha$를 만족시키는 하나의 벡터 $\mathbf{p} \neq \mathbf{0}$와 하나의 스칼라 α가 존재한다.

증명 $S \neq \varnothing$는 닫힌 볼록집합이며 $\mathbf{y} \notin S$이다. 그러므로 정리 2.4.1에 따라, 각각의 $\mathbf{x} \in S$에 대해 $(\mathbf{x} - \bar{\mathbf{x}}) \cdot (\mathbf{y} - \bar{\mathbf{x}}) \leq 0$이 되도록 하는, 하나의 유일하게 최소화하는 점 $\bar{\mathbf{x}} \in S$가 존재한다.

$\mathbf{p} = \mathbf{y} - \bar{\mathbf{x}} \neq \mathbf{0}$, $\alpha = \bar{\mathbf{x}} \cdot (\mathbf{y} - \bar{\mathbf{x}}) = \mathbf{p} \cdot \bar{\mathbf{x}}$라 하면, 각각의 $\mathbf{x} \in S$에 대해 $\mathbf{p} \cdot \mathbf{x} \leq \alpha$이며, 한편으로 $\mathbf{p} \cdot \mathbf{y} - \alpha = (\mathbf{y} - \bar{\mathbf{x}}) \cdot (\mathbf{y} - \bar{\mathbf{x}}) = \| \mathbf{y} - \bar{\mathbf{x}} \|^2 > 0$이다. 이것으로 증명이 완결되었다. (증명 끝)

따름정리 1 S는 $\Re^n$에서 닫힌 볼록집합이라 하자. 그렇다면 S는 자신을 포함하는 모든 반공간의 교집합이다.

증명 명백하게 S는 자체를 포함하는 모든 반공간의 교집합에 포함된다. 원하는 결과와는 모순되게, 위의 반공간의 교집합에 속하지만 S에는 속하지 않는 하나의 점 $\mathbf{y}$가 존재한다고 가정한다. 이 정리에 따라 S를 포함하지만 $\mathbf{y}$를 포함하지 않는 하나의 반공간이 존재한다. 이 모순은 따름정리를 증명한다. (증명 끝)

따름정리 2 S는 공집합이 아닌 집합이라 하고, $\mathbf{y} \notin cl\,conv(S)$라 하자. 즉 $\mathbf{y}$는 S의 볼록포의 폐포에 속하지 않는다고 하자. 그렇다면 S와 $\mathbf{y}$에 대해 강하게 분리하는 초평면이 존재한다.

증명 정리 2.4.4에서 $cl\,conv\,Q$가 S의 역할을 하도록 함으로 이 결과가 따라온다. (증명 끝)

다음 문장은 이 정리의 결론과 등가이다. 독자는 이것을 입증하기 바란다. $\mathbf{y}$는 어떤 점이므로 문장 1, 2는 특별한 경우에만 등가임을 주목하자. 또한, 임의의 $\mathbf{x} \in S$에 대해, $\mathbf{p}\cdot(\bar{\mathbf{x}} - \mathbf{x}) = (\mathbf{y} - \bar{\mathbf{x}})\cdot(\bar{\mathbf{x}} - \mathbf{x}) \geq 0$이므로 $\alpha = \mathbf{p}\cdot\bar{\mathbf{x}} = max\,\{\mathbf{p}\cdot\mathbf{x} \mid \mathbf{x} \in S\}$임을 주목하시오.

1. S와 $\mathbf{y}$를 **엄격하게** 분리하는 하나의 초평면이 존재한다.
2. S와 $\mathbf{y}$를 **강하게** 분리하는 하나의 초평면이 존재한다.
3. $\mathbf{p}\cdot\mathbf{y} > sup\,\{\mathbf{p}\cdot\mathbf{x} \mid \mathbf{x} \in S\}$가 되도록 하는 하나의 벡터 $\mathbf{p}$가 존재한다.
4. $\mathbf{p}\cdot\mathbf{y} < inf\,\{\mathbf{p}\cdot\mathbf{x} \mid \mathbf{x} \in S\}$가 되도록 하는 하나의 벡터 $\mathbf{p}$가 존재한다.

정리 2.4.4의 결과로서의 파르카스의 정리

파르카스의 정리는 선형계획법 문제와 비선형계획법 문제의 최적성 조건을 유도하기 위해 널리 사용한다. 파르카스의 정리는 다음과 같이 나타낼 수 있다. $\mathbf{A}$를 $m \times n$ 행렬이라 하고, $\mathbf{c}$를 n-벡터라 하자. 그렇다면 정확하게 다음 2개 시스템

시스템 1: $\mathbf{A}\mathbf{x} \leq 0 \quad \mathbf{c}\cdot\mathbf{x} > 0$, 어떤 $\mathbf{x} \in \Re^n$에 대해.

시스템 2: $\mathbf{A}^t\mathbf{y} = \mathbf{c} \quad \mathbf{y} \geq 0$, 어떤 $\mathbf{y} \in \Re^m$에 대해.

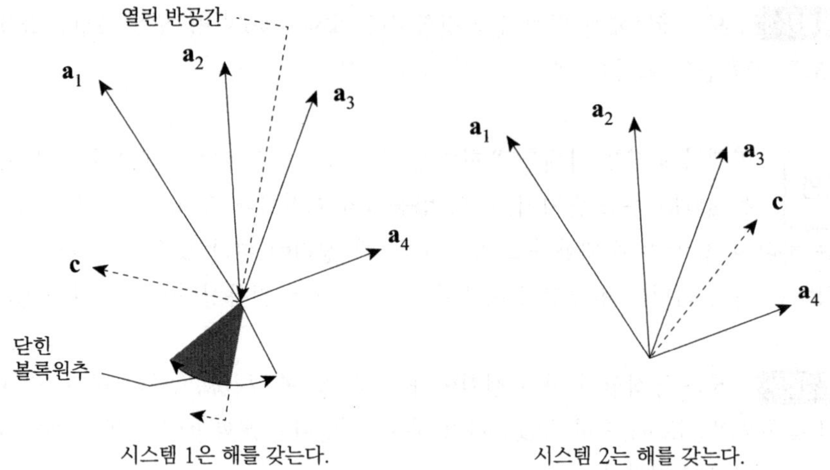

그림 2.10 파르카스의 정리

가운데 1개는 해를 갖는다: 만약 $\mathbf{A}^t$의 열을 $\mathbf{a}_1, \cdots, \mathbf{a}_m$으로 나타낸다면, 그리고 만약 $\mathbf{c}$가 $\mathbf{a}_1, \cdots, \mathbf{a}_m$으로 생성한 볼록원추 내에 존재한다면 시스템 2는 해를 갖는다. 만약 닫힌 볼록원추 $\{\mathbf{x} \mid \mathbf{Ax} \leq \mathbf{0}\}$과 열린 반공간 $\{\mathbf{x} \mid \mathbf{c} \cdot \mathbf{x} > 0\}$이 공집합이 아닌 교집합을 갖는다면 시스템 1은 해를 갖는다. 이들 2개 케이스는 그림 2.10에 기하학적으로 예시되어 있다.

2.4.5 정리(파르카스의 정리)

$\mathbf{A}$는 $m \times n$ 행렬이라 하고, $\mathbf{c}$는 n-벡터라 하자. 그렇다면 정확하게 다음 2개 시스템 가운데 1개는 해를 갖는다:

시스템 1: $\mathbf{Ax} \leq \mathbf{0}$, $\mathbf{c} \cdot \mathbf{x} > 0$ 어떤 $\mathbf{x} \in \mathfrak{R}^n$에 대해.

시스템 2: $\mathbf{A}^t\mathbf{y} = \mathbf{c}$, $\mathbf{y} \geq \mathbf{0}$ 어떤 $\mathbf{y} \in \mathfrak{R}^m$에 대해.

증명 시스템 2가 해를 갖는다고 가정한다; 즉 말하자면, $\mathbf{A}^t\mathbf{y} = \mathbf{c}$가 되도록 하는 $\mathbf{y} \geq \mathbf{0}$가 존재한다. $\mathbf{x}$는 $\mathbf{Ax} \leq \mathbf{0}$이 되도록 하는 점이라 하자. 그렇다면 $\mathbf{c} \cdot \mathbf{x} = \mathbf{y}^t\mathbf{Ax} \leq 0$이다. 그러므로, 시스템 1은 해를 갖지 않는다. 지금 시스템 2가 해를 갖지 않는다고 가정한다. 집합 $S = \{\mathbf{x} \mid \mathbf{x} = \mathbf{A}^t\mathbf{y}, \mathbf{y} \geq \mathbf{0}\}$을 구성한다. S는 닫힌 볼록집합이며 $c \in S$ 임을 주목하자. 정리 2.4.4에 따라, 모든

$\mathbf{x} \in S$에 대해 $\mathbf{p}\cdot\mathbf{c} > \alpha$, $\mathbf{p}\cdot\mathbf{x} \leq \alpha$가 되도록 하는 하나의 벡터 $\mathbf{p} \in \mathfrak{R}^n$과 하나의 스칼라 α가 존재한다. $\mathbf{0} \in S$, $\alpha \geq 0$이므로, 그래서 $\mathbf{p}\cdot\mathbf{c} > 0$이다. 또한, 모든 $\mathbf{y} \geq \mathbf{0}$에 대해 $\alpha \geq \mathbf{p}^t\mathbf{A}^t\mathbf{y} = \mathbf{y}^t\mathbf{A}\mathbf{p}$이다. $\mathbf{y} \geq \mathbf{0}$는 마음대로 크게 할 수 있으므로, 마지막 부등식은 $\mathbf{A}\mathbf{p} \leq \mathbf{0}$을 의미한다. 그러므로 $\mathbf{A}\mathbf{p} \leq \mathbf{0}$, $\mathbf{c}\cdot\mathbf{p} > 0$이 되도록 하는 하나의 벡터 $\mathbf{p} \in \mathfrak{R}^n$을 구성했다. 그러므로 시스템 1은 해를 가지며, 증명이 완결되었다. (증명 끝)

따름정리 1 **(고르단의 정리)** $\mathbf{A}$를 $m \times n$ 행렬이라 하자. 그렇다면, 정확하게 다음 2개 시스템 가운데 1개는 하나의 해를 갖는다:

시스템 1: $\mathbf{A}\mathbf{x} < \mathbf{0}$ 어떤 $\mathbf{x} \in \mathfrak{R}^n$에 대해.

시스템 2: $\mathbf{A}^t\mathbf{y} = \mathbf{0}$, $\mathbf{y} \geq \mathbf{0}$ 어떤 $\mathbf{0}$이 아닌 $\mathbf{y} \in \mathfrak{R}^m$에 대해.

증명 어떤 $\mathbf{x} \in \mathfrak{R}^n$에 대해, 그리고 $s \in \mathfrak{R}$에 대한 $s > 0$에 대해, 시스템 1은 등가적으로 $\mathbf{A}\mathbf{x} + \mathbf{e}s \leq \mathbf{0}$으로 나타낼 수 있음을 주목하고, 여기에서 $\mathbf{e}$는 m개의 1을 요소로 갖는 하나의 벡터이다. 이것을 정리 2.4.5의 시스템 1 형태로 다시 쓰면, 어떤 $\begin{pmatrix}\mathbf{x}\\ s\end{pmatrix} \in \mathfrak{R}^{n+1}$에 대해 $[\mathbf{A}\ \ \mathbf{e}]\begin{bmatrix}\mathbf{x}\\ s\end{bmatrix} \leq \mathbf{0}$, $(0, \cdots, 0, 1)\begin{bmatrix}\mathbf{x}\\ s\end{bmatrix} > 0$이다. 정리 2.4.5에 따라, 연관된 시스템 2는 어떤 $\mathbf{y} \in \mathfrak{R}^m$에 대해 $\begin{bmatrix}\mathbf{A}^t\\ \mathbf{e}^t\end{bmatrix}\mathbf{y} = (0, \cdots, 0, 1)$, $\mathbf{y} \geq \mathbf{0}$임을 말한다; 즉 말하자면, 어떤 $\mathbf{y} \in \mathfrak{R}^m$에 대해 $\mathbf{A}^t\mathbf{y} = \mathbf{0}$, $\mathbf{e}\cdot\mathbf{y} = 1$, $\mathbf{y} \geq \mathbf{0}$이다. 이것은 따름정리의 시스템 2와 등가이다. 그러므로 이 결과가 뒤따른다. (증명 끝)

따름정리 2 $\mathbf{A}$는 $m \times n$ 행렬이라 하고, $\mathbf{c}$는 n-벡터라 한다. 그렇다면 정확하게 다음 2개 시스템 가운데 1개는 해를 갖는다:

시스템 1: $\mathbf{A}\mathbf{x} \leq \mathbf{0}$, $\mathbf{x} \geq \mathbf{0}$, $\mathbf{c}\cdot\mathbf{x} > 0$ 어떤 $\mathbf{x} \in \mathfrak{R}^n$에 대해.

시스템 2: $\mathbf{A}^t\mathbf{y} \geq \mathbf{c}$, $\mathbf{y} \geq \mathbf{0}$ 어떤 $\mathbf{y} \in \mathfrak{R}^m$에 대해.

증명 이 결과는, 시스템 2의 제약조건의 첫째 집합을 등식으로 나타내고, 이에 따라 이 정리에서 $\mathbf{A}^t$를 $[\mathbf{A}^t, \ -\mathbf{I}]$로 대체함으로 따라온다. (증명 끝)

따름정리 3 $\mathbf{A}$는 $m \times n$ 행렬, $\mathbf{B}$는 $\ell \times n$ 행렬, $\mathbf{c}$는 n-벡터라 한다. 그렇다면 정확하게 다음 2개 시스템 가운데 1개 시스템은 해를 갖는다:

시스템 1: $\mathbf{Ax} \leq 0$, $\mathbf{Bx} = 0$, $\mathbf{c} \cdot \mathbf{x} > 0$ 어떤 $\mathbf{x} \in \Re^n$에 대해.

시스템 2: $\mathbf{A}^t\mathbf{y} + \mathbf{B}^t\mathbf{z} = \mathbf{c}$, $\mathbf{y} \geq 0$ 어떤 $\mathbf{y} \in \Re^m$과 $\mathbf{z} \in \Re^\ell$에 대해.

증명 $\mathbf{z} = \mathbf{z}_1 - \mathbf{z}_2$라고 놓고, 여기에서 시스템 2에서 $\mathbf{z}_1 \geq \mathbf{0}$, $\mathbf{z}_2 \geq \mathbf{0}$이며, 이에 따라, 이 정리에서 $\mathbf{A}^t$를 $[\mathbf{A}^t, \mathbf{B}^t, -\mathbf{B}^t]$로 대체하면 이 결과가 따라온다. (증명 끝)

경계점에서 집합의 받침

2.4.6 정의

$S \neq \varnothing$는 $\Re^n$의 집합이라 하고, $\overline{\mathbf{x}} \in \partial S$라 한다. 만약 $S \subseteq H^+$이거나 즉 말하자면, 각각의 $\mathbf{x} \in S$에 대해 $\mathbf{p} \cdot (\mathbf{x} - \overline{\mathbf{x}}) \geq 0$이거나, 아니면 $S \subseteq H^-$이라면 즉 말하자면, 각각의 $\mathbf{x} \in S$에 대해 $\mathbf{p} \cdot (\mathbf{x} - \overline{\mathbf{x}}) \leq 0$이라면 초평면 $H = \{\mathbf{x} \mid \mathbf{p} \cdot (\mathbf{x} - \overline{\mathbf{x}}) = 0\}$은 $\overline{\mathbf{x}}$에서 S의 **받침초평면**이라 한다. 만약 더구나 $S \not\subseteq H$라면 H는 $\overline{\mathbf{x}}$에서 S의 **진받침초평면**이라 말한다.

정의 2.4.6은 다음과 같이 등가적으로 말할 수 있음을 주목하자. 만약 $\mathbf{p} \cdot \overline{\mathbf{x}} = inf\{\mathbf{p} \cdot \mathbf{x} \mid \mathbf{x} \in S\}$이거나, 그렇지 않으면, $\mathbf{p} \cdot \overline{\mathbf{x}} = sup\{\mathbf{p} \cdot \mathbf{x} \mid \mathbf{x} \in S\}$이라면 초평면 $H = \{\mathbf{x} \mid \mathbf{p} \cdot (\mathbf{x} - \overline{\mathbf{x}}) = 0\}$는 $\overline{\mathbf{x}} \in \partial S$에서 S의 받침초평면이다. $\overline{\mathbf{x}} \in S$이거나, 그렇지 않으면 만약 $\overline{\mathbf{x}} \notin S$라면, $\overline{\mathbf{x}} \in \partial S$이므로, S에 속하며 $\overline{\mathbf{x}}$에 마음대로 가까운 점이 존재하며, 그러므로 $\mathbf{p} \cdot \mathbf{x}$ 함숫값은 $\mathbf{p} \cdot \overline{\mathbf{x}}$ 함숫값에 마음대로 가깝게 된다는 사실을 주목하면, 이 내용은 바로 뒤따른다.

그림 2.11은 받침초평면의 몇 개 예를 보인다. 이 그림은 경계점에서 유일한 받침초평면, 경계점에서 무한개의 받침초평면, 1개 이상의 점에서 집합을 받쳐주는 초평면, 그리고 마지막으로, 전체 집합을 포함하고 있는 부적절한 받침초평

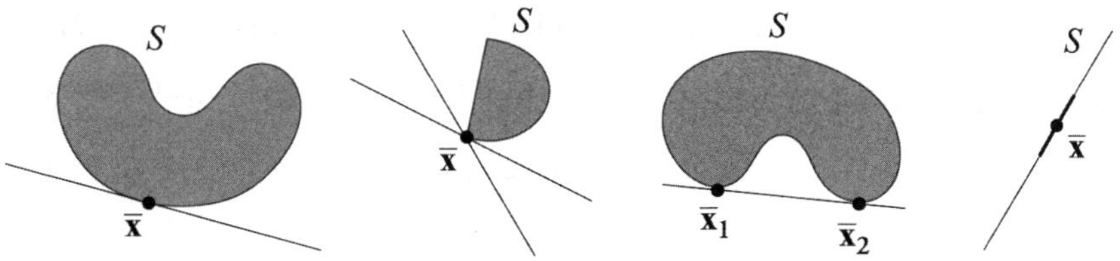

그림 2.11 받침초평면

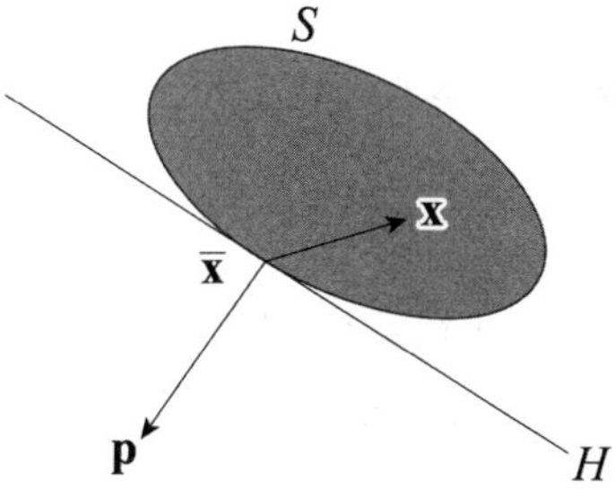

그림 2.12 받침초평면

면의 케이스를 예시한다.

지금 볼록집합은 각각의 경계점(그림 2.12 참조)에서 받침초평면을 갖는다는 것을 증명한다. 따름정리로, 정리 2.4.4와 유사한 결과가 따라오며, 여기에서 S는 닫힌집합이 되어야 한다고 요구하지 않는다.

2.4.7 정리

$S \neq \varnothing$는 $\Re^n$의 볼록집합이라 하고, $\bar{\mathbf{x}} \in \partial S$라 한다. 그렇다면 $\bar{\mathbf{x}}$에서 S를 받쳐주는 하나의 초평면이 존재한다; 즉 말하자면, 각각의 $\mathbf{x} \in cl\,S$에 대해 $\mathbf{p} \cdot (\mathbf{x} - \bar{\mathbf{x}}) \leq 0$이 되도록 하는 $\mathbf{0}$이 아닌 하나의 벡터 $\mathbf{p}$가 존재한다.

증명 $\bar{\mathbf{x}} \in \partial S$이므로, $\mathbf{y}_k \to \bar{\mathbf{x}}$가 되도록 하는, $cl\,S$에 속하지 않는 수열 $\{\mathbf{y}_k\}$가 존재한다. 정리 2.4.4에 따라, 각각의 $\mathbf{y}_k$에 상응해, 각각의 $\mathbf{x} \in cl\,S$에 대해 $\mathbf{p}_k \cdot \mathbf{y}_k > \mathbf{p}_k \cdot \mathbf{x}$임이 성립하는 노음 1의 $\mathbf{p}_k$가 존재한다(정리 2.4.4에서 법선 벡터는 이것을 노음으로 나눔으로 정규화할 수 있으며, 따라서 $\| \mathbf{p}_k \| = 1$이다). $\{\mathbf{p}_k\}$는 유계이므로, 이것은 노음이 또한 1인 극한 $\mathbf{p}$를 갖고 수렴하는 부분

수열 $\{\mathbf{p}_k\}_{\mathbb{K}}$를 갖는다. 이 부분수열을 고려하면 각각의 $\mathbf{x} \in cl\,S$에 대해 $\mathbf{p}_k \cdot \mathbf{y}_k > \mathbf{p}_k \cdot \mathbf{x}$이다. $\mathbf{x} \in cl\,S$를 고정하고, $k \in \mathbb{K}$가 무한대에 접근함에 따라 극한을 취하면 $\mathbf{p} \cdot (\mathbf{x} - \overline{\mathbf{x}}) \leq 0$이다. 이것은 각각의 $\mathbf{x} \in cl\,S$에 대해 참이므로, 이 결과가 뒤따른다. (증명 끝)

따름정리 1 $S \neq \varnothing$는 $\Re^n$의 볼록집합이라 하고, $\overline{\mathbf{x}} \notin int\,S$라 하자. 그렇다면 각각의 $\mathbf{x} \in cl\,S$에 대해 $\mathbf{p} \cdot (\mathbf{x} - \overline{\mathbf{x}}) \leq 0$이 되도록 하는 하나의 벡터 $\mathbf{p} \neq \mathbf{0}$가 존재한다.

증명 만약 $\overline{\mathbf{x}} \in cl\,S$라면, 이 따름정리는 정리 2.4.4에서 따라온다. 반면에 만약 $\overline{\mathbf{x}} \in \partial S$라면, 따름정리는 정리 2.4.7과 같게 된다. (증명 끝)

따름정리 2 $S \neq \varnothing$는 $\Re^n$의 집합이라 하고, $\mathbf{y} \notin int\,conv(S)$라 하자. 그렇다면 S와 $\mathbf{y}$를 분리하는 하나의 초평면이 존재한다.

증명 따름정리 1에서 $conv(S)$와 S는 같고, $\mathbf{y}$는 $\mathbf{x}$와 같다고 놓음으로 결과가 따라온다. (증명 끝)

따름정리 3 $S \neq \varnothing$는 $\Re^n$의 집합이라 하고, $\overline{\mathbf{x}} \in \partial S \cap \partial conv(S)$라 한다. 그렇다면 $\overline{\mathbf{x}}$에서 S를 받쳐주는 하나의 초평면이 존재한다.

증명 $conv(S)$를 정리 2.4.7의 집합이라고 취급함으로 이 결과가 뒤따른다. (증명 끝)

2개 볼록집합의 분리

지금까지 하나의 볼록집합과 이 집합에 속하지 않는 하나의 점의 분리에 대해 토의했고 볼록집합의 경계점에서 볼록집합의 받침에 대해 토의했다. 게다가, 만약 공통집합을 갖지 않는 2개 볼록집합이 있다면, 이들 집합 가운데 1개는 초평면 H^+에 속하고 다른 1개는 집합 H^-에 속하게 하는 하나의 초평면 H에 의해 분리될 수 있다. 사실상, 2개 집합의 내부가 서로소인 한, 비록 2개 집합이 어떤 점을 공유하더라도 이 결과는 성립한다. 이 결과는 다음 정리에 따라 명확해진다.

2.4.8 정리

$S_1 \neq \varnothing$, $S_2 \neq \varnothing$는 $\Re^n$의 볼록집합이라 하고, $S_1 \cap S_2$는 공집합이라고 가정한다. 그렇다면 S_1과 S_2를 분리하는 하나의 초평면이 존재한다; 즉 말하자면, $\Re^n$에서 다음 식

$$inf\{\mathbf{p}\cdot\mathbf{x} \mid \mathbf{x} \in S_1\} \geq sup\{\mathbf{p}\cdot\mathbf{x} \mid \mathbf{x} \in S_2\}$$

이 되도록 하는 하나의 벡터 $\mathbf{p} \neq \mathbf{0}$가 존재한다.

증명 $S = S_1 \ominus S_2 = \{\mathbf{x}_1 - \mathbf{x}_2 \mid \mathbf{x}_1 \in S_1,\ \mathbf{x}_2 \in S_2\}$이라 한다. S가 볼록집합임을 주목하자. 더군다나 $\mathbf{0} \notin S$이다. 왜냐하면, 그렇지 않다면 $S_1 \cap S_2$는 공집합이 아니게 되기 때문이다. 정리 2.4.7의 따름정리 1에 따라, 모든 $\mathbf{x} \in S$에 대해 $\mathbf{p}\cdot\mathbf{x} \geq 0$이 되도록 하는 $\mathbf{0}$이 아닌 $\mathbf{p} \in \Re^n$이 존재한다. 이것은 모든 $\mathbf{x}_1 \in S_1$과 모든 $\mathbf{x}_2 \in S_2$에 대해 $\mathbf{p}\cdot\mathbf{x}_1 \geq \mathbf{p}\cdot\mathbf{x}_2$ 임을 의미하고, 이 결과가 따라온다. (증명 끝)

따름정리 1 $S_1 \neq \varnothing$, $S_2 \neq \varnothing$는 $\Re^n$의 볼록집합이라 하자. $int\, S_2$는 공집합이 아니며 $S_1 \cap int\, S_2$는 공집합이라고 가정한다. 그렇다면 S_1과 S_2를 분리하는 하나의 초평면이 존재한다; 즉 말하자면 다음 식

$$inf\{\mathbf{p}\cdot\mathbf{x} \mid \mathbf{x} \in S_1\} \geq sup\{\mathbf{p}\cdot\mathbf{x} \mid \mathbf{x} \in S_2\}$$

이 되도록 하는 하나의 $\mathbf{p} \neq \mathbf{0}$가 존재한다.

증명 S_2를 $int\, S_2$로 대체하고, 이 정리를 적용하시오. 그리고 다음 식

$$sup\{\mathbf{p}\cdot\mathbf{x} \mid \mathbf{x} \in S_2\} = sup\{\mathbf{p}\cdot\mathbf{x} \mid \mathbf{x} \in int\, S_2\}$$

이 성립함을 주목하시오. (증명 끝)

따름정리 2 공집합이 아닌 S_1, S_2는 $\Re^n$에서 $i=1,2$에 대해 $int\,conv(S_i) \neq \varnothing$ 이지만 $int\,conv\,(S_1) \cap int\,conv\,(S_2) = \varnothing$ 이 성립하는 집합이라 한다. 그렇다면 S_1과 S_2를 분리하는 초평면이 존재한다.

따름정리 2에서 공집합이 아닌 내부를 가정함의 중요성을 주목하시오. 그렇지 않다면 예를 들면, $\Re^2$의 2개의 교차하는 직선은 S_1과 S_2로(또는 $conv\,(S_1)$과 $conv\,(S_2)$로) 택해질 수 있으며, $int\,conv\,(S_1) \cap int\,conv\,(S_2) = \varnothing$ 이다. 그러나 S_1, S_2를 분리하는 초평면은 존재하지 않는다.

정리 2.4.8의 결과로 본 고르단의 정리

지금 서로소인 볼록집합을 분리하는 초평면의 존재를 이용해 고르단의 정리를 증명한다(정리 2.4.5의 따름정리 1 참조). 이 정리는 비선형계획법 문제의 최적성 조건을 유도함에 있어 중요하다.

2.4.9 정리(고르단의 정리)

$\mathbf{A}$는 $m \times n$ 행렬이라 하자. 그렇다면 정확하게 다음 시스템 가운데 1개는 하나의 해를 갖는다:

시스템 1: $\mathbf{Ax} < \mathbf{0}$ 어떤 $\mathbf{x} \in \Re^n$에 대해.

시스템 2: $\mathbf{A}^t\mathbf{p} = \mathbf{0}$, $\mathbf{p} \geq \mathbf{0}$ 어떤 $\mathbf{0}$이 아닌 $\mathbf{p} \in \Re^m$에 대해.

증명 먼저, 만약 시스템 1이 하나의 해를 갖는다면, 시스템 $\mathbf{A}^t\mathbf{p} = \mathbf{0}$, $\mathbf{p} \geq \mathbf{0}$, $\mathbf{p} \neq \mathbf{0}$의 해는 존재할 수 없음을 증명한다. 이와 반대로, 해 $\hat{\mathbf{p}}$가 존재한다고 가정한다. 그렇다면 $\mathbf{A}\hat{\mathbf{x}} < \mathbf{0}$, $\hat{\mathbf{p}} \geq \mathbf{0}$, $\hat{\mathbf{p}} \neq \mathbf{0}$이므로, $\hat{\mathbf{p}}^t\mathbf{A}\hat{\mathbf{x}} < 0$이다; 즉 말하자면, $\hat{\mathbf{x}}^t\mathbf{A}^t\hat{\mathbf{p}} < 0$이다. 그러나 이것은 $\mathbf{A}^t\hat{\mathbf{p}} = \mathbf{0}$의 가설을 위반한다. 그러므로 시스템 2는 해를 가질 수 없다.

지금 시스템 1은 해를 갖지 않는다고 가정한다. 다음 2개 집합

$$S_1 = \{\mathbf{z} \mid \mathbf{z} = \mathbf{Ax},\ \mathbf{x} \in \Re^n\}$$

$$S_2 = \{\mathbf{z} \mid \mathbf{z} < 0\}$$

을 고려해보자. S_1, S_2는 공집합이 아니며 $S_1 \cap S_2 = \varnothing$이 되도록 하는 볼록집합임을 주목하자. 그렇다면, 정리 2.4.8에 따라 S_1과 S_2를 분리하는 하나의 초평면이 존재한다; 즉 말하자면, 다음 식

$$\mathbf{p}^t\mathbf{A}\mathbf{x} \geq \mathbf{p}\cdot\mathbf{z} \qquad \text{각각의 } \mathbf{x} \in \Re^n \text{과 } \mathbf{z} \in cl\, S_2 \text{에 대해}$$

을 만족시키는 하나의 벡터 $\mathbf{p} \neq \mathbf{0}$가 존재한다. $\mathbf{z}$의 각각의 성분은 마음대로 큰 음(-) 수로 할 수 있으므로 반드시 $\mathbf{p} \geq \mathbf{0}$이어야 한다. 또한, $\mathbf{z} = \mathbf{0}$이라고 놓음으로, 각각의 $\mathbf{x} \in \Re^n$에 대해 반드시 $\mathbf{p}^t\mathbf{A}\mathbf{x} \geq 0$이어야 한다. $\mathbf{x} = -\mathbf{A}^t\mathbf{p}$를 선택함에 따라, $-\|\mathbf{A}^t\mathbf{p}\|^2 \geq 0$임이 뒤따르며, 따라서 $\mathbf{A}^t\mathbf{p} = \mathbf{0}$이다. 그러므로 시스템 2는 해를 가지며, 증명이 완결되었다. (증명끝)

분리정리 2.4.8은 S_1, S_2가 모두 분리초평면에 포함되는 자명한 분리를 피하기 위해 강화할 수 있다.

2.4.10 정리(강한 분리)

S_1, S_2는 닫힌 볼록집합이라 하고, S_1은 유계라고 가정한다. 만약 $S_1 \cap S_2$가 공집합이라면, S_1, S_2를 강하게 분리하는 하나의 초평면이 존재한다; 즉 말하자면, 다음 식

$$inf\{\mathbf{p}\cdot\mathbf{x} \mid \mathbf{x} \in S_1\} \geq \varepsilon + sup\{\mathbf{p}\cdot\mathbf{x} \mid \mathbf{x} \in S_2\}$$

을 만족시키는 하나의 $\mathbf{p} \neq \mathbf{0}$, $\varepsilon > 0$이 존재한다.

증명 $S = S_1 \ominus S_2$라 하고, S는 볼록집합이며 $\mathbf{0} \notin S$임을 주목하자. S는 닫힌집합임을 보여준다. S에 속한 $\{\mathbf{x}_k\}$는 $\mathbf{x}$에 수렴한다고 한다. S의 정의에 따라, $\mathbf{x}_k = \mathbf{y}_k - \mathbf{z}_k$이며, 여기에서 $\mathbf{y}_k \in S_1$, $\mathbf{z}_k \in S_2$이다. S_1은 콤팩트 집합이므로 S_1에 속한 극한 $\mathbf{y}$로 수렴하는 부분수열 $\{\mathbf{y}_k\}_{\mathbb{K}}$가 존재한다. $k \in \mathbb{K}$에 대

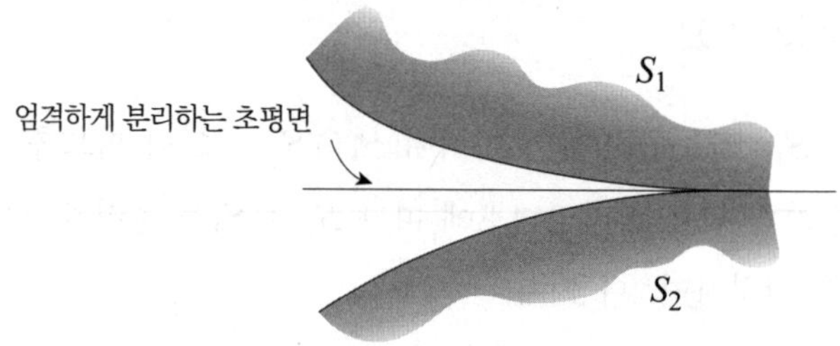

그림 2.13 강하게 분리하는 초평면의 부재

해 $\mathbf{y}_k - \mathbf{z}_k \to \mathbf{x}$, $\mathbf{y}_k \to \mathbf{y}$ 이므로, $k \in \mathbb{K}$에 대해 $\mathbf{z}_k \to \mathbf{z}$ 이다. S_2는 닫힌집합이므로 $\mathbf{z} \in S_2$ 이다. 그러므로 $\mathbf{y} \in S_1$, $\mathbf{z} \in S_2$ 를 갖고 $\mathbf{x} = \mathbf{y} - \mathbf{z}$ 가 성립한다. 그러므로 $\mathbf{x} \in S$ 이며, 따라서 S는 닫힌집합이다. 정리 2.4.4에 따라 각각의 $\mathbf{x} \in S$와 $\mathbf{p} \cdot \mathbf{0} < \varepsilon$에 대해 $\mathbf{p} \cdot \mathbf{x} \geq \varepsilon$이 되도록 하는 $\mathbf{p} \neq \mathbf{0}$, ε이 존재한다. 그러므로 $\varepsilon > 0$ 이다. S의 정의에 따라, 각각의 $\mathbf{x}_1 \in S_1$, $\mathbf{x}_2 \in S_2$에 대해 $\mathbf{p} \cdot \mathbf{x}_1 \geq \varepsilon + \mathbf{p} \cdot \mathbf{x}_2$ 라는 결론을 얻으며, 이 결과가 따라온다. (증명 끝)

정리 2.4.10에서, 집합 S_1, S_2 가운데 최소한 1개 집합이 유계라고 가정함의 중요성을 주목하시오. 그림 2.13은, S_1, S_2의 경계가, 이 그림에서 나타낸, 점근적으로 엄격하게 분리하는 초평면에 접근하는, $\Re^2$에서의 상황을 예시하며, 여기에서 S_1, S_2는 닫힌 볼록집합이며 $S_1 \cap S_2 = \varnothing$ 이지만, S_1과 S_2를 강하게 분리하는 초평면은 존재하지 않는다. 그러나 만약 이 집합 가운데 하나를 유계집합으로 제한한다면, 강하게 분리하는 하나의 초평면을 얻을 수 있다.

정리 2.4.10의 직접적 결과로 다음의 따름정리는 이 정리를 강화한 설명을 다시 제공한다.

따름정리 1 $S_1 \neq \varnothing$, $S_2 \neq \varnothing$ 는 $\Re^n$의 집합이라 하고, S_1은 유계라고 가정한다. 만약 $cl\ conv(S_1) \cap cl\ conv(S_2) = \varnothing$ 이라면 S_1과 S_2를 강하게 분리하는 하나의 초평면이 존재한다.

2.5 볼록원추와 극성

이 절에서 볼록원추와 극원추의 개념을 간략하게 토의한다. (볼록)원추의 정의를 제외하고 이 절은 연속성을 상실하지 않고 넘어갈 수 있다.

2.5.1 정의

만약 $\mathbf{x} \in C$가 모든 $\lambda \geq 0$에 대해 $\lambda\mathbf{x} \in C$를 의미한다면 $\Re^n$의 집합 $C \neq \varnothing$는 정점이 **0**인 **원추**라고 말한다. 또한, 만약 C가 볼록집합이라면, C는 **볼록원추**라고 말한다. 그림 2.14는 볼록원추와 비볼록원추의 예를 보여준다.

중요한 볼록원추의 부류는 극원추의 부류이며, 아래에 정의하고 그림 2.15에서 예시한다.

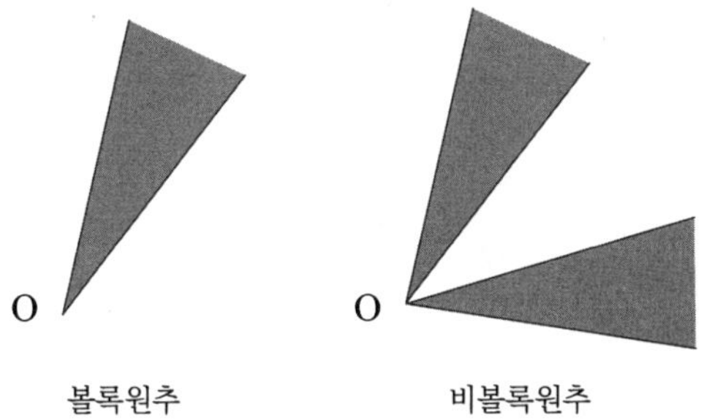

그림 2.14 원추

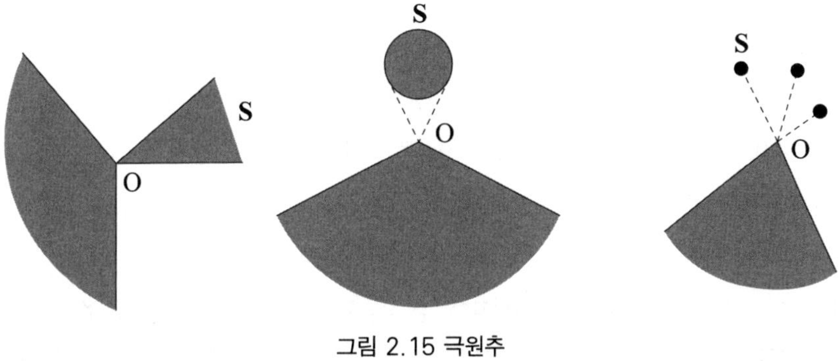

그림 2.15 극원추

2.5.2 정의

$S \neq \varnothing$는 $\Re^n$의 집합이라 하자. 그렇다면 S의 **극원추**는 S^*라고 나타내며, $\{\mathbf{p} \mid \mathbf{p} \cdot \mathbf{x} \leq 0 \;\; \forall \mathbf{x} \in \mathrm{S}\}$로 주어진다. 만약 S가 공집합이라면, S^*는 $\Re^n$이라고 해석한다.

다음 보조정리는 극원추의 몇 가지 사실을 요약하며 증명은 연습문제로 넘긴다.

2.5.3 보조정리

$S \neq \varnothing$, $S_1 \neq \varnothing$, $S_2 \neq \varnothing$는 $\Re^n$의 집합이라 하자. 그렇다면 다음 문장은 참이다.

1. S^*는 닫힌 볼록원추이다.
2. $S \subseteq S^{**}$이며, 여기에서 S^{**}는 S^*의 극원추이다.
3. $S_1 \subset S_2$라는 것은 $S_2^* \subset S_1^*$임을 의미한다.

지금 닫힌 볼록원추의 중요한 정리를 증명한다. 이 정리의 응용으로, 파르카스의 정리의 또 다른 유도를 제시한다.

2.5.4 정리

$C \neq \varnothing$는 닫힌 볼록원추라 하자. 그러면 $C = C^{**}$이다.

증명 명확하게, $C \subset C^{**}$이다. 지금 $\mathbf{x} \in C^{**}$라고 놓고, 모순을 일으켜 $\mathbf{x} \notin C$라고 가정한다. 정리 2.4.4에 따라 모든 $\mathbf{y} \in C$에 대해 $\mathbf{p} \cdot \mathbf{y} \leq \alpha$, $\mathbf{p} \cdot \mathbf{x} > \alpha$가 되도록 하는 $\mathbf{0}$이 아닌 벡터 $\mathbf{p}$와 스칼라 α가 존재한다. 그러나 $\alpha \geq 0$이므로 $\mathbf{y} = \mathbf{0} \in C$이며, 그래서 $\mathbf{p} \cdot \mathbf{x} > 0$이다. 지금 $\mathbf{p} \in C^*$임을 보인다. 그렇지 않으면, 어떤 $\bar{\mathbf{y}} \in C$에 대해 $\mathbf{p} \cdot \bar{\mathbf{y}} > 0$이며 마음대로 큰 λ를 선택해 $\mathbf{p} \cdot (\lambda \bar{\mathbf{y}})$를 마음대로 크게 할 수 있다. 이것은 모든 $\mathbf{y} \in C$에 대해 $\mathbf{p} \cdot \mathbf{y} \leq \alpha$임을 위배한다. 그러므로 $\mathbf{p} \in C^*$이다. $\mathbf{x} \in C^{**} \equiv \{\mathbf{u} \mid \mathbf{u} \cdot \mathbf{v} \leq 0 \;\; \forall \mathbf{v} \in C^*\}$이므로, $\mathbf{p} \cdot \mathbf{x} \leq 0$이다. 이것은 $\mathbf{p} \cdot \mathbf{x} > 0$임을 위반하며, 따라서 $\mathbf{x} \in C$라고 결론을 내린다. 이것으로 증명이 완결되었다. (증명 끝)

정리 2.5.4의 결과로 본 파르카스의 정리

$\mathbf{A}$는 $m \times n$ 행렬이라 하고, $C = \{\mathbf{A}^t\mathbf{y} \mid \mathbf{y} \geq \mathbf{0}\}$이라 한다. C는 닫힌 볼록원추임을 주목하자. $C^* = \{\mathbf{x} \mid \mathbf{A}\mathbf{x} \leq \mathbf{0}\}$임은 쉽게 입증할 수 있다. 이 정리에 따라, $\mathbf{c} \in C^{**}$라는 것은 $\mathbf{c} \in C$라는 것과 같은 뜻이다. 그러나 $\mathbf{c} \in C^{**}$임은 만약 $\mathbf{x} \in C^*$라면, $\mathbf{c} \cdot \mathbf{x} \leq 0$이거나, 또는 등가적으로, $\mathbf{A}\mathbf{x} \leq \mathbf{0}$임은 $\mathbf{c} \cdot \mathbf{x} \leq 0$임을 의미한다. C의 정의에 따라, $\mathbf{c} \in C$임은 $\mathbf{c} = \mathbf{A}^t\mathbf{y}$, $\mathbf{y} \geq \mathbf{0}$임을 의미한다. 따라서, 이 결과 $C = C^{**}$는 다음과 같이 말할 수 있다: 아래의 시스템 1에 모순이 없다는 것은 시스템 2가 해 $\mathbf{y}$를 갖는다는 것과 같은 뜻이다.

시스템 1: $\mathbf{A}\mathbf{x} \leq \mathbf{0}$은 $\mathbf{c} \cdot \mathbf{x} \leq 0$임을 의미한다.
시스템 2: $\mathbf{A}^t\mathbf{y} = \mathbf{c}$, $\mathbf{y} \geq \mathbf{0}$.

이 문장은 좀 더 자주 사용되고 등가인 파르카스의 정리의 형태로 나타낼 수 있다. 정확하게 다음 2개 시스템 가운데 1개는 해를 갖는다:

시스템 1: $\mathbf{A}\mathbf{x} \leq \mathbf{0}$, $\mathbf{c} \cdot \mathbf{x} > 0$ (즉, $\mathbf{c} \notin C^{**} = C$).
시스템 2: $\mathbf{A}^t\mathbf{y} = \mathbf{c}$, $\mathbf{y} \geq \mathbf{0}$ (즉, $\mathbf{c} \in C$).

2.6 다면체집합, 극점, 극한방향

이 절에서 볼록집합의 극점과 극한방향의 개념을 소개한다. 그렇다면 좀 더 상세하게 다면체집합이라는 특수한 케이스를 위해 극점과 극한방향의 용도를 토의한다.

다면체집합

다면체집합은 볼록집합의 중요하고 특별한 케이스를 나타낸다. 정리 2.4.4의 따름정리에서 임의의 닫힌 볼록집합은 자체를 포함하는 모든 닫힌 반공간의 교집합임을 알았다. 다면체집합의 경우, 단지 유한개 반공간만이 이 집합을 나타내기 위해 필요하다.

2.6.1 정의

만약 집합 S가 유한개 닫힌 반공간의 교집합이라면 $\Re^n$의 집합 S는 **다면체집합**이라 한다; 즉 말하자면 $S=\{\mathbf{x} \mid \mathbf{p}_i \cdot \mathbf{x} \le \alpha_i,\ \ i=1, \cdots, m\}$이며, 여기에서 $\mathbf{p}_i$는 $\mathbf{0}$이 아닌 벡터이고 $i=1, \cdots, m$에 대해 α_i는 스칼라이다.

다면체집합은 닫힌 볼록집합임을 주목하자. 1개의 등식은 2개 부등식으로 표현할 수 있으므로 다면체집합은 유한개의 부등식 그리고/또는 등식으로 표현할 수 있다. 다음 집합

$$S=\{\mathbf{x} \mid \mathbf{A}\mathbf{x} \le \mathbf{b}\}$$
$$S=\{\mathbf{x} \mid \mathbf{A}\mathbf{x} = \mathbf{b},\ \mathbf{x} \ge \mathbf{0}\}$$
$$S=\{\mathbf{x} \mid \mathbf{A}\mathbf{x} \ge \mathbf{b},\ \mathbf{x} \ge \mathbf{0}\}$$

은 다면체집합의 몇 가지 대표적 예이며, 여기에서 $\mathbf{A}$는 $m \times n$ 행렬, $\mathbf{b}$는 m-벡터이다. 그림 2.16은 다음 다면체집합

$$S=\{(x_1, x_2) \mid -x_1+x_2 \le 2,\ x_2 \le 4,\ x_1 \ge 0,\ x_2 \ge 0\}$$

을 예시한다.

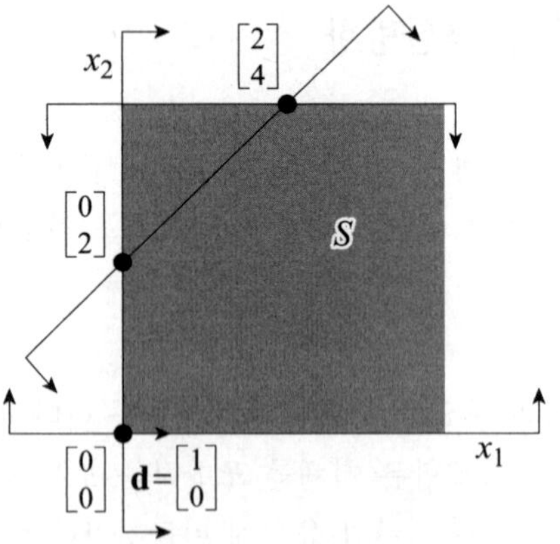

그림 2.16 다면체집합

극점과 극한방향

지금 볼록집합의 극점과 극한방향의 개념을 소개한다. 그리고 다면체집합의 경우 이들의 특성을 충분히 설명한다.

2.6.2 정의

$S \neq \varnothing$은 $\Re^n$의 볼록집합이라 하자. 만약 $\mathbf{x}_1, \mathbf{x}_2 \in S$, $\lambda \in (0,1)$로 $\mathbf{x} = \lambda \mathbf{x}_1 + (1-\lambda)\mathbf{x}_2$ 임이 $\mathbf{x} = \mathbf{x}_1 = \mathbf{x}_2$ 임을 의미한다면 벡터 $\mathbf{x} \in S$는 S의 하나의 **극점**이라 한다.

다음은 볼록집합의 극점의 몇 가지 예이다. 극점의 집합은 E로 나타내고 그림 2.17에서 굵은 점 또는 굵은 선으로 표시한 것처럼 예시한다.

1. $S = \{(x_1, x_2) \mid x_1^2 + x_2^2 \le 1\}$;
   $E = \{(x_1, x_2) \mid x_1^2 + x_2^2 = 1\}$.
2. $S = \{(x_1, x_2) \mid x_1 + x_2 \le 2, \ -x_1 + 2x_2 \le 2, \ x_1, x_2 > 0\}$;
   $E = \{(0,0), (0,1), (2/3, 4/3), (2,0)\}$.
3. S는 $(0,0)$, $(1,1)$, $(1,3)$, $(-2,4)$, $(0,2)$으로 생성한 유계 다면체집합이다;
   $E = \{(0,0), (1,1), (1,3), (-2,4)\}$

그림 2.17에서 볼록집합 S에 속한 임의의 점은 극점의 하나의 볼록조합으로 표현할 수 있음을 알 수 있다. 콤팩트 볼록집합에 있어 이것은 참임을 밝힌다. 그러나 무계인 집합에 대해서는, 이 집합에 속한 모든 점을 극점의 하나의 볼록조

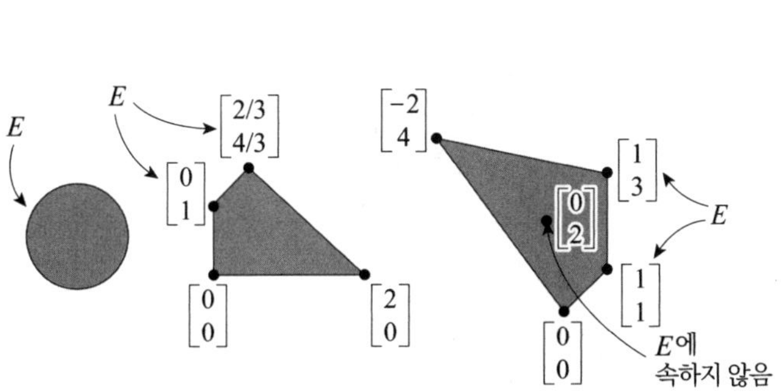

그림 2.17 극점

합으로 표현할 수 없을 수도 있다. 예를 들어 설명하자면, $S=\{(x_1,x_2)\,|\,x_2 \geq |x_1|\}$이라 하자. S는 볼록집합이며 닫힌집합임을 주목하자. 그러나, 이 집합 S는 단지 1개의 극점 즉, 원점만을 포함하고 있으며, 명백하게 S는 이 집합의 극점의 볼록조합으로 구성한 집합과 같지 않다. 무계인 집합을 취급하기 위해, 극한방향의 개념이 필요하다.

2.6.3 정의

S는 $\Re^n$에서 공집합이 아닌, 닫힌 볼록집합이라 하자. 만약 각각의 $\mathbf{x} \in S$와 모든 $\lambda > 0$에 대해 $\mathbf{x} + \lambda\mathbf{d} \in S$라면, $\Re^n$에서 $\mathbf{0}$이 아닌 벡터 $\mathbf{d}$는 S의 **방향**[4] 또는 **무한후퇴방향**이라 한다. 만약 임의의 $\alpha > 0$에 대해 $\mathbf{d}_1 \neq \alpha\mathbf{d}_2$라면 S의 2개 방향벡터 $\mathbf{d}_1$, $\mathbf{d}_2$는 서로 다른 방향이라고 말한다. 만약 S의 방향 $\mathbf{d}$를 2개의 별개 방향벡터의 양(+) 선형조합으로 나타낼 수 없다면 $\mathbf{d}$는 **극한방향**이라 한다; 즉 말하자면, 만약 $\lambda_1 > 0$, $\lambda_2 > 0$에 대해 $\mathbf{d} = \lambda_1\mathbf{d}_1 + \lambda_2\mathbf{d}_2$라면, 어떤 $\alpha > 0$에 대해 $\mathbf{d}_1 = \alpha\mathbf{d}_2$이다.

예를 들어 설명하기 위해, 그림 2.18에 나타난 $S=\{(x_1,x_2)\,|\,x_2 \geq |x_1|\}$을 고려해보자. S의 방향벡터는 $\mathbf{0}$이 아니며, 벡터 $(0,1)$과 45°보다도 작거나 같은 각도를 이루는 벡터이다. 특히 $\mathbf{d}_1 = (1,1)$, $\mathbf{d}_2 = (-1,1)$는 S의 2개 극한방

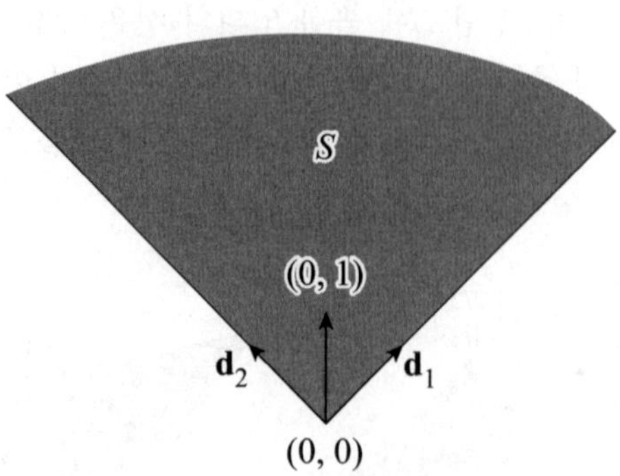

그림 2.18 극한방향

4) direction은 벡터이며 '방향'이라고 표기하며 일반적 의미의 방향과 혼돈이 생길 경우에는 '방향벡터'라고 표기한다.

향이다. S의 다른 방향도 $\mathbf{d}_1, \mathbf{d}_2$의 양(+) 선형조합으로 나타낼 수 있다.

다면체집합의 극점과 극한방향의 특성의 설명

다면체집합 $S=\{\mathbf{x} \mid \mathbf{A}\mathbf{x}=\mathbf{b},\ \mathbf{x} \geq 0\}$을 고려해보고, 여기에서 $\mathbf{A}$는 $m \times n$ 행렬, $\mathbf{b}$는 m-벡터이다. $\mathbf{A}$의 계수는 m이라고 가정한다. 만약 그렇지 않다면, $\mathbf{A}\mathbf{x}=\mathbf{b}$가 모순되는 식이 아니라고 가정하면, 꽉 찬 행계수를 갖는 행렬을 얻기 위해, 가외적 등식을 삭제할 수 있다.

극점 $\mathbf{A}=[\mathbf{B}, \mathbf{N}]$의 형태를 나타내기 위해, $\mathbf{A}$의 열을 다시 정렬하고, 여기에서 $\mathbf{B}$는 꽉 찬 계수를 갖는 $m \times m$ 행렬, $\mathbf{N}$은 $m \times (n-m)$ 행렬이다. $\mathbf{x}_B$, $\mathbf{x}_N$은 각각 $\mathbf{B}$, $\mathbf{N}$에 상응하는 벡터라 하자. 그렇다면 $\mathbf{A}\mathbf{x}=\mathbf{b}$, $\mathbf{x} \geq \mathbf{0}$는 다음 식

$$\mathbf{B}\mathbf{x}_B+\mathbf{N}\mathbf{x}_N=\mathbf{b}, \qquad \mathbf{x}_B \geq \mathbf{0}, \mathbf{x}_N \geq \mathbf{0}$$

과 같이 다시 쓸 수 있다. 다음 정리는 S의 극점의 필요충분적 특성을 설명한다.

2.6.4 정리(극점의 특성에 관한 설명)

$S=\{\mathbf{x} \mid \mathbf{A}\mathbf{x}=\mathbf{b},\ \mathbf{x} \geq 0\}$이라 하며, 여기에서 $\mathbf{A}$는 계수 m인 $m \times n$ 행렬, $\mathbf{b}$는 m-벡터이다. 하나의 점 $\mathbf{x}$가 S의 하나의 극점이라는 것은 $\mathbf{A}$가 다음 식

$$\mathbf{x}=\begin{bmatrix}\mathbf{x}_B \\ \mathbf{x}_N\end{bmatrix}=\begin{bmatrix}\mathbf{B}^{-1}\mathbf{b} \\ 0\end{bmatrix}$$

을 만족시키도록 $[\mathbf{B}, \mathbf{N}]$으로 분해할 수 있다는 것과 같은 뜻이며, 여기에서 $\mathbf{B}$는 $\mathbf{B}^{-1}\mathbf{b} \geq \mathbf{0}$이 되도록 하는 $m \times m$ 가역행렬이다. 이와 같은 임의의 해는 S의 **기저실현가능해**라 한다.

증명 $\mathbf{A}$는 $\mathbf{x}=\begin{bmatrix}\mathbf{B}^{-1}\mathbf{b} \\ 0\end{bmatrix}$, $\mathbf{B}^{-1}\mathbf{b} \geq \mathbf{0}$인 $[\mathbf{B}, \mathbf{N}]$으로 분할할 수 있다고 가정한다. $\mathbf{x} \in S$임은 명백하다. 지금, 어떤 $\lambda \in (0,1)$에 대해 $\mathbf{x}_1, \mathbf{x}_2 \in S$를 갖고 $\mathbf{x}=\lambda\mathbf{x}_1+(1-\lambda)\mathbf{x}_2$라고 가정한다. 특히 $\mathbf{x}_1^t=(\mathbf{x}_{11}^t, \mathbf{x}_{12}^t)$, $\mathbf{x}_2^t=(\mathbf{x}_{21}^t, \mathbf{x}_{22}^t)$라고 놓는다. 그러면 다음 식

$$\begin{bmatrix} \mathbf{B}^{-1}\mathbf{b} \\ \mathbf{0} \end{bmatrix} = \lambda \begin{bmatrix} \mathbf{x}_{11} \\ \mathbf{x}_{12} \end{bmatrix} + (1-\lambda) \begin{bmatrix} \mathbf{x}_{21} \\ \mathbf{x}_{22} \end{bmatrix}$$

이 성립한다. $\mathbf{x}_{12} \geq \mathbf{0}$, $\mathbf{x}_{22} \geq \mathbf{0}$, $\lambda \in (0, 1)$이므로, $\mathbf{x}_{12} = \mathbf{x}_{22} = \mathbf{0}$임이 뒤따른다. 그러나 이것은 $\mathbf{x}_{11} = \mathbf{x}_{21} = \mathbf{B}^{-1}\mathbf{b}$임을 의미하며, 따라서 $\mathbf{x} = \mathbf{x}_1 = \mathbf{x}_2$이다. 이것은 $\mathbf{x}$가 S의 하나의 극점임을 보여준다. 역으로, $\mathbf{x}$는 S의 하나의 극점이라고 가정한다. 일반성을 잃지 않고, $\mathbf{x} = (x_1, \cdots, x_k, 0, \cdots, 0)$이라고 가정하며, 여기에서 $x_1, \cdots, x_k$는 양(+)이다. 먼저 $\mathbf{a}_1, \cdots, \mathbf{a}_k$는 선형독립임을 보여준다. 모순을 일으켜, $\Sigma_{j=1}^{k} \lambda_j \mathbf{a}_j = \mathbf{0}$이 되도록 하는, 모두 0은 아닌 스칼라 $\lambda_1, \cdots, \lambda_k$가 존재한다고 가정한다. $\boldsymbol{\lambda} = (\lambda_1, \cdots, \lambda_k, 0, \cdots, 0)$로 놓는다. 다음 2개 벡터

$$\mathbf{x}_1 = \mathbf{x} + \alpha\boldsymbol{\lambda}, \quad \mathbf{x}_2 = \mathbf{x} - \alpha\boldsymbol{\lambda}$$

를 세우며, 여기에서 $\alpha > 0$는 $\mathbf{x}_1, \mathbf{x}_2 \geq \mathbf{0}$이 되도록 선택한다. 다음 식

$$\mathbf{A}\mathbf{x}_1 = \mathbf{A}\mathbf{x} + \alpha\mathbf{A}\boldsymbol{\lambda} = \mathbf{A}\mathbf{x} + \alpha\sum_{j=1}^{k} \lambda_j \mathbf{a}_j = \mathbf{b}$$

이 성립함을 주목하고 유사하게 $\mathbf{A}\mathbf{x}_2 = \mathbf{b}$를 주목하자. 그러므로, $\mathbf{x}_1, \mathbf{x}_2 \in S$이며, 그리고 $\alpha > 0$, $\lambda \neq \mathbf{0}$이므로, $\mathbf{x}_1$과 $\mathbf{x}_2$는 서로 다르다. 나아가서, $\mathbf{x} = (1/2)\mathbf{x}_1 + (1/2)\mathbf{x}_2$이다. 이것은 $\mathbf{x}$가 하나의 극점임을 위반한다. 따라서 $\mathbf{a}_1, \cdots, \mathbf{a}_k$는 선형독립이며 $\mathbf{A}$의 계수가 m이므로, 마지막 $n-k$개 열 가운데 $m-k$개 열은, 첫째 k개 열과 함께, 선형독립인 m-벡터의 집합을 구성하도록 선택할 수 있다. 표현을 단순화하기 위해, 이 열은 $\mathbf{a}_{k+1}, \cdots, \mathbf{a}_m$이라고 가정한다. 따라서 $\mathbf{A}$는 $\mathbf{A} = [\mathbf{B}, \mathbf{N}]$과 같이 나타낼 수 있으며, 여기에서 $\mathbf{B} = [\mathbf{a}_1, \cdots, \mathbf{a}_m]$은 꽉 찬 계수의 행렬이다. 더군다나 $\mathbf{B}^{-1}\mathbf{b} = (x_1, \cdots, x_k, 0, \cdots, 0)$이며, 그리고 $x_1 > 0, \cdots, x_k > 0$이므로 $\mathbf{B}^{-1}\mathbf{b} \geq \mathbf{0}$이다. 이것으로 증명이 완결되었다. (증명 끝)

따름정리 S의 극점의 개수는 유한하다.

증명 극점의 개수는 다음 식

$$\binom{n}{m} = \frac{n!}{m!(n-m)!}$$

이 나타내는 개수보다도 작거나 같으며, $\mathbf{B}$를 구성하기 위해 $\mathbf{A}$의 m개의 열을 선택함에 있어 극점 개수는 있을 수 있는 최대 개수이다. (증명 끝)

위 따름정리는 $\{\mathbf{x} \mid \mathbf{A}\mathbf{x} = \mathbf{b},\ \mathbf{x} \geq \mathbf{0}\}$ 형태인 다면체집합이 유한개 극점을 가짐을 증명하는 것임에 반해, 다음 정리는, 이와 같은 형태의 공집합이 아닌 모든 다면체집합은 최소한 1개의 극점을 반드시 가져야 함을 보여준다.

2.6.5 정리(극점의 존재)

$S = \{\mathbf{x} \mid \mathbf{A}\mathbf{x} = \mathbf{b},\ \mathbf{x} \geq \mathbf{0}\}$는 공집합이 아니라고 하며, 여기에서 $\mathbf{A}$는 계수 m의 $m \times n$ 행렬, $\mathbf{b}$는 m-벡터이다. 그렇다면 S는 최소한 1개의 극점을 갖는다.

증명 $\mathbf{x} \in S$라고 놓고, 일반성을 잃지 않고, $\mathbf{x} = (x_1, \cdots, x_k, 0, \cdots, 0)$이라고 가정하며, 여기에서 $j = 1, \cdots, k$에 대해 $x_j > 0$이다. 만약 $\mathbf{a}_1, \cdots, \mathbf{a}_k$가 선형독립이라면 $k \leq m$이며 $\mathbf{x}$는 극점이다. 그렇지 않다면, 최소한 1개의 양(+) 성분을 가지며 $\Sigma_{j=1}^{k} \lambda_j \mathbf{a}_j = \mathbf{0}$이 되도록 하는 스칼라 $\lambda_1, \cdots, \lambda_k$가 존재한다. 다음 식

$$\alpha = \underset{1 \leq j \leq k}{minimum} \left\{ \frac{x_j}{\lambda_j} \middle| \lambda_j > 0 \right\} = \frac{x_i}{\lambda_i}$$

과 같이 $\alpha > 0$을 정의한다. j-째 성분 x_j'가 다음 식

$$x_j' = \begin{cases} x_j - \alpha\lambda_j & j = 1, \cdots, k \\ 0 & j = k+1, \cdots, n \end{cases}$$

으로 주어진 점 $\mathbf{x}'$을 고려해보자. $j = 1, \cdots, k$에 대해 $x_j' \geq 0$이며 $j = k+1, \cdots, n$에 대해 $x_j' = 0$임을 주목하자. 더구나 $x_i' = 0$이며 다음 식

$$\sum_{j=1}^{n} \mathbf{a}_j x_j' = \sum_{j=1}^{k} \mathbf{a}_j (x_j - \alpha\lambda_j) = \sum_{j=1}^{k} \mathbf{a}_j x_j - \alpha \sum_{j=1}^{k} \mathbf{a}_j \lambda_j = \mathbf{b} - \mathbf{0} = \mathbf{b}$$

이 성립한다. 따라서, 지금까지 많아야 $k-1$개의 양(+) 성분을 갖는 하나의 새로운 점 $\mathbf{x}'$을 구성했다. 이 과정은 양(+) 성분이 선형독립인 열에 상응할 때까지 계속하며, 이것은 극점을 낳는다. 따라서 S는 최소한 1개의 극점을 가짐이 나타났으며, 증명이 완결되었다. (증명 끝)

극한방향 $S = \{\mathbf{x} \mid \mathbf{A}\mathbf{x} = \mathbf{b},\ \mathbf{x} \geq \mathbf{0}\} \neq \varnothing$이라 하며, 여기에서 $\mathbf{A}$는 계수 m인 $m \times n$ 행렬이다. 만약 각각의 $\mathbf{x} \in S$와 각각의 $\lambda \geq 0$에 대해 $\mathbf{x} + \lambda\mathbf{d} \in S$라면, 정의에 따라 $\mathbf{d} \neq \mathbf{0}$는 S의 하나의 방향이다. S의 구조를 주목하면, $\mathbf{d} \neq \mathbf{0}$가 S의 하나의 방향이라는 것과 다음 식

$$\mathbf{A}\mathbf{d} = \mathbf{0},\ \mathbf{d} \geq \mathbf{0}$$

이 만족된다는 것이 같은 뜻이라는 것은 명확하다. 특히 S의 극한방향의 특성의 설명에 관심을 가져보자.

2.6.6 정리(극한방향의 특성의 설명)

$S = \{\mathbf{x} \mid \mathbf{A}\mathbf{x} = \mathbf{b},\ \mathbf{x} \geq \mathbf{0}\} \neq \varnothing$로 놓으며, 여기에서 $\mathbf{A}$는 계수 m인 $m \times n$ 행렬, $\mathbf{b}$는 m-벡터이다. $\bar{\mathbf{d}}$가 S의 하나의 극한방향이라는 것은 $\mathbf{A}$가 $\mathbf{N}$의 어떤 열 $\mathbf{a}_j$에 대해 $\mathbf{B}^{-1}\mathbf{a}_j \leq \mathbf{0}$이 되도록 $[\mathbf{B}, \mathbf{N}]$으로 분해될 수 있다는 것과 같은 뜻이다. $\bar{\mathbf{d}}$는 $\mathbf{d} = \begin{bmatrix} -\mathbf{B}^{-1}\mathbf{a}_j \\ \mathbf{e}_j \end{bmatrix}$의 하나의 양(+) 배수이며, $\mathbf{e}_j$는 j째 요소가 1인 것을 제외하고 나머지 요소가 모두 0인 $n-m$ 벡터이다.

증명 만약 $\mathbf{B}^{-1}\mathbf{a}_j \leq \mathbf{0}$이라면 $\mathbf{d} \geq \mathbf{0}$이다. 더군다나, $\mathbf{A}\mathbf{d} = \mathbf{0}$이며, 그래서 벡터 $\mathbf{d}$는 S의 하나의 방향이다. 지금 $\mathbf{d}$는 진실로 하나의 극한방향임을 보여준다. $\mathbf{d} = \lambda_1\mathbf{d}_1 + \lambda_2\mathbf{d}_2$라고 가정하며, 여기에서 $\lambda_1, \lambda_2 > 0$이며, $\mathbf{d}_1, \mathbf{d}_2$는 S의 방향이다. $\mathbf{d}$의 $n-m-1$개 성분은 0임을 주목하면, $\mathbf{d}_1, \mathbf{d}_2$에 상응하는 성분은 또한 반드시 0이라야 한다. 따라서 $\mathbf{d}_1, \mathbf{d}_2$는 다음 식

$$\mathbf{d}_1 = \alpha_1 \begin{bmatrix} \mathbf{d}_{11} \\ \mathbf{e}_j \end{bmatrix}, \quad \mathbf{d}_2 = \alpha_2 \begin{bmatrix} \mathbf{d}_{21} \\ \mathbf{e}_j \end{bmatrix}$$

과 같이 나타낼 수 있으며, 여기에서 $\alpha_1 > 0$, $\alpha_2 > 0$이다. $\mathbf{Ad}_1 = \mathbf{Ad}_2 = \mathbf{0}$임을 주목하면, $\mathbf{d}_{11} = \mathbf{d}_{21} = -\mathbf{B}^{-1}\mathbf{a}_j$임을 쉽게 입증할 수 있다. 따라서, $\mathbf{d}_1$, $\mathbf{d}_2$는 서로 다른 벡터가 아니며, 이것은 $\mathbf{d}$가 하나의 극한방향임을 의미한다. $\overline{\mathbf{d}}$는 $\mathbf{d}$의 양(+) 배수의 벡터이므로 이것도 또한 극한방향이다.

역으로, $\overline{\mathbf{d}}$는 S의 하나의 극한방향이라고 가정한다. 일반성을 잃지 않고, 다음 식

$$\overline{\mathbf{d}} = \left(\overline{d}_1, \cdots, \overline{d}_k, 0, \cdots, \overline{d}_j, \cdots, 0\right)$$

을 가정하며, 여기에서 $i = 1, \cdots, k$과 $i = j$에 대해 $\overline{d}_i > 0$이다. $\mathbf{a}_1, \cdots, \mathbf{a}_k$는 선형독립이라고 주장한다. 모순을 세워, 이 케이스와 다르게 선형독립이 아니라고 가정한다. 그렇다면 $\Sigma_{i=1}^{k} \lambda_i \mathbf{a}_i = \mathbf{0}$이 되도록 하는, 모두 0은 아닌, 스칼라 $\lambda_1, \cdots, \lambda_k$가 존재할 것이다. $\boldsymbol{\lambda} = (\lambda_1, \cdots, \lambda_k, \cdots, 0, \cdots, 0)$이라고 놓고, 다음 2개 벡터

$$\mathbf{d}_1 = \overline{\mathbf{d}} + \alpha\boldsymbol{\lambda}, \quad \mathbf{d}_2 = \overline{\mathbf{d}} - \alpha\boldsymbol{\lambda}$$

가 모두 비음(-) 벡터가 되도록 하는 충분히 작은 $\alpha > 0$을 선택한다. 다음 식

$$\mathbf{Ad}_1 = \mathbf{A}\overline{\mathbf{d}} + \alpha\mathbf{A}\boldsymbol{\lambda} = \mathbf{0} + \alpha\sum_{i=1}^{k} \lambda_i \mathbf{a}_i = \mathbf{0}$$

이 성립함을 주목하자. 유사하게 $\mathbf{Ad}_2 = \mathbf{0}$이다. $\mathbf{d}_1 \geq \mathbf{0}$, $\mathbf{d}_2 \geq \mathbf{0}$이므로, 이들은 모두 S의 방향벡터이다. 또한 $\alpha > 0$, $\boldsymbol{\lambda} \neq \mathbf{0}$이므로 이들은 서로 다름을 주목하시오. 더군다나 $\overline{\mathbf{d}} = (1/2)\mathbf{d}_1 + (1/2)\mathbf{d}_2$이며, 이것은 $\overline{\mathbf{d}}$가 하나의 극한방향이라는 가정을 위반한다. 따라서 $\mathbf{a}_1, \cdots, \mathbf{a}_k$는 선형독립이며, $\mathbf{A}$의 계수는 m이므로 $k \leq m$임은 명백하다. 그렇다면 $\mathbf{a}_1, \cdots, \mathbf{a}_k$와 함께, 선형독립인 m-벡터의 집합을 구성하는 벡터 $\{\mathbf{a}_i | i = k+1, \cdots, n;\ i \neq j\}$의 집합 내에 $m-k$개 벡터가 반드시 존재해야 한다. 일반성을 잃지 않고, 이 벡터는 $\mathbf{a}_{k+1}, \cdots, \mathbf{a}_m$이라고 가정한

다. $[\mathbf{a}_1, \cdots, \mathbf{a}_m]$을 $\mathbf{B}$로 나타내고, $\mathbf{B}$의 역행렬이 존재함을 주목하자. 따라서 $\mathbf{0} = \mathbf{A}\bar{\mathbf{d}} = \mathbf{B}\hat{\mathbf{d}} + \bar{d}_j \mathbf{a}_j$이며, 여기에서 벡터 $\hat{\mathbf{d}}$는 $\bar{\mathbf{d}}$의 성분 가운데 처음부터 m개의 성분으로 구성한 벡터이다. 그러므로 $\hat{\mathbf{d}} = -\bar{d}_j \mathbf{B}^{-1}\mathbf{a}_j$이며, 따라서 벡터 $\bar{\mathbf{d}}$는 $\bar{\mathbf{d}} = \bar{d}_j \begin{bmatrix} -\mathbf{B}^{-1}\mathbf{a}_j \\ \mathbf{e}_j \end{bmatrix}$ 형태이다. $\bar{\mathbf{d}} \geq \mathbf{0}$, $\bar{d}_j > 0$, $\mathbf{B}^{-1}\mathbf{a}_j \leq \mathbf{0}$임을 주목하면, 증명이 완결되었다. (증명 끝)

따름정리 S의 극한방향의 개수는 유한하다.

증명 행렬 $\mathbf{A}$에서 $\mathbf{B}$를 선택하는 각각의 방법에 있어, $\mathbf{N}$에서 열 $\mathbf{a}_j$를 뽑아내는 $n-m$개의 가능한 방법이 존재한다. 그러므로 극한방향의 최대 개수는 다음 식

$$(n-m)\binom{n}{m} = \frac{n!}{m!(n-m-1)!}$$

에 의해 제한된다. (증명 끝)

극점과 극한방향에 의해 다면체집합을 표현함

정의에 따라 다면체집합은 유한개 반공간의 교집합이다. 이 표현은 **바깥표현**이라 생각할 수 있다. 또한, 다면체집합은 이것의 극점과 극한방향을 사용해 **안쪽표현**으로 완전하게 나타낼 수 있다. 이 사실은 여러 선형계획법 문제와 비선형계획법 문제의 최적해를 구하는 절차의 기본이다.

주요 결과는 다음과 같이 설명할 수 있다. S를 공집합이 아닌 $\{\mathbf{x} \mid \mathbf{A}\mathbf{x} = \mathbf{b}, \mathbf{x} \geq \mathbf{0}\}$ 형태인 다면체집합이라 하자. 그렇다면 S에 속한 임의의 점은 S의 극점의 볼록조합과 이것의 극한방향의 비음(−) 볼록조합을 합해 나타낼 수 있다. 물론, 만약 S가 유계라면 방향벡터를 포함하지 않으며, 따라서 S에 속한 임의의 점은 S의 극점의 볼록조합으로 나타낼 수 있다.

정리 2.6.7에서 S의 극점과 극한방향의 개수가 유한함을 암묵적으로 가정한다. 정리 2.6.4와 정리 2.6.6의 따름정리에서 이 사실이 뒤따른다(대안적이고 구조적 유도에 대해 연습문제 2.30에서 2.32까지를 참조하시오).

2.6.7 정리(표현정리)

S는 공집합이 아니며 $\Re^n$에서 $\{\mathbf{x} \mid \mathbf{A}\mathbf{x} = \mathbf{b},\ \mathbf{x} \geq \mathbf{0}\}$ 형태의 다면체집합이라 하며, 여기에서 $\mathbf{A}$는 계수 m의 $m \times n$ 행렬이다. $\mathbf{x}_1, \cdots, \mathbf{x}_k$는 S의 극점이라 하고, $\mathbf{d}_1, \cdots, \mathbf{d}_\ell$을 S의 극한방향이라 하자. 그러면 $\mathbf{x} \in S$라는 것은 $\mathbf{x}$는 다음 식

$$\mathbf{x} = \sum_{j=1}^{k} \lambda_j \mathbf{x}_j + \sum_{j=1}^{\ell} \mu_j \mathbf{d}_j \tag{2.6}$$

$$\sum_{j=1}^{k} \lambda_j = 1$$

$$\lambda_j \geq 0 \qquad j = 1, \cdots, k \tag{2.7}$$

$$\mu_j \geq 0 \qquad j = 1, \cdots, \ell \tag{2.8}$$

과 같이 나타낼 수 있다는 것과 같은 뜻이다.

증명 다음의 집합

$$\Lambda = \left\{ \sum_{j=1}^{k} \lambda_j \mathbf{x}_j + \sum_{j=1}^{\ell} \mu_j \mathbf{d}_j \,\middle|\, \sum_{j=1}^{k} \lambda_j = 1,\ \lambda_j \geq 0\ \ \forall j,\ \ \mu_j \geq 0\ \ \forall j \right\}$$

을 작성한다. Λ는 닫힌 볼록집합임을 주목하자. 더군다나, 정리 2.6.5에 따라, S는 최소한 1개의 극점을 가지며, 그러므로 Λ는 공집합이 아니다. 또한 $\Lambda \subseteq S$임을 주목하자. $S \subseteq \Lambda$임을 보여주기 위해, 모순을 세워 $\mathbf{z} \notin \Lambda$이도록 하는 하나의 $\mathbf{z} \in S$가 존재한다고 가정하자. 정리 2.4.4에 따라, 다음 식

$$\mathbf{p} \cdot \mathbf{z} > \alpha \tag{2.9}$$

$$\mathbf{p} \cdot \left(\sum_{j=1}^{k} \lambda_j \mathbf{x}_j + \sum_{j=1}^{\ell} \mu_j \mathbf{d}_j \right) \leq \alpha$$

을 만족시키는 하나의 스칼라 α와 하나의 $\mathbf{0}$이 아닌 $\Re^n$의 벡터 $\mathbf{p}$가 존재하며, 여기에서 λ_j 값은 (2.6), (2.7), (2.8)을 만족시킨다. μ_j를 마음대로 크게 할 수 있으므로, 만약 $j = 1, \cdots, \ell$에 대해 $\mathbf{p} \cdot \mathbf{d}_j \leq 0$이라면 (2.9)는 성립한다. (2.9)에서

모든 j에 대해 $\mu_j = 0$이라고 놓고, $\lambda_j = 1$이라고 놓고, $i \neq j$에 대해 $\lambda_i = 0$이라고 함으로, $j = 1, \cdots, k$에 대해 $\mathbf{p} \cdot \mathbf{x}_j \leq \alpha$임이 뒤따른다. $\mathbf{p} \cdot \mathbf{z} > \alpha$이므로 모든 j에 대해 $\mathbf{p} \cdot \mathbf{z} > \mathbf{p} \cdot \mathbf{x}_j$이다. 요약하면, 다음 식

$$\mathbf{p} \cdot \mathbf{z} > \mathbf{p} \cdot \mathbf{x}_j \quad j = 1, \cdots, k \tag{2.10}$$

$$\mathbf{p} \cdot \mathbf{d}_j \leq 0 \quad j = 1, \cdots, \ell \tag{2.11}$$

을 만족시키는 하나의 $\mathbf{0}$이 아닌 벡터 $\mathbf{p}$가 존재한다. 다음 식

$$\mathbf{p} \cdot \overline{\mathbf{x}} = \max_{1 \leq j \leq k} \mathbf{p} \cdot \mathbf{x}_j \tag{2.12}$$

과 같이 정의한 극점 $\overline{\mathbf{x}}$를 고려해보자. $\overline{\mathbf{x}}$는 극점이므로, 정리 2.6.4에 따라 $\overline{\mathbf{x}} = \begin{pmatrix} \mathbf{B}^{-1}\mathbf{b} \\ \mathbf{0} \end{pmatrix}$이며, 여기에서 $\mathbf{A} = [\mathbf{B}, \mathbf{N}]$, $\mathbf{B}^{-1}\mathbf{b} \geq \mathbf{0}$이다. 일반성을 잃지 않고 $\mathbf{B}^{-1}\mathbf{b} > \mathbf{0}$이라고 가정한다(연습문제 2.28 참조). $\mathbf{z} \in S$이므로 $\mathbf{A}\mathbf{z} = \mathbf{b}$, $\mathbf{z} \geq \mathbf{0}$이다. 그러므로 $\mathbf{B}\mathbf{z}_B + \mathbf{N}\mathbf{z}_N = \mathbf{b}$이며, 따라서 $\mathbf{z}_B = \mathbf{B}^{-1}\mathbf{b} - \mathbf{B}^{-1}\mathbf{N}\mathbf{z}_N$이며, 여기에서 $\mathbf{z}^t$는 $(\mathbf{z}_B^t, \mathbf{z}_N^t)$로 분할된 것이다. (2.10)에서 $\mathbf{p} \cdot \mathbf{z} - \mathbf{p} \cdot \overline{\mathbf{x}} > 0$이며, $\mathbf{p}^t$를 $(\mathbf{p}_B^t, \mathbf{p}_N^t)$로 분할하면, 다음 식

$$\begin{aligned} 0 &< \mathbf{p} \cdot \mathbf{z} - \mathbf{p} \cdot \overline{\mathbf{x}} \\ &= \mathbf{p}_B \cdot (\mathbf{B}^{-1}\mathbf{b} - \mathbf{B}^{-1}\mathbf{N}\mathbf{z}_N) + \mathbf{p}_N \cdot \mathbf{z}_N - \mathbf{p}_B^t \mathbf{B}^{-1}\mathbf{b} \\ &= (\mathbf{p}_N^t - \mathbf{p}_B^t \mathbf{B}^{-1}\mathbf{N}) \cdot \mathbf{z}_N \end{aligned} \tag{2.13}$$

을 얻는다. $\mathbf{z}_N \geq \mathbf{0}$이므로, (2.13)에서 $z_j > 0$, $p_j - \mathbf{p}_B^t \mathbf{B}^{-1}\mathbf{a}_j > 0$이 되도록 하는 성분 $j \geq m+1$이 존재함이 뒤따른다. 먼저 $\mathbf{y}_j = \mathbf{B}^{-1}\mathbf{a}_j \not\leq \mathbf{0}$임을 보인다. 모순을 세워 $\mathbf{y}_j \leq \mathbf{0}$이라고 가정한다. $\mathbf{d}_j = \begin{bmatrix} -\mathbf{y}_j \\ \mathbf{e}_j \end{bmatrix}$를 고려해보고, 여기에서 $\mathbf{e}_j$는 $e_j = 1$이며 나머지 요소가 0인 $(n-m)$-차원 단위 벡터이다. 정리 2.6.6에 따라 $\mathbf{d}_j$는 S의 하나의 극한방향이다. (2.11)에서 $\mathbf{p} \cdot \mathbf{d}_j \leq 0$이며, 즉 말하자면, $-\mathbf{p}_B^t \mathbf{B}^{-1}\mathbf{a}_j + p_j \leq 0$이며 이것은 $p_j - \mathbf{p}_B^t \mathbf{B}^{-1}\mathbf{a}_j > 0$이라는 주장을 위반한다. 그러므로 $\mathbf{y} \not\leq$

$\mathbf{0}$이며 다음과 같은 벡터

$$\mathbf{x} = \begin{bmatrix} \overline{\mathbf{b}} \\ \mathbf{0} \end{bmatrix} + \lambda \begin{bmatrix} -\mathbf{y}_j \\ \mathbf{e}_j \end{bmatrix}$$

를 구성할 수 있으며, 여기에서 $\overline{\mathbf{b}}$은 $\mathbf{B}^{-1}\mathbf{b}$로 주어지며 λ는 다음 식

$$\lambda = \min_{1 \le i \le m} \left\{ \frac{\overline{b_i}}{y_{ij}} \,\middle|\, y_{ij} > 0 \right\} = \frac{\overline{b_r}}{y_{rj}} > 0$$

으로 주어진다. $\mathbf{x} \ge \mathbf{0}$은 많아야 m개의 양(+) 성분을 갖는다는 것을 주목하고, 여기에서 r-째 성분은 0으로 떨어지며 j-째 성분은 λ로 주어진다. $\mathbf{Ax} = \mathbf{B}(\mathbf{B}^{-1}\mathbf{b} - \lambda\mathbf{B}^{-1}\mathbf{a}_j) + \lambda\mathbf{a}_j = \mathbf{b}$이므로 벡터 $\mathbf{x}$는 S에 속한다. $y_{rj} \neq 0$이므로 $\mathbf{a}_1, \cdots, \mathbf{a}_{r-1}, \mathbf{a}_{r+1} \cdots, \mathbf{a}_m, \mathbf{a}_j$는 선형독립임을 보일 수 있다. 그러므로 정리 2.6.4에 따라 $\mathbf{x}$는 하나의 극점이다; 즉 말하자면 $\mathbf{x} \in \{\mathbf{x}_1, \mathbf{x}_2, \cdots, \mathbf{x}_k\}$이다. 더군다나 다음 식

$$\begin{aligned} \mathbf{p} \cdot \mathbf{x} &= (\mathbf{p}_B^t, \mathbf{p}_N^t) \begin{pmatrix} \overline{\mathbf{b}} - \lambda\mathbf{y}_j \\ \lambda\mathbf{e}_j \end{pmatrix} \\ &= \mathbf{p}_B \cdot \overline{\mathbf{b}} - \lambda\mathbf{p}_B \cdot \mathbf{y}_j + \lambda p_j \\ &= \mathbf{p} \cdot \overline{\mathbf{x}} + \lambda(p_j - \mathbf{p}_B^t \mathbf{B}^{-1}\mathbf{a}_j) \end{aligned}$$

이 성립한다. $\lambda > 0$, $p_j - \mathbf{p}_B^t \mathbf{B}^{-1}\mathbf{a}_j > 0$이므로, $\mathbf{p} \cdot \mathbf{x} > \mathbf{p} \cdot \overline{\mathbf{x}}$이다. 따라서 $\mathbf{p} \cdot \mathbf{x} > \mathbf{p} \cdot \overline{\mathbf{x}}$가 되도록 하는 하나의 극점 $\mathbf{x}$가 만들어졌으며 이것은 (2.12)을 위반한다. 이 위반 내용은 $\mathbf{z}$가 반드시 Λ에 속해야 한다고 주장하는 것이므로 증명이 완결되었다. (증명 끝)

따름정리 **(극한방향의 존재)** $S \neq \varnothing$는 $\{\mathbf{x} \mid \mathbf{Ax} = \mathbf{b},\ \mathbf{x} \ge \mathbf{0}\}$ 형태인 다면체집합이라고 놓고 $\mathbf{A}$는 계수 m인 $m \times n$ 행렬이라 하자. 그렇다면 S가 최소한 1개의 극한방향을 갖는다는 것은 이 집합이 무계라는 것과 같은 뜻이다.

만약 S가 극한방향을 갖는다면 S는 명백히 무계이다. 지금 S는 무계라고 가정하

증명 고, 모순을 일으켜 S는 극한방향을 갖지 않는다고 가정한다. 이 정리와 슈워츠 부등식을 사용하면 임의의 $\mathbf{x} \in S$에 대해 다음 식

$$\|\mathbf{x}\| = \left\| \sum_{j=1}^{k} \lambda_j \mathbf{x}_j \right\| \leq \sum_{j=1}^{k} \lambda_j \|\mathbf{x}_j\| \leq \sum_{j=1}^{k} \|\mathbf{x}_j\|$$

이 뒤따른다. 그러나 이 식은 무계성 가정을 위반한다. 그러므로 S는 최소한 1개의 극한방향을 가지며, 증명이 완결되었다. (증명 끝)

2.7 선형계획법과 심플렉스 알고리즘

선형계획법 문제는 다면체집합 전체에 걸쳐 선형함수를 최소화하거나 아니면 최대화하는 문제이다. 다양한 문제가 선형계획법 문제로 정식화되거나 근사화된다. 또한, 선형계획법은 비선형계획법 문제와 이산계획법 문제의 최적해를 구하는 과정에 자주 사용된다. 이 절에서 선형계획법 문제의 최적해를 구하기 위해, 잘 알려진 심플렉스 알고리즘을 소개한다. 이 알고리즘은 주로 문제를 정의하는 다면체집합의 극점과 방향을 활용하는 방법에 기반한 것이다. 또한, 이 책에서 개발한 여러 가지의 나머지 알고리즘도 선형계획법 문제의 최적해를 구하기 위해 특화할 수 있다. 특히 제9장은 효율적 (다항식-횟수) 원-쌍대 알고리즘, 내점법, 경로-추종 알고리즘을 설명한다. 이들의 변형은 심플렉스 알고리즘과 우열을 다툰다.

다음 선형계획법 문제

최소화 $\mathbf{c} \cdot \mathbf{x}$
제약조건 $\mathbf{x} \in S$

를 고려해보고, 여기에서 S는 $\Re^n$의 다면체집합이다. 집합 S는 **실현가능영역**이라 하고, 선형함수 $\mathbf{c} \cdot \mathbf{x}$는 **목적함수**라 한다.

선형계획법 문제의 목적함수의 최적값은 유한하거나 아니면 무계일 수 있다. 아래에 유한한 최적해를 갖기 위한 필요충분조건을 제시한다. 선형계획법에서 극점과 극한방향에 관한 개념의 중요성은 이 정리에서 보면 명백할 것이다.

2.7.1 정리(선형계획법 문제의 최적성 조건)

최소화 $\mathbf{c}\cdot\mathbf{x}$ 제약조건 $\mathbf{Ax}=\mathbf{b}$ $\mathbf{x}\geq\mathbf{0}$의 선형계획법 문제를 고려해보고, 여기에서 $\mathbf{c}$는 n-벡터, $\mathbf{A}$는 계수 m인 $m\times n$ 행렬, $\mathbf{b}$는 m-벡터이다. 실현가능영역은 공집합이 아니라고 가정하고, $\mathbf{x}_1, \mathbf{x}_2, \cdots, \mathbf{x}_k$는 극점이라 놓고 $\mathbf{d}_1, \cdots, \mathbf{d}_\ell$은 실현가능영역의 극한방향이라 하자. 유한한 최적해가 존재하기 위한 필요충분조건은 모든 $j=1, \cdots, \ell$에 대해 $\mathbf{c}\cdot\mathbf{d}_j\geq 0$이다. 만약 이 조건을 만족시킨다면, 문제의 최적해인 하나의 극점 $\mathbf{x}_i$가 존재한다.

증명 정리 2.6.7에 따라 $\mathbf{Ax}=\mathbf{b}$, $\mathbf{x}\geq\mathbf{0}$이라는 것은 다음 식

$$\mathbf{x}=\sum_{j=1}^{k}\lambda_j\mathbf{x}_j+\sum_{j=1}^{\ell}\mu_j\mathbf{d}_j$$

$$\sum_{j=1}^{k}\lambda_j=1$$

$$\lambda_j\geq 0 \quad j=1, \cdots, k$$

$$\mu_j\geq 0 \quad j=1, \cdots, \ell$$

이 성립한다는 것과 같은 뜻이다. 그러므로 위의 선형계획법 문제는 다음 식

$$\text{최소화} \qquad \mathbf{x}=\mathbf{c}\cdot\left(\sum_{j=1}^{k}\lambda_j\mathbf{x}_j+\sum_{j=1}^{\ell}\mu_j\mathbf{d}_j\right)$$

$$\text{제약조건} \qquad \sum_{j=1}^{k}\lambda_j=1$$

$$\lambda_j\geq 0 \qquad j=1, \cdots, k$$

$$\mu_j\geq 0 \qquad j=1, \cdots, \ell$$

과 같이 나타낼 수 있다. 실현가능성이 주어지고, 만약 어떤 j에 대해 $\mathbf{c}\cdot\mathbf{d}_j<0$이라면 μ_j를 마음대로 크게 할 수 있고 이로 인해 목적함숫값이 무계로 될 수 있음을 주목하자. 이것은, 실현가능성이 주어지면, 유한한 최적해가 존재하기 위한 필요충분조건은 $j=1, \cdots, \ell$에 대해 $\mathbf{c}\cdot\mathbf{d}_j\geq 0$임을 보여준다. 만약 이 조건이 성립한

다면, 목적함수를 최소화하기 위해 $j=1, \cdots, \ell$에 대해 $\mu_j=0$을 선택할 수도 있으며, 이것은 최소화 $\mathbf{c} \cdot \left(\Sigma_{j=1}^{k} \lambda_j \mathbf{x}_j\right)$ 제약조건 $\Sigma_{j=1}^{k} \lambda_j = 1$ $\lambda_j \geq 0$ $j=1,\cdots,k$ 문제로 바뀐다. 후자 문제의 최적해는 유한하며 $\lambda_i=1$로 놓고, $j \neq i$에 대해 $\lambda_j=0$이라고 놓음으로 얻어짐은 명확하며, 여기에서 첨자 i는 $\mathbf{c} \cdot \mathbf{x}_i = min_{1 \leq j \leq k} \mathbf{c} \cdot \mathbf{x}_j$를 만족시키는 첨자에서 얻는다. 따라서 하나의 최적 극점이 존재하며 증명이 완결되었다. (증명 끝)

정리 2.7.1에서, 최소한, 실현가능영역이 유계인 경우에 대해, 독자들은 $j=1, \cdots, k$에 대해 $\mathbf{c} \cdot \mathbf{x}_j$를 계산한 다음, $min_{1 \leq j \leq k} \mathbf{c} \cdot \mathbf{x}_j$를 찾으려는 유혹을 받을지도 모른다. 비록 이 방법은 이론적으로는 가능하지만, 극점 수가 엄청나게 크므로, 계산에 활용함을 권할 수는 없다.

심플렉스 알고리즘

심플렉스 알고리즘은 목적함숫값을 개선하면서(악화시키지 않고), 하나의 극점에서 또 다른 극점으로 이동하면서 선형계획법 문제의 최적해를 구하는 하나의 체계적 절차이다. 이 과정은 하나의 최적 극점에 도달할 때까지 그리고 최적해임을 인지할 때까지 계속하며, 그렇지 않다면 $\mathbf{c} \cdot \mathbf{d} < 0$인 하나의 극한방향 $\mathbf{d}$를 구할 때까지 계속한다. 후자의 경우, 목적함숫값은 무계라고 결론을 내리고, 문제는 **'무계'**라고 선언한다. 실현가능영역의 무계성은 문제가 무계이기 위한 필요조건이지만 충분조건은 아님을 주목하자.

다음 선형계획법 문제

$$
\begin{array}{ll}
\text{최소화} & \mathbf{c} \cdot \mathbf{x} \\
\text{제약조건} & A\mathbf{x} = \mathbf{b} \\
 & \mathbf{x} \geq 0
\end{array}
$$

를 고려해보고, 여기에서 다면체집합은 등식과 음(-)이 아니라는 제한이 있는 변수를 사용해 정의한다. 어떠한 다면체집합이라도 위의 **스탠다드 포멧**으로 나타낼 수 있음을 주목하자. 예를 들면 $\Sigma_{j=1}^{n} a_{ij} x_j \leq b_i$ 형태의 하나의 부등식은 비음(-) 여유변수 s_i를 추가해 등식으로 변환할 수 있다. 그래서 $\Sigma_{j=1}^{n} a_{ij} x_j + s_i = b_i$ 형태가 된다. 또한, 하나의 부호제한 없는 변수 x_j는 2개 비음(-) 변수의 차이로 대체할 수 있다; 즉 말하자면, $x_j = x_j^+ - x_j^-$로 놓는 것이며, 여기에서 $x_j^+,\ x_j^- \geq 0$이다. 이런 기법과 나머지 연산은 문제를 스탠다드 포맷으로 놓기 위해 활용할 수 있다. 당분간 제약조건 집합은 최소한 1개의 실현가능해를 허용하며 $\mathbf{A}$의 계수는 m이라고 가정한다.

정리 2.7.1에 따라, 최소한, 최적해가 유한한 경우, 극점에만 관심을 집중하면 된다. 하나의 극점 $\overline{\mathbf{x}}$가 있다고 가정한다. 정리 2.6.4에 따라 이 점은 $\mathbf{A}$에서 $[\mathbf{B}, \mathbf{N}]$으로의 분해라는 것으로 특징이 나타나며, 여기에서 $\mathbf{B} = [\mathbf{a}_{B_1}, \cdots, \mathbf{a}_{B_m}]$는 **기저행렬**이라 하는, 꽉 찬 계수의 $m \times m$ 행렬이며 $\mathbf{N}$은 $m \times (n-m)$ 행렬이다. 정리 2.6.4에 따라, $\overline{\mathbf{x}}$는 $\overline{\mathbf{x}}^t = \left(\overline{\mathbf{x}}_B^t, \overline{\mathbf{x}}_N^t\right) = \left(\overline{\mathbf{b}}^t, \mathbf{0}^t\right)$로 표현할 수 있음을 주목하고, 여기에서 $\overline{\mathbf{b}} = \mathbf{B}^{-1}\mathbf{b} \geq \mathbf{0}$이다. 기저행렬 $\mathbf{B}$에 상응하는 변수는 **기저 변수**라 하고, $\mathbf{x}_{B_1}, \cdots, \mathbf{x}_{B_m}$으로 나타내며, 반면에 $\mathbf{N}$에 상응하는 변수는 **비기저 변수**라 한다. 지금 $\mathbf{A}\mathbf{x} = \mathbf{b}$, $\mathbf{x} \geq \mathbf{0}$이 되도록 하는 하나의 점 $\mathbf{x}$를 고려해보자. $\mathbf{x}^t$를 $\left(\overline{\mathbf{x}}_B^t, \overline{\mathbf{x}}_N^t\right)$으로 분해하고 $\mathbf{x}_B \geq \mathbf{0}$, $\mathbf{x}_N \geq \mathbf{0}$임을 주목하자. 또한 $\mathbf{A}\mathbf{x} = \mathbf{b}$는 $\mathbf{B}\mathbf{x}_B + \mathbf{N}\mathbf{x}_N = \mathbf{b}$로 표현할 수 있다. 그러므로, 다음 식

$$\mathbf{x}_B = \mathbf{B}^{-1}\mathbf{b} - \mathbf{B}^{-1}\mathbf{N}\mathbf{x}_N \tag{2.14}$$

이 성립한다. 그렇다면, (2.14)를 사용해 다음 식

$$\begin{aligned} \mathbf{c}\cdot\mathbf{x} &= \mathbf{c}_B\cdot\mathbf{x}_B + \mathbf{c}_N\cdot\mathbf{x}_N \\ &= \mathbf{c}_B^t\mathbf{B}^{-1}\mathbf{b} + (\mathbf{c}_N^t - \mathbf{c}_B^t\mathbf{B}^{-1}\mathbf{N})\cdot\mathbf{x}_N \\ &= \mathbf{c}\cdot\overline{\mathbf{x}} + \left(\mathbf{c}_N^t - \mathbf{c}_B^t\mathbf{B}^{-1}\mathbf{N}\right)\cdot\mathbf{x}_N \end{aligned} \tag{2.15}$$

을 산출한다. 그러므로 만약 $\mathbf{c}_N^t - \mathbf{c}_B^t\mathbf{B}^{-1}\mathbf{N} \geq \mathbf{0}$이라면 $\mathbf{x}_N \geq \mathbf{0}$이므로 $\mathbf{c}\cdot\mathbf{x} \geq \mathbf{c}\cdot\overline{\mathbf{x}}$이며 $\overline{\mathbf{x}}$는 하나의 최적 극점이다. 반면에, $\mathbf{c}_N^t - \mathbf{c}_B^t\mathbf{B}^{-1}\mathbf{N} \ngeq \mathbf{0}$이라고 가정한다. 특히 j-째 성분 $c_j - \mathbf{c}_B^t\mathbf{B}^{-1}\mathbf{a}_j$는 음(-)이라고 가정한다. $\mathbf{x} = \overline{\mathbf{x}} + \lambda\mathbf{d}_j$를 고려해보고, 여기에서 $\mathbf{d}_j$는 다음 식

$$\mathbf{d}_j = \begin{pmatrix} -\mathbf{B}^{-1}\mathbf{a}_j \\ \mathbf{e}_j \end{pmatrix}$$

과 같이 정의되며, 여기에서 $\mathbf{e}_j$는 $n-m$개 요소를 가지며 j째 위치의 요소가 1인 단위 벡터이다. 그러면 (2.15)에서 다음 식

$$\mathbf{c}\cdot\mathbf{x} = \mathbf{c}\cdot\overline{\mathbf{x}} + \lambda\left(c_j - \mathbf{c}_B^t\mathbf{B}^{-1}\mathbf{a}_j\right) \tag{2.16}$$

을 얻으며, $c_j - \mathbf{c}_B^t\mathbf{B}^{-1}\mathbf{a}_j < 0$이므로 $\lambda > 0$에 대해 $\mathbf{c}\cdot\mathbf{x} < \mathbf{c}\cdot\overline{\mathbf{x}}$를 얻는다. 지금 다음 2개 케이스를 고려하고, 여기에서 $\mathbf{y}_j = \mathbf{B}^{-1}\mathbf{a}_j$이다.

케이스 1: $\mathbf{y}_j \le \mathbf{0}$**의 경우**. $\mathbf{A}\mathbf{d}_j = \mathbf{0}$임을 주목하고, $\mathbf{A}\overline{\mathbf{x}} = \mathbf{b}$이므로, $\mathbf{x} = \overline{\mathbf{x}} + \lambda\mathbf{d}_j$에 대해, 그리고 λ의 모든 값에 대해 $\mathbf{A}\mathbf{x} = \mathbf{b}$이다. 그러므로 $\mathbf{x}$가 실현가능해라는 것은 $\mathbf{x} \ge \mathbf{0}$이라는 것과 같은 뜻이다. 만약 $\mathbf{y}_j \le \mathbf{0}$이라면, 모든 $\lambda \ge 0$에 대해 이것은 명백하게 성립한다. 따라서 (2.16)에서 목적함숫값은 무계이다. 이 경우 $\mathbf{c}\cdot\mathbf{d}_j = c_j - \mathbf{c}_B^t\mathbf{B}^{-1}\mathbf{a}_j < 0$인 극한방향 $\mathbf{d}_j$(정리 2.7.1, 2.6.6 참조)를 얻은 것이다.

케이스 2: $\mathbf{y}_j \not\le \mathbf{0}$**의 경우**. $\mathbf{B}^{-1}\mathbf{b} = \overline{\mathbf{b}}$라고 놓고 λ를 다음 식

$$\lambda = \min_{1 \le i \le m}\left\{\frac{\overline{b}_i}{y_{ij}} \,\middle|\, y_{ij} > 0\right\} = \frac{\overline{b}_r}{y_{rj}} \ge 0 \tag{2.17}$$

에 따라 정의한 값으로 하며, 여기에서 y_{ij}는 $\mathbf{y}_j$의 i-째 성분이다. 이 경우, $\mathbf{x} = \overline{\mathbf{x}} + \lambda\mathbf{d}_j$의 성분은 다음 식

$$x_{B_i} = \overline{b}_i - \frac{\overline{b}_r}{y_{rj}}y_{ij}, \quad i = 1, \cdots, m \tag{2.18}$$

$$x_j = \frac{\overline{b}_r}{y_{rj}}$$

으로 주어지며, 나머지의 모든 x_i 값은 0이다.

$\mathbf{x}$의 양(+) 성분은 단지 $x_{B_1}, \cdots, x_{B_{r-1}}, \cdots x_{B_{r+1}}, \cdots, x_{B_m}$과 x_j일 뿐이다. 그러므로, 많아야 m개의 $\mathbf{x}$의 성분이 양(+)이다. $\mathbf{A}$에서 이들에 상응하는 열이 선형독립임을 입증함은 용이하다. 그러므로 정리 2.6.4에 따라, 이 점 $\mathbf{x}$는 자체로 하나의 극점이다. 이 경우 기저 변수 x_{Br}은 기저에서 퇴출되었고, 비기저 변수 x_j는 맞교환으로 기저에 진입했다고 말한다.

지금까지, 하나의 극점이 주어지면, 최적성을 점검하고 중지할 수 있음을 보이거나, 또는 하나의 무계인 해로 인도하는 하나의 극한방향의 존재를 보이거나, 또는 개선된 목적함숫값을 갖는 하나의 극점을 찾았음을 보였다((2.17)에서 $\lambda > 0$일 때; 아니면, 현재의 극점을 나타내는 기저행렬을 수정하는 일만 발생한다). 그렇다면 이 과정을 반복한다.

심플렉스 알고리즘의 요약

아래에 서술하는 내용은 최소화 $\mathbf{c}\cdot\mathbf{x}$ 제약조건 $\mathbf{A}\mathbf{x} = \mathbf{b}$ $\mathbf{x} \geq \mathbf{0}$ 형태의 문제를 위한 심플렉스 알고리즘을 요약한 것이다. 최대화문제는 최소화문제로 변환하거나, 그렇지 않다면, 만약 $\mathbf{c}_B^t\mathbf{B}^{-1}\mathbf{N} - \mathbf{c}_N^t \geq \mathbf{0}$이라면 종료하고, 만약 $\mathbf{c}_B^t\mathbf{B}^{-1}\mathbf{a}_j - c_j < 0$이라면 x_j가 기저에 진입하도록, 스텝 1을 수정해야 한다.

초기화 스텝 기저가 $\mathbf{B}$인 하나의 출발 극점 $\mathbf{x}$를 찾는다. 만약 이러한 점을 바로 찾을 수 없다면, 이 절의 후반에서 토의하는 것처럼 인위 변수를 사용한다.

메인 스텝 1. $\mathbf{x}$는 기저행렬 $\mathbf{B}$를 갖는 극점이라 하자. $\mathbf{c}_B^t\mathbf{B}^{-1}\mathbf{N} - \mathbf{c}_N^t$을 계산한다. 만약 이 벡터가 양(+)이 아니라면, 중지한다; $\mathbf{x}$는 하나의 최적 극점이다. 그렇지 않다면, $\mathbf{c}_B^t\mathbf{B}^{-1}\mathbf{a}_j - c_j$ 값이 가장 양(+)인 성분을 뽑는다. 만약 $\mathbf{y}_j = \mathbf{B}^{-1}\mathbf{a}_j \leq \mathbf{0}$이라면 중지한다; 목적함숫값은 다음 식

$$\left\{\mathbf{x} + \lambda\begin{pmatrix} -\mathbf{y}_j \\ \mathbf{e}_j \end{pmatrix} \middle| \ \lambda \geq 0\right\}$$

과 같은 **반직선**을 따라 무계이며, 여기에서 $\mathbf{e}_j$는 j째 성분이 1인 것을 제외하고는

나머지 요소가 모두 0인 벡터이다. 반면에 만약 $\mathbf{y}_j \not\leq \mathbf{0}$ 이라면 스텝 2로 이동한다.

2. (2.17)에서 첨자 r을 계산하고, (2.18)에서 새로운 극점을 구성한다. $\mathbf{B}$에서 열 $\mathbf{a}_{B_r}$를 삭제하고 그 자리에 $\mathbf{a}_j$를 진입시킴으로 새로운 기저 $\mathbf{x}$를 형성한다. 스텝 1을 반복한다.

심플렉스 알고리즘의 유한회 이내의 수렴성

만약 각각의 반복계산에서 즉, 메인 스텝을 지나간다면 $\overline{\mathbf{b}} = \mathbf{B}^{-1}\mathbf{b} > \mathbf{0}$이다. 그렇다면 (2.17)에 따라 정의한 λ는 엄격하게 양(+)일 것이며, 현재의 극점에서의 목적함숫값은 반복계산에서의 어떤 목적함숫값보다도 엄격히 작게 될 것이다. 현재의 점은 앞에서 생성한 극점과는 다름을 의미할 것이다. 유한개 극점이 존재하므로, 심플렉스 알고리즘은 유한회 반복계산 후 중지한다. 반면에 만약 $\overline{b}_r = 0$이라면 $\lambda = 0$이며, 같은 극점에 머물면서 기저가 다른 점에 머물게 될 것이다. 이론적으로 이런 현상은 무한 번 일어날 수 있으며, 수렴하지 못하는 상황을 만든다. 이 현상은 **순환**이라 하며 실제로 가끔 일어난다. 이와 같은 순환문제를 극복할 수 있지만, 여기에서 취급하지는 않는다. 대부분 선형계획법 교과서에서 순환을 회피하기 위한 상세한 절차를 제시한다(이 장 마지막의 '주해와 참고문헌' 절을 참조하시오).

심플렉스 알고리즘의 태블로 포멧

하나의 초기 극점에 상응하는 하나의 출발기저행렬 $\mathbf{B}$가 주어졌다고 가정한다. 목적함수와 제약조건은 다음 식

목적함수 행: $f - \mathbf{c}_B \cdot \mathbf{x}_B - \mathbf{c}_N \cdot \mathbf{x}_N = 0$

제약조건 행: $\mathbf{B}\mathbf{x}_B + \mathbf{N}\mathbf{x}_N = \mathbf{b}$

과 같이 나타낼 수 있다. 이들 등식은 다음 **심플렉스 태블로**

f	$\mathbf{x}_B^t$	$\mathbf{x}_N^t$	우변
1	$-\mathbf{c}_B^t$	$-\mathbf{c}_N^t$	0
0	$\mathbf{B}$	$\mathbf{N}$	$\mathbf{b}$

에 나타나며, 여기에서 우변 열의 성분은 등식 우변에 있는 상수를 나타낸다. 제약조건 행은 $\mathbf{B}^{-1}$을 곱해 갱신하고, 목적함수 행은 $\mathbf{c}_B^t$에 새로운 제약조건 행을 곱한 것에 이것을 합해 갱신한다. 그러면, 다음과 같이 갱신된 태블로를 얻는다. 기저변수는 왼쪽에 표시되어 있으며 $\bar{\mathbf{b}} = \mathbf{B}^{-1}\mathbf{b}$ 임을 주목하자.

	f	$\mathbf{x}_B^t$	$\mathbf{x}_N^t$	우변
f	1	$\mathbf{0}^t$	$\mathbf{c}_B^t\mathbf{B}^{-1}\mathbf{N} - \mathbf{c}_N^t$	$\mathbf{c}_B^t\bar{\mathbf{b}}$
$\mathbf{x}_B$	0	$\mathbf{I}$	$\mathbf{B}^{-1}\mathbf{N}$	$\bar{\mathbf{b}}$

기저 변수값과 f 값은 태블로 우변에 기록됨을 관측하시오. 또한, 벡터 $\mathbf{c}_B^t\mathbf{B}^{-1}\mathbf{N} - \mathbf{c}_N^t$(이 벡터의 음(-) 벡터는 **상대비용계수**벡터[5)]라 함)와 행렬 $\mathbf{B}^{-1}\mathbf{N}$는 비기저 변수의 아래에 편리하게 저장된다.

위의 태블로는 심플렉스 알고리즘의 스텝 1을 실행함에 필요한 모든 정보를 나타낸다. 만약 $\mathbf{c}_B^t\mathbf{B}^{-1}\mathbf{N} - \mathbf{c}_N^t \le \mathbf{0}$ 이라면 중지한다; 현재의 극점은 최적해이다. 그렇지 않다면, 목적함수 행을 검사해, $\mathbf{c}_B^t\mathbf{B}^{-1}\mathbf{a}_j - c_j$가 양(+)인 하나의 비기저 변수를 선택할 수 있다. 만약 $\mathbf{B}^{-1}\mathbf{a}_j \le \mathbf{0}$ 이라면 중지한다; 이 문제는 무계이다. 지금 $\mathbf{y}_j = \mathbf{B}^{-1}\mathbf{a}_j \not\le \mathbf{0}$ 이라고 가정한다. $\bar{\mathbf{b}}$과 $\mathbf{y}_j$는 우변과 x_j의 아래에 각각 기록되므로 (2.17)의 λ는 이 태블로에서 쉽게 계산할 수 있다. (2.17)의 최소비율에 상응하는 기저 변수 x_{B_r}은 기저에서 퇴출되고 x_j는 기저에 진입한다.

지금, 새로운 기저를 반영하기 위해 태블로를 수정하려 한다. 이것은 x_{B_r} 행과 x_j 열에서 피봇팅연산으로 행해진다. 즉 말하자면, y_{rj}에서 다음과 같이 실행한다:

1. x_{B_r}에 상응하는 r-째 행을 y_{rj}로 나눈다.
2. 새로운 r-째 행을 y_{ij}로 곱하고, $i = 1, \cdots, m,\ i \neq r$의 i-째 제약조건 행에서 이것을 뺀다.
3. 새로운 r-째 행을 $\mathbf{c}_B^t\mathbf{B}^{-1}\mathbf{a}_j - c_j$로 곱하고 목적함수 행에서 이것을 뺀다.

5) 역자 주: 수정비용계수 벡터(reduced cost coefficient vector) 또는 상대비용계수 벡터(relative cost coefficient vector)라고도 함. 이 책에서는 상대비용계수 벡터라 함.

독자는 위 피봇팅연산은 새로운 기저를 반영하기 위해 태블로를 수정할 수 있음을 쉽게 입증할 수 있다(연습문제 2.37 참조).

2.7.2 예제

$$\begin{array}{lrcrcl} \text{최소화} & x_1 & - & 3x_2 & & \\ \text{제약조건} & -x_1 & + & 2x_2 & \leq & 6 \\ & x_1 & + & x_2 & \leq & 5 \\ & x_1, & & x_2 & \geq & 0. \end{array}$$

이 문제는 그림 2.19에 나타나 있다. 최적해는 $(4/3, 11/3)$이며 목적함수에 상응하는 값은 $-29/3$임이 명확하다.

심플렉스 알고리즘을 사용하기 위해, 지금 2개 **여유변수** $x_3 \geq 0$, $x_4 \geq 0$을 도입한다. 이것은 다음의 스탠다드 포맷

$$\begin{array}{lrcrcrcrcl} \text{최소화} & x_1 & - & 3x_2 & & & & & & \\ \text{제약조건} & -x_1 & + & 2x_2 & + & x_3 & & & = & 6 \\ & x_1 & + & x_2 & & & + & x_4 & = & 5 \\ & x_1, & & x_2, & & x_3, & & x_4 & \geq & 0 \end{array}$$

으로 인도한다.

$\mathbf{c} = (1, -3, 0, 0)$, $\mathbf{b} = \begin{bmatrix} 6 \\ 5 \end{bmatrix}$, $\mathbf{A} = \begin{bmatrix} -1 & 2 & 1 & 0 \\ 1 & 1 & 0 & 1 \end{bmatrix}$임을 주목하자. $\mathbf{B} =$

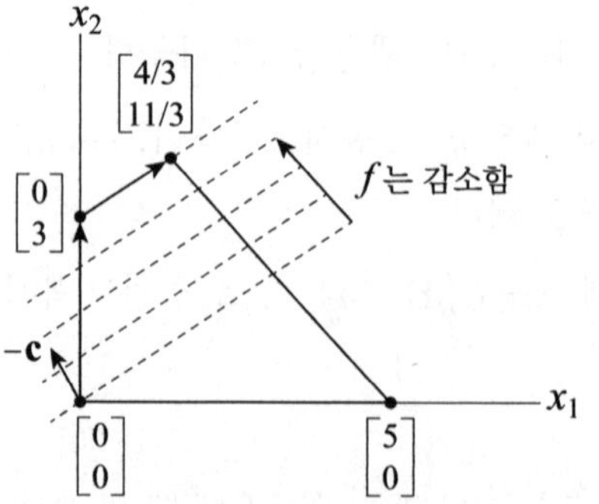

그림 2.19 선형계획법 문제의 예

$[\mathbf{a}_3\,\mathbf{a}_4] = \begin{bmatrix} 1 & 0 \\ 0 & 1 \end{bmatrix}$을 선택함으로, $\mathbf{B}^{-1}\mathbf{b} = \mathbf{b} \geq \mathbf{0}$임을 주목하고, 따라서 하나의 출발 기저실현가능해 또는 하나의 출발 극점해를 얻는다. 이에 상응하는 태블로는 다음과 같다:

	f	x_1	x_2	x_3	x_4	우변
f	1	-1	3	0	0	0
x_3	0	-1	(2)	1	0	6
x_4	0	1	1	0	1	5

x_2는 기저에 진입하고, x_3은 기저에서 퇴출됨을 주목하자. 새로운 기저는 $\mathbf{B} = [\mathbf{a}_2, \mathbf{a}_4]$이다.

	f	x_1	x_2	x_3	x_4	우변
f	1	1/2	0	-3/2	0	-9
x_2	0	-1/2	1	1/2	0	3
x_4	0	(3/2)	0	-1/2	1	2

지금 x_1은 기저에 진입하고 x_4는 기저에서 퇴출되고, 새로운 기저는 $\mathbf{B} = [\mathbf{a}_2, \mathbf{a}_1]$이다.

	f	x_1	x_2	x_3	x_4	우변
f	1	0	0	-4/3	-1/3	-29/3
x_2	0	0	1	1/3	1/3	11/3
x_1	0	1	0	-1/3	2/3	4/3

$\mathbf{c}_B^t \mathbf{B}^{-1}\mathbf{N} - \mathbf{c}_N^t \leq \mathbf{0}$이므로 이 해는 최적해이다. 3개 태블로에 상응하는 3개 점은 그림 2.19의 (x_1, x_2)-공간에 나타난다. 심플렉스 알고리즘은 최적해에 도달할 때까지 하나의 극점에서 또 다른 극점으로 이동했다는 것을 알 수 있다.

초기 극점

심플렉스 알고리즘은 하나의 초기 극점에서 출발함을 기억하기 바란다. 정리 2.6.4에서, 집합 $S=\{\mathbf{x}\,|\,\mathbf{A}\mathbf{x}=\mathbf{b},\ \mathbf{x}\geq\mathbf{0}\}$의 초기 극점을 찾는 것은 $\mathbf{B}^{-1}\mathbf{b}\geq\mathbf{0}$이 되도록 $\mathbf{A}$를 $\mathbf{B}$와 $\mathbf{N}$으로 분해하는 작업을 포함한다. 예제 2.7.2에서 하나의 초기 극점을 즉시 얻었다. 그러나, 많은 경우 하나의 초기 극점을 편리하게 얻을 수 없는 경우도 존재한다. 이와 같은 문제는 **인위 변수**를 도입함으로 극복한다.

초기 극점을 얻기 위한 2개 절차를 간략하게 토의한다. 이들은 2-페이스 법과 빅-M법이다. 2개 방법에 대해 이 문제는 먼저 $\mathbf{b}\geq\mathbf{0}$의 추가적 조건과 함께 $\mathbf{A}\mathbf{x}=\mathbf{b}\ \ \mathbf{x}\geq\mathbf{0}$이라고 놓는 것이다(만약 $b_i<0$이라면 i-째 제약조건에 -1을 곱한다).

2-페이스 법 이 방법에서, 문제의 제약조건은 하나의 극점을 손안에 얻을 수 있도록 하는 인위 변수를 사용해 수정할 수 있다. 특히, 제약조건의 연립방정식은 다음 식

$$\begin{aligned}\mathbf{A}\mathbf{x}+\mathbf{x}_a&=\mathbf{b}\\ \mathbf{x},\mathbf{x}_a&\geq\mathbf{0}\end{aligned}$$

과 같이 수정되며, 여기에서 $\mathbf{x}_a$는 하나의 인위 변수 벡터이다. 명백하게, 이 식의 해인 $\mathbf{x}=\mathbf{0}$, $\mathbf{x}_a=\mathbf{b}$는 이 시스템의 하나의 극점을 나타낸다. 원래의 연립방정식의 하나의 실현가능해는 $\mathbf{x}_a=\mathbf{0}$인 경우에만 구해지므로, 위 극점에서 출발하여 인위 변수의 합을 최소화하기 위해 심플렉스 알고리즘 자체를 사용한다. 이것은 다음과 같은 **페이스-I** 문제

$$\begin{aligned}&\text{최소화} && \mathbf{e}\cdot\mathbf{x}_a\\ &\text{제약조건} && \mathbf{A}\mathbf{x}+\mathbf{x}_a=\mathbf{b}\\ & && \mathbf{x},\mathbf{x}_a\geq\mathbf{0}\end{aligned}$$

로 인도하며, 여기에서 $\mathbf{e}$는 모든 요소가 1인 벡터이다. 페이스-I이 종료된 때, $\mathbf{x}_a\neq\mathbf{0}$이거나 아니면 $\mathbf{x}_a=\mathbf{0}$이다. 앞의 케이스에 있어 원래의 시스템이 모순되는 것이라는 결론을 얻는다; 즉 말하자면, 실현가능영역이 공집합이다. 후자 케이스에 있어, 인위 변수는 기저에서[6] 탈락되고, 따라서 원래의 시스템의 하나의 극

점이 얻어질 것이다. 이 극점에서 출발하여 심플렉스 알고리즘의 **페이스-II**는 원래의 목적함수 $\mathbf{c \cdot x}$를 최소화한다.

빅-M 법 2-페이스 법의 방법과 마찬가지로, 새로운 시스템의 하나의 극점을 즉시 사용할 수 있도록, 인위 변수를 사용해 제약조건을 수정한다. 하나의 큰 양(+) 비용계수 M을 각각의 인위 변수에 붙여 인위 변수가 0 수준으로 떨어지도록 한다. 이것은 다음 문제

$$\begin{aligned} &\text{최소화} && \mathbf{c \cdot x} + M\mathbf{e} \cdot \mathbf{x}_a \\ &\text{제약조건} && \mathbf{Ax} + \mathbf{x}_a = \mathbf{b} \\ & && \mathbf{x}, \mathbf{x}_a \geq \mathbf{0} \end{aligned}$$

로 인도한다.

실제로 M 값을 구체적으로 지정하지 않고, 비기저 변수에 대해 별도의 벡터로 목적함수의 계수 M을 붙이고 심플렉스 알고리즘을 실행할 수 있다. 이들 계수는 정확하게 페이스-I 문제의 상대목적함수계수[7]와 동일시되며, 그러므로 2-페이스 법과 빅-M 법에 직접 연관시킨다. 따라서 상대비용벡터에서 M의 가장 음(-)인 계수(즉, 가장 음(-)인 상대비용)를 갖는 비기저 변수를, 만약 존재한다면, 기저에 진입시킬 변수로 선택한다. 상대비용벡터에 속한 M의 계수가 모두 비음(-)일 때, 페이스-I은 완결된다. 이 단계에서, 만약 $\mathbf{x}_a = \mathbf{0}$이라면, 원래의 문제의 기저실현가능해를 얻으며, 종료할 때까지 원래의 문제의 최적해를 구하는 과정을 계속할 수 있다(무계성 또는 최적성을 알리고). 반면에, 만약 이 단계에서 $\mathbf{x}_a \neq \mathbf{0}$이라면, 페이스-I 문제의 최적값은 양(+)이며, 그래서 연립방정식 $\mathbf{Ax} = \mathbf{b}$ $\mathbf{x} \geq \mathbf{0}$은 실현가능해를 가질 수 없다는 결론을 내릴 수 있다.

선형계획법의 쌍대성

심플렉스 알고리즘은 선형계획법의 쌍대성 정리를 쉽게 유도할 수 있게 한다. 최소화 $\mathbf{c \cdot x}$ 제약조건 $\mathbf{Ax} = \mathbf{b}$ $\mathbf{x} \geq \mathbf{0}$의 스탠다드 폼의 선형계획법 문제를 고려해보

6) 페이스-I이 종료되었을 때 어떤 인위 변수는 기저에 0 값으로 남게 될 수도 있다. 이 케이스는 쉽게 처리될 수 있다(바자라 등[2005] 참조).

7) 상대목적함수계수: reduced objective coefficient

자. 이 문제를 '**원문제** P'라 하자. 다음 선형계획법 문제

D: 최대화 $\mathbf{b}\cdot\mathbf{y}$
제약조건 $\mathbf{A}^t\mathbf{y} \le \mathbf{c}$
$\mathbf{y}$ 제한 없음

는 앞에서의 원문제의 **쌍대문제**라 한다. 그렇다면 선형계획법 문제 P와 D의 쌍에 친밀하게 관계된다는 결과와 어떤 문제의 최적해를 다른 문제의 최적해에서 구할 수 있도록 한다는 결과를 얻는다. 아래의 증명에서 보아 명백한 바와 같이, 예를 들면 심플렉스 알고리즘을 사용해 이 결과를 얻을 수 있다.

2.7.3 정리

선형계획법 문제 P와 쌍대문제 D의 쌍은 위에서 정의한 것으로 하자. 그렇다면 다음 내용을 얻는다.

(a) **약쌍대성 결과**: P의 임의의 실현가능해 $\mathbf{x}$와 D의 임의의 실현가능해 $\mathbf{y}$에 대해 $\mathbf{c}\cdot\mathbf{x} \ge \mathbf{b}\cdot\mathbf{y}$이다.
(b) **무계와 실현불가능의 관계**: 만약 P가 무계라면, D는 실현불가능하며 이것의 역도 성립한다.
(c) **강쌍대성 결과**: 만약 P, D가 모두 실현가능하다면, 이들은 모두 동일한 목적함숫값을 갖는 최적해를 갖는다.

증명 각각의 P, D의 실현가능해 $\mathbf{x}$, $\mathbf{y}$의 임의의 쌍에 대해, $\mathbf{c}\cdot\mathbf{x} \ge \mathbf{y}^t\mathbf{A}\mathbf{x} = \mathbf{y}\cdot\mathbf{b}$이다. 이것은 이 정리의 파트 ($a$)를 증명하는 것이다. 또한, 만약 P가 무계라면, D는 실현불가능해야 한다. 그렇지 않다면, 파트 (a)에 의해 D의 실현가능해는 P의 목적함숫값의 하한을 제공할 것이다. 유사하게, 만약 D가 무계라면 P는 실현불가능하며, 이것은 파트 (b)를 증명한다. 마지막으로, P, D는 모두 실현가능하다고 가정한다. 그렇다면, 파트 (b)에 따라, 어느 것도 무계일 수 없으며, 이들은 모두 최적해를 갖는다. 특히, $\overline{\mathbf{x}}^t = \left(\overline{\mathbf{x}}_B^t, \overline{\mathbf{x}}_N^t\right)$는 P의 하나의 최적 기저 실현가능해라 하고, 여기에서 정리 2.6.4에 따라 $\overline{\mathbf{x}}_B = \mathbf{B}^{-1}\mathbf{b}$, $\overline{\mathbf{x}}_N = \mathbf{0}$이다. 지

금, 해 $\overline{\mathbf{y}}^t = \mathbf{c}_B^t\mathbf{B}^{-1}$을 고려해보자. 여기에서 $\mathbf{c}^t = \left(\mathbf{c}_B^t, \mathbf{c}_N^t\right)$이다. 주어진 기저실현가능해의 최적성에 따라 $\mathbf{c}_B^t\mathbf{B}^{-1}\mathbf{N} - \mathbf{c}_N^t \le \mathbf{0}$이므로 $\overline{\mathbf{y}}^t\mathbf{A} = \mathbf{c}_B^t\mathbf{B}^{-1}[\mathbf{B}, \mathbf{N}] = \left[\mathbf{c}_B^t, \mathbf{c}_B^t\mathbf{B}^{-1}\mathbf{N}\right] \le \left[\mathbf{c}_B^t, \mathbf{c}_N^t\right]$이다. 그러므로 $\overline{\mathbf{y}}$는 D의 실현가능해이다. 나아가서 $\overline{\mathbf{y}}\cdot\mathbf{b} = \mathbf{c}_B^t\mathbf{B}^{-1}\mathbf{b} = \mathbf{c}\cdot\overline{\mathbf{x}}$이다; 그러므로 파트 (a)에 따라 문제 D의 모든 실현가능해 $\mathbf{y}$에 대해 $\mathbf{b}\cdot\mathbf{y} \le \mathbf{c}\cdot\overline{\mathbf{x}}$이므로 $\overline{\mathbf{y}}$는 문제 D의 최적해이며 문제 P의 목적함수의 최적값과 동일하게 쌍대목적함수의 최적값을 갖게 한다. 이것으로 증명이 완결되었다. (증명 끝)

따름정리 1 만약 D가 실현불가능하면, P는 무계이거나 아니면 실현불가능하며 역도 성립한다.

증명 만약 D가 실현불가능하다면 P는 최적해를 가질 수 없으며, 그렇지 않다면, 이 정리의 증명에서 보아 명확한 바와 같이 D의 하나의 최적해를 얻을 수 있을 것인데 이것은 모순이다. 그러므로 P는 반드시 실현불가능이거나 아니면 무계이어야 한다. 유사하게, 만약 P가 실현불가능하다면 D는 무계이거나 또는 실현불가능이라고 주장할 수 있다. (증명 끝)

따름정리 2 **정리 2.7.3의 결과에서 본 파르카스의 정리** A는 $m\times n$ 행렬, $\mathbf{c}$는 n-벡터라 하자. 그렇다면 정확하게 다음 2개 시스템 가운데 1개는 해를 갖는다:

시스템 1: $\mathbf{Ax} \le \mathbf{0}$, $\mathbf{c}\cdot\mathbf{x} > 0$ 어떤 $\mathbf{x} \in \Re^n$에 대해.

시스템 2: $\mathbf{A}^t\mathbf{y} = \mathbf{c}$, $\mathbf{y} \ge \mathbf{0}$ 어떤 $\mathbf{y} \in \Re^m$에 대해.

증명 최소화 $\{\mathbf{0}\cdot\mathbf{y} \mid \mathbf{A}^t\mathbf{y} = \mathbf{c},\ \mathbf{y} \ge \mathbf{0}\}$의 선형계획법 문제 P를 고려해보자. 이 문제의 쌍대문제 D는 최대화 $\{\mathbf{c}\cdot\mathbf{x} \mid \mathbf{Ax} \le \mathbf{0}\}$로 주어진다. 그렇다면 시스템 2가 해를 갖지 않는다는 것은 P가 실현불가능하다는 것과 같은 뜻이고, 이 정리의 파트 (a)와 따름정리 1에 따라, D는 실현가능하므로, 이것이 일어난다는 것은 D가 무계라는 것과 같은 뜻이다(예를 들면, $\mathbf{x} = \mathbf{0}$는 실현가능해이다). 그러나 $\mathbf{Ax} \le \mathbf{0}$는 원추를 정의하므로, 이번에는 이것이 일어난다는 것은 $\mathbf{Ax} \le \mathbf{0}$, $\mathbf{c}\cdot\mathbf{x} > 0$이 되도록 하는 $\mathbf{x} \in \Re^n$이 존재한다는 것과 같은 뜻이다. 그러므로,

시스템 2가 해를 갖지 않는 것은 시스템 1이 해를 갖는다는 것과 같은 뜻이다. 이것으로 증명이 완결되었다. (증명 끝)

따름정리 3 **상보여유성조건과 최적성의 특성의 설명** 위에서 주어진 원선형계획법 문제 P와 쌍대선형계획법 문제 D의 쌍을 고려해보자. $\overline{\mathbf{x}}$는 원문제의 실현가능해라 하고 $\overline{\mathbf{y}}$는 쌍대실현가능해라 하자. 그렇다면 $\overline{\mathbf{x}}$, $\overline{\mathbf{y}}$가 P, D에 대해 각각 최적해라는 것은 $j=1, \cdots, n$에 대해 $\overline{\nu}_j \overline{x}_j = 0$이라는 것과 같은 뜻이며, 여기에서 $\overline{\boldsymbol{\nu}} = (\overline{\nu}_1, \overline{\nu}_2, \cdots, \overline{\nu}_n) = \mathbf{c} - \mathbf{A}^t \overline{\mathbf{y}}$는 쌍대해 $\overline{\mathbf{y}}$에 대해 쌍대제약조건의 여유변수 벡터이다(후자의 조건은 **상보여유성조건**이라 말하며, 그리고 이들이 성립할 때, 원문제 해와 쌍대문제 해는 **상보여유해**라고 말한다). 특히, 하나의 주어진 실현가능해가 P의 최적해라는 것은 상보여유쌍대실현가능해가 존재한다는 것과 같은 뜻이며, 그리고 이것의 역도 성립한다.

증명 $\overline{\mathbf{x}}$, $\overline{\mathbf{y}}$는 각각 원문제와 쌍대문제의 실현가능해이므로 $\mathbf{A}\overline{\mathbf{x}} = \mathbf{b}$, $\overline{\mathbf{x}} \geq 0$, $\mathbf{A}^t \overline{\mathbf{y}} + \overline{\boldsymbol{\nu}} = \mathbf{c}$, $\overline{\boldsymbol{\nu}} \geq \mathbf{0}$이며, 여기에서 $\overline{\boldsymbol{\nu}}$는 $\overline{\mathbf{y}}$에 상응하는 쌍대여유변수 벡터이다. 그러므로 $\mathbf{c} \cdot \overline{\mathbf{x}} - \mathbf{b} \cdot \overline{\mathbf{y}} = (\mathbf{A}^t \overline{\mathbf{y}} + \overline{\boldsymbol{\nu}}) \cdot \overline{\mathbf{x}} - (\mathbf{A}\overline{\mathbf{x}}) \cdot \overline{\mathbf{y}} = \overline{\boldsymbol{\nu}} \cdot \overline{\mathbf{x}}$이다. 정리 2.7.3에 따라, 해 $\overline{\mathbf{x}}$, $\overline{\mathbf{y}}$가, 각각, P, D에 대해 각각 최적해라는 것은 $\mathbf{c} \cdot \overline{\mathbf{x}} = \mathbf{b} \cdot \overline{\mathbf{y}}$라는 것과 같은 뜻이다. 앞서 말한 문장은 $\overline{\mathbf{x}}$, $\overline{\mathbf{y}}$가, 각각, P, D에 대해 최적해라는 것은 $\overline{\boldsymbol{\nu}} \cdot \overline{\mathbf{x}} = 0$이라는 것과 같은 뜻임을 주장한다. 그러나 $\overline{\boldsymbol{\nu}} \geq \mathbf{0}$, $\overline{\mathbf{x}} \geq \mathbf{0}$이다. 그러므로 $\overline{\boldsymbol{\nu}} \cdot \overline{\mathbf{x}} = 0$이라는 것은 모든 $j=1, \cdots, n$에 대해 $\overline{\nu}_j \overline{x}_j = 0$이라는 것과 같은 뜻이다. $\overline{\mathbf{x}}$, $\overline{\mathbf{y}}$가 P, D에 대해 각각 최적해라는 것은 상보여유성조건이 만족된다는 것이 같은 뜻이라는 것을 보였다. 지금 이 정리의 마지막 문장은, 정리 2.7.3, 따름정리 1과 함께 위 결과를 사용해 즉시 입증할 수 있다. 이것으로 증명이 완결되었다. (증명 끝)

연습문제

[2.1] S_1, S_2는 $\Re^n$에서 공집합이 아닌 집합이라 하자. $conv(S_1 \cap S_2) \subset conv(S_1) \cap conv(S_2)$임을 보이시오. $conv(S_1 \cap S_2) = conv(S_1) \cap conv(S_2)$임은 일

반적으로 참인가? 그렇지 않다면, 반례를 제시하시오.

[2.2] S는 $\Re^n$의 다면체집합이라 하자. S는 닫힌집합이며 유계인 볼록집합임을 보이시오.

[2.3] S는 닫힌집합이라 하자. $conv(S)$는 닫힌집합일 필요가 없음을 보여주는 예를 제시하시오. $conv(S)$가 닫힌집합이 되기 위한 충분조건을 제시하고, 독자의 주장을 증명하시오(힌트: S는 콤팩트 집합이라고 가정한다).

[2.4] S는 $\Re^n$의 유계다면체집합이라 하고 $S_j = \{\mu_j \mathbf{d}_j \mid \mu_j \geq 0\}$이라 하며, 여기에서 $j = 1, \cdots, k$에 대해 $\mathbf{d}_j$는 $\Re^n$에서 $\mathbf{0}$이 아닌 벡터이다. $S \oplus S_1 \oplus \cdots \oplus S_k$는 닫힌 볼록집합임을 보이시오(연습문제 2.2, 2.4는 정리 2.6.7의 증명에서 집합 Λ가 닫힌집합임을 나타낸다는 것을 주목하자).

[2.5] 다음 각각의 볼록집합에 대해 폐포, 내부, 경계를 찾으시오:

a. $S = \{\mathbf{x} \mid x_1^2 + x_3^2 \leq x_2\}$.
b. $S = \{\mathbf{x} \mid 2 \leq x_1 \leq 5,\ x_2 = 4\}$.
c. $S = \{\mathbf{x} \mid x_1 + x_2 \leq 5,\ -x_1 + x_2 + x_3 \leq 7,\ x_1, x_2, x_3 \geq 0\}$.
d. $S = \{\mathbf{x} \mid x_1 + x_2 = 5,\ x_1 + x_2 + x_3 \leq 8\}$.
e. $S = \{\mathbf{x} \mid x_1^2 + x_2^2 + x_3^2 \leq 9,\ x_1 + x_3 = 2\}$.

[2.6] $S = \{\mathbf{x} \mid x_1^2 + x_2^2 + x_3^2 \leq 4,\ x_1^2 - 4x_2 \leq 0\}$, $\mathbf{y} = (1, 0, 2)$이라고 놓는다. $\mathbf{y}$에서 S까지의 최단거리, 유일한 최소점, 분리초평면을 찾으시오.

[2.7] S는 $\Re^n$의 볼록집합이라 하자, $\mathbf{A}$는 $m \times n$ 행렬이며 α는 스칼라이다. 다음 2개 집합은 볼록집합임을 보이시오.

a. $\mathbf{A}S = \{\mathbf{y} \mid \mathbf{y} = \mathbf{A}\mathbf{x},\ \mathbf{x} \in S\}$.
b. $\alpha S = \{\alpha \mathbf{x} \mid \mathbf{x} \in S\}$.

[2.8] $S_1 = \{\mathbf{x} \mid x_1 = 0,\ 0 \le x_2 \le 1\}$, $S_2 = \{\mathbf{x} \mid 0 \le x_1 \le 1,\ x_2 = 2\}$이라 한다. $S_1 \oplus S_2$, $S_1 \oplus S_2$를 설명하시오.

[2.9] 보조정리 2.1.4를 증명하시오.

[2.10] 보조정리 2.12를 증명하시오.

[2.11] $S_1 = \{\lambda \mathbf{d}_1 \mid \lambda \ge 0\}$, $S_2 = \{\lambda \mathbf{d}_2 \mid \lambda \ge 0\}$이라 하며, 여기에서 $\mathbf{d}_1$, $\mathbf{d}_2$는 $\Re^n$에서 $\mathbf{0}$이 아닌 벡터이다. $S_1 \oplus S_2$는 닫힌 볼록집합임을 보이시오.

[2.12] S_1, S_2는 닫힌 볼록집합이라 하자. $S_1 \oplus S_2$는 볼록집합임을 증명하시오. $S_1 \oplus S_2$는 닫힌집합일 필요가 없음을 예를 들어 보이시오. S_1 또는 S_2가 콤팩트 집합임은 $S_1 \oplus S_2$가 닫힌집합이기 위한 충분조건임을 증명하시오.

[2.13] S는 $\Re^n$에서 공집합이 아닌 집합이라 하자. S가 볼록집합이라는 것은 각각의 정수 $k \ge 2$에 대해 다음 내용이 참이라는 것과 같은 뜻임을 보이시오: $\mathbf{x}_1, \cdots, \mathbf{x}_k \in S$임은 $\Sigma_{j=1}^{k} \lambda_j \mathbf{x}_j \in S$임을 의미하며, 여기에서 $\Sigma_{j=1}^{k} \lambda_j = 1$, $\lambda_1 \ge 0, \cdots, \lambda_k \ge 0$이다.

[2.14] C는 $\Re^n$의 공집합이 아닌 집합이라 하자. C가 볼록원추라는 것은 $\mathbf{x}_1, \mathbf{x}_2 \in C$임은 모든 $\lambda_1, \lambda_2 \ge 0$에 대해 $\lambda_1 \mathbf{x}_1 + \lambda_2 \mathbf{x}_2 \in C$임을 의미하는 것과 같은 뜻임을 보이시오.

[2.15] $S_1 = \{\mathbf{x} \mid \mathbf{A}_1 \mathbf{x} \le \mathbf{b}_1\}$, $S_2 = \{\mathbf{x} \mid \mathbf{A}_2 \mathbf{x} \le \mathbf{b}_2\}$는 공집합이 아니라고 하자. $S = S_1 \cup S_2$를 정의하고, $\hat{S} = \{\mathbf{x} \mid \mathbf{x} = \mathbf{y} + \mathbf{z},\ \mathbf{A}_1 \mathbf{y} \le \mathbf{b}_1 \lambda_1,\ \mathbf{A}_2 \mathbf{z} \le \mathbf{b}_2 \lambda_2,\ \lambda_1 + \lambda_2 = 1,\ (\lambda_1, \lambda_2) \ge \mathbf{0}\}$이라 한다.

a. S_1, S_2는 유계라고 가정하고 $conv(S) = \hat{S}$임을 보이시오.

b. 일반적으로 $cl\,conv(S) = \hat{S}$임을 보이시오.

[2.16] S는 $\Re^n$의 공집합이 아니라 하고, $\mathbf{x} \in S$라 한다. 집합 $C = \{\mathbf{y} \mid \mathbf{y} = \lambda(\mathbf{x} - \overline{\mathbf{x}}),\ \lambda \geq 0,\ \mathbf{x} \in S\}$을 고려해보자.

a. C는 원추임을 보이고, 기하학적으로 해석하시오.
b. 만약 S가 볼록집합이라면 C는 볼록집합임을 보이시오.
c. S는 닫힌집합이라고 가정한다. C가 닫힌집합임이 참일 필요가 있는가? 그렇지 않다면, 어떤 조건 아래 C가 닫힌집합일 수 있는가?

[2.17] C_1, C_2는 $\Re^n$의 볼록원추라 하자. $C_1 \oplus C_2$도 또한 볼록원추이며 $C_1 \oplus C_2 = conv(C_1 \cup C_2)$임을 보이시오.

[2.18] 다음 원추의 극원추 C^*의 명시적 형태를 유도하시오:

a. $C = \{(x_1, x_2) \mid 0 \leq x_2 \leq 2x_1\}$.
b. $C = \{(x_1, x_2) \mid x_2 \geq -3|x_1|\}$.
c. $C = \{\mathbf{x} \mid \mathbf{x} = \mathbf{A}\mathbf{p},\ \mathbf{p} \geq \mathbf{0}\}$.

[2.19] $C \neq \varnothing$는 $\Re^n$의 볼록원추라 하자. $C + C^* = \Re^n$임을 보이시오. 즉 말하자면, $\Re^n$의 임의의 점은 원추 C에 속한 하나의 점과 극원추 C^*에 속한 하나의 점을 합해 나타낼 수 있음을 보이시오. 이 표현은 유일한가? C가 하나의 선형 부분공간인 경우에는 어떤가?

[2.20] S는 $\Re^n$에서 공집합이 아닌 집합이라 하자. S의 극집합을 S_p로 나타내며, 이것은 $\{\mathbf{y} \mid \mathbf{y} \cdot \mathbf{x} \leq 1\ \ \forall \mathbf{x} \in S\}$로 주어진다.

a. 다음 2개 집합
$\{(x_1, x_2) \mid x_1^2 + x_2^2 \leq 4\}$
$\{(x_1, x_2) \mid 2x_1 + x_2 \leq 4,\ -2x_1 + x_2 \leq 2,\ x_1, x_2 \geq 0\}$
의 극집합을 찾으시오.
b. S_p는 볼록집합임을 보이시오. 이것이 닫힌집합일 필요가 있는가?
c. 만약 S가 다면체집합이라면 S_p도 또한 다면체집합임이 성립할 필요가

있는가?

d. 만약 S가 원점을 포함하는 다면체집합이라면, $S=S_{pp}$임을 보이시오.

[2.21] 다음 집합의 극점과 극한방향을 찾아내시오.

a. $S=\{\mathbf{x} \mid 4x_2 \geq x_1^2,\ x_1+2x_2+x_3 \leq 2\}$

b. $S=\{\mathbf{x} \mid x_1+x_2+2x_3 \leq 4,\ x_1+x_2=1,\ x_1, x_2, x_3 \geq 0\}$

c. $S=\{\mathbf{x} \mid x_2 \geq 2|x_1|,\ x_1^2+x_2^2 \leq 2\}$

[2.22] 다음 볼록집합 각각에 대해 방향벡터 집합을 찾아내시오.

a. $S=\{(x_1, x_2) \mid 4x_2 \geq x_1^2\}$

b. $S=\{(x_1, x_2) \mid x_1x_2 \geq 4,\ x_1>0\}$

c. $S=\{(x_1, x_2) \mid |x_1|+|x_2| \leq 2\}$

[2.23] 다음 다면체집합의 극점과 방향을 찾아내시오.

a. $S=\{\mathbf{x} \mid x_1+2x_2+x_3 \leq 10,\ -x_1+3x_2=6,\ x_1, x_2, x_3 \geq 0\}$

b. $S=\{\mathbf{x} \mid 2x_1+3x_2 \geq 6,\ x_1-2x_2=2,\ x_1, x_2 \geq 0\}$

[2.24] 집합 $S=\{\mathbf{x} \mid -x_1+2x_2 \leq 4,\ x_1-3x_2 \leq 3,\ x_1, x_2 \geq 0\}$을 고려해 보자. S의 모든 극점과 극한방향을 찾으시오. 극점의 하나의 볼록조합과 극한방향의 하나의 비음(−)조합을 합한 것으로 점 $(4, 1)$을 나타내시오.

[2.25] $C=\{\mathbf{x} \mid \mathbf{A}\mathbf{x} \leq \mathbf{0}\}$임을 보이고, 여기에서 $\mathbf{A}$는 $m \times n$ 행렬이며, 많아야 1개의 극점을 가지며 그것은 원점이다.

[2.26] S는 $\Re^n$에서 정점 $\mathbf{x}_1, \mathbf{x}_2, \cdots, \mathbf{x}_{k+1}$을 갖는 심플렉스라 하자. S의 극점은 이 심플렉스의 정점으로 구성되어 있음을 보이시오.

[2.27] $S=\{\mathbf{x} \mid x_1+2x_2 \leq 4\}$이라 한다. S의 극점과 극한방향을 찾으시오. 독

자는 S에 속한 어떠한 점이라도 S의 극점의 볼록조합과 S의 극한방향의 비음(-) 선형조합을 합한 것으로 나타낼 수 있는가? 그렇지 않다면, 정리 2.6.7에 관련해 토의하시오.

[2.28] 만약 비퇴화 가정 $\mathbf{B}^{-1}\mathbf{b} > \mathbf{0}$이 누락된다면, 정리 2.6.7을 증명하시오.

[2.29] 공집합이 아닌 무계의 다면체집합 $S = \{\mathbf{x} \mid \mathbf{A}\mathbf{x} = \mathbf{b},\ \mathbf{x} \geq \mathbf{0}\}$을 고려해보고, 여기에서 $\mathbf{A}$는 계수 m인 $m \times n$ 행렬이다. S의 하나의 방향을 갖고 출발하여, 어떻게 S의 하나의 극한방향을 구성할 수 있는가를 보여주기 위해, 정리 2.6.6에 주어진 특성 설명을 사용하시오.

[2.30] 다면체집합 $S = \{\mathbf{x} \mid \mathbf{A}\mathbf{x} = \mathbf{b},\ \mathbf{x} \geq \mathbf{0}\}$을 고려해보고, 여기에서 $\mathbf{A}$는 계수 m의 $m \times n$ 행렬이다. 그렇다면 $\overline{\mathbf{x}}$가, 정리 2.6.4에 따라 정의한 것과 같은, S의 하나의 극점이라는 것은 n개의 선형독립이며, $\overline{\mathbf{x}}$에서 구속하는, S를 정의하는 초평면이 존재함과 같은 뜻임을 보이시오.

[2.31] 다면체집합 $S = \{\mathbf{x} \mid \mathbf{A}\mathbf{x} = \mathbf{b},\ \mathbf{x} \geq \mathbf{0}\}$을 고려해보자. 여기에서 $\mathbf{A}$는 계수 m인 $m \times n$ 행렬이며, $D = \{\mathbf{d} \mid \mathbf{A}\mathbf{d} = \mathbf{0},\ \mathbf{d} \geq \mathbf{0},\ \mathbf{e} \cdot \mathbf{d} = 1\}$을 정의하며, 여기에서 $\mathbf{e}$는 요소가 n개의 1로 구성된 벡터이다. 정리 2.6.6의 특성 설명을 사용해, $\mathbf{d} \neq \mathbf{0}$가 S의 하나의 극한방향이라는 것은 $\mathbf{e} \cdot \mathbf{d} = 1$이 되도록 정규화할 때 $\mathbf{d}$가 D의 하나의 극점이라는 것과 같은 뜻임을 보이시오. 그러므로, 연습문제 2.30을 사용해 극한방향의 개수는 $n!/(n-m-1)!(m+1)!$이며 위로 유계임을 보이시오. 정리 2.6.6의 따름정리와 비교하시오.

[2.32] $S \neq \varnothing$는 $S = \{\mathbf{x} \mid \mathbf{A}\mathbf{x} = \mathbf{b},\ \mathbf{x} \geq \mathbf{0}\}$으로 정의한 다면체집합이라 하고, 여기에서 $\mathbf{A}$는 계수 m인 $m \times n$ 행렬이다. 극점이 아닌 하나의 실현가능해 $\overline{\mathbf{x}} \in S$를 고려해보자.

a. 연습문제 2.30의 정의를 사용해 $\overline{\mathbf{x}}$에서 출발하여, $\overline{\mathbf{x}}$에서 구속하는 초평면이 $\hat{\mathbf{x}}$에서도 구속하는 초평면이 되는 S의 하나의 극점 $\hat{\mathbf{x}}$을 구조적으로 찾을 수 있음을 보이시오.

b. S는 유계집합이라고 가정하고, $\lambda_{max} = max\{\lambda | \hat{\mathbf{x}} + \lambda(\bar{\mathbf{x}} - \hat{\mathbf{x}}) \in S\}$를 계산하시오. $\lambda_{max} > 0$임을 보이고, 점 $\tilde{\mathbf{x}} = \hat{\mathbf{x}} + \lambda_{max}(\bar{\mathbf{x}} - \hat{\mathbf{x}})$에서, 모든 $\bar{\mathbf{x}}$에서 구속하는 초평면은 역시 구속적이며, 추가적으로 최소한 S의 선형독립인 정의초평면[8]의 또 하나는 구속하는 초평면임을 보이시오.

c. S는 유계집합이라고 가정하고 S의 정점 $\hat{\mathbf{x}}$와, $\bar{\mathbf{x}}$에서 $\bar{\mathbf{x}}$가 선형독립이며 구속하는 초평면의 개수가 최소한 1개 더 많은 점 $\tilde{\mathbf{x}} \in S$의 볼록조합으로 어떻게 표현되는지를 주목하고 $\bar{\mathbf{x}}$를 S의 극점에 의해 어떻게 구조적으로 표현할 수 있는가를 보이시오.

d. 지금, S는 무계 집합이라고 가정한다. 공집합이 아닌 유계다면체집합 $\bar{S} = \{\mathbf{x} \in S | \mathbf{e} \cdot \mathbf{x} \le M\}$을 정의하며, 여기에서 $\mathbf{e}$는 n개의 1을 요소로 갖는 벡터이며, M은 S의 임의의 극점 $\hat{\mathbf{x}}$가 $\mathbf{e} \cdot \hat{\mathbf{x}} < M$이 되도록 하는 큰 수이다. 파트 c를 S에 적용하고 간단하게 극점과 극한방향의 정의를 사용해 연습문제 2.30, 2.31에 주어진 바와 같이 표현정리 2.6.7을 증명하시오.

[2.33] S는 $\Re^n$의 닫힌 볼록집합이라 하고, $\bar{\mathbf{x}} \in S$라 하자. $\mathbf{d}$는 $\Re^n$의 $\mathbf{0}$이 아닌 벡터이며 모든 $\lambda \ge 0$에 대해 $\bar{\mathbf{x}} + \lambda\mathbf{d} \in S$라고 가정한다. $\mathbf{d}$는 S의 하나의 방향임을 보이시오.

[2.34] 심플렉스 알고리즘에 따라 다음 문제

$$\begin{array}{lrcrcrcl} \text{최대화} & 2x_1 & + & 3x_2 & + & 5x_3 & & \\ \text{제약조건} & x_1 & + & 4x_2 & - & 2x_3 & \le & 10 \\ & -x_1 & + & 2x_2 & + & 5x_3 & \le & 3 \\ & x_1, & & x_2, & & x_3 & \ge & 0 \end{array}$$

의 최적해를 구하시오. 이 문제의 하나의 최적 쌍대해는 무엇인가?

---

8) 역자 주: 정의초평면(defining hyperplane): 예: 다면체집합의 $\mathbf{Ax} = \mathbf{b}$에서 $a_{i1}x_1 + a_{i2}x_2, \cdots, a_{in}x_n = b_i$라는 초평면.

[2.35] 다음 문제

$$\begin{array}{lrcrcl} \text{최소화} & x_1 & - & 6x_2 & & \\ \text{제약조건} & 4x_1 & + & 3x_2 & \le & 12 \\ & -x_1 & + & 2x_2 & \le & 4 \\ & x_1 & & & \le & 2 \end{array}$$

를 고려해보자. 기하학적으로 최적해를 찾고, $\mathbf{c}_N^t - \mathbf{c}_B^t\mathbf{B}^{-1}\mathbf{N} \ge \mathbf{0}$이 성립함을 보임으로 이것의 최적성을 입증하시오. 이 문제의 하나의 최적 쌍대해는 무엇인가?

[2.36] 2-페이스 심플렉스 알고리즘과 빅-M법을 사용해 다음 문제

$$\begin{array}{lrcrcrcl} \text{최대화} & -x_1 & - & 2x_2 & + & 2x_3 & & \\ \text{제약조건} & 2x_1 & + & 3x_2 & + & x_3 & \ge & 4 \\ & x_1 & + & 2x_2 & - & x_3 & \ge & 12 \\ & x_1 & + & & & 2x_3 & \le & 12 \\ & x_1, & & x_2, & & x_3 & \ge & 0 \end{array}$$

의 최적해를 구하시오. 또한, 얻은 마지막의 태블로에서 이 문제의 하나의 최적 쌍대해를 식별하시오.

[2.37] y_{rj}에서 피봇팅함은 심플렉스 태블로를 갱신하는 것임을 보이시오.

[2.38] 다음 문제

$$\begin{array}{ll} \text{최소화} & \mathbf{c}\cdot\mathbf{x} \\ \text{제약조건} & \mathbf{A}\mathbf{x} = \mathbf{b} \\ & \mathbf{x} \ge \mathbf{0} \end{array}$$

를 고려해보고, 여기에서 $\mathbf{A}$는 계수가 m인 $m\times n$ 행렬이다. $\mathbf{x}$는 상응하는 기저행렬 $\mathbf{B}$를 갖는 하나의 극점이라 하자. 더군다나 $\mathbf{B}^{-1}\mathbf{b} > \mathbf{0}$이라고 가정한다. 파르카스의 정리를 사용해, $\mathbf{x}$가 하나의 최적점이라는 것은 $\mathbf{c}_N^t - \mathbf{c}_B^t\mathbf{B}^{-1}\mathbf{N} \ge \mathbf{0}$임

과 같은 뜻이라는 것을 보이시오.

[2.39] 집합 $S=\{\mathbf{x} \mid \mathbf{A}\mathbf{x}=\mathbf{b},\ \mathbf{x} \geq \mathbf{0}\}$을 고려해보고, 여기에서 $\mathbf{A}$는 $m \times n$ 행렬, $\mathbf{b}$는 m-벡터이다. $\mathbf{d} \neq \mathbf{0}$이 S의 하나의 방향이라는 것은 $\mathbf{A}\mathbf{d} \leq \mathbf{0}$ $\mathbf{d} \geq \mathbf{0}$임을 의미함과 같다는 것을 보이시오. 이러한 방향을 생성하기 위해, 심플렉스 알고리즘을 어떻게 이용할 수 있는지 보이시오.

[2.40] 다음 문제

$$\begin{array}{ll} \text{최소화} & \mathbf{c}\cdot\mathbf{x} \\ \text{제약조건} & \mathbf{A}\mathbf{x}=\mathbf{b} \\ & \mathbf{x} \geq \mathbf{0} \end{array}$$

를 고려해보고, 여기에서 $\mathbf{A}$는 계수 m인 $m \times n$ 행렬이다. $\mathbf{x}$는 기저행렬 $\mathbf{B}$에서 하나의 극점이라 하고 $\bar{\mathbf{b}}=\mathbf{B}^{-1}\mathbf{b}$ 라 한다. 더군다나 어떤 성분 i에 대해 $\bar{b}_i=0$이라고 가정한다. 비록 어떤 비기저 x_j에 대해 $c_j-\mathbf{c}_B^t\mathbf{B}^{-1}\mathbf{a}_j<0$이 성립해도 $\mathbf{x}$가 하나의 최적해일 수 있는가? 만약 이런 상황이 있을지도 모른다면 토의하고 예를 제시하시오.

[2.41] P: 최소화 $\{\mathbf{c}\cdot\mathbf{x} \mid \mathbf{A}\mathbf{x} \geq \mathbf{b},\ \mathbf{x} \geq \mathbf{0}\}$라고 놓고 D: 최대화 $\{\mathbf{b}\cdot\mathbf{y} \mid \mathbf{A}^t\mathbf{y} \leq \mathbf{c},\ \mathbf{y} \geq \mathbf{0}\}$라고 놓는다. 정리 2.7.3의 원문제, 쌍대문제가 한 쌍임과 같은 의미에서, P, D는 원선형계획법 문제, 쌍대선형계획법 문제의 한 쌍임을 보이시오(이 쌍은 간혹 캐노니칼 폼으로 문제의 대칭쌍이라 한다).

[2.42] 정리 2.7.3처럼, P, D는 원선형계획법 문제와 쌍대선형계획법 문제의 쌍이라 하자. P가 실현불가능하다는 것은 D의 동차 버전(우변이 0으로 대체되어)이 무계라는 것과 같은 뜻이며 이것의 역도 성립함을 보이시오.

[2.43] 어떻게 $\lambda\mathbf{x}_1+(1-\lambda)\mathbf{x}_2 \in \partial S$라는 가정이 즉시 모순되는가를 보여줌으로 정리 2.2.2의 대안적 증명을 확립하기 위해 정리 2.4.7을 사용하시오.

[2.44] $\mathbf{A}$는 $m \times n$ 행렬이라 하자. 파르카스의 정리를 사용해, 정확하게 다음 2개

시스템 가운데 1개는 해를 가짐을 증명하시오:

시스템 1: $\mathbf{Ax} > \mathbf{0}$.

시스템 2: $\mathbf{A}^t\mathbf{y} = \mathbf{0}$, $\mathbf{y} \geq \mathbf{0}$, $\mathbf{y} \neq \mathbf{0}$.

(이것은 정리 2.4.8을 사용해 이 책에서 개발한 고르단의 정리이다)

[2.45] 정리 2.7.3의 따름정리 2의 선형계획법 쌍대성 접근법을 사용해 고르단의 정리 2.4.9를 증명하시오.

[2.46] 정확하게 다음 2개 시스템 가운데 1개는 해를 갖는다는 것을 증명하시오:

a. $\mathbf{Ax} \geq \mathbf{0}$, $\mathbf{x} \geq \mathbf{0}$, $\mathbf{c}\cdot\mathbf{x} > 0$.

b. $\mathbf{A}^t\mathbf{y} \geq \mathbf{c}$, $\mathbf{y} \leq \mathbf{0}$.

(힌트: 파르카스의 정리를 사용하시오.)

[2.47] $\mathbf{Ax} \leq \mathbf{0}$, $\mathbf{c}\cdot\mathbf{x} > 0$인 시스템은 $\Re^3$에서 해 $\mathbf{x}$를 갖는다는 것을 보이고, 여기에서 $\mathbf{A} = \begin{bmatrix} 2 & 1 & -3 \\ 2 & 2 & 0 \end{bmatrix}$, $\mathbf{c} = (-3, 1, -2)$이다.

[2.48] $\mathbf{A}$는 $p \times n$ 행렬이라 하고, $\mathbf{B}$는 $q \times n$ 행렬이라 하자. 만약 아래의 시스템 1이 해를 갖지 않는다면, 시스템 2는 해를 가짐을 보이시오:

시스템 1: $\mathbf{Ax} < \mathbf{0}$ $\mathbf{Bx} = \mathbf{0}$ 어떤 $\mathbf{x} \in \Re^n$에 대해.

시스템 2: $\mathbf{A}^t\mathbf{u} + \mathbf{B}^t\mathbf{v} = \mathbf{0}$ $\mathbf{u} \geq \mathbf{0}$이며 $\mathbf{0}$이 아닌 $(\mathbf{u}, \mathbf{v})$에 대해.

더군다나, 만약 $\mathbf{B}$가 꽉 찬 계수를 갖는다면, 정확하게 2개 시스템 가운데 1개는 해를 가짐을 보이시오. 만약 $\mathbf{B}$가 꽉 찬 계수를 갖지 않는다면, 이것이 참일 필요가 있는가? 증명하거나 아니면 반례를 제시하시오.

[2.49] $\mathbf{A}$는 $m \times n$ 행렬, $\mathbf{c}$는 n-벡터라 하자. 정확하게 다음 2개 시스템 가운데 1개는 해를 가짐을 보이시오:

시스템 1: $\mathbf{Ax} = \mathbf{c}$.

시스템 2: $\mathbf{A}^t\mathbf{y} = \mathbf{0}$, $\mathbf{c}\cdot\mathbf{y} = 1$.
(이것은 게일의 공로라고 알려진 대안의 정리이다)

[2.50] A는 $p \times n$ 행렬, B는 $q \times n$ 행렬이라 하자. 정확하게 다음 2개 시스템 가운데 1개는 해를 갖는다는 것을 보이시오:

시스템 1: $\mathbf{Ax} < \mathbf{0}$ $\mathbf{Bx} = \mathbf{0}$ 어떤 $\mathbf{x} \in \Re^n$에 대해.
시스템 2: $\mathbf{A}^t\mathbf{u} + \mathbf{B}^t\mathbf{v} = \mathbf{0}$ 어떤 $\mathbf{0}$이 아닌 $(\mathbf{u}, \nu)$, $\mathbf{u} \neq \mathbf{0}$, $\mathbf{u} \geq \mathbf{0}$에 대해.

[2.51] A는 $m \times n$ 행렬이라 하자. 다음 2개 시스템은 $\mathbf{A}\overline{\mathbf{x}} + \overline{\mathbf{y}} > \mathbf{0}$이 되도록 하는 해 $\overline{\mathbf{x}}$, $\overline{\mathbf{y}}$를 갖는다는 것을 보이시오:

시스템 1: $\mathbf{Ax} \geq \mathbf{0}$.
시스템 2: $\mathbf{A}^t\mathbf{y} = \mathbf{0}$, $\mathbf{y} \geq \mathbf{0}$.
(이것은 터커의 공로라고 알려진 존재정리이다)

[2.52] $S_1 = \left\{\mathbf{x} \,\middle|\, x_2 \geq e^{-x_1}\right\}$, $S_2 = \left\{\mathbf{x} \,\middle|\, x_2 \leq -e^{-x_1}\right\}$이라고 놓는다. S_1, S_2는 서로소인 볼록집합임을 보이시오. 그리고 이들을 분리하는 하나의 초평면을 찾으시오. S_1, S_2를 강하게 분리하는 초평면이 존재하는가?

[2.53] $S = \left\{\mathbf{x} \,\middle|\, x_1^2 + x_2^2 \leq 4\right\}$을 고려해보자. S를 반공간의 집합의 교집합으로 나타내시오. 명시적으로 반공간을 찾으시오.

[2.54] S_1, S_2는 $\Re^n$의 볼록집합이라 하자. S_1, S_2를 강하게 분리하는 하나의 초평면이 존재한다는 것은 다음 부등식

$$inf\left\{ \| \mathbf{x}_1 - \mathbf{x}_2 \| \,\middle|\, \mathbf{x}_1 \in S_1,\ \mathbf{x}_2 \in S_2 \right\} > 0$$

이 성립한다는 것과 같은 뜻이다.

[2.55] S_1, S_2는 $\Re^n$에서 공집합이 아니며, 서로소인 볼록집합이라 하자. 다음 식

$$\mathbf{p}_1 \cdot \mathbf{x}_1 + \mathbf{p}_2 \cdot \mathbf{x}_2 \geq 0 \qquad \forall \mathbf{x}_1 \in S_1, \ \forall \mathbf{x}_2 \in S_2$$

을 만족시키는 2개의 $\mathbf{0}$이 아닌 벡터 $\mathbf{p}_1$, $\mathbf{p}_2$가 존재함을 증명하시오. 서로소인 3개 또는 그 이상의 볼록집합에 대해 이 결과를 일반화할 수 있는가?

[2.56] $C_\varepsilon = \{\mathbf{y} \mid \mathbf{y} = \lambda(\mathbf{x} - \bar{\mathbf{x}}),\ \lambda \geq 0,\ \mathbf{x} \in S \cap \mathbb{N}_\varepsilon(\bar{\mathbf{x}})\}$라 하며, 여기에서 $\mathbb{N}_\varepsilon(\bar{\mathbf{x}})$는 $\bar{\mathbf{x}}$의 어떤 ε-근방이다. T는 이러한 모든 원추의 교집합이라 하자; 즉 말하자면, $T = \cap \{C_\varepsilon \mid \varepsilon > 0\}$이다. 이 원추 T를 해석하시오(T는 $\bar{\mathbf{x}}$에서 S의 접원추라 하며 제5장에서 좀 더 상세하게 토의한다).

[2.57] $\Re^n$의 선형 부분공간 L은, $\mathbf{x}_1, \mathbf{x}_2 \in L$일 때 모든 스칼라 λ_1, λ_2에 대해 $\lambda_1\mathbf{x}_1 + \lambda_2\mathbf{x}_2 \in L$이 되도록 하는, $\Re^n$의 부분집합이다. 직교여집합 $L^\perp$은 $L^\perp = \{\mathbf{y} \mid \mathbf{y} \cdot \mathbf{x} = 0 \ \ \forall \mathbf{x} \in L\}$이라고 정의한다. $\Re^n$에 속한 임의의 벡터 $\mathbf{x}$는 유일하게 $\mathbf{x}_1 + \mathbf{x}_2$로 표현할 수 있음을 보이고, 여기에서 $\mathbf{x}_1 \in L$, $\mathbf{x}_2 \in L^\perp$이다. 벡터 $(1, 2, 3)$을 L, $L^\perp$에 속한 2개 벡터의 합으로 나타냄으로, 이것을 예시하고, 여기에서 $L = \{(x_1, x_2, x_3) \mid 2x_1 + x_2 - x_3 = 0\}$이다.

주해와 참고문헌

이 장에서 볼록집합에 관한 주제를 취급했다. 민코프스키[1911]는 최초로 이 주제를 체계적으로 연구했으며, 그의 연구는 이 분야에서 중요한 결과의 핵심을 포함한다. 볼록성의 주제는 대부분 훌륭한 교과서에서 충분히 개발했고, 볼록집합의 해석에 관한 좀 더 상세한 내용에 관심 있는 독자는 에글스톤[1958], 로카펠러[1970], 스토에르 & 위쯔갈[1970], 발렌타인[1964]을 참조하시오.

절 2.1은 기본적 정의를 제시하고, 카라테오도리의 정리를 개발하며, 이 정리는, 임의의 집합의 볼록포에 속한 점은 집합에 속한 $n+1$개 점의 볼록조합으로 나타낼 수 있음을 말한다. 집합의 차원에 관한 개념을 사용함으로 이 결과는 한층 정밀해질 수 있다. 이 개념을 사용해, 다양한 카라테오도리-유형의 정리를 개발할 수 있다. 예를 들면, 바자라 & 셰티[1976], 에글스톤[1958], 로카펠러[1970]를 참조하시오.

절 2.2는 내부와 폐포 점에 관계된 볼록집합의 몇 가지 위상수학적 특질을 개발한다. 연습문제 2.15는 발라스[1974]가 분리성계획법[9]을 제시하고, 볼록포의 폐포를 대수적으로 구성하기 위해 사용하는 중요한 결과를 제공한다(셰랄리 & 셰티[1980c]도 참조하시오]). 절 2.3에서 최적해의 존재를 확립하기 위해 널리 사용하며 바이어스트라스가 제시한 주요 정리를 소개한다.

절 2.4에서 서로소인 볼록집합의 분리정리의 다양한 형태를 제시한다. 받침정리와 분리정리는 최적화이론분야에서 대단히 중요하고, 게임이론, 함수해석론, 최적제어이론에 널리 사용된다. 하나의 흥미로운 응용대상은 게임이론의 정리의 결과를 착색문제(coloring problem)에 사용하는 것이다. 볼록집합의 받침과 분리에 관한 문헌에 대해, 에글스톤[1958], 클리[1969], 맹거사리안[1969a], 로카펠러[1970], 스토에르 & 위쯔갈[1970], 발렌타인[1964]을 참조하시오.

절 2.2, 2.4의 여러 다양한 결과는 상대적 내부의 개념을 사용해 강화할 수 있다. 예를 들면, 모든 공집합이 아닌 볼록집합은 공집합이 아닌 상대적 내부를 갖는다. 더군다나, 만약 2개 집합이 서로소인 상대적 내부를 갖는다면, 2개 볼록집합을 분리하는 하나의 초평면이 존재한다. 또한, 이 개념을 사용해 정리 2.2.2와 이것의 따름정리가 선명해진다. 상대적 내부의 유익한 토의에 대해, 에글스톤[1958], 로카펠러[1970], 발렌타인[1964]을 참조하시오.

절 2.5에서 극원추를 간략하게 소개한다. 좀 더 상세한 내용에 대해 로카펠러[1970]를 참조하기 바란다. 절 2.6은 다면체집합의 중요하고 특수한 케이스를 설명하고 표현정리를 증명한다. 이것은 집합에 속한 모든 점은 극점의 볼록조합과 극한방향의 비음(-) 선형조합을 합한 것으로 표현할 수 있음을 기술한다. 모츠킨[1936]은 또 다른 접근법을 사용해 처음으로 이 결과를 제시했다. 표현정리는 선분을 포함하지 않는 닫힌 볼록집합에 대해서도 역시 진실로 성립한다. 이 결과의 증명에 대해 바자라 & 셰티[1976], 로카펠러[1970]를 참조하시오. 그륀바움[1967]은 볼록다면체집합을 광범위하게 연구했다. 아크굴[1988], 셰랄리[1987b]는 극점과 방향의 정의에 기반한 표현정리에 대해, 기하학적으로 동기가 부여된 구성적 증명을 제시한다(연습문제 2.30, 2.31, 2.32 참조).

절 2.7에서 선형계획법 문제의 최적해를 구하기 위한 심플렉스 알고리즘을 소개한다. 단치히는 심플렉스 알고리즘을 1947년에 개발했다. 선형계획법과 심플렉스 알고리즘이 인기를 얻은 것은 심플렉스 알고리즘의 효율, 컴퓨터 기술의 발

9) 역자 주: 분리성 계획법(disjunctive program)은 혼합정수계획법의 대안적 모델링 접근법이다. https://www.gams.com/latest/docs/UG_EMP_DisjunctiveProgramming.html

달, 대규모이며 복잡한 문제를 모델링을 할 수 있는 선형계획법의 능력 덕분이다. 절 2.6에서 다면체집합에 관해 소개한 내용의 연장선에서, 자연적으로 절 2.7의 심플렉스 알고리즘을 소개한다. 선형계획법의 상세한 연구에 대해, 바자라 등[2004], 차른스 & 쿠퍼[1961], 슈바탈[1980], 단치히[1963], 하들리[1962], 무르티[1983], 사이갈[1995], 시모나드[1966], 반데르바이[1996]를 참고하기 바란다.

제3장 볼록함수와 일반화

볼록함수와 오목함수는 다양하고, 특별하고, 중요한 특질을 갖고 있다. 예를 들어, 볼록집합 전체에 걸쳐 볼록함수의 임의의 국소최적해는 또한 전역최소해이다. 이 장에서 볼록함수와 오목함수에 관한 중요한 주제를 소개하며, 이에 관한 특질 가운데 몇 가지를 개발한다. 이 장과 후속 장에서 알게 될 것이지만, 이들의 특질은 볼록함수와 오목함수를 포함하는 최적화문제의 적절한 최적성 조건과 계산구도를 개발하는 목적으로 활용할 수 있다.

다음은 이 장의 요약이다.

절 3.1: **정의와 기본적 특질** 볼록함수와 오목함수의 개념을 소개하고 이들의 기본적 특질 가운데 몇 가지를 개발한다. 볼록함수의 연속성을 증명하고, 방향도함수의 개념을 소개한다.

절 3.2: **볼록함수의 열경도** 볼록함수는 볼록에피그래프를 가지므로, 따라서 받침초평면을 갖는다. 이것은 볼록함수의 열경도라 하는 중요한 개념으로 인도한다.

절 3.3: **미분가능한 볼록함수** 이 절에서 미분가능한 볼록함수의 몇 개 특성을 설명한다. 이 특성은 간단하고 미분가능한 함수의 볼록성을 점검하는 데 도움이 되는 도구이다.

절 3.4: **볼록함수의 최댓값과 최솟값** 이 절은 볼록집합 전체에 걸쳐 볼록함수를 최소화하느냐 아니면 최대화하느냐에 관한 의문을 다루므로 중요하다. 최적해의 필요충분조건을 개발하고, 그리고 복수 최적해 집합의 특성을 설명한다. 최적해는 어떤 극점에서 일어남을 보여준다. 만약 볼록집합이 다면체집합이라면 이 사실은 특히 중요하다.

절 3.5: **볼록함수의 일반화** 볼록성과 오목성을 다양하게 완화할 수 있다. 준볼록함수와 유사볼록함수를 제시하고 이들의 몇 가지 특질을 개발한다. 그렇다면 하나의 점에서 볼록성의 다양한 유형을 토의한다. 제4장에서 보인 바와 같이 이러한 유형의 볼록성은 간혹 최적성의 충분조건이다(초보자는 이 절을 건너뛰어도 좋다. 그리고 일반화된 볼록성 특질에 대한 차후의 설명은 대부분 볼록성으로 단순하게 대체할 수 있다).

3.1 정의와 기본적 특질

이 절에서 볼록함수와 오목함수의 몇 개 기본적 특질을 토의한다. 특히, 이들의 연속성과 미분가능성에 관한 특질을 조사한다.

3.1.1 정의

$f: S \to \Re$ 이라고 놓고, 여기에서 S는 $\Re^n$에서 공집합이 아닌 볼록집합이다. 만약 각각의 $\mathbf{x}_1, \mathbf{x}_2 \in S$에 대해, 그리고 각각의 $\lambda \in (0,1)$에 대해 다음 부등식

$$f(\lambda \mathbf{x}_1 + (1-\lambda)\mathbf{x}_2) \le \lambda f(\mathbf{x}_1) + (1-\lambda) f(\mathbf{x}_2)$$

이 성립한다면 이 함수 f는 S에서 **볼록**이라고 말한다. 만약 S에 속한 각각의 서로 다른 $\mathbf{x}_1$, $\mathbf{x}_2$에 대해, 그리고 각각의 $\lambda \in (0,1)$에 대해 위의 부등식이 엄격한 부등식으로 성립한다면, 함수 f는 S에서 **엄격하게 볼록**이라 한다. 만약 $-f$가 S에서 **볼록(엄격하게 볼록)**이라면 함수 $f: S \to \Re$는 S에서 오목(엄격하게 오목)이라 한다.

지금 볼록함수와 오목함수의 기하학적 해석을 고려해보자. $\mathbf{x}_1$, $\mathbf{x}_2$는 f의 정의역에 속한 2개의 서로 다른 점이라 하고, $\lambda \in (0,1)$에 대해 점 $\lambda \mathbf{x}_1 + (1-\lambda)\mathbf{x}_2$를 고려해보자. $\lambda f(\mathbf{x}_1) + (1-\lambda) f(\mathbf{x}_2)$은 $f(\mathbf{x}_1)$과 $f(\mathbf{x}_2)$의 가중평균이며, 반면에 $f[\lambda \mathbf{x}_1 + (1-\lambda)\mathbf{x}_2]$은 점 $\lambda \mathbf{x}_1 + (1-\lambda)\mathbf{x}_2$에서 f 값임을 주목하자. 그래서 볼록함수 f에 있어, 선분 $\lambda \mathbf{x}_1 + (1-\lambda)\mathbf{x}_2$에 속한 점에서 f 값은 점 $[\mathbf{x}_1, f(\mathbf{x}_1)]$과 점 $[\{\mathbf{x}_2, f(\mathbf{x}_2)]$을 연결하는 현의 높이보다도 작거나 같다. 오목함수에 있어, 이 현은 f에 있거나 아니면 아래에 있다. 그러므로, 함수가 볼록이면서 오목이라는 것은 이것이 **아핀함수**라는 것과 같은 뜻이다. 그림 3.1은 볼록함수와 오목함수의 몇 가지 예를 보여준다.

다음은 볼록함수의 몇 가지 예이다. 이들 함수의 음(-) 값을 택하면 오목함수의 몇 가지 예를 얻는다.

1. $f(x) = 3x + 4$.
2. $f(x) = |x|$.
3. $f(x) = x^2 - 2x$.

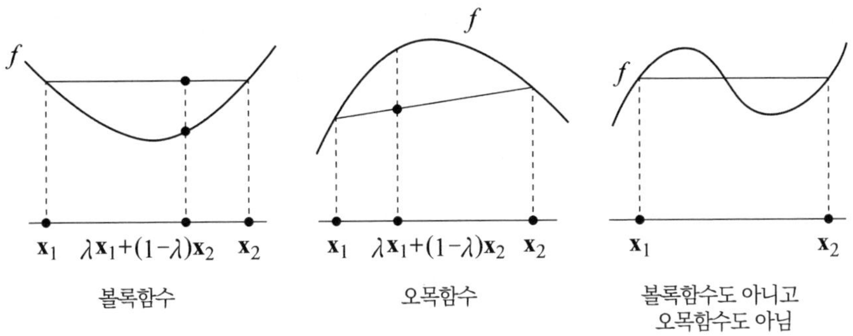

그림 3.1 볼록함수와 오목함수

4. $f(x) = -x^{1/2}$ 만약 $x \geq 0$이라면.
5. $f(x_1, x_2) = 2x_1^2 + x_2^2 - 2x_1x_2$.
6. $f(x_1, x_2, x_3) = x_1^4 + 2x_2^2 + 3x_3^2 - 4x_1 - 4x_2x_3$.

위의 각각의 예에서 '예 4'를 제외하고 f는 $\Re^n$ 전체에 걸쳐 볼록임을 주목하자. 예 4에서 함수는 $x < 0$에 관해 정의되지 않는다. 하나의 영역의 전체에 걸쳐 볼록이지만 $\Re^n$ 전체에 걸쳐서는 볼록이 아닌 함수를 바로 구성할 수 있다. 이를테면, $f(x) = x^3$는 $\Re$ 전체에 걸쳐 볼록은 아니지만, $S = \{x \mid x \geq 0\}$ 전체에 걸쳐 볼록함수이다.

위 예는 볼록함수의 임의의 예시적 상황을 열거한다. 이와 대조를 이루어, 아래에는 실제로 흔히 발생하며 기억해두면 좋은 볼록함수의 특별하고 중요한 사례를 제시한다.

1. $f_1, f_2, \cdots, f_k : \Re^n \rightarrow \Re$은 볼록함수라 하자. 그렇다면:
   (a) $f(\mathbf{x}) = \Sigma_{j=1}^{k} \alpha_j f_j(\mathbf{x})$는, 여기에서 $j = 1, 2, \cdots, k$에 대해 $\alpha_j > 0$이며, 볼록함수이다(연습문제 3.8 참조).
   (b) $f(\mathbf{x}) = max\{f_1(\mathbf{x}), f_2(\mathbf{x}), \cdots, f_k(\mathbf{x})\}$는 볼록이다(연습문제 3.9 참조).
2. $g: \Re^n \rightarrow \Re$은 오목이라고 가정한다. $S = \{\mathbf{x} \mid g(\mathbf{x}) > 0\}$이라고 놓고 $f: S \rightarrow \Re$은 $f(\mathbf{x}) = 1/g(\mathbf{x})$라고 정의한다. 그렇다면 S에서 f는 볼록이다(연습문제 3.11 참조).

3. $g: \Re \rightarrow \Re$ 은 증가함수가 아니며 단일변수 볼록함수라 하고 $h: \Re^n \rightarrow \Re$ 는 볼록이라 하자. 그렇다면 $f(\mathbf{x}) = g[\mathbf{h}(\mathbf{x})]$로 정의한 합성함수 $f: \Re^n \rightarrow \Re$ 은 볼록이다(연습문제 3.10 참조).
4. $g: \Re^m \rightarrow \Re$ 은 볼록이라 하고 $\mathbf{h}: \Re^n \rightarrow \Re^m$ 은 $\mathbf{h}(\mathbf{x}) = \mathbf{Ax} + \mathbf{b}$ 형태인 아핀함수라 하고, 여기에서 $\mathbf{A}$는 $m \times n$ 행렬, $\mathbf{b}$는 $m \times 1$ 벡터이다. 그렇다면 $f(\mathbf{x}) = g[\mathbf{h}(\mathbf{x})]$로 정의한 합성함수 $f: \Re^n \rightarrow \Re$ 은 볼록이다(연습문제 3.16 참조).

지금부터 볼록함수에 집중한다. 오목함수에 관한 결과는 f가 오목이라는 것은 $-f$가 볼록함수라는 것과 같은 뜻이라는 것을 주목하면 얻을 수 있다.

볼록함수 f에 연관해 집합 $S_\alpha = \{\mathbf{x} \in S \mid f(\mathbf{x}) \le \alpha\}$ $\alpha \in \Re$ 이 있으며, 이것은 일반적으로 **등위집합**이라 한다. 간혹 **상-등위집합** $\{\mathbf{x} \in S \mid f(\mathbf{x}) \ge \alpha\}$와 구분하기 위해 이 집합은 **하-등위집합**이라 하며, 오목함수에 대한 것과 유사한 특질을 갖는다. 보조정리 3.1.2는 S_α가 각각의 실수 α에 대해 볼록집합임을 보여준다. 그러므로 만약 $i = 1, \cdots, m$에 대해 $g_i: \Re^n \rightarrow \Re$ 이 볼록이라면, 집합 $\{\mathbf{x} \mid g_i(\mathbf{x}) \le 0,\ i = 1, \cdots, m\}$은 볼록집합이다.

3.1.2 보조정리

S는 $\Re^n$에서 공집합이 아닌 볼록집합이라 하고, $f: S \rightarrow \Re$는 볼록함수라 하자. 그렇다면 등위집합 $S_\alpha = \{\mathbf{x} \in S \mid f(\mathbf{x}) \le \alpha\}$는 볼록집합이며, α는 실수이다.

증명 $\mathbf{x}_1, \mathbf{x}_2 \in S_\alpha$라고 놓는다. 따라서 $\mathbf{x}_1, \mathbf{x}_2 \in S$, $f(\mathbf{x}_1) \le \alpha$, $f(\mathbf{x}_2) \le \alpha$이다. 지금 $\lambda \in (0, 1)$, $\mathbf{x} = \lambda\mathbf{x}_1 + (1-\lambda)\mathbf{x}_2$이라 놓는다. S의 볼록성에 따라 $\mathbf{x} \in S$이다. 더군다나 f의 볼록성에 따라 다음 식

$$f(\mathbf{x}) \le \lambda f(\mathbf{x}_1) + (1-\lambda) f(\mathbf{x}_2) \le \lambda\alpha + (1-\lambda)\alpha = \alpha$$

을 얻는다. 그러므로 $\mathbf{x} \in S_\alpha$이며, S_α는 볼록집합이다. (증명 끝)

볼록함수의 연속성

볼록함수와 오목함수의 중요한 특질 가운데 하나는 이들의 정의역의 내부에서 연속이라는 특질이다. 이 사실을 아래에 증명한다.

3.1.3 정리

$S \neq \varnothing$는 $\Re^n$의 볼록집합이라 하고, $f : S \rightarrow \Re$은 볼록이라 하자. 그렇다면 f는 S의 내부에서 연속이다.

증명 $\bar{\mathbf{x}} \in int\, S$라 한다. $\bar{\mathbf{x}}$에서 f의 연속성을 증명하기 위해, $\varepsilon > 0$이 주어지면, $\| \mathbf{x} - \bar{\mathbf{x}} \| \leq \delta$임이 $|f(\mathbf{x}) - f(\bar{\mathbf{x}})| \leq \varepsilon$임을 의미하는 하나의 $\delta > 0$가 존재함을 보일 필요가 있다. $\bar{\mathbf{x}} \in int\, S$이므로, $\| \mathbf{x} - \bar{\mathbf{x}} \| \leq \delta'$임은 $\mathbf{x} \in S$임을 의미하는 하나의 $\delta' > 0$가 존재한다. θ를 다음 식

$$\theta = \max_{1 \leq i \leq n} \left\{ max \left[f(\bar{\mathbf{x}} + \delta' \mathbf{e}_i) - f(\bar{\mathbf{x}}),\ \ f(\bar{\mathbf{x}} - \delta' \mathbf{e}_i) - f(\bar{\mathbf{x}}) \right] \right\} \tag{3.1}$$

과 같이 구성하고, 여기에서 $\mathbf{e}_i$는 i-째 요소가 1임을 제외하고 나머지 요소가 모두 0인 하나의 벡터이다. $0 \leq \theta < \infty$임을 주목하자. 다음 식

$$\delta = min\left(\frac{\delta'}{n}, \frac{\varepsilon \delta'}{n\theta} \right) \tag{3.2}$$

과 같이 δ를 결정한다. $\| \mathbf{x} - \bar{\mathbf{x}} \| \leq \delta$가 되도록 하는 하나의 $\mathbf{x}$를 선택한다. 만약 $x_i - \bar{x}_i \geq 0$이라면, $\mathbf{z}_i = \delta' \mathbf{e}_i$라고 놓는다; 그렇지 않다면, $\mathbf{z}_i = -\delta' \mathbf{e}_i$라고 놓는다. 그렇다면 $\mathbf{x} - \bar{\mathbf{x}} = \Sigma_{i=1}^{n} \alpha_i \mathbf{z}_i$이며, 여기에서 $i = 1, \cdots, n$에 대해 $\alpha_i \geq 0$이다. 더군다나, 다음 식

$$\| \mathbf{x} - \bar{\mathbf{x}} \| = \delta' \left(\sum_{i=1}^{n} \alpha_i^2 \right)^{1/2} \tag{3.3}$$

이 성립한다. (3.2)에서, 그리고 $\| \mathbf{x} - \bar{\mathbf{x}} \| \leq \delta$이므로, $i = 1, \cdots, n$에 대해

$\alpha_i \le 1/n$임이 뒤따른다. 그러므로 f의 볼록성에 따라, 그리고 $0 \le n\alpha_i \le 1$이므로 다음 식

$$\begin{aligned} f(\mathbf{x}) = f\left(\overline{\mathbf{x}} + \sum_{i=1}^{n} \alpha_i \mathbf{z}_i\right) &= f\left[\frac{1}{n}\sum_{i=1}^{n}\left(\overline{\mathbf{x}} + n\alpha_i \mathbf{z}_i\right)\right] \\ &\le \frac{1}{n}\sum_{i=1}^{n} f\left(\overline{\mathbf{x}} + n\alpha_i \mathbf{z}_i\right) \\ &= \frac{1}{n}\sum_{i=1}^{n} f\left[(1-n\alpha_i)\overline{\mathbf{x}} + n\alpha_i\left(\overline{\mathbf{x}} + \mathbf{z}_i\right)\right] \\ &\le \frac{1}{n}\sum_{i=1}^{n}\left[(1-n\alpha_i)f\left(\overline{\mathbf{x}}\right) + n\alpha_i f\left(\overline{\mathbf{x}} + \mathbf{z}_i\right)\right] \end{aligned}$$

을 얻는다. 그러므로 $f(\mathbf{x}) - f\left(\overline{\mathbf{x}}\right) \le \Sigma_{i=1}^{n} \alpha_i\left[f\left(\overline{\mathbf{x}} + \mathbf{z}_i\right) - f\left(\overline{\mathbf{x}}\right)\right]$이다. (3.1)에서 각각의 i에 대해 $f\left(\overline{\mathbf{x}} + \mathbf{z}_i\right) - f\left(\overline{\mathbf{x}}\right) \le \theta$임은 명백하다; 그리고 $\alpha_i \ge 0$이므로, 다음 식

$$f(\mathbf{x}) - f\left(\overline{\mathbf{x}}\right) \le \theta \sum_{i=1}^{n} \alpha_i \tag{3.4}$$

이 뒤따른다. (3.3), (3.2)를 주목하면, $\alpha_i \le \varepsilon / n\theta$임이 뒤따르며, (3.4)는 $f(\mathbf{x}) - f\left(\overline{\mathbf{x}}\right) \le \varepsilon$임을 의미한다. 지금까지 $\| \mathbf{x} - \overline{\mathbf{x}} \| \le \delta$임은 $f(\mathbf{x}) - f\left(\overline{\mathbf{x}}\right) \le \varepsilon$임을 의미함을 보였다. 정의에 따라, 이것은 $\overline{\mathbf{x}}$에서 f의 **상반연속성**을 확립한다. 증명을 완성하기 위해, $\overline{\mathbf{x}}$에서 f의 **하반연속성**도 확립해야 하는데 다시 말하면 $f\left(\overline{\mathbf{x}}\right) - f(\mathbf{x}) \le \varepsilon$임을 보여야 한다. $\mathbf{y} = 2\overline{\mathbf{x}} - \mathbf{x}$로 놓고, $\| \mathbf{y} - \overline{\mathbf{x}} \| \le \delta$임을 주목하자. 그러므로 위에서처럼 다음 식

$$f(\mathbf{y}) - f\left(\overline{\mathbf{x}}\right) \le \varepsilon \tag{3.5}$$

이 성립한다. 그러나 $\overline{\mathbf{x}} = (1/2)\mathbf{y} + (1/2)\mathbf{x}$이며 f의 볼록성에 따라, 다음 식

$$f\left(\overline{\mathbf{x}}\right) \le (1/2)f(\mathbf{y}) + (1/2)f(\mathbf{x}) \tag{3.6}$$

을 얻는다. 위의 (3.5), (3.6)을 결합하면, $f(\bar{\mathbf{x}})-f(\mathbf{x}) \leq \varepsilon$임이 성립하며, 증명이 완결되었다. (증명 끝)

볼록함수와 오목함수는 모든 점에서 연속은 아닐 수도 있음을 주목하자. 그러나 정리 3.1.3에 따라 $S=\{x \mid -1 \leq x \leq 1\}$에서 정의한 다음 볼록함수

$$f(x)=\begin{cases} x^2 & |x|<1\text{에 대해} \\ 2 & |x|=1\text{에 대해} \end{cases}$$

가 예시하는 바와 같이, S의 경계에서 불연속점만 허용한다:

볼록함수의 방향도함수

비선형계획법에서 방향도함수의 개념은 몇몇 최적성 판단기준과 계산절차의 개발에 대단히 유용하며, 여기에서 어떤 벡터의 방향을 따라가면 함숫값이 감소하거나 증가하도록 하는 벡터를 찾는 것에 관심이 많다.

3.1.4 정의

S는 $\Re^n$의 공집합이 아닌 집합이라 하고 $f: S \to \Re$이라 한다. $\bar{\mathbf{x}} \in S$라 하고 $\mathbf{d}$는 충분히 작은 $\lambda > 0$에 대해 $\bar{\mathbf{x}}+\lambda\mathbf{d} \in S$가 되도록 하는 $\mathbf{0}$이 아닌 벡터라 하자. $\bar{\mathbf{x}}$에서 $\mathbf{d}$ 방향으로 f의 **방향도함수**를 $f'(\bar{\mathbf{x}};\mathbf{d})$라고 나타내며, 만약 존재한다면 다음 식

$$f'(\bar{\mathbf{x}};\mathbf{d})=\lim_{\lambda \to 0^+} \frac{f(\bar{\mathbf{x}}+\lambda\mathbf{d})-f(\bar{\mathbf{x}})}{\lambda}$$

과 같은 극한으로 나타난다.

특히 아래에 보인 바와 같이, 전역적으로 정의한 볼록함수와 오목함수에 대해 정의 3.1.4에서의 극한은 존재한다. 다음 보조정리의 증명에서 보아 명백한 바와 같이, 만약 $f: S \to \Re$이 S에서 볼록이라면, 그리고 만약 $\bar{\mathbf{x}} \in int\, S$라면 극한이 존재하지만 만약 $\bar{\mathbf{x}} \in \partial S$라면, 그림 3.2에 나타난 바와 같이, 비록 f가 $\bar{\mathbf{x}}$에서 연속이라도 그 값은 $-\infty$일 수도 있다.

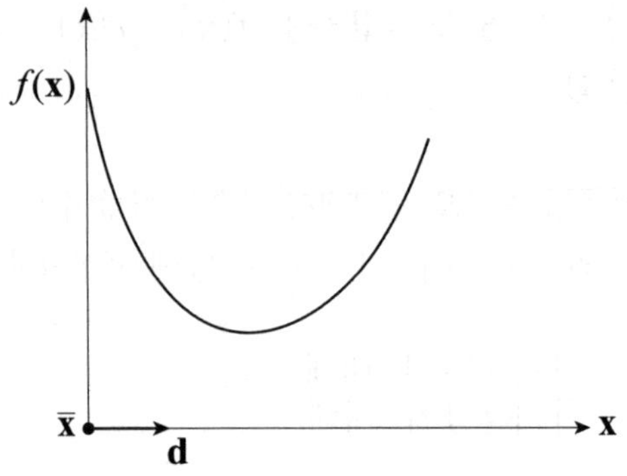

그림 3.2 $\overline{\mathbf{x}}$에서 $\mathbf{d}$ 방향의 f의 방향도함수의 부재

3.1.5 보조정리

$f:\Re^n \to \Re$은 볼록함수라 하자. 임의의 점 $\overline{\mathbf{x}} \in \Re^n$과 $\mathbf{0}$이 아닌 방향 $\mathbf{d} \in \Re^n$을 고려해보자. 그렇다면 $\overline{\mathbf{x}}$에서 $\mathbf{d}$ 방향의 방향도함수 $f'(\overline{\mathbf{x}};\mathbf{d})$가 존재한다.

증명 $\lambda_2 > \lambda_1 > 0$이라고 놓는다. f의 볼록성을 주목하면, 다음 식

$$f(\overline{\mathbf{x}}+\lambda_1\mathbf{d}) = f\left[\frac{\lambda_1}{\lambda_2}(\overline{\mathbf{x}}+\lambda_2\mathbf{d}) + \left(1-\frac{\lambda_1}{\lambda_2}\right)\overline{\mathbf{x}}\right]$$
$$\leq \frac{\lambda_1}{\lambda_2} f(\overline{\mathbf{x}}+\lambda_2\mathbf{d}) + \left(1-\frac{\lambda_1}{\lambda_2}\right) f(\overline{\mathbf{x}})$$

을 얻는다. 이것은 다음 부등식

$$\frac{f(\overline{\mathbf{x}}+\lambda_1\mathbf{d}) - f(\overline{\mathbf{x}})}{\lambda_1} \leq \frac{f(\overline{\mathbf{x}}+\lambda_2\mathbf{d}) - f(\overline{\mathbf{x}})}{\lambda_2}$$

이 성립함을 의미한다. 따라서, $\lambda \to 0^+$에 따라 차분상 $[f(\overline{\mathbf{x}}+\lambda\mathbf{d}) - f(\overline{\mathbf{x}})]/\lambda$은 단조감소(비증가) 함수이다.

지금 임의의 $\lambda \geq 0$가 주어지면, f의 볼록성에 따라, 다음 식

$$f(\overline{\mathbf{x}}) = f\left[\frac{\lambda}{1+\lambda}(\overline{\mathbf{x}} - \mathbf{d}) + \frac{1}{1+\lambda}(\overline{\mathbf{x}} + \lambda\mathbf{d})\right]$$
$$\leq \frac{\lambda}{1+\lambda} f(\overline{\mathbf{x}} - \mathbf{d}) + \frac{1}{1+\lambda} f(\overline{\mathbf{x}} + \lambda\mathbf{d})$$

도 얻는다. 따라서 다음 부등식

$$\frac{f(\overline{\mathbf{x}} + \lambda\mathbf{d}) - f(\overline{\mathbf{x}})}{\lambda} \geq f(\overline{\mathbf{x}}) - f(\overline{\mathbf{x}} - \mathbf{d})$$

이 성립한다. 그러므로, $\lambda \to 0^+$에 따라 $[f(\overline{\mathbf{x}} + \lambda\mathbf{d}) - f(\overline{\mathbf{x}})]/\lambda$ 값의 단조감소 수열은 상수 $f(\overline{\mathbf{x}}) - f(\overline{\mathbf{x}} - \mathbf{d})$에 의해 '아래로 유계'이다.[1] 그러므로, 이 정리에서 극한은 존재하며, 다음 식

$$\lim_{\lambda \to 0^+} \frac{f(\overline{\mathbf{x}} + \lambda\mathbf{d}) - f(\overline{\mathbf{x}})}{\lambda} = \inf_{\lambda > 0} \frac{f(\overline{\mathbf{x}} + \lambda\mathbf{d}) - f(\overline{\mathbf{x}})}{\lambda}$$

으로 주어진다. (증명 끝)

3.2 볼록함수의 열경도

이 절에서 볼록함수의 에피그래프와 오목함수의 하이포그래프의 받침초평면을 통해 볼록함수와 오목함수의 열경도에 관한 중요한 개념을 소개한다.

함수의 에피그래프와 하이포그래프

S에서 함수 f는 집합 $\{[\mathbf{x}, f(\mathbf{x})] \mid \mathbf{x} \in S\} \subset \Re^{n+1}$에 의해 완전하게 표현할 수 있으며 이 집합을 함수의 **그래프**라 한다. f의 그래프에 관계된 2개 집합을 구성할 수 있다: 하나는 f 그래프의 위($y \geq f(\mathbf{x})$)에 존재하는 점으로 구성한 에피그래프이며, 다른 하나는 f의 그래프의 아래($y \leq f(\mathbf{x})$)에 존재하는 점으로 구성한 하이포그래프이다. 이에 관한 개념이 다음 정의 3.2.1에 명시되어 있다.

---

1) bounded from below

3.2.1 정의

S는 $\Re^n$에서 공집합이 아닌 집합이라 하고, $f: S \to \Re$이라 하자. f의 **에피그래프**는 $epi\, f$로 나타내며, 이것은 다음 식

$$\{(\mathbf{x}, y) | \mathbf{x} \in S,\ y \in \Re,\ y \geq f(\mathbf{x})\}$$

으로 정의한 $\Re^{n+1}$의 부분집합이다. f의 **하이포그래프**는 $hyp\, f$로 나타내며, 이것은 다음 식

$$\{(\mathbf{x}, y) | \mathbf{x} \in S,\ y \in \Re,\ y \leq f(\mathbf{x})\}.$$

으로 정의한 $\Re^{n+1}$의 부분집합이다.

그림 3.3은 여러 함수의 에피그래프와 하이포그래프의 예를 보여준다. 그림 3.3a에서, f의 에피그래프 또는 f의 하이포그래프 가운데 어느 것도 볼록집합이 아니다. 그러나 그림 3.3b, 3.3c에서, 각각, f의 에피그래프와 하이포그래프는 볼록집합이다. 함수가 볼록이라는 것은 이것의 에피그래프가 볼록집합이라는 것과 같은 뜻임이 드러난다. 등가적으로 말한다면, 함수가 오목이라는 것은 이것의 하이포그래프가 볼록집합이라는 것과 같은 뜻이다.

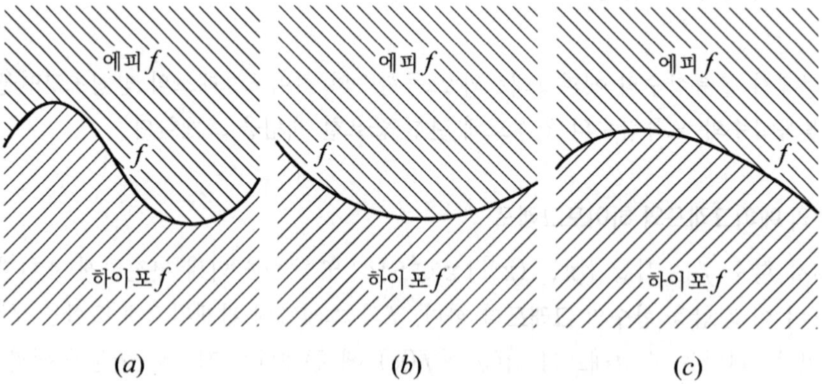

그림 3.3 에피그래프와 하이포그래프

3.2.2 정리

S는 $\Re^n$에서 공집합이 아닌 볼록집합이라 하고, $f: S \to \Re$이라고 놓는다. 그렇다면 f가 볼록이라는 것은 $epi\, f$가 볼록집합이라는 것과 같은 뜻이다.

증명 f는 볼록이라고 가정하며, $(\mathbf{x}_1, y_1) \in epi\, f$, $(\mathbf{x}_2, y_2) \in epi\, f$라고 놓는다. 즉 $\mathbf{x}_1, \mathbf{x}_2 \in S$, $y_1 \ge f(\mathbf{x}_1)$, $y_2 \ge f(\mathbf{x}_2)$이다. $\lambda \in (0, 1)$이라고 놓는다. 그렇다면 다음 식

$$\lambda y_1 + (1-\lambda) y_2 \ge \lambda f(\mathbf{x}_1) + (1-\lambda) f(\mathbf{x}_2) \ge f(\lambda \mathbf{x}_1 + (1-\lambda)\mathbf{x}_2)$$

이 성립하며, 여기에서 f의 볼록성에 따라 위 식의 마지막 부등식이 따라온다. $\lambda \mathbf{x}_1 + (1-\lambda)\mathbf{x}_2 \in S$임을 주목하자. 따라서 $[\lambda \mathbf{x}_1 + (1-\lambda)\mathbf{x}_2, \lambda y_1 + (1-\lambda) y_2] \in epi\, f$이며, 그러므로 $epi\, f$는 볼록집합이다. 역으로, $epi\, f$는 볼록집합이라고 가정한다, 그리고 $\mathbf{x}_1 \in S$, $\mathbf{x}_2 \in S$이라 한다. 그렇다면 $[\mathbf{x}_1, f(\mathbf{x}_1)]$, $[\mathbf{x}_2, f(\mathbf{x}_2)]$는 $epi\, f$에 속하고, $epi\, f$의 볼록성에 따라, 다음 식

$$[\lambda \mathbf{x}_1 + (1-\lambda)\mathbf{x}_2,\ \lambda f(\mathbf{x}_1) + (1-\lambda) f(\mathbf{x}_2)] \in epi\, f \qquad \lambda \in (0, 1)$$

이 반드시 주어져야 한다. 달리 말하면, 각각의 $\lambda \in (0, 1)$에 대해 $\lambda f(\mathbf{x}_1) + (1-\lambda) f(\mathbf{x}_2) \ge f[\lambda \mathbf{x}_1 + (1-\lambda)\mathbf{x}_2]$이다; 즉 말하자면, f는 볼록이다. 이것으로 증명이 완결되었다. (증명 끝)

정리 3.2.2는 주어진 함수 f의 볼록성 또는 오목성을 입증하는 데 사용할 수 있다. 이 결과를 사용하면, 그림 3.3에 예시한 함수에 있어 (a)는 볼록도 아니고 오목도 아님, (b)는 볼록, (c)는 오목임이 명확하다.

볼록함수의 에피그래프와 오목함수의 하이포그래프는 볼록집합이므로, 이들은 경계에서 받침초평면을 갖는다. 이들 받침초평면은 열경도의 개념으로 인도하며, 이것은 아래에서 정의한다.

3.2.3 정의

S는 $\Re^n$에서 공집합이 아닌 볼록집합이라 하고, $f: S \rightarrow \Re$은 볼록함수라 하자. 그렇다면 만약 다음 부등식

$$f(\mathbf{x}) \geq f(\overline{\mathbf{x}}) + \boldsymbol{\xi} \cdot (\mathbf{x} - \overline{\mathbf{x}}) \quad \forall \mathbf{x} \in S$$

이 성립한다면 $\boldsymbol{\xi}$는 $\overline{\mathbf{x}} \in S$에서 f의 **열경도**[2)]라 한다. 유사하게, $f: S \rightarrow \Re$은 오목함수라 하자. 그렇다면 만약 다음 식

$$f(\mathbf{x}) \leq f(\overline{\mathbf{x}}) + \boldsymbol{\xi} \cdot (\mathbf{x} - \overline{\mathbf{x}}) \quad \forall \mathbf{x} \in S$$

이 성립한다면 $\boldsymbol{\xi}$는 $\overline{\mathbf{x}} \in S$에서 f의 **열경도**라 한다.

정의 3.2.3에서 $\overline{\mathbf{x}}$에서 f의 열경도의 집합($\overline{\mathbf{x}}$에서 f의 **열미분**이라 말함)은 볼록집합임이 바로 뒤따른다. 그림 3.4는 볼록함수와 오목함수의 열경도의 예를 보여준다. 그림에서 함수 $f(\overline{\mathbf{x}}) + \boldsymbol{\xi} \cdot (\mathbf{x} - \overline{\mathbf{x}})$는 f의 에피그래프 또는 하이포그래프의 받침초평면에 상응함을 알게 된다. 열경도 벡터 $\boldsymbol{\xi}$는 받침초평면의 기울기에 상응한다.

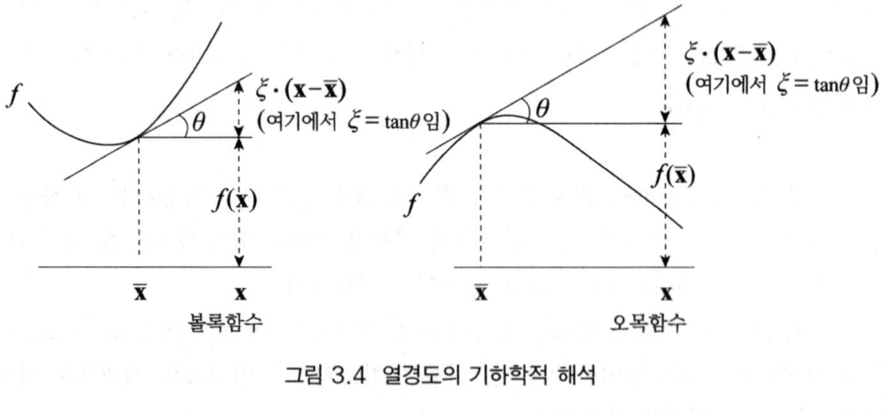

그림 3.4 열경도의 기하학적 해석

2) 역자 주: 어떤 점에서 함수 f의 열경도(subgradient)는 유일하지 않으므로 "하나의"를 붙인다.

3.2.4 예제

$f(x) = min\{f_1(x), f_2(x)\}$이라 하고, 여기에서 f_1, f_2는 다음 식

$$f_1(x) = 4 - |x|, \qquad x \in \Re$$
$$f_2(x) = 4 - (x-2)^2, \quad x \in \Re$$

에서 정의한 것과 같다. $1 \le x \le 4$에 대해 $f_2(x) \ge f_1(x)$이므로 f는 다음 식

$$f(x) = \begin{cases} 4 - x & 1 \le x \le 4 \\ 4 - (x-2)^2 & \text{그렇지 않으면} \end{cases}$$

과 같이 표현할 수 있다. 그림 3.5에서 오목함수 f는 굵은 선으로 나타나 있다. $\xi = -1$은 경사이며, 그러므로 열린 구간 $(1, 4)$에 속한 임의의 점 x에서 f의 열경도임을 주목하자. 만약 $x < 1$이거나 아니면 $x > 4$라면 $\xi = -2(x-2)$는 f의 유일한 열경도이다. 점 $x = 1$, $x = 4$에서 복수의 받침초평면이 존재하므로 열경도는 유일하지 않다. $x = 1$에서 열경도 집합은 $\lambda \in [0, 1]$에 대해 $\lambda \nabla f_1(1) + (1-\lambda)\nabla f_2(1) = \lambda(-1) + (1-\lambda)(2) = 2 - 3\lambda$라는 특징이 있다. 달리 말하면, 구간 $[-1, 2]$에 속한 임의의 ξ는 $x = 1$에서 f의 하나의 열경도이며 이것은 $x = 1$에서 f의 받침초평면 집합의 경사에 부합한다. $x = 4$에서 열경도의 모임(족)은 $\lambda \in [0, 1]$에 대해 $\lambda \nabla f_1(4) + (1-\lambda)\nabla f_2(4) = \lambda(-1) + (1-\lambda)(-4) = -4 +$

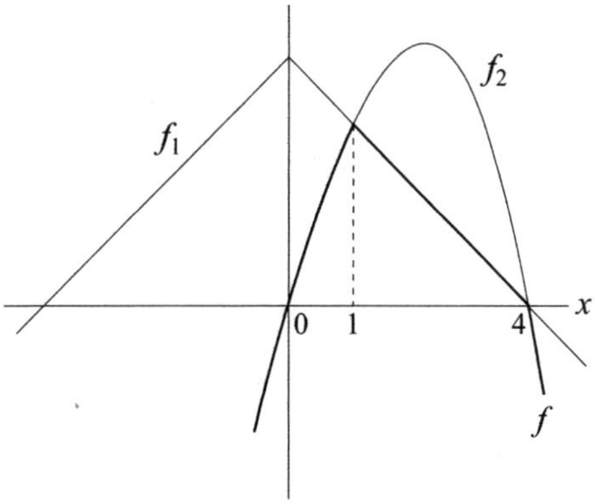

그림 3.5 예제 3.2.4의 구성

3λ라는 특징이 있다. 달리 말하면, 구간 $[-4, -1]$에 있는 임의의 ξ는 $x=4$에서 f의 하나의 열경도이다. 연습문제 3.27은 $f(\mathbf{x})=min\{f_1(\mathbf{x}), f_2(\mathbf{x})\}$ 형태인 함수의 열경도의 일반적 특성을 설명한다.

다음 정리는 모든 볼록함수 또는 오목함수는 이것의 정의역의 내부에 속한 점에서 최소한 1개의 열경도를 가짐을 보여준다. 이 증명은 경계에 속한 점에서 볼록집합은 받침초평면을 갖는다는 사실에 의존한다.

3.2.5 정리

S는 $\Re^n$에서 공집합이 아닌 볼록집합이라 하고 $f: S\to\Re$은 볼록함수라 하자. 그러면 $\overline{\mathbf{x}}\in int\, S$에 대해 다음 초평면

$$H=\{(\mathbf{x}, y) \mid y=f(\overline{\mathbf{x}})+\boldsymbol{\xi}\cdot(\mathbf{x}-\overline{\mathbf{x}})\}$$

이 $[\overline{\mathbf{x}}, f(\overline{\mathbf{x}})]$에서 $epi\, f$를 받쳐주도록 하는 하나의 벡터 $\boldsymbol{\xi}$가 존재한다. 특히, 다음 부등식

$$f(\mathbf{x})\geq f(\overline{\mathbf{x}})+\boldsymbol{\xi}\cdot(\mathbf{x}-\overline{\mathbf{x}}) \quad \text{각각의 } \mathbf{x}\in S\text{에 대해}$$

이 성립하며, 다시 말하면, $\boldsymbol{\xi}$는 $\overline{\mathbf{x}}$에서 f의 하나의 열경도이다.

증명 정리 3.2.2에 따라, $epi\, f$는 볼록집합이다. $[\overline{\mathbf{x}}, f(\overline{\mathbf{x}})]$는 $epi\, f$의 경계에 속함을 주목하면, 정리 2.4.7에 따라 다음 식

$$\boldsymbol{\xi}_0\cdot(\mathbf{x}-\overline{\mathbf{x}})+\mu[y-f(\overline{\mathbf{x}})]\leq 0 \quad \forall (\mathbf{x}, y)\in epi\, f \tag{3.7}$$

을 만족하는 $\mathbf{0}$이 아닌 벡터 $(\boldsymbol{\xi}_0, \mu)\in\Re^n\times\Re$가 존재한다. μ는 양(+)이 아님을 주목하자. 왜냐하면, 그렇지 않다면, 충분히 큰 y를 선택함으로 부등식 (3.7)이 성립하지 않을 것이기 때문이다. 지금 $\mu<0$임을 보여준다. 모순을 일으켜, $\mu=0$이라고 가정한다. 그러면 모든 $\mathbf{x}\in S$에 대해 $\boldsymbol{\xi}_0\cdot(\mathbf{x}-\overline{\mathbf{x}})\leq 0$이다. $\overline{\mathbf{x}}\in int\, S$이므로, $\overline{\mathbf{x}}+\lambda\boldsymbol{\xi}_0\in S$이 되도록 하는 하나의 $\lambda>0$이 존재하며, 그러므로 $\lambda\boldsymbol{\xi}_0\cdot\boldsymbol{\xi}_0\leq 0$이다. 이것은 $\boldsymbol{\xi}_0=\mathbf{0}$, $(\boldsymbol{\xi}_0, \mu)=(0, 0)$임을 의미하며, $(\boldsymbol{\xi}_0, \mu)$는 $\mathbf{0}$이 아닌 하나

의 벡터임을 위반한다. 그러므로 $\mu < 0$이다. $\boldsymbol{\xi}_0/|\mu|$를 $\boldsymbol{\xi}$로 나타내고 (3.7)의 부등식을 $|\mu|$로 나누면 다음 식

$$\boldsymbol{\xi}\cdot(\mathbf{x}-\overline{\mathbf{x}})-y+f(\overline{\mathbf{x}})\le 0 \quad \forall(\mathbf{x},y)\in epi\, f \tag{3.8}$$

을 얻는다. 특히 초평면 $H=\{(\mathbf{x},y)\mid y=f(\overline{\mathbf{x}})+\boldsymbol{\xi}\cdot(\mathbf{x}-\overline{\mathbf{x}})\}$는 $[\overline{\mathbf{x}}, f(\overline{\mathbf{x}})]$에서 $epi\, f$를 받쳐준다. (3.8)에서 $y=f(\overline{\mathbf{x}})$라 함으로, 모든 $\mathbf{x}\in S$에 대해 $f(\mathbf{x})\ge f(\overline{\mathbf{x}})+\boldsymbol{\xi}\cdot(\mathbf{x}-\overline{\mathbf{x}})$임을 얻으며, 그리고 증명이 완결되었다. (증명 끝)

따름정리 S를 $\Re^n$에서 공집합이 아닌 볼록집합이라 하고, $f: S\to\Re$은 엄격하게 볼록이라 하자. 그렇다면 $\overline{\mathbf{x}}\in int\, S$에 대해 다음 식

$$f(\mathbf{x})>f(\overline{\mathbf{x}})+\boldsymbol{\xi}\cdot(\mathbf{x}-\overline{\mathbf{x}}) \quad \forall\mathbf{x}\in S,\ \mathbf{x}\ne\overline{\mathbf{x}}$$

을 만족시키는 하나의 벡터 $\boldsymbol{\xi}$가 존재한다.

증명 정리 3.2.5에 따라 다음 식

$$f(\mathbf{x})\ge f(\overline{\mathbf{x}})+\boldsymbol{\xi}\cdot(\mathbf{x}-\overline{\mathbf{x}}) \quad \forall\mathbf{x}\in S \tag{3.9}$$

을 만족시키는 하나의 벡터 $\boldsymbol{\xi}$가 존재한다.

모순을 일으켜, $f(\hat{\mathbf{x}})=f(\overline{\mathbf{x}})+\boldsymbol{\xi}\cdot(\hat{\mathbf{x}}-\overline{\mathbf{x}})$이 되도록 하는 하나의 $\hat{\mathbf{x}}\ne\overline{\mathbf{x}}$가 존재한다고 가정한다. 그렇다면 $\lambda\in(0,1)$에 대해, 그리고 f의 엄격한 볼록성에 따라 다음 식

$$f[\lambda\overline{\mathbf{x}}+(1-\lambda)\hat{\mathbf{x}}]<\lambda f(\overline{\mathbf{x}})+(1-\lambda)f(\hat{\mathbf{x}})=f(\overline{\mathbf{x}})+(1-\lambda)\boldsymbol{\xi}\cdot(\hat{\mathbf{x}}-\overline{\mathbf{x}}) \tag{3.10}$$

을 얻는다. 그러나 (3.9)에서 $\mathbf{x}=\lambda\overline{\mathbf{x}}+(1-\lambda)\hat{\mathbf{x}}$라 하면, 다음 식

$$f[\lambda\overline{\mathbf{x}}+(1-\lambda)\hat{\mathbf{x}}]\ge f(\overline{\mathbf{x}})+(1-\lambda)\boldsymbol{\xi}\cdot(\hat{\mathbf{x}}-\overline{\mathbf{x}})$$

이 반드시 주어져야 하지만, (3.10)을 위반한다. 이것은 따름정리를 증명한다. (증명 끝)

정리 3.2.5의 역은 일반적으로 참이 아니다. 달리 말하면, 만약 각각의 점 $\overline{\mathbf{x}} \in int\, S$에 상응해 f의 하나의 열경도가 존재한다면 f는 볼록일 필요가 없다. 예시를 위해, 다음 예

$$f(x_1, x_2) = \begin{cases} 0 & 0 \le x_1 \le 1,\ 0 < x_2 \le 1 \\ \dfrac{1}{4} - \left(x_1 - \dfrac{1}{2}\right)^2 & 0 \le x_1 \le 1,\ x_2 = 0 \end{cases}$$

를 고려해보고, 여기에서 f는 $S = \{(x_1, x_2) | 0 < x_1,\ x_2 \le 1\}$에서 정의된다. 정의역의 내부에 속한 각각의 점에 대해, $\mathbf{0}$ 벡터는 f의 하나의 열경도이다. 그러나, $epi\, f$는 명확하게 볼록집합이 아니므로 f는 S에서 볼록이 아니다. 그러나 다음 정리가 의미하듯이 진실로 f는 $int\, S$에서 볼록이다.

3.2.6 정리

S는 $\Re^n$에서 공집합이 아닌 볼록집합이라 하고, $f: S \to \Re$이라 한다. 각각의 점 $\overline{\mathbf{x}} \in int\, S$에 대해 다음 식

$$f(\mathbf{x}) \ge f(\overline{\mathbf{x}}) + \boldsymbol{\xi} \cdot (\mathbf{x} - \overline{\mathbf{x}}) \qquad \text{각각의 } \mathbf{x} \in S\text{에 대해}$$

을 만족시키는 하나의 열경도 벡터 $\boldsymbol{\xi}$가 존재한다. 그렇다면, f는 $int\, S$에서 볼록이다.

증명 $\mathbf{x}_1, \mathbf{x}_2 \in int\, S$라 하고, $\lambda \in (0, 1)$이라 한다. 정리 2.2.2의 따름정리 1에 따라 $int\, S$는 볼록집합이며, $\lambda\mathbf{x}_1 + (1-\lambda)\mathbf{x}_2 \in int\, S$가 반드시 주어져야 한다. 가정에 따라 $\lambda\mathbf{x}_1 + (1-\lambda)\mathbf{x}_2$에서 f의 하나의 열경도 $\boldsymbol{\xi}$가 존재한다. 특히 다음 2개 부등식

$$f(\mathbf{x}_1) \ge f[\lambda\mathbf{x}_1 + (1-\lambda)\mathbf{x}_2] + (1-\lambda)\boldsymbol{\xi} \cdot (\mathbf{x}_1 - \mathbf{x}_2)$$
$$f(\mathbf{x}_2) \ge f[\lambda\mathbf{x}_1 + (1-\lambda)\mathbf{x}_2] + \lambda\boldsymbol{\xi} \cdot (\mathbf{x}_2 - \mathbf{x}_1)$$

이 성립한다. 2개 부등식을 λ, $(1-\lambda)$로 각각 곱하고 합하면, 다음 식

$$\lambda f(\mathbf{x}_1)+(1-\lambda)f(\mathbf{x}_2) \geq f[\lambda\mathbf{x}_1+(1-\lambda)\mathbf{x}_2]$$

을 얻으며, 이 결과가 따라온다. (증명 끝)

3.3 미분가능한 볼록함수

지금 미분가능한 볼록함수와 오목함수에 집중한다. 먼저, 다음의 미분가능성의 정의를 고려해보자.

3.3.1 정의

S는 $\Re^n$에서 공집합이 아닌 집합이라 하고 $f: S \to \Re$이라 한다. 그러면, 만약 **경도 벡터**라 하는 하나의 $\nabla f(\overline{\mathbf{x}})$가 존재한다면, 그리고 다음 식

$$f(\mathbf{x}) = f(\overline{\mathbf{x}}) + \nabla f(\overline{\mathbf{x}})\cdot(\mathbf{x} - \overline{\mathbf{x}}) + \| \mathbf{x} - \overline{\mathbf{x}} \| \alpha(\overline{\mathbf{x}}; \mathbf{x} - \overline{\mathbf{x}})$$

각각의 $\mathbf{x} \in S$에 대해

을 만족시키는 함수 $\alpha: \Re^n \to \Re$이 존재한다면 f는 $\overline{\mathbf{x}} \in int\, S$에서 미분가능하다고 말하며, 여기에서 $lim_{\mathbf{x} \to \overline{\mathbf{x}}}\ \alpha(\overline{\mathbf{x}}; \mathbf{x} - \overline{\mathbf{x}}) = 0$이다. 만약 함수 f가 S'에 속한 각각의 점에서 미분가능하다면 f는 열린집합 $S' \subseteq S$에서 미분가능하다고 말한다. 위의 식의 f의 표현은 점 $\overline{\mathbf{x}}$에서(또는 부근에서) f의 **1-계(테일러급수) 전개**라 하며; 그리고 암묵적으로 정의되고, 함수 α를 포함하는 **잔여항**이 없이, 결과적으로 나타나는 표현은 점 $\overline{\mathbf{x}}$에서(또는 부근에서) f의 **1-계(테일러급수) 근사화**라 한다.

만약 f가 $\overline{\mathbf{x}}$에서 미분가능하다면 1개 경도벡터만 존재할 수 있음을 주목하고, 이 벡터는 다음 식

$$\nabla f(\overline{\mathbf{x}}) = \left(\frac{\partial f(\overline{\mathbf{x}})}{\partial x_1}, \cdots, \frac{\partial f(\overline{\mathbf{x}})}{\partial x_n} \right)^t \equiv \left(f_1(\overline{\mathbf{x}}), \cdots, f_n(\overline{\mathbf{x}})\right)^t$$

으로 주어지며, 여기에서 $f_i(\overline{\mathbf{x}}) \equiv \partial f(\overline{\mathbf{x}})/\partial x_i$는 $\overline{\mathbf{x}}$에서 f의 x_i에 관한 편도함수이다(연습문제 3.36을 참조하고, 부록 A.4를 검토하시오).

다음 보조정리는 미분가능한 볼록함수는 단지 1개의 열경도, 즉 경도를 갖는다는 것을 보여준다. 그러므로, 앞의 절의 결과는 미분가능한 케이스에 대해서도 쉽게 특화할 수 있으며, 여기에서 경도는 열경도를 대체한다.

3.3.2 보조정리

S는 $\Re^n$에서 공집합이 아닌 볼록집합이라 하고, $f : S \to \Re$은 볼록함수라 하자. f는 $\bar{\mathbf{x}} \in int\,S$에서 미분가능하다고 가정한다. 그렇다면 $\bar{\mathbf{x}}$에서 f의 열경도 집합은 단집합(요소를 1개 갖는 집합) $\{\nabla f(\bar{\mathbf{x}})\}$이다.

증명 정리 3.2.5에 따라, $\bar{\mathbf{x}}$에서 f의 열경도 집합은 공집합이 아니다. 지금, $\boldsymbol{\xi}$는 $\bar{\mathbf{x}}$에서 f의 하나의 열경도라 하자. 정리 3.2.5의 결과와 $\bar{\mathbf{x}}$에서 f의 미분가능성의 결과로, 임의의 벡터 $\mathbf{d}$에 대해, 그리고 충분하게 작은 λ에 대해 다음 식

$$f(\bar{\mathbf{x}} + \lambda\mathbf{d}) \geq f(\bar{\mathbf{x}}) + \lambda\boldsymbol{\xi}\cdot\mathbf{d}$$
$$f(\bar{\mathbf{x}} + \lambda\mathbf{d}) = f(\bar{\mathbf{x}}) + \lambda\nabla f(\bar{\mathbf{x}})\cdot\mathbf{d} + \lambda \,\|\, \mathbf{d} \,\|\, \alpha(\bar{\mathbf{x}};\lambda\mathbf{d})$$

을 얻는다. 이 부등식에서 등식을 빼면 다음 식

$$0 \geq \lambda[\boldsymbol{\xi} - \nabla f(\bar{\mathbf{x}})]\cdot\mathbf{d} - \lambda \,\|\, \mathbf{d} \,\|\, \alpha(\bar{\mathbf{x}};\lambda\mathbf{d})$$

을 얻는다. 만약 $\lambda > 0$로 나누고 $\lambda \to 0^+$로 한다면 $[\boldsymbol{\xi} - \nabla f(\bar{\mathbf{x}})]\cdot\mathbf{d} \leq 0$이라는 부등식이 따라온다. $\mathbf{d} = \boldsymbol{\xi} - \nabla f(\bar{\mathbf{x}})$를 선택하면, 마지막 부등식은 $\boldsymbol{\xi} = \nabla f(\bar{\mathbf{x}})$임을 의미한다. 이것으로 증명이 완결되었다. (증명 끝)

보조정리 3.3.2에 비추어 보아, 다음의 미분가능한 볼록함수의 중요한 특성에 대한 설명이 주어진다. 정리 3.2.5, 3.2.6, 보조정리 3.3.2에서 이 증명은 바로 성립한다.

3.3.3 정리

S는 $\mathfrak{R}^n$에서 공집합이 아닌 열린 볼록집합이라 하고, $f: S \to \mathfrak{R}$은 S에서 미분가능하다고 하자. 그렇다면 f가 볼록함수라는 것은 임의의 $\overline{\mathbf{x}} \in S$에 대해 다음 식

$$f(\mathbf{x}) \geq f(\overline{\mathbf{x}}) + \nabla f(\overline{\mathbf{x}}) \cdot (\mathbf{x} - \overline{\mathbf{x}}) \quad \text{각각의 } \mathbf{x} \in S\text{에 대해}$$

이 성립한다는 것과 같은 의미이다. 유사하게, 각각의 $\overline{\mathbf{x}} \in S$에 대해 f가 엄격하게 볼록이라는 것은 다음 식

$$f(\mathbf{x}) > f(\overline{\mathbf{x}}) + \nabla f(\overline{\mathbf{x}}) \cdot (\mathbf{x} - \overline{\mathbf{x}}) \quad S\text{의 각각의 } \mathbf{x} \neq \overline{\mathbf{x}}\text{에 대해}$$

이 성립한다는 것과 같은 뜻이다. 여러 상황에 유용한 위의 결과에 관해 2개의 명백한 의미가 존재한다. 첫째 의미는, 만약 f가 볼록이며 최소화 $f(\mathbf{x})$ 제약조건 $\mathbf{x} \in X$ 문제를 갖는다면, 임의의 점 $\overline{\mathbf{x}}$가 주어진 경우, 아핀함수 $f(\overline{\mathbf{x}}) + \nabla f(\overline{\mathbf{x}}) \cdot (\mathbf{x} - \overline{\mathbf{x}})$는 f를 아래로 유계가 되도록 한다는 것이다. 그러므로 X 전체에 걸쳐 (또는 X의 완화 전체에 걸쳐) $f(\overline{\mathbf{x}}) + \nabla f(\overline{\mathbf{x}}) \cdot (\mathbf{x} - \overline{\mathbf{x}})$의 최솟값은 주어진 최적화문제에서 최적값의 하나의 하계를 산출하며 이것은 알고리즘적 접근법에 유용하다고 증명할 수 있다. 둘째 의미는, 같은 의미로, 이와 같은 '**아핀 한계짓는 함수**'는 다면체집합의 바깥근사화를 유도하기 위해 사용할 수 있다는 점이다. 예를 들어, 집합 $X = \{\mathbf{x} \mid g_i(\mathbf{x}) \leq 0,\ i = 1, \cdots, m\}$을 고려해보고, 여기에서 각각의 $i = 1, \cdots, m$에 대해 g_i는 볼록함수이다. 임의의 점 $\overline{\mathbf{x}}$가 주어지면, 다면체집합 $\overline{X} = \{\mathbf{x} \mid g_i(\overline{\mathbf{x}}) + \nabla g_i(\overline{\mathbf{x}}) \cdot (\mathbf{x} - \overline{\mathbf{x}}) \leq 0,\ \ i = 1, \cdots, m\}$을 구성한다. 임의의 $\mathbf{x} \in X$에 대해, 그리고 정리 3.3.3에 따라 $i = 1, \cdots, m$에 대해 $0 \geq g_i(\mathbf{x}) \geq g_i(\overline{\mathbf{x}}) + \nabla g_i(\overline{\mathbf{x}}) \cdot (\mathbf{x} - \overline{\mathbf{x}})$이므로, 다면체집합 $\overline{X}$는 X를 포함하며 그러므로 집합 X의 **바깥선형화**를 제공함을 주목하자. 이러한 표현은 다양한 비선형최적화문제에 대한 다양한 계승근사화 알고리즘에서 중심적 역할을 한다.

다음 정리는 미분가능한 볼록함수의 또 다른 필요충분적 특성에 대한 설명을 제공한다. 단일변수 함수의 특성에 관한 설명은 경사가 증가하지 않는다는 것으로 바뀐다.

3.3.4 정리

S는 $\Re^n$에서 공집합이 아닌 열린 볼록집합이라 하고, $f: S \to \Re$은 S에서 미분가능하다고 하자. 그렇다면 f가 볼록이라는 것은 각각의 $\mathbf{x}_1, \mathbf{x}_2 \in S$에 대해 다음 식

$$[\nabla f(\mathbf{x}_2) - \nabla f(\mathbf{x}_1)] \cdot (\mathbf{x}_2 - \mathbf{x}_1) \ge 0$$

이 성립한다는 것과 같은 뜻이다. 유사하게, f가 엄격하게 볼록이라는 것은 각각의 서로 다른 $\mathbf{x}_1, \mathbf{x}_2 \in S$에 대해 다음 식

$$[\nabla f(\mathbf{x}_2) - \nabla f(\mathbf{x}_1)] \cdot (\mathbf{x}_2 - \mathbf{x}_1) > 0$$

이 성립한다는 것과 같은 뜻이다.

증명 f는 볼록이라고 가정하고 $\mathbf{x}_1, \mathbf{x}_2 \in S$라 한다. 정리 3.3.3에 따라 다음 식

$$f(\mathbf{x}_1) \ge f(\mathbf{x}_2) + \nabla f(\mathbf{x}_2) \cdot (\mathbf{x}_1 - \mathbf{x}_2)$$
$$f(\mathbf{x}_2) \ge f(\mathbf{x}_1) + \nabla f(\mathbf{x}_1) \cdot (\mathbf{x}_2 - \mathbf{x}_1)$$

을 얻는다. 2개 부등식을 합하면, $[\nabla f(\mathbf{x}_2) - \nabla f(\mathbf{x}_1)] \cdot (\mathbf{x}_2 - \mathbf{x}_1) \ge 0$을 얻는다. 역이 성립함을 보여주기 위해, $\mathbf{x}_1, \mathbf{x}_2 \in S$라 한다. 평균치 정리에 따라 다음 식

$$f(\mathbf{x}_2) - f(\mathbf{x}_1) = \nabla f(\mathbf{x}) \cdot (\mathbf{x}_2 - \mathbf{x}_1) \tag{3.11}$$

이 성립하며, 여기에서 어떤 $\lambda \in (0, 1)$에 대해 $\mathbf{x} = \lambda \mathbf{x}_1 + (1 - \lambda)\mathbf{x}_2$이다. 가정에 따라 $[\nabla f(\mathbf{x}) - \nabla f(\mathbf{x}_1)] \cdot (\mathbf{x} - \mathbf{x}_1) \ge 0$이 성립한다; 즉 $(1 - \lambda)[\nabla f(\mathbf{x}) - \nabla f(\mathbf{x}_1)] \cdot (\mathbf{x}_2 - \mathbf{x}_1) \ge 0$이다. 이것은 $\nabla f(\mathbf{x}) \cdot (\mathbf{x}_2 - \mathbf{x}_1) \ge \nabla f(\mathbf{x}_1) \cdot (\mathbf{x}_2 - \mathbf{x}_1)$임을 의미한다. (3.11)에 따라 $f(\mathbf{x}_2) \ge f(\mathbf{x}_1) + \nabla f(\mathbf{x}_1) \cdot (\mathbf{x}_2 - \mathbf{x}_1)$임을 얻으며, 그러므로 정리 3.3.3에 따라 f는 볼록이다. "엄격한"의 경우는 유사하며, 이로써 증명이 완결되었다. (증명 끝)

비록 정리 3.3.3, 3.3.4가 볼록함수의 필요충분적 특성에 관한 설명을 제

공한다고 해도, 계산의 관점에서 본다면 이들 조건의 점검은 어렵다. 만약 함수가 2회 미분가능하다면 최소한 이차식함수 특성에 관한 간단하고 좀 더 다루기 쉬운 설명을 얻을 수 있다.

2회 미분가능한 볼록함수와 오목함수

만약 정의 3.3.5의 2-계(테일러 급수) 전개 표현이 존재한다면, $\overline{\mathbf{x}}$에서 미분가능한 함수 f는 $\overline{\mathbf{x}}$에서 2회 미분가능하다고 말한다.

3.3.5 정의

S는 $\Re^n$에서 공집합이 아닌 집합이라 하고, $f: S \to \Re$이라 한다. 그렇다면, 만약 하나의 벡터 $\nabla f(\overline{\mathbf{x}})$, **헤시안행렬**이라 하는 하나의 $n \times n$ 대칭행렬 $\mathbf{H}(\overline{\mathbf{x}})$, 그리고 다음 식

$$f(\mathbf{x}) = f(\overline{\mathbf{x}}) + \nabla f(\mathbf{x}) \cdot (\mathbf{x} - \overline{\mathbf{x}}) + \frac{1}{2}(\mathbf{x} - \overline{\mathbf{x}})^t \mathbf{H}(\overline{\mathbf{x}})(\mathbf{x} - \overline{\mathbf{x}}) + \| \mathbf{x} - \overline{\mathbf{x}} \|^2 \alpha(\overline{\mathbf{x}}; \mathbf{x} - \overline{\mathbf{x}})$$

이 성립하도록 하는 하나의 함수 $\alpha: \Re^n \to \Re$이 존재한다면 f는 $\mathbf{x} \in int\, S$에서 2**회 미분가능하다**고 말하며, 여기에서 각각의 $\mathbf{x} \in S$에 대해 $lim_{\mathbf{x} \to \overline{\mathbf{x}}}\ \alpha(\overline{\mathbf{x}}; \mathbf{x} - \overline{\mathbf{x}}) = 0$이다. 만약 S'에 속한 각각의 점에서 f가 2회 미분가능하다면, f는 열린집합 $S' \subseteq S$에서 2회 미분가능하다고 말한다.

2회 미분가능한 함수의 헤시안행렬 $\mathbf{H}(\overline{\mathbf{x}})$은 $i = 1, \cdots, n$과 $j = 1, \cdots, n$에 대한 2-계 편도함수 $f_{ij}(\overline{\mathbf{x}}) \equiv \partial^2 f(\overline{\mathbf{x}}) / \partial x_i \partial x_j$로 구성되어 있으며 다음 식

$$\mathbf{H}(\overline{\mathbf{x}}) = \begin{bmatrix} f_{11}(\overline{\mathbf{x}}) & f_{12}(\overline{\mathbf{x}}) & \cdots & f_{1n}(\overline{\mathbf{x}}) \\ f_{21}(\overline{\mathbf{x}}) & f_{22}(\overline{\mathbf{x}}) & \cdots & f_{2n}(\overline{\mathbf{x}}) \\ \vdots & \vdots & \vdots & \vdots \\ f_{n1}(\overline{\mathbf{x}}) & f_{n2}(\overline{\mathbf{x}}) & \cdots & f_{nn}(\overline{\mathbf{x}}) \end{bmatrix}$$

과 같이 주어진다는 것을 주목하자. 전개된 형태로, 앞서 말한 표현은 다음 식

$$f(\mathbf{x}) = f(\overline{\mathbf{x}}) + \sum_{j=1}^{n} f_j(\overline{\mathbf{x}})(x_j - \overline{x}_j) + \frac{1}{2}\sum_{i=1}^{n}\sum_{j=1}^{n}(x_i - \overline{x}_i)(x_j - \overline{x}_j) f_{ij}(\overline{\mathbf{x}}) + \| \mathbf{x} - \overline{\mathbf{x}} \|^2 \alpha(\overline{\mathbf{x}}; \mathbf{x} - \overline{\mathbf{x}})$$

과 같이 나타낼 수 있다. 함수 α에 관련된 항이 없다면 이 표현은 점 $\overline{\mathbf{x}}$ (또는 점 $\overline{\mathbf{x}}$ 의 근처[3])에서 **2-계(테일러급수) 근사화**라고 알려져 있다.

3.3.6 예제

예제 1. $f(x_1, x_2) = 2x_1 + 6x_2 - 2x_1^2 - 3x_2^2 + 4x_1x_2$이라 한다. 그렇다면 다음 식

$$\nabla f(\overline{\mathbf{x}}) = \begin{bmatrix} 2 - 4\overline{x}_1 + 4\overline{x}_2 \\ 6 - 6\overline{x}_2 + 4\overline{x}_1 \end{bmatrix}, \qquad \mathbf{H}(\overline{\mathbf{x}}) = \begin{bmatrix} -4 & 4 \\ 4 & -6 \end{bmatrix}$$

을 얻는다. 예를 들어, $\overline{\mathbf{x}} = (0, 0)$이라고 놓으면, 함수의 2-계 전개는 다음 식

$$f(x_1, x_2) = (2, 6)\begin{bmatrix} x_1 \\ x_2 \end{bmatrix} + \frac{1}{2}(x_1, x_2)\begin{bmatrix} -4 & 4 \\ 4 & -6 \end{bmatrix}\begin{bmatrix} x_1 \\ x_2 \end{bmatrix}$$

으로 주어진다. 주어진 함수는 이차식이므로 잔여항이 존재하지 않음을 주목하자. 따라서 위의 표현은 정확하다.

예제 2. $f(x_1, x_2) = e^{2x_1 + 3x_2}$이라 한다. 그렇다면 다음 식

$$\nabla f(\overline{\mathbf{x}}) = \begin{bmatrix} 2e^{2\overline{x}_1 + 3\overline{x}_2} \\ 3e^{2\overline{x}_1 + 3\overline{x}_2} \end{bmatrix}, \qquad \mathbf{H}(\overline{\mathbf{x}}) = \begin{bmatrix} 4e^{2\overline{x}_1 + 3\overline{x}_2} & 6e^{2\overline{x}_1 + 3\overline{x}_2} \\ 6e^{2\overline{x}_1 + 3\overline{x}_2} & 9e^{2\overline{x}_1 + 3\overline{x}_2} \end{bmatrix}$$

을 얻는다. 그러므로, 점 $\overline{\mathbf{x}} = (2, 1)$에서 함수의 2-계 전개는 다음 식

3) at (or about) the point $\overline{\mathbf{x}}$.

$$f(\overline{\mathbf{x}}) = e^7 + (2e^7, 3e^7)\begin{bmatrix} x_1 - 2 \\ x_2 - 1 \end{bmatrix} + \frac{1}{2}(x_1 - 2, x_2 - 1)\begin{bmatrix} 4e^7 & 6e^7 \\ 6e^7 & 9e^7 \end{bmatrix}\begin{bmatrix} x_1 - 2 \\ x_2 - 1 \end{bmatrix}$$
$$+ \| \mathbf{x} - \overline{\mathbf{x}} \|^2 \alpha(\overline{\mathbf{x}}; \mathbf{x} - \overline{\mathbf{x}})$$

으로 주어진다.

정리 3.3.7은 S에서 f가 볼록이라는 것은 S에 속한 모든 점에서 f의 헤시안행렬은 **양반정부호행렬**이라는 것과 같은 뜻이라는 것을 나타낸다; 즉 말하자면, 모든 $\mathbf{x} \in \Re^n$에 대해 $\mathbf{x}^t\mathbf{H}(\overline{\mathbf{x}})\mathbf{x} \geq 0$이다. 대칭적으로, f가 S에서 오목이라는 것은 f의 헤시안행렬은 S에 속한 모든 점에서 **음반정부호행렬**이라는 것과 같은 뜻이다. 즉 말하자면, S에 속한 임의의 $\overline{\mathbf{x}}$에서, 그리고 모든 $\mathbf{x} \in \Re^n$에서 $\mathbf{x}^t\mathbf{H}(\overline{\mathbf{x}})\mathbf{x} \leq 0$이다. 양반정부호도 아니고 음반정부호도 아닌 행렬을 **부정부호행렬**이라 말한다.

3.3.7 정리

S는 $\Re^n$에서 공집합이 아닌 열린 볼록집합이라 하고, $f: S \to \Re$는 S에서 2회 미분가능하다고 하자. 그러면 f가 볼록이라는 것은 S에 속한 각각의 점에서 헤시안행렬은 양반정부호행렬이라는 것과 같은 뜻이다.

증명 f는 볼록이라고 가정하고 $\overline{\mathbf{x}} \in S$라 하자. 그러면 각각의 $\mathbf{x} \in \Re^n$에 대해 $\mathbf{x}^t\mathbf{H}(\overline{\mathbf{x}})\mathbf{x} \geq 0$임을 보여줄 필요가 있다. S는 열린집합이므로 어떤 주어진 점 $\mathbf{x} \in \Re^n$에 있어서도, 충분히 작은 $|\lambda| \neq 0$에 대해 $\overline{\mathbf{x}} + \lambda\mathbf{x} \in S$이다. 정리 3.3.3과 f의 2회 미분가능성에 따라 다음 2개

$$f(\overline{\mathbf{x}} + \lambda\mathbf{x}) \geq f(\overline{\mathbf{x}}) + \lambda\nabla f(\overline{\mathbf{x}})\cdot\mathbf{x} \tag{3.12}$$

$$f(\overline{\mathbf{x}} + \lambda\mathbf{x}) = f(\overline{\mathbf{x}}) + \lambda\nabla f(\overline{\mathbf{x}})\cdot\mathbf{x} + \frac{1}{2}\lambda^2\mathbf{x}^t\mathbf{H}(\overline{\mathbf{x}})\mathbf{x} + \lambda^2 \| \mathbf{x} \|^2 \alpha(\overline{\mathbf{x}}; \lambda\mathbf{x}) \tag{3.13}$$

의 표현을 얻는다. (3.12)에서 (3.13)을 빼면, 다음 식

$$\frac{1}{2}\lambda^2 \mathbf{x}^t \mathbf{H}(\overline{\mathbf{x}})\mathbf{x} + \lambda^2 \| \mathbf{x} \|^2 \alpha(\overline{\mathbf{x}}; \lambda\mathbf{x}) \geq 0$$

을 얻는다. $\lambda^2 > 0$으로 나누고 $\lambda \rightarrow 0$로 하면, $\mathbf{x}^t\mathbf{H}(\overline{\mathbf{x}})\mathbf{x} \geq 0$이 된다. 역으로, 헤시안 행렬은 S에 속한 각각의 점에서 양반정부호라고 가정한다. S에 속한 $\mathbf{x}$, $\overline{\mathbf{x}}$를 고려해보자. 그렇다면, 평균치 정리에 따라 다음 식

$$f(\mathbf{x}) = f(\overline{\mathbf{x}}) + \nabla f(\overline{\mathbf{x}}) \cdot (\mathbf{x} - \overline{\mathbf{x}}) + \frac{1}{2}(\mathbf{x} - \overline{\mathbf{x}})^t \mathbf{H}(\hat{\mathbf{x}})(\mathbf{x} - \overline{\mathbf{x}}) \qquad (3.14)$$

을 얻으며, 여기에서 어떤 $\lambda \in (0, 1)$에 대해 $\hat{\mathbf{x}} = \lambda\overline{\mathbf{x}} + (1-\lambda)\mathbf{x}$이다. $\hat{\mathbf{x}} \in S$임을 주목하자. 따라서 가정에 따라 $\mathbf{H}(\hat{\mathbf{x}})$는 양반정부호이다. 그러므로 $(\mathbf{x} - \overline{\mathbf{x}})^t\mathbf{H}(\hat{\mathbf{x}})(\mathbf{x} - \overline{\mathbf{x}}) \geq 0$이며, (3.14)에서 다음 부등식

$$f(\mathbf{x}) \geq f(\overline{\mathbf{x}}) + \nabla f(\overline{\mathbf{x}}) \cdot (\mathbf{x} - \overline{\mathbf{x}})$$

과 같은 결론을 내릴 수 있다. 위 부등식은 S에 속한 각각의 $\mathbf{x}$, $\overline{\mathbf{x}}$에 대해 성립하므로, 정리 3.3.3에 따라 f는 볼록이다. 이것으로 증명이 완결되었다. (증명 끝)

정리 3.3.7은 2회 미분가능 함수의 볼록성 또는 오목성을 점검함에 있어 유용하다. 특히, 만약 함수가 이차식이라면, 헤시안행렬은 고려 중인 점 $\mathbf{x}$에 무관하다. 그러므로 함수의 볼록성을 점검함은 상수 행렬의 양반정부호성을 점검함으로 된다.

엄격하게 볼록인 케이스와 엄격하게 오목인 케이스에 대해 정리 3.3.7과 유사한 결과를 얻을 수 있다. 만약 S에 속한 각각의 점에서 헤시안행렬이 양정부호라면, 함수는 엄격하게 볼록이다. 달리 말하면, 만약 S에 속한 임의의 주어진 점 $\overline{\mathbf{x}}$에 있어, $\Re^n$에 속한 모든 $\mathbf{x} \neq \mathbf{0}$에서 $\mathbf{x}^t\mathbf{H}(\overline{\mathbf{x}})\mathbf{x} > 0$이라면, f는 엄격하게 볼록이다. 이것은 정리 3.3.7의 증명에서 바로 따라온다. 그러나 만약 f가 엄격하게 볼록이라면, 예를 들면 만약 f가 이차식이 아니라면 f의 헤시안행렬은 S에 속한 모든 점에서 양반정부호이지만, 양정부호일 필요가 없다. (3.12)를 $\lambda\mathbf{x} \neq \mathbf{0}$에 관한 엄격한 부등식으로 나타내고, 그렇다면 (3.13)의 잔여항이 없다는 것을 주목하면 후자의 내용을 알 수 있다. 예를 들어 설명하기 위해 $f(x) = x^4$로 정의되고 엄

격하게 볼록인 함수를 고려해보자. 0이 아닌 모든 x에 대해 헤시안행렬 $\mathbf{H}(x) = 12x^2$은 양정부호이지만 $x=0$에서 양반정부호이며 양정부호가 아니다. 다음 정리는 이 사실을 알려준다.

3.3.8 정리

$S \neq \varnothing$는 $\Re^n$의 열린 볼록집합이라 하고, $f: S \to \Re$은 S에서 2회 미분가능하다고 하자. 만약 S에 속한 각각의 점에서 헤시안행렬이 양정부호라면, f는 엄격하게 볼록이다. 역으로, 만약 f가 엄격하게 볼록이면, S에 속한 각각의 점에서 헤시안행렬은 양반정부호이다. 그러나 만약 f가 엄격하게 볼록이고 이차식이라면 f의 헤시안은 양정부호이다.

앞서 말한 결과는 몇 개 볼록성의 2-계 특성의 설명에 추가적 통찰력을 제공하면서 어느 정도 강화할 수 있다. 예를 들면, 위에서 말한 단일변수 함수 $f(x) = x^4$를 고려해보고, 모든 $x \in \Re$에 대해 $f''(x) \geq 0$임에도 불구하고 f는 엄격하게 볼록임을 어떻게 주장할 수 있는지를 보인다. 정리 3.3.7에 따라 f는 볼록이다. 그러므로 정리 3.3.3에 따라, 나타낼 필요가 있는 모든 것은, 임의의 점 $\bar{x}$에 대해, 함수의 에피그래프의 받침초평면 $y = f(\bar{x}) + f'(\bar{x})(x - \bar{x})$이 주어진 점 $(x, y) = (\bar{x}, f(\bar{x}))$에서만 에피그래프와 접촉한다는 것이다. 이와 반대로, 만약 받침초평면이 또한 어떤 다른 점 $(\hat{x}, f(\hat{x}))$에서도 에피그래프와 접촉한다면 $f(\hat{x}) = f(\bar{x}) + f'(\bar{x})(\hat{x} - \bar{x})$이다. 그러나 이것은 $0 \leq \lambda \leq 1$인 임의의 $x_\lambda = \lambda\bar{x} + (1-\lambda)\hat{x}$에 대해 정리 3.3.3과 f의 볼록성을 사용해 다음 식

$$\begin{aligned} &\lambda f(\bar{x}) + (1-\lambda) f(\hat{x}) = \\ &\qquad f(\bar{x}) + f'(\bar{x})(x_\lambda - \bar{x}) \leq f(x_\lambda) \leq \lambda f(\bar{x}) + (1-\lambda) f(\hat{x}) \end{aligned}$$

을 얻는다는 것을 의미한다. 그러므로, 전체에 걸쳐 등식은 성립하며 받침초평면은 모든 볼록조합 $(x_\lambda, f(x_\lambda))$에서도 f의 그래프와 접촉한다. 사실상 모든 $0 \leq \lambda \leq 1$에 대해 $f(x_\lambda) = \lambda f(\bar{x}) + (1-\lambda) f(\hat{x})$임을 얻으며 그래서 모든 $0 < \lambda < 1$에 대해, 셀 수 없게 많은 점 x_λ에서 $f''(x_\lambda) = 0$이다. 이것은, 위의 예제에서, $x = 0$에서만 $f''(x) = 0$임을 위반하므로 f는 엄격하게 볼록이다. 결과적으로, 만

약 유한한(또는 셀 수 있게 무한한) 수의 점에서만 단일변수 볼록함수의 양정부호성을 상실한다면 f는 여전히 엄격하게 볼록이라고 주장할 수 있다.

당분간 단일변수 함수에 국한하면서 만약 함수가 무한 번 미분가능하다면 함수가 엄격하게 볼록이기 위한 필요충분조건을 유도할 수 있다[$f: \Re^n \to \Re$이 **무한 번 미분가능한 함수**임은 $\Re^n$에 속한 임의의 $\bar{\mathbf{x}}$에 대한 모든 계의 도함수가 존재하고 그래서 연속함수임을 의미한다; 함수가 균등하게 값의 한계를 갖고; $\bar{\mathbf{x}}$에서 $f(\mathbf{x})$의 무한 테일러 급수 전개가 f 값의 무한급수표현을 제공한다. 물론, 예를 들면, 어떤 값을 넘는 계의 도함수가 모두 0이 될 때와 같이 무한급수는 유한한 개수의 항만을 가질 수 있다].

3.3.9 정리

$S \neq \varnothing$는 $\Re^n$의 열린 볼록집합이라 하고, $f: S \to \Re$는 무한번 미분가능하다고 하자. 그렇다면 f가 S에서 엄격하게 볼록이라는 것은 각각의 $\bar{\mathbf{x}} \in S$에 대해 $f^{(n)}(\bar{x}) > 0$이 되도록 하는 짝수 n이 존재하며 한편으로 임의의 $1 < j < n$에 대해 $f^{(j)}(\bar{x}) = 0$이라는 것과 같은 뜻이며, 여기에서 $f^{(j)}$는 f의 j-째 계 도함수를 나타낸다.

증명 $\bar{x}$는 S에 속한 임의의 점이라 하고, $\bar{x}$에서 충분히 작은 섭동 $h \neq 0$에 대해 f의 무한 테일러 급수 전개

$$f(\bar{x}+h) = f(\bar{x}) + hf'(\bar{x}) + \frac{h^2}{2!}f''(\bar{x}) + \frac{h^3}{3!}f'''(\bar{x}) + \cdots$$

를 고려해보자. 만약 f가 엄격하게 볼록이라면, 정리 3.3.3에 따라 $h \neq 0$에 대해 $f(\bar{x}+h) > f(\bar{x}) + hf'(\bar{x})$이다. 위 식을 사용해, 모든 충분히 작은 $h \neq 0$에 대해 다음 식

$$\frac{h^2}{2!}f''(\bar{x}) + \frac{h^3}{3!}f'''(\bar{x}) + \frac{h^4}{4!}f^{(4)}(\bar{x}) + \cdots > 0$$

을 얻는다. 그러므로, 2-계보다도 크거나 같은 계의 모든 도함수가 $\bar{x}$에서 0이 될

수 있다는 것은 아니다. 더구나, h를 충분히 작게 해, 위 식에서 처음으로 0이 아닌 항이 전개식의 나머지 부분을 좌우하도록 할 수 있으므로, 그리고 h는 어떤 부호라도 가질 수 있으므로 부등식이 성립하기 위해서는 이같이 처음으로 0이 아닌 도함수는 짝수의 계를 가지며 양(+)이어야 함이 뒤따른다.

역으로 임의의 $\bar{x} \in S$가 주어진다면 $f^{(n)}(\bar{x}) > 0$이지만, 반면에 $1 < j < n$에 대해 $f^{(j)}(\bar{x}) = 0$이 되도록 하는 어떤 짝수 n이 존재한다고 가정한다. 그렇다면 위에서 설명한 바와 같이, 어떤 충분히 작은 $\delta > 0$에 대해 $(\bar{x} + h) \in S$이며 모든 $-\delta < h < \delta$에 대해 $f(\bar{x} + h) > f(\bar{x}) + hf'(\bar{x})$이다. 지금 주어진 가설은 모든 $\bar{x} \in S$에 대해 $f''(\bar{x}) \geq 0$임을 주장하며, 따라서, 정리 3.3.7에 따라 f는 볼록함수임을 알 수 있다. 그 결과로, 정리 3.3.3에 따라 임의의 $\bar{h} \neq 0$에 대해, $(\bar{x} + \bar{h}) \in S$인 상황에서, $f(\bar{x} + \bar{h}) \geq f(\bar{x}) + \bar{h} f'(\bar{x})$임을 얻는다. 증명을 완성하기 위해, 이 부등식은 진실로 엄격한 부등식임을 보여주어야 한다. 이에 반해, 만약 $f(\bar{x} + \bar{h}) = f(\bar{x}) + \bar{h} f'(\bar{x})$이라면, 모든 $0 \leq \lambda \leq 1$에 대해 다음 식

$$\begin{aligned}\lambda f(\bar{x} + \bar{h}) + (1-\lambda) f(\bar{x}) &= f(\bar{x}) + \lambda \bar{h} f'(\bar{x}) \leq f(\bar{x} + \lambda \bar{h}) \\ &= f\left[\lambda(\bar{x} + \bar{h}) + (1-\lambda)\bar{x}\right] \leq \lambda f(\bar{x} + \bar{h}) + (1-\lambda) f(\bar{x})\end{aligned}$$

을 얻는다. 이것은 등식이 모든 점에서 성립하고 모든 $0 \leq \lambda \leq 1$에 대해 $f(\bar{x} + \lambda \bar{h}) = f(\bar{x}) + \lambda \bar{h} f'(\bar{x})$임을 의미한다. λ를 충분히 0에 가까운 값으로 취하면 모든 $-\delta < h < \delta$에 대해 $f(\bar{x} + h) > f(\bar{x}) + hf'(\bar{x})$임을 위반하며 이것으로 증명이 완결되었다. (증명 끝)

예를 들어 설명하면, $f(x) = x^4$일 때 $f'(x) = 4x^3$, $f''(x) = 12x^2$이다. 그러므로 $\bar{x} \neq 0$에 대해 정리 3.3.9의 내용과 같이 첫째로 0이 아닌 도함수는 2-계 도함수이며 양(+)이다. 더군다나 $\bar{x} = 0$에 대해 $f''(\bar{x}) = f'''(\bar{x}) = 0$, $f^{(4)}(\bar{x}) = 24 > 0$이다; 그래서 정리 3.3.9에 따라 f는 엄격하게 볼록이라는 결론을 얻는다.

지금 다변수의 케이스를 보자. 다음 결과는 단일변수의 케이스와 다변수의 케이스 사이의 통찰력 있는 연결고리를 제공하며 앞의 케이스의 결과에서 후자의 케이스의 결과를 유도할 수 있게 한다. 간략하게 표현하기 위해 비록 $f: S \rightarrow \Re$에 대해 즉시 다시 설명할 수 있다고 해도 $f: \Re^n \rightarrow \Re$에 대한 결과를 설명했으며,

여기에서 S는 공집합이 아닌 $\Re^n$의 볼록부분집합이다.

3.3.10 정리

함수 $f:\Re^n \to \Re$을 고려하고, 임의의 점 $\bar{\mathbf{x}} \in \Re^n$과 $\mathbf{0}$이 아닌 방향 $\mathbf{d} \in \Re^n$에 대해, $\lambda \in \Re$의 함수로 $F_{(\bar{\mathbf{x}};\mathbf{d})}(\lambda) = f(\bar{\mathbf{x}} + \lambda\mathbf{d})$를 정의한다. 그러면 f가 (엄격하게) 볼록이라는 것은 $\Re^n$에 속한 모든 $\bar{\mathbf{x}}$, $\mathbf{d} \neq \mathbf{0}$에 대해 $F_{(\bar{\mathbf{x}};\mathbf{d})}$는 (엄격하게) 볼록이라는 것과 같은 뜻이다.

증명 $\Re^n$에서 임의의 $\bar{\mathbf{x}}$, $\mathbf{d} \neq \mathbf{0}$이 주어졌다고 하고, 편의상 $F_{(\bar{\mathbf{x}};\mathbf{d})}(\lambda)$를 $F(\lambda)$으로 표현하기로 한다. 만약 f가 볼록함수라면, $\Re$에 속한 임의의 λ_1, λ_2에 대해, 그리고 임의의 $0 \le \alpha \le 1$에 대해 다음 식

$$\begin{aligned} F(\alpha\lambda_1 + (1-\alpha)\lambda_2) &= f\left(\alpha\left[\bar{\mathbf{x}} + \lambda_1\mathbf{d}\right] + (1-\alpha)\left[\bar{\mathbf{x}} + \lambda_2\mathbf{d}\right]\right) \\ &\le \alpha f(\bar{\mathbf{x}} + \lambda_1\mathbf{d}) + (1-\alpha)f(\bar{\mathbf{x}} + \lambda_2\mathbf{d}) = \alpha F(\lambda_1) + (1-\alpha)F(\lambda_2) \end{aligned}$$

을 얻는다. 그러므로 F는 볼록함수이다. 역으로, 모든 $\bar{\mathbf{x}}$에 대해, 그리고 $\Re^n$의 $\mathbf{d} \neq \mathbf{0}$에 대해 $F_{(\bar{\mathbf{x}};\mathbf{d})}(\lambda)$ $\lambda \in \Re$은 볼록이라고 가정한다. 그렇다면, $\Re^n$에서 임의의 $\mathbf{x}_1$, $\mathbf{x}_2$에 대해, 그리고 임의의 $0 \le \lambda \le 1$에 대해 다음 식

$$\begin{aligned} \lambda f(\mathbf{x}_1) + (1-\lambda)f(\mathbf{x}_2) &= \lambda[f(\mathbf{x}_1 + 0(\mathbf{x}_2 - \mathbf{x}_1)] + (1-\lambda)f(\mathbf{x}_1 + 1(\mathbf{x}_2 - \mathbf{x}_1)] \\ &= \lambda F_{[\mathbf{x}_1:(\mathbf{x}_2-\mathbf{x}_1)]}(0) + (1-\lambda)F_{[\mathbf{x}_1:(\mathbf{x}_2-\mathbf{x}_1)]}(1) \\ &\ge F_{[\mathbf{x}_1:(\mathbf{x}_2-\mathbf{x}_1)]}(1-\lambda) \\ &= f[\mathbf{x}_1 + (1-\lambda)(\mathbf{x}_2 - \mathbf{x}_1)] = [f(\lambda\mathbf{x}_1 + (1-\lambda)\mathbf{x}_2] \end{aligned}$$

이 성립한다. 그러므로 f는 볼록이다. 이 논증은 엄격하게 볼록인 케이스에 대해 유사하며 이것으로 증명이 완결되었다. (증명 끝)

$f:\Re^n \to \Re$의 단일변수 단면 $F_{(\bar{\mathbf{x}}:\mathbf{d})}$을 계산해 f를 검사하는 통찰력은 f를 분석하는 개념적 도구와 다양한 결과를 유도하기 위한 해석적 도구로 대단히 유용

하다. 예를 들면 $\Re^n$에 속한 임의의 주어진 $\bar{\mathbf{x}}$와 $\mathbf{d} \neq \mathbf{0}$에 대해 $F(\lambda) = F_{(\bar{\mathbf{x}}:\mathbf{d})}(\lambda) = f(\bar{\mathbf{x}} + \lambda\mathbf{d})$라고 나타내면 단일변수 테일러급수 전개(무한회 미분가능성을 가정하고)에서 다음 식

$$F(\lambda) = F(0) + \lambda F'(0) + \frac{\lambda^2}{2!}F''(0) + \frac{\lambda^3}{3!}F'''(0) + \cdots$$

을 얻는다. 미분의 연쇄규칙을 사용하면 다음 식

$$F'(\lambda) = \nabla f(\bar{\mathbf{x}} + \lambda\mathbf{d}) \cdot \mathbf{d} = \sum_i f_i(\bar{\mathbf{x}} + \lambda\mathbf{d})\, d_i$$

$$F''(\lambda) = \mathbf{d}^t \mathbf{H}(\bar{\mathbf{x}} + \lambda\mathbf{d})\mathbf{d} = \sum_i \sum_j f_{ij}(\bar{\mathbf{x}} + \lambda\mathbf{d})\, d_i d_j$$

$$F'''(\lambda) = \sum_i \sum_j \sum_k f_{ijk}(\bar{\mathbf{x}} + \lambda\mathbf{d})\, d_i d_j d_k \text{ 등}$$

을 얻는다. 위 식에 대입하면, 이것은 다음 식

$$f(\bar{\mathbf{x}} + \lambda\mathbf{d}) = f(\bar{\mathbf{x}}) + \lambda \nabla f(\bar{\mathbf{x}}) \cdot \mathbf{d} + \frac{\lambda^2}{2!}\mathbf{d}^t \mathbf{H}(\bar{\mathbf{x}})\mathbf{d} + \frac{\lambda^3}{3!}\sum_i \sum_j \sum_k f_{ijk}(\bar{\mathbf{x}})\, d_i d_j d_k + \cdots$$

과 같이 상응하는 다변수 테일러급수 전개를 제공한다. 다른 예로, 2-계 도함수 결과를 사용해 정리 3.3.10과 함께 단일변수 함수의 볼록성 특징을 설명하기 위해 $f: \Re^n \to \Re$이 볼록함수라는 것은 모든 $\lambda \in \Re$, $\bar{\mathbf{x}} \in \Re^n$, $\mathbf{d} \in \Re^n$에 대해 $F''_{(\bar{\mathbf{x}};\mathbf{d})}(\lambda) \geq 0$과 같은 뜻이라는 것을 유도할 수 있다. 그러나 $\bar{\mathbf{x}}$, $\mathbf{d}$를 마음대로 선택할 수 있으므로, 이것은 $\Re^n$의 모든 $\bar{\mathbf{x}}$, $\mathbf{d}$에 대해 $F''_{(\bar{\mathbf{x}};\mathbf{d})}(0) \geq 0$이어야 함을 요구함과 등가이다. 위에서, 이것은 모든 $\mathbf{d} \in \Re^n$에 대해, 그리고 각각의 $\bar{\mathbf{x}} \in \Re^n$에 대해 $\mathbf{d}^t \mathbf{H}(\bar{\mathbf{x}})\mathbf{d} \geq 0$이라는 문장으로 되거나 아니면 정리 3.3.7처럼 모든 $\bar{\mathbf{x}} \in \Re^n$에 대해 $\mathbf{H}(\bar{\mathbf{x}})$는 양반정부호라는 문장으로 된다. 유사한 방법으로, 또는 정리 3.3.9의 증명에서처럼 직접 다변수 테일러급수 전개를 사용해, 무한 미분가능한 함수 $f: \Re^n \to \Re$가 엄격하게 볼록이라는 것은 $\Re^n$에서 각각의 $\bar{\mathbf{x}}$와 $\mathbf{d} \neq \mathbf{0}$에 대해 위의 테일러급수 전개에서 2보다도 크거나 같은 계의 첫째로 0이 아닌 도함수 항

$[F^{(j)}(0)]$이 존재하며 짝수 계이며 양(+)이라는 것과 같은 뜻이라는 것을 단언할 수 있다. 이 결과를 상세하게 검토하는 것은 연습문제 3.38에서 독자에게 맡긴다.

아래에는, 초보적 가우스-조르단 연산을 사용해 (대칭) 헤시안행렬 $\mathbf{H}(\bar{\mathbf{x}})$의 정부호성을 점검하기 위한 효율적 (다항식-횟수) 알고리즘을 제시한다. 부록 A는, 해석적 증명에서 사용되지만 알고리즘적으로 편리한 대안이 아닌 고유값에 의해 정부호성의 특성을 밝히는 자료를 인용한다. 나아가서, 만약 $\mathbf{x}$의 함수인 행렬 $\mathbf{H}(\mathbf{x})$의 정부호성을 점검할 필요가 있다면, 이 고유값 방법은 사실상 불가능하지는 않더라도, 사용하기에 아주 번거로운 것이 된다. 비록 아래에 제시하는 방법이 이러한 상황에서 또한 복잡하고 성가신 것이지만 전체적으로 이것은 좀 더 단순하고 효율적 알고리즘이다.

보조정리 3.3.11의 2×2 헤시안행렬 $\mathbf{H}$를 고려하면서 시작하며, 여기에서 편의상 변수 $\bar{\mathbf{x}}$를 사용하지 않았다. 그렇다면 이것은 귀납적 방법으로 정리 3.3.12의 $n\times n$ 행렬로 일반화된다.

3.3.11 보조정리

대칭행렬 $\mathbf{H}=\begin{bmatrix} a & b \\ b & c \end{bmatrix}$을 고려해보자. 그렇다면 $\mathbf{H}$가 양반정부호라는 것은 $a\ge0$, $c\ge0$, $ac-b^2\ge0$이라는 것과 같은 뜻이다. 그리고 $\mathbf{H}$가 양정부호라는 것은 앞서 말한 부등식은 모두 엄격한 부등식이라는 것과 같은 뜻이다.

증명 정의에 따라, $\mathbf{H}$가 양반정부호라는 것은 모든 $(d_1, d_2)\in\Re^2$에 대해 $\mathbf{d}^t\mathbf{H}\mathbf{d}=ad_1^2+2bd_1d_2+cd_2^2\ge0$이라는 것과 같은 뜻이다. 그러므로 만약 H가 양반정부호라면 $a\ge0$, $c\ge0$이 반드시 주어져야 한다. 더구나 만약 $a=0$이라면 반드시 $b=0$이어야 한다. 그래서 $ac-b^2=0$이다; 그렇지 않다면 $d_2=1$로 취하고 충분히 큰 $M>0$에 대해 $d_1=-Mb$라 하면, $\mathbf{d}^t\mathbf{H}\mathbf{d}<0$임을 얻으며 이것은 모순이다. 만약 $a>0$이라면 제곱을 완결하고, 다음 식

$$\mathbf{d}^t\mathbf{H}\mathbf{d}=a\left(d_1^2+\frac{2bd_1d_2}{a}+\frac{b^2}{a^2}d_2^2\right)+d_2^2\left(c-\frac{b^2}{a}\right)$$

$$= a\left(d_1 + \frac{b}{a}d_2\right)^2 + d_2^2\left(\frac{ac-b^2}{a}\right)$$

을 얻는다. 그러므로, 또다시 반드시 $(ac-b^2) \geq 0$이어야 한다. 그렇지 않다면 $d_2 = 1$, $d_1 = -b/a$라고 취함으로 $\mathbf{d}^t\mathbf{H}\mathbf{d} = (ac-b^2)/a < 0$임을 얻을 것이며 이것은 모순이다. 그러므로 이 정리의 조건은 성립한다. 역으로 $a \geq 0$, $c \geq 0$, $ac-b^2 \geq 0$라고 가정한다. 만약 $a=0$이면 이것은 $b=0$임을 제시하고, 그래서 $\mathbf{d}^t\mathbf{H}\mathbf{d} = cd_2^2 \geq 0$이다. 반면에 만약 $a > 0$이라면 위에서처럼 제곱을 완성하면 다음 식

$$\mathbf{d}^t\mathbf{H}\mathbf{d} = a\left(d_1 + \frac{b}{a}d_2^2\right) + d_2^2\left(\frac{ac-b^2}{a}\right) \geq 0$$

을 얻는다. 그러므로 $\mathbf{H}$는 양반정부호이다. 양정부호성의 증명은 유사하며 이것으로 증명이 완결되었다. (증명 끝)

여기에서 행렬 $\mathbf{H}$가 음반정부호(음정부호)라는 것은 $-\mathbf{H}$는 양반정부호(양정부호)라는 것과 같은 뜻이므로, 보조정리 3.3.11에서 $\mathbf{H}$가 음반정부호라는 것은 $a \leq 0$, $c \leq 0$, $ac-b^2 \geq 0$이라는 것과 같은 뜻임을 얻으며, 그리고 $\mathbf{H}$가 음정부호라는 것은 이들 부등식은 모두 엄격한 부등식이라는 것과 같은 뜻임을 얻음을 언급한다. 정리 3.3.12는 $\mathbf{H}$의 양반정부호성 또는 양정부호성을 점검하기 위해 제시된다. $\mathbf{H}$를 $-\mathbf{H}$로 대체해, 음반정부호성 또는 음정부호성에 대해 대칭적으로 검정할 수 있다. 만약 이 행렬이 양반정부호도 아니고 음반정부호도 아님이 판명되면 부정부호이다. 또한, 설명의 목적을 위해, $\mathbf{H}$는 2회 미분가능한 함수의 헤시안이므로 대칭이라고 아래에 가정한다. 일반적으로, 만약 $\mathbf{H}$가 대칭이 아니라면, $\mathbf{d}^t\mathbf{H}\mathbf{d} = \mathbf{d}^t\mathbf{H}^t\mathbf{d} = \mathbf{d}^t[(\mathbf{H}+\mathbf{H}^t)/2]\mathbf{d}$이므로, 아래의 대칭행렬 $(\mathbf{H}+\mathbf{H}^t)/2$을 사용해 $\mathbf{H}$의 정부호성을 검사할 수 있다.

3.3.12 정리(양반정부호/양정부호의 점검)

$\mathbf{H}$는 요소 h_{ij}를 갖는 대칭 $n \times n$ 행렬이라 한다.

(a) 만약 임의의 $i \in \{1, \cdots, n\}$에 대해 $h_{ii} \le 0$이라면 $\mathbf{H}$는 양정부호 행렬이 아니다; 만약 임의의 $i \in \{1, \cdots, n\}$에 대해 $h_{ii} < 0$이라면 $\mathbf{H}$는 양반정부호 행렬이 아니다.

(b) 만약 임의의 $i \in \{1, \cdots, n\}$에 대해 $h_{ii} = 0$이라면 모든 $j = 1, \cdots, n$에 대해 $h_{ij} = h_{ji} = 0$임도 성립해야 한다. 그렇지 않다면 $\mathbf{H}$는 양반정부호 행렬이 아니다.

(c) 만약 $n = 1$이라면, $\mathbf{H}$가 양반정부호(양정부호)라는 것은 $h_{11} \ge 0$ (> 0)이라는 것과 같은 뜻이다. 그렇지 않다면, 만약 $n \ge 2$라면 $\mathbf{H}$를 다음 식

$$\mathbf{H} = \begin{bmatrix} h_{11} & \mathbf{q}^t \\ \mathbf{q} & \mathbf{G} \end{bmatrix}$$

과 같이 분할한 형태로 놓으며, 여기에서 만약 $h_{11} = 0$이라면 $\mathbf{q} = \mathbf{0}$이고, 그렇지 않다면 $h_{11} > 0$이다. 어느 쪽 케이스이든 다음 행렬

$$\mathbf{H} = \begin{bmatrix} h_{11} & \mathbf{q}^t \\ \mathbf{0} & \mathbf{G}_{new} \end{bmatrix}$$

로 바꾸기 위해 $\mathbf{H}$의 첫째 행을 사용해 기본 가우스-조르단 연산을 실행한다. 그러면 $\mathbf{G}_{new}$는 대칭 $(n-1) \times (n-1)$ 행렬이며, $\mathbf{H}$가 양반정부호라는 것은 $\mathbf{G}_{new}$는 양반정부호행렬이라는 것과 같은 뜻이다. 나아가서 만약 $h_{11} > 0$이라면, 그리고 $\mathbf{H}$가 양정부호라는 것은 $\mathbf{G}_{new}$가 양정부호행렬이라는 것과 같은 뜻이다.

증명 (a) 만약 모든 $j \ne i$에 대해 $d_j = 0$이라면 $\mathbf{d}^t\mathbf{H}\mathbf{d} = d_i^2 h_{ii}$이므로, 이 정리의 파트 (a)는 명백하게 참이다.

(b) 어떤 $i \ne j$에 대해, $h_{ii} = 0$, $h_{ij} \ne 0$이라고 가정한다. 그렇다면, 모든 $k \ne i$ 또는 j에 대해 $d_k = 0$을 취함으로, $\mathbf{d}^t\mathbf{H}\mathbf{d} = 2h_{ij}d_i d_j + d_j^2 h_{jj}$임을 얻으며, 보조정리 3.3.11의 증명에서처럼, 충분히 큰 $M > 0$에 대해 $d_j = 1$이라고 취하고 $d_i = -h_{ij}M$이라고 취함으로

이것은 음(-) 값이 될 수 있다. 이것은 이 정리의 파트 (b) 내용이 성립하도록 한다.

(c) 마지막으로, 이 정리의 파트 (c)와 같이 $\mathbf{H}$는 분할된 형태로 주어진다고 가정한다. 만약 $n=1$이면, 이 결과는 자명하다. 그렇지 않다면, $n \geq 2$에 대해, $\mathbf{d}^t = \left(d_1, \boldsymbol{\delta}^t\right)$라고 놓는다. 만약 $h_{11}=0$이라면, 가정에 따라 $\mathbf{q}=\mathbf{0}$, $\mathbf{G}_{new}=\mathbf{G}$이다. 나아가서 이 경우, $\mathbf{d}^t\mathbf{H}\mathbf{d}=\boldsymbol{\delta}^t\mathbf{G}_{new}\boldsymbol{\delta}$이며, 따라서 $\mathbf{H}$가 양반정부호라는 것은 $\mathbf{G}_{new}$가 양반정부호행렬이라는 것과 같은 뜻이다. 반면에, 만약 $h_{11}>0$이라면 다음 식

$$\mathbf{d}^t\mathbf{H}\mathbf{d}=(d_1, \boldsymbol{\delta}^t)\begin{bmatrix} h_{11} & \mathbf{q}^t \\ \mathbf{q} & \mathbf{G} \end{bmatrix}\begin{bmatrix} d_1 \\ \boldsymbol{\delta} \end{bmatrix}=d_1^2 h_{11}+2d_1(\mathbf{q}\cdot\boldsymbol{\delta})+\boldsymbol{\delta}^t\mathbf{G}\boldsymbol{\delta}$$

을 얻는다. 그러나 가우스-조르단 축소 과정에 따라, 다음 식

$$\mathbf{G}_{new}=\mathbf{G}-\frac{1}{h_{11}}\begin{bmatrix} q_1\mathbf{q}^t \\ q_2\mathbf{q}^t \\ \vdots \\ q_n\mathbf{q}^t \end{bmatrix}=\mathbf{G}-\frac{1}{h_{11}}\mathbf{q}\,\mathbf{q}^t$$

을 얻으며 이것은 대칭행렬이다. 이것을 위 식에 대체하면, 다음 식

$$\begin{aligned}\mathbf{d}^t\mathbf{H}\mathbf{d}&=d_1^2 h_{11}+2d_1(\mathbf{q}\cdot\boldsymbol{\delta})+\boldsymbol{\delta}^t\left(\mathbf{G}_{new}+\frac{1}{h_{11}}\mathbf{q}\,\mathbf{q}^t\right)\boldsymbol{\delta}\\ &=\boldsymbol{\delta}^t\mathbf{G}_{new}\boldsymbol{\delta}+h_{11}\left(d_1+\frac{\mathbf{q}\cdot\boldsymbol{\delta}}{h_{11}}\right)^2\end{aligned}$$

을 얻는다. $h_{11}(d_1+\mathbf{q}\cdot\boldsymbol{\delta}/h_{11})^2 \geq 0$이므로, 그리고 후자의 항은, 필요하다면 $d_1=-\mathbf{q}\cdot\boldsymbol{\delta}/h_{11}$을 선택함으로 0이 될 수 있으므로, 모든 $\mathbf{d}\in\Re^n$에 대해 $\mathbf{d}^t\mathbf{H}\mathbf{d} \geq 0$이라는 것은 모든 $\boldsymbol{\delta}\in\Re^{n-1}$에 대해 $\boldsymbol{\delta}^t\mathbf{G}_{new}\boldsymbol{\delta} \geq 0$이라는 것과 같은 뜻이라는 것을 쉽게 입증할 수 있다. 동일한 논증에 따라, $\Re^n$의 모든 $\mathbf{d}\neq\mathbf{0}$에 대해 $\mathbf{d}^t\mathbf{H}\mathbf{d}>0$이라는 것은 $\Re^{n-1}$에서 모든 $\boldsymbol{\delta}\neq\mathbf{0}$에 대해 $\boldsymbol{\delta}^t\mathbf{G}_{new}\boldsymbol{\delta}>0$이라는 것과 같은 뜻

이며, 이것으로 증명이 완결되었다. (증명 끝)

정리 3.3.12은 대칭 $n \times n$ 행렬 $\mathbf{H}$의 양반정부호/양정부호의 여부를 점검하기 위한 다항식-횟수 알고리즘을 상기시킨다. 먼저 정리의 조건 (a) 또는 (b)가 행렬이 양반정부호/양정부호가 아니라는 결론으로 인도하는가를 알아보기 위해 대각선 요소를 조사한다. 만약 이것이 이 과정을 종료시키지 않는다면 이 정리의 조건 c와 같이 가우스-조르단 축소를 실행하고 지금 $\mathbf{H}$의 검정과 동일한 검정을 실행하기 위한 하나 낮은 차원의 행렬 $\mathbf{G}_{new}$에 도달한다. $\mathbf{G}_{new}$가 마지막으로 2×2 행렬일 때 보조정리 3.3.11을 사용하거나 아니면 1×1 행렬로 축소하기 위해 계속할 수 있으며 이에 따라 $\mathbf{H}$가 양반정부호/양정부호인지 아닌지를 결정한다. 각각은 **복잡도** $O(n^2)$의 알고리즘의 귀납적 스텝($O(n^2)$은 'n^2**의 차수**'라고 읽으며 관련된 초보적 대수연산과 비교연산의 횟수는 어떤 상수 K에 대해 Kn^2이며 '위로 유계'이다)을 거치므로 귀납적 스텝의 개수는 $O(n)$이며 전체적 과정은 다항식적 복잡도 $O(n^3)$이다. 이 알고리즘은 기본적으로 행렬을 상삼각 행렬로 바꾸는 작용을 하므로 이것은 간혹 **슈퍼-대각선화 알고리즘**이라고 말한다. 이 알고리즘은 다음과 같이 유용한 결과의 증명을 제공하며 이것은 정부호성의 특성에 관한 설명을 사용해 대안적으로 증명할 수 있다(연습문제 3.42 참조).

따름정리 $\mathbf{H}$는 $n \times n$ 대칭행렬이라 하자. 그렇다면 $\mathbf{H}$가 양정부호라는 것은 $\mathbf{H}$가 양반정부호이며 정칙이라는 것과 같은 뜻이다.

증명 만약 $\mathbf{H}$가 양정부호라면, 이것은 양반정부호이다; 그리고 슈퍼-대각선화 알고리즘은 기본 행연산을 실행해 행렬 $\mathbf{H}$를 양$(+)$ 대각선 요소를 갖는 상삼각행렬로 바꾸므로, $\mathbf{H}$는 정칙 행렬이다. 역으로, 만약 $\mathbf{H}$가 양반정부호이며 정칙이라면, $\mathbf{H}$가 정칙이므로 슈퍼-대각선화 알고리즘은 항상 대각선을 따라 0이 아닌 요소를 만나야 하며, $\mathbf{H}$가 양반정부호이므로 0이 아닌 요소는 반드시 양$(+)$이어야 한다. 그러므로, $\mathbf{H}$는 양정부호이다. (증명 끝)

3.3.13 예제

예제 1. 절 3.3.6의 예제 1을 고려해보고, 여기에서 다음 식

$$\mathbf{H}(\mathbf{x})=\begin{bmatrix}-4 & 4\\ 4 & -6\end{bmatrix}$$

을 얻으며, 따라서 다음 식

$$-\mathbf{H}(\mathbf{x})=\begin{bmatrix}4 & -4\\ -4 & 6\end{bmatrix}$$

이 성립한다. 보조정리 3.3.11에 따라, $-\mathbf{H}(\mathbf{x})$는 양정부호이며, 그래서 $\mathbf{H}(\mathbf{x})$는 음정부호이며 f는 엄격하게 오목이라는 결론이 나온다.

예제 2. 함수 $f(x_1, x_2)=x_1^3+2x_2^2$를 고려해보고, 여기에서 다음 식

$$\nabla f(\mathbf{x})=\begin{bmatrix}3x_1^2\\ 4x_2\end{bmatrix}, \qquad \mathbf{H}(\mathbf{x})=\begin{bmatrix}6x_1 & 0\\ 0 & 4\end{bmatrix}$$

을 얻는다. 보조정리 3.3.11에 따라, $x_1<0$이라면, $\mathbf{H}(\mathbf{x})$는 부정부호 행렬이다. 그러나, $x_1>0$에 대해 $\mathbf{H}(\mathbf{x})$는 양정부호이며, 따라서 f는 $\{\mathbf{x}\mid x_1>0\}$ 전체에 걸쳐 엄격하게 볼록이다.

예제 3. 다음 행렬

$$\mathbf{H}=\begin{bmatrix}2 & 1 & 2\\ 1 & 2 & 3\\ 2 & 3 & 4\end{bmatrix}$$

을 고려해보자. 이 행렬은 음반정부호가 아님을 주목하자. 양반정부호/양정부호를 점검하기 위해, 슈퍼-대각선화 알고리즘을 적용하고 $\mathbf{H}$를 다음 식

$$\mathbf{H}=\begin{bmatrix}2 & 1 & 2\\ 0 & 3/2 & 2\\ 0 & 2 & 2\end{bmatrix}, \qquad \mathbf{G}_{new}=\begin{bmatrix}3/2 & 2\\ 2 & 2\end{bmatrix}$$

과 같이 $\mathbf{G}_{new}$를 제공하는 $\mathbf{H}$와 같이 축소한다. 지금 $\mathbf{G}_{new}$의 대각선 요소는 양(+)이지만, $det\,(\mathbf{G}_{new})=-1$이다. 그러므로, $\mathbf{H}$는 양반정부호가 아니다. 양자택일

로, 이것은 다음 행렬

$$\begin{bmatrix} 3/2 & 2 \\ 0 & -2/3 \end{bmatrix}$$

을 얻기 위해 $\mathbf{G}_{new}$을 계속 축소해 입증할 수 있다. 결과로 나타나는 둘째의 대각선 요소(즉, 축소된 $\mathbf{G}_{new}$)는 음(-)이므로, $\mathbf{H}$는 양반정부호가 아니다. $\mathbf{H}$는 음반정부호도 아니므로, 이것은 부정부호 행렬이다.

3.4 볼록함수의 최소와 최대

이 절에서 볼록집합 전체에 걸쳐 볼록함수의 최소화문제와 최대화문제를 고려하고 최적성의 필요조건 그리고/또는 충분조건을 개발한다.

볼록함수의 최소화

오목함수를 최대화하는 케이스는 볼록함수를 최소화하는 케이스와 유사하다. 후자를 상세하게 개발하며, 독자는 오목함수 케이스에 대해 유사한 결과를 유도할 수 있다.

3.4.1 정의

$f : \Re^n \to \Re$이라 하고, 최소화 $f(\mathbf{x})$ 제약조건 $\mathbf{x} \in S$ 문제를 고려해보자. 점 $\mathbf{x} \in S$는 문제의 하나의 **실현가능해**라 한다. 만약 $\overline{\mathbf{x}} \in S$이며 각각의 $\mathbf{x} \in S$에 대해 $f(\mathbf{x}) \geq f(\overline{\mathbf{x}})$이라면 $\overline{\mathbf{x}}$는 **최적해**, **전역최적해**, 또는 단순하게 문제의 **해**라 한다. 최적해의 집합은 **복수 최적해**라 한다. 만약 $\overline{\mathbf{x}} \in S$이며 만약 $\overline{\mathbf{x}}$의 근처에서 각각의 $\mathbf{x} \in S \cap \mathbb{N}_\varepsilon(\overline{\mathbf{x}})$에 대해 $f(\mathbf{x}) \geq f(\overline{\mathbf{x}})$이 되도록 하는 하나의 ε-근방 $\mathbb{N}_\varepsilon(\overline{\mathbf{x}})$이 존재한다면, $\overline{\mathbf{x}}$는 하나의 **국소최적해**라 한다. 유사하게 만약 $\overline{\mathbf{x}} \in S$이며 만약 $\varepsilon > 0$인 모든 $\mathbf{x} \in S \cap \mathbb{N}_\varepsilon(\overline{\mathbf{x}})$에 대해, 그리고 $\mathbf{x} \neq \overline{\mathbf{x}}$에 대해 $f(\mathbf{x}) > f(\overline{\mathbf{x}})$라면 $\overline{\mathbf{x}}$는 **엄격한 국소최적해**라 한다. 반면에 만약 $\overline{\mathbf{x}}$의 어떤 ε-근방 $\mathbb{N}_\varepsilon(\overline{\mathbf{x}})$에 대해 $\overline{\mathbf{x}} \in S$가 $S \cap \mathbb{N}_\varepsilon(\overline{\mathbf{x}})$에서 유일한 국소최소해라면 $\overline{\mathbf{x}}$는 **강국소최적해** 또는 **고립국**

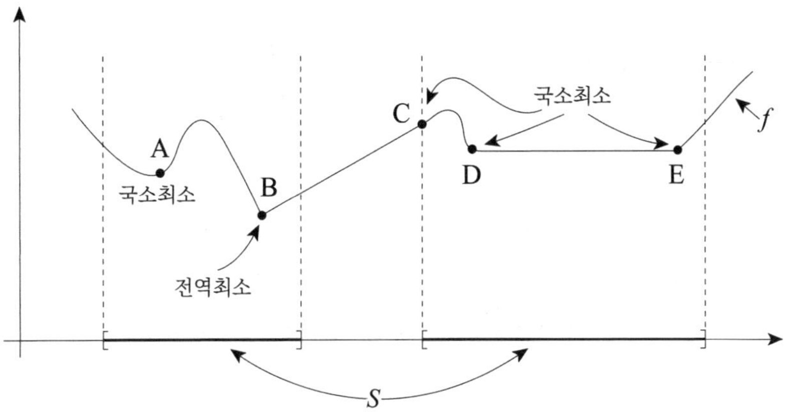

그림 3.6 국소최소해와 전역최소해

소최적해라 한다. 국소최적해 또는 국소최소해의 모든 유형은 가끔 **상대적 최소해**라고도 한다. 그림 3.6은 최소화 $f(\mathbf{x})$ 제약조건 $\mathbf{x} \in S$ 문제의 국소최소해와 전역최소해의 사례를 예시하며, 여기에서 f, S는 그림에 나타나 있다.

A, B, C에 상응하는 S에 속한 점은 엄격한 국소최소해이며 또한 강한 국소최소해이기도 하며, 여기에서 D, E 사이의 평탄한 구간에 상응하는 점들은 엄격한 국소최적해도 아니고 강한 국소최소해도 아닌 점이다. 만약 $\overline{\mathbf{x}}$가 강국소최소해 또는 고립국소최소해라면 이것은 또한 엄격한 국소최소해도 됨을 주목하자. 이것을 알아보기 위해, $\overline{\mathbf{x}}$의 강국소최소해 성격의 특성을 알려주는 ε-근방 $\mathbb{N}_\varepsilon(\overline{\mathbf{x}})$을 고려해보자. 그러면 또한 반드시 모든 $\mathbf{x} \in S \cap \mathbb{N}_\varepsilon(\overline{\mathbf{x}})$에 대해 $f(\mathbf{x}) > f(\overline{\mathbf{x}})$이기도 해야 한다. 왜냐하면, 그렇지 않다면 $f(\overline{\mathbf{x}}) = f(\hat{\mathbf{x}})$이 되도록 하는 $\hat{\mathbf{x}} \in S \cap \mathbb{N}_\varepsilon(\overline{\mathbf{x}})$이 존재함을 가정해야 하기 때문이다. $\hat{\mathbf{x}}$는 $S \cap \mathbb{N}_\varepsilon(\overline{\mathbf{x}})$에 속한 복수 최적해 가운데 하나이며 따라서 모든 $\mathbf{x} \in S \cap \mathbb{N}_{\varepsilon'}(\overline{\mathbf{x}})$에 대해 $f(\mathbf{x}) \geq f(\hat{\mathbf{x}})$이 되도록 하는 어떤 $0 \leq \varepsilon' \leq \varepsilon$이 존재함을 주목하자. 그러나 이것은 $\overline{\mathbf{x}}$의 고립국소최소해의 지위를 위반한다. 그러므로 $\overline{\mathbf{x}}$는 반드시 엄격한 국소최소해도 되어야 한다. 반면에, 엄격한 국소최소해는 고립국소최소해일 필요가 없다. 그림 3.7은 이러한 예 2개를 보여준다. 그림 3.7a에서 $S = \Re$이며 $x = 1$에 대해 $f(x) = 1$이고, 그렇지 않다면 $f(x) = 2$이다. $\overline{\mathbf{x}}$의 임의의 ε-근방은 $\overline{x} = 1$이 아닌 점을 포함하므로 f의 불연속성의 점 $\overline{x} = 1$은 엄격한 국소최소해이지만 고립국소최적해는 아님을 주목하자.

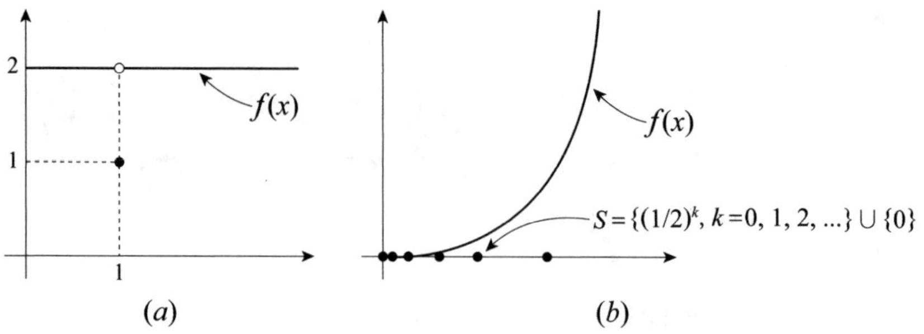

그림 3.7 엄격한 국소최소해는 강국소최소해일 필요가 없다

그런데 $\bar{x} = 1$이 아닌 점은 모두 국소최적해이다. 그림 3.7b는 엄격하게 볼록인 함수 $f(x) = x^2$의 다른 케이스를 예시한다; 그러나 $S = \{1/2^k, k = 0,1,2, \cdots\} \cup \{0\}$는 비볼록집합이며, 여기에서, 하나의 충분히 작은 $\varepsilon > 0$을 갖는 $S \cap \mathbb{N}_\varepsilon(\bar{\mathbf{x}})$에서 유일한 실현가능해로 선택할 수 있으므로, 임의의 정수 $k \geq 0$에 대해 점 $\bar{\mathbf{x}} = 1/2^k$는 고립국소최소해이며, 그러므로 엄격한 국소최소해이다. 그러나 비록 $\bar{\mathbf{x}} = 0$는 명확하게 엄격한 국소최소해(이것은 사실상, 유일한 전역최소해)이지만, $\bar{\mathbf{x}} = 0$의 임의의 ε–근방은 앞서 말한 유형의 나머지 국소최소해를 포함하므로, 이것은 고립국소최소해는 아니다.

그럼에도 불구하고, f가 볼록함수이며 S가 볼록집합인 상황에서, 이 절의 관심사로 **볼록계획법** 문제라 알려진, $min\{f(\mathbf{x}) | \mathbf{x} \in S\}$의 최적화문제에 있어, 정리 3.4.2에서 보인 것처럼 엄격한 국소최소해는 역시 강국소최소해이기도 하며(좀 더 약한 충분조건에 대해 연습문제 3.47 참조), 여기에서 가장 주요한 결과는 각각의 볼록계획법 문제의 국소최소해는 또한 전역최소해이기도 하다. 만약 실현가능해 부근의 탐색이 하나의 개선하는 실현가능해로 인도하지 않는다면, 위의 결과는 전역최적해를 구하고 중지할 수 있도록 하므로, 볼록계획법 문제의 국소최소해는 또한 전역최소해도 된다는 사실은 최적화과정에서 상당히 유용하다.

3.4.2 정리

$S \neq \varnothing$는 $\Re^n$의 볼록집합이라 하고, $f : S \rightarrow \Re$는 S에서 볼록이라 하자. 최소화 $f(\mathbf{x})$ 제약조건 $\mathbf{x} \in S$ 문제를 고려해보자. $\bar{\mathbf{x}} \in S$는 문제의 국소최적해라고 가정한다.

1. 그렇다면 $\bar{\mathbf{x}}$는 전역최적해이다.
2. 만약 $\bar{\mathbf{x}}$가 엄격한 국소최소해이거나 또는 f가 엄격하게 볼록이라면, $\bar{\mathbf{x}}$는 유일한 전역최적해이며, 또한 강한 국소최소해이다.

증명 $\bar{\mathbf{x}}$는 국소최적해이므로, $\bar{\mathbf{x}}$에서 다음 식

$$f(\mathbf{x}) \geq f(\bar{\mathbf{x}}) \qquad \text{각각의 } \mathbf{x} \in S \cap \mathbb{N}_\varepsilon(\bar{\mathbf{x}})\text{에 대해} \tag{3.15}$$

이 성립하도록 하는 ε-근방 $\mathbb{N}_\varepsilon(\bar{\mathbf{x}})$이 존재한다. 모순을 일으켜, $\bar{\mathbf{x}}$는 어떤 $\hat{\mathbf{x}} \in S$에 대해 $f(\hat{\mathbf{x}}) < f(\bar{\mathbf{x}})$이 되도록 하는 전역최적해가 아니라고 가정한다. f의 볼록성에 따라 각각의 $0 \leq \lambda \leq 1$에 대해 다음 식

$$f(\lambda\hat{\mathbf{x}} + (1-\lambda)\bar{\mathbf{x}}) \leq \lambda f(\hat{\mathbf{x}}) + (1-\lambda)f(\bar{\mathbf{x}}) < \lambda f(\bar{\mathbf{x}}) + (1-\lambda)f(\bar{\mathbf{x}}) = f(\bar{\mathbf{x}})$$

은 성립한다. 그러나 충분히 작은 $\lambda > 0$에 대해, $\lambda\hat{\mathbf{x}} + (1-\lambda)\bar{\mathbf{x}} \in \cap S \cap \mathbb{N}_\varepsilon(\bar{\mathbf{x}})$이다. 그러므로, 위의 부등식은 (3.15)를 위반하며, 파트 1은 증명되었다.

다음으로, $\bar{\mathbf{x}}$는 엄격한 국소최소해라고 가정한다. 파트 1에 의해 이것은 전역최소해이다. 지금 이와 반대로 만약 $f(\hat{\mathbf{x}}) = f(\bar{\mathbf{x}})$이 되도록 하는 $\hat{\mathbf{x}} \in S$가 존재한다면, $0 \leq \lambda \leq 1$에 대해 $\mathbf{x}_\lambda = \lambda\hat{\mathbf{x}} + (1-\lambda)\bar{\mathbf{x}}$라고 정의해, f와 S의 볼록성에 따라 $f(\mathbf{x}_\lambda) \leq \lambda f(\hat{\mathbf{x}}) + (1-\lambda)f(\bar{\mathbf{x}}) = f(\bar{\mathbf{x}})$임을 얻으며, 모든 $0 \leq \lambda \leq 1$에 대해 $\mathbf{x}_\lambda \in S$이다. $\lambda \to 0^+$라고 함으로, 임의의 $\varepsilon > 0$에 대해 $\mathbf{x}_\lambda \in \mathbb{N}_\varepsilon(\bar{\mathbf{x}}) \cap S$로 할 수 있으므로, 이것은 $\bar{\mathbf{x}}$의 엄격한 국소최적성을 위반한다. 그러므로, $\bar{\mathbf{x}}$는 유일한 전역최소해이다. 그러므로, 이것은 또한 고립국소최소해도 되어야 한다. 어떤 임의의 $\varepsilon > 0$인 $\mathbb{N}_\varepsilon(\bar{\mathbf{x}}) \cap S$에 속한 다른 국소최소해도 역시 전역최소해가 될 것이므로, 이것은 모순이다.

마지막으로 $\bar{\mathbf{x}}$는 국소최적해이며 f는 엄격하게 볼록이라고 가정한다. 엄격한 볼록성은 볼록성을 의미하므로, 그렇다면 파트 1에 따라, $\bar{\mathbf{x}}$는 전역최적해이다. 모순을 일으켜, $\bar{\mathbf{x}}$는 유일한 전역최적해가 아니라고 가정하면, 그래서 $f(\mathbf{x}) = f(\bar{\mathbf{x}})$이 되도록 하는 $\mathbf{x} \neq \bar{\mathbf{x}}$인 $\mathbf{x} \in S$가 존재한다. 엄격한 볼록성에 따라 다음 식

$$f\left(\frac{1}{2}\mathbf{x}+\frac{1}{2}\overline{\mathbf{x}}\right)<\frac{1}{2}f(\mathbf{x})+\frac{1}{2}f(\overline{\mathbf{x}})=f(\overline{\mathbf{x}})$$

이 성립한다. S의 볼록성에 따라, $(1/2)\mathbf{x}+(1/2)\overline{\mathbf{x}}\in S$이며, 위의 부등식은 $\overline{\mathbf{x}}$가 전역최소해임을 위반한다. 그러므로 $\overline{\mathbf{x}}$는 유일한 전역최소해이며, 위에서처럼, 강한 국소최소해이기도 하다. 이것으로 증명이 완결되었다. (증명 끝)

지금 전역해의 존재를 위한 필요충분조건을 개발한다. 만약 그러한 최적해가 존재하지 않는다면, $inf\{f(\mathbf{x})\mid \mathbf{x}\in S\}$는 유한하지만 집합 S에 속한 임의의 점에서 성취되지 않거나, 또는 $-\infty$와 같다.

3.4.3 정리

$f:\Re^n\rightarrow\Re$은 볼록이라 하고, S는 $\Re^n$에서 공집합이 아닌 볼록집합이라 하자. 최소화 $f(\mathbf{x})$ 제약조건 $\mathbf{x}\in S$ 문제를 고려해보자. $\overline{\mathbf{x}}\in S$가 문제의 하나의 최적해라는 것은 f가 $\overline{\mathbf{x}}$에서 모든 $\mathbf{x}\in S$에 대해 $\boldsymbol{\xi}\cdot(\mathbf{x}-\overline{\mathbf{x}})\geq 0$이 되도록 하는 하나의 열경도 $\boldsymbol{\xi}$를 갖는 것과 같은 뜻이다.

증명 모든 $\mathbf{x}\in S$에 대해 $\boldsymbol{\xi}\cdot(\mathbf{x}-\overline{\mathbf{x}})\geq 0$이라고 가정하며, 여기에서 $\boldsymbol{\xi}$는 $\overline{\mathbf{x}}$에서 f의 하나의 열경도이다. f의 볼록성에 따라, 다음 식

$$f(\mathbf{x})\geq f(\overline{\mathbf{x}})+\boldsymbol{\xi}\cdot(\mathbf{x}-\overline{\mathbf{x}})\geq f(\overline{\mathbf{x}})\quad\forall\mathbf{x}\in S$$

을 얻으며, 따라서 $\overline{\mathbf{x}}$는 주어진 문제의 하나의 최적해이다.

역의 내용을 보여주기 위해, $\overline{\mathbf{x}}$는 문제의 하나의 최적해라고 가정하고 $\Re^{n+1}$에서 다음 2개

$$\Lambda_1=\{(\mathbf{x}-\overline{\mathbf{x}},y)\mid \mathbf{x}\in\Re^n,\ \ y>f(\mathbf{x})-f(\overline{\mathbf{x}})\}$$

$$\Lambda_2=\{(\mathbf{x}-\overline{\mathbf{x}},y)\mid \mathbf{x}\in S,\ \ y\leq 0\}$$

의 집합을 구성한다. 독자는 Λ_1, Λ_2가 볼록집합임을 쉽게 입증할 것이다. 또한 $\Lambda_1 \cap \Lambda_2 = \varnothing$ 이다. 왜냐하면, 그렇지 않다면 $\bar{\mathbf{x}}$ 가 문제의 하나의 최적해라는 가정을 위반하면서 다음 식

$$\mathbf{x} \in S, \qquad 0 \geq y > f(\mathbf{x}) - f(\bar{\mathbf{x}})$$

이 성립하도록 하는 하나의 점 $(\mathbf{x}, y)$가 존재할 것이기 때문이다. 정리 2.4.8에 따라 Λ_1, Λ_2를 분리하는 하나의 초평면이 존재한다; 즉 말하자면 다음 식

$$\boldsymbol{\xi}_0 \cdot (\mathbf{x} - \bar{\mathbf{x}}) + \mu y \leq \alpha, \ \forall \mathbf{x} \in \Re^n, \quad y > f(\mathbf{x}) - f(\bar{\mathbf{x}}) \tag{3.16}$$

$$\boldsymbol{\xi}_0 \cdot (\mathbf{x} - \bar{\mathbf{x}}) + \mu y \geq \alpha, \ \forall \mathbf{x} \in S, \quad y \leq 0 \tag{3.17}$$

이 성립하도록 하는 하나의 $\mathbf{0}$이 아닌 벡터 $(\boldsymbol{\xi}_0, \mu)$와 하나의 스칼라 α가 존재한다. 만약 (3.17)에서 $\mathbf{x} = \bar{\mathbf{x}}$, $y = 0$이라고 놓으면, $\alpha \leq 0$임이 뒤따른다. 다음으로 (3.16)에서 $\mathbf{x} = \bar{\mathbf{x}}$, $y = \varepsilon > 0$이라 하면 $\mu\varepsilon \leq \alpha$임이 따른다. 이것은 모든 $\varepsilon > 0$에 대해 참이므로, $\mu \leq 0$, $\alpha \geq 0$이다. 요약하자면 $\mu \leq 0$, $\alpha = 0$임을 보였다. 만약 $\mu = 0$이라면 (3.16)에서, 그리고 각각의 $\mathbf{x} \in \Re^n$에 대해 $\boldsymbol{\xi}_0 \cdot (\mathbf{x} - \bar{\mathbf{x}}) \leq 0$이다. 만약 $\mathbf{x} = \bar{\mathbf{x}} + \boldsymbol{\xi}_0$라 하면 다음 부등식

$$0 \geq \boldsymbol{\xi}_0 \cdot (\mathbf{x} - \bar{\mathbf{x}}) = \| \boldsymbol{\xi}_0 \|^2$$

이 뒤따른다. 그러므로 $\boldsymbol{\xi}_0 = \mathbf{0}$ 이다. $(\boldsymbol{\xi}_0 / \mu) \neq (\mathbf{0}, 0)$이므로, 반드시 $\mu < 0$이어야 한다. (3.16), (3.17)을 $-\mu$로 나누고, $-\boldsymbol{\xi}_0 / \mu$를 $\boldsymbol{\xi}$ 라고 나타내면, 다음 부등식

$$y \geq \boldsymbol{\xi} \cdot (\mathbf{x} - \bar{\mathbf{x}}), \ \forall \mathbf{x} \in \Re^n, \ y > f(\mathbf{x}) - f(\bar{\mathbf{x}}) \tag{3.18}$$

$$\boldsymbol{\xi} \cdot (\mathbf{x} - \bar{\mathbf{x}}) - y \geq 0, \ \forall \mathbf{x} \in S, \ y \leq 0 \tag{3.19}$$

을 얻는다. (3.19)에서 $y = 0$라고 함으로, 모든 $\mathbf{x} \in S$에 대해 $\boldsymbol{\xi} \cdot (\mathbf{x} - \bar{\mathbf{x}}) \geq 0$임을 얻는다. (3.18)에서 다음 식

$$f(\mathbf{x}) \geq f(\bar{\mathbf{x}}) + \boldsymbol{\xi} \cdot (\mathbf{x} - \bar{\mathbf{x}}) \quad \forall \mathbf{x} \in \Re^n$$

은 명백하다. 그러므로 $\boldsymbol{\xi}$는 $\overline{\mathbf{x}}$에서 모든 $\mathbf{x} \in S$에 대해 $\boldsymbol{\xi} \cdot (\mathbf{x} - \overline{\mathbf{x}}) \geq 0$이라는 특질을 갖는 f의 하나의 열경도이다. 그리고 증명이 완결되었다. (증명 끝)

따름정리 1 정리 3.4.3의 가정 아래, 만약 S가 열린집합이면, 그리고 $\overline{\mathbf{x}}$가 문제에 대한 하나의 최적해라는 것은 $\overline{\mathbf{x}}$에서 f의 $\mathbf{0}$ 열경도가 존재한다는 것과 같은 뜻이다. 특히 만약 $S = \Re^n$인 경우 $\overline{\mathbf{x}}$가 하나의 전역최소해라는 것은 $\overline{\mathbf{x}}$에서 하나의 $\mathbf{0}$의 열경도가 존재한다는 것과 같은 뜻이다.

증명 이 정리에 따라 $\overline{\mathbf{x}}$가 하나의 최적해라는 것은 각각의 $\mathbf{x} \in S$에 대해 $\boldsymbol{\xi} \cdot (\mathbf{x} - \overline{\mathbf{x}}) \geq 0$이라는 것과 같은 뜻이며, 여기에서 $\boldsymbol{\xi}$는 $\overline{\mathbf{x}}$에서 f의 하나의 열경도이다. S는 열린집합이므로 어떤 양(+) λ에 대해 $\mathbf{x} = \overline{\mathbf{x}} - \lambda \boldsymbol{\xi} \in S$이다. 그러므로 $-\lambda \| \boldsymbol{\xi} \|^2 \geq 0$이다; 즉 말하자면, $\boldsymbol{\xi} = \mathbf{0}$이다. (증명 끝)

따름정리 2 이 정리의 가정 외에 또, f는 미분가능하다고 가정한다. 그렇다면 $\overline{\mathbf{x}}$가 하나의 최적해라는 것은 모든 $\mathbf{x} \in S$에 대해 $\nabla f(\overline{\mathbf{x}}) \cdot (\mathbf{x} - \overline{\mathbf{x}}) \geq 0$이라는 것과 같은 뜻이다. 더군다나 만약 S가 열린집합이라면, $\overline{\mathbf{x}}$가 하나의 최적해라는 것은 $\nabla f(\overline{\mathbf{x}}) = \mathbf{0}$이라는 것과 같은 뜻이다.

정리 3.4.3의 의미의 중요성을 주목하시오. 먼저 이 정리는 최적해의 필요충분조건의 특성에 관한 설명을 제공한다. 이와 같은 특성의 규명은, 만약 f가 미분가능하고 S가 열린집합이라면, 도함수가 $\mathbf{0}$이 되는, 잘 알려진 조건이 된다는 것이다. 또 하나 중요한 의미는, 만약 최적해가 아닌 하나의 점 $\overline{\mathbf{x}}$에 도달하고, 여기에서 어떤 $\mathbf{x} \in S$에 대해 $\nabla f(\overline{\mathbf{x}}) \cdot (\mathbf{x} - \overline{\mathbf{x}}) < 0$이라면, 하나의 개선하는 해로 진행할 수 있는 명백한 방법이 존재한다는 것이다. 이것은 $\overline{\mathbf{x}}$에서 벡터 $\mathbf{d} = \mathbf{x} - \overline{\mathbf{x}}$ 방향으로 이동함으로 달성된다. 스텝의 실제 크기는 **선형탐색문제**의 최적해를 구해 결정할 수 있으며, 다음과 같은 형태의 일차원 최소화 하위문제이다: 즉 최소화 $f(\overline{\mathbf{x}} + \lambda \mathbf{d})$ 제약조건 $\lambda \geq 0$ $\overline{\mathbf{x}} + \lambda \mathbf{d} \in S$이다. 이 절차는 **실현가능방향법**이라고 말하며, 이것은 제10장에서 좀 더 상세하게 논의한다.

추가적 통찰력을 제공하기 위해, 잠시 따름정리 2에 대해 숙고해보자. 따름정리 2는 정리 3.4.3의 미분가능한 케이스를 제기한다. 그림 3.8은 이 결과의 기

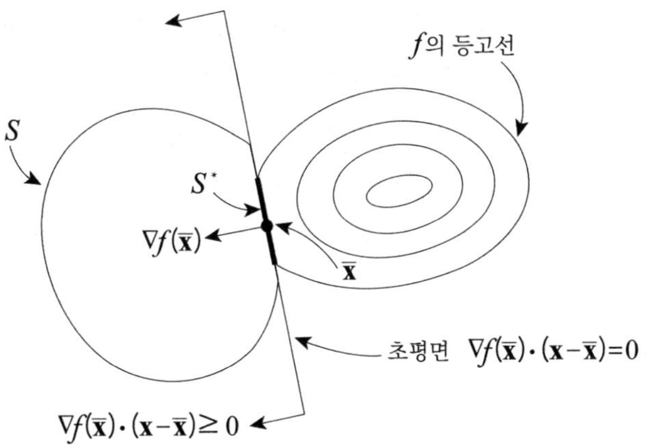

그림 3.8 정리 3.4.3과 정리 3.4.4의 기하학적 구성

하학적 구성을 예시한다. 지금 최소화 $f(\mathbf{x})$ 제약조건 $\mathbf{x}\in S$ 문제에 대해 f는 미분가능하고 볼록이지만 S는 임의의 집합이라고 가정한다. 또한, 모든 $\mathbf{x}\in S$에 대해 방향도함수가 $f'(\bar{\mathbf{x}};\mathbf{x}-\bar{\mathbf{x}}) = \nabla f(\bar{\mathbf{x}})\cdot(\mathbf{x}-\bar{\mathbf{x}}) \geq 0$임이 나타난다고 가정한다. $\bar{\mathbf{x}}$에 비해 목적함수를 더 많이 개선하는 임의의 해 $\hat{\mathbf{x}}$에 대해 f의 볼록성에 따라 $f(\bar{\mathbf{x}}) > f(\hat{\mathbf{x}}) \geq f(\bar{\mathbf{x}}) + \nabla f(\bar{\mathbf{x}})\cdot(\hat{\mathbf{x}}-\bar{\mathbf{x}})$이며, 이것은 $\nabla f(\bar{\mathbf{x}})\cdot(\hat{\mathbf{x}}-\bar{\mathbf{x}}) < 0$임을 의미하며 한편으로 모든 $\mathbf{x}\in S$에 대해 $\nabla f(\bar{\mathbf{x}})\cdot(\mathbf{x}-\bar{\mathbf{x}}) \geq 0$이므로 이 정리의 증명은 S에 관계없이 $\bar{\mathbf{x}}$가 전역최소해임을 실제로 보여준다. 그러므로 모든 $\mathbf{x}\in S$에 대해 초평면 $\nabla f(\bar{\mathbf{x}})\cdot(\mathbf{x}-\bar{\mathbf{x}}) = 0$은 $\bar{\mathbf{x}}$보다도 목적함수를 개선하는 해와 S를 분리한다(미분불가능한 케이스에 대해 초평면 $\boldsymbol{\xi}\cdot(\mathbf{x}-\bar{\mathbf{x}}) = 0$은 유사한 역할을 한다). 그러나 만약 f가 볼록함수가 아니라면, 모든 $\mathbf{x}\in S$에 대해 방향도함수 $\nabla f(\bar{\mathbf{x}})\cdot(\mathbf{x}-\bar{\mathbf{x}})$가 비음(-)임은 $\bar{\mathbf{x}}$가 국소최소해일 필요가 있다는 것조차도 의미하지 않는다. 예를 들면, 최소화 $f(x) = x^3$ 제약조건 $-1 \leq x \leq 1$ 문제에 대해 $f'(0) = 0$이므로 모든 $x\in S$에 대해 $\bar{x} = 0$에서 $f'(\bar{x})(x-\bar{x}) \geq 0$이어야 한다는 조건이 만족된다. 그러나 $\bar{x} = 0$는 이 문제의 국소최소해조차도 아니다.

역으로, f는 미분가능하지만 이 외에는 달리 정해진 것은 없고 S는 볼록집합이라고 가정한다. 그렇다면, 만약 $\bar{\mathbf{x}}$가 전역최소해라면 반드시 $f'(\bar{\mathbf{x}};\mathbf{x}-\bar{\mathbf{x}}) = \nabla f(\bar{\mathbf{x}})\cdot(\mathbf{x}-\bar{\mathbf{x}}) \geq 0$이어야 한다. 그렇지 않다면, 만약 $\nabla f(\bar{\mathbf{x}})\cdot(\mathbf{x}-\bar{\mathbf{x}}) < 0$이

라면, $\mathbf{d} = \mathbf{x} - \bar{\mathbf{x}}$ 방향으로 이동할 수 있으며, 위에서처럼 충분하게 작은 스텝 길이에 대해, 목적함숫값은 하강할 것이나, S의 볼록성에 따라 $0 \le \lambda \le 1$에 대해 $\bar{\mathbf{x}} + \lambda\mathbf{d}$는 실현가능해를 유지할 것이므로, 만약 $\bar{\mathbf{x}}$가 전역최소해라면 반드시 $f'(\bar{\mathbf{x}};\mathbf{x} - \bar{\mathbf{x}}) = \nabla f(\bar{\mathbf{x}})\cdot(\mathbf{x} - \bar{\mathbf{x}}) \ge 0$이어야 함이 뒤따른다. 이것은 좀 더 일반적 개념을 설명함을 주목하자: 만약 f는 미분가능하지만 f와 S가 별도로 달리 정해진 것이 없다면, 그리고 만약 $\bar{\mathbf{x}}$가 S 전체에 걸쳐 f의 국소최소해라면 $0 < \lambda \le \delta$에 대해 $\bar{\mathbf{x}} + \lambda\mathbf{d}$가 실현가능해로 남아있는 임의의 방향 $\mathbf{d}$에 대해, $\bar{\mathbf{x}}$에서 $\mathbf{d}$ 방향으로 f의 비음(-) 방향도함수가 반드시 주어져야 한다; 즉 말하자면, 반드시 $f'(\bar{\mathbf{x}};\mathbf{d}) = \nabla f(\bar{\mathbf{x}})\cdot\mathbf{d} \ge 0$이어야 한다.

지금 볼록계획법 문제로 관심을 바꾸자. 다음 결과와 이것의 따름정리는 복수 최적해 집합의 특성을 설명하고 부분적으로 목적함수의 경도는 (2회 미분가능성을 가정하고) 최적해집합 전체에 걸쳐 상수이며, 이차식 목적함수에 대해, 최적해집합은 사실상 다면체집합을 나타낸다(정리 3.4.3의 견지에서, 이 정리에 따라 정의한 복수 최적해 집합 S^*을 확인하기 위해 그림 3.8을 참조하시오).

3.4.4 정리

최소화 $f(\mathbf{x})$ 제약조건 $\mathbf{x} \in S$ 문제를 고려해보며, 여기에서 f는 볼록이며 2회 미분가능 함수이고, S는 볼록집합이며 하나의 최적해 $\bar{\mathbf{x}}$가 존재한다고 가정한다. 그렇다면 복수 최적해 집합의 특징은 다음 식

$$S^* = \{\mathbf{x} \in S \mid \nabla f(\bar{\mathbf{x}})\cdot(\mathbf{x} - \bar{\mathbf{x}}) \le 0, \quad \nabla f(\mathbf{x}) = \nabla f(\bar{\mathbf{x}})\}$$

과 같다.

증명 복수 최적해 집합을, 이를테면 $\bar{S}$라고 나타내고, $\bar{\mathbf{x}} \in \bar{S} \ne \varnothing$임을 주목하자. 임의의 점 $\hat{\mathbf{x}} \in S^*$을 고려해보자. f의 볼록성과 S^*의 정의에 따라, $\hat{\mathbf{x}} \in S$와 다음 식

$$f(\bar{\mathbf{x}}) \ge f(\hat{\mathbf{x}}) + \nabla f(\hat{\mathbf{x}})\cdot(\bar{\mathbf{x}} - \hat{\mathbf{x}}) = f(\hat{\mathbf{x}}) + \nabla f(\bar{\mathbf{x}})\cdot(\bar{\mathbf{x}} - \hat{\mathbf{x}}) \ge f(\hat{\mathbf{x}})$$

을 얻으며, 따라서 $\overline{\mathbf{x}}$의 최적성에 따라 반드시 $\hat{\mathbf{x}} \in \overline{S}$이어야 한다. 그러므로, $S^* \subseteq \overline{S}$이다.

역으로, $\hat{\mathbf{x}} \in \overline{S}$라고 가정하고, 그래서 $\hat{\mathbf{x}} \in S$이며 $f(\hat{\mathbf{x}}) = f(\overline{\mathbf{x}})$이다. 이것은 $f(\overline{\mathbf{x}}) = f(\hat{\mathbf{x}}) \geq f(\overline{\mathbf{x}}) + \nabla f(\overline{\mathbf{x}})\cdot(\hat{\mathbf{x}} - \overline{\mathbf{x}})$ 또는 $\nabla f(\overline{\mathbf{x}})\cdot(\hat{\mathbf{x}} - \overline{\mathbf{x}}) \leq 0$임을 의미한다. 그러나 정리 3.4.3의 따름정리 2에 의해, $\nabla f(\overline{\mathbf{x}})\cdot(\hat{\mathbf{x}} - \overline{\mathbf{x}}) \geq 0$이다. 그러므로, $\nabla f(\overline{\mathbf{x}})\cdot(\hat{\mathbf{x}} - \overline{\mathbf{x}}) = 0$이다. $\overline{\mathbf{x}}$와 $\hat{\mathbf{x}}$의 역할을 바꿈으로, 대칭적으로 $\nabla f(\hat{\mathbf{x}})\cdot(\overline{\mathbf{x}} - \hat{\mathbf{x}}) = 0$임을 얻는다. 그러므로 다음 식

$$[\nabla f(\overline{\mathbf{x}}) - \nabla f(\hat{\mathbf{x}})]\cdot(\overline{\mathbf{x}} - \hat{\mathbf{x}}) = 0 \tag{3.20}$$

이 성립한다. 지금 다음 식

$$\begin{aligned}[\nabla f(\overline{\mathbf{x}}) - \nabla f(\hat{\mathbf{x}})] &= \nabla f[\hat{\mathbf{x}} + \lambda(\overline{\mathbf{x}} - \hat{\mathbf{x}})]_{\lambda=0}^{\lambda=1} \\ &= \int_{\lambda=0}^{\lambda=1} \mathbf{H}[\hat{\mathbf{x}} + \lambda(\overline{\mathbf{x}} - \hat{\mathbf{x}})](\overline{\mathbf{x}} - \hat{\mathbf{x}})d\lambda = \mathbf{G}(\overline{\mathbf{x}} - \hat{\mathbf{x}})\end{aligned} \tag{3.21}$$

을 얻으며, 여기에서 $\mathbf{G} = \int_0^1 \mathbf{H}[\hat{\mathbf{x}} + \lambda(\overline{\mathbf{x}} - \hat{\mathbf{x}})]d\lambda$이며 행렬의 적분은 성분별로 실행한다. 그러나 f의 볼록성에 따라 $\mathbf{d}^t\mathbf{H}[\hat{\mathbf{x}} + \lambda(\overline{\mathbf{x}} - \hat{\mathbf{x}})]\mathbf{d}$는 λ에 관한 비음(-) 함수이므로, 모든 $\mathbf{d} \in \Re^n$에 대해 $\mathbf{d}^t\mathbf{G}\mathbf{d} = \int_0^1 \mathbf{d}^t\mathbf{H}[\hat{\mathbf{x}} + \lambda(\overline{\mathbf{x}} - \hat{\mathbf{x}})]\mathbf{d}\, d\lambda \geq 0$이므로 $\mathbf{G}$는 양반정부호임을 주목하자. 그러므로 (3.20), (3.21)에 따라 $0 = (\overline{\mathbf{x}} - \hat{\mathbf{x}})\cdot[\nabla f(\overline{\mathbf{x}}) - \nabla f(\hat{\mathbf{x}})] = (\overline{\mathbf{x}} - \hat{\mathbf{x}})^t\mathbf{G}(\overline{\mathbf{x}} - \hat{\mathbf{x}})$임을 얻는다. 그러나 표준적 결과에 따라 $\mathbf{G}$의 양반정부호성은 $\mathbf{G}(\overline{\mathbf{x}} - \hat{\mathbf{x}}) = \mathbf{0}$임을 의미한다(연습문제 3.41 참조). 그러므로 (3.21)에 따라 $\nabla f(\overline{\mathbf{x}}) = \nabla f(\hat{\mathbf{x}})$이다. 그러므로 $\hat{\mathbf{x}} \in S$, $\nabla f(\overline{\mathbf{x}})\cdot(\hat{\mathbf{x}} - \overline{\mathbf{x}}) \leq 0$, $\nabla f(\hat{\mathbf{x}}) = \nabla f(\overline{\mathbf{x}})$임을 보였다. 이것은 $\hat{\mathbf{x}} \in S^*$임을 의미하며, 따라서 $\overline{S} \subseteq S^*$이다. $S^* \subseteq \overline{S}$임과 함께, 이것은 증명을 완결한다. 증명끝

따름정리 1 복수 최적해 집합 S^*는 등가적으로 다음 식

$$S^* = \{\mathbf{x} \in S \mid \nabla f(\overline{\mathbf{x}})\cdot(\mathbf{x} - \overline{\mathbf{x}}) = 0,\quad \nabla f(\mathbf{x}) = \nabla f(\overline{\mathbf{x}})\}$$

과 같이 정의된다.

증명 이 증명은 정리 3.4.4의 S^*의 정의와, 모든 $\mathbf{x} \in S$에 대해 정리 3.4.3의 따름정리 2에 따라 $\nabla f(\bar{\mathbf{x}})\cdot(\mathbf{x}-\bar{\mathbf{x}}) \geq 0$이라는 사실에서 따라온다.

(증명 끝)

따름정리 2 f는 이차식함수 $f(\mathbf{x}) = \mathbf{c}\cdot\mathbf{x} + (1/2)\mathbf{x}^t\mathbf{H}\mathbf{x}$로 주어지며 S는 다면체 집합이라고 가정한다. 그렇다면 S^*는 다음 식

$$S^* = \{\mathbf{x} \in S \mid \mathbf{c}\cdot(\mathbf{x}-\bar{\mathbf{x}}) \leq 0,\ \mathbf{H}(\mathbf{x}-\bar{\mathbf{x}}) = \mathbf{0}\}$$
$$= \{\mathbf{x} \in S \mid \mathbf{c}\cdot(\mathbf{x}-\bar{\mathbf{x}}) = 0,\ \mathbf{H}(\mathbf{x}-\bar{\mathbf{x}}) = \mathbf{0}\}$$

과 같은 다면체집합으로 나타난다.

증명 $\nabla f(\mathbf{x}) = \mathbf{c} + \mathbf{H}\mathbf{x}$를 주목해 정리 3.4.4와 따름정리 1에 직접 대입함으로 이것의 증명은 뒤따른다. (증명 끝)

3.4.5 예제

$$\begin{aligned}
&\text{최소화} && \left(x_1 - \frac{3}{2}\right)^2 + (x_2-5)^2 \\
&\text{제약조건} && -x_1 + x_2 \leq 2 \\
& && 2x_1 + 3x_2 \leq 11 \\
& && -x_1 \leq 0 \\
& && -x_2 \leq 0.
\end{aligned}$$

명확하게 $f(x_1, x_2) = (x_1 - 3/2)^2 + (x_2-5)^2$는 볼록함수이며 점 $(3/2, 5)$에서 거리의 제곱을 나타낸다. 볼록다면체집합 S는 위의 4개 부등식으로 표현한다. 이 문제는 그림 3.9에 도시되어 있다. 이 그림에서, 명확하게 최적점은 $(1, 3)$이다. 점 $(1, 3)$에서 f의 경도는 $\nabla f(1, 3) = (-1, -4)$이다. 기하학적으로 벡터 $(-1, -4)$는 $(x_1 - 1, x_2 - 3)$ 형태인 각각의 벡터와 90°보다도 작은 각을 구성하며, 여

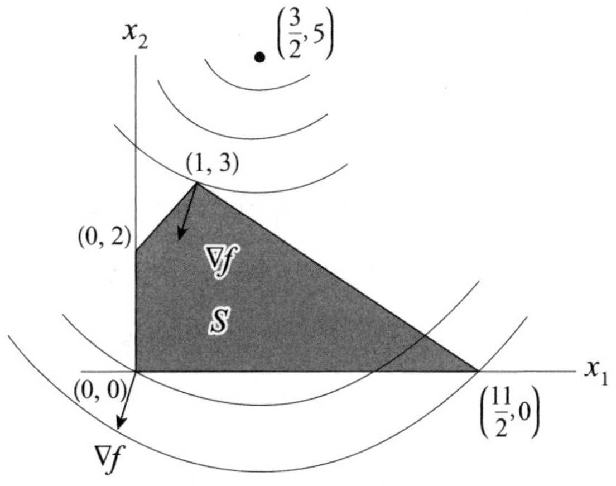

그림 3.9 예제 3.4.5의 구성

기에서 $(x_1, x_2) \in S$임을 알게 된다. 따라서 정리 3.4.3의 최적성 조건은 입증되고, 정리 3.4.4에 따라 $(1, 3)$은 유일한 최적해이다.

좀 더 예시하기 위해, $\hat{\mathbf{x}} = (0, 0)$는 하나의 최적점이라 주장한다. 정리 3.4.4에 따라, $\overline{\mathbf{x}} = (1, 3)$일 때, $\nabla f(\overline{\mathbf{x}}) \cdot (\hat{\mathbf{x}} - \overline{\mathbf{x}}) = 13 > 0$이므로 이것은 참이 아니다. 유사하게, 정리 3.4.3에 따라, 점 $\hat{\mathbf{x}}$가 하나의 최적해가 아니라는 것은 쉽게 입증된다. $\nabla f(0, 0) = (-3, -10)$임을 주목하고, 실제로, 각각의 $\mathbf{0}$이 아닌 $\mathbf{x} \in S$에 대해, $-3x_1 - 10x_2 < 0$이다. 그러므로, 원점은 최적점이 될 수 없다. 더구나 $\mathbf{0}$에서 임의의 $\mathbf{x} \in S$에 대해 $\mathbf{x} - \mathbf{0}$ 방향으로 이동함으로 f 값을 개선할 수 있다. 이 경우 최상의 국소적 방향은 $-\nabla f(0, 0)$이다. 즉 말하자면, 방향벡터 $(3, 10)$이다. 제10장에서 많은 대안 가운데 특별한 방향벡터를 찾는 방법을 토의한다.

볼록함수의 최대화

볼록집합 전체에 걸쳐, 볼록함수의 최대해의 필요조건을 개발한다. 불행하게도 이 조건은 충분조건이 아니다. 그러므로, 있을지도 모르지만, 그러나 실제로는 가능성은 없지만, 정리 3.4.6의 조건을 만족시키는 복수의 국소최대해는 존재한다. 최소화의 케이스와는 달리, 이러한 해에서 개선된 점으로 인도하는 국소적 정보가 존재하지 않는다. 그러므로, 볼록함수의 최대화는 일반적으로 최소화보다는 훨씬 어려운 작업이다. 또다시, 오목함수의 최소화는 볼록함수의 최대화와 유사하며, 그러므로 오목함수 경우에 관한 개발은 독자에게 맡긴다.

3.4.6 정리

$f:\mathfrak{R}^n \to \mathfrak{R}$은 볼록이라 하고 S는 $\mathfrak{R}^n$에서 공집합이 아닌 볼록집합이라 하자. 최대화 $f(\mathbf{x})$ 제약조건 $\mathbf{x} \in S$ 문제를 고려해보자. 만약 $\overline{\mathbf{x}} \in S$가 국소최적해라면 각각의 $\mathbf{x} \in S$에 대해 $\boldsymbol{\xi} \cdot (\mathbf{x} - \overline{\mathbf{x}}) \le 0$이며, 여기에서 $\boldsymbol{\xi}$는 $\overline{\mathbf{x}}$에서 f의 임의의 열경도이다.

증명 $\overline{\mathbf{x}} \in S$는 국소최적해라고 가정한다. 그렇다면 각각의 $\mathbf{x} \in S \cap N_\varepsilon(\overline{\mathbf{x}})$에 대해 $f(\mathbf{x}) \le f(\overline{\mathbf{x}})$이 되도록 하는 ε-근방 $N_\varepsilon(\overline{\mathbf{x}})$이 존재한다. $\mathbf{x} \in S$라 하고, 충분히 작은 $\lambda > 0$에 대해 $\overline{\mathbf{x}} + \lambda(\mathbf{x} - \overline{\mathbf{x}}) \in S \cap N_\varepsilon(\overline{\mathbf{x}})$임을 주목하자. 그러므로 다음 식

$$f[\overline{\mathbf{x}} + \lambda(\mathbf{x} - \overline{\mathbf{x}})] \le f(\overline{\mathbf{x}}) \tag{3.22}$$

이 성립한다. $\boldsymbol{\xi}$는 $\overline{\mathbf{x}}$에서 f의 하나의 열경도라 하자. f의 볼록성에 따라 다음 식

$$f[\overline{\mathbf{x}} + \lambda(\mathbf{x} - \overline{\mathbf{x}})] - f(\overline{\mathbf{x}}) \ge \lambda \boldsymbol{\xi} \cdot (\mathbf{x} - \overline{\mathbf{x}})$$

을 얻는다. (3.20)과 함께 위의 부등식은 $\lambda \boldsymbol{\xi} \cdot (\mathbf{x} - \overline{\mathbf{x}}) \le 0$임을 의미하고, $\lambda > 0$로 나누면, 이 결과가 따라온다. (증명 끝)

따름정리 이 정리의 가정 외에 또, f는 미분가능하다고 가정한다. 만약 $\overline{\mathbf{x}} \in S$가 국소최적해라면 모든 $\mathbf{x} \in S$에 대해 $\nabla f(\mathbf{x}) \cdot (\mathbf{x} - \overline{\mathbf{x}}) \le 0$이다.

최적성에 대해 위 결과는 일반적으로 필요조건이지만 충분조건은 아님을 주목하자. 예시하기 위해 $f(x) = x^2$, $S = \{x \mid -1 \le x \le 2\}$이라 하자. S 전체에 걸쳐 f의 최댓값은 4이며, 이것은 $x = 2$에서 달성된다. 그러나 $\overline{x} = 0$에서 $\nabla f(\overline{x}) = 0$이며 각각의 $x \in S$에 대해 $\nabla f(\overline{x}) \cdot (x - \overline{x}) = 0$이다. 명확하게, 점 $\overline{x} = 0$는 국

소최대해조차도 아니다. 예제 3.4.5를 참조해, 앞에서 토의한 바와 같이, 2개 국소최대해 $(0, 0)$, $(11/2, 0)$을 얻는다. 2개 점은 정리 3.4.6의 필요조건을 만족시킨다. 만약 현재 국소최적점 $(0, 0)$에 있다면 불행하게도 전역최대해의 점 $(11/2, 0)$으로 이동시켜줄 수 있는 국소적 정보가 존재하지 않는다. 또한, 만약 전역최대해의 점 $(11/2, 0)$에 있어도, 최적해 점에 있다고 알려줄 수 있는 편리한 국소판단기준이 존재하지 않는다.

정리 3.4.7은 볼록함수는 콤팩트 다면체집합 전체에 걸쳐 어떤 극점에서 최대해를 달성함을 보여준다. 이와 같은 문제의 최적해를 구하기 위한 다양한 계산 구도에서 이 결과를 이용했다. 독자는 목적함수가 선형이고 볼록이며 동시에 오목인 케이스에 대해 잠시 생각해 보기 바란다. 정리 3.4.7은 볼록실현가능 영역이 다면체집합이 아닌 케이스로 확장할 수 있다.

3.4.7 정리

$f: \Re^n \rightarrow \Re$은 볼록함수라 하고, S는 $\Re^n$에서 공집합이 아닌 콤팩트 다면체집합이라 하자. 최대화 $f(\mathbf{x})$ 제약조건 $\mathbf{x} \in S$ 문제를 고려해보자. 그렇다면 문제의 하나의 최적해는 존재하며, 여기에서 $\overline{\mathbf{x}}$는 S의 하나의 극점이다.

증명 정리 3.1.3에 따라, f는 연속함수임을 주목하자. S는 콤팩트 집합이므로 f는 $\mathbf{x}' \in S$에서 최대치를 갖는다. 만약 $\mathbf{x}'$이 S의 극점이라면, 이 결과는 바로 주어진다. 그렇지 않다면 정리 2.6.7에 따라 $\mathbf{x}' = \Sigma_{j=1}^{k} \lambda_j \mathbf{x}_j$이며, 여기에서 $\lambda_j > 0$에 대해 $\Sigma_{j=1}^{k} \lambda_j = 1$이며 $j = 1, \cdots, k$에 대해 $\mathbf{x}_j$는 S의 하나의 극점이다. J의 볼록성에 따라 다음 식

$$f(\mathbf{x}') = f\left(\sum_{j=1}^{k} \lambda_j \mathbf{x}_j\right) \leq \sum_{j=1}^{k} f(\mathbf{x}_j)$$

을 얻는다. 그러나 $j = 1, \cdots, k$에 대해 $f(\mathbf{x}') \geq f(\mathbf{x}_j)$이므로, 위의 부등식은 $j = 1, \cdots, k$에 대해 $f(\mathbf{x}') = f(\mathbf{x}_j)$임을 의미한다. 따라서 극점 $\mathbf{x}_1, \cdots, \mathbf{x}_k$는 문제의 최적해이다. 그리고 증명이 완결되었다. (증명 끝)

3.5 볼록함수의 일반화

이 절에서 볼록함수, 오목함수와 유사하지만, 이들의 바람직한 특질 가운데 단지 몇 가지만을 공유하는 다양한 유형의 함수를 제시한다. 앞으로 알게 되겠지만, 이 책의 다음에 제시하는 대부분 결과는 볼록성에 관해 제한적 가정을 요구하지 않으며, 이보다는 하나의 점에서 준볼록성, 유사볼록성, 볼록성의 가정을 요구한다.

준볼록함수

정의 3.5.1은 준볼록함수를 소개한다. 이 정의에 의하면 모든 볼록함수는 또한 준볼록임은 명백하다.

3.5.1 정의

$f: S \to \Re$라 하고, 여기에서 S는 $\Re^n$에서 공집합이 아닌 볼록집합이다. 만약 각각의 $\mathbf{x}, \mathbf{x}_2 \in S$에 대해 다음 부등식

$$f\left[\lambda \mathbf{x}_1 + (1-\lambda)\mathbf{x}_2\right] \le max\left\{f(\mathbf{x}_1), f(\mathbf{x}_2)\right\} \quad \text{각각의 } \lambda \in (0, 1) \text{에 대해}$$

이 참이라면 함수 f는 **준볼록**이라 말한다. 만약 $-f$가 준볼록이라면 함수 f는 **준오목**이라 말한다.

정의 3.5.1에서, 만약 $f(\mathbf{x}_2) \ge f(\mathbf{x}_1)$일 때 $\mathbf{x}_1$과 $\mathbf{x}_2$의 모든 볼록조합에서 $f(\mathbf{x}_2)$가 f보다도 크거나 같다면, 함수 f는 준볼록이다. 그러므로 만약 임의의 벡터 방향의 하나의 점에서 함수 f 값이 증가한다면, 이것은 그 방향으로 비증가함수의 상태로 있어야 한다. 그러므로 이것의 단일변수의 단면이 단조이거나 또는 단봉이다(연습문제 3.57 참조). 만약 $f(\mathbf{x}_2) \ge f(\mathbf{x}_1)$일 때, f가 $\mathbf{x}_1$, $\mathbf{x}_2$의 모든 볼록조합에 대해 $f(\mathbf{x}_1)$보다도 크거나 같다면 함수 f는 준오목이다. 그림 3.10은 준볼록함수와 준오목함수의 몇 가지 예를 보여주며, 여기에서는 준볼록함수에 집중한다; 준오목함수에 대해 독자는 모두 비슷한 결과를 유도해 보기 바란다. 준볼록이면서 준오목인 함수는 **준단조**라 한다(그림 3.10d 참조).

절 3.2에서 볼록함수의 특성은 에피그래프의 볼록성을 사용해 설명할 수 있음을 알았다. 지금 볼록함수는 이것의 등위집합의 볼록성을 사용해 특성을 설명할 수 있음을 알았다. 이 결과는 정리 3.5.2에서 주어진다.

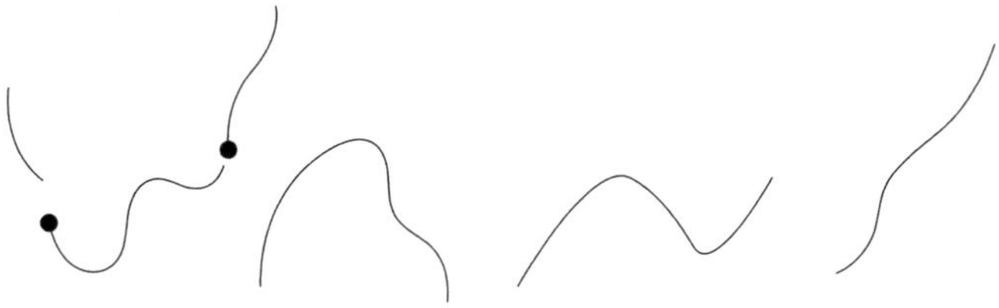

그림 3.10 준볼록함수와 준오목함수: (a) 준볼록, (b) 준오목, (c) 준볼록도 아니고 준오목도 아님, (d) 준단조

3.5.2 정리

$f: S \to \Re$ 이라 하며, 여기에서 S는 $\Re^n$의 공집합이 아닌 볼록집합이다. 각각의 실수 α에 대해 함수 f가 준볼록이라는 것은 $S_\alpha = \{\mathbf{x} \in S \mid f(\mathbf{x}) \le \alpha\}$는 볼록이라는 것과 같은 뜻이다.

증명 f는 준볼록이라고 가정하고 $\mathbf{x}_1, \mathbf{x}_2 \in S_\alpha$라 한다. 그러므로, $\mathbf{x}_1, \mathbf{x}_2 \in S$, $max\{f(\mathbf{x}_1),\ f(\mathbf{x}_2)\} \le \alpha$이다. $\lambda \in (0,1)$이라 하고, $\mathbf{x} = \lambda\mathbf{x}_1 + (1-\lambda)\mathbf{x}_2$이라 한다. S의 볼록성에 따라 $\mathbf{x} \in S$이다. 더군다나, f의 준볼록성에 따라, $f(\mathbf{x}) \le max\{f(\mathbf{x}_1), f(\mathbf{x}_2)\} \le \alpha$이다. 그러므로 $\mathbf{x} \in S_\alpha$이며, 따라서 S_α는 볼록집합이다. 역으로, 각각의 실수 α에 대해 S_α는 볼록집합이라고 가정한다. $\mathbf{x}_1, \mathbf{x}_2 \in S$라고 놓는다. 더군다나, $\lambda \in (0,1)$, $\mathbf{x} = \lambda\mathbf{x}_1 + (1-\lambda)\mathbf{x}_2$이라 한다. $\alpha = max\{f(\mathbf{x}_1), f(\mathbf{x}_2)\}$에 대해 $\mathbf{x}_1, \mathbf{x}_2 \in S_\alpha$임을 주목하자. 가정에 따라, S_α는 볼록이며, 그래서 $\mathbf{x} \in S_\alpha$이다. 그러므로 $f(\mathbf{x}) \le \alpha = max\{f(\mathbf{x}_1), f(\mathbf{x}_2)\}$이다. 그러므로 f는 준볼록이며 증명이 완결되었다. 증명 끝

정리 3.5.2에서 정의한 등위집합 S_α는 간혹 **상-등위집합** $\{\mathbf{x} \in S \mid f(\mathbf{x}) \ge \alpha\}$와 구분하기 위해 **하-등위집합**이라 말하며, 이것이 모든 $\alpha \in \Re$에 대해 볼록이라는 것은 f는 준오목이라는 것과 같은 뜻이다. 또한, f가 준단조함수라는 것은 모든 $\alpha \in \Re$에 대해 **등위곡면** $\{\mathbf{x} \in S \mid f(\mathbf{x}) = \alpha\}$는 볼록집합이라는 것과 같은 뜻임을 보일 수 있다(연습문제 3.59 참조).

지금 정리 3.4.7과 유사한 결과를 제공한다. 정리 3.5.3은, 연속이며 준볼

록인 함수의 최대치는 하나의 콤팩트 다면체집합 전체에 걸쳐 하나의 극점에서 일어난다.

3.5.3 정리

S는 $\Re^n$에서 공집합이 아닌 콤팩트 다면체집합이라 하고, $f: \Re^n \to \Re$은 S에서 준볼록이고 연속이라 하자. 최대화 $f(\mathbf{x})$ 제약조건 $\mathbf{x} \in S$ 문제를 고려해보자. 그렇다면 문제의 하나의 최적해 $\bar{\mathbf{x}}$가 존재하며, 여기에서 $\bar{\mathbf{x}}$는 S의 하나의 극점이다.

증명 f는 S에서 연속이며, 그러므로, 이를테면 $\mathbf{x}' \in S$에서 최대치를 갖는다는 것을 주목하자. 만약 $f(\mathbf{x}')$ 값과 동일한 목적함숫값을 갖는 하나의 극점이 존재한다면 결과는 손안에 있다. 그렇지 않다면, $\mathbf{x}_1, \cdots, \mathbf{x}_k$는 S의 극점이라 하고 $j=1, \cdots, k$에 대해 $f(\mathbf{x}') > f(\mathbf{x}_j)$이라고 가정한다. 정리 2.6.7에 따라, $\mathbf{x}'$은 다음 식

$$\mathbf{x}' = \sum_{j=1}^{k} \lambda_j \mathbf{x}_j$$

$$\sum_{j=1}^{k} \lambda_j = 1$$

$$\lambda_j \geq 0, \qquad j=1, \cdots, k$$

과 같이 나타낼 수 있다. 각각의 j에 대해 $f(\mathbf{x}') > f(\mathbf{x}_j)$이므로, 그렇다면 다음 식

$$f(\mathbf{x}') > \max_{1 \leq j \leq k} f(\mathbf{x}_j) = \alpha \tag{3.23}$$

이 성립한다.

지금, 집합 $S_\alpha = \{\mathbf{x} \mid f(\mathbf{x}) \leq \alpha\}$을 고려해보자. $j=1, \cdots, k$에 대해 $\mathbf{x}_j \in S_\alpha$임을 주목하고, f의 준볼록성에 따라 S_α는 볼록집합이다. 그러므로, $\mathbf{x}' = \Sigma_{j=1}^{k} \lambda_j \mathbf{x}_j$은 S_α에 속한다. 이것은 $f(\mathbf{x}') \leq \alpha$임을 의미하며, (3.23)을 위반한다. 이 모순은 몇 개 극점 $\mathbf{x}_j$에 대해 $f(\mathbf{x}') = f(\mathbf{x}_j)$임을 나타내며, 증명이 완결되었다. (증명 끝)

미분가능한 준볼록함수

다음 정리는 미분가능한 준볼록함수의 필요충분적 특성의 설명을 제공한다(**테두리 두른 헤시안행렬식**에 관한 2-계 특성의 설명에 대해 부록 B를 참조하시오).

3.5.4 정리

S는 $\Re^n$에서 공집합이 아닌 열린 볼록집합이라 하고 $f: S \to \Re$은 S에서 미분가능이라 한다. 그렇다면 f가 준볼록이라는 것은 다음의 등가적 문장 가운데 하나는 참이라는 것과 같은 뜻이다.

1. 만약 $\mathbf{x}_1, \mathbf{x}_2 \in S$이며 $f(\mathbf{x}_1) \le f(\mathbf{x}_2)$라면, $\nabla f(\mathbf{x}_2)\cdot(\mathbf{x}_1 - \mathbf{x}_2) \le 0$이다.
2. 만약 $\mathbf{x}_1, \mathbf{x}_2 \in S$이며 $\nabla f(\mathbf{x}_2)\cdot(\mathbf{x}_1 - \mathbf{x}_2) > 0$이라면, $f(\mathbf{x}_1) > f(\mathbf{x}_2)$이다.

증명 명백하게, 문장 1, 2는 등가이다. 파트 1을 증명한다. f는 준볼록이라 하고, $\mathbf{x}_1, \mathbf{x}_2 \in S$는 $f(\mathbf{x}_1) \le f(\mathbf{x}_2)$가 되도록 하는 점이라 하자. $\mathbf{x}_2$에서 f의 미분가능성에 따라, $\lambda \in (0, 1)$에 대해, 다음 식

$$f[\lambda\mathbf{x}_1 + (1-\lambda)\mathbf{x}_2] - f(\mathbf{x}_2) = \lambda\nabla f(\mathbf{x}_2)\cdot(\mathbf{x}_1 - \mathbf{x}_2) + \lambda\|\mathbf{x}_1 - \mathbf{x}_2\|\alpha[\mathbf{x}_2; \lambda(\mathbf{x}_1 - \mathbf{x}_2)]$$

을 얻으며, 여기에서 $\lambda \to 0$에 따라 $\alpha[\mathbf{x}_2; \lambda(\mathbf{x}_1 - \mathbf{x}_2)] \to 0$이다. f의 준볼록성에 의해, $f[\lambda\mathbf{x}_1 + (1-\lambda)\mathbf{x}_2] \le f(\mathbf{x}_2)$이다. 그러므로 위의 등식은 다음 식

$$\lambda\nabla f(\mathbf{x}_2)\cdot(\mathbf{x}_1 - \mathbf{x}_2) + \lambda\|\mathbf{x}_1 - \mathbf{x}_2\|\alpha[\mathbf{x}_2; \lambda(\mathbf{x}_1 - \mathbf{x}_2)] \le 0$$

을 의미한다. λ로 나누고 $\lambda \to 0$이라 하면, $\nabla f(\mathbf{x}_2)\cdot(\mathbf{x}_1 - \mathbf{x}_2) \le 0$을 얻는다.

역으로, $\mathbf{x}_1, \mathbf{x}_2 \in S$라고 가정하고, $f(\mathbf{x}_1) \le f(\mathbf{x}_2)$라고 가정한다. 파트 1이 주어지면, 각각의 $\lambda \in (0, 1)$에 대해 $f[\lambda\mathbf{x}_1 + (1-\lambda)\mathbf{x}_2] < f(\mathbf{x}_2)$임을 보일 필요가 있다. 다음 집합

$$L = \{\mathbf{x} \mid \mathbf{x} = \lambda\mathbf{x}_1 + (1-\lambda)\mathbf{x}_2,\ \lambda \in (0,1),\ f(\mathbf{x}) > f(\mathbf{x}_2)\}$$

은 공집합임을 보여줌으로 이것을 나타낸다. 모순을 일으켜, 하나의 $\mathbf{x}' \in L$이 존재한다고 가정한다. 그러므로, 어떤 $\lambda \in (0,1)$에 대해 $\mathbf{x}' = \lambda\mathbf{x}_1 + (1-\lambda)\mathbf{x}_2$, $f(\mathbf{x}') > f(\mathbf{x}_2)$이다. f는 미분가능하므로 연속이며, 다음 식

$$f[\mu\mathbf{x}' + (1-\mu)\mathbf{x}_2] > f(\mathbf{x}_2) \quad \text{각각의 } \mu \in [\delta, 1]\text{에 대해} \tag{3.24}$$

이 성립하도록 하는 어떤 $\delta \in (0,1)$가 반드시 존재해야 하며 $f(\mathbf{x}') > f[\delta\mathbf{x}' + (1-\delta)\mathbf{x}_2]$이다. 이 부등식과 평균치 정리에 따라, 다음 식

$$0 < f(\mathbf{x}') - f[\delta\mathbf{x}' + (1-\delta)\mathbf{x}_2] = (1-\delta)\nabla f(\hat{\mathbf{x}}) \cdot (\mathbf{x}' - \mathbf{x}_2) \tag{3.25}$$

이 성립해야 하며, 여기에서 어떤 $\hat{\mu} \in (\delta, 1)$에 대해 $\hat{\mathbf{x}} = \hat{\mu}\mathbf{x}' + (1-\hat{\mu})\mathbf{x}_2$이다. (3.24)에서 $f(\hat{\mathbf{x}}) > f(\mathbf{x}_2)$임은 명백하다. (3.25)를 $1-\delta > 0$으로 나누면 $\nabla f(\hat{\mathbf{x}}) \cdot (\mathbf{x}' - \mathbf{x}_2) > 0$임이 뒤따르며, 이번에는 이것은 다음 식

$$\nabla f(\hat{\mathbf{x}}) \cdot (\mathbf{x}_1 - \mathbf{x}_2) > 0 \tag{3.26}$$

을 의미한다. 그러나 반면에 $f(\hat{\mathbf{x}}) > f(\mathbf{x}_2) \geq f(\mathbf{x}_1)$이며, $\hat{\mathbf{x}}$는 $\mathbf{x}_1$과 $\mathbf{x}_2$의 볼록조합, 즉 $\hat{\mathbf{x}} = \hat{\lambda}\mathbf{x}_1 + (1-\hat{\lambda})\mathbf{x}_2$이며, 여기에서 $\hat{\lambda} \in (0,1)$이다. 이 정리의 가정에 따라 $\nabla f(\hat{\mathbf{x}}) \cdot (\mathbf{x}_1 - \hat{\mathbf{x}}) \leq 0$이며, 따라서 다음 식

$$0 \geq \nabla f(\hat{\mathbf{x}}) \cdot (\mathbf{x}_1 - \hat{\mathbf{x}}) = (1-\hat{\lambda})\nabla f(\hat{\mathbf{x}}) \cdot (\mathbf{x}_1 - \mathbf{x}_2)$$

이 성립해야만 한다. 위의 부등식은 (3.26)과 모순이다. 그러므로 L은 공집합이며 증명이 완결되었다. (증명 끝)

정리 3.5.4를 예시하기 위해, $f(x) = x^3$이라 한다. 이것의 준볼록성을 점검하기 위해 $f(x_1) < f(x_2)$라고 가정한다. 다시 말하면, $x_1^3 \leq x_2^3$이다. 만약 $x_1 \leq x_2$이라면 이것은 참이다. 지금 $\nabla f(x_2)(x_1 - x_2) = 3(x_1 - x_2)x_2^2$를 고려해보자.

$x_1 \le x_2$이므로 $3(x_1 - x_2)x_2^2 \le 0$이다. 그러므로 $f(x_1) \le f(x_2)$임은 $\nabla f(x_2)(x_1 - x_2) < 0$임을 의미하고 이 정리에 따라 f는 준볼록이다. 다른 실례로, $f(x_1, x_2) = x_1^3 + x_2^3$이라 한다. $\mathbf{x}_1 = (2, -2)$, $\mathbf{x}_2 = (1, 0)$이라 한다. $f(\mathbf{x}_1) = 0$, $f(\mathbf{x}_2) = 1$임을 주목하고, 따라서 $f(\mathbf{x}_1) < f(\mathbf{x}_2)$이다. 그러나 반면에, $\nabla f(\mathbf{x}_2) \cdot (\mathbf{x}_1 - \mathbf{x}_2) = (3, 0) \cdot (1, -2) = 3$이다. 이 정리의 필요성의 부분에 따라, f는 준볼록함수가 아니다. 또한, 이것은 2개 준볼록함수의 합은 준볼록일 필요가 없음을 보여준다.

엄격한 준볼록함수

볼록집합 전체에 걸쳐 국소최소해, 국소최대해는 각각, 전역최소해, 전역최대해임을 보증하므로 비선형계획법 문제에서 엄격한 준볼록함수와 엄격한 준오목함수는 특별히 중요하다.

3.5.5 정의

$f: S \to \Re$이라 하며, 여기에서 S는 $\Re^n$에서 공집합이 아닌 볼록집합이다. 만약 $f(\mathbf{x}_1) \ne f(\mathbf{x}_2)$인 각각의 $\mathbf{x}_1$, $\mathbf{x}_2 \in S$에 대해, 다음 식

$$f[\lambda \mathbf{x}_1 + (1-\lambda)\mathbf{x}_2] < max\{f(\mathbf{x}_1), f(\mathbf{x}_2)\} \qquad \text{각각의 } \lambda \in (0,1)\text{에 대해}$$

을 얻으면 함수 f는 **엄격하게 준볼록**이라고 말한다. 만약 $-f$가 **엄격하게 준볼록**이라면 함수 f는 **엄격하게 준오목**이라 한다. 또한, 엄격하게 준볼록인 함수는 간혹 **반-엄격한 준볼록** 함수라고 말하며 **함수적으로 볼록**, 또는 **명시적으로 준볼록**이다.

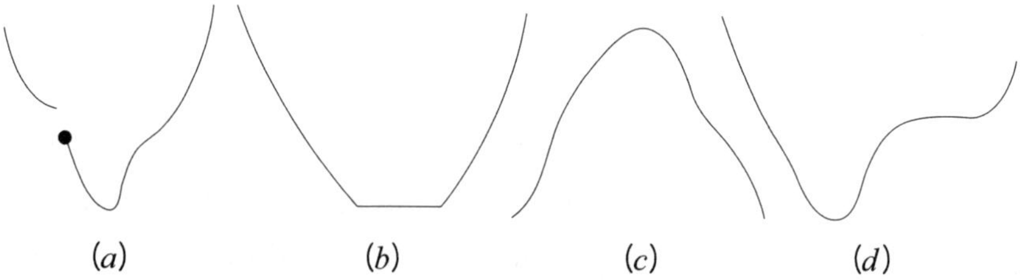

그림 3.11 엄격하게 준볼록인 함수와 엄격하게 준오목인 함수: (a) 엄격하게 준볼록, (b) 엄격하게 준볼록, (c) 엄격하게 준오목, (d) 엄격하게 준볼록도 아니고 준오목도 아님

정의 3.5.5에서 모든 볼록함수는 엄격하게 준볼록임을 주목하시오. 그림 3.11은 엄격하게 준볼록인 함수와 엄격하게 준오목인 함수의 예를 보여준다. 또한, 이 정의는 극대점 또는 극소점을 제외하고 어디에서든지 "평탄한 지점"이 생기는 것을 방지한다. 이것은 다음 정리에 따라 정식화되며, 이 정리는 볼록집합 전체에 걸쳐 엄격하게 준볼록인 함수의 국소최소해는 또한 전역최소해도 됨을 보여준다. 그림 3.10a에서 보듯이 이 특질은 준볼록함수가 갖지 못하는 특질이다.

3.5.6 정리

$f: \Re^n \to \Re$는 엄격하게 볼록이라 하자. 최소화 $f(\mathbf{x})$ 제약조건 $\mathbf{x} \in S$ 문제를 고려해보고, 여기에서 S는 $\Re^n$에서 공집합이 아닌 볼록집합이다. 만약 $\overline{\mathbf{x}}$가 국소최적해라면 $\overline{\mathbf{x}}$는 또한 전역최적해이다.

증명 $f(\hat{\mathbf{x}}) < f(\overline{\mathbf{x}})$를 만족하는 점 $\hat{\mathbf{x}} \in S$이 존재함을 가정한다. S의 볼록성에 따라 각각의 $\lambda \in (0,1)$에 대해 $\lambda\hat{\mathbf{x}} + (1-\lambda)\overline{\mathbf{x}} \in S$이다. 이 가정에 따라 $\overline{\mathbf{x}}$는 국소최소해이므로 모든 $\lambda \in (0, \delta)$에 대해, 그리고 어떤 $\delta \in (0, 1)$에 대해 $f(\overline{\mathbf{x}}) \le f[\lambda\hat{\mathbf{x}} + (1-\lambda)\overline{\mathbf{x}}]$이다. 그러나 f는 각각의 $\lambda \in (0, 1)$에 대해 엄격하게 준볼록이며 $f(\hat{\mathbf{x}}) < f(\overline{\mathbf{x}})$이므로 $f[\lambda\hat{\mathbf{x}} + (1-\lambda)\overline{\mathbf{x}}] < f(\overline{\mathbf{x}})$이다. 이것은 $\overline{\mathbf{x}}$가 국소최적해임을 위반하므로, 증명이 완결되었다. (증명 끝)

정의 3.1.1에서 알 수 있듯이, 모든 엄격한 볼록함수는 진실로 볼록함수이다. 그러나 모든 엄격하게 준볼록인 함수가 준볼록함수는 아니다. 예를 들어 설명하기 위해 카라마르디안〔1967〕이 제시한 다음의 함수

$$f(x) = \begin{cases} 1 & x = 0\text{이라면} \\ 0 & x \neq 0\text{이라면} \end{cases}$$

를 고려해보자. 정의 3.5.5에 따라 f는 엄격하게 준볼록이다. 그러나 $x_1 = 1$, $x_2 = -1$에서 $f(x_1) = f(x_2) = 0$이지만 $f[(1/2)x_1 + (1/2)x_2] = f(0) = 1 > f(x_2)$이므로 f는 준볼록이 아니다. 그러나 만약 f가 하반연속이라면 아래에 보인 바와 같이 일반적으로 "엄격한"이라는 용어에서 알 수 있듯이, 엄격한 준볼록성은 준볼록성을 의미한다(하반연속성의 정의에 대해 부록 A를 참조하시오).

3.5.7 보조정리

S는 $\Re^n$에서 공집합이 아닌 볼록집합이라 하고, $f: S \to \Re$은 엄격하게 준볼록이며 하반연속이라 하자. 그렇다면 f는 준볼록이다.

증명 $\mathbf{x}_1, \mathbf{x}_2 \in S$라 한다. 만약 $f(\mathbf{x}_1) \neq f(\mathbf{x}_2)$이라면, f의 엄격한 준볼록성에 따라, 각각의 $\lambda \in (0, 1)$에 대해 $f[\lambda\mathbf{x}_1 + (1-\lambda)\mathbf{x}_2] < max\{f(\mathbf{x}_1), f(\mathbf{x}_2)\}$의 부등식을 반드시 만족시켜야 한다. 지금 $f(\mathbf{x}_1) = f(\mathbf{x}_2)$라고 가정한다. f가 준볼록함수임을 보이기 위해, 각각의 $\lambda \in (0, 1)$에 대해 $f(\lambda\mathbf{x}_1 + (1-\lambda)\mathbf{x}_2) \leq f(\mathbf{x}_1)$임을 보여줄 필요가 있다. 모순을 일으켜, 어떤 $\mu \in (0, 1)$에 대해 $f(\mu\mathbf{x}_1 + (1-\mu)\mathbf{x}_2) > f(\mathbf{x}_1)$이라고 가정한다. $\mu\mathbf{x}_1 + (1-\mu)\mathbf{x}_2$를 $\mathbf{x}$로 나타내자. f는 하반연속이므로, 다음 식

$$f(\mathbf{x}) > f[\lambda\mathbf{x}_1 + (1-\lambda)\mathbf{x}] > f(\mathbf{x}_1) = f(\mathbf{x}_2) \tag{3.27}$$

이 성립하도록 하는 $\lambda \in (0, 1)$가 존재한다. $\mathbf{x}$는 $\lambda\mathbf{x}_1 + (1-\lambda)\mathbf{x}$와 $\mathbf{x}_2$의 볼록조합으로 나타낼 수 있음을 주목하자. 그러므로 f의 엄격한 준볼록성에 따라, 그리고 $f[\lambda\mathbf{x}_1 + (1-\lambda)\mathbf{x}] > f(\mathbf{x}_2)$이므로, $f(\mathbf{x}) < f[\lambda\mathbf{x}_1 + (1-\lambda)\mathbf{x}]$이며, 이것은 (3.27)을 위반한다. 이것으로 증명이 완결되었다. (증명 끝)

강하게 준볼록인 함수

정리 3.5.6에서, 볼록집합 전체에 걸쳐 엄격하게 준볼록인 함수의 국소최소해는 또한 전역최적해임이 뒤따른다. 그러나 엄격한 준볼록성은 전역최적해의 유일성을 주장하지 않으며, 여기에서 강한 준볼록성이라고도 하는 준볼록성의 또 다른 버전을 정의하며, 이것은 전역최소해가 존재한다면 전역최소해의 유일성을 보장한다.

3.5.8 정의

S는 $\Re^n$에서 공집합이 아닌 볼록집합이라 하고, $f: S \to \Re$이라고 놓는다. 만약 $\mathbf{x}_1 \neq \mathbf{x}_2$인 각각의 $\mathbf{x}_1 \in S$, $\mathbf{x}_2 \in S$에 대해, 그리고 각각의 $\lambda \in (0, 1)$에 대해 다음 식

$$f[\lambda \mathbf{x}_1 + (1-\lambda)\mathbf{x}_2] < max\{f(\mathbf{x}_1), f(\mathbf{x}_2)\}$$

이 참이라면 함수 f는 **강하게 준볼록**이라 말한다. 만약 $-f$가 강하게 준볼록이라면 함수 f는 **강하게 준오목**이라 말한다(이러한 함수는 간혹 **엄격하게 준볼록**이라고 문헌에서 말하며 한편으로 정의 3.5.5를 만족시키는 함수는 **반-엄격한 준볼록**이라 함을 주의하시오. 이것은 카라마르디안이 제안한, 위에서 주어진 예와 아래의 '특질 3' 때문에 그렇게 말한다).

정의 3.5.8에서 그리고 정의 3.1.1, 3.5.1, 3.5.5에서, 다음 문장은 성립한다:

1. 모든 엄격하게 볼록인 함수는 강하게 준볼록이다.
2. 모든 강하게 준볼록인 함수는 엄격하게 준볼록이다.
3. 임의의 반연속성의 가정이 존재하지 않아도 모든 강하게 준볼록인 함수는 준볼록이다.

그림 3.11a는 함수가 강하게 준볼록이며 또한 엄격하게 준볼록인 케이스를 예시하며, 이에 반해 그림 3.11b에 예시한 함수는 엄격하게 준볼록이지만 강하게 준볼록은 아니다. 강한 준볼록성의 열쇠는 이것이 엄격한 단봉(연습문제 3.58 참조)이 되게 한다는 것이다. 이것은 다음 특질로 안내한다.

3.5.9 정리

$f: \mathfrak{R}^n \to \mathfrak{R}$는 강하게 준볼록이라고 한다. 최소화 $f(\mathbf{x})$ 제약조건 $\mathbf{x} \in S$의 문제를 고려해보고, 여기에서 S는 $\mathfrak{R}^n$에서 공집합이 아닌 볼록집합이다. 만약 $\overline{\mathbf{x}}$가 하나의 국소최적해라면, $\overline{\mathbf{x}}$는 유일한 전역최적해이다.

증명 $\overline{\mathbf{x}}$는 하나의 국소최적해이므로, 모든 $\mathbf{x} \in S \cap \mathbb{N}_\varepsilon(\overline{\mathbf{x}})$에 대해 $f(\overline{\mathbf{x}}) < f(\mathbf{x})$이 되도록 하는 $\overline{\mathbf{x}}$의 ε-근방 $\mathbb{N}_\varepsilon(\overline{\mathbf{x}})$이 존재한다. 이 정리의 결론에 모순되게, $\hat{\mathbf{x}} \neq \overline{\mathbf{x}}$, $f(\hat{\mathbf{x}}) \le f(\overline{\mathbf{x}})$이 되도록 하는 점 $\hat{\mathbf{x}} \in S$가 존재한다고 가정한다. 강한 준볼록성에 따라 모든 $\lambda \in (0, 1)$에 대해 다음 식

$$f[\lambda \hat{\mathbf{x}} + (1-\lambda)\overline{\mathbf{x}}] < max\{f(\hat{\mathbf{x}}),\ f(\overline{\mathbf{x}})\} = f(\overline{\mathbf{x}})$$

의 내용이 뒤따른다. 그러나 충분하게 작은 λ에 대해, $\lambda\hat{\mathbf{x}} + (1-\lambda)\bar{\mathbf{x}} \in S \cap N_\varepsilon(\bar{\mathbf{x}})$ 이며, 그래서 위의 부등식은 $\bar{\mathbf{x}}$가 국소최적해임을 위반한다. 이것으로 증명이 완결되었다. (증명 끝)

유사볼록함수

이해가 빠른 독자는, 미분가능하며 강하게(또는 엄격하게) 준볼록인 함수는 볼록함수의 특별한 특질을 공유하지 않음을 이미 관측했을 것이며, 이것은 만약 하나의 점 $\bar{\mathbf{x}}$에서 $\nabla f(\bar{\mathbf{x}}) = \mathbf{0}$이라면 $\bar{\mathbf{x}}$는 f의 전역최소해임을 말하는 것이다. 그림 3.12c는 이 사실을 예시한다. 이것은, 볼록함수와 함께, 이렇게 중요한 특질을 공유하는 유사볼록함수를 정의하는 동기를 부여하며, 그리고 각종 도함수에 근거한 최적성 조건의 일반화로 유도한다.

3.5.10 정의

S는 $\Re^n$에서 공집합이 아닌 열린집합이라 하고, $f: S \to \Re$는 S에서 미분가능하다고 하자. 만약 $\nabla f(\mathbf{x}_1)\cdot(\mathbf{x}_2 - \mathbf{x}_1) \geq 0$이 되도록 하는 각각의 $\mathbf{x}_1, \mathbf{x}_2 \in S$에 대해 $f(\mathbf{x}_2) \geq f(\mathbf{x}_1)$이라면, f는 **유사볼록**이라 말한다; 또는 등가적으로, 만약 $f(\mathbf{x}_2) < f(\mathbf{x}_1)$임이 $\nabla f(\mathbf{x}_1)\cdot(\mathbf{x}_2 - \mathbf{x}_1) < 0$임을 의미한다면 f는 유사볼록이라 말한다. 만약 $-f$가 유사볼록이라면, f는 **유사오목**이라 말한다.

만약 $\nabla f(\mathbf{x}_1)\cdot(\mathbf{x}_2 - \mathbf{x}_1) \geq 0$이 되도록 하는, 각각의 서로 다른 $\mathbf{x}_1, \mathbf{x}_2 \in S$에 대해 $f(\mathbf{x}_2) \geq f(\mathbf{x}_1)$이라면 f는 **엄격하게 유사볼록**이라 말한다. 또는 등가적으로 만약 각각의 서로 다른 $\mathbf{x}_1, \mathbf{x}_2 \in S$에 대해 $f(\mathbf{x}_2) \leq f(\mathbf{x}_1)$임이 $\nabla f(\mathbf{x}_1)\cdot(\mathbf{x}_2 - \mathbf{x}_1) < 0$임을 의미한다면 f는 엄격하게 유사볼록이라고 말한다. 만약 $-f$가 엄격하게 유사볼록이라면, f는 **엄격하게 유사오목**이라고 말한다.

그림 3.12a는 유사볼록함수를 예시한다. 유사볼록성의 정의에서, 만약 임의의 $\bar{\mathbf{x}}$에서 $\nabla f(\bar{\mathbf{x}}) = \mathbf{0}$이라면, 모든 $\mathbf{x}$에 대해 $f(\mathbf{x}) \geq f(\bar{\mathbf{x}})$임은 명확하다; 그래서 $\bar{\mathbf{x}}$는 f의 전역최소해이다. 그러므로 그림 3.12c에서 f는 유사볼록도 아니고 유사오목도 아니다. 사실상, 이 정의는, 만약 임의의 점 $\mathbf{x}_1$에서 $(\mathbf{x}_2 - \mathbf{x}_1)$ 방향으로 f의 방향도함수가 비음(-)이라면, 함숫값은 그 방향으로 비감소함을 단언한다(연습문제 3.69 참조). 더군다나, 그림 3.12의 유사볼록함수는 또한 엄격하게 준볼록함

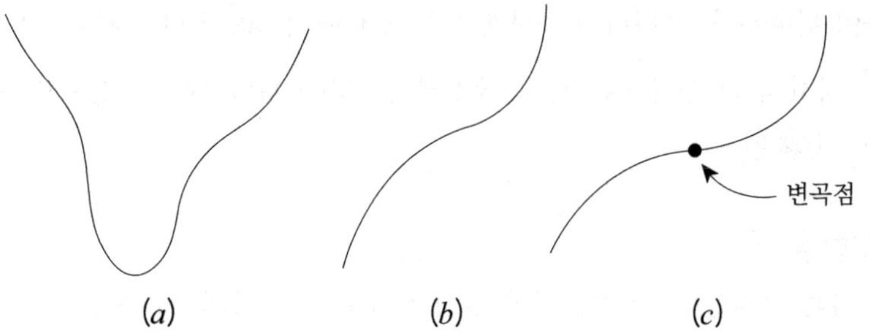

그림 3.12 유사볼록함수이며 유사오목함수: (a) 유사볼록, (b) 유사볼록이며 또한 유사오목, (c) 유사볼록도 아니고 유사오목도 아님

수이며, 정리 3.5.11에 보인 바와 같이 이것은 일반적으로 참임을 관측하시오. 독자는 그림 3.8c의 함수는 유사볼록은 아니지만 엄격하게 준볼록임을 주목하자.

3.5.11 정리

S는 $\Re^n$에서 공집합이 아닌 열린 볼록집합이라 하고, $f: S \to \Re$은 S에서 미분가능하고 유사볼록이라 하자. 그렇다면 f는 엄격하게 준볼록이며 또한 준볼록이다.

증명 먼저 f가 엄격하게 준볼록임을 보여준다. 모순을 일으켜, $f(\mathbf{x}_1) \neq f(\mathbf{x}_2)$이 되도록 하는 $\mathbf{x}_1, \mathbf{x}_2 \in S$가 존재하고, $f(\mathbf{x}') \geq max\{f(\mathbf{x}_1), f(\mathbf{x}_2)\}$라고 가정하며, 여기에서 어떤 $\lambda \in (0,1)$에 대해 $\mathbf{x}' = \lambda\mathbf{x}_1 + (1-\lambda)\mathbf{x}_2$이다. 일반성을 잃지 않고, $f(\mathbf{x}_1) < f(\mathbf{x}_2)$라고 가정하고, 그래서 다음 부등식

$$f(\mathbf{x}') \geq f(\mathbf{x}_2) > f(\mathbf{x}_1) \tag{3.28}$$

이 성립한다. f의 유사볼록성에 따라, $\nabla f(\mathbf{x}')\cdot(\mathbf{x}_1 - \mathbf{x}') < 0$임을 얻음을 주목하시오. $\nabla f(\mathbf{x}')\cdot(\mathbf{x}_1 - \mathbf{x}') < 0$, $\mathbf{x}_1 - \mathbf{x}' = -(1-\lambda)(\mathbf{x}_2 - \mathbf{x}')/\lambda$이므로 $\nabla f(\mathbf{x}')\cdot(\mathbf{x}_2 - \mathbf{x}') > 0$이다; 그러므로 f의 유사볼록성에 따라 $f(\mathbf{x}_2) \geq f(\mathbf{x}')$이 반드시 주어져야 한다. 그러므로 (3.28)에 따라 $f(\mathbf{x}_2) = f(\mathbf{x}')$이다. 또한, $\nabla f(\mathbf{x}')\cdot(\mathbf{x}_2 - \mathbf{x}') > 0$이므로 다음 식

$$f(\hat{\mathbf{x}}) > f(\mathbf{x}') = f(\mathbf{x}_2)$$

이 성립하도록 하는 $\mu \in (0, 1)$인 하나의 $\hat{\mathbf{x}} = \mu\mathbf{x}' + (1-\mu)\mathbf{x}_2$가 존재한다. 또다시, f의 유사볼록성에 따라 $\nabla f(\hat{\mathbf{x}}) \cdot (\mathbf{x}_2 - \hat{\mathbf{x}}) < 0$이다. 유사하게, $\nabla f(\hat{\mathbf{x}}) \cdot (\mathbf{x}' - \hat{\mathbf{x}}) < 0$이다. 요약하면, 다음 식

$$\nabla f(\hat{\mathbf{x}}) \cdot (\mathbf{x}_2 - \hat{\mathbf{x}}) < 0$$
$$\nabla f(\hat{\mathbf{x}}) \cdot (\mathbf{x}' - \hat{\mathbf{x}}) < 0$$

이 반드시 주어져야 한다. $\mathbf{x}_2 - \hat{\mathbf{x}} = \mu(\hat{\mathbf{x}} - \mathbf{x}')/(1-\mu)$임을 주목하고, 그러므로 위의 2개 부등식은 서로 모순이다. 이와 같은 모순은 f가 엄격하게 준볼록임을 보여준다. 보조정리 3.5.7에 따라, 그렇다면 f도 또한 준볼록이며, 그리고 증명이 완결되었다. (증명 끝)

정리 3.5.12에서 모든 엄격하게 유사볼록인 함수는 강하게 준볼록임을 알 수 있다.

3.5.12 정리

S는 $\mathfrak{R}^n$의 공집합이 아닌 열린 볼록집합이라 하고, $f : S \to \mathfrak{R}$을 미분가능하고 엄격하게 유사볼록이라 하자. 그렇다면 f는 강하게 준볼록이다.

증명 모순을 일으켜, $f(\mathbf{x}) > max\{f(\mathbf{x}_1), f(\mathbf{x}_2)\}$이 되도록 하는 서로 다른 $\mathbf{x}_1, \mathbf{x}_2 \in S$와 $\lambda \in (0, 1)$이 존재한다고 가정하며, 여기에서 $\mathbf{x} = \lambda\mathbf{x}_1 + (1-\lambda)\mathbf{x}_2$이다. $f(\mathbf{x}_1) \le f(\mathbf{x})$이므로, f의 엄격한 유사볼록성에 따라 $\nabla f(\mathbf{x}) \cdot (\mathbf{x}_1 - \mathbf{x}) < 0$이며, 그러므로 다음 식

$$\nabla f(\mathbf{x}) \cdot (\mathbf{x}_1 - \mathbf{x}_2) < 0 \tag{3.29}$$

이 성립한다. 유사하게, $f(\mathbf{x}_2) \le f(\mathbf{x})$이므로, 다음 식

$$\nabla f(\mathbf{x}) \cdot (\mathbf{x}_2 - \mathbf{x}_1) < 0 \tag{3.30}$$

이 성립한다. 2개 부등식 (3.29), (3.30)은 모순이며, 따라서 f는 강하게 준볼록

이다. 이것으로 증명이 완결되었다. (증명 끝)

여기에서 정리 3.5.11, 3.5.12에 관련해, f가 이차식인 특별한 케이스에 대해, f가 유사볼록이라는 것은 f가 엄격하게 준볼록이라는 것과 같은 뜻이며, 이 내용이 성립한다는 것은 f가 준볼록이라는 것과 같은 뜻임을 언급한다. 나아가서, 또한 f가 엄격하게 유사볼록이라는 것은 f가 강하게 준볼록이라는 것과 같은 뜻이다. 그러므로 모든 이와 같은 특질은 이차식함수에 대해 서로 등가이다(연습문제 3.55 참조). 또한, 부록 B는 이차식함수의 유사볼록성과 엄격한 유사볼록성을 점검하기 위해 '테두리 두른 헤시안행렬식'의 특성에 관한 설명을 제공한다.

지금까지 볼록성과 오목성의 여러 유형에 관한 토의가 주어졌다. 그림 3.13은 이들 볼록성의 유형 사이의 다른 의미를 요약한다. 이들 의미는 이 절에서 정의한, 또는 증명한 여러 결과에 따른 것이다. 유사한 그림을 오목 케이스에 대해도 구성할 수 있다.

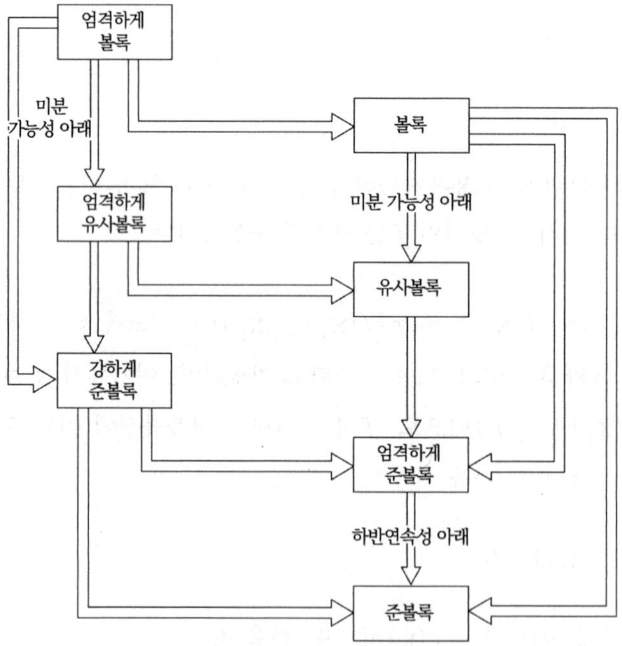

그림 3.13 다양한 유형 사이의 볼록성의 관계

하나의 점에서의 볼록성

최적화이론에서 또 하나의 유용한 개념은 하나의 점에서의 볼록성 또는 오목성이다. 어떤 경우에는, 함수가 볼록 또는 오목이어야 한다는 요구사항이 너무 강력한 것일 수도 있으며 실제로 필수적이 아닐 수도 있다. 진실로, 하나의 점에서의 볼록성 또는 오목성에 관한 개념이 필요한 것의 전부이다.

3.5.13 정의

S는 $\Re^n$에서 공집합이 아닌 볼록집합이라 하고, $f: S \to \Re$이라 한다. 다음은 이 장에서 제시한 볼록성의 다양한 형태의 완화이다:

$\overline{\mathbf{x}}$에서의 볼록성. 만약 각각의 $\lambda \in (0,1)$와 각각의 $\mathbf{x} \in S$에 대해 다음 식

$$f[\lambda\overline{\mathbf{x}} + (1-\lambda)\mathbf{x}] \le \lambda f(\overline{\mathbf{x}}) + (1-\lambda)f(\mathbf{x})$$

이 성립한다면 함수 f는 $\overline{\mathbf{x}} \in S$에서 볼록이라 말한다.

$\overline{\mathbf{x}}$에서의 엄격한 볼록성. 만약 각각의 $\lambda \in (0,1)$와 각각의 $\mathbf{x} \in S$에 대해, 그리고 $\mathbf{x} \neq \overline{\mathbf{x}}$에 대해 다음 식

$$f[\lambda\overline{\mathbf{x}} + (1-\lambda)\mathbf{x}] < \lambda f(\overline{\mathbf{x}}) + (1-\lambda)f(\mathbf{x})$$

이 성립한다면 함수 f는 $\overline{\mathbf{x}} \in S$에서 엄격하게 볼록이라 말한다.

$\overline{\mathbf{x}}$에서의 준볼록성. 만약 각각의 $\lambda \in (0,1)$와 각각의 $\mathbf{x} \in S$에 대해 다음 식

$$f[\lambda\overline{\mathbf{x}} + (1-\lambda)\mathbf{x}] \le max\{f(\mathbf{x}), f(\overline{\mathbf{x}})\}$$

이 성립한다면 함수 f는 $\overline{\mathbf{x}} \in S$에서 준볼록이라 말한다.

$\overline{\mathbf{x}}$에서의 엄격한 준볼록성. 만약 각각의 $\lambda \in (0,1)$와 각각의 $\mathbf{x} \in S$에 대해, 그리고 $f(\mathbf{x}) \neq f(\overline{\mathbf{x}})$가 되도록 하는 점에서 다음 식

$$f[\lambda\overline{\mathbf{x}} + (1-\lambda)\mathbf{x}] < max\{f(\mathbf{x}), f(\overline{\mathbf{x}})\}$$

이 성립한다면 함수 f는 $\mathbf{x} \in S$에서 엄격하게 준볼록이라고 말한다.

$\overline{\mathbf{x}}$ 에서의 강한 준볼록성. 만약 각각의 $\lambda \in (0,1)$과 각각의 $\mathbf{x} \in S$에 대해, 그리고 $\mathbf{x} \neq \overline{\mathbf{x}}$에 대해 다음 식

$$f[\lambda\overline{\mathbf{x}} + (1-\lambda)\mathbf{x}] < max\{f(\mathbf{x}), f(\overline{\mathbf{x}})\}$$

이 성립한다면 함수 f는 $\overline{\mathbf{x}} \in S$에서 강하게 준볼록이라고 말한다.

$\overline{\mathbf{x}}$ 에서의 유사볼록성. 만약 $\mathbf{x} \in S$에 대해 $\nabla f(\overline{\mathbf{x}})\cdot(\mathbf{x}-\overline{\mathbf{x}}) \geq 0$임이 $f(\mathbf{x}) \geq f(\overline{\mathbf{x}})$임을 의미한다면 함수 f는 $\overline{\mathbf{x}} \in S$에서 유사볼록이라고 말한다.

$\overline{\mathbf{x}}$ 에서의 엄격한 유사볼록성. 만약 $\mathbf{x} \in S$와 $\mathbf{x} \neq \overline{\mathbf{x}}$ 에 대해 $\nabla f(\overline{\mathbf{x}})\cdot(\mathbf{x}-\overline{\mathbf{x}}) \geq 0$임이 $f(\mathbf{x}) > f(\overline{\mathbf{x}})$임을 의미한다면 함수 f는 $\overline{\mathbf{x}} \in S$에서 엄격하게 유사볼록이라 말한다.

하나의 점에서 오목성의 다양한 유형은 유사한 방법으로 기술할 수 있다. 그림 3.14는 하나의 점에서 볼록성의 몇 가지 유형을 나타낸다. 그림이 시사하듯이, 하나의 점에서 볼록성의 이와 같은 유형은 볼록성의 개념의 상당한 완화를 나타낸다.

하나의 점에서 함수 f의 볼록성과 관계된 몇 개 중요한 결과를 아래에 명시하며, 여기에서 $f: S \to \Re$이며 S는 $\Re^n$에서 공집합이 아닌 볼록집합이다. 물론 이 장에서 개발한 모든 결과가 참은 아니다. 그러나 이들 결과 가운데 몇 개는 참이며 아래에 요약한다. 이에 대한 증명은 이 장의 상응하는 정리와 유사하다.

1. f는 $\overline{\mathbf{x}}$에서 볼록이며 미분가능하다. 그렇다면 각각의 $\mathbf{x} \in S$에 대해 $f(\mathbf{x}) \geq f(\overline{\mathbf{x}}) + \nabla f(\overline{\mathbf{x}})\cdot(\mathbf{x}-\overline{\mathbf{x}})$이다. 만약 f가 엄격하게 볼록이라 하면 $\mathbf{x} \neq \overline{\mathbf{x}}$에 대해 엄격한 부등식이 성립한다.
2. f는 $\overline{\mathbf{x}}$에서 볼록이면서 2회 미분가능하다. 그렇다면 헤시안행렬 $\mathbf{H}(\overline{\mathbf{x}})$은 양반정부호 행렬이다.
3. f는 $\overline{\mathbf{x}} \in S$에서 볼록이라 하고, $\overline{\mathbf{x}}$를 최소화 $f(\mathbf{x})$ 제약조건 $\mathbf{x} \in S$ 문제의 하나의 최적해라 하자. 그렇다면 $\overline{\mathbf{x}}$는 전역최적해이다.

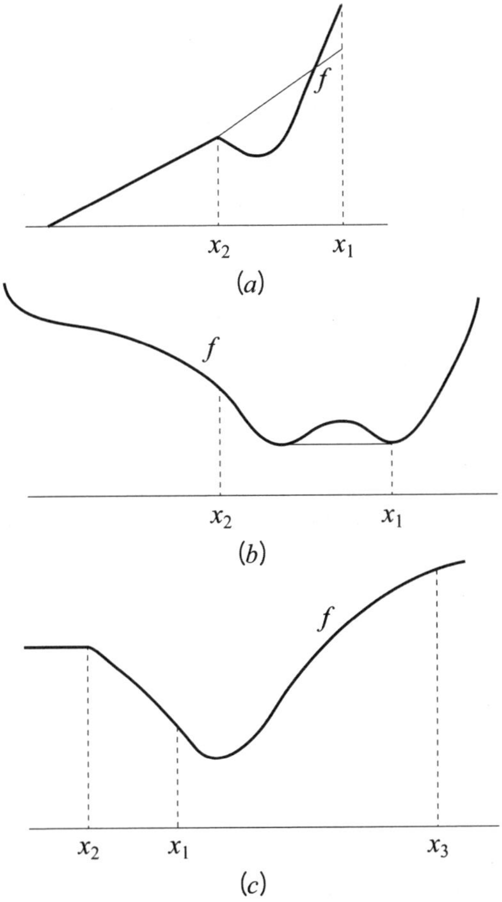

그림 3.14 하나의 점에서 볼록성의 여러 가지의 유형. (a) 볼록성과 엄격한 볼록성: f는 x_1에서 볼록이지만 엄격하게 볼록은 아니다; f는 x_2에서 볼록이며 엄격하게 볼록이다. (b) 유사볼록성과 엄격한 유사볼록성: f는 x_2에서 유사볼록이지만 엄격하게 유사볼록은 아니다; f는 x_2에서 유사볼록이며 엄격하게 유사볼록이다. (c) 준볼록성, 엄격한 준볼록성, 그리고 강한 준볼록성: f는 x_1에서 준볼록이지만 엄격하게 준볼록도 아니며 강하게 준볼록도 아니다; f는 x_2에서 준볼록이며 엄격하게 준볼록이지만 x_2에서 강하게 준볼록은 아니다; f는 x_3에서 준볼록, 엄격하게 준볼록, 강하게 준볼록이다.

4. f는 볼록이며 $\overline{\mathbf{x}} \in S$에서 미분가능하다고 하자. 그렇다면 $\overline{\mathbf{x}}$가 최소화 $f(\mathbf{x})$ 제약조건 $\mathbf{x} \in S$ 문제의 하나의 최적해라는 것은 각각의 $\mathbf{x} \in S$에 대해 $\nabla f(\overline{\mathbf{x}}) \cdot (\mathbf{x} - \overline{\mathbf{x}}) \geq 0$이라는 것과 같은 뜻이다. 특히, 만약

$\mathbf{x} \in int\,S$일 때 $\bar{\mathbf{x}}$가 하나의 최적해라는 것은 $\nabla f(\bar{\mathbf{x}}) = \mathbf{0}$이라는 것과 같은 뜻이다.

5. f는 $\bar{\mathbf{x}} \in S$에서 볼록이며 미분가능하다고 하자. $\bar{\mathbf{x}}$는 최대화 $f(\mathbf{x})$ 제약조건 $\mathbf{x} \in S$ 문제의 최적해라고 가정한다. 그렇다면 각각의 $\mathbf{x} \in S$에 대해 $\nabla f(\bar{\mathbf{x}}) \cdot (\mathbf{x} - \bar{\mathbf{x}}) \le 0$이다.
6. f는 $\bar{\mathbf{x}}$에서 준볼록이며 미분가능이라 하고, $\mathbf{x} \in S$는 $f(\mathbf{x}) \le f(\bar{\mathbf{x}})$이 되도록 하는 점이라 하자. 그렇다면 $\nabla f(\bar{\mathbf{x}}) \cdot (\mathbf{x} - \bar{\mathbf{x}}) \le 0$이다.
7. $\bar{\mathbf{x}}$는 최소화 $f(\mathbf{x})$ 제약조건 $\mathbf{x} \in S$ 문제의 국소최적해라고 가정한다. 만약 f가 $\bar{\mathbf{x}}$에서 엄격하게 준볼록이라면, $\bar{\mathbf{x}}$는 전역최적해이다. 만약 f가 $\bar{\mathbf{x}}$에서 강하게 준볼록이라면, $\bar{\mathbf{x}}$는 유일한 전역최적해이다.
8. 최소화 $f(\mathbf{x})$ 제약조건 $\bar{\mathbf{x}} \in S$ 문제를 고려해보자. 그리고 $\bar{\mathbf{x}} \in S$는 $\nabla f(\bar{\mathbf{x}}) = \mathbf{0}$이 되도록 하는 점이라 하자. 만약 f가 $\bar{\mathbf{x}}$에서 유사볼록이라면, $\bar{\mathbf{x}}$는 전역최적해이다; 그리고 만약 f가 $\bar{\mathbf{x}}$에서 엄격하게 유사볼록이라면 $\bar{\mathbf{x}}$는 유일한 전역최적해이다.

연습문제

[3.1] 다음 함수 가운데 어느 것이 볼록, 오목, 또는 어느 쪽도 아닌가? 왜 그런가?

a. $f(x_1, x_2) = 2x_1^2 - 4x_1x_2 - 8x_1 + 3x_2$

b. $f(x_1, x_2) = x_1 e^{-(x_1 + 3x_2)}$

c. $f(x_1, x_2) = -x_1^2 - 3x_2^2 + 4x_1x_2 + 10x_1 - 10x_2$

d. $f(x_1, x_2, x_3) = 2x_1x_2 + 2x_1^2 + x_2^2 + 2x_3^2 - 5x_1x_3$

e. $f(x_1, x_2, x_3) = -2x_1^2 - 3x_2^2 - 2x_3^2 + 8x_1x_2 + 3x_1x_3 + 4x_2x_3$

[3.2] $\{x \mid x > 0\}$의 어떤 부분집합에 대해 단일변수의 함수 $f(x) = e^{-ax^b}$는 볼록인가? 여기에서 $a > 0$, $b \ge 1$이다.

[3.3] $S=\{(x_1, x_2) | -1 \le x_1 \le 1,\ -1 \le x_2 \le 1\}$ 전체에 걸쳐 정의한 다음 함수

$$f(x_1, x_2) = 10 - 3(x_2 - x_1^2)^2$$

의 오목성을 증명하거나 반론을 제시하시오. 볼록집합 $S \subseteq \{(x_1, x_2) | x_1^2 \ge x_2\}$ 에 대해 반복하시오.

[3.4] 어떤 정의역 전체에 걸쳐 함수 $f(\mathbf{x}) = x^2(x^2-1)$은 볼록인가? 이 함수는 명시한 영역 전체에 걸쳐 엄격하게 볼록인가? 독자의 답의 정당성을 보이시오.

[3.5] 함수 $f: \Re^n \to \Re$이 아핀이라는 것은 f는 볼록이며 오목이라는 것과 같은 뜻임을 보이시오〔만약 f가 $f(\mathbf{x}) = \alpha + \mathbf{c} \cdot \mathbf{x}$ 형태라면 f는 **아핀**이며, 여기에서 α는 스칼라, $\mathbf{c}$는 n-벡터이다〕.

[3.6] $S \ne \varnothing$는 $\Re^n$의 볼록집합이라 하고 $f: S \to \Re$이라 한다. f가 볼록이라는 것은 $k \ge 2$인 임의의 정수에 대해 다음 내용이 참이라는 것과 같은 뜻임을 보이시오: $\mathbf{x}_1, \cdots, \mathbf{x}_k \in S$는 $f(\Sigma_{j=1}^k \lambda_j \mathbf{x}_j) \le \Sigma_{j=1}^k \lambda_j f(\mathbf{x}_j)$임을 의미하며, 여기에서 $\lambda_1 \ge 0, \cdots, \lambda_k \ge 0$에 대해 $\Sigma_{j=1}^k \lambda_j = 1$이다.

[3.7] $S \ne \varnothing$는 $\Re^n$에서 볼록집합이라 하고 $f: S \to \Re$이라 한다. f가 오목이라는 것은 $hyp\,f$는 볼록집합이라는 것과 같은 뜻임을 보이시오.

[3.8] $f_1, f_2, \cdots, f_k: \Re^n \to \Re$은 볼록함수라 하자. $f(\mathbf{x}) = \Sigma_{j=1}^k \alpha_j f_j(\mathbf{x})$로 정의한 함수 f를 고려해보고, 여기에서 $j=1, \cdots, k$에 대해 $\alpha_j > 0$이다. f가 볼록임을 보이시오. 오목함수에 대해 유사한 결과를 나타내고 증명하시오.

[3.9] $f_1, f_2, \cdots, f_k: \Re^n \to \Re$는 볼록함수라 하자. $f(\mathbf{x}) = max\{f_1(\mathbf{x}), f_2(\mathbf{x}), \cdots, f_k(\mathbf{x})\}$로 정의한 함수 f를 고려해보자. f는 볼록임을 보이시오. 오목함수에 대해 유사한 결과를 보이고 증명하시오.

[3.10] $h:\Re^n \to \Re$은 볼록함수라 하고 $g:\Re \to \Re$은 비증가 볼록함수라 하자. $f(\mathbf{x})=g[h(\mathbf{x})]$로 정의한 합성함수 $f:\Re^n \to \Re$을 고려해보자. f는 볼록임을 보이시오.

[3.11] $g:\Re^n \to \Re$을 오목함수라 하고, f는 $f(\mathbf{x})=1/g(\mathbf{x})$라고 정의한 함수라 하자. f는 $S=\{\mathbf{x} \mid g(\mathbf{x})>0\}$ 전체에 결쳐 볼록임을 보이시오. 볼록함수와 오목함수를 교환해 대칭적 결과를 보이시오.

[3.12] $S \neq \varnothing$는 $\Re^n$의 볼록집합이라 하고, $f:\Re^n \to \Re$은 다음 식

$$f(\mathbf{y})=inf\{\, \| \mathbf{y}-\mathbf{x} \| \mid \mathbf{x} \in S\}$$

과 같이 정의한다. $f(\mathbf{y})$는 $\mathbf{y}$에서 집합 S까지의 거리를 나타내며 **거리함수**라 함을 주목하자. f는 볼록함수임을 증명하시오.

[3.13] $S=\left\{(x_1, x_2) \middle| x_1^2+x_2^2 \le 4\right\}$이라 한다. f는 연습문제 3.12에서 정의한 거리함수라 하자. 함수 f를 명시적으로 구하시오.

[3.14] S는 $\Re^n$에서 공집합이 아니고 유계인 볼록집합이라 하고, $f:\Re^n \to \Re$을 다음 식

$$f(\mathbf{y}) = sup\{\mathbf{y}\cdot\mathbf{x} \mid \mathbf{x} \in S\}$$

과 같이 정의했다고 하자. f는 S의 **받침함수**라 한다. f는 볼록임을 증명하시오. 또한, 만약 $f(\mathbf{y})=\mathbf{y}\cdot\bar{\mathbf{x}}$이라면, 여기에서 $\bar{\mathbf{x}} \in S$이며, $\bar{\mathbf{x}}$는 $\mathbf{y}$에서 f의 하나의 열경도임을 보이시오.

[3.15] $S=A \cup B$이라 하며, 여기에서 A, B는 다음 식

$$A=\left\{(x_1, x_2) \middle| x_1<0,\ x_1^2+x_2^2 \le 4\right\}$$
$$B=\left\{(x_1, x_2) \middle| x_1 \ge 0,\ -2 \le x_2 \le 2\right\}$$

과 같다. 연습문제 3.14에서 정의한 받침함수를 명시적으로 구하시오.

[3.16] $g : \Re^m \rightarrow \Re$ 은 볼록함수라 하고, $\mathbf{h}: \Re^n \rightarrow \Re^m$ 은 $\mathbf{H}(\mathbf{x}) = \mathbf{A}\mathbf{x} + \mathbf{b}$ 형태인 아핀함수라 하고, 여기에서 $\mathbf{A}$ 는 $m \times n$ 행렬, $\mathbf{b}$ 는 m-벡터이다. 그렇다면 $f(\mathbf{x}) = g[h(\mathbf{x})]$ 라고 정의한 합성함수 $f : \Re^n \rightarrow \Re$ 은 볼록임을 보이시오. 또한, g 의 2회 미분가능성을 가정해 f 의 헤시안 표현을 유도하시오.

[3.17] F 를 확률변수 b 의 **누적확률분포함수**라 하자. 즉 말하자면, $F(y) = Prob(b \leq y)$ 이다. $\phi(z) = \int_{-\infty}^{z} F(y)dy$ 는 볼록임을 보이시오. ϕ 는 임의의 비증가함수 F 에 관해 볼록인가?

[3.18] 함수 $f : \Re^n \rightarrow \Re$ 가 만약 다음 등식

$$f(\lambda\mathbf{x}) = \lambda f(\mathbf{x}) \qquad \forall \mathbf{x} \in \Re^n, \ \forall \lambda \geq 0$$

을 만족시킨다면 **게이지 함수**라 한다: 나아가서, 만약 이 함수가 다음 부등식

$$f(\mathbf{x}) + f(\mathbf{y}) \geq f(\mathbf{x} + \mathbf{y}) \ \ \forall \mathbf{x}, \mathbf{y} \in \Re^n$$

을 만족시킨다면 게이지 함수는 **열가법적**이라고 말한다. 열가법성은 게이지 함수의 볼록성과 등가임을 증명하시오.

[3.19] $f : S \rightarrow \Re$ 을 다음 식

$$f(\mathbf{x}) = \frac{(\boldsymbol{\alpha} \cdot \mathbf{x})^2}{\boldsymbol{\beta} \cdot \mathbf{x}}$$

과 같이 정의하며, 여기에서 S 는 $\Re^n$ 의 볼록 부분집합이며, $\boldsymbol{\alpha}$, $\boldsymbol{\beta}$ 는 $\Re^n$ 의 벡터이며, 여기에서 모든 $\mathbf{x} \in S$ 에 대해 $\boldsymbol{\beta} \cdot \mathbf{x} > 0$ 이다. f 의 헤시안에 대한 명시적 표현을 유도하고 f 는 S 전체에 걸쳐 볼록임을 입증하시오.

[3.20] 이차식 함수 $f : \Re^n \rightarrow \Re$ 을 고려하고, f 는 S 에서 볼록이라고 가정하고, 여기에서 $S \neq \varnothing$ 는 $\Re^n$ 의 볼록집합이다. 다음 내용에 대해 설명하시오:

a. 함수 f는 $M(S)$에서 볼록이며, 여기에서 S를 포함하는 $M(S)$는 $M(S) = \{\mathbf{y} \,|\, \mathbf{y} = \Sigma_{j=1}^{k} \lambda_j \mathbf{x}_j,\ \Sigma_{j=1}^{k} \lambda_j = 1,\ \mathbf{x}_j \in S\ \forall j,\ k \geq 1$에 대하여$\}$로 정의한 **아핀부분공간**4)이다.

b. 함수 f는 $L(S)$에서 볼록이며, $M(S)$에 평행이며 $L(S) = \{\mathbf{y} - \mathbf{x} \,|\, \mathbf{y} \in M(S),\ \mathbf{x} \in S\}$라고 정의한 **선형 부분공간**5)이다(이 결과는 코틀 [1967]의 공로이다).

[3.21] $f : \Re^n \to \Re$은 볼록이라 하고, $\mathbf{A}$는 $m \times n$ 행렬이라 하자. 다음과 같이

$$h(\mathbf{y}) = inf\,\{f(\mathbf{x}) \,|\, \mathbf{A}\mathbf{x} = \mathbf{y}\}$$

정의한 함수 $h : \Re^m \to \Re$을 고려해보자: h는 볼록임을 보이시오.

[3.22] S는 $\Re^n$의 공집합이 아닌 볼록집합이라 하고 $f : \Re^n \to \Re$, $\mathbf{g} : \Re^n \to \Re^m$을 볼록이라 하자. 다음 식

$$\phi(\mathbf{y}) = inf\,\{f(\mathbf{x}) \,|\, \mathbf{g}(\mathbf{x}) \leq \mathbf{y},\ \mathbf{x} \in S\}$$

으로 정의한 **섭동함수** $\phi : \Re^m \to \Re$을 고려해보자.

a. ϕ는 볼록함수임을 증명하시오.

b. 만약 $\mathbf{y}_1 \leq \mathbf{y}_2$라면, $\phi(\mathbf{y}_1) \geq \phi(\mathbf{y}_2)$임을 보이시오.

[3.23] $f : \Re^n \to \Re$은 하반연속이라 하자. 모든 $\alpha \in \Re$에 대해 등위집합 $S_\alpha = \{\mathbf{x} \,|\, f(\mathbf{x}) \leq \alpha\}$는 닫혀있음을 보이시오.

[3.24] f는 $\Re^n$의 볼록함수라 하자. 하나의 주어진 점에서 f의 열경도의 집합은 하나의 닫힌 볼록집합을 형성함을 증명하시오.

---

4) 역자 주: affine manifold: 아핀집합(affine set)의 동의어는 "affine manifold," "affine variety," "linear variety", "flat" 등이다. Convex Analysis, R. Tyrell Rockafellar, Princeton University Press, 1970.

5) 역자 주: linear subspace, affine manifold

[3.25] $f: \Re^n \to \Re$은 볼록이라 하자. $\boldsymbol{\xi}$가 $\overline{\mathbf{x}}$에서 f의 하나의 열경도라는 것은 초평면 $\{(\mathbf{x}, y) | y = f(\overline{\mathbf{x}}) + \boldsymbol{\xi} \cdot (\mathbf{x} - \overline{\mathbf{x}})\}$이 $[\overline{\mathbf{x}}, f(\overline{\mathbf{x}})]$에서 $epi\, f$를 받친다는 것과 같은 뜻임을 보이시오. 오목함수에 대해 기술하고 유사한 결과를 증명하시오.

[3.26] $f: \Re^n \to \Re$을 $f(\mathbf{x}) = \| \mathbf{x} \|$라고 정의한 함수라 하자. f의 열경도는 다음과 같이 특성을 설명할 수 있음을 증명하시오: 만약 $\mathbf{x} = \mathbf{0}$이라면, $\boldsymbol{\xi}$가 $\mathbf{x}$에서 f의 하나의 열경도라는 것은 $\| \boldsymbol{\xi} \| \le 1$이라는 것과 같은 뜻이다. 반면에, 만약 $\mathbf{x} \ne \mathbf{0}$이라면, $\boldsymbol{\xi}$가 $\mathbf{x}$에서 f의 하나의 열경도라는 것은 $\| \boldsymbol{\xi} \| = 1$, $\boldsymbol{\xi} \cdot \mathbf{x} = \| \mathbf{x} \|$이라는 것과 같은 뜻이다. f는 각각의 $\mathbf{x} \ne \mathbf{0}$에서 미분가능함을 보여주기 위해, 이 결과를 사용해 경도벡터의 특성을 설명하시오.

[3.27] $f_1, f_2: \Re^n \to \Re$은 미분가능하고 볼록인 함수라 하자. $f(\mathbf{x}) = max\{f_1(\mathbf{x}), f_2(\mathbf{x})\}$라고 정의한 함수 f를 고려해보자. $\overline{\mathbf{x}}$는 $f(\overline{\mathbf{x}}) = f_1(\overline{\mathbf{x}}) = f_2(\overline{\mathbf{x}})$가 되도록 하는 점이라 하자. $\boldsymbol{\xi}$가 $\overline{\mathbf{x}}$에서 f의 하나의 열경도라는 것은 다음 식

$$\boldsymbol{\xi} = z\lambda \nabla f_1(\overline{\mathbf{x}}) + (1-\lambda) \nabla f_2(\overline{\mathbf{x}}), \text{ 여기에서 } \lambda \in [0, 1]$$

이 성립한다는 것과 같은 뜻임을 보이시오. 이 결과를 다양한 볼록함수와 오목함수로 일반화하고 유사한 결과를 기술하시오.

[3.28] 다음의 최적화문제

$$\begin{aligned} \theta(u) = \ & \text{최소화 } \mathbf{c} \cdot \mathbf{x} + \mathbf{u} \cdot (\mathbf{A}\mathbf{x} - \mathbf{b}) \\ & \text{제약조건 } \mathbf{x} \in X \end{aligned}$$

로 정의한, 임의의 $\mathbf{u} \ge \mathbf{0}$에 대한 함수 θ를 고려해보고, 여기에서 X는 하나의 콤팩트 다면체집합이다.

a. θ는 오목함수임을 보이시오.
b. 임의의 주어진 $\mathbf{u}$에서 θ의 열경도의 특성을 설명하시오.

[3.29] 연습문제 3.28을 참조해, 만약 다음 내용

$$\mathbf{A}=\begin{bmatrix}3 & 2\\ -1 & 2\end{bmatrix},\quad \mathbf{b}=\begin{bmatrix}6\\ 4\end{bmatrix},\quad \mathbf{c}=\begin{bmatrix}-1\\ -2\end{bmatrix}$$
$$X=\{(x_1,x_2)\,|\,0\le x_1\le 3/2,\ 0\le x_2\le 3/2\}$$

이 주어졌다면, 함수 θ를 명시적으로 구하고 각각의 점 $\mathbf{u}\ \ge \mathbf{0}$에서 열경도 집합을 설명하시오.

[3.30] 다음의 최적화문제

$$\theta(u_1,u_2)=\text{최소화 } x_1(2-u_1)+x_2(3-u_2)$$
$$\text{제약조건 } x_1^2+x_2^2\le 4$$

로 정의한 함수 θ를 고려해보자.

a. θ는 오목함수임을 보이시오.
b. 점 $(2,3)$에서 θ 값을 구시오.
c. 점 $(2,3)$에서 θ의 열경도 집합을 구하시오.

[3.31] $f:S\to\Re$이라 하고, 여기에서 $S\subset\Re^n$은 공집합이 아닌 볼록집합이다. 그렇다면 S 전체에 걸쳐 f의 **볼록포락선**은 $f_S(\mathbf{x})$ $\mathbf{x}\in S$로 나타내며 모든 $\mathbf{x}\in S$에 대해 $f_S(\mathbf{x})\le f(\mathbf{x})$이 되도록 하는 볼록함수이다; 그리고 만약 g가 모든 $\mathbf{x}\in S$에 대해 $g(\mathbf{x})\le f(\mathbf{x})$이 되도록 하는 다른 볼록함수라면, 모든 $\mathbf{x}\in S$에 대해 $f_S(\mathbf{x})>g(\mathbf{x})$이다. 그러므로 S 전체에 대한 f의 모든 볼록하향평가치 전체에 걸쳐 f_S는 점별 최소상계이다. 최솟값이 존재한다고 가정하고, 그리고 다음 식

$$\{\mathbf{x}^*\in S\,|\,f(\mathbf{x}^*)\le f(\mathbf{x}),\ \ \forall\mathbf{x}\in S\}$$
$$\subseteq\{\mathbf{x}^*\in S\,|\,f_S(\mathbf{x}^*)\le f_S(\mathbf{x}),\ \ \forall\mathbf{x}\in S\}$$

이 성립한다고 가정하고 $min\{f(\mathbf{x})\,|\,\mathbf{x}\in S\}=min\{f_S(\mathbf{x})\,|\,\mathbf{x}\in S\}$임을 보이시오.

[3.32] $f:S\to\Re$은 오목이라 하고, 여기에서 $S\subseteq\Re^n$은 공집합이 아니고 정점이 $\mathbf{x}_1,\ \cdots,\mathbf{x}_E$인 유계다면체집합이다. S 전체에 대해 f의 볼록포락선(연습문제

3.31 참조)은 다음 식

$$f_S(\mathbf{x}) = \\ min\left\{\sum_{i=1}^{E} \lambda_i f(\mathbf{x}_i) \middle| \sum_{i=1}^{E} \lambda_i \mathbf{x}_i = \mathbf{x},\ \sum_{i=1}^{E} \lambda_i = 1,\ \lambda_i \geq 0,\ i=1, \cdots, E\right\}$$

으로 주어짐을 보이시오. 그러므로, 만약 S가 $\Re^n$의 심플렉스라면 f_S는 S의 모든 정점에 대해 f와 동일한 값을 달성하는 아핀함수임을 보이시오(이 결과는 포크 & 호프만[1976]에 의한 것이다).

[3.33] $f: S \to \Re$, $f_S: S \to \Re$은 연습문제 3.31에서 정의한 것과 같은 함수라 하자. 만약 f가 연속함수라면, S 전체에 걸쳐 f_S의 에피그래프 $\{(\mathbf{x}, y) \mid y \geq f_S(\mathbf{x}),\ \mathbf{x} \in S,\ y \in \Re\}$는 S 전체에 걸쳐 f의 에피그래프 $\{(\mathbf{x}, y) \mid y \geq f(\mathbf{x}),\ \mathbf{x} \in S,\ y \in \Re\}$의 볼록포의 폐포임을 보이시오. 후자의 집합의 에피그래프는 닫힌집합일 필요가 없음을 보이기 위해 예를 제시하시오.

[3.34] $f(x, y) = xy$는 쌍변수 쌍선형함수라 하고 S는 $\Re^2$에서 유한한 크기의 양(+) 경사를 갖지 않는 모서리를 갖는 다면체집합이라 한다. $\Lambda = \{(\alpha, \beta, \gamma) \in \Re^3 \mid \alpha x_k + \beta y_k + \gamma \leq x_k y_k \quad k=1, \cdots, K\}$를 정의하고, 여기에서 $k=1, \cdots, K$에 대해 (x_k, y_k)는 S의 정점이다. 연습문제 3.31을 참조해, 만약 S가 2-차원 집합이라면 Λ의 극점 $(\alpha_1, \beta_1, \gamma_1), \cdots, (\alpha_E, \beta_E, \gamma_E)$의 집합은 공집합이 아니며 $f_S(x, y) = max\{\alpha_e x + \beta_e y + \gamma_e, e=1, \cdots, E\}$임을 보이시오. 반면에 만약 S가 1차원이고 (x_1, y_1)과 (x_2, y_2)의 볼록포로 주어진다면 $k=1,2$에 대해 $\alpha x_k + \beta y_k + \gamma = x_k y_k$의 연립방정식의 해 $(\alpha_1, \beta_1, \gamma_1)$가 존재함을 보이고, 이 경우 $f_S(x, y) = \alpha_1 x + \beta_1 y + \gamma_1$이다. 만약 $S = \{(x, y) \mid a \leq x \leq b, c \leq y \leq d\}$이라면, 여기에서 $a < b$, $c < d$, $f_S(x, y) = max\{dx + by - bd,\ cx + ay - ac\}$임을 입증하기 위해 이 결과를 특화하시오(이 결과는 셰랄리 & 알라메딘[1990]에 의한 것이다).

[3.35] 정점 $(0, 1)$, $(2, 0)$, $(1, 2)$을 갖는 삼각형을 고려해보고, $f(x, y) = xy$는

쌍변수 쌍선형함수라 하자. S 전체에 대해 f의 볼록포락선 f_S는 다음 식

$$f_S(x,y)=\begin{cases}-y+\dfrac{3y^2}{2-x+y} & (x,y)\neq(2,0)\text{에 대해}\\ 0 & (x,y)=(2,0)\text{에 대해}\end{cases}$$

$(x,y)\in S$에 대해

으로 주어진다는 것을 보이시오(연습문제 3.31 참조). 유한하고 경사가 양(+)인 1개 변을 갖는 삼각형 전체에 걸쳐 f의 볼록포락선을 찾는 독자의 알고리즘을 일반화할 수 있는가(이 결과는 셰랄리 & 알라메딘[1990]에 의한 것이다)?

[3.36] $f:\Re^n\to\Re$은 미분가능하다고 하자. 경도벡터는 다음 식

$$\nabla f(\mathbf{x})=\left(\frac{\partial f(\mathbf{x})}{\partial x_1},\ \frac{\partial f(\mathbf{x})}{\partial x_2},\ \cdots,\ \frac{\partial f(\mathbf{x})}{\partial x_n}\right)^t$$

으로 주어진다는 것을 보이시오.

[3.37] $f:\Re^n\to\Re$은 미분가능하다고 하자. 하나의 주어진 점 $\overline{\mathbf{x}}$에서 f의 선형근사화는 다음 식

$$f(\overline{\mathbf{x}})+\nabla f(\overline{\mathbf{x}})\cdot(\mathbf{x}-\overline{\mathbf{x}})$$

으로 주어진다. 만약 f가 $\overline{\mathbf{x}}$에서 2회 미분가능하다면, 점 $\overline{\mathbf{x}}$에서 f의 **이차식 근사화**는 다음 식

$$f(\overline{\mathbf{x}})+\nabla f(\overline{\mathbf{x}})\cdot(\mathbf{x}-\overline{\mathbf{x}})+\frac{1}{2}(\mathbf{x}-\overline{\mathbf{x}})^t\mathbf{H}(\overline{\mathbf{x}})(\mathbf{x}-\overline{\mathbf{x}})$$

으로 주어진다. $f(x_1,x_2)=e^{2x_1^2-x_2^2}-3x_1+5x_2$라 하자. 점 $(1,1)$에서 f의 선형근사화와 이차식 근사화를 제시하시오. 이 근사화는 볼록인가, 오목인가, 또는 이것도 아닌가? 왜 그런가?

[3.38] 함수 $f:\Re^n\to\Re$을 고려해보고, f는 무한회 미분가능하다고 가정한다.

그렇다면 f가 엄격하게 볼록이라는 것은 $\Re^n$에 속한 각각의 $\overline{\mathbf{x}}$와 $\mathbf{d}$에 대해, 테일러급수 전개에서 첫째로 0이 아니면서 2-계이거나 또는 이보다도 더 높은 계의 도함수 항이 존재하며, 짝수 계이며 양(+)이라는 것과 같은 뜻임을 보이시오.

[3.39] $f(\mathbf{x}) = \mathbf{x}^t\mathbf{A}\mathbf{x}$로 주어진 함수 $f : \Re^3 \to \Re$을 고려해보고, 여기에서 $\mathbf{A}$는 다음 내용

$$\mathbf{A} = \begin{bmatrix} 2 & 2 & 3 \\ 1 & 3 & 1 \\ 1 & 2 & \theta \end{bmatrix}$$

과 같다. f의 헤시안은 무엇인가? θ의 어떤 값에 대해 f가 엄격하게 볼록인가?

[3.40] 정의한 집합 $S = \{x \in \Re \mid x \geq 0\}$ 전체에 걸쳐 함수 $f(x) = x^3$을 고려하시오. S 전체에 걸쳐 f는 엄격하게 볼록임을 보이시오. $f''(0) = 0$, $f'''(0) = 6$임에 주목해, 정리 3.3.9를 적용함에 대해 의견을 제시하시오.

[3.41] $\mathbf{H}$는 $n \times n$ 대칭 양반정부호 행렬이라 한다. 어떤 $\mathbf{x} \in \Re^n$에 대해 $\mathbf{x}^t\mathbf{H}\mathbf{x} = 0$이라고 가정한다. 그렇다면 $\mathbf{H}\mathbf{x} = \mathbf{0}$임을 보이시오(**힌트**: $\mathbf{x} = \mathbf{Q}\mathbf{y}$를 사용해 이차식 형태 $\mathbf{x}^t\mathbf{H}\mathbf{x}$의 대각선변환을 고려하고, 여기에서 $\mathbf{Q}$의 열은 $\mathbf{H}$의 고유벡터를 정규화한 것이다).

[3.42] $\mathbf{H}$를 $n \times n$ 대칭행렬이라 하자. 정부호성에 관한 고유값의 특성 설명을 사용해, $\mathbf{H}$가 양정부호라는 것은 양반정부호이며 정칙이라는 것과 같은 뜻임을 입증하시오.

[3.43] $\mathbf{H}$는 $n \times n$ 대칭행렬이라고 가정한다. 정리 3.3.12가, $\mathbf{H}$가 양정부호라는 것은 양(+) 대각선요소를 갖는 상삼각행렬 $\mathbf{U}$를 생성하기 위해 일련의 n개의 하삼각 가우스-조르단 축소행렬 $\mathbf{L}_1 \cdots \mathbf{L}_n$을 앞에 곱함과 같은 뜻이라는 것을 어떻게 논증하는가를 보이시오($\mathbf{L}^{-1} = \mathbf{L}_n \cdots \mathbf{L}_1$이라 하면, $\mathbf{H} = \mathbf{L}\mathbf{U}$임을 얻으며, 여기에서 $\mathbf{L}$은 하삼각행렬이다. 이것은 $\mathbf{H}$의 $\mathbf{LU}$-**분해**라고 말한다; 부록 A.2 참조). 더군다나 $\mathbf{H}$가 양정부호라는 것은 $\mathbf{H} = \mathbf{L}\mathbf{L}^t$가 되도록 하는, 양(+) 대각선 요소

를 갖는, 하삼각행렬 $\mathbf{L}$이 존재한다는 것과 같은 뜻임을 보이시오(이것은 $\mathbf{H}$의 **숄레스키 인수분해**라고 말한다; 부록 A.2 참조).

[3.44] $S \neq \varnothing$이며 닫힌 볼록집합이라고 가정한다. $f : S \to \Re$은 $int\, S$에서 미분가능하다고 하자. 다음 내용이 옳은지 아니면 그른지를 답하고, 독자의 답을 정당화하시오:

a. 만약 f가 S에서 볼록이라면 모든 $\mathbf{x} \in S$, $\overline{\mathbf{x}} \in int\, S$에 대해 $f(\mathbf{x}) \geq f(\overline{\mathbf{x}}) + \nabla f(\overline{\mathbf{x}}) \cdot (\mathbf{x} - \overline{\mathbf{x}})$이다.

b. 만약 모든 $\mathbf{x} \in S$와 $\overline{\mathbf{x}} \in S$에 대해 $f(\mathbf{x}) \geq f(\overline{\mathbf{x}}) + \nabla f(\overline{\mathbf{x}}) \cdot (\mathbf{x} - \overline{\mathbf{x}})$이라면 f는 S에서 볼록이다.

[3.45] 다음 문제

$$
\begin{aligned}
\text{최소화} \quad & (x_1 - 4)^2 + (x_2 - 6)^2 \\
\text{제약조건} \quad & x_2 \geq x_1^2 \\
& x_2 \leq 4
\end{aligned}
$$

를 고려해보자. 최적성의 필요조건을 작성하고, 이것은 점 $(2, 4)$에 의해 만족됨을 입증하시오. 이 점은 최적점인가? 왜 최적점인가?

[3.46] 볼록함수의 모든 국소최소해는 볼록집합 전체에 걸쳐서도 역시 전역최소해임을 증명하기 위해 정리 3.4.3을 사용하시오.

[3.47] 최소화 $\{f(\mathbf{x}) \mid \mathbf{x} \in S\}$ 문제를 고려하고, $\mathbb{N}_\varepsilon(\overline{\mathbf{x}}) \cap S$가 볼록집합이 되도록 하는 하나의 $\varepsilon > 0$이 존재하며 모든 $\mathbf{x} \in \mathbb{N}_\varepsilon(\overline{\mathbf{x}}) \cap S$에 대해 $f(\overline{\mathbf{x}}) \leq f(\mathbf{x})$임을 가정하시오.

a. 만약 $\mathbf{H}(\overline{\mathbf{x}})$가 양정부호라면, $\overline{\mathbf{x}}$는 엄격한 국소최소해이며 또한 강한 국소최소해임을 보이시오.

b. 만약 $\overline{\mathbf{x}}$가 엄격한 국소최소해이며 f가 $\mathbb{N}_\varepsilon(\overline{\mathbf{x}}) \cap S$에서 유사볼록이라

면, $\overline{\mathbf{x}}$ 는 또한 강한 국소최소해임을 보이시오.

[3.48] $f : \Re^n \to \Re$ 은 볼록이라 하고, 모든 $\lambda \in (0, \delta)$에 대해 $f(\mathbf{x} + \lambda\mathbf{d}) \geq f(\mathbf{x})$ 라고 가정하며, 여기에서 $\delta > 0$임을 가정한다. $f(\mathbf{x} + \lambda\mathbf{d})$는 λ에 관한 비감소 함수임을 보이시오. 특히, 만약 f가 엄격하게 볼록이라면 $f(\mathbf{x} + \lambda\mathbf{d})$는 λ에 관해 엄격하게 증가하는 함수임을 보이시오.

[3.49] 다음 문제

$$\begin{aligned} \text{최대화} \quad & \mathbf{c}\cdot\mathbf{x} + \frac{1}{2}\mathbf{x}^t\mathbf{H}\mathbf{x} \\ \text{제약조건} \quad & \mathbf{A}\mathbf{x} \leq \mathbf{b} \\ & \mathbf{x} \geq \mathbf{0} \end{aligned}$$

를 고려해보고, 여기에서 $\mathbf{H}$는 대칭 음정부호 행렬, $\mathbf{A}$는 $m \times n$ 행렬, $\mathbf{c}$는 n-벡터, $\mathbf{b}$는 m-벡터이다. 정리 3.4.3의 최적성의 필요충분조건을 작성하고, 이 문제의 특별한 구조를 사용해 이것을 단순화하시오.

[3.50] 최소화 $f(\mathbf{x})$ 제약조건 $\mathbf{x} \in S$ 문제를 고려해보고, 여기에서 $f : \Re^n \to \Re$ 은 미분가능한 볼록함수이며 S는 $\Re^n$에서 공집합이 아닌 볼록집합이다. $\overline{\mathbf{x}}$가 하나의 최적해라는 것은 각각의 $\mathbf{x} \in S$에 대해 $\nabla f(\overline{\mathbf{x}})\cdot(\mathbf{x} - \overline{\mathbf{x}}) \geq 0$이라는 것과 같은 뜻임을 증명하시오. 오목함수의 최대화에 대해 유사한 결과를 기술하고 증명하시오(이 결과는 정리 3.4.3의 따름정리 2로 이 책에서 증명했다. 독자는 이 연습문제에서 열경도에 의존하지 않고 직접 증명하시오).

[3.51] 만약 각각의 $\lambda \in (0, \delta)$에 대해 $f(\overline{\mathbf{x}} + \lambda\mathbf{d}) < f(\overline{\mathbf{x}})$이 되도록 하는 하나의 $\delta > 0$가 존재한다면 벡터 $\mathbf{d}$는 $\overline{\mathbf{x}}$에서 f의 **강하방향**이라 한다. f는 볼록이라고 가정한다. $\mathbf{d}$가 하나의 강하방향이라는 것은 $f'(\overline{\mathbf{x}};\mathbf{d}) < 0$이라는 것과 같은 뜻임을 보이시오. 이 결과는 f의 볼록성이 없어도 성립하는가?

[3.52] 다음 문제

$$\begin{array}{ll} \text{최대화} & f(\mathbf{x}) \\ \text{제약조건} & \mathbf{A}\mathbf{x} = \mathbf{b} \\ & \mathbf{x} \geq \mathbf{0} \end{array}$$

를 고려해보고, 여기에서 $\mathbf{A}$는 계수 m인 $m \times n$ 행렬이며 f는 미분가능한 볼록함수이다. 극점 $(\mathbf{x}_B^t, \mathbf{x}_N^t) = (\overline{\mathbf{b}}^t, \mathbf{0}^t)$을 고려해보고, 여기에서 $\overline{\mathbf{b}} = \mathbf{B}^{-1}\mathbf{b} \geq \mathbf{0}$, $\mathbf{A} = [\mathbf{B}, \mathbf{N}]$이다. 이에 따라 $\nabla f(\mathbf{x})$를 $\nabla_B f(\mathbf{x})$, $\nabla_N f(\mathbf{x})$로 분해하시오. 만약 $\nabla_N f(\mathbf{x})^t - \nabla_B f(\mathbf{x})^t \mathbf{B}^{-1}\mathbf{N} \not\leq \mathbf{0}$이라면 정리 3.4.6의 필요조건이 성립함을 보이시오. 만약 이 조건이 성립한다면, $\mathbf{x}$가 국소최대해임이 참일 필요가 있는가? 증명하거나 아니면 반례를 제시하시오.
만약 $\nabla_N f(\mathbf{x})^t - \nabla_B f(\mathbf{x})^t \mathbf{B}^{-1}\mathbf{N} \not\leq \mathbf{0}$이라면, 양(+) 성분을 갖는 하나의 첨자 j를 선택하고 하나의 새로운 극점에 도달할 때까지 이에 상응하는 비기저 변수 x_j를 증가하시오. 이와 같은 과정은 더 큰 목적함숫값을 갖는 하나의 새로운 극점을 낳음을 보이시오. 이 방법은 하나의 전역최적해로 수렴함을 보증하는가? 아니면 반례를 제시하시오.

[3.53] 극점 $(1/2, 3, 0, 0)$에서 출발하여 다음 문제

$$\begin{array}{ll} \text{최대화} & (x_1 - 2)^2 + (x_2 - 5)^2 \\ \text{제약조건} & -2x_1 + x_2 + x_3 = 2 \\ & 2x_1 + 3x_2 + x_4 = 10 \\ & x_1,\ x_2,\ x_3,\ x_4 \geq 0 \end{array}$$

에 대해 연습문제 3.52의 절차를 적용하시오.

[3.54] 최소화 $f(\mathbf{x})$ 제약조건 $\mathbf{x} \in S$ 문제를 고려해보고, 여기에서 $f: \Re^n \to \Re$은 볼록함수이며 S는 $\Re^n$에서 공집합이 아닌 볼록집합이다. $\mathbf{x} \in S$에서 S의 실현가능방향 원추는 다음 식

$$D = \{\mathbf{d} \mid \lambda \in (0, \delta)\text{에 대해 } \overline{\mathbf{x}} + \lambda \mathbf{d} \in S\text{가 성립하는 하나의 } \delta > 0\text{가 존재한다}\}$$

으로 정의한다. $\bar{\mathbf{x}}$가 문제의 하나의 최적해라는 것은 각각의 $\mathbf{d} \in D$에 대해 $f'(\bar{\mathbf{x}};\mathbf{d}) \geq 0$이라는 것과 같은 뜻임을 보이시오. 이 결과를 정리 3.4.3의 필요충분조건과 비교하시오. $S = \Re^n$인 특별한 케이스에 대해 이 결과를 비교하시오.

[3.55] $f: \Re^n \to \Re$은 이차식함수라 하자. f가 준볼록이라는 것은 f가 엄격하게 준볼록이라는 것과 같은 뜻이고, 이 내용이 성립한다는 것은 f가 유사볼록이라는 것과 같은 뜻임을 보이시오. 나아가서, f가 강하게 준볼록이라는 것은 f가 엄격하게 유사볼록이라는 것과 같은 뜻임을 보이시오.

[3.56] $h: \Re^n \to \Re$는 준볼록이라 하고, $g: \Re \to \Re$은 비증가함수라 하자. 그렇다면 $f(\mathbf{x}) = g[h(\mathbf{x})]$라고 정의한 합성함수 $f: \Re^n \to \Re$은 준볼록임을 보이시오.

[3.57] $f: S \subseteq \Re \to \Re$는 단일변수 함수라 하고, 여기에서 S는 실수 직선에서 어떤 구간이다. 만약 f가 구간 $\{x \in S | x \geq x^*\}$에서 최솟값을 달성하고 f가 비감소함수인 한편, 구간 $\{x \in S \,|\, x \leq x^*\}$에서 f가 비증가함수로 되는 점 $x^* \in S$가 존재한다면 f는 S에서 단봉이라고 정의한다. f가 S에서 최솟값을 달성한다고 가정하고 f가 준볼록이라는 것은 S에서 단봉이라는 것을 뜻한다는 것임을 보이시오.

[3.58] $f: S \to \Re$는 연속함수라 하고, 여기에서 S는 $\Re^n$의 볼록 부분집합이다. f가 준단조함수라는 것은 모든 $\alpha \in \Re$에 대해 등위곡면 $\{\mathbf{x} \in S | f(\mathbf{x}) = \alpha\}$는 볼록집합이라는 것을 뜻한다는 것임을 보이시오.

[3.59] $f: S \to \Re$은 미분가능하다고 하고, 여기에서 S는 $\Re^n$의 열린 볼록 부분집합이다. f가 준단조라는 것은 S에 속한 모든 $\mathbf{x}_1$, $\mathbf{x}_2$에 대해 $f(\mathbf{x}_1) \geq f(\mathbf{x}_2)$임은 $\nabla f(\mathbf{x}_2) \cdot (\mathbf{x}_1 - \mathbf{x}_2) \geq 0$임을 뜻한다는 것을 의미하고 $f(\mathbf{x}_1) \leq f(\mathbf{x}_2)$임은 $\nabla f(\mathbf{x}_2) \cdot (\mathbf{x}_1 - \mathbf{x}_2) \leq 0$임을 뜻한다는 것을 의미함을 보이시오. 그러므로 f가 준단조라는 것은 $f(\mathbf{x}_1) \geq f(\mathbf{x}_2)$임이 S에 속한 모든 $\mathbf{x}_1$, $\mathbf{x}_2$와 $0 \leq \lambda \leq 1$에 대한 모든 $\mathbf{x}_\lambda = \lambda \mathbf{x}_1 + (1-\lambda)\mathbf{x}_2$에 대해 $\nabla f(\mathbf{x}_\lambda) \cdot (\mathbf{x}_1 - \mathbf{x}_2) \geq 0$이라는 것과 같은 뜻임을 의미함을 보이시오.

[3.60] $f: S \to \Re$이라 하고, 여기에서 f는 하반연속이며, 여기에서 S는 $\Re^n$의 볼록 부분집합이다. 만약 $0 \le \lambda \le 1$ 값으로 함수 $F(\lambda) = f[\mathbf{x}_1 + \lambda(\mathbf{x}_2 - \mathbf{x}_1)]$가 하나의 점 $\lambda^* > 0$에서 최솟값을 갖는 각각의 $\mathbf{x}_1 \in S$, $\mathbf{x}_2 \in S$에 대해, 모든 $0 < \lambda < \lambda^*$ 값으로 $F(0) > F(\lambda) > F(\lambda^*)$이라면 f는 S에서 **강하게 단봉**이라고 정의한다. f가 S에서 강하게 준볼록이라는 것은 f는 S에서 강하게 단봉이라는 것과 같은 뜻임을 보이시오(연습문제 8.10 참조).

[3.61] $g: S \to \Re$, $h: S \to \Re$이라 하고, 여기에서 S는 $\Re^n$의 공집합이 아닌 볼록집합이다. $f(\mathbf{x}) = g(\mathbf{x})/h(\mathbf{x})$라고 정의한 함수 $f: S \to \Re$을 고려해보자. 만약 다음 2개 조건

a. g는 S에서 볼록이며, 각각의 $\mathbf{x} \in S$에 대해 $g(\mathbf{x}) \ge 0$이다
b. h는 S에서 오목이며, 각각의 $\mathbf{x} \in S$에 대해 $h(\mathbf{x}) > 0$이다

을 만족한다면 f는 준볼록임을 보이시오.(**힌트**: 정리 3.5.2를 사용하시오.)

[3.62] 만약 다음 2개 조건

a. g는 S에서 볼록이며 각각의 $\mathbf{x} \in S$에 대해 $g(\mathbf{x}) \le 0$이다
b. h는 S에서 볼록이며 각각의 $\mathbf{x} \in S$에 대해 $h(\mathbf{x}) > 0$이다

이 참이라면 연습문제 3.61에서 정의한 함수 f는 준볼록임을 보이시오:

[3.63] $g: S \to \Re$, $h: S \to \Re$이라 하고, 여기에서 S는 $\Re^n$에서 공집합이 아닌 볼록집합이다. $f(\mathbf{x}) = g(\mathbf{x})h(\mathbf{x})$라고 정의한 함수 $f: S \to \Re$을 고려해보자. 만약 다음 2개 조건

a. g는 볼록이며 각각의 $\mathbf{x} \in S$에 대해 $g(\mathbf{x}) \le 0$이다
b. h는 오목이며 각각의 $\mathbf{x} \in S$에 대해 $h(\mathbf{x}) > 0$이다

을 만족한다면 f는 준볼록임을 보이시오.

[3.64] 연습문제 3.61, 3.62, 3.63의 각각에서, 만약 S가 열린집합이고 g, h가

미분가능하다면 f는 유사볼록임을 보이시오.

[3.65] $\mathbf{c}_1$, $\mathbf{c}_2$는 $\Re^n$에서 $\mathbf{0}$이 아닌 벡터라 하고, α_1, α_2는 스칼라라고 놓는다. $S=\{\mathbf{x} \mid \mathbf{c}_2 \cdot \mathbf{x} + \alpha_2 > 0\}$이라 한다. 함수 $f: S \to \Re$을 다음 식

$$f(\mathbf{x}) = \frac{\mathbf{c}_1 \cdot \mathbf{x} + \alpha_1}{\mathbf{c}_2 \cdot \mathbf{x} + \alpha_2}$$

고 같이 정의한다: f는 유사볼록이며 동시에 유사오목임을 보이시오(유사볼록이며 동시에 유사오목인 함수는 **유사선형**이라 한다).

[3.66] $f(\mathbf{x}) = \mathbf{x}^t \mathbf{H} \mathbf{x}$ 라고 정의한 이차식함수 $f: \Re^n \to \Re$을 고려해보자. 만약 $\mathbf{x}^t \mathbf{H} \mathbf{x} < 0$임이 각각의 $\mathbf{x} \in \Re^n$에 대해 $\mathbf{H}\mathbf{x} \geq \mathbf{0}$ 또는 $\mathbf{H}\mathbf{x} \leq \mathbf{0}$임을 의미한다면 f는 **양열정부호**라고 말한다. f가 **비음(-) 분면** $\Re^n_+ = \{\mathbf{x} \in \Re^n \mid \mathbf{x} \geq \mathbf{0}\}$에서 준볼록이라는 것은 양열정부호라는 것과 같은 뜻임을 증명하시오(이 결과는 마르토스[1969]의 공로로 알려진다).

[3.67] 만약 $\mathbf{x}^t \mathbf{H} \mathbf{x} < 0$임이 각각의 $\mathbf{x} \in \Re^n$에 대해 $\mathbf{H}\mathbf{x} > \mathbf{0}$ 또는 $\mathbf{H}\mathbf{x} < \mathbf{0}$임을 의미한다면 연습문제 3.66에서 정의한 함수는 **엄격하게 양열정부호**라고 말한다. f가 비음(-) 분면에서 $\mathbf{x} = \mathbf{0}$을 제외한 점에서 유사볼록이라는 것은 f가 엄격한 양열정부호라는 것과 같은 뜻임을 증명하시오(이 결과는 마르토스[1969]의 공로라고 알려진다).

[3.68] $f: S \to \Re$은 연속 미분가능한 볼록함수라 하고, 여기에서 S는 $\Re$에 속한 어떤 열린 구간이다. 그러면 f가 (엄격하게) 유사볼록이라는 것은 임의의 $\bar{x} \in S$에 대해 $f'(\bar{x}) = 0$이라면 이것이 $\bar{x}$가 S에서 f의 (엄격한) 국소최소해라는 것과 같은 뜻임을 의미함을 보이시오. 이 결과를 다변수 케이스로 일반화하시오.

[3.69] $f: S \to \Re$은 유사볼록이라 하고, $\Re^n$의 어떤 $\mathbf{x}_1$, $\mathbf{x}_2$에 대해 $\nabla f(\mathbf{x}_1) \cdot (\mathbf{x}_2 - \mathbf{x}_1) \geq 0$임을 가정한다. $\lambda \geq 0$에 대해 함수 $F(\lambda) = f[\mathbf{x}_1 + \lambda(\mathbf{x}_2 - \mathbf{x}_1)]$는 비증가함수임을 보이시오.

[3.70] $f: S \to \mathfrak{R}$은 2회 미분가능한 단일변수 함수라 하고, 여기에서 S는 $\mathfrak{R}$에서 어떤 열린 구간이다. 그렇다면 f가 (엄격하게) 유사볼록이라는 것은 임의의 $\bar{x} \in S$에 대해 $f'(\bar{x}) = 0$라면 $f''(\bar{x}) > 0$이거나 아니면 $f''(\bar{x}) = 0$이며 $\bar{x}$는 S 전체에 걸쳐 f의 (엄격한) 국소최소해라는 것과 같은 뜻임을 보이시오. 이 결과를 다변수 케이스로 일반화하시오.

[3.71] $f: \mathfrak{R}^n \to \mathfrak{R}^m$, $g: \mathfrak{R}^n \to \mathfrak{R}^k$는 미분가능한 볼록함수라 하자. $\phi: \mathfrak{R}^{m+k} \to \mathfrak{R}$은 다음 내용을 만족시킨다고 한다: 만약 $\mathbf{a}_2 \geq \mathbf{a}_1$, $\mathbf{b}_2 \geq \mathbf{b}_1$이라면, $\phi(\mathbf{a}_2, \mathbf{b}_2) \geq \phi(\mathbf{a}_1, \mathbf{b}_1)$이다. $h(\mathbf{x}) = \phi(\mathbf{f}(\mathbf{x}), \mathbf{g}(\mathbf{x}))$로 정의한 함수 $h: \mathfrak{R}^n \to \mathfrak{R}$을 고려해보자. 다음 내용을 확인하시오:

a. 만약 ϕ가 볼록이라면 h는 볼록이다.
b. 만약 ϕ가 유사볼록이라면 h는 유사볼록이다.
c. 만약 ϕ가 준볼록이라면 h는 준볼록이다.

[3.72] $g_1, g_2: \mathfrak{R}^n \to \mathfrak{R}$이라 하고, $\alpha \in [0, 1]$이라 한다. 다음 식

$$G_\alpha(\mathbf{x}) = \frac{1}{2}\left[g_1(\mathbf{x}) + g_2(\mathbf{x}) - \sqrt{g_1^2(\mathbf{x}) + g_2^2(\mathbf{x}) - 2\alpha g_1(\mathbf{x}) g_2(\mathbf{x})}\right]$$

으로 정의한 함수 $G_\alpha: \mathfrak{R}^n \to \mathfrak{R}$을 고려해보고, 여기에서 $\sqrt{\ }$는 양(+) 제곱근을 나타낸다.

a. $G_\alpha(\mathbf{x}) \geq 0$이라는 것은 $g_1(\mathbf{x}) \geq 0$, $g_2(\mathbf{x}) \geq 0$이라는 것과 같은 뜻임을, 즉 말하자면, $min\{g_1(\mathbf{x}), g_2(\mathbf{x})\} \geq 0$과 같은 뜻임을 보이시오.
b. 만약 g_1, g_2가 미분가능하다면, 만약 $g_1(\mathbf{x})$, $g_2(\mathbf{x}) \neq 0$이라면 $\mathbf{x}$에서 각각의 $\alpha \in [0, 1)$에 대해 G_α는 미분가능함을 보이시오.
c. 지금 g_1, g_2는 오목이라고 가정한다. 구간 $[0, 1]$에 속한 α에 대해 G_α는 오목임을 보이시오. $\alpha \in (-1, 0)$에 대해 이 결과는 성립하는가?
d. g_1, g_2는 준오목이라고 가정한다. $\alpha = 1$에 대해 G_α는 준오목임을 보이시오.

e. $g_1(\mathbf{x}) = -x_1^2 - x_2^2 + 4$, $g_2(\mathbf{x}) = 2x_1 + x_2 - 1$이라고 놓는다. G_α의 명시적 표현을 구하고, 파트 a, b, c의 내용을 입증하시오.

이 연습문제는 $g_1(\mathbf{x}) \geq 0$, $g_2(\mathbf{x}) \geq 0$ 형태의 **'아니면/또는'**의 2개 제약조건을 $G_\alpha(\mathbf{x}) \geq 0$의 형태인 등가의 1개 제약조건으로 합치는 일반적 방법을 설명한다. 이 절차는 복수 제약조건을 갖는 문제를 등가인 1개 제약조건이 있는 문제로 계승적으로 축소하기 위해 적용할 수 있다. 이 절차는 르바체프[1963]에 의한 것이다.

[3.73] $g_1, g_2 : \Re^n \to \Re$이라 하고, $\alpha \in [0, 1]$이라 한다. 다음 식

$$G_\alpha(\mathbf{x}) = \frac{1}{2}\left[g_1(\mathbf{x}) + g_2(\mathbf{x}) - \sqrt{g_1^2(\mathbf{x}) + g_2^2(\mathbf{x}) - 2\alpha\, g_1(\mathbf{x}) g_2(\mathbf{x})}\right]$$

으로 정의한 함수 $G_\alpha : \Re^n \to \Re$을 고려해보고, 여기에서 $\sqrt{\ }$는 양$(+)$ 제곱근을 나타낸다.

a. $G_\alpha(\mathbf{x}) \geq 0$이라는 것은 $max\{g_1(\mathbf{x}), g_2(\mathbf{x})\} \geq 0$이라는 것과 같은 뜻임을 보이시오.

b. 만약 g_1, g_2가 미분가능하고 만약 $g_1(\mathbf{x}), g_2(\mathbf{x}) \neq 0$이라면 각각의 $\alpha \in [0, 1)$에 대해 G_α는 $\mathbf{x}$에서 미분가능함을 보이시오.

c. 지금 g_1, g_2는 볼록이라고 가정한다. $\alpha \in [0, 1]$에 대해 G_α는 볼록임을 보이시오. 이 결과는 $\alpha \in (-1, 0)$에 대해서도 성립하는가?

d. g_1, g_2는 준볼록이라고 가정한다. $\alpha = 1$에 대해 G_α는 준볼록임을 보이시오.

e. 몇몇 최적화문제에서 변수가 $x = 0$ 또는 1이어야 한다는 제한은 일어난다. 이 제한은 $max\{g_1(x), g_2(x)\} \geq 0$이어야 한다는 제한과 등가이며, 여기에서 $g_1(x) = -x^2$, $g_2(x) = -(x-1)^2$임을 보이시오. 함수 G_α를 명시적으로 찾고, 문장 a, b, c를 입증하시오.

이 연습문제는 $g_1(\mathbf{x}) \geq 0$ 또는 $g_2(\mathbf{x}) \geq 0$ 형태인 **"이거나/또는"의 제약조건**을 $G_\alpha(\mathbf{x}) \geq 0$ 형태인 단일 제약조건으로 결합하는 일반적 방법을 설명하는 것이며 르바체프[1963]에 의한 것이다.

주해와 참고문헌

이 장은 볼록함수와 오목함수의 중요한 토픽을 다룬다. 이러한 함수를 인지한 것은 일반적으로 젠센[1905, 1906]으로 거슬러 올라간다. 이 주제에 관한 초기 연구에 관해 하다마르드[1893], 휄더[1889]를 참조하시오.

절 3.1에서, 볼록함수의 연속성과 방향도함수에 관계된 여러 결과를 제시한다. 특히, 볼록함수는 정의역 내부에서 연속임을 제시한다. 예를 들면 로카펠러[1970]를 참조하시오. 또한, 로카펠러는 볼록함수 $f: S \subset \mathfrak{R}^n \to \mathfrak{R}$을 $\mathfrak{R}^n$으로의 **볼록확장**을 토의하며 $\mathbf{x} \not\in S$에 대해 $f(\mathbf{x}) = \infty$라 함으로 f는 $\mathfrak{R}^n$의 볼록부분집합 S 전체에 걸쳐 유한한 값을 갖는다. 그에 따라 무한대를 포함하는 대수연산 집합도 또한 정의할 필요가 있다. 이 경우 S는 f의 **유효정의역**이라 말한다. 또한, 그렇다면 **진볼록함수**는 최소한 1개 점 $\mathbf{x}$에 대해 $f(\mathbf{x}) < \infty$이며 모든 $\mathbf{x}$에 대해 $f(\mathbf{x}) > -\infty$라고 정의한다.

절 3.2에서 볼록함수의 열경도를 토의한다. 미분가능한 볼록함수의 여러 특질은 경도를 열경도로 대체함으로 그대로 유지한다. 이와 같은 이유로 인해, 열경도는 미분불가능 함수의 최적화를 위해 자주 이용되었다. 예를 들면 버씨카스[1975], 데미아노프 & 파야쉬케[1985], 데미아노프 & 바실레프[1985], 헬드 & 카르프[1970], 헬드 등[1974], 키윌[1985], 셰랄리 등[2000], 쇼르[1985], 울프[1976]를 참조하시오(제8장도 참조하시오).

절 3.3에서 미분가능한 볼록함수의 몇 개 특질을 제시한다. 볼록함수의 나머지 특질뿐만 아니라, 이 주제에 관한 좀 더 상세한 연구에 대해 에글스톤[1958], 펜첼[1953], 로버츠 & 바르베르그[1973], 로카펠러[1970]를 참조하시오. 정리 3.3.12에서 유도한 슈퍼-대각선화 알고리즘은 행렬의 정부호성 특질을 점검하기 위한 하나의 효율적 다항식-횟수 알고리즘을 제공한다. 이 알고리즘은 LU인수분해기법과 슐레스키 인수분해기법과 긴밀하게 관계된다(연습문제 3.43을 참조하고, 더 상세한 내용에 대해는 절 A.2, 플레처[1985], 루엔버거[1973a], 무르티[1983]를 참조하시오).

절 3.4는 볼록집합 전체에 걸쳐 볼록함수의 최대와 최소에 관한 주제를 다룬다. 로빈슨[1987]은 엄격한 최소해와 강한 국소최소해의 판별에 대해 토의한다. 일반함수에 대해, 최대화와 최소화에 관한 연구는 상당히 복잡하다. 그러나, 절 3.4에서 보인 바와 같이, 볼록집합 전체에 걸쳐 볼록함수의 모든 국소최소해는 역시 전역최소해이기도 하며, 볼록집합 전체에 걸쳐 볼록함수의 최댓값은 하나의 극점에서 발생한다. 볼록함수의 최적화에 관한 탁월한 연구에 대해 로카펠러[1970]를 참조하시오. 볼록계획법에 대한 최적해 집합의 특성 설명은 맹거사리안[1988]에 의한 것이다. 이 논문은 또한 절 3.4에서 주어진 결과를 열미분 가능한 볼록함수로 확장한다.

절 3.5에서 볼록함수에 관계된 함수의 부류를 검사한다; 다시 말하자면, 준볼록함수와 유사볼록함수의 부류이다. 볼록함수의 부류는 드피넷티[1949]가 처음으로 연구했다. 애로우 & 엔토벤[1961]은 2회 미분가능성을 가정해 비음(-) 분면에서 준볼록성의 필요충분조건을 유도했다. 이들의 결과는 페를란트[1972]가 확장했다. 어떤 볼록집합 전체에 걸쳐 준볼록함수의 국소최소해는 전역최소해일 필요가 없음을 주목하자. 그러나, 이 결과는 엄격하게 준볼록인 함수에 대해 성립한다. 폰쉬타인[1967]은 강하게 준볼록인 함수의 개념을 소개했고, 이것은 전역최소해는 유일하다는 것을 보장하며 이것은 엄격하게 준볼록인 함수가 갖지 못하는 특질이다. 맹거사리안[1965]은 유사볼록성의 개념을 소개했다. 유사볼록함수의 부류의 중요성은 경도가 **0**인 모든 점은 전역최소해라는 사실에서 나온다. 이차식의 유사볼록함수와 준볼록함수의 행렬-이론적 특성의 설명(예를 들면, 연습문제 3.66과 3.67 참조)은 코틀 & 페를란트[1972], 마르토스[1965, 1967b, 1969, 1975]가 제시했다. 이 주제에 관한 더 자세한 연구에 대해 아브리엘 등[1988], 펜첼[1953], 그린버그 & 피에르스카야[1971], 카라마르디안[1967], 맹거사리안[1969a], 폰쉬타인[1967], 샤이블레[1981a, b], 샤이블레 & 지엠바[1981]를 참조하시오. 마지막 4개 문헌은 이 토픽의 탁월한 조사연구 내용을 제공하고, 연습문제 3.55에서 3.60까지의 결과와 연습문제 3.68에서 3.70까지의 결과는 아브리엘 등[1988]과 샤이블레[1981a, b]가 상세하게 토의한다. 또한, 카라마르디안 & 샤이블레[1990]는 미분가능한 함수의 일반화된 특질을 점검하기 위한 다양한 테스트 기법을 제시한다. 절 B.2도 참조하시오.

연습문제 3.31에서 3.34까지는 비볼록함수의 볼록포락선을 다룬다. 이 구조는 비볼록계획법 문제의 전역최적화 기법에서 중요한 역할을 한다. 이 주제에 관한 추가적 정보에 대해 독자는 알-카얄 & 포크[1983], 포크[1976], 그로찡거[1985], 호르스트 & 투이[1990], 파르달로스 & 로젠[1987], 셰랄리[1997], 셰랄리 & 알라메딘[1990]을 참조하시오.

제2부 최적성 조건과 쌍대성

제4장
프리츠 존의 최적성 조건과 카루시-쿤-터커의 최적성 조건

제3장에서는 다음과 같은 최소화 $f(\mathbf{x})$ 제약조건 $\mathbf{x} \in S$ 형태의 문제의 하나의 최적성 조건을 유도했으며, 여기에서 f는 볼록함수이며 S는 볼록집합이다. $\overline{\mathbf{x}}$가 문제의 최적해로 되기 위한 필요충분조건은 다음 식

$$\nabla f(\overline{\mathbf{x}}) \cdot (\mathbf{x} - \overline{\mathbf{x}}) \geq 0 \quad \forall \mathbf{x} \in S$$

으로 나타난다.

이 장에서는 더욱 명시적으로 집합 S의 성격을 부등식 제약조건 그리고/또는 등식 제약조건의 항으로 열거한다. 1-계 필요조건의 집합은 연립방정식을 취급하므로, 이들은 제약조건함수를 명시적으로 고려하며 좀 더 입증하기 쉽다는 의미에서, 위의 조건보다도 예리한 임의의 볼록성을 가정하지 않고 1-계 필요조건의 집합이 유도된다. 적절한 볼록성 가정 아래 이들 최적성의 필요조건은 역시 충분조건도 된다. 이러한 최적성 조건은 이것을 구성하는 제약 없는 문제와 제약 있는 문제의 최적해를 구하기 위한 **고전적 최적화 기법** 또는 **직접적 최적화 기법**으로 인도하며, 문제의 최적해를 구한다. 이와 대조를 이루어 제8장에서 제11장까지의 장에서 다양한 **간접적 최적화 기법**을 토의하며, 이 방법은, 반복계산에 의해 현재의 해를 개선하며, 최적성 조건을 만족시키는 하나의 점으로 수렴한다. 제약 있는 문제뿐만 아니라 제약 없는 문제의 2-계 필요조건 그리고/또는 충분조건에 관한 토의도 제공한다.

절 3.5의 일반화된 볼록성의 개념에 친숙하지 않은 독자가 책을 읽기에 편하기 위해 볼록성 가정에 관련한 특질을 설명하는 다른 교과서를 참조하기를 권한다.

다음은 이 장의 요약이다.

절 4.1: **제약 없는 문제** 제약 없는 문제의 최적성 조건을 간략하게 소개한다. 1-계와 2-계 조건을 토의한다.

절 4.2: **부등식 제약조건 있는 문제** 부등식 제약조건을 갖는 문제의 프리츠 존 조건, 카루시-쿤-터커 조건 2개를 유도한다. 이들 조건을 만족시키는 해의 성격과 값을 강조한다.

절 4.3: **부등식 제약조건과 등식 제약조건을 갖는 문제** 이 절은 부등식 제약조건과 등식 제약조건 모두를 갖는 문제에 관한 앞의 결과를 확장한다.

절 4.4: **제약 있는 문제의** 2-**계 필요충분 최적성 조건** 절 4.1에서 토의한 제약 없는 케이스와 유사하게, 부등식 제약조건과 등식 제약조건이 있는 문제에 관해 절 4.2, 4.3에서 개발한 1-계 조건의 확장으로, 2-계 필요충분 최적성 조건을 개발한다. 비선형계획법 문제에 관한 많은 결과와 알고리즘은 2-계 충분조건을 만족하는 국소최적해의 존재를 가정한다.

4.1 제약 없는 문제

제약 없는 문제는 벡터 $\mathbf{x}$에 관한 아무런 제약조건 없이 $f(\mathbf{x})$를 최소화하는 것이다. 제약 없는 문제는 실제 문제의 해를 구할 때 거의 일어나지 않는다. 그러나 제약 있는 문제의 최적성 조건은 제약 없는 문제의 논리적 연장이므로 여기에서는 제약 없는 문제를 고려한다. 더군다나 제9장에서 보인 바와 같이, 하나의 전략은 제약 있는 문제의 최적해를 구하려고 일련의 제약 없는 문제의 최적해를 구하는 것이다.

정의 3.4.1의 특수한 케이스로, 아래의 제약 없는 최적화 문제의 국소최소해와 전역최소해의 정의를 생각해 보고, 여기에서 집합 S는 $\Re^n$으로 대체한다.

4.1.1 정의

$\Re^n$에서 $f(\mathbf{x})$를 최소화하는 문제를 고려하고 $\overline{\mathbf{x}} \in \Re^n$이라 한다. 만약 모든 $\mathbf{x} \in \Re^n$에 대해 $f(\overline{\mathbf{x}}) \leq f(\mathbf{x})$이라면 $\overline{\mathbf{x}}$는 **전역최소해**라 한다. 만약 각각의 $\mathbf{x} \in \mathbb{N}_\varepsilon(\overline{\mathbf{x}})$에 대해 $f(\overline{\mathbf{x}}) \leq f(\mathbf{x})$가 되도록 하는 $\overline{\mathbf{x}}$의 하나의 ε-근방 $\mathbb{N}_\varepsilon(\overline{\mathbf{x}})$가 존재한다면, $\overline{\mathbf{x}}$는 **국소최소해**라 하며, 한편으로 만약 어떤 $\varepsilon > 0$에 대해, $\mathbf{x} \neq \overline{\mathbf{x}}$와 모든 $\mathbf{x} \in \mathbb{N}_\varepsilon(\overline{\mathbf{x}})$에 대해 $f(\overline{\mathbf{x}}) < f(\mathbf{x})$이라면 $\overline{\mathbf{x}}$는 **엄격한 국소최소해**라 한다. 명확하게 전역최소해는 역시 국소최적해이기도 하다.

필요 최적성 조건

$\Re^n$에서 하나의 점 $\overline{\mathbf{x}}$가 주어지면, 가능하다면, $\overline{\mathbf{x}}$가 f의 국소최소해인지 아니면 전역최소해인지를 결정하려 한다. 이러한 목적을 위해 최소해의 특성을 설명할 필요가 있다. 다행하게도 f의 미분가능성 가정은 이와 같은 특성의 설명을 얻는 하나의 수단을 제공한다. 정리 4.1.2의 따름정리는 $\overline{\mathbf{x}}$가 국소최적해이기 위한 1-계 필요조건을 제시한다. 정리 4.1.3은 헤시안행렬을 사용해 2-계 필요조건을 제시한다.

4.1.2 정리

$f : \Re^n \to \Re$은 $\overline{\mathbf{x}}$에서 미분가능하다고 가정한다. 만약 $\nabla f(\overline{\mathbf{x}}) \cdot \mathbf{d} < 0$이 되도록 하는 하나의 벡터 $\mathbf{d}$가 존재한다면, 각각의 $\lambda \in (0, \delta)$에 대해 $f(\overline{\mathbf{x}} + \lambda\mathbf{d}) < f(\overline{\mathbf{x}})$이 되도록 하는 하나의 $\delta > 0$가 존재한다. 그래서 $\mathbf{d}$는 $\overline{\mathbf{x}}$에서 f의 하나의 **강하방향**이다.

증명 $\overline{\mathbf{x}}$에서 f의 미분가능성에 의해, 다음 식

$$f(\overline{\mathbf{x}} + \lambda\mathbf{d}) = f(\overline{\mathbf{x}}) + \lambda \nabla f(\overline{\mathbf{x}}) \cdot \mathbf{d} + \lambda \| \mathbf{d} \| \alpha(\overline{\mathbf{x}}; \lambda\mathbf{d})$$

이 반드시 주어져야 하며, 여기에서 $\lambda \to 0$에 따라 $\alpha(\overline{\mathbf{x}}; \lambda\mathbf{d}) \to 0$이다. 항을 다시 정렬하고 $\lambda \neq 0$으로 나누면, 다음 식

$$\frac{f(\overline{\mathbf{x}} + \lambda\mathbf{d}) - f(\overline{\mathbf{x}})}{\lambda} = \nabla f(\overline{\mathbf{x}}) \cdot \mathbf{d} + \| \mathbf{d} \| \alpha(\overline{\mathbf{x}}; \lambda\mathbf{d})$$

을 얻는다. $\nabla f(\overline{\mathbf{x}}) \cdot \mathbf{d} < 0$이며 $\lambda \to 0$에 따라 $\alpha(\overline{\mathbf{x}}; \lambda\mathbf{d}) \to 0$이므로, 모든 $\lambda \in (0, \delta)$에 대해 $\nabla f(\overline{\mathbf{x}}) \cdot \mathbf{d} + \| \mathbf{d} \| \alpha(\overline{\mathbf{x}}; \lambda\mathbf{d}) < 0$이 되도록 하는 하나의 $\delta > 0$가 존재한다. 그렇다면 이 결과가 따라온다. (증명 끝)

따름정리 $f : \Re^n \to \Re$는 $\overline{\mathbf{x}}$에서 미분가능하다고 가정한다. 만약 $\overline{\mathbf{x}}$가 국소최소해라면 $\nabla f(\overline{\mathbf{x}}) = 0$이다.

증명 $\nabla f(\overline{\mathbf{x}}) \neq \mathbf{0}$이라고 가정한다. 그렇다면 $\mathbf{d} = -\nabla f(\overline{\mathbf{x}})$라고 놓음으로 $\nabla f(\overline{\mathbf{x}})\cdot\mathbf{d} = -\|\nabla f(\overline{\mathbf{x}})\|^2 < 0$임을 얻는다; 정리 4.1.2에 따라, $\lambda \in (0, \delta)$에 대해 $f(\overline{\mathbf{x}} + \lambda\mathbf{d}) < f(\overline{\mathbf{x}})$가 성립하는 하나의 $\delta > 0$가 존재하며, 이것은 $\overline{\mathbf{x}}$가 국소최소해라는 가정을 위반한다. 그러므로, $\nabla f(\overline{\mathbf{x}}) = \mathbf{0}$이다. (증명끝)

위의 조건은 구성요소가 f의 1-계 편도함수인 경도벡터를 사용한다. 그러므로 이것은 **1-계 조건**이라 한다. 또한, 필요조건은 헤시안행렬 $\mathbf{H}$로 나타낼 수 있으며, $\mathbf{H}$의 요소는 f의 2-계 편도함수이며, 그렇다면 **2-계 조건**이라고 말한다. 이와 같은 조건이 아래에 주어진다.

4.1.3 정리

$f: \Re^n \to \Re$은 $\overline{\mathbf{x}}$에서 2회 미분가능하다고 가정한다. 만약 $\overline{\mathbf{x}}$가 국소최소해라면 $\nabla f(\overline{\mathbf{x}}) = \mathbf{0}$이며 $\mathbf{H}(\overline{\mathbf{x}})$는 양반정부호 행렬이다.

증명 임의의 방향 $\mathbf{d}$를 고려해보자. 그렇다면 $\overline{\mathbf{x}}$에서 f의 미분가능성에서 다음 식

$$f(\overline{\mathbf{x}} + \lambda\mathbf{d}) = f(\overline{\mathbf{x}}) + \lambda\nabla f(\overline{\mathbf{x}})\cdot\mathbf{d} + \frac{1}{2}\lambda^2\mathbf{d}^t\mathbf{H}(\overline{\mathbf{x}})\mathbf{d} + \lambda^2\|\mathbf{d}\|^2\alpha(\overline{\mathbf{x}};\lambda\mathbf{d}) \tag{4.1}$$

이 성립하며, 여기에서 $\lambda \to 0$에 따라 $\alpha(\overline{\mathbf{x}};\lambda\mathbf{d}) \to 0$이다. $\overline{\mathbf{x}}$는 국소최소해이므로 정리 4.1.2의 따름정리에서 $\nabla f(\overline{\mathbf{x}}) = \mathbf{0}$이다. (4.1)의 항을 다시 정리하고 $\lambda^2 > 0$으로 나누면, 다음 식

$$\frac{f(\overline{\mathbf{x}} + \lambda\mathbf{d}) - f(\overline{\mathbf{x}})}{\lambda^2} = \frac{1}{2}\mathbf{d}^t\mathbf{H}(\overline{\mathbf{x}})\mathbf{d} + \|\mathbf{d}\|^2\alpha(\overline{\mathbf{x}};\lambda\mathbf{d}) \tag{4.2}$$

을 얻는다. $\overline{\mathbf{x}}$는 국소최소해므로 충분하게 작은 λ에 대해 $f(\overline{\mathbf{x}} + \lambda\mathbf{d}) \geq f(\overline{\mathbf{x}})$의 부등식이 성립한다. 따라서 (4.2)에서 충분하게 작은 λ에 대해 $(1/2)\mathbf{d}^t\mathbf{H}(\overline{\mathbf{x}})\mathbf{d} + \|\mathbf{d}\|^2\alpha(\overline{\mathbf{x}};\lambda\mathbf{d}) \geq 0$임은 명백하다. $\lambda \to 0$에 따라 극한을 취하면 $\mathbf{d}^t\mathbf{H}(\overline{\mathbf{x}})\mathbf{d} \geq$

0임이 뒤따른다; $\mathbf{d}$는 임의의 벡터이었으므로, $\mathbf{H}(\overline{\mathbf{x}})$는 양반정부호 행렬이다.

(증명 끝)

충분최적성 조건

지금까지 토의한 조건은 필요조건이다; 즉 말하자면, 모든 국소최적해에 대해 참이라야 한다. 반면에, 이들 조건을 만족시키는 점은 국소최소해일 필요가 없다. 정리 4.1.4는 국소최소해의 충분조건을 제시한다.

4.1.4 정리

$f: \Re^n \to \Re$은 $\overline{\mathbf{x}}$에서 2회 미분가능하다고 가정한다. 만약 $\nabla f(\overline{\mathbf{x}}) = \mathbf{0}$이며, $\mathbf{H}(\overline{\mathbf{x}})$가 양정부호라면, $\overline{\mathbf{x}}$는 엄격한 국소최소해이다.

증명 f는 $\overline{\mathbf{x}}$에서 2회 미분가능하므로, 각각의 $\overline{\mathbf{x}} \in \Re^n$에 대해, 다음 식

$$f(\mathbf{x}) = f(\overline{\mathbf{x}}) + \nabla f(\overline{\mathbf{x}}) \cdot (\mathbf{x} - \overline{\mathbf{x}}) + \frac{1}{2}(\mathbf{x} - \overline{\mathbf{x}})^t \mathbf{H}(\overline{\mathbf{x}})(\mathbf{x} - \overline{\mathbf{x}}) + \| (\mathbf{x} - \overline{\mathbf{x}}) \|^2 \alpha(\overline{\mathbf{x}}; \mathbf{x} - \overline{\mathbf{x}}) \quad (4.3)$$

이 반드시 주어져야 하며, 여기에서 $\mathbf{x} \to \overline{\mathbf{x}}$에 따라 $\alpha(\overline{\mathbf{x}}; \mathbf{x} - \overline{\mathbf{x}}) \to 0$이다. 모순을 일으켜, $\overline{\mathbf{x}}$는 엄격한 국소최소해가 아니라고 가정한다; 즉 말하자면, 각각의 k에 대해 $f(\mathbf{x}_k) \le f(\overline{\mathbf{x}})$, $\mathbf{x}_k \ne \overline{\mathbf{x}}$가 되도록 하는, $\overline{\mathbf{x}}$에 수렴하는 하나의 수열 $\{\mathbf{x}_k\}$이 존재한다고 가정한다. 이 수열을 고려하고, $\nabla f(\overline{\mathbf{x}}) = \mathbf{0}$, $f(\mathbf{x}_k) \le f(\overline{\mathbf{x}})$임을 주목하고, $(\mathbf{x}_k - \overline{\mathbf{x}}) / \| \mathbf{x}_k - \overline{\mathbf{x}} \|$를 $\mathbf{d}_k$라고 나타내면, (4.3)은 다음 식

$$\frac{1}{2}\mathbf{d}_k^t \mathbf{H}(\overline{\mathbf{x}}) \mathbf{d}_k + \alpha(\overline{\mathbf{x}}; \mathbf{x}_k - \overline{\mathbf{x}}) \le 0 \qquad \text{각각의 } k\text{에 대해} \quad (4.4)$$

을 의미한다. 그러나 각각의 k에 대해 $\| \mathbf{d}_k \| = 1$이다; 그러므로 $\{\mathbf{d}_k\}_{\mathbb{K}}$가 $\mathbf{d}$로 수렴하는 하나의 첨자집합 $\mathbb{K}$가 존재하며, 여기에서 $\| \mathbf{d} \| = 1$이다. 이 부분수열과 $k \in \mathbb{K}$가 ∞에 접근함에 따라 $\alpha(\overline{\mathbf{x}}; \mathbf{x}_k - \overline{\mathbf{x}}) \to 0$임을 고려하면 (4.4)는 $\mathbf{d}^t \mathbf{H}(\overline{\mathbf{x}}) \mathbf{d} \le 0$

임을 의미한다. $\|\mathbf{d}\| = 1$이므로 이것은 $\mathbf{H}(\bar{\mathbf{x}})$가 양정부호라는 가정을 위반한다. 그러므로 $\bar{\mathbf{x}}$는 진실로 엄격한 국소최소해이다. (증명 끝)

본질적으로, f는 연속 2회 미분가능하다고 가정하고 $\mathbf{H}(\bar{\mathbf{x}})$는 양정부호이므로 $\mathbf{H}(\bar{\mathbf{x}})$는 $\bar{\mathbf{x}}$의 ε-근방에서 양정부호이며, 따라서 $\bar{\mathbf{x}}$의 ε-근방에서 f는 엄격하게 볼록이다. 그러므로 정리 3.4.2에서 뒤따르듯이 $\bar{\mathbf{x}}$는 엄격한 국소최소해이다. 즉 말하자면 어떤 $\varepsilon > 0$인 $N_\varepsilon(\bar{\mathbf{x}})$ 전체에 걸쳐, 이것은 유일한 전역최소해이다. 사실상 정리 3.4.2의 둘째 파트를 주목해보면 이 경우, $\bar{\mathbf{x}}$는 또한 강한 국소최소해 또는 고립된 국소최소해이기도 하다고 결론을 내릴 수 있다.

정리 4.1.5에서 만약 f가 $\bar{\mathbf{x}}$에서 유사볼록이라면 필요조건 $\nabla f(\bar{\mathbf{x}}) = \mathbf{0}$은 $\bar{\mathbf{x}}$가 전역최소해이기 위한 충분조건이기도 하다는 것을 보여준다. 특히 만약 $\nabla f(\bar{\mathbf{x}}) = \mathbf{0}$이고 모든 $\mathbf{x}$에 대해 $\mathbf{H}(\bar{\mathbf{x}})$가 양반정부호라면 f는 볼록함수이며, 그러므로 또한 유사볼록함수이다. 따라서 $\bar{\mathbf{x}}$는 전역최소해이다. 또한 이것은 정리 3.3.3에서 또는 정리 3.4.3의 따름정리 2에서 명백하다.

4.1.5 정리

$f: \Re^n \to \Re$은 $\bar{\mathbf{x}}$에서 유사볼록이라 하자. 그렇다면 $\bar{\mathbf{x}}$가 전역최소해라는 것은 $\nabla f(\bar{\mathbf{x}}) = \mathbf{0}$이라는 것과 같은 뜻이다.

증명 정리 4.1.2의 따름정리에 따라, 만약 $\bar{\mathbf{x}}$가 전역최소해라면 $\nabla f(\bar{\mathbf{x}}) = \mathbf{0}$이다. 지금 $\nabla f(\bar{\mathbf{x}}) = \mathbf{0}$이며, 그래서 각각의 $\mathbf{x} \in \Re^n$에 대해 $\nabla f(\bar{\mathbf{x}}) \cdot (\mathbf{x} - \bar{\mathbf{x}}) = 0$이라고 가정한다. 그렇다면 $\bar{\mathbf{x}}$에서 f의 유사볼록성에 따라 각각의 $\mathbf{x} \in \Re^n$에 대해 $f(\mathbf{x}) \geq f(\bar{\mathbf{x}})$임이 뒤따른다, 그리고 증명이 완결되었다. (증명 끝)

정리 4.1.5는 f가 유사볼록일 때 1-계 도함수만에 의해 필요충분적 최적성 조건을 제공한다. 유사한 방법으로 f가 무한회 미분가능할 때 앞서 말한 결과의 확장으로 국소최적성의 더 높은 계의 도함수에 의해 필요충분조건을 유도할 수 있다. 이를 위해, **단일변수의 케이스**에 관한 다음 결과를 고려해보자.

4.1.6 정리

$f:\Re \rightarrow \Re$는 무한회 미분가능한 단일변수 함수라 하자. 그렇다면 $\bar{x} \in \Re$이 국소최소해라는 것은 모든 $j=1,2,\cdots$에 대해 $f^{(j)}(\bar{x})=0$이거나 아니면 모든 $1 \le j < n$에 대해 $f^{(j)}(\bar{x})=0$인 반면 $f^{(n)}(\bar{x})>0$이 되도록 하는 $n \ge 2$인 짝수가 존재하는 것과 같은 뜻이며, 여기에서 $f^{(j)}$는 f의 j-계 도함수를 나타낸다.

증명 $\bar{x}$가 f의 국소최소해라는 것은 모든 충분하게 작은 $|h|$의 값에 대해 $f(\bar{x}+h)-f(\bar{x}) \ge 0$이라는 것과 같은 뜻임을 알 수 있다. $f(\bar{x}+h)$의 무한 테일러 급수표현을 사용해, 이 사실이 성립한다는 것은 모든 충분히 작은 $|h|$에 대해 다음 식

$$hf^{(1)}(\bar{x})+\frac{h^2}{2!}f^{(2)}(\bar{x})+\frac{h^3}{3!}f^{(3)}(\bar{x})+\frac{h^4}{4!}f^{(4)}f(\bar{x})+\cdots \ge 0$$

이 성립한다는 것과 같은 뜻이다. 정리 3.3.9의 증명과 유사하게, 앞서 말한 부등식이 참이라는 것은 이 정리의 조건이 만족된다는 것과 같은 뜻임은 바로 입증되며, 그리고 이것으로 증명이 완결되었다. (증명 끝)

더 진행하기 전에, 여기에서 국소최대해에 대해, $f^{(n)}(\bar{x})>0$ 대신 $f^{(n)}(\bar{x})<0$이어야 함을 요구하는 것을 제외하고, 정리 4.1.6의 조건은 변하지 않음을 언급해 놓는다. 또한, 정리 3.3.9를 주목해, 위의 결과는 본질적으로, 토의 중인 케이스에 대해, $\bar{\mathbf{x}}$가 국소최소해라는 것은 $\bar{\mathbf{x}}$에서 f가 국소적으로 볼록이라는 것과 같은 뜻이라고 주장함을 관측하시오. 이 결과는 최소한 이론상으로 다변수함수 케이스로 부분적으로 확장할 수 있다. 이것을 위해 $\mathbf{x} \in \Re^n$은 $f:\Re^n \rightarrow \Re$의 국소최소해라고 가정한다. 그렇다면 이 내용이 성립한다는 것은 모든 $\mathbf{d} \in \Re^n$에 대해, 그리고 $|\lambda|$의 모든 충분히 작은 값에 대해 $f(\bar{\mathbf{x}}+\lambda\mathbf{d}) \ge f(\bar{\mathbf{x}})$라는 것과 같은 뜻이다. f가 무한회 미분가능하다고 가정하면, 이것은 $\|\mathbf{d}\|=1$인 모든 $\mathbf{d} \in \Re^n$에 대해 등가적으로 하나의 $\delta>0$와 모든 $-\delta \le \lambda \le \delta$에 대해 다음 식

$$f(\bar{\mathbf{x}}+\lambda\mathbf{d})-f(\bar{\mathbf{x}})=\lambda\nabla f(\bar{\mathbf{x}})\cdot\mathbf{d}+\frac{\lambda^2}{2!}\mathbf{d}^t\mathbf{H}(\bar{\mathbf{x}})\mathbf{d}$$

$$+\frac{\lambda^3}{3!}\sum_i\sum_j\sum_k f_{ijk}(\overline{\mathbf{x}})d_id_jd_k + \cdots \geq 0$$

이 반드시 성립해야 함을 주장한다. 따라서 맨 처음으로 0이 아닌 도함수 항은, 만약 존재한다면, 반드시 λ의 짝수 멱에 상응해야 하고 반드시 양(+)이어야 한다.

앞서 말한 결론짓는 문장은 $\overline{\mathbf{x}}$의 국소최적성을 주장하기 위한 **충분조건이 아님**을 주목하자. 어려운 점은 이 문장이 참이 아닌 케이스일 수도 있다는 것이며, $\|\mathbf{d}\|=1$인 임의의 $\mathbf{d}\in\Re^n$에 대해, 그리고 하나의 $\delta_{\mathbf{d}}>0$에 대해, 모든 $-\delta_{\mathbf{d}}\leq\lambda\leq\delta_{\mathbf{d}}$에 대해 $f(\overline{\mathbf{x}}+\lambda\mathbf{d})\geq f(\overline{\mathbf{x}})$이며, 이것은 $\mathbf{d}$에 의존하지만, 그러나 그렇다면, $\delta_{\mathbf{d}}$는 $\mathbf{d}$가 변함에 따라 대단히 작게 될 수도 있음을 의미하며, 그렇다면 모든 $-\delta\leq\lambda\leq\delta$에 대해 $f(\overline{\mathbf{x}}+\lambda\mathbf{d})\geq f(\overline{\mathbf{x}})$이 되도록 하는 $\delta>0$의 존재를 단언할 수 없다. 이 경우, 직선을 따라 이동하는 대신 곡선을 따라 이동함으로, 개선되는 f 값은 $\overline{\mathbf{x}}$의 아주 가까운 근방에 접근할 수 있다. 반면에, 정리 4.1.5에 따라 유효한 충분조건은 $\nabla f(\overline{\mathbf{x}})=\mathbf{0}$임과 f가 어떤 $\varepsilon>0$인 $\overline{\mathbf{x}}$의 ε-근방 전체에 걸쳐 볼록(또는 유사볼록)임이다. 그러나, 이것은 점검하기 쉽지 않을 수도 있고, 점 $\overline{\mathbf{x}}$에서 섭동된 함숫값을 검사함으로, 수치를 사용해 상황을 평가할 필요가 있을 수도 있다(연습문제 4.19도 참조 바람).

위의 점을 예시하기 위해 이태리 수학자 페아노가 제시한 다음 예제를 고려해보자. $f(x_1,x_2)=(x_2^2-x_1)(x_2^2-2x_1)=2x_1^2-3x_1x_2^2+x_2^4$라 한다. 그렇다면 $\overline{\mathbf{x}}=(0,0)$에서 다음 내용

$$\nabla f(\mathbf{0})=\begin{bmatrix}0\\0\end{bmatrix},\quad \mathbf{H}(\mathbf{0})=\begin{bmatrix}4&0\\0&0\end{bmatrix},$$
$$f_{122}(\mathbf{0})=f_{212}(\mathbf{0})=f_{221}(\mathbf{0})=-6,\quad f_{2222}(\mathbf{0})=24$$

을 얻으며, 3-계 또는 더 높은 계의 f의 모든 다른 편도함수는 0이다. 그러므로, 테일러급수 전개에 따라 다음 식

$$\begin{aligned}f(\overline{\mathbf{x}}+\lambda\mathbf{d})-f(\overline{\mathbf{x}})&=\frac{\lambda^2}{2}(4d_1^2)+\frac{\lambda^3}{6}(-18d_1d_2^2)+\frac{\lambda^4}{24}(24d_2^4)\\&=2\lambda^2\left(d_1-\frac{3\lambda}{4}d_2^2\right)^2-\frac{1}{8}\lambda^4d_2^4\end{aligned}$$

을 얻는다. 임의의 $\mathbf{d}=(d_1, d_2)$에 대해 $\|\mathbf{d}\|=1$임을 주목하고, 만약 $d_1 \neq 0$이라면, 2-계 항이 양(+)이므로 주어진 필요조건은 만족된다. 반면에, 만약 $d_1=0$이라면, 반드시 $d_2 \neq 0$이어야 하고, 그리고 첫째로 0이 아닌 항은 4-계이며 양(+)이므로 이 조건이 또다시 만족된다. 그러나 그림 4.1에서 보아 명백하듯이 $\overline{\mathbf{x}}=(0,0)$는 국소최소해가 아니다. $f(0,0)=0$이지만, 한편으로 점 $(0,0)$의 임의의 ε-근방에서 f의 음(-) 값은 존재한다. 사실상, $\mathbf{d}=(sin\theta, cos\theta)$라 하면, $f(\overline{\mathbf{x}}+\lambda\mathbf{d})-f(\overline{\mathbf{x}})=2sin^2\theta\lambda^2-3sin\theta cos^2\theta\lambda^3+cos^4\theta\lambda^4$이다; 그리고 $\delta_\theta>0$인 모든 $-\delta_\theta \le \lambda \le \delta_\theta$에 대해 $f(\overline{\mathbf{x}}+\lambda\mathbf{d})-f(\overline{\mathbf{x}})$가 비음(-)이 되기 위해, 비록 $\theta=0$에서 $\delta_\theta=\infty$임을 얻어도, $\theta \to 0^+$에 따라 $\delta_\theta \to 0^+$도 얻음을 관측한다(연습문제 4.11 참조). 그러므로, 모든 $\mathbf{d} \in \Re^n$와 $-\delta \le \lambda \le \delta$에 대해, $f(\overline{\mathbf{x}}+\lambda\mathbf{d})-f(\overline{\mathbf{x}}) \ge 0$이 되도록 하는 어떤 $\delta>0$을 유도할 수 없으므로 $\overline{\mathbf{x}}$는 국소최소해가 아니다.

다변수 케이스에 관한 더 깊은 통찰력을 제공하기 위해 $f:\Re^n \to \Re$은 2회 연속 미분가능하고, 하나의 주어진 점 $\overline{\mathbf{x}} \in \Re^n$에서 $\nabla f(\overline{\mathbf{x}})=\mathbf{0}$이지만 $\mathbf{H}(\overline{\mathbf{x}})$가 부정부호인 어떤 상황을 검사하자. 그러므로 $\mathbf{d}_1^t\mathbf{H}(\overline{\mathbf{x}})\mathbf{d}_1>0$, $\mathbf{d}_2^t\mathbf{H}(\overline{\mathbf{x}})\mathbf{d}_2<0$이 되도록 하는 $\Re^n$의 $\mathbf{d}_1$, $\mathbf{d}_2$가 존재한다. $F_{(\overline{\mathbf{x}};\mathbf{d}_j)}(\lambda)=f(\overline{\mathbf{x}}+\lambda\mathbf{d}_j) \equiv F_{\mathbf{d}_j}(\lambda)$라고 나

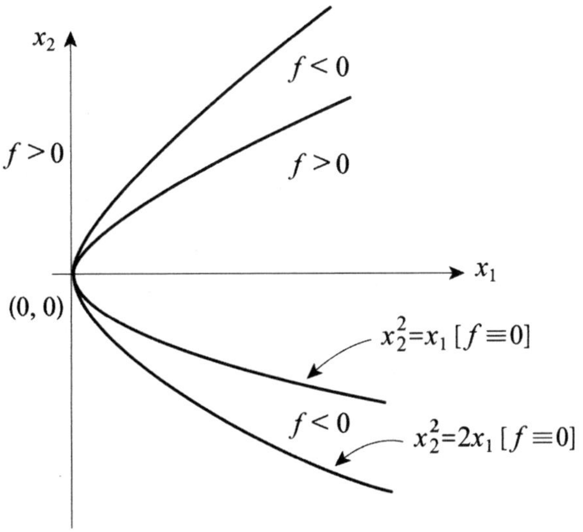

그림 4.1 $f(x_1, x_2)=(x_2^2-x_1)(x_2^2-2x_1)$의 값이 0, 양(+), 음(-) 값을 갖는 영역

타내면 이를테면, $j=1,2$에 대해, 그리고 도함수를 프라임 부호($'$)로 나타내면, 다음 식

$$F'_{\mathbf{d}_j}(\lambda)=\nabla f(\overline{\mathbf{x}}+\lambda\mathbf{d}_j)\cdot\mathbf{d}_j,\ F''_{\mathbf{d}_j}(\lambda)=\mathbf{d}_j^t\mathbf{H}(\overline{\mathbf{x}}+\lambda\mathbf{d}_j)\mathbf{d}_j\quad j=1,2\text{에 대해}$$

을 얻는다. 그러므로, $j=1$에 대해, $F'_{\mathbf{d}_1}(0)=0$, $F''_{\mathbf{d}_1}(0)>0$이다; 더구나, 2-계 도함수의 연속성에 따라, 충분히 작은 $|\lambda|$에 대해 $F''_{\mathbf{d}_1}(\lambda)>0$이다. 그러므로 $\lambda=0$에서 엄격한 국소최솟값을 성취하면서, $\lambda=0$의 어떤 ε-근방에서 $F_{\mathbf{d}_1}(\lambda)$는 엄격한 국소최소이면서 엄격하게 볼록이다. 유사하게, $j=2$에 대해, $F'_{\mathbf{d}_2}(0)=0$, $F''_{\mathbf{d}_2}(0)<0$임을 주목하면, $\lambda=0$에서 엄격한 국소최솟값을 성취하면서, $F_{\mathbf{d}_2}(\lambda)$는 $\lambda=0$인 어떤 ε-근방에서 엄격하게 오목이라고 결론을 내린다. 그러므로 앞에서 말한 정리 4.1.3에 따라, $\overline{\mathbf{x}}=\mathbf{0}$은 국소최소해도 아니고 국소최대해도 아니다. 이러한 점 $\overline{\mathbf{x}}$는 **안장점**(또는 **변곡점**)이라고 말한다. 그림 4.2는 이 상황을 예시한다. $\nabla f(\overline{\mathbf{x}})=\mathbf{0}$인 점 $\overline{\mathbf{x}}$에서, $\mathbf{d}_1$, $\mathbf{d}_2$ 각각의 방향에서 이 함수의 볼록단면과 오목단면을 관찰하고, 여기에서, 단면은 $\overline{\mathbf{x}}$ 근처에서[1] 이 함수가 말의 안장과 같은 모양을 나타내게 한다.

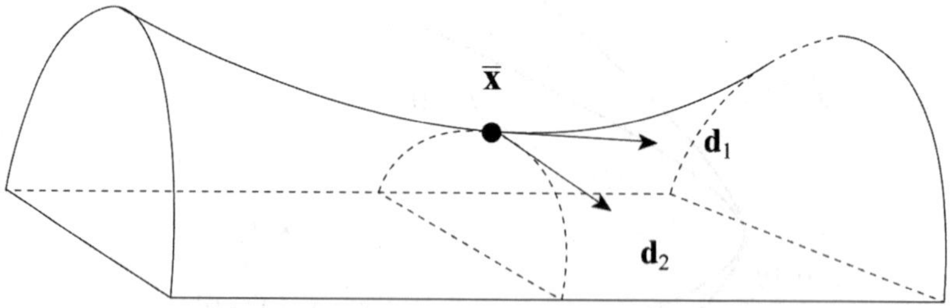

그림 4.2 $\overline{\mathbf{x}}$에서의 안장점

1) in the vicinity of $\overline{\mathbf{x}}$

4.1.7 예제

예제 1: 단일변수 함수 이 절의 필요충분조건을 설명하기 위해 최소화 $f(x)=(x^2-1)^3$의 문제를 고려해보자. 먼저 $\nabla f(\mathbf{x})=\mathbf{0}$이라는 1-계 필요조건을 만족시키는, 최적성을 위한 좌표점을 결정한다. $x=0, 1, -1$일 때 $\nabla f(x)\equiv f'(x)=6x(x^2-1)^2=0$임을 주목하자. 그러므로 국소최적성의 후보점은 $\bar{x}=0, 1, -1$이다. 지금 2-계 도함수를 검사해 보자. $\mathbf{H}(x)=f''(x)=24x^2(x^2-1)+6(x^2-1)^2$이다. 그러므로 $\mathbf{H}(1)=\mathbf{H}(-1)=0$, $\mathbf{H}(0)=6$이다. $\mathbf{H}$는 $\bar{x}=0$에서 양정부호이므로, 정리 4.1.4에 따라 $\bar{x}=0$는 엄격한 국소최소해이다. 그러나, $x=+1$ 또는 $x=-1$에서, $\mathbf{H}$는 양반정부호인 동시에 음반정부호이다; 그리고 비록 이것은 정리 4.1.3의 2-계 필요조건을 만족시킨다고 해도, 이들 점에서 f의 행태에 대해 어떠한 결론을 내리기에 충분하지 않다. 그러므로, 계속해서 3-계 도함수 $f'''(x)=48x(x^2-1)+48x^3+24x(x^2-1)$을 검사한다. 문제가 되는 2개 후보점 $\bar{x}=\pm 1$에서 도함수 값을 계산하면, $f'''(1)=48>0$, $f'''(-1)=-48<0$을 얻는다. 정리 4.1.6에 따라 이들 점에서 국소최소해도 아니고 국소최적해도 아닌 점을 얻음이 뒤따르며, 이들 점은 그저 변곡점일 뿐이다.

예제 2: 다변수함수 쌍변수함수 $f(x_1, x_2)=x_1^3+x_2^3$을 고려해보자. f의 경도와 헤시안을 계산하면 다음 식

$$\nabla f(\mathbf{x})=\begin{bmatrix}3x_1^2\\3x_2^2\end{bmatrix},\qquad \mathbf{H}(\mathbf{x})=\begin{bmatrix}6x_1 & 0\\0 & 6x_2\end{bmatrix}$$

을 얻는다. 1-계 필요조건 $\nabla f(\bar{\mathbf{x}})=\mathbf{0}$은 단일 후보점으로 $\bar{\mathbf{x}}=(0,0)$를 산출한다. 그러나 $\mathbf{H}(\bar{\mathbf{x}})$은 $\mathbf{0}$ 행렬이다; 그리고 비록 이것이 정리 4.1.3의 2-계 필요조건을 만족시킨다고 해도 이 점 $\bar{\mathbf{x}}$에 관해 어떤 결론적 문장을 만들기 위해 더 높은 계의 도함수를 검토할 필요가 있다. $F_{(\bar{\mathbf{x}};\mathbf{d})}(\lambda)=f(\bar{\mathbf{x}}+\lambda\mathbf{d})\equiv F_{\mathbf{d}}(\lambda)$라고 정의하면 이를테면, $F_{\mathbf{d}}'(\lambda)=\nabla f(\bar{\mathbf{x}}+\lambda\mathbf{d})\cdot\mathbf{d}$, $F_{\mathbf{d}}''(\lambda)=\mathbf{d}^t\mathbf{H}(\bar{\mathbf{x}}+\lambda\mathbf{d})\mathbf{d}$, $F_{\mathbf{d}}'''(\lambda)=\sum_{i=1}^{2}\sum_{j=1}^{2}\sum_{k=1}^{2}d_i d_j d_k f_{ijk}(\bar{\mathbf{x}}+\lambda\mathbf{d})$이다. 그렇지 않다면 $f_{111}(\mathbf{x})=6$, $f_{222}(\mathbf{x})=$

6, $f_{ijk}(\mathbf{x})=0$임을 주목하면 $F_{\mathbf{d}}'''(0)=6d_1^3+6d_2^3$를 얻는다. $\lambda=0$에서 첫째로 0이 아닌 도함수의 항이 $F_{\mathbf{d}}'''(0)$인, 이것은 홀수 계이며, 방향 $\mathbf{d}$가 존재하므로 $\bar{\mathbf{x}}=(0,0)$은 변곡점이며, 따라서 국소최소해도 아니고 국소최대해도 아니다. 사실상 $F_{\mathbf{d}}''(0)=6\lambda\left(d_1^3+d_2^3\right)$는 $d_1^3+d_2^3\neq 0$인 임의의 방향 $\mathbf{d}$를 따라 $\lambda=0$에서 반대 부호를 취하게 할 수 있음을 주목하자; 따라서 이 함수는 점 $\mathbf{0}$에서 임의의 $\mathbf{d}$ 방향으로 하나의 볼록함수에서 다른 오목함수로 절체되며, 또한, 역의 내용도 성립한다. 또한, 영역 $\{\mathbf{x}\,|\,x_1\geq 0,\ x_2\geq 0\}$ 전체에 걸쳐 $\mathbf{H}$는 양반정부호임을 관측하시오; 그러므로 이 영역 전체에 걸쳐 이 함수는 볼록이며 전역최소해로 $\bar{\mathbf{x}}=(0,0)$를 산출한다. 유사하게 영역 $\{\mathbf{x}\,|\,x_1\leq 0,\ x_2\leq 0\}$ 전체에 걸쳐 $\bar{\mathbf{x}}=(0,0)$는 전역최소해이다.

4.2 부등식 제약조건 있는 문제

이 절에서는 먼저 일반적 집합 S에 대해 최소화 $f(\mathbf{x})$ 제약조건 $\mathbf{x}\in S$ 문제의 필요최적성 조건을 개발한다. 차후에, 최소화 $f(\mathbf{x})$ 제약조건 $\mathbf{g}(\mathbf{x})\leq 0$ $\mathbf{x}\in X$ 형태인 비선형계획법 문제의 실현가능영역으로 S를 좀 더 구체적으로 정의하기로 한다.

기하학적 최적성 조건

정리 4.2.2에서 아래에 정의하는 실현가능방향 원추를 사용해, 최소화 $f(\mathbf{x})$ 제약조건 $\mathbf{x}\in S$ 문제의 필요최적성 조건을 개발한다.

4.2.1 정의

$S\neq\varnothing$는 $\Re^n$의 집합이라 하고, $\bar{\mathbf{x}}\in cl\,S$라 한다. $\bar{\mathbf{x}}$에서 S의 **실현가능방향 원추**를 D로 나타내며, 다음 식

$$D=\{\mathbf{d}\,|\mathbf{d}\neq\mathbf{0},\ \text{그리고}\ \bar{\mathbf{x}}+\lambda\mathbf{d}\in \mathrm{S}\ \ \forall\lambda\in(0,\delta),\ \text{어떤}\ \delta>0\text{에 대해}\}$$

으로 주어진다. 각각의 $\mathbf{0}$이 아닌 $\mathbf{d} \in D$는 **실현가능방향**이라 한다. 더욱이 함수 $f: \Re^n \to \Re$이 주어지면 $\overline{\mathbf{x}}$에서 **개선방향 원추**는 F로 나타내며, 다음 식

$$F = \{\mathbf{d} \mid f(\overline{\mathbf{x}} + \lambda \mathbf{d}) < f(\overline{\mathbf{x}}) \quad \forall \lambda \in (0, \delta), \text{ 어떤 } \delta > 0\text{에 대해}\}$$

으로 주어진다. 각각의 방향 $\mathbf{d} \in F$는 $\overline{\mathbf{x}}$에서 f의 **개선방향** 또는 **감소방향**이라 한다.

위의 정의에서, $\overline{\mathbf{x}}$에서 하나의 벡터 $\mathbf{d} \in D$를 따라 조금 이동하면 실현가능해에 도달함은 명백하며 이에 반해 하나의 $\mathbf{d} \in F$ 방향으로 조금만 이동하면 목적함숫값을 개선하는 해에 도달함은 명백하다. 더군다나 정리 4.1.2에서 만약 $\nabla f(\overline{\mathbf{x}}) \cdot \mathbf{d} < 0$이라면 $\mathbf{d}$는 하나의 개선방향이며, 즉 말하자면, $\overline{\mathbf{x}}$에서 출발하여, $\mathbf{d}$ 방향으로 조금만 이동하면 f 값이 감소할 것이다. 정리 4.2.2에서 보는 바와 같이 만약 $\overline{\mathbf{x}}$가 하나의 국소최소해라면, 그리고 만약 $\nabla f(\overline{\mathbf{x}}) \cdot \mathbf{d} < 0$이라면 $\mathbf{d} \notin D$이다. 즉 말하자면, 국소최적성의 하나의 필요조건은 모든 개선방향이 실현가능방향은 아니라는 것이다. 이 사실은 그림 4.3에 예시되어 있으며, 여기에서 원추 $F_0 \equiv \{\mathbf{d} \mid \nabla f(\overline{\mathbf{x}}) \cdot \mathbf{d} < 0)\}$의 정점과 D는 편의상 원점에서 $\overline{\mathbf{x}}$로 이동된다.

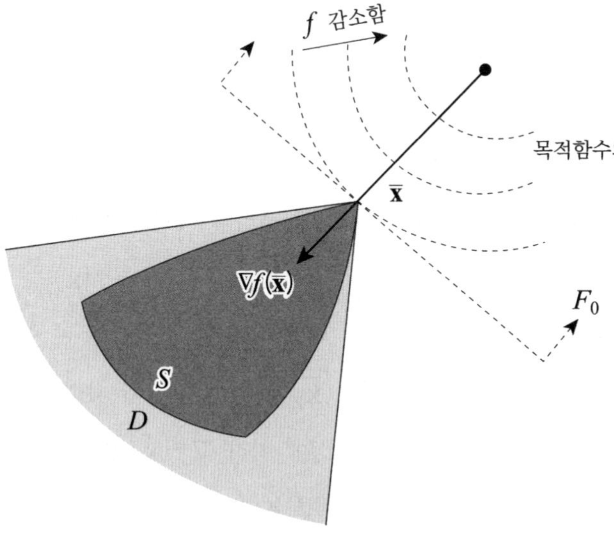

그림 4.3 필요조건 $F_0 \cap D = \varnothing$

4.2.2 정리

최소화 $f(\mathbf{x})$ 제약조건 $\mathbf{x} \in S$ 문제를 고려해보고, 여기에서 $f: \mathfrak{R}^n \to \mathfrak{R}$ 이며 S는 $\mathfrak{R}^n$에서 공집합이 아닌 집합이다. f는 하나의 점 $\bar{\mathbf{x}} \in S$에서 미분가능하다고 가정한다. 만약 $\bar{\mathbf{x}}$가 하나의 국소최적해라면 $F_0 \cap D = \varnothing$ 이며, 여기에서 $F_0 = \{\mathbf{d} \mid \nabla f(\bar{\mathbf{x}}) \cdot \mathbf{d} < 0\}$ 이며 D는 $\bar{\mathbf{x}}$에서 S의 실현가능방향 원추이다. 역으로, $F_0 \cap D = \varnothing$ 라고 가정하고, f는 $\bar{\mathbf{x}}$에서 유사볼록이라고 가정하고, 임의의 $\mathbf{x} \in S \cap \mathbb{N}_\varepsilon(\bar{\mathbf{x}})$에 대해 $\mathbf{d} = (\mathbf{x} - \bar{\mathbf{x}}) \in D$가 되도록 하는 $\varepsilon > 0$인 하나의 ε–근방 $\mathbb{N}_\varepsilon(\bar{\mathbf{x}})$이 있다고 가정한다. 그렇다면 $\bar{\mathbf{x}}$는 f의 하나의 국소최소해이다.

증명 모순을 일으켜, 하나의 벡터 $\mathbf{d} \in F_0 \cap D$가 존재한다고 가정한다. 그렇다면 정리 4.1.2에 따라 다음 식

$$f(\bar{\mathbf{x}} + \lambda\mathbf{d}) < f(\bar{\mathbf{x}}) \qquad \text{각각의 } \lambda \in (0, \delta_1)\text{에 대해} \tag{4.5a}$$

이 성립하도록 하는 하나의 $\delta_1 > 0$이 존재한다. 더군다나 정의 4.2.1에 따라 다음 식

$$\bar{\mathbf{x}} + \lambda\mathbf{d} \in S \qquad \text{각각의 } \lambda \in (0, \delta_2)\text{에 대해} \tag{4.5b}$$

이 성립하도록 하는 $\delta_2 > 0$이 존재한다. $\bar{\mathbf{x}}$가 문제의 국소최적해라는 가정은 (4.5)에 모순된다. 따라서 $F_0 \cap D = \varnothing$ 이다.

역으로, $F_0 \cap D = \varnothing$ 라고 가정하고 이 정리의 역인 문장에 주어진 조건은 성립한다고 가정한다. 그렇다면 모든 $\mathbf{x} \in S \cap \mathbb{N}_\varepsilon(\bar{\mathbf{x}})$에 대해 $f(\mathbf{x}) \geq f(\bar{\mathbf{x}})$라는 조건이 반드시 주어져야 한다. 이 내용을 이해하기 위해 어떤 $\hat{\mathbf{x}} \in S \cap \mathbb{N}_\varepsilon(\bar{\mathbf{x}})$에 대해 $f(\hat{\mathbf{x}}) < f(\bar{\mathbf{x}})$라고 가정한다. $S \cap \mathbb{N}_\varepsilon(\bar{\mathbf{x}})$에 관한 가정에 따라 $\mathbf{d} = (\hat{\mathbf{x}} - \bar{\mathbf{x}}) \in D$이다. 나아가서, $\bar{\mathbf{x}}$에서 f의 유사볼록성에 따라 $\nabla f(\bar{\mathbf{x}}) \cdot \mathbf{d} < 0$이다; 그렇지 않다면, 만약 $\nabla f(\bar{\mathbf{x}}) \cdot \mathbf{d} \geq 0$이라면 $f(\hat{\mathbf{x}}) = f(\bar{\mathbf{x}} + \mathbf{d}) \geq f(\bar{\mathbf{x}})$임을 얻는다. 그러므로 만약 $S \cap \mathbb{N}_\varepsilon(\bar{\mathbf{x}})$ 전체에 걸쳐 $\bar{\mathbf{x}}$가 국소최소해가 아니라면, 방향 $\mathbf{d} \in F_0 \cap D$가 존재하지만, 이것은 모순임이 나타났다. 이것으로 증명이 완결되었다. 증명 끝

정리 4.2.2에서 정의한 집합 F_0는 개선방향 F의 집합의 대수학적 특성의 설명을 제공함을 관측하시오. 사실상 일반적으로 정리 4.1.2에 따라 $F_0 \subseteq F$이다. 또한, 만약 $\mathbf{d} \in F$라면, 반드시 $\nabla f(\overline{\mathbf{x}}) \cdot \mathbf{d} \le 0$이어야 하며, 그렇지 않다면, 정리 4.1.2와 유사하게, $\nabla f(\overline{\mathbf{x}}) \cdot \mathbf{d} > 0$은 $\mathbf{d}$가 증가방향임을 의미한다. 그러므로, 다음 식

$$F_0 \subseteq F \subseteq F_0' = \{\mathbf{d} \neq \mathbf{0} \mid \nabla f(\overline{\mathbf{x}}) \cdot \mathbf{d} \le 0\} \tag{4.6}$$

을 얻는다. $\nabla f(\overline{\mathbf{x}}) \cdot \mathbf{d} = 0$일 때, 이 함수에 관해 더 많은 것을 알지 않는 이상, $\overline{\mathbf{x}}$에서 $\mathbf{d}$ 방향으로 진행함에 따라 f의 행태가 어떻게 변하는지를 확실하게 알 수 없음을 주목하자. 예를 들면, $\nabla f(\overline{\mathbf{x}}) = \mathbf{0}$임이 성립할 수도 있으며, 그리고 $\overline{\mathbf{x}}$에서 멀어짐에 따라 f 값을 강하하거나, 증가하거나, 또는 일정하게 유지하기도 하는 이동방향이 존재할 수 있다. 그러므로 $F_0 \subset F \subset F_0'$라는 것도 전적으로 가능하다(예를 들면 그림 4.1 참조). 그러나 만약 f가 유사볼록이라면, 그리고 만약 $\nabla f(\overline{\mathbf{x}}) \cdot \mathbf{d} \ge 0$이라면, 모든 $\lambda \ge 0$에 대해 $f(\overline{\mathbf{x}} + \lambda\mathbf{d}) \ge f(\overline{\mathbf{x}})$임을 알게 된다. 그러므로 만약 f가 유사볼록이라면, $\mathbf{d} \in F$임은 $\mathbf{d} \in F_0$임도 의미하며 그래서 (4.6)에서 $F_0 = F$이다. 유사하게 만약 f가 엄격하게 유사오목이라면, 그리고 만약 $\mathbf{d} \in F_0'$라면, 모든 $\lambda > 0$에 대해 $f(\overline{\mathbf{x}} + \lambda\mathbf{d}) < f(\overline{\mathbf{x}})$임을 알게 된다. 그래서 $\mathbf{d} \in F$이다. 따라서 이 경우 $F = F_0'$임도 성립한다. 이것은 모든 점에서라기보다도 $\overline{\mathbf{x}}$ 자체에서 유사볼록성의 더 약한 가정 또는 엄격한 유사오목성에 의해 설명되는 다음 결과를 확립한다.

4.2.3 보조정리

미분가능한 함수 $f : \Re^n \to \Re$을 고려해보고, F, F_0, F_0'는 정의 4.2.1, 4.2.2, (4.6)에서 각각 정의한 것으로 하자. 그렇다면 $F_0 \subseteq F \subseteq F_0'$이다. 게다가, 만약 f가 $\overline{\mathbf{x}}$에서 유사볼록이라면 $F = F_0$이며, 만약 f가 $\overline{\mathbf{x}}$에서 엄격하게 유사오목이라면 $F = F_0'$이다.

지금 실현가능영역 S는 다음 식

$$S=\{\mathbf{x}\in X \mid g_i(\mathbf{x})\le 0, \quad i=1, \cdots, m\}$$

과 같이 정의하며, 여기에서 $g_i:\Re^n\to\Re \ \ i=1, \cdots, m$이며, X는 $\Re^n$에서 공집합이 아닌 열린집합이다. 이것은 다음 식

$$\begin{aligned} \text{P}:\ &\text{최소화} && f(\mathbf{x}) \\ &\text{제약조건} && g_i(\mathbf{x})\le 0 \qquad i=1, \cdots, m \\ &&& \mathbf{x}\in X \end{aligned}$$

과 같은 부등식제약 있는 비선형계획법 문제를 제시한다.

$\overline{\mathbf{x}}$에서 국소최적성 필요조건은 $F_0\cap D=\varnothing$임을 상기하고, 여기에서 F_0는 경도벡터 $\nabla f(\overline{\mathbf{x}})$에 의해 정의한 열린 반공간이며, D는 실현가능방향 원추이고 D는 관련된 함수의 경도에 의해 정의할 필요가 없다. 이것은 기하학적 최적성 조건 $F_0\cap D=\varnothing$을 등식 또는 부등식을 포함하는 좀 더 유용한 대수학적 문장으로의 전환을 배제한다. 보조정리 4.2.4가 나타내듯이, $G_0\subseteq D$이 되도록 하는, $\overline{\mathbf{x}}$에서 구속하는 제약조건의 경도에 의해 열린 원추 G_0를 정의할 수 있다. $\overline{\mathbf{x}}$에서 $F_0\cap D=\varnothing$임은 반드시 성립해야 하므로, 그리고 $G_0\subset D$이므로, $F_0\cap G_0=\varnothing$는 역시 필요최적성 조건이기도 하다. F_0, G_0는 모두 이 경도벡터에 의해 정의되므로, 프리츠 존의 공로라고 알려진, 다음의 최적성 조건을 개발하는 조건 $F_0\cap G_0=\varnothing$을 사용한다. 추가적으로, 약한 가정과 더불어, 이 조건은 잘 알려진 카루시-쿤-터커 최적성 조건이 된다.

4.2.4 보조정리

실현가능영역 $S=\{\mathbf{x}\in X \mid g_i(\mathbf{x})\le 0, \ i=1, \cdots, m\}$을 고려해보고, 여기에서 X는 $\Re^n$에서 공집합이 아닌 열린집합이며, 여기에서 $g_i:\Re^n\to\Re \ \ i=1, \cdots, m$이다. 하나의 실현가능해 $\overline{\mathbf{x}}\in S$가 주어지면 $I=\{i \mid g_i(\overline{\mathbf{x}})=0\}$는 **구속하는, 작용하는**, 또는 **꽉 죄인 제약조건**의 첨자집합이라 하고, $i\in I$에 대해 g_i는 $\overline{\mathbf{x}}$에서 미분가능하고, $i\notin I$에 대해 g_i는 $\overline{\mathbf{x}}$에서 연속이라 가정한다. 다음 집합

$$G_0 = \{\mathbf{d} \mid \nabla g_i(\bar{\mathbf{x}}) \cdot \mathbf{d} < 0 \text{ 각각의 } i \in I\text{에 대해}\}$$
$$G_0' = \{\mathbf{d} \neq \mathbf{0} \mid \nabla g_i(\bar{\mathbf{x}}) \cdot \mathbf{d} \leq 0 \text{ 각각의 } i \in I\text{에 대해}\}$$

을 정의한다. 그러면 다음 식

$$G_0 \subseteq D \subseteq G_0' \tag{4.7}$$

을 얻는다. 더욱이 만약 $i \in I$에 대해 g_i가 $\bar{\mathbf{x}}$에서 엄격하게 유사볼록이라면 $D = G_0$이다; 그리고 만약 $i \in I$에 대해 g_i가 $\bar{\mathbf{x}}$에서 유사오목이라면 $D = G_0'$이다.

증명 $\mathbf{d} \in G_0$라 하자. $\bar{\mathbf{x}} \in X$이며, X는 열린집합이므로 다음 식

$$\bar{\mathbf{x}} + \lambda \mathbf{d} \in X \qquad \lambda \in (0, \delta_1) \tag{4.8a}$$

이 성립하도록 하는 $\delta_1 > 0$가 존재한다. 또한, $\bar{\mathbf{x}}$에서 $i \notin I$에 대해 $g_i(\bar{\mathbf{x}}) < 0$이며 g_i는 연속이므로, 다음 식

$$g_i(\bar{\mathbf{x}} + \lambda \mathbf{d}) < 0 \qquad \lambda \in (0, \delta_2), \quad i \notin I \tag{4.8b}$$

이 성립하도록 하는 $\delta_2 > 0$이 존재한다. 더군다나, $\mathbf{d} \in G_0$이므로 각각의 $i \in I$에 대해 $\nabla g_i(\bar{\mathbf{x}}) \cdot \mathbf{d} < 0$이며, 정리 4.1.2에 따라 다음 식

$$g_i(\bar{\mathbf{x}} + \lambda \mathbf{d}) < g_i(\bar{\mathbf{x}}) = 0 \quad \lambda \in (0, \delta_3), \quad i \in I \tag{4.8c}$$

이 성립하도록 하는 $\delta_3 > 0$이 존재한다. (4.8a, b, c)에서, $\bar{\mathbf{x}} + \lambda \mathbf{d}$ 형태의 점은 각각의 $\lambda \in (0, \delta)$에 대해 S에 속하고 실현가능해임은 명확하며, 여기에서 $\delta = min\{\delta_1, \delta_2, \delta_3\} > 0$이다. 따라서 $\mathbf{d} \in D$이며, 여기에서 D는 $\bar{\mathbf{x}}$에서 실현가능영역의 실현가능방향 원추이다. 지금까지, $\mathbf{d} \in G_0$임은 $\mathbf{d} \in D$임을 의미하며 그러므로 $G_0 \subseteq D$임을 보였다.

유사하게, 만약 $\mathbf{d} \in D$라면 반드시 $\mathbf{d} \in G_0'$이어야 한다. 그렇지 않다면 만

약 임의의 $i \in I$에 대해 $\nabla g_i(\overline{\mathbf{x}}) \cdot \mathbf{d} > 0$이라면, 정리 4.1.2에서, 충분히 작은 모든 $|\lambda|$에 대해 $g_i(\overline{\mathbf{x}} + \lambda\mathbf{d}) > g_i(\overline{\mathbf{x}}) = 0$임을 얻을 것이며, $\mathbf{d} \in D$임을 위반하기 때문이다. 그러므로 $D \subseteq G_0'$이다. 이것은 (4.7)의 내용을 확립한다.

지금, $i \in I$에 대해 g_i는 $\overline{\mathbf{x}}$에서 엄격하게 유사볼록임을 가정하고 $\mathbf{d} \in D$라 한다. 그렇다면 반드시 $\mathbf{d} \in G_0$이기도 해야 한다. 왜냐하면, 그렇지 않다면, 만약 임의의 $i \in I$에 대해 $\nabla g_i(\overline{\mathbf{x}}) \cdot \mathbf{d} \geq 0$이라면 모든 $\lambda > 0$에 대해 $g_i(\overline{\mathbf{x}} + \lambda\mathbf{d}) > g_i(\overline{\mathbf{x}}) = 0$일 것이며 $\mathbf{d} \in D$임을 위반하기 때문이다. 그러므로 이 경우 (4.7)에서 $D = G_0$임을 얻는다.

마지막으로, $i \in I$에 대해 g_i는 $\overline{\mathbf{x}}$에서 유사오목이라고 가정하고 임의의 $\mathbf{d} \in G_0'$을 고려해보자. 그러므로 각각의 $i \in I$에 대해, 그리고 모든 $\lambda \geq 0$에 대해 $g_i(\overline{\mathbf{x}} + \lambda\mathbf{d}) \leq g_i(\overline{\mathbf{x}}) = 0$이다. 나아가서 $i \notin I$에 대한 g_i의 연속성에 의해, 그리고 X는 열린집합이므로, 위와 같이, 모든 충분히 작은 $|\lambda|$에 대해 $(\overline{\mathbf{x}} + \lambda\mathbf{d}) \in S$임을 얻는다. 그래서 $\mathbf{d} \in D$이다. 이것은 $G_0' \subseteq D$임을 확립하며, 따라서 이 경우, (4.7)에서 $D = G_0'$ 임을 얻는다. 이것으로 증명이 완결되었다. (증명끝)

하나의 예시로, 그림 4.3에서, $G_0 = D \subset G_0'$이며, 이에 반해, 제약조건이 아핀함수이므로 그림 2.18에서 $\overline{\mathbf{x}} = (0, 0)$로 $G_0 \subset D = G_0'$ 임을 주목하시오.

보조정리 4.2.4는 곧바로 다음 결과로 인도한다.

4.2.5 정리

최소화 $f(\mathbf{x})$ 제약조건 $\mathbf{x} \in X$ $g_i(\mathbf{x}) \leq 0$ $i = 1, \cdots, m$의 '문제 P'를 고려해보고, 여기에서 X는 $\Re^n$의 공집합이 아닌 열린집합이며, $f: \Re^n \to \Re$, $g_i: \Re^n \to \Re$ $i = 1, \cdots, m$이다. $\overline{\mathbf{x}}$는 실현가능점이라 하고 $I = \{i \mid g_i(\overline{\mathbf{x}}) = 0\}$이라고 나타낸다. 더군다나 f와 $i \in I$에 대한 g_i는 $\overline{\mathbf{x}}$에서 미분가능하고 $i \notin I$에 대한 g_i는 $\overline{\mathbf{x}}$에서 연속이라고 가정한다. 만약 $\overline{\mathbf{x}}$가 국소최적해라면 $F_0 \cap G_0 = \varnothing$이며, 여기에서 $F_0 = \{\mathbf{d} \mid \nabla f(\overline{\mathbf{x}}) \cdot \mathbf{d} < 0\}$, $G_0 = \{\mathbf{d} \mid \nabla g_i(\overline{\mathbf{x}}) \cdot \mathbf{d} < 0$, 각각의 $i \in I$에 대해$\}$

이다. 역으로, 만약 $F_0 \cap G_0 = \varnothing$ 이며, 그리고 만약 $\bar{\mathbf{x}}$에서 f가 유사볼록이고 $i \in I$에 대해 g_i가 $\bar{\mathbf{x}}$의 어떤 ε-근방 전체에 걸쳐 엄격하게 유사볼록이라면 $\bar{\mathbf{x}}$는 국소최소해이다.

증명 $\bar{\mathbf{x}}$는 국소최소해라 하자. 그렇다면 정리 4.2.2와 보조정리 4.2.4의 (4.7)을 사용해 다음과 같은 의미사슬

$$\bar{\mathbf{x}} \text{는 국소최소해} \Rightarrow F_0 \cap D = \varnothing \Rightarrow F_0 \cap G_0 = \varnothing \tag{4.9a}$$

을 얻으며 이것은 이 정리의 첫째 파트를 증명한다. 역으로 $F_0 \cap G_0 = \varnothing$ 이며 f와 $i \in I$에 대한 g_i는 이 정리에서 명시한 바와 같다고 가정한다. 그렇다면, 구속하지 않는 제약조건을 떨어뜨려, 구속하는 제약조건 항으로만 실현가능영역 S를 새롭게 정의하면, 보조정리 4.2.4에 따라 $G_0 = D$이므로, $F_0 \cap D = \varnothing$ 라는 결론을 내린다. 더군다나 $i \in I$에 대한 등위집합 $g_i(\mathbf{x}) \le 0$은 $\varepsilon > 0$인 $\bar{\mathbf{x}}$의 어떤 ε-근방 $\mathbb{N}_\varepsilon(\bar{\mathbf{x}})$ 전체에 걸쳐 볼록이므로 $S \cap \mathbb{N}_\varepsilon(\bar{\mathbf{x}})$는 볼록집합임이 뒤따른다. 또한, 위에서 $F_0 \cap D = \varnothing$ 이므로, 그리고 f는 $\bar{\mathbf{x}}$에서 유사볼록이므로 정리 4.2.2의 문장의 역에서 $\bar{\mathbf{x}}$는 국소최소해라는 결론을 내린다. 구속하지 않는 제약조건을 S에 포함시킴으로 이 문장은 계속 성립하며, 이것으로 증명이 완결되었다. (증명 끝)

정리 4.2.5의 가설의 역 아래, 그리고 $i \notin I$에 대해 g_i는 $\bar{\mathbf{x}}$에서 연속이라고 가정하고, (4.9a)을 주목하면, 다음 식

$$\bar{\mathbf{x}} \text{는 국소최소해} \Leftrightarrow F_0 \cap D = \varnothing \Leftrightarrow F_0 \cap G_0 = \varnothing \tag{4.9b}$$

을 얻음을 관측하시오.

이 점 $\bar{\mathbf{x}}$에서 유도할 만한 가치가 있는, 유용한 통찰력이 존재한다. 정의 4.2.1에서 만약 $\bar{\mathbf{x}}$가 국소최소해라면 명확하게 반드시 $F \cap D = \varnothing$ 이어야 함을 주목해야 한다. 그러나 역의 내용은 참일 필요가 없다. 즉 말하자면, 만약 $F \cap D = \varnothing$ 이라면, 이것은 $\bar{\mathbf{x}}$가 국소최소해임을 의미할 필요가 없다. 예를 들면, 만약 $S = \{\mathbf{x} = (x_1, x_2) \mid x_2 = x_1^2\}$ 이라면, 그리고 만약 $f(\mathbf{x}) = x_2$ 라면 x_1을 감

소해 f를 감소시킬 수 있으므로, 점 $\bar{\mathbf{x}}=(1,1)$은 명확히 국소최소해가 아니다. 그러나 **일직선의 방향은** 실현가능해로 인도하지 못하며, 이에 반해 주어진 개선 실현가능해는 **곡선방향**을 통해 접근할 수 있으므로 점 $\mathbf{x}$에 대해 $D=\varnothing$이다. 그러므로 $F\cap D=\varnothing$이지만, 그러나 $\bar{\mathbf{x}}$는 국소최소해가 아니다. 그러나 지금, 만약 f가 $\bar{\mathbf{x}}$에서 유사볼록이라면, 그리고 만약 임의의 $\mathbf{x}\in S\cap N_\varepsilon(\bar{\mathbf{x}})$에 대해 $\mathbf{d}=(\mathbf{x}-\bar{\mathbf{x}})\in D$이 되도록 하는 $\varepsilon>0$이 존재한다면(예를 들어, 만약 $S\cap N_\varepsilon(\bar{\mathbf{x}})$가 볼록집합이라면) 보조정리 4.2.3에 따라 $F_0=F$이다; 그리고 (4.9a)와 정리 4.2.2의 역을 주목하면, 이 경우 다음 관계

$$F\cap D=\varnothing \Leftrightarrow F_0\cap D=\varnothing \Leftrightarrow \bar{\mathbf{x}}\text{는 국소최소해}$$

를 얻는다.

4.2.6 예제

$$\begin{aligned}
\text{최소화}\quad & (x_1-3)^2+(x_2-2)^2\\
\text{제약조건}\quad & x_1^2+x_2^2\le 5\\
& x_1+x_2\le 3\\
& x_1\ge 0\\
& x_2\ge 0.
\end{aligned}$$

이 경우 $g_1(\mathbf{x})=x_1^2+x_2^2-5$, $g_2(\mathbf{x})=x_1+x_2-3$, $g_3(\mathbf{x})=-x_1$, $g_4(\mathbf{x})=-x_2$, $X=\Re^2$이라고 놓는다. 점 $\bar{\mathbf{x}}=(9/5,6/5)$를 고려해보고, 유일하게 구속하는 제약조건은 $g_2(\mathbf{x})=x_1+x_2-3$임을 주목하자. 또한, 다음 식

$$\nabla f(\bar{\mathbf{x}})=\left(\frac{-12}{5},\frac{-8}{5}\right)^t,\qquad \nabla g_2(\bar{\mathbf{x}})=(1,1)^t$$

을 주목하자.

집합 F_0, G_0는 그림 4.4에 나타나 있으며 편의상, 원점이 점 $(9/5,6/5)$로 옮겨져 있다. $F_0\cap G_0\neq\varnothing$이므로 $\bar{\mathbf{x}}=(9/5,6/5)$는 위 문제의 국소최적해가 아

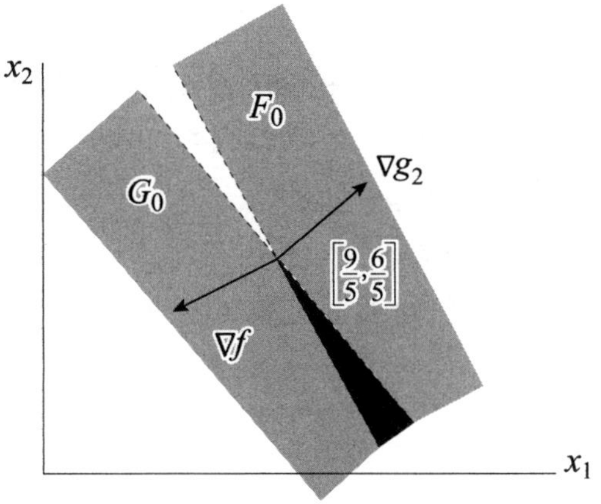

그림 4.4 최적점이 아닌 점에서 $F_0 \cap G_0 \neq \varnothing$ 이다

니다.

지금 $\overline{\mathbf{x}} = (2, 1)$을 고려해보고 첫째 2개 제약조건은 구속하는 제약조건임을 주목하자. 이 점에 상응하는 경도는 다음 식

$$\nabla f(\overline{\mathbf{x}}) = (-2, -2)^t, \ \nabla g_1(\overline{\mathbf{x}}) = (4, 2)^t, \ \nabla g_2(\overline{\mathbf{x}}) = (1, 1)^t$$

과 같다. 집합 F_0, G_0는 그림 4.5에 나타나 있으며, 진실로 $F_0 \cap G_0 = \varnothing$ 이다. 또한 $\overline{\mathbf{x}}$의 임의의 근방 전체에 걸쳐 g_2는 엄격하게 유사볼록이 아니므로 정리 4.2.5의 충분성조건은 만족되지 않음을 주목하시오. 그러나 그림 4.5에서 이 경우

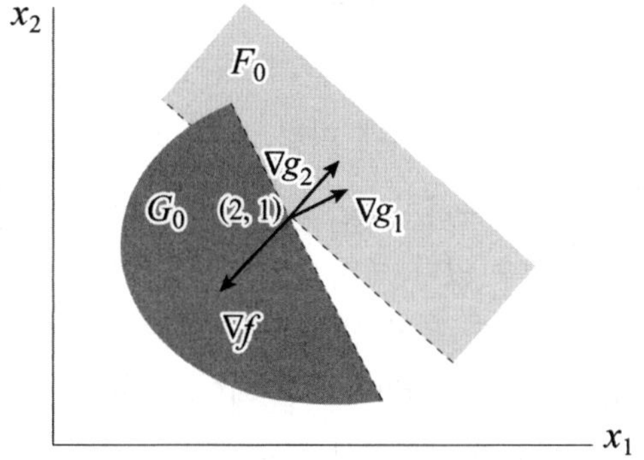

그림 4.5 최적점에서 $F_0 \cap G_0 = \varnothing$ 이다

$F_0 \cap G_0' = \varnothing$ 이기도 함을 관측하시오; 그래서 (4.7)에 따라 $F_0 \cap D = \varnothing$ 이다. 정리 4.2.2의 역에 따라 지금 $\bar{\mathbf{x}}$ 가 국소최소해라고 결론을 내릴 수 있다. 사실상 이 문제는 엄격하게 볼록인 목적함수를 갖는 볼록계획법 문제이므로, 이것은 또다시 $\bar{\mathbf{x}}$ 가 유일한 전역최소해임을 의미한다.

또한, 정리 4.2.5의 효용은 제약조건 집합을 어떻게 표현하느냐에 달렸음을 주목함은 흥미롭다. 이것은 예제 4.2.7로 예시한다.

4.2.7 예제

$$
\begin{aligned}
&\text{최소화} \quad (x_1-1)^2+(x_2-1)^2 \\
&\text{제약조건} \quad (x_1+x_2-1)^3 \le 0 \\
&\qquad\qquad\qquad\qquad x_1 \ge 0 \\
&\qquad\qquad\qquad\qquad x_2 \ge 0.
\end{aligned}
$$

정리 4.2.5의 필요조건은 각각의 실현가능해에서 $x_1+x_2=1$ 을 만족시키면서 성립함을 주목하자. 그러나 제약조건 집합은 등가적으로 다음 식

$$
\begin{aligned}
x_1+x_2 &\le 1 \\
x_1 &\ge 0 \\
x_2 &\ge 0
\end{aligned}
$$

과 같이 표현할 수 있다.

지금 $F_0 \cap G_0 = \varnothing$ 임이 점 $(1/2, 1/2)$에서만 만족됨은 쉽게 입증할 수 있다. 나아가서 이 경우, $F_0 \cap G_0' = \varnothing$ 임도 쉽게 입증할 수 있으며, (4.7)에 따라 $F_0 \cap D = \varnothing$ 이다. 정리 4.2.2의 역에 따라, 그리고 실현가능영역의 볼록성과 목적함수의 엄격한 볼록성을 주목하면, $\bar{\mathbf{x}} = (1/2, 1/2)$는 진실로 문제의 유일한 전역최소해라는 결론을 내릴 수 있다.

최적점이 아닌 점에서도 혹시 정리 4.2.5의 필요조건이 자명하게 만족되는 여러 케이스가 존재한다. 또한, 아래에 이들 케이스 가운데 몇 개를 토의한다.

$\bar{\mathbf{x}}$ 는 $\nabla f(\bar{\mathbf{x}}) = \mathbf{0}$ 인 하나의 실현가능해라고 가정한다. 명확하게, $F_0 = \{\mathbf{d} \mid$

$\nabla f(\overline{\mathbf{x}})\cdot\mathbf{d} < 0\} = \varnothing$ 이며, 그러므로 $F_0 \cap G_0 = \varnothing$ 이다. 따라서 $\nabla f(\overline{\mathbf{x}}) = \mathbf{0}$ 인 임의의 점 $\overline{\mathbf{x}}$ 는 필요최적성 조건을 만족시킨다. 유사하게, 어떤 $i \in I$에 대해 $\nabla g_i(\overline{\mathbf{x}}) = \mathbf{0}$ 이 되도록 하는 임의의 점 $\overline{\mathbf{x}}$ 는 필요조건을 만족시킬 것이다. 지금 1개 등식 제약조건을 갖는 다음 예

$$\begin{aligned} &\text{최소화} \quad f(\mathbf{x}) \\ &\text{제약조건} \quad g(\mathbf{x}) = 0 \end{aligned}$$

를 고려해보자. 등식 제약조건 $g(\mathbf{x}) = 0$은 부등식 제약조건 $g_1(\mathbf{x}) \equiv g(\mathbf{x}) \le 0$, $g_2(\mathbf{x}) \equiv -g(\mathbf{x}) \le 0$의 2개 부등식으로 대체할 수 있다. $\overline{\mathbf{x}}$ 는 임의의 실현가능해라 하자. 그렇다면 $g_1(\overline{\mathbf{x}}) = g_2(\overline{\mathbf{x}}) = 0$이다. $\nabla g_1(\overline{\mathbf{x}}) = -\nabla g_2(\overline{\mathbf{x}})$임을 주목하고, 따라서 $\nabla g_1(\overline{\mathbf{x}})\cdot\mathbf{d} < 0$, $\nabla g_2(\overline{\mathbf{x}})\cdot\mathbf{d} < 0$이 되도록 하는 $\mathbf{d}$는 존재할 수 없다. 그러므로 $G_0 = \varnothing$ 이며, 따라서 $F_0 \cap G_0 = \varnothing$ 이다. 달리 말하면, 정리 4.2.5의 필요조건은 모든 실현가능해에 의해 만족되므로 사용할 가치가 없다.

프리츠 존의 최적성 조건

지금 기하학적 필요최적성 조건 $F_0 \cap G_0 = \varnothing$ 을 목적함수의 경도와 구속하는 제약조건의 경도에 관한 문장으로 바꾼다. 결과로 나타나는 최적성 조건은 프리츠 존[1948]의 공로라고 알려져 있으며 아래에 나타난다.

4.2.8 정리(프리츠 존의 필요조건)

$X \ne \varnothing$ 는 $\Re^n$의 열린집합이라 하고, $f : \Re^n \to \Re$, $g_i : \Re^n \to \Re \;\; i = 1, \cdots, m$이라 한다. 최소화 $f(\mathbf{x})$ 제약조건 $\mathbf{x} \in X \;\; g_i(\mathbf{x}) \le 0 \;\; i = 1, \cdots, m$의 '문제 P'를 고려해보자. $\overline{\mathbf{x}}$ 는 실현가능해라 하고, $I = \{i \mid g_i(\overline{\mathbf{x}}) = 0\}$이라고 나타낸다. 더군다나, f와 $i \in I$에 대한 g_i는 $\overline{\mathbf{x}}$ 에서 미분가능하고 $i \notin I$에 대한 g_i는 $\overline{\mathbf{x}}$ 에서 연속이라 가정한다. 만약 $\overline{\mathbf{x}}$ 가 '문제 P'의 국소최적해라면 다음 식

$$u_0 \nabla f(\overline{\mathbf{x}}) + \sum_{i \in I} u_i \nabla g_i(\overline{\mathbf{x}}) = \mathbf{0}$$

$$\begin{aligned} u_0, u_i &\geq 0 \qquad\qquad i \in I \\ (u_0, \mathbf{u}_I) &\neq (0, 0) \end{aligned}$$

이 성립하도록 하는 스칼라 u_0와 $i \in I$에 대한 u_i가 존재하며, 여기에서 $\mathbf{u}_I$는 $i \in I$의 첨자를 갖는 성분 u_i로 구성한 벡터이다. 더군다나, 만약 $i \notin I$에 대한 g_i도 $\overline{\mathbf{x}}$에서 역시 미분가능하다면 앞서 말한 조건은 다음 식

$$\begin{aligned} u_0 \nabla f(\overline{\mathbf{x}}) + \sum_{i=1}^{m} u_i \nabla g_i(\overline{\mathbf{x}}) &= \mathbf{0} \\ u_i g_i(\overline{\mathbf{x}}) &= 0 \qquad\qquad i = 1, \cdots, m \\ u_0, u_i &\geq 0 \qquad\qquad i = 1, \cdots, m \\ (u_0, \mathbf{u}) &\neq (0, \mathbf{0}) \end{aligned}$$

과 같은 등가 형태로 나타낼 수 있으며, 여기에서 $\mathbf{u}$는 $i = 1, \cdots, m$에 대해 u_i의 성분을 갖는 벡터이다.

증명 $\overline{\mathbf{x}}$는 '문제 P'의 국소최적해이므로, 정리 4.2.5에 따라 $\nabla f(\overline{\mathbf{x}}) \cdot \mathbf{d} < 0$이면서 각각의 $i \in I$에 대해 $\nabla g_i(\overline{\mathbf{x}}) \cdot \mathbf{d} < 0$이 되도록 하는 벡터 $\mathbf{d}$는 존재하지 않는다. 지금 $\mathbf{A}$는 $\nabla f(\overline{\mathbf{x}})^t$ 행과 $i \in I$에 대한 $\nabla g_i(\overline{\mathbf{x}})^t$ 행으로 구성한 행렬이라 하자. 그렇다면 정리 4.2.5의 필요최적성 조건은 연립부등식 $\mathbf{Ad} < \mathbf{0}$이 모순이라는 문장과 등가이다. 고르단의 정리 2.4.9에 따라, $\mathbf{A}^t\mathbf{p} = \mathbf{0}$이 되도록 하는 $\mathbf{0}$이 아닌 벡터 $\mathbf{p} \geq \mathbf{0}$이 존재한다. $\mathbf{p}$의 성분을 u_0와 $i \in I$에 대한 u_i로 나타내면, 이 결과의 첫째 파트가 뒤따른다. 필요조건의 등가 형태는 $i \notin I$에 대해 $u_i = 0$이라고 해, 즉시 얻고, 그리고 증명이 완결되었다. (증명 끝)

정리 4.2.8의 조건과 관련해, 스칼라 u_0와 $i = 1, \cdots, m$에 대한 u_i는 **라그랑지안** 또는 **라그랑지 승수**라 한다. $\overline{\mathbf{x}}$가 '문제 P'의 실현가능해이기 위한 조건은 **원문제 실현가능성 조건**이라 하며, 이에 반해 $u_0 \nabla f(\overline{\mathbf{x}}) + \Sigma_{i=1}^{m} u_i \nabla g_i(\overline{\mathbf{x}}) = \mathbf{0}$, $(u_0, \mathbf{u}) \geq (0, \mathbf{0})$, $(u_0, \mathbf{u}) \neq (0, \mathbf{0})$이어야 한다는 요구사항은 간혹 **쌍대문제 실현**

가능성 조건이라 말한다. $i=1, \cdots, m$에 대해 $u_i g_i(\overline{\mathbf{x}})=0$의 조건은 **상보여유성 조건**이라 한다. 만약 여기에 상응하는 부등식 제약조건이 구속적이지 않다면, 즉 말하자면, 만약 $g_i(\overline{\mathbf{x}})<0$이라면 $u_i=0$일 것을 요구한다. 이와 유사하게, 구속하는 제약조건에 대해서만 $u_i>0$을 허용한다. 원문제 실현가능성 조건, 쌍대문제 실현가능성 조건, 상보여유성 조건은 다 함께 **프리츠 존의 최적성 조건**이라고 말한다. $(\overline{\mathbf{x}}, \overline{u}_0, \overline{\mathbf{u}})$는 프리츠 존 조건을 만족시키는 라그랑지 승수 $(\overline{u}_0, \overline{\mathbf{u}})$가 존재하는 임의의 점은 **프리츠 존 점**이라 한다. 원문제 실현가능성 요구조건 외에 또, 프리츠 존 조건은 벡터표현을 사용해 다음 식

$$
\begin{aligned}
u_0 \nabla f(\overline{\mathbf{x}}) + \nabla \mathbf{g}(\overline{\mathbf{x}})^t \mathbf{u} &= 0 \\
\mathbf{u} \cdot \mathbf{g}(\overline{\mathbf{x}}) &= 0 \\
(u_0, \mathbf{u}) &\geq (0, 0) \\
(u_0, \mathbf{u}_I) &\neq (0, 0)
\end{aligned}
$$

과 같이 나타낼 수 있으며, 여기에서 $\nabla \mathbf{g}(\overline{\mathbf{x}})$는 i-째 행이 $\nabla g_i(\overline{\mathbf{x}})^t$인 $m \times n$ **자코비안 행렬**이며, $\mathbf{u}$는 m-벡터이다.

4.2.9 예제

$$
\begin{aligned}
\text{최소화} \quad & (x_1-3)^2 + (x_2-2)^2 \\
\text{제약조건} \quad & x_1^2 + x_2^2 \leq 5 \\
& x_1 + 2x_2 \leq 4 \\
& -x_1 \leq 0 \\
& -x_2 \leq 0.
\end{aligned}
$$

위 문제의 실현가능영역은 그림 4.6에 나타나 있다. 지금 최적 점 $(2,1)$에서 프리츠 존의 조건이 참임을 입증한다. 먼저, 점 $\overline{\mathbf{x}}=(2,1)$에서 구속하는 제약조건의 집합은 $I=\{1,2\}$로 주어진다는 것을 주목하자. 따라서 $-x_1 \leq 0$, $-x_2 \leq 0$에 연관된 각각의 라그랑지 승수 u_3, u_4는 0이다. 다음 식

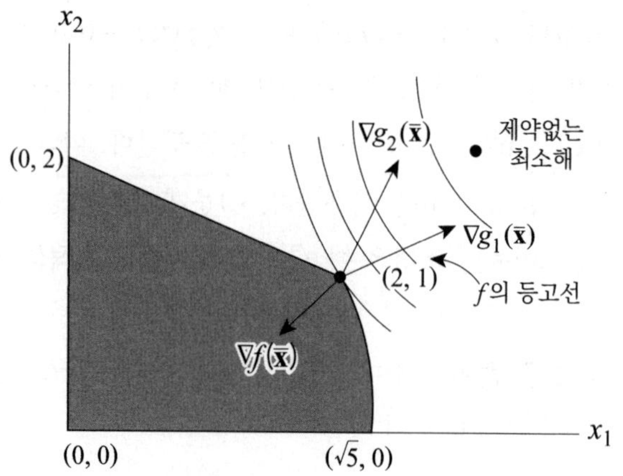

그림 4.6 예제 4.2.9의 실현가능영역

$$\nabla f(\overline{\mathbf{x}}) = (-2,\ -2)^t, \quad \nabla g_1(\overline{\mathbf{x}}) = (4, 2)^t, \quad \nabla g_2(\overline{\mathbf{x}}) = (1, 2)^t$$

의 내용을 주목하자.

그러므로 프리츠 존 조건을 만족시키기 위해, 지금 다음 식

$$u_0\begin{bmatrix}-2\\-2\end{bmatrix} + u_1\begin{bmatrix}4\\2\end{bmatrix} + u_2\begin{bmatrix}1\\2\end{bmatrix} = \begin{bmatrix}0\\0\end{bmatrix}$$

이 성립하도록 하는 $\mathbf{0}$이 아닌 벡터 $(u_0, u_1, u_2) \geq \mathbf{0}$가 필요하다. 이것은 $u_1 = u_0/3$, $u_2 = 2u_0/3$임을 의미한다. 임의의 $u_0 > 0$에 대해 u_1, u_2를 이렇게 택하면 프리츠 존 조건이 만족된다. 또 다른 예시로, 점 $\hat{\mathbf{x}} = (0, 0)$이 프리츠 존 점인지 아닌지를 점검하고, 여기에서 구속하는 제약조건의 첨자 집합은 $I = \{3, 4\}$이며, 따라서 $u_1 = u_2 = 0$이다. 다음 내용

$$\nabla f(\hat{\mathbf{x}}) = (-6,\ -4)^t,\ \nabla g_3(\hat{\mathbf{x}}) = (-1, 0)^t,\ \nabla g_4(\hat{\mathbf{x}}) = (0,\ -1)^t$$

을 주목하자. 또한, 다음 쌍대실현가능성 조건

$$u_0\begin{bmatrix}-6\\-4\end{bmatrix} + u_3\begin{bmatrix}-1\\0\end{bmatrix} + u_4\begin{bmatrix}0\\-1\end{bmatrix} = \begin{bmatrix}0\\0\end{bmatrix}$$

이 성립한다는 것은 $u_3 = -6u_0$, $u_4 = -4u_0$와 같은 뜻임을 주목하자. 만약 $u_0 > 0$이라면, u_3, u_4는 음(-)이며, 이것은 비음(-) 제한을 위반한다. 만약, 반면에, $u_0 = 0$이라면, $u_3 = u_4 = 0$이며 이것은 벡터 (u_0, u_3, u_4)가 $\mathbf{0}$이 아니어야 하는 조건을 위반한다. 따라서 점 $\hat{\mathbf{x}} = (0, 0)$에서 프리츠 존 조건은 만족되지 않으며, 이것은 원점이 국소최적점이 아님을 보여준다.

4.2.10 예제

쿤 & 터커[1951]에 의한 다음 문제

$$\begin{aligned} &\text{최소화} && -x_1 \\ &\text{제약조건} && x_2 - (1-x_1)^3 \le 0 \\ &&& -x_2 \le 0 \end{aligned}$$

를 고려해보자.

실현가능영역은 그림 4.7에 예시되어 있다. 지금, 최적점 $\bar{\mathbf{x}} = (1, 0)$에서 프리츠 존의 조건이 진실로 만족됨이 입증된다. $\bar{\mathbf{x}}$에서 구속하는 제약조건의 첨자 집합은 $I = \{1, 2\}$임을 주목하자. 또한, 다음 내용

$$\nabla f(\bar{\mathbf{x}}) = (-1, 0)^t, \ \nabla g_1(\bar{\mathbf{x}}) = (0, 1)^t, \ \nabla g_2(\bar{\mathbf{x}}) = (0, -1)^t$$

도 주목하시오.

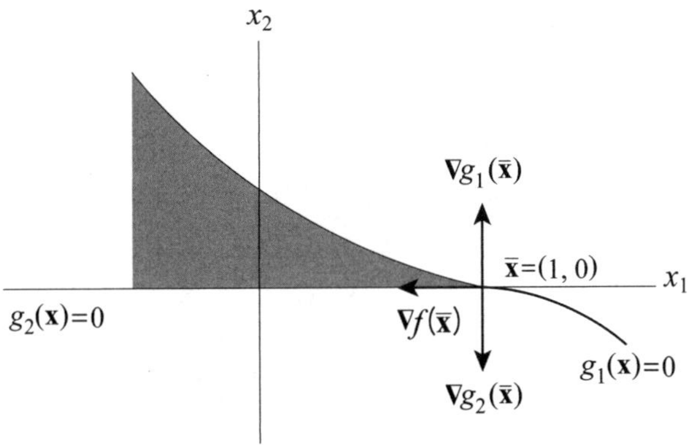

그림 4.7 예제 4.2.10의 실현가능영역

만약 $u_0 = 0$이라면 다음의 쌍대문제 실현가능성 조건

$$u_0\begin{bmatrix}-1\\0\end{bmatrix}+u_1\begin{bmatrix}0\\1\end{bmatrix}+u_2\begin{bmatrix}0\\-1\end{bmatrix}=\begin{bmatrix}0\\0\end{bmatrix}$$

은 참이다. 따라서 $\overline{\mathbf{x}}$에서 $u_0 = 0$, $u_1 = u_2 = \alpha$라고 함으로 프리츠 존 조건은 만족되며, 여기에서 α는 임의의 양(+) 스칼라이다.

4.2.11 예제

$$\begin{aligned}\text{최소화}\quad & -x_1\\ \text{제약조건}\quad & x_1 + x_2 - 1 \le 0\\ & -x_2 \le 0.\end{aligned}$$

이 실현가능영역은 그림 4.8에 나타나 있고, 최적점은 $\overline{\mathbf{x}} = (1, 0)$이다. 다음 내용

$$\nabla f(\overline{\mathbf{x}}) = (-1, 0),\ \nabla g_1(\overline{\mathbf{x}}) = (1, 1)^t,\ \nabla g_2(\overline{\mathbf{x}}) = (0, -1)^t$$

을 주목하고, 임의의 양(+) 스칼라 α에 대해 $u_0 = u_1 = u_2 = \alpha$로 프리츠 존 조건은 만족된다.

정리 4.2.5의 경우처럼, 프리츠 존의 조건을 만족시키는 점이 자명하게 존

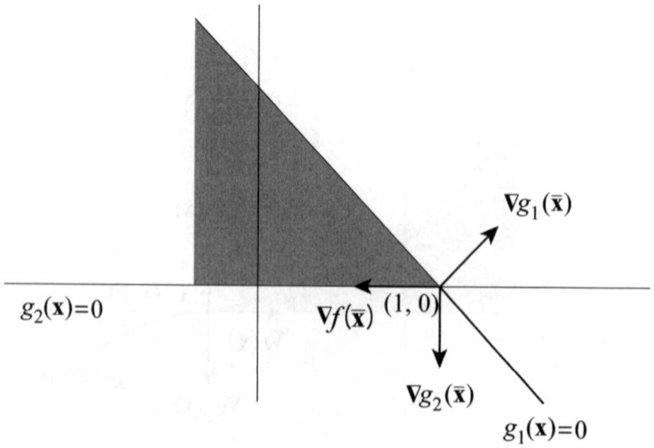

그림 4.8 예제 4.2.11의 실현가능영역

재한다. 만약 하나의 실현가능해 $\bar{\mathbf{x}}$가 $\nabla f(\bar{\mathbf{x}}) = \mathbf{0}$을 만족시키거나 아니면 어떤 $i \in I$에 대해 $\nabla g_i(\bar{\mathbf{x}}) = \mathbf{0}$이라면, 명확하게, 여기에 상응하는 라그랑지 승수를 임의의 양(+)수로 하고, 다른 모든 승수를 0으로 놓고 정리 4.2.8의 조건을 만족시킬 수 있다. 만약 각각의 등식 제약조건을 등가의 2개 부등식으로 대체한다면 정리 4.2.8의 프리츠 존 조건은 또한 각각의 실현가능해에서, 등식 제약조건을 갖는 문제에 대해 자명하게 만족된다. 구체적으로, 만약 $g(\mathbf{x}) = 0$이 $g_1(\mathbf{x}) \equiv g(\mathbf{x}) \le 0$, $g_2(\mathbf{x}) \equiv -g(\mathbf{x}) \le 0$으로 대체된다면, $u_1 = u_2 = \alpha$라고 취하고 모든 다른 승수를 0으로 함으로써 프리츠 존 조건은 만족되며, 여기에서 α는 임의의 양(+) 스칼라이다.

사실상 최소화 $f(\mathbf{x})$ 제약조건 $\mathbf{x} \in S$ 문제에 대해 임의의 **실현가능해** $\bar{\mathbf{x}}$가 주어진다면 $\bar{\mathbf{x}}$가 프리츠 존 점이 되도록 만들기 위해 이 문제에 가외적 제약조건을 추가할 수 있다. 구체적으로 제약조건 $\| \mathbf{x} - \bar{\mathbf{x}} \|^2 \ge 0$을 추가할 수 있으며, 이것은 모든 $\mathbf{x} \in \Re^n$에 대해 성립한다. 특히, 이 제약조건은 $\bar{\mathbf{x}}$에서 구속하는 제약조건이며 $\bar{\mathbf{x}}$에서 이것의 경도는 또한 $\mathbf{0}$이다. 따라서 $G_0 = \varnothing$이므로 $\bar{\mathbf{x}}$에서 $F_0 \cap G_0 = \varnothing$을 얻는다; 그러므로 $\bar{\mathbf{x}}$은 프리츠 존 점이다.

이것은 2개 주제를 고려하도록 인도한다. 첫째 것은 프리츠 존 점의 국소최적성이 만족되어야 한다는 조건에 관련한 것이고, 그리고 이것은 정리 4.2.12에서 언급했다. 둘째 고려사항은 카루시-쿤-터커 필요최적성 조건으로 인도하며, 이것은 결과적으로 언급된다.

4.2.12 정리(프리츠 존의 충분조건)

$X \ne \varnothing$는 $\Re^n$의 열린집합이라 하고, $f: \Re^n \to \Re$이라고 놓고 $g_i: \Re^n \to \Re$ $i = 1, \cdots, m$이라고 놓는다. 최소화 $f(\mathbf{x})$ 제약조건 $\mathbf{x} \in S$ $g_i(\mathbf{x}) \le 0$ $i = 1, \cdots, m$의 '문제 P'를 고려해보자. $\bar{\mathbf{x}}$를 프리츠 존 해라 하고 $I = \{ i \mid g_i(\bar{\mathbf{x}}) = 0 \}$이라고 나타낸다. S는 '문제 P'에 대해, 구속하지 않는 제약조건이 떨어져 나간, 완화된 실현가능영역이라고 정의한다.

a. 만약 f가 $\mathbb{N}_\varepsilon(\bar{\mathbf{x}}) \cap S$ 전체에 걸쳐 유사볼록이 되도록 하는 $\varepsilon > 0$의 ε

-근방 $\mathbb{N}_\varepsilon(\bar{\mathbf{x}})$이 존재하고 $i \in I$에 대한 g_i가 $\mathbb{N}_\varepsilon(\bar{\mathbf{x}}) \cap S$ 전체에 걸쳐 엄격하게 유사볼록이라면, $\bar{\mathbf{x}}$는 '문제 P'의 국소최소해이다.

b. 만약 f가 $\bar{\mathbf{x}}$에서 유사볼록이라면, 그리고 만약 $i \in I$에 대한 g_i가 $\bar{\mathbf{x}}$에서 엄격하게 유사볼록이며 준볼록이라면 $\bar{\mathbf{x}}$는 '문제 P'의 전역최적해이다. 특히 만약 f의 정의역을 어떤 $\varepsilon > 0$의 $\mathbb{N}_\varepsilon(\bar{\mathbf{x}})$만으로 한정시킴으로 이들 일반화된 볼록성 가정이 성립한다면, $\bar{\mathbf{x}}$는 '문제 P'의 국소최소해이다.

증명 파트 a의 조건이 만족된다고 가정한다. $\bar{\mathbf{x}}$는 프리츠 존 점이므로, 고르단의 정리에 따라 등가적으로 $F_0 \cap G_0 = \varnothing$이다. $S \cap \mathbb{N}_\varepsilon(\bar{\mathbf{x}})$에만 관심을 한정해 정리 4.2.5 문장의 역의 증명을 따라감으로 $\bar{\mathbf{x}}$가 국소최소해임을 얻는다. 이것은 파트 a를 증명한다.

다음으로, 파트 b를 고려해보자. 또다시 $F_0 \cap G_0 = \varnothing$이다. S에 관심을 한정시킴으로 보조정리 4.2.4에 따라 $G_0 = D$이다; 그래서 $F_0 \cap D = \varnothing$이라는 결론을 얻는다. 지금 $\mathbf{x}$는 완화된 제약조건 집합 S에 대한 임의의 실현가능해라 하자〔$\mathbb{N}_\varepsilon(\bar{\mathbf{x}})$ 전체에 걸쳐 일반화된 볼록성 가정이 만족되는 경우, $\mathbf{x} \in S \cap \mathbb{N}_\varepsilon(\bar{\mathbf{x}})$라 하자〕. 모든 $i \in I$에 대해 $g_i(\mathbf{x}) \le g_i(\bar{\mathbf{x}}) = 0$이므로 $\bar{\mathbf{x}}$에서 모든 $i \in I$에 대한 g_i의 준볼록성에 의해 다음 식

$$g_i[\mathbf{x} + \lambda(\mathbf{x} - \bar{\mathbf{x}})] = g_i[\lambda\mathbf{x} + (1-\lambda)\bar{\mathbf{x}}] \le max\{g_i(\mathbf{x}),\ g_i(\bar{\mathbf{x}})\} = g_i(\bar{\mathbf{x}}) = 0$$

$$\forall 0 \le \lambda \le 1, \text{ 각각의 } i \in I\text{에 대해}$$

이 성립한다. 이것은 $\mathbf{d} = (\mathbf{x} - \bar{\mathbf{x}}) \in D$임을 의미한다. $F_0 \cap D = \varnothing$이므로 반드시 $\nabla f(\bar{\mathbf{x}})\cdot\mathbf{d} \ge 0$이어야 한다; 즉 말하자면 $\nabla f(\bar{\mathbf{x}})\cdot(\mathbf{x} - \bar{\mathbf{x}}) \ge 0$이다. $\bar{\mathbf{x}}$에서 f의 유사볼록성에 따라, 이번에는 $\nabla f(\bar{\mathbf{x}})\cdot(\mathbf{x} - \bar{\mathbf{x}}) \ge 0$임은 $f(\mathbf{x}) \ge f(\bar{\mathbf{x}})$임을 의미한다. 그러므로 완화된 집합 S 전체에 걸쳐 $\bar{\mathbf{x}}$는 전역최적해이다〔또는 둘째 케이스에서 $S \cap \mathbb{N}_\varepsilon(\bar{\mathbf{x}})$ 전체에 걸쳐〕. 그리고 이것은, 원래의 실현가능영역 또는

이것의 $\mathbb{N}_\varepsilon(\overline{\mathbf{x}})$과의 교집합에 속하므로, '문제 P'의 전역최소해(또는 둘째 케이스에서 국소최소해)이다. 이것으로 증명이 완결되었다. (증명 끝)

여기에서, 지금까지의 해석에서 보아 명백한 바와 같이 정리 4.2.12의 가정의 여러 가지 변형이 가능하다는 것을 말해둔다. 독자는 연습문제 4.22에서 이것을 더 연구해 보기 바란다.

카루시-쿤-터커 조건

위에서 하나의 점 $\overline{\mathbf{x}}$가 하나의 프리츠 존 점이라는 것은 $F_0 \cap G_0 = \varnothing$이라는 것과 같은 뜻임을 알았다. 특히 목적함수에 관계없이 $G_0 = \varnothing$인 임의의 실현가능해 $\overline{\mathbf{x}}$에서 이 조건은 성립한다. 예를 들면, 만약 실현가능영역이 $\overline{\mathbf{x}}$에 바로 인접한 부분에서 내부를 갖지 않는다면, 또는 만약 어떤 구속하는 제약조건(비록 가외적일 수도 있지만)의 경도가 $\mathbf{0}$이 된다면, $G_0 = \varnothing$이다. 일반적으로 말하면 고르단의 정리에 따라 $G_0 = \varnothing$이라는 것은 비음(-) 비영(+) 선형조합을 사용해 구속하는 제약조건의 경도를 상쇄할 수 있고, 만약 이 경우가 발생하면 $\overline{\mathbf{x}}$는 하나의 프리츠 존 점이 될 것이라는 것과 같은 뜻이다. 좀 더 교란시키는 것은, 잘 행동하며 중요한 선형계획법문제 부류에 대해서조차도, 프리츠 존 점이 최적점이 아닐 수 있다는 사실이 뒤따른다. 그림 4.9는 이와 같은 상황을 예시한다.

이와 같은 관측에서 동기를 부여받아, $u_0 > 0$이면서 목적함수 경도가 최적성 조건에서 어떤 역할을 하도록 강요하는 라그랑지 승수가 존재하는 프리츠 존 점을 포함하는, 다음에 설명하는 카루시-쿤-터커 조건이 나타난다. 이 조건은 카루시[1939], 쿤 & 터커[1951]가 독립적으로 유도했고, 정확하게 $u_0 > 0$이어야 한다는 추가적 요구사항을 갖는 프리츠 존 조건이다. $u_0 > 0$일 때, 일반성을 잃지 않고, 필요하다면 쌍대실현가능성조건의 척도를 조정해 $u_0 \equiv 1$이라고 가정할 수 있음을 주목하자. 그러므로 예제 4.2.9에서 $u_0 = 1$이라 하면 프리츠 존 조건에서 최적해에 상응하는 라그랑지 승수 $(u_0, u_1, u_2) = (1, 1/3, 2/3)$을 얻는다. 더구나 그림 4.9에서 하나의 카루시-쿤-터커 점이기도 한 유일한 프리츠 존 점은 최적해 $\overline{\mathbf{x}}$이다. 다음에 알게 되겠지만 사실상 카루시-쿤-터커 조건은 선형계획법 문제의 최적성의 필요조건이면서 또한 충분조건이 된다. 예제 4.2.11은 선형계획법 문제의 또 다른 예시를 제공한다.

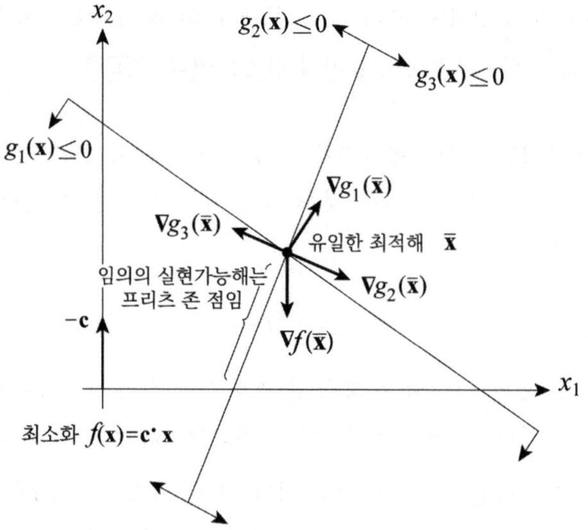

그림 4.9 프리츠 존 조건은 선형계획법 문제의 최적성의 충분조건이 아니다

또한, 위의 토의에서 만약 하나의 국소최소해 $\bar{\mathbf{x}}$에서 $G_0 \neq \varnothing$이라면 $\bar{\mathbf{x}}$는 반드시 하나의 카루시-쿤-터커 점이 되어야 함을 주목하시오; 즉 말하자면 이 카루시-쿤-터커 점은 $u_0 > 0$인 하나의 프리츠 존 점이 되어야 한다. 왜냐하면, 고르단의 정리에 따라 만약 $G_0 \neq \varnothing$이라면 $u_0 = 0$을 갖는 프리츠 존의 쌍대실현가능성 조건의 해가 존재하지 않으므로 카루시-쿤-터커 점은 $u_0 > 0$인 프리츠 존 점이 되어야 함이 뒤따른다. 그러므로 국소최소해 $\bar{\mathbf{x}}$가 카루시-쿤-터커 점임을 보장하기 위해 $G_0 \neq \varnothing$는 제약조건 행태에 붙여지는 **충분조건이다**. 물론, 국소최소해 $\bar{\mathbf{x}}$가 하나의 카루시-쿤-터커 점이 판명된다면, 예를 들면 그림 4.9에서처럼, 이것은 성립할 필요가 없다. 이러한 조건은 **제약자격**이라고 알려져 있다. 이와 같은 종류의 여러 조건을 제5장에서 좀 더 상세하게 토의한다. 제약자격의 중요성은, 카루시-쿤-터커 점만을 검사해도, 국소최소점을 놓치지 않으며 어쩌면 전역최적해도 놓치지 않음을 보장함을 주목하자. 예제 4.2.10의 그림 4.7에서 보아 명백한 바와 같이, 이런 상황이 확실히 일어날 수 있으며, 여기에서 u_0는 최적해의 프리츠 존 조건에서 0이어야 할 필요가 있다.

정리 4.2.13에서, 구속하는 제약조건의 경도 벡터는 선형독립이어야 한다는 제약자격을 부여해 카루시-쿤-터커 조건을 얻는다. 만약 구속하는 제약조건의 경도가 선형독립이라면, 확실하게 이들은 0이 아닌 비음(-) 선형조합을 사용해 상쇄할 수 없음을 주목하자; 그러므로, 고르단의 정리에 따라 선형독립성 제약자격은 $G_0 \neq \varnothing$ 임을 의미한다. 그러므로, 선형독립성 제약자격은 $G_0 \neq \varnothing$ 이어야 함을 의미한다; 그러므로 위에서처럼 이것은 국소최소해 $\overline{\mathbf{x}}$ 가 카루시-쿤-터커 조건을 만족시킴을 의미한다. 이것을 아래에 공식화한다.

4.2.13 정리(카루시-쿤-터커 필요조건)

X는 $\Re^n$에서 공집합이 아닌 열린집합이라 하고 $f: \Re^n \to \Re$, $g_i: \Re^n \to \Re$ $i=1, \cdots, m$이라 한다. 최소화 $f(\mathbf{x})$ 제약조건 $\mathbf{x} \in X$ $g_i(\mathbf{x}) \leq 0$ $i=1, \cdots, m$의 '문제 P'를 고려해보자. $\overline{\mathbf{x}}$ 는 하나의 실현가능해라 하고 $I = \{i \mid g_i(\overline{\mathbf{x}}) = 0\}$ 이라고 나타낸다. f와 $i \in I$에 대한 g_i는 $\overline{\mathbf{x}}$ 에서 미분가능하고 $i \notin I$에 대한 g_i는 $\overline{\mathbf{x}}$ 에서 연속이라고 가정한다. 더군다나, $i \in I$에 대한 $\nabla g_i(\overline{\mathbf{x}})$는 선형독립이라 가정한다. 만약 $\overline{\mathbf{x}}$ 가 '문제 P'의 국소최적해라면 다음 식

$$\nabla f(\overline{\mathbf{x}}) + \sum_{i \in I} u_i \nabla g_i(\overline{\mathbf{x}}) = 0$$

$$u_i \geq 0 \qquad i \in I\text{에 대해}$$

이 성립하도록 하는 $i \in I$에 대한 스칼라 u_i가 존재한다. 위의 가정 외에 또, 만약 각각의 $i \notin I$에 대한 g_i가 $\overline{\mathbf{x}}$ 에서도 역시 미분가능하다면 앞서 말한 조건은 다음 식

$$\nabla f(\overline{\mathbf{x}}) + \sum_{i=1}^{m} u_i \nabla g_i(\overline{\mathbf{x}}) = 0$$

$$u_i g_i(\overline{\mathbf{x}}) = 0 \qquad i = 1, \cdots, m$$

$$u_i \geq 0 \qquad i = 1, \cdots, m$$

과 같은 등가 형태로 나타낼 수 있다.

증명 정리 4.2.8에 따라 모두 0은 아니며 다음 식

$$u_0 \nabla f(\overline{\mathbf{x}}) + \sum_{i \in I} \hat{u}_i \nabla g_i(\overline{\mathbf{x}}) = \mathbf{0}$$

$$u_0,\ \hat{u}_i \geq 0 \qquad i \in I \text{ 에 대해} \tag{4.10}$$

이 성립하도록 하는 스칼라 u_0와 $i \in I$에 대한 $\hat{u}_i$가 존재한다. 만약 $u_0 = 0$이라면 (4.10)은 $i \in I$에 대한 $\nabla g_i(\overline{\mathbf{x}})$의 선형독립성 가정을 위반할 것이므로 $u_0 > 0$임을 주목하자. 각각의 $i \in I$에 대해 $u_i = \hat{u}_i / u_0$라고 놓음으로 이 정리의 첫째 파트가 뒤따른다. $i \notin I$에 대해 $u_i = 0$이라 함으로 필요조건의 등가 형태가 뒤따른다. 이것으로 증명이 완결되었다. (증명 끝)

프리츠 존 조건에서처럼 스칼라 u_i는 **라그랑지안**, 또는 **라그랑지 승수**라고 말한다. $\overline{\mathbf{x}}$가 문제 P의 실현가능해이어야 한다는 요구조건은 **원문제 실현가능성 조건**이라 하며, 이에 반해 $i = 1, \cdots, m$에 대해 $\nabla f(\overline{\mathbf{x}}) + \Sigma_{i=1}^{m} u_i \nabla g_i(\overline{\mathbf{x}}) = \mathbf{0}$ 이며 $u_i \geq 0$이어야 한다는 조건은 **쌍대문제 실현가능성 조건**이라 한다. $i = 1, \cdots, m$에 대해 $u_i g_i(\overline{\mathbf{x}}) = 0$이어야 한다는 제한은 **상보여유성의 조건**이라 한다. 이들 원문제 실현가능성 조건, 쌍대문제 실현가능성 조건과 함께 상보여유성 조건은 **카루시-쿤-터커 조건**이라 한다. $(\overline{\mathbf{x}}, \overline{\mathbf{u}})$가 카루시-쿤-터커 조건이 성립하도록 하는 라그랑지안(또는 라그랑지) 승수 $\overline{\mathbf{u}}$가 존재하는 임의의 점 $\overline{\mathbf{x}}$는 **카루시-쿤-터커 점**이라 한다. 만약 $i \in I$에 대한 경도 $\nabla g_i(\overline{\mathbf{x}})$가 선형독립이라면, 쌍대문제 실현가능성 조건, 상보여유성 조건에 따라 연관된 라그랑지 승수는 유일하게 카루시-쿤-터커 점 $\overline{\mathbf{x}}$에서 결정됨을 주목하자.

요구조건 외에 또, 카루시-쿤-터커 조건은 양자택일로 다음 식

$$\nabla f(\overline{\mathbf{x}}) + \nabla \mathbf{g}(\overline{\mathbf{x}})^t \mathbf{u} = \mathbf{0}$$

$$\mathbf{u} \cdot \mathbf{g}(\overline{\mathbf{x}}) = 0$$

$$\mathbf{u} \geq \mathbf{0}$$

처럼 벡터 형태로 나타낼 수 있으며, 여기에서 $\nabla \mathbf{g}(\overline{\mathbf{x}})^t$는 i-째 열이 $\nabla g_i(\overline{\mathbf{x}})$인

$n \times m$ 행렬이며(이것은 $\bar{\mathbf{x}}$에서 $\mathbf{g}$의 **자코비안**을 전치한 것이다), $\mathbf{u}$는 라그랑지 승수를 나타내는 m-벡터이다.

지금, 예제 4.2.9, 4.2.10, 4.2.11을 고려해보자. 예제 4.2.9에서, 독자는 점 $\mathbf{x} = (2, 1)$에서 $u_1 = 1/3$, $u_2 = 2/3$, $u_3 = u_4 = 0$은 카루시-쿤-터커 조건을 만족시킴을 입증할 수도 있을 것이다. $\nabla g_1(\bar{\mathbf{x}})$, $\nabla g_2(\bar{\mathbf{x}})$는 선형종속이므로 예제 4.2.10은 점 $\bar{\mathbf{x}} = (1, 0)$에서 정리 4.2.13의 가정을 만족시키지 않는다. 사실상 예제 4.2.10에서, 프리츠 존 조건의 u_0는 0일 필요가 있음을 알았다. 예제 4.2.11에서, $\bar{\mathbf{x}} = (1, 0)$, $u_1 = u_2 = 1$은 카루시-쿤-터커 조건을 만족시킨다.

4.2.14 예제(선형계획법 문제)

선형계획법 '문제 P': 최소화 $\{\mathbf{c} \cdot \mathbf{x} \mid \mathbf{A}\mathbf{x} = \mathbf{b},\ \mathbf{x} \geq \mathbf{0}\}$을 고려해보고, 여기에서 A는 $m \times n$ 행렬이고 나머지의 벡터는 차원이 정합한다. 제약조건을 $-\mathbf{A}\mathbf{x} \leq -\mathbf{b}$ $\mathbf{A}\mathbf{x} \leq \mathbf{b}$ $-\mathbf{x} \leq \mathbf{0}$으로 표현하고, 3개 집합에 관한 라그랑지 승수벡터를 $\mathbf{y}^+$, $\mathbf{y}^-$, $\boldsymbol{\nu}$라고 각각 나타내면, 카루시-쿤-터커 조건은 다음 식

$$\begin{aligned}
&\text{PF:}\ \mathbf{A}\mathbf{x} = \mathbf{b},\ \mathbf{x} \geq \mathbf{0} \\
&\text{DF:}\ -\mathbf{A}^t\mathbf{y}^+ + \mathbf{A}^t\mathbf{y}^- - \boldsymbol{\nu} = -\mathbf{c},\ (\mathbf{y}^+, \mathbf{y}^-, \boldsymbol{\nu}) \geq \mathbf{0} \\
&\text{CS:}\ (\mathbf{b} - \mathbf{A}\mathbf{x}) \cdot \mathbf{y}^+ = 0, \quad (\mathbf{A}\mathbf{x} - \mathbf{b}) \cdot \mathbf{y}^- = 0, \quad -\mathbf{x} \cdot \boldsymbol{\nu} = 0
\end{aligned}$$

과 같다: $\mathbf{y} = \mathbf{y}^+ - \mathbf{y}^-$를 2개 비음(-)변수의 벡터 $\mathbf{y}^+$, $\mathbf{y}^-$의 차이로 나타내고, 상보여유성 조건을 간략화함에 있어, 원문제 실현가능성 조건, 쌍대문제 실현가능성 조건을 사용함을 주목해 등가적으로 카루시-쿤-터커 조건을 다음 식

$$\begin{aligned}
&\text{PF:}\ \mathbf{A}\mathbf{x} = \mathbf{b},\ \mathbf{x} \geq \mathbf{0} \\
&\text{DF:}\ \mathbf{A}^t\mathbf{y} + \boldsymbol{\nu} = \mathbf{c},\ \boldsymbol{\nu} \geq \mathbf{0},\ (\mathbf{y}: \text{부호 제한 없음}) \\
&\text{CS:}\ x_j \nu_j = 0 \qquad j = 1, \cdots, n
\end{aligned}$$

과 같이 나타낼 수 있다.

그러므로 정리 2.7.3과 이것의 따름정리 3에서 $\bar{\mathbf{x}}$가 라그랑지 승수 $(\bar{\mathbf{y}}, \bar{\boldsymbol{\nu}})$에 관련된 카루시-쿤-터커 해라는 것은 원선형계획법 문제 P, 쌍대선형계획법 문

제 D에 대해 $\bar{\mathbf{x}}$, $\bar{\mathbf{y}}$는 각각 최적해라는 것과 같은 뜻임을 관측하고, 여기에서 D는 최대화 $\{\mathbf{b}\cdot\mathbf{y} \mid \mathbf{A}^t\mathbf{y} \le \mathbf{c}\}$ 문제이다. 특히 카루시-쿤-터커 조건의 쌍대문제 실현가능성의 제한은 정확하게 쌍대문제 D의 실현가능성 조건임을 관측하시오: 그러므로 이와 같은 명칭이 생겼다. 그러므로 선형계획법 문제에 대해 이 예제는 카루시-쿤-터커 조건이 원문제와 쌍대문제의 최적성의 필요충분조건임을 확립한다.

카루시-쿤-터커 조건의 기하학적 해석: 선형계획법 근사화와의 관계

$\boldsymbol{\Sigma}_{i\in I} u_i \nabla g_i(\bar{\mathbf{x}})$ 형태의 임의의 벡터는, $i \in I$에 대해 $u_i \ge 0$이며, 구속하는 제약조건의 경도로 생성한 원추에 속함을 주목하자. 그렇다면 카루시-쿤-터커 쌍대문제 실현가능성 조건 즉, $i \in I$에 대해 $u_i \ge 0$와 $-\nabla f(\bar{\mathbf{x}}) = \boldsymbol{\Sigma}_{i\in I} u_i \nabla g_i(\bar{\mathbf{x}})$의 조건은 $-\nabla f(\bar{\mathbf{x}})$가 하나의 주어진 실현가능해 $\bar{\mathbf{x}}$에서 구속하는 제약조건의 경도를 사용해 생성한 원추에 속한다고 해석할 수 있다.

그림 4.10은 2개 점 $\mathbf{x}_1$, $\mathbf{x}_2$에 대해 이 개념을 예시한다. $\mathbf{x}_1$에서 $-\nabla f(\mathbf{x}_1)$는 구속하는 제약조건의 경도를 사용해 생성한 원추에 속함을 주목하자. 그러므로 $\mathbf{x}_1$은 카루시-쿤-터커 점이다; 다시 말하면, $\mathbf{x}_1$은 카루시-쿤-터커 조건을 만족시킨다. 반면에 $\mathbf{x}_2$에서 $-\nabla f(\mathbf{x}_2)$는 구속하는 제약조건의 경도를 사용해 생성한 원추의 바깥에 놓이며, 따라서 카루시-쿤-터커 조건을 위반한다.

유사하게, 그림 4.6, 4.8에서 각각의 $\bar{\mathbf{x}} = (2, 1)$, $\bar{\mathbf{x}} = (1, 0)$에 대해 $-\nabla f(\bar{\mathbf{x}})$는 $\bar{\mathbf{x}}$에서 구속하는 제약조건의 경도를 사용해 생성한 원추의 안쪽에 놓인다. 반면에, 그림 4.7에서 $\bar{\mathbf{x}} = (1, 0)$에서 대해 $-\nabla f(\bar{\mathbf{x}})$는 $\bar{\mathbf{x}}$에서 구속하는 제약조건의 경도를 사용해 생성한 원추의 바깥에 놓인다.

지금 정리 2.7.3과 이것의 따름정리 2에서 설명한 것처럼 선형계획법 쌍대성과 파르카스의 보조정리를 통해 카루시-쿤-터커 조건에 관한 중요한 통찰력을 제공한다. 다음 결과는 실현가능해 $\bar{\mathbf{x}}$가 하나의 카루시-쿤-터커 점이라는 것은 목적함수와 제약조건을 $\bar{\mathbf{x}}$에서 1-계 근사화로 대체해 얻은 선형계획법 문제의 하나의 최적해가 된다는 것과 같은 뜻임을 단언한다(이것은 $\bar{\mathbf{x}}$에서 문제의 **1-계 선형계획법 근사화**라 한다). 이것은 카루시-쿤-터커 점에 관한 유용한 개념적 특성을 설명하고 이것의 값과 해석의 통찰력을 제공할 뿐만 아니라 하나의 카루시-쿤-터커 해에 수렴하도록 설계하는 알고리즘을 유도함에 있어 유용한 구성을 제공한다.

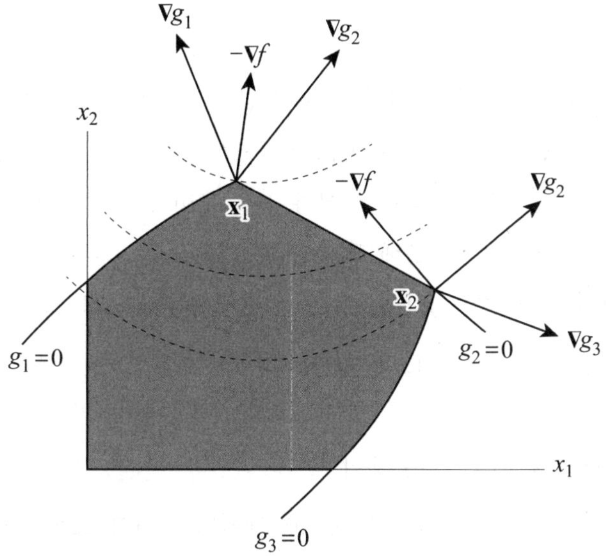

그림 4.10 카루시-쿤-터커 조건의 기하학적 예시

4.2.15 정리(카루시-쿤-터커 조건과 1-계 선형계획법 근사화)

X는 $\Re^n$의 공집합이 아닌 열린집합이라 하고, $f:\Re^n \to \Re$과 $g_i:\Re^n \to \Re$ $i=1,\ \cdots, m$은 미분가능하다고 한다. 최소화 $f(\mathbf{x})$ 제약조건 $\mathbf{x} \in S = \{\mathbf{x} \in X |$ $g_i(\mathbf{x}) \le 0,\ \ i=1,\ \cdots, m\}$의 '문제 P'를 고려해보자. $\overline{\mathbf{x}}$는 실현가능해라 하고 $I=\{i \mid g_i(\overline{\mathbf{x}})=0\}$이라고 놓는다. $F_0=\{\mathbf{d} \mid \nabla f(\overline{\mathbf{x}})\cdot\mathbf{d}<0\}$라고 정의하고, 앞에서처럼 $G_0'=\{\mathbf{d} \ne \mathbf{0} \mid \nabla g_i(\overline{\mathbf{x}})\cdot\mathbf{d} \le 0,\ \ i \in I\}$라 하고 $G'=\{\mathbf{d} \mid \nabla g_i(\overline{\mathbf{x}})\cdot\mathbf{d}$ ≤ 0각각의 $i \in I$에 대해$\}=G_0' \cup \{\mathbf{0}\}$이라 한다. 그러면 $\overline{\mathbf{x}}$가 카루시-쿤-터커 해라는 것은 $F_0 \cap G' = \varnothing$이며 이것은 $F_0 \cap G_0' = \varnothing$임과 등가이다. 나아가서 '문제 P'의 **1-계 선형계획법 근사화**를 고려해보자:

$$\mathrm{LP}(\overline{\mathbf{x}}):\ \text{최소화}\ \{f(\overline{\mathbf{x}})+\nabla f(\overline{\mathbf{x}})\cdot(\mathbf{x}-\overline{\mathbf{x}}) \mid g_i(\overline{\mathbf{x}})+\nabla g_i(\overline{\mathbf{x}})\cdot(\mathbf{x}-\overline{\mathbf{x}}) \le 0\quad i=1,\ \cdots, m\text{에 대해}\}$$

그러면, $\overline{\mathbf{x}}$가 $\mathrm{LP}(\overline{\mathbf{x}})$의 최적해라는 것은 $\overline{\mathbf{x}}$가 하나의 카루시-쿤-터커 해라는 것과

같은 뜻이다.

증명 실현가능해 $\bar{\mathbf{x}}$가 하나의 카루시-쿤-터커 점이라는 것은 연립방정식 $\Sigma_{i\in I}u_i\nabla g_i(\bar{\mathbf{x}}) = -\nabla f(\bar{\mathbf{x}})$과 $i\in I$에 대해 $u_i \ge 0$임을 만족시키는 하나의 해 $(u_i, i\in I)$가 존재한다는 것과 같은 뜻이다. 파르카스의 보조정리(즉, 정리 2.7.3의 따름정리 2 참조)에 따라 이것이 참이라는 것은 연립부등식 $i\in I$에 대한 $\nabla g_i(\bar{\mathbf{x}})\cdot\mathbf{d} \le 0$, $\nabla f(\bar{\mathbf{x}})\cdot\mathbf{d} < 0$을 만족시키는 하나의 해가 존재하지 않는다는 것과 같은 뜻이다. 그러므로 $\bar{\mathbf{x}}$가 하나의 카루시-쿤-터커 점이라는 것은 $F_0 \cap G' = \varnothing$이라는 것과 같은 뜻이다. 또한, 명확하게, 이것이 참이라는 것은 $F_0 \cap G_0' = \varnothing$이라는 것과 같은 뜻이다.

지금 이 정리에서 주어진 1-계 선형계획법 근사화 $\mathrm{LP}(\bar{\mathbf{x}})$를 고려해보자. 이 최적해 $\bar{\mathbf{x}}$는 명백하게 LP의 실현가능해이다. 목적함수의 상수 항을 무시하고 $\mathrm{LP}(\bar{\mathbf{x}})$를 정리 2.7.3의 '문제 D'의 형태로 나타내면 $\mathrm{LP}(\bar{\mathbf{x}})$: 최대화 $\{-\nabla f(\bar{\mathbf{x}})\cdot\mathbf{x} \mid \nabla g_i(\bar{\mathbf{x}})\cdot\mathbf{x} \le \nabla g_i(\bar{\mathbf{x}})\cdot\bar{\mathbf{x}} - g_i(\bar{\mathbf{x}}),\ i=1, \cdots, m\}$을 등가적으로 얻는다. 이 문제의 쌍대문제는 $\mathrm{DLP}(\bar{\mathbf{x}})$로 나타내며 다음 정식화

$$\text{최소화} \quad \sum_{i=1}^{m} u_i\left[\nabla g_i(\bar{\mathbf{x}})\cdot\bar{\mathbf{x}} - g_i(\bar{\mathbf{x}})\right]$$

$$\text{제약조건} \quad \sum_{i=1}^{m} u_i\nabla g_i(\bar{\mathbf{x}}) = -\nabla f(\bar{\mathbf{x}}),\ u_i \ge 0 \qquad i=1, \cdots, m$$

와 같다. 그러므로 정리 2.7.3의 따름정리 3에 따라 $\bar{\mathbf{x}}$가 $\mathrm{LP}(\bar{\mathbf{x}})$의 하나의 최적해라는 것은 $i=1, \cdots, m$에 대한 상보여유성 조건 $\bar{u}_i\left[\nabla g_i(\bar{\mathbf{x}})\cdot\bar{\mathbf{x}} - \nabla g_i(\bar{\mathbf{x}})\cdot\bar{\mathbf{x}} + g_i(\bar{\mathbf{x}})\right] = \bar{u}_i g_i(\bar{\mathbf{x}}) = 0$도 역시 만족시키는 $\mathrm{DLP}(\bar{\mathbf{x}})$의 하나의 실현가능해 $\bar{\mathbf{u}}$가 존재한다는 것과 같은 뜻임을 추론한다. 그러나 이것은 바로 정확하게 카루시-쿤-터커 조건이다. 그러므로 $\bar{\mathbf{x}}$가 $\mathrm{LP}(\bar{\mathbf{x}})$의 최적해라는 것은 $\bar{\mathbf{x}}$가 P의 하나의 카루시-쿤-터커 해라는 것과 같은 뜻이다. 이것으로 증명이 완결되었다. (증명 끝)

예를 들어 설명하기 위해, 예제 4.2.9의 그림 4.6에서, 만약 $g_i(\mathbf{x}) \le 0$을

점 $(2,1)$에서 이것의 접선방향의 1-계 근사화[2]로 대체하고, 선형 목적함수 $\nabla f(\overline{\mathbf{x}})\cdot\mathbf{x}$를 최소화하는 형태의 선형 목적함수로 대체한다면, 주어진 점 $(2,1)$은 결과로 나타나는 선형계획법 문제의 최적해이며 카루시-쿤-터커 해임을 관찰하시오. 반면에 예제 4.2.10의 그림 4.7에서 $\overline{\mathbf{x}}=(1,0)$에서 선형계획법 근사화의 실현가능영역은 x_1-축 전체이다. 그렇다면, 명확하게, 점 $(1,0)$은 이 영역 전체에 걸쳐 $\nabla f(\overline{\mathbf{x}})\cdot\mathbf{x}$를 최소화하는, 뒤에 숨은 선형계획법 문제 $\mathrm{LP}(\overline{\mathbf{x}})$의 최적해가 아니며, 따라서 점 $(1,0)$은 카루시-쿤-터커 점이 아니다. 그러므로 카루시-쿤-터커 조건은, 이것의 1-계 근사화 이외의 $\overline{\mathbf{x}}$에서 제약조건 $g_1(\mathbf{x})\le 0$의 비선형 행태를 기억하지 못하므로, 원래의 비선형계획법 문제의 해의 최적성을 인지하지 못한다.

정리 4.2.16은, 볼록성 가정에서 카루시-쿤-터커 조건은 또한 (국소)최적성의 충분조건임을 보여준다.

4.2.16 정리(카루시-쿤-터커 충분조건)

X는 $\Re^n$의 공집합이 아닌 열린집합이라 하고, $f:\Re^n\to\Re$이며 $g_i:\Re^n\to\Re$ $i=1,\cdots,m$이라 한다. 최소화 $f(\mathbf{x})$ 제약조건 $\mathbf{x}\in X$ $g_i(\mathbf{x})\le 0$ $i=1,\cdots,m$의 '문제 P'를 고려해보자. $\overline{\mathbf{x}}$는 하나의 카루시-쿤-터커 해라 하고, $I=\{i\mid g_i(\overline{\mathbf{x}})=0\}$으로 나타낸다. S는 $\overline{\mathbf{x}}$에서 구속하지 않는 제약조건이 탈락된 '문제 P'의 완화된 실현가능영역이라고 정의한다. 그렇다면:

a. 만약 $\overline{\mathbf{x}}$에서 f가 $\mathbb{N}_\varepsilon(\overline{\mathbf{x}})\cap S$ 전체에 걸쳐 유사볼록이고 $i\in I$에 대한 g_i는 $\overline{\mathbf{x}}$에서 미분가능하며 $\mathbb{N}_\varepsilon(\overline{\mathbf{x}})\cap S$에 있어 준볼록이 되도록 하는 $\varepsilon>0$의 ε-근방 $\mathbb{N}_\varepsilon(\overline{\mathbf{x}})$이 존재한다면, $\overline{\mathbf{x}}$는 '문제 P'의 하나의 국소최소해이다.

b. 만약 f가 $\overline{\mathbf{x}}$에서 유사볼록이고, 만약 $i\in I$에 대해 g_i가 $\overline{\mathbf{x}}$에서 미분가능하며 준볼록이라면, $\overline{\mathbf{x}}$는 '문제 P'의 전역최적해이다. 특히 만약 어떤 $\varepsilon>0$인 $\mathbb{N}_\varepsilon(\overline{\mathbf{x}})$의 실현가능한 제한의 정의역을 갖고 이 가정이 성립한다면, $\overline{\mathbf{x}}$는 P의 하나의 국소최소해이다.

2) tangential first order approximation

증명 먼저 파트 a를 고려해보자. $\overline{\mathbf{x}}$는 하나의 카루시-쿤-터커 점이므로, 정리 4.2.15에 따라 등가적으로 $F_0 \cap G_0' = \varnothing$이다. (4.7)에서 이것은 $F_0 \cap D = \varnothing$임을 의미한다. $i \in I$에 대한 g_i는 $\mathbb{N}_\varepsilon(\overline{\mathbf{x}}) \cap S$ 전체에 걸쳐 준볼록이므로, $\mathbb{N}_\varepsilon(\overline{\mathbf{x}}) \cap S$는 볼록집합이다. $\mathbb{N}_\varepsilon(\overline{\mathbf{x}}) \cap S$로 주의를 한정하면, 정리 4.2.2의 문장의 역의 조건이 성립한다; 따라서 $\overline{\mathbf{x}}$는 $\mathbb{N}_\varepsilon(\overline{\mathbf{x}}) \cap S$ 전체에 걸쳐 최소해이다. 그러므로 좀 더 제한된 원래의 '문제 P'에 대해 $\overline{\mathbf{x}}$는 국소최소해이다. 이것은 파트 a를 증명한다.

다음으로, 파트 b를 고려해보자. $\mathbf{x}$는 '문제 P'의 임의의 실현가능해라 하자 〔일반화된 볼록성 정의가 $\mathbb{N}_\varepsilon(\overline{\mathbf{x}})$로 제한된 경우, $\mathbf{x}$는 $\mathbb{N}_\varepsilon(\overline{\mathbf{x}})$의 안에 존재하는 P의 임의의 실현가능해라 하자〕. 그렇다면 $i \in I$에 대해, $g_i(\mathbf{x}) \leq 0$, $g_i(\overline{\mathbf{x}}) = 0$이므로 $g_i(\mathbf{x}) \leq g_i(\overline{\mathbf{x}})$이다. $\overline{\mathbf{x}}$에서 g_i의 준볼록성에 따라, 모든 $\lambda \in (0, 1)$에 대해 다음 식

$$g_i[\overline{\mathbf{x}} + \lambda(\mathbf{x} - \overline{\mathbf{x}})] = g_i[\lambda\mathbf{x} + (1-\lambda)\overline{\mathbf{x}}] \leq max\{g_i(\mathbf{x}), g_i(\overline{\mathbf{x}})\} = g_i(\overline{\mathbf{x}})$$

이 뒤따른다. 이것은, $\overline{\mathbf{x}}$에서 $\mathbf{x} - \overline{\mathbf{x}}$ 방향으로 이동할 때, g_i 값이 증가하지 않음을 의미하며, 정리 4.1.2에 따라 반드시 $\nabla g_i(\overline{\mathbf{x}}) \cdot (\mathbf{x} - \overline{\mathbf{x}}) \leq 0$이어야 한다. 이것에 카루시-쿤-터커 점 $\overline{\mathbf{x}}$에 상응하는 라그랑지 승수 u_i를 곱하고, I 전체에 걸쳐 합하면 $[\boldsymbol{\Sigma}_{i \in I} u_i \nabla g_i(\overline{\mathbf{x}})] \cdot (\mathbf{x} - \overline{\mathbf{x}}) \leq 0$을 얻는다. 그러나 $\nabla f(\overline{\mathbf{x}}) + \boldsymbol{\Sigma}_{i \in I} u_i \nabla g_i(\overline{\mathbf{x}}) = \mathbf{0}$이므로, $\nabla f(\overline{\mathbf{x}}) \cdot (\mathbf{x} - \overline{\mathbf{x}}) \geq 0$임이 뒤따른다. 그렇다면, $\overline{\mathbf{x}}$에서 f의 유사볼록성에 따라 $f(\mathbf{x}) \geq f(\overline{\mathbf{x}})$가 만족되어야 하며, 따라서 증명이 완결되었다. **증명 끝**

언급할 필요도 없이, 만약 $\overline{\mathbf{x}}$에서 f, g_i가 볼록이라면, 그러므로 $\overline{\mathbf{x}}$에서 유사볼록이고 준볼록이라면, 카루시-쿤-터커 조건은 충분조건이다. 또한, 만약 하나의 점에서 볼록성을 전역볼록성의 강한 요구조건으로 대체한다면 전역최적성의 카루시-쿤-터커 조건은 역시 충분조건도 된다(독자는 연습문제 4.22, 4.50에서 이 결과의 또 다른 변형을 탐구해 보기 바란다).

흔히 실수의 원천이 되는 카루시-쿤-터커 조건에 관해 주목해야 할 중요한 사항이 존재한다. 다시 말하자면, 일반적으로 볼록계획법 문제의 잘-행동하는 성

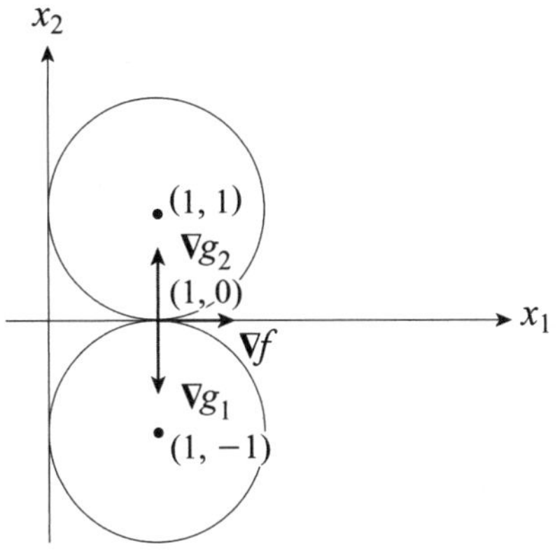

그림 4.11 볼록계획법 문제에 대해 카루시-쿤-터커 조건은 충분조건이 아니다

격과 볼록성 가정 아래 카루시-쿤-터커 조건의 충분성에도 불구하고, 카루시-쿤-터커 조건은 볼록계획법 문제의 최적성의 필요조건이 아니다. 그림 4.11은 주어진 다음 식

$$\begin{aligned} &\text{최소화} && x_1 \\ &\text{제약조건} && (x_1-1)^2+(x_2-1)^2 \le 1 \\ & && (x_1-1)^2+(x_2+1)^2 \le 1 \end{aligned}$$

과 같은 볼록계획법 문제에 대해 이 상황을 예시한다. 유일한 실현가능해 $\overline{\mathbf{x}} = (1, 0)$은 자연적으로 최적해이다. 그러나 이것은 카루시-쿤-터커 점이 아니다. 정리 4.2.15에 관계해 $\overline{\mathbf{x}}$에서 1-계 선형계획법근사화 문제는 무계임을 주목하시오. 그러나 제5장에서 알게 되는 바와 같이 만약 어떤 볼록계획법 문제의 하나의 최적해 $\overline{\mathbf{x}}$에서 구속하는 제약조건의 집합에 대해 하나의 내점 실현가능해가 존재한다면 $\overline{\mathbf{x}}$는 진실로 하나의 카루시-쿤-터커 점이며 그러므로 카루시-쿤-터커 조건에 의해 확인된다.

4.3 부등식 제약조건과 등식 제약조건 있는 문제

이 절에서는 등식뿐만 아니라 부등식 제약조건을 취급하기 위해 앞 절의 최적성 조

건을 일반화한다. 다음 비선형계획법 '문제 P'

$$\begin{array}{lll} \text{최소화} & f(\mathbf{x}) & \\ \text{제약조건} & g_i(\mathbf{x}) \leq 0 & i=1, \cdots, m \\ & h_i(\mathbf{x}) = 0 & i=1, \cdots, \ell \\ & \mathbf{x} \in X & \end{array}$$

를 고려해보자.

정리 4.2.5의 자연적 연장으로, 정리 4.3.1에서 만약 '문제 P'에 대해 $\overline{\mathbf{x}}$가 국소최적해라면, $\overline{\mathbf{x}}$에서 등식 제약조건의 경도가 선형종속이거나, 그렇지 않다면, $F_0 \cap G_0 \cap H_0 = \varnothing$ 임을 보여주며, 여기에서 $H_0 = \{\mathbf{d} \mid \nabla h_i(\overline{\mathbf{x}}) \cdot \mathbf{d} = 0 \quad i=1, \cdots, \ell\}$ 이다. 최적성 조건의 유도에 별로 관심이 없는 독자는 연립미분방정식의 해를 구함에 있어 좀 더 고등의 개념을 포함하는 정리 4.3.1에 대한 증명을 넘겨도 좋다.

4.3.1 정리

X는 $\mathfrak{R}^n$에서 공집합이 아닌 열린집합이라 하자. $f: \mathfrak{R}^n \rightarrow \mathfrak{R}$, $g_i: \mathfrak{R}^n \rightarrow \mathfrak{R} \quad i=1, \cdots, m$, $h_i: \mathfrak{R}^n \rightarrow \mathfrak{R} \quad i=1, \cdots, \ell$이라 한다. 아래에 주어지는 '문제 P'

$$\begin{array}{lll} \text{최소화} & f(\mathbf{x}) & \\ \text{제약조건} & g_i(\mathbf{x}) \leq 0 & i=1, \cdots, m \\ & h_i(\mathbf{x}) = 0 & i=1, \cdots, \ell \\ & \mathbf{x} \in X & \end{array}$$

를 고려해보자.

$\overline{\mathbf{x}}$는 하나의 국소최적해라고 가정하고 $I = \{i \mid g_i(\overline{\mathbf{x}}) = 0\}$이라 한다. 더군다나, 각각의 $i \notin I$에 대해 g_i는 $\overline{\mathbf{x}}$에서 연속이며, f와 $i \in I$에 대한 g_i는 $\overline{\mathbf{x}}$에서 미분가능하며, $\overline{\mathbf{x}}$에서 각각의 $i=1, \cdots, \ell$에 대해 h_i는 연속 미분가능하다고 가정한다. 만약 $i=1, \cdots, \ell$에 대해 $\nabla h_i(\overline{\mathbf{x}})$가 선형독립이면, $F_0 \cap G_0 \cap H_0 = \varnothing$이며, 여기에서 F_0, G_0, H_0는 다음 식

$$F_0 = \{\mathbf{d} \mid \nabla f(\overline{\mathbf{x}}) \cdot \mathbf{d} < 0\}$$
$$G_0 = \{\mathbf{d} \mid \nabla g_i(\overline{\mathbf{x}}) \cdot \mathbf{d} < 0, \ \ i \in I\}$$
$$H_0 = \{\mathbf{d} \mid \nabla h_i(\overline{\mathbf{x}}) \cdot \mathbf{d} = 0, \ \ i = 1, \cdots, \ell\}$$

과 같다.

역으로 $F_0 \cap G_0 \cap H_0 = \varnothing$ 이라고 가정한다. 만약 $\overline{\mathbf{x}}$ 에서 f가 유사볼록이라면 $\overline{\mathbf{x}}$ 의 어떤 ε-근방에서 $i \in I$에 대한 g_i는 엄격하게 유사볼록이다; 그리고 만약 $i = 1, \cdots, \ell$에 대해 h_i가 아핀이라면 $\overline{\mathbf{x}}$ 는 하나의 국소최적해이다.

증명 이 정리의 첫째 파트를 고려해보자. 모순을 일으켜 하나의 벡터 $\mathbf{y} \in F_0 \cap G_0 \cap H_0$ 가 존재한다고 가정한다; 즉 말하자면 각각의 $i \in I$에 대해 $\nabla f(\overline{\mathbf{x}}) \cdot \mathbf{y} < 0$, $\nabla g_i(\overline{\mathbf{x}}) \cdot \mathbf{y} < 0$, $\nabla \mathbf{h}(\overline{\mathbf{x}}) \cdot \mathbf{y} = \mathbf{0}$ 이며, 여기에서 $\nabla \mathbf{h}(\overline{\mathbf{x}})$는 i-째 행이 $\nabla h_i(\overline{\mathbf{x}})^t$인 $\ell \times n$ 자코비안 행렬이다. 지금 $\overline{\mathbf{x}}$ 에서 점 $\mathbf{y}$를 따라 등식 제약조건의 곡면 위로 사영함으로 $\overline{\mathbf{x}}$ 에서 실현가능한 호를 구성한다. 다음 미분방정식과 경계조건

$$\frac{d\boldsymbol{\alpha}(\lambda)}{d\lambda} = \mathbf{P}(\lambda)\mathbf{y}, \qquad \boldsymbol{\alpha}(0) = \overline{\mathbf{x}} \tag{4.11}$$

에 의해 $\lambda \geq 0$에 대해 $\boldsymbol{\alpha}: \mathfrak{R} \rightarrow \mathfrak{R}^n$을 정의하며, 여기에서 $\mathrm{P}(\lambda)$는 임의의 벡터를 $\nabla \mathbf{h}[\boldsymbol{\alpha}(\lambda)]$의 영공간에 사영하는 행렬이다. (4.1)은 충분하게 작은 λ에 대해 잘-정의된 것이며 해를 구할 수 있다. 왜냐하면 $\nabla \mathbf{h}(\overline{\mathbf{x}})$는 꽉 찬 계수를 가지며 $\mathbf{h}$는 $\overline{\mathbf{x}}$ 에서 연속 미분가능하며, 그래서 P는 λ에 관해 연속이다. 명백하게 $\lambda \rightarrow 0^+$ 에 따라 $\boldsymbol{\alpha}(\lambda) \rightarrow \overline{\mathbf{x}}$ 이다.

지금 충분히 작은 $\lambda > 0$에 대해 $\boldsymbol{\alpha}(\lambda)$는 실현가능하며 $f[\boldsymbol{\alpha}(\lambda)] < f(\overline{\mathbf{x}})$이며, 그래서 $\overline{\mathbf{x}}$ 의 국소최적성을 위반함을 보여준다. 미분의 연쇄규칙에 따라, 그리고 (4.11)에서 각각의 $i \in I$ 에 대해 다음 식

$$\frac{d}{d\lambda} g_i[\boldsymbol{\alpha}(\lambda)] = (\nabla g_i[\boldsymbol{\alpha}(\lambda)])^t \mathbf{P}(\lambda)\mathbf{y} \tag{4.12}$$

을 얻는다. 특히 $\mathbf{y}$는 $\nabla \mathbf{h}(\overline{\mathbf{x}})$의 영공간에 존재하고 그러므로 $\lambda = 0$에 대해 $\mathbf{P}(0)\mathbf{y} = \mathbf{y}$이다. 그러므로 (4.12)에서 그리고 $\nabla g_i(\overline{\mathbf{x}}) \cdot \mathbf{y} < 0$이라는 사실에서 다음 식

$$\frac{d}{d\lambda} g_i[\boldsymbol{\alpha}(0)] = \nabla g_i(\overline{\mathbf{x}}) \cdot \mathbf{y} \le 0 \qquad i \in I \tag{4.13}$$

을 얻는다. 나아가서 이것은 충분히 작은 $\lambda > 0$에 대해 $g_i[\boldsymbol{\alpha}(\lambda)] < 0$임을 의미한다. $i \not\in I$에 대해 $g_i(\overline{\mathbf{x}}) < 0$이며, g_i는 $\overline{\mathbf{x}}$에서 연속이며, 따라서 충분히 작은 λ에 대해 $g_i[\boldsymbol{\alpha}(\lambda)] < 0$이다. 또한, X는 열린집합이므로, 충분히 작은 λ에 대해 $\boldsymbol{\alpha}(\lambda) \in X$이다. $\boldsymbol{\alpha}(\lambda)$의 실현가능성을 보여주기 위해 충분히 작은 λ에 대해 $h_i[\boldsymbol{\alpha}(\lambda)] = 0$만을 보여줄 필요가 있다. 평균치 정리에 따라 어떤 $\mu \in (0, \lambda)$에 대해 다음 식

$$h_i[\boldsymbol{\alpha}(\lambda)] = h_i[\boldsymbol{\alpha}(0)] + \lambda \frac{d}{d\lambda} h_i[\boldsymbol{\alpha}(\mu)] = \lambda \frac{d}{d\lambda} h_i[\boldsymbol{\alpha}(\mu)] \tag{4.14}$$

을 얻는다. 그러나 (4.12)와 유사하게 미분의 연쇄규칙에 따라 다음 식

$$\frac{d}{d\lambda} h_i[\boldsymbol{\alpha}(\mu)] = \nabla h_i[\boldsymbol{\alpha}(\mu)])^t \mathbf{P}(\mu)\mathbf{y}$$

을 얻는다. 구조상으로 보면 $\mathbf{P}(\mu)\mathbf{y}$는 $\nabla h_i[\boldsymbol{\alpha}(\mu)]$의 영공간에 있으며, 따라서 위의 방정식에서 $\frac{d}{d\lambda} h_i[\boldsymbol{\alpha}(\mu)] = 0$을 얻는다. (4.14)에 대입하면 $h_i[\boldsymbol{\alpha}(\lambda)] = 0$이 뒤따른다. 이것은 각각의 i에 대해 참이므로 $\boldsymbol{\alpha}(\lambda)$는 각각의 충분히 작은 $\lambda > 0$에 대해 '문제 P'의 실현가능해임이 뒤따른다. (4.13)으로 인도하는 논증과 유사하게 다음 식

$$\frac{d}{d\lambda} f[\boldsymbol{\alpha}(0)] = \nabla f(\overline{\mathbf{x}}) \cdot \mathbf{y} < 0$$

을 얻으며, 그러므로 충분히 작은 $\lambda > 0$에 대해 $f[\boldsymbol{\alpha}(\lambda)] < f(\overline{\mathbf{x}})$이다. 이것은 $\overline{\mathbf{x}}$가 국소최적해임을 위반한다. 그러므로 $F_0 \cap G_0 \cap H_0 = \varnothing$이다.

역으로, $F_0 \cap G_0 \cap H_0 = \varnothing$ 이며 이 정리의 역의 문장의 가정이 성립한다고 가정한다. $i=1, \cdots, \ell$에 대해 h_i는 아핀이므로, $\mathbf{d}$가 등식 제약조건의 실현가능방향이라는 것은 $\mathbf{d} \in H_0$ 이라는 것과 같은 뜻이다. 보조정리 4.2.4를 사용하면 $i \in I$에 대해 g_i는 어떤 $\varepsilon > 0$인 $\mathbb{N}_\varepsilon(\overline{\mathbf{x}})$ 전체에 걸쳐 엄격하게 유사볼록임이 바로 입증되므로, $D = G_0 \cap H_0$이며, 여기에서 D는 $\overline{\mathbf{x}}$ 에서 집합 $S = \{\mathbf{x} \,|\, g_i(\mathbf{x}) \le 0$ $i \in I,\}$ $h_i(\mathbf{x}) = 0 \quad i=1, \cdots, \ell\}$에 대해 정의된 실현가능방향의 집합이다. 그러므로 $F_0 \cap D = \varnothing$ 이다. 더구나 가정에 따라 $S \cap \mathbb{N}_\varepsilon(\overline{\mathbf{x}})$는 볼록집합이며 f는 $\overline{\mathbf{x}}$ 에서 유사볼록임을 알 수 있다. 그러므로 정리 4.2.2의 역에 따라, $\overline{\mathbf{x}}$는 $S \cap \mathbb{N}_\varepsilon(\overline{\mathbf{x}})$ 전체에 걸쳐 최소해이다. 그러므로 $\overline{\mathbf{x}}$는 좀 더 제한된 원래의 문제에 대해서도 국소최소해이며, 이것으로 증명이 완결되었다. (증명 끝)

프리츠 존 조건

지금 좀 더 유용한 대수학적 형태로 기하학적 최적성 조건 $F_0 \cap G_0 \cap H_0 = \varnothing$ 을 나타낸다. 이것은 정리 4.3.2에서 행해지며, 이것은 정리 4.2.6의 프리츠 존의 조건을 일반화한 것이다.

4.3.2 정리(프리츠 존의 필요조건)

$\overline{\mathbf{x}}$ 는 $\Re^n$에서 공집합이 아닌 열린집합이라 하고, $f : \Re^n \to \Re$, $g_i : \Re^n \to \Re$ $i = 1, \cdots, m$, $h_i : \Re^n \to \Re$ $i=1, \cdots, \ell$이라고 놓는다. 아래에 정의한 '문제 P'

최소화	$f(\mathbf{x})$	
제약조건	$g_i(\mathbf{x}) \le 0$	$i=1, \cdots, m$
	$h_i(\mathbf{x}) = 0$	$i=1, \cdots, \ell$
	$\mathbf{x} \in X$	

를 고려해보자. $\overline{\mathbf{x}}$는 실현가능해라 하고, $I = \{i \,|\, g_i(\overline{\mathbf{x}}) = 0\}$ 이라 한다. 나아가서, 각각의 $i \notin I$에 대한 g_i는 $\overline{\mathbf{x}}$ 에서 연속이며, f와 $i \in I$에 대한 g_i는 $\overline{\mathbf{x}}$ 에서 미분가능하고, 각각의 $i=1, \cdots, \ell$에 대한 h_i는 $\overline{\mathbf{x}}$ 에서 연속 미분가능하다고 가정한

다. 만약 $\overline{\mathbf{x}}$ 가 '문제 P'의 국소최적해라면 다음 식

$$\begin{aligned} u_0 \nabla f(\overline{\mathbf{x}}) + \sum_{i \in I} u_i \nabla g_i(\overline{\mathbf{x}}) + \sum_{i=1}^{\ell} \nu_i \nabla h_i(\overline{\mathbf{x}}) = \mathbf{0} & \\ u_0,\ u_i \geq 0 \qquad\qquad & i \in I \\ (u_0, \mathbf{u}_I, \boldsymbol{\nu}) \neq (0, \mathbf{0}, \mathbf{0}) & \end{aligned}$$

이 성립하도록 하는 스칼라 u_0, $i \in I$에 대한 u_i, $i=1, \cdots, \ell$에 대한 ν_i가 존재하며, 여기에서 $\mathbf{u}_I$는 $i \in I$의 성분에 대해 u_i인 벡터이고, $\boldsymbol{\nu} = (\nu_1, \cdots, \nu_\ell)$이다. 더군다나, 만약 각각의 $i \notin I$에 대해 g_i가 $\overline{\mathbf{x}}$ 에서도 역시 미분가능하다면 프리츠 존 조건은 다음 식

$$\begin{aligned} u_0 \nabla f(\overline{\mathbf{x}}) + \sum_{i=1}^{m} u_i \nabla g_i(\overline{\mathbf{x}}) + \sum_{i=1}^{\ell} \nu_i \nabla h_i(\overline{\mathbf{x}}) = \mathbf{0} & \\ u_i g_i(\overline{\mathbf{x}}) = 0 \qquad\qquad & i = 1, \cdots, m \\ u_0,\ u_i \geq 0 \qquad\qquad & i = 1, \cdots, m \\ (u_0, \mathbf{u}, \boldsymbol{\nu}) \neq (0, \mathbf{0}, \mathbf{0}) & \end{aligned}$$

과 같은 등가적 형태로 나타낼 수 있으며, 여기에서 $\mathbf{u} = (u_1, \cdots, u_m)$, $\boldsymbol{\nu} = (\nu_1, \cdots, \nu_\ell)$이다.

증명 만약 $i=1, \cdots, \ell$에 대해 $\nabla h_i(\overline{\mathbf{x}})$가 선형종속이라면, $\Sigma_{i=1}^{\ell} \nu_i \nabla h_i(\overline{\mathbf{x}}) = \mathbf{0}$이 되도록 하는, 모두 0은 아닌, 스칼라 $\nu_1, \cdots, \nu_\ell$을 구할 수 있다. u_0와 $i \notin I$에 대한 u_i는 0이라 하면, 이 정리의 첫째 파트의 조건은 자명하게 성립한다.

지금 $i=1, \cdots, \ell$에 대해 $\nabla h_i(\overline{\mathbf{x}})$은 선형독립이라고 가정한다. $\mathbf{A}_1$은 $\nabla f(\overline{\mathbf{x}})^t$과 $i \in I$에 대한 $\nabla g_i(\overline{\mathbf{x}})^t$의 행으로 구성한 행렬이라 하고 $\mathbf{A}_2$는 $i=1, \cdots, \ell$에 대해 $\nabla h_i(\overline{\mathbf{x}})^t$을 행으로 갖는 행렬이라 하자. 그렇다면 정리 4.3.1에서, $\overline{\mathbf{x}}$의 국소최적성은 다음 시스템

$$\mathbf{A}_1\mathbf{d} < \mathbf{0}, \quad \mathbf{A}_2\mathbf{d} = \mathbf{0}$$

이 모순됨을 의미한다. 지금, 다음 2개 집합

$$S_1 = \{(\mathbf{z}_1, \mathbf{z}_2) | \mathbf{z}_1 = \mathbf{A}_1\mathbf{d}, \ \mathbf{z}_2 = \mathbf{A}_2\mathbf{d}\}$$
$$S_2 = \{(\mathbf{z}_1, \mathbf{z}_2) | \mathbf{z}_1 < \mathbf{0}, \ \mathbf{z}_2 = \mathbf{0}\}$$

을 고려해보자. S_1, S_2는 $S_1 \cap S_2 = \varnothing$이 되도록 하는, 공집합이 아닌 볼록집합임을 주목하자. 그렇다면 정리 2.4.8에 따라 다음 식

$$\mathbf{p}_1^t\mathbf{A}_1\mathbf{d} + \mathbf{p}_2^t\mathbf{A}_2\mathbf{d} \geq \mathbf{p}_1 \cdot \mathbf{z}_1 + \mathbf{p}_2 \cdot \mathbf{z}_2$$ 각각의 $\mathbf{d} \in \Re^n$과 $(\mathbf{z}_1, \mathbf{z}_2) \in cl\, S_2$에 대해

이 성립하도록 하는 $\mathbf{0}$이 아닌 벡터 $\mathbf{p}^t = (\mathbf{p}_1^t, \mathbf{p}_2^t)$가 존재한다. $\mathbf{z}_2 = \mathbf{0}$이라 하고, $\mathbf{z}_1$의 각각의 성분은 마음대로 큰 음(-)수가 되게 할 수 있으므로, $\mathbf{p}_1 \geq \mathbf{0}$이 뒤따른다. 또한, $(\mathbf{z}_1, \mathbf{z}_2) = (\mathbf{0}, \mathbf{0})$이라 하면, 각각의 $\mathbf{d} \in \Re^n$에 대해 반드시 $(\mathbf{p}_1^t\mathbf{A}_1 + \mathbf{p}_2^t\mathbf{A}_2) \cdot \mathbf{d} \geq 0$임이 주어져야 한다. $\mathbf{d} = -(\mathbf{A}_1^t\mathbf{p}_1 + \mathbf{A}_2^t\mathbf{p}_2)$이라 하면 $-\| \mathbf{A}_1^t\mathbf{p}_1 + \mathbf{A}_2^t\mathbf{p}_2 \|^2 \geq 0$임이 뒤따른다. 따라서 $\mathbf{A}_1^t\mathbf{p}_1 + \mathbf{A}_2^t\mathbf{p}_2 = \mathbf{0}$이다.

요약하자면, $\mathbf{A}_1^t\mathbf{p}_1 + \mathbf{A}_2^t\mathbf{p}_2 = \mathbf{0}$이 되도록 하는 $\mathbf{p}_1 \geq \mathbf{0}$이면서 $\mathbf{0}$이 아닌 벡터 $\mathbf{p}^t = (\mathbf{p}_1^t, \mathbf{p}_2^t)$가 존재함을 보였다. $\mathbf{p}_1$의 성분을 u_0와 $i \in I$에 대한 u_i로 나타내고 $\mathbf{p}_2 = \boldsymbol{\nu}$라 하면, 첫째 결과가 뒤따른다. $i \notin I$에 대해 $u_i = 0$이라 함으로 필요조건의 등가적 형태를 즉시 얻으며, 증명이 완결되었다. (증명끝)

i-째 등식 제약조건과 연관된 라그랑지 승수 ν_i는 부호 제한이 없다는 것을 독자는 알 수 있을 것이다. 또한, 각각의 등식을 2개의 연관된 부등식으로 나타내고 부등식제약 있는 케이스의 프리츠 존 조건을 적용함으로 이들 조건을 얻는 것이 아님을 주목해야 한다. 또한, 프리츠 존 조건은 다음 식

$$u_0 \nabla f(\overline{\mathbf{x}}) + \nabla \mathbf{g}(\overline{\mathbf{x}})^t\mathbf{u} + \nabla \mathbf{h}(\overline{\mathbf{x}})^t\boldsymbol{\nu} = \mathbf{0}$$
$$\mathbf{u} \cdot \mathbf{g}(\overline{\mathbf{x}}) = 0$$

$$(u_0, \mathbf{u}) \geq (0, \mathbf{0})$$
$$(u_0, \mathbf{u}, \boldsymbol{\nu}) \neq (0, \mathbf{0}, \mathbf{0})$$

과 같이 벡터로 나타낼 수 있으며, 여기에서 $\nabla \mathbf{g}(\overline{\mathbf{x}})$는 i-째 행이 $\nabla g_i(\overline{\mathbf{x}})^t$인 $m \times n$ 자코비안 행렬이며, $\nabla \mathbf{h}(\overline{\mathbf{x}})$는 i-째 행이 $\nabla h_i(\overline{\mathbf{x}})^t$인 $\ell \times n$ 자코비안 행렬이다. 또한, $\mathbf{u}, \boldsymbol{\nu}$는 각각 부등식 제약조건과 등식 제약조건에 연관된 라그랑지 승수인 m-벡터, ℓ-벡터이다.

4.3.3 예제

$$\begin{aligned} \text{최소화} \quad & x_1^2 + x_2^2 \\ \text{제약조건} \quad & x_1^2 + x_2^2 \leq 5 \\ & -x_1 \leq 0 \\ & -x_2 \leq 0 \\ & x_1 + 2x_2 = 4. \end{aligned}$$

여기에서, 단 1개의 등식 제약조건이 존재한다. 아래에 최적점 $\overline{\mathbf{x}} = (4/5, 8/5)$에서 프리츠 존 조건이 만족됨을 입증한다. 먼저, $\overline{\mathbf{x}}$에서 구속하는 부등식 제약조건이 없음을 주목하자; 다시 말하면 $I = \varnothing$이다. 그러므로 부등식 제약조건에 연관된 승수는 0이다. 다음 내용

$$\nabla f(\overline{\mathbf{x}}) = (8/5, 16/5)^t, \qquad \nabla h_1(\overline{\mathbf{x}}) = (1, 2)^t$$

을 주목하자. 따라서, 예를 들면, $u_0 = 5$, $\nu_1 = -8$에 의해, 다음 식

$$u_0 \begin{bmatrix} 8/5 \\ 16/5 \end{bmatrix} + \nu_1 \begin{bmatrix} 1 \\ 2 \end{bmatrix} = \begin{bmatrix} 0 \\ 0 \end{bmatrix}$$

이 만족된다.

4.3.4 예제

$$\begin{aligned} \text{최소화} \quad & (x_1-3)^2+(x_2-2)^2 \\ \text{제약조건} \quad & x_1^2+x_2^2 \le 5 \\ & -x_1 \le 0 \\ & -x_2 \le 0 \\ & x_1+2x_2=4. \end{aligned}$$

이 예제는 부등식 제약조건 $x_1+2x_2 \le 4$가 $x_1+2x_2=4$로 바뀐 것을 제외하고는 예제 4.2.9와 동일하다. 최적점 $\overline{\mathbf{x}}=(2,1)$에서, 구속하는 부등식 제약조건은 1개의 $x_1^2+x_2^2 \le 5$뿐이다. 예를 들면, 프리츠 존 조건

$$u_0\begin{bmatrix}-2\\-2\end{bmatrix}+u_1\begin{bmatrix}4\\2\end{bmatrix}+\nu_1\begin{bmatrix}1\\2\end{bmatrix}=\begin{bmatrix}0\\0\end{bmatrix}$$

은 $u_0=3$, $u_1=1$, $\nu_1=2$에 의해 만족된다.

4.3.5 예제

$$\begin{aligned} \text{최소화} \quad & -x_1 \\ \text{제약조건} \quad & x_2-(1-x_1)^3=0 \\ & -x_2-(1-x_1)^3=0. \end{aligned}$$

그림 4.12에서 나타낸 바와 같이 이 문제는 단 1개의 실현가능해, 다시 말하자면, $\overline{\mathbf{x}}=(1,0)$을 갖는다. 이 점에서, 다음 내용

$$\nabla f(\overline{\mathbf{x}})=(-1,0)^t,\ \nabla h_1(\overline{\mathbf{x}})=(0,1)^t,\quad \nabla h_2(\overline{\mathbf{x}})=(0,-1)^t$$

을 얻는다.

만약 $u_0=0$, $v_1=v_2=\alpha$라면, 다음 조건

$$u_0\begin{bmatrix}-1\\0\end{bmatrix}+\nu_1\begin{bmatrix}0\\1\end{bmatrix}+\nu_2\begin{bmatrix}0\\-1\end{bmatrix}=\begin{bmatrix}0\\0\end{bmatrix}$$

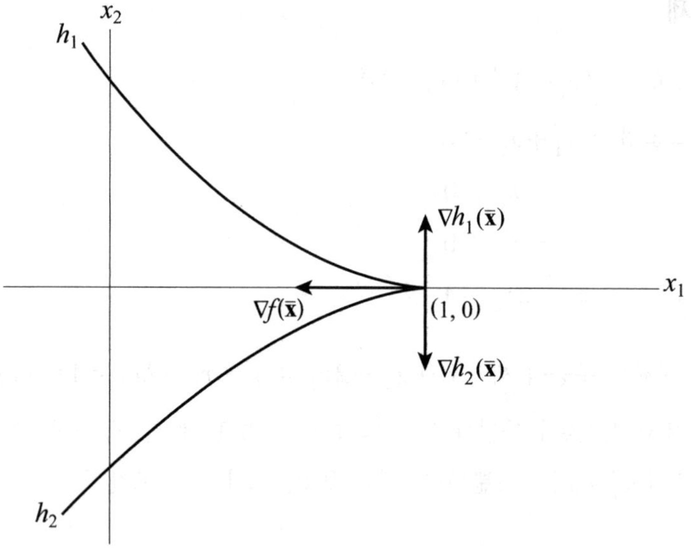

그림 4.12 예제 4.3.5의 구성

이 성립하며, 여기에서 α는 임의의 스칼라이다. 따라서 점 $\overline{\mathbf{x}}$에서 프리츠 존의 필요조건이 만족된다.

정리 4.2.12와 유사하게, 지금 하나의 프리츠 존 점이 하나의 국소최소해임을 보장할 수 있도록 하는 충분조건 집합을 제시한다. 또다시, 정리 4.2.12와 같이, 이러한 충분조건의 여러 변형은 있을 수 있다. 아래에 정리 4.3.1의 역에 따라 동기를 부여받은 하나의 이와 같은 조건을 사용해 이 결과를 나타내고, 독자는 연습문제 4.22에서 나머지 조건을 조사하기 바란다.

4.3.6 정리(프리츠 존의 충분조건)

$X \neq \varnothing$는 $\Re^n$의 열린집합이라 하고, $f : \Re^n \to \Re$, $g_i : \Re^n \to \Re$ $i=1, \cdots, m$, $h_i : \Re^n \to \Re$ $i=1, \cdots, \ell$이라 한다. 아래에 주어지는 '문제 P'

$$
\begin{aligned}
&\text{최소화} && f(\mathbf{x}) \\
&\text{제약조건} && g_i(\mathbf{x}) \le 0 \qquad i=1, \cdots, m \\
& && h_i(\mathbf{x}) = 0 \qquad i=1, \cdots, \ell
\end{aligned}
$$

$$\mathbf{x} \in X$$

를 고려해보자. $\overline{\mathbf{x}}$는 프리츠 존 해라 하고 $I = \{i \mid g_i(\overline{\mathbf{x}}) = 0\}$으로 나타낸다. $S = \{\mathbf{x} \mid g_i(\overline{\mathbf{x}}) \le 0 \ \ i \in I,\ h_i(\overline{\mathbf{x}}) = 0,\ i = 1,\ \cdots, \ell\}$을 정의한다. 만약 $i = 1,\ \cdots, \ell$에 대해 h_i가 아핀이며 $i = 1,\ \cdots, \ell$에 대해 $\nabla h_i(\overline{\mathbf{x}})$이 선형독립이라면, 그리고 만약 f가 $S \cap N_\varepsilon(\overline{\mathbf{x}})$에서 유사볼록이 되도록 하는, $\overline{\mathbf{x}}$의 $\varepsilon > 0$인 ε-근방 $\mathbb{N}_\varepsilon(\overline{\mathbf{x}})$이 존재한다면, 그리고 $i \in I$에 대해 g_i가 $S \cap \mathbb{N}_\varepsilon(\overline{\mathbf{x}})$ 전체에 걸쳐 엄격하게 유사볼록이라면, $\overline{\mathbf{x}}$는 '문제 P'의 국소최소해이다.

증명 먼저 $F_0 \cap G_0 \cap H_0 = \varnothing$임을 보이고, 여기에서 이들 집합은 정리 4.3.1에서 정의한 것과 같다. 이와 반대로, 어떤 해 $\mathbf{d} \in F_0 \cap G_0 \cap H_0$가 존재한다고 가정한다. 그렇다면 $\mathbf{d} \in H_0$이므로 $\mathbf{d}$와 쌍대실현가능성 조건 $u_0 \nabla f(\overline{\mathbf{x}}) + \boldsymbol{\Sigma}_{i \in I} u_i \nabla g_i(\overline{\mathbf{x}}) + \boldsymbol{\Sigma}_{i=1}^{\ell} \nu_i \nabla h_i(\overline{\mathbf{x}}) = \mathbf{0}$의 내적을 취해, $u_0 \nabla f(\overline{\mathbf{x}}) \cdot \mathbf{d} + \boldsymbol{\Sigma}_{i \in I} u_i \nabla g_i(\overline{\mathbf{x}}) \cdot \mathbf{d} = 0$임을 얻는다. 그러나 $\mathbf{d} \in F_0 \cap G_0$, $(u_0,\ i \in I$에 대한 $u_i) \ge \mathbf{0}$임은 $(u_0,\ i \in I$에 대한 $u_i) = (0, 0)$임을 의미한다. $\overline{\mathbf{x}}$는 프리츠 존 점이므로 연립방정식 $\boldsymbol{\Sigma}_{i=1}^{\ell} \nu_i \nabla h_i(\overline{\mathbf{x}}) = \mathbf{0}$, $\boldsymbol{\nu} \ne \mathbf{0}$의 해가 반드시 존재해야 한다. 이것은 $i = 1,\ \cdots, \ell$에 대해 $\nabla h_i(\overline{\mathbf{x}})$가 선형독립임을 위반한다. 그러므로 $F_0 \cap G_0 \cap H_0 = \varnothing$이다.

지금 정리 4.3.1의 역의 문장의 증명을 긴밀하게 따라가며, 그리고 $S \cap \mathbb{N}_\varepsilon(\overline{\mathbf{x}})$에 주의를 한정하면 $\overline{\mathbf{x}}$는 P의 국소최적해라는 결론을 내릴 수 있다. 이것으로 증명이 완결되었다. (증명 끝)

카루시-쿤-터커 조건

프리츠 존의 조건에서, 목적함수에 연관된 라그랑지 승수는 양(+)일 필요가 없다. 제약조건 집합에 관한 그 이상의 가정 아래 어떤 국소최소해에서도 u_0가 양(+)인 라그랑지 승수 집합이 존재한다고 주장할 수 있다. 정리 4.3.7에서, 정리 4.2.13의 카루시-쿤-터커 필요최적성 조건을 일반화한 것을 얻는다. 이것은, 프리츠 존의 조건에서 $u_0 > 0$이 성립할 필요가 있음을 보장하는 자격을 등식 제약조건의 경도와 구속하는 부등식 제약조건의 경도에 부과함으로 행해진다. 국소최소해에서 프리츠 존 조건에 $u_0 > 0$의 존재를 보장하기 위한 제약조건에 관한 자격을 제5장에서 토의한다.

4.3.7 정리(카루시-쿤-터커 필요조건)

$X \neq \varnothing$는 $\Re^n$의 열린집합이라 하고, $f : \Re^n \to \Re$, $g_i : \Re^n \to \Re$ $i = 1, \cdots, m$, $h_i : \Re^n \to \Re$ $i = 1, \cdots, \ell$이라 하자. 아래에 주어지는 '문제 P'

$$
\begin{array}{lll}
\text{최소화} & f(\mathbf{x}) & \\
\text{제약조건} & g_i(\mathbf{x}) \le 0 & i = 1, \cdots, m \\
 & h_i(\mathbf{x}) = 0 & i = 1, \cdots, \ell \\
 & \quad \mathbf{x} \in X &
\end{array}
$$

를 고려해보자. $\overline{\mathbf{x}}$는 실현가능해라 하고 $I = \{i \,|\, g_i(\overline{\mathbf{x}}) = 0\}$이라 한다. f와 $i \in I$에 대한 g_i는 $\overline{\mathbf{x}}$에서 미분가능하고 $i \notin I$에 대해 각각의 g_i는 $\overline{\mathbf{x}}$에서 연속이고, $i = 1, \cdots, \ell$에 대해 각각의 h_i는 $\overline{\mathbf{x}}$에서 연속 미분가능하다고 가정한다. 나아가서, $i \in I$에 대한 $\nabla g_i(\overline{\mathbf{x}})$와 $i = 1, \cdots, \ell$에 대한 $\nabla h_i(\overline{\mathbf{x}})$는 선형독립이라고 가정한다(이러한 $\overline{\mathbf{x}}$는 흔히 **레귤러 점**이라고 말한다). 만약 $\overline{\mathbf{x}}$가 '문제 P'의 국소최적해라면 다음 식

$$
\nabla f(\overline{\mathbf{x}}) + \sum_{i \in I} u_i \nabla g_i(\overline{\mathbf{x}}) + \sum_{i=1}^{\ell} \nu_i \nabla h_i(\overline{\mathbf{x}}) = \mathbf{0}
$$

$$
u_i \ge 0 \qquad\qquad i \in I
$$

이 성립하도록 하는 유일한 스칼라, $i \in I$에 대한 u_i와 $i = 1, \cdots, \ell$에 대한 ν_i가 존재한다. 위 가정 외에 또, 만약 $i \notin I$에 대해 g_i가 $\overline{\mathbf{x}}$에서도 역시 미분가능하다면 카루시-쿤-터커 조건은 다음의 등가 형태

$$\nabla f(\overline{\mathbf{x}}) + \sum_{i=1}^{m} u_i \nabla g_i(\overline{\mathbf{x}}) + \sum_{i=i}^{\ell} \nu_i \nabla h_i(\overline{\mathbf{x}}) = \mathbf{0}$$
$$u_i g_i(\overline{\mathbf{x}}) = 0 \qquad i = 1, \cdots, m$$
$$u_i \geq 0 \qquad i = 1, \cdots, m$$

로 나타낼 수 있다.

증명 정리 4.3.2에 따라 다음 식

$$u_0 \nabla f(\overline{\mathbf{x}}) + \sum_{i \in I} \hat{u}_i \nabla g_i(\overline{\mathbf{x}}) + \sum_{i=1}^{\ell} \hat{\nu}_i \nabla h_i(\overline{\mathbf{x}}) = \mathbf{0} \tag{4.15}$$
$$u_0,\ \hat{u}_i \geq 0 \qquad i \in I$$

이 성립하도록 하는, 모두 0은 아닌 스칼라, u_0, $i \in I$에 대한 $\hat{u}_i$, $i = 1, \cdots, \ell$에 대한 $\hat{\nu}_i$가 존재한다. $u_0 > 0$임을 주목하자. 왜냐하면, 만약 $u_0 = 0$이라면, (4.15)는 $i \in I$에 대한 $\nabla g_i(\overline{\mathbf{x}})$와 $i = 1, \cdots, \ell$에 대한 $\nabla h_i(\overline{\mathbf{x}})$가 선형독립이라는 가정을 위반할 것이기 때문이다. 그렇다면 $i \in I$에 대해 $u_i = \hat{u}_i / u_0$이라 하고, $i = 1, \cdots, \ell$에 대해 $\nu_i = \hat{\nu}_i / u_0$이라 함으로, 그리고 선형독립성 가정은 이들 라그랑지 승수의 유일성을 의미함을 주목해, 첫째 결과가 뒤따른다. $i \notin I$에 대해 $u_i = 0$이라 함으로 필요조건의 등가 형태가 뒤따른다. 이것으로 증명이 완결되었다. (증명 끝)

정리 4.3.7의 카루시-쿤-터커 조건은 다음 식

$$\nabla f(\overline{\mathbf{x}}) + \nabla \mathbf{g}(\overline{\mathbf{x}})^t \mathbf{u} + \nabla h(\overline{\mathbf{x}})^t \boldsymbol{\nu} = \mathbf{0}$$
$$\mathbf{u} \cdot \mathbf{g}(\overline{\mathbf{x}}) = 0$$
$$\mathbf{u} \geq \mathbf{0}$$

처럼 벡터 형태로 나타낼 수 있음을 주목하고, 여기에서 $\nabla \mathbf{g}(\overline{\mathbf{x}})$는 i-째 행이 $\nabla g_i(\overline{\mathbf{x}})^t$인 $m \times n$ 자코비안 행렬이며 $\nabla \mathbf{h}(\overline{\mathbf{x}})$는 i-째 행이 $\nabla h_i(\overline{\mathbf{x}})^t$인 $\ell \times n$ 자코비안 행렬이다. 벡터 $\mathbf{u}, \boldsymbol{\nu}$는 라그랑지 승수벡터이다.

독자는 정리 4.3.6의 카루시-쿤-터커 조건은, $i=1, \cdots, \ell$에 대해, 각각의 등식 제약조건 $h_i(\mathbf{x})=0$이 2개의 등가인 부등식 $h_i(\mathbf{x}) \le 0$, $-h_i(\mathbf{x}) \le 0$으로 대체되었을 때, 정리 4.2.13에 주어진 부등식 케이스의 카루시-쿤-터커 조건과 정확하게 같음을 관측했을 것이다. ν_i^+, ν_i^-를 후자의 2개 부등식과 연관된 비음(-) 라그랑지 승수라고 나타내고, 부등식 케이스의 카루시-쿤-터커 조건을 사용하고, $i=1, \cdots, \ell$에 대한 부호 제한 없는 변수 ν_i에 의해 2개 비음(-)변수의 차이인 $\nu_i^+ - \nu_i^-$로 대체하면 정리 4.3.7의 카루시-쿤-터커 조건을 생산한다. 사실상 등식을 이와 등가인 부등식으로 나타내면 정리 4.2.15에서 정의한 집합 G_0', G'은 각각 $G_0' \cap H_0$, $G' \cap H_0$으로 된다. 그렇다면 정리 4.2.15는 현재의 절의 '문제 P'에 대해 다음 식

$$\overline{\mathbf{x}}\text{는 카루시-쿤-터커 해} \Leftrightarrow F_0 \cap G_0' \cap H_0 = \varnothing \Leftrightarrow F_0 \cap G' \cap H_0 = \varnothing \tag{4.16}$$

의 내용을 역설한다. 더구나 이것이 일어난다는 것은 $\overline{\mathbf{x}}$는 다음 식

$$\begin{aligned} &\text{LP}(\overline{\mathbf{x}}): \\ &\text{최소화 } \left\{ f(\overline{\mathbf{x}}) + \nabla f(\overline{\mathbf{x}}) \cdot (\mathbf{x} - \overline{\mathbf{x}}) \,\middle|\, g_i(\overline{\mathbf{x}}) + \nabla g_i(\overline{\mathbf{x}}) \cdot (\mathbf{x} - \overline{\mathbf{x}}) \le 0 \right. \\ &\qquad \left. i=1, \cdots, m, \ \nabla h_i(\overline{\mathbf{x}}) \cdot (\mathbf{x} - \overline{\mathbf{x}}) = 0 \quad i=1, \cdots, \ell \right\} \end{aligned} \tag{4.17}$$

으로 주어진 $\overline{\mathbf{x}}$에서 1-계 선형계획법 근사화 $\text{LP}(\overline{\mathbf{x}})$ 문제의 최적해라는 것과 같은 뜻이다.

지금 예제 4.3.3, 4.3.4, 4.3.5를 고려해보자. 예제 4.3.3에서 독자는 $u_1 = u_2 = u_3 = 0$, $\nu_1 = -8/5$는 $\overline{\mathbf{x}} = (4/5, 8/5)$에서 카루시-쿤-터커 조건을 만족시킨다는 것을 입증할 수 있다. 예제 4.3.4에서 $\overline{\mathbf{x}} = (2, 1)$에서 카루시-쿤-터커 조건을 만족시키는 승수값은 다음 내용

$$u_1 = 1/3, \ u_2 = u_3 = 0, \ \nu_1 = 2/3$$

과 같다. 마지막으로 $\overline{\mathbf{x}} = (1, 0)$에서 $\nabla h_1(\overline{\mathbf{x}})$와 $\nabla h_2(\overline{\mathbf{x}})$은 선형종속이므로 예제

4.3.5는 정리 4.3.7의 제약자격을 만족시키지 않는다. 이것은 카루시-쿤-터커 점이 아니므로 사실상 점 $\bar{\mathbf{x}}$에서 제약자격(알려져 있건, 아니건)은 만족될 수 없다. 1-계 선형계획법근사화문제 LP$(\bar{\mathbf{x}})$의 실현가능영역은 x_1-축 전체로 주어진다; 그리고 $\nabla f(\bar{\mathbf{x}})$가 이 축에 대해 직교하지 않는다면 LP$(\bar{\mathbf{x}})$의 $\bar{\mathbf{x}}$는 최적해가 아니다.

정리 4.3.8은 f, g_i, h_i에 관한 좀 더 약한 볼록성 가정 아래 카루시-쿤-터커 조건은 국소최적성의 충분조건도 됨을 보여준다. 또다시 '정리 4.2.16'에 따라 이 결과를 구성하고 독자는 연습문제 4.22, 4.50에 주어진 다른 변형에 대해 조사해보기 바란다.

4.3.8 정리(카루시-쿤-터커 충분조건)

$X \neq \varnothing$는 $\Re^n$에서 열린집합이라 하고, $f: \Re^n \to \Re$, $g_i: \Re^n \to \Re$ $i = 1, \cdots, m$, $h_i: \Re^n \to \Re$ $i = 1, \cdots, \ell$이라 한다. 다음의 '문제 P'

$$
\begin{array}{lll}
\text{최소화} & f(\mathbf{x}) & \\
\text{제약조건} & g_i(\mathbf{x}) \leq 0 & i = 1, \cdots, m \\
& h_i(\mathbf{x}) = 0 & i = 1, \cdots, \ell \\
& \mathbf{x} \in X &
\end{array}
$$

를 고려해보자. $\bar{\mathbf{x}}$는 실현가능해라 하고, $I = \{i \mid g_i(\bar{\mathbf{x}}) = 0\}$라 하자. $\bar{\mathbf{x}}$에서 카루시-쿤-터커 조건이 만족된다고 가정한다; 즉 말하자면, 다음 식

$$\nabla f(\bar{\mathbf{x}}) + \sum_{i \in I} \bar{u}_i \nabla g_i(\bar{\mathbf{x}}) + \sum_{i=1}^{\ell} \bar{\nu}_i \nabla h_i(\bar{\mathbf{x}}) = \mathbf{0} \tag{4.18}$$

이 성립하도록 하는 $i \in I$에 대한 스칼라 $\bar{u}_i \geq 0$와 $i = 1, \cdots, \ell$에 대한 $\bar{\nu}_i$가 존재한다. $J = \{i \mid \bar{\nu}_i > 0\}$, $K = \{i \mid \bar{\nu}_i < 0\}$이라 한다. 나아가서 f는 $\bar{\mathbf{x}}$에서 유사볼록이며, $i \in I$에 대한 g_i는 $\bar{\mathbf{x}}$에서 준볼록이며, $i \in J$에 대한 h_i는 $\bar{\mathbf{x}}$에서 준볼록이며 $i \in K$에 대해 h_i는 $\bar{\mathbf{x}}$에서 준오목이라고 가정한다. 그렇다면 $\bar{\mathbf{x}}$는 '문제 P'의 전역최적해이다. 특히 만약 목적함수와 제약조건함수에 관해 일반화된 볼록성

가정이, $\varepsilon > 0$의 정의역 $\mathbb{N}_\varepsilon(\bar{\mathbf{x}})$에 한정된다면, $\bar{\mathbf{x}}$는 P의 국소최소해이다.

증명 $\mathbf{x}$는 '문제 P'의 임의의 실현가능해라 하자[목적함수의 정의역과 제약조건함수를 $\mathbb{N}_\varepsilon(\bar{\mathbf{x}})$에 한정시킴으로써만 일반화된 볼록성 가정이 성립하는 경우, $\mathbf{x}$는 '문제 P'의 임의의 실현가능해이며 또한 $\mathbb{N}_\varepsilon(\bar{\mathbf{x}})$ 내에도 존재하는 것으로 한다].

그렇다면 $g_i(\mathbf{x}) \le 0$, $g_i(\bar{\mathbf{x}}) = 0$이므로, $i \in I$에 대해 $g_i(\mathbf{x}) \le g_i(\bar{\mathbf{x}})$이다. $\bar{\mathbf{x}}$에서 g_i의 준볼록성에 따라 모든 $\lambda \in (0, 1)$에 대해 다음 식

$$g_i(\bar{\mathbf{x}} + \lambda(\mathbf{x} - \bar{\mathbf{x}})) = g_i(\lambda\mathbf{x} + (1-\lambda)\bar{\mathbf{x}}) \le max\{g_i(\mathbf{x}),\ g_i(\bar{\mathbf{x}})\} = g_i(\bar{\mathbf{x}})$$

이 뒤따른다. 이것은 $\bar{\mathbf{x}}$에서 $\mathbf{x} - \bar{\mathbf{x}}$ 방향으로 이동해도 g_i가 증가하지 않음을 의미한다. 따라서 정리 4.1.2에 따라 다음 식

$$\nabla g_i(\bar{\mathbf{x}}) \cdot (\mathbf{x} - \bar{\mathbf{x}}) \le 0 \qquad i \in I \tag{4.19}$$

이 반드시 주어져야 한다. 유사하게, $i \in J$에 대해 h_i는 $\bar{\mathbf{x}}$에서 준볼록이며 $i \in K$에 대해 h_i는 $\bar{\mathbf{x}}$에서 준오목이므로, 다음 식

$$\nabla h_i(\bar{\mathbf{x}}) \cdot (\mathbf{x} - \bar{\mathbf{x}}) \le 0 \qquad i \in J \tag{4.20}$$

$$\nabla h_i(\bar{\mathbf{x}}) \cdot (\mathbf{x} - \bar{\mathbf{x}}) \ge 0 \qquad i \in K \tag{4.21}$$

을 얻는다. (4.19), (4.20), (4.21)을 $\bar{u}_i \ge 0$, $\bar{\nu}_i > 0$, $\bar{\nu}_i < 0$으로 각각 곱하고 합해, 다음 식

$$\left[\sum_{i \in I} \bar{u}_i \nabla g_i(\bar{\mathbf{x}}) + \sum_{i \in J \cup K} \bar{\nu}_i \nabla h_i(\bar{\mathbf{x}})\right] \cdot (\mathbf{x} - \bar{\mathbf{x}}) \le 0 \tag{4.22}$$

을 얻는다. (4.18)을 $\mathbf{x} - \bar{\mathbf{x}}$으로 곱하고 $i \notin J \cup K$에 대해 $\bar{\nu}_i = 0$임을 주목하면, (4.22)는 다음 식

$$\nabla f(\bar{\mathbf{x}}) \cdot (\mathbf{x} - \bar{\mathbf{x}}) \ge 0$$

을 의미한다. $\bar{\mathbf{x}}$에서 f의 유사볼록성에 따라, 반드시 $f(\mathbf{x}) \ge f(\bar{\mathbf{x}})$이어야 하며, 증명이 완결되었다. (증명 끝)

정리 4.3.8과 이것의 증명에서 명백하게 알 수 있듯이 $\bar{\mathbf{x}}$에서 양(+) 라그랑지 승수를 갖는 등식 제약조건은 "$\le$ 또는 $=$"의 제약조건으로 대체될 수 있음을 주목하고, $\bar{\mathbf{x}}$에서 음(-) 라그랑지 승수를 갖는 제약조건은 "$\ge$ 또는 $=$"의 제약조건으로 대체될 수 있으며, 이에 반해 0의 라그랑지 승수를 갖는 제약조건을 삭제할 수 있고, 이를테면 $\bar{\mathbf{x}}$는 이렇게 완화된 문제 P′의 카루시-쿤-터커 해로 여전히 존재함을 주목함은 매우 유익하다. 그러므로 정리 4.2.16을 주목하면, 정리 4.3.8의 일반화된 볼록성 가정은, $\bar{\mathbf{x}}$가 완화된 문제 P′의 하나의 최적해이며 그리고 P의 실현가능해이므로, $\bar{\mathbf{x}}$는 P의 (이 케이스가 그럴 수 있듯이, 전역으로 또는 국소적으로) 최적해임을 의미한다. 이 논증은 정리 4.3.8에 대해 정리 4.2.16에 기반한, 대안적이며 좀 더 단순한 증명을 제공한다. 더구나 일반화된 볼록성 가정 아래 라그랑지 승수의 부호는 등식 제약조건이 "$\le$ 또는 $=$" 또는 "$\ge$ 또는 $=$"의 제약조건으로 유효하게 행동하는지의 여부를 평가하기 위해 사용할 수 있다.

여기에서 앞서 말한 P의 완화 P′에 관계해, 주목할 가치가 있는 2가지 주의점이 있다. 먼저 (일반화된) 볼록성 가정 아래, 0의 라그랑지 승수를 갖는 1개 등식 제약조건을 삭제하면 원래의 문제에 대해 실현불가능한 복수 최적해를 만들어낼 수 있는 것이다. 예를 들면 $\{x_1 \,|\, x_1 \ge 0,\ x_2 = 1\}$을 최소화하는 문제에서 등식과 연관된 유일한 최적해 $\bar{\mathbf{x}} = (0, 1)$에서 라그랑지 승수는 0이다. 그러나 이 제약조건을 탈락시키면 무한개의 복수 최적해가 생산된다.

둘째로 비볼록 케이스에 대해, 비록 $\bar{\mathbf{x}}$가 P의 최적해일지라도, 비록 이것이 P′의 하나의 카루시-쿤-터커 점으로 남지만 P′의 하나의 국소최적해조차 아닐 수도 있음을 주목하자. 예를 들면 최소화 $(-x_1^2 - x_2^2)$ 제약조건 $x_1 = 0$ $x_2 = 0$ 문제를 고려해보자. 유일한 최적해는 명백하게 $\bar{\mathbf{x}} = (0, 0)$이며, $\bar{\mathbf{x}}$에서 제약조건과 연관된 라그랑지 승수는 모두 0이다. 그러나, 2개 제약조건을 삭제하거나, 아니면 "$\le$" 또는 "$\ge$"의 부등식으로 대체한다고 해도, 문제를 무계로 되게 할 것이다. 일반적으로, 독자는 비볼록문제에 대해 구속하지 않는 제약조건을 삭제하는 것조차도 어떤 해의 최적성 지위를 변경할 수 있음을 명심해야 한다. 그림 4.13은 하나의 이러한 상황을 예시하며, 여기에서, $g_2(\mathbf{x}) \le 0$은 최적해 $\bar{\mathbf{x}}$에서 구속하지 않는

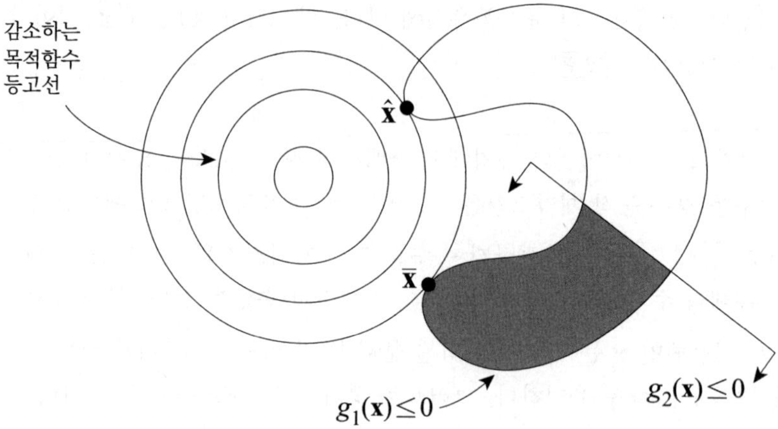

그림 4.13 비볼록문제에서 구속하지 않는 제약조건을 삭제함에 따른 주의사항

제약조건이다; 그러나 이것을 삭제함은 $\bar{\mathbf{x}}$ 를 단지 하나의 국소최소해로 남겨두고 전역최적해를 $\hat{\mathbf{x}}$ 으로 옮기는 것이다(구속하지 않는 제약조건을 삭제한 후 최적해가 국소적으로 최적해로 남지도 않는 상황에 대해 연습문제 4.24를 참조하시오).

일반문제의 카루시-쿤-터커 조건의 대안적 형태

최소화 $f(\mathbf{x})$ 제약조건 $g_i(\mathbf{x}) \le 0 \;\; i=1, \cdots, m, \;\; h_i(\mathbf{x})=0 \;\; i=1, \cdots, \ell \;\; \mathbf{x} \in X$ 문제를 고려해보고, 여기에서 X는 $\Re^n$의 열린집합이다. 하나의 실현가능해 $\bar{\mathbf{x}}$에서 다음 식

$$\nabla f(\bar{\mathbf{x}}) + \sum_{i=1}^{m} u_i \nabla g_i(\bar{\mathbf{x}}) + \sum_{i=1}^{\ell} \nu_i \nabla h_i(\bar{\mathbf{x}}) = \mathbf{0}$$

$$u_i g_i(\bar{\mathbf{x}}) = 0 \qquad i=1, \cdots, m$$

$$u_i \ge 0 \qquad i=1, \cdots, m$$

과 같은 최적성의 필요조건(하나의 적절한 제약자격 아래)을 위에서 유도했다.

어떤 저자는 승수 $\lambda_i = -u_i \le 0$, $\mu_i = -\nu_i$를 사용함을 선호한다. 이 경우 카루시-쿤-터커 조건은 다음 식

$$\nabla f(\overline{\mathbf{x}}) - \sum_{i=1}^{m} \lambda_i \nabla g_i(\overline{\mathbf{x}}) - \sum_{i=1}^{\ell} u_i \nabla h_i(\overline{\mathbf{x}}) = \mathbf{0}$$

$$\lambda_i g_i(\overline{\mathbf{x}}) = 0 \qquad i = 1, \cdots, m$$

$$\lambda_i \le 0 \qquad i = 1, \cdots, m$$

과 같이 나타낼 수 있다.

지금 최소화 $f(\mathbf{x})$ 제약조건 $g_i(\mathbf{x}) \le 0$ $i = 1, \cdots, m_1$ $g_i(\mathbf{x}) \ge 0$ $i = m_1 + 1, \cdots, m$, $h_i(\mathbf{x}) = 0$ $i = 1, \cdots, \ell$, $\mathbf{x} \in X$ 문제를 고려해보고, 여기에서 X는 $\Re^n$의 열린집합이다. $i = m_1 + 1, \cdots, m$에 대한 $g_i(\mathbf{x}) \ge 0$을 $i = m_1 + 1, \cdots, m$에 대한 $-g_i(\mathbf{x}) \le 0$으로 나타내고, 정리 4.3.7의 결과를 사용하면 문제의 필요조건은 다음 식

$$\nabla f(\overline{\mathbf{x}}) + \sum_{i=1}^{m} u_i \nabla g_i(\overline{\mathbf{x}}) + \sum_{i=1}^{\ell} \nu_i \nabla h_i(\overline{\mathbf{x}}) = \mathbf{0}$$

$$u_i g_i(\overline{\mathbf{x}}) = 0 \qquad i = 1, \cdots, m$$

$$u_i \ge 0 \qquad i = 1, \cdots, m_1$$

$$u_i \le 0 \qquad i = m_1 + 1, \cdots, m$$

과 같이 표현할 수 있다.

지금 최소화 $f(\mathbf{x})$ 제약조건 $g_i(\mathbf{x}) \le 0$ $i = 1, \cdots, m$ $h_i(\mathbf{x}) = 0$ $i = 1, \cdots, \ell$ $\mathbf{x} \ge \mathbf{0}$과 같은 유형의 문제를 고려해보자. 변수가 비음(-) 제한을 갖는 문제는 실제로 자주 일어난다. 명확하게, 앞에서 토의한 카루시-쿤-터커 조건도 적용된다. 그러나 간혹 $\mathbf{x} \ge \mathbf{0}$과 연관된 라그랑지 승수를 삭제함이 편리하다. 그렇다면 이 조건은 다음 식

$$\nabla f(\overline{\mathbf{x}}) + \sum_{i=1}^{m} u_i \nabla g_i(\overline{\mathbf{x}}) + \sum_{i=1}^{\ell} \nu_i \nabla h_i(\overline{\mathbf{x}}) \ge \mathbf{0}$$

$$\left[\nabla f(\overline{\mathbf{x}}) + \sum_{i=1}^{m} u_i \nabla g_i(\overline{\mathbf{x}}) + \sum_{i=1}^{\ell} \nu_i \nabla h_i(\overline{\mathbf{x}})\right] \cdot \mathbf{x} = 0$$

$$u_i g_i(\overline{\mathbf{x}}) = 0 \qquad i = 1, \cdots, m$$

$$u_i \ge 0 \qquad i = 1, \cdots, m$$

이 된다.

마지막으로, 최대화 $f(\mathbf{x})$ 제약조건 $g_i(\mathbf{x}) \le 0$ $i=1, \cdots, m_1$ $g_i(\mathbf{x}) \ge 0$ $i=m_1+1, \cdots, m$ $h_i(\mathbf{x})=0$ $i=1, \cdots, \ell$ $\mathbf{x} \ge \mathbf{0}$ 문제를 고려해보고, 여기에서 X는 $\Re^n$에서 열린집합이다. 최적성의 필요조건은 다음 식

$$\begin{aligned} \nabla f(\overline{\mathbf{x}}) + \sum_{i=1}^{m} u_i \nabla g_i(\overline{\mathbf{x}}) + \sum_{i=1}^{\ell} \nu_i \nabla h_i(\overline{\mathbf{x}}) &= \mathbf{0} \\ u_i g_i(\overline{\mathbf{x}}) &= 0 \qquad i=1, \cdots, m \\ u_i &\le 0 \qquad i=1, \cdots, m_1 \\ u_i &\ge 0 \qquad i=m_1+1, \cdots, m \end{aligned}$$

과 같이 나타낼 수 있다.

4.4 제약 있는 문제의 2-계 필요충분조건

절 4.1에서 최소화 $f(\mathbf{x})$ 제약조건 $\mathbf{x} \in \Re^n$ 문제를 고려하고 미분가능성을 가정하고 모든 국소최적해 $\overline{\mathbf{x}}$에서 $\nabla f(\overline{\mathbf{x}}) = \mathbf{0}$이라는 1-계 필요최적성 조건을 유도했다. 그러나 $\nabla f(\overline{\mathbf{x}}) = \mathbf{0}$일 때, $\overline{\mathbf{x}}$는 국소최소해, 국소최대해, 또는 변곡점이 될 수도 있다. 이와 같은 1-계 필요최적성 조건으로 생산한 해집합 후보를 더 줄이기 위해, 그리고 하나의 주어진 후보해의 국소최적성 지위를 평가하기 위해, 2-계 (그리고 더 높은 계의) 필요 그리고/또는 충분최적성 조건을 개발했다.

절 4.2, 4.3에 걸쳐 제약 있는 문제의 1-계 필요최적성 조건을 개발했다. 특히, 하나의 적절한 제약자격을 가정하고 1-계 필요 카루시-쿤-터커 최적성 조건을 유도했다. 다양한(일반화된) 볼록성 가정에 기반해, 1-계 최적성 조건을 만족시키는 하나의 주어진 해는 전역적으로 또는 국소적으로 최적해임을 보장하기 위한 충분조건을 제공했다. 제약 없는 케이스와 유사하게, 지금 제약 있는 문제의 2-계 필요충분 최적성 조건을 유도한다.

이것을 위해 **라그랑지 함수**의 개념을 도입한다. 다음 문제

$$\text{P: 최소화 } \{f(\mathbf{x}) \mid \mathbf{x} \in S\} \tag{4.23a}$$

를 고려해보고, 여기에서 S는 다음 식

$$S = \{\mathbf{x} \mid g_i(\mathbf{x}) \le 0,\ i = 1, \cdots, m,\ \ h_i(\mathbf{x}) = 0,\ \ i = 1, \cdots, \ell,\ \ \mathbf{x} \in X\} \tag{4.23b}$$

과 같이 정의한다. $f,\ g_1,\ \cdots,\ g_m,\ h_1,\ \cdots,\ h_\ell$은 모두 $\Re^n \to \Re$에서 정의되었다고 가정하고 2회 미분가능하다고 가정하고, $X \ne \varnothing$는 $\Re^n$의 열린집합이라고 가정한다. 문제의 **라그랑지 함수**를 다음 식

$$\phi(\mathbf{x}, \mathbf{u}, \nu) = \nabla f(\mathbf{x}) + \sum_{i=1}^{m} u_i g_i(\mathbf{x}) + \sum_{i=1}^{\ell} \nu_i h_i(\mathbf{x}) \tag{4.24}$$

과 같이 정의한다. 제6장에서 알게 되는 바와 같이 '정리 2.7.3'과 이것의 따름정리에서 설명한 것처럼 선형계획법 문제의 쌍대성이론과 유사하게, 이 함수는 비선형계획법 문제의 쌍대성이론을 정식화할 수 있도록 한다. 지금, $\bar{\mathbf{x}}$는 '문제 P'에 대해 부등식 제약조건과 등식 제약조건 각각에 상응하며 $\bar{\mathbf{x}}$에 연관된 라그랑지 승수 $\bar{\mathbf{u}},\ \bar{\nu}$를 갖는 하나의 카루시-쿤-터커 점이라 하자. $\bar{\mathbf{u}},\ \bar{\nu}$에 관한 조건 아래 **'제한된 라그랑지 함수'**

$$\mathscr{L}(\mathbf{x}) = \phi(\mathbf{x}, \bar{\mathbf{u}}, \bar{\nu}) = f(\mathbf{x}) + \sum_{i \in I} \bar{u}_i g_i(\mathbf{x}) + \sum_{i=1}^{\ell} \bar{\nu}_i h_i(\mathbf{x}) \tag{4.25}$$

를 정의하고, 여기에서 $I = \{i \mid g_i(\bar{\mathbf{x}}) = 0\}$는 $\bar{\mathbf{x}}$에서 구속하는 부등식 제약조건의 첨자집합이다.

카루시-쿤-터커 연립방정식에서 다음의 쌍대실현가능성 조건

$$\nabla f(\bar{\mathbf{x}}) + \sum_{i \in I} \bar{u}_i \nabla g_i(\bar{\mathbf{x}}) + \sum_{i=1}^{\ell} \bar{\nu}_i \nabla h_i(\bar{\mathbf{x}}) = \mathbf{0} \tag{4.26}$$

은 $\mathbf{x} = \bar{\mathbf{x}}$에서 $\mathscr{L}$의 경도 $\nabla \mathscr{L}(\bar{\mathbf{x}})$가 $\mathbf{0}$이라는 문장과 등가이다. 더구나, 모든 $\mathbf{x} \in S$에 대해, $i = 1, \cdots, \ell$에 대해 $h_i(\mathbf{x}) = 0$이며 $i \in I$에 대해 $g_i(\mathbf{x}) \le 0$이며, 한편으로 $i \in I$에 대해 $\bar{u}_i g_i(\bar{\mathbf{x}}) = 0$이며, $i = 1, \cdots, \ell$에 대해 $h_i(\bar{\mathbf{x}}) = 0$이므로, 다음 식

$$\mathscr{L}(\mathbf{x}) \le f(\mathbf{x}) \ \ \forall \mathbf{x} \in S, \quad \text{한편으로,} \ \mathscr{L}(\overline{\mathbf{x}}) = f(\overline{\mathbf{x}}) \tag{4.27}$$

을 얻는다. 그러므로, 만약 $\overline{\mathbf{x}}$가 $\mathcal{L}$의 (국소)최소해임이 밝혀진다면, 이것은 역시 '문제 P'의 (국소)최소해도 될 것이다. 이것을 아래에 정식화한다.

4.4.1 보조정리

(4.23)에서 정의한 것과 같은 '문제 P'를 고려해보고, 여기에서 목적함수와 제약조건을 정의하는 함수는 모두 2회 미분가능하며, 여기에서 $X \neq \varnothing$는 $\Re^n$에서 열린집합이다. $\overline{\mathbf{x}}$는 부등식 제약조건과 등식 제약조건에 연관된 라그랑지 승수 $\overline{\mathbf{u}}$, $\overline{\boldsymbol{\nu}}$를 각각 갖는 '문제 P'의 하나의 카루시-쿤-터커 점이라고 가정한다. (4.25)에서 정의한 바와 같이 제한된 라그랑지 함수 $\mathcal{L}$을 정의하고, $\mathcal{L}$의 헤시안을 $\nabla^2\mathcal{L}$로 나타낸다.

a. 만약 모든 $\mathbf{x} \in S$에 대해 $\nabla^2\mathcal{L}$가 양반정부호라면 $\overline{\mathbf{x}}$는 '문제 P'의 전역최소해이다. 반면에 만약 $\overline{\mathbf{x}}$의 어떤 $\varepsilon > 0$인 ε-근방 $N_\varepsilon(\overline{\mathbf{x}})$에 대해 $\nabla^2\mathcal{L}$가 모든 $\mathbf{x} \in S \cap N_\varepsilon(\overline{\mathbf{x}})$에 대해 양반정부호라면 $\overline{\mathbf{x}}$는 '문제 P'의 국소최소해이다.

b. 만약 $\nabla^2\mathscr{L}(\overline{\mathbf{x}})$가 양정부호라면 $\overline{\mathbf{x}}$는 '문제 P'의 엄격한 국소최소해이다.

증명 (4.25), (4.26)에서 $\nabla\mathscr{L}(\overline{\mathbf{x}}) = \mathbf{0}$이다. 그러므로 파트 *a*의 첫째 조건 아래, S 전체에 걸쳐 $\mathscr{L}(\mathbf{x})$의 볼록성에 따라, 모든 $\mathbf{x} \in S$에 대해 $\mathcal{L}(\overline{\mathbf{x}}) \le \mathcal{L}(\mathbf{x})$임을 얻는다; 따라서 (4.27)에서 모든 $\mathbf{x} \in S$에 대해 $f(\overline{\mathbf{x}}) = \mathscr{L}(\overline{\mathbf{x}}) \le \mathscr{L}(\mathbf{x}) \le f(\mathbf{x})$을 얻는다. 그러므로 $\overline{\mathbf{x}}$는 '문제 P'의 최적해이다. 파트 *a*의 둘째 케이스에서 $S \cap N_\varepsilon(\overline{\mathbf{x}})$에만 관심을 한정시킴으로 모든 $\mathbf{x} \in S \cap N_\varepsilon(\overline{\mathbf{x}})$에 대해 $f(\overline{\mathbf{x}}) \le f(\mathbf{x})$라고 유사하게 결론을 얻는다. 이것은 파트 *a*의 내용을 증명한다.

유사하게, 만약 $\nabla^2\mathscr{L}(\overline{\mathbf{x}})$가 양정부호라면, 정리 4.1.4에 따라 $\nabla\mathscr{L}(\overline{\mathbf{x}}) = \mathbf{0}$이므로, $\overline{\mathbf{x}}$는 $\mathcal{L}$의 엄격한 국소최소해이다. 그러므로 (4.27)에서 $\overline{\mathbf{x}}$의 어떤 $\varepsilon > 0$인 ε-근방 $N_\varepsilon(\overline{\mathbf{x}})$의 $S \cap N_\varepsilon(\overline{\mathbf{x}})$에 속한 모든 $\mathbf{x} \neq \overline{\mathbf{x}}$에 대해 $f(\overline{\mathbf{x}}) =$

$\mathscr{L}(\bar{\mathbf{x}}) < \mathscr{L}(\mathbf{x}) \le f(\mathbf{x})$임을 추론하고, 이것으로 증명이 완결되었다. (증명 끝)

위의 결과는 제6장에서 좀 더 충분히 다루는 **안장점 최적성 조건**에 관계되며, 이것은 $\bar{\mathbf{x}}$가 최소화 $\mathscr{L}(\mathbf{x})$ 제약조건 $\mathbf{x} \in S$ 문제의 최적해인 카루시-쿤-터커해 $(\bar{\mathbf{x}}, \bar{\mathbf{u}}, \bar{\nu})$가 쌍대성간극 없는 원문제와, 쌍대문제의 어떤 쌍에 상응함을 확립한다. 진실로, $\bar{\mathbf{x}}$는 S 전체에 걸쳐 전역으로(또는 국소적으로) $\mathscr{L}(\mathbf{x})$를 최소화한다는 덜 제한적 가정 아래, 보조정리 4.4.1의 전역(또는 국소적) 최적성의 주장은 계속해 성립함을 관측하시오. 그러나 보조정리 4.4.1를 위에서처럼 설명하기로 한 선택은 다음 결과에서 동기를 부여받은 것이며, 다음 결과는, 보조정리 4.4.1b처럼 $\bar{\mathbf{x}}$가 P의 엄격한 국소최소해라고 주장할 수 있기 위해, $\mathbf{d}^t \nabla^2 \mathscr{L}(\bar{\mathbf{x}})\mathbf{d}$를 모든 $\mathbf{d} \in \Re^n$에 관한 것으로 한정하기보다는 명시한 원추 내에 존재하는 $\mathbf{d}$에 대해서만 양(+) 값으로 한정시킬 필요가 있음을 단언하는 것이다. 달리 말하면, 만약 라그랑지 함수 $\mathscr{L}(\mathbf{x})$가 $\bar{\mathbf{x}}$에서 아래에 주어지는 집합으로 제한된 벡터 방향으로 양(+) 곡률을 나타낸다면 이 결과가 성립한다.

4.4.2 정리(카루시-쿤-터커 2-계 충분조건)

(4.23)에서 정의한 것과 같은 '문제 P'를 고려해보고, 여기에서 목적함수와 제약조건을 정의하는 함수는 모두 2회 미분가능하고, 여기에서 $X \neq \varnothing$는 $\Re^n$에서 열린집합이라 하자. $\bar{\mathbf{x}}$는 '문제 P'에 대해, 부등식과 등식 제약조건에 연관된 라그랑지 승수 $\bar{\mathbf{u}}$, $\bar{\nu}$를 갖는 하나의 카루시-쿤-터커 점이라 하자. $I = \{i \mid g_i(\bar{\mathbf{x}}) = 0\}$, $I^+ = \{i \in I \mid \bar{u}_i > 0\}$, $I^0 = \{i \in I \mid \bar{u}_i = 0\}$라고 나타낸다($I^+$, I^0는 흔히 각각 **강하게 작용하는 제약조건의 집합**, **약하게 작용하는 제약조건의 집합**이라 말한다). (4.25)에서처럼, 제한된 라그랑지 함수 $\mathscr{L}(\mathbf{x})$를 정의하고 $\bar{\mathbf{x}}$에서 이것의 헤시안을 다음 식

$$\nabla^2 \mathscr{L}(\bar{\mathbf{x}}) \equiv \nabla^2 f(\bar{\mathbf{x}}) + \sum_{i \in I} \bar{u}_i \nabla^2 g_i(\bar{\mathbf{x}}) + \sum_{i=1}^{\ell} \bar{\nu}_i \nabla^2 h_i(\bar{\mathbf{x}})$$

으로 나타내며, 여기에서 $\nabla^2 f(\bar{\mathbf{x}})$, $i \in I$에 대한 $\nabla^2 g_i(\bar{\mathbf{x}})$, $i = 1, \cdots, \ell$에 대한 $\nabla^2 h_i(\bar{\mathbf{x}})$는 모두 $\bar{\mathbf{x}}$에서 값을 구한 f, $i \in I$에 대한 g_i, $i = 1, \cdots, \ell$에 대한 h_i의

헤시안을 각각 나타낸다. 다음 식

$$C = \left\{\mathbf{d} \neq \mathbf{0} \,\middle|\, \nabla g_i(\overline{\mathbf{x}})\cdot\mathbf{d} = 0 \qquad i \in I^{+}, \nabla g_i(\overline{\mathbf{x}})^t d \leq 0, i \in i^0 \right.$$
$$\left. \nabla h_i(\overline{\mathbf{x}})\cdot\mathbf{d} = 0 \qquad i = 1, \cdots, \ell \right\}$$

과 같은 원추를 정의한다. 그러면, 만약 모든 $\mathbf{d} \in C$에서 $\mathbf{d}^t \nabla^2 \mathscr{L}(\overline{\mathbf{x}})\mathbf{d} > 0$이라면, $\overline{\mathbf{x}}$는 P의 엄격한 국소최소해이다.

증명 $\mathbf{x}$는 엄격한 국소최소해가 아니라고 가정한다. 그렇다면 정리 4.1.4처럼 모든 k에 대해 $\mathbf{x}_k \neq \overline{\mathbf{x}}$, $f(\mathbf{x}_k) \leq f(\overline{\mathbf{x}})$이 되도록 하며, $\overline{\mathbf{x}}$로 수렴하는, S에 속한 수열 $\{\mathbf{x}_k\}$이 존재한다. 모든 k에 대해 $\mathbf{d}_k = (\mathbf{x}_k - \overline{\mathbf{x}})/\|\mathbf{x}_k - \overline{\mathbf{x}}\|$, $\lambda_k = \|\mathbf{x}_k - \overline{\mathbf{x}}\|$을 정의하면 $\mathbf{x}_k = \overline{\mathbf{x}} + \lambda_k \mathbf{d}_k$이며, 여기에서 모든 k에 대해 $\|\mathbf{d}_k\| = 1$이며, $k \to \infty$에 따라 $\{\lambda_k\} \to 0^+$이다. 모든 k에 대해 $\|\mathbf{d}_k\| = 1$이므로, 수렴하는 부분수열이 존재한다. 일반성을 잃지 않고, 주어진 수열 자체는 수렴하는 부분수열을 나타낸다고 가정한다. 그러므로 $\{\mathbf{d}_k\} \to \mathbf{d}$이며, 여기에서 $\|\mathbf{d}_k\| = 1$이다. 나아가서, 다음 3개 식

$$0 \geq f(\overline{\mathbf{x}} + \lambda_k \mathbf{d}_k) - f(\overline{\mathbf{x}}) = \lambda_k \nabla f(\overline{\mathbf{x}})\cdot\mathbf{d}_k + (1/2)\lambda_k^2 \mathbf{d}_k^t \nabla^2 f(\overline{\mathbf{x}})\mathbf{d}_k + \lambda_k^2 \alpha_f(\overline{\mathbf{x}}; \lambda_k \mathbf{d}_k) \tag{4.28a}$$

$$0 \geq g_i(\overline{\mathbf{x}} + \lambda_k \mathbf{d}_k) - g_i(\overline{\mathbf{x}}) = \lambda_k \nabla g_i(\overline{\mathbf{x}})\cdot\mathbf{d}_k + (1/2)\lambda_k^2 \mathbf{d}_k^t \nabla^2 g_i(\overline{\mathbf{x}})\mathbf{d}_k + \lambda_k^2 \alpha_{g_i}(\overline{\mathbf{x}}; \lambda_k \mathbf{d}_k) \quad i \in I \tag{4.28b}$$

$$0 = h_i(\overline{\mathbf{x}} + \lambda_k \mathbf{d}_k) - h_i(\overline{\mathbf{x}}) = \lambda_k \nabla h_i(\overline{\mathbf{x}})\cdot\mathbf{d}_k + (1/2)\lambda_k^2 \mathbf{d}_k^t \nabla^2 h_i(\overline{\mathbf{x}})\mathbf{d}_k + \lambda_k^2 \alpha_{h_i}(\overline{\mathbf{x}}; \lambda_k \mathbf{d}_k) \quad i = 1, 2, \cdots, \ell \tag{4.28c}$$

을 얻으며, 여기에서 α_f, $i \in I$에 대한 α_{g_i}, $i = 1, \cdots, \ell$에 대한 α_{h_i}는 $k \to \infty$에 따라 모두 0에 접근한다. (4.28)의 각각의 표현을 $\lambda_k > 0$으로 나누고, $k \to \infty$에 따라 극한을 취하면 다음 2개 식

$$\nabla f(\bar{\mathbf{x}})\cdot\mathbf{d} \le 0,\ \nabla g_i(\bar{\mathbf{x}})\cdot\mathbf{d} \le 0 \qquad i\in I,$$
$$\nabla h_i(\bar{\mathbf{x}})\cdot\mathbf{d} = 0 \qquad i=1,\ \cdots,\ell \tag{4.29}$$

을 얻는다. 지금 $\bar{\mathbf{x}}$ 는 하나의 카루시-쿤-터커 점이므로 $\nabla f(\bar{\mathbf{x}}) + \Sigma_{i\in I}\bar{u}_i\nabla g_i(\bar{\mathbf{x}}) + \Sigma_{i=1}^{\ell}\bar{\nu}_i\nabla h_i(\bar{\mathbf{x}}) = \mathbf{0}$ 이라는 식을 얻는다. 이것과 $\mathbf{d}$ 의 내적을 취하고 (4.29)을 사용해, 다음 내용

$$\nabla f(\bar{\mathbf{x}})\cdot\mathbf{d} = 0,\ \ \nabla g_i(\bar{\mathbf{x}})\cdot\mathbf{d} = 0 \quad i\in I^+,\ \ \nabla g_i(\bar{\mathbf{x}})\cdot\mathbf{d} \le 0 \quad i\in I^0,$$
$$\nabla h_i(\bar{\mathbf{x}})\cdot\mathbf{d} = 0 \quad i=1,\ \cdots,\ell \tag{4.30}$$

과 같은 결론을 얻는다. 그러므로, 특히, $\mathbf{d}\in C$이다. 더군다나 (4.28b)의 각각을 $i\in I$에 대해 $\bar{u}_i$로 곱하고 (4.28c)의 각각을 $i=1,\ \cdots,\ell$에 대해 $\bar{\nu}_i$로 곱한 다음 합하면 $\nabla f(\bar{\mathbf{x}})\cdot\mathbf{d}_k + \Sigma_{i\in I}\bar{u}_i\nabla g_i(\bar{\mathbf{x}})\cdot\mathbf{d}_k + \Sigma_{i=1}^{\ell}\bar{\nu}_i\nabla h_i(\bar{\mathbf{x}})\cdot\mathbf{d}_k = 0$임을 사용해 다음 식

$$0 \ge \frac{\lambda_k^2}{2}\mathbf{d}_k^t\nabla^2\mathscr{L}(\bar{\mathbf{x}})\mathbf{d}_k + \lambda_k^2\left[\alpha_f(\bar{\mathbf{x}};\lambda_k\mathbf{d}_k) + \sum_{i\in I}\bar{u}_i\alpha_{g_i}(\bar{\mathbf{x}};\lambda_k\mathbf{d}_k) + \sum_{i=1}^{\ell}\bar{\nu}_i\alpha_{h_i}(\bar{\mathbf{x}};\lambda_k\mathbf{d}_k)\right]$$

을 얻는다. 위의 부등식을 $\lambda_k^2 > 0$으로 나누고, $k\to\infty$에 따라 극한을 취하면 $\mathbf{d}^t\nabla^2\mathscr{L}(\bar{\mathbf{x}})\mathbf{d} \le 0$임을 얻으며, 여기에서 $\|\mathbf{d}\| = 1$, $\mathbf{d}\in C$이다. 이것은 모순이다. 그러므로 $\bar{\mathbf{x}}$ 는 '문제 P'의 하나의 엄격한 국소최소해가 되어야 한다. 따라서 증명이 완결되었다. (증명 끝)

따름정리 이 정리에서 정의한 것과 같은 '문제 P'를 고려해보고, $\bar{\mathbf{x}}$ 는 부등식 제약조건과 등식 제약조건에 각각 상응하고, 라그랑지 승수 $\bar{\mathbf{u}}$, $\bar{\boldsymbol{\nu}}$에 관련한 하나의 카루시-쿤-터커 점이라 하자. 더군다나 $i\in I^+ = \{i\in I \mid \bar{u}_i > 0\}$에 대한 $\nabla g_i(\bar{\mathbf{x}})$와 $i=1,\ \cdots,\ell$에 대한 $\nabla h_i(\bar{\mathbf{x}})$의 집합은 n개 선형독립인 벡터의 집합을 포함한다고 가정한다. 그렇다면 $\bar{\mathbf{x}}$ 는 P의 엄격한 국소최소해이다.

증명 이 따름정리에서 기술한 선형독립성의 조건 아래 $C = \varnothing$ 이며, 따라서 디폴트에 의해 정리 4.4.2가 공집합으로 성립한다. 이것으로 증명이 완결되었다. (증명 끝)

여기에서, 순서로 보아, 정리 4.4.2에 관한 몇 가지 언급이 필요하다. 먼저, 이 정리의 증명에서 원추 C가 제약조건 $\nabla f(\bar{\mathbf{x}}) \cdot \mathbf{d} = 0$을 포함하도록 더욱 제한을 가함으로써 이 결과를 강화할 수 있음을 관측하시오. 비록 이것은 유효하지만, $\bar{\mathbf{x}}$가 하나의 카루시-쿤-터커 점이며 $\mathbf{d} \in C$일 때, 자동적으로 $\nabla f(\bar{\mathbf{x}}) \cdot \mathbf{d} = 0$이므로 이것은 C를 더욱 제한하지는 않는다. 둘째로, 만약 문제가 제약 없는 최소화문제라면, 정리 4.2.2는, 만약 $\nabla f(\bar{\mathbf{x}}) = \mathbf{0}$ 이며 만약 $\nabla^2 f(\bar{\mathbf{x}}) \equiv \mathbf{H}(\bar{\mathbf{x}})$가 양정부호라면 $\bar{\mathbf{x}}$는 하나의 엄격한 국소최소해라고 주장함이 됨을 관측하시오. 그러므로, 정리 4.1.4는 이 결과의 하나의 특별 케이스이다. 유사하게, 보조정리 4.4.1b는 이 결과의 하나의 특별 케이스이다. 마지막으로, 따름정리의 조건의 아래의 내용을 제외하고 선형계획법 문제에 대해, 이 충분조건은 만족될 필요가 없음을 관측하고, 그러므로 $\bar{\mathbf{x}}$는 하나의 유일한 극점최적해이다.

지금 2-계 필요최적성 조건을 다루는 정리 4.4.2의 대응물에 관심을 돌린다. 정리 4.4.3은, 만약 $\bar{\mathbf{x}}$가 하나의 국소최소해라면, 하나의 적절한 2-계 제약자격 아래, 이것은 하나의 카루시-쿤-터커 점임을 보여준다; 그리고 나아가서, 정리 4.4.2에서 정의한 바와 같이 C에 속하는 모든 $\mathbf{d}$에 대해 $\mathbf{d}^t \nabla^2 \mathscr{L}(\bar{\mathbf{x}}) \mathbf{d} \geq 0$이다. 마지막 문장은 C에서 임의의 방향을 따라 라그랑지 함수 $\mathscr{L}$는 $\bar{\mathbf{x}}$에서 비음(-)곡률을 갖는다는 것을 지적한다.

4.4.3 정리(카루시-쿤-터커 2-계 필요조건)

(4.23)에서 정의한 것과 같은 '문제 P'를 고려해보고, 여기에서 목적함수와 제약조건을 정의하는 함수는 모두 2회 미분가능하며, 여기에서 $X \neq \varnothing$는 $\Re^n$에서 열린집합이다. $\bar{\mathbf{x}}$는 '문제 P'의 하나의 국소최소해라 하고, $I = \{i \mid g_i(\bar{\mathbf{x}}) = 0\}$를 첨자집합이라고 한다. (4.25)에서처럼 제한된 라그랑지 함수 $\mathscr{L}(\mathbf{x})$를 정의하고 $\bar{\mathbf{x}}$에서 이것의 헤시안을 다음 식

$$\nabla^2 \mathscr{L}(\bar{\mathbf{x}}) \equiv \nabla^2 f(\bar{\mathbf{x}}) + \sum_{i \in I} \bar{u}_i \nabla^2 g_i(\bar{\mathbf{x}}) + \sum_{i=1}^{\ell} \bar{\nu}_i \nabla^2 h_i(\bar{\mathbf{x}})$$

으로 나타내며, 여기에서 $\nabla^2 f(\bar{\mathbf{x}})$, $i \in I$에 대한 $\nabla^2 g_i(\bar{\mathbf{x}})$, $i=1, \cdots, \ell$에 대한 $\nabla^2 h_i(\bar{\mathbf{x}})$은 모두 $\bar{\mathbf{x}}$에서 값을 구한 f와 $i \in I$에 대한 g_i, 그리고 $i=1, \cdots, \ell$에 대한 h_i의 각각의 헤시안이다. $i \in I$에 대한 $\nabla g_i(\bar{\mathbf{x}})$와 $i=1, \cdots, \ell$에 대한 $\nabla h_i(\bar{\mathbf{x}})$은 선형독립이라고 가정한다. 그러면 $\bar{\mathbf{x}}$는 부등식 제약조건과 등식 제약조건 각각에 연관된 라그랑지 승수 $\bar{\mathbf{u}} \geq 0$, $\bar{\nu}$를 갖는 하나의 카루시-쿤-터커 점이다. 더군다나, 모든 $\mathbf{d} \in C = \{\mathbf{d} \neq 0 \mid \nabla g_i(\bar{\mathbf{x}}) \cdot \mathbf{d} = 0 \ i \in I^+, \nabla g_i(\bar{\mathbf{x}}) \cdot \mathbf{d} \leq 0 \, i \in I^0, \nabla h_i(\bar{\mathbf{x}}) \cdot \mathbf{d} = 0 \ \forall i = 1, \cdots, \ell\}$에 대해 $\mathbf{d}^t \nabla^2 \mathscr{L}(\bar{\mathbf{x}}) \mathbf{d} \geq 0$이며, 여기에서 $I^+ = \{i \in I \mid \bar{u}_i > 0\}$, $I^0 = \{i \in I \mid \bar{u}_i = 0\}$이다.

증명 정리 4.3.7에 따라 $\bar{\mathbf{x}}$는 바로 하나의 카루시-쿤-터커 점이다. 지금 만약 $C = \varnothing$이라면 이 결과는 자명하게 참이다. 그렇지 않다면 임의의 $\mathbf{d} \in C$를 고려해보고 $I(\mathbf{d}) = \{i \in I \mid \nabla g_i(\bar{\mathbf{x}}) \cdot \mathbf{d} = 0\}$이라고 나타낸다. $\lambda \geq 0$에 대해 다음 미분방정식과 경계조건

$$\frac{d\boldsymbol{\alpha}(\lambda)}{d\lambda} = \mathbf{P}(\lambda)\mathbf{d}, \qquad \boldsymbol{\alpha}(0) = \bar{\mathbf{x}}$$

에 의해 $\boldsymbol{\alpha} : \mathfrak{R} \to \mathfrak{R}^n$을 정의하며, 여기에서 $\mathrm{P}(\lambda)$는 임의의 벡터를, $i \in I(\mathbf{d})$에 대한 $\nabla g_i(\boldsymbol{\alpha}(\lambda))^t$ 행과 $i=1, \cdots, \ell$에 대한 $\nabla h_i(\boldsymbol{\alpha}(\lambda))^t$ 행을 갖는 행렬의 영공간에 사영하는 행렬이다. 정리 4.3.1의 증명〔$i \in I(\mathbf{d})$에 대한 g_i와 $i=1, \cdots, \ell$에 대한 h_i를 그곳에서 "등식"으로 취급함으로, 그리고 $\nabla g_i(\bar{\mathbf{x}}) \cdot \mathbf{d} < 0$이 되도록 하는 $i \in I - I(\mathbf{d})$에 대한 g_i를 그곳에서 "부등식"으로 취급함으로〕을 따라, 어떤 $\delta > 0$에 대해, 그리고 $0 \leq \lambda \leq \delta$에 대해 $\boldsymbol{\alpha}(\lambda)$는 실현가능해임을 얻는다.

지금 수열 $\{\lambda_k\} \to 0^+$을 고려해보고 모든 k에 대해 $\mathbf{x}_k = \boldsymbol{\alpha}(\lambda_k)$라고 나타낸다. 테일러급수 전개에 따라 다음 식

$$\mathscr{L}(\mathbf{x}_k)=\mathscr{L}(\overline{\mathbf{x}})+\nabla\mathscr{L}(\overline{\mathbf{x}})\cdot(\mathbf{x}_k-\overline{\mathbf{x}})+\frac{1}{2}(\mathbf{x}_k-\overline{\mathbf{x}})^t\nabla^2\mathscr{L}(\overline{\mathbf{x}})(\mathbf{x}_k-\overline{\mathbf{x}})$$
$$+\|(\mathbf{x}_k-\overline{\mathbf{x}})\|^2\beta\left[\overline{\mathbf{x}};(\mathbf{x}_k-\overline{\mathbf{x}})\right] \tag{4.31}$$

을 얻으며, 여기에서 $\mathbf{x}_k\to\overline{\mathbf{x}}$에 따라 $\beta\left[\mathbf{x};(\mathbf{x}_k-\overline{\mathbf{x}})\right]\to 0$이다. 모든 $i\in I(\mathbf{d})\supseteq I^+$에 대해 $g_i(\mathbf{x}_k)=0$, $h_1(\mathbf{x}_k)=0$, $\cdots$, $h_\ell(\mathbf{x}_k)=0$이므로, (4.25)에서 $\mathscr{L}(\mathbf{x}_k)=f(\mathbf{x}_k)$이다. 유사하게, $\mathscr{L}(\overline{\mathbf{x}})=f(\overline{\mathbf{x}})$이다. 또한, $\overline{\mathbf{x}}$는 카루시-쿤-터커 점이므로 $\nabla\mathscr{L}(\overline{\mathbf{x}})=\mathbf{0}$이다. 더구나 $\mathbf{x}_k=\boldsymbol{\alpha}(\lambda_k)$는 실현가능해이므로 $\lambda_k\to 0^+$ 또는 $k\to\infty$에 따라 $\mathbf{x}_k\to\overline{\mathbf{x}}$이며, $\overline{\mathbf{x}}$는 국소최소해이므로 충분히 큰 k에 대해 반드시 $f(\mathbf{x}_k)\geq f(\overline{\mathbf{x}})$이어야 한다. 따라서 (4.31)에서, 충분히 큰 k에 대해 다음 식

$$\frac{f(\mathbf{x}_k)-f(\overline{\mathbf{x}})}{\lambda_k^2}=\frac{1}{2}\frac{(\mathbf{x}_k-\overline{\mathbf{x}})^t}{\lambda_k}\nabla^2\mathscr{L}(\overline{\mathbf{x}})\frac{\mathbf{x}_k-\overline{\mathbf{x}}}{\lambda_k}$$
$$+\left\|\frac{(\mathbf{x}_k-\overline{\mathbf{x}})}{\lambda_k}\right\|^2\beta\left[\overline{\mathbf{x}};(\mathbf{x}_k-\overline{\mathbf{x}})\right]\geq 0 \tag{4.32a}$$

을 얻는다. 그러나 이미 $\mathbf{d}$는 $i\in I(\mathbf{d})$에 대한 행 $\nabla g_i(\overline{\mathbf{x}})^t$와 $i=1,\cdots,\ell$에 대한 행 $\nabla h_i(\overline{\mathbf{x}})^t$를 갖는 행렬의 영공간에 속하므로 다음 식

$$\lim_{k\to\infty}\frac{\mathbf{x}_k-\overline{\mathbf{x}}}{\lambda_k}=\lim_{k\to\infty}\frac{\boldsymbol{\alpha}(\lambda_k)-\boldsymbol{\alpha}(0)}{\lambda_k}=\boldsymbol{\alpha}'(0)=\mathbf{P}(0)\mathbf{d}=\mathbf{d} \tag{4.32b}$$

이 성립함을 주목하자. $k\to\infty$에 따라 (4.32a)의 극한을 취하고, (4.32b)을 사용하면, $\mathbf{d}^t\nabla^2\mathscr{L}(\overline{\mathbf{x}})\mathbf{d}\geq 0$임을 얻는다. 이것으로 증명이 완결되었다. (증명 끝)

이 정리에서 정의된 집합 C는 $G_0'\cap H_0$의 부분집합이라는 것을 관측하고 $\overline{\mathbf{x}}$에서 $\mathcal{L}$의 비음(-) 곡률이 모든 $\mathbf{d}\in C$에 대해 요구되지만, 모든 $\mathbf{d}\in G_0'\cap H_0$에 대해 요구될 필요가 없음을 관측하시오. 더군다나, 만약 문제가 제약 없는 최적

화문제라면, 정리 4.4.3은 국소최소해 $\bar{\mathbf{x}}$에서 $\nabla f(\bar{\mathbf{x}}) = \mathbf{0}$이며 $\mathbf{H}(\bar{\mathbf{x}})$는 양반정부호임을 강조하는 것으로 됨을 주목하시오. 그러므로, 정리 4.1.3은 이 결과의 하나의 특수 케이스가 된다. 지금 앞서 말한 결과를 사용하는 것을 예시하자.

4.4.4 예제(맥코믹[1967])

다음의 비볼록계획법 문제

$$\text{P: 최소화 } \left\{ (x_1 - 1)^2 + x_2^2 \,\middle|\, g_1(\mathbf{x}) = 2kx_1 - x_2^2 \leq 0 \right\}$$

를 고려해보고, 여기에서 k는 양(+) 상수이다. 그림 4.14는 k의 값에 따라 최적해가 결정되는 2개의 가능한 방법을 예시한다.

$\nabla g_1(\mathbf{x}) = (2k, -2x_2) \neq (0, 0)$임을 주목하고, 그러므로 임의의 실현가능해 $\mathbf{x}$에서 선형독립성의 제약자격이 성립한다. 카루시-쿤-터커 조건은 원문제 실현가능성과 다음 식

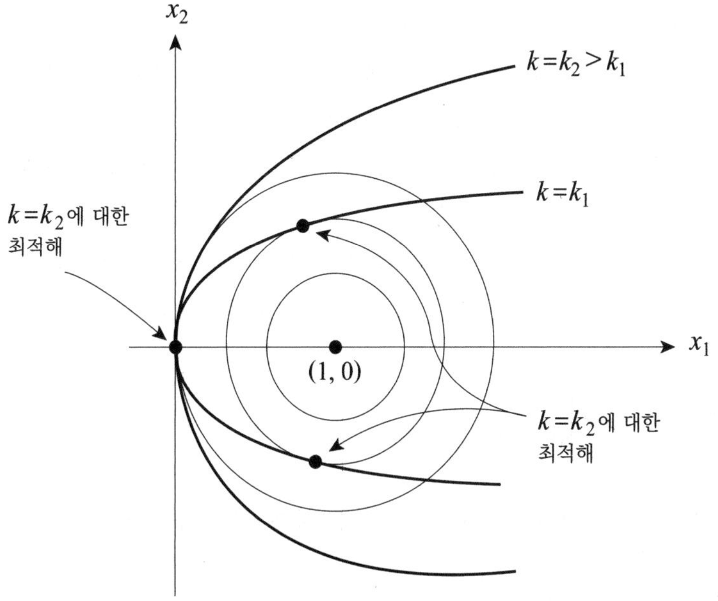

그림 4.14 최적해의 2개 케이스: 예제 4.4.4

$$\begin{bmatrix} 2(x_1-1) \\ 2x_2 \end{bmatrix} + u_1 \begin{bmatrix} 2k \\ -2x_2 \end{bmatrix} = \begin{bmatrix} 0 \\ 0 \end{bmatrix}$$

이 성립할 것을 요구하며, 여기에서 $u_1 \geq 0$, $u_1[2kx_1 - x_2^2] = 0$이다. 만약 $u_1 = 0$이라면 $(x_1, x_2) = (1, 0)$임이 반드시 주어져야 하며 이 점은 제약 없는 최소해이며 임의의 $k > 0$에 대해 실현불가능하다. 그러므로 임의의 카루시-쿤-터커 점에 대해 u_1은 반드시 양(+)이어야 한다; 그래서 상보여유성조건에 의해 반드시 $2kx_1 = x_2^2$이 성립해야 한다. 더군다나 둘째 쌍대문제 실현가능성의 제약조건에 따라 반드시 $x_2 = 0$이거나 $u_1 = 1$이어야 한다. 만약 $x_2 = 0$이라면 $2kx_1 = x_2^2$는 $x_1 = 0$을 산출하며, 제약조건의 첫째 쌍대문제 실현가능성은 $u_1 = 1/k$을 산출한다. 이것은 카루시-쿤-터커 해를 제공한다. 유사하게 카루시-쿤-터커 조건에서 $u_1 = 1$일 때 $x_1 = 1-k$, $x_2 = \pm\sqrt{2k(1-k)}$을 얻으며, $0 < k < 1$일 때 이것은 카루시-쿤-터커 해의 다른 집합을 산출한다. 그러므로 임의의 $k > 0$에 대한 카루시-쿤-터커 해는 $\{\bar{\mathbf{x}}^1 = (0,0),\ \bar{u}_1^1 = 1/k\}$이며, 만약 $0 < k < 1$이라면 $\{\bar{\mathbf{x}}^3 = (1-k, -\sqrt{2k(1-k)}),\ \bar{u}_1^3 = 1\}$과 함께 $\{\bar{\mathbf{x}}^2 = (1-k, \sqrt{2k(1-k)}), \bar{u}_1^2 = 1\}$이다.

예를 들면 위의 카루시-쿤-터커 점의 함숫값과 제약조건 곡면에 있는 다른 점 $\mathbf{x}$의 목적함숫값의 볼록조합을 검사함으로, 이들 점에서 g_1이 준볼록함수가 아님은 즉시 입증된다; 따라서 정리 4.2.13의 1-계 필요조건은 만족되는 반면, 정리 4.2.16의 충분조건은 만족되지 않는다. 그러므로, 이들 결과를 사용해서는 위 카루시-쿤-터커 해의 특성에 관해 알기 어렵다.

지금, 정리 4.4.3의 2-계 필요조건을 검사하자. $\mathscr{L}(\mathbf{x}) = f(\mathbf{x}) + \bar{u}_1 g(\mathbf{x}) = (x_1-1)^2 + x_2^2 + \bar{u}_1[2kx_1 - x_2^2]$ 임을 주목하고 헤시안은 다음 식

$$\nabla^2 \mathscr{L}(\bar{\mathbf{x}}) = \begin{bmatrix} 2 & 0 \\ 0 & 2(1-\bar{u}_1) \end{bmatrix}$$

과 같다. 더군다나, 정리 4.4.3에서 정의한 원추 C는 다음 식

$$C = \{\mathbf{d} \neq \mathbf{0} \mid kd_1 = \bar{x}_2 d_2\}$$

으로 주어진다(임의의 카루시-쿤-터커 점에서 $\bar{u}_1 > 0$이므로). 카루시-쿤-터커 해 $(\bar{\mathbf{x}}^1, \bar{u}_1^1)$에 대해, '정리 4.4.3'은 $d_1 = 0$이 되도록 하는 모든 (d_1, d_2)에 대해 $2d_1^2 + 2(1-1/k)d_2^2 \geq 0$이어야 함을 요구한다. 만약 $k \geq 1$이라면 이것은 명백히 성립한다. 그러나 $0 < k < 1$일 때 이 조건은 위반된다. 그러므로 '정리 4.4.3'을 사용해 $0 < k < 1$에 대해 $\bar{\mathbf{x}}^1$은 국소최소해가 아니라는 결론을 내릴 수 있다. 반면에 $\bar{u}_1^2 = \bar{u}_1^3 = 1$이므로 $\nabla^2 \mathscr{L}(\bar{\mathbf{x}}^2)$, $\nabla^2 \mathscr{L}(\bar{\mathbf{x}}^3)$는 양반정부호이며 따라서 카루시-쿤-터커 해의 다른 집합은 2-계 필요최적성 조건을 만족시킨다.

다음으로 '정리 4.4.2'의 2-계 충분조건을 검사하자. 만약 $k > 1$이라면 $(\bar{\mathbf{x}}^1, \bar{u}_1^1)$의 카루시-쿤-터커 해 $\nabla^2 \mathscr{L}(\bar{\mathbf{x}}^1)$는 그 자체로 양정부호이다; 그래서, 보조정리 4.4.1b에 따라서도, $\bar{\mathbf{x}}^1$는 엄격한 국소최소해임을 알고 있다. 그러나 $k=1$에 대해 비록 $\bar{\mathbf{x}}^1$가 '문제 P'의 최적해이지만, $\mathbf{d} \in C = \{\mathbf{d} \neq \mathbf{0} \mid d_1 = 0\}$에 대해 $\mathbf{d}^t \nabla^2 \mathscr{L}(\bar{\mathbf{x}}^1)\mathbf{d} = 2d_1^2 = 0$이므로 '정리 4.4.2'를 검토해 보고 이것을 인지할 수 없다.

다음으로, $0 < k < 1$에 대해 카루시-쿤-터커 해 $(\bar{\mathbf{x}}^2, \bar{u}_1^2)$를 고려해보고, 여기에서 $C = \{\mathbf{d} \neq \mathbf{0} \mid kd_1 = \sqrt{2k(1-k)}\, d_2\}$이다; 그리고 C에 속한 임의의 $\mathbf{d}$에 대해, $\mathbf{d}^t \nabla^2 \mathscr{L}(\bar{\mathbf{x}}^2)\mathbf{d} = 2d_1^2 > 0$이다. 그러므로 정리 4.4.2에 따라, $0 < k < 1$에 대해 $\bar{\mathbf{x}}^2$는 엄격한 국소최소해이다. $\nabla^2 \mathscr{L}(\bar{\mathbf{x}}^2)$ 자체는 양정부호가 아님을 주목하자. 그러므로 정리 4.4.2는 $\bar{\mathbf{x}}^2$의 국소최소해 지위에 대해 결론을 내림에 있어 결정적 역할을 한다. 유사하게, $\bar{\mathbf{x}}^3$은 $0 < k < 1$에 대해 엄격한 국소최소해이다. 이 문제의 비볼록성 때문에 위의 엄격한 국소최소해의 전역최소해 지위는 다른 방법으로 세워져야 한다(연습문제 4.40 참조).

연습문제

[4.1] 단일변수 함수 $f(x) = xe^{-2x}$를 고려해보자. 모든 국소적 최소/최대와 변곡점을 구하시오. 또한, f의 전역최소해와 전역최대해에 대해 독자는 무엇을 주장

할 수 있는가? 독자의 주장에 대해 해석적 방법으로 정당화하시오.

[4.2] 다음의 선형계획법 문제

$$\begin{array}{ll} \text{최대화} & x_1 + 3x_2 \\ \text{제약조건} & 2x_1 + 3x_2 \leq 6 \\ & -x_1 + 4x_2 \leq 4 \\ & x_1, \quad x_2 \geq 0 \end{array}$$

를 고려해보자.

a. 카루시-쿤-터커 최적성 조건을 작성하시오.

b. 각각의 극점에 대해, 대수적으로 그리고 기하적으로 카루시-쿤-터커 조건의 성립 여부를 입증하시오. 이것에서, 하나의 최적해를 구하시오.

[4.3] 다음 문제

$$\begin{array}{ll} \text{최소화} & x_1^2 + 2x_2^2 \\ \text{제약조건} & x_1 + x_2 - 2 = 0 \end{array}$$

를 고려해보자. 카루시-쿤-터커 조건을 만족시키는 하나의 점을 찾고, 이 점이 진실로 하나의 최적해임을 입증하시오. 만약 목적함수를 $x_1^3 + x_2^3$으로 대체한다면 문제의 최적해를 또다시 구하시오.

[4.4] 다음의 제약 없는 문제

$$\text{최소화} \quad 2x_1^2 - x_1x_2 + x_2^2 - 3x_1 + e^{2x_1 + x_2}$$

를 고려해보자.

a. 1-계 필요최적성 조건을 작성하시오. 이 조건은 최적성에 대해서도 역시 충분조건인가? 왜 그런가?

b. 점 $\overline{\mathbf{x}} = (0,0)$는 하나의 최적해인가? 만약 아니라면, 함수 값이 감소

하는 방향 $\mathbf{d}$를 확인하시오.

c. 점 $(0,0)$에서 출발하여 파트 b에서 얻은 벡터 $\mathbf{d}$를 따라 함수를 최소화하시오.

d. 목적함수에서 마지막 항을 탈락시키고, 문제의 최적해를 구하기 위한 고전적 직접최적화 기법을 사용하시오.

[4.5] 다음 문제

$$\begin{aligned} \text{최소화} \quad & x_1^4 + x_2^4 + 12x_1^2 + 6x_2^2 - x_1x_2 - x_1 - x_2 \\ \text{제약조건} \quad & x_1 + x_2 \geq 6 \\ & 2x_1 - x_2 \geq 3 \\ & x_1 \geq 0,\ x_2 \geq 0 \end{aligned}$$

를 고려해보자. 카루시-쿤-터커 조건을 작성하고, 점 $(x_1, x_2) = (3, 3)$은 유일한 최적해임을 보이시오.

[4.6] $\| \mathbf{A}\mathbf{x} - \mathbf{b} \|^2$를 최소화하는 문제를 고려해보고, 여기에서 $\mathbf{A}$는 $m \times n$ 행렬, $\mathbf{b}$는 m-벡터이다.

a. 문제를 기하학적으로 해석하시오.

b. 최적성의 필요조건을 구하시오. 이것은 또한 충분조건인가?

c. 이것은 유일한 최적해인가? 왜 그런가 또는 왜 아닌가?

d. 독자는 최적해의 닫힌 형식의 해를 제시할 수 있는가? 여기에 필요할지도 모르는 임의의 가정을 명시하시오.

e. 다음의 $\mathbf{A}$, $\mathbf{b}$ 데이터를 가지고 문제의 최적해를 구하시오.

$$\mathbf{A} = \begin{bmatrix} 2 & -1 & 0 \\ 0 & 2 & 2 \\ 0 & 1 & 0 \\ 1 & 0 & 1 \end{bmatrix}, \qquad \mathbf{b} = \begin{bmatrix} 2 \\ 6 \\ 2 \\ 0 \end{bmatrix}.$$

[4.7] 다음 문제

$$
\begin{aligned}
\text{최소화} \quad & \left(x_1 - \frac{4}{9}\right)^2 + (x_2 - 2)^2 \\
\text{제약조건} \quad & x_2 - x_1^2 \geq 0 \\
& x_1 + x_2 \leq 6 \\
& x_1, \quad x_2 \geq 0
\end{aligned}
$$

를 고려해보자.

a. 카루시-쿤-터커 최적성 조건을 작성하고, 점 $\overline{\mathbf{x}} = (3/2, 9/4)$에서 이 조건이 성립함을 입증하시오.

b. $\overline{\mathbf{x}}$에서 카루시-쿤-터커 조건을 도식적으로 해석하시오.

c. $\overline{\mathbf{x}}$는 진실로 전역최적해임을 보이시오.

[4.8] 다음 문제

$$
\begin{aligned}
\text{최소화} \quad & \frac{x_1 + 3x_2 + 3}{2x_1 + x_2 + 6} \\
\text{제약조건} \quad & 2x_1 + x_2 \leq 12 \\
& -x_1 + 2x_2 \leq 4 \\
& x_1, \quad x_2 \geq 0
\end{aligned}
$$

를 고려해보자.

a. 카루시-쿤-터커 조건은 문제의 충분조건임을 보이시오.

b. 점 $(0, 0)$, $(6, 0)$을 연결하는 선에 있는 모든 점은 하나의 최적해임을 보이시오.

[4.9] 다음 문제

$$
\begin{aligned}
\text{최대화} \quad & \mathbf{c} \cdot \mathbf{d} \\
\text{제약조건} \quad & \mathbf{d} \cdot \mathbf{d} \leq 1
\end{aligned}
$$

를 고려해보고, 여기에서 $\mathbf{c} \neq \mathbf{0}$는 $\Re^n$의 벡터이다.

a. $\bar{\mathbf{d}} = \mathbf{c} / \| \mathbf{c} \|$ 는 하나의 카루시-쿤-터커 점임을 보이시오. 나아가서 $\bar{\mathbf{d}}$ 는 진실로 유일한 전역최적해임을 보이시오.

b. 파트 a의 결과를 사용해, 하나의 점 $\mathbf{x}$에서 만약 $\nabla f(\mathbf{x}) \neq \mathbf{0}$이라면 f의 최급증가방향은 $\nabla f(\mathbf{x}) / \| \nabla f(\mathbf{x}) \|$ 로 주어짐을 보이시오.

[4.10] 최소화 $f(\mathbf{x})$ 제약조건 $g_i(\mathbf{x}) \leq 0 \ i = 1, \cdots, m$ 문제를 고려해보자.

a. 하나의 점 $\bar{\mathbf{x}}$가 하나의 카루시-쿤-터커 점인가 또는 아닌가를 입증함은 $\mathbf{A}^t\mathbf{u} = \mathbf{c} \ \ \mathbf{u} \geq \mathbf{0}$와 같은 형태의 하나의 연립방정식을 만족시키는 하나의 벡터 $\mathbf{u}$를 찾음과 등가임을 보이시오(이 문제는 선형계획법의 페이스-I을 사용해 나타낼 수 있다).

b. 만약 이 문제가 등식 제약조건을 갖는다면 파트 a에서 필요한 수정사항을 지적하시오.

c. 다음 문제

$$
\begin{array}{ll}
\text{최소화} & 2x_1^2 + x_2^2 + 2x_3^2 + x_1x_3 - x_1x_2 + x_1 + 2x_3 \\
\text{제약조건} & x_1^2 + x_2^2 - x_3 \leq 0 \\
& x_1 + x_2 + 2x_3 \leq 16 \\
& x_1 + x_2 \geq 3 \\
& x_1, \ \ x_2, \ \ x_3 \geq 0
\end{array}
$$

에 의해 파트 a를 예시하고, 여기에서 $\bar{\mathbf{x}} = (1, 2, 5)$이다.

[4.11] 최소화 $f(x_1, x_2) = (x_2^2 - x_1)(x_2^2 - 2x_1)$ 문제를 고려해보고 $\bar{\mathbf{x}} = (0, 0)$이라고 놓는다. 각각의 $\| \mathbf{d} \| = 1$인 $\mathbf{d} \in \Re^n$에 대해, $-\delta_{\mathbf{d}} \leq \lambda \leq \delta_{\mathbf{d}}$에 대해 $f(\bar{\mathbf{x}} + \lambda\mathbf{d}) \geq f(\mathbf{x})$가 성립하도록 하는 $\delta_{\mathbf{d}} > 0$이 존재함을 보이시오. 그러나 $inf\{\delta_{\mathbf{d}} \mid \mathbf{d} \in \Re^n, \ \| \mathbf{d} \| = 1\} = 0\}$임을 보이시오. 그림 4.1을 참고해, $\bar{\mathbf{x}}$의 국소최적성에 관해 이것이 결과로 무엇을 낳는가를 토의하시오.

[4.12] 다음 문제

$$\text{최소화} \quad \sum_{j=1}^{n} \frac{c_j}{x_j}$$

$$\text{제약조건} \quad \sum_{j=1}^{n} a_j x_j = b$$

$$x_j \geq 0 \quad j=1, \cdots, n$$

를 고려해보고, 여기에서 a_j, b, c_j는 양(+) 상수이다. 카루시-쿤-터커 조건을 작성하고 이 조건을 만족하는 점 $\overline{\mathbf{x}}$을 구하시오.

[4.13] 최소화 $f(\mathbf{x})$ 제약조건 $g_i(\mathbf{x}) \leq 0 \;\; i=1, \cdots, m \;\; h_i(\mathbf{x})=0 \;\; i=1, \cdots, \ell$의 '문제 P'를 고려해보자. 이 문제는 $\overline{\mathrm{P}}$

최소화

$$\left\{f(\mathbf{x}) \,\middle|\, g_i(\mathbf{x})+s_i^2=0 \;\; i=1, \cdots, m, \;\; \text{그리고} \;\; h_i(\mathbf{x})=0 \;\; i=1, \cdots, \ell\right\}$$

로 재정식화한다고 가정한다. P와 $\overline{\mathrm{P}}$의 카루시-쿤-터커 조건을 작성하고 비교하시오. 2개 조건의 차이를 설명하고 이들의 최적해를 찾기 위해 어떤 논증을 사용할 수 있는가를 설명하시오. 문제의 최적해를 구하기 위해 $\overline{\mathrm{P}}$의 정식화를 사용함에 관해 독자의 의견을 제시하시오.

[4.14] 최소화 제약조건 $g_i(\mathbf{x}) \leq 0 \;\; i=1, \cdots, m \;\; h_i(\mathbf{x})=0 \;\; i=1, \cdots, \ell$의 '문제 P'를 고려해보자. P는 수학적으로 다음과 같은 단일 제약조건을 갖는 '문제 $\overline{\mathrm{P}}$'

$$\overline{\mathrm{P}} : \text{최소화} \quad \left\{f(\mathbf{x}) \,\middle|\, \sum_{i=1}^{m}\left[g_i(\mathbf{x})+s_i^2\right]^2 + \sum_{i=1}^{\ell} h_i^2(\mathbf{x}) = 0\right\}$$

와 등가임을 보이고, 여기에서 $s_1, \cdots, s_m$은 추가적 변수이다. $\overline{\mathrm{P}}$의 프리츠 존 조건과 카루시-쿤-터커 조건을 나타내시오. 독자는 국소최적점, 프리츠 존 점과 카루시-쿤-터커 점 사이의 관계에 대해 어떻게 설명할 수 있는가? P의 최적해를 구함에 있어 $\overline{\mathrm{P}}$의 효용에 관한 독자의 의견은 무엇인가?

[4.15] 지수계획법에서 다음 결과가 이용된다. 만약 $x_1 \geq 0, \cdots, x_n \geq 0$이라면, 다음 부등식

$$\frac{1}{n}\sum_{j=1}^{n} x_j \geq \left(\prod_{j=1}^{n} x_j\right)^{1/n}$$

이 성립한다. 카루시-쿤-터커 조건을 사용해 이 결과를 증명하시오.
〔**힌트**: 다음 문제 가운데 하나를 고려해보고, 독자가 이것의 사용을 정당화하시오:

$$\begin{aligned} &\text{최소화} \quad \sum_{j=1}^{n} x_j \\ &\text{제약조건} \quad \prod_{j=1}^{n} x_j = 1,\ x_j \geq 0 \quad j=1, \cdots, n. \end{aligned}$$

$$\begin{aligned} &\text{최대화} \quad \prod_{j=1}^{n} x_j \\ &\text{제약조건} \quad \sum_{j=1}^{n} x_j = 1,\ x_j \geq 0 \quad j=1, \cdots, n. \end{aligned}$$〕

[4.16] 최소화 $\mathbf{c}\cdot\mathbf{x} + (1/2)\mathbf{x}^t\mathbf{Q}\mathbf{x}$ 할당제약조건 $\Sigma_{j=1}^{m} x_{ij} = 1 \quad i=1, \cdots, m$ $\Sigma_{i=1}^{m} x_{ij} = 1 \ j=1, \cdots, m$의 이차식할당 문제를 고려해보고, $\mathbf{x}$는 이진법의 수이며, 여기에서, $i, j=1, \cdots, m$에 대해 만약 i가 j로 배당된다면, $\mathbf{x}$의 성분 x_i는 1을 취하고, 그렇지 않다면 0을 취한다. 만약 M이 $\mathbf{Q}$의 임의의 행의 요소의 절댓값의 합을 넘는다면, $\mathbf{Q}$의 각각의 대각선 요소에서 M을 빼서 얻은 행렬 $\overline{\mathbf{Q}}$는 음정부호 행렬임을 보이시오. 지금, 다음 문제

$\overline{\text{QAP}}$:

$$\text{최소화} \left\{\mathbf{c}\cdot\mathbf{x} + \frac{1}{2}\mathbf{x}^t\overline{\mathbf{Q}}\mathbf{x} \,\middle|\, \sum_{j=1}^{m} x_{ij} = 1 \ \ \forall i,\ \sum_{i=1}^{m} x_{ij} = 1 \ \ \forall j,\ \mathbf{x} \geq \mathbf{0}\right\}$$

를 고려해보자. $\overline{\text{QAP}}$의 극점은 모두 이진법 수의 값을 갖는다는 사실을 사용해, $\overline{\text{QAP}}$은 QAP와 등가임을 보이시오. 나아가서, $\overline{\text{QAP}}$의 모든 극점은 카루시-쿤-터커 점임을 보이시오(이 연습문제는 바자라 & 셰랄리[1982]에 의한 것이다).

[4.17] 다음 질문에 답하고 독자의 답을 정당화하시오:

a. 최소화 비선형계획법 문제에 있어, 카루시-쿤-터커 점이 국소최대해가 될 수 있는가?

b. f는 미분가능이라 하고, X는 볼록집합이라 하고, $\bar{\mathbf{x}} \in X$는 모든 $\mathbf{x} \in X$, $\mathbf{x} \neq \bar{\mathbf{x}}$에 대해 $\nabla f(\bar{\mathbf{x}}) \cdot (\mathbf{x} - \bar{\mathbf{x}}) > 0$을 만족시킨다고 한다. $\bar{\mathbf{x}}$는 국소최소해일 필요가 있는가?

c. 문제에서 등식 또는 부등식 제약조건을 되풀이함으로 프리츠 존 최적성 조건과 카루시-쿤-터커 최적성 조건을 적용하는 데 따르는 효과는 무엇인가?

[4.18] 연습문제 1.3, 1.4의 카루시-쿤-터커 필요최적성 조건을 작성하시오. 이 조건을 사용해, 최적해를 구하시오.

[4.19] $f: \Re^n \to \Re$은 무한회 미분가능하다고 하고, $\bar{\mathbf{x}} \in \Re^n$이라 한다. 임의의 $\mathbf{d} \in \Re^n$에 대해, $\lambda \in \Re$에 대한 $F_{\mathbf{d}}(\lambda) = (\bar{\mathbf{x}} + \lambda\mathbf{d})$를 정의한다. $F_{\mathbf{d}}(\lambda)$의 무한 테일러급수 전개식을 작성하고, $F_{\mathbf{d}}''(\lambda)$를 계산하시오. 이 표현의 비음(-)성 또는 양(+)성을, $\bar{\mathbf{x}}$가 f의 국소최소해가 되기 위한 필요충분적 테일러급수 기반의 부등식과 비교하시오. 독자는 어떤 결론을 내릴 수 있는가?

[4.20] 다음 1-차원 최소화문제

최소화 $f(\mathbf{x} + \lambda\mathbf{d})$
제약조건 $\lambda \geq 0$

를 고려해보고, 여기에서 $\mathbf{x}$는 하나의 주어진 벡터이며, $\mathbf{d} \neq \mathbf{0}$는 주어진 방향이다.

a. 만약 f가 미분가능하다면, 최소해의 필요조건을 작성하시오. 이 조건은 역시 충분조건도 되는가? 그렇지 않다면, f의 어떤 가정이 필요조건은 역시 충분조건도 되도록 할 것인가?

b. f는 볼록이지만 미분불가능하다고 가정한다. 절 3.2에서 정의한 것처럼 f의 열경도를 사용해 위 문제의 필요최적성 조건을 개발할 수 있는가?

[4.21] 절 2.3에서 토의한 파르카스의 정리를 증명하기 위해 카루시-쿤-터커 조건을 사용하시오(**힌트**: 최대화 $\mathbf{c} \cdot \mathbf{x}$ 제약조건 $\mathbf{Ax} \le \mathbf{0}$ 문제를 고려해보자).

[4.22] $f : S \to \Re$ 이며, 여기에서 $S \subseteq \Re^n$ 이라고 가정한다.

a. 만약 f가 $\mathbb{N}_\varepsilon(\overline{\mathbf{x}}) \cap S$ 전체에 걸쳐 유사볼록이라면 이것은 f가 $\overline{\mathbf{x}}$에서 유사볼록임을 의미하는가?

b. 만약 f가 $\overline{\mathbf{x}}$에서 엄격하게 유사볼록이라면, 이것은 f가 $\overline{\mathbf{x}}$에서 준볼록임을 의미하는가?

c. 등식 제약조건과 등식-부등식 제약조건의 케이스의 각각의 프리츠 존 조건과 카루시-쿤-터커 충분성 정리에 대해 이들 조건을 만족시키는 하나의 점의 국소최적성을 보증하기 위한 대안적 충분조건의 집합을 제공하시오. 독자의 주장을 증명하시오. 독자의 가정을 약하게 해 아마도 이 정리를 강화할 수 있는 독자의 증명을 검사하시오.

[4.23] $X \ne \varnothing$는 $\Re^n$에서 열린집합이라 하고, $f : \Re^n \to \Re$, $g_i : \Re^n \to \Re$ $i = 1, \cdots, m$, $h_i : \Re^n \to \Re$ $i = 1, \cdots, \ell$을 고려해보자. 다음의 '문제 P'

$$\begin{aligned} \text{최소화} \quad & f(\mathbf{x}) \\ \text{제약조건} \quad & g_i(\mathbf{x}) \le 0 \quad i = 1, \cdots, m \\ & h_i(\mathbf{x}) = 0 \quad i = 1, \cdots, \ell \\ & \mathbf{x} \in X. \end{aligned}$$

를 고려해보자. $\overline{\mathbf{x}}$는 실현가능해라 하고, $I = \{ i \mid g_i(\overline{\mathbf{x}}) = 0 \}$이라 하자. $\overline{\mathbf{x}}$에서 카루시-쿤-터커 조건은 성립한다고 가정한다; 즉 말하자면, 다음 식

$$\nabla f(\overline{\mathbf{x}}) + \sum_{i \in I} \overline{u}_i \nabla g_i(\overline{\mathbf{x}}) + \sum_{i=1}^{\ell} \overline{\nu}_i \nabla h_i(\overline{\mathbf{x}}) = \mathbf{0}$$

이 성립하도록 하는 $i \in I$에 대한 스칼라 $\overline{u}_i \ge 0$와 $i = 1, \cdots, \ell$에 대한 $\overline{\nu}_i$가 존재한다.

a. f는 $\bar{\mathbf{x}}$에서 유사볼록이며 ϕ는 $\bar{\mathbf{x}}$에서 준볼록이라고 가정하며, 여기에서 ϕ는 다음 식

$$\phi(\mathbf{x}) = \sum_{i \in I} \bar{u}_i\, g_i(\mathbf{x}) + \sum_{i=1}^{\ell} \bar{\nu}_i h_i(\mathbf{x})$$

으로 정의한다. $\bar{\mathbf{x}}$는 '문제 P'의 전역최적해임을 보이시오.

b. 만약 $f + \Sigma_{i \in I} \bar{u}_i g_i(\mathbf{x}) + \Sigma_{i=1}^{\ell} \bar{\nu}_i h_i$가 유사볼록이라면, $\bar{\mathbf{x}}$는 '문제 P'의 전역최적해임을 보이시오.

c. 예제를 사용해 파트 *a*, *b*와 정리 4.3.8의 볼록성 가정은 서로 등가가 아님을 보이시오.

d. 이 결과를 보조정리 4.4.1의 결과와 이에 바로 뒤따르는 토의와 관련해 설명하시오.

[4.24] $\bar{\mathbf{x}}$는 최소화 $f(\mathbf{x})$ 제약조건 $g_i(\mathbf{x}) \le 0 \;\; i=1, \cdots, m \;\; h_i(\mathbf{x}) = 0 \;\; i=1, \cdots, \ell$ 문제의 하나의 최적해라 하자. 어떤 $k \in \{1, \cdots, m\}$에 대해 $g_k(\bar{\mathbf{x}}) < 0$이라고 가정한다. 만약 이와 같은 구속하지 않는 제약조건이 누락된다면 결과로 나타나는 문제에 대해 $\bar{\mathbf{x}}$는 국소최소해도 아닐 수 있음을 보이시오〔**힌트**: $\mathbf{x} \neq \bar{\mathbf{x}}$에 대해 $g_k(\bar{\mathbf{x}}) = -1$, $g_k(\mathbf{x}) = 1$을 고려해보자〕. 만약 문제를 정의하는 모든 함수가 연속이라면, 구속하지 않는 제약조건을 삭제함으로 $\bar{\mathbf{x}}$는 최소한 국소최적해로 여전히 남는다는 것을 보이시오.

[4.25] 최소화 $\mathbf{c}\cdot\mathbf{x} + \mathbf{d}\cdot\mathbf{y} + \mathbf{x}^t\mathbf{H}\mathbf{y}$ 제약조건 $\mathbf{x} \in X \;\; \mathbf{y} \in Y$의 **쌍선형계획법 문제**를 고려해보고, 여기에서 X, Y는 $\Re^n$, $\Re^m$ 각각에서 유계인 다면체집합이다. $\hat{\mathbf{x}}$, $\hat{\mathbf{y}}$를 집합 X, Y의 각각의 극점이라 하자.

a. 목적함수는 준볼록도 아니고 준오목도 아님을 입증하시오.

b. 쌍선형계획법 문제의 최적해인 하나의 극점 $(\bar{\mathbf{x}}, \bar{\mathbf{y}})$가 존재함을 증명하시오.

c. 점 $(\hat{\mathbf{x}}, \hat{\mathbf{y}})$이 쌍선형계획법 문제의 하나의 국소최소해라는 것은 다음 내용이 참이라는 것과 같은 뜻임을 증명하시오: (i) 각각의 $\mathbf{x} \in X$에 대해 $\mathbf{c}\cdot(\mathbf{x} - \hat{\mathbf{x}}) \ge 0$이며 각각의 $\mathbf{y} \in Y$에 대해 $\mathbf{d}\cdot(\mathbf{y} - \hat{\mathbf{y}}) \ge 0$이다.

(ii) 만약 $(\mathbf{x} - \hat{\mathbf{x}})^t\mathbf{H}(\mathbf{y} - \hat{\mathbf{y}}) < 0$이라면 $\mathbf{c}\cdot(\mathbf{x} - \hat{\mathbf{x}}) + \mathbf{d}\cdot(\mathbf{y} - \hat{\mathbf{y}}) > 0$이다.

d. 점 $(\hat{\mathbf{x}}, \hat{\mathbf{y}})$가 하나의 카루시-쿤-터커 점이라는 것은 각각의 $\mathbf{x} \in X$에 대해 $(\mathbf{c}^t + \hat{\mathbf{y}}^t\mathbf{H})\cdot(\mathbf{x} - \hat{\mathbf{x}}) \geq 0$이며 각각의 $\mathbf{y} \in Y$에 대해 $(\mathbf{d}^t + \hat{\mathbf{x}}^t\mathbf{H})\cdot(\mathbf{y} - \hat{\mathbf{y}}) \geq 0$임이라는 것과 같은 뜻임을 보이시오.

e. 최소화 $x_2 + y_1 + x_2y_1 - x_1y_2 + x_2y_2$ 제약조건 $(x_1, x_2) \in X$ $(y_1, y_2) \in Y$ 문제를 고려해보고, 여기에서 X는 극점 $(0,0)$, $(0,1)$, $(1,4)$, $(2,4)$, $(3,0)$으로 정의한 다면체집합이고 Y는 극점 $(0,0)$, $(0,1)$, $(1,5)$, $(3,5)$, $(4,4)$, $(3,0)$으로 정의한 다면체집합이다. 점 $(x_1, x_2, y_1, y_2) = (0,0,0,0)$는 하나의 카루시-쿤-터커 점이지만 국소최소해는 아님을 입증하시오. 점 $(x_1, x_2, y_1, y_2) = (3,0,1,5)$은 하나의 카루시-쿤-터커 점이면서 동시에 하나의 국소 최소해임을 입증하시오. 문제의 전역최소해는 무엇인가?

[4.26] 최소화 $f(\mathbf{x})$ 제약조건 $\mathbf{x} \geq \mathbf{0}$ 문제를 고려해보고, 여기에서 f는 미분가능한 볼록함수이다. $\bar{\mathbf{x}}$는 하나의 주어진 점이라 하고, $\nabla f(\bar{\mathbf{x}})$를 $(\nabla_1, \cdots, \nabla_n)$으로 나타낸다. $\bar{\mathbf{x}}$가 하나의 최적해라는 것은 $\mathbf{d} = \mathbf{0}$이라는 것과 같은 뜻임을 보이고, 여기에서 $\mathbf{d}$는 다음 식

$$d_i = \begin{cases} -\nabla_i & \text{만약 } x_i > 0 \quad \text{또는} \quad \nabla_i < 0\text{이라면} \\ 0 & \text{만약 } x_i = 0 \quad \text{그리고 } \nabla_i \geq 0\text{이라면} \end{cases}$$

으로 정의한다.

[4.27] 최소화 $f(\mathbf{x})$ 제약조건 $g_i(\mathbf{x}) \leq 0$ $i = 1, \cdots, m$ 문제를 고려해보자. $\bar{\mathbf{x}}$는 하나의 실현가능해라 하고, $I = \{i \mid g_i(\bar{\mathbf{x}}) = 0\}$이라 한다. f는 $\bar{\mathbf{x}}$에서 미분가능하고 각각의 $i \in I$에 대해 g_i는 $\bar{\mathbf{x}}$에서 미분가능하고 오목이라고 가정한다. 더군다나 각각의 g_i는 $\bar{\mathbf{x}}$에서 연속이라고 가정한다. 다음 선형계획법 문제

$$\begin{array}{lll} \text{최소화} & \nabla f(\overline{\mathbf{x}})\cdot\mathbf{d} & \\ \text{제약조건} & \nabla g_i(\overline{\mathbf{x}})\cdot\mathbf{d} \le 0 & i\in I \\ & -1 \le d_j \le 1 & j=1,\cdots,n \end{array}$$

를 고려해보자. $\overline{\mathbf{d}}$는 목적함숫값이 $\overline{z}$인 하나의 최적해라 한다.

a. $\overline{z} \le 0$임을 보이시오.

b. 만약 $\overline{z} < 0$이라면, $\overline{\mathbf{x}}+\lambda\overline{\mathbf{d}}$는 실현가능해이며 각각의 $\lambda\in(0,\delta)$에 대해 $f(\overline{\mathbf{x}}+\lambda\overline{\mathbf{d}}) < f(\overline{\mathbf{x}})$가 되도록 하는 하나의 $\delta>0$이 존재함을 보이시오.

c. 만약 $\overline{z} = 0$이라면, $\overline{\mathbf{x}}$는 카루시-쿤-터커 조건을 만족시킴을 보이시오.

[4.28] 다음 문제

$$\text{최소화 } \left\{y_1 \middle| \ \| \mathbf{y}-\mathbf{y}_0 \|^2 \le 1/n(n-1),\ \mathbf{e}\cdot\mathbf{y}=1\right\}.$$

를 고려해보고, 여기에서 $\mathbf{y},\mathbf{e},\mathbf{y}_0$는 $\Re^n$에 속하고, $\mathbf{y}=(y_1,\cdots,y_n)$, $\mathbf{y}_0=(1/n,\cdots,1/n)$, $\mathbf{e}=(1,\cdots,1)$이다. $\{\mathbf{y}\,|\,\mathbf{e}\cdot\mathbf{y}=1,\ \mathbf{y}\ge\mathbf{0}\}$으로 정의한 심플렉스에 내접된 구에 관한 위 문제를 해석하시오. 문제를 위한 카루시-쿤-터커 조건을 작성하고, $(0,1/(n-1),\cdots,1/(n-1))$이 하나의 최적해임을 입증하시오.

[4.29] $f:\Re^n\to\Re$와 $g_i:\Re^n\to\Re$ $i=1,\cdots,m$은 볼록이라 한다. 최소화 $f(\mathbf{x})$ 제약조건 $g_i(\mathbf{x})\le 0$ $i=1,\cdots,m$ 문제를 고려해보자. M을 $\{1,\cdots,m\}$의 진부분집합이라 하고, $\hat{\mathbf{x}}$는 최소화 $f(\mathbf{x})$ 제약조건 $g_i(\mathbf{x})\le 0$ $i\in M$ 문제의 최적해라고 가정한다. $V=\left\{i \middle| g_i(\hat{\mathbf{x}})>0\right\}$이라고 놓는다. 만약 $\overline{\mathbf{x}}$가 원래의 문제의 최적해라면, 그리고 만약 $f(\overline{\mathbf{x}})>f(\hat{\mathbf{x}})$이라면, 어떤 $i\in V$에 대해 $g_i(\overline{\mathbf{x}})=0$임을 보이시오. 만약 $f(\overline{\mathbf{x}})=f(\hat{\mathbf{x}})$이라면 이것은 참일 필요가 없음을 보이시오(이 연습문제는 또한 만약 f의 제약 없는 최소해가 실현불가능하고, 목적함수의 최적값보다도 작은 목적함숫값을 갖는다면, 임의의 제약 있는 최소해는 실현가능영역의 경계에 존재함을 보여준다).

[4.30] 최소화 $f(\mathbf{x})$ 제약조건 "$\leq$ 또는 $=$"의 선형부등식 제약조건의 유형을 갖는 '문제 P'를 고려해보자. $\bar{\mathbf{x}}$는 실현가능해라 하고 구속하는 제약조건을 $\mathbf{Ax} = \mathbf{b}$로 나타내기로 하며, 여기에서 $\mathbf{A}$는 계수 m의 $m \times n$ 행렬이다. $\mathbf{d} = -\nabla f(\bar{\mathbf{x}})$라 하고 다음 문제

$$\bar{\mathrm{P}}: \text{최소화} \ \left\{ \frac{1}{2} \| \mathbf{x} - (\bar{\mathbf{x}} + \mathbf{d}) \|^2 \,\middle|\, \mathbf{Ax} = \mathbf{b} \right\}$$

를 고려해보자. $\hat{\mathbf{x}}$는 $\bar{\mathrm{P}}$의 최적해라고 놓는다.

a. $\bar{\mathrm{P}}$의 기하학적 해석과 문제의 해 $\hat{\mathbf{x}}$의 기하학적 해석을 제시하시오.

b. $\bar{\mathrm{P}}$의 카루시-쿤-터커 조건을 작성하시오. 최적성에 대해 이들 조건이 필요충분조건인지 아닌지를 토의하시오.

c. 주어진 점 $\bar{\mathbf{x}}$는 우연히 $\bar{\mathrm{P}}$의 하나의 카루시-쿤-터커 점이라고 가정한다. $\bar{\mathbf{x}}$는 P에 대해서도 하나의 카루시-쿤-터커 점인가? 그렇다면 왜 그러한가? 그렇지 않다면, 어떠한 추가적 조건 아래 이와 같은 주장을 할 수 있는가?

d. '문제 $\bar{\mathrm{P}}$'의 해 $\hat{\mathbf{x}}$에 관한 닫힌 형태의 표현을 결정하시오.

[4.31] 다음의 문제

$$\begin{aligned} \text{최소화} \quad & f(\mathbf{x}) \\ \text{제약조건} \quad & \mathbf{Ax} = \mathbf{b} \\ & \mathbf{x} \geq \mathbf{0} \end{aligned}$$

를 고려해보자. $\bar{\mathbf{x}}^t = (\bar{\mathbf{x}}_B^t, \bar{\mathbf{x}}_N^t)$는 극점이라 하고, 여기에서 $\bar{\mathbf{x}}_B = \mathbf{B}^{-1}\mathbf{b} > \mathbf{0}$, $\bar{\mathbf{x}}_N = \mathbf{0}$이며, $\mathbf{A}$는 $\mathbf{B}$를 가역행렬로 갖는 $\mathbf{A} = [\mathbf{B}, \mathbf{N}]$이다. 지금 다음의 방향탐색문제

$$\begin{aligned} \text{최소화} \quad & \left[\nabla_N f(\bar{\mathbf{x}}) - \nabla_B f(\bar{\mathbf{x}}) \mathbf{B}^{-1} \mathbf{N} \right] \cdot \mathbf{d}_N \\ \text{제약조건} \quad & 0 \leq d_j \leq 1 \quad \text{각각의 비기저 성분 } j\text{에 대해} \end{aligned}$$

를 고려해보고, 여기에서 $\nabla_B f(\bar{\mathbf{x}})$, $\nabla_N f(\bar{\mathbf{x}})$는 기저 변수, 비기저 변수 각각에 관해 f의 경도를 나타낸다. $\bar{\mathbf{d}}_N$은 하나의 최적해라 하고 $\bar{\mathbf{d}}_B = -\mathbf{B}^{-1}\mathbf{N}\bar{\mathbf{d}}_N$이라고 놓자. 만약 $\bar{\mathbf{d}}^t = (\bar{\mathbf{d}}_B^t, \bar{\mathbf{d}}_N^t) \neq (\mathbf{0}, \mathbf{0})$이라면 이것은 개선실현가능 방향임을 보이시오. $\bar{\mathbf{d}} = \mathbf{0}$임은 무엇을 의미하는가?

[4.32] 다음 문제

$$\begin{aligned} \text{최소화} \quad & \sum_{j=1}^{n} f_j(x_j) \\ \text{제약조건} \quad & \sum_{j=1}^{n} x_j = 1 \\ & x_j \geq 0 \quad j = 1, \cdots, n \end{aligned}$$

를 고려해보자. $\bar{\mathbf{x}} = (\bar{x}_1, \cdots, \bar{x}_n) \geq \mathbf{0}$는 문제의 최적해라고 가정한다. $\delta_j = \partial f_j(\bar{\mathbf{x}})/\partial x_j$라고 놓으면, 다음 식

$$\delta_j \geq k, \ (\delta_j - k)\bar{x}_j = 0 \quad j = 1, \cdots, n\text{에 대해}$$

이 성립하도록 하는 스칼라 k가 존재함을 보이시오.

[4.33] $\mathbf{c}$는 n-벡터, $\mathbf{b}$는 m-벡터, $\mathbf{A}$는 $m \times n$ 행렬, $\mathbf{H}$는 대칭 $n \times n$ 양정부호 행렬이라 하자. 다음 2개

$$\begin{aligned} \text{최소화} \quad & \mathbf{c}\cdot\mathbf{x} + \frac{1}{2}\mathbf{x}^t\mathbf{H}\mathbf{x} \\ \text{제약조건} \quad & \mathbf{A}\mathbf{x} \leq \mathbf{b} \end{aligned}$$

$$\begin{aligned} \text{최소화} \quad & \mathbf{h}\cdot\boldsymbol{\nu} + \frac{1}{2}\boldsymbol{\nu}^t\mathbf{G}\boldsymbol{\nu} \\ \text{제약조건} \quad & \boldsymbol{\nu} \geq \mathbf{0} \end{aligned}$$

의 문제를 고려해보고, 여기에서 $\mathbf{G} = \mathbf{A}\mathbf{H}^{-1}\mathbf{A}^t$, $\mathbf{h} = \mathbf{A}\mathbf{H}^{-1}\mathbf{c} + \mathbf{b}$이다. 2개 문

제의 카루시-쿤-터커 조건 사이의 관계를 조사하시오.

[4.34] 다음 문제

$$\begin{aligned} \text{최소화} \quad & -x_1 + x_2 \\ \text{제약조건} \quad & x_1^2 + x_2^2 - 2x_1 = 0 \\ & (x_1, x_2) \in X \end{aligned}$$

를 고려해보고, 여기에서 $\mathbf{x}$는 점 $(-1, 0)$, $(0, 1)$, $(1, 0)$, $(0, -1)$의 볼록조합이다.

a. 도식적으로 최적해를 구하시오.

b. 파트 *a*의 최적해에서 프리츠 존 조건 또는 카루시-쿤-터커 조건은 성립하는가? 그렇지 않다면 정리 4.3.2, 4.3.7의 항으로 설명하시오.

c. 집합 X를 적절한 부등식 연립방정식으로 대체하고 파트 *b*에 대해 답하시오. 독자의 결론은 무엇인가?

[4.35] 최소화 $f(\mathbf{x})$ 제약조건 $g_i(\mathbf{x}) \le 0 \;\; i = 1, \cdots, m$ 문제를 고려해보고, 여기에서 $f: \Re^n \to \Re$와 $g_i: \Re^n \to \Re \;\; i = 1, \cdots, m$은 모두 미분가능하다. 만약 $\overline{\mathbf{x}}$가 국소최소해라면 $F \cap D = \varnothing$임은 알려져 있으며, 여기에서 F, D는 각각, 개선실현가능방향의 집합이다. 예를 제시해, 비록 f가 볼록이라도 또는 만약 실현가능영역이 볼록이라도(비록 양쪽 모두는 아닐지라도) 역은 성립하지 않는다는 것을 보이시오. 그러나 $\mathbb{N}_\varepsilon(\overline{\mathbf{x}})$ 전체에 걸쳐 f가 유사볼록이며 $i \in I = \{i \mid g_i(\overline{\mathbf{x}}) = 0\}$에 대한 g_i가 준볼록이 되게 하는, $\overline{\mathbf{x}}$의 $\varepsilon > 0$인 ε-근방 $\mathbb{N}_\varepsilon(\overline{\mathbf{x}})$이 존재한다고 가정한다. $\overline{\mathbf{x}}$가 국소최소해라는 것은 $F \cap D = \varnothing$이라는 것과 같은 뜻임을 보이시오(**힌트**: 보조정리 4.2.3, 4.2.5를 조사하시오). 이 결과를 등식 제약조건을 포함하는 것으로 확장하시오.

[4.36] 최소화 $f(\mathbf{x})$ 제약조건 $g_i(\mathbf{x}) \le 0 \;\; i = 1, \cdots, m \quad h_i(\mathbf{x}) = 0 \;\; i = 1, \cdots, \ell$ 문제를 고려해보자. $\overline{\mathbf{x}}$는 문제의 국소최적해라고 가정하고 $I = \{i \mid g_i(\overline{\mathbf{x}}) = 0\}$이라고 놓는다. 더군다나 $i \in I$에 대해 각각의 g_i는 $\overline{\mathbf{x}}$에서 미분가능하며 각각의 $i \notin I$에 대해 $\overline{\mathbf{x}}$에서 연속이며, $i = 1, \cdots, \ell$에 대해 h_i는 아핀이라고 가정한다;

즉 말하자면 각각의 h_i는 $h_i(\mathbf{x}) = \mathbf{a}_i \cdot \mathbf{x} - b_i$ 형태이다.

a. $F_0 \cap G \cap H_0 = \varnothing$ 임을 보이고, 여기에서 F_0, G, H_0는 다음과 같다.

$$F_0 = \{\mathbf{d} \mid \nabla f(\overline{\mathbf{x}}) \cdot \mathbf{d} < 0\}$$

$$H_0 = \left\{\mathbf{d} \,\middle|\, \nabla h_i(\overline{\mathbf{x}}) \cdot \mathbf{d} = 0 \quad i = 1, \cdots, \ell\right\}$$

$$G = \left\{\mathbf{d} \,\middle|\, \nabla g_i(\overline{\mathbf{x}}) \cdot \mathbf{d} \le 0 \;\; i \in J, \text{ 그리고 } \nabla g_i(\overline{\mathbf{x}}) \cdot \mathbf{d} < 0 \;\; i \in I - J\right\},$$

여기에서 $J = \left\{i \in I \,\middle|\, g_i\text{는 } \overline{\mathbf{x}}\text{에서 유사오목}\right\}$이다.

b. 선형계획법을 사용해, 이 조건을 어떻게 입증할 수 있는가를 보이시오.

c. 이 문제에서 등식 제약조건 $h_1(\overline{\mathbf{x}}) = 0, \cdots, h_\ell(\overline{\mathbf{x}}) = 0$을 탈락시키고, D는 결과로 주어지는 실현가능방향의 집합을 나타내는 것으로 하면, $G \subseteq D$이며, 따라서 $F_0 \cap G = \varnothing$ 임을 보이시오.

[4.37] 다음 문제

최대화 $x_1^2 + 4x_1x_2 + x_2^2$

제약조건 $x_1^2 + x_2^2 = 1$

를 고려해보자.

a. 카루시-쿤-터커 조건을 사용해, 문제의 하나의 최적해를 구하시오.

b. 2-계 최적성 조건에 대해 검사하시오.

c. 문제의 최적해는 유일한가?

[4.38] 다음 문제

최대화 $3x_1 - x_2 + x_2^3$

제약조건 $x_1 + x_2 + x_3 \le 0$

$-x_1 + 2x_2 + x_3^3 = 0$

를 고려해보자.

a. 카루시-쿤-터커 최적성 조건을 작성하시오.

b. 2-계 최적성 조건에 대해 테스트하시오.

c. 왜 이 문제가 무계인가에 대해 논증하시오.

[4.39] 다음 문제

$$\begin{array}{ll} \text{최대화} & (x_1-2)^2 + (x_2-3)^2 \\ \text{제약조건} & 3x_1 + 2x_2 \geq 6 \\ & -x_1 + x_2 \leq 3 \\ & x_1 \qquad\ \ \leq 2 \end{array}$$

를 고려해보자.

a. 도식적으로 모든 국소최소해를 찾으시요. 문제의 전역최소해는 무엇인가?

b. 다른 공식적 최적성의 특성규명과 함께 1-계와 2-계 카루시-쿤-터커 최적성 조건을 사용해 파트 a를 해석적으로 반복하시오.

[4.40] 케이스 $k=1$에 대한 예제 4.4.4의 문제를 고려해보자. $\overline{\mathbf{x}}=(0,0)$는 하나의 최적해임을 보여주기 위해 해석적 논증을 제시하시오. 점 $(0,0)$에 관한 일련의 $k \to 1^-$의 값을 검사해, 왜 2-계 최적성 조건은 이 케이스의 최적해를 다시 구할 수 없는가를 설명하시오.

[4.41] 최소화 $f(\mathbf{x})$ 제약조건 $\mathbf{Ax} \leq \mathbf{b}$ 문제를 고려해보자. $\overline{\mathbf{x}}$는 $\mathbf{A}_1\overline{\mathbf{x}}=\mathbf{b}_1$, $\mathbf{A}_2\overline{\mathbf{x}}<\mathbf{b}_2$이 되도록 하는 실현가능해라고 가정하며, 여기에서 $\mathbf{A}^t=(\mathbf{A}_1^t, \mathbf{A}_2^t)$, $\mathbf{b}^t=(\mathbf{b}_1^t, \mathbf{b}_2^t)$이다. $\mathbf{A}_1$은 꽉 찬 계수를 갖는다고 가정하면, 임의의 벡터를 $\mathbf{A}_1$의 영공간 위로 사영하는 행렬 $\mathbf{P}$는 다음 식

$$\mathbf{P}=\mathbf{I}-\mathbf{A}_1^t(\mathbf{A}_1\mathbf{A}_1^t)^{-1}\mathbf{A}_1$$

으로 주어진다.

a. $\overline{\mathbf{d}} = -\mathbf{P}\nabla f(\overline{\mathbf{x}})$이라고 놓는다. 만약 $\overline{\mathbf{d}} \neq \mathbf{0}$이라면, 이것은 개선하는 실현가능방향임을 보이시오; 즉 말하자면, 충분히 작은 $\lambda > 0$에 대해 $\overline{\mathbf{x}} + \lambda\overline{\mathbf{d}}$는 실현가능해이며 $f(\overline{\mathbf{x}} + \lambda\overline{\mathbf{d}}) < f(\overline{\mathbf{x}})$이다.

b. $\overline{\mathbf{d}} = \mathbf{0}$, $\mathbf{u} = -(\mathbf{A}_1\mathbf{A}_1^t)^{-1}\mathbf{A}_1\nabla f(\overline{\mathbf{x}}) \geq \mathbf{0}$이라고 가정한다. $\overline{\mathbf{x}}$는 카루시-쿤-터커 점임을 보이시오.

c. 위에서 생성한 $\overline{\mathbf{d}}$는 어떤 $\lambda > 0$에 대해 $\lambda\hat{\mathbf{d}}$의 형태임을 보이고, 여기에서 $\hat{\mathbf{d}}$는 다음 문제

$$\begin{array}{ll} \text{최소화} & \nabla f(\overline{\mathbf{x}})\cdot\mathbf{d} \\ \text{제약조건} & \mathbf{A}_1\mathbf{d} = \mathbf{0} \\ & \|\mathbf{d}\|^2 \leq 1 \end{array}$$

의 하나의 최적해이다.

d. 만약 $\mathbf{A} = -\mathbf{I}$, $\mathbf{b} = \mathbf{0}$이라면, 즉 말하자면 만약 제약조건이 $\mathbf{x} \geq \mathbf{0}$ 형태라면 가능한 모든 단순화를 하시오.

[4.42] 다음 문제

$$\begin{array}{ll} \text{최소화} & x_1^2 - x_1x_2 + 2x_2^2 - 4x_1 - 5x_2 \\ \text{제약조건} & x_1 + 2x_2 \leq 6 \\ & x_1 \leq 2 \\ & x_1,\ x_2 \geq 0 \end{array}$$

를 고려해보자.

a. 문제의 최적해를 기하학적으로 구하고, 카루시-쿤-터커 조건에 의해 구해진 해의 최적성을 입증하시오.

b. 최적해에서 연습문제 4.41의 방향 $\overline{\mathbf{d}}$를 구하시오. $\overline{\mathbf{d}} = \mathbf{0}$, $\mathbf{u} \geq \mathbf{0}$임을 입증하시오.

c. $\overline{\mathbf{x}} = (1, 5/2)$에서 연습문제 4.41의 방향 $\overline{\mathbf{d}}$를 구하시오. $\overline{\mathbf{d}}$는 개선하는 실현가능방향임을 입증하시오. 또한, 연습문제 4.41의 파트 c의 최

적해 $\overline{\mathbf{d}}$는 진실로 $\overline{\mathbf{d}}$ 방향을 지시함을 입증하시오.

[4.43] $\mathbf{A}$를 계수 m의 $m\times n$ 행렬이라 하고, $\mathbf{P}=\mathbf{I}-\mathbf{A}^t(\mathbf{A}\mathbf{A}^t)^{-1}\mathbf{A}$는 임의의 벡터를 $\mathbf{A}$의 영공간 위로 사영하는 행렬이라고 한다. $C=\{\mathbf{d}\mid\mathbf{A}\mathbf{d}=\mathbf{0}\}$을 정의하고, $\mathbf{H}$를 $n\times n$ 대칭행렬이라 하자. $\mathbf{d}\in C$라는 것은 $\mathbf{w}\in\Re^n$에 대해 $\mathbf{d}=\mathbf{P}\mathbf{w}$라는 것과 같은 뜻임을 보이시오. 모든 $\mathbf{d}\in C$에 대해 $\mathbf{d}^t\mathbf{H}\mathbf{d}\geq 0$이라는 것은 $\mathbf{p}^t\mathbf{H}\mathbf{p}$가 양반정부호라는 것과 같은 뜻임을 보이시오.

[4.44] 최소화 $f(\mathbf{x})$ 제약조건 $h_i(\mathbf{x})=0\;\; i=1,\cdots,\ell$의 '문제 P'를 고려해보자. $\overline{\mathbf{x}}$는 실현가능해라 하고 $\mathbf{A}$는 $i=1,\cdots,\ell$에 대해 $\nabla h_i(\overline{\mathbf{x}})^t$을 행으로 갖고 계수가 ℓ인 $\ell\times n$ 행렬이라고 가정한다. 연습문제 4.41의 방법처럼 $\mathbf{P}=\mathbf{I}-\mathbf{A}^t(\mathbf{A}\mathbf{A}^t)^{-1}\mathbf{A}$는 $\mathbf{A}$의 영공간 위로 임의의 벡터를 사영하는 행렬이라고 정의한다. 연습문제 4.43이 '문제 P'의 2-계 필요조건의 점검과 어떤 관계가 있는가에 대해 설명하시오. 독자는 이것을 2-계 충분성조건의 점검으로 어떻게 확장할 것인가? 예제 4.4.4를 사용해 예시하시오.

[4.45] 최대화 $3x_1x_2+2x_2x_3+12x_1x_3$ 제약조건 $6x_1+x_2+4x_3=6$ 문제를 고려해보자. 1-계 카루시-쿤-터커 최적성 조건과 2-계 카루시-쿤-터커 최적성 조건을 사용해, 점 $\overline{\mathbf{x}}=(1/3,2,u_2)$는 국소최소해임을 보이시오. 2-계 충분성조건을 점검하기 위해 연습문제 4.44를 사용하시오.

[4.46] 다음 문제

$$\begin{aligned}&\text{최소화} && \mathbf{c}\cdot\mathbf{x}+\frac{1}{2}\mathbf{x}^t\mathbf{H}\mathbf{x}\\ &\text{제약조건} && \mathbf{A}\mathbf{x}\leq\mathbf{b}\end{aligned}$$

를 고려해보고, 여기에서 $\mathbf{c}$는 n-벡터, $\mathbf{b}$는 m-벡터, $\mathbf{A}$는 $m\times n$ 행렬, $\mathbf{H}$는 $n\times n$ 대칭행렬이다.

a. 정리 4.4.3의 2-계 필요최적성 조건을 작성하시오. 모든 가능한 단순

화를 하시오.

b. 위 문제의 모든 국소최소해는 또한 전역최소해임이 참일 필요가 있는가? 증명하거나 아니면 반례를 제시하시오.

c. $\mathbf{c}=\mathbf{0}$, $\mathbf{H}=\mathbf{I}$인 특별한 케이스에 대해 1-계와 2-계 필요최적성 조건을 제공하시오. 이 경우 문제는 다면체집합에 속한 점이면서 원점에 가장 가까운 점을 찾는 것으로 된다(위 문제는 문헌에서 **최소거리계획법 문제**라 한다).

[4.47] 다음 2개 문제의 최적해와 카루시-쿤-터커 조건 사이의 관계를 조사하고, 여기에서 $\boldsymbol{\lambda} \geq \mathbf{0}$은 하나의 주어진 고정된 벡터이다.

P: 최소화 $f(\mathbf{x})$ 제약조건 $\mathbf{x} \in X$, $\mathbf{g}(\mathbf{x}) \leq \mathbf{0}$.
P′: 최소화 $f(\mathbf{x})$ 제약조건 $\mathbf{x} \in X$, $\boldsymbol{\lambda} \cdot \mathbf{g}(\mathbf{x}) \leq 0$.

('문제 P′'는 오직 1개의 제약조건을 가지며 이 조건은 '문제 P'의 **대리완화**라 한다.)

[4.48] 최소화 $f(\mathbf{x})$ 제약조건 $h_i(\mathbf{x})=0$ $i=1, \cdots, \ell$의 '문제 P'를 고려해보고, 여기에서 $f: \Re^n \to \Re$와 $h_i: \Re^n \to \Re$ $i=1, \cdots, \ell$는 모두 연속적으로 미분가능한 함수이다. $\overline{\mathbf{x}}$를 하나의 실현가능해라 하고, $\ell \times \ell$ 자코비안 부분행렬 $\mathbf{J}$를 다음 식

$$\mathbf{J} = \begin{bmatrix} \dfrac{\partial h_1(\overline{\mathbf{x}})}{\partial x_1} & \cdots & \dfrac{\partial h_1(\overline{\mathbf{x}})}{\partial x_\ell} \\ \vdots & \vdots & \vdots \\ \dfrac{\partial h_\ell(\overline{\mathbf{x}})}{\partial x_1} & \cdots & \dfrac{\partial h_\ell(\overline{\mathbf{x}})}{\partial x_\ell} \end{bmatrix}$$

과 같이 정의한다. $\mathbf{J}$는 정칙 행렬이라고 가정하고, 그러면 특히 $i=1, \cdots, \ell$에 대해 $\nabla h_i(\overline{\mathbf{x}})$는 선형독립이다. 이들 조건 아래, **음함수정리**(연습문제 4.49 참조)는 만약 $\overline{\mathbf{y}} = (\overline{x}_{\ell+1}, \cdots, \overline{x}_n)$로 $\mathbf{y} = (x_{\ell+1}, \cdots, x_n)^t \in \Re^{n-\ell}$을 정의한다면, (처음의) ℓ개의 변수 $x_1, \cdots, x_\ell$이 (암묵적으로) ℓ개 등식 제약조건을 사용해, $\mathbf{y}$-변수의 항을 사용해 해로 나타낼 수 있는 $\overline{\mathbf{y}}$의 근방이 존재함을 주장한다. 좀 더 정확

하게 말하면, $\bar{\mathbf{y}}$의 근방 전체에 걸쳐, $\psi_1(\mathbf{y}), \cdots, \psi_\ell(\mathbf{y})$는 연속 미분가능하며, $i=1, \cdots, \ell$에 대해 $\psi_i(\bar{\mathbf{y}}) = \bar{x}_i$이며, $i=1, \cdots, \ell$에 대해 $h_i[\psi_1(\mathbf{y}), \cdots, \psi_\ell(\mathbf{y}), \mathbf{y}] = 0$이 되도록 하는 $\bar{\mathbf{y}}$의 근방과 함수 $\psi_1(\mathbf{y}), \cdots, \psi_\ell(\mathbf{y})$의 집합이 존재한다.
지금 $\bar{\mathbf{x}}$가 국소최소해이며 위의 가정이 성립한다고 가정한다. $\bar{\mathbf{y}}$는 제약 없는 함수 $F(\mathbf{y}) \equiv f[\psi_1(\mathbf{y}), \cdots, \psi_\ell(\mathbf{y}), \mathbf{y}]: \Re^{n-\ell} \to \Re$의 국소최소해가 되어야 함을 논증하시오. 제약 없는 문제의 1-계 필요최적성 조건 $\nabla F(\bar{\mathbf{y}}) = \mathbf{0}$을 사용해 '문제 P'의 카루시-쿤-터커 필요최적성 조건을 유도하시오. 특히 쌍대문제 실현가능성 조건 $\nabla f(\bar{\mathbf{x}}) + [\nabla \mathbf{h}(\bar{\mathbf{x}})^t]\bar{\nu}$의 라그랑지 승수벡터 $\bar{\nu}$는 다음 식

$$\bar{\nu} = -\mathbf{J}^{-1}\left[\frac{\partial f(\bar{\mathbf{x}})}{\partial x_1}, \cdots, \frac{\partial(\bar{\mathbf{x}})}{\partial x_\ell}\right]^t$$

으로 유일하게 주어짐을 보이고, 여기에서 $\nabla \mathbf{h}(\bar{\mathbf{x}})$는 행이 $\nabla h_1(\bar{\mathbf{x}})^t, \cdots, \nabla h_\ell(\bar{\mathbf{x}})^t$으로 구성된 행렬이다.

[4.49] 최소화 $f(\mathbf{x})$ 제약조건 $h_i(\mathbf{x}) = 0$ $i=1, \cdots, \ell$의 '문제 P'를 고려해보고, 여기에서 $\mathbf{x} \in \Re^n$이며, 여기에서 목적함수와 제약조건 함수는 연속 미분가능하다. $\bar{\mathbf{x}}$는 P의 국소최적해이고 $i=1, \cdots, \ell$에 대해 경도 $\nabla h_i(\bar{\mathbf{x}})$은 선형독립이라고 가정한다. P의 카루시-쿤-터커 최적성 조건을 유도하기 위해 아래에 설명하는 음함수정리를 사용하시오. 부등식 제약조건 $i=1, \cdots, m$에 대한 $g_i(\mathbf{x}) \le 0$도 포함해 P의 카루시-쿤-터커 최적성 조건으로 확장하시오(**힌트**: 연습문제 4.48을 참조 바람).
음함수정리(테일러 & 만[1983]을 참조). $i=1, \cdots, p$에 대해, $\phi_i(\mathbf{x})$는 연속 미분가능하며, $\bar{\mathbf{x}}$에서 구속하는 제약조건을 나타내는 함수이며, 경도 $\nabla \phi_i(\bar{\mathbf{x}})$는 선형독립이고, 여기에서 $p < n$이라고 가정한다. $\boldsymbol{\phi} \equiv (\phi_1, \cdots, \phi_p)^t: \Re^n \to \Re^p$라고 나타낸다. 그러므로, $\boldsymbol{\phi}(\bar{\mathbf{x}}) = \mathbf{0}$이며, $\mathbf{x}^t = (\mathbf{x}_B^t, \mathbf{x}_N^t)$로 분할할 수 있으며, 여기에서 $\mathbf{x}_B \in \Re^p$, $\mathbf{x}_N \in \Re^{n-p}$은 자코비안 $\nabla\boldsymbol{\phi}(\mathbf{x})$의 상응하는 분할 $[\nabla_B\boldsymbol{\phi}(\mathbf{x}), \nabla_N\boldsymbol{\phi}(\mathbf{x})]$에 대해 $p \times p$ 부분행렬 $\nabla_B\boldsymbol{\phi}(\bar{\mathbf{x}})$이 정칙이 되도록 하는 것이다. 그렇다면 다음 내용은

참이다: $\varepsilon > 0$에 대해 열린 근방 $\mathbb{N}_{\varepsilon}(\overline{\mathbf{x}}) \subseteq \Re^{n}$이 존재하고, $\varepsilon' > 0$인 열린 근방 $\mathbb{N}_{\varepsilon'}(\overline{\mathbf{x}}_{N}) \subseteq \Re^{n-p}$이 존재하고, $\mathbb{N}_{\varepsilon'}(\overline{\mathbf{x}}_{N})$에서 연속 미분가능하며 다음 내용을 만족시키는 함수 $\boldsymbol{\psi} : \Re^{n-p} \rightarrow \Re^{P}$가 존재한다.

(i) $\overline{\mathbf{x}}_{B} = \boldsymbol{\psi}(\overline{\mathbf{x}}_{N})$이다.

(ii) 모든 $\mathbf{x}_{N} \in \mathbb{N}_{\varepsilon'}(\overline{\mathbf{x}}_{N})$에 대해, $\boldsymbol{\phi}[\boldsymbol{\psi}(\mathbf{x}_{N}), \mathbf{x}_{N}] = \mathbf{0}$이다.

(iii) 자코비안 $\nabla \boldsymbol{\phi}(\mathbf{x})$는 각각의 $\mathbf{x} \in \mathbb{N}_{\varepsilon}(\overline{\mathbf{x}})$에 대해 꽉 찬 행계수 p를 갖는다.

(iv) 임의의 $\mathbf{x}_{N} \in \mathbb{N}_{\varepsilon'}(\overline{\mathbf{x}}_{N})$에 대해 자코비안 $\nabla \boldsymbol{\psi}(\mathbf{x}_{N})$는 다음 선형연립방정식
$\{\nabla_{B} \boldsymbol{\phi}[\nabla \boldsymbol{\psi}(\mathbf{x}_{N}), \mathbf{x}_{N}]\} \nabla \boldsymbol{\psi}(\mathbf{x}_{N}) = -\nabla_{N} \boldsymbol{\phi}[\boldsymbol{\psi}(\mathbf{x}_{N}), \mathbf{x}_{N}]$
의 (유일한) 해로 주어진다.

[4.50] 만약 각각의 $\mathbf{x}_1, \mathbf{x}_2 \in \Re^{n}$에 대해, $\psi(\mathbf{x}_2) \geq \psi(\mathbf{x}_1) + \nabla \psi(\mathbf{x}_1) \cdot \boldsymbol{\eta}(\mathbf{x}_1, \mathbf{x}_2)$임이 성립하는 어떤 (임의의) 함수 $\boldsymbol{\eta} : \Re^{2n} \rightarrow \Re^{n}$가 존재한다면 미분가능한 함수 $\psi : \Re^{n} \rightarrow \Re$는 $\boldsymbol{\eta}$-인벡스 함수라고 말한다. 더군다나, 만약 $\nabla \psi(\mathbf{x}_1) \cdot \boldsymbol{\eta}(\mathbf{x}_1, \mathbf{x}_2) \geq 0$임이 $\psi(\mathbf{x}_2) \geq \psi(\mathbf{x}_1)$임을 의미한다면 ψ는 **$\boldsymbol{\eta}$-유사-인벡스함수**라고 말한다. 유사하게, 만약 $\psi(\mathbf{x}_2) \leq \psi(\mathbf{x}_1)$임이 $\nabla \psi(\mathbf{x}_1) \cdot \boldsymbol{\eta}(\mathbf{x}_1, \mathbf{x}_2) \leq 0$임을 의미한다면, ψ는 **$\boldsymbol{\eta}$-준-인벡스 함수**라고 말한다.

a. 인벡스를 통상적 의미의 볼록으로 대체할 때, $\boldsymbol{\eta}(\mathbf{x}_1, \mathbf{x}_2)$는 어떻게 정의하는가?

b. 최소화 $f(\mathbf{x})$ 제약조건 $g_i(\mathbf{x}) \leq 0 \ i = 1, \cdots, m$ 문제를 고려해보고, 여기에서 $f : \Re^{n} \rightarrow \Re$, $g_i : \Re^{n} \rightarrow \Re \ i = 1, \cdots, m$은 모두 미분가능한 함수이다. $\overline{\mathbf{x}}$는 카루시-쿤-터커 점이라 하자. 만약 f와 $i \in I = \{i \mid g_i(\overline{\mathbf{x}}) = 0\}$에 대한 g_i가 모두 $\boldsymbol{\eta}$-인벡스라면 $\overline{\mathbf{x}}$는 최적해임을 보이시오.

c. 만약 f가 $\boldsymbol{\eta}$-유사-인벡스이며 $i \in I$에 대한 g_i가 $\boldsymbol{\eta}$-준-인벡스라면 파트 b를 반복하시오(인벡스함수의 토의와 사용장소에 대해 한슨[1981], 한슨 & 몬드[1982, 1987]를 참조하기 바람).

주해와 참고문헌

이 장은 절 4.1의 제약 없는 최적화문제의 1-계, 2-계 최적성 조건의 개발에서 출발했다. 이들 고전적 결과는 실해석을 다루는 대부분 교과서에 나타나 있다. 고차계의 필요충분조건의 주제에 대한 좀 더 상세한 내용에 대해 구에 & 토마스[1968], 핸코크[1960]을 참조하시오; 그리고 라그랑지 승수규칙을 사용해 등식 제약조건을 취급하는 정보에 관해 바르틀[1976], 루딘[1964]을 참고하시오.

절 4.2에서는 부등식 제약조건의 존재 아래 함수를 최소화하는 문제를 다루고 프리츠 존[1948]의 필요최적성 조건을 개발한다. 승수의 비음성이 역설되지 않은 이들 조건의 좀 더 약한 형태는 카루시[1939]가 유도했다. 적절한 제약자격의 아래 목적함수에 연관된 라그랑지 승수는 양(+)이며, 프리츠 존 조건은 쿤-터커 조건[1951]으로 바뀌며, 이것은 독립적으로 유도되었다. 비록 후자의 조건은 변분법을 사용해 카루시[1939]가 최초로 유도했지만 이 연구결과는 공식적으로 발표되지 않았으므로 여러 연구자의 주목을 끌지 못했다. 그러나 이들 조건은 카루시, 쿤, 터커 3인의 수학자의 이름을 따서 카루시-쿤-터커 조건이라 한다. 비선형계획법 문제의 최적성 조건의 과거 검토내용은 쿤[1976], 렌스트라 등[1991]에서 찾을 수 있다. 키파리시스[1985]는 카루시-쿤-터커 라그랑지 승수가 유일한 승수이기 위한 필요충분조건을 제시한다. 게흐너[1974]는 프리츠 존 최적성 조건을 **반-무한 비선형계획법 문제**의 케이스로 확장하고, 여기에서 모수적으로 표현한 무한개의 등식과 부등식 제약조건이 존재한다. 프리츠 존의 조건과 카루시-쿤-터커 조건에 관한 연구내용을 알아보기 위해 독자는 아바디[1967b], 아브리엘[1967], 캐넌 등[1966], 굴드 & 톨레[1972], 루엔버거[1973], 맹거사리안[1969a], 장윌[1969]의 문헌을 참고하기 바란다.

맹거사리안 & 프로모비츠[1967]는 등식과 부등식 제약조건을 취급하기 위해 프리츠 존의 조건을 일반화했다. 이들의 접근법은 음함수정리를 사용했다. 절 4.3에서 피애코 & 맥코믹[1968]의 연구와 같이, 실현가능한 호를 구해 등식과 부등식 제약조건의 프리츠 존 조건을 개발한다.

절 4.2, 4.3에서 적절한 볼록성 가정 아래 카루시-쿤-터커 조건은 참으로 충분적 최적성 조건임을 보인다. 만약 함수 f와 $i \in I$에 대한 g_i가 볼록이고, 모든 i에 대한 h_i가 아핀이며, X가 볼록집합이라면, 이 결과는 쿤 & 터커[1951]가 증명했다. 이 결과는 그 이후 일반화되었으며, 절 4.2, 4.3에서 보인 바와 같이 최적성을 보장하기 위해 좀 더 약한 볼록성 가정이 필요하다(맹거사리안[1969a]을 참조 바람). 독자는 브하트 & 미스라[1975]를 참조하기를 바란다. 만약 연관된 라그랑지 승수가 옳은 부호를 갖는다면 이들은 조건 h_i가 아핀이어야 한다는 조건을 완화했다. 인벡스 함수를 사용해 더욱 일반화한 내용은 한슨[1981], 한슨 & 몬드[1982]에서 찾을 수 있다.

그 밖의 프리츠 존 조건과 카루시-쿤-터커 조건의 일반화와 확장을 여러 수학자가 개발했다. 이러한 확장 가운데 하나가 집합 X는 열린집합이어야 한다는 조건의 완화이다. 이 경우 최소원리 유형의 필요최적성 조건을 얻는다. 이와 같은 최적성 조건의 유형에 관한 상세한 내용에 대해 바자라 & 구드[1972], 캐넌 등[1970], 맹거사리안[1969a]을 참조하시오. 또 하나의 확장은 문제를 무한차원 환경에서 다루는 것이다. 관심이 있는 독자는 캐넌 등[1970], 두보빗스키 & 밀류틴[1965], 게흐너[1974], 기냐르드[1969], 할킨 & 뉴쉬타트[1966], 헤스테네스[1966], 뉴쉬타트[1969], 바라이야[1967]를 참조하시오.

절 4.4에서 초기에 맥코믹[1967]이 개발한 제약 있는 문제의 2-계 필요충분 최적성 조건을 언급한다. 이 책의 2-계 필요최적성 조건은 맥코믹[1967]이 제시한 것보다도 강하다(플레처[1987], 벤-탈[1980] 참조). 사영된 접선-부분공간 전체에 걸쳐 계산된 고유값에 기반하거나 아니면 '테두른 헤시안행렬'에 기반해 이들 조건의 점검을 토의하는 내용에 대해 독자는 루엔버거[1973d/1984]를 참조하시오. 관계된 접근법에 대해 연습문제 4.44를 참조하시오. 이 주제의 확장과 추가적 연구에 대해, 독자는 아브리엘[1976], 바챠리 & 트라드[2004], 벤-탈[1980], 벤-탈 & 조웨[1982], 플레처[1983], 루엔버거[1973a/1984], 맥코믹[1967], 메쎄를리 & 폴락[1969]을 참조하시오.

제5장 제약자격

제4장에서 최소화 $f(\mathbf{x})$ 제약조건 $\mathbf{x} \in X$ $g_i(\mathbf{x}) \le 0$ $i = 1, \cdots, m$의 '문제 P'를 고려했다. 프리츠 존 조건을 유도하고, 제약자격이 만족될 때 국소최적해에서 목적함수에 관련한 승수가 양(+)임을 밝힘으로 최적성을 위한 카루시-쿤-터커 필요조건을 얻었다. 이 장에서는, 먼저 프리츠 존 조건을 유도하지 않고, 카루시-쿤-터커 조건을 직접 개발한다. 여러 제약자격 아래 부등식 제약조건을 갖는 문제와 부등식 제약조건과 등식 제약조건을 모두 갖는 문제의 카루시-쿤-터커 조건을 개발한다.

다음은 이 장의 요약이다.

절 5.1: **접원추** 접원추 T를 소개하고, $F_0 \cap T = \varnothing$ 임은 국소최적성의 필요조건임을 보인다. 제약자격을 사용해 부등식 제약조건 있는 문제의 카루시-쿤-터커 조건을 곧바로 유도한다.

절 5.2: **기타 제약자격** 접원추에 포함되어있는 다른 원추를 소개한다. 이들 원추를 이용해, 카루시-쿤-터커 조건이 유효하도록 만드는 여러 제약자격을 제시한다. 이들 제약자격 사이의 관계도 밝힌다.

절 5.3: **부등식과 등식 제약조건을 갖는 문제** 절 5.2의 결과를 등식 제약조건과 부등식 제약조건을 갖는 문제로 확장한다.

5.1 접원추

절 4.2에서 부등식 제약조건을 갖는 문제의 카루시-쿤-터커 필요최적성 조건을 토의했다. 특히 국소최적성은 $F_0 \cap G_0 = \varnothing$ 임을 의미함을 보였으며, 이번에는 이것은 프리츠 존의 조건을 의미한다. 선형독립성 제약자격 아래, 아니면 좀 더 일반적으로 $G_0 \neq \varnothing$의 제약자격 아래, 만약 목적함수에 연관된 라그랑지 승수가 양(+)이라면 프리츠 존 조건만이 만족될 수 있음을 추론한다. 이것은 카루시-쿤-터커 조건이 된다. 이 과정은 다음 플로-차트에 요약되어 있다.

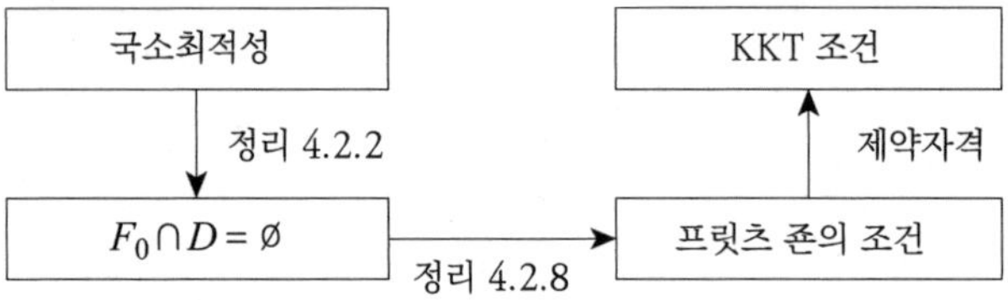

이 절에서는, 먼저 프리츠 존 조건을 구하지 않고, 곧바로 카루시-쿤-터커 조건을 유도한다. 정리 5.1.2에서 보인 바와 같이, 국소최적성의 필요조건은 $F_0 \cap T = \varnothing$이며, 여기에서 T는 정의 5.1.1에서 소개한 접원추이다. 제약자격 $T = G'$을 사용하면 $F_0 \cap G' = \varnothing$을 얻으며, 여기에서 G'는 정리 5.1.3(정리 4.2.15도 참조)에서 정의한 바와 같다. 파르카스의 정리를 사용하면, 이 문장은 카루시-쿤-터커 조건을 제공한다. 이 과정은 다음 플로-차트에 요약되어 있다.

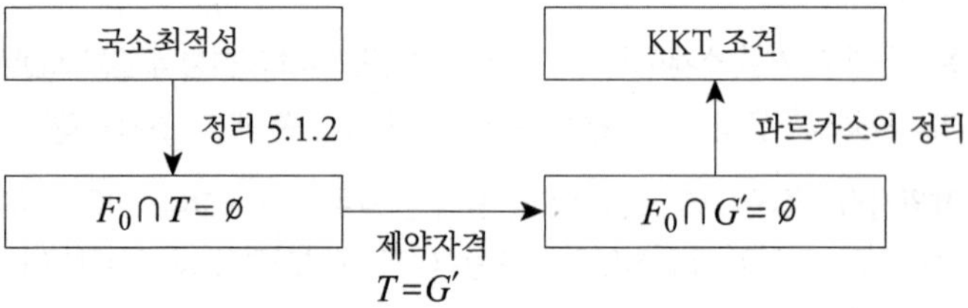

5.1.1 정의

$S \neq \varnothing$는 $\Re^n$의 집합이라 하고 $\bar{\mathbf{x}} \in cl\,S$라고 놓는다. $\bar{\mathbf{x}}$에서 S의 **접원추**는 T로 나타내며 $\mathbf{d} = lim_{k \to \infty} \lambda_k(\mathbf{x}_k - \bar{\mathbf{x}})$이 되도록 하는 모든 방향 $\mathbf{d}$의 집합이며, 여기에서 각각의 k에 대해 $\lambda_k > 0$, $\mathbf{x}_k \in S$, $\mathbf{x}_k \to \bar{\mathbf{x}}$이다.

위의 정의에서 만약 방향 $\mathbf{x}_k - \bar{\mathbf{x}}$가 $\mathbf{d}$로 수렴하도록 하는, $\bar{\mathbf{x}}$에 수렴하는 실현가능해 수열 $\{\mathbf{x}_k\}$가 존재한다면, $\mathbf{d}$가 접원추에 속함은 명확하다. 연습문제 5.1은 접원추 T의 대안적 등가의 설명을 제공한다; 그리고, 연습문제 5.2에서 독

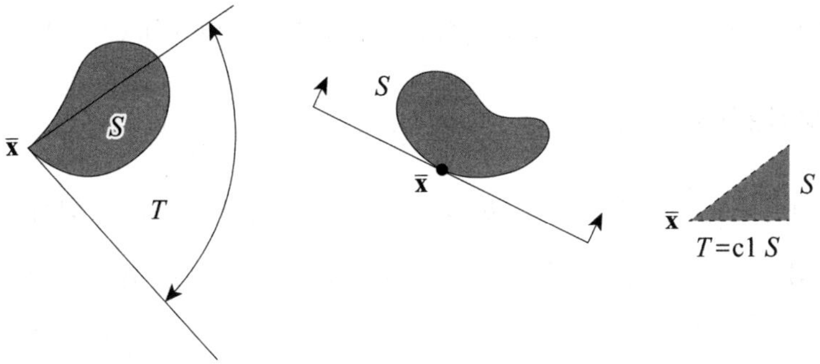

그림 5.1 접원추

자는 접원추는 진실로 닫힌 원추임을 보이기 바란다. 그림 5.1은 접원추의 몇 개 예를 나타내며, 여기에서 편의상 원점은 $\overline{\mathbf{x}}$로 옮겨진다.

정리 5.1.2은 최소화 $f(\mathbf{x})$ 제약조건 $\mathbf{x} \in S$ 형태의 문제에 대해 $F_0 \cap T = \varnothing$임은 진실로 최적성의 필요조건임을 나타낸다. 이후에, S는 집합 $\{\mathbf{x} \in X | g_i(\mathbf{x}) \leq 0, \quad i = 1, \cdots, m\}$이라고 명시한다.

5.1.2 정리

$S \neq \varnothing$는 $\Re^n$의 집합이라 하고, $\mathbf{x} \in S$라 한다. 더군다나, $f : \Re^n \to \Re$은 $\overline{\mathbf{x}}$에서 미분가능하다고 가정한다. 만약 $\overline{\mathbf{x}}$가 국소적으로 최소화 $f(\mathbf{x})$ 제약조건 $\mathbf{x} \in S$ 문제의 최적해라면 $F_0 \cap T = \varnothing$이며, 여기에서 $F_0 = \{\mathbf{d} \mid \nabla f(\overline{\mathbf{x}}) \cdot \mathbf{d} < 0\}$이며 T는 $\overline{\mathbf{x}}$에서 S의 접원추이다.

증명 $\mathbf{d} \in T$라 놓으며, 즉 말하자면 $\mathbf{d} = lim_{\ k \to \infty} \lambda_k(\mathbf{x}_k - \overline{\mathbf{x}})$이며, 여기에서 각각의 k에 대해 $\lambda_k > 0$이며, $\mathbf{x}_k \in S$, $\mathbf{x}_k \to \overline{\mathbf{x}}$이다. $\overline{\mathbf{x}}$에서 f의 미분가능성에 따라 다음 식

$$f(\mathbf{x}_k) - f(\overline{\mathbf{x}}) = \nabla f(\overline{\mathbf{x}}) \cdot (\mathbf{x}_k - \overline{\mathbf{x}}) + \| \mathbf{x}_k - \overline{\mathbf{x}} \| \alpha(\overline{\mathbf{x}}; \mathbf{x}_k - \overline{\mathbf{x}}) \qquad (5.1)$$

을 얻으며, 여기에서 $\mathbf{x}_k \to \overline{\mathbf{x}}$에 따라 $\alpha(\overline{\mathbf{x}}; \mathbf{x}_k - \overline{\mathbf{x}}) \to 0$이다. $\overline{\mathbf{x}}$의 국소최적성

을 주목하면, 충분히 큰 k에 대해 $f(\mathbf{x}_k) \geq f(\overline{\mathbf{x}})$이다; 따라서 (5.1)에서 다음 식

$$\nabla f(\overline{\mathbf{x}})\cdot(\mathbf{x}_k - \overline{\mathbf{x}}) + \| \mathbf{x}_k - \overline{\mathbf{x}} \| \alpha(\overline{\mathbf{x}}\,; \mathbf{x}_k - \overline{\mathbf{x}}) \geq 0$$

이 성립한다. $\lambda_k > 0$을 곱하고 $k \to \infty$에 따라 극한을 취하면, 위의 부등식은 $\nabla f(\overline{\mathbf{x}})\cdot\mathbf{d} \geq 0$임을 의미한다. 그러므로 $\mathbf{d} \in T$임은 $\nabla f(\overline{\mathbf{x}})\cdot\mathbf{d} \geq 0$임을 의미하며, 따라서 $F_0 \cap T = \varnothing$임이 나타났다. 이것으로 증명이 완결되었다. (증명 끝)

$F_0 \cap T = \varnothing$의 조건은 $\overline{\mathbf{x}}$가 국소최소해임을 의미할 필요가 없음은 주목할 만한 가치가 있다. 진실로 만약 $F_0 = \varnothing$이라면 $F_0 \cap T = \varnothing$은 성립할 것이며, 예를 들면 $F_0 = \varnothing$은 국소최적성의 충분조건은 아니라고 알고 있다. 그러나 만약 $\mathbb{N}_\varepsilon(\overline{\mathbf{x}}) \cap S$가 볼록집합이며 $\mathbb{N}_\varepsilon(\overline{\mathbf{x}}) \cap S$ 전체에 걸쳐, 그리고 f가 유사볼록이 되도록 하는 $\overline{\mathbf{x}}$의 ε-근방 $\mathbb{N}_\varepsilon(\overline{\mathbf{x}})$이 존재한다면, $F_0 \cap T = \varnothing$임은 $\overline{\mathbf{x}}$가 국소최소해임을 주장하기에 충분하다(연습문제 5.3 참조).

아바디의 제약자격

정리 5.1.3에서 아바디의 공로라고 알려진 제약자격 $T = G'$ 아래, 카루시-쿤-터커 조건을 유도한다.

5.1.3 정리(카루시-쿤-터커 필요조건)

$X \neq \varnothing$는 $\Re^n$의 집합이라 하고 $f: \Re^n \to \Re$, $g_i: \Re^n \to \Re$ $i = 1, \cdots, m$이라 한다. 최소화 $f(\mathbf{x})$ 제약조건 $\mathbf{x} \in X$ $g_i(\mathbf{x}) \leq 0$ $i = 1, \cdots, m$ 문제를 고려해보자. $\overline{\mathbf{x}}$는 실현가능해라 하고, $I = \{i \mid g_i(\overline{\mathbf{x}}) = 0\}$이라 한다. f와 $i \in I$에 대한 g_i는 $\overline{\mathbf{x}}$에서 미분가능하다고 가정한다. 더군다나, 제약자격 $T = G'$은 성립한다고 가정하며, 여기에서 T는 $\overline{\mathbf{x}}$에서의 실현가능영역의 접원추이며 $G' = \{\mathbf{d} \mid \nabla g_i(\overline{\mathbf{x}})\cdot\mathbf{d} \leq 0 \quad i \in I\}$이다. 만약 $\overline{\mathbf{x}}$가 국소최적해라면 다음 식

$$\nabla f(\overline{\mathbf{x}}) + \sum_{i \in I} u_i \nabla g_i(\overline{\mathbf{x}}) = \mathbf{0}$$

이 성립하도록 하는 $i \in I$에 대한 비음(-) 스칼라 u_i가 존재한다.

증명 정리 5.1.2에 따라 $F_0 \cap T = \varnothing$ 이며, 여기에서 $F_0 = \{\mathbf{d} \mid \nabla f(\overline{\mathbf{x}}) \cdot \mathbf{d} < 0\}$ 이다. 가정에 따라, $T = G'$ 이며 그래서 $F_0 \cap G' = \varnothing$ 이다. 달리 말하면 다음 시스템

$$\nabla f(\overline{\mathbf{x}}) \cdot \mathbf{d} < 0, \quad \nabla g_i(\overline{\mathbf{x}}) \cdot \mathbf{d} \le 0 \quad i \in I\text{에 대해}$$

은 해를 갖지 않는다. 그러므로 정리 2.4.5(파르카스의 정리)에 따라 이 결과가 따라온다(정리 4.2.15도 참조 바람). (증명 끝)

독자는 예제 4.2.10에서, $\overline{\mathbf{x}} = (1, 0)$에서 제약자격 $T = G'$은 성립하지 않음을 입증할 수도 있다. $T \subseteq G'$는 항상 참이므로 아바디의 제약자격 $T = G'$은 등가적으로 $T \supseteq G'$ 라고 나타낼 수 있음을 주목하자(연습문제 5.4 참조). 집합 X의 열림성과 $\overline{\mathbf{x}}$에서 $i \notin I$에 대한 g_i의 연속성을 명시적으로 정리 5.1.3에서 가정하지 않았음을 주목하자. 그러나 이들 가정 없이, 제약자격 $T \supseteq G'$은 성립하지 않는다(연습문제 5.5 참조).

선형제약조건 있는 문제

보조정리 5.1.4는, 만약 제약조건이 선형이라면 아바디의 제약자격이 자동적으로 성립함을 보여준다. 또한, 이것은, 목적함수의 선형성 또는 비선형성에 관계없이, 선형제약조건이 있는 문제에서, 카루시-쿤-터커 조건이 항상 필요조건임을 의미한다. 접원추를 사용하지 않는 하나의 대안적 증명으로, 만약 $\overline{\mathbf{x}}$가 하나의 국소최소해라면 $F_0 \cap D = \varnothing$ 임을 주목하자. 지금 보조정리 4.2.4에 따라 만약 제약조건이 선형이라면 $D = G_0' \equiv \{\mathbf{d} \ne \mathbf{0} \mid \nabla g_i(\overline{\mathbf{x}}) \cdot \mathbf{d} \le 0,\ \text{각각의 } i \in I\text{에 대해}\}$이다. 그러므로 $F_0 \cap D = \varnothing \Leftrightarrow F_0 \cap G_0' = \varnothing$ 이며, 이 사실이 성립한다는 것은 정리 4.2.15에 의해 $\overline{\mathbf{x}}$는 하나의 카루시-쿤-터커 점이라는 것과 같은 뜻이다.

5.1.4 보조정리

$\mathbf{A}$는 $m\times n$ 행렬, $\mathbf{b}$는 m-벡터, $S=\{\mathbf{x}\,|\,\mathbf{A}\mathbf{x}\leq\mathbf{b}\}$라 한다. $\mathbf{A}_1\bar{\mathbf{x}}=\mathbf{b}_1$, $\mathbf{A}_2\bar{\mathbf{x}}<\mathbf{b}_2$이 되도록 하는 $\bar{\mathbf{x}}\in S$을 가정하며, 여기에서 $\mathbf{A}^t=(\mathbf{A}_1^t,\mathbf{A}_2^t)$, $\mathbf{b}^t=(\mathbf{b}_1^t,\mathbf{b}_2^t)$이다. 그렇다면 $T=G'$이며, 여기에서 T는 $\bar{\mathbf{x}}$에서 S의 접원추이며 $G'=\{\mathbf{d}\,|\,\mathbf{A}_1\mathbf{d}\leq\mathbf{0}\}$이다.

증명 만약 $\mathbf{A}_1$가 텅 빈 행렬이라면1) $G'=\Re^n$이다. 더군다나 $\bar{\mathbf{x}}\in int\,S$이며 그러므로 $T=\Re^n$이다. 따라서 $G'=T$이다. 지금 $\mathbf{A}_1$는 비어있지 않다고 가정한다. $\mathbf{d}\in T$라 한다; 즉 말하자면, $\mathbf{d}=lim_{k\to\infty}\lambda_k(\mathbf{x}_k-\bar{\mathbf{x}})$이며, 여기에서 각각의 k에 대해 $\mathbf{x}_k\in S$, $\lambda_k>0$이다. 그렇다면 다음 식

$$\mathbf{A}_1(\mathbf{x}_k-\bar{\mathbf{x}})\leq\mathbf{b}_1-\mathbf{b}_1=\mathbf{0} \tag{5.2}$$

이 성립한다. (5.2)에 $\lambda_k>0$를 곱하고 $k\to\infty$에 따라 극한을 취하면 $\mathbf{A}_1\mathbf{d}\leq\mathbf{0}$임이 뒤따른다. 따라서 $\mathbf{d}\in G'$이며 $T\subseteq G'$이다. 지금 $\mathbf{d}\in G'$이라 한다; 즉 말하자면, $\mathbf{A}_1\mathbf{d}\leq\mathbf{0}$이다. 따라서 $\mathbf{d}\in T$임을 밝힐 필요가 있다. $\mathbf{A}_2\bar{\mathbf{x}}<\mathbf{b}_2$이므로 모든 $\lambda\in(0,\delta)$에 대해 $\mathbf{A}_2(\bar{\mathbf{x}}+\lambda\mathbf{d})<\mathbf{b}_2$가 되도록 하는 하나의 $\delta>0$가 존재한다. 더군다나, $\mathbf{A}_1\bar{\mathbf{x}}=\mathbf{b}_1$, $\mathbf{A}_1\mathbf{d}\leq\mathbf{0}$이므로 그렇다면 모든 $\lambda>0$에 대해 $\mathbf{A}_1(\bar{\mathbf{x}}+\lambda\mathbf{d})\leq\mathbf{b}_1$이다. 그러므로, 각각의 $\lambda\in(0,\delta)$에 대해 $\bar{\mathbf{x}}+\lambda\mathbf{d}\in S$이다. 이것은 자동적으로 $\mathbf{d}\in T$임을 보여준다. 그러므로, $T=C'$이며 증명이 완결되었다. (증명 끝)

5.2 나머지의 제약자격

카루시-쿤-터커 조건은 다양한 제약자격 아래 여러 수학자에 의해 개발되었다. 이 절에서는 몇 개의 좀 더 중요한 제약자격을 개발한다. 절 5.1에서 국소최적성은

---

1) $\mathbf{A}_1$ is vacuous.

$F_0 \cap T = \varnothing$ 임을 의미하고 제약자격 $T = G'$ 아래 카루시-쿤-터커 조건이 뒤따른다는 것을 알았다. 만약 원추 $C \subseteq T$를 정의한다면 $F_0 \cap T = \varnothing$ 임은 역시 $F_0 \cap C = \varnothing$ 임도 의미한다. 그러므로 $C = G'$ 형태인 임의의 제약자격은 카루시-쿤-터커 조건으로 인도할 것이다. 사실상, $C \subseteq T \subseteq G'$ 이므로 제약자격 $C = G'$ 은 $T = G'$ 임을 의미하고, 이것은 아바디의 제약자격보다도 더욱더 제한적이다. 이 과정은 다음 플로-차트에 예시되어 있다:

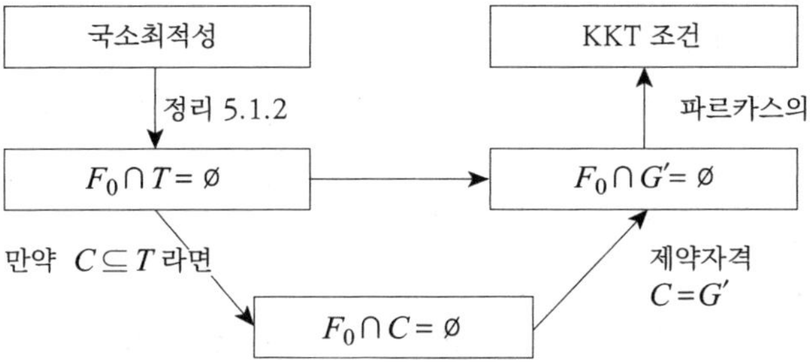

아래에는 페포가 T에 포함된 원추의 여러 가지 예를 제시하며, 여기에서 실현가능영역 S는 $\{\mathbf{x} \in X \mid g_i(\mathbf{x}) \le 0,\ i = 1, \cdots, m\}$로 주어진다. 벡터 $\overline{\mathbf{x}}$는 실현가능해이며 $I = \{i \mid g_i(\overline{\mathbf{x}}) = 0\}$이다.

$\overline{\mathbf{x}}$에서 S의 실현가능방향 원추

이 원추는 정의 4.2.1에서 정의했다. 실현가능방향 원추는 D로 나타내며, 어떤 $\delta > 0$에 대한 $\lambda \in (0, \delta)$에 대해 $\overline{\mathbf{x}} + \lambda \mathbf{d} \in S$가 되도록 하는 모든 벡터 $\mathbf{d} \ne \mathbf{0}$의 집합이다.

$\overline{\mathbf{x}}$에서 S의 달성가능방향 원추

만약 $\lambda \in (0, \delta)$에 대해 $\boldsymbol{\alpha}(\lambda) \in S$, $\boldsymbol{\alpha}(0) = \overline{\mathbf{x}}$ 이며 다음 식

$$\lim_{\lambda \to 0^+} \frac{\boldsymbol{\alpha}(\lambda) - \boldsymbol{\alpha}(0)}{\lambda} = \mathbf{d}$$

이 성립하도록 하는 $\delta > 0$, $\boldsymbol{\alpha}: \Re \to \Re^n$이 존재한다면, $\mathbf{0}$이 아닌 벡터 $\mathbf{d}$는, A로

나타내는, 달성가능방향 원추에 속한다. 달리 말하면 만약 $\mathbf{d}$의 접선방향이며, $\overline{\mathbf{x}}$ 에서 출발하는 실현가능한 호가 존재한다면 $\mathbf{d}$는 달성가능방향 원추에 속한다.

$\overline{\mathbf{x}}$에서 S의 내부방향 원추

G_0로 나타낸 이 원추는, 절 4.2에서 소개했고, $G_0 = \{\mathbf{d} \mid \nabla g_i(\overline{\mathbf{x}}) \cdot \mathbf{d} < 0, i \in I\}$ 라고 정의한다. 만약 X가 열린집합이라면 그리고 각각의 $i \notin I$에 대해 g_i가 $\overline{\mathbf{x}}$ 에서 연속이라면 $\mathbf{d} \in G_0$ 임은 충분히 작은 $\lambda > 0$에 대해 $\overline{\mathbf{x}} + \lambda\mathbf{d}$가 실현가능영역 내부에 속함을 의미함을 주목하자.

보조정리 5.2.1은 위의 모든 원추와 이들의 폐포가 T에 포함됨을 나타낸다.

5.2.1 보조정리

$X \neq \varnothing$는 $\mathfrak{R}^n$의 집합이라 하고 $f: \mathfrak{R}^n \to \mathfrak{R}$, $g_i: \mathfrak{R}^n \to \mathfrak{R}$ $i=1, \cdots, m$이라 한다. 최소화 $f(\mathbf{x})$ 제약조건 $g_i(\mathbf{x}) \leq 0$ $i=1, \cdots, m$ $\mathbf{x} \in X$ 문제를 고려해보자. $\overline{\mathbf{x}}$는 하나의 실현가능해라 하고 $I = \{i \mid g_i(\overline{\mathbf{x}}) = 0\}$이라 한다. $i \in I$에 대한 각각의 g_i는 $\overline{\mathbf{x}}$에서 미분가능하다고 가정하고 $G' = \{\mathbf{d} \mid \nabla g_i(\overline{\mathbf{x}}) \cdot \mathbf{d} \leq 0, \ i \in I\}$ 이라 한다. 그렇다면 다음 관계식

$$cl D \subseteq cl A \subseteq T \subseteq G'$$

이 성립하며, 여기에서 D, A, T는, 각각 실현가능방향 원추, 달성할 수 있는 방향 원추, $\overline{\mathbf{x}}$에서 실현가능영역의 접원추이다. 더군다나 만약 X가 열린집합이며 각각의 $i \notin I$에 대해 g_i가 $\overline{\mathbf{x}}$에서 연속이라면 $G_0 \subseteq D$이며 그래서 다음 식

$$cl G_0 \subseteq cl D \subseteq cl A \subseteq T \subseteq G'$$

이 성립하고, 여기에서 G_0는 $\overline{\mathbf{x}}$에서 실현가능영역의 내부방향 원추이다.

증명 $D \subseteq A \subseteq T \subseteq G'$임은 쉽게 입증할 수 있으며, T는 닫힌집합이므로 (연습문제 5.2 참조) $cl D \subseteq cl A \subseteq T \subseteq G'$임은 쉽게 입증할 수 있다. 지금 보조정리 4.2.4에 따라 $G_0 \subseteq D$임을 주목하자. 그러므로 보조정리의 둘

째 파트가 따라온다. (증명 끝)

위에서 고려한 각각의 포함관계[2]가 엄격할 수 있는가를 예시하기 위해, 다음 예제를 고려해보자. 그림 4.9에서 내부방향이 존재하지 않으므로 $G_0 = \varnothing = cl\,G_0$임을 주목하고 이에 반해 $D = cl\,D = G'$은 $\bar{\mathbf{x}}$에서 입사하는 모서리를 따라가는 실현가능방향 집합이라고 정의한다. 내부방향 원추 G_0에 관해 임의의 $\mathbf{d} \in G_0$는 내부 실현가능해로 향하는 방향이지만, $\mathbf{d} \in G_0$가 G_0에 속하는 내점으로 인도하는 임의의 실현가능방향임은 참이 아님을 주목하자. 예를 들면, 그림 4.12에서 예시한 예제 4.3.5를 고려해보고, 여기에서 등식은 "≤"의 부등식으로 대체되어 있다. $\bar{\mathbf{x}} = (1, 0)$에서 $G_0 = \varnothing$이며 이에 반해 $\mathbf{d} = (-1, 0)$은 내부 실현가능해로 인도한다.

$cl\,D$는 $cl\,A$의 하나의 엄격한 부분집합이 될 수 있음을 나타내기 위해 $x_1 - x_2^2 \le 0$, $-x_1 + x_2^2 \le 0$으로 정의한 영역을 고려해보자. 실현가능해 집합은 포물선 $x_1 = x_2^2$에 존재한다. 예를 들면 $\bar{\mathbf{x}} = (0, 0)$에서 $D = \varnothing = cl\,D$이며, 이에 반해 $cl\,A = \{\mathbf{d} \,|\, \mathbf{d} = \lambda(0, 1)^t$ 또는 $\mathbf{d} = \lambda(0, -1)^t,\ \lambda \ge 0\} = G'$이다.

$cl\,A \ne T$가 될 것이라는 가능성은 좀 까다롭다. 실현가능영역 S는 적절한 제약조건의 교집합에 의해(적절한 부등식으로 나타냄) 형성된 수열 $\{(1/k, 0)^t,\ k = 1, 2, \cdots\}$ 자체라고 가정한다. 예를 들면, 다음 집합

$$S = \{(x_1, x_2) \,|\, x_2 = h(x_1)x_2 = 0,\ \ 0 \le x_1 \le 1,\ \text{여기에서}$$
$$\text{만약 } x_1 \ne 0\text{이라면 } h(x_1) = x_1^3 sin(\pi/x_1)\text{이며}$$
$$\text{만약 } x_1 = 0\text{이라면 } h(x_1) = 0\text{이다}\}$$

을 얻을 수 있다. 그렇다면 실현가능한 호가 존재하지 않으므로 $A = \varnothing = cl\,A$이다. 그러나 정의에 따라 $T = \{\mathbf{d} \,|\, \mathbf{d} = \lambda(1, 0),\ \lambda \ge 0\}$, $T = G'$임은 즉시 입증된다.

마지막으로, 그림 4.7은 T가 G'의 부분집합인 상황을 예시하며, 여기에서 $T = \{(\mathbf{d} \,|\, \mathbf{d} = \lambda(-1, 0),\ \lambda \ge 0\}$이며, 한편 $G' = \{\mathbf{d} \,|\, \mathbf{d} = \lambda(-1, 0)$, 또는 $\mathbf{d} = \lambda(1, 0),\ \lambda \ge 0\}$이다.

지금 카루시-쿤-터커 조건을 입증하는 몇 개 제약자격을 제시하고 이들의

2) 역자 주: 포함관계: containment, contain: 포함한다, 엄격한 부등식이 성립한다.

상호관계를 토의한다.

슬레이터의 제약자격

X는 열린집합이며, $\bar{\mathbf{x}}$에서 각각의 $i \in I$에 대해 g_i는 유사볼록이며, $i \notin I$에 대해 각각의 g_i는 $\bar{\mathbf{x}}$에서 연속이며, 모든 $i \in I$에 대해 $g_i(\mathbf{x}) < 0$이 되도록 하는 $\mathbf{x} \in X$가 존재한다.

선형독립성의 제약자격

집합 X는 열린집합이며, 각각의 $i \notin I$에 대해 g_i는 $\bar{\mathbf{x}}$에서 연속이며, $i \in I$에 대해 $\nabla g_i(\bar{\mathbf{x}})$는 선형독립이다.

코틀의 제약자격

집합 X는 열린집합이며, 각각의 $i \notin I$에 대해 g_i는 $\bar{\mathbf{x}}$에서 연속이며, $cl\, G_0 = G'$이다.

장윌의 제약자격

$$cl\, D = G'.$$

쿤-터커의 제약자격

$$cl\, A = G'.$$

제약자격의 유효성과 이들의 상호관계

정리 5.1.3에서 아바디의 제약자격 $T = G'$ 아래, 카루시-쿤-터커 필요최적성 조건은 참일 필요가 있음이 나타났다. 위에서 토의한 모든 제약자격은 아바디의 제약자격을 의미하며, 그러므로 각각은 카루시-쿤-터커 필요조건의 정당성을 입증함을 아래에서 증명한다. 보조정리 5.2.1에서 코틀의 제약자격은 장윌의 제약자격을 의미하며, 이것은 쿤-터커의 제약자격을 의미하며 이번에는 아바디의 제약자격을 의미함이 명백하다. 지금 첫째 2개 제약자격은 코틀의 제약조건을 의미함을 보여준다.

먼저, 슬레이터의 제약자격이 만족된다고 가정한다. 그렇다면 $i \in I$에 대해

$g_i(\mathbf{x}) < 0$이 되도록 하는 $\mathbf{x} \in X$가 존재한다. $g_i(\mathbf{x}) < 0$, $g_i(\overline{\mathbf{x}}) = 0$이므로 그렇다면 $\overline{\mathbf{x}}$에서 g_i의 유사볼록성에 따라 $\nabla g_i(\overline{\mathbf{x}}) \cdot (\mathbf{x} - \overline{\mathbf{x}}) < 0$임이 뒤따른다. 따라서 $\mathbf{d} = \mathbf{x} - \overline{\mathbf{x}}$는 G_0에 속한다. 그러므로 $G_0 \neq \varnothing$이며 독자는 $cl\,G_0 = G'$임을 입증할 수 있으며, 그러므로 코틀의 제약자격이 성립함을 입증할 수 있다. 지금, 선형독립성의 제약자격이 만족된다고 가정한다. 그렇다면 $\Sigma_{i \in I} u_i \nabla g_i(\overline{\mathbf{x}}) = \mathbf{0}$는 $\mathbf{0}$이 아닌 해를 갖지 않는다. 정리 2.4.9에 따라 모든 $i \in I$에 대해 $\nabla g_i(\overline{\mathbf{x}}) \cdot \mathbf{d} < 0$이 되도록 하는 하나의 벡터 $\mathbf{d}$가 존재함이 뒤따른다. 따라서 $G_0 \neq \varnothing$이며 코틀의 제약자격은 성립한다. 앞서 말한 제약자격 사이의 관계가 그림 5.2에 예시되어 있다.

보조정리 5.2.1을 토의하는 과정에서, 포함관계의 사슬 $cl\,G_0 \subseteq cl D \subseteq cl A \subseteq T \subseteq G'$에서 각각의 연속하는 쌍에 대해, 포함관계는 엄격하며 더 큰 집합이 G'와 같은 다양한 예를 제시했다. 그러므로, 또한 이 예들은 이들 집합에 관한 그림 5.2의 의미사슬이 한쪽 방향으로 성립한다는 의미임을 예시한다. 그에 따라 그림 5.2는 각각의 제약자격에 대해 이 사실이 성립하는 상황을 예시하며, 이에

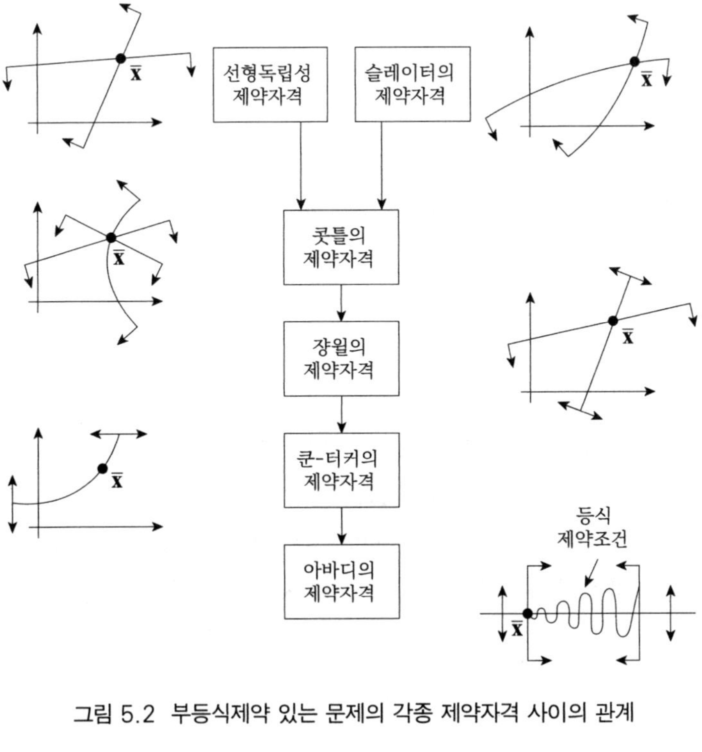

그림 5.2 부등식제약 있는 문제의 각종 제약자격 사이의 관계

반해 앞에서의 좀 더 한정적 가정을 하는 제약자격은 성립하지 않는다. 말할 필요도 없이, 만약 국소최소해 $\bar{\mathbf{x}}$가 카루시-쿤-터커 점이 아니라면, 예제 4.2.10에서처럼, 그리고 그림 4.7에서 예시한 바와 같이, 이를테면 제약자격은 어쩌면 성립하지 못할 수도 있다.

마지막으로, 코틀의 제약자격은 $G_0 \neq \varnothing$를 요구함과 등가임을 언급한다(연습문제 5.6 참조). 더구나 슬레이터의 제약자격과 선형독립성의 제약자격 양자는 코틀의 제약자격을 의미함을 알았다. 그러므로, 만약 국소최소해 $\bar{\mathbf{x}}$에서 이들 제약자격이 성립한다면, $\bar{\mathbf{x}}$는, 목적함수에 연관된 라그랑지 승수 u_0가 양$(+)$일 필요가 있는, 프리츠 존 점이다. 이와 대비해 국소최소해 $\bar{\mathbf{x}}$에서 장윌, 쿤-터커, 또는 아바디의 제약자격이 성립하지만, 반면에 프리츠 존 조건에 관한 어떤 해에서 u_0는 어쩌면 0일 수도 있다. 그러나 이들은 유효 제약자격이므로 이러한 경우에 프리츠 존의 조건의 임의의 해에서 반드시 $u_0 > 0$이어야 한다.

5.3 부등식 제약조건과 등식 제약조건이 있는 문제

이 절에서 부등식과 등식 제약조건을 모두 갖는 문제를 고려한다. 특히, 다음 문제

$$
\begin{array}{lll}
\text{최소화} & f(\mathbf{x}) & \\
\text{제약조건} & g_i(\mathbf{x}) \leq 0 & i=1, \cdots, m \\
 & h_i(\mathbf{x}) = 0 & i=1, \cdots, \ell \\
 & \quad \mathbf{x} \in X &
\end{array}
$$

를 고려해보자. 정리 5.1.2에 따라 필요최적성 조건은 국소최소해 $\bar{\mathbf{x}}$에서 $F_0 \cap T = \varnothing$이다. 제약자격 $T = G' \cap H_0$을 부여하면, 여기서 $H_0 = \{\mathbf{d} \mid \nabla h_i(\bar{\mathbf{x}}) \cdot \mathbf{d} = 0, i=1, \cdots, \ell\}$이며, 이것은 $F_0 \cap G' \cap H_0 = \varnothing$임을 의미한다. 파르카스의 정리〔또는 방정식 (4.16) 참조〕를 사용하면, 카루시-쿤-터커 조건이 뒤따른다. 정리 5.3.1은 이 내용을 반복한다. 이 과정이 다음 플로-차트에 요약되어 있다:

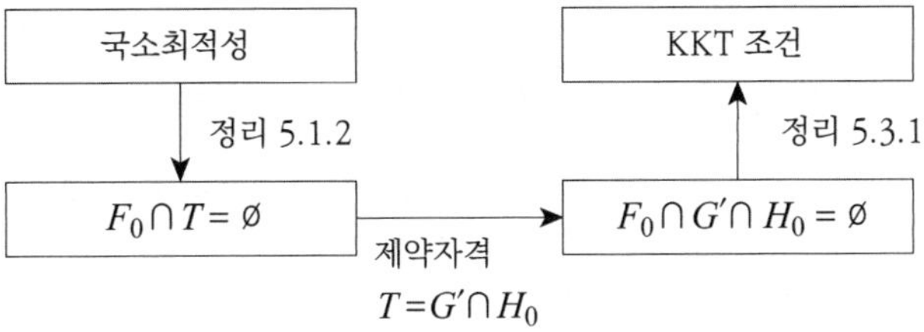

5.3.1 정리(카루시-쿤-터커 조건)

$f : \Re^n \to \Re$, $g_i : \Re^n \to \Re \quad i=1, \cdots, m$, $h_i : \Re^n \to \Re \quad i=1, \cdots, \ell$이라고 놓고, $X \neq \varnothing$는 $\Re^n$의 집합이라 하자. 다음 문제

$$\begin{array}{lll} \text{최소화} & f(\mathbf{x}) & \\ \text{제약조건} & g_i(\mathbf{x}) \leq 0 & i=1, \cdots, m \\ & h_i(\mathbf{x}) = 0 & i=1, \cdots, \ell \\ & \quad \mathbf{x} \in X & \end{array}$$

를 고려해보자. $\overline{\mathbf{x}}$는 국소적으로 문제의 최적해라 하고 $I = \{ i \mid g_i(\overline{\mathbf{x}}) = 0 \}$이라 한다. f, $i \in I$에 대한 g_i, $i=1, \cdots, \ell$에 대한 h_i는 $\overline{\mathbf{x}}$에서 미분가능하다고 가정한다. 제약자격 $T = G' \cap H$가 성립한다고 가정하며, 여기에서 T는 $\overline{\mathbf{x}}$에서 실현가능영역의 접원추이며, 다음 식

$$\begin{aligned} G' &= \{ \mathbf{d} \mid \nabla g_i(\overline{\mathbf{x}}) \cdot \mathbf{d} \leq 0 \quad i \in I \}, \\ H_0 &= \{ \mathbf{d} \mid \nabla h_i(\overline{\mathbf{x}}) \cdot \mathbf{d} = 0 \quad i = 1, \cdots, \ell \} \end{aligned}$$

이 성립한다. 그러면 $\overline{\mathbf{x}}$는 카루시-쿤-터커 점이다; 즉 말하자면, 다음 식

$$\nabla f(\overline{\mathbf{x}}) + \sum_{i \in I} u_i \nabla g_i(\overline{\mathbf{x}}) + \sum_{i=1}^{\ell} \nu_i \nabla h_i(\overline{\mathbf{x}}) = \mathbf{0}$$

이 성립하도록 하는 $i \in I$에 대한 스칼라 $u_i \geq 0$와 $i=1, \cdots, \ell$에 대한 ν_i가 존재한다.

증명 $\overline{\mathbf{x}}$는 문제의 국소최적해이므로 정리 5.1.2에 따라 $F_0 \cap T = \varnothing$이다. 제약자격에 따라 $F_0 \cap G' \cap H_0 = \varnothing$이다; 즉 말하자면, 연립부등식 $\mathbf{Ad} \leq \mathbf{0}$ $\mathbf{c} \cdot \mathbf{d} > 0$은 해를 갖지 않으며, 여기에서 $\mathbf{A}$의 행은 $i \in I$에 대한 $\nabla g_i(\overline{\mathbf{x}})^t$, $i = 1, \cdots, \ell$에 대한 $\nabla h_i(\overline{\mathbf{x}})^t$, $-\nabla h_i(\overline{\mathbf{x}})^t$로 주어지며, $\mathbf{c} = -\nabla f(\overline{\mathbf{x}})$이다. 정리 2.4.5에 따라 연립방정식 $\mathbf{A}^t\mathbf{y} = \mathbf{c}$ $\mathbf{y} \geq \mathbf{0}$는 1개의 해를 갖는다. 이것은 다음 식

$$\nabla f(\overline{\mathbf{x}}) + \sum_{i \in I} u_i \nabla g_i(\overline{\mathbf{x}}) + \sum_{i=1}^{\ell} \alpha_i \nabla h_i(\overline{\mathbf{x}}) - \sum_{i=1}^{\ell} \beta_i \nabla h_i(\overline{\mathbf{x}}) = \mathbf{0}$$

이 성립하도록 하는, $i \in I$에 대한 비음(-) 스칼라 u_i와 $i = 1, \cdots, \ell$에 대한 α_i, β_i가 존재함을 의미한다. 각각의 i에 대해 $\nu_i = \alpha_i - \beta_i$라고 놓으면, 이 결과가 따라온다. (증명 끝)

지금 카루시-쿤-터커 조건을 입증하는 여러 가지 제약자격을 제시한다. 이들 제약자격은 이 장의 앞에서 정의한 여러 원추를 사용한다. 각각의 등식 제약조건을 2개의 등가 부등식으로 대체함으로, 앞의 절에서 G'의 역할은 지금 원추 $G' \cap H_0$가 대신한다. 일반적으로 실현가능방향 원추는 비선형 등식 제약조건의 존재 아래 $\mathbf{0}$벡터와 같으므로 독자는 여기에서 장윌의 제약자격이 생략되었음을 주목할 수도 있다.

슬레이터의 제약자격

X는 열린집합이며, 각각의 $i \in I$에 대한 g_i는 $\overline{\mathbf{x}}$에서 유사볼록이며 $i \notin I$에 대한 각각의 g_i는 $\overline{\mathbf{x}}$에서 연속이며 $i = 1, \cdots, \ell$에 대한 각각의 h_i는 $\overline{\mathbf{x}}$에서 준볼록이고 준오목이며 연속 미분가능하고, $i = 1, \cdots, \ell$에 대한 $\nabla h_i(\overline{\mathbf{x}})$는 선형독립이다. 더군다나 모든 $i \in I$에 대해 $g_i(\mathbf{x}) < 0$이며 모든 $i = 1, \cdots, \ell$에 대해 $h_i(\mathbf{x}) = 0$이 되도록 하는 $\mathbf{x} \in X$가 존재한다.

선형독립성의 제약자격

X는 열린집합이고, $i \notin I$에 대해 각각의 g_i는 $\overline{\mathbf{x}}$에서 연속이며, $i \in I$에 대한 $\nabla g_i(\overline{\mathbf{x}})$와 $i = 1, \cdots, \ell$에 대한 $\nabla h_i(\overline{\mathbf{x}})$는 선형독립이며 $i = 1, \cdots, \ell$에 대한 각각

의 h_i는 $\bar{\mathbf{x}}$에서 연속 미분가능하다.

코틀의 제약자격

X는 열린집합이고, $i \not\in I$에 대한 각각의 g_i는 $\bar{\mathbf{x}}$에서 연속이며, $i=1, \cdots, \ell$에 대해 각각의 h_i는 $\bar{\mathbf{x}}$에서 연속 미분가능하며 $i=1, \cdots, \ell$에 대해 $\nabla h_i(\bar{\mathbf{x}})$는 선형독립이다. 더군다나, $cl(G_0 \cap H_0) = G' \cap H_0$이다[이 제약자격은 **맹거사리안-프로모비츠 제약자격**과 등가이며, $i=1, \cdots, \ell$에 대해 $\nabla h_i(\bar{\mathbf{x}})$가 선형독립이어야 하며 $G_0 \cap H_0 \neq \varnothing$이어야 함을 요구한다; 연습문제 5.7 참조].

쿤-터커의 제약자격

$$cl A = G' \cap H_0.$$

아바디의 제약자격

$$T = G' \cap H_0.$$

제약자격의 유효성과 이들의 상호관계

정리 5.3.1에서 만약 아바디의 제약자격 $T = G' \cap H_0$이 성립한다면 카루시-쿤-터커 조건이 성립함이 나타났다. 위에 주어진 모든 제약자격은 아바디의 제약자격을 의미함을 아래에 보인다. 그러므로 각각은 카루시-쿤-터커 필요조건을 입증한다.

보조정리 5.2.1에서처럼 독자는 $cl A \subseteq T \subseteq G' \cap H_0$를 쉽게 입증할 수 있다. 지금 X는 열린집합이며 각각의 $i \not\in I$에 대해 g_i는 $\bar{\mathbf{x}}$에서 연속이고 각각의 $i=1, \cdots, \ell$에 대해 h_i는 연속 미분가능하며 $i=1, \cdots, \ell$에 대해 $\nabla h_i(\bar{\mathbf{x}})$는 선형독립이라고 가정한다. 정리 4.3.1의 증명에서 $G_0 \cap H_0 \subseteq A$임이 뒤따른다. 따라서 $cl(G_0 \cap H_0) \subseteq cl A \subseteq T \subseteq G' \cap H_0$이다. 특히 코틀의 제약자격은 쿤-터커의 제약자격을 의미하며, 이것은 또다시 아바디의 제약자격을 의미한다.

지금 슬레이터의 제약자격과 선형독립성의 제약자격은 코틀의 제약자격을 의미함을 보여준다. 슬레이터의 제약자격은 만족된다고 가정한다. 그래서 어떤 $\mathbf{x} \in X$에 대해, $i \in I$에 대해 $g_i(\mathbf{x}) < 0$이며 $i=1, \cdots, \ell$에 대해 $h_i(\mathbf{x}) = 0$이다.

$\overline{\mathbf{x}}$에서 g_i의 유사볼록성에 따라, $i \in I$에 대해 $\nabla g_i(\overline{\mathbf{x}}) \cdot (\mathbf{x} - \overline{\mathbf{x}}) < 0$임을 얻는다.

또한, $h_i(\mathbf{x}) = h_i(\overline{\mathbf{x}}) = 0$이므로 $\overline{\mathbf{x}}$에서 h_i의 준볼록성과 준오목성은 $\nabla h_i(\overline{\mathbf{x}}) \cdot (\mathbf{x} - \overline{\mathbf{x}}) = 0$임을 의미한다. $\mathbf{d} = \mathbf{x} - \overline{\mathbf{x}}$라 하면 $\mathbf{d} \in G_0 \cap H_0$임이 뒤따른다. 따라서 $G_0 \cap H_0 \neq \varnothing$이며, 독자는 $cl(G_0 \cap H_0) = G' \cap H_0$임을 입증할 수 있다. 그러므로 코틀의 제약자격은 성립한다.

마지막으로 선형독립성의 제약자격은 코틀의 제약자격을 의미함을 제시한다. 모순을 일으켜 $G_0 \cap H_0 = \varnothing$라고 가정한다. 그렇다면 정리 4.3.2의 증명처럼 분리정리를 사용하면, $\Sigma_{i \in I} u_i \nabla g_i(\overline{\mathbf{x}}) + \Sigma_{i=1}^{\ell} \nu_i \nabla h_i(\overline{\mathbf{x}}) = \mathbf{0}$이 되도록 하는 $\mathbf{0}$이 아닌 벡터 $(\mathbf{u}_I, \boldsymbol{\nu})$가 존재함이 뒤따르며, 여기에서 $\mathbf{u}_I \geq \mathbf{0}$는 $i \in I$에 대한 성분 i가 u_i인 벡터이다. 이것은 선형독립성의 가정을 위배한다. 따라서 코틀의 제약자격은 성립한다.

그림 5.3에서 위에서 토의한 제약자격의 의미를 요약한다(그림 5.2도 참조 바람). 앞에서 언급한 바와 같이, 정리 5.3.1과 함께 이들 의미는 카루시-쿤-터커 조건을 입증한다.

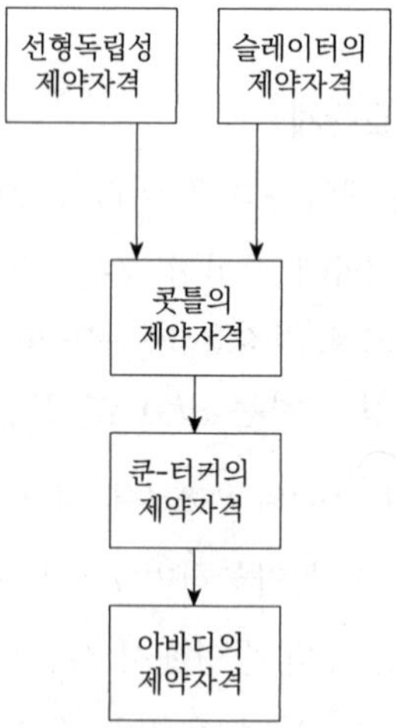

그림 5.3 부등식 제약조건과 등식 제약조건을 갖는 문제에 있어 제약자격 사이의 관계

등식 제약조건과 부등식 제약조건이 있는 문제의 2-계 제약자격(부등식제약 있는 문제와 등식제약 있는 문제)

제4장에서 2-계 필요 카루시-쿤-터커 최적성 조건을 개발했다. 특히 만약 $\bar{\mathbf{x}}$가 국소최소해라면, 그리고 만약 구속하는 제약조건의 경도 즉 $i \in I$에 대한 $\nabla g_i(\bar{\mathbf{x}})$와 $i=1,\cdots,\ell$에 대한 $\nabla h_i(\bar{\mathbf{x}})$가 선형독립이면서 문제를 정의하는 모든 함수가 2회 미분가능하다면, $\bar{\mathbf{x}}$는 카루시-쿤-터커 점이며, 추가적으로, 거기에서 정의한 모든 $\mathbf{d} \in C$에 대해 반드시 $\mathbf{d}^t \nabla^2 \mathscr{L}(\bar{\mathbf{x}})\mathbf{d} \geq 0$이어야 함을 정리 4.4.3에서 관측했다. 그러므로, 선형독립성 조건은 **2-계 제약자격**을 제공하며, 이것은 $\bar{\mathbf{x}}$가 카루시-쿤-터커 점이라는 것 외에 또, 조건의 2-계 형식도 반드시 성립해야 함을 의미한다.

선택적으로, 아바디의 제약자격의 의미에서 본, 다음의 2-계 제약자격을 규정할 수 있다. 문제를 정의하는 모든 함수는 2회 미분가능하고, $\bar{\mathbf{x}}$는 아바디의 제약자격 $T=G' \cap H_0$이 성립하는 점에서의 국소최소해라고 가정한다. 그러므로 정리 5.3.1에서 $\bar{\mathbf{x}}$는 카루시-쿤-터커 점임을 알았다. $\bar{\mathbf{u}}$, $\bar{\nu}$는 연관된 부등식 제약조건과 등식 제약조건에 각각 상응하는 라그랑지 승수 집합이라 나타내고, $I=\{i \mid g_i(\bar{\mathbf{x}})=0\}$는 구속하는 부등식 제약조건의 첨자집합을 나타내는 것으로 한다. 지금, 정리 4.4.3에서처럼 집합 C를 다음 $C=\{\mathbf{d} \neq \mathbf{0} \mid \nabla g_i(\bar{\mathbf{x}})\cdot\mathbf{d}=0 \;\; i \in I^+,\; \nabla g_i(\bar{\mathbf{x}})\cdot\mathbf{d} \leq 0 \;\; i \in I^0,\; \nabla h_i(\bar{\mathbf{x}})\cdot\mathbf{d}=0,\; i=1,\cdots,\ell\}$과 같이 정의하며, 여기에서 $I^+=\{i \in I \mid \bar{u}_i > 0\}$, $I^0=I-I^+$이다.

그에 따라, 첨자가 $i \in I^+$인 부등식 제약조건을 또한 등식 제약조건으로도 취급할 때, T'는 $\bar{\mathbf{x}}$에서 접원추를 나타내는 것으로 하자. 그렇다면 여기에서 말한 2-계 제약자격은 만약 $T'=C \cup \{\mathbf{0}\}$이라면 각각의 $\mathbf{d} \in C$에 대해 반드시 $\mathbf{d}^t \nabla^2 \mathscr{L}(\bar{\mathbf{x}})\mathbf{d} \geq 0$이어야 함을 단언한다. 연습문제 5.9에서 독자는 정리 4.4.3의 증명과 유사한 증명을 사용해 이 주장의 유효성을 보이기 바란다. 일반적으로 $T \subseteq G' \cap H_0$와 같은 방법으로 $T'=C \cup \{\mathbf{0}\}$임을 주목하자. 그러나 정리 4.4.3의 증명에서 보아 명백한 것처럼, 선형독립성 제약자격 아래 임의의 $\mathbf{d} \in C$도 역시 실현가능한 호에 기반한 극한방향에 상응하고, 그러므로 일련의 점에 기반한다. 그러므로 $C \cup \{\mathbf{0}\} \subseteq T'$이다. 이것은 선형독립성의 제약자격이 $T=C \cup \{\mathbf{0}\}$임을 의미함을 보여준다. 독자는 연습문제 5.9에서 이 논증의 더 상세한 내용을 작성하기 바란다. 유사한 방법으로, 쿤-터커의 의미에서(달성가능방향 원추) 또 다른 2-계 제약자격을 설명할 수 있다. 이것은 연습문제 5.10에서 언급하며, 여기에서 독자는 이것을 정당화하고 이것은 또한 선형독립성의 제약자격임을 보이기 바란다.

연습문제

[5.1] 정의 5.1.1에서 정의한 접원추는 등가적으로 다음 방법 가운데 하나로 특성을 나타낼 수 있음을 증명하시오:

a. $T=\{\mathbf{d}|$ 각각의 k 에 대해서 $\mathbf{x}_k=\bar{\mathbf{x}}+\lambda_k\mathbf{d}+\lambda_k\boldsymbol{\alpha}(\lambda_k)\in S$가 되도록 하는 $\lambda_k\to0^+$로 수렴하는 수열 $\{\lambda_k\}$와 함수 $\boldsymbol{\alpha}:\mathfrak{R}\to\mathfrak{R}^n$이 존재하며, 여기에서 $\lambda\to0$에 따라 $\boldsymbol{\alpha}(\lambda)\to\mathbf{0}$이다.

b. $T=\left\{\mathbf{d}\,\middle|\,\mathbf{d}=\lambda\lim_{k\to\infty}\dfrac{\mathbf{x}_k-\bar{\mathbf{x}}}{\|\mathbf{x}_k-\bar{\mathbf{x}}\|}\right.$, 여기에서 $\lambda\geq0$, $\{\mathbf{x}_k\}\to\bar{\mathbf{x}}$이며, 그리고 각각의 k에 대해 $\mathbf{x}_k\in S$이며 $\mathbf{x}_k\neq\bar{\mathbf{x}}$이다$\Big\}$.

[5.2] 접원추는 닫힌 원추임을 증명하시오〔**힌트**: 먼저 $T=\cap_{\mathbb{N}\in\aleph}\,cl\,K(S\cap\mathbb{N},\bar{\mathbf{x}})$임을 보이고, 여기에서 $K(S\cap\mathbb{N},\bar{\mathbf{x}})=\{\lambda(\mathbf{x}-\bar{\mathbf{x}})\,|\,\mathbf{x}\in S\cap\mathbb{N},\ \lambda>0\}$이며, $\aleph$는 $\bar{\mathbf{x}}$에서 모든 열린 근방의 집합이다〕.

[5.3] 비선형최적화 문제에 대해 $\bar{\mathbf{x}}$는 실현가능해라 하자. F는 개선방향의 집합이라 하고, $F_0=\{\mathbf{d}\,|\,\nabla f(\bar{\mathbf{x}})\cdot\mathbf{d}<0\}$이라 하고, T는 $\bar{\mathbf{x}}$에서의 접원추라 하자. 만약 $\bar{\mathbf{x}}$가 국소최소해라면, $F\cap T=\varnothing$가 성립하는가? $F\cap T=\varnothing$임이 $\bar{\mathbf{x}}$가 국소최소해임을 주장하기에 충분한 것인가? 독자의 답을 정당화하는 예를 제시하시오. 만약 f가 유사볼록이며 실현가능영역이 볼록집합인 $\bar{\mathbf{x}}$의 하나의 ε-근방이 존재한다면, $F_0\cap T=\varnothing$임은 $\bar{\mathbf{x}}$가 국소최소해임을 의미하며, 그래서 이들 조건은 또한 $F\cap T=\varnothing$이라면 $\bar{\mathbf{x}}$가 국소최소해임을 보장함을 보이시오.

[5.4] $S = \{\mathbf{x} \in X | g_i(\mathbf{x}) \le 0 \quad i = 1, \cdots, m\}$이라고 놓는다. $\bar{\mathbf{x}} \in S$라 하고 $I = \{i | g_i(\bar{\mathbf{x}}) = 0\}$이라 한다. $T \subseteq G'$임을 보이고, 여기에서 T는 $\bar{\mathbf{x}}$에서 S의 접원추이고, $G' = \{\mathbf{d} \mid \nabla g_i(\bar{\mathbf{x}}) \cdot \mathbf{d} \le 0 \quad i \in I\}$이다.

[5.5] 최대화 $5x - x^2$ 제약조건 $g_1(x) \le 0$ 문제를 고려해보고, 여기에서 $g_1(x) = x$이다.

a. $\bar{x} = 0$가 최적해임을 도식적으로 입증하시오.

b. 절 5.2에서 토의한 각각의 제약자격은 $\bar{x} = 0$에서 성립함을 입증하시오.

c. $\bar{x} = 0$에서 카루시-쿤-터커 필요조건이 성립함을 입증하시오.

지금 위 문제에 다음 식

$$g_2(x) = \begin{cases} -1 - x & x \ge 0 \\ 1 - x & x < 0 \end{cases}$$

과 같은 제약조건 $g_2(x) \le 0$을 추가한다고 가정한다. $\bar{x} = 0$는 여전히 최적해이며 g_2는 $\bar{x}$에서 불연속함수이며 구속하는 제약조건이 아님을 주목하자. 절 5.2에서 토의한 제약자격과 $\bar{x}$에서 카루시-쿤-터커 조건이 성립하는가에 대해 점검하시오(구속하지 않는 제약조건의 연속성에 관한 가정이 필요하다는 것을 이 연습문제를 예로 들어서 설명하시오).

[5.6] A를 $m \times n$ 행렬이라 하고, 원추 $G_0 = \{\mathbf{d} | \mathbf{Ad} < 0\}$, $G' = \{\mathbf{d} | \mathbf{Ad} \le 0\}$을 고려해보자. 다음 내용을 증명하시오.

a. G_0는 열린 볼록원추이다.

b. G'는 닫힌 볼록원추이다.

c. $G_0 = int\, G'$이다.

d. $cl\, G_0 = G'$이라는 것은 $G_0 \ne \emptyset$이라는 것과 같은 뜻이다.

[5.7] 최소화 $f(\mathbf{x})$ 제약조건 $g_i(\mathbf{x}) \le 0 \ \ i = 1, \cdots, m \ \ h_i(\mathbf{x}) = 0 \ \ i = 1, \cdots, \ell$

$\mathbf{x} \in X$ 문제를 고려해보고, 여기에서 X는 열린집합이며, 문제를 정의하는 모든 함수는 미분가능하다. $\overline{\mathbf{x}}$는 실현가능해라 하자. **맹거사리안-프로모비츠 제약자격**은 $i=1, \cdots, \ell$에 대해 $\nabla h_i(\overline{\mathbf{x}})$가 선형독립이며, $G_0 \cap H_0 \neq \varnothing$임을 요구하며, 여기에서 $G_0 = \{\mathbf{d} \mid \nabla g_i(\overline{\mathbf{x}}) \cdot \mathbf{d} < 0, \ \ i \in I\}$, $I = \{i \mid g_i(\overline{\mathbf{x}}) = 0\}$, $H_0 = \{\mathbf{d} \mid \nabla h_i(\overline{\mathbf{x}}) \cdot \mathbf{d} = 0, \ i = 1, \cdots, \ \ell\}$이다. $G_0 \cap H_0 \neq \varnothing$이라는 것은 $cl(G_0 \cap H_0) = G' \cap H_0$이라는 것과 같은 뜻임을 보이고, 여기에서 $G' = \{\mathbf{d} \mid \nabla g_i(\overline{\mathbf{x}}) \cdot \mathbf{d} \leq 0, \ i \in I\}$이며, 그러므로 이 제약자격은 코틀의 제약자격과 등가이다.

[5.8] S는 $\Re^n$의 부분집합이라 하고, $\overline{\mathbf{x}} \in int\, S$라 하자. $\overline{\mathbf{x}}$에서 S의 접원추는 $\Re^n$임을 보이시오.

[5.9] 최소화 $f(\mathbf{x})$ 제약조건 $g_i(\mathbf{x}) \leq 0 \ i = 1, \cdots, m \ h_i(\mathbf{x}) = 0 \ i = 1, \cdots, \ell$ 문제를 고려해보고, 여기에서 문제를 정의하는 모든 함수는 2회 미분가능하다. $\overline{\mathbf{x}}$는 국소최소해라 하고 접원추는 $T = G' \cap H_0$이라고 가정하고, 여기에서 $G' = \{\mathbf{d} \mid \nabla g_i(\overline{\mathbf{x}}) \cdot \mathbf{d} \leq 0, \ i \in I\}$, $I = \{i \mid g_i(\overline{\mathbf{x}}) = 0\}$, $H_0 = \{\mathbf{d} \mid \nabla h_i(\overline{\mathbf{x}}) \cdot \mathbf{d} = 0, i = 1, \cdots, \ell\}$이다. 그러므로 정리 5.3.1에 따라, $\overline{\mathbf{x}}$는 카루시-쿤-터커 점이다. $\overline{u}_1, \cdots, \overline{u}_m$과 $\overline{\nu}_1, \cdots, \overline{\nu}_\ell$는 카루시-쿤-터커 해에서 부등식 제약조건과 등식 제약조건에 각각 연관된 라그랑지 승수라 하고, $I^+ = \{i \mid \overline{u} > 0\}$이라고 정의하고, $I^0 = I - I^+$라 한다. 지금 T'는 $\overline{\mathbf{x}}$에서 영역 $\{\mathbf{x} \mid g_i(\mathbf{x}) = 0 \ i \in I^+, g_i(\mathbf{x}) \leq 0 \ i \in I^0, \ h_i(\mathbf{x}) = 0 \ \ i = 1, \cdots, \ell\}$에 관한 접원추라고 정의하고 C를 다음 식 $C = \{\mathbf{d} \neq \mathbf{0} \mid \nabla g_i(\overline{\mathbf{x}}) \cdot \} \mathbf{d} = 0 \ \ i \in I^+, \nabla g_i(\overline{\mathbf{x}}) \cdot \mathbf{d} \leq 0\} \ \ i \in I^0, \ \nabla h_i(\overline{\mathbf{x}}) \cdot \mathbf{d} = 0 \ \ i = 1, \cdots, \ell\}$과 같이 나타낸다. 만약 $T' = C \cup \{\mathbf{0}\}$이라면 모든 $\mathbf{d} \in C$에 대해 2-계 필요조건 $\mathbf{d}^t \nabla^2 \mathscr{L}(\overline{\mathbf{x}}) \mathbf{d} \geq 0$이 만족됨을 보이고, 여기에서 $\mathscr{L}(\mathbf{x}) = f(\mathbf{x}) + \Sigma_{i \in I} \overline{u}_i g_i(\mathbf{x}) + \Sigma_{i=1}^{\ell} \overline{\nu}_i h_i(\mathbf{x})$이다. 또한, 선형독립성의 제약자격은 $T' = C \cup \{\mathbf{0}\}$임을 의미함을 보이시오(**힌트**: 정리 4.4.3의 증명을 검토해보시오).

[5.10] 최소화 $f(\mathbf{x})$ 제약조건 $g_i(\mathbf{x}) \leq 0 \ i = 1, \cdots, m \ h_i(\mathbf{x}) = 0 \ i = 1, \cdots, \ell$ 문

제를 고려해보고, 여기에서 문제를 정의하는 모든 함수는 2회 미분가능하다. $\overline{\mathbf{x}}$는 카루시-쿤-터커 점도 되는 국소최소해라 하자. 집합 $\overline{C}=\{\mathbf{d}\neq\mathbf{0} \mid \nabla g_i(\overline{\mathbf{x}})\cdot\mathbf{d}=0$ $i\in I,\ \ \nabla h_i(\overline{\mathbf{x}})\cdot\mathbf{d}=0\ \ i=1,\cdots,\ell\}$을 정의하고, 여기에서 $I=\{i \mid g_i(\overline{\mathbf{x}})=0\}$이다. 만약 모든 $\mathbf{d}\in\overline{C}$가 $\overline{\mathbf{x}}$에서 입사하는 2회 미분가능한 호에 접한다면 $\overline{\mathbf{x}}$에서 **"2-계 달성가능방향 원추의 제약자격"**이 성립한다고 말한다: 즉 말하자면, 모든 $\mathbf{d}\in\overline{C}$에 대해, 각각의 $0\leq\lambda\leq\varepsilon$에 대해, $\boldsymbol{\alpha}(0)=\overline{\mathbf{x}}$이며, $i\in I$에 대해 $g_i[\boldsymbol{\alpha}(\lambda)]=0$이며, $i=1,\cdots,\ell$에 대해 $h_i[\boldsymbol{\alpha}(\lambda)]=0$이며, 어떤 $\theta>0$에 대해 $lim_{\lambda\to0^+}[\boldsymbol{\alpha}(\lambda)-\boldsymbol{\alpha}(O)]/\lambda=\theta\mathbf{d}$가 성립하도록 하는, 어떤 $\varepsilon>0$에 대한 2회 미분가능한 함수 $\boldsymbol{\alpha}:[0,\varepsilon]\to\Re^n$이 존재한다. 이 조건은 성립한다고 가정하고 모든 $\mathbf{d}\in\overline{C}$에 대해 $\mathbf{d}^t\nabla^2\mathscr{L}(\overline{\mathbf{x}})\mathbf{d}\geq0$임을 보이고, 여기에서 $\mathscr{L}(\overline{\mathbf{x}})$은 (4.25)라고 정의한다. 또한, 이와 같은 2-계 제약자격은 선형독립성의 제약자격을 의미함을 보이시오.

[5.11] 점 $\overline{\mathbf{x}}=(0,0)$에서 다음 집합 각각에 대한 접원추를 찾으시오:

a. $S=\{(x_1,x_2) \mid x_2\geq -x_1^3\}$.

b. $S=\{(x_1,x_2) \mid x_1$은 정수, $x_2=0\}$.

c. $S=\{(x_1,x_2) \mid x_1$은 유리수, $x_2=0\}$.

[5.12] 최소화 $f(\mathbf{x})$ 제약조건 $g_i(\mathbf{x})\leq0\ \ i=1,\cdots,m$ 문제를 고려해보자. $\overline{\mathbf{x}}$는 실현가능해라 하고, $I=\{i \mid g_i(\overline{\mathbf{x}})=0\}$로 한다. $(\bar{z},\overline{\mathbf{d}})$를 다음 선형계획법 문제

$$
\begin{array}{lll}
\text{최소화} & z & \\
\text{제약조건} & \nabla f(\overline{\mathbf{x}})\cdot\mathbf{d}-z\leq0 & \\
 & \nabla g_i(\overline{\mathbf{x}})\cdot\mathbf{d}-z\leq0 & i\in I \\
 & -1\leq d_j\leq1 & j=1,\cdots,n
\end{array}
$$

의 하나의 최적해라 하자.

a. 만약 $\bar{z}=0$이라면 프리츠 존 조건이 성립함을 보이시오.

b. 만약 $\bar{z} = 0$이라면 코틀의 제약자격 아래 카루시-쿤-터커 조건이 성립함을 보이시오.

[5.13] 다음의 문제

$$\begin{aligned} \text{최소화} \quad & -x_1 \\ \text{제약조건} \quad & x_1^2 + x_2^2 \le 1 \\ & (x_1 - 1)^3 - x_2 \le 0 \end{aligned}$$

를 고려해보자.

a. $\bar{\mathbf{x}} = (1, 0)$에서 쿤-터커의 제약자격이 성립함을 보이시오.

b. $\bar{\mathbf{x}} = (1, 0)$는 하나의 카루시-쿤-터커 점이며 이것은 전역최적해임을 보이시오.

[5.14] 다음 각각의 집합에 대해, 실현가능방향 원추와 $\bar{\mathbf{x}} = (0, 0)$에서 달성가능방향 원추를 찾으시오:

a. $S = \left\{(x_1, x_2) \middle| -1 \le x_1 \le 1,\ x_2 \ge x_1^{1/3},\ x_2 \ge x_1\right\}$.

b. $S = \left\{(x_1, x_2) \middle| x_2 > x_1^2\right\}$

c. $S = \left\{(x_1, x_2) \middle| x_2 = -x_1^3\right\}$

d. $S = S_1 \cup S_2$, 여기에서

$$S_1 = \left\{(x_1, x_2) \middle| x_2 \ge x_1^2\right\}$$
$$S_2 = \left\{(x_1, x_2) \middle| x_1 \le 0, -2x_1 \le 3x_2 \le -x_1\right\}.$$

[5.15] 최소화 $f(\mathbf{x})$ 제약조건 $\mathbf{x} \in X$ $g_i(\mathbf{x}) \le 0$ $i = 1, \cdots, m$ 문제를 고려해보자. $\bar{\mathbf{x}}$는 실현가능해라 하고, $I = \left\{i \middle| g_i(\bar{\mathbf{x}}) = 0\right\}$이라 한다. X는 열린집합이며, $i \notin I$에 대해 각각의 g_i는 $\bar{\mathbf{x}}$에서 연속이라고 가정한다. 더구나 다음 집합

$$\left\{\mathbf{d} \middle| \nabla g_i(\bar{\mathbf{x}}) \cdot \mathbf{d} \le 0 \quad i \in J,\ \ \nabla g_i(\bar{\mathbf{x}}) \cdot \mathbf{d} < 0 \quad i \in I - J\right\}$$

은 공집합이 아니라고 가정하며, 여기에서 $J=\left\{i \in I \,\middle|\, g_i\text{는 } \overline{\mathbf{x}}\text{에서 유사오목 함수}\right\}$이다. 이 조건은 $\overline{\mathbf{x}}$에서 카루시-쿤-터커 조건을 입증함에 충분함을 보이시오(이것은 **애로우-후르빅스-우자와 제약자격**이다).

[5.16] $f: \Re^n \to \Re$은 $\overline{\mathbf{x}}$에서 $\mathbf{0}$이 아닌 경도 $\nabla f(\overline{\mathbf{x}})$를 갖는 미분가능 함수라 하자. $S=\{\mathbf{x} \mid f(\mathbf{x}) \geq f(\overline{\mathbf{x}})\}$이라 하자. $\overline{\mathbf{x}}$에서 S의 접원추와 달성가능방향 원추는 모두 $\{\mathbf{d} \mid \nabla f(\overline{\mathbf{x}})\cdot\mathbf{d} \geq 0\}$으로 주어짐을 보이시오. 만약 $\nabla f(\overline{\mathbf{x}})=\mathbf{0}$이라면 이 결과는 성립하는가? 증명하거나 아니면 반례를 제시하시오.

[5.17] 실현가능영역 $S=\{\mathbf{x} \in X \mid g_1(\mathbf{x}) \leq 0\}$을 고려해보고, 여기에서 $g_1(\mathbf{x})=x_1^2+x_2^2-1$이며 X는 4개 점 $(-1,0)$, $(0,1)$, $(1,0)$, $(0,-1)$의 모든 볼록조합의 집합이다.

a. $\overline{\mathbf{x}}=(1,0)$에서 S의 접원추 T를 구하시오.

b. $T \supseteq G'$임이 만족되는가를 점검하고, 여기에서 $G'=\{\mathbf{d} \mid \nabla g_1(\overline{\mathbf{x}})\cdot\mathbf{d} \leq 0\}$이다.

c. 집합 X를 4개의 부등식 제약조건으로 대체한다. 파트 a, b를 반복하시오. 여기에서 $G'=\{\mathbf{d} \mid \nabla g_i(\overline{\mathbf{x}})\cdot\mathbf{d} \leq 0,\ i \in I\}$이며 I는 $\overline{\mathbf{x}}=(1,0)$에서 구속하는 제약조건의 새로운 집합이다.

[5.18] $S=\{\mathbf{x} \in S \mid g_i(\mathbf{x}) \leq 0,\ \ i=1,\ \cdots, m \quad h_i(\mathbf{x})=0,\ \ i=1,\ \cdots, \ell\}$이라 한다. $\mathbf{x} \in S$라 하고, $I=\{i \mid g_i(\overline{\mathbf{x}})=0\}$이라 한다. $T \subseteq G' \cap H_0$임을 보이고, 여기에서 T는 $\overline{\mathbf{x}}$에서 S의 접원추이며, $G'=\{\mathbf{d} \mid \nabla g_i(\overline{\mathbf{x}})\cdot\mathbf{d} \leq 0 \quad i \in I\}$, $H_0=\{\mathbf{d} \mid \nabla h_i(\overline{\mathbf{x}})\cdot\mathbf{d}=0 \quad i=1,\ \cdots, \ell\}$이다.

[5.19] 부등식 제약조건과 등식 제약조건의 경우, 아바디의 제약자격 $T=G' \cap H_0$을 고려해보자. 그림 4.7의 쿤-터커의 예를 사용해, 이를테면, 미분가능한 목적함수를 고려해, 만약 $\overline{\mathbf{x}}$가 하나의 국소최소해라면 이것이 카루시-쿤-터커 점임을 보장하기 위해, 대신에 $F_0 \cap T=F_0 \cap G' \cap H_0$를 요구함이 유효하고 좀 더 일

반적임을 보이시오(일반적으로, "제약자격"은 제약조건의 행태만을 말하며 목적함수를 무시한다). 최소화 $\{f(\mathbf{x}) \mid g_i(\mathbf{x}) \le 0,\ i=1, \cdots, m$ 그리고 $h_i(\mathbf{x})=0,\ i=1, \cdots, \ell\}$ 문제와 최소화 $\{z \mid f(\mathbf{x}) \le z,\ g_i(\mathbf{x}) \le 0,\ i=1,\cdots, m,\ h_i(\mathbf{x})=0,\ i=1, \cdots, \ell\}$의 등가 문제에 대해 카루시-쿤-터커 조건과 아바디의 제약자격을 조사하시오.

[5.20] 제약조건 $\mathbf{Cd} \le \mathbf{0}$ $\mathbf{d}\cdot\mathbf{d} \le 1$을 고려해보자. $\bar{\mathbf{d}}$는 $\bar{\mathbf{d}}\cdot\bar{\mathbf{d}}=1$, $\mathbf{C}_1\bar{\mathbf{d}}=\mathbf{0}$, $\mathbf{C}_2\bar{\mathbf{d}}<\mathbf{0}$이 되도록 하는 하나의 실현가능해라 하고, 여기에서 $\mathbf{C}^t = (\mathbf{C}_1^t, \mathbf{C}_2^t)$이다. 제약자격 $T=G_1=\{\mathbf{d} \mid \mathbf{C}_1\mathbf{d} \le \mathbf{0},\ \mathbf{d}\cdot\bar{\mathbf{d}} \le 0\}$이 성립함을 보이고, 여기에서 T는 $\bar{\mathbf{d}}$에서 제약조건 집합의 접원추이다.

[5.21] 최소화 $f(\mathbf{x})$ 제약조건 $g_i(\mathbf{x}) \le 0$ $i=1, \cdots, m$ $h_i(\mathbf{x})=0$ $i=1, \cdots, \ell$ 문제를 고려해보고, 여기에서 문제를 정의하는 모든 함수는 2회 미분가능하다. $\bar{\mathbf{x}}$는 부등식 제약조건과 등식 제약조건 각각에 상응하는 라그랑지 승수 벡터 $\bar{\mathbf{u}}, \bar{\boldsymbol{\nu}}$에 연관된 하나의 카루시-쿤-터커 점이기도 한 하나의 국소최소해라 하자. 다음 식

$$I=\{i \mid g_i(\bar{\mathbf{x}})=0\}, \qquad I^+=\{i \mid \bar{u}_i>0\}, \qquad I^0=I-I^+,$$
$$\bar{G}_0=\{\mathbf{d} \mid \nabla g_i(\bar{\mathbf{x}})\cdot\mathbf{d}<0 \quad i\in I^0,\ \nabla g_i(\bar{\mathbf{x}})\cdot\mathbf{d}=0 \quad i\in I^+\},$$
$$H_0=\{\mathbf{d} \mid \nabla h_i(\bar{\mathbf{x}})\cdot\mathbf{d}=0, \quad i=1, \cdots, \ell\}$$

을 정의한다. 만약 $i\in I^+$에 대한 $\nabla g_i(\bar{\mathbf{x}})$와 $i=1, \cdots, \ell$에 대한 $\nabla h_i(\bar{\mathbf{x}})$가 선형독립이며 $\bar{G}_0 \cap H_0 \ne \varnothing$이라면 $\bar{\mathbf{x}}$에서 **엄격한 맹거사리안-프로모비츠 제약자격**이 만족된다고 말한다. $\bar{\mathbf{x}}$에서 이 제약자격의 조건이 성립한다는 것은 카루시-쿤-터커 라그랑지 승수 벡터 $(\bar{\mathbf{u}}, \bar{\boldsymbol{\nu}})$는 유일하다는 것과 같은 뜻임을 보이시오. 나아가서 만약 $\bar{\mathbf{x}}$에서 엄격한 맹거사리안-프로모비츠 제약자격의 조건이 성립한다면 다음의 모든 $\mathbf{d}\in C=\{\mathbf{d}\ne\mathbf{0} \mid \nabla g_i(\bar{\mathbf{x}})\cdot\mathbf{d}=0\ i\in I^+,\ \nabla g_i(\bar{\mathbf{x}})\cdot\mathbf{d}\le 0 i\in I^0,\ \nabla h_i(\bar{\mathbf{x}})\cdot\mathbf{d}=0\ i=1, \cdots, \ell\}$에 대해 $\mathbf{d}^t\nabla^2\mathscr{L}(\bar{\mathbf{x}})\mathbf{d} \ge 0$이며, 여기에서 $\mathscr{L}(\mathbf{x})=f(\mathbf{x})+\boldsymbol{\Sigma}_{i\in I}\bar{u}_i g_i(\mathbf{x})+\boldsymbol{\Sigma}_{i=1}^{\ell}\bar{\nu}_i h_i(\mathbf{x})$임을 보이시오(이 결과는 키파리시스[1985]

와 벤-탈[1980]에 의한 것이다).

[5.22] $i=1, \cdots, m$에 대해 $g_i(\mathbf{x}) \le 0$으로 정의한 실현가능영역을 고려하고, 여기에서 $i=1, \cdots, m$에 대해 $g_i : \Re^n \to \Re$은 미분가능하다. $\overline{\mathbf{x}}$를 실현가능해라 하자. f의 국소최소해가 $\overline{\mathbf{x}}$인, 미분가능한 목적함수 $f : \Re^n \to \Re$의 집합을 Ξ로 나타내고, $D\Xi$는 집합 $\{\mathbf{y} \mid \mathbf{y} = \nabla f(\overline{\mathbf{x}})$ 어떤 $f \in \Xi$에 대해$\}$이라 한다. $G' = \{\mathbf{d} \mid \nabla g_i(\overline{\mathbf{x}}) \cdot \mathbf{d} \le 0 \ i \in I\}$을 정의하며, 여기에서 $I = \{i \mid g_i(\overline{\mathbf{x}}) = 0\}$이며, T는 $\overline{\mathbf{x}}$에서의 접원추라 하자. 더군다나 임의의 집합 S에 대해 S_*는 $\{\mathbf{y} \mid \mathbf{y} \cdot \mathbf{x} \ge 0, \ \forall \mathbf{x} \in S\}$라고 정의한, 이것의 역의 극원추로 나타내는 것으로 한다.

a. $D\Xi = T_*$임을 보이시오.

b. 모든 $f \in \Xi$에 대해 카루시-쿤-터커 조건이 성립한다는 것은 $T_* = G'_*$와 같은 뜻이라는 것을 보이시오(**힌트**: 파트 b의 문장이 성립한다는 것은 $D\Xi \subseteq G'_*$이다. 지금 $T_* \supseteq G'_*$임과 함께 $T \subseteq G'$이므로 파트 a를 사용하시오. 이 결과는 굴드 & 톨레[1971, 1972]에 의한 것이다).

주해와 참고문헌

이 장에서는 부등식 제약조건을 갖는 문제와 등식과 부등식 제약조건을 모두 갖는 문제의 카루시-쿤-터커 조건의 선택적 유도를 제공한다. 이것은 먼저 프리츠 존의 조건을 개발하고 다음으로 카루시-쿤-터커 조건을 개발하는 것과 반대로, 적절한 제약자격을 직접 부가하는 방법으로 행해진다.

카루시-쿤-터커 최적성 조건은 최초에 원추 G'에 속한 모든 방향 $\mathbf{d}$에 대해 접선이 $\mathbf{d}$ 방향을 따라 $\overline{\mathbf{x}}$에 접하는 실현가능한 호가 존재한다는 제약자격을 부과해 개발되었다. 그 이후 여러 수학자는 여러 제약자격의 아래 카루시-쿤-터커 조건을 개발했다. 이 주제의 철저한 연구에 대해 아바디[1967b], 애로우 등[1961], 캐넌 등[1966], 코틀[1963a], 에반스[1970], 에반스 & 굴드[1970], 기냐르드[1969], 맹거사리안[1969a], 맹거사리안 & 프로모비츠[1967], 장윌[1969]을 참조하시오. 제약자격의 비교와 연구를 위해 바자라 등[1972], 굴드 & 톨레[1972], 페터슨[1973]의 연구논문을 참조하시오.

굴드 & 톨레[1971]는 카루시-쿤-터커 조건의 입증을 위해, 기냐르드[1969]의 제약자격은 이것이 필요적이고 또한 충분적 조건이라는 의미에서 있을 수 있는 가장 약한 것임을 보였다(자세한 문장에 대해 연습문제 5.22를 참조 바람). 2-계 필요최적성 조건을 입증하는 제약자격에 관한 좀 더 상세한 토의에 대해 벤-탈[1980], 벤-탈 & 조웨[1982], 플레처[1987], 키파리시스[1985], 맥코믹[1967]을 참조하시오. 또한, 비선형계획법 문제의 **민감도분석**을 실행함에 있어 다양한 제약자격 아래 카루시-쿤-터커 조건의 적용에 대해 피애코[1983]를 참조하시오.

제6장 라그랑지 쌍대성과 안장점 최적성 조건

비선형계획법 문제가 주어지면, 여기에 긴밀하게 연결되어 또 다른 비선형계획법 문제가 존재한다. 앞의 문제를 **원문제**라 하고 뒤의 문제를 **라그랑지 쌍대문제**라 한다. 어떤 볼록성 가정과 적절한 제약자격 아래 원문제와 쌍대문제는 동일한 목적함수의 최적값을 가지므로 쌍대문제의 최적해를 구해 간접적으로 원문제의 최적해를 구할 수 있다.

이 장에서는 쌍대문제의 여러 특질을 개발한다. 이들은 원문제와 쌍대문제의 최적해를 구하기 위한 일반적 해법에 대한 전략을 제공하기 위해 사용된다. 아무런 미분가능성 가정 없이 쌍대성 정리의 부산물로 안장점 필요최적성 조건을 얻는다.

다음은 이 장의 요약이다.

절 6.1: **라그랑지 쌍대문제** 라그랑지 쌍대문제를 소개하고 기하학적 해석을 하며 수치를 사용한 여러 예제를 갖고 예시한다.

절 6.2: **쌍대성 정리와 안장점 최적성 조건** 약쌍대성 정리와 강쌍대성 정리를 증명한다. 후자는 적절한 볼록성 가정 아래 원문제와 쌍대문제의 목적함숫값이 같음을 보여준다. 또한, 쌍대성간극 부재를 위한 필요충분조건과 함께 안장점 최적성 조건을 개발하고 적절한 섭동함수에 의해 이것의 의미를 해석한다.

절 6.3: **쌍대함수의 특질** 오목성, 미분가능성, 열미분가능성 등과 같은 쌍대함수의 여러 가지 주요 특질을 검토한다. 그리고 증가방향과 최급증가방향에 관한 필요충분적 특성을 설명한다.

절 6.4: **쌍대문제의 정식화와 해법** 쌍대문제의 해를 구하기 위한 다양한 절차를 토의한다. 특히 경도법과 열경도 기반의 알고리즘을 간략히 소개하며 접선방향 근사화 제약평면법을 소개한다.

절 6.5: **원문제의 해법** 쌍대문제의 해를 구하는 과정에서 생성한 점은 원문제의 섭동문제의 최적해를 산출한다는 내용을 제시한다. 볼록계획법 문제에 대해 원문제의 거의-최적인 실현가능해를 구하는 방법을 제시한다.

절 6.6: **선형계획법과 이차식계획법** 나머지의 표준 쌍대성정식화와 관계를 맺으면서 선형계획법 문제와 이차식계획법 문제의 라그랑지 쌍대문제 정식화를 제시한다.

6.1 라그랑지 쌍대문제

원문제라 하는 비선형계획법 '문제 P'를 고려해보자.

원문제 P

$$
\begin{aligned}
\text{최소화} \quad & f(\mathbf{x}) \\
\text{제약조건} \quad & g_i(\mathbf{x}) \leq 0 \qquad i = 1, \cdots, m \\
& h_i(\mathbf{x}) = 0 \qquad i = 1, \cdots, \ell \\
& \mathbf{x} \in X.
\end{aligned}
$$

위의 원문제에 긴밀하게 관계된 여러 가지 문제는 문헌에 제시되어 있으며 **쌍대문제**라 한다. 다양한 쌍대성 정식화 가운데, 라그랑지 쌍대성 정식화가 가장 관심을 많이 끌었다. 이것은 볼록 비선형계획법 문제와 비볼록 비선형계획법 문제뿐만 아니라 대규모 선형계획법 문제의 최적해를 구하기 위한 다양한 알고리즘의 개발로 인도했다. 또한, 이것은 전부 또는 일부의 변수가 추가적으로 정수이어야 하는 제한을 갖는 이산최적화문제에서도 유용하다고 증명되었다. **라그랑지 쌍대문제** D가 아래에 주어진다.

라그랑지 쌍대문제 D

$$
\begin{aligned}
\text{최대화} \quad & \theta(\mathbf{u}, \nu) \\
\text{제약조건} \quad & \mathbf{u} \geq \mathbf{0},
\end{aligned}
$$

여기에서 $\theta(\mathbf{u}, \nu) = inf \left\{ f(\mathbf{x}) + \Sigma_{i=1}^{m} u_i g_i(\mathbf{x}) + \Sigma_{i=1}^{\ell} \nu_i h_i(\mathbf{x}) \,\middle|\, \mathbf{x} \in X \right\}$이다.

라그랑지 쌍대함수 θ는, 어떤 벡터 $(\mathbf{u}, \boldsymbol{\nu})$에 대해 $-\infty$ 값을 가정할 수 있음을 주목하자. $\theta(\mathbf{u}, \boldsymbol{\nu})$의 최댓값을 구하는 최적화문제는 간혹 **라그랑지 쌍대 하위문제**라 한다. 이 문제에서 제약조건 $g_i(\mathbf{x}) \leq 0$, $h_i(\mathbf{x}) = 0$은 **라그랑지 승수** 또는 **쌍대변수** u_i, ν_i 각각을 사용해 목적함수에 포함했다. 쌍대승수 또는 라그랑지 승수를 사용해 제약조건을 목적함수 안에 수용하는 과정을 **쌍대화**라 한다. 또한, 부등식 제약조건 $g_i(\mathbf{x}) \leq 0$에 연관된 승수 u_i는 비음(-)임을 주목하자, 이에 반해 등식 제약조건 $h_i(\mathbf{x}) = 0$에 연관된 승수 ν_i에는 부호 제한이 없다.

라그랑지 쌍대문제는 함수 $f(\mathbf{x}) + \Sigma_{i=1}^{m} u_i g_i(\mathbf{x}) + \Sigma_{i=1}^{\ell} \nu_i h_i(\mathbf{x})$의 최대하계($inf$)의 최대화로 구성되어 있으므로, 이것은 간혹 **최대-최소 쌍대문제**라 한다. 엄격하게 말한다면 최대해가 존재하지 않을 수도 있으므로(예제 6.2.8 참조) $max\,\{\theta(\mathbf{u}, \boldsymbol{\nu}) \mid \mathbf{u} \geq \mathbf{0}\}$라고 표현하기보다는 D를 $sup\,\{\theta(\mathbf{u}, \boldsymbol{\nu}) \mid \mathbf{u} \geq \mathbf{0}\}$라고 표현해야 함을 여기에서 언급한다. 그러나 필요한 곳에서는 언제나 이와 같은 케이스가 구체적으로 식별된다.

원문제와 라그랑지 쌍대문제는 벡터 표기를 사용해 다음 형태로 나타낼 수 있으며, 여기에서 $f: \Re^n \rightarrow \Re$ 이며, $\mathbf{g}: \Re^n \rightarrow \Re^m$은 i-째 성분이 g_i인 하나의 벡터함수이며, $\mathbf{h}: \Re^n \rightarrow \Re^\ell$는 i-째 성분이 h_i인 하나의 벡터함수이다. 편의상 이와 같은 형태는 이 장의 나머지 부분 전체에 걸쳐 사용할 것이다.

원문제 P:

최소화 $f(\mathbf{x})$

제약조건 $\mathbf{g}(\mathbf{x}) \leq \mathbf{0}$

$\mathbf{h}(\mathbf{x}) = \mathbf{0}$

$\mathbf{x} \in X.$

라그랑지 쌍대문제 D:

최대화 $\theta(\mathbf{u}, \boldsymbol{\nu})$

제약조건 $\mathbf{u} \geq \mathbf{0}$,

여기에서 $\theta(\mathbf{u}, \boldsymbol{\nu}) = inf\,\{f(\mathbf{x}) + \mathbf{u} \cdot \mathbf{g}(\mathbf{x}) + \boldsymbol{\nu} \cdot \mathbf{h}(\mathbf{x}) \mid \mathbf{x} \in X\}$이다.

하나의 비선형계획법 문제가 주어지면, 어떤 제약조건이 $\mathbf{g}(\mathbf{x}) \le \mathbf{0}$, $\mathbf{h}(\mathbf{x}) = \mathbf{0}$에 포함되고, 어떤 제약조건을 집합 X로 취급할 것인가에 따라, 다양한 라그랑지 쌍대문제를 고안할 수 있다. 이 선택은 쌍대문제의 최적해를 구하는 과정에서 D의 최적값(비볼록 상황에서처럼)과 쌍대함수 θ의 값을 계산하고 갱신함에 필요한 노력 모두에 영향을 줄 수 있다. 그러므로 문제 구조와 D의 최적해를 구하기 위한 목적('주해 및 참고문헌' 절 참조)에 따라 집합 X를 적절하게 선택해야 한다.

쌍대문제의 기하학적 해석

지금 쌍대문제의 기하학적 해석을 간략히 토의한다. 단순화하기 위해 단 1개의 부등식 제약조건을 고려해보고 등식 제약조건은 존재하지 않는다고 가정한다. 그렇다면 원문제는 최소화 $f(\mathbf{x})$ 제약조건 $g(\mathbf{x}) \le 0$ $\mathbf{x} \in X$ 형태로 나타난다.

그림 6.1의 (y, z)-평면에서 집합 $\{(y, z) \mid y = g(\mathbf{x}),\ \ z = f(\mathbf{x}),$ 어떤 $\mathbf{x} \in X\}$을 G로 나타낸다. 따라서 (g, f)-사상 아래, G는 X의 이미지이다. 원문제는 G에서 $y \le 0$이며 하나의 최소의 종축 값을 갖는 하나의 점을 찾도록 한다. 명백하게 그림 6.1에서 이 점은 $(\bar{y}, \bar{z})$이다.

지금 $u \ge 0$가 주어졌다고 가정한다. $\theta(u)$ 값을 구하기 위해 모든 $\mathbf{x} \in X$

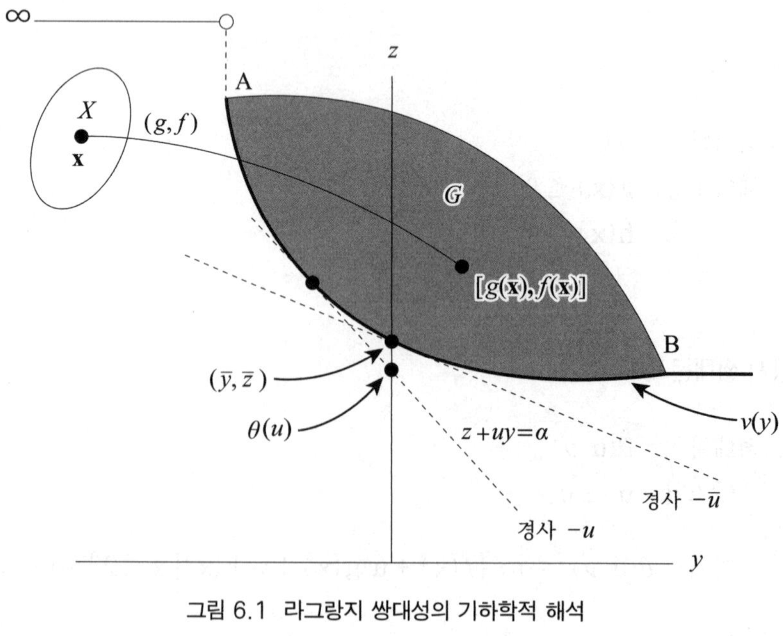

그림 6.1 라그랑지 쌍대성의 기하학적 해석

에 대해 $f(\mathbf{x})+ug(\mathbf{x})$를 최소화해야 한다. $\mathbf{x}\in X$에 대해 $y=g(\mathbf{x})$, $z=f(\mathbf{x})$라고 놓고, G에 속한 점 전체에 걸쳐 $z+uy$를 최소화한다. $z+uy=\alpha$는 경사 $-u$인 직선의 방정식이며 z-축 절편이 α임을 주목하자. G 전체에 걸쳐 $z+uy$ 값을 최소화하기 위해, G와의 접촉을 유지하면서 직선 $z+uy=\alpha$를 가능한 한 아래로 평행이동할 필요가 있다(직선의 음(-) 경도를 따라). 달리 말하면, 이 직선이 G를 아래에서 받쳐줄 때까지 이 직선을 자체에 평행하게 이동한다, 즉 말하자면, 집합 G는 이 직선의 윗부분에 위치하며 이 직선과 접촉한다. 그렇다면 그림 6.1에서 보인 바와 같이, z-축의 절편은 $\theta(u)$의 값이다. 그러므로 쌍대문제는 받침초평면의 절편이 z-축에서 최대로 되는 그러한 받침초평면의 경사를 찾는 것과 등가이다. 그림 6.1에서, 이러한 초평면은 점 $(\bar{y},\bar{z})$에서 $-\bar{u}$의 경사를 가지며, 집합 G를 받쳐준다. 따라서 최적 쌍대해는 $\bar{u}$이며 최적 쌍대목적함수 값은 $\bar{z}$이다. 더군다나, 이 경우 원문제와 쌍대문제의 목적함수 최적값은 같다.

이에 관한 중요한 개념적 도구를 제공하는 흥미로운 해석이 이와 같은 문맥에서 존재한다. 고려 중인 문제에 대해 다음 함수

$$\nu(y)=min\{f(\mathbf{x})\,|\,g(\mathbf{x})\le y,\ \mathbf{x}\in X\}$$

를 정의한다 이 함수 ν는 원래의 문제에서 부등식 제약조건 $g(\mathbf{x})\le 0$의 우변 값을 0에서 y로 섭동해 얻은 문제의 **최적값의 함수**이므로 ν는 **섭동함수**라 한다. $\nu(y)$는 y에 관한 비증가함수이므로 y가 증가함에 따라, 섭동된 문제의 실현가능영역은 확대된다(또는 변하지 않는다)는 것을 주목하자. 현재의 케이스에 대해 이 함수는 그림 6.1에 예시되어 있다. 이 포락선은 여기에서 자체로 단조감소하므로 ν는 점 A, B 사이에서 G의 아래 부분의 포락선에 상응함을 관측하시오. 더구나, B에서의 값보다도 큰 y에 대해 ν는 점 B에서의 값에서 상수로 머물며, 실현불가능성 때문에 점 A의 왼쪽에 있는 점에서는 무한대가 된다. 특히, 만약 원점에서 ν가 미분가능하다면 $\nu'(0)=-\bar{u}$임을 관측한다. 그러므로 제약조건의 우변 값이 현재 값 0에서 증가함에 따른 목적함숫값의 한계변동율은 최적해에서 라그랑지 승수값의 음(-) 값인 $-\bar{u}$로 주어진다. 만약 ν는 볼록이지만 원점에서 미분불가능하다면 명백하게 $-\bar{u}$는 $y=0$에서 ν의 하나의 열경도이다. 어느 경우에도, 모든 $y\in\Re$에 대해 $\nu(y)\ge\nu(0)-\bar{u}y$임을 안다. 다음에 알게 되겠지만 ν는 미분불가능이고 그리고/또는 비볼록일 수 있지만, 모든 $y\in\Re$에 대해 조건 $\nu(y)\ge\nu(0)-\bar{u}y$가

성립한다는 것은 $\bar{u}$가, 원문제와 쌍대문제의 목적함수가 동일한 최적값을 갖는 쌍대문제의 최적해가 되도록 하는 최적해 $\bar{\mathbf{x}}$에 상응하는 카루시-쿤-터커 라그랑지 승수라는 것과 같은 뜻이다. 위에서 본 바와 같이 이것은 그림 6.1에서의 케이스이다.

6.1.1 예제

다음의 원문제

$$\begin{array}{ll} \text{최소화} & x_1^2 + x_2^2 \\ \text{제약조건} & -x_1 - x_2 + 4 \le 0 \\ & x_1,\ x_2 \qquad \ge 0 \end{array}$$

를 고려해보자. 최적해는 점 $(x_1, x_2) = (2, 2)$에서 일어남을 주목하고 최적해에서 목적함숫값은 8이다.

$g(\mathbf{x}) = -x_1 - x_2 + 4$, $X = \{(x_1, x_2) | x_1, x_2 \ge 0\}$이라 하면, 쌍대함수는 다음 식

$$\begin{aligned} \theta(u) &= inf\{x_1^2 + x_2^2 + u(-x_1 - x_2 + 4) | x_1,\ x_2 \ge 0\} \\ &= inf\{x_1^2 - ux_1 | x_1 \ge 0\} + inf\{x_2^2 - ux_2 | x_2 \ge 0\} + 4u \end{aligned}$$

으로 주어진다. 만약 $u \ge 0$이라면 위의 최솟값은 $x_1 = x_2 = u/2$에서 달성되고, 만약 $u < 0$이라면 $x_1 = x_2 = 0$에서 달성됨을 주목하자. 그러므로 다음 식

$$\theta(u) = \begin{cases} -\frac{1}{2}u^2 + 4u & u \ge 0 \\ 4u & u < 0 \end{cases}$$

이 성립한다. θ는 오목함수이며, $u \ge 0$ 전체에 걸쳐 θ의 최댓값은 $\bar{u} = 4$에서 일어난다는 것을 주목하자. 그림 6.2는 이 상황을 예시한다. 원문제와 쌍대문제의 목적함수의 최적값은 모두 8임도 주목하시오.

지금 (y, z)-평면에서 이 문제를 고려하고, 여기에서 $y = g(x)$, $z = f(x)$이다. (g, f)-사상 아래, $X = \{(x_1, x_2) | x_1 \ge 0, x_2 \ge 0\}$의 이미지인 G를 찾는

것에 관심이 있다. α, β로 각각 나타낸 G의 아래쪽 포락선과 위쪽 포락선의 명시적 표현을 유도해 G를 찾는다.

y가 주어지면 $\alpha(y)$, $\beta(y)$는 다음 문제 P_1, P_2

문제 P_1		문제 P_2	
최소화	$x_1^2+x_2^2$	최대화	$x_1^2+x_2^2$
제약조건	$-x_1-x_2+4=y$	제약조건	$-x_1-x_2+4=y$
	$x_1,\ x_2 \quad \geq 0$		$x_1,\ x_2 \quad \geq 0$

각각의 목적함수의 최적값임을 주목하자. $y \leq 4$에 대해 $\alpha(y)=(4-y)^2/2$, $\beta(y)=(4-y)^2$임을 독자는 입증할 수 있을 것이다. 집합 G는 그림 6.2에 예시되어 있

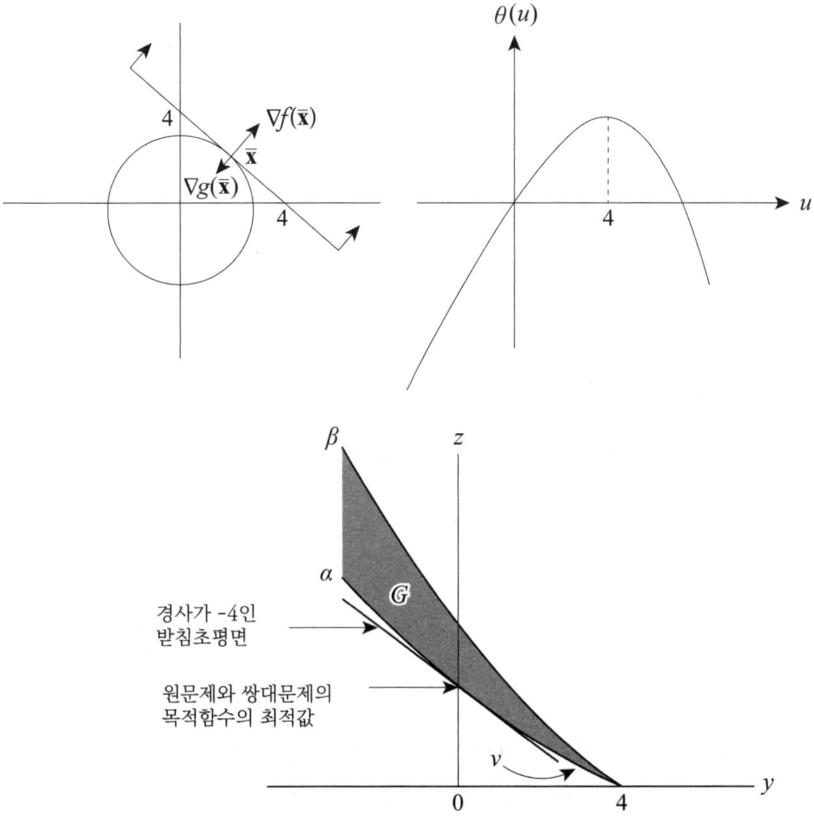

그림 6.2 예제 6.1.1의 기하학적 해석

다. $\mathbf{x} \in X$임은 $x_1, x_2 \ge 0$임을 의미하므로, $-x_1 - x_2 + 4 \le 4$임을 주목하자. 따라서 모든 점 $\mathbf{x} \in X$는 $y \le 4$의 경우에 해당한다.

최적 쌍대해는 $\bar{u} = 4$이며 이것은 그림 6.2에 나타난 받침초평면의 경사값의 음(-) 값임을 주목하자. 쌍대목적함수의 최적값은 $\alpha(0) = 8$이며 이 값은 원문제의 목적함수의 최적값과 같다.

또다시, 그림 6.2에서, $y \in \Re$에 대한 섭동함수 $\nu(y)$는 $y \le 4$에 대해 하부 포락선 $\alpha(y)$에 상응하고, $y \ge 4$에 대해 $\nu(y)$는 상수값 0에 머무른다. 경사 $\nu'(0)$는 -4이며, 이것은 최적 라그랑지 승수값의 음(-) 값이다. 나아가서, 모든 $y \in \Re$에 대해 $\nu(y) \ge \nu(0) - 4y$이다. 다음 절에서 알게 되듯이 이것은 원문제와 쌍대문제의 목적함숫값이 최적해에서 일치하기 위한 필요충분조건이다.

6.2 쌍대성 정리와 안장점 최적성 조건

이 절에서는 원문제와 쌍대문제 사이의 관계를 검토하고 원문제의 안장점 최적성 조건을 개발한다.

약쌍대성 정리라 하는 정리 6.2.1은 이 쌍대문제의 임의의 실현가능해의 목적함숫값이 원문제의 임의의 실현가능해의 목적함숫값의 하한을 산출함을 보여준다. 따름정리로 여러 중요한 결과가 따라온다.

6.2.1 정리(약쌍대성 정리)

$\mathbf{x}$를 '문제 P'의 실현가능해라 하자; 즉 말하자면, $\mathbf{x} \in X$, $\mathbf{g}(\mathbf{x}) \le \mathbf{0}$, $\mathbf{h}(\mathbf{x}) = \mathbf{0}$이다. 또한, $(\mathbf{u}, \boldsymbol{\nu})$는 '문제 D'의 실현가능해라 하자; 즉 말하자면, $\mathbf{u} \ge \mathbf{0}$이다. 그렇다면 $f(\mathbf{x}) \ge \theta(\mathbf{u}, \boldsymbol{\nu})$이다.

증명 θ의 정의에 따라, 그리고 $\mathbf{x} \in X$, $\mathbf{u} \ge \mathbf{0}$, $\mathbf{g}(\mathbf{x}) \le \mathbf{0}$, $\mathbf{h}(\mathbf{x}) = \mathbf{0}$이므로 다음 식

$$\begin{aligned}\theta(\mathbf{u}, \boldsymbol{\nu}) &= inf\,\{f(\mathbf{y}) + \mathbf{u}\cdot\mathbf{g}(\mathbf{y}) + \boldsymbol{\nu}\cdot\mathbf{h}(\mathbf{y}) \mid \mathbf{y} \in X\} \\ &\le f(\mathbf{x}) + \mathbf{u}\cdot\mathbf{g}(\mathbf{x}) + \boldsymbol{\nu}\cdot\mathbf{h}(\mathbf{x}) \le f(\mathbf{x})\end{aligned}$$

을 얻는다. 이것으로 증명이 완결되었다. (증명 끝)

따름정리 1 $inf\{f(\mathbf{x}) \mid \mathbf{x} \in X,\ \mathbf{g}(\mathbf{x}) \le \mathbf{0},\ \mathbf{h}(\mathbf{x}) = \mathbf{0}\} \ge sup\{\theta(\mathbf{u}, \nu) \mid \mathbf{u} \ge \mathbf{0}\}$.

따름정리 2 만약 $f(\bar{\mathbf{x}}) = \theta(\bar{\mathbf{u}}, \bar{\nu})$이라면, 여기에서 $\bar{\mathbf{u}} \ge \mathbf{0}$, $\bar{\mathbf{x}} \in \{\mathbf{x} \in X \mid \mathbf{g}(\mathbf{x}) \le \mathbf{0},\ \mathbf{h}(\mathbf{x}) = \mathbf{0}\}$이며, $\bar{\mathbf{x}}$와 $(\bar{\mathbf{u}}, \bar{\nu})$는 각각 원문제와 쌍대문제의 최적해이다.

따름정리 3 만약 $inf\{f(\mathbf{x}) \mid \mathbf{x} \in X,\ \mathbf{g}(\mathbf{x}) \le \mathbf{0},\ \mathbf{h}(\mathbf{x}) = \mathbf{0}\} = -\infty$라면 각각의 $\mathbf{u} \ge \mathbf{0}$에 대해 $\theta(\mathbf{u}, \nu) = -\infty$이다.

따름정리 4 만약 $sup\{\theta(\mathbf{u}, \nu) \mid \mathbf{u} \ge \mathbf{0}\} = \infty$라면 원문제는 실현가능해를 갖지 않는다.

쌍대성간극

정리 6.2.1의 따름정리 1에서, 원문제의 목적함수의 최적값은 쌍대문제 목적함수의 최적값보다도 크거나 같다. 만약 엄격한 부등식이 성립한다면 **쌍대성간극**이 존재한다고 말한다. 그림 6.3은 어떤 1개의 부등식 제약조건을 갖고 등식 제약조건 없는 문제의 쌍대성간극의 케이스를 예시한다. $y \in \Re$에 관한 섭동함수 $\nu(y)$는 그

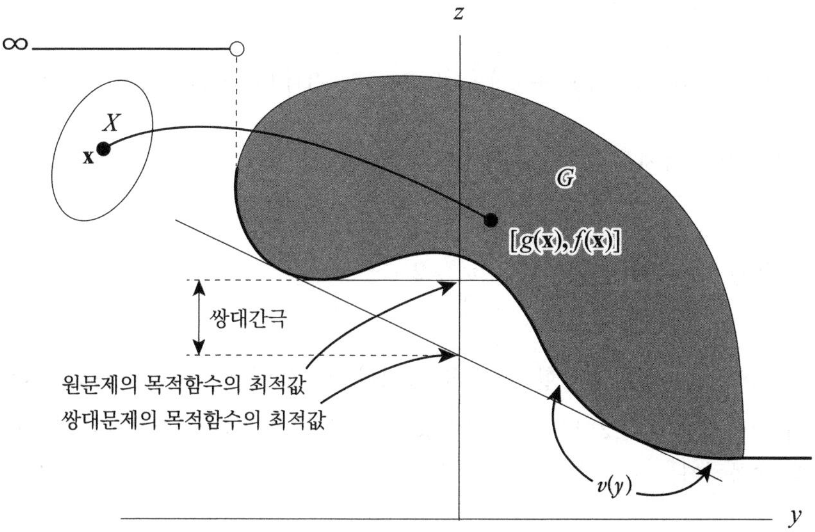

그림 6.3 쌍대성간극

림에 나타낸 바와 같다. 정의에 따라 이것은 G**를 아래에서 덮어싸는 가장 큰 단조증가함수**임을 주목하자(연습문제 6.1 참조). 원문제 목적함수의 최적값은 $\nu(0)$이다. G를 아래에서 받쳐주는 하나의 초평면에 의해 달성된, 세로 좌표 z-축의 가장 큰 절은, 그림에 나타난 것처럼 최적 쌍대목적함수의 값을 제공한다. 특히, 그림 6.1, 6.2에서 본 바와 같이 모든 $y \in \Re$에 대해 $\nu(y) \geq \nu(0) - \bar{u}y$가 되도록 하는 하나의 $\bar{u}$는 존재하지 않음을 관찰하시오. 연습문제 6.2는 그림 6.3의 상황과 유사한 상황이 되는, 그림 4.13에서 예시한 상황에 대해 독자가 G, ν를 구성하도록 요구한다.

6.2.2 예제

다음 문제

$$
\begin{aligned}
&\text{최소화} && f(\mathbf{x}) = -2x_1 + x_2 \\
&\text{제약조건} && h(\mathbf{x}) = x_1 + x_2 - 3 = 0 \\
& && (x_1, x_2) \in X
\end{aligned}
$$

를 고려하고, 여기에서 $X = \{(0,0), (0,4), (4,4), (4,0), (1,2), (2,1)\}$이다.

점 $(2,1)$은 원문제의 최적해이며 목적함숫값이 -3임을 입증함은 용이하다. 이 쌍대목적함수 θ는 다음 식

$$\theta(\nu) = min\{(-2x_1 + x_2) + \nu(x_1 + x_2 - 3) \mid (x_1, x_2) \in X\}$$

으로 주어진다. 독자는 θ의 명시적 표현이 다음 식

$$\theta(\nu) = \begin{cases} -4 + 5\nu & \nu \leq -1 \\ -8 + \nu & -1 \leq \nu \leq 2 \\ -3\nu & \nu \geq 2 \end{cases}$$

으로 주어진다는 것을 입증할 수 있을 것이다. 이 쌍대함수는 그림 6.4에 나타나 있으며 최적해는 $\bar{\nu} = 2$이고 목적함숫값은 -6이다. 이 예제에서 쌍대성간극이 존재함을 주목하자.

이 경우 집합 G는 유한개 점으로 구성되어 있으며, 각각은 X에 속한 하나

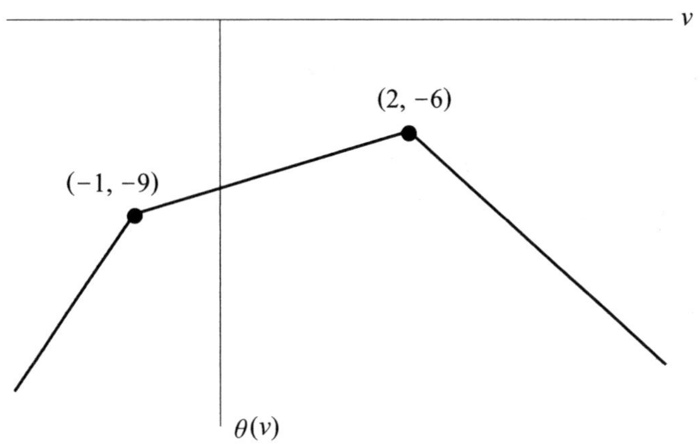

그림 6.4 쌍대함수 예제 6.2.2

의 점에 상응한다. 이것은 그림 6.5에 나타나 있다. 받침초평면은, 수직축에서 절편이 최대이며, 이 그림에 나타나 있다. 절편은 -6, 기울기는 -2임을 주목하자. 따라서 최적 쌍대해는 $\bar{\nu}=2$이며 목적함숫값은 -6이다. 더군다나 수직축에서 집합 G에 속한 점은 원문제의 실현가능해에 상응하며, 따라서 원문제의 목적함수 최솟값은 -3과 같다는 것을 주목하자.

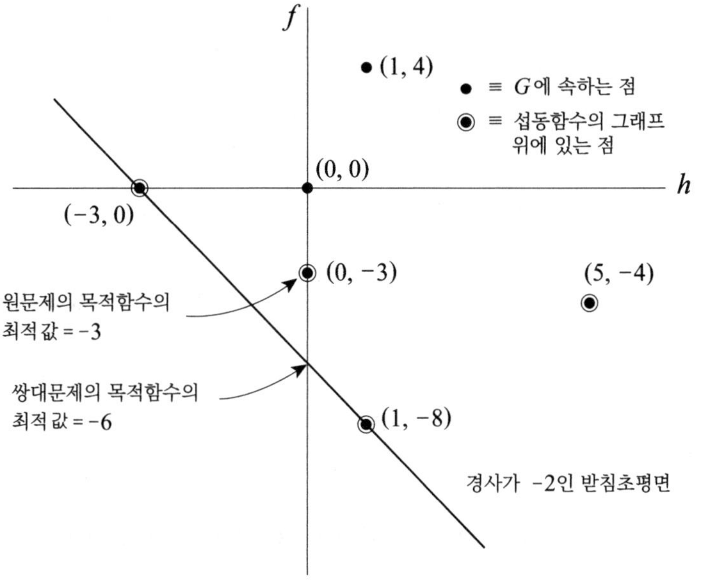

그림 6.5 예제 6.2.2의 기하학적 해석

부등식제약 있는 케이스와 유사하게 여기에서 섭동함수는 $\nu(y) = min\{f(\mathbf{x}) | h(\mathbf{x}) = y,\ \mathbf{x} \in X\}$로 정의한다. X는 이산 값을 요소로 갖는 집합이므로, $h(\mathbf{x})$는 유한개의 가능한 값만을 취할 수 있다. 그러므로 그림 6.5에서 G를 주목하면, $\nu(-3) = 0$, $\nu(0) = -3$, $\nu(1) = -8$, $\nu(5) = -4$을 얻으며, 그렇지 않다면 모든 $y \in \Re$에 대해 $\nu(y) = \infty$을 얻는다. 또한, 원문제 최적값은 $\nu(0) = -3$이며, $\nu(y) \geq \nu(0) - \bar{\nu}y$가 되도록 하는 $\bar{\nu}$는 존재하지 않는다. 그러므로 쌍대성간극은 존재한다.

쌍대성간극의 부재를 보장하는 조건이 정리 6.2.4에 주어져 있다. 그렇다면 정리 6.2.7은 이것을 섭동함수에 관계짓는다. 그러나 먼저 다음 보조정리가 필요하다.

6.2.3 보조정리

$X = \varnothing$는 $\Re^n$의 볼록집합이라 하고, $\alpha : \Re^n \to \Re$, $\mathbf{g}: \Re^n \to \Re^m$은 볼록이라 하고, $\mathbf{h}: \Re^n \to \Re^\ell$는 아핀이라 하자; 즉 말하자면, $\mathbf{h}$는 $\mathbf{h}(\mathbf{x}) = \mathbf{A}\mathbf{x} - \mathbf{b}$의 형태이다. 만약 아래의 시스템 1이 해 $\mathbf{x}$를 갖지 않는다면, 그렇다면 시스템 2는 해 $(u_0, \mathbf{u}, \boldsymbol{\nu})$를 갖는다. 만약 $u_0 > 0$이라면 이의 역도 성립한다.

시스템 1: $\alpha(\mathbf{x}) < 0$, $\mathbf{g}(\mathbf{x}) \leq \mathbf{0}$, $\mathbf{h}(\mathbf{x}) = \mathbf{0}$ 어떤 $\mathbf{x} \in X$에 대해

시스템 2: $u_0 \alpha(\mathbf{x}) + \mathbf{u} \cdot \mathbf{g}(\mathbf{x}) + \boldsymbol{\nu} \cdot \mathbf{h}(\mathbf{x}) \geq 0$ $\forall\, \mathbf{x} \in X$

$(u_0, \mathbf{u}) \geq \mathbf{0}$, $(u_0, \mathbf{u}, \boldsymbol{\nu}) \neq \mathbf{0}$.

증명 시스템 1이 해를 갖지 않는다고 가정하고 다음 집합을 고려해보자:

$$\Lambda = \{(p, \mathbf{q}, \mathbf{r}) | p > \alpha(\mathbf{x}),\ \mathbf{q} \geq \mathbf{g}(\mathbf{x}),\ \mathbf{r} = \mathbf{h}(\mathbf{x}) \text{ 어떤 } \mathbf{x} \in X\text{에 대해}\}.$$

X, α, $\mathbf{g}$는 볼록이고 $\mathbf{h}$는 아핀임을 주목하면, Λ가 볼록집합임을 쉽게 알 수 있다. 시스템 1은 해를 갖지 않으므로, $(0, \mathbf{0}, \mathbf{0}) \notin \Lambda$이다. 정리 2.4.7의 따름정리 1에 따라, 다음 식

$$u_0 p + \mathbf{u} \cdot \mathbf{q} + \boldsymbol{\nu} \cdot \mathbf{r} \geq 0 \quad \text{각각의 } (p, \mathbf{q}, \mathbf{r}) \in cl\,\Lambda\text{에 대해} \tag{6.1}$$

이 성립하도록 하는 $\mathbf{0}$이 아닌 $(u_0, \mathbf{u}, \boldsymbol{\nu})$가 존재한다. 지금 하나의 $\mathbf{x} \in X$를 고정한다. p, $\mathbf{q}$는 마음대로 크게 할 수 있으므로 만약 $u_0 \geq 0$, $\mathbf{u} \geq \mathbf{0}$이라면 (6.1)은 참이다. 더군다나, $(p, \mathbf{q}, \mathbf{r}) = [\alpha(\mathbf{x}), \mathbf{g}(\mathbf{x}), \mathbf{h}(\mathbf{x})]$은 $cl\Lambda$에 속한다. 그러므로 (6.1)에서 다음 식

$$u_0 \alpha(\mathbf{x}) + \mathbf{u} \cdot \mathbf{g}(\mathbf{x}) + \boldsymbol{\nu} \cdot \mathbf{h}(\mathbf{x}) \geq 0$$

을 얻는다. 각각의 $\mathbf{x} \in X$에 대해 위의 부등식은 성립하므로 시스템 2는 하나의 해를 갖는다.

역을 증명하기 위해 시스템 2는 $u_0 > 0$, $\mathbf{u} \geq \mathbf{0}$이면서 다음 식

$$u_0 \alpha(\mathbf{x}) + \mathbf{u} \cdot \mathbf{g}(\mathbf{x}) + \boldsymbol{\nu} \cdot \mathbf{h}(\mathbf{x}) \geq 0 \quad \text{각각의 } \mathbf{x} \in X\text{에 대해}$$

이 성립하도록 하는 하나의 해 $(u_0, \mathbf{u}, \boldsymbol{\nu})$를 갖는다고 가정한다. 지금 $\mathbf{x} \in X$는 $\mathbf{g}(\mathbf{x}) \leq \mathbf{0}$, $\mathbf{h}(\mathbf{x}) = \mathbf{0}$을 만족시킨다고 하자. 위의 부등식에서 $\mathbf{u} \geq \mathbf{0}$이므로 $u_0 \alpha(\mathbf{x}) \geq 0$이라는 결론을 얻는다. $u_0 > 0$이므로 $\alpha(\mathbf{x}) > 0$이다; 그러므로 시스템 1은 해를 갖지 않는다. 이것으로 증명이 완결되었다. (증명 끝)

강쌍대성 정리라 하는 정리 6.2.4는 적절한 볼록성 가정과 제약자격 아래 원문제와 쌍대문제의 목적함수의 최적값은 같다는 것을 보여준다.

6.2.4 정리(강쌍대성 정리)

$X = \varnothing$는 $\Re^n$의 볼록집합이라 하고, $f: \Re^n \to \Re$, $\mathbf{g}: \Re^n \to \Re^m$은 볼록함수라 하고, $\mathbf{h}: \Re^n \to \Re^\ell$은 아핀이라 하자; 즉 말하자면, $\mathbf{h}$는 $\mathbf{h}(\mathbf{x}) = \mathbf{A}\mathbf{x} - \mathbf{b}$의 형태이다. 다음 제약자격이 성립한다고 가정한다. $\mathbf{g}(\hat{\mathbf{x}}) < \mathbf{0}$, $\mathbf{h}(\hat{\mathbf{x}}) = \mathbf{0}$, $\mathbf{0} \in int\, \mathbf{h}(X)$이 되도록 하는 하나의 $\hat{\mathbf{x}} \in X$가 존재하며, 여기에서 $\mathbf{h}(X) = \{\mathbf{h}(\mathbf{x}) \mid \mathbf{x} \in X\}$이며, 그렇다면 다음 식

$$inf\{f(\mathbf{x}) \mid \mathbf{x} \in X, \ \mathbf{g}(\mathbf{x}) \leq \mathbf{0}, \ \mathbf{h}(\mathbf{x}) = \mathbf{0}\} = sup\{\theta(\mathbf{u}, \boldsymbol{\nu}) \mid \mathbf{u} \geq \mathbf{0}\} \tag{6.2}$$

이 성립한다. 더군다나 만약 최대하계가 유한하다면 $sup\{\theta(\mathbf{u}, \boldsymbol{\nu}) \mid \mathbf{u} \geq \mathbf{0}\}$는

$\bar{\mathbf{u}} \geq \mathbf{0}$인 $(\bar{\mathbf{u}}, \bar{\boldsymbol{\nu}})$에서 달성된다. 만약 $\bar{\mathbf{x}}$에서 최대하계가 달성된다면 $\bar{\mathbf{u}} \cdot \mathbf{g}(\bar{\mathbf{x}}) = 0$이다.

증명 $\gamma = inf\,\{f(\mathbf{x}) \mid \mathbf{x} \in X,\ \mathbf{g}(\mathbf{x}) \leq 0,\ \mathbf{h}(\mathbf{x}) = \mathbf{0}\}$이라 한다. 가정에 따라 $\gamma < \infty$이다. 만약 $\gamma = -\infty$이라면 정리 6.2.1의 따름정리 3에 따라 $sup\,\{\theta(\mathbf{u}, \boldsymbol{\nu}) \mid \mathbf{u} \geq \mathbf{0}\} = -\infty$이며 그러므로 (6.2)가 성립한다. 그러므로 γ는 유한하다고 가정하고 다음 시스템

$$f(\mathbf{x}) - \gamma < 0, \quad \mathbf{g}(\mathbf{x}) \leq \mathbf{0}, \quad \mathbf{h}(\mathbf{x}) = \mathbf{0}, \quad \mathbf{x} \in X$$

을 고려해보자. γ의 정의에 따라 이 시스템은 해를 갖지 않는다. 그러므로 보조정리 6.2.3에서 $(u_0, \mathbf{u}) \geq \mathbf{0}$이면서 다음 식

$$u_0[f(\mathbf{x}) - \gamma] + \mathbf{u} \cdot \mathbf{g}(\mathbf{x}) + \boldsymbol{\nu} \cdot \mathbf{h}(\mathbf{x}) \geq 0 \quad \forall \mathbf{x} \in X \tag{6.3}$$

이 성립하도록 하는 $\mathbf{0}$이 아닌 하나의 벡터 $(u_0, \mathbf{u}, \boldsymbol{\nu})$가 존재한다.

먼저 $u_0 > 0$임을 보인다. 모순을 일으켜 $u_0 = 0$이라고 가정한다. 가정에 따라 $\mathbf{g}(\hat{\mathbf{x}}) < \mathbf{0}$, $\mathbf{h}(\hat{\mathbf{x}}) = \mathbf{0}$을 만족시키는 하나의 $\hat{\mathbf{x}} \in X$가 존재한다. (6.3)에 대입하면 $\mathbf{u} \cdot \mathbf{g}(\hat{\mathbf{x}}) \geq 0$임이 뒤따른다. $\mathbf{g}(\hat{\mathbf{x}}) < \mathbf{0}$, $\mathbf{u} \geq \mathbf{0}$이므로, 만약 $\mathbf{u} = \mathbf{0}$이라면 $\mathbf{u} \cdot \mathbf{g}(\hat{\mathbf{x}}) \geq 0$임은 가능하다. 그러나 (6.3)에서 $u_0 = 0$, $\mathbf{u} = \mathbf{0}$이며, 이것은 모든 $\mathbf{x} \in X$에 대해 $\boldsymbol{\nu} \cdot \mathbf{h}(\mathbf{x}) \geq 0$임을 의미한다. 그러나 $\mathbf{0} \in int\,\mathbf{h}(X)$이므로 $\mathbf{h}(\mathbf{x}) = -\lambda\boldsymbol{\nu}$가 되도록 하는 $\mathbf{x} \in X$가 뽑힐 수 있으며, 여기에서 $\lambda > 0$이다. 그러므로 $0 \leq \boldsymbol{\nu} \cdot \mathbf{h}(\mathbf{x}) = -\lambda \|\boldsymbol{\nu}\|^2$이며, 이것은 $\boldsymbol{\nu} = \mathbf{0}$임을 의미한다. 따라서 $u_0 = 0$임은 $(u_0, \mathbf{u}, \boldsymbol{\nu}) = \mathbf{0}$임을 의미함을 보였으며, 이것은 불가능하다. 그러므로 $u_0 > 0$이다. (6.3)을 u_0로 나누고, $\mathbf{u}/u_0$, $\boldsymbol{\nu}/u_0$를 $\bar{\mathbf{u}}$, $\bar{\boldsymbol{\nu}}$라고 각각 나타내면, 다음 식

$$f(\mathbf{x}) + \bar{\mathbf{u}} \cdot \mathbf{g}(\mathbf{x}) + \bar{\boldsymbol{\nu}} \cdot \mathbf{h}(\mathbf{x}) \geq \gamma \quad \forall \mathbf{x} \in X \tag{6.4}$$

을 얻는다. 이것은 $\theta(\bar{\mathbf{u}}, \bar{\boldsymbol{\nu}}) = inf\,\{f(\mathbf{x}) + \bar{\mathbf{u}} \cdot \mathbf{g}(\mathbf{x}) + \bar{\boldsymbol{\nu}} \cdot \mathbf{h}(\mathbf{x}) \mid \mathbf{x} \in X\} \geq \gamma$임을 보여준다. 정리 6.2.1을 보면 $\theta(\bar{\mathbf{u}}, \bar{\boldsymbol{\nu}}) = \gamma$ 임은 명백하고 $(\bar{\mathbf{u}}, \bar{\boldsymbol{\nu}})$는 쌍대문제의 최적해이다.

증명을 완결하기 위해, $\bar{\mathbf{x}}$는 원문제의 하나의 최적해라고 가정한다; 즉 말

하자면, $\bar{\mathbf{x}} \in X$, $\mathbf{g}(\bar{\mathbf{x}}) \leq \mathbf{0}$, $\mathbf{h}(\bar{\mathbf{x}}) = \mathbf{0}$, $f(\bar{\mathbf{x}}) = \gamma$이다. (6.4)에서 $\mathbf{x} = \bar{\mathbf{x}}$라 하면, $\bar{\mathbf{u}} \cdot \mathbf{g}(\bar{\mathbf{x}}) \geq 0$임을 얻는다. $\bar{\mathbf{u}} \geq \mathbf{0}$, $\mathbf{g}(\bar{\mathbf{x}}) \leq \mathbf{0}$이므로, $\bar{\mathbf{u}} \cdot \mathbf{g}(\bar{\mathbf{x}}) = 0$임을 얻는다. 그리고 증명이 완결되었다. (증명 끝)

정리 6.2.4에서 $\mathbf{0} \in int\, \mathbf{h}(X)$라는 가정과 $\mathbf{g}(\hat{\mathbf{x}}) < \mathbf{0}$, $\mathbf{h}(\hat{\mathbf{x}}) = \mathbf{0}$이 되도록 하는 $\hat{\mathbf{x}} \in X$가 존재한다는 가정은 제5장의 슬레이터의 제약자격의 하나의 일반화라고 볼 수 있다. 특히 만약 $X = \Re^n$이라면, $\mathbf{0} \in int\, \mathbf{h}(X)$임이 자동적으로 성립하고(만약 가외적 등식이 삭제된다면) 그래서 제약자격은 $\mathbf{g}(\hat{\mathbf{x}}) < \mathbf{0}$, $\mathbf{h}(\hat{\mathbf{x}}) = \mathbf{0}$이 되도록 하는 하나의 점 $\hat{\mathbf{x}}$의 존재를 주장한다. 이것을 알아보기 위해 $\mathbf{h}(\mathbf{x}) = \mathbf{A}\mathbf{x} - \mathbf{b}$라고 가정한다. 일반성을 잃지 않고 $rank(\mathbf{A}) = m$이라고 가정한다. 왜냐하면, 그렇지 않다면, 임의의 가외적 제약조건을 삭제할 수 있기 때문이다. 지금 임의의 $\mathbf{y} \in \Re^m$은 $\mathbf{y} = \mathbf{A}\mathbf{x} - \mathbf{b}$로 나타낼 수 있으며, 여기에서 $\mathbf{x} = \mathbf{A}^t(\mathbf{A}\mathbf{A}^t)^{-1}(\mathbf{y} + \mathbf{b})$이다. 따라서 $\mathbf{h}(X) = \Re^m$이며 특히 $\mathbf{0} \in int\, \mathbf{h}(X)$이다.

안장점판단기준

앞서 말한 정리는, 볼록성 가정과 하나의 적절한 제약자격 아래, 최적해에서 원문제와 쌍대문제의 목적함숫값이 일치함을 보여준다. 실제로, 다음에 알게 되지만, 후자의 특질이 성립하기 위한 필요충분조건은 안장점이 존재한다는 것이다. '원문제 P'가 주어지면 다음 식

$$\phi(\mathbf{x}, \mathbf{u}, \boldsymbol{\nu}) = f(\mathbf{x}) + \mathbf{u} \cdot \mathbf{g}(\mathbf{x}) + \boldsymbol{\nu} \cdot \mathbf{h}(\mathbf{x})$$

과 같은 **라그랑지 함수**를 정의한다. 만약 $\bar{\mathbf{x}} \in X$, $\bar{\mathbf{u}} \geq \mathbf{0}$이며 다음 식

$$\begin{aligned} &\phi(\bar{\mathbf{x}}, \mathbf{u}, \boldsymbol{\nu}) \leq \phi(\bar{\mathbf{x}}, \bar{\mathbf{u}}, \bar{\boldsymbol{\nu}}) \leq \phi(\mathbf{x}, \bar{\mathbf{u}}, \bar{\boldsymbol{\nu}}) \\ &\forall\, \mathbf{x} \in X, \quad \mathbf{u} \geq \mathbf{0}\text{인 모든 } (\mathbf{u}, \boldsymbol{\nu}) \end{aligned} \tag{6.5}$$

이 성립한다면, 해 $(\bar{\mathbf{x}}, \bar{\mathbf{u}}, \bar{\boldsymbol{\nu}})$는 라그랑지 함수의 **안장점**이라 한다. 그러므로 $(\mathbf{u}, \boldsymbol{\nu})$가 $(\bar{\mathbf{u}}, \bar{\boldsymbol{\nu}})$에서 고정될 때 $\bar{\mathbf{x}}$는 X 전체에 걸쳐 ϕ를 최소화하며, $\mathbf{x}$를 $\bar{\mathbf{x}}$에 고정할 때 $(\bar{\mathbf{u}}, \bar{\boldsymbol{\nu}})$는 $\bar{\mathbf{u}} \geq \mathbf{0}$인 모든 $(\mathbf{u}, \boldsymbol{\nu})$에 대해 ϕ를 최소화한다. 이것을 그림 4.2에 연관하면 왜 $(\bar{\mathbf{x}}, \bar{\mathbf{u}}, \bar{\boldsymbol{\nu}})$를 라그랑지 함수 ϕ의 **안장점**이라고 말하는가를 알 수 있다.

다음 결과는 안장점해의 특성을 설명하는 것이며 이것의 존재는 쌍대성간극 부재를 위한 필요충분조건임을 보여준다.

6.2.5 정리(안장점 최적성과 쌍대성간극의 부재)

$\bar{\mathbf{x}} \in X$, $\bar{\mathbf{u}} \geq \mathbf{0}$인 하나의 해 $(\bar{\mathbf{x}}, \bar{\mathbf{u}}, \bar{\boldsymbol{\nu}})$가 라그랑지 함수 $\phi(\mathbf{x}, \mathbf{u}, \boldsymbol{\nu}) = f(\mathbf{x}) + \mathbf{u}\cdot\mathbf{g}(\mathbf{x}) + \boldsymbol{\nu}\cdot\mathbf{h}(\mathbf{x})$의 하나의 안장점이라는 것은 다음 특질

$a.$ $\phi(\bar{\mathbf{x}}, \bar{\mathbf{u}}, \bar{\boldsymbol{\nu}}) = min\{\phi(\mathbf{x}, \bar{\mathbf{u}}, \bar{\boldsymbol{\nu}}) \mid \mathbf{x} \in X\}$,

$b.$ $\mathbf{g}(\bar{\mathbf{x}}) \leq \mathbf{0}$, $\mathbf{h}(\bar{\mathbf{x}}) = \mathbf{0}$,

$c.$ $\bar{\mathbf{u}}\cdot\mathbf{g}(\bar{\mathbf{x}}) = 0$

이 성립한다는 것과 같은 뜻이다. 나아가서, $(\bar{\mathbf{x}}, \bar{\mathbf{u}}, \bar{\boldsymbol{\nu}})$가 안장점이라는 것은 $\bar{\mathbf{x}}$, $(\bar{\mathbf{u}}, \bar{\boldsymbol{\nu}})$가 쌍대성간극 없는 상태로, 즉 말하자면 $f(\bar{\mathbf{x}}) = \theta(\bar{\mathbf{u}}, \bar{\boldsymbol{\nu}})$로, 각각 원문제 P, 쌍대문제 D의 최적해라는 것과 같은 뜻이다.

증명 라그랑지 함수 ϕ에 대해 $(\bar{\mathbf{x}}, \bar{\mathbf{u}}, \bar{\boldsymbol{\nu}})$는 하나의 안장점이라고 가정한다. 정의에 따라, 조건 (a)는 반드시 참이어야 한다. 더군다나 (6.5)에서 다음 식

$$f(\bar{\mathbf{x}}) + \bar{\mathbf{u}}\cdot\mathbf{g}(\bar{\mathbf{x}}) + \bar{\boldsymbol{\nu}}\cdot\mathbf{h}(\bar{\mathbf{x}}) \geq f(\bar{\mathbf{x}}) + \mathbf{u}\cdot\mathbf{g}(\bar{\mathbf{x}}) + \boldsymbol{\nu}\cdot\mathbf{h}(\bar{\mathbf{x}})$$
$$\mathbf{u} \geq \mathbf{0}\text{인 모든 } (\mathbf{u}, \boldsymbol{\nu}) \tag{6.6}$$

을 얻는다. 명확하게, 이것은 반드시 $\mathbf{g}(\bar{\mathbf{x}}) \leq \mathbf{0}$, $\mathbf{h}(\bar{\mathbf{x}}) = \mathbf{0}$이어야 함을 의미한다. 그렇지 않다면 $\mathbf{u}$ 또는 $\boldsymbol{\nu}$의 하나의 요소의 크기를 충분히 크게 해 (6.6)을 위반하게 할 수 있다. 지금 (6.6)에서 $\mathbf{u} = \mathbf{0}$이라 하면, $\bar{\mathbf{u}}\cdot\mathbf{g}(\bar{\mathbf{x}}) \geq 0$임을 얻는다. $\bar{\mathbf{u}} \geq \mathbf{0}$, $\mathbf{g}(\bar{\mathbf{x}}) \leq \mathbf{0}$임은 $\bar{\mathbf{u}}\cdot\mathbf{g}(\bar{\mathbf{x}}) \leq 0$임을 의미함을 주목하면, 반드시 $\bar{\mathbf{u}}\cdot\mathbf{g}(\bar{\mathbf{x}}) = 0$이어야 한다. 그러므로 조건 (a), (b), (c)는 성립한다.

역으로 조건 (a), (b), (c)가 참이 되도록 하는, $\bar{\mathbf{x}} \in X$, $\bar{\mathbf{u}} \geq \mathbf{0}$를 갖는, $(\bar{\mathbf{x}}, \bar{\mathbf{u}}, \bar{\boldsymbol{\nu}})$가 주어졌다고 가정한다. 그렇다면 특질 (a)에 따라 모든 $\mathbf{x} \in X$에 대해 $\phi(\bar{\mathbf{x}}, \bar{\mathbf{u}}, \bar{\boldsymbol{\nu}}) \leq \phi(\mathbf{x}, \bar{\mathbf{u}}, \bar{\boldsymbol{\nu}})$이다. 더구나 $\mathbf{g}(\bar{\mathbf{x}}) \leq \mathbf{0}$, $\mathbf{h}(\bar{\mathbf{x}}) = \mathbf{0}$이므로 $\mathbf{u} \geq \mathbf{0}$인 모든 $(\mathbf{u}, \boldsymbol{\nu})$에 대해 $\phi(\bar{\mathbf{x}}, \bar{\mathbf{u}}, \bar{\boldsymbol{\nu}}) = f(\bar{\mathbf{x}}) + \bar{\mathbf{u}}\cdot\mathbf{g}(\bar{\mathbf{x}}) + \bar{\boldsymbol{\nu}}\cdot\mathbf{h}(\bar{\mathbf{x}}) = f(\bar{\mathbf{x}}) \geq f(\bar{\mathbf{x}}) +$

$\mathbf{u} \cdot \mathbf{g}(\bar{\mathbf{x}}) + \nu \cdot \mathbf{h}(\bar{\mathbf{x}}) = \phi(\bar{\mathbf{x}}, \mathbf{u}, \nu)$이다. 그러므로 $(\bar{\mathbf{x}}, \bar{\mathbf{u}}, \bar{\nu})$는 안장점이다. 이것은 이 정리의 첫째 파트를 증명한다.

다음으로, 또다시 $(\bar{\mathbf{x}}, \bar{\mathbf{u}}, \bar{\nu})$는 안장점이라고 가정한다. 특질 (b)에 따라 $\bar{\mathbf{x}}$는 '문제 P'의 실현가능해이다. $\bar{\mathbf{u}} \geq \mathbf{0}$이므로 $(\bar{\mathbf{u}}, \bar{\nu})$는 D의 실현가능해이기도 하다. 나아가서 특질 (a), (b), (c)에 따라 $\theta(\bar{\mathbf{u}}, \bar{\nu}) = \phi(\bar{\mathbf{x}}, \bar{\mathbf{u}}, \bar{\nu}) = f(\bar{\mathbf{x}}) + \bar{\mathbf{u}} \cdot \mathbf{g}(\bar{\mathbf{x}}) + \bar{\nu} \cdot \mathbf{h}(\bar{\mathbf{x}}) = f(\bar{\mathbf{x}})$이다. 정리 6.2.1의 따름정리 2에 따라 $\bar{\mathbf{x}}$, $(\bar{\mathbf{x}}, \bar{\nu})$는 쌍대성간극 없이 각각 P, D의 최적해이다.

마지막으로, $\bar{\mathbf{x}}$, $(\bar{\mathbf{u}}, \bar{\nu})$는 $f(\bar{\mathbf{x}}) = \theta(\bar{\mathbf{u}}, \bar{\nu})$가 성립하도록 하는 문제 P, 문제 D 각각의 최적해라고 가정한다. 그러므로, $\bar{\mathbf{x}} \in X$, $\mathbf{g}(\bar{\mathbf{x}}) \leq \mathbf{0}$, $\mathbf{h}(\bar{\mathbf{x}}) = \mathbf{0}$, $\bar{\mathbf{u}} \geq \mathbf{0}$이다. 나아가서, 원-쌍대 실현가능성에 따라 다음 식

$$\begin{aligned} \theta(\bar{\mathbf{u}}, \bar{\nu}) &= \min\{f(\mathbf{x}) + \bar{\mathbf{u}} \cdot \mathbf{g}(\mathbf{x}) + \bar{\nu} \cdot \mathbf{h}(\mathbf{x}) \mid \mathbf{x} \in X\} \\ &\leq f(\bar{\mathbf{x}}) + \bar{\mathbf{u}} \cdot \mathbf{g}(\bar{\mathbf{x}}) + \bar{\nu} \cdot \mathbf{h}(\bar{\mathbf{x}}) = f(\bar{\mathbf{x}}) + \bar{\mathbf{u}} \cdot \mathbf{g}(\bar{\mathbf{x}}) \leq f(\bar{\mathbf{x}}) \end{aligned}$$

을 얻는다. 그러나 가설에 따라 $\theta(\bar{\mathbf{u}}, \bar{\nu}) = f(\bar{\mathbf{x}})$이다. 그러므로, 위의 토의내용 모두에 있어 등식이 성립한다. 특히, $\bar{\mathbf{u}} \cdot \mathbf{g}(\bar{\mathbf{x}}) = 0$이며, 그래서 $\phi(\bar{\mathbf{x}}, \bar{\mathbf{u}}, \bar{\nu}) = f(\bar{\mathbf{x}}) = \theta(\bar{\mathbf{u}}, \bar{\nu}) = \min\{\phi(\mathbf{x}, \bar{\mathbf{u}}, \bar{\nu}) \mid \mathbf{x} \in X\}$이다. 그러므로, $\bar{\mathbf{x}} \in X$, $\bar{\mathbf{u}} \geq \mathbf{0}$이라는 것 외에 또, 특질 (a), (b), (c)가 성립한다; 그래서 $(\bar{\mathbf{x}}, \bar{\mathbf{u}}, \bar{\nu})$는 하나의 안장점이다. 이것으로 증명이 완결되었다. (증명 끝)

따름정리 X, f, $\mathbf{g}$는 볼록이고 $\mathbf{h}$는 아핀이라고 가정한다; 즉 말하자면, $\mathbf{h}$는 $\mathbf{h}(\mathbf{x}) = \mathbf{A}\mathbf{x} - \mathbf{b}$의 형태이다. 나아가서 $\mathbf{0} \in int\,\mathbf{h}(X)$임을 가정하고 $\mathbf{g}(\hat{\mathbf{x}}) < \mathbf{0}$, $\mathbf{h}(\hat{\mathbf{x}}) = \mathbf{0}$이 되도록 하는 $\hat{\mathbf{x}} \in X$가 존재한다고 가정한다. 만약 $\bar{\mathbf{x}}$가 '원문제 P'의 하나의 최적해라면 $(\bar{\mathbf{x}}, \bar{\mathbf{u}}, \bar{\nu})$가 안장점이 되는, $\bar{\mathbf{u}} \geq \mathbf{0}$인 하나의 벡터 $(\bar{\mathbf{u}}, \bar{\nu})$가 존재한다.

증명 정리 6.2.4에 따라 $f(\bar{\mathbf{x}}) = \theta(\bar{\mathbf{u}}, \bar{\nu})$이 되도록 하는, '문제 D'에 대한 최적해 $(\bar{\mathbf{u}}, \bar{\nu})$, $\bar{\mathbf{u}} \geq \mathbf{0}$이 존재한다. 그러므로 정리 6.2.5에 따라 $(\bar{\mathbf{x}}, \bar{\mathbf{u}}, \bar{\nu})$는 안장점해이다. 이것으로 증명이 완결되었다. (증명 끝)

원문제와 쌍대문제 사이의 쌍대성간극에 관한 추가적 통찰력이 존재한다. 이 쌍대문제의 최적값은 다음 식

$$\theta^* = \underset{(\mathbf{u}, \nu):\mathbf{u}\geq 0}{sup} \ \underset{\mathbf{x}\in X}{inf} [\phi(\mathbf{x}, \mathbf{u}, \nu)]$$

임을 주목하자. 만약 최적화 순서를 바꾼다면(연습문제 6.3 참조) 다음 식

$$\theta^* \leq \underset{\mathbf{x}\in X}{inf} \ \underset{(\mathbf{u}, \nu):\mathbf{u}\geq 0}{sup} [\phi(\mathbf{x}, \mathbf{u}, \nu)]$$

을 얻는다. 그러나 $(\mathbf{u}, \nu)$ 전체에 걸쳐 $\mathbf{g}(\mathbf{x})\leq 0$, $\mathbf{h}(\mathbf{x})=0$가 아니라면 $\mathbf{u}\geq 0$인 $\phi(\mathbf{x}, \mathbf{u}, \nu)=f(\mathbf{x})+\mathbf{u}\cdot\mathbf{g}(\mathbf{x})+\nu\cdot\mathbf{h}(\mathbf{x})$의 최소상계는 무한대이며, 이로부터, $\phi(\mathbf{x}, \mathbf{u}, \nu)$는 $f(\mathbf{x})$와 같다. 그러므로 다음 식

$$\begin{aligned}\theta^* &\leq \underset{\mathbf{x}\in X}{inf} \ \underset{(\mathbf{u}, \nu):\mathbf{u}\geq 0}{sup} [\phi(\mathbf{x}, \mathbf{u}, \nu)] \\ &= inf\{f(\mathbf{x})\,|\,\mathbf{g}(\mathbf{x})\leq 0,\ \mathbf{h}(\mathbf{x})=0,\ \mathbf{x}\in X\}\end{aligned}$$

이 성립하며, 이것은 원문제의 최적값이다. 그러므로 원문제와 쌍대문제의 목적함숫값이 최적해에서 대등하다는 것은 앞에서 말한 최대하계 연산과 최소상계 연산의 맞교환은 최적값의 변동을 일으키지 않는다는 것과 같은 뜻임을 알 수 있다. 정리 6.2.5에 의해 최적해가 존재한다고 가정하면, 이것이 일어난다는 것은 라그랑지 함수 ϕ의 하나의 안장점 $(\bar{\mathbf{x}}, \bar{\mathbf{u}}, \bar{\nu})$가 존재한다는 것과 같은 뜻이다.

안장점 판단기준과 카루시-쿤-터커 조건 사이의 관계

제4장, 제5장에서, 다음의 '문제 P'

최소화	$f(\mathbf{x})$
제약조건	$\mathbf{g}(\mathbf{x})\leq 0$
	$\mathbf{h}(\mathbf{x})=0$
	$\mathbf{x}\in X$

의 카루시-쿤-터커 최적성 조건을 토의했다. 더군다나, 정리 6.2.5에서 동일한 문제에 관한 안장점 최적성 조건을 개발했다. 정리 6.2.6은 이들 최적성 조건의 2개

유형 사이의 관계를 제공한다.

6.2.6 정리

$S=\{\mathbf{x}\in X \mid \mathbf{g}(\mathbf{x})\le\mathbf{0},\ \mathbf{h}(\mathbf{x})=\mathbf{0}\}$이라 하고, 최소화 $f(\mathbf{x})$ 제약조건 $\mathbf{x}\in S$의 '문제 P'를 고려해보자. $\bar{\mathbf{x}}\in S$는 카루시-쿤-터커 조건을 만족시킨다고 가정한다; 즉 말하자면, 다음 식

$$\nabla f(\bar{\mathbf{x}})+\nabla\mathbf{g}(\bar{\mathbf{x}})^t\bar{\mathbf{u}}+\nabla\mathbf{h}(\bar{\mathbf{x}})^t\bar{\boldsymbol{\nu}}=\mathbf{0}$$
$$\bar{\mathbf{u}}\cdot\mathbf{g}(\bar{\mathbf{x}})=0 \tag{6.7}$$

이 성립하도록 하는 $\bar{\mathbf{u}}\ \ge\mathbf{0}$, $\bar{\boldsymbol{\nu}}$가 존재한다. f와 $i\in I$에 대한 g_i는 $\bar{\mathbf{x}}$에서 볼록이라고 가정하며, 여기에서 $I=\left\{i \mid g_i(\bar{\mathbf{x}})=0\right\}$이다. 나아가서 만약 $\bar{\nu}_i\ne 0$이라면 h_i는 아핀이라고 가정한다. 그렇다면 $(\bar{\mathbf{x}},\bar{\mathbf{u}},\bar{\boldsymbol{\nu}})$는 라그랑지 함수 $\phi(\mathbf{x},\mathbf{u},\boldsymbol{\nu})=f(\mathbf{x})+\mathbf{u}\cdot\mathbf{g}(\mathbf{x})+\boldsymbol{\nu}\cdot\mathbf{h}(\mathbf{x})$의 하나의 안장점이다.

역으로, $\bar{\mathbf{x}}\in int\,X$이면서 $\bar{\mathbf{u}}\ \ge\mathbf{0}$인 $(\bar{\mathbf{x}},\bar{\mathbf{u}},\bar{\boldsymbol{\nu}})$는 하나의 안장점해라고 가정한다. 그렇다면 $\bar{\mathbf{x}}$는 '문제 P'의 실현가능해이고 더군다나 $(\bar{\mathbf{x}},\bar{\mathbf{u}},\bar{\boldsymbol{\nu}})$는 (6.7)에 명시된 카루시-쿤-터커 조건을 만족시킨다.

증명 $\bar{\mathbf{x}}\in S$, $\bar{\mathbf{u}}\ \ge\mathbf{0}$이 되도록 하는 $(\bar{\mathbf{x}},\bar{\mathbf{u}},\bar{\boldsymbol{\nu}})$는 (6.7)에 명시한 카루시-쿤-터커 조건을 만족시킨다고 가정한다. $\bar{\mathbf{x}}$에서 f와 $i\in I$에 대한 g_i의 볼록성에 따라, 그리고 $\bar{\nu}_i\ne 0$에 대한 h_i는 아핀이므로, 모든 $\mathbf{x}\in X$에 대해 다음 식

$$f(\mathbf{x})\ge f(\bar{\mathbf{x}})+\nabla f(\bar{\mathbf{x}})\cdot(\mathbf{x}-\bar{\mathbf{x}}) \tag{6.8a}$$
$$g_i(\mathbf{x})\ge g_i(\bar{\mathbf{x}})+\nabla g_i(\bar{\mathbf{x}})\cdot(\mathbf{x}-\bar{\mathbf{x}}) \qquad i\in I \tag{6.8b}$$
$$h_i(\mathbf{x})=h_i(\bar{\mathbf{x}})+\nabla h_i(\bar{\mathbf{x}})\cdot(\mathbf{x}-\bar{\mathbf{x}}) \qquad i=1,\ \cdots,\ell,\ \bar{\nu}_i\ne 0 \tag{6.8c}$$

을 얻는다. (6.8b)를 $\bar{u}_i\ge 0$으로 곱하고, (6.8c)를 $\bar{\nu}_i$로 곱하고, 이들을 (6.8a)에 합하고, (6.7)을 고려하면, ϕ의 정의에서 모든 $\mathbf{x}\in X$에 대해 $\phi(\mathbf{x},\bar{\mathbf{u}},\bar{\boldsymbol{\nu}})\ge\phi(\bar{\mathbf{x}},\bar{\mathbf{u}},\bar{\boldsymbol{\nu}})$임이 뒤따른다. 또한 $\mathbf{g}(\bar{\mathbf{x}})\le 0$, $\mathbf{h}(\bar{\mathbf{x}})=\mathbf{0}$, $\bar{\mathbf{u}}\cdot\mathbf{g}(\bar{\mathbf{x}})=0$이므로,

$\mathbf{u} \geq \mathbf{0}$인 모든 $(\mathbf{u}, \nu)$에 대해 $\phi(\bar{\mathbf{x}}, \mathbf{u}, \nu) \leq \phi(\bar{\mathbf{x}}, \bar{\mathbf{u}}, \bar{\nu})$임이 뒤따른다. 그러므로 $(\bar{\mathbf{x}}, \bar{\mathbf{u}}, \bar{\nu})$는 (6.5)로 주어진 안장점조건을 만족시킨다.

역을 증명하기 위해, $\bar{\mathbf{x}} \in int\, X$, $\bar{\mathbf{u}} \geq \mathbf{0}$인 $(\bar{\mathbf{x}}, \bar{\mathbf{u}}, \bar{\nu})$는 하나의 안장점 해라고 가정한다. 모든 $\mathbf{u} \geq \mathbf{0}$과 모든 ν에 대해 $\phi(\bar{\mathbf{x}}, \mathbf{u}, \nu) \leq \phi(\bar{\mathbf{x}}, \bar{\mathbf{u}}, \bar{\nu})$이므로 (6.6)을 사용해, 정리 6.2.5와 같이 $\mathbf{g}(\bar{\mathbf{x}}) \leq \mathbf{0}$, $\mathbf{h}(\bar{\mathbf{x}}) = \mathbf{0}$, $\bar{\mathbf{u}} \cdot \mathbf{g}(\bar{\mathbf{x}}) = 0$임을 얻는다. 이것은 $\bar{\mathbf{x}}$가 '문제 P'의 실현가능해임을 보여준다. 모든 $\mathbf{x} \in X$에 대해 $\phi(\bar{\mathbf{x}}, \bar{\mathbf{u}}, \bar{\nu}) \leq \phi(\mathbf{x}, \bar{\mathbf{u}}, \bar{\nu})$이므로, 그렇다면 $\bar{\mathbf{x}}$는 최소화 $\phi(\mathbf{x}, \bar{\mathbf{u}}, \bar{\nu})$ 제약조건 $\mathbf{x} \in X$ 문제의 최적해이다. $\bar{\mathbf{x}} \in int\, X$이므로 $\nabla_{\mathbf{x}} \phi(\bar{\mathbf{x}}, \bar{\mathbf{u}}, \bar{\nu}) = \mathbf{0}$이며, 즉 말하자면, $\nabla f(\bar{\mathbf{x}}) + \nabla \mathbf{g}(\bar{\mathbf{x}}) \cdot \bar{\mathbf{u}} + \nabla \mathbf{h}(\bar{\mathbf{x}}) \cdot \bar{\nu} = \mathbf{0}$이다; 그러므로 (6.7)이 성립한다. 이것으로 증명이 완결되었다. (증명 끝)

정리 6.2.6은, 만약 $\bar{\mathbf{x}}$가 카루시-쿤-터커 점이라면 어떤 볼록성 가정 아래 카루시-쿤-터커 조건의 라그랑지 승수는 안장점판단기준에서도 역시 승수 역할을 함을 보여준다. 역으로, 안장점 조건의 승수는 카루시-쿤-터커 조건의 라그랑지 승수이다. 더구나 정리 6.2.4, 6.2.5, 6.2.6을 보면, 라그랑지 쌍대문제의 최적 쌍대변수는 정확하게 카루시-쿤-터커 조건의 라그랑지 승수이며 또한, 이 경우 안장점조건의 승수이기도 하다.

섭동함수를 사용한 안장점 최적성의 의미 해석

쌍대문제에 연관된 쌍대성간극의 기하학적 해석을 토의하면서 섭동함수 ν의 개념을 소개하고 이것을 예제 6.1.1, 6.1.2에 예시했다(그림 6.1에서 6.5까지 참조). 앞에서 이미 암시한 바와 같이 이들 예제에서 점 $(0, \nu(0))$에서 함수의 에피그래프의 받침초평면의 존재는 쌍대성간극의 부재와 관계가 있다. 이것은 다음에 따라오는 토의에서 정식화되었다.

'원문제 P'를 고려해보고 **섭동함수** $\nu: \Re^{m+\ell} \to \Re$을 다음 문제

$$\begin{aligned} \nu(\mathbf{y}) = min\{f(\mathbf{x}) \mid g_i(\mathbf{x}) \leq y_i, \quad & i = 1, \cdots, m, \\ h_i(\mathbf{x}) = y_{m+i} \quad & i = 1, \cdots, \ell, \ \mathbf{x} \in X\} \end{aligned} \tag{6.9}$$

의 '최적값의 함수'로 정의하고, 여기에서 $\mathbf{y} = (y_1, \cdots, y_m, y_{m+1}, \cdots, y_{m+\ell})$이다.

정리 6.2.7은, 만약 '문제 P'가 최적해를 갖는다면 안장점 해의 존재는, 즉 말하자면 쌍대성간극의 부재는, 점 $(\mathbf{0}, \nu(\mathbf{0}))$에서 ν의 에피그래프의 받침초평면의 존재와 등가임을 단언한다.

6.2.7 정리

'원문제 P'를 고려하고, 문제의 하나의 최적해 $\bar{\mathbf{x}}$가 존재한다고 가정한다. 그렇다면 $(\bar{\mathbf{x}}, \bar{\mathbf{u}}, \bar{\nu})$가 라그랑지 함수 $\phi(\mathbf{x}, \mathbf{u}, \nu) = f(\mathbf{x}) + \mathbf{u} \cdot \mathbf{g}(\mathbf{x}) + \nu \cdot \mathbf{h}(\mathbf{x})$의 하나의 안장점이라는 것은 다음 식

$$\nu(\mathbf{y}) \geq \nu(\mathbf{0}) - \left(\bar{\mathbf{u}}^t, \bar{\nu}^t\right) \cdot \mathbf{y} \qquad \forall\, \mathbf{y} \in \Re^{m+\ell} \tag{6.10}$$

이 성립한다는 것과 같은 뜻이다. 즉 말하자면, 초평면 $z = \nu(\mathbf{0}) - \left(\bar{\mathbf{u}}^t, \bar{\nu}^t\right) \cdot \mathbf{y}$가 점 $(\mathbf{y}, z) = (\mathbf{0}, \nu(\mathbf{0}))$에서 ν의 에피그래프 $\left\{(\mathbf{y}, z) \mid z \geq \nu(\mathbf{y}),\ \mathbf{y} \in \Re^{m+\ell}\right\}$를 받쳐준다는 것과 같은 뜻이다.

증명 $(\bar{\mathbf{x}}, \bar{\mathbf{u}}, \bar{\nu})$는 하나의 안장점 해라고 가정한다. 그렇다면 정리 6.2.5에 따라 쌍대성간극의 부재는 다음 식

$$\begin{aligned} \nu(0) = \theta(\bar{\mathbf{x}}, \bar{\nu}) &= min\left\{f(\mathbf{x}) + \bar{\mathbf{u}} \cdot \mathbf{g}(\mathbf{x}) + \bar{\nu} \cdot \mathbf{h}(\mathbf{x}) \mid \mathbf{x} \in X\right\} \\ &= \left(\bar{\mathbf{u}}^t, \bar{\nu}^t\right) \cdot \mathbf{y} + min\left\{f(\mathbf{x}) + \sum_{i=1}^{m} \bar{u}_i\left[g_i(\mathbf{x}) - y_i\right]\right. \\ &\quad \left. + \sum_{i=1}^{\ell} \bar{\nu}_i\left[h_i(\mathbf{x}) - y_{m+i}\right] \,\middle|\, \mathbf{x} \in X\right\} \qquad \text{임의의 } \mathbf{y} \in \Re^{m+\ell} \text{에 대해} \end{aligned}$$

의 내용을 단언하는 것이다. 섭동된 문제 (6.9)에 약쌍대성 정리 6.2.1를 적용하면 앞의 항등식에서, 임의의 $\mathbf{y} \in \Re^{m+\ell}$에 대해 $\nu(\mathbf{0}) \leq \left(\bar{\mathbf{u}}^t, \bar{\nu}^t\right) \cdot \mathbf{y} + \nu(\mathbf{y})$임을 얻으므로 (6.10)은 성립한다.

역으로 어떤 $(\bar{\mathbf{u}}, \bar{\nu})$에 대해 (6.10)이 성립한다고 가정하고 $\bar{\mathbf{x}}$가 '문제 P'의 최적해라고 놓는다. $(\bar{\mathbf{x}}, \bar{\mathbf{u}}, \bar{\nu})$는 하나의 안장점 해라는 것을 반드시 보여야 한다. 먼저 $\bar{\mathbf{x}} \in X$, $\mathbf{g}(\bar{\mathbf{x}}) \leq \mathbf{0}$, $\mathbf{h}(\bar{\mathbf{x}}) = \mathbf{0}$임을 주목하자. 더군다나 반드시 $\bar{\mathbf{u}} \geq \mathbf{0}$이어

야 한다. 왜냐하면, 만약 $\bar{u}_p < 0$이라면, 이를테면, 그러면 $i \neq p$에 대해 $y_i = 0$, $y_p > 0$이 되도록 하는 $\mathbf{y}$를 선택함으로 $\nu(\mathbf{0}) \geq \nu(\mathbf{y}) \geq \nu(\mathbf{0}) - \bar{u}_p y_p$임을 얻으며, 이것은 $\bar{u}_p y_p \geq 0$을 의미하므로 모순이다.

둘째, $\mathbf{g}(\bar{\mathbf{x}}) \leq \mathbf{0}$, $\mathbf{h}(\bar{\mathbf{x}}) = \mathbf{0}$이므로, (6.9)에 따라 $\mathbf{y} = \bar{\mathbf{y}} \equiv [\mathbf{g}(\bar{\mathbf{y}})^t, \mathbf{h}(\bar{\mathbf{x}})^t]$로 고정시키면 '문제 P'의 제한을 얻음을 관측하시오. 그러나 같은 이유로, $\mathbf{y}$를 위와 같이 고정시키고, $\bar{\mathbf{x}}$가 (6.9)의 실현가능해이므로, 그리고 $\bar{\mathbf{x}}$가 '문제 P'의 최적해이므로 $\nu(\bar{\mathbf{y}}) = \nu(\mathbf{0})$를 얻는다. (6.10)에 따라 이것은 또다시 $\bar{\mathbf{u}} \cdot \mathbf{g}(\bar{\mathbf{x}}) \geq 0$임을 의미한다. $\mathbf{g}(\bar{\mathbf{x}}) \leq \mathbf{0}$, $\bar{\mathbf{u}} \geq \mathbf{0}$이므로, $\bar{\mathbf{u}} \cdot \mathbf{g}(\bar{\mathbf{x}}) = 0$임이 반드시 성립해야 한다.

마지막으로, 모든 $\mathbf{y} \in \Re^{m+\ell}$에 대해 다음 식

$$\begin{aligned} \phi(\bar{\mathbf{x}}, \bar{\mathbf{u}}, \bar{\nu}) &= f(\bar{\mathbf{x}}) + \bar{\mathbf{u}} \cdot \mathbf{g}(\bar{\mathbf{x}}) + \bar{\nu} \cdot \mathbf{h}(\bar{\mathbf{x}}) \\ &= f(\bar{\mathbf{x}}) = \nu(\mathbf{0}) \leq \nu(\mathbf{y}) + (\bar{\mathbf{u}}^t, \bar{\nu}^t) \cdot \mathbf{y} \end{aligned} \tag{6.11}$$

을 얻는다. 지금 임의의 $\hat{\mathbf{x}} \in X$에 대해 $\hat{\mathbf{y}}^t = [\mathbf{g}(\hat{\mathbf{x}})^t, \mathbf{h}(\hat{\mathbf{x}})^t]$라고 나타내면, $\hat{\mathbf{x}}$는 $\mathbf{y} = \hat{\mathbf{y}}$인 상태에서 (6.9)의 실현가능해이므로 (6.9)에서 $\nu(\hat{\mathbf{y}}) \leq f(\hat{\mathbf{x}})$임을 얻는다. 그러므로 (6.11)에서 이것을 사용해, 모든 $\hat{\mathbf{x}} \in X$에 대해 $\phi(\bar{\mathbf{x}}, \bar{\mathbf{u}}, \bar{\nu}) = f(\hat{\mathbf{x}}) + \bar{\mathbf{u}} \cdot \mathbf{g}(\hat{\mathbf{x}}) + \bar{\nu} \cdot \mathbf{h}(\hat{\mathbf{x}})$임을 얻는다; 그래서 $\phi(\bar{\mathbf{x}}, \bar{\mathbf{u}}, \bar{\nu}) = min\{\phi(\mathbf{x}, \bar{\mathbf{u}}, \bar{\nu}) | \mathbf{x} \in X\}\}$이다.

그러므로 $\bar{\mathbf{x}} \in X$, $\bar{\mathbf{u}} \geq \mathbf{0}$임을 보였고 정리 6.2.5의 조건 (a), (b), (c)는 성립함을 보였다. 따라서 $(\bar{\mathbf{x}}, \bar{\mathbf{u}}, \bar{\nu})$는 ϕ의 하나의 안장점이며 이것으로 증명이 완결되었다. (증명 끝)

예시하기 위해, 그림 6.1, 6.2에서, $(0, \nu(0))$에서 ν의 에피그래프의 받침초평면이 존재하지 않음을 관측하시오. 그러므로 원문제와 쌍대문제 양자는 이들 케이스에 대해 동일하게 목적함수의 최적값을 갖는 최적해를 갖는다. 그러나 그림 6.3, 6.5에서 예시한 상황에 있어 이와 같은 받침초평면은 존재하지 않는다. 그러므로 이들 상황은 양(+) 쌍대성간극을 갖는다.

결론으로, 섭동함수 ν에 관련해 2개의 주목할 만한 점이 존재한다. 먼저, 만약 f, $\mathbf{g}$가 볼록, $\mathbf{h}$는 아핀, X는 볼록집합이라면 ν가 볼록함수임을 쉽게 보일

수 있다(연습문제 6.4 참조). 그러므로 이 경우, 조건 (6.10)은 "$-(\bar{\mathbf{u}}^t, \bar{\boldsymbol{\nu}}^t)$는 $\mathbf{y} = \mathbf{0}$에서 ν의 하나의 열경도이다"라는 문장으로 한다.

둘째로, 원문제 P, 쌍대문제 D에 상응해 하나의 안장점 해 $(\bar{\mathbf{x}}, \bar{\mathbf{u}}, \bar{\nu})$가 존재한다고 가정하고, ν는 $\mathbf{y} = \mathbf{0}$에서 연속 미분가능하다고 가정한다. 그렇다면 $\nu(\mathbf{y}) = \nu(\mathbf{0}) + \nabla\nu(\mathbf{0})\cdot\mathbf{y} + \|\mathbf{y}\|\alpha(\mathbf{0};\mathbf{y})$이며, 여기에서 $\mathbf{y}\to\mathbf{0}$에 따라 $\alpha(\mathbf{0};\mathbf{y})\to 0$이다. 정리 6.2.7의 조건 (6.10)을 사용하면, 이것은 모든 $\mathbf{y}\in\Re^{m+\ell}$에 대해 $-[\nabla\nu(\mathbf{0})^t + (\bar{\mathbf{u}}^t, \bar{\nu}^t)]\cdot\mathbf{y} \le \|\mathbf{y}\|\alpha(\mathbf{0};\mathbf{y})$임을 의미한다. $\lambda \ge 0$에 대해 $\mathbf{y}^t = -\lambda[\nabla\nu(\mathbf{0})^t + (\bar{\mathbf{u}}^t, \bar{\nu}^t)]$라 하면, 그리고 $\lambda\to 0^+$라 하면, 즉시 $\nabla\nu(\mathbf{0})^t = -(\bar{\mathbf{u}}^t, \bar{\nu}^t)$이라는 결론에 도달한다. 그러므로, 최적 라그랑지 승수값의 음(-) 값은 우변의 섭동에 관해 '문제 P'의 최적 목적함숫값의 **한계변동율**을 제공한다. 이 문제는 다양한 자원의 한계, 인력의 한계, 예산의 한계, 수요 등의 제약조건 아래 비용최소화를 나타내는 것이라 가정하고, 이것은 자원 또는 수요의 섭동에 관한 최적 비용의 한계변동의 항으로 유용한 **경제학적 해석**을 산출한다.

6.2.8 예제

다음의 (원)문제

$$\text{P: 최소화 } \{x_2 \mid x_1 \ge 1,\ x_1^2 + x_2^2 \le 1,\ (x_1, x_2)\in\Re^2\}$$

를 고려해보자. 그림 6.6에서 예시한 바와 같이, 문제의 유일한 최적해는 $(\bar{x}_1, \bar{x}_2) = (1, 0)$이며 목적함수의 최적값은 0이다. 그러나 비록 이것은 볼록계획법 문제이지만 $F_0 \cap G' \neq \varnothing$이므로 최적해는 카루시-쿤-터커 점이 아니고 안장점 해는 존재하지 않는다(정리 4.2.15, 정리 6.2.6 참조).

지금 $1 - x_1 \le 0$를 $g(\mathbf{x}) \le 0$로 취급해 라그랑지 쌍대문제 D를 정식화하고, X는 집합 $\{(x_1, x_2) \mid x_1^2 + x_2^2 \le 1\}$을 나타내도록 한다. 그러므로, '문제 D'는 $sup\{\theta(u) \mid u \ge 0\}$를 찾도록 요구하며, 여기에서 $\theta(\mathrm{u}) = inf\{x_2 + u(1 - x_1) \mid x_1^2 + x_2^2 \le 1\}$이다. 임의의 $u \ge 0$에 대해 최적해가 $x_1 = u/\sqrt{1+u^2}$, $x_2 = -1/\sqrt{1+u^2}$에서 달성됨은 쉽게 입증할 수 있다. 그러므로 $\theta(u) = u - \sqrt{1+u^2}$이다. $u\to\infty$에 따라 $\theta(u)\to 0$이며 원문제의 목적함수의 최적값임을 알 수 있다. 그

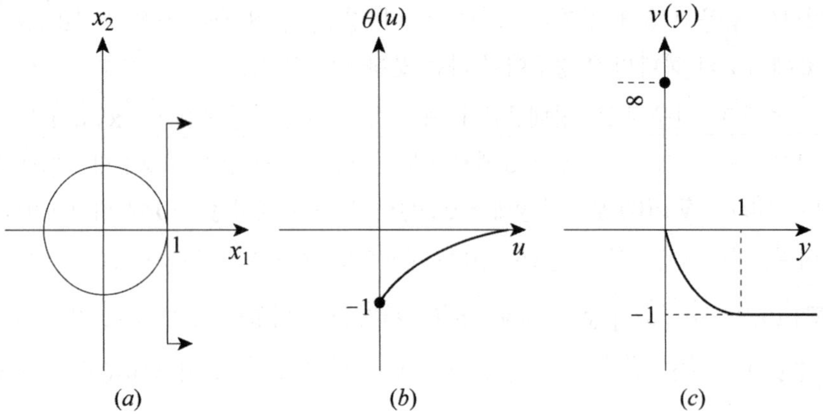

그림 6.6 예제 6.2.8의 해

러므로 $sup\{\theta(u)|\, u \geq 0\} = 0$이지만, 그러나 이것은 임의의 $\bar{u} \geq 0$에 대해 달성되지 않는다; 즉 말하자면, 최대화하는 해 $\bar{u}$는 존재하지 않는다.

다음으로 $y \in \Re$의 섭동함수 $\nu(y)$를 결정하자. $\nu(y) = min\{x_2 |\, 1 - x_1 \leq y,\ x_1^2 + x_2^2 \leq 1\}$임을 주목하자. 그러므로 $y < 0$에 대해 $\nu(y) = \infty$, $0 \leq y \leq 1$에 대해 $\nu(y) = -\sqrt{y(2-y)}$, $y \geq 1$에 대해 $\nu(y) = -1$을 얻는다. 이것은 그림 6.6c에서 예시한다. $y = 0$에서 y에 관한 ν의 우측 도함수는 $-\infty$이므로, 점 $(0, 0)$에서 $y \in \Re$에 대해 $\nu(y)$의 에피그래프의 임의의 받침초평면은 존재하지 않음을 관측하시오.

6.3 쌍대함수의 특질

절 6.2는 원문제와 쌍대문제 사이의 관계를 연구한다. 어떤 조건 아래, 정리 6.2.4와 6.2.5는, 원문제와 쌍대문제의 목적함수의 최적값이 같으므로 쌍대문제의 최적해를 구함으로 원문제의 최적해를 간접적으로 구할 수 있음을 보여준다. 쌍대문제의 최적해를 쉽게 구하기 위해, 쌍대함수 특질을 검사할 필요가 있다. 특히 θ는 오목임을 보여주고 미분가능성과 열미분가능성의 특질을 토의하고, 이것의 증가방향과 최급증가방향의 특징을 설명한다.

이 장의 나머지에서, 집합 X는 콤팩트라고 가정한다. 이것은 여러 정리의 증명을 단순화할 것이다. 만약 X가 유계집합이 아니라면, 최적해의 상대적 근처[1]에서 실현가능영역이 영향을 받지 않도록 하는, 변수의 적절한 하한, 상한을 추가할 수 있으므로 이와 같은 가정은 과도하게 제한적이지는 않음을 주목하자. 또한, 편의상, $\mathbf{u}$, ν를 $\mathbf{w}$로 묶고 함수 $\mathbf{g}$, $\mathbf{h}$를 $\boldsymbol{\beta}$로 묶는다. 정리 6.3.1은 θ가 오목함수임을 보여준다.

6.3.1 정리

$X \neq \varnothing$는 $\Re^n$의 콤팩트 집합이라 하고, $f: \Re^n \to \Re$, $\boldsymbol{\beta}: \Re^n \to \Re^{m+\ell}$는 연속함수라 하자. 그렇다면 다음 식

$$\theta(\mathbf{w}) = inf\,\{f(\mathbf{x}) + \mathbf{w}\cdot\boldsymbol{\beta}(\mathbf{w}) \mid \mathbf{x} \in X\},$$

으로 정의한 θ는 $\Re^{m+\ell}$ 전체에 걸쳐 오목이다.

증명 f, $\boldsymbol{\beta}$가 연속이며 X는 콤팩트 집합이므로, θ는 $\Re^{m+\ell}$의 모든 점에서 유한하다. $\mathbf{w}_1, \mathbf{w}_2 \in \Re^{m+\ell}$이라 하고 $\lambda \in (0,1)$이라 한다. 그렇다면 다음 식

$$\begin{aligned}\theta[\lambda\mathbf{w}_1 + (1-\lambda)\mathbf{w}_2] &= inf\,\{f(\mathbf{x}) + [\lambda\mathbf{w}_1 + (1-\lambda)\mathbf{w}_2]\cdot\boldsymbol{\beta}(\mathbf{x}) \mid \mathbf{x} \in X\}\\ &= inf\,\{\lambda[f(\mathbf{x}) + \mathbf{w}_1\cdot\boldsymbol{\beta}(\mathbf{x})] + (1-\lambda)[f(\mathbf{x}) + \mathbf{w}_2\cdot\boldsymbol{\beta}(\mathbf{x})] \mid \mathbf{x} \in X\}\\ &\geq \lambda\, inf\,\{f(\mathbf{x}) + \mathbf{w}_1\cdot\boldsymbol{\beta}(\mathbf{x}) \mid \mathbf{x} \in X\}\\ &\quad + (1-\lambda) inf\,\{f(\mathbf{x}) + \mathbf{w}_2\cdot\boldsymbol{\beta}(\mathbf{x}) \mid \mathbf{x} \in X\}\\ &= \lambda\theta(\mathbf{w}_1) + (1-\lambda)\theta(\mathbf{w}_2)\end{aligned}$$

을 얻으며, 따라서 θ는 오목함수이며, 증명이 완결되었다. (증명 끝)

θ는 오목함수이므로, 정리 3.4.2에 따라, θ의 국소최적해는 또한 전역최적해이기도 하다. 이것은 θ의 최적화가 하나의 매력적 제안이 되도록 한다. 그러나 쌍대문제의 최적해를 구함에 있어 주요 어려움은 하나의 최소화 하위문제의 최적

1) relative vicinity

해를 구한 다음에만 하나의 점에서 θ 값을 계산할 수 있으므로, 쌍대함수가 명시적으로 구해지지 않는다는 것이다. 이 절의 나머지 부분에서 쌍대함수의 미분가능성과 열미분가능성의 특질을 검토한다. 이들 특질은 쌍대함수를 최대화함에 도움이 된다.

θ의 미분가능성

지금, $\theta(\mathbf{w}) = inf\{f(\mathbf{x}) + \mathbf{w}\cdot\boldsymbol{\beta}(\mathbf{x}) \mid \mathbf{x} \in X\}$ 으로 정의한 θ의 미분가능성에 관한 질문을 논의한다. 다음 식

$$X(\mathbf{w}) = \{\mathbf{y} \mid \mathbf{y}\text{는 } \mathbf{x} \in X \text{ 전체에 대해 } f(\mathbf{x}) + \mathbf{w}\cdot\boldsymbol{\beta}(\mathbf{x})\text{를 최소화한다}\}$$

과 같은 라그랑지 쌍대 하위문제에 대한 최적해 집합을 도입함이 편리하다. θ의 미분가능성은 임의의 주어진 점 $\overline{\mathbf{w}}$에서 $X(\overline{\mathbf{w}})$의 요소에 따라 다르다. 특히 만약 집합 $X(\overline{\mathbf{w}})$가 단집합이라면, 정리 6.3.3은 θ가 $\overline{\mathbf{w}}$에서 미분가능함을 보여준다. 그러나 먼저 다음 보조정리가 필요하다.

6.3.2 보조정리

$X \neq \varnothing$는 $\Re^n$의 콤팩트 집합이라 하고, $f : \Re^n \to \Re$, $\boldsymbol{\beta} : \Re^n \to \Re^{m+\ell}$는 연속함수라 하자. $\overline{\mathbf{w}} \in \Re^{m+\ell}$라고 놓고, $X(\overline{\mathbf{w}})$는 단집합 $\{\overline{\mathbf{x}}\}$이라고 가정한다. $\mathbf{w}_k \to \overline{\mathbf{w}}$라고 가정하고 각각의 k에 대해 $\mathbf{x}_k \in X(\mathbf{w}_k)$라 한다. 그렇다면 $\mathbf{x}_k \to \overline{\mathbf{x}}$이다.

증명 모순을 일으켜, $\mathbf{x}_k \to \overline{\mathbf{w}}$, $\mathbf{x}_k \in X(\mathbf{w}_k)$라고 가정하고, 모든 $k \in \mathbb{K}$에 대해 $\|\mathbf{x}_k - \overline{\mathbf{x}}\| > \varepsilon > 0$이며, 여기에서 $\mathbb{K}$는 어떤 첨자집합이다. X는 콤팩트 집합이므로, 이 수열 $\{\mathbf{x}_k\}_{\mathbb{K}}$는 X에서 극한 $\mathbf{y}$를 갖는 수렴하는 부분수열 $\{\mathbf{x}_k\}_{\mathbb{K}'}$를 갖는다. $\|\mathbf{y} - \overline{\mathbf{x}}\| \geq \varepsilon > 0$이며, 따라서 $\mathbf{y}$와 $\overline{\mathbf{x}}$는 서로 다름을 주목하자. 더군다나 각각의 $k \in \mathbb{K}'$인 $\mathbf{w}_k$에 대해 다음 부등식

$$f(\mathbf{x}_k) + \mathbf{w}_k\cdot\boldsymbol{\beta}(\mathbf{x}_k) \leq f(\overline{\mathbf{x}}) + \mathbf{w}_k\cdot\boldsymbol{\beta}(\overline{\mathbf{x}})$$

을 얻는다. $\mathbb{K}'$에 속한 k가 무한대에 접근함에 따라 극한을 취하고, $\mathbf{x}_k \to \mathbf{y}$에 따라 $\mathbf{w}_k \to \overline{\mathbf{w}}$이며, f와 $\boldsymbol{\beta}$는 연속임을 주목하면, 다음 식

$$f(\mathbf{y}) + \overline{\mathbf{w}} \cdot \boldsymbol{\beta}(\mathbf{y}) \le f(\overline{\mathbf{x}}) + \overline{\mathbf{w}} \cdot \boldsymbol{\beta}(\overline{\mathbf{x}})$$

이 따라온다. 그러므로 $\mathbf{y} \in X(\overline{\mathbf{w}})$이며, $X(\overline{\mathbf{w}})$가 단집합이라는 가정을 위반한다. 이것으로 증명이 완결되었다. (증명 끝)

6.3.3 정리

$X \neq \varnothing$는 $\Re^n$의 콤팩트 집합이라 하고 $f: \Re^n \to \Re$이라 하고, $\boldsymbol{\beta}: \Re^n \to \Re^{m+\ell}$는 연속이라 한다. $\overline{\mathbf{w}} \in \Re^{m+\ell}$이라 하고 $X(\overline{\mathbf{w}})$는 단집합 $\{\overline{\mathbf{x}}\}$라고 가정한다. 그렇다면 θ는 $\overline{\mathbf{w}}$에서 경도 $\nabla\theta(\overline{\mathbf{w}}) = \boldsymbol{\beta}(\overline{\mathbf{x}})$를 가지며 미분가능하다.

증명 f, $\boldsymbol{\beta}$는 연속함수이고 X는 콤팩트 집합이므로 주어진 임의의 $\mathbf{w}$에 대해 $\mathbf{x}_{\mathbf{w}} \in X(\mathbf{w})$가 존재한다. θ의 정의에서 다음 2개 부등식

$$\theta(\mathbf{w}) - \theta(\overline{\mathbf{w}}) \le f(\overline{\mathbf{x}}) + \mathbf{w} \cdot \boldsymbol{\beta}(\overline{\mathbf{x}}) - f(\overline{\mathbf{x}}) - \overline{\mathbf{w}} \cdot \boldsymbol{\beta}(\overline{\mathbf{x}}) = (\mathbf{w} - \overline{\mathbf{w}}) \cdot \boldsymbol{\beta}(\overline{\mathbf{x}}) \tag{6.12}$$

$$\begin{aligned}\theta(\overline{\mathbf{w}}) - \theta(\mathbf{w}) &\le f(\mathbf{x}_{\mathbf{w}}) + \overline{\mathbf{w}} \cdot \boldsymbol{\beta}(\mathbf{x}_{\mathbf{w}}) - f(\mathbf{x}_{\mathbf{w}}) - \mathbf{w} \cdot \boldsymbol{\beta}(\mathbf{x}_{\mathbf{w}}) \\ &= (\overline{\mathbf{w}} - \mathbf{w}) \cdot \boldsymbol{\beta}(\mathbf{x}_{\mathbf{w}})\end{aligned} \tag{6.13}$$

이 성립한다. (6.12), (6.13), 그리고 슈워츠 부등식에서 다음 식의 내용

$$\begin{aligned}0 \ge \theta(\mathbf{w}) - \theta(\overline{\mathbf{w}}) - (\mathbf{w} - \overline{\mathbf{w}}) \cdot \boldsymbol{\beta}(\overline{\mathbf{x}}) &\ge (\mathbf{w} - \overline{\mathbf{w}}) \cdot \left[\boldsymbol{\beta}(\mathbf{x}_{\mathbf{w}}) - \boldsymbol{\beta}(\overline{\mathbf{x}})\right] \\ &\ge -\|\mathbf{w} - \overline{\mathbf{w}}\| \, \|\boldsymbol{\beta}(\mathbf{x}_{\mathbf{w}}) - \boldsymbol{\beta}(\overline{\mathbf{x}})\|\end{aligned}$$

이 뒤따른다. 나아가서 이것은 다음 부등식

$$0 \ge \frac{\theta(\mathbf{w}) - \theta(\overline{\mathbf{w}}) - (\mathbf{w} - \overline{\mathbf{w}}) \cdot \boldsymbol{\beta}(\overline{\mathbf{x}})}{\|\mathbf{w} - \overline{\mathbf{w}}\|} \ge -\|\boldsymbol{\beta}(\mathbf{x}_{\mathbf{w}}) - \boldsymbol{\beta}(\overline{\mathbf{x}})\| \tag{6.14}$$

을 의미한다. $\mathbf{w} \to \overline{\mathbf{w}}$ 이므로, 그렇다면 보조정리 6.3.2에 따라 $\mathbf{x}_\mathbf{w} \to \overline{\mathbf{x}}$ 이며 $\boldsymbol{\beta}$의 연속성에 따라 $\boldsymbol{\beta}(\mathbf{x}_\mathbf{w}) \to \boldsymbol{\beta}(\overline{\mathbf{x}})$이다. 그러므로, (6.14)에서 다음 식

$$\lim_{\mathbf{w} \to \overline{\mathbf{w}}} \frac{\theta(\mathbf{w}) - \theta(\overline{\mathbf{w}}) - (\mathbf{w} - \overline{\mathbf{w}}) \cdot \boldsymbol{\beta}(\overline{\mathbf{x}})}{\| \mathbf{w} - \overline{\mathbf{w}} \|} = 0$$

이 성립한다. 그러므로 θ는 $\overline{\mathbf{w}}$에서 경도 $\boldsymbol{\beta}(\overline{\mathbf{x}})$를 가지며 미분가능하다. 이것으로 증명이 완결되었다. (증명 끝)

θ의 열경도

정리 6.3.1에서 θ는 오목함수임이 알려졌으며 그러므로 정리 3.2.5에 따라 θ는 열미분가능하다; 즉 말하자면, θ는 열경도를 갖는다. 다음에 설명하지만, 열경도는 쌍대함수 최대화에 있어 중요한 역할을 하며 열경도는 증가방향의 특성을 설명하도록 자연적으로 인도한다. 정리 6.3.4는 각각의 $\overline{\mathbf{x}} \in X(\overline{\mathbf{w}})$는 $\overline{\mathbf{w}}$에서 θ의 하나의 열경도를 산출함을 보여준다.

6.3.4 정리

$X \neq \varnothing$는 $\mathfrak{R}^n$의 콤팩트 집합이라 하고, 임의의 $\overline{\mathbf{w}} \in \mathfrak{R}^{m+\ell}$에 대해, $X(\overline{\mathbf{w}})$가 공집합이 되지 않도록, $f : \mathfrak{R}^n \to \mathfrak{R}$, $\boldsymbol{\beta} : \mathfrak{R}^n \to \mathfrak{R}^{m+\ell}$는 연속함수라 하자. 만약 $\overline{\mathbf{x}} \in X(\overline{\mathbf{w}})$이라면, $\boldsymbol{\beta}(\overline{\mathbf{x}})$는 $\overline{\mathbf{w}}$에서 θ의 하나의 열경도이다.

증명 f, $\boldsymbol{\beta}$는 연속함수이며 X는 콤팩트 집합이므로, 임의의 벡터 $\overline{\mathbf{w}} \in \mathfrak{R}^{m+\ell}$에 대해 $X(\overline{\mathbf{w}}) \neq \varnothing$이다. 지금 $\overline{\mathbf{w}} \in \mathfrak{R}^{m+\ell}$이라 하고, $\overline{\mathbf{x}} \in X(\overline{\mathbf{w}})$이라 한다. 그렇다면 다음 식

$$\begin{aligned}
\theta(\mathbf{w}) = inf\,\{f(\mathbf{x}) + \mathbf{w} \cdot \boldsymbol{\beta}(\mathbf{x}) \mid \mathbf{x} \in X\} \\
&\le f(\overline{\mathbf{x}}) + \mathbf{w} \cdot \boldsymbol{\beta}(\overline{\mathbf{x}}) \\
&= f(\overline{\mathbf{x}}) + (\mathbf{w} - \overline{\mathbf{w}}) \cdot \boldsymbol{\beta}(\overline{\mathbf{x}}) + \mathbf{w} \cdot \boldsymbol{\beta}(\overline{\mathbf{x}}) \\
&= \theta(\overline{\mathbf{w}}) + (\mathbf{w} - \overline{\mathbf{w}}) \cdot \boldsymbol{\beta}(\overline{\mathbf{x}})
\end{aligned}$$

이 성립한다. 그러므로 $\boldsymbol{\beta}(\overline{\mathbf{x}})$는 $\overline{\mathbf{w}}$에서 θ의 하나의 열경도이며 증명이 완결되었다. (증명 끝)

6.3.5 예제

다음 원문제

$$\begin{aligned} &\text{최소화} \quad -x_1 - x_2 \\ &\text{제약조건} \quad x_1 + 2x_2 - 3 \le 0 \\ &\qquad\qquad\quad x_1, x_2 = 0, 1, 2, 3 \end{aligned}$$

를 고려해보자. $g(x_1, x_2) = x_1 + 2x_2 - 3$, $X = \{(x_1, x_2) \mid x_1,\ x_2 = 0, 1, 2$ 또는 $3\}$이라 하면 쌍대함수는 다음 식

$$\begin{aligned} \theta(u) &= inf\{-x_1 - x_2 + u(x_1 + 2x_2 - 3) \mid x_1,\ x_2 = 0, 1, 2, 3\} \\ &= \begin{cases} -6 + 6u & 0 \le u \le 1/2 \\ -3 & 1/2 \le u \le 1 \\ -3u & u \ge 1 \end{cases} \end{aligned}$$

으로 주어진다. 독자는 연습문제 6.5의 예제에 대해 섭동함수를 묘사하고 안장점 최적성 조건을 조사해 보기 바란다. 지금 $\overline{u} = 1/2$이라고 놓는다. $\overline{u}$에서 θ의 하나의 열경도를 구하기 위해, 다음 하위문제

$$\begin{aligned} &\text{최소화} \quad -x_1 - x_2 + (1/2)(x_1 + 2x_2 - 3) \\ &\text{제약조건} \quad x_1,\ x_2 = 0,\ 1,\ 2,\ 3 \end{aligned}$$

를 고려해보자. 위 문제의 최적해 집합 $X(\overline{u})$는 $\{(3,0),\ (3,1),\ (3,2),\ (3,3)\}$임을 주목하자. 따라서 정리 6.3.4에서 $g(3,0) = 0$, $g(3,1) = 2$, $g(3,2) = 4$, $g(3,3) = 6$은 $\overline{u}$에서 θ의 열경도이다. 그러나 3/2도 역시 $\overline{u}$에서 θ의 하나의 열경도임을 주목하자. 그러나 3/2는 임의의 $\overline{\mathbf{x}} \in X(\overline{u})$에 대해 $g(\overline{\mathbf{x}})$로 나타낼 수 없음을 주목하시오.

위의 예제에서, 정리 6.3.4는 열경도의 충분적 특성을 설명할 뿐임은 명백하다. 정리 6.3.7에서 열경도의 필요충분적 특성에 관한 설명을 제시한다. 그러나

먼저, 다음과 같은 중요한 결과가 필요하다. 이 결과의 주요 결론은 따름정리에 나타나 있으며 임의의 오목함수 θ에 대해서도 성립한다(연습문제 6.6 참조). 그러나, 이 책에서 정리 6.3.6의 증명은 라그랑지 쌍대함수 θ의 구조를 활용하기 위해 상세히 특화한 것이다.

6.3.6 정리

$X \neq \varnothing$는 $\mathfrak{R}^n$의 콤팩트 집합이라 하고 $f: \mathfrak{R}^n \to \mathfrak{R}$, $\boldsymbol{\beta}: \mathfrak{R}^n \to \mathfrak{R}^{m+\ell}$는 연속함수라 하자. $\overline{\mathbf{w}} \in \mathfrak{R}^{m+\ell}$, $\mathbf{d} \in \mathfrak{R}^{m+\ell}$이라고 놓는다. 그렇다면 $\overline{\mathbf{w}}$에서 $\mathbf{d}$ 방향으로 θ의 방향도함수는 다음 식

$$\theta'(\overline{\mathbf{w}};\mathbf{d}) \geq \mathbf{d} \cdot \boldsymbol{\beta}(\overline{\mathbf{x}}) \quad \text{어떤 } \overline{\mathbf{x}} \in X(\overline{\mathbf{w}})\text{에 대해}$$

을 만족시킨다.

증명 $\overline{\mathbf{w}} + \lambda_k \mathbf{d}$를 고려하고, 여기에서 $\lambda_k \to 0^+$이다. 각각의 k에 대해 $\mathbf{x}_k \in X(\overline{\mathbf{w}} + \lambda_k \mathbf{d})$가 존재한다; 그리고 X는 콤팩트 집합이므로 X에 속한 극한 $\overline{\mathbf{x}}$를 가지며 수렴하는 부분수열 $\{\mathbf{x}_k\}_{\mathbb{K}}$가 존재한다. $\mathbf{x} \in X$가 주어지면, 각각의 $k \in \mathbb{K}$에 대해 다음 식

$$f(\mathbf{x}) + (\overline{\mathbf{w}} + \lambda_k \mathbf{d}) \cdot \boldsymbol{\beta}(\mathbf{x}) \geq f(\mathbf{x}_k) + (\overline{\mathbf{w}} + \lambda_k \mathbf{d}) \cdot \boldsymbol{\beta}(\mathbf{x}_k)$$

이 성립함을 주목하자. $k \to \infty$에 따라 극한을 취하면 다음 부등식

$$f(\mathbf{x}) + \overline{\mathbf{w}} \cdot \boldsymbol{\beta}(\mathbf{x}) \geq f(\overline{\mathbf{x}}) + \overline{\mathbf{w}} \cdot \boldsymbol{\beta}(\overline{\mathbf{x}})$$

이 뒤따른다. 즉 말하자면, $\overline{\mathbf{x}} \in X(\overline{\mathbf{w}})$이다. 더군다나, $\theta(\overline{\mathbf{w}} + \lambda_k \mathbf{d})$와 $\theta(\overline{\mathbf{w}})$의 정의에 따라, 다음 식

$$\begin{aligned} \theta(\overline{\mathbf{w}} + \lambda_k \mathbf{d}) - \theta(\overline{\mathbf{w}}) &= f(\mathbf{x}_k) + (\overline{\mathbf{w}} + \lambda_k \mathbf{d}) \cdot \boldsymbol{\beta}(\mathbf{x}_k) - \theta(\overline{\mathbf{w}}) \\ &\geq \lambda_k \mathbf{d} \cdot \boldsymbol{\beta}(\mathbf{x}_k) \end{aligned}$$

을 얻는다. 각각의 $k \in \mathbb{K}$에 대해 위 부등식은 성립한다. $k \in \mathbb{K}$가 ∞에 접근함에 따라 $\mathbf{x}_k \to \overline{\mathbf{x}}$ 임을 주목하면, 다음 식

$$\lim_{\substack{k \in \mathbb{K} \\ k \to \infty}} \frac{\theta(\overline{\mathbf{w}} + \lambda_k \mathbf{d}) - \theta(\overline{\mathbf{w}})}{\lambda_k} \geq \mathbf{d} \cdot \boldsymbol{\beta}(\overline{\mathbf{x}})$$

을 얻는다. 보조정리 3.1.5에 따라 다음 방향도함수

$$\theta'(\overline{\mathbf{w}}; \mathbf{d}) = \lim_{\lambda \to 0^+} \frac{\theta(\overline{\mathbf{w}} + \lambda \mathbf{d}) - \theta(\overline{\mathbf{w}})}{\lambda}$$

는 존재한다. 위의 부등식을 고려해보면 증명이 완결되었다. (증명 끝)

따름정리 $\partial\theta(\overline{\mathbf{w}})$는 $\overline{\mathbf{w}}$에서 θ의 열경도 집합이라 하고 이 정리의 가정이 성립한다고 한다. 그렇다면 다음 식

$$\theta'(\overline{\mathbf{w}}; \mathbf{d}) = inf\{\mathbf{d} \cdot \boldsymbol{\xi} \mid \boldsymbol{\xi} \in \partial\theta(\overline{\mathbf{w}})\}$$

이 성립한다.

증명 $\overline{\mathbf{x}}$는 이 정리에서 명시한 것과 같다고 하자. 정리 6.3.4에 따라, $\boldsymbol{\beta}(\overline{\mathbf{x}}) \in \partial\theta(\overline{\mathbf{w}})$이다; 그러므로 정리 6.3.6은 $\theta'(\overline{\mathbf{w}}; \mathbf{d}) \geq inf\{\mathbf{d} \cdot \boldsymbol{\xi} \mid \boldsymbol{\xi} \in \partial\theta(\overline{\mathbf{w}})\}$ 임을 의미한다. 지금 $\boldsymbol{\xi} \in \partial\theta(\overline{\mathbf{w}})$라 하자. θ는 오목이므로, $\theta(\overline{\mathbf{w}} + \lambda\mathbf{d}) - \theta(\overline{\mathbf{w}}) \leq \lambda\mathbf{d} \cdot \boldsymbol{\xi}$이다. $\lambda > 0$으로 나누고, $\lambda \to 0^+$에 따라 극한을 취하면, $\theta'(\overline{\mathbf{w}}; \mathbf{d}) \leq \mathbf{d} \cdot \boldsymbol{\xi}$임이 뒤따른다. 이것은 각각의 $\boldsymbol{\xi} \in \partial\theta(\overline{\mathbf{w}})$에 대해 참이므로, $\theta'(\overline{\mathbf{w}}; \mathbf{d}) \leq inf\{\mathbf{d} \cdot \boldsymbol{\xi} \mid \boldsymbol{\xi} \in \partial\theta(\overline{\mathbf{w}})\}$이며, 증명이 완결되었다. (증명 끝)

6.3.7 정리

$X \neq \varnothing$는 $\mathfrak{R}^n$의 콤팩트 집합이라 하고 $f: \mathfrak{R}^n \to \mathfrak{R}$, $\boldsymbol{\beta}: \mathfrak{R}^n \to \mathfrak{R}^{m+\ell}$는 연속함수라 하자. 그러면 $\boldsymbol{\xi}$가 $\overline{\mathbf{w}} \in \mathfrak{R}^{m+\ell}$에서 θ의 하나의 열경도라는 것은 $\boldsymbol{\xi}$가 $\{\boldsymbol{\beta}(\mathbf{y}) \mid \mathbf{y} \in X(\overline{\mathbf{w}})\}$의 볼록포에 속한다는 것과 같은 뜻이다.

증명 집합 $\{\beta(\mathbf{y}) \mid \mathbf{y} \in X(\overline{\mathbf{w}})\}$을 Λ로 나타내고 이것의 볼록포를 $conv(\Lambda)$로 나타낸다. 정리 6.3.4에 따라 $\Lambda \subseteq \partial\theta(\overline{\mathbf{w}})$이다; 그리고 $\partial\theta(\overline{\mathbf{w}})$는 볼록집합이므로, $conv(\Lambda) \subseteq \partial\theta(\overline{\mathbf{w}})$이다. X는 콤팩트 집합이며 $\boldsymbol{\beta}$는 연속이라는 사실을 이용해, Λ는 콤팩트 집합임을 입증할 수 있다. 더군다나 콤팩트 집합의 볼록포는 닫혀있다. 그러므로 $conv(\Lambda)$는 닫힌 볼록집합이다. 지금 $conv(\Lambda) \supseteq \partial\theta(\overline{\mathbf{w}})$임을 보여준다.

모순을 일으켜, $\boldsymbol{\xi}' \in \partial\theta(\overline{\mathbf{w}})$이지만 $conv(\Lambda)$에 속하지 않는 $\boldsymbol{\xi}$가 존재한다고 가정한다. 정리 2.3.4에 따라 다음 식

$$\mathbf{d} \cdot \boldsymbol{\beta}(\mathbf{y}) \geq \alpha \quad \text{각각의 } \mathbf{y} \in X(\overline{\mathbf{w}})\text{에 대해} \tag{6.15}$$

$$\mathbf{d} \cdot \boldsymbol{\xi}' < \alpha \tag{6.16}$$

이 성립하도록 하는 스칼라 α와 $\mathbf{0}$이 아닌 벡터 $\mathbf{d}$가 존재한다. 정리 6.3.6에 따라 $\theta'(\overline{\mathbf{w}};\mathbf{d}) \geq \mathbf{d} \cdot \boldsymbol{\beta}(\mathbf{y})$이 되도록 하는 $\mathbf{y} \in X(\overline{\mathbf{w}})$가 존재한다; 그리고 (6.15)에 따라, $\theta'(\overline{\mathbf{w}};\mathbf{d}) \geq \alpha$가 반드시 성립해야 한다. 그러나 정리 6.3.6과 (6.16)의 따름정리에 따라 다음 식

$$\theta'(\overline{\mathbf{w}};\mathbf{d}) = inf\{\mathbf{d} \cdot \boldsymbol{\xi} \mid \boldsymbol{\xi} \in \partial\theta(\mathbf{w})\} \leq \mathbf{d} \cdot \boldsymbol{\xi}' < \alpha$$

을 얻지만, 이것은 모순이다. 그러므로 $\boldsymbol{\xi} \in conv(\Lambda)$, $\partial\theta(\overline{\mathbf{w}}) = conv(\Lambda)$이다. 이것으로 증명이 완결되었다. (증명 끝)

예를 들어 설명하면, 예제 6.2.2의 문제를 고려해보고, 문제의 쌍대함수 $\theta(\nu)$ $\nu \in \Re$은 그림 6.4에 나타나 있다. θ는 $\nu = -1$, $\nu = 2$을 제외하고 모든 ν에 대해 미분가능하다(유일한 열경도를 갖는다)는 것을 주목하자. $\nu = 2$를 고려해보자. 예를 들면 집합 $X(2)$는 문제의 복수 최적해 집합

$$\theta(2) = min\{3x_2 - 6 \mid (x_1, x_2) \in X\}$$

으로 주어진다. 그러므로 $\theta(2) = -6$를 갖고 $X(2) = \{(0,0), (4,0)\}$이다. 정리 6.3.4에 따라 $\overline{\mathbf{x}} \in X(2)$에 대해 $\beta(\overline{\mathbf{x}})$ 형태인 열경도는 $h(0,0) = -3$, $h(4,0) = 1$이다. 그림 6.4에서 이들 값은 $(\nu, \theta(\nu)) = (2, -6)$에서 입사하는 θ의 그래프

를 정의하는 2개 아핀 선분의 경사임을 관측하시오. 그러므로, 정리 6.3.7에서처럼 θ의 하이포그래프에 대한 아핀 받침의 집합의 경사로 주어지는 $\nu=2$에서 θ의 열경도의 집합은 정확하게 닫힌 구간 $[-3,1]$이며 이것은 -3과 1의 볼록조합의 집합이다.

쌍변수함수 θ를 사용한 또 다른 예시를 위해 다음 예제를 고려해보자.

6.3.8 예제

다음의 원문제

$$
\begin{aligned}
\text{최소화} \quad & -(x_1-4)^2-(x_2-4)^2 \\
\text{제약조건} \quad & x_1-3 \le 0 \\
& -x_1+x_2-2 \le 0 \\
& x_1+x_2-4 \le 0 \\
& x_1,\ x_2 \ge 0
\end{aligned}
$$

를 고려해보자. 이 예제에서, $g_1(x_1,x_2)=x_1-3$, $g_2(x_1,x_2)=-x_1+x_2-2$, $X=\{(x_1,x_2)\mid x_1+x_2-4\le 0,\ \ x_1,\ x_2\ge 0\}$이라고 놓는다. 따라서 쌍대함수는 다음 식

$$
\begin{aligned}
&\theta(u_1,u_2) \\
&=inf\{-(x_1-4)^2-(x_2-4)^2+u_1(x_1-3)+u_2(-x_1+x_2-2)\mid \mathbf{x}\in X\}
\end{aligned}
$$

으로 주어진다. $\bar{\mathbf{u}}=(1,5)$에서 θ의 열경도의 집합을 구하기 위해 정리 6.3.7을 활용한다. 집합 $X(\bar{\mathbf{u}})$를 찾기 위해 다음 문제

$$
\begin{aligned}
\text{최소화} \quad & -(x_1-4)^2-(x_2-4)^2-4x_1+5x_2-13 \\
\text{제약조건} \quad & x_1+x_2-4 \le 0 \\
& x_1,\ x_2 \ge 0
\end{aligned}
$$

의 최적해를 구할 필요가 있다. 이 하위문제의 목적함수는 오목이며, 정리 3.4.7에 따라 콤팩트 다면체집합 전체에 걸쳐 극점 가운데 하나에서 최솟값을 갖는다. 다면

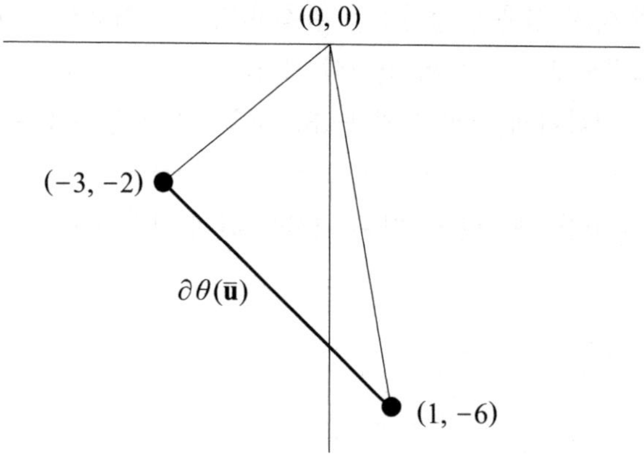

그림 6.7 열경도

체집합 X는 3개 극점 $(0,0)$, $(4,0)$, $(0,4)$를 갖는다. $f(0,0)=f(4,0)=-45$, $f(0,4)=-9$임을 주목하면, 위 하위문제의 최적해는 $(0,0)$, $(4,0)$임이 명백하다; 즉 말하자면, $X(\bar{\mathbf{u}})=(\{(0,0),(4,0)\}\}$이다. 정리 6.3.7에 의해, θ의 $\bar{\mathbf{u}}$에서의 열경도는 $\mathbf{g}(0,0)$과 $\mathbf{g}(4,0)$의 볼록조합으로, 즉 말하자면 2개 벡터 $(-3,-2)$와 $(1,-6)$의 볼록조합으로 나타난다. 그림 6.7은 열경도 집합을 예시한다.

증가방향과 최급증가방향

쌍대문제는 제약조건 $\mathbf{u}\geq\mathbf{0}$ 아래 θ를 최대화하는 것이다. 하나의 점 $\mathbf{w}^t=(\mathbf{u}^t,\boldsymbol{\nu}^t)$이 주어지면, 따라갈 경우 θ가 증가하는 방향을 조사하려고 한다. 명확히 하기 위해 먼저 증가방향에 관한 다음 정의를 고려해보자. 이것은 편의상 여기에서 반복한다.

6.3.9 정의

만약 다음 식

$$\theta(\mathbf{w}+\lambda\mathbf{d})>\theta(\mathbf{w})\qquad \text{각각의 } \lambda\in(0,\delta)\text{에 대해}$$

이 성립하도록 하는 $\delta>0$가 존재한다면 벡터 $\mathbf{d}$는 $\mathbf{w}$에서 θ의 **증가방향**이라 한다.

만약 θ가 오목이면, $\mathbf{w}$에서 어떤 벡터 $\mathbf{d}$가 θ의 증가방향이라는 것은 $\theta'(\mathbf{w};\mathbf{d})>0$이라는 것과 같은 뜻임을 주목하자. 더군다나, $\mathbf{w}$에서 θ가 최댓값을 갖는다는 것은 $\mathbf{w}$에서 θ가 증가방향을 갖지 않는다는 것과 같은 뜻이다. 즉 말하자면 θ가 최댓값을 갖는다는 것은 각각의 $\mathbf{d}$에 대해 $\theta'(\mathbf{w};\mathbf{d}) \le 0$이라는 것과 같은 뜻이다.

정리 6.3.6의 따름정리를 사용하면, $\mathbf{w}$에서 벡터 $\mathbf{d}$가 θ의 하나의 증가방향이라는 것은 $inf\{\mathbf{d}\cdot\boldsymbol{\xi} \mid \boldsymbol{\xi} \in \partial\theta(\mathbf{w})\} > 0$이라는 것과 같은 뜻임이 뒤따른다. 즉 말하자면, $\mathbf{w}$에서 $\mathbf{d}$가 θ의 하나의 증가방향이라는 것은 어떤 $\varepsilon > 0$에 대해 다음 부등식

$$\mathbf{d}\cdot\boldsymbol{\xi} \ge \varepsilon > 0 \qquad \text{각각의 } \boldsymbol{\xi} \in \partial\theta(\mathbf{w})\text{에 대해}$$

이 성립한다는 것과 같은 뜻이다.

예를 들어 설명하기 위해, 예제 6.3.8을 고려해보자. 점 $(1,5)$에서 θ의 열경도 집합이 그림 6.7에 예시되어 있다. 하나의 벡터 $\mathbf{d}$가 θ의 하나의 증가방향이라는 것은 각각의 열경도 $\boldsymbol{\xi}$에 대해 $\mathbf{d}\cdot\boldsymbol{\xi} \ge \varepsilon > 0$이라는 것과 같은 뜻이다. 달리 말하면, 만약 $\mathbf{d}$가 각각의 열경도와 90°보다 엄격하게 작은 각을 이룬다면 $\mathbf{d}$는 하나의 증가방향이다. 이 예제의 증가방향의 원추는 그림 6.8에 주어져 있다. 이 경우 각각의 열경도는 증가방향임을 주목하자. 그러나 이것은 일반적으로 필요적 케이스는 아니다.

θ를 최소화해야 하므로, 증가방향뿐만 아니라 θ가 가장 빠른 국소적 율로 증가하는 방향에도 관심이 있다.

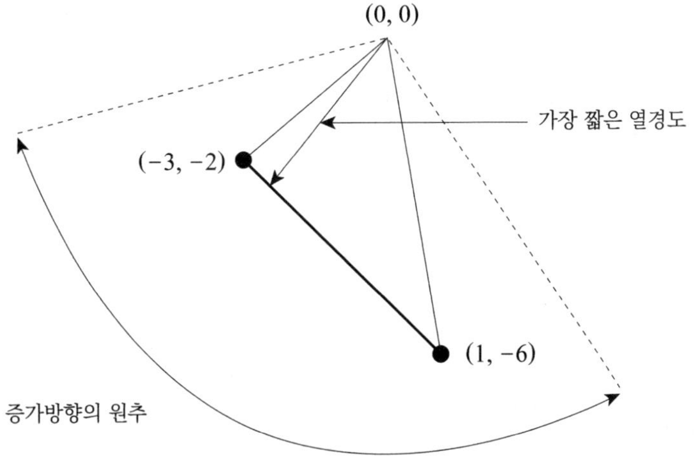

그림 6.8 예제 6.3.8에서 증가방향 원추

6.3.10 정의

만약 다음의 식

$$\theta'(\mathbf{w};\bar{\mathbf{d}}) = \max_{\|\mathbf{d}\| \le 1} \theta'(\mathbf{w};\mathbf{d})$$

이 성립한다고 하면 벡터 $\bar{\mathbf{d}}$는 $\mathbf{w}$에서 θ의 하나의 **최급증가방향**이라 한다. 정리 6.3.11은 라그랑지 쌍대함수의 최급증가방향은 가장 작은 유클리드 노음을 갖는 열경도로 주어진다는 것을 보여준다. 증명에서 보아 명백하듯이, 임의의 오목함수 θ에 대해 이 결과는 참이다.

6.3.11 정리

$X \neq \varnothing$는 $\Re^n$의 콤팩트 집합이라 하고, $f:\Re^n \to \Re$, $\beta:\Re^n \to \Re^{m+\ell}$를 연속함수라고 한다. $\mathbf{w}$에서 θ의 최급증가방향 $\bar{\mathbf{d}}$는 아래

$$\bar{\mathbf{d}} = \begin{cases} \mathbf{0} & \bar{\boldsymbol{\xi}} = \mathbf{0} \\ \dfrac{\bar{\boldsymbol{\xi}}}{\|\bar{\boldsymbol{\xi}}\|} & \bar{\boldsymbol{\xi}} \neq \mathbf{0} \end{cases}$$

에 주어지며, 여기에서 $\bar{\boldsymbol{\xi}}$는 $\partial\theta(\mathbf{w})$에 속하며 최소 유크리드 노음을 갖는 열경도이다.

증명 정의 6.3.10에 의해, 그리고 정리 6.3.6의 따름정리에 의해, 최급증가방향은 다음 표현

$$\max_{\|\mathbf{d}\| \le 1} \theta'(\mathbf{w};\mathbf{d}) = \max_{\|\mathbf{d}\| \le 1} \inf_{\boldsymbol{\xi} \in \partial\theta(\mathbf{w})} \mathbf{d}\cdot\boldsymbol{\xi}$$

에서 구할 수 있다. 독자는 다음 식

$$\begin{aligned} \max_{\|\mathbf{d}\| \le 1} \theta'(\mathbf{w};\mathbf{d}) &= \max_{\|\mathbf{d}\| \le 1} \inf_{\boldsymbol{\xi} \in \partial\theta(\mathbf{w})} \mathbf{d}\cdot\boldsymbol{\xi} \\ &\le \inf_{\boldsymbol{\xi} \in \partial\theta(\mathbf{w})} \max_{\|\mathbf{d}\| \le 1} \mathbf{d}\cdot\boldsymbol{\xi} \end{aligned}$$

$$= \inf_{\xi \in \partial\theta(\mathbf{w})} \|\xi\|$$
$$= \|\bar{\xi}\| \tag{6.17}$$

의 내용을 쉽게 입증할 수 있다. 만약 $\theta'(\mathbf{w};\bar{\mathbf{d}}) = \|\bar{\xi}\|$ 인 방향 $\bar{\mathbf{d}}$를 세운다면, (6.17)에 따라, $\bar{\mathbf{d}}$는 최급증가방향이다. 만약 $\bar{\xi} = \mathbf{0}$ 이라면, $\bar{\mathbf{d}} = \mathbf{0}$에 대해 명백하게 $\theta'(\mathbf{w};\bar{\mathbf{d}}) = \|\bar{\xi}\|$ 이다. 지금 $\bar{\xi} \neq \mathbf{0}$ 이라고 가정하고 $\bar{\mathbf{d}} = \bar{\xi}/\|\bar{\xi}\|$ 라 한다. 다음 식

$$\begin{aligned}
\theta'(\bar{\mathbf{w}};\bar{\mathbf{d}}) &= \inf\{\bar{\mathbf{d}}\cdot\xi \mid \xi \in \partial\theta(\mathbf{w})\} \\
&= \inf\left\{\frac{\bar{\xi}\cdot\xi}{\|\bar{\xi}\|}\,\middle|\, \xi \in \partial\theta(\mathbf{w})\right\} \\
&= \frac{1}{\|\bar{\xi}\|}\inf\left\{\|\bar{\xi}\|^2 + \bar{\xi}\cdot(\xi - \bar{\xi}) \mid \xi \in \partial\theta(\mathbf{w})\right\} \\
&= \|\bar{\xi}\| + \frac{1}{\|\bar{\xi}\|}\inf\{\bar{\xi}\cdot(\xi - \bar{\xi}) \mid \xi \in \partial\theta(\mathbf{w})\}
\end{aligned} \tag{6.18}$$

을 주목하자. $\partial\theta(\mathbf{w})$에 속한 $\bar{\xi}$는 길이가 가장 짧은 벡터이므로 그렇다면 정리 2.4.1에 따라 각각의 $\xi \in \partial\theta(\mathbf{w})$에 대해 $\bar{\xi}\cdot(\xi - \bar{\xi}) \geq 0$이다. 그러므로 $\bar{\xi}$에서 $\inf\{\bar{\xi}\cdot(\xi - \bar{\xi}) \mid \xi \in \partial\theta(\mathbf{w})\} = 0$임을 성취한다. 그렇다면 (6.18)에서 $\theta'(\mathbf{w};\bar{\mathbf{d}}) = \|\bar{\xi}\|$ 임이 뒤따른다. 따라서 이 정리에서 명시한 $\bar{\mathbf{d}}$는 $\bar{\xi} = \mathbf{0}$일 때와 $\bar{\xi} \neq \mathbf{0}$일 때 모두에서 최급증가방향임을 보였다. 이것으로 증명이 완결되었다. (증명 끝)

6.4 쌍대문제의 정식화와 풀이절차

최소화 $f(\mathbf{x})$ 제약조건 $\mathbf{g}(\mathbf{x}) \leq \mathbf{0}$ $\mathbf{h}(\mathbf{x}) = \mathbf{0}$ $\mathbf{x} \in X$의 '원문제 P'가 주어지면, 최대화 $\theta(\mathbf{u}, \boldsymbol{\nu})$ 제약조건 $\mathbf{u} \geq \mathbf{0}$의 라그랑지 '쌍대문제 D'를 정의하며, 여기에서 $\theta(\mathbf{u}, \boldsymbol{\nu})$ 값은 (라그랑지)하위문제 $\theta(\mathbf{u}, \boldsymbol{\nu}) = min\{f(\mathbf{x}) + \mathbf{u}\cdot\mathbf{g}(\mathbf{x}) + \boldsymbol{\nu}\cdot\mathbf{h}(\mathbf{x}) \mid \mathbf{x} \in X\}$를 계산해 얻는다. 이와 같은 쌍대문제를 정식화함에 있어, $\mathbf{g}(\mathbf{x}) \leq \mathbf{0}$ $\mathbf{h}(\mathbf{x}) = \mathbf{0}$을 **쌍대화**한 것이며, 즉 말하자면 다른 제약조건을 집합 X 내에 유지하

면서 제약조건을 라그랑지 쌍대목적함수 내에 수용한 것이다. 라그랑지 쌍대문제의 다른 **정식화**는 라그랑지 쌍대함수를 구성함에 있어 또 다른 제약조건 집합을 쌍대화하는 것일 수도 있다. 일반적으로 이와 같은 선택은, 반드시 하나의 주어진 $(\mathbf{u}, \boldsymbol{\nu})$에 대해 $\theta(\mathbf{u}, \boldsymbol{\nu})$ 값을 계산하는 용이성과, P와 D 사이에 존재할 수도 있는 쌍대성간극 양자의 사이의 취사선택이어야 한다. 예를 들면 다음 이산 선형계획법 문제

$$\begin{aligned} \text{DP: 최소화} \quad & \mathbf{c}\cdot\mathbf{x} \\ \text{제약조건} \quad & \mathbf{Ax} = \mathbf{b} \\ & \mathbf{Dx} = \mathbf{d} \\ & \mathbf{x} \in X \end{aligned} \tag{6.19a}$$

를 고려하고, 여기에서 X는 콤팩트 집합이며 이산 집합이다. 다음 식

$$\text{LDP : 최대화 } \{\theta(\boldsymbol{\pi}) \mid \boldsymbol{\pi} \text{ 부호제한 없음}\} \tag{6.19b}$$

과 같은 라그랑지 쌍대문제를 정의하고, 여기에서 $\theta(\boldsymbol{\pi}) = min\{\mathbf{c}\cdot\mathbf{x} + \boldsymbol{\pi}\cdot(\mathbf{Ax} - \mathbf{b}) \mid \mathbf{Dx} = \mathbf{d},\ \mathbf{x} \in X\}$이다. 후자의 하위문제에서 목적함수의 선형성 때문에 등가적으로 $\theta(\boldsymbol{\pi}) = min\{\mathbf{c}\cdot\mathbf{x} + \boldsymbol{\pi}\cdot(\mathbf{Ax} - \mathbf{b}) \mid \mathbf{x} \in conv\,[\mathbf{x} \in X \mid \mathbf{Dx} = \mathbf{d}]\}$이며, 여기에서 $conv\{\cdot\}$는 볼록포를 나타낸다. 라그랑지 쌍대함수의 목적함숫값은 최소화 $\mathbf{c}\cdot\mathbf{x}$ 제약조건 $\mathbf{Ax} = \mathbf{b}$ $\mathbf{x} \in conv\{\mathbf{x} \in X \mid \mathbf{Dx} = \mathbf{d}\}$의 수정된 "문제 DP′"의 목적함숫값과 동일할 것임이 뒤따른다(연습문제 6.7 참조). DP는 자체로 최소화 $\mathbf{c}\cdot\mathbf{x}$ 제약조건 $\mathbf{x} \in conv\,\{\mathbf{x} \in X \mid \mathbf{Ax} = \mathbf{b}, \mathbf{Dx} = \mathbf{d}\}$ 문제와 등가임을 주목하면, DP′에서 밝힌 부분볼록포 연산이 쌍대성간극에 어떻게 영향을 미칠 수 있는지에 대해 짐작할 수 있다.

이와 같은 의미에서 간혹 하위문제에 활용할 수 있는 구조를 창조하기 위해, 라그랑지 쌍대문제의 정식화를 구성하기 전에 원문제 자체를 특별한 형태로 만들기를 원할 수도 있다. 예를 들면, 위에서 설명한 '문제 DP'는 등가적으로 최소화 $\{\mathbf{c}\cdot\mathbf{x} \mid \mathbf{Ax} = \mathbf{b},\ \mathbf{Dy} = \mathbf{d},\ \mathbf{x} = \mathbf{y},\ \mathbf{x} \in X,\ \mathbf{y} \in Y\}$ 문제로 나타낼 수 있으며, 여기에서 Y는 $\mathbf{x}$-변수가 짝짓는 $\mathbf{y}$-변수 집합에 따라 대체한 X의 복사본이다. 지금 라그랑지 쌍대문제를 다음 식

$$\overline{\text{LDP}}\text{: 최대화: } \{\overline{\theta}(\boldsymbol{\mu}) \mid \boldsymbol{\mu} \text{ 제한없음}\} \tag{6.20}$$

과 같이 정식화할 수 있으며, 여기에서 $\bar{\theta}(\boldsymbol{\mu}) \equiv min\{\mathbf{c}\cdot\mathbf{x} + \boldsymbol{\mu}\cdot(\mathbf{x}-\mathbf{y}) \mid \mathbf{A}\mathbf{x} = \mathbf{b},\ \mathbf{D}\mathbf{y} = \mathbf{d},\ \mathbf{x} \in X,\ \mathbf{y} \in Y\}$이다. 이러한 하위문제는 $\mathbf{x}$-변수, $\mathbf{y}$-변수 전체에 걸쳐, 각각을, 가능하고 특별히 활용할 수 있는 구조를 갖는 2개의 분리가능한 문제로 분해할 수 있다. 더구나 $max_{\mu}\{\bar{\theta}(\boldsymbol{\mu})\} \geq max_{\pi}\ \theta(\boldsymbol{\pi})$임을 나타낼 수 있으며 (연습문제 6.8 참조), 여기에서 θ는 (6.19b)에서 정의된 것이다. 그러므로 라그랑지 쌍대문제 LDP가 산출하는 쌍대성간극보다도 하나의 더 작은 쌍대성간극을 산출한다는 의미에서 라그랑지 쌍대 정식화 $\overline{\text{LDP}}$는 원문제 DP의 더 꽉 조인 표현을 제공한다. 앞에서 관측한 바와 같이 $\overline{\text{LDP}}$ 값은 다음 문제

$$\text{DP: 최소화 } \{\mathbf{c}\cdot\mathbf{x} \mid \mathbf{x} \in conv\{\mathbf{x} \in X \mid \mathbf{A}\mathbf{x} = \mathbf{b}\},\ \mathbf{y} \in conv\{\mathbf{y} \in Y \mid \mathbf{D}\mathbf{y} = \mathbf{d},\ \mathbf{x} = \mathbf{y}\}$$

의 부분볼록포 표현에서의 값과 한 쌍을 이룬다는 것을 주목하자. $\overline{\text{LDP}}$의 정식화로 인도하는 개념적 알고리즘은 **층화전략**(구성된 제약조건의 분리가능한 층) 또는 **라그랑지 분해전략**(생성된 분리가능하고 분해가능한 구조 때문에)이라 한다. 이 주제 내용에 관한 좀 더 상세한 내용에 대해 '주해와 참고문헌' 절을 참조하시오.

절 6.1에서 제시한 원문제 P에 대응하는 쌍대문제 D로 돌아가면, 독자는 앞의 절에서 쌍대함수의 여러 특질을 설명했다는 것을 기억할 것이다. 특히 쌍대문제는 간단한 제약조건 집합 $\{(\mathbf{u}, \boldsymbol{\nu}) \mid \mathbf{u} \geq \mathbf{0}\}$ 전체에 걸쳐 하나의 오목함수 $\theta(\mathbf{u}, \boldsymbol{\nu})$를 최대화할 것을 요구한다. 만약 정리 6.3.3에서 말한 특질 때문에, θ가 미분가능하다면 $\nabla\theta(\bar{\mathbf{u}}, \bar{\boldsymbol{\nu}})^t = [\mathbf{g}(\bar{\mathbf{x}})^t, \mathbf{h}(\bar{\mathbf{x}})^t]$이다. 미분가능한 오목함수를 최대화하려는 목적으로 적용할 수 있는, 이후의 장에서 설명하는, 다양한 알고리즘은 이와 같은 쌍대문제의 최적해를 구하기 위해 사용할 수 있다. 이들 알고리즘은 새롭게 개선된 해를 구하기 위해 하나의 적절한 증가방향 $\mathbf{d}$를 생성함을 포함하며 이 벡터 방향으로 하나의 일차원 선형탐색이 뒤따른다.

하나의 점 $(\bar{\mathbf{u}}, \bar{\boldsymbol{\nu}})$에서 하나의 증가방향을 찾는 1개의 간단한 구도를 예시하기 위해 다음 전략을 고려해보자. 만약 $\nabla\theta(\bar{\mathbf{u}}, \bar{\boldsymbol{\nu}}) \neq \mathbf{0}$이라면 정리 4.1.2에 따라, 이것은 하나의 증가방향이며 $\nabla\theta(\bar{\mathbf{u}}, \bar{\boldsymbol{\nu}})$ 방향으로 $(\bar{\mathbf{u}}, \bar{\boldsymbol{\nu}})$을 이동함으로 θ는 증가할 것이다. 그러나 만약 $\bar{\mathbf{u}}$의 어떤 성분이 0이라면, 그리고 상응하는 $\mathbf{g}(\bar{\mathbf{x}})$의 어떤 (임의의) 성분이 음(-)이라면 $\lambda > 0$에 대해 $\bar{\mathbf{u}} + \lambda\mathbf{g}(\bar{\mathbf{x}}) \not\geq \mathbf{0}$이며, 따라서 비음(-) 제한을 위반한다. 이와 같은 어려움을 취급하기 위해, 수정된 또는 사영된

방향 $[\hat{\mathbf{g}}(\bar{\mathbf{x}}), \mathbf{h}(\bar{\mathbf{x}})]$을 사용할 수 있으며, 여기에서 $\hat{\mathbf{g}}(\bar{\mathbf{x}})$는 다음 식

$$\hat{\mathbf{g}}(\bar{\mathbf{x}}) = \begin{cases} g_i(\bar{\mathbf{x}}) & \bar{u}_i > 0 \\ max\{0, g_i(\bar{\mathbf{x}})\} & \bar{u}_i = 0 \end{cases}$$

과 같이 정의한다. 그렇다면 $[\hat{\mathbf{g}}(\bar{\mathbf{x}}), \mathbf{h}(\bar{\mathbf{x}})]$는 $(\bar{\mathbf{u}}, \bar{\boldsymbol{\nu}})$에서 θ의 실현가능 증가방향임을 보일 수 있다(연습문제 6.9 참조). 더군다나 이 쌍대함수의 최대해에 도달할 때에만 $[\hat{\mathbf{g}}(\bar{\mathbf{x}}), \mathbf{h}(\bar{\mathbf{x}})]$는 $\mathbf{0}$이다. 반면에 θ의 미분불가능함을 가정한다. 이 경우, θ의 열경도 집합의 특성은 정리 6.3.7에 의해 나타낼 수 있다. $(\mathbf{u}, \boldsymbol{\nu})$에서 $\mathbf{d}$가 θ의 하나의 증가방향이 되기 위해, 정리 6.3.6의 따름정리와 θ의 오목성을 주목해, 각각의 $\boldsymbol{\xi} \in \partial\theta(\mathbf{u}, \boldsymbol{\nu})$에 대해 반드시 $\mathbf{d} \cdot \boldsymbol{\xi} \geq \varepsilon > 0$이어야 한다. 예비적 아이디어로, 그렇다면 다음 문제

최대화	ε	
제약조건	$\mathbf{d} \cdot \boldsymbol{\xi} \geq \varepsilon$	$\boldsymbol{\xi} \in \partial\theta(\mathbf{u}, \boldsymbol{\nu})$에 대해
	$d_i \geq 0$	$u_i = 0$이면
	$-1 \leq d_i \leq 1$	$i = 1, \cdots, m + \ell$

를 이러한 방향을 찾는 목적으로 사용할 수 있다. 만약 $u_i = 0$이라면 $d_i \geq 0$이라는 제약조건이 $\mathbf{d}$가 실현가능방향임을 보장함과 그리고 모든 i에 대해 $-1 \leq d_i \leq 1$의 정규화 제약조건이 이 문제의 유한 해의 존재를 보장함을 주목하시오.

독자는 위의 방향탐색문제에 연관된 다음과 같은 어려움을 주목할 것이다:

1. 집합 $\partial\theta(\mathbf{u}, \boldsymbol{\nu})$와 문제의 제약조건은 명시적으로 미리 알려져 있지 않다. 열경도 집합의 특성을 충분히 나타내는 정리 6.3.7은 유용할 것이다.
2. 집합 $\partial\theta(\mathbf{u}, \boldsymbol{\nu})$는 일반적으로 무한개의 열경도를 허용하며, 따라서 무한개의 제약조건을 갖는 선형계획법 문제를 얻는다. 그러나 만약 $\partial\theta(\mathbf{u}, \boldsymbol{\nu})$가 콤팩트 다면체집합이라면 $\boldsymbol{\xi} \in \partial\theta(\mathbf{u}, \boldsymbol{\nu})$의 제약조건 $\mathbf{d} \cdot \boldsymbol{\xi} \geq \varepsilon$은 다음 식

$$\mathbf{d} \cdot \boldsymbol{\xi}_j \geq \varepsilon \qquad j = 1, \cdots, E$$

과 같은 제약조건으로 대체할 수 있으며, 여기에서 $\boldsymbol{\xi}_1, \cdots, \boldsymbol{\xi}_E$는 $\partial\theta(\mathbf{u}, \boldsymbol{\nu})$

의 극점이다. 따라서 이 경우, 이 문제는 레귤러(일반적) 선형계획법 문제가 된다.

위 문제의 일부분을 경감시키기 위해 $\boldsymbol{\xi} \in \partial\theta(\mathbf{u}, \boldsymbol{\nu})$에 대한 제약조건 집합 $\mathbf{d} \cdot \boldsymbol{\xi} \geq \varepsilon$의 유한개수(이를테면, γ개)의 대표만 사용되는 행생성 전략을 사용할 수 있으며, 결과로 얻어지는 방향 $\mathbf{d}_\gamma$는, 이것이 증가방향인지 아닌지의 여부를 테스트하기 위해 사용된다. 이것은 $min\{\mathbf{d}_\gamma \cdot \boldsymbol{\xi} \mid \boldsymbol{\xi} \in \partial\theta(\mathbf{u}, \boldsymbol{\nu})\} > 0$인가를 입증함으로 실행할 수 있다. 만약 그렇다면, $\mathbf{d}_\gamma$를 선형탐색과정에 사용할 수 있다. 만약 그렇지 않다면 앞서 말한 하위문제는 $\mathbf{d}_\gamma \cdot \boldsymbol{\xi}_{\gamma+1} \leq 0$인 하나의 열경도 $\boldsymbol{\xi}_{\gamma+1}$를 산출한다. 그리고 따라서 이 제약조건을 방향탐색문제에 추가할 수 있으며, 그렇다면 이 연산은 반복될 수 있다.

연습문제 6.30에서 독자는 이와 같은 구도에 관한 상세한 내용을 제공하기 바란다. 그러나 절차의 이와 같은 유형에는 단순한 구조를 갖는 작은 문제를 제외하고 계산상의 어려움이 쌓여 있다. 제8장에서 만약 θ가 미분불가능하다면 θ를 최적화하기 위해 사용할 수 있는 좀 더 정교하고 효율적인 열경도-기반 최적화구도를 설명한다. 이들 절차는 적절한 수단으로 편향할 수도 있는 1개 열경도 또는 어떤 국소적 근방 전체에 걸쳐 수집된 열경도의 묶음에 기반해 방향벡터를 구성할 수 있는 다양한 전략을 사용한다. 이 방향벡터는 항상 증가방향일 필요는 없다. 그럼에도 불구하고 최적해로의 궁극적 수렴은 보장된다. 독자는 이 주제에 관한 상세한 정보에 대해 제8장과 이것의 '주해와 참고문헌' 절을 참조하시오.

지금 쌍대문제 D의 최적해를 구하기 위해, 상세하게 1개의 특별한 제약평면법 또는 바깥-선형화 구도를 상세하게 설명하는 과정을 진행한다. 이 알고리즘은 분해법과 분할법의 유용한 요소를 구성하므로, 이것의 개념은 그 자체로도 중요하다.

제약평면법 또는 바깥선형화 알고리즘[2)]

위에서 원칙적으로 토의한 쌍대문제의 최적해를 구하는 방법은 궁극적으로 라그랑지 쌍대함수의 최댓값을 찾기 위해 각각의 반복계산에서 이동방향을 생성하고 이 방향으로 스텝 사이즈를 채택하는 것이다. 지금 쌍대문제의 최적해를 구하기 위해

---

2) 역자 주: 바깥선형화(outer-linearization)는 cutting plane method(제약평면법)이라 하며, 여기에서 cut는 constraint를 의미한다.

각각의 반복계산에서 쌍대함수를 근사화하는 함수를 최적화하는 하나의 전략을 토의한다.

쌍대함수 θ는 다음 식

$$\theta(\mathbf{u},\boldsymbol{\nu}) = inf\,\{f(\mathbf{x}) + \mathbf{u}\cdot\mathbf{g}(\mathbf{x}) + \boldsymbol{\nu}\cdot\mathbf{h}(\mathbf{x}) \mid \mathbf{x} \in X\}$$

으로 정의됨을 다시 한번 상기하시오. $z = \theta(\mathbf{u},\boldsymbol{\nu})$이라 하면, 각각의 $\mathbf{x} \in X$에 대해 부등식 $z \le f(\mathbf{x}) + \mathbf{u}\cdot\mathbf{g}(\mathbf{x}) + \boldsymbol{\nu}\cdot\mathbf{h}(\mathbf{x})$은 반드시 성립한다. 그러므로, $\mathbf{u} \ge \mathbf{0}$에 대해 $\theta(\mathbf{u},\boldsymbol{\nu})$를 최대화하는 쌍대문제는 다음 문제

$$\begin{aligned} &\text{최대화} && z \\ &\text{제약조건} && z \le f(\mathbf{x}) + \mathbf{u}\cdot\mathbf{g}(\mathbf{x}) + \boldsymbol{\nu}\cdot\mathbf{h}(\mathbf{x}) \quad \mathbf{x} \in X \\ & && \mathbf{u} \ge \mathbf{0} \end{aligned} \tag{6.21}$$

와 등가이다. 위 문제는 변수 z, $\mathbf{u}$, $\boldsymbol{\nu}$에 관한 선형계획법 문제임을 주목하자. 그러나 불행하게도 이 제약조건은 개수로는 무한하며, 명시적으로 나타나지는 않는다. X에 속한 점 $\mathbf{x}_1\ \cdots, \mathbf{x}_{k-1}$을 갖고 있다고 가정하고 다음의 근사화하는 문제

$$\begin{aligned} &\text{최대화} && z \\ &\text{제약조건} && z \le f(\mathbf{x}_j) + \mathbf{u}\cdot\mathbf{g}(\mathbf{x}_j) + \boldsymbol{\nu}\cdot\mathbf{h}(\mathbf{x}_j) \quad j = 1, \cdots, k-1 \\ & && \mathbf{u} \ge \mathbf{0} \end{aligned} \tag{6.22}$$

를 고려해보자. 위 문제는 유한개 제약조건을 갖는 선형계획법 문제이며 예를 들면 심플렉스 알고리즘에 의해 최적해를 구할 수 있다. $(z_k, \mathbf{u}_k, \boldsymbol{\nu}_k)$는, 간혹 **주 프로그램**이라 말하는, 이와 같은 근사화하는 문제의 하나의 최적해라 하자. 만약 이 해가 (6.21)을 만족시킨다면 이것은 라그랑지 쌍대문제의 하나의 최적해이다. (6.21)이 만족되는지 여부를 점검하기 위해 다음 **하위문제**

$$\begin{aligned} &\text{최소화} && f(\mathbf{x}) + \mathbf{u}_k\cdot\mathbf{g}(\mathbf{x}) + \boldsymbol{\nu}_k\cdot\mathbf{h}(\mathbf{x}) \\ &\text{제약조건} && \mathbf{x} \in X \end{aligned}$$

를 고려해보자. $\mathbf{x}_k$는 위 문제의 하나의 최적해라 하고, 그래서 $\theta(\mathbf{u}_k, \boldsymbol{\nu}_k) = f(\mathbf{x}_k) + \mathbf{u}_k\cdot\mathbf{g}(\mathbf{x}_k) + \boldsymbol{\nu}_k\cdot\mathbf{h}(\mathbf{x}_k)$라 하자. 만약 $z_k \le \theta(\mathbf{u}_k, \boldsymbol{\nu}_k)$이라면 $(\mathbf{u}_k, \boldsymbol{\nu}_k)$는 라그랑지 쌍대문제의 하나의 최적해이다. 그렇지 않다면 $(\mathbf{u}, \boldsymbol{\nu}) = (\mathbf{u}_k, \boldsymbol{\nu}_k)$에 대해

$\mathbf{x} = \mathbf{x}_k$에서 부등식 (6.21)은 만족되지 않는다. 따라서 (6.22)의 제약조건에 다음 제약조건

$$z \leq f(\mathbf{x}_k) + \mathbf{u} \cdot \mathbf{g}(\mathbf{x}_k) + \boldsymbol{\nu} \cdot \mathbf{h}(\mathbf{x}_k)$$

을 추가하고 주 선형계획법 문제의 최적해를 다시 구한다. 명백하게 현재의 최적점 $(z_k, \mathbf{u}_k, \boldsymbol{\nu}_k)$은 이렇게 추가한 제약조건을 위반한다. 따라서 이 점은 잘려 나간다. 그러므로 **제약평면(컷팅 플레인)법**이라는 이름이 붙여졌다.

제약평면법 또는 바깥선형화법의 요약

f, $\mathbf{g}$, $\mathbf{h}$는 연속이며 X는 콤팩트 집합이라고 가정하며, 그래서 집합 $X(\mathbf{u}, \boldsymbol{\nu})$는 각각의 $(\mathbf{u}, \boldsymbol{\nu})$에 대해 공집합이 아니다.

초기화 스텝 $\mathbf{g}(\mathbf{x}_0) \leq \mathbf{0}$, $\mathbf{h}(\mathbf{x}_0) = \mathbf{0}$이 되도록 하는 하나의 점 $\mathbf{x}_0 \in X$를 찾는다. $k = 1$로 하고 메인 스텝으로 간다.

메인 스텝 다음 **주 문제**

$$\begin{aligned}
\text{최대화} \quad & z \\
\text{제약조건} \quad & z \leq f(\mathbf{x}_j) + \mathbf{u} \cdot \mathbf{g}(\mathbf{x}_j) + \boldsymbol{\nu} \cdot \mathbf{h}(\mathbf{x}_j) \qquad j = 0, \cdots, k-1 \\
& \mathbf{u} \geq \mathbf{0}
\end{aligned}$$

의 최적해를 구한다. $(z_k, \mathbf{u}_k, \boldsymbol{\nu}_k)$는 하나의 최적해라 하자. 다음 **하위문제**

$$\begin{aligned}
\text{최소화} \quad & f(\mathbf{x}) + \mathbf{u}_k \cdot \mathbf{g}(\mathbf{x}) + \boldsymbol{\nu}_k \cdot \mathbf{h}(\mathbf{x}) \\
\text{제약조건} \quad & \mathbf{x} \in X
\end{aligned}$$

의 최적해를 구한다. $\mathbf{x}_k$는 하나의 최적점이라 하고, $\theta(\mathbf{u}_k, \boldsymbol{\nu}_k) = f(\mathbf{x}_k) + \mathbf{u}_k \cdot \mathbf{g}(\mathbf{x}_k) + \boldsymbol{\nu}_k \cdot \mathbf{h}(\mathbf{x}_k)$라 하자. 만약 $z_k = \theta(\mathbf{u}_k, \boldsymbol{\nu}_k)$이라면 중지한다; $(\mathbf{u}_k, \boldsymbol{\nu}_k)$는 하나의 최적 쌍대해이다. 그렇지 않다면, 만약 $z_k > \theta(\mathbf{u}_k, \boldsymbol{\nu}_k)$라면 제약조건 $z \leq f(\mathbf{x}_k) + \mathbf{u} \cdot \mathbf{g}(\mathbf{x}_k) + \boldsymbol{\nu} \cdot \mathbf{h}(\mathbf{x}_k)$을 주 문제에 추가하고 k를 $k+1$로 대체하고 메인 스텝을 반복한다.

각각의 반복계산에서 하나의 컷(제약조건)이 주 문제에 추가되며, 그러므로 주 문제의 크기는 단조증가한다. 실제로 만약 주 문제의 크기가 과도하게 커진다면 구속하지 않는 모든 제약조건을 삭제해도 좋다. 예를 들면 이론적으로 이러한 삭제가 실행된 마지막 시점 이후, 쌍대값이 엄격하게 증가하지 않는 한, 그리고 집합 X가 유한개 요소를 갖지 않으면, 이것은 수렴을 보장하지 않을 수도 있다(연습문제 6.28를 참조하고, 일반적 수렴정리에 대해 연습문제 7.21, 7.22를 참조하시오). 또한, 주 문제의 최적해 값은 비증가 수열 $\{z_k\}$임을 주목하자. 각각의 z_k는 이 쌍대문제의 최적값의 상계이므로 만약 $z_k - max_{1 \le j \le k}\ \theta(\mathbf{u}_j, \boldsymbol{\nu}_j) < \varepsilon$이라면 k회 반복계산 후 중지할 수도 있으며, 여기에서 ε은 작은 양(+) 수이다.

접선근사화 또는 바깥선형화기법으로서의 해석

쌍대함수를 최대화하기 위해 앞서 말한 알고리즘은 접선근사화 기법의 하나로 해석할 수 있다. θ의 정의에 의해 다음 식

$$\theta(\mathbf{u}, \nu) \le f(\mathbf{x}) + \mathbf{u}\cdot\mathbf{g}(\mathbf{x}) + \nu\cdot\mathbf{h}(\mathbf{x}) \quad \mathbf{x} \in X$$

이 반드시 주어져야 한다. 따라서 임의의 고정된 $\mathbf{x} \in X$에 대해 다음의 초평면

$$\{(\mathbf{u}, \nu, z) | \mathbf{u} \in \Re^m,\ \nu \in \Re^\ell,\ z = f(\mathbf{x}) + \mathbf{u}\cdot\mathbf{g}(\mathbf{x}) + \nu\cdot\mathbf{h}(\mathbf{x})\}$$

은 함수 θ를 위편으로부터 한계짓는다.

반복계산 k에서 주 문제는 다음 문제

$$\begin{array}{ll} \text{최대화} & \hat{\theta}(\mathbf{u}, \nu) \\ \text{제약조건} & \mathbf{u} \ge \mathbf{0} \end{array}$$

의 최적해를 구함과 등가이며, 여기에서 $\hat{\theta}(\mathbf{u}, \nu) = min\{f(\mathbf{x}_j) + \mathbf{u}\cdot\mathbf{g}(\mathbf{x}_j) + \boldsymbol{\nu}\cdot\mathbf{h}(\mathbf{x}_j) | j = 1, \cdots, k-1\}$이다. $\hat{\theta}$는 $k-1$개의 한계짓는 초평면만을 고려해 θ의 **바깥근사화** 또는 **바깥선형화**를 제공하는 구간별 선형함수임을 주목하자.

주 문제의 최적해를 $(z_k, \mathbf{u}_k, \boldsymbol{\nu}_k)$라 하자. 지금 하위문제의 최적해를 구하면 $\theta(\mathbf{u}_k, \boldsymbol{\nu}_k)$, $\mathbf{x}_k$를 산출한다. 만약 $z_k > \theta(\mathbf{u}_k, \boldsymbol{\nu}_k)$이라면 새로운 제약조건 $z \le f(\mathbf{x}_k) + \mathbf{u}\cdot\mathbf{g}(\mathbf{x}_k) + \nu\cdot\mathbf{h}(\mathbf{x}_k)$이 주 문제에 추가되며, θ의 새롭고 더 꽉 조이는

구간별 선형근사화를 제공한다. $\theta(\mathbf{u}_k, \nu_k) = f(\mathbf{x}_k) + \mathbf{u}_k \cdot \mathbf{g}(\mathbf{x}_k) + \nu_k \cdot \mathbf{h}(\mathbf{x}_k)$이므로 초평면 $\{(z, \mathbf{u}, \nu) \mid z = f(\mathbf{x}_k) + \mathbf{u} \cdot \mathbf{g}(\mathbf{x}_k) + \nu \cdot \mathbf{h}(\mathbf{x}_k)\}$는 $(z_k, \mathbf{u}_k, \nu_k)$에서 θ의 그래프에 접한다: 그러므로 **접선근사화**라는 명칭이 붙여졌다.

6.4.1 예제

$$
\begin{aligned}
\text{최소화} \quad & (x_1 - 2)^2 + (1/4)x_2^2 \\
\text{제약조건} \quad & x_1 - (7/2)x_2 - 1 \le 0 \\
& 2x_1 + 3x_2 = 4.
\end{aligned}
$$

$X = \{(x_1, x_2) \mid 2x_1 + 3x_2 = 4\}$이라 하고, 그래서 라그랑지 쌍대함수는 다음 식

$$
\theta(u) = min\{(x_1 - 2)^2 + (1/4)x_2^2 + u(x_1 - (7/2)x_2 - 1) \mid 2x_1 + 3x_2 = 4\} \tag{6.23}
$$

으로 주어진다.

제약평면법은 실현가능해 $\mathbf{x}_0 = (5/4, 1/2)$에서 초기화된다. 첫째 반복계산의 스텝 1에서 다음 문제

$$
\begin{aligned}
\text{최대화} \quad & z \\
\text{제약조건} \quad & z \le 5/8 - (3/2)u \\
& u \ge 0
\end{aligned}
$$

의 최적해를 구한다. 최적해는 $(z_1, u_1) = (5/8, 0)$이다. 스텝 2에서 $u = u_1 = 0$에 대해 (6.23)의 하나의 최적해를 구하고, $\theta(u_1) = 0 < z_1$인 최적해 $\mathbf{x}_1 = (2, 0)$를 산출한다. 그러므로 더 많은 반복계산이 필요하다. 첫째 4회 반복계산의 요약은 표 6.1에 나타난다.

표 6.1 예제 6.4.1의 계산의 요약

		스텝 1의 해		스텝 2의 해
반복 k	추가되는 제약조건	(z_k, u_k)	$\mathbf{x}_k^t$	$\theta(u_k)$
1	$z \leq 5/8 - (3/2)u$	(5/8, 0)	(2, 0)	0
2	$z \leq 0 + u$	(1/4, 1/4)	(13/8, 1/4)	3/32
3	$z \leq 5/32 - (1/4)u$	(1/8, 1/8)	(29/16, 1/8)	11/128
4	$z \leq 5/128 + (3/8)u$	(7/64, 3/16)	(55/32, 3/16)	51/512

넷째 반복계산 끝에, 근사화하는 함수 $\hat{\theta}$는 그림 6.9에서 굵은 선으로 나타난다. 이 문제의 라그랑지 쌍대함수는 $\theta(u) = -(5/2)u^2 + u$로 주어지며 둘째 반복계산 후, 추가된 초평면은 진실로 각각의 점 (z_k, u_k)에서 θ의 그래프에 접함을 독자는 쉽게 입증할 수 있다. 부수적으로 쌍대목적함수는 $\bar{u} = 1/5$에서 $\theta(\bar{u}) = 1/10$ 값을 갖고 최대화된다. 수열 $\{u_k\}$는 최적점 $\bar{u} = 1/5$로 수렴함을 주목하자.

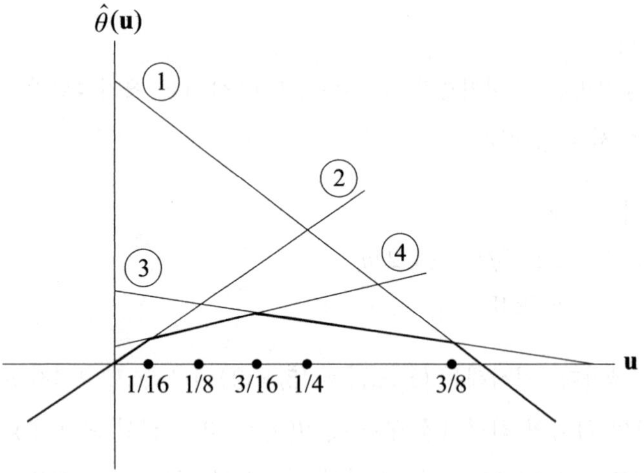

그림 6.9 θ의 접선근사화

6.5 원문제의 최적해 구하기

지금까지 쌍대함수의 여러 특질을 연구했으며 쌍대문제의 최적해를 구하는 몇 개 절차를 설명했다. 그러나 주요 관심사는 원문제의 하나의 최적해를 구하는 것이다.

이 절에서는 원문제에 대해 섭동한 문제의 최적해를 구하는 것뿐만 아니라 원문제의 하나의 최적해를 구하는 것을 도와주는 몇 개 정리를 개발한다. 그러나 비볼록계획법 문제에 있어 있을지도 모르는 쌍대성간극이 존재하는 결과로 인해, 일반적으로 원문제의 하나의 최적해를 구하기 위한 추가 작업이 필요하다.

섭동된 원문제의 해

쌍대문제의 최적해를 구하는 도중, 다음의 문제

$$
\begin{array}{ll}
\text{최소화} & f(\mathbf{x}) + \mathbf{u}\cdot\mathbf{g}(\mathbf{x}) + \boldsymbol{\nu}\cdot\mathbf{h}(\mathbf{x}) \\
\text{제약조건} & \mathbf{x} \in X
\end{array}
$$

는 $(\mathbf{u}, \boldsymbol{\nu})$에서 함수 θ의 값을 구하기 위해 사용되며, 최적해를 구하기 위해 자주 사용된다. 정리 6.5.1은 위 문제의 하나의 최적해 $\overline{\mathbf{x}}$는 또한 원문제와 유사한 문제의 하나의 최적해임을 보여주며, 여기에서 어떤 제약조건은 섭동된다. 구체적으로 $\overline{\mathbf{x}}$는 $\nu[\mathbf{g}(\overline{\mathbf{x}}), \mathbf{h}(\overline{\mathbf{x}})]$ 값을 구해주며, 여기에서 ν는 (6.9)에서 정의한 섭동함수이다.

6.5.1 정리

$\mathbf{u} \geq \mathbf{0}$인 $(\mathbf{u}, \boldsymbol{\nu})$는 하나의 주어진 벡터라 하자. 최소화 $f(\mathbf{x}) + \mathbf{u}\cdot\mathbf{g}(\mathbf{x}) + \boldsymbol{\nu}\cdot\mathbf{h}(\mathbf{x})$ 제약조건 $\mathbf{x} \in X$ 문제를 고려해보자. $\overline{\mathbf{x}}$는 하나의 최적해라 하자. 그렇다면 $\overline{\mathbf{x}}$는 다음 문제

$$
\begin{array}{lll}
\text{최소화} & f(\mathbf{x}) & \\
\text{제약조건} & g_i(\mathbf{x}) \leq g_i(\overline{\mathbf{x}}) & i \in I \\
 & h_i(\mathbf{x}) = h_i(\overline{\mathbf{x}}) & i = 1, \cdots, \ell \\
 & \mathbf{x} \in X &
\end{array}
$$

의 하나의 최적해이며, 여기에서 $I=\{i \mid u_i>0\}$이다. 특히, $\bar{\mathbf{x}}$는 $\nu[\mathbf{g}(\bar{\mathbf{x}}),\mathbf{h}(\bar{\mathbf{x}})]$의 값을 계산하는 문제의 최적해이며, 여기에서 ν는 (6.9)에서 정의한 섭동함수이다.

증명 $\mathbf{x}\in X$는 $i=1,\cdots,\ell$에 대해 $h_i(\mathbf{x})=h_i(\bar{\mathbf{x}})$이 되도록 하고 $i\in I$에 대해 $g_i(\mathbf{x})\le g_i(\bar{\mathbf{x}})$이 되도록 한다고 하자. 다음 부등식

$$f(\mathbf{x})+\mathbf{u}\cdot\mathbf{g}(\mathbf{x})+\boldsymbol{\nu}\cdot\mathbf{h}(\mathbf{x}) \ge f(\bar{\mathbf{x}})+\mathbf{u}\cdot\mathbf{g}(\bar{\mathbf{x}})+\boldsymbol{\nu}\cdot\mathbf{h}(\bar{\mathbf{x}}) \qquad (6.24)$$

이 성립함을 주목하자. 그러나 $\mathbf{h}(\mathbf{x})=\mathbf{h}(\bar{\mathbf{x}})$, $\mathbf{u}\cdot\mathbf{g}(\mathbf{x})=\boldsymbol{\Sigma}_{i\in I}u_i g_i(\mathbf{x}) \le \boldsymbol{\Sigma}_{i\in I}u_i g_i(\bar{\mathbf{x}}) = \mathbf{u}\cdot\mathbf{g}(\bar{\mathbf{x}})$이므로 (6.24)에서 다음 식

$$f(\mathbf{x})+\mathbf{u}\cdot\mathbf{g}(\bar{\mathbf{x}}) \ge f(\mathbf{x})+\mathbf{u}\cdot\mathbf{g}(\mathbf{x}) \ge f(\bar{\mathbf{x}})+\mathbf{u}\cdot\mathbf{g}(\bar{\mathbf{x}})$$

을 얻으며, 이것은 $f(\mathbf{x}) \ge f(\bar{\mathbf{x}})$임을 보여준다. 그러므로, $\bar{\mathbf{x}}$는 이 정리에서 설명한 문제의 최적해이다. 나아가서 $\mathbf{y}=\bar{\mathbf{y}}$에 대해 이 문제는 (6.9)의 완화이며, 여기에서 $\bar{\mathbf{y}}^t=[\mathbf{g}(\bar{\mathbf{x}})^t,\mathbf{h}(\bar{\mathbf{x}})^t]$이며, $\bar{\mathbf{x}}$는 $\mathbf{y}=\bar{\mathbf{y}}$와 함께 (6.9)에 대해 실현가능하므로, $\bar{\mathbf{x}}$는 $\nu(\bar{\mathbf{y}})$ 값을 구해줌이 뒤따른다. 이것으로 증명이 완결되었다. (증명끝)

따름정리 이 정리의 가정 아래 $\mathbf{g}(\bar{\mathbf{x}})\le\mathbf{0}$, $\mathbf{h}(\bar{\mathbf{x}})=\mathbf{0}$, $\mathbf{u}\cdot\mathbf{g}(\bar{\mathbf{x}})=0$이라고 가정한다. 그렇다면 $\bar{\mathbf{x}}$는 다음 문제

$$\begin{array}{lll} \text{최소화} & f(\mathbf{x}) & \\ \text{제약조건} & g_i(\mathbf{x})\le 0 & i\in I \\ & h_i(\mathbf{x})=0 & i=1,\cdots,\ell \\ & \mathbf{x}\in X & \end{array}$$

의 하나의 최적해이다. 특히 $\bar{\mathbf{x}}$는 원래의 원문제의 하나의 최적해이며 $(\mathbf{u},\boldsymbol{\nu})$는 쌍대문제의 하나의 최적해이다.

증명 $\mathbf{u}\cdot\mathbf{g}(\bar{\mathbf{x}})=0$임은 $i\in I$에 대해 $g_i(\bar{\mathbf{x}})=0$임을 의미함을 주목하자; 그리고 이 정리에서 $\bar{\mathbf{x}}$는 제시한 문제의 최적해임이 뒤따른다. 또한, 원문

제의 실현가능영역은 위 문제의 실현가능영역에 포함되므로, 그리고 $\bar{\mathbf{x}}$는 원문제의 하나의 실현가능해이므로 그렇다면 $\bar{\mathbf{x}}$는 원문제의 하나의 최적해이다. 더군다나 $f(\bar{\mathbf{x}})=f(\bar{\mathbf{x}})+\mathbf{u}\cdot\mathbf{g}(\bar{\mathbf{x}})+\boldsymbol{\nu}\cdot\mathbf{h}(\bar{\mathbf{x}})=\theta(\mathbf{u},\boldsymbol{\nu})$이며 그래서 $(\mathbf{u},\boldsymbol{\nu})$는 쌍대문제의 최적 해가 된다. 이것으로 증명이 완결되었다. (증명 끝)

물론, 위의 따름정리의 조건은 정리 6.2.5의 안장점 최적성 조건 (a), (b), (c)와 정확하게 일치하고, $(\bar{\mathbf{x}},\mathbf{u},\boldsymbol{\nu})$가 하나의 안장점임을 의미하며, 그러므로, $\bar{\mathbf{x}}$, $(\mathbf{u},\boldsymbol{\nu})$는 각각 '문제 P', '문제 D'의 최적해임을 의미한다. 또한, 정리 6.5.1의 증명의 요소는 정리 6.2.7의 증명에서 명백하다. 그러나 정리 6.5.1과 이것의 따름정리를 강조하는 목적은 쌍대문제의 최적해를 구함에 기반해 원문제의 발견적 해를 유도함에 있어, 이 결과가 하는 역할을 강조하기 위한 것이다. 정리 6.5.1에서 본 바와 같이 쌍대함수 θ 값은 하나의 주어진 점 $(\mathbf{u},\boldsymbol{\nu})$에서 계산되므로 원래의 문제에 긴밀하게 관계된 하나의 문제의 하나의 최적해인 점 $\bar{\mathbf{x}}$를 얻으며, 여기에서 $\mathbf{h}(\mathbf{x})=\mathbf{0}$와 $i=1,\cdots,m$에 대한 $g_i(\mathbf{x})\le 0$에서 $\mathbf{h}(\mathbf{x})=\mathbf{h}(\bar{\mathbf{x}})$와 $i=1,\cdots,m$에 대한 $g_i(\mathbf{x})\le g_i(\bar{\mathbf{x}})$ 형태로 제약조건이 섭동된다.

특히 쌍대문제의 최적해를 구하는 과정에서 주어진, $\mathbf{u}\ge\mathbf{0}$인 하나의$(\mathbf{u},\boldsymbol{\nu})$에 대해 $\hat{\mathbf{x}}\in X(\mathbf{u},\boldsymbol{\nu})$이라고 가정한다. 나아가서, 어떤 $\varepsilon>0$에 대해, $i\in I$에 대해 $\left|g_i(\hat{\mathbf{x}})\right|\le\varepsilon$, $i\notin I$에 대해 $g_i(\hat{\mathbf{x}})\le\varepsilon$, $i=1,\cdots,\ell$에 대해 $\left|h_i(\bar{\mathbf{x}})\right|\le\varepsilon$이라고 가정한다. 만약 ε이 충분하게 작다면, $\hat{\mathbf{x}}$는 **거의-실현가능해**임을 주목하자. 지금, $\bar{\mathbf{x}}$는 원문제 P의 하나의 최적해라고 가정한다. 그렇다면 $\theta(\mathbf{u},\boldsymbol{\nu})$의 정의에 따라 $h_i(\bar{\mathbf{x}})=0$, $g_i(\bar{\mathbf{x}})\le 0$, $u_i\ge 0$이므로 다음 식

$$f(\hat{\mathbf{x}})+\sum_{i\in I}u_i g_i(\hat{\mathbf{x}})+\sum_{i=1}^{\ell}\nu_i h_i(\hat{\mathbf{x}})\le f(\bar{\mathbf{x}})+\sum_{i=\in I}u_j g_i(\bar{\mathbf{x}})+\sum_{i=1}^{\ell}\nu_i h_i(\bar{\mathbf{x}})\le f(\bar{\mathbf{x}})$$

이 성립한다. 따라서 위의 부등식은 다음 부등식

$$f(\hat{\mathbf{x}})\le f(\bar{\mathbf{x}})+\varepsilon\left[\sum_{i\in 1}u_i+\sum_{i=1}^{\ell}|\nu_i|\right]$$

을 의미한다. 그러므로 만약 ε이 충분하게 작아 $\varepsilon\left[\Sigma_{i\in 1}+\Sigma_{i=1}^{\ell}|\nu_i|\right]$이 충분히

작다면 $\bar{\mathbf{x}}$는 **거의-최적해**이다. 대부분의 실제 문제에서 이러한 해는 자주 허용할 수 있다.

또한, 쌍대성간극이 존재하지 않을 때 만약 $\bar{\mathbf{x}}$, $(\bar{\mathbf{u}}, \bar{\nu})$가 각각 원문제의 최적해와 쌍대문제의 최적해라면 정리 6.2.5에 따라, $(\bar{\mathbf{x}}, \bar{\mathbf{u}}, \bar{\nu})$가 안장점임을 주목해야 한다. 그러므로 정리 6.2.5의 특질 (a)에 따라 $\bar{\mathbf{x}}$는 $\mathbf{x} \in X$ 전체에 걸쳐 $\phi(\mathbf{x}, \bar{\mathbf{u}}, \bar{\nu})$를 최소화한다. 이것은 집합 $X(\bar{\mathbf{u}}, \bar{\nu})$에 속한 점 가운데 원문제의 하나의 최적해가 존재함을 의미하며, 여기에서 $(\bar{\mathbf{u}}, \bar{\nu})$는 쌍대문제의 하나의 최적해이다. 물론, $\bar{\mathbf{x}}$가 P의 실현가능해이고 또한, 상보여유성조건 $\bar{\mathbf{u}} \cdot \mathbf{g}(\bar{\mathbf{x}}) = 0$을 만족시키지 않는 한, 임의의 해 $\bar{\mathbf{x}} \in X(\bar{\mathbf{u}}, \bar{\nu})$는 원문제의 최적해가 아니다.

볼록 케이스에서 원문제의 실현가능해의 생성

앞서 말한 토의는 일반적이고 아마도 비볼록인 문제에 관심을 보였다. 적절한 볼록성 가정 아래 각각의 쌍대문제의 반복계산에서 하나의 선형계획법 문제의 최적해를 구함으로 원문제의 실현가능해를 쉽게 구할 수 있다. 특히 원래의 문제의 실현가능해 $\mathbf{x}_0$가 주어졌다고 가정하고, 이것은 원래의 문제에 대해 실현가능하며, 그리고 $j=1, \cdots, k$에 대한 점 $\mathbf{x}_j \in X(\mathbf{u}_j, \nu_j)$가 쌍대함수를 최대화하려고 사용한 하나의 임의의 알고리즘에 의해 생성되도록 하자.

정리 6.5.2는, 원문제의 하나의 실현가능해를 다음의 선형계획법 문제 P′

$$
\begin{aligned}
\text{P}' : \text{최소화} \quad & \sum_{j=0}^{k} \lambda_j f(\mathbf{x}_j) \\
\text{제약조건} \quad & \sum_{j=0}^{k} \lambda_j \mathbf{g}(\mathbf{x}_j) \le 0 \\
& \sum_{j=0}^{k} \lambda_j \mathbf{h}(\mathbf{x}_j) = 0 \\
& \sum_{j=0}^{k} \lambda_j = 1 \\
& \lambda_j \ge 0 \qquad j=0, \cdots, k
\end{aligned}
\tag{6.25}
$$

의 해를 구함으로 얻을 수 있음을 보여준다.

6.5.2 정리

$X \neq \varnothing$는 $\Re^n$의 볼록집합이라 하고, $f: \Re^n \to \Re$, $\mathbf{g}: \Re^n \to \Re^m$을 볼록이라 하고, $\mathbf{h}: \Re^n \to \Re^\ell$는 아핀이라 한다; 즉 말하자면, $\mathbf{h}$는 $\mathbf{h}(\mathbf{x}) = \mathbf{A}\mathbf{x} - \mathbf{b}$의 형태이다. $\mathbf{x}_0$는 '문제 P'의 하나의 초기실현가능해라 하고, $j = 1, \cdots, k$에 대한 $\mathbf{x}_j \in X(\mathbf{u}_j, \boldsymbol{\nu}_j)$는 쌍대문제의 최적해를 구하기 위해 임의의 알고리즘에 의해 생성한다고 가정한다. 더군다나 $j = 0, \cdots, k$에 대한 $\overline{\lambda}_j$는 (6.25)에서 정의한 "문제 P′"의 하나의 최적해라 하고 $\overline{\mathbf{x}}_k = \Sigma_{j=0}^{k} \overline{\lambda}_j \mathbf{x}_j$로 놓는다. 그러면 $\overline{\mathbf{x}}_k$는 원문제 P의 하나의 실현가능해이다. 더군다나 $z_k = \Sigma_{j=0}^{k} \overline{\lambda}_j f(\mathbf{x}_j)$, $z^* = inf\{f(\mathbf{x}) \mid \mathbf{x} \in X, \mathbf{g}(\mathbf{x}) \leq \mathbf{0}, \mathbf{h}(\mathbf{x}) = \mathbf{0}\}$이라 하고 만약 $\mathbf{u} \geq \mathbf{0}$인 어떤 $(\mathbf{u}, \boldsymbol{\nu})$에 대해 $z_k - \theta(\mathbf{u}, \boldsymbol{\nu}) \leq \varepsilon$이라면 $f(\overline{\mathbf{x}}_k) \leq z^* + \varepsilon$이다.

증명 X는 볼록집합이며 각각의 j에 대해 $\mathbf{x}_j \in X$이므로 $\overline{\mathbf{x}}_k \in X$이다. $\mathbf{g}$는 볼록이고 $\mathbf{h}$는 아핀이므로, 그리고 "문제 P′"의 제약조건을 주목하면, $\mathbf{g}(\overline{\mathbf{x}}_k) \leq \mathbf{0}$, $\mathbf{h}(\overline{\mathbf{x}}_k) = \mathbf{0}$이다. 따라서 $\overline{\mathbf{x}}$는 원문제의 하나의 실현가능해이다. 지금 어떤 $\mathbf{u} \geq \mathbf{0}$의 $(\mathbf{u}, \boldsymbol{\nu})$에 대해 $z_k - \theta(\mathbf{u}, \boldsymbol{\nu}) \leq \varepsilon$이라고 가정한다. f의 볼록성과 정리 6.2.1을 주목하면, 다음 식

$$f(\overline{\mathbf{x}}_k) \leq \sum_{j=0}^{k} \overline{\lambda}_j f(\mathbf{x}_j) = z_k \leq \theta(\mathbf{u}, \boldsymbol{\nu}) + \varepsilon \leq z^* + \varepsilon$$

을 얻으며, 증명이 완결되었다. (증명 끝)

쌍대최대화문제의 각각의 반복계산에서 선형계획법 "문제 P′"의 최적해를 구함으로써 원문제의 하나의 실현가능해를 구할 수 있다. 비록 생성된 원문제의 실현가능해에서의 원문제의 목적함숫값 $\{f(\overline{\mathbf{x}}_k)\}$은 감소할 필요가 없더라도, 이들은 비증가 수열 $\{z_k\}$에 의해 위로 유계인 하나의 수열을 형성한다.

만약, z_k가 $\mathbf{u} \geq \mathbf{0}$인 임의의 쌍대실현가능해 $(\mathbf{u}, \boldsymbol{\nu})$에서 계산한 쌍대문제의 목적함숫값에 충분히 가깝다면, $\overline{\mathbf{x}}_k$는 원문제의 하나의 거의-최적 실현가능해

이다. 또한, 제약평면법의 경우, 이것은 정확하게 스텝 1에서 제시한 주 문제의 선형계획법 쌍대문제이므로 "문제 P′"의 최적해를 구할 필요가 없음을 주목하자. 따라서 최적 변수 $\bar{\lambda}_0, \cdots, \bar{\lambda}_k$는 주 문제의 해에서 쉽게 가져올 수 있으며 $\bar{\mathbf{x}}_k$는 $\Sigma_{j=0}^{k} \bar{\lambda}_j \mathbf{x}_j$처럼 계산할 수 있다. 이것은 또한 정리 6.5.2에서 제약평면법의 종료판단기준 $z_k = \theta(\mathbf{u}_k, \boldsymbol{\nu}_k)$는 θ에서 $(\mathbf{u}, \boldsymbol{\nu}) = (\mathbf{u}_k, \boldsymbol{\nu}_k)$라고 놓고 $\varepsilon = 0$이라고 놓는 것으로 해석할 수 있음은 언급할 만한 가치가 있다.

위의 절차를 예시하기 위해 예제 6.4.1을 고려해보자. 반복계산 $k=1$의 끝에서 점 $\mathbf{x}_0 = (5/4, 1/2)$, $\mathbf{x}_1 = (2, 0)$을 얻는다. 연관된 원문제의 점 $\bar{\mathbf{x}}_1$은 다음 선형계획법 문제

$$
\begin{aligned}
&\text{최소화} \quad (5/8)\lambda_0 \\
&\text{제약조건} \quad -(3/2)\lambda_0 + \lambda_1 \le 0 \\
&\qquad\qquad\qquad \lambda_0 + \lambda_1 = 1 \\
&\qquad\qquad\qquad \lambda_0,\ \ \lambda_1 \ge 0
\end{aligned}
$$

의 최적해를 구함으로 얻어진다. 이 문제의 최적해는 $\bar{\lambda}_0 = 2/5$, $\bar{\lambda}_1 = 3/5$로 주어진다. 이것은 다음 내용

$$\bar{\mathbf{x}}_1 = (2/5)(5/4, 1/2) + (3/5)(2, 0) = (17/10, 2/10)$$

과 같은 원문제의 실현가능해를 산출한다.

앞에서 지적한 바와 같이 선형계획법 문제의 쌍대문제의 최적해는 제약평면법의 과정 중에서 이미 구했으므로 $\bar{\lambda}_0$, $\bar{\lambda}_1$의 값을 찾기 위해 위의 선형계획법 문제의 최적해를 별도로 분리해 구할 필요가 없다.

6.6 선형계획법과 이차식계획법

이 절에서는 라그랑지 쌍대성의 특별한 케이스를 토의한다. 특히 선형계획법과 이차식계획법의 쌍대성을 간략하게 토의한다. 선형계획법 문제에 대해, 제2장에서 유도한 라그랑지 쌍대문제와 관계를 맺는다(정리 2.7.3과 이것의 따름정리 참조).

이차식계획법 문제의 경우 라그랑지 쌍대성을 통해 잘 알려진 도른의 쌍대계획법을 유도한다.

선형계획법

다음 원선형계획법 문제

$$\begin{aligned} &\text{최소화} \quad \mathbf{c}\cdot\mathbf{x} \\ &\text{제약조건} \quad \mathbf{A}\mathbf{x} = \mathbf{b} \\ &\qquad\qquad\quad \mathbf{x} \geq 0 \end{aligned}$$

를 고려해보자. $X = \{\mathbf{x} \mid \mathbf{x} \geq 0\}$라 하면 이 문제의 라그랑지 쌍대문제는 $\theta(\nu)$를 최대화하는 것이며, 여기에서 $\theta(\nu)$는 다음 식

$$\theta(\nu) = \inf\{\mathbf{c}\cdot\mathbf{x} + \nu\cdot(\mathbf{b} - \mathbf{A}\mathbf{x}) \mid \mathbf{x} \geq 0\} = \nu\cdot\mathbf{b} + \inf\{(\mathbf{c}^t - \nu^t\mathbf{A})\mathbf{x} \mid \mathbf{x} \geq 0\}$$

과 같다. 명확하게 다음 식

$$\theta(\nu) = \begin{cases} \nu\cdot\mathbf{b} & \text{만약 } \mathbf{c}^t - \nu^t\mathbf{A} \geq 0\text{이라면} \\ -\infty & \text{그렇지 않으면} \end{cases}$$

이 성립한다. 그러므로 이 쌍대문제는 다음 식

$$\begin{aligned} &\text{최대화} \quad \nu\cdot\mathbf{b} \\ &\text{제약조건} \quad \mathbf{A}^t\nu \leq \mathbf{c} \end{aligned}$$

과 같이 나타낼 수 있다. 이것은 정확하게 절 2.7에서 토의한 **쌍대문제**임을 기억하시오. 따라서 선형계획법 문제의 경우 쌍대문제는 원문제의 변수를 관계시키지 않는다. 더군다나 쌍대문제 자체는 선형계획법 문제이며 독자는 쌍대문제의 쌍대문제는 원래의 원문제임을 입증할 수 있다. 정리 6.6.1은 정리 2.7.3과 이것의 3개 따름정리에서 확립한 것과 같이 원문제와 쌍대문제 사이의 관계를 요약한다.

6.6.1 정리

위에서 말한 원선형계획법 문제와 쌍대선형계획법 문제를 고려해보자. 다음의 상

호배타적인 경우 가운데 하나가 발생할 것이다:

1. 원문제는 실현가능해를 허용하고 무계인 목적함숫값을 갖는다, 이런 경우, 쌍대문제는 실현불가능하다.
2. 쌍대문제는 실현가능해를 허용하고 무계인 목적함숫값을 갖는다, 이런 경우, 원문제는 실현불가능하다.
3. 양쪽 문제는 실현가능해를 가지며, 이런 경우, 2개의 문제는 $\mathbf{c}\cdot\overline{\mathbf{x}} = \mathbf{b}\cdot\overline{\boldsymbol{\nu}}$, $(\mathbf{c}^t - \boldsymbol{\nu}^t\mathbf{A})\cdot\overline{\mathbf{x}} = 0$이 되도록 하는 최적해 $\overline{\mathbf{x}}$, $\overline{\boldsymbol{\nu}}$를 갖는다.
4. 양쪽 문제는 실현불가능하다.

증명 정리 2.7.3과 이것의 따름정리 1, 3을 참조하시오. (증명 끝)

이차식계획법

다음 이차식계획법 문제

$$\begin{aligned}&\text{최소화} && \frac{1}{2}\mathbf{x}^t\mathbf{H}\mathbf{x} + \mathbf{d}\cdot\mathbf{x}\\ &\text{제약조건} && \mathbf{A}\mathbf{x} \le \mathbf{b}\end{aligned}$$

를 고려하고, 여기에서 $\mathbf{H}$는 대칭, 양반정부호이고, 그래서 목적함수는 볼록함수이다. 라그랑지 쌍대문제는 $\mathbf{u} \geq \mathbf{0}$의 전체에 걸쳐 $\theta(\mathbf{u})$를 최대화하는 것이다. 여기에서 $\theta(\mathbf{u})$는 다음 식

$$\theta(\mathbf{u}) = inf\left\{\frac{1}{2}\mathbf{x}^t\mathbf{H}\mathbf{x} + \mathbf{d}\cdot\mathbf{x} + \mathbf{u}\cdot(\mathbf{A}\mathbf{x} - \mathbf{b}) \,\middle|\, \mathbf{x} \in \Re^n\right\} \tag{6.26}$$

과 같다. 하나의 주어진 $\mathbf{u}$에 대해, 함수 $(1/2)\mathbf{x}^t\mathbf{H}\mathbf{x} + \mathbf{d}\cdot\mathbf{x} + \mathbf{u}\cdot(\mathbf{A}\mathbf{x} - \mathbf{b})$는 볼록임을 주목하고, 그래서 최소해를 위한 필요충분조건은 경도가 $\mathbf{0}$이 되어야 함이다; 즉 말하자면, 다음 식

$$\mathbf{H}\mathbf{x} + \mathbf{A}^t\mathbf{u} + \mathbf{d} = \mathbf{0} \tag{6.27}$$

과 같다. 따라서 이 쌍대문제는 다음 식

$$\begin{aligned} \text{최대화} \quad & \frac{1}{2}\mathbf{x}^t\mathbf{H}\mathbf{x} + \mathbf{d}\cdot\mathbf{x} + \mathbf{u}\cdot(\mathbf{A}\mathbf{x} - \mathbf{b}) \\ \text{제약조건} \quad & \mathbf{H}\mathbf{x} + \mathbf{A}^t\mathbf{u} = -\mathbf{d} \\ & \mathbf{u} \geq \mathbf{0} \end{aligned} \tag{6.28}$$

과 같이 나타낼 수 있다. 지금, (6.27)에서 $\mathbf{d}\cdot\mathbf{x} + \mathbf{u}^t\mathbf{A}\mathbf{x} = -\mathbf{x}^t\mathbf{H}\mathbf{x}$이다. 이것을 (6.28)에 대입하면, 다음 식

$$\begin{aligned} \text{최대화} \quad & -\frac{1}{2}\mathbf{x}^t\mathbf{H}\mathbf{x} - \mathbf{b}\cdot\mathbf{u} \\ \text{제약조건} \quad & \mathbf{H}\mathbf{x} + \mathbf{A}^t\mathbf{u} = -\mathbf{d} \\ & \mathbf{u} \geq \mathbf{0} \end{aligned} \tag{6.29}$$

과 같은 **도른의 쌍대 이차식계획법**을 유도한다. 또한, 라그랑지 쌍대성에 따라, 만약 하나의 문제가 무계라면, 다른 하나의 문제는 실현불가능하다. 더구나 정리 6.2.6에 따라 만약 양쪽 문제가 실현가능하다면 이들은 동일한 목적함숫값을 갖는 최적해를 갖는다.

지금 $\mathbf{H}$가 양정부호이고, 그래서 $\mathbf{H}^{-1}$가 존재한다는 가정 아래 라그랑지 쌍대문제의 대안적 형태를 개발하고. 이 경우 (6.27)의 유일한 해는 다음 식

$$\mathbf{x} = -\mathbf{H}^{-1}(\mathbf{d} + \mathbf{A}^t\mathbf{u})$$

으로 주어진다. (6.26)에 대입하면 다음 식

$$\theta(\mathbf{u}) = \frac{1}{2}\mathbf{u}^t\mathbf{D}\mathbf{u} + \mathbf{u}\cdot\mathbf{c} - \frac{1}{2}\mathbf{d}^t\mathbf{H}^{-1}\mathbf{d}$$

이 뒤따르며, 여기에서 $\mathbf{D} = -\mathbf{A}\mathbf{H}^{-1}\mathbf{A}^t$, $\mathbf{c} = -\mathbf{b} - \mathbf{A}\mathbf{H}^{-1}\mathbf{d}$이다. 따라서 이 쌍대문제는 다음 식

$$\begin{aligned} \text{최대화} \quad & \frac{1}{2}\mathbf{u}^t\mathbf{D}\mathbf{u} + \mathbf{u}\cdot\mathbf{c} - \frac{1}{2}\mathbf{d}^t\mathbf{H}^{-1}\mathbf{d} \\ \text{제약조건} \quad & \mathbf{u} \geq \mathbf{0} \end{aligned} \tag{6.30}$$

으로 주어진다. 이 문제는 단순하게 비음(−) 분면 전체에 걸친 오목 이차식함수의

최대화임을 주목해, 쌍대문제 (6.30)의 최적해는 제8장에서 제11장까지에서 설명한 알고리즘을 사용해 상대적으로 쉽게 구할 수 있다(단순화된 구도에 대해 연습문제 6.45를 참조하시오).

연습문제

[6.1] 최소화 $f(\mathbf{x})$ 제약조건 $\mathbf{g}(\mathbf{x}) \le \mathbf{0}$ $\mathbf{x} \in X$의 (1개의) 제약조건이 있는 문제를 고려해보자. $G = \{(y, z) \mid y = g(\mathbf{x}), z = f(\mathbf{x})$ 어떤 $\mathbf{x} \in X$에 대해$\}$을 정의하고, $y \in \Re$에 대해 $\nu(y) = min\{f(\mathbf{x}) \mid \mathbf{g}(\mathbf{x}) \le y,\ \mathbf{x} \in X\}$는 연관된 섭동함수라 하자. 에피그래프가 G를 포함하는 모든 가능한 비증가함수 전체에 걸쳐, ν는 점별 최소상계임을 보이시오.

[6.2] 그림 4.13에 예시한 것과 같은 최소화 $f(\mathbf{x})$ 제약조건 $g_1(\mathbf{x}) \le 0$ $g_2(\mathbf{x}) \le 0$ 문제를 고려해보자. $X = \{\mathbf{x} \mid g_1(\mathbf{x}) \le 0\}$로 나타낸다. 섭동함수 $\nu(y) = min\{f(\mathbf{x}) \mid g_2(\mathbf{x}) \le y,\}$ $\mathbf{x} \in X\}$를 묘사하고 쌍대성간극을 지적하시오. 이 문제의 집합 $G = \{(y, z) \mid y = g_2(\mathbf{x}),\ z = f(\mathbf{x})$ 어떤 $\mathbf{x} \in X$에 대해$\}$에 대해 가능한 스케치를 제공하시오.

[6.3] $\phi(\mathbf{x}, \mathbf{y})$는 $\mathbf{x} \in X \subseteq \Re^n$, $\mathbf{y} \in Y \subseteq \Re^m$에 대해 정의한 연속함수라 하자. 다음 부등식

$$\underset{\mathbf{y} \in Y}{sup}\ \underset{\mathbf{x} \in X}{inf}\ \phi(\mathbf{x}, \mathbf{y}) \le \underset{\mathbf{x} \in X}{inf}\ \underset{\mathbf{y} \in Y}{sup}\ \phi(\mathbf{x}, \mathbf{y})$$

이 성립함을 보이시오.

[6.4] 최소화 $f(\mathbf{x})$ 제약조건 $g_i(\mathbf{x}) \le 0$ $i = 1, \cdots, m$, $h_i(\mathbf{x}) = 0$ $i = 1, \cdots, \ell$, $\mathbf{x} \in X$ 문제를 고려해보고 $\nu: \Re^{m+\ell} \to \Re$은 (6.9)으로 정의한 섭동함수라 하자. f, $\mathbf{g}$는 볼록이고, $\mathbf{h}$는 아핀이며, X는 볼록집합이라고 가정하고 ν는 볼록임을 보이시오.

[6.5] 예제 6.3.5의 문제에 대해, (6.9)으로 정의한 섭동함수 ν를 묘사하고 하나의 안장점해의 존재에 대해 설명하시오.

[6.6] $f : \Re^n \to \Re$은 오목함수라 하고 $\partial f(\bar{\mathbf{x}})$는 임의의 $\bar{\mathbf{x}} \in \Re^n$에서 f의 열미분이라 하자. $\bar{\mathbf{x}}$에서 f의 $\mathbf{d}$ 방향의 방향도함수는 $f'(\bar{\mathbf{x}}; \mathbf{d}) = inf \{\boldsymbol{\xi} \cdot \mathbf{d} \mid \boldsymbol{\xi} \in \partial f(\bar{\mathbf{x}})\}$임을 보이시오. 만약 f가 볼록함수라면 여기에 상응하는 결과는 무엇인가?

[6.7] 최소화 $\{\mathbf{c} \cdot \mathbf{x} \mid \mathbf{A}\mathbf{x} = \mathbf{b},\ \mathbf{D}\mathbf{x} = \mathbf{d},\ \mathbf{x} \in X\}$의 이산최적화 '문제 DP'를 고려하고, 여기에서, X는 어떤 콤팩트 이산 집합이며 이 문제는 실현가능하다고 가정하시오. 임의의 $\boldsymbol{\pi} \in \Re^m$에 대해 $\theta(\boldsymbol{\pi}) = min \{\mathbf{c} \cdot \mathbf{x} + \boldsymbol{\pi} \cdot (\mathbf{A}\mathbf{x} - \mathbf{b}) \mid \mathbf{D}\mathbf{x} = \mathbf{d},\ \mathbf{x} \in X\}$이며, 여기에서 $\mathbf{A}$는 $m \times n$ 행렬이다. $max \{\theta(\boldsymbol{\pi}) \mid \boldsymbol{\pi} \in \Re^m\} = min \{\mathbf{c} \cdot \mathbf{x} \mid \mathbf{A}\mathbf{x} = \mathbf{b},\ \mathbf{x} \in conv\{\mathbf{x} \in X \mid \mathbf{D}\mathbf{x} = \mathbf{d}\}$임을 보이고, 여기에서 $conv\{\cdot\}$는 볼록포 연산을 의미한다. '문제 DP'와 설명한 라그랑지 쌍대문제 사이에 존재할 수도 있는 쌍대성간극을 해석하기 위해, 이 결과를 사용하시오.

[6.8] 연습문제 6.7에 주어진 '문제 DP'를 고려해보고, 최소화 $\{\mathbf{c} \cdot \mathbf{x} \mid \mathbf{A}\mathbf{x} = \mathbf{b},\ \mathbf{D}\mathbf{y} = \mathbf{d},\ \mathbf{x} = \mathbf{y},\ \mathbf{x} \in X,\ \mathbf{y} \in Y\}$ 문제로 다시 작성하고, 여기에서 Y는 $\mathbf{x}$-변수가 짝짓는 $\mathbf{y}$-변수의 집합으로 대체된 X의 복사분이다. 라그랑지 쌍대함수 $\bar{\theta}(\boldsymbol{\mu}) = min \{\mathbf{c} \cdot \mathbf{x} + \boldsymbol{\mu} \cdot (\mathbf{x} - \mathbf{y}) \mid \mathbf{A}\mathbf{x} = \mathbf{b},\ \mathbf{D}\mathbf{y} = \mathbf{d},\ \mathbf{x} \in X,\ \mathbf{y} \in Y\}$를 정식화하시오. $max \{\bar{\theta}(\boldsymbol{\mu} \mid \boldsymbol{\mu} \in \Re^n\} \geq max \{\theta(\boldsymbol{\pi}) \mid \boldsymbol{\pi} \in \Re^m\}$임을 보이고, 여기에서 θ는 연습문제 6.7에서 정의한 것이다. 절 6.4와 연습문제 6.7에서 제시한 바와 같이 θ와 $\bar{\theta}$에 상응하는 각각의 부분볼록포에 관계해 이 결과를 토의하시오.

[6.9] 절 6.1에서 설명한 '문제 P'와 '문제 D'의 원문제와 쌍대문제의 쌍을 고려해보고 라그랑지 쌍대함수 θ는 미분가능하다고 가정하시오. $\bar{\mathbf{u}} \geq \mathbf{0}$, $(\bar{\mathbf{u}}, \bar{\nu}) \in \Re^{m+\ell}$이 주어지면, $\nabla \theta(\bar{\mathbf{u}}, \bar{\nu})^t = \left[\mathbf{g}(\bar{\mathbf{x}})^t, \mathbf{h}(\bar{\mathbf{x}})^t\right]$라고 놓고, 만약 $i = 1, \cdots, m$에 대해, $\bar{u}_i > 0$이라면 $\hat{g}_i(\bar{\mathbf{x}}) = g_i(\bar{\mathbf{x}})$라고 놓고, 만약 $\bar{u}_i = 0$이라면 $\hat{g}_i(\bar{\mathbf{x}}) = max\{0, g_i(\bar{\mathbf{x}})\}$라고 정의한다. 만약 $(\mathbf{d}_{\mathbf{u}}, \mathbf{d}_{\nu}) \equiv [\hat{\mathbf{g}}(\bar{\mathbf{x}}), \mathbf{h}(\bar{\mathbf{x}})] \neq (\mathbf{0}, \mathbf{0})$이라면, $(\mathbf{d}_{\mathbf{u}}, \mathbf{d}_{\nu})$는 $(\bar{\mathbf{u}}, \bar{\nu})$에서 θ의 하나의 실현가능 증가방향임을 보이시오. 그러므로 θ

가 어떻게 최대화$_\lambda \{\theta(\bar{u} + \lambda \mathbf{d}_u,\ \bar{\nu} + \lambda \mathbf{d}_\nu) | \bar{\mathbf{u}} + \lambda \mathbf{d}_u \geq \mathbf{0}, \lambda \geq 0\}$의 일차원문제를 사용해 $(\mathbf{d}_u, \mathbf{d}_\nu)$ 방향으로 최대화할 수 있는가에 대해 토의하시오. 반면에 만약 $(\mathbf{d}_u, \mathbf{d}_\nu) = (\mathbf{0}, \mathbf{0})$이라면 $(\bar{\mathbf{u}}, \bar{\nu})$는 D의 최적해임을 보이시오. 최소화 $x_1^2 + x_2^2$ 제약조건 $g_1(\mathbf{x}) = -x_1 - x_2 + 4 \leq 0$ $g_2(\mathbf{x}) = x_1 + 2x_2 - 8 \leq 0$ 문제를 고려해보자. 이 경우 쌍대해 $(u_1, u_2) = (0, 0)$에서 출발하여 이 방법으로 1회 반복계산을 한 다음, 하나의 최적해를 얻는다는 것을 입증해, 위에서 제시한 **경도법**을 예시하시오.

[6.10] 최소화 $x_1^2 + x_2^2$ 제약조건 $x_1 + x_2 - 4 \geq 0$ $x_1, x_2 \geq 0$ 문제를 고려해보자.

a. 최적해는 $\bar{\mathbf{x}} = (2, 2)$이며 $f(\bar{\mathbf{x}}) = 8$임을 입증하시오.

b. $X = \{(x_1, x_2) | x_1 \geq 0,\ x_2 \geq 0\}$이라 하고 라그랑지 쌍대문제를 작성하시오. 쌍대함수는 $\theta(\mathrm{u}) = -u^2/2 - 4u$임을 보이시오. 문제의 쌍대성간극은 존재하지 않음을 입증하시오.

c. 절 6.4의 제약평면법에 의해 쌍대문제의 최적해를 구하시오. $\mathbf{x} = (3, 3)$에서 출발하시오.

d. θ는 모든 점에서 미분가능함을 보이고, 연습문제 6.9의 경도법을 사용해 문제의 최적해를 구하시오.

[6.11] 다음 문제

$$
\begin{aligned}
\text{최소화} \quad & (x_1 - 2)^2 + (x_2 - 6)^2 \\
\text{제약조건} \quad & x_1^2 - x_2 \leq 0 \\
& -x_1 \leq 1 \\
& 2x_1 + 3x_2 \leq 18 \\
& x_1, \quad x_2 \geq 0
\end{aligned}
$$

를 고려해보자.

a. 기하학적으로 최적해를 구하고 카루시-쿤-터커 조건을 사용해 이것을 입증하시오.

b. $X = \{(x_1, x_2) \mid 2x_1 + 3x_2 \le 18,\ x_1, x_2 \ge 0\}$라고 정의하고 쌍대문제를 정식화하시오.

c. 절 6.4에서 설명한 제약평면법을 $(u_1, u_2) = (0, 0)$에서 출발하여 3회 반복계산을 하시오. 생성된 원문제의 실현불가능한 점에 상응하는, 섭동된 최적화문제를 설명하시오. 또한, 알고리즘에 의해 생성된 원문제의 실현가능해를 확인하시오.

[6.12] 연습문제 6.11를 참조해, 연습문제 6.9의 경도법을 3회 반복계산하고 이 결과를 제약평면법에 의해 얻은 결과와 비교하시오.

[6.13] 다음 문제

$$
\begin{array}{lrrrrl}
\text{최대화} & 3x_1 + & 6x_2 + & 2x_3 + & 4x_4 & \\
\text{제약조건} & x_1 + & x_2 + & x_3 + & x_4 & \le 12 \\
 & -x_1 + & x_2 + & & 2x_4 & \le 4 \\
 & x_1 + & x_2 & & & \le 12 \\
 & & x_2 & & & \le 4 \\
 & & & x_3 + & x_4 & \le 6 \\
 & x_1, & x_2, & x_3, & x_4 & \ge 0
\end{array}
$$

를 고려해보자.

a. $X = \{(x_1, x_2, x_3, x_4) \mid x_1 + x_2 \le 12,\ x_2 \le 4,\ x_3 + x_4 \le 6,\ x_1, x_2, x_3, x_4 \ge 0\}$인 쌍대문제를 정식화하시오.

b. 점 $(0, 0)$에서 출발하여, 연습문제 6.9에서 토의한 것처럼 최급증가방향을 따라 최적화해, 라그랑지 쌍대문제의 최적해를 구하시오.

c. 쌍대문제의 최적해에서 원문제의 최적해를 구하시오.

[6.14] 절 6.1에서 토의한 원문제 P를 고려해보자. 여유변수 벡터를 도입하면, 이 문제는 다음 식

$$\text{최소화} \quad f(\mathbf{x})$$

$$\begin{aligned} \text{제약조건} \quad & \mathbf{g}(\mathbf{x})+\mathbf{s}=\mathbf{0} \\ & \mathbf{h}(\mathbf{x})=\mathbf{0} \\ & (\mathbf{x},\mathbf{s})\in X' \end{aligned}$$

과 같으며, 여기에서 $X'=\{(\mathbf{x},\mathbf{s})\,|\,\mathbf{x}\in X,\ \mathbf{s}\geq\mathbf{0}\}$이다. 위 문제의 쌍대문제를 정식화하고, 이것은 절 6.1에서 토의한 쌍대문제와 등가임을 보이시오.

[6.15] 다음 문제

$$\begin{aligned} \text{최대화} \quad & 3x_1+2x_2+x_3 \\ \text{제약조건} \quad & 2x_1+\ x_2-x_3\leq 2 \\ & x_1+2x_2 \leq 4 \\ & x_3\leq 3 \\ & x_1,\quad x_2,\quad x_3\geq 0 \end{aligned}$$

를 고려해보자.

a. 명시적으로 쌍대함수를 구하고, 여기에서 $X=\{(x_1,x_2,x_3)\,|\,2x_1+x_2-x_3\leq 2,\ x_1,x_2,x_3\geq 0\}$이다.

b. $X=\{(x_1,x_2,x_3)\,|\,x_1+2x_2\leq 4,\ x_1,x_2,x_3\geq 0\}$에 대해 파트 a를 반복하시오.

c. 파트 a, b에서, 하나의 주어진 점에서 쌍대함숫값 계산의 어려움은 어떤 제약조건을 집합 X에서 취급하는가에 따라 다르다는 것을 주목하자. 해를 찾기 쉬운 집합 X를 선택하는 목적으로 사용할 수 있는 일반적 지침을 제안하시오.

[6.16] 최소화 e^{-2x} 제약조건 $-x\leq 0$ 문제를 고려해보자.

a. 위의 원문제의 최적해를 구하시오.

b. $X=\Re$이라 하고, 라그랑지 쌍대함수의 양함수 형식을 구하고 쌍대문제의 최적해를 구하시오.

[6.17] 최소화 x_1 제약조건 $x_1^2+x_2^2=4$ 문제를 고려해보자. 쌍대함수를 명시적으로 유도하고, 이것의 오목성을 입증하시오. 원문제와 쌍대문제의 최적해를 구하고 이들의 목적함숫값을 비교하시오.

[6.18] 정리 6.2.5의 가정 아래 $\overline{\mathbf{x}}$는 원문제의 하나의 최적해이며 f, $\mathbf{g}$는 $\overline{\mathbf{x}}$에서 미분가능하다고 가정한다. 다음 식

$$\left[\nabla f(\overline{\mathbf{x}})+\sum_{i=1}^{m}\overline{u_i}\,\nabla g_i(\overline{\mathbf{x}})+\sum_{i=1}^{\ell}\overline{\nu_i}\nabla h_i(\overline{\mathbf{x}})\right]\cdot(\mathbf{x}-\overline{\mathbf{x}})\ \geq 0$$

각각의 $\mathbf{x}\in X$에 대해

$$u_i g_i(\overline{\mathbf{x}})=0 \qquad i=1,\cdots,m$$

$$\overline{\mathbf{u}}\ \geq 0$$

이 성립하도록 하는 하나의 벡터 $(\overline{\mathbf{u}},\overline{\boldsymbol{\nu}})$가 존재함을 보이시오. 만약 X가 열린집합이라면 이들 조건은 카루시-쿤-터커 조건이 됨을 보이시오.

[6.19] 최소화 $f(\mathbf{x})$ 제약조건 $\mathbf{g}(\mathbf{x})\leq \mathbf{0}$ $\mathbf{x}\in X$ 문제를 고려해보자. 정리 6.2.4는 f, $\mathbf{g}$, X가 볼록이며 어떤 $\hat{\mathbf{x}}\in X$에 대해 제약자격 $\mathbf{g}(\hat{\mathbf{x}})<\mathbf{0}$이 성립한다는 가정 아래 최적해에서 원문제와 쌍대문제의 목적함숫값은 같다는 것을 나타낸다. f, $\mathbf{g}$의 볼록성 가정은 f, $\mathbf{g}$의 연속성으로 대체되며, X는 볼록 콤팩트 집합이라고 가정한다. 이 정리의 결과는 성립하는가? 증명하거나 아니면 반례를 제시하시오.

[6.20] 보조정리 6.2.3의 증명에서 Λ는 볼록집합임을 보이시오.

[6.21] 다음 안장점 최적성 조건을 증명하시오. $X\neq\varnothing$는 $\Re^n$의 볼록집합이라고 가정하고, $f:\Re^n\rightarrow\Re$, $\mathbf{g}:\Re^n\rightarrow\Re^m$는 볼록이라 하고, $\mathbf{h}:\Re^n\rightarrow\Re^\ell$은 아핀이라 하자. 만약 $\overline{\mathbf{x}}$가 최소화 $f(\mathbf{x})$ 제약조건 $\mathbf{g}(\mathbf{x})\leq\mathbf{0}$ $\mathbf{h}(\mathbf{x})=\mathbf{0}$ $\mathbf{x}\in X$ 문제의 하나의 최적해라면, 모든 $\mathbf{u}\ \geq\mathbf{0}$ $\boldsymbol{\nu}\in\Re^\ell$ $\mathbf{x}\in X$에 대해 다음 식

$$\phi\left(\overline{u}_0,\mathbf{u},\boldsymbol{\nu},\overline{\mathbf{x}}\right)\leq\phi\left(\overline{u}_0,\overline{\mathbf{u}},\overline{\boldsymbol{\nu}},\overline{\mathbf{x}}\right)\leq\phi\left(\overline{u}_0,\overline{\mathbf{u}},\overline{\boldsymbol{\nu}},\mathbf{x}\right)$$

이 성립하도록 하는 $\left(u_0, \overline{\mathbf{u}}, \overline{\nu}\right) \neq \mathbf{0}$, $\left(\overline{u}_0, \overline{\mathbf{u}}\right) \geq \mathbf{0}$이 존재하며, 여기에서 $\phi(u_0, \mathbf{u}, \nu, \mathbf{x}) = u_0 f(\mathbf{x}) + \mathbf{u}\cdot\mathbf{g}(\mathbf{x}) + \nu\cdot\mathbf{h}(\mathbf{x})$이다.

[6.22] P, D는 절 6.1에서 설명한 원비선형계획법 문제, 쌍대비선형계획법 문제라 하고 $\mathbf{w} = (\mathbf{u}, \nu)$라고 나타낸다. $\overline{\mathbf{w}}$는 D의 최적해라고 가정한다. 만약 P의 하나의 안장점해가 존재하면, 그리고 만약 $\overline{\mathbf{x}}$가 $\theta(\overline{\mathbf{w}})$의 유일한 최적해라면 $(\overline{\mathbf{x}}, \overline{\mathbf{w}})$는 이러한 안장점해이다. 유사하게 만약 θ가 $\overline{\mathbf{w}}$에서 미분가능하다면, 그리고 만약 $\overline{\mathbf{x}}$가 (유일하게) $\overline{\mathbf{w}}$에서 θ의 최적해라면 $(\overline{\mathbf{x}}, \overline{\mathbf{w}})$는 하나의 안장점해임을 보이시오(특히, 만약 '문제 P'가 안장점해를 갖지 않는다면 이것은 θ가 최적해에서 미분불가능함을 보여준다).

[6.23] 다음 문제

$$
\begin{array}{lrrrrl}
\text{최소화} & -2x_1 & +2x_2 & +\ x_3 & -3x_4 & \\
\text{제약조건} & x_1 & +\ x_2 & +\ x_3 & +\ x_4 & \leq 8 \\
 & x_1 & & -2x_3 & +\ x_4 & \leq 2 \\
 & x_1 & +\ x_2 & & & \leq 8 \\
 & & & x_3 & +2x_4 & \leq 6 \\
 & x_1, & x_2, & x_3, & x_4 & \geq 0
\end{array}
$$

를 고려해보자. $X = \left\{(x_1, x_2, x_3, x_4) \,\middle|\, x_1 + x_2 \leq 8,\ x_3 + 2x_4 \leq 6,\ x_1, x_2, x_3, x_4 \leq 0\right\}$이라고 놓는다.

a. 명시적으로 함수 θ를 구하시오.
b. θ는 점 $(4, 0)$에서 미분가능함을 입증하고 $\nabla\theta(4, 0)$을 찾아내시오.
c. $\nabla\theta(4, 0)$는 실현불가능방향임을 입증하고, 개선실현가능방향을 구하시오.
d. $(4, 0)$에서 출발하여 파트 c에서 얻어진 방향으로 θ를 최대화하시오.

[6.24] 다음 문제

$$\begin{aligned} \text{최소화} \quad & 2x_1 + x_2 \\ \text{제약조건} \quad & x_1 + 2x_2 \le 8 \\ & 2x_1 + 3x_2 \le 6 \\ & x_1, \quad x_2 \ge 0 \\ & x_1, \quad x_2 \quad \text{정수} \end{aligned}$$

를 고려해보자. $X = \{(x_1, x_2) \mid 2x_1 + 3x_2 \le 6,\ x_1, x_2 \ge 0$이며 정수$\}$이라 한다. θ는 $u = 2$에서 미분가능한가? 그렇지 않다면, 이것의 증가방향의 특성을 설명하시오.

[6.25] 수치를 사용해 쌍대함수의 열경도가 증가방향이 아닌 문제를 구성하시오. 최적해가 아닌 점에서 열경도 집합과 증가방향 원추는 서로소라는 것이 가능한가? (**힌트**: 가장 짧은 열경도를 고려해보자.)

[6.26] $\theta : \Re^m \to \Re$은 오목함수라고 가정한다.

a. θ가 $\bar{\mathbf{u}}$에서 최대치를 달성한다는 것은 다음 식

$$max\{\theta'(\bar{\mathbf{u}};\mathbf{d}) \mid \|\mathbf{d}\| \le 1\} = 0$$

이 성립한다는 것과 같은 뜻임을 보이시오.

b. 영역 $U = \{\mathbf{u} \mid \mathbf{u} \ge \mathbf{0}\}$ 전체에 걸쳐 $\bar{\mathbf{u}}$에서 θ가 최댓값을 성취한다는 것은 다음 식

$$max\{\theta'(\bar{\mathbf{u}};\mathbf{d}) \mid \mathbf{d} \in D,\ \|\mathbf{d}\| \le 1\} = 0$$

이 성립한다는 것과 같은 뜻임을 보이고, 여기에서 D는 $\bar{\mathbf{u}}$에서 U의 실현가능방향 원추이다(위의 결과는 라그랑지 쌍대함수의 최대화를 위한 종료판단기준으로 사용할 수 있음을 주목하시오).

[6.27] 최소화 x 제약조건 $g(x) \le 0$ $x \in X = \{x \mid x \ge 0\}$ 문제를 고려해보자. 라그랑지 쌍대함수의 명시적 형태를 유도하시오. 그리고 $u = 0$에서 다음 각각의 케

이스에 대해 열경도 집합을 결정하시오:

$$a.\quad g(x)=\begin{cases}-2/x & x\neq 0\\ 0 & x=0\end{cases}$$

$$b.\quad g(x)=\begin{cases}-2/x & x\neq 0\\ -1 & x=0\end{cases}$$

$$c.\quad g(x)=\begin{cases}2/x & x\neq 0\\ 1 & x=0\end{cases}$$

[6.28] 절 6.4에서 설명한 제약평면법을 고려하고 매번 주 프로그램의 목적함숫값은 엄격하게 증가한다고 가정하고, 최적해에서 구속하지 않는 $z \leq f(\mathbf{x}_j)+\mathbf{u}\cdot\mathbf{g}(\mathbf{x}_j)+\boldsymbol{\nu}\cdot\mathbf{h}(\mathbf{x}_j)$ 유형의 모든 제약조건을 삭제한다. 만약 X가 유한개 요소를 갖는다면 이같이 수정된 알고리즘은 유한한 값으로 수렴함을 보이시오. 이와 같은 제약조건 삭제가 알고리즘의 수렴을 보장할 수 있는 어떤 대안적 조건을 제시하시오.

[6.29] X는 콤팩트 다면체집합이며 f는 오목인 다음 문제

$$\begin{aligned}\text{최소화}\quad & f(\mathbf{x})\\ \text{제약조건}\quad & \mathbf{A}\mathbf{x}=\mathbf{b}\\ & \mathbf{x}\in X\end{aligned}$$

를 고려해보자.

a. 라그랑지 쌍대문제를 정식화하시오.

b. 이 쌍대함수는 오목이며 구간별 선형임을 보이시요.

c. 열경도, 증가방향, 쌍대함수의 최급증가방향의 특성을 설명하시오.

d. 파트 b의 결과를 X는 콤팩트 집합이 아닌 케이스로 일반화하시오.

[6.30] 절 6.1에서 기술한 원문제와 쌍대문제 P, D의 쌍을 고려해보고 라그랑지 쌍대함수 θ는 미분가능일 필요가 없다고 가정한다. $\bar{\mathbf{u}}\geq\mathbf{0}$인 $\bar{\mathbf{w}}=(\bar{\mathbf{u}},\bar{\boldsymbol{\nu}})\in\Re^{m+\ell}$이 주어지면 $\boldsymbol{\xi}_1,\cdots,\boldsymbol{\xi}_p\,(p>1)$를 $\bar{\mathbf{w}}$에서 어떤 알려진 θ의 열경도 집합이라 하자. 최대화 $\{\varepsilon \mid \mathbf{d}\cdot\boldsymbol{\xi}_j\geq\varepsilon,\ j=1,\cdots,p,\ -1\leq d_i\leq 1,\ i=1,\cdots,m+\ell$ 만약 $\bar{u}_i=0$이라면 $d_i\geq 0\}$ 문제를 고려해보자. $(\varepsilon,\bar{\mathbf{d}})$가 문제의 최적해라고 놓

자. 만약 $\varepsilon = 0$이라면 $\overline{\mathbf{w}}$는 D의 최적해임을 보이시오. 그렇지 않다면, 최대화 $\{\mathbf{d} \cdot \boldsymbol{\xi} \mid \boldsymbol{\xi} \in \partial\theta(\overline{\mathbf{w}})\}$ 문제의 최적해를 구하시오. $\boldsymbol{\xi}_{p+1}$를 최적해라고 놓는다. 만약 $\overline{\mathbf{d}} \cdot \boldsymbol{\xi}_{p+1} > 0$이라면, $\overline{\mathbf{d}}$는, 이것을 따라 $max\{\theta(\overline{\mathbf{w}} + \lambda\overline{\mathbf{d}}) \mid \overline{u}_i + \lambda\overline{d}_i \ge 0,\ i = 1, \cdots, m,\ \lambda \ge 0\}$의 최적해를 구하면 θ를 최대화할 수 있는 증가방향임을 보이고, 그렇다면, 이 과정은 반복할 수 있다. 그렇지 않다면, 만약 $\overline{\mathbf{d}} \cdot \boldsymbol{\xi}_{p+1} \le 0$이라면, p를 1만큼 증가시키고, 위에 주어진 방향탐색문제의 최적해를 다시 구한다. 이 구도에 관련해 있을지도 모를 계산상의 어려움을 토의하시오. 만약 모든 함수가 아핀이며 X는 공집합이 아닌 유계다면체집합이라면 독자는 여러 스텝을 어떻게 실행할 것인가? 점 $(u_1, u_2) = (0, 4)$에서 출발하여 최소화 $x_1 - 4x_2$ 제약조건 $-x_1 - x_2 + 2 \le 0$ $x_2 - 1 \le 0$ $\mathbf{x} \in X = \{\mathbf{x} \mid 0 \le x_1 \le 3,\ 0 \le x_2 \le 3\}$의 예제를 사용해 예시하시오.

[6.31] 최소화 $\mathbf{c} \cdot \mathbf{x}$ 제약조건 $\mathbf{A}\mathbf{x} = \mathbf{b}$, $\mathbf{x} \ge \mathbf{0}$의 선형계획법 문제를 고려해보자. 문제의 쌍대문제를 작성하시오. 쌍대문제의 쌍대문제는 원문제와 등가임을 보이시오.

[6.32] 다음 문제

$$\begin{array}{ll}
\text{최소화} & -2x_1 - 2x_2 - x_3 \\
\text{제약조건} & 2x_1 + x_2 + x_3 \le 8 \\
& 3x_1 - 2x_2 + 3x_3 \le 3 \\
& x_1 + x_2 \le 5 \\
& x_1,\ x_2,\ x_3 \ge 0
\end{array}$$

를 고려해보자. 심플렉스 알고리즘에 의해 원문제의 최적해를 구하시오. 각각의 반복계산에서 심플렉스 태블로에서 쌍대변수를 확인하시오. 쌍대변수는 상보여유성조건을 만족시키지만 쌍대문제의 제약조건을 위반함을 보이시오. 종료에서 쌍대실현가능성이 달성됨을 입증하시오.

[6.33] 절 6.6에서 토의한 원선형계획법 문제와 쌍대선형계획법 문제를 고려해보자. 파르카스의 보조정리를 직접 사용해 만약 원문제가 모순되고 쌍대문제가 실현가능해를 받아들인다면 쌍대문제는 무계의 목적함숫값을 갖는다는 것을 보이시오.

[6.34] 절 6.3에서 $\bar{\mathbf{u}}$에서 θ의 가장 짧은 열경도 $\boldsymbol{\xi}$는 최급증가방향임을 보였다. 실현가능성을 유지하기 위해 다음 식

$$\bar{\xi}_i = \begin{cases} max\{0, \xi_i\} & \bar{u}_i = 0\text{이라면} \\ \xi_i & \bar{u}_i \geq 0\text{이라면} \end{cases}$$

과 같이 $\boldsymbol{\xi}$를 수정할 것을 제안한다. $\bar{\boldsymbol{\xi}}$는 증가방향인가? 이것은 추가된 비음(-) 제한을 갖는 최급증가 방향인가? 증명하거나 아니면 반례를 제시하시오.

[6.35] $(\bar{\mathbf{u}}, \bar{\nu})$에서 θ의 가장 짧은 열경도 $\bar{\boldsymbol{\xi}}$는 $\mathbf{0}$이 아니라고 가정한다. $\| \boldsymbol{\xi} - \bar{\boldsymbol{\xi}} \| < \varepsilon$가 $(\bar{\mathbf{u}}, \bar{\nu})$에서 $\boldsymbol{\xi}$가 θ의 하나의 증가방향임을 의미하게 하는 $\varepsilon > 0$이 존재함을 보이시오(이 연습문제에서 만약 $\bar{\boldsymbol{\xi}}$를 찾기 위해 반복계산절차를 사용한다면 이것은 충분한 횟수의 반복계산 후 증가방향을 찾을 것이다).

[6.36] 1개의 제약조건만 있는 최소화 $f(\mathbf{x})$ 제약조건 $g(\mathbf{x}) \leq 0$ $\mathbf{x} \in X$ 문제를 고려해보고, 여기에서 X는 콤팩트 집합이다. 라그랑지 쌍대문제는 최대화 $\theta(u)$ 제약조건 $u \geq 0$이며, 여기에서 $\theta(u) = inf\{f(\mathbf{x}) + ug(\mathbf{x}) | \mathbf{x} \in X\}$이다.

a. $\hat{u} \geq 0$이라 하고, $\hat{\mathbf{x}} \in X(\hat{u})$이라 한다. 만약 $g(\hat{\mathbf{x}}) > 0$이라면 $\bar{u} > \hat{u}$이며, 만약 $g(\hat{\mathbf{x}}) < 0$이라면 $\bar{u} < \hat{u}$임을 보이고, 여기에서 $\bar{u}$는 라그랑지 쌍대문제의 하나의 최적해이다.

b. 쌍대문제의 모든 최적해를 포함하는 구간 $[a, b]$를 찾거나 그렇지 않다면 쌍대문제가 무계라는 결론을 내리기 위해 파트 a의 결과를 사용하시오.

c. 지금 최대화 $\theta(u)$ 제약조건 $a \leq u \leq b$ 문제를 고려해보자. 다음 구도는 이 문제의 최적해를 구하기 위해 사용한다고 가정한다: $\bar{u} = (a+b)/2$라 하고, $\bar{\mathbf{x}} \in X(\bar{u})$이라 한다. 만약 $g(\bar{\mathbf{x}}) > 0$이면, a를 $\bar{u}$로 대체하고 이 과정을 반복한다. 만약 $g(\bar{\mathbf{x}}) < 0$이면 b를 $\bar{u}$로 대체하고 이 과정을 반복한다. 만약 $g(\bar{\mathbf{x}}) = 0$이면 중지한다; $\bar{u}$는 하나의 최적 쌍대해이다. 이 절차는 최적해로 수렴함을 보이고 다음 문제

$$\begin{array}{ll} \text{최소화} & 2x_1^2 + x_2^2 \\ \text{제약조건} & -x_1 - 2x_2 + 2 \le 0 \end{array}$$

의 쌍대문제의 최적해를 구함으로 이것을 예시하시오.

d. 최대화 $\theta(u)$ 제약조건 $a \le u \le b$ 문제의 최적해를 구하기 위한 대안적 알고리즘은 절 6.4에서 토의한 접선근사화를 상세히 설명하는 것이다. 각각의 반복계산에서 2개 받침초평면만을 고려할 필요가 있음을 보이고, 이 방법은 다음과 같이 나타낼 수 있음을 보이시오: $\mathbf{x}_a \in X(a)$, $\mathbf{x}_b \in X(b)$이라 한다. $\bar{u} = [f(\mathbf{x}_b) - f(\mathbf{x}_a)]/[g(\mathbf{x}_b) - g(\mathbf{x}_a)]$이라 한다. 만약 $\bar{u} = a$ 또는 $\bar{u} = b$이라면 중지한다; $\bar{u}$는 이 쌍대문제의 최적해이다. 그렇지 않다면, $\bar{\mathbf{x}} \in X(\bar{u})$라 한다. 만약 $g(\bar{\mathbf{x}}) > 0$이라면 a를 $\bar{u}$로 대체하고 이 과정을 반복한다. 만약 $g(\bar{\mathbf{x}}) < 0$이라면 b를 $\bar{u}$로 대체하고 이 과정을 반복한다. 만약 $g(\bar{\mathbf{x}}) = 0$이라면 중지한다; $\bar{u}$는 최적쌍대해이다. 이 절차는 최적해로 수렴함을 보이고 파트 c의 문제의 최적해를 구함으로 이것을 예시하시오.

[6.37] 절 6.1에서 토의한 원문제와 라그랑지 쌍대문제를 고려해보자. $(\bar{\mathbf{u}}, \bar{\nu})$는 쌍대문제의 하나의 최적해라 하자. $(\mathbf{u}, \nu)$가 주어지면 절 6.3에서 정의한 바와 같이 $\bar{\mathbf{x}} \in X(\mathbf{u}, \nu)$라고 가정한다. 구간 $[0, \delta]$ 전체에 걸쳐 $\| (\bar{\mathbf{u}}, \bar{\nu}) - (\mathbf{u}, \nu) - \lambda[\mathbf{g}(\bar{\mathbf{x}}), \mathbf{h}(\bar{\mathbf{x}})] \|$는 $\bar{\mathbf{x}}$에 관한 비증가함수가 되도록 하는 $\delta > 0$가 존재함을 보이시오. 이 결과를 기하학적으로 해석하고 다음 문제

$$\begin{array}{lrcrcrl} \text{최소화} & -2x_1 & - & 2x_2 & - & 5x_3 & \\ \text{제약조건} & x_1 & + & x_2 & + & x_3 & \le 10 \\ & x_1 & + & & & 2x_3 & \ge 6 \\ & x_1, & & x_2, & & x_3 & \le 3 \\ & x_1, & & x_2, & & x_3 & \ge 0 \end{array}$$

를 예로 들어 설명하고, 여기에서 $(u_1, u_2) = (3, 1)$은 첫째 2개 제약조건에 상응하는 쌍대변수이다.

[6.38] 연습문제 6.37에서 임의의 열경도 방향으로 작은 스텝만큼 이동하면 하나의 최적 쌍대해에 좀 더 가까운 점으로 인도함은 명백하다. 최소화 $f(\mathbf{x})$ 제약조건 $\mathbf{h}(\mathbf{x})=0$ $\mathbf{x} \in X$의 쌍대문제를 최대화하는 다음 알고리즘을 고려해보자.

메인 스텝 $\boldsymbol{\nu}_k$가 주어지면, $\mathbf{x}_k \in X(\boldsymbol{\nu}_k)$이라고 놓는다. $\boldsymbol{\nu}_{k+1}=\boldsymbol{\nu}_k+\lambda \mathbf{h}(\mathbf{x}_k)$이라 하고, 여기에서 $\lambda>0$는 작은 스칼라이다. k를 $k+1$로 대체하고 메인 스텝을 반복하시오.

a. 적절한 스텝 사이즈 λ를 선택하는 몇 가지 가능한 방법을 토의하시오. 차후의 반복계산 도중 스텝 사이즈를 축소하는 것에 대해 어떤 장점을 발견하는가? 만약 그렇다면, 그렇게 하는 구도를 제안하시오.

b. 하나의 반복계산에서 다음 반복계산으로 가면서 쌍대함수는 증가할 필요가 있는가? 토의하시오.

c. 적절한 종료판단기준을 고안하시오.

d. $\boldsymbol{\nu}=(1,2)$에서 출발하여 다음 문제

$$
\begin{array}{ll}
\text{최소화} & x_1^2+x_2^2+2x_3 \\
\text{제약조건} & x_1+x_2+\ x_3=6 \\
 & -x_1+x_2+\ x_3=4
\end{array}
$$

의 최적해를 구하기 위해 위의 알고리즘을 적용하시오.
(적절한 스텝 사이즈 선택규칙을 사용하는 이 절차는 **열경도최적화 알고리즘**이라 한다. 더 상세한 내용에 대해 제8장을 참조하시오.)

[6.39] 최소화 $f(\mathbf{x})$ 제약조건 $\mathbf{g}(\mathbf{x}) \le \mathbf{0}$ $\mathbf{x} \in X$ 문제를 고려해보자.

a. 연습문제 6.38에서, 등식의 케이스에 대해 열경도최적화 알고리즘을 토의했다. 위의 부등식-제약 있는 문제의 절차를 수정하시오〔힌트: $\mathbf{u}$가 주어지면, $\mathbf{x} \in X(\mathbf{u})$로 놓는다. 각각의 i에 대해 $u_i=0$로 $g_i(\mathbf{x})$를 $max\{0, g_i(\mathbf{x})\}$로 대체한다〕.

b. $\mathbf{u}=(0,0)$에서 출발하여 연습문제 6.13의 문제의 최적해를 구함으로 파트 a에 주어진 절차를 예시하시오.

c. 등식 제약조건과 부등식 제약조건을 모두 다루기 위해 열경도최적화 알

고리즘을 확장하시오.

[6.40] 다음 문제

$$\underset{\mathbf{x}\in X}{min}\ \underset{\mathbf{y}\in Y}{max}\ \phi(\mathbf{x},\mathbf{y}),\qquad \underset{\mathbf{y}\in Y}{max}\ \underset{\mathbf{x}\in X}{min}\ \phi(\mathbf{x},\mathbf{y})$$

의 해를 찾는 문제를 고려해보고, 여기에서 $X \neq \varnothing$와 $Y \neq \varnothing$는 $\Re^n$, $\Re^m$의 각각에서 콤팩트 볼록집합이며 ϕ는 주어진 임의의 $\mathbf{y}$에 대해 $\mathbf{x}$에 관한 볼록함수이며, 그리고 주어진 임의의 $\mathbf{x}$에 대해 $\mathbf{y}$에 관한 오목함수이다.

a. 아무런 볼록성 가정 없이, $\underset{\mathbf{x}\in X}{min}\ \underset{\mathbf{y}\in Y}{max}\ \phi(\mathbf{x},\mathbf{y}) \geq \underset{\mathbf{y}\in Y}{max}\ \underset{\mathbf{x}\in X}{min}\ \phi(\mathbf{x},\mathbf{y})$ 임을 보이시오.

b. $\underset{\mathbf{y}\in Y}{max}\ \phi(\vec{\cdot},\mathbf{y})$는 $\mathbf{x}$에 관해 볼록함수이며 $\underset{\mathbf{x}\in X}{min}\ \phi(\mathbf{x},\vec{\cdot})$는 $\mathbf{y}$에 관해 오목함수임을 보이시오.

c. $\underset{\mathbf{x}\in X}{min}\ \underset{\mathbf{y}\in Y}{max}\ \phi(\mathbf{x},\mathbf{y}) = \underset{\mathbf{y}\in Y}{max}\ \underset{\mathbf{x}\in X}{min}\ \phi(\mathbf{x},\mathbf{y})$ 임을 보이시오.
(**힌트**: 파트 b와 절 3.4의 필요최적성 조건을 사용하시오)

[6.41] 다음 문제

최소화 $\mathbf{c}\cdot\mathbf{x}$
제약조건 $\mathbf{A}\mathbf{x} = \mathbf{b}$
$\mathbf{x} \in X$

를 고려해보고, 여기에서 X는 콤팩트 다면체집합이다. 하나의 주어진 쌍대벡터 $\boldsymbol{\nu}$에 대해 $\mathbf{x}_1, \cdots, \mathbf{x}_k$는, 절 6.3에서 정의한 바와 같이, $X(\boldsymbol{\nu})$에 속하는 X의 극점이라고 가정한다. $\partial\theta(\boldsymbol{\nu})$의 극점은 집합 $\Lambda = \{\mathbf{A}\mathbf{x}_j - \mathbf{b} \mid j = 1, \cdots, k\}$에 포함됨을 보이시오. $\partial\theta(\boldsymbol{\nu})$의 극점이 Λ의 진부분집합을 형성하는 예제를 제시하시오.

[6.42] 어떤 회사는 계획기간 $[0, T]$ 전체에 걸쳐 생산비용과 재고관리비용의 합을 최소화하기 위해 어떤 제품의 생산율을 계획하려고 한다. 추가적으로, 알려진

수요는 만족되어야 하고 생산율은 허용가능 구간 $[\ell, u]$ 내에서는 하락하면 안 되고 재고수준은 d를 초과하면 안 되며 이것은 계획기간 말에 최소한 b와 같아야 한다. 이 문제는 다음 식

$$\text{최소화} \quad \int_0^T \left[c_1 x(t) + c_2 y^2(t)\right] dt$$

$$\text{제약조건} \quad x(t) = x_0 + \int_0^T [y(\tau) - z(\tau)]\, d\tau \qquad t \in [0, T]$$

$$x(T) \geq b$$

$$0 \leq x(t) \leq d \qquad t \in (0, T)$$

$$\ell \leq y(t) \leq u \qquad t \in (0, T),$$

여기에서 $x(t)$ = 시간 t에서의 재고수준

$y(t)$ = 시간 t에서의 생산율

$z(t)$ = 시간 t에서의 알려진 수요율

x_0 = 알려진 초기의 재고수준

c_1, c_2 = 알려진 계수

과 같이 정식화할 수 있다.

a. 절 1.2에서 행해진 것처럼 위 문제를 이산제어문제로 만들고 적절한 라그랑지 쌍대문제를 정식화하시오.

b. 원문제와 쌍대문제의 최적해를 구하기 위한 구도를 개발하기 위해 제6장의 결과를 사용하시오.

c. 위에서 개발한 알고리즘을 다음 데이터에 적용하시오: 기간 $[0, 4]$ 전체에 걸쳐 $T = 6$, $x_0 = 0$, $b = 4$, $c_1 = 1$, $c_2 = 2$, $\ell = 2$, $u = 5$, $d = 6$, $z(t) = 4$, 그리고 기간 $(4, 6]$ 전체에 걸쳐 $z(t) = 3$.

[6.43] 다음과 같은 창고위치결정 문제를 고려해보자. 목적지 $1, \cdots, k$가 주어져 있고, 여기에서 목적지 j의 하나의 제품에 대해 알려진 수요는 d_j이다. 또한, 창고를 건설하기 위한 m개 입지가 주어져 있다. 만약 입지 i에 창고를 건설하려고 한다면, 이것의 용량은 s_i가 되어야 한다, 그리고 이것은 고정비용 f_i를 갖는다. 창

고 j에서 목적지 j까지의 단위 수송비는 c_{ij}이다. 이것은 몇 개 창고를 어디에 건설할 것인가 그리고 총비용을 최소화하면서 수요를 충족할 수 있도록 어떤 운송패턴을 사용해야 하는가의 문제이다. 이 문제는 수학적으로 다음 식

$$
\begin{array}{lll}
\text{최소화} & \displaystyle\sum_{i=1}^{m}\sum_{j=1}^{k} c_{ij}x_{ij} + \sum_{i=1}^{m} f_i y_i & \\
\text{제약조건} & \displaystyle\sum_{j=1}^{k} x_{ij} \le s_i y_i & i = 1, \cdots, m \\
& \displaystyle\sum_{i=1}^{m} x_{ij} \ge d_j & j = 1, \cdots, k \\
& 0 \le x_{ij} \le y_i \, min\{s_i, d_j\} & i = 1, \cdots, m, \; j = 1, \cdots, k \\
& y_i = 0 \text{ 또는 } 1 & i = 1, \cdots, m
\end{array}
$$

과 같이 나타낼 수 있다.

a. 적절한 라그랑지 쌍대문제를 정식화하시오. x_{ij}에 부과된 상한의 효용성에 대해 설명하시오.
b. 창고위치결정 문제의 쌍대문제를 최대화하기 위한 특별한 구도를 고안하기 위해 이 장의 결과를 사용하시오.
c. 작은 수치를 사용한 예를 사용해 설명하시오.

[6.44] (원문제) 이차식계획법 문제(PQP)인 최소화 $\{\mathbf{c}\cdot\mathbf{x} + (1/2)\mathbf{x}^t\mathbf{D}\mathbf{x} \mid \mathbf{A}\mathbf{x} \ge \mathbf{b}\}$의 문제를 고려해보고, 여기에서 $\mathbf{D}$는 $n\times n$ 대칭행렬이며 $\mathbf{A}$는 $m\times n$행렬이다. W는 $\{\mathbf{w} \mid \mathbf{A}\mathbf{w} \ge \mathbf{b}\} \subseteq W$이 되도록 하는 임의의 집합이라 하고, 최소화 $\{\mathbf{c}\cdot\mathbf{x} + (1/2)\mathbf{w}^t\mathbf{D}\mathbf{w} \mid \mathbf{A}\mathbf{x} \ge \mathbf{b},\ \mathbf{D}\mathbf{w} = \mathbf{D}\mathbf{x},\ \mathbf{w} \in W\}$의 '문제 EDQP'를 고려해보자.

a. 만약 $\mathbf{x}$가 PQP의 실현가능해라면, $\mathbf{w} = \mathbf{x}$인 $(\mathbf{x}, \mathbf{w})$는 동일한 목적함숫값을 갖는 EDQP의 실현가능해라는 의미에서 PQP와 EPQP는 등가임을 보이시오; 그리고 역으로 만약 $(\mathbf{x}, \mathbf{w})$가 EPQP의 실현가능해라면, $\mathbf{x}$는 동일한 목적함숫값을 가지면서 PQP의 실현가능해이다.
b. 라그랑지 쌍대문제 LD: 최대화 $\theta(\mathbf{y})$를 작성하고, 여기에서 $\theta(\mathbf{y}) = min\{(\mathbf{c} + \mathbf{D}\mathbf{y})\cdot\mathbf{x} + (1/2)\mathbf{w}^t\mathbf{D}\mathbf{w} - \mathbf{y}^t\mathbf{D}\mathbf{w} \mid \mathbf{A}\mathbf{x} \ge \mathbf{b},\ \mathbf{w} \in W\}$이

다. 등가적으로 다음 식

$$\text{LD: } sup\{\mathbf{b}\cdot\mathbf{u} - (1/2)\mathbf{y}^t\mathbf{D}\mathbf{y} + \phi(\mathbf{y}) \mid \mathbf{A}^t\mathbf{u} - \mathbf{D}\mathbf{y} = \mathbf{c},\ \mathbf{u} \geq 0\}$$

을 얻는다는 것을 보이고, 여기에서 $\phi(\mathbf{y}) = inf\{(1/2)(\mathbf{y}-\mathbf{w})^t\mathbf{D}(\mathbf{y}-\mathbf{w}) \mid \mathbf{w} \in W\}$ 이다.

c. 만약 $\mathbf{D}$가 양반정부호 행렬이고 $W = \Re^n$이라면, 모든 $\mathbf{y}$에 대해 $\phi(\mathbf{y}) = 0$이며 LD는 식 (6.29)에 주어진 도른의 쌍대계획법으로 바뀐다는 것을 보이시오. 반면에, 만약 $\mathbf{D}$가 양반정부호 행렬이 아니고 $W = \Re^n$이라면, 모든 $\mathbf{y}$에 대해 $\phi(\mathbf{y}) = -\infty$이다. 더군다나 만약 PQP가 목적함숫값이 ν_p인 최적해를 갖는다면, 그리고 만약 $W = \{\mathbf{w} \mid \mathbf{A}\mathbf{w} \geq \mathbf{b}\}$이라면 LD의 최적값도 ν_p임을 보이시오. 비볼록 상황에 대해 이것은 LD의 정식화에 대해 무엇을 암시하는가?

d. $\{x_1x_2 \mid x_1 \geq 0,\ x_2 \geq 0\}$을 최소화하는 문제를 사용해 파트 c를 설명하시오(이 연습문제는 셰랄리[1993]에 기반한 것이다).

[6.45] (6.30)으로 주어진 쌍대 이차식계획법 문제를 고려해보자. 연습문제 6.9를 따라 문제의 경도-기반 최대화구조를 설명하시오. 독자는 계산상의 어려움을 예상하는가(**힌트**: 제8장 참조)? 다음 이차식계획법 문제

$$\begin{aligned}
\text{최소화}\quad & 3x_1^2 + 2x_2^2 - 2x_1x_2 - 3x_1 - x_2 \\
\text{제약조건}\quad & 2x_1 + 3x_2 \leq 6 \\
& -x_1 + 2x_2 \leq 2 \\
& x_1,\quad x_2 \geq 0
\end{aligned}$$

를 사용해 예시하시오: 각각의 반복계산에서 원문제의 실현가능해뿐만 아니라 여기에 상응하는 원문제의 실현불가능점도 식별하시오. 실현불가능성의 적절한 측도를 개발하고, 진전을 점검하시오. 임의의 일반적 결론을 찾아낼 수 있는가?

[6.46] $X \neq \varnothing$, $Y \neq \varnothing$는 $\Re^n$의 집합이라 하고 $f: \Re^n \to \Re$, $g: \Re^n \to \Re$이라 한다. 다음 식

$$f^*(\mathbf{u}) = inf\{f(\mathbf{x}) - \mathbf{u}\cdot\mathbf{x} \mid \mathbf{x} \in X\}$$
$$g^*(\mathbf{u}) = sup\{g(\mathbf{x}) - \mathbf{u}\cdot\mathbf{x} \mid \mathbf{x} \in Y\}$$

과 같이 정의한 **공액함수**3) f^*, g^*를 고려해보자.

a. f^*, g^*를 기하학적으로 해석하시오.

b. f^*는 X^* 전체에 걸쳐 오목이며 g^*는 Y^* 전체에 걸쳐 볼록임을 보이시오. 여기에서 $X^* = \{\mathbf{u} \mid f^*(\mathbf{u}) > -\infty\}$, $Y^* = \{\mathbf{u} \mid g^*(\mathbf{u}) < \infty\}$이다.

c. 다음의 **공액약쌍대성 정리**

$$inf\{f(\mathbf{x}) - g(\mathbf{x}) \mid \mathbf{x} \in X \cap Y\} \geq sup\{f^*(\mathbf{u}) - g^*(\mathbf{u}) \mid \mathbf{u} \in X^* \cap Y^*\}$$

를 증명하시오.

d. 지금 f는 볼록, g는 오목, $intX \cap int Y \neq \varnothing$, $inf\{f(\mathbf{x}) - g(\mathbf{x}) \mid \mathbf{x} \in X \cap Y\}$은 유한하다고 가정한다. 파트 c의 등식은 성립하고 $sup\{f^*(\mathbf{u}) - g^*(\mathbf{u}) \mid \mathbf{u} \in X^* \cap Y^*\}$는 달성됨을 보이시오.

e. f, g, X, Y를 적절하게 선택해, 다음 식

최소화 $f(\mathbf{x}) - g(\mathbf{x})$
제약조건 $\mathbf{x} \in X \cap Y$

과 같이 선형계획법 문제를 정식화하시오. 공액쌍대문제는 어떤 형태인가? 쌍대문제의 최적해를 구하기 위한 어떤 전략을 고안하시오.

---

3) 역자 주: 공액함수가 순수한 수학적 개념같이 보이지만 이것을 경제학적으로 해석할 수 있다. 예를 들어 n개 생산품을 $x_1, x_2, \cdots, x_n$만큼 생산하는 비용이 $f(\mathbf{x})$로 주어졌다고 가정한다. 이때 판매가격을 각각 $u_1, u_2, \cdots, u_n$이라 한다. 그러면 제조회사의 문제는 상품을 판매해 이익을 극대화하도록 $x_1, x_2, \cdots, x_n$을 결정하는 것이다. 이익은 수입 $\sum u_i x_j$와 생산비용 $f(\mathbf{x})$와의 차이이다. 제조회사가 얻을 수 있는 이익의 최댓값은 가격의 함수로 주어지며 $f^*(\mathbf{u})$로 표시한다.

주해와 참고문헌

선형계획법 문제의 쌍대성의 강력한 결과와 볼록계획법의 안장점 최적성 판단기준은 비선형계획법 문제의 쌍대성에 대해 상당한 관심을 일으켰다. 이 분야에 관한 초기 연구결과는 코틀[1963b], 도른[1960a], 한슨[1961], 맹거사리안[1962], 스토에르[1963], 울프[1961]에 나타나 있다.

최근에, 선형쌍대계획법의 여러 가지 특질을 소유한 다양한 쌍대성정식화가 진화되었다. 이들은 라그랑지 쌍대문제, 공액쌍대문제, 대리쌍대문제, 혼합라그랑지 쌍대문제와 대리쌍대문제, 또는 **합성쌍대**문제를 포함한다. 저자의 판단에 따르면 이것은 계산상 관점에서 가장 유망한 정식화이며 그리고 또한 이 장의 결과는 나머지의 쌍대성정식화를 사용해 얻을 결과의 일반적 특색을 제공하므로 이 장은 라그랑지 쌍대문제의 정식화에 집중한다. 공액쌍대성 주제의 연구에 관심 있는 독자는 펜첼[1949], 로카펠러[1964, 1966, 1968, 1969, 1970], 스코트 & 제퍼슨[1984, 1989], 윈스톤[1967]을 참조하시오. 제약조건이 라그랑지 승수를 사용해 1개의 제약조건으로 분류되어있는 대리쌍대성 주제에 대해 그린버그 & 피에르스카야[1970b]를 참조하시오. 여러 수학자는 원문제와 쌍대문제의 사이의 대칭을 유지하는 쌍대성 정식화를 개발했다. 코틀[1963b], 단치히 등[1965], 맹거사리안 & 폰쉬타인[1965], 스토에르[1963]의 연구는 이 부류에 속한다. 합성쌍대성에 대해 카르완 & 라르딘[1979, 1980]을 참조하시오.

독자는 지오프리온[1971b], 카라마르디안[1967]의 연구가 다양한 쌍대성정식화와 이들 사이의 상호관계에 관한 탁월한 참고문헌임을 발견할 것이다. 쌍대성에 관한 상세한 연구를 위해 에버레트[1963], 포크[1967, 1969], 라스돈[1968]을 참조하시오. 라그랑지 쌍대성 정식화와 나머지 쌍대성정식화 사이의 관계는 바자라 등[1971 b], 마그난티[1974], 윈스톤[1967]이 검토했다. 발린스키 & 보몰[1968], 벡크만 & 카푸르[1972], 페터슨[1970], 윌리암스[1970]는 쌍대성의 경제학적 해석을 다루었다.

절 6.1, 6.2에서 쌍대문제를 제시하고 이것의 몇 가지 특질을 개발한다. 주요 쌍대성 정리의 부산물로 볼록계획법의 안장점 최적성 판단기준을 개발한다. 이들 판단기준은 쿤 & 터커[1951]가 먼저 개발했다. 이에 관련된 최소-최대 쌍대성의 개념에 대해 맹거사리안 & 폰쉬타인[1965], 폰쉬타인[1965], 로카펠러[1968], 스토에르[1963]를 참조하시오. 더 상세한 토의와 섭동함수의 예시에 대해 지오프리온[1971b], 미누[1986]를 참조하시오. 라르손 & 패트릭슨[2003]은 거의-안장점 최적성 조건의 일반화된 집합을 제공하고 라그랑지-기반의 발견적 기법의 기초를 놓는다. 몇 가지 기본적 토의와 이산문제의 라그랑지완화-쌍대-기반 알고리즘의 적용에 대해, 피셔[1981, 1985], 지오프리온[1974], 샤피로[1979b]를 참조하시오. 기냐르드 & 킴[1987]은 특별한 구조를 활용하고 이산비볼록계획법 문제의 적절한 라그랑지 쌍대문제를 정식화하기 위해 **라그랑지분해의** 유용한 개념을 토의한다. 기냐르드[1998]는 완화에 근거한 한계를 꽉 조이기 위한 가능성을 가질 수 있는 라그랑지 완화구조에 추가적 제약조건(컷)을 더함의 가치를 토의한다.

절 6.3에서 쌍대함수의 다양한 특질을 검토한다. 임의의 점에서 열경도집합의 특성을 설명하며 증가방향과 최급증가방향을 생성하기 위해 이것을 이용한다. 최급증가방향은 가장 짧은 열경도임을 제시한다. 이 결과는 본질적으로 데미아노프[1968]가 제시했다. 절 6.4에서 쌍대함수의 최대화를 위한 여러 가지 경도-기반의 방법 또는 바깥선형화 알고리즘을 제안하기 위해 이들 특질을 사용한다. 허른 & 로퐁파니크[1989, 1990]는 증가방향 생성을 보증해주는 제약평면법의 가속화된 버전을 토의했다. 이 주제의 깊은 연구에 대해 바자라 & 구드[1979], 데미아노프[1968, 1971], 피셔 등[1975], 라스돈[1970]을 참조하기 바란다. 바깥-선형화 알고리즘에서 제약조건 삭제의 개념에 대해 이브스 & 장윌[1971], 라스돈[1970]을 참조하시오. 이 쌍대문제의 최적해를 구하기 위한 나머지의 절차가 존재한다. 절 6.4에서 토의한 제약평면법은 행생성 절차이다. 이것의 쌍대문제 형태로, 이것은 정확하게 울프의 '열생성의 일반화된 계획법'4) (단치히[1963] 참조)이다. 또 다른 절차는 열경도 최적화 알고리즘이며 이것은 연습문제 6.37, 6.38, 6.39에서 간략하게 소개하고 제8장에서 좀 더 상세하게 소개한다. 열경도 최적화 알고리즘의 입증에 대해 헬드 등[1974], 폴략[1967]을 참조하기 바란다. 관련 연구에 대해 바자라 & 구드[1977, 1979], 바자라 & 셰랄리[1981], 피셔 등[1975], 헬드 & 카르프[1970], 셰랄리 등[2000]을 참조하시오.

계산구조를 개발하기 위해 라그랑지 정식화를 사용하는 것에 관한 최초의 연구 가운데 하나는 에버레트[1963]로 알려진다. 어떤 조건 아래, 어떻게 원문제의 해를 가져올 수 있는가를 에버레트는 보였다. 이 결과와 이것의 확장에 관한 내용은 절 6.5에 나타난다. 이차식계획법 쌍대성에 대해, 코틀[1963b], 도른[1960a, b, 1961a], 셰랄리[1993]를 참조하시오.

4) column generation generalized programming method

제3부 알고리즘과 수렴

제7장 알고리즘의 개념

이 책의 나머지 부분에서는 비선형계획법 문제의 여러 부류에 대해 최적해를 구하기 위한 다양한 알고리즘을 토의한다. 이 장은 알고리즘의 개념을 소개한다. 알고리즘은 점-집합 사상으로 표현하며 닫힌 사상의 개념을 사용해 주요 수렴정리를 증명한다. 이 수렴정리는 여러 가지 계산구도의 수렴분석을 위해 이 책의 나머지 장에서 사용한다.

다음은 이 장의 요약이다.

절 7.1: **알고리즘과 알고리즘적 사상** 이 절에서는 점-집합 사상으로서의 알고리즘을 제시하고 해집합의 개념을 소개한다.

절 7.2: **닫힌 사상과 수렴** 닫힌 사상의 개념을 소개하고 주요 수렴정리를 증명한다.

절 7.3: **사상의 합성** 개별 사상의 닫힘성을 검사해 합성사상의 닫힘성을 확립한다. 혼합된 알고리즘을 토의하며, 이들의 수렴을 위한 조건을 제시한다.

절 7.4: **알고리즘의 비교** 여러 알고리즘의 효율을 평가하기 위한 실용상의 고려요소를 토의한다.

7.1 알고리즘과 알고리즘적 사상

최소화 $f(\mathbf{x})$ 제약조건 $\mathbf{x} \in S$ 문제를 고려해보고, 여기에서 f는 목적함수이며 S는 실현가능영역이다. **문제의 최적해를 구하기 위한 하나의 절차** 또는 **알고리즘**은, 종료판단기준과 함께, 미리 정한 지시의 집합에 따라 점의 수열을 생성하는 하나의 반복과정이라 한다.

알고리즘적 사상

하나의 벡터 $\mathbf{x}_k$가 주어지고 알고리즘의 지시를 따르면 새로운 점 $\mathbf{x}_{k+1}$을 얻는다. 이 과정은 **알고리즘적 사상** $\mathbf{A}$로 표현한다. 이 사상은 일반적으로 하나의 점-집합 사상이며 f의 정의역에 속한 각각의 점에 X의 하나의 부분집합을 할당한다. 따라서 초기점 $\mathbf{x}_1$이 주어지면 알고리즘적 사상은 수열 $\mathbf{x}_1$, $\mathbf{x}_2$, $\cdots$을 생성하며, 여기에서 각각의 k에 대해 $\mathbf{x}_{k+1} \in \mathbf{A}(\mathbf{x}_k)$이다. 사상을 사용해 $\mathbf{x}_k$를 $\mathbf{x}_{k+1}$로 변환하는 것이 알고리즘의 하나의 **반복계산**을 구성하는 것이다.

7.1.1 예제

다음의 문제

$$\begin{aligned} &\text{최소화} \quad x^2 \\ &\text{제약조건} \quad x \geq 1 \end{aligned}$$

를 고려해보자. 문제의 최적해는 $\bar{x} = 1$이다. 점-점 알고리즘적 사상이 $\mathbf{A}(x) = (1/2)(x+1)$로 주어진다고 하자. 임의의 출발점에서 사상 $\mathbf{A}$를 적용하여 얻은 수열은 최적해 $\bar{x} = 1$로 수렴함을 쉽게 입증할 수 있다. $x_1 = 4$로 하고, 그림 7.1a에서 예시한 바와 같이 알고리즘은 수열 $\{4, 2.5, 1.75, 1.375, 1.1875, \cdots\}$을 생성한다.

또 다른 예로 다음 식

$$\mathbf{A}(x) = \begin{cases} [1, (1/2)(x+1)] & x \geq 1 \\ [(1/2)(x+1), 1] & x < 1 \end{cases}$$

으로 정의한 점-집합 사상 $\mathbf{A}$를 고려해보자. 그림 7.1b에서 보였듯이 어떠한 점 x의 이미지는 닫힌 구간이며 그 구간 내의 임의의 점을 x의 계승점으로 선택할 수 있다. 임의의 점 x_1에서 출발하여 이 알고리즘은 $\bar{x} = 1$로 수렴한다. $x_1 = 4$로 하면 수열 $(4, 2, 1.2, 1.1, 1.02, \cdots)$은 이 알고리즘의 있을 수 있는 하나의 결과이다. 앞의 예와는 달리, 다른 수열도 이와 같은 알고리즘적 사상의 결과로 나타날 수 있다.

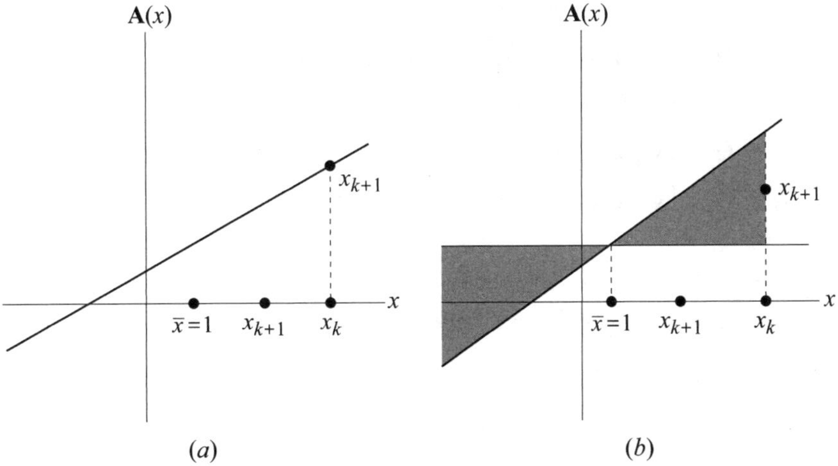

그림 7.1 알고리즘적 사상

해집합과 알고리즘의 수렴

다음 비선형계획법 문제

$$\begin{array}{ll} \text{최소화} & f(\mathbf{x}) \\ \text{제약조건} & \mathbf{x} \in S \end{array}$$

를 고려해보자.

위 문제의 최적해를 구하기 위한 하나의 알고리즘의 바람직한 특질은 전역적 최적해로 수렴하는 일련의 점을 생성하는 것이다. 그러나 많은 경우 덜 좋은 결과라도 만족해야 할 필요가 있다. 사실상 비볼록성, 문제의 크기, 나머지의 어려움의 결과로, 만약 **해집합** Ω라 하는 하나의 미리 지정한 집합에 속하는 하나의 점에 도착한다면 반복계산절차를 종료할 수 있다. 다음은 앞의 문제의 어떤 대표적 해집합이다:

1. $\Omega = \{\bar{\mathbf{x}} \mid \bar{\mathbf{x}}$는 문제의 국소최적해이다.$\}$
2. $\Omega = \{\bar{\mathbf{x}} \mid \bar{\mathbf{x}} \in S,\ f(\bar{\mathbf{x}}) \le b\}$이며, 여기에서 b는 허용가능한 목적함숫값이다.
3. $\Omega = \{\bar{\mathbf{x}} \mid \bar{\mathbf{x}} \in S,\ f(\bar{\mathbf{x}}) < LB + \varepsilon\}$이며, 여기에서 $\varepsilon > 0$는 명시한 허용오차이며 LB는 목적함수 최적값의 하계이다. 하나의 대표적 하계

는 라그랑지 쌍대문제의 목적함숫값이다.

4. $\Omega=\{\overline{\mathbf{x}} \mid \overline{\mathbf{x}} \in S,\ f(\overline{\mathbf{x}})-\nu^* < \varepsilon\}$ 이며, 여기에서 ν^*는 알려진 전역 최소해 값이며 $\varepsilon > 0$는 명시된다.
5. $\Omega=\{\overline{\mathbf{x}} \mid \overline{\mathbf{x}}$ 는 카루시-쿤-터커 최적성조건을 만족시킨다.$\}$
6. $\Omega=\{\overline{\mathbf{x}} \mid \overline{\mathbf{x}}$ 는 프리츠 존의 최적성조건을 만족시킨다.$\}$

따라서 일반적으로 알고리즘의 수렴은 전역최적해 집합을 참조하기보다는 해집합을 참조해 이루어진다. 특히 만약 임의의 초기점 $\mathbf{x}_1 \in Y$를 갖고 출발하여 알고리즘으로 생성한 수열 $\mathbf{x}_1, \mathbf{x}_2, \cdots$의 임의의 수렴하는 부분수열의 극한이 해집합 Ω에 속한다면, 알고리즘적 사상 $\mathbf{A}: X \to X$는 $Y \subseteq X$ 전체에 걸쳐 **수렴한다**고 말한다. 예제 7.1.1에서 Ω를 전역최적해 집합이라 하면 설명한 2개 알고리즘은 실수 선 전체에 걸쳐 해집합에 관해 수렴함은 명백하다.

7.2 닫힌 사상과 수렴

이 절에서 닫힌 사상의 개념을 소개하고 수렴정리를 증명한다. 닫힘성에 관한 개념의 중요성은 다음 예제와 뒤따르는 토의에서 명백해질 것이다.

7.2.1 예제

다음 문제

$$\begin{array}{ll} \text{최소화} & x^2 \\ \text{제약조건} & x \geq 1 \end{array}$$

를 고려해보자. Ω는 전역최적해 집합이라 하자. 즉 말하자면 $\Omega=\{1\}$이다. 다음 식

$$\mathbf{A}(x)=\begin{cases} [3/2+(1/4)x,\ 1+(1/2)x] & \text{만약 } x \geq 2\text{라면} \\ (1/2)(x+1) & \text{만약 } x < 2\text{라면} \end{cases}$$

으로 정의한 알고리즘적 사상을 고려해보자.

사상 $\mathbf{A}$는 그림 7.2에 예시되어 있다. 명백하게 임의의 초기 점 $x_1 \geq 2$에

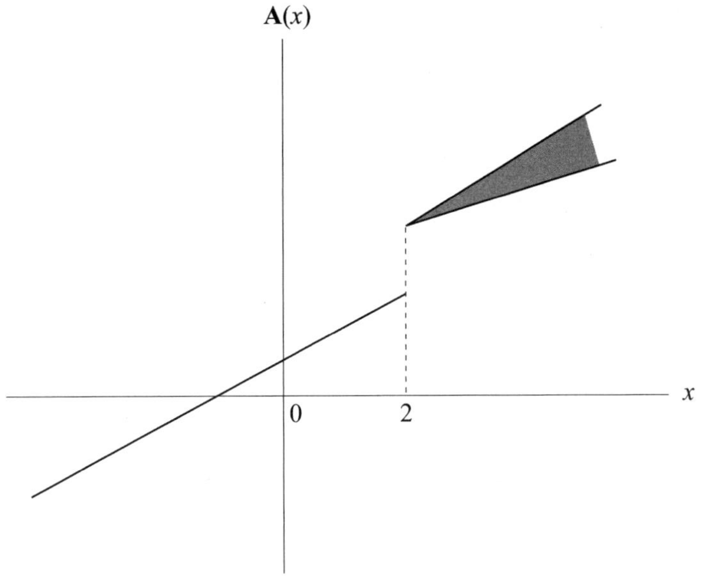

그림 7.2 수렴하지 않는 알고리즘적 사상

대해, 사상 $\mathbf{A}$에 의해 생성된 임의의 수열은 점 $\hat{x}=2$로 수렴한다. $\hat{x} \notin \Omega$임을 주목하자. 반면에 $x_1<2$에 대해 알고리즘으로 생성한 임의의 수열은 $\bar{x}=1$로 수렴한다. 이 예제에서 알고리즘은 구간 $(-\infty, 2)$ 전체에 걸쳐 수렴하지만 구간 $[2, \infty)$ 전체에 걸쳐 집합 Ω에 속한 하나의 점으로는 수렴하지 않는다.

예제 7.2.1은 초기점 x_1의 중요성을 보여주며, 여기에서 만약 $x_1<2$라면 Ω에 속한 하나의 점으로의 수렴은 달성되지만 그렇지 않다면 실현되지 않는다. 예제 7.1.1, 7.2.1의 알고리즘 각각은 다음 조건을 만족시킨다는 것을 주목하자:

1. $x_k \geq 1$인 하나의 실현가능점이 주어지면, 임의의 계승점 x_{k+1}도 역시 실현가능해이다; 즉 말하자면 $x_{k+1} \geq 1$이다.
2. 해집합 Ω에 속하지 않는 하나의 실현가능해 x_k가 주어지면, 임의의 계승점 x_{k+1}는 $f(x_{k+1})<f(x_k)$을 만족시키며, 여기에서 $f(x)=x^2$이다. 달리 말하면 이 목적함수는 엄격하게 감소한다.
3. 해집합 Ω(즉, $x_k=1$)에 속하는 하나의 실현가능해 x_k가 주어지면 계승점도 역시 Ω(즉, $x_{k+1}=1$)에 속한다.

위에서 언급한 알고리즘 사이의 유사성에도 불구하고 예제 7.1.1의 2개 알고리즘은 $\bar{x}=1$로 수렴하고 이에 반해 예제 7.2.1의 알고리즘은 임의의 초기점 $x_1 \geq 2$에 대해 $\bar{x}=1$로 수렴하지 않는다. 그 이유는 예제 7.2.1의 알고리즘적 사상이 $x=2$에서 닫혀있지 않기 때문이다. 연속함수의 개념을 일반화하는 닫힌 사상의 개념을 아래에서 정의한다.

닫힌 사상

7.2.2 정의

$X \neq \varnothing$, $Y \neq \varnothing$는 각각 $\Re^p$, $\Re^q$의 닫힌집합이라 하자. $\mathbf{A}: X \rightarrow Y$를 점-집합 사상이라 하자. 만약 다음 식

$$\mathbf{x}_k \in X, \qquad \mathbf{x}_k \rightarrow \mathbf{x}$$
$$\mathbf{y}_k \in \mathbf{A}(\mathbf{x}_k), \qquad \mathbf{y}_k \rightarrow \mathbf{y}$$

이 성립하도록 하는 임의의 수열 $\{\mathbf{x}_k\}$, $\{\mathbf{y}_k\}$에 대해 $\mathbf{y} \in \mathbf{A}(\mathbf{x})$이라면, 이 사상 $\mathbf{A}$는 $\mathbf{x} \in X$에서 **닫혀있다**고 말한다. 만약 이것이 Z의 각각의 점에서 닫혀있다면 이 사상 $\mathbf{A}$는 $Z \subseteq X$에서 닫혀있다고 말한다.

그림 7.2는 $x=2$에서 닫혀있지 않은 점-집합 사상의 예를 보여준다. 특히 $x_k = 2-1/k$로 주어지는 수열 $\{x_k\}$는 $x=2$로 수렴하며 $y_k = \mathbf{A}(\mathbf{x}_k) = 3/2 - 1/(2k)$로 주어진 수열 $\{y_k\}$는 $y=3/2$로 수렴하지만 $y \notin \mathbf{A}(\mathbf{x}) = \{2\}$이다. 그림 7.1은 모든 점에서 닫혀있는 알고리즘적 사상의 2개 예를 보여준다.

장윌의 수렴정리

알고리즘적 사상의 수렴을 보증하는 조건은 정리 7.2.3에서 기술하며, 이것은 윌라드 장윌에 의한 것이다. 이 정리는 이 책의 나머지 부분에서 여러 가지 알고리즘의 수렴을 보여주기 위해 사용한다.

7.2.3 정리

$X \neq \varnothing$는 $\Re^n$의 닫힌집합이라 하고 공집합이 아닌 집합 $\Omega \subseteq X$를 해집합이라

하자. $\mathbf{A}: X \to X$는 점-집합 사상이라 하자. $\mathbf{x}_1 \in X$이 주어지면, 다음과 같이 반복계산으로 수열 $\{\mathbf{x}_k\}$를 생성한다: 만약 $\mathbf{x}_k \in \Omega$라면 중지한다; 그렇지 않다면 $\mathbf{x}_{k+1} \in \mathbf{A}(\mathbf{x}_k)$이라 하고 k를 $k+1$로 대체하고 반복한다.

알고리즘으로 생성한 수열 $\mathbf{x}_1$, $\mathbf{x}_2$, $\cdots$은 X의 콤팩트 부분집합에 포함된다고 가정하고, 만약 $\mathbf{x} \notin \Omega$이고 $\mathbf{y} \in \mathbf{A}(\mathbf{x})$라면 $\alpha(\mathbf{y}) < \alpha(\mathbf{x})$이 되도록 하는, **감소함수**라 말하는 하나의 연속함수 α가 존재한다고 가정한다. 만약 사상 $\mathbf{A}$가 Ω의 여집합 전체에 걸쳐 닫혀있다면 이 알고리즘은 유한개 스텝 이내에 Ω에 속한 하나의 점을 얻고 중지하거나 아니면 다음 내용

1. $\{\mathbf{x}_k\}$의 모든 수렴하는 부분수열은 Ω에 속하는 극한을 갖는다; 즉 다시 말하면 $\{\mathbf{x}_k\}$의 모든 집적점은 Ω에 속한다.
2. 어떤 $\mathbf{x} \in \Omega$에 대해 $\alpha(\mathbf{x}_k) \to \alpha(\mathbf{x})$이다.

이 성립하도록 하는 무한수열 $\{\mathbf{x}_k\}$을 생성한다.

증명 만약 임의의 반복계산에서 Ω에 속한 하나의 점 $\mathbf{x}_k$가 생성된다면 이 알고리즘은 중지된다. 지금 하나의 무한수열 $\{\mathbf{x}_k\}$가 생성된다고 가정한다. $\{\mathbf{x}_k\}_{\mathbb{K}}$는 극한이 $\mathbf{x} \in X$인 임의의 수렴하는 부분수열이라 하자. α는 연속함수이므로, 그렇다면 $k \in \mathbb{K}$에 대해 $\alpha(\mathbf{x}_k) \to \alpha(\mathbf{x})$이다. 따라서, 주어진 $\varepsilon > 0$에 대해 다음 식

$$\alpha(\mathbf{x}_k) - \alpha(\mathbf{x}) < \varepsilon \qquad k \in \mathbb{K}\text{인 } k \geq K\text{에 대해}$$

이 성립하도록 하는 $K \in \mathbb{K}$가 존재한다. 특히 $k = K$에 대해 다음 식

$$\alpha(\mathbf{x}_k) - \alpha(\mathbf{x}) < \varepsilon \tag{7.1}$$

을 얻는다. 지금 $k > K$라고 한다. α는 감소함수이므로, $\alpha(\mathbf{x}_k) < \alpha(\mathbf{x}_K)$이다. 그리고 (7.1)에서 다음 식

$$\alpha(\mathbf{x}_k) - \alpha(\mathbf{x}) = \alpha(\mathbf{x}_k) - \alpha(\mathbf{x}_K) + \alpha(\mathbf{x}_K) - \alpha(\mathbf{x}) < 0 + \varepsilon = \varepsilon$$

을 얻는다. 모든 $k > K$에 대해, 이것은 참이므로, 그리고 $\varepsilon > 0$은 임의의 수였으므로 다음 식

$$\lim_{k \to \infty} \alpha(\mathbf{x}_k) = \alpha(\mathbf{x}) \tag{7.2}$$

이 성립한다.

지금 $\mathbf{x} \notin \Omega$임을 보여준다. 모순을 일으켜 $\mathbf{x} \notin \Omega$라고 가정하고 수열 $\{\mathbf{x}_{k+1}\}_{\mathbb{K}}$을 고려해보자. 이 수열은 X의 하나의 콤팩트 부분집합에 포함되며, 따라서 X에 속한 극한 $\overline{\mathbf{x}}$에 수렴하는 부분수열 $\{\mathbf{x}_{k+1}\}_{\overline{\mathbb{K}}}$를 갖는다. (7.2)를 주목하면 $\alpha(\overline{\mathbf{x}}) = \alpha(\mathbf{x})$임은 명백하다. $\mathbf{A}$는 $\mathbf{x}$에서 닫혀있으므로, 그리고 $k \in \overline{\mathbb{K}}$에 대해 $\mathbf{x}_k \to \mathbf{x}$, $\mathbf{x}_{k+1} \in \mathbf{A}(\mathbf{x}_k)$, $\mathbf{x}_{k+1} \to \overline{\mathbf{x}}$이며, 그러면 $\overline{\mathbf{x}} \in \mathbf{A}(\mathbf{x})$이다. 그러므로 $\alpha(\overline{\mathbf{x}}) < \alpha(\mathbf{x})$이며 이것은 $\alpha(\overline{\mathbf{x}}) = \alpha(\mathbf{x})$임을 위반한다. 따라서 $\mathbf{x} \in \Omega$이며 이 정리의 파트 1은 성립한다. (7.2)와 결합해 이 사실은 정리의 파트 2가 성립함을 보여주며 증명이 완결되었다. (증명 끝)

따름정리 이 정리의 가정 아래 만약 Ω가 단집합 $\{\overline{\mathbf{x}}\}$라면 전체 수열 $\{\mathbf{x}_k\}$는 $\overline{\mathbf{x}}$로 수렴한다.

증명 모순을 일으켜 하나의 $\varepsilon > 0$과 다음 식

$$\| \mathbf{x}_k - \overline{\mathbf{x}} \| > \varepsilon \quad k \in \mathbb{K} \tag{7.3}$$

이 성립하도록 하는 하나의 수열 $\{\mathbf{x}_k\}_{\mathbb{K}}$가 존재한다고 가정한다. $\{\mathbf{x}_k\}_{\mathbb{K}'}$가 하나의 극한 $\mathbf{x}'$를 갖도록 하는 $\mathbb{K}' \subset \mathbb{K}$가 존재함을 주목하자. 이 정리의 파트 1에 따라 $\mathbf{x}' \in \Omega$이다. 그러나 $\Omega = \{\overline{\mathbf{x}}\}$이다. 따라서 $\mathbf{x}' = \overline{\mathbf{x}}$이다. 그러므로 $\mathbb{K} \subseteq \mathbb{K}'$에 대해 $\mathbf{x}_k \to \overline{\mathbf{x}}$이며 이것은 (7.3)을 위반한다. 이것으로 증명이 완결되었다. (증명 끝)

만약 지금 손안에 있는 점 $\mathbf{x}_k$가 해집합 Ω에 속하지 않는다면 이 알고리즘은 $\alpha(\mathbf{x}_{k+1}) < \alpha(\mathbf{x}_k)$이 되도록 하는 하나의 새로운 점 $\mathbf{x}_{k+1}$을 생성함을 주목하자. 앞에서 언급한 바와 같이 함수 α는 **감소함수**라 한다. 대부분 경우 목적함수 f

자체를 α로 정하고, 따라서 이 알고리즘은 목적함숫값을 개선하는 일련의 점을 생성한다. 함수 α의 또 다른 대안적 선택은 가능하다. 이를테면 만약 f가 미분가능하다면 임의의 (국소/전역) 최적해 $\overline{\mathbf{x}}$에 대해 $\nabla f(\overline{\mathbf{x}}) = \mathbf{0}$임을 알므로 하나의 제약 없는 최적화문제에 대해 $\alpha(\mathbf{x}) = \| \nabla f(\mathbf{x}) \|$ 라고 α를 선택할 수 있다.

알고리즘의 종료

정리 7.2.3에서 지적한 바와 같이 만약 해집합 Ω에 속한 하나의 점에 도달한다면 알고리즘은 종료된다. 그러나 대부분 경우 Ω에 속한 하나의 점으로의 수렴은 단지 극한의 의미로만 일어나며 반복계산절차를 종료하기 위한 어떤 실용적 규칙에 의존해야 한다. 다음 규칙은 주어진 알고리즘을 종료하기 위해 자주 사용하며, 여기에서 $\varepsilon > 0$과 양(+) 정수 N은 미리 지정한다.

1. $\| \mathbf{x}_{k+N} - \mathbf{x}_k \| < \varepsilon$.
   여기에서, 만약 사상 $\mathbf{A}$를 N회 적용한 후에 이동한 거리가 ε보다도 작다면 알고리즘은 중지된다.
2. $\dfrac{\| \mathbf{x}_{k+1} - \mathbf{x}_k \|}{\| \mathbf{x}_k \|} < \varepsilon$.
   이 판단기준 아래, 만약 주어진 반복계산 동안 이동한 상대적 거리가 ε보다도 작다면 알고리즘은 중지된다.
3. $\alpha(\mathbf{x}_k) - \alpha(\mathbf{x}_{k+N}) < \varepsilon$.
   여기에서, 만약 사상 $\mathbf{A}$를 N회 적용한 후 감소함수 값의 총 개선량이 ε보다도 작다면 이 알고리즘은 중지된다.
4. $\dfrac{\alpha(\mathbf{x}_k) - \alpha(\mathbf{x}_{k+1})}{|\alpha(\mathbf{x}_k)|} < \varepsilon$.
   만약 감소함수 값의 상대적 개선이 임의의 주어진 반복계산 도중 ε보다도 작다면 종료판단기준은 실현된다.
5. $\alpha(\mathbf{x}_k) - \alpha(\overline{\mathbf{x}}) < \varepsilon$이며, 여기에서 $\overline{\mathbf{x}}$는 Ω에 속한다.
   만약 $\alpha(\overline{\mathbf{x}})$이 미리 알려졌다면, 이 종료판단기준은 적절하다; 예를 들면 제약 없는 최적화문제에서 만약 $\alpha(\mathbf{x}) = \| \nabla f(\mathbf{x}) \|$, $\Omega = \{\overline{\mathbf{x}} \mid \nabla f(\overline{\mathbf{x}}) = \mathbf{0}\}$이라면 $\alpha(\overline{\mathbf{x}}) = 0$이다.

7.3 사상의 합성

대부분의 비선형계획법 문제의 최적해를 구하는 절차에서 알고리즘적 사상은 흔히 여러 개 사상으로 구성된다. 예를 들면 어떤 알고리즘은 먼저 이동할 방향 $\mathbf{d}_k$ 를 찾고, 다음으로, $\alpha(\mathbf{x}_k + \lambda\mathbf{d}_k)$를 최소화하는 일차원문제의 최적해를 구해 스텝 사이즈 λ_k를 결정한다. 이 경우, 사상 $\mathbf{A}$는 $\mathbf{MD}$로 구성되며, 여기에서 $\mathbf{D}$는 방향 $\mathbf{d}_k$를 찾고 $\mathbf{M}$은 하나의 최적 스텝 사이즈 λ_k를 찾는다. 이것의 개별 성분을 검사해 종합적 사상이 닫혀있음을 증명함이 좀 더 용이하다. 이 절에서는 합성사상의 개념을 정확하게 설명하고, 종합적 사상의 닫힘성을 개별 성분의 닫힘성에 관련시키는 결과를 제시한다. 마지막으로 혼합알고리즘을 토의하고 수렴 조건을 설명한다.

7.3.1 정의

$X \neq \varnothing$, $Y \neq \varnothing$, $Z \neq \varnothing$는 각각 $\Re^n$, $\Re^p$, $\Re^q$의 닫힌집합이라 하자. $\mathbf{B}: X \to Y$, $\mathbf{C}: Y \to Z$는 점-집합 사상이라 하자. **합성사상** $\mathbf{A} = \mathbf{CB}$는 다음 식

$$\mathbf{A}(\mathbf{x}) = \cup\{\mathbf{C}(\mathbf{y}) \mid \mathbf{y} \in \mathbf{B}(\mathbf{x})\}$$

으로 정의한 점-집합 사상 $\mathbf{A}: X \to Z$이다.

그림 7.3은 합성사상의 개념을 예시하고, 정리 7.3.2와 이것의 따름정리는 합성사상이 닫힌 사상으로 되기 위한 여러 가지 충분조건을 제시한다.

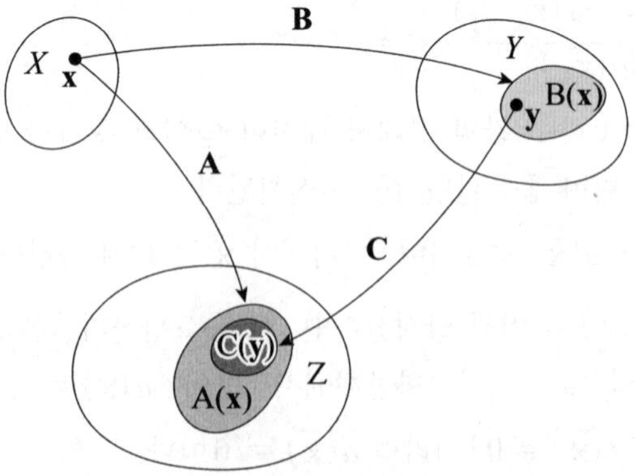

그림 7.3 합성사상

7.3.2 정리

$X \neq \emptyset$, $Y \neq \emptyset$, $Z \neq \emptyset$를 $\Re^n$, $\Re^p$, $\Re^q$ 각각의 닫힌집합이라 하자. $\mathbf{B}: X \to Y$, $\mathbf{C}: Y \to Z$를 점-집합 사상이라 하고 합성사상 $\mathbf{A} = \mathbf{CB}$를 고려해보자. $\mathbf{B}$는 $\mathbf{x}$에서 닫혀있고 $\mathbf{C}$는 $\mathbf{B}(\mathbf{x})$에서 닫혀있다고 가정한다. 나아가서 만약 $\mathbf{x}_k \to \mathbf{x}$, $\mathbf{y}_k \in \mathbf{B}(\mathbf{x}_k)$이라면 그렇다면 $\{\mathbf{y}_k\}$의 수렴하는 부분수열이 존재한다고 가정한다. 그렇다면 $\mathbf{A}$는 $\mathbf{x}$에서 닫혀있다.

증명 $\mathbf{x}_k \to \mathbf{x}$, $\mathbf{z}_k \in \mathbf{A}(\mathbf{x}_k)$, $\mathbf{z}_k \to \mathbf{z}$라고 놓는다. $\mathbf{z} \in \mathbf{A}(\mathbf{x})$임을 보여주어야 한다. $\mathbf{A}$의 정의에 따라 각각의 k에 대해 $\mathbf{z}_k \in \mathbf{C}(\mathbf{y}_k)$가 되도록 하는 $\mathbf{y}_k \in \mathbf{B}(\mathbf{x}_k)$가 존재한다. 가정에 따라 극한이 $\mathbf{y}$이며 수렴하는 부분수열 $\{\mathbf{y}_k\}_{\mathbb{K}}$이 존재한다. $\mathbf{B}$는 $\mathbf{x}$에서 닫혀있으므로 $\mathbf{y} \in \mathbf{B}(\mathbf{x})$이다. 게다가 $\mathbf{C}$는 $\mathbf{B}(\mathbf{x})$에서 닫혀있으므로 이것은 $\mathbf{y}$에서 닫혀있으며 그러므로 $\mathbf{z} \in \mathbf{C}(\mathbf{y})$이다. 따라서 $\mathbf{z} \in \mathbf{C}(\mathbf{y}) \in \mathbf{CB}(\mathbf{x}) = \mathbf{A}(\mathbf{x})$이며, 따라서 $\mathbf{A}$는 $\mathbf{x}$에서 닫혀있다.

따름정리 1 $X \neq \emptyset$, $Y \neq \emptyset$, $Z \neq \emptyset$는 $\Re^n$, $\Re^p$, $\Re^q$의 각각 닫힌집합이라 하자. $\mathbf{B}: X \to Y$, $\mathbf{C}: Y \to Z$는 점-집합 사상이라 하자. $\mathbf{B}$는 $\mathbf{x}$에서 닫혀있고 $\mathbf{C}$는 $\mathbf{B}(\mathbf{x})$에서 닫혀있고 Y는 콤팩트 집합이라고 가정한다. 그렇다면 $\mathbf{A} = \mathbf{CB}$는 $\mathbf{x}$에서 닫혀있다.

따름정리 2 $X \neq \emptyset$, $Y \neq \emptyset$, $Z \neq \emptyset$는 각각 $\Re^n$, $\Re^p$, $\Re^q$에서 닫힌집합이라 하자. $\mathbf{B}: X \to Y$는 하나의 함수라 하고 $\mathbf{C}: Y \to Z$는 점-집합 사상이라 하자. 만약 $\mathbf{B}$가 $\mathbf{x}$에서 연속이고 $\mathbf{C}$가 $\mathbf{B}(\mathbf{x})$에서 닫혀있다면 $\mathbf{A} = \mathbf{CB}$는 $\mathbf{x}$에서 닫혀있다.

정리 7.3.2에서 수렴하는 부분수열 $\{\mathbf{y}_k\}_{\mathbb{K}}$가 존재한다는 가정의 중요성을 주목하자. 이 가정이 없으면 예제 7.3.3에 따라 나타난 바와 같이 비록 사상 $\mathbf{B}$, $\mathbf{C}$가 닫힌 사상이라 하더라도, 합성사상 $\mathbf{A} = \mathbf{CB}$는 닫힌 사상일 필요가 없다(재미 J. 구드의 연구결과).

7.3.3 예제

다음 식과 같이 정의된 B, C: $\Re \rightarrow \Re$

$$\mathbf{B}(x) = \begin{cases} 1/x & \text{만약} \quad x \neq 0 \\ 0 & \text{만약} \quad x = 0 \end{cases}$$

$$\mathbf{C}(y) = \{z \mid |z| \leq |y|\}$$

을 고려해보자. 모든 점에서 B, C는 닫혀있음을 주목하자(B의 닫힘성은 $x = 0$에서 0으로 성립함[1])을 관측하시오. 왜냐하면 $\{x_k\} \rightarrow 0^{\pm}$에 대해 여기에 상응하는 수열 $\{y_k\} \equiv \{\mathbf{B}(x_k)\}$은 집적점을 갖지 않기 때문이다). 지금 합성사상 $\mathbf{A} = \mathbf{CB}$를 고려해보자. 그렇다면 A는 $\mathbf{A}(x) = \mathbf{CB}(x) = \{z \mid |z| \leq \mathbf{B}(x)\}$로 주어진다. B의 정의에서 다음 식

$$\mathbf{A}(x) = \begin{cases} \{z \mid |z| \leq |1/x|\} & x \neq 0 \\ \{0\} & x = 0 \end{cases}$$

이 뒤따른다. $x = 0$에서 A는 닫힌 사상이 아님을 주목하자. 특히, 수열 $\{x_k\}$를 고려해보고, 여기에서 $\mathbf{x}_k = 1/k$이다. $\mathbf{A}(x_k) = \{z \mid |z| \leq k\}$임을 주목하고, 그러므로 각각의 k에 대해 $z_k = 1$은 $\mathbf{A}(x_k)$에 속함을 주목하자. 반면에 집적점 $z = 1$은 $\mathbf{A}(x) = \{0\}$에 속하지 않는다. 따라서 비록 B, C 모두가 닫힌 사상이라도 A는 닫힌 사상이 아니며, 여기에서 $x_k = 1/k$에 대해 수열 $y_k \in \mathbf{B}(x_k)$는 수렴하는 하나의 부분수열을 갖지 않으므로, 정리 7.3.2를 적용할 수 없다.

합성사상을 갖는 알고리즘의 수렴

각각의 반복계산에서 대부분의 비선형계획법 문제의 알고리즘은 이를테면 2개 사상 B, C를 사용한다. 이 가운데 사상 B는 일반적으로 닫혀있으며 정리 7.2.3의 수렴에 관한 요구사항을 만족시킨다. 감소함수의 크기가 증가하지 않는 한, 둘째 사상 C는 임의의 과정을 포함할 수도 있다. 연습문제 7.1에서 예시한 바와 같이 종합적 사상은 닫힌 사상이 아닐 수도 있으며, 그래서 정리 7.2.3을 적용할 수 없다. 그러나 아래에 보인 바와 같이 이와 같은 사상은 수렴한다. 그러므로 하나의

1) 원문: Observe that the closedness of B holds true vacuously.

알려지고 수렴하는 알고리즘의 하나의 스텝이 유한개 반복계산 구간에 흩뜨려져 있지만, 전체적 알고리즘적 순서 전체에 걸쳐 무한하게 자주 사용되는 하나의 복잡한 알고리즘의 수렴을 확립하기 위해 이러한 결과를 사용할 수 있다. 그렇다면 알고리즘은 합성사상 $\mathbf{CB}$의 하나의 적용으로 보고, 여기에서 $\mathbf{B}$는 정리 7.2.3의 가정을 만족시키며 알려진 수렴하는 알고리즘의 스텝에 상응하고, $\mathbf{C}$는 복잡한 알고리즘의 중간과정 스텝의 집합에 상응하며, 정리 7.3.4에 따라 이러한 구도의 전체적 수렴이 뒤따른다. 이와 같은 정황에서, 위와 같이 $\mathbf{B}$를 적용하는 스텝을 **스페이서 스텝**이라 한다.

7.3.4 정리

$X \neq \varnothing$는 $\mathfrak{R}^n$의 닫힌집합이라 하고 $\Omega \subseteq X$는 공집합이 아닌 해집합이라 하자. $\alpha : \mathfrak{R}^n \to \mathfrak{R}$는 연속함수라 하고 다음 특질을 만족시키는 점-집합 사상 $\mathrm{C} : X \to X$를 고려해보자: $\mathbf{x} \in X$가 주어지면 $\mathbf{y} \in \mathrm{C}(\mathbf{x})$에 대해 $\alpha(\mathbf{y}) \leq \alpha(\mathbf{x})$이다. $\mathbf{B}: X \to X$는 Ω의 여집합 전체에 걸쳐 닫혀있고 만약 $\mathbf{x} \notin \Omega$라면 각각의 $\mathbf{y} \in \mathbf{B}(\mathbf{x})$에 대해 $\alpha(\mathbf{y}) < \alpha(\mathbf{x})$임을 만족시키는 점-집합 사상이라 하자. 지금 합성사상 $\mathbf{A} = \mathbf{CB}$라고 정의한 알고리즘을 고려해보자. $\mathbf{x}_1 \in X$가 주어지면 수열 $\{\mathbf{x}_k\}$는 다음과 같이 생성된다고 가정한다: 만약 $\mathbf{x}_k \in \Omega$라면, 정지한다; 그렇지 않다면 $\mathbf{x}_{k+1} \in \mathbf{A}(\mathbf{x}_k)$이라고 놓고, k를 $k+1$로 대체하고 반복한다. $\Lambda = \{\mathbf{x} \mid \alpha(\mathbf{x}) \leq \alpha(\mathbf{x}_1)\}$는 콤팩트 집합이라고 가정한다. 그렇다면 유한개 스텝 이내에 알고리즘은 Ω에 속한 하나의 점을 얻거나 아니면 Ω에 속하는 모든 $\{\mathbf{x}_k\}$의 집적점을 얻고 중지한다.

증명 만약 임의의 반복계산에서 $\mathbf{x}_k \in \Omega$라면 알고리즘은 유한 회 이내에 중지한다. 지금 수열 $\{\mathbf{x}_k\}$는 알고리즘에 의해 생성된다고 가정하고, $\{\mathbf{x}_k\}_{\mathbb{K}}$는 극한 $\mathbf{x}$를 갖는 하나의 수렴하는 부분수열이라 하자. 따라서 $k \in \mathbb{K}$에 대해 $\alpha(\mathbf{x}_k) \to \alpha(\mathbf{x})$이다. 정리 7.2.3처럼 α의 단조성을 사용하면 다음 식

$$\lim_{k \to \infty} \alpha(\mathbf{x}_k) = \alpha(\mathbf{x}) \tag{7.4}$$

이 뒤따른다. $\mathbf{x} \in \Omega$임을 보이려고 한다. 모순을 일으켜 $\mathbf{x} \notin \Omega$라고 가정하고 수

열 $\{\mathbf{x}_{k+1}\}_{\mathbb{K}}$를 고려해보자. 합성사상 $\mathbf{A}$의 정의에 따라 $\mathbf{x}_{k+1} \in \mathbf{C}(\mathbf{y}_k)$임을 주목하고, 여기에서 $\mathbf{y}_k \in \mathbf{B}(\mathbf{x}_k)$이다. $\mathbf{y}_k \in \Lambda$, $\mathbf{x}_{k+1} \in \Lambda$임을 주목하자. Λ는 콤팩트 집합이므로 $k \in \mathbb{K}'$에 대해, $\mathbf{y}_k \to \mathbf{y}$, $\mathbf{x}_{k+1} \to \mathbf{x}'$이 되도록 하는 하나의 첨자집합 $\mathbb{K}' \subseteq \mathbb{K}$가 존재한다. $\mathbf{B}$는 $\mathbf{x} \notin \Omega$에서 닫혀있으므로 그러면 $\mathbf{y} \in \mathbf{B}(\mathbf{x})$, $\alpha(\mathbf{y}) < \alpha(\mathbf{x})$이다. 그렇다면 $\mathbf{x}_{k+1} \in \mathbf{C}(\mathbf{y}_k)$이므로 가정에 따라 $k \in \mathbb{K}'$에 대해 $\alpha(\mathbf{x}_{k+1}) \le \alpha(\mathbf{y}_k)$이다; 그러므로 극한을 취함으로 $\alpha(\mathbf{x}') \le \alpha(\mathbf{y})$이다. $\alpha(\mathbf{y}) < \alpha(\mathbf{x})$이므로 $\alpha(\mathbf{x}') < \alpha(\mathbf{x})$이다. $k \in \mathbb{K}'$에 대해 $\alpha(\mathbf{x}_{k+1}) \to \alpha(\mathbf{x}')$이므로 $\alpha(\mathbf{x}') < \alpha(\mathbf{x})$임은 (7.4)를 위반한다. 그러므로 $\mathbf{x} \in \Omega$이며 증명이 완결되었다. (증명 끝)

독립 방향을 따라 최소화함

지금 최적화 $f(\mathbf{x})$ 제약조건 $\mathbf{x} \in \Re^n$ 형태인 하나의 문제의 최적해를 구하기 위한 알고리즘의 하나의 부류의 수렴을 확립하는 정리를 제시한다: 약한 가정 아래 n개의 선형독립인 탐색방향을 생성하고 이들 벡터 방향으로 순차적으로 f를 최소화해 하나의 새로운 점을 얻는 알고리즘은 하나의 정류점으로 수렴함을 보여준다. 또한, 이 정리는 선형독립이며 직교인 탐색방향을 사용해 알고리즘의 수렴을 확립한다.

7.3.5 정리

$f: \Re^n \to \Re$은 미분가능 함수라 하고 최소화 $f(\mathbf{x})$ 제약조건 $\mathbf{x} \in \Re^n$ 문제를 고려해보자. 사상 $\mathbf{A}$가 다음과 같이 정의된 하나의 알고리즘을 고려해보자. $\mathbf{y} \in \mathbf{A}(\mathbf{x})$임은 $\mathbf{x}$에서 출발하여 f를 순차적으로 탐색방향 $\mathbf{d}_1, \cdots, \mathbf{d}_n$을 따라 최소화해 $\mathbf{y}$를 구함을 의미한다. 여기에서 탐색방향 $\mathbf{d}_1, \cdots, \mathbf{d}_n$은 $\mathbf{x}$에 의해 결정될 수도 있으며 각각의 노음은 1이다. 다음 특질은 참이라고 가정한다:

1. 각각의 $\mathbf{x} \in \Re^n$에 대해 $det[\mathbf{D}(\mathbf{x})] \ge \varepsilon$이 되도록 하는 하나의 $\varepsilon > 0$이 존재한다. 여기에서 $\mathbf{D}(\mathbf{x})$는 행렬의 열이 알고리즘으로 생성한 탐색방향을 나타내는 $n \times n$ 행렬이며, $det[\mathbf{D}(\mathbf{x})]$는 $\mathbf{D}(\mathbf{x})$의 행렬식을 나타낸다.
2. $\Re^n$의 임의의 직선을 따라 최소화하면 f의 최솟값은 유일하다.

하나의 출발점 $\mathbf{x}_1$이 주어지면, 이 알고리즘은 다음과 같이 수열 $\{\mathbf{x}_k\}$를 생성한다고 가정한다. 만약 $\nabla f(\mathbf{x}_k)=\mathbf{0}$이라면 이 알고리즘은 $\mathbf{x}_k$를 얻고 중지한다; 그렇지 않다면 $\mathbf{x}_{k+1}\in\mathbf{A}(\mathbf{x}_k)$를 얻고 k는 $k+1$로 대체되고 이 과정은 반복된다. 만약 이 수열 $\{\mathbf{x}_k\}$가 $\Re^n$의 콤팩트 부분집합에 포함된다면 수열 $\{\mathbf{x}_k\}$의 각각의 집적점 $\mathbf{x}$는 반드시 $\nabla f(\mathbf{x})=\mathbf{0}$이 성립하도록 해야 한다.

증명 만약 수열 $\{\mathbf{x}_k\}$가 유한수열이라면 결과를 즉시 얻는다. 지금 이 알고리즘은 무한수열 $\{\mathbf{x}_k\}$를 생성한다고 가정한다.

$\mathbb{K}$는 양(+) 정수의 무한수열이라 하고 수열 $\{\mathbf{x}_k\}_{\mathbb{K}}$는 하나의 점 $\mathbf{x}$로 수렴한다고 가정한다. $\nabla f(\mathbf{x})=\mathbf{0}$임을 보여줄 필요가 있다. 모순을 일으켜 $\nabla f(\mathbf{x})\neq\mathbf{0}$이라고 가정하고 수열 $\{\mathbf{x}_{k+1}\}_{\mathbb{K}}$를 고려해보자. 가정에 따라 이 수열은 $\Re^n$의 콤팩트 부분집합에 포함된다; 그러므로 $\{\mathbf{x}_{k+1}\}_{\mathbb{K}'}$이 $\mathbf{x}'$로 수렴하도록 하는 $\mathbb{K}'\subseteq\mathbb{K}$가 존재한다. 먼저 n개 선형독립벡터 집합의 방향으로 f를 최소화해, $\mathbf{x}$에서 $\mathbf{x}'$를 구할 수 있음을 보인다.

$\mathbf{D}_k$는, 열 $\mathbf{d}_{1k},\cdots,\mathbf{d}_{nk}$가 반복계산 k에서 생성된 탐색방향으로 구성된 $n\times n$ 행렬이라 하자. 따라서 $\mathbf{x}_{k+1}=\mathbf{x}_k+\mathbf{D}_k\boldsymbol{\lambda}_k=\mathbf{x}_k+\boldsymbol{\Sigma}_{j=1}^n\mathbf{d}_{jk}\lambda_{jk}$이다. 여기에서 λ_{jk}는 $\mathbf{d}_{jk}$ 방향으로 이동한 거리이다. 특히 $j=1,\cdots,n$에 대해 $\mathbf{y}_{1k}=\mathbf{x}_k$, $\mathbf{y}_{j+1,k}=\mathbf{y}_{jk}+\lambda_{jk}\mathbf{d}_{jk}$라 하면 $\mathbf{x}_{k+1}=\mathbf{y}_{n+1,k}$와 다음 부등식

$$f(\mathbf{y}_{j+1,k})\leq f(\mathbf{y}_{jk}+\lambda\mathbf{d}_{jk})\qquad\forall\lambda\in\Re,\quad j=1,\cdots,n \tag{7.5}$$

이 뒤따른다. $det\,[\mathbf{D}_k]\geq\varepsilon>0$이므로 $\mathbf{D}_k$의 역행렬이 존재하며 $\boldsymbol{\lambda}_k=\mathbf{D}_k^{-1}(\mathbf{x}_{k+1}-\mathbf{x}_k)$이다. 각각의 $\mathbf{D}_k$의 열의 노음은 1이므로 $\mathbf{D}_k\to\mathbf{D}$가 되도록 하는 $\mathbb{K}''\subseteq\mathbb{K}'$이 존재한다. 각각의 k에 대해 $det\,[\mathbf{D}_k]\geq\varepsilon$이므로 $det\,[\mathbf{D}]\geq\varepsilon$이며, 따라서 $\mathbf{D}$의 역행렬이 존재한다. 지금 $k\in\mathbb{K}''$에 대해, $\mathbf{x}_{k+1}\to\mathbf{x}'$, $\mathbf{x}_k\to\mathbf{x}$, $\mathbf{D}_k\to\mathbf{D}$이며 그래서 $\boldsymbol{\lambda}_k\to\boldsymbol{\lambda}$이고, 여기에서 $\boldsymbol{\lambda}=\mathbf{D}^{-1}(\mathbf{x}'-\mathbf{x})$이다. 그러므로 $\mathbf{x}'=\mathbf{x}+\mathbf{D}\boldsymbol{\lambda}=\mathbf{x}+\boldsymbol{\Sigma}_{j=1}^n\mathbf{d}_j\lambda_j$이다. $\mathbf{y}_1=\mathbf{x}$라 하고 $j=1,\cdots,n$에 대해 $\mathbf{y}_{j+1}=\mathbf{y}_j+\lambda_j\mathbf{d}_j$라 하며, 그래서 $\mathbf{x}'=\mathbf{y}_{n+1}$이다. $\mathbf{x}'$는 f를 순차적으로 $\mathbf{d}_1,\cdots,\mathbf{d}_n$을 따라 최소화해, $\mathbf{x}$에서 구한다는 것을 보이려면 다음 식

$$f(\mathbf{y}_{j+1}) \le f(\mathbf{y}_j + \lambda \mathbf{d}_j) \quad \forall \lambda \in \Re,\ j = 1, \cdots, n \tag{7.6}$$

이 성립함을 보여주면 충분하다.

$k \in \mathbb{K}''$가 ∞에 접근함에 따라 $\lambda_{jk} \to \lambda_j$, $\mathbf{d}_{jk} \to \mathbf{d}_j$, $\mathbf{x}_k \to \mathbf{x}$, $\mathbf{x}_{k+1} \to \mathbf{x}'$임을 주목하고, 그래서 $k \in \mathbb{K}''$가 ∞에 접근함에 따라 $j = 1, \cdots, n+1$에 대해 $\mathbf{y}_{jk} \to \mathbf{y}_j$이다. f의 연속성에 의해 (7.5)에서 (7.6)이 뒤따른다. 따라서 f를 순차적으로 $\mathbf{d}_1, \cdots, \mathbf{d}_n$을 따라 최소화해 $\mathbf{x}$에서 $\mathbf{x}'$를 얻음을 보였다.

명백하게 $f(\mathbf{x}') \le f(\mathbf{x})$이다. 먼저 $f(\mathbf{x}') < f(\mathbf{x})$의 케이스를 고려해보자. $\{f(\mathbf{x}_k)\}$는 비증가 수열이므로, 그리고 $k \in \mathbb{K}$가 ∞에 접근함에 따라 $f(\mathbf{x}_k) \to f(\mathbf{x})$이므로 $lim_{\ k \to \infty} f(\mathbf{x}_k) = f(\mathbf{x})$이다. 그러나 $k \in \mathbb{K}'$가 ∞에 접근함에 따라 $\mathbf{x}_{k+1} \to \mathbf{x}'$, $f(\mathbf{x}') < f(\mathbf{x})$라는 가정을 고려해볼 때 이것은 불가능하다. 지금 $f(\mathbf{x}') = f(\mathbf{x})$인 케이스를 고려해보자. 이 정리의 특질에 따라, 그리고 $\mathbf{x}'$는 $\mathbf{d}_1, \cdots, \mathbf{d}_n$을 따라 f를 최소화해 $\mathbf{x}$에서 얻으므로 $\mathbf{x}' = \mathbf{x}$이다. 나아가서 이것은 $j = 1, \cdots, n$에 대해 $\nabla f(\mathbf{x}) \cdot \mathbf{d}_j = 0$임을 의미한다. $\mathbf{d}_1, \cdots, \mathbf{d}_n$은 선형독립이므로 $\nabla f(\mathbf{x}) = \mathbf{0}$임을 얻지만, 이것은 가정을 위반한다. 이것으로 증명이 완결되었다. (증명 끝)

탐색방향을 제공하는 사상의 닫힘성 또는 연속성에 관한 가정은 주어지지 않는다는 것을 주목하자. 각각의 반복계산에 사용하는 탐색방향이 독립임과 이들 방향벡터가 수렴함에 따라 또한 극한방향도 반드시 선형독립일 것을 요구한다. 만약 모든 반복계산에서 선형독립 탐색방향의 하나의 고정된 집합을 사용한다면 명백하게 이 내용은 성립한다. 대안적으로 만약 각각의 반복계산에서 사용한 탐색방향이 서로 직교하고 각각의 노음이 1이라면 탐색행렬 $\mathbf{D}$는 $\mathbf{D}^t\mathbf{D} = \mathbf{I}$를 만족시킨다. 그러므로 $det\,[\mathbf{D}] = 1$이며 그래서 이 정리의 '조건 1'이 성립한다.

또한, 이 정리의 문장에 있는 '조건 2'가 다음 특질을 보장하기 위해 사용됨을 주목하자. 만약 미분가능한 함수 f가 하나의 $\mathbf{x}$에서 출발하여 n개의 독립인 벡터의 방향으로 최소화되고 $\mathbf{x}'$에 도달한다면, 그리고 만약 $\nabla f(\mathbf{x}) \ne \mathbf{0}$이라면 $f(\mathbf{x}') < f(\mathbf{x})$이다. '가정 2'가 없으면 $f(x_1, x_2) = x_2(1 - x_1)$으로 입증한 바와 같이 이것은 참이 아니다. 만약 $\mathbf{x} = (0, 0)$이라면 $\mathbf{x}$에서 출발하여 $\mathbf{d}_1 = (1, 0)$ 방향으로, 그리고 $\mathbf{d}_2 = (0, 1)$ 방향으로 f를 최소화하면 점 $\mathbf{x}' = (1, 1)$을 생산할 수

있으며, 여기에서 비록 $\nabla f(\mathbf{x}) = (0, 1) \neq (0, 0)$이라도 $f(\mathbf{x}') = f(\mathbf{x}) = 0$이다.

7.4 알고리즘 사이의 비교

이 책의 나머지 부분에서는 비선형계획법 문제의 다른 부류의 최적해를 구하기 위한 여러 가지 알고리즘을 토의한다. 이 절에서는 이들 알고리즘의 유효성을 평가하고 비교할 때 고려해야 할 몇 가지 중요한 요인을 토의한다. 이들 요인은 (1) 일반성, 신뢰도, 정밀도 (2) 모수 민감도와 데이터 (3) 예비단계 노력과 계산상의 노력 (4) 수렴이다.

일반성, 신뢰성, 정밀도

제약 없는 최적화문제, 부등식 제약조건 있는 문제, 등식 제약조건 있는 문제, 또는 2개 형태의 제약조건을 모두 갖는 문제 등과 같은 다양한 비선형계획법 문제 집합의 최적해를 구하기 위해 여러 알고리즘을 설계한다. 이들 각각의 부류 내에서 다른 알고리즘은 문제 구조에 관한 구체적 가정을 한다. 예를 들면 제약 없는 최적화문제의 어떤 절차는 목적함수가 미분가능하다고 가정하고 이에 반해 나머지의 알고리즘은 이와 같은 가정을 하지 않으며 주로 함숫값 계산에만 의존한다. 등식 제약조건을 갖는 문제의 어떤 알고리즘은 선형제약조건만을 취급할 수 있고 이에 반해 나머지의 알고리즘은 비선형 제약조건도 취급할 수 있다. 따라서 알고리즘의 일반성은 알고리즘이 취급할 수 있는 문제의 다양성을 말하며, 또한 알고리즘이 요구하는 가정의 제한성을 말한다.

또 다른 중요한 요인은 알고리즘의 신뢰도 또는 강건성이다. 임의의 알고리즘이 주어지면, 비록 문제가 요구하는 모든 가정을 만족시킨다 해도 효과적으로 문제의 최적해를 구하지 못하는 테스트문제의 구성은 어렵지 않다. **신뢰도** 또는 **강건성**은, 적당한 정확도를 갖고, 설계한 부류의 대부분 문제의 최적해를 구하는 절차의 능력을 의미한다. 일반적으로, 이 특성은 사용하는 출발해(실현가능해)에 관계없이 성립해야 한다. 확실한 절차의 신뢰도와 문제의 크기와 구조 사이의 관계를 빠뜨리고 지나가면 안 된다. 만약 변수 개수가 적다면, 또는 만약 제약조건이 대단히 비선형이 아니라면 어떤 알고리즘을 신뢰할 수 있고, 그렇지 않으면 신뢰할 수 없다.

정리 7.2.3이 의미하는 바와 같이, 비선형계획법 문제의 알고리즘의 수렴은 일반적으로, 만약 일어난다면, 한계적 의미로 일어난다. 따라서 적당한 횟수의 반복계산 후, 알고리즘에 의해 생산한 점의 품질의 측정에 관심이 있다. 좋은 목적 함숫값을 갖는 실현가능해를 빠르게 생산하는 알고리즘이 선호된다. 제9장에서뿐만 아니라 제6장에서 토의하고 설명하는 바와 같이, 여러 절차는 일련의 실현불가능해를 생성하며, 여기에서 실현가능성은 종료시점에서만 달성된다. 그러므로 이후의 반복계산에서 만약 알고리즘적 과정이 너무 이르게 종료된다면 거의-실현가능 해를 손에 쥘 수 있을 만큼 실현불가능성의 정도가 작아야 함은 필수적이다.

모수와 데이터의 민감도

대부분 알고리즘에 있어 사용자는 출발 벡터, 스텝 사이즈, 가속인자 같은 모수의 초기값을 지정해야 하고, 알고리즘을 종료하기 위한 모수 값도 반드시 지정해야 한다. 어떤 절차는 모수와 문제의 데이터에 대해 상당히 민감하며 이들 값에 따라 다른 결과를 생산하든가 아니면 너무 이르게 중지한다. 특히 선택한 모수의 고정된 집합에 대해 알고리즘은 문제의 데이터의 넓은 범위에 대해 최적해를 구해야 하고 반드시 **척도불변**이 되어야 한다. 즉 말하자면 사용될지도 모르는 임의의 제약조건 또는 변수의 척도구성에 대해 민감하지 않아야 한다. 유사하게, 주어진 문제의 집합에 대해 선택된 모수 값에 민감하지 않은 알고리즘을 선호한다(관계된 토의에 대해 절 1.3 참조).

준비노력과 계산의 노력

알고리즘을 비교하는 또 다른 기초 사항은 확대된 문제의 최적해를 구하기 위한 예비단계와 계산단계의 총 노력이다. 알고리즘을 평가할 때, 입력데이터 준비를 위한 노력을 반드시 고려해야 한다. 특히 만약 원래의 함수가 복잡한 것이라면 1-계 또는 2-계 도함수를 사용하는 알고리즘은 함숫값 계산만을 사용하는 알고리즘보다도 상당히 많은 준비시간을 요구한다. 알고리즘의 계산노력은 일반적으로 컴퓨터의 계산시간, 반복계산횟수, 또는 함숫값을 구하는 횟수에 의해 평가된다. 그러나, 이들의 어떤 측도도, 그것만으로는, 전체적으로 만족한 것은 아니다. 알고리즘을 실행하기 위해 요구되는 컴퓨터 계산시간은 효율뿐만 아니라 사용하는 컴퓨터의 유형, 측정된 시간의 특성, 컴퓨터의 기존의 부하, 프로그램 문장의 효율에 따라 다르다. 또한, 1회반복계산 당의 노력은 절차마다 상당히 크게 다르므로 반복계산은 알고리즘의 유효성의 유일한 측도로 사용할 수 없다. 마지막으로 함숫값을 구하는 횟수는 행렬의 곱하기, 행렬의 역행렬 구하기(또는 **인수분해**; 부록 A.2 참조)와 같은 나머지 연산, 적절한 이동방향 탐색 등을 측정하지 않으므로 판단을 오도할 수 있다. 또한, 도함수-의존 기법에 대해, 함수 자체의 평가와 알고리즘적 수행에 미치는 순 결과에 대비해 1-계 도함수와 2-계 도함수 값의 계산을 측정해야 한다.

수렴

알고리즘이 해집합에 속한 점으로 이론적으로 수렴함은 아주 바람직한 특질이다. 수렴하는 2개의 경쟁적 알고리즘이 주어지면, 이론적으로 차수 또는 수렴속도를 기초로 해 이들을 비교할 수 없다. 이 개념을 아래에 정의한다.

7.4.1 정의

실수의 수열 $\{r_k\}$은 $\bar{r}$로 수렴한다고 놓고 모든 k에 대해 $r_k \neq \bar{r}$라고 가정한다. **수열의 수렴차수**는 다음 식

$$\overline{\lim_{k\to\infty}} \frac{|r_{k+1}-\bar{r}|}{|r_k-\bar{r}|^p} = \beta < \infty$$

이 성립하도록 하는 비음(-) p의 최소상계이다. 만약 $p=1$이며 **수렴비율**이 $\beta \in (0,1)$이라면, 이 수열은 **선형수렴율**을 갖는다고 말한다. **점근적으로** $|r_{k+1}-\bar{r}| = \beta|r_k-\bar{r}|$을 얻으므로, 비록 등비수렴은 수열이 진실로 등비수열인 상황에 대해서만 자주 사용되지만 선형수렴은 또한 **등비수렴**이라고도 한다. 만약 $p>1$이라면, 또는 만약 $p=1$, $\beta=0$이라면, 이 수열은 **슈퍼 선형수렴**이라 한다. 특히 만약 $p=2$, $\beta<\infty$라면, 이 수열은 **차수-2 수렴율** 또는 **이차식 수렴율**을 갖는다고 말한다.

예를 들면, 그림 7.1a의 알고리즘적 사상으로 생성한 반복계산점의 수열 r_k는 $r_{k+1}=(r_k+1)/2$이 되도록 하며, 여기에서 $\{r_k\}\to 1$이다. 그러므로 $(r_{k+1}-1)=(r_k-1)/2$이다; 그래서 $p=1$이면 정의 7.4.1의 극한은 $\beta=1/2$이다. 그러나 $p>1$에 대해 이 극한은 무한대이다. 따라서 선형적으로만 $\{r_k\}\to 1$이 된다.

반면에, $k=1,2,\cdots$에 대해 $r_{k+1}=1+(r_k-1)/2^k$을 얻는다고 가정하

며, 이를테면 여기에서 $r_1 = 4$이다. 위에서 얻은 수열 $\{4, 2.5, 1.75, 1.375, 1.1875, \cdots\}$ 대신 지금 수열 $\{4, 2.5, 1.375, 1.046875, \cdots\}$이 생성된다. 이 수열이 1에 수렴함은 즉시 입증할 수 있다. 그러나 지금 $|r_{k+1}-1|/|r_k-1| = 1/2^k$이며 이것은 $k \to \infty$에 따라 0에 접근한다. 그러므로 이 경우 슈퍼 선형적으로 $\{r_k\} \to 1$이다.

만약 정의 7.4.1의 r_k가 k-째 반복계산에서 감소함수 값 $\alpha(\mathbf{x}_k)$을 나타낸다면, p 값이 클수록 알고리즘의 수렴은 빨라진다. 만약 정의 7.4.1에서의 극한이 존재한다면 그리고 k 값이 크다면 점근적으로 $|r_{k+1} - \bar{r}| = \beta |r_k - \bar{r}|^p$를 얻으며 이것은 큰 값의 p에 대해 수렴이 더 빨라짐을 의미한다. 동일한 p 값에 대해 수렴율 β가 작을수록 수렴은 빨라진다. 그러나 수렴 차수와 수렴율은 반복계산 횟수가 무한대에 접근함에 따른 알고리즘 진전을 나타내는 것일 뿐이므로, 수렴하는 알고리즘을 평가하기 위해서만 사용하면 안 됨을 주목해야 한다(위에서 토의한 스텝별 진전과 대비해 대단히 많은 횟수의 반복계산 전체에 걸쳐 달성된 스텝별 평균진전을 다루는 **평균수렴율**에 관한 문헌에 대해 '주해와 참고문헌'을 참조하시오).

유사한 방법으로 하나의 벡터 수열 $\{\mathbf{x}_k\} \to \bar{\mathbf{x}}$의 수렴율을 정의할 수 있다. 다시, 모든 k(또는 양자택일로, 충분히 큰 k)에 대해 $\mathbf{x}_k \neq \bar{\mathbf{x}}$라고 가정하자. 지금 $\mathbf{x}_k$와 $\bar{\mathbf{x}}$ 사이의 일반적으로 유클리드 거리함수 $\| \mathbf{x}_k - \bar{\mathbf{x}} \|$인 분리의 정도를 측정하는 하나의 오차함수에 관해 수렴율을 정의할 수 있다. 따라서 정의 7.4.1에서 모든 k에 대해 $|r_k - \bar{r}|$를 $\| \mathbf{x}_k - \bar{\mathbf{x}} \|$로 단순하게 대체한다. 특히 만약 모든 k에 대해 $\| \mathbf{x}_{k+1} - \bar{\mathbf{x}} \| \leq \rho \| \mathbf{x}_k - \bar{\mathbf{x}} \|$이 되도록 하는 $0 < \rho < 1$이 존재한다면 $\{\mathbf{x}_k\}$는 선형수렴율로 $\bar{\mathbf{x}}$에 수렴한다. 반면에 만약 모든 k에 대해 $\{\rho_k\} \to 0$, $\| \mathbf{x}_{k+1} - \bar{\mathbf{x}} \| \leq \rho_k \| \mathbf{x}_k - \bar{\mathbf{x}} \|$이라면 수렴율은 슈퍼 선형이다. 이들은, $|r_k - \bar{r}|$의 대신에 $\| \mathbf{x}_k - \bar{\mathbf{x}} \|$을 사용해, 정의 7.4.1과 일치하는, 단지 자주 사용하는 해석임을 주목하자.

여기에서 또한, 앞서 말한 수렴율, 다시 말하자면 선형, 슈퍼 선형, 이차식 등은 간혹 각각 q-**선형**, q-**슈퍼 선형**, q-**이차식**이라고 말함을 지적해 둔다. 접두사 q는 정의 7.4.1에 의해 취해진 몫을 나타내는 것이며 r-(근)-차수 수렴율의 또 다른, 더 약한 유형과는 다르며, 여기에서 오차 $\| \mathbf{x}_k - \bar{\mathbf{x}} \|$는 0으로 수렴하는 어떤 q-차수의 수열의 요소에 의해서만 위로 유계이다('주해와 참고문헌' 절 참조).

알고리즘을 비교하는 목적으로 자주 사용하는 또 다른 수렴판단기준은 효과적으로 이차식함수를 최소화하는 능력이다. 최소해 근처에서 함수의 선형근사화가 나쁘므로 이차식함수를 사용하며 이에 반해 이차식 형태로 적절히 근사화할 수 있다. 따라서 이차식함수의 최소화를 잘 수행하지 못하는 알고리즘은 일반적 비선형함수의 최적해에 근접함에 따라 잘 수행하지 못할 수 있다.

연습문제

[7.1] 이 연습문제는 수렴하는 알고리즘의 사상은 닫힌 사상일 필요가 없다는 것을 예시한다. 다음 문제

$$\begin{array}{ll} \text{최소화} & x^2 \\ \text{제약조건} & x \in \Re \end{array}$$

를 고려해보자. 다음 식과 같이 정의한 사상 **B**, **C**: $\Re \rightarrow \Re$

$$\mathbf{B}(x) = \frac{x}{2}, \quad \forall x;$$

$$\mathbf{C}(x) = \begin{cases} x & -1 \le x \le 1 \\ x+1 & x < -1 \\ x-1 & x > 1 \end{cases}$$

을 고려해보자. 해집합은 $\Omega = \{0\}$이라 하고 감소함수는 $\alpha(x) = x^2$이라 한다.

a. **B**, **C**는 정리 7.3.4의 모든 가정을 만족시킨다는 것을 보이시오.

b. 합성사상 $\mathbf{A} = \mathbf{CB}$는 아래에 주어진 식

$$\mathbf{A}(x) = \begin{cases} x/2 & -2 \le x \le 1 \\ (x/2)+1 & x < -2. \\ (x/2)-1 & x > 2 \end{cases}$$

과 같다는 것을 입증하고 닫혀있지 않음을 입증하시오:

c. **A**는 닫힌 사상이 아님에도 불구하고, **A**로 정의한 알고리즘은 출발점에 관계없이 점 $\bar{x} = 0$으로 수렴함을 보이시오.

[7.2] 다음 사상 가운데 어떤 것이 닫혀있고 어떤 것이 열려있는가?

a. $\mathbf{A}(x) = \{y \mid x^2 + y^2 \le 2\}$.

b. $\mathbf{A}(\mathbf{x}) = \{\mathbf{y} \mid \mathbf{x} \cdot \mathbf{y} \le 2\}$.

c. $\mathbf{A}(\mathbf{x}) = \{\mathbf{y} \mid \| \mathbf{y} - \mathbf{x} \| \le 2\}$.

d. $\mathbf{A}(\mathbf{x}) = \begin{cases} \{y \mid x^2 + y^2 \le 1\} & x \ne 0 \\ [-1, 0] & x = 0. \end{cases}$

[7.3] $\mathbf{A}: \Re^n \to \Re^n$은 다음과 같이 정의한 점-집합 사상이라 하자. $m \times n$ 행렬 $\mathbf{B}$, m-벡터 $\mathbf{b}$, n-벡터 $\mathbf{x}$가 주어지면, $\mathbf{y} \in \mathbf{A}(\mathbf{x})$임은 $\mathbf{y}$가 최소화 $\mathbf{x} \cdot \mathbf{z}$ 제약조건 $\mathbf{B}\mathbf{z} = \mathbf{b}$ $\mathbf{z} \ge \mathbf{0}$ 문제의 하나의 최적해임을 의미한다. 사상 $\mathbf{A}$는 닫혀있음을 보이시오.

[7.4] $\mathbf{A}: \Re^m \to \Re^n$은 다음과 같이 정의한 점-집합 사상이라 하자. $m \times n$ 행렬 $\mathbf{B}$, n-벡터 $\mathbf{c}$, m-벡터 $\mathbf{x}$가 주어지면 $\mathbf{y} \in \mathbf{A}(\mathbf{x})$임은 $\mathbf{y}$가 최소화 $\mathbf{c} \cdot \mathbf{z}$ 제약조건 $\mathbf{B}\mathbf{z} = \mathbf{x}$, $\mathbf{z} \ge \mathbf{0}$ 문제의 하나의 최적해임을 의미한다.

a. 만약 집합 $Z = \{\mathbf{z} \mid \mathbf{B}\mathbf{z} = \mathbf{x},\ \mathbf{z} \ge \mathbf{0}\}$가 콤팩트 집합이라면 사상 $\mathbf{A}$는 $\mathbf{x}$에서 닫혀 있다는 것을 보이시오.

b. 만약 집합 Z가 콤팩트 집합이 아니라면 독자의 결론은 무엇인가?

[7.5] 다음 사상 가운데 어느 것이 닫혀있는 사상이고 어떤 것이 아닌가?

a. $(y_1, y_2) \in \mathbf{A}(x_1, x_2)$는 $y_1 = x_1 - 1$, $y_2 \in [x_2 - 1,\ x_2 + 1]$임을 의미한다.

b. $(y_1, y_2) \in \mathbf{A}(x_1, x_2)$는, 만약 $x_2 \ge 0$이라면 $y_1 = x_1 - 1$, $y_2 \in [-x_2 + 1, x_2 + 1]$이며, 만약 $x_2 < 0$이라면 $y_2 \in [x_2 + 1, -x_2 + 1]$임을 의미한다.

c. $(y_1, y_2) \in \mathbf{A}(x_1, x_2)$임은 $y_1 \in [x_1 - \| \mathbf{x} \|,\ x_1 + \| \mathbf{x} \|]$, $y_2 = x_2$임을 의미한다.

[7.6] $X \ne \varnothing$, $Y \ne \varnothing$는 $\Re^p$, $\Re^q$에서 각각 닫힌집합이라 하자. $\mathbf{A}: X \to Y$,

$\mathbf{B}: X \rightarrow Y$는 점-집합 사상이라 하자. 합사상 $\mathbf{C} = \mathbf{A} + \mathbf{B}$는 $\mathbf{C}(\mathbf{x}) = \{\mathbf{a} + \mathbf{b} \mid \mathbf{a} \in \mathbf{A}(\mathbf{x}),\ \mathbf{b} \in \mathbf{B}(\mathbf{x})\}$라고 정의한다. 만약 $\mathbf{A}$, $\mathbf{B}$가 닫혀있고 만약 Y가 콤팩트 집합이라면 $\mathbf{C}$는 닫힌 사상임을 보이시오.

[7.7] $\mathbf{A}: \Re^n \times \Re^n \rightarrow \Re^n$은 다음과 같이 정의한 점-집합 사상이라 한다. $\mathbf{x}, \mathbf{z} \in \Re^n$가 주어지면 $\mathbf{y} \in \mathbf{A}(\mathbf{x}, \mathbf{z})$임은 어떤 $\bar{\lambda} \in [0, 1]$에 대해 $\mathbf{y} = \bar{\lambda}\mathbf{x} + (1 - \bar{\lambda})\mathbf{z}$이며 다음 식

$$\| \mathbf{y} \| \leq \| \lambda \mathbf{x} + (1 - \lambda)\mathbf{z} \| \qquad \forall \lambda \in [0, 1]$$

이 성립함을 의미한다. 다음 케이스의 각각에 대해 사상 $\mathbf{A}$는 닫혀있음을 보이시오:

a. $\| \vec{\cdot} \|$는 유클리드노음($\| \vec{\cdot} \|_2$)을 나타낸다; 즉 말하자면, $\| \mathbf{g} \| = (\Sigma_{i=1}^{n} g_i^2)^{1/2}$이다.

b. $\| \vec{\cdot} \|$은 ℓ_1노음($\| \vec{\cdot} \|_1$)을 나타낸다; 즉 말하자면, $\| \mathbf{g} \| = \Sigma_{i=1}^{n} |g_i|$이다.

c. $\| \vec{\cdot} \|$는 최소상계노음($\| \vec{\cdot} \|_\infty$)[2]을 나타낸다; 즉 말하자면, $\| \mathbf{g} \| = max_{1 \leq i \leq n} |g_i|$이다.

[7.8] $\mathbf{A}: \Re^n \times \Re \rightarrow \Re^n$은 다음과 같이 정의한 점-집합 사상이라 하자. $\mathbf{x} \in \Re^n$, $z \in \Re$이 주어지면 $\mathbf{y} \in \mathbf{A}(\mathbf{x}, z)$임은 $\| \mathbf{y} - \bar{\mathbf{x}} \| \leq z$, $\| \mathbf{w} - \mathbf{x} \| \leq z$가 되도록 하는 각각의 $\mathbf{w}$에 대해 $\| \mathbf{y} \| \leq \| \mathbf{w} \|$임을 의미한다. 연습문제 7.7에서 명시한 각각의 노음에 대해 사상 $\mathbf{A}$는 닫혀있음을 보이시오.

[7.9] $X \neq \varnothing$, $Y \neq \varnothing$를 $\Re^p$, $\Re^q$에서 각각 닫힌집합이라 하자. 점-집합 사상 $\mathbf{A}: X \rightarrow Y$가 닫힌 사상이라는 것은 집합 $Z = \{(\mathbf{x}, y) \mid \mathbf{x} \in X,\ \mathbf{y} \in \mathbf{A}(\mathbf{x})\}$는 닫힌집합이라는 것과 같은 뜻임을 보이시오.

[7.10] 사상 $\mathbf{A}$를 고려해보고, 여기에서 $\mathbf{A}(x)$는 x의 비음(-) 제곱근이다. 임의의

2) 역자 주: Chebyshef 노음

양(+)의 x에서 출발하여, 사상 $\mathbf{A}$로 정의한 이 알고리즘은 $\bar{x}=1$로 수렴함을 보이시오〔힌트: $\alpha(x)=|x-1|$이라고 놓는다〕.

[7.11] λ는 하나의 주어진 스칼라라 하고 $f:\mathfrak{R}\to\mathfrak{R}$은 연속적으로 미분가능한 함수라 하자. $\mathbf{A}:\mathfrak{R}\to\mathfrak{R}$은 다음 식

$$\mathbf{A}(x)=\begin{cases} x+\lambda & \text{만약 } f(x+\lambda)<f(x) \\ x-\lambda & \text{만약 } f(x+\lambda)\geq f(x)\text{이며 } f(x-\lambda)<f(x) \\ x & \text{만약 } f(x+\lambda)\geq f(x)\text{이며 } f(x-\lambda)\geq f(x) \end{cases}$$

과 같이 정의한 점-점 사상이라 하자.

a. 사상 $\mathbf{A}$는 다음 영역

$$\Lambda=\{x\,|\,f(x+\lambda)\neq f(x)\text{이며 } f(x-\lambda)\neq f(x)\}$$

에서 닫혀있음을 보이시오.

b. $x_1=2.5$에서 출발하고, $\lambda=1$로 놓고, $f(x)=2x^2-3x$을 최소화하기 위해 사상 $\mathbf{A}$로 정의한 알고리즘을 적용하시오.

c. $\Omega=\{x\,|\,|x-\bar{x}|\leq\lambda\}$이라 하며, 여기에서 $df(\bar{x})/dx=0$이다. 만약 알고리즘으로 생성한 일련의 점이 콤팩트 집합에 포함(가두어짐)된다면, 이것은 Ω에 속한 하나의 점으로 수렴함을 입증하시오.

d. 파트 c에 있는 점 $\bar{x}$는 하나의 국소최대해 또는 하나의 안장점일 수 있는가?

[7.12] $\mathbf{A}: X\to X$라고 놓고, 여기에서 $X=\{x\,|\,x\geq 1/2\}$, $\mathbf{A}(x)=|\sqrt{x}|$이다. X에 속한 임의의 점에서 출발하여 $\mathbf{A}$로 생성한 (전체의) 수열은 수렴함을 입증하기 위해 장윌의 수렴정리를 사용하시오. Ω, α를 이 케이스에 대해 명시적으로 정의하시오. 수렴율은 얼마인가?

[7.13] 아래에 정의한 선형탐색사상 $\mathbf{M}:\mathfrak{R}^n\times\mathfrak{R}^n\to\mathfrak{R}^n$은 비선형계획법 문제의 알고리즘에 자주 나타난다. 만약 $\mathbf{y}$가 다음 문제

최소화 $f(\mathbf{x}+\lambda\mathbf{d})$

제약조건 $\mathbf{x}+\lambda\mathbf{d}\geq\mathbf{0}$

$\lambda\geq 0$

의 최적해라면 $\mathbf{y}\in\mathbf{M}(\mathbf{x},\mathbf{d})$이며, 여기에서 $f:\Re^n\rightarrow\Re$이다. $\mathbf{M}$은 닫힌 사상이 아님을 보여주기 위해 $(\mathbf{x},\mathbf{d})$로 수렴하는 수열 $(\mathbf{x}_k,\mathbf{d}_k)$와 $\mathbf{y}$로 수렴하는 수열 $\mathbf{y}_k\in M(\mathbf{x}_k,\mathbf{d}_k)$은 $\mathbf{y}\notin M(\mathbf{x},\mathbf{d})$이 되도록 나타나야 한다. $\mathbf{x}_1=(1,0)$이 주어졌다면 $\mathbf{x}_{k+1}$은, $\mathbf{x}_k$와 점 $(0,1)$의 사이에서 원 $(x_1-1)^2+(x_2-1)^2=1$에 존재하는 점이라 하자. 이 벡터는 $\mathbf{d}_k=(\mathbf{x}_{k+1}-\mathbf{x}_k)/\|\mathbf{x}_{k+1}-\mathbf{x}_k\|$이라 한다. $f(x_1,x_2)=(x_1+2)^2+(x_2-2)^2$이라 하면 다음 내용을 보이시오.

a. 수열 $\{\mathbf{x}_k\}$는 $\mathbf{x}=(0,1)$로 수렴한다.

b. 수열 $\{\mathbf{d}_k\}$는 $\mathbf{d}=(0,1)$로 수렴한다.

c. 수열 $\{\mathbf{y}_k\}$는 $\mathbf{y}=(0,1)$로 수렴한다.

d. 사상 $\mathbf{M}$은 $(\mathbf{x},\mathbf{d})$에서 닫혀있지 않다.

[7.14] $f:\Re^n\rightarrow\Re$은 미분가능하다고 하자. **편향된 음(-) 경도**를 제공하는 다음 방향탐색 사상 $\mathbf{D}:\Re^n\rightarrow\Re^n\times\Re^n$을 고려해보자. $\mathbf{x}\geq\mathbf{0}$이라 하면 $(\mathbf{x},\mathbf{d})\in\mathbf{D}(\mathbf{x})$임은 다음 식

$$d_j=\begin{cases}\dfrac{-\partial f(\mathbf{x})}{\partial x_j} & \text{만약 } x_j>0\text{이라면, 또는 } x_j=0\text{이며 } \dfrac{\partial f(\mathbf{x})}{\partial x_j}\leq 0\text{이라면}\\ 0 & \text{그렇지 않으면}\end{cases}$$

을 의미한다. $\mathbf{D}$는 닫힌 사상이 아님을 보이시오.

〔**힌트**: $f(x_1,x_2)=x_1-x_2$이라 하고, 점 $(0,1)$에 수렴하는 수열 $\{x_k\}$를 고려해보고, 여기에서 $\mathbf{x}_k=(1/k,1)$이다.〕

[7.15] $f:\Re^n\rightarrow\Re$은 미분가능한 함수라 하자. 합성사상 $\mathbf{A}=\mathbf{MD}$를 고려해보고, 여기에서 $\mathbf{D}:\Re^n\rightarrow\Re^n\times\Re^n$, $\mathbf{M}:\Re^n\times\Re^n\rightarrow\Re^n$는 다음과 같이 정의한다. $\mathbf{x}\geq\mathbf{0}$이 주어지면, $(\mathbf{x},\mathbf{d})\in D(\mathbf{x})$는 다음 식

$$d_j = \begin{cases} \dfrac{-\partial f(\mathbf{x})}{\partial x_j} & x_j > 0\text{이라면, 또는 } x_j = 0\text{이며 } \dfrac{\partial f(\mathbf{x})}{\partial x_j} \le 0\text{이라면} \\ 0 & \text{그렇지 않으면} \end{cases}$$

을 의미한다. $\mathbf{y} \in \boldsymbol{M}(\mathbf{x},\mathbf{d})$임은, 어떤 $\bar{\lambda} \geq 0$에 대해 $\mathbf{y} = \mathbf{x} + \bar{\lambda}\mathbf{d}$임을 의미하며, 여기에서 $\bar{\lambda}$는 최소화 $f(\mathbf{x} + \lambda\mathbf{d})$ 제약조건 $\mathbf{x} + \lambda\mathbf{d} \geq \mathbf{0}$ $\lambda \geq 0$ 문제의 최적해이다.

$a.$ 카루시-쿤-터커 조건을 사용해 다음 문제

최소화 $x_1^2 + x_2^2 - x_1x_2 + 2x_1 + x_2$
제약조건 $x_1, x_2 \geq 0$

의 하나의 최적해를 구하시오.

$b.$ 알고리즘적 사상 $\mathbf{A}$로 정의한 알고리즘을 사용해 점 $(2, 1)$에서 출발하여 파트 a의 문제의 최적해를 구하시오. 알고리즘은 파트 a에서 구해진 최적해에 수렴함을 주목하자.

$c.$ 점 $(0, 0.09, 0)$에서 출발하여 울프[1972]의 공로라고 알려진 알고리즘을 사용해 $\mathbf{A}$로 정의한 다음 문제

최소화 $(4/3)(x_1^2 - x_1x_2 + x_2^2)^{3/4} - x_3$
제약조건 $x_1, x_2, x_3 \geq 0$

의 최적해를 구하시오. 생성된 수열은 점 $(0, 0, \bar{x}_3)$으로 수렴함을 주목하자. 여기에서 $\bar{x}_3 = 0.3(1 + 0.5\sqrt{2})$이다. 카루시-쿤-터커 조건을 사용해 $\bar{x}_3$은 하나의 최적해가 아님을 보이시오. 이 알고리즘은 파트 b의 하나의 최적해로 수렴하지만 파트 c의 하나의 최적해로 수렴하지 않는다는 것을 주목하자. 왜냐하면, 이것은 연습문제 7.12, 7.13에 나타난 것처럼 사상 $\mathbf{A}$가 닫혀있지 않기 때문이다.

[7.16] $f: \Re \rightarrow \Re$는 연속적으로 미분가능하다고 하자. 다음과 같이 정의한 점-점 사상 $\mathbf{A}: \Re \rightarrow \Re$을 고려해보고, 여기에서 $f'(x) = df(x)/dx$이다:

$$A(x) = x - \frac{f(x)}{f'(x)} \quad \text{if} f'(x) \neq 0$$

a. $\mathbf{A}$는 $\Lambda = \{x \mid f'(x) \neq 0\}$에서 닫힌집합임을 보이시오.

b. $f(x) = x^2 - 2x - 3$이라 하고, $x_1 = -5$에서 출발하여 위의 알고리즘을 적용하시오. 이 알고리즘은 $x = -1$로 수렴함을 주목하고, 여기에서 $f(-1) = 0$이다.

c. $f(x) = x^2 - |x^3|$로 정의한 함수에 대해 $x_1 = 3/5$에서 출발하여 이 알고리즘은 하나의 점 x로 수렴하지 않는다는 것을 입증하고, 여기에서 $f(x) = 0$이다.

d. 닫힌 사상 $\mathbf{A}$로 정의한 알고리즘은 f가 0인 하나의 점을 찾기 위해 간혹 사용된다. 파트 *b*에서 이 알고리즘은 수렴했지만 이에 반해 파트 *c*에서는 수렴하지 않았다. 정리 7.2.3을 참조해 토의하시오.

[7.17] 정리 7.3.5에서 $det\,[D(\mathbf{x})] > \varepsilon > 0$이라고 가정했다. 이 가정을 다음 내용으로 대체할 수 있는가?

알고리즘으로 생성한 각각의 점 $\mathbf{x}_k$에서 알고리즘으로 생성한 탐색방향 $\mathbf{d}_1, \cdots, \mathbf{d}_n$은 선형독립이다.

[7.18] $\mathbf{A}: \Re^n \times \Re^n \to \Re$은 다음과 같이 정의한다고 하자. $\mathbf{c}$, $\mathbf{d} \in \Re^n$, $k \in \Re$, 콤팩트 다면체집합 $X \subseteq \Re^n$이 주어지면, 그리고 만약 $\bar{\lambda} = sup\{\lambda \mid z(\lambda) \geq k\}$라면 $\bar{\lambda} \in \mathbf{A}(\mathbf{c}, \mathbf{d})$이며, 여기에서 $z(\lambda) = min\{(\mathbf{c} + \lambda\mathbf{d}) \cdot \mathbf{x} \mid \mathbf{x} \in X\}$이다. $(\mathbf{c}, \mathbf{d})$에서 점-점 사상 $\mathbf{A}$는 닫혀있음을 보이시오.

[7.19] $f: \Re^n \to \Re$은 연속함수라 하고 I는 $\Re$에서 닫힌 유계구간이라 하자. $\mathbf{A}: \Re^n \times \Re^n \to \Re^n$을 다음과 같이 정의한 점-집합 사상이라 하자. $\mathbf{x} \in \Re^n$, $\mathbf{d} \in \Re^n$이 주어지면, 여기에서 $\mathbf{d} \neq \mathbf{0}$, $\mathbf{y} \in \mathbf{A}(\mathbf{x}, \mathbf{d})$임은 어떤 $\bar{\lambda} \in I$에 대해 $\mathbf{y} = \mathbf{x} + \lambda\mathbf{d}$임을 의미하고, 나아가서 각각의 $\lambda \in I$에 대해 $f(\mathbf{y}) \leq f(\mathbf{x} + \lambda\mathbf{d})$이다.

a. $(\mathbf{x}, \mathbf{d})$에서 $\mathbf{A}$는 닫힌 사상임을 보이시오.

b. 만약 $\mathbf{d} = \mathbf{0}$이라면 이 결과는 성립하는가?

c. 만약 I가 유계집합이 아니라면 이 결과는 성립하는가?

[7.20] X는 $\Re^n$의 닫힌집합이라 하고, $f: \Re^n \to \Re$, $\boldsymbol{\beta}: \Re^n \to \Re^{m+\ell}$은 연속함수라 하자. 아래에 정의한 점-집합 사상 $\mathbf{C}: \Re^{m+\ell} \to \Re^n$은 닫힌 사상임을 보이시오.

> 만약 $\mathbf{y}$가 최소화 $f(\mathbf{x}) + \mathbf{w} \cdot \boldsymbol{\beta}(\mathbf{x})$ 제약조건 $\mathbf{x} \in X$ 문제의 최적해라면 $\mathbf{y} \in \mathbf{C}(\mathbf{w})$이다.

[7.21] 이 연습문제는 비선형계획법에서 자주 사용하는 **제약평면법** 부류의 통일된 알고리즘을 소개한다. 알고리즘을 설명하고 알고리즘은 수렴한다는 가정을 제시한다. 심볼 $\mathfrak{I}$는 $\Re^p$에서 다면체집합의 모임을 나타내고 $\Omega \neq \varnothing$는 $\Re^q$의 해집합이다.

일반적 제약평면법

초기화 스텝 공집합이 아닌 다면체집합 $Z_1 \subseteq \Re^p$를 선택하고 $k = 1$로 놓고 메인 스텝으로 간다.

메인 스텝 1. Z_k가 주어지면 $\mathbf{w}_k \in \mathbf{B}(Z_k)$이라 하며, 여기에서 $\mathrm{B}: \mathfrak{I} \to \Re^q$이다. 만약 $W_k \in \Omega$라면 중지한다; 그렇지 않다면 스텝 2로 간다.

2. $\boldsymbol{\nu}_k \in \mathbf{C}(\mathbf{w}_k)$이라 하고, 여기에서 $\mathrm{C}: \Re^q \to \Re^r$이다. $a: \Re^r \to \Re$, $\mathbf{b}: \Re^r \to \Re^p$를 연속함수라 하고 다음 식

$$Z_{k+1} = Z_k \cap \{\mathbf{x} \mid a(\boldsymbol{\nu}_k) + \mathbf{b}(\boldsymbol{\nu}_k) \cdot \mathbf{x} \geq 0\}$$

을 정의한다. k를 $k+1$로 대체하고 스텝 1을 반복하시오.

제약평면법의 수렴

다음 가정의 아래, 이 알고리즘은 유한개 스텝 이내에 Ω에 속한 하나의 점에서 중지하든가 아니면 이것은 모든 집적점이 Ω에 속하도록 하는 하나의 무한수열 $\{w_k\}$를 생성한다.

1. $\Re^q$, $\Re^r$에서 $\{\mathbf{w}_k\}$, $\{\boldsymbol{\nu}_k\}$는 콤팩트 집합에 각각 포함된다.

2. 각각의 Z에 대해 만약 $\mathbf{w} \in \mathbf{B}(Z)$이라면 $\mathbf{w} \in Z$이다.
3. $\mathbf{C}$는 닫힌 사상이다.
4. $\mathbf{w} \notin \Omega$, Z가 주어지면, 여기에서 $\mathbf{w} \in \mathbf{B}(Z)$이며, $\nu \in \mathbf{C}(\mathbf{w})$는 $\mathbf{w} \notin \{\mathbf{x} \mid a(\nu) + \mathbf{b}(\nu) \cdot \mathbf{x} \geq 0\}$, $Z \cap \{\mathbf{x} \mid a(\nu) + \mathbf{b}(\nu) \cdot \mathbf{x} \geq 0\} \neq \varnothing$임을 의미한다.

위의 수렴정리를 증명하시오.
〔**힌트**: $\{\mathbf{w}_k\}_{\mathbb{K}}$, $\{\nu_k\}_{\mathbb{K}}$는 각각의 극한이 $\mathbf{w}$, ν이며 수렴하는 부분수열이라 하자. 먼저 어떠한 k에 대해서도 다음 부등식

$$a(\nu_k) + \mathbf{b}(\nu_k) \cdot \mathbf{w}_\ell \geq 0 \qquad \forall \ell \geq k+1$$

이 반드시 성립해야 함을 보이시오. 극한을 취해 $a(\nu) + \mathbf{b}(\nu) \cdot \mathbf{w} \geq 0$임을 보이시오. 가정 3, 4와 함께 이 부등식은 $\mathbf{w} \in \Omega$임을 의미한다. 왜냐하면 그렇지 않다면 모순이 생기기 때문이다.〕

[7.22] 절 6.4에서 설명한 쌍대함수를 최대화하는 쌍대제약평면법을 고려해보자.

a. 이 쌍대제약평면법은 연습문제 7.21에서 토의한 일반적 제약평면법의 특별한 형태임을 보이시오.

b. 연습문제 7.21에서 설명한 수렴정리의 가정 1에서 4까지가 성립하고 그래서 쌍대제약평면법은 쌍대문제의 하나의 최적해로 수렴함을 입증하시오.
(**힌트**: 연습문제 7.20을 보면, 사상 $\mathbf{C}$는 닫힌집합임을 주목하시오.)

[7.23] 이 연습문제는 다음과 같은 형태의 문제

$$\begin{array}{ll} \text{최소화} & \mathbf{c} \cdot \mathbf{x} \\ \text{제약조건} & g_i(\mathbf{x}) \leq 0 \qquad i = 1, \cdots, m \\ & \mathbf{A}\mathbf{x} \leq \mathbf{b} \end{array}$$

의 최적해를 구하기 위해 켈리[1960]의 제약평면법을 설명하며, 여기에서 $g_1, \cdots, g_m$는 볼록이다.

켈리의 제약평면법

초기화 스텝 X_1은 $X_1 \supseteq \{\mathbf{x} \mid g_i(\mathbf{x}) \le 0 \quad i=1, \cdots, m\}$이 되도록 하는 다면체 집합이라 하자. $Z_1 = X_1 \cap \{\mathbf{x} \mid \mathbf{A}\mathbf{x} \le \mathbf{b}\}$이라 하고 $k=1$이라고 놓고 메인 스텝으로 간다.

메인 스텝 1. 최소화 $\mathbf{c} \cdot \mathbf{x}$ 제약조건 $\mathbf{x} \in Z_k$의 선형계획법 문제의 최적해를 구한다. $\mathbf{x}_k$는 하나의 최적해라 한다. 만약 모든 i에 대해 $g_i(\mathbf{x}_k) \le 0$이라면 중지한다; $\mathbf{x}_k$는 하나의 최적해이다. 그렇지 않다면 스텝 2로 간다.

2. $g_j(\mathbf{x}_k) = max_{\ 1 \le i \le m}\, g_i(\mathbf{x}_k)$이라고 놓고 Z_{k+1}을 다음 식

$$Z_{k+1} = Z_k \cap \{\mathbf{x} \mid g_j(\mathbf{x}_k) + \nabla g_j(\mathbf{x}_k) \cdot (\mathbf{x} - \mathbf{x}_k) \le 0\}$$

과 같이 놓는다. k를 $k+1$로 대체하고 스텝 1을 반복한다[명백하게 $\nabla g_j(\mathbf{x}_k) \neq \mathbf{0}$이다. 왜냐하면, 그렇지 않다면 모든 $\mathbf{x}$에 대해 $g_j(\mathbf{x}) \ge g_j(\mathbf{x}_k) + \nabla g_j(\mathbf{x}_k) \cdot (\mathbf{x} - \mathbf{x}_k) > 0$이며 이 문제는 실현불가능함을 의미하기 때문이다].

a. 다음 문제

$$\begin{array}{ll} \text{최소화} & -3x_1 - 2x_2 \\ \text{제약조건} & -x_1^2 + x_2 + 1 \le 0 \\ & 2x_1 + 3x_2 \le 6 \\ & x_1, \quad x_2 \ge 0 \end{array}$$

의 최적해를 구하기 위해 위의 알고리즘을 적용하시오.

b. 켈리의 알고리즘은 연습문제 7.21의 일반적 제약평면법의 특별한 케이스임을 보이시오.

c. 연습문제 7.21의 수렴정리를 사용해 위 알고리즘은 하나의 최적해로 수렴함을 보이시오.

d. 최소화 $f(\mathbf{x})$ 제약조건 $g_i(\mathbf{x}) \le 0$ $i=1, \cdots, m$ $\mathbf{A}\mathbf{x} \le \mathbf{b}$ 문제를 고려해보자. 위의 알고리즘을 적용할 수 있도록 이 문제를 어떻게 다시 정식화할 수 있는가를 보이시오.

〔**힌트**: 제약조건 $f(\mathbf{x})-z \leq 0$의 추가를 고려해보자.〕

[7.24] 이 연습문제는 다음과 같은 형태의 문제

$$\begin{array}{ll} \text{최소화} & \mathbf{c}\cdot\mathbf{x} \\ \text{제약조건} & g_i(\mathbf{x}) \leq 0 \quad i=1, \cdots, m \\ & \mathbf{A}\mathbf{x} \leq \mathbf{b} \end{array}$$

의 최적해를 구하기 위해 베이노트[1967]의 **받침초평면법**을 설명하며, 여기에서 모든 i에 대해 g_i는 유사볼록이며, 여기에서 어떤 점 $\hat{\mathbf{x}} \in \Re^n$에 대해, $i=1, \cdots, m$에 대해 $g_i(\hat{\mathbf{x}})<0$이다.

베이노트의 받침초평면법

초기화 스텝 X_1는 $X_1 \supseteq \{\mathbf{x} \mid g_i(\mathbf{x}) \leq 0 \quad i=1, \cdots, m\}$이 되도록 하는 다면체 집합이라 하자. $Z_1=X_1 \cap \{\mathbf{x} \mid \mathbf{A}\mathbf{x} \leq \mathbf{b}\}$이라고 놓고, $k=1$이라고 놓고 메인 스텝으로 간다.

메인 스텝 1. 최소화 $\mathbf{c}\cdot\mathbf{x}$ 제약조건 $\mathbf{x} \in Z_k$의 선형계획법 문제의 최적해를 구하시오. $\mathbf{x}_k$는 하나의 최적해라 하자. 만약 모든 i에 대해 $g_i(\mathbf{x}_k) \leq 0$이라면 중지한다; $\mathbf{x}_k$는 원래의 문제의 하나의 최적해라 하자. 그렇지 않다면 스텝 2로 간다.

2. $\overline{\mathbf{x}}_k$는 영역 $\{\mathbf{x} \mid g_i(\mathbf{x}) \leq 0 \quad i=1, \cdots, m\}$의 경계에서 $\mathbf{x}_k$와 $\hat{\mathbf{x}}$를 연결하는 선분에 있는 점이라고 놓는다. $g_i(\overline{\mathbf{x}}_k)=0$이라고 놓고, Z_{k+1}를 다음 식

$$Z_{k+1}=Z_k \cap \left\{\mathbf{x} \,\middle|\, \nabla g_i(\overline{\mathbf{x}}_k)\cdot(\mathbf{x}-\overline{\mathbf{x}}_k) \leq 0\right\}$$

과 같이 놓는다. k를 $k+1$로 대체하고, 스텝 1을 반복하시오.

〔$\nabla g_i(\overline{\mathbf{x}}_k) \neq \mathbf{0}$임을 주목하자. 왜냐하면, 그렇지 않다면 g_j의 유사볼록성에 따라, 그리고 $g_j(\overline{\mathbf{x}}_k)=0$이므로, $g_j(\hat{\mathbf{x}})<0$임을 위반하며 모든 $\mathbf{x}$에 대해 $g_j(\mathbf{x}) \geq 0$임이 뒤따르기 때문이다.〕

a. 연습문제 7.23의 파트 *a*에서 주어진 문제에 적용하시오.

b. 베이노트의 방법은 연습문제 7.21의 일반적 제약평면법의 특별한 케이스임을 보이시오.

c. 연습문제 7.21의 수렴정리를 사용해 위의 알고리즘은 하나의 최적해로 수렴함을 보이시오.

(위의 알고리즘은 연습문제 7.23의 파트 *d*처럼 이 문제를 재정식화해 볼록 목적함수를 취급할 수 있음을 주목하자.)

주해와 참고문헌

닫힌 사상의 개념은 상반연속성, 하반연속성의 개념에 관계된다. 이 주제에 관한 연구에 대해 베르지[1963], 하우스도르프[1962], 마이어[1970, 1976]를 참조하시오. 호간[1973d]은 수리계획법의 견지에서 점-집합 사상의 특질을 연구했으며 몇 개의 다른 정의와 결과를 비교하고 종합했다.

닫힌 사상의 개념을 사용해 장윌[1969]은 비선형계획법 문제의 알고리즘의 수렴에 관한 주제의 통일된 취급법을 제시했으며 여러 알고리즘의 수렴을 증명하기 위해 사용하는 정리 7.2.3은 장윌의 공로라고 알려져 있다. 폴락[1970, 1971]은 정리 7.2.3에 관계된 여러 가지의 수렴정리를 제시한다. 폴락의 주 논문에서 정리는 이것의 더 약한 가정 때문에 장윌의 알고리즘보다도 더 많은 수의 알고리즘에 적용된다. 후아르[1975]는 닫힌 사상의 개념을 사용하는 몇 개의 일반적 비선형계획법 문제의 알고리즘의 수렴을 증명했다. 폴락과 장윌의 연구결과는 알고리즘으로 생성한 점의 수열의 모든 집적점은 해집합에 속함을 보증한다. 그러나 완비된 수열[3]의 수렴은 일반적으로 보장되지 않는다.

마이어[1976]는 더 강한 가정 아래, 모든 점에서 알고리즘적 사상의 닫힘성과 고정점의 개념을 사용해 반복계산점의 완비된 수열이 고정점으로 수렴함을 증명했다. 그러나 많은 알고리즘적 사상은 해의 점에서 닫혀있지 않으므로 이 결과의 효용은 약간 한정적이다.

주어진 알고리즘의 수렴을 증명하기 위한 정리 7.2.3을 적용하기 위해 종

3) 역자 주: 거리공간 (S, d)에 대해 S에서 코시 수열 S의 점으로 수렴하면 (S, d)는 완비된 수열(complete sequence)이라고 말한다.

합적 사상의 닫힘성을 보여야 한다. 알고리즘적 사상은 여러 사상의 합성으로 볼 수 있으며, 여기에서 정리 7.3.2는 유용할 것이다. 또 다른 접근법은 비록 종합적 사상은 닫힌 사상이 아니라도 알고리즘의 수렴을 직접 증명해야 한다. 정리 7.3.4, 7.3.5는 2개의 이와 같은 알고리즘 부류의 수렴을 증명한다. 첫째 부류는 2개 사상의 합성으로 볼 수 있는 알고리즘에 관계된다. 이 가운데 하나는 정리 7.2.3의 가정을 만족시킨다. 둘째 부류는 선형독립인 방향을 따라 탐색하는 알고리즘에 관계된다.

절 7.4에서 수렴의 속도 또는 수렴율에 관한 주제를 간략하게 소개한다. 오르테가 & 라인볼트[1970]는 q-**몫 수렴율**, r-**몫 수렴율**을 상세하게 취급한다. 정의 7.4.1의 모수 p, β가 최적해의 점에 접근함에 따라 하나의 최적해에 대한 차수와 스텝별 수렴율을 결정한다. 평균수렴율에 관한 토의에 대해 루엔버거[1973a/1984]를 참조하시오. 특별히 중요한 것은 **슈퍼 선형수렴**의 개념이다. 비선형계획법 알고리즘의 수렴율을 수립하기 위해 상당한 연구가 이루어졌다. 루엔버거[1973a/1984]와 제8장의 말의 '주해와 참고문헌 절'을 참조하시오.

제약평면을 사용하는 비선형계획법 문제의 최적해를 구하는 알고리즘의 하나의 부류가 존재한다. 절 6.4에서 이러한 절차의 예를 제시한다. 장윌[1969]은 통일된 제약평면법을 제시한다. 이러한 알고리즘의 수렴을 보여주는 일반적 정리는 연습문제 7.21에서 제시한다. 연습문제 7.22, 7.23, 7.24는 각각, 쌍대제약평면법, 켈리[1960]의 제약평면법, 베이노트[1967]의 받침초평면법의 수렴을 다룬다.

제8장 제약 없는 최적화

제약 없는 최적화는 아무런 제한도 없는 조건에서 함수를 최소화하거나 최대화하는 문제를 다루는 것이다. 이 장은 단일변수 함수와 다변수 함수의 최소화 모두에 대해 토의한다. 비록 대부분 실제 최적화문제는 반드시 만족시켜야 할 부대 제약조건을 갖지만 제약 없는 최적화문제의 알고리즘에 관한 연구는 여러 가지 이유로 인해 중요하다. 제6장에서 예를 들어 설명한 것처럼, 많은 알고리즘은 라그랑지 승수를 사용해 제약 있는 문제를 일련의 제약 없는 문제로 전환해 최적해를 구하거나, 또는 제9장에서 토의하는 바와 같이 페널티함수와 장벽함수를 사용해 최적해를 구한다. 나아가서 대부분 알고리즘은 하나의 방향벡터를 찾고 이 방향으로 최소화하면서 진행한다. 이와 같은 선형탐색은 제약조건이 없거나, 또는 변수의 하한, 상한 같은 간단한 제약조건을 갖는 단일변수 함수의 최소화와 등가이다. 마지막으로, 자연스럽게, 제약 있는 문제의 최적해를 구하는 풀이절차(알고리즘)의 개발동기를 부여하고 해법을 제공하기 위해 여러 제약 없는 최적화 기법을 확장한다.

다음은 이 장의 요약이다.

절 8.1: **도함수를 사용하지 않는 선형탐색법** 도함수를 사용하지 않고 엄격하게 준볼록인 단일변수의 함수를 최소화하기 위한 여러 절차를 토의한다. 평등탐색법, 양분탐색법, 황금분할법, 피보나치법을 포함한다.

절 8.2: **도함수를 사용하는 선형탐색법** 미분가능성을 가정하고 이분탐색법과 뉴톤법을 토의한다.

절 8.3: **몇 개의 실용적 선형탐색법** 인기 있는 '이차식-피팅 선형탐색법'을 설명하고, 받아들일 수 있으며 '부정확한 선형탐색'을 실행하기 위한 아르미조의 규칙을 제시한다.

절 8.4: **선형탐색의 알고리즘 사상의 닫힘성** 선형탐색법 사상은 닫혀 있음을 보여준다. 이 내용은 수렴해석에서 핵심적 특질이다. 수렴해석에 관심이 없는 독자는 이 절을 건너뛰어도 좋다.

절 8.5: **도함수를 사용하지 않는 다차원탐색** 순회좌표법, 후크와 지브스의 방법, 로젠브록의 방법을 토의한다. 또한 이들 알고리즘의 수렴도 확립한다.

절 8.6: **도함수를 사용하는 다차원탐색법** 최급강하법과 뉴톤법을 개발하며 이들의 수렴특질을 개발한다.

절 8.7: **뉴톤법의 수정: 레벤버그-마르카르트의 방법과 신뢰영역법** 레벤버그-마르카르트의 방법과 신뢰영역법에 기반한 뉴톤법의 여러 변형을 설명하며 이들은 뉴톤법의 전역적 수렴을 보장한다. 이들 알고리즘 사이의 어떤 통찰력 있는 연결고리를 토의한다.

절 8.8: **공액방향법을 사용하는 알고리즘: 준 뉴톤법과 공액경도법** 공액성의 주요 개념을 소개한다. 만약 목적함수가 이차식이라면 공액방향을 사용하는 알고리즘은 유한개 스텝 이내에 수렴한다. 공액방향법 개념에 기반한 다양한 준 뉴톤 가변거리법과 공액경도법을 제시하며, 이들의 계산상 수행능력과 수렴특질을 토의한다.

절 8.9: **열경도최적화 알고리즘** 열경도-기반 방향벡터를 사용해 최급강하법을, 볼록이며 미분불가능한 함수를 최소화하는 알고리즘으로 확장하는 내용을 소개한다. 공액경도법과 가변거리법에 관계된 기법의 변형을 언급하며 결정적이고 적절한 스텝 사이즈를 선택하는 실행상 중요한 스텝을 토의한다.

8.1 도함수를 사용하지 않는 선형탐색

일차원탐색법은 비선형계획법 문제의 최적해를 구하기 위한 여러 알고리즘의 중추적 부분이다. 대부분 비선형계획법 문제의 알고리즘은 다음과 같이 진행한다. 하나의 점 $\mathbf{x}_k$가 주어지면 하나의 방향벡터 $\mathbf{d}_k$를 찾은 다음 하나의 새로운 점 $\mathbf{x}_{k+1} = \mathbf{x}_k + \lambda_k \mathbf{d}_k$를 산출하는 적절한 스텝 사이즈 λ_k를 구한다; 그리고 이 과정은 반복된다. 스텝 사이즈 λ_k를 찾음은 최소화 $f(\mathbf{x}_k + \lambda \mathbf{d}_k)$라 하는 하위문제의 최적해를 찾음을 포함한다. 하위문제는 변수 λ에 관한 하나의 일차원 탐색 문제이다. 최소화는 모든 실수 λ, 비음(-) λ, 또는 $\mathbf{x}_k + \lambda \mathbf{d}_k$가 실현가능해가 되도록 하는 λ에 걸쳐 실행될 수 있다.

단일변수 λ에 관해 최소화할 함수 θ를 고려해보자. θ를 최소화하는 알고리즘은 도함수 θ'를 0으로 놓고 λ에 관한 최적해를 구하는 것이다. 그러나 θ는 일반적으로 다변수함수에 의해 암묵적으로 정의됨을 주목하시오. 특히 벡터 $\mathbf{x}$, $\mathbf{d}$가 주어지면 $\theta(\lambda) = f(\mathbf{x} + \lambda\mathbf{d})$이다. 만약 f가 미분가능하지 않다면 θ는 미분가능하지 않을 것이다. 만약 f가 미분가능하다면 $\theta'(\lambda) = \mathbf{d} \cdot \nabla f(\mathbf{x} + \lambda\mathbf{d})$이다. 그러므로 $\theta'(\lambda) = 0$이 되도록 하는 점 λ을 찾기 위해 방정식 $\mathbf{d} \cdot \nabla f(\mathbf{x} + \lambda\mathbf{d}) = 0$의 해를 구해야 하며, 이 방정식은 일반적으로 λ에 대해 비선형이다. 더군다나 $\theta'(\lambda) = 0$이 되도록 하는 λ는 최소해일 필요가 없다; λ는 국소최소해, 국소최대해, 또는 안장점일 수 있다. 이와 같은 이유로 인해, 그리고 몇 개 특별한 케이스를 제외하고 도함수를 0으로 놓고 θ를 최소화함을 피한다. 그 대신 함수 θ를 최소화하기 위해 몇 개의 수치를 사용한 기법에 의존한다.

이 절에서는 닫히고 유계인 구간 전체에 걸쳐 단일변수 함수 θ를 최소화함에 있어 도함수를 사용하지 않는 여러 가지 알고리즘을 토의한다. 이들 알고리즘은 동시 선형탐색문제와 순차 선형탐색문제로 분류된다. 동시 선형탐색문제에 있어 후보점은 **사전에** 정해지며 이에 반해 순차탐색 문제에 있어서는 다음 점을 결정하기 위해 앞의 반복계산의 함숫값을 사용한다.

불확실성 구간

최소화 $\theta(\lambda)$ 제약조건 $a \leq \lambda \leq b$의 선형탐색문제를 고려해보자. 닫힌 구간 $[a, b]$ 전체에 걸쳐 θ의 최소해의 정확한 위치를 알지 못하므로 이 구간을 **불확실성 구간**이라 한다. 탐색절차 도중 만약 최소해를 포함하지 않는 구간을 제외할 수 있다면 불확실성 구간을 축소한다. 일반적으로 만약 비록 정확한 값은 알려져 있지 않지만 하나의 최소해 점 $\bar{\lambda}$가 $[a, b]$에 속한다면 $[a, b]$는 불확실성 구간이라 한다.

만약 함수 θ가 엄격하게 준볼록이라면 정리 8.1.1은 구간 내의 2개 점에서 θ 값을 계산함으로 불확실성 구간을 축소할 수 있음을 보여준다.

8.1.1 정리

$\theta : \Re \rightarrow \Re$은 구간 $[a, b]$ 전체에 걸쳐 엄격하게 준볼록이라 하자. $\lambda,\ \mu \in [a, b]$는 $\lambda < \mu$이 되도록 하는 것으로 한다. 만약 $\theta(\lambda) > \theta(\mu)$이라면 $z \in [a, \lambda)$에 대해 $\theta(z) \geq \theta(\mu)$이다. 만약 $\theta(\lambda) \leq \theta(\mu)$라면 모든 $z \in (\mu, b]$에 대해 $\theta(z) \geq \theta(\lambda)$이다.

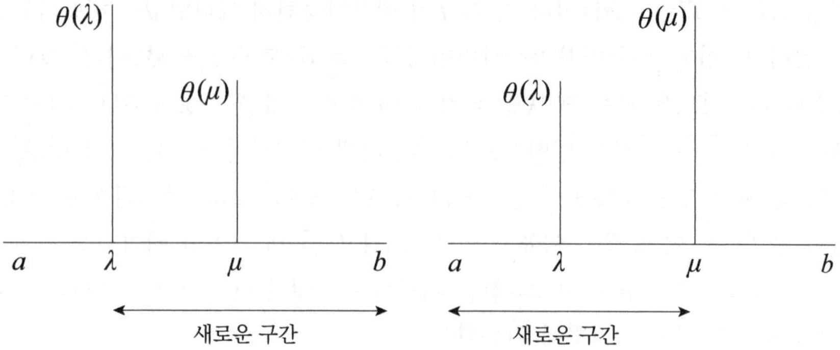

그림 8.1 불확실성 구간의 축소

증명 $\theta(\lambda) > \theta(\mu)$라고 가정하고 $z \in [a, \lambda)$이라 한다. 모순을 일으켜 $\theta(z) < \theta(\mu)$라고 가정한다. λ는 z와 μ의 볼록조합으로 나타낼 수 있으므로 θ의 엄격한 준볼록성에 따라 다음 식

$$\theta(\lambda) < max\{\theta(z), \theta(\mu)\} = \theta(\mu)$$

을 얻는다. 이 식은 $\theta(\lambda) > \theta(\mu)$임을 위반한다. 그러므로 $\theta(z) \geq \theta(\mu)$이다. 이 정리의 둘째 파트도 유사하게 증명할 수 있다. (증명 끝)

정리 8.1.1에서, 엄격한 준볼록성 아래 만약 $\theta(\lambda) > \theta(\mu)$라면 새로운 불확실성 구간은 $[\lambda, b]$이다. 반면에 만약 $\theta(\lambda) \leq \theta(\mu)$이라면 새로운 불확실성 구간은 $[a, \mu]$이다. 이들 2개 케이스가 그림 8.1에 예시되어 있다.

비선형계획법 문헌을 보면 불확실성 구간을 축소하기 위해 θ의 **엄격한 단봉성**의 개념이 자주 사용된다(연습문제 3.60 참조). 이 책에서는 엄격한 준볼록성과 등가인 개념을 사용한다(단봉성의 다양한 형태의 정의와, 단봉성과 준볼록성의 다른 형태와의 관계에 대해 연습문제 3.57, 3.60, 8.10을 참조 바람).

지금 닫힌 유계구간 전체에 걸쳐 반복적으로 불확실성 구간을 축소함으로 엄격하게 준볼록인 함수를 최소화하는 여러 가지 절차를 제시한다.

동시탐색의 예: 평등탐색

평등탐색은 **동시탐색**의 하나의 예이며, 여기에서 미리 함숫값을 계산해야 할 점을 결정한다. 불확실성 구간 $[a_1, b_1]$은 $k = 1, \cdots, n$에 대한 **격자점** $a_1 + k\delta$를 통해

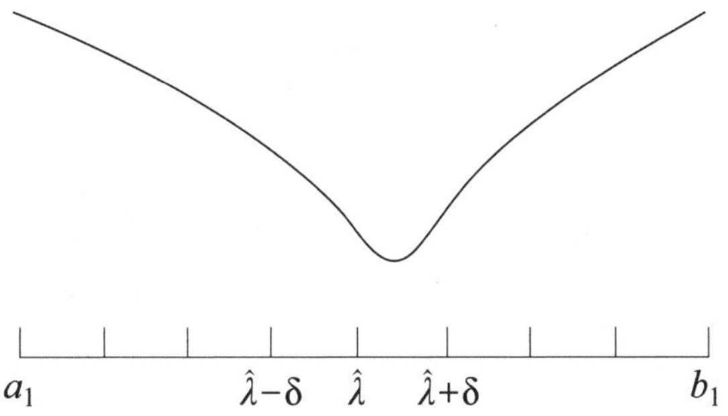

그림 8.2 평등탐색

더 작은 하위구간으로 분할되며, 여기에서 그림 8.2에서 예시한 바와 같이 $b_1 = a_1 + (n+1)\delta$이다. n개 격자점 각각에서 함수 θ의 값을 계산한다. $\hat{\lambda}$는 가장 작은 θ 값을 갖는 하나의 격자점이라 하자. 만약 θ가 엄격하게 준볼록이라면 θ의 하나의 최솟값은 구간 $[\hat{\lambda} - \delta, \hat{\lambda} - \delta]$ 내에 존재함이 뒤따른다.

격자 길이 δ의 선택

n회 함숫값을 구하는 계산을 한 이후의 불확실성 구간 $[a_1, b_1]$은 2δ의 길이를 갖는 구간으로 축소됨이 나타난다. $n = [(b_1 - a_1)/\delta] - 1$임을 주목하면 만약 길이가 작은 최종 불확실성 구간을 원한다면 함숫값을 계산하는 횟수 n이 커져야 한다. 계산노력을 줄이기 위해 자주 사용하는 기법은, 큰 격자 사이즈를 먼저 사용하고 더 미세한 격자 사이즈로 전환하는 것이다.

순차탐색절차

예상한 바와 같이 다음에 뒤이어지는 반복계산점을 놓는 데 있어 앞의 반복계산에서 생성한 정보의 활용과 같은 좀 더 효율적 절차를 고안할 수 있으며, 여기에서 **양분탐색법**, **황금분할법**, **피보나치법**과 같은 **순차탐색절차를** 토의한다.

양분탐색법

구간 $[a_1, b_1]$ 전체에 걸쳐 최소화해야 할 $\theta : \Re \to \Re$을 고려해보자. θ는 엄격하게 준볼록이라고 가정한다. 불확실성 구간을 축소함에 필요한 함숫값 계산횟수가 가장 작은 것은 명백하게 2이다. 그림 8.3에서 2개 점 λ_1, μ_1의 위치를 고려한다.

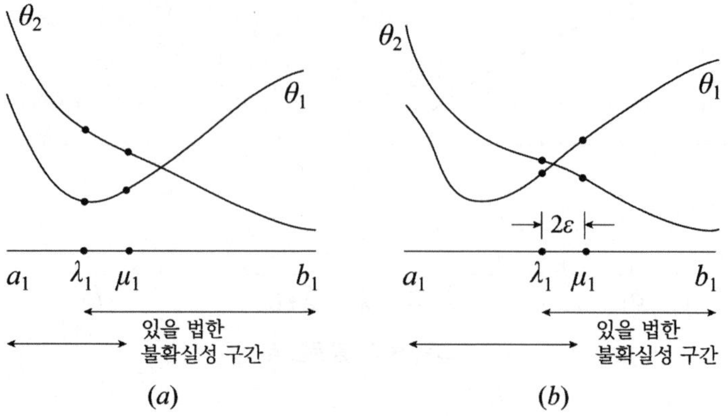

그림 8.3 가능한 불확실성 구간

그림 8.3a에서 $\theta = \theta_1$에 대해 $\theta(\lambda_1) < \theta(\mu_1)$임을 주목하자; 그러므로 정리 8.1.1에 따라 새로운 불확실성 구간은 $[a_1, \mu_1]$이다. 그러나 $\theta = \theta_2$에 대해 $\theta(\lambda_1) > \theta(\mu_1)$임을 주목하자; 그러므로 정리 8.1.1에 따라 새로운 불확실성 구간은 $[\lambda_1, b_1]$이다. 따라서 함수 θ에 따라 새로운 불확실성 구간의 길이는 $\mu_1 - a_1$ 또는 $b_1 - \lambda_1$과 같다.

그러나 $\theta(\lambda_1) < \theta(\mu_1)$인가 또는 $\theta(\lambda_1) > \theta(\mu_1)$인가에 대해 **미리** 알 수는 없다는 것을 주목하시오.1) 따라서 **최적 전략**은 일어날 수 있는 가장 최악의 결과를 막도록 λ_1과 μ_1의 위치를 결정하는 것이다. 즉 말하자면 $\mu_1 - a_1$, $b_1 - \lambda_1$ 가운데 최댓값을 최소화하는 것이다. 이것은 λ_1, μ_1을 구간 $[a_1, b_1]$의 중간점에 놓음으로 달성된다. 그러나 만약 이것이 실행된다면 단 1개의 시도점만 주어질 것이며 불확실성 구간을 축소할 수 없을 것이다. 그러므로 그림 8.3b에 보인 바와 같이 λ_1, μ_1은 각각 중간점에서 $\varepsilon > 0$의 거리를 갖고 대칭적으로 배치되며, 여기에서 $\varepsilon > 0$는 새로운 불확실성 구간의 길이 $\varepsilon + (b_1 - a_1)/2$가 이론적 최적값 $(b_1 - a_1)/2$에 충분히 가깝고 이와 동시에 함숫값 $\theta(\lambda_1)$, $\theta(\mu_1)$의 계산이 구분하기 어려울 정도로 충분하게 작은 스칼라이다.

양분탐색법에서 첫째 2개 관측점 λ_1, μ_1 각각을 대칭적으로 중간점 $(a_1 +$

---

1) 만약 등식 $\theta(\lambda_1) = \theta(\mu_1)$이 참이라면 불확실성 구간은 $[\lambda_1, \mu_1]$으로 더욱 축소될 수 있다. 그러나 정확한 등식은 실제로는 일어나지 않음도 알 수 있다.

$b_1)/2$에서 ε 거리를 두고 놓는다. λ_1, μ_1에서의 θ 값에 따라 새로운 불확실성 구간을 구한다. 그리고 2개의 새로운 관측점을 놓음으로 이 과정은 반복된다.

양분탐색법의 요약

다음은 구간 $[a_1, b_1]$ 전체에 걸쳐 엄격하게 준볼록인 함수 θ를 최소화하는 양분탐색법의 요약이다.

초기화 스텝 구별가능성 상수 $2\varepsilon > 0$를 선택하고 허용가능한 불확실성의 최종길이를 $\ell > 0$이라 한다. $[a_1, b_1]$는 초기 불확실성 구간이라 하고 $k = 1$이라고 놓고 메인 스텝으로 간다.

메인 스텝 1. 만약 $b_k - a_k < \ell$이라면 중지한다; 최솟점은 구간 $[a_k, b_k]$에 위치한다. 그렇지 않다면 아래에 정의한 λ_k, μ_k

$$\lambda_k = \frac{a_k + b_k}{2} - \varepsilon, \qquad \mu_k = \frac{a_k + b_k}{2} + \varepsilon$$

를 고려해보고 스텝 2로 간다.

2. 만약 $\theta(\lambda_k) < \theta(\mu_k)$이라면 $a_{k+1} = a_k$, $b_{k+1} = \mu_k$라고 놓는다. 그렇지 않다면 $a_{k+1} = \lambda_k$, $b_{k+1} = b_k$라 한다. k를 $k+1$로 대체하고 스텝 1로 간다.

반복계산 $k+1$의 초기에 불확실성 구간의 길이는 다음 식

$$(b_{k+1} - a_{k+1}) = \frac{1}{2^k}(b_1 - a_1) + 2\varepsilon\left[1 - \frac{1}{2^k}\right]$$

으로 주어진다는 것을 주목하자. 이 공식은 원하는 정확도를 얻기 위한 반복계산을 결정하기 위해 사용할 수 있다. 각각의 반복계산은 2회 관측을 요구하므로 이 공식은 또한 관측횟수를 결정하기 위해서도 사용할 수 있다.

황금분할법

다양한 선형탐색 절차를 비교하기 위해 다음의 축소율

$$\frac{\text{관측 이후의 불확실성구간의 길이}}{\text{관측 이전의 불확실성구간의 길이}}$$

이 유용할 것이다. 명백하게 좀 더 효율적 구도는 비율이 작은 것에 상응한다. 양분탐색법에서 위의 축소비율은 약 $(0.5)^{\nu/2}$이다. 지금, 엄격하게 준볼록인 함수를 최소화하기 위한 좀 더 효율적 황금분할법을 설명하며 여기에서 축소비율은 $(0.618)^{\nu-1}$로 주어진다.

황금분할법의 일반적 반복계산 k에서 불확실성 구간은 $[a_k, b_k]$이라 한다. 정리 8.1.1에 따라 새로운 불확실성 구간 $[a_{k+1}, b_{k+1}]$은, 만약 $\theta(\lambda_k) > \theta(\mu_k)$이라면 $[\lambda_k, b_k]$로 주어지고 만약 $\theta(\lambda_k) \le \theta(\mu_k)$이라면 $[a_k, \mu_k]$로 주어진다. 점 λ_k, u_k는 다음 내용을 만족하도록 선택한다.

1. 새로운 불확실성 구간 $b_{k+1} - a_{k+1}$의 길이는 k-째 반복계산 결과에 따라 변하지 않는다. 즉 말하자면 $\theta(\lambda_k) > \theta(\mu_k)$인가 아니면 $\theta(\lambda_k) \le \theta(\mu_k)$인가에 의존하지 않는다. 그러므로 $b_k - \lambda_k = \mu_k - a_k$임이 반드시 주어져야 한다. 따라서 만약 λ_k가 다음 식

   $$\lambda_k = a_k + (1-\alpha)(b_k - a_k) \tag{8.1}$$

   과 같은 형태라면, 여기에서 $\alpha \in (0, 1)$이며, μ_k는 다음 식

   $$b_{k+1} - a_{k+1} = \alpha(b_k - a_k)$$

   이 성립하도록 반드시 다음 식

   $$\mu_k = a_k + \alpha(b_k - a_k) \tag{8.2}$$

   과 같은 형태라야 한다.

2. λ_{k+1}, μ_{k+1}은 새로운 반복계산을 위해 선택되므로, λ_{k+1}가 μ_k와 일치하거나 아니면 μ_{k+1}가 λ_k와 일치한다. 만약 이것을 실현할 수 있다면 반복계산 $k+1$에서 단지 1회의 추가적 관측만 필요하다. 예를 들어 설명하기 위해 그림 8.4와 다음 2개의 케이스를 고려해보자.

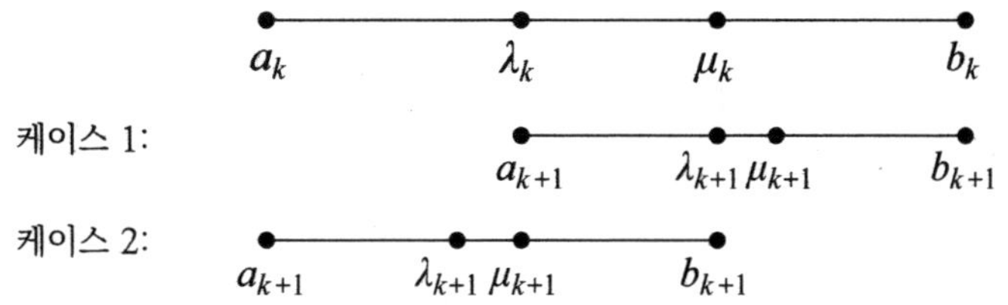

그림 8.4 황금분할규칙

케이스 1: $\theta(\lambda_k) > \theta(\mu_k)$. 이 경우 $a_{k+1} = \lambda_k$, $b_{k+1} = b_k$이다. $\lambda_{k+1} = \mu_k$가 되도록 하기 위해, 그리고 k를 $k+1$로 대체해 (8.1)에서 적용하면 다음 식

$$\begin{aligned} \mu_k = \lambda_{k+1} &= a_{k+1} + (1-\alpha)(b_{k+1} - a_{k+1}) \\ &= \lambda_k + (1-\alpha)(b_k - \lambda_k) \end{aligned}$$

을 얻는다. (8.1), (8.2)의 λ_k, μ_k의 표현을 위의 방정식에 대입하면 $\alpha^2 + \alpha - 1 = 0$을 얻는다.

케이스 2: $\theta(\lambda_k) \le \theta(\mu_k)$. 이 경우 $a_{k+1} = a_k$, $b_{k+1} = \mu_k$이다. $\mu_{k+1} = \lambda_k$를 만족시키기 위해, 그리고 k를 $k+1$로 대체해 (8.2)을 적용하면 다음 식

$$\lambda_k = \mu_{k+1} = a_{k+1} + \alpha(b_{k+1} - a_{k+1}) = a_k + \alpha(\mu_k - a_k)$$

을 얻는다. (8.1), (8.2)를 주목하면 위의 방정식은 $\alpha^2 + \alpha - 1 = 0$으로 나타난다. 방정식 $\alpha^2 + \alpha - 1 = 0$의 해(또는 근)는 $\alpha \cong 0.618$, $\alpha \cong -1.618$이다. α는 반드시 구간 $(0, 1)$에 속해야 하므로 그렇다면 $\alpha \cong 0.618$이다. 요약하자면 만약 반복계산 k에서 μ_k, λ_k가 (8.1), (8.2)에 따라 선택되면, 여기에서 $\alpha = 0.618$이며, 그렇다면 불확실성 구간은 0.618을 곱한 크기로 축소한다. 첫째 반복계산에서 λ_1, μ_1에서 2개 관측이 필요하지만 $\lambda_{k+1} = \mu_k$이거나, 또는 $\mu_{k+1} = \lambda_k$이므로 각각의 뒤따르는 반복계산에서 단 1회의 함숫값 계산만이 필요하다.

황금분할법의 요약

다음은 구간 $[a_1, b_1]$ 전체에 걸쳐 엄격하게 준볼록인 함수의 값을 최소화하기 위한 황금분할법의 요약이다.

초기화 스텝 허용가능한 불확실성 구간의 최종 길이 $\ell > 0$을 선택한다. $[a_1, b_1]$를 초기의 불확실성 구간이라 하고 $\lambda_1 = a_1 + (1-\alpha)(b_1 - a_1)$, $\mu_1 = a_1 + \alpha(b_1 - a_1)$이라고 놓으며, 여기에서 $\alpha = 0.618$이다. $\theta(\lambda_1)$, $\theta(\mu_1)$의 값을 구하고 $k=1$이라고 놓고 메인 스텝으로 간다.

메인 스텝 1. 만약 $b_k - a_k < \ell$이라면 중지한다; 최적해는 구간 $[a_k, b_k]$ 내에 존재한다. 그렇지 않다면 만약 $\theta(\lambda_k) > \theta(\mu_k)$이라면 스텝 2로 간다; 그리고 만약 $\theta(\lambda_k) \le \theta(\mu_k)$이라면 스텝 3으로 간다.

2. $a_{k+1} = \lambda_k$, $b_{k+1} = b_k$이라고 놓는다. 나아가서 $\lambda_{k+1} = \mu_k$, $\mu_{k+1} = a_{k+1} + \alpha(b_{k+1} - a_{k+1})$라고 놓는다. $\theta(\mu_{k+1})$ 값을 구하고 스텝 4로 간다.

3. $a_{k+1} = a_k$, $b_{k+1} = \mu_k$이라고 놓는다. 나아가서 $\mu_{k+1} = \lambda_k$이라고 놓고 $\lambda_{k+1} = a_{k+1} + (1-\alpha)(b_{k+1} - a_{k+1})$이라고 놓는다. $\theta(\lambda_{k+1})$ 값을 계산하고 스텝 4로 간다.

4. k를 $k+1$로 대체하고 스텝 1로 간다.

8.1.2 예제

다음 문제

$$\begin{array}{ll} \text{최소화} & \lambda^2 + 2\lambda \\ \text{제약조건} & -3 \le \lambda \le 5 \end{array}$$

를 고려해보자. 최소화하려는 함수 θ는 명확히, 엄격하게 준볼록이며 초기 불확실성 구간의 길이는 8이다. 이 불확실성 구간을, 길어야 0.2인 구간으로 축소한다. 첫째 2개의 관측점은 다음 값

$$\lambda_1 = -3 + 0.382(8) = 0.056, \qquad \mu_1 = -3 + 0.618(8) = 1.944.$$

에 위치한다. $\theta(\lambda_1) < \theta(\mu_1)$임을 주목하자. 그러므로 새로운 불확실성 구간은 $[-3, 1.944]$이다. 이 과정은 반복되며 계산내용은 표 8.1에 나타나 있다. 각각의 반복계산에서 계산한 θ 값은 "*"표로 나타난다. 9회 관측을 포함한, 8회 반복계산 후 불확실성 구간은 $[-1.112, -0.936]$이며 최소해는 중간점인 -1.024라고 계산할 수 있다. 진실한 최소해는 사실상 -1.0임을 주목하자.

표 8.1 황금분할법의 계산의 요약

반복 k	a_k	b_k	λ_k	μ_k	$\theta(\lambda_k)$	$\theta(\mu_k)$
1	-3.000	5.000	0.056	1.944	0.115*	7.667*
2	-3.000	1.944	-1.112	0.056	-0.987*	0.115
3	-3.000	0.056	-1.832	-1.112	-0.308*	-0.987
4	-1.832	0.056	-1.112	-0.664	-0.987	-0.887*
5	-1.832	-0.664	-1.384	-1.112	-0.853*	-0.987
6	-1.384	-0.664	-1.112	-0.936	-0.987	-0.996*
7	-1.112	-0.664	-0.936	-0.840	-0.996	-0.974*
8	-1.112	-0.840	-1.016	-0.936	-1.000*	-0.996
9	-1.112	-0.936				

피보나치 탐색

피보나치법은 닫힌 유계구간 전체에 걸쳐 엄격하게 준볼록인 함수 θ를 최소화하기 위한 선형탐색절차이다. 황금분할법과 유사한 피보나치법은 첫째 반복계산에서 2개 함숫값을 계산하고 뒤따르는 각각의 반복계산에서 단지 1회만 계산한다. 그러나 이 절차는 불확실성 구간의 축소크기가 반복계산마다 변한다는 점에서 황금분할법과는 다르다.

이 절차는 다음 식

$$F_{\nu+1} = F_\nu + F_{\nu-1}, \qquad \nu = 1, 2, \cdots \tag{8.3}$$
$$F_0 = F_1 = 1$$

과 같이 정의한 피보나치수열 $\{F_\nu\}$에 근거한 것이다. 그러므로 이 수열은 1, 1, 2, 3, 5, 8, 13, 21, 34, 55, 89, 144, 233, $\cdots$이다. 반복계산 k에서 불확실성 구간은 $[a_k,$

$b_k]$라고 가정한다. (8.4), (8.5)에 주어진 2개 점 λ_k, μ_k

$$\lambda_k = a_k + \frac{F_{n-k-1}}{F_{n-k+1}}(b_k - a_k), \qquad k = 1, \cdots, n-1 \tag{8.4}$$

$$\mu_k = a_k + \frac{F_{n-k}}{F_{n-k+1}}(b_k - a_k), \qquad k = 1, \cdots, n-1 \tag{8.5}$$

를 고려해보고, 여기에서 n은 함숫값을 계산하기 위해 계획한 총 횟수이다.

정리 8.1.1에 따라 만약 $\theta(\lambda_k) > \theta(\mu_k)$이라면 새로운 불확실성 구간 $[a_{k+1}, b_{k+1}]$은 $[\lambda_k, b_k]$로 주어지며 만약 $\theta(\lambda_k) \le \theta(\mu_k)$이라면, $[a_k, \mu_k]$로 주어진다. 앞의 케이스에 있어 (8.4)를 주목하고 (8.3)에서 $\nu = n-k$이라고 놓으면 다음 식

$$\begin{aligned} b_{k+1} - a_{k+1} &= b_k - \lambda_k \\ &= b_k - a_k - \frac{F_{n-k-1}}{F_{n-k+1}}(b_k - a_k) \\ &= \frac{F_{n-k}}{F_{n-k+1}}(b_k - a_k) \end{aligned} \tag{8.6}$$

을 얻는다. 후자의 케이스에 있어 (8.5)를 주목하면 다음 식

$$b_{k+1} - a_{k+1} = \mu_k - a_k = \frac{F_{n-k}}{F_{n-k+1}}(b_k - a_k) \tag{8.7}$$

을 얻는다. 따라서 어느 경우에도 불확실성 구간은 비율 F_{n-k}/F_{n-k+1}로 축소된다.

지금 $k+1$째 반복계산에서 $\lambda_{k+1} = \mu_k$ 또는 $\mu_{k+1} = \lambda_k$이며, 그래서 단 1회의 함숫값 계산만이 필요하다는 것을 보여준다. $\theta(\lambda_k) > \theta(\mu_k)$라고 가정한다. 그렇다면 정리 8.1.1에 따라 $a_{k+1} = \lambda_k$, $b_{k+1} = b_k$이다. 따라서 k를 $k+1$로 대체하고 (8.4)를 적용하면 다음 식

$$\lambda_{k+1} = a_{k+1} + \frac{F_{n-k-2}}{F_{n-k}}(b_{k+1} - a_{k+1})$$

$$= \lambda_k + \frac{F_{n-k-2}}{F_{n-k}}(b_k - \lambda_k)$$

을 얻는다. (8.4)에서 λ_k를 대체하면 다음 식

$$\lambda_{k+1} = a_k + \frac{F_{n-k-1}}{F_{n-k+1}}(b_k - a_k) + \frac{F_{n-k-2}}{F_{n-k}}\left(1 - \frac{F_{n-k-1}}{F_{n-k+1}}\right)(b_k - a_k)$$

을 얻는다. (8.3)에서 $\nu = n-k$이라 하면 $1-(F_{n-k-1}/F_{n-k+1}) = F_{n-k}/F_{n-k+1}$임이 뒤따른다. 이것을 위 등식에 대입하면 다음 식

$$\lambda_{k+1} = a_k + \frac{F_{n-k-1} + F_{n-k-2}}{F_{n-k+1}}(b_k - a_k)$$

을 얻는다. 지금 (8.3)에서 $\nu = n-k-1$이라 놓고 (8.5)를 주목하면 다음 식

$$\lambda_{k+1} = a_k + \frac{F_{n-k}}{F_{n-k+1}}(b_k - a_k) = \mu_k$$

이 뒤따른다. 유사하게 만약 $\theta(\lambda_k) \le \theta(\mu_k)$이라면 독자는 둘 가운데 어떤 케이스에 있어서도 $\mu_{k+1} = \lambda_k$임을 쉽게 입증할 수 있다. 따라서 어떤 케이스에 있어서도 $k+1$째 반복계산에서 단지 1회 관측만이 필요하다.

요약하면 첫째 반복계산에서 2회 관측을 실행하고 뒤따르는 각각의 반복계산에서 단 1회 관측만 필요하다. 따라서 $n-2$째 반복계산 끝에 $n-1$회 함숫값 계산을 마쳤다. 더군다나 $k = n-1$에 대해 (8.4), (8.5)에서 $\lambda_{n-1} = \mu_{n-1} = (1/2)(a_{n-1} + b_{n-1})$임이 뒤따른다. $\lambda_{n-1} = \mu_{n-2}$이거나 아니면 $\mu_{n-1} = \lambda_{n-2}$이므로 이론적으로 이 스테이지에서 새로운 관측을 할 필요가 없다. 그러나 불확실성 구간을 좀 더 축소하기 위해 마지막 관측점은 중간점 $\lambda_{n-1} = \mu_{n-1}$에서 약간 오른쪽 또는 왼쪽에 놓이며 그래서 $(1/2)(b_{n-1} - a_{n-1})$는 최종 불확실성 구간 $[a_n, b_n]$의 길이이다.

관측횟수의 선택

양분탐색법과 황금분할법과 달리 피보나치 탐색법은 관측 총횟수 n이 미리 정해져야 할 것을 요구한다. 이 내용은 관측점 위치가 (8.4), (8.5)로 주어지기 때문이며 그러므로 n에 따라 바뀐다. (8.6), (8.7)에서 불확실성 구간의 길이는 반복계산 k에서 인수 F_{n-k}/F_{n-k+1}만큼 축소된다. 그러므로 n회 총관측이 행해진 다음 $n-1$회 반복계산 끝에 불확실성 구간의 길이는 b_1-a_1에서 $b_n-a_n=(b_1-a_1)/F_n$으로 축소된다. 그러므로 n은 반드시 $(b_1-a_1)/F_n$이 요구하는 정확도를 반영하도록 선택되어야 한다.

피보나치 탐색법의 요약

다음 내용은 구간 $[a_1, b_1]$ 전체에 걸쳐 엄격하게 준볼록인 함수를 최소화하기 위한 피보나치 탐색법의 요약이다.

초기화 스텝 허용가능한 최종 불확실성 구간의 길이 $\ell>0$와 분별가능성 상수 $\varepsilon>0$를 선택한다. 구간 $[a_1, b_1]$는 초기 불확실성 구간이라 하고, $F_n>(b_1-a_1)/\ell$이 되기 위해 취할 관측횟수 n을 결정한다. $\lambda_1=a_1+(F_{n-2}/F_n)(b_1-a_1)$, $\mu_1=a_1+(F_{n-1}/F_n)(b_1-a_1)$이라고 놓는다. $\theta(\lambda_1)$, $\theta(\mu_1)$의 값을 계산한다. $k=1$이라 하고 메인 스텝으로 간다.

메인 스텝 1. 만약 $\theta(\lambda_k)>\theta(\mu_k)$이라면 스텝 2로 간다; 그리고 만약 $\theta(\lambda_k)\le\theta(\mu_k)$이라면 스텝 3으로 간다.

2. $a_{k+1}=\lambda_k$, $b_{k+1}=b_k$이라 한다. 나아가서 $\lambda_{k+1}=\mu_k$, $\mu_{k+1}=a_{k+1}+(F_{n-k-1}/F_{n-k})(b_{k+1}-a_{k+1})$이라 한다. 만약 $k=n-2$이라면 스텝 5로 간다; 그렇지 않다면 $\theta(\mu_{k+1})$ 값을 계산하고 스텝 4로 간다.

3. $a_{k+1}=a_k$, $b_{k+1}=\mu_k$이라 한다. 나아가서 $\mu_{k+1}=\lambda_k$이라 하고 $\lambda_{k+1}=a_{k+1}+(F_{n-k-2}/F_{n-k})(b_{k+1}-a_{k+1})$이라 한다. 만약 $k=n-2$이라면 스텝 5로 간다; 그렇지 않다면 $\theta(\lambda_{k+1})$ 값을 구하고 스텝 4로 간다.

4. k를 $k+1$로 대체하고 스텝 1로 간다.

5. $\lambda_n=\lambda_{n-1}$, $\mu_n=\lambda_{n-1}+\varepsilon$이라 한다. 만약 $\theta(\lambda_n)>\theta(\mu_n)$이라면

$a_n = \lambda_n$, $b_n = b_{n-1}$이라고 놓는다. 그렇지 않다면 만약 $\theta(\lambda_n) \le \theta(\mu_n)$이라면 $a_n = a_{n-1}$, $b_n = \lambda_n$이라 한다. 그리고 중지한다; 최적해는 구간 $[a_n, b_n]$에 존재한다.

8.1.3 예제

다음 문제

$$\begin{array}{ll} \text{최소화} & \lambda^2 + 2\lambda \\ \text{제약조건} & -3 \le \lambda \le 5 \end{array}$$

를 고려해보자. 이 구간에서 목적함수는 엄격하게 준볼록이며 진실한 최소해는 $\lambda = -1$에서 일어남을 주목하자. 불확실성 구간을, 많아야 길이 0.2로 축소한다. 그러므로 $F_n > 8/0.2 = 40$임이 반드시 주어져야 한다. 그래서 $n = 9$이다. 분별가능성 상수 $\varepsilon = 0.01$가 채택된다.

첫째 2개 관측은 다음 점

$$\lambda_1 = -3 + \frac{F_7}{F_9}(8) = 0.054545, \qquad \mu_1 = -3 + \frac{F_8}{F_9}(8) = 1.945454$$

에 위치한다. $\theta(\lambda_1) < \theta(\mu_1)$임을 주목하자. 그러므로 새로운 불확실성 구간은 $[-3.000000, 1.945454]$이다. 이 과정은 반복되고 계산결과는 표 8.2에 요약되어 있다. 각각의 반복계산에서 계산하는 θ의 값은 "*"로 표시한다. $k = 8$에서 $\lambda_k = \mu_k = \lambda_{k-1}$임을 주목하고 이 스테이지에서 함숫값 계산은 필요 없다. $k = 9$에 대해 $\lambda_k = \lambda_{k-1} = -0.963636$, $\mu_k = \lambda_k + \varepsilon = -0.953636$이다. $\theta(\mu_k) > \theta(\lambda_k)$이므로 최종 불확실성 구간 $[a_9, b_9]$는 $[-1.109091, -0.963636]$이며 길이 ℓ은 0.145455이다. 최소해는 중간점 -1.036364이라고 근사화한다. 예제 8.1.2에서 동일한 관측횟수 $n = 9$로, 황금분할법은 길이가 0.176인 최종 불확실성 구간을 제공함을 관측하시오.

도함수 없는 선형탐색법의 비교

구간 $[a_1, b_1]$에서 엄격하게 준볼록인 하나의 함수 θ가 주어지면, 명백하게 이 절에

서 토의한 각각의 방법은 유한개 스텝 이내에 $|\lambda - \bar{\lambda}| \leq \ell$이 되도록 하는 하나의 점 λ를 산출할 것이며, 여기에서 ℓ은 최종 불확실성 구간의 길이이며 $\bar{\lambda}$은 이 구간 전체에 걸쳐 최솟점이다. 특히, 원하는 정확도를 반영하는 최종 불확실성 구간의 길이 ℓ이 주어지면 요구되는 관측횟수 n은 다음 관계를 만족시키는 가장 작은 양(+) 정수로 계산할 수 있다.

평등탐색법: $n \geq \dfrac{b_1 - a_1}{\ell/2} - 1.$

양분탐색법: $(1/2)^{n/2} \leq \dfrac{\ell}{b_1 - a_1}.$

황금분할법: $(0.618)^{n-1} \leq \dfrac{\ell}{b_1 - a_1}.$

피보나치 탐색법: $F_n \geq \dfrac{b_1 - a_1}{\ell}.$

표 8.2 피보나치 탐색법의 계산의 요약

반복 k	a_k	b_k	λ_k	μ_k	$\theta(\lambda_k)$	$\theta(\mu_k)$
1	-3.000000	5.000000	0.054545	1.945454	0.112065*	7.675699*
2	-3.000000	1.945454	-1.109091	0.054545	-0.988099	0.112065
3	-3.000000	0.054545	-1.836363	-1.109091	-0.300497	-0.988099
4	-1.836363	0.054545	-1.109091	-0.672727	-0.988099	-0.892892*
5	-1.836363	-0.672727	-1.399999	-1.109091	-0.840001*	-0.988099
6	-1.399999	-0.672727	-1.109091	-0.963636	-0.988099	-0.998677*
7	-1.109091	-0.672727	-0.963636	-0.818182	-0.998677	-0.966942*
8	-1.109091	-0.818182	-0.963636	-0.963636	-0.998677	-0.998677
9	-1.109091	-0.963636	-0.963636	-0.953636	-0.998677	-0.997850*

위의 표현에서, 필요한 관측점의 개수는 비율 $(b_1 - a_1)/\ell$의 함수임을 알게 된다. 그러므로 고정된 비율 $(b_1 - a_1)/\ell$에 대해 요구되는 관측횟수가 작을수록 알고리즘은 더 효율적이다. 가장 효율적 알고리즘은 피보나치법, 황금분할법, 양

분탐색법, 그리고 마지막으로 평등탐색법의 순서임이 명백하다.

또한, 충분히 큰 n에 대해 $1/F_n$은 $(0.618)^{n-1}$에 점근적임을 주목하고 그래서 피보나치 탐색법과 황금분할법은 거의 동일하다. 닫힌 구간 전체에 걸쳐 엄격하게 준볼록인 함수를 최소화하는 도함수 없는 법 가운데 불확실성 구간 길이를 주어진 만큼 축소함에 있어 가장 작은 관측횟수를 요구한다는 측면에서 피보나치 탐색법이 가장 효율적임은 주목할 만하다.

일반 함수

위에서 토의한 절차는 모두 엄격한 준볼록성의 가정에 의존한다. 대부분 문제에서 이 가정은 성립하지 않으며 어떤 경우에도 이 내용은 쉽게 입증할 수 없다. 특히, 만약 초기 불확실성 구간이 크다면 이와 같은 어려움을 처리하는 하나의 방법은 이것을 더 작은 구간으로 분할하고 개별 하위구간의 전체에 걸쳐 최솟값을 찾은 다음 하위구간 전체에 걸친 최솟값 가운데 가장 작은 최솟값을 선택하면 된다(좀 더 정밀한 전역최적화구도도 채택할 수 있다; '주해와 참고문헌' 절을 참고하시오). 대안적으로 엄격한 준볼록성을 가정하고 이 절차가 어떤 국소최소해로 수렴하도록 하기 위해 이 방법을 간단히 적용하면 된다.

8.2 도함수를 사용하는 선형탐색

앞의 절에서 함숫값 계산을 사용하는 다양한 선형탐색절차를 토의했다. 이 절에서는 이분탐색법과 뉴톤법을 토의하며 2개 방법은 모두 도함수의 정보를 필요로 한다.

이분탐색법

닫히고 유계인 구간 전체에 걸쳐 함수 θ를 최소화한다고 가정한다. 더군다나 θ는 유사볼록이며 그러므로 미분가능하다고 가정한다. k째 반복계산에서 불확실성 구간을 $[a_k, b_k]$라 하자. 도함수 $\theta'(\lambda_k)$는 알려져 있다고 가정하고 다음 3개 가능한 케이스를 고려해보자:

1. 만약 $\theta'(\lambda_k)=0$이라면 θ의 유사볼록성에 따라 λ_k는 최소해의 점이다.
2. 만약 $\theta'(\lambda_k)>0$이라면 $\lambda>\lambda_k$에 대해 $\theta'(\lambda_k)(\lambda-\lambda_k)>0$이다; 그

리고 θ의 유사볼록성에 따라 $\theta(\lambda) \geq \theta(\lambda_k)$임이 뒤따른다. 달리 말하면 최소해는 λ_k의 왼쪽에서 일어나고 그래서 새로운 불확실성 구간 $[a_{k+1}, b_{k+1}]$은 $[a_k, \lambda_k]$로 주어진다.

3. 만약 $\theta'(\lambda_k) < 0$이라면, $\lambda < \lambda_k$에 대해 $\theta'(\lambda_k)(\lambda - \lambda_k) > 0$이며 그래서 $\theta(\lambda) \geq \theta(\lambda_k)$이다. 따라서 최소해는 λ_k의 오른쪽에서 일어난다. 그래서 새로운 불확실성 구간 $[a_{k+1}, b_{k+1}]$은 $[\lambda_k, b_k]$로 주어진다.

구간 $[a_k, b_k]$ 내에서 λ_k의 위치는 반드시 새로운 불확실성 구간의 최대로 가능한 길이가 최소화되도록 선택해야 한다. 즉 말하자면 λ_k는 반드시 $\lambda_k - a_k$와 $b_k - \lambda_k$ 가운데 최댓값을 최소화하기 위해 선택되어야 한다는 것이다. 명백하게 λ_k의 최적 위치는 중간점인 $(1/2)(a_k + b_k)$이다.

요약하면 임의의 반복계산 k에서 불확실성 구간의 중간점에서 θ'의 값을 계산한다. θ'의 값에 기반해 중지하거나 아니면 앞의 반복계산의 불확실성 구간의 1/2 길이를 갖는 새로운 불확실성 구간을 구성한다. 양분탐색법에서 함숫값을 2번 계산함과 반대로 각각의 반복계산에서는 단 1번의 도함수 값 계산만이 필요함을 제외하고는 이 절차는 양분탐색법과 대단히 유사함을 주목하자. 그러나 후자는 유한차분 도함수 값의 계산과 유사하다.

이분탐색법의 수렴

n회 관측 이후 불확실성 구간 길이는 $(1/2)^n(b_1 - a_1)$과 같음을 주목하고 그래서 이 방법은 임의의 원하는 정확도의 정도 이내의 하나의 최소해 점으로 수렴한다. 특히 만약 최종 불확실성 구간의 길이가 ℓ로 고정된다면 n은 반드시 $(1/2)^n \leq \ell/(b_1 - a_1)$이 되도록 하는 가장 작은 정수로 취해야 한다.

이분탐색법의 요약

지금 닫히고 유계인 구간 전체에 걸쳐 유사볼록함수 θ를 최소화하기 위한 이분탐색법을 요약한다.

초기화 스텝 구간 $[a_1, b_1]$은 초기 불확실성 구간이라고 놓고 ℓ은 허용가능한 마지막의 불확실성 구간이라 하자. n은 $(1/2)^n \leq \ell/(b_1 - a_1)$이 되도록 하는 가장 작은 양(+) 정수라 하자. $k=1$이라 하고 메인 스텝으로 간다.

메인 스텝 1. $\lambda_k=(1/2)(a_k+b_k)$이라 하고 $\theta'(\lambda_k)$ 값을 구한다. 만약 $\theta'(\lambda_k)=0$이라면 중지한다; λ_k는 최적해이다. 그렇지 않다면 만약 $\theta'(\lambda_k)>0$이라면 스텝 2로 가고 만약 $\theta'(\lambda_k)<0$이면 스텝 3으로 간다.

2. $a_{k+1}=a_k$, $b_{k+1}=\lambda_k$이라고 놓고 스텝 4로 간다.
3. $a_{k+1}=\lambda_k$, $b_{k+1}=b_k$이라고 놓고 스텝 4로 간다.
4. 만약 $k=n$이라면 중지한다; 최소해는 구간 $[a_{n+1}, b_{n+1}]$에 존재한다. 그렇지 않다면 k를 $k+1$로 대체하고 스텝 1을 반복한다.

8.2.1 예제

다음의 문제

$$\begin{aligned}&\text{최소화} && \lambda^2+2\lambda\\ &\text{제약조건} && -3\le\lambda\le 6\end{aligned}$$

를 고려해보자. 불확실성 구간을 길이가 0.2보다도 작거나 같도록 축소하고 싶다고 가정한다. 그러므로 $(1/2)^n\le\ell/(b_1-a_1)=0.2/9=0.0222$가 되도록 하는 관측횟수 n은 6이다. 이분탐색법을 사용한 계산의 요약이 표 8.3에 주어졌다. 최종 불확실성 구간은 $[-1.0313, -0.8907]$임을 주목하고 그래서 최소해는 중간점

표 8.3 이분탐색법 계산의 요약

반복 k	a_k	b_k	λ_k	$\theta'(\lambda_k)$
1	-3.0000	6.0000	1.5000	5.0000
2	-3.0000	1.5000	-0.7500	0.5000
3	-3.0000	-0.7500	-1.8750	-1.7500
4	-1.8750	-0.7500	-1.3125	-0.6250
5	-1.3125	-0.7500	-1.0313	-0.0625
6	-1.0313	-0.7500	-0.8907	0.2186
7	-1.0313	-0.8907		

인 -0.961로 택해질 수 있다.

뉴톤법

뉴톤법은 하나의 주어진 점 λ_k에서 함수 θ의 이차식 근사화를 활용하는 방법에 기반한다. 이 같은 이차식 근사화 q는 다음 식

$$q(\lambda) = \theta(\lambda_k) + \theta'(\lambda_k)(\lambda - \lambda_k) + \frac{1}{2}\theta''(\lambda_k)(\lambda - \lambda_k)^2$$

으로 주어진다. 점 λ_{k+1}는 q의 도함수가 0인 점으로 택한다. 이것은 $\theta'(\lambda_k) + \theta''(\lambda_k)(\lambda_{k+1} - \lambda_k) = 0$을 산출하며 다음 식

$$\lambda_{k+1} = \lambda_k - \frac{\theta'(\lambda_k)}{\theta''(\lambda_k)} \tag{8.8}$$

이 성립한다. 절차는 $|\lambda_{k+1} - \lambda_k| < \varepsilon$이거나 또는 $|\theta'(\lambda_k)| < \varepsilon$일 때 종료되며, 여기에서 ε는 미리 지정한 종료 스칼라이다.

위의 절차는 2회 미분가능한 함수에 대해서만 적용할 수 있음을 주목하자. 더군다나 만약 각각의 k에 대해 $\theta'(\lambda_k) \neq 0$이라면 이 절차는 잘 정의된다.

8.2.2 예제

다음의 함수 θ

$$\theta(\lambda) = \begin{cases} 4\lambda^3 - 3\lambda^4 & \lambda \geq 0 \\ 4\lambda^3 + 3\lambda^4 & \lambda < 0 \end{cases}$$

를 고려해보자. θ는 모든 점에서 2회 미분가능함을 주목하자. 서로 다른 2개 점에서 출발하여 뉴톤법을 적용한다. 첫째 케이스에서 $\lambda_1 = 0.40$이다; 그리고 표 8.4에서 보인 바와 같이 이 절차는 6회 반복계산 후, 점 0.002807을 생산한다. 독자는 이 절차가 진실로 $\lambda = 0$인 정류점으로 수렴함을 입증할 수 있다. 둘째 케이스에서 $\lambda_1 = 0.60$이며 표 8.5에서 보인 것처럼 이 절차는 점 0.60과 -0.60 사이에서 진동한다.

표 8.4 $\lambda_1 = 0.4$에서 출발하는 뉴톤법의 계산의 요약

반복 k	λ_k	$\theta'(\lambda_k)$	$\theta''(\lambda_k)$	λ_{k+1}
1	0.400000	1.152000	3.840000	0.100000
2	0.100000	0.108000	2.040000	0.047059
3	0.047059	0.025324	1.049692	0.022934
4	0.022934	0.006167	0.531481	0.011331
5	0.113310	0.001523	0.267322	0.005634
6	0.005634	0.000379	0.134073	0.002807

뉴톤법의 수렴

일반적으로 뉴톤법은 임의의 초기점에서 출발하여, 하나의 정류점으로 수렴하지 않는다. 일반적으로 감소함수를 얻을 수 없으므로 정리 7.2.3을 적용할 수 없음을 관측하시오. 그러나 정리 8.2.3에서 나타난 바와 같이 만약 출발점이 하나의 정류점에 충분히 가깝다면 뉴톤법이 수렴하기 위해 하나의 적절한 감소함수를 고안할 수 있다.

8.2.3 정리

$\theta : \Re \rightarrow \Re$을 연속적으로 2회 미분가능한 함수라 하자. 사상 $\mathbf{A}(\lambda) = \lambda - \theta'(\lambda) / \theta''(\lambda)$이라고 정의한 뉴톤법을 고려해보자. $\bar{\lambda}$는 $\theta'(\bar{\lambda}) = 0$, $\theta''(\bar{\lambda}) \neq 0$을 만족시킨다고 하자. 출발점 λ_1은, $|\lambda - \bar{\lambda}| \leq |\lambda_1 - \bar{\lambda}|$이 되도록 하는 각각의 λ에 대해 다음 식

1. $\dfrac{1}{|\theta''(\lambda)|} \leq k_1$
2. $\dfrac{|\theta(\bar{\lambda}) - \theta'(\lambda) - \theta''(\lambda)(\bar{\lambda} - \lambda)|}{(\bar{\lambda} - \lambda)} \leq k_2$

이 성립하도록 하는, $k_1 k_2 < 1$을 만족하는 $k_1 > 0$, $k_2 > 0$의 스칼라가 존재하도록 하는 $\bar{\lambda}$에 충분히 가깝도록 한다. 그렇다면 이 알고리즘은 $\bar{\lambda}$로 수렴한다.

표 8.5 $\lambda_1 = 0.6$에서 출발하는 뉴튼법 계산의 요약

반복 k	λ_k	$\theta'(\lambda_k)$	$\theta''(\lambda_k)$	λ_{k+1}
1	0.600	1.728	1.440	-0.600
2	-0.600	1.728	-1.440	0.600
3	0.600	1.728	1.440	-0.600
4	-0.600	1.728	-1.440	0.600

증명 이 해 집합은 $\Omega = \{\bar{\lambda}\}$이라 하고 $X = \{\lambda | \, |\lambda - \bar{\lambda}| \le |\lambda_1 - \bar{\lambda}|\}$이라 한다. 수렴정리 7.2.3을 사용해 증명한다. X는 콤팩트 집합이며 사상 A는 X에서 닫혀있음을 주목하자. 지금 $\alpha(\lambda) = |\lambda - \bar{\lambda}|$는 진실로 감소함수임을 보여준다. $\lambda \in X$라고 놓고 $\lambda \ne \bar{\lambda}$라고 가정한다. $\hat{\lambda} \in \mathrm{A}(\lambda)$라고 놓는다. 그렇다면 A 의 정의에 따라, 그리고 $\theta'(\bar{\lambda}) = 0$이므로 다음 식

$$\hat{\lambda} - \bar{\lambda} = (\lambda - \bar{\lambda}) - \frac{1}{\theta''(\lambda)}[\theta'(\lambda) - \theta'(\bar{\lambda})]$$
$$= \frac{1}{\theta''(\lambda)}[\theta'(\bar{\lambda}) - \theta'(\lambda) - \theta''(\lambda)(\bar{\lambda} - \lambda)]$$

을 얻는다. 이 정리의 가정을 주목하면 다음 식

$$|\hat{\lambda} - \bar{\lambda}| = \frac{1}{\theta''(\lambda)} \frac{|\theta'(\bar{\lambda}) - \theta'(\lambda) - \theta''(\lambda)(\bar{\lambda} - \lambda)|}{|\bar{\lambda} - \lambda|} |\lambda - \bar{\lambda}|$$
$$\le k_1 k_2 |\lambda - \bar{\lambda}| < |\lambda - \bar{\lambda}|$$

이 뒤따른다. 그러므로 α는 진실로 하나의 감소함수이며 정리 7.2.3의 따름정리에 따라 이 결과가 바로 뒤따른다. (증명 끝)

8.3 몇 가지 실용적 선형탐색법

앞의 2개 절에서 도함수-기반 정보를 사용하거나 아니면 사용하지 않는 다양한 선형탐색법을 소개했다. 이들 가운데 황금분할법(피보나치 탐색법의 한정된 형태의

하나)과 이분탐색법은 실제로 자주 적용되지만, 간혹 나머지 방법과 결합해 적용하기도 한다. 그러나 이들 방법은 뒤에 따라오는 관측점을 자리 잡는 제한적 패턴을 뒤따르며 함수 모양에 관한 정보를 적응적으로 활용함으로 이 과정을 가속시키지 않는다. 비록 뉴톤법이 이렇게 하는 경향이 있지만, 이것은 2-계 도함수 정보를 요구하며 전역적으로 수렴하지 않는다. 아래에 뒤따르는 토의에서 설명하는 이차식 피팅 알고리즘은, 유사볼록성과 같은 적절한 가정 아래 이와 같은 철학을 채택하며 전역적으로 수렴하며 인기 있는 방법이다.

여기에서 실제로는, 만약 이 방법을 사용할 때 자주 악조건 영향을 경험하면, 아니면 만약 1회 반복계산 도중 충분히 진전하지 못하면 일반적으로 양분탐색 절차로 절체함을 언급한다. 있을 수도 있는 절체를 점검하는 것을 **안전장치기법**이라 말한다.

이차식-피팅 선형탐색

연속이고 $\lambda \geq 0$ 전체에 걸쳐 엄격한 준볼록함수 $\theta(\lambda)$를 최소화한다고 가정하고 $\theta_1 \geq \theta_2$, $\theta_2 \leq \theta_3$이 되도록 하는 3개 점 $0 \leq \lambda_1 < \lambda_2 < \lambda_3$을 얻는다고 가정하며, 여기에서 $j = 1, 2, 3$에 대해 $\theta_j \equiv \theta(\lambda_j)$이다. 만약 $\theta_1 = \theta_2 = \theta_3$이라면 θ의 성격에 따라 이들은 반드시 모두 최소화하는 해(연습문제 8.12 참조)임을 주목하자. 그러므로 또한 최소한 부등식 $\theta_1 > \theta_2$, $\theta_2 < \theta_3$ 가운데 1개는 만족된다고 가정한다. 이들 3개 점에 의해 만족되는 조건을 **3-점 패턴**이라 하자. 맨 먼저 $\lambda_1 = 0$이라고 놓고, 하나의 시도점 $\hat{\lambda}$를 검사하며 이 시도점은 하나의 알고리즘의 앞 단계 반복계산에서 선형탐색 스텝의 길이일 수도 있다. $\hat{\theta} = \theta(\hat{\lambda})$이라고 놓는다. 만약 $\hat{\theta} \geq \theta_1$이라면 $\lambda_3 = \hat{\lambda}$라고 지정하고 구간 $[\lambda_1, \lambda_3]$을 반으로 축소하면서 하나의 3-점 패턴을 얻을 때까지 반복적으로 λ_2를 찾는다. 반면에 만약 $\hat{\lambda} < \theta_1$이라면 $\lambda_2 = \hat{\lambda}$라고 놓고, 하나의 3-점 패턴을 얻을 때까지 구간 $[\lambda_1, \lambda_2]$을 2배로 해 λ_3를 찾는다.

지금 $j = 1, 2, 3$에 대한 3개 점 (λ_j, θ_j)이 주어지면 이 점을 통과하는 이차식곡선을 피팅할 수 있으며 이것을 최소화하는 $\bar{\lambda}$를 찾을 수 있으며, 여기에서 3-점 패턴에 의해 $\bar{\lambda}$는 반드시 구간 (λ_1, λ_3)에 속해야 한다(연습문제 8.11 참조). 고려할 3개 케이스가 존재한다. $\bar{\theta} = \theta(\bar{\lambda})$라고 나타내고 $\boldsymbol{\lambda}_{new}$는 다음과 같이 찾

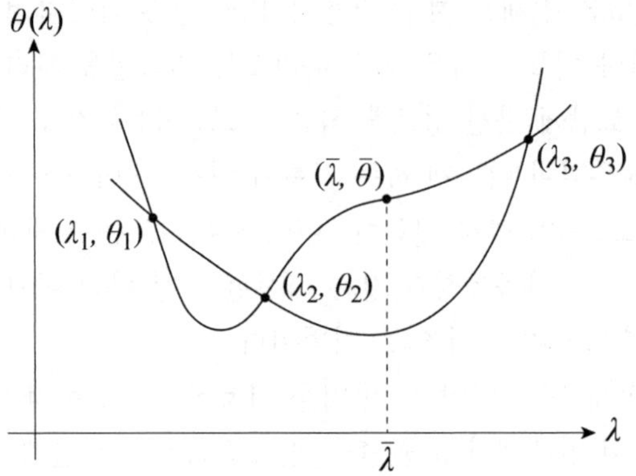

그림 8.5 이차식-피팅 선형탐색

아진 3개 점 $(\lambda_1, \lambda_2, \lambda_3)$의 수정된 집합을 나타낸다:

케이스 1: $\bar{\lambda} > \lambda_2$(그림 8.5 참조). 만약 $\bar{\theta} \geq \theta_2$라면 $\boldsymbol{\lambda}_{new} = (\lambda_1, \lambda_2, \bar{\lambda})$이라 한다. 반면에 만약 $\bar{\theta} \leq \theta_2$라면 $\boldsymbol{\lambda}_{new} = \left(\lambda_2, \bar{\lambda}, \lambda_3\right)$이라 한다($\bar{\theta} = \theta_2$인 경우에는 임의의 선택도 가능함을 주목하자).

케이스 2: $\bar{\lambda} < \lambda_2$. 케이스 1과 유사하게 만약 $\bar{\theta} \geq \theta_2$라면 $\boldsymbol{\lambda}_{new} = \left(\bar{\lambda}, \lambda_2, \lambda_3\right)$이라고 놓는다; 그리고 만약 $\bar{\theta} \leq \theta_2$라면 $\boldsymbol{\lambda}_{new} = \left(\lambda_1, \bar{\lambda}, \lambda_2\right)$라고 놓는다.

케이스 3: $\bar{\lambda} = \lambda_2$. 이 경우 하나의 새로운 3-점 패턴을 얻기 위한 하나의 다른 점을 갖고 있지 않다. 만약 어떤 수렴오차 허용값 $\varepsilon > 0$에 대해 $\lambda_3 - \lambda_1 \leq \varepsilon$이라면 지정한 스텝길이 λ_2로 중지한다. 그렇지 않다면 λ_1 또는 λ_3 가운데 더 먼 쪽을 향해 λ_2에서 $\varepsilon/2$만큼의 거리에 있는 하나의 새로운 관측점 $\bar{\lambda}$를 놓는다. 이것은 위에서 케이스 1 또는 케이스 2에 따라 설명한 상황을 산출하므로 그에 따라 $\boldsymbol{\lambda}_{new}$를 정의하는 점의 새로운 집합이 구해질 수도 있다.

또다시 $\boldsymbol{\lambda}_{new}$에 관해 만약 $\theta_1 = \theta_2 = \theta_3$이라면 또는 만약 $\lambda_3 - \lambda_1 \leq \varepsilon$이라면[또는 만약 미분가능한 케이스에서 $\theta'(\lambda_2) = 0$이라면, 또는 만약 다음에 아래에

서 설명하는 '부정확한 선형탐색'처럼 허용가능한 스텝길이와 같은 어떤 다른 종료 판단기준이 성립한다면) 이 과정은 종료된다. 그렇지 않다면 $\boldsymbol{\lambda}_{new}$는 3-점 패턴을 만족시키며 이와 같이 새로운 3-점 패턴을 사용해 위 절차를 반복할 수 있다.

위 절차의 케이스 3에서 $\overline{\lambda} = \lambda_2$일 때, θ가 미분가능할 때, λ_2 근처에 관측점을 두는 스텝은 $\theta'(\lambda_2)$ 값의 계산과 유사함을 주목하자. 사실상 만약 θ가 유사볼록이며 연속 2회 미분가능하다고 가정하면, 그리고 연습문제 8.13에서 설명한 것처럼, 일치하는 관측값의 극한적 케이스를 나타내기 위해 도함수를 사용하는 앞서 말한 절차의 수정된 버전을 적용한다면, 3-점 패턴을 만족시키는 출발해 $(\lambda_1, \lambda_2, \lambda_3)$가 주어진 경우, 하나의 최적해로 수렴함을 보이기 위해 정리 7.2.3을 사용할 수 있다.

부정확한 선형탐색: 아르미조의 규칙

실제로는 아주 흔하게 비록 어떤 작은 정확도의 허용치 $\varepsilon > 0$으로 종료한다고 해도 과도한 함숫값 계산비용으로 인해 정확한 선형탐색을 하는 사치를 부릴 수 없다. 반면에 만약 정확도를 희생한다면 반복계산에서 이러한 선형탐색을 사용하는 전체적 알고리즘의 수렴을 손상할 수도 있다. 그러나 만약 제대로 정의된 의미에서 충분한 정확도 또는 함숫값 강하를 보장하는 선형탐색을 채택한다면 이것은 전체적 알고리즘이 수렴하도록 유도할 수도 있다. 아래에 아르미조의 규칙이라 알려진, 허용가능한, 인기 있는 스텝길이의 정의를 설명하며 독자는 나머지의 이와 같은 '정확한 선형탐색' 판단기준에 대해 '주해와 참고문헌' 절, 연습문제 8.8을 참조하시오.

아르미조의 규칙은 2개 모수 $0 < \varepsilon < 1$, $\alpha > 1$에 의해 작동되며 이들은 각각 허용가능한 스텝이 너무 커지거나, 또는 너무 작아지는 것을 관리한다(대표적 값은 $\varepsilon = 0.2$, $\alpha = 2$이다). 점 $\overline{\mathbf{x}} \in \Re^n$에서 $\mathbf{d} \in \Re^n$ 방향으로 어떤 미분가능한 함수 $f : \Re^n \to \Re$을 최소화한다고 가정하며, 여기에서 $\nabla f(\overline{\mathbf{x}}) \cdot \mathbf{d} < 0$이다. 그러므로 $\mathbf{d}$는 하나의 감소방향이다. 선형탐색함수 $\theta : \Re \to \Re$은 $\lambda \geq 0$에 대해 $\theta(\lambda) = f(\overline{\mathbf{x}} + \lambda\mathbf{d})$라고 정의한다. 그렇다면 $\lambda = 0$에서 θ의 1-계 근사화는 $\theta(0) + \lambda\theta'(0)$로 주어지며 그림 8.6에 나타나 있다. 지금 다음 식

$$\hat{\theta}(\lambda) = \theta(0) + \lambda\varepsilon\theta'(0) \qquad \lambda \geq 0$$

을 정의한다.

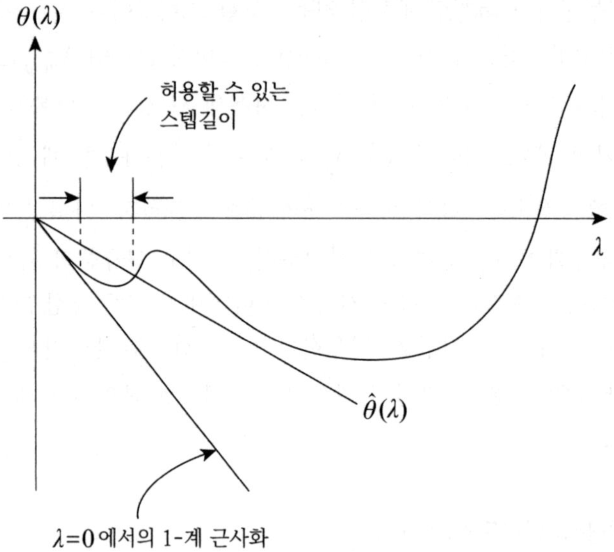

그림 8.6 아르미조의 규칙

만약 $\theta(\overline{\lambda}) \le \hat{\theta}(\overline{\lambda})$라면 스텝길이 $\overline{\lambda}$는 허용할 수 있다고 한다. 그러나 $\overline{\lambda}$가 너무 작게 됨을 방지하기 위해 아르미조의 규칙은 $\theta(\alpha\overline{\lambda}) > \hat{\theta}(\alpha\overline{\lambda})$도 역시 만족시켜야 한다고 요구한다. 그림 8.6에 보인 바와 같이 이것은 $\overline{\lambda}$에 대해 허용가능한 범위를 제공한다.

흔히 아르미조의 규칙은 다음과 같이 채택한다. 고정된 스텝-길이 모수 $\overline{\lambda}$를 채택한다. 만약 $\theta(\overline{\lambda}) \le \hat{\theta}(\overline{\lambda})$이라면 $\overline{\lambda}$ 자체를 스텝 사이즈로 채택하든가, 아니면 $\theta(2^t\overline{\lambda}) \le \hat{\theta}(2^t\overline{\lambda})$이 되도록 하는 가장 큰 정수를 찾기 위해 $\overline{\lambda}$를 순차적으로 2배로 증가한다($\alpha = 2$라고 가정하고). 반면에 만약 $\theta(\overline{\lambda}) > \hat{\theta}(\overline{\lambda})$이라면 $\theta(\overline{\lambda}/2^t) \le \hat{\theta}(\overline{\lambda}/2^t)$이 되도록 하는 가장 작은 정수 $t \ge 1$을 찾기 위해 $\overline{\lambda}$는 순차적으로 반으로 나누어진다. 다음 절 8.6에서 이러한 선형탐색 판단기준을 사용하는 최급강하법의 수렴을 분석한다.

8.4 선형탐색법의 알고리즘적 사상의 닫힘성

앞의 3개 절에서 단일변수의 함수를 최소화하기 위한 여러 절차를 토의했다. 일차원탐색은 대부분의 비선형계획법 문제의 알고리즘의 하나의 성분이므로 이 절에서 선형탐색절차는 닫힌 사상을 정의함을 보인다.

최소화 $\theta(\lambda)$ 제약조건 $\lambda \in L$의 선형탐색문제를 고려해보고, 여기에서 $\theta(\lambda) = f(\mathbf{x} + \lambda\mathbf{d})$이며 L은 $\Re$에서 닫힌 구간이다. 이 선형탐색문제는 다음 식

$$\mathbf{M}(\mathbf{x}, \mathbf{d}) = \{\mathbf{y} \mid \mathbf{y} = \mathbf{x} + \bar{\lambda}\mathbf{d} \text{ 어떤 } \bar{\lambda} \in L\text{에 대해, } f(\mathbf{y}) \le f(\mathbf{x} + \lambda\mathbf{d}) \text{ 각각의 } \lambda \in L\text{에 대해}\}$$

으로 정의한 알고리즘적 사상 $\mathbf{M}$: $\Re^n \times \Re^n \to \Re^n$으로 정의할 수 있다. 최소화하는 점 $\mathbf{y}$가 1개 이상 존재할 수 있으므로 $\mathbf{M}$은 일반적으로 하나의 점-집합 사상이다. 정리 8.4.1은 사상 $\mathbf{M}$이 닫혀있음을 보여준다. 따라서 만약 방향 $\mathbf{d}$를 결정하는 사상 $\mathbf{D}$가 또한 닫혀있다면 그러면 정리 7.3.2 또는 이 정리의 따름정리에 따라 만약 기술된 추가적 조건이 성립한다면 전체에 걸쳐 알고리즘적 사상 $\mathbf{A}=\mathbf{MD}$는 닫혀있다.

8.4.1 정리

$f: \Re^n \to \Re$이라 하고 L은 $\Re$에서 닫힌 구간이라 하자. 다음 식

$$\mathbf{M}(\mathbf{x}, \mathbf{d}) = \{\mathbf{y} \mid \mathbf{y} = \mathbf{x} + \bar{\lambda}\mathbf{d} \text{ 어떤 } \bar{\lambda} \in L\text{에 대해, 그리고 } f(\mathbf{y}) < f(\mathbf{x} + \lambda\mathbf{d}) \text{ 각각의 } \lambda \in L\text{에 대해}\}$$

에 따라 정의한 선형탐색사상 $\mathbf{M}$: $\Re^n \times \Re^n \to \Re^n$을 고려해보자. 만약 f가 $\mathbf{x}$에서 연속이고 $\mathbf{d} \neq \mathbf{0}$이라면 $\mathbf{M}$은 $(\mathbf{x}, \mathbf{d})$에서 닫혀있다.

증명 $(\mathbf{x}_k, \mathbf{d}_k) \to (\mathbf{x}, \mathbf{d})$, $\mathbf{y}_k \to \mathbf{y}$라고 가정하며, 여기에서 $\mathbf{y}_k \in \mathbf{M}(\mathbf{x}_k, \mathbf{d}_k)$이다. $\mathbf{y} \in \mathbf{M}(\mathbf{x}, \mathbf{d})$임을 보이려 한다. 먼저 $\mathbf{y}_k = \mathbf{x}_k + \lambda_k \mathbf{d}_k$임을 주목하고, 여기에서 $\lambda_k \in L$이다. $\mathbf{d} \neq \mathbf{0}$이므로 충분히 큰 k에 대해 $\mathbf{d}_k \neq \mathbf{0}$이며 이에 따라 $\lambda_k = \| \mathbf{y}_k - \mathbf{x}_k \| / \| \mathbf{d}_k \|$ 이다. $k \to \infty$에 따라 극한을 취하면 $\lambda_k \to \bar{\lambda}$이

며, 여기에서 $\bar{\lambda} = \| \mathbf{y} - \mathbf{x} \| / \| \mathbf{d} \|$ 이고, 따라서 $\mathbf{y} = \mathbf{x} + \bar{\lambda}\mathbf{d}$ 이다. 더군다나 각각의 k에 대해 $\lambda_k \in L$이므로, 그리고 L은 닫힌집합이므로 $\bar{\lambda} \in L$이다. 지금 $\lambda \in L$이라 하고 모든 k에 대해 $f(\mathbf{y}_k) \le f(\mathbf{x}_k + \lambda \mathbf{d}_k)$임을 주목하자. $k \to \infty$에 따라 극한을 취하고 f의 연속성을 주목하면 $f(\mathbf{y}) \le f(\mathbf{x} + \lambda \mathbf{d})$라는 결론을 얻는다. 따라서 $\mathbf{y} \in \mathbf{M}(\mathbf{x}, \mathbf{d})$이며 그리고 증명이 완결되었다. (증명 끝)

비선형계획법에서 선형탐색은 일반적으로 다음 구간

$$L = \{\lambda | \lambda \in \Re\}$$
$$L = \{\lambda | \lambda \ge 0\}$$
$$L = \{\lambda | a \le \lambda \le b\}$$

가운데 1개 구간 전체에 걸쳐 실행한다. 위의 각각의 케이스에서 L은 닫힌집합이며 이 정리가 적용된다.

정리 8.4.1에서 $\mathbf{d}$는 $\mathbf{0}$이 아닐 것을 요구한다. 예제 8.4.2는 만약 $\mathbf{d} = 0$이라면 $\mathbf{M}$은 닫힌 사상이 아닌 케이스를 제시한다. 대부분 경우, 해집합 Ω의 바깥 전체에 걸쳐 방향 $\mathbf{d}$는 $\mathbf{0}$이 아니다. 따라서 $\mathbf{M}$은 이들의 점에서 닫힌 사상이며 수렴을 증명하기 위해 정리 7.2.3을 적용할 수 있다.

8.4.2 예제

다음 문제

$$\text{최소화} \quad (x-2)^4$$

를 고려해보고, 여기에서 $f(x) = (x-2)^4$이다. 지금 수열 $\{x_k, d_k\} = \{1/k, 1/k\}$을 고려해보자. 명확하게, x_k는 $x = 0$로 수렴하며 d_k는 $d = 0$으로 수렴한다. 정리 8.4.1에서 정의한 선형탐색사상 $\mathbf{M}$을 고려해보고, 여기에서 $L = \{\lambda | \lambda \ge 0\}$이다. 점 y_k는 최소화 $f(x_k + \lambda d_k)$ 제약조건 $\lambda \ge 0$ 문제의 최적해를 구함으로 얻는다. 독자는 모든 k에 대해 $y_k = 2$임을 입증할 수 있으며, 따라서 y_k의 극한값 y는 2이다. 그러나 $\mathbf{M}(0, 0) = \{0\}$ 임을 주목하자. 그래서 $y \notin \mathbf{M}(0, 0)$이다. 이것은 $\mathbf{M}$이 닫힌 사상이 아님을 보여준다.

8.5 도함수를 사용하지 않는 다차원탐색

이 절에서는 도함수를 사용하지 않고 다변수함수를 최소화하는 문제를 고려하며, 여기에서 설명하는 방법은 다음과 같이 진행한다. 하나의 벡터 $\mathbf{x}$가 주어지면 하나의 적절한 방향 $\mathbf{d}$를 먼저 결정하고 이 장의 앞에서 토의한 기법 가운데 하나에 의해 f를 $\mathbf{x}$에서 $\mathbf{d}$ 방향으로 최소화한다.

이 책 전체를 통해, 최소화 $f(\mathbf{x}+\lambda\mathbf{d})$ 제약조건 $\lambda \in L$ 형태인 선형탐색문제의 최적해를 구해야 하며, 여기에서 L은 일반적으로 $L=R$, $L=\{\lambda | \lambda \geq 0\}$, 또는 $L=\{\lambda | a \leq \lambda \leq b\}$의 형태이다. 이 알고리즘을 설명할 때 단순화를 위해 하나의 최소화하는 점 $\bar{\lambda}$가 존재한다고 가정했다. 그러나 이런 경우가 아닐 수도 있으며, 여기에서 선형탐색문제의 목적함수 최적값은 무계일 수도 있으며, 그렇지 않다면 임의의 특별한 λ에서 목적함수 최적값은 유한하지만 도달할 수 없을 수도 있다. 첫째 케이스에서 원래의 문제는 무계이며 중지할 수 있다. 후자의 경우에 있어 λ는, $f(\mathbf{x}+\bar{\lambda}\mathbf{d})$가 $inf\,\{f(\mathbf{x}+\lambda\mathbf{d}) | \lambda \in L\}$에 충분히 가깝게 하는 $\bar{\lambda}$로 선택할 수 있다.

순회좌표법

이 방법은 좌표축을 탐색방향으로 사용한다. 좀 더 구체적으로 말하면 벡터 $\mathbf{d}_1$, $\cdots, \mathbf{d}_n$ 방향으로 탐색하는 것이며, 여기에서 $\mathbf{d}_j$는 j-째 위치의 요소가 1이며 나머지 요소가 모두 0인 벡터이다. 따라서 탐색방향 $\mathbf{d}_j$를 따라 변수 x_j는 변하는 한편 나머지 모든 변수는 고정되어 있다. 이 방법은 그림 8.7에서 예제 8.5.1의 문제를 위해 도식적으로 설명한다.

여기에서 각각의 반복계산에서 최소화는 차원 $1, \cdots, n$ 전체에 걸쳐 순서대로 실행한다고 가정함을 주목하자. **아이켄 이중청소 알고리즘**이라고 알려진 하나의 변형에서, 이 탐색은 차원 $1, \cdots, n$ 전체에 걸쳐 최소화하며 다시 차원 $n-1$, $n-2, \cdots, 1$ 전체에 걸쳐 역순으로 실행한다. 이것은 1회 반복계산에서 $n-1$회 선형탐색을 요구한다. 그에 따라 만약 최소화할 함수가 미분가능하고 함수의 경도를 구할 수 있으면 **가우스-사우스웰 알고리즘**의 변형은 최소화를 위해 각각의 스텝에서 사용자가 편도함수 성분 가운데 가장 큰 것을 갖는 좌표방향의 선택을 권장한다. 이들 순차 일차원 최소화의 형식은 간혹 **가우스-사이델 알고리즘**에 기반해 연립방정식의 해를 구하기 위한 **가우스-사이델 반복계산 알고리즘**이라고 말한다.

순회좌표법의 요약

아래에는 아무런 도함수정보 없이 다변수함수를 최소화하기 위한 순회좌표법을 요약한다. 바로 보이겠지만 만약 함수가 미분가능이라면 이 방법은 하나의 정류점으로 수렴한다.

절 7.2에서 토의한 바와 같이 알고리즘을 종료하기 위해 다양한 판단기준을 사용할 수 있다. 아래의 알고리즘을 설명하는 문장에서 종료판단기준 $\|\mathbf{x}_{k+1}-\mathbf{x}_k\|<\varepsilon$을 사용한다. 명백히 나머지의 임의의 판단기준도 이 절차를 종료하기 위해 사용할 수 있다.

초기화 스텝 알고리즘을 종료하려고 사용할 스칼라 $\varepsilon>0$을 선택하고, $\mathbf{d}_1, \cdots, \mathbf{d}_n$을 좌표방향이라 하자. 하나의 초기점 $\mathbf{x}_1$을 선택하고 $\mathbf{y}_1=\mathbf{x}_1$이라 하고 $k=j=1$이라고 놓고 메인 스텝으로 간다.

메인 스텝 1. λ_j는 최소화 $f(\mathbf{y}_j+\lambda\mathbf{d}_j)$ 제약조건 $\lambda\in\Re$ 문제의 하나의 최적해라 하고 $\mathbf{y}_{j+1}=\mathbf{y}_j+\lambda_j\mathbf{d}_j$이라 한다. 만약 $j<n$이라면 j를 $j+1$로 대체하고 스텝 1을 반복한다. 그렇지 않다면 만약 $j=n$이라면 스텝 2로 간다.

2. $\mathbf{x}_{k+1}=\mathbf{y}_{n+1}$이라 한다. 만약 $\|\mathbf{x}_{k+1}-\mathbf{x}_k\|<\varepsilon$이라면 중지한다. 그렇지 않다면 $\mathbf{y}_1=\mathbf{x}_{k+1}$이라 한다. $j=1$로 하고 k를 $k+1$로 대체하고 스텝 1로 간다.

8.5.1 예제

다음 문제

$$\text{최소화} \quad (x_1-2)^4+(x_1-2x_2)^2$$

를 고려해보자. 이 문제의 최적해는 $(2,1)$이며 목적함숫값이 0임을 주목하자. 표 8.6은 초기점 $(0,3)$에서 출발하는 순회좌표 알고리즘 계산의 요약을 보여준다. 각각의 반복계산에서 벡터 $\mathbf{y}_2$, $\mathbf{y}_3$는 $(1,0)$, $(0,1)$ 방향으로 각각 선형탐색을 해 얻음을 주목하자. 또한, 처음 몇 회의 반복계산에서 상당한 진전이 이루어진다는 것을 주목하고, 이에 반해 이후의 반복계산에서 진전은 훨씬 느림을 주목하자. 7회의

표 8.6 순회좌표 알고리즘의 계산의 요약

반복 k	$\mathbf{x}_k$ / $f(\mathbf{x}_k)$	j	$\mathbf{d}_j$	$\mathbf{y}_j$	λ_j	$\mathbf{y}_{j+1}$
1	(0.00, 3.00)	1	(1.0, 0.0)	(0.00, 3.00)	3.13	(3.13, 3.00)
	52.00	2	(0.0, 1.0)	(3.13, 3.00)	-1.44	(3.13, 1.56)
2	(3.13, 1.56)	1	(1.0, 0.0)	(3.13, 1.56)	-0.50	(2.63, 1.56)
	1.63	2	(0.0, 1.0)	(2.63, 1.56)	-0.25	(2.63, 1.31)
3	(2.63, 1.31)	1	(1.0, 0.0)	(2.63, 1.31)	-0.19	(2.44, 1.31)
	0.16	2	(0.0, 1.0)	(2.44, 1.31)	-0.09	(2.44, 1.22)
4	(2.44, 1.22)	1	(1.0, 0.0)	(2.44, 1.22)	-0.09	(2.35, 1.22)
	0.04	2	(0.0, 1.0)	(2.35, 1.22)	-0.05	(2.35, 1.17)
5	(2.35, 1.17)	1	(1.0, 0.0)	(2.35, 1.17)	-0.06	(2.29, 1.17)
	0.015	2	(0.0, 1.0)	(2.29, 1.17)	-0.03	(2.29, 1.14)
6	(2.29, 1.14)	1	(1.0, 0.0)	(2.29, 1.14)	-0.04	(2.25, 1.14)
	0.007	2	(0.0, 1.0)	(2.25, 1.14)	-0.02	(2.25, 1.12)
7	(2.25, 1.12)	1	(1.0, 0.0)	(2.25, 1.12)	-0.03	(2.22, 1.12)
	0.004	2	(0.0, 1.0)	(2.22, 1.12)	-0.01	(2.22, 1.11)

반복계산 후 목적함숫값이 0.0023인 점 $(2.22, 1.11)$에 도달한다.

그림 8.7에서 목적함수의 등고선을 제시하며, 위에서 순회좌표법으로 생성한 점이 나타난다. 이후의 반복계산에서 점선으로 나타낸 계곡을 따라 가장 짧은 직교이동이 이루어지므로 진전이 느려짐을 주목하자. 차후에 최급강하법의 수렴율을 해석한다. 순회좌표법은 n개 좌표방향의 선형탐색 전체에 걸쳐 최급강하법의 반복계산과 유사한 수행특성을 나타내는 경향이 있다.

순회좌표법의 수렴

순회좌표법이 하나의 정류점으로 수렴함은 다음 가정의 아래 정리 7.3.5에서 바로 뒤따른다:

1. f의 최솟값은 $\Re^n$의 임의의 직선을 따라 유일하다.
2. 알고리즘으로 생성한 점의 수열은 $\Re^n$의 콤팩트 부분집합에 포함된다.

각각의 반복계산에 사용하는 탐색방향은 좌표벡터이고 그래서 탐색방향의

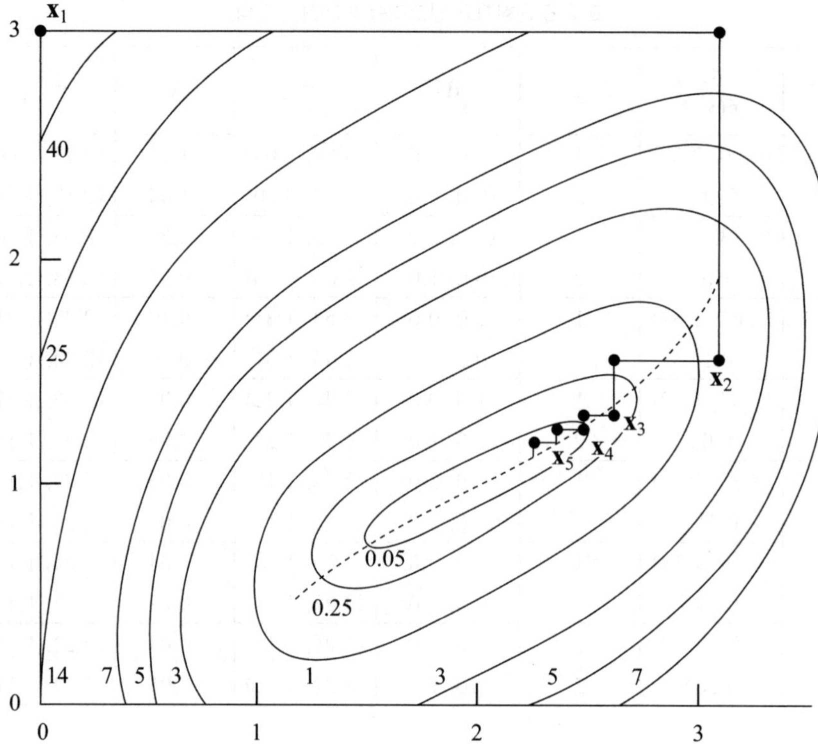

그림 8.7 순회좌표 알고리즘

행렬은 $\mathbf{D}=\mathbf{I}$ 임을 주목하자. 명백히 정리 7.3.5의 가정 1은 성립한다.

대안적 접근법으로 각각의 $\mathbf{x}$ 에서 $\nabla f(\mathbf{x}) \neq \mathbf{0}$ 이 되도록 하면서 전체적 알고리즘적 사상이 닫혀있음을 보여준 다음, 수렴을 증명하기 위해 정리 7.2.3을 사용할 수 있었다. 이 경우 감소함수 α는 f 자체로 택하고 해집합은 $\Omega=\{\mathbf{x} \mid \nabla f(\mathbf{x})=\mathbf{0}\}$ 이다.

가속스텝

앞서 말한 해석에서 미분가능 함수에 적용할 때 순회좌표법은 $\mathbf{0}$ 경도를 갖는 하나의 점으로 수렴함을 알았다. 그러나 미분가능성이 존재하지 않을 때 이 방법은 최적해가 아닌 점에서 멈출 수 있다. 그림 8.8a에 보인 바와 같이 점 $\mathbf{x}_2$ 에서 임의의 좌표 축 방향의 탐색은 목적함수를 개선하지 못하고 너무 이르게 종료할 수 있다. 이같이 너무 이른 종료의 이유는 f의 미분불가능성으로 인해 급경사 계곡이 존재

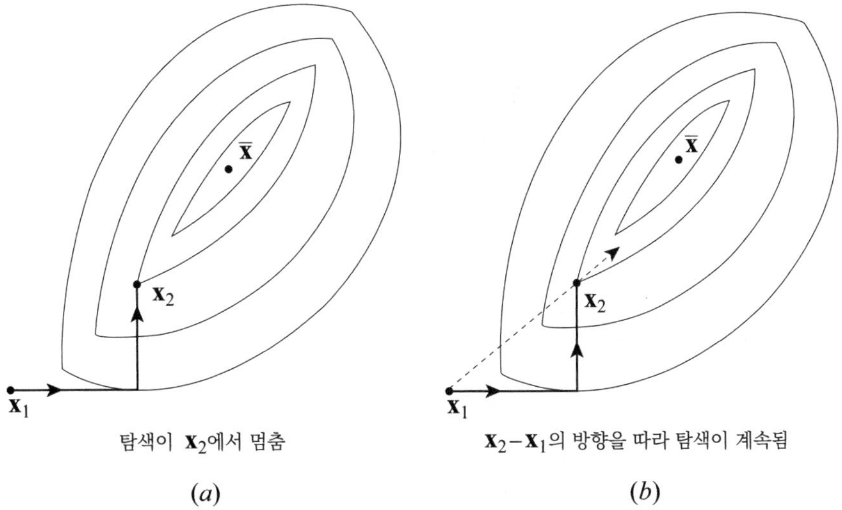

그림 8.8 날카로운 모서리를 갖는 계곡에 의한 영향

하기 때문이다. 그림 8.8b에 예시한 바와 같이 벡터 $\mathbf{x}_2-\mathbf{x}_1$ 방향으로 탐색함으로 이와 같은 어려움을 극복할 수도 있다.

$\mathbf{x}_{k+1}-\mathbf{x}_k$ 방향의 탐색은 순회좌표법을 적용할 때 자주 사용되며 f가 미분가능한 케이스에서도 사용된다. 흔히 경험하는 경험법칙은 p회 반복계산마다 이것을 적용하는 것이다. 특히 생성된 점의 수열이 계곡을 따라 지그재그할 때 이와 같은 순회좌표법의 수정은 자주 수렴을 가속시킨다. 이러한 스텝은 일반적으로 **가속스텝** 또는 **패턴탐색 스텝**이라 한다.

후크와 지브스의 방법

후크와 지브스의 방법은 예비탐색, 패턴탐색의 2개 유형을 수행한다. 이 절차의 첫째 2개 반복계산이 그림 8.9에 예시되어 있다. $\mathbf{x}_1$이 주어지면 좌표벡터 방향의 예비탐색은 점 $\mathbf{x}_2$를 생산한다. 지금 $\mathbf{x}_2-\mathbf{x}_1$ 방향의 패턴탐색은 점 $\mathbf{y}$로 인도한다. $\mathbf{y}$에서 출발하는 또 다른 예비탐색은 점 $\mathbf{x}_3$을 제공한다. 다음 패턴탐색은 $\mathbf{x}_3-\mathbf{x}_2$ 방향으로 실행하며 $\mathbf{y}'$를 산출한다. 그렇다면 이 과정을 반복할 수 있다.

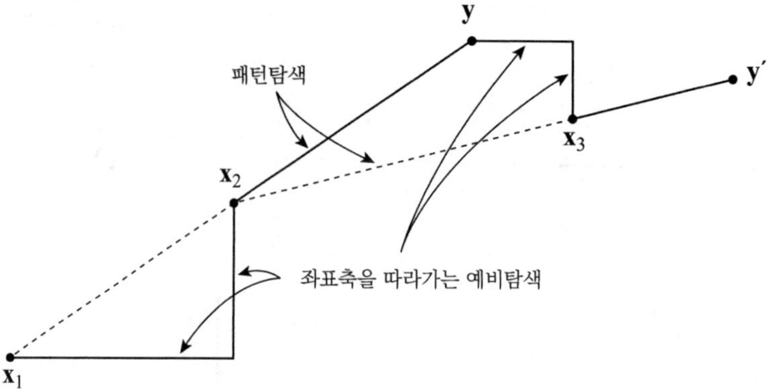

그림 8.9 후크와 지브스의 방법

선형탐색을 이용한 후크와 지브스의 방법의 요약

후크와 지브스가 최초에 제안한 바와 같이, 이 알고리즘은 아무런 선형탐색을 하지 않고, 다음의 토의와 같이 오히려 탐색방향으로 이산스텝을 취하며, 여기에서는 좌표벡터 $\mathbf{d}_1, \cdots, \mathbf{d}_n$의 방향을 따라가는 선형탐색과 패턴 방향을 사용하는 알고리즘의 연속 버전을 제시한다.

초기화 스텝 알고리즘을 종료하기 위해 사용하는 하나의 스칼라 $\varepsilon > 0$을 선택한다. 하나의 출발점 $\mathbf{x}_1$을 선택하고 $\mathbf{y}_1 = \mathbf{x}_1$이라고 놓고 $k = j = 1$이라 한다. 그리고 메인 스텝으로 간다.

메인 스텝 1. λ_j는 최소화 $f(\mathbf{y}_j + \lambda \mathbf{d}_j)$ 제약조건 $\lambda \in \Re$ 문제의 하나의 최적해라고 놓고 $\mathbf{y}_{j+1} = \mathbf{y}_j + \lambda_j \mathbf{d}_j$이라 한다. 만약 $j < n$이라면 j를 $j+1$로 대체하고 스텝 1을 반복한다. 그렇지 않다면 만약 $j = n$이라면 $\mathbf{x}_{k+1} = \mathbf{y}_{n+1}$이라 한다. 만약 $\| \mathbf{x}_{k+1} - \mathbf{x}_k \| < \varepsilon$이라면 중지한다. 그렇지 않다면 스텝 2로 간다.

2. $\mathbf{d} = \mathbf{x}_{k+1} - \mathbf{x}_k$이라 하고 $\hat{\lambda}$는 최소화 $f(\mathbf{x}_{k+1} + \lambda \mathbf{d})$ 제약조건 $\lambda \in \Re$ 문제의 하나의 최적해라 하자. $\mathbf{y}_1 = \mathbf{x}_{k+1} + \hat{\lambda} \mathbf{d}$라 하고, $j = 1$이라 하고 k를 $k+1$로 대체하고 스텝 1로 간다.

8.5.2 예제

다음 문제

$$\text{최소화} \quad (x_1 - 2)^4 + (x_1 - 2x_2)^2$$

를 고려해보자. 목적함숫값은 0, 최적해는 (2.00, 1.00)임을 주목하자. 표 8.7은 초기 점 (0.00, 3.00)에서 출발하여, 후크와 지브스의 방법에 대해 계산한 것을 요약한 것이다. 반복계산 $k=1$에서 $\mathbf{y}_1 = \mathbf{x}_1$임을 제외하고 매회 반복계산에서 좌표벡터 방향으로 예비탐색을 하여, 점 $\mathbf{y}_2$, $\mathbf{y}_3$을 제공하고 $\mathbf{d} = \mathbf{x}_{k+1} - \mathbf{x}_k$ 방향을 따라 패턴탐색을 하면 점 $\mathbf{y}_1$을 얻는다. 목적함숫값이 0인 최적점 (2.00, 1.00)에 도달하기 위해 4회 반복계산이 필요했음을 주목하자. 이 점에서 $\| \mathbf{x}_5 - \mathbf{x}_4 \| = 0.045$이며 그리고 이 절차는 종료된다.

표 8.7 선형탐색을 이용한 후크와 지브스의 방법의 계산의 요약

반복 k	$\mathbf{x}_k$ / $f(\mathbf{x}_k)$	j	$\mathbf{y}_j$	$\mathbf{d}_j$	λ_j	$\mathbf{y}_{j+1}$	$\mathbf{d}$	$\hat{\lambda}$	$\mathbf{y}_3 + \hat{\lambda}\mathbf{d}$
1	(0.00, 3.00)	1	(0.00, 3.00)	(1.0, 0.0)	3.13	(3.13, 3.00)	-	-	-
	52.00	2	(3.13, 3.00)	(0.0, 1.0)	-1.44	(3.13, 1.56)	(3.13, 1.44)	-0.10	(2.82, 1.70)
2	(3.13, 1.56)	1	(2.82, 1.70)	(1.0, 0.0)	-0.12	(2.70, 1.70)	-	-	-
	1.63	2	(2.70, 1.70)	(0.0, 1.0)	-0.35	(2.70, 1.35)	(-0.43, -0.21)	1.50	(2.06, 1.04)
3	(2.70, 1.35)	1	(2.06, 1.04)	(1.0, 0.0)	-0.02	(2.04, 1.04)	-	-	-
	0.24	2	(2.04, 1.04)	(0.0, 1.0)	-0.02	(2.04, 1.02)	(-0.66, -0.33)	0.06	(2.00, 1.00)
4	(2.04, 1.02)	1	(2.00, 1.00)	(1.0, 0.0)	0.00	(2.00, 1.00)	-	-	-
	0.000003	2	(2.00, 1.00)	(0.0, 1.0)	0.00	(2.00, 1.00)			
5	(2.00, 1.00)								
	0.00								

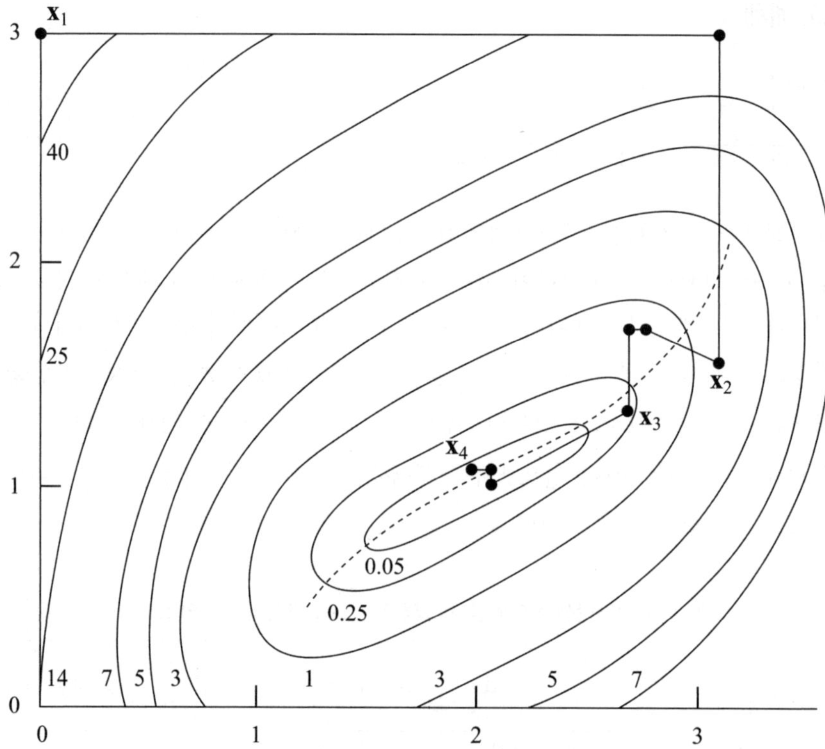

그림 8.10 선형탐색을 이용한 후크와 지브스의 방법

그림 8.10은 선형탐색을 사용해 후크와 지브스의 방법으로 생성한 점을 예시한다. 패턴탐색은 점선으로 나타낸 계곡에 거의 평행인 벡터의 방향으로 이동해 수렴행태를 상당히 개선했음을 주목하자.

후크와 지브스의 방법의 수렴

f는 미분가능 함수라고 가정하고 해집합은 $\Omega = \{\bar{\mathbf{x}} \mid \nabla f(\bar{\mathbf{x}}) = \mathbf{0}\}$이라 하자. 후크와 지브스의 방법의 매회 반복계산은 패턴탐색 외에 또, 순회좌표법의 적용으로 구성되어 있음을 주목하자. 순회좌표탐색을 사상 $\mathbf{B}$라고 나타내며 패턴탐색은 사상 $\mathbf{C}$로 나타내기로 한다. 정리 7.3.5의 논증과 유사한 것을 사용하면 $\mathbf{B}$는 닫힌 사상임이 뒤따른다. 만약 임의의 선을 따라 f의 최솟값이 유일하다면, 그리고 $\alpha = f$라고 놓으면 $\mathbf{x} \notin \Omega$에 대해 $\alpha(\mathbf{y}) < \alpha(\mathbf{x})$이다. $\mathbf{C}$의 정의에 따라 $\mathbf{z} \in \mathbf{C}(\mathbf{y})$에 대해 $\alpha(\mathbf{z}) \le \alpha(\mathbf{y})$이다. $\Lambda = \{\mathbf{x} \mid f(\mathbf{x}) \le f(\mathbf{x}_1)\}$는, 여기에서 $\mathbf{x}_1$은 출발점이며,

콤팩트 집합이라고 가정하면, 이 절차의 수렴은 정리 7.3.4에 따라 확립된다.

이산스텝을 갖는 후크와 지브스의 방법

앞에서 언급한 바와 같이 후크와 지브스의 방법은 초기에 제안한 바와 같이 선형탐색을 수행하지는 않지만, 그 대신 함숫값 계산을 포함하는 단순한 구도를 채택한다. 이 알고리즘의 요약은 아래에 주어진다.

초기화 스텝 $\mathbf{d}_1, \cdots, \mathbf{d}_n$은 좌표방향 벡터라 하자. 알고리즘 종료의 판단을 위해 사용하는 하나의 스칼라 $\varepsilon > 0$를 선택한다. 나아가서 하나의 초기 스텝 사이즈 $\Delta > \varepsilon$과 하나의 가속인자 $\alpha > 0$을 선택한다. 출발점 $\mathbf{x}_1$을 선택하고 $\mathbf{y}_1 = \mathbf{x}_1$이라 하고 $k = j = 1$이라 하고 메인 스텝으로 간다.

메인 스텝 1. 만약 $f(\mathbf{y}_j + \Delta\mathbf{d}_j) < f(\mathbf{y}_j)$이라면 이 시도는 **성공**이라 한다; $\mathbf{y}_{j+1} = \mathbf{y}_j + \Delta\mathbf{d}_j$로 하고 스텝 2로 간다. 그러나 만약 $f(\mathbf{y}_j + \Delta\mathbf{d}_j) \geq f(\mathbf{y}_j)$이라면 이 시도는 **실패**라 한다. 이 경우 만약 $f(\mathbf{y}_j - \Delta\mathbf{d}_j) < f(\mathbf{y}_j)$이라면 $\mathbf{y}_{j+1} = \mathbf{y}_j - \Delta\mathbf{d}_j$로 하고 스텝 2로 간다; 만약 $f(\mathbf{y}_j - \Delta\mathbf{d}_j) \geq f(\mathbf{y}_j)$이라면 $\mathbf{y}_{j+1} = \mathbf{y}_j$라 하고 스텝 2로 간다.

2. 만약 $j < n$이라면 j를 $j+1$로 대체하고 스텝 1을 반복한다. 그렇지 않은 경우 만약 $f(\mathbf{y}_{n+1}) < f(\mathbf{x}_k)$이라면 스텝 3으로 가고, 만약 $f(\mathbf{y}_{n+1}) \geq f(\mathbf{x}_k)$라면 스텝 4로 간다.

3. $\mathbf{x}_{k+1} = \mathbf{y}_{n+1}$이라 하고 $\mathbf{y}_1 = \mathbf{x}_{k+1} + \alpha(\mathbf{x}_{k+1} - \mathbf{x}_k)$라 한다. k를 $k+1$로 대체하고 $j = 1$로 하고 스텝 1로 간다.

4. 만약 $\Delta \leq \varepsilon$이라면, 중지한다; $\mathbf{x}_k$는 미리 규정된 해이다. 그렇지 않다면 Δ를 $\Delta/2$로 대체한다. $\mathbf{y}_1 = \mathbf{x}_k$, $\mathbf{x}_{k+1} = \mathbf{x}_k$로 하고 k를 $k+1$로 대체하고 $j = 1$로 하고 스텝 1을 반복한다.

독자는 위의 스텝 1, 2는 예비탐색을 설명함을 주목할 것이다. 더군다나, 스텝 3은 벡터 $\mathbf{x}_{k+1} - \mathbf{x}_k$ 방향으로의 가속스텝이다. 가속스텝을 채택할 것인가 아니면 거부할 것인가 하는 결정은 예비탐색을 수행할 때까지는 이루어지지 않음을 주목하자. 스텝 4에서 스텝 사이즈 Δ를 축소한다. 이 절차는 여러 스텝 사이즈를 여러 방향에 따라 사용할 수 있도록 쉽게 수정할 수 있다. 이것은 척도생성 목적으로 간혹 채택된다.

8.5.3 예제

다음 문제

$$\text{최소화} \quad (x_1-2)^4+(x_1-2x_2)^2$$

를 고려해보자.

이산스텝으로 후크와 지브스의 방법을 사용하여 이 문제의 최적해를 구한다. 모수 α, Δ는 1.0, 0.2로 각각 선택한다. 그림 8.11은 점 $(0.0, 3.0)$에서 출발하여 알고리즘에 의해 정해진 경로를 보여준다. 생성된 점에는 순차적으로 번호가 매겨지며 거부된 가속스텝은 점선으로 나타난다. 이같이 특별한 출발점에서 출발하여 최적해에 쉽게 도달한다.

좀 더 포괄적인 예시를 위해, 표 8.8은 새로운 초기 점 $(2.0, 3.0)$에서 출발

표 8.8 이산스텝을 사용한 후크와 지브스의 방법의 계산의 요약

반복 k	Δ	$\mathbf{x}_k$ $f(\mathbf{x}_k)$	j	$\mathbf{y}_j$ $f(\mathbf{y}_j)$	$\mathbf{d}_j$	$\mathbf{y}_j+\Delta\mathbf{d}_j$ $f(\mathbf{y}_j+\Delta\mathbf{d}_j)$	$\mathbf{y}_j-\Delta\mathbf{d}_j$ $f(\mathbf{y}_j-\Delta\mathbf{d}_j)$
1	0.2	(2.00. 3.00)	1	(2.00, 3.00)	(1.0, 0.0)	(2.20. 3.00)	-
		16.00		16.00		14.44(S)	
			2	(2.20, 3.00)	(0.0. 1.0)	(2.20, 3.20)	(2.20. 2.80)
				14.44		17.64(F)	11.56(S)
2	0.2	(2.20, 2.80)	1	(2.40. 2.60)	(1.0, 0.0)	(2.60. 2.60)	-
		11.56		7.87		6.89(S)	
			2	(2.60, 2.60)	(0.0, 1.0)	(2.60, 2.80)	(2.60. 2.40)
				6.89		9.13(F)	4,97(S)

3	0,2	(2.60, 2.40)	1	(3.00, 2.00)	(1.0, 0.0)	(3.20, 2.00)	(2.80, 2.00)
		4.97		2.00		2.71(F)	1.85(S)
			2	(2.80, 2.00)	(0.0, 1.0)	(2.80. 2.20)	(2.80, 1.80)
				1.85		2.97(F)	1.05(S)
4	0.2	(2.80, 1.80)	1	(3.00, 1.20)	(1.0. 0.0)	(3.20, 1.20)	(2.80, 1.20)
		1.05		1.36		2.71(F)	0.57(S)
			2	(2.80, 1.20)	(0.0, 1.0)	(2.80. 1.40)	-
				0.57		0.41(S)	
5	0.2	(2.80, 1.40)	1	(2.80, 1.00)	(1.0, 0.0)	(3.00, 1.00)	(2.60, 1.00)
		0.41		1.05		2.00(F)	0.49(S)
			2	(2.60, 1.00)	(0.0, 1.0)	(2.60, 1.20)	-
				0.49		0.17(S)	
6	0.2	(2.60, 1.20)	1	(2.40, 1.00)	(1.0, 0.0)	(2.60, 1.00)	(2.20, 1.00)
		0.17		0.19		0.49(F)	0.04(S)
			2	(2.20, 1.00)	(0.0, 1.0)	(2.20, 1.20)	(2.20, 0.80)
				0.04		0.04(F)	0.36(F)
7	0.2	(2.20, 1.00)	1	(1.80, 0.80)	(1.0, 0.0)	(2.00, 0.80)	(1.60, 0.80)
		0.04		0.04		0.16(F)	0.03(S)
			2	(1.60, 0.80)	(0.0, 1.0)	(1.60, 1.00)	(1.60, 0.60)
				0.03		0.19(F)	0.19(F)
8	0,2	(1.60, 0.80)	1	(1.00, 0.60)	(1.0, 0.0)	(1.20, 0.60)	-
		0.03		0.67		0.41(S)	
			2	(1.20, 0.60)	(0.0, 1.0)	(1.20, 0.80)	(1.20, 0.40)
				0.41		0.57(F)	0.57(F)
9	0.1	(1.60, 0.80)	1	(1.60, 0.80)	(1.0, 0.0)	(1.70, 0.80)	-
		0.03		0.03		0.02(S)	
			2	(1.70, 0.80)	(0.0, 1.0)	(1.70, 0.90)	(1.70, 0.70)
				0.02		0.02(F)	0.10(F)

10	0.2	(1.70, 0.80)	1	(1.80, 0.80)	(1.0, 0.0)	(1.90, 0.80)	(1.70, 0.80)
		0.02		0.04		0.09(F)	0.02(S)
			2	(1.70, 0.80)	(0.0, 1.0)	(1.70, 0.90)	(1.70, 0.70)
				0.02		0.02(F)	0.10(F)

하는 계산을 요약하며, 여기에서 (S)는 시도가 성공임을 나타내고 (F)는 실패임을 나타낸다. 첫째 반복계산과 뒤따르는 반복계산에서 $f(\mathbf{y}_3) \geq f(\mathbf{x}_k)$라면 벡터 $\mathbf{y}_1$은 $\mathbf{x}_k$라고 정해진다. 그렇지 않다면 $\mathbf{y}_1 = 2\mathbf{x}_{k+1} - \mathbf{x}_k$로 한다. 반복계산 $k = 10$의 끝에서 목적함숫값이 0.02인 점 $(1.70, 0.80)$에 도달한다. 이 절차는 종료 모수 $\varepsilon = 0.1$을 갖고 여기에서 종료한다. 만약 더 높은 정확도가 요구된다면 Δ를 반드

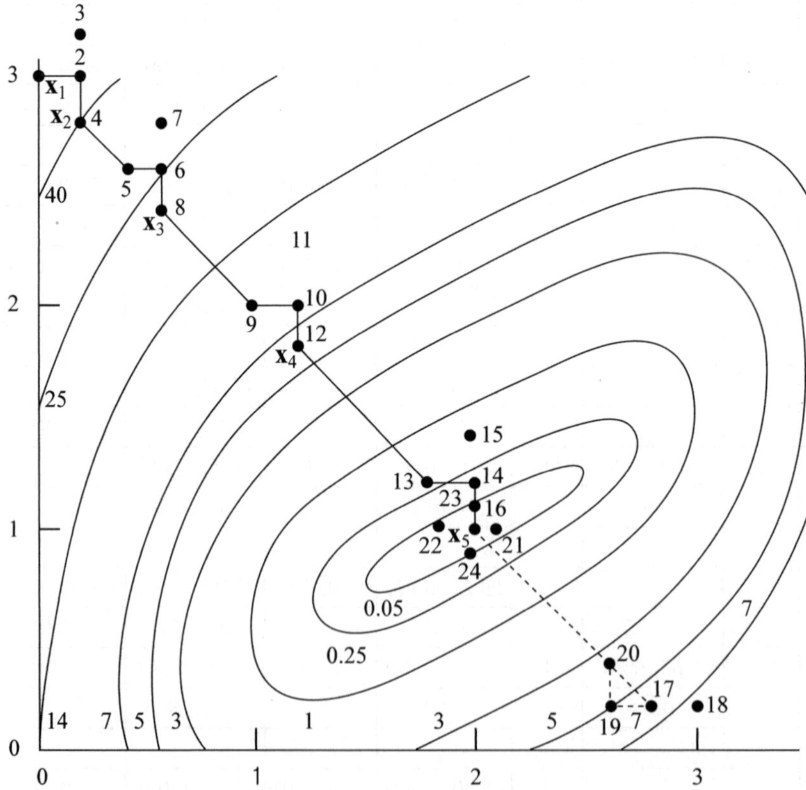

그림 8.11 (0.0, 3.0)에서 출발하여 이산스텝을 사용하는 후크와 지브스의 방법(숫자는 점의 생성순서를 나타낸다)

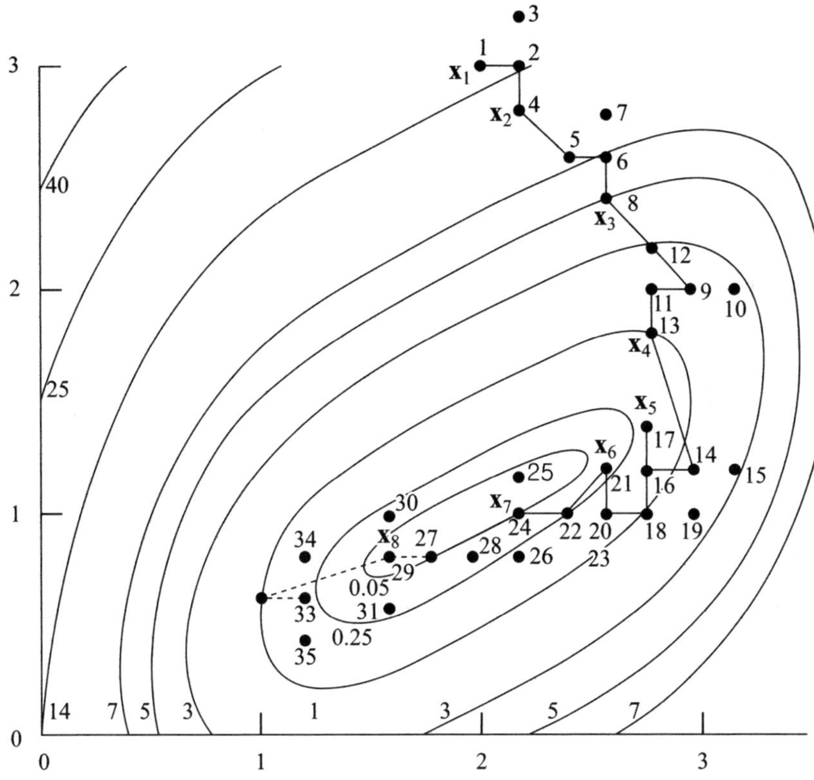

그림 8.12 선형탐색을 사용한 후크와 지브스의 방법(숫자는 점의 생성순서를 나타낸다)

시 0.05로 축소하어야 한다.

그림 8.12는 이 알고리즘에 따라 택해진 경로를 예시한다. 생성된 점은 또 다시 순차적으로 번호가 매겨지며 점선은 거부된 가속스텝을 나타낸다.

로젠브록의 방법

최초에 제안한 바와 같이 로젠브록의 방법은 선형탐색을 사용하기보다는 탐색방향으로 이산스텝을 취하며, 여기에서는 선형탐색을 활용하는 알고리즘의 연속 버전을 제시한다. 각각의 반복계산에서 이 절차는 반복적으로 n개의 선형독립이며 직교하는 벡터의 방향을 따라 탐색한다. 1회 반복계산이 끝나고 하나의 새로운 점에 도달하면 하나의 새로운 직교벡터 집합을 구성한다. 그림 8.13에서 새로운 방향은 $\overline{\mathbf{d}}_1$, $\overline{\mathbf{d}}_2$로 나타낸다.

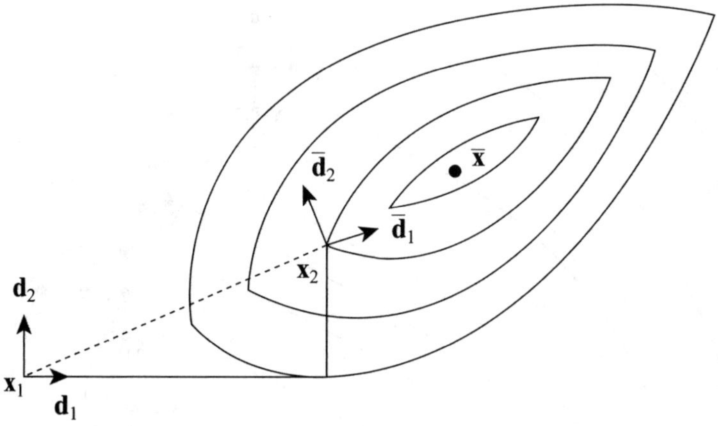

그림 8.13 이산스텝을 이용한 로젠브록의 절차

탐색방향의 구성

$\mathbf{d}_1, \cdots, \mathbf{d}_n$는 각각 노음이 1이며 선형독립인 벡터라 한다. 더구나 이들 벡터는 서로 직교라고 가정한다; 즉 다시 말하면 $i \neq j$에 대해 $\mathbf{d}_i \cdot \mathbf{d}_j = 0$이다. 현재의 벡터 $\mathbf{x}_k$에서 출발하여 목적함수 f는 각각의 방향벡터를 따라 반복계산에 의해 최소화되어 점 $\mathbf{x}_{k+1}$을 낳고 특히 $\mathbf{x}_{k+1} - \mathbf{x}_k = \Sigma_{j=1}^{n} \lambda_j \mathbf{d}_j$이며, 여기에서 λ_j는 $\mathbf{d}_j$ 방향으로 이동한 거리이다. 방향 $\bar{\mathbf{d}}_1, \cdots, \bar{\mathbf{d}}_n$의 새로운 집합은 **그램-슈미트 절차** 또는 **직교화절차**에 따라 다음과 같이 형성한다:

$$\mathbf{a}_j = \begin{cases} \mathbf{d}_j & \lambda_j = 0 \\ \sum_{i=j}^{n} \lambda_i \mathbf{d}_i & \lambda_j \neq 0 \end{cases}$$

$$\mathbf{b}_j = \begin{cases} \mathbf{a}_j & j = 1 \\ \mathbf{a}_j - \sum_{i=1}^{j-1} (\mathbf{a}_j \cdot \bar{\mathbf{d}}_i) \bar{\mathbf{d}}_i & j \geq 2 \end{cases} \tag{8.9}$$

$$\bar{\mathbf{d}}_j = \frac{\mathbf{b}_j}{\| \mathbf{b}_j \|}.$$

보조정리 8.5.4는 로젠브록의 절차에 의해 세워진 새로운 방향은 진실로 선형독립이며 직교함을 보인다.

8.5.4 보조정리

$\mathbf{d}_1, \cdots, \mathbf{d}_n$은 선형독립이며 서로 직교한다고 가정한다. 그렇다면 (8.9)로 정의한 방향 $\overline{\mathbf{d}}_1, \cdots, \overline{\mathbf{d}}_n$도 역시 선형독립이며 $\lambda_1, \cdots, \lambda_n$의 임의의 집합에 대해 서로 직교한다. 더군다나 만약 $\lambda_j = 0$이라면 $\overline{\mathbf{d}}_j = \mathbf{d}_j$이다.

증명 먼저 $\mathbf{a}_1, \cdots, \mathbf{a}_n$이 선형독립임을 보인다. $\Sigma_{j=1}^{n} \mu_j \mathbf{a}_j = \mathbf{0}$이라고 가정한다. $I = \{j \mid \lambda_j = 0\}$이라 하고 $J(j) = \{i \mid i \notin I,\ i \le j\}$이라 한다. (8.9)를 주목하면 다음 식

$$\begin{aligned} \mathbf{0} &= \sum_{j=1}^{n} \mu_j \mathbf{a}_j = \sum_{j \in I} \mu_j \mathbf{d}_j + \sum_{j \notin I} \mu_j \left(\sum_{i=j}^{n} \lambda_i \mathbf{d}_i \right) \\ &= \sum_{j \in I} \mu_j \mathbf{d}_j + \sum_{j \notin I} \left(\lambda_j \sum_{i \in J(j)} \mu_i \right) \mathbf{d}_j \end{aligned}$$

을 얻는다. $\mathbf{d}_1, \cdots, \mathbf{d}_n$은 선형독립이므로 $j \in I$에 대해 $\mu_j = 0$이며, $j \notin I$에 대해 $\lambda_j \Sigma_{i \in J(j)} \mu_i = 0$이다. 그러나 $j \notin I$에 대해 $\lambda_j \ne 0$이며, 그러므로 각각의 $j \notin I$에 대해 $\Sigma_{i \in J(j)} \mu_i = 0$이다. 그러므로 $J(j)$의 정의에 따라 $\mu_1 = \cdots = \mu_n = 0$임을 얻으며 그러므로 $\mathbf{a}_1, \cdots, \mathbf{a}_n$은 선형독립이다.

$\mathbf{b}_1, \cdots, \mathbf{b}_n$이 선형독립임을 보여주기 위해 다음 귀납논증을 사용한다. $\mathbf{b}_1 = \mathbf{a}_1 \ne \mathbf{0}$이므로, 만약 $\mathbf{b}_1, \cdots, \mathbf{b}_k$가 선형독립이라면 $\mathbf{b}_1, \cdots, \mathbf{b}_k, \mathbf{b}_{k+1}$도 역시 선형독립임을 보여주면 충분하다. $\Sigma_{j=1}^{k+1} \alpha_j \mathbf{b}_j = \mathbf{0}$이라고 가정한다. (8.9)의 $\mathbf{b}_{k+1}$의 정의를 사용해 다음 식

$$\begin{aligned} \mathbf{0} &= \sum_{j=1}^{k} \alpha_j \mathbf{b}_j + \alpha_{k+1} \mathbf{b}_{k+1} \\ &= \sum_{j=1}^{k} \left[\alpha_j - \frac{\alpha_{k+1} (\mathbf{a}_{k+1} \cdot \overline{\mathbf{d}}_j)}{\| \mathbf{b}_j \|} \right] \mathbf{b}_j + \alpha_{k+1} \mathbf{a}_{k+1} \end{aligned} \tag{8.10}$$

을 얻는다. (8.9)에서 각각의 벡터 $\mathbf{b}_j$는 $\mathbf{a}_1, \cdots, \mathbf{a}_j$의 선형조합임이 뒤따른다. $\mathbf{a}_1, \cdots, \mathbf{a}_{k+1}$가 선형독립이므로, (8.10)에서 $\alpha_{k+1} = 0$임이 뒤따른다. 귀납가정

에 따라 $\mathbf{b}_1, \cdots, \mathbf{b}_k$는 선형독립이라고 가정했으므로 (8.10)에서 $j=1, \cdots, k$에 대해 $\alpha_j - \alpha_{k+1}(\mathbf{a}_{k+1} \cdot \overline{\mathbf{d}}_j) / \| \mathbf{b}_j \| = 0$을 얻는다. $\alpha_{k+1}=0$이므로 각각의 j에 대해 $\alpha_j = 0$이다. 이것은 $\mathbf{b}_1, \cdots, \mathbf{b}_{k+1}$이 선형독립임을 보여준다. $\overline{\mathbf{d}}_j$의 정의에 따라 $\overline{\mathbf{d}}_1, \cdots, \overline{\mathbf{d}}_n$의 선형독립성이 즉시 밝혀진다.

지금 $\mathbf{b}_1, \cdots, \mathbf{b}_n$의 직교성을 확립하고 따라서 $\overline{\mathbf{d}}_1, \cdots, \overline{\mathbf{d}}_n$의 직교성을 확립한다. (8.9)에서 $\mathbf{b}_1 \cdot \mathbf{b}_2 = 0$이다; 따라서 만약 $\mathbf{b}_1, \cdots, \mathbf{b}_k$가 서로 직교한다면 $\mathbf{b}_1, \cdots, \mathbf{b}_k, \mathbf{b}_{k+1}$도 역시 서로 직교함을 보여주면 충분하다. (8.10)에서, 그리고 $i \neq j$에 대해 $\mathbf{b}_j \cdot \overline{\mathbf{d}}_i = 0$임을 주목하면 다음 내용

$$\begin{aligned} \mathbf{b}_j \cdot \mathbf{b}_{k+1} &= \mathbf{b}_j \cdot \left[\mathbf{a}_{k+1} - \sum_{i=1}^{k} (\mathbf{a}_{k+1} \cdot \overline{\mathbf{d}}_i) \overline{\mathbf{d}}_i \right] \\ &= \mathbf{b}_j \cdot \mathbf{a}_{k+1} - (\mathbf{a}_{k+1} \cdot \overline{\mathbf{d}}_j) \mathbf{b}_j \cdot \overline{\mathbf{d}}_j = 0 \end{aligned}$$

이 뒤따른다. 따라서 $\mathbf{b}_1, \cdots, \mathbf{b}_{k+1}$는 서로 직교한다.

증명을 완성하기 위해 만약 $\lambda_j = 0$이라면 $\overline{\mathbf{d}}_j = \mathbf{d}_j$임을 보여준다. (8.9)에서 만약 $\lambda_j = 0$이라면 다음 식

$$\mathbf{b}_j = \mathbf{d}_j - \sum_{i=1}^{j-1} \frac{1}{\| \mathbf{b}_i \|} (\mathbf{d}_j \cdot \mathbf{b}_i) \overline{\mathbf{d}}_i \tag{8.11}$$

을 얻는다. $\mathbf{b}_i$는 $\mathbf{a}_1, \cdots, \mathbf{a}_i$의 선형조합임을 주목하고 그래서 $\mathbf{b}_i = \Sigma_{r=1}^{i} \beta_{ir} \mathbf{a}_r$이다. (8.9)에서 다음 식

$$\mathbf{b}_i = \sum_{r \in \mathcal{R}} \beta_{ir} \mathbf{d}_r + \sum_{r \in \overline{\mathcal{R}}} \beta_{ir} \left(\sum_{s=r}^{n} \lambda_s \mathbf{d}_s \right) \tag{8.12}$$

이 뒤따르며, 여기에서 $\mathcal{R} = \{r \mid r \leq i,\ \lambda_r = 0\}$, $\overline{\mathcal{R}} = \{r \mid r \leq i,\ \lambda_r \neq 0\}$이다. $i < j$임을 고려해보고 $\nu \neq j$에 대해 $\mathbf{d}_j \cdot \mathbf{d}_\nu = 0$임을 주목하자. $r \in \mathcal{R}$에 대해 $r \leq i < j$이며, 그러므로 $\mathbf{d}_j \cdot \mathbf{d}_r = 0$이다. $r \notin \mathcal{R}$에 대해 $\mathbf{d}_j \cdot (\Sigma_{s=r}^{n} \lambda_s \mathbf{d}_s) =$

$\lambda_j \mathbf{d}_j \cdot \mathbf{d}_j = \lambda_j$이다. 가정에 따라 $\lambda_j = 0$이며, 따라서 (8.12)를 $\mathbf{d}_j^t$로 곱하면 $i < j$에 대해 $\mathbf{d}_j \cdot \mathbf{b}_i = 0$를 얻는다. (8.11)에서 $\mathbf{b}_j = \mathbf{d}_j$임이 뒤따르며 $\overline{\mathbf{d}_j} = \mathbf{d}_j$이다. 이것으로 증명이 완결되었다. (증명 끝)

보조정리 8.5.4에서 만약 $\lambda_j = 0$이라면 새로운 방향 $\overline{\mathbf{d}}_j$는 앞의 방향 $\mathbf{d}_j$와 같다. 그러므로 $\lambda_j \neq 0$인 첨자에 대해서만 새로운 벡터를 계산할 필요가 있다.

선형탐색을 이용한 로젠브록의 방법의 요약

지금 다변수함수 f를 최소화하기 위해 선형탐색을 사용한 로젠브록의 방법을 요약한다. 바로 보여주겠지만 만약 f가 미분가능한 함수라면 이 알고리즘은 **0**의 경도를 갖는 하나의 점으로 수렴한다.

초기화 스텝 $\varepsilon > 0$는 종료 스칼라라 하자. 좌표방향 벡터로 $\mathbf{d}_1, \cdots, \mathbf{d}_n$을 선택한다. 하나의 출발점 $\mathbf{x}_1$을 선택하고 $\mathbf{y}_1 = \mathbf{x}_1$이라 하고 $k = j = 1$이라 하고 메인 스텝으로 간다.

메인 스텝 1. λ_j는 최소화 $f(\mathbf{y}_j + \lambda \mathbf{d}_j)$ 제약조건 $\lambda \in \Re$ 문제의 하나의 최적해라 하고 $\mathbf{y}_{j+1} = \mathbf{y}_j + \lambda_j \mathbf{d}_j$로 놓는다. 만약 $j < n$이라면 j를 $j+1$로 대체하고 스텝 1을 반복한다. 그렇지 않다면 스텝 2로 간다.

2. $\mathbf{x}_{k+1} = \mathbf{y}_{n+1}$로 한다. 만약 $\| \mathbf{x}_{k+1} - \mathbf{x}_k \| < \varepsilon$이라면 그렇다면 중지한다; 그렇지 않다면 $\mathbf{y}_1 = \mathbf{x}_{k+1}$로 하고 k를 $k+1$로 대체하고 $j = 1$이라 하고 스텝 3으로 간다.

3. (8.9)에 따라 선형독립 직교탐색방향의 집합을 구성한다. 이들 새로운 방향 벡터를 $\mathbf{d}_1, \cdots, \mathbf{d}_n$으로 나타내고 스텝 1로 간다.

8.5.5 예제

다음 문제

$$\text{최소화} \quad (x_1 - 2)^4 + (x_1 - 2x_2)^2$$

를 고려해보자. 선형탐색을 사용한 로젠브록의 방법에 의해 이 문제의 최적해를 구한다. 표 8.9는 점 (0.00, 3.00)에서 출발하는 계산내용을 요약한 것이다. 점 $\mathbf{y}_2$는 $\mathbf{y}_1$에서 출발하여 $\mathbf{d}_1$ 방향으로 함수를 최적화하여 얻으며 $\mathbf{y}_3$는 $\mathbf{d}_2$ 방향으로 $\mathbf{y}_2$에서 출발하여 함수를 최적화하여 얻는다. 첫째 반복계산 후 $\lambda_1 = 3.13$, $\lambda_2 = -1.44$를 얻는다. (8.9)를 사용하면 새로운 탐색방향은 (0.91, −0.42), (−0.42, −0.91)이다. 4회 반복계산 후, 점 (2.21, 1.10)에 도착하며 목적함숫값은 0.002이다. 지금 $\|\mathbf{x}_4 - \mathbf{x}_3\| = 0.15$를 얻으며 이 절차는 종료된다.

그림 8.14에 이 알고리즘의 진전내용이 나타나 있다. 이 그림을 그림 8.15와 비교함은 흥미로우며 이후에 이산스텝을 사용하는 로젠브록의 방법과 비교한다.

표 8.9 선형탐색을 사용한 로젠브록의 방법의 계산의 요약

반복 k	$\mathbf{x}_k$ / $f(\mathbf{x}_k)$	j	$\mathbf{y}_j$ / $f(\mathbf{y}_j)$	$\mathbf{d}_j$	λ_j	$\mathbf{y}_{j+1}$ / $f(\mathbf{y}_{j+1})$
1	(0.00, 3.00)	1	(0.00, 3.00)	(1.00, 0.00)	3.13	(3.13, 3.00)
	52.00		52.00			9.87
		2	(3.13, 3.00)	(0.00, 1.00)	-1.44	(3.13, 1.56)
			9.87			1.63
2	(3.13, 1.56)	1	(3.13, 1.56)	(0.91, -0.42)	-0.34	(2.82, 1.70)
	1.63		1.63			0.79
		2	(2.82, 1.70)	(-0.42, -0.91)	0.51	(2.16, 1.24)
			0.79			0.16
3	(2.61, 1.24)	1	(2.61, 1.24)	(-0.85,-0.52)	0.38	(2.29, 1.04)
	0.16		0.16			0.05
		2	(2.29, 1.04)	(0.52, -0.85)	-0.10	(2.24, 1.13)
			0.05			0.004
4	(2.24, 1.13)	1	(2.24, 1.13)	(-0.96, -0.28)	0.04	(2.20, 1.12)
	0.004		0.004			0.003
		2	(2.20, 1.12)	(0.28, -0.96)	0.02	(2.21, 1.10)
			0.03			0.002

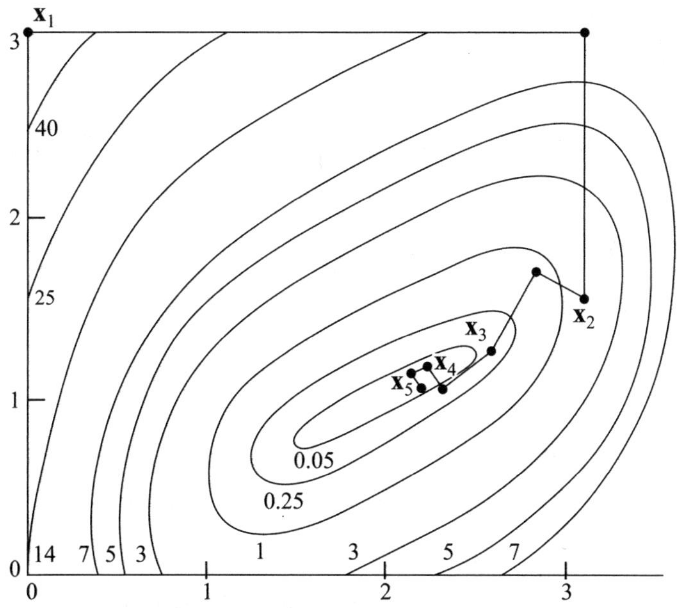

그림 8.14 선형탐색을 사용하는 로젠브록의 방법

로젠브록의 방법의 수렴

보조정리 8.5.4에 따라 이 알고리즘에서 사용하는 탐색방향은 선형독립이며 서로 직교하고 각각의 노음이 1임을 주목하자. 따라서 임의의 주어진 반복계산에서 탐색방향을 나타내는 행렬 $\mathbf{D}$는 $\mathbf{D}^t\mathbf{D} = \mathbf{I}$를 만족시킨다. 따라서 $det\,[\mathbf{D}] = 1$이며, 그러므로 정리 7.3.5의 '가정 1'은 성립한다. 이 정리에 따라 만약 다음 가정이 참이라면 선형탐색을 사용하는 로젠브록의 방법은 하나의 정류점으로 수렴함이 뒤따른다:

1. $\Re^n$에서 임의의 직선을 따라 f의 최솟값은 유일하다.
2. 알고리즘으로 생성한 점의 수열은 $\Re^n$의 하나의 콤팩트 부분집합에 포함된다.

이산스텝을 사용하는 로젠브록의 방법

앞에서 언급한 바와 같이 로젠브록이 제안한 알고리즘은 선형탐색을 우회한다. 그 대신 함숫값을 명시한 점에서 계산한다. 더군다나 가속특성은 이 알고리즘이 진행함에 따라 적절하게 증가 또는 감소하는 스텝길이로 적용한다. 이 알고리즘의 요약이 아래에 주어진다.

초기화 스텝 $\varepsilon > 0$는 종료 스칼라라 하고 $\alpha > 1$은 선택된 확장인자라 하고 $\beta \in (-1, 0)$를 하나의 선택된 축약인자라 하자. 좌표별 방향으로 $\mathbf{d}_1, \cdots, \mathbf{d}_n$을 선택하고 $\overline{\Delta}_1, \cdots, \overline{\Delta}_n > 0$는 이들 벡터 방향의 초기 스텝 사이즈라 하자. 하나의 출발점 $\mathbf{x}_1$을 선택하고 $\mathbf{y}_1 = \mathbf{x}_1$이라고 놓고 $k = j = 1$이라고 놓고 각각의 j에 대해 $\Delta_j = \overline{\Delta}_j$이라 하고 메인 스텝으로 간다.

메인 스텝 1. 만약 $f(\mathbf{y}_j + \Delta_j \mathbf{d}_j) < f(\mathbf{y}_j)$이라면 j-째 시도는 **성공**이다; $\mathbf{y}_{j+1} = \mathbf{y}_j + \Delta_j \mathbf{d}_j$라고 지정하고, Δ_j를 $\alpha\Delta_j$로 대체한다. 반면에 만약 $f(\mathbf{y}_j + \Delta_j \mathbf{d}_j) \geq f(\mathbf{y}_j)$이라면 이 시도는 **실패**로 간주한다; $\mathbf{y}_{j+1} = \mathbf{y}_j$로 놓고 Δ_j를 $\beta\Delta_j$로 대체한다. 만약 $j < n$이면 j를 $j+1$로 대체하고 스텝 1을 반복한다. 그렇지 않다면 만약 $j = n$이라면 스텝 2로 간다.

2. 만약 $f(\mathbf{y}_{n+1}) < f(\mathbf{y}_1)$이라면 즉 다시 말하면 만약 스텝 1의 임의의 n회의 시도가 성공적이라면 $\mathbf{y}_1 = \mathbf{y}_{n+1}$이라고 놓고 $j = 1$라고 지정하고 스텝 1을 반복한다. 지금 $f(\mathbf{y}_{n+1}) = f(\mathbf{y}_1)$의 케이스를 고려해보자. 즉 다시 말하면 스텝 1의 마지막 n회의 각각의 시도가 실패이었을 때를 고려해보자. 만약 $f(\mathbf{y}_{n+1}) < f(\mathbf{x}_k)$이라면, 즉 다시 말하면 만약 k째 반복계산 도중 스텝 1에서 최소한 1회 성공적 시도를 만난다면 스텝 3으로 간다. 만약 $f(\mathbf{y}_{n+1}) = f(\mathbf{x}_k)$이라면, 즉 다시 말하면 만약 성공적 시도를 만나지 않는다면, 그리고 만약 j에 대해 $|\Delta_j| \leq \varepsilon$이라면 $\mathbf{x}_k$를 최적해의 평가치로 얻고 종료한다; 그렇지 않다면 $\mathbf{y}_1 = \mathbf{y}_{n+1}$이라 하고 $j = 1$이라 하고 스텝 1로 간다.

3. $\mathbf{x}_{k+1} = \mathbf{y}_{n+1}$이라 한다. 만약 $\| \mathbf{x}_{k+1} - \mathbf{x}_k \| < \varepsilon$이라면 $\mathbf{x}_{k+1}$를 최적해의 평가치로 얻고 중지한다. 그렇지 않다면 관계 $\mathbf{x}_{k+1} - \mathbf{x}_k = \Sigma_{j=1}^{n} \lambda_j \mathbf{d}_j$에서 $\lambda_1, \cdots, \lambda_n$을 계산하고 (8.9)에 따라 탐색방향의 새로운 집합을 형성하고 이들 방향을 $\mathbf{d}_1, \cdots, \mathbf{d}_n$으로 나타낸다. 각각의 j에 대해 $\Delta_j = \overline{\Delta}_j$이라 하고 $\mathbf{y}_1 = \mathbf{x}_{k+1}$이라 하고 k를 $k+1$로 대체하고 $j = 1$로 놓고 스텝 1로 간다.

스텝 1에서 n개 탐색방향으로 이산스텝을 택함을 주목하자. 만약 성공이 $\mathbf{d}_j$ 방향으로 일어난다면 Δ_j는 $\alpha\Delta_j$로 대체된다; 그리고 만약 실패가 $\mathbf{d}_j$ 방향으로 일어난다면 Δ_j는 $\beta\Delta_j$로 대체된다. $\beta < 0$이므로 실패하면 다음으로 스텝 1을 통과하는 과정 동안에 j-째 탐색방향이 바뀌는 결과를 낳는다. 각각의 탐색방향을 따라 1개 실패가 일어날 때까지 스텝 1은 반복되며 이 케이스에서 앞에서의 루프의 계산 동안에 만약 최소한 1개의 성공이 일어나면 탐색방향의 새로운 집합을 그램-슈미트 절차에 따라 형성한다는 것을 주목하자. 만약 탐색방향 벡터를 통하는 루프에서 실패를 경험한다면 스텝길이는 0으로 줄어든다.

8.5.6 예제

다음 문제

$$\text{최소화} \quad (x_1 - 2)^4 + (x_1 - 2x_2)^2$$

를 고려해보자.

이산스텝을 사용하는 로젠브록의 방법에 따라 $\overline{\Delta}_1 = \overline{\Delta}_2 = 0.1$, $\alpha = 2.0$, $\beta = -0.5$를 갖고 이 문제의 최적해를 구한다. 표 8.10은 점 $(0.00, 3.00)$에서 출발한 계산을 요약하며, 여기에서 (S)는 성공을 나타내고 (F)는 실패를 나타낸다. 각각의 반복계산 내에서 방향 $\mathbf{d}_1$, $\mathbf{d}_2$는 고정되어 있음을 주목하자. 로젠브록의 방법의 스텝 1을 7번 통과한 후, $\mathbf{x}_1 = (0.00, 3.00)$에서 $\mathbf{x}_2 = (3.10, 1.45)$로 이동한다. $\mathbf{x}_2$에서 방향벡터의 변경이 요구된다. 특히 $(\mathbf{x}_2 - \mathbf{x}_1) = \lambda_1\mathbf{d}_1 + \lambda_2\mathbf{d}_2$이며, 여기에서 $\lambda_1 = 3.10$, $\lambda_2 = -1.55$이다. (8.9)를 사용해 독자는 새로운 탐색방향이 벡터 $(0.89, -0.45)$, 벡터 $(-0.45, -0.89)$로 주어짐을 쉽게 입증할 수 있으며, 이 탐색방향은 둘째 반복계산에 사용된다. 이 절차는 둘째 반복계산 도중 종료된다.

그림 8.15는 로젠브록의 방법의 진전을 보여주며, 여기에서 생성된 점은 순차적으로 번호가 붙여진다.

표 8.10 이산스텝을 사용하는 로젠브록의 방법의 계산의 요약

반복 k	$\mathbf{x}_k$ $f(\mathbf{x}_k)$	j	$\mathbf{y}_j$ $f(\mathbf{y}_j)$	Δ_j	$\mathbf{d}_j$	$\mathbf{y}_j + \Delta_j \mathbf{d}_j$ $f(\mathbf{y}_j + \Delta_j \mathbf{d}_j)$
1	(0.00, 3.00) 52.00	1	(0.00, 3.00)	0.10	(1.00, 0.00)	(0.10, 3.00)
			52.00			47.84(S)
		2	(0.10, 3.00)	0.10	(0.00, 1.00)	(0.10, 3.10)
			47.84			50.24(F)
		1	(0.10, 3.00)	0.20	(1.00, 0.00)	(0.30, 3.00)
			47.84			40.84(S)
		2	(0.30, 3.00)	-0.05	(0.00, 1.00)	(0.30, 2.95)
			40.84			39.71(S)
		1	(0.30, 2.95)	0.40	(1.00, 0.00)	(0.70, 2.95)
			39.71			29.90(S)
		2	(0.70, 2.95)	-0.10	(0.00, 1.00)	(0.70, 2.85)
			29.90			27.86(S)
		1	(0.70, 2.85)	0.80	(1.00, 0.00)	(1.50, 2.85)
			27.86			17.70(S)
		2	(1.50, 2.85)	-0.20	(0.00, 1.00)	(1.50, 2.65)
			17.70			14.50(S)
		1	(1.50, 2.65)	1.60	(1.00, 0.00)	(3.10, 2.65)
			14.50			6.30(S)
		2	(3.10, 2.65)	-0.40	(0.00, 1.00)	(3.10, 2.25)
			6.30			3.42(S)
		1	(3.10, 2.25)	3.20	(1.00, 0.00)	(6.30, 2.25)
			3.42			345.12(F)
		2	(3.10, 2.25)	-0.80	(0.00, 1.00)	(3.10, 1.45)
			3.42			1.50(S)
		1	(3.10, 1.45)	-1.60	(1.00, 0.00)	(1.50, 1.45)
			1.50			2.02(F)
		2	(3.10, 1.45)	-1.60	(0.00, 1.00)	(3.10, -0.15)
			1.50			13.02(F)

2	(3.10, 1.45) 1.50	1	(3.10, 1.45)	0.10	(0.89, -0.45)	(3.19, 1.41)
			1.50			2.14(F)
		2	(3.10, 1.45)	0.10	(-0.45, -0.89)	(3.06, 1.36)
			1.50			1.38(S)
		1	(3.06, 1.36)	-0.05	(0.89, -0.45)	(3.02, 1.38)
			1.38			1.15(S)
		2	(3.02, 1.38)	0.20	(-0.45, -0.89)	(2.93, 1.20)
			1.15			1.03(S)
		1	(2.93, 1.20)	-0.10	(0.89, -0.45)	(2.84, 1.25)
			1.03			0.61(S)
		2	(2.84, 1.25)	0.40	(-0.45, -0.89)	(2.66, 0.89)
			0.61			0.96(F)
		1	(2.84, 1.25)	-0.20	(0.89, -0.45)	(2.66, 1.34)
			0.61			0.19(S)
		2	(2.66, 1.34)	-0.20	(-0.45, -0.89)	(2.75, 1.52)
			0.19			0.40(F)

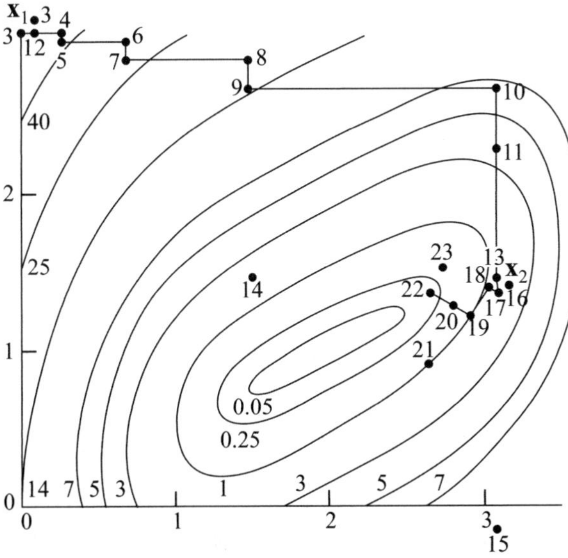

그림 8.15 이산스텝을 사용한 로젠브록의 절차(숫자는 점의 생성순서를 나타낸다)

8.6 도함수를 사용하는 다차원탐색

앞의 절에서 최적화과정 동안 함숫값 계산만을 사용하는 여러 가지 최소화절차를 설명했다. 지금 탐색방향을 결정함에 있어 도함수를 사용하는 몇 가지 방법을 토의한다. 특히 최급강하법과 뉴톤법을 토의한다.

최급강하법

1847년 코쉬가 제안한 최급강하법은 미분가능한 다변수함수를 최소화하기 위한 가장 기본적 절차이다. 만약 모든 $\lambda \in (0, \delta)$에 대해 $f(\mathbf{x} + \lambda\mathbf{d}) < f(\mathbf{x})$이 되도록 하는 하나의 $\delta > 0$이 존재한다면 하나의 벡터 $\mathbf{d}$는 $\mathbf{x}$에서 함수 f의 하나의 강하방향임을 기억하시오. 특히 만약 $lim_{\lambda \to 0^+} [f(\mathbf{x} + \lambda\mathbf{d}) - f(\mathbf{x})]/\lambda < 0$이라면 $\mathbf{d}$는 하나의 강하방향이다. 최급강하법은 $\| \mathbf{d} \| = 1$인 벡터 $\mathbf{d}$를 따라 이동하며 이것은 위의 극한을 최소화한다. 보조정리 8.6.1은 만약 f가 $\mathbf{x}$에서 $\mathbf{0}$이 아닌 경도를 가지면서 미분가능하다면 $-\nabla f(\mathbf{x})/\| \nabla f(\mathbf{x}) \|$는 최급강하방향임을 보여준다. 이와 같은 이유로 미분가능성의 존재 아래 최급강하법은 간혹 **경도법**이라고 말한다; 이것은 또한 **코쉬법**이라고 말한다.

8.6.1 보조정리

$f : \Re^n \to \Re$은 $\mathbf{x}$에서 미분가능하다고 가정하고, $\nabla f(\mathbf{x}) \neq \mathbf{0}$이라고 가정한다. 그렇다면 최소화 $f'(\mathbf{x};\mathbf{d})$ 제약조건 $\| \mathbf{d} \| \leq 1$ 문제의 최적해는 $\bar{\mathbf{d}} = -\nabla f(\mathbf{x})/\| \nabla f(\mathbf{x}) \|$로 주어진다; 즉 다시 말하면 $-\nabla f(\mathbf{x})/\| \nabla f(\mathbf{x}) \|$는 $\mathbf{x}$에서 f의 최급강하방향이다.

증명 $\mathbf{x}$에서 f의 미분가능성에서 다음 식

$$f'(\mathbf{x};\mathbf{d}) = \lim_{\lambda \to 0^+} \frac{f(\mathbf{x} + \lambda\mathbf{d}) - f(\mathbf{x})}{\lambda} = \nabla f(\mathbf{x}) \cdot \mathbf{d}$$

이 뒤따른다. 따라서 이 문제는 최소화 $\nabla f(\mathbf{x}) \cdot \mathbf{d}$ 제약조건 $\| \mathbf{d} \| \leq 1$ 문제로 바뀐다. 슈워츠 부등식에 따라 $\| \mathbf{d} \| \leq 1$에 대해 다음 식

$$\nabla f(\mathbf{x})\cdot\mathbf{d} \geq -\|\nabla f(\mathbf{x})\|\,\|\mathbf{d}\| \geq -\|\nabla f(\mathbf{x})\|$$

이 등식으로 성립한다는 것은 $\mathbf{d}=\bar{\mathbf{d}} \equiv -\nabla f(\mathbf{x})/\|\nabla f(\mathbf{x})\|$ 이라는 것과 같은 뜻이다. 따라서 $\bar{\mathbf{d}}$는 최적해이며, 그리고 증명이 완결되었다. (증명 끝)

최급강하법의 요약

하나의 점 $\mathbf{x}$가 주어지면 최급강하법은 $-\nabla f(\mathbf{x})/\|\nabla f(\mathbf{x})\|$ 방향으로 아니면 등가적으로 $-\nabla f(\mathbf{x})$ 방향으로 하나의 선형탐색을 실행하며 진행한다. 이 알고리즘의 요약은 아래에 주어진다.

초기화 스텝 $\varepsilon > 0$는 종료 스칼라라 하자. 하나의 출발점 $\mathbf{x}_1$을 선택하고 $k=1$이라고 놓고 메인 스텝으로 간다.

메인 스텝 만약 $\|\nabla f(\mathbf{x}_k)\| < \varepsilon$이라면 중지한다; 그렇지 않다면 $\mathbf{d}_k = -\nabla f(\mathbf{x}_k)$라고 놓고 λ_k를 최소화 $f(\mathbf{x}_k+\lambda\mathbf{d}_k)$ 제약조건 $\lambda \geq 0$ 문제의 하나의 최적해라고 한다. $\mathbf{x}_{k+1}=\mathbf{x}_k+\lambda_k\mathbf{d}_k$라고 놓고 k를 $k+1$로 대체하고 메인 스텝을 반복한다.

8.6.2 예제

다음 문제

$$\text{최소화} \quad (x_1-2)^4+(x_1-2x_2)^2$$

를 고려해보자.

최급강하법을 사용해 점 (0.00, 3.00)에서 출발하여 이 문제의 최적해를 구한다. 계산의 요약은 표 8.11에 주어진다. 7회 반복계산 후 $\mathbf{x}_8=(2.28, 1.15)$에 도달한다. $\|\nabla f(\mathbf{x}_8)\|=0.09$는 크기가 작으므로 알고리즘은 종료된다. 이 알고리즘의 진전내용은 그림 8.16에 나타나 있다. 이 문제의 최소해는 (2.00, 1.00)임을 주목하자.

표 8.11 최급강하법 계산의 요약

반복 k	$\mathbf{x}_k$ / $f(\mathbf{x}_k)$	$\nabla f(\mathbf{x}_k)$	$\lVert \nabla f(\mathbf{x}_k) \rVert$	$\mathbf{d}_k = -\nabla f(\mathbf{x}_k)$	λ_k	$\mathbf{x}_{k+1}$
1	(0.00, 3.00)	(-44.00, 24.00)	50.12	(44.00, -24.00)	0.062	(2.70, 1.51)
	52.00					
2	(2.70, 1.51)	(0.73, 1.28)	1.47	(-0.73, -1.28)	0.24	(2.52, 1.20)
	0.34					
3	(2.52, 1.20)	(0.80, -0.48)	0.93	(-0.80, 0.48)	0.11	(2.43, 1.25)
	0.09					
4	(2.43, 1.25)	(0.18, 0.28)	0.33	(-0.18, -0.28)	0.31	(2.37, 1.16)
	0.04					
5	(2.37, 1.16)	(0.30, -0.20)	0.36	(-0.30, 0.20)	0.12	(2.33, 1.18)
	0.02					
6	(2.33, 1.18)	(0.08, 0.12)	0.14	(-0.08, -0.12)	0.36	(2.30, 1.14)
	0.01					
7	(2.30, 1.14)	(0.15, -0.08)	0.17	(-0.15, 0.08)	0.13	(2.28, 1.15)
	0.009					
8	(2.28, 1.15)	(0.05, 0.08)	0.09			
	0.007					

최급강하법의 수렴

$\Omega = \{\bar{\mathbf{x}} \mid \nabla f(\bar{\mathbf{x}}) = \mathbf{0}\}$이라고 놓고 f는 감소함수라 하자. 알고리즘적 사상은 $\mathbf{A} = \mathbf{MD}$이며, 여기에서 $\mathbf{D}(\mathbf{x}) = [\mathbf{x}, \nabla f(\mathbf{x})]$이며 $\mathbf{M}$은 닫힌 구간 $[0, \infty)$ 전체의 선형탐색사상이다. f가 연속 미분가능하다고 가정하면 $\mathbf{D}$는 연속이다. 더군다나 $\mathbf{M}$은 정리 8.4.1에 따라 닫힌 사상이다. 그러므로 알고리즘적 사상 $\mathbf{A}$는 정리 7.3.2의 따름정리 2에 따라 닫힌 사상이다. 마지막으로 만약 $\mathbf{x} \notin \Omega$이라면, $\nabla f(\mathbf{x}) \cdot \mathbf{d} < 0$이며, 여기에서 $\mathbf{d} = -\nabla f(\mathbf{x})$이다. 정리 4.1.2에 따라 $\mathbf{d}$는 강하방향이며, 그러므로 $\mathbf{y} \in \mathbf{A}(\mathbf{x})$에 대해 $f(\mathbf{y}) < f(\mathbf{x})$이다. 이 알고리즘으로 생성한 수열은 콤팩트 집합에 포함된다고 가정하면, 정리 7.2.3에 따라 최급강하법은

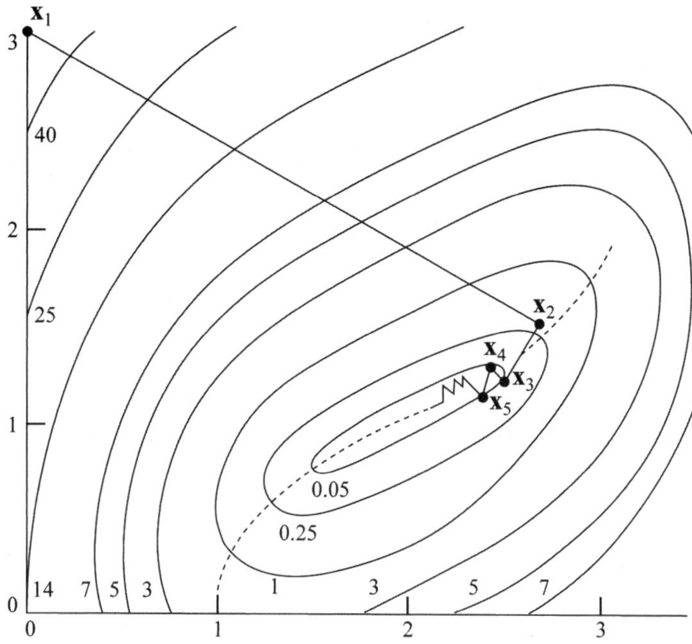

그림 8.16 최급강하법

0 경도를 갖는 하나의 점으로 수렴한다.

최급강하법의 지그재깅

초기화의 점에 따라, 최급강하법은 일반적으로 최적화과정의 초기단계에서는 잘 작용한다. 그러나 하나의 정류점에 접근하면서 이 알고리즘은 일반적으로 작은 크기로 거의 직교스텝을 취하면서 나쁜 행태를 보인다. 이와 같은 **지그재깅** 현상은 예제 8.6.2에서 나타난 바가 있고 그림 8.16에 예시되어 있으며, 여기에서 지그재깅은 계곡을 따라 점선으로 나타나 있다.

후속 스테이지에서 최급강하법의 지그재깅과 열등한 수렴은 직관적으로 f의 다음과 같은 표현

$$f(\mathbf{x}_k + \lambda\mathbf{d}) = f(\mathbf{x}_k) + \lambda\nabla f(\mathbf{x}_k)\cdot\mathbf{d} + \lambda\|\mathbf{d}\|\alpha(\mathbf{x}_k;\lambda\mathbf{d})$$

을 고려해 설명할 수 있으며, 여기에서 $\lambda\mathbf{d}\to\mathbf{0}$에 따라 $\alpha(\mathbf{x}_k;\lambda\mathbf{d})\to 0$이며, $\mathbf{d}$는 $\|\mathbf{d}\|=1$인 하나의 탐색방향이다. 만약 $\mathbf{x}_k$가 $\mathbf{0}$ 경도를 갖는 하나의 정류점에 가

깝다면, 그리고 f가 연속 미분가능하다면 $\|\nabla f(\mathbf{x}_k)\|$의 크기는 작을 것이며, 항 $\lambda\nabla f(\mathbf{x}_k)\cdot\mathbf{d}$에서 λ 계수를 10의 지수만큼 작게[2] 만들 것이다. 최급강하법은 이동방향을 결정하기 위해 f의 선형근사화를 사용하므로 위 식의 항 $\lambda\|\mathbf{d}\|\alpha(\mathbf{x}_k;\lambda\mathbf{d})$가 본질적으로 무시되고 만약 후자의 항이 f를 나타냄에 상당히 공헌한다면 상대적으로 작은 λ 값에 대해서조차도 후속 스테이지에서 생성되는 방향벡터는 대단한 효과는 없을 것이라고 알아야 한다.

이 장의 나머지 부분에서 알게 되겠지만 **경도를 편향해** 지그재깅의 어려움을 극복하기 위한 몇 가지 알고리즘이 존재한다. $\mathbf{d}=-\nabla f(\mathbf{x})$를 따라 이동하기보다는 $\mathbf{d}=-\mathbf{D}\nabla f(\mathbf{x})$를 따라 아니면 $\mathbf{d}=-\nabla f(\mathbf{x})+\mathbf{g}$를 따라 이동할 수 있으며, 여기에서 $\mathbf{D}$는 적절한 행렬이며 $\mathbf{g}$는 적절한 벡터이다. 이들의 수정절차는 바로 좀 더 상세하게 토의할 것이다.

최급강하법의 수렴율해석

이 절에서는 지그재깅 현상의 좀 더 공식적인 해석과 실험적으로 관측한 최급강하법의 느린 수렴율을 제시한다. 또한, 이 해석은 이같이 열등한 알고리즘적 수행의 문제를 완화할 수 있는 가능한 방법에 관한 식견을 제공할 것이다.

이를 위해 쌍변수 이차식함수 $f(x_1,x_2)=(1/2)(x_1^2+\alpha x_2^2)$을 먼저 고려하고, 여기에서 $\alpha>1$이다. 이 함수의 헤시안행렬은 고유값 1과 α을 갖는 $\mathbf{H}=diag\{1,\alpha\}$임을 주목하자. 가장 큰 고유값의 가장 작은 고유값에 대한 비율을 양정부호 행렬의 **조건수**라고 정의하자. 그러므로 여기의 예에 있어 $\mathbf{H}$의 조건수는 α이다. f의 등고선은 그림 8.17에 나타나 있다. α가 증가함에 따라 **악조건**이라 알려진 현상 또는 **조건수의 악화**가 결과적으로 나타난다는 것을 관측하시오. 그에 따라 등고선이 더욱 비대칭적으로 되고 x_1 방향에 대해 상대적으로 x_2 방향으로 함수의 그래프의 경사가 점점 더 급해진다.

지금 하나의 출발점 $\mathbf{x}=(x_1,x_2)$가 주어지면 $\mathbf{x}_{new}=(x_{1new},x_{2new})$을 얻기 위해 최급강하법의 1회 반복계산을 적용한다. 만약 $x_1=0$ 또는 $x_2=0$이라면 이 절차는 1개 스텝에서 최적 최소해 $\mathbf{x}^*=(0,0)$으로 수렴함을 주목하자. 그러므로 $x_1\neq 0$, $x_2\neq 0$이라고 가정한다. 최급강하방향은 $\mathbf{d}=-\nabla f(\mathbf{x})=-(x_1,\alpha x_2)$

2) making the coefficient of λ in the term $\lambda\nabla f(\mathbf{x}_k)\cdot\mathbf{d}$ of a small order of magnitude

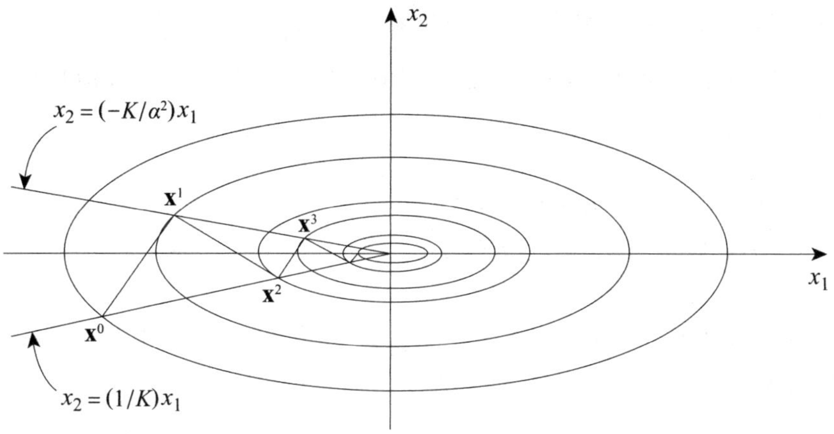

그림 8.17 최급강하법의 수렴율해석

로 주어지며 $\mathbf{x}_{new} = \mathbf{x} + \lambda\mathbf{d}$ 라는 결과를 얻고, 여기에서 λ는 최소화 $\theta(\lambda) \equiv f(\mathbf{x} + \lambda\mathbf{d}) = (1/2)\left[x_1^2(1-\lambda)^2 + \alpha x_2^2(1-\alpha\lambda)^2\right]$ 제약조건 $\lambda \geq 0$의 선형탐색문제의 최적해이다. 단순한 계산법을 사용해 다음 식

$$\lambda = \frac{x_1^2 + \alpha^2 x_2^2}{x_1^2 + \alpha^3 x_2^2}$$

을 얻으며 다음 식

$$\mathbf{x}_{new} = \left[\frac{\alpha^2 x_1 x_2^2(\alpha - 1)}{x_1^2 + \alpha^3 x_2^2}, \frac{x_1^2 x_2(1-\alpha)}{x_1^2 + \alpha^3 x_2^2}\right] \tag{8.13}$$

이 성립한다. $x_{1new}/x_{2new} = -\alpha^2(x_2/x_1)$임을 관측하시오. 그러므로 만약 $x_1^0/x_2^0 = K \neq 0$인 해 $\mathbf{x}^0$에서 시작하고 최급강하법을 사용해 일련의 $k = 1, 2, \cdots$에 대한 반복계산점 $\{\mathbf{x}^k\}$을 생산한다면 수열 $\{\mathbf{x}^k\}$가 $\mathbf{x}^* = (0, 0)$으로 수렴함에 따라 $\{x_1^k/x_2^k\}$ 값의 수열은 K, $-\alpha^2/K$ 사이에 번갈아 일어난다. 여기의 예에 대해 보인 바와 같이 이것은 그림 8.17처럼 직선의 쌍 $x_2 = (1/K)x_1$, $x_2 = (-K/\alpha^2)x_1$ 사이에서 이 수열이 지그재깅함을 의미한다. 조건수 α의 증가에 따라 이와 같은 지그재깅 현상이 더욱 두드러지게 나타난다는 것을 주목하자. 반면에 만약 $\alpha = 1$

이라면 f의 등고선은 원형이며 1회 반복계산으로 $\mathbf{x}_1 = \mathbf{x}^*$을 얻는다.

수렴율을 연구하기 위해 $\{f(\mathbf{x}^k)\}$가 0으로 수렴하는 율을 검사한다. (8.13)에서 다음 식

$$\frac{f(\mathbf{x}^{k+1})}{f(\mathbf{x}^k)} = \frac{K_k^2\alpha(\alpha-1)^2}{(K_k^2+\alpha^3)(K_k^2+\alpha)}, \quad \text{여기에서 } K_k \equiv \frac{x_1^k}{x_2^k} \tag{8.14}$$

은 쉽게 입증된다. 진실로 (8.14)의 표현은 $K_k^2 = \alpha^2$일 때 최대화됨을 알 수 있다(연습문제 8.19 참조). 그래서 다음 식

$$\frac{f(\mathbf{x}^{k+1})}{f(\mathbf{x}^k)} \le \frac{(\alpha-1)^2}{(\alpha+1)^2} \tag{8.15}$$

을 얻는다. (8.15)에서 $(\alpha-1)^2/(\alpha+1)^2 \le 1$에 의해 한계가 주어진 등비율 또는 선형율로 $\{f(\mathbf{x}^k)\} \to 0$으로 수렴함을 주목하시오. 사실상 만약 $x_1^0/x_2^0 = K = \alpha$로 이 과정을 초기화한다면, 위로부터(그림 8.17 참조) $K_k^2 = (x_1^k/x_2^k)^2 = \alpha^2$이므로 (8.14)에서 수렴율 $f(\mathbf{x}^{k+1})/f(\mathbf{x}^k)$은 정확하게 $(\alpha-1)^2/(\alpha+1)^2$임을 얻는다. 그러므로 α가 ∞에 접근함에 따라 수렴율은 아래로부터 1에 접근하며 수렴속도는 점차 더 느려진다.

앞서 말한 해석은 일반적 이차식함수 $f(\mathbf{x}) = \mathbf{c}\cdot\mathbf{x} + (1/2)\mathbf{x}^t\mathbf{H}\mathbf{x}$로 확장할 수 있으며, 여기에서 $\mathbf{H}$는 $n\times n$ 대칭 양정부호 행렬이다. 이 함수의 유일한 최소해 $\mathbf{x}^*$는 $\nabla f(\mathbf{x}^*) = \mathbf{0}$로 놓아 얻은 연립방정식 $\mathbf{H}\mathbf{x}^* = -\mathbf{c}$의 해로 주어진다. 또한, 반복계산점 $\mathbf{x}^k$가 주어지면 최적 스텝길이 λ와 수정된 반복계산점 $\mathbf{x}_{k+1}$은 다음 식

$$\lambda = \frac{\mathbf{g}_k\cdot\mathbf{g}_k}{\mathbf{g}_k^t\mathbf{H}\mathbf{g}_k}, \qquad \mathbf{x}_{k+1} = \mathbf{x}_k - \lambda\mathbf{g}_k \tag{8.16}$$

의 (8.13)의 일반화로 주어지며, 여기에서 $\mathbf{g}_k \equiv \nabla f(\mathbf{x}_k) = \mathbf{c} + \mathbf{H}\mathbf{x}_k$이다. 지금 수렴율을 계산하기 위해 다음의 **오차함수**

$$e(\mathbf{x}) = \frac{1}{2}(\mathbf{x} - \mathbf{x}^*)^t\mathbf{H}(\mathbf{x} - \mathbf{x}^*) = f(\mathbf{x}) + \frac{1}{2}\mathbf{x}^{*t}\mathbf{H}\mathbf{x}^* \tag{8.17}$$

로 주어지는, 수렴의 편리한 측도를 채택하며, 여기에서 $\mathbf{Hx}^* = -\mathbf{c}$ 임을 사용했다. $e(\mathbf{x})$는 $f(\mathbf{x})$와 상수만큼만 다르고, 0이라는 것은 $\mathbf{x} = \mathbf{x}^*$이라는 것과 같은 뜻임을 주목하자. 사실상 (8.15)와 유사하게 다음 식

$$e(\mathbf{x}_{k+1}) = \left[1 - \frac{(\mathbf{g}_k \cdot \mathbf{g}_k)^2}{(\mathbf{g}_k^t\mathbf{H}\mathbf{g}_k)(\mathbf{g}_k^t\mathbf{H}^{-1}\mathbf{g}_k)}\right]e(\mathbf{x}_k) \le \frac{(\alpha-1)^2}{(\alpha+1)^2}e(\mathbf{x}_k) \tag{8.18}$$

이 성립하며(연습문제 8.21 참조), 여기에서 α는 $\mathbf{H}$의 조건수이다. 그러므로 위로부터 $(\alpha-1)^2/(\alpha+1)^2$ 값으로 한계가 주어진 선형 또는 등비수렴율로 $\{e(\mathbf{x}_k)\} \to 0$이 된다; 따라서 앞에서처럼 초기해 $\mathbf{x}_0$를 어떻게 선정하느냐에 따라 α가 증가할수록 수렴이 점점 더 느려진다고 예상할 수 있다.

연속 2회 미분가능한 비이차식 함수 $f: \Re^n \to \Re$에 관해 유사한 결과가 성립한다고 알려져 있다. 이런 경우 만약 $\mathbf{x}^*$가 최급강하법으로 생성한 수열 $\{\mathbf{x}_k\}$가 수렴하는 점인 국소최소해라면, 그리고 만약 $\mathrm{H}(\mathbf{x}^*)$가 조건수 α를 갖는 양정부호 행렬이라면 상응하는 목적함숫값 $\{f(\mathbf{x}^k)\}$의 수열은 위로 $(\alpha-1)^2/(\alpha+1)^2$ 값으로 한계가 주어진 율에 따라 $f(\mathbf{x}^*)$ 값에 선형적으로 수렴함을 알 수 있다.

아르미조의 부정확한 선형탐색을 사용한 최급강하법의 수렴해석

절 8.3에서 선형탐색과정 동안 허용가능한, 부정확한 스텝길이를 선택하는 아르미조의 규칙을 소개했다. 어떻게 이와 같은 판단기준이 여전히 알고리즘적 수렴을 보장하는지를 관측함은 유익하다. 아래에서 경도 함수 $\nabla f(\mathbf{x})$가 $\mathbf{x}_0 \in \Re^n$에 대해 $S(\mathbf{x}_0) \equiv \{\mathbf{x} \mid f(\mathbf{x}) \le f(\mathbf{x}_0)\}$에서 **상수 $G > 0$로 립쉬츠 연속**인 함수 $f: \Re^n \to \Re$에 적용되는 '부정확한 최급강하법'의 수렴해석을 제시한다. 즉 다시 말하면 모든 $\mathbf{x}, \mathbf{y} \in S(\mathbf{x}_0)$에 대해 $\|\nabla f(\mathbf{x}) - \nabla f(\mathbf{y})\| \le G\|\mathbf{x} - \mathbf{y}\|$ 이다. 예를 들면 만약 임의의 점에서 f의 헤시안이 $conv\,S(\mathbf{x}_0)$에서 상수 G에 의해 위로 유계인 하나의 노음을 갖는다면(행렬 노음에 대해 부록 A 참조), 이러한 함수는 립쉬츠 연속인 경도를 갖는다. 임의의 $\mathbf{x} \neq \mathbf{y} \in S(\mathbf{x}_0)$에 대해 $\|\nabla f(\mathbf{x}) - \nabla f(\mathbf{y})\| =$

$\| \mathbf{H}(\hat{\mathbf{x}})(\mathbf{x}-\mathbf{y})\} G \| \mathbf{x}-\mathbf{y} \|$ 임을 주목하면 평균치 정리에서 이 내용이 따라온다.

여기의 분석대상이 되는 이 절차는 $0<\varepsilon<1$, $\alpha=2$인 모수와 고정스텝길이의 모수 $\bar{\lambda}$를 가지며, 절 8.3에서 설명한 아르미조의 규칙의 자주 사용되는 하나의 변형이고, 여기에서 만약 허용할 수 있다면 $\bar{\lambda}$ 자체가 선택되거나 아니면 허용가능 스텝길이가 나타날 때까지 $\bar{\lambda}$를 순차적으로 반으로 나눈다. 이 절차는 다음 결과에 구체적으로 나타나 있다.

8.6.3 정리

$f:\Re^n \to \Re$는 경도 $\nabla f(\mathbf{x})$가 어떤 주어진 $\mathbf{x}_0 \in \Re^n$에 대해 $S(\mathbf{x}_0)=\{\mathbf{x} \mid f(\mathbf{x}) \le f(\mathbf{x}_0)\}$에서 상수 $G>0$인 립쉬츠 연속이 되도록 하는 함수라 하자. 어떤 고정스텝 길이의 모수 $\bar{\lambda}>0$를 뽑고 $0<\varepsilon<1$이라고 놓는다. 임의의 반복계산점 $\mathbf{x}_k$가 주어지면 탐색방향 $\mathbf{d}_k=-\nabla f(\mathbf{x}_k)$를 정의하고 $\lambda \ge 0$에 대해 $\hat{\theta}(\lambda)=\theta(0)+\lambda\varepsilon\theta'(0)$인 아르미조의 함수를 고려해보자. 여기에서 $\lambda \ge 0$에 대해 $\theta(\lambda)=f(\mathbf{x}_k+\lambda\mathbf{d}_k)$는 선형탐색함수이다. 만약 $\mathbf{d}_k=\mathbf{0}$이라면 중지한다. 그렇지 않다면, $\theta(\bar{\lambda}/2^t) \le \hat{\theta}(\bar{\lambda}/2^t)$이 되도록 하는 가장 작은 정수 $t \ge 0$을 찾고 다음 반복계산점을 $\mathbf{x}_{k+1}=\mathbf{x}_k+\lambda_k\mathbf{d}_k$라고 정의하며, 여기에서 $\lambda_k \equiv \bar{\lambda}/2^t$이다. 지금 어떤 반복계산점 $\mathbf{x}_0$에서 출발하여 이 절차는 일련의 반복계산점 $\mathbf{x}_0, \mathbf{x}_1, \mathbf{x}_2, \cdots$을 생성한다고 가정한다. 그렇다면 이 절차는 어떤 K에 대해 $\nabla f(\mathbf{x}_k)=\mathbf{0}$이 되도록 하면서 유한회 이내에 종료하든가, 그렇지 않다면 여기에 상응하는 수열 $\{\nabla f(\mathbf{x}_k)\} \to \mathbf{0}$이 되도록 하는 무한수열 $\{\mathbf{x}_k\}$를 생성한다.

증명 유한회 이내에 종료하는 케이스는 명확하다. 그러므로 무한수열 $\{\mathbf{x}_k\}$가 생성된다고 가정한다. 아르미조의 판단기준 $\theta(\bar{\lambda}/2^t) \le \hat{\theta}(\bar{\lambda}/2^t)$은 $\theta(\bar{\lambda}/2^t) \equiv f(\mathbf{x}_{k+1}) \le \hat{\theta}(\bar{\lambda}/2^t)=\theta(0)+(\bar{\lambda}\varepsilon/2^t)\nabla f(\mathbf{x}_k)\cdot\mathbf{d}_k=f(\mathbf{x}_k)-(\bar{\lambda}\varepsilon/2^t)\| \nabla f(\mathbf{x}_k) \|^2$와 등가임을 주목하자. 그러므로 $t \ge 0$는 다음 부등식

$$f(\mathbf{x}_{k+1})-f(\mathbf{x}_k) \le \frac{-\bar{\lambda}\varepsilon}{2^t} \| \nabla f(\mathbf{x}_k) \|^2 \tag{8.19}$$

이 성립하도록 하는 가장 작은 정수이다.

지금 평균치 정리를 사용해 $\mathbf{x}_k$, $\mathbf{x}_{k+1}$의 어떤 엄격한 볼록조합 $\tilde{\mathbf{x}}$에 대해 다음 식

$$\begin{aligned} f(\mathbf{x}_{k+1}) - f(\mathbf{x}_k) &= \lambda_k \mathbf{d}_k \cdot \nabla f(\tilde{\mathbf{x}}) \\ &= -\lambda_k \nabla f(\mathbf{x}_k) \cdot \left[\nabla f(\mathbf{x}_k) - \nabla f(\mathbf{x}_k) + \nabla f(\tilde{\mathbf{x}}) \right] \\ &= -\lambda_k \| \nabla f(\mathbf{x}_k) \|^2 + \lambda_k \nabla f(\mathbf{x}_k) \cdot \left[\nabla f(\mathbf{x}_k) - \nabla f(\tilde{\mathbf{x}}) \right] \\ &\leq -\lambda_k \| \nabla f(\mathbf{x}_k) \|^2 + \lambda_k \| \nabla f(\mathbf{x}_k) \| \; \| \nabla f(\mathbf{x}_k) - \nabla f(\tilde{\mathbf{x}}) \| \end{aligned}$$

을 얻는다. 그러나 ∇f의 립쉬츠 연속성에 따라 (8.19)에서 알고리즘의 강하성격은 모든 k에 대해 $\mathbf{x}_k \in S(\mathbf{x}_0)$임을 보증함을 주목하면 $\| \nabla f(\mathbf{x}_k) - \nabla f(\tilde{\mathbf{x}}) \leq G \| \mathbf{x}_k - \tilde{\mathbf{x}} \| \leq G \| \mathbf{x}_k - \mathbf{x}_{k+1} \| = G\lambda_k \| \nabla f(\mathbf{x}_k) \|$ 이다. 이것을 위에 대입하면 다음 식

$$\begin{aligned} f(\mathbf{x}_{k+1}) - f(\mathbf{x}_k) &\leq -\lambda_k \| \nabla f(\mathbf{x}_k) \|^2 (1 - \lambda_k G) \\ &= \frac{-\bar{\lambda}}{2^t} \| \nabla f(\mathbf{x}_k) \|^2 \left(1 - \frac{\bar{\lambda} G}{2^t} \right) \end{aligned} \tag{8.20}$$

을 얻는다. 따라서 (8.20)에서, $1 - \left(\bar{\lambda} G / 2^t\right) \geq \varepsilon$임이 성립하도록 필요 이상의 정수까지 t를 증가시키지 않을 때 (8.19)이 성립함을 알고 있으며, 그러면 (8.20)은 (8.19)을 의미한다. 그러나 이것은 $1 - (\bar{\lambda} G / 2^{t-1}) < \varepsilon$을 의미한다; 즉 다시 말하면 $\bar{\lambda}/2^t > \varepsilon(1-\varepsilon)/2G$이다. 이 부등식을 (8.19)에 대입하면 다음 식

$$f(\mathbf{x}_{k+1}) - f(\mathbf{x}) < \frac{-\varepsilon(1-\varepsilon)}{2G} \| \nabla f(\mathbf{x}_k) \|^2$$

을 얻는다. 그러므로 $\{ f(\mathbf{x}_k) \}$는 단조감소 수열이며, 그래서 극한을 가지며 $t \to \infty$에 따라 극한을 취하면 다음 식

$$0 \leq \frac{-\varepsilon(1-\varepsilon)}{2G} \lim_{k \to \infty} \| \nabla f(\mathbf{x}_k) \|^2$$

을 얻으며, 이 식은 $\{\nabla f(\mathbf{x}_k)\} \to \mathbf{0}$ 임을 의미한다. 이것으로 증명이 완결되었다.
(증명 끝)

뉴톤법

절 8.2에서 단일변수 함수의 최소화를 위한 뉴톤법을 토의했다. 뉴톤법은 헤시안의 역행렬을 최급강하방향 앞에 곱해 최급강하방향을 편향시키는 하나의 절차이다. 이 연산은 경도탐색법처럼 함수의 하나의 선형근사화를 찾기보다는 함수의 이차식 근사화를 갖고, 하나의 적절한 방향을 찾는 것에서 동기를 찾았다. 이 절차를 시작하기 위해 하나의 주어진 점 $\mathbf{x}_k$에서 근사화 함수

$$q(\mathbf{x}) = f(\mathbf{x}_k) + \nabla f(\mathbf{x}_k)\cdot(\mathbf{x} - \mathbf{x}_k) + \frac{1}{2}(\mathbf{x} - \mathbf{x}_k)^t\mathbf{H}(\mathbf{x}_k)(\mathbf{x} - \mathbf{x}_k)$$

를 고려해보고, 여기에서 $\mathbf{H}(\mathbf{x}_k)$는 $\mathbf{x}_k$에서 f의 헤시안행렬이다. 이차식 근사화 q의 최솟값의 존재를 위한 필요조건은 $\nabla q(\mathbf{x}) = \mathbf{0}$이거나, 또는 $\nabla f(\mathbf{x}_k) + \mathbf{H}(\mathbf{x}_k)(\mathbf{x} - \mathbf{x}_k) = \mathbf{0}$이다. $\mathbf{H}(\mathbf{x}_k)$의 역행렬이 존재한다고 가정하면 계승점 $\mathbf{x}_{k+1}$은 다음 식

$$\mathbf{x}_{k+1} = \mathbf{x}_k - \mathbf{H}(\mathbf{x}_k)^{-1}\nabla f(\mathbf{x}_k) \tag{8.21}$$

으로 주어진다. 방정식 (8.21)은 다차원 케이스의 뉴톤법에 따라 생성한 점의 재귀형태를 제공한다. $\nabla f(\overline{\mathbf{x}}) = \mathbf{0}$, $\mathbf{H}(\overline{\mathbf{x}})$는 하나의 국소최소해 $\overline{\mathbf{x}}$에서 양정부호이며 f는 연속 2회 미분가능하다고 가정하면, $\overline{\mathbf{x}}$에 가까운 점에서 $\mathbf{H}(\mathbf{x}_k)$가 양정부호임이 뒤따르며, 그러므로 계승점 $\mathbf{x}_{k+1}$은 잘-정의된다.

아핀척도변환을 갖는 하나의 최급강하법으로 뉴톤법을 해석할 수 있음을 주목함은 흥미로운 것이다. 구체적으로 반복계산 k에서 하나의 점 $\mathbf{x}_k$가 주어지면, $\mathbf{H}(\mathbf{x}_k)$는 양정부호라고 가정하고, $\mathbf{H}(\mathbf{x}_k)^{-1} = \mathbf{L}\mathbf{L}^t$로 주어진 역행렬의 숄레스키 인수분해(부록 A.2 참조)를 갖는다고 가정하며, 여기에서 $\mathbf{L}$은 양(+) 대각선 요소를 갖는 하삼각행렬이다. 지금 아핀척도변환 $\mathbf{x} = \mathbf{L}\mathbf{y}$를 고려해보자. 아핀척도변환은 $f(\mathbf{x})$를 $F(\mathbf{y}) \equiv f[\mathbf{L}\mathbf{y}]$로 변환하며, $\mathbf{y}$-공간에서 현재의 점은 $\mathbf{y}_k = \mathbf{L}^{-1}\mathbf{x}_k$이다. 그러므로 $\nabla F(\mathbf{y}_k) = \mathbf{L}^t\nabla f[\mathbf{L}\mathbf{y}_k] = \mathbf{L}^t\nabla f(\mathbf{x}_k)$을 얻는다. 그렇다면 $\mathbf{y}$

-공간에서 음(-) 경도 방향의 단위스텝 크기는 점 $\mathbf{y}_{k+1}=\mathbf{y}_k-\mathbf{L}^t\nabla f(\mathbf{x}_k)$로 인도한다. 이 내용을 모두에 대해 $\mathbf{L}$로 앞에 곱해 $\mathbf{x}$-공간에서 상응하는 이동으로 해석하면 정확하게 방정식 (8.21)을 생산하며, 그러므로 뉴톤법의 최급강하에 관한 해석을 산출한다. 이와 같은 코멘트는 적절한 척도변환을 사용하는 혜택을 암시함을 관측하시오. 진실로 만약 위의 해석에서 함수 f가 이차식이었다면 변환된 공간에서 최급강하방향을 따르는 단위스텝은 그 방향의 최적 스텝이 될 것이며, 이것은 더구나 임의의 주어진 해에서 출발하여, 1회 반복계산에서 최적해로 직접 인도할 것이다.

여기에서 또한 (8.21)은 연립방정식 $\nabla f(\mathbf{x})=\mathbf{0}$의 해를 구하기 위한 **뉴톤-랍슨법**의 하나의 적용사례로 볼 수 있음을 언급한다. 하나의 잘-결정된 비선형 연립방정식이 주어지면, 뉴톤-랍슨법의 각각의 반복계산 단계는 현재의 반복계산점에서 이 연립방정식의 하나의 1-계 테일러급수 근사화를 채택하고, 다음 반복계산점을 결정하기 위해, 결과로 나타나는 선형연립방정식의 해를 구한다. 이것을 하나의 반복계산점 $\mathbf{x}_k$에서 연립방정식 $\nabla f(\mathbf{x})=\mathbf{0}$에 적용하면, $\nabla f(\mathbf{x})$의 1-계 근사화는 $\nabla f(\mathbf{x}_k)+\mathbf{H}(\mathbf{x}_k)(\mathbf{x}-\mathbf{x}_k)$로 주어진다. 이것을 $\mathbf{0}$으로 놓고 해를 구하면 (8.21)에 주어진 바와 같이 $\mathbf{x}=\mathbf{x}_{k+1}$로 주어진다.

8.6.4 예제

다음 문제

$$\text{최소화}\quad (x_1-2)^4+(x_1-2x_2)^2$$

를 고려해보자. 뉴톤법을 사용한 계산의 요약이 표 8.12에 주어진다. 각각의 반복계산에서 $\mathbf{x}_{k+1}$은 $\mathbf{x}_{k+1}=\mathbf{x}_k-\mathbf{H}(\mathbf{x}_k)^{-1}\nabla f(\mathbf{x}_k)$로 주어진다. 6회 반복계산 후 점 $\mathbf{x}_7=(1.83, 0.91)$에 도달한다. 이 점 $\mathbf{x}_7$에서 $\|\nabla f(\mathbf{x}_7)\|=0.04$이며 이 절차는 종료된다. 이 방법으로 생성한 점이 그림 8.18에 나타나 있다.

표 8.12 뉴톤법의 계산 요약

반복 k	$\mathbf{x}_k$ / $f(\mathbf{x}_{k+1})$	$\nabla f(\mathbf{x}_k)$	$\mathbf{H}(\mathbf{x}_k)$	$\mathbf{H}(\mathbf{x}_k)^{-1}$	$-\mathbf{H}(\mathbf{x}_k)^{-1}\nabla f(\mathbf{x}_k)$	$\mathbf{x}_{k+1}$
1	(0.00, 3.00)	(-44.0, 24.0)	$\begin{bmatrix} 50.0 & -4.0 \\ -4.0 & 8.0 \end{bmatrix}$	$\frac{1}{384}\begin{bmatrix} 8.0 & 4.0 \\ 4.0 & 50.0 \end{bmatrix}$	(0.67, -2.67)	(0.67, 0.33)
	52.00					
2	(0.67, 0.33)	(-9.39, -0.04)	$\begin{bmatrix} 23.23 & -4.0 \\ -4.0 & 8.0 \end{bmatrix}$	$\frac{1}{169.84}\begin{bmatrix} 8.0 & 4.0 \\ 4.0 & 23.23 \end{bmatrix}$	(0.44, 0.23)	(1.11, 0.56)
	3.13					
3	(1.11, 0.56)	(-2.84, -0.04)	$\begin{bmatrix} 11.50 & -4.0 \\ -4.0 & 8.0 \end{bmatrix}$	$\frac{1}{76}\begin{bmatrix} 8.0 & 4.0 \\ 4.0 & 11.50 \end{bmatrix}$	(0.30, 0.14)	(1.41, 0.70)
	0.63					
4	(1.41, 0.70)	(-0.80, -0.04)	$\begin{bmatrix} 6.18 & -4.0 \\ -4.0 & 8.0 \end{bmatrix}$	$\frac{1}{33.44}\begin{bmatrix} 8.0 & 4.0 \\ 4.0 & 6.18 \end{bmatrix}$	(0.20, 0.10)	(1.61, 0.80)
	0.12					
5	(1.61, 0.80)	(-0.22, -0.04)	$\begin{bmatrix} 3.83 & -4.0 \\ -4.0 & 8.0 \end{bmatrix}$	$\frac{1}{14.64}\begin{bmatrix} 8.0 & 4.0 \\ 4.0 & 3.83 \end{bmatrix}$	(0.13, 0.07)	(1.74, 0.87)
	0.02					
6	(1.74, 0.87)	(-0.07, 0.00)	$\begin{bmatrix} 2.81 & -4.0 \\ -4.0 & 8.0 \end{bmatrix}$	$\frac{1}{6.48}\begin{bmatrix} 8.0 & 4.0 \\ 4.0 & 2.81 \end{bmatrix}$	(0.09, 0.04)	(1.83, 0.91)
	0.005					
7	(1.83, 0.91)	(0.0003, -0.04)				
	0.0009					

예제 8.6.4에서 목적함숫값은 각각의 반복계산에서 감소했다. 그러나 이것은 일반적으로 그렇지 않을 수도 있으므로 f를 하나의 감소함수로 사용할 수 없다. 만약 하나의 최적점에 충분히 가까운 하나의 점에서 출발한다면 정리 8.6.5는 진실로 뉴톤법은 수렴함을 나타낸다.

뉴톤법의 차수-2 수렴

일반적으로 뉴톤법으로 생성한 점은 수렴하지 않을 수도 있다. 그 이유는 $\mathbf{H}(\mathbf{x}_k)$가 특이행렬일 수도 있기 때문이며, 그래서 $\mathbf{x}_{k+1}$는 잘 정의되지 않는다. 비록 $[\mathbf{H}(\mathbf{x}_k)]^{-1}$가 존재하더라도, $f(\mathbf{x}_{k+1})$는 $f(\mathbf{x}_k)$보다도 작을 필요가 없다. 그러나

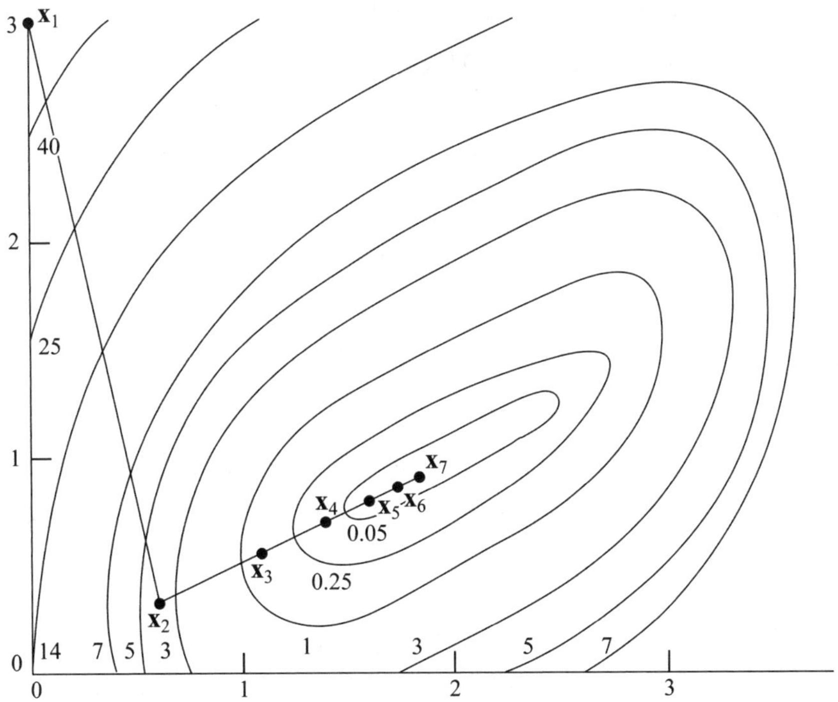

그림 8.18 뉴톤법

만약 $\nabla f(\bar{\mathbf{x}}) = \mathbf{0}$ 이며 $\mathbf{H}(\bar{\mathbf{x}})$가 꽉 찬 계수를 갖는 하나의 점 $\bar{\mathbf{x}}$에 출발점이 충분하게 가깝다면 뉴톤법은 잘 정의되며 $\bar{\mathbf{x}}$로 수렴한다. 정리 8.6.5에서 정리 7.2.3의 모든 가정은 성립함을 보임으로 이것은 증명되며, 여기에서 감소함수 α는 $\alpha(\mathbf{x}) = \| \mathbf{x} - \bar{\mathbf{x}} \|$로 주어진다.

8.6.5 정리

$f: \mathfrak{R}^n \to \mathfrak{R}$는 연속 2회 미분가능하다고 하자. 사상 $\mathbf{A}(\mathbf{x}) = \mathbf{x} - \mathbf{H}(\mathbf{x})^{-1} \nabla f(\mathbf{x})$로 정의한 뉴톤법의 알고리즘을 고려해보자. $\bar{\mathbf{x}}$는 $\nabla f(\bar{\mathbf{x}}) = \mathbf{0}$ 이며 $[\mathbf{H}(\bar{\mathbf{x}})]^{-1}$가 존재하는 점이라 하자. $\mathbf{x}$와 $\bar{\mathbf{x}}$의 근접성이 $\| \mathbf{x} - \bar{\mathbf{x}} \| \le \| \mathbf{x}_1 - \bar{\mathbf{x}} \|$을 만족시키는 각각의 $\mathbf{x}$에 대해, 다음 내용

1. $\| \mathbf{H}(\bar{\mathbf{x}})^{-1} \| \le k_1$ 3) 이며

그리고 ∇f의 테일러급수 전개에 의해,

2. $\| \nabla f(\overline{\mathbf{x}}) - \nabla f(\mathbf{x}) - \mathbf{H}(\mathbf{x})(\overline{\mathbf{x}} - \mathbf{x}) \| \le k_2 \| \overline{\mathbf{x}} - \mathbf{x} \|^2$

이 성립하도록 하는, $k_1 k_2 \| \mathbf{x}_1 - \overline{\mathbf{x}} \| < 1$인 $k_1, k_2 > 0$가 존재함을 의미하도록 출발점 $\mathbf{x}_1$이 충분히 $\overline{\mathbf{x}}$에 가깝게 한다. 그렇다면 이 알고리즘은 최소한 차수-2 수렴율 또는 이차식 수렴율로 $\overline{\mathbf{x}}$에 슈퍼 선형적으로 수렴한다.

증명 해집합은 $\Omega = \{\overline{\mathbf{x}}\}$라 하고 $X = \{\mathbf{x} \mid \| \mathbf{x} - \overline{\mathbf{x}} \| \le \| \mathbf{x}_1 - \overline{\mathbf{x}} \| \}$이라 한다. 정리 7.2.3을 사용해 수렴을 정의한다. X는 콤팩트 집합이며 (8.21)에서 주어진 사상 $\mathbf{A}$는 X에서 닫혀있음을 주목하자. 지금 $\alpha(\mathbf{x}) = \| \mathbf{x} - \overline{\mathbf{x}} \|$는 진실로 감소함수임을 보여준다. $\mathbf{x} \in X$라고 놓고 $\mathbf{x} \ne \overline{\mathbf{x}}$라고 가정한다. $\mathbf{y} \in \mathbf{A}(\mathbf{x})$이라 한다. 그렇다면 사상 $\mathbf{A}$의 정의에 따라 $\nabla f(\overline{\mathbf{x}}) = \mathbf{0}$이므로 다음 식

$$
\begin{aligned}
\mathbf{y} - \overline{\mathbf{x}} &= (\mathbf{x} - \overline{\mathbf{x}}) - \mathbf{H}(\mathbf{x})^{-1}[\nabla f(\mathbf{x}) - \nabla f(\overline{\mathbf{x}})] \\
&= \mathbf{H}(\mathbf{x})^{-1}[\nabla f(\overline{\mathbf{x}}) - \nabla f(\mathbf{x}) - \mathbf{H}(\mathbf{x})(\overline{\mathbf{x}} - \mathbf{x})]
\end{aligned}
$$

을 얻는다. 정리의 내용 1, 2를 주목하면 다음 식

$$
\begin{aligned}
\| \mathbf{y} - \overline{\mathbf{x}} \| &= \| \mathbf{H}(\mathbf{x})^{-1}[\nabla f(\overline{\mathbf{x}}) - \nabla f(\mathbf{x}) - \mathbf{H}(\mathbf{x})(\overline{\mathbf{x}} - \mathbf{x})] \| \\
&\le \| \mathbf{H}(\mathbf{x})^{-1} \| \; \| \nabla f(\overline{\mathbf{x}}) - \nabla f(\mathbf{x}) - \mathbf{H}(\mathbf{x})(\overline{\mathbf{x}} - \mathbf{x}) \| \\
&\le k_1 k_2 \| \mathbf{x} - \overline{\mathbf{x}} \|^2 \le k_1 k_2 \| \mathbf{x}_1 - \overline{\mathbf{x}} \| \; \| \mathbf{x} - \overline{\mathbf{x}} \| \\
&< \| \mathbf{x} - \overline{\mathbf{x}} \|
\end{aligned}
$$

이 따라온다. 이 식은 α가 진실로 감소함수임을 보여준다. 정리 7.2.3의 따름정리에 따라 $\overline{\mathbf{x}}$에 수렴함을 얻는다. 더구나 임의의 반복계산점 $\mathbf{x}_k \in X$에 대해, 알고리즘으로 산출한 새로운 반복계산점 $\mathbf{y} = \mathbf{x}_{k+1}$는 위 식에서 $\| \mathbf{x}_{k+1} - \overline{\mathbf{x}} \| \le k_1 k_2 \| \mathbf{x}_k - \overline{\mathbf{x}} \|^2$이 성립하도록 한다. $\{\mathbf{x}_k\} \to \overline{\mathbf{x}}$이므로 최소한 차수-2의 수렴율을 갖는다.

---

3) 행렬의 노음에 대해 부록 A.1을 참조하시오.

8.7 뉴톤법의 수정: 레벤버그-마르카르트의 방법과 신뢰영역법

정리 8.6.5에서 만약 뉴톤법을, 양정부호 헤시안 $\mathbf{H}(\overline{\mathbf{x}})$을 갖는 하나의 국소최소해 $\overline{\mathbf{x}}$에 충분히 가까운 점에서 시작한다면, 국소최적해에 이차식으로 수렴함을 알았다. 일반적으로, 하나의 점 $\mathbf{x}_k$에서 $\mathbf{H}(\mathbf{x}_k)$의 특이성 때문에 이 알고리즘은 정의되지 않을 수도 있거나, 아니면 탐색방향 $\mathbf{d}_k = -\mathbf{H}(\mathbf{x}_k)^{-1}\nabla f(\mathbf{x}_k)$가 하나의 강하방향이 아닐 수도 있음을 관측했다; 또는 비록 $\nabla f(\mathbf{x}_k)\cdot\mathbf{d}_k < 0$이라도 하나의 단위 스텝 사이즈는 f 값의 강하를 가져오지 않을 수도 있다. 후자의 안전장치를 위해 $\mathbf{d}_k$가 하나의 강하방향이라는 조건 아래 하나의 선형탐색을 실행할 수 있다. 그러나 출발해에 관계없이(즉, **전역수렴**의 특성을 갖는다) 경도가 $\mathbf{0}$인 하나의 점으로 수렴하는, 잘-정의된 알고리즘을 찾는 좀 더 중요한 주제에 대해 다음의 수정을 채택할 수 있다.

먼저 출발점에 관계없이 수렴을 보장하는 뉴톤법의 수정을 토의하며, 여기에서 $\mathbf{B}$는 추후 결정할 대칭 양정부호 행렬이다. 계승점은 $\mathbf{y} = \mathbf{x} + \hat{\lambda}\mathbf{d}$이며, 여기에서 $\hat{\lambda}$는 최소화 $f(\mathbf{x} + \lambda\mathbf{d})$ 제약조건 $\lambda \geq 0$ 문제의 하나의 최적해이다.

지금 행렬 $\mathbf{B}$는 $(\varepsilon\mathbf{I} + \mathbf{H})^{-1}$로 명시되며, 여기에서 $\mathbf{H} = \mathbf{H}(\mathbf{x})$이다. 스칼라 $\varepsilon \geq 0$는 다음과 같이 결정한다. $\delta > 0$로 고정하고 $\varepsilon \geq 0$는 행렬 $(\varepsilon\mathbf{I} + \mathbf{H})$의 모든 고유값을 δ보다도 크거나 같게 할 가장 작은 스칼라라 하자. $\mathbf{B} = (\varepsilon\mathbf{I} + \mathbf{H})^{-1}$의 고유값은 모두 양(+)이므로 $(\varepsilon\mathbf{I} + \mathbf{H})^{-1}$는 양정부호 행렬이며 역행렬이 존재한다. 특히 $\mathbf{B} = (\varepsilon\mathbf{I} + \mathbf{H})^{-1}$도 역시 양정부호 행렬이다. 행렬의 고유값은 연속적으로 행렬의 요소에 따라 변하므로 ε은 $\mathbf{x}$에 관한 연속함수이며 그러므로 $\mathbf{D}(\mathbf{x}) = (\mathbf{x}, \mathbf{d})$으로 정의한 점-점 사상 $\mathbf{D}: \Re^n \to \Re^n \times \Re^n$은 연속이다. 따라서 알고리즘적 사상은 $\mathbf{A} = \mathbf{MD}$이며, 여기에서 $\mathbf{M}$은 $\{\lambda | \lambda \geq 0\}$ 전체에 걸친 통상의 선형탐색사상이다.

$\Omega = \{\overline{\mathbf{x}} \mid \nabla f(\overline{\mathbf{x}}) = \mathbf{0}\}$이라 하고 $\mathbf{x} \notin \Omega$라 한다. $\mathbf{B}$는 양정부호이므로 $\mathbf{d} = -\mathbf{B}\nabla f(\mathbf{x}) \neq \mathbf{0}$이다; 그리고 정리 8.4.1에 따라 $\mathbf{M}$은 $(\mathbf{x}, \mathbf{d})$에서 닫혀있음이 뒤따른다. 더군다나 $\mathbf{D}$는 연속함수이므로 정리 7.3.2의 따름정리 2에 따라 $\mathbf{A} = \mathbf{MD}$는 Ω의 여집합 전체에 걸쳐 닫혀있다.

정리 7.2.3을 적용하기 위해 연속감소함수를 지정할 필요가 있다. $\mathbf{x} \notin \Omega$

라고 가정하고 $\mathbf{y} \in \mathbf{A}(\mathbf{x})$라 한다. $\mathbf{B}$는 양정부호이며 $\nabla f(\mathbf{x}) \neq \mathbf{0}$이므로 $\nabla f(\mathbf{x}) \cdot \mathbf{d} = -\nabla f(\mathbf{x})^t \mathbf{B} \nabla f(\mathbf{x}) < 0$임을 주목하자. 따라서 $\mathbf{d}$는 $\mathbf{x}$에서 f의 강하방향이며 정리 4.1.2에 따라 $f(\mathbf{y}) < f(\mathbf{x})$이다. 그러므로 f는 진실로 감소함수이다. 이 알고리즘으로 생성한 수열이 콤팩트 집합에 포함된다고 가정하고 정리 7.2.3에 따라 이 알고리즘이 수렴함이 뒤따른다.

만약 $\mathbf{H}(\overline{\mathbf{x}})$의 가장 작은 고유값이 δ보다도 크거나 같다면 알고리즘으로 생성한 점 $\{\mathbf{x}_k\}$가 $\overline{\mathbf{x}}$에 접근함에 따라 ε_k는 0이 됨을 주목해야 한다. 따라서 $\mathbf{d}_k = -\mathbf{H}(\mathbf{x}_k)^{-1} \nabla f(\mathbf{x}_k)$이며 이 알고리즘은 뉴톤법으로 되고 따라서, 또한 차수-2 수렴율을 갖는다.

이 알고리즘은 δ를 적절하게 선택해야 함의 중요성을 과소평가한다. 만약 δ를 점근적 이차식 수렴율을 보장하지 못할 정도로 너무 작게 선택하면, 이 알고리즘이 뉴톤법으로 복귀하므로, 헤시안이 (거의) 특이행렬인 점에서 악조건이 일어날 수도 있다. 반면에 만약 δ를 너무 크게 선택한다면, 이것은 큰 ε 값을 사용하도록 하고, $\mathbf{B}$가 대각선 요소가 주도하는 행렬이 되게 할 것이며, 이 방법은 최급강하법과 유사한 행태를 보일 것이며, 다만 선형수렴율만이 실현될 것이다.

반복계산점 $\mathbf{x}_k$에서 8.21에 대신해 다음 연립방정식

$$[\varepsilon_k \mathbf{I} + \mathbf{H}(\mathbf{x}_k)](\mathbf{x}_{k+1} - \mathbf{x}_k) = -\nabla f(\mathbf{x}_k) \tag{8.22}$$

의 해에 따라 새로운 반복계산점 $\mathbf{x}_{k+1}$을 결정하는 앞서 말한 알고리즘적 구도는, 비선형최소제곱 문제의 최적해를 구하기 위해 제안한 유사한 구도에 뒤이어 일반적으로 **레벤버그-마르카르트의 방법**이라고 알려져 있다. 이러한 알고리즘의 대표적 연산규칙은 다음과 같다(아래에 사용한 모수 0.25, 0.75, 2, 4 등은 실험적으로 잘 작용한다고 판명되었고 이 알고리즘은 상대적으로 이들 모수 값에 대해 민감하지 않다).

반복계산점 $\mathbf{x}_k$와 모수 $\varepsilon_k > 0$이 주어지면 먼저 $\varepsilon_k \mathbf{I} + \mathbf{H}(\mathbf{x}_k)$의 슐레스키 인수분해 $\mathbf{LL}^t$의 구성을 시도해 $\varepsilon_k \mathbf{I} + \mathbf{H}(\mathbf{x}_k)$의 양정부호성을 확인한다(부록 A.2 참조). 만약 이것이 성공적이지 못하면 이러한 인수분해를 할 수 있을 때까지 ε_k에 4의 인수를 곱해가며 반복한다. 그렇다면 $\mathbf{x}_{k+1}$을 얻기 위해 $\mathbf{L}$의 삼각성을 활용하면서 $\mathbf{LL}^t(\mathbf{x}_{k+1} - \mathbf{x}_k) = -\nabla f(\mathbf{x}_k)$를 사용해 연립방정식 (8.22)의 해를 구한다. $f(\mathbf{x}_{k+1})$를 계산하고 R_k는 $\mathbf{x} = \mathbf{x}_k$에서 f의 실제 감소값 $f(\mathbf{x}_k) -$

$f(\mathbf{x}_{k+1})$의 f의 이차식 근사화인 q의 예상 감소값 $q(\mathbf{x}_k)-q(\mathbf{x}_{k+1})$에 대한 비율로 정한다. R_k가 1에 가까울수록 이차식 근사화는 더욱 믿을 만하며 ε을 더 작게 할 수 있음을 주목하자. 이와 같은 동기를 갖고, 만약 $R_k < 0.25$이라면 $\varepsilon_{k+1} = 4\varepsilon_k$라고 놓는다; 만약 $R_k > 0.75$이라면 $\varepsilon_{k+1} = \varepsilon_k/2$로 놓는다; 그렇지 않다면 $\varepsilon_{k+1} = \varepsilon_k$라고 놓는다. 더군다나 f 값의 감소가 실현되지 않도록 $R_k \le 0$이라면, $\mathbf{x}_{k+1} = \mathbf{x}_k$로 리셋한다; 그렇지 않다면 계산된 $\mathbf{x}_{k+1}$를 유지한다. k를 1만큼 증가시키고 경도가 **0**인 하나의 점으로 수렴할 때까지 반복한다.

이와 같은 유형의 구도는 f를 최소화하기 위한 **신뢰영역법** 또는 **제한된 스텝 알고리즘**과 대단히 유사하다. 뉴톤법의 큰 어려움은, 하나의 주어진 점 $\mathbf{x}_k$에서, 이차식 근사화를 충분히 신뢰할 만한 신뢰영역은 이 해집합에 속한 점을 포함하지 않을 수도 있다는 것임을 주목하자. 이 문제를 우회하기 위해 다음 식

$$\text{최소화 } \{q(\mathbf{x}) \mid \mathbf{x} \in \Omega_k\} \tag{8.23}$$

과 같은 **신뢰영역 하위문제**를 고려할 수 있으며, 여기에서 q는 $\mathbf{x} = \mathbf{x}_k$에서 f의 이차식 근사화이며 Ω_k는 어떤 **신뢰영역 모수** $\Delta_k > 0$에 대해 $\Omega_k = \{\mathbf{x} \mid \|\mathbf{x}-\mathbf{x}_k\| \le \Delta_k\}$라고 정의한 신뢰영역이다(여기에서 $\|\cdot\|$은 ℓ_2 노음이다; 그 대신 ℓ_∞ 노음을 사용할 때 이 방법은 **박스-스텝 법** 또는 **초큐브 법**이라고 알려져 있다). 지금 $\mathbf{x}_{k+1}$은 (8.23)의 최적해라고 놓으며 전처럼 R_k는 실제 강하값의 예측한 강하값에 대한 비율로 정의한다. 만약 R_k가 1보다도 너무 작다면 신뢰영역은 축소되어야 한다; 그러나 만약 R_k가 충분하게 큰 값이라면 신뢰영역을 실제로 확대할 수 있다. 다음의 내용은 다음 반복계산의 Δ_{k+1}을 정의하기 위한 규정이며, 여기에서 또다시 이 방법은 명시된 모수의 선택에 상대적으로 민감하지 않다고 알려져 있다. 만약 $R_k < 0.25$이라면 $\Delta_{k+1} = \|\mathbf{x}_{k+1}-\mathbf{x}_k\|/4$라고 놓는다. 만약 $R_k > 0.75$, $\|\mathbf{x}_{k+1}-\mathbf{x}_k\| = \Delta_k$이라면, 즉 다시 말하면 신뢰영역 제약조건이 (8.23)에서 구속적이라면 $\Delta_{k+1} = 2\Delta_k$라고 놓는다. 그렇지 않다면 $\Delta_{k+1} = \Delta_k$를 유지한다. 나아가서 이번 반복계산에서 f 값이 개선되지 않도록 $R_k \le 0$이라면 $\mathbf{x}_{k+1}$를 $\mathbf{x}_k$ 자체로 리셋한다. 그 다음 경도 **0**인 하나의 점을 얻을 때까지 k를 1만큼 증가시키고 반복계산을 한다. 만약 이것이 유한 반복계산횟수 이내에 일어나지 않는다면,

만약 생성된 수열 $\{\mathbf{x}_k\}$가 하나의 콤팩트 집합에 포함된다면, 그리고 만약 f가 연속적으로 2회 미분가능하다면, $\nabla(\bar{\mathbf{x}}) = \mathbf{0}$이며 $\mathbf{H}(\bar{\mathbf{x}})$가 양반정부호인 이 수열의 하나의 집적점 $\bar{\mathbf{x}}$가 존재함을 보일 수 있다. 더군다나 만약 $\mathbf{H}(\bar{\mathbf{x}})$가 양정부호라면 충분히 큰 k에 대해 신뢰영역한계는 작용하지 않으며 그러므로 이 방법은 2-계 수렴율을 갖는 뉴톤법이 된다(더 상세한 내용에 대해서는 '주해와 참고문헌' 절 참고).

앞서 말한 토의에 관계해, 2개의 주목할 만한 점이 존재한다. 첫째로, 실제 헤시안이 위에서 f의 이차식표현에 사용될 경우, 언제나, 헤시안의 하나의 근사화 행렬은 실제로 다음 절에서 토의하는 것과 같은 준 뉴톤법에 따라 사용될 수 있다. 둘째로, $\boldsymbol{\delta} = \mathbf{x} - \mathbf{x}_k$라고 나타내고 등가적으로 Ω_k를 정의하는 제약조건의 양측을 제곱하면 (8.23)을 명시적으로 다음 식

$$\text{최소화} \left\{ \nabla f(\mathbf{x}_k)\cdot\boldsymbol{\delta} + \frac{1}{2}\boldsymbol{\delta}^t \mathrm{H}(\mathbf{x}_k)\boldsymbol{\delta} \;\middle|\; \frac{1}{2}\|\boldsymbol{\delta}\|^2 \le \frac{1}{2}\Delta_k^2 \right\} \tag{8.24}$$

같이 나타낼 수 있음을 관측하시오. 상보여유성 조건 외에 또, (8.24)의 카루시-쿤-터커 조건은 비음(-) 라그랑지 승수 λ와 다음 내용

$$[\mathbf{H}(\mathbf{x}_k) + \lambda\mathbf{I}]\boldsymbol{\delta} = -\nabla f(\mathbf{x}_k)$$

이 참이 되도록 하는 원문제의 실현가능해 $\boldsymbol{\delta}$가 존재할 것을 요구한다. 이것과 (8.22)에 의해 주어진 레벤버그-마르카르트의 방법 사이의 유사성을 주목하자. 특히 만약 (8.24)에서 $\Delta_k = -[\mathbf{H}(\mathbf{x}_k) + \varepsilon_k\mathbf{I}]^{-1}\nabla f(\mathbf{x}_k)$라면, 여기에서 $\mathbf{H}(\mathbf{x}_k) + \varepsilon_k\mathbf{I}$는 양정부호 행렬이며, (8.22)에 따라 주어진 $\boldsymbol{\delta} = \mathbf{x}_{k+1} - \mathbf{x}_k$, $\lambda = \varepsilon_k$는 (8.24)의 안장점 최적성 조건(연습문제 8.29 참조)을 진실로 만족시킴을 즉시 입증할 수 있다. 그러므로 위에서 설명한 레벤버그-마르카르트의 방법의 구도는 신뢰영역 타입의 방법이라고도 볼 수 있다.

마지막으로, 파우얼이 제안한 **견족궤적**을 언급하며, 견족궤적은 신뢰영역 사이즈 Δ_k에 관한 최급강하 스텝과 뉴톤 스텝의 사이에서 타협하는, 위에서 설명한 철학을 좀 더 직접적으로 따른다. 그림 8.19를 참조하면, $\mathbf{x}_{k+1}^{\mathrm{SD}}$, $\mathbf{x}_{k+1}^{\mathrm{N}}$은 각각 최급강하스텝 (8.16), 뉴톤스텝 (8.21)에서 얻은 새로운 반복계산점을 나타낸다 ($\mathbf{x}_{k+1}^{\mathrm{SD}}$는 간혹 **코쉬점**이라고도 한다). $\mathbf{x}_k$에서 $\mathbf{x}_{k+1}^{\mathrm{SD}}$로 그리고 선분 $\mathbf{x}_{k+1}^{\mathrm{SD}}$에서

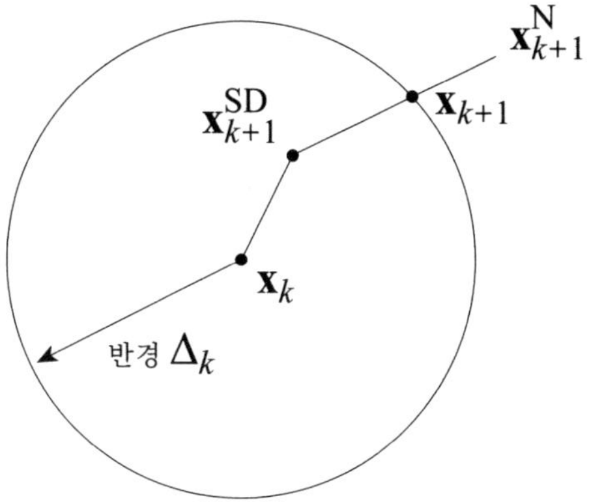

그림 8.19 견족궤적

$\mathbf{x}_{k+1}^{\mathrm{N}}$로 연결한 선분으로 정의한 구간별 선형 곡선은 견족궤적이라 한다. 이 궤적을 따라 $\mathbf{x}_k$에서의 거리는 단조적으로 증가하는 반면, 이차식 모델의 목적함숫값은 하락함을 보일 수 있다. 제안한 새로운 반복계산점 $\mathbf{x}_{k+1}$은 만약 존재한다면, 그림 8.19에 보인 바와 같이, 중심 $\mathbf{x}_k$ 반경 Δ_k의 원이 이 궤적을 둘로 가르는 (유일한) 점으로 택하고 그렇지 않다면 새로운 뉴톤 반복계산점 $\mathbf{x}_{k+1}^{\mathrm{N}}$이 된다. 그러므로 Δ_k가 견족궤적에 비해 상대적으로 작을 때 이 방법은 최급강하법처럼 작동한다; 그리고 하나의 상대적으로 더 큰 Δ_k를 갖고 이 방법은 뉴톤법으로 된다. 또다시 적절한 가정 아래, 위에서처럼 하나의 정류점으로 수렴하는 2-계 수렴을 확립할 수 있다. 더구나 알고리즘적 스텝은 간단하며 (8.22) 또는 (8.23)을 사전에 방지한다. 이 주제의 자세한 문헌을 위해 독자는 '주해와 참고문헌' 절을 참고하기 바란다.

8.8 공액방향을 사용하는 알고리즘: 준 뉴톤법과 공액경도법

이 절에서는 공액성이라는 중요한 개념에 근거한 여러 절차를 토의한다. 이들 절차의 몇 개는 도함수를 사용하는 반면, 다른 절차는 함숫값 계산만을 사용한다. 아래에 정의하는 공액성의 개념은 제약 없는 최적화문제에서 대단히 유용하다. 특히 만약 목적함수가 이차식이라면 임의의 순서로 공액방향을 따라 탐색해, 많아야 n개의 스텝 후 최소점을 구할 수 있다.

8.8.1 정의

$\mathbf{H}$는 $n \times n$ 대칭행렬이라 하자. 만약 벡터 $\mathbf{d}_1, \cdots, \mathbf{d}_n$이 선형독립이라면, 그리고 만약 $i \neq j$에 대해 $\mathbf{d}_i^t \mathbf{H} \mathbf{d}_j = 0$이라면 벡터 $\mathbf{d}_1, \cdots, \mathbf{d}_n$은 **H공액** 또는 간단히 **공액**이라 말한다.

이차식함수의 최소화에서 공액성의 중요성을 관측함은 유익하다. 이차식함수 $f(\mathbf{x}) = \mathbf{c} \cdot \mathbf{x} + (1/2)\mathbf{x}^t \mathbf{H} \mathbf{x}$를 고려해보고, 여기에서 $\mathbf{H}$는 $n \times n$ 대칭행렬이며 $\mathbf{d}_1, \cdots, \mathbf{d}_n$은 $\mathbf{H}$-공액 방향이라고 가정한다. 이들 방향의 선형독립성에 따라, 하나의 출발점 $\mathbf{x}_1$이 주어지면 임의의 점 $\mathbf{x}$는 유일하게 $\mathbf{x} = \mathbf{x}_1 + \Sigma_{j=1}^n \lambda_j \mathbf{d}_j$로 나타낼 수 있다. 이같이 대입해 $f(\mathbf{x})$를 다음 식

$$\mathbf{c} \cdot \mathbf{x}_1 + \sum_{j=1}^n \lambda_j \mathbf{c} \cdot \mathbf{d}_j + \frac{1}{2}\left(\mathbf{x}_1 + \sum_{j=1}^n \lambda_j \mathbf{d}_j\right)^t \mathbf{H}\left(\mathbf{x}_1 + \sum_{j=1}^n \lambda_j \mathbf{d}_j\right)$$

과 같은 λ의 함수로 다시 나타낼 수 있다. $\mathbf{d}_1, \cdots, \mathbf{d}_n$의 $\mathbf{H}$-공액성을 사용하면 이것은 등가적으로 다음 식

$$F(\lambda) \equiv \sum_{j=1}^n \left[\mathbf{c} \cdot (\mathbf{x}_1 + \lambda_j \mathbf{d}_j) + \frac{1}{2}(\mathbf{x}_1 + \lambda_j \mathbf{d}_j)^t \mathbf{H}(\mathbf{x}_1 + \lambda_j \mathbf{d}_j)\right]$$

의 최소화로 단순화된다. F는 $\lambda_1, \cdots, \lambda_n$에 관해 분리가능하고 각각의 〔*〕 내의 항을 독립적으로 최소화하고 순 결과를 합성해 최소화할 수 있음을 관측하시오. 이와 같은 항을 각각 최소화함은 $\mathbf{x}_1$에서 $\mathbf{d}_j$ 방향으로 f를 최소화함에 상응함을 주목하자. 특히 만약 $\mathbf{H}$가 양정부호 행렬이라면 f를 최소화하는 λ_j 값은 $j = 1, \cdots, n$에 대해 $\lambda_j^* = -\left[\mathbf{c} \cdot \mathbf{d}_j + \mathbf{x}_1^t \mathbf{H} \mathbf{d}_j\right] / \mathbf{d}_j^t \mathbf{H} \mathbf{d}_j$로 주어진다. 대안적으로 앞서 말한 유도는 만약 **순차적으로** $\mathbf{x}_1$에서 $\mathbf{d}_1, \cdots, \mathbf{d}_n$ 방향으로 임의의 순서로 f를 최소화하면 $j = 1, \cdots, n$에 대해 동일하게 최소화하는 스텝 길이 λ_j^*가 결과로 나타나며 하나의 최적해로 인도함을 즉시 밝힌다.

다음 예제는 공액성 개념을 예시하며 앞서 말한 공액방향을 따라 이차식함수를 최소화함의 중요성을 강조한다.

8.8.2 예제

다음 문제

$$\text{최소화} \quad -12x_2 + 4x_1^2 + 4x_2^2 + 4x_1x_2$$

를 고려해보자. 헤시안행렬 $\mathbf{H}$는 다음 식

$$\mathbf{H} = \begin{bmatrix} 8 & -4 \\ -4 & 8 \end{bmatrix}$$

으로 주어짐을 주목하자. 지금 2개 공액방향 $\mathbf{d}_1, \mathbf{d}_2$를 생성한다. $\mathbf{d}_1 = (1, 0)$을 선택한다고 가정한다. 그렇다면 $\mathbf{d}_2 = (a, b)$은 반드시 $0 = \mathbf{d}_1^t\mathbf{H}\mathbf{d}_2 = 8a - 4b$를 만족시켜야 한다. 특히 $\mathbf{d}_2 = (1, 2)$가 되기 위해 $a = 1$, $b = 2$를 선택할 수도 있다. 공액방향은 유일하지 않음을 주목할 수도 있다.

만약 $\mathbf{x}_1 = (-1/2, 1)$에서 출발하여 벡터 $\mathbf{d}_1$ 방향으로 목적함수 f를 최소화한다면 $\mathbf{x}_2 = (1/2, 1)$을 얻는다. 지금 $\mathbf{x}_2$에서 출발하고 $\mathbf{d}_2$ 방향으로 최소화하면 $\mathbf{x}_3 = (1, 2)$를 얻는다. $\mathbf{x}_3$는 최소화하는 점임을 주목하자.

목적함수의 등고선과 최적점에 도달하는 경로는 그림 8.20에 나타나 있다. 독자는 임의의 점에서 출발하여 $\mathbf{d}_1, \mathbf{d}_2$ 방향으로 최소화하면, 2개 스텝 후 최적점에 도달함을 입증할 수 있다. 예를 들면 그림 8.20의 점선은 공액방향의 또 다른 쌍의 방향으로 순차적으로 최소화하여 얻어진 경로를 나타낸다. 더군다나 만약 $\mathbf{x}_1$에서 출발했고 먼저 $\mathbf{d}_2$ 방향으로 최소화했고 다음으로 $\mathbf{d}_1$ 방향으로 최소화했다면, 첫째 케이스에서처럼 이들 각각의 벡터 방향으로 최적화하는 스텝길이는 변하지 않았을 것이며, 반복계산점을 $\mathbf{x}_1$에서 $\mathbf{x}_2' = (0, 2)$로, 그리고 $\mathbf{x}_3$으로 이동할 것이다.

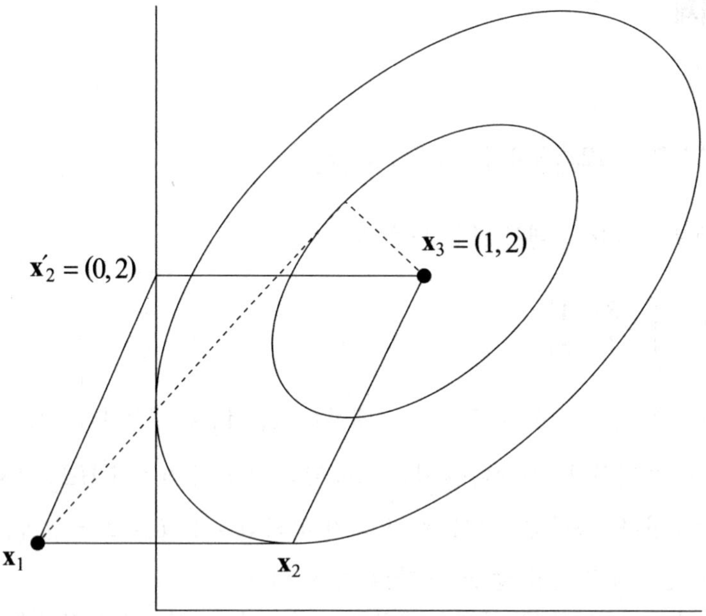

그림 8.20 공액방향의 예시

이차식함수의 최적화: 유한회 이내의 수렴

예제 8.8.2는, 만약 헤시안행렬의 공액방향을 따라 탐색한다면 이차식함수는 많아야 n개 스텝 후 최소화될 수 있음을 보인다. 정리 8.8.3에 따라 보인 바와 같이 이 결과는 이차식함수에 대해 일반적으로 참이다. 이 내용은 최적점 부근에서 일반함수는 함수의 이차식 근사화로 충실하게 나타낼 수 있다는 사실과 결합해 공액성 개념을 이차식과 이차식이 아닌 함수를 최적화하기 위해 아주 유용하도록 만든다. 또한, 이 결과는 만약 $\mathbf{x}_1$에서 출발한다면 각각의 스텝 $k=1, \cdots, n$에서 구한 점 $\mathbf{x}_{k+1}$은 $\mathbf{d}_1, \cdots, \mathbf{d}_k$으로 생성한 $\mathbf{x}_1$을 포함하는 선형 부분공간 전체에 걸쳐 f를 최소화함을 보여준다는 것을 주목하시오. 더구나 만약 경도 $\nabla f(\mathbf{x}_{k+1})$가 $\mathbf{0}$이 아니라면 이 부분공간에 직교한다. 이것을 간혹 **확장하는 부분공간특질**이라 하며 $k=1, 2$에 대해 그림 8.21에 예시되어 있다.

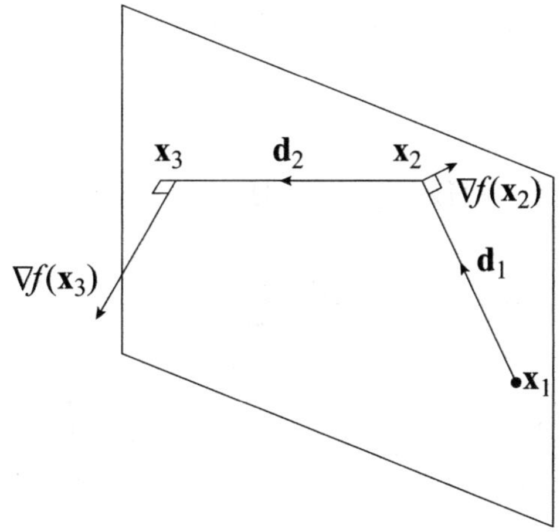

그림 8.21 확장하는 부분공간의 특질

8.8.3 정리

$f(\mathbf{x}) = \mathbf{c}\cdot\mathbf{x} + (1/2)\mathbf{x}^t\mathbf{H}\mathbf{x}$ 이라고 놓고, 여기에서 $\mathbf{H}$는 $n \times n$ 대칭행렬이다. $\mathbf{d}_1, \cdots, \mathbf{d}_n$은 $\mathbf{H}$-공액이라 하고 $\mathbf{x}_1$은 하나의 임의로 선택한 출발점이라 하자. $k = 1, \cdots, n$에 대해 λ_k는 최소화 $f(\mathbf{x}_k + \lambda\mathbf{d}_k)$ 제약조건 $\lambda \in \Re$ 문제의 하나의 최적해라 하고 $\mathbf{x}_{k+1} = \mathbf{x}_k + \lambda_k\mathbf{d}_k$이라 한다. 그렇다면 $k = 1, \cdots, n$에 대해 다음 문장의 내용이 반드시 주어져야 한다:

1. $j = 1, \cdots, k$에 대해 $\nabla f(\mathbf{x}_{k+1})\cdot\mathbf{d}_j = 0$이다.
2. $\nabla f(\mathbf{x}_1)\cdot\mathbf{d}_k = \nabla f(\mathbf{x}_k)\cdot\mathbf{d}_k$이다.
3. $\mathbf{x}_{k+1}$은 최소화 $f(\mathbf{x})$ 제약조건 $\mathbf{x} - \mathbf{x}_1 \in L(\mathbf{d}_1, \cdots, \mathbf{d}_k)$ 문제의 하나의 최적해이며, 여기에서 $L(\mathbf{d}_1, \cdots, \mathbf{d}_k)$는 $\mathbf{d}_1, \cdots, \mathbf{d}_k$로 형성한 **선형 부분공간**이다; 즉 다시 말하면 $L(\mathbf{d}_1, \cdots, \mathbf{d}_k) = \{\Sigma_{j=1}^k \mu_j\mathbf{d}_j \mid \mu_j \in \Re$ 각각의 j에 대해$\}$이며 특히 $\mathbf{x}_{n+1}$은 $\Re^n$ 전체에 걸쳐 f의 하나의 최소화하는 점이다.

증명 파트 1을 증명하기 위해 먼저 만약 $\nabla f(\mathbf{x} + \lambda_j\mathbf{d}_j)\cdot\mathbf{d}_j = 0$ 이라면 λ_j에서 $f(\mathbf{x}_j + \lambda\mathbf{d}_j)$는 하나의 최솟값을 달성함을 주목하자; 즉 다시 말하면,

$\nabla f(\mathbf{x}_{j+1}) \cdot \mathbf{d}_j = 0$이다. 따라서 $j = k$에 대해 파트 1이 성립한다. $j < k$에 대해 다음 식

$$\nabla f(\mathbf{x}_{k+1}) = \mathbf{c} + \mathbf{H}\mathbf{x}_{j+1} = \mathbf{c} + \mathbf{H}\mathbf{x}_{j+1} + \mathbf{H}\left(\sum_{i=j+1}^{k} \lambda_i \mathbf{d}_i\right) \tag{8.25}$$
$$= \nabla f(\mathbf{x}_{j+1}) + \mathbf{H}\left(\sum_{i=j+1}^{k} \lambda_i \mathbf{d}_i\right)$$

을 주목하자. 공액성에 따라 $i = j+1, \cdots, k$에 대해 $\mathbf{d}_k^t \mathbf{H} \mathbf{d}_j = 0$이다. 따라서 (8.25)에서 $\nabla f(\mathbf{x}_{k+1}) \cdot \mathbf{d}_j = 0$이 뒤따르며, 파트 1이 성립한다.

k를 $k-1$로 대체하고 (8.25)에서 $j = 0$이라고 놓으면 다음 식

$$\nabla f(\mathbf{x}_k) = \nabla f(\mathbf{x}_1) + \mathbf{H}\left(\sum_{i=1}^{k-1} \lambda_i \mathbf{d}_i\right) \qquad k \geq 2$$

을 얻는다. $\mathbf{d}_k^t$로 곱하고 $i = 1, \cdots, k-1$에 대해 $\mathbf{d}_k^t \mathbf{H} \mathbf{d}_i = 0$임을 주목하면 $k \geq 2$에 대해 파트 2가 성립함이 나타난다. $k = 1$에 대해 파트 2는 자명하게 성립한다.

파트 3을 보여주기 위해, $i \neq j$에 대해 $\mathbf{d}_i^t \mathbf{H} \mathbf{d}_j = 0$이므로 다음 식

$$f(\mathbf{x}_{k+1}) = f[\mathbf{x}_1 + (\mathbf{x}_{k+1} - \mathbf{x}_1)] = f\left(\mathbf{x}_1 + \sum_{j=1}^{k} \lambda_j \mathbf{d}_j\right)$$
$$= f(\mathbf{x}_1) + \nabla f(\mathbf{x}_1) \cdot \left(\sum_{j=1}^{k} \lambda_j \mathbf{d}_j\right) + \frac{1}{2} \sum_{j=1}^{k} \lambda_j^2 \mathbf{d}_j^t \mathbf{H} \mathbf{d}_j \tag{8.26}$$

을 얻는다. 지금 $\mathbf{x} - \mathbf{x}_1 \in L(\mathbf{d}_1, \cdots, \mathbf{d}_k)$라고 가정하면 $\mathbf{x}$는 $\mathbf{x}_1 + \Sigma_{j=1}^{k} \mu_j \mathbf{d}_j$라고 나타낼 수 있다. (8.26)에서처럼 다음 식

$$f(\mathbf{x}) = f(\mathbf{x}_1) + \nabla f(\mathbf{x}_1) \cdot \left(\sum_{j=1}^{k} \mu_j \mathbf{d}_j\right) + \frac{1}{2} \sum_{j=1}^{k} \mu_j^2 \mathbf{d}_j^t \mathbf{H} \mathbf{d}_j \tag{8.27}$$

을 얻는다. 증명을 완성하기 위해 $f(\mathbf{x}) \geq f(\mathbf{x}_{k+1})$임을 보여야 한다. 모순을 일

으켜 $f(\mathbf{x}) < f(\mathbf{x}_{k+1})$라고 가정한다. 그렇다면 (8.26), (8.27)에 의해 다음 식

$$\nabla f(\mathbf{x}_1)\cdot\left(\sum_{j=1}^{k}\mu_j\mathbf{d}_j\right) + \frac{1}{2}\sum_{j=1}^{k}\mu_j^2\mathbf{d}_j^t\mathbf{H}\mathbf{d}_j$$
$$< \nabla f(\mathbf{x}_1)\cdot\left(\sum_{j=1}^{k}\lambda_j\mathbf{d}_j\right) + \frac{1}{2}\sum_{j=1}^{k}\lambda_j^2\mathbf{d}_j^t\mathbf{H}\mathbf{d}_j \tag{8.28}$$

이 반드시 주어져야 한다. λ_j의 정의에 따라 각각의 j에 대해 $f(\mathbf{x}_j + \lambda_j\mathbf{d}_j) \leq f(\mathbf{x}_j + \mu_j\mathbf{d}_j)$임을 주목하자. 그러므로 다음 식

$$f(\mathbf{x}_j) + \lambda_j\nabla f(\mathbf{x}_j)\cdot\mathbf{d}_j + \frac{1}{2}\lambda_j^2\mathbf{d}_j^t\mathbf{H}\mathbf{d}_j$$
$$\leq f(\mathbf{x}_j) + \mu_j\nabla f(\mathbf{x}_j)\cdot\mathbf{d}_j + \frac{1}{2}\mu_j^2\mathbf{d}_j^t\mathbf{H}\mathbf{d}_j$$

이 성립한다. 파트 2에 따라 $\nabla f(\mathbf{x}_j)\cdot\mathbf{d}_j = \nabla f(\mathbf{x}_1)\cdot\mathbf{d}_j$ 이며 이것을 위의 부등식에 대입하면 다음 식

$$\lambda_j\nabla f(\mathbf{x}_1)\cdot\mathbf{d}_j + \frac{1}{2}\lambda_j^2\mathbf{d}_j^t\mathbf{H}\mathbf{d}_j \leq \mu_j\nabla f(\mathbf{x}_j)\cdot\mathbf{d}_j + \frac{1}{2}\mu_j^2\mathbf{d}_j^t\mathbf{H}\mathbf{d}_j \tag{8.29}$$

을 얻는다. $j = 1, \cdots, k$에 대해 (8.29)를 합하면 그 내용은 (8.28)의 내용을 위반한다. 따라서 $\mathbf{x}_{k+1}$은 부분공간 $\mathbf{x}_1 + L(\mathbf{d}_1, \cdots, \mathbf{d}_k)$ 전체에 걸쳐 하나의 최소화하는 점이다. 특히 $\mathbf{d}_1, \cdots, \mathbf{d}_n$는 선형독립이므로 $L(\mathbf{d}_1, \cdots, \mathbf{d}_n) = \Re^n$이며, 따라서 $\mathbf{x}_{n+1}$은 $\Re^n$ 전체에 걸쳐 f의 하나의 최소화하는 점이다. 이것으로 증명이 완결되었다. (증명 끝)

공액방향의 생성

이 절의 나머지 부분에서 이차식형태의 공액방향을 생성하기 위한 다양한 방법을 제시한다. 이 방법들은 이차식 함수 및 비이차식 함수 모두를 최소화하기 위한 강력한 알고리즘으로 자연스럽게 인도한다. 특히 준 뉴톤법과 공액경도법의 부류를 토의한다.

준 뉴톤법: 데이비돈-플레처-파우얼 방법

이 알고리즘은 데이비돈[1959]이 제안했으며 그 이후 플레처 & 파우얼[1963]이 개발했다. 데이비돈-플레처-파우얼 방법은 **준 뉴톤 절차**의 일반적 부류로 분류되며, 여기에서 탐색방향은 뉴톤의 알고리즘에서처럼 $-\mathbf{H}^{-1}(\mathbf{y})\nabla f(\mathbf{y})$ 대신 $\mathbf{d}_j = -\mathbf{D}_j \nabla f(\mathbf{y})$ 형태이다. 음(-) 경도의 방향은 $\nabla f(\mathbf{y})$ 앞에 $-\mathbf{D}_j$를 곱함으로 편향되며, 여기에서 $\mathbf{D}_j$는 헤시안의 역행렬을 근사화하는 $n \times n$ 양정부호 대칭행렬이다. 만약 $\nabla f(\mathbf{y}) \neq \mathbf{0}$이라면 양정부호성의 특질은 $\mathbf{d}_j$가 강하방향임을 보증하며 그때부터 $\mathbf{d}_j \cdot \nabla f(\mathbf{y}) < 0$이다. 다음 스텝의 목적을 위해 $\mathbf{D}_{j+1}$는 각각 차수-1인 2개 대칭행렬을 $\mathbf{D}_j$에 더해 구성된다. 따라서 이 구조는 간혹 **차수-2 수정절차**라고 한다. 이차식함수의 갱신구조는 n개 스텝 이내에 실제의 헤시안 역행렬의 정확한 표현을 생산함을 차후에 보인다. 데이비돈-플레처-파우얼 방법은 **가변거리법**이라고도 말하며 이것은, 절 8.7에서 토의한 바와 같이, 변환된 공간에서 양정부호 행렬 $\mathbf{D}_j$의 숄레스키 인수분해에 기반한 최급강하스텝의 채택으로 해석할 수 있으며, 여기에서 이와 같은 변환은 이번 반복계산에서 다음 반복계산으로 진행함에 따라 $\mathbf{D}_j$가 변할 때 수반해 변한다. 이차식 근사화가 부정부호일 수도 있음이 허용되는 준 뉴톤법은 좀 더 일반적으로 **할선법**이라고 한다.

데이비돈-플레처-파우얼 방법의 요약

지금 다변수의 미분가능한 함수를 최소화하기 위한 데이비돈-플레처-파우얼 방법을 요약한다. 특히 만약 함수가 이차식이라면 앞으로 보이는 바와 같이 이 방법은 공액방향을 생성하며, 완전한 1회 반복계산 후, 즉 다시 말하면 아래에 설명하는 바와 같이 각각의 공액백터 방향을 탐색한 후 종료한다.

초기화 스텝 $\varepsilon > 0$을 종료허용값이라 한다. 하나의 초기점 $\mathbf{x}_1$과 하나의 초기 대칭 양정부호 행렬 $\mathbf{D}_1$을 선정한다. $\mathbf{y}_1 = \mathbf{x}_1$이라고 놓고 $k = j = 1$이라고 놓는다. 그리고 메인 스텝으로 간다.

메인 스텝 1. 만약 $\| \nabla f(\mathbf{y}_j) \| < \varepsilon$이라면, 중지한다; 그렇지 않다면 $\mathbf{d}_j = -\mathrm{D}_j \nabla f(\mathbf{y}_j)$라고 놓고 λ_j는 최소화 $f(\mathbf{y}_j + \lambda \mathbf{d}_j)$ 제약조건 $\lambda \geq 0$ 문제의 최적해라 한다. $\mathbf{y}_{j+1} = \mathbf{y}_j + \lambda_j \mathbf{d}_j$이라고 놓는다. 만약 $j < n$이라면 스텝 2로 간다. 만

약 $j=n$이라면 $\mathbf{y}_1=\mathbf{x}_{k+1}=\mathbf{y}_{n+1}$이라고 놓고 k를 $k+1$로 대체하고 $j=1$이라 하고 스텝 1을 반복한다.

2. 다음 식

$$\mathbf{D}_{j+1}=\mathbf{D}_j+\frac{\mathbf{p}_j\mathbf{p}_j^t}{\mathbf{p}_j\cdot\mathbf{q}_j}-\frac{\mathbf{D}_j\mathbf{q}_j\mathbf{q}_j^t\mathbf{D}_j}{\mathbf{q}_j^t\mathbf{D}_j\mathbf{q}_j} \tag{8.30}$$

과 같이 $\mathbf{D}_{j+1}$을 구성하며, 여기에서 $\mathbf{p}_j$, $\mathbf{q}_j$는 다음 식

$$\mathbf{p}_j\equiv\lambda_j\mathbf{d}_j=\mathbf{y}_{j+1}-\mathbf{y}_j \tag{8.31}$$

$$\mathbf{q}_j\equiv\nabla f(\mathbf{y}_{j+1})-\nabla f(\mathbf{y}_j) \tag{8.32}$$

과 같다. j를 $j+1$로 대체하고 스텝 1로 간다.

여기에서 앞서 말한 알고리즘의 안쪽 루프는 이 절차를 매 n개 스텝마다 (만약 스텝 1에서 $j=n$이라면) 리셋함을 언급한다. $n'<n$번의 안쪽 반복계산 스텝마다 리셋하는 임의의 변형도 **부분 준 뉴톤법**이라고 말한다. $n'\ll n$일 때 이 전략은 컴퓨터 메모리를 적게 사용하는 관점에서 유용하며 이때부터 헤시안 역행렬의 근사화 행렬은 그 대신 암묵적으로 생성하는 $\mathbf{p}_j$, $\mathbf{q}_j$ 자체만을 안쪽 루프의 반복계산에서 저장할 수 있다.

8.8.4 예제

다음의 문제

최소화 $(x_1-2)^4+(x_1-2x_2)^2$

를 고려해보자. 데이비돈-플레처-파우얼 방법을 사용한 계산의 요약은 표 8.13에 나타난다. 각각의 반복계산에서 $j=1,2$에 대해 $\mathbf{d}_j$는 $-\mathbf{D}_j\nabla f(\mathbf{y}_j)$로 주어지며, 여기에서 $\mathbf{D}_1$은 항등행렬이고 $\mathbf{D}_2$는 (8.30), (8.31), (8.32)에서 계산한다. 반복계산 $k=1$에서, (8.30)에서 $\mathbf{p}_1=(2.7,\ -1.49)$, $\mathbf{q}_1=(44.73,\ -22.72)$을 얻는다. 반복계산 2에서 $\mathbf{p}_1=(-0.1, 0.05)$, $\mathbf{q}_1=(-0.7, 0.8)$을 얻으며 마지막으로

반복계산 3에서 $\mathbf{p}_1 = (-0.02, 0.02)$, $\mathbf{q}_1 = (-0.14, 0.24)$을 얻는다. $\mathbf{y}_{j+1}$는 $\mathbf{y}_j$에서 출발하여 $j = 1, 2$에 대해 $\mathbf{d}_j$ 방향으로 최적화하여 구한다. 이 절차는 넷째 반복계산 후, 점 $\mathbf{y}_2 = (2.115, 1.058)$에서 종료하며 $\| \nabla f(\mathbf{y}_2) \| = 0.006$이므로 대단히 작은 값이다. 이 알고리즘에 따라 취해진 경로가 그림 8.22에 나타나 있다.

표 8.13 데이비돈-플레처-파우얼 방법의 계산의 요약

반복 k	$\mathbf{x}_k$ / $f(\mathbf{x}_{k+1})$	j	$\mathbf{y}_j$ / $f(\mathbf{y}_j)$	$\nabla f(\mathbf{x}_{k+1})$	$\| \nabla f(\mathbf{y}_j) \|$	$\mathbf{D}_j$	$\mathbf{d}_j$	λ_j	$\mathbf{y}_{j+1}$
1	(0.00, 3.00)	1	(0.03, 3,00)	(-44.00, 24.00)	50.12	$\begin{bmatrix}1 & 0\\0 & 1\end{bmatrix}$	(44.00, -24.00)	0.062	(2.70, 1.51)
	52.00		52.00						
		2	(2.70, 1.51)	(0.73, 1.28)	1.47	$\begin{bmatrix}2.25 & 0.38\\0.38 & 0.81\end{bmatrix}$	(-0.67, -1.31)	0.22	(2.55, 1.22)
			0.34						
2	(2.55, 1.22)	1	(2.55, 1.22)	(0.89, -0.44)	0.99	$\begin{bmatrix}1 & 0\\0 & 1\end{bmatrix}$	(-0.89, 0.44)	0.11	(2.45, 1.27)
	0.1036		0.1036						
		2	(2.45, 1.27)	(0.18, 0.36)	0.40	$\begin{bmatrix}0.65 & 0.45\\0.45 & 0.46\end{bmatrix}$	(-0.28, -0.25)	0.64	(2.27, 1.11)
			0.0490						
3	(2.27, 1.11)	1	(2.27, 1.11)	(0.18, -0.20)	0.27	$\begin{bmatrix}1 & 0\\0 & 1\end{bmatrix}$	(-0.18, 0.20)	0.10	(2.25, 1.13)
	0.008		0.008						
		2	(2.25, 1.13)	(0.04, 0.04)	0.06	$\begin{bmatrix}0.80 & 0.38\\0.38 & 0.31\end{bmatrix}$	(-0.05, -0.03)	2.64	(2.12, 1.05)
			0.004						
4	(2.12, 1.05)	1	(2.12, 1.05)	(0.05, -0.08)	0.09	$\begin{bmatrix}1 & 0\\0 & 1\end{bmatrix}$	(-0.05, 0.08)	0.10	2.115, 1.058)
	0.0005		0.0005						
		2	(2.115, 1.058)	(0.004, 0.004)	0.006				
			0.0002						

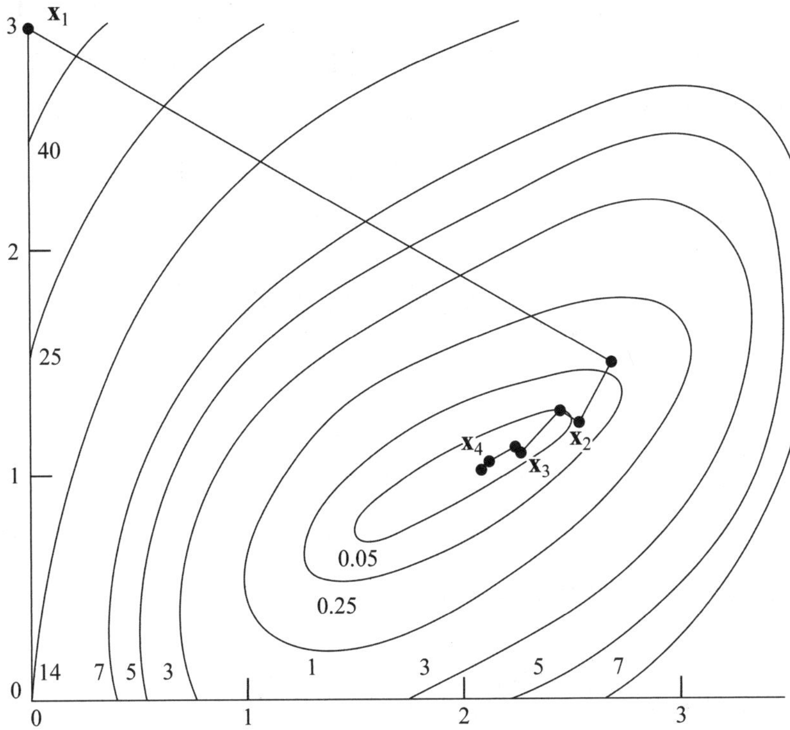

그림 8.22 데이비돈-플레처-파우얼의 방법

보조정리 8.8.5는 각각의 행렬 $\mathbf{D}_j$가 양정부호 행렬이며 $\mathbf{d}_j$는 강하방향임을 보여준다.

8.8.5 보조정리

$\mathbf{y}_1 \in \Re^n$이라 하고 $\mathbf{D}_1$은 초기의 대칭 양정부호 행렬이라 한다. $j=1, \cdots, n$에 대해 $\mathbf{y}_{j+1} = \mathbf{y}_j + \lambda_j \mathbf{d}_j$라 하며, 여기에서 $\mathbf{d}_j = -\mathbf{D}_j \nabla f(\mathbf{y}_j)$이며, λ_j는 최소화 $f(\mathbf{y}_j + \lambda \mathbf{d}_j)$ 제약조건 $\lambda \geq 0$ 문제의 최적해이다. 더군다나 $j=1, \cdots, n-1$에 대해 $\mathbf{D}_{j+1}$는 (8.30), (8.31), (8.32)로 주어지도록 한다. 만약 $j=1, \cdots, n$에 대해 $\nabla f(\mathbf{y}_j) \neq \mathbf{0}$이라면 $\mathbf{d}_1 \cdots, \mathbf{d}_n$이 강하방향이 되기 위해 $\mathbf{D}_1, \cdots, \mathbf{D}_n$은 대칭 양정부호 행렬이다.

증명 귀납법에 따라 이 결과를 증명한다. $j = 1$에 대해, 가정에 따라 $\mathbf{D}_1$은 대칭 양정부호인 행렬이다. 나아가서 $\mathbf{D}_1$은 양정부호이므로 $\nabla f(\mathbf{y}_1)\cdot\mathbf{d}_1 = -\nabla f(\mathbf{y}_1)^t\mathbf{D}_1\nabla f(\mathbf{y}_1) < 0$이다. 정리 4.1.2에 따라 $\mathbf{d}_1$은 강하방향이다. $j \le n-1$에 대해 이 결과가 성립한다고 가정하고 $j+1$에 대해 성립한다고 보여준다. $\mathbf{x}$는 $\Re^n$에서 $\mathbf{0}$이 아닌 벡터라 하자; 그렇다면 (8.30)에 따라 다음 식

$$\mathbf{x}^t\mathbf{D}_{j+1}\mathbf{x} = \mathbf{x}^t\mathbf{D}_j\mathbf{x} + \frac{(\mathbf{x}\cdot\mathbf{p}_j)^2}{\mathbf{p}_j\cdot\mathbf{q}_j} - \frac{(\mathbf{x}^t\mathbf{D}_j\mathbf{q}_j)^2}{\mathbf{q}_j^t\mathbf{D}_j\mathbf{q}_j} \tag{8.33}$$

을 얻는다.

$\mathbf{D}_j$는 대칭 양정부호 행렬이므로 $\mathbf{D}_j = \mathbf{D}_j^{1/2}\mathbf{D}_j^{1/2}$이 되도록 하는 대칭 양정부호 행렬 $\mathbf{D}_j^{1/2}$이 존재한다. $\mathbf{a} = \mathbf{D}_j^{1/2}\mathbf{x}$, $\mathbf{b} = \mathbf{D}_j^{1/2}\mathbf{q}_j$이라 하자. 그렇다면 $\mathbf{x}^t\mathbf{D}_j\mathbf{x} = \mathbf{a}\cdot\mathbf{a}$, $\mathbf{q}_j^t\mathbf{D}_j\mathbf{q}_j = \mathbf{b}\cdot\mathbf{b}$, $\mathbf{x}^t\mathbf{D}_j\mathbf{q}_j = \mathbf{a}\cdot\mathbf{b}$이다. (8.33)에 이것을 대입하면 다음 식

$$\mathbf{x}^t\mathbf{D}_{j+1}\mathbf{x} = \frac{(\mathbf{a}\cdot\mathbf{a})(\mathbf{b}\cdot\mathbf{b}) - (\mathbf{a}\cdot\mathbf{b})^2}{\mathbf{b}\cdot\mathbf{b}} - \frac{(\mathbf{x}\cdot\mathbf{p}_j)^2}{\mathbf{p}_j\cdot\mathbf{q}_j} \tag{8.34}$$

을 얻는다. 슈워츠 부등식에 따라, $(\mathbf{a}\cdot\mathbf{a})(\mathbf{b}\cdot\mathbf{b}) \ge (\mathbf{a}\cdot\mathbf{b})^2$이다. 따라서, $\mathbf{x}^t\mathbf{D}_{j+1}\mathbf{x} \ge 0$임을 보여주기 위해 $\mathbf{p}_j\cdot\mathbf{q}_j > 0$, $\mathbf{b}\cdot\mathbf{b} > 0$임을 보여주면 충분하다. (8.31), (8.32)에서 다음 식

$$\mathbf{p}_j\cdot\mathbf{q}_j = \lambda_j\mathbf{d}_j\cdot[\nabla f(\mathbf{y}_{j+1}) - \nabla f(\mathbf{y}_j)]$$

이 뒤따른다. 독자는 $\mathbf{d}_j\cdot\nabla f(\mathbf{y}_{j+1}) = 0$임을 주목할 것이며 정의에 따라 $\mathbf{d}_j = -\mathbf{D}_j\nabla f(\mathbf{y}_j)$이다. 이들을 위의 방정식에 대입하면 다음 식

$$\mathbf{p}_j\cdot\mathbf{q}_j = \lambda_j\nabla f(\mathbf{y}_j)^t\mathbf{D}_j\nabla f(\mathbf{y}_j) \tag{8.35}$$

이 뒤따른다. 가정에 따라 $\nabla f(\mathbf{y}_j) \ne \mathbf{0}$이며 $\mathbf{D}_j$는 양정부호임을 주목하고 그래서 $\nabla f(\mathbf{y}_j)^t\mathbf{D}_j\nabla f(\mathbf{y}_j) > 0$이다. 나아가서 $\mathbf{d}_j$는 강하방향이며 따라서 $\lambda_j > 0$이다. 그러므로 (8.35)에서 $\mathbf{p}_j\cdot\mathbf{q}_j > 0$이다. 나아가서 $\mathbf{q}_j \ne \mathbf{0}$이며 그러므로 $\mathbf{b}\cdot\mathbf{b} =$

$\mathbf{q}_j^t\mathbf{D}_j\mathbf{q}_j > 0$이다.

지금 $\mathbf{x}^t\mathbf{D}_{j+1}\mathbf{x} > 0$을 보여준다. 모순을 일으켜 $\mathbf{x}^t\mathbf{D}_{j+1}\mathbf{x} = 0$이라고 가정한다. 만약 $(\mathbf{a}\cdot\mathbf{a})(\mathbf{b}\cdot\mathbf{b}) = (\mathbf{a}\cdot\mathbf{b})^2$이며 $\mathbf{p}_j\cdot\mathbf{x} = 0$이라면 이것은 가능하다. 먼저, 만약 $\mathbf{a} = \lambda\mathbf{b}$라면 $(\mathbf{a}\cdot\mathbf{a})(\mathbf{b}\cdot\mathbf{b}) = (\mathbf{a}\cdot\mathbf{b})^2$임을 주목하자; 즉, 다시 말하면 $\mathbf{D}_j^{1/2}\mathbf{x} = \lambda\mathbf{D}_j^{1/2}\mathbf{q}_j$이다. 따라서 $\mathbf{x} = \lambda\mathbf{q}_j$이다. $\mathbf{x} \neq \mathbf{0}$이므로 $\lambda \neq 0$이다. 지금 $0 = \mathbf{p}_j\cdot\mathbf{x} = \lambda\mathbf{p}_j\cdot\mathbf{q}_j$임은 $\mathbf{p}_j\cdot\mathbf{q}_j > 0$, $\lambda \neq 0$임에 모순된다. 그러므로 $\mathbf{x}^t\mathbf{D}_{j+1}\mathbf{x} > 0$이며 그래서 $\mathbf{D}_{j+1}$는 양정부호이다.

$\nabla f(\mathbf{y}_{j+1}) \neq \mathbf{0}$이므로, 그리고 $\mathbf{D}_{j+1}$는 양정부호이므로 $\nabla f(\mathbf{y}_{j+1})\cdot\mathbf{d}_{j+1} = -\nabla f(\mathbf{y}_{j+1})^t\mathbf{D}_{j+1}\nabla f(\mathbf{y}_{j+1}) < 0$이다. 그렇다면 정리 4.1.2에 따라 $\mathbf{d}_{j+1}$는 강하방향이다. 이것으로 증명이 완결되었다. (증명 끝)

이차식 함수의 케이스

만약 목적함수 f가 이차식이라면, 정리 8.8.6에 따라, 데이비돈-플레처-파우얼의 방법으로 생성한 방향 $\mathbf{d}_1, \cdots, \mathbf{d}_n$은 공액이다. 그러므로 정리 8.8.3의 파트 3에 따라 이 알고리즘은 1회 완전한 반복계산 후 하나의 최적해를 얻고 중지한다. 더군다나 반복계산 끝에 얻어진 행렬 $\mathbf{D}_{n+1}$은 정확하게 헤시안행렬 $\mathbf{H}$의 역행렬이다.

8.8.6 정리

$\mathbf{H}$는 $n\times n$ 대칭 양정부호 행렬이라 하고, 최소화 $f(\mathbf{x}) = \mathbf{c}\cdot\mathbf{x} + (1/2)\mathbf{x}^t\mathbf{H}\mathbf{x}$ 제약조건 $\mathbf{x} \in \Re^n$ 문제를 고려해보자. 데이비돈-플레처-파우얼 방법에 의해 하나의 초기점 $\mathbf{y}_1$과 하나의 대칭 양정부호 행렬 $\mathbf{D}_1$을 갖고 출발하여, 이 문제의 최적해를 구한다고 가정한다. 특히 $j = 1, \cdots, n$에 대해, λ_j는 최소화 $f(\mathbf{y}_j + \lambda\mathbf{d}_j)$ 제약조건 $\lambda \geq 0$ 문제의 하나의 최적해라 하고, $\mathbf{y}_{j+1} = \mathbf{y}_j + \lambda_j\mathbf{d}_j$라고 놓으며, 여기에서 $\mathbf{d}_j = -\mathbf{D}_j\nabla f(\mathbf{y}_j)$이며 $\mathbf{D}_j$는 (8.30), (8.31), (8.32)에 따라 결정한다. 만약 각각의 j에 대해 $\nabla f(\mathbf{y}_j) \neq \mathbf{0}$이라면 방향 $\mathbf{d}_1, \cdots, \mathbf{d}_n$은 $\mathbf{H}$-공액이며 $\mathbf{D}_{n+1} = \mathbf{H}^{-1}$이다. 더군다나 $\mathbf{y}_{n+1}$은 이 문제의 하나의 최적해이다.

증명 먼저 $1 \le j \le n$인 임의의 j에 대해 다음 조건이 반드시 주어져야 함을 보여준다:

1. $\mathbf{d}_1, \cdots, \mathbf{d}_j$는 선형독립이다.
2. $i \ne k$에 대해, 그리고 $i, k \le j$에 대해 $\mathbf{d}_i^t \mathbf{H} \mathbf{d}_k = 0$이다. (8.36)
3. $\mathbf{D}_{j+1}\mathbf{H}\mathbf{p}_k = \mathbf{p}_k$ 또는 등가적으로 $1 \le k \le j$에 대해 $\mathbf{D}_{j+1}\mathbf{H}\mathbf{d}_k = \mathbf{d}_k$이며, 여기에서 $\mathbf{p}_k = \lambda_k \mathbf{d}_k$이다.

귀납법에 따라 이 결과를 증명한다. $j=1$에 대해 파트 1, 2는 명백하다. 파트 3을 증명하기 위해 먼저 임의의 k에 대해 다음 식

$$\mathbf{H}\mathbf{p}_k = \mathbf{H}(\lambda_k \mathbf{d}_k) = \mathbf{H}(\mathbf{y}_{k+1} - \mathbf{y}_k) = \nabla f(\mathbf{y}_{k+1}) - \nabla f(\mathbf{y}_k) = \mathbf{q}_k \tag{8.37}$$

을 얻는다는 것을 주목하자. 특히 $\mathbf{H}\mathbf{p}_1 = \mathbf{q}_1$이다. 따라서 (8.30)에서 $j=1$로 하면 다음 식

$$\mathbf{D}_2\mathbf{H}\mathbf{p}_1 = \left(\mathbf{D}_1 + \frac{\mathbf{p}_1\mathbf{p}_1^t}{\mathbf{p}_1 \cdot \mathbf{q}_1} - \frac{\mathbf{D}_1\mathbf{q}_1\mathbf{q}_1^t\mathbf{D}_1}{\mathbf{q}_1^t\mathbf{D}_1\mathbf{q}_1}\right)\mathbf{q}_1 = \mathbf{p}_1$$

을 얻으며 그래서 $j=1$에 대해 파트 3은 성립한다.

지금 $j \le n-1$에 대해 파트 1, 2, 3은 성립한다고 가정한다. 이들이 $j+1$에 대해도 역시 성립함을 보여주기 위해 먼저 정리 8.8.3의 파트 1에 따라 $i \le j$에 대해 $\mathbf{d}_i \cdot \nabla f(\mathbf{y}_{j+1}) = 0$임을 환기하자. 파트 3의 귀납가설에 따라 $i \le j$에 대해 $\mathbf{d}_i = \mathbf{D}_{j+1}\mathbf{H}\mathbf{d}_i$이다. 따라서 $i \le j$에 대해 다음 식

$$0 = \mathbf{d}_i \cdot \nabla f(\mathbf{y}_{j+1}) + \mathbf{d}_i^t \mathbf{H} \mathbf{D}_{j+1} \nabla f(\mathbf{y}_{j+1}) = -\mathbf{d}_i^t \mathbf{H} \mathbf{d}_{j+1}$$

을 얻는다. 파트 2의 귀납가설의 관점에서 보아, 위의 방정식은 $j+1$에 대해 파트 2도 역시 성립함을 보여준다.

지금 $j+1$에 대해 파트 3이 성립함을 보인다. $k \le j+1$이라 하면 다음 식

$$\mathbf{D}_{j+2}\mathbf{H}\mathbf{p}_k = \left(\mathbf{D}_{j+1} + \frac{\mathbf{p}_{j+1}\mathbf{p}_{j+1}^t}{\mathbf{p}_{j+1}\cdot\mathbf{q}_{j+1}} - \frac{\mathbf{D}_{j+1}\mathbf{q}_{j+1}\mathbf{q}_{j+1}^t\mathbf{D}_{j+1}}{\mathbf{q}_{j+1}^t\mathbf{D}_{j+1}\mathbf{q}_{j+1}}\right)\mathbf{H}\mathbf{p}_k \tag{8.38}$$

이 나온다. (8.37)을 주목하고 (8.38)에서 $k = j+1$이라고 놓으면 $\mathbf{D}_{j+2}\mathbf{H}\mathbf{p}_{j+1} = \mathbf{p}_{j+1}$임이 따라온다. 지금 $k \le j$라 한다. $j+1$에 대해 파트 2가 성립하므로 다음 식

$$\mathbf{p}_{j+1}^t\mathbf{H}\,\mathbf{p}_k = \lambda_k\,\lambda_{j+1}\mathbf{d}_{j+1}^t\mathbf{H}\,\mathbf{d}_k = 0 \tag{8.39}$$

이 성립한다. 파트 3의 귀납가설, (8.37), 그리고 $j+1$에 대해 파트 2는 성립한다는 사실을 주목하면 다음 식

$$\mathbf{q}_{j+1}^t\mathbf{D}_{j+1}\mathbf{H}\mathbf{p}_k = \mathbf{q}_{j+1}\cdot\mathbf{p}_k = \mathbf{p}_{j+1}^t\mathbf{H}\mathbf{p}_k = \lambda_{j+1}\lambda_k\mathbf{d}_{j+1}^t\mathbf{H}\mathbf{d}_k = 0 \tag{8.40}$$

을 얻는다. (8.39), (8.40)을 (8.38)에 대입하고 파트 3의 귀납가설을 주목하면 다음 식

$$\mathbf{D}_{j+2}\mathbf{H}\mathbf{p}_k = \mathbf{D}_{j+1}\mathbf{H}\mathbf{p}_k = \mathbf{p}_k$$

을 얻는다. 따라서 $j+1$에 대해 파트 3은 성립한다.

귀납논증을 완결하기 위해 $j+1$에 대해 파트 1이 성립함을 보여줄 필요만 있다. $\boldsymbol{\Sigma}_{i=1}^{j+1}\alpha_i\mathbf{d}_i = \mathbf{0}$이라고 가정한다. $\mathbf{d}_{j+1}^t\mathbf{H}$를 곱하고 $j+1$에 대해 파트 2가 성립함을 주목하면 $\alpha_{j+1}\mathbf{d}_{j+1}^t\mathbf{H}\mathbf{d}_{j+1} = 0$임이 뒤따른다. 가정에 따라 $\nabla f(\mathbf{y}_{j+1}) \ne \mathbf{0}$이며 보조정리 8.8.5에 따라 $\mathbf{D}_{j+1}$는 양정부호이다. 그래서 $\mathbf{d}_{j+1} = -\mathbf{D}_{j+1}\nabla f(\mathbf{y}_{j+1}) \ne \mathbf{0}$이다. $\mathbf{H}$는 양정부호이므로 $\mathbf{d}_{j+1}^t\mathbf{H}\mathbf{d}_{j+1} \ne 0$이며, 따라서 $\alpha_{j+1} = 0$이다. 이것은 또다시 $\boldsymbol{\Sigma}_{i=1}^{j}\alpha_i\mathbf{d}_i = \mathbf{0}$임을 의미한다; 그리고 귀납가설에 따라 $\mathbf{d}_1, \cdots, \mathbf{d}_j$는 선형독립이므로 $i = 1, \cdots, j$에 대해 $\alpha_i = 0$이다. 따라서 $\mathbf{d}_1, \cdots, \mathbf{d}_{j+1}$은 선형독립이며, $j+1$에 대해 파트 1은 성립한다. 따라서 파트 1, 2, 3은 성립한다. 특히 $j = n$으로 함으로 파트 1, 2에서 $\mathbf{d}_1, \cdots, \mathbf{d}_n$의 공액성이 따라온다.

지금 파트 3에서 $j = n$으로 한다. 그러면 $k = 1, \cdots, n$에 대해 $\mathbf{D}_{n+1}\mathbf{H}\mathbf{d}_k =$

$\mathbf{d}_k$이다. $\mathbf{D}$가 열이 $\mathbf{d}_1, \cdots, \mathbf{d}_n$의 열로 구성된 행렬이라 한다면 $\mathbf{D}_{n+1}\mathbf{HD} = \mathbf{D}$이다. $\mathbf{D}$의 역행렬이 존재하므로 $\mathbf{D}_{n+1}\mathbf{H} = \mathbf{I}$이 되며, 이것은 $\mathbf{D}_{n+1} = \mathbf{H}^{-1}$이라면 가능하다. 마지막으로 정리 8.8.3에 따라 $\mathbf{y}_{n+1}$은 하나의 최적해이다.

데이비돈-플레처-파우얼 방법의 통찰력 있는 유도

데이비돈-플레처-파우얼 방법의 각각의 스텝에서 역헤시안 행렬의 어떤 근사화 행렬 $\mathbf{D}_j$가 주어지면 현재의 해 $\mathbf{y}_j$에서, 뉴톤법의 의미에서 이와 같은 근사화 행렬 $\mathbf{D}_j$를 사용해 f의 음(-) 경도를 편향해 탐색방향 $\mathbf{d}_j = -\mathbf{D}_j \nabla f(\mathbf{y}_j)$를 계산했음을 알았다. 그렇다면 이 방향을 따라 선형탐색이 실행되며 결과로 얻는 해 $\mathbf{y}_{j+1}$과 이 점에서의 경도 $\nabla f(\mathbf{y}_{j+1})$에 근거해, (8.30), (8.31), (8.32)를 사용해 갱신한 근사화 행렬 $\mathbf{D}_{j+1}$를 얻는다. 정리 8.8.6에서 본 바와 같이 만약 f가 $\mathbf{x} \in \Re^n$에 대해 $f(\mathbf{x}) = \mathbf{c} \cdot \mathbf{x} + (1/2)\mathbf{x}^t\mathbf{Hx}$로 주어진 이차식함수라면; 여기에서 $\mathbf{H}$는 대칭 양정부호 행렬이며, 그리고 만약 $j = 1, \cdots, n$에 대해 $\nabla f(\mathbf{y}_j) \neq \mathbf{0}$이라면 진실로 $\mathbf{D}_{n+1} = \mathbf{H}^{-1}$임을 얻는다. 사실상 정리 8.8.6의 파트 1, 3에서 각각의 $j \in \{1, \cdots, n\}$에 대해 벡터 $\mathbf{p}_1, \cdots, \mathbf{p}_j$는 고유값이 1인 $\mathbf{D}_{j+1}\mathbf{H}$의 선형독립 고유벡터임을 관측하라. 그러므로 이 알고리즘의 각각의 스텝에서, 수정된 근사화 행렬은 마지막으로 $\mathbf{D}_{n+1}\mathbf{H}$가 n개 고유값 모두가 1이 될 때까지 $\mathbf{D}_{n+1}\mathbf{HP} = \mathbf{P}$를 제공하면서, 곱 $\mathbf{D}_{j+1}\mathbf{H}$이 단위 고유값을 가지면서, 1개의 추가적 선형독립 고유벡터를 축적하며, 여기에서 $\mathbf{P}$는 $\mathbf{D}_{n+1}\mathbf{H}$의 고유벡터의 정칙 행렬이다. 그러므로 $\mathbf{D}_{n+1}\mathbf{H} = \mathbf{I}$이거나, 아니면 $\mathbf{D}_{n+1} = \mathbf{H}^{-1}$이다.

앞서 말한 관측에 기반해 데이비돈-플레처-파우얼 방법의 갱산구조 (8.30)을 유도하고, 좀 더 현저한 갱신동기를 부여하기 위해 이와 같은 유도를 사용한다. 이를 위해, $\mathbf{p}_1, \cdots, \mathbf{p}_{j-1}$이 단위 고유값을 갖는 행렬 $\mathbf{D}_j\mathbf{H}$의 고유벡터가 되는 헤시안 역행렬의 어떤 대칭 양정부호 근사화 행렬 $\mathbf{D}_j$를 갖고 있다고 가정한다($j = 1$에 대해 이러한 벡터는 존재하지 않는다). 정리 8.8.6의 귀납적 구도를 채택하고, 이들 고유벡터는 선형독립이며 또한 $\mathbf{H}$-공액이라고 가정한다. 지금, 현재의 점 $\mathbf{y}_j$가 주어지면 새로운 점 $\mathbf{y}_{j+1}$을 얻기 위해 $\mathbf{d}_j = -\mathbf{D}_j \nabla f(\mathbf{y}_j)$ 방향으로 선형탐색을 실행하고 이에 따라 다음 식

$$\mathbf{p}_j = (\mathbf{y}_{j+1} - \mathbf{y}_j)$$
$$\mathbf{q}_j = \nabla f(\mathbf{y}_{j+1}) - \nabla f(\mathbf{y}_j) = \mathbf{H}(\mathbf{y}_{j+1} - \mathbf{y}_j) = \mathbf{H}\mathbf{p}_j \tag{8.41}$$

을 정의한다. 정리 8.8.6의 증명에서의 논증을 따라 $k=1, \cdots, j$에 대해 벡터 $\mathbf{p}_k = \lambda_k \mathbf{d}_k$는 선형독립이며 $\mathbf{H}$-공액임을 쉽게 나타낼 수 있다. 지금 다음 행렬

$$\mathbf{D}_{j+1} = \mathbf{D}_j + \mathbf{C}_j$$

을 작성하려고 하며, 여기에서 $\mathbf{C}_j$는 어떤 대칭 수정행렬이며, 이 행렬은 $\mathbf{p}_1, \cdots, \mathbf{p}_j$가 단위 고유값을 갖는 $\mathbf{D}_{j+1}\mathbf{H}$의 고유벡터임을 보장한다. 그러므로 $\mathbf{D}_{j+1}\mathbf{H}\mathbf{p}_k = \mathbf{p}_k$이거나, 또는 (8.41)에서, $k=1, \cdots, j$에 대해 $\mathbf{D}_{j+1}\mathbf{q}_k = \mathbf{p}_k$가 됨이 바람직하다. $1 \le k < j$에 대해, 이것은 $\mathbf{p}_k = \mathbf{D}_j\mathbf{q}_k + \mathbf{C}_j\mathbf{q}_k = \mathbf{D}_j\mathbf{H}\mathbf{p}_k + \mathbf{C}_j\mathbf{q}_k = \mathbf{p}_k + \mathbf{C}_j\mathbf{q}_k$, 또는 다음 식

$$\mathbf{C}_j\mathbf{q}_k = 0 \qquad k = 1, \cdots, j-1 \tag{8.42}$$

이 성립해야 한다고 요구하는 것이 된다. $k=j$에 대해 앞에서 언급한 다음 등식

$$\mathbf{D}_{j+1}\mathbf{q}_j = \mathbf{p}_j \tag{8.43}$$

의 조건은 **준 뉴톤 조건** 또는 **할선방정식**이라 하며, 후자의 항은 이와 같은 형식의 구도의 **할선갱신**이라는 또 다른 명칭을 낳는다. 이 조건은 다음 식

$$\mathbf{C}_j\mathbf{q}_j = \mathbf{p}_j - \mathbf{D}_j\mathbf{q}_j \tag{8.44}$$

이 성립해야 한다고 요구함이 된다. 지금 만약 $\mathbf{C}_j$가 대칭 차수-1의 항 $\mathbf{p}_j\mathbf{p}_j^t / \mathbf{p}_j \cdot \mathbf{q}_j$을 가졌더라면 (8.44)에서 요구하는 바와 같이 이 항에 연산하는 $\mathbf{C}_j\mathbf{q}_j$는 $\mathbf{p}_j$를 산출할 것이다. 유사하게 만약 $\mathbf{C}_j$가 대칭 차수-1의 항 $-(\mathbf{D}_j\mathbf{q}_j)(\mathbf{D}_j\mathbf{q}_j)^t / (\mathbf{D}_j\mathbf{q}_j)\cdot\mathbf{q}_j$을 가졌더라면 (8.44)에서 요구한 것처럼 이 항에 연산하는 $\mathbf{C}_j\mathbf{q}_j$는 $-\mathbf{D}_j\mathbf{q}_j$를 산출할 것이다. 그러므로 이것은 다음 식

$$\mathbf{C}_j = \frac{\mathbf{p}_j \mathbf{p}_j^t}{\mathbf{p}_j \cdot \mathbf{q}_j} - \frac{\mathbf{D}_j \mathbf{q}_j \mathbf{q}_j^t \mathbf{D}_j}{\mathbf{q}_j^t \mathbf{D}_j \mathbf{q}_j} \equiv \mathbf{C}_j^{\mathrm{DFP}} \tag{8.45}$$

과 같은 수정 항의 계산을 거쳐 **차수-2 데이비돈-플레처-파우얼 갱신(DFP 갱신)** (8.30)으로 인도하며, (8.45)는 (8.44)의 계산을 해, 준 뉴톤 조건 (8.43)을 만족시킨다(보조정리 8.8.5처럼 $\mathbf{D}_{j+1} = \mathbf{D}_j + \mathbf{C}_j$는 대칭 양정부호 행렬임을 주목하자). 더구나 (8.42)도 역시 성립하므로, 임의의 $k \in \{1, \cdots, j-1\}$에 대해 (8.45), (8.41)에서 첫째 항에서 $\mathbf{p}_j^t \mathbf{H} \mathbf{p}_k = 0$이며 둘째 항에서도 $\mathbf{p}_j^t \mathbf{H} \mathbf{D}_j \mathbf{H} \mathbf{p}_k = \mathbf{p}_j^t \mathbf{H} \mathbf{p}_k = 0$이므로 다음 식

$$\mathbf{C}_j \mathbf{q}_k = \mathbf{C}_j \mathbf{H} \mathbf{p}_k = \frac{\mathbf{p}_j \mathbf{p}_j^t \mathbf{H} \mathbf{p}_k}{\mathbf{p}_j \cdot \mathbf{q}_j} - \frac{\mathbf{D}_j \mathbf{q}_j \mathbf{p}_j^t \mathbf{H} \mathbf{D}_j \mathbf{H} \mathbf{p}_k}{\mathbf{q}_j^t \mathbf{D}_j \mathbf{q}_j} = 0$$

을 얻는다. 위 식은 성립한다. 그러므로 이와 같은 일련의 수정을 따라 궁극적으로 $\mathbf{D}_{n+1}\mathbf{H} = \mathbf{I}$ 또는 $\mathbf{D}_{n+1} = \mathbf{H}^{-1}$을 얻는다.

브로이덴족과 브로이덴-플레처-골드파브-샤노 갱신(BFGS 갱신)

앞서 말한 $\mathbf{C}_j^{\mathrm{DFP}}$의 유도에서 수정행렬 $\mathbf{C}_j$를 지정함에 있어 유연성의 정도가 있었으며, 제한이란 것은 (8.42)과 함께 준 뉴톤 조건 (8.44)를 만족시킴과 $\mathbf{D}_{j+1} = \mathbf{D}_j + C_j$의 대칭성과 양정부호성을 유지하는 것임을 독자는 관측했을 것이다. 이것으로 보아 브로이덴 갱신은 ϕ로 모수가 주어진 다음의 모음

$$\mathbf{C}_j^{\mathrm{B}} = \mathbf{C}_j^{\mathrm{DFP}} + \frac{\phi \tau_j \boldsymbol{\nu}_j \boldsymbol{\nu}_j^t}{\mathbf{p}_j \cdot \mathbf{q}_j} \tag{8.46}$$

으로 주어진 수정행렬 $\mathbf{C}_j = \mathbf{C}_j^B$를 사용함을 제안하며, 여기에서 $\boldsymbol{\nu}_j \equiv \mathbf{p}_j - (1/\tau_j)\mathbf{D}_j \mathbf{q}_j$이며, 그리고 여기에서 $\boldsymbol{\nu}_j \cdot \mathbf{q}_j$가 0임에 따라, 준 뉴톤 조건 (8.44)이 성립하도록 τ_j를 선택한다. 이것은 $[\mathbf{p}_j - \mathbf{D}_j \mathbf{q}_j / \tau_j] \cdot \mathbf{q}_j = 0$임을 의미하거나, 또는 다음 식

$$\tau_j = \frac{\mathbf{q}_j^t \mathbf{D}_j \mathbf{q}_j}{\mathbf{p}_j \cdot \mathbf{q}_j} > 0 \tag{8.47}$$

을 의미한다. $\mathbf{p}_k$는 단위 고유값을 갖는 $\mathbf{D}_j\mathbf{H}$의 고유벡터이므로, 그리고 공액성에 따라 $\mathbf{p}_j^t\mathbf{H}\mathbf{p}_k=0$, $\mathbf{p}\cdot[\mathbf{D}_j\mathbf{H}\mathbf{p}_k]=\mathbf{p}_j^t\mathbf{H}\mathbf{p}_k=0$이므로 $1\le k<j$에 대해 다음 식

$$\boldsymbol{\nu}_j\cdot\mathbf{q}_k=\mathbf{p}_j\cdot\mathbf{q}_k-\frac{1}{\tau_j}\mathbf{q}_j^t\mathbf{D}_j\mathbf{q}_k=\mathbf{p}_j^t\mathbf{H}\mathbf{p}_k-\frac{1}{\tau_j}\mathbf{p}_j^t\mathbf{H}\mathbf{D}_j\mathbf{H}\mathbf{p}_k=0$$

을 얻는다는 것을 주목하자. 그러므로 (8.42)는 또한 계속 성립한다. 더구나 $\mathbf{D}_{j+1}=\mathbf{D}_j+\mathbf{C}_j^{\mathrm{B}}$도 계속해 대칭이며 최소한 $\phi\ge0$에 대해 양정부호 행렬임은 명확하다. 그러므로 이 경우 수정행렬 (8.46)-(8.47)은 정리 8.8.6의 주장을 만족시키는 유효한 일련의 갱신을 산출한다.

$\phi=1$의 값에 대해 브로이덴족은 아주 유용하고 특별한 케이스를 산출하며 이 내용은 브로이덴, 플레처, 골드파브, 샤노가 독립적으로 유도한 것과 일치한다. **브로이덴-플레처-골드파브-샤노 갱신** 또는 **양정부호할선 갱신**이라고 알려진 이 갱신은 일관적으로 나머지의 갱신구도를 압도하는 것으로 나타났다. 이와 달리, 브로이덴-플레처-골드파브 갱신은 간혹 거의-특이 헤시안의 근사화 행렬을 생산하는 경향이 있으며 수치를 사용하는 계산에서 어려움이 많은 것으로 알려져 있다. (8.46)의 추가적 수정 항은 이와 같은 성향을 경감시키는 것으로 보인다.

이를테면 갱신수정 $\mathbf{C}_j^{\mathrm{BFGS}}$을 유도하기 위해 단순하게 (8.47)을 (8.46)에 대입하고 다음 식

$$\mathbf{C}_j^{\mathrm{BFGS}}\equiv\mathbf{C}_j^{\mathrm{B}}(\phi=1)=\frac{\mathbf{p}_j\mathbf{p}_j^t}{\mathbf{p}_j\cdot\mathbf{q}_j}\left(1+\frac{\mathbf{q}_j^t\mathbf{D}_j\mathbf{q}_j}{\mathbf{p}_j\cdot\mathbf{q}_j}\right)-\frac{\mathbf{D}_j\mathbf{q}_j\mathbf{p}_j^t+\mathbf{p}_j\mathbf{q}_j^t\mathbf{D}_j}{\mathbf{p}_j\cdot\mathbf{q}_j}\tag{8.48}$$

을 얻기 위해 $\phi=1$을 사용해 (8.46)을 단순화한다. $\phi=0$을 갖고 $\mathbf{C}_j^{\mathrm{B}}=\mathbf{C}_j^{\mathrm{DFP}}$를 얻으므로 (8.46)을 다음 식

$$\mathbf{C}_j^{\mathrm{B}}=(1-\phi)\mathbf{C}_j^{\mathrm{DFP}}+\phi\mathbf{C}_j^{\mathrm{BFGS}}\tag{8.49}$$

과 같이 나타낼 수 있다. 위 토의는 (8.46)에서 상수값 ϕ를 사용할 것을 가정한다. 이것은 **순 브로이덴 갱신**이라 알려져 있다. 그러나 해석적 결과가 성립하기 위해 ϕ의 상수값을 갖고 계산할 필요는 없다. 만약 그렇게 원한다면 가변 값 ϕ_j는 하

나의 반복계산에서 다음 반복계산으로 진행할 때마다 정해져야 한다. 그러나 (8.46)에서 $\mathbf{d}_{j+1} = -\mathbf{D}_{j+1}\nabla f(\mathbf{y}_{j+1})$가 항등적으로 $\mathbf{0}$이 되도록 하는 ϕ 값이 존재한다(연습문제 8.35 참조). 다시 말하자면 다음 식

$$\phi = \frac{-\left[\nabla f(\mathbf{y}_j)^t\mathbf{D}_j\nabla f(\mathbf{y}_j)\right]\mathbf{q}_j^t\mathbf{D}_j\mathbf{q}_j}{\nabla f(\mathbf{y}_{j+1})^t\mathbf{D}_j\nabla f(\mathbf{y}_{j+1})} \tag{8.50}$$

이 성립한다. 그러므로 알고리즘은 멈추고 특히 $\mathbf{D}_{j+1}$는 특이행렬로 되고 양정부호성을 잃는다. 이와 같은 ϕ의 값을 **퇴화**라고 말하며 이 상황의 발생을 피해야 한다. 이와 같은 이유로 인해, 비록 음(-) 값을 받아들임이 간혹 계산상 매력적이긴 하지만 안전장치로 일반적으로 ϕ를 비음(-) 값으로 한다. 이와 관련해 일반적 미분가능함수에 대해 만약 **완전한 선형탐색을** 수행한다면(다시 말하면, 정확한 최소해 또는 비볼록케이스에서 탐색방향 벡터를 따라 첫째 국소최소해를 얻는다), 브로이덴족으로 생성한 반복계산점의 수열은 퇴화하지 않는 ϕ 값이 선택되는 한, 모수 ϕ의 선택에 관해 불변임을 보일 수 있음을 주목하자('주해와 참고문헌' 절 참조). 그러므로 모수 ϕ의 선택은 부정확한 선형탐색에서 대단히 불가결한 문제가 된다. 또한, 만약 '부정확한 선형탐색'을 사용한다면 헤시안의 근사화 행렬의 양정부호성 유지가 주요관심사가 된다. 특히 이것은 다음 전략을 구상하는 유인책이다.

헤시안의 근사화 행렬의 갱신

앞서 말한 유도와 유사한 의미로 양자택일로 헤시안 $\mathbf{H}$ 자체의 대칭 양정부호 근사화 행렬 $\mathbf{B}_1$을 갖고 출발했을 수도 있었고, $j=1, \cdots, n$에 대한 $\mathbf{B}_{j+1} = \mathbf{B}_j + \overline{\mathbf{C}}_j$에 따라 일련의 대칭 양정부호 근사화 행렬을 생산하기 위해 $\mathbf{B}_1$을 갱신했을 수도 있었다. 또다시, 각각의 $j=1, \cdots, n$에 대해 $\mathbf{p}_1, \cdots, \mathbf{p}_j$가 고유값이 1인 $\mathbf{H}^{-1}\mathbf{B}_{j+1}$의 고유벡터가 되기를 바라며 그래서 $j=n$에 대해 $\mathbf{H}^{-1}\mathbf{B}_{n+1} = \mathbf{I}$ 또는 $\mathbf{B}_{n+1} = \mathbf{H}$ 자체를 얻을 것이다. 앞에서처럼 귀납적으로 진행하고 $\mathbf{p}_1, \cdots, \mathbf{p}_{j-1}$가 단위 고유값의 고유벡터에 연관된 $\mathbf{H}^{-1}\mathbf{B}_j$의 고유벡터라 하면 $k=1, \cdots, j$에 대해 $\mathbf{H}^{-1}(\mathbf{B}_j + \overline{\mathbf{C}}_j)\mathbf{p}_k = \mathbf{p}_k$가 되도록 하는 수정행렬 $\overline{\mathbf{C}}_j$를 구성할 필요가 있다. 달리 말하면 $\mathbf{H}$를 모두에 곱하고, (8.41)에 따라 $k=1, \cdots, j$에 대해 $\mathbf{q}_k = \mathbf{H}\mathbf{p}_k$임을 주목하고 만약 다음 식

$$\mathbf{B}_j \mathbf{p}_k = \mathbf{q}_k \quad k = 1, \cdots, j-1 \tag{8.51}$$

과 같은 조건이 주어지면, $k = 1, \cdots, j$에 대해 $(\mathbf{B}_j + \overline{\mathbf{C}}_j)\mathbf{p}_k = \mathbf{q}_k$임을 보장하거나 아니면 (8.51)을 사용해 다음 식

$$\overline{\mathbf{C}}_j \mathbf{p}_k = 0 \quad 1 \le k \le j-1, \quad \overline{\mathbf{C}}_j \mathbf{p}_j = \mathbf{q}_j - \mathbf{B}_j \mathbf{p}_j \tag{8.52}$$

을 보장해야 한다. (8.51)을 $k = 1, \cdots, j-1$에 대한 조건 $\mathbf{D}_j \mathbf{q}_k = \mathbf{p}_k$과 비교하거나, 유사하게 (8.52)을 (8.42), (8.44)와 비교하면, $\mathbf{D}_j$, $\mathbf{B}_j$의 역할과 $\mathbf{p}_j$, $\mathbf{q}_j$의 역할이 서로 바뀐다는 점에서, 현재의 해석은 앞서 말한 역헤시안 행렬의 갱신을 포함하는 해석과 다름을 관측한다. 대칭에 의해, $\mathbf{D}_j$를 $\mathbf{B}_j$로 단순하게 대체하고 (8.45)에서 $\mathbf{p}_j$, $\mathbf{q}_j$를 맞교환해 $\overline{\mathbf{C}}_j$의 공식을 유도할 수 있다. 이렇게 얻은 갱신을 앞의 갱신의 **상보갱신** 또는 **쌍대갱신**이라 한다. 물론 이 쌍대공식의 쌍대는 자연적으로 원래의 공식을 산출할 것이다. $\mathbf{C}_j^{\mathrm{DFP}}$의 쌍대로 유도된 $\overline{\mathbf{C}}_j$는 1970년 실제로 브로이덴, 플레처, 골드파브, 샤노가 독립적으로 구했다. 그러므로 이 갱신은 브로이덴-플레처-골드파브-샤노 갱신이라고 알려진다. 그러므로 다음 식

$$\overline{\mathbf{C}}_j^{\mathrm{BFGS}} = \frac{\mathbf{q}_j \mathbf{q}_j^t}{\mathbf{q}_j \cdot \mathbf{p}_j} - \frac{\mathbf{B}_j \mathbf{p}_j \mathbf{p}_j^t \mathbf{B}_j}{\mathbf{p}_j^t \mathbf{B}_j \mathbf{p}_j} \tag{8.53}$$

을 얻는다. 연습문제 8.37에서 독자는 (8.41)에서 (8.45)까지의 유도를 따라 (8.53)을 직접 유도해 보기 바란다.

$\overline{\mathbf{C}}_j^{\mathrm{BFGS}}$와 $\mathbf{C}_j^{\mathrm{BFGS}}$ 사이의 관계는 다음 식

$$\mathbf{D}_{j+1} = \mathbf{D}_j + \mathbf{C}_j^{\mathrm{BFGS}} = \mathbf{B}_{j+1}^{-1} = (\mathbf{B}_j + \overline{\mathbf{C}}_j^{\mathrm{BFGS}})^{-1} \tag{8.54}$$

과 같다는 것을 주목하자. 즉 다시 말하면 $k = 1, \cdots, j$에 대해 $\mathbf{D}_{j+1}\mathbf{q}_k = \mathbf{p}_k$임은 $\mathbf{D}_{j+1}^{-1}\mathbf{p}_k = \mathbf{q}_k$임을 의미하거나, 또는 $\mathbf{B}_{j+1} = \mathbf{D}_{j+1}^{-1}$는 (8.51)($j+1$에 대해 쓴 것임)을 만족시킴을 의미한다. 사실상 (8.48), (8.53) 사이의 역의 관계 (8.54)는 아래에 주어지는 **셔만-모리슨-우드버리 공식**

$$(\mathbf{A}+\mathbf{a}\mathbf{b}^t)^{-1} = \mathbf{A}^{-1} - \frac{\mathbf{A}^{-1}\mathbf{a}\mathbf{b}^t\mathbf{A}^{-1}}{1+\mathbf{b}^t\mathbf{A}^{-1}\mathbf{a}} \tag{8.55}$$

을 2회 순차적으로 적용해 즉시 입증할 수 있으며(연습문제 8.36 참조), 만약 역행렬이 존재한다면(또는 등가적으로 $1+\mathbf{b}^t\mathbf{A}^{-1}\mathbf{a} \neq 0$의 조건을 주면), 이것은 임의의 일반 $n \times n$ 행렬 $\mathbf{A}$, n-벡터 $\mathbf{a}$, $\mathbf{b}$에 대해 유효하다. 만약 헤시안의 근사화 $\mathbf{B}_j$를 위에서처럼 생성한다면, 임의의 스텝에서 탐색방향 $\mathbf{d}_j$는 연립방정식 $\mathbf{B}_j\mathbf{d}_j = -\nabla f(\mathbf{y}_j)$의 해를 구해 얻음을 주목하자. $\mathbf{B}_j$의 숄레스키 인수분해 $\mathcal{L}\mathbb{D}_j\mathcal{L}^t$를 유지함으로 좀 더 편리하게 실행할 수 있으며, 여기에서 $\mathcal{L}_j$는 하삼각행렬이며 $\mathbb{D}_j$는 대각선행렬이다. 이 절차를 채택하는, 수치를 이용한 계산상 혜택 이외에 또, $\mathbb{D}_j$의 조건수가 $\mathbf{B}_j$의 악조건 상태를 평가하는 목적에 도움이 될 수 있으며, $\mathbf{B}_j$의 양정부호성은 $\mathbb{D}_j$의 대각선 요소가 양(+)인지의 여부를 점검해 입증할 수 있다. 그러므로 행렬 $\mathbb{D}_j$의 갱신이 양정부호성의 상실을 밝힐 때, $\mathbb{D}_{j+1}$의 대각선 요소를 양(+)수로 복구함으로 대안적 스텝을 택할 수 있다.

준 뉴톤법의 척도변환

위의 알고리즘으로 생성한 갱신의 적절한 척도변환을 채택함에 관해 짧지만 중요한 언급을 함으로 준 뉴톤법의 토의의 결론을 맺는다. (8.41)에서 (8.45)까지의 유도로 인도하는 이 책의 토의에서, 각각의 스텝 j에서 수정된 갱신행렬 $\mathbf{D}_{j+1}$는 행렬 $\mathbf{D}_{j+1}\mathbf{H}$의 단위 고유값에 연관된 추가적 고유벡터를 가짐을 알았다. 그러므로 만약 예를 들어 $\mathbf{D}_1\mathbf{H}$의 고유값이 1보다도 상당히 크도록 행렬 $\mathbf{D}_1$을 선택한다면, 이들 고유값은 알고리즘이 진행함에 따라 하나씩 1로 변환되므로, 중간 스텝에서 $\mathbf{D}_j\mathbf{H}$의 가장 큰 고유값의 가장 작은 고유값에 대한 적합하지 않은 비율을 만날 수 있다. 비-이차식 함수를 최소화하고, 그리고/또는 '부정확한 선형탐색'을 사용할 때 이러한 현상은 특히 악조건효과를 낳고 나쁜 수렴수행 특성을 보일 수 있다. 이와 같은 어려움을 경감하기 위해, 갱신공식을 사용하기 전에 어떤 척도 인수 $s_j > 0$을 각각의 $\mathbf{D}_j$에 곱하면 유용하다. '정확한 선형탐색'으로, 비록 이미 $\mathbf{D}_{n+1} = \mathbf{H}^{-1}$임은 아니지만, 이것은 이차식 케이스에서 공액성 특질을 보존하는 것으로 보일 수 있다. 그러나 여기의 초점은 알고리즘의 n-스텝 수렴행태보다는 단일-스텝 수렴행태를 개선하는 것이다. 만약 이 함수가 이차식이라면 $s_j\mathbf{D}_j\mathbf{H}$의 고유값이 1의 상하로 확산하도록 하는 방법으로 자동적으로 척도 인수를 지정하는 방법은 **자기-척도생성법**이라 한다. 이 주제에 관한 자세한 문헌에 대해 독자는 '주해와 참고문헌' 절을 참고하기 바란다.

공액경도법

공액경도법은 선형연립방정식의 해를 구하기 위해 헤스테네스와 슈티펠이 1952년에 제안했다. 제약 없는 최적화문제에 대해 이 알고리즘을 사용하는 것은, 양정부호인 이차식함수 최소화문제의 최적해를 구함이 함수의 경도를 **0**으로 지정했을 때 결과로 나타나는 선형연립방정식의 해를 구함과 등가라는 사실에 의해 촉진되었다. 실제로 공액경도법은 먼저 비선형 연립방정식의 해를 구하는 것으로 확장되었고 1964년 플레처와 리브스가 일반적 제약 없는 최소화문제로 확장했다. 비록 이들 알고리즘은 일반적으로 덜 효율적이며 준 뉴톤법보다도 덜 강인하지만 헤시안 행렬의 크기 때문에 준 뉴톤법의 실용성이 없어질 때 아주 적당한 기억용량(아래에 설명하는 플레처와 리브스의 방법은 단지 3개의 n-벡터만 요구한다)을 요구하고 대형문제(n이 약 100을 넘는)의 최적해를 구함에 필요불가결하다. 플레처[1987]는 막대한 구조를 갖는 문제를 아주 성공적으로 적용한 예를 보고했으며, 여기에서 3,000여 개 변수를 갖는 문제의 해를 약 50회 경도계산만을 사용해 구했고 라이드[1971]는 약 4,000개 변수를 갖는 어떤 선형편미분방정식의 해를 약 40회 반복계산 이내에 구했다. 더구나 공액경도법은 앞의 방향을 사용해 음(-) 경도의 방향을 편향하는 **경도편향법**이므로 단순하다는 장점이 있다. 이와 같은 편향은, 일반적으로 항등행렬인, 준 뉴톤법의 의미에서 대안적으로, **고정된**, 대칭인, 양정부호 행렬의 갱신이라고 볼 수 있다. 이와 같은 이유로 인해 이들은 간혹 **가변거리법**과 대비해 **고정거리법**이라 하며, 이것은 준 뉴톤 절차에 적용된다. 또다시 이들은 $\Re^n$에서 '정확한 선형탐색'을 사용해 제약 없는 이차식 최적화 문제의 최적해를 구할 때, 많아야 n회 반복계산 후에 수렴하는 공액방향법이다. 사실상 후자의 케이스에 대해 이후에 보이는 바와 같이 이들은 브로이덴-플레처-골드바프-샤노의 방법과 동일한 방향을 생성한다.

미분가능 함수 $f: \Re^n \to \Re$을 최소화하기 위한 공액경도법의 기본적 접근법은 다음 식

$$\mathbf{y}_{j+1} = \mathbf{y}_j + \lambda_j \mathbf{d}_j \tag{8.56a}$$

에 따라 일련의 반복계산점 $\mathbf{y}_j$를 생성하는 것이다. 여기서 $\mathbf{d}_j$는 탐색방향이며 λ_j는 점 $\mathbf{y}_j$에서 $\mathbf{d}_j$ 방향으로 f를 최소화하는 스텝길이이다. $j=1$에 대한 탐색방향 $\mathbf{d}_1=-\nabla f(\mathbf{y}_1)$를 사용할 수 있고 뒤이은 반복계산에 대해 $j \geq 1$에 대해 $\nabla f(\mathbf{y}_{j+1}) \neq \mathbf{0}$인 $\mathbf{y}_{j+1}$가 주어지면 다음 계산식

$$\mathbf{d}_{j+1}=-\nabla f(\mathbf{y}_{j+1})+\alpha_j \mathbf{d}_j \tag{8.56b}$$

을 사용하며, 여기에서 α_j는 공액경도법의 특성을 나타내는 적절한 편향모수이다. $\alpha_j \geq 0$이라면 (8.56b)의 $\mathbf{d}_{j+1}$을 다음 식

$$\mathbf{d}_{j+1}=\frac{1}{\mu}\left[\mu[-\nabla f(\mathbf{y}_{j+1})]+(1-\mu)\mathbf{d}_j\right]$$

과 같이 나타낼 수 있음을 주목하고, 여기에서 $\mu=1/(1+\alpha_j)$이며, 그렇다면 본질적으로 $\mathbf{d}_{j+1}$은 현재의 최급강하방향과 마지막 반복계산에서 사용한 강하방향의 볼록조합이라고 볼 수 있다.

지금 f는 양정부호 헤시안 H를 갖는 이차식함수라고 가정하고 $\mathbf{d}_{j+1}$, $\mathbf{d}_j$는 H-공액이어야 함을 요구한다. (8.56a), (8.41)에서, $\mathbf{d}_{j+1}^t\mathbf{H}\mathbf{d}_j=0$임은 $0=\mathbf{d}_{j+1}^t\mathbf{H}\mathbf{p}_j=\mathbf{d}_{j+1}\cdot\mathbf{q}_j$임이 성립해야 함에 해당한다. (8.56b)에 이것을 사용하면 헤스테네스 & 슈티펠[1952]의 α_j의 선택이 제공되고, 이차식이 아닌 상황에서조차도 국소 이차식 행태를 가정해 다음 식

$$\alpha_j^{\mathrm{HS}}=\frac{\nabla f(\mathbf{y}_{j+1})\cdot\mathbf{q}_j}{\mathbf{d}_j\cdot\mathbf{q}_j}=\frac{\lambda_j\nabla f(\mathbf{y}_{j+1})\cdot\mathbf{q}_j}{\mathbf{p}_j\cdot\mathbf{q}_j} \tag{8.57}$$

과 같이 사용한다. '정확한 선형탐색'을 실행하면 $\mathbf{d}_j\cdot\nabla f(\mathbf{y}_{j+1})=0=\mathbf{d}_{j-1}\cdot\nabla f(\mathbf{y}_j)$임을 얻으며 $\mathbf{d}_j\cdot\mathbf{q}_j=-\mathbf{d}_j\cdot\nabla f(\mathbf{y}_j)=[\nabla f(\mathbf{y}_j)-\alpha_{j-1}\mathbf{d}_{j-1}]\cdot\nabla f(\mathbf{y}_j)=\|\nabla f(\mathbf{y}_j)\|^2$으로 인도한다. 이것을 (8.57)에 대입하면 폴락과 리비에르의 α_j의 선택[1969]에 대해 다음 식

$$\alpha_j^{\mathrm{PR}} = \frac{\nabla f(\mathbf{y}_{j+1})\cdot\mathbf{q}_j}{\|\nabla f(\mathbf{y}_j)\}} \tag{8.58}$$

을 산출한다. 더군다나 만약 f가 이차식이라면, 그리고 만약 정확한 선형탐색을 실행한다면 (8.56)을 사용해 위와 같이 $\nabla f(\mathbf{y}_{j+1})\cdot\mathbf{d}_j = 0 = \nabla f(\mathbf{y}_j)\cdot\mathbf{d}_{j-1}$임과 함께 $\mathbf{d}_j$, $\mathbf{d}_{j-1}$의 H-공액성(여기에서 $\mathbf{d}_0 \equiv \mathbf{0}$)에 따라 다음 식

$$\begin{aligned}\nabla f(\mathbf{y}_{j+1})\cdot\nabla f(\mathbf{y}_j) &= \nabla f(\mathbf{y}_{j+1})\cdot[\alpha_{j-1}\mathbf{d}_{j-1} - \mathbf{d}_j]\\ &= \alpha_{j-1}\nabla f(\mathbf{y}_{j+1})\cdot\mathbf{d}_{j-1} = \alpha_{j-1}\left[\nabla f(\mathbf{y}_j) + \lambda_j\mathbf{H}\mathbf{d}_j\right]\cdot\mathbf{d}_{j-1}\\ &= \alpha_{j-1}\lambda_j\mathbf{d}_j^t\mathbf{H}\mathbf{d}_{j-1} = 0\end{aligned}$$

을 얻는다. 그러므로 다음 식

$$\nabla f(\mathbf{y}_{j+1})\cdot\nabla f(\mathbf{y}_j) = 0 \tag{8.59}$$

이 성립한다. 이것을 (8.58)에 대입하고 (8.41)을 사용하면 플레처 & 리브스 [1964]의 알고리즘의 α_j의 선택은 다음 식

$$\alpha_j^{\mathrm{FR}} = \frac{\|\nabla f(\mathbf{y}_{j+1})\|^2}{\|\nabla f(\mathbf{y}_j)\|^2} \tag{8.60}$$

과 같다.

지금 플레처와 리브스 알고리즘의 α_j의 선택 (8.60)을 사용하는 공액경도법을 제시하고 공식적으로 해석하기 위해 진행한다. 나머지의 선택에 관한 유사한 토의도 뒤따른다.

플레처와 리브스의 공액경도법의 요약

일반적 미분가능함수를 최소화하기 위한 공액경도법의 요약이 아래에 주어진다.

초기화 스텝 하나의 종료 스칼라 $\varepsilon > 0$, 하나의 초기점 $\mathbf{x}_1$을 선택한다. $\mathbf{y}_1 = \mathbf{x}_1$, $\mathbf{d}_1 = -\nabla f(\mathbf{y}_j)$, $k = j = 1$이라고 놓고 메인 스텝으로 간다.

메인 스텝 1. 만약 $\| \nabla f(\mathbf{y}_j) \| < \varepsilon$이라면 중지한다. 그렇지 않다면 λ_j는 최소화 $f(\mathbf{y}_j + \lambda \mathbf{d}_j)$ 제약조건 $\lambda \geq 0$ 문제의 하나의 최적해라 하고 $\mathbf{y}_{j+1} = \mathbf{y}_j + \lambda_j \mathbf{d}_j$라고 놓는다. 만약 $j < n$이라면 스텝 2로 간다; 그렇지 않다면 스텝 3으로 간다.

2. $\mathbf{d}_{j+1} = -\nabla f(\mathbf{y}_{j+1}) + \alpha_j \mathbf{d}_j$라 하고, 여기에서 α_j를 다음 식

$$\alpha_j = \frac{\| \nabla f(\mathbf{y}_{j+1}) \|^2}{\| \nabla f(\mathbf{y}_j) \|^2}$$

에서 구한다. j를 $j+1$로 대체하고 스텝 1로 간다.

3. $\mathbf{y}_1 = \mathbf{x}_{k+1} = \mathbf{y}_{n+1}$이라 하고, $\mathbf{d}_1 = -\nabla f(\mathbf{y}_1)$이라 한다. $j = 1$이라 하고 k를 $k+1$로 대체하고 스텝 1로 간다.

8.8.7 예제

다음 문제

$$\text{최소화} \quad (x_1 - 2)^4 + (x_1 - 2x_2)^2$$

를 고려해보자. 플레처와 리브스의 방법을 사용하는 계산의 요약이 표 8.14에 나타나 있다. 각각의 반복계산에서 $\mathbf{d}_1$은 $-\nabla f(\mathbf{y}_1)$으로 주어지고 $\mathbf{d}_2$는 $\mathbf{d}_2 = -\nabla f(\mathbf{y}_2) + \alpha_1 \mathbf{d}_1$으로 주어지며, 여기에서 $\alpha_1 = \| \nabla f(\mathbf{y}_2) \|^2 / \| \nabla f(\mathbf{y}_1) \|^2$이다. 더군다나 $\mathbf{y}_{j+1}$은 $\mathbf{y}_j$에서 출발하여 $\mathbf{d}_j$ 방향으로 최적화해 얻는다. 반복계산 4에서 최적점 (2.00, 1.00)에 아주 가까운 점 $\mathbf{y}_2 = (2.185, 1.094)$에 도달한다. 경도의 노음은 0.02이며, 이를테면 이것은 충분하게 작으며, 여기에서 중지한다. 알고리즘의 진전이 그림 8.23에 나타나 있다.

표 8.14 플레처와 리브스의 방법의 계산의 요약

반복 k	$\mathbf{x}_k$ / $f(\mathbf{x}_k)$	j	$\mathbf{y}_j$ / $f(\mathbf{y}_j)$	$\nabla f(\mathbf{y}_j)$	$\lVert \nabla f(\mathbf{y}_j) \rVert$	α_{j-1}	$\mathbf{d}_j$	λ_j	$\mathbf{y}_{j+1}$
1	(0.00, 3.00)	1	(0.00, 3.00)	(-44.00, 24.00)	50.12	-	(44.00, -24.00)	0.062	(2.70, 1.51)
	52.00		52.00						
		2	(2.70, 1.51)	(0.73, 1.28)	1.47	0.0009	(-0.69, -1.30)	0.23	(2.54, 1.21)
			0.34						
2	(2.54, 1.21)	1	(2.54, 1.21)	(0.87, -0.48)	0.99	-	(-0.87, 0.48)	0.11	(2.44, 1.26)
	0.10		0.10						
		2	(2.44, 1.26)	(0.18, 0.32)	0.37	0.14	(-0.30, -0.25)	0.63	(2.25, 1.10)
			0.04						
3	(2.25, 1.10)	1	(2.25, 1.10)	(0.16, -0.20)	0.32	-	(-0.16, 0.20)	0.10	(2.23, 1.12)
	0.008		0.008						
		2	(2.23, 1.12)	(0.03, 0.04)	0.05	0.04	(-0.036, -0.032)	1.02	(2.19, 1.09)
			0.003						
4	(2.19, 1.09)	1	(2.19, 1.09)	(0.05, -0.04)	0.06	-	(-0.05, 0.04)	0.11	(2.185, 1.094)
	0.0017		0.0017						
		2	(2.185, 1.094)	(0.002, 0.01)	0.02				
			0.0012						

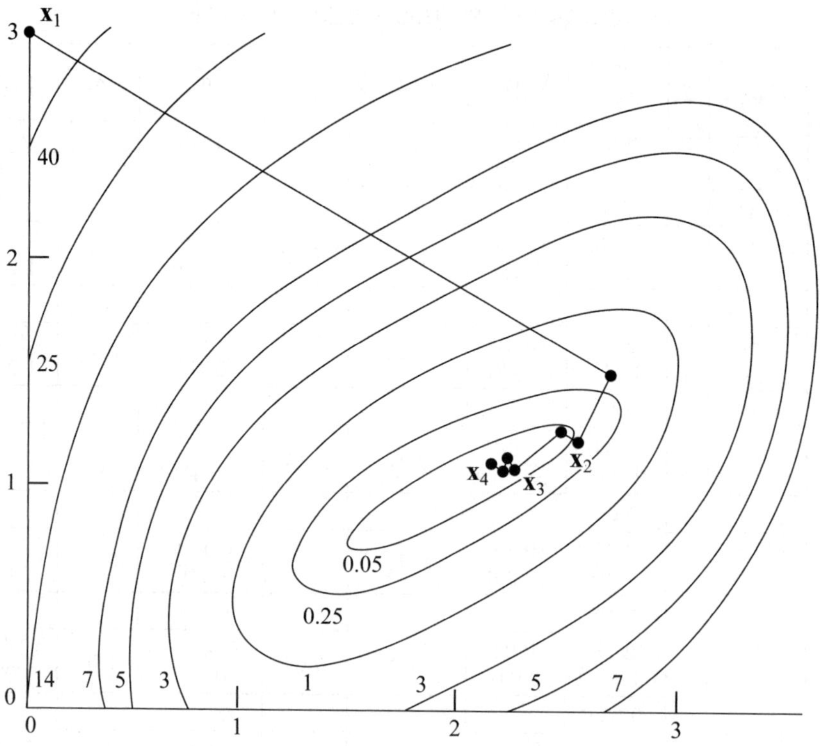

그림 8.23 플레처와 리브스의 방법

이차식 함수의 케이스

만약 함수 f가 이차식이라면 정리 8.8.8은 생성된 방향 $\mathbf{d}_1, \cdots, \mathbf{d}_n$이 진실로 공액임을 보여주며 그러므로 정리 8.8.3에 따라 공액경도법은 메인 스텝을 완전하게 적용한 후, 즉 다시 말하면 모든 n개 선형탐색을 수행한 후 하나의 최적해를 생산한다.

8.8.8 정리

최소화 $f(\mathbf{x}) = \mathbf{c}\cdot\mathbf{x} + (1/2)\mathbf{x}^t\mathbf{H}\mathbf{x}$ 제약조건 $\mathbf{x} \in \Re^n$ 문제를 고려해보자. 공액경도법을 사용해 $\mathbf{y}_1$에서 출발하고 $\mathbf{d}_1 = -\nabla f(\mathbf{y}_1)$이라고 놓고 문제의 최적해를 구한다고 가정한다. 특히 $j = 1, \cdots, n$에 대해 λ_j는 최소화 $f(\mathbf{y}_j + \lambda\mathbf{d}_j)$ 제약조건 $\lambda \geq 0$ 문제의 하나의 최적해이다. $\mathbf{y}_{j+1} = \mathbf{y}_j + \lambda_j\mathbf{d}_j$이라 하고 $\mathbf{d}_{j+1} = -\nabla f(\mathbf{y}_{j+1}) +$

$\alpha_j \mathbf{d}_j$이라 하며, 여기에서 $\alpha_j = \| \nabla f(\mathbf{y}_{j+1}) \|^2 / \| \nabla f(\mathbf{y}_j) \|^2$이다. 만약 $j=1, \cdots, n$에 대해 $\nabla f(\mathbf{y}_i) \neq \mathbf{0}$이라면, 그렇다면 다음 문장

1. $\mathbf{d}_1, \cdots, \mathbf{d}_n$은 $\mathbf{H}$-공액이다.
2. $\mathbf{d}_1, \cdots, \mathbf{d}_n$은 강하방향이다.
3. $\alpha_j = \dfrac{\| \nabla f(\mathbf{y}_{j+1}) \|^2}{\| \nabla f(\mathbf{y}_j) \|^2} = \dfrac{\mathbf{d}_j^t \mathbf{H} \nabla f(\mathbf{y}_{j+1})}{\mathbf{d}_j^t \mathbf{H} \mathbf{d}_j}, \quad j = 1, \cdots, n$

은 참이다.

증명 먼저 j에 대해 파트 1, 2, 3은 성립한다고 가정한다. $j+1$에 대해서도 파트 1, 2, 3이 성립함을 보인다. $j+1$에 대해 파트 1이 성립함을 보여주기 위해 먼저 $k \le j$에 대해 $\mathbf{d}_k^t \mathbf{H} \mathbf{d}_{j+1} = 0$임을 보인다. $\mathbf{d}_{j+1} = -\nabla f(\mathbf{y}_{j+1}) + \alpha_j \mathbf{d}_j$이므로 파트 3의 귀납가설을 주목하고 $k=j$이라 하면 다음 식

$$\mathbf{d}_j^t \mathbf{H} \mathbf{d}_{j+1} = \mathbf{d}_j^t \mathbf{H} \left[-\nabla f(\mathbf{y}_{j+1}) + \frac{\mathbf{d}_j^t \mathbf{H} \nabla f(\mathbf{y}_{j+1})}{\mathbf{d}_j^t \mathbf{H} \mathbf{d}_j} \mathbf{d}_j \right] = 0 \tag{8.61}$$

을 얻는다. 지금 $k < j$이라 한다. $\mathbf{d}_{j+1} = -\nabla f(\mathbf{y}_{j+1}) + \alpha_j \mathbf{d}_j$, $\mathbf{d}_j^t \mathbf{H} \mathbf{d}_j = 0$이므로 파트 1의 귀납가설에 따라 다음 식

$$\mathbf{d}_k^t \mathbf{H} \mathbf{d}_{j+1} = -\mathbf{d}_k^t \mathbf{H} \nabla f(\mathbf{y}_{j+1}) \tag{8.62}$$

이 성립한다. $\nabla f(\mathbf{y}_{k+1}) = \mathbf{c} + \mathbf{H} \mathbf{y}_{k+1}$, $\mathbf{y}_{k+1} = \mathbf{y}_k + \lambda_k \mathbf{d}_k$이므로 다음 식

$$\begin{aligned} \mathbf{d}_{k+1} &= -\nabla f(\mathbf{y}_{k+1}) + \alpha_k \mathbf{d}_k \\ &= -[\nabla f(\mathbf{y}_k) + \lambda_k \mathbf{H} \mathbf{d}_k] + \alpha_k \mathbf{d}_k \\ &= -[-\mathbf{d}_k + \alpha_{k-1} \mathbf{d}_{k-1} + \lambda_k \mathbf{H} \mathbf{d}_k] + \alpha_k \mathbf{d}_k \end{aligned}$$

이 성립함을 주목하자. 파트 2의 귀납가설에 따라 $\mathbf{d}_k$는 강하방향이며 그러므로 $\lambda_k > 0$이다. 그러므로 다음 식

$$\mathbf{d}_k^t\mathbf{H} = \frac{1}{\lambda_k}\left[-\mathbf{d}_{k+1}^t + (1+\alpha_k)\mathbf{d}_k^t - \alpha_{k-1}\mathbf{d}_{k-1}^t\right] \tag{8.63}$$

이 성립한다. (8.62), (8.63)에서 다음 식

$$\begin{aligned}\mathbf{d}_k^t\mathbf{H}\mathbf{d}_{j+1} &= -\mathbf{d}_k^t\mathbf{H}\nabla f(\mathbf{y}_{j+1})\\ &= -\frac{1}{\lambda_k}\left[-\mathbf{d}_{k+1}\cdot\nabla f(\mathbf{y}_{j+1}) + (1+\alpha_k)\mathbf{d}_k\cdot\nabla f(\mathbf{y}_{j+1})\right.\\ &\qquad \left.-\alpha_{k-1}\mathbf{d}_{k-1}\cdot\nabla f(\mathbf{y}_{j+1})\right]\end{aligned}$$

이 뒤따른다. 정리 8.8.3의 파트 1에 따라, 그리고 $\mathbf{d}_1, \cdots, \mathbf{d}_j$는 공액이라고 가정했으므로 $\mathbf{d}_{k+1}\cdot\nabla f(\mathbf{y}_{j+1}) = \mathbf{d}_k\cdot\nabla f(\mathbf{y}_{j+1}) = \mathbf{d}_{k-1}\cdot\nabla f(\mathbf{y}_{j+1}) = 0$이다. 따라서 위의 방정식은 $k < j$에 대해 $\mathbf{d}_k^t\mathbf{H}\mathbf{d}_{j+1} = 0$임을 의미한다. (8.61)과 함께 이것은 모든 $k \le j$에 대해 $\mathbf{d}_k^t\mathbf{H}\mathbf{d}_{j+1} = 0$임을 보여준다.

$\mathbf{d}_1 \cdots, \mathbf{d}_{j+1}$가 $\mathbf{H}$-공액임을 보여주기 위해 이들이 선형독립임을 보여주면 충분하다. $\Sigma_{i=1}^{j+1}\gamma_i\mathbf{d}_i = \mathbf{0}$이라고 가정한다. 그렇다면 $\Sigma_{i=1}^{j}\gamma_i\mathbf{d}_i + \gamma_{j+1}[-\nabla f(\mathbf{y}_{j+1}) + \alpha_j\mathbf{d}_j] = \mathbf{0}$이다. $\nabla f(\mathbf{y}_{j+1})^t$로 곱하고 정리 8.8.3의 파트 1을 주목하면 $\gamma_{j+1}\|\nabla f(\mathbf{y}_{j+1})\|^2 = 0$임이 뒤따른다. $\nabla f(\mathbf{y}_{j+1}) \ne \mathbf{0}$이므로 $\gamma_{j+1} = 0$이다. 이것은 $\Sigma_{i=1}^{j}\gamma_i\mathbf{d}_i = \mathbf{0}$임을 의미하며, 그리고 $\mathbf{d}_1 \cdots, \mathbf{d}_j$의 공액성에서 보아 $\gamma_1 = \cdots = \gamma_j = 0$임이 뒤따른다. 따라서 $\mathbf{d}_1, \cdots, \mathbf{d}_{j+1}$은 선형독립이며 $\mathbf{H}$-공액이다. 그래서 $j+1$에 대해 파트 1은 성립한다.

지금 $j+1$에 대해 파트 2가 성립함을 보여준다; 즉 다시 말하면 $\mathbf{d}_{j+1}$는 강하방향이다. 가정에 따라 $\nabla f(\mathbf{y}_{j+1}) \ne \mathbf{0}$이며 정리 8.8.3의 파트 1에 따라 $\nabla f(\mathbf{y}_{j+1})\cdot\mathbf{d}_j = 0$임을 주목하자. 그렇다면 $\nabla f(\mathbf{y}_{j+1})\cdot\mathbf{d}_{j+1} = -\|\nabla f(\mathbf{y}_{j+1})\|^2 + \alpha_j\nabla f(\mathbf{y}_{j+1})\cdot\mathbf{d}_j = -\|\nabla f(\mathbf{y}_{j+1})\|^2 < 0$이다. 정리 4.1.2에 의해 $\mathbf{d}_{j+1}$은 강하방향이다.

다음으로 $j+1$에 대해 파트 3이 성립함을 제시한다. (8.63)에서 $k = j+1$이라고 놓고 $\nabla f(\mathbf{y}_{j+2})$를 곱해 다음 식

$$\lambda_{j+1}\mathbf{d}_{j+1}^t\mathbf{H}\nabla f(\mathbf{y}_{j+2}) = \left[-\mathbf{d}_{j+2}^t + (1+\alpha_{j+1})\mathbf{d}_{j+1}^t + -\alpha_j\mathbf{d}_j^t\right]\cdot$$

$$\nabla f(\mathbf{y}_{j+2}) = \left[\nabla f(\mathbf{y}_{j+2})^t + \mathbf{d}_{j+1}^t - \alpha_j \mathbf{d}_j^t\right] \cdot \nabla f(\mathbf{y}_{j+2})$$

이 뒤따른다. $\mathbf{d}_1, \cdots, \mathbf{d}_{j+1}$은 $\mathbf{H}$-공액이므로 그렇다면, 정리 8.8.3의 파트 1에 따라, $\mathbf{d}_{j+1} \cdot \nabla f(\mathbf{y}_{j+2}) = \mathbf{d}_j \cdot \nabla f(\mathbf{y}_{j+2}) = 0$이다. 그렇다면 위의 방정식은 다음 식

$$\| \nabla f(\mathbf{y}_{j+2}) \|^2 = \lambda_{j+1} \mathbf{d}_{j+1}^t \mathrm{H} \nabla f(\mathbf{y}_{j+2}) \tag{8.64}$$

을 의미한다. $\nabla f(\mathbf{y}_{j+1}) = \nabla f(\mathbf{y}_{j+2}) - \lambda_{j+1} \mathbf{d}_{j+1}^t \mathbf{H} \mathbf{d}_{j+1}$를 $\nabla f(\mathbf{y}_{j+1})^t$로 곱하고 $\mathbf{d}_j^t \mathbf{H} \mathbf{d}_{j+1} = \mathbf{d}_{j+1} \cdot \nabla f(\mathbf{y}_{j+2}) = \mathbf{d}_j \cdot \nabla f(\mathbf{y}_{j+2}) = 0$임을 주목하면 다음 식

$$\begin{aligned} \| \nabla f(\mathbf{y}_{j+1}) \|^2 &= \nabla f(\mathbf{y}_{j+1}) \cdot \left[\nabla f(\mathbf{y}_{j+2}) - \lambda_{j+1} \mathbf{H} \mathbf{d}_{j+1}\right] \\ &= (-\mathbf{d}_{j+1}^t + \alpha_j \mathbf{d}_j^t) \cdot \left[\nabla f(\mathbf{y}_{j+2}) - \lambda_{j+1} \mathbf{H} \mathbf{d}_{j+1}\right] \\ &= \lambda_{j+1} \mathbf{d}_{j+1}^t \mathbf{H} \mathbf{d}_{j+1} \end{aligned} \tag{8.65}$$

을 얻는다. (8.64), (8.65)에서 $j+1$에 대해 파트 3이 성립함은 명백하다.

따라서 만약 j에 대해 파트 1, 2, 3이 성립한다면, 이들은 $j+1$에 대해서도 역시 성립함을 보였다. $j=1$에 대해 파트 1, 2는 자명하게 성립함을 주목하자. 또한, $j+1$에 대해 파트 3이 성립함을 증명하기 위해 사용한 논증과 유사한 것을 사용해, $j=1$에 대해 이 논증이 성립함을 쉽게 증명할 수 있다. 이것으로 증명이 완결되었다. (증명 끝)

여기에서 독자는 함수 f가 이차식이며 '정확한 선형탐색'을 실행할 때 (8.57), (8.58), (8.60)에 따라 다양하게 주어진 α_j의 선택은 모두 일치함을 주목해야 하며, 따라서 헤스테네스 & 슈티펠, 폴락 & 리비에르의 α_j 선택에 대해 정리 8.8.8도 역시 성립한다. 그러나 이차식함수가 아닌 경우에 대해 α_j^{PR}의 선택은 α_j^{FR}보다도 경험적으로 우월해 보인다. (8.58)이 (8.60)으로 되는 것은 f가 이차식이라고 가정한 것이므로, α_j^{PR}의 선택은 이해할 수 있다. 같은 맥락에서, '부정확한 선형탐색'을 실행하면, α_j^{HS}의 선택은 바람직해 보인다. f가 이차식이더라도, 만약 부정확한 선형탐색을 실행한다면 연속적 방향벡터 사이에서만 공액성 관계가 성립함을 주목하자. 이런 경우 서로 공액인 방향을 생성하기 위한 어떤 대안

적 **3-항 재귀관계**의 토의에 대해 독자는 '주해와 참고문헌' 절을 참고하시오.

또한, 앞서 말한 해석에서 $\mathbf{d}_1 = -\mathbf{I}\nabla f(\mathbf{y}_1)$을 사용했다는 것을 주목하고, 여기에서 항등행렬을 사용하는 대신 일반적 **사전조절행렬** $\mathbf{D}$를 사용할 수도 있었으며, 여기에서 $\mathbf{D}$는 대칭 양정부호 행렬이다. 이것은 $\mathbf{d}_1 = -\mathbf{D}\nabla f(\mathbf{y}_1)$을 제공했을 수 있고, 그리고 (8.56b)은 $\mathbf{d}_{j+1} = -\mathbf{D}\nabla f(\mathbf{y}_{j+1}) + \alpha_j \mathbf{d}_j$가 되었을 수도 있으며, 여기에서 예를 들면 (8.57)의 의미에서, 다음 식

$$\alpha_j^{\mathrm{HS}} = \frac{\mathbf{q}_j^t \mathbf{D}\nabla f(\mathbf{y}_{j+1})}{\mathbf{q}_j \cdot \mathbf{d}_j}$$

을 얻는다. 본질적으로, 이것은 $\mathbf{y}' = \mathbf{D}^{-1/2}\mathbf{y}$의 변수변환을 하고 원래의 공액경도법을 사용함에 상응한다. 그러므로 이것은 앞에서 토의한 바와 같이, 문제의 고유구조를 개선하려는 관점에서 $\mathbf{D}$의 선택 동기를 부여한다.

이차식함수 f에 있어, 공액경도 스텝은 또한 흥미로운 **패턴탐색**의 해석을 제공한다. 그림 8.24를 고려하고, 잇따르는 점 $\mathbf{y}_j$, $\mathbf{y}_{j+1}$, $\mathbf{y}_{j+2}$는 공액경도법으로 생성한다고 가정한다. 지금, $\mathbf{y}_j$에서 $\mathbf{d}_j$를 따라 최소화해 얻은 점 $\mathbf{y}_{j+1}$에서, 다음으로 $\mathbf{y}_{j+1}$에서 그 대신 최급강하방향 $-\nabla f(\mathbf{y}_{j+1})$을 따라 최소화해, 점 $\mathbf{y}'_{j+1}$에 도달했다고 가정한다. 그렇다면 $\mathbf{y}_j$에서 방향 $\mathbf{y}'_{j+1} - \mathbf{y}_j$을 따라 이차식함수 f를 최소화하는 패턴탐색스텝도 역시 동일한 점 $\mathbf{y}_{j+2}$으로 인도했음을 보일 수 있다(연습문제 8.38 참조). 이 알고리즘은, 일반적으로 스텝의 후자의 종류를 사용

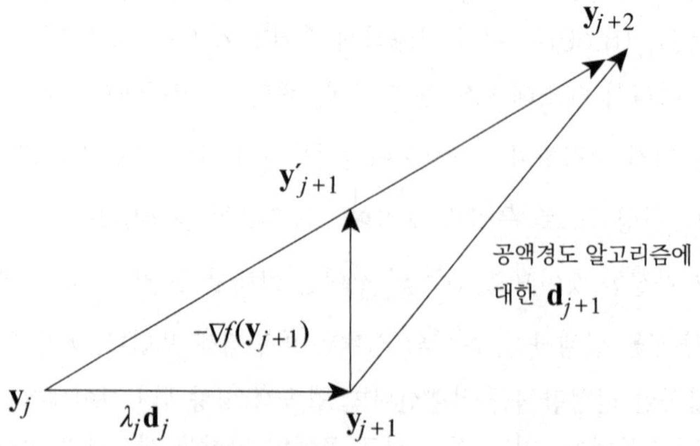

그림 8.24 공액경도법과 PARTAN 사이의 등가

하며(비-이차식 함수에 대해서조차도), PARTAN법이라고 더 잘 알려져 있다(연습문제 8.53 참조). 비록 PARTAN법은 공액경도법의 행태를 촉진하기 위해 n회의 반복계산마다 재출발할 것을 추천하지만, 일반함수의 PARTAN법의 전역수렴은 정리 7.3.4의 스페이서 스텝으로 음(-) 경도방향을 사용함에 연결되어 있으며 임의의 재시작 조건에 의존하지 않음을 주목하자.

무기억 준 뉴톤법

공액경도법과 브로이덴-플레처-골드파브-샤노 준 뉴톤법(BFGS 준 뉴톤법)의 단순화된 변형 사이에는 흥미로운 연결고리가 존재한다. $\mathbf{D}_{j+1} = \mathbf{D}_j + \mathbf{C}_j^{\mathrm{BFGS}}$에 따라 헤시안 역행렬의 근사화 행렬을 갱신해 후자의 알고리즘을 실행한다고 가정하고, 여기에서 수정행렬 $\mathbf{C}_j^{\mathrm{BFGS}}$는 (8.48)에서 주어지지만 $\mathbf{D}_j \equiv \mathbf{I}$라고 가정한다. 그러므로 다음 식

$$\mathbf{D}_{j+1} = \mathbf{I} + \frac{\mathbf{p}_j \mathbf{p}_j^t}{\mathbf{p}_j \cdot \mathbf{q}_j}\left(1 + \frac{\mathbf{q}_j \cdot \mathbf{q}_j}{\mathbf{p}_j \cdot \mathbf{q}_j}\right) - \frac{\mathbf{q}_j \mathbf{p}_j^t + \mathbf{p}_j \mathbf{q}_j^t}{\mathbf{p}_j \cdot \mathbf{q}_j} \tag{8.66a}$$

을 얻는다. 그렇다면 다음 방향

$$\mathbf{d}_{j+1} = -\mathbf{D}_{j+1} \nabla f(\mathbf{y}_{j+1}) \tag{8.66b}$$

을 따라 이동한다. 이 계산은 앞에서의 근사화 행렬 $\mathbf{D}_j$를 잃어버림과 유사하며, 그 대신 준 뉴톤법의 첫째 반복계산에서 행해지는 것처럼 항등행렬을 갱신한다: 그러므로 **무기억 준 뉴톤법**이라는 명칭이 생겼다. 필요한 메모리용량은 공액경도법이 요구하는 용량과 유사하고 $\mathbf{p}_j \cdot \mathbf{q}_j = \lambda_j \mathbf{d}_j \cdot \left[\nabla f(\mathbf{y}_{j+1}) - \nabla f(\mathbf{y}_j)\right]$가 양(+)인 채로 남아 있고, $\mathbf{d}_{j+1}$이 계속 강하벡터로 남는 한, '부정확한 선형탐색'을 실행할 수 있음을 관측하시오. 또한, 준 뉴톤법에서 근사화 행렬 $\mathbf{D}_j$가 양정부호성을 상실하게 되면 관심의 대상이 아니라는 점에 주목하자. 사실상, 부정확한 선형탐색에 관련해 이와 같은 구도는 계산상 아주 효과적임을 확인했다. '부정확한 선형탐색'을 갖고 연산하는 공액경도법에 관한 토의에 대해 독자는 '주해와 참고문헌' 절을 참조하시오.

지금 정확한 선형탐색을 사용한다고 가정한다. 그렇다면 $\mathbf{p}_j \cdot \nabla f(\mathbf{y}_{j+1}) = \lambda_j \mathbf{d}_j \cdot \nabla f(\mathbf{y}_{j+1}) = 0$임을 얻으며, 그래서 (8.57)에서 (8.66)은 다음 내용

$$\mathbf{d}_{j+1} = -\nabla f(\mathbf{y}_{j+1}) + \frac{\mathbf{q}_j \cdot \nabla f(\mathbf{y}_{j+1})}{\mathbf{p}_j \cdot \mathbf{q}_j} \mathbf{p}_j = -\nabla f(\mathbf{y}_{j+1}) + \alpha_j^{\mathrm{HS}} \mathbf{d}_j$$

을 제공한다. 그러므로 정확한 선형탐색을 사용할 때 브로이덴-플레처-골드파브-샤노 무기억갱신구도는 헤스테네스와 슈티펠의 공액경도법(또는, 폴락과 리비에르의 방법)과 등가이다. 비록 이와 같은 무기억갱신은 브로이덴 족의 다른 멤버에 대해서도 적용할 수 있지만(연습문제 8.34 참조), 관측된 구도의 실험적 유효성이 그렇듯이 공액경도법과의 등가는 $\phi = 1$(브로이덴-플레처-골드바프-샤노 갱신)일 때에만 발생함을 여기에서 언급한다(연습문제 8.40 참조).

공액경도법의 재출발에 관한 추천사항

정확한 또는 부정확한 선형탐색을 이용해 다른 공액경도법을 사용하는 여러 가지 계산실험에서, 적절한 재시작 판단기준을 사용함으로 공액경도법의 수행능력을 상당히 강화할 수 있음이 여러 번 입증되었다. 특히 빌레[1970c]가 제안하고 파우얼[1977b]이 증강한 재출발 절차는 대단히 효과적임이 입증되었으며 아래에 설명하는 바와 같이 변함없이 실행한다.

플레처와 리브스의 방법의 α_j의 선택에 관련해, 위에서 공식적으로 요약한 공액경도법(자연적으로 이 전략은 다른 허용가능한 α_j의 선택에도 적용한다)을 고려해보자. 이 절차의 어떤 안쪽 루프 반복계산 j에서, 점 $\mathbf{y}_j$에서 $\mathbf{d}_j$ 방향으로 탐색해 $\mathbf{y}_{j+1} = \mathbf{y}_j + \lambda_j \mathbf{d}_j$를 찾았으며 리셋하기로 결정했다고 가정한다(앞에서의 알고리즘의 설명에서 $j = n$이라면 언제나 이 결정을 한다). $\tau = j$로 함은 이것이 반복계산을 다시 시작함을 나타내는 것으로 정의한다. 다음 반복계산을 위해 탐색방향

$$\mathbf{d}_{\tau+1} = -\nabla f(\mathbf{y}_{\tau+1}) + \alpha_\tau \mathbf{d}_\tau \tag{8.67}$$

을 평소와 같이 구한다. 그렇다면 스텝 3에서 $\mathbf{y}_1$을 $\mathbf{y}_{\tau+1}$로 대체하고 $\mathbf{x}_{k+1} \equiv \mathbf{y}_{\tau+1}$, $\mathbf{d}_1 = \mathbf{d}_{\tau+1}$이라 하고, 다음의 안쪽 루프 반복계산의 집합을 갖고 계속하기 위해 스텝 1로 돌아간다. 그러나 $j \geq 1$에 대해 $\mathbf{d}_{j+1} = -\nabla f(\mathbf{y}_{j+1}) + \alpha_j \mathbf{d}_j$를 계산하는 대신, 지금 다음 식

$$\mathbf{d}_2 = -\nabla f(\mathbf{y}_2) + \alpha_1 \mathbf{d}_1 \tag{8.68a}$$

과 다음 식

$$\mathbf{d}_{j+1} = -\nabla f(\mathbf{y}_{j+1}) + \alpha_j \mathbf{d}_j + \gamma_j \mathbf{d}_1 \quad j \geq 2\text{에 대해}$$

을 사용하며, 여기에서

$$\gamma_j = \frac{\nabla f(\mathbf{y}_{j+1}) \cdot \mathbf{q}_1}{\mathbf{d}_1 \cdot \mathbf{q}_1} \tag{8.68b}$$

이며, 그리고 여기에서 α_j는 사용방법에 따라 앞에서처럼 계산한다. (8.68a)는 보통의 공액경도구도를 사용함을 주목하고, 그것에 따라 f가 이차식일 때 $\mathbf{d}_1$, $\mathbf{d}_2$를 H-공액으로 산출한다. 그러나 f가 양정부호인 헤시안 $\mathbf{H}$를 가지며 이차식이며 $\mathbf{d}_1$을 마음대로 선택할 때, 예를 들어 $j=2$라면, 보통의 α_2의 선택은 $\mathbf{d}_3$, $\mathbf{d}_2$가 H-공액이 되도록 할 것이지만 $\mathbf{d}_3$와 $\mathbf{d}_1$이 H-공액이 되기 위해 어떤 추가적 작업을 필요로 할 것이다. 이것은 여분의 항 $\gamma_2 \mathbf{d}_1$에 의해 성취된다. 진실로, $\mathbf{d}_3^t \mathbf{H} \mathbf{d}_1 = 0$이어야 함을 요구하면, 여기에서 $\mathbf{d}_3$은 (8.68b)의 표현에 따라 주어지며, 그리고 $\mathbf{d}_2^t \mathbf{H} \mathbf{d}_1 = 0$임을 주목하면, $\gamma_2 = \nabla f(\mathbf{y}_3)^t \mathbf{H} \mathbf{d}_1 / \mathbf{d}_1^t \mathbf{H} \mathbf{d}_1 = \nabla f(\mathbf{y}_3) \cdot \mathbf{q}_1 / \mathbf{d}_1 \cdot \mathbf{q}_1$임을 산출한다. 이렇게 귀납적으로 진행하면 (8.68b)의 추가적 항은 생성된 모든 방향벡터의 H-공액성을 보장한다(연습문제 8.48 참조).

앞서 말한 구도는 재출발을 실행한다면 $\mathbf{d}_1 = \mathbf{d}_{\tau+1}$ 대신, (8.67)에 따라 주어진 바와 같이 $\mathbf{d}_1 = -\nabla f(\mathbf{y}_1)$을 사용해 $\mathbf{d}_\tau$에 내재하는 중요한 2-계 정보를 잃는다는 동기로 인해 빌레가 제안했다. 추가적으로 파우얼은 $\mathbf{y}_{j+1}$을 찾은 후, 만약 다음 3개 조건 가운데 어느 것이라도 성립한다면, 이 알고리즘은 $\tau = j$로 놓고 (8.67)을 사용해 $\mathbf{d}_{\tau+1}$을 계산하고, $\mathbf{d}_1 = \mathbf{d}_{\tau+1}$로 리셋하고, $\mathbf{y}_1 = \mathbf{y}_{\tau+1}$로 리셋해 재출발해야 함을 제안했다.

1. $j = n-1$.
2. $|\nabla f(\mathbf{y}_{j+1}) \cdot \nabla f(\mathbf{y}_j)| \geq 0.2 \|\nabla f(\mathbf{y}_{j+1})\|^2$ 어떤 $j \geq 1$에 대해.
3. 어떤 $j \geq 2$에 대해 $-1.2 \|\nabla f(\mathbf{y}_{j+1})\|^2 \leq \mathbf{d}_{j+1} \cdot \nabla f(\mathbf{y}_{j+1}) \leq -0.8 \|\nabla f(\mathbf{y}_{j+1})\|^2$임이 위반된다.

조건 1은 $\mathbf{d}_{\tau+1} = \mathbf{d}_n$ 방향으로 탐색한 후 이차식 케이스에 대해 n개 공액 방향으로 탐색한 것이 되는 일반적 리셋 판단기준이다. 만약 $\nabla f(\mathbf{y}_j)$, $\nabla f(\mathbf{y}_{j+1})$ 사이의 **직교화**의 충분한 측도가 상실되면 조건 2는 리셋을 제안하며, 이것은 그림 8.21에서 예시한 '확장하는 부분공간 특질'에서 동기를 부여받은 것이다(계산상으로, 여기에서 0.2를 사용하는 대신 구간 $[0.1, 0.9]$에 속한 임의의 상수를 사용해도 만족할 만한 수행성능을 보인다). 조건 3은 점 $\mathbf{y}_{j+1}$에서 강하방향 $\mathbf{d}_{j+1}$을 따라 충분히 강하했는가를 점검하며, 조건 3은 또한 항등식 $\mathbf{d}_{j+1} \cdot \nabla f(\mathbf{y}_{j+1}) = -\|\nabla f(\mathbf{y}_{j+1})\|^2$의 상대적 정확도를 점검하며, 이 항등식은 정확한 선형탐색 아래 반드시 성립한다[여기에서 (8.56b)를 사용해 $\mathbf{d}_j \cdot \nabla f(\mathbf{y}_{j+1})$을 얻는다]. 부정확한 선형탐색을 사용할 때 유사한 아이디어에 대해 독자는 '주해와 참고문헌' 절을 참조하시오.

공액방향법의 수렴

정리 8.8.3에서 보였듯이 만약 고려 중인 함수가 이차식이라면 임의의 공액방향법은 유한개 스텝 이내 하나의 최적해를 생산한다. 지금 만약 함수가 이차식일 필요가 없다면 이들 알고리즘의 수렴을 토의한다.

정리 7.3.4에서 만약 다음 특질

1. Ω에 속하지 않은 점에서 $\mathbf{B}$는 닫혀있다.
2. 만약 $\mathbf{y} \in \mathbf{B}(\mathbf{x})$이라면 $\mathbf{x} \not\in \Omega$에 대해 $f(\mathbf{y}) < f(\mathbf{x})$이다.
3. 만약 $\mathbf{z} \in \boldsymbol{C}(\mathbf{y})$이라면 $f(\mathbf{z}) \le f(\mathbf{y})$이다.
4. 집합 $\Lambda = \{\mathbf{x} \mid f(\mathbf{x}) \le f(\mathbf{x}_1)\}$은 콤팩트 집합이며, 여기에서 $\mathbf{x}_1$은 출발해이다.

이 성립한다면 합성 알고리즘 $\mathbf{A} = \mathbf{CB}$는 해집합 Ω에 속한 점으로 수렴함을 보였다.

이 장에서 토의한 공액방향법(준 뉴톤 또는 공액경도)에 대해 사상 $\mathbf{B}$는 다음 형태와 같다. $\mathbf{x}$가 주어지면 $\mathbf{y} \in \mathbf{B}(\mathbf{x})$임은, $\mathbf{x}$에서 출발하여 방향 $\mathbf{d} = -\mathbf{D}\nabla f(\mathbf{x})$을 따라 f를 최소화하여 $\mathbf{y}$를 구함을 의미하며, 여기에서 $\mathbf{D}$는 명시한 양정부호 행렬이다. 특히 공액경도법에서 $\mathbf{D} = \mathbf{I}$이며 준 뉴톤법에서 $\mathbf{D}$는 임의의 양정부호 행렬이다. 나아가서 사상 $\mathbf{B}$를 적용해 얻은 점에서 출발하면, 사상 $\mathbf{C}$는 특정한 알고리즘이 명시하는 방향을 따라 함수 f를 최소화하는 것으로 정의한다.

따라서 사상 $\mathbf{C}$는 '특질 3'을 만족시킨다.

지금 $\Omega = \{\mathbf{x} \mid \nabla f(\mathbf{x}) = \mathbf{0}\}$이라 하고 사상 $\mathbf{B}$는 특질 1과 2를 만족시킴을 보인다. $\mathbf{x} \in \Omega$라 하고, $\mathbf{x}_k \to \mathbf{x}$라 한다. 나아가서 $\mathbf{y}_k \in \mathbf{B}(\mathbf{x}_k)$, $\mathbf{y}_k \to \mathbf{y}$라 한다. $\mathbf{y} \in \mathbf{B}(\mathbf{x})$임을 보일 필요가 있다. $\mathbf{y}_k$의 정의에 따라 다음 식

$$f(\mathbf{y}_k) \le f\left[\mathbf{x}_k - \lambda \mathbf{D} \nabla f(\mathbf{x}_k)\right] \quad \forall \lambda \ge 0 \tag{8.69}$$

이 성립하도록 하는, $\lambda_k \ge 0$에 대해 $\mathbf{y}_k = \mathbf{x}_k - \lambda_k \mathbf{D} \nabla f(\mathbf{x}_k)$를 얻는다. $\nabla f(\mathbf{x}) \ne \mathbf{0}$이므로, 그렇다면 λ_k은 $\bar{\lambda} = \| \mathbf{y} - \mathbf{x} \| / \| \mathbf{D} \nabla f(\mathbf{x}) \| \ge 0$으로 수렴한다. 그러므로 $\mathbf{y} = \mathbf{x} - \bar{\lambda} \mathbf{D} \nabla f(\mathbf{x})$이다. (8.69)에서 $k \to \infty$에 따라 극한을 취하면 모든 $\lambda \ge 0$에 대해 $f(\mathbf{y}) \le f[\mathbf{x} - \lambda \mathbf{D} \nabla f(\mathbf{x})]$이며 그래서 $\mathbf{y}$는, 진실로 $\mathbf{x}$에서 출발하여, 벡터 $-\mathbf{D} \nabla f(\mathbf{x})$ 방향으로 f를 최소화하여 얻는다. 따라서 $\mathbf{y} \in \mathbf{B}(\mathbf{x})$이며 $\mathbf{B}$는 닫혀있다. 또한 $-\nabla f(\mathbf{x})^t \mathbf{D} \nabla f(\mathbf{x}) < 0$임을 주목하면 파트 2가 성립한다. 그래서 $-\mathbf{D} \nabla f(\mathbf{x})$는 강하방향이다. 파트 4에서 정의한 집합이 콤팩트하다고 가정하면 이 절에서 토의한 공액방향법은 $\mathbf{0}$ 경도를 갖는 하나의 점으로 수렴함이 뒤따른다.

정리 7.3.4에 관련해 토의한 바와 같이 위에서 설명한 사상 $\mathbf{B}$의 역할은 **스페이서 스텝의 역할**과 유사하다. 실험적으로 설계되고 이론적 수렴이 어려울지도 모르는 알고리즘에 대해, 이와 같은 문제의 어려움은, 예를 들면 이러한 음(-) 경도 방향을 따라 주기적 최소화를 포함하는 **스페이서 스텝**을 끼워 넣어 경감할 수 있으며 그러므로 이론적 수렴을 달성할 수도 있다.

지금 이 절에서 토의한 알고리즘의 수렴율 또는 국소수렴특성을 설명하는 쪽으로 주의를 돌린다.

공액경도법의 수렴율 특성

이차식함수 $f(\mathbf{x}) = \mathbf{c} \cdot \mathbf{x} + (1/2)\mathbf{x}^t \mathbf{H} \mathbf{x}$을 고려해보고, 여기에서 $\mathbf{H}$는 $n \times n$ 대칭, 양정부호 행렬이다. $\mathbf{H}$의 고유값은 2개 집합으로 그룹핑되며, 이 가운데 하나의 집합은 어떤 m개의 상대적으로 크고 아마도 분산된 값으로 구성되고, 다른 하나의 집합은 어떤 $n-m$개의 상대적으로 더 작은 고유값의 클러스터이다(이러한 구조는 예를 들면, 9장에서 토의한 바와 같은, 선형제약이 있는 이차식계획법 문제에 관해 이차식 페널티함수를 사용할 경우 발생한다). $(m+1) < n$임을 가정하

고 α는 후자의 클러스터에서 가장 큰 고유값의 가장 작은 고유값에 대한 비율이라고 놓는다. 지금 공액경도법을 표준적으로 적용하면 n회 또는 이보다도 더 작은 횟수의 스텝 후, 유한회 이내 최적해로 수렴함을 알고 있다. 그러나 $m+1$개 선형탐색 또는 스텝마다 최급강하방향으로 재출발하여 공액경도법을 연산한다고 가정한다. 이러한 절차를 **편공액경도법**이라 한다.

어떤 해 $\mathbf{x}_1$에서 출발하여, 각각의 $k \geq 1$에 대해 $\mathbf{x}_{k+1}$는 위에서처럼 $\mathbf{x}_k$를 갖고 재출발할 때 $m+1$개 공액경도 스텝을 적용한 후 얻는 점이며 $\{\mathbf{x}_k\}$는 이렇게 해 생성한 수열이라 하자. 이것은 $(m+1)$-**스텝 과정**이라 하자. 방정식 (8.17)에서처럼, 오차함수 $e(\mathbf{x}) = (1/2)(\mathbf{x} - \mathbf{x}^*)^t\mathbf{H}(\mathbf{x} - \mathbf{x}^*)$을 정의하고, 이 함수는 $f(\mathbf{x})$와 상수만큼 차이가 있으며, 그리고 이 함숫값이 0이라는 것은 $\mathbf{x} = \mathbf{x}^*$이라는 것과 같은 뜻이다. 그렇다면 다음 식

$$e(\mathbf{x}_{k+1}) \leq \frac{(\alpha-1)^2}{(\alpha+1)^2} e(\mathbf{x}_k) \tag{8.70}$$

이 나타난다('주해와 참고문헌' 절 참조). 그러므로 $m=0$인 최급강하법의 특수케이스처럼 이 식은 위 과정의 선형수렴율을 확립한다[방정식 (8.18) 참조]. 그러나 수렴율을 좌우하는 비율 α는 지금 m개의 가장 큰 고유값에 따라 변하지 않는다. 따라서 m개의 가장 큰 고유값의 영향이 제거되지만 최급강하법의 단일-스텝 과정보다도 $(m+1)$-스텝 과정을 거치는 더 많은 노력이 필요하다.

다음으로, 보통의 n-스텝 공액경도과정이 적용되는 일반적 비이차식 케이스를 고려해보자. 직관적으로, 공액경도법은 뉴톤법이 1개 스텝에서 실행하는 것을 n개 스텝에서 실행하므로, 뉴톤법의 국소 이차식 수렴율에 따라, 유사하게 n-스텝 공액경도 과정도 역시 이차식적으로 수렴한다고 예상할 수 있다; 즉 다시 말하면 어떤 $\beta > 0$에 대해 $\|\mathbf{x}_{k+1} - \mathbf{x}^*\| \leq \beta \|\mathbf{x}_k - \mathbf{x}^*\|^2$이다. 진실로 만약 $\{\mathbf{x}_k\} \rightarrow \mathbf{x}^*$이라면 고려 중인 함수는 $\mathbf{x}^*$의 어떤 근방에서 2회연속 미분가능하고, $\mathbf{x}^*$에서 헤시안행렬은 양정부호이며 n-스텝 과정은 슈퍼 선형적으로 $\mathbf{x}^*$에 수렴함을 보일 수 있다('주해와 참고문헌' 절 참조). 더군다나 만약 이 헤시안행렬이 $\mathbf{x}^*$의 어떤 근방에서 적절한 립쉬츠 조건을 만족한다면 슈퍼 선형 수렴율은 n-스텝 이차식이다. 또다시, 이를테면 이들의 결과를 최급강하법의 선형수렴율과 비교해 해석할 때에는 조심해야 한다. 즉 다시 말하면, 이들은 n-스텝 점근적 결과이며 이에 반해 최급강

하법은 단일-스텝의 절차이다. 또한, 일반적으로 n이 상대적으로 클 때 이들 방법이 적용되지만, $5n$회 이상의 반복계산 또는 5회의 n-스텝 반복계산을 실행함은 거의 실용적이 아니다. 일반적으로 $2n$회 반복계산 이내에 논리적 수렴을 얻으므로, 다행하게도 실험적 결과는 이것이 문제를 일으키지 않는다고 지적하는 것 같다.

준 뉴톤법의 수렴율 특성

준 뉴톤법의 브로이덴 부류도 역시 **부분 준 뉴톤법**처럼, 예를 들면 최급강하방향으로 $m+1$회 반복계산마다 다시 시작해 연산할 수 있다. 이차식 케이스에 대해 이러한 구도의 국소수렴 특질은 위에서 토의한 바와 같이 공액경도법의 수렴특질과 유사하다. 또한, 이차식 케이스가 아닌 것에 대해, n-스텝 준 뉴톤법은 공액경도법의 행태와 유사한 국소 슈퍼 선형 수렴율 행태를 갖는다. 직관적으로, 이것은 둘 가운데 1개 방법의 n-스텝 과정이 이차식함수에 미치는 동일한 효과 때문이다. 또다시, n-스텝 슈퍼 선형 수렴행태의 가치를 해석함에 있어 일반적 유의점을 관측해야 한다. 추가적으로, 독자는 연습문제 8.52와 준 뉴톤법의 척도변환에 관한 절에 주의를 기울여야 하며, 여기에서 이차식 케이스에 있어 $\mathbf{D}_{j+1}\mathbf{H}$의 고유값을 순차적으로 1로 바꿈에 따라 결과로 나타날 수 있는 악조건 영향을 토의한다.

준 뉴톤법은 또한 리셋 없이 간혹 연속갱신과정으로 연산한다. 비록 이러한 구도의 전역수렴이 더욱 엄중한 조건을 요구할지라도 국소수렴율 행태는 자주 점근적으로 슈퍼 선형이다. 예를 들면 브로이덴-플레처-골드파브-샤노 갱신구도에 대해, 이 구도는 상대적으로 월등하게 실험적 수행을 보이며, 앞에서 언급한 바와 같이 다음 결과가 성립한다('주해와 참고문헌' 절 참조). $\mathbf{y}^*$가 헤시안 $\mathbf{H}(\mathbf{y}^*)$이 양정부호가 되도록 하는 것이라 하고, $\mathbf{y} \in \mathbb{N}_\varepsilon(\mathbf{y}^*)$에 대해 립쉬츠 조건 $\|\mathbf{H}(\mathbf{y}) - \mathbf{H}(\mathbf{y}^*)\| \leq L\|\mathbf{y} - \mathbf{y}^*\|$이 성립하도록 하는 $\mathbf{y}^*$의 ε-근방 $\mathbb{N}_\varepsilon(\mathbf{y}^*)$이 존재한다고 하며, 여기에서 L은 양(+) 상수이다. 그렇다면 만약 고정된 단위 스텝 사이즈로 연속갱신하는 준 뉴톤 과정으로 생성한 수열 $\{\mathbf{y}_k\}$이 이러한 $\mathbf{y}^*$에 수렴한다면 점근적 수렴율은 슈퍼 선형이다. 데이비돈-플레처-파우얼 방법에 대해, 적절한 조건 아래 '정확한 선형탐색'과 단위 스텝 사이즈 선택 양자를 갖고 유사한 슈퍼 선형 수렴율 결과도 얻을 수 있다. 이 주제에 관한 자세한 문헌에 대해 독자는 '주해와 참고문헌' 절을 참고하기 바란다.

8.9 열경도최적화

다음 식과 같이 정의한 '문제 P'

$$\text{P: 최소화 } \{f(\mathbf{x}) \mid \mathbf{x} \in X\} \tag{8.71}$$

를 고려해보고, 여기에서 $f : \Re^n \to \Re$은 볼록함수이지만 미분가능일 필요가 없으며, 여기에서 $X \neq \varnothing$는 $\Re^n$의 닫힌 볼록부분집합이다. 예를 들면, 만약 X가 유계집합이라면, 또는 $\|\mathbf{x}\| \to \infty$일 때 $f(\mathbf{x}) \to \infty$라면, 이러한 것이 가능하듯이 하나의 최적해가 존재한다고 가정한다.

이러한 '문제 P'에 대해, 지금 음(-) 경도방향이 음(-) 열경도-기반의 방향으로 대체된 최급강하법의 직접적 일반화라고 볼 수 있는 **열경도최적화 알고리즘**을 설명한다. 그러나, 이후에 알게 되겠지만, 비록 음(-) 열경도-기반의 방향이 충분히 작은 스텝 사이즈에 대해 하나의 최적해에 더 가까운 점으로 정말로 접근하는 새로운 반복계산점이 되더라도, 음(-) 열경도-기반의 방향은 강하방향일 필요가 없다. 이와 같은 이유로 인해 음(-) 열경도 방향을 따라 선형탐색을 하지 않고, 각각의 반복계산에서 하나의 최적해로 수렴함을 보장하는 스텝 사이즈를 지정한다. 또한, 하나의 반복계산점 $\mathbf{x}_k \in X$가 주어지고, 방향 $\mathbf{d}_k = -\boldsymbol{\xi}_k / \|\boldsymbol{\xi}_k\|$를 따라 하나의 스텝 사이즈 λ_k를 채택하면, 여기에서 $\boldsymbol{\xi}_k$는 $\mathbf{x}_k$에서 f의 열미분 $\partial f(\mathbf{x}_k)$에 속하며(이를테면 $\boldsymbol{\xi}_k \neq \mathbf{0}$), 결과로 나타나는 점 $\overline{\mathbf{x}}_{k+1} = \mathbf{x}_k + \lambda_k \mathbf{d}_k$는 X에 속할 필요가 없다. 따라서 새로운 반복계산점 $\mathbf{x}_{k+1}$은 $\overline{\mathbf{x}}_{k+1}$을 X 위로 **사영해** 얻는다. 즉 다시 말하면 X에서 $\overline{\mathbf{x}}_{k+1}$에 가장 가까운 (유일한) 점을 찾는 것이다. 이와 같은 연산은 $\mathbf{x}_{k+1} = P_X(\overline{\mathbf{x}}_{k+1})$로 나타내며 여기에서 다음 식

$$P_X(\overline{\mathbf{x}}) \equiv argmin\{\|\mathbf{x} - \overline{\mathbf{x}}\| \mid \mathbf{x} \in X\}. \tag{8.72}$$

이 성립한다.

만약 이 방법이 계산상 실용성이 있다면 앞서 말한 사영 연산은 실행하기 쉬워야 한다. 예를 들면 라그랑지 쌍대성(제6장)의 상황에서, 여기에서 열경도법과 이의 변형은 가장 자주 사용되며, 집합 X는 변수에 대해 비음(-) 제한 $\mathbf{x} \geq \mathbf{0}$만을 단순하게 나타낼 수도 있다. 이 경우, (8.72)에서 각각의 성분 $i = 1, \cdots, n$

에 대해 $(\mathbf{x}_{k+1})_i = max\left\{0, (\overline{\mathbf{x}}_{k+1})_i\right\}$을 쉽게 얻을 것이다. 나머지의 정황에서, 집합 $X = \{\mathbf{x} \mid \ell_i \le x_i \le u_i, \ i=1, \cdots, n\}$은 변수에 관한 단순하고 유한한 하계, 상계를 나타낼 수도 있다. 이 경우 다음 식

$$(\mathbf{x}_{k+1})_i = \begin{cases} (\overline{\mathbf{x}}_{k+1})_i & \text{만약 } \ell_i \le (\overline{\mathbf{x}}_{k+1})_i \le u_i \\ \ell_i & \text{만약 } (\overline{\mathbf{x}}_{k+1})_i < \ell_i \\ u_i & \text{만약 } (\overline{\mathbf{x}}_{k+1})_i > u_i \end{cases} \qquad i = 1, \cdots, n \qquad (8.73)$$

의 입증도 용이하다. 또한, $X = \{\mathbf{x} \mid \boldsymbol{\alpha} \cdot \mathbf{x} = \beta, \ \boldsymbol{\ell} \le \mathbf{x} \le \mathbf{u}\}$을 정의하기 위해 추가적 냅색 제약조건 $\boldsymbol{\alpha} \cdot \mathbf{x} = \beta$을 도입할 때, 그렇다면 또다시, $P_X(\overline{\mathbf{x}})$를 구하는 것은 상대적으로 용이하다(연습문제 8.60 참조).

(기본적) 열경도법의 요약

초기화 스텝 출발해 $\mathbf{x}_1 \in X$를 선택하고, 현재의 목적함수 최적값의 상계를 $\text{UB}_1 = f(\mathbf{x}_1)$이라 하고 현재의 주어진 해를 $\mathbf{x}^* = \mathbf{x}_1$이라 하자. $k=1$이라고 놓고 메인 스텝으로 간다.

메인 스텝 $\mathbf{x}_k$가 주어지면 $\mathbf{x}_k$에서 f의 하나의 열경도 $\boldsymbol{\xi}_k \in \partial f(\mathbf{x}_k)$를 찾는다. 만약 $\boldsymbol{\xi}_k = \mathbf{0}$이라면 중지한다; $\mathbf{x}_k$(또는 $\mathbf{x}^*$)는 '문제 P'의 최적해이다. 그렇지 않다면 $\mathbf{d}_k = -\boldsymbol{\xi}_k / \| \boldsymbol{\xi}_k \|$ 이라 하고 스텝 사이즈 $\lambda_k > 0$를 선택하고 $\mathbf{x}_{k+1} = P_X(\overline{\mathbf{x}}_{k+1})$를 계산하며, 여기에서 $\overline{\mathbf{x}}_{k+1} = \mathbf{x}_k + \lambda_k \mathbf{d}_k$이다. 만약 $f(\mathbf{x}_{k+1}) < \text{UB}_k$라면 $\text{UB}_{k+1} = f(\mathbf{x})_{k+1}$, $\mathbf{x}^* = \mathbf{x}_{k+1}$이라고 놓는다. 그렇지 않다면 $\text{UB}_{k+1} = \text{UB}_k$라고 놓는다. k를 1만큼 증가시키고 메인 스텝을 반복한다.

알고리즘은 마음대로 열경도 $\boldsymbol{\xi}_k$를 선택하므로 하나의 내점 최적해가 존재하고 $\mathbf{0} \in \partial f(\mathbf{x}_k)$인 하나의 해 $\mathbf{x}_k$를 찾는다고 해도 종료판단기준 $\boldsymbol{\xi}_k = \mathbf{0}$는 전혀 실현되지 않을 수 있음을 주목하자. 그러므로 수행한 반복계산횟수의 최대한계에 기반한 하나의 실제적 종료판단기준은 거의 변동 없이 사용한다. 또한, 만약 임의의 반복계산에 대해 $\mathbf{x}_{k+1} = \mathbf{x}_k$라면 절차를 종료할 수 있음을 주목하시오. 대안

적으로, 만약 최적 목적함숫값 f^*가 알려져 있다면, (절댓값) 제약조건 위반의 합을 최소화해 실현가능해를 찾는 문제에서처럼, 어떤 허용오차 $\varepsilon > 0$에 대해 ε-종료판단기준 $\text{UB}_k \le f^* + \varepsilon$을 사용할 수도 있다(쌍대성간극에 기반한 종료판단 기준을 사용하는 원-쌍대 구조에 대해 '주해와 참고문헌' 절을 참조하시오).

8.9.1 예제

다음의 '문제 P'

$$\text{최소화} \quad \{f(x,y) | -1 \le x \le 1, \ -1 \le y \le 1\}$$
$$\text{여기에서 } f(x,y) = max\{-x, \ x+y, \ x-2y\}$$

를 고려해보자. $f(x,y) \le c$를 고려하고, 여기에서 c는 상수이며, $-x \le c$, $x+y \le c$, $x-2y \le c$로 둘러싸인 영역을 검사하면 그림 8.25에 보인 바와 같이 f의 등고선을 묘사할 수 있다. 미분불가능성의 점은 $t \ge 0$에 대해 $(t, 0)$, $(-t, 2t)$, $(-t, -t)$의 형식임을 주목하자. 또한, 최적해는 $(x,y) = (0,0)$이며, 여기에서 f를 정의하는 모든 3개 선형함수의 값은 같다. 그러므로 비록 $(0,0) \in \partial f(0)$

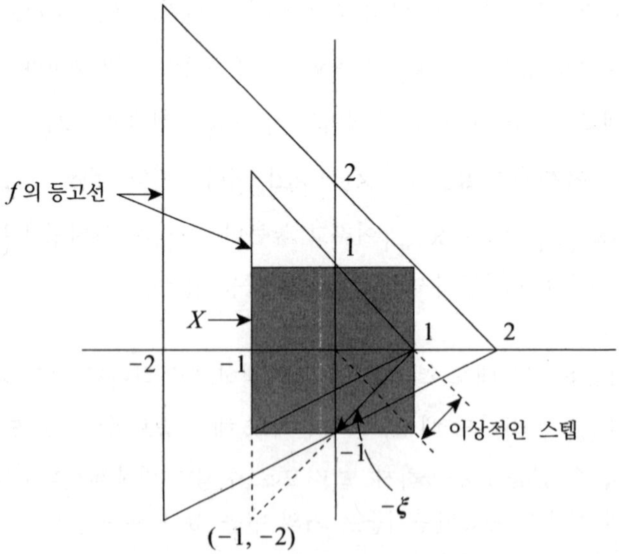

그림 8.25 예제 8.9.1의 f의 등고선

이지만, 또한 명백하게 $\partial f(\mathbf{0})$에 속하는 $(-1, 0)$, $(1, 1)$, $(1, -2)$을 얻는다.

지금 점 $(x, y) = (1, 0)$을 고려해보자. 선형함수 $x + y$, $x - 2y$에 의해 결정되는 바와 같이, $f(1, 0) = 1$을 얻는다(그림 8.25 참조). 그러므로 $\boldsymbol{\xi} = (1, 1) \in \partial f(1,0)$이다. 방향 $-\boldsymbol{\xi} = (-1, -1)$을 고려해보자. 이것은 강하방향이 아님을 주목하자. 그러나 이 벡터 방향으로 이동하기 시작함에 따라 최적해 $(0, 0)$에 좀 더 가깝게 접근한다. 그림 8.25는 최적해에 가장 가깝게 도달하기 위해 $\mathbf{d} = -\boldsymbol{\xi}$ 방향을 택할 수 있는 이상적 스텝을 보여준다. 그러나 $-\boldsymbol{\xi}$ 방향으로 스텝 사이즈 $\lambda = 2$를 택한다고 가정한다. 이것은 점 $(1, 0) - 2(1, 1) = (-1, -2)$로 안내할 것이다. $(-1, -2)$을 X의 위로 사영한 $P_X(-1, -2)$는 (8.73)을 계산해 $(-1, -1)$이라고 얻는다. 이것은 앞서 말한 알고리즘의 1회 반복계산을 구성한다.

다음 결과는 최적해로의 수렴을 보장하는 스텝 사이즈 선택구도를 정한다.

8.9.2 정리

'문제 P'는 (8.71)처럼 정의한 것으로 하고 최적해는 존재한다고 가정한다. 앞서 말한 '문제 P'의 최적해를 구하려는 열경도최적화 알고리즘을 고려해보고, 지정한 비음(-) 스텝 사이즈 수열 $\{\lambda_k\}$은 조건 $\{\lambda_k\} \to 0^+$, $\Sigma_{k=0}^{\infty} \lambda_k = \infty$을 만족시킨다고 가정한다. 그렇다면 알고리즘은 유한 회 이내에 하나의 최적해를 얻고 종료하든가 그렇지 않다면 다음 식

$$\mathrm{UB}_k \to f^* \equiv min\{f(\boldsymbol{x}) | \mathbf{x} \in X\}$$

이 성립하도록 하는 하나의 무한수열을 생성한다.

증명 정리 3.4.3에서 유한 회 이내 종료하는 케이스가 뒤따른다. 그러므로 하나의 동반하는 상계 $\{\mathrm{UB}_k\}$의 수열에 따라 하나의 무한수열 $\{\mathbf{x}_k\}$이 생성된다고 가정한다. $\{\mathrm{UB}_k\}$는 단조-비증가 수열이므로 이것은 집적점 $\bar{f}$를 갖는다. 수열 $\{\mathbf{x}_k\}$는 등위집합 $S_\alpha = \{\mathbf{x} \mid f(\mathbf{x}) \le \alpha\}$에 진입함을 보여줌으로 어떤 주어진 값 $\alpha > f^*$에 대해서도 극한 $\bar{f}$는 f^* 값과 같게 됨을 보인다. 그러므로 $\bar{f} > f^*$이 성립할 수 없다. 그렇지 않다면 $\alpha \in (f^*, \bar{f})$를 택함으로 모순이 일어난

다. 그러므로 반드시 $\bar{f} = f^*$이어야 한다.

이 목적을 위해 $f(\hat{\mathbf{x}}) < \alpha$가 되도록 하는 임의의 $\hat{\mathbf{x}} \in X$를 고려해보자(예를 들면 '문제 P'의 하나의 최적해로 $\hat{\mathbf{x}}$를 택할 수 있으므로). f는 연속함수이므로, 그리고 $\hat{\mathbf{x}} \in int\, S_\alpha$이므로 $\| \mathbf{x} - \hat{\mathbf{x}} \| \le \rho$가 $\mathbf{x} \in S_\alpha$임을 의미하는 하나의 $\rho > 0$가 존재한다. 특히 모든 k에 대해 $\mathbf{x}_{Bk} = \hat{\mathbf{x}} + \rho \boldsymbol{\xi}_k / \| \boldsymbol{\xi}_k \|$는 중심 $\hat{\mathbf{x}}$, 반경 ρ의 구의 경계에 존재하며 그러므로 S_α에 존재한다. 그러나 f의 볼록성에 따라 모든 k에 대해 $f(\mathbf{x}_{Bk}) \ge f(\mathbf{x}_k) + (\mathbf{x}_{Bk} - \mathbf{x}_k) \cdot \boldsymbol{\xi}_k$이다. 그러므로 이와 반대로 만약 $\{\mathbf{x}_k\}$가 결코 S_α에 진입하지 않는다면, 즉 다시 말하면 모든 k에 대해 $f(\mathbf{x}_k) > \alpha$라면 $(\mathbf{x}_{Bk} - \mathbf{x}_k) \cdot \boldsymbol{\xi}_k \le f(\mathbf{x}_{Bk}) - f(\mathbf{x}_k) < 0$이다. $\mathbf{x}_{Bk}$를 치환하면 이것은 $(\hat{\mathbf{x}} - \mathbf{x}_k) \cdot \boldsymbol{\xi}_k < -\rho \| \boldsymbol{\xi}_k \|$라는 결과를 나타낸다. 그러므로 $\mathbf{d}_k = -\boldsymbol{\xi}_k / \| \boldsymbol{\xi}_k \|$를 사용해 다음 식

$$(\mathbf{x}_k - \hat{\mathbf{x}}) \cdot \mathbf{d}_k < -\rho \quad \forall k \tag{8.74}$$

을 얻는다. 지금 다음 식

$$\begin{aligned}
\| \bar{\mathbf{x}}_{k+1} - \hat{\mathbf{x}} \|^2 &= \| \bar{\mathbf{x}}_{k+1} - \mathbf{x}_{k+1} + \mathbf{x}_{k+1} - \hat{\mathbf{x}} \|^2 \\
&= \| \bar{\mathbf{x}}_{k+1} - \hat{\mathbf{x}} \|^2 + \| \bar{\mathbf{x}}_{k+1} - \mathbf{x}_{k+1} \|^2 + 2(\bar{\mathbf{x}}_{k+1} - \mathbf{x}_{k+1}) \cdot (\mathbf{x}_{k+1} - \hat{\mathbf{x}})
\end{aligned}$$

을 얻는다. 그러므로 정리 2.4.1에 따라 다음 식

$$\begin{aligned}
\| \bar{\mathbf{x}}_{k+1} - \hat{\mathbf{x}} \|^2 &= \| \bar{\mathbf{x}}_{k+1} - \hat{\mathbf{x}} \|^2 - \| \bar{\mathbf{x}}_{k+1} - \mathbf{x}_{k+1} \|^2 \\
&\quad - 2(\bar{\mathbf{x}}_{k+1} - \mathbf{x}_{k+1}) \cdot (\mathbf{x}_{k+1} - \hat{\mathbf{x}}) \\
&\le \| \bar{\mathbf{x}}_{k+1} - \hat{\mathbf{x}} \|^2
\end{aligned}$$

을 얻는다. 그러므로 다음 식

$$\begin{aligned}
\| \mathbf{x}_{k+1} - \hat{\mathbf{x}} \|^2 \le \| \bar{\mathbf{x}}_{k+1} - \hat{\mathbf{x}} \|^2 &= \| \mathbf{x}_k + \lambda_k \mathbf{d}_k - \hat{\mathbf{x}} \|^2 \\
&= \| \mathbf{x}_k - \hat{\mathbf{x}} \|^2 + \lambda_k^2 + 2\lambda_k \mathbf{d}_k \cdot (\mathbf{x}_k - \hat{\mathbf{x}})
\end{aligned}$$

을 얻는다. (8.74)를 사용하면 이것은 다음 식

$$\| \mathbf{x}_{k+1} - \hat{\mathbf{x}} \|^2 \le \| \mathbf{x}_k - \hat{\mathbf{x}} \|^2 + \lambda_k(\lambda_k - 2\rho)$$

을 제공한다. $\lambda_k \to 0^+$이므로 $k \ge K$에 대해 $\lambda_k \le \rho$이도록 하는 하나의 K가 존재한다. 그러므로 다음 식

$$\| \mathbf{x}_{k+1} - \hat{\mathbf{x}} \|^2 \le \| \mathbf{x}_k - \hat{\mathbf{x}} \|^2 - \rho\lambda_k \qquad \forall k \ge K \tag{8.75}$$

이 존재한다. $k = K, K+1, \cdots, K+r$에 대해 나타낸 부등식 (8.75)를 합하면 이를테면, 다음 식

$$\rho \sum_{k=K}^{K+r} \lambda_k \le \| \mathbf{x}_K - \hat{\mathbf{x}} \|^2 - \| \mathbf{x}_{K+r+1} - \hat{\mathbf{x}} \|^2 \le \| \mathbf{x}_K - \hat{\mathbf{x}} \|^2 \; \forall r \ge 0$$

을 얻는다. $r \to \infty$에 따라 우변의 합은 ∞로 발산하므로 이것은 모순으로 인도하며 증명이 완결되었다. (증명 끝)

이 정리의 증명은 각각의 $\alpha > f^*$에 대해 수열 $\{\mathbf{x}_k\}$가 무한회 자주 S_α에 진입하고 그렇지 않다면 어떤 K'에 대해, 그리고 모든 $k \ge K'$에 대해 $f(\mathbf{x}_k) > \alpha$일 것이며 동일한 모순에 도달함을 나타내기 위해 쉽게 수정할 수 있음을 주목하자. 그러므로 만약 앞서 말한 알고리즘에서 $\mathbf{x}_{k+1} = \mathbf{x}_k$이라면 $\mathbf{x}_k$는 반드시 하나의 최적해이어야 한다.

더군다나 위의 알고리즘과 증명은 최소화 $f(\mathbf{x})$ 제약조건 $\mathbf{x} \in X \cap Q$ 문제의 최적해를 구하기 위해 즉시 확장할 수 있으며 f, X는 위와 같고 $Q = \{\mathbf{x} \mid g_i(\mathbf{x}) \le 0,\ i = 1, \cdots, m\}$이며, 여기에서 각각의 $i = 1, \cdots, m$에 대해 g_i는 볼록이며 $X \cap int(Q) \ne \varnothing$이라 가정하고 각각의 $\alpha > f^*$에 대해 $S_\alpha \equiv \{\mathbf{x} \in Q \mid f(\mathbf{x}) \le \alpha\}$를 정의해, 하나의 점 $\hat{\mathbf{x}} \in X \cap int(S_\alpha)$를 얻는다. 지금 이 알고리즘에서 $\mathbf{x}_k \in Q$일 때 만약 $\boldsymbol{\xi}_k$를 f의 하나의 열경도라 한다면, 그리고 $\mathbf{x}_k \notin Q$일 때 $\boldsymbol{\xi}_k$는 Q에서 가장 크게 위반하는 제약조건의 열경도라고 한다면(사영 연산에 의해 $\mathbf{x}_k$는 항상 X에 속함을 주목하면), 또다시 (8.74)은 참이며, 그렇다면 수렴

증명의 나머지 부분은 전과 같다.

스텝 사이즈의 선택

정리 8.2.9는, 모든 k에 대해 스텝 사이즈 λ_k가 제시한 조건을 만족시키는 한, 하나의 최적해로 수렴함을 보장한다. 비록 이 내용이 이론적으로는 참이지만 불행하게도 실제로 일어나는 것과는 거리가 멀다. 예를 들면 발산하는 조화급수 $\left[\Sigma_{k=1}^{\infty}(1/k) = \infty\right]$에 따라 $\lambda_k = 1/k$을 선택하면 이 알고리즘은 수천 회 반복계산 후 쉽게 진행을 멈추고 최적성에서 멀어질 수 있다. 만족스러운 알고리즘적 수행을 위해 조심스럽고 미세하게 스텝 사이즈를 선택해야 한다.

스텝 사이즈 선택에 관한 식견을 얻기 위해 $\mathbf{x}_k$는 $\boldsymbol{\xi}_k \in \partial f(\mathbf{x}_k)$인 하나의 비최적 반복계산점이라 하고 $\mathbf{x}^*$는 목적함숫값 $f^* = f(\mathbf{x}^*)$을 갖는 문제 (8. 71)의 최적해라고 나타낸다. f의 볼록성에 따라 $f(\mathbf{x}^*) \geq f(\mathbf{x}_k) + (\mathbf{x}^* - \mathbf{x}_k)\cdot\boldsymbol{\xi}_k$ 또는 $(\mathbf{x}^* - \mathbf{x}_k)\cdot(-\boldsymbol{\xi}_k) \geq f(\mathbf{x}_k) - f^* > 0$이다. 그러므로 예제 8.9.1에서 관측한 것처럼(그림 8.25 참조), 비록 방향 $\mathbf{d}_k = -\boldsymbol{\xi}_k / \|\boldsymbol{\xi}_k\|$가 개선방향일 필요는 없지만 이것은 유클리드 노음으로 $\mathbf{x}_k$가 그랬던 것보다는 $\mathbf{x}^*$에 좀 더 가까운 점으로 인도한다. 사실상 $\mathbf{d}_k$는 알고리즘 수렴을 가능하도록 하고, 결과적으로 일어나는 목적함숫값의 개선을 보증하는 특징이다.

지금 그림 8.25처럼, 채택할 이상적 스텝 사이즈는 $\mathbf{x}^*$에 가장 가까운 점으로 인도하는 것일 수 있지만, 이 스텝 사이즈 λ_k^*는 벡터 $(\mathbf{x}_k + \lambda_k^*\mathbf{d}_k) - \mathbf{x}^*$가 $\mathbf{d}_k$에 직교하거나 아니면 $\mathbf{d}_k\cdot\left[\mathbf{x}_k + \lambda_k^*\mathbf{d}_k - \mathbf{x}^*\right] = 0$이어야 함을 요구해 찾을 수 있다. 이것은 다음 식

$$\lambda_k^* = (\mathbf{x}^* - \mathbf{x}_k)\cdot\mathbf{d}_k = \frac{(\mathbf{x}_k - \mathbf{x}^*)\cdot\boldsymbol{\xi}_k}{\|\boldsymbol{\xi}_k\|} \tag{8.76}$$

을 제공한다. 물론 스텝 사이즈 λ_k^*의 수행에 따른 문제는 $\mathbf{x}^*$를 알 수 없다는 것이다. 그러나 f의 볼록성에 따라 $f^* = f(\mathbf{x}^*) \geq f(\mathbf{x}_k) + (\mathbf{x}^* - \mathbf{x}_k)\cdot\boldsymbol{\xi}_k$ 이다. 그러므로 (8.76)에서 $\lambda_k^* \geq \left[f(\mathbf{x}_k) - f^*\right] / \|\boldsymbol{\xi}_k\|$ 이다. 일반적으로 f^*도 역시 알고 있지 못하므로 앞서 말한 관계식이 "≥" 또는 "="의 유형의 부등식임을 주목하면

f^* 대신 하향평가치 $\bar{f}$를 사용할 것을 권장할 수 있다. 이것은 다음 식

$$\lambda_k = \frac{\beta_k\left[f(\mathbf{x}_k) - \bar{f}\right]}{\| \boldsymbol{\xi}_k \|} \tag{8.77}$$

과 같은 스텝 사이즈를 선택하도록 인도하며, 여기에서 $\beta_k > 0$이다. 사실상 어떤 양(+)의 ε_1, ε_2에 대해, 그리고 모든 k에 대해 $\varepsilon_1 < \beta_k \leq 2 - \varepsilon_2$을 선택하고 (8.77)에서 $\bar{f}$를 대신해 f^* 그 자체를 사용하면 생성된 수열 $\{\mathbf{x}_k\}$는 최적해 $\mathbf{x}^*$로 수렴함을 나타낼 수 있다(f에 관한 추가적 가정 아래 선형율 또는 등비 수렴율이 나타날 수도 있다).

실험적으로 계산에 있어 매력적이라고 알려진 (8.77)을 사용하는 실용적 방법은 다음과 같다(이 방법은 **블록반분 구도**라 한다). 먼저 반복계산횟수에 대해 실행되어야 하는 상한 N을 지정한다. 다음으로 어떤 $\bar{r} < N$을 선택하고, 있을 수 있는 반복계산 1, ⋯ , N의 수열을, $\bar{r}$회의 반복계산을 갖는, 처음부터 $T-1$개의 블록과 나머지($\leq \bar{r}$) 회의 반복계산을 갖는 최종블록으로, $T = \lceil N/\bar{r} \rceil$ 블록으로 나눈다. 또한 각각의 블록 t에 대해, $t = 1, \cdots, T$에 대한 모수값 $\beta(t)$을 선택한다〔대표적 값은 $T=3$으로 $N=200$, $\bar{r}=75$, $\beta(1)=0.75$, $\beta(2)=0.5$, $\beta(3)=0.25$이다〕. 지금 각각의 블록 t 내에서 (8.77)을 사용해 β_k를 여기에 상응하는 $\beta(t)$ 값과 같게 하고 첫째 스텝길이를 계산한다. 그러나 블록 내에서 나머지 반복계산의 **스텝길이**는 그 블록에서 초기 반복계산처럼 유지하고, 목적함숫값이 어떤 $\bar{\nu}$회(이를테면 10회) 연속적 반복계산 전체에 걸쳐 개선에 실패할 때를 제외하고 스텝길이는 계승적으로 반분된다〔대안적으로 (8.77)은 블록 t의 $\beta(t)$에서 출발하여 β_k를 갖고, 그리고 만약 이 방법이 앞에서처럼 $\bar{\nu}$회 연속실패를 경험한다면 모수 β가 반분되면서 각각의 반복계산의 스텝길이를 계산하기 위해 사용할 수 있다〕. 추가적으로 새로운 블록의 시초에서, 그리고 또한 만약 이 방법이 $\bar{\nu}$회 연속실패를 경험한다면, 수정된 스텝길이를 사용하기 전, 이 과정은 현재의 해로 다시 셋트된다. 비록 최적해를 구하려는 문제의 부류에 따라 앞서 말한 모수 값을 약간 미세조정해야 할지도 모르지만 지정된 값은 적절하게 측도가 구성된 문제에 대해 잘 작동한다(이러한 구도를 사용한 실험적 근거자료에 대해 '주해와 참고문헌' 절 참조).

제약평면법, 가변표적값 알고리즘

열경도법에 연관한 어려움은, 반복계산점이 진행함에 따라 열경도 기반의 방향 $\mathbf{d}_k$와 최적해를 향한 방향 $\mathbf{x}^* - \mathbf{x}_k$ 사이의 각은 비록 예각이지만 90°에 접근하는 경향이 있음이 자주 관측된다. 결과적으로 강하를 실현하기 전 스텝 사이즈를 상당히 축소할 필요가 있고 이 상황은 이번에는 이 절차가 멈추게 한다. 그러므로 수렴행태를 가속시키기 위해 어떤 적절한 편향 또는 회전구도의 채택이 필수적이다.

이를 위해 공액경도법의 의미에서 $\mathbf{d}_1 = -\boldsymbol{\xi}_1$, $\mathbf{d}_k = -\boldsymbol{\xi}_k + \phi_k \mathbf{d}^a_{k-1}$로 탐색방향을 채택할 수 있으며, 여기에서 $\mathbf{d}^a_{k-1} \equiv \mathbf{x}_k - \mathbf{x}_{k-1}$이며, ϕ_k는 적절한 모수이다(위에서 설명한 것과 동일한 블록–반분 스텝 크기 전략에 관련해 이들 방향벡터를 정규화해 사용할 수 있다). 이론적 수렴 그리고/또는 실제 적용상 효용에 이끌리는 각종 전략은 ϕ_k를 적절하게 선택해 설계할 수 있다('주해와 참고문헌' 절 참조). 실제로 잘 작동하는 하나의 간단한 선택은 **평균방향 전략**이며, 여기에서 $\phi_k = \| \boldsymbol{\xi}_k \| / \| \mathbf{d}^a_{k-1} \|$ 이며, 그래서 $\mathbf{d}_k$는 $-\boldsymbol{\xi}_k$과 $\mathbf{d}^a_{k-1}$ 사이의 각을 반으로 나눈다.

또 하나의 경쟁력 있는 전략은 $\mathbf{d}_k = -\mathbf{D}_k \boldsymbol{\xi}_k$를 사용해 준 뉴톤 절차를 모방하는 것이며, 여기에서 D_k는 적절한 대칭 양정부호 행렬이다. 이것은 **공간팽창법**의 부류로 인도한다('주해와 참고문헌' 절 참조). 대안적으로 이 정리에서처럼 실제의 열미분에 기반하지 않고, 정리 6.3.11에서 동기를 부여받은 것처럼 최소노음 열경도를 찾음으로 $\mathbf{x}_k$에서의 열미분에 대한 하나의 근사화에 기반해 탐색방향을 생성할 수 있다. **묶음법**의 부류('주해와 참고문헌' 절 참조)는 반복계산에 의해 최소노음 요소가 강하방향을 산출할 때까지 이와 같은 열미분근사화를 세밀하게 설계한다. 이같이 바람직한 엄격한 강하의 특질은 이차식 최적화 하위문제의 최적화를 구해야 하는 수고를 해 일어난다는 것을 주목하고 이차식 최적화 하위문제는 앞서 말한 열경도법 형태와 같은 단순성에서 벗어난다.

지금까지, 채택한 기본 알고리즘 구조는 먼저, 하나의 주어진 반복계산점 $\mathbf{x}_k$에서 하나의 이동방향 $\mathbf{d}_k$를 찾는 것을 포함하며 이를 뒤이어 다음 식

$$\mathbf{x}_{k+1} = P_X(\overline{\mathbf{x}}_{k+1}), \quad \text{여기에서 } \overline{\mathbf{x}}_{k+1} = \mathbf{x}_k + \lambda_k \mathbf{d}_k$$

에 따라 다음 반복계산점을 결정하기 위해 지정한 스텝 사이즈 λ_k를 계산하는 것이다. $\mathbf{x}_k$를 1개 또는 그 이상의 제약평면으로 정의한 다면체집합의 위로 사영해

$\bar{\mathbf{x}}_{k+1}$를 결정하는 대안적 접근법이 존재하고 그것에 의해 효과적으로 방향벡터와 스텝 사이즈를 동시에 산출한다. 이 전략의 동기를 부여하기 위해 먼저 1개 제약평면의 케이스를 고려해보자. f의 볼록성의 가정에 따라 $f(\mathbf{x}) \ge f(\mathbf{x}_k) + (\mathbf{x} - \mathbf{x}_k) \cdot \boldsymbol{\xi}_k$ 임을 주목하고, 여기에서 $\boldsymbol{\xi}_k \in \partial f(\mathbf{x}_k)$이다. f^*는 목적함수의 최적값을 나타낸다고 하고 당분간 $f(\mathbf{x}_k) > f^*$이라고 가정한다. 그래서 $\boldsymbol{\xi}_k$는 $\mathbf{0}$이 아니다. 다음 식

$$(\mathbf{x} - \mathbf{x}_k) \cdot \boldsymbol{\xi}_k \le f^* - f(\mathbf{x}_k) \tag{8.78}$$

으로 주어진 것과 같은, $f(\mathbf{x}) \le f^*$이라는 원하는 제한을 부과함으로 앞서 말한 볼록성-기반 부등식에서 생산된 **폴략-켈리 제약평면**을 고려해보자. 현재의 반복계산점 $\mathbf{x}_k$는 부등식 $f(\mathbf{x}_k) > f^*$을 위반하므로 (8.78)은 $\mathbf{x}_k$를 탈락시키는 하나의 **제약평면**을 구성함을 관측하시오. 만약 제약평면 위로 점 $\mathbf{x}_k$를 사영한다면, 이를테면 정규화된 음(-) 경도 $\mathbf{d}_k \equiv -\boldsymbol{\xi}_k / \| \boldsymbol{\xi}_k \|$ 방향으로, $\mathbf{x}_k + \tilde{\lambda}\mathbf{d}_k$가 등식으로 (8.78)을 만족시키도록 하는, $\mathbf{x}_k$에서의 스텝길이 $\tilde{\lambda}$만큼 유효하게 이동할 것이다. 이것은 다음 식

$$\tilde{\mathrm{x}}_{k+1} = \mathbf{x}_k + \tilde{\lambda}\mathbf{d}_k, \quad \text{여기에서} \quad \mathbf{d}_k = \frac{-\boldsymbol{\xi}_k}{\| \boldsymbol{\xi}_k \}}, \quad \tilde{\lambda} = \frac{f(\mathbf{x}_k) - f^*}{\| \boldsymbol{\xi}_k \}} \tag{8.79}$$

과 같이 사영된 해를 산출한다. (8.79)의 유효한 스텝길이 $\tilde{\lambda}$는, f^* 자체가 $\bar{f}$를 대신해 하향평가치로 사용되면서 $\beta_k \equiv 1$로 (8.77)에서 주어진 유형임을 관측하시오. 이것은 스텝 사이즈 (8.77)에 관한 또 다른 해석을 제공한다.

지금 이 개념을 따라 현재의 반복계산점과 직전의 반복계산점 $\mathbf{x}_k$, $\mathbf{x}_{k-1}$ 각각에 기반한 폴략-켈리 제약평면의 쌍을 동시에 검사한다. 이들 제약조건(컷)은 현재의 반복계산 k에서 현재로 가장 좋다고 알려진 목적함숫값보다도 작은 어떤 하향평가치 $\bar{f}_k$를 생산하도록 지정한다. (8.78)을 모방하면 이것은 다음 집합

$$G_k = \left\{ \mathbf{x} \,\middle|\, (\mathbf{x} - \mathbf{x}_j) \cdot \boldsymbol{\xi}_j \le \bar{f}_k - f(\mathbf{x}_j) \quad j = k-1 \text{과 } k\text{에 대해} \right\}. \tag{8.80}$$

을 산출한다. 그렇다면 다면체집합 G_k 위로 사영해 다음 식

$$\mathbf{x}_{k+1} = P_X(\overline{\mathbf{x}}_{k+1}), \quad \text{여기에서 } \overline{\mathbf{x}}_{k+1} = P_{G_k}(\mathbf{x}_k) \tag{8.81}$$

에 따라 다음 반복계산점을 구성한다. 이것의 단순한 2-제약조건 구조 때문에, 뒤에 숨은 사영문제에 대해 카루시-쿤-터커 조건을 검사함으로 사영 $P_{G_k}(\cdot)$은 닫힌-형태로 계산하기에 상대적으로 용이하다(연습문제 8.58 참조). 방향벡터와 스텝 사이즈를 동시에 결정하는 과정은 계산상으로 아주 유효하다고 알려져 있고, 모든 k에 대해 $\overline{f}_k$를 적절하게 규정하는 상황에서 이것은 최적해에 수렴한다고 증명할 수 있다('주해와 참고문헌' 절뿐만 아니라 아래의 내용도 참조하시오).

(8.77) 내에서 $\overline{f}$에 대신해 또는 (8.80), (8.81)으로 설명한 알고리즘적 과정에서 사용할 수 있는 적절한 하향평가치 즉 모든 k에 대한 $\overline{f}_k$의 선택에 관해 중요하고도 문제에 관련되는 의견을 제시하는 것으로 이 절을 마친다. 일반적으로 이 문제의 하계에 관한 아무런 사전 정보를 갖고 있지 않다는 것을 주목하자. 그러므로 반복계산에 의해 f^*의 평가치인, 모든 k에 대한 $\overline{f}_k$를 생성하고 잘 다루기 위해 자동적 구도를 지정하며, 지정한 방향탐색과 스텝-사이즈 구도와 협조해 $k \to \infty$에 따라 $\{\overline{f}_k\} \to f^*$, $\{\mathbf{x}_k\} \to \mathbf{x}^*$임을 보장하는(어떤 수렴하는 부분수열의 전체에 걸쳐) 알고리즘의 설계는 흥미로운 것이다. 이와 같은 특색을 갖는 **가변표적값 알고리즘**이라 하는 하나의 알고리즘 부류가 존재한다. 이들의 절차에서 임의의 반복계산 k에서의 평가치 $\overline{f}_k$는 f^*의 진실한 하향평가치가 아닐 수도 있음을 주목하자. 그보다는 차라리 $\overline{f}_k$는 단지 달성해야 할 하나의 현재의 **목표값**으로 기능을 해야 하며 이것은 현재에 가장 좋다고 알려진 목적함숫값보다도 작다. 그러면 마지막으로 하나의 최적해로 수렴을 유도하는 방법으로 알고리즘으로 정의한 충분한 진전의 정도가 달성되었느냐 여부에 따라, 이 아이디어는 $\overline{f}_k$를 적절하게 감소하거나 증가하는 것이다. 이와 같은 유형의 알고리즘은 이론적으로 수렴하며 실제 문제에서 효과적 구도를 산출하기 위해, 위에 설명한 바와 같은 제약평면사영법을 포함해 여러 가지 편향된 열경도와 스텝 사이즈 구도 아래 설계되었다. 독자는 이 주제에 관한 상세한 내용에 대해 '주해와 참고문헌' 절을 참조하시오.

연습문제

[8.1] 다음 절차 각각에 대해 $6e^{-2\lambda}+2\lambda^2$의 최솟값을 구하시오:

a. 황금분할법.
b. 양분탐색법.
c. 뉴톤법.
d. 이분탐색법.

[8.2] $\alpha=0.1, 0.01, 0.001, 0.0001$인 경우 평등탐색법, 양분탐색법, 황금분할법, 피보나치 탐색법에 대해 각각의 함숫값을 계산해야 할 횟수를 계산하고, 여기에서 α는 초기불확실성 구간 길이에 대한 최종 불확실성 구간 길이의 비율이다.

[8.3] $f(\mathbf{x})=(x_1+x_2^3)^2+2(x_1-x_2-4)^4$이라고 정의한 함수 f를 고려해보자. 하나의 점 $\mathbf{x}_1$과 하나의 방향 벡터 $\mathbf{d}\neq\mathbf{0}$이 주어지면 $\theta(\lambda)=f(\mathbf{x}_1+\lambda\mathbf{d})$라고 놓는다.

a. $\theta(\lambda)$의 명시적 표현을 구하시오.
b. $\mathbf{x}_1=(0,0)$, $\mathbf{d}=(1,1)$에 대해 피보나치법을 사용해 최소화 $\theta(\lambda)$ 제약조건 $\lambda\in\Re$ 문제의 최적해 λ 값을 찾으시오.
c. $\mathbf{x}_1=(5,4)$, $\mathbf{d}=(-2,1)$에 대해, 황금분할법을 사용해 최소화 $\theta(\lambda)$ 제약조건 $\lambda\in\Re$ 문제의 최소해 λ 값을 구하시오.
d. 구간이분 알고리즘을 사용해 파트 *b*, *c*를 반복하시오.

[8.4] 함숫값을 계산하는 횟수 n이 무한대로 접근함에 따라 피보나치법은 황금분할법에 접근함을 보이시오.

[8.5] 최소화 $f(\mathbf{x}+\lambda\mathbf{d})$ 제약조건 $\lambda\in\Re$ 문제를 고려해보자. $\bar{\lambda}$가 최솟값이 되기 위한 필요조건은 $\mathbf{d}\cdot\nabla f(\mathbf{y})=0$임을 보이고, 여기에서 $\mathbf{y}=\mathbf{x}+\bar{\lambda}\mathbf{d}$이다. 어떤 가정 아래 이 조건은 최적성의 충분한 조건인가?

[8.6] θ는 미분가능하다고 가정하고 $|\theta'| \le \alpha$라고 놓는다. 나아가서 θ의 최소화를 위해 평등탐색법을 사용한다고 가정한다. $\hat{\lambda}$는 각각의 격자점 $\bar{\lambda} \neq \hat{\lambda}$에 대해 $\theta(\bar{\lambda}) - \theta(\hat{\lambda}) \ge \varepsilon > 0$이 되도록 하는 하나의 격자점이라 하자. 만약 격자길이가 $\alpha\delta \le \varepsilon$이 되도록 하는 δ라면, 엄격한 준볼록성의 가정을 하지 않고 구간 $[\hat{\lambda} - \delta, \hat{\lambda} + \delta]$ 밖에 있는 점은 $\theta(\hat{\lambda})$보다도 작은 함숫값을 제공하지 않음을 보이시오.

[8.7] 최소화 $f(\mathbf{x} + \lambda\mathbf{d})$ 제약조건 $\mathbf{x} + \lambda\mathbf{d} \in S$ $\lambda \ge 0$ 문제를 고려해보고, 여기에서 S는 콤팩트 볼록집합이며 f는 볼록이다. 나아가서 $\mathbf{d}$는 하나의 개선방향이라고 가정한다. 하나의 최적해 $\bar{\lambda}$는 $\bar{\lambda} = min\{\lambda_1, \lambda_2\}$로 주어짐을 보이고, 여기에서 λ_1은 $\mathbf{d} \cdot \nabla f(\mathbf{x} + \lambda_1\mathbf{d}) = 0$임을 만족시키며 $\lambda_2 = max\{\lambda | \mathbf{x} + \lambda\mathbf{d} \in S\}$이다.

[8.8] $0 \le p \le 1$인 $100p\%$ 이내로 스텝 길이 λ(이상적 스텝 λ^*)를 결정하는 $\mathbf{M}(\mathbf{x}, \mathbf{d}) = \{\mathbf{y} | \mathbf{y} = \mathbf{x} + \lambda\mathbf{d}\ \ 0 \le \lambda < \infty,$ 그리고 $|\lambda - \lambda^*| \le p\lambda^*\}$에 따라 **백분위수 선형탐색사상**을 정의하며, 여기에서 $\theta(\lambda) \equiv f(\mathbf{x} + \lambda\mathbf{d})$라고 정의하면, $\theta'(\lambda^*) = 0$이다. 만약 $\mathbf{d} \neq \mathbf{0}$이며 θ가 연속 미분가능하다면, $\mathbf{M}$은 $(\mathbf{x}, \mathbf{d})$에서 닫혀있음을 보이시오. 절 8.3에서 설명한 이차식-피팅 기법과 관계해 이 테스트를 어떻게 사용할 것인가에 대해 설명하시오.

[8.9] 최소화 $3\lambda - 2\lambda^2 + \lambda^3 + 2\lambda^4$ 제약조건 $\lambda \ge 0$ 문제를 고려해보자.

a. 최소해가 되기 위한 필요조건을 작성하시오. 전역최소해를 찾기 위해 이 조건을 사용할 수 있는가?

b. 함수는 영역 $\{\lambda | \lambda \ge 0\}$ 전체에 걸쳐 엄격하게 준볼록인가? 최소해를 찾는 피보나치 탐색법을 적용하시오.

c. 위 문제에 대해 $\lambda_1 = 6$에서 출발하여, 이분탐색법과 뉴톤법을 적용하시오.

[8.10] 다음 정의를 고려해보자:

만약 구간 전체에 걸쳐 θ를 최소화하는 $\bar{\lambda}$가 존재한다면 **최소화되어야** 할 함수 $\theta : \Re \to \Re$은 구간 $[a, b]$ 전체에 걸쳐 **강하게 단봉**이라고 말한다; 그리고 $\lambda_1 <$

λ_2이 되도록 하는 임의의 $\lambda_1, \lambda_2 \in [a, b]$에 걸쳐 다음 내용

$$\lambda_2 \leq \bar{\lambda}\text{은} \quad \theta(\lambda_1) > \theta(\lambda_2)\text{임을 의미한다}$$
$$\lambda_1 \geq \bar{\lambda}\text{은} \quad \theta(\lambda_1) < \theta(\lambda_2)\text{임을 의미한다}$$

을 얻는다. 만약 구간 전체에 걸쳐 θ를 최소화하는 $\bar{\lambda}$가 존재한다면 구간 $[a, b]$ 전체에 걸쳐 최소화해야 할 함수 $\theta: \Re \to \Re$는 **엄격하게 단봉**이라고 말한다; 그리고 $\theta(\lambda_1) \neq \theta(\bar{\lambda})$, $\theta(\lambda_2) \neq \theta(\bar{\lambda})$, $\lambda_1 < \lambda_2$이 되도록 하는 $\lambda_1, \lambda_2 \in [a, b]$에 걸쳐 다음 내용

$$\lambda_2 \leq \bar{\lambda}\text{은} \quad \theta(\lambda_1) > \theta(\lambda_2)\text{임을 의미한다}$$
$$\lambda_1 \geq \bar{\lambda}\text{은} \quad \theta(\lambda_1) < \theta(\lambda_2)\text{임을 의미한다}$$

을 얻는다.

a. 만약 θ가 구간 $[a, b]$ 전체에 걸쳐 강하게 단봉이라면 θ는 구간 $[a, b]$ 전체에 걸쳐 강하게 준볼록임을 보이시오. 역으로 만약 θ가 구간 $[a, b]$ 전체에 걸쳐 강하게 준볼록이며 이 구간에서 최소해를 갖는다면 θ는 구간 전체에 걸쳐 강하게 단봉임을 보이시오.

b. 만약 θ가 구간 $[a, b]$ 전체에 걸쳐 엄격하게 단봉이며 연속이라면 θ는 구간 $[a, b]$ 전체에 걸쳐 엄격하게 준볼록임을 보이시오. 역으로 만약 θ가 구간 $[a, b]$ 전체에 걸쳐 엄격하게 준볼록이며 이 구간에서 최솟값을 갖는다는 것을 보이고, 그렇다면 이 구간 전체에 걸쳐 θ는 엄격하게 단봉임을 보이시오.

[8.11] $\theta: \Re \to \Re$이라 하고, 3개 점 (λ_1, θ_1), (λ_2, θ_2), (λ_3, θ_3)이 있다고 가정하며, 여기에서 $j = 1, 2, 3$에서 $\theta_j = \theta(\lambda_j)$라고 가정한다. 이들 점을 통과하는 이차식 곡선 q는 다음 식

$$q(\lambda) = \frac{\theta_1(\lambda - \lambda_2)(\lambda - \lambda_3)}{(\lambda_1 - \lambda_2)(\lambda_1 - \lambda_3)} + \frac{\theta_2(\lambda - \lambda_1)(\lambda - \lambda_3)}{(\lambda_2 - \lambda_1)(\lambda_2 - \lambda_3)} + \frac{\theta_3(\lambda - \lambda_1)(\lambda - \lambda_2)}{(\lambda_3 - \lambda_1)(\lambda_3 - \lambda_2)}$$

으로 주어진다는 것을 보이시오. 나아가서 q의 도함수는 다음 식

$$\overline{\lambda} = \frac{1}{2} \cdot \frac{b_{23}\theta_1 + b_{31}\theta_2 + b_{12}\theta_3}{a_{23}\theta_1 + a_{31}\theta_2 + a_{12}\theta_3}$$

이 제시하는 점 $\overline{\lambda}$에서 0임을 보이고, 여기에서 $a_{ij} = \lambda_i - \lambda_j$, $b_{ij} = \lambda_i^2 - \lambda_j^2$이다. 점 $(1,4)$, $(3,1)$, $(4,7)$을 통과하는 이차식 곡선을 구하고 $\overline{\lambda}$를 계산하시오. 만약 $(\lambda_1, \lambda_2, \lambda_3)$가 3-점 패턴을 만족시킨다면 $\lambda_1 < \overline{\lambda} < \lambda_3$임을 보이시오. 또한:

a. $\lambda_1 < \lambda_2 < \lambda_3$, $\theta_1 \geq \theta_2$, $\theta_2 \leq \theta_3$이 되도록 하는 λ_1, λ_2, λ_3을 구하는 방법을 제안하시오.

b. 만약 θ가 엄격하게 준볼록이라면 이차식-피팅 선형탐색의 수정된 λ_1, λ_3으로 정의한 새로운 불확실성 구간은 진실로 최소해를 포함함을 보이시오.

c. $\lambda \geq 0$ 전체에 걸쳐 $-3\lambda - 2\lambda^2 + 2\lambda^3 + 3\lambda^4$을 최소화하기 위해 이 연습문제에서 설명한 절차를 사용하시오.

[8.12] $\theta: \Re \to \Re$은 연속이며 엄격하게 준볼록이라 하자. $0 \leq \lambda_1 < \lambda_2 < \lambda_3$라고 놓고, $j = 1, 2, 3$에 대해 $\theta_j = \theta(\lambda_j)$라고 나타낸다.

a. 만약 $\theta_1 = \theta_2 = \theta_3$이라면 공통인 값은 $min\{\theta(\lambda) | \lambda \geq 0\}$ 값과 일치함을 보이시오.

b. $(\lambda_1, \lambda_2, \lambda_3) \in \Re^3$은 절 8.3에서 설명한 이차식-피팅 알고리즘으로 생성한 하나의 3-점 패턴의 반복계산점을 나타낸다. 만약 θ_1, θ_2, θ_3가 모두 서로 다르다면 함수 $\overline{\theta}(\lambda_1, \lambda_2, \lambda_3) \equiv \theta(\lambda_1) + \theta(\lambda_2) + \theta(\lambda_3)$는 강하특질 $\overline{\theta}\left[(\lambda_1, \lambda_2, \lambda_3)_{new}\right] < \overline{\theta}(\lambda_1, \lambda_2, \lambda_3)$을 만족시키는 연속함수임을 나타내시오.

[8.13] θ는 유사볼록이며 연속 2회 미분가능하다고 하자. 케이스 3에서 $\overline{\lambda} = \lambda_2$일 때, 만약 $\theta'(\lambda_2) > 0$이라면 $\boldsymbol{\lambda}_{new} = (\lambda_1, \lambda_2, \overline{\lambda})$라고 놓고, 만약 $\theta'(\lambda_2) < 0$이라면

$\lambda_{new} = (\lambda_2, \bar{\lambda}, \lambda_3)$이라고 놓고, 만약 $\theta'(\lambda_2) = 0$이라면 중지한다는 내용의 수정을 가해 절 8.3의 알고리즘을 고려해보자. 그에 따라 만약 λ_1, λ_2, λ_3가 모두 서로 다르지는 않을 경우, 만약 $\lambda_1 = \lambda_2 < \lambda_3$이라면 $\theta'(\lambda_2) < 0$이며, 만약 $\lambda_1 < \lambda_2 = \lambda_3$이라면 $\theta'(\lambda_2) > 0$이며, 만약 $\lambda_1 = \lambda_2 = \lambda_3$이라면 $\theta'(\lambda_2) = 0$이며, $\theta''(\lambda_2) \geq 0$일 때, **3-점 패턴**을 만족시킨다고 말한다. 이같이 수정하고 θ에 적용되는 절 8.3의 이차식 내삽 알고리즘을 사용한다고 가정하며, 여기에서 만약 3개 점 λ_1, λ_2, λ_3 가운데 2개가 일치한다면 이차식 피팅은 2개 함숫값과 도함수 값 $\theta'(\lambda_2)$와 일치하고, 임의의 반복계산에서 만약 $\theta'(\lambda_2) = 0$이라면 $\boldsymbol{\lambda}^* = (\lambda_2, \lambda_2, \lambda_2)$라고 놓고 종료한다. 해집합 $\Omega = \{(\lambda, \lambda, \lambda) \mid \theta'(\lambda) = 0\}$을 정의한다.

- *a*. $\mathbf{A}$는 $\boldsymbol{\lambda}_{new} \in \mathrm{A}(\lambda_1, \lambda_2, \lambda_3)$을 생성하는 알고리즘적 사상을 정의한다고 하자. $\mathbf{A}$는 닫힌 사상임을 보이시오.
- *b*. 만약 $\theta'(\lambda_2) \neq 0$이라면 함수 $\bar{\theta}(\lambda_1, \lambda_2, \lambda_3) = \theta(\lambda_1) + \theta(\lambda_2) + \theta(\lambda_3)$는 $\bar{\theta}(\boldsymbol{\lambda}_{new}) < \bar{\theta}(\lambda_1, \lambda_2, \lambda_3)$이 되도록 하는 연속감소함수임을 보이시오.
- *c*. 그러므로 정의한 알고리즘은 유한회 이내에 종료하거나 또는 수열의 집적점이 Ω에 속하는 무한수열을 생성함을 보이시오.
- *d*. 만약 θ가 엄격하게 준볼록이며 2회 연속 미분가능하다면 알고리즘의 수렴과 얻은 해의 성격에 대해 의견을 제시하시오.

[8.14] 절 8.2에서 하나의 함수의 도함수가 0인 하나의 점을 찾기 위해 뉴톤법을 설명했다.

- *a*. 하나의 연속 미분가능한 함수의 값이 0인 하나의 점을 찾기 위해 이 알고리즘을 어떻게 사용할 수 있는가를 보이시오. $\lambda_1 = 5$에서 출발하여 $\theta(\lambda) = 2\lambda^3 - \lambda$에 대해 이 알고리즘을 예시하시오.
- *b*. 임의의 출발점에서 시작하여 이 알고리즘은 수렴할 것인가? 증명하거나 아니면 반례를 제시하시오.

[8.15] 하나의 주어진 함숫값이 0인 하나의 점을 찾기 위해 절 8.1의 선형탐색절차를 어떻게 사용할 수 있는지에 대해 설명하시오. $\theta(\lambda) = 2\lambda^2 - 5\lambda + 3$로 정의한

함수 θ의 예를 들어 예시하시오(**힌트**: 절댓값함수 $\hat{\theta} = |\theta|$을 고려해보자).

[8.16] 절 8.2에서 유사볼록 함수의 도함수가 0인 하나의 점을 찾는 이분탐색법을 토의했다. 함숫값 0인 하나의 점을 찾기 위해 어떻게 이 알고리즘을 사용할 수 있는가를 보이시오. 함수가 만족시켜야 할 가정을 명시적으로 나타내시오. 구간 [0.5, 10.0]에서 정의되고 $\theta(\lambda) = 2\lambda^3 - \lambda$로 정의한 함수 θ를 사용해 예시하시오.

[8.17] 예제 9.2.4에서, 하나의 주어진 μ 값에 대해 만약 $\mathbf{x}_\mu = (x_1, x_2)$이라면 $\mu = 1, 10, 100, 1{,}000$에 대해 $\mathbf{x}_1$이 다음 식

$$2(x_1 - 2)^3 + \frac{\mu x_1(8x_1^2 - 6x_1 + 1)}{4 + \mu} = 0$$

이 성립하도록 함은 쉽게 입증할 수 있다. 적절한 절차를 사용해 위 방정식을 만족시키는 x_1의 값을 구하시오.

[8.18] $f(\mathbf{x})$를 최소화하기 위해 최급강하법을 적용함과 $F(\mathbf{x}) = \| \nabla f(\mathbf{x}) \|^2$을 최소화하하기 위해 최급강하법을 적용함을 비교해 보자. f는 양정부호 헤시안을 갖는 이차식함수라고 가정하고 2개 구도의 수렴율을 비교하고 F의 등가적 최소화가 왜 매력적 전략인지를 정당화하시오.

[8.19] K_k의 함수로 나타나는 방정식 (8.14)의 표현은 $K_k^2 = \alpha^2$일 때 최대화됨을 보이시오.

[8.20] 후크와 지브스의 방법에 따라 최대화 $3x_1 + x_2 + 6x_1x_2 - 2x_1^2 + 2x_2^2$ 문제의 최적해를 구하시오.

[8.21] $\mathbf{H}$는 조건수 α를 갖는 $n \times n$ 대칭 양정부호 행렬이라 하자. 그렇다면 **칸토로비치 부등식**은 임의의 $\mathbf{x} \in \Re^n$에 대해 다음 식

$$\frac{(\mathbf{x} \cdot \mathbf{x})^2}{(\mathbf{x}^t \mathbf{H} \mathbf{x})(\mathbf{x}^t \mathbf{H}^{-1} \mathbf{x})} \geq \frac{4\alpha}{(1+\alpha)^2}$$

을 얻는다고 단언한다. 이 부등식이 성립함을 정당화하고 방정식 (8.18)을 세우기 위해 이것을 사용하시오.

[8.22] 최소화 $(3-x_1)^2+7(x_2-x_1^2)^2$ 문제를 고려해보자. 점 $(0,0)$에서 출발하여 다음 절차에 따라 문제의 최적해를 구하시오:

- *a*. 순회좌표 알고리즘.
- *b*. 후크와 지브스의 방법.
- *c*. 로젠브록의 방법.
- *d*. 데이비돈-플레처-파우얼 방법.
- *e*. 브로이덴-플레처-골드파브-샤노 방법.

[8.23] 다음 문제

$$\text{최소화} \sum_{i=2}^{n} \left[100\left(x_i - x_{i-1}^2\right)^2 + \left(1 - x_{i-1}\right)^2\right]$$

를 고려해보자. $\mathbf{x}_0 = (-1.2, 1.0, -1.2, 1.0, \cdots)$에서 출발하여 $n=5,\ 10,\ 50$에 대해 다음 각각의 알고리즘을 사용해 문제의 최적해를 구하시오(목적함숫값과 경도를 계산하기 위한 서브루틴과 이차식-피팅 기법을 사용하여 선형탐색을 실행하기 위한 서브루틴을 작성하고 다음 방법을 위한 컴퓨터 프로그램을 구성하기 위해 이들의 서브루틴을 사용하시오). 또한, 독자는 앞 단계 반복계산의 스텝길이를 현재 반복계산의 하나의 3-점 패턴을 확립하기 위한 초기스텝으로 사용하시오. 비교결과를 요약하시오.

- *a*. 후크와 지브스의 방법(또한, 비교를 쉽게 하도록 선형탐색의 변형과 나머지 방법과 동일한 종료판단기준을 사용하시오).
- *b*. 로젠브록의 방법(또다시 파트 *a*의 방법과 같이 선형탐색의 변형을 이용하시오).
- *c*. 최급강하법.

d. 뉴톤법.
e. 브로이덴-플레처-골드파브-샤노 준 뉴톤법.
f. 헤스테네스와 슈티펠의 공액경도법.
g. 플레처와 리브스의 공액경도법.
h. 폴락과 리비에르의 공액경도법.

[8.24] 최소화 $(x_1 - x_2^3)^2 + 3(x_1 - x_2)^4$ 문제를 고려해보자. 다음 각각의 방법을 사용해 문제의 최적해를 구하시오. 이 방법은 동일한 점으로 수렴하는가? 그렇지 않다면 설명하시오.

a. 순회좌표 알고리즘.
b. 후크와 지브스의 방법.
c. 로젠브록의 방법.
d. 최급강하법.
e. 플레처와 리브스의 방법.
f. 데이비돈-플레처-파우얼 방법.
g. 브로이덴-플레처-골드파브-샤노의 방법.

[8.25] 모델 $y = a + \beta x + \gamma x^2 + \varepsilon$ 을 고려해보고, 여기에서 x는 독립변수이고 y는 관측된 종속변수이며 α, β, γ는 미지의 모수이며 ε은 실험오차를 나타내는 확률성분이다. 다음 표는 x 값과 여기에 상응하는 y 값을 제공한다. 다음 목적함수를 최소화하는 제약 없는 최적화문제로 α, β, γ의 최상 평가치를 찾는 문제를 정식화하시오.

a. 오차제곱의 합.
b. 오차의 절댓값의 합.
c. 오차의 최대의 절댓값.

각각의 케이스에 대해 적절한 방법을 사용해 α, β, γ를 구하시오.

x	0	1	2	3	4	5
y	3	3	-10	-25	-50	-100

[8.26] 다음 문제

$$\begin{aligned} \text{최소화} \quad & 2x_1 + x_2 \\ \text{제약조건} \quad & x_1^2 + x_2^2 = 9 \\ & -2x_1 - 3x_2 \leq 6 \end{aligned}$$

를 고려해보자.

a. 라그랑지 승수 u_1, u_2를 사용해 2개 제약조건을 목적함수에 포함시켜 라그랑지 쌍대문제를 정식화하시오.

b. 적절한 제약 없는 최적화 기법을 사용해, 점 $(1, 2)$에서 쌍대함수 θ의 경도를 계산하시오.

c. 점 $\bar{\mathbf{u}} = (1, 2)$에서 출발하여, 쌍대문제에 대해 최급증가법의 1회 반복계산을 실행하시오. 특히 다음 문제

$$\begin{aligned} \text{최대화} \quad & \theta(\bar{\mathbf{u}} + \lambda \mathbf{d}) \\ \text{제약조건} \quad & \bar{u}_2 + \lambda d_2 \geq 0 \\ & \lambda \geq 0 \end{aligned}$$

의 최적해를 구하고, 여기에서 $\mathbf{d} = \nabla \theta(\bar{u})$이다.

[8.27] $f: \Re^n \to \Re$은 $\mathbf{x}$에서 미분가능이라 하고 $\Re^n$의 벡터 $\mathbf{d}_1, \cdots, \mathbf{d}_n$을 선형독립인 벡터라 하자. $\lambda \in \Re$ 전체에 걸쳐, 그리고 $j = 1, \cdots, n$에 대해 $f(\mathbf{x} + \lambda \mathbf{d}_j)$의 최솟값은 $\lambda = 0$에서 일어난다고 가정한다. $\nabla f(\mathbf{x}) = \mathbf{0}$임을 보이시오. 이것은 f가 $\mathbf{x}$에서 국소최소해를 가짐을 의미하는가?

[8.28] $\mathbf{H}$는 대칭 $n \times n$ 행렬이라 하고 $\mathbf{d}_1, \cdots, \mathbf{d}_n$을 $\mathbf{H}$의 고유벡터의 집합이라 하자. $\mathbf{d}_1, \cdots, \mathbf{d}_n$은 $\mathbf{H}$-공액임을 보이시오.

[8.29] 방정식 (8.24)의 문제를 고려하고, $\mathbf{H}(\mathbf{x}_k) + \varepsilon_k \mathbf{I}$이 양정부호가 되도록 하는 $\varepsilon_k \geq 0$을 가정한다. $\boldsymbol{\Delta}_k = -[\mathbf{H}(\mathbf{x}_k) + \varepsilon_k \mathbf{I}]^{-1} \nabla f(\mathbf{x}_k)$이라 한다. (8.22)

로 주어진 $\boldsymbol{\delta} = \mathbf{x}_{k+1} - \mathbf{x}_k$와 라그랑지 승수 $\lambda = \varepsilon_k$는 (8.24)의 안장점 최적성 조건을 만족시킨다는 것을 보이시오. 그러므로 레벤버그-마르카르트의 방법과 신뢰영역법 사이의 관계에 대해 언급하시오. 또한, $\varepsilon_k = 0$인 케이스에 대해 언급하시오.

[8.30] $f : \Re^n \to \Re$을 최소화하기 위해 공액방향의 집합을 생성하는 다음 방법은 장윌[1967b]에 의한 것이다:

초기화 스텝 종료 스칼라 $\varepsilon > 0$를 선택하고 하나의 초기점 $\mathbf{x}_1$를 선택한다. $\mathbf{y}_1 = \mathbf{x}_1$이라 하고 $\mathbf{d}_1 = -\nabla f(\mathbf{y}_1)$이라 하고 $k = j = 1$로 하고 메인 스텝으로 간다.

메인 스텝 1. λ_j를 최소화 $f(\mathbf{y}_j + \lambda\mathbf{d}_j)$ 제약조건 $\lambda \in \Re$ 문제의 하나의 최적해라 하고 $\mathbf{y}_{j+1} = \mathbf{y}_j + \lambda_j \mathbf{d}_j$이라 한다. 만약 $j = n$이라면 스텝 4로 간다; 그렇지 않다면 스텝 2로 간다.

2. $\mathbf{d} = -\nabla f(\mathbf{y}_{j+1})$이라 하고 $\hat{\mu}$는 최소화 $f(\mathbf{y}_{j+1} + \mu\mathbf{d})$ 제약조건 $\mu \geq 0$의 문제의 하나의 최적해라고 놓는다. $\mathbf{z}_1 = \mathbf{y}_{j+1} + \hat{\mu}\mathbf{d}$이라 한다. $i = 1$이라 하고 스텝 3으로 간다.

3. 만약 $\| \nabla f(\mathbf{z}_i) \| < \varepsilon$이라면 $\mathbf{z}_i$를 얻고 중지한다. 만약 그렇지 않다면 μ_i는 최소화 $f(\mathbf{z}_i + \mu\mathbf{d}_i)$ 제약조건 $\mu \in \Re$ 문제의 하나의 최적해라 한다. $\mathbf{z}_{i+1} = \mathbf{z}_i + \mu_i \mathbf{d}_i$라 놓는다. 만약 $i < j$이라면 i를 $i+1$로 대체하고 스텝 3을 반복한다. 그렇지 않다면 $\mathbf{d}_{j+1} = \mathbf{z}_{j+1} - \mathbf{y}_{j+1}$이라 하고 j를 $j+1$로 대체하고 스텝 1로 간다.

4. $\mathbf{y}_1 = \mathbf{x}_{k+1} = \mathbf{y}_{n+1}$이라 한다. $\mathbf{d}_1 = -\nabla f(\mathbf{y}_1)$이라 하고 k를 $k+1$로 대체하고 $j = 1$로 하고 스텝 1로 간다.

$(\mathbf{z}_1 - \mathbf{y}_1) \notin L(\mathbf{d}_1, \cdots, \mathbf{d}_j)$임을 보장하기 위해 유한회 이내의 수렴이 보장되도록 스텝 2의 이차식케이스에 대해 최급강하탐색을 사용했다는 것을 주목하시오. 점 $(0.0, 3.0)$에서 출발하여 $(x_1 - 2)^4 + (x_1 - 2x_2)^2$을 최소화하는 문제를 사용해 예시하시오.

[8.31] f는 연속적으로 2회 미분가능하며 모든 점에서 헤시안행렬의 역행렬이 존

재한다고 가정한다. $\mathbf{x}_k$ 가 주어지면 $\mathbf{x}_{k+1} = \mathbf{x}_k + \lambda_k \mathbf{d}_k$ 이라 한다. $\mathbf{d}_k = -\mathbf{H}(\mathbf{x}_k)^{-1} \nabla f(\mathbf{x}_k)$이며 λ_k는 최소화 $f(\mathbf{x}_k + \lambda \mathbf{d}_k)$ 제약조건 $\lambda \in \Re$ 문제의 하나의 최적해이다. 이와 같은 뉴톤법의 수정은 해집합 $\Omega = \left\{\bar{\mathbf{x}} \mid \nabla f(\bar{\mathbf{x}})^t \mathbf{H}(\bar{\mathbf{x}})^{-1} \nabla f(\bar{\mathbf{x}}) = 0\right\}$에 속한 하나의 점으로 수렴함을 보이시오. 점 $(-2, 3)$에서 출발하여 $(x_1 - 2)^4 + (x_1 - 2x_2)^2$을 최소화함으로 예시하시오.

[8.32] $\mathbf{a}_1, \cdots, \mathbf{a}_n$은 $\Re^n$에서 선형독립인 벡터의 집합이라 하고 $\mathbf{H}$는 $n \times n$ 대칭 양정부호 행렬이라 한다.

a. 아래에 정의한 벡터 $\mathbf{d}_1, \cdots, \mathbf{d}_n$

$$\mathbf{d}_k = \begin{cases} \mathbf{a}_k & k = 1 \\ \mathbf{a}_k - \displaystyle\sum_{i=1}^{k-1} \left(\frac{\mathbf{d}_i^t \mathbf{H} \mathbf{a}_k}{\mathbf{d}_i^t \mathbf{H} \mathbf{d}_i} \right) \mathbf{d}_i & k \geq 2 \end{cases}$$

이 $\mathbf{H}$-공액임을 보이시오.

b. $\mathbf{a}_1, \cdots, \mathbf{a}_n$은 $\Re^n$의 단위 벡터라고 가정하고 파트 a에서 정의한 $\mathbf{D}$는 행렬의 열이 $\mathbf{d}_1, \cdots, \mathbf{d}_n$인 행렬이라 하자. $\mathbf{D}$는 모든 대각선의 요소가 1인 상삼각행렬임을 보이시오.

c. $\mathbf{a}_1 = (1, 0, 0)$, $\mathbf{a}_2 = (1, -1, 4)$, $\mathbf{a}_3 = (2, -1, 6)$이며 $\mathbf{H}$는 다음 식

$$\mathbf{H} = \begin{bmatrix} 2 & 0 & -1 \\ 0 & 3 & 2 \\ -1 & 2 & 2 \end{bmatrix}$$

과 같다고 하고 예를 들어 설명하시오.

d. $\mathbf{a}_1$, $\mathbf{a}_2$, $\mathbf{a}_3$는 $\Re^3$의 단위 벡터라 하고 $\mathbf{H}$는 파트 c의 것과 같다고 하고 예를 들어 설명하시오.

[8.33] 다음 문제

최소화 $2x_1^2 + 3x_1x_2 + 4x_2^2 + 2x_3^2 - 2x_2x_3 + 5x_1 + 3x_2 - 4x_3$

를 고려해보자. 연습문제 8.32 또는 다른 방법을 사용해 3개 공액방향을 생성하시오. 원점에서 출발하여, 이들 방향을 따라 최소화해 문제의 최적해를 구하시오.

[8.34] (8.66)과 유사하게, 정확한 선형탐색을 가정하고 브로이덴족($\mathbf{D}_j \equiv \mathbf{I}$ 라고 택함)에 관해 시행되는 무기억 준 뉴톤 갱신은 방향 $\mathbf{d}_{j+1} = -\mathbf{D}_{j+1}\nabla f(\mathbf{y}_{j+1})$로 귀착하며, 여기에서 $\mathbf{D}_{j+1}$는 다음 식

$$\mathbf{D}_{j+1} = \mathbf{I} - (1-\phi)\frac{\mathbf{q}_j\mathbf{q}_j^t}{\mathbf{q}_j \cdot \mathbf{q}_j} - \phi\frac{\mathbf{p}_j\mathbf{q}_j^t}{\mathbf{p}_j \cdot \mathbf{q}_j}$$

과 같다. 공액경도법과의 등가는 $\phi = 1$(브로이덴-플레처-골드파브-샤노 갱신)일 때에만 결과로 나타남을 관측하시오.

[8.35] $\mathbf{d}_{j+1} = -\mathbf{D}_{j+1}\nabla f(\mathbf{y}_{j+1}) = \mathbf{0}$를 산출하는 브로이덴 수정공식 (8.46)의 ϕ 값[방정식 (8.50)으로 주어진 것과 같은]이 존재함을 보이시오.
〔**힌트**: $p_j = \lambda_j \mathbf{d}_j - \lambda_j \mathbf{D}_j \nabla f(\mathbf{y}_j)$, $\mathbf{q}_j = \nabla f(\mathbf{y}_{j+1}) - \nabla f(\mathbf{y}_j)$, $\mathbf{d}_j \cdot \nabla f(\mathbf{y}_{j+1}) = \mathbf{p}_j \cdot \nabla f(\mathbf{y}_{j+1}) = \nabla f(\mathbf{y}_j)^t \mathbf{D}_j \nabla f(\mathbf{y}_{j+1}) = 0$을 사용하시오.〕

[8.36] (8.48), (8.53) 사이의 역의 관계인 식 (8.54)를 입증하기 위해 방정식 (8.55)에 주어진 셔만-모리슨-우드버리 공식을 2회 순차적으로 적용하시오.

[8.37] (8.41)에서 (8.45)까지의 공식을 사용해 헤시안 역행렬의 갱신에 사용한 구도를 따라 브로이덴-플레처-골드파브-샤노 갱신을 위한 식 (8.53)의 헤시안수정을 직접 유도하시오.

[8.38] 그림 8.24에 연관된 토의를 참조해 $\mathbf{y}_j$에서 패턴 벡터 $\mathbf{d}_P \equiv \mathbf{y}'_{j+1} - \mathbf{y}_j$를 따라 이차식함수 f를 최소화하면 점 $\mathbf{y}_{j+2}$를 생산함을 입증하시오〔**힌트**: $\mathbf{y}'_{j+2}$는 이렇게 해 구해진 하나의 점을 나타내는 것으로 한다. f는 이차식이므로 $\nabla f(\mathbf{y}'_{j+1}) \cdot \nabla f(\mathbf{y}_{j+1}) = 0$이며 ∇f는 선형임을 사용해 $\nabla f(\mathbf{y}'_{j+2})$는 $\nabla f(\mathbf{y}_{j+1})$와 $\mathbf{d}_P$에 모두 직교하고, 그래서 $\mathbf{y}'_{j+2}$는 그림 8.24의 평면에서 최소화하는 점임을 보이시

오. 정리 8.8.3의 파트 3을 사용해 지금 $\mathbf{y}'_{j+2} = \mathbf{y}_{j+2}$임에 대해 논증하시오.]

[8.39] 이차식 형태 $f(\mathbf{x}) = \mathbf{c}\cdot\mathbf{x} + (1/2)\mathbf{x}^t\mathbf{H}\mathbf{x}$를 고려해보고, 여기에서 $\mathbf{H}$는 대칭 $n\times n$ 행렬이다. 대부분 적용사례에서, 서로 곱하는 항을 삭제해 변수의 분리가능성을 얻음이 바람직하다. 이것은 다음과 같이 축을 회전하면 가능하다. $\mathbf{D}$는 행렬의 열 $\mathbf{d}_1, \cdots, \mathbf{d}_n$이 $\mathbf{H}$-공액인 $n\times n$ 행렬이라 하자. $\mathbf{x} = \mathbf{D}\mathbf{y}$이라 하면 이차식 형태는 $\Sigma_{j=1}^{n}\alpha_j y_j + (1/2)\Sigma_{j=1}^{n}\beta_j y_i^2$와 등가임을 입증하고, 여기에서 $(\alpha_1, \cdots, \alpha_n) = \mathbf{c}^t\mathbf{D}$이며 $j = 1, \cdots, n$에 대해 $\beta_j = \mathbf{d}_j^t\mathbf{H}\mathbf{d}_j$이다. 더군다나 변환 $\mathbf{x} = \mathbf{D}\mathbf{y} + \mathbf{z}$에 의해 평행이동과 축회전이 이루어지며, 여기에서 $\mathbf{z}$는 $\mathbf{H}\mathbf{z} + \mathbf{c} = \mathbf{0}$이 되도록 하는 임의의 벡터이다. 즉 다시 말하면 $\nabla f(\mathbf{z}) = \mathbf{0}$이다. 이 경우 이차식 형식은 $[\mathbf{c}\cdot\mathbf{z} + (1/2)\mathbf{z}^t\mathbf{H}\mathbf{z}] + (1/2)\Sigma_{j=1}^{n}\beta_j y_j^2$와 등가임을 보이시오. 이차식 형식 $3x_1 - 6x_2 + 2x_1^2 + x_1x_2 + 2x_2^2$의 정확한 등고선을 작성하기 위해 이 연습문제의 결과를' 사용하시오.

[8.40] 최대화 $-2x_1^2 - 3x_2^2 + 3x_1x_2 - 2x_1 + 4x_2$ 문제를 고려해보자. $\mathbf{D}_1$은 항등행렬이라 하고, 원점에서 출발하여 데이비돈-플레처-파우얼의 방법에 의해 문제의 최적해를 구하시오. 또한, 플레처와 리브스의 공액경도법에 따라 문제의 최적해를 구하시오. 2개 절차는 방향벡터의 동일한 집합을 생성함을 주목하자. 일반적으로 만약 $\mathbf{D}_1 = \mathbf{I}$라면 이차식함수에 대해 2개 방법은 동일함을 보이시오.

[8.41] 최소(제곱한) 프로베니우스 노음 $\Sigma_i\Sigma_j c_{ij}^2$을 달성하는 헤시안의 근사화 행렬 $\mathbf{B}_k$의 준 뉴톤 수정행렬 $\mathbf{C}$를 유도하고, 여기에서 c_{ij}는 준 뉴톤 조건 $(\mathbf{C} + \mathbf{B}_k)\mathbf{p}_k = \mathbf{q}_k$과 대칭조건 $\mathbf{C} = \mathbf{C}^t$ 아래 $\mathbf{C}$의 요소이다(결정되어야 함)[**힌트**: 대칭이 되도록 한 다음 여기에 상응하는 최적화문제를 구성하고 카루시-쿤-터커 조건을 사용하시오. 이것은 **파우얼-대칭 브로이덴 갱신**을 제공한다].

[8.42] 플레처와 리브스의 공액경도법과 브로이덴-플레처-골드파브-샤노 준 뉴톤법 모두를 사용해 점 $(1, 0)$에서 출발하여, 최소화 $2x_1 + 3x_2^2 + e^{2x_1^2 + x_2^2}$ 문제의 최적해를 구하시오.

[8.43] 다음 구조를 갖는 문제

$$\begin{aligned} &\text{최소화} \quad f(\mathbf{x}) \\ &\text{제약조건 } a_i \le x_i \le b_i \quad i=1,\cdots,m \end{aligned}$$

는 좀 더 일반적 비선형계획법 문제의 최적해를 구하는 상황에서 자주 일어난다.

a. 변수의 상한, 하한을 처리할 수 있도록 이 장에서 토의한 제약 없는 최적화 기법의 적정한 수정을 조사하시오.

b. 다음 문제

$$\begin{aligned} \text{최소화} \quad & (x_1-2)^4+(x_1-2x_2)^2 \\ \text{제약조건} \quad & 4 \le x_1 \le 6 \\ & 3 \le x_2 \le 5 \end{aligned}$$

의 최적해를 구하기 위해 파트 a의 결과를 사용하시오.

[8.44] 다음 연립방정식

$$h_i(\mathbf{x})=0 \quad i=1,\cdots,\ell$$

을 고려해보자.

a. 제약 없는 최적화 기법에 의해 어떻게 위 문제의 최적해를 구할 수 있는가를 보이시오[**힌트**: $\Sigma_{i=1}^{\ell}|h_i(\mathbf{x})|^p$를 최소화하는 문제를 고려해보고, 여기에서 p는 양(+) 정수이다].

b. 다음 시스템

$$\begin{aligned} 2(x_1-2)^4+(2x_1-x_2)^2-4=0 \\ x_1^2-2x_2+1=0 \end{aligned}$$

의 해를 구하시오.

[8.45] 최소화 $f(\mathbf{x})$ 제약조건 $h_i(\mathbf{x})=0$ $i=1,\cdots,\ell$ 문제를 고려해보자. 만약

다음 식

$$\nabla f(\mathbf{x}) + \sum_{i=1}^{\ell} \nu_i \nabla h_i(\mathbf{x}) = \mathbf{0}$$
$$h_i(\mathbf{x}) = 0 \qquad i = 1, \cdots, \ell$$

이 성립하는 하나의 벡터 $\boldsymbol{\nu} \in \Re^{\ell}$이 존재한다면 하나의 점 $\mathbf{x}$는 하나의 카루시-쿤-터커 점이라고 말한다.

a. 제약 없는 최적화 기법을 사용해 위의 연립방정식의 해를 구하는 방법을 보이시오(**힌트**: 연습문제 8.44 참조).

b. 다음 문제

최소화 $\quad (x_1 - 3)^4 + (x_1 - 3x_2)^2$

제약조건 $\quad 2x_1^2 - x_2 = 0$

의 카루시-쿤-터커 점을 구하시오.

[8.46] 최소화 $f(\mathbf{x})$ 제약조건 $g_i(\mathbf{x}) \le 0 \quad i = 1, \cdots, m$ 문제를 고려해보자.

a. 만약 다음 식

$$\nabla f(\mathbf{x}) + \sum_{i=1}^{m} u_i^2 \nabla g_i(\mathbf{x}) = \mathbf{0}$$
$$g_i(\mathbf{x}) + s_i^2 = 0 \qquad i = 1, \cdots, m$$
$$u_i s_i = 0 \qquad i = 1, \cdots, m$$

이 성립하도록 하는 $u_1, \cdots, u_m$과 s_i가 존재한다면 하나의 점 $\mathbf{x}$에서 카루시-쿤-터커 조건이 만족됨을 보이시오.

b. 위의 연립방정식의 해를 찾기 위해 제약 없는 최적화 기법을 사용할 수 있다는 것을 보이시오(**힌트**: 연습문제 8.44 참조).

c. 다음 문제

최소화 $3x_1^2+2x_2^2-2x_1x_2+4x_1+6x_2$

제약조건 $-2x_1-3x_2+6 \leq 0$

의 카루시-쿤-터커 점을 찾기 위해 적절한 제약 없는 최적화 기법을 사용하시오.

[8.47] 최소화 $x_1^2+x_2^2$ 제약조건 $x_1+x_2-4=0$ 문제를 고려해보자.

a. 문제의 최적해를 구하고 카루시-쿤-터커 조건에 의해 최적성을 입증하시오.

b. 문제의 최적해를 구하는 한 개의 알고리즘은 최소화 $x_1^2+x_2^2+\mu(x_1+x_2-4)^2$ 형태인 문제로 변환하는 것이며, 여기에서 $\mu>0$는 큰 값의 스칼라이다. 공액경도법에 따라 원점에서 출발하여 $\mu=10$에 대해 제약 없는 문제의 최적해를 구하시오.

[8.48] 귀납법을 사용해 방정식 (8.68b)에 여분의 항 $\gamma_j \mathbf{d}_1$을 포함시키는 것은 이렇게 생성한 방향 $\mathbf{d}_1, \cdots, \mathbf{d}_n$의 상호 $\mathbf{H}$-공액성을 보장함을 보이고, 여기에서 γ_j는 해당 식의 내부에 주어진 것과 같다.

[8.49] $\mathbf{H}$는 $n \times n$ 대칭행렬이라 하고, $f(\mathbf{x})=\mathbf{c}\cdot\mathbf{x}+(1/2)\mathbf{x}^t\mathbf{H}\mathbf{x}$ 라 하자. f를 최소화하기 위한 다음의 **차수-1 수정 알고리즘**을 고려해보자. 먼저 $\mathbf{D}_1$은 $n \times n$ 양정부호 대칭행렬이라 하고 $\mathbf{x}_1$은 하나의 주어진 벡터라 하자. $j=1, \cdots, n$에 대해 λ_j는 최소화 $f(\mathbf{x}_j+\lambda\mathbf{d}_j)$ 제약조건 $\lambda \in \Re$ 문제의 하나의 최적해라 하고 $\mathbf{x}_{j+1}=\mathbf{x}_j+\lambda_j\mathbf{d}_j$라 하며, 여기에서 $\mathbf{d}_j=-\mathbf{D}_j\nabla f(\mathbf{x}_j)$이며 $\mathbf{D}_j$는 다음 식

$$\mathbf{D}_{j+1}=\mathbf{D}_j+\frac{(\mathbf{p}_j-\mathbf{D}_j\mathbf{q}_j)(\mathbf{p}_j-\mathbf{D}_j\mathbf{q}_j)^t}{\mathbf{q}_j\cdot(\mathbf{p}_j-\mathbf{D}_j\mathbf{q}_j)}$$

$$\mathbf{p}_j=\mathbf{x}_{j+1}-\mathbf{x}_j$$

$$\mathbf{q}_j=\mathbf{H}\mathbf{p}_j$$

으로 주어진다.

a. $\mathbf{D}_{j+1}$를 얻기 위해 $\mathbf{D}_j$에 더해진 행렬의 계수는 1임을 입증하시오.

b. $j=1, \cdots, n$에 대해, 그리고 $i \le j$에 대해 $\mathbf{p}_i = \mathbf{D}_{j+1}\mathbf{q}_i$임을 보이시오.

c. $\mathbf{H}$의 역행렬이 존재한다고 가정하면 $\mathbf{D}_{n+1} = \mathbf{H}^{-1}$임은 성립하는가?

d. 비록 $\mathbf{D}_j$가 양정부호일지라도 $\mathbf{D}_{j+1}$는 양정부호일 필요가 없음을 보이시오. 이것은 왜 실수 전체에 걸쳐 선형탐색을 사용하는지를 설명하시오.

e. 방향 $\mathbf{d}_1, \cdots, \mathbf{d}_n$은 공액일 필요가 있는가?

f. $x_1 - 4x_2 + 2x_1^2 + 2x_1x_2 + 3x_2^2$을 최소화하기 위해 위의 알고리즘을 사용하시오.

g. $\mathbf{q}_j$는 $\nabla f(\mathbf{x}_{j+1}) - \nabla f(\mathbf{x}_j)$로 대체된다고 가정한다. $\mathbf{D}_j$를 갱신하기 위한 위의 구도를 사용해 비-이차식 함수를 최소화하기 위해 데이비돈-플레처-파우얼의 방법과 유사한 절차를 개발하시오. $(x_1-2)^4 + (x_1 - 2x_2)^2$을 최소화하는 절차를 사용하시오.

[8.50] 흔히 있는 표기법으로 $\mathbf{d}_{j+1} = -\nabla f(\mathbf{y}_{j+1}) + \alpha_j \mathbf{d}_j$인 공액경도법의 설계를 고려해보고, 여기에서 척도모수 s_{j+1}의 선택에 있어, $s_{j+1}\mathbf{d}_{j+1}$가 만약 있을 수 있다면 뉴톤방향 벡터 $-\mathbf{H}^{-1}\nabla f(\mathbf{y}_{j+1})$와 일치하게 하고 싶다. $s_{j+1}[-\nabla f(\mathbf{y}_{j+1}) + \alpha_j \mathbf{d}_j] = -\mathbf{H}^{-1}\nabla f(\mathbf{y}_{j+1})$라고 놓고 양변을 전치하고 이들을 $\mathbf{Hd}_j$로 곱하고, 그리고 다음 식

$$\alpha_j = \frac{\nabla f(\mathbf{y}_{j+1})\cdot\mathbf{q}_j - (1/s_{j+1})\nabla f(\mathbf{y}_{j+1})\cdot\mathbf{p}_j}{\mathbf{d}_j\cdot\mathbf{q}_j}$$

을 유도하기 위해 준 뉴톤법의 조건 $\lambda_j \mathbf{Hd}_j = \mathbf{q}_j$을 사용하시오.

a. 정확한 선형탐색을 사용하면, s_{j+1}의 선택은 아무런 영향이 없다는 것을 보이시오. 나아가서 (8.57)에서 $s_{j+1} \to \infty$에 따라 $\alpha_j \to \alpha_j^{HS}$임을 보이시오. 뉴톤법의 방향벡터 $-\mathbf{H}^{-1}\nabla f(\mathbf{y}_{j+1})$는 진실로 $-\nabla f(\mathbf{y}_{j+1})$와 $\mathbf{d}_j$로 생성한 원추에 포함되지만 $\mathbf{d}_j$와 일치하지 않는 상황을 고려해 s_{j+1}를 선택하시오. 그러므로 값 s_{j+1}를 선택하는 구도를 제안하시오.

b. 앞의 반복계산에서 $\mathbf{y}_j = (-1/2, 1)$, $\mathbf{d}_j = (1, 0)$, $\lambda_j = 1/2$(부정확한 스텝)이며 그래서 $\mathbf{y}_{j+1} = (0, 1)$임을 가정해 예제 8.8.2를 사용해 예시하고 다음 반복계산에서 선택 (i) $s_{j+1} = \infty$, 선택 (ii) $s_{j+1} = 1$, 선택 (iii) $s_{j+1} = 1/4$와 함께 독자의 선택을 고려하시오. 여기에 상응하는 방향 $\mathbf{d}_{j+1} = -\nabla f(\mathbf{y}_{j+1}) + \alpha_j \mathbf{d}_j$를 구하시오. 이들 가운데 어느 것이 최적해로 인도할 가능성이 있는가? ((ii)는 페리[1978]의 선택이며 셰랄리 & 울룰라[1990]는 s_{j+1}의 선택을 지정하며 척도변환된 버전을 권장한다).

[8.51] 이 연습문제에서 최소화 $f(\mathbf{x})$ 제약조건 $\mathbf{x} \in \Re^n$ 형태의 문제의 최적해를 구하기 위해 스펜들리 등[1962]의 심플렉스 방법의 수정을 설명한다. 여기에서 설명하는 알고리즘의 버전은 넬더 & 미드[1965]에 의한 것이다.

초기화 스텝 $\Re^n$에서의 심플렉스를 구성하기 위해 점 $\mathbf{x}_1, \mathbf{x}_2, \cdots, \mathbf{x}_{n+1}$을 선택한다. 투영계수 $\alpha > 0$, 확장계수 $\gamma > 1$, 양(+) 축약계수 $0 < \beta < 1$을 선택한다. 메인 스텝으로 간다.

메인 스텝 1. $\mathbf{x}_r, \mathbf{x}_s \in \{\mathbf{x}_1, \cdots, \mathbf{x}_{n+1}\}$는 다음 식

$$f(\mathbf{x}_r) = \min_{1 \le j \le n+1} f(\mathbf{x}_j), \qquad f(\mathbf{x}_s) = \max_{1 \le j \le n+1} f(\mathbf{x}_j)$$

이 성립하게 하는 것으로 하자. $\overline{\mathbf{x}} = \dfrac{1}{n} \sum_{j=1, j \ne s}^{n+1} \mathbf{x}_j$로 하고 스텝 2로 간다.

2. $\hat{\mathbf{x}} = \overline{\mathbf{x}} + \alpha(\overline{\mathbf{x}} - \mathbf{x}_s)$이라 한다. 만약 $f(\mathbf{x}_r) > f(\hat{\mathbf{x}})$이라면 $\mathbf{x}_e = \overline{\mathbf{x}} + \gamma(\hat{\mathbf{x}} - \overline{\mathbf{x}})$로 하고 스텝 3으로 간다. 그렇지 않다면 스텝 4로 간다.

3. $n+1$개 점의 하나의 새로운 집합을 산출하기 위해, 만약 $f(\hat{\mathbf{x}}) > f(\mathbf{x}_e)$라면 점 $\mathbf{x}_s$는 $\mathbf{x}_e$로 대체되고 만약 $f(\hat{\mathbf{x}}) \le f(\mathbf{x}_e)$이라면 $\hat{\mathbf{x}}$로 대체된다. 스텝 1로 간다.

4. 만약 $\max_{1 \le j \le n+1} \left\{ f(\mathbf{x}_j) \,\middle|\, j \ne s \right\} \le f(\hat{\mathbf{x}})$이라면 $n+1$개 점의 새로

운 집합을 구성하기 위해 $\mathbf{x}_s$를 $\hat{\mathbf{x}}$로 대체하고 스텝 1로 간다. 그렇지 않다면 스텝 5로 간다.

5. $\mathbf{x}'$는 $f(\mathbf{x}') = min\left\{f(\hat{\mathbf{x}}), f(\mathbf{x}_s)\right\}$로 정의한다 하고 $\mathbf{x}'' = \overline{\mathbf{x}} + \beta(\mathbf{x}' - \overline{\mathbf{x}})$이라 한다. 만약 $j = 1, \cdots, n+1$에 대해 $f(\mathbf{x}'') > f(\mathbf{x}')$이라면 $\mathbf{x}_j$를 $\mathbf{x}_j + (1/2)(\mathbf{x}_r - \mathbf{x}_j)$로 대체하고 스텝 1로 간다. 만약 $f(\mathbf{x}'') \le f(\mathbf{x}')$이라면 $n+1$개 점의 새로운 집합을 구성하기 위해 $\mathbf{x}''$가 $\mathbf{x}_s$를 대체한다. 스텝 1로 간다.

a. $\mathbf{d}_j$는 j-째 성분이 a이며 나머지 성분 모두 b인 n-벡터라 하고, 여기에서 a, b는 다음 식

$$a = \frac{c}{n\sqrt{2}}(\sqrt{n+1} + n - 1), \quad b = \frac{c}{n\sqrt{2}}(\sqrt{n+1} - 1)$$

과 같으며, 여기에서 c는 양(+) 스칼라이다. $\mathbf{x}_1, \cdots, \mathbf{x}_{n+1}$로 정의한 초기 심플렉스는 $\mathbf{x}_{i+1} = \mathbf{x}_1 + \mathbf{d}_j$로 해, 선택할 수 있음을 보이고, 여기에서 $\mathbf{x}_1$은 마음대로 선택한다. (특히 $j = 1, \cdots, n$에 대해 $\mathbf{x}_{j+1} - \mathbf{x}_1$은 선형독립임을 보이시오. 초기 심플렉스의 구조에 관한 c의 해석은 무엇인가?)

b. 이 연습문제에서 설명한 심플렉스 방법을 사용해 최소화 $2x_1^2 + 2x_1x_2 + x_3^2 + 3x_2^2 - 3x_1 - 10x_3$ 문제의 최적해를 구하시오.

[8.52] 이차식함수 $f(\mathbf{y}) = \mathbf{c} \cdot \mathbf{y} + (1/2)\mathbf{y}^t\mathbf{H}\mathbf{y}$를 고려하고, 여기에서 $\mathbf{H}$는 $n \times n$ 대칭 양정부호 행렬이다. 반복계산점 $\mathbf{y}_{j+1} = \mathbf{y}_j - \lambda_j \mathbf{D}_j \nabla f(\mathbf{y}_j)$이 앞에서의 반복계산점 $\mathbf{y}_j$에서 $-\mathbf{D}_j \nabla f(\mathbf{y}_j)$ 방향으로 '정확한 선형탐색'에 의해 생성되는 어떤 알고리즘을 사용한다고 가정하며, 여기에서 $\mathbf{D}_j$는 어떤 양정부호 행렬이다. 그렇다면 만약 $\mathbf{y}^*$가 f의 최소해이며, 그리고 만약 $e(\mathbf{y}) = (1/2)(\mathbf{y} - \mathbf{y}^*)^t \mathbf{H}(\mathbf{y} - \mathbf{y}^*)$가 오차함수라면 모든 스텝 j에서 다음 식

$$e(\mathbf{y}_{j+1}) \le \frac{(\alpha_j - 1)^2}{(\alpha_j + 1)^2} e(\mathbf{y}_j)$$

이 성립함을 보이고, 여기에서 α_j는 $\mathbf{D}_j\mathbf{H}$의 가장 작은 고유값에 대한 가장 큰 고유값의 비율이다.

[8.53] 미분가능한 다변수함수 f를 최소화하기 위해 샤 등[1964]의 공로로 알려진 다음의 **평행접평면법**을 고려해보자:

초기화 스텝 $\varepsilon > 0$의 종료 스칼라를 선정하고, 하나의 출발점 $\mathbf{x}_1$을 선정한다. $\mathbf{y}_0 = \mathbf{x}_1$, $k = j = 1$로 놓고 메인 스텝으로 간다.

메인 스텝 1. $\mathbf{d} = -\nabla f(\mathbf{x}_k)$로 놓고 $\hat{\lambda}$는 최소화 $f(\mathbf{x}_k + \lambda\mathbf{d})$ 제약조건 $\lambda \geq 0$ 문제의 하나의 최적해라 하자. $\mathbf{y}_1 = \mathbf{x}_k + \hat{\lambda}\mathbf{d}$로 놓고 스텝 2로 간다.

2. $\mathbf{d} = -\nabla f(\mathbf{y}_j)$이라 하고 λ_j를 최소화 $f(\mathbf{y}_j + \lambda\mathbf{d})$ 제약조건 $\lambda \geq 0$ 문제의 하나의 최적해라 하자. $\mathbf{z}_j = \mathbf{y}_j + \lambda_j\mathbf{d}$로 놓고 스텝 3으로 간다.

3. $\mathbf{d} = \mathbf{z}_j - \mathbf{y}_{j-1}$이라고 놓고 μ_j를 최소화 $f(\mathbf{z}_j + \mu\mathbf{d})$ 제약조건 $\mu \in \Re$ 문제의 최적해라 하자. $\mathbf{y}_{j+1} = \mathbf{z}_j + \mu_j\mathbf{d}$라 한다. 만약 $j < n$이라면 j를 $j+1$로 대체하고 스텝 2로 간다. 만약 $j = n$이라면 스텝 4로 간다.

4. $\mathbf{x}_{k+1} = \mathbf{y}_{n+1}$이라고 놓는다. 만약 $\|\mathbf{x}_{k+1} - \mathbf{x}_k\| < \varepsilon$이라면 중지한다. 그렇지 않다면 $\mathbf{y}_0 = \mathbf{x}_{k+1}$로 놓고 k를 $k+1$로 대체하고 $j = 1$로 하고 스텝 1로 간다.

정리 7.3.4을 사용해, 이 방법은 수렴함을 보이시오. 평행접평면법을 사용해 다음 문제의 최적해를 구하시오:

a. 최소화 $2x_1^2 + 3x_2^2 + 2x_1x_2 - 2x_1 - 6x_2$.

b. 최소화 $x_1^2 + x_2^2 - 2x_1x_2 - 2x_1 - x_2$(이 문제의 최적해는 무계임을 주목하자).

c. 최소화 $(x_1 - 3)^2 + (x_1 - 3x_2)^2$.

[8.54] $f: \Re^n \to \Re$은 미분가능한 함수라 하자. f를 최소화하기 위한 다음 절차를 고려해보자.

초기화 스텝 종료 스칼라 $\varepsilon > 0$와 초기 스텝 사이즈 $\Delta > 0$를 선택한다. m은 스텝사이즈를 축소하기 이전의 허용가능한 실패횟수를 나타내는 양(+) 정수라 하자. $\mathbf{x}_1$을 출발점으로 하고 목적함수의 최적값의 현재의 상계를 $\text{UB} = f(\mathbf{x}_1)$이라 하자. $\nu = 0$이라고 놓고 $k = 1$이라고 놓고 메인 스텝으로 간다.

메인 스텝 1. $\mathbf{d}_k = -\nabla f(\mathbf{x}_k)$라고 놓고 $\mathbf{x}_{k+1} = \mathbf{x}_k + \Delta\mathbf{d}_k$라고 놓는다. 만약 $f(\mathbf{x}_{k+1}) < \text{UB}$라면 $\nu = 0$, $\hat{\mathbf{x}} = \mathbf{x}_k + 1$, $\text{UB} = f(\hat{\mathbf{x}})$로 놓고 스텝 2로 간다. 반면에 만약 $f(\mathbf{x}_{k+1}) \geq \text{UB}$라면 ν를 $\nu + 1$로 대체한다. 만약 $\nu = m$이라면 스텝 3으로 간다; 그리고 만약 $\nu < m$이라면 스텝 2로 간다.

2. k를 $k+1$로 대체하고, 스텝 1로 간다.

3. k를 $k+1$로 대체한다. 만약 $\Delta < \varepsilon$이라면 $\hat{\mathbf{x}}$를 최적해의 평가치로 하고 중지한다. 그렇지 않다면 Δ를 $\Delta/2$로 대체하고 $\nu = 0$, $\mathbf{x}_k = \hat{\mathbf{x}}$라고 놓고 스텝 1로 간다.

a. $\varepsilon = 0$에 대해 위의 알고리즘의 수렴을 증명할 수 있는가?

b. 연습문제 8.53의 3개 문제에 대해 위의 알고리즘을 적용하시오.

[8.55] 로젠브록의 방법은 사상 $\mathbf{A}: \Re^n \times U \times \Re^n \to \Re^n \times U \times \Re^n$으로 설명할 수 있으며, 여기에서 $U = \{\mathbf{D} \mid \mathbf{D}$는 $\mathbf{D}^t\mathbf{D} = \mathbf{I}$를 만족시키는 $n \times n$ 행렬$\}$이다. 알고리즘적 사상 $\mathbf{A}$는 3개로 구성된 $(\mathbf{x}, \mathbf{D}, \boldsymbol{\lambda})$에 작용하며, 여기에서 $\mathbf{x}$는 현재의 벡터이며 $\mathbf{D}$는 행렬의 열이 직전의 반복계산의 방향벡터로 구성한 $n \times n$ 행렬이고 $\boldsymbol{\lambda}$는 성분이 $\lambda_1, \cdots, \lambda_n$인 벡터이며 $\mathbf{d}_1, \cdots, \mathbf{d}_n$ 방향으로 이동한 거리를 제공한다. 사상 $\mathbf{A} = \mathbf{A}_3\mathbf{A}_2\mathbf{A}_1$는 성분이 아래에서 상세하게 토의하는 합성사상이다.

1. $\mathbf{A}_1$는 $\mathbf{A}_1(\mathbf{x}, \mathbf{D}, \boldsymbol{\lambda}) = (\mathbf{x}, \overline{\mathbf{D}})$으로 정의한 점-점 사상이며, 여기에서 $\overline{\mathbf{D}}$는 (8.9)로 정의한 새로운 방향벡터의 열로 구성한 행렬이다.
2. 만약 $\mathbf{x}$에서 출발하여 $\overline{\mathbf{d}}_1, \cdots, \overline{\mathbf{d}}_n$ 방향으로 f를 최소화하여 $\mathbf{y}$로 인도한다면, 점-집합 사상 $\mathbf{A}_2$는 $(\mathbf{x}, \mathbf{y}, \overline{\mathbf{D}}) \in \mathbf{A}_2(\mathbf{x}, \overline{\mathbf{D}})$라고 정의한다. 정리 7.3.5에 따라 사상 $\mathbf{A}_2$는 닫힌 사상이다.

3. $\mathbf{A}_3$는 $\mathbf{A}_3(\mathbf{x},\mathbf{y},\overline{\mathbf{D}}) = (\mathbf{y},\overline{\mathbf{D}},\overline{\lambda})$라고 정의한 점-점 사상이며, 여기에서 $\overline{\lambda} = (\overline{\mathbf{D}})^{-1}(\mathbf{y}-\mathbf{x})$이다.

a. 만약 $j=1,\cdots,n$에 대해 $\lambda_j \neq 0$이라면 사상 $\mathbf{A}_1$은 $(\mathbf{x},\mathbf{D},\lambda)$에서 닫혀있다는 것을 보이시오.

b. 만약 어떤 j에 대해 $\lambda_j=0$이라면 $\mathbf{A}_1$은 닫힌 사상인가(**힌트**: 수열 $\mathbf{D}_k=\begin{bmatrix}1 & 0\\ 0 & 1\end{bmatrix}$, $\lambda_k=\begin{bmatrix}1/k\\ 1\end{bmatrix}$을 고려해보자)?

c. $\mathbf{A}_3$는 닫힌 사상임을 보이시오.

d. 함수 f는 감소함수로 사용할 수 있음을 입증하시오.

e. 로젠브록의 절차의 수렴을 증명하기 위해 정리 7.2.3을 적용할 수 있는가에 대해 토의하시오(이 연습문제의 예를 들어, 알고리즘적 사상을 여러 사상의 합성으로 보는 데 있어 몇 가지 어려움에 부딪칠 수 있음을 설명한다. 절 8.5에서 사상 $\mathbf{A}$를 합성하지 않고 수렴이 증명되었다).

[8.56] 최소화 $f(\mathbf{x})$ 제약조건 $\mathbf{x}\in\Re^n$ 문제를 고려해보자. 다음 알고리즘은 파우얼[1964]의 공로라고 알려져 있다(그리고 파트 c처럼 장윌[1967b]이 수정한 것이다).

초기화 스텝 종료 스칼라 $\varepsilon>0$를 선택한다. 하나의 초기점 $\mathbf{x}_1$을 선택하고 $\mathbf{d}_1,\cdots,\mathbf{d}_n$을 좌표방향 벡터라 하고 $k=j=i=1$이라고 놓는다. $\mathbf{z}_1=\mathbf{y}_1=\mathbf{x}_1$이라 하고 메인 스텝으로 간다.

메인 스텝 1. λ_i는 최소화 $f(\mathbf{z}_i+\lambda\mathbf{d}_i)$ 제약조건 $\lambda\in\Re$ 문제의 하나의 최적해라 하고 $\mathbf{z}_{i+1}=\mathbf{z}_i+\lambda_i\mathbf{d}_i$로 한다. 만약 $i<n$이라면 i를 $i+1$로 대체하고 스텝 1을 반복한다. 그렇지 않다면 스텝 2로 간다.

2. $\mathbf{d}=\mathbf{z}_{n+1}-\mathbf{z}_1$이라 하고 $\hat{\lambda}$를 최적화 $f(\mathbf{z}_{n+1}+\lambda\mathbf{d})$ 제약조건 $\lambda\in\Re$ 문제의 하나의 최적해라 하자. $\mathbf{y}_{j+1}=\mathbf{z}_{n+1}+\hat{\lambda}\mathbf{d}$로 놓는다. 만약 $j<n$이면 $\ell=1,\cdots,n-1$에 대한 $\mathbf{d}_\ell$을 $\mathbf{d}_\ell=\mathbf{d}_{\ell+1}$로 대체하고 $\mathbf{d}_n=\mathbf{d}$로 놓고 $\mathbf{z}_1=\mathbf{y}_{j+1}$이라 하고 $i=1$로 놓고 j를 $j+1$로 대체하고 스텝 1로 간다. 그렇지 않다면 $j=$

n으로 놓고 스텝 3으로 간다.

3. $\mathbf{x}_{k+1} = \mathbf{y}_{n+1}$이라 한다. 만약 $\| \mathbf{x}_{k+1} - \mathbf{x}_k \| < \varepsilon$이면 정지한다. 그렇지 않다면 $i = j = 1$로 놓고 $\mathbf{z}_1 = \mathbf{y}_1 = \mathbf{x}_{k+1}$로 놓고 k를 $k+1$로 대체하고 스텝 1로 간다.

a. $f(\mathbf{x}) = \mathbf{c} \cdot \mathbf{x} + (1/2)\mathbf{x}^t\mathbf{H}\mathbf{x}$이며, 여기에서 $\mathbf{H}$는 $n \times n$ 대칭행렬이라고 가정한다. 메인 스텝을 통과한 후, 만약 $\mathbf{d}_1, \cdots, \mathbf{d}_n$이 선형독립이라면 이들은 또한 $\mathbf{H}$-공액임을 보이시오. 그래서 정리 8.8.3에 따라 하나의 최적해가 1회의 반복계산으로 생산된다.

b. 장윌[1967b]에 의한 다음 문제

$$\text{최소화 } (x_1 - x_2 + x_3)^2 + (-x_1 + x_2 + x_3)^2 + (x_1 + x_2 - x_3)^2$$

를 고려해보자. 점 $(1/2, 1, 1/2)$에서 출발하여, 이 연습문제에서 토의한 파우얼의 방법을 적용하시오. 이 절차는 종속인 방향벡터의 집합을 생성하며, 따라서 최적 점 $(0, 0, 0)$을 산출하지 않음을 주목하자.

c. 장윌[1967b]은 방향벡터의 선형독립성을 보장하기 위해 파우얼의 방법을 약간 수정하는 방법을 제안했다. 특히 스텝 2에서 순회좌표 알고리즘을 1회 반복계산하는 것처럼 스페이서 스텝을 적용해 $\mathbf{z}_1$을 $\mathbf{y}_{j+1}$에서 구한다. 이와 같은 수정은 진실로 선형독립성을 보장함을 보이시오. 그러면 파트 a에 따라 이차식 함수에 대해 유한회 이내의 수렴이 보장된다.

d. 파트 b의 문제의 최적해를 구하기 위해 장윌의 수정된 알고리즘을 적용하시오.

e. 만약 이 함수가 이차식이 아니라면 스텝 3에서 $\mathbf{x}_{k+1}$에서 출발하여 순회좌표 알고리즘을 1회 반복계산해 $\mathbf{z}_1 = \mathbf{y}_1$이 되도록 스페이서 스텝의 도입을 고려해보자. 수렴을 증명하기 위해 정리 7.3.4를 사용하시오.

[8.57] 열경도법을 사용해, 예제 6.4.1의 라그랑지 쌍대문제의 최적해를 구하시오. 절 8.9에서 제안한 '편향된 열경도' 전략을 사용해 다시 최적해를 구하시오.

[8.58] $\overline{\mathbf{x}} = P_G(\mathbf{x})$를 찾는 문제를 고려해보고, 여기에서 $G = \{y \mid \boldsymbol{\xi}_j \cdot \mathbf{y} \le \beta_j,\ j = 1, 2\}$이다.

a. 선형제약이 있는 이차식 최적화 문제로 이것을 정식화하고, 문제의 카루시-쿤-터커 조건을 작성하시오. 왜 이 문제에 대해 이들 카루시-쿤-터커 조건이 최적성의 필요충분조건이 되는가를 설명하시오.

b. 필요에 따라 케이스를 열거하면서 이들의 조건의 닫힌 형식의 해를 규정하시오. 식별된 각각의 이와 같은 케이스에 대해 기하학적으로 예시하시오.

c. 방정식 (8.80), (8.81)로 구체화한 바와 같이 폴략-켈리 제약평면법의 주요 계산부분과 위의 해석과의 동일성을 확인하시오.

[8.59] 열경도최적화 알고리즘을 사용하고, 점 $(0, 4)$에서 출발하여, 연습문제 6.30의 예제의 최적해를 구하시오. 절 8.9에서 암시한 '편향된 열경도 전략'을 사용해 문제의 해를 다시 구하시오.

[8.60] $\overline{\mathbf{x}}$를 $X = \{\mathbf{x} \mid \boldsymbol{\alpha} \cdot \mathbf{x} = \beta,\ \boldsymbol{\ell} \le \mathbf{x} \le \mathbf{u}\}$ 위로 사영한 점 $\mathbf{x}^* = P_X(\overline{\mathbf{x}})$를 구하는 문제를 고려해보고, 여기에서 $\mathbf{x} \in \Re^n$, $\overline{\mathbf{x}} \in \Re^n$, $\mathbf{x}^* \in \Re^n$이다. 다음의 **가변차원 알고리즘**은 계승적으로 등식 제약조건 위로 현재의 점을 사영하며, 이 문제를 낮은 차원의 공간의 등가적 제약조건으로 바꾼다. 그렇지 않다면 중지한다. 이 알고리즘의 여러 스텝을 정당화하시오. $\{\mathbf{x} \mid x_1 + x_2 + x_3 + x_4 = 1,\ 0 \le x_i \le 1\ \forall i\}$의 위로 점 $(-2, 3, 1, 2)$를 사영함으로 예시하시오(이 알고리즘은 비트란 & 핵스[1976], 셰랄리 & 셰티[1980b]에 나타나는 절차를 일반화한 것이다).

초기화 $(\overline{\mathbf{x}}^0, I^0, \boldsymbol{\ell}^0, \mathbf{u}^0, \beta^0) = (\overline{\mathbf{x}}, I, \boldsymbol{\ell}, \mathbf{u}, \beta)$라고 지정하고, 여기에서 $I = \{i \mid \alpha_i \ne 0\}$이다. 만약 $i \notin I$에 대해 $\ell_i \le \overline{x}_i \le u_i$이면 $x_i^* = \overline{x}_i$라고 놓고 만약 $\overline{x}_i < \ell_i$이면 $x_i^* = \ell_i$라고 놓고 만약 $\overline{x}_i > u_i$이면 $x_i^* = u_i$라고 놓는다. $k = 0$이라고 놓는다.

스텝 1 다음의 식

$$\hat{x}_i^k = \bar{x}_i^k + \frac{\beta^k - \sum_{i \in I^k} \alpha_i \bar{x}_i^k}{\sum_{i \in I^k} \alpha_i^2} \alpha_i \qquad \text{각각의 } i \in I^k \text{에 대해}$$

에 따라 부분공간 I^k에 속한 $\bar{\mathbf{x}}^k$를 등식 제약조건 위로 사영한 $\hat{\mathbf{x}}^k$를 계산하시오. 만약 모든 $i \in I^k$에 대해 $\ell_i^k \le \hat{x}_i^k \le u_i^k$이라면 모든 $i \in I^k$에 대해 $x_i^* = \hat{x}_i^k$라고 놓고 중지한다. 그렇지 않다면 스텝 2로 진행한다.

스텝 2 $J_1 = \left\{ i \in I^k \middle| \hat{x}_i^k \le \ell_i^k \right\}$, $J_2 = \left\{ i \in I^k \middle| \hat{x}_i^k \ge u_i^k \right\}$을 정의하고 다음 식

$$\gamma = \beta^k + \sum_{i \in J_1} \alpha_i \left(\ell_i^k - \hat{x}_i^k \right) + \sum_{i \in J_2} \alpha_i \left(u_i^k - \hat{x}_i^k \right)$$

을 계산한다. 만약 $\gamma = \beta^k$라면 $i \in J_1$에 대해 $x_i^* = \ell_i^k$라고 놓고 $i \in J_2$에 대해 $x_i^* = u_i^k$라고 놓고 $i \in I^k - J_1 \cup J_2$에 대해 $x_i^* = \hat{x}_i^k$라고 놓고 중지한다. 그렇지 않으면 다음 내용

$$J_3 = \left\{ i \in J_1 \middle| \alpha_i > 0 \right\} \quad \text{그리고} \quad J_4 = \left\{ i \in J_2 \middle| \alpha_i < 0 \right\} \ \text{만약 } \gamma > \beta^k$$
$$J_3 = \left\{ i \in J_1 \middle| \alpha_i < 0 \right\} \quad \text{그리고} \quad J_4 = \left\{ i \in J_2 \middle| \alpha_i > 0 \right\} \ \text{만약 } \gamma < \beta^k$$

을 정의한다. 만약 $i \in J_3$이라면 $x_i^* = \ell_i^k$라고 놓고 만약 $i \in J_4$이라면 $x_i^* = u_i^k$로 놓는다($J_3 \cup J_4 \ne \varnothing$임을 주목하시오). $I^{k+1} = I^k - J_3 \cup J_4$로 갱신한다. 만약 $I^{k+1} = \varnothing$이라면 중지한다. 그렇지 않다면 갱신하고($i \in I^{k+1}$에 대해 $\bar{x}_i^{k+1} = \hat{x}_i^k$라고 놓음), (만약 $\alpha_i(\beta^k - \gamma) > 0$이면 $\ell_i^{k+1} = max\left\{ \ell_i^k, \hat{x}_i^k \right\}$라고 놓고, 그렇지 않다면 $i \in I^{k+1}$에 대해 $\ell_i^{k+1} = \ell_i^k$라고 놓음), (만약 $\alpha_i(\beta^k - \gamma) < 0$이면 $u_i^{k+1} = min\left\{ u_i^k, \hat{x}_i^k \right\}$라고 놓고 그렇지 않다면 $i \in I^{k+1}$에 대해 $u_i^{k+1} = u_i^k$라고 놓음), 그리고 $\beta^{k+1} = \beta^k - \boldsymbol{\Sigma}_{i \in J_3} \alpha_i \ell_i^k - \boldsymbol{\Sigma}_{i \in J_4} \alpha_i u_i^k$라고 놓는다. k를 1만큼 증가하고 스텝 1로 간다.

주해와 참고문헌

제약 없는 최적화문제의 최적해를 구하기 위한 여러 반복계산절차를 토의했다. 이 절차의 대부분은 절 8.1, 8.2, 8.3에서 토의한 유형의 선형탐색을 포함하며 대체로 탐색방향의 효용과 선형탐색법의 효율은 해를 찾는 기법의 총체적 수행능력에 큰 영향을 미친다. 절 8.1에서 토의한 피보나치 탐색절차는 키에퍼[1953]의 공헌이라 한다. 윌드[1964], 윌드 & 바이틀러[1967]에서 황금분할법을 포함해 나머지의 여러 탐색절차를 토의한다. 또한, 이들의 문헌은 단봉함수에 대해, 최소 관측횟수로 제일 큰 불확실성 구간을 축소한다는 관점에서 피보나치 탐색절차가 가장 좋다는 것을 보여준다.

절차의 또 다른 부류는 절 8.3에서 토의한 바와 같이 곡선피팅을 사용하며 연습문제 8.11, 8.12, 8.13에서 설명한다. 만약 단일변수 함수 f를 최소화한다면 이 절차는 근사화하는 이차식함수 또는 삼차식 함수 q를 찾는 것을 포함한다. 이차식의 케이스에서 3개 점 λ_1, λ_2, λ_3이 주어지면 f, q의 함숫값이 이들 점에서 같도록 함수를 선택한다. 삼차식 함수의 케이스에서, 2개 점 λ_1, λ_2이 주어지면 2개 함수의 함수 값과 도함수 값이 이들 점에서 같도록 하는 q를 선택한다. 어느 경우에도, q의 최솟값이 결정되며, 그리고 이 점은 초기점 가운데 1개를 대체한다. 좀 더 상세한 토의와, 특히 수렴을 보장하기 위해 취해야 할 주의점에 관해 데이비돈[1959], 플레처 & 파우얼[1963], 코발리크 & 오스본[1968], 루엔버거[1973a/1984], 피에르[1969], 파우얼[1964], 스완[1964]을 참조하시오. 이 알고리즘의 효율에 관한 계산의 부분적 연구는 힘멜블로[1972b], 무르타그 & 사르젠트[1970]에서 찾을 수 있다. 부정확한 선형탐색에 관한 상세한 연구에 대해 아르미조[1966], 루엔버거[1973d/1984]를 참조하시오.

경도를 사용하지 않는 방법 가운데 절 8.4에서 토의한 로젠브록[1960]의 방법과 연습문제 8.30, 8.56에서 토의한 장윌[1967b]의 알고리즘이 일반적으로 상당히 효율적이라고 생각한다. 최초에 제안한 바와 같이 로젠브록의 방법과 후크 & 지브스[1961]의 절차는 선형탐색을 사용하지 않지만, 그 대신 탐색방향을 따라 이산스텝을 사용한다. 로젠브록의 방법 내에 선형탐색을 포함시키는 알고리즘은 데이비스, 스완, 캠피가 제안했고, 이 알고리즘은 스완[1964]이 토의했다. 이와 같은 수정에 관한 평가는 플레처[1965], 박스[1966]에 나타나 있다.

제약 없는 최소화에 대해 나머지 도함수를 사용하지 않는 방법이 아직도 존재한다. 순차 심플렉스 탐색법이라고 불리는, 뚜렷하게 다른 절차를 연습문제 8.51

에서 설명한다. 이 알고리즘은 스펜들리 등[1962]이 제안하고 넬더 & 미드[1965]가 수정했다. 이 알고리즘은 본질적으로 심플렉스의 극점에서의 함숫값을 관찰한다. 최악의 극점은 받아들이지 않고, 하나의 새로운 점은 거부된 점과 나머지 점의 무게중심을 연결하는 직선을 따라 대체되고, 하나의 적절한 종료판단기준을 만족할 때까지 이 과정을 반복한다. 박스[1966], 자코비 등[1972], 코발리크 & 오스본[1968], 파킨슨 & 허친슨[1972a]은 앞에서 토의한 나머지의 방법과 이 방법을 비교한다. 피킨슨 & 허친슨[1972b]은 심플렉스 방법과 이의 변형의 효율에 관한 상세한 해석을 제시했다. 문제 차원이 증가할수록 심플렉스 방법의 효용성은 낮아진다.

19세기 중반, 코쉬가 제안한 최급강하법은 지금까지도 여러 가지 경도-기반의 최적해를 구하는 절차의 기본이 된다. 예를 들면 선형계획법의 다항식-횟수, 척도변환된 최급강하법에 관해 곤자가[1990]를 참조하시오. 최급강하법은 최소화할 함수의 1-계 근사화를 사용하고 일반적으로 최적해에 가까워지면 기능을 발휘하지 못한다. 반면 뉴톤법은 2-계 근사화를 사용하며 일반적으로 최적해에 접근하면 기능을 잘 발휘한다. 그러나 일반적으로 만약 출발점이 최적해에 가까우면 수렴이 보장된다. 뉴톤-랍슨법의 토의에 대해 플레처[1987]를 참조하시오. 번스[1993]는 값이 양(+) 변수로 제한되는 시그노미얼 연립방정식의 해를 구하는 강력한 대안을 제시했다. 플레처[1987], 데니스 & 슈나벨[1983]은 양정부호성을 유지하기 위해 $\mathbf{H}(\mathbf{x}_k)$를 $\mathbf{H}(\mathbf{x}_k)+\varepsilon\mathbf{I}$로 대체함으로 뉴톤법을 수정하기 위해 사용한 레벤버그[1944]-마르카르트[1963]의 방법에 관한 훌륭한 토의내용을 제공하고 이것과 신뢰영역법과의 관계도 제공한다. 조사연구와 실행측면에 대해 모레[1977]를 참조하시오. 신뢰영역법과 이에 관련한 수렴측면의 토의와 조사연구에 대해, 콘 등[1988b, 1997, 2000], 파우얼[2003]을 참조하시오. 여[1990]는 이러한 알고리즘에 나타나는 하위문제의 최적해를 구하는 알고리즘을 제시한다. 또한 파우얼[1970a]의 견족궤적이 소개되며 이것은 최급강하스텝과 뉴톤스텝의 사이에 타협한다(데니스 & 슈나벨[1983], 플레처[1987]도 참조). 최급강하법과 뉴톤법을 결합하는 또 다른 구도에 대해 루엔버거[1973a/1984]를 참조하시오. 르네가르[1988]는 뉴톤법에 기반해 선형계획법 문제의 다항식-횟수 알고리즘을 제시한다. 번스[1989]는 앞에서 언급한 몇 개 알고리즘의 수렴행태를 예시하기 위해 몇 개 흥미로운 도식적 도구를 제시한다.

제약 없는 최적화 기법 가운데 공액방향을 사용하는 알고리즘은 효율적이라고 본다. 이차식함수에 대해 이들 알고리즘은 n개 스텝 후 최적해를 찾아낸다. 이와 같은 유형의 도함수 없는 알고리즘 가운데 연습문제 8.30, 8.56에서 토의한 장윌의 알고리즘과 연습문제 8.56에서 토의한 파우얼의 방법, 연습문제 8.53에서 토의한 샤 등[1964]의 PART 알고리즘이 있다. 소렌슨[1969]은 이차식함수의 PARTAN이 절 8.8에서 토의한 공액경도법보다도 훨씬 덜 효율적임을 보였다.

그러나 다른 부류의 문제에서 이동방향 **d**는 $-\mathbf{D}\nabla f(\mathbf{x})$로 취해지며, 여기에서 **D**는 헤시안행렬의 역행렬을 근사화하는 양정부호 행렬이다. 이 부류는 흔히 준 뉴톤법이라 한다(이 분야의 전문용어에 대해 데이비돈 등[1991]을 참조하시오). 이 알고리즘을 사용해 비선형함수를 최소화하는 초기 방법 가운데 하나는 데이비돈[1959]이 제안한 것이며, 플레처 & 파우얼[1963]이 간략화하고 재정식화하였으며 가변거리법이라 한다. 브로이덴[1967]은 데이비돈-플레처-파우얼의 방법의 유용한 일반화를 제안했다. 본질적으로 브로이덴은 행렬 **D**를 갱신하는 데 있어 자유도를 도입했다. 그리고 브로이덴[1970], 플레처[1970a], 골드파브[1970], 샤노[1970]는 자유도의 특별한 선택을 제안했다. 이것은 잘 알려진 브로이덴-플레처-골드파브-샤노 갱신기법으로 인도했다. 나머지의 연구자 가운데 질 등[1972]은 대부분 문제에 대해 이와 같은 수정이 원래의 방법보다도 좀 더 효율적으로 작동함을 보였다. 브로이덴-플레처-골드파브-샤노 방법을 사용해 공액방향을 갱신하는 방법의 수정에 관해 파우얼[1987]을 참조하시오.

1972년 파우얼은 만약 목적함수가 볼록이라면, 그리고 만약 2-계 도함수가 연속이라면, 그리고 만약 정확한 선형탐색을 사용한다면 데이비돈-플레처-파우얼의 방법은 하나의 최적해로 수렴함을 보였다. 더 강한 가정 아래 파우얼[1971b]은 이 알고리즘이 슈퍼 선형적으로 수렴함을 보였다. 1973년 브로이덴 등은, 스텝 사이즈가 1로 고정된 케이스에 관한 국소수렴결과의 케이스를 제공하고 어떤 조건 아래 슈퍼 선형수렴을 증명했다. 적절한 가정 아래 파우얼[1976]은, 만약 목적함수가 볼록이라면 정확한 선형탐색을 사용하지 않는 가변거리법의 변형된 버전은 하나의 최적해로 수렴함을 보였다. 더군다나 그는, 만약 해의 점에서 헤시안행렬이 양정부호 행렬이라면, 수렴율은 슈퍼 선형임을 보였다. 가변거리법과 이들의 수렴특성의 상세한 내용에 대해 브로이덴 등[1973], 데니스 & 모레[1974], 딕슨[1972a-e], 플레처[1987], 질 & 무레이[1974a, b], 그린슈타트[1970], 후앙[1970], 파우얼[1971b, 1976, 1986, 1987]을 참조하시오.

앞에서 토의한 가변거리법은 **D**에 각각 계수 1을 갖는 2개 행렬을 더해 행렬 **D**를 갱신하므로 이 부류는 **계수-2 수정 알고리즘**이라고도 한다. 2-계 도함수 값을 계산하는 약간 다른 전략은 행렬 **D**를 갱신하려고 계수-1의 행렬을 합하는 것이다. 연습문제 8.49에서 이와 같은 **계수-1 수정 알고리즘**을 간략히 소개했다. 이 절차의 더 상세한 내용에 대해 브로이덴[1967], 데이비돈[1969], 데니스 & 슈나벨[1983], 피애코 & 맥코믹[1968], 플레처[1987], 파우얼[1970a]을 참조하시오. 콘 등[1991]은 상세한 수렴해석을 제공한다.

경도의 정보를 사용하는 공액법 가운데 플레처와 리브스의 방법은 현재의 경도와 앞의 반복계산에서 사용한 방향벡터의 적절한 볼록조합을 취해 공액방향을 생성한다. 헤스테네스 & 슈티펠[1952]이 제안한 원래의 아이디어는 폴락[1969b], 소렌슨[1964]의 공액경도 알고리즘뿐만 아니라 이 방법의 개발로도 인도했다. 이들 방법은 문제 크기가 커지면 불가결한 방법이 된다(대규모 문제의 적용에 관한 몇 개 연구보고서에 대해 라이드[1971], 플레처[1987]를 참조하시오). 폴락 & 리비에르[1969]는, 파우얼[1977b]이 이차식함수가 아닌 함수에 적용해도 좋다고 주장하는, 또 다른 공액경도 구도를 제안했다. 나자레스[1986]는 공액경도 방법의 다양하고 흥미로운 확장에 대해도 토의한다. 많은 수학자는 공액경도법의 수렴특질에 대해 '부정확한 선형탐색'을 사용함의 효과를 조사했다. 이 경우 나자레스[1977], 딕슨 등[1973b]은 공액방향을 생성하기 위한 대안적 3-항 재귀관계를 제안했다. 독자는 카와무라 & 볼츠[1973], 클레시그 & 폴락[1972], 레나르드[1976], 맥코믹 & 리터[1974]도 참조하기 바란다. 준 뉴톤법의 개념을 공액경도법과 결합한 것은 무기억 준 뉴톤법을 낳게 했다(루엔버거[1973a/1984], 나자레스[1979, 1986], 샤노[1978] 참조). 또한, 이 연결고리는 페리[1978]에서처럼 효율적 점근적 "무기억"갱신과 셰랄리 & 울룰라[1990]가 설명한, 이것의 척도변환된 버전을 생산했다. 모든 이와 같은 알고리즘은 빌레[1972], 파우얼[1977b]이 제안한 재시작판단기준에 의해 많은 혜택을 받는다. 이들 알고리즘의 수렴율해석에 대해 루엔버거[1973a/1984], 질 등[1981], 맥코믹 & 리터[1974], 파우얼[1986]을 참조하시오. 또한, 브로이덴-플레처-골드파브-샤노 갱신에 대해 **제한된 기억용량**(무기억의 확장)을 사용해 대규모문제의 최적해를 구함에 대해 린 & 노체달[1989], 노체달[1990]을 참조하시오. **절사된 뉴톤법** 사용의 관한 토의에 대해(여기에서 뉴톤방향벡터는 연관된 선형시스템의 최적해를 구하려고 너무 이르게 공액경도 구도를 잘라버려 부정확하게 해를 구한다), 내쉬[1985], 내쉬 & 소퍼[1989, 1990, 1991, 1996], 장 등[2003]을 참조하시오. 이에 관계된 계산상의 경험에 대해, 노체달[1990]을 참조하시오.

많은 수학자가 제약 있는 비선형계획법 문제의 최적해를 구하기 위해 제약 없는 최적화 기법을 사용하려고 시도했다. 만약 탐색절차 과정에서 단순하게 실현불가능점을 거부함으로 제약조건을 취급하기 위해, 제약 없는 최적화 기법을 확장한다면, 이것은 너무 이른 종료로 인도함을 주목하자. 성공적이고 자주 사용하는 알고리즘은 제약 없는 문제의 최적해가 제약 있는 문제의 최적해를 산출하도록 하는 하나의 보조적 제약 없는 문제를 정의하는 것이다. 이것은 제9장에서 상세하게 토의한다. 둘째 알고리즘은 실현가능영역의 내부에 있을 때 하나의 제약 없는 최적화 기법을 사용하는 것이고, 실현가능영역의 경계에 있는 하나의 점에 있을 때 제10장에서 토의한 제약 있는 최적화 기법 가운데 1개의 적절한 기법을 사용하는 것이다. 여러 수학자들도 제약조건을 취급하기 위해 제약 없는 최적화 기법을 수정했다. 골드파브[1969a]는 선형제약조건 있는 문제를 취급하려고 사영 개념을 활용해 데이비돈-플레처-파우얼 방법을 확장했다. 이 알고리즘은 비선형 제약조건을 다루기 위해 데이비스[1970]가 일반화했다. 콜맨 & 파이네스[1989]는 나머지의 등식제약이 있는 문제의 최적해를 구하기 위한 준 뉴톤법을 토의하고 조사연구를 했다. 클링맨 & 힘멜블로[1964]는 후크와 지브스의 방법에서 탐색방향을 구속하는 제약조건의 교집합으로 사영하며, 이것은 후크와 지브스의 방법의 제약 있는 버전으로 인도한다. 글라스 & 쿠퍼[1965]는 후크와 지브스 방법의 제약 있는 버전을 제안했다. 데이비스 & 스완[1969]은 선형제약조건을 취급하기 위해 로젠브록의 방법을 확장했다. 연습문제 8.51에서 제약 없는 문제의 최적해를 구하기 위한 심플렉스 방법을 토의했다. 1965년 박스는 제약 있는 문제에 대한 알고리즘을 확장했다. 심플렉스 방법의 나머지의 대안적 확장에 대해 딕슨[1973], 프리드만 & 핀더[1972], 가니[1972], 구인[1968], 키퍼[1973], 미첼 & 카플란[1968], 파비아니 & 힘멜블로[1969], 우미다 & 이찌가와[1971]를 참조하시오.

제약 없는 문제의 최적해를 구하기 위한 다양한 알고리즘에 관한 종합적 조사연구에 대해 버씨카스[1995], 데니스 & 슈나벨[1983], 플레처[1969b, 1987], 질 등[1981], 내쉬 & 소퍼[1996], 노체달 & 라이트[1999], 파우얼[1970b], 레클라이티스 & 필립스[1975], 쥬텐딕[1970a, b]을 참조하시오. 더군다나 다양한 알고리즘의 계산경험을 보고하는 여러 연구가 존재한다. 대부분은 복잡도가 다르고 상대적으로 작은 테스트문제의 최적해를 구하는 알고리즘에 관한 효과를 연구한다. 다양한 제약 없는 최소화 알고리즘의 효율에 관한 토의에 대해 바드[1970], 크래그 & 레비[1969], 피애코 & 맥코믹[1968], 플레처[1987], 질 등[1981], 힘멜블로[1972b], 후앙 & 레비[1970], 무르타그 & 사르젠트[1970], 사르젠트 & 세바스티안[1972]을 참조하시오. 위 알고리즘에 관한 컴퓨터 프로그램은 브렌트[1973], 힘멜블로[1972b]에서 찾을 수 있다. 또한 **"Computer Journal", "Journal of the ACM" 등은** 비선형계획법 문제의 알고리즘의 컴퓨터 프로그램 목록을 공표한다. 또한, **최적화를 위한 NEOS 서버**(http://www.neos.mcs.anl.gov/)는 웹사이트에서 최신의 최적화 소프트웨어를 관리하며, 여기에서 사용자는 다양한 유형의 최적화문제의 해를 구할 수 있다.

마지막으로 절 8.9에서 헬드 등[1974], 폴락[1967, 1969a]의 내용을 따라 열경도최적화 알고리즘의 본질을 소개하고 바자라 & 셰랄리[1981], 헬드 등[1974] 셰랄리 & 울룰라[1989]처럼 스텝 사이즈 선택을 소개한다. 다양하고 실제적 스텝 사이즈 규칙에 관한 유용하고 이론적 정당화에 대해 알렌 등[1987]을 참조하시오. 바라호나 & 안빌[2000], 바자라 & 구드[1979], 라르손 등[1996, 2004], 림 & 셰랄리[2005b], 셰랄리 & 림[2004, 2005], 셰랄리 & 마이어스[1988]는 라그랑지 쌍대성과의 관계에서 열경도 최적화의 사용의 여러 측면을 토의한다. 라르손 등[1999], 셰랄리 & 초이[1996]는 원문제의 최적해를 찾는 내용을 토의한다. 본베인[1982]은 열경도의 존재를 설명하고 히리아트-우루티[1978]는 미분불가능성 아래 최적성 조건을 토의한다. 열경도법의 수렴을 가속시키기 위한 다양한 구도가 제안되었지만, 이들은 특히 대형문제의 적절한 수행능력을 산출하기 위해 여전히 모수의 미세조정을 요구한다. 이 가운데 실행하기 가장 쉬운 것은, 그리고 적절한 대형문제에 대해, 카메리니 등[1975], 셰랄리 & 울룰라[1989], 울프[1976] 등이 토의한 공액열경도법이다. 나머지의 더욱 효율적인 방법은, 상대적으로 작은 문제에 대해 더 많은 계산노력과 저장공간을 요구하지만, (1) 셰랄리 등[2001a], 쇼르[1970, 1975, 1977b, 1985]의 **공간팽창법**이며, 특히 가변거리법을 모방하는 2개의 연속적 열경도법 사이의 차이의 방향으로 향하는 팽창을 사용하는 것이다(조사문헌에 대해 미누[1986], 쇼르[1977a]도 참조하시오); (2) 르마레샬[1975]처럼 데이비돈 알고리즘을 미분불가능한 문제로 확장하는 것; (3) 펠텐마크 & 키윌[2000], 키윌[1985, 1989, 1991, 1995], 르마레샬[1978, 1980], 르마레샬 & 미플린[1978]에서 설명한 **묶음법**이며, 이것은 열미분의 근사화를 사용해 강하방향을 구상하려는 시도이다. 대칭 계수-1 준뉴톤법과 공간팽창법 사이의 통찰력 있는 연결관계에 대해 토드[1986]를 참조하시오. 고핀 & 키윌[1999], 셰랄리 등[2000]은 몇 개의 효과적 **가변표적값 알고리즘**을 토의했고, 림 & 셰랄리[2005a, b], 셰랄리 & 림[2004]은 이러한 방법의 다양한 결합에 관한 수렴해석과 계산경험에 셰랄리 & 울룰라[1989]의 **평균방향 전략**, 바라호나 & 안빌[2000]의 **볼륨 알고리즘**, 폴락[1969a]의 **폴락-켈리 제약평면법**과 셰랄리 등[2001]에 의한 이 알고리즘의 수정, 림 & 셰랄리[2005a]를 포함해 여러 방향탐색법과 선형탐색법을 제공한다.

제9장 페널티함수와 장벽함수

이 장에서는 등식 제약조건과 부등식 제약조건이 있는 비선형계획법 문제를 토의한다. 사용한 접근법은 문제를 등가의 제약 없는 문제 또는 단순히 변수의 한계를 제약조건으로 하는 문제로 전환하는 것이다. 그래서 제8장에서 개발한 알고리즘을 사용할 수 있다. 그러나 실제로는 이 장의 후반에서 토의하는 바와 같이, 계산과정에 대한 고려로 인해, 일련의 문제의 최적해를 구하며 진행한다. 기본적으로 2개의 대안적 알고리즘이 존재한다. 첫째 알고리즘은 페널티함수법 또는 외부 페널티함수법이라 하며, 여기에서는 어떠한 제약조건 위반이라도 발생하면 목적함수에 페널티를 부과하기 위해 1개 항을 추가한다. 이 알고리즘은 실현불가능점의 극한이 원래의 문제의 하나의 최적해가 되는 일련의 실현불가능해(그러므로 이와 같은 이름이 붙여졌음)를 생성한다. 둘째 알고리즘은 장벽함수법 또는 내부페널티함수법이라 하며, 여기에서는 생성한 점이 실현가능영역을 벗어나지 못하게 하는 장벽페널티 항을 목적함수에 추가한다. 이 알고리즘은 극한이 원래의 문제의 하나의 최적해인 일련의 실현가능해를 생성한다.

다음은 이 장의 요약이다.

절 9.1: **페널티함수법의 개념** 페널티함수법의 개념을 소개한다. 이것에 관한 기하학적 해석도 토의한다.

절 9.2: **외부 페널티함수법** 외부 페널티함수법을 상세하게 토의하며, 주요 수렴정리를 개발한다. 이 알고리즘을 수치를 사용한 예제를 이용해 예시한다. 이와 같은 알고리즘의 부류에 연관된 계산상 어려움을 관계된 수렴율 측면과 함께 토의한다.

절 9.3: **'정확한 절댓값법'[1]과 증강된 라그랑지 페널티법** 원래의 문제의 하나의 최적해를 찾기

1) 역자 주: 이 책에서 "부정확한"이라는 용어는 집적점의 개념 또는 수렴하는 점임을 의미하고 해가 부정확하다는 것이 아니며, "부정확한"으로 해석할 우려가 있는 표현에 대해 '정확한 페널티함수' 또는 '부정확한 페널티함수'로 표기한다.

위해 페널티 모수를 무한대로 가져가야 함과 관련된 계산의 어려움을 덜기 위해, '정확한 페널티함수'의 개념을 소개한다. 관련된 계산상 고려와 함께, 절댓값(ℓ_1) 페널티함수법과 '증강된 라그랑지 정확한 페널티함수법'2)을 토의한다.

절 9.4: **장벽함수법** (내부)장벽함수법을 자세히 토의하고 이들의 수렴과 수렴율의 특질을 수립한다. 수치를 사용한 예제를 갖고 이 알고리즘을 예시한다.

절 9.5: **장벽함수법에 기반한 선형계획법의 다항식-횟수 내점법** 로그장벽함수에 근거해 선형계획법 문제의 최적해를 구하기 위한 다항식-횟수 원-쌍대 경로-추종 알고리즘을 제시한다. 이 알고리즘은, 볼록 이차식계획법 문제도 다항식-횟수 알고리즘을 사용해 최적해를 구하기 위해 확장할 수 있다. 계산상 효과가 있는 예측자-수정자법의 주제를 포함해 수렴, 복잡성, 실행상 주요 논점, 확장 등을 토의한다.

9.1 페널티함수의 개념

페널티함수를 사용하는 알고리즘은 제약 있는 문제를 제약 없는 문제 또는 일련의 제약 없는 문제로 변환하는 것이다. 임의의 제약조건 위반에 대해 페널티를 부과하는 방법을 사용하고, 페널티 모수를 사용해 목적함수에 제약조건을 추가한다. 페널티함수 문제의 동기를 부여하기 위해, 단일 제약조건 $\mathbf{h}(\mathbf{x})=0$을 갖는 다음 문제

$$\begin{array}{ll} \text{최소화} & f(\mathbf{x}) \\ \text{제약조건} & \mathbf{h}(\mathbf{x})=0 \end{array}$$

를 고려해보자. 이 문제는 다음과 같은 제약 없는 문제

$$\begin{array}{ll} \text{최소화} & f(\mathbf{x})+\mu h^2(\mathbf{x}) \\ \text{제약조건} & \mathbf{x}\in\Re^n \end{array}$$

로 대체된다고 가정하며, 여기에서 $\mu>0$는 큰 수이다. 위 문제의 하나의 최적해는 $h^2(\mathbf{x})$를 반드시 0에 가깝게 해야 함을 직관적으로 알 수 있다, 왜냐하면, 그렇지 않다면 큰 수의 $\mu h^2(\mathbf{x})$가 부과되기 때문이다.

지금 1개 부등식 제약조건 $g(\mathbf{x})\le 0$을 갖는 다음 문제

2) augmented Lagrangian exact penalty function method

$$\begin{array}{ll} \text{최소화} & f(\mathbf{x}) \\ \text{제약조건} & g(\mathbf{x}) \leq 0 \end{array}$$

를 고려해보자. $g(\mathbf{x}) < 0$인가, 또는 $g(\mathbf{x}) > 0$인가에 따라 페널티가 부과되기 때문에 $f(\mathbf{x}) + \mu g^2(\mathbf{x})$ 형태가 적절하지 않음은 명백하다. 말할 필요도 없이 점 $\mathbf{x}$가 실현가능해가 아니라면, 즉 다시 말하면 만약 $g(\mathbf{x}) > 0$이라면 페널티가 필요하다. 그러므로 적절한 제약 없는 문제는 다음 식

$$\begin{array}{ll} \text{최소화} & f(\mathbf{x}) + \mu\, max\,\{0,\ g(\mathbf{x})\} \\ \text{제약조건} & \mathbf{x} \in \Re^n \end{array}$$

으로 주어진다. 만약 $g(\mathbf{x}) \leq 0$이라면 $max\,\{0, g(\mathbf{x})\} = 0$이며, 페널티가 붙지 않는다. 반면에, 만약 $g(\mathbf{x}) > 0$이라면 $max\,\{0, g(\mathbf{x})\} > 0$이며 페널티 항 $\mu g(\mathbf{x})$이 실행된다. 그러나 비록 g가 미분가능해도, $g(\mathbf{x}) = 0$인 점 $\mathbf{x}$에서, 앞서 말한 목적함수는 미분불가능할 수도 있음을 관측하시오. 이 경우 만약 미분가능성이 바람직하다면, 예를 들면 이에 대신해, $\mu[max\,\{0, g(\mathbf{x})\}]^2$ 같은 유형의 페널티함수 항을 고려할 수 있다.

일반적으로 실현불가능해에 대해 적절한 페널티함수는 양(+) 페널티를 부담해야 하고 실현가능해에 대해서는 페널티가 붙지 않는다. 만약 제약조건이 $g_i(\mathbf{x}) \leq 0 \;\; i = 1, \cdots, m,\; h_i(\mathbf{x}) = 0 \;\; i = 1, \cdots, \ell$ 형태라면 적절한 **페널티함수** α는 다음 식

$$\alpha(\mathbf{x}) = \sum_{i=1}^{m} \phi[g_i(\mathbf{x})] + \sum_{i=1}^{\ell} \psi[h_i(\mathbf{x})] \tag{9.1a}$$

으로 정의하며, 여기에서 ϕ, ψ는 다음 내용

$$\begin{array}{ll} \text{만약 } y \leq 0 \text{이라면 } \phi(y) = 0, & \text{만약 } y > 0 \text{이라면 } \phi(y) > 0 \\ \text{만약 } y = 0 \text{이라면 } \psi(y) = 0, & \text{만약 } y \neq 0 \text{이라면 } \psi(y) > 0 \end{array} \tag{9.1b}$$

이 성립하도록 하는 연속함수이다. 일반적으로 ϕ, ψ는 다음 식

$$\phi(y) = [max\,\{0, y\}]^p$$
$$\psi(y) = |y|^p$$

의 형태이며, 여기에서 p는 양(+) 정수이다. 따라서 **페널티함수** α는 일반적으로 다음 식

$$\alpha(\mathbf{x}) = \sum_{i=1}^{m} \left[max\left\{0, g_i(\mathbf{x})\right\}\right]^p + \sum_{i=1}^{\ell} \left| h_i(\mathbf{x}) \right|^p$$

과 같은 형태이다. 함수 $f(\mathbf{x}) + \mu\alpha(\mathbf{x})$를 **보조함수**라고 말한다. 차후에 라그랑지 함수〔그리고 단순하게 $f(\mathbf{x})$가 아닌〕를 페널티 항으로 증강한, **증강된 라그랑지 함수**를 소개한다.

9.1.1 예제

다음 문제

최소화 $\quad x$

제약조건 $\quad -x+2 \le 0$

를 고려해보자. $\alpha(x) = [max\{0, g(x)\}]^2$이라 한다. 그렇다면 $\alpha(x)$는 다음 식

$$\alpha(x) = \begin{cases} 0 & \text{if } x \ge 2 \\ (-x+2)^2 & \text{if } x < 2 \end{cases}$$

과 같다. 그림 9.1은 페널티함수 α와 보조함수 $f + \mu\alpha$를 나타낸다. μ가 ∞에 접

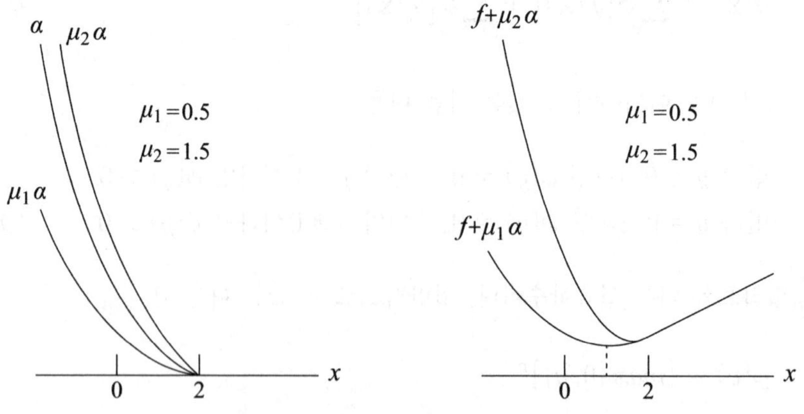

그림 9.1 페널티함수와 보조함수

근함에 따라 $f+\mu\alpha$의 최솟값은 점 $2-(1/2\mu)$에서 발생하며 원래의 문제의 최소해인 $\overline{x}=2$에 접근함을 주목하자.

9.1.2 예제

다음 문제

$$\begin{array}{ll} \text{최소화} & x_1^2+x_2^2 \\ \text{제약조건} & x_1+x_2-1=0 \end{array}$$

를 고려해보자. 이 문제의 최적해는 점 $(1/2, 1/2)$이며 목적함수의 최적값은 $1/2$이다. 지금 다음 식

$$\begin{array}{ll} \text{최소화} & x_1^2+x_2^2+\mu(x_1+x_2-1)^2 \\ \text{제약조건} & (x_1, x_2)\in\Re^2 \end{array}$$

과 같은 페널티함수 문제를 고려해보고, 여기에서 $\mu>0$는 큰 수이다. 임의의 $\mu\geq 0$에 대해 목적함수는 볼록임을 주목하자. 따라서 최적성의 필요충분조건은 $x_1^2+x_2^2+\mu(x_1+x_2-1)^2$의 경도가 $\mathbf{0}$이어야 한다는 것이며, 다음 식

$$\begin{aligned} x_1+\mu(x_1+x_2-1)&=0 \\ x_2+\mu(x_1+x_2-1)&=0 \end{aligned}$$

을 산출한다. 이들 2개 방정식을 연립해 해를 구하면, $x_1=x_2=\mu/(2\mu+1)$을 얻는다. 따라서 충분히 큰 μ를 선택해 페널티함수 문제의 최적해가 원래의 문제의 최적해에 마음대로 가깝게 되도록 할 수 있다.

페널티함수의 기하학적 해석

페널티함수 개념에 대해 기하학적으로 예시하기 위해 예제 9.1.2를 사용한다. $h(\mathbf{x})=\varepsilon$이 되도록 제약조건 $h(\mathbf{x})=0$을 섭동한다고 가정한다; 즉 다시 말하면, $x_1+x_2-1=\varepsilon$이라고 놓는 것이다. 따라서 다음 문제

$$\nu(\varepsilon) \equiv \text{최소화} \quad x_1^2 + x_2^2$$
$$\text{제약조건} \quad x_1 + x_2 - 1 = \varepsilon$$

를 얻는다. $x_2 = 1 + \varepsilon - x_1$을 목적함수에 대입하면 문제는 $x_1^2 + (1+\varepsilon - x_1)^2$을 최소화하는 문제가 된다. 문제의 최적해는 도함수가 0인 점에서 일어나므로 $2x_1 - 2(1+\varepsilon - x_1) = 0$이 된다. 그러므로 임의의 주어진 ε에 대해, 위 문제의 최적해는 $x_1 = x_2 = (1+\varepsilon)/2$로 주어지며 $\nu(\varepsilon) = (1+\varepsilon)^2/2$의 목적함숫값을 갖는다. 또한, 임의의 주어진 ε에 대해 제약조건 $x_1 + x_2 - 1 = \varepsilon$을 만족시키는 $x_1^2 + x_2^2$의 최소상계는 무한대와 같다. 그러므로 $\Re^2$에서 $x_1 + x_2 - 1 = \varepsilon$이 되도록 하는 임의의 주어진 점 (x_1, x_2)에서, 목적함숫값은 구간 $[(1+\varepsilon)^2/2, \infty]$ 내에 존재한다. 달리 말하면 $\Re^2$에서 $h(\mathbf{x}) = \varepsilon$이 되도록 하는 모든 점 $\mathbf{x}$에서의 목적함숫값은 $(1+\varepsilon)^2/2$과 무한대 사이에 존재한다. 특히 집합 $\{[h(\mathbf{x}), f(\mathbf{x})] \mid \mathbf{x} \in \Re^2\}$은 그림 9.2에 나타나 있다. 이 집합의 하부 포락선은 포물선 $(1+h)^2/2 = (1+\varepsilon)^2/2 = \nu(\varepsilon)$로 주어진다. 고정된 $\mu > 0$에 대해 페널티함수 문제는 최소화 $f(\mathbf{x}) + \mu h^2(\mathbf{x})$ 제약조건 $\mathbf{x} \in \Re^2$ 문제이다. 등고선 $f + \mu h^2 = k$는 그림 9.2의 (h, f)-공간에서 점선 포물선으로 나타난다. f-축 위에서 이 포물선의 교집합은 k와 같다. 그래서 만약 $f + \mu h^2$이 최소화되어야 한다면, 포물선이 여전히 빗금 친 집합과 최소한 1개 점을 공유하도록, 될 수 있으면 아래로 많이 이동해야 하며, 이 내용은 h, f의 값의 합법적 결합을 설명한다. 그림 9.2에 보인 바와 같이 이 과정은 포물선이 빗금친 집합에

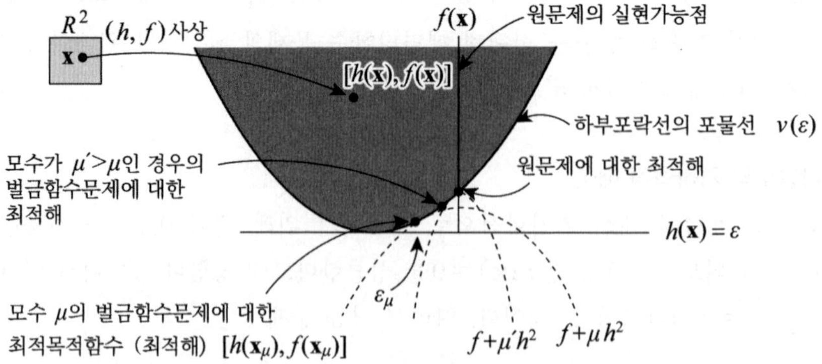

그림 9.2 (h, f)-공간에서 페널티함수의 기하학적 구도

접할 때까지 계속한다. 이것은, 이렇게 주어진 μ 값에 대해 페널티함수 문제의 최적값이 포물선 f-축의 절편임을 의미한다. 접점에서 $h \neq 0$이므로 페널티함수 문제의 최적해는 원래의 문제에 대해 약간 실현불가능함을 주목하자. 더군다나, 페널티함수 문제의 목적함수의 최적값은 원문제의 목적함수의 최적값보다도 약간 작다. 또한 μ 값이 증가함에 따라 포물선 $f+\mu h^2$의 경사가 급해지고, 접선으로 접하는 점은 원래의 문제의 진실한 최적해에 접근함을 주목하시오.

비볼록문제

그림 9.2에서, 페널티함수를 사용해 예제 9.1.2의 볼록문제의 최적해에 마음대로 가깝게 할 수 있음을 보였다. 그림 9.3은, 쌍대성간극이 존재하므로 라그랑지 쌍대문제 알고리즘은 원문제의 최적해 생산에 실패할 수도 있는 비볼록 케이스를 보여준다. 쌍대함수는 선형받침을 사용함에 반해 그림 9.3에 나타난 바와 같이 페널티함수는 비선형받침을 사용하므로 페널티함수는 빗금 친 집합에 깊게 파고 들어갈 수 있고, 물론 만약 충분히 큰 페널티 모수 μ를 사용한다면 원래의 문제의 최적해에 마음대로 가깝게 할 수 있다.

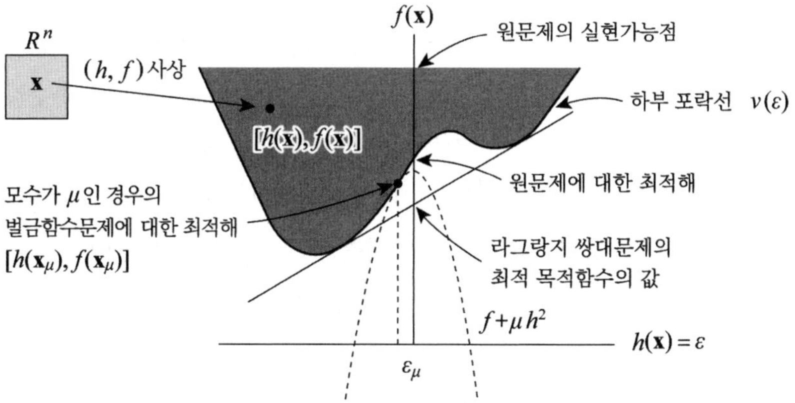

그림 9.3 페널티함수와 비볼록문제

섭동함수를 사용한 해석

위에서 정의하고 그림 9.2, 9.3에 예시한 함수 $\nu(\varepsilon)$는 정확하게 방정식 (6.9)에서 정의한 섭동함수임을 관측하시오. 사실상 최소화 $f(\mathbf{x})$ 제약조건 $h_i(\mathbf{x})=0$

$i=1,\ \cdots,\ell$ 문제에 있어, $\boldsymbol{\varepsilon}=(\varepsilon_1,\ \cdots,\varepsilon_\ell)$을 섭동벡터라고 나타내면 다음 식

$$\begin{aligned}
&\min_{\mathbf{x}}\left\{f(\mathbf{x})+\mu\sum_{i=1}^{\ell}h_i^2(\mathbf{x})\right\}\\
&=\min_{(\mathbf{x},\boldsymbol{\varepsilon})}\left\{f(\mathbf{x})+\mu\,\|\boldsymbol{\varepsilon}\|^2\,\middle|\,h_i(\mathbf{x})=\varepsilon_i\quad i=1,\ \cdots,\ell\right\}\\
&=\min_{\boldsymbol{\varepsilon}}\left[\mu\,\|\boldsymbol{\varepsilon}\|^2+\min_{\mathbf{x}}\left\{f(\mathbf{x})\,\middle|\,h_i(\mathbf{x})=\varepsilon_i\quad i=1,\ \cdots,\ell\right\}\right] \qquad (9.2)\\
&=\min_{\boldsymbol{\varepsilon}}\left\{\mu\,\|\boldsymbol{\varepsilon}\|^2+\nu(\boldsymbol{\varepsilon})\right\}
\end{aligned}$$

을 얻는다.

따라서, 비록 ν가 비볼록일지라도 μ의 증가에 따라 $\nu(\boldsymbol{\varepsilon})$에 항 $\mu\,\|\boldsymbol{\varepsilon}\|^2$을 더함의 순효과는 ν의 볼록화임을 직관적으로 알 수 있다; 그리고 $\mu\to\infty$에 따라 (9.2)에서 최소화하는 $\boldsymbol{\varepsilon}$은 $\mathbf{0}$에 접근한다. 이 해석은 곧바로 부등식 제약조건도 포함하기 위해 확장된다(연습문제 9.11 참조).

특히 $\ell=1$의 케이스에 대해 이 내용을 그림 9.2와 그림 9.3에 관계해 보면, 만약 $\mathbf{x}_\mu$가 $h(\mathbf{x}_\mu)=\varepsilon_\mu$로 (9.2)를 최소화한다면, ν는 미분가능하다고 가정해, 하나의 주어진 $\mu>0$에 대해 최소해에서 $\nu'(\varepsilon_\mu)=-2\mu\varepsilon_\mu=-2\mu h(\mathbf{x}_\mu)$임을 알 수 있다. 더군다나 (9.2)에서 첫째와 마지막 최소화문제의 목적함숫값은 같다고 놓으면 $f(\mathbf{x}_\mu)=\nu(\varepsilon_\mu)$임을 얻는다. 그러므로 좌표 $[h(\mathbf{x}_\mu), f(\mathbf{x}_\mu)]$은, $\nu(\varepsilon_\mu)$의 그래프에 존재하며, $[\varepsilon_\mu, \nu(\varepsilon_\mu)]$와 일치하며, ε_μ에서 $-2\mu\varepsilon_\mu$와 동일한 경사 ν를 갖는다. $f(\mathbf{x}_\mu)+\mu h^2(\mathbf{x}_\mu)=k_\mu$라고 나타내면, $f=k_\mu-\mu\varepsilon^2$로 주어진, ε에 관한 포물선함수의 값은 $\varepsilon=\varepsilon_\mu$일 때 $\nu(\varepsilon_\mu)$ 값과 같으며, 이 점에서 $-2\mu\varepsilon_\mu$의 경사를 갖는다. 그러므로 해 $[h(\mathbf{x}_\mu), f(\mathbf{x}_\mu)]$는 그림 9.2와 그림 9.3에서 보인 것처럼 나타난다. 또한, 그림 9.3에서, 점 $[0, \nu(0)]$에서 ν의 에피그래프의 받침초평면은 존재하지 않음을 관측하고 이에 따라 정리 6.2.7에서 보인 것처럼, 연관된 라그랑지 쌍대문제의 쌍대성간극으로 인도한다.

9.2 외부 페널티함수법

이 절에서는 제약 있는 문제의 최적해를 구하는 수단으로 외부 페널티함수의 사용을 정당화하는 중요한 결과를 제시하고 증명한다. 또한, 페널티함수에 연관된 몇 가지 계산상의 어려움을 토의하고 이와 같은 문제를 극복하기 위한 몇 가지 접근법을 토의한다. 다음과 같은 원문제, 페널티문제를 고려해보자.

원문제

$$\begin{aligned} \text{최소화} \quad & f(\mathbf{x}) \\ \text{제약조건} \quad & \mathbf{g}(\mathbf{x}) \le \mathbf{0} \\ & \mathbf{h}(\mathbf{x}) = \mathbf{0} \\ & \mathbf{x} \in X, \end{aligned}$$

여기에서 $\mathbf{g}$는 성분 $g_1, \cdots, g_m$을 갖는 벡터함수, $\mathbf{h}$는 성분 $h_1, \cdots, h_\ell$을 갖는 벡터함수이며, 여기에서 f, $g_1, \cdots, g_m$, $h_1, \cdots, h_\ell$는 $\Re^n$에서 정의한 연속함수이며 $X \neq \varnothing$는 $\Re^n$의 집합이다. 일반적으로 집합 X는 변수의 상한, 하한과 같이 명시적으로 쉽게 취급할 수 있는 단순한 제약조건을 나타낸다.

페널티함수 문제

α는 (9.1b)에서 설명한 특질을 만족시키는 (9.1a) 형태의 연속함수라 한다. 기본적 페널티함수법은 다음 식

$$\begin{aligned} & sup\ \theta(\mu) \\ & \text{제약조건 } \mu \ge 0 \end{aligned}$$

의 최적해를 구하는 것이며, 여기에서 $\theta(\mu) = inf\,\{f(\mathbf{x}) + \mu\alpha(\mathbf{x}) \mid \mathbf{x} \in X\}$이다. 이 절의 주요 정리는 다음 식

$$inf\left\{f(\mathbf{x}) \mid \mathbf{x} \in X,\ \mathbf{g}(\mathbf{x}) \le \mathbf{0},\ \mathbf{h}(\mathbf{x}) = \mathbf{0}\right\} = \underset{\mu \ge 0}{sup}\,\theta(\mu) = \underset{\mu \to \infty}{lim}\,\theta(\mu)$$

의 내용을 말한다. 이 결과에서, 충분히 큰 μ에 대해 $\theta(\mu)$를 계산함으로 원문제의

목적함수의 최적값에 마음대로 가깝게 할 수 있음이 명확하다. 이 결과는 정리 9.2.2에서 확립했다. 그러나 먼저 다음 보조정리가 필요하다.

9.2.1 보조정리

f, $g_1, \cdots, g_m$, $h_1, \cdots, h_\ell$는 $\Re^n$에서 연속함수라고 가정하고, X는 $\Re^n$에서 공집합이 아닌 집합이라 하자. α는 $\Re^n$에서 (9.1)로 주어진 연속함수라 하고, 각각의 μ에 대해, $\theta(\mu) = f(\mathbf{x}_\mu) + \mu\alpha(\mathbf{x}_\mu)$이 되도록 하는 $\mathbf{x}_\mu \in X$가 존재한다고 가정한다. 그렇다면 다음 문장은 참이다.

1. $inf\,\{f(\mathbf{x}) \mid \mathbf{x} \in X,\ \mathbf{g}(\mathbf{x}) \le \mathbf{0},\ \mathbf{h}(\mathbf{x}) = \mathbf{0}\} \ge \underset{\mu \ge 0}{sup}\,\theta(\mu)$이며, 여기에서 $\theta(\mu) = inf\,\{f(\mathbf{x}) + \mu\alpha(\mathbf{x}) \mid \mathbf{x} \in X\}$이며, $\mathbf{g}$는 성분이 $g_1, \cdots, g_m$인 벡터함수이며 $\mathbf{h}$는 성분이 $h_1, \cdots, h_\ell$인 벡터함수이다.
2. $f(\mathbf{x}_\mu)$는 $\mu \ge 0$의 비감소 함수이며 $\theta(\mu)$는 μ에 관해 비감소 함수이며 $\alpha(\mathbf{x}_\mu)$는 μ의 비증가 함수이다.

증명 $\mathbf{g}(\mathbf{x}) \le \mathbf{0}$, $\mathbf{h}(\mathbf{x}) = \mathbf{0}$이 되도록 하는 $\mathbf{x} \in X$를 고려해보고, $\alpha(\mathbf{x}) = 0$을 주목하자. $\mu \ge 0$이라 한다. 그렇다면 다음 식

$$f(\mathbf{x}) = f(\mathbf{x}) + \mu\alpha(\mathbf{x}) \ge inf\,\{f(\mathbf{y}) + \mu\alpha(\mathbf{y}) \mid \mathbf{y} \in X\} = \theta(\mu)$$

이 성립한다. 따라서 문장 1이 뒤따른다. 문장 2의 내용을 확립하기 위해 $\lambda < \mu$라 한다. $\theta(\lambda)$, $\theta(\mu)$의 정의에 따라 다음 2개 부등식

$$f(\mathbf{x}_\mu) + \lambda\alpha(\mathbf{x}_\mu) \ge f(\mathbf{x}_\lambda) + \lambda\alpha(\mathbf{x}_\lambda) \qquad (9.3a)$$

$$f(\mathbf{x}_\lambda) + \mu\alpha(\mathbf{x}_\lambda) \ge f(\mathbf{x}_\mu) + \mu\alpha(\mathbf{x}_\mu) \qquad (9.3b)$$

이 성립한다. 이들 2개 부등식을 합하고 간략하게 하면 다음 식

$$(\mu - \lambda)\left[\alpha(\mathbf{x}_\lambda) - \alpha(\mathbf{x}_\mu)\right] \ge 0$$

을 얻는다. $\mu > \lambda$이므로, $\alpha(\mathbf{x}_\lambda) \ge \alpha(\mathbf{x}_\mu)$임을 얻는다. 그렇다면 (9.3a)에서 $\lambda \ge$

0에 대해 $f(\mathbf{x}_\mu) \geq f(\mathbf{x}_\lambda)$임이 뒤따른다. $\mu\alpha(\mathbf{x}_\mu)$를 (9.3a)의 좌변에 더하고 빼면 다음 식

$$f(\mathbf{x}_\mu) + \mu\alpha(\mathbf{x}_\mu) + (\lambda - \mu)\alpha(\mathbf{x}_\mu) \geq \theta(\lambda)$$

을 얻는다. $\mu > \lambda$, $\alpha(\mathbf{x}_\mu) \geq 0$이므로, 위의 부등식은 $\theta(\mu) \geq \theta(\lambda)$임을 의미한다. 이것으로 증명이 완결되었다. (증명 끝)

9.2.2 정리

다음 문제

$$\begin{array}{lll} \text{최소화} & f(\mathbf{x}) & \\ \text{제약조건} & g_i(\mathbf{x}) \leq 0 & i = 1, \cdots, m \\ & h_i(\mathbf{x}) = 0 & i = 1, \cdots, \ell \\ & \mathbf{x} \in X & \end{array}$$

를 고려해보고, 여기에서 f, $g_1, \cdots, g_m$, $h_1, \cdots, h_\ell$는 $\Re^n$에서 연속이며 $X \neq \varnothing$는 $\Re^n$의 집합이다. 이 문제는 실현가능해를 갖는다고 가정하고 α는 (9.1)로 주어진 연속함수라 하자. 더군다나 각각의 μ에 대해 최소화 $f(\mathbf{x}) + \mu\alpha(\mathbf{x})$ 제약조건 $\mathbf{x} \in X$ 문제의 해 $\mathbf{x}_\mu \in X$가 존재하고 $\{\mathbf{x}_\mu\}$는 X의 콤팩트 부분집합에 포함된다고 가정한다. 그렇다면 다음 식

$$inf\left\{f(\mathbf{x}) \mid \mathbf{g}(\mathbf{x}) \leq \mathbf{0},\ \mathbf{h}(\mathbf{x}) = 0,\ \mathbf{x} \in X\right\} = \sup_{\mu \geq 0} \theta(\mu) = \lim_{\mu \to \infty} \theta(\mu)$$

이 성립하며, 여기에서 $\theta(\mu) = inf\,\{f(\mathbf{x}) + \mu\alpha(\mathbf{x}) \mid \mathbf{x} \in X\} = f(\mathbf{x}_\mu) + \mu\alpha(\mathbf{x}_\mu)$이다. 더군다나 $\{\mathbf{x}_\mu\}$의 임의의 수렴하는 부분수열의 극한 $\overline{\mathbf{x}}$는 원래의 문제의 하나의 최적해이며, $\mu \to \infty$에 따라 $\mu\alpha(\mathbf{x}_\mu) \to 0$이다.

증명 보조정리 9.2.1의 파트 2에 따라 $\theta(\mu)$는 단조함수이며 그래서 $sup_{\mu \geq 0}$ $\theta(\mu) = lim_{\mu \to \infty}\,\theta(\mu)$이다. 먼저 $\mu \to \infty$에 따라 $\alpha(\mathbf{x}_\mu) \to 0$임을 보인

다. $\mathbf{y}$는 하나의 실현가능해라 하고 $\varepsilon > 0$이다. $\mu = 1$에 대해 $\mathbf{x}_1$은 최소화 $f(\mathbf{x}) + \mu\alpha(\mathbf{x})$ 제약조건 $\mathbf{x} \in X$ 문제의 하나의 최적해라 한다. 만약 $\mu \geq (1/\varepsilon)|f(\mathbf{y}) - f(\mathbf{x}_1)| + 2$이라면 보조정리 9.2.1의 파트 2에 따라 $f(\mathbf{x}_\mu) \geq f(\mathbf{x}_1)$임이 반드시 주어져야 한다.

지금 $\alpha(\mathbf{x}_\mu) \leq \varepsilon$임을 보여준다. 모순을 일으켜 $\alpha(\mathbf{x}_\mu) > \varepsilon$이라고 가정한다. 보조정리 9.2.1의 파트 1을 주목하면 다음 식

$$\begin{aligned} inf\,\{f(\mathbf{x}) \mid \mathbf{g}(\mathbf{x}) \leq \mathbf{0},\ \mathbf{h}(\mathbf{x}) = \mathbf{0},\ \mathbf{x} \in X\} &\geq \theta(\mu) \\ &= f(\mathbf{x}_\mu) + \mu\alpha(\mathbf{x}_\mu) \geq f(\mathbf{x}_1) + \mu\alpha(\mathbf{x}_\mu) \\ &> f(\mathbf{x}_1) + |f(\mathbf{y}) - f(\mathbf{x}_1)| + 2\varepsilon > f(\mathbf{y}) \end{aligned}$$

을 얻는다. $\mathbf{y}$의 실현가능성을 고려하면 위의 부등식은 불가능하다. 따라서 모든 $\mu \geq (1/\varepsilon)|f(\mathbf{y}) - f(\mathbf{x}_1)| + 2$에 대해 $\alpha(\mathbf{x}_\mu) \leq \varepsilon$이다. $\varepsilon > 0$는 임의의 값이므로 $\mu \to \infty$에 따라 $\alpha(\mathbf{x}_\mu) \to 0$이다. 지금 $\{\mathbf{x}_{\mu k}\}$는 $\{\mathbf{x}_\mu\}$의 임의의 수렴하는 부분수열이라 하고 $\overline{\mathbf{x}}$는 이 수열의 극한이라 한다. 그렇다면 다음 식

$$\sup_{\mu \geq 0} \theta(\mu) \geq \theta(\mu_k) = f(\mathbf{x}_{\mu k}) + \mu_k\,\alpha(\mathbf{x}_{\mu k}) \geq f(\mathbf{x}_{\mu k})$$

이 성립한다. $\mathbf{x}_{\mu k} \to \overline{\mathbf{x}}$이며 f는 연속이므로 위의 부등식은 다음 식

$$\sup_{\mu \geq 0} \theta(\mu_k) \geq f(\overline{\mathbf{x}}) \tag{9.4}$$

을 의미한다. $\mu \to \infty$에 따라 $\alpha(\mathbf{x}_\mu) \to 0$이므로 $\alpha(\overline{\mathbf{x}}) = 0$이다; 즉 다시 말하면, $\overline{\mathbf{x}}$는 원래의 문제의 하나의 실현가능해이다. (9.4)와 보조정리 9.2.1의 파트 1의 관점에서 보아 $\overline{\mathbf{x}}$는 원래의 문제의 하나의 최적해이며 $\sup_{\mu \geq 0} \theta(\mu) = f(\overline{\mathbf{x}})$임이 뒤따른다. $\mu\alpha(\mathbf{x}_\mu) = \theta(\mu) - f(\mathbf{x}_\mu)$임을 주목하자. $\mu \to \infty$에 따라 $\theta(\mu)$, $f(\mathbf{x}_\mu)$는 모두 $f(\overline{\mathbf{x}})$에 접근하고, 그러므로 $\mu\alpha(\mathbf{x}_\mu)$는 0에 접근한다. 이것으로 증명이 완결되었다. (증명 끝)

따름정리 만약 어떤 μ에 대해 $\alpha(\mathbf{x}_\mu) = 0$이라면 $\mathbf{x}_\mu$는 문제의 하나의 최적해이다.

증명 만약 $\alpha(\mathbf{x}_\mu) = 0$이라면 $\mathbf{x}_\mu$는 문제의 실현가능해이다. 더군다나 다음 식

$$\begin{aligned} inf\{f(\mathbf{x}) \mid \mathbf{g}(\mathbf{x}) \le \mathbf{0},\ \mathbf{h}(\mathbf{x}) = \mathbf{0},\ \mathbf{x} \in X\} &\ge \theta(\mu) \\ &= f(\mathbf{x}_\mu) + \mu\alpha(\mathbf{x}_\mu) = f(\mathbf{x}_\mu) \end{aligned}$$

이 성립하므로 $\mathbf{x}_\mu$는 하나의 최적해임이 바로 뒤따른다. (증명 끝)

$\{\mathbf{x}_\mu\}$는 X의 하나의 콤팩트 부분집합에 포함된다는 가정의 중요성을 주목하시오. 만약 X가 콤팩트 집합이라면 이 가정은 명백하게 성립한다. 이 가정이 없으면 원문제와 페널티함수 문제의 목적함수 최적값이 같지 않을 수 있다(연습문제 9.6 참조). 변수는 일반적으로 유한한 상한과 하한의 사이에 존재하므로 이 가정은 실제 문제에 있어서 별로 제한적이 아니다.

정리 9.2.2에서 충분히 큰 μ를 선택함으로 최소화 $f(\mathbf{x}) + \mu\alpha(\mathbf{x})$ 제약조건 $\mathbf{x} \in X$ 문제의 최적해 $\mathbf{x}_\mu$를 실현가능영역에 마음대로 가깝게 만들 수 있다는 사실이 뒤따른다. 더군다나, 충분히 큰 μ를 선택함으로 $f(\mathbf{x}_\mu) + \mu\alpha(\mathbf{x}_\mu)$ 값은 원래의 원문제[3]의 목적함수의 최적값에 마음대로 가깝도록 할 수 있다. 이 절의 후반에 토의하는 바와 같이, 페널티함수 문제의 최적해를 구하기 위한 하나의 인기 있는 구도는 다음 식

최소화	$f(\mathbf{x}) + \mu\alpha(\mathbf{x})$
제약조건	$\mathbf{x} \in X$

의 형태로 구성된, 페널티 모수가 증가하는 하나의 수열에 대해 일련의 문제의 최적해를 구하는 구도이다. 최적점 $\{\mathbf{x}_\mu\}$은 일반적으로 실현불가능해이지만, 정리 9.2.2의 증명에서 본 바와 같이 페널티 모수 μ가 크게 됨에 따라 생성된 점은 실현가능영역 밖에서부터 최적해에 접근한다. 그러므로 앞에서 언급한 바와 같이 이 기법은 **외부 페널티함수법**이라고도 한다.

최적해에서 카루시-쿤-터커 라그랑지 승수

어떤 조건 아래, 최적해에서 제약조건에 연관한 카루시-쿤-터커 라그랑지 승수를 찾아내기 위해 페널티함수 문제의 수열의 해를 사용할 수 있다. 이를 위해, 단순성

3) original primal problem

을 위해 $X = \Re^n$이라고 가정하고 최소화 $f(\mathbf{x})$ 제약조건 $g_i(\mathbf{x}) \le 0 \ i = 1, \cdots, m$ $h_i(\mathbf{x}) = 0 \ i = 1, \cdots, \ell$이라는 원문제를 고려해보자(다음 해석은 즉시 몇 개 부등식 그리고/또는 등식 제약조건이 X를 정의하는 케이스로 일반화된다; 연습문제 9.12 참조). 페널티함수 α는 (9.1)로 주어진다고 가정한다. 여기에서, 추가로 ϕ, ψ는 모든 y에 대해 $\phi'(y) \ge 0$이며 연속 미분가능하고 $y \le 0$에 대해 $\phi'(y) = 0$이다. 정리 9.2.2의 조건이 성립한다고 가정하고, $\mathbf{x}_\mu$는 최소화 $f(\mathbf{x}) + \mu\alpha(\mathbf{x})$ 문제의 최적해이므로, 페널티함수 문제의 목적함수의 경도는 $\mathbf{x}_\mu$에서 $\mathbf{0}$이 되어야 한다. 이 내용은 다음 식

$$\nabla f(\mathbf{x}_\mu) + \sum_{i=1}^{m} \mu\phi'[g_i(\mathbf{x}_\mu)] \nabla g_i(\mathbf{x}_\mu) + \sum_{i=1}^{\ell} \mu\psi'[h_i(\mathbf{x}_\mu)] \nabla h_i(\mathbf{x}_\mu) = \mathbf{0} \qquad \text{모든 } \mu\text{에 대해}$$

으로 나타난다. 지금 $\bar{\mathbf{x}}$는 생성된 수열 $\{\mathbf{x}_\mu\}$의 하나의 집적점이라 하자. 일반성을 잃지 않고 $\{\mathbf{x}_\mu\}$ 자체는 $\bar{\mathbf{x}}$로 수렴한다고 가정한다. $I = \{i \mid g_i(\bar{\mathbf{x}}) = 0\}$를 $\bar{\mathbf{x}}$에서 구속하는 부등식 제약조건의 집합이라고 나타낸다. 모든 $i \notin I$에 대해 $g_i(\bar{\mathbf{x}}) < 0$이므로 정리 9.2.2에 따라, $\mu\phi'[g_i(\mathbf{x}_\mu)] = 0$임을 산출하는 충분히 큰 μ에 대해 $g_i(\mathbf{x}_\mu) < 0$이다. 그러므로 앞서 말한 항등식을 다음 식

$$\nabla f(\mathbf{x}_\mu) + \sum_{i \in I} (\mathbf{u}_\mu)_i \nabla g_i(\mathbf{x}_\mu) + \sum_{i=1}^{\ell} (\boldsymbol{\nu}_\mu)_i \nabla h_i(\mathbf{x}_\mu) = \mathbf{0} \tag{9.5a}$$

충분히 큰 μ에 대해

과 같이 나타낼 수 있으며, 여기에서 $\mathbf{u}_\mu$, $\boldsymbol{\nu}_\mu$는 다음 성분

$$\begin{aligned} (\mathbf{u}_\mu)_i &\equiv \mu\phi'[g_i(\mathbf{x}_\mu)] \ge 0 && \forall i \in I, \\ (\boldsymbol{\nu}_\mu)_i &\equiv \mu\psi'[h_i(\mathbf{x}_\mu)] && \forall i = 1, \cdots, \ell \end{aligned} \tag{9.5b}$$

을 갖는 벡터이다. 지금 $\bar{\mathbf{x}}$는 정리 4.3.7에서 정의한 것과 같은 **레귤러 해**라고 가정한다. 그렇다면 다음 식

$$\nabla f(\bar{\mathbf{x}}) + \sum_{i \in I} \bar{u}_i g_i(\bar{\mathbf{x}}) + \sum_{i=1}^{\ell} \bar{\nu}_i \nabla h_i(\bar{\mathbf{x}}) = \mathbf{0} \tag{9.5c}$$

이 성립하도록 하는 **유일한** 라그랑지 승수 $i \in I$에 대한 $\bar{u}_i \geq 0$와 $i = 1, \cdots, \ell$에 대한 $\bar{\nu}_i$가 존재함이 알려져 있다. g, h, ϕ, ψ는 모두 연속 미분가능하므로, 그리고 $\{\mathbf{x}_\mu\} \to \bar{\mathbf{x}}$ 이므로, 여기에서 $\bar{\mathbf{x}}$는 레귤러 점이며, 그렇다면 (9.5)에서 모든 $i \in I$에 대해 $(\mathbf{u}_\mu)_i \to \bar{u}_i$이며 모든 $i = 1, \cdots, \ell$에 대해 $(\boldsymbol{\nu}_\mu)_i \to \bar{\nu}_i$임이 반드시 주어져야 한다.

그러므로 충분히 큰 μ 값에 대해, (9.5b)로 주어진 승수는 최적해에서 카루시-쿤-터커 라그랑지 승수 값의 계산에 사용할 수 있다. 예를 들면, 만약 α가 **이차식 페널티함수** $\alpha(\mathbf{x}) = \boldsymbol{\Sigma}_{i=1}^{m} [max\{0, g_i(\mathbf{x})\}]^2 + \boldsymbol{\Sigma}_{i=1}^{\ell} h_i^2(\mathbf{x})$라 하면 $\phi(y) = [max\{0, y\}]^2$, $\phi'(y) = 2max\{0, y\}$, $\psi(y) = y^2$, $\psi'(y) = 2y$이다. 그러므로 (9.5b)에서 다음 식

$$\begin{aligned} (\mathbf{u}_\mu)_i &= 2\mu max\ \{0, g_i(\mathbf{x}_\mu)\} \qquad && \forall i \in I \\ (\boldsymbol{\nu}_\mu)_i &= 2\mu h_i(\mathbf{x}_\mu) && \forall i = 1, \cdots, \ell \end{aligned} \tag{9.6}$$

을 얻는다. 특히 만약 어떤 $i \in I$에 대해 $\bar{u}_i > 0$이라면 충분히 큰 μ에 대해 $(\mathbf{u}_\mu)_i > 0$이며, 이번에는 이것은 (9.6)에서 $g_i(\mathbf{x}_\mu) > 0$을 의미함을 관측하시오. 이것은 $\bar{\mathbf{x}}$로 인도하는 궤적을 따라 모든 점에서 $g_i(\mathbf{x}) \leq 0$의 제약조건이 위반됨을 의미하며 극한에서 $g_i(\bar{\mathbf{x}}) = 0$이다. 그러므로 만약 모든 $i \in I$에 대해 $\bar{u}_i > 0$이며 모든 j에 대해 $\bar{\nu}_j \neq 0$이라면, $\bar{\mathbf{x}}$에서 구속하는 모든 제약조건은 $\bar{\mathbf{x}}$로 인도하는 궤적 $\{\mathbf{x}_\mu\}$를 따라 위반된다는 것이다. 그러므로 이것은 외부 페널티함수법이라는 이름을 낳게 했다. 이를테면 예제 9.1.2에서 $\mathbf{x}_\mu = [\mu/(2\mu+1), \mu/(2\mu+1)]$, $h(\mathbf{x}_\mu) = -1/(2\mu+1)$이다; 그래서 (9.6)에서 $\nu_\mu = -2\mu/(2\mu+1)$이다. $\mu \to \infty$에 따라 $\nu_\mu \to -1$이며 이 값은 예제의 라그랑지 승수의 최적값임을 주목하자.

페널티함수에 연관된 계산상의 어려움

충분히 큰 μ를 선택해 페널티함수 문제의 해를 원래의 문제의 하나의 최적해에 미

음대로 가깝게 할 수 있다. 그러나 만약 대단히 큰 μ를 선정해 페널티함수 문제의 최적해를 구하려고 시도한다면 악조건에 관련한 몇 가지 계산상 어려움을 초래할지도 모른다. μ 값이 크면 실현가능성을 더 강조하는 것이며 제약 없는 최적화에 관한 대부분 절차는 실현가능해로 빠르게 이동할 것이다. 비록 이 점이 최적해에서 멀 수도 있지만, 너무 이르게 종료할 수 있다. 예를 들어 설명하자면, 최적화과정 중에서 $\alpha(\mathbf{x})=0$인 하나의 실현가능해에 도달했다고 가정한다. 특히 비선형 등식 제약조건의 존재 아래, $\mathbf{d}$에서 임의의 $\mathbf{d}$ 방향으로 이동한다면 실현불가능해 또는 목적함숫값이 큰 실현가능해에 도달할 수도 있다. 양자의 케이스에 대해 스텝 사이즈 λ가 극히 작지 않은 경우, 보조함수 $f(\mathbf{x}+\lambda\mathbf{d})+\mu\alpha(\mathbf{x}+\lambda\mathbf{d})$ 값은 $f(\mathbf{x})+\mu\alpha(\mathbf{x})$ 값보다도 크다. 후자의 케이스에서 이 내용은 명백하다. 앞의 케이스에 있어 $\alpha(\mathbf{x}+\lambda\mathbf{d})>0$이다; 그리고 μ가 아주 크므로 $f(\mathbf{x})$ 전체에 걸쳐 $f(\mathbf{x}+\lambda\mathbf{d})$가 감소해도, 일반적으로 이에 따라 항 $\mu\alpha(\mathbf{x}+\lambda\mathbf{d})$이 동반해 증가하므로 감소효과가 없어진다. 따라서 μ가 대단히 큰 수임에도 불구하고, 항 $\mu\alpha(\mathbf{x}+\lambda\mathbf{d})$이 작게 되도록 스텝 사이즈 λ가 대단히 작으면 개선은 가능하다. 이 경우 $f(\mathbf{x})$ 전체에 걸쳐 $f(\mathbf{x}+\lambda\mathbf{d})$의 개선은 $\mu\alpha(\mathbf{x}+\lambda\mathbf{d})>0$를 상쇄할 수도 있다. 아주 작은 스텝 사이즈를 사용하면 수렴이 늦어지거나, 너무 이르게 종료가 발생할 수 있다.

앞서 말한 직관적 토의는 공식적이고 이론적 기반도 갖는다. 이 주제에 관한 식견을 얻기 위해 최소화 $f(\mathbf{x})$ 제약조건 $h_i(\mathbf{x})=0$ $i=1,\cdots,\ell$의 등식 제약조건을 갖는 문제를 고려해보자. $F(\mathbf{x})\equiv f(\mathbf{x})+\mu\Sigma_{i=1}^{\ell}\psi[h_i(\mathbf{x})]$는 (9.1)로 구성한 페널티 붙은 목적함수라 하며, 여기에서 ψ는 2회 미분가능하다고 가정한다. 그렇다면 함수 F, f, $h_1,\cdots,h_\ell$에 대해 ∇, ∇^2을 경도, 헤시안 연산자라고 각각 나타내고 ψ의 첫째 도함수, 둘째 도함수를 ψ', ψ''라고 각각 나타내면, 2회 미분가능성을 가정해 다음 식

$$\nabla F(\mathbf{x})=\nabla f(\mathbf{x})+\mu\sum_{i=1}^{\ell}\psi'[h_i(\mathbf{x})]\nabla h_i(\mathbf{x})$$

$$\nabla^2F(\mathbf{x})=\left[\nabla^2f(\mathbf{x})+\sum_{i=1}^{\ell}\mu\psi'[h_i(\mathbf{x})]\nabla^2h_i(\mathbf{x})\right]$$

$$+\mu\sum_{i=1}^{\ell}\psi''[h_i(\mathbf{x})]\nabla h_i(\mathbf{x})\nabla h_i(\mathbf{x})^t \tag{9.7}$$

을 얻는다. 만약 이 문제에 나타나는 부등식 제약조건도 갖고 있었다면, 그리고 예

를 들어 $\phi(y) = [max\{0, y)\}]^2$로 페널티함수 (9.1a)를 사용했다면, $\phi'(y) = 2max\{0, y\}$이지만, $\phi''(y)$는 $y = 0$에서 정의되지 않았을 것임을 관측하시오. 그러므로 작용하는 부등식 제약조건을 갖는 점에서 $\nabla^2 F(\mathbf{x})$는 정의되지 않을 것이다. 그러나, 만약 $y > 0$이라면 $\phi'' = 2$이며, 그래서 모든 부등식 제약조건을 위반하는 점에서 $\nabla^2 F(\mathbf{x})$가 정의될 것이다; 그리고 이런 경우, 등식 제약조건에 대해서처럼 (9.7)은 유사한 표현을 이어받을 것이다.

지금, 제8장에서 알려진 바와 같이 F를 최소화하기 위해 사용한 알고리즘의 수렴율행태는 $\nabla^2 F$의 고유값의 구조에 좌우될 것이다. 이 특성을 평가하기 위해, $\mu \to \infty$에 따라 (9.7)의 고유 구조를 검사하고, 정리 9.2.2의 조건 아래, $\mathbf{x} \equiv \mathbf{x}_\mu \to \overline{\mathbf{x}}$에 따라 주어진 문제의 최적해를 검사하자. $\overline{\mathbf{x}}$가 레귤러 해라고 가정하면, (9.5)에서 $\mu\psi'[h_i(\mathbf{x}_\mu)] \to \overline{\nu}_i$이며, 여기에서 $i = 1, \cdots, \ell$에 대해 $\overline{\nu}_i$는 i-째 제약조건에 연관된 최적 라그랑지 승수이다. 그러므로, (9.7)의 $[\cdot]$에 속한 항은 라그랑지 함수 $\mathscr{L}(\mathbf{x}) = f(\mathbf{x}) + \Sigma_{i=1}^{\ell} \overline{\nu}_i h_i(\mathbf{x})$의 헤시안에 접근한다. 그러나 (9.7)의 다른 항은 μ에 강하게 묶여 있으며 잠재적으로 폭발적일 수 있다. 예를 들면, 잘 알려진 이차식페널티함수처럼 만약 $\psi(y) = y^2$이라면, 이 항은 $\Sigma_{i=1}^{\ell} \nabla h_i(\overline{\mathbf{x}}) \nabla h_i(\overline{\mathbf{x}})^t$에 접근하는 계수 ℓ인 행렬에 2μ를 곱한 것과 같다. 그렇다면 $\mu \to \infty$에 따라, $\mathbf{x} \equiv \mathbf{x}_\mu \to \overline{\mathbf{x}}$이고, $\nabla^2 F$는 ∞에 접근하는 ℓ개 고유값을 가지며, 반면에 $n - \ell$개의 고유값은 어떤 유한한 극한에 접근함을 보일 수 있다('주해와 참고문헌' 절 참조). 따라서 큰 μ 값에 대해 가혹한 악조건의 헤시안행렬이 나타날 것이다.

(8.18)에 따라 전개되는 해석을 검사하면, 이같이 가혹한 상황에서 최급강하법은 실패할 것이다. 반면에 공액경도법이나 준 뉴톤법 같은, 뉴톤법 또는 이것의 변형〔최소한, $(\ell+1)$-스텝의 과정으로 연산되는〕은 앞서 말한 고유값 구조에 의해 영향을 받지 않을 것이다. 그렇다면 절 8.6, 8.8에서 토의한 바와 같이 보다 나은 n-스텝 슈퍼 선형(또는 슈퍼 선형) 수렴율이 성취될 수도 있다.

9.2.3 예제

예제 9.1.2의 문제를 고려해보자. 페널티 붙은 목적함수 F는 $F(\mathbf{x}) = x_1^2 + x_2^2 +$

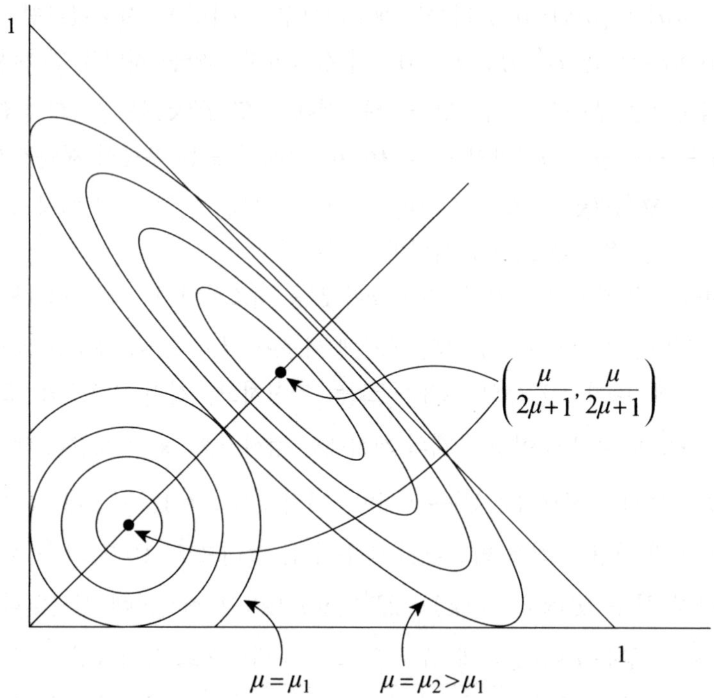

그림 9.4 큰 값의 μ가 악조건에 미치는 영향

$\mu(x_1+x_2-1)^2$ 이다. (9.7)의 계산과 같이 이 함수의 헤시안은 다음 식

$$\nabla^2 F(\mathbf{x}) = \begin{bmatrix} 2(1+\mu) & 2\mu \\ 2\mu & 2(1+\mu) \end{bmatrix}$$

과 같다. 방정식 $det\left|\nabla^2 F(\mathbf{x}) - \lambda\mathbf{I}\right| = 0$에 의해 즉시 계산되는 이 행렬의 고유값은 고유벡터 $(1, -1)$, $(1, 1)$에 관해 $\lambda_1 = 2$, $\lambda_2 = 2(1+2\mu)$이다. $\lambda_1 = 2$는 유한한 반면, $\mu \to \infty$에 따라 $\lambda_2 \to \infty$임을 주목하자; 그러므로 $\mu \to \infty$에 따라 $\nabla^2 F$의 조건수는 ∞에 접근한다. 그림 9.4는 특별한 μ 값에 관한 F의 등고선을 묘사한다. 이들 등고선은 타원의 주축과 종축이 고유벡터 방향으로 향하는 타원 형태이며(부록 A.1 참조) μ의 증가에 따라 벡터 $(1, 1)$ 방향으로 갈수록 점점 더 경사가 급해진다. 그러므로 큰 μ 값에 대해, 다행히 간편한 해에서 출발하지 않으면, 최급강하법은 최적해로 심하게 지그재그한다.

페널티함수법의 요약

위에서 설명한 것과 같이 큰 값의 페널티 모수에 연관된 어려움의 결과로, 페널티함수를 사용하는 대부분 알고리즘은 일련의 증가하는 페널티함수 모수를 사용한다. 페널티 모수의 각각의 새로운 값을 갖고, 미리 선택한 모수값을 사용해 구한 최적해에서 출발하여, 하나의 최적화 기법이 사용된다. 간혹 이와 같은 알고리즘은 **순차적 제약 없는 최소화기법**이라 한다.

아래에는 최소화 $f(\mathbf{x})$ 제약조건 $\mathbf{g}(\mathbf{x}) \le \mathbf{0}$ $\mathbf{h}(\mathbf{x}) = \mathbf{0}$ $\mathbf{x} \in X$ 문제의 최적해를 구하기 위한 페널티함수법을 요약한다. 여기에 사용한 페널티함수 α는 (9.1)에 명시한 형태와 같다. 이들의 기법은 f, $\mathbf{g}$, $\mathbf{h}$에 관한 연속성 제한을 제외하고 다른 제한을 부과하지 않는다. 그러나 이들은 아래의 스텝 1에서 명시한 문제의 최적해를 구하기 위해 효율적 해법절차를 사용할 수 있는 케이스에 대해서만 유효하게 사용할 수 있다.

초기화 스텝 $\varepsilon > 0$는 하나의 종료 스칼라라 하자. 하나의 초기점 $\mathbf{x}_1$, 하나의 페널티 모수 $\mu_1 > 0$, 하나의 스칼라 $\beta > 1$을 선택한다. $k = 1$이라고 놓고 메인 스텝으로 간다.

메인 스텝 1. $\mathbf{x}_k$에서 출발하여 다음 문제

최소화 $f(\mathbf{x}) + \mu_k \alpha(\mathbf{x})$

제약조건 $\mathbf{x} \in X$

의 최적해를 구하시오. $\mathbf{x}_{k+1}$를 하나의 최적해라고 놓고 스텝 2로 간다.

2. 만약 $\mu_k \alpha(\mathbf{x}_{k+1}) < \varepsilon$이라면, 중지한다; 그렇지 않다면, $\mu_{k+1} = \beta\mu_k$이라고 놓고 k를 $k+1$로 대체하고 스텝 1로 간다.

9.2.4 예제

다음 문제

최소화 $(x_1 - 2)^4 + (x_1 - 2x_2)^2$

제약조건 $x_1^2 - x_2 = 0$

$$\mathbf{x} \in X \equiv \Re^2$$

를 고려해보자. 반복계산 k에서, 하나의 주어진 페널티 모수 μ_k에 대해, 최적해 $\mathbf{x}_{\mu k}$를 구하기 위한 문제는 다음 식

$$\text{최소화} \quad (x_1-2)^4+(x_1-2x_2)^2+\mu_k(x_1^2-x_2)^2$$

과 같이 이차식 페널티함수를 사용하는 것이다. 표 9.1은 (9.6)을 계산해 얻은 라그랑지 승수 평가치를 포함해, 페널티함수법을 사용한 계산내용을 요약한다. 출발점은 $\mathbf{x}_1=(2.0, 1.0)$으로 하고, 여기에서 목적함숫값은 0.0이다. 페널티 모수의 초기값은 $\mu_1=0.1$이라고 놓고 스칼라 β는 10.0이라고 놓는다. $f(\mathbf{x}_{\mu k})$와 $\theta(\mu_k)$는 비감소함수이며 $\alpha(\mathbf{x}_{\mu k})$는 비증가함수임을 주목하자. 이 절차는 넷째 반복계산 후 중지할 수도 있었으며, 여기에서 $\alpha(\mathbf{x}_{\mu k})=0.000267$이다. 그러나 정리 9.2.2에

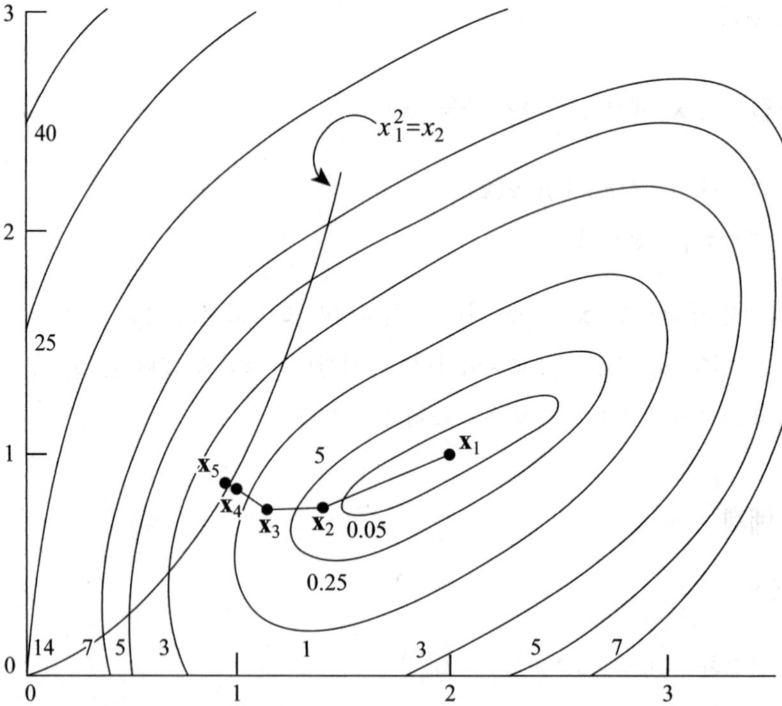

그림 9.5 페널티함수법

따라 $\mu_k \alpha(\mathbf{x}_{\mu k})$가 정말로 0에 수렴함을 좀 더 명확하게 보여주기 위해, 1회의 추가적 반복계산을 실행했다. 독자는 점 $\mathbf{x} = (0.9461094, 0.8934414)$에서 라그랑지 승수가 3.3632로 카루시-쿤-터커 조건이 만족됨을 입증할 수 있다. 그림 9.5는 알고리즘의 진전을 보여준다.

표 9.1 페널티함수법의 계산의 요약

반복 k	μ_k	$\mathbf{x}_{k+1} = \mathbf{x}_{\mu k}$	$f(\mathbf{x}_{k+1})$	$\alpha(\mathbf{x}_{\mu k}) = h^2(\mathbf{x}_{\mu k})$	$\theta(\mu_k)$	$\mu_k \alpha(\mathbf{x}_{\mu k})$	$\nu_{\mu k}$
1	0.1	(1.4539, 0.7608)	0.0935	1.8307	0.2766	0.1831	0.270605
2	1.0	(1.1687, 0.7407)	0.5753	0.3908	0.9661	0.3908	1.250319
3	10.0	(0.9906, 0.8425)	1.5203	0.01926	1.7129	0.1926	2.775767
4	100.0	(0.9507, 0.8875)	1.8917	0.000267	1.9184	0.0267	3.266096
5	1000.0	0.9461094, 0.8934414)	1,9405	0.0000028	1.9433	0.0028	3.363252

9.3 '정확한 절댓값 페널티함수법'과 '증강된 라그랑지 페널티함수법'

지금까지 고려한 페널티함수의 유형에 대해, 하나의 최적해를 구하기 위해 극한의 의미에서 페널티 모수를 무한히 크게 할 필요가 있음을 알았다. 이것은 수치를 이용해 계산함에 따르는 어려움과 악조건 발생의 효과를 일으킬 수 있다. 그렇다면 일어나는 하나의 자연적 질문은: 논리에 맞고 유한한 값 μ가 무한대에 접근할 필요 없이 페널티 모수 μ에 대해 정확한 최적해를 찾아낼 수 있는 페널티함수를 설계할 수 있을 것인가 하는 것이다. 아래에 이와 같은 특질을 갖는 2개 페널티함수가 제시되며 그러므로 **'정확한 페널티함수'**라 알려진다.

절댓값 함수 또는 ℓ_1 **페널티함수**는 **'정확한 페널티함수'**이며, 이것은 (9.1)의 대표적 형태와 일치한다. 다시 말하면 페널티 모수 $\mu > 0$가 주어지면 페널티 붙은 목적함수는, 이 경우 최소화 $f(\mathbf{x})$ 제약조건 $g_i(\mathbf{x}) \le 0$ $i = 1, \cdots, m$ $h_i(\mathbf{x}) = 0$

$i = 1, \cdots, \ell$의 '문제 P'에 대해 다음 식

$$F_E(\mathbf{x}) = f(\mathbf{x}) + \mu\left[\sum_{i=1}^{m} max\{0, g_i(\mathbf{x})\} + \sum_{i=1}^{\ell}|h_i(\mathbf{x})|\right] \tag{9.8}$$

으로 주어진다(편의상 이 책의 토의에서 $\mathbf{x} \in X$ 형태의 제약조건을 사용하지 않는다; 이 해석은 이와 같은 제약조건을 포함할 수 있도록 즉시 확장할 수 있다). 다음 결과는 적절한 볼록성 가정(제약자격과 함께) 아래 F_E를 최소화해 P의 최적해를 찾을 수 있는 유한 값 μ가 존재함을 보여준다. 대안적으로, 만약 정리 4.4.2에서 설명한 바와 같이 $\overline{\mathbf{x}}$가 P의 하나의 국소최소해에 대해 2-계 충분성조건을 만족시킨다면, 정리 9.3.1처럼 큰 μ에 대해, $\overline{\mathbf{x}}$는 역시 F_E의 국소최적해임도 보일 수 있다(연습문제 9.13 참조).

9.3.1 정리

다음의 '문제 P'

$$\begin{array}{ll} \text{최소화} & f(\mathbf{x}) \\ \text{제약조건} & g_i(\mathbf{x}) \leq 0, \quad i = 1, \cdots, m \\ & h_i(\mathbf{x}) = 0, \quad i = 1, \cdots, \ell \end{array}$$

를 고려해보자. $\overline{\mathbf{x}}$는 각각 부등식과 등식 제약조건에 연관된 $i \in I$에 대한 라그랑지 승수 $\overline{u}_i$와 $i = 1, \cdots, \ell$에 대한 라그랑지 승수 $\overline{\nu}_i$를 갖는 하나의 카루시-쿤-터커 점이라 하고, 여기에서 $I = \{i \in \{1, \cdots, m\} \mid g_i(\overline{\mathbf{x}}) = 0\}$는 구속하는 또는 작용하는 부등식 제약조건의 첨자집합이다. 더군다나 f와 $i \in I$에 대한 g_i는 볼록이며 $i = 1, \cdots, \ell$에 대한 h_i는 아핀이라고 가정한다. 그렇다면 $\mu \geq max\{i \in I$에 대한 $\overline{u}_i$, $i = 1, \cdots, \ell$에 대한 $|\overline{\nu}_i|\}$에 대해, 또한 $\overline{\mathbf{x}}$는 (9.8)로 정의한 '정확한 ℓ_1 페널티 붙은 목적함수'4) F_E를 최소화한다.

4) exact ℓ_i penalized object function

증명 $\bar{\mathbf{x}}$는 '문제 P'의 하나의 카루시-쿤-터커 점이므로 P의 실현가능해이며 다음 식

$$\nabla f(\bar{\mathbf{x}}) + \sum_{i \in I} \bar{u}_i \nabla g_i(\bar{\mathbf{x}}) + \sum_{i=1}^{\ell} \bar{\nu}_i \nabla h_i(\bar{\mathbf{x}}) = \mathbf{0}, \quad \bar{u}_i \geq 0 \quad i \in I \tag{9.9}$$

이 성립하도록 한다(더군다나 정리 4.3.8에 따라 $\bar{\mathbf{x}}$는 P의 최적해이다). 지금 $\mathbf{x} \in \Re^n$ 전체에 걸쳐 $F_E(\mathbf{x})$를 최소화하는 문제를 고려해보자. 임의의 $\mu \geq 0$에 대해 이것은 등가적으로 다음 식

$$\begin{aligned}
&\text{최소화} && f(\mathbf{x}) + \mu\left[\sum_{i=1}^{m} y_i + \sum_{i=1}^{\ell} z_i\right] && && (9.10a)\\
&\text{제약조건} && y_i \geq g_i(\mathbf{x}), \quad y_i \geq 0 && i = 1, \cdots, m && (9.10b)\\
& && z_i \geq h_i(\mathbf{x}), \quad z_i \geq -h_i(\mathbf{x}) && i = 1, \cdots, \ell && (9.10c)
\end{aligned}$$

과 같이 나타낼 수 있다. 주어진 임의의 $\mathbf{x} \in \Re^n$에 대해, (9.10b), (9.10c)의 제약조건 아래 (9.10a)의 목적함수 최댓값은 $i = 1, \cdots, m$에 대해 $y_i = max\{0, g_i(\mathbf{x})\}$로 취하고 $i = 1, \cdots, \ell$에 대해 $z_i = |h_i(\mathbf{x})|$를 취해, 실현될 수 있음을 관측함으로 위의 등가관계는 쉽게 뒤따른다. 특히 $\bar{\mathbf{x}}$가 주어지면 $i = 1, \cdots, m$에 대해 $\bar{y}_i = max\{0, g_i(\bar{\mathbf{x}})\}$, $i = 1, \cdots, \ell$에 대해 $\bar{z}_i = |h_i(\bar{\mathbf{x}})| = 0$을 정의한다.

$i = 1, \cdots, m$에 대한 부등식 $y_i \geq g_i(\mathbf{x})$ 가운데, $i \in I$에 상응하는 부등식 제약조건만 구속적이고, 한편으로 (9.10)의 모든 나머지 부등식 제약조건은 $(\bar{\mathbf{x}}, \bar{\mathbf{y}}, \bar{\mathbf{z}})$에서 구속적임을 주목하자. 그러므로, $(\bar{\mathbf{x}}, \bar{\mathbf{y}}, \bar{\mathbf{z}})$가 (9.10)에 대해 하나의 카루시-쿤-터커 점이 되기 위해, 다음 식

$$\nabla f(\bar{\mathbf{x}}) + \sum_{i \in I} u_i^+ \nabla g_i(\bar{\mathbf{x}}) + \sum_{i=1}^{\ell} (\nu_i^+ - \nu_i^-) \nabla h_i(\bar{\mathbf{x}}) = \mathbf{0}$$

$$\mu - u_i^+ - u_i^- = 0 \qquad i = 1, \cdots, m$$

$$\mu - \nu_i^+ - \nu_i^- = 0 \qquad i = 1, \cdots, \ell$$

$$(u_i^+, u_i^-) \geq 0 \qquad i = 1, \cdots, m$$

$$(\nu_i^+, \nu_i^-) \geq 0 \qquad i = 1, \cdots, \ell$$
$$u_i^+ = 0 \qquad i \notin I$$

이 성립하도록 하는 (9.10b), (9.10c)의 제약조건 쌍에 각각 연관된 $i = 1, \cdots, m$에 대한 라그랑지 승수 u_i^+, u_i^-와 $i = 1, \cdots, \ell$에 대한 라그랑지 승수 ν_i^+, ν_i^-를 반드시 찾아야 한다. $\mu \geq max\{\bar{u}_i, i \in I, |\bar{\nu}_i|, i = 1, \cdots, \ell\}$이 주어지면 (9.9)를 사용해, 앞서 말한 카루시-쿤-터커 조건을 만족시키는, 모든 $i \in I$에 대한 $u_i^+ = \bar{u}_i$, 모든 $i \notin I$에 대한 $u_i^+ = 0$, 모든 $i = 1, \cdots, m$에 대한 $u_i^- = \mu - u_i^+$, $i = 1, \cdots, \ell$에 대한 $\nu_i^+ = (\mu + \bar{\nu}_i)/2$, $\nu_i^- = (\mu - \bar{\nu}_i)/2$를 얻는다. 정리 4.3.8에 따라, 그리고 설명한 볼록성 가정에 따라 $(\bar{\mathbf{x}}, \bar{\mathbf{y}}, \bar{\mathbf{z}})$는 (9.10)의 최적해이며, 따라서 $\bar{\mathbf{x}}$는 F_E의 최소해임이 뒤따른다. 이것으로 증명이 완결되었다. (증명 끝)

9.3.2 예제

예제 9.1.2의 문제를 고려해보자. 카루시-쿤-터커 조건에서 등식 제약조건에 연관된 라그랑지 승수는 최적해 $\bar{\mathbf{x}} = (1/2, 1/2)$에서 $\bar{\nu} = -2\bar{x}_1 = -2\bar{x}_2 = -1$이다. (9.8)로 정의한 함수 F_E는 주어진 $\mu \geq 0$에 대해 $F_E(\mathbf{x}) = (x_1^2 + x_2^2) + \mu[x_1 + x_2 - 1]$이다. $\mu = 0$일 때 F_E는 하나의 $(0, 0)$에서 최소로 된다. $\mu > 0$에 대해 $F_E(\mathbf{x})$의 최소화는, 최소화 $(x_1^2 + x_2^2 + \mu z)$ 제약조건 $z \geq (x_1 + x_2 - 1)$, $z \geq (-x_1 - x_2 + 1)$의 문제와 등가이다. 후자의 문제의 카루시-쿤-터커 조건은 $2x_1 + (\nu^+ - \nu^-) = 0$, $2x_2 + (\nu^+ - \nu^-) = 0$, $\mu = \nu^+ + \nu^-$, $\nu^+[z - x_1 - x_2 + 1] = v^-[z + x_1 + x_2 - 1] = 0$이어야 함을 요구한다; 나아가서 최적성은 $z = |x_1 + x_2 - 1|$이어야 함을 요구한다. 지금 만약 $(x_1 + x_2) < 1$이라면, 반드시 $z = -x_1 - x_2 + 1$, $\nu^+ = 0$이어야 하며, 그러므로 $\nu^- = \mu$, $x_1 = \mu/2$, $x_2 = \mu/2$이다. 만약 $0 \leq \mu < 1$이라면 이 점은 카루시-쿤-터커 점이다. 반면에 만약 $(x_1 + x_2) = 1$이라면, $z = 0$, $x_1 = x_2 = 1/2 = (\nu^- - \nu^+)/2$이며, 따라서 $\nu^+ = (\mu - 1)/2$, $\nu^- = (\mu + 1)/2$이다. 만약 $\mu \geq 1$이라면 이것은 카루시-쿤-터커 점이다. 그러나 만약 $(x_1 + x_2) > 1$이라면, $z = x_1 + x_2 - 1$, $\nu^- = 0$, $x_1 = x_2 = -\nu^+/2$

를 얻으며, 이 동안 $\nu^+ = \mu$이다. 그러므로, 이것은 $(x_1 + x_2) = -\mu > 1$임을 의미하며 $\mu \geq 0$임과 모순된다. 따라서 μ가 0에서 증가함에 따라, μ가 1에 도달할 때까지 F_E의 최솟값은 $(\mu/2, \mu/2)$에서 일어나며 그 이후 $(1/2, 1/2)$에 머무는데, $(1/2, 1/2)$는 원래의 문제의 최적해이다.

절댓값페널티함수의 기하학적 해석

'절댓값(ℓ_1) 정확한 페널티함수'는 그림 9.2에 예시한 내용과 유사한 의미에서 하나의 기하학적 해석을 할 수 있다. 섭동함수 $\nu(\varepsilon)$는 여기에서 예시한 것과 같다고 하자. 그러나 현재의 케이스에서, 최소화 $f(\mathbf{x}) + \mu|h(\mathbf{x})|$ 제약조건 $\mathbf{x} \in \Re^2$ 문제에 관심이 있다. 이를 위해 (h, f)-공간에서 등고선 $f + \mu|h| = k$가 ν의 에피그래프와 접촉을 유지하도록 하는 가장 작은 k 값을 찾으려 한다. 이 내용이 그림 9.6에 예시되어 있다. 정리 9.3.1의 조건 아래, 정리 6.2.6에 따라 $(\bar{\mathbf{x}}, \bar{\mathbf{u}}, \bar{\boldsymbol{\nu}})$는 하나의 안장점이며, 그래서 정리 6.2.7에 따라 모든 $\mathbf{y} \in \Re^{m+\ell}$에 대해 $\nu(\mathbf{y}) \geq \nu(\mathbf{0}) - (\bar{\mathbf{u}}^t, \bar{\boldsymbol{\nu}}^t) \cdot \mathbf{y}$이다. 예제 9.3.2에서 이것은 초평면 $f = \nu(0) - \bar{\nu}h = \nu(0) + h$가 ν의 에피그래프를 $[0, \nu(0)]$에서 밑에서 받친다고 단언함과 동일하다. 그러므로 그림 9.6에서 보는 바와 같이 $\mu = 1$에 대해(또는 1보다도 큰) F_E를 최소화하면 원래의 문제의 최적해를 찾는다.

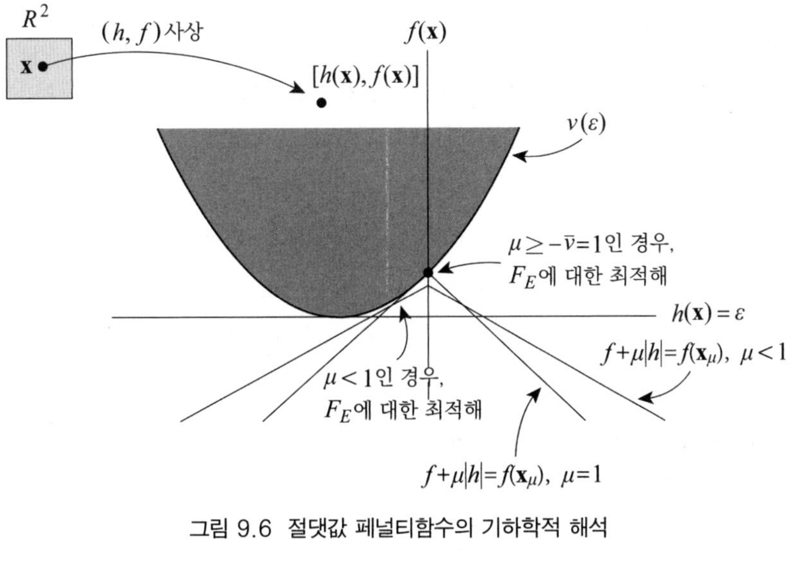

그림 9.6 절댓값 페널티함수의 기하학적 해석

비록 ℓ_1 페널티함수를 사용해 최적해를 찾기 위해 페널티 모수 μ를 무한대로 가져가야 하는 필요성을 극복했지만, 정리 9.3.1에서 규정한 것처럼 이 목적을 달성하는 μ의 허용가능한 값은 아직 명시되지 않았다. 결과적으로, 이를테면 카루시-쿤-터커 해를 얻을 때까지 일련의 증가하는 μ 값을 검사할 필요가 있다. 또한, 만약 μ가 너무 작다면 페널티함수 문제는 무계일 수도 있다; 그리고 만약 μ가 너무 크다면 악조건이 발생할 수 있다. 더군다나, 여기에서 가장 중요한 차이는 F_E를 최소화하기 위해 미분불가능한 목적함수를 취급할 필요가 있다는 것이며 절 8.9에서 토의한 것처럼, 미분가능한 케이스처럼 효율적으로 해를 구하는 절차를 갖지 않는다. 그러나 제10장에서 설명하겠지만 ℓ_1 페널티함수는 **공훈함수**로 대단히 유용한 목적을 달성할 것이며, 나머지의 알고리즘적 접근법에서(즉 계승이차식계획법 알고리즘) 공훈함수는 방향탐색과정 자체에서 직접적 역할을 하기보다는 수렴을 보장하기 위해 충분하고 허용가능한 강하수준을 거리한다.

증강된 라그랑지 페널티함수

지금까지의 토의에서 동기를 부여받아, 유한한 페널티 모수값에 대해 '정확한 최적해'를 회복할 뿐만 아니라 미분가능성 특질도 소유하는 페널티함수를 설계할 수 있는가에 관한 질문은 자연스럽다. **승수 페널티함수**라고도 알려진 **증강된 라그랑지 페널티함수**는 이와 같은 '정확한 페널티함수'의 하나이다.

단순화를 위해, 등식 제약조건만을 갖는 문제의 케이스의 토의에서 시작하며, 이를 위해 증강된 라그랑지 함수를 소개하고, 부등식 제약조건을 포함하는 문제로 확장한다. 이를 위해, 최소화 $f(\mathbf{x})$ 제약조건 $h_i(\mathbf{x})=0$, $i=1, \cdots, \ell$의 '문제 P'를 고려해보자. 만약 최소화 $f(\mathbf{x})+\mu\boldsymbol{\Sigma}_{i=1}^{\ell}h_i^2(\mathbf{x})$의 이차식 페널티함수 문제를 채택한다면, P의 제약 있는 최적해를 구하기 위해 일반적으로 $\mu\rightarrow\infty$라고 할 필요가 있음을 알았다. 그러면, 만약 페널티 항의 원점을 $\boldsymbol{\theta}=(\theta_1, \cdots, \theta_\ell)$로 이동하고, 제약조건의 우변을 $\mathbf{0}$에서 $\boldsymbol{\theta}$로 섭동한 문제에 관해 페널티 붙은 목적함수 $f(\mathbf{x})+\mu\boldsymbol{\Sigma}_{i=1}^{\ell}[h_i(\mathbf{x})-\theta_i]^2$을 고려한다면, $\mu\rightarrow\infty$로 할 필요 없이 원래의 문제의 제약 있는 최소해를 구할 수 있는 것인가는 흥미가 있을 것이다. 전개된 형태로, 후자의 목적함수는 $f(\mathbf{x})-\boldsymbol{\Sigma}_{i=1}^{\ell}2\mu\theta_i h_i(\mathbf{x})+\mu\boldsymbol{\Sigma}_{i=1}^{\ell}h_i^2+\mu\boldsymbol{\Sigma}_{i=1}^{\ell}\theta_i^2$이 된다. $i=1,\cdots,m$에 대해 $\nu_i=-2\mu\theta_i$이라고 나타내고, 최종의 상수 항을 탈락시키면, 이것은 다음 식

$$F_{\text{ALAG}}(\mathbf{x},\boldsymbol{\nu}) = f(\mathbf{x}) + \sum_{i=1}^{\ell}\nu_i h_i(\mathbf{x}) + \mu\sum_{i=1}^{\ell} h_i^2(\mathbf{x}) \qquad (9.11)$$

과 같이 다시 나타낼 수 있다. 지금 만약 $(\overline{\mathbf{x}},\overline{\boldsymbol{\nu}})$가 P의 원-쌍대 카루시-쿤-터커 해라면, 진실로 $\boldsymbol{\nu}=\overline{\boldsymbol{\nu}}$에서 μ의 모든 값에 대해 다음 식

$$\nabla_{\mathbf{x}} F_{\text{ALAG}}(\overline{\mathbf{x}},\overline{\boldsymbol{\nu}}) = \left[\nabla f(\overline{\mathbf{x}}) + \sum_{i=1}^{\ell}\overline{\nu}_i \nabla h_i(\overline{\mathbf{x}})\right] + 2\mu\sum_{i=1}^{\ell} h_i(\overline{\mathbf{x}})\nabla h_i(\overline{\mathbf{x}}) = \mathbf{0} \qquad (9.12)$$

이 성립함을 관측하시오. 그러나 $\nabla f(\overline{\mathbf{x}})$ 자체가 $\mathbf{0}$이 아닌 한, 이것은 이차식페널티함수의 케이스일 필요가 없었다. 그러므로, 극한의 의미에서 $\overline{\mathbf{x}}$를 찾기 위해 이차식 페널티함수를 사용해 $p\to\infty$가 되도록 해야 하므로, $F_{\text{ALAG}}(\vec{\cdot},\overline{\boldsymbol{\nu}})$의 중요한 점 $\overline{\mathbf{x}}$가 (국소)최소해임을 밝히기 위해 μ를 충분히 크게 할 필요가 있다는 것도 상상할 수 있다(아래에 밝히는 바와 같이 적절한 레귤러리티 조건 아래 제시된다). 이 점에 있어, (9.11)의 마지막 항은 전체적 함수를 국소적으로 볼록화하는 역할을 하는 것으로 밝혀진다.

함수 (9.11)은 이차식 페널티 항으로 증강한 통상의 라그랑지 함수임을 관측하시오. 그러므로 **'증강된 라그랑지 페널티함수'**라는 명칭이 생겼다. 그에 따라, (9.11)은 P와 등가인 다음 문제

$$\text{최대화}\left\{f(\mathbf{x}) + \sum_{i=1}^{\ell}\nu_i h_i(\mathbf{x}) \;\middle|\; h_i(\mathbf{x}) = 0,\ \ i=1,\ \cdots,\ell\right\} \qquad (9.13)$$

에 관해 보통의 이차식 페널티함수라고 볼 수 있다. 대안적으로 (9.11)은 P에 대해서도 역시 등가인 다음 문제

$$\text{최소화}\left\{f(\mathbf{x}) + \mu\sum_{i=1}^{\ell} h_i^2(\mathbf{x}) \;\middle|\; h_i(\mathbf{x}) = 0,\ \ i=1,\ \cdots,\ell\right\} \qquad (9.14)$$

의 라그랑지 함수라고도 볼 수 있다.

이와 같은 견지에서, (9.11)은 이차식 페널티 목적함수에 '승수-기반 항'을 포함시킴과 상응하므로, 이것은 또한 간혹 **승수 페널티함수**라고도 한다. 바로 알게

되는 바와 같이, 이들 관점은 순수한 이차식페널티함수법 또는 순수한 라그랑지 쌍대성-기반 알고리즘 어디에도 존재하지 않는 풍부한 이론과 알고리즘적 축복으로 인도한다.

다음 결과는 증강된 라그랑지 페널티함수를 '**정확한 페널티함수**'로 분류할 수 있는 기본내용을 제시한다.

9.3.3 정리

최소화 $f(\mathbf{x})$ 제약조건 $h_i(\mathbf{x}) = 0\ \ i = 1, \cdots, \ell$의 '문제 P'를 고려해보고, 카루시-쿤-터커 해 $(\overline{\mathbf{x}}, \overline{\boldsymbol{\nu}})$가 국소최소해에 대해 2-계 충분성조건을 만족하도록 한다(정리 4.4.2 참조). 그러면 $\mu \geq \overline{\mu}$에 대해 어떤 동반하는 $\boldsymbol{\nu} = \overline{\boldsymbol{\nu}}$으로 정의한, 증강된 라그랑지 페널티함수 $F_{\text{ALAG}}(\vec{\cdot}, \overline{\boldsymbol{\nu}})$가, $\overline{\mathbf{x}}$에서 역시 엄격한 국소최소해도 달성하도록 하는 $\overline{\mu}$가 존재한다. 특히 만약 f가 볼록이고 $h_1, \cdots, h_\ell$이 아핀이라면 P의 임의의 최소해 $\overline{\mathbf{x}}$는 또한 모든 $\mu \geq 0$에 대해 $F_{\text{ALAG}}(\vec{\cdot}, \overline{\boldsymbol{\nu}})$를 최소화한다.

증명 $(\overline{\mathbf{x}}, \overline{\boldsymbol{\nu}})$는 카루시-쿤-터커 해이므로, (9.12)에서 $\nabla_{\mathbf{x}} F_{\text{ALAG}}(\overline{\mathbf{x}}, \overline{\boldsymbol{\nu}}) = \mathbf{0}$이다. 더군다나 $\mathbf{G}(\overline{\mathbf{x}})$가 $\mathbf{x} = \overline{\mathbf{x}}$에서 $F_{\text{ALAG}}(\vec{\cdot}, \overline{\boldsymbol{\nu}})$의 헤시안을 나타낸다면 다음 식

$$
\begin{aligned}
&\mathbf{G}(\overline{\mathbf{x}}) \\
&= \nabla^2 f(\overline{\mathbf{x}}) + \sum_{i=1}^{\ell} \overline{\nu}_i \nabla^2 h_i(\overline{\mathbf{x}}) + 2\mu \sum_{i=1}^{\ell} \left[h_i(\overline{\mathbf{x}}) \nabla^2 h_i(\overline{\mathbf{x}}) + \nabla h_i(\overline{\mathbf{x}}) \nabla h_i(\overline{\mathbf{x}})^t \right] \\
&= \nabla^2 \mathscr{L}(\overline{\mathbf{x}}) + 2\mu \sum_{i=1}^{\ell} \nabla h_i(\overline{\mathbf{x}}) \nabla h_i(\overline{\mathbf{x}})^t
\end{aligned}
\tag{9.15}
$$

을 얻으며, 여기에서 $\nabla^2 \mathscr{L}(\overline{\mathbf{x}})$는 $\mathbf{x} = \overline{\mathbf{x}}$에서 승수벡터 $\overline{\boldsymbol{\nu}}$에 대해 정의된 라그랑지 함수 P의 헤시안이다. 2-계 충분성조건에서, 원추 $C = \{\mathbf{d} \neq \mathbf{0} \mid \nabla \mathbf{h}(\overline{\mathbf{x}}) \cdot \mathbf{d} = 0,\ i = 1, \cdots, \ell\}$에서 $\nabla^2 \mathscr{L}(\overline{\mathbf{x}})$가 양정부호 행렬임은 알려져 있다.

지금, 이와 반대로, 만약 $\mathbf{G}(\overline{\mathbf{x}})$가 $\mu \geq \overline{\mu}$에 대해 양정부호가 되도록 하는 $\overline{\mu}$가 존재하지 않는다면, 임의의 $k = 1, 2, \cdots$에 대해 $\mu_k = k$가 주어지면, 다음 식

$$\mathbf{d}_k^t \mathrm{G}(\overline{\mathbf{x}})\mathbf{d}_k = \mathbf{d}_k^t \nabla^2 \mathscr{L}(\overline{\mathbf{x}})\mathbf{d}_k + 2k\sum_{i=1}^{\ell}\left[\nabla h_i(\overline{\mathbf{x}})\cdot\mathbf{d}_k\right]^2 \le 0 \qquad (9.16)$$

이 성립하도록 하는 $\| \mathbf{d}_k \| = 1$인 $\mathbf{d}_k$가 존재할 것이 확실하다. 모든 k에 대해 $\| \mathbf{d}_k \| = 1$이므로, $\| \overline{\mathbf{d}} \| = 1$이며, 집적점이 $\overline{\mathbf{d}}$인 $\{\mathbf{d}_k\}$에 대해 수렴하는 부분수열이 존재한다. 부분수열 전체에 걸쳐 (9.16)의 첫째 항 $\overline{\mathbf{d}}^t \nabla \mathscr{L}(\overline{\mathbf{x}})^2 \overline{\mathbf{d}}$는 상수에 접근하므로 모든 $i = 1, \cdots, \ell$에 대해 (9.16)이 성립하기 위해 반드시 $\nabla h_i(\overline{\mathbf{x}})\cdot \overline{\mathbf{d}} = 0$이어야 한다. 그러므로 $\mathbf{d} \in C$이다. 더군다나 (9.16)에 따라 모든 k에 대해 $\mathbf{d}_k^t \nabla^2 \mathscr{L}(\overline{\mathbf{x}})\mathbf{d}_k \le 0$이므로 $\overline{\mathbf{d}}^t \nabla^2 \mathscr{L}(\overline{\mathbf{x}})\overline{\mathbf{d}} \le 0$이다. 이것은 2-계 충분성조건을 위반한다. 따라서 어떤 값 $\overline{\mu}$를 넘는 μ에 대해 $\mathrm{G}(\overline{\mathbf{x}})$는 양정부호이며, 그러므로 정리 4.1.4에 따라 $\overline{\mathbf{x}}$는 $F_{\mathrm{ALAG}}(\vec{\cdot}, \overline{\nu})$의 엄격한 국소최소해이다.

마지막으로, f는 볼록이고, $h_1, \cdots, h_\ell$은 아핀이며, $\overline{\mathbf{x}}$는 P의 최적해라고 가정한다. 보조정리 5.1.4에 따라 $(\overline{\mathbf{x}}, \overline{\nu})$가 카루시-쿤-터커 해가 되게 하는 라그랑지 승수벡터 $\overline{\nu}$가 존재한다. 앞에서처럼 $\nabla_{\mathbf{x}} F_{\mathrm{ALAG}}(\overline{\mathbf{x}}, \overline{\nu}) = \mathbf{0}$이며, 임의의 $\mu \to 0$에 대해 $F_{\mathrm{ALAG}}(\vec{\cdot}, \overline{\nu})$는 볼록이므로, 이것으로 증명이 완결되었다. (증명 끝)

여기에서 정리 9.3.3의 2-계 충분성조건 없이 '문제 P'의 최적해 $\overline{\mathbf{x}}$를 찾을 수 있는, μ의 임의의 유한한 값이 존재하지 않을 수도 있음을 언급하고 이것이 일어나기 위해 $\mu \to \infty$라고 놓을 수 있다. 플레처[1987]가 제시한 다음 예제를 예로 들어 이 점을 설명한다.

9.3.4 예제

최소화 $f(\mathbf{x}) = x_1^4 + x_1 x_2$ 제약조건 $x_2 = 0$의 '문제 P'를 고려해보자. 명확하게 $\overline{\mathbf{x}} = (0, 0)$는 최적해이다. 카루시-쿤-터커 조건에서 또한 유일한 라그랑지 승수로 $\overline{\nu} = 0$을 얻는다. 다음 식

$$\nabla^2 \mathscr{L}(\overline{\mathbf{x}}) = \nabla^2 f(\overline{\mathbf{x}}) = \begin{bmatrix} 0 & 1 \\ 1 & 2\mu \end{bmatrix}$$

은 부정부호 행렬이므로 $(\bar{\mathbf{x}}, \bar{\nu})$에서 2-계 충분성조건을 만족하지 않는다. 지금 이를테면 $F_{\text{ALAG}}(\bar{\mathbf{x}}, \bar{\nu}) = x_1^4 + x_1x_2 + \mu x_2^2 \equiv F(\mathbf{x})$이다. 임의의 $\mu > 0$에 대해 다음 식

$$\nabla F(\mathbf{x}) = \begin{bmatrix} 4x_1^3 + x_2 \\ x_1 + 2\mu x_2 \end{bmatrix}$$

은 $\bar{\mathbf{x}} = (0,0)$에서 $\mathbf{0}$, $\hat{\mathbf{x}} = (1/\sqrt{8\mu}, -1/(2\mu\sqrt{8\mu}))$에서 $\mathbf{0}$임을 주목하자. 더군다나 다음 식

$$\nabla^2 F(\mathbf{x}) = \begin{bmatrix} 12x_1^2 & 1 \\ 1 & 2\mu \end{bmatrix}$$

이 성립한다. $\nabla^2 F(\bar{\mathbf{x}})$는 부정부호이며, 따라서 임의의 $\mu > 0$에 대해 $\bar{\mathbf{x}}$는 국소최소해가 아님을 알 수 있다. 그러나 $\nabla^2 F(\hat{\mathbf{x}})$는 양정부호이며 사실상 $\hat{\mathbf{x}}$는 모든 $\mu > 0$에 대해 F의 최소해이다. 나아가서 $\mu \to \infty$에 따라 $\hat{\mathbf{x}}$는 '문제 P'의 제약 있는 최소해에 접근한다.

9.3.5 예제

예제 9.1.2의 문제를 고려해보자. $\bar{\nu} = -1$과 함께 $\bar{\mathbf{x}} = (1/2, 1/2)$는 유일한 카루시-쿤-터커 점이며 문제의 최적해임이 나타났다. 나아가서 $\nabla^2 f(\bar{\mathbf{x}})$는 양정부호이며 따라서 $(\bar{\mathbf{x}}, \bar{\nu})$에서 2-계 충분성조건이 성립한다. 더구나 (9.11)에서 $F_{\text{ALAG}}(\bar{\mathbf{x}}, \bar{\nu}) = (x_1^2 + x_2^2) - (x_1 + x_2 - 1) + \mu(x_1 + x_2 - 1)^2 = (x_1 - 1/2)^2 + (x_2 - 1/2)^2 + \mu(x_1 + x_2 - 1)^2 + 1/2$이며 명확하게 이것은 유일하게 $\bar{\mathbf{x}} = (1/2, 1/2)$에서 모든 $\mu \geq 0$에 대해 최소화된다. 그러므로 정리 9.3.3의 2개 주장이 입증되었다.

증강된 라그랑지 페널티함수에 관한 기하학적 해석

증강된 라그랑지 페널티함수에 대해, 그림 9.2, 9.3에서 예시한 것과 유사한 기하학적 해석을 제시한다. 그림에서 예시한 바와 같이 $\nu(\boldsymbol{\varepsilon}) \equiv min\{f(\mathbf{x}) \mid \mathbf{h}(\mathbf{x}) = \boldsymbol{\varepsilon}\}$

는 섭동함수라 한다. $\bar{\mathbf{x}}$는 레귤러 점이며 $(\bar{\mathbf{x}}, \bar{\nu})$는 엄격한 국소최소해의 2-계 충분성조건을 만족시킨다고 가정한다. 그러면 $\nabla\nu(\mathbf{0}) = -\bar{\boldsymbol{\nu}}$라 하는 정리 6.2.7의 의미에서 이 내용은 바로 따라온다(연습문제 9.17 참조).

지금 그림 9.2의 케이스를 고려해보자. 이 그림은 하나의 주어진 $\mu > 0$에 대해 예제 9.1.2, 9.3.5를 예시한다. 증강된 라그랑지 페널티함수법은 $\mathbf{x} \in \Re^2$ 전체에 걸쳐 $f(\mathbf{x}) + \bar{\nu}h(\mathbf{x}) + \mu h^2(\mathbf{x})$의 최솟값을 찾는다. 이것은 $f + \bar{\nu}h + \mu h^2 = k$의 등고선이 (h, f)-공간에서 ν와 접촉을 유지하는 가장 작은 k 값을 찾음에 해당한다. 이 등고선 방정식은 $f = -\mu\left[h + (\bar{\nu}/2\mu)\right]^2 + \left[k + (\bar{\nu}^2/4\mu)\right]$ 라고 나타낼 수 있으며, 그림 9.2에서처럼 이 식은, 축이 $h = 0$으로 이동한 것과 상대적으로, 축이 $h = -\bar{\nu}^2/2\mu$로 이동된 포물선을 나타낸다. 그림 9.7a는 이 상황을 예시한다. $h = 0$일 때, 이 포물선에서 $f = k$임을 주목하자. 더군다나, $k = \nu(0)$일 때, 이것은 '문제 P'의 목적함수의 최적값이며, 이 포물선은 (h, f)-평면에서 점 $(0, \nu(0))$을 관통하며, 이 점에서 포물선의 접선의 경사는 $-\bar{\nu}$이다. 그러므로 이 경사는 $\nu'(0) = -\bar{\nu}$와 일치한다. 그러므로, 그림 9.7a에 보인 바와 같이 임의의 $\mu > 0$에 대해, 증강된 라그랑지 페널티함수의 최소해는 '문제 P'의 최적해와 일치한다.

비볼록 케이스에 있어, 앞서 말한 $\nabla\nu(\mathbf{0}) = -\bar{\boldsymbol{\nu}}$을 보장하는 가정 아래, 유사한 상황이 일어난다; 그러나 이 경우, 그림 9.7b에서 보인 바와 같이 μ가 충분히 커질 때 이 상황이 일어난다. 이와는 달리, 라그랑지 쌍대문제는 쌍대성간극을 남기며, 이차식 페널티함수는 최적해를 찾기 위해 $\mu \to \infty$ 라고 할 필요가 있다.

좀 더 깊은 통찰력을 얻기 위해, 임의의 $\boldsymbol{\nu}$에 대해 섭동함수의 항으로 증강된 라그랑지 페널티함수의 최소화를 다음 식

$$\begin{aligned}
&\min_{\mathbf{x}}\{f(\mathbf{x}) + \boldsymbol{\nu}\cdot\mathbf{h}(\mathbf{x}) + \mu\|\mathbf{h}(\mathbf{x})\|^2\} \\
&= \min_{(\mathbf{x}, \boldsymbol{\varepsilon})}\{f(\mathbf{x}) + \boldsymbol{\nu}\cdot\boldsymbol{\varepsilon} + \mu\|\boldsymbol{\varepsilon}\|^2 \mid \mathbf{h}(\mathbf{x}) = \boldsymbol{\varepsilon}\} \qquad (9.17)\\
&= \min_{\boldsymbol{\varepsilon}}\{\nu(\boldsymbol{\varepsilon}) + \boldsymbol{\nu}\cdot\boldsymbol{\varepsilon} + \mu\|\boldsymbol{\varepsilon}\|^2\}
\end{aligned}$$

과 같이 표현할 수 있음을 관찰하시오. 만약 $\boldsymbol{\nu} = \bar{\boldsymbol{\nu}}$라고 놓고 다음 식

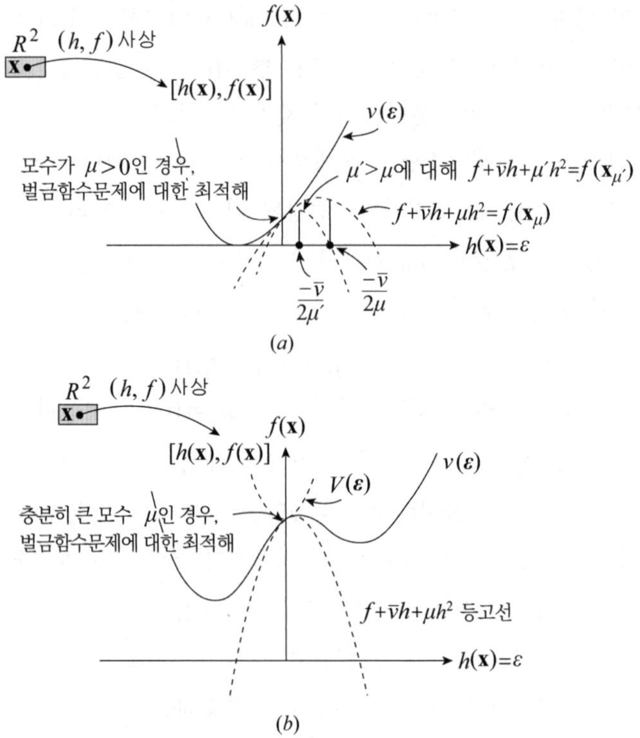

그림 9.7 증강된 라그랑지 페널티함수의 기하학적 해석

$$V(\boldsymbol{\varepsilon}) = \nu(\boldsymbol{\varepsilon}) + \bar{\boldsymbol{\nu}} \cdot \boldsymbol{\varepsilon} + \mu \| \boldsymbol{\varepsilon} \|^2$$

을 정의한다면, μ가 크게 될 때, $\boldsymbol{\varepsilon} = \mathbf{0}$의 근방에서 V는 엄격하게 볼록인 함수가 된다; 그리고 더구나, $\nabla V(\mathbf{0}) = \nabla \nu(\mathbf{0}) + \bar{\boldsymbol{\nu}} = \mathbf{0}$이다. 그러므로, $\boldsymbol{\varepsilon} = \mathbf{0}$에서 V의 엄격한 국소최소해를 얻는다. 그림 9.7은 이 상황을 예시한다.

증강된 라그랑지 함수를 사용하는 알고리즘의 개요: 승수법

승수법은 라그랑지 쌍대성법과 페널티함수법 양자의 알고리즘적 측면을 결합하는 방식으로, 증강된 라그랑지 페널티함수를 사용해 비선형계획법 문제의 최적해를 구하는 알고리즘이다. 그러나 이들의 각각의 결점에 의해 손상되지 않으면서, 한편으로 이들 개념에서 이득을 보면서 이 알고리즘은 목적을 달성한다. 이 알고리즘은 라그랑지 쌍대문제를 최적화하기 위한 열경도최적화구도와 쌍대증가스텝을 채택한다; 그러나 후자의 알고리즘과 달리 종합적으로 본 절차는 원문제와 쌍대문제의 해를 생산한다. 원문제의 최적해는 페널티함수를 최소화해 구할 수 있다; 그러나 증강된 라그랑지 페널티함수의 특질 때문에, 이 알고리즘은 일반적으로 페널티 모수를 무한대로 크게 할 필요가 없이 목적을 달성할 수 있다. 그러므로 여기에 동반하는 악조건효과와 싸워야 할 필요가 있다. 또한, 페널티 항이 붙은 목적함수를 최소화함에 있어 도함수에 근거한 효율적 방법을 사용할 수 있다.

알고리즘의 이와 같은 유형의 기본개요는 다음과 같다. 최소화 $f(\mathbf{x})$ 등식 제약조건 $h_i(\mathbf{x})=0\ i=1,\ \cdots,\ell$ 문제를 고려해보자(부등식 제약조건을 포함하기 위한 확장은 상대적으로 용이하며 이 내용은 다음 '하위 절'에서 설명한다). 아래에 절차를 먼저 설명하고, 몇 가지의 해석, 동기, 실행에 관한 코멘트를 제공한다. 일반적 케이스에서처럼, 공통모수 μ의 대신 각각의 제약조건에 각각의 명확한 페널티 모수 μ_i가 할당되어 있다는 것을 제외하고, 사용되는 '증강된 라그랑지 함수'는 (9.11)의 형태이다. 그러므로 제약조건 위반과 그 결과로 따라오는 페널티화는 개별적으로 관찰할 수 있다. 그에 따라 (9.11)은 다음 식

$$F_{\mathrm{ALAG}}(\mathbf{x},\boldsymbol{\nu})=f(\mathbf{x})+\sum_{i=1}^{\ell}\nu_i h_i(\mathbf{x})+\sum_{i=1}^{\ell}\mu_i h_i^2(\mathbf{x}) \tag{9.18}$$

으로 대체된다.

초기화 어떤 초기의 라그랑지 승수벡터 $\boldsymbol{\nu}=\bar{\boldsymbol{\nu}}$를 선택하고 페널티 모수에 관해 양(+)의 $\mu_1,\ \cdots,\ \mu_\ell$을 선택한다. $\mathbf{x}_0$를 $\mathbf{0}$벡터라 하고, $\mathrm{VIOL}(\mathbf{x}_0)=\infty$라고 나타내고, 여기에서 임의의 $\mathbf{x}\in\Re^n$에 대해, $\mathrm{VIOL}(\mathbf{x})\equiv max\{|h_i(\mathbf{x})|\ |\ i=1,\ \cdots,\ell\}$는 제약조건 위반의 측도이다. $k=1$이라고 놓고 알고리즘의 안쪽 루프로 진행한다.

안쪽 루프: 페널티함수 최소화 최소화 $F_{\mathrm{ALAG}}(\mathbf{x},\bar{\boldsymbol{\nu}})$ 제약조건 $\mathbf{x}\in\Re^n$의 제약 없는 문제의 최적해를 구하고, $\mathbf{x}_k$를 최적해로 나타낸다. 만약 $\mathrm{VIOL}(\mathbf{x}_k)=0$이라면, $\mathbf{x}_k$를 카루시-쿤-터커 점으로 하고 종료한다[실제로 만약 $\mathrm{VIOL}(\mathbf{x}_k)$가 어떤 허용오차 $\varepsilon>0$보다도 작다면 종료할 수 있다]. 그렇지 않다면, 만약 $\mathrm{VIOL}(\mathbf{x}_k)\le(1/4)\mathrm{VIOL}(\mathbf{x}_{k-1})$이라면 바깥 루프로 진행한다. 반면에 만약 $\mathrm{VIOL}(\mathbf{x}_k)>(1/4)\mathrm{VIOL}(\mathbf{x}_{k-1})$이라면 $i=1,\ \cdots,\ell$에 대해 $|h_i(\mathbf{x})|>(1/4)\ \mathrm{VIOL}\ (\mathbf{x}_{k-1})$이 되도록 하는 각각의 제약조건에 대해, 상응하는 페널티 모수 μ_i를 $10\mu_i$로 대체

하고 안쪽 루프의 스텝을 반복한다.

바깥 루프: 라그랑지 승수의 갱신 $\bar{\nu}$를 $\bar{\nu}_{new}$로 대체하며, 여기에서 $\bar{\nu}_{new}$의 성분은 다음 식

$$(\bar{\nu}_{new})_i = \bar{\nu}_i + 2\mu_i h_i(\mathbf{x}_k) \qquad i = 1, \cdots, \ell \text{에 대해} \tag{9.19}$$

과 같다. k를 1만큼 증가하고 안쪽 루프로 돌아간다.

앞서 말한 알고리즘의 안쪽 루프는 증강된 라그랑지 페널티함수의 최소화에 관심이 있는 것이다. 이를 위해 하나의 출발해로($k \geq 2$에 대해) $\mathbf{x}_{k-1}$을 사용할 수 있으며 헤시안을 구할 수 있다면 뉴톤법(선형탐색으로)을 사용할 수 있으며, 그렇지 않고 경도만을 얻을 수 있다면 준 뉴톤법을 사용하거나, 어떤 상대적으로 대규모인 문제에 대해서는 공액경도법을 사용하시오. 만약 $\text{VIOL}(\mathbf{x}_k) = 0$이라면 $\mathbf{x}_k$는 실현가능해이며 다음 식

$$\begin{aligned} &\nabla_{\mathbf{x}} F_{\text{ALAG}}(\mathbf{x}_k, \bar{\nu}) \\ &\quad = \nabla f(\mathbf{x}_k) + \sum_{i=1}^{\ell} \bar{\nu}_i \nabla h_i(\mathbf{x}_k) + \sum_{i=1}^{\ell} 2\mu_i h_i(\mathbf{x}_k) \nabla h_i(\mathbf{x}_k) = \mathbf{0} \end{aligned} \tag{9.20}$$

은 $\mathbf{x}_k$가 하나의 카루시-쿤-터커 점임을 의미한다. 만약 안쪽 루프의 수정된 반복계산점 $\mathbf{x}_k$가 제약조건 위반의 측도를 1/4만큼 개선하지 않으면, 페널티 모수는 10의 배수만큼 증가한다. 그러므로 정리 9.2.2처럼 $i = 1, \cdots, \ell$에 대해 $\mu_i \to \infty$로 함에 따라 $h_i(\mathbf{x}_k) \to 0$이므로, 안쪽 루프에서 허용오차 $\varepsilon > 0$을 사용할 때, 유한회 반복계산 후 바깥 루프를 방문할 것이다.

바깥 루프에서 사용한 쌍대승수 갱신구도에 관계없이, 앞서 말한 논증은 성립하고 이것은 본질적으로 등가의 문제 (9.13)에 표준의 이차식 페널티함수법을 사용함에 관계됨을 관찰하시오. 사실상, 만약 이와 같은 관점을 채택한다면 (9.13)의 제약조건에 연관된 라그랑지 승수 평가치는 (9.6)처럼 $i = 1, \cdots, \ell$에 대해 $2\mu_i h_i(\mathbf{x}_k)$로 주어진다. 원래의 '문제 P'의 라그랑지 승수와, $\nu = \bar{\nu}$를 갖는 이것의 원문제의 등가 형태(9.13) 사이의 관계식은 P의 라그랑지 승수벡터는 $\bar{\nu}$에

(9.13)의 라그랑지 승수 벡터를 합한 것과 같으며, 그렇다면 방정식 (9.19)는 P의 제약조건에 연관된 라그랑지 승수 평가치를 제공한다는 것이다.

다음 해석에 따라 좀 더 직접적으로 이 관측내용을 강화할 수 있다. $F_{\mathrm{ALAG}}(\mathbf{x}, \bar{\boldsymbol{\nu}})$을 최소화했으므로, (9.20)의 내용이 성립함을 주목하자. 그러나 $\mathbf{x}_k$, $\bar{\boldsymbol{\nu}}$가 하나의 카루시-쿤-터커 해로 되기 위해 $\nabla_{\mathbf{x}} \mathscr{L}(\mathbf{x}_k, \bar{\boldsymbol{\nu}}) = \mathbf{0}$이 만족되기를 원한다. 여기에서 $\mathscr{L}(\mathbf{x}, \boldsymbol{\nu}) = f(\mathbf{x}) + \Sigma_{i=1}^{\ell} \nu_i h_i(\mathbf{x})$는 '문제 P'의 라그랑지 함수이다. 그러므로 $\nabla f(\mathbf{x}_k) + \Sigma_{i=1}^{\ell} (\bar{\nu}_{new})_i \nabla h_i(\mathbf{x}_k) = \mathbf{0}$이 되도록 하는 형식으로 $\bar{\boldsymbol{\nu}}$를 $\bar{\boldsymbol{\nu}}_{new}$로 수정함을 선택할 수 있다. 이 항등식을 (9.20)에 중첩시키면 갱신구도 (9.19)를 얻는다.

그러므로, 문제 (9.13)의 관점에서, 위에서 2개 가운데 1개 방법으로 수렴을 얻는다. 먼저, 자주 일어나는 케이스처럼 카루시-쿤-터커 점을 유한하게 결정할 수도 있다.

대안적으로, 앞서 말한 알고리즘을 의미상으로 표준적 이차식페널티함수법을, (9.13)과 같은 유형의 등가적 수열의 문제에 적용되는 것으로 본다면, 각각의 문제는 목적함수에서 라그랑지 승수의 특별한 평가치를 가지면서, 페널티 모수를 무한대에 접근시켜 수렴을 얻는다. 후자 케이스에서 안쪽 루프의 문제는 점차 악조건이 되며, 그리고 2-계 방법을 반드시 사용해야 한다.

모든 $i = 1, \cdots, \ell$에 대해 $\mu_i \equiv \mu$일 때 갱신구도 (9.19)의 대안적 라그랑지 쌍대성-기반의 해석이 존재하며, 이것은 전반적으로 더 좋은 수렴율을 갖는 하나의 개선된 절차로 인도한다. '문제 P'는 또한 문제 (9.14)와 등가임을 상기하고, 여기에서 지금 원문제와 쌍대문제의 해 모두에 관해 등가는 성립한다. 나아가서 (9.14)의 라그랑지 쌍대 함수는 $\theta(\boldsymbol{\nu}) = min_{\mathbf{x}} \{F_{\mathrm{ALAG}}(\mathbf{x}, \boldsymbol{\nu})\}$로 주어지며, 여기에서 $F_{\mathrm{ALAG}}(\mathbf{x}, \boldsymbol{\nu})$는 (9.11)로 주어진다. 그러므로, $\boldsymbol{\nu} = \bar{\boldsymbol{\nu}}$에서 안쪽 루프는 본질적으로 $\theta(\bar{\boldsymbol{\nu}})$ 값을 구하며 하나의 최적해 $\mathbf{x}_k$를 결정한다. 이것은 $\boldsymbol{\nu} = \bar{\boldsymbol{\nu}}$에서 θ의 하나의 열경도로 $\mathbf{h}(\mathbf{x}_k)$를 산출한다. 따라서 (9.19)에 의해 특징을 설명한 것과 같이, $\bar{\boldsymbol{\nu}}_{new} = \bar{\boldsymbol{\nu}} + 2\mu \mathbf{h}(\mathbf{x}_k)$의 갱신은 쌍대함수에 대해 단순한 고정 스텝길이 열경도방향-기반의 반복계산이다.

이것은, 만약 안쪽 루프 최적화문제에 대해 이차식적으로 수렴하는 뉴톤구도 또는 슈퍼 선형적으로 수렴하는 준 뉴톤법을 사용한다면, 선형적으로 수렴하는 경도-기반의 갱신구도를 사용할 경우, 쌍대문제에 대해 2-계 방법을 사용하는 장점이 사라진다는 논점을 제시한다. 추측할 수 있는 바와 같이, 전체적 알고리즘의 수렴율은 쌍대갱신구도의 수렴률에 긴밀하게 연결되어 있다. 문제 (9.14)는 $\mathbf{x}^*$에서 하나의 국소최소해를 가지며 $\mathbf{x}^*$는 (유일한) 라그랑지 승수 $\boldsymbol{\nu}^*$를 갖는 레귤러점이며 $\overline{\mathbf{x}}$에 관한 라그랑지의 헤시안은 $(\mathbf{x}^*, \boldsymbol{\nu}^*)$에서 양정부호라고 가정하면, $\boldsymbol{\nu}^*$ $\boldsymbol{\nu}^*$의 국소근방에서, $\overline{\mathbf{x}}$가 $\mathbf{x}^*$의 근처에 존재하는 것으로 한정할 때, $\theta(\boldsymbol{\nu})$ 값을 계산하는 최소해 $\mathbf{x}(\boldsymbol{\nu})$는 연속 미분가능 함수임을 보일 수 있다(연습문제 9.10 참조). 그러므로 $\theta(\boldsymbol{\nu}) = F_{\mathrm{ALAG}}[\mathbf{x}(\boldsymbol{\nu}), \boldsymbol{\nu}]$이다. 그래서 $\nabla_{\mathbf{x}} F_{\mathrm{ALAG}}[\mathbf{x}(\boldsymbol{\nu}), \boldsymbol{\nu}] = \mathbf{0}$이므로 다음 식

$$\nabla \theta(\boldsymbol{\nu}) = \nabla_{\boldsymbol{\nu}} F_{\mathrm{ALAG}}[\mathbf{x}(\boldsymbol{\nu}), \boldsymbol{\nu}] = \mathbf{h}[\mathbf{x}(\boldsymbol{\nu})] \tag{9.21}$$

이 성립한다. $\nabla \mathbf{h}(\mathbf{x})$, $\nabla \mathbf{x}(\boldsymbol{\nu})$를 각각 $\mathbf{h}$와 $\mathbf{x}(\boldsymbol{\nu})$의 자코비안이라고 나타내면 다음 식

$$\nabla^2 \theta(\boldsymbol{\nu}) = \nabla \mathbf{h}[\mathbf{x}(\boldsymbol{\nu})] \nabla \mathbf{x}(\boldsymbol{\nu}) \tag{9.22a}$$

이 나타난다.

등식 $\nabla_{\mathbf{x}} F_{\mathrm{ALAG}}[\mathbf{x}(\boldsymbol{\nu}), \boldsymbol{\nu}] = \mathbf{0}$을 $\boldsymbol{\nu}$에 관해 미분하면, $\nabla^2_{\mathbf{x}} F_{\mathrm{ALAG}}[\mathbf{x}(\boldsymbol{\nu}), \boldsymbol{\nu}] \nabla \mathbf{x}(\boldsymbol{\nu}) + \nabla \mathbf{h}[\mathbf{x}(\boldsymbol{\nu})]^t = \mathbf{0}$을 얻는다[방정식 (9.12) 참조]. 이 방정식에서 $\nabla \mathbf{x}(\boldsymbol{\nu})$를 구하고($\boldsymbol{\nu}^*$의 근방에서), (9.22a)에 대입하면 다음 식

$$\nabla^2 \theta(\boldsymbol{\nu}) = -\nabla \mathbf{h}[\mathbf{x}(\boldsymbol{\nu})] \left\{ \nabla^2_{\mathbf{x}} F_{\mathrm{ALAG}}[\mathbf{x}(\boldsymbol{\nu}), \boldsymbol{\nu}] \right\}^{-1} \nabla \mathbf{h}[\mathbf{x}(\boldsymbol{\nu})]^t \tag{9.22b}$$

을 얻는다. 점 $\mathbf{x}^*$, $\boldsymbol{\nu}^*$에서, $\nabla^2_{\mathbf{x}} F_{ALAG}[\mathbf{x}^*, \boldsymbol{\nu}^*] = \nabla^2_{\mathbf{x}} \mathscr{L}(\mathbf{x}^*) + 2\mu \nabla \mathbf{h}(\mathbf{x}^*)^t \nabla \mathbf{h}(\mathbf{x}^*)$이며, 이 행렬의 고유값은 (9.19)의 갱신구도를 사용하는 경도-기반 알고리즘의 수렴률을 결정한다. 또한, 갱신구도의 2-계 준 뉴톤 유형은 $\left\{ \nabla^2_{\mathbf{x}} F_{\mathrm{ALAG}}[\mathbf{x}(\boldsymbol{\nu}), \boldsymbol{\nu}] \right\}^{-1}$의 근사화 행렬 $\mathbf{B}$를 사용할 수 있으며, 그에 따라 $\overline{\boldsymbol{\nu}} - \left[\nabla^2 \theta(\boldsymbol{\nu}) \right]^{-1} \nabla \theta(\boldsymbol{\nu})$의 근사화로 $\overline{\boldsymbol{\nu}}_{new}$을 결정한다. (9.21), (9.21b)를 사용해 다음 식

$$\bar{\nu}_{new} = \bar{\nu} + [\nabla \mathbf{h}(\mathbf{x})\mathbf{B}\nabla \mathbf{h}(\mathbf{x})^t]^{-1}\mathbf{h}(\mathbf{x}) \tag{9.23}$$

과 같이 $\bar{\nu}_{new}$를 얻는다. 또한 $\mu \to \infty$에 따라 (9.22b)의 헤시안이 $(1/2)\mu\mathbf{I}$에 접근함을 주목함은 흥미로우며, 그러면 (9.23)은 (9.19)에 접근한다. 그러므로 페널티 모수의 크기가 증가함에 따라 쌍대문제 헤시안의 조건수는 1에 가깝게 되며, 대단히 빠른 바깥 루프 수렴을 의미하지만 이에 반해 안쪽 루프의 페널티함수 문제에서 헤시안의 조건수는 점차 악화된다.

9.3.6 예제

예제 9.1.2의 문제를 고려해보자. 임의의 ν가 주어지면 승수법의 안쪽 루프는 $\theta(\nu) = min_{\mathbf{x}}\{F_{ALAG}(\mathbf{x}, \nu)\}$ 값을 계산하며, 여기에서 $F_{\mathrm{ALAG}}(\mathbf{x}, \nu) = x_1^2 + x_2^2 + \nu(x_1 + x_2 - 1) + \mu(x_1 + x_2 - 1)^2$이다. $\nabla_{\mathbf{x}} F_{ALAG}(\mathbf{x}, \nu) = \mathbf{0}$의 해를 구하면 $x_1(\nu) = x_2(\nu) = (2\mu - \nu)/2(1 + 2\mu)$가 산출된다. 그렇다면 바깥 루프는 (9.19)에 따라 라그랑지 승수를 갱신하며 $\nu_{new} = \nu + 2\mu[x_1(\nu) + x_2(\nu) - 1] = (\nu - 2\mu)/(1 + 2\mu)$을 제공한다. $\mu \to \infty$에 따라, $\nu_{new} \to -1$이며, 이것은 최적 라그랑지 승수값임을 주목하자.

그러므로 $\bar{\nu} = 0$, $\mu = 1$로 알고리즘을 시작한다고 가정한다. 안쪽 루프는 $\mathrm{VIOL}[\mathbf{x}(0)] = 1/3$로 $\mathbf{x}(0) = (1/3, 1/3)$을 결정하고 바깥 루프는 $\nu_{new} = -2/3$를 구한다. 다음으로 둘째 반복계산에서 $\mathrm{VIOL}[\mathbf{x}(-2/3)] = 1/9 > (1/4)\mathrm{VIOL}[\mathbf{x}(0)]$로 안쪽 루프의 해 $\mathbf{x}(-2/3) = (4/9, 4/9)$를 구한다. 따라서 μ를 10으로 증가시키고 $\mathrm{VIOL}[\mathbf{x}(-2/3)] = 1/63$로 수정된 $\mathbf{x}(-2/3) = (31/63, 31/63)$를 얻는다. 그렇다면 바깥 루프는 라그랑지 승수를 $\bar{\nu} = -2/3$에서 $\bar{\nu}_{new} = -62/63$으로 수정한다. 앞서 말한 공식을 사용해 안쪽 루프의 해에서 제약조건 위반이 허용할 수 있을 정도로 작아질 때까지 이와 같은 반복계산을 진행한다.

증강된 라그랑지 페널티함수에 부등식 제약조건을 포함시키기 위한 확장

최소화 $f(\mathbf{x})$ 제약조건 $g_i(\mathbf{x}) \le 0$ $i = 1, \cdots, m$ $h_i(\mathbf{x}) = 0$ $i = 1, \cdots, \ell$의 '문제 P'를 고려해보자. 앞서 말한 '증강된 라그랑지 알고리즘'과 승수법의 이론을 이 케이스로 확장함은, 부등식 제약조건도 포함하는 것이며, 등가적으로 부등식을 $i = 1,$

$\cdots, m$에 대해 방정식 $g_i(\mathbf{x})+s_i^2=0$으로 표현함으로 바로 달성된다. 지금 $\bar{\mathbf{x}}$는 '문제 P'의 부등식 제약조건과 등식 제약조건 각각에 연관된 $\bar{u}_1, \cdots, \bar{u}_m$과 $\bar{\nu}_1, \cdots, \bar{\nu}_\ell$를 최적 라그랑지 승수로 가지며 **엄격한 상보여유성조건**이 성립하는 하나의 카루시-쿤-터커 점이라고 가정한다: 다시 말하자면, 각각의 $i \in I(\bar{\mathbf{x}})=\{i \mid g_i(\bar{\mathbf{x}})=0\}$에 대해 $\bar{u}_i > 0$이며, $i=1, \cdots, m$에 대해 $\bar{u}_i g_i(\bar{\mathbf{x}})=0$이다. 나아가서, 점 $(\bar{\mathbf{x}}, \bar{\mathbf{u}}, \bar{\boldsymbol{\nu}})$에서 정리 4.4.2의 2-계 충분성조건이 성립한다고 가정한다: 다시 말하자면, $\nabla^2 \mathscr{L}(\bar{\mathbf{x}})$는 원추 $C=\{\mathbf{d} \neq \mathbf{0} \mid \nabla g_i(\bar{\mathbf{x}})\cdot\mathbf{d}=0 \quad \forall i \in I(\bar{\mathbf{x}}),\ \nabla h_i(\bar{\mathbf{x}})\cdot\mathbf{d}=0 \quad \forall i=1, \cdots, \ell\}$ 전체에 걸쳐 양정부호이다(엄격한 상보여유성 때문에 정리 4.4.2에서 $I^0=\varnothing$임을 주목하자). 그렇다면 정리 9.3.3의 조건은, 최소화 $f(\mathbf{x})$ 등식 제약조건 $g_i(\mathbf{x})+s_i^2=0\ i=1, \cdots, m\ h_i(\mathbf{x})=0\ i=1, \cdots, \ell$의 "문제 P′"의 최적해 $(\bar{\mathbf{x}}, \bar{\mathbf{s}}, \bar{\mathbf{u}}, \bar{\boldsymbol{\nu}})$에서도 만족됨을 쉽게 입증할 수 있으며, 여기에서 $i=1, \cdots, m$에 대해 $\bar{s}_i^2=-g_i(\bar{\mathbf{x}})$이다(연습문제 9.16 참조). 그러므로 충분히 큰 μ에 대해 $(\mathbf{u}, \boldsymbol{\nu})=(\bar{\mathbf{u}}, \bar{\boldsymbol{\nu}})$에서 해 $(\bar{\mathbf{x}}, \bar{\mathbf{s}})$는 다음 증강된 라그랑지 페널티함수

$$f(\mathbf{x})+\sum_{i=1}^{m}\mu_i\left[g_i(\mathbf{x})+s_i^2\right]+\sum_{i=1}^{\ell}\nu_i h_i(\mathbf{x})+\mu\left[\sum_{i=1}^{m}\left(g_i(\mathbf{x})+s_i^2\right)^2+\sum_{i=1}^{\ell}h_i^2(\mathbf{x})\right] \tag{9.24}$$

의 엄격한 국소최소해로 밝혀질 것이다. (9.24)의 표현은 다음과 같이 좀 더 친숙한 형태로 단순화할 수 있다. 하나의 주어진 페널티 모수 $\mu>0$에 대해, $\theta(\mathbf{u}, \boldsymbol{\nu})$는 $(\mathbf{x}, \mathbf{s})$ 전체에 걸쳐 임의의 주어진 라그랑지 승수 $(\mathbf{u}, \boldsymbol{\nu})$의 집합 전체에 걸쳐 (9.24)의 최솟값을 나타내는 것으로 한다. 지금 (9.24)를 좀 더 편리하게 다음 식

$$f(\mathbf{x})+\mu\sum_{i=1}^{m}\left[g_i(\mathbf{x})+s_i^2+\frac{u_i}{2\mu}\right]^2-\sum_{i=1}^{m}\frac{u_i^2}{4\mu}+\sum_{i=1}^{\ell}\nu_i h_i(\mathbf{x})+\mu\sum_{i=1}^{\ell}h_i^2(\mathbf{x}) \tag{9.25}$$

과 같이 고쳐 나타내자: 그러므로 $\theta(\mathbf{u}, \boldsymbol{\nu})$을 계산함에 있어, 먼저 각각의 $i=1, \cdots, m$에 대해, s_i 전체에 걸쳐 $\mathbf{x}$의 항으로 $\left[g_i(\mathbf{x})+s_i^2+(u_i/2\mu)\right]$를 최소화하고, 그리고 다음으로 $\mathbf{x} \in \Re^n$ 전체에 걸쳐 결과로 나오는 표현을 최소화해, $(\mathbf{x}, \mathbf{s})$

전체에 걸쳐 (9.25)를 최소화할 수 있다. 앞의 작업은 만약 이것이 비음(-)이라면 $s_i^2 = -\left[g_i(\mathbf{x}) + (u_i/2\mu)\right]$ 이라고 놓고 그렇지 않다면 0이라고 놓음으로 쉽게 달성된다. 그러므로, 다음 식

$$\theta(\mathbf{u}, \nu) = \underset{\mathbf{x}}{min}\left\{f(\mathbf{x}) + \mu\sum_{i=1}^{m} max\ ^2\left\{g_i(\mathbf{x}) + \frac{u_i}{2\mu}, 0\right\}\right.$$
$$\left. - \sum_{i=1}^{m}\frac{u_i^2}{4\mu} + \sum_{i=1}^{\ell}\nu_i h_i(\mathbf{x}) + \mu\sum_{i=1}^{\ell}h_i^2(\mathbf{x})\right\}$$
$$= \underset{\mathbf{x}}{min}\left\{F_{\text{ALAG}}(\mathbf{x}, \mathbf{u}, \nu)\right\}, \text{ 이를테면} \qquad (9.26)$$

을 얻는다. (9.11)과 유사한, 함수 $F_{\text{ALAG}}(\mathbf{x}, \mathbf{u}, \nu)$는 간혹 부등식 제약조건과 등식 제약조건의 존재 아래 **증강된 라그랑지 페널티함수** 자체라고 말한다. 특히 승수법의 전후관계를 보면, 안쪽 루프는 $\theta(\mathbf{u}, \nu)$ 값을 구하고, 제약조건 위반을 측정하고, 앞에서처럼 페널티 모수(s)를 정확하게 수정한다. 만약 $\mathbf{x}_k$가 (9.26)를 최소화한다면, $(\mathbf{u}, \nu) = (\bar{\mathbf{u}}, \bar{\nu})$에서 u_i에 상응하는 $\theta(\mathbf{u}, \nu)$의 열경도의 성분은 $2\mu max\left\{g_j(\mathbf{x}_k) + (\bar{u}_i/2\mu), 0\right\}(1/2\mu) - (2\bar{u}_i/4\mu) = (-\bar{u}_i/2\mu) + max\left\{g_i(\mathbf{x}_k) + (\bar{u}_i/\right\}$ 으로 주어진다. 등식제약 있는 케이스에 대한 것처럼 이 열경도 방향으로 2μ의 고정된 스텝길이를 채택하면 u_i가 $\left(\bar{\mathbf{u}}_{new}\right)_i = \bar{u}_i + 2\mu\left[-(\bar{u}_i/2\mu) + max\left\{g_i(\mathbf{x}_k) + (\bar{u}_i/2\mu), 0\right\}\right]$ 으로 수정된다. 간략화하면 이것은 다음 식

$$(\bar{\mathbf{u}}_{new})_i = \bar{u}_i + max\left\{2\mu g_i(\mathbf{x}_k), -\bar{u}_i\right\} \qquad i = 1, \cdots, m \qquad (9.27)$$

을 제공한다. 대안적으로 등식 제약조건 케이스에 대한 것과 같이 근사 2-계 갱신 구조(또는 경도편향 구조)를 채택할 수 있다.

9.4 장벽함수법

페널티함수법과 유사하게 장벽함수법도 역시 제약 있는 문제를 제약 없는 문제 또는 일련의 제약 없는 문제로 변환한다. 이들의 함수는 실현가능영역을 벗어나지 못

하도록 하나의 장벽을 친다. 만약 최적해가 실현가능영역의 경계에서 일어난다면, 이 절차는 안쪽에서 경계로 이동한다. 원문제와 장벽함수 문제는 다음과 같이 정식화한다.

원문제

$$\begin{aligned} &\text{최소화} \quad f(\mathbf{x}) \\ &\text{제약조건} \quad \mathbf{g}(\mathbf{x}) \le \mathbf{0} \\ &\qquad\qquad\quad \mathbf{x} \in X, \end{aligned}$$

여기에서 $\mathbf{g}$는 성분이 $g_1, \cdots, g_m$인 벡터함수이며, 여기에서 f와 $g_1, \cdots, g_m$는 $\Re^n$에서 정의한 연속함수이며 $X \neq \varnothing$는 $\Re^n$의 집합이다. 등식 제약조건은, 만약 존재한다면, 집합 X 내에 수용됨을 주목하자. 대안적으로, 아핀등식 제약조건의 경우, 몇 개 변수에 대해 나머지 변수의 항으로 해를 구한 다음, 삭제할 수 있으며 그것에 따라 문제의 차원을 축소할 수 있다. 이와 같은 취급이 필요한가에 관한 이유는 장벽함수법이 집합 $\{\mathbf{x} \mid \mathbf{g}(\mathbf{x}) < \mathbf{0}\}$이 공집합이 아님을 요구하고, 만약, 등식 제약조건 $\mathbf{h}(\mathbf{x}) = \mathbf{0}$을 $\mathbf{h}(\mathbf{x}) \le \mathbf{0}$와 $\mathbf{h}(\mathbf{x}) \ge \mathbf{0}$로 놓아 부등식 집합 내에 포함한다면 장벽함수법은 명백히 불가능할 것이기 때문이다.

장벽문제

찾음:

$$\begin{aligned} &inf\ \theta(\mu) \\ &\text{제약조건}\ \mu > 0, \end{aligned}$$

여기에서 $\theta(\mu) = inf\{f(\mathbf{x}) + \mu B(\mathbf{x}) \mid \mathbf{g}(\mathbf{x}) < \mathbf{0},\ \mathbf{x} \in X\}$이며, 여기에서 B는, 비음(-)이며 영역 $\{\mathbf{x} \mid \mathbf{g}(\mathbf{x}) < \mathbf{0}\}$ 전체에 걸쳐 연속이며 내부에서 영역 $\{\mathbf{x} \mid \mathbf{g}(\mathbf{x}) \le \mathbf{0}\}$의 경계로 접근하면 무한대에 접근하는 **장벽함수**이다. 좀 더 구체적으로, 장벽함수 B는 다음 식

$$B(\mathbf{x}) = \sum_{i=1}^{m} \phi[g_i(\mathbf{x})] \tag{9.28a}$$

으로 정의하며, 여기에서 ϕ는 $\{y|y<0\}$ 전체에 걸쳐 연속 단일변수 함수이며, 다음 내용

$$\phi(y) \geq 0, \text{ 만약 } y<0, \quad \lim_{y \to 0^-} \phi(y) = \infty \text{ 이라면} \tag{9.28b}$$

이 성립하도록 한다. 예를 들어 대표적 장벽함수는 다음 식

$$B(\mathbf{x}) = \sum_{i=1}^{m} \frac{-1}{g_i(\mathbf{x})} \quad \text{또는} \quad B(\mathbf{x}) = -\sum_{i=1}^{m} \ln\left[min\{1, -g_i(\mathbf{x})\}\right] \tag{9.29a}$$

의 형태일 수 있다.

(9.29a)의 둘째 장벽함수는 항 $min\{1, -g_i(\mathbf{x})\}$ 때문에 미분가능하지 않음을 주목하자. 실제로, ϕ에 대한 (9.28b)의 특질은 $\mathbf{y}=\mathbf{0}$ 근방에서만 본질적이므로, **프리쉬의 로그 장벽함수**라고 알려진 다음의 인기 있는 장벽함수

$$B(\mathbf{x}) = -\sum_{i=1}^{m} \ln[-g_i(\mathbf{x})] \tag{9.29b}$$

는 정리 9.3.4의 의미에서 수렴도 허용함을 보일 수 있다.

$f(\mathbf{x})+\mu B(\mathbf{x})$는 **보조함수**라 한다. 이상적으로, 함수 B가 영역 $\{\mathbf{x}|\mathbf{g}(\mathbf{x})<0\}$에서 0의 값을 취하고 경계에서 무한대 값을 취하기를 원한다. 이렇게 하면, 만약 최소화문제가 하나의 내점에서 시작한다면 영역 $\{\mathbf{x}|\mathbf{g}(\mathbf{x}) \leq \mathbf{0}\}$을 벗어나지 않는 것을 보장할 수 있다. 그러나, 이 불연속성은 임의의 계산절차에서 심각한 어려움을 일으킬 수 있다. 그러므로 B의 이와 같은 이상적 구성은, B는 영역 $\{\mathbf{x}\,|\,\mathbf{g}(\mathbf{x})<0\}$ 전체에 걸쳐 비음(-), 연속이며 이것은 안쪽에서 경계에 접근함에 따라 ∞에 접근한다는 좀 더 현실적 요구사항으로 대체한다. μ가 0에 접근함에 따라 μB는 위에서 설명한 이상적 장벽함수에 접근함을 주목하자. $\mu>0$가 주어지면, 제약조건 $\mathbf{g}(\mathbf{x})<\mathbf{0}$의 존재 때문에, $\theta(\mu)=inf\{f(\mathbf{x})+\mu B(\mathbf{x})|\,\mathbf{g}(\mathbf{x})<\mathbf{0}, \mathbf{x} \in X\}$의 값을 구함은 원래의 문제의 최적해를 구하는 것보다도 쉬운 것은 아니다. 그러나 B와 같은 구조의 결과로, 만약 영역 $S=\{\mathbf{x}\,|\,\mathbf{g}(\mathbf{x})<\mathbf{0}\} \cap X$에 속한 하나의 점에서 출발하고 제약조건 $\mathbf{g}(\mathbf{x})<\mathbf{0}$을 무시하고 최적화를 시작한다면, S에 속한 하나의 최적점에 도달할 것이다. 이것은 S의 안쪽에서 $\{\mathbf{x}\,|\,\mathbf{g}(\mathbf{x}) \leq \mathbf{0}\}$의

경계에 접근함에 따라 B는 ∞에 접근한다는 사실에 의해 일어나는 것이며, 이렇게 하면 집합 S를 벗어남을 방지한다. 이 내용은 장벽함수법에 관한 자세한 기술에서 더 상세하게 토의한다.

9.4.1 예제

다음의 문제

$$\begin{array}{ll} \text{최소화} & x \\ \text{제약조건} & -x+1 \le 0 \end{array}$$

를 고려해보자. 최적해는 $\bar{x}=1$이며 $f(\bar{x})=1$임을 주목하자. 다음의 장벽함수

$$B(x)=\frac{-1}{-x+1} \quad x \neq 1\text{에 대해}$$

를 고려해보자. 그림 9.8는 다양한 $\mu > 0$ 값에 대한 μB를 나타낸다. μ가 0에 접근함에 따라, 함수 μB는 $x>1$ 전체에 걸쳐 0의 값을 갖고 $x=1$에서 무한대 값을 갖는 함수에 접근함을 주목하자. 그림 9.8b는 보조함수 $f(x)+\mu B(x)=x+[\mu/(x-1)]$을 보여준다. 그림 9.8에서 점선으로 표시한 함수는 영역 $\{x|$

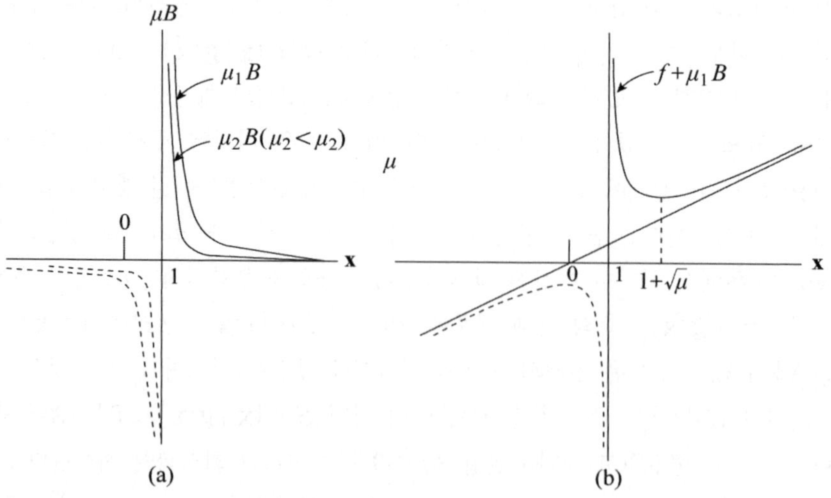

그림 9.8 장벽함수와 보조함수

$g(x) > 0\}$에 상응하며 계산과정에 영향을 미치지 않는다.

임의의 주어진 $\mu > 0$에 대해 장벽문제는 영역 $x > 1$ 전체에 걸쳐 $x + \mu/(x-1)$를 최소화하는 것임을 주목하자. 함수 $x + \mu/(x-1)$는 $x > 1$ 전체에 걸쳐 볼록함수이다. 그러므로 만약 $x + \mu/(x-1)$을 최소화하려고 $x > 1$인 하나의 내점에서 출발하여 제8장의 임의의 기법을 사용한다면, 최적점 $x_\mu = 1 + \sqrt{\mu}$을 구할 것이다. $f(x_\mu) + \mu B(x_\mu) = 1 + 2\sqrt{\mu}$ 임을 주목하자. 명백하게 $\mu \to 0$에 따라 $x_\mu \to \bar{x}$이며, $f(x_\mu) + \mu B(x_\mu) \to f(\bar{x})$이다.

지금 제약 있는 문제의 최적해를 구하기 위해 1개의 제약 없는 문제 또는 일련의 제약 없는 문제로 전환해 장벽함수 사용의 유효성을 보인다. 이것은 정리 9.4.3에 나타나지만, 먼저, 다음 보조정리가 필요하다.

9.4.2 보조정리

f, $g_1, \cdots, g_m$는 $\Re^n$에서 연속이라 하고 $X \neq \varnothing$는 $\Re^n$의 닫힌집합이라 하자. 집합 $\{\mathbf{x} \in X \mid \mathbf{g}(\mathbf{x}) < \mathbf{0}\}$은 공집합이 아니며 B는 (9.28)의 형태인 장벽함수이며 이것은 $\{\mathbf{x} \mid \mathbf{g}(\mathbf{x}) < \mathbf{0}\}$에서 연속임을 가정한다. 더구나, 주어진 임의의 $\mu > 0$에 대해 만약 X에 속한 $\{\mathbf{x}_k\}$가 $\mathbf{g}(\mathbf{x}_k) < \mathbf{0}$을 만족시키고 $f(\mathbf{x}_k) + \mu B(\mathbf{x}_k) \to \theta(\mu)$이라고 가정한다면, $\{\mathbf{x}_k\}$는 수렴하는 부분수열을 갖는다.[5] 그러면: 다음 내용이 성립한다.

1. 각각의 $\mu > 0$에 대해

   $$\theta(\mu) = f(\mathbf{x}_\mu) + \mu B(\mathbf{x}_\mu) = inf\,\{f(\mathbf{x}) + \mu B(\mathbf{x}) \mid \mathbf{g}(\mathbf{x}) < \mathbf{0},\ \mathbf{x} \in X\}$$

   을 만족시키며 $\mathbf{g}(\mathbf{x}_\mu) < \mathbf{0}$인 $\mathbf{x}_\mu \in X$가 존재한다.
2. $inf\,\{f(\mathbf{x}) \mid \mathbf{g}(\mathbf{x}) \le \mathbf{0},\ \mathbf{x} \in X\} \le inf\,\{\theta(\mu) \mid \mu > 0\}$이다.
3. $\mu > 0$에 대해, $f(\mathbf{x}_\mu)$와 $\theta(\mu)$는 μ에 관한 비감소 함수이며, $B(\mathbf{x}_\mu)$는 μ에 관한 비증가 함수이다.

---

5) 만약 $\{\mathbf{x} \in X \mid \mathbf{g}(\mathbf{x}) \le \mathbf{0}\}$이 콤팩트 집합이라면, 이 가정은 성립한다.

증명 $\mu > 0$를 고정한다. θ의 정의에 따라 $\mathbf{x}_k \in X$인 수열 $\{\mathbf{x}_k\}$와 $f(\mathbf{x}_k) + \mu B(\mathbf{x}_k) \to \theta(\mu)$가 되도록 하는 $\mathbf{g}(\mathbf{x}_k) < \mathbf{0}$이 존재한다. 가정에 따라 $\{\mathbf{x}_k\}$는 X에서 극한 $\mathbf{x}_\mu$를 갖는 부분수열 $\{\mathbf{x}_k\}_{\mathbb{K}}$을 갖는다. $\mathbf{g}$의 연속성에 따라 $\mathbf{g}(\mathbf{x}_\mu) \le \mathbf{0}$이다. $\mathbf{g}(\mathbf{x}_\mu) < \mathbf{0}$임을 보인다. 그렇지 않다면 어떤 i에 대해 $g_i(\mathbf{x}_\mu) = 0$이다; 그리고 장벽함수 B는 (9.28)을 만족하므로 $k \in \mathbb{K}$에 대해 $B(\mathbf{x}_k) \to \infty$이다. 따라서 $\theta(\mu) = \infty$이며, $\{\mathbf{x} \mid \mathbf{x} \in X, \ \mathbf{g}(\mathbf{x}) < \mathbf{0}\}$는 공집합이 아니라고 가정했으므로 이것은 불가능하다. 그러므로 $\theta(\mu) = f(\mathbf{x}_\mu) + \mu B(\mathbf{x}_\mu)$이며, 여기에서 $\mathbf{x}_\mu \in X$, $\mathbf{g}(\mathbf{x}_\mu) < \mathbf{0}$이다. 그래서 파트 1은 성립한다. 지금, 만약 $\mathbf{g}(\mathbf{x}) < \mathbf{0}$이라면 $B(\mathbf{x}) \ge 0$이므로, 그렇다면 $\mu \ge 0$에 대해 다음 식

$$\begin{aligned}
\theta(\mu) &= inf\,\{f(\mathbf{x}) + \mu B(\mathbf{x}) \mid \mathbf{g}(\mathbf{x}) < \mathbf{0}, \ \mathbf{x} \in X\} \\
&\ge inf\,\{f(\mathbf{x}) \mid \mathbf{g}(\mathbf{x}) < \mathbf{0}, \ \mathbf{x} \in X\} \\
&\ge inf\,\{f(\mathbf{x}) \mid \mathbf{g}(\mathbf{x}) \le \mathbf{0}, \ \mathbf{x} \in X\}
\end{aligned}$$

을 얻는다. 각각의 $\mu \ge 0$에 대해 위 부등식이 성립하므로 파트 2가 뒤따른다. 파트 3의 내용을 보이기 위해 $\mu > \lambda > 0$이라 한다. 만약 $\mathbf{g}(\mathbf{x}) < \mathbf{0}$이라면 $B(\mathbf{x}) \ge 0$이므로, $\mathbf{g}(\mathbf{x}) < \mathbf{0}$인 각각의 $\mathbf{x} \in X$에 대해 $f(\mathbf{x}) + \mu B(\mathbf{x}) \ge f(\mathbf{x}) + \lambda B(\mathbf{x})$임이 성립한다. 따라서 $\theta(\mu) \ge \theta(\lambda)$이다. 파트 1을 주목하면, 다음 식

$$f(\mathbf{x}_\mu) + \mu B(\mathbf{x}_\mu) \le f(\mathbf{x}_\lambda) + \mu B(\mathbf{x}_\lambda) \tag{9.30}$$

$$f(\mathbf{x}_\lambda) + \lambda B(\mathbf{x}_\lambda) \le f(\mathbf{x}_\mu) + \lambda B(\mathbf{x}_\mu) \tag{9.31}$$

이 성립하도록 하는 $\mathbf{x}_\mu$, $\mathbf{x}_\lambda$가 존재한다. (9.30), (9.31)을 합하고 다시 정리하면, $(\mu - \lambda)[B(\mathbf{x}_\mu) - B(\mathbf{x}_\lambda)] \le 0$을 얻는다. $\mu - \lambda > 0$이므로, 그렇다면 $B(\mathbf{x}_\mu) \le B(\mathbf{x}_\lambda)$이다. (9.31)에 대입하면 $f(\mathbf{x}_\lambda) \le f(\mathbf{x}_\mu)$임이 뒤따른다. 따라서 파트 3이 성립하며 증명은 완성되었다. (증명 끝)

보조정리 9.4.2에서, θ는 $inf_{\mu > 0}\,\theta(\mu) = lim_{\mu \to 0^+}\,\theta(\mu)$가 성립하게 하는 μ에 관한 비감소 함수이다. 정리 9.4.3은 원문제의 최적해가 진실로 $lim_{\mu \to 0^+}\theta(\mu)$와 같다는 것을 나타내며, 그래서 충분하게 작은 μ 값에 대해 최소화 $f(\mathbf{x}) + \mu B(\mathbf{x})$ 제약조건 $\mathbf{x} \in X$의 형태의 1개 문제에 의해 최적해를 구하거나, 아니면

위와 같이 감소하는 μ 값을 갖는 형태의 일련의 문제를 사용해 최적해를 구할 수 있다.

9.4.3 정리

$f: \Re^n \to \Re$, $\mathbf{g}: \Re^n \to \Re^m$은 연속함수라 하고, $X \neq \varnothing$는 $\Re^n$의 닫힌집합이라 하자. 집합 $\{\mathbf{x} \in X | \mathbf{g}(\mathbf{x}) < \mathbf{0}\}$은 공집합이 아니라고 가정한다. 나아가서, 최소화 $f(\mathbf{x})$ 제약조건 $\mathbf{g}(\mathbf{x}) \leq \mathbf{0}$ $\mathbf{x} \in X$의 원문제는 다음 특질을 갖는 하나의 최적해 $\overline{\mathbf{x}}$를 갖는다고 가정한다. $\overline{\mathbf{x}}$에서 임의의 근방 $\mathbb{N}$이 주어지면, $\mathbf{g}(\mathbf{x}) < \mathbf{0}$이 되도록 하는 $\mathbf{x} \in X \cap \mathbb{N}$이 존재한다. 그렇다면 다음 식

$$min\{f(\mathbf{x}) | \mathbf{g}(\mathbf{x}) \leq \mathbf{0},\ \mathbf{x} \in X\} = \lim_{\mu \to 0^+} \theta(\mu) = \inf_{\mu > 0} \theta(\mu)$$

이 성립한다. $\theta(\mu) = f(\mathbf{x}_\mu) + \mu B(\mathbf{x}_\mu)$이라고 놓으면, 여기에서 $\mathbf{x}_\mu \in X$, $\mathbf{g}(\mathbf{x}_\mu) < \mathbf{0}$이고,[6] $\{\mathbf{x}_k\}$의 임의의 수렴하는 부분수열의 극한은 원문제의 하나의 최적해이며, 또한 $\mu \to 0^+$에 따라 $\mu B(\mathbf{x}_\mu) \to 0$이다.

증명 $\overline{\mathbf{x}}$는 앞에서 기술한 특질을 만족하는 원문제의 하나의 최적해라 하고 $\varepsilon > 0$이라고 놓는다. f의 연속성에 따라, 그리고 이 정리의 가정에 따라 $f(\overline{\mathbf{x}}) + \varepsilon > f(\hat{\mathbf{x}})$이 되도록 하는, $\mathbf{g}(\hat{\mathbf{x}}) < \mathbf{0}$인 하나의 $\hat{\mathbf{x}} \in X$가 존재한다. 그렇다면 $\mu > 0$에 대해 다음 식

$$f(\overline{\mathbf{x}}) + \varepsilon + \mu B(\hat{\mathbf{x}}) > f(\hat{\mathbf{x}}) + \mu B(\hat{\mathbf{x}}) \geq \theta(\mu)$$

이 성립한다. $\mu \to 0^+$에 따라 극한을 취하면, $f(\overline{\mathbf{x}}) + \varepsilon \geq lim_{\mu \to 0^+} \theta(\mu)$임이 뒤따른다. 각각의 $\varepsilon > 0$에 대해 이 부등식은 성립하므로 $f(\overline{\mathbf{x}}) \geq lim_{\mu \to 0^+} \theta(\mu)$를 얻는다. 보조정리 9.4.2의 파트 2를 고려해보면 $f(\overline{\mathbf{x}}) = lim_{\mu \to 0^+} \theta(\mu)$이다.

$\mu \to 0^+$에 대해, 그리고 $B(\mathbf{x}_\mu) \geq 0$이며 $\mathbf{x}_\mu$는 원래의 문제의 실현가능해

6) 이러한 점 $\mathbf{x}_\mu$를 존재하게 하는 가정은 보조정리 9.4.2에 나타난다.

이므로, 다음 식

$$\theta(\mu) = f(\mathbf{x}_\mu) + \mu B(\mathbf{x}_\mu) \geq f(\mathbf{x}_\mu) \geq f(\overline{\mathbf{x}})$$

이 뒤따른다. 지금 $\mu \to 0^+$에 따라 극한을 취하고, $f(\overline{\mathbf{x}}) = lim_{\mu \to 0^+} \theta(\mu)$임을 주목하면, $f(\mathbf{x}_\mu)$, $f(\mathbf{x}_\mu) + \mu B(\mathbf{x}_\mu)$는 모두 $f(\overline{\mathbf{x}})$에 접근함이 뒤따른다. 그러므로 $\mu \to 0^+$에 따라 $\mu B(\mathbf{x}_\mu) \to 0$이다. 더군다나 만약 $\{\mathbf{x}_\mu\}$가 극한 $\mathbf{x}'$를 갖는 하나의 수렴하는 부분수열이라면 $f(\mathbf{x}') = f(\overline{\mathbf{x}})$이다. 각각의 μ에 대해 $\mathbf{x}_\mu$는 원래의 문제의 실현가능해이므로 $\mathbf{x}'$도 또한 실현가능하며 그러므로 최적해임이 뒤따른다. 이것으로 증명이 완결되었다. (증명 끝)

생성된 점 $\{\mathbf{x}_\mu\}$는 각각의 μ에 대해 집합 $\{\mathbf{x} \mid \mathbf{g}(\mathbf{x}) \leq \mathbf{0}\}$의 내부에 속함을 주목하자. 이런 이유로 인해 장벽함수법은 간혹 **내부페널티함수법**이라고도 한다.

최적해에서의 카루시-쿤-터커 라그랑지 승수

어떤 레귤러리티 조건 아래 장벽내부페널티함수법은 또한 하나의 라그랑지 승수의 최적 집합으로 수렴하는 일련의 라그랑지 승수 평가치도 생산한다. 내용을 확인하기 위해 최소화 $f(\mathbf{x})$ 제약조건 $g_i(\mathbf{x}) \leq 0$ $i = 1, \cdots, m$ $\mathbf{x} \in X = \Re^n$의 '문제 P'를 고려해보자(추가적으로, 부등식 제약조건 또는 등식 제약조건을 포함할 수 있는 케이스는 유사한 방법으로 취급된다; 연습문제 9.19 참조 바람). 그렇다면 장벽함수 문제는 다음 식

$$\min_{\mathbf{x}} \left\{ f(\mathbf{x}) + \mu \sum_{i=1}^{m} \phi[g_i(\mathbf{x})] \;\middle|\; \mathbf{g}(\mathbf{x}) < \mathbf{0} \right\} \tag{9.32}$$

으로 나타나며, 여기에서 ϕ는 (9.28)을 만족시킨다. f, $\mathbf{g}$, ϕ는 연속 미분가능하다고 가정하고, 보조정리 9.4.2의 조건, 정리 9.4.3은 성립한다고 가정하고, $\{\mathbf{x}_\mu\}$의 하나의 집적점으로 얻어진 문제 P의 최적해 $\overline{\mathbf{x}}$는 레귤러 점이라고 가정한다. 일반성을 잃지 않고 $\{\mathbf{x}_\mu\} \to \overline{\mathbf{x}}$ 자체라고 가정한다. 그렇다면 만약 $I = \{i \mid g_i(\overline{\mathbf{x}}) = 0\}$가 $\overline{\mathbf{x}}$에서 구속하는 제약조건의 첨자집합이라면 다음 식

$$\nabla f(\bar{\mathbf{x}}) + \sum_{i=1}^{m} \bar{u}_i \nabla g_i(\bar{\mathbf{x}}) = \mathbf{0},\ i = 1, \cdots, m\text{에 대해 } \bar{u}_i \geq 0,$$

$$i \notin I\text{에 대해 } \bar{u}_i = 0 \tag{9.33}$$

이 성립하도록 하는 라그랑지 승수 $\bar{u}_1, \cdots, \bar{u}_m$의 유일한 집합이 존재한다고 알려져 있다. 지금 $\mathbf{g}(\mathbf{x}_\mu) < \mathbf{0}$이 되도록 하는 $\mathbf{x}_\mu$는 문제 (9.32)의 최적해이므로 모든 $\mu > 0$에 대해 다음 식

$$\nabla f(\mathbf{x}_\mu) + \sum_{i=1}^{m} (\mathbf{u}_\mu)_i \nabla g_i(\mathbf{x}_\mu) = \mathbf{0} \tag{9.34}$$

여기에서, $i = 1, \cdots, m$에 대해 $(\mathbf{u}_\mu)_i \equiv \mu\phi'[g_i(\mathbf{x}_\mu)]$

을 얻는다. $\mu \to 0^+$에 따라 $\{\mathbf{x}_\mu\} \to \bar{\mathbf{x}}$을 얻으며, 따라서 $i \notin I$에 대해 $(\mathbf{u}_\mu)_i \to 0$이다. 나아가서 $\bar{\mathbf{x}}$는 레귤러 점이며 모든 함수 f, $\mathbf{g}$, ϕ는 연속 미분가능하므로 (9.33), (9.34)에서 $i \in I$에 대해 $(\mathbf{u}_\mu)_i \to \bar{u}_i$임도 얻는다. 그러므로 $\mathbf{u}_\mu$는 $\mu \to 0^+$에 따라 라그랑지 승수 $\bar{\mathbf{u}}$의 최적 집합에 접근하는 라그랑지 승수 집합의 평가치를 제공한다. 그러므로 예를 들면 만약 $\phi(y) = -1/y$이라면 $\phi'(y) = 1/y^2$이다; 그러므로 다음 식

$$(\mathbf{u}_\mu)_i = \frac{\mu}{g_i(\mathbf{x}_\mu)^2} \to \bar{u}_i \qquad \forall i = 1, \cdots, m,\ \ \mu \to 0^+\text{에 따라} \tag{9.35}$$

이 성립한다.

장벽함수에 연관된 계산의 어려움

제약 있는 비선형계획법 문제의 최적해를 구하기 위해 장벽함수를 사용하면 여러 가지 계산상 어려움에 부딪힌다. 먼저 이 탐색은 $\mathbf{g}(\mathbf{x}) < \mathbf{0}$인 하나의 점 $\mathbf{x} \in X$에서 출발해야 한다. 어떤 문제에 대해 이러한 점을 찾는 것은 쉬운 일이 아닐 수도 있다. 연습문제 9.24에 이러한 출발점을 찾는 절차가 나타나 있다. 또한, 장벽함수 B의 구조 때문에, 작은 값의 모수 μ에 대해 대부분 탐색기법은 $\mathbf{x} \in X$ 전체에 걸쳐 최소화 $f(\mathbf{x}) + \mu B(\mathbf{x})$ 문제의 최적해를 구하는 동안 반올림오차로 인해 심

각한 악조건과 어려움을 겪을 수도 있으며, 특히 영역 $\{\mathbf{x} \mid \mathbf{g}(\mathbf{x}) \leq \mathbf{0}\}$의 경계에 접근할수록 이 현상은 특히 심하다. 사실상 경계에 접근함에 따라 탐색기법은 이산 스텝을 자주 사용하므로 이 영역 $\{\mathbf{x} \mid \mathbf{g}(\mathbf{x}) \leq \mathbf{0}\}$ 밖으로 인도하는 스텝은 $f(\mathbf{x}) + \mu B(\mathbf{x})$ 값이 감소한다고 나타낼 수 있으나 잘못된 성공일 뿐이다. 따라서 실현가능영역을 벗어나지 않음을 보장하기 위해 제약조건함수 $\mathbf{g}$ 값을 명시적으로 점검함이 필요하다.

있을지도 모르는 악조건의 영향을 좀 더 공식적으로 알아보기 위해 최적해 $\mathbf{x}_\mu$에서 $\mu \rightarrow 0^+$에 따라 (9.32)의 목적함수의 헤시안의 고유 구조를 검사할 수 있다. (9.34)를 주목하고 f, $\mathbf{g}$, ϕ는 2회 연속 미분가능하다고 가정하면 다음 식

$$\left[\nabla^2 f(\mathbf{x}_\mu) + \sum_{i=1}^{m} (\mathbf{u}_\mu)_i \nabla^2 g_i(\mathbf{x}_\mu)\right] + \mu \sum_{i=1}^{m} \phi''\left[g_i(\mathbf{x}_\mu)\right] \nabla g_i(\mathbf{x}_\mu) \nabla g_i(\mathbf{x}_\mu)^t \tag{9.36}$$

과 같은 헤시안을 얻는다. $\mu \rightarrow 0+$에 따라 $\{\mathbf{x}_\mu\} \rightarrow \bar{\mathbf{x}}$이다(어쩌면 수렴하는 부분수열 전체에 걸쳐); 그리고 $\bar{\mathbf{x}}$가 하나의 레귤러 점이라고 가정하면 $\mathbf{u}_\mu \rightarrow \bar{\mathbf{u}}$이며, 이것은 라그랑지 승수의 최적 조합이다. 그러므로 (9.36)의 $[\cdot]$ 내의 항은 $\nabla^2 \mathscr{L}(\bar{\mathbf{x}})$에 접근한다. 잔여항에는 문제가 있을 수 있다. 예를 들면 만약 $\phi(y) = -1/y$이라면 $\phi''(y) = -2/y^3$이며, 그래서 (9.35)에서 이 항은 다음 식

$$-2\sum_{i \in I} \frac{(\mathbf{u}_\mu)_i}{g_i(\mathbf{x}_\mu)} \nabla g_i(\mathbf{x}_\mu) \nabla g_i(\mathbf{x}_\mu)^t$$

으로 되며 외부 페널티함수에 대해 설명한 것과 같이, 동일하게 심각한 악조건의 효과로 인도한다. 그러므로 문제 (9.32)의 문제의 최적해를 구하기 위해 적절한 2-계 뉴톤, 준 뉴톤, 또는 공액경도법을 반드시 사용해야 한다.

장벽함수법의 요약

아래에는, 최소화 $f(\mathbf{x})$ 제약조건 $\mathbf{g}(\mathbf{x}) \leq \mathbf{0}$ $\mathbf{x} \in X$ 형태인 비선형계획법 문제를 최적화하기 위해 장벽함수를 사용하는 구도를 설명한다. 사용되는 장벽함수 B는 (9.28)을 반드시 만족시켜야 한다.

아래의 스텝 1에서 기술하는 문제는 제약조건 $\mathbf{g}(\mathbf{x}) < \mathbf{0}$을 포함한다. 만약

$\mathbf{g}(\mathbf{x}_k) < \mathbf{0}$이라면, 그리고 영역 $G = \{\mathbf{x} \mid \mathbf{g}(\mathbf{x}) < \mathbf{0}\}$의 경계에 도달함에 따라 장벽함수가 무한대에 접근하므로, 만약 결과로 나타나는 최적점이 $\mathbf{x}_{k+1} \in G$임을 보장하는 하나의 제약 없는 최적화 기법을 사용한다면 제약조건 $\mathbf{g}(\mathbf{x}) < \mathbf{0}$을 무시할 수도 있다. 그러나 대부분 선형탐색법은 이산스텝을 사용하므로, 만약 경계에 가깝다면 한 개의 스텝은 장벽함수 B의 값이 큰 음(-)수를 가지며 실현가능영역 밖에 존재하는 하나의 점으로 인도할 것이다. 그러므로 실현가능성을 명시적으로 점검한다면 이 문제는 하나의 제약 없는 최적화문제로 취급할 수 있다.

초기화 스텝 $\varepsilon > 0$는 종료 스칼라라 하고, $\mathbf{g}(\mathbf{x}_1) < \mathbf{0}$이 되도록 하는 점 $\mathbf{x}_1 \in X$를 선택한다. $\mu_1 > 0$이라 하고 $\beta \in (0, 1)$이라고 놓고 $k = 1$로 하고 메인 스텝으로 간다.

메인 스텝 1. $\mathbf{x}_k$에서 출발하여 다음 문제

$$
\begin{aligned}
\text{최소화} \quad & f(\mathbf{x}) + \mu_k B(\mathbf{x}) \\
\text{제약조건} \quad & \mathbf{g}(\mathbf{x}) < \mathbf{0} \\
& \mathbf{x} \in X
\end{aligned}
$$

의 최적해를 구한다. $\mathbf{x}_{k+1}$은 하나의 최적해라 하고 스텝 2로 간다.

2. 만약 $\mu_k B(\mathbf{x}_{k+1}) < \varepsilon$이라면 중지하고, 그렇지 않다면 $\mu_{k+1} = \beta\mu_k$로 하고 k를 $k+1$로 대체하고 스텝 1로 간다.

9.4.4 예제

다음 문제

$$
\begin{aligned}
\text{최소화} \quad & (x_1 - 2)^4 + (x_1 - 2x_2)^2 \\
\text{제약조건} \quad & x_1^2 - x_2 \le 0
\end{aligned}
$$

를 고려해보고, 여기에서 $X = \Re^2$이다. $B(\mathbf{x}) = -1/(x_1^2 - x_2)$로 놓고 장벽함수법을 사용해 문제의 최적해를 구한다. 표 9.2에 (9.35)로 주어진 라그랑지 승수 평가치와 함께 계산결과가 요약되어 있으며, 알고리즘의 진전내용은 그림 9.9에

나타나 있다. 이 절차는 $\mu_1 = 10.0$로 출발하고, 그리고 함수 $\theta(\mu_1)$의 제약 없는 최소해를 찾는 것은 하나의 실현가능점 $(0.0, 1.0)$에서 출발한다. 모수 β는 0.10으로 한다. 6회 반복계산 후 $\mathbf{x}_7 = (0.94389, 0.89635)$, $u_\mu = 3.385$에 도달하며, 여기에서 $\mu_6 B(\mathbf{x}_7) = 0.0184$이고, 알고리즘은 종료된다. 독자는 이 점이 최적해에 대단히 가깝다는 것을 입증할 수 있다. μ_k가 감소함을 주목하면, 독자는 표 9.2에서 $f(\mathbf{x}_{\mu_k})$와 $\theta(\mu_k)$는 μ_k에 관한 비증가 함수임을 관측할 수 있다. 유사하게, $B(\mathbf{x}_{\mu_k})$는 μ_k에 관한 비증가함수이다. 더군다나, 정리 9.4.3에서 단언한 바와 같이 $\mu_k B(\mathbf{x}_{\mu_k})$은 0으로 수렴한다.

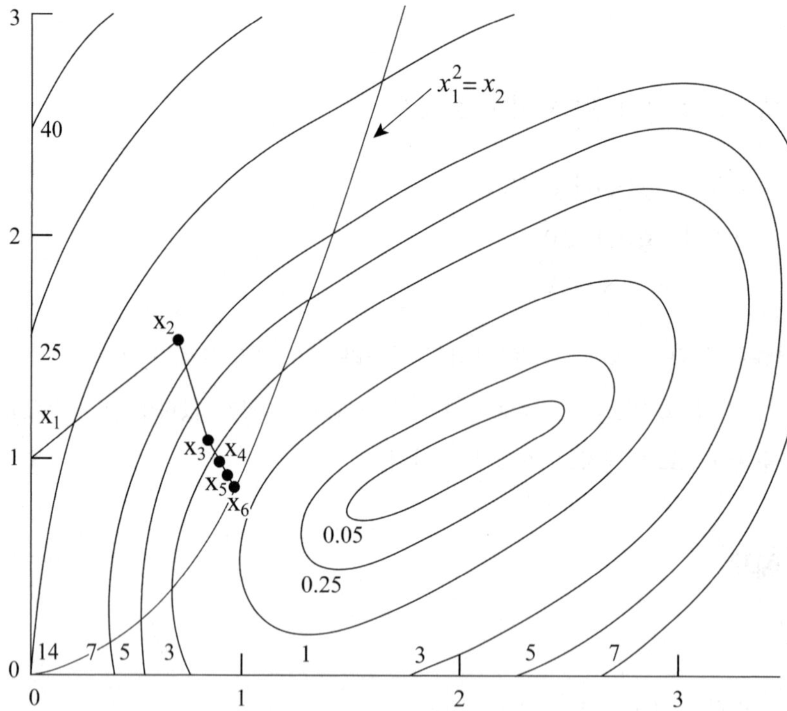

그림 9.9 장벽함수법

표 9.2 장벽함수법 계산의 요약

반복 k	μ_k	$\mathbf{x}_{\mu_k} = \mathbf{x}_{k+1}$	$f(\mathbf{x}_{k+1})$	$B(\mathbf{x}_{k+1})$	$\theta(\mu_k)$	$\mu_k B(\mathbf{x}_{\mu_k})$	u_{μ_k}
1	10.0	$\begin{bmatrix}0.7079\\1.5315\end{bmatrix}$	8.3338	0.9705	18.0388	9.705	9.419051
2	1.0	$\begin{bmatrix}0.8282\\1.1098\end{bmatrix}$	3.8214	2.3591	6.1805	2.3591	5.565503
3	0.1	$\begin{bmatrix}0.8989\\0.9638\end{bmatrix}$	2.5282	6.4194	3.1701	0.6419	4.120815
4	0.01	$\begin{bmatrix}0.9294\\0.9162\end{bmatrix}$	2.1291	19.0783	2.3199	0.1908	3.639818
5	0.001	$\begin{bmatrix}0.9403\\0.9011\end{bmatrix}$	2.0039	59.0461	2.0629	0.0590	3.486457
6	0.0001	$\begin{bmatrix}0.94389\\0.89635\end{bmatrix}$	1.9645	184.4451	1.9829	0.0184	3.385000

9.5 장벽함수에 기반한 선형계획법의 다항식-횟수 내점법

다음의 **원선형계획법 문제**(P), **쌍대선형계획법 문제**(D)의 쌍을 고려해보자(절 2.7 참조):

$$\begin{array}{llll} \text{P: 최소화} & \mathbf{c}\cdot\mathbf{x} & \text{D: 최대화} & \mathbf{b}\cdot\boldsymbol{\nu} \\ \text{제약조건} & \mathbf{A}\mathbf{x} = \mathbf{b} & \text{제약조건} & \mathbf{A}^t\boldsymbol{\nu} + \mathbf{u} = \mathbf{c} \\ & \mathbf{x} \geq 0, & & \mathbf{u} \geq 0,\ \boldsymbol{\nu}\ \text{제한 없음} \end{array}$$

여기에서 $\mathbf{A}$는 $m \times n$ 행렬이며, 일반성을 잃지 않고, 계수는 $m < n$이며, 여기에서 $\boldsymbol{\nu}$, $\mathbf{u}$는 각각 P의 등식과 부등식 제약조건에 연관된 라그랑지 승수이다. P는 하나의 최적해 $\mathbf{x}^*$를 갖는다고 가정하고, 여기에 상응하는 최적 라그랑지 승수는 $\boldsymbol{\nu}^*$, $\mathbf{u}^*$라 하자. $\mathbf{w}$를 3개로 구성된 $(\mathbf{x}, \mathbf{u}, \boldsymbol{\nu})$라고 나타내면, $\mathbf{w}^* = (\mathbf{x}^*, \mathbf{u}^*, \boldsymbol{\nu}^*)$는 '문제 P'의 다음 카루시-쿤-터커 조건

$$\mathbf{A}\mathbf{x} = \mathbf{b}, \quad \mathbf{x} \geq 0 \tag{9.37a}$$

$$\mathbf{A}^t\boldsymbol{\nu} + \mathbf{u} = \mathbf{c}, \quad \mathbf{u} \geq 0,\ \boldsymbol{\nu}\text{는 부호제한 없음} \tag{9.37b}$$

$$\mathbf{u}\cdot\mathbf{x} = 0 \tag{9.37c}$$

을 만족한다. 지금 $\overline{\mathbf{x}} > \mathbf{0}$, $\overline{\mathbf{u}} > \mathbf{0}$로 (9.37a), (9.37b)를 만족하는 $\overline{\mathbf{w}} = (\overline{\mathbf{x}}, \overline{\mathbf{u}}, \overline{\nu})$가 존재한다고 가정하자. **프리쉬의 로그장벽함수** (9.29b)에 기반한 다음의 장벽함수 문제

$$\text{BP: 최소화} \left\{ \mathbf{c}\cdot\mathbf{x} - \mu \sum_{j=1}^{n} \ln(x_j) \;\middle|\; \mathbf{A}\mathbf{x} = \mathbf{b}, (\mathbf{x} > \mathbf{0}) \right\} \tag{9.38}$$

를 고려해보고, 여기에서 등식 제약조건은 집합 X를 정의하기 위해 사용한다. BP의 카루시-쿤-터커 조건은 $\mathbf{A}\mathbf{x} = \mathbf{b}\,(\mathbf{x} > \mathbf{0})$, $\mathbf{A}^t\nu = \mathbf{c} - \mu[1/x_1, \cdots, 1/x_n]^t$이 되도록 하는 $\mathbf{x}$, ν를 찾도록 요구한다. (9.34)에 따라, 임의의 $\mu > 0$이 주어지면 $\mathbf{u} = \mu[1/x_1, \cdots, 1/x_n]$를 P의 라그랑지 승수의 평가치로 나타낼 수 있다. 대각선 행렬 $\mathrm{X} \equiv diag\{x_1, \cdots, x_n\}$, $\mathrm{U} \equiv diag\{u_1, \cdots, u_n\}$를 정의하면, 그리고 $\mathbf{e} = (1, \cdots, 1)$은 차원이 일치하며 요소가 1로 구성된 하나의 벡터라고 나타내면, '문제 BP'의 카루시-쿤-터커 조건을 다음 식

$$\mathbf{A}\mathbf{x} = \mathbf{b} \tag{9.39a}$$

$$\mathbf{A}^t\nu + \mathbf{u} = \mathbf{c} \tag{9.39b}$$

$$\mathbf{u} = \mu\mathrm{X}^{-1}\mathbf{e} \quad \text{또는} \quad \mathrm{X}\mathrm{U}\mathbf{e} = \mu\mathbf{e} \tag{9.39c}$$

으로 나타낼 수 있다. 방정식 (9.39c)에서 사용한, 해롭지 않은 대안적 등가 형태 $\mathrm{XU}\mathbf{e} = \mu\mathbf{e}$는, (9.39c)에 주어진 $\mathbf{u} = \mu\mathrm{X}^{-1}\mathbf{e}$인, 이 방정식의 원래의 형태와 동일한 전략을 적용해 재생산할 수 없는 알고리즘적 행태를 산출하면서, 뒤따르는 뉴톤방법의 적용에서 중요한 역할을 한다. 그러므로 (9.39c)에서 사용된 $\mathrm{XU}\mathbf{e} = \mu\mathbf{e}$를 갖는 연립방정식 (9.39)은 간혹 '문제 BP'의 **섭동된 카루시-쿤-터커 연립방정식**이라 한다.

지금 임의의 $\mu > 0$가 주어지면, 보조정리 9.4.2의 파트 1에 따라, 그리고 실현가능영역 전체에 걸쳐 '문제 BP'의 목적함수의 엄격한 볼록성에 따라 '문제 BP'의 최적해인 유일한 $\mathbf{x}_\mu > \mathbf{0}$이 존재한다. 이에 상응해, (9.39)에서 $\mathbf{A}^t$는 '꽉 찬 열 계수'를 가지므로, $\mathbf{u}_\mu$, ν_μ라는 유일한 동반하는 값을 얻는다. 다음의 정리 9.4.3은 $\mu \to 0^+$에 따라 3개로 구성된 벡터 $\mathbf{w}_\mu \equiv (\mathbf{x}_\mu, \mathbf{u}_\mu, \nu_\mu)$는 P의 하나의 최

적 원-쌍대 해에 접근함을 보여준다. 장벽함수에 의해 유지되는 내부성 때문에 $\mu > 0$에 대한 궤적 $\mathbf{w}_\mu$는 **중앙경로**라 알려졌다. (9.39a, b)에서 스탠다드 선형계획법 문제의 쌍대성간극 $\mathbf{c}\cdot\mathbf{x} - \mathbf{b}\cdot\boldsymbol{\nu}$은 상보여유성조건의 총위반 값인 $\mathbf{u}\cdot\mathbf{x}$와 같음을 주목하자. 더구나, (9.39c)에서, $\mathbf{u}\cdot\mathbf{x} = \mu\mathbf{x}^t\mathbf{X}^{-1}\mathbf{e} = n\mu$를 얻는다. 그러므로 (9.39)에 기반해, 다음의 내용

$$\mathbf{c}\cdot\mathbf{x} - \mathbf{b}\cdot\boldsymbol{\nu} = \mathbf{u}\cdot\mathbf{x} = n\mu \tag{9.40}$$

이 성립하며, 이것은 $\mu \to 0^+$에 따라 0에 접근한다.

0에 접근하는 수열에서 각각의 $\mu > 0$에 대해 실제로 $\mathbf{w}_\mu$를 찾는 대신, $\bar{\mu} > 0$이며 $\mathbf{w}_{\bar{\mu}}$에 충분히 가까운 $\overline{\mathbf{w}}$를 갖고 출발하고, 어떤 $0 < \beta < 1$에 대해 $\bar{\mu}$를 $\hat{\mu} = \beta\bar{\mu}$로 갱신한다. 이에 따라 $\mathbf{w}_{\hat{\mu}}$에도 충분히 가까운, 수정된 해 $\hat{\mathbf{w}}$를 구하기 위해 1개 뉴톤스텝을 사용할 것이다. (9.39), (9.40)에서 기인해 $\mathbf{w} = (\mathbf{x}, \mathbf{u}, \boldsymbol{\nu})$는 $\mathbf{w}_\mu$에 '충분히 가깝다'고 정의함으로 다음 식

$$\mathbf{A}\mathbf{x} = \mathbf{b}\,,\ \mathbf{A}^t\boldsymbol{\nu} + \mathbf{u} = \mathbf{c}\,,\ \|\mathbf{X}\mathbf{U}\mathbf{e} - \mu\mathbf{e}\| \le \theta\mu \tag{9.41}$$
$$\mathbf{u}\cdot\mathbf{x} = n\mu\text{로, 여기에서 } 0 \le \theta < 0.5$$

이 성립한다면 이와 같은 일련의 반복계산점 $\mathbf{w}$는 원-쌍대 문제의 하나의 최적해로 수렴할 것이다.

이를 위해, (9.41)이 성립하는, $\bar{\mu} > 0$, $\overline{\mathbf{x}} > \mathbf{0}$, $\overline{\mathbf{u}} > \mathbf{0}$인 $\overline{\mathbf{w}} = (\overline{\mathbf{x}}, \overline{\mathbf{u}}, \overline{\boldsymbol{\nu}})$가 주어졌다고 가정한다(다음에, 알고리즘을 초기화하기 위해 이와 같은 해를 구하는 방법을 설명한다). 지금 μ를 $\hat{\mu} = \beta\bar{\mu}$로 바꾼다 하고, 여기에서 $0 < \beta < 1$이며, 그리고 $\mu = \hat{\mu}$에 관해 섭동된 카루시-쿤-터커 연립방정식 (9.39)를 검사한다. 이 연립방정식을 $\mathbf{H}(\mathbf{w}) = \mathbf{0}$으로 나타낸다. $\mathbf{w} = \overline{\mathbf{w}}$에서 이 연립방정식의 1-계 근사화는 $\mathbf{H}(\overline{\mathbf{w}}) + \mathbf{J}(\overline{\mathbf{w}})(\mathbf{w} - \overline{\mathbf{w}}) = \mathbf{0}$으로 나타나며, 여기에서 $\mathbf{J}(\overline{\mathbf{w}})$는 $\mathbf{w} = \overline{\mathbf{w}}$에서 $\mathbf{H}(\mathbf{w})$의 자코비안이다. $\mathbf{d}_\mathbf{w} = (\mathbf{w} - \overline{\mathbf{w}})$라 하면, $\overline{\mathbf{w}}$에서 1개 뉴톤스텝은, $\mathbf{J}(\overline{\mathbf{w}})\mathbf{d}_\mathbf{w} = -\mathbf{H}(\overline{\mathbf{w}})$가 성립하는 점 $\hat{\mathbf{w}} = \overline{\mathbf{w}} + \mathbf{d}_\mathbf{w}$로 인도할 것이다. $\mathbf{d}_\mathbf{w}^t \equiv (\mathbf{d}_\mathbf{x}^t, \mathbf{d}_\mathbf{u}^t, \mathbf{d}_\nu^t)$로 나타내면, (9.39)에서 방정식 $\mathbf{J}(\overline{\mathbf{w}})\mathbf{d}_\mathbf{w} = -\mathbf{H}(\overline{\mathbf{w}})$은 다음 식

$$\mathbf{A}\mathbf{d}_\mathbf{x} = \mathbf{0} \tag{9.42a}$$

$$\mathbf{A}^t\mathbf{d}_\nu + \mathbf{d}_\mathrm{u} = \mathbf{0} \tag{9.42b}$$

$$\overline{\mathbf{U}}\mathbf{d}_\mathrm{x} + \overline{\mathbf{X}}\mathbf{d}_\mathrm{u} = \hat{\mu}\mathbf{e} - \overline{\mathbf{X}}\,\overline{\mathbf{U}}\mathbf{e} \tag{9.42c}$$

과 같이 주어진다. 어떤 안정적이며 인수분해된 형태의 실행을 통해 선형연립방정식 (9.42)의 해를 얻을 수 있다(부록 A.2 참조). 명시적 형태로 $\mathbf{d}_\mathrm{u} = -\mathbf{A}^t\mathbf{d}_\nu$을 얻으며, 그러므로 (9.42b)에서 $\mathbf{d}_\mathrm{x} = \overline{\mathbf{U}}^{-1}[\hat{\mu}\mathbf{e} - \overline{\mathbf{X}}\,\overline{\mathbf{U}}\mathbf{e}] + \overline{\mathbf{U}}^{-1}\overline{\mathbf{X}}\mathbf{A}^t\mathbf{d}_\nu$이다. (9.42a)에 이것을 대입하면 다음 식

$$\mathbf{d}_\nu = -\left[\mathbf{A}\overline{\mathbf{U}}^{-1}\overline{\mathbf{X}}\mathbf{A}^t\right]^{-1}\mathbf{A}\overline{\mathbf{U}}^{-1}\left[\hat{\mu}\mathbf{e} - \overline{\mathbf{X}}\,\overline{\mathbf{U}}\mathbf{e}\right] \tag{9.43a}$$

$$\mathbf{d}_\mathrm{u} = -\mathbf{A}^t\mathbf{d}_\nu \tag{9.43b}$$

$$\mathbf{d}_\mathrm{x} = \overline{\mathbf{U}}^{-1}\left[\hat{\mu}\mathbf{e} - \overline{\mathbf{X}}\,\overline{\mathbf{U}}\mathbf{e} - \overline{\mathbf{X}}\mathbf{d}_\mathrm{u}\right] \tag{9.43c}$$

을 얻으며, 여기에서 $\overline{\mathbf{x}} > \mathbf{0}$, $\overline{\mathbf{u}} > \mathbf{0}$, $rank(\mathbf{A}) = m$이므로, 역행렬이 존재한다. 위의 방법과 같이 $(\overline{\mu}, \overline{\mathbf{w}})$에서 $(\hat{\mu}, \hat{\mathbf{w}})$을 생성하는 것은 알고리즘의 1개 스텝을 실행하는 것이다. 지금 쌍대성간극 $\mathbf{u}\cdot\mathbf{x} = n\mu$가 충분히 작아질 때까지 이 절차를 반복할 수 있다[(9.37), (9.40), (9.41) 참조]. 이와 같은 알고리즘적 스텝을 아래에 설명한다. 이 알고리즘은 (근사적으로) 중앙경로를 따라가려 하므로 이것을 **경로-추종 절차**라 한다.

원-쌍대 경로-추종 알고리즘의 요약

초기화 $\overline{\mathbf{x}} > \mathbf{0}$, $\overline{\mathbf{u}} > \mathbf{0}$이 되도록 하는 초기해 $\overline{\mathbf{w}} = (\overline{\mathbf{x}}, \overline{\mathbf{u}}, \overline{\nu})$, $\mu = \overline{\mu}$ 값으로 $\overline{\mathbf{w}}$가 (9.41)가 성립하도록 하는 페널티 모수 $\mu = \overline{\mu}$를 선택한다(차후에, 일반적 선형계획법 문제에 대해 이것을 어떻게 적용할 수 있는가에 대해 보여준다). 더구나 θ, δ, β는 아래에 설명하는 정리 9.5.2의 (9.44)를 만족시킨다고 한다[다시 말하면, $\theta = \delta = 0.35$, $\beta = 1 - (\delta/\sqrt{n})$이라고 놓는다]. $k = 0$이라고 놓고 $(\mu_0, \mathbf{w}_0) = (\overline{\mu}, \overline{\mathbf{w}})$라 하고 메인 스텝으로 진행한다.

메인 스텝 $(\overline{\mu}, \overline{\mathbf{w}}) = (\mu_k, \mathbf{w}_k)$이라 한다. 만약 어떤 허용오차 $\varepsilon > 0$에 대해 $\mathbf{c}\cdot\overline{\mathbf{x}} - \mathbf{b}\cdot\overline{\nu} = n\overline{\mu} < \varepsilon$이라면 $\overline{\mathbf{w}}$를 (ε-)최적 원-쌍대해로 얻고 종료한다. 그렇지 않다면

$\hat{\mu} = \beta\bar{\mu}$로 하고 (9.43)에 따라 $\mathbf{d}_\mathbf{w}^t = (\mathbf{d}_\mathbf{x}^t, \mathbf{d}_\mathbf{u}^t, \mathbf{d}_\nu^t)$를 계산하고〔아니면 (9.42)를 통해〕 $\hat{\mathbf{w}} = \bar{\mathbf{w}} + \mathbf{d}_\mathbf{w}$ 라고 지정한다. $(\mu_{k+1}, \mathbf{w}_{k+1}) = (\hat{\mu}, \hat{\mathbf{w}})$라고 놓고 k를 1만큼 증가시키고 메인 스텝을 반복한다.

9.5.1 예제

최소화 $\{3x_1 - x_2 | x_1 + 2x_2 = 2,\ x_1 \ge 0,\ x_2 \ge 0\}$의 선형계획법 문제를 고려해보자. $\nu^* = -0.5$, $\mathbf{u}^* = (3.5, 0)$로 최적해는 $\mathbf{x}^* = (0, 1)$임을 쉽게 알 수 있으며, $\bar{\mathbf{x}} = (2/9, 8/9)$로 알고리즘을 시작하고 $\bar{\mathbf{u}} = (4, 1)$, $\bar{\nu} = -1$, $\bar{\mu} = 8/9$라고 가정한다. 이 해는 (9.39)를 만족시킴을 입증할 수 있으며, 그러므로 $\bar{\mathbf{w}} \equiv \mathbf{w}_{\bar{\mu}}$는 중앙경로에 존재한다. 그러므로 특히 $(\mu_0, \mathbf{w}_0) \equiv (\bar{\mu}, \bar{\mathbf{w}})$는 (9.41)을 만족시킨다. (9.40)에서 현재의 쌍대성간극은 $\bar{\mathbf{u}} \cdot \bar{\mathbf{x}} = 2\bar{\mu} = 1.7777777$로 주어진다. $\theta = \delta = 0.35$, $\beta = 1 - (0.35/\sqrt{2}) = 0.7525127$이라 한다.

지금 $\hat{\mu} = \beta\bar{\mu}$, $\hat{\mathbf{w}} = \bar{\mathbf{w}} + \mathbf{d}_\mathbf{w}$에 따라 $(\mu_1, \mathbf{w}_1) \equiv (\hat{\mu}, \hat{\mathbf{w}})$을 계산하며, 여기에서 $\mathbf{d}_\mathbf{w}^t = (\mathbf{d}_\mathbf{x}^t, \mathbf{d}_\mathbf{u}^t, \mathbf{d}_\nu^t)$는 (9.42)의 해라 하자. 그러므로 $\mu_1 = \hat{\mu} = \beta\bar{\mu} = 0.6689001$을 얻으며, $\mathbf{d}_\mathbf{w}$는 다음 연립방정식

$$
\begin{aligned}
d_{x_1} + 2d_{x_2} &= 0 \\
d_\nu + d_{u_1} &= 0 \\
2d_\nu + d_{u_2} &= 0 \\
4d_{x_1} + \frac{2}{9}d_{u_1} &= \hat{\mu} - \bar{x}_1\bar{u}_1 = -0.2199887 \\
d_{x_2} + \frac{8}{9}d_{u_2} &= \hat{\mu} - \bar{x}_2\bar{u}_2 = -0.2199887
\end{aligned}
$$

의 해이다. $d_\nu = 0.1370698$, $\mathbf{d}_\mathbf{u} = (-0.1370698, -0.2741396)$, $\mathbf{d}_\mathbf{x} = (-0.0473822, 0.0236909)$를 얻는다. 이것은 $\mathbf{w}_1 = \hat{\mathbf{w}} = (\hat{\mathbf{x}}, \hat{\mathbf{u}}, \hat{\nu}) = \bar{\mathbf{w}} + \mathbf{d}_\mathbf{x}$를 산출하며, 여기에서 $\hat{\mathbf{x}} = (0.17484, 0.9125797)$, $\hat{\mathbf{u}} = (3.8629302, 0.7258604)$, $\hat{\nu} = -0.8629302$이다. 쌍대성간극은 $\hat{\mathbf{u}} \cdot \hat{\mathbf{x}} = 1.3378 = 2\hat{\mu}$로 축소했음을 주목하자. 또한, $\hat{\mathbf{X}}\hat{\mathbf{U}}\mathbf{e} =$

$(\hat{x}_1\hat{u}_1, \hat{x}_2\hat{u}_2) = (0.6753947, 0.6624054) \neq \hat{\mu}\mathbf{e}$ 임을 주목하고, 그러므로 (9.39c)는 더 이상 성립하지 않으며 중앙경로에서 벗어나 있다. 그러나 $\| \hat{\mathbf{X}}\hat{\mathbf{U}}\mathbf{e} - \hat{\mu}\mathbf{e} \| = 0.009176 \leq \theta\hat{\mu} = 0.234115$ 이므로, (9.41)의 의미에서 $\hat{\mathbf{w}}$는 $\mathbf{w}_{\hat{\mu}}$에 충분히 가깝다.

독자는 연습문제 9.32에서 (거의[7]) 최적인 해가 구해질 때까지 반복계산을 계속해 보기 바란다. 아래에 주요 결과를 확립한다.

9.5.2 정리

$\bar{\mathbf{w}} = (\bar{\mathbf{x}}, \bar{\mathbf{u}}, \bar{\nu})$는 $\bar{\mathbf{x}} > \mathbf{0}$, $\bar{\mathbf{u}} > \mathbf{0}$을 갖는 $\bar{\mathbf{w}}$라 하고, $\mu = \bar{\mu}$는 (9.41)을 만족시킨다. $\hat{\mu} = \beta\bar{\mu}$를 고려해 보고, 여기에서 $0 < \beta < 1$는 다음 식

$$\beta = 1 - \delta / \sqrt{n}$$

$$\text{여기에서 } 0 < \delta < \sqrt{n}, \quad \frac{\theta^2 + \delta^2}{2(1-\theta)} \leq \theta\left(1 - \frac{\delta}{\sqrt{n}}\right), \quad 0 \leq \theta \leq \frac{1}{2} \tag{9.44}$$

이 성립한다(예를 들면, $\theta = \delta = 0.35$라고 택할 수 있다). 그렇다면 (9.43)에 따라[또는 (9.42)에 따라] 주어진 뉴톤방향 $\mathbf{d}_\mathbf{w}$를 따라 단위 스텝길이를 택해 생산한 해의 점 $\hat{\mathbf{w}} = \bar{\mathbf{w}} + \mathbf{d}_\mathbf{w}$에서 $\hat{\mathbf{x}} > \mathbf{0}$, $\hat{\mathbf{u}} > \mathbf{0}$이며, 또한 $\mu = \hat{\mu}$로 (9.41)을 만족시킨다. 그러므로 $(\mu_0, \mathbf{w}_0)$에서 출발하여 (9.41)을 만족시키면서 이 알고리즘은 각각의 반복계산에서 (9.41)을 만족시키고 $\{\mathbf{w}_k\}$의 임의의 집적점이 원래의 선형계획법 문제의 최적해가 되도록 하는 수열 $\{(\mu_k, \mathbf{w}_k)\}$을 생성한다.

증명 먼저, (9.42a), (9.42b)에서 다음 식

$$\mathbf{A}\hat{\mathbf{x}} = \mathbf{A}\bar{\mathbf{x}} = \mathbf{b}, \quad \mathbf{A}^t\hat{\nu} + \hat{\mathbf{u}} = \mathbf{A}^t\hat{\nu} + \bar{\mathbf{u}} = \mathbf{c} \tag{9.45}$$

을 주목하시오. 지금 $\| \hat{\mathbf{X}}\hat{\mathbf{U}}\mathbf{e} - \hat{\mu}\mathbf{e} \| \leq \theta\hat{\mu}$임을 보인다. $\mathbf{D}_\mathbf{x} = diag\ \{d_{x_1}, \cdots, d_{x_n}\}$, $\mathbf{D}_\mathbf{u} = diag\ \{d_{u_1}, \cdots, d_{u_n}\}$, $\mathbf{D} = (\bar{\mathbf{X}}^{-1}\bar{\mathbf{U}})^{1/2}$라고 나타내면, (9.42c)에서 다음 식

7) near

$$\| \hat{\mathbf{X}}\hat{\mathbf{U}}\mathbf{e} - \hat{\mu}\mathbf{e} \| = \left(\overline{\mathbf{X}} + \mathbf{D_x}\right)\left(\overline{\mathbf{U}} + \mathbf{D_u}\right)\mathbf{e} - \hat{\mu}\mathbf{e} = \mathbf{D_x}\mathbf{D_u}\mathbf{e} \tag{9.46}$$

을 얻는다. 더군다나 (9.42c)의 3개 식을 $\left(\overline{\mathbf{X}}\,\overline{\mathbf{U}}\right)^{-1/2}$로 곱하면 다음 식

$$\mathbf{D}\mathbf{D_x}\mathbf{e} + \mathbf{D}^{-1}\mathbf{D_u}\mathbf{e} = (\overline{\mathbf{X}}\,\overline{\mathbf{U}})^{-1/2}\left[\hat{\mu}\mathbf{e} - \overline{\mathbf{X}}\,\overline{\mathbf{U}}\mathbf{e}\right] \tag{9.47}$$

을 얻는다. 그러므로 다음 관계식

$$\| \hat{\mathbf{X}}\hat{\mathbf{U}}\mathbf{e} - \hat{\mu}\mathbf{e} \| = \| \mathbf{D_x}\mathbf{D_u}\mathbf{e} \| = \| (\mathbf{D}\mathbf{D_x})(\mathbf{D}^{-1}\mathbf{D_u})\mathbf{e} \| = \left| \sqrt{\sum_j (\pi_j \gamma_j)^2} \right|$$

이 성립하며, 여기에서 $\mathbf{D}\mathbf{D_x} \equiv diag\left\{\pi_1, \cdots, \pi_n\right\}$이며, 말하자면 $\mathbf{D}^{-1}\mathbf{D_u} \equiv diag\left\{\gamma_1, \cdots, \gamma_n\right\}$이다. (9.47)을 사용하고 $\overline{xu}_{min} \equiv min\left\{\bar{x}_j\bar{u}_j,\ j = 1, \cdots, n\right\}$의 표현을 사용하면 다음 식

$$\begin{aligned}
\| \hat{\mathbf{X}}\hat{\mathbf{U}}\mathbf{e} - \hat{\mu}\mathbf{e} \| &\le \sum_j \pi_j\gamma_j \le \frac{1}{2}\sum_j (\pi_j + \gamma_j)^2 \\
&= \frac{1}{2} \| \mathbf{D}\mathbf{D_x}\mathbf{e} + \mathbf{D}^{-1}\mathbf{D_u}\mathbf{e} \|^2 = \frac{1}{2} \| \left(\overline{\mathbf{X}}\,\overline{\mathbf{U}}\right)^{-1/2}\left[\hat{\mu}\mathbf{e} - \overline{\mathbf{X}}\,\overline{\mathbf{U}}\mathbf{e}\right] \|^2 \\
&= \frac{1}{2}\sum_j \frac{\left(\hat{\mu} - \bar{x}_j\bar{u}_j\right)^2}{\bar{x}_j\bar{u}_j} \le \frac{\Sigma_j\left(\hat{\mu} - \bar{x}_j\bar{u}_j\right)^2}{2\overline{xu}_{min}} = \frac{\| \overline{\mathbf{X}}\,\overline{\mathbf{U}}\mathbf{e} - \hat{\mu}\mathbf{e} \|^2}{2\overline{xu}_{min}}
\end{aligned} \tag{9.48}$$

을 얻는다. 그러나 $\mathbf{e} \cdot \left[\overline{\mathbf{X}}\,\overline{\mathbf{U}}\mathbf{e} - \hat{\mu}\mathbf{e}\right] = \bar{\mathbf{x}} \cdot \bar{\mathbf{u}} - n\bar{u} = 0$을 사용해 (9.41)에서 다음 식

$$\begin{aligned}
\| \overline{\mathbf{X}}\,\overline{\mathbf{U}}\mathbf{e} - \hat{\mu}\mathbf{e} \|^2 &= \| \overline{\mathbf{X}}\,\overline{\mathbf{U}}\mathbf{e} - \bar{\mu}\mathbf{e} + (\bar{\mu} - \hat{\mu})\mathbf{e} \|^2 \\
&= \| \overline{\mathbf{X}}\,\overline{\mathbf{U}}\mathbf{e} - \bar{\mu}\mathbf{e} \|^2 + n(\bar{\mu} - \hat{\mu})^2 \\
&\le \theta^2\bar{\mu}^2 + n\bar{\mu}^2(1-\beta)^2 = \bar{\mu}^2\left[\theta^2 + n(1-\beta)^2\right]
\end{aligned} \tag{9.49}$$

을 얻는다. 나아가서, (9.41)에서, $\| \overline{\mathbf{X}}\,\overline{\mathbf{U}}\mathbf{e} - \bar{\mu}\mathbf{e} \| \le \theta\bar{\mu}$임은 $\left|\bar{x}_j\bar{u}_j - \bar{\mu}\right| \le \theta\bar{\mu}$임을 의미하므로, 모든 $j = 1, \cdots, n$에 대해 $\bar{\mu} - \bar{x}_j\bar{u}_j \le \theta\bar{\mu}$의 부등식을 얻거나, 아니면 다음 식

$$\bar{x}_j \bar{u}_j \geq \bar{\mu}(1-\theta) \quad \forall j = 1, \cdots, n, \text{ 그래서 } \overline{xu}_{min} \geq \bar{x}\bar{\mu}(1-\theta) \quad (9.50)$$

을 얻는다. (9.49), (9.50)을 (9.48)에 사용하고, (9.44)를 주목하고, 다음 식

$$\| \hat{\mathbf{X}}\hat{\mathbf{U}}\mathbf{e} - \hat{\mu}\mathbf{e} \| \leq \frac{\bar{\mu}^2[\theta^2 + n(1-\beta)^2]}{2\bar{\mu}(1-\theta)} = \frac{\bar{\mu}[\theta^2 + \delta^2]}{2(1-\theta)} \leq \theta\beta\bar{\mu} = \theta\hat{\mu} \quad (9.51)$$

을 유도한다. 그러므로 $\| \hat{\mathbf{X}}\hat{\mathbf{U}}\mathbf{e} - \hat{\mu}\mathbf{e} \| \leq \theta\hat{\mu}$이다. 지금 $\hat{\mathbf{u}}\cdot\hat{\mathbf{x}} = n\hat{\mu}$임을 보이자. $\hat{\mathbf{w}} = \bar{\mathbf{w}} + \mathbf{d}_{\mathrm{w}}$를 사용해 다음 식

$$\begin{aligned}\hat{\mathbf{u}}\cdot\hat{\mathbf{x}} &= (\bar{\mathbf{u}} + \mathbf{d}_{\mathrm{u}})\cdot(\bar{\mathbf{x}} + \mathbf{d}_{\mathrm{x}}) = \bar{\mathbf{u}}\cdot\bar{\mathbf{x}} + \bar{\mathbf{u}}\cdot\mathbf{d}_{\mathrm{x}} + \mathbf{d}_{\mathrm{u}}\cdot\bar{\mathbf{x}} + \mathbf{d}_{\mathrm{u}}\cdot\mathbf{d}_{\mathrm{x}} \\ &= \mathbf{e}\cdot\left[\bar{\mathbf{X}}\bar{\mathbf{U}}\mathbf{e} + \bar{\mathbf{U}}\mathbf{d}_{\mathrm{x}} + \bar{\mathbf{X}}\mathbf{d}_{\mathrm{u}}\right] + \mathbf{d}_{\mathrm{u}}\cdot\mathbf{d}_{\mathrm{x}}\end{aligned}$$

을 얻는다. (9.42c)에서 [·] 내의 항은 $\hat{\mu}\mathbf{e}$이다. 더군다나 (9.42a, b)에서 $\mathbf{d}_{\mathrm{u}}\cdot\mathbf{d}_{\mathrm{x}} = -\mathbf{d}_{\nu}^t\mathbf{A}\mathbf{d}_{\mathrm{x}} = 0$임을 관측한다. 그러므로 이것은 $\hat{\mathbf{u}}\cdot\hat{\mathbf{x}} = \mathbf{e}\cdot(\hat{\mu}\mathbf{e}) = n\hat{\mu}$임을 말하고, (9.45), (9.51)과 함께, 이것은 $\mu = \hat{\mu}$로 $\hat{\mathbf{w}}$가 (9.41)을 만족시킴을 보여준다.

이 정리의 첫째 주장의 증명을 완결하기 위해, 지금 $\hat{\mathbf{x}} > \mathbf{0}$, $\hat{\mathbf{u}} > \mathbf{0}$임을 보여줄 필요가 있다. 이것을 위해, $\hat{\mathbf{w}}$, $\hat{\mu}$에 대해 설명한 (9.50)의 내용을 따라 다음 식

$$\hat{x}_j\hat{u}_j \geq \hat{\mu}(1-\theta) > 0 \qquad \forall j = 1, \cdots, n \quad (9.52)$$

을 얻는다. 그러므로, 각각의 $j = 1, \cdots, n$에 대해, $\hat{x}_j > 0$, $\hat{u}_j > 0$이든가, 아니면 $\hat{x}_j < 0$, $\hat{u}_j < 0$이다. 어떤 j에 대해 후자의 내용을 가정하면, 이와 반대로, $\hat{x}_j = \bar{x}_j + (\mathbf{d}_{\mathrm{x}})_j$, $\hat{u}_j = \bar{u}_j + (\mathbf{d}_{\mathrm{u}})_j$이므로, 여기에서 $\bar{x}_j > 0$이고 $\bar{u}_j > 0$이며, 그러므로 $(\mathbf{d}_{\mathrm{x}})_j < \hat{x}_j < 0$, $(\mathbf{d}_{\mathrm{u}})_j < \hat{u}_j < 0$을 얻는다; 그래서 (9.52)에서 다음 식

$$(\mathbf{d}_{\mathrm{x}})_j(\mathbf{d}_{\mathrm{u}})_j > \hat{x}_j\hat{u}_j \geq \hat{\mu}(1-\theta) \quad (9.53)$$

을 얻는다. 그러나 (9.46), (9.51)에서 다음 식

$$(\mathbf{d}_{\mathrm{x}})_j(\mathbf{d}_{\mathrm{u}})_j \le \| \mathbf{D}_{\mathrm{x}}\mathbf{D}_{\mathrm{u}}\mathbf{e} \| = \| \hat{\mathbf{X}}\hat{\mathbf{U}}\mathbf{e} - \hat{\mu}\mathbf{e} \| \le \hat{\mu}\theta \tag{9.54}$$

을 얻는다. 방정식 (9.53), (9.54)는 $\hat{\mu}(1-\theta) < \hat{\mu}\theta$ 또는 $\theta > 0.5$임을 의미하며, 이것은 (9.44)의 내용을 위반한다. 그러므로 $\hat{\mathbf{x}} > \mathbf{0}$, $\hat{\mathbf{u}} > \mathbf{0}$이다.

마지막으로 (9.41)을 관측하고, 앞서 말한 논증에서 이 알고리즘은 수열 $\{\mathbf{w}_k = (\mathbf{x}_k, \mathbf{u}_k, \nu_k)\}$과 다음 식

$$\mathbf{A}\mathbf{x}_k = \mathbf{b},\ \mathbf{x}_k > \mathbf{0},\ \mathbf{A}^t\nu_k + \mathbf{u}_k = \mathbf{c},\ \mathbf{u}_k > \mathbf{0},\ \mathbf{u}_k \cdot \mathbf{x}_k = n\mu_k = n\mu_0(\beta)^k \tag{9.55}$$

이 성립하도록 하는 수열 $\{\mu_k\}$를 생성한다. $k \to \infty$에 따라 $\beta^k \to 0$이므로 이 수열 $\{\mathbf{w}_k\}$의 임의의 집적점 $\mathbf{w}^* = (\mathbf{x}^*, \mathbf{u}^*, \nu^*)$은 '문제 P'의 필요충분 최적성 조건 (9.37)을 만족시키며, 그러므로 P의 원-쌍대 문제는 최적해를 산출한다. 이것으로 증명이 완결되었다. (증명 끝)

수렴율과 복잡도의 해석

(9.40)와 (9.55)에서 원-쌍대 실현가능해 $\mathbf{x}_k > \mathbf{0}$, ν_k의 쌍(여유변수 벡터 $\mathbf{u}_k > \mathbf{0}$을 갖고)에 관한 쌍대성간극 $\mathbf{c} \cdot \mathbf{x}_k - \mathbf{b} \cdot \nu_k$는 알고리즘으로 생성한 $\mathbf{u}_k \cdot \mathbf{x}_k = n\mu_k = n\mu_0(\beta)^k$과 같으며 등비(선형) 수렴율을 갖고 0에 접근함을 관측하시오. 나아가서 수렴율의 비율 β는 $\beta = 1 - (\delta/\sqrt{n})$로 주어지며, 이것은 δ의 고정값에 대해, n이 증가함에 따라 점점 더 느려지는 수렴율 행태를 의미하며 $n \to \infty$에 따라 1에 접근한다. 그러므로 실제 문제의 최적해를 구하는 견지에서, 알고리즘의 실행은 쌍대성간극에 기반해 μ를 더욱 빨리 0으로 축소하는 경향이 있으며[즉 $\mu_{k+1} = (\mathbf{c} \cdot \mathbf{x}_k - \mathbf{b} \cdot \nu_k)/\zeta(n)$을 택함으로, 여기에서 $n \ge 5{,}000$에 대해서는 $\zeta(n) = n^2$을 택하고, $n \le 5{,}000$에 대해 $\zeta(n) = n\sqrt{n}$을 택함으로], 또한 단순하게 단위 스텝크기를 택함보다는 $\mathbf{x}_k > \mathbf{0}$, $\mathbf{u}_k > \mathbf{0}$을 유지하면서, 뉴톤방향 $\mathbf{d}_{\mathrm{w}}$를 따라 선형탐색을 실행하게 된다.

이 알고리즘의 수정되지 않은 형태는 **다항식-횟수 복잡성**을 갖는 바람직한 특질을 소유한다. 이 내용은, 만약 P의 데이터가 모두 정수라면, 그리고 만약 L이 데이터를 표현함에 필요한 이진법 비트의 개수를 나타낸다면, 그러면 모수 m, n,

L로 정의한 것과 같이 **문제 크기에 있어 다항식**으로 위로 유계인 여러 기본연산(합산, 곱셈, 비교 등의 연산)을 사용하면서 이 알고리즘은 유한 회 이내에 '문제 P'의 '정확한 최적해'를 결정함을 의미한다. $\|\mathbf{x}_0\| < 2^L$, $\|\mathbf{u}_0\| < 2^L$로 출발할 수 있고 일단 쌍대성간극이 어떤 k에 대해 $\mathbf{u}_k \cdot \mathbf{x}_k \leq 2^{-2L}$이 되도록 한다면, 이 해 $\mathbf{w}_k$는, 최소한 현재 얻은 값만큼 좋은 정점해를 찾는 과정에 따라 다항식-횟수로 '정확한 최적해'로 **정화**될 수 있다(또는 반올림될 수 있다)는 것을 보일 수 있다('주해와 참고문헌' 절 참조). (9.55), (9.41)에서 다음 식

$$\mathbf{u}_k \cdot \mathbf{x}_k = n\mu_0(\beta)^k = \mathbf{u}_0 \cdot \mathbf{x}_0(\beta)^k < 2^{2L}(\beta)^k \leq 2^{-2L}$$

$$\beta^k \leq 2^{-4L}, \text{ 또는 } k \geq \frac{[4\ln(2)]L}{-\ln(\beta)} \text{ 일 때} \tag{9.56}$$

을 얻음을 주목하자. 그러나 양(+) 실수선 전체에 걸쳐 $\ln(\cdot)$의 오목성에 따라, (9.44)에서 $\ln(\beta) = \ln[1-(\delta/\sqrt{n})] \leq -(\delta/\sqrt{n})$이다; 그래서 $-\ln(\beta) \geq (\delta/\sqrt{n})$이다. 따라서 $k \geq [4\ln(2)L]/(\delta/\sqrt{n})$일 때, (9.56)은 성립하고, 그렇다면 '정확한 최적해'로 유한회 이내에 다항식-횟수로 이용할 수 있는 해를 정화할 수 있다. 그러므로 이것이 일어나기 전까지의 반복계산횟수는 상수 $\times \sqrt{n}L$에 의해 위로 유계이다; 이것은 복잡도 $O(\sqrt{n}L)$인 것으로 나타낸다. 왜냐하면 각각의 반복계산 자체는 n에 관한 다항식에 의해 위로 유계인 연산횟수를 요구하므로[하나의 반복계산에서 다음 반복계산으로 연립방정식 (9.42)의 해를 갱신하는 과정에 의해, 복잡도 $O(n^{2.5})$의 반복계산당 스텝이 얻어지는 방법에 대해 '주해와 참고문헌' 절을 참조하시오], 전체적 알고리즘은 **다항식-횟수 복잡성** $O(n^3L)$을 갖는다. '주해와 참고문헌' 절에서 독자는 하나의 반복계산에서 다음 반복계산으로 갈 때 슈퍼 선형수렴이 실현되도록 알고리즘의 다항식-횟수 행태를 훼손하지 않고, 적응적으로 모수를 변경해 알고리즘을 수정하는 것에 대한 토의를 참조하시오.

시작하기

원-쌍대 경로-추종 알고리즘의 토의를 종료하기 위해 이 절차를 초기화하는 방법을 보인다. 주어진 원문제 P와 쌍대문제 D의 쌍은 (9.41)이 성립하며, $\mathbf{x} > \mathbf{0}$, $\mathbf{u} > \mathbf{0}$인 원-쌍대 실현가능해 $\mathbf{w} = (\mathbf{x}, \mathbf{u}, \nu)$를 가질 필요가 없음을 주목하자. 그러므로 절 2.7처럼 이 요구를 달성하기 위해 인위 변수를 사용한다. 이를 위해, λ,

γ는 충분히 큰 스칼라라 한다(비록 이 값이 실제 계산에서 터무니없이 클 수 있지만 이론적으로 $\lambda = 2^{2L}$, $\gamma = 2^{4L}$이라고 택할 수 있다). 다음 식

$$M_1 = \lambda\gamma, \quad M_2 = \lambda\gamma(n+1) - \lambda(\mathbf{e}\cdot\mathbf{e})$$

을 정의한다. x_a는 단일 인위 변수라 하고 보조변수 x_{n+1}을 정의하고 쌍대문제 D′과 함께 다음의 (빅-M) 인위 원문제 P′를 고려해보자(절 2.7 참조):

$$\begin{aligned}
\text{P}' : \text{최소화} \quad & \mathbf{c}\cdot\mathbf{x} + M_1 x_a \\
\text{제약조건} \quad & \mathbf{A}\mathbf{x} + (\mathbf{b} - \lambda\mathbf{A}\mathbf{e})x_a = \mathbf{b} \\
& (\mathbf{c} - \gamma\mathbf{e})\cdot\mathbf{x} - \gamma x_{n+1} = -M_2 \\
& (\mathbf{x}, x_a, x_{n+1}) \geq \mathbf{0}.
\end{aligned}$$

$$\begin{aligned}
\text{D}' : \text{최대화} \quad & \mathbf{b}\cdot\boldsymbol{\nu} - M_2\nu_a \\
\text{제약조건} \quad & \mathbf{A}^t\boldsymbol{\nu} + (\mathbf{c} - \gamma\mathbf{e})\nu_a + \mathbf{u} = \mathbf{c} \\
& (\mathbf{b} - \lambda\mathbf{A}\mathbf{e})\cdot\boldsymbol{\nu} + u_a = M_1 \\
& -\gamma\nu_a + u_{n+1} = 0 \\
& (\mathbf{u}, u_a, u_{n+1}) \geq \mathbf{0} \\
& (\boldsymbol{\nu}, \nu_a) \text{ 제한 없음.}
\end{aligned} \tag{9.57}$$

다음 2개의 원-쌍대 해의 쌍

$$(\mathbf{x}^t, x_a, x_{n+1}) = (\lambda\mathbf{e}^t, 1, \lambda) > 0$$

과

$$\boldsymbol{\nu} = \mathbf{0}, \quad \nu_a = 1, \quad (\mathbf{u}^t, u_a, u_{n+1}) = (\gamma\mathbf{e}^t, \lambda\gamma, \gamma) > 0 \tag{9.58}$$

은 각각 P′, D′의 실현가능해이며, 더구나, 다음 식

$$x_j u_j = \lambda\gamma,\ j = 1, \cdots, n, \quad x_a u_a = \lambda\gamma, \quad x_{n+1}u_{n+1} = \lambda\gamma.$$

이 성립함을 쉽게 입증할 수 있다. 따라서, μ를 $\lambda\gamma$로 초기화하고, 이 해 (9.58)는

중앙경로에 존재하며, 따라서 (9.41)은 성립한다. 그러므로, 이 해는 P′, D′의 쌍의 해를 구하기 위한 방법을 초기화하기 위해 사용할 수 있다. 절 2.7에서 토의한 인위 변수 알고리즘과 같이, 만약 최적해에서 $x_a = \nu_a = 0$이라면, 상응하는 최적해 $\mathbf{x}$, $\boldsymbol{\nu}$는 P, D 각각의 최적해임을 보일 수 있다. 그렇지 않다면, 종료에서, 만약 $x_a > 0$, $\nu_a = 0$이라면 P는 실현불가능하다; 만약 $x_a = 0$, $\nu_a > 0$이라면 P는 무계이다; 그리고 만약 $x_a > 0$, $\nu_a > 0$이라면 P는 실현불가능하거나 아니면 무계이다. 마지막 케이스는 P를 절 2.7의 페이스-I 문제로 대체하고 최적해를 다시 구할 수 있다. 또한, P′의 사이즈는 다항식적으로 P의 사이즈에 관계되므로 이 알고리즘의 다항식-횟수 복잡성 특질은 유지된다.

예측자-수정자법

이 절의 결론을 내리면서, 계산상으로 대단히 효과적이며 **예측자-수정자법**이라 알려진 내점법의 변형에 대해 언급한다. 이 기법 뒤의 기본적 아이디어는 미분방정식의 수치해에 대해 실행되는 계승근사화 알고리즘에 근원을 두고 있다. 본질적으로, 이 알고리즘은 각각의 반복계산에서 2개의 계승적 벡터의 방향으로 스텝을 채택하는 것이다. 첫째는 시스템 (9.42)에 기반하지만, 이 시스템에서 사용한 $\hat{\mu} = 0$의 이상적 시나리오 아래 방향벡터를 채택하는 **예측자 스텝**이다. $\mathbf{d}'_{\mathbf{x}}$는 이렇게 구한 방향이라 하자. 임시로 수정된 반복계산점 $\mathbf{w}'$는 $\mathbf{w}' = \overline{\mathbf{w}} + \lambda \mathbf{d}'_{\mathbf{x}}$로 계산되며, 여기에서 스텝길이 λ는 $\mathbf{x}$-변수, $\mathbf{u}$-변수의 비음(-)성을 유지하는 최대 스텝 길이 λ_{max}에 가깝게 취한다(일반적으로 $\alpha = 0.95 - 0.99$일 때 $\lambda = \alpha\lambda_{max}$를 택한다). 그렇다면 만약 $n \leq 5{,}000$이라면 모수 μ의 수정된 값 $\hat{\mu}$은 $\hat{\mu} = \overline{\mu}/n$ 유형의 구도에 따라 결정되며, 만약 $n > 5{,}000$이라면 $\hat{\mu} = \overline{\mu}/\sqrt{n}$이며, 아니면 $\overline{\mathbf{w}}$와 $\mathbf{w}'$에서 최적성 간극 또는 상보여유성위반의 어떤 적절한 함수에 기반해 결정한다[방정식 (9.40), 연습문제 9.31 참조]. 섭동된 카루시-쿤-터커 연립방정식 (9.39)에 $\hat{\mu}$ 값을 사용하고 다음 식

$$\mathbf{x} = \overline{\mathbf{x}} + \mathbf{d}_{\mathbf{x}}, \quad \mathbf{u} = \overline{\mathbf{u}} + \mathbf{d}_{\mathbf{u}}, \quad \boldsymbol{\nu} = \overline{\boldsymbol{\nu}} + \mathbf{d}_{\nu} \tag{9.59}$$

으로 나타내면 이것을 사용하면 $\overline{\mathbf{w}} = (\overline{\mathbf{x}}, \overline{\mathbf{u}}, \overline{\boldsymbol{\nu}})$는 다음 식

$$\mathbf{A}\mathbf{d}_{\mathrm{x}} = \mathbf{0} \tag{9.60a}$$

$$\mathbf{A}^t\mathbf{d}_\nu + \mathbf{d}_{\mathrm{u}} = \mathbf{0} \tag{9.60b}$$

$$\overline{\mathbf{U}}\mathbf{d}_{\mathrm{x}} + \overline{\mathbf{X}}\mathbf{d}_{\mathrm{u}} = \hat{\mu}\mathbf{e} - \overline{\mathbf{X}}\,\overline{\mathbf{U}}\mathbf{e} - \mathbf{D}_{\mathrm{x}}\mathbf{D}_{\mathrm{u}}\mathbf{e} \tag{9.60c}$$

과 같이 (9.41)을 만족시키며, 여기에서 $\mathbf{D}_{\mathrm{x}} \equiv diag\left\{d_{x_1}, \cdots, d_{x_n}\right\}$, $\mathbf{D}_{\mathrm{u}} \equiv diag\left\{d_{u_1}, \cdots, d_{u_n}\right\}$이다. 만약 (9.60c)에서 이차식 항 $\mathbf{D}_{\mathrm{x}}\mathbf{D}_{\mathrm{u}}\mathbf{e} = \left(d_{x_j}d_{u_j}, j = 1, \cdots, n\right)$을 탈락시키면, 선형화된 시스템 (9.42)을 정확하게 얻음을 관측하시오.

지금 연립방정식 (9.60)에서 비선형 항을 단순히 무시하는 대신 (9.60c)의 이차식 항 $\mathbf{D}_{\mathrm{x}}\mathbf{D}_{\mathrm{u}}\mathbf{e}$를, $\mathbf{d}'_{\mathrm{w}}$에 의해 결정되는 것과 같은 평가치 $\left(d'_{x_j}d'_{u_j}, \; j = 1, \cdots, n\right)$로 대체하고 방향 $\mathbf{d}_{\mathrm{w}} \equiv \left(\mathbf{d}_{\mathrm{x}}, \mathbf{d}_{\mathrm{u}}, \mathbf{d}_\nu\right)$를 구하기 위해 연립방정식 (9.60)의 해를 구한다($\mathbf{d}'_{\mathrm{w}}$, $\mathbf{d}_{\mathrm{w}}$를 결정하는 연립방정식의 유사성 때문에, 후자의 방향벡터를 구하기 위해 전자의 방향벡터를 계산하기 위해 개발한 인수분해를 다시 활용할 수 있음을 주목하시오). 그렇다면 수정된 반복계산점 $\hat{\mathbf{w}}$는 $\hat{\mathbf{w}} = \overline{\mathbf{w}} + \mathbf{d}_{\mathrm{w}}$로 계산된다. 중앙경로를 향한 이와 같은 수정은 **수정자 스텝**이라고 알려진다. 비록 가장 최근의 방향벡터 성분을 사용해 (9.60c)의 이차식 우변을 평가하기 위해 유사한 방법으로 반복법을 사용해 연립방정식 (9.60)의 해를 구할 수 있지만, 이 방법은 계산상으로 추천할 만한 것이 아니라고 봄을 관측하시오. 그러므로, 실제로는 1개의 수정자 스텝이 채택된다. 이 주제에 대한 상세한 내용에 대해 독자는 '주해와 참고문헌' 절을 참조하시오.

연습문제

[9.1] 부등식 제약조건 $g_i(\mathbf{x}) \le 0 \;\; i = 1, \cdots, m$의 집합이 주어지면 다음 보조함수

$$f(\mathbf{x}) + \mu\sum_{i=1}^{m} max\left\{0, g_i(\mathbf{x})\right\},$$

$$f(\mathbf{x}) + \mu\sum_{i=1}^{m} \left[max\left\{0, g_i(\mathbf{x})\right\}\right]^2,$$

$$f(\mathbf{x}) + \mu\, max\left\{0, g_1(\mathbf{x}), \cdots, g_m(\mathbf{x})\right\},$$

$$f(\mathbf{x})+\mu\left[max\left\{0, g_1(\mathbf{x}),\ \cdots, g_m(\mathbf{x})\right\}\right]^2$$

의 어느 것이라도 사용할 수 있다. 이들 형태 사이에서 비교하시오. 각각의 장점과 단점은 무엇인가?

[9.2] 다음 문제

$$\begin{aligned} &\text{최소화} \quad 2e^{x_1}+3x_1^2+2x_1x_2+4x_2^2 \\ &\text{제약조건} \quad 3x_1+2x_2-6=0 \end{aligned}$$

를 고려해보자. $\mu=10$을 갖고 적절한 외부 페널티함수를 정식화하시오. 점 $(1,1)$에서 출발하여, 어떤 공액경도법의 반복계산을 2회 실행하시오.

[9.3] 이 연습문제는 페널티 모수를 수정하는 다양한 전략을 설명한다. 다음 문제

$$\begin{aligned} &\text{최소화} \quad 2(x_1-3)^2+(x_2-5)^2 \\ &\text{제약조건} \quad 2x_1^2-x_2\le 0 \end{aligned}$$

를 고려해보자. 보조함수 $2(x_1-3)^2+(x_2-5)^2+\mu\, max\left\{2x_1^2-x_2, 0\right\}$를 사용하고 점 $\mathbf{x}_1=(0, -3)$에서 출발하여, μ를 수정하기 위한 다음 전략 아래, 순회좌표 알고리즘을 채택해, 위 문제의 최적해를 구하시오:

a. $\mathbf{x}_1$에서 출발하여, $\mu_1=0.1$에 대해 페널티함수 문제의 최적해를 구하고 $\mathbf{x}_2$라는 결과를 얻고, $\mathbf{x}_2$에서 출발하여, $\mu_2=100$으로 놓고 문제의 최적해를 구하시오.

b. 제약 없는 최적점 $(3,5)$에서 출발하여, $\mu_2=100$에 대해 페널티문제의 최적해를 구하시오(이것은 $\mu_1=0$에 대해 파트 a와 유사하다).

c. $\mathbf{x}_1$에서 출발하여, 계승적으로 증가하는 $\mu=0.1$, 1.0, 10.0 값을 사용해, 절 9.2에서 설명한 알고리즘을 적용하시오.

d. $\mathbf{x}_1$에서 출발하여, $\mu_1=100.0$의 페널티함수 문제의 최적해를 구하시오.

독자는 위의 어떤 전략을 추천하는가? 왜 그런가? 또한, 위의 각각의 케이스에서,

단일 제약조건에 연관된 라그랑지 승수 평가치를 유도하시오.

[9.4] 다음 문제

$$\begin{aligned} \text{최소화} \quad & x_1^2 + 2x_2^2 \\ \text{제약조건} \quad & 2x_1 + 3x_2 - 6 \leq 0 \\ & -x_2 + 1 \leq 0 \end{aligned}$$

를 고려해보자.

a. 문제의 최적해를 구하시오.
b. 초기 페널티 모수 $\mu = 1$을 사용해 적절한 함수를 정식화하시오.
c. 점 $(2, 4)$에서 출발하여 적절한 제약 없는 최소화기법에 의해 결과로 나타나는 문제의 최적해를 구하시오.
d. 페널티 모수 μ를 10으로 대체하시오. 파트 c에서 구한 점에서 출발하여, 결과로 나타나는 문제의 최적해를 구하시오.

[9.5] 다음 문제

$$\begin{aligned} \text{최소화} \quad & 2x_1^2 - 3x_1x_2 + x_2^2 \\ \text{제약조건} \quad & x_1^2 - x_2 + 3 \leq 0 \\ & 3x_1 + 2x_2 - 6 \leq 0 \\ & x_1, \quad x_2 \geq 0 \end{aligned}$$

를 고려해보자. 점 $(0, 0)$에서 출발하여 각각의 X의 명세에 대해 외부 페널티함수법에 따라 위 문제의 최적해를 구하시오:

a. $X = \Re^n$.
b. $X = \{(x_1, x_2) \mid x_1 \geq 0,\ x_2 \geq 0\}$.
c. $X = \{(x_1, x_2) \mid 3x_1 + 2x_2 - 6 \leq 0,\ x_1 \geq 0,\ x_2 \geq 0\}$.

(제10장에서 선형제약조건을 취급하는 효과적 방법을 토의한다.) 위의 3개 선택적 알고리즘을 비교하시오. 어느 것을 독자는 추천하는가?

[9.6] 최소화 x^3 제약조건 $x=1$ 문제를 고려해보자. 명백하게, 최적해는 $\bar{x}=1$ 이다. 지금 $x^3+\mu(x-1)^2$을 최소화하는 문제를 고려해보자.

- a. $\mu=1.0, 10.0, 100.0, 1{,}000.0$에 대해 x의 함수로 $x^3+\mu(x-1)^2$를 도식화하시오. 그리고 각각의 케이스에 대해 함수의 도함수가 0이 되는 점을 구하시오. 또한, 최적해는 무계임을 입증하시오.
- b. 임의의 주어진 μ에 대해 페널티문제의 최적해는 무계이며 그래서 정리 9.2.2의 결론은 성립하지 않음을 보이고, 토의하시오.
- c. $\mu=1.0, 10.0, 100.0, 1{,}000.0$에 대해, 추가된 제약조건 $|x|\le 2$을 갖고 페널티함수 문제의 최적해를 구하시오.

[9.7] 다음 문제

$$\begin{aligned} \text{최소화} \quad & x_1^3+x_2^3 \\ \text{제약조건} \quad & x_1+x_2-1=0 \end{aligned}$$

를 고려해보자.

- a. 문제의 하나의 최적해를 찾으시오.
- b. 다음 페널티함수 문제

  $$\text{최소화 } x_1^3+x_2^3+\mu(x_1+x_2-1)^2$$

  를 고려해보자. 각각의 $\mu>0$에 대해 최적해는 무계임을 입증하시오.
- c. 정리 9.2.2의 결론이 성립하지 않기 위해 파트 a, b의 최적해는 다른 목적함숫값을 가짐을 주목하자. 설명하시오.
- d. 이 문제에 제약조건 $|x_1|\le 1$, $|x_2|\le 1$을 추가하고, $X=\{(x_1, x_2) \mid |x_1|\le 1,\ |x_2|\le 1\}$이라고 놓는다. 페널티 함수 문제는 다음 식

  $$\begin{aligned} \text{최소화} \quad & x_1^3+x_2^3+\mu(x_1+x_2-1)^2 \\ \text{제약조건} \quad & |x_1|\le 1,\ |x_2|\le 1 \end{aligned}$$

과 같이 된다. 하나의 주어진 $\mu>0$에 대해 최적해가 무엇인가? $\mu\to\infty$에 따라

최적해의 수열의 극한은 무엇인가? 집합 X를 추가하면, 정리 9.2.2의 결론은 성립한다는 것을 주목하자.

[9.8] 4개 기존시설에서의 거리를 제곱한 값의 합을 최소화하도록 새로운 시설의 위치를 정해야 한다. 4개 시설은 점 $(2,3)$, $(-3,2)$, $(3,4)$, $(-5,\ -2)$에 위치한다. 만약 새로운 시설의 좌표가 x_1, x_2라면, x_1, x_2는 제한 $3x_1+2x_2=6$, $x_1 \geq 0$, $x_2 \geq 0$을 반드시 만족시켜야 한다고 가정하시오.

a. 문제를 정식화하시오.

b. 목적함수는 볼록임을 보이시오.

c. 카루시-쿤-터커 조건을 이용해 하나의 최적해를 구하시오.

d. 적절한 제약 없는 최적화 기법을 사용해 페널티함수법에 의해 문제의 최적해를 구하시오.

[9.9] 외부 페널티함수 문제는 다음과 같이 정식화할 수 있다: $sup_{\mu \geq 0}\, inf_{\mathbf{x} \in X} \{f(\mathbf{x})+\mu\alpha(\mathbf{x})\}$를 구하고, 여기에서 α는 적절한 페널티함수이다.

a. 원문제는 $inf_{\mathbf{x} \in X}\, sup_{\mu \geq 0} \{f(\mathbf{x})+\mu\alpha(\mathbf{x})\}$를 찾는 것과 등가임을 보이시오. 이 사실에서, 원문제와 페널티함수 문제는 최소-최대 쌍대문제의 쌍으로 해석할 수 있음을 주목하자.

b. 정리 9.2.2에서 f 또는 α에 관한 아무런 가정도 없이 다음 내용

$$\underset{\mathbf{x} \in X}{inf}\ \underset{\mu \geq 0}{sup} \{f(\mathbf{x})+\mu\alpha(\mathbf{x})\} = \underset{\mu \geq 0}{sup}\ \underset{\mathbf{x} \in X}{inf} \{f(\mathbf{x})+\mu\alpha(\mathbf{x})\}$$

이 주어졌지만 제6장의 라그랑지 쌍대문제에 대해, 원문제와 쌍대문제의 목적함수의 최적값이 동일하다는 것을 보장하기 위해 적절한 볼록성 가정을 했어야 한다. 그림 9.3의 토의에 관계해 의견을 제시하시오.

[9.10] (9.14)로 주어진 문제를 고려하고, 이 문제는 $\mathbf{x}^*$에서 하나의 국소최소해를 갖는다고 가정하고, 여기에서 $\mathbf{x}^*$는 하나의 유일한 라그랑지 승수 $\boldsymbol{\nu}^*$와 연관된 레귤러 점이며, 그리고 $\mathbf{x}$에 관한 라그랑지안 $f(\mathbf{x})+\mu\boldsymbol{\Sigma}_{i=1}^{\ell} h_i^2(\mathbf{x})+\boldsymbol{\Sigma}_{i=1}^{\ell} \nu_i^* h_i(\mathbf{x})$

의 헤시안은 $\mathbf{x} = \mathbf{x}^*$에서 양정부호이다. 다음과 같은 라그랑지 쌍대함수 $\theta(\boldsymbol{\nu}) = min\{f(\mathbf{x}) + \mu\boldsymbol{\Sigma}_{i=1}^{\ell} h_i^2(\mathbf{x}) + \boldsymbol{\Sigma}_{i=1}^{\ell}\nu_i h_i^2(\mathbf{x}) | \mathbf{x}$는 $\mathbf{x}^*$의 충분히 작은 근방에 존재한다$\}$를 정의한다. $\boldsymbol{\nu}^*$의 어떤 근방에서 각각의 $\boldsymbol{\nu}$에 대해 $\theta(\boldsymbol{\nu})$ 값을 계산하는 유일한 $\mathbf{x}(\boldsymbol{\nu})$가 존재하고 더구나 $\mathbf{x}(\boldsymbol{\nu})$는 $\boldsymbol{\nu}$에 관해 연속 미분가능한 함수임을 보이시오.

[9.11] 최소화 $f(\mathbf{x})$ 제약조건 $g_i(\mathbf{x}) \le 0 \ i = 1, \cdots, m \ h_i(\mathbf{x}) = 0 \ i = 1, \cdots, \ell$ 문제를 고려해보자. 하나의 주어진 $\mu > 0$에 대해 $min_{\mathbf{x}}\{f(\mathbf{x}) + \mu[\boldsymbol{\Sigma}_{i=1}^{\ell} max^2 \{0, g_i(\mathbf{x})\} + \boldsymbol{\Sigma}_{i=1}^{\ell} h_i^2(\mathbf{x})]\}$ 문제를 $min_{\mathbf{x}}\{\mu \| \boldsymbol{\varepsilon} \|^2 + \nu(\boldsymbol{\varepsilon})\}$에 의해 해석하고, 여기에서 ν는 식 (6.9)로 주어진 섭동함수이다.

[9.12] $X = \{\mathbf{x} \mid g_i(\mathbf{x}) \le 0, \ i = m+1, \cdots, m+M, \ h_i(\mathbf{x}) = 0 \ \ i = \ell+1, \cdots, \ell + L\}$이라 한다. 절 9.2의 계산과 같이 외부 페널티함수를 사용할 때 최적해에서 카루시-쿤-터커 라그랑지 승수의 유도를 따라, 어떻게 그리고 어떤 조건 아래, 최적해에서, 최소화 $f(\mathbf{x})$ 제약조건 $g_i(\mathbf{x}) \le 0 \ i = 1, \cdots, m \ h_i(\mathbf{x}) = 0 \ i = 1, \cdots, \ell \ \ \mathbf{x} \in X$ 문제의 모든 라그랑지 승수를 찾을 수 있는지 보이시오.

[9.13] 최소화 $f(\mathbf{x})$ 제약조건 $g_i(\mathbf{x}) \le 0 \ \ i = 1, \cdots, m \ h_i(\mathbf{x}) = 0 \ \ i = 1, \cdots, \ell$의 '문제 P'를 고려해보자. $F_E(\mathbf{x})$는 식 (9.8)으로 정의한 '정확한 절댓값 페널티함수'라 하자. 만약 $\overline{\mathbf{x}}$가 정리 4.4.2에서 기술한 바와 같이 P의 국소최소해의 2-계 충분성조건을 만족시킨다고 하면, 최소한 정리 9.3.1에 주어진 크기만큼 큰 μ에 대해, $\overline{\mathbf{x}}$는 역시 F_E의 국소최소해이다.

[9.14] 최소화 $f(\mathbf{x})$ 제약조건 $g_i(\mathbf{x}) \le 0 \ \ i = 1, \cdots, m \ h_i(\mathbf{x}) = 0 \ i = 1, \cdots, \ell$의 '문제 P'를 고려해보자. $(\overline{\mathbf{u}}, \overline{\boldsymbol{\nu}})$이 주어지면, '증강된 라그랑지 함수 안쪽 최소화' 문제 (9.26)을 고려해보고, $\mathbf{x}_k$는 최소화하는 해라고 가정하고, 그래서 $\nabla_{\mathbf{x}} F_{\text{ALAG}}(\mathbf{x}_k, \overline{\mathbf{u}}, \overline{\boldsymbol{\nu}}) = \mathbf{0}$이다. (9.19), (9.27)로 정의한 바와 같이 $(\overline{\mathbf{u}}_{new}, \overline{\boldsymbol{\nu}}_{new})$가 $\nabla_{\mathbf{x}} \mathcal{L}(\mathbf{x}_k, \overline{\mathbf{u}}_{\text{new}}, \overline{\boldsymbol{\nu}}_{\text{new}}) = \mathbf{0}$이 되도록 요구하면 $(\overline{\mathbf{u}}_{new}, \overline{\boldsymbol{\nu}}_{new})$을 얻음을 보이고, 여기에서 $\mathcal{L}(\mathbf{x}, \mathbf{u}, \boldsymbol{\nu})$는 통상의 '문제 P'의 라그랑지 함수이다.

[9.15] 승수법을 사용해 라그랑지 승수 $\nu_1 = \nu_2 = 0$과 페널티 모수 $\mu_1 = \mu_2 = 1.0$을 갖고 출발하여 다음 문제

$$\begin{aligned} \text{최소화} \quad & 3x_1 + 2x_2 - 2x_3 \\ \text{제약조건} \quad & x_1^2 + x_2^2 + x_3^2 = 16 \\ & 2x_1 - 2x_2^2 + x_3 = 1 \end{aligned}$$

의 최적해를 구하시오.

[9.16] P를 정의한다: 최소화 $\{f(\mathbf{x}) \mid g_i(\mathbf{x}) \le 0 \;\; i=1, \cdots, m, \;\; h_i(\mathbf{x}) = 0, \;\; i = 1, \cdots, \ell\}$ 그리고 P'을 정의한다: 최소화 $\{f(\mathbf{x}) \mid g_i(\mathbf{x}) + s_i^2 = 0 \;\; i = 1, \cdots, m, \; h_i(\mathbf{x}) = 0 \quad i = 1, \cdots, \ell\}$. $\bar{\mathbf{x}}$는 엄격한 상보여유성 조건이 성립하도록 하는, 부등식과 등식 제약조건 각각에 연관된 라그랑지 승수 $\bar{\mathbf{u}}$, $\bar{\boldsymbol{\nu}}$를 갖는 P의 하나의 카루시-쿤-터커 점이라고 한다. 다시 말하자면, 모든 $i = 1, \cdots, m$에 대해 $\bar{u}_i g_i(\bar{\mathbf{x}}) = 0$이며, $i \in I(\bar{\mathbf{x}}) = \{i \mid g_i(\bar{\mathbf{x}}) = 0\}$에 대해 $\bar{u}_i > 0$이다. 더군다나 '문제 P'에 있어, $\bar{\mathbf{x}}$에서 정리 4.4.2의 2-계 충분성조건이 성립한다고 가정한다. "문제 P'"의 카루시-쿤-터커 조건과 2-계 충분성조건을 작성하고 $(\bar{\mathbf{x}}, \bar{\mathbf{s}}, \bar{\mathbf{u}}, \bar{\boldsymbol{\nu}})$에서 이들 조건이 만족됨을 입증하고, 여기에서, 모든 $i = 1, \cdots, m$에 대해 $\bar{s}_i^2 = -g_i(\bar{\mathbf{x}})$이다. 엄격한 상보여유성 가정의 중요성을 적시하시오.

[9.17] $f(\mathbf{x})$ 제약조건 $h_i(\mathbf{x}) = 0 \;\; i = 1, \cdots, \ell$ 문제를 고려해보고, 여기에서 f와 $h_1, \cdots, h_\ell$은 연속 2회 미분가능하다. 임의의 $\boldsymbol{\varepsilon} = (\varepsilon_1, \cdots, \varepsilon_\ell)$이 주어지면, 섭동된 문제 P$(\boldsymbol{\varepsilon})$: 최소화 $\{f(\mathbf{x}) \mid h_i(\mathbf{x}) = \varepsilon_i \quad i = 1, \cdots, \ell\}$을 정의한다. P는 레귤러 점인 국소최소해 $\bar{\mathbf{x}}$를 가지며 $\bar{\mathbf{x}}$는 상응하는 유일한 라그랑지 승수 $\bar{\boldsymbol{\nu}}$와 함께 엄격한 국소최소해가 되기 위한 2-계 충분성조건을 만족시킨다고 가정한다. 그렇다면, $\boldsymbol{\varepsilon} = \mathbf{0}$ 근방에서 각각의 $\boldsymbol{\varepsilon}$에 대해, (i) $\mathbf{x}(\boldsymbol{\varepsilon})$는 국소최소해 P$(\boldsymbol{\varepsilon})$에 대해; (ii) $\mathbf{x}(\boldsymbol{\varepsilon})$는 $\mathbf{x}(\mathbf{0}) = \bar{\mathbf{x}}$를 갖고 $\boldsymbol{\varepsilon}$의 연속함수이다; (iii) $i = 1, \cdots, \ell$에 대해 $\partial f[\mathbf{x}(\boldsymbol{\varepsilon})]/\partial \varepsilon_i|_{\boldsymbol{\varepsilon}=0} = \nabla_{\mathbf{x}} f(\bar{\mathbf{x}}) \cdot \nabla_{\varepsilon_i} \mathbf{x}(\mathbf{0}) = -\bar{\nu}_i$이 되도록 하는 해 $\mathbf{x}(\boldsymbol{\varepsilon})$이 존재함을 보이시오(**힌트**: $\mathbf{x}(\boldsymbol{\varepsilon})$의 존재를 보이기 위해 $\bar{\mathbf{x}}$의 레귤러리티 조건과 2-계

충분성조건을 사용하시오. 그렇다면 연쇄규칙에 따라, 요구되는 편도함수는 $\nabla f(\bar{\mathbf{x}})\cdot \nabla_{\varepsilon_i}\mathbf{x}(0)$과 같으며, 편도함수는 카루시-쿤-터커 조건에서 또다시 $-\Sigma_j \bar{\nu}_j \nabla h_j(\bar{\mathbf{x}})\cdot \nabla_{\varepsilon_i}\mathbf{x}(0)$과 같다. 지금, 유도를 완성하기 위해 $\mathbf{h}[\mathbf{x}(\boldsymbol{\varepsilon})]=\boldsymbol{\varepsilon}$을 사용한다).

[9.18] 다음 문제

$$
\begin{aligned}
&\text{최소화} \quad (x_1-5)^2+(x_2-3)^2 \\
&\text{제약조건} \quad 3x_1+2x_2 \le 6 \\
&\qquad\qquad -4x_1+2x_2 \le 4
\end{aligned}
$$

를 고려해보자. 초기 모수를 1로 해 적절한 장벽함수 문제를 정식화하시오. 장벽함수 문제의 최적해를 구하기 위해 점 $(0,0)$에서 출발하여 제약 없는 최적화 기법을 사용하시오. 라그랑지 승수의 평가치를 제공하시오.

[9.19] 최소화 $f(\mathbf{x})$ 제약조건 $g_i(\mathbf{x}) \le 0 \quad i=1,\cdots,m \ \mathbf{x}\in X$ 문제를 고려해보자. 여기에서 $X=\{\mathbf{x} \mid g_i(\mathbf{x}) \le 0 \ \ i=m+1,\cdots,m+M, \ \ h_i(\mathbf{x})=0 \ \ i=1,\cdots,\ell\}$이다. 절 9.4에서 토의한 바와 같이, $X\equiv \Re^n$ 대신, 위에서 정의한 X를 갖고 장벽함수법의 최적해에서 라그랑지 승수의 유도를 확장하시오.

[9.20] 등식 제약조건 $h_i(\mathbf{x})=0$을 다음 형태

$a.$ $h_i^2(\mathbf{x}) \le \varepsilon$,

$b.$ $|h_i(\mathbf{x})| \le \varepsilon$

$c.$ $h_i(\mathbf{x}) \le \varepsilon, -h_i(\mathbf{x}) \le \varepsilon$,

가운데 하나로 대체함으로, 장벽함수는 등식 제약조건을 취급하기 위해 사용할 수 있으며, 여기에서 $\varepsilon>0$는 작은 값의 스칼라이다. 이들 정식화가 의미하는 내용을 상세하게 토의하시오. $\varepsilon=0.05$로 하고 이 알고리즘을 사용해 다음 문제

$$\text{최소화} \quad 2x_1^2+x_2^2$$

제약조건 $3x_1 + 2x_2 = 6$

의 최적해를 구하시오.

[9.21] 이 연습문제는 장벽모수 μ를 수정하기 위한 여러 가지 전략을 설명한다. 다음 문제

최소화 $2(x_1 - 3)^2 + (x_2 - 5)^2$

제약조건 $2x_1^2 - x_2 \le 0$

를 고려해보자. 보조함수 $2(x_1 - 3)^2 + (x_2 - 5)^2 - \mu\left[1/\left(2x_1^2 - x_2\right)\right]$을 사용하고, $\mathbf{x}_1 = (0, 10)$에서 출발하여, 순회좌표 알고리즘을 채택해 μ를 수정하는 다음 전략 아래, 위 문제의 최적해를 구하시오:

a. $\mathbf{x}_1$에서 출발하여, $\mu_1 = 10.0$에 대해 장벽함수 문제의 최적해를 구하고 $\mathbf{x}_2$라는 결과를 구하시오. 그렇다면 $\mathbf{x}_2$에서 출발하여 $\mu_2 = 0.01$을 갖고, 문제의 최적해를 구하시오.

b. 점 $(0, 10)$에서 출발하여, $\mu_1 = 0.01$에 대해 장벽함수 문제의 최적해를 구하시오.

c. $\mu = 10.0,\ 1.00,\ 0.10,\ 0.01$의 계속적으로 감소하는 값을 사용해 절 9.3에서 설명한 알고리즘을 적용하시오.

d. $\mathbf{x}_1$에서 출발하여, $\mu_1 = 0.001$에 대해 장벽문제의 최적해를 구하시오.

위의 전략 가운데 독자는 어떤 것을 추천하는가? 그렇다면 왜 그런가? 또한, 위의 각각의 케이스에서 단일 제약조건에 연관된 라그랑지 승수의 평가치를 유도하시오.

[9.22] 여러 가지 외부 페널티함수법과 내부장벽함수법을 상세하게 비교하시오. 2개 알고리즘의 장점, 단점을 강조하시오.

[9.23] 이 장에서 토의한 알고리즘에서, 모든 제약조건에 대해 동일한 페널티 모수 또는 장벽모수를 자주 사용했다. 여러 가지 제약조건에 대해 서로 다른 모수를 사용하는 것의 장점이 있는가? 이들 모수를 갱신하기 위한 구도를 제안하시오. 이 상

황을 처리하기 위해 정리 9.2.2, 9.4.3을 어떻게 수정할 것인가?

[9.24] 장벽함수법을 사용하기 위해, $i=1, \cdots, m$에 대해 $g_i(\mathbf{x})<0$인 하나의 점 $\mathbf{x} \in X$를 반드시 구해야 한다. 이러한 점을 얻기 위해 다음 절차를 제안한다.

초기화 스텝 $\mathbf{x}_1 \in X$를 선택하고, $k=1$로 놓고 메인 스텝으로 간다.

메인 스텝 1. $I=\{i \mid g_i(\mathbf{x}_k)<0\}$이라 한다. 만약 $I=\{1, \cdots, m\}$이라면 모든 i에 대해 $g_i(\mathbf{x}_k)<0$이 되도록 하는 $\mathbf{x}_k$를 얻고 중지한다. 그렇지 않다면 $j \notin I$를 선택하고 스텝 2로 간다.

2. $\mathbf{x}_k$에서 출발하여 다음 문제

$$\begin{aligned} \text{최소화} \quad & g_j(\mathbf{x}) \\ \text{제약조건} \quad & g_i(\mathbf{x})<0 \quad i \in I \\ & \mathbf{x} \in X \end{aligned}$$

의 최적해를 구하기 위해 장벽함수법을 사용하시오. $\mathbf{x}_{k+1}$를 하나의 최적해라 하자. 만약 $g_j(\mathbf{x}_{k+1}) \geq 0$이라면 중지한다; 집합 $\{\mathbf{x} \in X \mid g_i(\mathbf{x})<0,\ i=1, \cdots, m\}$은 공집합이다. 그렇지 않다면 k를 $k+1$로 대체하고 스텝 1로 간다.

a. 위의 알고리즘은, 많아야 m회의 반복계산 후, $i=1, \cdots, m$에 대해 $g_i(\mathbf{x})<0$이 되도록 하는 하나의 점 $\mathbf{x} \in X$를 얻고 중지하거나, 또는 이러한 점은 존재하지 않는다는 결론을 얻고 중지함을 보이시오.

b. 위의 알고리즘을 사용해, 점 $(2,0)$에서 출발하여, $2x_1+x_2<2$, $2x_1^2-x_2<0$을 만족시키는 하나의 점을 찾으시오.

[9.25] 최소화 $f(\mathbf{x})$ 제약조건 $\mathbf{x} \in X$, $g_i(\mathbf{x}) \leq 0$ $i=1, \cdots, m$ $h_i(\mathbf{x})=0$ $i=1, \cdots, \ell$ 문제를 고려해보자. **혼합 페널티-장벽 보조함수**는 $f(\mathbf{x})+\mu B(\mathbf{x})+(1/\mu)\alpha(\mathbf{x})$ 형태이며, 여기에서 B는 부등식 제약조건을 다루는 장벽함수이며 α는 등식 제약조건을 다루는 페널티함수이다. 다음 결과

$$inf\{f(\mathbf{x})|\mathbf{g}(\mathbf{x}) \le \mathbf{0},\ \mathbf{h}(\mathbf{x})=\mathbf{0},\ \mathbf{x} \in X\} = \lim_{\mu \to 0^+} \sigma(\mu)\Big\}$$

$\mu \to 0^+$에 따라 $\mu B(\mathbf{x}_\mu) \to 0$, $1/\mu\, \alpha(\mathbf{x}_\mu) \to 0$,

여기에서

$$\sigma(\mu) \equiv inf\left\{f(\mathbf{x}) + \mu B(\mathbf{x}) + \frac{1}{\mu}\alpha(\mathbf{x}) \,\middle|\, \mathbf{x} \in X,\ \mathbf{g}(\mathbf{x}) < \mathbf{0}\right\}$$
$$= f(\mathbf{x}_\mu) + \mu B(\mathbf{x}_\mu) + \frac{1}{\mu}\alpha(\mathbf{x}_\mu)$$

는 정리 9.2.2, 9.4.3을 일반화한다.

a. 적절한 가정을 한 후, 위 결과를 증명하시오.

b. 혼합 페널티-장벽 함수법을 사용해 비선형계획법 문제의 최적해를 구하기 위한 '정확한 알고리즘'을 제시하시오. 그리고 다음 문제

최소화 $3e^{x_1} - 2x_1x_2 + 2x_2^2$

제약조건 $x_1^2 + x_2^2 = 9$

$3x_1 + 2x_2 \le 6$

의 최적해를 구하고 예시하시오.

c. 혼합 페널티-장벽 보조함수는 $f(\mathbf{x}) + \mu_1 B(\mathbf{x}) + (1/\mu_2)\alpha(\mathbf{x})$ 형태가 되도록 하는 2개 모수 μ_1, μ_2를 사용할 수 있는가의 가능성을 토의하시오. 점 $(0,0)$에서 출발하고 초기에 $\mu_1 = 1.0$, $\mu_2 = 2.0$이라고 놓고 이 알고리즘을 사용해, 적절한 제약 없는 최적화 기법을 사용해 다음 문제

최대화 $-2x_1^2 + 2x_1x_2 + 3x_2^2 - e^{-x_1 - x_2}$

제약조건 $x_1^2 + x_2^2 - 9 = 0$

$3x_1 + 2x_2 \le 6$

의 최적해를 구하시오.

(이 연습문제에서 설명한 방법은 피애코 & 맥코믹[1968]의 공로라고 알려진다.)

[9.26] 이 연습문제에서 최소화 $f(\mathbf{x})$ 제약조건 $g_i(\mathbf{x}) \le 0\ i=1, \cdots, m\ h_i(\mathbf{x})=0\ i=1, \cdots, \ell$ 형태인 문제의 최적해를 구하기 위한 **모수 없는 페널티함수법**을 설명한다.

초기화 스텝 스칼라 $L_1 < inf\{f(\mathbf{x}) | g_i(\mathbf{x}) \le 0,\ \ i=1, \cdots, m\}$를 선택하고, $k=1$이라 하고 메인 스텝으로 간다.

메인 스텝 다음 문제

$$\begin{aligned} &\text{최소화} && \beta(\mathbf{x}) \\ &\text{제약조건} && \mathbf{x} \in \Re^n \end{aligned}$$

의 최적해를 구하며, 여기에서 $\beta(\mathbf{x})$는 다음 식

$$\beta(\mathbf{x}) = \left[max\{0, f(\mathbf{x}) - L_k\}\right]^2 + \sum_{i=1}^{m}\left[max\{0, g_i(\mathbf{x})\}\right]^2 + \sum_{i=1}^{\ell}|h_i(\mathbf{x})|^2$$

과 같다. $\mathbf{x}_k$는 하나의 최적해라 하고, $L_{k+1} = f(\mathbf{x}_k)$로 놓고 k를 $k+1$로 대체하고 메인 스텝을 반복한다.

a. 위의 알고리즘에 의해 $L_1 = 0$로 해 점 $\mathbf{x} = (0, -3)$에서 최적화과정을 초기화해, 다음 문제

$$\begin{aligned} &\text{최소화} && 2(x_1-3)^2 + (x_2-5)^2 \\ &\text{제약조건} && 2x_1^2 - x_2 \le 0 \end{aligned}$$

의 최적해를 구하시오.

b. 파트 a, 연습문제 9.3에서 생성한 점의 궤적을 비교하시오.

c. 반복계산 k에서 만약 $\mathbf{x}_k$가 원래의 문제의 실현가능해라면 $\mathbf{x}_k$는 반드시 최적해이어야 함을 보이시오.

d. 위의 방법이 하나의 최적해로 수렴하기 위한 가정을 제시하고 수렴을 증명하시오.

[9.27] 이 연습문제에서 최소화 $f(\mathbf{x})$ 제약조건 $g_i(\mathbf{x}) \le 0 \ \ i=1, \cdots, m$ 형태인 문제의 최적해를 구하기 위한 **모수 없는 장벽함수법**을 설명한다.

초기화 스텝 $i=1, \cdots, m$에 대해 $g_i(\mathbf{x}_1) < 0$이 되도록 하는 $\mathbf{x}_1$을 선택한다. $k=1$이라고 놓고 메인 스텝으로 간다.

메인 스텝 $X_k = \{\mathbf{x} \mid f(\mathbf{x}) - f(\mathbf{x}_k) < 0, \ \ g_i(\mathbf{x}) < 0 \quad i=1, \cdots, m\}$이라고 놓고 $\mathbf{x}_{k+1}$를 다음 문제

$$\begin{aligned} &\text{최소화} \quad \frac{-1}{f(\mathbf{x}) - f(\mathbf{x}_k)} - \sum_{i=1}^{m} \frac{1}{g_i(\mathbf{x})} \\ &\text{제약조건} \quad \mathbf{x} \in X_k \end{aligned}$$

의 하나의 최적해라 하자. k를 $k+1$로 대체하고 메인 스텝을 반복한다(만약 $\mathbf{x} = \mathbf{x}_k$에서 최적화과정을 시작했다면 제약조건 $\mathbf{x} \in X_k$은 암묵적으로 취급할 수 있다).

a. 위의 알고리즘에 따라 $\mathbf{x}_1 = (0, 10)$에서 출발하여 다음 문제

$$\begin{aligned} &\text{최소화} \quad 2(x_1 - 3)^2 + (x_2 - 5)^2 \\ &\text{제약조건} \quad 2x_1^2 - x_2 \le 0 \end{aligned}$$

의 최적해를 구하시오.

b. 파트 a에서 생성한 점과 연습문제 9.21에서 생성한 점의 궤적을 비교하시오.

c. 위의 방법이 하나의 최적해로 수렴하는 데 필요한 가정을 제시하고 수렴을 증명하시오.

[9.28] 다음 문제

$$\begin{aligned} &\text{최소화} \quad f(\mathbf{x}) \\ &\text{제약조건} \quad \mathbf{h}(\mathbf{x}) = 0 \end{aligned}$$

를 고려해보고, 여기에서 $f: \Re^n \to \Re$, $\mathbf{h}: \Re^n \to \Re^\ell$는 미분가능하다. $\mu > 0$는 큰 값의 페널티 모수라 하고 최소화 $q(\mathbf{x})$ 제약조건 $\mathbf{x} \in \Re^n$의 페널티함수 문제를 고려해보자. 여기에서 $q(\mathbf{x}) = f(\mathbf{x}) + \mu \Sigma_{i=1}^{\ell} h_i^2(\mathbf{x})$이다. 페널티함수 문제의 최적해를 구하기 위해 다음 방법을 제안한다(이 방법의 상세한 동기에 대해 루엔버거[1984]를 참조하시오).

초기화 스텝 점 $\mathbf{x}_1 \in \Re^n$을 선택하고 $k=1$이라 하고 메인 스텝으로 간다.

메인 스텝 1. $\ell \times n$ 행렬 $\nabla \mathbf{h}(\mathbf{x}_k)$는 $\mathbf{x}_k$에서 $\mathbf{h}$의 자코비안이라 하자. $\mathbf{A} = \mathbf{BB}$라고 놓고, 여기에서 $\mathbf{B} = \nabla \mathbf{h}(\mathbf{x}_k) \nabla \mathbf{h}(\mathbf{x}_k)^t$이다. $\mathbf{d}_k$를 아래에 주어지는 식

$$\mathbf{d}_k = -\frac{1}{2\mu} \nabla \mathbf{h}(\mathbf{x}_k)^t \mathbf{B}^{-1} \nabla \mathbf{h}(\mathbf{x}_k) \nabla q(\mathbf{x}_k)$$

과 같다고 놓고 스텝 2로 간다.

2. λ_k는 최소화 $q(\mathbf{x}_k + \lambda \mathbf{d}_k)$ 제약조건 $\lambda \in \Re$ 문제의 하나의 최적해라 하고 $\mathbf{w}_k = \mathbf{x}_k + \lambda_k \mathbf{d}_k$로 한다. 스텝 3으로 간다.

3. $\bar{\mathbf{d}}_k = -\nabla q(\mathbf{w}_k)$이라고 놓고 α_k를 최소화 $q(\mathbf{w}_k + \alpha \bar{\mathbf{d}}_k)$ 제약조건 $\alpha \in \Re$ 문제의 하나의 최적해라 하자. $\mathbf{x}_{k+1} = \mathbf{w}_k + \alpha_k \bar{\mathbf{d}}_k$라고 놓고 k를 $k+1$로 대체하고 스텝 1로 간다.

a. 다음 문제

최소화 $2x_1^2 + 2x_1x_2 + 3x_2^2 - 2x_1 + 3x_2$
제약조건 $3x_1 + 2x_2 = 6$

의 최적해를 구하기 위해 $\mu = 100$이라고 놓고 위의 방법을 적용하시오.

b. 등식 제약조건, 부등식 제약조건을 갖는 문제의 최적해를 구하기 위해 위의 알고리즘을 쉽게 수정할 수 있다. 이 경우 페널티함수 문제는 최소화 $q(\mathbf{x}) = f(\mathbf{x}) + \mu \Sigma_{i=1}^{\ell} h_i^2(\mathbf{x}) + \mu [\Sigma_{i=1}^{m} [max\{0, g_i(\mathbf{x})\}]^2$ 문제라고 한다. 이 알고리즘의 설명에서 $\mathbf{h}(\mathbf{x}_k)$는 $\mathbf{F}(\mathbf{x}_k)$로 대체되고, 여

기에서 $\mathbf{F}(\mathbf{x}_k)$은 등식 제약조건과 $\mathbf{x}_k$에서 작용하거나(또는 위반하는) 부등식 제약조건으로 구성되어 있다. 다음 문제

$$\begin{aligned} \text{최소화} \quad & 2x_1^2+2x_1x_2+3x_2^2-2x_1+3x_2 \\ \text{제약조건} \quad & 3x_1+2x_2 \geq 6 \\ & x_1,\ x_2 \geq 0 \end{aligned}$$

의 최적해를 구하기 위해 $\mu=100$이라고 놓고 이같이 수정된 절차를 사용하시오.

[9.29] 최소화 $f(\mathbf{x})$ 제약조건 $h_i(\mathbf{x})=0 \ \ i=1, \cdots, \ell$ 문제를 고려해보자. 이 문제는 하나의 최적해 $\bar{\mathbf{x}}$를 갖는다고 가정한다. 최적해를 구하는 다음 절차는 모리슨[1968]의 공로라고 알려져 있다.

초기화 스텝 $L_1 \leq f(\bar{\mathbf{x}})$이 되도록 하는 $\bar{\mathbf{x}}$를 선택한다. $k=1$이라고 놓고 메인 스텝으로 간다.

메인 스텝 1. $\mathbf{x}_k$는 최소화 $[f(\mathbf{x})-L_k]^2+\Sigma_{i=1}^{\ell}h_i^2(\mathbf{x})$ 문제의 하나의 최적해라고 한다. 만약 $i=1, \ \cdots, \ell$에 대해 $h_i(\mathbf{x}_k)=0$이라면 $\mathbf{x}_k$를 원래의 문제의 하나의 최적해로 놓고 중지한다; 그렇지 않다면 스텝 2로 간다.

2. $L_{k+1}=L_k+\nu^{1/2}$이라고 놓으며, 여기에서 $\nu=[f(\mathbf{x}_k)-L_k]^2+\Sigma_{i=1}^{\ell}h_i^2(\mathbf{x}_k)$이다. k를 $k+1$로 대체하고 스텝 1로 간다.

a. 만약 $i=1, \cdots, \ell$에 대해 $h_i(\mathbf{x}_k)=0$이라면 $L_{k+1}=f(\mathbf{x}_k)=f(\bar{\mathbf{x}})$이며, $\mathbf{x}_k$는 원래의 문제의 하나의 최적해임을 보이시오.

b. 각각의 k에 대해 $f(\mathbf{x}_k) \leq f(\bar{\mathbf{x}})$임을 보이시오.

c. 각각의 k에 대해 $L_k \leq f(\bar{\mathbf{x}})$, $L_k \to f(\bar{\mathbf{x}})$임을 보이시오.

d. 위의 방법을 사용해, 다음 문제

$$\text{최소화} \quad 2x_1+3x_2-2x_3$$

$$\text{제약조건} \quad x_1^2 + x_2^2 + x_3^2 = 16$$
$$2x_1 - 2x_2^2 + x_3 = 1$$

의 최적해를 구하시오.

[9.30] 최소화 $2x_1 + 3x_2 + x_3$ 제약조건 $3x_1 + 2x_2 + 4x_3 = 9$, $\mathbf{x} \geq \mathbf{0}$ 문제를 고려해 보자. 원-쌍대 경로-추종 알고리즘을 사용하여 출발하여(반복계산 $k=0$에서) $\mathbf{x}_k = (1, 1, 1)$, $\boldsymbol{\nu}_k = -1$, $\mu_k = 5$를 사용해 문제의 최적해를 구하고, 여기에서 $\boldsymbol{\nu}$는 단일 등식 제약조건에 연관된 쌍대변수이다. 출발해는 중앙경로에 있는 점인가?

[9.31] 절 9.5에서 설명한 예측자-수정자 경로-추종 알고리즘을 사용하고, 연습문제 9.30에 주어진 해와 같은 점에서 출발하여 모수 μ를 갱신하기 위한 다음 규칙

$$\mu_{k+1} = \frac{(\mathbf{u}'_{k+1} \cdot \mathbf{x}'_{k+1})^2}{n \mathbf{u}_k \cdot \mathbf{x}_k}$$

을 채택해, 연습문제 9.30 예제의 해를 구하시오. 이 공식을 해석하시오.
〔**힌트**: 방정식 (9.40), (9.41)을 검토해 보고 다음 식

$$\mu_{k+1} = \left(\frac{\mathbf{u}'_{k+1} \cdot \mathbf{x}'_{k+1}}{\mathbf{u}_k \cdot \mathbf{x}_k} \right)^2 \frac{\mathbf{u}_k \cdot \mathbf{x}_k}{n}$$

을 관찰하시오.〕

[9.32] 예제 9.5.1의 문제를 고려해보자. (9.43)을 사용해, $\overline{\mathbf{w}} = (\overline{\mathbf{x}}, \overline{\mathbf{u}}, \overline{\nu})$, $\hat{\mu}$의 항으로 $\hat{\mathbf{w}} = (\hat{\mathbf{x}}, \hat{\mathbf{u}}, \hat{\nu})$에 대해 단순화한 닫힌 형식의 표현을 구하시오. 그리고 $\overline{\mathbf{x}} = (2/9, 8/9)$, $\overline{\mathbf{u}} = (4, 1)$, $\overline{\nu} = -1$, $\overline{\mu} = 8/9$에서 출발하고, $\theta = \delta = 0.35$를 사용해 원-쌍대 경로-추종 알고리즘으로 생성하는 반복계산점의 수열을 구하시오.

[9.33] 최소화 $\mathbf{c} \cdot \mathbf{x}$ 제약조건 $\mathbf{A}\mathbf{x} = \mathbf{0}$ $\mathbf{e} \cdot \mathbf{x} = 1$ $\mathbf{x} \geq \mathbf{0}$의 선형계획법 문제 P를 고려해보고, 여기에서 $\mathbf{A}$는 계수 $m < n$인 $m \times n$ 행렬이며 $\mathbf{e}$는 n개의 1로 구성

된 벡터이다. 하나의 주어진 $\mu > 0$에 대해, P_μ는 최소화 $\mathbf{c}\cdot\mathbf{x} + \mu\Sigma_{j=1}^n x_j \ln(x_j)$ 제약조건 $\mathbf{Ax} = \mathbf{0}$의 문제라고 정의하고, $\mathbf{e}\cdot\mathbf{x} = 1$이며, $\mathbf{x} > \mathbf{0}$의 제약조건은 암묵적으로 취급한다.

a. 유계의 실현가능영역을 갖는 최소화 $\mathbf{c}\cdot\mathbf{x}$ 제약조건 $\mathbf{Ax} = \mathbf{b}$ $\mathbf{x} \ge \mathbf{0}$ 유형의 임의의 선형계획법 문제는 '문제 P'와 같은 형태로 변환할 수 있음을 보이시오(이와 같은 선형계획법 문제의 형태는 카르마르카르[1984]에 의한 것이다).

b. 어떤 $x_j \to 0^+$에 따라, **음(−) 엔트로피 함수** $\mu\Sigma_{j=1}^n x_j \ln(x_j)$에 어떤 일이 발생하는가? 로그장벽함수 (9.29b)와 비교해 어떠한가? $x_j \to 0^+$에 따라 x_j에 관한 음(−) 엔트로피 함수의 편도함수를 검사하고, 따라서 왜 이 함수가 장벽으로 작용할 수도 있는가에 대한 정당성을 증명하시오. 그리고 $\mu \to 0^+$에 따라 P_u의 최적해는 P의 최적해에 접근함을 보이시오(이 결과는 퐁[1990]에 의한 것이다).

c. 최소화 $-x_3$ 제약조건 $x_1 - x_2 = 0$ $x_1 + x_2 + x_3 = 1$ $\boldsymbol{x} \ge \mathbf{0}$의 '문제 P'를 고려해보자. 상응하는 문제 P_u에 대해, 최대화 $\theta(\pi)$ $\pi \in \Re$ 문제의 라그랑지 쌍대문제를 구성하고, 여기에서 π는 제약조건 $x_1 - x_2 = 0$에 연관된 라그랑지 승수이다. 카루시-쿤-터커 조건을 사용해 이것은 다음 식

$$\ln\left[e^{(\pi/\mu)-1} + e^{(-\pi/\mu)-1} + e^{(1/\mu)-1}\right]$$

을 최소화함과 등가임을 보이고, $\pi = 0$는 최적해임을 보이시오. 그에 따라 P_u의 최적해는 $x_1 = x_2 = 1/(2 + e^{1/\mu})$, $x_3 = e^{1/\mu}(2 + e^{1/\mu})$임을 보이고 $\mu \to 0^+$에 따라 이 최적해의 극한은 P의 최적해임을 보이시오.

[9.34] 최소화 $\mathbf{c}\cdot\mathbf{x}$ 제약조건 $\mathbf{Ax} = \mathbf{b}$ $\mathbf{x} \ge \mathbf{0}$의 '문제 P'를 고려해보고, 여기에서 $\mathbf{A}$는 계수 $m < n$인 $m \times n$ 행렬이다. 실현가능해 $\overline{\mathbf{x}} > \mathbf{0}$가 주어졌다고 가정한다. 장벽모수 $\mu > 0$에 대해 최소화 $f(\mathbf{x}) = \mathbf{c}\cdot\mathbf{x} - \mu\Sigma_{j=1}^n \ln(x_j)$ 제약조건 $\mathbf{Ax} = \mathbf{b}$의 '문제 BP'를 고려해보고, 여기에서 $\mathbf{x} > \mathbf{0}$의 제약조건은 암묵적으로

처리한다.

a. 최소화 $f(\overline{\mathbf{x}}+\mathbf{d})$ 제약조건 $\mathbf{Ad}=\mathbf{0}$ 문제의 2-계 테일러급수 근사화의 최적해인 방향 $\mathbf{d}$를 찾으시오. 문제를 '**사영된 뉴톤방향법**'으로 해석하시오.

b. $\delta(\overline{\mathbf{x}},\mu)=min_{(\mathbf{u},\nu)} \| (1/\mu)\overline{\mathbf{X}}\mathbf{u}-\mathbf{e}\|$ 제약조건 $\mathbf{A}^t\nu+\mathbf{u}=\mathbf{c}$ 문제를 고려해보자. 최적해 $(\overline{\mathbf{u}},\overline{\nu})$를 구하시오. P의 쌍대문제와 방정식 (9.39)에 연관해 이것을 해석하시오. 파트 *a*의 방향은 $\mathbf{d}=\overline{\mathbf{x}}-(1/\mu)\overline{\mathbf{X}}^2\,\overline{\mathbf{u}}$임을 만족시킴을 보이시오.

c. 루스 & 비알[1988]이 제안한 다음 알고리즘을 고려해보자. 어떤 $\mu>0$을 갖고, $\mathbf{A}\overline{\mathbf{x}}=\mathrm{b}$ $\delta(\overline{\mathbf{x}},\mu)\le 1/2$이 되도록 하는 해 $\overline{\mathbf{x}}>\mathbf{0}$을 갖고 시작한다. $\theta=1/(6\sqrt{n})$이라고 놓는다. 파트 *b*의 방법과 같이 $\mathbf{d}$를 찾고 $\overline{\mathbf{x}}$를 $\overline{\mathbf{x}}+\mathbf{d}$로 수정하시오. 쌍대성간극이 충분히 작지 않은 한, μ를 $\mu(1-\theta)$로 수정하고, 파트 *b*에 주어진 바와 같이 $\mathbf{d}=\overline{\mathbf{x}}-(1/\mu)\mathrm{X}^2\,\overline{\mathbf{u}}$를 계산하고, 수정된 해 $\overline{\mathbf{x}}$를 $\overline{\mathbf{x}}+\mathbf{d}$로 지정해, 메인 스텝을 반복하시오. 예제 9.5.1의 문제의 알고리즘을 예시하시오.

[9.35] 예제 9.5.1의 문제를 고려해보자. (9.57)에 주어진 선형계획법 문제 P′, D′의 인위 원-쌍대 쌍을 구성하시오. (9.58)의 출발해를 사용해, 원-쌍대 경로-추종 알고리즘을 최소한 2회 반복 수행하시오.

주해와 참고문헌

제약 있는 문제의 최적해를 구하기 위해 페널티함수를 사용하는 것은 꾸랑에 의한 것이라고 일반적으로 알려져 있다. 이어서 캠프[1955], 피에트르지콥스키[1962]는 비선형계획법 문제의 최적해를 구하기 위해 이 알고리즘을 토의했다. 또한, 후자의 문헌은 수렴증명을 제시한다. 그러나 SUMT(순차적 제약 없는 최소화기법)라는 이름이 붙여진 피애코와 맥코믹의 고전적 연구의 뒤를 이어 실제 문제의 최적해를 구하는 데 상당한 진전이 이루어졌다. 관심 있는 독자는 피애코 & 맥코믹[1964a/b, 1966, 1967b, 1968], 장윌[1967c, 1969]을 참고하시오. 테스트문제의 여러 페널티함수의 수행능력에 대해 힘멜블로[1972b], 루쓰마[1968a, b], 오스본 & 라이언[1970]을 참조하시오.

루엔버거[1973a/1984]는 $\mu\mathbf{h}(\mathbf{x})^t\Gamma\mathbf{h}(\mathbf{x})$ 형태인 일반화된 이차식페널티함수의 사용을 토의하며, 여기에서 Γ는 대칭 $\ell\times\ell$ 양정부호 행렬이다. 루엔버거는 페널티함수법과 경도사영법의 결합도 토의한다(연습문제 9.28 참조). 또한, 독자는 다양한 페널티함수 헤시안의 고유값해석과 페널티-기반 알고리즘의 수렴특성에 대해, 이들이 미치는 영향에 관한 좀 더 상세한 내용에 대해 루엔버거[1973d, 1984]를 참조하기 바란다. 베스트 등[1981]은 페널티함수법으로 결정한 근사해를 좀 더 정확한 최적해로 정화하기 위해 뉴톤법을 사용하는 방법을 토의한다. 비선형계획법 문제의 민감도해석을 할 때, 페널티함수 사용에 대해, 피애코[1983]를 참조하시오.

장벽함수법은 캐롤[1961]이 **창조된 반응표면기법**8)이라는 명칭으로 처음 제안했다. 이 알고리즘은 부등식제약이 있는 비선형계획법 문제의 최적해를 구하기 위해 박스 등[1969], 코발리크[1966]가 사용했다. 장벽함수법은 피애코 & 맥코믹[1964a, b, 1968]이 철저히 연구했으며 일반에 알려지게 되었다. 연습문제 9.25는 피애코 & 맥코믹[1968]이 연구한 **혼합된 페널티-장벽보조함수**를 소개하며, 여기에서는, 페널티 항과 장벽 항에 의해 각각, 등식과 부등식 제약조건을 취급한다. 또한, 벨모어 등[1970], 그린버그[1973b], 라가벤드라 & 라오[1973]를 참조하시오.

페널티함수와 장벽함수의 모수를 어떻게 변경하느냐에 관한 수치를 이용한 계산상의 문제를 많은 수학자가 연구했다. 상세한 토의에 대해 피애코 & 맥코믹[1968], 힘멜블로[1972b]를 참고하시오. 또한, 이들 문헌은 다양한 문제의 계산경험을 제공한다. 바자라[1975], 라스돈[1972], 라스돈 & 라트너[1973]는 페널티함수와 장벽함수의 최적해를 구하기 위해 효과적 '제약 없는 최적화 알고리즘'을 토의한다. 장벽함수 문제에 적용한 알고리즘의 수렴행태에 관련한 고유값 해석에 관해 루엔버거[1973d/1984]를 참조하시오.

페널티함수와 장벽함수의 개념의 다양한 확장이 이루어졌다. 먼저, 장벽모수가 0에 접근함에 따라, 그리고 페널티 모수가 무한대에 접근함에 따라, 악조건과 연관된 어려움을 피하기 위해 여러 **모수 없는 알고리즘**이 제안되었다. 이 개념을 연습문제 9.26, 9.27에서 소개했다. 이 주제에 관한 더 상세한 내용에 관해 피애코 & 맥코믹[1968], 후아르[1967]의 **중심 알고리즘**, 루쓰마[1968a, b]를 참조하시오. 계산상으로 좋은 특성을 갖는 또 다른 인기 있는 변형은 **이동된 수정장벽 알고리즘**

8) created response surface technique

이다(폴락, 1992 참조).

절댓값(ℓ_1) 페널티함수를 사용해, 적절한 크기의 페널티 모수를 갖는 1개의 제약 없는 최소화문제가 원래의 문제의 최적해를 산출할 수 있는 '정확한 페널티함수'의 개념을 소개했다. 피에트르지콥스키[1969], 플레처[1970b]가 처음으로 이 방법을 소개했으며, 바자라 & 구드[1982], 콜맨 & 코른[1982a, b], 콘[1985], 에반스 등[1973], 플레처[1973, 1981b, 1985], 질 등[1981], 한[1979], 메인[1980]이 연구했다.

라그랑지 승수 항과 페널티 항을 보조함수에서 사용하는 인기 있고 유용한 '정확한 페널티함수법'은 **승수법 또는 증강된 라그랑지 함수법**이다. 이 알고리즘은 헤스테네스[1969], 파우얼[1969]이 독립적으로 제안했다. 이 알고리즘도 고전적 접근법을 사용할 때 페널티 모수가 무한대에 접근함에 따라 부딪히는 악조건의 어려움을 피하려는 동기에 기인한다. 더 상세한 내용에 대해, 버씨카스[1975a, c, d, 1976a, b], 보그스 & 톨레[1980], 플레처[1975, 1987], 헤스테네스[1980b], 미엘르 등[1971a, b], 피에르 & 로웨[1975], 로카펠러[1973a, b, 1974], 타피아[1977]를 참조하시오. 콘 등[1988a]은 제약조건 집합 내에 단순한 한계를 효과적으로 포함하는 방법을 토의한다. 또한, 플레처[1985, 1987]는 비선형 제약조건과 선형제약조건이 섞여 있을 때 페널티함수에 비선형 제약조건만을 포함시키는 것이 좋다고 제안한다. 센 & 셰랄리[1986b], 셰랄리 & 울룰라[1989]는 증강된 라그랑지 페널티함수와 라그랑지 쌍대함수를 제휴해 미분가능 또는 미분불가능하고 분해가능한 문제의 최적해를 구하는 원-쌍대 공액열경도법을 토의한다. 폴략 & 트레티아코프[1972], 델보스 & 길버트[2004]는 선형계획법 문제와 이차식계획법 문제의 증강된 라그랑지 알고리즘을 토의한다.

절 9.5에서 몬테이로 & 아들러[1989a]가 개발하고 카르마르카르[1984]의 선형계획법 문제의 최적해를 구하기 위한 다항식-횟수 알고리즘에서 동기를 부여받은, 프리쉬[1955]의 로그장벽함수에 기반한 **다항식-횟수 원-쌍대 경로-추종 알고리즘**을 소개했다. 또한, 이 알고리즘은 동일한 복잡도를 갖는 볼록 이차식계획법 문제의 최적해를 구하기 위해 즉시 확장된다; 몬테이로 & 아들러[1989b]를 참조하시오. "좋은"의 개념 또는 다항식적으로 한계가 주어진 알고리즘은 에드몬즈[1965], 코브햄[1965]이 독립적으로 제안했다. 이 주제의 좀 더 자세한 내용에 관해 쿡[1971], 카르프[1972], 개리 & 존슨[1979], 파파디미트리우 & 쉬타이글리쯔[1982]를 참조하시오. 선형계획법 문제의 복잡도를 주제로 한 토의와 정화구도에 대해, 독자는 바자라 등[2005], 무르티[1983]를 참조하시오. 가중장벽경로를 1-계와 고차의 계의 멱급수로 근사화하는 방법을 사용하는 알고리즘적 개념에 관해 몬테이로 등

[1990]을 참조하시오. 초이 등[1990], 맥셰인 등[1989], 루스티그 등[1990, 1994a, b], 메흐로타[1990]는 이와 같은 부류의 알고리즘의 계산 측면과 실행의 상세한 내용을 토의한다; 그리고 수렴을 가속하기 위해 생성한 반복계산점의 외삽과 같은 유용한 아이디어는 피애코 & 맥코믹[1968]으로 거슬러 올라갈 수 있다. 슈퍼 선형적으로 수렴하는 다항식-횟수 원-쌍대 경로-추종 알고리즘에 관해, 메흐로타[1993], 타피아 등[1995], 여 등[1993], 장 등[1992], 장 & 타피아[1993]를 참조하시오. 예를 들면, 벤다야 & 셰티[1988], 곤자가[1987], 펭 등[2002], 르네가르[1988], 루스 & 비알[1988], 바이디아[1987], 여 & 토드[1987]는 대안적 경로-추종 알고리즘을 토의하며, 다른 연구 가운데 손네벤드[1985]의 중심 알고리즘과 메기도[1986]의 최적해 궤적 알고리즘에 의해 동기를 부여받은 것도 있다. 덴헤르토그 등[1991]은 역장벽함수를 갖고 뉴톤법을 사용하는 방법에 기반한 비-다항식-횟수 알고리즘을 토의한다. 메흐로타[1991, 1992]는 인기 있는 원-쌍대 경로-추종 알고리즘의 예측자-수정자법 변형을 소개했고, 루스티그 & 리[1992]는 계산을 실행했다. 코지마 등[1993] (루스티그 등[1994a, b]에서 실행상 측면을 참조 바람)과 장 & 장[1995]은 이러한 변형에 대해 수렴해석과 다항식 복잡성의 증명을 제시했다. 카르펑티에 등[1993]은 예측자-수정자법의 더 높은 차수의 변형을 연구했다. 내점법을 이차식계획법 문제와 볼록비선형계획법 문제로 확장하는 문제에 대해 헤르토그[1994], 네스테로프 & 네미롭스키[1993]에 나타난 설명을 참조하시오. 비선형최적화를 위한, ℓ_1 페널티함수법과 내점법의 결합에 대해 굴드 등[2003]을 참조하시오. 카르마르카르의 알고리즘의 나머지의 변형에 관한 조사연구에 대해 토드[1989], 테를라키[1998], 마틴[1999]을 참조하시오.

제10장 실현가능방향법

실현가능방향법의 부류는 하나의 실현가능해에서 하나의 개선된 실현가능해로 이동하면서 비선형계획법 문제의 최적해를 구하는 계산절차이다. 다음에 소개하는 전략은 **실현가능방향법**의 대표적 전략이다. 하나의 실현가능해 $\mathbf{x}_k$가 주어지면 충분히 작은 $\lambda > 0$에 대해 다음 2개 특질이 참이 되도록 하는 방향 $\mathbf{d}_k$가 결정된다: (1) $\mathbf{x}_k + \lambda\mathbf{d}_k$는 실현가능해이고, (2) $\mathbf{x}_k + \lambda\mathbf{d}_k$에서의 목적함숫값은 $\mathbf{x}_k$에서의 목적함숫값보다는 개선된다. 이러한 방향이 결정된 후 $\mathbf{d}_k$ 방향으로 얼마나 이동하는가를 결정하기 위해 일차원최적화 문제의 최적해를 구한다. 이것은 하나의 새로운 점 $\mathbf{x}_{k+1}$로 안내하며 이 과정은 반복된다. 이 최적화과정에서 원문제의 실현가능성을 유지하므로 이들 절차는 자주 **원문제 알고리즘**이라고 말한다. 이와 같은 유형의 방법은 자주 카루시-쿤-터커 해 또는 간혹, 프리츠 존 점으로 수렴한다고 알려져 있다. 독자는 이러한 해의 가치를 평가하기 위해 제4장을 검토하기 바란다.

다음은 이 장의 요약이다.

절 10.1: **쥬텐딕의 방법** 이 절에서는 일반적으로 선형계획법 문제인 하위문제의 최적해를 구함으로 개선실현가능 방향을 생성하는 방법을 보여준다. 선형 제약조건과 비선형 제약조건을 갖는 문제를 모두 고려한다.

절 10.2: **쥬텐딕의 방법의 수렴해석** 절 10.1의 알고리즘적 사상은 닫혀있지 않음을 보여준다. 그래서 수렴은 보장되지 않는다. 톱키스 & 베이노트[1967]의 공로라고 알려진, 수렴을 보장하는 기본적 알고리즘의 수정내용을 제시한다.

절 10.3: **계승선형계획법 알고리즘** 효율적이고 수렴하는 알고리즘을 산출하기 위해 순차적으로 ℓ_1 페널티함수법의 개념과 함께 선형화된 실현가능방향법 하위문제를 사용하는 아이디어를 결합하는 페널티-기반의 계승선형계획법 알고리즘을 설명한다. 정점 최적해에 있어 이차식 수렴율은 가능하지만 그렇지 않다면 수렴이 느려질 수 있다.

절 10.4: **계승 이차식계획법 알고리즘 또는 사영된 라그랑지 알고리즘** 정점이 아닌 해에 대해서도 이차식 수렴행태 또는 슈퍼 선형 수렴행태를 얻기 위해 카루시-쿤-터커 최적성 조건의 해를 구하는 뉴톤법 또는 준 뉴톤법을 채택할 수도 있다. 이 알고리즘은, 실현가능방향을 찾는 하위문제가 목적함수의 헤시안이 라그랑지 함수의 헤시안이며 제약조건이 1-계 근사화를 나타내는 형태의 이차식계획법 문제인 사영된 라그랑지 알고리즘 또는 계승이차식계획법 알고리즘으로 인도한다. ℓ_1 페널티함수를 공훈함수로 사용하거나, 또는 좀 더 적극적으로, 하위문제의 목적함수 자체에 이것을 사용해 이 알고리즘의 초보적 버전과 전역적으로 수렴하는 변형 모두를 설명한다. 또한, 연관된 마라토스 효과도 토의한다.

절 10.5: **로젠의 경도사영법** 이 절에서는 선형제약조건을 갖는 문제에 대해, 목적함수의 경도를 구속하는 제약조건의 경도의 영공간 위로 사영해, 개선실현가능방향을 생성하는 알고리즘을 설명한다. 수렴하는 변형도 또한 제시한다.

절 10.6: **울프의 수정경도법과 '일반화된 수정경도법'** 변수의 독립부분집합의 항으로 변수를 표현한다. 선형제약조건을 갖는 문제에 대해 개선실현가능 방향은 축소된 공간에서 경도벡터에 기반해 결정한다. 비선형 제약조건을 위한 **'일반화된 수정경도법'**의 변형도 토의한다.

절 10.7: **장윌의 볼록-심플렉스 방법** 선형제약조건의 존재 아래 비선형계획법 문제의 최적해를 구하는 볼록-심플렉스 방법을 제시한다. 이 알고리즘은 단 1개의 비기저 변수를 수정하고 그에 따라 기저 변수를 조절해 개선실현가능방향을 결정함을 제외하고는 수정경도법과 동일하다. 만약 목적함수가 선형이라면 볼록-심플렉스 방법은 선형계획법의 심플렉스 알고리즘과 같아진다.

절 10.8: **수정경도법의 효과적 1-계 변형과 2-계 변형** 수정경도법과 볼록-심플렉스 방법을 통일하고 확장하며, 슈퍼 기저 변수를 사용해 하위 최적화의 개념을 소개한다. 또한, 슈퍼 기저 변수의 축소된 공간에서 이동방향을 구하기 위해 2-계 함수근사화의 사용에 대해 토의한다.

10.1 쥬텐딕의 방법

이 절에서는 쥬텐딕의 실현가능방향법을 설명한다. 각각의 반복계산에서 이 알고리즘은 하나의 개선실현가능방향을 생성하고 이 방향을 따라 최적화한다. 정의 10.1.1은 제4장의 개선실현가능방향의 개념을 또다시 설명한다.

10.1.1 정의

최소화 $f(\mathbf{x})$ 제약조건 $\mathbf{x} \in S$ 문제를 고려해보고, 여기에서 $f : \Re^n \to \Re$ 이며 $S \neq \varnothing$는 $\Re^n$의 집합이다. 만약 모든 $\lambda \in (0, \delta)$에 대해 $\mathbf{x} + \lambda\mathbf{d} \in S$가 되도록 하는 어떤 $\delta > 0$이 존재한다면 $\mathbf{x} \in S$에서 벡터 $\mathbf{d} \neq \mathbf{0}$는 **실현가능방향**이라 한다. 더군다나 만약 모든 $\lambda \in (0, \delta)$에 대해 $f(\mathbf{x} + \lambda\mathbf{d}) < f(\mathbf{x})$, $\mathbf{x} + \lambda\mathbf{d} \in S$이 되도록 하는 하나의 $\delta > 0$이 존재한다면 $\mathbf{d}$는 $\mathbf{x} \in S$의 **개선실현가능방향**이라 한다.

선형제약조건의 케이스

먼저 실현가능영역 S를 선형제약조건의 연립방정식으로 정의한 케이스를 고려한다. 그래서 고려 중인 문제는 다음 식

$$
\begin{array}{ll}
\text{최소화} & f(\mathbf{x}) \\
\text{제약조건} & \mathbf{Ax} \le \mathbf{b} \\
 & \mathbf{Qx} = \mathbf{q}
\end{array}
$$

의 형태이며, 여기에서 $\mathbf{A}$ =는 $m \times n$ 행렬, $\mathbf{Q}$는 $\ell \times n$ 행렬, $\mathbf{b}$는 m-벡터, $\mathbf{q}$는 ℓ-벡터이다. 보조정리 10.1.2는 실현가능방향의 적절한 특성의 설명과 개선방향의 충분조건을 제시한다. 특히, 만약 $\mathbf{A}_1\mathbf{d} \le \mathbf{0}$, $\mathbf{Qd} = \mathbf{0}$, $\nabla f(\mathbf{x}) \cdot \mathbf{d} < 0$이라면 $\mathbf{d}$는 하나의 개선실현가능방향이다. 이 보조정리의 증명은 간단하며 독자에게 연습문제로 남겨두었다(정리 3.1.2와 연습문제 10.3 참조).

10.1.2 보조정리

최소화 $f(\mathbf{x})$ 제약조건 $\mathbf{Ax} \le \mathbf{b}$ $\mathbf{Qx} = \mathbf{q}$ 문제를 고려해보자. $\mathbf{x}$는 하나의 실현가능해라 하고 $\mathbf{A}_1\mathbf{x} = \mathbf{b}_1$, $\mathbf{A}_2\mathbf{x} < \mathbf{b}_2$라고 가정하며, 여기에서 $\mathbf{A}^t$는 $(\mathbf{A}_1^t, \mathbf{A}_2^t)$로 분해되고 $\mathbf{b}^t$는 $(\mathbf{b}_1^t, \mathbf{b}_2^t)$로 분해된다. 그렇다면 하나의 벡터 $\mathbf{d} \neq \mathbf{0}$가 $\mathbf{x}$에서 하나의 실현가능방향이라는 것은 $\mathbf{A}_1\mathbf{d} \le \mathbf{0}$, $\mathbf{Qd} = \mathbf{0}$이라는 것과 같은 뜻이다. 만약 $\nabla f(\mathbf{x}) \cdot \mathbf{d} < 0$이라면 $\mathbf{d}$는 하나의 개선방향이다.

실현가능방향의 기하학적 해석

지금 기하학적으로 다음 예제에 의해 개선실현가능방향의 집합을 예를 들어 설명한다.

10.1.3 예제

다음 문제

$$\begin{aligned} &\text{최소화} && (x_1-6)^2+(x_2-2)^2 \\ &\text{제약조건} && -x_1+2x_2 \le 4 \\ &&& 3x_1+2x_2 \le 12 \\ &&& -x_1 \le 0 \\ &&& -x_2 \le 0 \end{aligned}$$

를 고려해보자. $\mathbf{x} = (2, 3)$이라 하고 첫째 2개의 제약조건은 구속하는 제약조건임을 주목하자. 특히 보조정리 10.1.2의 행렬 A_1은 다음

$$\mathrm{A}_1 = \begin{bmatrix} -1 & 2 \\ 3 & 2 \end{bmatrix}$$

으로 주어진다. 그러므로 $\mathrm{A}_1\mathbf{d} \le \mathbf{0}$이라는 것과 같은 뜻이다. 즉 다시 말하면 $\mathbf{d}$가 $\mathbf{x}$에서 실현가능방향이라는 것은 다음 식

$$\begin{aligned} -d_1+2d_2 &\le 0 \\ 3d_1+2d_2 &\le 0 \end{aligned}$$

이 성립한다는 것과 같은 뜻이며, 여기에서 편의상 이들 방향의 집합은 그림 10.1에 나타난 실현가능방향 원추를 형성한다. 여기에서는 원점이 점 $\mathbf{x}$로 평행이동된 것이다. 만약 $\mathbf{x}$에서 출발하여 위의 2개 부등식을 만족시키는 임의의 벡터 $\mathbf{d}$ 방향으로 짧은 거리만큼 이동한다면, 실현가능영역에 남아있음을 주목하자.

만약 하나의 벡터 $\mathbf{d}$가 $0 > \nabla f(\mathbf{x})\cdot\mathbf{d} = -8d_1+2d_2$를 만족시킨다면, $\mathbf{d}$는 하나의 개선방향이다. 따라서 개선방향 집합은 열린 반공간 $\{(d_1, d_2) \mid -8d_1+2d_2<0\}$으로 주어진다. 반공간과 실현가능방향 원추의 교집합은 모든 개선실현가능방향 집합을 제공한다.

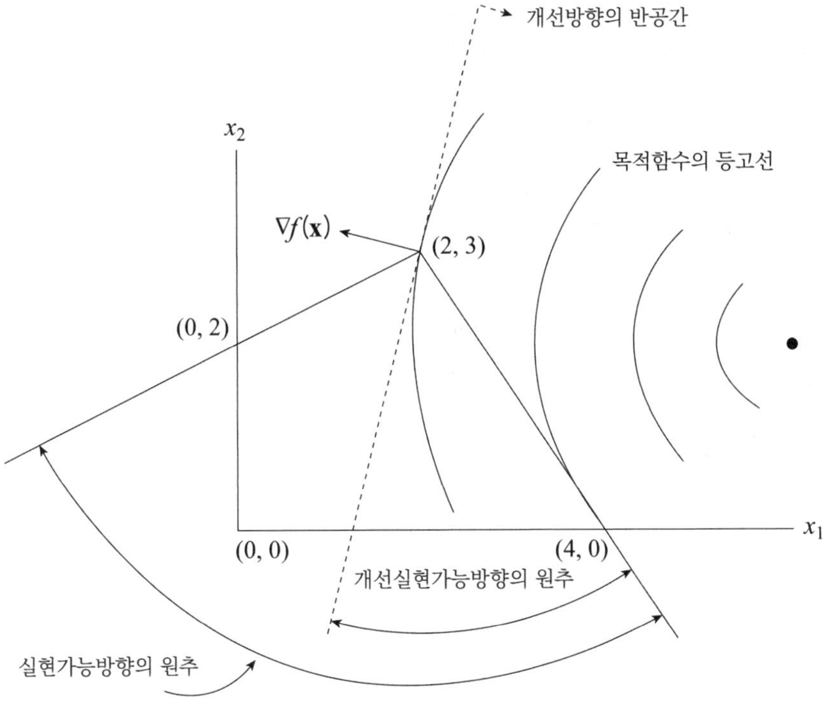

그림 10.1 개선실현가능방향

개선실현가능방향의 생성

보조정리 10.2.2에서 보인 바와 같이, 하나의 실현가능해 $\mathbf{x}$가 주어지고, 만약 $\nabla f(\mathbf{x})\cdot\mathbf{d} < 0$, $\mathbf{A}_1\mathbf{d} \leq \mathbf{0}$, $\mathbf{Qd} = \mathbf{0}$이라면 하나의 벡터 $\mathbf{d} \neq \mathbf{0}$는 하나의 개선실현가능방향이다. 이러한 방향을 생성하는 자연적 알고리즘은 $\mathbf{A}_1\mathbf{d} \leq \mathbf{0}$, $\mathbf{Qd} = \mathbf{0}$의 제약조건 아래 $\nabla f(\mathbf{x})\cdot\mathbf{d}$를 최소화하는 것이다. 그러나 만약 $\nabla f(\mathbf{x})\cdot\overline{\mathbf{d}} < 0$, $\mathbf{A}_1\overline{\mathbf{d}} \leq 0$, $\mathbf{Q}\overline{\mathbf{d}} = \mathbf{0}$이 되도록 하는 하나의 벡터 $\overline{\mathbf{d}}$가 존재한다면, $\lambda\overline{\mathbf{d}}$를 고려해, 앞서 말한 문제의 목적함수 최적값은 $\lambda \to \infty$에 따라 $-\infty$로 됨을 주목하시오. 따라서 벡터 $\mathbf{d}$의 한계를 결정하는 하나의 제약조건 또는 목적함수를 반드시 도입해야 한다. 이러한 제한은 일반적으로 **정규화 제약조건**이라 한다. 아래에 개선실현가능 방향을 생성하는 문제를 제시한다. 각각의 문제는 서로 다른 정규화 제약조건을 사용한다.

$$\begin{aligned} \text{문제 P1 : 최소화} \quad & \nabla f(\mathbf{x})\cdot\mathbf{d} \\ \text{제약조건} \quad & \mathbf{A}_1\mathbf{d} \le \mathbf{0} \\ & \mathbf{Q}\mathbf{d} = \mathbf{0} \\ & -1 \le d_j \le 1 \qquad j=1,\cdots,n. \end{aligned}$$

$$\begin{aligned} \text{문제 P2 : 최소화} \quad & \nabla f(\mathbf{x})\cdot\mathbf{d} \\ \text{제약조건} \quad & \mathbf{A}_1\mathbf{d} \le \mathbf{0} \\ & \mathbf{Q}\mathbf{d} = \mathbf{0} \\ & \mathbf{d}\cdot\mathbf{d} \le 1. \end{aligned}$$

$$\begin{aligned} \text{문제 P3 : 최소화} \quad & \nabla f(\mathbf{x})\cdot\mathbf{d} \\ \text{제약조건} \quad & \mathbf{A}_1\mathbf{d} \le \mathbf{0} \\ & \mathbf{Q}\mathbf{d} = \mathbf{0} \\ & \nabla f(\mathbf{x})\cdot\mathbf{d} \ge -1. \end{aligned}$$

'문제 P1', '문제 P3'은 $d_1, \cdots, d_n$에 관해 선형이며 심플렉스 알고리즘을 사용해 최적해를 구할 수 있다. '문제 P2'는 이차식제약조건을 포함하고 있지만, 상당히 간략화할 수 있다(연습문제 10.29 참조). $\mathbf{d}=\mathbf{0}$는 위 각각의 문제의 하나의 실현가능해이므로, 그리고 목적함숫값이 0이므로 '문제 P1', '문제 P2', '문제 P3'의 목적함수의 최적값은 양(+)일 수 없다. 만약 '문제 P1', '문제 P2', '문제 P3'의 목적함숫값의 최솟값이 음(-)이라면, 보조정리 10.1.2에 의해 하나의 개선 실현가능방향을 생성한다. 반면에 만약 목적함수의 최솟값이 0이라면 아래에 보이는 바와 같이 $\mathbf{x}$는 하나의 카루시-쿤-터커 점이다.

10.1.4 보조정리

최소화 $f(\mathbf{x})$ 제약조건 $\mathbf{A}\mathbf{x} \le \mathbf{b}$ $\mathbf{Q}\mathbf{x} = \mathbf{q}$ 문제를 고려해보자. $\mathbf{x}$는 $\mathbf{A}_1\mathbf{x} = \mathbf{b}_1$, $\mathbf{A}_2\mathbf{x} < \mathbf{b}_2$이 되도록 하는 실현가능해라 하고, 여기에서 $\mathbf{A}^t = \left(\mathbf{A}_1^t, \mathbf{A}_2^t\right)$, $\mathbf{b}^t = \left(\mathbf{b}_1^t, \mathbf{b}_2^t\right)$이다. 그렇다면 각각의 $i=1,2,3$에 대해 $\mathbf{x}$가 하나의 카루시-쿤-터커 점이라는 것은 '문제 Pi'의 목적함수의 최적값은 0이라는 것과 같은 뜻이다.

증명 $\mathbf{x}$가 하나의 카루시-쿤-터커 점이라는 것은 $\nabla f(\mathbf{x}) + \mathbf{A}_1^t \mathbf{u} + \mathbf{Q}^t \boldsymbol{\nu} = \mathbf{0}$이 성립하는 하나의 벡터 $\mathbf{u} \geq \mathbf{0}$과 하나의 $\boldsymbol{\nu}$가 존재한다는 것과 같은 뜻이다. 정리 2.4.5의 따름정리 3에 의해 이 연립방정식이 해를 갖는다는 것은 시스템 $\nabla f(\mathbf{x}) \cdot \mathbf{d} < 0$ $\mathbf{A}_1 \mathbf{d} \leq \mathbf{0}$ $\mathbf{Qd} = \mathbf{0}$이 해를 갖지 않는다는 것과 같은 뜻이다. 즉 다시 말하면, 이 연립방정식이 해를 갖는다는 것은 '문제 P1', '문제 P2', '문제 P3' 각각의 목적함수의 최적값이 0이라는 것과 같은 뜻이다. 이것으로 증명이 완결되었다. (증명 끝)

선형탐색

지금까지, 어떻게 하나의 개선실현가능방향을 산출하는가, 아니면 현재의 벡터가 하나의 카루시-쿤-터커 점이라고 어떻게 결론짓는가에 대해 알아보았다. 지금 $\mathbf{x}_k$는 현재의 벡터라 하고, $\mathbf{d}_k$는 하나의 개선실현가능방향이라 하자. 다음 점 $\mathbf{x}_{k+1}$은 $\mathbf{x}_k + \lambda_k \mathbf{d}_k$로 주어지며, 여기에서 스텝 사이즈 λ_k는 다음 1차원 문제

$$
\begin{aligned}
\text{최소화} \quad & f(\mathbf{x}_k + \lambda \mathbf{d}_k) \\
\text{제약조건} \quad & \mathbf{A}(\mathbf{x}_k + \lambda \mathbf{d}_k) \leq \mathbf{b} \\
& \mathbf{Q}(\mathbf{x}_k + \lambda \mathbf{d}_k) = \mathbf{q} \\
& \lambda \geq 0
\end{aligned}
$$

의 최적해를 구해 얻는다. 지금 $\mathbf{A}_1 \mathbf{x}_k = \mathbf{b}_1$, $\mathbf{A}_2 \mathbf{x}_k < \mathbf{b}_2$이 되도록 $\mathbf{A}^t$는 $(\mathbf{A}_1^t, \mathbf{A}_2^t)$로 분해되고 $\mathbf{b}^t$는 $(\mathbf{b}_1^t, \mathbf{b}_2^t)$로 분해된다고 가정한다. 그러면 위 문제는 다음과 같이 간략화할 수 있다. 먼저 $\mathbf{Qx}_k = \mathbf{q}$, $\mathbf{Qd}_k = \mathbf{0}$이고, 제약조건 $\mathbf{Q}(\mathbf{x}_k + \lambda \mathbf{d}_k) = \mathbf{q}$은 가외적임을 주목하자. $\mathbf{A}_1 \mathbf{x}_k = \mathbf{b}_1$, $\mathbf{A}_1 \mathbf{d}_k \leq \mathbf{0}$이므로, 그렇다면 모든 $\lambda \geq 0$에 대해 $\mathbf{A}_1(\mathbf{x}_k + \lambda \mathbf{d}_k) \leq \mathbf{b}_1$이다. 그러므로 $\lambda \mathbf{A}_2 \mathbf{d}_k \leq \mathbf{b}_2 - \mathbf{A}_2 \mathbf{x}_k$가 되도록 λ에 제한을 가하기만 하면 된다. 그러므로 위 문제는 다음 선형탐색문제

$$
\begin{aligned}
\text{최소화} \quad & f(\mathbf{x}_k + \lambda \mathbf{d}_k) \\
\text{제약조건} \quad & 0 \leq \lambda \leq \lambda_{max},
\end{aligned}
$$

여기에서

$$\lambda_{max} = \begin{cases} min\{\hat{b}_i/\hat{d}_i \mid \hat{d}_i > 0\} & \hat{\mathbf{d}} \not\leq 0 \\ \infty & \hat{\mathbf{d}} \leq 0 \end{cases}$$

$$\hat{\mathbf{b}} = \mathbf{b}_2 - \mathbf{A}_2\mathbf{x}_k \qquad (10.1)$$

$$\hat{\mathbf{d}} = \mathbf{A}_2\mathbf{d}_k$$

로 바뀜이 뒤따르며, 선형탐색문제는 절 8.1, 8.2, 8.3에서 토의한 기법 가운데 하나를 사용해 최적해를 구할 수 있다:

쥬텐딕의 방법의 요약(선형제약조건의 케이스)

아래에 $\mathbf{Ax} \leq \mathbf{b}$ $\mathbf{Qx} = \mathbf{q}$ 형태인 선형제약조건의 존재 아래 미분가능한 함수 f를 최소화하는 쥬텐딕의 방법을 요약한다.

초기화 스텝 $\mathbf{Ax}_1 \leq \mathbf{b}$, $\mathbf{Qx}_1 = \mathbf{q}$이 되도록 하는 하나의 초기실현가능해 $\mathbf{x}_1$을 구하고 $k=1$로 하고 메인 스텝으로 간다.

메인 스텝 1. $\mathbf{x}_k$가 주어지면 $\mathbf{A}_1\mathbf{x}_k = \mathbf{b}_1$, $\mathbf{A}_2\mathbf{x}_k < \mathbf{b}_2$가 되도록 $\mathbf{A}^t$, $\mathbf{b}^t$를 $(\mathbf{A}_1^t, \mathbf{A}_2^t)$, $(\mathbf{b}_1^t, \mathbf{b}_2^t)$로 분할한다고 가정한다. $\mathbf{d}_k$는 다음 문제

$$\begin{aligned} \text{최소화} \quad & \nabla f(\mathbf{x})\cdot\mathbf{d} \\ \text{제약조건} \quad & \mathbf{A}_1\mathbf{d} \leq 0 \\ & \mathbf{Qd} = 0 \\ & -1 \leq d_j \leq 1 \quad j = 1, \cdots, n \end{aligned}$$

의 하나의 최적해라 한다('문제 P2' 또는 '문제 P3'을 이를 대신해 사용할 수도 있음을 주목하자). 만약 $\nabla f(\mathbf{x}_k)\cdot\mathbf{d}_k = 0$이라면 중지한다; $\mathbf{x}_k$는 앞서 말한 문제에 대해 여기에 상응하는 라그랑지 승수를 제공하는 쌍대변수를 갖는 카루시-쿤-터커 점이다. 그렇지 않다면, 스텝 2로 간다.

2. λ_k는 다음 선형탐색문제

$$\text{최소화} \quad f(\mathbf{x}_k + \lambda\mathbf{d}_k)$$

$$\text{제약조건} \quad 0 \le \lambda \le \lambda_{max}$$

의 하나의 최적해라 하고, 여기에서 λ_{max}는 (10.1)에 따라 결정한다. $\mathbf{x}_{k+1} = \mathbf{x}_k + \lambda_k \mathbf{d}_k$라고 놓고, $\mathbf{x}_{k+1}$에서 구속하는 제약조건의 새로운 집합을 확인하고, 그에 따라서 $\mathbf{A}_1$, $\mathbf{A}_2$를 갱신한다. k를 $k+1$로 대체하고 스텝 1로 간다.

10.1.5 예제

다음 문제

$$\begin{aligned} \text{최소화} \quad & 2x_1^2 + 2x_2^2 - 2x_1x_2 - 4x_1 - 6x_2 \\ \text{제약조건} \quad & x_1 + \ \ x_2 \le 2 \\ & x_1 + 5x_2 \le 5 \\ & -x_1 \qquad \le 0 \\ & \qquad -x_2 \le 0 \end{aligned}$$

를 고려해보자. $\nabla f(\mathbf{x}) = (4x_1 - 2x_2 - 4, 4x_2 - 2x_1 - 6)$임을 주목하자. 초기점 $\mathbf{x}_1 = (0, 0)$에서 출발하여, 쥬텐딕의 절차를 사용해, 문제의 최적해를 구한다. 알고리즘의 각각의 반복계산은, 탐색방향을 찾기 위해 스텝 1에 주어진 하위문제의 해를 구하고, 이 해의 방향으로 선형탐색을 한다.

반복계산 1:

탐색방향 $\mathbf{x}_1 = (0, 0)$에서 $\nabla f(\mathbf{x}_1) = (4, -6)$을 얻는다. 더군다나 점 $\mathbf{x}_1$에서 구속하는 제약조건의 첨자집합은 $I = (3, 4)$가 되도록 비음(-)성 제약조건만이 구속적이다. 방향탐색문제는 다음 식

$$\begin{aligned} \text{최소화} \quad & -4d_1 - 6d_2 \\ \text{제약조건} \quad & -d_1 \qquad \le 0 \\ & \qquad -d_2 \le 0 \\ & -1 \le d_1 \le 1 \\ & -1 \le d_2 \le 1 \end{aligned}$$

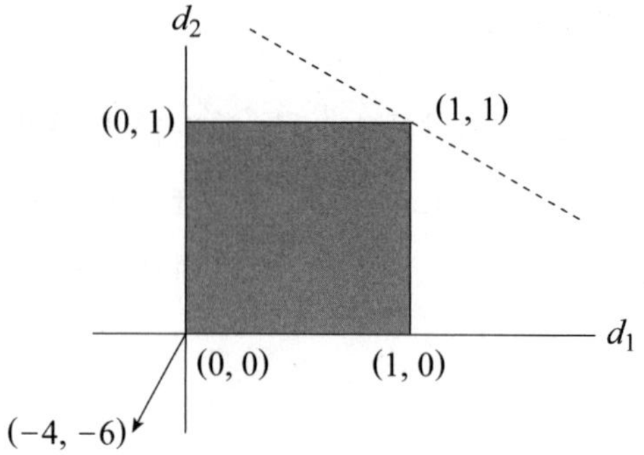

그림 10.2 반복계산 1

으로 주어진다. 예를 들면, 선형계획법의 심플렉스 알고리즘를 사용해 문제의 최적해를 구할 수 있다; 최적해는 $\mathbf{d}_1 = (1, 1)$이며 방향탐색문제의 목적함수 최적값은 -10이다. 그림 10.2는 하위문제의 실현가능영역을 제공하고, 그리고 독자는 점 $(1, 1)$이 진실로 최적해임을 기하학적으로 즉시 입증할 수 있다.

선형탐색 지금, $f(\mathbf{x}) = 2x_1^2 + 2x_2^2 - 2x_1x_2 - 4x_1 - 6x_2$이 최솟값을 갖는 점 $(0, 0)$에서 출발하여 벡터 $(1, 1)$의 방향으로 하나의 실현가능해를 찾을 필요가 있다. 이 방향을 따르는 임의의 점은 $\mathbf{x}_1 + \lambda\mathbf{d}_1 = (\lambda, \lambda)$라고 나타낼 수 있으며 목적함수는 $f(\mathbf{x}_1 + \lambda\mathbf{d}_1) = -10\lambda + 2\lambda^2$이다. $\mathbf{x}_1 + \lambda\mathbf{d}_1$가 실현가능해가 될 수 있는 λ의 최댓값은 (10.1)을 사용해 계산하며 다음 식

$$\lambda_{min} = min\{2/2, 5/6\} = 5/6$$

으로 주어진다. 그러므로 만약 $\mathbf{x}_1 + \lambda_1\mathbf{d}_1$이 새로운 점이라면 λ_1의 값은 다음 1차원탐색문제

$$\begin{aligned} &\text{최소화} \quad && -10\lambda + 2\lambda^2 \\ &\text{제약조건} \quad && 0 \le \lambda \le 5/6 \end{aligned}$$

의 최적해를 구해 사용한다. 목적함수는 볼록이며, 제약 없는 최소해는 5/2에서 일어나므로 해는 $\lambda_1 = 5/6$이며, 그래서 $\mathbf{x}_2 = \mathbf{x}_1 + \lambda_1\mathbf{d}_1 = (5/6, 5/6)$이다.

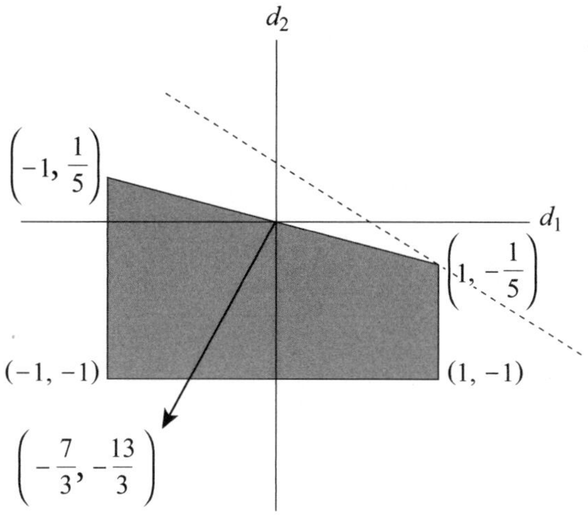

그림 10.3 반복계산 2

반복계산 2:

탐색방향 $\mathbf{x}_2 = (5/6, 5/6)$에서 $\nabla f(\mathbf{x}_2) = (-7/3, -13/3)$이다. 더군다나 $\mathbf{x}_2$에서 구속하는 제약조건의 집합은 $I = \{2\}$로 주어진다. 그래서 이동방향은 다음 문제

$$\begin{aligned} \text{최소화} \quad & -\frac{7}{3}d_1 - \frac{13}{3}d_2 \\ \text{제약조건} \quad & d_1 + 5d_2 \le 0 \\ & -1 \le d_1 \le 1 \\ & -1 \le d_2 \le 1 \end{aligned}$$

의 최적해를 구해 얻는다. 그림 10.3에서 독자는 위 선형계획법 문제의 최적해는 $\mathbf{d}_2 = (1, -1/5)$이며, 여기에 상응하는 목적함숫값은 $-22/15$임을 입증할 수 있다.

선형탐색 $\mathbf{x}_2$에서 출발하여 벡터 $\mathbf{d}_2$ 방향의 임의의 점은 $\mathbf{x}_2 + \lambda\mathbf{d}_2 = (5/6 + \lambda, 5/6 - (1/5)\lambda)$라고 나타낼 수 있으며 상응하는 목적함숫값은 $f(\mathbf{x}_2 + \lambda\mathbf{d}_2) = -125/8 - (22/5)\lambda + (62/25)\lambda^2$이다. $\mathbf{x}_2 + \lambda\mathbf{d}_2$가 실현가능해가 되도록 하는 λ의 최댓값은 (10.1)에서 다음 식

$$\lambda_{max} = min\left\{\frac{1/3}{4/5}, \frac{5/6}{1/5}\right\} = \frac{5}{12}$$

과 같이 구할 수 있다.

그러므로, λ_2는 다음 문제

$$\text{최소화} \quad -\frac{125}{8} - \frac{22}{15}\lambda + \frac{62}{25}\lambda^2$$
$$\text{제약조건} \quad 0 \le \lambda \le \frac{5}{12}$$

의 최적해이다. 최적해는 $\lambda_2 = 55/186$이며, 목적함수를 위한 제약 없는 최소해는 $\mathbf{x}_3 = \mathbf{x}_2 + \lambda_2 \mathbf{d}_2 = (35/31, 24/31)$이다.

반복계산 3:

탐색방향 $\mathbf{x}_3 = (35/31, 24/31)$에서, $\nabla f(\mathbf{x}_3) = (-32/31, -160/31)$이다. 더군다나, $\mathbf{x}_3$에서 구속하는 제약조건의 집합은 $I = \{2\}$로 주어지며, 이동할 방향은 다음 문제

$$\begin{aligned} \text{최소화} \quad & -\frac{32}{31}d_1 - \frac{160}{31}d_2 \\ \text{제약조건} \quad & d_1 + 5d_2 \le 0 \\ & -1 \le d_1 \le 1 \\ & -1 \le d_2 \le 1 \end{aligned}$$

의 최적해를 구해 얻는다.

그림 10.4에서 독자는 $\mathbf{d}_3 = (1, -1/5)$가, 진실로 위의 첫째 제약조건에 연관된 라그랑지 승수는 32/31이며 나머지 제약조건에 대해 0의 라그랑지 승수를 갖는 선형계획법 문제의 최적해임을 쉽게 입증할 수 있다. 여기에 상응하는 목적함숫값은 0이며 이 절차는 종료된다. 더군다나 $\bar{\mathbf{x}} = \mathbf{x}_3 = (35/31, 24/31)$는 $x_1 + 5x_2 \le 5$에 연관된 $\mathbf{0}$이 아닌 유일한 라그랑지 승수 32/31을 갖는 하나의 카루시-쿤-터커 점이다(도식적으로 그림 10.5에서 이것을 입증하시오). 이같이 특

별한 문제에서 f는 볼록이며 정리 4.3.8에 따라 $\bar{\mathbf{x}}$는 진실로 최적해이다.

표 10.1은 이 문제의 최적해를 구하는 계산을 요약한 것이다. 알고리즘의 진전이 그림 10.5에 나타나 있다.

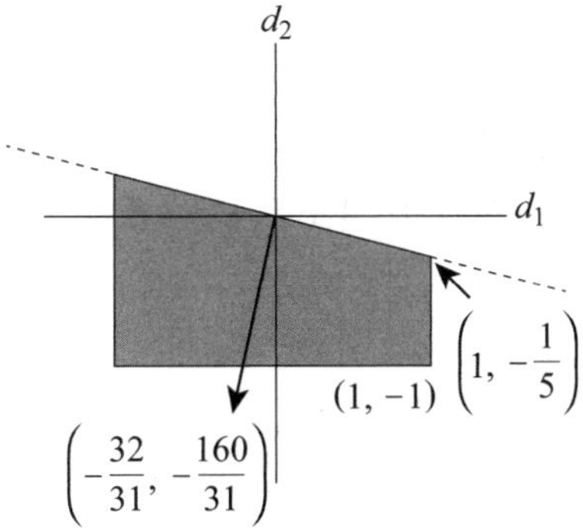

그림 10.4 반복계산 3에서 종료

표 10.1 쥬텐딕의 방법의 계산의 요약

반복 k	$\mathbf{x}_k$	$f(\mathbf{x}_k)$	탐색방향				선형탐색		
			$\nabla f(\mathbf{x}_k)$	I	$\mathbf{d}_k$	$\nabla f(\mathbf{x}_k)\cdot\mathbf{d}_k$	$\lambda_{\max}$	λ_k	x_{k+1}
1	$(0,0)$	0	$(-4,6)$	$\{3,4\}$	$(1,1)$	-10	$\frac{5}{6}$	$\frac{5}{6}$	$\left(\frac{5}{6},\frac{5}{6}\right)$
2	$\left(\frac{5}{6},\frac{5}{6}\right)$	-6.94	$\left(-\frac{7}{3},-\frac{13}{3}\right)$	$\{2\}$	$\left(1,-\frac{1}{5}\right)$	$-\frac{22}{15}$	$\frac{5}{12}$	$\frac{55}{186}$	$\left(\frac{35}{31},\frac{24}{31}\right)$
3	$\left(\frac{35}{31},\frac{24}{31}\right)$	-7.16	$\left(-\frac{32}{31},-\frac{160}{31}\right)$	$\{2\}$	$\left(1,-\frac{1}{5}\right)$	0			

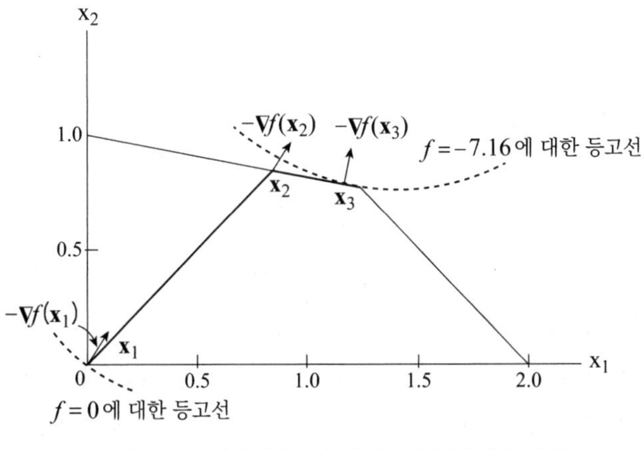

그림 10.5 선형제약조건 케이스의 쥬텐딕의 방법

비선형부등식 제약조건을 갖는 문제

지금 다음과 같은 문제

$$\begin{array}{ll} \text{최소화} & f(\mathbf{x}) \\ \text{제약조건} & g_i(\mathbf{x}) \le 0 \quad i = 1, \cdots, m \end{array}$$

를 고려하고, 여기에서 실현가능영역은 선형일 필요가 없는 부등식 제약조건의 연립방정식에 의해 정의된다. 정리 10.1.6은 벡터 $\mathbf{d}$가 하나의 개선실현가능방향이 되기 위한 충분조건을 제시한다.

10.1.6 정리

최소화 $f(\mathbf{x})$ 제약조건 $g_i(\mathbf{x}) \le 0$ $i = 1, \cdots, m$ 문제를 고려해보자. $\mathbf{x}$는 하나의 실현가능해라 하고 I는 "구속하는 또는 작용하는" 제약조건의 집합이라 한다. 즉 다시 말하면, $I = \{i \mid g_i(\mathbf{x}) = 0\}$이다. 더군다나, f와 $i \in I$에 대한 g_i는 $\mathbf{x}$에서 미분가능하고 각각의 $i \notin I$에 대해 g_i는 $\mathbf{x}$에서 연속이라고 가정한다. 만약 $\nabla f(\mathbf{x}) \cdot \mathbf{d} < 0$이며 $i \in I$에 대해 $\nabla g_i(\mathbf{x}) \cdot \mathbf{d} < 0$이라면 $\mathbf{d}$는 하나의 개선실현가능방향이다.

증명 $\mathbf{d}$는 $\nabla f(\mathbf{x}) \cdot \mathbf{d} < 0$와 $i \in I$에 대한 $\nabla g_i(\mathbf{x}) \cdot \mathbf{d} < 0$을 만족시킨다고 한다. $i \notin I$에 대해 $g_i(\mathbf{x}) < 0$이며 충분히 작은 $\lambda > 0$에 대해 $g_i(\mathbf{x} + \lambda\mathbf{d}) \le 0$이 성립하기 위해 g_i는 $\mathbf{x}$에서 연속이다. $i \in I$에 대한 g_i의 미분가능성에 따라 다음 식

$$g_i(\mathbf{x} + \lambda\mathbf{d}) = g_i(\mathbf{x}) + \lambda \nabla g_i(\mathbf{x}) \cdot \mathbf{d} + \lambda \| \mathbf{d} \| \alpha(\mathbf{x}; \lambda\mathbf{d})$$

이 성립하고, 여기에서 $\lambda \to 0$에 따라 $\alpha(\mathbf{x}; \lambda\mathbf{d}) \to 0$이다. $\nabla g_i(\mathbf{x}) \cdot \mathbf{d} < 0$이므로, 그렇다면 충분히 작은 $\lambda > 0$에 대해 $g_i(\mathbf{x} + \lambda\mathbf{d}) < g_i(\mathbf{x}) = 0$이다. 그러므로 $i = 1, \cdots, m$에 대해 $g_i(\mathbf{x} + \lambda\mathbf{d}) \le 0$이다; 즉 다시 말하면, 충분히 작은 $\lambda > 0$에 대해 $\mathbf{x} + \lambda\mathbf{d}$는 실현가능해이다. 유사한 논증에 따라 $\nabla f(\mathbf{x}) \cdot \mathbf{d} < 0$이므로 충분히 작은 $\lambda > 0$에 대해 $f(\mathbf{x} + \lambda\mathbf{d}) < f(\mathbf{x})$을 얻는다. 그러므로 $\mathbf{d}$는 개선실현가능방

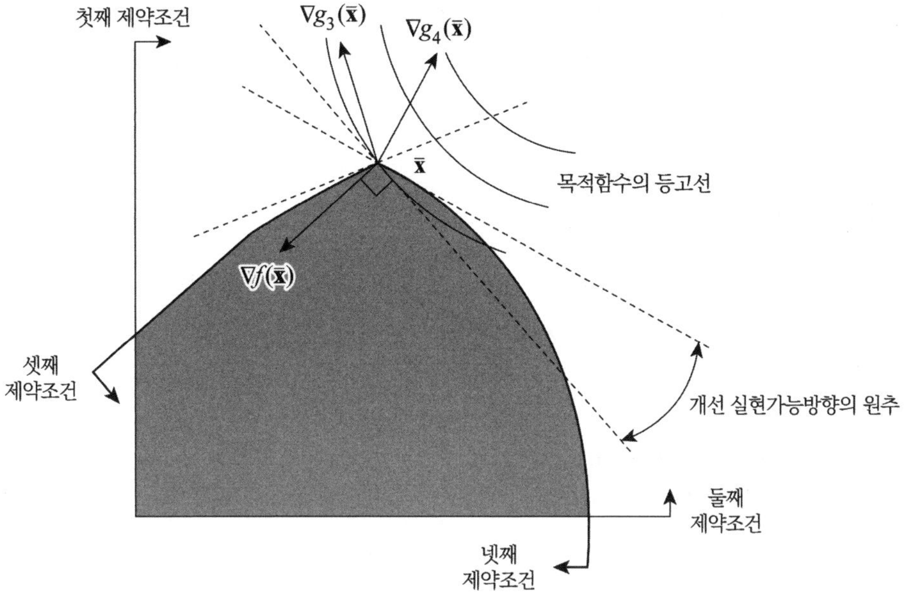

그림 10.6 비선형 제약조건의 개선실현가능방향

향이다. 이것으로 증명이 완결되었다. (증명 끝)

그림 10.6은 $\overline{\mathbf{x}}$에서 개선실현가능방향 집합을 예시한다. $\nabla g_i(\overline{\mathbf{x}})\cdot\mathbf{d} = 0$이 되도록 하는 하나의 벡터 $\mathbf{d}$는 $\overline{\mathbf{x}}$에서 집합 $\{x \mid g_i(\mathbf{x}) = 0\}$에 접한다. g_i의 비선형성 때문에, 이러한 벡터 $\mathbf{d}$ 방향으로 움직이면 실현불가능점에 도달할지도 모르므로 엄격한 부등식 $\nabla g_i(\overline{\mathbf{x}})\cdot\mathbf{d} < 0$이 필요하다.

$\nabla f(\mathbf{x})\cdot\mathbf{d} < 0$, $i \in I$에 대해 $\nabla g_i(\mathbf{x})\cdot\mathbf{d} < 0$이 되도록 하는 하나의 벡터 $\mathbf{d}$를 찾기 위해, $\nabla f(\mathbf{x})\cdot\mathbf{d}$와 $i \in I$에 대한 $\nabla g_i(\mathbf{x})\cdot\mathbf{d}$의 최댓값을 최소화함은 아주 자연적이다. 이 최댓값을 z로 나타내고, 각각의 j에 대해 정규화제약 $-1 \le d_j \le 1$을 도입함으로 다음 방향탐색문제

$$
\begin{aligned}
\text{최소화} \quad & z \\
\text{제약조건} \quad & \nabla f(\mathbf{x})\cdot\mathbf{d} - z \le 0 \\
& \nabla g_i(\mathbf{x})\cdot\mathbf{d} - z \le 0 \qquad i \in I \\
& -1 \le d_j \le 1 \qquad j = 1, \cdots, n
\end{aligned}
$$

를 얻는다. $(\bar{z}, \bar{\mathbf{d}})$를 위의 선형계획법 문제의 하나의 최적해라 하자. 만약 $\bar{z} < 0$이라면, $\bar{\mathbf{d}}$는 명백하게 개선실현가능 방향이다. 만약, 반면에, $\bar{z} = 0$이라면, 아래에 보이는 바와 같이, 현재의 벡터는 프리츠 존 점이다.

10.1.7 정리

최소화 $f(\mathbf{x})$ 제약조건 $g_i(\mathbf{x}) \le 0 \ \ i = 1, \cdots, m$ 문제를 고려해보자. $\mathbf{x}$는 하나의 실현가능해라 하고, $I = \{i \mid g_i(\mathbf{x}) = 0\}$으로 놓는다. 다음 방향탐색문제

$$\begin{array}{lll} \text{최소화} & z & \\ \text{제약조건} & \nabla f(\mathbf{x}) \cdot \mathbf{d} - z \le 0 & \\ & \nabla g_i(\mathbf{x}) \cdot \mathbf{d} - z \le 0 & i \in I \\ & \quad -1 \le d_j \le 1 & j = 1, \cdots, n \end{array}$$

를 고려해보자. 그렇다면, $\mathbf{x}$가 프리츠 존 점이라는 것은 위 문제의 목적함수의 최적값은 0이라는 것과 같은 뜻이다.

증명 위 문제의 목적함수의 최적값이 0이라는 것은 연립방정식 $\nabla f(\mathbf{x}) \cdot \mathbf{d} < 0$, $i \in I$에 대한 $\nabla g_i(\mathbf{x}) \cdot \mathbf{d} < 0$는 해를 갖지 않는다는 것과 같은 뜻이다. 정리 2.4.9에 의해, 이 연립방정식이 해를 갖지 않는다는 것은 다음 식

$$u_0 \nabla f(\mathbf{x}) + \sum_{i \in I} u_i \nabla g_j(\mathbf{x}) = \mathbf{0}$$

$$u_0 \ge 0, \quad u_i \ge 0 \quad i \in I$$

$$u_0 > 0\text{이거나, 아니면 어떤 } i \in I\text{에 대해 } u_i > 0$$

이 성립하도록 하는 스칼라 u_0와 $i \in I$에 대한 u_i가 존재한다는 것과 같은 뜻이다. 이들은 정확하게 프리츠 존 조건이며, 증명이 완결되었다. (증명 끝)

쥬텐딕의 방법의 요약(비선형 부등식 제약조건의 케이스)

초기화 스텝 $i = 1, \cdots, m$에 대해 $g_i(\mathbf{x}_1) \le 0$이 되도록 하는 하나의 출발점 $\mathbf{x}_1$을 선택하고 $k = 1$이라고 놓고 메인 스텝으로 간다.

메인 스텝 1. $I=\{i \mid g_i(\mathbf{x}_k)=0\}$이라고 놓고 다음 문제

$$
\begin{aligned}
\text{최소화} \quad & z \\
\text{제약조건} \quad & \nabla f(\mathbf{x}_k)\cdot\mathbf{d} - z \le 0 \\
& \nabla g_i(\mathbf{x}_k)\cdot\mathbf{d} - z \le 0 \qquad i \in I \\
& -1 \le \mathbf{d}_j \le 1 \qquad j=1, \cdots, n
\end{aligned}
$$

의 최적해를 구하시오. $(z_k, \mathbf{d}_k)$는 하나의 최적해라 한다. 만약 $z_k=0$이라면, 중지한다; $\mathbf{x}_k$는 하나의 프리츠 존 점이다. 만약 $z_k<0$이라면 스텝 2로 간다.

2. λ_k는 다음 선형탐색문제

$$
\begin{aligned}
\text{최소화} \quad & f(\mathbf{x}_k + \lambda\mathbf{d}_k) \\
\text{제약조건} \quad & 0 \le \lambda \le \lambda_{max}
\end{aligned}
$$

의 하나의 최적해라 하고, 여기에서 $\lambda_{max}=sup\{\lambda \mid g_i(\mathbf{x}_k+\lambda\mathbf{d}_k) \le 0 \;\; i=1, \cdots, m\}$이다. $\mathbf{x}_{k+1}=\mathbf{x}_k+\lambda_k\mathbf{d}_k$로 하고, k를 $k+1$로 대체하고 스텝 1로 간다.

10.1.8 예제

다음 문제

$$
\begin{aligned}
\text{최소화} \quad & 2x_1^2+2x_2^2-2x_1x_2-4x_1-6x_2 \\
\text{제약조건} \quad & x_1+5x_2 \le 5 \\
& 2x_1^2-x_2 \le 0 \\
& -x_1 \le 0 \\
& -x_2 \le 0
\end{aligned}
$$

를 고려해보자. 쥬텐딕의 방법을 사용해 최적해를 구한다. 이 절차는 하나의 실현가능해 $\mathbf{x}_1=(0.00, 0.75)$에서 시작한다. 독자는 $\nabla f(\mathbf{x})=(4x_1-2x_2-4, 4x_2-2x_1-6)$임을 주목할 수도 있다.

반복계산 1:

탐색방향 점 $\mathbf{x}_1=(0.00, 0.75)$에서 $\nabla f(\mathbf{x}_1)=(-5.50, -3.00)$이며, 구속하는 제약조건은 $I=\{3\}$에 의해 정의된다. $\nabla g_3(\mathbf{x}_1)=(-1, 0)$이다. 그렇다면 방향 탐색문제는 다음 식

$$\begin{aligned}
\text{최소화} \quad & z \\
\text{제약조건} \quad & -5.5d_1-3.0d_2-z\le 0 \\
& -d_1-z\le 0 \\
& -1<d_j\le 1 \qquad j=1,2
\end{aligned}$$

과 같이 주어진다. 예를 들면, 심플렉스 알고리즘을 사용해, 최적해는 $\mathbf{d}_1=(1.00, -1.00)$이며 목적함수는 $z_1=-1.00$임을 입증할 수 있다.

선형탐색 임의의 점 $\mathbf{x}_1=(0.00, 0.75)$에서 $\mathbf{d}_1=(1.00, -1.00)$ 방향으로 향하는 점은 $\mathbf{x}_1+\lambda\mathbf{d}_1=(\lambda, 0.75-\lambda)$라고 나타낼 수 있고 여기에 상응하는 목적 함숫값은 $f(\mathbf{x}_1+\lambda\mathbf{d}_1)=6\lambda^2-2.5\lambda-3.375$로 주어진다. 독자는 $\mathbf{x}_1+\lambda\mathbf{d}_1$가 실현가능해이도록 하는 λ의 최댓값은 $\lambda_{max}=0.4114$임을 입증할 수 있으며, 여기에서 제약조건 $2x_1^2-x_2\le 0$은 구속하는 제약조건이 된다. λ_1 값은 다음 일차원 탐색 문제

$$\begin{aligned}
\text{최소화} \quad & 6\lambda^2-2.5\lambda-3.375 \\
\text{제약조건} \quad & 0\le\lambda\le 0.4114
\end{aligned}$$

의 최적해를 구함으로 얻어진다. 최적값이 $\lambda_1=0.2083$임을 즉시 알 수 있다. 그러므로 $\mathbf{x}_2=(\mathbf{x}_1+\lambda_1\mathbf{d}_1)=(0.2083, 0.5417)$이다.

반복계산 2:

탐색방향 $\mathbf{x}_2=(0.2083, 0.5417)$에서, $\nabla f(\mathbf{x}_2)=(-4.2500, -4.2500)$이다. 구속하는 제약조건은 존재하지 않으며 방향탐색문제는 다음 식

$$\text{최소화} \quad z$$

$$\text{제약조건} \quad -4.25d_1 - 4.25d_2 - z \le 0$$
$$-1 \le d_j \le 1 \quad j = 1, 2$$

으로 주어진다. 최적해는 $\mathbf{d}_2 = (1, 1)$이며 $z_2 = -8.50$이다.

선형탐색 독자는 $\mathbf{x}_2 + \lambda\mathbf{d}_2$가 실현가능해인 λ의 최댓값은 $\lambda_{max} = 0.3472$임을 입증할 수 있으며, 여기에서 제약조건 $x_1 + 5x_2 \le 5$는 구속하는 제약조건이 된다. λ_2 값은 최소화 $f(\mathbf{x}_2 + \lambda\mathbf{d}_2) = 2\lambda^2 - 8.5\lambda - 3.6354$ 제약조건 $0 \le \lambda \le 0.3472$ 문제의 최적해를 구해 얻는다. 이로부터 $\lambda_2 = 0.3472$가 산출되며, 그래서 $\mathbf{x}_3 = \mathbf{x}_2 + \lambda_2\mathbf{d}_2 = (0.5555, 0.8889)$이다.

반복계산 3:

탐색방향 점 $\mathbf{x}_3 = (0.5555, 0.8889)$에서, $\nabla f(\mathbf{x}_3) = (-3.5558, -3.5554)$이며 구속하는 제약조건은 $I = \{1\}$에 의해 정의된다. 방향탐색문제는 다음 식

$$\text{최소화} \quad z$$
$$\text{제약조건} \quad -3.5558d_1 - 3.5554d_2 - z \le 0$$
$$d_1 + 5d_2 - z \le 0$$
$$-1 < d_j \le 1 \quad j = 1, 2$$

에 의해 정의된다. 최적해는 $\mathbf{d}_3 = (1.0000, -0.5325)$이며 $z_3 = -1.663$이다.

선형탐색 독자는 $\mathbf{x}_3 + \lambda\mathbf{d}_3$이 실현가능해이도록 하는 λ의 최댓값은 $\lambda_{max} = 0.09245$임을 입증할 수 있으며, 여기에서 제약조건 $2x_1^2 - x_2 \le 0$은 구속하는 제약조건이 된다. λ_3 값은 최소화 $f(\mathbf{x}_3 + \lambda\mathbf{d}_3) = 1.5021\lambda^2 - 5.4490\lambda - 6.3455$ 제약조건 $0 \le \lambda \le 0.09245$ 문제의 최적해에서 구한다. 최적해는 $\lambda_3 = 0.09245$이며 그래서 $\mathbf{x}_4 = \mathbf{x}_3 + \lambda_3\mathbf{d}_3 = (0.6479, 0.8397)$이다.

반복계산 4:

탐색방향 $\mathbf{x}_4 = (0.6479, 0.8397)$에서 $\nabla f(\mathbf{x}_4) = (-3.0878, -3.9370)$이며 구

속하는 제약조건은 $I=\{2\}$로 정의된다. 방향탐색문제

$$\begin{aligned} \text{최소화}\quad & z \\ \text{제약조건}\quad & -3.0878d_1 - 3.9370d_2 - z \le 0 \\ & 2.5916d_1 - d_2 - z \le 0 \\ & -1 \le d_j \le 1 \quad j=1,2 \end{aligned}$$

는 다음과 같다. 최적해는 $\mathbf{d}_4 = (-0.5171, 1.0000)$이며 $z_4 = -2.340$이다.

선형탐색 독자는 $\mathbf{x}_4 + \lambda\mathbf{d}_4$가 실현가능해가 되도록 λ가 취할 수 있는 최댓값은 $\lambda_{max} = 0.0343$임을 입증할 수 있으며, 이로부터 제약조건 $x_1 + 5x_2 \le 5$는 구속적으로 된다. λ_4 값은 최소화 $f(\mathbf{x}_4 + \lambda\mathbf{d}_4) = 3.569\lambda^2 - 2.340\lambda - 6.481$ 제약조건 $0 \le \lambda \le 0.0343$ 문제의 최적해에서 구하며 $\lambda_4 = 0.0343$이다. 그러므로 새로운 점은 $\mathbf{x}_5 = \mathbf{x}_4 + \lambda_4\mathbf{d}_4 = (0.6302, 0.8740)$이다. 최적점 $(0.658872, 0.868226)$에서 목적함숫값 -6.5590과 비교해 보면, 목적함숫값은 -6.5443이다.

표 10.2는 처음 4회의 반복계산내용을 요약한 것이다. 그림 10.7은 알고리즘의 진전을 나타낸다. 이 방법에 사용되는 1-계 근사화 때문에 예상할 수 있는 바와 같이, 알고리즘이 지그재깅하는 경향을 주목하시오.

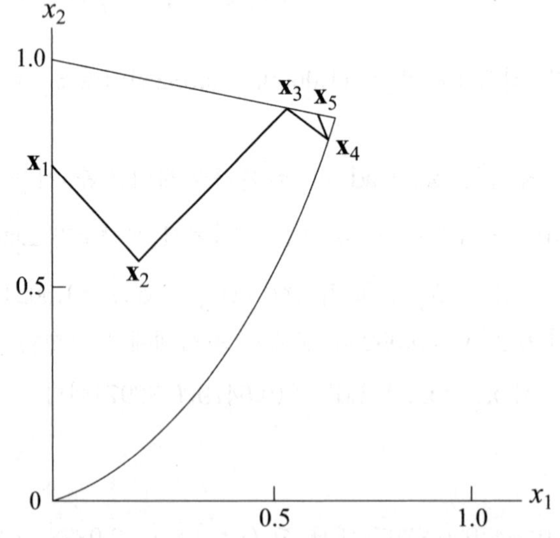

그림 10.7 비선형부등식 제약조건의 케이스의 쥬텐딕의 방법

표 10.2 쥬텐딕의 방법의 계산의 요약: 비선형 제약조건의 케이스

구 분			탐색방향			선형탐색		
반복 k	$\mathbf{x}_k$	$f(\mathbf{x}_k)$	$\nabla f(\mathbf{x}_k)$	$\mathbf{d}_k$	z_k	λ_{max}	λ_1	$\mathbf{x}_{k+1}$
1	(0.00, 0.75)	-3.3750	(-5.50, -3.00)	(1.0000, -1.0000)	-1.000	0.4140	0.2083	(0.2083, 0.5417)
2	(0.2083, 0.5477)	-3.6354	(-4.25, -4.25)	(1.0000, 1.0000)	-8.500	0.3472	0.3472	(0.55555, 0.8889)
3	(0.5555, 0.8889)	-6.3455	(-3.5558, -3.5554)	(1.0000, -0.5325)	-1.663	0.09245	0.09245	(0.6479, 0.8397)
4	(0.6479, 0.8397)	-6.4681	(-3.0878, -3.9370)	(-0.5171, 1.0000)	-2.340	0.0343	0.0343	(0.6302, 0.8740)

비선형 등식 제약조건의 취급

앞서 말한 실현가능방향법을 사용하는 방법은 비선형등식 제약조건을 취급하기 위해 수정되어야 한다. 예시하기 위해, 1개의 등식 제약조건의 케이스에 대해 그림 10.8을 고려해보자. 하나의 실현가능해 $\mathbf{x}_k$가 주어지면 어떤 양(+) δ에 대해 $h(\mathbf{x}_k+\lambda\mathbf{d})=0$이 되도록 하는 방향 $\mathbf{d}\neq\mathbf{0}$이 존재하지 않는다. 이와 같은 어려움은 $\nabla h(\mathbf{x}_k)\cdot\mathbf{d}_k=0$인 접선방향 $\mathbf{d}_k$로 이동하고, 그리고 실현가능영역으로 되돌아가는 이동을 함으로 이와 같은 어려움을 극복할 수도 있다.

좀 더 구체적으로 설명하기 위해, 다음 문제

$$
\begin{aligned}
\text{최소화} \quad & f(\mathbf{x}) \\
\text{제약조건} \quad & g_i(\mathbf{x}) \le 0 \quad i=1,\cdots,m \\
& h_i(\mathbf{x}) = 0 \quad i=1,\cdots,\ell
\end{aligned}
$$

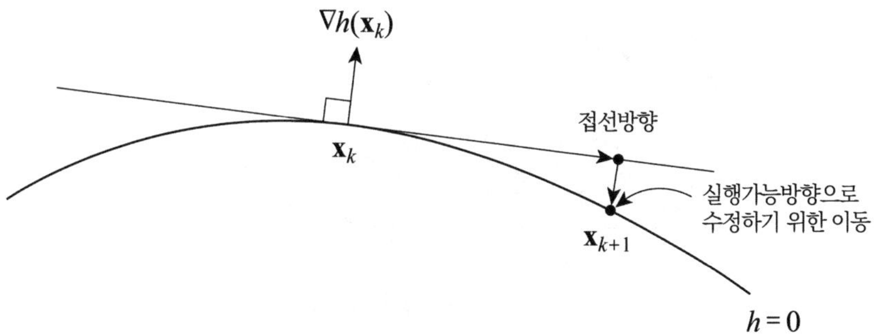

그림 10.8 비선형등식 제약조건

를 고려해보자.

$\mathbf{x}_k$ 는 실현가능해라고 놓고 $I=\{i \mid g_i(\mathbf{x}_k)=0\}$ 로 놓는다. 다음 선형계획법 문제

$$
\begin{aligned}
&\text{최소화} && \nabla f(\mathbf{x}_k)\cdot\mathbf{d} \\
&\text{제약조건} && \nabla g_i(\mathbf{x}_k)\cdot\mathbf{d} \le 0 && i\in I \\
& && \nabla h_i(\mathbf{x}_k)\cdot\mathbf{d} = 0 && i=1,\cdots,\ell
\end{aligned}
$$

의 최적해를 구한다. 결과로 나타나는 방향 $\mathbf{d}_k$ 는 등식 제약조건과 몇 개의 구속하는 비선형부등식 제약조건의 접선방향이다. $\mathbf{d}_k$ 방향의 탐색을 사용하고, 그리고 실현가능영역으로 되돌아가면 $\mathbf{x}_{k+1}$로 인도한다. 이 과정은 반복된다.

거의-구속하는 제약조건의 사용

선형 부등식과 비선형 부등식의 제약조건이 모두 있는 문제의 방향탐색문제는, 구속하는 제약조건의 집합만을 사용했음을 상기하시오. 만약 하나의 주어진 점이 제약조건 가운데 1개의 경계에 가깝다면, 그리고 만약 이 제약조건이 이동방향을 찾는 과정에서 사용되지 않는다면 이 제약조건의 경계에 부딪히기 전에 작은 크기의 스텝만을 선택함이 가능하다. 그림 10.9에서, 점 $\mathbf{x}$ 에서 단 1개의 구속하는 제약

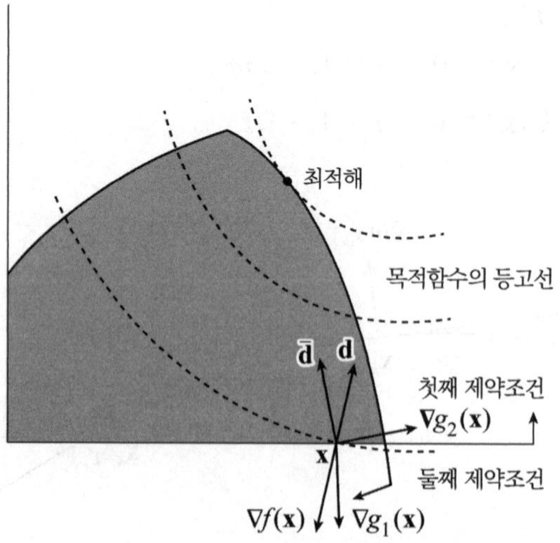

그림 10.9 거의-구속하는 제약조건의 효과

은 첫째 제약조건이다. 그러나 $\mathbf{x}$는 둘째 제약조건의 경계에 가깝다. 만약 방향을 탐색하는 '문제 P'의 집합 I를 $I=\{1\}$로 택하면, 최적 방향은 $\mathbf{d}$일 것이며 제약조건 2의 경계에 도달하기 전 조금만 이동할 것이다. 반면에, 만약 제약조건 1, 2 모두가 $I=\{1,2\}$의 구속하는 제약조건으로 취급된다면, 방향을 탐색하는 '문제 P'는 방향 $\overline{\mathbf{d}}$를 생산할 것이며, 따라서 실현가능영역의 경계에 도달하기 전에 조금 더 이동할 여지를 제공한다. 그러므로, 집합 I는 거의-구속하는 제약조건의 집합이라고 제안한다. 좀 더 정확하게, I는 $\{i \mid g_i(\mathbf{x})=0\}$보다도 $\{i \mid g_i(\mathbf{x})+\varepsilon \geq 0\}$을 택하며, 여기에서 $\varepsilon > 0$는 적절히 작은 스칼라이다. 물론 이런 구성에서 너무 이른 종료를 예방하기 위해 몇 가지 주의사항이 필요하다. 절 10.2에서 상세히 토론할 것이지만, 이 절에서 제시한 실현가능방향법은 프리츠 존 점으로 수렴할 필요가 없다. 알고리즘적 사상이 닫혀있지 않다는 사실에서 이 결과가 나오며, 여기에서 제시한 거의-구속하는 제약조건의 개념을 좀 더 공식적으로 사용해, 알고리즘적 사상의 닫힘성, 그러므로 전체적 알고리즘의 수렴을 확립할 수 있다.

10.2 쥬텐딕의 방법의 수렴해석

이 절에서는 절 10.1에서 제시한 쥬텐딕의 실현가능방향법의 수렴특질을 토의한다. 바로 알게 될 것이지만, 쥬텐딕의 방법의 알고리즘적 사상은 닫혀있지 않으며, 그러므로 일반적으로 수렴은 보증되지 않는다. 톱키스 & 베이노트[1967]의 공로라고 알려진, 이 방법의 수정은 프리츠 존 점으로의 알고리즘의 수렴을 보장한다.

쥬텐딕의 방법의 알고리즘적 사상 $\mathbf{A}$는 사상 $\mathbf{M}$, $\mathbf{D}$로 구성되어 있음을 주목하자. 만약 $\mathbf{d}$가 절 10.1에서 토의한 방향탐색문제 P1, P2, P3 가운데 한 개에 대해 하나의 최적해라면 방향탐색 사상 $\mathbf{D}$: $\Re^n \to \Re^n \times \Re^n$은 $(\mathbf{x},\mathbf{d}) \in \mathbf{D}(\mathbf{x})$이라고 정의된다. 만약 $\mathbf{y}$가 최소화 $f(\mathbf{x}+\lambda\mathbf{d})$ 제약조건 $\lambda \geq 0$ $\mathbf{x}+\lambda\mathbf{d} \in S$ 문제에서 구한 최적해를 사용해 $\mathbf{y}=\mathbf{x}+\lambda_{\text{opt}}\mathbf{d}$로 한다면 선형탐색 사상 $\mathbf{M}$: $\Re^n \times \Re^n \to \Re^n$은 $\mathbf{y} \in \mathbf{M}(\mathbf{x},\mathbf{d})$이라고 정의하며, 여기에서 S는 실현가능영역이다. 사상 $\mathbf{D}$는 일반적으로 닫혀 있지 않다는 것을 아래에 보인다.

10.2.1 예제(D는 닫혀 있지 않다)

다음 문제

$$\begin{aligned} \text{최소화} \quad & -2x_1 - x_2 \\ \text{제약조건} \quad & x_1 + x_2 \leq 2 \\ & x_1,\ x_2 \geq 0 \end{aligned}$$

를 고려해보자. 이 문제는 그림 10.10에 예시되어 있다. $\mathbf{x}_k$의 수열 $\{\mathbf{x}_k\}$를 고려해보고, 여기에서 $\mathbf{x}_k = (0, 2 - 1/k)$이다. 각각의 $\mathbf{x}_k$에서 유일한 제약조건은 $x_1 \geq 0$임을 주목하고, 방향탐색문제는 다음 식

$$\begin{aligned} \text{최소화} \quad & -2d_1 - d_2 \\ \text{제약조건} \quad & 0 \leq d_1 \leq 1 \\ & -1 \leq d_2 \leq 1 \end{aligned}$$

으로 주어진다. 위 문제의 최적해 $\mathbf{d}_k$는 명백하게 $(1, 1)$이다. 그러나 집적점 $\mathbf{x} = (0, 2)$에서 제약조건 $x_1 \geq 0$, $x_1 + x_2 \leq 2$는 모두 구속적이며, 그래서 방향탐색문제는 다음 식

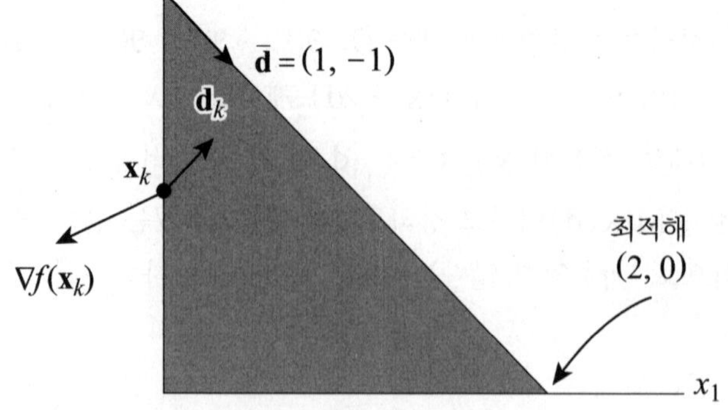

그림 10.10 방향탐색 사상 D는 닫혀 있지 않다

$$
\begin{aligned}
\text{최소화} \quad & -2d_1 - d_2 \\
\text{제약조건} \quad & d_1 + d_2 \le 0 \\
& 0 \le d_1 \le 1 \\
& -1 \le d_2 \le 1
\end{aligned}
$$

으로 주어진다.

위 문제의 최적해 $\overline{\mathbf{d}}$는 $(1, -1)$로 주어진다. 따라서 다음 내용

$$
\begin{aligned}
& \mathbf{x}_k \to \mathbf{x} \\
& (\mathbf{x}_k, \mathbf{d}_k) \to (\mathbf{x}, \mathbf{d})
\end{aligned}
$$

이 성립하며, 여기에서 $\mathbf{d} = (1, 1)$이다. $\mathbf{D}(\mathbf{x}) = \{(\mathbf{x}, \overline{\mathbf{d}})\}$이므로 $(\mathbf{x}, \mathbf{d}) \notin \mathbf{D}(\mathbf{x})$이다. 그러므로 방향탐색 사상 $\mathbf{D}$는 $\mathbf{x}$에서 닫혀있지 않다.

최소화 $f(\mathbf{x})$ 제약조건 $\mathbf{x} \in S$ 형태인 문제의 최적해를 구하는 모든 실현가능방향법에서 선형탐색사상 $\mathbf{M}$: $\Re^n \times \Re^n \to \Re^n$이 사용된다. 하나의 실현가능해 $\mathbf{x}$와 하나의 개선실현가능 방향 $\mathbf{d}$가 주어지면, $\mathbf{y} \in \mathbf{M}(\mathbf{x}, \mathbf{d})$임은 $\mathbf{y}$가 최소화 $f(\mathbf{x} + \lambda\mathbf{d})$ 제약조건 $\lambda \ge 0$ $\mathbf{x} + \lambda\mathbf{d} \in S$ 문제의 최적해 λ^{opt}를 사용해 얻은 $\mathbf{y} = \mathbf{x} + \lambda_{\text{opt}}\mathbf{d}$임을 의미한다. 예제 10.2.2에서 이 사상은 닫혀 있지 않다는 것을 보여주며, 여기에서의 어려움은 실현가능영역을 벗어나기 전에 취했던 가능한 스텝길이가 0에 접근할 수 있으며 한곳으로 **몰리는 현상**을 낳는다는 것이다.

10.2.2 예제(M은 닫혀있지 않다)

다음 문제

$$
\begin{aligned}
\text{최소화} \quad & 2x_1 - x_2 \\
\text{제약조건} \quad & (x_1, x_2) \in S
\end{aligned}
$$

를 고려해보고, 여기에서 $S = \{(x_1, x_2) \mid x_1^2 + x_2^2 \le 1\} \cup \{(x_1, x_2) \mid |x_1| \le 1,\ 0 \le x_2 \le 1\}$이다. 문제는 그림 10.11에 예시되어 있고, 최적해 $\overline{\mathbf{x}}$는 $(-1, 1)$로 주어진다. 지금 다음과 같이 구성된 수열 $\{(\mathbf{x}_k, \mathbf{d}_k)\}$를 고려해보자. $\mathbf{x}_1 = (1, 0)$, $\mathbf{d}_1 =$

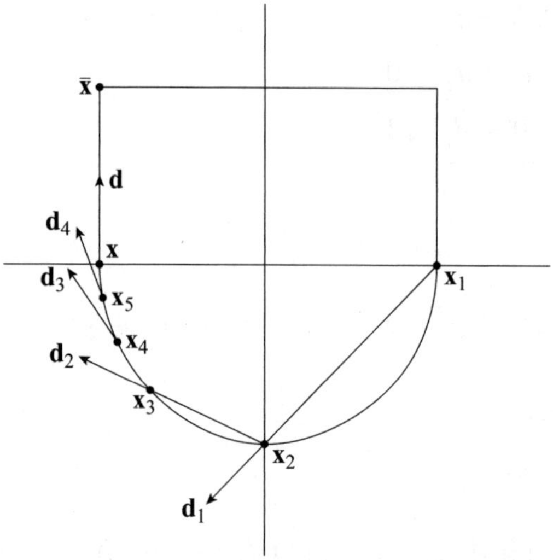

그림 10.11 선형탐색 사상 M은 닫혀 있지 않다

$(-1/\sqrt{2}, -1/\sqrt{2})$이라고 놓는다. $\mathbf{x}_k$가 주어지면 다음 반복계산점 $\mathbf{x}_{k+1}$은 $\mathbf{d}_k$ 방향으로 S의 경계에 도달할 때까지 이동해 얻는다. $\mathbf{x}_{k+1}$이 주어지면, 다음 방향 $\mathbf{d}_{k+1}$은 $(\boldsymbol{\xi}-\mathbf{x}_{k+1})/\|\boldsymbol{\xi}-\mathbf{x}_{k+1}\|$로 정해지며, 여기에서 $\boldsymbol{\xi}$는 $\mathbf{x}_{k+1}$과 $(-1, 0)$에서 동일 거리에 있으며 S의 경계에 속한 점이다.

이 수열 $\{(\mathbf{x}_k, \mathbf{d}_k)\}$은 그림 10.11에 나타나 있으며 명백하게 $(\mathbf{x}, \mathbf{d})$로 수렴하며, 여기에서 $\mathbf{x}=(-1, 0)$, $\mathbf{d}=(0, 1)$이다. 만약 $\mathbf{y}_k$가 최소화 $f(\mathbf{x}_k+\lambda\mathbf{d}_k)$ 제약조건 $\lambda \geq 0$ $\mathbf{x}_k+\lambda\mathbf{d}_k \in S$ 문제의 하나의 최적해라면 선형탐색사상 $\mathbf{M}$은 $\mathbf{y}_k \in \mathbf{M}(\mathbf{x}_k, \mathbf{d}_k)$이라고 정의된다. 명백하게 $\mathbf{y}_k=\mathbf{x}_{k+1}$이며, 따라서 $\mathbf{y}_k \to \mathbf{x}$이다. 따라서 다음 내용

$$(\mathbf{x}_k, \mathbf{d}_k) \to (\mathbf{x}, \mathbf{d})$$
$$\mathbf{y}_k \to \mathbf{x} \qquad \text{여기에서} \quad \mathbf{y}_k \in \mathbf{M}(\mathbf{x}_k, \mathbf{d}_k)$$

이 성립한다. 그러나 $\mathbf{x}$에서 출발하여 $\mathbf{d}$ 방향으로 f를 최소화하면 $\bar{\mathbf{x}}$를 산출하며, 그래서 $\mathbf{x} \notin \mathbf{M}(\mathbf{x}, \mathbf{d})$이다. 따라서 $\mathbf{M}$은 $(\mathbf{x}, \mathbf{d})$에서 닫혀 있지 않다.

울프의 반례

위에서 쥬텐딕의 방향탐색사상과 선형탐색사상은 닫혀있지 않음을 설명했다. 예제

10.2.3은 쥬텐딕의 방법이 카루시-쿤-터커 점으로 수렴하지 않을 수도 있음을 보여주며, 여기에서의 어려움은 생성된 벡터 방향으로의 이동거리가 0에 가깝게 되며, 비최적 점에 몰리는 현상을 일으킨다는 것이다.

10.2.3 예제(울프[1972])

다음 문제

$$\begin{array}{ll} \text{최소화} & \frac{4}{3}(x_1^2 - x_1x_2 + x_2^2)^{3/4} - x_3 \\ \text{제약조건} & -x_1,\ -x_2,\ -x_3 \le 0 \\ & \qquad\qquad x_3 \le 2 \end{array}$$

를 고려해보자. 목적함수는 볼록이며 최적해는 유일한 점 $\bar{\mathbf{x}} = (0, 0, 2)$에서 달성됨을 주목하자. 쥬텐딕의 절차를 사용해 실현가능해 $\mathbf{x}_1 = (0, a, 0)$에서 출발하여 문제의 최적해를 구하며, 여기에서 $a \le 1/(2\sqrt{2})$이다. 하나의 실현가능해 $\mathbf{x}_k$가 주어지면, 이동방향 $\mathbf{d}_k$는 다음의 '문제 P2'

$$\begin{array}{ll} \text{최소화} & \nabla f(\mathbf{x}_k)\cdot\mathbf{d} \\ \text{제약조건} & \mathbf{A}_1\mathbf{d} \le \mathbf{0} \\ & \mathbf{d}\cdot\mathbf{d} \le 1 \end{array}$$

의 최적해를 구해 결정하며, 여기에서 $\mathbf{A}_1$의 행은 $\mathbf{x}_k$에서 구속하는 제약조건의 경도이며, 여기에서 $\mathbf{x}_1 = (0, a, 0)$, $\nabla f(\mathbf{x}_1) = (-\sqrt{a}, 2\sqrt{a}, -1)$이다. $\mathbf{A}_1$은 다음 내용

$$\mathbf{A}_1 = \begin{bmatrix} -1 & 0 & 0 \\ 0 & 0 & -1 \end{bmatrix}$$

임을 주목하고 위의 '문제 P2'의 최적해는 $\mathbf{d}_1 = -\nabla f(\mathbf{x}_1)/\|\nabla f(\mathbf{x}_1)\|$ 임을 주목하시오. 최소화 $f(\mathbf{x}_1 + \lambda\mathbf{d}_1)$ 제약조건 $\lambda \ge 0$ $\mathbf{x}_1 + \lambda\mathbf{d}_1 \in S$의 선형탐색문제의 최적해 λ_1은 $\mathbf{x}_2 = \mathbf{x}_1 + \lambda_1\mathbf{d}_1 = ((1/2)a, 0, (1/2)\sqrt{a})$를 산출한다.

이 과정을 반복하면, 수열 $\{\mathbf{x}_k\}$을 얻으며, 여기에서 $\mathbf{x}_k$는 다음

$$\mathbf{x}_k = \begin{cases} \left[0, \left(\frac{1}{2}\right)^{k-1} a, \frac{1}{2}\sum_{j=0}^{k-2}\left(\frac{a}{2^j}\right)^{1/2}\right] & \text{만약 } k\text{가 홀수이고} k \geq 3\text{이라면} \\ \left[\left(\frac{1}{2}\right)^{k-1} a, 0, \frac{1}{2}\sum_{j=0}^{k-2}\left(\frac{a}{2^j}\right)^{1/2}\right] & \text{만약 } k\text{가 짝수라면.} \end{cases}$$

과 같다. 이 수열은 점 $\hat{\mathbf{x}} = [0, 0, (1+(1/2)\sqrt{2})\sqrt{a}\,]$ 으로 수렴함을 주목하자. 최적해 $\bar{\mathbf{x}}$는 유일하므로, 쥬텐딕의 방법은 최적점도 아니고 하나의 카루시-쿤-터커 점도 아닌 하나의 점 $\hat{\mathbf{x}}$으로 수렴한다.

톱키스와 베이노트의 실현가능방향법의 수정

지금 쥬텐딕의 실현가능방향법의 수정을 설명한다. 이와 같은 수정은 톱키스 & 베이노트[1967]가 제안했고 프리츠 존 점으로 수렴함을 보장한다. 고려 중인 문제는 다음 식

$$\begin{array}{ll} \text{최소화} & f(\mathbf{x}) \\ \text{제약조건} & g_i(\mathbf{x}) \leq 0 \quad i = 1, \cdots, m \end{array}$$

으로 주어진다.

실현가능방향의 생성

하나의 실현가능해 $\mathbf{x}$가 주어지면 하나의 방향 $\mathbf{d}$는 다음 방향탐색 선형계획법 문제 $\mathrm{DF}(\mathbf{x})$

$$\begin{array}{lll} \mathrm{DF}(\mathbf{x}): \text{최소화} & z & \\ \quad\quad\quad\text{제약조건} & \nabla f(\mathbf{x})\cdot\mathbf{d} - z \leq 0 & \\ & \nabla g_i(\mathbf{x})\cdot\mathbf{d} - z \leq -g_i(\mathbf{x}) & i = 1, \cdots, m \\ & -1 < d_j \leq 1 & j = 1, \cdots, n. \end{array}$$

의 최적해를 구해 찾는다: 여기에서, 구속하는 제약조건과 구속하지 않는 제약조건은 모두 이동방향 결정에 있어 중요한 역할을 한다. 절 10.1의 실현가능방향법

에 반해, 현재로는 구속하지 않는 제약조건의 경계에 접근할 때 방향벡터의 급격한 변동에 부딪히지 않는다.

톱키스와 베이노트의 실현가능방향법의 요약

최소화 $f(\mathbf{x})$ 제약조건 $g_i(\mathbf{x}) \leq 0 \ \ i = 1, \cdots, m$ 문제의 최적해를 구하는 톱키스와 베이노트의 방법에 관한 요약을 아래에 제공한다. 다음에 보이겠지만, 이 알고리즘은 프리츠 존 점으로 수렴한다.

초기화 스텝 $i = 1, \cdots, m$에 대해 $g_i(\mathbf{x}_1) \leq 0$이 되도록 하는 하나의 점 $\mathbf{x}_1$을 선택한다. $k = 1$이라고 놓고, 메인 스텝으로 간다.

메인 스텝 1. $(z_k, \mathbf{d}_k)$는 다음 선형계획법 문제

$$
\begin{array}{lll}
\text{최소화} & z & \\
\text{제약조건} & \nabla f(\mathbf{x}_k)\cdot\mathbf{d} - z \leq 0 & \\
 & \nabla g_i(\mathbf{x}_k)\cdot\mathbf{d} - z \leq -g_i(\mathbf{x}_k) & i = 1, \cdots, m \\
 & -1 \leq d_j \leq 1 & j = 1, \cdots, n
\end{array}
$$

의 하나의 최적해라 하자. 만약 $z_k = 0$이라면 중지한다. $\mathbf{x}_k$는 하나의 프리츠 존 점이다. 그렇지 않다면, $z_k < 0$이라면, 그리고 스텝 2로 간다.

2. λ_k는 다음 선형탐색문제

$$
\begin{array}{ll}
\text{최소화} & f(\mathbf{x}_k + \lambda\mathbf{d}_k) \\
\text{제약조건} & 0 \leq \lambda \leq \lambda_{max}
\end{array}
$$

의 하나의 최적해라 하며, 여기에서 $\lambda_{max} = sup\{\lambda | g_i(\mathbf{x}_k + \lambda\mathbf{d}_k) \leq 0 \ \ i = 1, \cdots, m\}$이다. $\mathbf{x}_{k+1} = \mathbf{x}_k + \lambda\mathbf{d}_k$로 놓고 k를 $k+1$로 대체하고 스텝 1로 간다.

10.2.4 예제

다음 문제

$$
\begin{aligned}
\text{최소화} \quad & 2x_1^2 + 2x_2^2 - 2x_1x_2 - 4x_1 - 6x_2 \\
\text{제약조건} \quad & x_1 + 5x_2 \le 5 \\
& 2x_1^2 - x_2 \le 0 \\
& -x_1 \le 0 \\
& -x_2 \le 0
\end{aligned}
$$

를 고려해보자. $\mathbf{x}_1 = (0.00, 0.75)$에서 출발하여, 톱키스와 베이노트의 방법을 5회 반복계산한다. 목적함수 경도는 $\nabla f(\mathbf{x}) = (4x_1 - 2x_2 - 4, 4x_2 - 2x_1 - 6)$임을 주목하고, 제약조건함수 경도는 $(1, 5)$, $(4x_1, -1)$, $(-1, 0)$, $(0, -1)$이며, 이것은 각각의 반복계산에서 방향탐색문제를 정의하는 데 사용된다.

반복계산 1:

탐색방향 점 $\mathbf{x}_1 = (0.00, 0.75)$에서, $\nabla f(\mathbf{x}_1) = (-5.5, -3.0)$이다. 그러므로 방향탐색 문제는 다음 식

$$
\begin{aligned}
\text{최소화} \quad & z \\
\text{제약조건} \quad & -5.5d_1 - 3d_2 - z \le 0 \\
& d_1 + 5d_2 - z \le 1.25 \\
& -d_2 - z \le 0.75 \\
& -d_1 - z \le 0 \\
& -d_2 - z \le 0.75 \\
& -1 \le d_j \le 1 \qquad j = 1, 2
\end{aligned}
$$

과 같다. 제약조건 2에서 제약조건 5까지의 우변은 $i = 1, 2, 3, 4$에 대해 $-g_i(\mathbf{x}_1)$이다. 제약조건의 하나인 $-d_2 - z \le 0.75$는 가외적임을 주목하자. 위 문제의 최적해는 $\mathbf{d}_1 = (0.7143, -0.03571)$이며 $z_1 = -0.7143$이다.

선형탐색 독자는 $\mathbf{x}_1 + \lambda\mathbf{d}_1$가 실현가능해인 λ의 최댓값이 $\lambda_{max} = 0.84$, $f(\mathbf{x}_1 + \lambda\mathbf{d}_1) = 0.972\lambda^2 - 4.036\lambda - 3.375$임을 쉽게 입증할 수 있다. 나아가서 $\lambda_1 = 0.84$는 최소화 $f(\mathbf{x}_1 + \lambda\mathbf{d}_1)$ 제약조건 $0 \le \lambda \le 0.84$ 문제의 최적해이다. 그렇다면 $\mathbf{x}_2 = \mathbf{x}_1 + \lambda_1\mathbf{d}_1 = (0.60, 0.72)$을 얻는다.

반복계산 2:

탐색방향 $\mathbf{x}_2$에서 $\nabla f(\mathbf{x}_2) = (-3.04, -4.32)$을 얻는다. 방향 $\mathbf{d}_2$는 다음 문제

$$
\begin{aligned}
&\text{최소화} && z \\
&\text{제약조건} && -3.04d_1 - 4.32d_2 - z \le 0 \\
& && d_1 + 5d_2 - z \le 0.8 \\
& && 2.4d_1 - d_2 - z \le 0 \\
& && -d_1 - z \le 0.6 \\
& && -d_2 - z \le 0.72 \\
& && -1 \le d_j \le 1 \qquad j = 1, 2
\end{aligned}
$$

의 최적해에서 얻는다. 최적해는 $\mathbf{d}_2 = (-0.07123, 0.1167)$이며 $z_2 = -0.2877$이다.

선형탐색 $\mathbf{x}_2 + \lambda\mathbf{d}_2$가 실현가능해가 되게 하는 λ의 최댓값은 $\lambda_{max} = 1.561676$이다. 독자는, $f(\mathbf{x}_2 + \lambda_2\mathbf{d}_2) = 0.054\lambda^2 - 0.2876\lambda - 5.8272$가 구간 $0 \le \lambda \le 1.561676$ 전체에 걸쳐 점 $\lambda_2 = 1.561676$에서 최솟값을 달성함을 쉽게 입증할 수 있다. 그러므로 $\mathbf{x}_3 = \mathbf{x}_2 + \lambda_2\mathbf{d}_2 = (0.4888, 0.9022)$이다.

그리고 이 과정은 반복된다. 표 10.3은 4회의 반복계산을 요약한다. 이 알고리즘의 진전은 그림 10.12에 나타나 있다. 5회 반복계산 끝에, 점 (0.6548, 0.8575)에 도달하며, 목적함숫값은 -6.5590임을 주목하자. 최적점은 (0.658872, 0.868226)이며, 이때 목적함숫값은 -6.613086임을 주목하자. 또한, 이 알고리즘으로 생성한 반복계산점이 지그재그로 움직임을 관측하시오.

표 10.3 톱키스와 베이노트법의 방법의 요약

구 분			탐색방향			선형탐색		
반복 k	$\mathbf{x}_k$	$f(\mathbf{x}_k)$	$\nabla f(\mathbf{x}_k)$	$\mathbf{d}_k$	z_k	λ_{max}	λ_k	$\mathbf{x}_{k+1}$
1	(0.0000, 0.7500)	-3.3750	(-5.50, -3.00)	(0.7143, -0.03571)	-0.7143	0.84	0.84	(0.6000, 0.7200)
2	(0.6000, 0.7200)	-5.8272	(-3.04, -4.32)	(-0.07123, 0.1167)	-0.2877	1.561676	1.561676	(0.4888, 0.9022)
3	(0.4888, 0.9022)	-6.1446	(-3.8492, -3.3688)	(0.09574, -0.05547)	-0.1816	1.56395	1.56395	(0.6385, 0.8154)
4	(0.6385, 0.8154)	-6.3425	(-5.6308, -4.0154)	(-0.01595, 0.04329)	-0.0840	1.41895	1.41895	(0.6159, 0.8768)
5	(0.6159, 0.8768)	-6.5082	(-3.2900, -3.7246)	(0.02676, -0.01316)	-0.0303	1.45539	1.45539	(0.6548, 0.8575)

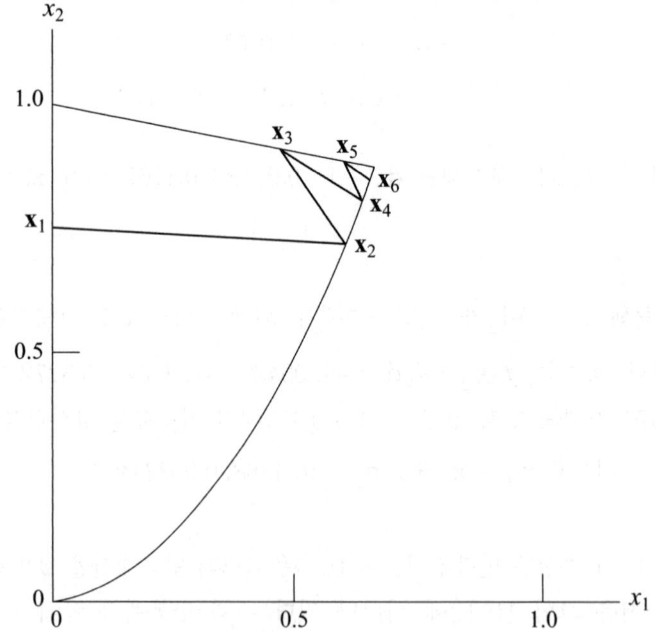

그림 10.12 톱키스와 베이노트의 방법

톱키스와 베이노트의 방법의 수렴

정리 10.2.7은 톱키스와 베이노트의 방법을 사용하면 프리츠 존 점으로의 수렴을 확립한다. 2개 중간결과가 필요하다. 정리 10.2.5는 프리츠 존 점에 도달하는 필요충분조건을 제공하고 방향탐색문제의 하나의 최적해는 진실로 하나의 개선실현가능방향을 제공함을 보인다.

10.2.5 정리

$\mathbf{x}$는 최소화 $f(\mathbf{x})$ 제약조건 $g_i(\mathbf{x}) \le 0 \;\; i=1, \cdots, m$ 문제의 실현가능해라 하자. $(\bar{z}, \bar{\mathbf{d}})$는 '문제 DF($\mathbf{x}$)'의 최적해라 하자. 만약 $\bar{z} < 0$이라면 $\bar{\mathbf{d}}$는 개선실현가능방향이다. 또한, $\bar{z} = 0$이라는 것은 $\mathbf{x}$는 프리츠 존 점이라는 것과 같은 뜻이다.

증명 $I = \{i \mid g_i(\mathbf{x}) = 0\}$이라 하고 $\bar{z} < 0$이라고 가정한다. '문제 DF($\mathbf{x}$)'를 검사하면, $i \in I$에 대해 $\nabla g_i(\mathbf{x}) \cdot \bar{\mathbf{d}} < 0$임을 알게 된다. $i \notin I$에 대해 $g_j(\mathbf{x}) < 0$임과 함께 이것은 충분하게 작은 $\lambda > 0$에 대해 $\mathbf{x} + \lambda\bar{\mathbf{d}}$가 실현가능해임을 의미한다. 따라서 $\bar{\mathbf{d}}$는 실현가능방향이다. 더군다나 $\nabla f(\mathbf{x}) \cdot \bar{\mathbf{d}} < 0$이다. 그러므로 $\bar{\mathbf{d}}$는 개선방향이다.

지금 정리의 둘째 파트를 증명한다. $i \in I$에 대해 $g_i(\mathbf{x}) = 0$이며 $i \notin I$에 대해 $g_i(\mathbf{x}) < 0$임을 주목하면, $\bar{z} = 0$이라는 것은 $\nabla f(\mathbf{x}) \cdot \mathbf{d} < 0$이며 $i \in I$에 대해 $\nabla g_i(\mathbf{x}) \cdot \mathbf{d} < 0$으로 구성된 연립부등식은 해를 갖지 않는다는 것과 같은 뜻임을 쉽게 입증할 수 있다. 정리 2.4.9에 의해 이 연립부등식이 해를 갖지 않는다는 것은 $\mathbf{x}$는 프리츠 존 점이라는 것과 같은 뜻이다. 그리고 증명이 완결되었다. (증명 끝)

보조정리 10.2.6은 정리 10.2.7을 증명하기 위해 사용되며, 정리 10.2.7은 톱키스와 베이노트의 방법의 수렴을 확립한다. 이 보조정리는, 임의의 실현가능방향법은 본질적으로 아래에 설명하는 '특질 1'에서 '특질 4'를 만족시키는 일련의 점과 방향벡터를 생성하지 못함을 말한다.

10.2.6 보조정리

$S \neq \varnothing$는 $\mathfrak{R}^n$의 닫힌집합이라 하고, $f: \mathfrak{R}^n \to \mathfrak{R}$는 연속 미분가능한 함수라 하자. 최소화 $f(\mathbf{x})$ 제약조건 $\mathbf{x} \in S$ 문제를 고려해보자. 나아가서 사상 $\mathbf{A} = \mathbf{MD}$가 다음과 같이 정의된 임의의 실현가능방향법을 고려해보자. $\mathbf{x}$가 주어지면, $(\mathbf{x}, \mathbf{d}) \in \mathbf{D}(\mathbf{x})$임은 $\mathbf{d}$가 $\mathbf{x}$에서 f의 개선실현가능방향임을 의미한다. 더군다나 $\mathbf{y} \in \mathbf{M}(\mathbf{x}, \mathbf{d})$임은 $\mathbf{y} = \mathbf{x} + \bar{\lambda}\mathbf{d}$임을 의미하고, 여기에서 $\bar{\lambda}$는 최소화 $f(\mathbf{x} + \lambda\mathbf{d})$ 제약조건 $\lambda \geq 0$ $\mathbf{x} + \lambda\mathbf{d} \in S$의 선형탐색문제의 최적해이다. $\{\mathbf{x}_k\}$는 이와 같은 알고리즘으로 생성한 임의의 수열이라 하고, $\{\mathbf{d}_k\}$는 여기에 상응하는 방향벡터의 수열이라 하자. 그렇다면 다음 특질 모두를 만족시키는 부분수열 $\{(\mathbf{x}_k, \mathbf{d}_k)\}_{\mathbb{K}}$는 존재할 수 없다:

1. $k \in \mathbb{K}$에 대해 $\mathbf{x}_k \to \mathbf{x}$이다
2. $k \in \mathbb{K}$에 대해 $\mathbf{d}_k \to \mathbf{d}$이다
3. 모든 $\lambda \in [0, \delta]$에 대해, 각각의 $k \in \mathbb{K}$에 대해, 어떤 $\delta > 0$에 대해 $\mathbf{x}_k + \lambda\mathbf{d}_k \in S$이다.
4. $\nabla f(\mathbf{x}) \cdot \mathbf{d} < 0$이다.

증명 모순을 일으켜, '특질 1'에서 '특질 4'까지를 만족시키는 부분수열 $\{(\mathbf{x}_k, \mathbf{d}_k)\}_{\mathbb{K}}$이 존재한다고 가정한다. '특질 4'에 의해, $\nabla f(\mathbf{x}) \cdot \mathbf{d} = -2\varepsilon$이 되도록 하는 $\varepsilon > 0$이 존재한다. $k \in \mathbb{K}$에 대해 $\mathbf{x}_k \to \mathbf{x}$, $\mathbf{d}_k \to \mathbf{d}$이므로, 그리고 f는 연속 미분가능하므로, 다음 식

$$\nabla f(\mathbf{x}_k + \lambda\mathbf{d}_k) \cdot \mathbf{d}_k < -\varepsilon, \ \lambda \in [0, \delta'] \text{와 충분히 큰 } k \in \mathbb{K} \text{에 대해} \quad (10.2)$$

이 성립하도록 하는 $\delta' > 0$가 존재한다. 지금 $\bar{\delta} = min\{\delta', \delta\} > 0$이라고 놓는다. 충분히 큰 $k \in \mathbb{K}$를 고려해보자. 조건 3에 의해, 그리고 $\mathbf{x}_{k+1}$의 정의에 따라, 반드시 $f(\mathbf{x}_{k+1}) \leq f(\mathbf{x}_k + \bar{\delta}\mathbf{d}_k)$이어야 한다. 평균치 정리에 의해 $f(\mathbf{x}_k + \bar{\delta}\mathbf{d}_k) = f(\mathbf{x}_k) + \bar{\delta}\nabla f(\hat{\mathbf{x}}_k) \cdot \mathbf{d}_k$이며, 여기에서 $\hat{\mathbf{x}}_k = \mathbf{x}_k + \lambda_k \bar{\delta}\mathbf{d}_k$, $\lambda_k \in (0, 1)$이다. 그렇다면 (10.2)에 의해 다음 식

$$f(\mathbf{x}_{k+1}) < f(\mathbf{x}_k) - \varepsilon\bar{\delta} \quad \text{충분히 큰 } k \in \mathbb{K}\text{에 대해.} \tag{10.3}$$

이 따라온다. 실현가능방향법은 감소하는 목적함숫값을 갖는 일련의 점을 생성하므로 $lim_{k \to \infty} f(\mathbf{x}_k) = f(\mathbf{x})$이다. 특히 만약 $k \in \mathbb{K}$가 ∞에 접근한다면 $f(\mathbf{x}_{k+1})$, $f(\mathbf{x}_k)$는 모두 $f(\mathbf{x})$에 접근한다. 따라서, (10.3)에서 $f(\mathbf{x}) \le f(\mathbf{x}) - \varepsilon\bar{\delta}$을 얻으며, $\varepsilon > 0$, $\bar{\delta} > 0$이므로 이것은 불가능하다. 이와 같은 모순은 '특질 1'에서 '특질 4'까지의 내용을 만족시키는 부분수열이 존재할 수 없음을 보여준다. (증명 끝)

10.2.7 정리

f, $g_i : \Re^n \to \Re$, $i = 1, \cdots, m$을 연속적으로 미분가능한 함수라 하고, 최소화 $f(\mathbf{x})$ 제약조건 $g_i(\mathbf{x}) \le 0$ $i = 1, \cdots, m$ 문제를 고려해보자. 수열 $\{\mathbf{x}_k\}$는 톱키스와 베이노트의 방법으로 생성한다고 가정한다. 그렇다면 $\{\mathbf{x}_k\}$의 임의의 집적점은 프리츠 존 점이다.

증명 $\{\mathbf{x}_k\}_{\mathbb{K}}$는 극한 $\mathbf{x}$를 갖고 수렴하는 부분수열이라 하자. $\mathbf{x}$는 프리츠 존 점임을 보여줄 필요가 있다. $\mathbf{x}$는 프리츠 존 점이 아니라고 가정하고, 모순을 일으켜, $\bar{z}$를 '문제 DF($\mathbf{x}$)'의 목적함수의 최적값이라고 한다. 정리 10.2.5에 의해, $\bar{z} = -2\varepsilon$이 되도록 하는 하나의 $\varepsilon > 0$이 존재한다. $k \in \mathbb{K}$에 대해 '문제 DF($\mathbf{x}_k$)'를 고려해보고, $(z_k, \mathbf{d}_k)$는 하나의 최적해라 하자. $\{\mathbf{d}_k\}_{\mathbb{K}}$는 유계이므로 극한이 $\mathbf{d}$인 부분수열 $\{\mathbf{d}_k\}_{\mathbb{K}'}$이 존재한다. 더군다나 f, g_1, $\cdots$, g_m는 연속 미분가능하므로, 그리고 $k \in \mathbb{K}'$에 대해 $\mathbf{x}_k \to \mathbf{x}$이므로 $z_k \to \bar{z}$임이 뒤따른다. 특히, 충분히 큰 $k \in \mathbb{K}'$에 대해 반드시 $z_k < -\varepsilon$이어야 한다. 방향을 탐색하는 '문제 DF($\mathbf{x}_k$)'의 정의에 따라 다음 식

$$\nabla f(\mathbf{x}_k) \cdot \mathbf{d}_k \le z_k < -\varepsilon \qquad \text{충분히 큰 } k \in \mathbb{K}'\text{에 대해} \tag{10.4}$$

$$g_i(\mathbf{x}_k) + \nabla g_i(\mathbf{x}_k) \cdot \mathbf{d}_k \le z_k < -\varepsilon$$
$$\text{충분히 큰 } k \in \mathbb{K}'\text{에 대해, 그리고 } i = 1, \cdots, m\text{에 대해} \tag{10.5}$$

이 반드시 주어져야 한다. f의 연속 미분가능성에 의해, (10.4)는 $\nabla f(\mathbf{x}) \cdot \mathbf{d} < 0$

임을 의미한다.

g_i는 연속 미분가능하므로 (10.5)에서 각각의 $\lambda \in [0, \delta]$에 대해 다음 부등식

$$g_i(\mathbf{x}_k) + \nabla g_i(\mathbf{x}_k + \lambda \mathbf{d}_k) \cdot \mathbf{d}_k < \frac{\varepsilon}{2}$$

충분히 큰 $k \in \mathbb{K}'$에 대해, 그리고 $i = 1, \cdots, m$에 대해 (10.6)

이 성립하도록 하는 $\delta > 0$가 존재한다. 지금 $\lambda \in [0, \delta]$라 하자. 평균치 정리에 의해, 그리고 각각의 k와 i에 대해 $g_i(\mathbf{x}_k) \le 0$이므로 다음 식

$$\begin{aligned} g_i(\mathbf{x}_k + \lambda \mathbf{d}_k) &= g_i(\mathbf{x}_k) + \lambda \nabla g_i(\mathbf{x}_k + \alpha_{ik} \lambda \mathbf{d}_k) \cdot \mathbf{d}_k \\ &= (1 - \lambda) g_i(\mathbf{x}_k) + \lambda \left[g_i(\mathbf{x}_k) + \nabla g_i(\mathbf{x}_k + \alpha_{ik} \lambda \mathbf{d}_k) \cdot \mathbf{d}_k \right] \qquad (10.7) \\ &\le \lambda \left[g_i(\mathbf{x}_k) + \nabla g_i(\mathbf{x}_k + \alpha_{ik} \lambda \mathbf{d}_k) \cdot \mathbf{d}_k \right] \end{aligned}$$

을 얻으며, 여기에서 $\alpha_{ik} \in (0, 1)$이다. $\alpha_{ik} \lambda \in [0, \delta]$이므로 (10.6), (10.7)에서, 충분히 큰 $k \in \mathbb{K}'$에 대해, 그리고 $i = 1, \cdots, m$에 대해 $g_i(\mathbf{x}_k + \lambda \mathbf{d}_k) \le -\lambda\varepsilon/2 \le 0$임이 뒤따른다. 이것은 각각의 $\lambda \in [0, \delta]$에 대해, 그리고 모든 충분히 큰 $k \in \mathbb{K}'$에 대해 $\mathbf{x}_k + \lambda \mathbf{d}_k$가 실현가능해임을 보여준다.

요약하자면, 보조정리 10.2.6의 '특질 1'에서 '특질 4'까지를 만족시키는 수열 $\{(\mathbf{x}_k, \mathbf{d}_k)\}_{\mathbb{K}'}$을 보였다. 그러나 보조정리에 의해 이와 같은 수열의 존재는 가능하지 않다. 이 모순은 $\mathbf{x}$가 프리츠 존 점임을 나타내며, 그리고 증명이 완결되었다. (증명 끝)

10.3 계승선형계획법 알고리즘

쥬텐딕의 방법과 톱키스와 베이노트가 제안한 것과 같은 방법의 수렴하는 변형에 관한 앞의 토의에서, 이 방법의 각각의 반복계산에서, 1-계 함수적 근사화에 기반한 최소최대 구성형태로 방향탐색 선형계획법 문제의 최적해를 구하고, 이 방향으로 선형탐색을 실행함을 알게 되었다. 개념적으로 이것은 **순차선형계획법** 알고리즘 또는 **재귀선형계획법 알고리즘**이라고도 알려진 **계승선형계획법**의 알고리즘과 유사하며, 여기에서 각각의 반복계산 k에서 방향탐색 선형계획법 문제는 방향벡터 성

분의 적절한 **스텝한계** 또는 **신뢰영역제한** 외에 또, 목적함수와 제약조건함수의 1-계 테일러급수 근사화에 근거해 정식화된다. 만약 $\mathbf{d}_k = \mathbf{0}$이 문제의 해라면, 정리 4.2.15에서 현재의 반복계산점 $\mathbf{x}_k$는 1-계 근사화 문제의 최적해이다. 이 해는 하나의 카루시-쿤-터커 점이며 절차는 종료된다. 그렇지 않다면 이 절차는 새로운 반복계산점 $\mathbf{x}_{k+1} = \mathbf{x}_k + \mathbf{d}_k$를 받아들이든가, 아니면 이 반복계산점을 거부하고 스텝한계를 축소하고 이 과정을 반복한다. 새로운 반복계산점을 받아들일 것인가 아니면 거부할 것인가에 관한 결정은 일반적으로 ℓ_1 페널티함수 또는 절댓값 페널티함수〔식 (9.8) 참조〕의 형태를 모방한 **공훈함수에** 기반해 이루어진다.

이 알고리즘의 철학은 1961년 '쉘 개발회사'의 그리피스와 스튜어트가 소개했으며 그 이후 정유산업, 화공산업에서 특히 광범위하게 사용되었다(연습문제 10.53 참조). 이 방법의 유형의 주요 장점은 효율적이며 안정적 선형계획법 문제의 소프트웨어가 주어지면 대규모 문제에 적용할 때 용이성과 강인성을 갖는다는 것이다. 예상할 수 있는 바와 같이, 만약 최적해가 (선형화된) 실현가능영역의 정점이라면, 급속히 수렴한다. 진실로, 일단 이 알고리즘이 이러한 해에 상대적으로 아주 가까운 근방에 진입하면, 본질적으로 이 알고리즘은 뉴톤 반복계산점이 (유일한) 선형계획법 문제의 해이면서 구속하는 제약조건(적절한 레귤러리티의 가정 아래)에 적용되는 뉴톤법과 같은 행태임을 보이고, 이차식 수렴율을 얻는다. 그러므로, 변수의 개수만큼 선형독립이며 구속하는 제약조건 개수가 많은, 대단하게 제약이 있는 비선형계획법 문제에 있어 이와 같은 알고리즘 부류가 대단히 적절하다. 현실 문제의 비선형 정유공정 모델은 이러한 성격을 갖는 경향이 있으며, 1,000개까지의 행을 갖는 문제의 최적해를 성공적으로 구했다. 부정적 측면으로는, 계승선형계획법 알고리즘은 정점이 아닌 해로 천천히 수렴하며, 또한 최적해로 가는 과정에서 비선형 제약조건을 위반하는 불이익을 갖는다는 것이다.

아래에서 **페널티 계승선형계획법 알고리즘**이라고 하는 계승선형계획법 알고리즘을 설명하며, **페널티 계승선형계획법 알고리즘**은 방향탐색문제 자체에서, 공훈함수만을 사용한다기보다도 ℓ_1 페널티함수를 좀 더 적극적으로 사용하고, 훌륭한 강인성과 수렴특질을 활용한다. 고려하는 문제는 다음 식

$$
\begin{aligned}
\text{P: 최소화} \quad & f(\mathbf{x}) \\
\text{제약조건} \quad & g_i(\mathbf{x}) \le 0 \qquad i = 1, \cdots, m \\
& h_i(\mathbf{x}) = 0 \qquad i = 1, \cdots, \ell
\end{aligned} \tag{10.8}
$$

$$\mathbf{x} \in X = \{\mathbf{x} \mid \mathbf{A}\mathbf{x} \le \mathbf{b}\}$$

과 같은 형태이며, 여기에서 모든 함수는 연속 미분가능하다고 가정하며 $\mathbf{x} \in \Re^n$이며, 여기에서 문제를 정의하는 선형제약조건을 모두 집합 X에 포함시켰다.

지금 $F_E(\mathbf{x})$는 방정식 (9.8)의 'ℓ_1 또는 절댓값 정확한 페널티함수'라 하고, 하나의 페널티 모수 $\mu > 0$에 대해 아래 식

$$F_E(\mathbf{x}) = f(\mathbf{x}) + \mu\left[\sum_{i=1}^{m} max\{0, g_i(\mathbf{x})\} + \sum_{i=1}^{\ell} |h_i(\mathbf{x})|\right]$$

으로 다시 나타낸다. 그에 따라서, 다음의 (선형제약 있는) 페널티함수 문제 PP

$$\text{PP: 최소화 } \{F_E(\mathbf{x}) \mid \mathbf{x} \in X\} \tag{10.9a}$$

를 고려해보자. $max\{0, g_i(\mathbf{x})\}$ $i = 1, \cdots, m$ 대신 y_i를 사용하고, $h_i(\mathbf{x})$를 2개 비음(-)변수의 차이 $z_i^+ - z_i^-$로 나타내면, 여기에서, $i = 1, \cdots, \ell$에 대해 $|h_i(\mathbf{x})| = z_i^+ + z_i^-$이며, 등가적으로 (10.9a)를 미분불가능한 항이 없이 다음 식

$$\begin{aligned}
\text{PP : 최소화} \quad & f(\mathbf{x}) + \mu\left[\sum_{i=1}^{m} y_i + \sum_{i=1}^{\ell}(z_i^+ + z_i^-)\right] & \\
\text{제약조건} \quad & y_i \ge g_i(\mathbf{x}) & i = 1, \cdots, m \\
& z_i^+ - z_i^- = h_i(\mathbf{x}) & i = 1, \cdots, \ell \\
& \mathbf{x} \in X,\ y_i \ge 0 & i = 1, \cdots, m \\
& z_i^+,\ z_i^- \ge 0 & i = 1, \cdots, \ell
\end{aligned} \tag{10.9b}$$

과 같이 나타낼 수 있다. 임의의 $\mathbf{x} \in X$가 주어지면, $\mu > 0$이므로, 최적 완비 $(\mathbf{y}, \mathbf{z}^+, \mathbf{z}^-) \equiv (y_1, \cdots, y_m, z_1^+, \cdots, z_\ell^+, z_1^-, \cdots, z_\ell^-)$은 y_i, z_i^+를 다음 식

$$\begin{aligned}
& y_i = max\{0, g_i(\mathbf{x})\}, & i = 1, \cdots, m \\
& z_i^+ = max\{0, h_i(\mathbf{x})\},\ z_i^- = max\{0, -h_i(\mathbf{x})\}, & i = 1, \cdots, \ell \\
& \text{그래서 } (z_i^+ + z_i^-) = |h_i(\mathbf{x})| & i = 1, \cdots, \ell
\end{aligned} \tag{10.10}$$

과 같이 놓음으로 결정됨을 주목하시오. 따라서, (10.9b)는 (10.9a)와 등가이며, 본질적으로 또한 $\mathbf{x}$-변수 공간에서의 문제인 것으로 볼 수 있다. 더구나, 정리 9.3.1의 조건 아래, 만약 μ가 충분히 크다면, 그리고 만약 P에 대해 $\overline{\mathbf{x}}$가 최적해라면 $\overline{\mathbf{x}}$는 페널티함수 문제 PP의 최적해이다. 대안적으로, 연습문제 9.13처럼, 만약 μ가 충분하게 크다면, 그리고 만약 $\overline{\mathbf{x}}$가 P의 2-계 충분성조건을 만족시킨다면 $\overline{\mathbf{x}}$는 문제 PP의 엄격한 국소최소해이다. 어느 경우에도, μ는 최소한 P에서 제약조건 $\mathbf{g}(\mathbf{x}) \le \mathbf{0}$, $\mathbf{h}(\mathbf{x}) = \mathbf{0}$에 연관된 임의의 라그랑지 승수의 절댓값만큼 커야 한다. 1개 페널티 모수 μ를 사용하는 대신, 페널티화된 제약조건에 각각 연관된 모수 $\mu_1, \cdots, \mu_{m+\ell}$의 집합을 사용할 수 있음을 주목하자. 이들 모수의 어떤 합리적으로 큰 값을 선택하면(척도가 잘 주어진 문제를 가정하고), '문제 PP'의 최적해를 구할 수 있다; 그리고 만약 실현불가능해가 도출된다면, 이들 모수를 수작업으로 증가할 수 있으며 이 과정은 반복된다. 그러나 어떤 적절하게 크고, 허용가능한 단일 페널티 모수 μ 값을 선택했다고 가정한다. 이와 같은 동기를 가지고, 박스-스텝 법 또는 초입방 1-계 신뢰영역법을 사용해, 절 8.7에서 소개한 바와 같이 페널티 계승 선형계획법 알고리즘은 '문제 PP'의 최적해를 구하려고 한다.

구체적으로 이 알고리즘은 다음과 같이 진행한다. 현재 반복계산점 $\mathbf{x}_k \in X$와 신뢰영역 또는 스텝-한계 벡터 $\Delta_k \in \Re^n$이 주어지면, (10.9a)로 주어진 다음과 같은 PP의 선형화

$$\begin{aligned}
\text{LP}(\mathbf{x}_k, \Delta_k):\ \text{최소화}\ F_{EL_k}(\mathbf{x}) \equiv\ & f(\mathbf{x}_k) + \nabla f(\mathbf{x}_k)\cdot(\mathbf{x} - \mathbf{x}_k) \\
& + \mu\left[\sum_{i=1}^{m} max\left\{0,\ g_i(\mathbf{x}_k) + \nabla g_i(\mathbf{x}_k)\cdot(\mathbf{x} - \mathbf{x}_k)\right\}\right. \\
& \left. + \sum_{i=1}^{\ell}\left|h_i(\mathbf{x}_k) + \nabla h_i(\mathbf{x}_k)\cdot(\mathbf{x} - \mathbf{x}_k)\right|\right] \qquad (10.11\text{a}) \\
\text{제약조건}\quad & \mathbf{x} \in X \equiv \{\mathbf{x} \mid \mathbf{A}\mathbf{x} \le \mathbf{b}\} \\
& -\Delta_k \le \mathbf{x} - \mathbf{x}_k \le \Delta_k
\end{aligned}$$

를 고려해보고, 여기에서 또한 $\mathbf{x}_k$에서 $\mathbf{x}$의 변동에 관해 주어진 신뢰영역 스텝한계를 부과했다. (10.9), (10.10)과 유사하게, 이 식은 등가적으로 다음 **선형계획법 문제**

$$\begin{aligned}\text{LP}(\mathbf{x}_k, \Delta_k):\ \text{최소화}\ & \nabla f(\mathbf{x}_k)\cdot\mathbf{d} + \mu\left[\sum_{i=1}^{m} y_i + \sum_{i=1}^{\ell}(z_i^+ + z_i^-)\right] \\ \text{제약조건}\ & y_i \ge g_i(\mathbf{x}_k) + \nabla g_i(\mathbf{x}_k)\cdot\mathbf{d}, \qquad i=1,\cdots,m \\ & (z_i^+ - z_i^-) = h_i(\mathbf{x}_k) + \nabla h_i(\mathbf{x}_k)\cdot\mathbf{d} \quad i=1,\cdots,\ell \\ & \text{A}(\mathbf{x}_k + \mathbf{d}) \le \mathbf{b} \qquad (10.11\text{b}) \\ & -\Delta_{ki} \le d_i \le \Delta_{ki} \qquad i=1,\cdots,n \\ & \mathbf{y} \ge \mathbf{0},\ \mathbf{z}^+ \ge \mathbf{0},\ \mathbf{z}^- \ge \mathbf{0}\end{aligned}$$

로 나타낼 수 있으며, 여기에서 또한 $\mathbf{x} = \mathbf{x}_k + \mathbf{d}$의 대입을 사용했으며 목적함수에서 상수 $f(\mathbf{x}_k)$를 탈락시켰다. (10.11b)로 주어진 $\text{LP}(\mathbf{x}_k, \Delta_k)$는 이를테면, $\mathbf{y}$, $\mathbf{z}^+$, $\mathbf{z}^-$의 동반하는 값과 함께 하나의 최적해 $\mathbf{d}_k$를 산출하는 **방향탐색 하위문제**이며, (10.10)과 유사하게 다음 식

$$\begin{aligned} y_i &= max\{0, g_i(\mathbf{x}_k) + \nabla g_i(\mathbf{x}_k)\cdot\mathbf{d}_k\} \qquad i=1,\cdots,m \\ z_i^+ &= max\{0, h_i(\mathbf{x}_k) + \nabla h_i(\mathbf{x}_k)\cdot\mathbf{d}_k\} \qquad (10.12) \\ z_i^- &= max\{0, -[h_i(\mathbf{x}_k) + \nabla h_i(\mathbf{x}_k)\cdot\mathbf{d}_k]\} \\ \text{그래서}\ \ (z_i^+ + z_i^-) &= |h_i(\mathbf{x}_k) + \nabla h_i(\mathbf{x}_k)\cdot\mathbf{d}_k| \qquad i=1,\cdots,\ell. \end{aligned}$$

과 같이 주어진다. 절 8.7에서 설명한 신뢰영역법과 같이, 새로운 반복계산점 $\mathbf{x}_k + \mathbf{d}_k$를 받아들이느냐 여부의 결정과 스텝한계 Δ_k의 조정은, 만약 ΔF_{E_k}가 0이 아니라면, ℓ_1 페널티함수 F_E의 실제적 감소 ΔF_{E_k}의 선형화된 버전 F_{EL_k}의 예측한 감소 ΔF_{E_k}에 대한 비율 R_k에 기반한 것이다. 이들의 양은 다음과 같이 (10.8), (10.11a)에서 다음 식

$$\Delta F_{E_k} = F_E(\mathbf{x}_k) - F_E(\mathbf{x}_k + \mathbf{d}_k)\ \ \Delta F_{EL_k} = F_{EL_k}(\mathbf{x}_k) - F_{EL_k}(\mathbf{x}_k + \mathbf{d}_k) \qquad (10.13)$$

과 같이 주어진다. 지금까지 제시한 개발내용을 엮는 주요 개념은 다음 결과로 요약된다.

10.3.1 정리

'문제 P'와 절댓값(ℓ_1)페널티함수 (10.8)을 고려해보고, 여기에서 μ는 정리 9.3.1에서 지정하는 바와 같이 충분히 큰 수라고 가정한다.

a. 만약 정리 9.3.1 조건이 성립하고 만약 $\overline{\mathbf{x}}$가 '문제 P'의 최적해라면, $\overline{\mathbf{x}}$는 방정식(10.9a)의 PP의 최적해도 된다. 대안적으로, 만약 $\overline{\mathbf{x}}$가 P의 2-계 충분성조건을 만족하는 레귤러 점이라면 $\overline{\mathbf{x}}$는 PP의 엄격한 국소최소해이다.

b. (10.9b)에 의해 주어진 '문제 PP'를 고려해보고, 여기에서 임의의 $\mathbf{x} \in X$에 대해 $(\mathbf{y}, \mathbf{z}^+, \mathbf{z}^-)$는 (10.10)에 의해 주어진다. 만약 $\overline{\mathbf{x}}$가 '문제 P'의 카루시-쿤-터커 해라면, 충분히 큰 μ에 대해, 정리 9.3.1에서 의미하는 바와 같이, $\overline{\mathbf{x}}$는 '문제 PP'의 하나의 카루시-쿤-터커 해이다. 역으로, 만약 $\overline{\mathbf{x}}$가 PP의 카루시-쿤-터커 해라면, 그리고 만약 $\overline{\mathbf{x}}$가 P의 실현가능해라면 $\overline{\mathbf{x}}$는 P의 카루시-쿤-터커 해이다.

c. 해 $\mathbf{d}_k = \mathbf{0}$가 (10.11b), (10.12)로 정의한 LP$(\mathbf{x}_k, \Delta_k)$의 최적해라는 것은 $\mathbf{x}_k$가 PP의 카루시-쿤-터커 해라는 것과 같은 뜻이다.

d. (10.13)로 주어진 것과 같은 선형화된 페널티함수의 예상된 감소 ΔF_{EL_k}는 비음(-)이며, 이것이 0이라는 것은 $\mathbf{d}_k = \mathbf{0}$이 '문제 LP$(\mathbf{x}_k, \Delta_k)$'의 최적해라는 것과 같은 뜻이다.

증명 파트 *a*의 증명은 정리 9.3.1의 증명과 유사하며 연습문제 9.13의 증명과 유사하고 연습문제 10.17에서 독자에게 맡긴다. 다음으로, 파트 *b*를 고려해보자. P의 카루시-쿤-터커 조건은 다음 식

$$\sum_{i=1}^{m} \bar{u}_i \nabla g_i(\overline{\mathbf{x}}) + \sum_{i=1}^{\ell} \bar{\nu}_i \nabla h_i(\overline{\mathbf{x}}) + \mathbf{A}^t \overline{\mathbf{w}} = -\nabla f(\overline{\mathbf{x}})$$

$$\overline{\mathbf{u}} \geq \mathbf{0}, \quad \bar{\nu} \text{ 제한 없음}, \quad \overline{\mathbf{w}} \geq \mathbf{0} \tag{10.14}$$

$$\overline{\mathbf{u}} \cdot \mathbf{g}(\overline{\mathbf{x}}) = 0, \quad \overline{\mathbf{w}} \cdot (\mathbf{A}\overline{\mathbf{x}} - \mathbf{b}) = 0$$

이 성립하도록 하는 라그랑지 승수 $\bar{\mathbf{u}}$, $\bar{\nu}$, $\bar{\mathbf{w}}$와 함께 원문제의 실현가능해 $\bar{\mathbf{x}}$를 요구한다. 더군다나, 만약 다음 식

$$\sum_{i=1}^{m} \bar{u}_i \nabla g_i(\bar{\mathbf{x}}) + \sum_{i=1}^{\ell} \bar{\nu}_i \nabla h_i(\bar{\mathbf{x}}) + \mathrm{A}^t \bar{\mathbf{w}} = -\nabla f(\bar{\mathbf{x}}) \tag{10.15a}$$

$$0 \le \bar{u}_i \le \mu, \quad (\bar{u}_i - \mu) y_i = 0, \quad \bar{u}_i [y_i - g_i(\bar{\mathbf{x}})] = 0, \quad i = 1, \cdots, m \tag{10.15b}$$

$$|\bar{\nu}_i| \le \mu, \quad z_i^+ (\mu - \bar{\nu}_i) = 0, \; z_i^- (\mu + \bar{\nu}_i) = 0, \quad i = 1, \cdots, \ell \tag{10.15c}$$

$$\bar{\mathbf{w}}^t (\mathbf{A}\bar{\mathbf{x}} - \mathbf{b}) = 0, \quad \bar{\mathbf{w}} \ge 0 \tag{10.15d}$$

이 성립하도록 하는 라그랑지 승수 $\bar{\mathbf{u}}$, $\bar{\nu}$, $\bar{\mathbf{w}}$가 존재한다면 $\bar{\mathbf{x}}$는 (10.10)을 따라 주어진 $(\mathbf{y}, \mathbf{z}^+, \mathbf{z}^-)$와 $\bar{\mathbf{x}} \in X$를 갖는 PP의 하나의 카루시-쿤-터커 점이다. 지금 $\bar{\mathbf{x}}$는 (10.14)를 만족시키는 라그랑지 승수 $\bar{\mathbf{u}}$, $\bar{\nu}$, $\bar{\mathbf{w}}$를 갖는 '문제 P'의 하나의 카루시-쿤-터커 해라 하자. (10.10)에 따라 $(\mathbf{y}, \mathbf{z}^+, \mathbf{z}^-)$을 정의하면 $\mathbf{y} = \mathbf{0}$, $\mathbf{z}^+ = \mathbf{z}^- = \mathbf{0}$을 얻는다; 그래서 충분히 큰 μ에 대해, 정리 9.3.1에서처럼, (10.15)에 따라 $\bar{\mathbf{x}}$는 PP의 하나의 카루시-쿤-터커 해이다. 역으로 $\bar{\mathbf{x}}$는 PP의 카루시-쿤-터커 해라 하고 $\bar{\mathbf{x}}$는 '문제 P' 실현가능해라고 가정한다. 그렇다면 (10.10)에 의해 또 다시 $\mathbf{y} = \mathbf{0}$, $\mathbf{z}^+ = \mathbf{z}^- = \mathbf{0}$이다; 그러므로 (10.15), (10.14)에 의해 $\bar{\mathbf{x}}$는 '문제 P'의 하나의 카루시-쿤-터커 점이다. 이것은 파트 b를 증명한다.

LP($\mathbf{x}_k$, Δ_k)는 점 $\mathbf{x}_k$에서 PP의 하나의 1-계 선형화를 나타내고, $\mathbf{d}_k = \mathbf{0}$에서 즉 다시 말하면, $\mathbf{x} = \mathbf{x}_k$에서 스텝한계 $-\Delta_k \le \mathbf{d} \le \Delta_k$는 비구속적임을 주목하면 파트 c는 정리 4.2.15에서 따라온다.

마지막으로, 파트 d를 고려해보자: $\mathbf{d}_k$는 (10.11b)의 LP($\mathbf{x}_k$, Δ_k)를 최소화하므로, $\mathbf{x} = \mathbf{x}_k + \mathbf{d}_k$는 (10.11a)를 최소화한다; 그래서 $\mathbf{x}_k$는 (10.11a)의 실현가능해이므로, $F_{EL_k}(\mathbf{x}_k) \ge F_{EL_k}(\mathbf{x}_k + \mathbf{d}_k)$이거나, 또는 $\Delta F_{EL_k} \ge 0$이다. 같은 이유로, 이 차이가 0이라는 것은 $\mathbf{d}_k = \mathbf{0}$이 LP($\mathbf{x}_k$, Δ_k)의 최적해라는 것과 같은 뜻이며, 이것으로 증명이 완결되었다. (증명 끝)

페널티 계승선형계획법 알고리즘의 요약

초기화 반복계산 카운터를 $k=1$로 하고, $\Re^n$에 속한 스텝한계 또는 신뢰영역 벡터 $\boldsymbol{\Delta}_k > \mathbf{0}$과 함께 선형제약조건의 실현가능해인 출발점 $\mathbf{x}_k \in X$를 선택한다. $\boldsymbol{\Delta}_{LB} > \mathbf{0}$을 $\boldsymbol{\Delta}_k$의 어떤 허용오차의 하한이라 하자(간혹, $\boldsymbol{\Delta}_{LB}=\mathbf{0}$도 사용된다). 추가적으로, 페널티 모수 μ의 적절한 값을 선택한다(또는 위에서 토의한 바와 같이 페널티 모수 $\mu_1, \cdots, \mu_{m+\ell}$의 값). 신뢰영역 비율테스트에 사용할 스칼라 $0<\rho_0<\rho_1<\rho_2<1$ 값과 스텝한계 조정 승수 $\beta \in (0,1)$ 값을 선택한다(일반적으로 $\rho_0=10^{-6}$, $\rho_1=0.25$, $\rho_2=0.75$, $\beta=0.5$이다).

스텝 1: 선형계획법 하위문제 최적 $\mathbf{d}_k$를 얻기 위해 선형계획법 문제 LP($\mathbf{x}_k$, $\boldsymbol{\Delta}_k$)의 최적해를 구한다. (10.13)으로 주어진 것처럼 페널티함수의 실제 감소 ΔF_{E_k}와 예측한 감소를 계산한다. 만약 $\Delta F_{EL_k}=0$이라면(등가적으로 정리 10.3.1d에 의해, 만약 $\mathbf{d}_k=\mathbf{0}$이라면), 그렇다면 중지한다. 그렇지 않다면, $R_k=\Delta F_{E_k}/\Delta F_{EL_k}$를 계산한다. 만약 $R_k<\rho_0$이라면, 정리 10.3.1d에 의해 $\Delta F_{EL_k}>0$이므로, 페널티함수는 악화되었거나 아니면 개선의 크기가 충분하지 않다는 것이다. 그러므로, 현재의 해를 거부하고, $\boldsymbol{\Delta}_k$를 $\beta\boldsymbol{\Delta}_k$로 축소하고, 이 스텝을 반복한다(장 등[1985]은 유한횟수 이내의 축소작업으로, $R_k \geq \rho_0$임을 보여준다. 반면에 R_k가 계속 ρ_0보다도 작은 크기로 유지되는 동안, $\boldsymbol{\Delta}_k$의 몇 개 성분은 $\boldsymbol{\Delta}_{LB}$의 성분보다도 축소될지도 모른다는 것을 주목하자). 반면에, 만약 $R_k \geq \rho_0$이라면 스텝 2로 진행한다.

스텝 2: 새로운 반복계산점과 스텝한계 조정 $\mathbf{x}_{k+1}=\mathbf{x}_k+\mathbf{d}_k$라고 놓는다. 만약 $\rho_0 \leq R_k < \rho_1$이라면, 페널티함수가 충분히 개선되지 않으므로 $\boldsymbol{\Delta}_k$를 $\boldsymbol{\Delta}_{k+1}=\beta\boldsymbol{\Delta}_k$로 축소한다. 만약 $\rho_1 \leq R_k \leq \rho_2$이라면, $\boldsymbol{\Delta}_{k+1}=\boldsymbol{\Delta}_k$를 유지한다. 반면에, 만약 $R_k>\rho_2$라면 $\boldsymbol{\Delta}_{k+1}=\boldsymbol{\Delta}_k/\beta$이라고 놓아 신뢰영역을 증폭한다. 모든 경우에 있어, $\boldsymbol{\Delta}_{k+1}$를 $max\{(\boldsymbol{\Delta}_{k+1}, \boldsymbol{\Delta}_{LB}\}$로 대체하며, 여기에서 $max\{\cdot\}$는 성분별로 선택한다. k를 1만큼 증가시키고, 스텝 1로 간다.

여기에서 몇 개 코멘트를 할 필요가 있다. 먼저, 선형계획법 문제 (10.

11b)는 실현가능하고 유계이며($\mathbf{d}=\mathbf{0}$은 실현가능해) 원래의 문제의 임의의 희박성 구조를 유지함을 주목하자. 둘째로, 만약 P의 제약조건에서뿐만 아니라 목적함수에서도 선형으로 나타나는 임의의 변수가 존재한다면, 이 절차 전체에 걸쳐, 이러한 변수의 상응하는 스텝한계는 어떤 임의로 큰 값 M을 마음대로 택하고 그 값에서 유지할 수 있다. 셋째로, 스텝 1에서 종료가 일어난다면, 정리 10.3.1에 의해, $\mathbf{x}_k$는 PP의 하나의 카루시-쿤-터커 해이다; 그리고 만약 $\mathbf{x}_k$가 P의 실현가능해라면, 그렇다면 이것은 또한 P의 하나의 카루시-쿤-터커 해이다(그렇지 않다면, 페널티 모수는 앞에서 토의한 바와 마찬가지로 증가할 필요가 있다). 넷째로, 알고리즘은 유한회 이내에 종료하든가 그렇지 않다면, 만약 등위집합 $\{\mathbf{x}\in X|\ F_E(\mathbf{x})\le F_E(\mathbf{x}_1)\}$이 유계라면, $\{\mathbf{x}_k\}$는 집적점을 가지며, 이와 같은 모든 집적점이 '문제 PP'의 카루시-쿤-터커 해가 되게 하는 무한수열 $\{\mathbf{x}_k\}$가 생성됨을 보일 수 있다. 마지막으로, 스텝 1의 종료판단기준은 일반적으로 여러 가지의 실제적 종료판단기준으로 대체된다. 예를 들면, 만약 어떤 $c(=3)$회의 연속반복계산에 대해 ℓ_1 페널티함수의 아주 작은 변동이 허용오차 $\varepsilon(=10^{-4})$보다는 작거나, 아니면 만약 반복계산점이 ε-실현가능해이어서 카루시-쿤-터커 조건이 ε-허용오차 내에서 만족되거나, 아니면 또는 만약 c회의 연속반복계산에 대해 '문제 P'의 목적함숫값의 작은 변동이 ε보다도 작다면, 이 절차는 종료될 수 있다. 또한, 스텝한계의 증폭 또는 축소는 1에서 R_k의 편차를 대칭적으로 취급하기 위해 실행과정에서 자주 수정한다. 예를 들면, 스텝 2에서, 만약 $|1-R_k|<0.25$라면, 그렇다면 모든 스텝한계는 $\beta=0.5$로 나눔으로 증폭된다; 그리고 만약 $|1-R_k|>0.75$라면 모든 스텝한계는 β를 곱함으로 축소된다. 또한, 만약 원래의 문제 내에 비선형 항으로 나타나는 임의의 변수가 $c(=3)$회의 연속반복계산에 걸쳐 동일한 스텝한계에 머문다면, 이것의 스텝한계는 β로 나눔으로 증폭된다.

10.3.2 예제

다음 문제

$$
\begin{aligned}
\text{최소화}\quad & f(\mathbf{x})=2x_1^2+2x_2^2-2x_1x_2-4x_1-6x_2\\
\text{제약조건}\quad & g_1(\mathbf{x})=2x_1^2-x_2\le 0\\
& \mathbf{x}\in X=\{\mathbf{x}=(x_1,x_2)\,|\,x_1+5x_2\le 5,\ \mathbf{x}\ge\mathbf{0}\}
\end{aligned}
$$

를 고려해보자. 그림 10.13a는 문제의 도식해를 제공한다. 이 문제는 "정점"해를 갖는다는 것을 주목하고, 따라서 급속수렴 행태를 기대할 수도 있다. 해 $\mathbf{x}_1 = (0, 1) \in X$에서 출발하고 $\mu = 10$을 사용한다(충분히 크다고 입증할 수 있는; 연습문제 10.20 참조). 또한 $\Delta_1 = (1, 1)$, $\Delta_{LB} = (10^{-6}, 10^{-6})$, $\rho_0 = 10^{-6}$, $\rho_1 = 0.25$, $\rho_2 = 0.75$를 선택하고, $\beta = 0.5$라 하자.

(10.11b)에서 주어진 선형계획법 문제 LP($\mathbf{x}_1$, Δ_1)의 최적해를, 예를 들면, 심플렉스 알고리즘에 의해 지금 구할 필요가 있다. 이 과정을 도식적으로 예를 들어 설명하기 위해 등가문제 (10.11a)을 고려해보자. $\mathbf{x}_1 = (0, 1)$, $\mu = 10$, $f(\mathbf{x}_1) = -4$, $\nabla f(\mathbf{x}_1) = (-6, -2)$, $g_1(\mathbf{x}_1) = -1$, $\nabla g_1(\mathbf{x}_1) = (0, -1)$임을 주목하면, 다음 식

$$F_{EL_1}(\mathbf{x}) = -2 - 6x_1 - 2x_2 + 10\,max\{0, -x_2\} \tag{10.16}$$

을 얻는다. (10.11a)을 사용한 LP($\mathbf{x}_1$, Δ_1)의 최적해가 그림 10.13b에 나타나 있다. 최적해는 $\mathbf{x} = (1, 4/5)$이며, 그래서 $\mathbf{d}_1 = (1, 4/5) - (0, 1) = (1, -1/5)$는 (10.11b)의 최적해이다. (10.13)에서, (10.8), (10.16)을 사용해 $\mathbf{x}_1 = (0, 1)$, $\mathbf{x}_1 + \mathbf{d}_1 = (1, 4/5)$와 함께, $\Delta F_{Ek} = -4.88$, $\Delta F_{ELk} = 28/5$를 얻는다. 그러므로 페널티함수는 악화되었으며, 그래서 스텝 1 자체에서 스텝한계가 축소되고, 같은 점 $\mathbf{x}_1$에서 수정된 $\Delta_1 = (0.5, 0.5)$으로 이 스텝을 반복한다.

수정된 스텝한계 박스는 그림 10.13b에 어둡게 나타나 있다. 여기에 상응

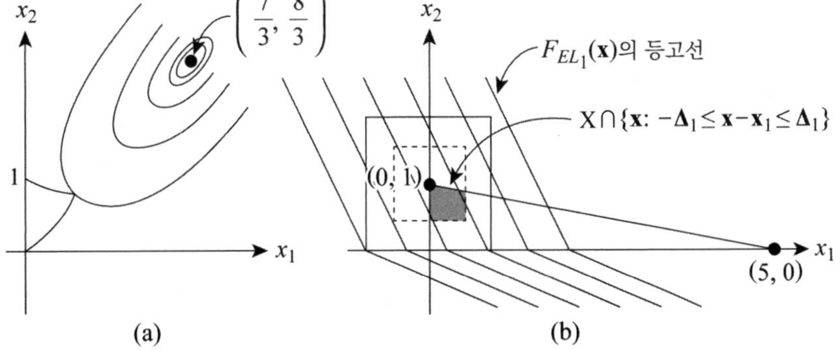

그림 10.13 예제 10.3.2의 해

하는 최적해는 $\mathbf{x} = (0.5, 0.9)$이며, 이 점은 (10.11b)의 최적화문제의 최적 방향 $\mathbf{d}_1 = (0.5, 0.9) - (0, 1) = (0.5, -0.1)$에 상응한다. (10.13)에서, $\mathbf{x}_1 = (0, 1)$, $\mathbf{x}_1 + \mathbf{d}_1 = (0.5, 0.9)$와 함께 (10.8), (10.16)을 사용해, $\Delta F_{Ek} = 2.18$, $\Delta F_{EL_k} = 2.8$을 얻으며, 이것은 $R_k = 2.18/2.8 = 0.7786$을 제공한다. 그러므로 해를 새로운 반복계산점 $\mathbf{x}_2 = (0.5, 0.9)$로 채택하고, $R_k > \rho_2 = 0.75$이므로, $\Delta_2 = \Delta_1/\beta = (1, 1)$이라 함으로 신뢰영역을 증폭한다. 지금 위에서 토의한 바와 같이, 독자는 적절한 종료판단기준이 만족될 때까지 이 과정을 계속하기 바란다(연습문제 10.20 참조).

10.4 계승이차식계획법 알고리즘 또는 사영된 라그랑지 알고리즘

1-계 근사화가 사용되므로 수정된 톱키스와 베이노트의 절차뿐만 아니라 쥬텐딕의 방법도 지그재깅과 느린 수렴행태에 취약함을 알았다. 왜냐하면 이 알고리즘은 구속하는 제약조건에 적용하는 뉴톤법의 모방에서 시작하므로, 만약 실현가능영역의 정점에서 최적해가 발생한다면 계승이차식계획법 알고리즘은 이차식 수렴율을 갖는다. 그러나 정점이 아닌 해에 대해, 이 알고리즘은, 또다시 본질적으로 1-계 근사화절차이므로 수렴과정이 느려질 수 있다. 이와 같은 행태의 문제를 경감하기 위해 2-계 근사화를 사용할 수 있고 **계승이차식계획법 알고리즘을 유도할 수 있다**.

순차적 이차식계획법 알고리즘 또는 **되풀이하는 이차식계획법 알고리즘**이라고도 알려진 계승이차식계획법 알고리즘은 원래의 문제의 카루시-쿤-터커 조건의 해를 직접 구하기 위해 뉴톤법(또는 준 뉴톤법)을 사용한다. 결과적으로, 동반하는 하위문제는, 제약조건의 선형근사화 전체에 걸쳐 최소화되는 라그랑지 함수의 이차식 근사화의 최소화문제로 밝혀진다. 그러므로 과정의 이와 같은 유형은 또한 **사영된 라그랑지법** 또는 **라그랑지-뉴톤법**이라 알려져 있다. 이것의 성격으로 보아, 이 알고리즘은 원문제와 쌍대문제의 (라그랑지 승수) 최적해를 모두 생산한다.

이 방법의 개념을 제시하기 위해, 등식제약 있는 비선형계획법 문제

$$\begin{aligned} \text{P:}\quad & \text{최소화} \quad f(\mathbf{x}) \\ & \text{제약조건} \quad h_i(\mathbf{x}) = 0, \quad i = 1, \cdots, \ell \end{aligned} \tag{10.17}$$

를 고려해보고, 여기에서 $\mathbf{x} \in \mathfrak{R}^n$이며 모든 함수는 연속 2회 미분가능하다고 가

정한다. 부등식 제약조건을 포함시키기 위한 확장은 다음과 같은 등식제약 있는 케이스의 해석에서 동기를 부여받은 것이며, 다음에 이어 고려된다.

'문제 P'의 카루시-쿤-터커 최적성 조건은 원문제의 해 $\mathbf{x} \in \mathfrak{R}^n$과 다음 식

$$\begin{aligned} &\nabla f(\mathbf{x}) + \sum_{i=1}^{\ell} \nu_i \nabla h_i(\mathbf{x}) = \mathbf{0} \\ &h_i(\mathbf{x}) = 0, \quad i = 1, \cdots, \ell \end{aligned} \tag{10.18}$$

이 성립하도록 하는 라그랑지 승수벡터 $\mathbf{v} \in \mathfrak{R}^\ell$을 요구한다. 위의 연립방정식을 좀 더 간결하게 $\mathbf{W}(\mathbf{x}, \boldsymbol{\nu}) = \mathbf{0}$으로 나타내자. 지금 (10.18)의 해를 구하기 위해 뉴톤-랍슨법, 또는 등가적으로, (10.18)이 경도가 $\mathbf{0}$이라는 1-계 조건을 나타내는 함수를 최소화하는 뉴톤법을 사용한다. 그러므로 반복계산점 $(\mathbf{x}_k, \boldsymbol{\nu}_k)$이 주어지면, 다음 반복계산점 $(\mathbf{x}, \boldsymbol{\nu}) = (\mathbf{x}_{k+1}, \boldsymbol{\nu}_{k+1})$을 결정하기 위해, 주어진 연립방정식의 1-계 근사화인 다음 식

$$\mathbf{W}(\mathbf{x}_k, \boldsymbol{\nu}_k) + \nabla \mathbf{W}(\mathbf{x}_k, \boldsymbol{\nu}_k) \begin{bmatrix} \mathbf{x} - \mathbf{x}_k \\ \boldsymbol{\nu} - \boldsymbol{\nu}_k \end{bmatrix} = \mathbf{0} \tag{10.19}$$

의 해를 구하며, 여기에서 $\nabla \mathbf{W}$는 $\mathbf{W}$의 자코비안을 나타낸다. $\nabla^2 \mathscr{L}(\mathbf{x}_k) = \nabla^2 f(\mathbf{x}_k) + \Sigma_{i=1}^{\ell} \nu_{ki} \nabla^2 h_i(\mathbf{x}_k)$는 $\mathbf{x}_k$에서 라그랑지 승수벡터 $\boldsymbol{\nu}_k$를 갖는 통상의 라그랑지의 헤시안이라고 정의하고, $i = 1, \cdots, \ell$에 대해 행 $\nabla h_i(\mathbf{x})^t$로 구성한 행렬 $\nabla \mathbf{h}$는 $\mathbf{h}$의 자코비안이라 하면 다음 식

$$\nabla \mathbf{W}(\mathbf{x}_k, \boldsymbol{\nu}_k) = \begin{bmatrix} \nabla^2 \mathscr{L}(\mathbf{x}_k) & \nabla \mathbf{h}(\mathbf{x}_k)^t \\ \nabla \mathbf{h}(\mathbf{x}_k) & \mathbf{0} \end{bmatrix} \tag{10.20}$$

을 얻는다. (10.18), (10.20)을 사용해, (10.19)를 다음 식

$$\begin{aligned} &\nabla^2 \mathscr{L}(\mathbf{x}_k)(\mathbf{x} - \mathbf{x}_k) + \nabla \mathbf{h}(\mathbf{x}_k)^t (\boldsymbol{\nu} - \boldsymbol{\nu}_k) = -\nabla f(\mathbf{x}_k) - \nabla \mathbf{h}(\mathbf{x}_k)^t \boldsymbol{\nu}_k \\ &\nabla \mathbf{h}(\mathbf{x}_k)(\mathbf{x} - \mathbf{x}_k) = -\mathbf{h}(\mathbf{x}_k) \end{aligned}$$

과 같이 다시 나타낼 수 있다. $\mathbf{d} = \mathbf{x} - \mathbf{x}_k$를 대입하면, 위 식은 다시 다음 식

$$\begin{aligned} \nabla^2 \mathscr{L}(\mathbf{x}_k)\mathbf{d} + \nabla \mathbf{h}(\mathbf{x}_k)^t \boldsymbol{\nu} &= -\nabla f(\mathbf{x}_k) \\ \nabla \mathbf{h}(\mathbf{x}_k)\mathbf{d} &= -\mathbf{h}(\mathbf{x}_k) \end{aligned} \tag{10.21}$$

과 같이 나타낼 수 있다. 만약 해가 존재한다면, 지금 이 연립방정식을 사용해, 이를테면, $(\mathbf{d}, \boldsymbol{\nu}) = (\mathbf{d}_k, \boldsymbol{\nu}_{k+1})$에 대해 해를 구할 수 있다(아래의 수렴해석과 연습문제 10.22를 참조 바람). $\mathbf{x}_{k+1} = \mathbf{x}_k + \mathbf{d}_k$라고 지정하고, 그렇다면 k를 1만큼 증가시키고, $\mathbf{d} = \mathbf{0}$이 (10.21)의 최적해로 될 때까지 이 과정을 반복한다. 만약 이것이 일어나기라도 한다면, (10.18)을 주목하면, '문제 P'의 하나의 카루시-쿤-터커 해가 구해질 것이다.

지금 P의 **임의의** 카루시-쿤-터커 해를 찾기 위해, 앞서 말한 과정을 채택하는 대신, 최적성 조건은 (10.21)과 똑같지만 이 과정을 혜택이 있는 카루시-쿤-터커 해로 몰고 가는 경향이 있는 이차식계획법 최소화 하위문제를 사용할 수 있다. 이러한 이차식계획법 문제가 아래의 정식화

$$\begin{aligned} \text{QP}(\mathbf{x}_k, \boldsymbol{\nu}_k):\ &\text{최소화 } f(\mathbf{x}_k) + \nabla f(\mathbf{x}_k)\cdot\mathbf{d} + \frac{1}{2}\mathbf{d}^t \nabla^2 \mathscr{L}(\mathbf{x}_k)\mathbf{d} \\ &\text{제약조건 } h_i(\mathbf{x}_k) + \nabla h_i(\mathbf{x}_k)\cdot\mathbf{d} = 0 \quad i = 1, \cdots, \ell \end{aligned} \tag{10.22}$$

에서 설명되며, 여기에서 통찰력과 편의를 위해 상수 항 $f(\mathbf{x}_k)$가 목적함수에 삽입되어 있다.

모호하지 않다면 약칭으로 QP라고 말하는, 선형제약 있는 이차식계획법 하위문제 $\text{QP}(\mathbf{x}_k, \boldsymbol{\nu}_k)$에 대해 여기에서 몇 개 사항을 언급함이 순서에 맞는다. 먼저, QP의 하나의 최적해는, 만약 존재한다면, QP의 하나의 카루시-쿤-터커 점이며 (10.21)을 만족시킴을 주목하고, 여기에서 $\boldsymbol{\nu}$는 QP의 제약조건에 연관된 라그랑지 승수이다. 그러나, 만약 대안이 존재한다면 QP의 최소화과정은 (10.21)을 만족시키는 바람직한 카루시-쿤-터커 점으로 몰고 간다. 둘째로, 앞서 말한 유도에 따라 QP의 목적함수는 $f(\mathbf{x})$의 이차식 근사화를 나타낼 뿐만 아니라 또한 제약조건의 곡률을 나타내기 위해 추가적 항 $(1/2)\boldsymbol{\Sigma}_{i=1}^{\ell} \nu_{ki}\mathbf{d}^t \nabla^2 h_i(\mathbf{x}_k)\mathbf{d}$를 포함함을 관측하시오. 사실상 라그랑지 함수를 $\mathscr{L}(\mathbf{x}) = f(\mathbf{x}) + \boldsymbol{\Sigma}_{i=1}^{\ell} \nu_{ki} h_i(\mathbf{x})$이라고 정의하면, $\text{QP}(\mathbf{x}_k, \boldsymbol{\nu}_k)$의 목적함수는 제약조건을 주목해 대안적으로 다음 식

$$\text{최소화} \quad \mathscr{L}(\mathbf{x}_k) + \nabla_{\mathbf{x}} \mathscr{L}(\mathbf{x}_k)\cdot\mathbf{d} + \frac{1}{2}\mathbf{d}^t \nabla^2 \mathscr{L}(\mathbf{x}_k)\mathbf{d} \tag{10.23}$$

과 같이 나타낼 수 있다. (10.23)은 라그랑지 함수 $\mathscr{L}$에 대해 2-계 테일러급수 근사화를 나타냄을 관측하시오. 특히 비선형 제약조건의 존재 아래 이것은 이차식 수렴율의 행태를 뒷받침한다(연습문제 10.24도 참조 바람). 셋째로, QP의 제약조건은 현재의 점 $\mathbf{x}_k$에서 1-계 선형화를 나타냄을 주목하자. 넷째로, QP는 무계 또는 실현불가능한 문제일 수도 있으며, 이에 반해 P는 그렇지 않음을 주목하자. 비록 위의 첫째의 적합하지 않은 사건은 $\mathbf{d}$의 변동량에 한계를 두면서 관리할 수 있지만, 이를테면, 둘째 사건은 좀 더 혼란스러운 것이다. 예를 들면, 만약 제약조건 $x_1^2 + x_2^2 = 1$을 얻는다면 그리고 이것을 원점에서 선형화한다면, $-1 = 0$이 되도록 요구하는 모순되는 제한을 얻는다. 이와 같은 어려움을 극복하는 위 구도의 변형을 다음에 제시한다(연습문제 10.26도 참조 바람). 이와 같은 문제에도 불구하고, 그리고 잘-정의된 이차식계획법 하위문제를 가정해, 지금 기본적 계승이차식계획법 알고리즘을 서술할 준비가 되었다.

기본적 계승이차식계획법 알고리즘(RSQP)

초기화 반복계산 카운터를 $k=1$로 하고 (적절한) 원-쌍대문제의 하나의 출발 해 $(\mathbf{x}_k, \boldsymbol{\nu}_k)$를 선택한다.

메인 스텝 라그랑지 승수 벡터 $\boldsymbol{\nu}_{k+1}$과 함께 하나의 해 $\mathbf{d}_k$를 구하기 위해 이차식계획법 하위문제 QP$(\mathbf{x}_k, \boldsymbol{\nu}_k)$의 최적해를 구한다. 만약 $\mathbf{d}_k = \mathbf{0}$이라면 (10.21)에서, $(\mathbf{x}_k, \boldsymbol{\nu}_{k+1})$는 '문제 P'의 카루시-쿤-터커 조건 (10.18)을 만족시킨다; 그리고 중지한다. 그렇지 않다면 $\mathbf{x}_{k+1} = \mathbf{x}_k + \mathbf{d}_k$라고 놓고 k를 1만큼 증가시키고 메인 스텝을 반복한다.

수렴율해석

적절한 조건 아래, 앞서 말한 알고리즘의 이차식 수렴행태를 논의할 수 있다. 구체적으로 $\overline{\mathbf{x}}$는, 라그랑지 승수 $\overline{\boldsymbol{\nu}}$의 집합과 함께 정리 4.4.2의 2-계 충분성조건을 만족시키는, '문제 P'의 레귤러 카루시-쿤-터커 해라고 가정한다. 그렇다면 (10.20)으로 정의한 $\nabla \mathbf{W}(\overline{\mathbf{x}}, \overline{\boldsymbol{\nu}}) \equiv \overline{\nabla \mathbf{W}}$는 말하자면 정칙이다. 이것을 알아보기 위해,

다음 연립방정식

$$\nabla \mathbf{W}(\bar{\mathbf{x}}, \bar{\nu}) = \begin{bmatrix} \mathbf{d}_1 \\ \mathbf{d}_2 \end{bmatrix} = \mathbf{0}$$

의 해는 유일하게 $(\mathbf{d}_1^t, \mathbf{d}_2^t) = \mathbf{0}$ 임을 보인다. 임의의 해 $(\mathbf{d}_1^t, \mathbf{d}_2^t)$를 고려해보자. $\bar{\mathbf{x}}$는 레귤러 해이므로 $\nabla \mathbf{h}(\bar{\mathbf{x}})^t$는 꽉 찬 열계수를 갖는다; 그래서 만약 $\mathbf{d}_1 = \mathbf{0}$이라면 $\mathbf{d}_2 = \mathbf{0}$ 임도 역시 성립한다. 만약 $\mathbf{d}_1 \neq \mathbf{0}$이라면 $\nabla \mathbf{h}(\bar{\mathbf{x}})\mathbf{d}_1 = \mathbf{0}$이므로 2-계 충분성조건에 따라 $\mathbf{d}_1^t \nabla^2 \mathscr{L}(\bar{\mathbf{x}})\mathbf{d}_1 > 0$이다. 그러나 $\nabla^2 \mathscr{L}(\bar{\mathbf{x}})\mathbf{d}_1 + \nabla \mathbf{h}(\bar{\mathbf{x}})^t \mathbf{d}_2 = 0$이므로 $\mathbf{d}_1^t \nabla^2 \mathscr{L}(\bar{\mathbf{x}})\mathbf{d}_1 = -\mathbf{d}_2^t \nabla \mathbf{h}(\bar{\mathbf{x}})\mathbf{d}_1 = 0$이 성립하며, 이것은 모순이다. 그러므로 $\overline{\nabla \mathbf{W}}$는 정칙이다; 따라서 $(\bar{\mathbf{x}}, \bar{\nu})$에 충분히 가까운 $(\mathbf{x}_k, \nu_k)$에 대해 $\nabla \mathbf{W}(\mathbf{x}_k, \nu_k)$는 정칙이다. 그러므로, 연립방정식 (10.21)과, 따라서 '문제 QP$(\mathbf{x}_k, \nu_k)$'은 잘-정의된(유일한) 해를 갖는다. 따라서, 정리 8.6.5의 의미에서, $(\mathbf{x}_k, \nu_k)$가 충분히 $(\bar{\mathbf{x}}, \bar{\nu})$에 가까우면 $(\bar{\mathbf{x}}, \bar{\nu})$로 이차식 수렴율을 얻는다.

실제로, $\mathbf{x}_k$가 홀로 $\bar{\mathbf{x}}$에 가까움은 수렴의 확립에 충분하다. 만약 $\mathbf{x}_1$이 $\bar{\mathbf{x}}$에 충분히 가까우면, 그리고 만약 $\nabla \mathbf{W}(\mathbf{x}_1, \nu_1)$이 정칙이라면 기본적 계승이차식 계획법 알고리즘은 이차식적으로 $(\bar{\mathbf{x}}, \bar{\nu})$에 수렴함을 나타낼 수 있다('주해와 참고문헌' 절 참조). 이런 측면에서, 라그랑지 승수 ν는 QP의 2-계 항에만 나타나며 '증강된 라그랑지 페널티법'에서의 역할 같은 중요한 역할을 하지 않는다, 예를 들면, 그리고 평가의 부정확성을 좀 더 유연하게 허용할 수 있다.

부등식 제약조건을 포함시키려는 확장

지금 부등식 제약조건 $g_1(\mathbf{x}) \le 0, \cdots, g_m(\mathbf{x}) \le 0$을 '문제 P'에 포함시키는 것을 고려해보고, 여기에서 $g_1, \cdots, g_m$는 연속 2회 미분가능한 함수이다. 이같이 수정된 문제는 다음 식

$$\begin{aligned} \text{P: 최소화} \quad & f(\mathbf{x}) \\ \text{제약조건} \quad & g_i(\mathbf{x}) \le 0, \quad i = 1, \cdots, m \\ & h_i(\mathbf{x}) = 0, \quad i = 1, \cdots, \ell \end{aligned} \tag{10.24}$$

과 같이 다시 정의된다. 이 경우 반복계산점 $(\mathbf{x}_k, \mathbf{u}_k, \boldsymbol{\nu}_k)$가 주어지면, 여기에서 $\mathbf{u}_k \geq \mathbf{0}$, $\boldsymbol{\nu}_k$는 각각의 부등식 제약조건과 등식 제약조건의 라그랑지 승수일 경우, 다음 이차식계획법 하위문제

$$\begin{aligned} \text{QP}(\mathbf{x}_k, \mathbf{u}_k, \boldsymbol{\nu}_k):\ \text{최소화}\quad & f(\mathbf{x}_k) + \nabla f(\mathbf{x}_k)\cdot\mathbf{d} + \frac{1}{2}\mathbf{d}^t\nabla^2\mathcal{L}(\mathbf{x}_k)\mathbf{d} \\ \text{제약조건}\quad & g_i(\mathbf{x}_k) + \nabla g_i(\mathbf{x}_k)\cdot\mathbf{d} \leq 0, \quad i=1,\cdots,m \\ & h_i(\mathbf{x}_k) + \nabla h_i(\mathbf{x}_k)\cdot\mathbf{d} = 0, \quad i=1,\cdots,\ell \end{aligned} \tag{10.25}$$

는 (10.22)의 하나의 직접적 확장이라고 간주한다. 여기에서 $\nabla^2\mathcal{L}(\mathbf{x}_k) = \nabla^2 f(\mathbf{x}_k) + \Sigma_{i=1}^m u_{ki}\nabla^2 g_i(\mathbf{x}_k) + \Sigma_{i=1}^{\ell}\nu_{ki}\nabla^2 h_i(\mathbf{x}_k)$이다. 이 문제의 카루시-쿤-터커 조건은 원문제의 실현가능성 외에 또, 다음 식

$$\nabla f(\mathbf{x}_k) + \nabla^2\mathcal{L}(\mathbf{x}_k)\mathbf{d} + \sum_{i=1}^{m} u_i\nabla g_i(\mathbf{x}_k) + \sum_{i=1}^{\ell}\nu_i\nabla h_i(\mathbf{x}_k) = \mathbf{0} \tag{10.26a}$$

$$u_i\left[g_i(\mathbf{x}_k) + \nabla g_i(\mathbf{x}_k)\cdot\mathbf{d}\right] = 0, \quad i=1,\cdots,m \tag{10.26b}$$

$$\mathbf{u} \geq \mathbf{0},\quad \boldsymbol{\nu}:\ \text{제한 없음} \tag{10.26c}$$

이 성립하도록 하는 라그랑지 승수 $\mathbf{u}, \boldsymbol{\nu}$를 구하는 것을 요구함을 주목하자. 그러므로 만약 $\mathbf{d}_k$가 라그랑지 승수 $\mathbf{u}_{k+1}$, $\boldsymbol{\nu}_{k+1}$을 갖는 $\text{QP}(\mathbf{x}_k, \mathbf{u}_k, \boldsymbol{\nu}_k)$의 최적해라면, 그리고 만약 $\mathbf{d}_k = \mathbf{0}$이라면 $\mathbf{x}_k$는 $(\mathbf{u}_{k+1}, \boldsymbol{\nu}_{k+1})$과 함께 원래의 '문제 P'의 카루시-쿤-터커 해를 산출한다. 그렇지 않다면, 전과 같이 $\mathbf{x}_{k+1} = \mathbf{x}_k + \mathbf{d}_k$로 하고 k를 1만큼 증가하고 이 과정을 반복한다. 유사한 방법으로 만약 $\bar{\mathbf{x}}$가 $(\bar{\mathbf{u}}, \bar{\boldsymbol{\nu}})$와 함께 2-계 충분성조건을 만족시키는 레귤러 카루시-쿤-터커 해라면, 그리고 만약 $(\mathbf{x}_k, \mathbf{u}_k, \boldsymbol{\nu}_k)$가 $(\bar{\mathbf{x}}, \bar{\mathbf{u}}, \bar{\boldsymbol{\nu}})$에 충분히 가까운 점에서 초기화된다면, 앞서 말한 반복과정은 이차식적으로 $(\bar{\mathbf{x}}, \bar{\mathbf{u}}, \bar{\boldsymbol{\nu}})$에 수렴한다고 보여줄 수 있다.

준 뉴톤 근사화

지금까지 토의한 계승이차식계획법 알고리즘의 불리한 점은 2-계 도함수를 계산해야 한다는 것이며, 이 외에 또, $\nabla^2\mathcal{L}(\mathbf{x}_k)$가 양정부호 행렬이 아닐 수 있다는

것이다. 이것은 $\nabla^2 \mathscr{L}$에 대해 준 뉴톤 양정부호 근사화 행렬을 사용해 극복할 수 있다. 예를 들면, 위에서 설명한 기본적 계승이차식계획법 알고리즘에서 $\nabla^2 \mathscr{L}(\mathbf{x}_k)$의 양정부호 근사화 행렬 $\mathbf{B}_k$가 주어지면, 유일한 해 $\mathbf{d}_k$, ν_{k+1}를 구하기 위해, $\nabla^2 \mathscr{L}(\mathbf{x}_k)$를 $\mathbf{B}_k$로 대체해 연립방정식 (10.21)의 해를 구할 수 있으며 그리고 $\mathbf{x}_{k+1} = \mathbf{x}_k + \mathbf{d}_k$라고 지정한다. 이것은 다음 식

$$\begin{bmatrix} \mathbf{x}_{k+1} \\ \nu_{k+1} \end{bmatrix} = \begin{bmatrix} \mathbf{x}_k \\ \nu_k \end{bmatrix} - \begin{bmatrix} \mathbf{B}_k & \nabla \mathbf{h}(\mathbf{x}_k)^t \\ \nabla \mathbf{h}(\mathbf{x}_k) & \mathbf{0} \end{bmatrix}^{-1} \begin{bmatrix} \nabla \mathscr{L}(\mathbf{x}_k) \\ \mathbf{h}(\mathbf{x}_k) \end{bmatrix}$$

으로 주어진 반복계산스텝과 등가이며, 여기에서 $\nabla \mathscr{L}(\mathbf{x}_k) = \nabla f(\mathbf{x}_k) + \nabla \mathbf{h}(\mathbf{x}_k)^t \nu_k$이다. 그렇다면, (8.63)에서 정의한 바와 같이 인기 있는 헤시안의 브로이덴-플레처-골드파브-샤노 갱신을 채택해 다음 식

$$\mathbf{B}_{k+1} = \mathbf{B}_k + \frac{\mathbf{q}_k \mathbf{q}_k^t}{\mathbf{q}_k \cdot \mathbf{p}_k} - \frac{\mathbf{B}_k \mathbf{p}_k \mathbf{p}_k^t \mathbf{B}_k}{\mathbf{p}_k^t \mathbf{B}_k \mathbf{p}_k} \tag{10.27a}$$

을 계산할 수 있으며, 여기에서 $\mathbf{p}_k$, $\mathbf{q}_k$는 다음 식

$$\mathbf{p}_k = \mathbf{x}_{k+1} - \mathbf{x}_k, \quad \mathbf{q}_k = \nabla \mathscr{L}'(\mathbf{x}_{k+1}) - \nabla \mathscr{L}'(\mathbf{x}_k)$$

과 같으며, 여기에서 $\nabla \mathscr{L}'(\mathbf{x})$는 다음 식

$$\nabla \mathscr{L}'(\mathbf{x}) \equiv \nabla f(\mathbf{x}) + \sum_{i=1}^{\ell} \nu_{(k+1)i} \nabla h_i(\mathbf{x})$$

과 같다.

기본적 과정의 이와 같은 수정은, 뉴톤법의 준 뉴톤 수정과 유사하게, 앞서 말한 레귤라리티 2-계 충분성조건을 만족시키는 해 $(\overline{\mathbf{x}}, \overline{\nu})$에 충분히 가까운 곳에서 초기화될 때, 슈퍼 선형적으로 수렴함을 보일 수 있다. 그러나 이 슈퍼 선형 수렴율은 강하게 단위스텝 크기에 근거한다.

공훈함수로 ℓ_1 페널티함수를 사용하는 전역적으로 수렴하는 변형

지금까지 설명한 계승이차식계획법 알고리즘의 가장 중요한 단점은, 알고리즘이 바람직한 해에 충분히 가까운 점에서 초기화될 때만 수렴이 보장된다는 것이고 이에 반해, 실제로 이 조건은 일반적으로 실행하기 어렵다. 이와 같은 상황을 개선하고 전역수렴을 보장하기 위해 **공훈함수**라는 아이디어를 도입한다. 공훈함수는 목적함수와 함께 문제의 해에서 동시에 최소화되는 함수이지만, 또한 반복계산점을 안내하고 진전의 측도를 제공하는 역할을 하는 함수이다. 바람직하게, 이와 같은 함숫값 계산이 쉬워야 하고, 알고리즘의 수렴율을 해치지 말아야 한다. 다음 식

$$F_E(\mathbf{x}) = f(\mathbf{x}) + \mu\left[\sum_{i=1}^{m} max\left\{0, g_i(\mathbf{x})\right\} + \sum_{i=1}^{\ell}\left|h_i(\mathbf{x})\right|\right] \tag{10.28}$$

으로 다시 나타내는, (10.24)에 주어진 '문제 P'의 공훈함수로 인기 있는 ℓ_1 페널티함수 또는 절댓값 페널티함수 (9.8)의 사용에 관해 설명한다.

다음 보조정리는 공훈함수로 F_E의 역할을 확립한다. '주해와 참고문헌' 절은 유사한 배경에서 공훈함수로 사용할 수 있는 나머지의 이차식함수와 증강된 라그랑지 페널티함수를 알려준다.

10.4.1 보조정리

반복계산점 $\mathbf{x}_k$가 주어지면, (10.25)로 주어진 이차식계획법 하위문제를 고려해보자. (10.25)에서 $\nabla^2 \mathscr{L}(\mathbf{x}_k)$은 임의의 양정부호 근사화 행렬 $\mathbf{B}_k$로 대체된다. $\mathbf{d}$는 각각의 부등식 제약조건과 등식 제약조건에 연관된 라그랑지 승수 $\mathbf{u}$, $\boldsymbol{\nu}$를 갖는 최적해라고 한다. 만약 $\mathbf{d} \neq \mathbf{0}$이라면, 그리고 만약 $\mu \geq max\{u_1, \cdots, u_m, |\nu_1|, \cdots, |\nu_\ell|\}$이라면, $\mathbf{d}$는 $\mathbf{x} = \mathbf{x}_k$에서 (10.28)로 주어진 ℓ_1 페널티함수 F_E의 강하방향이다.

증명 QP의 원문제 실현가능성, 쌍대문제 실현가능성, 상보여유성조건 (10.25), (10.26a), (10.26b)을 사용해, 다음 식

$$\nabla f(\mathbf{x}_k)\cdot\mathbf{d} = -\mathbf{d}^t\mathbf{B}_k\mathbf{d} - \sum_{i=1}^{m} u_i \nabla g_i(\mathbf{x}_k)\cdot\mathbf{d} - \sum_{i=1}^{t} \nu_i \nabla h_i(\mathbf{x}_k)\cdot\mathbf{d}$$

$$= -\mathbf{d}^t\mathbf{B}_k\mathbf{d} - \sum_{i=1}^{m} u_i \nabla g_i(\mathbf{x}_k) + \sum_{i=1}^{\ell} \nu_i h_i(\mathbf{x}_k) \tag{10.29}$$

$$\leq -\mathbf{d}^t\mathbf{B}_k\mathbf{d} + \sum_{i=1}^{m} u_i \, max\{0, g_i(\mathbf{x}_k)\} + \sum_{i=1}^{\ell} |\nu_i||h_i(\mathbf{x}_k)|$$

$$\leq -\mathbf{d}^t\mathbf{B}_k\mathbf{d} + \mu\left[\sum_{i=1}^{m} max\{0, g_i(\mathbf{x}_k)\} + \sum_{i=1}^{\ell} |h_i(\mathbf{x}_k)|\right]$$

을 얻는다. 지금, (10.28)에서 스텝길이 $\lambda \geq 0$에 대해 다음 식

$$\begin{aligned} F_E(\mathbf{x}_k) - F_E(\mathbf{x}_k + \lambda\mathbf{d}) &= [f(\mathbf{x}_k) - f(\mathbf{x}_k + \lambda\mathbf{d})] \\ &+ \mu\left\{\sum_{i=1}^{m} [max\{0, g_i(\mathbf{x}_k)\} - max\{0, g_i(\mathbf{x}_k + \lambda\mathbf{d})\}]\right. \\ &\left. + \sum_{i=1}^{\ell} [|h_i(\mathbf{x}_k)| - |h_i(\mathbf{x}_k + \lambda\mathbf{d})|]\right\} \end{aligned} \tag{10.30}$$

을 얻는다. $i = 1, \cdots, m+\ell$에 대해 $O_i(\lambda)$은 $\lambda \to 0$에 따라 0에 접근하는 적절한 함수를 나타내며, 충분히 작은 $\lambda > 0$에 대해 다음 식

$$f(\mathbf{x}_k + \lambda\mathbf{d}) = f(\mathbf{x}_k) + \lambda \nabla f(\mathbf{x}_k) \cdot \mathbf{d} + \lambda O_0(\lambda) \tag{10.31a}$$

을 얻는다. 또한, (10.25)에서 $g_i(\mathbf{x}_k + \lambda\mathbf{d}) = g_i(\mathbf{x}_k) + \lambda \nabla g_i(\mathbf{x}_k) \cdot \mathbf{d} + \lambda O_i(\lambda) \leq g_i(\mathbf{x}_k) - \lambda g_i(\mathbf{x}_k) + \lambda O_i(\lambda)$이다. 그러므로 다음 식

$$max\{0, g_i(\mathbf{x}_k + \lambda\mathbf{d})\} \leq (1-\lambda) max\{0, g_i(\mathbf{x}_k)\} + \lambda|O_i(\lambda)| \tag{10.31b}$$

이 성립한다. 유사하게, (10.25)에서 다음 식

$$\begin{aligned} h_i(\mathbf{x}_k + \lambda\mathbf{d}) &= h_i(\mathbf{x}_k) + \lambda \nabla h_i(\mathbf{x}_k) + \lambda O_{m+i}(\lambda) \\ &= (1-\lambda) h_i(\mathbf{x}_k) + \lambda O_{m+i}(\lambda) \end{aligned}$$

을 얻으며, 따라서 다음 부등식

$$|h_i(\mathbf{x}_k + \lambda\mathbf{d})| \leq (1-\lambda)|h_i(\mathbf{x}_k)| + \lambda|O_{m+i}(\lambda)| \tag{10.31c}$$

이 성립한다. (10.30)에 (10.31)을 사용해, 충분하게 작은 $\lambda \geq 0$에 대해, $F_E(\mathbf{x}_k) - F_E(\mathbf{x}_k + \lambda\mathbf{d}) \geq \lambda[-\nabla f(\mathbf{x}_k)\cdot\mathbf{d} + \mu\{\Sigma_{i=1}^{m} max\{0, g_i(\mathbf{x}_k)\} + \Sigma_{i=1}^{\ell}|h_i(\mathbf{x}_k)| + O(\lambda)\}]$임을 얻으며, 여기에서 $\lambda \to 0$에 따라 $O(\lambda) \to 0$을 얻는다. 그러므로 (10.29)에 따라, 이것은 $\mathbf{B}_k$의 양정부호성에 의해, 어떤 $\delta > 0$에 대해, 그리고 모든 $\lambda \in (0, \delta)$에 대해 $F_E(\mathbf{x}_k) - F_E(\mathbf{x}_k + \lambda\mathbf{d}) \geq \lambda[\mathbf{d}^t\mathbf{B}_k\mathbf{d} + O(\lambda)] > 0$임을 제공하며, 이것으로 증명이 완결되었다. (증명 끝)

보조정리 10.4.1은 결과로 나타나는 방향이 '정확한 페널티함수'의 강하방향이 되도록 하는 B_k를 선택하는 유연성을 나타낸다. 이 행렬은 양정부호일 필요가 있고, (10.27)의 확장과 같은 임의의 준 뉴톤법의 전략을 사용해 갱신하거나, 또는 알고리즘 전체에 걸쳐 상수로 고정할 수도 있다. 아래에 보인 바와 같이, 약한 가정 아래 이와 같은 강하 특징은 전역적으로 수렴하는 알고리즘을 얻도록 한다.

공훈함수 계승이차식계획법 알고리즘의 요약

초기화 반복계산 카운터를 $k=1$로 놓고 (적절한) 출발해 $\mathbf{x}_k$를 선택한다. 또한, 문제 (10.24)의 부등식 제약조건과 등식 제약조건 각각에 연관된 어떤 라그랑지 승수 $\mathbf{u}_k \geq \mathbf{0}$, $\boldsymbol{\nu}_k$에 관해 정의된 헤시안 $\nabla^2\mathscr{L}(\mathbf{x}_k)$의 양정부호 근사화 행렬 $\mathbf{B}_k$를 선택한다[비록 이것이 바람직하더라도 $\mathbf{B}_k$는 임의의 행렬일 수도 있고 $\nabla^2\mathscr{L}(\mathbf{x}_k)$와 어떤 관계가 있을 필요가 없을 수도 있음을 주목하자].

메인 스텝 $\nabla^2\mathscr{L}(\mathbf{x}_k)$를 $\mathbf{B}_k$로 대체하고 (10.25)로 주어진 이차식계획법 하위문제의 최적해를 구하고, 라그랑지 승수 $(\mathbf{u}_{k+1}, \boldsymbol{\nu}_{k+1})$과 함께, 해 $\mathbf{d}_k$를 얻는다. 만약 $\mathbf{d}_k = \mathbf{0}$이라면 (10.24)의 '문제 P'의 라그랑지 승수 $(\mathbf{u}_{k+1}, \boldsymbol{\nu}_{k+1})$를 갖는 카루시-쿤-터커 해로 $\mathbf{x}_k$를 얻고 중지한다. 그렇지 않다면, $\mathbf{x}_{k+1} = \mathbf{x}_k + \lambda_k\mathbf{d}_k$를 찾고, 여기에서 λ_k는 $\lambda \geq 0$인 $\lambda \in \Re$ 전체에 걸쳐 $F_E(\mathbf{x}_k + \lambda\mathbf{d}_k)$를 최소화한다. $\mathbf{B}_k$를 양정부호 행렬 $\mathbf{B}_{k+1}$로 갱신한다[$\mathbf{B}_k$ 자체일 수도 있고, 또는 $(\mathbf{u}_{k+1}, \boldsymbol{\nu}_{k+1})$에 관해 정의된 $\nabla^2\mathscr{L}(\mathbf{x}_{k+1})$일 수도 있고, 준 뉴톤법 구도에 따라 갱신되는, 이것의 어떤 근사화 행렬일 수도 있다]. k를 1만큼 증가시키고, 메인 스텝을 반복한다.

독자는 위의 선형탐색은 미분불가능 함수에 관해 실행함을 주목할 것이며, 이것은 인기 있는 곡선-피팅 알고리즘을 포함해 절 8.2, 8.3의 방법을 사용하지 않아도 되게 한다. 아래에 공훈함수 계승이차식계획법 알고리즘의 수렴의 증명을 스케치한다. 연습문제 10.27에서 독자는 상세한 논증을 제시하기 바란다.

10.4.2 정리

공훈함수 계승이차식계획법 알고리즘은 (10.24)에서 정의한 '문제 P'의 카루시-쿤-터커 해를 얻고 유한회 이내에 수렴하든가, 그렇지 않다면 반복계산점 $\{\mathbf{x}_k\}$의 무한수열을 생성한다. 후자 케이스에 있어, $\{\mathbf{x}_k\} \subseteq X$이며, 즉 $\{\mathbf{x}_k\}$는 $\Re^n$의 콤팩트 부분집합에 속한다고 가정하고, 그리고 임의의 점 $\mathbf{x} \in X$와 임의의 양정부호 행렬 $\mathbf{B}$에 대해, 이차식계획법 하위문제 QP($\nabla^2 \mathscr{L}$이 $\mathbf{B}$로 대체된)는 단 1개의 해 $\mathbf{d}$를 갖고(그래서 이 문제는 실현가능하다), $\mu \geq max\{u_1, \cdots, u_m, |\nu_1|, \cdots, |\nu_\ell|\}$이 되도록 하는 단 1개의 라그랑지 승수 $\mathbf{u}$, $\boldsymbol{\nu}$를 갖는다고 가정하며, 여기에서 μ는 (10.28)에서 정의한 F_E의 페널티 모수이다. 더군다나, 생성된 양정부호 행렬의 수열 $\{\mathbf{B}_k\}$는 모든 집적점이 양정부호(또는 $\{\mathbf{B}_k^{-1}\}$도 유계)를 가지면서 콤팩트 부분공간에 존재한다고 가정한다. 그러면 $\{\mathbf{x}_k\}$의 모든 집적점은 P의 카루시-쿤-터커 해이다.

증명 해집합 Ω는 여기에 상응하는 하위문제 QP가 최적해에서 $\mathbf{d} = \mathbf{0}$을 생산하도록 하는 모든 점 $\mathbf{x}$로 구성되어 있다고 하자. (10.26)에서 임의의 양정부호 행렬 $\mathbf{B}$가 주어지면, $\mathbf{x}$가 P의 카루시-쿤-터커 해라는 것은 QP에 대해 $\mathbf{d} = \mathbf{0}$이 최적해라는 것과 같은 뜻임을 주목하시오; 즉 다시 말하면, $\mathbf{x} \in \Omega$이다. 지금 공훈함수 계승이차식계획법 알고리즘은 UMD 사상이라고 볼 수 있으며, 여기에서 $\mathbf{D}$는 $\mathbf{x}_k$, $\mathbf{B}_k$에 관해 정의한 하위문제 QP의 최적해를 구해 방향 $\mathbf{d}_k$를 결정하는 방향탐색 사상이며, $\mathbf{M}$은 일반적 선형탐색사상이며, $\mathbf{U}$는 $\mathbf{B}_k$를 $\mathbf{B}_{k+1}$로 갱신하는 사상이다. QP의 최적성 조건은 데이터에 관해 연속이므로, QP의 출력물은 입력자료의 연속함수라고 볼 수 있다. 정리 8.4.1에 따라 F_E는 연속이므로 선형탐색사상 $\mathbf{M}$도 역시 닫혀있다. 정리 7.3.2의 조건이 성립하므로 $\mathbf{MD}$는 닫혀있다. 나아가서, 보조정리 10.4.1에 따라, 만약 $\mathbf{x}_k \notin \Omega$이라면 $F_E(\mathbf{x}_{k+1}) <$

$F_E(\mathbf{x}_k)$이며, 따라서 엄격하게 감소하는 함수를 제공한다. 사상 $\mathbf{U}$는 이러한 강하 특성을 교란하지 않으므로, 그리고 $\{\mathbf{x}_k\}$, $\{\mathbf{B}_k\}$는 콤팩트 집합에 포함되므로, 임의의 $\mathbf{B}_k$의 집적점이 양정부호이다. 정리 7.3.4의 논증은 성립한다. 이것으로 증명이 완결되었다. (증명 끝)

10.4.3 예제

기본적 계승이차식계획법 알고리즘과 공훈함수 이차식계획법 알고리즘을 예시하기 위해, 다음 문제

$$
\begin{aligned}
\text{최소화} \quad & 2x_1^2 + 2x_2^2 - 2x_1x_2 - 4x_1 - 6x_2 \\
\text{제약조건} \quad & g_1(\mathbf{x}) = 2x_1^2 - x_2 \le 0 \\
& g_2(\mathbf{x}) = x_1 + 5x_2 - 5 \le 0 \\
& g_3(\mathbf{x}) = -x_1 \le 0 \\
& g_4(\mathbf{x}) = -x_2 \le 0
\end{aligned}
$$

를 고려해보자. 문제의 도식해는 그림 10.13a에 나타난다. 예제 10.3.2를 따라, (10.28)으로 정의한 ℓ_1 페널티 공훈함수 F_E에 $\mu = 10$을 사용한다. 또한 $\mathbf{B}_k = \nabla^2 \mathscr{L}(\mathbf{x}_k)$ 자체를 사용하고, $\mathbf{x}_1 = (0, 1)$, 라그랑지 승수 $\mathbf{u}_1 = (0, 0, 0, 0)$를 갖고 시작한다. 그러므로 $\mathbf{x}_1$이 실현가능해이므로 $f(\mathbf{x}_1) = -4 = F_E(\mathbf{x}_1)$이다. 또한, $g_1(\mathbf{x}_1) = -1$, $g_2(\mathbf{x}_1) = 0$, $g_3(\mathbf{x}_1) = 0$, $g_4(\mathbf{x}_1) = -1$이다. 이 함수의 경도는 $\nabla f(\mathbf{x}_1) = (-6, -2)$, $\nabla g_1(\mathbf{x}_1) = (0, -1)$, $\nabla g_2(\mathbf{x}_1) = (1, 5)$, $\nabla g_3(\mathbf{x}_1) = (-1, 0)$, $\nabla g_4(\mathbf{x}_1) = (0, -1)$이다. 라그랑지안의 헤시안은 다음 식

$$
\nabla^2 \mathscr{L}(\mathbf{x}_1) = \nabla^2 f(\mathbf{x}_1) = \begin{bmatrix} 4 & -2 \\ -2 & 4 \end{bmatrix}
$$

과 같다. 그에 따라 (10.25)에서 정의한 이차식계획법 하위문제 QP는 다음 식

$$
\begin{aligned}
\text{QP}: \text{최소화} \quad & -6d_1 - 2d_2 + \frac{1}{2}[4d_1^2 + 4d_2^2 - 4d_1d_2] \\
\text{제약조건} \quad & -1 - d_2 \le 0, \quad d_1 + 5d_2 \le 0
\end{aligned}
$$

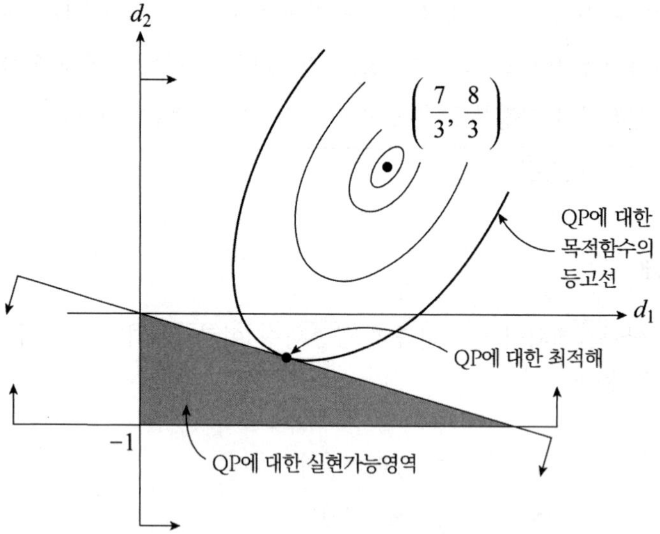

그림 10.14 하위문제 QP의 해

$$-d_1 < 0, \quad -1 - d_2 \le 0$$

과 같다. 그림 10.14는 문제의 도식해를 나타낸다. 최적해에서 QP의 둘째 제약조건만이 구속하는 제약조건이다. 그러므로 카루시-쿤-터커 연립방정식은 다음 조건

$$4d_1 - 2d_2 - 6 + u_2 = 0,\ 4d_2 - 2d_1 - 2 + 5u_2 = 0,\ d_1 + 5d_2 = 0$$

을 제공한다. 이 연립방정식의 해를 구하면, QP의 원문제의 최적해와 쌍대문제의 최적해 $\mathbf{d}_1 = (35/31, -7/31)$, $\mathbf{u}_2 = (0, 1.032258, 0, 0)$을 각각 얻는다.

지금, 기본적 계승이차식계획법 알고리즘에 대해, $\mathbf{x}_2 = \mathbf{x}_1 + \mathbf{d}_1 = (1.1290322, 0.7741936)$을 얻기 위해 단위스텝을 택한다. 이것은 1회 반복계산을 완성한다. 독자는 연습문제 10.25에서 이 과정을 계속 검사하고 수렴행태를 검사한다.

반면에, 공훈함수 계승이차식계획법 알고리즘에 대해, 선형탐색을 실행할 필요가 있고, $\mathbf{x}_1$에서 $\mathbf{d}_1$ 방향으로 F_E를 최소화한다. (10.32)에서 이 선형탐색 문제는 다음 식

$$\underset{\lambda \ge 0}{\text{최소화}} \quad F_E(\mathbf{x}_1 + \lambda \mathbf{d}_1)$$

$$
\begin{aligned}
&= [3.1612897\lambda^2 - 6.3225804\lambda - 4] \\
&\quad + 10[max\{0, 2.5494274\lambda^2 + 0.2258064\lambda - 1\} \\
&\quad + max\{0, 0\} + max\{0, -1.1290322\lambda\} \\
&\quad + max\{0, -1 + 0.2258064\lambda\}]
\end{aligned}
$$

과 같다. 예를 들면, 황금분할법을 사용해 스텝길이 $\lambda_1 = 0.5835726$을 구한다 ($f(\mathbf{x}_1 + \lambda\mathbf{d}_1)$의 제약 없는 최소해는 $\lambda = 1$에서 발생함을 주목하자; 그러나 $\lambda = \lambda_1$을 넘어서면, 첫째의 $max\{0,\cdot\}$ 항은 양(+)이 되기 시작하며 F_E 값을 증가시키며, 그러므로 원하는 스텝 사이즈로 λ_1을 제공한다). 이것은 새로운 반복계산점 $\mathbf{x}_2 = \mathbf{x}_1 + \lambda_1\mathbf{d}_1 = (0.6588722, 0.8682256)$을 생산한다. 왜냐하면 생성된 방향 $\mathbf{d}_1$은 P의 최적해로 인도하므로, '정확한 ℓ_1 페널티함수'의 최소화(충분히 큰 μ를 갖고)는 이 최적해를 생산했다는 것을 관측하시오. 독자는 연습문제 10.25에서 상응하는 이차식계획법 하위문제의 최적해를 구해 $\mathbf{x}_2$의 최적성을 입증하기 바란다.

마라토스 효과

(10.17)에서 정의한 등식제약 있는 '문제 P'를 고려해보자(유사한 현상이 '문제 (10.24)'에 대해 성립한다). '기본적 계승이차식계획법 알고리즘'은 단위 스텝 사이즈를 채택하며, 이차식적으로 $(\mathbf{x}_k, \boldsymbol{\nu}_k)$가 2-계 충분성조건을 만족시키는 레귤러 해 $(\overline{\mathbf{x}}, \overline{\boldsymbol{\nu}})$에 가까운 곳에서 초기화할 때 수렴함을 주목하시오. 그러나 보조정리 10.4.1의 조건이 성립한다면 공훈함수-기반 알고리즘은 각각의 반복계산에서 (10.28)의 '정확한 페널티함수' F_E를 최소화하기 위해 선형탐색을 실행한다. 앞서 말한 모든 조건을 가정하면, $(\mathbf{x}_k, \boldsymbol{\nu}_k)$가 충분히 $(\overline{\mathbf{x}}, \overline{\boldsymbol{\nu}})$에 충분히 가까울 때, 단위 스텝 사이즈는 F_E 값을 감소하리라고 생각할지 모른다. 이 문장은 옳지 않으며 위반 내용은, 1978년 파우얼의 방법에 관계해, 이것을 발견한 마라토스의 이름을 따 **마라토스 효과**라 한다.

10.4.4 예제(마라토스 효과)

파우얼(1986)이 토의한 다음 예제

최소화 $f(\mathbf{x}) = -x_1 + 2(x_1^2 + x_2^2 - 1)$

제약조건 $h(\mathbf{x}) = x_1^2 + x_2^2 - 1 = 0$

를 고려해보자. 명확하게 최적해는 $\overline{\mathbf{x}} = (1, 0)$에서 일어난다. 최적해에서 라그랑지 승수는 카루시-쿤-터커 조건에서 즉시 $\overline{\nu} = -3/2$이며, 그래서 $\nabla^2 \mathscr{L}(\overline{\mathbf{x}}) = \nabla^2 f(\overline{\mathbf{x}}) + \overline{\nu} \nabla^2 \mathbf{h}(\overline{\mathbf{x}}) = \mathbf{I}$이다. 알고리즘 전체를 통해 근사화 행렬 $\mathbf{B}_k$는 $\mathbf{I}$와 같다고 한다.

지금 $\overline{\mathbf{x}}$에 충분히 가깝지만, 제약조건을 정의하는 단위 구에 존재하는 $\mathbf{x}_k$를 선택하자. 그러므로, $\mathbf{x}_k = (cos\theta, sin\theta)$라고 할 수 있으며, 여기에서 $|\theta|$는 작은 값이다. 이차식계획법 문제 (10.22)는 다음 식

최소화 $f(\mathbf{x}_k) + (-1 + 4cos\theta)d_1 + (4sin\theta)d_2 + \frac{1}{2}(d_1^2 + d_2^2)$

제약조건 $2d_1 cos\theta + 2d_2 sin\theta = 0$

으로, 또는 등가적으로 다음 식으로 주어진다.

$$\text{최소화} \left\{ f(\mathbf{x}_k) - d_1 + \frac{1}{2}(d_1^2 + d_2^2) | d_1 cos\theta + d_2 sin\theta = 0 \right\}$$

문제의 카루시-쿤-터커 조건을 작성하고 해를 구하면, 즉시 최적해 $\mathbf{d}_k = (sin^2\theta, \ -sin\theta cos\theta)$를 얻는다. 그러므로 $\mathbf{x}_{k+1} = \mathbf{x}_k + \mathbf{d}_k = (cos\theta + sin^2\theta, sin\theta - sin\theta\, cos\theta)$이다. 2-계 테일러급수 근사화를 채택하여 $\| \mathbf{x}_k - \mathbf{x} \|^2 = \sqrt{2(1 - cos\theta)} = \theta$임을 주목하고 한편, 유사하게, $\| (\mathbf{x}_k + \mathbf{d}_k) - \overline{\mathbf{x}} \| \simeq \theta^2/2$임을 주목하고, 그것에 의해 급속수렴행태를 입증한다. 그러나, $f(\mathbf{x}_k) = -cos\theta$일 때 $f(\mathbf{x}_k + \mathbf{d}_k) = -cos\theta + sin^2\theta$임은 쉽게 입증할 수 있고, 또한 $h(\mathbf{x}_k) = 0$일 때 $h(\mathbf{x}_k + \mathbf{d}_k) = 2sin^2\theta$임을 쉽게 입증할 수 있다. 그러므로, 비록 단위스텝이 $\| \mathbf{x}_k + \mathbf{d}_k - \overline{\mathbf{x}} \|$을 $\| \mathbf{x}_k - \overline{\mathbf{x}} \|$ 보다도 충분히 작게 할지라도, 이것은 f의 증

가를 가져오고 제약조건 위반을 더 크게 하며, 그러므로 임의의 $\mu \geq 0$에 대해 F_E 값을 증가시키거나, 또는 그 문제에 관해서는, 임의의 공훈함수 값을 증가시킬 것이다.

f와 제약조건 위반 모두에 대해 증가를 허용하거나, 또는 2-계 영향에 대한 수정 후 스텝길이를 수정하거나, 또는 목적함수와 제약조건함수의 2-계 근사화를 사용해 탐색방향을 수정함에 기반해, 마라토스 효과를 극복하기 위한 여러 제안이 제시되었다. 이 주제에 대한 좀 더 깊은 토의를 위해 독자는 '주해와 참고문헌' 절을 참고하기 바란다.

이차식계획법 하위문제에서 ℓ_1 페널티함수의 사용: L_1 계승이차식계획법 알고리즘

절 10.3에서 신뢰영역의 개념을 채택하고 강건하고 효율적인 구도를 제공하는 뛰어난 페널티-기반의 계승선형계획법 알고리즘을 소개했다. 플레처[1981]는 계승이차식계획법 알고리즘 구조를 사용해 유사한 절차를 제안했으며, 이 절차는 상대적으로 탁월한 계산행태를 보이며, 여기에서, (10.11a)와 유사하게 반복계산점 $\mathbf{x}_k$와 라그랑지 함수의 헤시안의 양정부호의 근사화 행렬 $\mathbf{B}_k$가 주어지면, 이 절차는 다음 이차식계획법 하위문제

$$\begin{aligned} \text{QP: 최소화} \quad & \left[f(\mathbf{x}_k) + \nabla f(\mathbf{x}_k)\cdot\mathbf{d} + \frac{1}{2}\mathbf{d}^t\mathbf{B}_k\mathbf{d}\right] \\ & + \mu\left[\sum_{i=1}^{m} max\left\{0, g_i(\mathbf{x}_k) + \nabla g_i(\mathbf{x}_k)\cdot\mathbf{d}\right\}\right. \qquad (10.32) \\ & \left. + \sum_{i=1}^{\ell}\left|h_i(\mathbf{x}_k) + \nabla h_i(\mathbf{x}_k)\cdot\mathbf{d}\right|\right] \\ \text{제약조건} \quad & -\Delta_k \leq \mathbf{d} \leq \Delta_k \end{aligned}$$

의 최적해를 구하며, 여기에서 Δ_k는 신뢰영역 스텝한계이며, 그리고 앞에서처럼 μ는 적절하게 큰 페널티 모수이다. '문제 (10.25)'와 비교해, ℓ_1 페널티 항을 사용해 제약조건을 목적함수에 포함했으며 신뢰영역 제약조건에 의해 대체되었다. 그러므로, QP는 항상 실현가능하고 유계이며 최적해를 갖는다. 목적함수의 미분불가능성과 싸우기 위해, (10.11b)에서처럼 ℓ_1 항이 제약조건으로 다시 전달될 수 있다. 페널티 계승선형계획법 알고리즘과 유사하게, 만약 $\mathbf{d}_k$가 라그랑지 승수값 $(\mathbf{u}_{k+1},$

$\boldsymbol{\nu}_{k+1}$)과 함께 이 문제의 최적해이며, 만약 $\mathbf{x}_{k+1} = \mathbf{x}_k + \mathbf{d}_k$가 ε-실현가능해이고 하나의 주어진 허용오차 내에서 카루시-쿤-터커 조건을 만족시킨다면, 또는 만약 어떤 c회 연속반복계산 전체에 걸쳐 원래의 목적함수의 아주 작은 개선이, 하나의 주어진 허용오차보다도 좋지 않다면 알고리즘은 종료될 수 있다. 그렇지 않다면 이 과정은 반복된다. 이 절차의 이와 같은 유형은 계승이차식계획법 알고리즘의 점근적 국소수렴 특질을 향유하지만, 그러나 ℓ_1 페널티함수와 신뢰영역의 특징으로 인해 전역수렴도 역시 달성한다. 그러나 이것은 또한 마라토스 효과에도 쉽게 영향을 받으며, 그리고 이와 같은 현상을 피하는 수정조치가 필요하다. 이 주제에 관한 상세한 토의에 대해 '주해와 참고문헌' 절을 참조하시오.

10.5 로젠의 경도사영법

제8장에서 알려진 바와 같이, 최급강하방향은 경도의 반대방향이다. 그러나, 제약조건의 존재 아래, 최급강하방향으로 이동하면 실현불가능점에 도달할 수도 있다. 로젠[1960]의 경도사영법은 실현가능성을 유지하면서 목적함수를 개선하는 방법으로 음(-) 경도를 사영한다.

먼저 사영행렬의 다음 정의를 고려해보자.

10.5.1 정의

만약 $\mathbf{P} = \mathbf{P}^t$이고 $\mathbf{PP} = \mathbf{P}$라면 $n \times n$ 행렬 $\mathbf{P}$는 **사영행렬**이라 한다.

10.5.2 보조정리

$\mathbf{P}$를 $n \times n$ 행렬이라 하자. 그렇다면 다음 문장은 참이다:

1. 만약 $\mathbf{P}$가 사영행렬이라면 $\mathbf{P}$는 양반정부호이다.
2. $\mathbf{I} - \mathbf{P}$가 사영행렬이라는 것은 $\mathbf{P}$가 사영행렬이라는 것과 같은 뜻이다.
3. $\mathbf{P}$는 사영행렬이라 하고 $\mathbf{Q} = \mathbf{I} - \mathbf{P}$라고 놓자. 그렇다면 $L = \{\mathbf{Px} \mid \mathbf{x} \in \Re^n\}$이며, $L^\perp = \{\mathbf{Qx} \mid \mathbf{x} \in \Re^n\}$는 직교 선형 부분공간이다. 나아가서 임의의 점 $\mathbf{x} \in \Re^n$는 $\mathbf{p} + \mathbf{q}$로 유일하게 표현할 수 있으며, 여기

에서 $\mathbf{p} \in L$, $\mathbf{q} \in L^\perp$ 이다.

증명 $\mathbf{P}$는 사영행렬이라 하고 $\mathbf{x} \in \mathfrak{R}^n$은 임의의 벡터라 하자. 그렇다면 $\mathbf{x}^t\mathbf{P}\mathbf{x} = \mathbf{x}^t\mathbf{P}\mathbf{P}\mathbf{x} = \mathbf{x}^t\mathbf{P}^t\mathbf{P}\mathbf{x} = \|\mathbf{P}\mathbf{x}\|^2 \geq 0$이며, 그러므로 $\mathbf{P}$는 양반정부호이다. 이것으로 파트 1이 증명되었다.

정리 10.5.1에 따라 파트 2의 내용은 명백하다. 명확하게, L, $L^\perp$는 선형부분공간이다. $\mathbf{P}^t\mathbf{Q} = \mathbf{P}(\mathbf{I} - \mathbf{P}) = \mathbf{P} - \mathbf{P}\mathbf{P} = \mathbf{0}$임을 주목하고, 그러므로 L과 $L^\perp$는 진실로 직교한다. 지금 $\mathbf{x}$는 $\mathfrak{R}^n$의 하나의 임의의 점이라 하자. 그렇다면 $\mathbf{x} = \mathbf{I}\mathbf{x} = (\mathbf{P}+\mathbf{Q})\mathbf{x} = \mathbf{P}\mathbf{x} + \mathbf{Q}\mathbf{x} = \mathbf{p}+\mathbf{q}$이며, 여기에서 $\mathbf{p} \in L$, $\mathbf{q} \in L^\perp$ 이다. 유일성을 보여주기 위해 $\mathbf{x}$는 $\mathbf{x} = \mathbf{p}' + \mathbf{q}'$라고도 표현할 수 있다고 가정하며, 여기에서 $\mathbf{p}' \in L$, $\mathbf{q}' \in L^\perp$ 이다. 뺄셈에 의해 $\mathbf{p} - \mathbf{p}' = \mathbf{q}' - \mathbf{q}$ 임이 뒤따른다. $\mathbf{p} - \mathbf{p}' \in L$, $\mathbf{q}' - \mathbf{q} \in L^\perp$이고, L과 $L^\perp$의 교집합에 속한 점은 $\mathbf{0}$뿐이므로, $\mathbf{p} - \mathbf{p}' = \mathbf{q}' - \mathbf{q} = \mathbf{0}$임이 뒤따른다. 따라서 $\mathbf{x}$의 표현은 유일하며, 그래서 증명이 완결되었다. (증명 끝)

선형제약조건을 갖는 문제

다음 문제

$$
\begin{array}{ll}
\text{최소화} & f(\mathbf{x}) \\
\text{제약조건} & \mathbf{A}\mathbf{x} \leq \mathbf{b} \\
& \mathbf{Q}\mathbf{x} = \mathbf{q}
\end{array}
$$

를 고려해보고, 여기에서 $\mathbf{A}$는 $m \times n$ 행렬, $\mathbf{Q}$는 $\ell \times n$ 행렬, $\mathbf{b}$는 m-벡터, $\mathbf{q}$는 ℓ-벡터, $f: \mathfrak{R}^n \to \mathfrak{R}$은 다른 함수이다. 하나의 실현가능해 $\mathbf{x}$가 주어지면 최급강하방향은 $-\nabla f(\mathbf{x})$이다. 그러나 $-\nabla f(\mathbf{x})$ 방향으로 이동하면 실현가능성이 깨질 수 있다. 실현가능성을 유지하기 위해 $\mathbf{d} = -\mathbf{P}\nabla f(\mathbf{x})$ 방향을 따라 움직일 수 있도록 $-\nabla f(\mathbf{x})$가 사영되며, 여기에서 $\mathbf{P}$는 적절한 사영행렬이다. 보조정리 10.5.3은 적절한 사영행렬 $\mathbf{P}$의 형태를 제공하며 만약 $-\mathbf{P}\nabla f(\mathbf{x}) \neq \mathbf{0}$이라면 $-\mathbf{P}\nabla f(\mathbf{x})$는 진실로 하나의 개선실현가능방향임을 보여준다.

10.5.3 보조정리

최소화 $f(\mathbf{x})$ 제약조건 $\mathbf{Ax} \le \mathbf{b}$ $\mathbf{Qx} = \mathbf{q}$ 문제를 고려해보자. $\mathbf{x}$는 $\mathbf{A}_1\mathbf{x} = \mathbf{b}_1$, $\mathbf{A}_2\mathbf{x} < \mathbf{b}_2$이 되도록 하는 하나의 실현가능해라 하고, 여기에서 $\mathbf{A}^t = (\mathbf{A}_1^t, \mathbf{A}_2^t)$, $\mathbf{b}^t = (\mathbf{b}_1^t, \mathbf{b}_2^t)$이다. 더구나 f는 $\mathbf{x}$에서 미분가능하다고 가정한다. 만약 $\mathbf{P}$가 $\mathbf{P}\nabla f(\mathbf{x}) \ne \mathbf{0}$이 되도록 하는 사영행렬이라면 $\mathbf{d} = -\mathbf{P}\nabla f(\mathbf{x})$는 $\mathbf{x}$에서 f의 개선방향이다. 더군다나 만약 $\mathbf{M}^t = (\mathbf{A}_1^t, \mathbf{Q}^t)$가 꽉 찬 계수를 갖는다면, 그리고 만약 $\mathbf{P}$가 $\mathbf{P} = \mathbf{I} - \mathbf{M}^t(\mathbf{M}\mathbf{M}^t)^{-1}\mathbf{M}$ 형태라면 $\mathbf{d}$는 개선실현가능방향이다.

증명 다음 식

$$\nabla f(\mathbf{x})\cdot\mathbf{d} = -\nabla f(\mathbf{x})^t\mathbf{P}\nabla f(\mathbf{x})$$
$$= -\nabla f(\mathbf{x})^t\mathbf{P}^t\mathbf{P}\nabla f(\mathbf{x}) = -\|\mathbf{P}\nabla f(\mathbf{x})\|^2 < 0$$

을 주목하자. 보조정리 10.1.2에 의해 $\mathbf{d} = -\mathbf{P}\nabla f(\mathbf{x})$는 개선방향이다. 더군다나, 만약 $\mathbf{P} = \mathbf{I} - \mathbf{M}^t(\mathbf{M}\mathbf{M}^t)^{-1}\mathbf{M}$이라면 $\mathbf{Md} = -\mathbf{MP}\nabla f(\mathbf{x}) = \mathbf{0}$이다; 즉 다시 말하면, $\mathbf{A}_1\mathbf{d} = \mathbf{0}$, $\mathbf{Qd} = \mathbf{0}$이다. 보조정리 10.1.2에 의해 $\mathbf{d}$는 실현가능방향이며 증명이 완결되었다. (증명 끝)

경도사영에 관한 기하학적 해석

보조정리 10.5.3의 행렬 $\mathbf{P}$는 진실로 $\mathbf{P} = \mathbf{P}^t$, $\mathbf{PP} = \mathbf{P}$이 되도록 하는 사영행렬임을 주목하자. 더군다나 $\mathbf{MP} = \mathbf{0}$이다; 즉 다시 말하면, $\mathbf{A}_1\mathbf{P} = \mathbf{0}$, $\mathbf{Qp} = \mathbf{0}$이다. 달리 말하면, 행렬 $\mathbf{P}$는 $\mathbf{A}_1$의 각각의 행과 $\mathbf{Q}$의 각각의 행을 $\mathbf{0}$벡터로 사영한다. 그러나 $\mathbf{A}_1$의 행과 $\mathbf{Q}$의 행은 구속하는 제약조건의 경도이므로, $\mathbf{P}$는 구속하는 제약조건의 경도를 $\mathbf{0}$벡터로 사영하는 행렬이다. 따라서 특히 $\mathbf{P}\nabla f(\mathbf{x})$는 구속하는 제약조건의 영공간 위로 $\nabla f(\mathbf{x})$를 사영한 것이다.

그림 10.15는 부등식 제약조건이 있는 문제에 대해 경도를 사영하는 과정을 예시한다. $\mathbf{x}$에서 경도가 $\mathbf{A}_1$인 단 1개의 구속하는 제약조건이 존재한다. 행렬 $\mathbf{P}$는 임의의 벡터를 $\mathbf{A}_1$의 영공간 위로 사영하고 $\mathbf{d} = -\mathbf{P}\nabla f(\mathbf{x})$는 개선실현가능방향임을 주목하자.

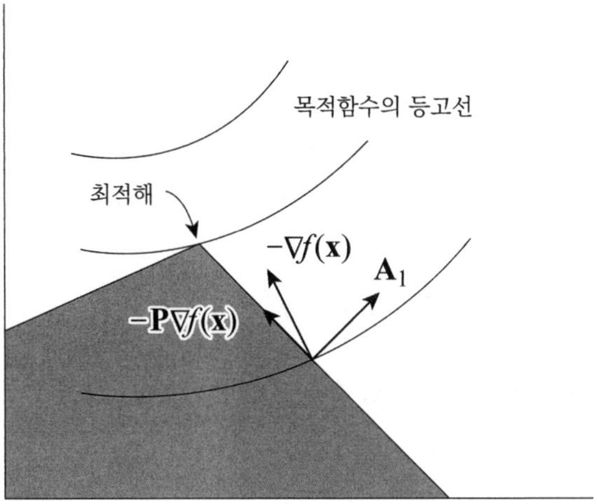

그림 10.15 경도의 사영

$\mathbf{P}\nabla f(\mathbf{x}) = \mathbf{0}$인 케이스의 최적해

만약 $\mathbf{P}\nabla f(\mathbf{x}) \neq \mathbf{0}$ 이라면, $\mathbf{d} = -\mathbf{P}\nabla f(\mathbf{x})$는 개선실현가능방향임이 알려졌다. 지금 $\mathbf{P}\nabla f(\mathbf{x}) = \mathbf{0}$ 이라고 가정한다. 그렇다면 다음 식

$$\begin{aligned}\mathbf{0} &= \mathbf{P}\nabla f(\mathbf{x}) = [\mathbf{I} - \mathbf{M}^t(\mathbf{M}\mathbf{M}^t)^{-1}\mathbf{M}]\nabla f(\mathbf{x}) \\ &= \nabla f(\mathbf{x}) + \mathbf{M}^t\mathbf{w} = \nabla f(\mathbf{x}) + \mathbf{A}_1^t\mathbf{u} + \mathbf{Q}^t\boldsymbol{\nu}\end{aligned}$$

이 성립하며, 여기에서 $\mathbf{w} = -(\mathbf{M}\mathbf{M}^t)^{-1}\mathbf{M}\nabla f(\mathbf{x})$, $\mathbf{w}^t = (\mathbf{u}^t, \boldsymbol{\nu}^t)$이다. 만약 $\mathbf{u} \geq \mathbf{0}$ 이라면, $\mathbf{x}$는 카루시-쿤-터커 조건을 만족시키며, 중지한다. 만약 $\mathbf{u} \not\geq \mathbf{0}$ 이라면, 정리 10.5.4가 나타내는 바와 같이, 새로운 사영행렬 $\hat{\mathbf{P}}$는, $\mathbf{d} = -\hat{\mathbf{P}}\nabla f(\mathbf{x})$이 되도록 하는 진실로 개선실현가능방향이 되도록 하는 것이라고 식별할 수 있다.

10.5.4 정리

최소화 $f(\mathbf{x})$ 제약조건 $\mathbf{A}\mathbf{x} \leq \mathbf{b}$ $\mathbf{Q}\mathbf{x} = \mathbf{q}$ 문제를 고려해보자. $\mathbf{x}$는 실현가능해라 하고 $\mathbf{A}_1\mathbf{x} = \mathbf{b}_1$, $\mathbf{A}_2\mathbf{x} < \mathbf{b}_2$ 라고 가정하며, 여기에서 $\mathbf{A}^t = (\mathbf{A}_1^t, \mathbf{A}_2^t)$, $\mathbf{b}^t = (\mathbf{b}_1^t, \mathbf{b}_2^t)$이다. $\mathbf{M}^t = (\mathbf{A}_1^t, \mathbf{Q}^t)$는 꽉 찬 계수를 갖는다고 가정하고 $\mathbf{P} = \mathbf{I} - \mathbf{M}^t(\mathbf{M}\mathbf{M}^t)^{-1}\mathbf{M}$ 이라 한다. 더군다나 $\mathbf{P}\nabla f(\mathbf{x}) = \mathbf{0}$ 라고 가정하고 $\mathbf{w} = -(\mathbf{M}\mathbf{M}^t)^{-1}\mathbf{M}\nabla f(\mathbf{x})$이며

$(\mathbf{u}^t, \boldsymbol{\nu}^t) = \mathbf{w}^t$이라 한다. 만약 $\mathbf{u} \geq \mathbf{0}$이라면 $\mathbf{x}$는 카루시-쿤-터커 점이다. 만약 $\mathbf{u} \not\geq \mathbf{0}$이라면 u_j는 $\mathbf{u}$의 음(-) 성분이라 하고 $\hat{\mathbf{M}}^t = (\hat{\mathbf{A}}_1^t, \mathbf{Q}^t)$라 하며, 여기에서 $\hat{\mathbf{A}}_1$은 $\mathbf{A}_1$에서 u_j에 상응하는 $\mathbf{A}_1$의 행을 삭제해 구한다. 지금 $\hat{\mathbf{P}} = \mathbf{I} - \hat{\mathbf{M}}^t(\hat{\mathbf{M}}\hat{\mathbf{M}}^t)^{-1}\hat{\mathbf{M}}$이라 하고 $\mathbf{d} = -\hat{\mathbf{P}}\nabla f(\mathbf{x})$이라 한다. 그러면 $\mathbf{d}$는 개선실현가능 방향이다.

증명 $\mathbf{P}$의 정의에 따라, 그리고 $\mathbf{P}\nabla f(\mathbf{x}) = \mathbf{0}$이므로, 다음 식

$$\begin{aligned} \mathbf{0} = \mathbf{P}\nabla f(\mathbf{x}) &= [\mathbf{I} - \mathbf{M}^t(\mathbf{M}\mathbf{M}^t)^{-1}\mathbf{M}]\nabla f(\mathbf{x}) \\ &= \nabla f(\mathbf{x}) + \mathbf{M}^t\mathbf{w} = \nabla f(\mathbf{x}) + \mathbf{A}_1^t\mathbf{u} + \mathbf{Q}^t\boldsymbol{\nu} \end{aligned} \tag{10.33}$$

을 얻는다. (10.33)을 보아, 만약 $\mathbf{u} \geq \mathbf{0}$이라면, 그렇다면 $\mathbf{x}$는 하나의 카루시-쿤-터커 점이다.

지금 $\mathbf{u} \not\geq \mathbf{0}$이라고 가정하고 u_j는 $\mathbf{u}$의 음(-) 값을 갖는 성분이라 하자. 이 정리의 문장처럼 $\hat{\mathbf{P}}$를 정의한다. 먼저 $\hat{\mathbf{P}}\nabla f(\mathbf{x}) \neq \mathbf{0}$임을 보여준다. 모순을 일으켜 $\hat{\mathbf{P}}\nabla f(\mathbf{x}) = \mathbf{0}$이라고 가정한다. $\hat{\mathbf{P}}$의 정의에 따라, 그리고 $\hat{\mathbf{w}} = -(\hat{\mathbf{M}}\hat{\mathbf{M}}^t)^{-1}\hat{\mathbf{M}}\nabla f(\mathbf{x})$이라고 놓으면 다음 식

$$\mathbf{0} = \hat{\mathbf{P}}\nabla f(\mathbf{x}) = \left[\mathbf{I} - \hat{\mathbf{M}}^t(\hat{\mathbf{M}}\hat{\mathbf{M}}^t)^{-1}\hat{\mathbf{M}}\right]\nabla f(\mathbf{x}) = \nabla f(\mathbf{x}) + \hat{\mathbf{M}}^t\hat{\mathbf{w}} \tag{10.34}$$

을 얻는다. $\mathbf{A}_1^t\mathbf{u} + \mathbf{Q}^t\boldsymbol{\nu}$는 $\hat{\mathbf{M}}^t\overline{\mathbf{w}} + u_j(\mathbf{r}^j)^t$라고 나타낼 수 있으며, $(\mathbf{r}^j)^t$는 $\mathbf{A}_1$의 j-째 행(n-벡터)임을 주목하자. 따라서 (10.33)에서 다음 식

$$\mathbf{0} = \nabla f(\mathbf{x}) + \hat{\mathbf{M}}^t\overline{\mathbf{w}} + u_j(\mathbf{r}^j)^t \tag{10.35}$$

을 얻는다. (10.34)에서 (10.35)를 빼면, $\mathbf{0} = \hat{\mathbf{M}}^t(\hat{\mathbf{w}} - \overline{\mathbf{w}}) - u_j(\mathbf{r}^j)^t$임이 뒤따른다. $u_j \neq 0$이라는 사실과 함께 이것은 $\mathbf{M}$이 꽉 찬 계수를 갖는다는 가정을 위반한다. 그러므로 $\hat{\mathbf{P}}\nabla f(\mathbf{x}) \neq \mathbf{0}$이다. 따라서 보조정리 10.5.3에 따라, $\mathbf{d}$는 개선방향이다.

지금 $\mathbf{d}$는 실현가능방향임을 보여준다. $\hat{\mathbf{M}}\hat{\mathbf{P}} = \mathbf{0}$임을 주목하고, 그래서 다

음 식

$$\begin{bmatrix}\hat{\mathbf{A}}_1 \\ \mathbf{Q}\end{bmatrix}\mathbf{d} = \hat{\mathbf{M}}\mathbf{d} = -\hat{\mathbf{M}}\hat{\mathbf{P}}\nabla f(\mathbf{x}) = \mathbf{0} \tag{10.36}$$

이 성립한다. 보조정리 10.5.3에 의해, 만약 $\mathbf{A}_1\mathbf{d} \le \mathbf{0}$, $\mathbf{Qd} = \mathbf{0}$이라면 $\mathbf{d}$는 실현가능방향이다. (10.36)을 보아 $\mathbf{d}$가 실현가능방향임을 보여주기 위해 $\mathbf{r}^j \cdot \mathbf{d} \le 0$임을 나타내면 충분하다. (10.35)의 앞에 $\mathbf{r}^j\hat{\mathbf{P}}$를 곱하면, 그리고 $\hat{\mathbf{P}}\hat{\mathbf{M}}^t = \mathbf{0}$임을 주목하면 다음 식의 내용

$$0 = \mathbf{r}^j\hat{\mathbf{P}}\nabla f(\mathbf{x}) + \mathbf{r}^j\hat{\mathbf{P}}\left(\hat{\mathbf{M}}^t\overline{\mathbf{w}} + u_j(\mathbf{r}^j)^t\right) = -\mathbf{r}^j \cdot \mathbf{d} + u_j\mathbf{r}^j\hat{\mathbf{P}}(\mathbf{r}^j)^t$$

이 뒤따른다. 보조정리 10.5.2에 의해, $\hat{\mathbf{P}}$는 양반정부호이며, 따라서 $\mathbf{r}^j\hat{\mathbf{P}}(\mathbf{r}^j)^t > 0$이다. $u_j < 0$이므로 위의 방정식은 $\mathbf{r}^j \cdot \mathbf{d} \le 0$임을 의미한다. 이것으로 증명이 완결되었다. (증명 끝)

로젠의 경도사영법(선형제약조건)의 요약

최소화 $f(\mathbf{x})$ 제약조건 $\mathbf{Ax} \le \mathbf{b}$ $\mathbf{Qx} = \mathbf{q}$ 형태의 문제의 최적해를 구하기 위해 로젠의 경도사영법을 요약한다. 임의의 실현가능해에 대해, 구속하는 제약조건의 경도의 집합은 선형독립이라고 가정한다. 그렇지 않다면, 구속하는 제약조건의 경도가 종속적일 때, $\mathbf{MM}^t$은 특이행렬이고, 주요 알고리즘적 스텝은 정의되지 않는다. 나아가서, 이런 경우, 라그랑지 승수는 유일하지 않고, 제약조건의 탈락을 임의로 하면, 카루시-쿤-터커 해가 아닌 현재의 해에서 알고리즘이 고착될 수 있다.

초기화 스텝 $\mathbf{Ax}_1 \le \mathbf{b}$, $\mathbf{Qx}_1 = \mathbf{q}$가 되도록 하는 하나의 점 $\mathbf{x}_1$을 선택한다. $\mathbf{A}^t$, $\mathbf{b}^t$는 $\mathbf{A}_1\mathbf{x}_1 = \mathbf{b}_1$, $\mathbf{A}_2\mathbf{x}_1 < \mathbf{b}_2$이 되도록 하는 $(\mathbf{A}_1^t, \mathbf{A}_2^t)$, $(\mathbf{b}_1^t, \mathbf{b}_2^t)$로 분해된다고 가정한다. $k = 1$로 놓고 메인 스텝으로 간다.

메인 스텝 1. $\mathbf{M}^t = (\mathbf{A}_1^t, \mathbf{Q}^t)$라 한다. 만약 $\mathbf{M}$이 $\mathbf{0}$이라면, 만약 $\nabla f(\mathbf{x}_k) = \mathbf{0}$이라면 중지한다; 아니면, $\mathbf{d}_k = -\nabla f(\mathbf{x}_k)$이라고 놓고 스텝 2로 진행한다. 그렇지 않다면, $\mathbf{P} = \mathbf{I} - \mathbf{M}^t(\mathbf{MM}^t)^{-1}\mathbf{M}$, $\mathbf{d}_k = -\mathbf{P}\nabla f(\mathbf{x}_k)$라고 지정한다. 만약

$\mathbf{d}_k \neq \mathbf{0}$ 이라면, 스텝 2로 간다. 만약 $\mathbf{d}_k = \mathbf{0}$ 이라면, $\mathbf{w} = -(\mathbf{M}\mathbf{M}^t)^{-1}\mathbf{M}\nabla f(\mathbf{x}_k)$ 를 계산하고 $\mathbf{w}^t = (\mathbf{u}^t, \boldsymbol{\nu}^t)$ 라고 놓는다. 만약 $\mathbf{u} \geq \mathbf{0}$ 이라면, 중지한다; $\mathbf{w}$가 연관된 라그랑지 승수를 산출하면서 $\mathbf{x}_k$는 하나의 카루시-쿤-터커 점이다. 만약 $\mathbf{u} \not\geq \mathbf{0}$ 이라면, $\mathbf{u}$의 음(-) 값을 갖는 성분, 이를테면 u_j를 선택한다. $\mathbf{A}_1$에서 u_j에 상응하는 행을 삭제해 $\mathbf{A}_1$을 갱신하고 스텝 1을 반복한다.

2. λ_k는 다음 선형탐색문제

$$\begin{aligned} &\text{최소화} \quad f(\mathbf{x}_k + \lambda \mathbf{d}_k) \\ &\text{제약조건} \quad 0 \leq \lambda \leq \lambda_{max} \end{aligned}$$

의 하나의 최적해라 하며, 여기에서 λ_{max}는 (10.1)로 주어진다. $\mathbf{x}_{k+1} = \mathbf{x}_k + \lambda_k \mathbf{d}_k$라 하고, $\mathbf{A}^t, \mathbf{b}^t$는 $\mathbf{A}_1\mathbf{x}_{k+1} = \mathbf{b}_1$, $\mathbf{A}_2\mathbf{x}_{k+1} < \mathbf{b}_2$이 되도록 하는 $(\mathbf{A}_1^t, \mathbf{A}_2^t)$, $(\mathbf{b}_1^t, \mathbf{b}_2^t)$로 각각 분해된다고 가정한다. k를 $k+1$로 대체하고, 스텝 1로 간다.

10.5.5 예제

다음 문제

$$\begin{aligned} \text{최소화} \quad & 2x_1^2 + 2x_2^2 - 2x_1x_2 - 4x_1 - 6x_2 \\ \text{제약조건} \quad & x_1 + x_2 \leq 2 \\ & x_1 + 5x_2 \leq 5 \\ & -x_1 \leq 0 \\ & -x_2 \leq 0 \end{aligned}$$

를 고려해보자.

$\nabla f(\mathbf{x}) = (4x_1 - 2x_2 - 4, 4x_2 - 2x_1 - 6)$임을 주목하자. 로젠의 경도사영법을 사용해, 점 $(0, 0)$에서 출발하여, 문제의 최적해를 구한다. 각각의 반복계산에서, 먼저 알고리즘의 스텝 1에 따라 이동방향을 찾고, 이 방향으로 선형탐색을 실행한다.

반복계산 1:

탐색방향 점 $\mathbf{x}_1 = (0, 0)$에서, $\nabla f(\mathbf{x}_1) = (4, -6)$이다. 더군다나, $\mathbf{x}_1$에서 비음(−) 제약조건만 구속적이며, 그래서 $\mathbf{a}_1$, $\mathbf{a}_2$는 다음

$$\mathbf{A}_1 = \begin{bmatrix} -1 & 0 \\ 0 & -1 \end{bmatrix}, \qquad \mathbf{A}_2 = \begin{bmatrix} 1 & 1 \\ 1 & 5 \end{bmatrix}$$

과 같다. 그렇다면 다음 식

$$\mathbf{P} = \mathbf{I} - \mathbf{A}_1^t(\mathbf{A}_1\mathbf{A}_1^t)^{-1}\mathbf{A}_1 = \begin{bmatrix} 0 & 0 \\ 0 & 0 \end{bmatrix}$$

과 $\mathbf{d}_1 = -\mathbf{P}\nabla f(\mathbf{x}_1) = (0, 0)$을 얻는다. 이 문제는 등식 제약조건을 갖지 않음을 관측하고 $\mathbf{w}$를 다음 식

$$\mathbf{w} = \mathbf{u} = \left(\mathbf{A}_1\mathbf{A}_1^t\right)^{-1}\mathbf{A}_1\nabla f(\mathbf{x}_1)(-4, -6)^t$$

과 같이 계산한다. $u_4 = -6$을 선택하고, $\mathbf{A}_1$에서 여기에 상응하는 넷째 제약조건의 경도를 삭제한다. 행렬 $\mathbf{A}_1$은 수정되어 $\hat{\mathbf{A}}_1 = [-1, 0]$이 된다. 그렇다면 수정된 사영행렬은 다음 식

$$\hat{\mathbf{P}} = \mathbf{I} - \hat{\mathbf{A}}_1^t(\hat{\mathbf{A}}_1\hat{\mathbf{A}}_1^t)^{-1}\hat{\mathbf{A}}_1 = \begin{bmatrix} 0 & 0 \\ 0 & 1 \end{bmatrix}$$

과 같고 이동방향 $\mathbf{d}_1$은 다음 식

$$\mathbf{d}_1 = -\hat{\mathbf{P}}\nabla f(\mathbf{x}_1) = -\begin{bmatrix} 0 & 0 \\ 0 & 1 \end{bmatrix}\begin{bmatrix} -4 \\ -6 \end{bmatrix} = \begin{bmatrix} 0 \\ 6 \end{bmatrix}$$

으로 주어진다.

선형탐색 $\mathbf{x}_1$에서 출발하는 $\mathbf{d}_1$ 방향의 임의의 점 $\mathbf{x}_2$는 $\mathbf{x}_2 = \mathbf{x}_1 + \lambda\mathbf{d}_1 = (0, 6\lambda)$와 같이 나타낼 수 있다. 그리고 상응하는 목적함숫값은 $f(\mathbf{x}_2) = 72\lambda^2 - 36\lambda$이다. $\mathbf{x}_1 + \lambda\mathbf{d}_1$이 실현가능해가 되도록 하는 λ의 최댓값은 (10.1)에서 다음 식

$$\lambda_{max} = min\left\{\frac{2}{6}, \frac{5}{30}\right\} = \frac{1}{6}$$

과 같이 얻는다. 그러므로 λ_1은 다음 문제

$$\begin{array}{ll} \text{최소화} & 72\lambda^2 - 36\lambda \\ \text{제약조건} & 0 \le \lambda \le \dfrac{1}{6} \end{array}$$

의 최적해이다. 최적해는 $\lambda_1 = 1/6$이며, 그래서 $\mathbf{x}_2 = \mathbf{x}_1 + \lambda_1 \mathbf{d}_1 = (0, 1)$이다.

반복계산 2:

탐색방향 $\mathbf{x}_2 = (0, 1)$에서 $\nabla f(\mathbf{x}_2) = (-6, -2)$이다. 더군다나, $\mathbf{x}_2$에서, 제약조건 2, 3은 구속적이며, 그래서 다음 식

$$\mathbf{A}_1 = \begin{bmatrix} 1 & 5 \\ -1 & 0 \end{bmatrix}, \qquad \mathbf{A}_2 = \begin{bmatrix} 1 & 1 \\ 0 & -1 \end{bmatrix}$$

을 얻는다. 그렇다면 다음 식

$$\mathbf{P} = \mathbf{I} - \mathbf{A}_1^t (\mathbf{A}_1 \mathbf{A}_1^t)^{-1} \mathbf{A}_1 = \begin{bmatrix} 0 & 0 \\ 0 & 0 \end{bmatrix}$$

을 얻으며, 그러므로 $-\mathbf{P} \nabla f(\mathbf{x}_2) = (0, 0)$이다. 따라서 다음 식

$$\mathbf{u} = -(\mathbf{A}_1 \mathbf{A}_1^t)^{-1} \mathbf{A}_1 \nabla f(\mathbf{x}_2) = \left(\frac{2}{5}, -\frac{28}{5}\right)^t$$

을 구한다. $u_3 < 0$이므로 행 $(-1, 0)$은 $\mathbf{A}_1$에서 삭제되고, 이것은 수정된 행렬 $\hat{\mathbf{A}}_1 = [1, 5]$를 제공한다. 사영행렬과 여기에 상응하는 방향벡터는 다음 식

$$\hat{\mathbf{P}} = \mathbf{I} - \hat{\mathbf{A}}_1^t (\hat{\mathbf{A}}_1 \hat{\mathbf{A}}_1^t)^{-1} \hat{\mathbf{A}}_1 = \begin{bmatrix} \dfrac{25}{26} & -\dfrac{5}{26} \\ -\dfrac{5}{26} & \dfrac{1}{26} \end{bmatrix}$$

$$\mathbf{d}_2 = -\hat{\mathbf{P}}\nabla f(\mathbf{x}_2) = \begin{bmatrix} \frac{70}{13} \\ -\frac{14}{13} \end{bmatrix}$$

으로 주어진다. $\mathbf{d}_2$의 노음은 중요하지 않으므로, (70/13, −14/13)은 (5, −1)과 등가이다. 그러므로 $\mathbf{d}_2 = (5, -1)$이라 한다.

선형탐색 $\mathbf{x}_2 + \lambda\mathbf{d}_2 = (5\lambda, 1-\lambda)$에 관심이 있으며 $f(\mathbf{x}_2 + \lambda\mathbf{d}_2) = 62\lambda^2 - 28\lambda - 4$이다. $\mathbf{x}_2 + \lambda\mathbf{d}_2$가 실현가능해가 되는 λ의 최댓값은 (10.1)에서 구하며 다음 식

$$\lambda_{max} = min\left\{\frac{1}{4}, \frac{1}{1}\right\} = \frac{1}{4}$$

과 같다. 그러므로 λ_2는 다음 문제

최소화 $\quad 62\lambda^2 - 28\lambda - 4$

제약조건 $\quad 0 \le \lambda \le \frac{1}{4}$

의 최적해이며 $\lambda = 7/31$이고, 그래서 $\mathbf{x}_3 = \mathbf{x}_2 + \lambda_2\mathbf{d}_2 = (35/31, 24/31)$이다.

반복계산 3:

탐색방향 $\mathbf{x}_3 = (35/31, 24/31)$에서 $\nabla f(\mathbf{x}_3) = (-32/31, -160/31)$이다. 더군다나 둘째 제약조건은 구속하는 제약조건이다. 그래서 다음 식

$$\mathbf{A}_1 = [1, 5], \qquad \mathbf{A}_2 = \begin{bmatrix} 1 & 1 \\ -1 & 0 \\ 0 & -1 \end{bmatrix}$$

을 얻는다. 나아가서, 다음 식

$$\mathbf{P} = \mathbf{I} - \mathbf{A}_1^t(\mathbf{A}_1\mathbf{A}_1^t)^{-1}\mathbf{A}_1 = \frac{1}{26}\begin{bmatrix} 25 & -5 \\ -5 & 1 \end{bmatrix}$$

과 방향 $\mathbf{d}_3 = -\mathbf{P}\nabla f(\mathbf{x}_3) = (0, 0)$를 얻는다. 따라서 $\mathbf{u}$를 다음

$$\mathbf{u} = -(\mathrm{A}_1\mathrm{A}_1^t)^{-1}\mathrm{A}_1\nabla f(\mathbf{x}_3) = \frac{32}{31} \geq 0$$

과 같이 계산한다. 그러므로, $\mathbf{x}_3$ 카루시-쿤-터커 점이다. 구속하는 제약조건의 경도는 $\nabla f(\mathbf{x}_3)$의 반대방향으로 향함을 주목하고, 특히 $u_2 = 32/31$에 대해 $\nabla f(\mathbf{x}_3) + u_2 \nabla g_2(\mathbf{x}_3) = \mathbf{0}$이며, 따라서 $\mathbf{x}_3$는 카루시-쿤-터커 점임을 입증한다. 이같이 특별한 예에 있어, f는 엄격하게 볼록이므로, 그러면 정리 4.3.8에 의해 진실로 $\mathbf{x}_3$은 문제의 전역최적해이다.

표 10.4는 위 문제의 최적해를 구하는 계산을 요약한다. 알고리즘의 진전은 그림 10.16에 나타나 있다.

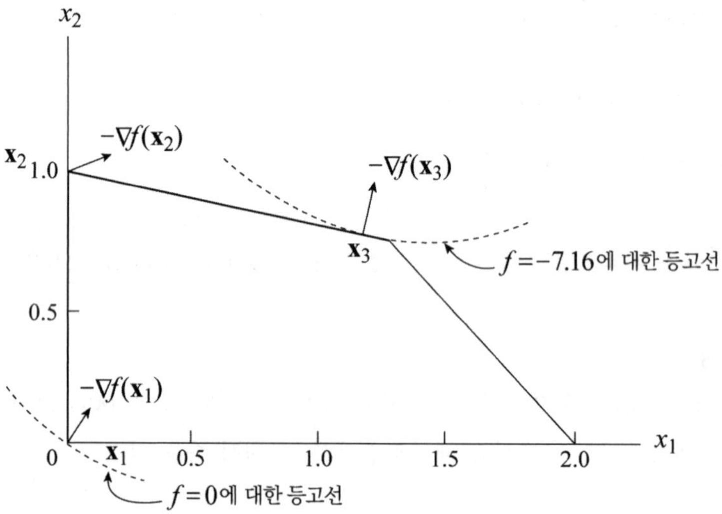

그림 10.16 로젠의 경도사영법

표 10.4 로젠의 경도사영법의 계산의 요약

				탐색 방향					선형탐색		
반복 k	$\mathbf{x}_k$	$f(\mathbf{x}_k)$	$\nabla f(\mathbf{x}_k)$	I	$\mathbf{A}_1$	$\mathbf{P}$	$\mathbf{d}_k$	$\mathbf{u}$	λ_{max}	λ_k	$\mathbf{x}_{k+1}$
1	$(0, 0)$	0	$(-4, -6)$	$\{3, 4\}$	$\begin{bmatrix} -1 & 0 \\ 0 & -1 \end{bmatrix}$	$\begin{bmatrix} 0 & 0 \\ 0 & 0 \end{bmatrix}$	$(0, 0)$	$(-4, -6)$	-	-	-
				$\{3\}$	$[-1,\ 0]$	$\begin{bmatrix} 0 & 0 \\ 0 & 1 \end{bmatrix}$	$(0, 6)$	-	$\frac{1}{6}$	$\frac{1}{6}$	$(0, 1)$
2	$(0, 1)$	-4.00	$(-6, -2)$	$\{2, 3\}$	$\begin{bmatrix} 1 & 5 \\ -1 & 0 \end{bmatrix}$	$\begin{bmatrix} 0 & 0 \\ 0 & 0 \end{bmatrix}$	$(0, 0)$	$\left(\frac{2}{5}, -\frac{28}{5}\right)$	-	-	-
				$\{2\}$	$[1,\ 5]$	$\begin{bmatrix} \frac{25}{26} & -\frac{5}{26} \\ -\frac{5}{26} & \frac{1}{26} \end{bmatrix}$	$\left(\frac{70}{13}, -\frac{14}{13}\right)$	-	$\frac{1}{4}$	$\frac{7}{31}$	$\left(\frac{35}{31}, \frac{24}{31}\right)$
3	$\left(\frac{35}{31}, \frac{24}{31}\right)$	-7.16	$\left(-\frac{32}{31}, -\frac{160}{31}\right)$	$\{2\}$	$[1,\ 5]$	$\begin{bmatrix} \frac{25}{26} & -\frac{5}{26} \\ -\frac{5}{26} & \frac{1}{26} \end{bmatrix}$	$(0, 0)$	$\left(\frac{32}{31}\right)$	-	-	-

비선형 제약조건

지금까지 선형제약조건 케이스에 대한 경도사영법을 토의했다. 이 경우 구속하는 제약조건의 경도의 영공간 위로, 또는 구속하는 제약조건의 부분집합 위로 목적함수의 경도를 사영하는 것은, 하나의 개선실현가능방향으로 인도하거나, 또는 하나의 카루시-쿤-터커 점이 손안에 있다는 결론을 말한다. 동일한 전략을 비선형 제약조건 존재 아래 사용할 수 있다. 이것은 그림 10.17에서 예시한 바와 같이 다만 실현가능영역에 접할 뿐이므로, 일반적으로 사영된 경도는 실현가능해로 인도하지

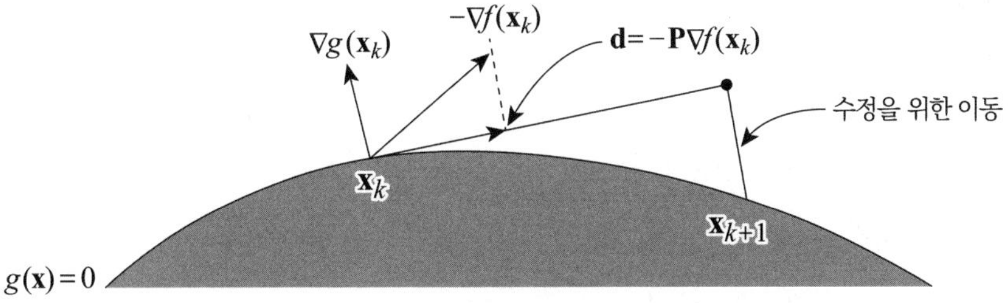

그림 10.17 비선형 제약조건의 존재 아래 경도를 사영함

않는다. 그러므로, 사영된 경도의 방향을 따라 이동함은 실현가능영역으로 수정해 이동하는 방법과 반드시 결합해야 한다.

좀 더 구체적으로, 다음 문제

$$
\begin{array}{lll}
\text{최소화} & f(\mathbf{x}) & \\
\text{제약조건} & g_i(\mathbf{x}) \le 0 & i = 1, \cdots, m \\
 & h_i(\mathbf{x}) = 0 & i = 1, \cdots, \ell
\end{array}
$$

를 고려해보자. $\mathbf{x}_k$는 하나의 실현가능해라 하고 $I = \{i \mid g_i(\mathbf{x}_k) = 0\}$이라 한다. $\mathbf{M}$은 $i \in I$에 대한 $\nabla g_i(\mathbf{x}_k)^t$와 $i = 1, \cdots, \ell$에 대한 $\nabla h_i(\mathbf{x}_k)^t$의 행을 갖는 행렬이라 하고, $\mathbf{P} = \mathbf{I} - \mathbf{M}^t(\mathbf{M}\mathbf{M}^t)^{-1}\mathbf{M}$이라 한다. $\mathbf{P}$는 임의의 벡터를 등식 제약조건과 구속하는 부등식 제약조건의 경도를 영공간 위로 사영한 것임을 주목하자. $\mathbf{d}_k = -\mathbf{P}\nabla f(\mathbf{x}_k)$이라 한다. 만약 $\mathbf{d}_k \ne \mathbf{0}$이라면, $\mathbf{x}_k$에서 출발하여 $\mathbf{d}_k$ 방향으로 f를 최소화하고 실현가능영역으로 이동을 수정한다. 만약, 반면에 $\mathbf{d}_k = \mathbf{0}$이라면 $(\mathbf{u}^t, \boldsymbol{\nu}^t) = -\nabla f(\mathbf{x}_k)^t\mathbf{M}^t(\mathbf{M}\mathbf{M}^t)^{-1}$를 계산한다. 만약 $\mathbf{u} \ge \mathbf{0}$이라면, 하나의 카루시-쿤-터커 점 $\mathbf{x}_k$를 얻고 중지한다. 그렇지 않다면 어떤 $u_i < 0$에 상응하는 $\mathbf{M}$의 행을 삭제하고 이 과정을 반복한다.

경도사영법의 수렴해석

먼저 방향탐색 사상이 닫혀 있는지의 여부에 대한 질문을 검사하자. 새로운 제약조건이 구속적일 때 또는 사영된 경도가 $\mathbf{0}$ 벡터일 때, 생산된 방향벡터는 급격히 변할 수 있으며, 새로운 사영행렬의 계산을 요구한다. 그러므로, 아래에 보인 바와 같이, 이것은 방향탐색 사상이 **닫히지 않게** 한다.

10.5.6 예제

다음 문제

$$
\begin{array}{ll}
\text{최소화} & x_1 - 2x_2 \\
\text{제약조건} & x_1 + 2x_2 \le 6 \\
 & x_1, x_2 \ge 0
\end{array}
$$

를 고려해보자. 지금 일반적으로 경도사영법의 방향탐색 사상은 닫혀있지 않다는 것을 예를 들어 설명한다. 수열 $\{\mathbf{x}_k\}$을 고려해보고, 여기에서 $\mathbf{x}_k = (2 - 1/k, 2)$이다. $\{\mathbf{x}_k\}$은 점 $\hat{\mathbf{x}} = (2, 2)$로 수렴함을 주목하자. 각각의 k에 대해 $\mathbf{x}_k$는 실현가능해이며 구속하는 제약조건의 집합은 공집합이다. 따라서 사영행렬은 $\mathbf{d}_k = -\nabla f(\mathbf{x}_k) = (-1, 2)$이 성립하는 항등식과 같다. 그러나 첫째 제약조건은 $\hat{\mathbf{x}}$에서 구속적임을 주목하고, 여기에서 사영행렬은 다음

$$\mathbf{P} = \begin{bmatrix} \frac{4}{5} & -\frac{2}{5} \\ -\frac{2}{5} & \frac{1}{5} \end{bmatrix}$$

과 같으며 그러므로 $\mathbf{d}$는 다음

$$\mathbf{d} = -\mathbf{P}\nabla f(\hat{\mathbf{x}}) = \begin{bmatrix} -\frac{8}{5} \\ \frac{4}{5} \end{bmatrix}$$

과 같다. 따라서 $\{\mathbf{d}_k\}$는 $\mathbf{d}$로 수렴하지 않는다. 그리고 방향탐색 사상은 $\hat{\mathbf{x}}$에서 닫혀 있지 않다. 이것은 그림 10.18에 예시되어 있다. 방향탐색 사상은 닫혀있지 않을 뿐만 아니라 일반적으로, 예제 10.2.2에서 본 바와 같이 어떤 실현가능해 집합을 이용해 최대스텝 길이를 제한하는 선형탐색사상은 닫혀있지 않다. 그러므로,

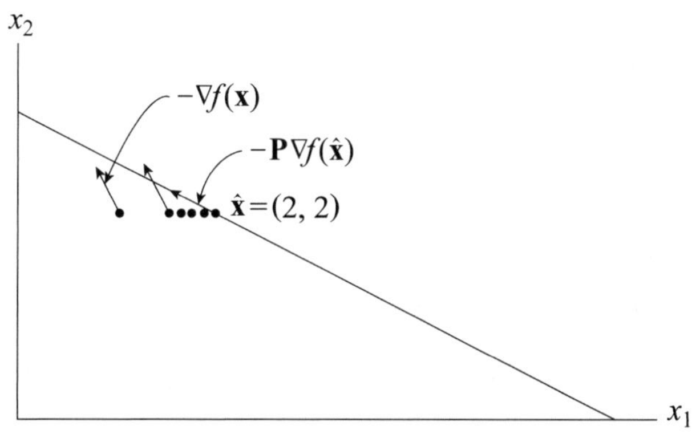

그림 10.18 방향탐색 사상은 닫혀있지 않다

이 방법의 수렴을 증명하기 위해 정리 7.2.3을 사용할 수는 없다. 그럼에도 불구하고, 다음과 같은 수정 아래 이 알고리즘은 수렴함을 증명할 수 있다.

경도사영법의 수렴하는 변형의 방향탐색 루틴

선형제약조건의 케이스에 대해 위에서 요약한 다음과 같은 경도사영법의 **메인 스텝**의 스텝 1의 수정을 고려해보자.

1. $\mathbf{M}^t = (\mathbf{A}^t, \mathbf{Q}^t)$이라 한다. 만약 $\mathbf{M}$이 $\mathbf{0}$이라면, 만약 $\nabla f(\mathbf{x}_k) = \mathbf{0}$이라면 정지하고, 만약 $\nabla f(\mathbf{x}_k) \neq \mathbf{0}$이라면 $\mathbf{d}_k = -\nabla f(\mathbf{x}_k)$라 하고, 스텝 2로 진행한다. 만약 $\mathbf{M}$이 $\mathbf{0}$이 아닌 경우, $\mathbf{P} = \mathbf{I} - \mathbf{M}^t(\mathbf{M}\mathbf{M}^t)^{-1}\mathbf{M}$라 하고, $\mathbf{d}_k^I = -\mathbf{P}\nabla f(\mathbf{x}_k)$라고 지정한다. 또한, $\mathbf{w} = -(\mathbf{M}\mathbf{M}^t)^{-1}\mathbf{M}\nabla f(\mathbf{x}_k)$를 계산하고, $\mathbf{w}^t = (\mathbf{u}^t, \boldsymbol{\nu}^t)$라 한다. 만약 $\mathbf{u} \geq \mathbf{0}$인 경우, 만약 $\mathbf{d}_k^{\mathrm{I}} = \mathbf{0}$이면 정지하며; 만약 $\mathbf{d}_k^{\mathrm{I}} \neq \mathbf{0}$이라면 $\mathbf{d}_k = \mathbf{d}_k^{\mathrm{I}} \neq \mathbf{0}$이라고 놓고 스텝 2로 진행한다. 반면에, 만약 $\mathbf{u} \not\geq \mathbf{0}$이라면 $u_h = min_j\{u_j\} < 0$이라고 놓고, $\hat{\mathbf{M}}^t = (\hat{\mathbf{A}}_1^t, \mathbf{Q}^t)$라고 놓으며, 여기에서 $\hat{\mathbf{A}}_1$은 $\mathbf{A}_1$에서 u_h에 상응하는 $\mathbf{A}_1$의 행을 삭제해 얻으며, 사영행렬 $\hat{\mathbf{P}} = \mathbf{I} - \hat{\mathbf{M}}^t(\hat{\mathbf{M}}\hat{\mathbf{M}}^t)^{-1}\hat{\mathbf{M}}$을 구성하고, $\mathbf{d}_k^{\mathrm{II}} = -\hat{\mathbf{P}}\nabla f(\mathbf{x}_k)$을 정의한다. 지금, 어떤 상수 스칼라 $c > 0$에 기반해, 다음 식

$$\mathbf{d}_k = \begin{cases} \mathbf{d}_k^{\mathrm{I}} & \|\mathbf{d}_k^{\mathrm{I}}\| > |u_h|c \\ \mathbf{d}_k^{\mathrm{II}} & \text{그렇지 않으면} \end{cases} \tag{10.37}$$

과 같이 $\mathbf{d}_k$를 결정하고 스텝 2로 간다.

만약 $\mathbf{M}$이 비어있거나, 또는 만약 위에서 $\mathbf{d}_k^{\mathrm{I}} = \mathbf{0}$이라면 절차상 스텝은 전과 같음을 주목하자. 그러므로 $\mathbf{M}$은 $\mathbf{0}$이 아니며 $\mathbf{d}_k = \mathbf{d}_k^{\mathrm{I}} \neq \mathbf{0}$이라고 가정한다. 이에 반해, 앞의 케이스에서, 이 점에서 $\mathbf{d}_k = \mathbf{d}_k^{\mathrm{I}}$를 사용했을 것이며, 지금 만약 $\mathbf{u} \not\geq \mathbf{0}$가 나타나고, 측도 $\|\mathbf{d}_k^{\mathrm{I}}\| \leq |u_h|c$에 의해 $\|\mathbf{d}_k^{\mathrm{I}}\|$은 "너무 작다"는 것이 나타나면, 대신에 지금 $\mathbf{w}$를 계산하고 $\mathbf{d}_k^{\mathrm{I}}$를 사용하는 것으로 절체한다. 특히 만약

$c=0$이라면 스텝 1은 2개 절차에 대해 동일하다. 다음 결과는 스텝 1이 진실로 개선실현가능 방향을 생성함을 확립한다.

10.5.7 정리

앞서 말한 경도사영법의 스텝 1의 수정을 고려해보자. 그러면 알고리즘은 이번 스텝에서 카루시-쿤-터커 해를 갖고 종료하던가, 아니면 개선실현가능 방향을 생성한다.

증명 정리 10.5.4에 의해, 만약 절차가 이번 스텝에서 중지한다면, 이것은 카루시-쿤-터커 해를 얻고 중지하는 것이다. 또한, 위의 토의에서 $\mathbf{M}$이 텅 빈 행렬일 때, 또는 만약 $\mathbf{d}_k^{\mathrm{I}}=\mathbf{0}$이거나, 또는 만약 $\mathbf{u}\geq\mathbf{0}$이거나, 만약 $\|\mathbf{d}_k^{\mathrm{I}}\|>|u_h|c$라면 정리 10.5.4에서 이 주장이 뒤따른다. 그러므로 $\mathbf{M}$은 텅 빈 행렬이 아니고 $\mathbf{u}\not\geq\mathbf{0}$, $\mathbf{d}_k^{\mathrm{I}}\neq\mathbf{0}$이지만, 그러나 $\|\mathbf{d}_k^{\mathrm{I}}\|\leq|u_h|c$라고 가정한다. 그래서 (10.37)에 따라 $\mathbf{d}_k=\mathbf{d}_k^{\mathrm{II}}$를 사용한다.

우선 첫째로, $\mathbf{d}_k^{\mathrm{II}}=-\hat{\mathbf{P}}\nabla f(\mathbf{x}_k)\neq\mathbf{0}$이며, 그렇지 않으면 (10.34)에 따라, $\mathbf{MP}=\mathbf{0}$이기 때문에 $\hat{\mathbf{M}}\mathbf{P}^t=\hat{\mathbf{M}}\mathbf{P}=\mathbf{0}$이므로, $\mathbf{d}_k^{\mathrm{I}}=-\mathbf{P}\nabla f(\mathbf{x}_k)=\mathbf{P}\hat{\mathbf{M}}^t\hat{\mathbf{w}}=\mathbf{0}$임을 주목하자. 이것은 $\mathbf{d}_k^{\mathrm{I}}\neq\mathbf{0}$임을 위반한다. 그러므로 $\hat{\mathbf{P}}\nabla f(\mathbf{x}_k)\neq\mathbf{0}$이다; 그래서 보조정리 10.5.3에 의해, $\mathbf{d}_k^{\mathrm{II}}$는 $\mathbf{x}_k$에서 f의 개선방향이다.

다음으로, $\mathbf{d}_k^{\mathrm{II}}$는 실현가능방향임을 보이자. 정리 10.5.4의 증명처럼 (10.36)을 주목하면, $\mathbf{r}^h\cdot\mathbf{d}_k^{\mathrm{II}}\leq 0$임을 보이는 것으로 충분하며, 여기에서 $\mathbf{r}^h$는 $\mathbf{A}_1$의 삭제된 행에 상응한다. (10.33), (10.35)처럼 다음 식

$$\mathbf{P}\nabla f(\mathbf{x}_k)=\nabla f(\mathbf{x}_k)+\hat{\mathbf{M}}^t\overline{\mathbf{w}}+u_h(\mathbf{r}^h)^t$$

을 얻는다. 이 식을 $\mathbf{r}^h\hat{\mathbf{P}}$로 앞에 곱하면 다음 식

$$\mathbf{r}^h\hat{\mathbf{P}}\mathbf{P}\nabla f(\mathbf{x}_k)=-\mathbf{r}^h\cdot\mathbf{d}_k^{\mathrm{II}}+\mathbf{r}^h\hat{\mathbf{P}}\hat{\mathbf{M}}^t\overline{\mathbf{w}}+u_h\mathbf{r}^h\hat{\mathbf{P}}(\mathbf{r}^h)^t \tag{10.38}$$

을 얻는다. $\hat{\mathbf{M}}\mathbf{P}=\mathbf{0}$이므로 $\hat{\mathbf{P}}\mathbf{P}=\mathbf{P}$이며, 그래서 $\mathbf{MP}=\mathbf{0}$이므로 $\mathbf{r}^h\hat{\mathbf{P}}\mathbf{P}=\mathbf{r}^h\mathbf{P}=\mathbf{0}$

이다. 또한, $\hat{\mathbf{P}}\hat{\mathbf{M}}^t = \mathbf{0}$이므로, (10.38)은, $u_h < 0$이므로, 그리고 보조정리 10.5.2에 따라 $\hat{\mathbf{P}}$는 양반정부호이므로, $\mathbf{r}^h \cdot \mathbf{d}_k^{\mathrm{II}} = u_h \mathbf{r}^h \hat{\mathbf{P}} (\mathbf{r}^h)^t \le 0$을 산출한다. 이것으로 증명이 완결되었다. (증명 끝)

그러므로 정리 10.5.7에 따라, 알고리즘의 다양한 스텝이 잘 정의되었다. 비록 방향탐색과 선형탐색 사상이 여전히 닫혀있지 않지만(예제 10.5.6은 계속 적합하다), 두 & 장[1989]은, 만약 반복계산점이, 하나의 비-카루시-쿤-터커 해의 정의된 ε-근방 내에서, 서로 너무 가깝게 되면, 반복계산점이 이 점 근방에서 밖으로 밀려날 때까지 모든 뒤이은 스텝이 구속하는 제약조건의 집합을 1개씩 바꾼다는 것을 보임으로, 앞서 말한 수정으로 수렴이 달성됨을 입증했다. 이것은 하나의 비-카루시-쿤-터커 점이, 생성된 수열의 하나의 집적점으로 되는 것을 방지하는 식으로 일어난다고 알려졌다. 더 상세한 내용에 대해 이들 논문을 참조하시오.

10.6 울프의 수정경도법과 일반화된 수정경도법

이 절에서는 개선실현가능 방향을 생성하는 또 다른 절차를 토의한다. 이 알고리즘은, 변수의 독립부분집합의 모든 변수를 표현해 문제의 차원을 축소하는 방법에 의존한다. 울프[1963]는 선형제약조건 있는 비선형계획법 문제의 최적해를 구하기 위해 수정경도법을 개발했다. 이 알고리즘은 그 이후 비선형 제약조건을 취급하기 위해 아바디 & 까르펑티에[1969]가 일반화했다. 다음 문제

$$\begin{aligned} \text{최소화} \quad & f(\mathbf{x}) \\ \text{제약조건} \quad & \mathbf{A}\mathbf{x} = \mathbf{b} \\ & \mathbf{x} \ge \mathbf{0} \end{aligned}$$

를 고려해보고, 여기에서 $\mathbf{A}$는 계수 m의 $m \times n$ 행렬, $\mathbf{b}$는 m-벡터, f는 $\Re^n$에서 연속 미분가능이다. 다음과 같은 **비퇴화 가정**을 세운다. $\mathbf{A}$의 임의의 m개 열은 선형독립이며 실현가능영역의 모든 극점은 m개의 엄격하게 양(+)인 변수를 갖는다. 이와 같은 가정으로, 모든 실현가능해는 최소한 m개의 양(+) 성분을 가지며, 많아야 $n-m$개의 0 성분을 갖는다.

지금 $\mathbf{x}$를 실현가능해라 하자. 비퇴화 가정에 의해 $\mathbf{A}$는 $[\mathbf{B}, \mathbf{N}]$으로, $\mathbf{x}^t$는 $[\mathbf{x}_B^t, \mathbf{x}_N^t]$로 각각 분해할 수 있음을 주목하고, 여기에서 $\mathbf{B}$는 $m \times m$ 가역행렬이며 $\mathbf{x}_B > \mathbf{0}$이며, 여기에서 $\mathbf{x}_B$는 **기저 벡터**라 하고, 각각의 성분은 엄격하게 양(+)이다. **비기저 벡터** $\mathbf{x}_N$의 성분은 양(+)이거나 $\mathbf{0}$이다. $\nabla f(\mathbf{x})^t = \left[\nabla_B f(\mathbf{x})^t, \nabla_N f(\mathbf{x})^t\right]$라고 놓으며, 여기에서 $\nabla_B f(\mathbf{x})$는 기저 벡터 $\mathbf{x}_B$에 관한 f의 경도이며 $\nabla_N f(\mathbf{x})$는 비기저 벡터 $\mathbf{x}_N$에 관한 f의 경도이다. 만약 $\nabla f(\mathbf{x}) \cdot \mathbf{d} < 0$이라면, 그리고, 만약 $x_j = 0$이라면 $d_j \geq 0$이라고 놓은 상태에서 $\mathbf{Ad} = \mathbf{0}$이라면, 방향 $\mathbf{d}$는 $\mathbf{x}$에서 f의 개선실현가능방향임을 상기하자. 지금 이들 특질을 만족시키는 방향 $\mathbf{d}$를 명시한다. 먼저 $\mathbf{d}^t$를 $[\mathbf{d}_B^t, \mathbf{d}_N^t]$로 분해한다. 만약 임의의 $\mathbf{d}_N$에 대해 $\mathbf{d}_B = -\mathbf{B}^{-1}\mathbf{N}\mathbf{d}_N$이라고 놓으면 $\mathbf{0} = \mathbf{Ad} = \mathbf{B}\mathbf{d}_B + \mathbf{N}\mathbf{d}_N$이 자동적으로 성립함을 주목하자. $\mathbf{r}^t = (\mathbf{r}_B^t, \mathbf{r}_N^t) = \nabla f(\mathbf{x})^t - \nabla_B f(\mathbf{x})^t \mathbf{B}^{-1}\mathbf{A} = \left[\mathbf{0}, \nabla_N f(\mathbf{x})^t - \nabla_B f(\mathbf{x})^t \mathbf{B}^{-1}\mathbf{N}\right]$는 **수정경도**[1])라 하고, 항 $\nabla f(\mathbf{x}) \cdot \mathbf{d}$를 검사하자:

$$\begin{aligned} \nabla f(\mathbf{x}) \cdot \mathbf{d} &= \nabla_B f(\mathbf{x}) \cdot \mathbf{d}_B + \nabla_N f(\mathbf{x}) \cdot \mathbf{d}_N \\ &= [\nabla_N f(\mathbf{x})^t - \nabla_B f(\mathbf{x})^t \mathbf{B}^{-1}\mathbf{N}] \cdot \mathbf{d}_N = \mathbf{r}_N \cdot \mathbf{d}_N \end{aligned}$$

$\mathbf{r}_N \cdot \mathbf{d}_N < 0$이 되도록 그리고 만약 $x_j = 0$이라면 $d_j \geq 0$이 되도록, $\mathbf{d}_N$을 선택해야 한다.

다음 규칙을 채택한다. 각각의 비기저 성분 j에 대해 만약 $r_j \leq 0$이라면 $d_j = -r_j$라고 놓고 만약 $r_j > 0$이라면 $d_j = -x_j r_j$라고 놓는다. 만약 $x_j = 0$이라면 이것은 $d_j \geq 0$을 보장하며, $x_j > 0$이지만 크기가 작으며 한편으로 $r_j > 0$일 때 스텝 사이즈가 과도하게 작아짐을 예방한다. 이것은 또한 방향탐색 사상이 닫힌 사상이 되도록 도와주며, 그 때문에 수렴을 가능하게 한다. 더군다나 $\nabla f(\mathbf{x}) \cdot \mathbf{d} \leq 0$이며, 여기에서 만약 $\mathbf{d}_N \neq \mathbf{0}$이라면 엄격한 부등식이 성립한다.

요약하자면, 개선실현가능방향을 구성하는 절차를 설명했다. $\mathbf{d} = \mathbf{0}$이라는 것은 $\mathbf{x}$가 하나의 카루시-쿤-터커 점이라는 것과 같은 뜻일 뿐만 아니라 사실상 위의 내용은 정리 10.6.1에서 증명한다.

---

1) 역자 주: "reduced gradient"에서 reduced는 기저 변수에 관한 경도에서 $\nabla_B f(\mathbf{x})^t \mathbf{B}^{-1}\mathbf{A}$를 빼는 것을 의미하므로 "감소"의 의미보다는 방향이 바뀌므로, 수정의 의미로 번역했음.

10.6.1 정리

최소화 $f(\mathbf{x})$ 제약조건 $\mathbf{Ax} = \mathbf{b}$, $\mathbf{x} \geq \mathbf{0}$ 문제를 고려해보고, 여기에서 $\mathbf{A}$는 $m \times n$ 행렬이며 $\mathbf{b}$는 m-벡터이다. $\mathbf{x}$는 $\mathbf{x}^t = (\mathbf{x}_B^t, \mathbf{x}_N^t)$, $\mathbf{x}_B > \mathbf{0}$이 되도록 하는 하나의 실현가능해라 하고, 여기에서 $\mathbf{A}$는 $[\mathbf{B}, \mathbf{N}]$으로 분해되며 $\mathbf{B}$는 $m \times m$ 가역행렬이다. f는 $\mathbf{x}$에서 미분가능하다고 가정하고 $\mathbf{r}^t = \nabla f(\mathbf{x})^t - \nabla_B f(\mathbf{x})^t \mathbf{B}^{-1} \mathbf{A}$라고 놓는다. $\mathbf{d}^t = (\mathbf{d}_B^t, \mathbf{d}_N^t)$는 다음과 같이 구성한 방향이라 한다. 각각의 비기저 성분 j에 대해, 만약 $r_j \leq 0$이라면 $d_j = -r_j$로 하고, 만약 $r_j > 0$이라면 $d_j = -x_j r_j$, $\mathbf{d}_B = -\mathbf{B}^{-1}\mathbf{N}\mathbf{d}_N$이라 한다. 만약 $\mathbf{d} \neq \mathbf{0}$이라면 $\mathbf{d}$는 개선가능 실현가능 방향이다. 더군다나 $\mathbf{d} = \mathbf{0}$이라는 것은 $\mathbf{x}$가 하나의 카루시-쿤-터커 점이라는 것과 같은 뜻이다.

증명 먼저, $\mathbf{d}$가 실현가능방향이라는 것은 $\mathbf{Ad} = \mathbf{0}$이라는 것과 같은 뜻임을 주목하고 만약 $j = 1, \cdots, n$에 대해 $x_j = 0$이라면 $d_j \geq 0$이다. $\mathbf{d}_B$의 정의에 따라 $\mathbf{Ad} = \mathbf{Bd}_B + \mathbf{Nd}_N = \mathbf{B}(-\mathbf{B}^{-1}\mathbf{Nd}_N) + \mathbf{Nd}_N = \mathbf{0}$이다. 만약 x_j가 기저라면 가정에 의해 $x_j > 0$이다. 만약 x_j가 기저가 아니라면, $x_j > 0$인 경우 d_j는 음(-)이 될 수 있다. 따라서 만약 $x_j = 0$이라면 $d_j \geq 0$이며 그러므로 $\mathbf{d}$는 하나의 실현가능방향이다. 나아가서 다음 식

$$
\begin{aligned}
\nabla f(\mathbf{x}) \cdot \mathbf{d} &= \nabla_B f(\mathbf{x}) \cdot \mathbf{d}_B + \nabla_N f(\mathbf{x}) \cdot \mathbf{d}_N \\
&= \left[\nabla_N f(\mathbf{x})^t - \nabla_B f(\mathbf{x})^t \mathbf{B}^{-1}\mathbf{N} \right] \cdot \mathbf{d}_N = \sum_{j \notin I} r_j d_j,
\end{aligned}
$$

이 성립하며, 여기에서 I는 기저 변수의 첨자집합이다. d_j의 정의를 주목하면, $\mathbf{d} = \mathbf{0}$이거나 아니면 $\nabla f(\mathbf{x}) \cdot \mathbf{d} < 0$임은 명백하다. 후자의 케이스에 있어, 보조정리 10.1.2에 의해 $\mathbf{d}$는 진실로 하나의 개선실현가능 방향이다.

$\mathbf{x}$가 하나의 카루시-쿤-터커 점이라는 것은 다음 식

$$
\left.
\begin{aligned}
&\left[\nabla_B f(\mathbf{x})^t, \nabla_N f(\overline{\mathbf{x}})^t \right] + \boldsymbol{\nu}^t (\mathbf{B}, \mathbf{N}) - (\mathbf{u}_B^t, \mathbf{u}_N^t) = (\mathbf{0}, \mathbf{0}) \\
&\mathbf{u}_B \cdot \mathbf{x}_B = 0, \ \mathbf{u}_N \cdot \mathbf{x}_N = 0
\end{aligned}
\right\} \qquad (10.39)
$$

이 성립하도록 하는 $\mathbf{u}^t = (\mathbf{u}_B^t, \mathbf{u}_N^t) \geq (\mathbf{0}, \mathbf{0})$, $\boldsymbol{\nu}$가 존재한다는 것과 같은 뜻이다.

$\mathbf{x}_B \geq \mathbf{0}$, $\mathbf{u}_B \geq \mathbf{0}$이므로, $\mathbf{u}_B \cdot \mathbf{x}_B = 0$이라는 것은 $\mathbf{u}_B = \mathbf{0}$이라는 것과 같은 뜻이다. (10.39)의 첫째 방정식에서 $\boldsymbol{\nu}^t = -\nabla_B f(\mathbf{x})^t \mathbf{B}^{-1}$임이 뒤따른다. (10.39)의 둘째 방정식에 대입하면, $\mathbf{u}_N^t = \nabla_N f(\mathbf{x})^t - \nabla_B f(\mathbf{x})^t \mathbf{B}^{-1}\mathbf{N}$임이 뒤따른다. 달리 말하면 $\mathbf{u}_N = \mathbf{r}_N$이다. 따라서 카루시-쿤-터커 조건은 $\mathbf{r}_N \geq \mathbf{0}$, $\mathbf{r}_N \cdot \mathbf{x}_N = 0$이 된다. 그러나 $\mathbf{d}$의 정의에 따라, $\mathbf{d} = \mathbf{0}$이라는 것은 $\mathbf{r}_N \geq \mathbf{0}$, $\mathbf{r}_N \cdot \mathbf{x}_N = 0$이라는 것과 같은 뜻임을 주목하자. 따라서 $\mathbf{x}$가 하나의 카루시-쿤-터커 점이라는 것은 $\mathbf{d} = \mathbf{0}$이라는 것과 같은 뜻이며, 증명이 완결되었다. (증명끝)

수정경도법의 요약

아래에, 최소화 $f(\mathbf{x})$ 제약조건 $\mathbf{Ax} = \mathbf{b}$ $\mathbf{x} \geq \mathbf{0}$ 형태인 문제의 최적해를 구하는 울프의 수정경도법을 요약한다. $\mathbf{A}$의 모든 m개 열은 선형독립이며 실현가능영역의 모든 극점은 m개의 엄격하게 양(+)인 성분을 갖는다고 가정한다. 바로 알게 되겠지만, 만약 기저 변수를 m개의 가장 양(+)인 변수로 선택하면 알고리즘은 하나의 카루시-쿤-터커 점으로 수렴하며, 여기에서 크기가 같을 때, 변수를 마음대로 선택한다.

초기화 스텝 $\mathbf{Ax}_1 = \mathbf{b}$, $\mathbf{x}_1 \geq 0$이 되도록 하는 하나의 점 $\mathbf{x}_1$을 선택한다. $k=1$로 하고, 메인 스텝으로 간다.

메인 스텝 1. $\mathbf{d}_k^t = (\mathbf{d}_B^t, \mathbf{d}_N^t)$이라 하고, 여기에서 $\mathbf{d}_N$, $\mathbf{d}_B$는 (10.43), (10.44)에서, 아래의 식

$$I_k = \mathbf{x}_k\text{의 } m\text{개의 제일 큰 성분의 첨자집합} \tag{10.40}$$

$$\mathbf{B} = \{\mathbf{a}_j \mid j \in I_k\},\ \mathbf{N} = \{\mathbf{a}_j \mid j \notin I_k\} \tag{10.41}$$

$$\mathbf{r}^t = \nabla f(\mathbf{x}_k)^t - \nabla_B f(\mathbf{x}_k)^t \mathbf{B}^{-1}\mathbf{A} \tag{10.42}$$

$$d_j = \begin{cases} -r_j & j \notin I_k\text{이며 } r_j \leq 0\text{이라면} \\ -x_j r_j & j \notin I_k\text{이며 } r_j > 0\text{이라면} \end{cases} \tag{10.43}$$

$$\mathbf{d}_B = -\mathbf{B}^{-1}\mathbf{N}\mathbf{d}_N \tag{10.44}$$

과 같이 각각 구한다. 만약 $\mathbf{d}_k = \mathbf{0}$ 이라면, 중지한다; $\mathbf{x}_k$는 카루시-쿤-터커 점이다 ($\mathbf{A}\mathbf{x} = \mathbf{b}$, $\mathbf{x} \geq \mathbf{0}$에 연관된 라그랑지 승수는 각각 $\nabla_B f(\mathbf{x}_k)^t \mathbf{B}^{-1}$와 $\mathbf{r}$ 이다). 그렇지 않다면 스텝 2로 간다.

2. 다음 선형탐색문제

$$\begin{aligned} \text{최소화} \quad & f(\mathbf{x}_k + \lambda \mathbf{d}_k) \\ \text{제약조건} \quad & 0 \leq \lambda \leq \lambda_{max} \end{aligned}$$

의 최적해를 구하며, 여기에서 λ_{max}는 다음 식

$$\lambda_{max} = \begin{cases} \underset{1 \leq j \leq n}{min} \left\{ \dfrac{-x_{jk}}{d_{jk}} \middle| \, d_{jk} < 0 \right\} & \mathbf{d}_k \ngeq \mathbf{0}\text{이라면} \\ \infty & \mathbf{d}_k \geq \mathbf{0}\text{이라면} \end{cases} \tag{10.45}$$

과 같이 결정되며, x_{jk}, d_{jk}는 각각 $\mathbf{x}_k$, $\mathbf{d}_k$의 j-째 성분이다. λ_k는 하나의 최적해라 하고 $\mathbf{x}_{k+1} = \mathbf{x}_k + \lambda_k \mathbf{d}_k$로 놓는다. k를 $k+1$로 대체하고 스텝 1로 간다.

10.6.2 예제

다음 문제

$$\begin{aligned} \text{최소화} \quad & 2x_1^2 + 2x_2^2 - 2x_1x_2 - 4x_1 - 6x_2 \\ \text{제약조건} \quad & x_1 + \ \ x_2 + x_3 \qquad = 2 \\ & x_1 + 5x_2 + \qquad x_4 = 5 \\ & x_1, \quad x_2, \ \ x_3, \ \ x_4 \geq 0 \end{aligned}$$

를 고려해보자. 점 $\mathbf{x}_1 = (0, 0, 2, 5)$에서 출발하여 울프의 수정경도법을 사용해 문제의 최적해를 구한다. 다음 식

$$\nabla f(\mathbf{x}) = (4x_1 - 2x_2 - 4, 4x_2 - 2x_1 - 6, 0, 0)^t$$

을 주목하자. 각각의 반복계산에서 절 2.7의 심플렉스 태블로와 유사한 태블로 형태로 필요한 정보를 나타낸다. 그러나 경도벡터는 반복계산마다 변하므로, 그리고

비기저 변수는 양(+)이 될 수 있으므로, 명시적으로 매번의 태블로의 제일 위의 열에서 경도와 완비된 해가 나타난다. 수정경도 $\mathbf{r}_k$는 매번의 태블로의 마지막 행처럼 나타난다.

반복계산 1:

탐색방향 점 $\mathbf{x}_1 = (0, 0, 2, 5)$에서 $\nabla f(\mathbf{x}_1) = (-4, -6, 0, 0)$이다. (10.40)에 따라, $I_1 = \{3, 4\}$이며 그래서 $\mathbf{B} = [\mathbf{a}_3, \mathbf{a}_4]$, $\mathbf{N} = [\mathbf{a}_1, \mathbf{a}_2]$이다. (10.42)에서 수정경도는 다음 식

$$\mathbf{r}^t = (-4, -6, 0, 0) - (0, 0)\begin{bmatrix} 1 & 1 & 1 & 0 \\ 1 & 5 & 0 & 1 \end{bmatrix} = (-4, -6, 0, 0)$$

과 같이 주어진다. 수정경도의 계산은 절 2.7의 심플렉스 알고리즘의 목적함수 행의 계수의 계산과 유사하다. 또한, $i \in I_1$에 대해 $r_i = 0$이며 이 점에서의 계산은 다음 태블로에 요약되어 있다.

		x_1	x_2	x_3	x_4
해 $\mathbf{x}_1$		0	0	2	5
$\nabla f(\mathbf{x}_1)$		-4	-6	0	0
$\nabla_B f(\mathbf{x}_1) = \begin{bmatrix} 0 \\ 0 \end{bmatrix}$	x_3	1	1	1	0
	x_4	1	5	0	1
$\mathbf{r}$		-4	-6	0	0

(10.16)에 따라 $\mathbf{d}_N = (d_1, d_2) = (4, 6)$이다. 지금 (10.44)을 사용해 $\mathbf{d}_B$를 계산하면 다음 식

$$\mathbf{d}_B = (d_3, d_4)^t = \mathbf{B}^{-1}\mathbf{N}\mathbf{d}_N = -\begin{bmatrix} 1 & 1 \\ 1 & 5 \end{bmatrix} = (-10, -34)^t$$

을 얻는다. $\mathbf{B}^{-1}\mathbf{N}$은 상응하는 $\mathbf{N}$에 상응하는 변수 아래에 기록됨을 주목하시오: 다시 말하자면, x_1, x_2이다. 그렇다면 방향은 $\mathbf{d}_1 = (4, 6, -10, -34)$이다.

선형탐색 지금 $\mathbf{x}_1 = (0, 0, 2, 5)$에서 출발하여 $\mathbf{d}_1 = (4, 6, -10, -34)$ 방향으로 목적함수를 최소화하려고 한다. $\mathbf{x}_1 + \lambda \mathbf{d}_1$가 실현가능해가 되도록 하는 λ의 최댓값은 (10.45)을 사용해 계산하고 다음 식

$$\lambda_{max} = min \left\{ \frac{2}{10}, \frac{5}{34} \right\} = \frac{5}{34}$$

을 얻는다. 독자는 $f(\mathbf{x}_1 + \lambda \mathbf{d}_1) = 56\lambda^2 - 52\lambda$을 입증할 수 있다. 그래서 λ_1은 다음 문제

$$\begin{aligned} &\text{최소화} \quad 56\lambda^2 - 52\lambda \\ &\text{제약조건} \quad 0 \le \lambda \le \frac{5}{34} \end{aligned}$$

의 최적해이다. 이것은 $\lambda_1 = 5/34$를 산출하며 그래서 $\mathbf{x}_2 = \mathbf{x}_1 + \lambda_1 \mathbf{d}_1 = (10/17, 15/17, 9/17, 0)$이다.

반복계산 2:

탐색방향 점 $\mathbf{x}_2 = (10/17, 15/17, 9/17, 0)$에서, (10.40)에서 $I_2 = \{1, 2\}$, $\mathbf{B} = [\mathbf{a}_1, \mathbf{a}_2]$, $\mathbf{N} = [\mathbf{a}_3, \mathbf{a}_4]$를 얻는다. 또한, $\nabla f(\mathbf{x}_2) = (-58/17, -62/17, 0, 0)$도 얻는다. 현재의 정보는 다음 태블로에 기록되며, 여기에서 x_1, x_2의 행은 반복계산 1에 관한 태블로의 **2회 피봇팅 연산**에 의해 얻는다.

		x_1	x_2	x_3	x_4
해 $\mathbf{x}_2$		10/17	15/17	9/17	0
$\nabla f(\mathbf{x}_2)$		-58/17	-62/17	0	0
$\nabla_B f(\mathbf{x}_2) = \begin{bmatrix} -\frac{58}{17} \\ -\frac{62}{17} \end{bmatrix}$	x_1	1	0	5/4	-1/4
	x_2	0	1	-1/4	1/4
$\mathbf{r}$		0	0	57/17	1/7

(10.42)에서 다음 식

$$\mathbf{r}^t = \left(-\frac{58}{17}, -\frac{62}{17}, 0, 0\right) - \left(-\frac{58}{17}, -\frac{62}{17}\right)\begin{bmatrix} 1 & 0 & \frac{5}{4} & -\frac{1}{4} \\ 0 & 1 & -\frac{1}{4} & \frac{1}{4} \end{bmatrix}$$
$$= \left(0, 0, \frac{57}{17}, \frac{1}{17}\right)$$

과 같이 $\mathbf{r}$을 얻는다. 그렇다면 (10.43)에서 $d_3 = -(9/17)(57/17) = -513/289$, $d_4 = 0$이며, 그래서 $\mathbf{d}_N = (-513/289, 0)$이다. (10.44)에서, 다음 식

$$\mathbf{d}_B = (d_1, d_2)^t = -\begin{bmatrix} \frac{5}{4} & -\frac{1}{4} \\ -\frac{1}{4} & \frac{1}{4} \end{bmatrix}\begin{bmatrix} -\frac{513}{289} \\ 0 \end{bmatrix} = \begin{bmatrix} \frac{2565}{1156} \\ -\frac{513}{1156} \end{bmatrix}$$

을 얻는다. 그러므로 새로운 탐색방향은 $\mathbf{d}_2 = (2565/1156, -513/1156, -513/289, 0)$로 주어진다.

선형탐색 $\mathbf{x}_2 = (10/17, 15/17, 9/17, 0)$에서 출발하여, $\mathbf{d}_2 = (2565/1156, -513/1156, -513/289, 0)$ 방향으로 목적함수를 최소화하려고 한다. $\mathbf{x}_2 + \lambda\mathbf{d}_2$가 실현가능해가 되도록 하는 λ의 최댓값은 (10.45)을 사용해 계산하며, 다음

$$\lambda_{max} = min\left\{\frac{-15/17}{-513/1156}, \frac{-9/17}{-513/289}\right\} = \frac{17}{57}$$

과 같다. 독자는 $f(\mathbf{x}_2 + \lambda\mathbf{d}_2) = 12.21\lambda^2 - 5.95\lambda - 6.436$임을 입증할 수 있다. 그래서 λ_2는 다음 문제

최소화 $\quad 12.21\lambda^2 - 5.9\lambda - 6.436$

제약조건 $\quad 0 \le \lambda \le \frac{17}{57}$

의 최적해를 구해 얻는다: 이것은 $\lambda_2 = 68/279$를 산출함을 입증할 수 있으며, 그

래서 $\mathbf{x}_3 = \mathbf{x}_2 + \lambda_2 \mathbf{d}_2 = (35/31, 24/31, 3/31, 0)$이다.

반복계산 3:

탐색방향 지금 $I_3 = \{1, 2\}$이며 그래서 $\mathbf{B} = [\mathbf{a}_1, \mathbf{a}_2]$, $\mathbf{N} = [\mathbf{a}_3, \mathbf{a}_4]$이다. $I_3 = I_2$ 이므로, 반복계산 2에서 태블로를 구할 수 있다. 그러나 지금 $\nabla f(\mathbf{x}_3) = (-32/31, -160/31, 0, 0)$를 갖고 있다.

		x_1	x_2	x_3	x_4
해 $\mathbf{x}_3$		$\frac{35}{31}$	$\frac{24}{31}$	$\frac{3}{31}$	0
$\nabla f(\mathbf{x}_3)$		$-\frac{32}{31}$	$-\frac{160}{31}$	0	0
$\nabla_B f(\mathbf{x}_3) = \begin{bmatrix} -\frac{32}{31} \\ -\frac{160}{31} \end{bmatrix}$	x_1	1	0	$\frac{5}{4}$	$-\frac{1}{4}$
	x_2	0	1	$-\frac{1}{4}$	$\frac{1}{4}$
$\mathbf{r}$		0	0	0	$\frac{32}{31}$

(10.42)에서 다음

$$\mathbf{r}^t = \left(-\frac{32}{31}, -\frac{160}{31}, 0, 0\right) - \left(-\frac{32}{31}, -\frac{160}{31}\right)\begin{bmatrix} 1 & 0 & \frac{5}{4} & -\frac{1}{4} \\ 0 & 1 & -\frac{1}{4} & \frac{1}{4} \end{bmatrix}$$
$$= \left(0, 0, 0, \frac{32}{31}\right)$$

과 같이 $\mathbf{r}$을 얻는다. (10.43)에서, $\mathbf{d}_N = (d_3, d_4) = (0, 0)$이다; 그리고 (10.44)에서 $\mathbf{d}_B = (d_1, d_2) = (0, 0)$도 얻는다. 그러므로 $\mathbf{d} = \mathbf{0}$이며, 해 $\mathbf{x}_3$는 카루시-쿤-터커 해이며 그러므로 문제의 최적해이다. 등식 제약조건에 연관된 최적 라그랑지 승수는 $\nabla_B f(\mathbf{x}_3)^t \mathbf{B}^{-1} = (0, -32/31)$이며 비음(-)성 제약조건에 연관된 라그랑지 승수는 $(0, 0, 0, 1)$이다. 표 10.5는 계산의 요약을 나타내며 알고리즘의 진전은 그림 10.19에 나타나 있다.

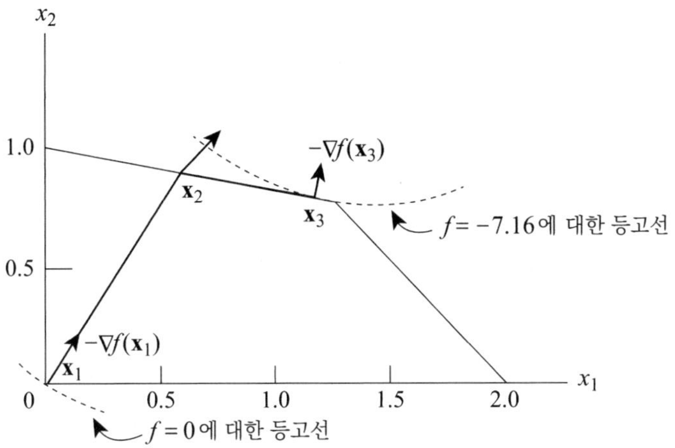

그림 10.19 울프의 수정경도법

표 10.5 울프의 수정경도법의 계산의 요약

반복 k	$\mathbf{x}_k$	$f(\mathbf{x}_k)$	탐색방향		선형탐색	
			$\mathbf{r}_k$	$\mathbf{d}_k$	λ_k	$\mathbf{x}_{k+1}$
1	$(0, 0, 2, 5)$	0.0	$(4, 6, 0, 0)$	$(4, 6, -10, -34)$	$\frac{5}{34}$	$\left(\frac{10}{17}, \frac{15}{17}, \frac{9}{17}, 0\right)$
2	$\left(\frac{10}{17}, \frac{15}{17}, \frac{9}{17}, 0\right)$	-6.436	$\left(0, 0, \frac{57}{17}, \frac{4}{17}\right)$	$\left(\frac{2565}{1156}, -\frac{513}{1156}, -\frac{513}{289}, 0\right)$	$\frac{68}{279}$	$\left(\frac{35}{31}, \frac{24}{31}, \frac{3}{31}, 0\right)$
3	$\left(\frac{35}{31}, \frac{24}{31}, \frac{3}{31}, 0\right)$	-7.16	$\left(0,0,0, \frac{32}{31}\right)$	$(0, 0, 0, 0)$		

수정경도법의 수렴

정리 10.6.3은 수정경도법이 카루시-쿤-터커 점으로 수렴함을 증명한다. 이것은 보조정리 10.2.6의 조건 1에서 4까지를 만족시키는 수열을 확립한다는 위반논증으로 실행한다.

10.6.3 정리

$f : \Re^n \to \Re$은 연속 미분가능이라 하고, 최소화 $f(\mathbf{x})$ 제약조건 $\mathbf{Ax} = \mathbf{b}$, $\mathbf{x} \geq \mathbf{0}$ 문제를 고려해보고, 여기에서 $\mathbf{A}$는 $m \times n$ 행렬, $\mathbf{b}$는 실현가능영역의 모든 극점이 m개 양(+) 성분을 갖게 하는 m-벡터이며, $\mathbf{A}$의 m개 열의 임의의 집합은 선

형독립이다. 수열 $\{\mathbf{x}_k\}$는 수정경도법으로 생성한다고 가정한다. 그러면 임의의 $\{\mathbf{x}_k\}$의 집적점은 하나의 카루시-쿤-터커 점이다.

증명 $\{\mathbf{x}_k\}_{\mathbb{K}}$를 극한 $\hat{\mathbf{x}}$로 수렴하는 부분수열이라 하자. $\hat{\mathbf{x}}$는 카루시-쿤-터커 점임이 나타나야 한다. 모순을 일으켜, $\hat{\mathbf{x}}$는 카루시-쿤-터커 점이 아니라고 가정한다. 보조정리 10.2.6 조건 1에서 조건 4까지를 만족하는 수열 $\{(\mathbf{x}_k, \mathbf{d}_k)\}_{\mathbb{K}'}$가 나타나야 하는데, 이것은 불가능하다.

$\{\mathbf{d}_k\}_{\mathbb{K}}$는 $\{\mathbf{x}_k\}_{\mathbb{K}}$에 연관된 방향벡터 수열이라 하자. $\mathbf{x}_k$에서 $\mathbf{d}_k$는 (10.40)에서 (10.44)까지의 식에 따라 정의됨을 주목하자. I_k는 $\mathbf{d}_k$를 계산하기 위해 $\mathbf{x}_k$의 m개의 가장 큰 성분을 나타내는 첨자집합이라고 놓으면, 각각의 $k \in \mathbb{K}'$에 대해 $I_k = \hat{I}$이 되도록 하는 $\mathbb{K}' \subseteq \mathbb{K}$가 존재하며, 여기에서 $\hat{I}$는 $\hat{\mathbf{x}}$의 m개의 가장 큰 성분을 나타내는 첨자집합을 나타낸다. $\overline{\mathbf{d}}$는 $\hat{\mathbf{x}}$에서, (10.40)에서 (10.44)까지의 식을 사용해 얻은 방향벡터라 하고, 정리 10.6.1에 따라, $\hat{\mathbf{d}} \neq \mathbf{0}$, $\nabla f(\hat{\mathbf{x}}) \cdot \hat{\mathbf{d}} < 0$임을 주목하시오. f는 연속 미분가능하므로 $k \in \mathbb{K}'$에 대해 $\mathbf{x}_k \to \hat{\mathbf{x}}$, $I_k = \hat{I}$이고, 따라서 (10.41)-(10.44)에 의해 $k \in \mathbb{K}'$에 대해 $\mathbf{d}_k \to \hat{\mathbf{d}}$이다. 요약하면, 보조정리 10.2.6의 조건 1, 2, 4를 만족시키는 수열 $\{(\mathbf{x}_k, \mathbf{d}_k)\}_{\mathbb{K}'}$이 제시되었다. 증명을 완성하기 위해, 파트 3도 성립함을 보여 줄 필요가 있다.

(10.45)에서, 각각의 $\lambda \in [0, \delta_k]$에 대해 $\mathbf{x}_k + \lambda \mathbf{d}_k$는 실현가능해임을 상기하고, 여기에서 각각의 $k \in \mathbb{K}'$에 대해 $\delta_k = min\{min\{-x_{ik}/d_{ik} \mid d_{ik} < 0\}, \infty\} > 0$이다. $inf\{\delta_k \mid k \in \mathbb{K}'\} = 0$라고 가정한다. 그러면 $k \in \mathbb{K}''$에 대해 $\delta_k = -x_{pk}/d_{pk}$가 0으로 수렴하게 하는 첨자집합 $\mathbb{K}'' \subseteq \mathbb{K}'$이 존재하며, 여기에서 $x_{pk} > 0$, $d_{pk} < 0$이며, 그리고 p는 $\{1, \cdots, n\}$의 하나의 요소이다. (10.40)-(10.44)에 따라, $\{d_{pk}\}_{\mathbb{K}''}$는 유계임을 주목하자; 그리고 $\{\delta_k\}_{\mathbb{K}''}$은 0으로 수렴하므로, $\{x_{pk}\}_{\mathbb{K}''}$은 0으로 수렴한다. 따라서 $\hat{x}_p = 0$이며, 즉 다시 말하면, $p \notin \hat{I}$이다. 그러나 $k \in \mathbb{K}''$에 대해 $I_k = \hat{I}$이며, 그러므로 $p \notin I_k$이다. $d_{pk} < 0$이므로 (10.43)에서 $d_{pk} = -x_{pk} r_{pk}$이다. 그렇다면 $\delta_k = -x_{pk}/d_{pk} = 1/r_{pk}$임이 뒤따른다. 이것은 $r_{pk} \to \infty$임을 보여주며, $r_{pk} \to r_p \neq \infty$이므로 이 내용은 불가능하다.

따라서 $inf\{\delta_k \mid k \in \mathbb{K}'\} = \delta > 0$이다. 따라서, 각각의 $\lambda \in [0, \delta]$에 대해, 그리고 각각의 $k \in \mathbb{K}'$에 대해 $\mathbf{x}_k + \lambda \mathbf{d}_k$가 실현가능해가 되도록 하는 $\delta > 0$이 존재함을 보였다. 그러므로 보조정리 10.2.6의 조건 3은 성립하며, 증명이 완결되었다. (증명 끝)

일반화된 수정경도법

비선형 제약조건을 취급하기 위해 경도사영법과 유사한 수정경도법을 확장할 수 있다. 이러한 확장은 **'일반화된 수정경도법'**이라 하며 아래에 간략하게 소개한다(최초로 제안된 구도에 대해 연습문제 10.56도 참조 바람).

다음 식과 같은 형태의 비선형계획법 문제

$$\text{최소화 } \{f(\mathbf{x}) \mid \mathbf{h}(\mathbf{x}) = \mathbf{0},\ \mathbf{x} \geq \mathbf{0}\}$$

를 고려해보고, 여기에서 $\mathbf{h}(\mathbf{x}) = \mathbf{0}$는 어떤 m개의 등식 제약조건을 나타내며, $\mathbf{x} \in \Re^n$이며, 모든 변수를 비음(-)인 것으로 나타내기 위해 적절한 변수변환을 하며, 여기에서 임의의 부등식 제약조건은 비음(-) 여유변수를 도입해 등식 제약조건으로 나타낸 것으로 가정할 수 있다.

지금, 실현가능해 $\mathbf{x}_k$가 주어지면, $\mathbf{h}(\mathbf{x}_k) + \nabla \mathbf{h}(\mathbf{x}_k)(\mathbf{x} - \mathbf{x}_k) = \mathbf{0}$으로 주어진 $\mathbf{h}(\mathbf{x}) = \mathbf{0}$의 선형화를 고려해보고, 여기에서 $\nabla \mathbf{h}(\mathbf{x}_k)$는 $\mathbf{x}_k$에서 계산된 $m \times n$ 자코비안 $\mathbf{h}$이다. $\mathbf{h}(\mathbf{x}_k) = \mathbf{0}$임을 주목하고 $\nabla \mathbf{h}(\mathbf{x}_k)\mathbf{x} = \nabla \mathbf{h}(\mathbf{x}_k)\mathbf{x}_k$로 주어진 선형제약조건 집합은 $\mathbf{A}\mathbf{x} = \mathbf{b}$ 형태이며, 여기에서 $\mathbf{x}_k \geq \mathbf{0}$는 실현가능해이다. 자코비안 $\mathbf{A} = \nabla \mathbf{h}(\mathbf{x}_k)$는 꽉 찬 행계수를 갖는다고 가정하고, $\mathbf{A}$를 적절하게 $[\mathbf{B}, \mathbf{N}]$으로 분할하고, 그에 따라 $\mathbf{x}^t = (\mathbf{x}_B^t, \mathbf{x}_N^t)$을 분할하고(여기에서, 유망하게, $\mathbf{x}_k$에서 $\mathbf{x}_B > \mathbf{0}$이다), (10.42)에 따라 수정경도 $\mathbf{r}$을 계산할 수 있으며, 그러므로 (10. 43), (10.44)에 의해 이동방향 $\mathbf{d}_k$를 얻는다. 전과 같이 $\mathbf{d}_k = \mathbf{0}$을 얻는 것은 $\mathbf{x}_k$가 하나의 카루시-쿤-터커 점이라는 것과 같은 뜻이며, 이로부터 절차는 종료한다. 그렇지 않다면 $\mathbf{d}_k$ 방향으로 선형탐색을 실행한다.

이 알고리즘의 초기 버전에서는 다음 전략을 채택했다. 먼저 (10.45)를 사용해 λ_{max}를 결정하고 최소화 $f(\mathbf{x}_k + \lambda \mathbf{d}_k)$ 제약조건 $0 \leq \lambda \leq \lambda_{max}$의 선형탐색 문제의 최적해 λ_k를 찾아 선형탐색을 실행한다. 이것은 $\mathbf{x}' = \mathbf{x}_k + \lambda_k \mathbf{d}_k$를 제공

한다. $\mathbf{h}(\mathbf{x}')=\mathbf{0}$은 만족될 필요가 없으므로 수정스텝이 필요하다(연습문제 10.7 도 참조하기 바람). 그렇다면 이것을 위해, $\mathbf{x}'$에서 출발하고 $\mathbf{x}_N$ 성분의 값을 $\mathbf{x}'_N$ 성분의 값으로 유지하며 $\mathbf{h}(\mathbf{x}_{k+1})=\mathbf{0}$이 되도록 하는 $\mathbf{x}_{k+1}$을 얻기 위해 뉴톤-랍슨법을 사용한다. 그러므로 반복계산 과정 동안 $\mathbf{x}_N$은 $\mathbf{x}'_N \geq \mathbf{0}$에 머무르지만 $\mathbf{x}_B$의 몇 개 성분(s)은 음(-)이 되려는 경향이 있다. 이러한 점에서, 하나의 음(-)의 기저 변수 x_r을, 바람직하게 양(+)이며 열 "$\mathbf{B}^{-1}\mathbf{a}_q$"에 상응하는 행 r에서 0보다도 상당히 비영(+)인 요소를 갖는 하나의 비기저 변수 x_q로 대체함으로 절체가 이루어진다. 그리고 위에서처럼 수정된 기저(지금 x_r을 0에 고정해 놓았으므로)와 수정된 선형화 연립방정식을 갖고, $\mathbf{h}(\mathbf{x}_{k+1})=\mathbf{0}$이 되도록 하는 비음(-) 해 $\mathbf{x}_{k+1}$을 최종적으로 얻을 때까지 뉴톤-랍슨법의 과정을 계속한다.

'일반화된 수정경도법'의 좀 더 최신의 버전은 양(+) 스텝 사이즈의 하나의 이산 수열을 채택하고 각각의 스텝 사이즈에 대해 순차적으로 앞서 말한 뉴톤-랍슨법 구도를 사용해 상응하는 $\mathbf{x}_{k+1}$을 찾으려고 시도한다. 이러한 각각의 점에서 $f(\mathbf{x}_{k+1})$ 값을 사용해, 이차식 내삽법의 하나의 3-점 패턴(절 8.3 참조)을 구하면, 하나의 새로운 스텝 사이즈를 결정하기 위해 이차식 피팅을 사용하며, 이를 위해 뉴톤-랍슨법 구도를 사용해 여기에 상응하는 점 $\mathbf{x}_{k+1}$가 위에서처럼 다시 계산된다. 이렇게 찾아진 가장 작은 목적함숫값을 갖는 실현가능해는 다음 반복계산점으로 사용된다. 이 기법은 좀 더 믿을 만한 알고리즘을 산출하는 것으로 본다.

독자가 짐작한 것처럼 '반복 뉴톤-랍슨'법의 구도는 수렴 논증을 복잡하게 한다. 진실로, 기존 수렴증명은 제한적이고 입증하기 어려운 가정을 사용한다. 그럼에도 불구하고, 알고리즘의 이와 같은 유형은 비선형계획법 문제의 최적해를 구함에 있어 대단히 강건하고 효율적 구도를 제공한다.

10.7 장윌의 볼록-심플렉스 방법

볼록-심플렉스 방법은 단지 1개의 비기저 변수가 수정되는 한편, 나머지 모든 비기저 변수는 그들의 현재 수준에서 고정됨을 제외하고, 절 10.6의 수정경도법과 동일하다. 물론, 실현가능성을 유지하기 위해 기저 변수값은 그에 따라 수정된다. 그래서 이 알고리즘은 선형계획법 문제의 심플렉스 알고리즘과 아주 유사하게 작동한다. 이 알고리즘은 선형제약조건의 존재 아래, 볼록함수를 최소화하기 위해 최초에 장윌[1967]이 제안했으므로 **볼록-심플렉스 방법**이라는 이름이 붙여졌다. 수정경도법의 하나의 수정으로 다음 부류의 문제

$$\begin{array}{ll} \text{최소화} & f(\mathbf{x}) \\ \text{제약조건} & \mathbf{A}\mathbf{x} = \mathbf{b} \\ & \quad \mathbf{x} \geq \mathbf{0} \end{array}$$

의 최적해를 구하기 위해 아래에서 이 알고리즘을 구성하며, 여기에서 $\mathbf{A}$는 계수 m인 $m \times n$ 행렬이며 $\mathbf{b}$는 m-벡터이다.

볼록-심플렉스 방법의 요약

$\mathbf{A}$의 임의의 m개 열은 선형독립이며 실현가능영역의 모든 극점은 m개의 엄격하게 양(+)인 성분을 갖는다고 가정한다. 바로 보이는 바와 같이, 만약 기저 변수 m개의 가장 양(+)인 변수를 기저 변수로 선택하면, 여기에서 값이 같을 때 마음대로 선택하면, 알고리즘은 하나의 카루시-쿤-터커 점으로 수렴한다.

초기화 스텝 $\mathbf{A}\mathbf{x}_1 = \mathbf{b}$, $\mathbf{x}_1 \geq \mathbf{0}$이 되도록 하는 하나의 점 $\mathbf{x}_1$을 선택한다. $k=1$로 하고 메인 스텝으로 간다.

메인 스텝 1. $\mathbf{x}_k$가 주어지면, I_k, $\mathbf{B}$, $\mathbf{N}$을 식별하고, 그리고 다음 식

$$I_k = \mathbf{x}_k\text{의 } m\text{개의 가장 큰 성분의 첨자집합} \tag{10.46}$$

$$\mathbf{B} = \{\mathbf{a}_j \mid j \in I_k\},\ \mathbf{N} = \{\mathbf{a}_j \mid j \notin I_k\} \tag{10.47}$$

$$\mathbf{r}^t = \nabla f(\mathbf{x}_k)^t - \nabla_B f(\mathbf{x}_k)^t \mathbf{B}^{-1}\mathbf{A} \tag{10.48}$$

과 같이 $\mathbf{r}$을 계산한다. (10.49)-(10.55)를 고려해보자. 만약 $\alpha = \beta = 0$이라면, 중지한다; $\mathbf{x}_k$는 제약조건 $\mathbf{A}\mathbf{x} = \mathbf{b}$, $\mathbf{x} \geq \mathbf{0}$에 연관된 라그랑지 승수 $\nabla_B f(\mathbf{x}_k)^t \mathbf{B}^{-1}$과 $\mathbf{r}$을 각각 갖는 하나의 카루시-쿤-터커 점이다. 만약 $\alpha > \beta$이라면, (10.51), (10.53)에서 $\mathbf{d}_N$을 계산한다. 만약 $\alpha < \beta$라면 (10.52), (10.54)에서 $\mathbf{d}_N$을 계산한다. 만약 $\alpha = \beta \neq 0$이라면 (10.51), (10.53)에서 $\mathbf{d}_N$을 계산하고, 그렇지 않으면 (10.52), (10.54)에서 $\mathbf{d}_N$을 계산한다. 모든 경우에 있어, (10.55)에서

$\mathbf{d}_B$를 결정하고, 스텝 2로 간다.

$$\alpha = max\{-r_j | r_j \le 0\} \tag{10.49}$$

$$\beta = max\{x_j r_j | r_j \ge 0\} \tag{10.51}$$

$$\nu = \begin{cases} \alpha = -r_\nu \text{인 첨자} & \alpha \ge \beta\text{에 의지하면} \\ \beta = x_\nu r_\nu \text{인 첨자} & \beta \ge \alpha\text{에 의지하면} \end{cases} \tag{10.52}$$

$$\alpha \ge \beta\text{에 의지하는 경우: } d_j = \begin{cases} 0 & \text{만약 } j \notin I_k,\ j \ne \nu \\ 1 & \text{만약 } j \notin I_k,\ j = \nu \end{cases} \tag{10.53}$$

$$\beta \ge \alpha\text{에 의지하는 경우: } d_j = \begin{cases} 0 & \text{만약 } j \notin I_k,\ j \ne \nu \\ -1 & \text{만약 } j \notin I_k,\ j = \nu \end{cases} \tag{10.54}$$

$$\mathbf{d}_B = -\mathbf{B}^{-1}\mathbf{N}\mathbf{d}_N = -\mathbf{B}^{-1}\mathbf{a}_\nu d_\nu. \tag{10.55}$$

2. 다음 선형탐색문제

최소화 $f(\mathbf{x}_k + \lambda \mathbf{d}_k)$

제약조건 $0 \le \lambda \le \lambda_{max}$

를 고려해보고, 여기에서 λ_{max}는 다음 식

$$\lambda_{max} = \begin{cases} \underset{1 \le j \le n}{min} \left\{ \dfrac{-x_{jk}}{d_{jk}} \middle| d_{jk} < 0 \right\} & \text{만약 } \mathbf{d}_k \not\ge \mathbf{0} \\ \infty & \text{만약 } \mathbf{d}_k \ge \mathbf{0} \end{cases} \tag{10.56}$$

과 같이 구하며 x_{jk}, d_{jk}는 각각 $\mathbf{x}_k$, $\mathbf{d}_k$의 j-째 성분이다. λ_k를 하나의 최적해라 하고 $\mathbf{x}_{k+1} = \mathbf{x}_k + \lambda_k \mathbf{d}_k$라 한다. k를 $k+1$로 대체하고 스텝 1로 간다.

수정경도법에서 $\alpha = \beta = 0$이라는 것은 $\mathbf{d}_N = \mathbf{0}$이라는 것과 같은 뜻임을 관측하고, 정리 10.6.1에 따라 이것이 성립한다는 것은 $\mathbf{x}_k$가 카루시-쿤-터커 점이라는 것과 같은 뜻이다. 그렇지 않다면, 정리 10.6.1의 증명처럼 $\mathbf{d} \ne \mathbf{0}$는 개선 실현가능방향이다.

10.7.1 예제

다음 문제

$$\begin{aligned} \text{최소화} \quad & 2x_1^2+2x_2^2-2x_1x_2-4x_1-6x_2 \\ \text{제약조건} \quad & x_1+\ \ x_2+x_3 \qquad = 2 \\ & x_1+5x_2+ \qquad x_4 = 5 \\ & x_1, \quad x_2, \quad x_3, \quad x_4 \geq 0 \end{aligned}$$

를 고려해보자. $\mathbf{x}_1 = (0,0,2,5)$에서 출발하여 장윌의 볼록-심플렉스 방법을 사용해 이 문제의 최적해를 구한다. 경도는 다음 식

$$\nabla f(\mathbf{x}) = (4x_1-2x_2-4,\, 4x_2-2x_1-6,\, 0,\, 0)^t.$$

임을 주목하자. 수정경도법처럼 각각의 반복계산에서, 해 벡터 $\mathbf{x}_k$와 $\nabla f(\mathbf{x}_k)$도 제공하면서 정보를 태블로 형태로 나타내는 것이 편리하다.

반복계산 1:

탐색방향 점 $\mathbf{x}_1 = (0,0,2,5)$에서 $\nabla f(\mathbf{x}_1) = (-4,\, -6, 0, 0)$이다. 그렇다면 (10.46)에서 $I_1 = \{3,4\}$이며, 그래서 $\mathbf{B} = [\mathbf{a}_3, \mathbf{a}_4]$, $\mathbf{N} = [\mathbf{a}_1, \mathbf{a}_2]$이다. (10.48)을 사용해 수정경도는 다음 식

$$\mathbf{r}^t = (-4,\, -6, 0, 0) - (0,0)\begin{bmatrix} 1 & 1 & 1 & 0 \\ 1 & 5 & 0 & 1 \end{bmatrix} = (-4,\, -6, 0, 0)$$

과 같이 계산한다. 이 스테이지에서 태블로는 아래에 주어진다.

		x_1	x_2	x_3	x_4
해 $\mathbf{x}_1$		0	0	2	5
$\nabla f(\mathbf{x}_1)$		-4	-6	0	0
$\nabla_B f(\mathbf{x}_1) = \begin{bmatrix} 0 \\ 0 \end{bmatrix}$	x_3	1	1	1	0
	x_4	1	5	0	1
$\mathbf{r}$		-4	-6	0	0

지금, (10.49)에서, $\alpha = max\{-r_1, -r_2, -r_3, -r_4\} = -r_2 = 6$이다. 또한, (10.50)에서, $\beta = max\{x_3 r_3, x_4 r_4\} = 0$이다; 그러므로 (10.51)에서 $\nu = 2$이다. $-r_2 = 6$임은 감소된 목적함숫값을 산출하기 위해 x_2가 축소될 수 있음을 의미함을 주목하자. 탐색방향은 (10.53), (10.55)로 주어진다. (10.53)에서 $\mathbf{d}_N = (d_1, d_2) = (0, 1)$이다; 그리고 (10.55)에서 $\mathbf{d}_B = (d_3, d_4) = -(1, 5)$을 얻는다. 위의 태블로에서 $\mathbf{d}_B = -\mathbf{B}^{-1}\mathbf{a}_2$는 $\mathbf{x}_2$ 열의 음(-) 값임을 주목하자. 그러므로 $\mathbf{d}_1 = (0, 1, -1, -5)$이다.

선형탐색 점 $\mathbf{x}_1 = (0, 0, 2, 5)$에서 출발하여, $\mathbf{d}_1 = (0, 1, -1, -5)$ 방향을 따라 탐색한다. $\mathbf{x}_1 + \lambda\mathbf{d}_1$이 실현가능해가 되도록 하는 λ의 최댓값은 (10.56)에 의해 주어진다. 이 경우, λ의 최댓값은 아래

$$\lambda_{max} = min\left\{\frac{2}{1}, \frac{5}{5}\right\} = 1$$

와 같다. 또한, $f(\mathbf{x}_1 + \lambda\mathbf{d}_1) = 2\lambda^2 - 6\lambda$이다. 그러므로 다음 문제

$$\begin{array}{ll} \text{최소화} & 2\lambda^2 - 6\lambda \\ \text{제약조건} & 0 \le \lambda \le 1 \end{array}$$

의 최적해를 구한다. 최적해는 $\lambda_1 = 1$이며, 그래서 $\mathbf{x}_2 = \mathbf{x}_1 + \lambda_1\mathbf{d}_1 = (0, 1, 1, 0)$이다.

반복계산 2:

탐색방향 점 $\mathbf{x}_2 = (0, 1, 1, 0)$에서 (10.46)에 따라, $I_2 = (2, 3)$이며, 그래서 $\mathbf{B} = [\mathbf{a}_2, \mathbf{a}_3]$, $\mathbf{N} = [\mathbf{a}_1, \mathbf{a}_4]$이다. 1회 피봇팅연산으로 얻은 갱신된 태블로는 아래에 주어진다. $\nabla f(\mathbf{x}_2) = (-6, -2, 0, 0)$임을 주목하자; 그리고 (10.48)에서, 다음 식

$$\mathbf{r}^t = (-6, -2, 0, 0) - (0, -2)\begin{bmatrix} \frac{4}{5} & 0 & 1 & -\frac{1}{5} \\ \frac{1}{5} & 1 & 0 & \frac{1}{5} \end{bmatrix} = \left(-\frac{28}{5}, 0, 0, \frac{2}{5}\right)$$

과 같이 $\mathbf{r}$을 얻는다.

		x_1	x_2	x_3	x_4
해 $\mathbf{x}_2$		0	1	1	0
$\nabla f(\mathbf{x}_2)$		-6	-2	0	0
$\nabla_B f(\mathbf{x}_2) = \begin{bmatrix} 0 \\ -2 \end{bmatrix}$	x_3	$\frac{4}{5}$	0	1	$-\frac{1}{5}$
	x_2	$\frac{1}{5}$	1	0	$\frac{1}{5}$
$\mathbf{r}$		$-\frac{28}{5}$	0	0	$\frac{2}{5}$

(10.49), (10.50)에서, $\alpha = max\{-r_l, -r_2, -r_3\} = -r_1 = 28/5$, $\beta = max\{x_2 r_2, x_3 r_3, x_4 r_4\} = 0$이며, 그래서 $\nu = 1$이다. 이것은 $\mathbf{x}_1$이 증가할 수 있음을 의미한다. (10.53), (10.55)에서, $\mathbf{d}_N = (d_1, d_4) = (1, 0)$, $\mathbf{d}_B = (d_3, d_2) = (-4/5, -1/5)$이다. 따라서 $\mathbf{d}_2 = (1, -1/5, -4/5, 0)$이다.

선형탐색 점 $\mathbf{x}_2 = (0, 1, 1, 0)$에서 출발하여, 방향 $\mathbf{d}_2 = (1, -1/5, -4/5, 0)$를 따라 탐색하려고 한다. $\mathbf{x}_2 + \lambda \mathbf{d}_2$가 실현가능해가 되는 λ의 최댓값은 (10.56)에 따라 다음

$$\lambda_{max} = min\left\{\frac{1}{1/5}, \frac{1}{4/5}\right\} = \frac{5}{4}$$

과 같다. 또한 $f(\mathbf{x}_2 + \lambda \mathbf{d}_2) = 2.48\lambda^2 - 5.6\lambda - 4$이다. 그러므로 이 문제

$$\begin{aligned} &\text{최소화} \quad 2.48\lambda^2 - 5.6\lambda - 4 \\ &\text{제약조건} \quad 0 \le \lambda \le \frac{5}{4} \end{aligned}$$

의 최적해는 $\lambda_2 = 35/31$이며, 그래서 $\mathbf{x}_3 = \mathbf{x}_2 + \lambda_2 \mathbf{d}_2 = (35/31, 24/31, 3/31, 0)$이다.

반복계산 3:

탐색방향 점 $\mathbf{x}_3 = (35/31, 24/31, 3/31, 0)$에서, (10.46)에서 $I_3 = (1, 2)$를 얻으며, $\mathrm{B} = [\mathbf{a}_1, \mathbf{a}_2]$, $\mathrm{N} = [\mathbf{a}_3, \mathbf{a}_4]$이다. 또한, $\nabla f(\mathbf{x}_3) = (-32/31, -160/31, 0, 0)$이며, 그리고 (10.48)에서 다음 식

$$\mathbf{r}^t = \left(-\frac{32}{31}, -\frac{160}{31}, 0, 0\right) - \left(-\frac{32}{31}, -\frac{160}{30}\right)\begin{bmatrix} 1 & 0 & \frac{5}{4} & -\frac{1}{4} \\ 0 & 1 & -\frac{1}{4} & \frac{1}{4} \end{bmatrix}$$
$$= \left(0, 0, 0, \frac{32}{31}\right)$$

과 같이 $\mathbf{r}$을 얻는다. 이 정보는 다음 태블로에 주어진다.

		x_1	x_2	x_3	x_4
해 $\mathbf{x}_3$		$\frac{35}{31}$	$\frac{24}{31}$	$\frac{3}{31}$	0
$\nabla f(\mathbf{x}_3)$		$-\frac{32}{31}$	$-\frac{160}{31}$	0	0
$\nabla_B f(\mathbf{x}_3) = \begin{bmatrix} -\frac{32}{31} \\ -\frac{160}{31} \end{bmatrix}$	x_1	1	0	$\frac{5}{4}$	$-\frac{1}{4}$
	x_2	0	1	$-\frac{1}{4}$	$\frac{1}{4}$
$\mathbf{r}$		0	0	0	$\frac{32}{31}$

표 10.6 장월의 볼록-심플렉스 방법 계산의 요약

반복 k	$\mathbf{x}_k$	$f(\mathbf{x}_k)$	탐색방향		선형탐색	
			$\mathbf{r}_k$	$\mathbf{d}_k$	λ_k	$\mathbf{x}_{k+1}$
1	$(0, 0, 2, 5)$	0.0	$(-4, -6, 0, 0)$	$(0, 1, -1, -5)$	1	$(0.1, 1, 0)$
2	$(0, 1, 1, 0)$	-4.0	$\left(-\frac{28}{5}, 0, 0, \frac{2}{5}\right)$	$\left(1, -\frac{1}{5}, -\frac{4}{5}, 0\right)$	$\frac{35}{31}$	$\left(\frac{35}{31}, \frac{24}{31}, \frac{3}{31}, 0\right)$
3	$\left(\frac{35}{31}, \frac{24}{31}, \frac{3}{31}, 0\right)$	-7.16	$(0, 0, 0, 1)$			

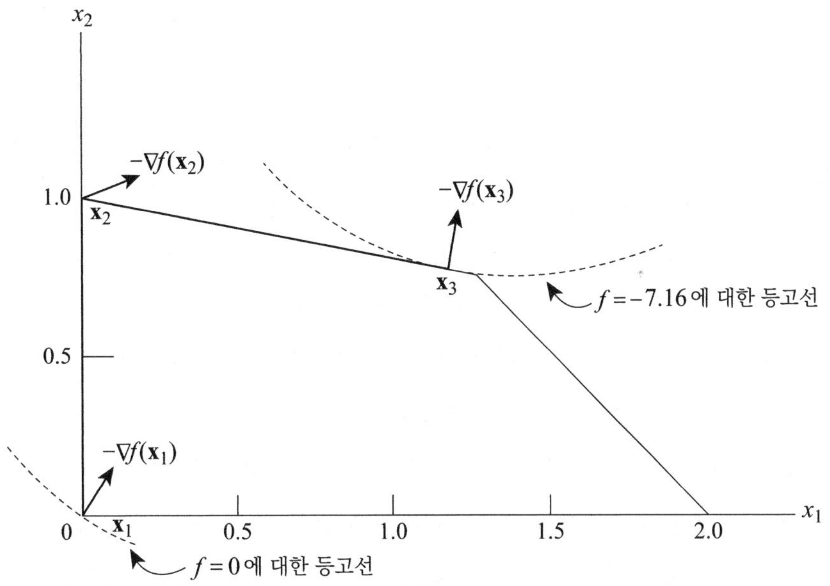

그림 10.20 장윌의 볼록-심플렉스 방법

이 경우, $\alpha = max\{-r_1, -r_2, -r_3\} = 0$, $\beta = max\{x_1 r_1, x_2 r_2, x_3 r_3, x_4 r_4)\} = 0$이다. 그러므로, $\mathbf{x}_3 = (35/31, 24/31, 3/31, 0)$는 카루시-쿤-터커 해이며, 그러므로 이것은 이 문제의 최적해이다(최적 라그랑지 승수는 예제 10.6.2처럼 구해진다). 계산의 요약은 표 10.6에 주어진다. 알고리즘의 진전은 그림 10.20에 나타나 있다.

볼록-심플렉스 방법의 수렴

볼록-심플렉스 방법에서 하나의 카루시-쿤-터커 점으로의 수렴은 정리 10.6.3의 논증과 유사한 논증에 따라 수립된다. 완비성을 위해, 이 논증은 아래에 묘사된다.

10.7.2 정리

$f: \Re^n \rightarrow \Re$은 연속 미분가능이라 하고, 최소화 $f(\mathbf{x})$ 제약조건 $\mathbf{Ax} = \mathbf{b}$ $\mathbf{x} \ge 0$ 문제를 고려해보고, 여기에서 $m \times n$ 행렬 $\mathbf{A}$와 m-벡터 $\mathbf{b}$는, 실현가능영역의 모든 극점이 m개의 양(+) 성분을 가지며 $\mathbf{A}$의 m개 열을 선택하면 이것이 선형독립이도록 하는 $m \times n$ 행렬 $\mathbf{A}$와 m-벡터 $\mathbf{b}$이다. 수열 $\{\mathbf{x}_k\}$는 볼록-심플렉스 방

법으로 생성한다고 가정한다. 그렇다면 임의의 집적점은 하나의 카루시-쿤-터커 점이다.

증명 $\{\mathbf{x}_k\}_{\mathbb{K}}$는 극한이 $\hat{\mathbf{x}}$인 수렴하는 부분수열이라 하자. $\hat{\mathbf{x}}$는 카루시-쿤-터커 점임을 보일 필요가 있다. 모순을 일으켜, $\hat{\mathbf{x}}$는 카루시-쿤-터커 점이 아니라고 가정한다. 보조정리 10.2.6의 조건 1에서 4까지를 만족시키는 수열 $\{(\mathbf{x}_k, \mathbf{d}_k)\}_{\mathbb{K}''}$을 제시하며, 이것은 불가능하다는 것을 보인다.

$\{\mathbf{d}_k\}_{\mathbb{K}}$는 $\{\mathbf{x}_k\}_{\mathbb{K}}$에 연관된 방향벡터 수열이라 하자. $\mathbf{x}_k$에서 $\mathbf{d}_k$는 (10.46)에서 (10.55)까지의 식에 따라 정의됨을 주목하자. I_k는 $\mathbf{d}_k$를 계산하기 위해 사용되는 $\mathbf{x}_k$의 m개의 가장 큰 성분의 첨자를 나타내는 집합이라 하면, 각각의 $k \in \mathbb{K}'$에 대해 $I_k = \hat{I}$이 되도록 하는 $\mathbb{K}' \subseteq \mathbb{K}$이 존재하며, 여기에서 $\hat{I}$는 $\hat{\mathbf{x}}$의 m개의 가장 큰 성분의 첨자를 나타내는 집합이라 한다. 더군다나, 모든 $k \in \mathbb{K}''$에 대해 $\mathbf{d}_k$는 (10.53), (10.55)에 의해 주어지거나 또는 모든 $k \in \mathbb{K}''$에 대해 (10.54), (10.55)에 의해 주어지는 $\mathbb{K}'' \subseteq \mathbb{K}'$가 존재한다. 첫째 케이스에서, $\hat{\mathbf{d}}$는 $\hat{\mathbf{x}}$에서, (10.46), (10.47), (10.48), (10.49), (10.51), (10.53), (10.55)에서 구한다고 하고, 후자의 케이스에서, $\hat{\mathbf{d}}$는 $\hat{\mathbf{x}}$에서 (10.46), (10.47), (10.48), (10.50), (10.52), (10.54), (10.55)에서 구한다고 하자. 어느 케이스에서도 $k \in \mathbb{K}''$에 대해 $\mathbf{d}_k = \hat{\mathbf{d}}$이다. f의 연속 미분가능성에 의해, $\hat{\mathbf{x}}$에서 $\hat{\mathbf{d}}$는 (10.46)에서 (10.55)까지의 절차를 적용해 얻었을 것임을 주목하자. $\hat{\mathbf{x}}$는 카루시-쿤-터커 점이 아니며, 따라서 $\hat{\mathbf{d}} \neq \mathbf{0}$, $\nabla f(\hat{\mathbf{x}}) \cdot \hat{\mathbf{d}} < 0$이다. 요약하자면, 보조정리 10.2.6의 조건 1, 2, 4를 만족시키는 수열 $\{(\mathbf{x}_k, \mathbf{d}_k)\}_{\mathbb{K}''}$을 보였다. 증명을 완결하기 위해 파트 3도 역시 성립함을 보일 필요가 있다.

$k \in \mathbb{K}''$에 대해 $\mathbf{d}_k = \hat{\mathbf{d}}$임을 주목하자. 만약 $\hat{\mathbf{d}} \geq \mathbf{0}$이라면, 모든 $\lambda \in [0, \infty)$에 대해 $\mathbf{x}_k + \lambda \hat{\mathbf{d}} \geq \mathbf{0}$이다. 만약 $\hat{\mathbf{d}} \not\geq \mathbf{0}$이라면, 그리고 $\hat{\mathbf{d}}$는 $\hat{\mathbf{x}}$에서 실현가능방향이므로 모든 $\lambda \in [0, 2\delta]$에 대해 $\hat{\mathbf{x}} + \lambda \hat{\mathbf{d}} \geq \mathbf{0}$이며, 여기에서 $2\delta = min\{-\hat{x}/\hat{d}_i \mid \hat{d}_i < 0\}$이다. $x_{ik} \to \hat{x}_i$에 따라 $\mathbf{d}_k = \hat{\mathbf{d}}$로 되므로, 그렇다면 모든 충분히 큰 $k \in \mathbb{K}''$에 대해 $\delta_k = min\{-x_{ik}/d_{ik} \mid d_{ik} < 0\} \geq \delta$이다. 그렇다면 (10.56)에서 모든 $\lambda \in [0, \delta]$와 큰 $k \in \mathbb{K}''$에 대해 $\mathbf{x}_k + \lambda \mathbf{d}_k$는 실현가능해임이 뒤따른다.

따라서 보조정리 10.2.6의 '조건 3'은 성립하며, 증명이 완결되었다. (증명 끝)

10.8 효과적인 1계와 2-계 수정경도법의 변형

울프의 수정경도법과 장윌의 볼록-심플렉스 방법 모두에서 실현가능해가 주어지면, 어떻게 공간을 기저 변수 $\mathbf{x}_B$의 집합과 비기저 변수 $\mathbf{x}_N$의 집합으로 분해할 수 있고, 본질적으로 $\mathbf{x}_B = \mathbf{B}^{-1}\mathbf{b} - \mathbf{B}^{-1}\mathbf{N}\mathbf{x}_N$을 대체해 비기저 변수 공간 위로 문제를 사영함을 보였다(연습문제 10.52 참조). 변환된 제약조건에서 $\mathbf{x}_B \geq \mathbf{0}$을 여유변수로 취급하면, 이 공간에서 고려 중인 문제는 다음 식

$$\text{최소화} \left\{F(\mathbf{x}_N) \equiv f(\mathbf{B}^{-1}\mathbf{b} - \mathbf{B}^{-1}\mathbf{N}\mathbf{x}_N, \mathbf{x}_N) \,\middle|\, \mathbf{B}^{-1}\mathbf{N}\mathbf{x}_N \leq \mathbf{B}^{-1}\mathbf{b},\ \mathbf{x}_N \geq \mathbf{0}\right\} \tag{10.57}$$

처럼 됨을 주목하자. 다음 식

$$\begin{aligned}[\nabla F(\mathbf{x}_N)]^t &= \left[\frac{\partial f}{\partial \mathbf{x}_N} + \frac{\partial f}{\partial \mathbf{x}_B}\frac{\partial \mathbf{x}_B}{\partial \mathbf{x}_N}\right]^t \\ &= \nabla_N f(\mathbf{x})^t - \nabla_B f(\mathbf{x})^t \mathbf{B}^{-1}\mathbf{N} = \mathbf{r}_N^t \end{aligned} \tag{10.58}$$

을 주목하고, 여기에서 $\mathbf{r}_N$은 수정경도이다. 더구나 퇴화를 막으면서, 유일하게 구속하는 제약조건은 현재 $x_j = 0$인 집합 $\mathbf{x}_N \geq \mathbf{0}$에서 비음(-) 제약조건이다. 그러므로 수정경도법은 비기저 변수 공간에서 다음 식

$$\underset{\mathbf{d}_N}{\text{최소화}} \left\{\nabla F(\mathbf{x}_N)\cdot\mathbf{d}_N = \mathbf{r}_N\cdot\mathbf{d}_N = \sum_{j\in J_N} r_j d_j \,\middle|\, -x_j|r_j| \leq d_j \leq |r_j| \quad \forall j \in J_N\right\} \tag{10.59}$$

과 같이 방향탐색 하위문제를 구성하며, 여기에서 J_N은 비기저 변수의 첨자집합을 나타낸다. 만약 $r_j \leq 0$이라면 (10.59)의 자명한 해는 $d_j = |r_j| = -r_j$라 하고, 만약 $r_j > 0$이라면 $d_j = -x_j|r_j| = -x_j r_j$라 함을 관측하시오. (10.43)처럼,

이같이 해서 $\mathbf{d}_N$을 제공한다; 그리고 $\mathbf{Ad} = \mathbf{Bd}_B + \mathbf{Nd}_N = \mathbf{0}$임을 사용해, 이동방향 $\mathbf{d}^t = (\mathbf{d}_B^t, \mathbf{d}_N^t)$을 얻기 위해 $\mathbf{d}_B = -\mathbf{B}^{-1}\mathbf{Nd}_N$을 계산한다.

볼록-심플렉스 방법은 동일한 방향탐색문제 (10.59)를 검사하지만, 다시 말하자면 (10.59)의 해에서 $\mathbf{d}_N$의 가장 큰 절댓값을 갖는 성분 1개만 $\mathbf{0}$이 아닌 것으로 허용한다. 이것은 척도가 주어진 단위 벡터 $\mathbf{d}_N$을 제공하고, 그리고 $\mathbf{d}$를 생산하기 위해, 전과 같이 $\mathbf{d}_B = -\mathbf{B}^{-1}\mathbf{Nd}_N$에 따라 $\mathbf{d}_B$가 계산된다. 그러므로 볼록-심플렉스 방법은 다면체집합의 모서리 또는 비기저 변수 공간의 축의 하나에 평행하게 이동하면서 $\mathbf{d}_N$의 단 1개의 성분만을 바꾸는 반면, 수정경도법은 (10.59)에 따라 원하는 대로 모든 성분이 변하도록 허용한다. 앞에서의 전략은 과도하게 제한적인 반면, 짧은 스텝을 택하면, 동시에 바뀌는 많은 성분 때문에 막힘현상이 일어나므로 후자의 전략도 역시 진전이 느려지는 결과를 초래함이 밝혀진다.

계산에 있어, 앞서 말한 2개 극한 사이의 타협이 도움이 된다. 이 목적을 위해, $n-m$개 요소를 갖는 $\mathbf{x}_N$을 $(\mathbf{x}_S, \mathbf{x}_{N'})$으로 더욱 분할하고 그에 따라 $\mathbf{N}$을 $[\mathbf{S}, \mathbf{N}']$로 분할한다고 가정한다. J_S에 따라 첨자 붙은 변수 $\mathbf{x}_S$는 이를테면, 여기에서 $0 \le |J_S| \equiv s \le n-m$이며, **슈퍼 기저 변수**라고 말하고 일반적으로 양(+)인 변수 $\mathbf{x}_N$의 부분집합으로(또는 한계의 유형이 문제에 명시되어 있을 때 엄격하게 상한과 하한 사이에서) 선택된다. 나머지 변수 $\mathbf{x}_{N'}$은 여전히 **비기저 변수**라고 말한다. 그러므로, 아이디어는, 기저 변수 $\mathbf{x}_B$는 평소와 같이 선례를 따르고, 변수 $\mathbf{x}_{N'}$를 고정시키고 변수 $\mathbf{x}_S$가 반복계산점을 개선하는 실현가능점으로 안내하는 추진력이 되도록 하는 것이다. 그러므로 $\mathbf{d}^t = (\mathbf{d}_B^t, \mathbf{d}_S^t, \mathbf{d}_{N'}^t)$라고 나타내면, $\mathbf{d}_{N'} = \mathbf{0}$이다; 그리고 $\mathbf{Ad} = \mathbf{0}$에서, $\mathbf{Bd}_B + \mathbf{Sd}_S = \mathbf{0}$ 또는 $\mathbf{d}_B = -\mathbf{B}^{-1}\mathbf{Sd}_S$를 얻는다. 그에 따라, 다음 식

$$\mathbf{d} = \begin{bmatrix} \mathbf{d}_B \\ \mathbf{d}_S \\ \mathbf{d}_{N'} \end{bmatrix} = \begin{bmatrix} -\mathbf{B}^{-1}\mathbf{S} \\ \mathbf{I} \\ \mathbf{0} \end{bmatrix} \mathbf{d}_S \equiv \mathbf{Zd}_S \tag{10.60}$$

을 얻으며, 여기에서 $\mathbf{Z}$는 $n \times s$ 행렬로 적절하게 정의된다. 그러면 문제 (10.59)는 다음과 같은 방향탐색문제

$$\text{최소화}\quad \left\{\nabla f(\mathbf{x})\cdot\mathbf{d} = \nabla f(\mathbf{x})^t\mathbf{Z}\mathbf{d}_S = [\nabla_S f(\mathbf{x})^t - \nabla_B f(\mathbf{x})^t\mathbf{B}^{-1}\mathbf{S}]\cdot\mathbf{d}_S = \mathbf{r}_S\cdot\mathbf{d}_S = \sum_{j\in J_S} r_j d_j\right\}$$

$$\text{제약조건}\quad -x_j|r_j| \le d_j \le |r_j| \quad \forall j\in J_S \tag{10.61}$$

로 바뀐다. 문제 (10.59)와 유사하게, 만약 $r_j \le 0$이라면 (10.61)의 해는 $d_j = |r_j| = -r_j$임을 도출하고, 만약 모든 $j\in J_S$에 대해 $r_j > 0$이라면 $d_j = -x_j|r_j| = -x_j r_j$를 도출한다. 이것은 $\mathbf{d}_S$를 제공하고, (10.60)에서 $\mathbf{d}$를 얻는다. 수정경도법에 대해, $\mathrm{S}\equiv\mathbf{N}$이다. 다시 말하면 $s = n-m$이며, 이에 반해 볼록-심플렉스 방법에서 $s = 1$을 얻었음을 주목하자.

앞서 말한 개념을 사용함에 있어 추천할 만한 실행방법은 다음과 같이 진행한다(상용 소프트웨어 "MINOS"는 이 전략을 채택하고 있다). 초기화하기 위해, $j\in J_N$에 대한 성분 d_j의 크기에 기반해, (10.59)의 해에서, $\mathbf{d}$의 s개의 성분 $\mathbf{d}_S$는 **독립적으로** 변하도록 허용한다(이 문제에서 "MINOS"는 단순히 모든 $j\in J_N$에 대해 $-|r_j|\le d_j \le |r_j|$라는 한계를 사용한다). 이것은 어떤 s개의 (양(+)) 슈퍼 기저 변수 집합으로 귀착한다. 지금, 이 아이디어는 $(\mathbf{x}_B, \mathbf{x}_S)$-변수 공간에서 $\mathbf{x}_{N'}$을 고정시키고, (10.61)을 방향탐색문제로 사용해 수정경도법을 실행하는 것이다. 그에 따라 간혹 이 기법은 **하위최적화 전략**이라 말한다. 그러나 이들 반복계산 도중에, 만약 $\mathbf{x}_B$ 또는 $\mathbf{x}_S$ 어떤 성분이라도 0의 한계에 부딪친다면, 이것은 비기저 변수 집합으로 이전된다. 또한, 어떤 기저 변수가 이것의 0의 한계에서 막을 때에만 피봇팅 연산이 실행된다(그러므로 이 방법은 m개의 가장 양(+)인 성분을 기저로 유지할 필요는 없다). 피봇팅을 하면, 슈퍼 기저 변수가 수정된 기저를 제공하도록 기저 변수가 교환되며, 퇴출하는 기저 변수는 비기저 변수 집합으로 이전한다. $\mathbf{x}_S > \mathbf{0}$이 항상 주어져 있음을 주목하면 이 과정은 $J_S=\varnothing\,(s=0)$이거나, 또는 $\|\mathbf{r}_S\|\le\varepsilon$이 될 때까지 계속하며, 여기에서 $\varepsilon>0$은 어떤 허용값이다. 이 점에서, 절차는 전체 벡터 $\mathbf{r}_N$이 계산되는 **상대비용계산 페이스**[2]로 들어간다. 만약 카루시-쿤-터커 조건이 허용가능한 오차 이내에서 만족된다면, 절차를 중지한다. 그렇지 않다면, **복수의 상대비용계산**[3] 옵션을 사용해 추가적 변수, 또는 (유효하게

2) 역자 주: 선형계획법의 pricing phase

3) 역자 주: multiple pricing: 한 번에 복수의 비기저 변수의 상대가격을 검토해 기저에 진입

진입할 수 있는) 추가적 변수의 집합이 비기저 변수 집합에서 슈퍼 기저 변수 집합으로 변환되고 이 절차는 계속한다. 하위최적화의 특징 때문에, 이 전략은 계산상으로 바람직하다는 것이 밝혀지며, 특히 제약조건보다도 몇 개 더 많은 변수를 갖는 대규모 문제에 대해 효과적이다.

2-계 함수적 근사화

방향탐색문제 (10.61)은 목적함수 f의 선형근사화를 채택한다. 알고 있는 바와 같이 f의 급경사인 등고선으로 인해, 이것은 느린 지그재깅 수렴행태에 취약할 수 있다. 그림 10.21은 볼록-심플렉스 방법($s=1$)의 정황에서 이와 같은 현상을 예시한다. 몇 개 제약조건이 이 경로를 막을 때까지 제약 없는 최급강하법처럼 행동하면서 수정경도법($s=2$)은 유사한 행태로 지그재그할 것이다(연습문제 10.41 참조). 반면에, 만약 방향탐색문제에서 f의 2-계 근사화를 채택한다면, 수렴행태의 가속을 바랄 수 있다.

예를 들면, 만약 그림 10.21에서 예시한 함수가 자체로 이차식이라면, 그

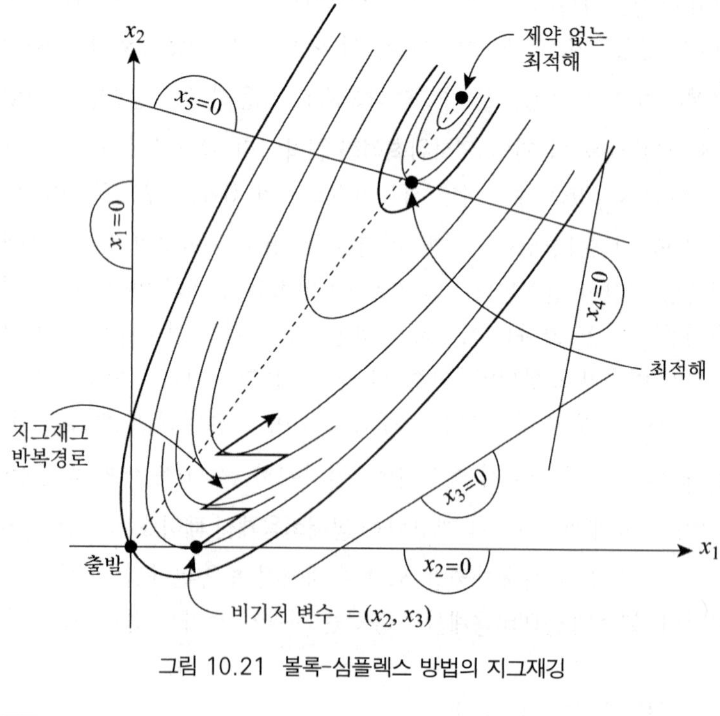

그림 10.21 볼록-심플렉스 방법의 지그재깅

시키는 것

림 10.21에서 점선으로 나타낸 바와 같이, 원점에서($s=2$을 사용해) 이러한 방향은 제약 없는 최소해를 지시할 것이다. 이것은 직접 이 점으로 인도할 것이며, 여기에서 이 점선은 평면 $x_5=0$을 가로지르며, 이로부터, 지금 $s=1$을 갖고(x_5가 비기저임), 다음 반복계산은 최적해로 수렴할 것이다(연습문제 10.41 참조).

이러한 이차식 방향탐색 문제의 개발은 용이하다. 현재의 점 $\mathbf{x}$에서, 선형부분공간 $\mathbf{Ad}=\mathbf{0}$ 전체에 걸쳐 $f(\mathbf{x})+\nabla f(\mathbf{x})\cdot\mathbf{d}+(1/2)\mathbf{d}^t\mathbf{H}(\mathbf{x})\mathbf{d}$로 주어진 $f(\mathbf{x}+\mathbf{d})$의 2-계 근사화함수를 최소화하고, 여기에서 $\mathbf{d}$는 $\mathbf{d}_{N'}=\mathbf{0}$인 $\mathbf{d}^t=\left(\mathbf{d}_B^t, \mathbf{d}_S^t, \mathbf{d}_{N'}^t\right)$이다. 이 절차로 (10.60)처럼 $\mathbf{d}=\mathbf{Zd}_S$를 얻으며, 그러므로 방향탐색문제는 다음 식

$$\text{최소화} \quad \left\{\mathbf{r}_S\cdot\mathbf{d}_S+\frac{1}{2}\mathbf{d}_S^t[\mathbf{Z}^t\mathbf{H}(\mathbf{x})\mathbf{Z}]\mathbf{d}_S \mid \mathbf{d}_S\in\Re^s\right\} \tag{10.62}$$

과 같이 주어지며. 여기에서 $\nabla f(\mathbf{x})\cdot\mathbf{d}=\nabla f(\mathbf{x})^t\mathbf{Zd}_S=\mathbf{r}_S\cdot\mathbf{d}_S$를 작성하기 위해 (10.61)을 사용했다.

(10.62)는 슈퍼 기저방향벡터의 성분의 공간 위로 사영된 목적함수를 이차식으로 근사화해 제약 없는 최소화문제로 나타낸다는 것을 주목하자. 그에 따라, $s\times s$ 행렬 $\mathbf{Z}^t\mathbf{H}(\mathbf{x})\mathbf{Z}$은 **'사영된 헤시안행렬'**이라 하며 비록 $\mathbf{H}$가 희박행렬이라도 사영된 헤시안행렬은 조밀할 수 있다. 그러나 잘만 되면 s는 작다(연습문제 10.55 참조). (10.62)의 목적함수의 경도를 $\mathbf{0}$이라고 지정하면, 다음 식

$$[\mathbf{Z}^t\mathbf{H}(\mathbf{x})\mathbf{Z}]\mathbf{d}_S=-\mathbf{r}_S \tag{10.63}$$

을 얻는다. $\mathbf{d}_S=\mathbf{0}$이 (10.63)의 해라는 것은 $\mathbf{r}_S=\mathbf{0}$이라는 것과 같은 뜻임을 주목하자. 그렇지 않다면 $\mathbf{Z}^t\mathbf{H}(\mathbf{x})\mathbf{Z}$는 양정부호[예를 들면 만약 $\mathbf{H}(\mathbf{x})$가 양정부호라면 $\mathbf{Z}$는 꽉 찬 열계수를 가지므로 그럴 수 있음]라고 가정해 $\mathbf{d}_S=-[\mathbf{Z}^t\mathbf{H}(\mathbf{x})\mathbf{Z}]^{-1}\mathbf{r}_s\neq\mathbf{0}$이다; 나아가서, (10.61), (10.63)에서 $\nabla f(\mathbf{x})\cdot\mathbf{d}=\nabla f(\mathbf{x})^t\mathbf{Zd}_S=\mathbf{r}_S\cdot\mathbf{d}_S=-\mathbf{d}_S^t[\mathbf{Z}^t\mathbf{H}(\mathbf{x})\mathbf{Z}]\mathbf{d}_S<0$이며, 그래서 $\mathbf{d}=\mathbf{Zd}_S$는 개선실현가능 방향이다. 이 뉴톤법 기반의 방향벡터를 사용해, 지금 선형탐색을 실행할 수 있고, 방향탐색 스텝을 위해 (10.61)을 (10.62)로 대체하고 위의 하위최적화 구도를 사용해 진행할 수 있다.

실제 문제에 있어, 비록 헤시안 $\mathbf{H}$를 구할 수 있고 양정부호라 하더라도, 정확하게 위에서 설명한 것처럼 사용하지 못할 수 있다. 일반적으로, 준 뉴톤법 구도를 사용해 하나의 반복계산에서 다음 반복계산으로 갈 때 갱신되는 '사영된 헤시안' $\mathbf{Z}^t\mathbf{H}(\mathbf{x})\mathbf{Z}$의 양정부호 근사화 행렬은 유지된다. 실제로 $\mathbf{H}(\mathbf{x})$ 또는 $\mathbf{Z}^t\mathbf{H}(\mathbf{x})\mathbf{Z}$는 한 번도 계산되지 않는다는 것을 주목하고 한편으로 슈퍼 기저 변수의 차원의 변동만을 고려하면서 앞서 말한 준 뉴톤 근사화 행렬의 슐레스키 인수분해 $\mathbf{LL}^t$만이 유지된다(무르타그 & 손더스[1978] 참조). 또한, $\mathbf{Z}$는 한 번도 계산되지 않지만 오히려, $\mathbf{B}$의 $\mathbf{LU}$ 인수분해가 채택된다. 이같이 인수분해된 $\mathbf{B}$의 형태는, 일단 $\mathbf{d}_S$가 결정되고 나면 (10.60)처럼 연립방정식 $\mathbf{Bd}_B = -\mathbf{Sd}_S$의 해에서 $\mathbf{d}_B$를 구할 때 사용할 뿐만 아니라 연립방정식 $\boldsymbol{\pi}\mathbf{B} = \nabla_B f(\mathbf{x})^t$의 해를 구하는 목적으로 사용되며, 이로부터 (10.61)처럼 $\mathbf{r}_S^t = \nabla_S f(\mathbf{x}) - \boldsymbol{\pi}\mathbf{S}$를 계산해 $\mathbf{r}_S$를 구한다.

s가 꽤 커질 수 있는 문제(≥ 200, 이를테면)에 대해 준 뉴톤법조차도 적용하기 어려워진다. 이런 경우 공액경도법이 필수적으로 되며, 여기에서 공액경도법 구도 $F(\mathbf{d}_S) \equiv f(\mathbf{x} + \mathbf{Zd}_S)$를 최소화하는 사영된 문제에 직접 적용된다. 이같이 사영된 공간에서 $\nabla f(\mathbf{d}_S) = (\partial f/\partial \mathbf{x}_B)(\partial \mathbf{x}_B/\partial \mathbf{d}_S) + (\partial f/\partial \mathbf{x}_S)(\partial \mathbf{x}_S/\mathbf{d}_S) + (\partial f/\partial \mathbf{x}_N')$ $(\partial \mathbf{x}_N'/\partial d_S)\left[-\nabla_B f(\mathbf{x})^t\mathbf{B}^{-1}\mathbf{S} + \nabla_S f(\mathbf{x})^t\mathbf{I} + \mathbf{0}\right]^t = \mathbf{r}_S^t$임을 주목하자. 그러므로 방향 $\mathbf{d}_S$는 $-\mathbf{r}_S + \alpha\mathbf{d}_S$로 취하고, 여기에서 $\mathbf{d}_S'$는 앞에서의 방향벡터이며 α는 특별한 공액경도법의 구도로 결정한 승수이다. 적절한 조건 아래, 준 뉴톤법 또는 공액경도법은 슈퍼 선형수렴 과정으로 인도한다.

연습문제

[10.1] 점 $(1, 3)$에서 출발하여 톱키스와 베이노트의 방법에 의해 다음 문제

$$
\begin{aligned}
\text{최소화} \quad & 3(1-x_1)^2 - 10(x_2 - x_1^2)^2 + 2x_1^2 - 2x_1x_2 + e^{-2x_1 - x_2} \\
\text{제약조건} \quad & 2x_1^2 + x_2^2 \leq 16 \\
& (x_2 - x_1)^2 + x_1 \leq 6 \\
& 2x_1 + x_2 \geq 5
\end{aligned}
$$

의 최적해를 구하시오.

[10.2] 다음 문제

최소화 $2(x_1-3)^2+(x_2-2)^2$

제약조건 $2x_1^2-x_2 \le 0$

$x_1-2x_2+3=0$

를 고려해보자. 점 $\mathbf{x}=(1,2)$에서 출발하여, 다음 2개 정규화기법을 사용해 쥬텐딕의 절차에 따라 문제의 최적해를 구하시오:

a. $|d_j| \le 1 \quad j=1,2.$

b. $\mathbf{d} \cdot \mathbf{d} \le 1.$

[10.3] 다음 각각의 케이스

$S=\{\mathbf{x} \mid \mathbf{Ax}=\mathbf{b},\ \mathbf{x} \ge \mathbf{0}\}$;

$S=\{\mathbf{x} \mid \mathbf{Ax} \le \mathbf{b},\ \mathbf{Qx}=\mathbf{q},\ \mathbf{x} \ge \mathbf{0}\}$;

$S=\{\mathbf{x} \mid \mathbf{Ax} \ge \mathbf{b},\ \mathbf{x} \ge \mathbf{0}\}$

에 대해, 하나의 점 $\mathbf{x} \in S$에서 실현가능방향 집합의 적절한 특성의 설명을 하시오.

[10.4] 변수의 상한, 하한을 갖는 다음 문제

최소화 $f(\mathbf{x})$

제약조건 $a_j \le x_j \le b_j \quad j=1, \cdots, n.$

를 고려해보자. $\mathbf{x}$는 실현가능해라 하자. $\nabla_j = \partial f(\mathbf{x})/\partial x_j$라 하고 개선실현가능방향을 생성하는 쥬텐딕의 절차를 고려해보자.

a. 정규화 제약조건 $|d_j| \le 1$을 사용해 방향탐색문제의 최적해는 다음 식

$$d_j = \begin{cases} -1 & \text{만약 } x_i > a_j \text{이며 } \nabla_j \geq 0\text{이라면} \\ 1 & \text{만약 } x_j < b_j \text{이며 } \nabla_j < 0\text{이라면} \\ 0 & \text{그렇지 않으면} \end{cases}$$

으로 주어짐을 보이시오.

b. 정규화 제약조건 $\mathbf{d} \cdot \mathbf{d} \leq 1$을 사용해 방향탐색문제의 최적해는 다음 식

$$d_j = \begin{cases} \dfrac{-\nabla_j}{\left(\sum_{i \in I} \nabla_i^2\right)^{1/2}} & j \in I \\ 0 & j \notin I \end{cases}$$

과 같음을 보이고, 여기에서 $I = \{j \mid x_j > a_j\text{이며 } \nabla_j \geq 0,\ \text{아니면 } x_j < b_j\text{이며 } \nabla_j < 0\}$으로 주어진다.

c. 파트 *a*, *b*의 방법을 사용해, 점 $(-2, -3)$에서 출발하여 다음 문제

$$\begin{aligned} \text{최소화} \quad & 3x_1^2 - 2x_1x_2 + 4x_2^2 - 4x_1 - 3x_2 \\ \text{제약조건} \quad & -2 \leq x_1 \leq 0 \\ & -3 \leq x_2 \leq 1 \end{aligned}$$

의 최적해를 구하고 얻은 궤적을 비교하시오.

d. 파트 *a*, *b*의 방향탐색 사상은 닫혀있지 않음을 보이시오.

e. 수렴을 증명하거나, 또는 파트 *a*, *b*에서 토의한 방향탐색절차를 사용하는 실현가능방향법은 카루시-쿤-터커 점으로 수렴하지 않는다는 반례를 제시하시오.

[10.5] 선형제약조건의 쥬텐딕의 방법을 사용해 다음 문제

$$\begin{aligned} \text{최소화} \quad & 3x_1^2 + 2x_1x_2 + 2x_2^2 - 4x_1 - 3x_2 - 10x_3 \\ \text{제약조건} \quad & x_1 + 2x_2 + x_3 = 8 \\ & -2x_1 + x_2 \leq 1 \\ & x_1, \quad x_2, \quad x_3 \geq 0 \end{aligned}$$

의 최적해를 구하시오.

[10.6] 쥬텐딕의 절차에서 개선실현가능방향을 생성하기 위해 다음 문제

$$
\begin{aligned}
\text{최소화} \quad & z \\
\text{제약조건} \quad & \nabla f(\mathbf{x})\cdot\mathbf{d} \le z \\
& \nabla g_i(\mathbf{x})\cdot\mathbf{d} \le z \qquad i \in I \\
& -1 \le d_j \le 1 \qquad j = 1, \cdots, n
\end{aligned}
$$

의 최적해를 구하며, 여기에서 $I = \{i \mid g_i(\mathbf{x}) = 0\}$이다.

a. 이 방법은 각각 제약조건을 $h_i(\mathbf{x}) \le 0$, $-h_i(\mathbf{x}) \le 0$로 대체해 $h_i(\mathbf{x}) = 0$의 형태인 비선형 등식 제약조건을 수용할 수 없음을 보이시오.

b. $h_i(\mathbf{x}) = 0$ 형태의 제약조건을 취급하는 하나의 방법은, 먼저 이것을 2개 제약조건 $h_i(\mathbf{x}) \le \varepsilon$, $-h_i(\mathbf{x}) \le \varepsilon$로 대체하고 위의 방향탐색과정을 적용하는 것이며, 여기에서 $\varepsilon > 0$은 하나의 작은 스칼라이다. 다음 문제

$$
\begin{aligned}
\text{최소화} \quad & 3x_1^3 + 2x_2^2 x_3 + 2x_3 \\
\text{제약조건} \quad & x_1 + 2x_2 + \ x_3 = 7 \\
& 2x_1 - 3x_2 + 2x_3 \le 7
\end{aligned}
$$

의 최적해를 구하기 위해, 점 $(2, 1, 1)$에서 출발하여 이 방법을 사용하시오.

[10.7] 다음 문제

$$
\begin{aligned}
\text{최소화} \quad & f(\mathbf{x}) \\
\text{제약조건} \quad & g_i(\mathbf{x}) \le 0 \qquad i = 1, \cdots, m \\
& h_i(\mathbf{x}) = 0 \qquad i = 1, \cdots, \ell
\end{aligned}
$$

를 고려해보고 $\hat{\mathbf{x}}$는 $i \in I$에 대해 $g_i(\hat{\mathbf{x}})=0$임이 성립하는 하나의 실현가능점이라 하자.

a. $\hat{\mathbf{x}}$가 하나의 카루시-쿤-터커 점이라는 것은 다음 식

$$\begin{aligned} &\text{최소화} && \nabla f(\hat{\mathbf{x}})\cdot\mathbf{d} \\ &\text{제약조건} && \nabla g_i(\hat{\mathbf{x}})\cdot\mathbf{d} \le 0 && i\in I \\ &&& \nabla h_i(\hat{\mathbf{x}})\cdot\mathbf{d} = 0 && i=1,\ \cdots,\ell \\ &&& -1 \le d_j \le 1 && j=1,\ \cdots,n \end{aligned}$$

의 목적함수의 최적값이 0이라는 것과 같은 뜻임을 보이시오.

b. $\hat{\mathbf{d}}$는 파트 a의 문제의 하나의 최적해라 하자. 만약 $\nabla f(\hat{\mathbf{x}})\cdot\hat{\mathbf{d}} < 0$이라면 $\hat{\mathbf{d}}$는 하나의 개선방향이다. 비록 $\hat{\mathbf{d}}$는 하나의 실현가능방향이 아닐지라도 최소한 $\hat{\mathbf{x}}$에서 실현가능영역에 접한다. 다음 절차를 제안한다. $\delta > 0$ 값을 고정하고, $\hat{\lambda}$를 최소화 $f(\hat{\mathbf{x}} + \lambda\hat{\mathbf{d}})$ 제약조건 $0 \le \lambda \le \delta$ 문제의 하나의 최적해라 하자. $\overline{\mathbf{x}} = \hat{\mathbf{x}} + \hat{\lambda}\hat{\mathbf{d}}$라고 놓는다. $\overline{\mathbf{x}}$에서 출발하여, 하나의 실현가능해를 얻기 위해, 수정을 위한 이동을 한다. 이것은 다양한 방법으로 실행될 수 있다.

1. $\mathbf{d} = -(\mathbf{A}^t\mathbf{A})^{-1}\mathbf{A}^t\mathbf{F}(\overline{\mathbf{x}})$ 방향을 따라 이동하며, 여기에서 $\mathbf{F}$는 $h_1(\overline{\mathbf{x}})$, $\cdots$, $h_\ell(\overline{\mathbf{x}})$, $g_i(\overline{\mathbf{x}}) > 0$을 만족시키는 i에 대한 $g_i(\overline{\mathbf{x}})$를 성분으로 갖는 벡터함수이며 $\mathbf{A}$는 행이 $\mathbf{F}$의 제약조건의 경도를 전치한 것으로 구성된 행렬이다(선형독립이라고 가정).
2. $\hat{\mathbf{x}}$에서 출발하여 총 실현불가능성을 최소화하는 페널티함수 구조를 사용하시오.

위의 각각의 알고리즘을 사용해, 연습문제 10.6의 파트 b에 주어진 문제의 최적해를 구하시오.

[10.8] 점 $(1, 3, 1)$에서 출발하여 비선형 제약조건의 문제를 위한 쥬텐딕의 방법을 사용해 다음 문제

$$\begin{aligned} &\text{최소화} && 3x_1^2 + 2x_1x_2 + 2x_2^2 - 4x_1 - 3x_2 - 10x_3 \\ &\text{제약조건} && x_1^2 + 2x_2^2 \le 19 \end{aligned}$$

$$-2x_1 + 2x_2 + x_3 \leq 5$$
$$x_1, \quad x_2, \quad x_3 \geq 0$$

의 최적해를 구하시오.

[10.9] 최소화 $f(\mathbf{x})$ 제약조건 $g_i(\mathbf{x}) \leq 0 \;\; i = 1, \cdots, m$ 문제를 고려해보자. $\mathbf{x}$는 $i \in I$에 대해 $g_i(\mathbf{x}) = 0$임이 성립하는 실현가능해라고 가정한다. 더군다나 $\mathbf{x}$에서 각각의 $i \in I$에 대해 g_i는 유사오목이라고 가정한다. 다음 문제

$$\begin{aligned} &\text{최소화} && \nabla f(\mathbf{x}) \cdot \mathbf{d} \\ &\text{제약조건} && \nabla g_i(\mathbf{x}) \cdot \mathbf{d} \leq 0 \qquad i \in I \\ & && -1 \leq d_j \leq 1 \qquad j = 1, \cdots, n \end{aligned}$$

는 개선실현가능방향을 생산함을 보이거나 아니면 $\mathbf{x}$는 카루시-쿤-터커 점이라는 결론을 내리시오.

[10.10] 절 10.1에서, 선형제약조건이 있는 문제의 쥬텐딕의 방법을 참조해, $\mathbf{d} \cdot \mathbf{d} \leq 1$, $j = 1, \cdots, n$에 대해 $-1 \leq d_j \leq 1$, $\nabla f(\mathbf{x}_k) \cdot \mathbf{d} \geq -1$과 같은 여러 정규화 제약조건을 설명했다. 이에 대신해 다음 각각의 정규화 제약조건

a. $\displaystyle\sum_{j=1}^{n} |d_j| \leq 1$

b. $\displaystyle\max_{1 \leq j \leq n} |d_j| \leq 1$

c. 만약 집합 $\{\mathbf{x} \mid \mathbf{A}\mathbf{x} \leq \mathbf{b}\}$이 유계라면 $\mathbf{A}(\mathbf{x}_k + \mathbf{d}) \leq \mathbf{b}$

d. 만약 $\dfrac{\partial f(\mathbf{x}_k)}{\partial x_j} > 0$이면 $d_j \geq -1$, 그리고 만약 $\dfrac{\partial f(\mathbf{x}_k)}{\partial x_j} < 0$이라면 $d_j \leq 1$

도 사용할 수 있음을 보이시오.

[10.11] 선형 부등식과 비선형 부등식 제약조건을 갖는 다음 문제

$$\begin{aligned} &\text{최소화} && f(\mathbf{x}) \\ &\text{제약조건} && g_i(\mathbf{x}) \le 0 \qquad i=1,\cdots,m \\ & && \mathbf{Ax} \le \mathbf{b} \\ & && \mathbf{Qx} \le \mathbf{q} \end{aligned}$$

를 고려해보자. $\mathbf{x}$는 실현가능해라 하고, $I=\{i \mid g_i(\mathbf{x})=0\}$이라고 놓는다. 나아가서 $\mathbf{A}_1\mathbf{x}=\mathbf{b}_1$, $\mathbf{A}_2\mathbf{x}<\mathbf{b}_2$임을 가정하며, 여기에서 $\mathbf{A}^t=[\mathbf{A}_1^t, \mathbf{A}_2^t]$, $\mathbf{b}^t=(\mathbf{b}_1^t, \mathbf{b}_2^t)$이다.

a. 다음 선형계획법 문제

$$\begin{aligned} &\text{최소화} && z \\ &\text{제약조건} && \nabla f(\mathbf{x})\cdot\mathbf{d}-z \le 0 \\ & && \nabla g_i(\mathbf{x})\cdot\mathbf{d}-z \le 0 \quad i\in I \\ & && \mathbf{A}_1\mathbf{d} \le \mathbf{0} \\ & && \mathbf{Qd}=\mathbf{0} \end{aligned}$$

는 개선실현가능 방향을 제공함을 보이시오. 그렇지 않다면 $\mathbf{x}$가 하나의 프리츠 존 점이라는 결론을 내린다.

b. 이 알고리즘을 사용해 예제 10.1.8의 문제의 하나의 최적해를 구하고 2개 케이스에서 생성된 궤적을 비교하시오.

[10.12] 최소화 $f(\mathbf{x})$ 제약조건 $g_i(\mathbf{x}) \le 0$, $i=1,\cdots,m$ 문제를 고려해보자. $\hat{\mathbf{x}}$는 하나의 실현가능해라 하고, $I=\{i \mid g_i(\hat{\mathbf{x}})=0\}$이라 한다. $(\hat{z}, \hat{\mathbf{d}})$는 다음 문제

$$\begin{aligned} &\text{최소화} && z \\ &\text{제약조건} && \nabla f(\hat{\mathbf{x}})^t\mathbf{d} \le z \\ & && \nabla g_j(\hat{\mathbf{x}})^t\mathbf{d} \le z \qquad i\in I \\ & && \text{만약 } \frac{\partial f(\hat{\mathbf{x}})}{\partial x_j} > 0\text{이라면 } d_j \ge -1 \\ & && \text{만약 } \frac{\partial f(\hat{\mathbf{x}})}{\partial x_j} < 0\text{이라면 } d_j \le 1 \end{aligned}$$

의 최적해라 하자.

a. $\hat{z}=0$이라는 것은 $\hat{\mathbf{x}}$가 프리츠 존 점이라는 것과 같은 뜻임을 보이시오.

b. 만약 $\hat{z}<0$이라면 $\hat{\mathbf{d}}$는 개선실현가능방향임을 보이시오.

c. 목적함수 대신, 구속하는 제약조건의 1개가 $\mathbf{d}$의 성분의 한계를 지정하기 위해 어떻게 사용될 수 있는가?

[10.13] 다음 문제

$$\begin{aligned} &\text{최소화} \quad f(\mathbf{x}) \\ &\text{제약조건} \quad g_i(\mathbf{x}) \le 0, \quad i=1, \cdots, m. \end{aligned}$$

를 고려해보자. 만약 g_i가 유사오목이라면 다음 식은

$$\begin{aligned} &\text{최소화} \quad \nabla f(\mathbf{x})\cdot\mathbf{d} \\ &\text{제약조건} \quad g_i(\mathbf{x})+\nabla g_i(\mathbf{x})\cdot\mathbf{d} \le 0, \quad i=1, \cdots, m \\ &\qquad\qquad\quad \mathbf{d}\cdot\mathbf{d} \le 1 \end{aligned}$$

톱키스와 베이노트의 방향탐색문제의 수정이다.

a. $\mathbf{x}$가 하나의 카루시-쿤-터커 점이라는 것은 목적함수의 최적값이 0이라는 것과 같은 뜻임을 보이시오.

b. $\mathbf{d}$는 하나의 최적해라고 놓고 $\nabla f(\mathbf{x})\cdot\hat{\mathbf{d}}<0$이라고 가정한다. $\mathbf{d}$는 하나의 개선실현가능방향임을 보이시오.

c. 위의 수정된 톱키스와 베이노트의 방법은 하나의 카루시-쿤-터커 점으로 수렴함을 보일 수 있는가?

d. 만약 정규화 제약조건이 $j=1, \cdots, n$에 대해 $-1 \le d_j \le 1$로 대체된다면 파트 a에서 c까지의 절차를 반복하시오.

e. 위의 알고리즘을 사용해, 예제 10.1.5의 문제의 최적해를 구하시오.

[10.14] 변수에 관한 상한, 하한이 존재하는 다음 문제

$$\text{최소화} \quad f(\mathbf{x})$$

$$\text{제약조건} \quad a_j \le x_j \le b_j \qquad j = 1, \cdots, n$$

를 고려하시오. $\mathbf{x}$는 하나의 실현가능해라 하고, $\nabla_j = \partial f(\mathbf{x})/\partial x_j$라 하고, 연습문제 10.13에서 설명한 개선실현가능방향을 생성하기 위해, 수정된 톱키스와 베이노트의 방법을 고려하시오.

a. 정규화 제약조건 $|d_j| \le 1$을 사용해, 방향탐색문제의 하나의 최적해는 다음 식

$$d_j = \begin{cases} max\,\{a_j - x_j, \ -1\} & \nabla_j \ge 0 \\ min\,\{b_j - x_j, \quad 1\} & \nabla_j < 0 \end{cases}$$

으로 주어진다는 것을 보이시오.

b. 정규화 제약조건 $\mathbf{d} \cdot \mathbf{d} \le \delta$를 사용해 방향탐색문제의 하나의 최적해는 다음 식

$$d_j = \begin{cases} max\,\{-\nabla_j / \parallel \nabla f(\mathbf{x}) \parallel, \ a_j - x_j\} & \nabla_j \ge 0 \\ min\,\{-\nabla_j / \parallel \nabla f(\mathbf{x}) \parallel, \ b_j - x_j\} & \nabla_j < 0 \end{cases}$$

여기에서

$$\delta = \sum_{j:\nabla_j \ge 0} \left[max\{-\nabla_j / \parallel \nabla f(\mathbf{x}) \parallel, \ a_j - x_j\}\right]^2 + \sum_{j:\nabla_j < 0} \left[min\{-\nabla_j / \parallel \nabla f(\mathbf{x}) \parallel, \ b_j - x_j\}\right]^2$$

으로 주어짐을 보이시오.

c. 위의 파트 *a*, *b*의 방법에 따라 연습문제 10.4의 파트 *c* 문제의 최적해를 구하고 궤적을 비교하시오.

d. 파트 *a*, *b*의 방향탐색 사상에 관해, 위에서 설명한 방법은 카루시-쿤-터커 점으로 수렴함을 보이시오.

[10.15] 최소화 $f(\mathbf{x})$ 제약조건 $\mathbf{Ax} \le \mathbf{b}$ 문제를 고려해보고, 여기에서 영역 $\{\mathbf{x} \mid \mathbf{Ax} \le \mathbf{b}\}$은 유계이다. $\mathbf{x}_k$는 하나의 실현가능해라고 가정하고, $\mathbf{y}_k$가 최소화

$\nabla f(\mathbf{x}_k)\cdot\mathbf{y}$ 제약조건 $\mathbf{Ay} \le \mathbf{b}$ 문제의 최적해라고 놓는다. λ_k는 최소화 $f[\lambda\mathbf{x}_k + (1-\lambda)\mathbf{y}_k]$ 제약조건 $0 \le \lambda \le 1$의 문제의 하나의 최적해라고 하고 $\mathbf{x}_{k+1} = \lambda_k\mathbf{x}_k + (1-\lambda_k)\mathbf{y}_k$라고 한다.

a. 이 절차는 실현가능방향법이라고 해석할 수 있음을 보이시오. 나아가서, 일반적으로 방향 $\mathbf{y}_k - \mathbf{x}_k$는 절 10.1에서 토의한 문제 P1, P2, P3을 사용해 구할 수 없음을 보이시오. 위의 절차에 장점 또는 단점이 있다면 토의하시오.

b. 위의 방법에 의해 예제 10.1.5에 주어진 문제의 최적해를 구하시오.

c. 위의 절차를 방향탐색 사상과 선형탐색사상의 합성으로 설명하시오. 정리 7.3.2를 사용해, 합성사상은 닫혀있음을 보이시오. 그렇다면, 정리 7.2.3을 사용해, 이 알고리즘은 카루시-쿤-터커 점으로 수렴함을 보이시오.

d. 이 방법을 절 10.3에서 제시한 계승선형계획법 알고리즘과 비교하시오(위의 절차는 프랭크 & 울프[1956]의 공로라고 알려진다).

[10.16] 최소화 $f(\mathbf{x}) = \mathbf{c}\cdot\mathbf{x} + (1/2)\mathbf{x}^t\mathbf{H}\mathbf{x}$ 제약조건 $\mathbf{Ax} \le \mathbf{b}$ 문제를 고려해보자. 실현가능영역 내부에 속한 하나의 점 $\mathbf{x}_k$에서, 절 10.1의 쥬텐딕의 절차는 최소화 $\nabla f(\mathbf{x}_k)\cdot\mathbf{d}$ 제약조건 $-1 \le d_j \le 1 \;\; j = 1, \cdots, n$ 문제의 최적해를 구해 하나의 이동방향을 생성한다. 제8장에서, 본질적으로 제약 없는 문제의 내점에서, 공액방향법은 효과적임을 알았다. 아래에서 토의하는 절차는 공액방향법과 쥬텐딕의 실현가능방향법을 통합한다.

초기화 스텝 $\mathbf{Ax}_1 \le \mathbf{b}$이 되도록 하는 초기실현가능해 $\mathbf{x}_1$을 찾는다. $k = 1$이라고 놓고, 메인 스텝으로 간다.

메인 스텝 1. $\mathbf{x}_k$에서 출발하여 쥬텐딕의 방법을 적용하고 $\mathbf{z}$를 산출한다. 만약 $\mathbf{Az} < \mathbf{b}$이라면, $\mathbf{y}_1 = \mathbf{x}_k$, $\mathbf{y}_2 = \mathbf{z}$, $\hat{\mathbf{d}}_1 = \mathbf{y}_2 - \mathbf{y}_1$, $\nu = 2$이라고 놓고 스텝 2로 간다. 그렇지 않다면, $\mathbf{x}_{k+1} = \mathbf{z}$로 놓고, k를 $k+1$로 대체하고, 스텝 1을 반복한다.

2. $\hat{\mathbf{d}}_\nu$는 다음 문제

$$\begin{array}{lll} \text{최소화} & \nabla f(\mathbf{y}_\nu)\cdot\mathbf{d} & \\ \text{제약조건} & \hat{\mathbf{d}}_i^t\mathbf{H}\mathbf{d}=0 & i=1,\cdots,\nu-1 \\ & -1\le d_j\le 1 & j=1,\cdots,\nu \end{array}$$

의 하나의 최적해라 한다. λ_ν는 다음 선형탐색문제

$$\begin{array}{ll} \text{최소화} & f(\mathbf{y}_\nu+\lambda\hat{\mathbf{d}}_\nu) \\ \text{제약조건} & 0\le\lambda\le\lambda_{max} \end{array}$$

의 하나의 최적해라 하고, 여기에서 λ_{max}는 (10.1)에 따라 결정한다. $\mathbf{y}_{\nu+1}=\mathbf{y}_\nu+\lambda_\nu\hat{\mathbf{d}}_\nu$이라 한다. 만약 $\mathbf{A}\mathbf{y}_{\nu+1}<\mathbf{b}$, $\nu\le n-1$이라면, ν를 $\nu+1$로 대체하고 스텝 2를 반복한다. 그렇지 않으면, k를 $k+1$로 대체하고 $\mathbf{x}_k=\mathbf{y}_{\nu+1}$로 하고 스텝 1로 간다.

a. 위에서 토의한 절차에 따라, 연습문제의 10.14의 문제의 최적해를 구하시오.

b. 쿤지 등[1966]의 공로라고 알려진 위의 절차를 사용해, 점 $(0,0)$에서 출발하여 다음 문제

$$\begin{array}{ll} \text{최소화} & \frac{1}{2}x_1^2+\frac{1}{2}x_2^2-x_1-2x_2 \\ \text{제약조건} & 2x_1+3x_2\le 6 \\ & x_1+4x_2\le 5 \\ & x_1,\quad x_2\ge 0 \end{array}$$

의 최적해를 구하시오.

c. 위의 알고리즘의 스텝 1의 쥬텐딕의 절차를 연습문제 10.15에서 토의한 수정된 톱키스와 베이노트의 방법으로 대체해 파트 *a*, *b*의 문제의 최적해를 구하시오.

d. 위의 알고리즘의 스텝 1의 쥬텐딕의 절차를 경도사영법으로 대체해 파트 *a*, *b*의 문제의 최적해를 구하시오.

[10.17] 정리 4.4.2, 9.3.1의 증명을 사용해(연습문제 9.13도 참조 바람), 정리 10.3.1의 파트 a의 상세한 증명을 구성하시오.

[10.18] 이차식페널티함수와 '정확한 페널티함수' 대신 '증강된 라그랑지 페널티함수'를 사용해 절 10.3에서 토의한 페널티 계승선형계획법 알고리즘과 유사한 것을 유도하시오. 적용가능성과 유도된 절차의 장단점을 토의하시오.

[10.19] 최소화 $f(\mathbf{x})$ 제약조건 $\mathbf{Ax} = \mathbf{b}$, $\mathbf{x} \geq \mathbf{0}$의 '문제 P'를 고려해보자. $\bar{\mathbf{x}}$는 $j \in J_0$에 대해 $\bar{x}_j = 0$이며, $j \in J_+$에 대해 $\bar{x}_j > 0$인 실현가능해라고 가정한다. 또한, 헤시안 $\mathbf{H}(\bar{\mathbf{x}})$는 양정부호 행렬이라고 가정하시오.

a. $\bar{\mathbf{x}}$에서 실현가능방향 집합 전체에 걸쳐 $f(\bar{\mathbf{x}} + \mathbf{d})$의 2-계 근사화함수를 최소화하는 $\|\mathbf{d}\|_\infty \leq 1$인 방향 $\mathbf{d}$를 찾는 문제를 구성하시오.

b. $\mathbf{d} = \mathbf{0}$이 파트 a의 문제의 해라고 가정한다. 그렇다면 $\bar{\mathbf{x}}$는 문제 P의 하나의 카루시-쿤-터커 점이라는 것을 보이시오.

c. $\mathbf{d} = \mathbf{0}$은 파트 a의 문제의 최적해가 아니라고 가정한다. 그렇다면 문제의 최적해는 P의 하나의 개선실현가능방향을 산출함을 보이시오.

[10.20] 예제 10.3.2의 문제를 고려해보자. 최적 라그랑지 승수를 얻기 위해, 연관된 카루시-쿤-터커 조건의 해를 구하시오. 그리고, 페널티 계승선형계획법 알고리즘에 사용할 μ의 적절한 값을 지정하시오. 또한, 제약 없는 최소해와 함께 목적함수의 헤시안의 고유값과 고유벡터를 구하고, 그림 10.13a에서 묘사한 것처럼 목적함수 등고선을 스케치하시오. 페널티 계승선형계획법 알고리즘의 적절한 종료판단기준을 기술하고, 예제 10.3.2의 출발 시의 반복계산의 해를 사용해, 알고리즘 종료판단기준이 만족될 때까지 계속하시오.

[10.21] 연습문제 9.33을 고려해, 최소화 $\mathbf{c} \cdot \mathbf{x}$ 제약조건 $\mathbf{Ax} = \mathbf{0}$ $\mathbf{e} \cdot \mathbf{x} = 1$ $\mathbf{x} \geq \mathbf{0}$의 선형계획법 '문제 P'를 고려해보고, 여기에서 $\mathbf{A}$는 계수 m인 $m \times n$ 행렬이며 $\mathbf{e}$는 요소가 n개의 1로 구성한 벡터이다. $\mathbf{Y} = diag\ \{y_1, \cdots, y_n\}$라고 정의하면, 이 문제

$$\text{최소화 } \{\mathbf{c}^t\mathbf{Y}^2\mathbf{e} \mid \mathbf{A}\mathbf{Y}^2\mathbf{e} = \mathbf{0}, \quad \mathbf{e}^t\mathbf{Y}^2\mathbf{e} = 1\}, \text{ 여기에서 } \mathbf{x} = \mathbf{Y}^2\mathbf{e}$$

는 다음과 같이 나타낼 수 있다. 문제의 최적해를 구하기 위해 다음 알고리즘을 고려해보자:

초기화 실현가능해 $\mathbf{x}_0 > \mathbf{0}$을 선택하고, $k = 0$라고 놓는다. $\delta \in (0, \sqrt{(n-1)/n})$ 이라 하고 메인 스텝으로 간다.

메인 스텝 $j = 1, \cdots, n$에 대해 $y_{kj} = \sqrt{x_{kj}}$이라 하고 $\mathrm{Y}_k = diag\{y_{k1,} \cdots, y_{kn}\}$을 정의한다. 다음 하위문제 ($\mathbf{y}$ 의)

SP: 최소화

$$\{\mathbf{c}^t\mathbf{Y}_k\mathbf{y} \mid \mathbf{A}\mathbf{Y}_k\mathbf{y} = \mathbf{0}, \ \mathbf{e}^t\mathbf{Y}_k\mathbf{y} = 1, \quad \| \mathbf{Y}_k^{-1}(\mathbf{y} - \mathbf{y}_k) \| \le \delta\}$$

최적해를 구하시오: $\mathbf{y}_{k+1}$은 하위문제 SP의 최적해라 한다. $\mathbf{x}'_{k+1} = \mathbf{Y}_k(2\mathbf{y}_{k+1} - \mathbf{y}_k)$이라고 놓고, $\mathbf{x}_{k+1} = \mathbf{x}'_{k+1}/\mathbf{e}\cdot\mathbf{x}_{k+1}$이라고 놓는다. 적절한 수렴판단기준이 성립할 때까지 k를 1만큼 증가시키고 메인 스텝을 반복한다.

a. '문제 P'의 최적해를 구하는 계승선형계획법 알고리즘의 견지에서 '하위문제 SP'의 유도를 해석하시오. 적절한 종료판단기준을 기술하시오. 최소화 $-2x_1 + x_2 - x_3$ 제약조건 $2x_1 + 2x_2 - 3x_3 = 0$ $x_1 + x_2 + x_3 = 1$ $\mathbf{x} \ge \mathbf{0}$ 문제의 최적해를 구함으로써 예시하시오.

b. $\mathbf{e}^t\mathbf{Y}^2\mathbf{e} = 1$의 선형화 $\boldsymbol{\alpha}\cdot(\mathbf{y} - \mathbf{y}_k) = 0$에서, 제약조건의 경도와 같은 $\boldsymbol{\alpha}$를 사용했음을 주목하자. 그 대신 $\boldsymbol{\alpha} = \mathbf{Y}_k^{-1}\mathbf{e}$를 사용한다고 가정하자. 예제의 파트 a의 결과로 나타나는 하위문제의 최적해를 구하시오 (모르셰디 & 타피아[1987]는 파트 b의 절차는 **카르마르카르**[1984]**의 방법**과 등가임과 파트 a의 절차는 이 알고리즘의 **아핀척도 변형**과 등가임을 보여준다).

[10.22] 연립방정식 (10.21)을 고려해보고 $\nabla^2 \mathscr{L}(\mathbf{x}_k)$는 양정부호이며 자코비안 $\nabla \mathbf{h}(\mathbf{x}_k)$는 꽉 찬 행계수를 갖는다고 가정한다. 시스템의 명시적으로 닫힌 형태의

해 $(\mathbf{d}, \nu)$를 구하시오.

[10.23] 연습문제 9.34에서 토의한 것처럼 루스 & 비알[1988]의 알고리즘을 계승이차식계획법 알고리즘에 관련해 설명하시오.

[10.24] 최소화 $x_1 + x_2$ 제약조건 $x_1^2 + x_2^2 = 2$의 '문제 P'를 고려해보자. 이 문제에 대해 원문제와 쌍대문제의 하나의 최적해를 구하시오. 지금, 임의의 $(\mathbf{x}_k, \boldsymbol{\nu}_k)$에 대해 (10.22)으로 정의한, 그렇지만, 여기에서 이 라그랑지 함수의 헤시안 $\nabla^2 \mathscr{L}(\mathbf{x}_k)$이 목적함수의 헤시안 $\nabla^2 f(\mathbf{x}_k)$으로 잘못 대체되어 있는, 이차식계획법 문제 QP$(\mathbf{x}_k, \boldsymbol{\nu}_k)$을 고려하시오. 주어진 '문제 P'에 대해, 이렇게 한 결과에 대해 언급하시오. 지금, 점 $\mathbf{x} = (1, 1)$에서 출발하여 P의 최적해를 구하기 위해, 적절한 초기 라그랑지 승수 $\boldsymbol{\nu}$을 사용해 계승이차식계획법 알고리즘을 적용하시오. 만약 $\boldsymbol{\nu} = \mathbf{0}$이 출발값으로 선택된다면 어떤 일이 발생하는가?

[10.25] 예제 10.4.3을 참고해, 기본적 계승이차식계획법 알고리즘을 사용해, 해를 구하시오. 수렴행태에 관해 의견을 제시하시오. 또한, 상응하는 이차식계획법 하위문제를 사용해 공훈함수 계승이차식계획법 알고리즘으로 생성한 반복계산점 $\mathbf{x}_2$의 최적성을 입증하시오.

[10.26] P: 최소화 $\{f(\mathbf{x}) \mid g_i(\mathbf{x}) \le 0, \quad i = 1, \cdots, m\}$와 다음 이차식계획법의 방향탐색문제

$$
\begin{aligned}
\text{QP: 최소화} \quad & \nabla f(\mathbf{x}_k) \cdot \mathbf{d} + \frac{1}{2} \mathbf{d}^t \mathbf{B}_k \mathbf{d} + \mu \sum_{i=1}^{m} z_i \\
\text{제약조건} \quad & z_i \ge g_i(\mathbf{x}_k) + \nabla g_i(\mathbf{x}_k) \cdot \mathbf{d} \qquad i = 1, \cdots, m, \\
& z_1, \cdots, z_m \ge 0
\end{aligned}
$$

를 고려해보고, 여기에서 $\mathbf{B}_k$는 $\mathbf{x} = \mathbf{x}_k$에서 어떤 라그랑지안의 헤시안의 양정부호 근사화 행렬이며, 그리고 보조정리 10.4.1처럼 여기에서 μ는 충분히 큰 수이다.

a. (10.25) 전체에 걸쳐, '문제 QP'의 실현가능성과 장점을 토의하시오. 수반하는 불이익은 어떤 것인가?

b. $\mathbf{d}_k$는 '문제 QP'의 처음 m개 제약조건에 연관된 최적 라그랑지 승수 u_k를 갖는 최적해라고 한다. 만약 $\mathbf{d}_k = \mathbf{0}$이라면 P의 카루시-쿤-터커 해를 얻는가? 토의하시오.

c. $\mathbf{d}_k \neq \mathbf{0}$은 '문제 QP'의 최적해라고 가정한다. 그렇다면 $\mathbf{d}_k$는 $\mathbf{x} = \mathbf{x}_k$에서 ℓ_1 페널티함수 $F_E(\mathbf{x}) = f(\mathbf{x}) + \mu\Sigma_{i=1}^{m} max\,\{0,\ g_i(\mathbf{x})\}$의 강하방향임을 보이시오.

d. 다음과 같은 '하위문제 QP'

$$\text{최소화} \quad \nabla f(\mathbf{x}_k)\cdot\mathbf{d} + \frac{1}{2}\mathbf{d}^t\mathbf{B}_k\mathbf{d} + \mu\left[\sum_{i=1}^{m} y_i + \sum_{i=1}^{\ell}\left(z_i^+ + z_i^-\right)\right]$$

$$\begin{aligned} \text{제약조건} \quad & y_i \geq g_i(\mathbf{x}_k) + \nabla g_i(\mathbf{x}_k)\cdot\mathbf{d} && i = 1, \cdots, m \\ & z_i^+ - z_i^- = h_i(\mathbf{x}_k) + \nabla h_i(\mathbf{x}_k)\cdot\mathbf{d} && i = 1, \cdots, \ell \\ & \mathbf{y} \geq \mathbf{0},\ \mathbf{z}^+ \geq \mathbf{0},\ \mathbf{z}^- \geq \mathbf{0} \end{aligned}$$

를 고려해 등식 제약조건 $h_1(\mathbf{x}) = 0, \cdots, h_\ell(\mathbf{x}) = 0$을 포함하는 위의 해석을 확장하시오.

[10.27] 각각의 알고리즘적 사상에 연관된 입력, 출력의 양을 정확하게 정의하면서, 그리고 절 10.4에서 구상한 증명의 논거를 지원하면서 정리 10.4.2의 상세한 증명을 하시오.

[10.28] 최소화 $f(\mathbf{x})$ 제약조건 $g_i(\mathbf{x}) \leq 0\ \ i = 1, \cdots, m$ 문제를 고려해보자. 이 장에서 토의한 실현가능방향법은 하나의 실현가능해에서 출발한다. 만약 해를 즉시 얻을 수 없다면 이 연습문제는 이러한 점을 구하는 방법을 설명한다. 하나의 임의의 점 $\hat{\mathbf{x}}$을 선택하고, 그리고 $i \in I$에 대해 $g_i(\hat{\mathbf{x}}) \leq 0$이며 $i \notin I$에 대해 $g_i(\hat{\mathbf{x}}) > 0$이라고 가정한다. 지금, 다음 문제

$$\begin{aligned} \text{최소화} \quad & \sum_{i \notin I} y_i \\ \text{제약조건} \quad & g_i(\mathbf{x}) \leq 0 && i \in I \\ & g_i(\mathbf{x}) - y_i \leq 0 && i \notin I \end{aligned}$$

$$y_i \geq 0 \qquad\qquad i \not\in I$$

를 고려해보자.

a. 원래의 문제의 실현가능해가 존재한다는 것은 위 문제의 목적함수의 최적값이 0이라는 것과 같은 뜻이라는 것임을 보이시오.

b. $\mathbf{y}$는 $i \not\in I$에 대해 y_i의 성분을 갖는 하나의 벡터라 하자. 위 문제의 하나의 점 $(\hat{\mathbf{x}}, \hat{\mathbf{y}})$에서 출발하는 실현가능방향법에 의해 최적해를 구할 수 있으며, 여기에서 $i \not\in I$에 대해 $\hat{y}_i = g_i(\hat{\mathbf{x}})$이다. 종료에서, 원래의 문제의 하나의 실현가능해를 구한다. 이 점에서 출발하여 원래의 문제의 최적해를 구하기 위해 실현가능방향법을 사용할 수 있다. 실현불가능점 $(1, 2)$에서 출발하여 다음 문제

$$\begin{aligned} \text{최소화} \quad & 2e^{-3x_1 - x_2} + x_1 x_2 + 2x_2^2 \\ \text{제약조건} \quad & 3e^{-x_1} + x_2^2 \leq 4 \\ & 2x_1 + 3x_2 \leq 6 \end{aligned}$$

의 최적해를 구해 이 방법을 예시하시오.

[10.29] 다음 문제

$$\begin{aligned} \text{최소화} \quad & \nabla f(\mathbf{x}) \cdot \mathbf{d} \\ \text{제약조건} \quad & \mathbf{A}_1 \mathbf{d} = 0 \\ & \mathbf{d} \cdot \mathbf{d} \leq 1 \end{aligned}$$

를 고려해보고, 여기에서 $\mathbf{A}_1$은 $\nu \times n$ 행렬이다. 카루시-쿤-터커 조건은 최적성의 필요조건이며 충분조건이므로 각각의 실현가능해에서 적절한 제약자격은 성립한다(연습문제 5.20 참조). 특히 $\overline{\mathbf{d}}$가 하나의 최적해라는 것은 다음 식

$$-\nabla f(\mathbf{x}) = 2\mu \overline{\mathbf{d}} + \mathbf{A}_1^t \mathbf{u}$$

$$\mathbf{A}_1 \overline{\mathbf{d}} = 0, \qquad \overline{\mathbf{d}} \cdot \overline{\mathbf{d}} \leq 1$$

$$(\overline{\mathbf{d}} \cdot \overline{\mathbf{d}} - 1) = 0, \qquad \mu \geq 0$$

이 성립하도록 하는 $\mathbf{u}$, μ가 존재한다는 것과 같은 뜻이다.

a. $\mu=0$이라는 것은 $-\nabla f(\mathbf{x})$가 $\mathbf{A}_1^t$의 치역-공간에 존재한다는 것과 같은 뜻이거나 등가적으로, $\mu=0$이라는 것은 $\mathbf{A}_1$의 영공간 위로 $-\nabla f(\mathbf{x})$을 사영한 벡터가 $\mathbf{0}$이라는 것과 같은 뜻이라는 것임을 보이시오. 이 경우 $\nabla f(\mathbf{x})\cdot\overline{\mathbf{d}}=0$이다.

b. 만약 $\mu>0$이라면, 위 문제의 하나의 최적해 $\overline{\mathbf{d}}$는 $\mathbf{A}_1$의 영공간 위로 $-\nabla f(\mathbf{x})$를 사영한 방향으로 향함을 보이시오.

c. 위에서 기술한 카루시-쿤-터커 연립방정식의 하나의 해는 다음과 같이 즉시 구할 수 있음을 보이시오. $\mathbf{u}=-(\mathbf{A}_1\mathbf{A}_1^t)^{-1}\mathbf{A}_1\nabla f(\mathbf{x})$이라 하고 $\mathbf{d}=-\left[\mathbf{I}-\mathbf{A}_1^t(\mathbf{A}_1\mathbf{A}_1^t)^{-1}\mathbf{A}_1\right]\nabla f(\mathbf{x})$이라 한다. 만약 $\mathbf{d}=\mathbf{0}$이라면, $\mu=0$, $\overline{\mathbf{d}}=0$이라 한다. 만약 $\mathbf{d}\neq\mathbf{0}$이라면 $\mu=\|\mathbf{d}\|/2$, $\overline{\mathbf{d}}=\mathbf{d}/\|\mathbf{d}\|$이라 한다.

d. 지금, 최소화 $f(\mathbf{x})$ 제약조건 $\mathbf{Ax}\le\mathbf{b}$ 문제를 고려해보자. $\mathbf{x}$는 $\mathbf{A}_1\mathbf{x}=\mathbf{b}_1$, $\mathbf{A}_2\mathbf{x}<\mathbf{b}_2$이 되도록 하는 하나의 실현가능해라 하고, 여기에서 $\mathbf{A}^t=(\mathbf{A}_1^t,\mathbf{A}_2^t)$, $\mathbf{b}^t=(\mathbf{b}_1^t,\mathbf{b}_2^t)$이다. 만약 $\mu=0$이고 $\mathbf{u}\ge\mathbf{0}$이라면 $\mathbf{x}$는 최소화 $f(\mathbf{x})$ 제약조건 $\mathbf{Ax}\le\mathbf{b}$의 문제의 카루시-쿤-터커 점임을 보이시오.

e. 만약 $\mu=0$, $\mathbf{u}\not\geq\mathbf{0}$이라면, 절 10.5에서 토의한 경도사영법은 $\mathbf{u}$의 음(-) 성분 u_j를 선택함으로, $\mathbf{A}_1$에서 연관된 행을 삭제함으로, $\mathbf{A}_1'$을 생산함으로, 최소화 $\nabla f(\mathbf{x})\cdot\mathbf{d}$ 제약조건 $\mathbf{A}_1'\mathbf{d}=\mathbf{0}$ $\mathbf{d}\cdot\mathbf{d}\le 1$의 방향탐색문제의 해를 다시 구함으로 계속 진행함을 보이시오. 문제의 최적해는 $\mathbf{0}$이 아님을 보이시오.

f. 경도사영법을 사용해 예제 10.5.5의 문제의 최적해를 구하고, 여기에서 사영된 경도는 최소화 $\nabla f(\mathbf{x})\cdot\mathbf{d}$ 제약조건 $\mathbf{A}_1\mathbf{d}=\mathbf{0}$, $\mathbf{d}\cdot\mathbf{d}\le 1$ 문제의 최적해를 구해 찾는다.

[10.30] 다음 문제

최소화 $\quad f(\mathbf{x})$

제약조건 $\mathbf{Ax} \leq \mathbf{b}$

를 고려해보자. $\mathbf{x}$는 실현가능해라 하고, $\mathbf{A}_1\mathbf{x} = \mathbf{b}_1$, $\mathbf{A}_2\mathbf{x} < \mathbf{b}_2$라 하고, 여기에서 $\mathbf{A}^t = (\mathbf{A}_1^t, \mathbf{A}_2^t)$, $\mathbf{b}^t = (\mathbf{b}_1^t, \mathbf{b}_2^t)$이다. 쥬텐딕의 실현가능방향법은 최소화 $\nabla f(\mathbf{x})\cdot\mathbf{d}$ 제약조건 $\mathbf{A}_1\mathbf{d} \leq \mathbf{0}$ $\mathbf{d}\cdot\mathbf{d} \leq 1$ 문제의 최적해를 구해 방향벡터를 찾는다. 연습문제 10.29를 고려해, 경도사영법은 최소화 $\nabla f(\mathbf{x})\cdot\mathbf{d}$ 제약조건 $\mathbf{A}_1\mathbf{d} = \mathbf{0}$, $\mathbf{d}\cdot\mathbf{d} \leq 1$ 문제의 최적해를 구해 방향벡터를 구한다.

a. 장점, 단점을 지적하면서 방법을 비교하시오. 또한, 이들 방법을 절 10.3에서 설명한 계승선형계획법 알고리즘과 비교하시오.

b. 점 $(0,0)$에서 출발하여 쥬텐딕의 방법, 경도사영법, 절 10.3의 페널티 계승선형계획법 알고리즘을 사용해, 다음 문제

$$\begin{aligned} \text{최소화} \quad & 3x_1^2 + 2x_1x_2 + 2x_2^2 - 6x_1 - 9x_2 \\ \text{제약조건} \quad & -3x_1 + 6x_2 \leq 9 \\ & -2x_1 + x_2 \leq 1 \\ & x_1, \quad x_2 \geq 0 \end{aligned}$$

의 최적해를 구하고 이들의 궤적을 비교하시오.

[10.31] 경도사영법에 의해 다음 문제

$$\begin{aligned} \text{최소화} \quad & (2-x_1)^2 - 8(x_2-x_1)^2 + 2x_1^2 - 2x_1x_2 + e^{-2x_1 - x_2} \\ \text{제약조건} \quad & 5x_1 + 6x_2 \leq 30 \\ & -4x_1 + 3x_2 \leq 12 \\ & x_1, \quad x_2 \geq 0 \end{aligned}$$

의 최적해를 구하시오.

[10.32] 제약조건 $\mathbf{Ax} \leq \mathbf{b}$를 고려해보고, $\mathbf{P} = \mathbf{I} - \mathbf{A}_1^t(\mathbf{A}_1\mathbf{A}_1^t)^{-1}\mathbf{A}_1$이라 하고, 여기에서 $\mathbf{A}_1$은 하나의 주어진 실현가능해 $\hat{\mathbf{x}}$에서 구속하는 제약조건의 경도를 나타낸다. 다음 3개 문장

a. $\mathbf{P}\nabla f(\hat{\mathbf{x}}) = \mathbf{0}$
b. $\mathbf{P}\nabla f(\hat{\mathbf{x}}) = \nabla f(\hat{\mathbf{x}})$
c. $\mathbf{P}\nabla f(\hat{\mathbf{x}}) \neq \mathbf{0}$

의 의미와 기하학적 해석은 무엇인가?

[10.33] 다음 문제

$$\begin{aligned} &\text{최소화} \quad \| -\nabla f(\mathbf{x}) - \mathbf{d} \|^2 \\ &\text{제약조건} \quad \mathbf{A}_1\mathbf{d} = \mathbf{0} \end{aligned}$$

를 고려해보고, 여기에서 $\mathbf{A}_1$은 $\nu \times n$ 행렬이다.

a. $\overline{\mathbf{d}}$가 문제의 하나의 최적해라는 것은 $\overline{\mathbf{d}}$가 $-\nabla f(\mathbf{x})$를 $\mathbf{A}_1$의 영공간 위로 사영한 것과 같다는 것을 뜻하는 것임을 보이시오〔**힌트**: 카루시-쿤-터커 조건은 $-\nabla f(\mathbf{x}) = \overline{\mathbf{d}} - \mathbf{A}_1^t\mathbf{u}$, $\mathbf{A}_1\overline{\mathbf{d}} = \mathbf{0}$로 된다. $\overline{\mathbf{d}} \in L = \{\mathbf{y} \mid \mathbf{A}_1\mathbf{y} = \mathbf{0}\}$, $-\mathbf{A}_1^t\mathbf{u} \in L^{\perp} = \{\mathbf{A}_1^t\nu \mid \nu \in \Re^{\nu}\}$임을 주목하자〕.

b. 카루시-쿤-터커 연립방정식의 해를 구하는 하나의 적절한 방법을 제안하시오〔**힌트**: $-\nabla f(\mathbf{x}) = \overline{\mathbf{d}} - \mathbf{A}_1^t\mathbf{u}$를 $\mathbf{A}_1$로 곱하시오. $\mathbf{A}_1\overline{\mathbf{d}} = \mathbf{0}$임을 주목하고 $\mathbf{u}$를 나타내는 공식을 구하고 $\overline{\mathbf{d}} = -\left[\mathbf{I} - \mathbf{A}_1^t(\mathbf{A}_1\mathbf{A}_1^t)^{-1}\mathbf{A}_1\right]\nabla f(\mathbf{x})$]을 얻기 위해 대체하시오〕.

c. 만약 $\nabla f(\mathbf{x}) = (2, -3, 3)$, $\mathbf{A}_1 = \begin{bmatrix} 2 & 2 & -3 \\ 2 & 1 & 2 \end{bmatrix}$이라면, 하나의 최적해를 구하시오.

[10.34] 최소화 $f(\mathbf{x})$ 제약조건 $\mathbf{Ax} \leq \mathbf{b}$ 문제를 고려해보자. 쥬텐딕의 방법과 로젠의 경도사영법에 대한 다음과 같은 수정이 제안된다. 하나의 실현가능해 $\mathbf{x}$가 주어지고, 만약 $-\nabla f(\mathbf{x})$가 실현가능하다면, 이동방향 $\mathbf{d}$는 $-\nabla f(\mathbf{x})$로 택한다; 그렇지 않다면, 방향 $\mathbf{d}$는 각각의 알고리즘에 따라 계산된다.

a. 위의 수정방법을 사용해, 점 $\mathbf{x}_1 = (0, 0.75)$에서 출발하여 쥬텐딕의 방법에 따라 예제 10.1.5 문제의 최적해를 구하시오. 이 궤적을 예제

10.1.5에서 얻은 궤적과 비교하시오.

b. 위의 수정방법을 사용하고, 점 $\mathbf{x}_1 = (0.0, 0.0)$에서 출발하여 로젠의 경도사영법을 사용해 예제 10.5.5의 문제의 최적해를 구하시오. 이 궤적을 예제 10.5.5에서 얻은 궤적과 비교하시오.

[10.35] 다음 문제

$$\begin{array}{ll} \text{최소화} & 2x_1^2+3x_2^2+3x_3^2+2x_1x_2-2x_1x_3+x_2x_3-5x_1-3x_2 \\ \text{제약조건} & 3x_1+2x_2+x_3 \le 6 \\ & x_1, \quad x_2, \quad x_3 \ge 0 \end{array}$$

를 고려해보자.

a. 원점에서 출발하여 쥬텐딕의 실현가능방향법에 따라 문제의 최적해를 구하시오.

b. 원점에서 출발하여 경도사영법에 의해 문제의 최적해를 구하시오.

[10.36] 다음 문제

$$\begin{array}{ll} \text{최소화} & \mathbf{c} \cdot \mathbf{x} \\ \text{제약조건} & \mathbf{A}\mathbf{x} = \mathbf{b} \\ & \mathbf{x} \ge 0 \end{array}$$

를 고려해보고, 여기에서 $\mathbf{A}$는 계수 m인 $m \times n$ 행렬이다. 경도사영법에 의해 문제의 최적해를 구하는 것을 고려해보자.

a. $\mathbf{x}$는 기저실현가능해라 하고 $\mathbf{d} = -\mathbf{P}\mathbf{c}$이라 하고, 여기에서 $\mathbf{P}$는 구속하는 제약조건의 경도의 영공간 위로 임의의 벡터를 사영한다. $\mathbf{d} = \mathbf{0}$임을 보이시오.

b. $\mathbf{u} = -(\mathbf{M}\mathbf{M}^t)^{-1}\mathbf{M}\mathbf{c}$라 하고, 여기에서 $\mathbf{M}$의 행은 구속하는 제약조건의 경도를 전치한 것이다. 제약조건 $x_j \ge 0$에 연관된 가장 음(-)인 u_j에 상응하는 행을 제거하고 새로운 사영행렬 $\mathbf{P}'$를 형성하고, 벡터 $-\mathbf{P}'\mathbf{c}$ 방향으로 이동하는 것은 심플렉스 알고리즘에서 변수 x_j를 기저

에 진입시킴과 등가임을 보이시오.

c. 파트 a, b의 결과를 사용해, 만약 목적함수가 선형이라면 경도사영법은 심플렉스 알고리즘으로 됨을 보이시오.

[10.37] 다음 문제

최소화 $f(\mathbf{x})$
제약조건 $-\mathbf{x} \le 0$

를 고려해보고, 여기에서 $f: \Re^n \to \Re$은 미분가능하다.

a. $\mathbf{x}$는 실현가능해라고 가정하고, $\mathbf{x}^t = (\mathbf{x}_1^t, \mathbf{x}_2^t)$라고 가정하고, 여기에서 $\mathbf{x}_1 = \mathbf{0}$, $\mathbf{x}_2 > \mathbf{0}$이다. $\nabla f(\mathbf{x})^t$를 (∇_1^t, ∇_2^t)로 나타낸다. 경도사영법으로 생성한 방향 $\mathbf{d}^t$는 $(\mathbf{0}, -\nabla_2^t)$로 주어짐을 보이시오.

b. 만약 $\nabla_2 = \mathbf{0}$이라면 경도사영법은 단순화된다는 것을 보이시오. 만약 $\nabla_1 \ge \mathbf{0}$이라면 중지한다; $\mathbf{x}$는 하나의 카루시-쿤-터커 점이다. 그렇지 않다면, j는 $x_j = 0$, $\partial f(\mathbf{x})/\partial x_j < 0$이 되도록 하는 임의의 첨자라 한다. 그렇다면 새로운 이동방향은 $\mathbf{d} = (0, \cdots, 0, -\partial f(\mathbf{x})/\partial x_j, 0, \cdots, 0)$이며, 여기에서 $\partial f(\mathbf{x})/\partial x_j$는 j의 위치에 나타난다.

c. 다음 문제

최소화 $3x_1^2 + 2x_1x_2 + 4x_2^2 + 5x_1 + 3x_2$
제약조건 $x_1, x_2 \ge 0$

의 최적해를 구해 이 방법을 예시하시오.

d. 점 $(0, 0.1, 0)$에서 출발하여, 위의 절차를 사용해 예제 10.2.3의 문제의 최적해를 구하시오.

[10.38] 경도사영법에서 만약 $\mathbf{P}\nabla f(\mathbf{x}) = \mathbf{0}$이라면, 행렬 $\mathbf{A}_1$에서 $\mathbf{u}$의 음(-) 성분에 상응하는 행을 버린다. 그 대신, 벡터 $\mathbf{u}$의 음(-) 성분에 상응하는 모든 행을 버린다고 가정한다. 수치를 사용한 예제에 의해 결과로 나타나는 사영행렬은 개선

실현가능 방향으로 인도할 필요가 없음을 보이시오.

[10.39] 경도사영법에서, 사영행렬을 계산하기 위해 자주 $(\mathbf{A}_1\mathbf{A}_1^t)^{-1}$를 계산한다. 일반적으로, $\mathbf{A}_1$에 행을 더하거나 삭제해 $\mathbf{A}_1$는 갱신된다. $(\mathbf{A}_1\mathbf{A}_1^t)^{-1}$을 새롭게 계산하기보다도 새로운 $(\mathbf{A}_1\mathbf{A}_1^t)^{-1}$을 계산하기 위해 이미 계산해 놓은 $(\mathbf{A}_1\mathbf{A}_1^t)^{-1}$를 사용할 수 있다.

a. $\mathbf{C} = \left(\begin{array}{c|c} \mathbf{C}_1 & \mathbf{C}_2 \\ \hline \mathbf{C}_3 & \mathbf{C}_4 \end{array}\right)$이고 $\mathbf{C}^{-1} = \left(\begin{array}{c|c} \mathbf{B}_1 & \mathbf{B}_2 \\ \hline \mathbf{B}_3 & \mathbf{B}_4 \end{array}\right)$라고 가정한다. $\mathbf{C}_1^{-1} = \mathbf{B}_1 - \mathbf{B}_2\mathbf{B}_4^{-1}\mathbf{B}_3$임을 보이시오. 더군다나 $\mathbf{C}_1^{-1}$은 알려진 것이라고 가정하고 다음 식

$$\mathbf{B}_1 = \mathbf{C}_1^{-1} + \mathbf{C}_1^{-1}\mathbf{C}_2\mathbf{C}_0^{-1}\mathbf{C}_3\mathbf{C}_1^{-1}$$
$$\mathbf{B}_2 = -\mathbf{C}_1^{-1}\mathbf{C}_2\mathbf{C}_0^{-1}$$
$$\mathbf{B}_3 = -\mathbf{C}_0^{-1}\mathbf{C}_3\mathbf{C}_1^{-1}$$
$$\mathbf{B}_4 = \mathbf{C}_0^{-1}$$

의 내용을 사용해 $\mathbf{C}^{-1}$을 계산할 수 있음을 보이고, 여기에서 $\mathbf{C}_0 = \mathbf{C}_4 - \mathbf{C}_3\mathbf{C}_1^{-1}\mathbf{C}_2$이다.

b. 행을 더하거나 삭제할 때 위의 경도사영법의 공식을 단순화하시오(경도사영법에서, $\mathbf{C}_1 = \mathbf{A}_1\mathbf{A}_1^t$, $\mathbf{C}_2 = \mathbf{A}_1\mathbf{a}$, $\mathbf{C}_3 = \mathbf{a}^t\mathbf{A}_1^t$, $\mathbf{C}_4 = \mathbf{a}\cdot\mathbf{a}$이며, 여기에서 $\mathbf{a}^t$는 $\mathbf{C}_1^{-1}$이 알려진 경우, 추가된 행이거나, 또는 $\mathbf{C}^{-1}$이 알려진 경우, 삭제된 행이다).

c. 해 $(2, 1, 3)$에서 출발하여 다음 문제

$$\begin{array}{ll} \text{최소화} & 3x_1^2 + 2x_1x_2 + 2x_2^2 + 2x_3^2 + 2x_2x_3 + 3x_1 + 5x_2 + 8x_3 \\ \text{제약조건} & x_1 + x_2 + x_3 \le 6 \\ & -x_1 - x_2 + 2x_3 \ge 3 \\ & x_1,\ x_2,\ x_3 \ge 0 \end{array}$$

의 최적해를 구하기 위해, 이 연습문제에서 설명한 $(\mathbf{A}_1, \mathbf{A}_1^t)^{-1}$의 갱신구도를 갖고 경도사영법을 사용하시오.

[10.40] 수정경도법에서 (10.40)에서 정의된 집합 I_k는 임의의 m개 양(+) 변수의 첨자로 구성되어 있다고 가정한다. 방향탐색 사상이 닫혀 있는가의 여부를 검사하시오.

[10.41]

a. 그림 10.21에서 예시한 문제를 고려해보고, 문제의 최적해를 구하기 위해 절 10.7의 볼록-심플렉스 방법을 사용한다고 가정한다. 기저 변수와 비기저 변수 집합, 수정경도 $\mathbf{r}_N$의 성분의 부호, 그리고 각각 반복계산의 선형탐색결과를 명시하면서 알고리즘을 따라 발생하는 그럴듯한 경로를 예시하기 위해 그래프를 사용하시오.

b. 절 10.6의 수정경도법의 상상할 수 있는 궤적을 예시하기 위해 반복하시오.

c. 원점에서 출발하여 x_1, x_2를 슈퍼 기저 변수로 사용하고, 목적함수는 그 자체가 이차식이라고 가정해 이차식계획법 하위문제 (10.62)를 사용하는 효과를 예시하기 위해 반복하시오.

[10.42] 최소화 $f(\mathbf{x})$ 제약조건 $\mathbf{A}\mathbf{x} = \mathbf{c} \quad \mathbf{a} \le \mathbf{x} \le \mathbf{b}$ 문제를 직접 취급할 수 있도록 볼록-심플렉스 방법의 규칙으로 수정하시오. 다음 문제

$$\begin{aligned}
\text{최소화} \quad & 2e^{-x_1} + 3x_1^2 - x_1x_2 + 2x_2^2 + 6x_1 - 5x_2 \\
\text{제약조건} \quad & 3x_1 + 2x_2 \le 12 \\
& -2x_1 + 3x_2 \le 6 \\
& 1 \le x_1,\ x_2 \le 3
\end{aligned}$$

의 최적해를 구하기 위해 이 방법을 사용하시오.

[10.43] (10.46)에서 (10.55)까지의 식에서 정의한 볼록-심플렉스 방법의 방향탐색 사상은 닫힌 사상임을 보이시오.

[10.44] 다음 문제

$$\begin{aligned} \text{최소화} \quad & x_1^3 + 2x_2^3 + 3x_1 - 4x_2 - x_1^2 \\ \text{제약조건} \quad & 3x_1 + 2x_2 \le 6 \\ & -x_1 + 2x_2 \le 4 \\ & x_1, \quad x_2 \ge 0 \end{aligned}$$

를 고려해보자. 볼록-심플렉스 방법에 의해 최적해를 구하시오. 최적해는 전역최적해인가, 국소 최적해인가, 또는 어느 것도 아닌가?

[10.45] 출발해 $(2, 1, 1)$을 사용해 다음 문제

$$\begin{aligned} \text{최소화} \quad & x_1^2 + x_1x_2 + 2x_2^2 - 6x_1 - 14x_2 \\ \text{제약조건} \quad & x_1 + x_2 + x_3 = 4 \\ & -x_1 + 3x_2 \le 1 \\ & x_1, \quad x_2, \quad x_3 \ge 0 \end{aligned}$$

를 고려해보자.

a. 경도사영법에 의해 문제의 최적해를 구하시오.

b. 수정경도법에 의해 문제의 최적해를 구하시오.

c. 볼록-심플렉스 방법에 의해 문제의 최적해를 구하시오.

d. 페널티 계승선형계획법 알고리즘에 의해 문제의 최적해를 구하시오.

e. 공훈함수 계승이차식계획법 알고리즘에 의해 문제의 최적해를 구하시오.

[10.46] 다음 문제

$$\begin{aligned} \text{최소화} \quad & f(\mathbf{x}) \\ \text{제약조건} \quad & \mathbf{A}\mathbf{x} = \mathbf{b} \\ & \mathbf{x} \ge \mathbf{0} \end{aligned}$$

를 고려해보자. f는 오목함수이며 실현가능영역은 콤팩트 집합이라고 가정한다. 그래서 정리 3.4.7에 의해 하나의 최적 극점은 존재한다.

a. 실현가능영역의 극점 중에서만 탐색하도록 볼록-심플렉스 방법을 어떻게 수정할 수 있는가를 보이시오.

b. 종료에서, 하나의 카루시-쿤-터커 점이 손안에 있다. 이 점은 하나의 최적해일 필요가 있는가, 하나의 국소 최적해인가, 또는 어느 것도 아닌가? 만약 이 점이 최적이 아니라면, 현재 점을 제외하지만 최적해는 제외하지 않는 제약평면법을 개발할 수 있는가?

c. 원점에서 출발하여 다음 문제

$$\begin{aligned} \text{최소화} \quad & -(x_1-2)^2-(x_2-1)^2 \\ \text{제약조건} \quad & -2x_1+x_2 \le 4 \\ & 3x_1+2x_2 \le 12 \\ & 3x_1-2x_2 \le 6 \\ & x_1,\, x_2 \ge 0 \end{aligned}$$

의 최적해를 구해 파트 a, b의 절차를 예시하시오.

[10.47] 최초에 제안한 바와 같이, 점 $\mathbf{x}$가 주어지면 수정경도법은 $\mathbf{d}$ 방향을 따라 이동하며, 여기에서 (10.43)은 다음 식

$$d_j = \begin{cases} -r_j & \text{만약} \quad x_j > 0 \quad \text{또는} \quad r_j \le 0\text{이라면} \\ 0 & \text{그렇지 않으면} \end{cases}$$

과 같이 수정된다.

a. $\mathbf{d} = \mathbf{0}$이라는 것은 $\mathbf{x}$가 카루시-쿤-터커 점이라는 것과 같은 뜻임을 증명하시오.

b. 만약 $\mathbf{d} \ne \mathbf{0}$이라면 $\mathbf{d}$는 개선실현가능방향임을 보이시오.

c. 수정경도법에 의해 위의 방향탐색 사상을 사용해 다음 문제

$$\begin{aligned} \text{최소화} \quad & 3e^{-2x_1+x_2}+2x_1^2+2x_1x_2+3x_2^2+x_1+3x_2 \\ \text{제약조건} \quad & 2x_1+x_2 \le 4 \\ & -x_1+x_2 \le 3 \end{aligned}$$

$$x_1, x_2 \geq 0$$

의 최적해를 구하시오.

d. 위에서 방향탐색 사상은 닫혀있지 않다는 것을 보이시오.

[10.48] 만약 목적함수가 선형이라면 볼록-심플렉스 방법은 심플렉스 알고리즘으로 됨을 보이시오.

[10.49] 수정경도법과 볼록-심플렉스 방법에 대해 각각 실현가능해는 최소한 m개의 양(+) 성분을 가짐을 가정했다. 이 연습문제는 이것이 성립하기 위한 필요충분조건을 제시한다. 집합 $S = \{\mathbf{x} \mid \mathbf{A}\mathbf{x} = \mathbf{b},\ \mathbf{x} \geq \mathbf{0}\}$을 고려해보고, 여기에서 $\mathbf{A}$는 계수 m인 $m \times n$ 행렬이다. 각각 $\mathbf{x} \in S$가 최소한 m개의 양(+) 성분을 갖는다는 것은 S 모든 극점은 정확하게 m개의 양(+) 성분을 갖는다는 것과 같음 뜻임을 보이시오.

[10.50] 볼록-심플렉스 방법에서 방향탐색과정은 다음과 같이 수정된다고 가정한다. (10.50)에서 스칼라 β는 다음 식

$$\beta = \begin{cases} max\{r_j \mid x_j > 0,\ r_j \geq 0\} & x_i > 0,\ r_j \geq 0 \text{ 어떤 } i\text{에 대해} \\ 0 & \text{그렇지 않으면} \end{cases}$$

과 같이 계산된다. 더군다나 첨자 ν는 다음 식

$$\nu = \begin{cases} \nu\text{는 } \alpha = -r_\nu\text{를 만족시키는 첨자} & \text{만약 } \alpha \geq \beta\text{라면} \\ \nu\text{는 } \beta = r_\nu\text{를 만족시키는 첨자} & \text{만약 } \alpha < \beta\text{라면} \end{cases}$$

과 같이 계산된다. 이같이 정의하면, 방향탐색 사상은 닫혀있을 필요가 없음을 보이시오.

[10.51] 다음 문제

$$\text{최소화} \quad \mathbf{c} \cdot \mathbf{x} + \frac{1}{2}\mathbf{x}^t\mathbf{H}\mathbf{x}$$

$$\text{제약조건 } \mathbf{Ax} = \mathbf{b}$$
$$\mathbf{x} \geq \mathbf{0}$$

를 고려해보자. 제약조건 $\mathbf{h}(\mathbf{x}) = \mathbf{Ax} - \mathbf{b} = \mathbf{0}$은 $\mu\mathbf{h}(\mathbf{x})^t\mathbf{h}(\mathbf{x})$ 형태인 페널티함수로 취급되고, 다음 문제

$$\text{최소화 } \mathbf{c}\cdot\mathbf{x} + \frac{1}{2}\mathbf{x}^t\mathbf{Hx} + \mu(\mathbf{Ax} - \mathbf{b})\cdot(\mathbf{Ax} - \mathbf{b})$$
$$\text{제약조건 } \mathbf{x} \geq \mathbf{0}$$

를 제공한다고 가정한다. 위 문제의 최적해를 구하기 위해 실현가능방향법의 1개의 상세한 스텝을 제시하시오. 이 방법을 다음 데이터를 사용해 설명하시오.

$$\mathbf{H} = \begin{bmatrix} 2 & -2 & 0 \\ -2 & 3 & 0 \\ 0 & 0 & 0 \end{bmatrix} \quad \mathbf{A} = \begin{bmatrix} 1\,2\,0 \\ 2\,1\,2 \end{bmatrix} \quad \mathbf{c} = \begin{pmatrix} -3 \\ 2 \\ 0 \end{pmatrix} \quad \mathbf{b} = \begin{pmatrix} 4 \\ 7 \end{pmatrix}.$$

[10.52] 최소화 $f(\mathbf{x})$ 제약조건 $\mathbf{Ax} = \mathbf{b}$ $\mathbf{x} \geq \mathbf{0}$의 '문제 P'를 고려해보고, 여기에서 $\mathbf{A}$는 계수 m인 $m \times n$ 행렬이다. 최적해 $\overline{\mathbf{x}} = (\overline{\mathbf{x}}_B, \overline{\mathbf{x}}_N)$가 주어지면, 여기에서 $\overline{\mathbf{x}}_B > \mathbf{0}$이며, 여기에서 상응하는 $\mathbf{A}$의 분할 $(\mathbf{B}, \mathbf{N})$은 정칙 행렬 $\mathbf{B}$를 가지며, 비기저 변수의 공간에서 다음과 같은 P의 표현

$$\mathrm{P}(\mathbf{x}_N):\ \text{최소화}$$
$$\left\{F(\mathbf{x}_N) \equiv f(\mathbf{B}^{-1}\mathbf{b} - \mathbf{B}^{-1}\mathbf{N}\mathbf{x}_N, \mathbf{x}_N) \,\middle|\, \mathbf{B}^{-1}\mathbf{N}\mathbf{x}_N < \mathbf{B}^{-1}\mathbf{b}, \mathbf{x}_N \geq \mathbf{0}\right\}$$

을 유도하기 위해 기저 변수 $\mathbf{x}_B$를 비기저 변수 $\mathbf{x}_N$의 항으로 나타내시오.

a. 현재의 해 $\overline{\mathbf{x}}_N$에서 구속하는 제약조건 $\mathrm{P}(\mathbf{x}_N)$의 집합을 식별하고. $\nabla F(\mathbf{x}_N)$를 '문제 P'의 수정경도에 관련해 설명하시오.

b. $\overline{\mathbf{x}}_N$이 $\mathrm{P}(\mathbf{x}_N)$의 하나의 카루시-쿤-터커 점이 되기 위한 필요충분조건의 집합을 작성하시오. 이것을 정리 10.6.1의 결과와 비교하시오.

[10.53] 이 연습문제는 일련의 선형계획법 문제에 의해 계승적으로 근사화해 비선형계획법 문제의 최적해를 구하는 방법을 설명한다. 이 방법은 그리피스 & 스튜어트[1961]의 공로라고 알려진다. 다음 문제

$$\begin{aligned} \text{최소화} \quad & f(\mathbf{x}) \\ \text{제약조건} \quad & \mathbf{g}(\mathbf{x}) \le \mathbf{0} \\ & \mathbf{h}(\mathbf{x}) = \mathbf{0} \\ & \mathbf{a} \le \mathbf{x} \le \mathbf{b} \end{aligned}$$

를 고려해보고, 여기에서 $f: \Re^n \to \Re$, $\mathbf{g}: \Re^n \to \Re^m$, $\mathbf{h}: \Re^n \to \Re^\ell$이다. 반복계산 k에서 점 $\mathbf{x}_k$가 주어지면, 알고리즘은 $\mathbf{x}_k$에서 f, $\mathbf{g}$, $\mathbf{h}$를 선형근사화로 대체해, 다음 선형계획법 문제

$$\begin{aligned} \text{최소화} \quad & f(\mathbf{x}_k) + \nabla f(\mathbf{x}_k)\cdot(\mathbf{x} - \mathbf{x}_k) \\ \text{제약조건} \quad & \mathbf{g}(\mathbf{x}_k) + \nabla \mathbf{g}(\mathbf{x}_k)(\mathbf{x} - \mathbf{x}_k) \le \mathbf{0} \\ & \mathbf{h}(\mathbf{x}_k) + \nabla \mathbf{h}(\mathbf{x}_k)(\mathbf{x} - \mathbf{x}_k) = \mathbf{0} \\ & \mathbf{a} \le \mathbf{x} \le \mathbf{b} \end{aligned}$$

를 산출하며, 여기에서 $\nabla \mathbf{g}(\mathbf{x}_k)$는 벡터함수 $\mathbf{g}$의 자코비안을 나타내는 $m \times n$ 행렬이며, $\nabla \mathbf{h}(\mathbf{x}_k)$는 벡터함수 $\mathbf{h}$의 자코비안을 나타내는 $\ell \times n$ 행렬이다.

초기화 스텝 실현가능해 $\mathbf{x}_1$을 선택하고, 각각의 반복계산에서 이동에 제한을 가하는 모수 $\delta > 0$을 선택하고, 종료 스칼라 $\varepsilon > 0$를 선택한다. $k = 1$이라고 놓고 메인 스텝으로 간다.

메인 스텝 1. 다음 선형계획법 문제

$$\begin{aligned} \text{최소화} \quad & \nabla f(\mathbf{x}_k)\cdot(\mathbf{x} - \mathbf{x}_k) \\ \text{제약조건} \quad & \nabla \mathbf{g}(\mathbf{x}_k)\cdot(\mathbf{x} - \mathbf{x}_k) \le -\mathbf{g}(\mathbf{x}_k) \\ & \nabla \mathbf{h}(\mathbf{x}_k)\cdot(\mathbf{x} - \mathbf{x}_k) = -\mathbf{h}(\mathbf{x}_k) \\ & \mathbf{a} \le \mathbf{x} \le \mathbf{b} \\ & -\delta \le x_i - x_{ik} \le \delta \quad i = 1, \cdots, n \end{aligned}$$

의 최적해를 구하며, 여기에서 x_{ik}는 $\mathbf{x}_k$의 i-째 성분이다. $\mathbf{x}_{k+1}$는 하나의 최적해라 하고 스텝 2로 간다.

2. 만약 $\|\mathbf{x}_{k+1}-\mathbf{x}_k\| \le \varepsilon$이라면, 그리고 만약 $\mathbf{x}_{k+1}$이 거의-실현가능해라면 $\mathbf{x}_{k+1}$을 얻고 중지한다. 그렇지 않다면 k를 $k+1$로 대체하고 스텝 1로 간다.

비록 위 방법의 수렴이 일반적으로 보장되지 않더라도, 많은 실제 문제의 최적해를 구하기 위해 이 방법은 효과적이라고 알려져 있다.

a. 만약 $\mathbf{x}_k$가 원래의 문제의 실현가능해라면 $\mathbf{x}_{k+1}$은 실현불가능해일 필요가 있음을 보여주는 예제를 구성하시오.

b. 지금 $\mathbf{h}$는 선형이라고 가정한다. 만약 $\mathbf{g}$가 오목이라면 선형계획법 문제의 실현가능영역은 원래의 문제의 실현가능영역에 포함됨을 보이시오. 더군다나 만약 $\mathbf{g}$가 볼록함수이라면 원래의 문제의 실현가능영역은 선형계획법 문제의 실현가능영역에 포함됨을 보이시오.

c. 이 연습문제에서 제시한 방법과 연습문제 7.23에서 제시한 켈리의 제약평면 알고리즘에 의해 월쉬[1975, p. 67]가 소개한 다음 문제

$$
\begin{aligned}
\text{최소화}\quad & -2x_1^2+x_1x_2-3x_2^2 \\
\text{제약조건}\quad & 3x_1+4x_2 \le 12 \\
& x_1^2-x_2^2 \ge 1 \\
& 0 \le x_1 \le 4 \\
& 0 \le x_2 \le 3
\end{aligned}
$$

의 최적해를 구하고, 이들의 궤적을 비교하시오.

d. 절 10.3의 페널티 계승이차식계획법 알고리즘을 사용해 파트 c의 예제의 최적해를 다시 구하고, 얻은 궤적을 비교하시오.

[10.54] 최소화 $\phi(\mathbf{x},\mathbf{y})=\mathbf{c}\cdot\mathbf{x}+\mathbf{d}\cdot\mathbf{y}+\mathbf{x}^t\mathbf{H}\mathbf{y}$ 제약조건 $\mathbf{x}\in X$ $\mathbf{y}\in Y$의 **쌍선형계획법 문제**를 고려해보고, 여기에서 X, Y는 $\Re^n$, $\Re^m$ 각각에서 유계다면체집합이다. 다음 알고리즘을 고려해보자.

초기화 스텝 $\mathbf{x}_1\in\Re^n$, $\mathbf{y}_1\in\Re^m$을 선택하고 $k=1$이라고 놓고 메인 스텝으로

간다.

메인 스텝 1. 최소화 $\mathbf{d}\cdot\mathbf{y}+\mathbf{x}_k^t\mathbf{H}\mathbf{y}$ 제약조건 $\mathbf{y}\in Y$의 선형계획법 문제의 최적해를 구한다. $\hat{\mathbf{y}}$를 하나의 최적해라 하자. $\mathbf{y}_{k+1}$를 아래에 명시한 것

$$\mathbf{y}_{k+1}=\begin{cases}\mathbf{y}_k & \text{만약 } \phi(\mathbf{x}_k,\hat{\mathbf{y}})=\phi(\mathbf{x}_k,\mathbf{y}_k)\\ \hat{\mathbf{y}} & \text{만약 } \phi(\mathbf{x}_k,\mathbf{y}_k)<\phi(\mathbf{x}_k,\hat{\mathbf{y}})\end{cases}$$

이라 하고 스텝 2로 간다.

2. 최소화 $\mathbf{c}\cdot\mathbf{x}+\mathbf{x}^t\mathbf{H}\mathbf{y}_{k+1}$ 제약조건 $\mathbf{x}\in X$의 선형계획법 문제의 해를 구한다. $\hat{\mathbf{x}}$는 하나의 최적해라 하자. $\mathbf{x}_{k+1}$는 아래에 명시한 것

$$\mathbf{x}_{k+1}=\begin{cases}\mathbf{x}_k & \text{만약 } \phi(\hat{\mathbf{x}},\mathbf{y}_{k+1})=\phi(\mathbf{x}_k,\mathbf{y}_{k+1})\\ \hat{\mathbf{x}} & \text{만약 } \phi(\hat{\mathbf{x}},\mathbf{y}_{k+1})<\phi(\mathbf{x}_k,\mathbf{y}_{k+1})\end{cases}$$

과 같다고 하고 스텝 3으로 간다.

3. 만약 $\mathbf{x}_{k+1}=\mathbf{x}_k$, $\mathbf{y}_{k+1}=\mathbf{y}_k$라면 중지한다. $(\mathbf{x}_k,\mathbf{y}_k)$를 하나의 카루시-쿤-터커 점으로 얻고, 그렇지 않다면 k를 $k+1$로 대체하고 스텝 1로 간다.

a. 위의 알고리즘을 사용해 최소화 $2x_1y_1+3x_2y_2$ 제약조건 $\mathbf{x}\in X$ $\mathbf{y}\in Y$의 쌍선형계획법 문제의 최적해가 되는 하나의 카루시-쿤-터커 점을 찾고, 여기에서 집합 X, Y는 다음 식

$$X=\{\mathbf{x}\mid x_1+3x_2\ge 30,\ \ 2x_1+x_2\ge 20,\ \ 0\le x_1\le 27,\ \ 0\le x_2\le 16\}$$

$$Y=\left\{\mathbf{y}\;\middle|\;\frac{5}{3}y_1+y_2\ge 10,\ \ y_1+y_2\le 15,\ \ 0\le y_1\le 10,\ \ 0\le y_2\le 10\right\}$$

과 같다.

b. 알고리즘은 카루시-쿤-터커 점에 수렴함을 증명하시오.

c. 만약 $(\mathbf{x}_k,\mathbf{y}_k)$가 $\mathbf{x}_k$에 인접한($\mathbf{x}_k$ 자신을 포함해) X의 모든 극점 $\mathbf{x}_k'$

에 대해 $\phi(\mathbf{x}_k, \mathbf{y}_k) \le min\{\phi(\mathbf{x}'_k, \mathbf{y}) | \mathbf{y} \in Y\}$을 만족시킨다면, 그리고 만약 $\mathbf{y}_k(\mathbf{y}_k$ 자신을 포함해)에 인접한 Y의 모든 극점 $\mathbf{y}'_k$에 대해 $\phi(\mathbf{x}_k, \mathbf{y}_k) \le min\{\phi(\mathbf{x}, \mathbf{y}'_k) | \mathbf{x} \in X\}$이라면, 쌍선형계획법 문제에 대해 $(\mathbf{x}_k, \mathbf{y}_k)$는 국소최소해이다(이 결과는 바이쉬[1974]가 토의한다).

[10.55] 최소화 $f(\mathbf{x})$ 제약조건 $\mathbf{Ax} = \mathbf{b}$ $\mathbf{x} \ge \mathbf{0}$의 비선형계획법 '문제 P'를 고려해보고, 여기에서 $\mathbf{A}$는 계수 m인 $m \times n$ 행렬이며, 어떤 $q \le n$개의 변수가 비선형적으로 이 문제에 나타난다고 가정한다. P는 최적해를 갖는다고 가정하고, 수정경도법에서 슈퍼 기저 변수의 개수 s가 $s \le q$가 되도록 하는 최적해가 존재함을 보이시오. 비선형 제약조건을 포함하기 위해 이 결과를 확장하시오.

[10.56] 이 연습문제는 비선형 등식 제약조건을 취급하는 울프의 수정경도법의 일반화를 소개한다. 이같이 일반화된 절차는 아바디 & 까르펑티에[1969]가 개발했고 개정된 버전은 간략하게 아래에 주어진다. 다음 문제

$$
\begin{array}{lll}
\text{최소화} & f(\mathbf{x}) & \\
\text{제약조건} & h_i(\mathbf{x}) = 0 & i = 1, \cdots, \ell \\
& a_j < x_j < u_j & j = 1, \cdots, n
\end{array}
$$

를 고려해보고, 여기에서 f와 $h_1, \cdots, h_\ell$는 미분가능하다고 가정한다. $\mathbf{h}$는 성분이 $h_1, \cdots, h_\ell$인 벡터함수라 하고 나아가서, $\mathbf{a}$, $\mathbf{u}$는 각각의 성분이 $j = 1, \cdots, n$에 대해 a_j, u_j인 벡터라 하자. 다음과 같이 비퇴화의 가정을 한다. 임의의 실현가능해 $\mathbf{x}^t$가 주어지면 이것은 $\mathbf{x}_B \in \Re^\ell$, $\mathbf{x}_N \in \Re^{n-\ell}$을 갖는 $(\mathbf{x}^t_B, \mathbf{x}^t_N)$로 분해할 수 있으며, 여기에서 $\mathbf{a}_B < \mathbf{x}_B < \mathbf{u}_B$이다. 나아가서, $\nabla_B \mathbf{h}(\mathbf{x})$이 가역행렬이 되도록, $\ell \times n$ 자코비안 행렬 $\nabla \mathbf{h}(\mathbf{x})$는 그에 따라 $\ell \times \ell$ 행렬 $\nabla_B \mathbf{h}(\mathbf{x})$과 $\ell \times (n-\ell)$ 행렬 $\nabla_N \mathbf{h}(\mathbf{x})$로 분해한다. 다음 내용은 이 절차의 요약이다.

초기화 스텝 실현가능해 $\mathbf{x}^t$를 선택하고, 이것을 $(\mathbf{x}^t_B, \mathbf{x}^t_N)$로 분할하고 메인 스텝으로 간다.

메인 스텝 1. $\mathbf{r}^t = \nabla_N f(\mathbf{x})^t - \nabla_B f(\mathbf{x})^t \nabla_B \mathbf{h}(\mathbf{x})^{-1} \nabla_N \mathbf{h}(\mathbf{x})$이라 한다. j-째 성분 d_j가 다음 식

$$d_j = \begin{cases} 0 & \text{만약 } x_j = \alpha_j \text{이며 } r_j > 0, \text{ 아니면 } x_j = u_j \text{이며 } r_j = 0\text{이라면} \\ -r_j & \text{그렇지 않으면} \end{cases}$$

으로 주어지는 $(n-\ell)$-벡터 $\mathbf{d}_N$을 계산한다.

만약 $\mathbf{d}_N = \mathbf{0}$ 이라면 중지한다; $\mathbf{x}$는 카루시-쿤-터커 점이다. 그렇지 않다면 스텝 2로 간다.

2. 다음과 같이, 뉴톤법에 의해 비선형 연립방정식 $\mathbf{h}(\mathbf{y}, \tilde{\mathbf{x}}_N) = \mathbf{0}$의 해를 구하며, 여기에서 $\tilde{\mathbf{x}}_N$은 아래에 명시한다.

초기화 $\varepsilon > 0$, 양(+) 정수 K, 그리고 $\mathbf{a}_N \le \tilde{\mathbf{x}}_N \le \mathbf{u}_N$이 되도록 하는 $\theta > 0$을 선택하며, 여기에서 $\tilde{\mathbf{x}}_N = \mathbf{x}_N + \theta \mathbf{d}_N$이다. $\mathbf{y}_1 = \mathbf{x}_B$이라고 놓고 $k=1$로 놓고 아래의 반복계산 k로 간다.

반복계산 k (i) $\mathbf{y}_{k+1} = \mathbf{y}_k - \nabla_B \mathbf{h}(\mathbf{y}_k, \tilde{\mathbf{x}}_N)^{-1} \mathbf{h}(\mathbf{y}_k, \tilde{\mathbf{x}}_N)$이라고 놓는다. 만약 $\mathbf{a}_B \le \mathbf{y}_{k+1} \le \mathbf{u}_B$, $f(\mathbf{y}_{k+1}, \tilde{\mathbf{x}}_N) < f(\mathbf{x}_B, \mathbf{x}_N)$, $\| \mathbf{h}(\mathbf{y}_{k+1}, \tilde{\mathbf{x}}_N) \| < \varepsilon$이라면 스텝 (iii)로 간다; 그렇지 않다면 스텝 (ii)로 간다.

(ii) 만약 $k = K$이라면, θ를 $(1/2)\theta$로 대체하고, $\tilde{\mathbf{x}}_N = \mathbf{x}_N + \theta \mathbf{d}_N$이라고 놓고, $\mathbf{y}_1 = \mathbf{x}_B$이라 하고 k를 1로 대체하고 스텝 (i)로 간다. 그렇지 않다면 k를 $k+1$로 대체하고 스텝 (i)로 간다.

(iii) $\mathbf{x}^t = (\mathbf{y}_{k+1}^t, \tilde{\mathbf{x}}_N^t)$이라고 놓고, 새로운 기저행렬 $\mathbf{B}$를 선택하고 메인 알고리즘의 스텝 1로 간다.

a. 위의 알고리즘을 사용해 다음 문제

$$\begin{aligned} &\text{최소화} \quad 2x_1^2 + 2x_1x_2 + 3x_2^2 + 10x_1 - 2x_2 \\ &\text{제약조건} \quad 2x_1^2 - x_2 = 0 \end{aligned}$$

$$1 \le x_1,\ x_2 \le 2$$

의 최적해를 구하시오.

b. 부등식 제약조건도 취급하기 위해 이 절차를 어떻게 수정할 수 있는가를 보이시오. 다음 문제

최소화 $\quad 2x_1^2 + 2x_1x_2 + 3x_2^2 + 10x_1 - 2x_2$

제약조건 $\quad x_1^2 + x_2^2 \le 9$

$\qquad 1 \le x_1,\ x_2 \le 2$

의 최적해를 구해 예시하시오.

[10.57] 이 연습문제에서 선형제약조건의 존재 아래 이차식함수를 최소화하기 위해 데이비돈[1959]의 공로라고 알려지고, 이후 골드파브[1969]가 개발한 방법을 설명한다. 이 방법은 데이비돈-플레처-파우얼의 방법을 확장하고 제약조건 존재 아래 탐색방향 벡터의 공액성을 유지한다. 연습문제의 파트 e는 대안적 알고리즘도 제안한다. 다음 문제

최소화 $\quad \mathbf{c}\cdot\mathbf{x} + \dfrac{1}{2}\mathbf{x}^t\mathbf{H}\mathbf{x}$

제약조건 $\quad \mathbf{A}\mathbf{x} = \mathbf{b}$

를 고려해보고, 여기에서 $\mathbf{H}$는 $n\times n$ 대칭 양정부호 행렬이고 $\mathbf{A}$는 계수 m인 $m\times n$ 행렬이다. 다음 내용은 알고리즘의 요약이다.

초기화 스텝 $\varepsilon > 0$는 선택한 종료허용오차라 하자. 하나의 실현가능해 $\mathbf{x}_1$과 하나의 초기의 대칭 양정부호 행렬 $\mathbf{D}_1$을 선택한다. $k = j = 1$이라고 놓고 $\mathbf{y}_1 = \mathbf{x}_1$이라고 놓고 메인 스텝으로 간다.

메인 스텝 1. 만약 $\|\nabla f(\mathbf{y}_j)\| < \varepsilon$이라면 중지한다; 그렇지 않다면 $\mathbf{d}_j = -\hat{\mathbf{D}}_j\nabla f(\mathbf{y}_j)$이라고 놓으며, 여기에서 $\hat{\mathbf{D}}_j$는 다음 식

$$\hat{\mathbf{D}}_j = \mathbf{D}_j - \mathbf{D}_j\mathbf{A}^t(\mathbf{A}\mathbf{D}_j\mathbf{A}^t)^{-1}\mathbf{A}\mathbf{D}_j$$

과 같다. λ_j는 최소화 $f(\mathbf{y}_j + \lambda\mathbf{d}_j)$ 제약조건 $\lambda \geq 0$ 문제의 하나의 최적해라 하고 $\mathbf{y}_{j+1} = \mathbf{y}_j + \lambda_j\mathbf{d}_j$라고 놓는다. 만약 $j < n$이면 스텝 2로 간다. 만약 $j = n$이라면 $\mathbf{y}_1 = \mathbf{x}_{k+1} = \mathbf{y}_{n+1}$이라 하고 k를 $k+1$로 대체하고 $j = 1$이라고 놓고 스텝 1을 반복한다.

2. 다음 식

$$\mathbf{D}_{j+1} = \mathbf{D}_j + \frac{\mathbf{p}_j\mathbf{p}_j^t}{\mathbf{p}_j \cdot \mathbf{q}_j} - \frac{\mathbf{D}_j\mathbf{q}_j\mathbf{q}_j^t\mathbf{D}_j}{\mathbf{q}_j^t\mathbf{D}_j\mathbf{q}_j}$$

과 같이 $\mathbf{D}_{j+1}$를 구성하고, 여기에서 $\mathbf{p}_j = \lambda_j\mathbf{d}_j$, $\mathbf{q}_j = \nabla f(\mathbf{y}_{j+1}) - \nabla f(\mathbf{y}_j)$이다. j 를 $j+1$로 대체하고 스텝 1로 간다.

a. 이 알고리즘으로 생성한 점은 실현가능해임을 보이시오.

b. 탐색방향 벡터는 **H**-공액임을 보이시오.

c. 알고리즘은 많아야 $n-m$개의 스텝 후 최적해를 얻고 중지함을 보이시오.

d. 이 연습문제에서 설명한 방법에 따라 다음 문제

$$\begin{aligned} \text{최소화} \quad & 2x_1^2 + 3x_2^2 + 2x_3^2 + 3x_4^2 + 2x_1x_2 - x_2x_3 \\ & + 2x_3x_4 - 3x_1 - 2x_2 + 5x_3 \\ \text{제약조건} \quad & 3x_1 + x_2 + 2x_3 = 8 \\ & -2x_1 + x_2 + 3x_3 + x_4 = 6 \end{aligned}$$

의 최적해를 구하시오.

e. 다음의 대안적 알고리즘을 고려해보자. $\mathbf{x}^t$, $\mathbf{A}$를 $(\mathbf{x}_B^t, \mathbf{x}_N^t)$, $[\mathbf{B}, \mathbf{N}]$로 각각 분해하며, 여기에서 $\mathbf{B}$는 $m \times m$ 가역행렬이다. 연립방정식 $\mathbf{A}\mathbf{x} = \mathbf{b}$는 $\mathbf{x}_B = \mathbf{B}^{-1}\mathbf{b} - \mathbf{B}^{-1}\mathbf{N}\mathbf{x}_N$과 등가이다. 목적함수에서 $\mathbf{x}_B$를 대체하면 $(n-m)$-벡터 $\mathbf{x}_N$에 관한 이차식 형태를 얻는다. 그렇다면 결과로 나타나는 함수는 데이비돈-플레처-파우얼의 방법과 같은 적

절한 공액방향법을 사용해 최소화한다. 파트 d에 주어진 문제의 최적해를 구하기 위해 이 알고리즘을 사용하고 2개 풀이절차를 비교하시오.

f. 브로이덴-플레처-골드파브-샤노 준 뉴톤 갱신을 사용해 위의 구도를 수정하시오.

g. 일반적 비선형 목적함수를 취급하기 위해 이 연습문제에서 토의한 2개 방법을 확장하시오.

주해와 참고문헌

실현가능방향법은 실현가능해에서 또 다른 실현가능해로 진행하는 원문제의 알고리즘에서 사용하는 일반적 개념이다. 절 10.1에서 개선실현가능방향을 생성하기 위해 쥬텐딕의 방법을 제시한다. 이 방법에서 사용하는 알고리즘적 사상이 닫혀있지 않다는 것은 잘 알려진 것이며, 그리고 절 10.2에서 이것을 보인다. 더군다나, 울프[1972]의 공로라고 알려진 예제를 제시하며, 이것은 이 절차가 일반적으로 카루시-쿤-터커 점으로 수렴하지 않음을 보여준다. 이와 같은 어려움을 극복하기 위해, 쥬텐딕[1960]의 연구에 기반해, 장윌[1969]은 거의-구속하는 제약조건의 개념을 사용해 수렴하는 알고리즘을 제시했다. 절 10.2에서 톱키스 & 베이노트[1967]의 공로라고 알려진 또 다른 방법을 제시한다. 이 방법은 구속적이거나 비구속적인 모든 제약조건을 사용하고 새로운 제약조건이 구속적 제약조건으로 될 때, 그것에 의한 방향벡터의 급격한 변동을 피한다.

제8장에서 토의한 제약 없는 최적화 문제의 알고리즘은 실현가능방향법과 효과적으로 결합할 수 있음을 주목하자. 이 경우, 제약 없는 최적화 기법은 내점에서 사용되지만, 이에 반해 실현가능방향은 이 장에서 토의한 방법의 하나에 의해 경계점에서 생성된다. 하나의 대안적 알고리즘은 내점에서 추가적 조건을 부가하는 것이며, 이것은 생성된 방향벡터가 앞에서 생성된 몇 개 방향벡터에 대해 공액임을 보장한다. 이것은 연습문제 10.16에 예시되어 있다. 또한, 쿤지 등[1966], 장윌[1967b], 쥬텐딕[1960]도 참조하시오. 장윌[1967a]은 유한개 스텝 이내에 이차식계획법 문제의 최적해를 구하려고 공액방향에 관련해 볼록-심플렉스 방법을 개발했다.

절 10.3, 10.4에서 **계승선형계획법 알고리즘**과 **계승이차식계획법 알고리즘**, 실현가능방향법의 아주 인기 있고 효과적인 부류를 제시한다. 그리피스 & 스튜어트[1961]는 **근사화 수리계획법**을 사용해 '셸 회사'에 계승선형계획법 알고리즘을 소개했다(연습문제 10.53 참조). 나머지 유사한 알고리즘은 화학공정 모델에 대해 '유니온 카바이드 회사'에서 부즈비[1974]가 개발했고, 혼합문제와 정유문제에 대해 '쉐브론 오일' 회사에서 보딩톤 & 란달[1979]이 개발했다(베이커 & 벤트케[1980]도 참조). 빌레[1978]는 계승선형계획법 알고리즘의 아이디어를 수정경도법과 결합하는 것을 설명하고, 팔라시오스-고메즈 등[1982]은 ℓ_1 페널티함수를 공훈함수로 사용한 계승선형계획법 알고리즘을 제시한다. 비록 직관적으로 호소력이 있고 효율적인 선형계획법 문제의 최적해를 구하는 프로그램의 확보가능성 때문에 인기는 있지만, 앞서 말한 방법의 수렴은 보장되지 않는다. 첫째로 수렴하는 형태는 절 10.3에서 페널티 계승선형계획법(PSLP) 알고리즘으로 제시되었으며, 장 등[1985]이 제시했고 플레처[1981b]의 뒤를 이어 선형계획법 하위문제에 신뢰영역 아이디어와 함께 ℓ_1 페널티함수를 직접 적용한다. 베이커 & 라스돈[1985]은 1,000개 행을 갖는 혼합문제와 정유문제에 관한 비선형 정유모델의 최적해를 구하기 위해 사용된 알고리즘의 간략화된 버전을 설명한다.

계승이차식계획법 알고리즘의 개념(사영된 라그랑지법 또는 라그랑지-뉴톤법)은 처음으로 윌슨[1963]이 그의 "SOLVER" 절차에서 사용했고, 빌레[1967]가 설명한 것과 같다. 한[1976], 파우얼[1978b]은 라그랑지 함수 헤시안의 준 뉴톤 근사화를 제안했고, 그리고 파우얼[1978c]은 관계된 슈퍼 선형수렴 논증을 제공한다. 한[1975b], 파우얼[1978b]은 전역적으로 수렴하는 계승이차식계획법 알고리즘의 변형을 유도하기 위해 공훈함수로 ℓ_1 페널티함수가 어떻게 사용되는가를 보인다. 이것은 공훈함수 계승이차식계획법 알고리즘 내에 설명되어 있다. 소프트웨어 설명에 대해 크레이인 등[1980]을 참조하시오. 이와 같은 정황에서 나머지 매끈한 '정확한 페널티 증강된 라그랑지 함수'에 관계된 토의에 대해, 플레처[1987], 질 등[1981], 쉬트콥스키[1983]를 참조하시오. **마라토스 효과**(마라토스[1978])는 파우얼[1986]이 훌륭하게 설명했으며, 그리고 이것을 피하는 방법은 목적함수와 제약조건 위반의 증가를 허용함으로(챔벌레인 등[1982], 파우얼 & 유안[1986], 쉬트콥스키[1981]), 또는 탐색방향을 변경함으로(콜맨 & 콘[1982a, b], 메인 & 폴락[1982]), 또는 2-계 수정을 거침으로(플레처[1982b]) (후쿠시마[1986]도 참조) 가능하다고 제안되었다. 실현불가능성 또는 무계의 이차식계획법 하위문제를 취급하는 방법에 대해, 플레처[1987], 버르크 & 한[1989]을 참조하시오. 플레처[1981, 1987]는 절 10.4에서 언급한, 강건하고 대단히 효과적인 절차를 생성하기 위해 ℓ_1 페널티함수와 신뢰영역법을 결합하는 L_1SQP 알고리즘을 설명한다. 타무라 & 코바야시[1991]는 계승이차식계획법 알고리즘을 실제 문제에 적용한 경험을 기술했고, 엘더스벨트[1991]는 계승이차식계획법 알고리즘을 사용해 종합적 토의와 계산결과와 함께 대규모문제의 최적해를 구하기 위한 기법을 토의한다. 계승이차식계획법 문제를 매끈하지 않은 문제로 확장하는 문제에 대해, 프셰니치니[1978], 플레처[1987]를 참조하시오.

1960년 로젠은 선형제약조건의 경도사영법을 개발했으며 그 이후, 1961년 비선형 제약조건에 대해 이것을 일반화했다. 절 10.5에서 설명한 바와 같이 이 방법의 일부 수정에 대해 두 & 장[1989]은 종합적 수렴해석을 제공한다(초기 해석은 두 & 장[1986]에 나타난다). 연습문제 10.29, 10.30, 10.33에서, 사영된 경도를 산출하기 위한 여러 방법을 제시하며, 로젠의 알고리즘과 쥬텐딕의 방법 사이의 관계를 분석한다. 1969년, 골드파브는 선형제약조건을 갖는 문제를 취급하기 위해, 경도사영의 개념을 활용해 데이비돈-플레처-파우얼의 방법을 확장했다. 연습문제 10.57에서 등식 제약조건의 취급법에 대해 설명한다. 부등식제약 있는 문제에 대해, 골드파브는 구속하는 제약조건으로 간주되는 제약조건 집합을 식별하는 **구속하는 집합 알고리즘**을 개발하고 등식제약 있는 문제에 적용한다. 이 방법은 데이비스[1970]가 비선형 제약조건을 취급하기 위해 일반화했다. 또한 가변거리 사영법에 관해 사르젠트 & 무르타그[1973]의 연구도 참고하시오.

수정경도법은 연습문제 10.47에서 토의한 것과 같은 방향탐색 사상을 사용해 울프[1963]가 개발했다. 1966년 이 방법은 카루시-쿤-터커 점으로 수렴하지 않음을 보여주기 위해 울프는 하나의 예를 제시했다. 절 10.6에서 설명한 수정 버전은 맥코믹[1970a]의 공로라고 알려진다. **'일반화된 수정경도법'**은 그 이후 아바디 & 까르펑티에[1969]가 제시했으며 이들은 비선형 제약조건을 취급하는 여러 알고리즘을 제시했다. 이러한 기법 가운데 하나를 절 10.6에서 토의했고, 또 다른 것은 연습문제 10.56에서 토의했다. 수정경도법을 위한 계산경험과 일반화는 아바디 & 까르펑티에[1967], 아바디 & 기곤[1970], 포레 & 후아르[1965]에 나타난다. 일반화된 수정경도법의 수렴증명은 아주 제한적이고 입증하기 어려운 조건 아래 제시된다(스미어스[1974, 1977], 목타르-카루비[1980] 참조). 이 방법의 개선된 버전은 아바디[1978a], 라스돈 등[1978], 라스돈 & 워렌[1978, 1982]에 제시되어 있다. 절 10.7에서 선형제약조건을 갖는 비선형계획법 문제의 최적해를 구하는 장월의 볼록-심플렉스 방법을 토의한다. 이 방법은 비기저 변수만 한 번에 개정하는 수정경도법이라고 볼 수 있다. 수정경도법을 사용한 볼록-심플렉스 방법의 비교연구는 한스 & 장월[1972]에 나타난다.

절 10.8에서 슈퍼 기저 변수의 개념을 제시하며, 이것은 수정경도법과 볼록-심플렉스 방법을 단일화하고 확장하며, 슈퍼 기저 변수 공간에서 알고리즘적 수렴을 가속하기 위해 2-계 함수근사화를 사용하는 것을 토의한다. 무르타그 & 손더스[1978]는 적절한 인수분해 알고리즘과 함께 상세한 해석과 알고리즘적 실행 기법을 제시한다(질 등[1981]도 참조 바람). "MINOS" 프로그램의 설명은 무르타그 & 손더스[1982, 1983]의 연구에서 제시할 뿐만 아니라 여기에서도 제시한다. 샤노 & 마르스텐[1982]은 알고리즘을 강화하고, 관계된 재시작구도를 제시하고, 2-계 정보를 유지하고, 강하방향을 얻기 위해 공액경도법을 어떻게 사용할 것인가를 보여준다.

이 장에서, 개선실현가능 방향법을 생성해, 제약 있는 비선형계획법 문제의 최적해를 구하는 탐색법을 토의한다. 여러 수학자는 변수의 상한과 하한, 선형제약조건과 같은 간단한 제약조건을 취급하기 위해 제약 없는 최적화 기법 가운데 몇 개를 확장했다. 제약조건을 취급하는 방법은 탐색절차 도중 단순하게 실현불가능한 점을 배제해 나감으로 제약 없는 최적화 기법을 수정하는 것이다. 그러나 이 알고리즘은 최적해가 아닌 점에서 너무 이르게 종료하는 상황으로 인도하므로 효과적 방법이 아니다. 이것은 프리드만 & 핀더[1972]의 내용을 인용한 결과에 의해 입증되었다.

이 노트의 앞부분에서 토의한 바와 같이 골드파브[1969a], 데이비스[1970]는 선형 제약조건과 비선형 제약조건을 취급하기 위해 각각 데이비돈-플레처-파우얼의 방법을 확장했다. 여러 경도 없는 탐색법은 제약조건을 취급하기 위해서도 확장되었다. 글라스 & 쿠퍼[1965]는 제약조건을 다루기 위해 후크와 지브스의 방법을 확장했다. 제약조건을 수용하기 위해 후크와 지브스의 방법을 수정하려는 또 다른 시도는 클링맨 & 힘멜블로[1964]의 공로라고 알려진다. 구속하는 제약조건의 교집합으로 탐색방향을 사영해, 데이비스 & 스완[1969]은 선형탐색을 사용하는 로젠브록의 방법에서 선형제약조건을 포함할 수 있었다. 연습문제 8.51에서 스펜들리 등[1962]의 **심플렉스 방법의 변형**을 설명했다. 박스[1965]는 심플렉스 방법의 제약 있는 버전을 개발했다. 나머지의 방법의 여러 대안적 버전은 프리드만 & 핀더[1972], 가니[1972], 구인[1968], 미첼 & 카플란[1968], 우미다 & 이찌가와[1971]가 개발했다. 제약 있는 최적화문제에 심플렉스 방법을 사용하는 또 다른 방법을 딕슨[1973a]이 제안했다. 내점에서, 가끔 함수의 이차식 근사화를 하면서 심플렉스 방법을 사용한다. 만약 제약조건을 만나면, 경계를 향해 움직이는 시도를 한다. 1973년, 키퍼는, 기본적 탐색에서 넬더와 미드의 심플렉스 방법을 사용하는 방법을 제안했다.

변수의 상한 하한에 관한 제약은 명시적으로 취급하며, 한편으로 나머지의 제약조건은 페널티함수 구조로 처리한다.

또한, 파비아니 & 힘멜블로[1969]도 제약 있는 문제를 취급하기 위한 페널티함수법과 함께 **심플렉스법**을 사용한다. 기본적 접근방법은 제9장에서 토의한 바와 같이 반복계산 k에서 허용오차 판단기준 ϕ_k와 페널티함수 $P(\mathbf{x})$를 정의하는 것이다. 그래서 제약조건은 $P(\mathbf{x}) \le \phi_k$로 대체할 수 있다. 넬더와 미드의 방법을 실행할 때, 만약 하나의 점이 판단기준을 만족한다면 이 점은 채택되며, 그리고 ϕ_k는 각각의 반복계산에서 감소한다.

이 알고리즘을 사용한 계산결과는 힘멜블로[1972b]에 나타난다. 비선형계획법 문제의 알고리즘을 평가하고 테스트하는 여러 가지 연구가 진행되었다. 스토커[1969]는 15개의 다양한 난이도를 갖는 제약 있는 최적화문제와 제약 없는 최적화 문제의 테스트문제의 최적해를 구하는 5개 방법을 비교했다. 1970년 콜빌은 여러 가지 비선형계획법 문제의 알고리즘에 관한 비교연구를 했다. 이 연구의 참가자는 34개 컴퓨터 프로그램을 사용해 테스트했으며 각자의 고유한 방법과 컴퓨터 프로그램을 사용해 8개 테스트문제의 해를 구했다. 연구결과의 요약을 콜빌[1970]이 제시했다. 또한, 계산결과도 힘멜블로[1972b]에 나타나 있다. 2개 연구는 대단히 비선형인 제약조건과 목적함수, 선형제약조건, 그리고 변수의 단순한 한계를 포함해 다양한 난이도를 갖는 비선형계획법 문제의 넓은 범위의 문제를 사용한다. 수행능력 비교와 다양한 알고리즘의 평가에 관한 토의가 콜빌[1970], 힘멜블로[1972b]에 나타난다. 소프트웨어의 설명과 수정경도-유형 방법의 계산에 관한 비교는, 바드[1998], 고메스 & 마르티네즈[1991], 라스돈[1985], 워렌 등[1987], 와실 등[1989]에 나타나 있다.

제11장
선형상보 문제, 이차식계획법, 가분계획법, 분수계획법, 지수계획법

이 장에서는 선형상보 문제를 소개하고, 이차식계획법 문제, 가분계획법 문제, 분수계획법 문제의 최적해를 구하는 몇 가지 특별한 절차(알고리즘)를 개발한다. 각각의 케이스에 있어 최적해를 구하는 절차로 심플렉스 알고리즘의 일종의 변형을 사용한다. 이차식계획법에 있어, 선형상보 문제의 좀 더 일반적 집합에 대해 사용할 수 있는 상보피봇팅 알고리즘에 의해 카루시-쿤-터커 연립방정식의 해를 구한다. 이차식제약조건을 추가적으로 취급할 수 있는 이차식계획법 문제의 전역최적화 알고리즘을 토의한다(실제로 이 알고리즘은 일반적 **다항식계획법 문제**의 전역최적해를 구하려고 확장할 수 있다. 연습문제 11.27 참조). 변수에 관해 분리가능한 문제에 대해, 구간별 선형화를 통한 근사화 알고리즘을 개발하고, 이들 문제의 최적해를 구하기 위해 기저진입에 적절한 제한을 가해 심플렉스 알고리즘을 사용한다. 또한 선형분수계획법 문제의 최적해를 구하기 위한 2개의 심플렉스-기반의 방법을 설명한다. 마지막으로, 라그랑지 쌍대성의 관점에서 지수계획법 문제를 토의한다. 공학설계의 배경에서 이러한 문제를 적용할 분야가 다양하다.

다음은 이 장의 요약이다.

절 11.1: **선형상보 문제** 선형상보 문제(LCP)의 최적해를 구하는 렘케의 방법을 주로 토의하고, 유한회의 반복계산 이내의 수렴함을 보인다. 적절한 가정 아래, 이 알고리즘은 상보기저해를 얻고 종료하거나, 아니면 원래의 시스템은 모순되는 것이라고 결론을 내린다. 또한, 일반적인 선형상보 문제의 해를 구하는 것에 관한 몇 가지 코멘트를 제공한다.

절 11.2: **볼록 이차식계획법과 비볼록 이차식계획법 전역최적화 알고리즘** 이차식계획법 문제의 카루시-쿤-터커 조건은 선형상보 문제로 됨을 보여준다. 그리고 카루시-쿤-터커 연립방정식의 해를 구하기 위해 상보피봇팅 알고리즘을 사용한다. **재정식화-선형화/볼록화 기법**에 기반한 전역최적화 알고리즘을 포함해 나머지의 알고리즘을 간략하게 토의하며 상세한 내용은 연습문제와 '주해와 참고문헌' 절로 넘긴다.

절 11.3: **가분계획법** 목적함수와 제약조건함수가 변수에 대해 분리가능한 형태의 비선형계획법 문제가 주어지면, 각각의 함수는 격자점을 사용해 구간별 선형함수로 근사화할 수 있다. 이것은 심플렉스 방법을 조금 수정해 결과적으로 나타나는 문제의 해를 구할 수 있도록 하는 방식으로 실행된다. 적절한 볼록성 가정 아래 근사화하는 문제의 목적함수의 최적값은 원래의 문제의 목적함수의 최적값에 마음대로 근접하도록 할 수 있다. 나아가서 필요에 따라 격자점 생성 구도를 설명한다.

절 11.4: **선형분수계획법** 선형분수계획법은 선형제약조건의 존재 아래 2개 선형함수의 비율을 최적화하는 문제를 말한다. 선형분수계획법 문제의 최적해를 구하는 2개 절차를 제시한다. 첫째 방법은 볼록-심플렉스 방법의 하나의 간략화된 버전이다. 둘째 방법은 1개의 추가적 제약조건과 1개의 추가적 변수를 갖는 등가의 선형계획법 문제의 최적해를 구해 하나의 최적해를 얻는 것이다.

절 11.5: **지수계획법** 이와 같은 종류의 문제는 공학문제에 적용하는 사례에서 자주 일어난다. 적절한 변환을 동반하는 라그랑지 쌍대성 개념에 기반한 제약 있는 다항적 지수계획법 문제의 최적해를 구하는 기법을 제시한다.

11.1 선형상보 문제

이 절에서는 선형상보 문제를 간략하게 소개하며 문제의 최적해를 구하는 상보피봇팅 알고리즘을 제시한다. 이와 같은 형태의 문제는 자주 공학문제에 대한 적용, 게임이론, 경제학에서 자주 일어난다. 또한, 절 11.2에서 나타나듯이, 선형계획법 문제와 이차식계획법 문제의 카루시-쿤-터커 조건은 선형상보 문제로 나타낼 수 있으며, 그러므로 이 절에서 소개한 알고리즘은 선형계획법 문제와 이차식계획법 문제의 최적해를 구하기 위해 사용할 수 있다. 더구나 이 알고리즘은 행렬게임이론 문제의 최적해를 구하기 위해 사용할 수도 있다.

11.1.1 정의

$\mathbf{M}$은 주어진 $p \times p$ 행렬이라 하고 $\mathbf{q}$는 주어진 p-벡터라 하자. **선형상보 문제(LCP)**는 다음 식

$$\mathbf{w} - \mathbf{M}\mathbf{z} = \mathbf{q} \tag{11.1}$$
$$w_j \geq 0,\ z_j \geq 0 \qquad j = 1, \cdots, p \tag{11.2}$$
$$w_j z_j = 0 \qquad j = 1, \cdots, p \tag{11.3}$$

이 성립하도록 하는 벡터 $\mathbf{w}$, $\mathbf{z}$를 찾거나, 아니면, 이러한 해가 존재하지 않는다는 결론을 내리는 것이며, 여기에서 (w_j, z_j)는 **상보변수**의 한 쌍이다. 해 $(\mathbf{w}, \mathbf{z})$는 위의 연립방정식의 **상보실현가능해**라 한다. 나아가서, 만약 $(\mathbf{w}, \mathbf{z})$가, (11.1), (11.2)의 문제에 있어서, 각각의 $j = 1, \cdots, p$에 대한 한 쌍 (w_j, z_j)의 1개 변수가 기저인 실현가능해라면, 이러한 해는 **상보기저 실현가능해**이다. 또한, (11.3)과 같은 제한은 **상보성제약조건**이라고 간혹 말한다.

$\mathbf{e}_j$는 j-째 위치에 1이 있는 단위 벡터를 나타내고, $\mathbf{m}_j$는 $j = 1, \cdots, p$에 대해 $\mathbf{M}$의 j-째 열을 나타낸다. $j = 1, \cdots, p$에 대해 각각의 $\mathbf{e}_j$와 $-\mathbf{m}_j$의 쌍에서 1개의 벡터를 선택한 임의의 p개 벡터로 생성한 원추는 연립방정식 (11.1), (11.2), (11.3)을 정의한 행렬 $\mathbf{M}$에 연관된 **상보원추**라 한다. 2^p개의 이와 같은 상보원추가 존재함을 주목하고, 위 연립방정식이 해를 갖는다는 것은 $\mathbf{q}$가 최소한 1개의 이와 같은 원추에 속한다는 것과 같은 뜻임을 주목하시오. 또한, 만약 $\mathbf{q}$가 어떤 특별한 상보원추에 속하고, 상보원추를 생성한 것이 기저를 형성한다면, 즉 다시 말하면, 이들이 선형독립이라면 상응하는 해는 상보기저 실현가능해이며, 그리고 이것의 역도 성립함을 관측하자. 더군다나 만약 여기에 상응하는 연립방정식 (11.1)-(11.3)이 각각의 $\mathbf{q} \in \mathfrak{R}^p$에 대해 해를 갖는다면 정방행렬 $\mathbf{M}$은 **Q-행렬**이라 한다.

상보원추 개념을 사용해 선형상보 문제의 특성을 설명하기 위해, 다음과 같은 방법으로 (11.1)-(11.3)을 하나의 최적화문제로 만들 수 있다. 각각의 $j = 1, \cdots, p$에 대해 y_j는 0 또는 1을 갖는 이진법 변수라고 정의하고, 그에 따라 변수 w_j 또는 z_j는 상보 쌍 (w_j, z_j)에서 양(+)이 되도록 허용하는 것으로 하고, 다음 **혼합-정수 0-1 쌍선형계획법 문제(BLP)**

BLP: 최소화 (11.4)

$$\left\{ \sum_{j=1}^{p} y_j w_j + (1 - y_j) z_j \,\middle|\, \mathbf{w} - \mathbf{M}\mathbf{z} = \mathbf{q},\ \mathbf{w} \geq \mathbf{0},\ \mathbf{z} \geq \mathbf{0},\ \mathbf{y}\text{는 이진법 수} \right\}$$

를 고려해보자. 목적함수의 모든 항이 비음(-)이므로 임의의 실현가능해에 대해 BLP의 목적함숫값이 0이라는 것은 각각의 $j=1, \cdots, p$에 대해 $y_j w_j = (1-y_j)z_j = 0$이라는 것과 같은 뜻임을 주목하자. 더구나 $\mathbf{y}$의 성분은 0 또는 1이어야 하므로 최적해에서 이것이 일어난다는 것은 각각의 $j=1, \cdots, p$에 대해 $w_j z_j = 0$이라는 것과 같은 뜻이다. 그러므로 $(\mathbf{w}, \mathbf{z})$가 선형상보 문제의 해라는 것은 0의 목적함숫값을 갖는 BLP의 하나의 최적해의 한 부분이라는 것과 같은 뜻이다.

또한, (11.4)의 $\mathbf{y}$-변수가 이진법 변수이어야 한다는 제한을 등가적으로 $\mathbf{0} \le \mathbf{y} \le \mathbf{e}$로 완화시킬 수 있음을 관측하고, 여기에서 $\mathbf{e}$는 p개의 1을 요소로 갖는 벡터이다. BLP의 임의의 부분최적해 $(\overline{\mathbf{w}}, \overline{\mathbf{z}})$에 대해, 결과로 나타나는 $\left\{\Sigma_{j=1}^{p} \left[y_j \overline{w}_j + (1-y_j)\overline{z}_j\right] \middle| \mathbf{0} \le \mathbf{y} \le \mathbf{e}\right\}$의 최소화문제는 자동적으로 $\mathbf{y}$의 이진법 변수의 최적해를 산출하므로 위의 관측내용이 뒤따른다. 그러므로, 또한 (11.4)는 (연속)**쌍선형계획법 문제**라고 생각할 수 있으며(연습문제 11.4, 11.27도 참조 바람), $(\mathbf{w}, \mathbf{z})$ 값이 고정되어 있을 때 $\mathbf{y}$에 관해 선형함수이며, $\mathbf{y}$ 값이 고정되어 있을 때 $(\mathbf{w}, \mathbf{z})$의 선형함수이다. 후자의 특질 때문에, 만약 LCP가 하나의 해를 갖는다면, (11.1)-(11.2)의 하나의 극점인 해가 존재함이 뒤따른다.

더구나, 앞서 말한 LCP의 특성에 관한 설명을 사용해, 이 문제는 오목 목적함수 $h(\mathbf{y})$ 제약조건 $\mathbf{0} \le \mathbf{y} \le \mathbf{e}$ 문제의 최적해를 구하는 것으로 만들 수 있으며, 여기에서 $h(\mathbf{y})$는 다음 식

$$h(\mathbf{y}) = min\left\{\sum_{j=1}^{p}\left[y_j w_j + (1-y_j)z_j\right] \right.$$
$$\left. \mid \mathbf{w} - \mathbf{Mz} = \mathbf{q},\ \mathbf{w} \ge \mathbf{0},\ \mathbf{z} \ge \mathbf{0},\ \mathbf{y}\text{는 이진법의 수}\right\}$$

과 같다(연습문제 11.9 참조). 더군다나, (11.1)-(11.2)로 정의한 집합은 유계라고 가정하고, BLP를 '선형 혼합-정수 0-1 계획법 문제'로 선형화할 수 있다(연습문제 11.4, 11.6 참조). 그러므로, 쌍선형계획법 문제, 오목 최소화 문제, 선형정수계획법 문제에 대해 사용할 수 있는 방법을 사용해 일반 선형상보 문제의 해를 구할 수 있다. $\mathbf{M}$이 특별한 구조적 특질을 가질 때 순차선형계획법 알고리즘 또는 내점 접근방법과 같은 어떤 특화된 기법을 포함해, 이와 같은 알고리즘에 대해 독자는 '주해와 참고문헌' 절을 참조하기 바란다. 지금 선형상보 문제의 해를 구하기 위한 피봇팅 방법의 유형의 인기 있는 심플렉스 방법을 설명하기 위해 진행하며, 어떤 비퇴화 가정 아래, 그리고 $\mathbf{M}$이 어떤 특질을 만족시킬 때 이 방법의 작동은

보장된다. 그러나 실제로 이것은 비록 이들 가정이 위반될지라도 잘 작동하는 것으로 알려져 있다.

선형상보 문제의 해법

만약 $\mathbf{q}$가 비음(-)이라면, $\mathbf{w}=\mathbf{q}$, $\mathbf{z}=\mathbf{0}$라고 놓음으로, (11.1), (11.3)을 만족시키는 해를 즉시 얻는다. 그러나 만약 $\mathbf{q}\not\geq\mathbf{0}$이라면 새로운 열 $\mathbf{e}$와 인위 변수가 도입되고 다음 연립방정식

$$\mathbf{w}-\mathbf{M}\mathbf{z}-\mathbf{e}z_0=\mathbf{q} \tag{11.5}$$

$$z_0\geq 0,\ w_j\geq 0,\ z_j\geq 0 \qquad j=1,\ \cdots,p \tag{11.6}$$

$$w_jz_j=0 \qquad j=1,\ \cdots,p \tag{11.7}$$

으로 인도하며, 여기에서 $\mathbf{e}$는 p개의 0을 요소로 갖는 벡터이다. $z_0=max\{-q_i|1\leq i\leq p\}$, $\mathbf{z}=\mathbf{0}$, $\mathbf{w}=\mathbf{q}+\mathbf{e}z_0$이라 하면, 위의 연립방정식의 출발해를 얻는다. 다음에 명시할 일련의 피봇팅 연산을 거쳐, (11.5)-(11.7)를 만족시키면서 인위 변수 z_0를 0으로 몰고 가고, 따라서 선형상보 문제의 해를 얻는다.

다음 거의-상보 기저실현가능해의 정의와 인접한 거의-상보 실현가능해의 정의를 고려해보자. 이들 정의는 알고리즘을 설명하거나 이것의 유한수렴을 확립함에 있어 유용하다.

11.1.2 정의

(11.5)-(11.7)으로 정의한 연립방정식을 고려해보자. 만약 다음 내용이 참이면 이 연립방정식의 실현가능해 $(\mathbf{w},\mathbf{z},z_0)$는 **거의-상보 기저실현가능해라 한다.**

1. $(\mathbf{w},\mathbf{z},z_0)$는 (11.5), (11.6)의 기저실현가능해이다.
2. 어떤 $s\in\{1,\ \cdots,p\}$에 대해 w_s, z_s는 모두 비기저 변수이다.
3. z_0은 기저이며, 각각의 상보 쌍 (w_j,z_j)에서 $j=1,\ \cdots,p$, $j\neq s$에 대해 정확하게 1개의 변수는 기저이다.

거의-상보 기저실현가능해 $(\mathbf{w},\mathbf{z},z_0)$가 주어지면, 여기에서 w_s, z_s는 모두 비기저이며, 피봇팅이 z_0를 제외하고 다른 변수를 기저에서 퇴출하도록, w_s 또

는 z_s를 기저에 도입해 **인접한 거의-상보 기저실현가능해** $(\hat{\mathbf{w}}, \hat{\mathbf{z}}, \hat{z_0})$를 얻는다.

위의 정의에서, 각각의 거의-상보 기저실현가능해는 많아야 2개의 인접한 거의-상보 기저실현가능해를 가짐이 명확하다. 만약 w_s 또는 z_s를 증가시킴으로, z_0를 기저에서 퇴출시키거나 또는 (11.5), (11.6)에서 정의한 집합의 반직선을 생산한다면, 2개 이하의 인접한 거의-상보 기저실현가능해를 얻는다.

렘케의 상보피봇팅 알고리즘의 요약

아래에 선형상보 문제의 해를 구하기 위한, 렘케[1968]의 공로라고 알려진 상보피봇팅 알고리즘의 요약을 제시한다. **주 피봇팅 알고리즘**이라 알려진, 코틀 & 단치히[1968]에 의한 유사한 구도를 연습문제 11.11에서 설명한다. 인위 변수 z_0를 도입하면, 앞의 알고리즘은 인접한 거의-상보 기저실현가능해에서 상보 기저실현가능해를 구하거나, 아니면 (11.5)-(11.7)으로 정의한 영역이 무계임을 알리는 방향벡터를 찾을 때까지 이동한다. 다음에 보이는 바와 같이, 행렬 $\mathbf{M}$에 관한 어떤 가정 아래, 알고리즘은 상보 기저실현가능해를 얻고 유한개 스텝 이내에 수렴한다.

초기화 스텝 만약 $\mathbf{q} \geq \mathbf{0}$이라면, 중지한다; $(\mathbf{w}, \mathbf{z}) = (\mathbf{q}, \mathbf{0})$는 상보기저 실현가능해이다. 그렇지 않다면, 태블로 포맷으로 (11.5), (11.6)으로 정의한 연립방정식을 보여준다. $-q_s = max\ \{-q_i \,|\, 1 \leq i \leq p\}$이라 하고, z_0의 열과 행 s에서, 피봇팅에 의해 태블로를 갱신한다. 따라서 기저 변수 z_0와 $j = 1, \cdots, p,\ j \neq s$에 대한 w_j는 비음(-)이다. $y_s = z_s$로 하고 메인 스텝으로 간다.

메인 스텝 1. 현재의 태블로에서 변수 y_s 아래의 $\mathbf{d}_s$는 갱신된 열이라 하자. 만약 $\mathbf{d}_s \leq \mathbf{0}$이라면 스텝 4로 간다. 그렇지 않다면, 다음 최소비율검정

$$\frac{\bar{q}_r}{d_{rs}} = \underset{1 \leq i \leq p}{minimum} \left\{ \frac{\bar{q}_i}{d_{is}} \,\middle|\, d_{is} > 0 \right\}$$

에 의해 첨자 r을 결정하며, 여기에서 $\bar{\mathbf{q}}$는 기저 변수값을 나타내는, 갱신된 우변항의 열이다. 만약 행 r에서 기저 변수가 z_0이라면, 스텝 3으로 간다. 그렇지 않으면, 스텝 2로 간다.

2. 행 r에서 기저 변수는 어떤 $\ell \neq s$에 대해 w_ℓ이거나, 아니면 z_ℓ이다. 변수 y_s는 기저에 진입하고, y_s의 열과 행 r에서 태블로는 피봇팅에 의해 갱신된다. 만약 기저를 방금 떠난 변수가 w_ℓ이라면, $y_s = z_\ell$이라고 놓고, 만약, 기저에서 방금 퇴출된 변수가 z_ℓ이라면, $y_s = w_\ell$이라고 놓는다. 스텝 1로 간다.

3. 여기에서 y_s는 기저에 진입하고, z_0는 기저에서 퇴출된다. y_s의 열과 z_0의 행에서 피봇팅해 상보 기저실현가능해를 생산한다. 그리고 중지한다.

4. **반직선탐색종료**와 함께 중지한다. R에 속한 모든 점이 (11.5), (11.6), (11.7)을 만족시키는 반직선 $R = \{(\mathbf{w}, \mathbf{z}, z_0) + \lambda \mathbf{d} \mid \lambda \geq 0\}$이 구해졌으며, 여기에서 $(\mathbf{w}, \mathbf{z}, z_0)$는 마지막 태블로에 연관된 거의-상보 기저실현가능해이며, $\mathbf{d}$는 (11.5), (11.6)으로 정의한 집합의 극한방향이며, y_s에 상응하는 행에 1을 가지며, 현재의 기저 변수 행에서 $-\mathbf{d}_s$이고, 다른 곳에서는 $\mathbf{0}$이다.

11.1.3 예제(상보기저 실현가능해를 얻고 종료함)

다음 자료에 따라 정의된 선형상보 문제의 해를 구하려고 한다.

$$\mathbf{M} = \begin{bmatrix} 0 & 0 & -1 & -1 \\ 0 & 0 & 1 & -2 \\ 1 & -1 & 2 & -2 \\ 1 & 2 & -2 & 4 \end{bmatrix}, \quad \mathbf{q} = \begin{bmatrix} 2 \\ 2 \\ -2 \\ -6 \end{bmatrix}.$$

초기화 스텝 인위 변수 z_0를 도입하고 다음 태블로를 형성한다:

	w_1	w_2	w_3	w_4	z_1	z_2	z_3	z_4	z_0	우변
w_1	1	0	0	0	0	0	1	1	-1	2
w_2	0	1	0	0	0	0	-1	2	-1	2
w_3	0	1	1	0	-1	1	-2	2	-1	-2
w_4	0	0	0	1	-1	-2	2	-4	(-1)	-6

최소 $\{q_i \mid 1 \leq i \leq 4\} = q_4$임을 주목하고, 그래서 z_0의 열과 행 4에서 피봇팅한다. $y_s = z_4$로 하고 반복계산 1로 간다.

반복계산 1:

	w_1	w_2	w_3	w_4	z_1	z_2	z_3	z_4	z_0	우변
w_1	1	0	0	-1	1	2	-1	5	0	8
w_2	0	1	0	-1	1	2	-3	6	0	8
w_3	0	0	1	-1	0	3	-4	(6)	0	4
z_0	0	0	0	-1	1	2	-2	4	1	6

여기에서, $y_s = z_4$는 기저에 진입한다. 최소비율검정에 의해, w_3는 기저에서 퇴출되고; 다음 반복계산을 위해 $y_s = z_3$로 놓는다. w_3의 행과 z_4의 열에서 피봇팅하고 반복계산 2로 간다.

반복계산 2:

	w_1	w_2	w_3	w_4	z_1	z_2	z_3	z_4	z_0	우변
w_1	1	0	-5/6	-1/6	1	-1/2	(7/3)	0	0	14/3
w_2	0	1	-1	0	1	-1	1	0	0	4
z_4	0	0	1/6	-1/6	0	1/2	-2/3	1	0	2/3
z_0	0	0	-2/3	-1/3	1	0	2/3	0	1	10/3

여기에서 $y_s = z_3$은 기저에 진입한다. 최소비율검정에 따라 w_1은 기저에서 퇴출된다; 그러므로 다음 반복계산을 위해, $y_s = z_1$로 놓는다. w_1의 행과 z_3의 열에서 피봇팅하고 반복계산 3으로 간다.

반복계산 3:

	w_1	w_2	w_3	w_4	z_1	z_2	z_3	z_4	z_0	우변
z_3	3/7	0	-5/14	-1/14	3/7	-3/14	1	0	0	2
w_2	-3/7	1	-9/14	1/14	4/7	-11/14	0	0	0	2
z_4	2/7	0	-1/14	-3/14	2/7	5/14	0	1	0	2
z_0	-2/7	0	-3/7	-2/7	(5/7)	1/7	0	0	1	2

여기에서 $y_s = z_1$는 기저에 진입한다. 최소비율검정에 따라 z_0는 기저에서 퇴출된다. z_0의 행과 z_1의 열에서 피못팅하면, 다음 태블로에 나타난 바와 같은 상보기저 실현가능해가 구해진다:

	w_1	w_2	w_3	w_4	z_1	z_2	z_3	z_4	z_0	우변
z_3	3/5	0	-1/10	1/10	0	-3/10	1	0	-3/5	4/5
w_3	-1/5	1	-3/10	3/10	0	-9/10	0	0	-4/5	2/5
z_4	2/5	0	1/10	-1/10	0	3/10	0	1	-2/5	6/5
z_1	-2/5	0	-3/5	-2/5	1	1/5	0	0	7/5	14/5

요약하면, 상보피봇팅 알고리즘은 다음 점

$$(w_1, w_2, w_3, w_4, z_1, z_2, z_3, z_4) = (0, 2/5, 0, 0, 14/5, 0, 4/5, 6/5)$$

을 생산했고, 여기에서 (w_j, z_j)의 쌍에서 단 1개 변수만이 $j = 1, \cdots, 4$에 대해 양(+)이다.

11.1.4 예제(반직선탐색종료)

다음 자료로 정의한 선형상보 문제의 해를 구하려고 한다. $\mathbf{M}$, $\mathbf{q}$는 다음과 같다.

$$\mathbf{M} = \begin{bmatrix} 0 & 0 & 1 & -1 \\ 0 & 0 & -1 & 2 \\ -1 & 1 & 2 & -2 \\ 1 & -2 & -2 & 2 \end{bmatrix}, \quad \mathbf{q} = \begin{bmatrix} 1 \\ 4 \\ -2 \\ -4 \end{bmatrix}.$$

초기화 스텝 다음의 태블로로 인도하는 인위 변수 z_0를 도입한다:

w_1	w_2	w_3	w_4	z_1	z_2	z_3	z_4	z_0	우변
1	0	0	0	0	0	−1	1	−1	1
0	1	0	0	0	0	1	−2	−1	4
0	0	1	0	1	−1	−2	2	−1	−2
0	0	0	1	−1	2	2	−2	−1	−4

$min\{q_i | 1 \le i \le 4\} = q_4$임을 주목하고, 따라서 z_0의 열과 행 4에서 피봇한다. $y_s = z_4$로 하고 반복계산 1로 간다.

반복계산 1 :

	w_1	w_2	w_3	w_4	z_1	z_2	z_3	z_4	z_0	우변
w_1	1	0	0	−1	1	−2	−3	3	0	5
w_2	0	1	0	−1	1	−2	−1	0	0	8
w_3	0	0	1	−1	2	−3	−4	(4)	0	2
z_0	0	0	0	−1	1	−2	−2	2	1	4

여기에서 $y_s = z_4$는 기저에 진입한다. 최소비율검정에 의해 w_3은 기저에서 퇴출된다. 이 태블로는 w_3의 행과 z_4의 열에서 피봇팅함으로 갱신되고, $y_s = z_3$으로 놓고 반복계산 2로 간다.

반복계산 2 :

	w_1	w_2	w_3	w_4	z_1	z_2	z_3	z_4	z_0	우변
w_1	1	0	−3/4	−1/4	−1/2	1/4	0	0	0	7/2
w_2	0	1	0	−1	1	−2	−1	0	0	8
z_4	0	0	1/4	−1/4	1/2	−3/4	−1	1	0	1/2
z_0	0	0	−1/2	−1/2	0	−1/2	0	0	1	3

여기에서 $y_s = z_3$는 기저에 진입해야 하지만, z_3의 열 아래 모든 성분은 양(+)이 아니다. 따라서 반직선탐색종료로 중지한다. 다음과 같은 반직선

$$R = \{(\mathbf{w}, \mathbf{z}, z_0) = (7/2, 8, 0, 0, 0, 0, 0, 1/2, 3) \\ + \lambda(0, 1, 0, 0, 0, 0, 1, 1, 0) | \lambda \geq 0\}$$

을 얻었으며, 여기에서 반직선에 있는 모든 점은 (11.5)-(11.7)을 만족시킨다.

상보피봇팅 알고리즘의 유한회 이내의 수렴

다음 보조정리는, 유한회 반복계산 이내 이 알고리즘은 상보기저 실현가능해를 얻고 종료하거나, 아니면 반직선탐색을 종료해야 함을 보여준다. 행렬 $\mathbf{M}$에 관한 어떤 조건 아래 이 알고리즘은 상보기저 실현가능해를 얻고 종료한다.

11.1.5 보조정리

연립방정식 (11.5)-(11.7)의 각각의 거의-상보 기저실현가능해는 비퇴화라고 가정한다; 즉 다시 말하면, 각각의 기저 변수는 양(+)이다. 그렇다면 상보피봇팅 알고리즘으로 생성한 점은 반복되지 않는다. 나아가서 이 알고리즘은 유한개 스텝 이내에 반드시 종료해야 한다.

증명 $(\mathbf{w}, \mathbf{z}, z_0)$는 거의-상보 기저실현가능해라 하며, 여기에서 w_s, z_s는 모두 비기저이다. 그렇다면 $(\mathbf{w}, \mathbf{z}, z_0)$는 많아야 2개의 인접한 거의-상보 기저 실현가능해를 가지며, 1개는 w_s를 기저에 도입해 얻고 다른 1개는 z_s를 기저에 도입해 얻는다.[1] 비퇴화의 가정에 의해, 이들 해의 각각은 $(\mathbf{w}, \mathbf{z}, z_0)$와는 서로 다르다.

알고리즘으로 생성한 거의-상보 기저실현가능해는 어느 것도 반복되지 않음을 보여준다. $(\mathbf{w}, \mathbf{z}, z_0)_\nu$는 일반 반복계산 ν에서 생성된 점이라 한다. 모순을 일으켜, 어떤 양(+) 정수 k와 α에 대해 $(\mathbf{w}, \mathbf{z}, z_0)_{k+\alpha} = (\mathbf{w}, \mathbf{z}, z_0)_k$라고 가정하며,

1) $(\mathbf{w}, \mathbf{z}, z_0)$는 2개보다도 작은, 인접한 거의-상보기저 실현가능해를 가질 수도 있음을 주목하자. 이 경우 w_s 아래의 열 또는 z_s 아래의 열은 ≤ 0이며, 그렇지 않다면 w_s 또는 z_s를 기저에 도입함으로 z_0이 기저에서 퇴출되고, 따라서 상보 기저실현가능해를 생산한다.

여기에서 $k+\alpha$는 반복을 카운트하는 가장 작은 첨자이다. 비퇴화 가정에 의해 $\alpha > 1$이다. 더군다나 알고리즘 규칙에 따라 $\alpha > 2$이다. 그러나 $(\mathbf{w}, \mathbf{z}, z_0)_{k+\alpha-1}$는 $(\mathbf{w}, \mathbf{z}, z_0)_{k+\alpha}$에 인접하므로, $(\mathbf{w}, \mathbf{z}, z_0)_k$에 인접한다. 만약 $k=1$이라면, 그리고 $(\mathbf{w}, \mathbf{z}, z_0)_k$는 정확하게 1개의 인접한 거의-상보 기저실현가능해를 가지므로 $(\mathbf{w}, \mathbf{z}, z_0)_{k+\alpha-1} = (\mathbf{w}, \mathbf{z}, z_0)_{k+1}$이다. 그러므로 반복계산 $k+\alpha-1$에서 반복이 일어나며, 첫째 중복이 반복계산 $k+\alpha$에서 일어난다는 가정을 위반한다. 만약 $k \geq 2$라면, $(\mathbf{w}, \mathbf{z}, z_0)_{k+\alpha-1}$는 $(\mathbf{w}, \mathbf{z}, z_0)_k$에 인접하며, 그러므로, $(\mathbf{w}, \mathbf{z}, z_0)_{k+1}$, 아니면 $(\mathbf{w}, \mathbf{z}, z_0)_{k-1}$과 같아야 한다. 어느 경우에도 반복점 $(\mathbf{w}, \mathbf{z}, z_0)_{k+\alpha-1}$에서 중복은 일어나며, 이것은 가정을 위반한다. 따라서 알고리즘으로 생성한 이 점은 서로 상이하다.

유한개의 거의-상보 기저실현가능해가 존재하며, 이들 가운데 어느 것도 반복되지 않으므로, 알고리즘은 유한개 스텝 이내에 상보 기저실현가능해를 얻고 중지하거나 아니면 반직선탐색종료로 중지한다. 이것으로 증명이 완결되었다. (증명 끝)

정리 11.1.8에서 명시한 주요 수렴결과를 증명하기 위해, 보조정리 11.1.6과 정의 11.1.7이 필요하다. 이 보조정리는 반직선탐색종료의 어떤 의미를 제공하며, 이 정의는 코-포지티브-플러스 행렬의 개념을 제시한다.

11.1.6 보조정리

(11.5)-(11.7)으로 정의한 연립방정식의 각각의 거의-상보 기저실현가능해는 비퇴화라고 가정한다. 이 연립방정식의 해를 구하기 위해 상보피봇팅 방법이 사용된다고 가정한다, 또한, 나아가서 반직선탐색종료가 일어난다고 가정한다. 특히 종료에서 거의-상보기저 실현가능해 $(\overline{\mathbf{w}}, \overline{\mathbf{z}}, \bar{z}_0)$와 극한방향 $(\hat{\mathbf{w}}, \hat{\mathbf{z}}, \hat{z}_0)$을 얻는다고 가정하고, 반직선 $R = \left\{(\overline{\mathbf{w}}, \overline{\mathbf{z}}, \bar{z}_0) + \lambda(\hat{\mathbf{w}}, \hat{\mathbf{z}}, \hat{z}_0) \,\middle|\, \lambda \geq 0\right\}$을 제공한다. 그렇다면 다음 내용이 성립한다.

1. $(\hat{\mathbf{w}}, \hat{\mathbf{z}}, \hat{z}_0) \neq (0, 0, 0)$, $(\hat{\mathbf{w}}, \hat{\mathbf{z}}) \geq \mathbf{0}$, $\hat{z}_0 \geq 0$.
2. $\hat{\mathbf{w}} - \mathbf{M}\hat{\mathbf{z}} - \mathbf{e}\hat{z}_0 = \mathbf{0}$.
3. $\overline{\mathbf{w}} \cdot \overline{\mathbf{z}} = \overline{\mathbf{w}} \cdot \hat{\mathbf{z}} = \hat{\mathbf{w}} \cdot \overline{\mathbf{z}} = \hat{\mathbf{w}} \cdot \hat{\mathbf{z}} = 0$.

4. $\hat{\mathbf{z}} \neq \mathbf{0}$.
5. $\hat{\mathbf{z}}^t\mathbf{M}\hat{\mathbf{z}} = -\mathbf{e}\cdot\hat{\mathbf{z}}\hat{z}_0 \leq 0$.

증명 $(\hat{\mathbf{w}}, \hat{\mathbf{z}}, \hat{z}_0)$는 (11.5), (11.6)으로 정의한 집합의 극한방향이므로, 파트 1, 2의 내용은 정리 2.6.6에 의해 즉시 알 수 있다. 반직선 R에 있는 모든 점은 (11.7)을 만족시키며, 그래서 각각의 $\lambda \geq 0$에 대해 $0 = (\overline{\mathbf{w}} + \lambda\hat{\mathbf{w}})\cdot(\overline{\mathbf{z}} + \lambda\hat{\mathbf{z}})$임을 상기하시오. $\overline{\mathbf{w}}$, $\hat{\mathbf{w}}$, $\overline{\mathbf{z}}$, $\hat{\mathbf{z}}$의 비음(-)성과 함께 이것은 다음 식

$$\overline{\mathbf{w}}\cdot\overline{\mathbf{z}} = \overline{\mathbf{w}}\cdot\hat{\mathbf{z}} = \hat{\mathbf{w}}\cdot\overline{\mathbf{z}} = \hat{\mathbf{w}}\cdot\hat{\mathbf{z}} = 0 \tag{11.8}$$

을 의미한다. 그러므로 파트 3은 성립한다.

지금 $\hat{\mathbf{z}} \neq \mathbf{0}$임을 보여준다. 모순을 일으켜 $\hat{\mathbf{z}} = \mathbf{0}$이라고 가정한다. $\hat{z}_0 > 0$임을 주목하자. 왜냐하면, 그렇지 않다면 $\hat{z}_0 = 0$이기 때문이다; 그리고 파트 2에서 $\hat{\mathbf{w}} = \mathbf{0}$을 얻지만, 이것은 $(\hat{\mathbf{w}}, \hat{\mathbf{z}}, \hat{z}_0) \neq (\mathbf{0}, \mathbf{0}, 0)$을 위반한다. 따라서 $\hat{z}_0 > 0$, $\hat{\mathbf{w}} = \mathbf{e}\hat{z}_0$이다.

만약 $\hat{\mathbf{z}} = \mathbf{0}$이라면, $\hat{z}_0 > 0$, $\hat{\mathbf{w}} = \mathbf{e}\hat{z}_0$임이 증명되었다. (11.8)에서 $0 = \hat{\mathbf{w}}\cdot\overline{\mathbf{z}}$를 얻는다. 따라서 $\mathbf{e}\cdot\overline{\mathbf{z}} = 0$이다; 또한 $\overline{\mathbf{z}} \geq \mathbf{0}$이므로, $\overline{\mathbf{z}} = \mathbf{0}$를 얻는다. 비퇴화 가정에 의해, $\overline{\mathbf{z}}$의 모든 성분은 비기저이다. 나아가서 $\overline{z}_0$는 기저이며 정확하게 $\overline{\mathbf{w}}$의 $p-1$개 기저 성분이 반드시 주어져야 한다. 특히, $\overline{\mathbf{w}} - \mathbf{M}\overline{\mathbf{z}} - \mathbf{e}\overline{z}_0 = \mathbf{q}$이므로, 그리고 $\overline{\mathbf{z}} = \mathbf{0}$이므로 $\overline{z}_0 = max\{-q_i | 1 \leq i \leq p\}$를 얻는다. 이것은 거의-상보기저 실현가능해 $(\overline{\mathbf{w}}, \overline{\mathbf{z}}, \overline{z}_0)$가 출발해임을 보여주지만, 보조정리 11.1.5에 의해, 이것은 불가능함을 보여준다. 그러므로 $\hat{\mathbf{z}} \neq \mathbf{0}$이며 파트 4는 성립한다. $\hat{\mathbf{w}} - \mathbf{M}\hat{\mathbf{z}} - \mathbf{e}\hat{z}_0 = \mathbf{0}$에 $\hat{\mathbf{z}}^t$를 곱하고, (11.8)에서 $\hat{\mathbf{z}}\cdot\hat{\mathbf{w}} = 0$임을 주목하면 $\hat{\mathbf{z}}^t\mathbf{M}\hat{\mathbf{z}} = -\mathbf{e}\cdot\hat{\mathbf{z}}\hat{z}_0 \leq 0$이며 파트 5가 따라온다. 이것으로 증명이 완결되었다. (증명 끝)

11.1.7 정의

$\mathbf{M}$은 $p \times p$ 행렬이라 한다. 그렇다면 만약 각각의 $\mathbf{z} \geq \mathbf{0}$에 대해 $\mathbf{z}^t\mathbf{M}\mathbf{z} \geq 0$이라

면 $\mathbf{M}$은 **코-포지티브 행렬**이라고 말한다. 나아가서, 만약 $\mathbf{M}$이 코-포지티브라면, 그리고 만약 $\mathbf{z} \geq \mathbf{0}$, $\mathbf{z}^t\mathbf{M}\mathbf{z} = 0$임이 $(\mathbf{M} + \mathbf{M}^t)\mathbf{z} = \mathbf{0}$임을 의미한다면 $\mathbf{M}$은 **코-포지티브-플러스**라고 말한다.

정리 11.1.8은, 만약 (11.1), (11.2)로 정의한 연립방정식이 모순을 갖지 않는다면, 그리고 만약 행렬 $\mathbf{M}$이 코-포지티브-플러스라면, 상보피봇팅 알고리즘은 유한개 스텝 이내에 상보기저 실현가능해를 생산할 것임을 보여준다.

11.1.8 정리

(11.5)-(11.7)으로 정의한 연립방정식의 각각의 거의-상보기저 실현가능해는 비퇴화라고 가정하고, $\mathbf{M}$은 코-퍼지티브-플러스라고 가정한다. 그렇다면 상보 피봇팅 알고리즘은 유한개 스텝 이내에 중지한다. 특히 만약 (11.1), (11.2)으로 정의한 연립방정식에 모순이 없다면 알고리즘은 연립방정식 (11.1)-(11.3)으로 정의한 상보기저 실현가능해를 얻고 중지한다. 반면에 만약 (11.1), (11.2)으로 정의한 연립방정식이 모순이라면 이 알고리즘은 반직선탐색종료로 중지한다.

증명 보조정리 11.1.5에 의해 상보피봇팅 알고리즘은 유한개 스텝 이내에 중지한다. 지금 이 알고리즘은 반직선탐색종료로 중지한다고 가정한다. 특히 $(\bar{\mathbf{w}}, \bar{\mathbf{z}}, \bar{z}_0)$은 거의-상보 기저실현가능해이며 최종 태블로에 연관된 $(\hat{\mathbf{w}}, \hat{\mathbf{z}}, \hat{z}_0)$은 극한방향이라고 가정한다. 보조정리 11.1.6에 의해 다음 식

$$\hat{\mathbf{z}} \geq \mathbf{0}, \quad \hat{\mathbf{z}} \neq \mathbf{0}, \quad \hat{\mathbf{z}}^t\mathbf{M}\hat{\mathbf{z}} = -\mathbf{e}\cdot\hat{\mathbf{z}}\hat{z}_0 \leq 0 \tag{11.9}$$

이 성립한다. 그러나 $\mathbf{M}$은 코-포지티브-플러스이므로 $\mathbf{z}^t\mathbf{M}\mathbf{z} \geq 0$이다. (11.9)에서 $0 = \mathbf{z}^t\mathbf{M}\mathbf{z} = -\mathbf{e}\cdot\hat{\mathbf{z}}\hat{z}_0$ 임이 뒤따른다. $\hat{\mathbf{z}} \neq \mathbf{0}$이므로 $\hat{z}_0 = 0$이다. 그러나 $(\hat{\mathbf{w}}, \hat{\mathbf{z}}, \hat{z}_0)$는 (11.5), (11.6)으로 정의한 집합의 방향이므로 $\hat{\mathbf{w}} - \mathbf{M}\hat{\mathbf{z}} - \mathbf{e}\hat{z}_0 = \mathbf{0}$이며 그러므로 다음 식

$$\hat{\mathbf{w}} = \mathbf{M}\hat{\mathbf{z}} \tag{11.10}$$

이 성립한다.

지금 $\mathbf{q}\cdot\mathbf{z} < 0$임을 보여준다. $\hat{\mathbf{z}}^t\mathbf{M}\hat{\mathbf{z}} = 0$이며, $\mathbf{M}$은 코-포지티브-플러스이므로 $(\mathbf{M}+\mathbf{M}^t)\hat{\mathbf{z}} = \mathbf{0}$이다. 보조정리 11.1.6의 파트 3과 $\overline{\mathbf{w}} = \mathbf{q} + \mathbf{M}\overline{\mathbf{z}} + \mathbf{e}\overline{z}_0$임과 더불어, 이것은 다음 식

$$0 = \overline{\mathbf{w}}\cdot\hat{\mathbf{z}} = \left(\mathbf{q} + \mathbf{M}\overline{\mathbf{z}} + \mathbf{e}\overline{z}_0\right)\cdot\hat{\mathbf{z}} = \mathbf{q}\cdot\hat{\mathbf{z}} - \overline{\mathbf{z}}^t\mathbf{M}\hat{\mathbf{z}} + \overline{z}_0\mathbf{e}\cdot\hat{\mathbf{z}} \tag{11.11}$$

을 의미한다. (11.10)에서 $\mathbf{M}\hat{\mathbf{z}} = \hat{\mathbf{w}}$이며, 따라서 보조정리 11.1.6의 파트 3에서 $\overline{\mathbf{z}}^t\mathbf{M}\hat{\mathbf{z}} = 0$임이 뒤따른다. 더군다나 (11.9)에 의해 $\overline{z}_0 > 0$, $\mathbf{e}\cdot\hat{\mathbf{z}} > 0$이다. (11.11)에 대입하면 $\mathbf{q}\cdot\hat{\mathbf{z}} < 0$임이 뒤따른다.

요약하자면, $\mathbf{M}\hat{\mathbf{z}} = \hat{\mathbf{w}} \ge 0$임을 보였다. $(\mathbf{M}+\mathbf{M}^t)\hat{\mathbf{z}} = \mathbf{0}$이므로 $\mathbf{M}^t\hat{\mathbf{z}} = -\mathbf{M}\hat{\mathbf{z}} \le \mathbf{0}$, $-\mathbf{I}\hat{\mathbf{z}} \le \mathbf{0}$, $\mathbf{q}\cdot\hat{\mathbf{z}} < 0$을 얻는다. 따라서 연립부등식 $\mathbf{M}^t\mathbf{y} \le \mathbf{0}$, $-\mathbf{I}\mathbf{y} \le \mathbf{0}$, $\mathbf{q}\cdot\mathbf{y} < 0$은 이를테면 $\mathbf{y} = \hat{\mathbf{z}}$와 같은 해를 갖는다. 정리 2.4.5에 의해 연립방정식 $\mathbf{w} - \mathbf{M}\mathbf{z} = \mathbf{q}$, $\mathbf{w} \ge \mathbf{0}$, $\mathbf{z} \ge \mathbf{0}$은 해를 갖지 않는다는 사실이 뒤따른다.

지금, 만약 (11.1), (11.2)으로 정의한 연립방정식이 모순되지 않는다면, 알고리즘은 상보 기저실현가능해를 얻고 반드시 종료해야 한다. 왜냐하면, 그렇지 않다면, 알고리즘은 반직선탐색종료로 종료할 것이며, 위에서 보인 바와 같이, 만약 연립방정식 (11.1), (11.2)가 모순된다면 이것은 가능하다. 만약 (11.1), (11.2)로 정의한 연립방정식이 모순된다면, 이 알고리즘은 명백하게 상보 기저실현가능해를 얻고 종료할 수 없으며, 그러므로 반직선탐색종료로 반드시 종료한다. 이것으로 증명이 완결되었다. (증명 끝)

따름정리 만약 $\mathbf{M}$이 양(+) 대각선 요소를 가지며 비음(-) 성분으로 구성된 행렬이라면, 상보피봇팅 알고리즘은 유한개 스텝 이내에 상보기저 실현가능해를 얻고 중지한다.

증명 먼저, $\mathbf{M}$에 관해 제시한 가정에 의해 연립방정식 $\mathbf{w} - \mathbf{M}\mathbf{z} = \mathbf{q}$, $(\mathbf{w},\mathbf{z}) \ge \mathbf{0}$은, 이를테면, $\mathbf{w} = \mathbf{M}\mathbf{z} + \mathbf{q} \ge \mathbf{0}$이 되도록 하는 충분히 큰 $\mathbf{z}$를 선택함으로, 해를 가짐을 주목하자. 그렇다면 $\mathbf{M}$이 코-포지티브-플러스임을 주목하면 이 정리에서 결과가 따라온다. (증명 끝)

$\mathbf{M}$이 일반 $p\times p$ 행렬일 때, 상보피봇팅 알고리즘은 선형상보 문제의 해를

구하는 데 실패할 수도 있다. 이런 경우, 앞에서 언급한 이 문제의 혼합-정수 0-1 쌍선형계획법 문제의 정식화의 사용에 의존해 연습문제 11.4, 11.6, 11.27에서 토의한 바와 같이 적절한 **재정식화-선형화/볼록화 기법**을 적용한다(더 상세한 내용에 대해 '주해와 참고문헌' 절을 참조하시오).

11.2 볼록 이차식계획법과 비볼록 이차식계획법: 전역최적화 알고리즘

이 절에서는 다음 식

$$\begin{aligned} \text{최소화} \quad & \mathbf{c}\cdot\mathbf{x} + \frac{1}{2}\mathbf{x}^t\mathbf{H}\mathbf{x} \\ \text{제약조건} \quad & \mathbf{A}\mathbf{x} \leq \mathbf{b} \\ & \mathbf{x} \geq \mathbf{0} \end{aligned}$$

과 같은 이차식계획법 문제를 고려하며, 여기에서 $\mathbf{c}$는 n-벡터, $\mathbf{b}$는 m-벡터, $\mathbf{A}$는 $m\times n$ 행렬, $\mathbf{H}$는 $n\times n$ 대칭행렬이다(선형제약조건의 좀 더 일반적 집합은 표준 선형변환을 사용해 이와 같은 포맷으로 주어질 수 있음을 주목하자. 특히, 만약 제약조건이 $\mathbf{A}'\mathbf{x}'=\mathbf{b}'$, $\mathbf{x}'\geq\mathbf{0}$ 형태라면, 제약조건의 위와 같은 유형은, 절 10.6에서 설명한 분할구조를 사용하면 어떤 비기저 변수 공간에서 이 영역의 하나의 등가적 표현일 수도 있다).

위의 이차식계획법 문제는 목적함수가 이차식이며 제약조건이 선형인 비선형계획법 문제의 하나의 특별한 부류를 나타낸다는 것을 관측하시오. 이 절에서 이차식계획법 문제의 카루시-쿤-터커 조건은 선형상보 문제로 됨을 보여준다. 따라서 절 11.1에서 설명한 상보피봇팅 알고리즘을 이차식계획법 문제의 최적해를 구하기 위해 사용할 수 있다.

이 장의 끝의 연습문제에서 이차식계획법 문제의 최적해를 구하기 위한 나머지 특별한 절차를 토의한다. 특히 연습문제 11.18은, 만약 이차식계획법 문제가 등식 제약조건 $\mathbf{A}\mathbf{x}=\mathbf{b}$만을 갖는 최소화 $\mathbf{c}\cdot\mathbf{x}+(1/2)\mathbf{x}^t\mathbf{H}\mathbf{x}$ 문제라면, 그리고 여기에서 $\mathbf{A}$는 계수 m의 $m\times n$ 행렬이며 $\mathbf{A}$가 $\{\mathbf{x}\,|\,\mathbf{A}\mathbf{x}=\mathbf{0}\}$에서 양정부호라면, 문제의 유일한 해는 일반적으로 LU인수분해 알고리즘을 사용해 선형 카루시-쿤-터커 연립방정식의 해를 구해 얻는다는 것을 보여준다(부록 A.2 참조). 만약 부등

식 제약조건이 존재한다면, 제10장에서 설명한 바와 같이 수정경도법을 사용하거나, 또는, 가장 인기 있는 방법으로, 다음과 같이 **구속하는 집합**의 전략을 사용할 수 있으며, 여기에서 실현가능해가 주어지면, 구속하는 제약조건의 영공간 전체에 걸쳐 수정방향을 찾기 위해 등식제약 있는 이차식계획법 문제의 최적해를 구한다; 그리고 최적성이 입증되거나, 아니면 현재의 해 자체 또는 수정된 해에서 지정한, 구속하는 제약조건의 집합(등식으로 유지될 것임)이 수정되고, 이 과정은 반복된다. 연습문제 11.19, 11.28은 이와 같은 전략을 설명한다. 볼록 이차식계획법 문제에 대해, 또한 다항식-횟수 알고리즘을 유도하기 위해 뉴톤법과 함께 장벽페널티함수법을 사용해 제9장에서 소개한 원-쌍대 경로-추종 알고리즘을 확장할 수 있다. '주해와 참고문헌' 절은 독자에게 이 내용과 나머지 볼록 이차식계획법 문제의 내점법에 대한 방향을 알려준다.

그러나, 함수의 경도의 헤시안이 양반정부호가 아닐 때, 뒤에 숨은 이차식계획법 문제의 전역최소해를 구하는 문제는 어려운 일이다. 사실상 헤시안이 1개의 음(-) 고유값을 갖는 이차식(최소화)문제의 최적해를 구하는 것은 비선형계획법 문제의 알고리즘으로 해결하기 어렵다고 알려져 있다(NP-난해).[2] 연습문제 11.5는, 최적해가 존재한다고 가정해, 어떻게 일반적 이차식계획법 문제를 상보성 제약조건을 갖는 선형계획법 문제로 제시할 수 있는가를 보여주며, 이를 위해 앞 절과 연습문제 11.4에서 제안한 어떤 '0-1 선형화' 알고리즘을 사용할 수 있다. 특히 효과가 입증된 또 다른 알고리즘은 이와 같은 문제의 부류에 대해 **재정식화-선형화/볼록화 기법**을 적용하는 것이며, 이후에 토의한다(또한, 더 이상의 확장에 대해 '주해와 참고문헌' 절을 참조하시오). 이 알고리즘은, 제약조건의 적절한 '쌍별 곱하기' 형태를 사용해 추가적 제한을 생산하는 **재정식화 스텝**을 거쳐 원래의 이차식계획법 문제의 선형계획법 완화를 생산하며, 각각의 모든 $1 \le i \le j \le n$에 대한 비선형 이차식 항 $x_i x_j$를 대신해 새로운 변수 w_{ij}를 대입함으로 결과로 나타나는 문제를 선형화하는 **선형화 스텝**이 뒤따른다. 이 완화는 원래의 문제에 관한 꽉 조인 하계를 산출하고 어떤 바람직한 특질을 소유하며(보조정리 11.2.5, 11.2.6 참조), 이것은 뒤에 숨은 이차식계획법 문제의 전역최적해를 찾아준다고 증명된, 특별하게 설계된 분지-한정법 내에 이것을 끼워 넣는 것을 가능하도록 한다. 더구나, 이 알고리즘은 좀 더 일반적이고 다항식 목적함수와 제약조건함수를 갖는 **다항식계획법 문제**의 전역최적해를 구하기 위해 확장할 수 있다(연습문제 11.27과 '주

2) 역자 주: NP-hard: NP-hardness(**NP-난해**), NP-hard는 NP에 속하는 모든 판정 문제를 다항적 시간에 '다 대 1'로 환산할 수 있는 문제들의 집합이다(Wikipedia).

해와 참고문헌' 절 참조).

지금 선형상보 문제의 해를 구해 이차식계획법 문제의 최적해를 구함을 고려하기 위해 진행한다.

카루시-쿤-터커 연립방정식

위의 이차식계획법 문제를 고려해보자. $\mathbf{Ax} \geq \mathbf{b}$, $\mathbf{x} \geq \mathbf{0}$의 제약조건의 라그랑지 승수벡터를 각각 $\mathbf{u}$, ν 라고 나타내고, 여유변수의 벡터를 $\mathbf{y}$로 나타내면, 문제의 카루시-쿤-터커 조건은 다음 식

$$
\begin{aligned}
\mathbf{Ax} + \mathbf{y} &= \mathbf{b} \\
-\mathbf{Hx} - \mathbf{A}^t\mathbf{u} + \nu &= \mathbf{c} \\
\mathbf{x}\cdot\nu = 0,\ \mathbf{u}\cdot\mathbf{y} &= 0 \\
\mathbf{x}, \mathbf{y}, \mathbf{u}, \nu &\geq 0
\end{aligned}
$$

과 같이 나타낼 수 있다. 지금, 다음의 내용

$$
\mathbf{M} = \begin{bmatrix} 0 & -\mathbf{A} \\ \mathbf{A}^t & \mathbf{H} \end{bmatrix},\quad \mathbf{q} = \begin{bmatrix} \mathbf{b} \\ \mathbf{c} \end{bmatrix},\quad \mathbf{w} = \begin{bmatrix} \mathbf{y} \\ \nu \end{bmatrix},\quad \mathbf{z} = \begin{bmatrix} \mathbf{u} \\ \mathbf{x} \end{bmatrix}
$$

을 사용하면, 카루시-쿤-터커 조건을 $\mathbf{w} - \mathbf{Mz} = \mathbf{q}$, $\mathbf{w}\cdot\mathbf{z} = 0$, $(\mathbf{w}, \mathbf{z}) \geq \mathbf{0}$의 선형상보 문제로 다시 작성할 수 있다. 따라서 절 11.1에서 토의한 상보피봇팅 알고리즘은 이차식계획법 문제의 하나의 카루시-쿤-터커 점을 찾기 위해 사용할 수 있다.

11.2.1 예제(유한한 최적해)

다음 이차식계획법 문제

$$
\begin{aligned}
\text{최소화}\quad & -2x_1 - 6x_2 + x_1^2 - 2x_1x_2 + 2x_2^2 \\
\text{제약조건}\quad & x_1 + x_2 \leq 2 \\
& -x_1 + 2x_2 \leq 2 \\
& x_1,\ x_2 \geq 0
\end{aligned}
$$

를 고려해보자. 다음 식

$$\mathbf{A} = \begin{bmatrix} 1 & 1 \\ -1 & 2 \end{bmatrix}, \quad \mathbf{H} = \begin{bmatrix} 2 & -2 \\ -2 & 4 \end{bmatrix}, \quad \mathbf{b} = \begin{bmatrix} 2 \\ 2 \end{bmatrix}, \quad \mathbf{c} = \begin{bmatrix} -2 \\ -6 \end{bmatrix}$$

을 주목하자. 여유변수 벡터를 $\mathbf{y}$ 로 나타내고, 제약조건 $\mathbf{Ax} \le \mathbf{b}$, $\mathbf{x} \ge \mathbf{0}$ 의 라그랑지 승수벡터를 $\mathbf{u}$, ν 로 각각 나타낸다. 다음과 같은 표현

$$\mathbf{M} = \begin{bmatrix} \mathbf{0} & -\mathbf{A} \\ \mathbf{A}^t & \mathbf{H} \end{bmatrix}, \quad \mathbf{q} = \begin{bmatrix} \mathbf{b} \\ \mathbf{c} \end{bmatrix}, \quad \mathbf{w} = \begin{pmatrix} \mathbf{y} \\ \nu \end{pmatrix}, \quad \mathbf{z} = \begin{pmatrix} \mathbf{u} \\ \mathbf{x} \end{pmatrix}$$

을 사용한다. 그러면, 카루시-쿤-터커 조건은 연립방정식 $\mathbf{w} - \mathbf{Mz} = \mathbf{q}$, $\mathbf{w} \cdot \mathbf{z} = 0$ $(\mathbf{w}, \mathbf{z}) \ge \mathbf{0}$ 의 해를 구하는 것으로 되며, 여기에서 $\mathbf{M}$, $\mathbf{q}$ 는 다음

$$\mathbf{M} = \begin{bmatrix} 0 & 0 & -1 & -1 \\ 0 & 0 & 1 & -2 \\ 1 & -1 & 2 & -2 \\ 1 & 2 & -2 & 4 \end{bmatrix}, \quad \mathbf{q} = \begin{bmatrix} 2 \\ 2 \\ -2 \\ -6 \end{bmatrix}$$

과 같다. 예제 11.1.3에서 위의 연립방정식의 상보기저 실현가능해를 구했으며, 카루시-쿤-터커 점 $(x_1, x_2) = (z_3, z_4) = (4/5, 6/5)$을 생산했다. 예제 11.1.3을 검토해보면, 상보피봇팅 알고리즘은 점 $(0, 0)$에서 출발했음을 주목하고, 점 $(0, 2/3)$으로 이동하고, 그리고 점 $(2, 2)$로 이동하고, 마지막으로 카루시-쿤-터커 점 $(4/5, 6/5)$으로 이동한다. $\mathbf{H}$는 양정부호이므로, 목적함수는 볼록이며, 따라서 카루시-쿤-터커 점 $(4/5, 6/5)$은 진실로 최적해이다. 최적해를 생산하기 위한 상보피봇팅 알고리즘이 택한 경로는 그림 11.1에 나타나 있다.

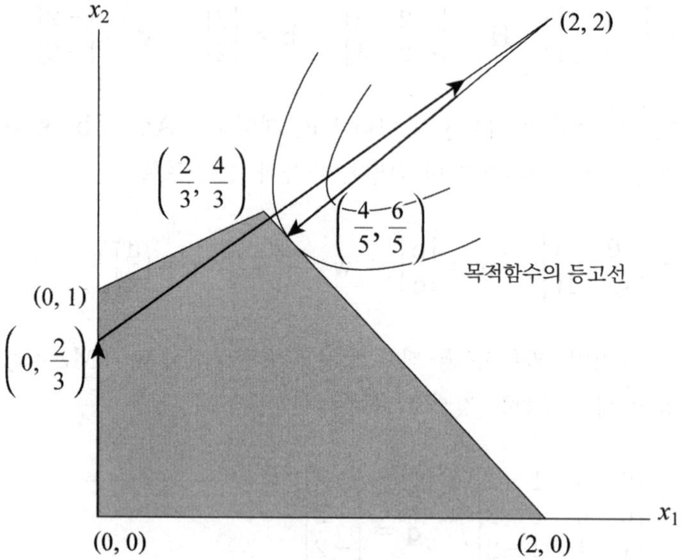

그림 11.1 상보피봇팅 알고리즘으로 생성한 점

11.2.2 예제 (무계의 최적해)

다음 이차식계획법 문제

$$\begin{aligned} &\text{최소화} \quad -2x_1 - 4x_2 + x_1^2 - 2x_1x_2 + x_2^2 \\ &\text{제약조건} \quad -x_1 + \ x_2 \leq 1 \\ &\qquad\qquad\quad x_1 - 2x_2 \leq 4 \\ &\qquad\qquad\quad x_1, \quad x_2 \geq 0 \end{aligned}$$

를 고려해보자. 다음 식

$$\mathrm{A} = \begin{bmatrix} -1 & 1 \\ 1 & -2 \end{bmatrix}, \quad \mathrm{H} = \begin{bmatrix} 2 & -2 \\ -2 & 2 \end{bmatrix}, \quad \mathbf{b} = \begin{bmatrix} 1 \\ 4 \end{bmatrix}, \quad \mathbf{c} = \begin{bmatrix} -2 \\ -4 \end{bmatrix}$$

을 주목하자. 여유변수 벡터를 $\mathbf{y}$ 로 나타내고, 제약조건 $\mathbf{Ax} \leq \mathbf{b}$, $\mathbf{x} \geq \mathbf{0}$의 라그랑지 승수벡터를 $\mathbf{u}$, ν 로 각각 나타낸다. $\mathbf{M}$, $\mathbf{q}$, $\mathbf{w}$, $\mathbf{z}$는 다음과 같다.

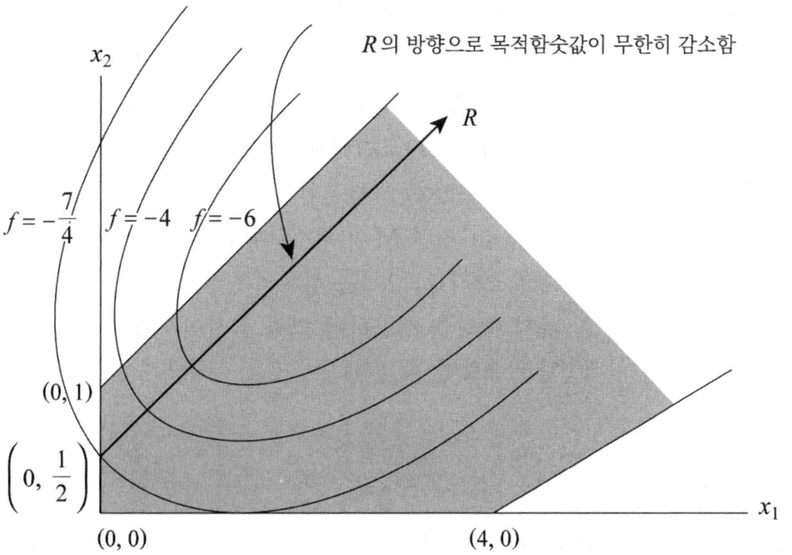

그림 11.2 무계의 최적해와 반직선탐색종료

$$\mathbf{M}=\begin{bmatrix} \mathbf{0} & -\mathbf{A} \\ \mathbf{A}^t & \mathbf{H} \end{bmatrix},\quad \mathbf{q}=\begin{bmatrix} \mathbf{b} \\ \mathbf{c} \end{bmatrix},\quad \mathbf{w}=\begin{pmatrix} \mathbf{y} \\ \nu \end{pmatrix},\quad \mathbf{z}=\begin{pmatrix} \mathbf{u} \\ \mathbf{x} \end{pmatrix}.$$

그렇다면, 카루시-쿤-터커 조건의 해를 구하는 것은 연립방정식 $\mathbf{w}-\mathbf{Mz}=\mathbf{q}$, $\mathbf{w}\cdot\mathbf{z}=0$ $(\mathbf{w},\mathbf{z})\ge\mathbf{0}$의 해를 구하는 것이 되며, 여기에서 $\mathbf{M}$, $\mathbf{q}$는 다음과 같다.

$$\mathbf{M}=\begin{bmatrix} 0 & 0 & 1 & -1 \\ 0 & 0 & -1 & 2 \\ -1 & 1 & 2 & -2 \\ 1 & -2 & -2 & 2 \end{bmatrix},\quad \mathbf{q}=\begin{bmatrix} 1 \\ 4 \\ -2 \\ -4 \end{bmatrix}.$$

예제 11.1.4에서 위의 연립방정식의 상보기저 실현가능해를 구하는 방법을 설명했다. 예제 11.1.4에서 보인 바와 같이, 상보피봇팅 알고리즘은 반직선탐색종료로 종료했으며 상보기저 실현가능해를 생산할 수 없었다. 그 이유는 이 알고리즘으로 생산한 반직선 R을 따라 최적해가 무계이기 때문이다. (x_1, x_2)-공간에 사상되면, 반직선 $R=\{(0,1/2)+\lambda(1,1)\,|\,\lambda\ge 0\}$은 그림 11.2에서 보인 바와 같이 무계의 최적해로 인도한다.

이차식계획법의 상보피봇팅 알고리즘의 수렴해석

절 11.1에서 비퇴화 아래, 상보피봇팅 알고리즘은 상보 기저실현가능해를 얻고 유한개 스텝 이내에 종료하거나 아니면 반직선탐색으로 종료함을 보였다. 또한 만약 선형상보 문제에 연관된 행렬 $\mathbf{M}$이 코-포지티브-플러스라면, 그리고 선형제약조건에 모순이 없다면 이 알고리즘은 상보 기저실현가능해를 생산함이 나타났다. 정리 11.2.3은 이차식문제에 연관된 행렬 $\mathbf{M}$이 코-포지티브-플러스가 되기 위한 충분조건을 제공한다. 이에 따라, 정리 11.2.4는 상보피봇팅 알고리즘이 카루시-쿤-터커 점을 생산하는 여러 가지 조건을 제공하며 만약 이차식계획법 문제가 무계의 최적해를 갖는다면 반직선탐색종료만 가능하다는 것을 나타낸다.

11.2.3 정리

$\mathbf{A}$는 $m\times n$ 행렬이며 $\mathbf{H}$는 $n\times n$ 대칭행렬이라 하자. 만약 각각의 $\mathbf{y}\geq\mathbf{0}$에 대해 $\mathbf{y}^t\mathbf{H}\mathbf{y}\geq 0$이라면, 다음 행렬

$$\mathbf{M}=\begin{bmatrix}\mathbf{0} & -\mathbf{A}\\ \mathbf{A}^t & \mathbf{H}\end{bmatrix}$$

은 코-포지티브이다. 이에 더해, 만약 $\mathbf{y}\geq\mathbf{0}$, $\mathbf{y}^t\mathbf{H}\mathbf{y}=0$임이 $\mathbf{H}\mathbf{y}=\mathbf{0}$임을 의미한다면 $\mathbf{M}$은 코-포지티브-플러스이다.

증명 먼저 $\mathbf{M}$이 코-포지티브임을 보여준다. $\mathbf{z}^t=(\mathbf{x}^t,\mathbf{y}^t)\geq\mathbf{0}$라 하자. 그렇다면 다음 식

$$\mathbf{z}^t\mathbf{M}\mathbf{z}=(\mathbf{x}^t,\mathbf{y}^t)\begin{bmatrix}\mathbf{0} & -\mathbf{A}\\ \mathbf{A}^t & \mathbf{H}\end{bmatrix}\begin{pmatrix}\mathbf{x}\\ \mathbf{y}\end{pmatrix}=\mathbf{y}^t\mathbf{H}\mathbf{y} \tag{11.12}$$

이 성립한다. 가정에 의해 $\mathbf{y}^t\mathbf{H}\mathbf{y}\geq 0$이며, 그러므로 $\mathbf{H}$는 코-포지티브이다. $\mathbf{M}$이 코-포지티브-플러스임을 보여주기 위해 $\mathbf{z}\geq\mathbf{0}$, $\mathbf{z}^t\mathbf{M}\mathbf{z}=0$이라고 가정한다. $(\mathbf{M}+\mathbf{M}^t)\mathbf{z}=\mathbf{0}$임을 보여주면 충분하다. 그러나 다음 식

$$\mathbf{M}+\mathbf{M}^t=\begin{bmatrix}\mathbf{0} & \mathbf{0}\\ \mathbf{0} & 2\mathbf{H}\end{bmatrix}$$

이 성립하므로 다음 식

$$(\mathbf{M}+\mathbf{M}^t)\mathbf{z} = \begin{bmatrix} 0 \\ 2\mathbf{Hy} \end{bmatrix}$$

이 성립한다. $\mathbf{z}^t\mathbf{Mz} = 0$이므로 (11.12)에 따라 $\mathbf{y}^t\mathbf{Hy} = 0$을 얻는다. 가정에 의해 $\mathbf{y} \geq \mathbf{0}$, $\mathbf{y}^t\mathbf{Hy} = 0$이므로, $\mathbf{Hy} = \mathbf{0}$을 얻으며, 그러므로 $(\mathbf{M}+\mathbf{M}^t)\mathbf{z} = \mathbf{0}$이며, 그래서 $\mathbf{M}$은 코-포지티브-플러스이다. 이것으로 증명이 완결되었다. (증명 끝)

따름정리 1 만약 $\mathbf{H}$가 양반정부호라면, $\mathbf{y}^t\mathbf{Hy} = 0$임은 $\mathbf{Hy} = \mathbf{0}$을 의미하며, 따라서 $\mathbf{M}$은 코-포지티브-플러스이다.

증명 $\mathbf{y}^t\mathbf{Hy} = 0$임은 $\mathbf{Hy} = \mathbf{0}$임을 의미함을 보여주면 충분하다. $\mathbf{Hy} = \mathbf{d}$라 하고, $\mathbf{H}$가 양반정부호임을 주목하면, 다음 식

$$0 \leq (\mathbf{y}^t - \lambda\mathbf{d}^t)\mathbf{H}(\mathbf{y} - \lambda\mathbf{d}) = \mathbf{y}^t\mathbf{Hy} + \lambda^2\mathbf{d}^t\mathbf{Hd} - 2\lambda \| \mathbf{d} \|^2$$

을 얻는다. $\mathbf{y}^t\mathbf{Hy} = 0$이므로, 위의 부등식을 λ로 나누고, $\lambda \to 0^+$로 하면, $\mathbf{0} = \mathbf{d} = \mathbf{Hy}$임이 뒤따른다. (증명 끝)

따름정리 2 만약 $\mathbf{H}$가 비음(−) 성분을 갖는다면, 그렇다면 $\mathbf{M}$은 코-포지티브이다. 더군다나 만약 $\mathbf{H}$가 대각선의 요소가 양(+)인 비음(−) 요소를 갖는 행렬이라면 $\mathbf{M}$은 코-포지티브-플러스이다.

증명 만약 $\mathbf{y} \geq \mathbf{0}$, $\mathbf{y}^t\mathbf{Hy} = 0$이라면, $\mathbf{y} = \mathbf{0}$이며, 그러므로 $\mathbf{Hy} = \mathbf{0}$이다. 이 정리에 따라 $\mathbf{M}$은 코-포지티브-플러스이다. (증명 끝)

11.2.4 정리

최소화 $\mathbf{c}\cdot\mathbf{x} + (1/2)\mathbf{x}^t\mathbf{Hx}$ 제약조건 $\mathbf{Ax} \leq \mathbf{b}$ $\mathbf{x} \geq \mathbf{0}$ 문제를 고려해보자. 실현가능영역은 공집합이 아니라고 가정한다. 또한 카루시-쿤-터커 연립방정식 $\mathbf{w} - \mathbf{Mz} = \mathbf{q}$, $(\mathbf{w}, \mathbf{z}) \geq \mathbf{0}$, $\mathbf{w}\cdot\mathbf{z} = 0$의 해를 찾으려고 절 11.1에서 설명한 상보피봇팅 알고리즘을 사용한다고 가정하며, 여기에서 변수는 다음 내용

$$\mathbf{M} = \begin{bmatrix} \mathbf{0} & -\mathbf{A} \\ \mathbf{A}^t & \mathbf{H} \end{bmatrix}, \quad \mathbf{q} = \begin{bmatrix} \mathbf{b} \\ \mathbf{c} \end{bmatrix}, \quad \mathbf{w} = \begin{pmatrix} \mathbf{y} \\ \nu \end{pmatrix}, \quad \mathbf{z} = \begin{pmatrix} \mathbf{u} \\ \mathbf{x} \end{pmatrix}$$

과 같고, 여기에서 $\mathbf{y}$는 여유변수의 벡터이며, $\mathbf{u}$, ν는 제약조건 $\mathbf{Ax} \le \mathbf{b}$, $\mathbf{x} \ge \mathbf{0}$에 각각 연관된 라그랑지 승수벡터이다. 비퇴화가 없을 때 임의의 다음 조건 아래 알고리즘은 카루시-쿤-터커 점을 얻고 유한회 반복계산 이내에 중지한다:

1. $\mathbf{H}$는 양반정부호이며 $\mathbf{c} \ge \mathbf{0}$이다.
2. $\mathbf{H}$는 양정부호이다.
3. $\mathbf{H}$는 양(+) 대각선의 요소를 갖고 비음(-) 요소로 구성된 행렬이다.

더구나 만약 $\mathbf{H}$가 양반정부호라면 반직선탐색종료는 최적해가 무계임을 보여준다.

증명 $\mathbf{H} = \mathbf{H}^t$라고 가정한다. 왜냐하면, 그렇지 않다면 $\mathbf{H}$를 $(1/2)(\mathbf{H} + \mathbf{H}^t)$로 대체할 수 있기 때문이다. 보조정리 11.1.5에서, 유한회 반복계산 이내에 하나의 카루시-쿤-터커 점을 얻든가 아니면 반직선탐색종료로 상보피봇팅 알고리즘은 중지한다. 만약 $\mathbf{H}$가 양반정부호, 양정부호, 또는 대각선 요소가 양(+)이고 비음(-) 요소를 갖는 행렬이라면, 정리 11.2.3의 따름정리 1, 2에 의해 $\mathbf{M}$은 코-포지티브-플러스이다.

지금 반직선탐색종료가 일어난다고 가정한다. 정리 11.1.8에 따라, $\mathbf{M}$은 코-포지티브-플러스이므로 만약 다음 연립방정식

$$\begin{aligned} \mathbf{Ax} + \mathbf{y} &= \mathbf{b} \\ -\mathbf{Hx} - \mathbf{A}^t\mathbf{u} + \nu &= \mathbf{c} \\ \mathbf{x}, \mathbf{y}, \mathbf{u}, \nu &\ge \mathbf{0} \end{aligned}$$

이 해를 갖지 않는다면 반직선탐색종료가 가능하다. 정리 2.4.5에 따라 다음 연립방정식

$$\mathbf{Ad} \le \mathbf{0} \tag{11.13a}$$
$$\mathbf{A}^t\mathbf{f} - \mathbf{Hd} \ge \mathbf{0} \tag{11.13b}$$
$$\mathbf{f} \ge \mathbf{0} \tag{11.13c}$$
$$\mathbf{d} \ge \mathbf{0} \tag{11.13d}$$

$$\mathbf{b}\cdot\mathbf{f} + \mathbf{c}\cdot\mathbf{d} < 0 \tag{11.13e}$$

은 반드시 해 $(\mathbf{d}, \mathbf{f})$를 가져야 한다. (11.13b)를 $\mathbf{d}^t \geq \mathbf{0}$으로 곱하고, $\mathbf{f} \geq \mathbf{0}$, $\mathbf{Ad} \leq \mathbf{0}$임을 주목하면 다음 식

$$0 \leq \mathbf{d}^t\mathbf{A}^t\mathbf{f} - \mathbf{d}^t\mathbf{Hd} \leq 0 - \mathbf{d}^t\mathbf{Hd} = -\mathbf{d}^t\mathbf{Hd} \tag{11.14a}$$

이 나온다. 가정에 의해 $\mathbf{A}\hat{\mathbf{x}} + \hat{\mathbf{y}} = \mathbf{b}$, $(\hat{\mathbf{x}}, \hat{\mathbf{y}}) \geq \mathbf{0}$이 되도록 하는 $\hat{\mathbf{x}}$, $\hat{\mathbf{y}}$가 존재한다. (11.13e)에서 $\mathbf{b}$를 이것으로 대체하고 (11.13b)와 $(\mathbf{f}, \hat{\mathbf{x}}, \hat{\mathbf{y}}) \geq \mathbf{0}$임을 주목하면 다음 식

$$0 > \mathbf{c}\cdot\mathbf{d} + \mathbf{b}\cdot\mathbf{f} = \mathbf{c}\cdot\mathbf{d} + (\hat{\mathbf{y}} + \mathbf{A}\hat{\mathbf{x}})^t\mathbf{f} \geq \mathbf{c}\cdot\mathbf{d} + \hat{\mathbf{x}}^t\mathbf{A}^t\mathbf{f} \geq \mathbf{c}\cdot\mathbf{d} + \hat{\mathbf{x}}^t\mathbf{Hd} \tag{11.14b}$$

을 얻는다. 지금 $\mathbf{H}$는 양반정부호라고 가정한다. (11.14a)에 의해 $\mathbf{d}^t\mathbf{Hd} = 0$임이 뒤따르며, 정리 11.2.3의 따름정리 1에 의해 $\mathbf{Hd} = \mathbf{0}$이 따라온다. (11.14b)에 따라 $\mathbf{c}\cdot\mathbf{d} < 0$이다. $\mathbf{Ad} \leq \mathbf{0}$, $\mathbf{d} \geq \mathbf{0}$이므로 $\mathbf{d}$는 실현가능영역의 방향벡터이며 그래서 모든 $\lambda \geq 0$에 대해 $\hat{\mathbf{x}} + \lambda\mathbf{d}$는 실현가능해이다. 지금 $f(\hat{\mathbf{x}} + \lambda\mathbf{d})$을 고려해 보자. 여기에서 $f(\mathbf{x}) = \mathbf{c}\cdot\mathbf{x} + (1/2)\mathbf{x}^t\mathbf{Hx}$이다. $\mathbf{Hd} = \mathbf{0}$이므로 다음 식

$$f(\hat{\mathbf{x}} + \lambda\mathbf{d}) = f(\hat{\mathbf{x}}) + \lambda(\mathbf{c}^t + \hat{\mathbf{x}}^t\mathbf{H})\mathbf{d} + \frac{1}{2}\lambda^2\mathbf{d}^t\mathbf{Hd} = f(\hat{\mathbf{x}}) + \lambda\mathbf{c}\cdot\mathbf{d}$$

을 얻는다. $\mathbf{c}\cdot\mathbf{d} < 0$이므로, 큰 λ 값을 마음대로 선택함으로 $f(\hat{\mathbf{x}} + \lambda\mathbf{d})$는 $-\infty$에 접근한다; 따라서 무계인 최적해를 얻는다.

증명을 완결하기 위해, 지금 이 정리의 조건 1, 2, 3 아래 반직선탐색종료는 불가능함을 보여준다. 이와 반대로, 이들의 임의의 조건 아래 반직선탐색종료는 일어난다고 가정한다. (11.14a)에서 $\mathbf{d}^t\mathbf{Hd} \leq 0$이다. 조건 2 또는 3 아래, $\mathbf{d} = \mathbf{0}$이며, (11.14b)를 고려해보면 이것은 불가능하다. 반면에, 만약 조건 1이 성립한다면, 위에서처럼 $\mathbf{Hd} = \mathbf{0}$이다. (11.13d)와 $\mathbf{c} \geq \mathbf{0}$의 가정과 더불어, 이것은 (11.14b)를 위반한다.

요약하자면, 만약 $\mathbf{H}$가 양반정부호이며, 알고리즘이 반직선탐색종료로 정지한다면 최적해는 무계임이 나타났다. 더군다나, 조건 1, 2, 3 아래 반직선탐색

종료는 불가능하며, 따라서 이 알고리즘은, 이들 가운데 임의의 조건 아래 하나의 카루시-쿤-터커 점을 생산해야 한다. 이것으로 증명이 완결되었다. (증명 끝)

비볼록 이차식계획법 문제를 위한 전역최적화 알고리즘

다음 식과 같은 형태

$$\begin{aligned} \text{NQP: 최소화} \quad & \mathbf{c}\cdot\mathbf{x} + \frac{1}{2}\mathbf{x}^t\mathbf{H}\mathbf{x} \\ \text{제약조건} \quad & \mathbf{A}\mathbf{x} \le \mathbf{b} \\ \mathbf{x} \in \Omega \equiv & \{\mathbf{x} \mid \ell_j \le x_j \le u_j, \quad j=1, \cdots, n\} \end{aligned}$$

로 나타난 **비볼록 이차식계획법 문제**를 고려해보고, 여기에서 $\mathbf{H}$는 $n \times n$ 대칭행렬이지만, 양반정부호 행렬일 필요는 없다. $\mathbf{A}$는 $m \times n$ 행렬이며, 여기에서 **초사각형** Ω는 모든 $j=1, \cdots, n$에 대해 $\ell_j < u_j$로 변수의 상한, 하한을 정의한다. 나아가서 실현가능영역은 공집합이 아니고, 그래서 바이어슈트라스의 정리에 따라 최적해는 존재한다고 가정한다. 그렇다면 편의상, $h_{k\ell}$은 $\mathbf{H}$의 (k, ℓ)-째 요소를 나타낸다고 하고, $m+2n$개의 부등식 $\mathbf{A}\mathbf{x} \le \mathbf{b}$와 $j=1, \cdots, n$에 대한 $\ell_j \le x_j \le u_j$를 $i=1, \cdots, \overline{m} \equiv m+2n$에 대해 $\mathbf{G}_i \cdot \mathbf{x} \equiv \Sigma_{k=1}^n G_{ik} x_k \le g_i$라고 공동으로 나타내고, '문제 NQP'를 다음 식

$$\begin{aligned} \text{NQP: 최소화} \quad & \sum_{k=1}^{n} c_k x_k + \frac{1}{2} \sum_{k=1}^{n} \sum_{\ell=1}^{n} h_{k\ell} x_k x_\ell \qquad (11.15) \\ \text{제약조건} \quad & \mathbf{G}_i \cdot \mathbf{x} \le g_i \quad i=1, \cdots, \overline{m} \end{aligned}$$

과 같이 다시 나타낸다.

지금 이 비볼록 이차식계획법 문제의 전역적 최적해를 구하기 위해 **재정식화-선형화/볼록화 기법**의 특화된 기본적 적용을 설명한다(기본적 알고리즘의 여러 가지 개량내용은 다음에 토의한다.) 그 이름이 암시하는 바와 같이, 재정식화-선형과/볼록화 과정은 2개 페이스 즉 재정식화 페이스와 선형화(또는 볼록화) 페이스로 연산한다. **재정식화 페이스**에서, 제약조건 (11.15)를 이들 제한의 쌍별 곱으로 대체한다. 다시 말하자면, 다음 식

$$(g_i - \mathbf{G}_i \cdot \mathbf{x})(g_j - \mathbf{G}_j \cdot \mathbf{x}) \geq 0 \qquad 1 \leq i \leq j \leq \overline{m}$$

으로 대체한다. 이것에 뒤따라, 각각의 $1 \leq k \leq \ell \leq n$에 대해 서로 다른 이차식 항 $x_k x_\ell$이 1개의 **새로운 재정식화-선형화/볼록화 변수** $w_{k\ell}$로 대체되는 **선형화 페이스**를 적용한다. 즉 다음 식

$$w_{k\ell} = x_k x_\ell \quad 1 \leq k \leq \ell \leq n \tag{11.16}$$

과 같이 간단히 대체한다. 예를 들면, 어떤 2개의 정의하는 부등식 $2x_1 + 3x_2 \leq 6$과 $x_1 - 2x_2 \leq 2$가 주어지면, $2w_{11} - 6w_{22} - w_{12} - 10x_1 + 6x_2 + 12 \geq 0$을 얻으려고, $w_{11} = x_1^2$, $w_{22} = x_2^2$, $w_{12} = x_1 x_2$ 같은 대체를 사용해, 곱 $(6 - 2x_1 - 3x_2) \cdot (2 - x_1 + 2x_2) \geq 0$을 선형화한다. 후자의 선형화된 부등식을 좀 더 투명하게 $[(6 - 2x_1 - 3x_2)(2 - x_1 + 2x_2)]_L \geq 0$으로 나타내자. (11.16) 아래, 다음 식

$$\left\{ \left[(g_i - \mathbf{G}_i \cdot \mathbf{x})(g_j - \mathbf{G}_j \cdot \mathbf{x}) \right]_L \geq 0 \right\}$$
$$\equiv \left\{ g_i g_j - g_i \mathbf{G}_j \cdot \mathbf{x} - g_j \mathbf{G}_i \cdot \mathbf{x} + \sum_{k=1}^{n} \sum_{\ell=1}^{n} G_{ik} G_{j\ell} w_{(k\ell)} \geq 0 \right\}$$

을 얻으며, 여기에서 만약 $k \leq \ell$이라면 $w_{(k\ell)} \equiv w_{k\ell}$이며, 그렇지 않다면 $w_{(k\ell)} \equiv w_{\ell k}$이다.

이와 같은 재정식화-선형화/볼록화의 과정은 다음 '문제 NQP'의 선형계획법 완화(보조정리 11.2.5에 의해 수립된 바와 같이)를 생산하며, 여기에서 $\mathbf{H}$의 대칭성을 사용해 (11.16)의 선형화 아래 NQP의 목적함수를 좀 더 간결한 형태로 다시 작성했고, 여기에서 LP(Ω)의 표현은 이 문제의 제약조건이 (부분적으로) NQP를 정의하는 초사각형 Ω에 포함시켰음을 것을 강조한다. (그 후에 결국, 이 초사각형을 분할할 것이다.)

$$\text{LP}(\Omega): \text{최소화} \sum_{k=1}^{n} c_k x_k + \frac{1}{2} \sum_{k=1}^{n} h_{kk} w_{kk} + \sum_{k=1}^{n-1} \sum_{\ell=k+1}^{n} h_{k\ell} w_{k\ell} \tag{11.17a}$$

$$\text{제약조건} \ \left[(g_i - \mathbf{G}_i \cdot \mathbf{x})(g_j - \mathbf{G}_j \cdot \mathbf{x}) \right]_L \geq 0 \quad 1 \leq i \leq j \leq m. \tag{11.17b}$$

다음 결과는 LP(Ω)와 이것의 부모-문제 NQP 사이의 관계를 확립한다. 일반적으로, 토의를 통해, 임의의 최적화문제 P에 대해, 이것의 목적함수의 최적값을 ν[P]로 나타낸다.

11.2.5 보조정리

a. $\overline{\mathbf{x}}$는 '문제 NQP'의 임의의 실현가능해라 하고, $\overline{\mathbf{w}}$는 (11.16)에 따라 정의되었다고 하자(즉, $1 \le k \le \ell \le n$에 대해 $\overline{w}_{k\ell} \equiv \overline{x}_k \overline{x}_\ell$이다). 그렇다면 $(\overline{\mathbf{x}}, \overline{\mathbf{w}})$는 LP($\Omega$)의 실현가능해이며 문제 NQP에서와 같이, 동일한 목적함숫값을 산출한다. 그러므로 특히 $\nu[\text{LP}(\Omega)] \le \nu[NQP]$이다.

b. 역으로, $(\overline{\mathbf{x}}, \overline{\mathbf{w}})$는 LP($\Omega$)의 임의의 실현가능해라 한다. 그렇다면 $\overline{\mathbf{x}}$는 NQP의 실현가능해이다. 나아가서, 만약 $(\mathbf{x}^*, \mathbf{w}^*)$가 LP($\Omega$)의 최적해이며 (11.16)이 제한을 만족시킨다면, $\mathbf{x}^*$는 '문제 NQP'의 최적해이다.

증명 재정식화-선형화/볼록화 구성과정에 의해, 이 보조정리의 파트 *a*는 바로 뒤따른다. 파트 *b*를 세우기 위해, $(\overline{\mathbf{x}}, \overline{\mathbf{w}})$는 LP($\Omega$)의 실현가능해라고 가정한다. (11.15)에서 NQP를 정의하는 임의의 제약조건 $\mathbf{G}_i \cdot \mathbf{x} \le g_i$를 고려해보자. Ω에서 임의의 한계짓는 제한 $\ell_j \le x_j \le u_j$에 대해 제약조건의 집합 (11.17b)는 다음 식

$$[(u_j - x_j)(g_i - \mathbf{G}_i \cdot \mathbf{x})]_L \ge 0, \qquad [(x_j - \ell_j)(g_i - \mathbf{G}_j \cdot \mathbf{x})]_L \ge 0$$

과 같은 제한을 포함함을 주목하시오. 이들 2개의 제한을 합하면, $(u_j - \ell_j)(g_i - \mathbf{G}_i \cdot \mathbf{x}) \ge 0$임을 얻는다. 그래서, $(\overline{\mathbf{x}}, \overline{\mathbf{w}})$는 LP($\Omega$)의 실현가능해이므로, $\overline{\mathbf{x}}$는 $(g_i - \mathbf{G}_i \cdot \mathbf{x}) \ge 0$이 되도록 한다. 그러므로, $\overline{\mathbf{x}}$는 NQP의 실현가능해이다. 나아가서, 만약 $(\mathbf{x}^*, \mathbf{w}^*)$가 LP($\Omega$)의 최적해라면, 그리고 만약 최적 해가 (11.16)을 만족시킨다면 $\mathbf{x}^*$는 NQP의 실현가능해이며 $\nu[\text{LP}(\Omega)]$의 목적함숫값과 동일한 목적함숫값을 산출한다. 그러나 파트 *a*에서 $\nu[\text{LP}(\Omega)] \le \nu[\text{NQP}]$이다. 그러므로 $\mathbf{x}^*$는 NQP

의 최적해이며, 이것으로 증명이 완결되었다. (증명 끝)

보조정리 11.2.5는 제약조건 (11.17b)가 '문제 NQP'의 원래의 제한을 의미함을 단언하며, 그러므로 이것을 '문제 LP(Ω)'의 표현에서 생략했다. 나아가서 선형계획법 LP(Ω)는 비볼록 이차식계획법 NQP의 완화를 제공하고, 그리고 만약 이것의 최적해가 (11.16)을 만족시킨다면 이것은 또한 후자의 문제의 최적해도 된다. 이와 같은 현상이 일어나게 유도하는 열쇠는 다음 결과에 의해 구체화된다.

11.2.6 보조정리

$(\bar{\mathbf{x}}, \bar{\mathbf{w}})$는 LP($\Omega$)의 임의의 실현가능해라 하자. 어떤 $p \in \{1, \cdots, n\}$에 대해 $\bar{x}_p = \ell_p$ 또는 $\bar{x}_p = u_p$라고 가정한다. 그렇다면 모든 $q = 1, \cdots, n$에 대해 $\bar{w}_{(pq)} = \bar{x}_p \bar{x}_q$이다.

증명 LP(Ω)의 임의의 실현가능해 $(\bar{\mathbf{x}}, \bar{\mathbf{w}})$에서, 어떤 $p \in \{1, \cdots, n\}$에 대해 $\bar{x}_p = \ell_p$라고 가정한다. 임의의 $q \in \{1, \cdots, n\}$을 고려해보자. (11.17b)의 제한은 다음 식

$$\left[(x_p - \ell_p)(x_q - \ell_q)\right]_L \geq 0, \qquad \left[(x_p - \ell_p)(u_q - x_q)\right]_L \geq 0$$

과 같은 제약조건을 포함함을 주목하자. 정의에 따라 이들 부등식은 다음 식

$$\ell_q(x_p - \ell_p) + \ell_p x_q \leq w_{(pq)} \leq \ell_p x_q + u_q(x_p - \ell_p)$$

과 같이 나타낼 수 있다. $\bar{x}_p$, $\bar{x}_q$, $\bar{w}_{(pq)}$를 위에 대체하면, $\bar{w}_{(pq)} = \ell_p \bar{x}_q = \bar{x}_p \bar{x}_q$을 얻는다. $\bar{x}_p = u_p$의 케이스는 유사하다. 이것으로 증명이 완결되었다. (증명 끝)

보조정리 11.2.6은, LP(Ω)의 임의의 실현가능해에 대해, 만약 임의의 변수 x_p가 이것의 Ω의 한계의 임의의 값을 취한다면, 관계된 새로운 각각의 $q = 1, \cdots, n$에 대해, 관계된 새로운 재정식화-선형화/볼록화 변수 $w_{(pq)}$는 이것이 나타내는 비선형 곱 $x_p x_q$를 충실하게 재생산함을 밝힘을 관측하시오. 이와 같

은 특징은 '문제 NQP'의 최적해를 구하는 **분지한정법**의 설계에 사용된다. 아래에 공식적으로 설명하는, 분지한정법 절차에서, 알고리즘의 스테이지 s에서 $q \in Q_s$에 따라 첨자가 붙여진 **작용노드**의 목록을 유지하며, 여기에서 각각의 노드 q는 어떤 분할된 초사각형 $\Omega^q \subseteq \Omega$에 연관된다. 시작하자면, 스테이지 $s=1$에서, $\Omega^1 \equiv \Omega$으로 $Q_s \equiv \{1\}$이 된다. 귀납적으로, 임의의 스테이지 s에서, Q_s가 주어지면, Ω^q에 의해 부과된 한계에 관한 제약에 상응하는 문제 (11.17)을 구성해 하계 $\text{LB}_q \equiv \nu[\text{LP}(\Omega^q)]$을 계산했을 것이다(보조정리 11.2.5 참조). 결과로, 스테이지 s의 원래의 '문제 NQP'의 하계는 $\text{LB}(s) \equiv min\{\text{LB}_q | \, q \in Q_s\}$로 주어진다. 나아가서, 보조정리 11.2.5에 의해 $\text{LP}(\Omega^q)$ 형태를 갖는 각각의 문제의 해는 NQP의 실현가능해를 생산한다. 그러므로 NQP의 목적함숫값에서 $(\text{LP}(\Omega^q))$의 목적함숫값을 계산할 수 있으며 그것에 의해 목적함숫값 ν^*을 갖는 최상의 해 또는 **현재 해 $\mathbf{x}^*$**를 계속 유지한다. $\text{LB}_q \geq \nu^*$인 경우, 노드 q의 **수심확인**을 할 수 있다[3](즉, 차후의 고려대상에서 제외한다). 왜냐하면 여기에 상응하는, $\mathbf{Ax} \leq \mathbf{b}$, $\mathbf{x} \in \Omega^q$ 전체에 걸쳐 정의된 이차식계획법 문제는 지금 사용할 수 있는 **현재 해 $\mathbf{x}^*$**보다도 더 좋은 해를 생산할 수 없기 때문이다. 그러므로 각각의 스테이지 s에 대해, 작용노드는 모든 $q \in Q_s$에 대해 $\text{LB}_q < \nu^*$이 되도록 한다. 지금 노드 $q \in Q_s$ 가운데 **최소하계**를 산출하는 작용노드 $q(s) \in Q_s$가 선택된다; 즉 다시 말하면, 다음 식

$$\text{LB}_{q(s)} = \text{LB}(s) \equiv min\{\text{LB}_q | \, q \in Q_s\}$$

에서 선택한다. 지금, 다음 규칙에 따라 선택한 **분지 변수** x_p에 기반해, 여기에 상응하는 초사각형 $\Omega^{q(s)}$을 아들-초사각형이라 불리는 2개 **하위 초사각형**으로 **분할**하기 위해 진행한다.

분지규칙:

$(\mathbf{x}^{q(s)}, \mathbf{w}^{q(s)})$는 '문제 $\text{LP}(\Omega^{q(s)})$'에 대해 얻어진 최적해라 하자. 표기를 쉽게 하기 위해, $(\overline{\mathbf{x}}, \overline{\mathbf{w}}) \equiv (\mathbf{x}^{q(s)}, \mathbf{w}^{q(s)})$라 한다. 다음 식

3) fathom

$$\theta_k \equiv max\left\{0, h_{kk}\left(\overline{x}_k^2 - \overline{w}_{kk}\right)\right\} + \sum_{\ell=1}^{n} max\left\{0, h_{k\ell}\left(\overline{x}_k \overline{x}_\ell - \overline{w}_{k\ell}\right)\right\}$$

$$k = 1, \cdots, n \quad (11.18a)$$

과 같은 **불일치 첨자**를 계산하고 **분지 변수** x_p를 결정하며, 여기에서 첨자 p는 다음 식

$$\theta_p = max\{\theta_k,\ k = 1, \cdots, n\} \tag{11.18b}$$

의 θ_p의 첨자에 상응한다. 그에 따라 $\Omega^{q(s)}$ 내에서, '문제 $\mathrm{LP}(\Omega^{q(s)})$'에 대해 얻어진 최적해에 상응하는 값 $\overline{x}_p \equiv x_p^{q(s)}$에서 2개 하위 초사각형으로, x_p의 현재의 한계짓는 구간을 갈라놓음으로, 이를테면 $\ell_p^{q(s)} \le x_p \le u_p^{q(s)}$에서, $\Omega^{q(s)}$를 분할한다. 이것은 다음 2개의 x_p에 대해 한계짓는 제한을 산출하며, 각각의 결과로 나타나는 아들-초사각형 내에서 하나씩 산출한다: 이것은 다음 식

$$\ell_p^{q(s)} \le x_p \le x_p^{q(s)} \equiv \overline{x}_p,\ \overline{x}_p \equiv x_p^{q(s)} \le x_p \le u_p^{q(s)} \tag{11.18c}$$

과 같음을 주목하자. $\mathrm{LB}_{\mathrm{q(s)}} < \nu^*$이므로, 다음 식

$$\theta_p > 0, \quad \ell_p^{q(s)} < x_p^{q(s)} < u_p^{q(s)} \tag{11.18d}$$

이 반드시 성립해야 한다. 이 내용이 뒤따르는 이유는, 왜냐하면 그렇지 않다면, 만약 $\theta_p = 0$이라면, (11.18a, b)에 따라 모든 $k = 1, \cdots, n$에 대해 $\theta_k = 0$이 될 것이며, 그래서 (11.18a)에 따라, 이것은 각각의 $k = 1, \cdots, n$에 대해 다음 식

$$h_{kk}\overline{x}_k^2 \le h_{kk}\overline{w}_{kk}, \quad h_{k\ell}\overline{x}_k \overline{x}_\ell \le h_{k\ell}\overline{w}_{(k\ell)} \quad \ell = 1, \cdots, n \tag{11.18e}$$

이 성립하거나 해 $\overline{\mathbf{x}}$에 있어 NQP의 목적함숫값이 $\nu[\mathrm{LP}(\Omega^{q(s)})] = \mathrm{LB}_{q(s)}$보다도 작거나 같음을 의미하며 이 내용은 $\nu^* > \mathrm{LB}_{q(s)}$에 모순되기 때문이다. 더구나 $\theta_p > 0$임은 (11.18e)의 부등식 가운데 최소한 1개가 이 부등식의 역의 엄격한 부등식으로 성립함을 의미하므로, 그래서 보조정리 11.2.6에 의해 (11.18d)가 반드시 성립해야 한다.

앞서 말한 해석은 분지규칙의 설계동기를 부여하며, 이것은 불일치에 기여하는 변수를 포함하는 새로운 재정식화-선형화/볼록화 변수와, 이들 변수가 나타내는 연관된 상응하는 비선형 곱 사이의 불일치에 가장 많이 기여하는 변수를 식별하기 위한 것이다. 아이디어는 모든 이와 같은 불일치를 0으로 몰고 가는 것이다. 이 목적을 달성하는 절차에 관한 공식적 문장은 아래에 주어진다.

'문제 NQP'의 해를 구하는 재정식화-선형화/볼록화 기법

스텝 0. 초기화. $s=1$로 지정하고 $Q_s=\{1\}$, $q(s)=1$, $\Omega^1 \equiv \Omega$라고 놓는다. $\text{LP}(\Omega^1)$의 해를 구하고 $(\overline{\mathbf{x}}, \overline{\mathbf{w}})$는 목적함숫값 $\text{LB}_1 = \nu[\text{LP}(\Omega^1)]$을 갖는 해라 하시오. 현재의 해 $\mathbf{x}^* = \mathbf{x}^1$을 초기해라고 놓고 현재의 목적함숫값을 $\nu^* = \mathbf{c}\cdot\mathbf{x}^* + (1/2)(\mathbf{x}^*)^t\mathbf{H}\mathbf{x}^*$라 하자. 만약 어떤 선택된 최적성 허용오차 $\varepsilon \geq 0$에 대해 $\text{LB}_1 + \varepsilon \geq \nu^*$이라면, '문제 NQP'의 미리 정해진 해로 $\mathbf{x}^*$를 얻고 종료한다. 그렇지 않다면, (11.18a, b)을 사용해 분지 변수 x_p를 결정하고 (11.18d)에 따라 반드시 $\theta_p > 0$이어야 함을 주목하시오. 스텝 1로 가시오.

스텝 1. 분할 스텝. (11.18c)처럼, 값 $\overline{x}_p$에서 x_p의 현재의 한계짓는 구간을 쪼개, 선택된 작용노드 $\Omega^{q(s)}$를 2개 하위-하이퍼 사각형으로 분할하시오. Q_s를 수정하기 위해 $q(s)$를 이들 2개의 새로운 자식-초사각형의 노드의 첨자로 대체하시오.

스텝 2. 한계짓는 스텝. 각각의 2개의 생성된 새로운 노드의 재정식화-선형화/볼록화 선형계획법 완화 문제의 최적해를 구하시오. 만약 가능하다면 현재의 해를 갱신한다. (11. 18a, b)을 사용해, 초기화 스텝에서 노드 1에 대해 한 것처럼 이들 각각의 2개의 새로운 노드에 대해 상응하는 분지 변수 첨자를 결정하시오.

스텝 3. 수심확인 스텝. $Q_{s+1} = Q_s - \{q \in Q_s \mid \text{LB}_q + \varepsilon \geq \nu^*\}$라고 지정해 임의의 비-개선 노드의 수심을 확인하시오. 만약 $Q_{s+1} = \varnothing$이라면, 미리 정해진 '문제 NQP'의 해 $\mathbf{x}^*$를 얻고 중지하시오. 그렇지 않다면, s를 1만큼 증가시키고, 스텝 4로 가시오.

스텝 4. 노드선택 스텝. 작용하는 노드 $q(s) \in argmin\{\text{LB}_q \mid q \in Q_s\}$를 선택하고, 스텝 1로 가시오.

재정식화-선형화/볼록화 기법의 수렴해석

11.2.7 정리

위의 재정식화–선형화/볼록화 기법($\varepsilon \equiv 0$로 실행함)은 진행 중에 갖는 해가 '문제 NQP'의 최적해로 택해지고 유한회 이내에 종료하든가, 아니면 분지–한정 트리의 임의의 무한분지를 따라, 노드 하위문제를 위해 생성된 선형계획법 완화 문제의 해의 수열의 $\mathbf{x}$-변수 파트의 임의의 집적점이 NQP의 최적해가 되는, 스테이지의 무한수열이 생성된다.

증명 유한회 이내에 종료하는 케이스는 명백하다; 그러므로 스테이지의 무한수열이 생성된다고 가정한다. 분지–한정 트리의 임의의 무한분지를 고려해보고, S의 첨자집합에 속하는 스테이지 s에 대해 무한분지는 분할 $\{\Omega^{q(s)}\}$의 **축소하는 수열**에 상응한다고 가정한다. 각각의 $s \in S$의 노드 $q(s)$에 대해, $\Omega^{q(s)} \equiv \{\mathbf{x} \mid \boldsymbol{\ell}^{q(s)} \leq \mathbf{x} \leq \mathbf{u}^{q(s)}\}$이라 하고, $(\mathbf{x}^{q(s)}, \mathbf{w}^{q(s)})$는 LP$(\Omega^{q(s)})$의 최적해라고 나타내고, $\boldsymbol{\theta}^{q(s)} \equiv (\theta_k^{q(s)}, k=1, \cdots, n)$는 이 해 $(\overline{\mathbf{x}}, \overline{\mathbf{w}}) \equiv (\mathbf{x}^{q(s)}, \mathbf{w}^{q(s)})$에 관해 (11.18a, b)를 계산해 결정한 불일치 첨자의 벡터를 나타낸다. 임의의 수렴하는 부분수열을 취함으로, 필요하다면, 생성된 수열의 유계성을 사용해, 일반성을 잃지 않고 다음 식

$$\{(\mathbf{x}^{q(s)}, \mathbf{w}^{q(s)}, \boldsymbol{\ell}^{q(s)}, \mathbf{u}^{q(s)}, \boldsymbol{\theta}^{q(s)})\}_S \rightarrow (\hat{\mathbf{x}}, \hat{\mathbf{w}}, \hat{\boldsymbol{\ell}}, \hat{\mathbf{u}}, \hat{\boldsymbol{\theta}})$$

의 내용을 가정한다.

(11.17)에서 제약조건함수의 연속성에 의해, $(\hat{\mathbf{x}}, \hat{\mathbf{w}})$는 LP$(\hat{\Omega})$의 실현가능해임을 주목하고, 여기에서 $\hat{\Omega} \equiv \{\mathbf{x} \mid \hat{\boldsymbol{\ell}} \leq \mathbf{x} \leq \hat{\mathbf{u}}\}$이다. 그러므로, $\hat{\Omega} \subseteq \Omega$이므로, 보조정리 11.2.5에 의해, $\hat{\mathbf{x}}$는 NQP의 실현가능해임을 알게 된다. '문제 NQP'의 최적해가 $\hat{\mathbf{x}}$임을 반드시 보여야 한다.

지금 노드 $\Omega^{q(s)}$, $s \in S$의 무한수열 전체에 걸쳐, 분지규칙 (11.18a, b)에 따라 무한히 자주 분지하는 변수 x_p가 존재한다. $S_1 \subseteq S$를 분지가 일어나는 스테이지의 부분수열이라 하자. 분할구조와 초사각형의 '축소되는 수열'에 의해, (11.18c, d)에서 각각의 $s \in S_1$에 대해 $x_p^{q(s)} \in (\ell_p^{q(s)}, u_p^{q(s)})$이며, 모든 $s' \in S_1$, $s' > s$에 대해 $x_p^{q(s)} \notin (\ell_p^{q(s')}, u_p^{q(s')})$임을 알고 있다. 그러나 위의 내용에서 $(\hat{\mathbf{x}}, \hat{\mathbf{w}})$는 LP$(\hat{\Omega})$의 실현가능해이므로 $[\ell_p^{q(s)}, u_p^{q(s)}] \rightarrow [\hat{\ell}_p, \hat{u}_p]$, $\{x_p^{q(s)}\} \rightarrow \overline{x}_p \in$

$[\hat{\ell}_p, \hat{u}_p]$이다. 따라서 $\hat{x}_p = \hat{\ell}_p$이거나, 또는 반드시 $\hat{x}_p = \hat{u}_p$이어야 한다. 보조정리 11.2.6에 따라, 그리고 $(\hat{\mathbf{x}}, \hat{\mathbf{w}})$가 $\text{LP}(\hat{\Omega})$의 실현가능해이므로, 이것은 또다시 모든 $q=1, \cdots, n$에 대해 $\hat{w}_{(pq)} = \hat{x}_p \hat{x}_q$임을 의미한다. 그러므로 (11.18a)에 의해 $\hat{\theta}_p = 0$이다. 그러나 각각의 $s \in S_1$에 대해, 그리고 모든 $k=1, \cdots, n$에 대해 $\theta_p^{q(s)} \geq \theta_k^{q(s)} \geq 0$이며, 따라서 모든 $k=1, \cdots, n$에 대해 $0 = \hat{\theta}_p \geq \hat{\theta}_k \geq 0$임을 주목하자(즉, 모든 $k=1, \cdots, n$에 대해 $\hat{\theta}_k = 0$이다). (11.18e)처럼 (11.17a)의 $\text{LP}(\cdot)$의 목적함수를 $f_{\text{LP}}(\mathbf{x}, \mathbf{w})$라고 나타내면 이것은 다음 식

$$\mathbf{c} \cdot \hat{\mathbf{x}} + \frac{1}{2} \hat{\mathbf{x}}^t \mathbf{H} \hat{\mathbf{x}} \leq f_{\text{LP}}(\hat{\mathbf{x}}, \hat{\mathbf{w}}) \tag{11.19a}$$

이 참임을 의미한다. 그러나 보조정리 11.2.5와 이 책의 가장 작은 하계를 선정하는 노드의 선택 규칙에 따라, 모든 $s \in S$에 대해 $f_{\text{LP}}(\mathbf{x}^{q(s)}, \mathbf{w}^{q(s)}) = \nu[\text{LP}(\Omega^{q(s)})] = \text{LB}(s) \leq \nu[\text{NQP}]$이므로, $s \in S$에 대해 $s \to \infty$에 따라 극한을 취하면, 다음 식

$$f_{\text{LP}}(\hat{\mathbf{x}}, \hat{\mathbf{w}}) \leq \nu[\text{NQP}] \tag{11.19b}$$

을 얻는다. (11.19a), (11.19b)를 합하고, 위에서 $\hat{\mathbf{x}}$가 NQP의 실현가능해임을 주목하면, 다음 식

$$\nu[\text{NQP}] \leq \mathbf{c} \cdot \hat{\mathbf{x}} + \frac{1}{2} \hat{\mathbf{x}}^t \mathbf{H} \hat{\mathbf{x}} \leq f_{\text{LP}}(\hat{\mathbf{x}}, \hat{\mathbf{w}}) \leq \nu[\text{NQP}] \tag{11.19c}$$

의 내용을 추론하며, 그래서 (11.19c) 전체에 걸쳐 등식이 성립한다. 이것은 $\hat{\mathbf{x}}$가 NQP의 최적해임을 의미하며, 이것으로 증명이 완결되었다. (증명 끝)

11.2.8 예제

다음과 같은 오목 최소화 이차식계획법 문제

$$\begin{aligned} \text{NQP}: \text{최소화} \quad & -(x_1 - 12)^2 - x_2^2 \\ \text{제약조건} \quad & -3x_1 + 4x_2 \leq 24 \end{aligned}$$

$$3x_1 + 8x_2 \le 120$$
$$\mathbf{x} \in \Omega = \{\mathbf{x} \mid 0 \le x_1 \le 24,\ 0 \le x_2 \le 15\}$$

를 고려해보자. 스테이지 $s=1$에서 $Q_s=\{1\}$, $\Omega^1=\Omega$을 갖고 재정식화–선형화 기법을 초기화한다. 초기의 완화 LP(Ω^1)는 $[-w_{11}-w_{22}+24x_1-144]$를 최소화하는 목적함수 (11.17a)를 갖는다. 이것의 제약조건 (11.17b)는 $j=1,2$에 대한 한계인수 $(x_j-\ell_j)\ge 0$, $(u_j-x_j)\ge 0$의 쌍별 곱하기(자기–곱하기를 포함해)로 구성된 10개의 **한계인수 곱의 부등식**, 각각의 구조적 제약조건, 각각의 한계인수의 곱하기로 구성된 8개의 **한계제약조건–인수 곱의 부등식**, 구조적 제약조건의 쌍별 곱(자기–곱하기를 포함해)으로 구성된 3개의 **제약조건–인수 곱의 부등식**으로 구성되어 있다. (실제로, 나머지의 제약조건에 의해 유계성의 제한 $x_2\le 15$가 의미를 가짐을 입증할 수 있으며, 그러므로, 이 제약조건은 단순하게 유형 (11.17b)의 가외적 부등식을 생산할 것이므로, 앞서 말한 재정식화–선형화/볼록화 제약조건의 생성과정에서 이것을 생략할 수 있다. 연습문제 11.23 참조 바람.)

예를 들면 1개의 한계–인수 곱의 제약조건은 $[(24-x_1)(x_2)]_L \ge 0$(즉 $24x_2-w_{12}\ge 0$)이며, 1개의 한계–제약조건–인수 곱의 제약조건은 $\left[x_1(24+3x_1-4x_2)\right]_L \ge 0$(즉 $24x_1+3w_{11}-4w_{12}\ge 0$)이며 1개의 제약조건–인수 곱의 제약조건은 $\left[(24+3x_1-4x_2)^2\right]_L \ge 0$ 즉 $9w_{11}+16w_{22}+144x_1-192x_2-24w_{12}+576\ge 0$)이다. LP($\Omega^1$)의 최적해를 구하면, $\nu[\text{LP}(\Omega^1)]=-216$인 하나의 최적해 $(\bar{x}_1, \bar{x}_2, \bar{x}_{11}, \bar{w}_{12}, \bar{w}_{22})=(8,6,192,48,72)$를 얻는다. 점 $(8,6)$은 NQP의 실현가능해임을 주목하고(보조정리 11.6.5 참조), 이 점은 목적함숫값 -52를 산출한다. 그러므로 현재로, $\mathbf{x}^*=(8,6)$, $\nu^*=-52$, $\text{LB}_1=-216$이다.

더군다나 $\bar{w}_{12}=\bar{x}_1\bar{x}_2$이지만, $\bar{w}_{11}=192\ne \bar{x}_1^2=64$, $\bar{w}_{22}=72\ne \bar{x}_2^2=36$임을 관측하시오. 그러므로 $\bar{x}_1=8$에서 x_1에 대한 구간을 분할하거나 또는 $\bar{x}_2=6$에서 x_2에 대한 구간을 분할함으로 현재의 노드 초사각형을 분할할 필요가 있다. 이와 같은 선택을 하기 위해 분지규칙 (11.18a, b)를 사용한다. (11.18a)를 사용해, 먼저 $\theta_1=max\{0, -(64-192)\}=128$, $\theta_2=max\{0, -(36-72)\}=36$임을 계산한다. 그러므로, (11.18b)에서, $x_p\equiv x_1$이라고 선택하고, (11.18c)에 의해, Ω^1을 대체하기 위해 2개 자식–초사각형을 다음 식

$$\Omega^2 = \{\mathbf{x} \mid 0 \le x_1 \le 8,\ 0 \le x_2 \le 15\},$$
$$\Omega^3 = \{\mathbf{x} \mid 8 \le x_1 \le 24,\ 0 \le x_2 \le 15\}$$

과 같이 창조한다. 시험삼아, 이에 따라, 스텝 1에서 $Q_1 = \{2, 3\}$을 수정한다. 독자는 지금 스텝 2에서 $\nu[\mathrm{LP}(\Omega^2)] = \nu[\mathrm{LP}(\Omega^3)] = -180$을 얻음을 입증할 수 있다(연습문제 11.24 참조). 각각의 선형계획법 문제 LP의 해의 $\mathbf{x}$-파트가 $(0, 6)$, $(24, 6)$이면서, '문제 NQP'에서 목적함숫값 -180을 모두 생성한다. 그러므로 스텝 3에서 $Q_2 = \varnothing$ 임을 얻을 것이므로 알고리즘은 종료될 수 있다.

이 절의 결론을 맺으면서, 독자는 연습문제 11.25에 주의를 기울이기 바라며, 여기에서 **삼차식 재정식화-선형화/볼록화 제약조건**뿐만 아니라 선택된 **이차식 재정식화-선형화 볼록화 제약조건**을 구성함으로, 더 이상의 분지를 요구하지 않으면서 주어진 이차식계획법 문제의 최적해를 초기의 노드 자체에서 곧장 제시하는 예제의 선형계획법 완화를 구성할 수 있음을 제시한다. 일반적으로, 이 알고리즘의 수렴을 가속하기 위해, 유효한 부등식(볼록비선형 제한을 포함해)의 적절하게 여과된 집합을 생성하고, **반정부호계획법** 개념을 적용하고(연관된 반정부호 제약조건(컷)의 생성을 포함해, 연습문제 11.26 참조), 대안적 분지전략을 실행하고, 사전-처리 스텝에서 실현가능성과 최적성을 고려해 한계의 제한을 더욱 꽉 조이고, 그리고 구조적 특질을 개선하기 위해 원래의 문제에, 될 수 있는 한, 아핀변환과 함께 척도변환을 하는 방법에 기반해, 이와 같은 다양한 향상을 제안했다. 또한, 이들 메커니즘은 다항식의 더 넓은 부류(연습문제 11.27 참조)의 인수분해 가능한 블랙박스 최적화 문제의 최적해를 구하기 위해 적용할 수 있다. 이 주제의 상세한 연구에 대해 '주해와 참고문헌' 절을 참조하시오.

11.3 가분계획법

이 절에서는 목적함수와 제약조건함수를 함수의 합으로 나타낼 수 있고 각각은 1개 변수만을 갖는 함수로 구성된 비선형계획법 문제의 최적해를 구하기 위한 심플렉스 방법의 사용을 토의한다. **가분 비선형계획법 문제**를 '문제 P'로 나타내고, 다음 식

$$
\begin{aligned}
\text{P: 최소화} \quad & \sum_{j=1}^{n} f_j(x_j) \\
\text{제약조건} \quad & \sum_{j=1}^{n} g_{ij}(x_j) \le p_i \qquad i=1,\cdots,m \\
& x_j \ge 0 \qquad j=1,\cdots,n
\end{aligned}
\tag{11.20}
$$

과 같이 나타낸다. 이와 같은 유형의 문제는 계량경제학의 데이터 피팅, 전기회로 해석, 물공급시스템의 설계와 관리, 물류, 통계학 등을 포함해 다양한 분야에서 일어난다.

분리가능한 문제의 근사화

지금 원래의 '문제 P'를 근사화하는 새로운 문제로 정의할 수 있는 방법을 토의한다. 새로운 문제는 각각의 비선형함수를 근사화하는 구간별 선형함수로 대체해 얻는다. 이것이 어떻게 실행되는가를 알아보기 위해, 변수 μ에 관한 연속함수 θ를 고려해보자. 구간 $[a, b]$ 전체에 걸쳐 θ 값에 관심이 있다고 가정한다. θ를 근사화하는 구간별 선형함수 $\hat{\theta}$를 정의하려고 한다. 먼저 격자점 $a=\mu_1, \mu_2, \cdots, \mu_k=b$을 사용해 그림 11.3에 보인 바와 같이 구간 $[a, b]$는 더 작은 구간으로 분할된다. 이 함수 θ는 구간 $[\mu_\nu, \mu_{\nu+1}]$에서 다음과 같이 근사화한다. 어떤 $\lambda \in [0, 1]$에 대해 $\mu=\lambda\mu_\nu+(1-\lambda)\mu_{\nu+1}$이라 한다. 그렇다면 다음 식

$$\hat{\theta}(\mu)=\lambda\theta(\mu_\nu)+(1-\lambda)\theta(\mu_{\nu+1}) \tag{11.21}$$

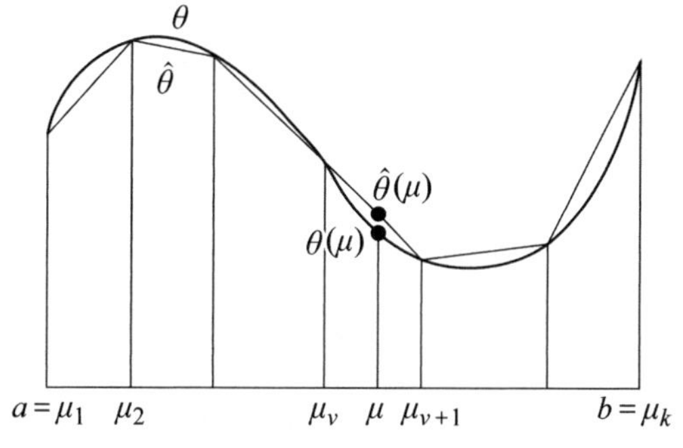

그림 11.3 함수의 구간별 선형근사화

이 성립한다.

격자점은 등간격일 수도 있고 아닐 수도 있으며 격자점 개수가 증가함에 따라 근사화 정확도는 개선됨을 주목하자. 그러나 함수에 대해 앞에서의 선형근사화를 사용함에 있어 커다란 어려움이 일어날 수 있음을 주목해야 한다. 구간 $[\mu_\nu, \mu_{\nu+1}]$에서 주어진 하나의 점 μ는 대안적으로 2개 또는 그 이상의 **인접하지 않은** 격자점의 하나의 볼록조합으로 나타낼 수 있으므로 어려움이 발생한다. 예시를 위해 $\theta(\mu)=\mu^2$으로 정의한 함수 θ를 고려해보자. 구간 $[-2, 2]$에서 이 함수의 그래프가 그림 11.4에 나타나 있다. 격자점 -2, -1, 0, 1, 2를 사용한다고 가정한다. 점 $\mu=1.5$는 $(1/2)(1)+(1/2)(2)$라고 나타낼 수 있으며 또한 $(1/4)(0)+(3/4)(2)$라고도 나타낼 수 있다. 함수 θ 값은 $\mu=1.5$에서 2.25이다. 첫째 근사화는 $\hat{\theta}(\mu)=(1/2)\theta(1)+(1/2)\theta(2)=2.5$임을 제공하고, 이에 반해 둘째 근사화는 $\hat{\theta}(\mu)=(1/4)\theta(0)+(3/4)\theta(2)=3$임을 제공한다. 명확하게, 첫째의 인접한 격자점을 사용한 근사화는 더 좋은 근사화를 산출한다. 그러므로 일반적으로 함수 θ는 구간 $[a, b]$ 전체에 걸쳐 $\mu_1, \cdots, \mu_k$을 사용해, 다음 식

$$\hat{\theta}(\mu)=\sum_{\nu=1}^{k}\lambda_\nu\theta(\mu_\nu),\quad \sum_{\nu=1}^{k}\lambda_\nu=1,\quad \lambda_\nu\ge 0\quad \nu=1,\cdots,k \tag{11.22}$$

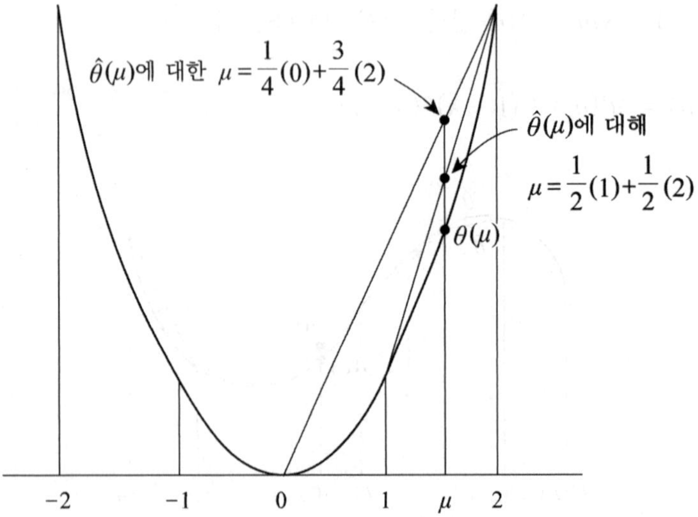

그림 11.4 근사화에서 인접성의 중요성

으로 정의한 구간별 선형함수 $\hat{\theta}$에 의해 근사화할 수 있으며, 여기에서, 많아야 2개의 λ_ν-변수가 양(+)이며, 이 둘은 반드시 인접해야 한다. 이 표현은 **λ-형 근사화**라고 알려져 있다. 대안적 관계된 표현은, **δ-형 근사화**라 하며 연습문제 11.35, 11.36에서 설명한다.

지금 (11.19)로 정의한, 분리가능한 '문제 P'를 근사화하는 문제를 제시한다. 이것은 어떤 $i=1, \cdots, m$에 대해, f_j 또는 g_{ij}가 x_j에 관해 비선형함수인 각각의 변수 x_j를 고려하고, 이 함수를 (11.22)에 따라 정의한 구간별 선형근사화로 대체해 실행된다. 명료성을 위해 집합 L을 다음 식

$$L=\{j \mid i=1, \cdots, m\text{에 대해 } f_j\text{와 } g_{ij}\text{는 선형함수}\}$$

과 같이 정의한다. 그렇다면 각각의 $j \notin L$에 대해 관심 구간 $[a_j, b_j]$을 고려해보고, 여기에서 $a_j \geq 0$, $b_j \geq 0$이다. 지금 $\nu=1, \cdots, k_j$에 대해 격자점 $x_{\nu j}$를 정의할 수 있으며, 여기에서 $x_{1j}=a_j$, $x_{k_j j}=b_j$이다. 격자점은 등간격일 필요가 없으며 다른 변수에 대해 다른 격자 길이를 사용할 수도 있음을 주목하자. 그러나 정리 11.3.4에서, 이후에 알려질 것이지만, 사용된 최대 격자 길이는 구한 해의 정확도에 관계된다. 각각의 $j \notin L$에 대한 격자점을 사용해, (11.22)에서 f_j와 $i=1, \cdots, m$에 대한 g_{ij}는 이들의 선형근사화로 대체할 수 있다.

$$\hat{f}_j(\mathbf{x}_j) = \sum_{\nu=1}^{k_j} \lambda_{\nu j} f(x_{\nu j}) \qquad j \notin L$$

$$\hat{g}_{ij}(x_j) = \sum_{\nu=1}^{k_j} \lambda_{\nu j}\, g_{ij}(x_{\nu j}) \qquad i=1, \cdots, m, \quad j \notin L$$

$$\sum_{\nu=1}^{k_j} \lambda_{\nu j} = 1 \qquad j \notin L$$

$$\lambda_{\nu j} \geq 0 \qquad \nu=1, \cdots, k_j, \quad j \notin L.$$

정의에 의해, $j \in L$에 대해 f_j와 $g_{1j}, \cdots, g_{mj}$는 선형이다. 그러므로, 격자점을 정의할 필요는 없으며, 이 경우 선형근사화는 다음 식

$$\hat{f}_j(x_j) \equiv f_j(x_j), \quad \hat{g}_{ij}(x_j) \equiv g_{ij}(x_j) \qquad i=1, \cdots, m, \quad j \in L$$

으로 주어진다.

그렇다면 다음의 '문제 AP'

$$\begin{aligned} \text{AP: 최소화} \quad & \sum_{j \in L} f_j(x_j) + \sum_{j \notin L} \hat{f}_j(x_j) \\ \text{제약조건} \quad & \sum_{j \in L} g_{ij}(x_j) + \sum_{j \notin L} \hat{g}_{ij}(x_j) \le p_i, \quad i = 1, \cdots, m \\ & x_j \ge 0, \quad j = 1, \cdots, n \end{aligned} \tag{11.23}$$

는 원래의 '문제 P'를 근사화하는 문제로 볼 수 있다. '문제 AP'에서, 목적함수와 제약조건함수는 구간별 선형임을 주목하시오. 그러나, $j \notin L$에 대한 $\hat{f}_j$, $\hat{g}_{ij}$의 정의를 사용해, 이 문제는 등가적으로 좀 더 취급하기 용이한 형태의 '문제 LAP'로 나타낼 수 있다:

$$\begin{aligned} \text{LAP: 최소화} \quad & \sum_{j \in L} f_j(x_j) + \sum_{j \notin L} \sum_{\nu=1}^{k_j} \lambda_{\nu j} f_j(x_{\nu j}) \\ \text{제약조건} \quad & \sum_{j \in L} g_{ij}(x_j) + \sum_{j \notin L} \sum_{\nu=1}^{k_j} \lambda_{\nu j} g_{ij}(x_{\nu j}) \le p_i \quad i = 1, \cdots, m \\ & \sum_{\nu=1}^{k_j} \lambda_{\nu j} = 1 \qquad j \notin L \\ & \lambda_{\nu j} \ge 0 \qquad \nu = 1, \cdots, k_j,\ j \notin L. \\ & x_j \ge 0 \qquad j \in L \end{aligned} \tag{11.24}$$

많아야 2개의 인접한 $\lambda_{\nu j}$ 값은 $j \notin L$에 대해 양(+)이다.

근사화하는 문제의 최적해 구하기

많아야 2개의 인접한 $\lambda_{\nu j}$ 변수가 $j \notin L$에 대해 양(+)이어야 한다는 제약조건을 빼고, '문제 LAP'는 선형계획법 문제이다. '문제 LAP'의 최적해를 구하기 위해, 다음과 같은 **'제한된 기저진입규칙'**을 갖고 심플렉스 알고리즘을 사용할 수 있다. 만약 이것이 목적함수를 개선한다면 비기저 변수 $\lambda_{\nu j}$는 기저에 진입하고, 만약 새로운 기저가 단지 각각의 $j \notin L$에 대해 양(+)인 2개의 인접한 $\lambda_{\nu j}$ 변수만을 갖는다면. 정리 11.3.1은 $j \notin L$에 대해, 만약 $i = 1, \cdots, m$에 대한 g_{ij}가 볼록이라면, 그리고 만약 f_j가 엄격하게 볼록이라면, '제한된 기저진입규칙'을 버리고 절 2.7에서 설명한 바와 같이 선형계획법의 심플렉스 알고리즘을 채택할 수 있음을 보여준다.

11.3.1 정리

최소화 $\Sigma_{j=1}^{n} f_j(x_j)$ 제약조건 $\Sigma_{j=1}^{n} g_{ij}(x_j) \le p_i \; i=1, \cdots, m, \; x_j \ge 0 \; j=1, \cdots, n$ '문제 P'를 고려해보자. $L=\{j \mid i=1, \cdots, m$에 대해 f_j와 g_{ij}는 선형이다$\}$을 정의한다. $j \notin L$에 대해 f_j는 엄격하게 볼록이며 $g_{1j}, \cdots, g_{mj}$는 볼록이라고 가정한다. 나아가서 $j \notin L$에 대해 f_j와 $g_{1j}, \cdots, g_{mj}$는 $\nu=1, \cdots, k_j$에 대한 격자점 $x_{\nu j}$를 이용해 구간별 선형근사화로 대체되고, 아래에 정의하는 선형계획법 문제

$$
\begin{aligned}
\text{최소화} \quad & \sum_{j \in L} f_j(x_j) + \sum_{j \notin L} \sum_{\nu=1}^{k_j} \lambda_{\nu j} f_j(x_{\nu j}) \\
\text{제약조건} \quad & \sum_{j \in L} g_{ij}(x_j) + \sum_{j \notin L} \sum_{\nu=1}^{k_j} \lambda_{\nu j}\, g_{ij}(x_{\nu j}) \le p_i \quad i=1, \cdots, m \qquad (11.25) \\
& \sum_{\nu=1}^{k_j} \lambda_{\nu j} = 1 \qquad j \notin L \\
& \lambda_{\nu j} \ge 0 \qquad \nu=1, \cdots, k_j, \; j \notin L \\
& x_j \ge 0 \qquad j \in L
\end{aligned}
$$

를 산출한다고 가정한다. $j \in L$에 대한 $\hat{x}_j$와, $\nu=1, \cdots, k_j$와 $j \notin L$에 대한 $\hat{\lambda}_{\nu j}$가 위 문제의 최적해라고 놓는다. 그렇다면:

1. 각각의 $j \notin L$에 대해, 많아야 2개의 $\hat{\lambda}_{\nu j}$ 값은 양(+)이며, 이들은 인접할 필요가 있다.
2. $j \notin L$에 대해 $\hat{x}_j = \Sigma_{\nu=1}^{k_j} \hat{\lambda}_{\nu j} x_{\nu j}$라 한다. 그렇다면 $j=1, \cdots, n$에 대한 j-째 성분이 $\hat{x}_j$인 벡터 $\hat{\mathbf{x}}$는 '문제 P'의 실현가능해이다.

파트 1을 증명하기 위해, 각각의 $j \notin L$에 대해, 만약 $\hat{\lambda}_{\ell j}, \hat{\lambda}_{pj}$가 양(+)이라면, 격

증명 자점 $x_{\ell j}, x_{pj}$는 인접할 필요가 있음을 보이면 충분하다. 모순을 일으켜, $\hat{\lambda}_{\ell j}$, $\hat{\lambda}_{pj}>0$이 존재한다고 가정하며, 여기에서 $x_{\ell j}, x_{pj}$는 인접하지 않는다. 그렇다면 $x_{\gamma j}=\alpha_1 x_{\ell j}+\alpha_2 x_{pj}$로 나타낼 수 있는 하나의 격자점 $x_{\gamma j}\in(x_{\ell j}, x_{pj})$이 존재하며, 여기에서 $\alpha_1>0$, $\alpha_2>0$, $\alpha_1+\alpha_2=1$이다. 지금, (11.25)로 정의한 문제의 최적해를 고려해보자. $i=1, \cdots, m$에 대해 $u_i\ge 0$은 첫째 m개 제약조건에 연관된 최적 라그랑지 승수라 하고, 그리고 각각의 $j\not\in L$에 대해, ν_j는 제약조건 $\Sigma_{\nu=1}^{k_j}\lambda_{\nu j}=1$에 연관된 최적 라그랑지 승수라 하자. 그렇다면 다음의 카루시-쿤-터커 필요조건의 부분집합

$$f_j(x_{\ell j})+\sum_{i=1}^{m}u_i g_{ij}(x_{\ell j})+\nu_j=0 \tag{11.26}$$

$$f_j(x_{pj})+\sum_{i=1}^{m}u_i g_{ij}(x_{pj})+\nu_j=0 \tag{11.27}$$

$$f_j(x_{\nu j})+\sum_{i=1}^{m}u_i g_{ij}(x_{\nu j})+\nu_j\ge 0 \qquad \nu=1, \cdots, k_j \tag{11.28}$$

은 만족된다. 아래에 마지막의 조건은 $\nu=\gamma$을 위반함을 보여준다. f_j의 엄격한 볼록성과 g_{ij}의 볼록성에 따라, 그리고 (11.26), (11.27)에 의해 다음 식

$$\begin{aligned} f_j(x_{\gamma j})+\sum_{i=1}^{m}u_i g_{ij}(x_{\gamma i})+\nu_j &< \alpha_1 f_j(x_{\ell j})+\alpha_2 f_j(x_{pj}) \\ &+\sum_{i=1}^{m}u_i\left[\alpha_1 g_{ij}(x_{\ell j})+\alpha_2 g_{ij}(x_{pj})\right]+\nu_j=0 \end{aligned}$$

을 얻는다. 이것은 $\nu=\gamma$에 대해 (11.28)을 위반하므로 $x_{\ell j}, x_{pj}$는 꼭 인접해야 하며 정리의 파트 1은 증명되었다.

파트 2를 증명하기 위해, $j\not\in L$에 대한 각각의 $g_{1j}, \cdots, g_{mj}$의 볼록성에서, 그리고 $j\in L$에 대한 $\hat{x}_j$, $j\not\in L$에 대한 $\hat{\lambda}_{1j}, \cdots, \hat{\lambda}_{k_j j}$는 (11.25)의 제약조건을 만족시킴을 주목함으로, $i=1, \cdots, m$에 대해 다음 식

$$\begin{aligned} g_i(\hat{\mathbf{x}}) &= \sum_{j \in L} g_{ij}(\hat{x}_j) + \sum_{j \notin L} g_{ij}(\hat{x}_j) \\ &= \sum_{j \in L} g_{ij}(\hat{x}_j) + \sum_{j \notin L} g_{ij}\left(\sum_{\nu=1}^{k_j} \hat{\lambda}_{\nu j} x_{\nu j}\right) \\ &\le \sum_{j \in L} g_{ij}(\hat{x}_j) + \sum_{j \notin L} \sum_{\nu=1}^{k_j} \hat{\lambda}_{\nu j} g_{ij}(x_{\nu j}) \\ &\le p_i \end{aligned}$$

을 얻는다. 게다가, $\nu = 1, \cdots, k_j$와 $j \notin L$에 대해, $\hat{\lambda}_{\nu j} \ge 0$, $x_{\nu j} \ge 0$이므로, $j \in L$에 대해 $\hat{x}_j \ge 0$이며 $j \notin L$에 대해 $\hat{x}_j = \Sigma_{\nu=1}^{k_j} \hat{\lambda}_{\nu j} x_{\nu j} \ge 0$이다. 그러므로 $\hat{\mathbf{x}}$는 '문제 P'의 실현가능해이며, 증명이 완결되었다. (증명 끝)

11.3.2 예제

다음 가분계획법 문제

$$\begin{aligned} \text{최소화} \quad & x_1^2 - 6x_1 + x_2^2 - 8x_2 - \frac{1}{2}x_3 \\ \text{제약조건} \quad & x_1 + x_2 + x_3 \le 5 \\ & x_1^2 - x_2 \le 3 \\ & x_1, \ x_2, \ x_3 \ge 0 \end{aligned}$$

를 고려해보자. $L = \{3\}$임을 주목하고, x_3을 포함하는 비선형 항이 존재하지 않으므로, 격자점 x_3에 대해 격자점을 구성하지 않을 것이다. 이 제약조건에서 x_1, x_2는 모두 구간 $[0, 5]$에 반드시 존재해야 함은 명확하다. 격자점은 등간격일 필요가 없다는 것을 상기하시오. 변수 x_1, x_2에 대해, 격자점 0, 2, 4, 5를 사용하며, 그래서 $x_{11} = 0$, $x_{21} = 2$, $x_{31} = 4$, $x_{41} = 5$, $x_{12} = 0$, $x_{22} = 2$, $x_{32} = 4$, $x_{42} = 5$이다. 따라서,

$$\begin{aligned} 0\lambda_{11} + 2\lambda_{21} + 4\lambda_{31} + 5\lambda_{41} &= x_1 \\ 0\lambda_{12} + 2\lambda_{22} + 4\lambda_{32} + 5\lambda_{42} &= x_2 \end{aligned}$$

$$\lambda_{11}+\lambda_{21}+\lambda_{31}+\lambda_{41}=1$$
$$\lambda_{12}+\lambda_{22}+\lambda_{32}+\lambda_{42}=1$$
$$\lambda_{\nu 1},\ \lambda_{\nu 2}\geq 0 \qquad \nu=1,2,3,4$$
$$\hat{f}(x)=(-8\lambda_{21}-8\lambda_{31}+5\lambda_{41})+(-12\lambda_{22}-16\lambda_{32}-15\lambda_{42})-\frac{1}{2}x_3$$
$$\hat{g}_1(x)=(2\lambda_{21}+4\lambda_{31}+5\lambda_{41})+(2\lambda_{22}+4\lambda_{32}+5\lambda_{42})+x_3\leq 5$$
$$\hat{g}_2(x)=(4\lambda_{21}+16\lambda_{31}+25\lambda_{41})-(2\lambda_{22}+4\lambda_{32}+5\lambda_{42})\leq 3.$$

여유변수 x_4, x_5를 도입하면, 아래에 주어지는 첫째 태블로를 얻는다. 이 문제는 '제한된 기저진입규칙'을 갖는 심플렉스 알고리즘을 사용해 해를 얻는다. 얻어진 태블로의 순서는 다음 표와 같다:

	z	λ_{11}	λ_{21}	λ_{31}	λ_{41}	λ_{12}	λ_{22}	λ_{32}	λ_{42}	x_3	x_4	x_5	우변
z	1	0	8	8	5	0	12	16	15	1/2	0	0	0
x_4	0	0	2	4	5	0	2	4	5	1	1	0	5
x_5	0	0	4	16	25	0	-2	-4	-5	0	0	1	3
λ_{11}	0	1	1	1	1	0	0	0	0	0	0	0	1
λ_{12}	0	0	0	0	0	1	(1)	1	1	0	0	0	1

	z	λ_{11}	λ_{21}	λ_{31}	λ_{41}	λ_{12}	λ_{22}	λ_{32}	λ_{42}	x_3	x_4	x_5	우변
z	1	0	8	8	5	-16	-4	0	-1	1/2	0	0	-16
x_4	0	0	(2)	4	5	-4	-2	0	1	1	1	0	1
x_5	0	0	4	16	25	4	2	0	-1	0	0	1	7
λ_{11}	0	1	1	1	1	0	0	0	0	0	0	0	1
λ_{32}	0	0	0	0	0	1	1	1	1	0	0	0	1

	z	λ_{11}	λ_{21}	λ_{31}	λ_{41}	λ_{12}	λ_{22}	λ_{32}	λ_{42}	x_3	x_4	x_5	우변
z	1	0	0	-8	-15	0	4	0	-5	-7/2	-4	0	-20
λ_{21}	0	0	1	2	5/2	-2	-1	0	1/2	1/2	1/2	0	1/2
x_5	0	0	0	8	15	12	6	0	-3	-2	-2	1	5
λ_{11}	0	1	0	1	-3/2	2	1	0	-1/2	-1/2	1/2	0	1/2
x_{32}	0	0	0	0	0	1	1	(1)	1	1	0	0	1

	z	λ_{11}	λ_{21}	λ_{31}	λ_{41}	λ_{12}	λ_{22}	λ_{32}	λ_{42}	x_3	x_4	x_5	우변
z	1	-4	0	-4	-9	-8	0	0	-3	-3/2	-2	0	-22
λ_{21}	0	1	1	1	1	0	0	0	0	0	0	0	1
x_5	0	-6	0	14	24	0	0	0	0	1	1	1	2
λ_{22}	0	1	0	-1	-3/2	2	1	0	-1/2	-1/2	-1/2	0	1/2
λ_{32}	0	-1	0	1	3/2	-1	0	1	3/2	1/2	1/2	0	1/2

둘째 태블로에서 λ_{31}은 제한된 기저진입규칙을 위반했을 것이므로, λ_{31}은 기저에 진입할 수 없었음을 주목하자. 마지막 태블로에서 '문제 AP'의 근사화문제의 최적해는 $\hat{\mathbf{x}} = (\hat{x}_1, \hat{x}_2, \hat{x}_3)$이며, 여기에서 다음 식

$$\hat{x}_1 = 2\hat{\lambda}_{21} + 4\hat{\lambda}_{31} + 5\hat{\lambda}_{41} = 2$$
$$\hat{x}_2 = 2\hat{\lambda}_{22} + 4\hat{\lambda}_{32} + 5\hat{\lambda}_{42} = 3$$
$$\hat{x}_3 = 0$$

이 성립한다. '문제 AP'의 목적함수의 상응하는 값은 $\hat{f}(2,3,0) = -22$이며, 이에 반해, 이 점에서 원래의 '문제 P'의 목적함숫값은 $f(2,3,0) = -23$이다. 이 문제의 목적함수와 제약조건 함수는 정리 11.3.1의 가정을 만족시킴을 주목하자. 따라서, '제한된 기저진입규칙'이 없는 심플렉스 알고리즘을 채택할 수 있었으며 여전히 위의 최적해를 얻었다.

원래의 문제와 근사화하는 문제의 최적해 사이의 관계

정리 11.3.1에서 본 바와 같이, 적절한 볼록성 가정의 존재 아래, 근사화선형계획법 문제의 하나의 최적해는 원래의 문제의 하나의 실현가능해이다. 정리 11.3.4에서 만약 격자길이를 충분하게 작게 선택한다면, 2개 문제의 목적함수의 최적값을 마음대로 가깝게 만들 수 있음을 보여준다. 이 결과를 증명하기 위해, 다음 정리가 필요하다.

11.3.3 정리

(11.20), (11.23)에서 정의한 각각의 '문제 P'와 '문제 AP'를 고려해보자. $j \notin L$에 대해, f_j와 $g_{1j}, \cdots, g_{mj}$는 볼록이라고 가정한다; 더군다나 $\hat{f}_j$, $\hat{g}_{ij}$는 구간 $[a_j, b_j]$에서 이들의 구간별 선형근사화라 한다. $j \notin L$에 대해, 그리고 $i = 1, \cdots, m$에 대해 c_{ij}는 $x_j \in [a_j, b_j]$에 대해 $\left|g'_{ij}(x_j)\right| \le c_{ij}$이 되도록 한다고 하자. 더군다나 $j \notin L$에 대해, c_j는 $x_j \in [a_j, b_j]$에 대해 $\left|f'_j(x_j)\right| \le c_j$이 되도록 한다고 하자. $j \notin L$에 대해 δ_j는 변수 x_j를 위해 사용한 최대 격자길이라 하자. 그렇다면 다음 식

$$\hat{f}(\mathbf{x}) \ge f(\mathbf{x}) \ge \hat{f}(\mathbf{x}) - c$$
$$\hat{g}_i(\mathbf{x}) \ge g_i(\mathbf{x}) \ge \hat{g}_i(\mathbf{x}) - c \quad i = 1, \cdots, m$$

이 성립하며, 여기에서 $c = max_{0 \le i \le m}\{\bar{c}_i\}$이며, 여기에서 $\bar{c}_0$, $\bar{c}_i$는 다음 식

$$\bar{c}_0 = \sum_{j \notin L} 2c_j\delta_j, \ \bar{c}_i = \sum_{j \notin L} 2c_{ij}\delta_j \qquad i = 1, \cdots, m$$

과 같다.

증명 먼저 $j \notin L$에 대해 $\hat{f}_j(x_j) \ge f_j(x_j) \ge \hat{f}_j(x_j) - 2c_j\delta_j$임을 보여준다. $j \notin L$이라 하고 $x_j \in [a_j, b_j]$이라 한다. 그러면 $x_j \in [\mu_k, \mu_{k+1}]$이 되도록 하는 격자점 μ_k, μ_{k+1}이 존재한다. 더구나 어떤 $\lambda \in [0, 1]$에 대해 $x_j = \lambda\mu_k + (1-\lambda)\mu_{k+1}$이다. $\hat{f}_j$의 정의에 따라, 그리고 f_j의 볼록성과 $\lambda \in [0, 1]$를 고려

하면, 다음 식

$$\hat{f}_j(x_j) = \lambda f_j(\mu_k) + (1-\lambda)f_j(\mu_{k+1}) \geq f_j(\lambda\mu_k + (1-\lambda)\mu_{k+1}) = f_j(x_j)$$

을 얻는다. 지금 $f_j(x_j) \geq \hat{f}_j(x_j) - 2c_j\delta_j$임을 보여준다. $\hat{f}_j(x_j)$는 다음 식

$$\hat{f}_j(x_j) = f_j(\mu_k) + (x_j - \mu_k)s \tag{11.29}$$

과 같이 나타낼 수 있음을 주목하고, 여기에서 $s = [f_j(\mu_{k+1}) - f_j(\mu_k)]/[\mu_{k+1} - \mu_k]$이다. 나아가서 정리 3.3.3에 의해 다음 식

$$f_j(x_j) \geq f_j(\mu_k) + (x_j - \mu_k)f_j'(\mu_k) \tag{11.30}$$

이 뒤따른다. (11.29)에서 (11.30)을 빼면 다음 식

$$\hat{f}_j(x_j) - f_j(x_j) \leq (x_j - \mu_k)[s - f_j'(\mu_k)] \tag{11.31}$$

을 얻는다. 평균치 정리에 의해 $s = f_j'(y)$이 되도록 하는 $y \in [\mu_k, \mu_{k+1}]$가 존재한다. 따라서 가정에 의해 $s - f_j'(\mu_k) \leq 2c_j$이다. 더군다나 $x_j - \mu_k \leq \delta_j$이며, 그러므로 (11.31)에서 $\hat{f}_j(x_j) - f_j(x_j) \leq 2c_j\delta_j$임이 반드시 주어져야 한다. 따라서 각각의 $x_j \in [a_j, b_j]$에 대해 다음 식

$$\hat{f}_j(x_j) \geq f_j(x_j) \geq \hat{f}_j(x_j) - 2c_j\delta_j \qquad j \notin L. \tag{11.32}$$

을 증명했다. $j \notin L$ 전체에 걸쳐 (11.32)를 합하고 각각의 항에 $\Sigma_{j \in L} f_j(x_j)$을 더하면 다음 식

$$\hat{f}(\mathbf{x}) \geq f(\mathbf{x}) \geq \hat{f}(\mathbf{x}) - \bar{c}_0 \tag{11.33}$$

이 뒤따른다. 유사한 방법으로 다음 식

$$\hat{g}_i(\mathbf{x}) \geq g_i(\mathbf{x}) \geq \hat{g}_i(\mathbf{x}) - \bar{c}_i \qquad i = 1, \cdots, m \tag{11.34}$$

을 얻는다. c의 정의에 따라, 그리고 (11.33), (11.34)에서 이 결과가 뒤따른다.

11.3.4 정리

(11.20)에서 정의한 '문제 P'를 고려해보자. $L = \{j \mid i = 1, \cdots, m$에 대해 f_j와 g_{ij}는 선형함수$\}$라고 놓는다. $j \notin L$에 대해 $\hat{f}_j$와 $\hat{g}_{1j}, \cdots, \hat{g}_{mj}$는 f_j와 $g_{1j}, \cdots, g_{mj}$를 구간별로 각각 선형근사화한 함수라고 놓는다. (11.23)에서 정의한 '문제 AP'와 (11.24)에서 정의한 '문제 LAP'는 '문제 P'를 근사화하는 등가의 문제이다. $j \notin L$에 대해 f_j와 $g_{1j}, \cdots, g_{mj}$는 볼록이라고 가정한다. $\overline{\mathbf{x}}$를 '문제 P'의 하나의 최적해라 하자. $j \in L$에 대한 $\hat{x}_j$와 $\nu = 1, \cdots, k_j$, $j \notin L$에 대한 $\hat{\lambda}_{\nu j}$는, 성분이 $j \in L$에 대해 $\hat{x}_j$이며 $j \notin L$에 대해 $\hat{x}_j = \Sigma_{\nu=1}^{k_j} \hat{\lambda}_{\nu j} x_{\nu j}$인 $\hat{\mathbf{x}}$가 '문제 AP'의 하나의 최적해가 되는, '문제 LAP'의 하나의 최적해이다. $i = 1, \cdots, m$에 대해 $\hat{u}_i \geq 0$는 제약조건 $\hat{g}_i(\mathbf{x}) \leq p_i$에 연관해 얻어진, 상응하는 최적 라그랑지 승수라 하자. 그렇다면:

1. $\hat{\mathbf{x}}$는 '문제 P'의 하나의 실현가능해이다.
2. $0 \leq f(\hat{\mathbf{x}}) - f(\overline{\mathbf{x}}) \leq c\left(1 + \Sigma_{i=1}^{m} \hat{u}_i\right)$이며, 여기에서 c는 정리 11.3.3에서 정의한 바와 같다.

증명 $\hat{\mathbf{x}}$는 '문제 AP'의 실현가능해이다; 즉 다시 말하면, $i = 1, \cdots, m$에 대해 $\hat{g}_i(\hat{\mathbf{x}}) \leq p_i$, $\hat{\mathbf{x}} \geq \mathbf{0}$이다. 정리 11.3.3에 따라 $i = 1, \cdots, m$에 대해, $\hat{g}_i(\hat{\mathbf{x}}) \leq p_i$임은 $g_i(\hat{\mathbf{x}}) \leq p_i$임을 의미하고, 파트 1이 따라온다.

독자는 볼록함수를 구간별로 선형근사화한 함수는 역시 볼록이며, 따라서 $i = 1, \cdots, m$과 $j \notin L$에 대해, $\hat{f}_j$, $\hat{g}_{ij}$는 볼록임을 입증할 수 있다. 볼록함수의 합은 역시 볼록함수이므로 '문제 AP'의 목적함수와 제약조건함수는 볼록이다. 그러므로 $(\hat{\mathbf{x}}, \hat{\mathbf{u}})$는 정리 6.2.5에 주어진 '문제 AP'의 안장점 최적성 판단기준을 만족시키며, 그래서 다음 식

$$\hat{f}(\hat{\mathbf{x}}) \leq \hat{f}(\mathbf{x}) + \hat{\mathbf{u}} \cdot [\hat{\mathbf{g}}(\mathbf{x}) - \mathbf{p}] \quad \forall \mathbf{x} \geq \mathbf{0} \tag{11.35}$$

이 성립한다. $g_i(\overline{\mathbf{x}}) \le p_i$이므로, 정리 11.3.3에 따라 $i=1, \cdots, m$에 대해 $\hat{g}_i(\overline{\mathbf{x}}) - p_i \le c$이다. (11.35)에서 $\mathbf{x} = \overline{\mathbf{x}}$이라 하고 $\hat{\mathbf{u}} \ge \mathbf{0}$임을 주목하면 다음 식

$$\hat{f}(\hat{\mathbf{x}}) \le \hat{f}(\overline{\mathbf{x}}) + c\sum_{i=1}^{m} \hat{u}_i \tag{11.36}$$

의 내용이 뒤따른다. 이 정리의 파트 1에 따라 $\hat{\mathbf{x}}$는 '문제 P'의 실현가능해이고, 따라서 $f(\hat{\mathbf{x}}) \ge f(\overline{\mathbf{x}})$이다. 정리 11.3.3에서 $f(\overline{\mathbf{x}}) \ge \hat{f}(\overline{\mathbf{x}}) - c$이며, 따라서 $f(\hat{\mathbf{x}}) \ge f(\overline{\mathbf{x}}) \ge \hat{f}(\overline{\mathbf{x}}) - c$이다. (11.36)에서, 그리고 $\hat{f}(\hat{\mathbf{x}}) \ge f(\hat{\mathbf{x}})$이므로 다음 식

$$f(\hat{\mathbf{x}}) \ge f(\overline{\mathbf{x}}) \ge \hat{f}(\hat{\mathbf{x}}) - c\left(1 + \sum_{i=1}^{m} \hat{u}_i\right) \ge f(\hat{\mathbf{x}}) - c\left(1 + \sum_{i=1}^{m} \hat{u}_i\right)$$

이 뒤따른다. 이것으로 증명이 완결되었다. (증명 끝)

정리 11.3.4에서, $i=1, \cdots, m$에 대한 라그랑지 승수 $\hat{u}_i$는 '문제 LAP'의 최적 심플렉스 태블로에서 즉시 얻을 수 있다. 근사화하는 문제의 최적해가 구해질 때, 지금 손안에 있는 목적함수의 진실한 최적값의 최대 편차 $c\left(1 + \Sigma_{i=1}^{m} \hat{u}_i\right)$를 결정하기 위해 정리 11.3.4를 사용할 수 있다. 격자길이가 축소됨에 따라 c는 좀 더 작아진다는 것을 주목하고 그러므로 더 좋은 근사화를 얻을 것이다. "주해와 참고문헌" 절은 독자에게 볼록가분계획법 문제의 **오차평가**에 관한 문헌을 알려준다.

격자점의 생성

위에서 토의한 절차의 정확도는 각각의 변수의 격자점 개수에 대부분 좌우됨을 주목할 필요가 있다. 그러나 격자점의 개수가 증가함에 따라 근사화선형계획법 LAP 문제의 변수 개수도 역시 증가한다. 한 개의 알고리즘은 초기에 거친 격자점을 사용하고, 이것을 사용해 얻은 최적해 근처에서 미세한 격자점을 사용하는 것이다. 하나의 매력적 대안은, 필요한 경우 격자점을 생성하는 것이다. 이 알고리즘은 아래에서 토의한다(일련의 2-선분 근사화만 사용하는 대안에 대해 마이어[1979, 1980]를 참조하시오).

(11.24)에서 정의한 '문제 LAP'를 고려해보자. $\nu = 1, \cdots, k_j$, $j \notin L$에 대

한 $x_{\nu j}$는 지금까지 고려한 격자점이라 하자. $j \in L$에 대한 $\hat{x}_j$와 $\nu = 1, \cdots, k_j$, $j \in L$에 대해 $\hat{\lambda}_{\nu j}$는 '문제 LAP'의 최적해라 한다. 더군다나, $i = 1, \cdots, m$에 대해 $\hat{u}_i \geq 0$은 첫째 m개의 제약조건에 연관된 최적 라그랑지 승수라 하고, 각각의 $j \notin L$에 대한 $\hat{\nu}_j$는 제약조건 $\Sigma_{\nu=1}^{k_j} \lambda_{\nu j} = 1$에 연관된 라그랑지 승수라 하자. 이 최적해 $\hat{x}_j$, $\hat{\lambda}_{\nu j}$, $\hat{u}_i$, $\hat{\nu}_j$는 '문제 LAP'의 카루시-쿤-터커 조건을 만족시킴을 주목하자. 만약 '문제 LAP'를 정의함에 있어, 이와 같은 새로운 격자점을 고려한다면, 목적함수의 최솟값이 감소할 것이라는 의미에서, 더 좋은 구간별 선형근사화를 산출하기 위해, $j \notin L$에 대한 임의의 변수 x_j에 대해 하나의 추가적 격자점을 고려할 필요가 있는지에 대해 알아보려고 한다. 어떤 $j \notin L$에 대해 하나의 격자점 $x_{\gamma j}$를 고려한다고 가정한다. 만약 다음 식

$$f_j(x_{\gamma j}) + \sum_{i=1}^{m} \hat{u}_i g_{ij}(x_{\gamma j}) + \hat{\nu}_j \geq 0 \tag{11.37}$$

이 성립한다면, $\hat{\lambda}_{\gamma j} = 0$이라고 놓는 것은 수정된 '문제 LAP'의 모든 카루시-쿤-터커 조건을 만족시킴을 독자는 입증할 것이다. 그러나 새로운 격자점이 어디에 위치할 것인지를 모르므로, 각각의 $j \notin L$에 대한 하위문제 PS

$$\begin{aligned} \text{PS: 최소화} \quad & f_j(x_j) + \sum_{i=1}^{m} \hat{u}_i g_{ij}(x_j) + \hat{\nu}_j \\ \text{제약조건} \quad & a_j \leq x_j \leq b_j \end{aligned}$$

의 최적해를 구해, $j \notin L$에 대해 $a_j \leq x_j \leq b_j$이 되도록 하는 모든 x_j가 (11.37)을 만족시킬 것인가에 대한 질문에 답을 할 수 있다.

만약 목적함수의 최솟값이 모든 $j \notin L$에 대해 비음(-)이라면, 하나의 새로운 격자점을 찾을 수 없으며 (11.37)을 위반한다. 정리 11.3.5는, 만약 이와 같은 케이스라면 현재의 해는 원래의 '문제 P'의 최적해임을 단언하며, 만약 목적함수의 최솟값이 어떤 $j \notin L$에 대해 음(-)이라면 '문제 P'의 더 좋은 근사화를 얻을 수 있음을 단언한다. 나아가서 이 정리는 각각의 반복계산에서 '문제 P'의 목적함수의 최적값에 관한 한계를 제공한다.

11.3.5 정리

(11.20)에서 정의한 '문제 P'를 고려해보자. $L=\{j|f_j$와 $i=1, \cdots, m$에 대한 g_{ij}는 선형$\}$이라고 한다. 일반성을 잃지 않고, $i=1, \cdots, m$과 $j\in L$에 대해, $f_j(x_j)$는 $c_j x_j$의 형태이며 $g_{ij}(x_j)$는 $a_{ij}x_j$의 형태라고 가정한다. $\nu=1, \cdots, k_j$과 $j\not\in L$에 대한 격자점 $x_{\nu j}$을 사용하고, '문제 LAP'는 (11.24)에서 정의한 것과 같다고 하자. $j\not\in L$에 대해, f_j와 $g_{1j}, \cdots, g_{mj}$는 볼록이라고 가정한다. $j\in L$에 대한 $\hat{x}_j$와 $\nu=1, \cdots, k_j$, $j\not\in L$에 대한 $\hat{\lambda}_{\nu j}$는 상응하는 목적함숫값 $\hat{z}$를 갖는 '문제 LAP'의 최적해이다. $i=1, \cdots, m$에 대한 $\hat{u}_i\ge 0$는 처음부터 m개의 제약조건에 상응하는 라그랑지 승수라 하고, $j\not\in L$에 대한 $\hat{\nu}_j$는 '문제 LAP'에서 제약조건 $\Sigma_{\nu=1}^{k_j}\lambda_{\nu j}=1$에 연관된 라그랑지 승수라 하자. 지금 각각의 $j\not\in L$에 대해, 다음 문제

$$\begin{array}{ll} \text{최소화} & f_j(x_j)+\sum_{i=1}^{m}\hat{u}_i g_{ij}(x_j) \\ \text{제약조건} & a_j\le x_j\le b_j \end{array}$$

를 고려해보고, 여기에서, $a_j\ge 0$, $b_j\ge 0$인 구간 $[a_j, b_j]$는 x_j의 관심 구간이다. $\bar{z}_j$는 위 문제의 목적함수의 최적값이라 하자. 그렇다면 다음 내용은 진실이다:

1. $\sum_{j\not\in L}\bar{z}_j-\sum_{i=1}^{m}\hat{u}_i p_i\le\sum_{j=1}^{n}f_j(\bar{x}_j)\le\sum_{j=1}^{n}f_j(\hat{x}_j)\le\hat{z}$이며, 여기에서 $j\not\in L$에 대해 $\hat{x}_j=\sum_{\nu=1}^{k_j}\hat{\lambda}_{\nu j}x_{\nu j}$이며, $\bar{\mathbf{x}}=(\bar{x}_1, \cdots, \bar{x}_n)$는 '문제 P'의 하나의 최적해이다.
2. 만약 $j\not\in L$에 대해 $\bar{z}_j+\hat{\nu}_j\ge 0$이라면, $\hat{\mathbf{x}}=(\hat{x}_1, \cdots, \hat{x}_n)$은 '문제 P'의 하나의 최적해이다. 더군다나 $\Sigma_{j=1}^{n}f_j(\hat{x}_j)=\hat{z}$이다.
3. 만약 어떤 $j\not\in L$에 대해 $\bar{z}_j+\hat{\nu}_j<0$이라면, $x_{\gamma j}$는 $\bar{z}_j<-\hat{\nu}_j$를 산출한 최적해라 하자. 그렇다면, '문제 LAP'를 정의함에 있어 격자점

$x_{\gamma j}$을 추가하면 최솟값이 $\hat{z}$보다는 높지 않은 목적함수를 갖는 새로운 근사화하는 '문제 LAP'를 제공할 것이다.

증명 $\hat{u}_i$, $\hat{\nu}_j$는 '문제 LAP'에 연관된 최적 라그랑지 승수이므로, 독자는 다음 카루시-쿤-터커 조건의 부분집합이 만족됨을 입증할 수 있다:

$$c_j + \sum_{i=1}^{m} \hat{u}_i a_{ij} \geq 0 \qquad j \in L.$$

$x_j \geq 0$로 곱하고, $f_j(x_j) = c_j x_j$, $g_{ij}(x_j) = a_{ij} x_j$임을 주목하면, 다음 식

$$f_j(x_j) + \sum_{i=1}^{m} \hat{u}_i g_{ij}(x_j) \geq 0 \qquad j \in L, \quad \forall x_j \geq 0 \tag{11.38}$$

을 얻는다. 더군다나 $\bar{z}_j$의 정의에서 다음 식

$$f_j(x_j) + \sum_{i=1}^{m} \hat{u}_i g_{ij}(x_j) \geq \bar{z}_j \qquad j \notin L, \quad \forall a_j \leq x_j \leq b_j \tag{11.39}$$

을 얻는다. $j \in L$ 전체에 걸쳐 (11.38)을 합하고, $j \notin L$ 전체에 걸쳐 (11.39)를 합하고, 그리고 결과로 나타나는 합산에서 $\Sigma_{i=1}^{m} \hat{u}_i p_i$를 빼면, 다음 식

$$\sum_{j=1}^{n} f_j(x_j) + \sum_{i=1}^{m} \hat{u}_i \left[\sum_{j=1}^{n} g_{ij}(x_j) - p_i \right] \geq \sum_{j \notin L} \bar{z}_j - \sum_{i=1}^{m} \hat{u}_i p_i$$
$$\forall a_j \leq x_j \leq b_j \tag{11.40}$$

을 얻는다. 모든 $a_j \leq \bar{x}_j \leq b_j$에 대해 $\Sigma_{j=1}^{n} g_{ij}(\bar{x}_j) \leq p_i$, $\hat{u}_i \geq 0$임을 주목하면, (11.40)은 $\Sigma_{j=1}^{n} f_j(\bar{x}_j) \geq \Sigma_{j \notin L} \bar{z}_j - \Sigma_{i=1}^{m} \hat{u}_i p_i$임을 의미하며, 이것은 이 정리의 파트 1의 첫째 부등식이다. 지금, 정리 11.3.4에 의해 $\hat{\mathbf{x}} = (\hat{x}_1, \cdots, \hat{x}_n)$은 '문제 P'의 실현가능해이며, 그래서 $\Sigma_{j=1}^{n} f_j(\bar{x}_j) \leq \Sigma_{j=1}^{n} f_j(\hat{x}_j)$이다. 마지막으로 $j \notin L$에 대한 f_j의 볼록성에 의해, 다음 식

$$\begin{aligned}\sum_{j=1}^{m} f_j(\hat{x}_j) &= \sum_{j\in L} f_j(\hat{x}_j) + \sum_{j\notin L} f_j(\hat{x}_j)\\ &= \sum_{j\in L} f_j(\hat{x}_j) + \sum_{j\notin L} f_j\left(\sum_{\nu=1}^{k_j}\hat{\lambda}_{\nu j}x_{\nu j}\right)\\ &\leq \sum_{j\in L} f_j(\hat{x}_j) + \sum_{j\notin L}\sum_{\nu=1}^{k_j}\hat{\lambda}_{\nu j} f_j(x_{\nu j})\\ &= \hat{z}\end{aligned}$$

을 얻는다. 그러므로 이 정리의 파트 1이 성립한다.

파트 2를 증명하기 위해 (11.24)에서 정의한 '문제 LAP'를 고려해보자. 독자는 카루시-쿤-터커 최적성 조건의 상보여유성조건은 다음 내용

$$f_j(\hat{x}_j) + \sum_{i=1}^{m}\hat{u}_i g_{ij}(\hat{x}_j) = 0, \quad j\in L \tag{11.41}$$

$$\hat{\lambda}_{\nu j}\left[f_j(x_{\nu j}) + \sum_{i=1}^{m}\hat{u}_i g_{ij}(x_{\nu j}) + \hat{\nu}_j\right] = 0, \quad \nu=1,\cdots,k_j,\ j\notin L \tag{11.42}$$

$$\hat{u}_i\left[\sum_{j\in L} g_{ij}(\hat{x}_j) + \sum_{j\notin L}\sum_{\nu=1}^{k_j}\hat{\lambda}_{\nu j}g_{ij}(x_{\nu j}) - p_i\right] = 0, \quad i=1,\cdots,m \tag{11.43}$$

을 제공함을 입증할 수 있다. $j\in L$ 전체에 걸쳐 (11.41)을 합하고, $\nu=1,\cdots,k_j$, $j\notin L$ 전체에 걸쳐 (11.42)을 합하면, 다음 식

$$\begin{aligned}&\left[\sum_{j\in L} f_j(\hat{x}_j) + \sum_{j\notin L}\sum_{\nu=1}^{k_j}\hat{\lambda}_{\nu j} f_j(x_{\nu j})\right]\\ &+\sum_{i=1}^{m}\hat{u}_i\left[\sum_{j\in L} g_{ij}(\hat{x}_j) + \sum_{j\notin L}\sum_{\nu=1}^{k_j}\hat{\lambda}_{\nu j}g_{ij}(x_{\nu j})\right]\\ &+\sum_{j\notin L}\sum_{\nu=1}^{k_j}\hat{\lambda}_{\nu j}\hat{\nu}_j = 0\end{aligned} \tag{11.44}$$

을 얻는다. 그러나 (11.44)의 첫째 항은 정의에 따라 정확히 $\hat{z}$이며, 둘째 항은 (11.43)에 따라 $\Sigma_{i=1}^{m}\hat{u}_i p_i$와 같다. 더군다나 $j\notin L$에 대해 $\Sigma_{\nu=1}^{k_j}\hat{\lambda}_{\nu j}=1$이며

$\hat{\lambda}_{\nu j}$는 (11.24)에서 정의한 '문제 LAP'의 실현가능해이다. 그러므로 다음 식

$$\hat{z} + \sum_{i=1}^{m} \hat{u}_i p_i + \sum_{j \notin L} \hat{\nu}_j = 0 \tag{11.45}$$

이 성립한다. 또한, 이 정리의 파트 1에서 다음 식

$$\sum_{j \notin L} \bar{z}_j - \sum_{i=1}^{m} \hat{u}_i p_i \leq \sum_{i=1}^{n} f_j(\bar{x}_j) \tag{11.46}$$

을 얻는다. (11.45)를 (11.46)에 더하면, $\Sigma_{j \notin L}(\bar{z}_j + \hat{\nu}_j) + \hat{z} \leq \Sigma_{j=1}^{n} f_j(\bar{x}_j)$임을 얻는다. 그러나 가정에 의해 파트 2에서, $j \notin L$에 대해 $\bar{z}_j + \hat{\nu}_j \geq 0$이다. 그러므로 $\hat{z} \leq \Sigma_{j=1}^{n} f_j(\bar{x}_j)$이다; 그리고 정리의 파트 1을 사용해, $\hat{z} \leq \Sigma_{j=1}^{n} f_j(\bar{x}_j)$ $\Sigma_{j=1}^{n} f_j(\hat{x}_j) \leq \hat{z}$임을 얻는다. 이것은 $\Sigma_{j=1}^{n} f_j(\bar{x}_j) = \Sigma_{j=1}^{n} f_j(\hat{x}_j)$임을 의미한다. $\hat{\mathbf{x}} = (\hat{x}_1, \cdots, \hat{x}_n)$는 '문제 P'의 실현가능해이므로, 파트 2가 뒤따른다.

파트 3을 증명하기 위해, $x_{\gamma j}$는 $\bar{z}_j < -\nu_j$인 목적함수를 산출한 최적해라고 가정한다. 그렇다면 $f_j(x_{\gamma j}) + \Sigma_{i=1}^{m} \hat{u}_i g_{ij}(x_{\gamma j}) + \hat{\nu}_j < 0$이다. 그러나 만약 격자점 $x_{\gamma j}$가 근사화하는 '문제 LAP'의 정의에 포함된다면, 카루시-쿤-터커 조건 가운데 1개, 다시 말하자면, $f_j(x_{\gamma j}) + \Sigma_{i=1}^{m} \hat{u}_i g_{ij}(x_{\gamma j}) + \hat{\nu}_j \geq 0$이어야 한다는 제약은 위반되지 않을 것이다. $x_{\gamma j}$를 기저에 진입시키면 $\hat{z}$보다는 크지 않은, '문제 LAP'의 목적함숫값을 산출할 것을 독자는 쉽게 입증할 수 있으며, 그리고 증명이 완결되었다. (증명 끝)

격자점 생성절차의 요약

아래에 설명하는 절차는 최소화 $\Sigma_{j=1}^{n} f_j(x_j)$ 제약조건 $\Sigma_{j=1}^{n} g_{ij}(x_j) \leq 0$, $i=1, \cdots, m$, $x_j \geq 0$, $j=1, \cdots, n$ 형태인 문제의 최적해를 구하려고 사용할 수 있다. $L = \{j \mid f_j$와 g_{ij}, $i=1, \cdots, m$은 선형함수$\}$라고 놓는다. 만약 $i=1, \cdots, m$, $j \notin L$에 대한 g_{ij}가 볼록이며, 그리고 $j \notin L$에 대한 f_j가 엄격하게 볼록이라면 이 절차는 제한된 기저진입이 없는 심플렉스 알고리즘을 사용해 하나의 최적해를 산출할 것이다.

초기화 스텝 모든 실현가능해가 $j \notin L$에 대해 $x_j \in [a_j, b_j]$이 되도록 하는 a_j, $b_j \geq 0$을 정의한다. 각각의 $j \notin L$에 대한 격자점의 집합을 선택한다. $j \notin L$에 대한 k_j의 값을 격자점 개수와 같게 놓고, 메인 스텝으로 간다.

메인 스텝 1. (11.24)에서 정의한 '문제 LAP'의 최적해를 구하시오. 최적해는 $j \in L$에 대한 $\hat{x}_j$와 $\nu = 1, \cdots, k_j$, $j \notin L$에 대한 $\hat{\lambda}_{\nu j}$라고 놓는다. $\hat{u}_i$는 처음 m개 제약조건에 연관된 라그랑지 승수라고 놓고, $j \notin L$에 대해 $\hat{\nu}_j$는 $\Sigma_{\nu=1}^{k_j} \lambda_{\nu j} = 1$에 연관된 라그랑지 승수라고 놓는다. 스텝 2로 간다.

2. 각각의 $j \notin L$에 대해, 최소화 $f_j(x_j) + \Sigma_{i=1}^{m} \hat{u}_i g_{ij}(x_j)$, 제약조건 $a_j \leq x_j \leq b_j$의 문제의 최적해를 구한다. 목적함수의 최적값은 $j \notin L$에 대해 $\bar{z}_j$라 하자. 만약 모든 $j \notin L$에 대해 $\bar{z}_j + \hat{\nu}_j \geq 0$이라면 중지한다; 원래의 문제의 최적해는 $\hat{\mathbf{x}}$이며, 이것의 성분은 $j \in L$에 대해 $\hat{x}_j$로 주어지고 $\hat{x}_j = \Sigma_{\nu=1}^{k_j} \hat{\lambda}_{\nu j} x_{\nu j}$이다. 그렇지 않다면 스텝 3으로 간다.

3. $\bar{z}_p + \hat{\nu}_p = min_{j \notin L}(\bar{z}_j + \hat{\nu}_j) < 0$이라 한다. $x_{\nu p}$는 $\bar{z}_p < -\hat{\nu}_p$를 산출하는 최적해라 하자. $\nu = k_p + 1$이라 하고 k_p를 $k_p + 1$로 대체하고 스텝 1로 간다.

11.3.6 예제

다음 가분계획법 문제

$$
\begin{aligned}
\text{최소화} \quad & x_1^2 - 6x_1 + x_2^2 - 8x_2 - \frac{1}{2}x_3 \\
\text{제약조건} \quad & x_1 + x_2 + x_3 \leq 5 \\
& x_1^2 - x_2 \qquad \leq 3 \\
& x_1, \ x_2, \ x_3 \geq 0
\end{aligned}
$$

를 고려해보자.

반복계산 1 :

x_3에 연관된 목적함수와 제약조건함수는 선형이므로 $L=\{3\}$이라 한다. 초기 격자점을 $x_{11}=x_{12}=0$으로 놓고, 격자생성 절차를 시작한다. 여기에 상응하는 열은 $(0,0,1,0)$, $(0,0,0,1)$이며, 여기에 상응하는 목적함숫값은 모두 0이다. x_4, x_5는 여유변수라 하면, 아래에 주어진 첫째 태블로를 얻는다. 이 스테이지에서 x_3은 기저에 진입하며, x_4는 기저에서 퇴출되고, 둘째 태블로를 제공한다.

	z	λ_{11}	λ_{12}	x_3	x_4	x_5	우변
z	1	0	0	0.5	0	0	0
x_4	0	0	0	(1)	1	0	5
x_5	0	0	0	0	0	1	3
λ_{11}	0	1	0	0	0	0	1
λ_{12}	0	0	1	0	0	0	1

	z	λ_{11}	λ_{12}	x_3	x_4	x_5	우변
z	1	0	0	0	-0.5	0	-2.5
x_4	0	0	0	1	1	0	5
x_5	0	0	0	0	0	1	3
λ_{11}	0	1	0	0	0	0	1
λ_{12}	0	0	1	0	0	0	1

$j=1,2$에 대해 $\hat{x}_j=\boldsymbol{\Sigma}_\nu \hat{\lambda}_{\nu j} x_{\nu j}$임을 주목하자. 둘째 태블로에서 $\hat{\lambda}_{11}=\hat{\lambda}_{12}=1$이며, 그래서 $\hat{x}_1=\hat{x}_2=0$이다. 그러므로 현재의 해는 $\hat{\mathbf{x}}=(0,0,5)$이며, $f(\hat{\mathbf{x}})=-2.5$이다. 제약조건 $x_1+x_2+x_3\le 5$와 $x_1^2-x_2\le 3$에 연관된 라그랑지 승수 $\hat{u}_1$, $\hat{u}_2$는 성분에 -1을 곱한 값이며 행 0의 x_4, x_5 아래의 성분의 값에 -1을 곱한 값임을 주목하고 그래서 $\hat{u}_1=0.5$, $\hat{u}_2=0$이다. 제약조건 $\boldsymbol{\Sigma}_\nu \lambda_{\nu 1}=1$과 $\boldsymbol{\Sigma}_\nu \lambda_{\nu 2}=1$에 연관된 라그랑지 승수 $\hat{\nu}_1$, $\hat{\nu}_2$는 행 0의 λ_{11}, λ_{12} 아래의 성분 값에 -1을 곱한 것이다. 그래서 $\hat{\nu}_1=\hat{\nu}_2=0$이다. 하나의 새로운 격자점의 필요성을 알아보기 위해, 다음 2개 문제

$$\text{최소화} \ f_1(x_1) + \sum_{i=1}^{2} \hat{u}_i g_{i1}(x_1) = x_1^2 - 5.5x_1 \quad \text{제약조건} \ 0 \le x_1 \le 5$$

$$\text{최소화} \ f_2(x_2) + \sum_{i=1}^{2} \hat{u}_i g_{i2}(x_2) = x_2^2 - 7.5x_2 \quad \text{제약조건} \ 0 \le x_2 \le 5$$

의 최적해를 구한다. 첫째 문제의 최적해는 $\bar{x}_1 = 2.75$이며 이때 목적함수의 최적값은 $\bar{z}_1 = -7.56$이다. 따라서 $\bar{z}_1 + \hat{\nu}_1 = -7.56 < 0$이며 격자점 $\bar{x}_1 = 2.75$는, 만약 도입된다면, 목적함숫값을 개선할 것이다. 둘째 문제의 최적해는 $\bar{x}_2 = 3.75$이며 목적함수 최적값은 $\bar{z}_2 = -14.06$이다. 따라서 $\bar{z}_2 + \hat{\nu}_2 = -14.06 < 0$이며 격자점 $\bar{x}_2 = 3.75$는, 만약 도입된다면, 목적함숫값을 개선할 것이다. $min \left\{\bar{z}_1 + \hat{\nu}_1, \bar{z}_2 + \hat{\nu}_2\right\} = \bar{z}_2 + \hat{\nu}_2 = -14.06$이므로, 격자점 $x_{22} = \bar{x}_2 = 3.75$를 도입한다. 격자점 x_{22}에 연관된 변수는 λ_{22}이다(계산상으로, 만약 선택된 피봇연산을 따라 진입할 수 있도록 남는다면, $\bar{x}_1$을 임시로 보관할 수 있고 순차적으로 진입한다).

반복계산 2:

$g_{12}(x_{22}) = 3.75$, $g_{22}(x_{22}) = -3.75$임을 주목하자. 그래서 x_{22}에 연관된 열은 $(3.75, -3.75, 0, 1)$이다. 이 열은 기저행렬의 역행렬 $\mathbf{B}^{-1}$을 이것의 앞에 곱해 갱신할 필요가 있다. 마지막의 태블로에서 $\mathbf{B}^{-1} = \mathbf{I}$이며, 그러므로 λ_{22}의 갱신된 열은 $(3.75, -3.75, 0, 1)$이다. 행 0의 갱신된 계수는 $-\left(\bar{z}_2 + \hat{\nu}_2\right) = 14.06$이다. 연관된 태블로는 아래에 나타나며, 둘째 태블로를 제공하면서 λ_{22}는 기저에 진입한다.

	z	λ_{11}	λ_{12}	λ_{22}	x_3	x_4	x_5	우변
z	1	0	0	14.06	0	-0.5	0	-2.5
x_4	0	0	0	3.75	1	1	0	5
x_5	0	0	0	-3.75	0	0	1	3
λ_{11}	0	1	0	0	0	0	0	1
λ_{12}	0	0	1	①	0	0	0	1

	z	λ_{11}	λ_{12}	λ_{22}	x_3	x_4	x_5	우변
z	1	0	-14.06	0	0	-0.5	0	-16.56
x_3	0	0	-3.75	0	1	1	0	1.25
x_5	0	0	3.75	0	0	0	1	6.75
λ_{11}	0	1	0	0	0	0	0	1
λ_{12}	0	0	1	1	0	0	0	1

마지막 태블로에서 $\hat{\lambda}_{11}=\hat{\lambda}_{22}=1$, $\hat{\lambda}_{12}=0$이다. $j=1,2$에 대해 $\hat{x}_j=\Sigma_\nu \hat{\lambda}_{\nu j} x_{\nu j}$임을 주목하면 $\hat{x}_1=0$, $\hat{x}_2=3.75$가 뒤따른다. $\hat{x}_3=1.25$이므로 현재의 해는 $\hat{\mathbf{x}}=(0, 3.75, 1.25)$이며, $f(\hat{\mathbf{x}})=-17.19$이다. 위의 태블로에서 $\hat{u}_1=0.5$, $\hat{u}_2=0$, $\hat{\nu}_1=0$, $\hat{\nu}_2=14.06$이다. $\hat{u}_1$, $\hat{u}_2$의 값은 반복계산 1의 값에서 변하지 않으므로 $\bar{x}_1=2.75$, $\bar{x}_2=3.75$는 최적점으로 남는다. $\bar{z}_1=-7.56$, $\bar{z}_2=-14.06$이고, 그래서 $min\{\bar{z}_1+\hat{\nu}_1, \bar{z}_2+\hat{\nu}_2\}=\bar{z}_1+\hat{\nu}_1=-7.56$임을 주목하자. 따라서 격자점 $x_{21}=\bar{x}_1=2.75$가 도입된다. x_{21}에 상응하는 변수는 λ_{21}이다.

반복계산 3:

$g_{11}(x_{21})=2.75$, $g_{21}(x_{21})=7.56$임을 주목하고, 그래서 x_{21}에 연관된 열은 $(2.75, 7.56, 1, 0)$이다. 마지막 태블로에서 기저행렬의 역행렬 $\mathbf{B}^{-1}$는 다음 식

$$\mathbf{B}^{-1}=\begin{bmatrix} 1 & 0 & 0 & -3.751 \\ 0 & 1 & 0 & 3.75 \\ 0 & 0 & 1 & 0 \\ 0 & 0 & 0 & 1 \end{bmatrix}$$

으로 주어진다. 그러므로, λ_{21}의 갱신된 열은 $\mathbf{B}^{-1}(2.75, 7.56, 1, 0)^t=(2.75, 7.56, 1, 0)^t$이다. λ_{21} 아래의 행의 성분은 $-(\bar{z}_1+\hat{\nu}_1)=7.56$으로 주어진다. 연관된 태블로는 아래에 주어져 있으며, 그리고 둘째 태블로를 제공하면서 λ_{21}은 기저에 진입한다.

	z	λ_{11}	λ_{21}	λ_{12}	λ_{22}	x_3	x_4	x_5	우변
z	1	0	7.56	-14.06	0	0	-0.5	0	-16.56
x_3	0	0	2.75	-3.75	0	1	1	0	1.25
x_5	0	0	7.56	3.75	0	0	0	1	6.75
λ_{11}	0	1	1	0	0	0	0	0	1
λ_{12}	0	0	0	1	1	0	0	0	1

	z	λ_{11}	λ_{21}	λ_{12}	λ_{22}	x_3	x_4	x_5	우변
z	1	0	0	-3.78	0	-2.72	-3.22	0	-19.96
λ_{21}	0	0	1	-1.36	0	0.36	0.36	0	0.45
x_5	0	0	0	14.03	0	-2.72	-2.72	1	3.35
λ_{11}	0	1	0	1.36	0	-0.36	-0.36	0	0.55
λ_{12}	0	0	0	1	1	0	0	0	1

위의 태블로에서 보면, $\hat{\lambda}_{11} = 0.55$, $\hat{\lambda}_{21} = 0.45$, $\hat{\lambda}_{12} = 0$, $\hat{\lambda}_{22} = 1$이다. 그러므로 $\hat{x}_1 = 1.25$, $\hat{x}_2 = 3.75$이다. 따라서 현재의 해는 $\hat{\mathbf{x}} = (1.25, 3.75, 0)$이며, $f(\hat{\mathbf{x}}) = -21.88$이다. 마지막 태블로에서 보면, $\hat{u}_1 = 3.22$, $\hat{u}_2 = 0$, $\hat{\nu}_1 = 0$, $\hat{\nu}_2 = 3.78$이다. 하나의 새로운 점을 찾아야 할 필요가 있는가를 알아보기 위해, 다음 2개 문제

$$\text{최소화 } f_1(x_1) + \sum_{i=1}^{2} \hat{u}_i g_{i1}(x_1) = x_1^2 - 2.78x_1 \quad \text{제약조건 } 0 \le x_1 \le 5$$

$$\text{최소화 } f_2(x_2) + \sum_{i=1}^{2} \hat{u}_i g_{i2}(x_2) = x_2^2 - 4.78x_2 \quad \text{제약조건 } 0 \le x_2 \le 5$$

의 최적해를 구한다. 첫째 문제의 최적해는 $\bar{x}_1 = 1.39$이며 목적함수의 최적값은 $\bar{z}_1 = -1.93$이다. 둘째 문제의 최적해는 $\bar{x}_2 = 2.39$이며 목적함수 최적값은 $\bar{z}_2 = -5.71$이다. 따라서 $min\ \{\bar{z}_1 + \hat{\nu}_1, \bar{z}_2 + \hat{\nu}_2\} = \bar{z}_1 + \hat{\nu}_1 = \bar{z}_2 + \hat{\nu}_2 = -1.93$이다. 그러므로, 격자점 $\bar{x}_1 = 1.39$ 또는 $\bar{x}_2 = 2.39$가 도입될 수 있다. 다음 식

$$\sum_{j=1}^{2}\bar{z}_j - \sum_{i=1}^{2}\hat{u}_i p_i = -23.74, \qquad f(\hat{\mathbf{x}}) = -21.88$$

의 내용을 주목하자. 정리 11.3.5의 파트 1에 의해 원래의 문제의 목적함수의 최적값은 -23.74과 -21.88의 사이에 존재한다. 따라서 만약 이 스테이지에서 알고리즘이 중지한다면, 목적함숫값이 -21.88인 실현가능해 $\hat{\mathbf{x}} = (1.25, 3.75, 0)$를 얻을 것이며, 또한, 원래의 문제의 목적함수의 최적값의 하계는 -23.74임을 알 것이다. 만약 더 높은 정확도가 요구된다면, 새로운 격자점 $x_{31} = 1.39$ 또는 새로운 격자점 $x_{32} = 2.39$를 도입함으로 이 과정은 계속된다.

11.4 선형분수계획법

이 절에서는 목적함수가 2개 선형함수의 비율이며 제약조건이 선형인 문제를 고려한다. 이러한 문제는 **선형분수계획법 문제**라 하며, 다음 식

$$\begin{aligned} &\text{최소화} \quad && \frac{\mathbf{p}\cdot\mathbf{x} + \alpha}{\mathbf{q}\cdot\mathbf{x} + \beta} \\ &\text{제약조건} \quad && \mathbf{A}\mathbf{x} = \mathbf{b} \\ & && \mathbf{x} \geq \mathbf{0} \end{aligned}$$

과 같이 정확하게 나타낼 수 있으며, 여기에서 $\mathbf{p}, \mathbf{q}$는 n-벡터, $\mathbf{b}$는 m-벡터, $\mathbf{A}$는 $m \times n$ 행렬, α, β는 스칼라이다. 앞으로 알게 되겠지만, 만약 선형분수계획법 문제의 하나의 최적해가 존재한다면 하나의 극점 최적해는 존재한다. 더군다나 모든 국소최소해는 전역최소해이다. 그러므로 1개의 극점에서 하나의 인접한 새로운 극점으로 이동하는 절차는 이러한 문제의 최적해를 구하는 실용적 알고리즘이다. 보조정리 11.4.1은 목적함수에 관한 몇 개의 중요한 특질을 제공한다.

11.4.1 보조정리

$f(\mathbf{x}) = (\mathbf{p}\cdot\mathbf{x} + \alpha)/(\mathbf{q}\cdot\mathbf{x} + \beta)$라 하고, S는 S 전체에 걸쳐 $\mathbf{q}\cdot\mathbf{x} + \beta \neq 0$이 되도록 하는 볼록집합이라 하자. 그렇다면 f는 S 전체에 걸쳐 유사볼록이며 또한 유사오목이다.

증명 먼저, 모든 $\mathbf{x} \in S$에 대해 $\mathbf{q} \cdot \mathbf{x} + \beta > 0$ 또는 모든 $\mathbf{x} \in S$에 대해 $\mathbf{q} \cdot \mathbf{x} + \beta < 0$이 만족됨을 주목하자. 그렇지 않다면, $\mathbf{q} \cdot \mathbf{x}_1 + \beta > 0$, $\mathbf{q} \cdot \mathbf{x}_2 + \beta < 0$을 만족시키는 $\mathbf{x}_1 \in S$, $\mathbf{x}_2 \in S$가 존재한다; 그러므로 $\mathbf{x}_1$과 $\mathbf{x}_2$의 볼록조합인 어떤 $\mathbf{x}$에 대해, $\mathbf{q} \cdot \mathbf{x} + \beta = 0$이 되며 가정을 위반한다. 먼저 f는 유사볼록임을 보여준다. $\mathbf{x}_1, \mathbf{x}_2 \in S$를 갖고 $(\mathbf{x}_2 - \mathbf{x}_1) \cdot \nabla f(\mathbf{x}_1) \geq 0$임을 가정한다. $f(\mathbf{x}_2) \geq f(\mathbf{x}_1)$임을 보여줄 필요가 있다. 다음 식

$$\nabla f(\mathbf{x}_1) = \frac{(\mathbf{q} \cdot \mathbf{x}_1 + \beta)\mathbf{p} - (\mathbf{p} \cdot \mathbf{x}_1 + \alpha)\mathbf{q}}{(\mathbf{q} \cdot \mathbf{x}_1 + \beta)^2}$$

을 주목하자. $(\mathbf{x}_2 - \mathbf{x}_1) \cdot \nabla f(\mathbf{x}_1) \geq 0$, $(\mathbf{q} \cdot \mathbf{x}_1 + \beta)^2 > 0$이므로 다음 식

$$\begin{aligned} 0 &\leq (\mathbf{x}_2 - \mathbf{x}_1) \cdot \left[(\mathbf{q} \cdot \mathbf{x}_1 + \beta)\mathbf{p} - (\mathbf{p} \cdot \mathbf{x}_1 + \alpha)\mathbf{q}\right] \\ &= (\mathbf{p} \cdot \mathbf{x}_2 + \alpha)(\mathbf{q} \cdot \mathbf{x}_1 + \beta) - (\mathbf{q} \cdot \mathbf{x}_2 + \beta)(\mathbf{p} \cdot \mathbf{x}_1 + \alpha) \end{aligned}$$

이 뒤따른다. 그러므로 $(\mathbf{p} \cdot \mathbf{x}_2 + \alpha)(\mathbf{q} \cdot \mathbf{x}_1 + \beta) \geq (\mathbf{q} \cdot \mathbf{x}_2 + \beta)(\mathbf{p} \cdot \mathbf{x}_1 + \alpha)$이다. $\mathbf{q} \cdot \mathbf{x}_1 + \beta$, $\mathbf{q} \cdot \mathbf{x}_2 + \beta$는 2개 모두 양(+)이거나 아니면 2개 모두 음(-)이므로 $(\mathbf{q} \cdot \mathbf{x}_1 + \beta)(\mathbf{q} \cdot \mathbf{x}_2 + \beta) > 0$으로 나누면 다음 식

$$\frac{\mathbf{p} \cdot \mathbf{x}_2 + \alpha}{\mathbf{q} \cdot \mathbf{x}_2 + \beta} \geq \frac{\mathbf{p} \cdot \mathbf{x}_1 + \alpha}{\mathbf{q} \cdot \mathbf{x}_1 + \beta}; \quad \text{즉 다시 말하면, } f(\mathbf{x}_2) \geq f(\mathbf{x}_1)$$

을 얻는다. 그러므로 f는 유사볼록함수이다. 유사하게, $(\mathbf{x}_2 - \mathbf{x}_1) \cdot \nabla f(\mathbf{x}_1) \leq 0$임은 $f(\mathbf{x}_2) \leq f(\mathbf{x}_1)$임을 의미함을 보일 수 있으며 그러므로 f는 유사오목이며, 증명이 완결되었다. (증명 끝)

선형분수계획법 문제의 보조정리 11.4.1의 여러 가지 의미를 주목할 필요가 있다.

1. 목적함수는 S 전체에 걸쳐 유사볼록이며 유사오목이므로, 그렇다면 정리 3.5.11에 의해, 이것은 또한 준볼록, 준오목, 엄격하게 준볼록, 엄격하게 준오목이기도 하다.

2. 목적함수는 유사볼록이며 유사오목이므로, 그렇다면, 정리 4.3.8에 의해 최소화문제의 카루시-쿤-터커 조건을 만족시키는 하나의 점은 실현가능영역 전체에 걸쳐서 역시 전역최소해이다. 유사하게, 최대화문제의 카루시-쿤-터커 조건을 만족시키는 점은 또한 실현가능영역 전체에 걸쳐 전역최대해이다.
3. 목적함수는 엄격하게 준볼록이며 엄격하게 준오목이므로, 그렇다면, 정리 3.5.6에 의해, 실현가능영역 전체에 걸쳐 국소최소해는 또한 전역최소해이다. 유사하게, 실현가능영역 전체에 걸쳐 국소최대해는 또한 전역최대해이다.
4. 목적함수는 준오목이며 준볼록이므로, 만약 실현가능영역이 유계라면 정리 3.5.3에 의해, 목적함수는 실현가능영역의 하나의 극점에서 최소해를 가지며 실현가능영역의 하나의 극점에서 또한 최대해도 갖는다.

목적함수 f에 관한 사실은 분수계획법 문제의 최적해를 구하는 적절한 계산절차를 개발하기 위해 사용할 수 있는 대단히 유용한 결과를 제공한다. 특히 하나의 카루시-쿤-터커 점에 도달할 때까지 다면체집합 $\{\mathbf{x} \mid \mathbf{A}\mathbf{x} = \mathbf{b},\ \mathbf{x} \geq \mathbf{0}\}$의 극점을 탐색할 수 있다. 지금 볼록-심플렉스 방법은 하나의 편리한 풀이절차임을 보인다.

볼록-심플렉스 방법에 의한 최소화

목적함수 f의 특별한 구조 때문에, 볼록-심플렉스 방법은 선형계획법의 심플렉스 알고리즘을 약간 수정하는 것이다. 실현가능영역에서 $\mathbf{x}_B = \mathbf{B}^{-1}\mathbf{b} > \mathbf{0}$, $\mathbf{x}_N = \mathbf{0}$이 되도록 하는 기저행렬 $\mathbf{B}$를 갖는 하나의 극점이 주어졌다고 가정한다. 절 10.7에서 볼록-심플렉스 방법은 비기저 변수 가운데 1개를 증가시키거나 감소시키고 그에 따라 기저 변수를 수정함을 기억하시오. 현재의 점은 $\mathbf{x}_N = \mathbf{0}$인 하나의 극점이므로, 그리고 변수값은 비음(-) 제한을 위반하므로 하나의 비기저 변수값의 감소는 허용되지 않는다. 따라서 방향탐색과정은 다음처럼 단순화된다. $\mathbf{r}_N$은 수정경도 $\mathbf{r}^t = \nabla f(\mathbf{x})^t - \nabla_B f(\mathbf{x})^t \mathbf{B}^{-1}\mathbf{A}$의 비기저 성분을 나타내는 것으로 하고, 그래서 수정경도는 다음 식

$$\mathbf{r}_N^t = \nabla_N f(\mathbf{x})^t + \nabla_B f(\mathbf{x})^t \mathbf{B}^{-1}\mathbf{N}$$

과 같이 된다. 정리 10.5.1에 의해, 만약 $\mathbf{r}_N \geq \mathbf{0}$이라면, 현재의 점은 하나의 카루시-쿤-터커 점이며, 중지해야 한다. 그렇지 않다면, $-r_j = max\{-r_i \mid r_i \leq 0\}$이라고 놓으며, 여기에서 r_i는 $\mathbf{r}_N$의 i-째 성분이다. 비기저 변수 x_j는 증가하고, 그리고 실현가능성을 유지하기 위해 기저 변수는 수정된다. 이것은 $\mathbf{d}$ 방향으로 이동함과 등가이며, $\mathbf{d}$의 비기저 성분 $\mathbf{d}_N$과 기저 성분 $\mathbf{d}_B$는 다음과 같이 주어진다. 방향 $\mathbf{d}_N$은 j-째 위치에 1이 있음을 제외하고 나머지는 모두 0인 벡터이며, 그리고 $\mathbf{d}_B = -\mathbf{B}^{-1}\mathbf{a}_j$이며, 여기에서 $\mathbf{a}_j$는 $\mathbf{A}$의 j-째 열이다. 정리 10.6.1에 의해 $\mathbf{d}$는 하나의 개선실현가능 방향이다. 보조정리 11.4.2에 의해 알게 되겠지만, $\mathbf{d}$ 방향의 선형탐색은 필요없다. 진실로, 목적함수의 특별한 구조로 인해, 만약 $\nabla f(\mathbf{x})\cdot\mathbf{d} < 0$이라면 함수 f는 $\mathbf{d}$ 방향으로 이동함으로 계속해 감소한다. 따라서 가능한 한 많이, $\mathbf{d}$ 방향으로 이동한다. $\mathbf{d}$ 방향으로 이동함은 비기저 변수를 증가시키고 기저 변수를 조정함과 등가이므로, 하나의 기저 변수가 0으로 떨어지고 기저를 떠날 때까지 $\mathbf{d}$ 방향으로 이동하며, 인접한 극점을 생산한다. 그렇다면, 전체과정은 반복된다.

11.4.2 보조정리

$f(\mathbf{x}) = (\mathbf{p}\cdot\mathbf{x} + \alpha)/(\mathbf{q}\cdot\mathbf{x} + \beta)$라 하고, S는 볼록집합이라 하자. 더군다나 S에서 $\mathbf{q}\cdot\mathbf{x} + \beta \neq 0$이라고 가정한다. $\mathbf{x} \in S$가 주어지면, $\mathbf{d}$는 $\nabla f(\mathbf{x})\cdot\mathbf{d} < 0$이 되도록 하는 벡터라 하자. 그렇다면 $f(\mathbf{x} + \lambda\mathbf{d})$는 λ의 감소함수이다.

증명 다음 식

$$\nabla f(\mathbf{y}) = \frac{(\mathbf{q}\cdot\mathbf{y} + \beta)\mathbf{p} - (\mathbf{p}\cdot\mathbf{y} + \alpha)\mathbf{q}}{(\mathbf{q}\cdot\mathbf{y} + \beta)^2} \tag{11.47}$$

을 주목하자. $\mathbf{y} = \mathbf{x} + \lambda\mathbf{d}$, $s = [\mathbf{q}\cdot(\mathbf{x} + \lambda\mathbf{d}) + \beta]^2 > 0$, $s' = (\mathbf{q}\cdot\mathbf{x} + \beta)^2 > 0$이라 하면

$$\nabla f(\mathbf{x} + \lambda\mathbf{d}) = \frac{[\mathbf{q}\cdot(\mathbf{x} + \lambda\mathbf{d}) + \beta]\mathbf{p} - [(\mathbf{p}\cdot(\mathbf{x} + \lambda\mathbf{d}) + \alpha]\mathbf{q}}{s}$$

$$= \frac{s'}{s} \nabla f(\mathbf{x}) + \frac{\lambda}{s} [(\mathbf{q} \cdot \mathbf{d})\mathbf{p} - (\mathbf{q} \cdot \mathbf{d})\mathbf{q}]$$

을 얻는다. 그러므로 다음 식

$$\nabla f(\mathbf{x} + \lambda\mathbf{d}) \cdot \mathbf{d} = \frac{s'}{s} \nabla f(\mathbf{x}) \cdot \mathbf{d} + \frac{\lambda}{s} [(\mathbf{q} \cdot \mathbf{d})(\mathbf{p} \cdot \mathbf{d}) - (\mathbf{p} \cdot \mathbf{d})(\mathbf{q} \cdot \mathbf{d})]$$

$$= \frac{s'}{s} \nabla f(\mathbf{x}) \cdot \mathbf{d} \tag{11.48}$$

이 성립한다. 지금 $\theta(\lambda) = f(\mathbf{x} + \lambda\mathbf{d})$라 한다. 그렇다면, (11.48)에 따라 모든 λ에 대해 $\theta'(\lambda) = \nabla f(\mathbf{x} + \lambda\mathbf{d}) \cdot \mathbf{d} < 0$이며 이 결과가 따라온다. (증명 끝)

요약하자면, 극점 $\mathbf{x}$와 $\nabla f(\mathbf{x}) \cdot \mathbf{d} < 0$인 방향 $\mathbf{d}$가 위에서처럼 주어지면, $f(\mathbf{x} + \lambda\mathbf{d})$는 λ에 관한 감소함수이므로 $\mathbf{d}$를 따라 f를 최적화하는 것은 필요하지 않다. 그러므로 $\mathbf{d}$를 따라 가능한 한 많이, 즉 다시 말하면 하나의 인접한 극점에 도달할 때까지 이동한다. 그리고 이 과정을 반복한다. 생성된 극점을 갱신하기 위한 태블로 포맷을 활용하는 알고리즘의 정확한 요약을 아래에 제시한다.

길모어와 고모리의 분수계획법 알고리즘의 요약

아래에 길모어 & 고모리[1963]의 공로라고 알려진 최소화 $(\mathbf{p} \cdot \mathbf{x} + \alpha)/(\mathbf{q} \cdot \mathbf{x} + \beta)$ 제약조건 $\mathbf{x} \in S = \{\mathbf{x} \mid \mathbf{A}\mathbf{x} = \mathbf{b},\ \mathbf{x} \geq \mathbf{0}\}$ 형태인 선형분수계획법 문제의 최적해를 구하는 하나의 방법을 제시한다. 집합 S는 유계이며 $\mathbf{x} \in S$에 대해 $\mathbf{q} \cdot \mathbf{x} + \beta \neq 0$임을 가정한다.

초기화 스텝 연립방정식 $\mathbf{A}\mathbf{x} = \mathbf{b}$ $\mathbf{x} \geq \mathbf{0}$의 하나의 출발기저실현가능해 $\mathbf{x}_1$을 구한다. 여기에 상응하는 $\mathbf{x}_B + \mathbf{B}^{-1}\mathbf{N}\mathbf{x}_N = \mathbf{B}^{-1}\mathbf{b}$로 표현하는 태블로를 구성한다. $k = 1$이라 하고 메인 스텝으로 간다.

메인 스텝 1. 벡터 $\mathbf{r}_N^t = \nabla_N f(\mathbf{x}_k)^t - \nabla_B f(\mathbf{x}_k)^t \mathbf{B}^{-1}\mathbf{N}$를 계산한다. 만약 $\mathbf{r}_N \geq \mathbf{0}$이라면, 중지한다; 현재의 점 $\mathbf{x}_k$는 하나의 최적해이다. 그렇지 않다면, 스텝 2로 간다.

2. $-r_j = max\ \{-r_i | r_i \le 0\}$이라고 놓으며, 여기에서 r_i는 $\mathbf{r}_N$의 i-째 성분이다. 다음의 최소비율검정

$$\frac{\bar{b}_r}{y_{rj}} = \underset{1 \le i \le m}{minimum} \left\{ \frac{\bar{b}_i}{y_{ij}} \middle| y_{ij} > 0 \right\}$$

에 의해 기저에서 퇴출될 기저 변수 $\mathbf{x}_B$를 결정하며, 여기에서 $\bar{\mathbf{b}} = \mathbf{B}^{-1}\mathbf{b}$, $\mathbf{y}_j = \mathbf{B}^{-1}\mathbf{a}_j$이며, $\mathbf{a}_j$는 $\mathbf{A}$의 j-째 열이다. 스텝 3으로 간다.

3. 변수 x_{B_r}을 변수 x_j로 대체한다. 이에 상응해 y_{rj}에서 피봇팅 연산으로 태블로를 갱신한다. 현재의 해를 $\mathbf{x}_{k+1}$이라 하자. k를 $k+1$로 대체하고, 스텝 1로 간다.

연습문제 11.43은, 만약 $\mathbf{p}\cdot\mathbf{x} + \alpha$에 상응하는 행과 $\mathbf{q}\cdot\mathbf{x} + \beta$에 상응하는 또 다른 행이 2개 추가적 행으로 도입되고 각각의 반복계산에서 다음으로 넘겨진다면, 수정경도 $\mathbf{r}_N$을 쉽게 계산할 수 있음을 보여준다.

유한회 이내의 수렴

지금 각각의 극점에 대해 $\mathbf{x}_B > \mathbf{0}$의 비퇴화 가정 아래 유한회 이내의 수렴이 수립된다. 이 알고리즘은 하나의 극점에서 다른 극점으로 이동함을 주목하자. 보조정리 11.4.2와 비퇴화 가정에 의해, 생성되는 극점이 전혀 다른 것이 되도록 하면서 목적함숫값은 각각의 반복계산에서 엄격하게 감소한다. 단지 이와 같은 유한개의 극점만이 존재하며, 따라서 알고리즘은 유한개의 스텝 이내 중지한다. 종료에서 수정경도는 비음(-)이며 카루시-쿤-터커 점을 결과적으로 생성한다; 그리고 보조정리 11.4.1에 의해 이 점은 진실로 하나의 최적점이다.

11.4.3 예제

다음 선형분수계획법 문제

$$\text{최소화} \quad \frac{-2x_1 + x_2 + 2}{x_1 + 3x_2 + 4}$$

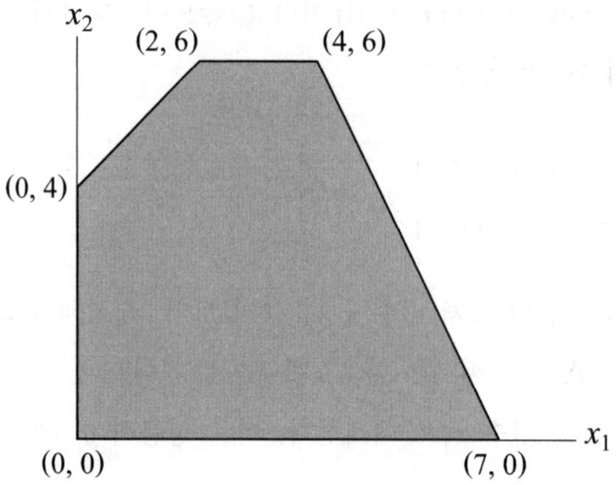

그림 11.5 예제 11.4.3의 실현가능영역

$$
\begin{aligned}
\text{제약조건} \quad -x_1 + x_2 &\le 4 \\
x_2 &\le 6 \\
2x_1 + x_2 &\le 14 \\
x_1, \quad x_2 &\ge 0
\end{aligned}
$$

를 고려해보자. 그림 11.5는 극점이 $(0,0)$, $(0,4)$, $(2,6)$, $(4,6)$, $(7,0)$인 실현가능영역을 나타낸다. 이들 점에서 목적함숫값은 각각 0.5, 0.375, 0.167, 0.0, -1.09이며, 따라서 최적점은 $(7,0)$이다.

여유변수 x_3, x_4, x_5를 도입하면, 초기 극점 $\mathbf{x}_1 = (0, 0, 4, 6, 14)$을 얻는다.

반복계산 1:

다음 태블로는 이번 반복계산을 요약한다.

	x_1	x_2	x_3	x_4	x_5	우변
$\nabla f(\mathbf{x}_1)$	-10/16	-2/16	0	0	0	–
x_3	-1	1	1	0	0	4
x_4	0	1	0	1	0	6
x_5	2	1	0	0	1	14
$\mathbf{r}$	-10/16	-2/16	0	0	0	–

$\mathbf{q} \cdot \mathbf{x}_1 + \beta = 4$, $\mathbf{p} \cdot \mathbf{x}_1 + \alpha = 2$이다. 그러므로 (11.47)에서 $\nabla f(\mathbf{x}) = (-10/16, -2/16, 0, 0, 0)$, $\nabla_N f(\mathbf{x}) = (-10/16, -2/16)$, $\nabla_B f(\mathbf{x}) = (0, 0, 0)$를 얻는다. x_1, x_2의 열은 $\mathbf{B}^{-1}\mathbf{N}$을 제공하고, 다음 식

$$\mathbf{r}_N^t = (r_1, r_2) = \nabla_N f(\mathbf{x}_1)^t - \nabla_B f(\mathbf{x}_1)^t \mathbf{B}^{-1}\mathbf{N}$$
$$= \left(-\frac{10}{16}, -\frac{2}{16}\right) - (0, 0, 0)\begin{bmatrix} -1 & 1 \\ 0 & 1 \\ 2 & 1 \end{bmatrix} = \left(-\frac{10}{16}, -\frac{2}{16}\right)$$

을 얻는다. $\mathbf{r}_N^t = (r_3, r_4, r_5) = (0, 0, 0)$임을 주목하자. $max\{-r_1, -r_2, -r_3, -r_4, -r_5\} = 10/16$이므로, x_1은 기저에 진입한다. 최소비율검정에 의해 x_5는 기저에서 퇴출된다.

반복계산 2:

반복계산의 내용은 아래에 요약된다.

	x_1	x_2	x_3	x_4	x_5	우변
$\nabla f(\mathbf{x}_2)$	-10/121	47/121	0	0	0	-
x_3	0	3/2	1	0	1/2	11
x_4	0	1	0	1	0	6
x_1	1	1/2	0	0	1/2	7
$\mathbf{r}$	0	52/121	0	0	5/121	-

x_1가 기저에 있는 x_5를 대체할 때, 점 $\mathbf{x}_2 = (7, 0, 11, 6, 0)$을 얻는다. 지금 $\mathbf{q} \cdot \mathbf{x}_2 + \beta = 11$, $\mathbf{p} \cdot \mathbf{x}_2 + \alpha = -12$이고, (11.47)에서 $\nabla f(\mathbf{x}_2) = (-10/121, 47/121, 0, 0, 0)$임을 얻는다. 그렇다면, $\mathbf{B}^{-1}\mathbf{N}$은 태블로의 x_2, x_5의 열로 주어지며, 그렇다면 다음 식

$$\mathbf{r}_N^t = (r_2, r_5) = \nabla_N f(\mathbf{x}_2)^t - \nabla_B f(\mathbf{x}_2)^t \mathbf{B}^{-1}\mathbf{N}$$

$$=\left(\frac{47}{121},0\right)-\left(0,0,-\frac{10}{121}\right)\begin{bmatrix}3/2 & 1/2\\ 1 & 0\\ 1/2 & 1/2\end{bmatrix}=\left(\frac{52}{121},\frac{5}{121}\right)$$

을 얻는다. $\mathbf{r}_N \geq \mathbf{0}$이므로, 최적해 $x_1 = 7$, $x_2 = 0$을 얻고 중지한다. 여기에 상응하는 목적함숫값은 -1.09이다.

차른스와 쿠퍼의 분수계획법 알고리즘[1962]

선형분수계획법 문제의 최적해를 구하기 위해 심플렉스 방법을 사용한 또 다른 절차를 설명한다. 다음 문제

$$\begin{aligned}&\text{최소화} && \frac{\mathbf{p}\cdot\mathbf{x}+\alpha}{\mathbf{q}\cdot\mathbf{x}+\beta}\\ &\text{제약조건} && \mathbf{A}\mathbf{x}\leq\mathbf{b}\\ &&& \mathbf{x}\geq\mathbf{0}\end{aligned}$$

를 고려해보자. $S=\{\mathbf{x}\mid\mathbf{A}\mathbf{x}\leq\mathbf{b}\quad\mathbf{x}\geq\mathbf{0}\}$은 콤팩트 집합이라고 가정하고 각각의 $\mathbf{x}\in S$에 대해 $\mathbf{q}\cdot\mathbf{x}+\beta>0$라고 가정한다. $z=1/(\mathbf{q}\cdot\mathbf{x}+\beta)$, $\mathbf{y}=z\mathbf{x}$라 하면, 그리고 제약조건 $\mathbf{A}\mathbf{x}\leq\mathbf{b}$을 z로 곱하면, 위 문제는 다음 선형계획법 문제

$$\begin{aligned}&\text{최소화} && \mathbf{p}\cdot\mathbf{y}+\alpha z\\ &\text{제약조건} && \mathbf{A}\mathbf{y}-\mathbf{b}z\leq\mathbf{0}\\ &&& \mathbf{q}\cdot\mathbf{y}+\beta z=1\\ &&& \mathbf{y}\geq\mathbf{0}\\ &&& z\geq 0\end{aligned}$$

로 인도한다. 먼저, 만약 $(\mathbf{y},z)$가 위 문제의 하나의 실현가능해라면 $z>0$임을 주목하자. 만약 $z=0$이라면, $\mathbf{y}\neq\mathbf{0}$은 $\mathbf{A}\mathbf{y}\leq 0$, $\mathbf{y}\geq\mathbf{0}$을 반드시 만족시키는 것이어야 하며, 이 내용은 $\mathbf{y}$가 S의 방향벡터임을 의미하며, 콤팩트성의 가정을 위반하므로 $z>0$임이 뒤따른다. 지금 만약 $(\overline{\mathbf{y}},\overline{z})$가 위의 선형계획법 문제의 하나의 최적해라면, $\overline{\mathbf{x}}=\overline{\mathbf{y}}/\overline{z}$는 분수계획법 문제의 하나의 최적해임을 나타낸다.

$\mathbf{A}\overline{\mathbf{x}}\leq\mathbf{b}$, $\overline{\mathbf{x}}\geq\mathbf{0}$임을 주목하고, $\overline{\mathbf{x}}$는 분수계획법 문제의 하나의 실현가능해이다. $\overline{\mathbf{x}}$의 최적성을 보이기 위해, $\mathbf{x}$는 $\mathbf{A}\mathbf{x}\leq\mathbf{b}$ $\mathbf{x}\geq\mathbf{0}$이 되도록 한다고 하

자. 가정에 따라 $\mathbf{q}\cdot\mathbf{x}+\beta>0$임을 주목하고, 벡터 $(\mathbf{y},\mathbf{z})$는 선형계획법 문제의 하나의 실현가능해임을 주목하고, 여기에서 $\mathbf{y}=\mathbf{x}/(\mathbf{q}\cdot\mathbf{x}+\beta)$, $z=1/(\mathbf{q}\cdot\mathbf{x}+\beta)$이다. $(\bar{\mathbf{y}},\bar{z})$는 선형계획법 문제의 하나의 최적해이므로, $\mathbf{p}\cdot\bar{\mathbf{y}}+\alpha\bar{z}\leq\mathbf{p}\cdot\mathbf{y}+\alpha z$이다. $\bar{\mathbf{y}}$, $\mathbf{y}$, z를 대체하면, 이 부등식은 $\bar{z}(\mathbf{p}\cdot\bar{\mathbf{x}}+\alpha)\leq(\mathbf{p}\cdot\mathbf{x}+\alpha)/(\mathbf{q}\cdot\mathbf{x}+\beta)$임을 제공한다. 우변을 $1=\mathbf{q}\cdot\bar{\mathbf{y}}+\beta\bar{z}$로 나누면 이 결과가 즉시 따라온다.

지금 만약 모든 $\mathbf{x}\in S$에 대해 $\mathbf{q}\cdot\mathbf{x}+\beta<0$이라면, 그러면 $-z=1/(\mathbf{q}\cdot\mathbf{x}+\beta)$, $\mathbf{y}=z\mathbf{x}$라고 놓는 것은 다음 선형계획법 문제

$$
\begin{aligned}
\text{최소화}\quad & -\mathbf{p}\cdot\mathbf{y}-\alpha z\\
\text{제약조건}\quad & \mathbf{A}\mathbf{y}-\mathbf{b}z\leq 0\\
& -\mathbf{q}\cdot\mathbf{y}-\beta z=1\\
& \mathbf{y}\geq 0\\
& z\geq 0
\end{aligned}
$$

를 제공한다.

위와 유사한 방법으로, 만약 $(\bar{\mathbf{y}},\bar{z})$가 위의 선형계획법 문제의 최적해라면, $\bar{\mathbf{x}}=\bar{\mathbf{y}}/\bar{z}$는 분수계획법 문제의 최적해이다.

요약하자면, 1개의 추가적 변수와 1개의 추가적 제약조건을 갖는 선형계획법 문제의 최적해를 구하면 분수선형계획법 문제의 해를 구할 수 있음을 보였다. 사용된 선형계획법 문제의 형태는 모든 $\mathbf{x}\in S$에 대해 $\mathbf{q}\cdot\mathbf{x}+\beta>0$인가, 또는 모든 $\mathbf{x}\in S$에 대해 $\mathbf{q}\cdot\mathbf{x}+\beta<0$인가에 따라 변한다. 만약 $\mathbf{q}\cdot\mathbf{x}_1+\beta>0$, $\mathbf{q}\cdot\mathbf{x}_2+\beta<0$이 되도록 하는 $\mathbf{x}_1$, $\mathbf{x}_2\in S$가 존재한다면, 분수계획법 문제의 최적해는 무계이다.

11.4.4 예제

다음 문제

$$
\begin{aligned}
\text{최소화}\quad & \frac{-2x_1+x_2+2}{x_1+3x_2+4}\\
\text{제약조건}\quad & -x_1+x_2\leq 4\\
& 2x_1+x_2\leq 14
\end{aligned}
$$

$$x_2 \le 6$$
$$x_1, x_2 \ge 0$$

를 고려해보자.

이 문제의 실현가능영역이 그림 11.5에 나타나 있다. 차른스와 쿠퍼의 방법을 사용해 문제의 최적해를 구한다. 점 $(0,0)$은 실현가능해이며 이 점에서 $-x_1 + 3x_2 + 4 > 0$임을 주목하자. 그러므로 전체의 실현가능영역에 대해 분모는 양(+)이다. 등가의 선형계획법 문제는 다음 식

$$\begin{array}{ll} \text{최소화} & -2y_1 + y_2 + 2z \\ \text{제약조건} & -y_1 + y_2 - 4z \le 0 \\ & 2y_1 + y_2 - 14z \le 0 \\ & y_2 - 6z \le 0 \\ & y_1 + 3y_2 + 4z = 1 \\ & y_1, \quad y_2, \quad z \ge 0 \end{array}$$

으로 주어진다. 독자는 $y_1 = 7/11$, $y_2 = 0$, $z = 1/11$가 위의 선형계획법 문제의 하나의 최적해임을 입증할 수 있다. 그러므로 원래의 문제의 하나의 최적해는 $x_1 = y_1/z_1 = 7$, $x_2 = y_2/z_2 = 0$이다.

11.5 지수계획법

이 절에서는 다음 식과 같은 유형의 문제

$$\begin{array}{lll} \text{GP: 최소화} & f(\mathbf{x}) & \\ \quad\text{제약조건} & g_i(\mathbf{x}) \le 1 & i = 1, \cdots, m \\ & \mathbf{x} > 0 & \end{array}$$

를 고려하고, 여기에서 함수 f와 각각의 g_i는 $\mathbf{x} \in \Re^n$의 포지노미얼이며, 여기에서 변수 $\mathbf{x}$는 문제 자체의 성격에 의해 엄격하게 양(+) 값을 갖는다. **포지노미얼**

은 다음 식

$$T_k = \alpha_k \prod_{j=1}^{n} x_j^{\alpha_{kj}} \tag{11.49}$$

과 같은 유형으로 구성된 함수이며, 여기에서 $\alpha_k > 0$이며 지수 $\alpha_{kj}(j=1,\cdots,n)$는 양(+) 또는 음(-)의 부호를 가질 수 있는 유리수이다. 특히 $\mathbf{x} > \mathbf{0}$에 대해 $T_k > 0$도 성립한다. 그러므로 목적함수와 제약조건함수는 다음 식

$$f(\mathbf{x}) = \sum_{k \in J_0} T_k, \qquad g_i(\mathbf{x}) = \sum_{k \in J_i} T_k, \quad i = 1, \cdots, m \tag{11.50a}$$

과 같이 나타낼 수 있으며, 여기에서 첨자집합 J_0, J_1, $\cdots$, J_m의 모임은 상호간에 서로소[4)]이며, 그리고 여기에서

$$J_0 \cup J_1 \cup \cdots, \cup J_m \equiv \{1, 2, \cdots, M\} \tag{11.50b}$$

총 M개의 항을 나타내며, $f(x)$와 $g_i(x)$는 (11.49)의 멤버의 각각의 유형이다. 이와 같은 유형의 '문제 GP'는 **포지노미얼 계획법 문제**라 알려져 있다. 계수 α_k가 음(-)이 되도록 허용할 때, 함수 (11.50a)는 시그노미얼이라고 말하며, 그렇다면 '문제 GP'는 **시그노미얼계획법 문제**라고 알려진다. 둘 가운데 어느 케이스에서도 이 문제는 **지수계획법 문제**라 하며, 명칭은 문제를 단순한 등가 형태로 변환하기 위해 더핀 등[1967]이 제시한 원래의 해석에 사용된 지수-로그 평균 부등식에서 유래한다(연습문제 4.15 참조). 바로 알게 될 것이지만, (지금의 관심의 대상인) 포지노미얼 계획법 문제는 볼록계획법 문제이다. 그러나 좀 더 일반적 시그노미얼 계획법 문제는 비볼록이며 또 다른 해를 구하는 절차를 필요로 한다. 예를 들면 절 11.2의 이차식계획법 문제의 최적해를 구하기 위해 설명한 것과 유사한 재정식화-선형화/볼록화 기법이, 전역최적성에 대한 이와 같은 부류의 문제의 최적해를 구하기 위해 설계될 수 있다('주해와 참고문헌' 절을 참조하시오).

포지노미얼 지수계획법 문제는, 의사결정변수 $\mathbf{x}$가 의미를 갖기 위해 양(+) 값을 가져야 하는 설계변수이며 목적함수와 제약조건함수는 포지노미얼 함수임이 나타나거나 아니면 그와 같은 함수로 변환될 수 있는 기본적인 물리적 또는

4) mutually disjoint

경제학적 관계를 모델링하는 공학문제의 적용사례에 자주 일어난다(연습문제 11.51, 11.52, 11.53 참조). 이 문제는 해결하기 어려워 보이지만, 문제를 상당히 단순화하는 변환이 존재하며, 자주 선형연립방정식의 해를 구해 문제의 최적해를 구하거나, 취급하기 편하고 선형제약 있는 문제로 변환해 최적해를 구할 수 있다. 이 변환은 변수변환을 사용하는 2-스텝을 포함하며, 제6장의 라그랑지 쌍대 개념을 적용해 사이에 끼워 넣을 수 있다.

먼저 변수변환을 도입하기 위해, (11.49)의 항 T_k가 (11.52)의 $\mathbf{y}$에 관한 함수 τ_k가 되기 위해 다음 식

$$y_j = \ln(x_j) \qquad j = 1, \cdots, n. \tag{11.51}$$

과 같이 대입한다. 그러면 다음 식

$$\tau_k = \alpha_k \prod_{j=1}^{n} \left(e^{y_j}\right)^{a_{kj}} = \alpha_k e^{\mathbf{a}_k \cdot \mathbf{y}} \qquad k = 1, \cdots, M \tag{11.52}$$

을 얻으며, 여기에서 $k = 1, \cdots, M$에 대해 $\mathbf{a}_k = (a_{k1}, \cdots, a_{kn})$이다. 나아가서, '문제 GP'에 (11.51)의 대입을 사용하는 것 이외에 또, 로그함수의 단조성과 목적함수와 제약조건함수의 양(+)성을 주목해, 등가적으로 지수계획법 문제의 목적함수는 $\ln[f(\mathbf{x})]$를 최소화하는 것으로 하고 지수계획법 문제의 제약조건을 $i = 1, \cdots, m$에 대해 $\ln[g_i(\mathbf{x})] \le 0$으로 나타낸다. 그러므로 변환 (11.51)을 지수계획법 문제의 이와 같은 표현에 적용하면, 등가적으로 다음 문제

$$\begin{aligned} &\text{최소화} \quad \ln[F(\mathbf{y})] && (11.53\text{a}) \\ &\text{제약조건} \quad \ln[G_i] \le 0 \qquad i = 1, \cdots, m && (11.53\text{b}) \\ &\qquad\qquad \mathbf{y}\text{, 부호제한 없음} \end{aligned}$$

가 유도된다: 여기에서 (11.50)-(11.52)에서 다음 식

$$F(\mathbf{y}) \equiv \sum_{k \in J_0} \tau_k, \qquad G_i(\mathbf{y}) \equiv \sum_{k \in J_i} \tau_k \qquad i = 1, \cdots, m \tag{11.53c}$$

을 얻는다. 다음 결과는 문제 (11.53)의 특성을 설명함에 있어 대단히 유용하다.

11.5.1 보조정리

포지노미얼 지수계획법 문제 GP가 주어지면, 변환 (11.51)에 의해 얻은 등가의 문제 (11.53)을 고려하자. 그러면 문제의 목적함수와 제약조건함수는 모두 볼록이며, 그래서 (11.53)은 볼록계획법 문제이다.

증명 먼저, 임의의 항 τ_k를 고려해보자. 이것은 (11.52)으로 정의한 바와 같이 $\mathbf{y}$의 함수이다. $\mathbf{a}_k = (a_{k1}, \cdots, a_{kn})$이라고 나타내면 $\nabla \tau_k = \tau_k \mathbf{a}_k$, $\nabla^2 \tau_k = \tau_k \mathbf{a}_k \mathbf{a}_k^t$이며, 여기에서 ∇, ∇^2는 경도 연산자, 헤시안 연산자를 각각 나타낸다. 지금 $h(\mathbf{y}) = \ln[F(\mathbf{y})]$라고 나타낸다. $\nabla h(\mathbf{y}) = \nabla F(\mathbf{y})/F(\mathbf{y})$이며 다음 식

$$\begin{aligned}\nabla^2 h(\mathbf{y}) &= \frac{\left[F(\mathbf{y})\nabla^2 F(\mathbf{y}) - \nabla F(\mathbf{y})\nabla F(\mathbf{y})^t\right]}{[F(\mathbf{y})]^2} \\ &= \frac{\left[\sum_{k\in J_0}\tau_k\right]\left[\sum_{k\in J_0}\tau_k \mathbf{a}_k \mathbf{a}_k^t\right] - \left[\sum_{k\in J_0}\tau_k \mathbf{a}_k\right]\left[\sum_{k\in J_0}\tau_k \mathbf{a}_k^t\right]}{[F(\mathbf{y})]^2}\end{aligned}$$

과 같이 $\nabla^2 h(\mathbf{y})$를 얻는다. (11.53c)와 앞서 말한 $\nabla \tau_k$, $\nabla^2 \tau_k$의 표현을 사용해 $\nabla^2 h(\mathbf{y})$의 분자는 다음 식

$$\begin{aligned}&\sum_{k\in J_0}\sum_{\ell\in J_0}\tau_k\tau_\ell \mathbf{a}_k \mathbf{a}_k^t - \sum_{k\in J_0}\sum_{\ell\in J_0}\tau_k\tau_\ell \mathbf{a}_k \mathbf{a}_\ell^t = \sum\sum_{k<\ell \text{in } J_0}\tau_k\tau_\ell\left[\mathbf{a}_k \mathbf{a}_k^t + \mathbf{a}_\ell \mathbf{a}_\ell^t\right] \\ &- \sum\sum_{k<\ell \text{in } J_0}\tau_k\tau_\ell\left[\mathbf{a}_k \mathbf{a}_\ell^t + \mathbf{a}_\ell \mathbf{a}_k^t\right] = \sum\sum_{k<\ell \text{in } J_0}\tau_k\tau_\ell(\mathbf{a}_k - \mathbf{a}_\ell)(\mathbf{a}_k - \mathbf{a}_\ell)^t\end{aligned}$$

과 같다. 따라서 $\tau_k > 0$, $\tau_\ell > 0$이며 $(\mathbf{a}_k - \mathbf{a}_\ell)(\mathbf{a}_k - \mathbf{a}_\ell)^t$는 양반정부호이므로 $\ln[F(\mathbf{y})]$는 볼록함수이다. 유사하게, 각각의 $i = 1, \cdots, m$에 대해 $\ln\left[G_i(\mathbf{y})\right]$는 볼록함수이며, 이것으로 증명이 완결되었다. (증명 끝)

지금 적절한 제약자격(정리 6.2.4의 내부성 제약자격과 같은)이 성립한다고 가정하고, (11.53)과 아래 식

$$\text{LD: 최대화 } \{\theta(\mathbf{u}) \mid \mathbf{u} \geq \mathbf{0}\} \tag{11.54a}$$

에 나타나는 이것의 라그랑지 쌍대문제 사이에 쌍대성간극이 존재하지 않음을 단언하기 위해 정리 6.2.4를 사용할 수 있으며, 여기에서 $\theta(\mathbf{u})$는 다음 식

$$\theta(\mathbf{u}) = \min_{\mathbf{y}}\{\mathscr{L}(\mathbf{y}, \mathbf{u})\} \tag{11.54b}$$

과 같으며, 여기에서 $\mathscr{L}(\mathbf{y}, \mathbf{u})$는 다음 식

$$\mathscr{L}(\mathbf{y}, \mathbf{u}) = \ln\ [F(\mathbf{y})] + \sum_{i=1}^{n} u_i \ln\ [G_i(\mathbf{y})] \tag{11.54c}$$

으로 나타낸 라그랑지 함수이다. 임의의 $\mathbf{u} \geq \mathbf{0}$에 대해 $\theta(\mathbf{u})$는 보조정리 11.5.1에 의해, $\nabla_{\mathbf{y}} \mathscr{L}(\mathbf{y}, \mathbf{u})$가 $\mathbf{0}$인 점 $\mathbf{y}$에서 계산한 $\mathscr{L}(\mathbf{y}, \mathbf{u})$ 값과 같으므로, 라그랑지 쌍대문제 (11.54)를 다음 식

$$\text{최대화} \quad \left\{\mathscr{L}(\mathbf{y}, \mathbf{u}) \middle| \nabla_{\mathbf{y}} \mathscr{L}(\mathbf{y}, \mathbf{u}) = \mathbf{0},\ \mathbf{u} \geq \mathbf{0},\ \mathbf{y} \text{ 부호제한 없음}\right\} \tag{11.55}$$

과 같이 등가적으로 나타낼 수 있다. (11.55)을 더욱 간략화하기 위해, 보조정리 11.5.1의 증명에서처럼 다음 식

$$\begin{aligned}\nabla_{\mathbf{y}} \mathscr{L}(\mathbf{y}, \mathbf{u}) &= \frac{\nabla F(\mathbf{y})}{F(\mathbf{y})} + \sum_{i=1}^{m} u_i \frac{\nabla G_i(\mathbf{y})}{G_i(\mathbf{y})} \\ &= \frac{1}{F(\mathbf{y})} \sum_{k \in J_0} \tau_k \mathbf{a}_k + \sum_{i=1}^{m} \frac{u_i}{G_i(\mathbf{y})} \left(\sum_{k \in J_i} \tau_k \mathbf{a}_k\right)\end{aligned} \tag{11.56}$$

임을 주목하자. 지금 변환을 사용한다. 다음 식

$$\delta_k = \frac{\tau_k}{F} \quad \forall k \in J_0, \quad \delta_k = \frac{u_i \tau_k}{G_i} \quad \forall k \in J_i, \quad i = 1, \cdots, m \tag{11.57}$$

에 따라 $\delta_1, \cdots, \delta_M$을 정의한다. 표현상의 편의를 위해, F와 모든 $i = 1, \cdots, m$과 $k = 1, \cdots, M$에 대한 G_i, τ_k, δ_k가 $\mathbf{y}$에 의존함을 고려해 "($\mathbf{y}$)"를 생략했음을 주

목하자. 그러나, 지금 $\boldsymbol{\delta}=(\delta_1, \cdots, \delta_M)$를 **변수**의 집합으로 취급하고 문제에서 $\mathbf{y}$를 소거함으로 $(\boldsymbol{\delta}, \mathbf{u})$의 항으로 (11.55)를 나타내려고 한다.

(11.53c), (11.57)에서, 다음 식

$$\sum_{k \in J_0} \delta_k = 1, \qquad \sum_{k \in J_i} \delta_k = u_i \qquad i=1, \cdots, m\text{에 대해} \tag{11.58}$$

이 반드시 주어져야 함을 주목하자. 제약조건 (11.58)은 **정규화 제약조건**이라 하며 $\boldsymbol{\delta} \geq \mathbf{0}$과 더불어, (11.57)에서 $\boldsymbol{\delta}$가 취할 수 있는 값을 제한한다. 더군다나, (11.56)을 사용해, 변환 (11.57)의 아래, (11.55)의 등식 제약조건은 다음 식

$$\sum_{k=1}^{M} \delta_k \mathbf{a}_k = \mathbf{0} \tag{11.59}$$

처럼 나타낼 수 있다. 이 조건은 $\boldsymbol{\delta}$가 $\mathbf{a}_1 \cdots, \mathbf{a}_M$의 열을 갖는 $n \times M$ 행렬의 각각의 n개의 행에 대해 직교한다고 단언하는 것이므로 제약조건 (11.59)는 **직교성 제약조건**이라고 알려져 있다.

변환된 문제에서, 비음(-)성의 제한과 함께 $(\boldsymbol{\delta}, \mathbf{u})$에 (11.58), (11.59)의 관계가 부과된다. 그러나 이들 조건에 실현가능한 임의의 $(\boldsymbol{\delta}, \mathbf{u})$가 주어지면, (11.57)을 만족시키는 $\mathbf{y}$가 존재할 필요가 없으므로, 유도된 변환된 문제를 정당화하기 위해 몇 가지의 좀 더 깊은 해석이 필요하다.

이것을 위해, 또한 (11.57), (11.58) 아래 (11.55)의 목적함수를 간략화하자. 임의의 $i \in \{1, \cdots, m\}$에 대한 항 $u_i \ln[G_i]$을 고려해보자. $u_i > 0$이라고 가정하고, 이 항을 $u_i \ln(u_i) + u_i \ln[G_i/u_i]$라고 나타내면, (11.58), (11.57), (11.52)을 사용해 또다시 다음 식

$$\begin{aligned} u_i \ln(G_i) &= u_i \ln(u_i) + u_i \ln\left[\frac{G_i}{u_i}\right] = u_i \ln(u_i) + \sum_{k \in J_i} \delta_k \ln\left[\frac{G_i}{u_i}\right] \\ &= u_i \ln(u_i) + \sum_{k \in J_i} \delta_k \ln\left[\frac{\tau_k}{\delta_k}\right] = u_i \ln(u_i) + \sum_{k \in J_i} \delta_k \ln\left[\frac{\alpha_k}{\delta_k} e^{\mathbf{a}_k \cdot \mathbf{y}}\right] \\ &= u_i \ln(u_i) + \sum_{k \in J_i} \delta_k \ln\left[\frac{\alpha_k}{\delta_k}\right] + \sum_{k \in J_i} \delta_k \mathbf{a}_k \cdot \mathbf{y} \end{aligned} \tag{11.60a}$$

을 얻는다. 유사하게, 다음 식

$$\ln[F] = \sum_{k \in J_0} \delta_k \ln \left[\frac{\alpha_k}{\delta_k}\right] + \sum_{k \in J_0} \delta_k \mathbf{a}_k \cdot \mathbf{y} \tag{11.60b}$$

을 얻는다. 그러므로, (11.50b)을 주목하고 (11.59)에 따라 $\boldsymbol{\Sigma}_{k=1}^{M} \delta_k \mathbf{a}_k \cdot \mathbf{y} = 0$ 임을 주목하면, (11.54c), (11.60)에서 (11.55)의 목적함수는 다음 식

$$\sum_{k=1}^{M} \delta_k \ln \left[\frac{\alpha_k}{\delta_k}\right] + \sum_{i=1}^{m} u_i \ln(u_i) \tag{11.61}$$

으로 주어진다는 것을 관측한다. $u_i \to 0^+$에 따라 $u_i \ln(u_i) \to 0$이며, 그리고 $\delta_k \to 0^+$에 따라 $\delta_k \ln[\alpha_k / \delta_k] \to 0$임을 주목하고, 마지막으로 (11.55)를 다음 식

$$\text{DGP: 최대화} \quad \sum_{k=1}^{M} \delta_k \ln \left[\frac{\alpha_k}{\delta_k}\right] + \sum_{i=1}^{m} u_i \ln(u_i) \tag{11.62a}$$

$$\text{제약조건} \quad \sum_{k=1}^{M} \delta_k \mathbf{a}_k \equiv \mathbf{A}\boldsymbol{\delta} = \mathbf{0} \tag{11.62b}$$

$$\sum_{k \in J_0} \delta_k = 1 \tag{11.62c}$$

$$\sum_{k \in J_i} \delta_k = u_i, \qquad i = 1, \cdots, m \tag{11.62d}$$

$$\delta_k \geq 0 \qquad k = 1, \cdots, M \tag{11.62e}$$

$$u_i \geq 0 \qquad i = 1, \cdots, m \tag{11.62f}$$

과 같이, 변수 $(\boldsymbol{\delta}, \mathbf{u})$에 관한 **쌍대지수계획법 문제**로 대체하기 위해 (11.58), (11.59), (11.61)를 사용하며, 여기에서 $\delta_k = 0$ 또는 $u_i = 0$에 대해 분리가능한 목적함수의 항은 0으로 정의된다:

'문제 DGP'는 분리가능하고, 오목인 목적함수를 가지며 선형제약식 있는 문제임을 주목하고(연습문제 11.44 참조), 그러므로 제10장과 절 11.3의 방법을 사용해 최적해를 구할 수 있는 볼록계획법 문제이다. (11.62d)에서 $\boldsymbol{\delta}$-변수의 항으로 $u_1, \cdots, u_m$을 나타낼 수 있음을 주목하시오. 나아가서, $(n+1)$개 제약조건 (11.62b), (11.62c)는 선형독립이라고 가정하고, 어떤 $(n+1)$ 변수 δ_k에 대해

나머지 $(M-n-1)$개의 $\boldsymbol{\delta}$-변수의 항으로 해를 구할 수 있다. (11.62b)-(11.62d) 때문에 이 문제의 결과적 자유도는 다음 식

$$\text{난이도 (DD)} \equiv \text{항의 개수 } (M) \text{ -변수의 개수 } (n)-1 \tag{11.63}$$

이라 한다. 일반적으로, (11.62b, c)에서 난이도 DD는 M에서 선형독립인 제약조건의 개수를 뺀 수와 같다. 만약 DD $=0$이라면, 간혹 일어나는 케이스와 같이, 그렇다면 쌍대지수계획법 문제의 해는, 만약 존재한다면, (11.62b)-(11.62d) 자체에 의해 유일하게 결정됨을 주목하자. 그렇지 않다면, 본질적으로 난이도 차원 (DD)에 파묻혀 있는, 선형제약이 있는 문제의 최적해를 구할 필요가 있다. 다음 결과는 쌍대지수계획법 문제 DGP의 최적해에서 지수계획법 문제 GP의 최적해를 찾아내는 방법을 지정한다.

11.5.2 정리

쌍대지수계획법 문제를 고려해보고, $(\boldsymbol{\delta}^*, \mathbf{u}^*) > \mathbf{0}$는 목적함수의 최적값 ν(쌍대지수계획법 문제)을 갖는 문제의 하나의 최적해라고 가정한다. 더군다나, $\boldsymbol{\nu}^* = (\nu_1^*, \cdots, \nu_n^*)$이라 하고, $\mathbf{w}^* = (w_0^*, w_1^*, \cdots, w_m^*)$는 제약조건 (11.62b), (11.62c, d)에 각각 연관된 상응하는 라그랑지 승수의 최적값이라 한다. 그렇다면 '문제 (11.53)'의 하나의 최적해 $\mathbf{y}^*$는 문제의 목적함수 최적값이 ν(쌍대지수계획법)이며 (11.53b)에 연관된 $\mathbf{u}^*$가 최적 라그랑지 승수의 집합을 갖는 다음 식으로 주어진다.

$$y_j^* = \nu_j^* \qquad j = 1, \cdots, n \tag{11.64a}$$

더구나 다음 식은 '문제 GP'의 최적해이다.

$$x_j^* = e^{y_j^*} \qquad j = 1, \cdots, n \tag{11.64b}$$

증명

$$\left(\ln\left[\frac{\alpha_k}{\delta_k^*}\right] - 1\right) + \mathbf{a}_k \cdot \boldsymbol{\nu}^* + w_i^* = 0, \ \forall k \in J_i, \ \ i = 0, 1, \cdots, m \tag{11.65}$$

$$\left[\ln(u_i^*) + 1\right] - w_i^* = 0 \qquad \forall i = 1, \cdots, m \tag{11.66}$$

과 같은 상보여유쌍대실현가능성 조건과 함께 (11.62b)-(11.62f)로 주어진 카루

시-쿤-터커 연립방정식의 해가 반드시 주어져야 함을 단언하며, 여기에서 $\boldsymbol{\nu}^*$, $\mathbf{w}^*$는 이 정리에서 정의한 것과 같다. (11.66)의 w_i^*를 (11.65)에 대입하면 $i=1, \cdots, m$에 대해, 다음 식

$$\mathbf{a}_k \cdot \boldsymbol{\nu}^* = \ln\left[\frac{\delta_k^*}{\alpha_k u_i^*}\right] \qquad \forall k \in J_i,\ i=1, \cdots, m \tag{11.67}$$

을 얻는다. 지금 (11.64a)로 주어진 것과 같은 $\mathbf{y}^*$를 고려해보자. 그렇다면 (11.52), (11.53c), (11.62d), (11.67)에서 다음 식

$$\begin{aligned} G_i(\mathbf{y}^*) &= \sum_{k \in J_i} \tau_k = \sum_{k \in J_i} \alpha_k e^{\mathbf{a}_k \cdot \mathbf{y}^*} \\ &= \sum_{k \in J_i} \alpha_k \frac{\delta_k^*}{\alpha_k u_i^*} = 1 \qquad i=1, \cdots, m \end{aligned} \tag{11.68}$$

을 얻는다. 더구나 (11.52)와 (11.65)-(11.67)에서 다음 식

$$\tau_k = \alpha_k e^{\mathbf{a}_k \cdot \mathbf{y}^*} = \frac{\delta_k^*}{u_i^*} \qquad \forall k \in J_i,\ \ i=1, \cdots, m \tag{11.69a}$$

을 얻는다. 나아가서 다음 식

$$\tau_k = \alpha_k e^{\mathbf{a}_k \cdot \mathbf{y}^*} = \alpha_k e^{\left[1 - w_0^* + \ln\left(\delta_k^*/\alpha_k\right)\right]} = \delta_k^* e^{\left(1 - w_0^*\right)} \qquad \forall k \in J_0$$

을 얻는다. 그러나 (11.62c)에서 $F(\mathbf{y}^*) = \sum_{k \in J_0} \tau_k = e^{(1-w_0^*)} \sum_{k \in J_0} \delta_k^* = e^{1-w_0^*}$이다.

그러므로 다음 식

$$\tau_k = F(\mathbf{y}^*)\delta_k^* \qquad \forall k \in J_0 \tag{11.69b}$$

을 얻는다. (11.69)를 (11.56)에 대입하고, (11.62b), (11.68)을 사용하면 다음 식

$$\nabla_{\mathbf{y}} \mathscr{L}(\mathbf{y}^*, \mathbf{u}^*) = \sum_{k \in J_0} \delta_k^* \mathbf{a}_k = \sum_{i=1}^{m} \sum_{k \in J_i} \delta_k^* \mathbf{a}_k = \mathbf{0} \tag{11.70}$$

을 얻는다. 따라서, (11.62e, f), (11.68), (11.70)에서 원-쌍대 문제의 해 $(\mathbf{y}^*, \mathbf{u}^*)$는, 문제 (11.53)의 카루시-쿤-터커 조건을 만족시키며, 그러므로 보조정리 11.5.1을 사용하면, 이 문제의 최적해이다. 더구나 (11.54c), (11.60), (11.61), (11.68), (11.69)을 주목하면, 다음 식

$$\nu(\mathrm{DGP}) = \mathscr{L}(\mathbf{y}^*, \mathbf{u}^*) = \ln \ [F(\mathbf{y}^*)] \tag{11.70}$$

을 얻는다. 마지막으로, 변환 (11.51) 아래, GP와 '문제 (11.53)'의 등가에 의해, $j=1, \cdots, n$에 대한 $x_j^* = e^{y_j^*}$는 GP의 최적해임도 얻으며, 이것으로 증명이 완결되었다. (증명 끝)

'문제 DGP'의 양(+) 최적해가 주어지면, GP는 최적해를 가지며, 나아가서 (11.64)을 사용해 문제의 최적해를 찾아낸다는 것을 주장할 수 있음을 관측하시오. 반면에 만약 GP가 최적해를 갖는다면, 그리고 만약 정리 6.2.4의 내점 제약자격이 성립한다면 DGP는 또한 동일한 목적함숫값 ν^*로 최적해 $(\boldsymbol{\delta}^*, \mathbf{u}^*)$를 갖고, 문제 (11.53)의 최적해는 다음과 같은 연립방정식

$$\mathbf{a}_k \cdot \mathbf{y} = \ln \left[\frac{\delta_k^* e^{\nu^*}}{\alpha_k} \right] \quad k \in J_0 \tag{11.71a}$$

$$\mathbf{a}_k \cdot \mathbf{y} = \ln \left[\frac{\delta_k^*}{u_i^* \alpha_k} \right] \quad k \in J_i, \quad u_i^* > 0 \text{이 되도록 하는 } i \in \{1, \cdots, m\} \tag{11.71b}$$

의 해를 구해 얻을 수 있음을 보일 수 있다. $\ln \ [F(\mathbf{y}^*)] = \nu^*$, $u_i^* > 0$을 가지며 작용하는 제약조건에 관해 $G_i(\mathbf{y}^*) = 1$임을 주목하면, 이 연립방정식은 (11.52), (11.57)에서 일어난다(더핀 등[1967] 참조). (11.52), (11.69)에서 정리 11.5.2의 증명은, 이 연립방정식이 정리 11.5.2의 조건 아래 쌍대지수계획법 문제 DGP의 (원문제의) 해의 항으로 $\mathbf{y}^*$를 산출함을 입증함을 주목하시오. 그러므로 (11.71)

은 (11.64b)의 계산을 해 '문제 GP'의 원문제의 최적해를 찾기 위해 (11.64a)의 대안을 제공한다.

11.5.3 예제(0의 난이도)

반경 r, 높이 h이고 양쪽 끝에서 막혀 있는 수직 원형 실린더를 구성한다고 가정하고 최소한의 부피 V를 가져야 하고 최소의 자재를 사용해야 하며, 그러므로 최적해를 구하려는 문제는 총표면적 $2\pi r^2+2\pi rh$을 최소화하는 것이며, 그래서 부피 $\pi r^2 h$는 최소한 V이다. 제약조건을 표준적 형태로 다시 쓰면 다음 식

$$\text{GP: 최소화 } \left\{2\pi r^2+2\pi rh \,\middle|\, \frac{V}{\pi}r^{-2}h^{-1}\le 1,\ r>0,\ h>0\right\}$$

과 같다. 문제에서 항의 개수는 $M=3$이며 변수 개수는 $n=2$임을 주목하자. 다시 말하자면 r, h이다. 그러므로 (11.63)에서 난이도는 0임을 알 수 있다. 3개 항의 α의 계수는 $\alpha_1=2\pi$, $\alpha_2=2\pi$, $\alpha_3=V/\pi$라고 주어진다. 각각의 지수의 벡터는 다음과 같다.

$$\mathbf{a}_1=(2,0),\quad \mathbf{a}_2=(1,1),\quad \mathbf{a}_3=(-2,-1).$$

$J_0=\{1,2\}$, $J_1=\{3\}$임을 주목하면 상응하는 **직교화 제약조건**과 정규화 제약조건 (11.62b, c, d)는 다음 식

$$\begin{aligned} 2\delta_1+\delta_2-2\delta_3&=0\\ \delta_2-\delta_3&=0\\ \delta_1+\delta_2&=1\\ \delta_3&=u_1 \end{aligned}$$

과 같다. 위 문제의 해를 구하면, $\delta_1^*=1/3$, $\delta_2^*=\delta_3^*=u_1^*=2/3$를 얻는다. $(\boldsymbol{\delta}^*, \mathbf{u}^*)>\mathbf{0}$이며, 따라서 정리 11.5.2의 조건이 만족됨을 주목하자. '문제 DGP'의 목적함수의 최적값은 $\nu^*=(1/3)\ln[6\pi]+(2/3)\ln[3\pi]+(2/3)\ln(3V/2\pi)+(2/3)\ln(2/3)=\ln\left[(54\pi V^2)^{1/3}\right]$이다. 그러므로, $e^{\nu^*}=(54\pi V^2)^{1/3}$이다. 따라서 (11.

71)에서 다음 식

$$2y_1 = \ln\left[\frac{1}{3}\frac{(54\pi V^2)^{1/3}}{2\pi}\right] = \ln\left[\left(\frac{V}{2\pi}\right)^{2/3}\right]$$

$$y_1 + y_2 = \ln\left[\frac{2}{3}\frac{(54\pi V^2)^{1/3}}{2\pi}\right] = \ln\left[\left(\frac{2V^2}{\pi^2}\right)^{1/3}\right]$$

$$-2y_1 - y_2 = \ln\left[\frac{\pi}{\mathrm{V}}\right]$$

을 얻는다(위의 셋째 등식은 여분으로 주어졌음을 주목하자). 문제의 최적해를 구하면, $y_1 = \ln\left[(V/2\pi)^{1/3}\right]$, $y_2 = \ln\left[(4V/\pi)^{1/3}\right]$를 얻는다. 그러므로, (11.64b)에서, '문제 GP'의 최적해로 $r^* = (V/2\pi)^{1/3}$, $h^* = (4V/\pi)^{1/3} = 2r^*$을 얻는다.

11.5.4 예제(난이도=1)

예제 11.5.3을 고려해보고, 지금 또한 실린더의 밑바닥과 윗부분의 중앙을 길이 h의 철사로 연결할 필요가 있다고 가정한다. 실린더의 단위면적(cm^2)당 비용에 대한 철사의 단위 길이(cm)당 비용 비율은 2π이다. 또한, 체적은 최소한 $V \equiv (256\pi/135)cm^3$이 되어야 한다.

지금 '문제 GP'는 다음 식

$$\text{최소화}\left\{2\pi r^2 + 2\pi rh + 2\pi h \,\middle|\, \frac{V}{\pi} r^{-2} h^{-1} \le 1,\ r > 0,\ h > 0\right\}$$

과 같은 형태이며, 여기에서 지금 $J_0 = \{1, 2, 3\}$, $J_1 = \{4\}$를 갖고, $m = 1$, $n = 2$, $M = 4$, $DD = M - n - 1 = 1$, $\alpha_1 = 2\pi$, $\alpha_2 = 2\pi$, $\alpha_3 = 2\pi$, $\alpha_4 = V/\pi$, $\mathbf{a}_1 = (2, 0)$, $\mathbf{a}_2 = (1, 1)$, $\mathbf{a}_3 = (0, 1)$, $\mathbf{a}_4 = (-2, -1)$이다. **직교화 제약조건**과 정규화 제약조건 (11.62b)-(11.62d)는 다음 식

$$2\delta_1 + \delta_2 - 2\delta_4 = 0, \quad \delta_2 + \delta_3 - \delta_4 = 0, \quad \delta_1 + \delta_2 + \delta_3 = 1, \quad \delta_4 = u_1$$

을 제공한다. 모든 변수에 대해 δ_4 항으로 해를 구하면, 이것은 자유도 1을 나타내며 다음 식

$$\delta_1 = (1-\delta_4),\quad \delta_2 = (4\delta_4 - 2),\ \delta_3 = (2-3\delta_4),\qquad u_1 = \delta_4 \qquad (11.72)$$

을 얻는다. 그렇다면 비음(-)성 제약조건 (11.62e, f)는 $1/2 \le \delta_4 \le 2/3$임을 의미한다. 그러므로 여기에서 $\delta_4 \ln(\alpha_4/\delta_4) + u_1 \ln(u_1) = \delta_4 \ln(\alpha_4)$을 사용했고, (11.72)에서 $u_1 = \delta_4$이므로 '문제 DGP'는 변수 δ_4의 공간 위로 사영되며, 다음 식

$$\begin{aligned} \text{최대화}\quad & (1-\delta_4)\ln\left[\frac{2\pi}{1-\delta_4}\right] + (4\delta_4 - 2)\ln\left[\frac{2\pi}{4\delta_4 - 2}\right] \\ & + (2-3\delta_4)\ln\left[\frac{2\pi}{2-3\delta_4}\right] + \delta_4 \ln\left[\frac{256}{135}\right] \\ \text{제약조건}\quad & 1/2 \le \delta_4 \le 2/3 \end{aligned}$$

과 같이 주어진다〔이것을 먼저 1차원 문제로 사영하지 않고 (11.62)의 해를 직접 구하는 선택을 할 수도 있었다는 것을 주목하자〕. 지금, DGP의 목적함수를 미분하고 0으로 놓으면 $\delta_4 = 7/12$이다. 목적함수는 오목이며 목적함숫값은 실현가능하므로, 이것은 '문제 DGP'의 최적해이다. (11.72)를 사용해 다음 내용

$$\delta_1^* = \frac{5}{12},\quad \delta_2^* = \frac{1}{3},\quad \delta_3^* = \frac{1}{4},\quad \delta_4^* = \frac{7}{12},\quad u_1^* = \frac{7}{12}$$

을 얻으며 이것은 정리 11.5.2의 조건을 만족시킨다. 목적함수의 최적값은 ν(쌍대지수계획법 문제 DGP) $\equiv \nu^* = \ln[8.53333\pi]$이다. 그러므로 $e^{\nu^*} = 8.53333\pi$이다. 따라서, (11. 71)에서 $k=1$을 사용해 $2y_1^* = \ln[(5/12)(8.53333\pi)(1/2\pi)]$임을 얻고 $k=3$을 사용해 $y_2^* = \ln[(1/4)(8.53333\pi)(1/2\pi)]$를 얻는다〔(11.71)의 나머지 방정식은 가외적이다〕. (11.64b)을 사용해, 이것은 최종적으로 다음 식

$$r^* = e^{y_1^*} = 1.33333\,cm,\qquad h^* = e^{y_2^*} = 1.06667\,cm$$

을 산출한다. 독자는 연습문제 11.45에서 '문제 GP'의 목적함수에 명시한 비용율 인자에 관해 해의 민감도를 연구하기 바란다.

연습문제

[11.1] 다음 선형계획법 문제

$$\begin{aligned} \text{최소화} \quad & \mathbf{c \cdot x} \\ \text{제약조건} \quad & \mathbf{Ax} = \mathbf{b} \\ & \mathbf{x} \geq 0 \end{aligned}$$

를 고려해보자.

a. 문제의 카루시-쿤-터커 연립방정식을 작성하시오.

b. 다음 문제

$$\begin{aligned} \text{최소화} \quad & -x_1 - 3x_2 \\ \text{제약조건} \quad & 2x_1 + 3x_2 \leq 6 \\ & -x_1 + 2x_2 \leq 2 \\ & x_1, \quad x_2 \geq 0 \end{aligned}$$

의 카루시-쿤-터커 연립방정식의 해를 구하기 위해 상보피봇팅 알고리즘을 사용하시오.

c. 만약 첫째 제약조건이 $x_2 \leq 2$로 대체된다면 파트 b를 반복하시오.

[11.2] $\mathbf{w} - \mathbf{Mz} = \mathbf{q}$, $\mathbf{w \cdot z} = 0$, $\mathbf{w} \geq \mathbf{0}$, $\mathbf{z} \geq \mathbf{0}$이 되도록 하는 $(\mathbf{w}, \mathbf{z})$를 찾기 위한 선형상보 문제를 고려해보고, 여기에서 $\mathbf{M}$, $\mathbf{q}$는 다음과 같다.

$$\mathbf{M} = \begin{bmatrix} 1 & -1 & 0 & 0 \\ 2 & 2 & 0 & 0 \\ 0 & 1 & -1 & -2 \\ 1 & 0 & 1 & -2 \end{bmatrix}, \quad \mathbf{q} = \begin{bmatrix} -1 \\ 1 \\ 2 \\ -2 \end{bmatrix}.$$

a. 행렬 $\mathbf{M}$은 코-포지티브-플러스인가?

b. 절 11.1에서 토의한 렘케의 방법을 위 문제에 적용하시오.

[11.3] 렘케의 방법을 사용해 연립방정식 $\mathbf{w} - \mathbf{Mz} = \mathbf{q}$, $\mathbf{w \cdot z} = 0$, $\mathbf{w} \geq \mathbf{0}$, $\mathbf{z} \geq$

$\mathbf{0}$의 상보 기저실현가능해를 구하고, 여기에서 $\mathbf{M}$, $\mathbf{q}$는 다음과 같다.

$$\mathbf{M}=\begin{bmatrix}2&1&3&4\\4&3&2&1\\2&3&2&2\\1&4&1&4\end{bmatrix},\quad \mathbf{q}=\begin{bmatrix}1\\-8\\-8\\2\end{bmatrix}.$$

[11.4] 만약 연립방정식 $\mathbf{w}-\mathbf{Mz}=\mathbf{q}$, $\mathbf{w}\ge 0$, $\mathbf{z}\ge 0$, $\mathbf{w}\cdot\mathbf{z}=0$의 해가 존재한다면, 해를 찾는 선형상보 문제를 고려해보고, 여기에서 $\mathbf{M}$은 $p\times p$ 행렬이다. 다음 식

$$h(\mathbf{y})=min\left\{\sum_{j=1}^{n}y_jw_j+(1-y_j)z_j \,\middle|\, \mathbf{w}-\mathbf{Mz}=\mathbf{q},\ \mathbf{w}\ge\mathbf{0},\quad \mathbf{z}\ge\mathbf{0}\right\} \tag{11.73}$$

을 정의한다.

a. h는 $\mathbf{0}\le\mathbf{y}\le\mathbf{e}$ 전체에 걸쳐 $\mathbf{y}$에 관한 오목함수임을 보이고, 여기에서 $\mathbf{e}$는 p개의 1을 요소로 갖는 벡터이다.

b. 선형상보 문제는 $\mathbf{0}\le\mathbf{y}\le\mathbf{e}$, 또는 이진법 값을 취하는 $\mathbf{y}$ 전체에 걸쳐 h를 최소화함과 등가임을 보이시오.

c. 집합 $Z=\{\mathbf{z}\mid -\mathbf{Mz}\le\mathbf{q},\ \mathbf{z}\ge\mathbf{0}\}$은 모든 $k=1,\cdots,p$에 대해 $0\le z_k^+\equiv max\{z_k\mid\mathbf{z}\in Z\}<\infty$이며, 공집합이 아니고 유계라고 가정한다. $j=1,\cdots,p$에 대해 $\mathbf{M}_j$는 $\mathbf{M}$의 j-째 행을 나타낸다. Z 내의 부등식 각각을 $j=1,\cdots,p$에 대한 y_j, $1-y_j$로 곱해 집합 Z_p를 구성한다. 그러므로 다음 문제

LCP′: 최소화

$$\left\{\sum_{j=1}^{n}y_j(q_j+\mathbf{M}_j\cdot\mathbf{z})+\sum_{j=1}^{n}(1-y_j)z_j \,\middle|\, (\mathbf{y},\mathbf{z})\in Z_p,\ \mathbf{y}\text{는 이진법의 수}\right\}$$

를 구성한다. 지금 모든 $i,j=1,\cdots,p$에 대한 곱 y_iz_j 대신 x_{ij}를 대체해 LCP′를 선형화하며, 그러므로 결과적으로 연속변수 $\mathbf{z}$, $\mathbf{x}$, 이진변수 $\mathbf{y}$에 관한 선형 혼합-정수 0-1 계획법(MIP) 문제를 얻는다. 이

문제의 제약조건은 다음 식

$$0 \le x_{ij} \le z_j^+ y_i,\ z_j - z_j^+(1-y_i) \le x_{ij} \le x_{ij} \le z_j$$
$$\forall\, i, j = 1, \cdots, p$$

을 의미함을 보이시오. 그러므로 선형혼합정수계획법(MLP) 문제의 최적해를 구함은 선형상보 문제의 최적해를 구함과 등가임을 보이시오.

d. 선형상보 문제의 해를 구하기 위한 해법을 유도하기 위해 파트 b, c를 어떻게 사용할 것인가에 대해 토의하시오(셰랄리 등[1991a, b]은 이 변환에 관계된 알고리즘을 토의한다).

[11.5] 최소화 $\mathbf{c}\cdot\mathbf{x} + (1/2)\mathbf{x}^t\mathbf{H}\mathbf{x}$ 제약조건 $\mathbf{A}\mathbf{x} = \mathbf{b}$ $\mathbf{x} \ge \mathbf{0}$ 문제를 고려하고, 여기에서 $\mathbf{A}$는 $m \times n$ 행렬이며, 여기에서 $\mathbf{H}$는 대칭 $n \times n$행렬이다. 지금 다음 문제

$$\begin{aligned} \text{최소화} \quad & \mathbf{c}\cdot\mathbf{x} - \mathbf{b}\cdot\mathbf{u} \\ \text{제약조건} \quad & \mathbf{A}\mathbf{x} = \mathbf{b} \\ & \mathbf{H}\mathbf{x} + \mathbf{A}^t\mathbf{u} - \boldsymbol{\nu} = -\mathbf{c} \\ & \boldsymbol{\nu}\cdot\mathbf{x} = 0 \\ & \mathbf{x}, \boldsymbol{\nu} \ge \mathbf{0}, \quad \mathbf{u} \text{ 제한 없음} \end{aligned}$$

를 고려해보자.

a. 위 문제의 하나의 최적해는 모든 카루시-쿤-터커 점에서 최소의 목적함숫값을 갖는 하나의 점을 제공함을 보이시오. 문제의 최적해는 전역 최소해를 의미하는가?

b. 위 문제의 목적함수에 대해 해석하시오.

c. 연습문제 11.4의 기법을 사용해 위 문제의 최적해를 구하는 절차를 제시하시오. 그리고 다음 문제

$$\begin{aligned} \text{최소화} \quad & -(x_1-2)^2 - (x_2-2)^2 \\ \text{제약조건} \quad & -2x_1 + x_2 + x_3 = 4 \\ & 3x_1 + 2x_2 + x_4 = 12 \end{aligned}$$

$$3x_1 - 2x_2 + \qquad\qquad x_5 = 6$$
$$x_1, \quad x_2, \; x_3, \; x_4, \; x_5 \geq 0$$

의 해를 구해 예시하시오.

[11.6] 만약 연립방정식 $\mathbf{Mz} + \mathbf{q} \geq \mathbf{0}$, $\mathbf{z} \geq \mathbf{0}$, $(\mathbf{Mz} + \mathbf{q}) \cdot \mathbf{z} = \mathbf{0}$의 해가 존재한다면 해를 구하는 선형상보 문제를 고려해보고, 여기에서 $\mathbf{M}$은 $p \times p$ 행렬이다. 다음 선형 혼합-정수 계획법 문제

$$\begin{aligned} \text{MIP: 최소화} \quad & \alpha \\ \text{제약조건} \quad & \mathbf{0} \leq \mathbf{Mx} + \alpha \mathbf{q} \leq \mathbf{e} - \mathbf{y} \\ & \mathbf{0} \leq \mathbf{x} \leq \mathbf{y} \\ & \mathbf{y} \text{ 이진법의 수, } 0 \leq \alpha \leq 1 \end{aligned}$$

를 고려해보고, 여기에서 $\mathbf{e}$는 p개의 1을 갖는 벡터이다. 만약 MIP가 목적함숫값 $\alpha^* > 0$와 함께 최적해 $(\alpha^*, \mathbf{x}^*, \mathbf{y}^*)$를 갖는다면 $\mathbf{z} = \mathbf{x} / \alpha^*$는 선형상보 문제의 최적해임을 보이시오. 반면에, 만약 최적해에서 $\alpha^* = 0$이라면, 선형상보 문제는 해를 갖지 않음을 보이시오(이 성식화는 파르달로스 & 로젠[1988]에 의한 것이다).

[11.7] 다음 이차식계획법 문제

$$\begin{aligned} \text{최대화} \quad & 4x_1 - 2x_2 - 3x_1^2 - 3x_1x_2 - 2x_2^2 \\ \text{제약조건} \quad & 3x_1 + 2x_2 \leq 6 \\ & -x_1 + 2x_2 \leq 4 \\ & x_1, \quad x_2 \geq 0 \end{aligned}$$

의 최적해를 구하기 위해 상보피봇팅 알고리즘을 사용하시오.

[11.8] 상보피봇팅 알고리즘에 의해 다음 문제

$$\begin{aligned} \text{최소화} \quad & -3x_1 + 2x_2 - 4x_3 + 3x_1^2 + 2x_2^2 + 6x_3^2 - x_1x_2 - 2x_1x_3 + 3x_2x_3 \\ \text{제약조건} \quad & 2x_1 + \; x_2 + x_3 \geq 4 \end{aligned}$$

$$\begin{aligned} x_1 + 2x_2 + x_3 &\le 8 \\ -3x_1 + 2x_2 \qquad &\le -4 \\ x_1, \quad x_2, \quad x_3 &\ge 0 \end{aligned}$$

의 카루시-쿤-터커 연립방정식의 해를 구하시오.

[11.9] 연립방정식 $\mathbf{w} - \mathbf{Mz} = \mathbf{q}$, $\mathbf{w} \ge \mathbf{0}$, $\mathbf{z} \ge \mathbf{0}$, $\mathbf{w} \cdot \mathbf{z} = 0$ 문제의 해를 찾는, 만약 존재한다면, 선형상보 문제를 고려해보고, 여기에서 $\mathbf{M}$은 $p \times p$ 행렬이다. $Z = \{z \ge 0 | \mathbf{Mz} + \mathbf{q} \ge \mathbf{0}\}$을 정의하고 $W = \{\mathbf{w} | \mathbf{0} \le \mathbf{w} \le K\mathbf{e}\}$라고 하고, 여기에서 K는 큰 수이며, $\mathbf{e}$는 p개 1을 요소로 갖는 벡터이다. 이 문제

$$\text{LCP}': \text{최소화} \left\{ \sum_{j=1}^{n} [min\ \{0, w_j\} + z_j] \,\middle|\, \mathbf{z} \in Z,\ \mathbf{w} \in W,\ \mathbf{w} + \mathbf{z} = \mathbf{q} + \mathbf{Mz} \right\}$$

를 고려해보자. LCP′의 구조와 선형상보 문제의 최적해를 구함에 있어 이것의 등가 형태를 토의하시오(이 정식화는 바드 & 포크[1982]가 제안한 것이다).

[11.10] 절 11.1의 정리 11.1.8에서 만약 연립방정식 $\mathbf{w} - \mathbf{Mz} = \mathbf{q}$, $(\mathbf{w}, \mathbf{z}) \ge \mathbf{0}$에 모순이 없고 만약 $\mathbf{M}$이 코-포지티브-플러스라면, (11.1), (11.2), (11.3)로 정의한 연립방정식은 해를 갖는다는 것을 구성적으로 보였다. 이 사실을 직접 증명하시오.

[11.11] 이 연습문제에서 다음 선형상보 문제

$$\begin{aligned} \mathbf{w} - \mathbf{Mz} &= \mathbf{q} \\ \mathbf{w},\ \mathbf{z} &\ge \mathbf{0} \\ \mathbf{w} \cdot \mathbf{z} &= 0 \end{aligned}$$

의 최적해를 구하기 위해 코틀 & 단치히[1968]의 공로라고 알려진 **주 피봇팅 알고리즘**을 설명한다. 만약 이 연립방정식이 해를 갖는다면, 그리고 만약 $\mathbf{M}$이 양정부호 행렬이라면, 그리고 만약 위의 연립방정식의 모든 기저해가 비퇴화라면, 이 알고리즘은 유한개 스텝 이내에 상보기저 실현가능해를 찾고 중지한다.

초기화 스텝 기저해 $\mathbf{w} = \mathbf{q}$, $\mathbf{z} = \mathbf{0}$을 고려해보고, 연관된 태블로를 작성하고, 메인 스텝으로 간다.

메인 스텝 1. $\mathbf{z} \geq \mathbf{0}$인 $(\mathbf{w}, \mathbf{z})$를 상보기저해라 하자. 만약 $\mathbf{w} \geq \mathbf{0}$이라면, 중지한다; $(\mathbf{w}, \mathbf{z})$는 상보기저 실현가능해이다. 그렇지 않다면, $w_k < 0$이라고 놓는다. ν를 w_k에 대해 상보인 변수라고 놓고, 스텝 2로 간다.

2. w_k가 값 0에 도달할 때까지 또는 어떤 양(+) 기저 변수가 0이 될 때까지 ν 값을 증가한다. 앞의 케이스에 있어, 태블로를 수정하기 위해 피봇팅한 후, 스텝 1로 간다. 뒤의 케이스에 있어, 태블로를 갱신하기 위해 피봇팅하고, ν는 기저에서 직전에 탈락한 변수의 상보변수라 하고, 스텝 2를 반복한다.

a. 스텝 2의 각각의 반복계산에서, w_k는 0에 도달할 때까지 증가함을 보이시오.

b. 유한회 이내에 알고리즘이 상보기저 실현가능해로 수렴함을 증명하시오.

c. 목적함수가 엄격하게 볼록인 이차식계획법 문제의 최적해를 구하기 위해 이 방법을 사용할 수 있는가?

[11.12] 쌍행렬게임에서, I, II의 2인 참가자가 존재한다. 참가자 I에 대해 m개의 가능한 전략이 존재하고, 참가자 II에 대해 n개의 가능한 전략이 존재한다. 만약 참가자 I이 전략 i를 선택하고 참가자 II가 전략 j를 선택한다면, 참가자 I는 a_{ij}을 잃고 참가자 II는 b_{ij}를 잃는다. 참가자 I, 참가자 II의 손해행렬을 $\mathbf{A}$, $\mathbf{B}$라 하고, 여기에서 a_{ij}, b_{ij}는 각각 $\mathbf{A}$, $\mathbf{B}$의 (i, j)-째 성분이다. 만약 참가자 I가 전략 i를 확률 x_i로 선택하고 참가자 II는 전략 j를 확률 y_j로 선택한다면, 2인의 참가자의 손실의 수학적 기대치는 각각 $\mathbf{x}^t\mathbf{A}\mathbf{y}$, $\mathbf{x}^t\mathbf{B}\mathbf{y}$이다. 만약 다음 식

$$\sum_{i=1}^{m} x_i = 1 \text{이 되도록 하는 모든 } \mathbf{x} \geq \mathbf{0} \text{에 대해 } \overline{\mathbf{x}}^t\mathbf{A}\overline{\mathbf{y}} \leq \mathbf{x}^t\mathbf{A}\overline{\mathbf{y}}$$

$$\sum_{j=1}^{n} y_j = 1 \text{이 되도록 하는 모든 } \mathbf{y} \geq \mathbf{0} \text{에 대해 } \overline{\mathbf{x}}^t\mathbf{B}\overline{\mathbf{y}} \leq \overline{\mathbf{x}}^t\mathbf{B}\mathbf{y}$$

이 성립한다면 전략의 쌍 $(\overline{\mathbf{x}}, \overline{\mathbf{y}})$는 평형점이라고 말한다.

a. $\mathbf{w} - \mathbf{Mz} = \mathbf{q}$, $\mathbf{w} \cdot \mathbf{z} = 0$, $\mathbf{w} \geq \mathbf{0}$, $\mathbf{z} \geq \mathbf{0}$ 형태인 적절한 선형상보 문제를 정식화해 균형 쌍 $(\overline{\mathbf{x}}, \overline{\mathbf{y}})$를 어떻게 구하는가에 관해 설명하시오.

b. 행렬 $\mathbf{M}$의 특질을 조사하시오. 상보 문제가 해를 갖는지 아닌지에 대해 입증하시오.

c. 다음 손실행렬

$$\mathrm{A} = \begin{bmatrix} 3 & 2 & 3 \\ 1 & 3 & 4 \end{bmatrix}, \quad \mathrm{B} = \begin{bmatrix} 2 & 4 & 3 \\ 3 & 2 & 1 \end{bmatrix}$$

에 대해 균형쌍을 구하시오.

[11.13] 다음 문제는 일반적으로 **비선형상보 문제**라 한다. $\mathbf{x} \geq 0$, $\mathbf{g}(\mathbf{x}) \geq 0$, $\mathbf{x} \cdot \mathbf{g}(\mathbf{x}) = 0$이 되도록 하는 점 $\mathbf{x} \in \Re^n$을 구하고, 여기에서 $\mathbf{g}\colon \Re^n \to \Re^n$은 연속 벡터함수이다.

a. 선형상보 문제는 위의 비선형 문제의 특별케이스임을 보이시오.

b. 비선형계획법 문제의 최적성을 위한 카루시-쿤-터커 조건은 비선형상보 문제로 나타낼 수 있음을 보이시오.

c. 만약 $\mathbf{g}$가 다음과 같은 강단조성 특질을 만족시킨다면 비선형 상보 문제의 유일한 해가 존재함을 보이시오(상세한 증명은 카라마르디안[1969]에 나타나 있다). 만약 다음 식

$$(\mathbf{y} - \mathbf{x}) \cdot [\mathbf{g}(\mathbf{y}) - \mathbf{g}(\mathbf{x})] \geq \varepsilon \| \mathbf{y} - \mathbf{x} \|^2$$

이 성립하도록 하는 $\varepsilon >$이 존재한다면 $\mathbf{g}$는 **강하게 단조**라고 말한다.

d. 비선형상보 문제의 최적해를 구하는 계산구도를 제시할 수 있는가?

[11.14] 다음 문제

$$\begin{aligned} \text{최소화} \quad & \mathbf{c} \cdot \mathbf{x} + \frac{1}{2} \mathbf{x}^t \mathbf{H} \mathbf{x} \\ \text{제약조건} \quad & \mathbf{A}\mathbf{x} = \mathbf{b} \\ & \mathbf{x} \geq \mathbf{0} \end{aligned}$$

를 고려해보고, 여기에서 $\mathbf{A}$는 $m \times n$ 행렬이며 $\mathbf{H}$는 $n \times n$ 대칭행렬이다.

a. 카루시-쿤-터커 조건을 작성하시오.

b. 하나의 점 $\mathbf{x}$는 카루시-쿤-터커 조건을 만족시킨다고 가정한다. $\mathbf{x}$가 하나의 전역최소해 또는 국소최소해라는 것은 참일 필요가 있는가?

c. 만약 $\mathbf{x}$에서 $\mathbf{H}$가 실현가능방향 원추에서 양반정부호라면, $\mathbf{x}$는 하나의 전역 최적해임을 보이시오.

[11.15] 이 연습문제는 단치히[1963]의 공로라고 알려진, 최소화 $(1/2)\mathbf{x}^t\mathbf{H}\mathbf{x}$ 제약조건 $\mathbf{A}\mathbf{x} = \mathbf{b}$ $\mathbf{x} \geq \mathbf{0}$ 형태인 이차식계획법 문제의 최적해를 구하는 알고리즘을 설명하며, 여기에서 $\mathbf{H}$는 대칭이며 양반정부호의 행렬이다. 위 문제의 카루시-쿤-터커 조건은 다음 식

$$\begin{aligned} \mathbf{A}\mathbf{x} &= \mathbf{b} \\ \mathbf{H}\mathbf{x} + \mathbf{A}^t\mathbf{u} - \boldsymbol{\nu} &= \mathbf{0} \\ \nu_j x_j &= 0, \qquad j = 1, \cdots, n \\ \mathbf{x}, \boldsymbol{\nu} &\geq \mathbf{0} \end{aligned}$$

과 같다. 이 절차는, 첫째 2개 조건을 항상 만족시키는 것 이외에 또, $\mathbf{x}$의 비음(-)성 조건을 항상 만족시킨다. $\boldsymbol{\nu} \geq \mathbf{0}$이어야 한다는 제한은 최적해에서만 만족된다.

더군다나, 각각의 반복계산에서, 많아야 1개의 첨자를 제외하고 모든 j에 대해 $\nu_j x_j = 0$이다.

초기화 스텝 $(\mathbf{x}_B^t, \mathbf{x}_N^t)$는 $\mathbf{A}\mathbf{x} = \mathbf{b}$, $\mathbf{x} \geq \mathbf{0}$의 기저실현가능해라 하고, $\boldsymbol{\nu}^t = (\boldsymbol{\nu}_B^t, \boldsymbol{\nu}_N^t)$라 한다. 기저 벡터 $\mathbf{x}_B$, $\mathbf{u}$, $\boldsymbol{\nu}_N$를 갖는 연립방정식의 기저해를 고려해보자. 이 해는 어쩌면 $\boldsymbol{\nu} \geq \mathbf{0}$을 제외하고 모든 제약조건을 만족시킴을 주목하자. $\mathbf{u}$는 제한이 없으므로, 그리고 알고리즘은 $\boldsymbol{\nu} \geq \mathbf{0}$를 완화하므로, 변수가 기저에 진입함에 따라, x_j 변수만 기저를 떠날 자격이 있다.

메인 스텝 1. 만약 $\boldsymbol{\nu} \geq \mathbf{0}$이라면, 중지한다. 현재의 해는 최적해이다. 그렇지 않다면, $\nu_j = min\{\nu_i | \nu_i < 0\}$로 놓는다. 스텝 2로 간다.

2. x_1를 기저에 진입시킨다. 만약 ν_j가 탈락한다면, 스텝 1로 간다. 그렇지 않다면, 어떤 r에 대해 x_r은 탈락한다. 스텝 3으로 간다.

3. ν_r를 기저에 진입시킨다. 만약 ν_j가 탈락한다면, 스텝 1로 간다. 만약 다른 변수 x_k가 탈락하면, ν_r를 ν_k로 대체하고 스텝 3을 반복한다.

a. 위의 방법을 사용해 다음 문제

$$\begin{array}{ll} \text{최소화} & 3x_1^2+2x_2^2-x_1x_2 \\ \text{제약조건} & -2x_1+\ \ x_2 \le 0 \\ & 2x_1+3x_2 \ge 6 \\ & 6x_1+\ \ x_2 \le 12 \\ & x_1,\quad x_2 \ge 0 \end{array}$$

의 최적해를 구하시오.

b. 위의 방법은 유한개 스텝 이내에 하나의 최적해로 수렴함을 증명하시오.

c. 핑크바이너 & 칼[1973]의 공로라고 알려진 다음 문제

$$\begin{array}{ll} \text{최소화} & \frac{1}{2}x_1^2+\frac{1}{2}x_2^2+3x_1+7x_3+x_4 \\ \text{제약조건} & x_1+2x_2+x_3 \qquad = 8 \\ & x_1+2x_2+ \qquad x_4 = 5 \\ & x_1,\quad x_2,\ x_3,\ x_4 \ge 0 \end{array}$$

를 고려해보자. 기저 변수 $x_1=2$, $x_2=3$, $u_1=2$, $u_2=7$, $\nu_3=9$, $\nu_4=-6$에서 출발하여, 위의 알고리즘을 적용한다. 1회 반복계산 후, 변수 ν_1는 기저에 진입해야 하지만 기저를 떠날 수 있는 적절한 변수가 없다는 것을 주목하자. 그래서 목적함수에서의 선형 항이 존재하면 이 방법은 실패한다.

d. 다음과 같은 핑크바이너 & 칼[1973]이 제안한 위 절차의 스텝 3의 수정내용을 고려해보자: 만약 ν_r이 기저에 진입할 때 다른 변수가 기저에서 떨어지지 않으면, 만약 ν_j가 감소하지 않으면 ν_r을 증가하고, 또는 만약 $\mathbf{x}$ 벡터의 비음(-)성을 위반하지 않으면서 ν_j가 감소하면 ν_r를 감소한다. 이 방법에 의해 파트 c의 문제의 최적해를 구하고 이 절차는 일

반적으로 제대로 작동함을 보이시오.

[11.16] 이 연습문제에서 울프[1959]의 공로라고 알려지고, 유사한 절차의 수정된 버전인 최소화 $\mathbf{c}\cdot\mathbf{x}+(1/2)\mathbf{x}^t\mathbf{H}\mathbf{x}$ 제약조건 $\mathbf{A}\mathbf{x}=\mathbf{b}$ $\mathbf{x}\geq 0$ 형태의 이차식계획법 문제의 최적해를 구하는 절차를 설명하며, 여기에서 $\mathbf{A}$는 계수 m의 $m\times n$ 행렬이며 $\mathbf{H}$는 $n\times n$ 대칭행렬이다. 문제의 카루시-쿤-터커 조건은 다음 식

$$\begin{aligned}\mathbf{A}\mathbf{x}&=\mathbf{b}\\ \mathbf{H}\mathbf{x}+\mathbf{A}^t\mathbf{u}-\nu&=-\mathbf{c}\\ \mathbf{x},\nu&\geq 0\\ \nu\cdot\mathbf{x}&=0\end{aligned}$$

과 같이 나타낼 수 있다. 이 방법은 먼저 연립방정식 $\mathbf{A}\mathbf{x}=\mathbf{b}$, $\mathbf{x}\geq 0$의 출발기저실현가능해를 찾는다. 이 해를 사용하고 $\mathbf{A}$를 $[\mathbf{B},\mathbf{N}]$으로 나타내고 $\mathbf{H}$를 $[\mathbf{H}_1, \mathbf{H}_2]$라고 나타내면, 여기에서 $\mathbf{B}$는 기저행렬이며, 위의 연립방정식은 다음 식

$$\begin{aligned}\mathbf{x}_B+\mathbf{B}^{-1}\mathbf{N}\mathbf{x}_N&=\mathbf{B}^{-1}\mathbf{b}\\ \left[\mathbf{H}_2-\mathbf{H}_1\mathbf{B}^{-1}\mathbf{N}\right]\mathbf{x}_N+\mathbf{A}^t\mathbf{u}-\nu&=-\mathbf{H}_1\mathbf{B}^{-1}\mathbf{b}-\mathbf{c}\\ \nu\cdot\mathbf{x}&=0\\ \mathbf{x}_B,\mathbf{x}_N,\nu&\geq 0,\quad \mathbf{u}\text{ 제한 없음}\end{aligned}$$

과 같이 나타낼 수 있다. 시작할 때, 만약 $(\mathbf{H}_1\mathbf{B}^{-1}\mathbf{b}+\mathbf{c})_i\leq 0$이라면 계수를 $+1$로 놓고, 만약 $(\mathbf{H}_1\mathbf{B}^{-1}\mathbf{b}+\mathbf{c})_i>0$이라면 계수를 -1로 놓아, 마지막 n개 제약조건에 n개 인위 변수가 도입된다. 그렇다면 $\mathbf{x}_B$와 인위 변수로 구성된 초기 기저행렬을 갖는 위의 연립방정식의 기저실현가능해를 얻는다. 그렇다면 인위 변수의 합을 최소화해 하나의 카루시-쿤-터커 점을 구하기 위해 심플렉스 알고리즘을 사용한다. 상보여유성을 유지하기 위해, 다음의 '제한된 기저진입규칙'을 채택한다. 만약 x_j가 기저라면, 그렇다면 최소비율검정이 x_j를 기저에서 퇴출시키지 않으면 ν_j는 기저에 진입할 수 없다; 역으로, 만약 ν_j가 기저에 있다면, 그렇다면 최소비율검정이 ν_j를 기저에서 퇴출시키지 않는 한, x_j는 기저에 진입할 수 없다.

a. 만약 제약조건 $\mathbf{Ax} = \mathbf{b}$가 $\mathbf{Ax} \leq \mathbf{b}$로 대체된다면 어떤 수정이 필요한가?

b. 다음 이차식계획법 문제

$$\begin{aligned} \text{최소화} \quad & 3x_1^2 + 2x_1x_2 + 4x_2^2 - 3x_1 + 6x_2 \\ \text{제약조건} \quad & 3x_1 + 2x_2 \leq 6 \\ & x_1 + 3x_2 \leq 6 \\ & x_1, \quad x_2 \geq 0 \end{aligned}$$

의 하나의 카루시-쿤-터커 점을 구하기 위해 위의 방법을 사용하시오.

c. 비퇴화가 없는 상태에서 그리고 다음과 같은 임의의 조건 아래, 실현가능영역은 공집합이 아니라고 가정하면 위의 방법은 유한개 스텝 이내에 하나의 카루시-쿤-터커 점을 생성함을 보이시오.

(i) $\mathbf{H}$는 양반정부호이며 $\mathbf{c} = \mathbf{0}$이다.
(ii) $\mathbf{H}$는 양정부호이다.
(iii) $\mathbf{H}$는 엄격하게 양(+) 대각선 요소를 가지며 비음(-)요소를 갖는다.

d. 만약 $\mathbf{H}$가 양반정부호라면, 그리고 만약, 종료에서 인위 변수의 합이 0이 아니라면, 위 이차식계획법 문제는 무계인 최적해를 가짐을 보이시오.

e. 울프의 방법에 따라 다음 이차식계획법 문제

$$\begin{aligned} \text{최소화} \quad & -3x_1 - 5x_2 + 3x_1^2 - 2x_1x_2 + 2x_2^2 \\ \text{제약조건} \quad & 2x_1 + 3x_2 \leq 6 \\ & -x_1 + 2x_2 \leq 2 \\ & x_1, \quad x_2 \geq 0 \end{aligned}$$

의 최적해를 구하시오.

[11.17] 최소화 $\mathbf{c} \cdot \mathbf{x} + (1/2)\mathbf{x}^t\mathbf{Hx}$ 제약조건 $\mathbf{Ax} \leq \mathbf{b}$ $\mathbf{x} \geq \mathbf{0}$의 이차식계획법 문제를 고려해보고, 여기에서 $\mathbf{A}$는 계수 m인 $m \times n$ 행렬이며 $\mathbf{H}$는 $n \times n$ 대칭행렬이

다. 단순히 하기 위해, $\mathbf{b} \geq \mathbf{0}$이라고 가정한다. 카루시-쿤-터커 조건은 다음 식

$$\begin{aligned} \mathbf{Ax} + \mathbf{y} &= \mathbf{b} \\ -\mathbf{Hx} - \mathbf{A}^t\mathbf{u} + \boldsymbol{\nu} &= \mathbf{c} \\ \boldsymbol{\nu}\cdot\mathbf{x} = 0,\ \mathbf{u}\cdot\mathbf{y} &= 0 \\ \mathbf{x}, \mathbf{y}, \mathbf{u}, \boldsymbol{\nu} &\geq \mathbf{0} \end{aligned}$$

과 같이 나타낼 수 있다. 지금 인위 변수 z를 도입하고 다음 문제

$$\begin{aligned} &\text{최소화} \quad z \\ &\text{제약조건} \quad \mathbf{Ax} + \mathbf{y} = \mathbf{b} \\ &\qquad -\mathbf{Hx} - \mathbf{A}^t\mathbf{u} + \boldsymbol{\nu} + \mathbf{q}z = \mathbf{c} \\ &\qquad \mathbf{x}, \mathbf{y}, \mathbf{u}, \boldsymbol{\nu} \geq \mathbf{0} \end{aligned}$$

를 고려해보고, 여기에서 $\mathbf{q}$의 i-째 성분 q_i는 다음 식

$$q_i = \begin{cases} -1 & \text{만약 } c_i < 0\text{이라면} \\ 0 & \text{그렇지 않으면} \end{cases}$$

으로 주어진다. 연습문제 11.16에서 카루시-쿤-터커 연립방정식의 해를 구하는 울프의 방법을 수정한 내용을 아래에 설명한다.

스텝 1 $\mathbf{y}$, $\boldsymbol{\nu}$를 기저 변수로 해서 출발하고, $\boldsymbol{\nu}$의 어떤 성분은 음(-)일 수도 있음을 주목하자. ν_r을 $\boldsymbol{\nu}$의 가장 음(-)인 성분이라 한다. ν_r이 기저에서 퇴출되도록 z 열과 ν_r 행에서 피봇팅한다. 지금 $z > 0$인 기저해를 갖고 있으며 모든 변수는 비음(-)이다. $\nu_1 x_1 = 0, \cdots, \nu_n x_n = 0$이며, $u_1 y_1 = 0, \cdots, u_m y_m = 0$임을 주목하자.
스텝 2 $\nu_1 x_1 = 0, \cdots, \nu_n x_n = 0$이며 $u_1 y_1 = 0, \cdots, u_m y_m = 0$이 되도록 하는 제한된 기저진입규칙을 사용해 심플렉스 알고리즘에 의해 z를 최소화하시오.

a. 위의 절차에 따라 예제 11.2.1에서 정의한 문제의 최적해를 구하시오.
b. $\mathbf{H}$는 양반정부호라고 가정한다. 위의 알고리즘은 원래의 문제의 하나의 최적해를 제공하거나, 또는 이 문제가 무계임을 나타냄을 보이시오.
c. 만약 목적함수 행이 삭제되면, 절 11.1에서 토의한 상보피봇팅 알고리

즘을 카루시-쿤-터커 연립방정식의 해를 구하는 목적으로 사용할 수 있음을 보이시오. 이 경우 만약 앞에서의 반복계산에서 기저에 속한 상보변수가 기저에서 탈락한다면 하나의 변수가 자동적으로 기저에 진입하며, 여기에서 x_j, ν_j 그리고 u_i, y_i는 변수의 상보 쌍이다.

[11.18] 다음의 이차식계획법 문제

$$\text{QP: 최소화 } \left\{\mathbf{c}\cdot\mathbf{x} + \frac{1}{2}\mathbf{x}^t\mathbf{H}\mathbf{x} \,\middle|\, \mathbf{A}\mathbf{x} = \mathbf{b}\right\}$$

를 고려해보고, 여기에서 $\mathbf{A}$는 계수 m인 $m\times n$ 행렬이며, $\mathbf{H}$는 $\{\mathbf{x} \mid \mathbf{A}\mathbf{x} = \mathbf{0}\}$에서 대칭 양정부호 행렬이다. 즉 다시 말하면, $\mathbf{A}\mathbf{x} = \mathbf{0}$이 되도록 하는 모든 $\mathbf{x} \neq \mathbf{0}$에 대해 $\mathbf{x}^t\mathbf{H}\mathbf{x} > 0$이다.

a. 행렬 $\begin{bmatrix}\mathbf{H} & \mathbf{A}^t \\ \mathbf{A} & \mathbf{0}\end{bmatrix}$은 정칙임을 보이시오.
b. 그러므로, QP의 카루시-쿤-터커 선형연립방정식은 유일한 해를 산출함을 보이시오.
c. $\mathbf{H}$는 양정부호이며, 따라서 정칙이라고 가정하고 QP의 최적해에 대해 명시적으로 닫힌 형태의 표현을 유도하시오.

[11.19] 다음 이차식계획법 문제

$$\text{QP: 최소화 } \left\{\mathbf{c}\cdot\mathbf{x} + \frac{1}{2}\mathbf{x}^t\mathbf{H}\mathbf{x} \mid \mathbf{A}_i\cdot\mathbf{x} = b_i \quad i\in E,\ \mathbf{A}_i\cdot\mathbf{x} \le b_i \quad i\in I\right\}$$

를 고려해보고, 여기에서 $\mathbf{H}$는 대칭 양정부호이고, $\mathbf{A}_i$는 $\mathbf{A}$의 i-째 행이며, 이 문제에서 첨자집합 E, I는 각각 등식과 부등식 제약조건의 첨자를 갖는다(비음(-)성은, 만약 존재한다면, I에 의한 첨자를 갖는 집합에 포함된다). QP의 최적해를 구하는 다음의 **작용집합법**5)을 고려해보자. 실현가능해 $\mathbf{x}_k$가 주어지면 작용하는6) 첨자집합 $W_k = E\cup I_k$를 정의하며, 여기에서 $I_k \equiv \{i\in I \mid \mathbf{A}_i\cdot\mathbf{x}_k = b_i\}$는 구속

5) active set method
6) working

하는 부등식 제약조건을 나타내며, 그리고 다음 식

$$\mathrm{QP}(\mathbf{x}_k):\ \text{최소화}\left\{(\mathbf{c}+\mathbf{H}\mathbf{x}_k)\cdot\mathbf{d}+\frac{1}{2}\mathbf{d}^t\mathbf{H}\mathbf{d}\ \middle|\ \mathbf{A}_i\cdot\mathbf{d}=0,\ \ \forall i\in W_k\right\}$$

과 같은 방향탐색문제를 고려해보자. $\mathbf{d}_k$는 위 식의 최적해라 하자(연습문제 11.18 참조).

a. $(\mathbf{x}_k+\mathbf{d}_k)$는 다음 문제

$$\text{최소화}\left\{\mathbf{c}\cdot\mathbf{x}+\frac{1}{2}\mathbf{x}^t\mathbf{H}\mathbf{x}\mid\mathbf{A}_i\cdot\mathbf{x}=b_i,\ \ \forall i\in W_k\right\}\qquad(11.74)$$

의 최적해임을 보이시오.

b. 만약 $\mathbf{d}_k=\mathbf{0}$이라면, $\mathrm{QP}(\mathbf{x}_k)$에 대해 $i\in W_k$인 $\nu_i{}^*$가 최적 라그랑지 승수를 나타낸다고 하자. 만약 모든 $i\in I_k$에 대해 $\nu_i^*\geq 0$이라면 $\mathbf{x}_k$는 QP의 최적해임을 보이시오. 반면에, 만약 $min\{\nu_i^*\mid i\in I_k\}\equiv\nu_q^*<0$이라면 $I_{k+1}=I_k-\{q\}$이라고 놓고 $W_{k+1}=E\cup I_{k+1}$, $\mathbf{x}_{k+1}=\mathbf{x}_k$이라고 놓는다.

c. 만약 $\mathbf{d}_k\neq\mathbf{0}$이며, 또한 만약 $(\mathbf{x}_k+\mathbf{d}_k)$가 QP의 실현가능해라면, $\mathbf{x}_{k+1}=\mathbf{x}_k+\mathbf{d}_k$, $W_{k+1}=W_k$라고 놓는다. 반면에 만약 $(\mathbf{x}_k+\mathbf{d}_k)$가 QP의 실현불가능해라면, $\alpha_k<1$은 다음 식

$$\alpha_k=\underset{i\notin I_k\mid\mathbf{A}_i\cdot\mathbf{d}_k>0}{min}\left\{\frac{b_i-\mathbf{A}_i\cdot\mathbf{x}_k}{\mathbf{A}_i\cdot\mathbf{d}_k}\right\}=\frac{b_q-\mathbf{A}_i\cdot\mathbf{x}_k}{\mathbf{A}_q\cdot\mathbf{d}_k}$$

이 제공하는 실현가능성을 유지하는, $\mathbf{d}_k$ 방향을 향한 최대 스텝크기라 하자. $\mathbf{x}_{k+1}=\mathbf{x}_k+\alpha_k\mathbf{d}_k$, $I_{k+l}=I_k\cup\{q\}$, $W_{k+l}=E\cup I_{k+1}$이라고 놓는다. 파트 b, c에서, $\mathbf{x}_{k+1}$, W_{k+1}을 결정해, k를 1만큼 증가시키고, 반복계산을 다시 실행한다. $\{\mathbf{x}_k\}$는 이렇게 생성한 수열이라 하자. (11.74)의 해가 QP의 실현불가능해인 반면, 이 방법은 (11.74)의 해가 P의 실현가능해가 될 때까지 구속하는 제약조건을 추가함을

계속하고, 그리고 최적성을 입증하거나 아니면 목적함숫값의 엄격한 강하를 제공함을 보임으로 이 절차가 유한회 이내에 수렴한다는 논증을 제공하시오. 그러므로, 있을 수 있는 작용집합 개수가 유한하다는 사실을 이용해, 이 절차가 유한회 이내에 수렴함을 확립하시오.

d. 원점에서 출발하여 예제 11.2.1의 문제의 최적해를 구해 예시하시오.

[11.20] 이 연습문제에서 이차식계획법 문제의 최적해를 구하는 프랭크 & 울프[1956]의 알고리즘을 설명한다. 이 알고리즘은 바란킨 & 도르프만[1955]의 절차와 유사한 절차를 일반화한다. 최소화 $\mathbf{c}\cdot\mathbf{x}+(1/2)\mathbf{x}^t\mathbf{H}\mathbf{x}$ 제약조건 $\mathbf{A}\mathbf{x}\le\mathbf{b}$, $\mathbf{x}\ge 0$ 문제를 고려해보고, 여기에서 $\mathbf{H}$는 대칭이며 양반정부호이다.

a. 카루시-쿤-터커 조건은 다음 식

$$
\begin{aligned}
\mathbf{A}\mathbf{x}+\mathbf{x}_s&=\mathbf{b}\\
\mathbf{H}\mathbf{x}-\mathbf{u}+\mathbf{A}^t\nu&=-\mathbf{c}\\
\mathbf{u}\cdot\mathbf{x}+\nu\cdot\mathbf{x}_s&=0\\
\mathbf{x},\mathbf{x}_s,\mathbf{u},\nu&\ge 0
\end{aligned}
$$

과 같이 나타낼 수 있음을 보이시오. 이 연립방정식은 $\mathbf{E}\mathbf{y}=\mathbf{d}$, $\mathbf{y}\ge\mathbf{0}$, $\mathbf{y}\cdot\tilde{\mathbf{y}}=0$이라고 나타낼 수 있으며, 여기에서 변수는 다음 식

$$
\mathbf{E}=\begin{bmatrix}\mathbf{A} & \mathbf{I} & \mathbf{0} & \mathbf{0}\\ \mathbf{H} & \mathbf{0} & -\mathbf{I} & \mathbf{A}^t\end{bmatrix},\quad \mathbf{d}=\begin{bmatrix}\mathbf{b}\\ -\mathbf{c}\end{bmatrix}
$$

$$
\mathbf{y}^t=\left(\mathbf{x}^t,\mathbf{x}_s^t,\mathbf{u}^t,\nu^t\right)
$$

$$
\tilde{\mathbf{y}}^t=\left(\mathbf{u}^t,\nu^t,\mathbf{x}^t,\mathbf{x}_s^t\right)
$$

과 같다.

b. 다음 문제

$$
\begin{aligned}
\text{최소화}\quad & \mathbf{y}\cdot\tilde{\mathbf{y}}\\
\text{제약조건}\quad & \mathbf{E}\mathbf{y}=\mathbf{d}\\
& \mathbf{y}\ge 0
\end{aligned}
$$

를 고려해보자. $\mathbf{y}\cdot\tilde{\mathbf{y}}=0$이 되도록 하는 하나의 실현가능해 $\mathbf{y}$는 원래의 문제의 하나의 카루시-쿤-터커 점을 만족시킴을 보이시오.

c. 파트 b에 기술한 문제의 최적해를 구하기 위해 연습문제 10.15에서 토의한 프랭크-울프 법을 사용하고 알고리즘은 다음과 같이 간략화할 수 있음을 보이시오. 반복계산 k에서 위의 구속하는 제약조건의 기저 실현가능해 $\mathbf{y}_k$와 동일한 연립방정식의 실현가능해 $\mathbf{w}_k$를 얻으며 $\mathbf{w}_k$는 기저일 필요가 없다고 가정한다. $\mathbf{y}_k$에서 출발하여 다음 선형계획법 문제

최소화 $\tilde{\mathbf{w}}_k\cdot\mathbf{y}$

제약조건 $\mathbf{E}\mathbf{y}=\mathbf{d}$

$\mathbf{y}\geq\mathbf{0}$

의 최적해를 구하시오. 하나의 점 $\mathbf{y}=\mathbf{g}$로 끝나면서 일련의 해를 얻으며, 여기에서 $\mathbf{g}\cdot\tilde{\mathbf{g}}=0$이거나 아니면 $\mathbf{g}\cdot\tilde{\mathbf{w}}_k\leq(1/2)\mathbf{w}_k\cdot\tilde{\mathbf{w}}_k$이다. 앞의 케이스에 있어, 하나의 최적해로 $\mathbf{g}$를 얻고 중지한다. 후자의 케이스에 있어, $\mathbf{y}_{k+1}=\mathbf{g}$로 지정하고, $\mathbf{w}_{k+1}$는 $\mathbf{w}_k$와 $\mathbf{y}_{k+1}$의 볼록조합이라 한다. 이것은 목적함수 $\mathbf{y}\cdot\tilde{\mathbf{y}}$를 최소화한다고 하자. k를 $k+1$로 대체하고, 이 과정을 반복한다. 이 절차는 하나의 최적해로 수렴함을 보이고, 다음 문제

최소화 $-3x_1-5x_2+2x_1^2+x_2^2$

제약조건 $4x_1+\ x_2\leq 4$

$3x_1+2x_2\leq 6$

$x_1,\quad x_2\geq 0$

의 최적해를 구해 이것을 예시하시오.

d. 알고리즘이 먼저 카루시-쿤-터커 조건을 정식화하지 말고 이차식계획법 문제의 최적해를 직접 구하기 위해 연습문제 10.15에서 설명한 프랭크와 울프의 절차를 사용하시오. 파트 c의 수치를 사용한 문제의 최적해를 구함으로 예시하고, 궤적을 비교하시오.

[11.21] 절 11.2에서 최소화 $\mathbf{c}\cdot\mathbf{x}+(1/2)\mathbf{x}^t\mathbf{H}\mathbf{x}$ 제약조건 $\mathbf{A}\mathbf{x}=\mathbf{b}$, $\mathbf{x}\geq\mathbf{0}$ 형태인 이차식계획법 문제의 최적해를 구하는 상보피봇팅 알고리즘을 토의했다. 만약 $\mathbf{H}$가 양정부호라면, 또는 만약 $\mathbf{H}$가 양반정부호이며 $\mathbf{c}\geq\mathbf{0}$이라면 이 방법은 하나의 최적해를 생산한다. $\mathbf{H}$가 양반정부호이며 $\mathbf{c}=\mathbf{0}$인 케이스를 취급하는 절차를 다음과 같이 수정한 것은 울프[1959]가 제안한 절차와 유사하다.

스텝 1 상보피봇팅법을 적용하고, 여기에서 C를 0 벡터로 대체한다. 정리 11.2.4에 의해, 다음 연립방정식

$$\begin{aligned}\mathbf{A}\mathbf{x}&=\mathbf{b}\\ \mathbf{H}\mathbf{x}+\mathbf{A}^t\mathbf{u}-\boldsymbol{\nu}&=\mathbf{0}\\ \nu_j x_j&=0 \qquad j=1,\cdots,n\\ \mathbf{x}\geq\mathbf{0},\ \boldsymbol{\nu}&\geq\mathbf{0}, \qquad \mathbf{u}\ \text{부호 제한 없음}\end{aligned}$$

의 상보기저 실현가능해를 얻는다.

스텝 2 스텝 1에서 얻은 해에서 출발하여, ν_j, x_j가 동시에 기저에 존재하지 않도록 하는 '제한된 기저진입규칙'을 사용하는 심플렉스 알고리즘을 사용해 다음 문제

$$\begin{aligned}&\text{최대화} \quad z\\ &\text{제약조건} \qquad \mathbf{A}\mathbf{x}=\mathbf{b}\\ &\qquad \mathbf{H}\mathbf{x}+\mathbf{A}^t\mathbf{u}-\boldsymbol{\nu}+z\mathbf{c}=\mathbf{0}\\ &\qquad \mathbf{x}\geq\mathbf{0},\ \boldsymbol{\nu}\geq\mathbf{0},\ z\geq 0, \qquad \mathbf{u}\ \text{제한 없음}\end{aligned}$$

의 최적해를 구한다.

최적해에서, 하나의 극한방향을 따라서 $\bar{z}=0$이거나 아니면 $\bar{z}=\infty$일 수 있다. 앞의 케이스에 있어, 이차식계획법의 하나의 최적해는 무계이다. 후자의 케이스에서, $z=1$이라 하면, 이차식계획법의 최적해는 무계인 해를 만드는 반직선에 의해 결정된다.

a. 스텝 2에서 문제의 목적함수의 최적값이 유한하다면, 그 값은 0이어야 함을 보이시오. 이 경우 원래의 문제의 목적함수의 최적값은 무계임을 보이시오.

b. 만약 목적함수의 최적값이 $\bar{z} = \infty$ 이라면, $z = 1$인 최적 반직선을 따라 이 해는 여전히 상보여유성조건을 유지함을 보이시오. 그러므로 이 해는 원래의 문제의 하나의 최적해가 된다.

c. 위의 절차에 의해 예제 11.2.1의 문제의 최적해를 구하시오.

[11.22] $f(\mathbf{x}) = \mathbf{c} \cdot \mathbf{x} + (1/2)\mathbf{x}^t\mathbf{H}\mathbf{x}$ 라 하고, 여기에서 $\mathbf{H}$는 대칭 양반정부호 행렬이다. $f : \Re^n \to \Re$ 이 **아래로 무계**라는 것은 $\mathbf{c} + \mathbf{H}\mathbf{x} = \mathbf{0}$ 이 해를 갖지 않는다는 것과 같은 뜻임을 보이시오.

[11.23] 방정식 (11.17)에 주어진 재정식화-선형화/볼록화 선형계획법 완화를 고려해보자.

a. 만약 이 나머지의 부등식 $\mathbf{G}_i \cdot \mathbf{x} \le g_i (i = 1, \cdots, \overline{m},\ i \ne r)$이 어떤 부등식 $\mathbf{G}_r \cdot \mathbf{x} \le g_r$을 의미한다면, 나머지 제약조건을 쌍별로 곱해 생성한 재정식화-선형화/볼록화 제약조건 (11.17b)은 인수 $(g_r - \mathbf{G}_r \cdot \mathbf{x}) \ge 0$을 포함하는 쌍을 사용해 생성된 유형 (11.17b)의 임의의 재정식화-선형화/볼록화 제약조건을 의미함을 보이시오.

b. 11.2.8에 대해, 나머지의 정의하는 부등식은 제한 $x_2 \le 15$를 의미함을 보이시오. 그러므로 이 부등식에 관한 파트 *a*를 입증하고, 쌍별 곱에서 인수 $(15 - x_2) \ge 0$을 생략함으로 구체적으로 LP(Ω)를 위해 생성할 15개 재정식화-선형화/볼록화 부등식 (11.17b)을 식별하시오. 예제 11.2.8의 LP(Ω)를 위해 유도한 것과 동일한 목적함숫값을 얻음을 입증하시오.

[11.24] 예제 11.2.8에서 식별한 바와 같이 $q = 1, 2, 3$에 대해 각각의 LP(Ω^q)의 선형계획법 완화에 대해 완전한 정식화를 제공하시오, 그리고 이들 완화문제의 최적해를 구하시오. 그러므로, 뒤에 숨어있는 이차식계획법 문제의 해 $(0, 6)$, $(24, 6)$의 최적성을 입증하시오.

[11.25] 예제 11.2.8의 이차식계획법 문제를 고려해보자. 추가적 3차식 **재정식화-선형화/볼록화 변수** $W_{111} = x_1^3$, $W_{112} = x_1^2 x_2$, $W_{122} = x_1 x_2^2$을 정의하면, 2-계와

3-계 재정식화-선형화/볼록화 제약조건을 선택했으므로, 다음의 선형계획법 완화를 고려해보고, 여기에서 $s_1 \equiv 48+6x_1-8x_2 \geq 0$, $s_2 \equiv 120-3x_1-8x_2 \geq 0$은 제약조건 인자를 나타낸다.

$$\begin{aligned}
\text{LP: } & \text{최소화} \\
& \Big\{-w_{11}-w_{22}+24x_1-144 \,\Big|\, [(24-x_1)s_1]_L \geq 0,\ [x_1 s_2]_L \geq 0, \\
& [(24-x_1)x_1]_L \geq 0,\ [(24-x_1)x_1 s_1]_L \geq 0, \\
& [(24-x_1)x_2 s_1]_L \geq 0,\ [(24-x_1)x_1 s_2]_L \geq 0, \\
& [x_1 x_2 s_2]_L \geq 0\Big\}.
\end{aligned}$$

a. 이 선형계획법 문제는 목적함숫값이 -180이며 $(\hat{x}_1, \hat{x}_2)=(0,6)$, $\hat{w}_{22}=36$, $\hat{w}_{11}=\hat{w}_{12}=\hat{w}_{111}=\hat{w}_{112}=\hat{w}_{122}=0$이라고 주어지는 하나의 최적해를 산출함을 입증하시오. 그러므로 왜 이와 같은 단일 선형계획법 문제의 해가 $(x_1, x_2)=(0,6)$가 뒤에 숨은 이차식계획법 문제의 최적해라는 결론으로 직접 인도하는지에 대해 논증하시오.

b. 이것의 실현가능영역을 정의하는 다면체집합 전체에 걸쳐 예제 11.2.8에 주어진 이차식계획법 문제의 오목 목적함수의 **볼록포락선**을 구성하기 위해 연습문제 3.32를 사용하시오. 특히 z가 목적함수를 나타낸다고 하면, $z \geq -6x_2-144$, $z \geq (10/3)x_2-200$은 에피그래프를 정의하는 볼록포락선을 나타내는 2개의 주 제약조건을 정의함을 보이시오.

c. 목적함수의 표현 $z=-w_{11}-w_{22}+24x_1-144$와 함께 파트 a의 선형계획법 문제의 제약조건의 적절한 대응품이 파트 b에 주어진 2개 에피그래프를 정의하는 제약조건을 재생산함을 보이시오.

[11.26] 식 (11.17)로 주어진 뒤에 숨은 이차식계획법 문제의 재정식화-선형화/볼록화 선형계획법 완화 문제를 고려해보자. W는 $w_{(ij)}$를 (i,j)-요소로 갖는 $n \times n$ 대칭행렬로 나타내자.

a. W는 **디아딕** 또는 **외적** $[\mathbf{x}\mathbf{x}^t]_L$을 나타낸다는 것을 입증하고, 여기에서 $[\cdot]_L$는 (11.16)과 같은 대입을 해, 아래 선형화를 나타낸다. 그러므

로, (11.17)로 주어진 완화 LP(Ω) 내에 다음 식의 제한

$$\mathbf{X} \equiv \begin{bmatrix} \mathbf{W} & \mathbf{x} \\ \mathbf{x}^t & 1 \end{bmatrix} \geq 0$$

을 포함시키는 것은 유효하며, 여기에서 ≥ 0는 대칭이며 양반정부호임을 나타낸다(이것은 비볼록 이차식계획법 문제의 **반정부호계획법 완화**를 산출한다).

b. 파트 a에서 정의한 결과로 나타나는 반정부호계획법 문제의 해를 구할 수 있는 알고리즘에 관한 문헌을 탐색하시오('주해와 참고문헌' 절 참조).

c. $\mathbf{X} \geq 0$는 $\| \boldsymbol{\alpha} \| = 1$이면서 모든 $\boldsymbol{\alpha} \in \Re^{n+1}$에 대해 $\boldsymbol{\alpha}^t \mathbf{X} \boldsymbol{\alpha} \geq 0$인 **재정식화-선형화/볼록화 제약조건**($\mathbf{X}$가 대칭행렬임 이외에 또)으로 대체될 수 있음을 보이시오.

d. 이 방법이 지금 LP(Ω)완화 (11.17)의 최적해를 구하고, 해 $(\overline{\mathbf{x}}, \overline{\mathbf{w}})$를 얻는다고 가정하고, 행렬 $\overline{\mathbf{X}}$를 구성하기 위해 사용한다. 제3장의 슈퍼 대각선화 알고리즘을 사용해, 어떻게 다항식-시간에서 $\overline{\mathbf{X}} \geq 0$임을 입증하거나, 그렇지 않다면 어떻게 $\overline{\boldsymbol{\alpha}}^t \overline{\mathbf{X}} \overline{\boldsymbol{\alpha}} < 0$인 파트 c의 유형의 $\overline{\boldsymbol{\alpha}} \in \Re^{n+1}$을 생성하는가에 대해 보이시오. 그러므로, LP(Ω) 내에 **반정부호 컷** $\overline{\boldsymbol{\alpha}}^t \mathbf{X} \overline{\boldsymbol{\alpha}} \geq 0$을 부과함은 유효하다는 것을 보이시오.

e. 파트 d에서 적절한 **반정부호 컷**의 사용을 포함시키는 절 11.2의 '문제 NQP'의 최적해를 구하는 '수정된 강화알고리즘'을 고안하시오(알고리즘의 이와 같은 유형에 대해 셰랄리 & 프라티체리[2003]를 참조하시오).

[11.27] 다음 **다항식계획법 문제**

$$\text{PP}: \text{최소화} \ \{\phi_0(\mathbf{x}) \mid \phi_r(\mathbf{x}) \geq \beta_r, \quad r = 1, \cdots, m, \ \mathbf{x} \in \Omega\}$$

를 고려해보고, 여기에서 $\Omega = \{\mathbf{x} \mid 0 \leq \ell_j \leq x_j \leq \mu_j < \infty, \quad j = 1, \cdots, n\}$이며, 여기에서 $r = 0, 1, \cdots, m$에 대해 $\phi_r(\mathbf{x}) \equiv \sum_{t \in T_r} \alpha_{rt} \prod_{j \in J_{rt}} x_j$이다. 그러므로 각각의

$r=0, 1, \cdots, m$에 대해, T_r은 첨자집합 **다항식함수** ϕ_r를 정의하는 항의 첨자집합이며, 모든 $t \in T_r$에 대해 α_{rt}는 **멀티노미얼 항**7) $(\prod_{j \in J_{rt}} x_j)$의 실수의 계수이며, 여기에서 J_{rt}는 $N \equiv \{1, \cdots, n\}$에서 있을지도 모르는 반복요소를 포함하는 **다집합**이다(예를 들면, 만약 $J_{rt} = \{1, 2, 2, 3\}$이라면 그렇다면 여기에 상응하는 멀티노미알 항은 $x_1 x_2^2 x_3$이다). 특히 δ는 문제를 정의하는 임의의 다항식함수의 가장 높은 차수를 나타낸다고 하고 그에 따라, $\overline{N} \equiv \{N, \cdots, N\}$은 N을 δ개만큼 복사해 놓은 것을 나타내는 것으로 한다. 그러므로 각각은 $1 \leq |J_{rt}| \leq \delta(\forall t \in T_r,\ r = 0, 1, \cdots, m)$을 갖고 $J_{rt} \subseteq \overline{N}$이다.

다음의 **재정식화-선형화/볼록화 기법**-기반의 과정을 고려해보자. 다음의 선형화된 **한계-인수 곱** 제약조건

$$\left[\prod_{j \in J_1}(x_j - \ell_j)\prod_{j \in J_2}(u_j - x_j)\right]_L \geq 0, \quad \forall J_1 \cup J_2 \subseteq \overline{N} \quad \text{그리고}$$
$$|J_1 \cup J_2| = \delta \tag{11.75}$$

을 PP에 포함시키며, 여기에서 $[\cdot]_L$은 다음의 대입

$$X_J = \prod_{j \in J} x_j, \ \forall J \subseteq \overline{N},\ 2 \leq |J| \leq \delta \tag{11.76}$$

아래 $[\cdot]$의 선형화를 나타내고, 여기에서 J에 속한 첨자는 비감소 순서로 정해졌다고 가정한다. X는 변수$(X_J, J \subseteq \overline{N}, 2 \leq |J| \leq \delta)$의 벡터를 나타내는 것으로 한다.

a. (11.75)의 형식인 $\sum_{k=0}^{\delta}\binom{n+k-1}{k}\binom{n+(\delta-k)-1}{\delta-k}$개의 부등식이 존재함을 입증하시오.

b. 다음 식

LP(Ω):

---

7) multinomial term(binomial: 이항, polynomial: 다항식)

최소화 $\{[\phi_0(\mathbf{x})]_L \mid [\phi_r(\mathbf{x})]_L \geq \beta_r,\ r=1, \cdots, m,\ \mathbf{x} \in \Omega,$
그리고 (11.75)의 부등식을 포함해$\}$ (11.77)

을 정의한다. $\nu[\mathrm{LP}(\Omega)] \leq \nu[\mathrm{PP}]$임을 보이시오. 나아가서, 만약 $(\overline{\mathbf{x}}, \overline{\mathbf{X}})$가 LP($\Omega$)의 최적해이며, (11.76)을 만족시킨다면, $\overline{\mathbf{x}}$는 다항식계획법 문제의 최적해임을 보이시오.

c. $(\overline{\mathbf{x}}, \overline{\mathbf{X}})$가 LP($\Omega$)의 임의의 실현가능해라 하자. 어떤 $p \in \{1, \cdots, n\}$에 대해 $\overline{x}_p = \ell_p$ 또는 $\overline{x}_p = u_p$라고 가정한다. 그렇다면 모든 j에 대해 $X_{\{J\}} \equiv x_j$일 때 다음 식

$$\overline{X}_{(J \cup \{p\})} = \overline{x}_p \overline{X}_j,\ \ \forall J \subseteq \overline{N},\ 1 \leq |J| \leq \delta - 1$$

이 성립함을 보이시오. 보조정리 11.2.6의 관점에서 이 결과를 해석하시오.

d. 파트 b, c의 결과에 기반해 '문제 NQP'를 위해 절 11.2에서 설명한 재정식화-선형화/볼록화 기법과 유사하게 '문제 PP'의 최적해를 구하는 분지한정법을 설계하시오. 또한 정리 11.2.7의 결과와 유사한 수렴결과를 기술하고 증명하시오(이 개발 내용은 셰랄리 & 툰치빌렉[1992]에 의한 것이다).

[11.28] 최소화 $\mathbf{c} \cdot \mathbf{x} + (1/2)\mathbf{x}^t\mathbf{H}\mathbf{x}$ 제약조건 $\mathbf{A}\mathbf{x} \leq \mathbf{b}$의 이차식계획법 문제를 고려해보고, 여기에서 $\mathbf{H}$는 $n \times n$ 대칭 양정부호 행렬이며 $\mathbf{A}$는 $m \times n$ 행렬이다. 임의의 제약조건의 첨자의 부분집합 $S \subseteq \{1, \cdots, m\}$에 대해, $\mathbf{x}_s$는 최소화 $\mathbf{c} \cdot \mathbf{x} + (1/2)\mathbf{x}^t\mathbf{H}\mathbf{x}$ 문제의 최소해라 하고, S에 속한 제약조건은 구속적이라 하고, $V(\mathbf{x}_s)$는 $\mathbf{x}_s$에 의해 위반되는 제약조건의 집합이라 하자.

a. 만약 $V(\mathbf{x}_s) \neq \varnothing$이라면, 만약 어떤 $h \in \hat{S} \cap V(\mathbf{x}_s)$이 존재한다면 S는 최적해에서 구속하는 제약조건 S의 부분집합이 될 수 있음을 보이시오.

b. 만약 $V(\mathbf{x}_s) = \varnothing$이라면, $\mathbf{x}_s$는 원래의 문제의 하나의 최적해라는 것은 각각의 $h \in S$에 대해 $h \in V(\mathbf{x}_{s-h})$이라는 것과 같은 뜻임을 보이

시오.

c. 파트 a, b에서, 테일 & 반드판느[1961]의 공로라고 알려진, 다음의 **작용집합전략**은 이차식문제의 최적해를 구함을 보이시오. 먼저, $S=\varnothing$가 성립하도록 제약 없는 문제의 최적해를 구하시오. 만약 $V(\mathbf{x}_{\varnothing})=\varnothing$이라면, $\mathbf{x}_{\varnothing}$는 하나의 최적해이다. 그렇지 않다면, S_1 유형의 집합을 구성하고, 여기에서 $S_1=\{h\}$, $h\in V(\mathbf{x}_{\varnothing})$이다. 각각의 이와 같은 S_1에 대해 $\mathbf{x}_{S_1}$을 찾으시오. 만약 어떤 S_1에 대해 $V(\mathbf{x}_{S_1})=\varnothing$이라면, 파트 b에 따라 $\mathbf{x}_{S_1}$의 최적 여부를 점검한다. 만약 S_1 형태의 후보문제도 최적해를 생성할 수 없다면, 2개의 구속하는 제약조건으로 S_2 유형의 집합을 구성하고, 여기에서 $S_2=S_1\cup\{h\}$이고, 여기에서 S_1은 $V(\mathbf{x})\neq\varnothing$이 성립하는 1개의 구속하는 제약조건을 갖는 집합이며 $h\in V(\mathbf{x}_{S_1})$이다. 원래의 문제의 최적해인 $\mathbf{x}_{S_2}$를 찾거나, 또는 3개의 구속하는 제약조건을 갖는 S_3 유형의 집합을 구성함으로 이 과정은 반복된다.

d. 예제 11.2.1에서 설명한 문제의 최적해를 구해 테일과 반드판느의 방법을 예시하시오.

e. f가 엄격하게 볼록이고 $g_1, \cdots, g_m$이 볼록인 다음의 볼록계획법 문제

$$
\begin{aligned}
&\text{최소화} && f(\mathbf{x}) \\
&\text{제약조건} && g_i(\mathbf{x})\leq 0 \qquad i=1,\cdots,m
\end{aligned}
$$

에 대해 이 방법을 일반화할 수 있는가?

[11.29] 만약 $f_1, \cdots, f_n$가 엄격하게 볼록이라기보다는 볼록이라면 정리 11.3.1은 성립하는가? 그렇지 않다면, 볼록인 케이스를 취급할 수 있도록, 이 정리의 문장을 수정하시오.

[11.30] 절 11.3에서 토의한 방법을 사용해 다음 문제

$$
\text{최소화} \quad \frac{1}{2x_1+1}+3x_2^3
$$

$$\begin{aligned} \text{제약조건} \quad & 2x_1^2 - x_2^3 \le 4 \\ & x_1, \ \ x_2 \ge 6 \end{aligned}$$

의 최적해를 구하시오.

[11.31] 다음 문제

$$\begin{aligned} \text{최소화} \quad & -2x_1 + 3x_2 + 3x_1^2 - 2x_1x_2 + 2x_2^2 \\ \text{제약조건} \quad & 2x_1 + x_2 \le 6 \\ & x_1^2 + x_2^2 = 9 \\ & x_1, \ \ x_2 \ge 0 \end{aligned}$$

를 고려해보자. 문제가 분리가능한 문제로 되도록 적절한 변수변환을 하시오. 분할을 위한 적절한 격자를 선택하고 초기 심플렉스 태블로를 구성하고 근사화하는 문제의 최적해를 구하시오. 만약 처음부터 새롭게 이 문제의 최적해를 구한다면, 좀 더 좋은 분할을 얻기 위해 독자의 답을 어떻게 사용할 것인가?

[11.32] 다음 문제

$$\begin{aligned} \text{최소화} \quad & 3e^{2x_1} + 2x_1^2 + 3x_1 + 2x_2^2 - 5x_2 + 3x_3 \\ \text{제약조건} \quad & x_1^2 + e^{x_2} + 6x_3 \le 15 \\ & x_1^4 - x_2 + 5x_3 \le 25 \\ & 0 \le x_1 \le 4 \\ & 0 \le x_2 \le 2 \\ & 0 \le x_3 \le \infty \end{aligned}$$

를 고려해보자.

a. x_1에 대해 격자점 0, 2, 4를 사용하고, x_2에 대해 격자점 0, 1, 2를 사용해, 가분계획법 알고리즘에 의해 위 문제의 최적해를 구하시오.

b. 파트 a에서 얻어진 최적해에서 출발하여, 더 좋은 해를 구하기 위해 3개

의 추가적 격자점을 생성하기 위한 격자점 생성구도를 사용하시오.

c. 파트 b에서 구한 최적점을 사용해, 원래의 문제의 목적함수 최적값의 상한, 하한을 구하시오.

[11.33] 다음 문제

$$
\begin{aligned}
\text{최소화} \quad & 2e^{x_1} + e^{3x_2} + x_1 + 2x_2^2 + 3x_1^2 \\
\text{제약조건} \quad & 3x_1 + 2x_2 \le 6 \\
& 2x_1 - x_2 \le 0 \\
& x_1, x_2 \ge 0
\end{aligned}
$$

를 고려해보자.

a. 목적함수는 엄격하게 볼록이며 제약조건이 볼록임을 보이시오. 그러므로, 만약 절 11.3에서 토의한 가분계획법에 의해 문제의 최적해를 구한다면 '제한된 기저진입'은 탈락되어도 좋다.

b. 적절한 격자점을 사용해 문제의 최적해를 구하시오.

[11.34] 비-볼록 케이스에서 '제한된 기저진입규칙'을 갖는 심플렉스 알고리즘이 근사화하는 '문제 LAP'의 하나의 최적해를 제공하는가? 증명하거나 반례를 제시하시오.

[11.35] 다음과 같이 닫힌 구간 $[a, b]$에서 함수 θ를 근사화하는 대안적 방법을 고려해보자. 구간 $[a, b]$는 격자점 $a = \mu_1, \cdots, \mu_k = b$를 통해 더 작은 하위구간으로 세분된다고 하자. $\Delta_i = \mu_{i+1} - \mu_i$이라 하고, $i = 1, \cdots, k-1$에 대해 $\Delta\theta_i = \theta(\mu_{i+1}) - \theta(\mu_i)$이라 한다. 지금 구간 $[\mu_\nu, \mu_{\nu+1}]$에 속한 x를 고려해보자. 그렇다면 x는 $x = \mu_1 + \Sigma_{i=1}^{\nu} \delta_i \Delta_i$라고 나타낼 수 있으며, $\theta(x)$는 $\hat{\theta}(x) = \theta_1 + \Sigma_{i=1}^{\nu} \delta_i \Delta_i \theta_i$로 근사화할 수 있으며, 여기에서 $i = 1, \cdots, \nu - 1$에 대해, 그리고 $\theta_1 = \theta(x_1)$에 대해 $\delta_\nu \in [0, 1]$, $\delta_i = 1$이다.

a. 이와 같은 θ의 근사화함수를 기하학적으로 해석하시오.

b. 심플렉스 알고리즘에 의해 적절한 '제한된 기저진입규칙'을 갖고 다음의 분리가능계획법 문제

$$
\begin{aligned}
&\text{최소화} \quad \sum_{j=1}^{n} f_j(x_j) \\
&\text{제약조건} \quad \sum_{j=1}^{n} g_{ij}(x_j) \le 0 \quad i=1, \cdots, m \\
&\qquad\qquad a_j \le x_j \le b_j \quad j=1, \cdots, n
\end{aligned}
$$

의 해를 구하기 위해 이와 같은 근사화를 어떻게 사용할 수 있는지에 대해 보이시오:

〔**힌트**: $x_{1j}, \cdots, x_{(k+1)j}$는 x_j에 사용된 격자점이라 하고, 다음 문제

$$
\begin{aligned}
&\text{최소화} \quad \sum_{j=1}^{n} \sum_{\nu=1}^{k_j} (\Delta f_{\nu j}) \delta_{\nu j} + \sum_{j=1}^{n} f_j(a_j) \\
&\text{제약조건} \quad \sum_{j=1}^{n} \sum_{\nu=1}^{k_j} (\Delta g_{ij\nu}) \delta_{\nu j} + \sum_{j=1}^{n} g_{ij}(a_j) \quad i=1, \cdots, m \\
&\qquad 0 \le \delta_{\nu j} \le 1 \quad \nu=1, \cdots, k_j;\ j=1, \cdots, n \\
&\qquad \delta_{\nu j} > 0 \Rightarrow \delta_{ij} = 1 \quad \ell < \nu;\ j=1, \cdots, n
\end{aligned}
$$

여기에서

$$
\begin{aligned}
\Delta f_{\nu j} &= f(x_{\nu+1, j}) - f(x_{\nu j}) \\
\Delta g_{ij\nu} &= g_i(x_{\nu+1, j}) - g_{ij}(x_{\nu j})
\end{aligned}
$$

를 고려해보자〕.

c. 다음 문제

$$
\begin{aligned}
&\text{최대화} \quad 3x_1 + 4x_2 - 3x_1^2 - 2x_2^2 \\
&\text{제약조건} \quad 2x_1 + 3x_2 \le 12 \\
&\qquad -2x_1 + 3x_2 \le 6 \\
&\qquad x_1, \quad x_2 \ge 0
\end{aligned}
$$

의 최적해를 구하기 위해 파트 b에서 개발한 절차를 사용하시오.

[11.36] 절 11.3에서 λ-형을 사용해 가분계획법 문제를 근사화했다. 대안으로 δ-형 근사화라고 말하는 것이 연습문제 11.35에서 고려되었다. 구간 $[a, b]$에 속한 변수 x와 격자점 $\mu_1 = a$, μ_2, $\cdots$, $\mu_k = b$를 고려해보자. 그렇다면, λ-형, δ-형을 사용해, x는 각각 다음 식

1. $j=1, \cdots, k$에 대해 $\lambda_j \geq 0$, $\sum_{j=1}^{k} \lambda_j = 1$, $x = \sum_{j=1}^{k} \lambda_j \mu_j$이며, 여기에서 만약 μ_p, μ_q가 인접하지 않는다면 $\lambda_p \lambda_q = 0$이다.
2. $j=1, \cdots, k-1$에 대해 $0 \leq \delta_j \leq 1$, $x = \mu_1 + \sum_{j=1}^{k-1} \Delta_j \delta_j$이고, $j < i$에 대해 $\delta_i > 0 \Rightarrow \delta_j = 1$이다.

으로 나타낼 수 있다. 2개 형태는 다음의 관계식

$$\lambda_j = \begin{cases} \delta_{j-1} - \delta_j & j = 1, \cdots, k-1 \\ \delta_{j-1} & j = k, \end{cases}$$

으로 나타낼 수 있으며, 여기에서 $\delta_0 = 1$이다. 특히, 이 관계는 벡터 형태로 $\boldsymbol{\lambda} = \mathbf{T}\boldsymbol{\delta}$처럼 나타낼 수 있음을 보이고, 여기에서 $\mathbf{T}$는 상삼각행렬이다.

[11.37] 다음 문제

$$f(\mathbf{x}) = \frac{x_1 + 2x_2 - 6}{3x_1 - x_2 + 2}$$

를 고려해보자.

a. (x_1, x_2)-평면에 다음 집합

$$S = \{(x_1, x_2) | f(\mathbf{x}) \leq 2\}$$
$$S_1 = S \cap \{(x_1, x_2) | 3x_1 - x_2 + 2 > 0\}$$

$$S_2 = S \cap \{(x_1, x_2) \mid 3x_1 - x_2 + 2 < 0\}$$

을 묘사하고 이들이 볼록집합인가를 판명하시오.

b. 파트 *a*의 결론이 영역 $\{(x_1, x_2) \mid 3x_1 - x_2 + 2 \neq 0\}$에서 f가 준볼록이라는 사실과 모순되는가? 토의하시오.

[11.38] 다음 문제

$$\begin{array}{ll} \text{최대화} & \dfrac{7x_1 + 5x_2 - 3}{-4x_1 + 2x_2 - 40} \\ \text{제약조건} & x_1 + \ x_2 \leq 10 \\ & 3x_1 - 5x_2 \leq 6 \\ & x_1, \quad x_2 \geq 0 \end{array}$$

를 고려해보자.

a. 길모어와 고모리의 방법에 의해 문제의 최적해를 구하시오.

b. 차른스와 쿠퍼의 방법에 의해 문제의 최적해를 구하시오.

[11.39] 절 11.4에서 토의한 2개 선형분수계획법 알고리즘에 의해 다음 문제

$$\begin{array}{ll} \text{최소화} & \dfrac{-3x_1 + 2x_2 + 4x_3 + 3}{2x_1 + x_2 + 3x_3 + 2} \\ \text{제약조건} & 3x_1 + 2x_2 + 4x_3 \leq 12 \\ & 2x_1 + \ x_2 \qquad \geq 2 \\ & x_1 + \qquad 3x_3 \leq 8 \\ & x_1, \quad x_2, \quad x_3 \geq 0 \end{array}$$

의 최적해를 구하시오.

[11.40] 다음 식

$$f(\mathbf{x}) = \frac{\mathbf{p} \cdot \mathbf{x} + \alpha}{\mathbf{q} \cdot \mathbf{x} + \beta}$$

을 정의하고 $S = \{\mathbf{x} \mid \mathbf{q}\cdot\mathbf{x} + \beta > 0\}$이라 한다. f는 S에서 준볼록, 준오목, 엄격하게 준볼록, 엄격하게 준오목임을 직접 보이시오.

[11.41] 영역 $\{\mathbf{x} \mid \mathbf{A}\mathbf{x} = \mathbf{b},\ \mathbf{x} \geq \mathbf{0}\}$은 무계라고 가정한다. 나아가서, 위의 영역 전체에 걸쳐 선형분수함수를 최소화하면서 개선실현가능 방향 $\mathbf{d}$를 찾는다고 가정한다. 특히, $\mathbf{d}_N$은 j째 위치에 1이 있는 것을 제외하고 나머지 요소가 모두 0인 벡터로 구성되어 있으며 $\mathbf{d}_B = -\mathbf{B}^{-1}\mathbf{a}_j \geq \mathbf{0}$이라고 가정한다. 현재의 극점에서 $\mathbf{d}$ 방향으로 이동하면 목적함수의 최적값이 무계임은 참일 필요가 있는가? 만약 아니라면, 부딪힐 수 있는 케이스는 어떤 것인가?

[11.42] $f: \Re^n \to \Re$은 준오목이라 하고 $\theta(\lambda) = f(\mathbf{x} + \lambda\mathbf{d})$라 하며, 여기에서 $\mathbf{x}$는 하나의 주어진 벡터이며 $\mathbf{d}$는 하나의 주어진 방향이다.

a. θ는 λ의 준오목함수임을 보이시오.

b. 최소화 $\theta(\lambda)$ 제약조건 $\lambda \in [a, b]$ 문제를 고려해보자. 만약 $\nabla f(\mathbf{x})\cdot\mathbf{d} < 0$이라면, $\lambda = b$는 위 문제의 하나의 최적해임을 보이시오.

c. $f(\mathbf{x}) = (\mathbf{p}\cdot\mathbf{x} + \alpha)/(\mathbf{q}\cdot\mathbf{x} + \beta)$라 하고, 볼록-심플렉스 방법에 의해 선형분수계획법의 해를 구하는 데 선형탐색이 필요하지 않음을 나타내기 위해 파트 b의 결과를 사용하시오.

[11.43] 선형분수계획법 문제의 최적해를 구할 때, 다음 2개 행

$$z_1 - \mathbf{p}\cdot\mathbf{x} = \alpha$$
$$z_2 - \mathbf{q}\cdot\mathbf{x} = \beta$$

을 초기 태블로에 추가한다고 가정한다. 볼록-심플렉스 방법에 의해 이 문제의 해를 구할 것이므로, 이들의 행에서 기저 벡터 $\mathbf{x}_B$의 계수는 0과 같다. 그래서 갱신된 행은 다음 식

$$z_1 - (\mathbf{p}_N^t - \mathbf{p}_B^t\mathbf{B}^{-1}\mathbf{N})\cdot\mathbf{x}_N = \alpha + \mathbf{p}_B^t\mathbf{B}^{-1}\mathbf{b}$$
$$z_2 - (\mathbf{q}_N^t - \mathbf{q}_B^t\mathbf{B}^{-1}\mathbf{N})\cdot\mathbf{x}_N = \beta + \mathbf{q}_B^t\mathbf{B}^{-1}\mathbf{b}$$

으로 주어진다. 수정경도 $\mathbf{r}_N$은 다음 식

$$\mathbf{r}_N = \frac{(\mathbf{p}_N^t - \mathbf{p}_B^t\mathbf{B}^{-1}\mathbf{N})\bar{z}_2 - (\mathbf{q}_N^t - \mathbf{q}_B^t\mathbf{B}^{-1}\mathbf{N})\bar{z}_1}{\bar{z}_2^2}$$

으로 주어짐을 보이고, 여기에서 $\bar{z}_1 = \alpha + \mathbf{p}_B^t\mathbf{B}^{-1}\mathbf{b}$, $\bar{z}_2 = \beta + \mathbf{q}_B^t\mathbf{B}^{-1}\mathbf{b}$ 이다. $\mathbf{r}_N$의 각 항의 표현 내용은 갱신된 태블로에서 즉시 얻을 수 있음을 주목하자. $\mathbf{r}_N$을 계산하는 위의 절차를 사용해 예제 11.4.3의 문제의 최적해를 구하시오.

[11.44] 쌍대지수계획법 문제의 분리가능한 목적함수 (11.62a)는 오목임을 입증하시오.

[11.45] 예제 11.5.4의 지수계획법 문제를 고려해보고, C는 실린더의 단위면적 (cm^2)당 비용에 대한 철사의 단이 길이(cm)당 비용의 비율을 나타낸다고 한다. 비용인자 C에 대한 실린더의 최적 차원의 민감도를 연구하기 위해 이 문제를 해석하시오.

[11.46] 다음의 지수계획법 문제

$$\begin{aligned} \text{최소화} \quad & 35x_1^2x_2 + 15x_2x_3 \\ \text{제약조건} \quad & \frac{2}{5}x_1^{-1}x_2^{-1/3} + \frac{3}{5}x_2^{-2}x_3^{-4/3} \le 1 \\ & \mathbf{x} > 0 \end{aligned}$$

를 고려해보자. 문제의 난이도를 기술하고 최적해를 구하시오.

[11.47] 최소화 $f_1(\mathbf{x}) + [f_2(\mathbf{x})]^a f_3(\mathbf{x})$ 문제를 고려해보고, 여기에서 $i = 1, 2, 3$에 대해 f_i는 포지노미얼이며, 여기에서 $a > 0$이다. 이것은 최소화 $f_1(\mathbf{x}) + x_0^a f_3(\mathbf{x})$ 제약조건 $x_0^{-1}f_2(\mathbf{x}) \le 1$의 표준 포지노미얼 지수계획법과 등가이며, 여기에서 x_0는 추가적 변수임을 보이시오. 최소화 $2x_1^{-1/3}x_2^{1/6} + \left[(3/5)x_1^{1/2}x_2^{3/4} + (2/5)x_1^{2/3}x_2\right]^{1/2} x_1^{3/4}x_2^{-1/3}$ 문제의 최적해를 구해 예시하시오.

[11.48] 다음 식과 같은 지수계획법 문제

$$\begin{aligned}
&\text{최소화} \quad 25x_1^{-2}x_2^{-1/2}x_3^{-1}+20x_1^2x_3+30x_1x_2^2x_3 \\
&\text{제약조건} \quad \frac{5}{3}x_1^{-1}x_2^{-2}+\frac{4}{3}x_2^{1/2}x_3^{-2} \le 1 \\
&\qquad\qquad\quad \mathbf{x}>0
\end{aligned}$$

를 고려해보자. 문제의 난이도를 기술하고 최적해를 구하시오.

[11.49] 실린더의 한쪽 끝부분이 열려있다고 가정하고 예제 11.5.3의 지수계획법 문제의 최적해를 다시 구하시오.

[11.50] 아래에 보인 것과 같은 골격과 차원(센티미터의 단위로)을 갖는 사각형 박스의 금속선 틀을 구성한다고 가정한다.

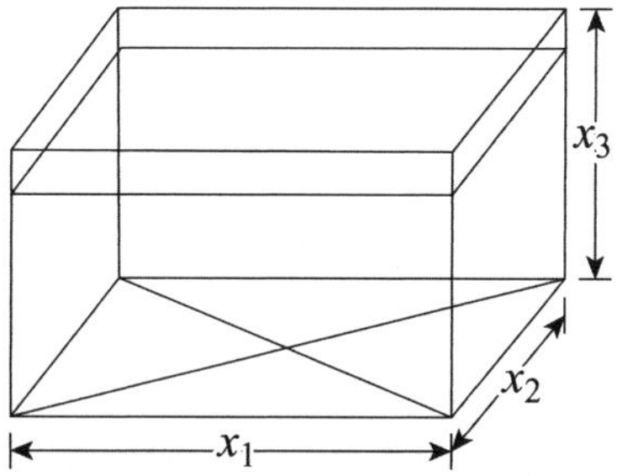

부피가 최소한 $15cm^3$이어야 한다는 제약조건 아래 사용된 철사의 총길이를 최소화하는 문제를 표준 포지노미얼 지수계획법 문제로 정식화하시오. 독자가 정식화한 문제의 난이도는 얼마인가? 문제의 최적해를 구하시오.

[11.51] $f_1(\mathbf{x})-f_2(\mathbf{x})$를 최소화하는 문제를 고려해보고, 여기에서 f_1, f_2는 포지노미얼이다. f_2는 1개 항만을 가지며 최적값은 음(-)이라 한다. 이것은 최소화 x_0^{-1} 제약조건 $[x_0/f_2(\mathbf{x})]+[f_1(\mathbf{x})/f_2(\mathbf{x})] \le 1$의 표준 포지노미얼 지수계획법의 최적해를 구하려고 등가적으로 사용될 수 있음을 보이시오.

[11.52] 다음 식

$$f_1(\mathbf{x})+\frac{f_2(\mathbf{x})}{[f_3(\mathbf{x})-f_4(\mathbf{x})]^a}$$

을 최소화하는 문제를 고려해보고, 여기에서 $i=1, \cdots, 4$에 대해 f_i는 포지노미얼이지만 f_3은 1개 항만을 가지며, 여기에서 $a>0$이다. 이것은 최소화 $f_1(\mathbf{x})+f_2(\mathbf{x})x_0^{-a}$ 제약조건 $x_0/f_3(\mathbf{x})+f_4(\mathbf{x})/f_3(\mathbf{x})\le 1$의 표준 포지노미얼 지수계획법 문제와 등가임을 보이시오.

[11.53] 연습문제 11.47을 참조해, $x_1^{-1/2}x_2^{1/8}+\left[(4/5)x_1^{1/2}x_2^{2/3}+(2/5)x_1^{1/3}x_2\right]^{1/2} x_1^{1/4}x_2^{-1/2}$을 최소화하는 문제의 최적해를 구하시오.

[11.54] 다음과 같은 지수계획법 문제

$$\begin{aligned} &\text{최소화} && 40x_1x_2+20x_2x_3 \\ &\text{제약조건} && \frac{1}{5}x_1^{-1}x_2^{-1/2}+\frac{3}{5}x_2^{-1}x_3^{-2/3}\le 1 \\ & && \mathbf{x}>0 \end{aligned}$$

를 고려해보자. 문제의 난이도를 기술하고 최적해를 구하시오.

[11.55] 다음과 같은 지수계획법 문제

$$\begin{aligned} &\text{최소화} && 40x_1^{-1}x_2^{-1/2}x_3^{-1}+20x_1x_3+40x_1x_2x_3 \\ &\text{제약조건} && \frac{1}{3}x_1^{-2}x_2^{-2}+\frac{4}{3}x_2^{1/2}x_3^{-1}\le 1 \\ & && \mathbf{x}>0 \end{aligned}$$

을 고려해보자. 문제의 난이도를 기술하고, 최적해를 구하시오.

주해와 참고문헌

절 11.1에서 선형상보 문제를 소개했다. 선형계획법과 이차식계획법 문제의 카루시-쿤-터커 최적성 조건은 선형상보 문제로 표현할 수 있다. 이 문제는 또한 쌍행렬게임과 공학의 최적화문제와 같은 여러 상황에서 일어난다. 관심이 있는 독자는 코틀 & 단치히[1968], 데니스[1959], 두발[1940], 킬미스터 & 리브[1966], 렘케[1965, 1968], 렘케 & 호슨[1964], 무르티[1976, 1988]를 참조하시오. 선형상보 문제는 또한 분수값문제의 유한차분 구도(크라이어[1971])와 전자회로 씨뮬레이션문제(반복코벤[1980]에서)에서도 일어난다. 일반 선형상보 문제는 좀 더 강한 의미에서 **NP-완비**[8] 임이 알려졌고, 그래서 P=NP가 아닌 한, 유사-다항식횟수 알고리즘조차도 기대하기 어렵다(개리 & 존슨[1979] 참조). 1968년 렘케는 상보피봇팅 알고리즘을 제안했으며 절 11.1에서 이 알고리즘을 토의했다. 선형상보 문제의 해를 구하기 위해, 렘케는 만약 행렬 $\mathbf{M}$이 코-포지티브-플러스라면 이 방법은 유한개 스텝 이내에 연립방정식의 상보기저 실현가능해로 수렴함을 증명했다. 이브스[1971a, b]는 이 결과를 행렬의 좀 더 일반적 부류로 확장한다. 1974년, 반드판느는 선형상보 문제의 최적해를 구하기 위한 렘케의 방법의 변형을 개발했다. 맹거사리안[1976], 솔로우 & 센굽타[1985]는 또 다른 최적화-기반 알고리즘을 제시하고, 코스트레바[1978]는 대수학적 접근법을 제시하고, 코틀 & 팡[1978]은 위상기하학적 구도를 제시한다. 코틀[1968]과 코틀 & 단치히[1968]는 **주 피봇팅 알고리즘**을 설계했으며, 이것은 연습문제 11.11에서 소개했다. 특히 만약 $\mathbf{M}$이 양반정부호라면, 또는 만약 $\mathbf{M}$이 P-행렬(모든 주 소행렬식이 양(+) 값을 갖는)이라면, 무르티[1972]는 코틀 & 단치히[1968]의 주 피봇팅 알고리즘 또는 렘케[1968]의 방법은 문제의 최적해를 구할 수 있다고 제시했다. 또한, 상세한 주 피봇팅 알고리즘의 토의에 대해 무르티[1988], 로혼[1990]을 참조하시오. 토드[1974]는 상보피봇팅 알고리즘의 연구를 위해 자연적 배경을 제공하는 일반 피봇팅 시스템을 제시한다.

$\mathbf{M}$이 양반정부호 행렬일 때, 청 & 무르티[1981], 코즐로프 등[1979]은 다항식적으로 선형상보 문제의 해를 구하기 위해, 카치안[1979a, b]의 알고리즘을 수정

---

8) 역자 주: NP complete: NP-완비(NP-complete, NP-C, NPC)은 NP 집합에 속하는 결정 문제 중에서 가장 어려운 문제의 부분집합으로, 모든 NP 문제를 다항 시간 내에 NP-완비 문제로 환산할 수 있다. NP-완비 문제 중 하나라도 P에 속한다는 것을 증명한다면 모든 NP 문제가 P에 속하므로, P-NP 문제가 P=NP 형태로 풀리게 된다. 반대로 NP-완비 문제 중의 하나가 P에 속하지 않는다는 것이 증명된다면 P=NP에 대한 반례가 되어 P-NP 문제는 P≠NP 형태로 풀리게 된다(Wikipedia).

할 수 있음을 보였다. 코틀 & 베이노트[1969], 맹거사리안[1979], 코지마 등[1991], 여[1988]도 역시 다항식적으로 최적해를 구하는 케이스를 토의하며, 여기에서 **M**은 **Z**-행렬이거나, 양반정부호 행렬이거나, 비대칭이거나, P-행렬의 제한된 집합에 속한다. 여 & 파르달로스[1989]는 다항식적으로 최적해를 구할 수 있는 선형상보 문제의 또 다른 부류를 개발하기 위해 하나의 내점 잠재축소알고리즘을 사용한다. 선형상보 문제의 정황에서 보면 **M**의 양반정부호성은 P와 NP 사이의 기본적 경계선이 되지 않을 수도 있다. 단일 선형계획법 문제로 선형상보 문제의 해를 구하거나(맹거사리안[1976, 1978, 1979]), 또는 일련의 선형계획법 문제로 최적해를 구하기 위해(로이 & 솔로우[1985], 시아우[1983] 참조) 다양한 시도가 행해졌다.

알-카얄[1987]은 일반적 선형상보 문제의 해를 구하는 분지한정법을 개발했다. 파르달로스 & 로젠[1988](연습문제 11.6 참조)은 혼합-정수 선형계획법 문제로 선형상보 문제를 정식화하는 방법을 보였으며, 그리고 효율적 '발견적 기법'을 개발했다. 알-카얄[1990]도 또한 쌍선형계획법 문제로 선형상보 문제의 해를 구하는 방법을 보였다(경쟁적 접근법에 대해 알-카얄 & 포크[1983], 콘노 & 야지마[1989], 셰랄리 & 알라메딘[1992], 셰랄리 & 셰티[1980], 바이쉬 & 셰티[1976, 1977]를 참조). 오목 최소화 알고리즘(바드 & 포크[1982], 셰랄리 등[1996])과 나머지의 선형 혼합-정수 0-1 알고리즘과 제약평면법(셰랄리 등[1998], 반덴부쉬 & 넴하우저[2003] 참조)도 또한 제안했다(연습문제 11.4, 11.9 참조)(혼합-정수계획법 문제의 최적해를 구하는 문제의 토의에 대해 파커 & 라르딘[1988], 넴하우저 & 울시[1999]를 참조). 코스트레바 & 위첵[1989]은 선형상보 문제와 다목적계획법 문제 사이의 흥미로운 상호관계를 유도했다.

선형상보 문제는 비선형 케이스로 확장되었으며 연습문제 11.13에서 간략하게 소개했다. 일반 비선형계획법 문제의 카루시-쿤-터커 조건은 비선형상보 문제로 나타낼 수 있다. 이러한 문제의 최적해 존재여부에 관해 상당한 연구가 진행되었지만, 해를 구하는 계산구도의 개발은 진전을 보지 못했다. 코틀[1966], 이브스[1971b], 하벨터 & 프라이스[1971, 1973], 카라마르디안[1969, 1971, 1972], 무르티[1988]를 참조하시오.

이차식계획법 문제의 최적해를 구하는 다양한 알고리즘이 존재한다. 문제의 최적해를 구하기 위해 제10장에서 토의한 실현가능방향법을 사용할 수 있다. 이와 같은 실행방법 가운데 하나가 빌레[1955, 1959]의 알고리즘이며, 이것은 본질적으로 볼록-심플렉스 방법을 특화한 것이다. **구속하는 집합 전략**이라고 알려지고 지금까지 사용된, 또 다른 인기 있는 절차는 최적해에서 반복계산에 의해 구속하는 제약조건의 집합을 결정하기 위한 조합적 알고리즘이다. 이것은 일련의 등식제약 있는 문제의 최적해를 구해가면서 실행한다. 부트[1961, 1964], 골드파브 & 이드나니[1983], 파우얼[1985a], 테일 & 판느[1961], 판느[1974]를 참조하시오(루엔버거[1984], 플레처[1987], 연습문제 11.19, 11.28도 참조하시오). 그러나 후타커[1960]가 채택한 또 다른 알고리즘은, $\Sigma x_j \le \beta$의 형태인 제약조건을 추가하고 계속적으로 β를 증가하면서 제한이 가해진 문제의 최적해를 구하는 것이다.

이차식계획법 문제의 최적해를 구하는, 인기 있는 구조 가운데 하나는, 바란킨 & 도르프만[1958], 마코비츠[1956]가 제안한, 카루시-쿤-터커 연립방정식의 해를 구하는 것이다. 카루시-쿤-터커 연립방정식의 해를 구하는 다양한 방법이 존재한다. 울프[1959]는 쌍대실현가능성이 완화된 카루시-쿤-터커 연립방정식의 해를 구하는 심플렉스 알고리즘의 일부를 수정한 내용을 개발했다. 연습문제 11.16에서 이 방법을 간략하게 토의했다. 이들의 노트에 관해 앞에서 토의한 바와 같이, 선형상보 문제의 최적해를 구하는 상보피봇팅 알고리즘을 카루시-쿤-터커 연립방정식의 해를 구하기 위해 사용할 수도 있다. 절 11.1, 11.2에서 이차식계획법 문제의 최적해를 구하는 렘케의 방법을 토의하며, 여기에서 원문제와 쌍대문제의 실현가능성은 완화된다. 연습문제 11.11, 11.16, 11.17, 11.20은 카루시-쿤-터커 연립방정식의 해를 구하는 여러 가지의 대안적 방법을 제시한다. 좀 더 상세한 내용에 관해, 코틀 & 단치히[1968], 단치히[1963], 프랭크 & 울프[1956], 셰티[1963]를 참조하시오. 폴랴 & 트레티아코프[1972]는 제9장의 증강된 라그랑지 페널티함수법에 기반한 유한 알고리즘을 제시한다. 볼록 이차식계획법 문제의 다항식-횟수 알고리즘도 또한 개발되었다(조사연구에 대해 벤다야 & 셰티[1988], 여[1989]를 참조). 제9장에서 제시한 알고리즘의 의미의 원-쌍대 경로-추종 알고리즘도 제안했다(안스트라이허[1990], 몬테이로 등[1990] 참조). 한 등[1989]은 박스-제약이 있는 이차식계획법 문제로 특화된 다항식-횟수 알고리즘을 제시했다. 구 전체에 걸친 이차식최소화에 대해 여[1990]를 참조하시오.

위에서 토의한 방법은 볼록 이차식계획법 문제를 다룬다. 많은 수학자가 비볼록 케이스로의 확장을 연구했다. 연습문제 11.5에서 최적해를 찾는 문제는 선형상보 문제를 나타내는 제약조건을 갖는 선형 목적함수를 최소화하는 것으로 제시된다. 발라스[1975], 발라스 & 부르데트[1973], 부르데트[1977], 리터[1966], 투이[1964]가 논의한 바와 같이, 이러한 문제의 최적해를 구하는 알고리즘은 제약평면법을 사용하는 것이다. 대안적 알고리즘은 캐봇트 & 프란시스[1970], 뮈엘러[1970], 마이랜더[1971], 타하[1973], 반데르부쉬 & 넴하우저[2003, 2005a, b], 즈바트[1974]

에서 찾을 수 있다. 호르스트 & 투이[1990], 파르달로스 & 로젠[1987]은 나머지의 최근의, 경쟁력 있는 방법을 조사한다. 셰랄리[1993]는 비볼록 이차식계획법 쌍대성을 토의한다. 파르달로스 & 바바시스[1991]는, 비록 헤시안이 1개의 음(-) 고유값(최소화문제를 위해)을 갖는다고 해도 이러한 문제는 **NP-난해**임을 보인다. 이차식계획법 문제를 목적함수와 제약조건함수가 일반 다항식일 때의 케이스로 상당히 일반화하는 문제의 알고리즘은 셰랄리 & 툰치빌랙[1992]이 개발했다(연습문제 11.27 참조). 셰랄리 & 툰치빌랙[1995]은 이 비볼록 이차식계획법 문제의 전역최적성의 최적해를 구하기 위해 특화했으며 절 11.2에서 토의한다. 셰랄리 & 왕[2001]은 **인수분해가능 계획법** 문제의 보다 더 넓은 부류의 최적해를 구하기 위하기 위해 **재정식화-선형화/볼록화 기법**을 한층 더 일반화하는 것을 개발했다. 또한, 셰랄리 & 가네샨[2003]은 좀 더 복잡한 블랙박스 최적화 문제에 대해 재정식화-선형화/볼록화 기법 기반의 알고리즘을 설명하고, 컨테이너 선박 설계에 적용했다. 재정식화-선형화/볼록화 방법론에 관한 상세한 참고문헌에 대해 관심 있는 독자는 셰랄리 & 아담스[1990, 1994, 1999], 셰랄리[2002], 셰랄리 & 데사이[2004]의 조사내용을 참조하시오. 또한, **반정부호계획법**의 개념을 사용해 재정식화-선형화/볼록화 방법론을 강화하는 내용에 대해, 셰랄리 & 프라티첼리[2002]를 참조하시오.

절 11.3에서 가분계획법 문제의 최적해를 구하기 위해 '제한된 기저진입규칙'을 이용한 심플렉스 방법을 토의한다. 적용사례는 (i) 경제학적 데이터 핏팅(바켐 & 코르테[1977]), (ii) 전기회로(로카펠러[1976]), (iii) 물공급시스템 설계(콜린스 등[1978], 마이어[1980]는 600개 이상의 제약조건과 900여 개 변수를 갖는 문제의 해를 구했다), (iv) 통계학(텡[1978]) 등이다. 차른스 & 쿠퍼[1957], 단치히 등[1958], 마코비츠 & 만느[1957]의 연구에서도 이와 같은 알고리즘을 찾을 수 있다. 이 알고리즘에 관한 상세한 토의에 대해 밀러[1963], 울프[1963]를 참조하시오. 마이어[1980]는 참신한 2-선분 근사화 알고리즘을 토의하고, 마이어[1980], 타쿠르[1978]는 너무 이른 종료에 대한 오차의 한계를 토의한다. 비볼록 케이스에서, '제한된 기저진입 규칙'으로는 비록 최적성을 주장하기는 어렵더라도, '좋은 해'를 산출한다. 볼록 케이스에서 좀 더 작은 격자를 선택해 전역최적해에 충분히 가까운 해를 구할 수 있음을 보였다. 또한 절 11.3에서 울프[1963]의 격자생성 구조도 토의했으며, 여기에서 격자점은 미리 고정하지 않고 필요에 따라 생성한다.

절 11.4에서 선형분수계획법 문제의 최적해를 구하기 위해 차른스 & 쿠퍼[1962]의 알고리즘과 길모어 & 고모리[1963]의 알고리즘을 토의했다. 첫째의 알고리즘은 변수변환을 하고 등가의 선형계획법 문제의 최적해를 구한다. 둘째의 알고리즘은 블록-심플렉스법을 적용하는 것이다. 이 분야의 알고리즘은 이스벨 & 마를로[1956]의 원래의 연구에 깊이 관계된다. 도른[1962]은 쌍대심플렉스 알고리즘의 일반화로 볼 수 있는 문제의 해를 구하는 절차를 제시한다. 이와 같은 일반적 부류에 대한 기타의 알고리즘에 대해, 아바디 & 윌리암스[1968], 아브리엘 등[1988], 비트란 & 노바에스[1973], 콘노 & 쿠노[1989], 마르토스[1964, 1975], 샤이블레[1989]를 참조하시오.

선형분수계획법 문제는 목적함수가 2개 비선형함수의 비율로 구성된 케이스로 확장되었다. 이러한 분수함수의 특질은 연습문제 3.11, 3.62에서 토의한다. 비선형 분수계획법 문제의 최적해를 구하는 다양한 알고리즘을 개발한다. 관심 있는 독자는 알모기 & 레빈[1971], 벡토르[1968], 딩켈바흐[1967], 맹거사리안[1969b], 스와루프[1965]를 참조하시오.

절 11.5에서 토의한 지수계획법 문제는 공학에 적용하는 문제에서 자주 일어난다(예를 들면 브래들리 & 클라인[1976], 뎀보 & 아브리엘[1978], 더핀 등[1967]을 참조). 탁월한 최초의 설명은 더핀 등[1967]에 나타난다. 연습문제 11.50에서 11.55까지의 내용이 기타 예제와 함께 이 연구에 나타난다. 라그랑지 쌍대성 알고리즘의 뒤를 이어 포지노미얼 지수계획법을 주로 토의한다(플레처[1987]를 참조하시오; 정리 11.5.2의 일반화에 대해 더핀 등[1967]도 참조하시오). 더핀 & 페터슨[1972, 1973]은 더 상세한 토의를 제공하고, 페터슨[1976]은 지수계획법의 더 넓은 부류에 대한 알고리즘을 제시한다, 그리고 뎀보[1978], 엑케르[1980]는 지수계획법 문제의 최적해를 구하는 계산 측면과 실행 측면에 관한 탁월한 토의내용을 제시한다. 뎀보[1979]는 또한 쌍대 지수계획법의 해를 구하기 위해 효율적 2-계 뉴톤-유형의 알고리즘의 상세한 내용을 제시한다. 다항식 제약조건을 갖는 일반적 다항식 목적함수의 최적화를 포함하는 지수계획법 문제는 플루다스 & 비스베스바란[1991], 셰랄리 & 툰치빌렉[1992], 셰랄리[1998], 쇼르[1990]가 토의한다. 몇 개 테스트문제는 뎀보[1976]에서 토의한다.

부록 A 수학의 개관

부록 A에서는 이 책 전체에 걸쳐 사용하는 기호, 기본적 정의, 벡터, 행렬, 실해석[1]에 관계된 결과를 검토한다. 더 상세한 내용에 대해, 바르틀[1976], 베르지[1963], 베르지 & 굴리아-후리[1965], 벅크[1965], 쿨렌[1972], 플레트[1966], 루딘[1964]을 참조하시오.

A.1 벡터와 행렬

벡터

n-벡터 $\mathbf{x}$ 는 n개의 스칼라 $x_1, x_2, \cdots, x_n$을 배열한 것이며, 여기에서 x_j는 벡터 $\mathbf{x}$의 j-째 **성분**, 또는 요소라 한다. 기호 $\mathbf{x}$는 **열벡터**를 나타내며, 이에 반해 기호 $\mathbf{x}^t$는 전치된 **행벡터**를 나타낸다. 벡터는 $\mathbf{a}$, $\mathbf{b}$, $\mathbf{c}$, $\mathbf{x}$, $\mathbf{y}$와 같은 굵은 소문자로 나타낸다. 모든 n-벡터의 집합은 n-**차원 유클리드공간**을 구성하며, $\Re^n$으로 나타낸다.

특별한 벡터

영 벡터는 $\mathbf{0}$으로 나타내며 모두 0으로만 구성된 벡터이다. 합벡터는 $\mathbf{1}$ 또는 $\mathbf{e}$로 나타내며 각각의 성분은 1이다. i-째 **좌표벡터는** i-째 **단위 벡터**라고도 하며 $\mathbf{e}_i$로 나타내고 i-째 위치에 1이 있는 것을 제외하고 모두 0인 성분으로 구성된다.

---

1) real analysis

벡터의 합과 스칼라곱

$\mathbf{x}$, $\mathbf{y}$는 2개의 n-벡터라 하자. $\mathbf{x}$와 $\mathbf{y}$의 합은 벡터 $\mathbf{x}+\mathbf{y}$로 나타낸다. 벡터 $\mathbf{x}+\mathbf{y}$의 j-째 성분은 x_j+y_j이다. 벡터 $\mathbf{x}$와 스칼라 α의 곱은 $\alpha\mathbf{x}$로 나타내고 $\mathbf{x}$의 각각의 요소에 α를 곱해 얻는다.

선형독립성과 아핀독립성

만약 $\boldsymbol{\Sigma}_{j=1}^{k}\lambda_j\mathbf{x}_j=\mathbf{0}$임이 $\lambda_1=0, \cdots, \lambda_k=0$임을 의미한다면 $\Re^n$의 벡터 $\mathbf{x}_1, \cdots, \mathbf{x}_k$의 집합은 **선형독립**으로 간주한다. 만약 $(\mathbf{x}_1-\mathbf{x}_0), \cdots, (\mathbf{x}_k-\mathbf{x}_0)$가 선형독립이라면 $\Re^n$에 속한 벡터 $\mathbf{x}_0, \mathbf{x}_1, \cdots, \mathbf{x}_k$의 집합은 **아핀독립**으로 간주한다.

선형조합, 아핀조합, 볼록조합과 포

만약 $\Re^n$에서 $\mathbf{y}$를 어떤 스칼라 $\lambda_1, \cdots, \lambda_k$에 대해 $\mathbf{y}=\boldsymbol{\Sigma}_{j=1}^{k}\lambda_j\mathbf{x}_j=\mathbf{0}$이라고 표현할 수 있다면 벡터 $\mathbf{y}$는 $\Re^n$의 벡터 $\mathbf{x}_1, \cdots, \mathbf{x}_k$의 **선형조합**이라 말한다. 또한, 만약 $\Sigma_{j=1}^{k}\lambda_j=1$이어야 하는 조건을 만족시키도록 $\lambda_1, \cdots, \lambda_k$가 제한된다면, $\mathbf{y}$는 $\mathbf{x}_1, \cdots, \mathbf{x}_k$의 **아핀조합**이라 말한다. 또한, 만약 $\lambda_1, \cdots, \lambda_k$가 비음(–)이어야 한다는 제한을 가한다면, $\mathbf{y}$는 $\mathbf{x}_1, \cdots, \mathbf{x}_k$의 **볼록조합**이라 한다. 집합 $S\subseteq\Re^n$의 **선형포**, **아핀포**, **볼록포**는 각각 S에 속한 점의 모든 선형조합, 아핀조합, 볼록조합의 집합이다.

생성벡터

만약 $\Re^n$의 임의의 벡터를 $\mathbf{x}_1, \cdots, \mathbf{x}_k$의 선형조합으로 표현할 수 있다면 $\Re^n$의 벡터 $\mathbf{x}_1, \cdots, \mathbf{x}_k$의 집합은 $\Re^n$을 **생성**한다고 말하며, 여기에서 $k\geq n$이다. 임의의 $k\geq 1$에 대해 벡터 $\mathbf{x}_1, \cdots, \mathbf{x}_k$의 집합에 의해 **생성된 원추는** 이들 벡터의 비음(–) 선형조합의 집합이다.

기저

만약 $\Re^n$의 벡터 $\mathbf{x}_1, \cdots, \mathbf{x}_k$의 집합이 $\Re^n$을 생성하고, 만약 임의의 벡터를 삭제하면 나머지 벡터는 $\Re^n$을 생성하지 못한다면 이 벡터의 집합은 **기저**라고 한다. $\mathbf{x}_1,\mathbf{x}_1, \cdots, \mathbf{x}_k\mathbf{x}_k$가 $\Re^n$의 기저를 형성한다는 것은 $\mathbf{x}_1, \cdots, \mathbf{x}_k$은, $k=n$이라면,

선형독립이라는 것과 같은 뜻이다.

내적

$\Re^n$에서 2개 벡터 $\mathbf{x}$, $\mathbf{y}$의 **내적**은 $\mathbf{x} \cdot \mathbf{y} = \Sigma_{j=1}^{n} x_j y_j$라고 정의한다. 만약 2개 벡터의 내적이 0이라면, 2개 벡터는 **직교**한다고 말한다.

벡터의 노음

$\Re^n$에서 벡터 $\mathbf{x}$의 **노음**은 $\| \mathbf{x} \|$로 나타내며, $\| \mathbf{x} \| = (\mathbf{x} \cdot \mathbf{x})^{1/2} = (\Sigma_{j=1}^{n} x_j^2)^{1/2}$로 정의한다. 이것은 또한 ℓ_2 노음 또는 **유클리드 노음**이라 말한다.

슈워츠 부등식

$\mathbf{x}$, $\mathbf{y}$를 $\Re^n$에서 2개의 벡터라 하고, $|\mathbf{x} \cdot \mathbf{y}|$는 $\mathbf{x} \cdot \mathbf{y}$의 절댓값을 나타내는 것으로 하자. 그렇다면 **슈워츠 부등식**이라 하는 다음 부등식

$$|\mathbf{x} \cdot \mathbf{y}| \leq \| \mathbf{x} \| \, \| \mathbf{y} \|$$

이 성립한다.

행렬

행렬은 숫자를 사각형으로 배열한 것이다. 만약 행렬이 m개 행과 n개 열을 갖는다면, $m \times n$ 행렬이라 한다. 행렬은 $\mathbf{A}$, $\mathbf{B}$, $\mathbf{C}$와 같은 굵은 대문자로 나타낸다. 행렬 $\mathbf{A}$의 행 i와 열 j의 성분은 a_{ij}로 나타내고, i-째 행은 $\mathbf{A}_i$로 나타내고, j-째 열은 $\mathbf{a}_j$로 나타낸다.

특수한 행렬

$m \times n$ 행렬이 모두 0의 요소로 구성되어 있으면 영행렬이라 하며 $\mathbf{0}$으로 나타낸다. 만약 $n \times n$ 정방행렬의 요소가 $i \neq j$에 대해 $a_{ii} = 0$이며, $a_{11} = 1$, $\cdots$, $a_{nn} = 1$이라면 이 행렬은 **항등행렬**이라 한다. $n \times n$ 항등행렬은 $\mathbf{I}$로 나타내며 자주 행렬의 차원을 명확하게 밝히기 위해 $\mathbf{I}_n$으로 나타낸다. $n \times n$ 치환행렬 $\mathbf{P}$는 $\mathbf{I}_n$과 동일한 행을 갖는 행렬이지만, 어떠한 순서에 의해 치환된 행렬을 의미한다. **직**

교행렬 $\mathbf{Q}$는 $m \times n$의 차원을 가지며 $\mathbf{Q}^t\mathbf{Q} = \mathbf{I}_n$, 또는 $\mathbf{Q}\mathbf{Q}^t = \mathbf{I}_m$의 조건을 만족시킨다. 특히 만약 $\mathbf{Q}$가 정방행렬이라면, $\mathbf{Q}^{-1} = \mathbf{Q}^t$이다. 치환행렬 $\mathbf{P}$는 직교정방행렬임을 주목하자.

행렬의 합과 스칼라곱

$\mathbf{A}$, $\mathbf{B}$는 2개의 $m \times n$ 행렬이라 하자. $\mathbf{A}$와 $\mathbf{B}$의 **합**은 $\mathbf{A}+\mathbf{B}$로 나타내며, 이 행렬의 (i, j)-째 성분은 $a_{ij} + b_{ij}$이다. 행렬 $\mathbf{A}$에 스칼라 α를 **곱**한 행렬은 (i, j)-째 성분이 αa_{ij}인 행렬이다.

행렬의 곱

$\mathbf{A}$는 $m \times n$ 행렬, $\mathbf{B}$는 $n \times p$ 행렬이라 하자. 그렇다면 곱 $\mathbf{AB}$는 (i, j)-째 성분 c_{ij}가 다음 식

$$c_{ij} = \sum_{k=1}^{n} a_{ik} b_{kj} \quad i = 1, \cdots, m, \quad j = 1, \cdots, p$$

으로 표현되는 $m \times p$ 행렬 $\mathbf{C}$로 정의한다.

전치

$\mathbf{A}$는 $m \times n$ 행렬이라 하자. $\mathbf{A}$의 전치행렬은 $\mathbf{A}^t$로 나타내며, (i, j)-요소가 a_{ji}인 $n \times m$ 행렬이다. 만약 $\mathbf{A} = \mathbf{A}^t$이라면 정방행렬 $\mathbf{A}$는 대칭이라고 말한다. 만약 $\mathbf{A}^t = -\mathbf{A}$이라면 **비대칭**이라 말한다.

분할된 행렬

행렬은 부분행렬로 분할할 수 있다. 예를 들면, $m \times n$ 행렬 $\mathbf{A}$는 다음 형태

$$\mathbf{A} = \left[\begin{array}{c|c} \mathbf{A}_{11} & \mathbf{A}_{12} \\ \hline \mathbf{A}_{21} & \mathbf{A}_{22} \end{array}\right]$$

로 분할될 수 있다.

행렬의 행렬식

$\mathbf{A}$는 $n \times n$ 행렬이라 하자. $\mathbf{A}$의 **행렬식**은 $det[\mathrm{A}]$라고 나타내며 다음 식

$$det[\mathrm{A}] = \sum_{i=1}^{n} a_{i1} det[\mathrm{A}_{i1}]$$

과 같이 반복적으로 정의되며, 여기에서 $\mathbf{A}_{i1}$은 a_{i1}의 **여인수**이며, $\mathbf{A}$에서 i-째 행과 첫째 열을 제외해 얻은 부분행렬에 $(-1)^{i+1}$을 곱한 것으로 정의하고, 임의의 스칼라의 행렬식은 스칼라 자체이다. 위 식에서 첫째 열의 사용과 유사하게, 임의의 행 또는 열의 항으로 행렬식을 나타낼 수 있다.

행렬의 역행렬

만약 $\mathbf{AA}^{-1} = \mathbf{A}^{-1}\mathbf{A} = \mathbf{I}$를 만족시키는, 역행렬이라 하는, 행렬 $\mathbf{A}^{-1}$이 존재한다면 정방행렬 $\mathbf{A}$는 **정칙**이라라고 말한다. 만약 존재한다면, 정방행렬의 역행렬은 유일하다. 더군다나 정방행렬이 역행렬을 갖는다는 것은 정방행렬의 행렬식이 0이 아니라는 것과 같은 뜻이다.

행렬의 계수

$\mathbf{A}$는 $m \times n$ 행렬이라 하자. $\mathbf{A}$의 계수는 선형독립인 행의 최대 개수 또는, 등가적으로, 행렬 $\mathbf{A}$의 선형독립인 열의 최대 개수이다. 만약 $\mathbf{A}$의 계수가 $min\{m, n\}$이라면, $\mathbf{A}$는 **꽉 찬 계수**를 갖는다고 말한다.

행렬의 노음

$\mathbf{A}$는 $n \times n$ 행렬이라 하자. 가장 흔히, $\mathbf{A}$의 **노음**은 $\| \mathbf{A} \|$로 나타내며, 다음 식

$$\| \mathbf{A} \| = \max_{\| \mathbf{x} \| = 1} \| \mathbf{Ax} \|$$

과 같이 정의하며, 여기에서 $\| \mathbf{Ax} \|$, $\| \mathbf{x} \|$는 상응하는 벡터의, 흔히 말하는, 유클리드(ℓ_2) 노음이다. 그러므로, 임의의 벡터 $\mathbf{z}$에 대해, $\| \mathbf{Az} \| \leq \| \mathbf{A} \| \| \mathbf{z} \|$이다. ℓ_p 노음을 유사하게 사용해, 상응하는 행렬노음 $\| \mathbf{A} \|_p$를 유도할 수 있다. 특히, 위의 행렬노음은, 간혹 $\| \mathbf{A} \|_2$로 나타내며, $[\mathbf{A}^t\mathbf{A}\text{의 최대고유값}]^{1/2}$

과 같다. 또한, A의 **프로베니우스 노음**은 다음 식

$$\| \mathbf{A} \|_F = \left[\sum_{i=1}^{n} \sum_{j=1}^{n} |a_{ij}|^2 \right]^{1/2}$$

으로 주어지며 단순하게, A의 모든 요소를 갖는 벡터의 ℓ_2 노음이다.

고유값과 고유벡터

A는 $n \times n$ 행렬이라 하자. 방정식 $\mathbf{Ax} = \lambda\mathbf{x}$이 되도록 하는 스칼라 λ와 벡터 $\mathbf{x} \neq 0$는, 각각 A의 **고유값**과 **고유벡터**라고 한다. A의 고유값을 구하기 위해, 방정식 $det[\mathbf{A} - \lambda\mathbf{I}] = 0$의 해를 구한다. 이 식은 A의 고유값을 구하는, λ에 관한 다항식 방정식이다. 만약 A가 대칭이라면, A는 n개(서로 다르지 않을 수도 있는)의 고유값을 갖는다. 서로 다른 고유값에 연관된 고유벡터는 직교할 필요가 있으며, 어떤 p개의 일치하는 고유값의 임의의 집합에 대해, p개의 직교하는 고유벡터 집합이 존재한다. 그러므로 대칭행렬 A가 주어지면, $\Re^n$에서 직교기저행렬 B를 구성할 수 있으며, 즉 다시 말하면, 기저행렬 B는 A의 고유벡터를 나타내는 직교하는 열벡터로 구성한 행렬이다. 더군다나 B의 각각의 열은 단위 노음을 갖도록 정규화되었다고 가정하자. 그러므로 $\mathbf{B}^t\mathbf{B} = \mathbf{I}$이며 따라서 $\mathbf{B}^{-1} = \mathbf{B}^t$이다. 이러한 행렬은 **직교행렬** 또는 **정규직교행렬**이라 말한다.

지금, (순수한) **이차식형식** $\mathbf{x}^t\mathbf{Ax}$를 고려해보고, 여기에서 A는 $n \times n$ 대칭행렬이다. $\lambda_1, \cdots, \lambda_n$은 A의 고유값이라 하고, $\Lambda = diag\{\lambda_1, \cdots, \lambda_n\}$는 대각선 요소가 $\lambda_1, \cdots, \lambda_n$이며, 다른 요소는 0으로 구성된 **대각선행렬**이라 하며, B는 직교 정규화된 고유벡터 $\mathbf{b}_1, \cdots, \mathbf{b}_n$을 열로 갖는 직교 고유벡터 행렬이라 하자. 임의의 벡터 x를 A의 고유벡터의 항으로 나타내는 선형변환 $\mathbf{x} = \mathbf{By}$를 정의한다. 이런 변환 아래, 주어진 이차식 형식은 다음 식

$$\mathbf{x}^t\mathbf{Ax} = \mathbf{y}^t\mathbf{B}^t\mathbf{ABy} = \mathbf{y}^t\mathbf{B}^t\Lambda\mathbf{By} = \mathbf{y}^t\Lambda\mathbf{y} = \sum_{i=1}^{n} \lambda_i y_i^2$$

과 같이 된다. 이것을 **대각선화과정**이라 한다.

또한, $\mathbf{AB} = \mathbf{B}\Lambda$이며, 그래서 B는 직교행렬이므로 $\mathbf{A} = \mathbf{B}\Lambda\mathbf{B}^t =$

$\boldsymbol{\Sigma}_{i=1}^{n}\lambda_i \mathbf{b}_i \mathbf{b}_i^t$를 얻음을 관측하시오. 이 표현은 $\mathbf{A}$의 **스펙트럼분해**라 한다. $m\times n$ 행렬 $\mathbf{A}$에 대해, 관계된 인수분해는 $\mathbf{A}=\mathbf{U}\boldsymbol{\Sigma}\mathbf{V}^t$의 **특이값분해(SVD)**라고 알려져 있으며, 여기에서 $\mathbf{U}$는 $m\times m$ 직교행렬이며, $\mathbf{V}$는 $n\times n$ 직교행렬이며, $\boldsymbol{\Sigma}$는 $i\neq j$에 대해 $\Sigma_{ij}=0$이며 $i=j$에 대해 $\Sigma_{ij}\geq 0$인 요소를 갖는 $m\times n$ 행렬이며, 여기에서 $\mathbf{U}$, $\mathbf{V}$의 열은 각각 $\mathbf{AA}^t$, $\mathbf{A}^t\mathbf{A}$의 정규화된 고유벡터이다. 만약 $m\leq n$이라면 Σ_{ij}값은 $\mathbf{AA}^t$의 고유값의 (절댓값) 제곱근이거나 또는, 만약 $m\geq n$이라면 Σ_{ij}값은 $\mathbf{A}^t\mathbf{A}$의 (절댓값) 제곱근이다. 0이 아닌 Σ_{ij}값의 개수는 $\mathbf{A}$의 계수와 같다.

정부호행렬과 반정부호행렬

$\mathbf{A}$는 $n\times n$ 대칭행렬이라 하고, 여기에서 만약 $\Re^n$에서 모든 $\mathbf{x}\neq\mathbf{0}$에 대해 $\mathbf{x}^t\mathbf{A}\mathbf{x}>0$이라면 $\mathbf{A}$는 **양정부호행렬**이라 하고, 만약 $\Re^n$에서 모든 $\mathbf{x}$에 대해 $\mathbf{x}^t\mathbf{A}\mathbf{x}\geq 0$이라면 **반정부호행렬**이라고 말한다. 유사하게, 만약 $\Re^n$에서 모든 $\mathbf{x}\neq\mathbf{0}$에서 $\mathbf{x}^t\mathbf{A}\mathbf{x}<0$이라면, $\mathbf{A}$는 **음정부호행렬**이라 한다; 그리고 만약 $\Re^n$의 모든 $\mathbf{x}$에서 $\mathbf{x}^t\mathbf{A}\mathbf{x}\leq 0$이라면, $\mathbf{A}$는 **음반정부호행렬**이라 한다. 양반정부호도 아니고 음반정부호도 아닌 행렬은 **부정부호행렬**이라 한다. 앞서 말한 대각선화 과정에 의해, 행렬 $\mathbf{A}$가 양정부호, 양반정부호, 음정부호, 음반정부호라는 것은 $\mathbf{A}$의 고유값이 각각 양(+), 비음(-), 음(-), 양(+)이 아니라는 것과 같은 뜻이다(제3장에서 토의한 슈퍼-대각선화 알고리즘은 정부호성의 특질을 확인하는 좀 더 효율적 방법임을 주목하자). 또한, 위의 Λ, $\mathbf{B}$에 관한 정의에 따라, 만약 $\mathbf{A}$가 양정부호 행렬이라면 **제곱근** $\mathbf{A}^{1/2}$는 $\mathbf{A}^{1/2}\mathbf{A}^{1/2}=\mathbf{A}$이 되도록 하는 행렬이며 $\mathbf{A}^{1/2}=\mathbf{B}\Lambda^{1/2}\mathbf{B}^t$로 주어진다.

A.2 행렬인수분해

$\mathbf{B}$는 정칙 $n\times n$ 행렬이라 하고 연립방정식 $\mathbf{Bx}=\mathbf{b}$를 고려해보자. $\mathbf{B}^{-1}$을 직접 구해 $\mathbf{x}=\mathbf{B}^{-1}\mathbf{b}$로 주어지는 연립방정식의 해를 계산하는 경우는 거의 없다. 그 대신, 인수분해, 또는 수치를 사용한 계산에서 안정적으로 $\mathbf{Bx}=\mathbf{b}$의 해를 구하

는, 흔히 삼각형 연립방정식의 해를 역치환을 사용해 구하는 방식으로, **B**를 곱셈 성분으로 분해하는 방법이 일반적으로 이용된다. 악조건의 상황 아래 **B**가 거의-특이 행렬이거나 또는 준 뉴톤법 또는 레벤버그-마르카르트의 방법처럼 **B**의 양정부호성을 입증할 때 적절한 방법이다. 아래에 여러 유용한 인수분해를 토의한다. 반복법의 상황에서 인수를 갱신하는 구도를 포함한 더 상세한 내용에 대해, 독자는 바르텔스 등[1970], 바자라 등[2005], 데니스 & 슈나벨[1983], 동가라 등[1979], 질 등[1974, 1976], 골루브 & 반로안[1983/1989], 무르티[1983], 스튜어트[1973]를 참조하고 거기에 인용된 많은 동반 문헌도 참조하기 바란다. LINPACK, MATLAB, "Harwell Library Routine" 같은 표준소프트웨어도 이들 인수분해를 효율적으로 수행하기 위해 구할 수 있다.

기저행렬 B의 LU인수분해와 PLU인수분해

LU 인수분해에서, 일련의 치환과 가우스 피봇팅연산을 해 **B**를 상삼각형 형태의 **U**로 바꾼다. 이 과정의 i-째 스테이지에서, **B**를 $\mathbf{B}^{(i-1)}$로 대체했으며, 이를테면, 이것은 열 $1, \cdots, i-1$(여기에서 $\mathbf{B}^0 \equiv \mathbf{B}$)에서 상삼각형태이며, 우선 **치환행렬** $\mathbf{P}_i$를 $\mathbf{B}^{(i-1)}$의 앞에 곱해 행 i를, 열 i에서 가장 큰 절댓값을 갖는 $\mathbf{B}^{(i-1)}$의 $\{i, i+1, \cdots, n\}$에 속한 행과 교환한다. 이것은 $\mathbf{P}_i\mathbf{B}^{(i-1)}$의 (i, i)-째 요소가 두드러지게 0이 아님을 확실히 하기 위해 실행된다. 이것을 피봇 요소로 사용해 열 i의 행 $i+1, \cdots, n$의 요소를 0으로 하는 행연산이 실행된다. 이 삼각화는 적절한 **가우스 피봇 행렬** $\mathbf{G}_i$를 앞에 곱해 이루어질 수 있다. $\mathbf{G}_i$는 대각선 요소에 1을 갖고, 열 i의 행 $i+1, \cdots, n$의 요소가 0이 아닐 수도 있는 적절한 요소를 갖는 **단위 하삼각행렬**이다. 이것은 $\mathbf{B}^{(i)} = (\mathbf{G}_i\mathbf{P}_i)\mathbf{B}^{(i-1)}$라는 내용을 제공한다. 그러므로, 어떤 $r \leq (n-1)$번의 이와 같은 연산을 한 후, 다음 식

$$(\mathbf{G}_r\mathbf{P}_r) \cdots (\mathbf{G}_2\mathbf{P}_2)(\mathbf{G}_1\mathbf{P}_1)\mathbf{B} = \mathbf{U} \tag{A.1}$$

을 얻는다. $\overline{\mathbf{b}} = (\mathbf{G}_r\mathbf{P}_r) \cdots (\mathbf{G}_1, \mathbf{P}_1)\mathbf{b}$를 계산하고, 역치환에 의해 삼각형연립방정식 $\mathbf{U}\mathbf{x} = \overline{\mathbf{b}}$의 해를 구해 연립방정식 $\mathbf{B}\mathbf{x} = \mathbf{b}$의 해를 구할 수 있다. 만약 치환이 실행되지 않는다면 $\mathbf{G}_r \cdots \mathbf{G}_1$은 하삼각행렬이며, 이 하삼각행렬을 역행렬 **L**로 나타내면, **B**에 대해 인수분해된 형태 $\mathbf{B} = \mathbf{L}\mathbf{U}$를 얻으며, 그러므로 이와 같은 명

칭이 주어졌다. 또한, 만약 $\mathbf{P}^t$가 $\mathbf{B}$의 행을 사전에 다시 정렬하는 데 사용되는 치환행렬이라면, 그리고 $\mathbf{L}^{-1}\mathbf{P}^t\mathbf{B} = \mathbf{U}$를 유도하기 위해 가우스 삼각화연산을 적용한다면, $\mathbf{P}^t = \mathbf{P}^{-1}$임을 주목해 $\mathbf{B} = (\mathbf{P}^t)^{-1}\mathbf{LU} = \mathbf{PLU}$라고 나타낼 수 있다. 그러므로, 이 인수분해는 흔히 PLU**분해**라고 말한다. 만약 $\mathbf{B}$가 희박행렬이라면, $\mathbf{P}^t$는 $\mathbf{P}^t\mathbf{B}$를 거의-상삼각으로 만들기 위해 사용할 수 있으며($\mathbf{B}$의 열이 적절하게 치환되었다고 가정하고) 그리고 $\mathbf{U}$를 얻기 위해 단지 몇 개 안 되는 희박 가우스 피봇팅 연산만이 필요할 것이다. 그러므로 희박행렬에 관해 이 방법은 대단히 적합하다.

기저행렬 B의 QR 인수분해와 QRP 인수분해

조밀한 연립방정식의 해를 구하는 목적으로 이 인수분해는 가장 적합하며 자주 이용되며, 여기에서 일련의 정방대칭직교 행렬 $\mathbf{Q}_i$를 행렬 $\mathbf{B}$의 앞에 곱하면 행렬 $\mathbf{B}$는 상삼각형태의 $\mathbf{R}$로 된다. 열 $1, \cdots, i-1$(여기에서 $\mathbf{B}^{(0)} = \mathbf{B}$임)에서 상삼각형태인 $\mathbf{B}^{(i-1)} \equiv \mathbf{Q}_{i-1} \cdots \mathbf{Q}_1\mathbf{B}$가 주어지면, 열 $1, \cdots, i-1$이 영향을 받지 않도록 하면서, $\mathbf{Q}_i\mathbf{B}^{(i-1)} = \mathbf{B}^{(i)}$가 열 i에서도 상삼각형태가 되도록 행렬 $\mathbf{Q}_i$를 구성한다. 행렬 $\mathbf{Q}_i$는 $\mathbf{Q}_i \equiv \mathbf{I} - \gamma_i \mathbf{q}_i \mathbf{q}_i^t$ 형태인 정방 대칭직교행렬이며, 여기에서 앞서 말한 연산을 수행하기 위해 $\mathbf{q}_i = (0, \cdots, 0, q_{ii}, \cdots, q_{ni})$, $\gamma_i \in \Re$을 적절하게 선택한다. 이러한 행렬 $\mathbf{Q}_i$는 **하우스홀더 변환행렬**이라 한다. 만약 $\mathbf{B}^{(i-1)}$의 열 i의 행 $1, \cdots, n$의 요소를 $(\alpha_1, \cdots, \alpha_n)^t$로 나타낸다면, $q_{ii} = \alpha_i + \theta_i$, $j = i+1, \cdots, n$에 대해 $q_{ji} = \alpha_j$, $\gamma_i = (1/\theta_i)q_{ii}$이며, 여기에서 $\theta_i = sign(\alpha_i)\left[\alpha_i^2 + \cdots + \alpha_n^2\right]^{1/2}$이고, 여기에서 만약 $\alpha_i > 0$이라면 $sign(\alpha_i) = 1$이며 그렇지 않다면 $sign(\alpha_i) = -1$이다. $\mathbf{Q} = \mathbf{Q}_{n-1} \cdots \mathbf{Q}_1$이라고 정의하면, $\mathbf{Q} = \mathbf{Q}^t = \mathbf{Q}^{-1}$이므로 $\mathbf{Q}$도 또한 대칭직교행렬이며, $\mathbf{QB} = \mathbf{R}$이거나, 또는 $\mathbf{B} = \mathbf{QR}$임을 알 수 있다; 즉 다시 말하면, $\mathbf{Q}$는 **누승행렬**이다.

지금, $\mathbf{Bx} = \mathbf{b}$의 해를 구하기 위해, 등가적으로 먼저 $\bar{\mathbf{b}} = \mathbf{Qb}$를 찾음으로써, 그리고 후방대입법을 사용해 상삼각 연립방정식 $\mathbf{Rx} = \bar{\mathbf{b}}$의 해를 구해, $\mathbf{QRx} = \mathbf{b}$ 또는 $\mathbf{Rx} = \mathbf{Qb}$의 해를 구한다. 임의의 벡터 $\mathbf{v}$에 대해 $\|\mathbf{Qv}\| = \|\mathbf{v}\|$이므로 $\|\mathbf{R}\| = \|\mathbf{QR}\| = \|\mathbf{B}\|$이다. 그래서 $\mathbf{R}$은 안정도를 유지하면

서 B의 요소의 상대적 크기를 보존함을 주목하자. 이것은 위 방법의 주요 이점이다.

또한, 행 $i-1$ 아래의 제곱합이 가장 큰 값을 갖는 열을 i-째 열의 위치로 이동하기 위해 치환행렬 P는, 간혹 Q_i에 이것을 적용하기 전에 $B^{(i-1)}$의 뒤에 곱하기 위해 사용된다(θ_i의 계산을 참조). 치환행렬의 곱은 또한 치환행렬이므로, 그리고 치환행렬인 직교행렬이므로, $Q_{n-1}\cdots Q_1BP_1P_2\cdots P_{n-1}=R$의 연산순서에 의해, 이것은 분해 $B=QRP$로 인도한다.

대칭 양정부호 행렬 B의 숄레스키 인수분해 LL^t와 LDL^t

대칭 양정부호 행렬 B의 숄레스키 인수분해는 이 행렬을 $B=LL^t$로 나타내는 것이며, 여기에서 L은 다음 식

$$LL^t=\begin{bmatrix} \ell_{11}^2 & & & & \text{(대칭부분)} \\ \ell_{21}\ell_{11} & \ell_{21}^2+\ell_{22}^2 & & & \\ \ell_{31}\ell_{11} & (\ell_{21}\ell_{31}+\ell_{22}\ell_{32}) & (\ell_{31}^2+\ell_{32}^2+\ell_{33}^2) & & \\ \vdots & \vdots & \vdots & \ddots & \\ \ell_{n1}\ell_{11} & (\ell_{21}\ell_{n1}+\ell_{22}\ell_{n2}) & (\ell_{31}\ell_{n1}+\ell_{32}\ell_{n2}+\ell_{33}\ell_{n3}) & \cdots & (\ell_{n1}^2+\cdots,\ell_{nn}^2) \end{bmatrix}$$

이 성립되게 하는 아래의 행렬식

$$L=\begin{bmatrix} \ell_{11} & & & \\ \ell_{21} & \ell_{22} & & \mathbf{0} \\ \ell_{31} & \ell_{32} & \ell_{33} & \\ \vdots & \vdots & \ddots & \\ \ell_{n1} & \ell_{n2} & & \ell_{nn} \end{bmatrix}$$

과 같은 하삼각행렬 형태이다. B의 요소를 직접 LL^t에 속한 요소와 같게 놓기 위해, 다음의 연립방정식

$$\begin{array}{llll} \ell_{11}^2=b_{11}, & \ell_{21}\ell_{11}=b_{21}, & \ell_{31}\ell_{11}=b_{31}, \quad \cdots, & \ell_{n1}\ell_{11}=b_{n1} \\ & \ell_{21}^2+\ell_{22}^2=b_{22}, & \ell_{21}\ell_{31}+\ell_{22}\ell_{31}=b_{32}, \quad \cdots, & \ell_{21}\ell_{n1}+\ell_{22}\ell_{n2}=b_{n2} \\ & & \ell_{31}^2+\ell_{32}^2+\ell_{33}^2=b_{33}, \quad \cdots, & \ell_{31}\ell_{n1}+\ell_{32}\ell_{n2}+\ell_{33}\ell_{n3}=b_{n3} \\ & & \ddots & \vdots \end{array}$$

$$\ell_{n1}^2 + \cdots + \ell_{nn}^2 = b_{nm}$$

을 얻는다. $j = 1, \cdots, n$에 대해, 그리고 $i = 1, \cdots, n$에 대해, ℓ_{ij}를 계산하기 위해, b_{ij}에 관한 방정식을 사용해, 이들 방정식은 ℓ_{11}, $\ell_{21}, \cdots, \ell_{n1}$, ℓ_{22}, $\ell_{32}, \cdots, \ell_{n2}$, $\ell_{33}, \cdots, \ell_{n3}, \cdots, \ell_{nn}$의 순서로 미지수 ℓ_{ij}를 계산하기 위해 순차적으로 사용될 수 있다. 이들 방정식은 대칭 양정부호 행렬 $\mathbf{B}$에 대해 잘-정의된 것이며, $\mathbf{LL}^t$가 양정부호라는 것은 모든 $i = 1, \cdots, n$에 대해 $\ell_{ij} > 0$이라는 것과 같은 뜻임을 주목하자.

연립방정식 $\mathbf{Bx} = \mathbf{b}$의 해는, 2개 삼각형 연립방정식의 해를 구해, $\mathrm{L}(\mathrm{L}^t\mathbf{x}) = \mathrm{b}$의 해를 구해 얻는다. 먼저 $\mathbf{Ly} = \mathbf{b}$가 되도록 하는 $\mathbf{y}$를 찾고 $\mathbf{L}^t\mathbf{x} = \mathbf{y}$의 연립방정식을 사용해 $\mathbf{x}$를 계산한다.

간혹 숄레스키 인수분해는 $\mathrm{B} = \mathbf{LDL}^t$로 나타내며, 여기에서 $\mathbf{L}$은 하삼각행렬(일반적으로 이것의 대각선을 따라서 1이 존재함)이며 $\mathbf{D}$는 대각선행렬이며 2개 행렬은 양(+) 대각선 성분을 갖는다. $\mathrm{B} = \mathbf{LDL}^t = (\mathbf{LD}^{1/2})(\mathbf{LD}^{1/2})^t \equiv \mathbf{L}'\mathbf{L}'^t$라고 나타내면 2개 표현은 등가적으로 연관됨을 알 수 있다. LDL^t라는 표현의 장점은 D를 대각선연립방정식에 연관된 제곱근 계산을 피하려고 사용할 수 있다는 것이며, 이것은 계산의 정확도를 높인다(예를 들면 L의 대각선 요소는 1이 될 수 있다).

또한, 만약 $\mathbf{B}$가 일반 기저행렬이라면, $\mathbf{BB}^t$는 대칭 양정부호이므로 숄레스키 인수분해 $\mathrm{BB}^t = \mathbf{LL}^t$를 갖는다. 이런 경우, $\mathbf{L}$은 **숄레스키인수 B에 연관된 숄레스키 인수**라 말한다. 이 경우 $\mathrm{BB}^t = \mathrm{R}^t\mathrm{Q}^t\mathrm{QR} = \mathrm{R}^t\mathrm{R}$이 성립하는 B^t의 QR**분해**를 찾음으로써 $\mathbf{L}$을 찾을 수 있음을 주목하고, 그러므로, $\mathbf{L} \equiv \mathbf{R}^t$이다. 만약 이것이 실행되면, 결과로 나타나는 상삼각행렬 $\mathbf{R}$에만 관심이 있으므로 행렬 $\mathbf{Q}$ 또는 이것의 성분 $\mathbf{Q}_i$는 저장할 필요가 없음을 주목하시오.

A.3 집합과 수열

집합은 요소 또는 대상의 하나의 모임이다. 집합은 이것의 요소 또는 요소가 반드시 만족시켜야 하는 특질을 명시해 나타낼 수 있다. 예를 들면 집합 $S = \{1, 2, 3,$

4}는 대안적으로 $S = \{x | 1 \geq x \leq 4,\ \ x$는 정수$\}$라고 나타낼 수 있다. 만약 $\mathbf{x}$가 S의 요소라면, $\mathbf{x} \in S$라고 나타내며, 만약 $\mathbf{x}$가 S에 속하지 않는다면 $\mathbf{x} \not\in S$라고 나타낸다. 집합은 S, X, Λ와 같은 대문자로 나타낸다. 공집합은 $\varnothing$로 나타내며 요소가 존재하지 않는 집합이다.

합집합, 교집합, 부분집합

2개 집합 S_1, S_2가 주어지면, S_1 또는 S_2에 속하거나, 아니면 모두에 속하는 요소로 구성한 집합은 S_1, S_2의 **합집합**이라 말하고 $S_1 \cup S_2$로 나타낸다. S_1, S_2에 모두 속하는 요소는 S_1과 S_2의 **교집합**을 구성하고, $S_1 \cap S_2$로 나타낸다. 만약 S_1이 S_2의 하나의 **부분집합**이라면, 즉 다시 말하면, 만약 S_1의 각각의 요소가 역시 S_2의 하나의 요소라면 $S_1 \subseteq S_2$ 또는 $S_2 \supseteq S_1$으로 나타낸다. 따라서 S에 속한 모든 요소는 $\Re^n$에 속함을 나타내기 위해 $S \subseteq \Re^n$이라고 나타낸다. **엄격한 포함** $S_1 \subseteq S_2$, $S_1 \neq S_2$은 $S_1 \subset S_2$로 나타낸다.

닫힌 구간과 열린 구간

a, b는 2개의 실수라 하자. **닫힌 구간** $[a, b]$는 $a \leq x \leq b$가 되도록 하는 모든 실수를 나타낸다. $a \leq x < b$이 되도록 하는 실수는 구간 $[a, b)$로 표현하며, 한편 $a < x \leq b$이 되도록 하는 실수는 구간 $(a, b]$로 나타낸다. 마지막으로, $a < x < b$가 되도록 하는 점 $\mathbf{x}$의 집합은 **열린 구간** (a, b)로 나타낸다.

최대하계와 최소상계

S는 실수 집합이라 하자. 그렇다면 S의 **최대하계는** 각각의 $x \in S$에 대해 $\alpha \leq x$가 되도록 하는, 있을 수 있는 가장 큰 스칼라 α를 말한다. 최대하계는 $inf\ \{x | x \in S\}$로 나타낸다. S의 **최소상계**는 각각의 $x \in S$에 대해 $\alpha \geq x$이 되도록 하는, 있을 수 있는 가장 작은 스칼라 α를 말한다. 최소상계는 $sup\{x | x \in S\}$로 나타낸다.

근방

$\mathbf{x} \in \Re^n$의 하나의 점과 하나의 $\varepsilon > 0$이 주어지면, 구 $\mathbb{N}_\varepsilon(\mathbf{x}) = \{\mathbf{y} | \parallel \mathbf{y} - \mathbf{x} \parallel \le \varepsilon\}$은 $\mathbf{x}$의 하나의 ε-**근방**이라 한다. $\mathbb{N}_\varepsilon(\mathbf{x})$의 정의에서 부등식은 간혹 엄격한 부등식으로 대체된다.

내점과 열린집합

S는 $\Re^n$의 하나의 부분집합이라 하고, $\mathbf{x} \in S$라 한다. 그렇다면 만약 S에 포함되는 $\mathbf{x}$의 하나의 ε-근방이 존재한다면, $\mathbf{x}$는 S의 하나의 **내점**이라 하며, 다시 말하면, 만약 $\parallel \mathbf{y} - \mathbf{x} \parallel \le \varepsilon$임이 $\mathbf{y} \in S$임을 의미하는 하나의 $\varepsilon > 0$이 존재한다면 $\mathbf{x}$는 S의 **내점**이라 한다. 이와 같은 모든 점의 집합을 S의 **내부**라 하며 $int\,S$로 나타낸다. 더군다나 만약 $S = int\,S$이라면 S는 **열린집합**이라 한다.

상대적 내부

$S \subset \Re^n$이라 하고 $aff\,(S)$는 S의 **아핀포**를 나타내는 것으로 하자. 비록 $int\,(S) = \varnothing$이지만, S의 아핀포의 공간에서 보는 S의 내부는 공집합이 아닐 수도 있다. 이것을 S의 **상대적 내부**라 하며 $relint\,(S)$로 나타낸다. 구체적으로, $relint\,(S) = \{\mathbf{x} \in S | N_\varepsilon(\mathbf{x}) \cap aff\,(S) \subset S$ 어떤 $\varepsilon > 0$에 대해$\}$이다. 만약 $S_1 \subseteq S_2$이라면, 비록 $int\,(S_1) \subseteq int\,(S_2)$이지만 $relint\,(S_1)$는 $relint\,(S_2)$ 내에 포함될 필요가 없음을 주목하자. 예를 들면, 만약 $S_1 = \{\mathbf{x} | \boldsymbol{\alpha} \cdot \mathbf{x} = \beta\}|$, $S_2 = \{\mathbf{x} | \boldsymbol{\alpha} \cdot \mathbf{x} \le \beta\}$, $\boldsymbol{\alpha} \ne \mathbf{0}$이라면, $S_1 \subseteq S_2$, $int\,(S_1) = \varnothing \subseteq int\,(S_2) = \{\mathbf{x} | \boldsymbol{\alpha} \cdot \mathbf{x} < \beta\}\}$이지만, $relint\,(S_1) = S_1 \not\subseteq relint\,(S_2) = int\,(S_2)$이다.

유계집합

만약 유한한 반경의 구 내에 집합이 갇힌다면 집합 $S \subset \Re^n$는 **유계**라고 말한다.

폐포점과 닫힌집합

S는 $\Re^n$의 부분집합이라 하자. S의 **폐포**는 $cl S$라고 나타내며 S에 마음대로 가까운 모든 점의 집합을 나타낸다. 특히 만약 각각의 $\varepsilon > 0$에 대해 $S \cap \mathbb{N}_\varepsilon(\mathbf{x}) \neq \varnothing$이라면 $\mathbf{x} \in cl S$이고, 여기에서 $\mathbb{N}_\varepsilon(\mathbf{x}) = \{\mathbf{y} \mid \| \mathbf{y} - \mathbf{x} \| \leq \varepsilon\}$이다. 만약 $S = cl S$라면 S는 닫힌집합이라고 말한다.

경계점

S는 $\Re^n$의 하나의 부분집합이라 한다. 만약 각각의 $\varepsilon > 0$에 대해, $\mathbb{N}_\varepsilon(\mathbf{x})$가 S에 속한 하나의 점과 S에 속하지 않은 하나의 점을 포함한다면 $\mathbf{x}$는 S의 **경계점**이라 하며, 여기에서 $\mathbb{N}_\varepsilon(\mathbf{x}) = \{\mathbf{y} \mid \| \mathbf{y} - \overline{\mathbf{x}} \| \leq \varepsilon\}$이다. 모든 경계점의 집합을 S의 **경계**라 하고 ∂S라고 나타낸다.

수열과 부분수열

만약 $k \to \infty$에 따라 $\| \mathbf{x}_k - \overline{\mathbf{x}} \| \to 0$이라면, 벡터의 **수열** $\mathbf{x}_1, \mathbf{x}_2, \mathbf{x}_3, \cdots$는 **집적점** $\overline{\mathbf{x}}$로 수렴한다고 말한다; 즉 다시 말하면, 만약 주어진 임의의 $\varepsilon > 0$에 대해, 모든 $k \geq N$에 대해 $\| \mathbf{x}_k - \overline{\mathbf{x}} \| < \varepsilon$이 되도록 하는 하나의 양(+) 정수 N이 존재한다면 일련의 벡터 $\mathbf{x}_1, \mathbf{x}_2, \mathbf{x}_3, \cdots$는 집적점 $\overline{\mathbf{x}}$로 수렴한다고 말한다. 수열은 일반적으로 $\{\mathbf{x}_k\}$로 나타내며, 집적점 $\overline{\mathbf{x}}$는 $k \to \infty$에 따라 $\mathbf{x}_k \to \overline{\mathbf{x}}$라고 나타내든가 아니면 $lim_{k \to \infty} \mathbf{x}_k = \overline{\mathbf{x}}$로 나타낸다. 임의의 수렴하는 수열은 하나의 유일한 집적점을 갖는다.

하나의 수열 $\{\mathbf{x}_k\}$의 어떤 요소를 삭제해, 하나의 **부분수열**을 얻는다. 부분수열은 흔히 $\mathbb{K}$가 모든 양(+) 정수의 부분집합을 나타내는 $\{\mathbf{x}_\mathbb{K}\}$로 나타낸다. 예를 들어 설명하자면, $\mathbb{K}$는 모두 짝수인 양(+) 정수의 집합이라 하자. 그렇다면 $\{\mathbf{x}_k\}_\mathbb{K}$는 부분수열 $\{\mathbf{x}_2, \mathbf{x}_4, \mathbf{x}_6, \cdots\}$을 나타낸다.

부분수열 $\{\mathbf{x}_k\}_\mathbb{K}$이 주어지면 표현 $\{\mathbf{x}_{k+1}\}_\mathbb{K}$는 부분수열 $\{\mathbf{x}_k\}_\mathbb{K}$의 모든 요소의 첨자에 1을 더해 얻은 부분수열을 나타낸다. 예시하기 위해, 만약 $\mathbb{K} =$

$\{3, 5, 10, 15, \cdots,\}$이라면 $\{\mathbf{x}_{k+1}\}_{\mathbb{K}}$는 부분수열 $\{\mathbf{x}_4, \mathbf{x}_6, \mathbf{x}_{11}, \mathbf{x}_{16}, \cdots\}$을 나타낸다.

만약 임의의 주어진 $\varepsilon > 0$에 대해, 모든 k와 $m \geq N$에 대해 $\| \mathbf{x}_k - \mathbf{x}_m \| < \varepsilon$이 되도록 하는 양(+) 정수 N이 존재하면 수열 $\{\mathbf{x}_k\}$는 **코쉬 수열**이라 한다. $\Re^n$에서 수열이 극한을 갖는다는 것은 이 수열이 코쉬 수열이라는 것과 같은 뜻이다.

$\{\mathbf{x}_n\}$은 $\Re$의 유계수열이라 하자. $\{x_n\}$의 **상극한**은 $limsup(x_n)$ 또는 $\overline{lim}(x_n)$로 나타내며, $\{x_n\}$의 많아야 유한개의 요소가 (엄격하게) q를 초월하는 모든 실수 $q \in \Re$의 최대하계와 같다. 유사하게, $\{x_n\}$의 **하극한**은 $liminf(x_n) \equiv \underline{lim}(x_n) \equiv sup\{q \mid \{x_n\}$의 많아야 유한개의 요소가 q보다 엄격하게 작다$\}$로 주어진다. 유계수열은 항상 유일한 $\overline{lim}$, $\underline{lim}$을 갖는다.

콤팩트 집합

만약 $\Re^n$의 집합 S가 닫혀있고 유계라면 **콤팩트 집합**이라 말한다. 콤팩트 집합 S에 속한 모든 수열 $\{\mathbf{x}_k\}$에 대해, S에 속한 극한을 갖는 수렴하는 부분수열이 존재한다.

A.4 함수

$\Re^n$의 부분집합 S에서 정의되고 실수값을 갖는 **함수** f는 S에 속한 각각의 점 $\overline{\mathbf{x}}$를 하나의 실수 $f(\mathbf{x})$와 관계를 맺는다. $f : S \to \Re$이라는 표기는, f의 정의역은 S이며 치역은 하나의 실수의 부분집합임을 나타낸다. 만약 f가 $\Re^n$의 모든 점에서 정의된다면, 또는 만약 정의역이 중요하지 않다면, $f : \Re^n \to \Re$의 표기를 사용한다. 실수값을 갖는 함수 $f_1, \cdots, f_m$의 집합은 j-째 성분이 f_j인 1개의 **벡터 함수** $\mathbf{f}$라고 볼 수 있다.

연속함수

만약 임의의 주어진 $\varepsilon > 0$에 대해, $\mathbf{x} \in S$이며 $\|\mathbf{x} - \overline{\mathbf{x}}\| < \delta$임이 $|f(\mathbf{x}) - f(\overline{\mathbf{x}})| < \varepsilon$임을 의미하는 $\delta > 0$가 존재한다면 함수 $f: S \to \Re$은 $\overline{\mathbf{x}} \in S$에서 **연속**이라고 말한다. 등가적으로, 만약 $\{f(\mathbf{x}_n)\} \to \overline{f}$가 되도록 하는 임의의 수열 $\{\mathbf{x}_n\} \to \overline{\mathbf{x}}$에 대해 $f(\overline{\mathbf{x}}) = \overline{f}$도 역시 성립한다면 f는 $\overline{\mathbf{x}} \in S$에서 연속이다. 만약 벡터 함수의 각각의 성분이 $\overline{\mathbf{x}}$에서 연속이라면 벡터 함수는 $\overline{\mathbf{x}}$에서 연속이라 말한다.

상반연속성과 하반연속성

$S \neq \varnothing$는 $\Re^n$의 집합이라 하자. 만약 각각의 $\varepsilon > 0$에 대해 $\mathbf{x} \in S$이며 $\|\mathbf{x} - \overline{\mathbf{x}}\| < \delta$임이 $f(\mathbf{x}) - f(\overline{\mathbf{x}}) < \varepsilon$임을 의미하는 $\delta > 0$가 존재한다면, 함수 $f: S \to \Re$는 $\overline{\mathbf{x}} \in S$에서 **상반연속**이라 말한다. 유사하게, 만약 각각의 $\varepsilon > 0$에 대해, $\mathbf{x} \in S$이며 $\|\mathbf{x} - \overline{\mathbf{x}}\| < \delta$임이 $f(\mathbf{x}) - f(\overline{\mathbf{x}}) > -\varepsilon$ 임을 의미하는 $\delta > 0$이 존재한다면, 함수 $f: \Re^n \to \Re$은 $\overline{\mathbf{x}} \in S$에서 **하반연속**이라 한다. 등가적으로, 만약 $\{f(\mathbf{x}_n)\} \to \overline{f}$가 되도록 하는 임의의 수열 $\{\mathbf{x}_n\} \to \overline{\mathbf{x}}$에 대해 $f(\overline{\mathbf{x}}) \leq \overline{f}$라면 f는 $\overline{\mathbf{x}} \in S$에서 **상반연속**이다. 유사하게, 만약 이와 같은 임의의 수열에 대해 $f(\overline{\mathbf{x}}) \leq \overline{f}$라면, f는 $\overline{\mathbf{x}}$에서 **하반연속**이라 말한다.[2)] 그러므로 함수가 $\overline{\mathbf{x}}$에서 연속이라는 것은 $\overline{\mathbf{x}}$에서 상반연속이며 하반연속이라는 것과 같은 뜻이다. 만약 벡터값을 갖는 함수의 성분이 각각 상반연속 또는 하반연속이라면 벡터값을 갖는 함수는 상반연속 또는 하반연속이라 한다.

반연속함수의 최소와 최대

$S \neq \varnothing$는 $\Re^n$의 콤팩트 집합이라 하고 $f: \Re^n \to \Re$이라고 가정한다. 만약 f가 하반연속이라면 S 전체에 걸쳐 최솟값을 갖는다; 즉 다시 말하면, 각각의 $\mathbf{x} \in S$에서 $f(\mathbf{x}) \leq f(\overline{\mathbf{x}})$이 되도록 하는 $\mathbf{x} \in S$가 존재한다. 유사하게, 만약 f가 상반연속이

2) 역자 주: 다음 3개 문장은 등가이다. (1) $f: S \to [-\infty, \infty]$에 대해 등위집합 $\{\mathbf{x} \mid f(\mathbf{x}) \leq \gamma\}$은 모든 스칼라 γ에 대해 닫힌집합이다. (2) f는 $\Re^n$ 전체에 걸쳐 하반연속이다. (3) $epi f$는 닫힌집합이다.

라면 S 전체에 걸쳐 최댓값을 갖는다. 연속함수는 하반연속이며 상반연속이므로, 임의의 공집합이 아닌 콤팩트 집합 전체에 걸쳐 최솟값과 최댓값을 달성한다.

미분가능한 함수

$S \neq \varnothing$는 $\Re^n$의 집합이라 하고 $\bar{\mathbf{x}} \in int\, S$, $f: S \to \Re$이라 한다. 그렇다면 만약 다음 식

$$f(\mathbf{x}) = f(\bar{\mathbf{x}}) + \nabla f(\bar{\mathbf{x}}) \cdot (\mathbf{x} - \bar{\mathbf{x}}) + \| \mathbf{x} - \bar{\mathbf{x}} \| \beta(\bar{\mathbf{x}}; \mathbf{x})$$

각각의 $\mathbf{x} \in S$에 대해

이 성립하도록, $\bar{\mathbf{x}}$에서 f의 **경도**라 하는 $\Re^n$의 $\nabla f(\bar{\mathbf{x}})$와 $\mathbf{x} \to \bar{\mathbf{x}}$에 따라 $\beta(\bar{\mathbf{x}}; \mathbf{x}) \to 0$이 되도록 하는 함수 β가 존재한다면 f는 $\bar{\mathbf{x}}$에서 **미분가능하다**고 말한다. 경도벡터는 편도함수로 구성되어 있다. 즉 말하면 다음 식

$$\nabla f(\bar{\mathbf{x}})^t = \left(\frac{\partial f(\bar{\mathbf{x}})}{\partial x_1}, \frac{\partial f(\bar{\mathbf{x}})}{\partial x_2}, \cdots, \frac{\partial f(\bar{\mathbf{x}})}{\partial x_n} \right)$$

과 같다. 더군다나 만약 경도벡터 외에 또, $\bar{\mathbf{x}}$에서 f의 **헤시안행렬**이라 말하는 $n \times n$ 대칭행렬 $\mathbf{H}(\bar{\mathbf{x}})$이 존재한다면, 그리고 $\mathbf{x} \to \bar{\mathbf{x}}$에 따라 $\beta(\bar{\mathbf{x}}; \mathbf{x}) \to 0$가 되면서 다음 식

$$f(\mathbf{x}) = f(\bar{\mathbf{x}}) + \nabla f(\mathbf{x}) \cdot (\mathbf{x} - \bar{\mathbf{x}}) - \frac{1}{2}(\mathbf{x} - \bar{\mathbf{x}})^t \mathbf{H}(\bar{\mathbf{x}})(\mathbf{x} - \bar{\mathbf{x}})$$
$$+ \| \mathbf{x} - \bar{\mathbf{x}} \|^2 \beta(\bar{\mathbf{x}}; \mathbf{x}) \qquad \text{각각의 } \mathbf{x} \in S\text{에 대해}$$

이 성립하도록 하는 함수 β가 존재한다면 f는 $\bar{\mathbf{x}}$에서 **2회 미분가능**하다고 말한다. 헤시안행렬의 행 i와 열 j의 요소는 f의 2-계 편도함수 $\partial^2 f(\bar{\mathbf{x}}) / \partial x_i \partial x_j$이다.

벡터값을 갖는 함수는 만약 이것의 각각의 성분이 미분가능하다면 미분가능하고, 만약 각각의 성분이 2회 미분가능하다면 2회 미분가능하다.

특히, $\mathbf{h}(\mathbf{x}) = (h_1(\mathbf{x}), \cdots, h_\ell(\mathbf{x}))^t$인 미분가능한 벡터함수 $\mathbf{h}: \Re^n \to \Re^\ell$에 대해, $\mathbf{h}$의 **자코비안**은 경도 기호로 $\ell \times n$ 행렬 $\nabla \mathbf{h}(\mathbf{x})$라고 나타내며, $\nabla \mathbf{h}(\mathbf{x})$는

각각의 행이 h_1, $\cdots$, h_ℓ의 경도를 각각 전치한 행렬에 상응하는 다음의 표현

$$\nabla \mathbf{h}(\mathbf{x}) = \begin{bmatrix} \nabla h_1(\mathbf{x})^t \\ \vdots \\ \nabla h_\ell(\mathbf{x})^t \end{bmatrix}_{\ell \times n}$$

으로 주어진다.

평균치 정리

$S \neq \varnothing$는 $\Re^n$의 열린 볼록집합이라 하고, $f: S \to \Re$는 미분가능하다고 하자. 평균치 정리는 다음과 같이 나타낼 수 있다. S에 속한 모든 $\mathbf{x}_1$, $\mathbf{x}_2$에 대해 반드시 다음 식

$$f(\mathbf{x}_2) = f(\mathbf{x}_1) + \nabla f(\mathbf{x}) \cdot (\mathbf{x}_2 - \mathbf{x}_1)$$

이 주어져야 하며, 여기에서 어떤 $\lambda \in (0, 1)$에 대해 $\mathbf{x} = \lambda \mathbf{x}_1 + (1 - \lambda)\mathbf{x}_2$이다.

테일러의 정리

$S \neq \varnothing$는 $\Re^n$에서 공집합이 아닌 열린 볼록집합이라 하고, $f: S \to \Re$는 2회 미분가능한 함수라 한다. **테일러의 정리**의 2-계 형태는 다음과 같이 나타낼 수 있다. S에 속한 모든 $\mathbf{x}_1$, $\mathbf{x}_2$에 대해, 다음 등식

$$f(\mathbf{x}_2) = f(\mathbf{x}_1) + \nabla f(\mathbf{x}) \cdot (\mathbf{x}_2 - \mathbf{x}_1) + \frac{1}{2}(\mathbf{x}_2 - \mathbf{x}_1)^t \mathbf{H}(\mathbf{x})(\mathbf{x}_2 - \mathbf{x}_1)$$

이 반드시 주어져야 하며, 여기에서 $\mathbf{H}(\mathbf{x})$는 $\mathbf{x}$에서 f의 헤시안이며, 여기에서 어떤 $\lambda \in (0, 1)$에 대해 $\mathbf{x} = \lambda \mathbf{x}_1 + (1 - \lambda)\mathbf{x}_2$이다.

부록 B 볼록성, 최적성 조건, 쌍대성의 요약

부록 B는 제2장에서 제6장까지의 볼록성, 최적성 조건, 쌍대성에 관한 결과를 요약한다. 이것은, 수렴해석에 대한 내용을 제외하고, 제8장에서 제11장까지의 내용을 이해할 수 있는 최소한의 자료를 제공하기 위한 것이다.

B.1 볼록집합

$\Re^n$의 집합 S에 있어, 만약 각각의 $\mathbf{x}_1, \mathbf{x}_2 \in S$에 대해, $\lambda \in [0, 1]$에 대해 **선분** $\lambda\mathbf{x}_1 + (1-\lambda)\mathbf{x}_2$이 S에 속한다면 S는 볼록집합이라 말한다. $\lambda \in [0, 1]$에 대해 $\mathbf{x} = \lambda\mathbf{x}_1 + (1-\lambda)\mathbf{x}_2$ 형태로 나타나는 점은 $\mathbf{x}_1$, $\mathbf{x}_2$의 **볼록조합**이라고 말한다. 그림 B.1은 볼록집합과 비볼록집합의 예를 보여준다.

수리계획법 문제에서 자주 나타나는 볼록집합 몇 가지 예를 제시한다.

1. **초평면:** $S = \{\mathbf{x} \mid \mathbf{p}\cdot\mathbf{x} = \alpha\}$이며, 여기에서 $\mathbf{p} \neq \mathbf{0}$는 초평면의 법선 벡터라 하며 $\Re^n$에 속한 벡터이며, α는 스칼라이다.
2. **반공간:** $S = \{\mathbf{x} \mid \mathbf{p}\cdot\mathbf{x} \leq \alpha\}$이며, 여기에서 $\mathbf{p} \neq \mathbf{0}$는 $\Re^n$의 하나의 벡터이며 α는 하나의 스칼라이다.
3. **열린 반공간:** $S = \{\mathbf{x} \mid \mathbf{p}\cdot\mathbf{x} < \alpha\}$이며, 여기에서 $\mathbf{p} \neq \mathbf{0}$는 $\Re^n$의 하나의 벡터이며 α는 하나의 스칼라이다.
4. **다면체집합:** $S = \{\mathbf{x} \mid \mathbf{A}\mathbf{x} \leq \mathbf{b}\}$이며, 여기에서 $\mathbf{A}$는 $m \times n$ 행렬이며 $\mathbf{b}$는 m-벡터이다.
5. **다면추:** $S = \{\mathbf{x} \mid \mathbf{A}\mathbf{x} \leq \mathbf{0}\}$이며, 여기에서 $\mathbf{A}$는 $m \times n$ 행렬이다.

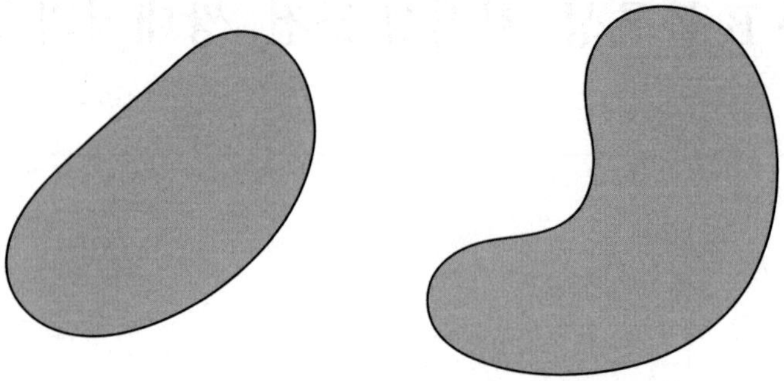

그림 B.1 볼록성

6. **유한개 벡터에 의해 생성된 원추:** $S=\{\mathbf{x} \mid \mathbf{x} = \Sigma_{j=1}^{m} \lambda_j \mathbf{a}_j,\ \lambda_j \geq 0\ j=1, \cdots, m\}$이며, 여기에서 $\mathbf{a}_1, \cdots, \mathbf{a}_m$은 $\Re^n$에 속한 하나의 주어진 벡터이다.
7. **근방:** $S=\{\mathbf{x} \mid \|\mathbf{x}-\bar{\mathbf{x}}\| \leq \varepsilon\}$이며, 여기에서 $\bar{\mathbf{x}}$는 $\Re^n$의 하나의 고정된 벡터이며 $\varepsilon > 0$이다.

$S_1 \cap S_2 = \varnothing$이 되도록 하는 $\Re^n$의 2개의 공집합이 아닌 볼록집합 S_1, S_2가 주어지면, 이들을 분리하는 하나의 초평면 $H=\{\mathbf{x} \mid \mathbf{p} \cdot \mathbf{x} = \alpha\}$이 존재한다; 즉 다시 말하면, 다음 2개 부등식

$$\text{모든 } \mathbf{x} \in S_1\text{에 대해 } \mathbf{p} \cdot \mathbf{x} \leq \alpha, \quad \text{모든 } \mathbf{x} \in S_2\text{에 대해 } \mathbf{p} \cdot \mathbf{x} \geq \alpha$$

이 존재하며, 여기에서 H는 법선 벡터 $\mathbf{p} \neq \mathbf{0}$를 갖는 **분리초평면**이라 한다.

위의 개념에 긴밀하게 관계된 것은 **받침초평면의 개념이다.** $S \neq \varnothing$는 $\Re^n$의 볼록집합이라 하고, $\bar{\mathbf{x}}$는 하나의 경계점이라 하자. 그렇다면 $\bar{\mathbf{x}}$에서 S를 받쳐주는 하나의 초평면 $H=\{\mathbf{x} \mid \mathbf{p} \cdot \mathbf{x} = \alpha\}$이 존재한다; 즉 다시 말하면, 다음 식

$$\mathbf{p} \cdot \bar{\mathbf{x}} = \alpha, \quad \text{모든 } \mathbf{x} \in S\text{에 대해 } \mathbf{p} \cdot \mathbf{x} \leq \alpha$$

이 성립한다. 그림 B.2에서 분리초평면과 받침초평면의 개념을 소개한다.

다음 2개 정리는 최적성 조건과 쌍대성 사이의 관계를 증명하고 알고리즘의 종료판단기준을 개발하는 데 사용한다.

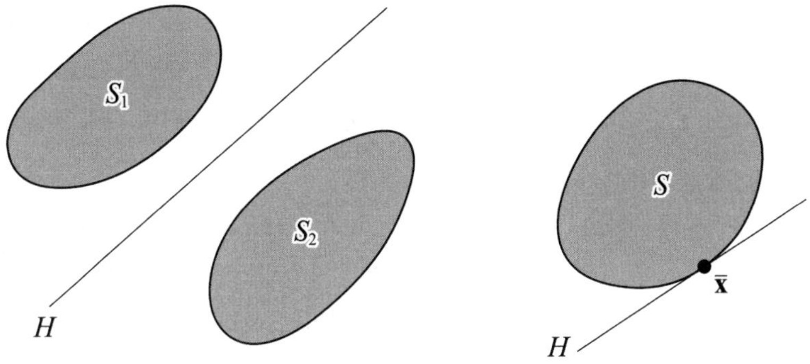

그림 B.2 분리초평면과 받침초평면

파르카스의 정리

$\mathbf{A}$는 $m \times n$ 행렬, $\mathbf{c}$는 n-벡터라 하자. 그렇다면 정확하게 다음 2개 시스템 가운데 1개는 해를 갖는다:

시스템 1 $\mathbf{Ax} \le \mathbf{0}$, $\mathbf{c} \cdot \mathbf{x} > 0$ 어떤 $\mathbf{x} \in \Re^n$에 대해.

시스템 2 $\mathbf{A}^t\mathbf{y} = \mathbf{c}$, $\mathbf{y} \ge \mathbf{0}$ 어떤 $\mathbf{y} \in \Re^m$에 대해.

고르단의 정리

$\mathbf{A}$는 $m \times n$ 행렬이라 하자. 그렇다면 정확하게 다음 시스템 가운데 1개는 해를 갖는다.

시스템 1 $\mathbf{Ax} < \mathbf{0}$ 어떤 $\mathbf{x} \in \Re^n$에 대해.

시스템 2 $\mathbf{A}^t\mathbf{y} = \mathbf{0}$, $\mathbf{y} \ge \mathbf{0}$ 어떤 $\mathbf{0}$이 아닌 $\mathbf{y} \in \Re^m$에 대해.

볼록성에서의 중요한 개념은 극점의 개념이다. $S \neq \varnothing$는 $\Re^n$의 볼록 집합이라 하자. 만약 $\mathbf{x}_1, \mathbf{x}_2 \in S$, $\lambda \in (0,1)$로 $\mathbf{x} = \lambda\mathbf{x}_1 + (1-\lambda)\mathbf{x}_2$임이 $\mathbf{x} = \mathbf{x}_1 = \mathbf{x}_2$임을 의미한다면 벡터 $\mathbf{x} \in S$는 S의 하나의 **극점**이라 한다. 달리 말하면, 만약 $\mathbf{x}$를 S에 속한 2개의 서로 다른 점의 엄격한 볼록조합으로 표현할 수 없다면 $\mathbf{x}$는 하나의 극점이다. 특히, 집합 $S = \{\mathbf{x} \mid \mathbf{Ax} = \mathbf{b},\ \mathbf{x} \ge \mathbf{0}\}$에 대해, 여기에서

$\mathbf{A}$는 계수 m의 $m \times n$ 행렬이고 $\mathbf{b}$는 m-벡터이며, $\mathbf{x}$가 S의 하나의 **극점**이라는 것은 다음 조건이 만족된다는 것과 같은 뜻이다. 행렬 $\mathbf{A}$는 $[\mathbf{B}, \mathbf{N}]$으로 분해될 수 있고, 여기에서 $\mathbf{B}$는 $m \times m$ 가역행렬이며 $\mathbf{x}^t = (\mathbf{x}_B^t, \mathbf{x}_N^t)$이며, 여기에서 $\mathbf{x}_B = \mathbf{B}^{-1}\mathbf{b} \geq \mathbf{0}$, $\mathbf{x}_N = \mathbf{0}$이다.

무계의 볼록집합의 경우에 사용되는 또 다른 개념은 집합의 방향의 개념이다. 구체적으로, 만약 S가 무계이고 닫힌 볼록집합이라면, 만약 각각의 $\lambda \geq 0$에 대해 그리고 각각의 $\mathbf{x} \in S$에 대해 $\mathbf{x} + \lambda\mathbf{d} \in S$라면 하나의 벡터 $\mathbf{d}$는 S의 하나의 **방향**이다.

B.2 볼록함수와 확장

$S \neq \varnothing$는 $\Re^n$의 볼록집합이라 하자. 각각의 $\mathbf{x}_1, \mathbf{x}_2 \in S$에 대해, 그리고 각각의 $\lambda \in [0, 1]$에 대해 만약 다음 부등식

$$f[\lambda\mathbf{x}_1 + (1-\lambda)\mathbf{x}_2] \leq \lambda f(\mathbf{x}_1) + (1-\lambda) f(\mathbf{x}_2)$$

이 성립한다면 함수 $f: S \to \Re$는 S에서 볼록이라 말한다. 만약 각각의 서로 다른 $\mathbf{x}_1, \mathbf{x}_2 \in S$와 각각의 $\lambda \in (0, 1)$에 대해 엄격한 부등식으로 위의 부등식이 성립한다면, 함수 f는 S에서 엄격하게 볼록이라 말한다. 만약 $-f$가 볼록(엄격하게 볼록)이라면 함수 f는 **오목**(**엄격하게 오목**)이라 말한다. 그림 B.3은 볼록함수와 오목함수의 몇 개 예를 보여준다.

다음은 볼록함수의 몇 개 예이다. 이들 함수의 음(-) 값을 취하면, 오목함수의 예를 얻는다.

1. $f(x) = 3x + 4$.
2. $f(x) = |x|$.
3. $f(x) = x^2 - 2x$.
4. $f(x) = -x^{1/2}, x \geq 0$.
5. $f(x_1, x_2) = 2x_1^2 + x_2^2 - 2x_1x_2$.
6. $f(x_1, x_2, x_3) = x_1^4 + 2x_2^2 + 3x_3^2 - 4x_1 - 4x_2x_3$.

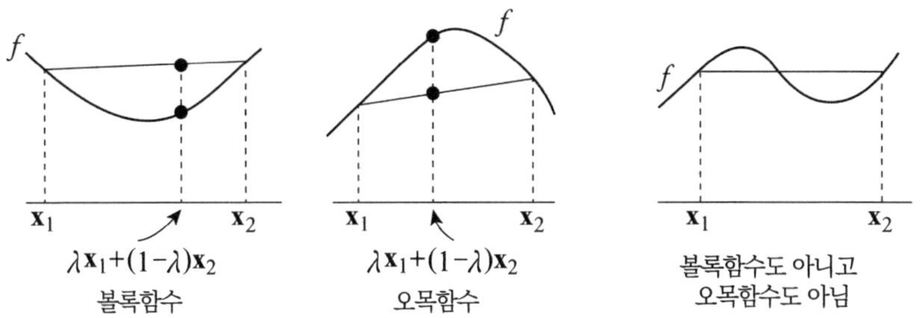

그림 B.3 볼록함수와 오목함수

대부분 경우, 함수의 볼록성에 관한 가정은 준볼록함수와 유사볼록함수의 약한 개념으로 완화할 수 있다.

$S \neq \varnothing$는 $\Re^n$의 볼록집합이라 하자. 만약 각각의 $\mathbf{x}_1, \mathbf{x}_2 \in S$에서 다음 부등식

$$f\left[\lambda \mathbf{x}_1 + (1-\lambda)\mathbf{x}_2\right] \leq max\left\{f(\mathbf{x}_1), f(\mathbf{x}_2)\right\} \qquad \text{각각의 } \lambda \in (0,1)\text{에 대해}$$

이 성립한다면 함수 $f: S \rightarrow \Re$는 S에서 **준볼록**이라 말한다. 만약 $f(\mathbf{x}_1) \neq f(\mathbf{x}_2)$임이 성립하는 조건에서 위의 부등식이 엄격한 부등식이라면, 함수 f는 S에서 **엄격하게 준볼록**이라 말한다. 만약 $\mathbf{x}_1 \neq \mathbf{x}_2$에 대해 위의 부등식이 엄격한 부등식이라면 함수 f는 S에서 **강하게 준볼록**이라 말한다.

$S \neq \varnothing$는 $\Re^n$의 열린 볼록집합이라 하자. 만약 $\nabla f(\mathbf{x}_1) \cdot (\mathbf{x}_2 - \mathbf{x}_1) \geq 0$

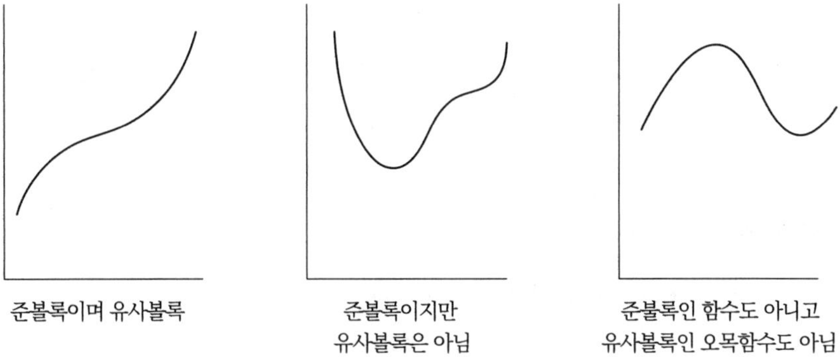

그림 B.4 준볼록성과 유사볼록성

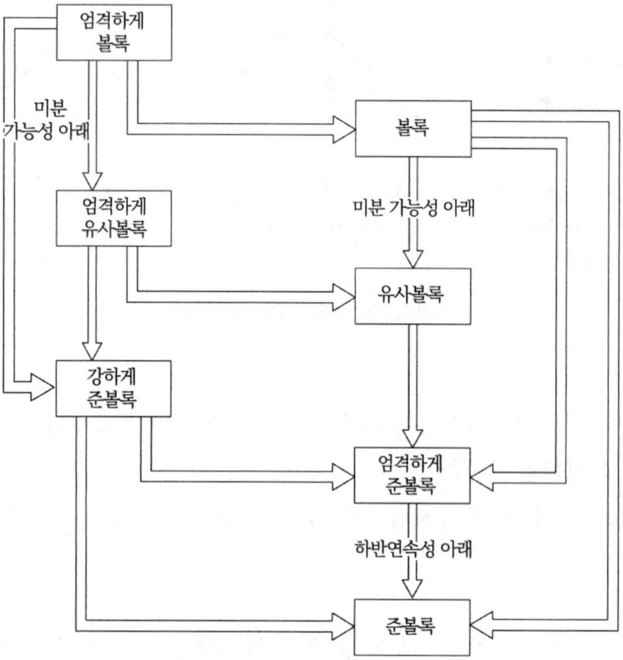

그림 B.5 볼록성의 여러 형태 사이의 관계

이 되도록 하는 각각의 $\mathbf{x}_1, \mathbf{x}_2 \in S$에 대해 $f(\mathbf{x}_2) \ge f(\mathbf{x}_1)$임이 성립한다면 함수 $f: S \to \Re$은 유사볼록이라고 말한다. 만약 S에 속한 $\mathbf{x}_1$, $\mathbf{x}_2$가 $\nabla f(\mathbf{x}_1) \cdot (\mathbf{x}_2 - \mathbf{x}_1) \ge 0$이 되도록 하는 서로 다른 점일 때 $f(\mathbf{x}_2) > f(\mathbf{x}_1)$이라면 함수 f는 S에서 **엄격하게 유사볼록**이라 말한다.

위의 볼록성의 일반화는 f를 $-f$로 대체함으로 오목함수 케이스로 확장된다. 그림 B.4는 이들의 개념을 예시한다. 그림 B.5는 볼록성의 여러 유형 사이의 관계를 요약한 것이다.

지금 중요한 특질 볼록함수의 다양한 유형의 중요한 특질을 요약하며, 여기에서 $f: S \to \Re$이며 $S \neq \varnothing$는 $\Re^n$의 볼록집합이다.

엄격하게 볼록인 함수

1. 함수 f는 S의 내부에서 연속이다.
2. 집합 $\{(\mathbf{x}, y) | \mathbf{x} \in S,\ y \ge f(\mathbf{x})\}$는 볼록집합이다.
3. 집합 $\{\mathbf{x} \in S \,|\, f(\mathbf{x}) \le \alpha\}$은 각각의 실수 α에 대해 볼록집합이다.

4. 미분가능한 함수 f가 S에서 엄격하게 볼록이라는 것은 S에 속한 서로 다른 $\mathbf{x}$, $\bar{\mathbf{x}}$에 대해 $f(\mathbf{x}) > f(\bar{\mathbf{x}}) + \nabla f(\bar{\mathbf{x}}) \cdot (\mathbf{x} - \bar{\mathbf{x}})$이 성립한다는 것과 같은 뜻이다.
5. f를 2회 미분가능하다고 하자. 그렇다면 만약 헤시안 $\mathrm{H}(\mathbf{x})$이 각각의 $\mathbf{x} \in S$에서 양정부호 행렬이라면, f는 S에서 엄격하게 볼록이다. 더군다나, 만약 f가 S에서 엄격하게 볼록이라면, 그렇다면 헤시안 $\mathrm{H}(\mathbf{x})$은 각각의 $\mathbf{x} \in S$에 대해 양반정부호이다.
6. 볼록집합 $X \subseteq S$ 전체에 걸쳐 f의 모든 국소최소해는 유일한 전역최소해이다.
7. 만약 $\nabla f(\bar{\mathbf{x}}) = \mathbf{0}$이라면, S 전체에 걸쳐 $\bar{\mathbf{x}}$는 f의 유일한 전역최소해이다.
8. 공집합이 아닌 콤팩트 다면체집합 $X \subseteq S$ 전체에 걸쳐 f의 최댓값은 X의 하나의 극점에서 달성된다.

볼록함수

1. 이 함수 f는 S의 내부에서 연속이다.
2. 이 함수 f가 S에서 볼록이라는 것은 $\{(\mathbf{x}, y) \mid \mathbf{x} \in S,\ y \geq f(\mathbf{x})\}$가 볼록집합이라는 것과 같은 뜻이다.
3. 각각의 실수 α에 대해 집합 $\{\mathbf{x} \in S \mid f(\mathbf{x}) \leq \alpha\}$은 볼록집합이다.
4. 미분가능한 함수 f가 S에서 볼록이라는 것은 S에 속한 각각의 $\mathbf{x}$, $\bar{\mathbf{x}}$에 대해 $f(\mathbf{x}) \geq f(\bar{\mathbf{x}}) + \nabla f(\bar{\mathbf{x}}) \cdot (\mathbf{x} - \bar{\mathbf{x}})$이 성립한다는 것과 같은 뜻이다.
5. 2회 미분가능한 함수 f가 S에서 볼록이라는 것은 각각의 $\mathbf{x} \in S$에서 헤시안 $\mathbf{H}(\mathbf{x})$이 양반정부호라는 것과 같은 뜻이다.
6. 모든 f의 국소최소해는 볼록집합 $X \subseteq S$ 전체에 걸쳐 전역최소해이다.
7. 만약 $\nabla f(\bar{\mathbf{x}}) = \mathbf{0}$이라면, $\bar{\mathbf{x}}$는 S 전체에 걸쳐 f의 전역최소해이다.
8. f의 최댓값은 공집합이 아닌 콤팩트 다면체집합 $X \subseteq S$ 전체에 걸쳐 X의 극점에서 달성된다.

유사볼록함수

1. 각각의 실수 α에 대해 집합 $\{\mathbf{x} \in S | f(\mathbf{x}) \leq \alpha\}$은 볼록이다.
2. 볼록집합 $X \subseteq S$ 전체에 걸쳐 f의 모든 국소최소해는 전역최소해이다.
3. 만약 $\nabla f(\overline{\mathbf{x}}) = \mathbf{0}$이라면, $\overline{\mathbf{x}}$는 S 전체에 걸쳐 f의 전역최소해이다.
4. 공집합이 아닌 콤팩트 다면체집합 $X \subseteq S$ 전체에 걸쳐 f의 최댓값은 X의 하나의 극점에서 일어난다.
5. 이와 같은 특성의 설명과 다음 내용은 열린 볼록집합 $S \subseteq \Re^n$에서 정의한, 2회 미분가능하고 헤시안 $\mathbf{H}(\mathbf{x})$를 갖는 함수 f에 관계된다. 만약 모든 $\mathbf{x} \in S$에서 $\mathbf{H}(\mathbf{x}) + r(\mathbf{x}) \nabla f(\mathbf{x}) \nabla f(\mathbf{x})^t$이 양반정부호라면 함수 f는 S에서 유사볼록이다. 여기에서 어떤 $\delta > f(\mathbf{x})$에 대해 $r(\mathbf{x}) = (1/2)[\delta - f(\mathbf{x})]$이다. 나아가서, 만약 f가 이차식이라면, 이 조건은 필요조건이며 또한 충분조건이다.
6. 다음 식

$$\mathbf{B}(\mathbf{x}) = \begin{bmatrix} \mathbf{H}(\mathbf{x}) & \nabla f(\mathbf{x}) \\ \nabla f(\mathbf{x})^t & 0 \end{bmatrix}$$

과 같이 f의 $(n+1) \times (n+1)$ **테두리 두른 헤시안** $\mathbf{B}(\mathbf{x})$를 정의하며, 여기에서 $\mathbf{H}(\mathbf{x})$는 추가적 행과 열에 의해 "테두리를 두르고 있다"라고 말한다: 임의의 $k \in \{1, \cdots, n\}$와 어떤 k개의 서로 다른 첨자 $1 \leq i_1 < i_2 < \cdots < i_k \leq n$으로 구성한 $\gamma = \{i_1, \cdots, i_k\}$가 주어지면, **주부분행렬** $\mathbf{B}_{\gamma,k}(\mathbf{x})$는 $\mathbf{B}(\mathbf{x})$의 $i_1, \cdots, i_k, (n+1)$의 행과 $i_1, \cdots, i_k, (n+1)$의 열에서 교차하는 $\mathbf{B}(\mathbf{x})$의 요소를 뽑아 구성한 $\mathbf{B}(\mathbf{x})$의 $(k+1) \times (k+1)$ 부분행렬요소이다. $\mathbf{B}(\mathbf{x})$의 선도-주부분행렬[1)]은 $\mathbf{B}_k(\mathbf{x})$로 나타내며 $\gamma \equiv \{1, \cdots, k\}$이라면 $\mathbf{B}_{\gamma,k}(\mathbf{x})$와 같다. 유사하게, $\mathbf{H}_{\gamma,k}(\mathbf{x})$, $\mathbf{H}_k(\mathbf{x})$는 각각, $\mathbf{H}(\mathbf{x})$의 $k \times k$ 주부분행렬, 선도-주부분행렬이라 하자. f가 만약 S에서 각각의 $\mathbf{x} \in S$에 대해 유사볼록이라면, (i) 모든 γ에 대해, 그리고 $k = 1, \cdots, n$에 대해 $det\,\mathbf{B}_{\gamma,k}(\mathbf{x}) \leq 0$이라면, 그리고 (ii) 만약 임의의 γ, k에 대해 $det\,\mathbf{B}_{\gamma,k}(\mathbf{x}) = 0$이라면 $\mathbf{x}$의

1) 역자 주: 선도-주부분행렬(leading principal submatrix)

어떤 근방 전체에 걸쳐 $det\mathbf{H}_{\gamma,k}(\mathbf{x}) \geq 0$이다. 나아가서, 만약 f가 이차식이라면, 이들 조건은 필요충분조건이다. 또한, 일반적으로, 모든 $k=1, \cdots, n$에 대해, 그리고 모든 $\mathbf{x} \in S$에 대해 $det\mathbf{B}_k(\mathbf{x}) < 0$의 조건은 f가 S에서 유사볼록이기 위한 충분조건이다.

7. $f: S \subseteq \Re^n \to \Re$을 이차식함수라 하고, 여기에서 S는 $\Re^n$의 볼록부분집합이다. 그렇다면〔f는 S에서 유사볼록〕⇔〔테두른 헤시안 $\mathbf{B}(\mathbf{x})$는 모든 $\mathbf{x} \in S$에 대해 정확하게 1개의 단순한 음(-) 고유값을 갖는다〕⇔〔$\nabla f(\mathbf{x}) \cdot \mathbf{y} = 0$이 되도록 하는 각각의 $\mathbf{y} \in \Re^n$에 대해, 그리고 모든 $\mathbf{x} \in S_1$에 대해 $\mathbf{y}^t\mathbf{H}(\mathbf{x})\mathbf{y} \geq 0$이다〕. $k=1, \cdots, n$에 대해 (i) $det\mathbf{B}_k(\mathbf{x}) \leq 0$이며, 그리고 (ii) 만약 $det\mathbf{B}_k(\mathbf{x}) = 0$이라면 $det\mathbf{H}_k > 0$이다〕.

준볼록함수

1. 함수 f가 S 전체에 걸쳐 준볼록이라는 것은 각각의 실수 α에 대해 $\{\mathbf{x} \in S | f(\mathbf{x}) \leq \alpha\}$은 볼록집합이라는 것과 같은 뜻이다.
2. 공집합이 아닌 콤팩트 다면체집합 $X \subseteq S$ 전체에 걸쳐 f의 최댓값은 X의 하나의 극점에서 달성된다.
3. S에서 미분가능한 함수 f가 S 전체에 걸쳐 준볼록이라는 것은 $f(\mathbf{x}_1) \leq f(\mathbf{x}_2)$이 성립하는 $\mathbf{x}_1 \in S$과 $\mathbf{x}_2 \in S$이 $\nabla f(\mathbf{x}_2) \cdot (\mathbf{x}_1 - \mathbf{x}_2) \leq \mathbf{0}$을 의미하는 것과 같은 뜻이다.
4. $f: S \subseteq \Re^n \to \Re$이라 하고, 여기에서 f는 2회 미분가능하고 S는 $\Re^n$의 속이 비지 않은(내부가 공집합이 아닌) 볼록부분집합이다. 유사볼록함수의 '특질 6'에서처럼 f의 '테두리 두른 헤시안'과 이것의 부분행렬을 정의한다. 그렇다면 f가 S에서 준볼록이기 위한 충분조건은 각각의 $\mathbf{x} \in S$에 대해, 모든 $k=1, \cdots, n$에 대해 $det\mathbf{B}_k(\mathbf{x}) \leq 0$이다(이 조건은 실제로 f가 유사볼록임을 의미함을 주목하자). 반면에, f가 S에서 준볼록이기 위한 필요조건은 각각의 $\mathbf{x} \in S$에 대해 그리고 모든 $k=1, \cdots, n$에 대해 $det\mathbf{B}_k(\mathbf{x}) \leq 0$이다.
5. $f: S \subseteq \Re^n \to \Re$는 이차식함수이며, 여기에서 $S \subseteq \Re^n$은 $\Re^n$의 속

이 차 있는(내부가 공집합이 아닌) 볼록부분집합이라 하자. 그렇다면 f가 S에서 준볼록이라는 것은 f가 $int(S)$에서 유사볼록이라는 것과 같은 뜻이다.

볼록집합 $X \subseteq S$ 전체에 걸쳐 엄격하게 준볼록인 함수의 국소최소해는 역시 전역최소해도 된다. 더군다나 만약 함수가 강준볼록라면, 최소해는 유일하다. 만약 함수 f가 엄격하게 준볼록이며, 또한 하반연속이라면 f는 준볼록이다. 따라서 준볼록성에 관한 위의 특질이 성립한다.

B.3 최적성 조건

다음 문제

$$
\begin{aligned}
\text{P: 최소화} \quad & f(\mathbf{x}) \\
\text{제약조건} \quad & g_i(\mathbf{x}) \le 0 \qquad i = 1, \cdots, m \\
& h_i(\mathbf{x}) = 0 \qquad i = 1, \cdots, \ell \\
& \mathbf{x} \in X
\end{aligned}
$$

를 고려해보고, 여기에서 $f,\ g_i,\ h_i : \Re^n \to \Re$이며, $X \neq \varnothing$는 $\Re^n$의 열린집합이다. 아래에 **프리츠 존의 필요최적성 조건**을 제시한다. 만약 하나의 점 $\overline{\mathbf{x}}$가 위 문제의 하나의 국소최적해라면 다음 식

$$
\begin{aligned}
& u_0 \nabla f(\overline{\mathbf{x}}) + \sum_{i=1}^{m} u_i \nabla g_i(\overline{\mathbf{x}}) + \sum_{i=1}^{\ell} \nu_i \nabla h_i(\overline{\mathbf{x}}) = \mathbf{0} \\
& u_i g_i(\overline{\mathbf{x}}) = 0 \qquad i = 1, \cdots, m \\
& u_0 \ge 0,\ u_i \ge 0 \qquad i = 1, \cdots, m
\end{aligned}
$$

이 성립하도록 하는 하나의 $\mathbf{0}$이 아닌 벡터 $(u_0, \mathbf{u}, \boldsymbol{\nu})$가 존재해야 하며, 여기에서 $\mathbf{u}, \boldsymbol{\nu}$는 i-째 성분이 각각 u_i, ν_i인 m-벡터와 ℓ-벡터이며, 여기에서, u_0, u_i, ν_i는 각각, 목적함수, i-째 부등식 제약조건 $g_i(\mathbf{x}) \le 0$, i-째 등식 제약조건 $h_i(\mathbf{x}) = 0$

에 연관된 **라그랑지** 또는 **라그랑지 승수**라 한다. 조건 $u_i g_i(\overline{\mathbf{x}}) = 0$은 **상보여유성조건**이라 하고 $u_i = 0$ 또는 $g_i(\overline{\mathbf{x}}) = 0$이라고 규정한다. 따라서 만약 $g_i(\overline{\mathbf{x}}) < 0$이라면 $u_i = 0$이다. I는 $\overline{\mathbf{x}}$에서 구속하는 부등식 제약조건의 첨자 집합, 즉 다시 말하면 $I = \{i \mid g_i(\overline{\mathbf{x}}) = 0\}$이라 하면, 프리츠 존 조건은 다음의 등가 형태로 나타낼 수 있다. 만약 $\overline{\mathbf{x}}$가 위의 '문제 P'의 국소최적해라면, 다음 식

$$u_0 \nabla f(\overline{\mathbf{x}}) + \sum_{i \in I} u_i \nabla g_i(\overline{\mathbf{x}}) + \sum_{i=1}^{\ell} \nu_j \nabla h_i(\overline{\mathbf{x}}) = \mathbf{0}$$
$$u_0 \geq 0,\ u_i \geq 0,\quad i \in I$$

이 성립하되도록 하는 $\mathbf{0}$이 아닌 벡터 $(u_0, \mathbf{u}_I, \boldsymbol{\nu})$가 존재하며, 여기에서 $\mathbf{u}_I$는 $i \in I$에 대해 $g_i(\mathbf{x}) \leq 0$에 관련한 라그랑지 승수 벡터이다. 만약 $u_0 = 0$이라면 구속하는 부등식 제약조건의 경도와 등식 제약조건의 경도가 선형종속임을 단순하게 말하므로 프리츠 존 조건의 중요성이 본질적으로 감소한다. **제약자격**이라 하는 적절한 가정 아래 u_0는 양$(+)$임이 보장되고, 프리츠 존 조건은 카루시-쿤-터커 조건으로 된다. 대표적 제약자격은 $\overline{\mathbf{x}}$에서 $i \in I$에 대한 부등식 제약조건의 경도와 등식 제약조건의 경도가 선형독립이라는 것이다.

카루시-쿤-터커 필요최적성 조건은 다음과 같이 나타낼 수 있다. 만약 적절한 제약자격 아래 $\overline{\mathbf{x}}$가 '문제 P'의 국소최적해라면 다음 식

$$\nabla f(\overline{\mathbf{x}}) + \sum_{i=1}^{m} u_i \nabla g_i(\overline{\mathbf{x}}) + \sum_{i=1}^{\ell} \nu_i \nabla h_i(\overline{\mathbf{x}}) = \mathbf{0}$$
$$u_i g_i(\overline{\mathbf{x}}) = 0 \qquad i = 1, \cdots, m$$
$$u_i \geq 0 \qquad i = 1, \cdots, m$$

이 성립하도록 하는 하나의 벡터 $(\mathbf{u}, \boldsymbol{\nu})$가 존재한다. 또다시 u_i, ν_i는 제약조건 $g_i(\mathbf{x}) \leq 0$, $h_i(\mathbf{x}) = 0$에 각각 연관된 **라그랑지 승수**이다. 더군다나 $u_i g_i(\overline{\mathbf{x}}) = 0$은 **상보여유성조건**이라 한다. 만약 $I = \{i \mid g_i(\overline{\mathbf{x}}) = 0\}$라고 놓는다면, 위의 조건은 다음 식

$$\nabla f(\overline{\mathbf{x}}) + \sum_{i=1}^{m} u_i \nabla g_i(\overline{\mathbf{x}}) + \sum_{i=1}^{\ell} \nu_i \nabla h_i(\overline{\mathbf{x}}) = \mathbf{0}$$

$$u_i \geq 0 \qquad i \in I$$

과 같이 나타낼 수 있다.

적절한 볼록성 가정 아래, 카루시-쿤-터커 조건은 최적성의 **충분조건**이다. 특히 $\overline{\mathbf{x}}$는 '문제 P'의 실현가능해이며 아래에 말하는 카루시-쿤-터커 조건

$$\nabla f(\overline{\mathbf{x}}) + \sum_{i \in I} u_i \nabla g_i(\overline{\mathbf{x}}) + \sum_{i=1}^{\ell} \nu_i \nabla h_i(\overline{\mathbf{x}}) = \mathbf{0}$$

$$u_i \geq 0 \qquad i \in I$$

이 성립한다고 가정하며, 여기에서 $I = \{i \mid g_i(\overline{\mathbf{x}}) = 0\}$이다. 만약 f가 유사볼록이라면 $i \in I$에 대한 g_i는 준볼록이다; 그리고 만약 $\nu_i > 0$이라면 h_i는 준볼록이며, 만약 $\nu_i < 0$이라면 h_i는 준오목이고, 그렇다면 $\overline{\mathbf{x}}$는 '문제 P'의 최적해이다.

예를 들어 카루시-쿤-터커 조건을 설명하기 위해 다음 문제

$$\begin{array}{ll} \text{최소화} & (x_1 - 3)^2 + (x_2 - 2)^2 \\ \text{제약조건} & x_1^2 + x_2^2 \leq 5 \\ & x_1 + 2x_2 \leq 4 \\ & -x_1 \leq 0 \\ & -x_2 \leq 0 \end{array}$$

를 고려해보자. 이 문제는 그림 B.6에 나타나 있다. 최적해는 $\overline{\mathbf{x}} = (2, 1)$임을 주목하자. 먼저, $\overline{\mathbf{x}}$에서 카루시-쿤-터커 조건이 성립함을 입증한다. 구속하는 부등식 제약조건의 집합은 $I = \{1, 2\}$이며, 그래서 상보여유성조건을 만족시키기 위해 $u_3 = u_4 = 0$이어야 한다. 다음 식

$$\nabla f(\overline{\mathbf{x}}) = (-2, -2)^t, \ \nabla g_1(\overline{\mathbf{x}}) = (4, 2)^t, \ \nabla g_2(\overline{\mathbf{x}}) = (1, 2)^t$$

의 내용을 주목하자. $u_1 = 1/3$, $u_2 = 2/3$이라 함으로 $\nabla f(\overline{\mathbf{x}}) + u_1 \nabla g_1(\overline{\mathbf{x}}) +$

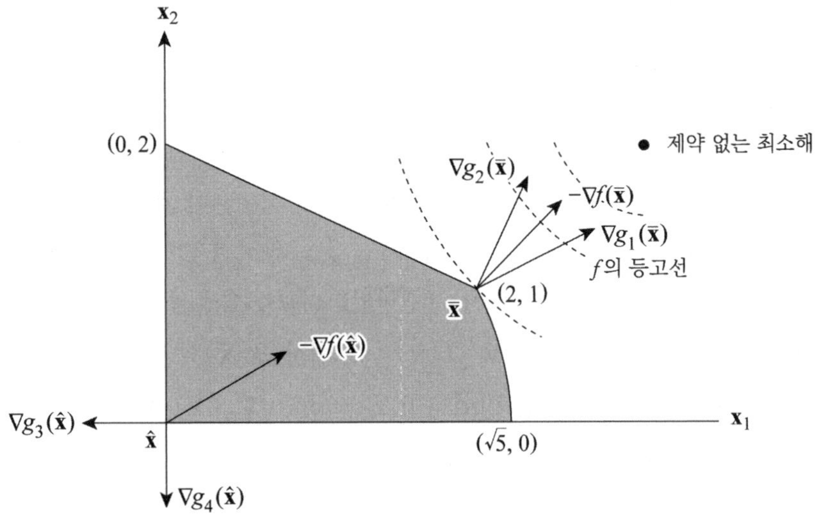

그림 B.6 카루시-쿤-터커 조건

$u_2 \nabla g_2(\bar{\mathbf{x}}) = \mathbf{0}$ 임이 성립하며 따라서 $\bar{\mathbf{x}}$ 에서 카루시-쿤-터커 조건이 성립한다. f, g_1, g_2가 볼록임을 주목하면, 결과로 나타나는 카루시-쿤-터커 조건의 충분성에 의해 $\bar{\mathbf{x}}$ 는 진실로 최적해이다.

지금, 점 $\hat{\mathbf{x}} = (0, 0)$에서 카루시-쿤-터커 조건이 성립하는가를 점검하며, 여기에서, $I = \{3, 4\}$ 이며, 그래서 상보여유성조건을 만족시키기 위해 반드시 $u_1 = u_2 = 0$ 이어야 한다. 다음 식

$$\nabla f(\hat{\mathbf{x}}) = (-6, -4), \quad \nabla g_3(\hat{\mathbf{x}}) = (-1, 0), \quad \nabla g_4(\hat{\mathbf{x}}) = (0, -1)$$

을 주목하자.

따라서 $u_3 = -6$, $u_4 = -4$ 라고 해야만 $\nabla f(\hat{\mathbf{x}}) + u_3 \nabla g_3(\hat{\mathbf{x}}) + u_4 \nabla g_4(\hat{\mathbf{x}}) = \mathbf{0}$ 임이 참이며, 이것은 라그랑지 승수가 비음(-)이어야 함을 위반한다. 이것은 $\hat{\mathbf{x}}$ 가 카루시-쿤-터커 점이 아님을 보여주며, 그러므로 $\hat{\mathbf{x}}$ 는 최적해의 하나의 후보점이 될 수 없다.

그림 B.6에서 $\bar{\mathbf{x}}$, $\hat{\mathbf{x}}$ 에서 목적함수의 경도와 구속하는 제약조건의 경도를 예시한다. $-\nabla f(\bar{\mathbf{x}})$는 $\bar{\mathbf{x}}$ 에서 구속하는 제약조건의 경도로 생성한 원추에 존재함을 주목하고, 이에 반해 $-\nabla f(\hat{\mathbf{x}})$는 여기에 상응하는 원추 내에 존재하지 않는

다. 진실로 부등식 제약조건을 갖는 문제의 카루시-쿤-터커 조건은 다음과 같이 기하학적으로 해석할 수 있다. 벡터 $\bar{\mathbf{x}}$가 하나의 카루시-쿤-터커 점이라는 것은 $-\nabla f(\bar{\mathbf{x}})$가 $\bar{\mathbf{x}}$에서 구속하는 제약조건의 경도로 생성한 원추에 존재한다는 것과 같은 뜻이다.

'문제 P'는 위에서 정의한 바와 같다고 하고, 여기에서 모든 목적함수와 제약조건 함수는 연속 2회 미분가능하다고 하고 $\bar{\mathbf{x}}$는 연관된 라그랑지 승수 $(\bar{\mathbf{u}}, \bar{\boldsymbol{\nu}})$를 갖는 카루시-쿤-터커 해라 하자. (제한된) 라그랑지 함수 $\mathcal{L}(\mathbf{x}) = f(\mathbf{x}) + \bar{\mathbf{u}} \cdot \mathbf{g}(\mathbf{x}) + \bar{\boldsymbol{\nu}} \cdot \mathbf{h}(\mathbf{x})$를 정의하고 $\nabla^2 \mathcal{L}(\bar{\mathbf{x}})$는 $\bar{\mathbf{x}}$에서 $\mathcal{L}(\mathbf{x})$의 헤시안을 나타내는 것으로 한다. C는 원추 $\{\mathbf{d} \mid \nabla g_i(\bar{\mathbf{x}}) \cdot \mathbf{d} = 0, \forall i \in I^+,\ \nabla g_i(\bar{\mathbf{x}}) \cdot \mathbf{d} \le 0,\ \forall i \in I^0,$ $\nabla h_i(\bar{\mathbf{x}}) \cdot \mathbf{d} = 0\ \ \forall i = 1, \cdots, \ell\}$를 나타낸다고 하고, 여기에서 $I^+ = \{i \in \{1, \cdots, m\} \mid \bar{u}_i > 0\}$, $I^0 = \{1, \cdots, m\} - I^+$이다. 그렇다면 다음 **2-계 충분조건**은 참이다: 만약 $\nabla^2 \mathcal{L}(\bar{\mathbf{x}})$가 C에서 양정부호라면, 즉 다시 말하면 $\mathbf{d} \neq \mathbf{0}$인 모든 $\mathbf{d} \in C$에 대해 $\mathbf{d}^t \nabla^2 \mathcal{L}(\bar{\mathbf{x}}) \mathbf{d} > 0$이라면 $\bar{\mathbf{x}}$는 '문제 P'의 엄격한 국소최소해이다. 또한, 만약 $\nabla^2 \mathcal{L}(\mathbf{x})$가 모든 실현가능해 $\mathbf{x}$에서 양반정부호라면〔각각, $\varepsilon > 0$인 $\mathbb{N}_\varepsilon(\bar{\mathbf{x}})$에 속하는 모든 실현가능해 $\mathbf{x}$에서〕, $\bar{\mathbf{x}}$는 전역(각각, 국소)최소해임을 언급해둔다.

역으로 $\bar{\mathbf{x}}$는 P의 하나의 국소최소해라고 가정하고 $i \in I$에 대한 $\nabla g_i(\bar{\mathbf{x}})$와 $i = 1, \cdots, \ell$에 대한 $\nabla h_i(\bar{\mathbf{x}})$는 선형독립이라 하며, 여기에서 $I = \{i \in \{1, \cdots, m\} \mid g_i(\bar{\mathbf{x}}) = 0\}$이다. 2-계 충분성 조건을 위해 위에서 설명한 바와 같이 원추 C를 정의한다. 그렇다면 $\bar{\mathbf{x}}$는 연관된 라그랑지 승수 $(\bar{\mathbf{u}}, \bar{\boldsymbol{\nu}})$를 갖는 하나의 카루시-쿤-터커 점이라 한다. 더군다나 (제한된) 라그랑지 함수 $\mathcal{L}(\mathbf{x}) = f(\mathbf{x}) + \bar{\mathbf{u}} \cdot \mathbf{g}(\mathbf{x}) + \bar{\boldsymbol{\nu}} \cdot \mathbf{h}(\mathbf{x})$를 정의하면, **2-계 필요조건**은 C에서 $\nabla^2 \mathcal{L}(\bar{\mathbf{x}})$가 양반정부호 행렬인 것이다.

B.4 라그랑지 쌍대성

원문제라는 비선형계획법 문제가 주어지면, 원문제에 긴밀하게 연관된 문제인 **라그**

랑지 쌍대문제가 존재한다. 이들 2개 문제는 아래에 주어져 있다.

원문제 P:

$$\begin{aligned} &\text{최소화} && f(\mathbf{x}) \\ &\text{제약조건} && g_i(\mathbf{x}) \le 0 \quad i=1,\cdots,m \\ &&& h_i(\mathbf{x}) = 0 \quad i=1,\cdots,\ell \\ &&& \mathbf{x} \in X \end{aligned}$$

여기서 $f:\Re^n \to \Re$, $g_i:\Re^n \to \Re$, $h_i:\Re^n \to \Re$ 이며 $X \ne \varnothing$는 $\Re^n$에서 집합이다. $\mathbf{g}$, $\mathbf{h}$는 i-째 성분이 각각 g_i, h_i인 m-벡터 함수, ℓ-벡터 함수라 하자.

라그랑지 쌍대문제 D:

$$\begin{aligned} &\text{최대화} && \theta(\mathbf{u},\boldsymbol{\nu}) \\ &\text{제약조건} && \mathbf{u} \ge \mathbf{0}, \end{aligned}$$

여기서 $\theta(\mathbf{u},\boldsymbol{\nu}) = inf\left\{f(\mathbf{x}) + \boldsymbol{\Sigma}_{i=1}^{m} u_i g_i(\mathbf{x}) + \boldsymbol{\Sigma}_{i=1}^{\ell} \nu_i h_i(\mathbf{x}) \mid \mathbf{x} \in X\right\}$이다. 여기서 벡터 $\mathbf{u},\boldsymbol{\nu}$는 각각 $\Re^m$, $\Re^\ell$에 속한다. $\mathbf{u}$의 i-째 성분 u_i는 제약조건 $g_i(\mathbf{x}) \le 0$에 연관된 쌍대변수 또는 라그랑지 승수라 하고, $\boldsymbol{\nu}$의 i-째 성분 ν_i는 제약조건 $h_i(\mathbf{x}) = 0$에 연관된 쌍대변수 또는 라그랑지/라그랑지안 승수라 한다. 비록 f에 관한 아무런 볼록성 또는 오목성의 가정이 없어도, g_i, h_i, X의 볼록성에도 불구하고 θ는 오목임을 주목하자.

원문제와 쌍대문제 사이의 몇 가지 중요한 관계를 아래에 요약한다:

1. 만약 $\mathbf{x}$가 '문제 P'의 실현가능해라면, 그리고 만약 $(\mathbf{u},\boldsymbol{\nu})$가 '문제 D'의 실현가능해라면 $f(\mathbf{x}) \ge \theta(\mathbf{u},\boldsymbol{\nu})$이다. 따라서 다음 식

   $$inf\{f(\mathbf{x}) \mid \mathbf{g}(\mathbf{x}) \le 0,\ \mathbf{h}(\mathbf{x}) = \mathbf{0},\ \mathbf{x} \in X\} \ge sup\{\theta(\mathbf{u},\boldsymbol{\nu}) \mid \mathbf{u} \ge \mathbf{0}\}$$

   이 성립한다. 이 결과를 **약쌍대성 정리**라 한다.
2. 만약 $sup\{\theta(\mathbf{u},\boldsymbol{\nu}) \mid \mathbf{u} \ge \mathbf{0}\} = \infty$라면, $\mathbf{g}(\mathbf{x}) \le \mathbf{0}$, $\mathbf{h}(\mathbf{x}) = \mathbf{0}$이 되도록 하는 카루시-쿤-터커 점 $\mathbf{x} \in X$은 존재하지 않는다. 그러므로 원문

제는 실현불가능하다.

3. 만약 $inf\{f(\mathbf{x}) \mid \mathbf{g}(\mathbf{x}) \le \mathbf{0},\ \mathbf{h}(\mathbf{x}) = \mathbf{0},\ \mathbf{x} \in X\} = -\infty$ 라면, $\mathbf{u} \ge \mathbf{0}$ 인 각각의 $(\mathbf{u}, \nu)$에 대해 $\theta(\mathbf{u}, \nu) = -\infty$ 이다.
4. 만약 원문제 실현가능해 $\mathbf{x}$ 와 $f(\mathbf{x}) = \theta(\mathbf{u}, \nu)$ 임을 만족시키는 쌍대문제 실현가능해 $(\mathbf{u}, \nu)$ 가 존재한다면, $\mathbf{x}$ 는 '문제 P'의 최적해이며 $(\mathbf{u}, \nu)$ 는 '문제 D'의 최적이다. 더군다나 상보여유성조건 $u_1 g_1(\mathbf{x}) = 0, \cdots, u_m g_m(\mathbf{x}) = 0$ 은 성립한다.
5. X 는 볼록집합이고, f, $g_i : \Re^n \to \Re$, $i = 1, \cdots, m$ 는 볼록이며, $\mathbf{h}$ 는 $\mathbf{h}(\mathbf{x}) = \mathbf{A}\mathbf{x} - \mathbf{b}$ 의 형태라고 가정하고, 여기에서 $\mathbf{A}$ 는 $m \times n$ 행렬, $\mathbf{b}$ 는 m-벡터이다. 적절한 제약자격 아래, 문제 P, D의 목적함수의 최적값은 같다; 즉 다시 말하면 다음 식

$$inf\{f(\mathbf{x}) \mid \mathbf{x} \in X,\ \mathbf{g}(\mathbf{x}) \le \mathbf{0},\ \mathbf{h}(\mathbf{x}) = \mathbf{0}\} = sup\{\theta(\mathbf{u}, \nu) \mid \mathbf{u} \ge \mathbf{0}\}$$

이 성립한다. 더군다나 만약 최대하계가 유한하다면 $\bar{\mathbf{u}} \ge \mathbf{0}$ 인 $(\bar{\mathbf{u}}, \bar{\nu})$ 에서 최소상계가 달성된다. 또한, 만약 최대하계가 $\bar{\mathbf{x}}$ 에서 달성된다면 $u_1 g_1(\bar{\mathbf{x}}) = 0, \cdots, u_m g_m(\bar{\mathbf{x}}) = 0$ 이다. 이 결과는 **강쌍대성 징리**라 한다.

참고문헌

Abadie, J. (Ed.), *Nonlinear Programming*, North-Holland, Amsterdam, 1967a.

_____, "On the Kuhn-Tucker Theorem," in *Nonlinear Programming*, J. Abadie (Ed.), 1967b.

_____, (Ed.), *Integer and Nonlinear Programming*, North-Holland, Amsterdam, 1970a.

_____, "Application of the GRG Algorithm to Optimal Control," in *Integer and Nonlinear Programming*, J. Abadie (Ed.), 1970b.

_____, "The GRG Method for Nonlinear Programming," in *Design and Implementation of Optimization Software*, H. J. Greenberg (Ed.), Sijthoff en Noordhoff, Alphen aan den Rijn, The Netherlands, pp. 335-362, 1978a.

_____, "Un Nouvel algorithme pour la programmation non-linéarire," *R.A.I.R.O. Recherche Opérationnelle*, 12(2), pp. 233-238, 1978b.

Abadie, J., and J. Carpentier, "Some Numerical Experiments with the GRG Method for Nonlinear Programming," Paper HR 7422, Electricité de France, Paris, 1967.

_____, "Generalization of the Wolfe Reduced Gradient Method to the Case of Nonlinear Constraints," in optimization, R. Fletcher (Ed.), 1969.

Abadie, J., and J. Guigou, "Numerical Experiments with the GRG Method," in *Integer and Nonlinear Programming*, J. Abadie (Ed.), 1970.

Abadie, J., and A. C. Williams, "Dual and Parametric Methods in Decomposition," in Recent Advances in *Mathematical Programming*, R. L. Graves and P. Wolfe (Eds.), 1968.

Abou-Taleb, N., I. Megahed, A. Moussa, and A. Zaky, "A New Approach to the Solution of Economic Dispatch Problems," presented at the Winter Power Meeting, New York, NY, 1974.

Adachi, N., "On Variable Metric Algorithms," *Journal of Optimization Theory and Applications*, 7, pp. 391-410, 1971.

Adams, N., F. Beglari, M. A. Laughton, and G. Mitra, "Math Programming Systems in Electrical Power Generation, Transmission and Distribution Planning," in Proceedings of the 4th Power Systems Computation Conference, 1972.

Adams,, W. P., and H. D. Sherali, "Mixed-Integer Bilinear Programming Problems," *Mathematical Programming*, 59(3), pp. 279-305, 1993.

Adhigama, S. T., E. Polak, and R. Klessig, "A Comparative Study of Several General Convergence Conditions for Algorithms Modeled by Point-to-Set Maps," in *Point-to-Set Maps and Mathematical Programming*, P. Huard (Ed.), *Mathematical Programming Study*, No 10, North-Holland, Amsterdam, pp. 172-190, 1970.

Adler, I., and Monteiro, R., "An Interior Point Algorithm Applied to a Class of Convex Separable Programming Problems," presented at the TIMS/ORSA National Meeting, Nashville, TN, May 12-15, 1991.

Afriat, S. N., "The Progressive Support Method for Convex Programming," SAM Journal on Numerical Analysis, 7, pp. 447-457, 1970.

_____, "Theory of Maxima and the Method of Lagrange," SIAM *Journal on Applied Maihematics*, 20, pp. 343-357, 1971.

Agunwamba, C. C., "Optimality Condition: Constraint Regularization," *Mathematical Programming*, 13, pp. 38-48, 1977.

Akgul, M., "An Algorithmic Proof of the Polyhedral Decomposition Theorem," Naval Research Logistics Quarterly, 35, pp. 463-472, 1988.

Al-Baali, M., "Descent Property and Global Convergence of the Fletcher-Reeves Method with Inexact Line Search," *IMA Journal of Numerical Analysis*, 5, pp. 121-124, 1985.

Al-Baali, M., and R. Fletcher, "An Efficient Line Search for Nonlinear Least Squares," *Journal of Optimization Theory Applications*, 48, pp. 359-378, 1986.

Ali, H. M., A. S. J. Batchelor, E. M. L. Beale, and J. F. Beasley, "Mathematical Models to Help Manage the Oil Resources of Kuwait," *Internal Report, Scientific Control Systems Ltd.*, 1978.

Al-Khayyal, F., "On Solving Linear Complementarity Problems as Bilinear Programs," *Arabian Journal for Science and Engineering*, 15, pp. 639-646, 1990.

AI-Khayyal, F. A., "An Implicit Enumeration Procedure for the General Linear Complementarity Problem," *Mathematical Programming Study*, 31, pp. 1-20, 1987.

_____, "Linear, Quadratic, and Bilinear Programming Approaches to the Linear Complementarity Problem," *European Journal of Operational Research*, 24, pp. 216-227, 1986.

Al-Khayyal, F. A., and J. E. Falk, "Jointly Constrained Biconvex Programming," *Mathematics of Operations Research*, 8, pp. 273-286, 1983.

Allen, E., R. Helgason, J. Kennington, and B. Shetty, "A Generalization of Polyak's Convergence Result from Subgradient Optimization," *Mathematical Programming*, 37, pp. 309-317, 1987.

Almogy, Y., and O. Levin, "A Class of Fractional Programming Problems," *Operations Research*, 19, pp. 57-67, 1971.

Altman, M., "A General Separation Theorem for Mappings, Saddle-Points, Duality, and Conjugate Functions," *Studia Mathematica*, 36, pp. 131-166, 1970.

Anderson, D., "Models for Determining Least-Cost Investments in Electricity Supply," *Bell System Technical Journal*, 3, pp. 267-299, 1972.

Anderson, E. D., J. E. Mitchell, C. Roos, and T. Terlaky, "A Homogenized Cutting Plane Method to Solve the Convex Feasibility Problem," in Optimization Methods and Applications, X.-Q. Yang, K. L. Teo, and L. Caccetta (Eds.), Kluwer Academic, Dordrecht, The Netherlands, pp. 167-190, 2001.

Anderssen, R. S., L. Jennings, and D. Ryan (Eds.), Optimization, University of Queensland Press, St. Lucia, Queensland, Australia, 1972.

Anitescu, M., "Degenerate Nonlinear Programming with a Quadratic Growth Condition," *SIAM Journal on Optimization*, 10(4), pp. 1116-1135, 2000.

Anstreicher, K. M., "On Long Step Path Following and SUMT for Linear and Quadratic Programming," *Department of Operations Research*, Yale University, New Haven, CT, 1990.

Aoki, M., Introduction to Optimization Techniques, Macmillan, New York, NY, 1971.

Argaman, Y., D. Shamir, and E. Spivak, "Design of Optimal Sewage Systems," *Journal of the Environmental Engineering Division*, American Society of Civil Engineers, 99, pp. 703-716, 1973.

Armijo, L., "Minimization of Functions Having Lipschitz Continuous First-Partial Derivatives," *Pacific Journal of Mathematics*, 16(l), pp. 1-3, 1966.

Arrow, K. J., and A. C. Enthoven, "Quasi-concave programming," *Econometrica*, 29, pp. 779-800, 1961.

Arrow, K. J., F. J. Gould, and S. M. Howe, "A General Saddle Point Result for Constrained Optimization," *Mathematical Programming*, 5, pp. 225-234, 1973.

Arrow, K. J., L. Hunvicz, and H. Uzawa (Eds.), Studies in Linear and Nonlinear Programming, Stanford University Press, Stanford, CA, 1958.

_____, "Constraint Qualifications in Maximization Problems," *Naval Research Logistics Quarterly*, 8, pp. 175-191, 1961.

_____, "Constraint Qualifications in Maximization Problems, 11," Technical Report, Institute of Mathematical Studies in Social Sciences, Stanford, CA, 1960.

Asaadi, J., "A Computational Comparison of Some Nonlinear Programs," *Mathematical Programming*, 4, pp. 144-156, 1973.

Asimov, M., Introduction to Design, Prentice-Hall, Englewood Cliffs, NJ, 1962.

AspvaIl, B., and R. E. Stone, "Khachiyan's Linear Programming Algorithm," *Journal of Algorithms*, 1, pp. 1-13, 1980.

Audet, C., P. Hansen, B. Jaumard, and G. Savard, "A Branch and Cut Algorithm for Nonconvex Quadratically Constrained Quadratic Programming," *Mathematical Programming*, 87(1), pp. 131-152, 2000.

Avila, J. H., and P. Concus, "Update Methods for Highly Structured Systems for Nonlinear Equations," *SIAM Journal on Numerical Analysis*, 16, pp. 260-269, 1979.

Avis, D., and V. Chvatal, "Notes on Bland's Pivoting Rule," *Mathematical Programming*, 8, pp. 24-34, 1978.

Avriel, M., "Fundamentals of Geometric Programming," in *Applications of Mathematical Programming Techniques*, E. M. L. Beale (Ed.), 1970.

Avriel, M., r-Convex Functions, *Mathematical Programming*, 2, pp. 309-323, 1972.

_____, "Solution of Certain Nonlinear Programs Involving r-Convex Functions," *Journal of Optimization Theory and Applications*, 11, pp. 159-174, 1973.

_____, *Nonlinear Programming: Analysis and Methods*, Prentice-Hall, Englewood Cliffs, NJ, 1976.

Avriel, M., and R. S. Dembo (Eds.), "Engineering Optimization," *Mathematical Programming Study*, II, 1979.

Avriel, M., W. E. Diewert, S. Schaible, and I. Zang, *Generalized Concavity*, Plenum Press, New York, NY, 1988.

Avriel, M., M. J. Rijkaert, and D. J. Wilde (Eds.), *Optimization and Design*, Prentice-Hall, Englewood Cliffs, NJ, 1973.

Avriel, M., and A. C. Williams, "Complementary Geometric Programming," *SIAM Journal on Applied Mathematics*, 19, pp. 125-141, 1970a.

_____, "On the Primal and Dual Constraint Sets in Geometric Programming," *Journal of Mathematical Analysis and Applications*, 32, pp. 684-688, 1970b.

Avriel, M., and I. Zang, "Generalized Convex Functions with Applications to Nonlinear Programming," in *Mathematical Programs for Activity Analysis*, P. Van Moeseki (Ed.), 1974.

Baccari, A., and A. Trad, "On the Classical Necessary Second-Order Optimality Conditions in the Presence of Equality and Inequality Constraints," *SIAM Journal on Optimization*, 15(2), pp. 394-408, 2004.

Bachem, A., and B. Korte, "Quadratic Programming over Transportation Polytopes," Report 7767-0R, Institut fur Okonometrie und Operations Research, Bonn, Germany, 1977.

Bahiense, L., N. Maculan, and C. Sagastizhbal, "The Volume Algorithm Revisited: Relation with Bundle Methods," *Mathematical Programming*, 94(1), pp. 41-69, 2002.

Baker, T. E., and L. S. Lasdon, "Successive Linear Programming at Exxon," *Management Science*, 31, pp. 264-274, 1985.

Baker, T. E., and R. Ventker, "Successive Linear Programming in Refinery Logistic Models," presented at the ORSA/TIMS Joint National Meeting, Colorado Springs, CO, 1980.

Balakrishnan, A. V. (Ed.), *Techniques of Optimization*, Academic Press, New York, NY, 1972.

Balas, E., "Disjunctive Programming: Properties of the Convex Hull of Feasible Points," *Management Science Research Report 348*, GSIA, Carnegie Mellon University, Pittsburgh, PA, 1974.

_____, "Nonconvex Quadratic Programming via Generalized Polars," *SIAM Journal on Applied Mathematics*, 28, pp. 335-349, 1975.

_____, "Disjunctive Programming and a Hierarchy of Relaxations for Discrete Optimization Problems," *SIAM Journal on Algebraic and Discrete Methods*, 6(3), pp. 466-486, 1985.

Balas, E., and C. A. Burdet, "Maximizing a Convex Quadratic Function Subject to Linear Constraints," *Management Science Research Report 299*, 1973.

Balinski, M. L. (Ed.), Pivoting and Extensions, *Mathematical Programming Study*, No. 1, American Elsevier, New York, NY, 1974.

Balinski, M. L., and W. J. Baumol, "The Dual in Nonlinear Programming and Its Economic Interpretation," *Review of Economic Studies*, 35, pp. 237-256, 1968.

Balinski, M. L., and E. Helleman (Eds.), Computational Practice in *Mathematical Programming, Mathematical Programming Study*, No. 4, American Elsevier, New York, NY, 1975.

Balinski, M. L., and C. Lemarechal (Eds.), *Mathematical Programming in Use, Mathematical Programming Study*, No. 9, American Elsevier, New York, NY, 1978.

Balinski, M. L., and P. Wolfe (Eds.), Nondzfferentiable Optimization, *Mathematical Programming Study*, No. 2, American Elsevier, New York, NY, 1975.

Bandler, J. W., and C. Charalambous, "Nonlinear Programming Using Minimax Techniques," *Journal of Optimization Theory and Applications*, 13, pp. 607-619, 1974.

Barahona, F., and R. Anbil, "The Volume Algorithm: Producing Primal Solutions with a Subgradient Method," *Mathematical Programming*, 87(3), pp. 385-399, 2000,

Barankin, E. W., and R. Dorfman, "On Quadratic Programming," *University of California Publications in Statistics*, 2, pp. 285-318, 1958.

Bard, J. F., and J. E. Falk, "A Separable Programming Approach to the Linear Complementarity Problem," *Computers and Operations Research*, 9, pp. 153-159, 1982.

Bard, Y., "On Numerical Instability of Davidon-like Methods," *Mathematics of Computation*, 22, pp. 665-666, 1968.

_____, *Practical Bilevel Optimization: Algorithms and Applications*, Kluwer Academic, Boston, MA, 1998.

_____, "Comparison of Gradient Methods for the Solution of Nonlinear Parameter Estimation Problems," *SIAM Journal on Numerical Analysis*, 7, pp. 157-186, 1970.

Bartels, R. H., "A Penalty Linear Programming Method Using Reduced-Gradient Basis-Exchange Techniques," *Linear Algebra and Its Applications*, 29, pp. 17-32, 1980.

Bartels, R. H., and A. R. Conn, "Linearly Constrained Discrete ℓ_1 Problems," *ACM Transactions on Mathematics and Software*, 6, pp. 594-608, 1980.

Bartels, R. H., G. Golub, and M. A. Saunders, "Numerical Techniques in *Mathematical Programming*," in *Nonlinear Programming*, J. B. Rosen, O. L. Mangasarian, and K. Ritter (Eds.), Academic Press, New York, NY, pp. 123-176, 1970.

Bartholomew-Biggs, M. C., "Recursive Quadratic Programming Methods for Nonlinear Constraints," in *Nonlinear Optimization*, M. J. D. Powell (Ed.), Academic Press, London, pp. 213-221, 1981.

Bartle, R. G., *The Elements of Real Analysis*, 2nd ed., Wiley, New York, NY, 1976.

Batt, J. R., and R. A. Gellatly, "A Discretized Program for the Optimal Design of Complex Structures," AGARD Lecture Series M70, NATO, 1974.

Bauer, F. L., "Optimally Scaled Matrices," *Numerical Mathematics*, 5, pp. 73-87, 1963.

Bazaraa, M. S., "A Theorem of the Alternative with Application to Convex Programming: Optimality, Duality, and Stability," *Journal on Mathematical Analysis and Applications*, 41, pp. 701-715, 1973a.

_____, "Geometry and Resolution of Duality Gaps," *Naval Research Logistics Quarterly*, 20, pp. 357-365, 1973b.

_____, "An Efficient Cyclic Coordinate Method for Constrained Optimization," *Naval Research Logistics Quarterly*, 22, pp. 399-404, 1975.

Bazaraa, M. S., and J. J. Goode, "Necessary Optimality Criteria in Mathematical Programming in the Presence of Differentiability," *Journal of Mathematical Analysis and Applications*, 40, pp. 509-621, 1972.

_____, "On Symmetric Duality in Nonlinear Programming," *Operations Research*, 21, pp. 1-9, 1973a.

_____, "Necessary Optimality Criteria in Mathematical Programming in Normed Linear Spaces," *Journal of Optimization Theory and Applications*, 11, pp. 235-244, 1973b.

_____, "Extension of Optimality Conditions via Supporting Functions," *Mathematical Programming*, 5, pp. 267-285, 1973c.

_____, "The Travelling Salesman Problem: A Duality Approach," *Mathematical Programming*, 13, pp. 221-237, 1977.

Bazaraa, M. S., and J. J. Goode, "A Survey of Various Tactics for Generating Lagrangian Multipliers in the Context of Lagrangian Duality," *European Journal of Operational Research*, 3, pp. 322-338, 1979.

_____, "Sufficient Conditions for a Globally Exact Penalty Function Without Convexity," *Mathematical Programming Studies*, 19, pp. 1-15, 1982.

Bazaraa, M. S., J. J. Goode, and C. M. Shetty, "Optimality Criteria Without Differentiability," *Operations Research*, 19, pp. 77-86, 1971a.

_____, "A Unified Nonlinear Duality Formulation," *Operations Research*, 19, pp. 1097-1100, 1971b.

_____, "Constraint Qualifications Revisited," *Management Science*, 18, pp. 567-573, 1972.

Bazaraa, M. S., J. J. Jarvis, and H. D. Sherali, *Linear Programming and Network Flows*, 3rd ed., Wiley, New York, NY, 2005.

Bazaraa, M. S., and H. D. Sherali, "On the Choice of Step Sizes in Subgradient Optimization," *European Journal of Operational Research*, 17(2), pp. 380-388, 1981.

_____, "On the Use of Exact and Heuristic Cutting Plane Methods for the Quadratic Assignment Problem," *Journal of the Operational Research Society*, 33(1 I), pp. 999-1003, 1982.

Bazaraa, M. S., and C. M. Shetty, Foundations of Optimization, Lecture Notes in Economics and Mathematical Systems, No. 122, Springer-Verlag, New York, NY, 1976.

Beale, E. M. L, "On Minimizing a Convex Function Subject to Linear Inequalities," *Journal of the Royal Statistical Society*, Series B, 17, pp. 173-184, 1955.

_____, "On Quadratic Programming," *Naval Research Logistics Quarterly*, 6, pp. 227-244, 1959.

_____, "Numerical Methods," in *Nonlinear Programming*, J. Abadie (Ed.), 1967.

_____, "Nonlinear Optimization by Simplex-like Methods," in *Optimization*, R. Fletcher (Ed.), 1969.

_____, "Computational Methods for Least Squares," in *Integer and Nonlinear Programming*, J. Abadie (Ed.), 1970a.

_____ (Ed.), *Applications of Mathematical Programming Techniques*, English Universities Press, London, 1970b.

_____, "Advanced Algorithmic Features for General Mathematical Programming Systems," in *Integer and Nonlinear Programming*, J. Abadie (Ed.), 1970c.

_____, "A Derivation of Conjugate Gradients," in *Numerical Methods for Nonlinear*

Optimization, J. Abadie (Ed.), North-Holland, Amsterdam, The Netherlands, 1972.

_____, "Nonlinear Programming Using a General Mathematical Programming System," in *Design and Implementation of Optimization Software*, H. J. Greenberg (Ed.), Sijthoff en Noordhoff, Alphen aan den Rijn, The Netherlands, pp. 259-279, 1978.

Beckenbach, E. F., and R. Hellman, *Inequalities*, Springer-Verlag, Berlin, 1961.

Beckman, F. S., "The Solution of Linear Equations by the Conjugate Gradient Method," in *Mathematical Methods for Digital Computers*, A. Ralston and H. Wilf (Eds.), Wiley, New York, NY, 1960.

Beckmann, M. J., and K. Kapur, "Conjugate Duality: Some Applications to Economic Theory," *Journal of Economic Theory*, 5, pp. 292-302, 1972.

Bector, C. R., "Programming Problems with Convex Fractional Functions," *Operations Research*, 16, pp. 383-391, 1968.

_____, "Some Aspects of Quasi-Convex Programming," *Zeitschrift für Angewandte Mathematik und Mechanik*, 50, pp. 495-497, 1970.

_____, "Duality in Nonlinear Fractional Programming," Zeitschrift für *Operations Research*, 17, pp. 183-193, 1973a.

_____, "On Convexity, Pseudo-convexity and Quasi-convexity of Composite Functions," *Cahiers Centre Etudes Rechérche Opérationnelle*, 15, pp. 411-428, 1973b.

Beglari, F., and M. A. Laughton, "The Combined Costs Method for Optimal Economic Planning of an Electrical Power System," *IEEE Transactions on Power Apparatus and Systems*, PAS-94, pp. 1935-1942, 1975.

Bellman, R. (Ed.), *Mathematical Optimization Techniques*, University of California Press, Berkeley, CA, 1963.

Bellmore, M., H. J. Greenberg, and J. J. Jarvis, "Generalized Penalty Function Concepts in Mathematical Optimization," *Operations Research*, 18, pp. 229-252, 1970.

Beltrami, E. J., "A Computational Approach to Necessary Conditions in Mathematical Programming," *Bulletin of the International Journal of Computer Mathematics*, 6, pp. 265-273, 1967.

_____, "A Comparison of Some Recent Iterative Methods for the Numerical Solution of Nonlinear Programs," in Computing Methods in Optimization Problems, *Lecture Notes in Operations Research and Mathematical Economics*, No. 14, Springer-Verlag, New York, NY, 1969.

_____, *An Algorithmic Approach to Nonlinear Analysis and Optimization*, Academic Press, New York, NY, 1970.

Ben-Daya, M., and C. M. Shetty, "Polynomial Harrier Function Algorithms for Convex Quadratic Programming," Report Series 188-5, School of Industrial and Systems Engineering, Georgia Institute of Technology, Atlanta, GA, 1988.

Benson, H. Y., D. F. Shanno, and R. J. Vanderbei, "A Comparative Study of Large-Scale Nonlinear Optimization Algorithms," in *High Performance Algorithms and Software for Nonlinear Optimization*, G. Di Pillo and A. Murli (Eds.), Kluwer Academic, Nonvell, MA, pp. 95-128, 2003. pp. 265-273, 1967.

Ben-Tal, A., "Second-Order and Related Extremality Conditions in Nonlinear Programming," *Journal of Optimization Theory and Applications*, 31, pp. 143-165, 1980.

Ben-Tal, A., and J. Zowe, "A Unified Theory of First- and Second-Order Conditions for Extremum Problems in Topological Vector Spaces," *Mathematical Programming Study*, No. 19, pp. 39-76, 1982.

Benveniste, R., "A Quadratic Programming Algorithm Using Conjugate Search Directions," *Mathematical Programming*, 16, pp. 63-80, 1979.

Bereanu, B., "A Property of Convex, Piecewise Linear Functions with Applications to Mathematical Programming," *Unternehmensforschung*, 9, pp. 112-119, 1965.

_____, "On the Composition of Convex Functions," *Revue Romaine Mathématiques Pures et Appliquées*, 14, pp. 1077-1084, 1969.

_____, "Quasi-convexity, Strict Quasi-convexity and Pseudo-convexity of Composite Objective Functions," *Revue Française Automatique, Informatique Recherche Opérationnelle*, 6(R-1), pp. 15-26, 1972.

Berge, C., *Topological Spaces, Macmillan*, New York, NY, 1963.

Berge, C., and A. Ghoulia-Houri, *Programming, Games, and Transportation Networks*, Wiley, New York, NY, 1965.

Berman, A., Cones, *Metrics and Mathematical Programming, Lecture Notes in Economics and Mathematical Systems*, No. 79, Springer-Verlag, New York, NY, 1973.

Berna, R. J., M. H. Locke, and A. W. Westerberg, "A New Approach to Optimization of Chemical Processes," *AIChE Journal*, 26(2), 37, 1980.

Bertsekas, D. P., "On Penalty and Multiplier Methods for Constrained Minimization," in *Nonlinear Programming*, Vol. 2, O. L. Mangasarian, R. Meyer, and S. M. Robinson (Eds.), Academic Press, New York, NY, 1975a.

_____, *Nondifferentiable Optimization*, North-Holland, Amsterdam, 1975b.

_____, "Necessary and Sufficient Conditions for a Penalty Function to Be Exact," *Mathematical Programming*, 9, pp. 87-99, 1975c.

_____, "Combined Primal-Dual and Penalty Methods for Constrained Minimization," *SIAM Journal of Control and Optimization*, 13, pp. 521-544, 1975d.

_____, "Multiplier Methods: A Survey," *Automatica*, 12, pp. 133-145, 1976a.

_____, "On Penalty and Mutiplier Methods for Constrained Minimization," Bertsekas, D. P., *Constrained Optimization and Lagrange Multiplier Methods*, Academic Press, New York, NY, 1982.

_____, *Nonlinear Programming*, Athena Scientific, Belmont, MA, 1995.

_____, *Nonlinear Programming*, 2nd ed., Athena Scientific, Belmont, MA, 1999.

Bertsekas, D. P., and S. K. Mitter, "A Descent Numerical Method for Optimization Problems with Nondifferentiable Cost Functionals," *SIAM Journal on Control*, 11, pp. 637-652, 1973.

Bertsekas, D. P., and J. N. Tsitsiklis, *Parallel and Distributed Computation: Numerical Methods*, Prentice-Hall, London, 1989.

Best, M. J., "A Method to Accelerate the Rate of Convergence of a Class of Optimization Algorithms," *Mathematical Programming*, 9, pp. 139-160, 1975.

_____, "A Quasi-Newton Method Can Be Obtained from a Method of Conjugate Directions," *Mathematical Programming*, 15, pp. 189-199, 1978.

Best, M. J., J. Brauninger, K. Ritter, and S. M. Robinson, "A Globally and Quadratically Convergent Algorithm for General Nonlinear Programming Problems," *Computing*, 26, pp. 141-153, 1981. York, NY, 1970.

Beveridge, G., and R. Schechter, *Optimization: Theory and Practice*, McGraw-Hill, New SIAM Journal of Control and Optimization, 14, pp. 216-235, 1976b.

Bhatia, D., "A Note on a Duality Theorem for a Nonlinear Programming Problem," *Management Science*, 16, pp. 604-606, 1970.

Bhatt, S. K., and S. K. Misra, "Sufficient Optimality Criteria in Nonlinear Programming in the Presence of Convex Equality and Inequality Constraints," *Zeitschrift für Operations Research*, 19, pp. 101-105, 1975.

Biggs, M. C., "Constrained Minimization Using Recursive Equality Quadratic Programming," in *Numerical Methods for Non-Linear Optimization*, F. A. Lootsma (Ed.), Academic Press, New York, pp. 411-428, 1972.

_____, "Constrained Minimization Using Recursive Quadratic Programming: Some Alternative Subproblem Formulations," in Towards Global Optimization, L. C. W. Dixon and G. P. Szego (Eds.), North-Holland, Amsterdam, pp. 341-349, 1975.

_____, "On the Convergence of Some Constrained Minimization Algorithms Based on Recursive Quadratic Programming," *Journal of the Institute for Mathematical Applications*, 21, pp. 67-81, 1978.

Bitran, G., and A. Hax, "On the Solution of Convex Knapsack Problems with Bounded Variables," *Proceedings of the 9th International Symposium on Mathematical Programming*, Budapest, Hungary, pp. 357-367, 1976.

Bitran, G. R., and T. L. Magnanti, "Duality and Sensitivity Analysis for Fractional Programs," *Operations Research*, 24, pp. 657-699, 1976.

Bitran, G. R., and A. G. Novaes, "Linear Programming with a Fractional Objective Function," *Operations Research*, 21, pp. 22-29, 1973.

Bjorck, A., "Stability Analysis of the Method of Semi-Normal Equations for Linear Least Squares Problems," *Report LiTH-MATH-R-1985-08, Linkaping University*, Linkoping, Sweden, 1985.

Bland, R. C., "New Finite Pivoting Rules for the Simplex Method," Mathematics of *Operations Research*, 2, pp. 103-107, 1977.

Bloom, J. A., "Solving an Electric Generating Capacity Expansion Planning Problem by Generalized Benders Decomposition," *Operations Research*, 3 1, pp. 84-100, 1983.

Bloom, J. A., M. C. Caramanis, and L. Chamy, "Long Range Generation Planning Using Generalized Benders Decomposition: Implementation and Experience," *Operations Research*, 32, pp. 314-342, 1984.

Blum, E., and W. Oettli, "Direct Proof of the Existence Theorem for Quadratic

Programming," *Operations Research*, 20, pp. 165-167, 1972.

_____, Mathematische Optimierung-Grundlager und Verfahren, *Econometrics and Operations Research*, No. 20, Springer-Verlag, New York, NY, 1975.

Boddington, C. E., and W. C. Randall, "Nonlinear Programming for Product Blending," presented at the *Joint National TIMS/ORSA Meeting*, New Orleans, LA, May 1979.

Boggs, P. T., and J. W. Tolle, "Augmented Lagrangians Which Are Quadratic in the Multiplier," *Journal of Optimization Theory Applications*, 31, pp. 17-26, 1980.

_____, "A Family of Descent Functions for Constrained Optimization," *SIAM Journal on Numerical Analysis*, 21, pp. 1146-1161, 1984.

Boggs, P. T., J. W. Tolle, and P. Wang, "On the Local Convergence of Quasi-Newton Methods for Constrained Optimization," *SIAM Journal on Control and Optimization*, 20, pp. 161-171, 1982.

Bonnans, J. F., and A. Shapiro, *Perturbation Analysis of Optimization Problems*, Springer-Verlag, New York, NY, 2000.

Boot, J. C. G., "Notes on Quadratic Programming: The Kuhn-Tucker and Theil-van de Panne Conditions, Degeneracy and Equality Constraints," *Management Science*, 8, pp. 85-98, 1961.

_____, "On Trivial and Binding Constraints in Programming Problems," *Management Science*, 8, pp. 419-441, 1962.

_____, "Binding Constraint Procedures of Quadratic Programming," *Econometrica*, 31, pp. 464-498, 1963a.

_____, "On Sensitivity Analysis in Convex Quadratic Programming Problems," *Operations Research*, 11, pp. 771-786, 1963b.

_____, *Quadratic Programming*, North-Holland, Amsterdam, 1964.

Borwein, J. M., "A Note on the Existence of Subgradients," *Mathematical Programming*, 24, pp. 225-228, 1982.

Box, M. J., "A New Method of Constrained Optimization and a Comparison with Other Methods," *Computer Journal*, 8, pp. 42-52, 1965.

_____, "A Comparison of Several Current Optimization Methods, and the Use of Transformations in Constrained Problems," *Computer Journal*, 9, pp. 67-77, 1966.

Box, M. J., D. Davies, and W. H. Swann, *Nonlinear Optimization Techniques*, I.C.I. Monograph, Oliver & Boyd, Edinburgh, 1969.

Bracken, J., and G. P. McCormick, *Selected Applications of Nonlinear Programming*, Wiley, New York, NY, 1968.

Bradley, J., and H. M. Clyne, "Applications of Geometric Programming to Building Design Problem," in *Optimization in Action*, L. C. W. Dixon (Ed.), Academic Press, London, 1976.

Bram, J., "The Lagrange Multiplier Theorem for Max-Min with Several Constraints," *SIAM Journal on Applied Mathematics*, 14, pp. 665-667, 1966.

Braswell, R. N., and J. A. Marban, "Necessary and Sufficient Conditions for the Inequality Constrained Optimization Problem Using Directional Derivatives," *International Journal of Systems Science*, 3, pp. 263-275, 1972.

Brayton, R. K., and J. Cullum, "An Algorithm for Minimizing a Differentiable Function Subject to Box Constraints and Errors," *Journal of Optimization Theory and Applications*, 29, pp. 521-558, 1979.

Brent, R. P., *Algorithms for Minimization Without Derivatives*, Prentice-Hall, Englewood Cliffs, NJ, 1973.

Brodlie, K. W., "An Assessment of Two Approaches to Variable Metric Methods," *Mathematical Programming*, 12, pp. 344-355, 1977.

Brondsted, A., and R. T. Rockafeller, "On the Subdifferential of Convex Functions," *Proceedings of the American Mathematical Society*, 16, pp. 605-611, 1965.

Brooke, A., D. Kendrick, and A. Mieerans, *CAMS-A User's Guide*, Scientific Press, Redwood City, CA, 1988.

Brooks, R., and A. Geoffrion, "Finding Everett's Lagrange Multipliers by Linear Programming," *Operations Research*, 16, pp. 1149-1152, 1966.

Brooks, S. H., "A Discussion of Random Methods for Seeking Maxima," *Operations Research*, 6, pp. 244-251, 1958.

_____, "A Comparison of Maximum Seeking Methods," *Operations Research*, 7, pp. 430-457, 1959.

Brown, K. M., and J. E. Dennis, "A New Algorithm for Nonlinear Least Squares Curve Fitting," in *Mathematical Software*, J. R. Rice (Ed.), Academic Press, New York, NY, 1971.

Broyden, C. G., "A Class of Methods for Solving Nonlinear Simultaneous Equations," *Mathematics of Computation*, 19, pp. 577-593, 1965.

_____, "Quasi-Newton Methods and Their Application to Function Minimization," *Mathematics of Computation*, 21, pp. 368-381, 1967.

_____, "The Convergence of a Class of Double Rank Minimization Algorithms: The New Algorithm," *Journal of the Institute of Mathematics and Its Applications*, 6, pp. 222-231, 1970.

_____, J. E. Dennis, and J. J. Mork, "On the Local and Superlinear Convergence of Quasi-Newton Methods," *Journal of the Institute of Mathematics and its Applications*, 12, pp. 223-246, 1973.

Buck, R. C., *Mathematical Analysis*, McGraw-Hill, New York, NY, 1965.

Buckley, A. G., "A Combined Conjugate-Gradient Quasi-Newton Minimization Algorithm," *Mathematical Programming*, 15, pp. 206-210, 1978.

Bullard, S., H. D. Sherali, and D. Klemperer, "Estimating Optimal Thinning and Rotation for Mixed Species Timber Stands," *Forest Science*, 13(2), pp. 303-315, 1985.

Bunch, J. R., and L. C. Kaufman, "A Computational Method for the Indefinite Quadratic Programming Problems," *Linear Algebra and Its Applications*, 34, pp. 341-370, 1980.

Buras, N., *Scientific Allocation of Water Resources*, American Elsevier, New York, NY, 1972.

Burdet, C. A,, "Elements of a Theory in Nonconvex Programming," *Naval Research Logistics Quarterly*, 24, pp. 47-66, 1977.

Burke, J. V., and S.-P. Han, "A Robust Sequential Quadratic Programming Method,"

Mathematical Programming, 43, pp. 277-303, 1989.

Burke, J. V., J. J. More, and G. Toraldo, "Convergence Properties of Trust Region Methods for Linear and Convex Constraints," *Mathematical Programming*, 47, pp. 305-336, 1990.

Burley, D. M., *Studies in Optimization*, Wiley, New York, NY, 1974.

Burns, S. A., "Graphical Representation of Design Optimization Processes," *Computer-Aided Design*, 21(1), pp. 21-25, 1989.

_____, "A Monomial-Based Version of Newton's Method," Paper MA26.1, presented at the *TIMS/ORSA Meeting*, Chicago, IL, May 16-19, 1993.

Buys, J. D., and R. Gonin, "The Use of Augmented Lagrangian Functions for Sensitivity Analysis in Nonlinear Programming," *Mathematical Programming*, 12, pp. 281-284, 1977.

Buzby, B. R., "Techniques and Experience Solving Really Big Nonlinear Programs," in *Optimization Methods for Resource Allocation*, R. Cottle and J. Krarup (Eds.), English Universities Press, London, pp. 227-237, 1974.

Byrd, R. H., N. I. M. Gould, J. Nocedal, and R. A. Waltz, "On the Convergence of Successive Linear Programming Algorithms," *Department of Computer Science, University of Colorado*, Boulder, CO, 2003.

Cabot, V. A., and R. L. Francis, "Solving Certain Nonconvex Quadratic Minimization Problems by Ranking Extreme Points," *Operations Research*, 18, pp. 82-86, 1970.

Camerini, P. M., L. Fratta, and F. Maffioli, "On Improving Relaxation Methods by Modified Gradient Techniques," in *Nondifferentiable Optimization*, M. L. Balinski and P. Wolfe (Eds.), 1975. (See *Mathematical Programming Study*, No. 3, pp. 26-34, 1975.)

Camp, G. D., "Inequality-Constrained Stationary-Value Problems," *Operations Research*, 3, pp. 548-550, 1955.

Candler, W., and R. J. Townsley, "The Maximization of a Quadratic Function of Variables Subject to Linear Inequalities," *Management Science*, 10, pp. 515-523, 1964.

Canon, M. D., and C. D. Cullum, "A Tight Upper Bound on the Rate of Convergence of the Frank-Wolfe Algorithm," *SIAM Journal on Control*, 6, pp. 509-516, 1968.

Canon, M. D., C. D. Cullum, and E. Polak, "Constrained Minimization Problems in Finite Dimensional Spaces," *SIAM Journal on Control*, 4, pp. 528-547, 1966.

_____, *Theory of Optimal Control and Mathematical Programming*, McGraw-Hill, New York, NY, 1970.

Canon, M. D., and J. H. Eaton, "A New Algorithm for a Class of Quadratic Programming Problems, with Application to Control," *SIAM Journal on Control*, 4, pp. 34-44, 1966.

Cantrell, J. W., "Relation Between the Memory Gradient Method and the Fletcher-Reeves Method," *Journal of Optimization Theory and Applications*, 4, pp. 67-71, 1969.

Carnillo, M. J., "A Relaxation Algorithm for the Minimization of a Quasiconcave Function on a Convex Polyhedron," *Mathematical Programming*, 13, pp. 69-80, 1977.

Carpenter, T. J., I. J. Lustig, M. M. Mulvey, and D. F. Shanno, "Higher Order Predictor-Corrector Interior Point Methods with Application to Quadratic Objectives," *SIAM Journal on Optimization*, 3, pp. 696-725, 1993.

Carroll, C. W., "The Created Response Surface Technique for Optimizing Nonlinear

Restrained Systems," *Operations Research*, 9, pp. 169-184, 1961.

Cass, D., "Duality: A Symmetric Approach from the Economist's Vantage Point," *Journal of Economic Theory*, 7, pp. 272-295, 1974.

Chamberlain, R. M., "Some Examples of Cycling in Variable Metric Methods for Constrained Minimization," *Mathematical Programming*, 16, pp. 378-383, 1979.

Chamberlain, R. M., C. Lemarechal, H. C. Pedersen, and M. J. D. Powell, "The Watchdog Technique for Forcing Convergence in Algorithms for Constrained Optimization," in Algorithms for Constrained Minimization of Smooth Nonlinear Functions, A. G. Buckley and J. L. Goffin (Eds.), *Mathematical Programming Study*, No. 16, North-Holland, Amsterdam, 1982.

Charnes, A., and W. W. Cooper, "Nonlinear Power of Adjacent Extreme Point Methods of Linear Programming," *Econometrica*, 25, pp. 132-153, 1957.

_____, "Chance Constrained Programming," *Management Science*, 6, pp. 73-79, 1959.

_____, *Management Models and Industrial Applications of Linear Programming*, Wiley, New York, NY, 1961.

_____, "Programming with Linear Fractionals," *Naval Research Logistics Quarterly*, 9, pp. 181-186, 1962.

_____, "Deterministic Equivalents for Optimizing and Satisficing Under Chance Constraints," *Operations Research*, 11, p. 18-39, 1963.

Charnes, A., W. W. Cooper, and K. O. Kortanek, "A Duality Theory for Convex Programs with Convex Constraints," *Bulletin of the American Mathematical Society*, 68, pp. 605-608, 1962.

Chames, A., M. J. L. Kirby, and W. M. Raike, "Solution Theorems in Probablistic Programming: A Linear Programming Approach," *Journal of Mathematical Analysis and Applications*, 20. pp. 565-582, 1967.

Choi, I. C., C. L. Monma, and D. F. Shanno, "Further Development of a Primal-Dual Interior Point Method," *ORSA Journal on Computing*, 2, pp. 304-311, 1990.

Chung, S. J., "NP-Completeness of the Linear Complementarity Problem," *Journal of Optimization Theory and Applications*, 60, pp. 393-399, 1989.

Chung, S . J., and K. G. Murty, "Polynomially Bounded Ellipsoid Algorithm for Convex Quadratic Programming," in *Nonlinear Programming*, Vol. 4, O. L. Mangasarian, R. R. Meyer, and S. M. Robinson (Eds.), Academic Press, New York, NY, pp. 439-485, 1981.

Chvatal, V., *Linear Programming*, W.H. Freeman, San Francisco, CA, 1980.

Citron, S. J., *Elements of Optimal Control*, Holt, Rinehart and Winston, New York, NY, 1969.

Cobham, A., "The Intrinsic Computational Difficulty of Functions," in *Proceedings of the 1964 International Congress for Logic, Methodoloa, and Philosophy of Science*, Y. Bar-Hille (Ed.), North-Holland, Amsterdam, pp. 24-30, 1965.

Cohen, A., "Rate of Convergence of Several Conjugate Gradient Algorithms," *SIAM Journal on Numerical Analysis*, 9, pp. 248-259, 1972.

Cohen, G., and D. L. Zhu, "Decomposition-Coordination Methods in Large Scale Optimization Problems: The Nondifferentiable Case and the Use of Augmented

Lagrangians," in *Advances in Large Scale Systems, Theory and Applications*, Vol. I, J. B. Cruz, Jr. (Ed.), JAI Press, Greenwich, CT, 1983.

Cohn, M. Z. (Ed.), *An Introduction to Structural Optimization*, University of Waterloo Press, Waterloo, Ontario, Canada, 1969.

Coleman, T. F., and A. R. Conn, "Nonlinear Programming via an Exact Penalty Function: Asymptotic Analysis," *Mathematical Programming*, 24, pp. 123-136, 1982a.

Coleman, T. F., and A. R. Conn, "Nonlinear Programming via an Exact Penalty Function: Global Analysis," *Mathematical Programming*, 24, pp. 137-161, 1982b.

Coleman, T., and P. A. Fenyes, "Partitioned Quasi-Newton Methods for Nonlinear Equality Constrained Optimization," Report 88-14, Cornell Computational Optimization Project, Cornell University, Ithaca, NY, 1989.

Collins, M., L. Cooper, R. Helgason, J. Kennington, and L. Le Blanc, "Solving the Pipe Network Analysis Problem Using Optimization Techniques," *Management Science*, 24, pp. 747-760, 1978.

Colville, A. R., "A Comparative Study of Nonlinear Programming Codes," in *Proceedings of the Princeton Symposium on Mathematical Programming*, H. Kuhn (Ed.), 1970.

Conn, A. R., "Constrained Optimization Using a Nondifferential Penalty Function," *SIAM Journal on Numerical Analysis*, 10, pp. 760-784, 1973.

_____, "Linear Programming via a Non-differentiable Penalty Function," *SIAM Journal on Numerical Analysis*, 13, pp. 145-154, 1976.

_____, "Penalty Function Methods," in *Nonlinear Optimization* 1981, Academic Press, New York, NY, 1982.

_____, "Nonlinear Programming, Exact Penalty Functions and Projection Techniques for Non-smooth Functions," in *Numerical Optimization* 1984, P. T. Boggs (Ed.), SIAM, Philadelphia, 1985.

Conn, A. R., N. I. M. Gould, and Ph. L. Toint, "A Globally Convergent Augmented Lagrangian Algorithm for Optimization with General Constraints and Simple Bounds," Report 88/23, Department of Computer Sciences, University of Waterloo, Waterloo, Ontario, Canada, 1988a.

_____, "Global Convergence of a Class of Trust Region Algorithms for Optimization with Simple Bounds," *SIAM Journal on Numerical Analysis*, 25(2), pp. 433-460, 1988b. [See also errata in *SIAM Journal on Numerical Analysis*, 26(3), pp. 764-767, 1989.]

_____, "Convergence of Quasi-Newton Matrices Generated by the Symmetric Rank-One Update," *Mathematical Programming*, 50(2), pp. 177-196, 1991.

_____, *Trust-Region Method* SIAM, Philadelphia, PA, 2000.

Conn, A. R., and T. Pietrzykowski, "A Penalty Function Method Converging Directly to a Constrained Optimum," *SIAM Journal on Numerical Analysis*, 14, pp. 348-375, 1977.

Conn, A. R., K. Scheinberg, and P. L. Toint, "Recent Progress in Unconstrained Nonlinear Optimization Without Derivatives," *Mathematical Programming*, 79, pp. 397-414, 1997.

Conte, S. D., and C. de Boor, *Elementary Numerical Analysis: An Algorithmic Approach* 3rd ed., McGraw-Hill, New York, NY, 1980.

Conti, R., and A. Ruberti (Eds.), *5th Conference on Optimization Techniques*, Part 1, Lecture Notes in Computer Science, No. 3, Springer-Verlag, New York, NY, 1973.

Cook, S. A., "The Complexity of Theorem-Proving Procedures," in *Proceedings of the 3rd Annual ACM Symposium on Theory of Computing*, Association for Computing Machinery, New York, NY, pp. 151-158, 1971.

Coope, I. D., and R. Fletcher, "Some Numerical Experience with a Globally Convergent Algorithm for Nonlinearly Constrained Optimization," *Journal of Optimization Theory and Applications*, 32, pp. 1-16, 1980.

Cottle, R. W., "A Theorem of Fritz John in Mathematical Programming," RAND Corporation Memo, RM-3858-PR, 1963a.

_____, "Symmetric Dual Quadratic Programs," *Quarterly of Applied Mathematics*, 21, pp. 237-243, 1963b.

_____, "Note on a Fundamental Theorem in Quadratic Programming," *SIAM Journal on Applied Mathematics*, 12, pp. 663-665, 1964.

_____, "Nonlinear Programs with Positively Bounded Jacobians," *SIAM Journal on Applied Mathematics*, 14, pp. 147-158, 1966.

_____, "On the Convexity of Quadratic Forms over Convex Sets," *Operations Research*, 15, pp. 170-172, 1967.

_____, "The Principal Pivoting Method of Quadratic Programming," in *Mathematics of the Decision Sciences*, G. B. Dantzig and A. F. Veinott (Eds.), 1968.

Cottle, R. W., and G. B. Dantzig, "Complementary Pivot Theory of Mathematical Programming," Linear Algebra and Its Applicafions, 1, pp. 103-125, 1968.

_____, "A Generalization of the Linear Complementarity Problem," *Journal on Combinatorial Theory*, 8, pp. 79-90, 1970.

Cottle, R. W., and J. A. Ferland, "Matrix-Theoretic Criteria for the Quasi-convexity and Pseudo-convexity of Quadratic Functions," *Journal of Linear Algebra and Its Applications*, 5, pp. 123-136, 1972.

Cottle, R. W., and C. E. Lemke (Eds.), *Nonlinear Programming*, American Mathematical Society, Providence, RI, 1976.

Cottle, R. W., and J. S. Pang, "On Solving Linear Complementarity Problems as Linear Programs," *Mathematical Programming Study*, 7, pp. 88-107, 1978.

Cottle, R. W., and A. F. Veinott, Jr., "Polyhedral Sets Having a Least Element," *Mathematical Programming*, 3, pp. 238-249, 1969.

Crabill, T. B., J. P. Evans, and F. J. Gould, "An Example of an Ill-Conditioned NLP Problem," *Mathematical Programming*, 1, pp. 113-116, 1971.

Cragg, E. E., and A. V. Levy, "Study on a Supermemory Gradient Method for the Minimization of Functions," *Journal of Optimization Theory and Applications*, 4, Crane, R. L., K. E., Hillstrom, and M. Minkoff, "Solution of the General Nonlinear Programming Problem with Subroutine VMCON," Mathematics and Computers UC-32, Argonne National Laboratory, Argonne, IL, July 1980.

Craven, B. D., "A Generalization of Lagrange Multipliers," *Bulletin of the Australian*

Mathematical Society, 3, pp. 353-362, 1970.

Crowder, H., and P. Wolfe, "Linear Convergence of the Conjugate Gradient Method," *IBM Journal on Research and Development*, 16, pp. 407-411, 1972.

Cryer, C. W., "The Solution of a Quadratic Programming Problem Using Systematic Overrelaxation," *SIAM Journal on Control*, 9, pp. 385-392, 1971.

Cullen, C. G., *Matrices and Linear Transformations*, 2nd ed., Addison-Wesley, Reading, MA, 1972. pp. 191-205, 1969.

Cullum, J., "An Explicit Procedure for Discretizing Continuous Optimal Control Problems," *Journal of Optimization Theory and Applications*, 8, pp. 15-34, 1971.

Cunningham, K., and L. Schrage, The LINGO Modeling Language, Lindo Systems, Chicago, IL, 1989.

Curry, H. B., "The Method of Steepest Descent for Nonlinear Minimization Problems," *Quarterly Applied Mathematics*, 2, pp. 258-263, 1944.

Curtis A. R., and J. K. Reid, "On the Automatic Scaling of Matrices for Gaussian Elimination," *Journal of the Institute of Mathematical Applications*, 10, 118-124, 1972.

Cutler, C. R., and R. T. Perry, "Real Time Optimization with Multivariable Control Is Required to Maximize Profits," *Computers and Chemical Engineering*, 7, pp. 663-667, 1983.

Dajani, J. S., R. S. Gemmel, and E. K. Morlok, "Optimal Design of Urban Waste Water Collection Networks," *Journal of the Sanitary Engineering Division*, American Society of Civil Engineers, 98-SAG, pp. 853-867, 1972.

Daniel, J., "Global Convergence for Newton Methods in Mathematical Programming," *Journal of Optimization Theory and Applications*, 12, pp. 233-241, 1973.

Danskin, J. W., *The Theory of Max-Min and its Applications to Weapons Allocation Problems*, Springer-Verlag, New York, NY, 1967.

Dantzig, G. B., "Maximization of a Linear Function of Variables Subject to Linear Inequalities," in Activity Analysis of Production and Allocation, T. C. Koopman (Ed.), *Cowles Commission Monograph*, 13, Wiley, New York, NY, 1951.

_____, "Linear Programming Under Uncertainty," *Management Science*, 1, pp. 197-206, 1955.

_____, "General Convex Objective Forms," in *Mathematical Methods in the Social Sciences*, K. Arrow, S. Karlin, and P. Suppes (Eds.), Stanford University Press, Stanford, CA, 1960.

_____, *Linear Programming and Extensions*, Princeton University Press, Princeton, NJ, 1963.

_____, "Linear Control Processes and Mathematical Programming," *SIAM Journal on Control*, 4, pp. 56-60, 1966.

Dantzig, G. B., E. Eisenberg, and R. W. Cottle, "Symmetric Dual Nonlinear Programs," *Pacific Journal on Mathematics*, 15, pp. 809-812, 1965.

Dantzig, G. B., S. M. Johnson, and W. B. White, "A Linear Programming Approach to the Chemical Equilibrium Problem," *Management Science*, 5, pp. 38-43, 1958.

Dantzig, G. B., and A. Orden, "Duality Theorems," RAND Report RM-1265, RAND Corporation, Santa Monica, CA, 1953.

Dantzig, G. B., and A. F. Veinott (Eds.), Mathematics of the Decision Sciences, Parts 1 and

2, Lectures in Applied Mathematics, Nos. 11 and 12, American Mathematical Society, Providence, RI, 1968.

Davidon, W. C., "Variable Metric Method for Minimization," AEC Research Development Report ANL-5990, 1959.

_____, "Variance Algorithms for Minimization," in Optimization, R. Fletcher (Ed.), 1969.

Davidon, W. C., R. B. Mifflin, and J. L. Nazareth, "Some Comments on Notation for Quasi-Newton Methods," OPTIMA, 32, pp. 3-4, 1991.

Davies, D., "Some Practical Methods of Optimization," in *Integer and Nonlinear Programming*, J. Abadie (Ed.), 1970.

Davies, D., and W. H. Swann, "Review of Constrained Optimization," in Optimization, R. Fletcher (Ed.), 1969.

Deb, A. K., and A. K. Sarkar, "Optimization in Design of Hydraulic Networks," *Journal of the Sanitary Engineering Division, American Society Civil Engineers*, 97-SA2, pp. 141-159, 1971.

Delbos, F., and J. C. Gilbert, "Global Linear Convergence of an Augmented Lagrangian Algorithm for Solving Convex Quadratic Optimization Problems," Research Report RR-5028, INRIA Rocquencourt, Le Chesnay, France, 2004.

Dembo, R. S., "A Set of Geometric Programming Test Problems and Their Solutions," *Mathematical Programming*, 10, p. 192, 1976.

_____, "Current State of the Art of Algorithms and Computer Software for Geometric Programming," *Journal of Optimization Theory and Applications*, 26, pp. 149-184, 1978.

_____, "Second-Order Algorithms for the Polynomial Geometric Programming Dual, I: Analysis," *Mathematical Programming*, 17, pp. 156-175, 1979.

Dembo, R. S., and M. Avriel, "Optimal Design of a Membrane Separation Process Using Geometric Programming," *Mathematical Programming*, 15, pp. 12-25, 1978.

Dembo, R. S., S. C. Eisenstat, and T. Steinhaug, "Inexact Newton Methods," *SIAM Journal on Numerical Analysis*, 19(2), pp. 400-408, April 1982.

Dembo, R. S., and J. G. Klincewicz, "A Scaled Reduced Gradient Algorithm for Network Flow Problems with Convex Separable Costs," in *Network Models and Applications*, D. Klingman and J. M. Mulvey (Eds.), *Mathematical Programming Study*, No. 15, North-Holland, Amsterdam, 1981.

Demyanov, V. F., "Algorithms for Some Minimax Problems," *Journal of Computer and System Sciences*, 2, pp. 342-380, 1968.

_____, "On the Maximization of a Certain Nondifferentiable Function," *Journal of Optimization Theory and Applications*, 7, pp. 75-89, 1971.

Demyanov, F. F., and D. Pallaschke, "Nondifferentiable Optimization Motivation and Applications," in Proceedings of the IIASA Workshop on Nondifferentiable Optimization, Sopron, Hungary, September 1984, Lecture Notes in Economic and Math Systems, No. 255, 1985.

Demyanov, V. F., and A. M. Rubinov, "The Minimization of a Smooth Convex Functional on a Convex Set," *SIAM Journal on Control and Optimization*, 5, pp. 280-294, 1967.

Demyanov, V. F., and L. V. Vasiler, *Nondifferentiable optimization*, Springer-Verlag, New York,

NY, 1985.

den Hertog, D., C. Roos, and T. Terlaky, "Inverse Barrier Methods for Linear Programming," Reports of the Faculty of Technical Mathematics and Informatics, No. 91-27, Delft University of Technology, Delft, The Netherlands, 1991.

Dennis, J. B., *Mathematical Programming and Electrical Networks*, MIT Press/Wiley, New York, NY, 1959.

Dennis, J. E., Jr., "A Brief Survey of Convergence Results for Quasi-Newton Methods," in Nonlinear Programming, *SIAM-AMS Proceedings*, Vol. 9, R. W. Cottle and C. E. Lemki (Eds.), pp. 185-199, 1976.

_____, "A Brief Introduction to Quasi-Newton Methods," in *Numerical Analysis*, G. H. Golub and I. Oliger (Eds.), American Mathematical Society, Providence, RI, pp. 19-52, 1978.

Dennis, J. E., Jr., D. M. Gay, and R. E. Welsch, "An Adaptive Nonlinear Least-Squares Algorithm," *ACM Transactions on Mathematical Software*, 7, pp. 348-368, 1981.

Dennis, J. E., Jr., and E. S. Marwil, "Direct Secant Updates of Matrix Factorizations," *Mathematical Computations*, 38, pp. 459-474, 1982.

Dennis, J. E., Jr., and H. H. W. Mei, "Two New Unconstrained Optimization Algorithms Which Use Function and Gradient Values," *Journal of Optimization Theory and Applications*, 28, pp. 453-482, 1979.

Dennis, J. E., Jr., and J. J. Moré, "A Characterization of Superlinear Convergence and Its Application to Quasi-Newton Methods," *Mathematics of Computation*, 28(126), pp. 549-560, 1974.

_____, "Quasi-Newton Methods: Motivation and Theory," *SIAM Review*, 19, pp. 46-89, 1977.

Dennis, J. E., Jr., and R. E. Schnabel, "Least Change Secant Updates for Quasi-Newton Methods," *SIAM Review*, 21, pp. 443-469, 1979.

_____, "A New Derivation of Symmetric Positive Definite Secant Updates," in *Nonlinear Programming*, Vol. 4, O. L. Mangasarian, R. R. Meyer, and S. M. Robinson (Eds.), Academic Press, New York, NY, pp. 167-199, 1981.

Dennis, J. E., Jr., and R. B. Schnabel, "Numerical Methods for Unconstrained Optimization and Nonlinear Equations," Prentice-Hall, Englewood Cliffs, NJ, 1983.

Dinkel, J. J., "An Implementation of Surrogate Constraint Duality," *Operations Research*, 26(2), pp. 358-364, 1978.

Dinkelbach, W., "On Nonlinear Fractional Programming," *Management Science*, 13, pp. 492-498, 1967.

Di Pillo, G., and L. Grippo, "A New Class of Augmented Lagrangians in Nonlinear Programming," *SIAM Journal on Control and Optimization*, 17, pp. 618-628, 1979.

Di Pillo, G., and A. Murli, *High Performance Algorithms and Sojiware for Nonlinear Optimization*, Kluwer Academic, Dordrecht, The Netherlands, 2003.

Dixon, L. C. W., "Quasi-Newton Algorithms Generate Identical Points," *Mathematical Programming*, 2, pp. 383-387, 1972a.

_____, "Quasi-Newton Techniques Generate Identical Points, 11: The Proofs of Four New Theorems," *Mathematical Programming*, 3, pp. 345-358, 1972b.

_____, "The Choice of Step Length, A Crucial Factor in the Performance of Variable Metric Algorithms," in *Numerical Methods for Nonlinear Optimization*, F. A. Lootsma (Ed.), 1972c.

_____, *Nonlinear Optimization*, English Universities Press, London, 1972d.

_____, "Variable Metric Algorithms: Necessary and Sufficient Conditions for Identical Behavior of Nonquadratic Functions," *Journal of Optimization Theory and Applications*, 10, pp. 34-40, 1972e.

_____, "ACSIM: An Accelerated Constrained Simplex Technique," *Computer-Aided Design*, 5, pp. 23-32, 1973a.

_____, "Conjugate Directions Without Line Searches," *Journal of the Institute of Mathematics Applications*, 11, pp. 317-328, 1973b.

_____ (Ed.), *Optimization in Action*, Academic Press, New York, NY, 1976.

Dongarra, J. J., J. R. Bunch, C. B. Moler, and G. W. Stewart, *LINPACK Users Guide*, SIAM, Philadelphia, 1979.

Dorfman, R., P. A. Samuelson, and R. M. Solow, *Linear Programming and Economic Analysis*, McGraw-Hill, New York, NY, 1958.

Dorn, W. S., "Duality in Quadratic Programming," *Quarterly of Applied Mathematics*, 18, pp. 155-162, 1960a.

_____, "A Symmetric Dual Theorem for Quadratic Programs," *Journal of the Operations Research Society of Japan*, 2, pp. 93-97, 1960b.

_____, "Self-Dual Quadratic Programs," *Journal of the Society for Industrial and Applied Mathematics*, 9, pp. 51-54, 1961a.

_____, "On Lagrange Multipliers and Inequalities," *Operations Research*, 9, pp. 95-104, 1961b.

_____, "Linear Fractional Programming," IBM Research Report RC-830, 1962.

_____, "Nonlinear Programming: A Survey," *Management Science*, 9, pp. 171-208, 1963.

Drud, A., "CONOPT: A GRG-Code for Large Sparse Dynamic Nonlinear Optimization Problems," Technical Note 21, Development Research Center, World Bank, Washington, DC, March 1984.

_____, "CONOPT: A GRG-Code for Large Sparse Dynamic Nonlinear Optimization Problems," *Mathematical Programming*, 31, pp. 153-191, 1985.

Du, D. -Z., and X. S. Zhang, "A Convergence Theorem for Rosen's Gradient Projection Method," *Mathematical Programming*, 36, pp. 135-144, 1986.

_____, "Global Convergence of Rosen's Gradient Project Method," *Mathematical Programming*, 44, pp. 357-366, 1989.

Dubois, J., "Theorems of Convergence for Improved Nonlinear Programming Algorithms," *Operations Research*, 21, pp. 328-332, 1973.

Dubovitskii, M. D., and A. A. Milyutin, "Extremum Problems in the Presence of Restriction," *USSR Computational Mathematics and Mathematical Physics*, 5, pp. 1-80, 1965.

Duffin, R. J. "Convex Analysis Treated by Linear Programming," *Mathematical Programming*,

4, pp. 125-143, 1973.

Duffin, R. J., and E. L. Peterson, "The Proximity of (Algebraic) Geometric Programming to Linear Programming," *Mathematical Programming*, 3, pp. 250-253, 1972.

_____, "Geometric Programming with Signomials," *Journal of Optimization Theory and Applications*, 11, pp. 3-35, 1973.

Duffin, R. J., E. L. Peterson, and C. Zener, *Geometric Programming*, Wiley, New York, NY, 1967.

Du Val, P., "The Unloading Problem for Plane Curves," *American Journal of Mathematics*, 62, pp. 307-311, 1940.

Eaves, B. C., "On the Basic Theorem of Complementarity," *Mathematical Programming*, 1, pp. 68-75, 1971a.

_____, "The Linear Complementarity Problem," *Management Science*, 17, pp. 612-634, 1971b.

_____, "On Quadratic Programming," *Management Science*, 17, pp. 698-711, 1971c.

_____, "Computing Kakutani Fixed Points," *SIAM Journal of Applied Mathematics*, 21, pp. 236-244, 1971d.

Eaves, B. C., and W. I. Zangwill, "Generalized Cutting Plane Algorithms," *SIAM Journal on Control*, 9, pp. 529-542, 1971.

Ecker, J. G., "Geometric Programming: Methods, Computations and Applications," *SIAM Review*, 22, pp. 338-362, 1980.

Eckhardt, U., "Pseudo-complementarity Algorithms for Mathematical Programming," in *Numerical Methods for Nonlinear Optimization*, F. A. Lootsma (Ed.), 1972.

Edmonds, J., "Paths, Trees, and Flowers," *Canadian Journal of Mathematics*, pp. 449-467, 1965.

Eggleston, H. G., *Convexity*, Cambridge University Press, Cambridge, MA, 1958.

Ehrgott, M., *Multicriteria Optimization*, 2nd ed., Springer-Verlag, Berlin, 2004.

Eisenberg, E., "Supports of a Convex Foundation," *Bulletin of the American Mathematical Society*, 68, pp. 192-195, 1962.

_____, "On Cone Functions," in *Recent Advances in Mathematical Programming*, R. L. Graves and P. Wolfe (Eds.), 1963.

_____, "A Gradient Inequality for a Class of Nondifferentiable Functions," *Operations Research*, 14, pp. 157-163, 1966.

El-Attar, R. A., M. Vidyasagar, and S. R. K. Dutta, "An Algorithm for ℓ_1-Norm Minimization with Application to Nonlinear ℓ_1 Approximation," *SIAM Journal on Numerical Analysis*, 16, pp. 70-86, 1979.

Eldersveld, S. K., "Large-Scale Sequential Quadratic Programming," *SOL91, Department of Operations Research*, Stanford University, Stanford, CA, 1991.

Elmaghraby, S. E., "Allocation Under Uncertainty When the Demand Has Continuous d.f.," *Management Science*, 6, pp. 270-294, 1960.

Elzinga, J., and T. G. Moore, "A Central Cutting Plane Algorithm for the Convex Programming Problem," *Mathematical Programming*, 8, pp. 134-145, 1975.

Evans, I. P., "On Constraint Qualifications in Nonlinear Programming," *Naval Research Logistics Quarterly*, 17, pp. 281-286, 1970.

Evans, J. P., and F. J. Gould, "Stability in Nonlinear Programming," *Operations Research*, 18, pp. 107-118, 1970.

_____, "On Using Equality-Constraint Algorithms for Inequality Constrained Problems," *Mathematical Programming*, 2, pp. 324-329, 1972a.

_____, "A Nonlinear Duality Theorem Without Convexity," *Econometrica*, 40, pp. 487-496, 1972b.

_____, "A Generalized Lagrange Multiplier Algorithm for Optimum or Near Optimum Production Scheduling," *Management Science*, 18, pp. 299-311, 1972c.

_____, "An Existence Theorem for Penalty Function Theory," *SIAM Journal on Control*, 12, pp. 509-516, 1974.

Evans, J. P., F. J. Gould, and S. M. Howe, "A Note on Extended GLM," *Operations Research*, 19, pp. 1079-1080, 1971.

Evans, J. P., Gould, F. J., and Tolle, J. W., "Exact Penalty Functions in Nonlinear Programming," *Mathematical Programming*, 4, pp. 72-97, 1973.

Everett, H., "Generalized LaGrange Multiplier Method for Solving Problems of Optimum Allocation of Research," *Operations Research*, 11, pp. 399-417, 1963.

Evers, W. H., "A New Model for Stochastic Linear Programming," *Management Science*, 13, pp. 680-693, 1967.

Fadeev, D. K., and V. N. Fadeva, *Computational Methods of Linear Algebra*, W. H. Freeman, San Francisco, CA, 1963.

Falk, J. E., "Lagrange Multipliers and Nonlinear Programming," *Journal of Mathematical Analysis and Applications*, 19, pp. 141-159, 1967.

_____, "Lagrange Multipliers and Nonconvex Programs," *SIAM Journal on Control*, 7, pp. 534-545, 1969.

_____, "Conditions for Global Optimality in Nonlinear Programming," *Operations Research*, 21, pp. 337-340, 1973.

Falk, J. E., and K. L. Hoffman, "A Successive Underestimating Method for Concave Minimization Problems," Mathematics of *Operations Research*, 1, pp. 251-259, 1976.

Fang, S. C., "A New Unconstrained Convex Programming Approach to Linear Programming," OR Research Report, North Carolina State University, Raleigh, NC, February 1990.

Farkas, J., "Uber die Theorie der einfachen Ungleichungen," *Journal für die Reine und Angewandte Mathematick*, 124, pp. 1-27, 1902.

Faure, P., and P. Huard, "Résolution des programmes mathématiques á fonction nonlinéarire par la méthode der gradient reduit," *Revue Française de Rechérche Opérationelle*, 9, pp. 167-205, 1965.

Feltenmark, S., and K. C. Kiwiel, "Dual Applications of Proximal Bundle Methods, Including Lagrangian Relaxation of Nonconvex Problems," *SIAM Journal on Optimization*, 14, pp. 697-721, 2000.

Fenchel, W., "On Conjugate Convex Functions," *Canadian Journal of Mathematics*, 1, pp. 73-77, 1949.

_____, "Convex Cones, Sets, and Functions," Lecture Notes (mimeographed), Princeton University, Princeton, NJ, 1953.

Ferland, J. A., "Mathematical Programming Problems with Quasi-Convex Objective Functions," *Mathematical Programming*, 3, pp. 296-301, 1972.

Fiacco, A. V., "A General Regularized Sequential Unconstrained Minimization Technique," *SIAM Journal on Applied Mathematics*, 17, pp. 1239-1245, 1969.

_____, "Penalty Methods for Mathematical Programming in E^n with General Constraint Sets," *Journal of Optimization Theory and Applications*, 6, pp. 252-268, 1970.

_____, "Convergence Properties of Local Solutions of Sequences of Mathematical Programming Problems in General Spaces," *Journal of Optimization Theory and Applications*, 13, pp. 1-12, 1974.

_____, "Sensitivity Analysis for Nonlinear Programming Using Penalty Methods," *Mathematical Programming*, 10, pp. 287-311, 1976.

_____, "Introduction to Sensitivity and Stability Analysis in Nonlinear Programming," *Mathematics in Science and Engineering*, No. 165, R. Bellman (Ed.), Academic Press, New York, NY, 1983.

Fiacco, A. V., and G. P. McCormick, "The Sequential Unconstrained Minimization Technique for Nonlinear Programming: A Primal-Dual Method," *Management Science*, 10, pp. 360-366, 1964a.

_____, "Computational Algorithm for the Sequential Unconstrained Minimization Technique for Nonlinear Programming," *Management Science*, 10, pp. 601-617, 1964b.

_____, "Extensions of SUMT for Nonlinear Programming: Equality Constraints and Extrapolation," *Management Science*, 12, pp. 816-828, 1966.

_____, "The Slacked Unconstrained Minimization Technique for Convex Programming," *SIAM Journal on Applied Mathematics*, 15, pp. 505-515, 1967a.

_____, "The Sequential Unconstrained Minimization Technique (SUMT), Without Parameters," *Operations Research*, 15, pp. 820-827, 1967b.

_____, *Nonlinear Programming: Sequential Unconstrained Minimization Techniques*, Wiley, New York, NY, 1968 (reprinted, SIAM, Philadelphia, PA, 1990).

Finetti, B. De, "Sulla stratificazoni convesse," *Annuli di Matematica Pura ed Applicata*, 30(141), pp. 173-183, 1949.

Finkbeiner, B., and P. Kall, "Direct Algorithms in Quadratic Programming," *Zeitschrift fur Operations Research*, 17, pp. 45-54, 1973.

Fisher, M. L., "The Lagrangian Relaxation Method for Solving Integer Programming Problems," *Management Science*, 27, pp. 1-18, 1981.

_____, "An Applications Oriented Guide to Lagrangian Relaxation," *Interfaces*, 15, pp. 10-21, 1985.

Fisher, M. L., and F. J. Gould, "A Simplicial Algorithm for the Nonlinear Complementarity Problem," *Mathematical Programming*, 6, pp. 281-300, 1974.

Fisher, M. L., W. D. Northup, and J. F. Shapiro, "Using Duality to Solve Discrete Optimization Problems: Theory and Computational Experience," in *Nondifferentiable Optimization*, M. L. Balinski and P. Wolfe (Eds.), 1975.

Flet, T., *Mathematical Analysis*, McGraw-Hill, New York, NY, 1966.

Fletcher, R., "Function Minimization Without Evaluating Derivatives: A Review."

_____ (Ed.), *Optimization*, Academic Press, London, 1969a. Computer Journal, 8, pp. 33-41, 1965.

_____, "A Review of Methods for Unconstrained Optimization," in *Optimization*, R. Fletcher (Ed.), pp. 1-12, 1969b.

_____, "A New Approach to Variable Metric Algorithms," *Computer Journal*, 13, pp. 317-322, 1970a.

_____, "A Class of Methods for Nonlinear Programming with Termination and Convergence Properties," in *Integer and Nonlinear Programming*, J. Abadie (Ed.), 1970b.

_____, "A General Quadratic Programming Algorithm," *Journal of the Institute of Mathematics and Its Applications*, 7, pp. 76-91, 1971.

_____, "A Class of Methods for Nonlinear Programming III: Rates of Convergence," in *Numerical Methods for Nonlinear Optimization*, F. A. Lootsma (Ed.), 1972a.

_____, "Minimizing General Functions Subject to Linear Constraints," in *Numerical Methods for Nonlinear Optimization*, F. A. Lootsma (Ed.), 1972b.

_____, "An Algorithm for Solving Linearly Constrained Optimization Problems," *Mathematical Programming*, 2, pp. 133-161, 1972c.

_____, "An Exact Penalty Function for Nonlinear Programming with Inequalities," *Mathematical Programming*, 5, pp. 129-150, 1973.

_____, "An Ideal Penalty Function for Constrained Optimization," *Journal of the Institute of Mathematics and Its Application*, 15, pp. 319-342, 1975.

_____, "On Newton's Method for Minimization," in *Proceedings of the 9th International Symposium on Mathematical Programming*, A. Prekopa (Ed.), Academiai Kiado, Budapest, 1978.

_____, *Practical Methods of Optimization*, Vol. 1: Unconstrained Optimization, Wiley, Chichester, West Sussex, England, 1980.

_____, *Practical Methods of Optimization* Vol. 2: Constrained Optimization, Wiley,Chichester, West Sussex, England, 1981a.

_____, "Numerical Experiments with an L_1 Exact Penalty Function Method," in *Nonlinear Programming*, Vol. 4, O. L. Mangasarian, R. R. Meyer, and S. M. Robinson (Eds.), Academic Press, New York, NY, 1981b.

_____, "A Model Algorithm for Composite Nondifferentiable Optimization Problems," in *Nondifferential and Variational Techniques in Optimization*, D. C.

_____, "Second Order Corrections for Nondifferentiable Optimization," in Numerical Analysis, "Dundee 1981," G. A. Watson (Ed.), Lecture Notes in Mathematics, No. 912, Springer-Verlag, Berlin, 1982b.

_____, "Penalty Functions," in *Mathematical Programming: The State of The Art*, A. Bachem, M. Grotschel, and B. Korte (Eds.), Springer-Verlag, Berlin, pp. 87-114, 1983.

_____, "An ℓ_1 Penalty Method for Nonlinear Constraints," in *Numerical Optimization*, P. T. Boggs, R. H. Byrd, and R. B. Schnabel (Eds.), SIAM, Philadelphia, 1985.

_____, *Practical Methods of Optimization*, 2nd ed., Wiley, New York, NY, 1987.

Fletcher, R., and T. L. Freeman, "A Modified Newton Method for Minimization," *Journal of Optimization Theory Applications*, 23, pp. 357-372, 1977.

Fletcher, R., and S. Leyffer, "Filter-Type Algorithms for Solving Systems of Algebraic Equations and Inequalities," in High Performance Algorithms and Software for Nonlinear Optimization, G. Di Pillo and A. Murli (Eds.), Kluwer Academic, Norwell, MA, pp. 265-284, 2003.

Fletcher, R., and S. Lill, "A Class of Methods for Nonlinear Programming 11: Computational Experience," in *Nonlinear Programming*, J. B. Rosen, O. L. Mangasarian, and K. Ritter (Eds.), 1971.

Fletcher, R., and A. McCann, "Acceleration Techniques for Nonlinear Programming," in *Optimization*, R. Fletcher (Ed.), 1969.

Fletcher, R., and M. Powell, "A Rapidly Convergent Descent Method for Minimization," *Computer Journal*, 6, pp. 163-168, 1963.

Fletcher, R., and C. Reeves, "Function Minimization by Conjugate Gradients," *Computer Journal*, 7, pp. 149-154, 1964.

Fletcher, R., and E. Sainz de la Maza, "Nonlinear Programming and Nonsmooth Optimization by Successive Linear Programming," Report NA/100, Department of Mathematical Science, University of Dundee, Dundee, Scotland, 1987.

Fletcher, R., and G. A. Watson, "First- and Second-Order Conditions for a Class of Nondifferentiable Optimization Problems," *Mathematical Programming*, 18, pp. 291-307; abridged from a University of Dundee Department of Mathematics Report NA/28 (1978), 1980.

Floudas, C. A., and V. Visweswaren, "A Global Optimization Algorithm (GOP) for Certain Classes of Nonconvex NLPs, 1: Theory," *Computers and Chemical Engineering*, 14, pp. 1397-1417, 1990.

_____, "A Primal-Relaxed Dual Global Optimization Approach," *Department of Chemical Engineering*, Princeton University, Princeton, NJ. 1991.

_____, "Quadratic Optimization," in *Handbook of Global Optimization*, R. Horst and P. M. Pardalos (Eds.), Kluwer, Dordrecht, The Netherlands, pp. 217-270, 1995.

Forsythe, G., and T. Motzkin, "Acceleration of the Optimum Gradient Method," *Bulletin of the American Mathematical Society*, 57, pp. 304-305, 1951.

Fourer, R., D. Gay, and B. Kernighan, "A Modeling Language for Mathematical Programming," *Management Science*, 36(5), pp. 519-554, 1990.

Fox, R. L., "Mathematical Methods in Optimization," in *An Introduction to Structural Optimization*, M. Z. Cohn (Ed.), University of Waterloo, Ontario, Canada, 1969.

_____, *Optimization Methods for Engineering Design*, Addison-Wesley, Reading, MA, 1971.

Frank, M., and P. Wolfe, "An Algorithm for Quadratic Programming," *Naval Research Logistics Quarterly*, 3, pp. 95-110, 1956.

Friedman, P., and K. L. Pinder, "Optimization of Simulation Model of a Chemical Plant," *Industrial and Engineering Chemistry Product Research and Development*, 11 , pp. 512-520, 1972.

Frisch, K. R., "The Logarithmic Potential Method of Convex Programming," University Institute of Economics, Oslo, Norway, 1955(unpublished manuscript).

Fruend, R. J., "The Introduction of Risk with a Programming Model," *Econometrica*, 24, pp. 253-263, 1956.

Fujiwara, O., B. Jenmchaimahakoon, and N. C. P. Edirisinghe, "A Modified Linear Programming Gradient Method for Optimal Design of Looped Water Distribution Networks," *Water Resources Research*, 23(6), pp. 977-982, June 1987.

Fukushima, M., "A Successive Quadratic Programming Algorithm with Global and Superlinear Convergence Properties," *Mathematical Programming*, 35, pp. 253-264, 1986.

Gabay, D., "Reduced Quasi-Newton Methods with Feasibility Improvement for Nonlinearly Constrained Optimization," *Mathematical Programming Study*, 16, pp. 18-44, 1982.

Gacs, P., and L. Lovasz, "Khachiyan's Algorithm for Linear Programming," *Mathematical Programming Study*, 14, pp. 61-68, 1981.

GAMS Corporation and Pintér Consulting Services, GAMS/LGO User Guide, GAMS Corporation, Washington, DC, 2003.

Garcia, C. B., and W. I. Zangwill, *Pathways to Solutions, Fixed Points, and Equilibria*, Prentice-Hall, Englewood Cliffs, NJ, 1981.

Garey, M. R., and D. S. Johnson, "Computers and Intractability: A Guide to the Theory of NP-Completeness," W.H. Freeman, New York, NY, 1979.

Garstka, S. J., "Regularity Conditions for a Class of Convex Programs," *Management Science*, 20, pp. 373-377, 1973.

Gauvin, J., "A Necessary and Sufficient Regularity Condition to Have Bounded Multipliers in Nonconvex Programming," *Mathematical Programming*, 12, pp. 136-138, 1977.

Gay, D. M., "Some Convergence Properties of Broyden's Method," *SIAM Journal on Numerical Analysis*, 16, pp. 623-630, 1979.

Gehner, K. R., "Necessary and Sufficient Optimality Conditions for the Fritz John Problem with Linear Equality Constraints," *SIAM Journal on Control*, 12, pp. 140-149, 1974.

Geoffrion, A. M., "Strictly Concave Parametric Programming, I, II," *Management Science*, 13, pp. 244-253, 1966; and 13, pp. 359-370, 1967a.

_____, "Reducing Concave Programs with Some Linear Constraints," *SIAM Journal on Applied Mathematics*, 15, pp. 653-664, 1967b.

_____, "Stochastic Programming with Aspiration or Fractile Criteria," *Management Science*, 13, pp. 672-679, 1967c.

_____, "Proper Efficiency and the Theory of Vector Maximization," *Journal of Mathematical Analysis and Applications*, 22, pp. 618-630, 1968.

_____, "A Markovian Procedure for Strictly Concave Programming with Some Linear Constraints," in Proceedings of the 4th *International Conference on Operational Research*,

Wiley-Interscience, New York, NY, 1969.

_____, "Primal Resource-Directive Approaches for Optimizing Nonlinear Decomposable Systems," *Operations Research*, 18, pp. 375-403, 1970a.

_____, "Elements of Large-Scale Mathematical Programming, I, II," *Management Science*, 16, pp. 652-475, 676-691, 1970b.

_____, "Large-Scale Linear and Nonlinear Programming," in *Optimization Methods for Large-Scale Systems*, D. A. Wismer (Ed.), 1971a.

_____, "Duality in Nonlinear Programming: A Simplified Applications-Oriented Development," *SIAM Review*, 13, pp. 1-37, 1971b.

_____, "Generalized Benders Decomposition," *Journal of Optimization Theory and Applications*, 10, pp. 237-260, 1972a.

_____ (Ed.), *Perspectives on Optimization*, Addison-Wesley, Reading, MA, 1972b.

_____, "Lagrangian Relaxation for Integer Programming," *Mathematical Programming Study*, 2, pp. 82-114, 1974.

_____, "Objective Function Approximations in *Mathematical Programming*," *Mathematical Programming*, 13, pp. 23-27, 1977.

Gerencser, L., "On a Close Relation Between Quasi-Convex and Convex Functions and Related Investigations," *Mathematische Operationsforschung und Statistik*, 4, pp. 201-211, 1973.

Ghani, S. N., "An Improved Complex Method of Function Minimization," *Computer-Aided Design*, 4, pp. 71-78, 1972.

Gilbert, E. G., "An Iterative Procedure for Computing the Minimum of a Quadratic Form on a Convex Set," *SIAM Journal on Control*, 4, pp. 61-80, 1966.

Gill, P. E., G. H. Golub, W. Murray, and M. A. Saunders, "Methods for Modifying Matrix Factorizations," *Mathematics of Computations*, 28, pp. 505-535, 1974.

Gill, P. E., N. I. M. Gould, W. Murray, M. A. Saunders, and M. H. Wright, "Weighted Gram-Schmidt Method for Convex Quadratic Programming," *Mathematical Programming*, 30, 176-195, 1986a.

Gill, P. E., and W. Murray, "Quasi-Newton Methods for Unconstrained Optimization," *Journal of the Institute of Mathematics and Its Applications*, 9, pp. 91-108, 1972.

_____, "Newton-Type Methods for Unconstrained and Linearly Constrained Optimization," *Mathematical Programming*, 7, pp. 311-350, 1974a.

_____, *Numerical Methods for Constrained Optimization*, Academic Press, New York, NY, 1974b.

_____, "Numerically Stable Methods for Quadratic Programming," *Mathematical Programming*, 14, pp. 349-372, 1978.

_____, "The Computation of Lagrange Multiplier Estimates for Constrained Minimization," *Mathematical Programming*, 17, pp. 32-60, 1979.

Gill, P. E., W. Murray, W. M. Pickens, and M. H. Wright, "The Design and Structure of a FORTRAN Program Library for Optimization," *ACM Transactions on Mathematical Software*, 5, pp. 259-283, 1979.

Gill, P. E., W. Murray, and P. A. Pitfield, "The Implementation of Two Revised Quasi-Newton Algorithms for Unconstrained Optimization," Report NAC-11, National Physical Laboratory, Teddington, Middlesex, United Kingdom, 1972.

Gill, P. E., W. Murray, and M. A. Saunders, "Methods for Computing and Modifying the LDV Factors of a Matrix," *Mathematics of Computations*, 29, pp. 1051-1077, 1975.

Gill, P. E., W. Murray, M. A. Saunders, J. A. Tomlin, and M. H. Wright, "On Projected Newton Barrier Methods for Linear Programming and an Equivalence to Karmarkar's Method," *Mathematical Programming*, 36, 183-209, 1989.

Gill, P. E., W. Murray, M. A. Saunders, and M. H. Wright, "QP-Based Methods for Large-Scale Nonlinearly Constrained Optimization," in *Nonlinear Programming*, Vol. 4, O. L. Mangasarian, R. R. Meyer, and S. M. Robinson (Eds.), Academic Press, London, 1981.

_____, "User's Guide for QPSOL (Version 3.2): A FORTRAN Package for Quadratic Programming," *Report SOL 84-6, Department of Operations Research*, Stanford University, Stanford, CA, 1984a.

_____, "User's Guide for NPSOL (Version 2.1): A FORTRAN Package for Nonlinear Programming," Report SOL 84-7, *Department of Operations Research, Stanford University*, Stanford, CA, 1984b.

_____, "Sparse Matrix Methods in Optimization," *SIAM Journal on Scientific and Statistical Computing*, 5, pp. 562-589, 1984c.

_____, "Procedures for Optimization Problems with a Mixture of Bounds and General Linear Constraints," *ACM Transactions on Mathematical Software*, 10, pp. 282-298, 1984d.

_____, "Software and Its Relationship to Methods," *Report SOL 84-10, Department of Operations Research*, Stanford University, Stanford, CA, 1984e.

_____, "Some Theoretical Properties of an Augmented Lagrangian Merit Function," Report SOL 86-6, Systems Optimization Laboratory, Stanford University, Stanford, CA, 1986.

_____, "Model Building and Practical Aspects of Nonlinear Programming," NATO AS1 Series, No. F15, Computational Mathematical Programming, K. Schittkowski (Ed.), Springer-Verlag, Berlin, pp. 209-247, 1985.

_____, *Practical Optimization*, Academic Press, London and New York, 1981.

Gilmore, P. C., and R. E. Gomory, "A Linear Programming Approach to the Cutting Stock Problem, II," *Operations Research*, 11(6), pp. 863-888, 1963.

Girsanov, I. V., *Lectures on Mathematical Theory of Extremum Problems*, Lecture Notes in Economics and Mathematical Systems, No. 67, Springer-Verlag, New York, NY, 1972.

Gittleman, A., "A General Multiplier Rule," *Journal of Optimization Theory and Applications*, 7, pp. 29-38, 1970.

Glad, S. T., "Properties of Updating Methods for the Multipliers in Augmented Lagrangians," *Journal of Optimization Theory and Applications*, 28, pp. 135-156, 1979.

Glad, S. T., and Polak, E., "A Multiplier Method with Automatic Limitation of Penalty Growth," *Mathematical Programming*, 17, pp. 140-155, 1979.

Glass, H., and L. Cooper, "Sequential Search: A Method for Solving Constrained

Optimization Problems," *Journal of the Association of Computing Machinery*, 12, pp. 71-82, 1965.

Goffin, J. L., "On Convergence Rates of Subgradient Optimization Methods," *Mathematical Programming*, 13, pp. 329-347, 1977.

_____, "Convergence Results for a Class of Variable Metric Subgradient Methods," in *Nonlinear Programming*, Vol. 4, O. L. Mangasarian, R. R. Meyer, and S. M. Robinson (Eds.), Academic Press, New York, NY, 1980a.

_____, "The Relaxation Method for Solving Systems of Linear Inequalities," Mathematics of *Operations Research*, 5(3), pp. 388-414, 1980b.

Goffin, J. L. and K. C. Kiwiel, "Convergence of a Simple Subgradient Level Method," *Mathematical Programming*, 85(1), pp. 207-211, 1999.

Goldfarb, D., "Extension of Davidon's Variable Metric Method to Maximization Under Linear Inequality and Equality Constraints," *SIAM Journal on Applied Mathematics*, 17, pp. 739-764, 1969a.

_____, "Sufficient Conditions for the Convergence of a Variable Metric Algorithm," in *Optimization*, R. Fletcher (Ed.), 1969b.

_____, "A Family of Variable Metric Methods Derived by Variational Means," *Mathematics of Computation*, 24, pp. 23-26, 1970.

_____, "Extensions of Newton's Method and Simplex Methods for Solving Quadratic Programs," in *Numerical Methods for Nonlinear Optimization*, F. A. Lootsma (Ed.), 1972.

_____, "Curvilinear Path Steplength Algorithms for Minimization Which Use Directions of Negative Curvature," *Mathematical Programming*, 18, pp. 31-40, 1980.

Goldfarb, D., and A. Idnani, "A Numerically Stable Dual Method for Solving Strictly Convex Quadratic Programs," *Mathematical Programming*, 27, pp. 1-33, 1983.

Goldfarb, D., and L. Lapidus, "A Conjugate Gradient Method for Nonlinear Programming," *Industrial and Engineering Chemistry Fundamentals*, 7, pp. 142-151, 1968.

Goldfarb, D., and S. Lin, "An $O(n^3L)$ Primal Interior Point Algorithm for Convex Quadratic Programming," *Mathematical Programming*, 49(3), pp. 325-340, 1990/1991.

Goldfarb, D., and J. K. Reid, "A Practicable Steepest-Edge Algorithm," *Mathematical Programming*, 12, pp. 361-371, 1977.

Goldfeld, S. M., R. E. Quandt, and M. F. Trotter, "Maximization by Improved Quadratic Hill Climbing and Other Methods," *Economics Research Memo* 95, Princeton University Research Program, Princeton, NJ, 1968.

Goldstein, A. A., "Cauchy's Method of Minimization," *Numerische Mathematik*, 4, pp. 146-150, 1962.

_____, "Convex Programming and Optimal Control," *SIAM Journal on Control*, 3, pp. 142-146, 1965a.

_____, "On Steepest Descent," *SIAM Journal on Control*, 3, pp. 147-151, 1965b.

_____, "On Newton's Method," *Numerische Mathematik*, 7, pp. 391-393, 1965c.

Goldstein, A. A., and J. F. Price, "An Effective Algorithm for Minimization," *Numerische Mathematik*, 10, pp. 184-189, 1967.

Golub, G. H., and C. Van Loan, *Matrix Computations*, Johns Hopkins University Press, Baltimore, MD, 1983, (2nd ed, 1989).

Golub, G. H., and M. A. Saunders, "Linear Least Squares and Quadratic Programming," in *Nonlinear Programming*, J. Abadie (Ed.), 1967.

Gomes, H. S., and J. M. Martinez, "A Numerically Stable Reduced-Gradient Type Algorithm for Solving Large-Scale Linearly Constrained Minimization Problems," Computers and *Operations Research*, 18(1), pp. 17-31, 1991.

Gomory, R., "Large and Nonconvex Problems in Linear Programming," *Proceedings of the Symposium on Applied Mathematics*, 15, pp. 125-139, American Mathematical Society, Providence, RI, 1963.

Gonzaga, C. C., "An Algorithm for Solving Linear Programming in $O(n^3L)$ Operations," in *Progress in Mathematical Programming-Interior-Point and Related Methods*, Nimrod Megiddo (Ed.), Springer-Verlag, New York, NY, pp. 1-28, 1989 (manuscript 1987).

_____, "Polynomial Affine Algorithms for Linear Programming," *Mathematical Programming*, 49, 7-21, 1990.

Gottfred, B. S., and J. Weisman, *Introduction to Optimization Theory*, Prentice-Hall, Englewood Cliffs, NJ, 1973.

Gould, F. J., "Extensions of Lagrange Multipliers in Nonlinear Programming," *SIAM Journal on Applied Mathematics*, 17, pp. 1280-1297, 1969.

_____, "A Class of Inside-Out Algorithms for General Programs," *Management Science*, 16, pp. 350-356, 1970.

_____, "Nonlinear Pricing: Applications to Concave Programming," *Operations Research*, 19, pp. 1026-1035, 1971.

Gould, F. J., and J. W. Tolle, "A Necessary and Sufficient Qualification for Constrained Optimization," *SIAM Journal on Applied Mathematics*, 20, pp. 164-172, 1971.

_____, "Geometry of Optimality Conditions and Constraint Qualifications," *Mathematical Programming*, 2, pp. 1-18, 1972.

Gould, N. I.. M., D. Orban, and P. L. Toint, "An Interior-Point ℓ_1-Penalty Method for Nonlinear Optimization," Manuscript RAL-TR-2003-022, Computational Science and Engineering Department, Rutherford Appleton Laboratory, Chilton, Oxfordshire, England, 2003.

Graves, R. L., "A Principal Pivoting Simplex Algorithm for Linear and Quadratic Programming," *Operations Research*, 15, pp. 482-494, 1967.

Graves, R. L., and P. Wolfe, *Recent Advances in Mathematical Programming*, McGraw-Hill, New York, NY, 1963.

Greenberg, H. J., "A Lagrangian Property for Homogeneous Programs," *Journal of Optimization Theory and Applications*, 12, pp. 99-100, 1973a.

_____, "The Generalized Penalty-Function/Surrogate Model," *Operations Research*, 21, pp. 162-178, 1973b.

_____, "Bounding Nonconvex Programs by Conjugates," *Operations Research*, 21, pp. 346-348, 1973c.

Greenberg, H. J., and W. P. Pierskalla, "Symmetric Mathematical Programs," *Management Science*, 16, pp. 309-312, 1970a.

_____, "Surrogate Mathematical Programming," *Operations Research*, 18, pp. 924-939, 1970b.

_____, "A Review of Quasi-convex Functions," *Operations Research*, 29, pp. 1553-1570, 1971.

_____, "Extensions of the Evans-Gould Stability Theorems for Mathematical Programs," *Operations Research*, 20, pp. 143-153, 1972.

Greenstadt, J., "On the Relative Efficiencies of Gradient Methods," *Mathematics of Computation*, 21, pp. 360-367, 1967.

_____, "Variations on Variable Metric Methods," *Mathematics of Computation*, 24, pp. 1-22, 1970.

_____, "A Quasi-Newton Method with No Derivatives," *Mathematics of Computation*, 26, pp. 145-166, 1972.

Griewank, A. O., and P. L. Toint, "Partitioned Variable Metric Updates for Large Sparse Optimization Problems," *Numerical Mathematics*, 39, 119-137, 1982a.

_____, "Local Convergence Analysis for Partitioned Quasi-Newton Updates in the Broyden Class," *Numerical Mathematics*, 39, 1982b.

Griffith, R. E., and R. A. Stewart, "A Nonlinear Programming Technique for the Optimization of Continuous Processing Systems," *Management Science*, 7, pp. 379-392, 1961.

Grinold, R. C., "Lagrangian Subgradients," *Management Science*, 17, pp. 185-188, 1970.

_____, "Mathematical Programming Methods of Pattern Classification," *Management Science*, 19, pp. 272-289, 1972a.

_____, "Steepest Ascent for Large-Scale Linear Programs," *SIAM Review*, 14, pp. 447-464, 1972b.

Grotzinger, S. J., "Supports and Convex Envelopes," *Mathematical Programming*, 31, pp. 339-347, 1985.

Grünbaum, B., *Convex Polytopes*, Wiley, New York, NY, 1967.

Gue, R. L., and M. E. Thomas, *Mathematical Methods in Operations Research*, Macmillan, London, England, 1968.

Guignard, M., "Generalized Kuhn-Tucker Conditions for Mathematical Programming Problems in a Banach Space," *SIAM Journal on Control*, 7, pp. 232-241, 1969.

_____, "Efficient Cuts in Lagrangean Relax-and-Cut Scheme," *European Journal of Operational Research*, 105(1), pp. 216-223, 1998.

Guignard, M., and S. Kim, "Lagrangean Decomposition: A Model Yielding Stronger Lagrangean Bounds," *Mathematical Programming*, 39(2), pp. 215-228, 1987.

Guin, J. A., "Modification of the Complex Method of Constrained Optima," *Computer Journal*, 10, pp. 416-417, 1968.

Haarhoff, P. C., and J. D. Buys, "A New Method for the Optimization of a Nonlinear Function Subject to Nonlinear Constraints," *Computer Journal*, 13, pp. 178-184, 1970.

Habetler, G. J., and A. L. Price, "Existence Theory for Generalized Nonlinear

Complementarity Problems," *Journal of Optimization Theory and Applications*, 7, pp. 223-239, 1971.

_____, "An Iterative Method for Generalized Nonlinear Complementarity Problems," *Journal of Optimization Theory and Applications*, 11, pp. 3-8, 1973.

Hadamard, J., "Etude sur les propriété des fonctions entiéres et en particulier d'une fonction considéré par Riemann," *Journal de Mathématiques Pures et Appliqués*, 58, pp. 171-215, 1893.

Hadley, G., *Linear Programming*, Addison-Wesley, Reading, MA, 1962.

_____, *Nonlinear and Dynamic Programming*, Addison-Wesley, Reading, MA, 1964.

Hadley, G., and T. M. Whitin, *Analyses of Inventory Systems*, Prentice-Hall, Englewood Cliffs, NJ, 1963.

Haimes, Y. Y., "Decomposition and Multi-level Approach in Modeling and Management of Water Resources Systems," in *Decomposition of Large-Scale Problems*, D. M. Himmelblau (Ed.), 1973.

_____, *Hierarchical Analyses of Water Resources Systems: Modeling and Optimization of Large-Scale Systems*, McGraw-Hill, New York, NY, 1977.

Haimes, Y. Y., and W. S. Nainis, "Coordination of Regional Water Resource Supply and Demand Planning Models," *Water Resources Research*, 10, pp. 1051-1059, 1974.

Hald, J., and K. Madsen, "Combined LP and Quasi-Newton Methods for Minimax Optimization," *Mathematical Programming*, 20, pp. 4-2, 1981.

_____, "Combined LP and Quasi-Newton Methods for Nonlinear L_1 Optimization," *SIAM Journal on Numerical Analysis*, 22, pp. 68-80, 1985.

Halkin, H., and L. W. Neustadt, "General Necessary Conditions or Optimization Problems," *Proceedings of the National Academy of Sciences*, USA, 56, pp. 1066-1071, 1966.

Hammer, P. L., and G. Zoutendijk (Eds.), *Mathematical Programming in Theory and Practice*, Proceedings of the Nato Advanced Study Institute, Portugal, North-Holland, New York, NY, 1974.

Han, C. G., P. M. Pardalos, and Y. Ye, "Computational Aspects of an Interior Point Algorithm for Quadratic Programming Problems with Box Constraints," Computer Science Department, Pennsylvania State University, University Park, PA, 1989.

Han, S. P., "A Globally Convergent Method for Nonlinear Programming," Report TR 75-257, Department of Computer Science, Comell University, Ithaca, NY, 1975a.

_____, "Penalty Lagrangian Methods in a Quasi-Newton Approach," Report TR 75-252, Department of Computer Science, Cornell University, Ithaca, NY, 1975b.

_____, "Superlinearly Convergent Variable Metric Algorithms for General Nonlinear Programming Problems," *Mathematical Programming*, 11, pp. 263-282, 1976.

Han, S. P., and O. L. Magasarian, "Exact Penalty Functions in Nonlinear Programming," *Mathematical Programming*, 17, pp. 251-269, 1979.

Hancock, H., *Theory of Maxima and Minima*, Dover, New York, NY (original publication 1917), 1960.

Handler, G. Y., and P. B. Mirchandani, *Location on Networks: Theory and Algorithms*, MIT Press, Cambridge, MA, 1979.

Hansen, P., and B. Jaumard, "Reduction of Indefinite Quadratic Progress to Bilinear Programs," *Journal of Global Optimization*, 2(1), pp. 41-60, 1992.

Hanson, M. A., "A Duality Theorem in Nonlinear Programming with Nonlinear Constraints," *Australian Journal of Statistics*, 3, pp. 64-72, 1961.

_____, "An Algorithm for Convex Programming," *Australian Journal of Statistics*, 5 , pp. 14-19, 1963.

_____, "Duality and Self-Duality in Mathematical Programming," *SIAM Journal on Applied Mathematics*, 12, pp. 446-449, 1964.

_____, "On Sufficiency of the Kuhn-Tucker Conditions," *Journal of Mathematical Analysis and Applications*, 80, pp. 545-550, 1981.

Hanson, M. A., and B. Mond, "Further Generalization of Convexity in Mathematical Programming," *Journal of Information Theory and Optimization Sciences*, pp. 25-32, 1982.

_____, "Necessary and Sufficient Conditions in Constrained Optimization," *Mathematical Programming*, 37, pp. 51-58, 1987.

Hans Tjian, T. Y., and W. I. Zangwill, "Analysis and Comparison of the Reduced Gradient and the Convex Simplex Method for Convex Programming," presented at the ORSA 41st National Meeting, New Orleans, LA, April 1972.

Hardy, G. H., J. E. Littlewood, and G. Polya, *Inequalities*, Cambridge University Press, Cambridge, England, 1934.

Hartley, H. O., "Nonlinear Programming by the Simplex Method," *Econometrica*, 29, pp. 223-237, 1961.

Hartley, H. O., and R. C. Pfaffenberger, "Statistical Control of Optimization," in *Optimizing Methods in Statistics*, J. S. Rustagi (Ed.), Academic Press, New York, NY, 1971.

Hartley, H. O., and R. R. Hocking, "Convex Programming by Tangential Approximation," *Management Science*, 9, pp. 600-912, 1963.

Hausdorff, F., *Set Theory*, Chelsea, New York, NY, 1962.

Heam, D. W., and S. Lawphongpanich, "Lagrangian Dual Ascent by Generalized Linear Programming," *Operations Research Letters*, 8, pp. 189-196, 1989.

Hearn, D. W., and S. Lawphongpanich, "A Dual Ascent Algorithm for Traffic Assignment Problems," *Transportation Research B*, 248(6), pp. 423-430, 1990.

Held, M., and R. M. Karp, "The Travelling Salesman Problem and Minimum Spanning Trees," *Operation Research*, 18, pp. 1138-1162, 1970.

Held, M., P. Wolfe, and H. Crowder, "Validation of Subgradient Optimization," *Mathematical Programming*, 6, pp. 62-88, 1974.

Hensgen, C., "Process Optimization by Non-linear Programming," Institut Beige de Regulation et d'Automatisme, Revue A, 8, pp. 99-104, 1966.

Hertog, D. den, *Interior Point Approach to Linear, Quadratic and Convex Programming: Algorithms and Complexity*, Kluwer Academic, Dordrecht, The Netherlands, 1994.

Hestenes, M. R., *Calculus of Variations and Optimal Control Theory*, Wiley, New York, NY, 1966.

_____, "Multiplier and Gradient Methods," *Journal of Optimization Theory and Applications*, 4, pp. 303-320, 1969.

_____, *Conjugate-Direction Methods in Optimization*, Springer-Verlag, Berlin, 1980a.

_____, "Augmentability in Optimization Theory," *Journal of Optimization Theory Applications*, 32, pp. 427-440, 1980b.

_____, *Optimization Theory: The Finite Dimensional Case*, R. E. Krieger, Melbourne, FL, 1981.

Hestenes, M. R., and E. Stiefel, "Methods of Conjugate Gradients for Solving Linear Systems," *Journal of Research of the National Bureau of Standards*, 49, pp. 409-436, 1952.

Heyman, D. P., "Another Way to Solve Complex Chemical Equilibria," *Operations Research*, 38(2), pp. 355-358, 1980.

Hildreth, C., "A Quadratic Programming Procedure," *Naval Research Logistics Quarterly*, 4, pp. 79-85, 1957.

Himmelblau, D. M., *Applied Nonlinear Programming*, McGraw-Hill, New York, NY, 1972a.

_____, "A Uniform Evaluation of Unconstrained Optimization Techniques," in *Numerical Methods for Nonlinear Optimization*, F. A. Lootsma (Ed.), pp. 69-97, 1972b.

_____ (Ed.), *Decomposition of Large-Scale Problems*, North-Holland, Amsterdam, 1973.

Hiriart-Urmty, J. B., "On Optimality Conditions in Nondifferentiable Programming," *Mathematical Programming*, 14, pp. 73-86, 1978.

Hiriart-Urruty, J. B., and C. Lemarechal, *Convex Analysis and Minimization Algorithms*, Springer-Verlag, New York, NY, 1993.

Hock, W., and K. Schittkowski, "Test Examples for Nonlinear Programming," in *Lecture Notes in Economics and Mathematical Systems*, Vol. 187, Springer-Verlag, New York, NY, 1981.

Hogan, W. W., "Directional Derivatives for Extremal-Value Functions with Applications to the Completely Convex Case," *Operations Research*, 21, pp. 188-209, 1973a.

_____, "The Continuity of the Perturbation Function of a Convex Program," *Operations Research*, 21, pp. 351-352, 1973b.

_____, "Applications of a General Convergence Theory for Outer Approximation Algorithms," *Mathematical Programming*, 5, pp. 151-168, 1973c.

_____, "Point-to-Set Maps in *Mathematical Programming*," *SIAM Review*, 15, pp. 591-603, 1973d.

Hohenbalken, B. von, "Simplicia1 Decomposition in Nonlinear Programming Algorithms," *Mathematical Programming*, 13, pp. 4948, 1977.

Holder, O., "Ober einen Mittelwertsatz," *Nachrichten von der Gesellschaft der Wisenschaften zu Gottingen*, pp. 38-47, 1889.

Holloway, C. A., "A Generalized Approach to Dantzig-Wolfe Decomposition for Concave Programs," *Operations Research*, 21, pp. 216-220, 1973.

_____, "An Extension of the Frank and Wolfe Method of Feasible Directions," *Mathematical Programming*, 6, pp. 14-27, 1974.

Holt, C. C., F. Modigliani, J. F. Muth, and H. A. Simon, *Planning Production, Inventories, and Work Force*, Prentice-Hall, Englewood Cliffs, NJ, 1960.

Hooke, R., and T. A. Jeeves, "Direct Search Solution of Numerical and Statistical Problems," *Journal of the Association for Computing Machinery*, 8, pp. 212-229, 1961.

Horst, R., P. M. Pardalos, and N. V. Thoai, *Introduction to Global Optimization*, 2nd ed., Kluwer, Boston, MA, 2000.

Horst, R., and H. Tuy, *Global Optimization: Deterministic Approaches*, Springer-Verlag, Berlin, 1990.

_____, *Global Optimization: Deterministic Approaches*, 2nd ed., Springer-Verlag, Berlin, Germany, 1993.

Houthaker, H. S., "The Capacity Method of Quadratic Programming," *Econometrica*, 28, pp. 62-87, 1960.

Howe, S., "New Conditions for Exactness of a Simple Penalty Function," *SIAM Journal on Control*, 11, pp. 378-381, 1973.

_____, "A Penalty Function Procedure for Sensitivity Analysis of Concave Programs," *Management Science*, 21, pp. 341-347, 1976.

Huang, H. Y., "Unified Approach to Quadratically Convergent Algorithms for Function Minimization," *Journal of Optimization Theory and Applications*, 5, pp. 405-423, 1970.

Huang, H. Y., and A. V. Levy, "Numerical Experiments on Quadratically Convergent Algorithms for Function Minimization," *Journal of Optimization Theory and Applications*, 6, pp. 269-282, 1970.

Huang, H. Y., and J. P. Chamblis, "Quadratically Convergent Algorithms and One-Dimensional Search Schemes," *Journal of Optimization Theory and Applications*, 11, pp. 175-188, 1973.

Huard, P., "Resolution of Mathematical Programming with Nonlinear Constraints by the Method of Centres," in *Nonlinear Programming*, J. Abadie (Ed.), 1967.

_____, "Optimization Algorithms and Point-to-Set Maps," *Mathematical Programming*, 8, pp. 308-331, 1975.

_____, "Extensions of Zangwill's Theorem," in Point-to-set Maps, *Mathematical Programming Study*, Vol. 10, P. Huard (Ed.), North-Holland, Amsterdam, pp. 98-103, 1979.

Hwa, C. S., "Mathematical Formulation and Optimization of Heat Exchanger Networks Using Separable Programming," in *Proceedings of the Joint American Institute of Chemical Engineers/Institution of Chemical Engineers*, London Symposium, pp. 101-106, June, 4, 1965.

Ignizio, J. P., *Goal Programming and Extensions*, Lexington Books, D.C. Heath, Lexington, MA, 1976.

Intriligator, M. D., *Mathematical Optimization and Economic Theory*, Prentice-Hall, Englewood Cliffs, NJ, 1971.

Iri, M., and K. Tanabe (Eds.), Mathematical Programming: *Recent Developments and Applications*, Kluwer Academic, Tokyo, 1989.

Isbell, J. R., and W. H. Marlow, "Attrition Games," *Naval Research Logistics Quarterly*, 3, pp. 71-94, 1956.

Jacoby, S. L. S., "Design of Optimal Hydraulic Networks," *Journal of the Hydraulics Division*, American Society of Civil Engineers, 94-HY3, pp. 641-661, 1968.

Jacoby, S. L. S., J. S. Kowalik, and J. T. Pizzo, *Iterative Methods for Nonlinear Optimization Problems*, Prentice-Hall, Englewood Cliffs, NJ, 1972.

Jacques, G., "A Necessary and Sufficient Condition to Have Bounded Multipliers in Nonconvex Programming," *Mathematical Programming*, 12, pp. 136-138, 1977.

Jagannathan, R., "A Simplex-Type Algorithm for Linear and Quadratic Programming: A Parametric Procedure," *Econometrica*, 34, pp. 460-471, 1966a.

_____, "On Some Properties of Programming Problems in Parametric Form Pertaining to Fractional Programming," *Management Science*, 12, pp. 609-615, 1966b.

_____, "Duality for Nonlinear Fractional Programs," *Zeitschriff für Operations Research A*, 17, pp. 1-3, 1973.

_____, "A Sequential Algorithm for a Class of Programming Problems with Nonlinear Constraints," *Management Science*, 21, pp. 13-21, 1974.

Jefferson, T. R., and C. H. Scott, "The Analysis of Entropy Models with Equality and Inequality Constraints," *Transportation Research*, 13B, pp. 123-132, 1979.

Jensen, J. L. W. V., "Om Konvexe Funktioner og Uligheder Mellem Middelvaerdier," Nyt Tidsskrift for Matematik, 16B, pp. 49-69, 1905.

_____, "Sur les fonctions convéxes et les inegalitks entre les valeurs moyennes," *Acta Mathematica*, 30, pp. 175-193, 1906.

John, F., "Extremum Problems with Inequalities as Side Conditions," in *Studies and Essays: Courant Anniversavy Volume*, K. O. Friedrichs, O. E. Neugebauer, and J. J. Stoker (Eds.), Wiley-Interscience, New York, NY, 1948.

Johnson, R. C., *Optimum Design of Mechanical Systems*, Wiley, New York, NY, 1961.

_____, *Mechanical Design Synthesis with Optimization Examples, Van Nostrand Reinhold*, New York, NY, 1971.

Jones, D. R., "A Taxonomy of Global Optimization Methods Based on Response Surfaces," *Journal of Global Optimization*, 21(4), pp. 345-383, 2001.

Jones, D. R., M. Schonlau, and W. J. Welch, "Efficient Global Optimization of Expensive Black-Box Functions," *Journal of Global Optimization*, 13, pp. 455-492, 1998.

Kall, P., *Stochastic Linear Programming, Lecture Notes in Economics and Mathematical Systems*, No. 21, Springer-Verlag, New York, NY, 1976.

Kapur, K. C., "On Max-Min Problems," *Naval Research Logistics Quarterly*, 20, pp. 639-644, 1973.

Karamardian, S., "Strictly Quasi-Convex (Concave) Functions and Duality in Mathematical Programming," *Journal of Mathematical Analysis and Applications*, 20, pp. 344-358, 1967.

_____, "The Nonlinear Complementarity Problem with Applications, I, II," *Journal of Optimization Theory and Applications*, 4, pp. 87-98, pp. 167-181, 1969.

Karamardian, S., "Generalized Complementarity Problem," *Journal of Optimization Theory andApplications*, 8, pp. 161-168, 1971.

_____, "The Complementarity Problem," *Mathematical Programming*, 2, pp. 107-129, 1972.

Karamardian, S., and S. Schaible, "Seven Kinds of Monotone Maps," Working Paper 90-3,

Graduate School of Management, University of California, Riverside, CA, 1990.

Karlin, S., *Mathematical Methods and Theory in Games, Programming, and Economics*, Vol. 11, Addison-Wesley, Reading, MA, 1959.

Karmarkar, N., "A New Polynomial-Time Algorithm for Linear Programming," *Combinatorics*, 4, pp. 373-395, 1984.

Karp, R. M., "Reducibility Among Combinatorial Problems," in R. E. Miller and J. W. Thatcher (Eds.), *Complexity of Computer Computations*, Plenum Press, New York, NY, 1972.

Karush, W., "Minima of Functions of Several Variables with Inequalities as Side Conditions," M.S. thesis, Department of Mathematics, University of Chicago, 1939.

Karwan, M. H., and R. L. Rardin, "Some Relationships Between Langrangian and Surrogate Duality in Integer Programming," *Mathematical Programming*, 17, pp. 320-334, 1979.

_____, "Searchability of the Composite and Multiple Surrogate Dual Functions," *Operations Research*, 28, pp. 1251-1257, 1980.

Kawamura, K., and R. A. Volz, "On the Rate of Convergence of the Conjugate Gradient Reset Methods with Inaccurate Linear Minimizations," *IEEE Transactions on Automatic Control*, 18, pp. 360-366, 1973.

Keefer, D. L., "SIMPAT: Self-bounding Direct Search Method for Optimization," *Journal of Industrial and Engineering Chemistry Products Research and Development*, 12(1), 1973.

Keller, E. L., "The General Quadratic Optimization Problem," *Mathematical Programming*, 5, pp. 311-337, 1973.

Kelley, J. E., "The Cutting Plane Method for Solving Convex Programs," *SIAM Journal on Industrial and Applied Mathematics*, 8, pp. 703-712, 1960.

Khachiyan, L. G., "A Polynomial Algorithm in Linear Programming," *Soviet Mathematics Doklady*, 20(1), pp. 191-194, 1979a.

Khachiyan, L. G., "A Polynomial Algorithm in Linear Programming," *Doklady Akademiia Nauk USSR*, 244, pp. 1093-1096, 1979b.

Kiefer, J., "Sequential Minimax Search for a Maximum," *Proceedings of the American Mathematical Society*, 4, pp. 502-506, 1953.

Kilmister, C. W., and J. E. Reeve, *Rational Mechanics*, American Elsevier, New York, NY, 1966.

Kim, S., and H. Ahn, "Convergence of a Generalized Subgradient Method for Nondifferentiable Convex Optimization," *Mathematical Programming*, 50, pp. 75-80, 1991.

Kirchmayer, L. K., *Economic Operation of Power Systems*, Wiley, New York, NY, 1958.

Kiwiel, K., *Methods of Descent for Nondifferentiable Optimization*, Springer-Verlag, Berlin, 1985.

Kiwiel, K. C., "A Survey of Bundle Methods for Nondifferentiable Optimization," Systems Research Institute, Polish Academy of Sciences, Warsaw, Poland, 1989.

_____, "A Tilted Cutting Plane Proximal Bundle Method for Convex Nondifferentiable Optimization," *Operations Research* Letters, 10, pp. 75-81, 1991.

_____, "Proximal Level Bundle Methods for Convex Nondifferentiable Optimization,

Saddle-Point Problems and Variational Inequalities," *Mathematical Programming*, 69, pp. 89-109, 1995.

Klee, V., "Separation and Support Properties of Convex Sets: A Survey," in *Calculus of Variations and Optimal Control*, A. V. Balakrishnan (Ed.), Academic Press, New York, NY, pp. 235-303, 1969.

Klessig, R., "A General Theory of Convergence for Constrained Optimization Algorithms That Use Antizigzagging Provisions," *SIAM Journal on Control*, 12, pp. 598-608, 1974.

Klessig, R., and E. Polak, "Efficient Implementation of the Polak-Ribiere Conjugate Gradient Algorithm," *SIAM Journal on Control*, 10, pp. 524-549, 1972.

Klingman, W. R., and D. M. Himmelblau, "Nonlinear Programming with the Aid of Multiplier Gradient Summation Technique," *Journal of the Association for Computing Machinery*, 11, pp. 400-415, 1964.

Kojima, M., "A Unification of the Existence Theorem of the Nonlinear Complementarity Problem," *Mathematical Programming*, 9, pp. 257-277, 1975.

Kojima, M., N. Megiddo, and S. Mizuno, "A Primal-Dual Infeasible -Interior-Point Algorithm for Linear Programming," *Mathematical Programming*, 61, pp. 263-280, 1993.

Kojima, M., N. Megiddo, and Y. Ye, "An Interior Point Potential Reduction Algorithm for the Linear Complementarity Problem," Research Report RI 6486, IBM Almaden Research Center, San Jose, CA, 1988a.

Kojima, M., S. Mizuno, and A. Yoshise, "An $O(\sqrt{n}L)$ Iteration Potential Reduction Algorithm for Linear Complementarity Problems," Research Report on Information Sciences B-217, Tokyo Institute of Technology, Tokyo, 1988b.

_____, "An $O(\sqrt{n}L)$ Iteration Potential Reduction Algorithm for Linear Complementarity Problems," *Mathematical Programming*, 50, pp. 331-342, 1991.

Konno, H., and T. Kuno, "Generalized Linear Multiplicative and Fractional Programming," manuscript, Tokyo University, Tokyo, 1989.

_____, "Multiplicative Programming Problems," in *Handbook of Global Optimization*, R. Horst and P. M. Pardalos (Eds.), Kluwer Academic, Dordrecht, The Netherlands, pp. 369-405, 1995.

Konno, H., and Y. Yajima, "Solving Rank Two Bilinear Programs by Parametric Simplex Algorithms," manuscript, Tokyo University, Tokyo, 1989.

Kostreva, M. M., "Block Pivot Methods for Solving the Complementarity Problem," *Linear Algebra and Its Applications*, 21, pp. 207-215, 1978.

Kostreva, M. M., and L. A. Kinard, "A Differentiable Homotopy Approach for Solving Polynomial Optimization Problems and Noncooperative Games," *Computers and Mathematics with Applications*, 21(6/7), pp. 135-143, 1991.

Kostreva, M. M., and M. Wiecek, "Linear Complementarity Problems and Multiple Objective Programming," Technical Report 578, Department of Math Sciences, Clemson University, Clemson, SC, 1989.

Kowalik, J., "Nonlinear Programming Procedures and Design Optimization," *Acta Polytechica Scandinavica*, 13, pp. 1-47, 1966.

Kowalik, J., and M. R. Osborne, *Methods for Unconstrained Optimization Problems*, American Elsevier, New York, NY, 1968.

Kozlov, M. K., S. P. Tarasov, and L. G. Khachiyan, "Polynomial Solvability of Convex Quadratic Programming," *Doklady Akademiia Nauk SSSR*, 5, pp. 1051-1053, 1979 (Translated in: Soviet Mathematics Doklady, 20, pp. 108-1 11, 1979.)

Kuester, J. L., and J. H. Mize, *Optimization Techniques with FORTRAN*, McGraw-Hill, New York, NY, 1973.

Kuhn, H. W., "Duality, in Mathematical Programming," Mathematical Systems Theory and Economics I, *Lecture Notes in Operations Research and Mathematical Economics*, No. 11, Springer-Verlag, New York, NY, pp. 67-91, 1969.

_____ (Ed.), *Proceedings of the Princeton Symposium on Mathematical Programming*, Princeton University Press, Princeton, NJ, 1970.

_____, "Nonlinear Programming: A Historical View," in *Nonlinear Programming*, R. W. Cottle and C. E. Lemke (Eds.), 1976.

Kuhn, H. W., and A. W. Tucker, "Nonlinear Programming," in Proceedings of the 2nd Berkeley Symposium on Mathematical Statistics and Probability, J. Neyman (Ed.), University of California Press, Berkeley, CA, 1951.

_____ (Eds.), "Linear Inequalities and Related Systems," *Annals of Mathematical Study*, 38, Princeton University Press, Princeton, NJ, 1956.

Kunzi, H. P., W. Krelle, and W. Oettli, *Nonlinear Programming*, Blaisdell, Amsterdam, 1966.

Kuo, M. T., and D. I. Rubin, "Optimization Study of Chemical Processes," *Canadian Journal of Chemical Engineering*, 40, pp. 152-156, 1962.

Kyparisis, J., "On Uniqueness of Kuhn-Tucker Multipliers in Nonlinear Programming," *Mathematical Programming*, 32, pp. 242-246, 1985.

Larsson, T., and Z.-W. Liu, "A Lagrangean Relaxation Scheme for Structured Linear Programs with Application to Multicommodity Network Flows," *Optimization*, 40, pp. 247-284, 1997.

Larsson, T., and M. Patriksson, "Global Optimality Conditions for Discrete and Nonconvex Optimization with Applications to Lagrangian Heuristics and Column Generation," *Operations Research*, to appear (manuscript, 2003).

Larsson, T., M. Patriksson, and A.-B. Strömberg, "Conditional Subgradient Optimization: Theory and Applications," *European Journal of Operational Research*, 88, pp. 382-403, 1996.

_____, "Ergodic, Primal Convergence in Dual Subgradient Schemes for Convex Programming," *Mathematical Programming*, 86(2), pp. 283-312, 1999.

_____, "On the Convergence of Conditional ε-Subgradient Methods for Convex Programs and Convex-Concave Saddle-Point Problems," *European Journal of Operational Research* (to appear), 2004.

Lasdon, L. S., "Duality and Decomposition in Mathematical Programming," *IEEE Transactions on Systems Science and Cybernetics*, 4, pp. 86-100, 1968.

_____, *Optimization Theory for Large Systems*, Macmillan, New York, NY, 1970.

_____, "An Efficient Algorithm for Minimizing Barrier and Penalty Functions,"

Mathematical Programming, 2, pp. 65-106, 1972.

_____, "Nonlinear Programming Algorithm-Applications, Software and Comparison," in Numerical Optimization 1984, P. T. Boggs, R. H. Byrd, and R. B. Schnabel (Eds.), SIAM, Philadelphia, PA, 1985.

Lasdon, L. S., and P. O. Beck, "Scaling Nonlinear Programs," *Operations Research Letters*, 1 (I), pp. 6-9, 1981.

Lasdon, L. S., and M. W. Ratner, "An Efficient One-Dimensional Search Procedure for Barrier Functions," *Mathematical Programming*, 4, pp. 279-296, 1973.

Lasdon, L. S., and A. D. Waren, "Generalized Reduced Gradient Software for Linearly and Nonlinearly Constrained Problems," in *Design and Implementation Of Optimization Software*, H. J. Greenberg (Ed.), Sijthoff en Noordhoff, Alphen aan den Rijn, pp. 335-362, 1978.

Lasdon, L. S., and A. D. Waren, "A Survey of Nonlinear Programming Applications," *Operations Research*, 28(5), pp. 34-50, 1980.

_____, "GRG2 User's Guide," Department of General Business, School of Business Administration, University of Texas, Austin, TX, May 1982.

Lasdon, L. S., A. D. Waren, A. Jain, and M. Ratner, "Design and Testing of a GRG Code for Nonlinear Optimization," *ACM Transactions of Mathematical Software*, 4, pp. 34-50, 1978.

Lavi, A., and T. P. Vogl (Eds.), *Recent Advances in Optimization Techniques*, Wiley, New York, NY, 1966.

Lawson, C. L., and R. J. Hanson, *Solving Least-Squares Problems*, Prentice-Hall, Englewood Cliffs, NJ, 1974.

Leitmann, G. (Ed.), *Optimization Techniques*, Academic Press, New York, NY, 1962.

Lemarechal, C., "Note on an Extension of Davidon Methods to Nondifferentiable Functions," *Mathematical Programming*, 7, pp. 384-387, 1974.

_____, "An Extension of Davidon Methods to Non-differentiable Problems," *Mathematical Programming Study*, 3, pp. 95-109, 1975.

_____, "Bundle Methods in Nonsmooth Optimization," in Nonsmooth Optimization, C. Lemarechal and R. MiMin (Eds.), *IIASA Proceedings*, 3, Pergamon Press, Oxford, England, 1978.

_____, "Nondifferential Optimization," in *Nonlinear Optimization*, Theory and Algorithms, L. C. W. Dixon, E. Spedicato, and G. P. Szego (Eds.), Birkhauser. Boston, MA, 1980.

Lemarechal, C., and R. Mifflin (Eds.), "*Nonsmooth Optimization*," in *IIASA Proceedings* Vol. 3, Pergamon Press, Oxford, England, 1978.

Lemke, C. E., "A Method of Solution for Quadratic Programs," *Management Science*, 8, pp. 442-455, 1962.

_____, "Bimatrix Equilibrium Points and Mathematical Programming," *Management Science*, 11, pp. 681-689, 1965.

_____, "On Complementary Pivot Theory," in *Mathematics of the Decision Sciences*, G. B. Dantzig and A. F. Veinott (Eds.), 1968.

_____, "Recent Results on Complementarity Problems," in *Nonlinear Programming*, J. B. Rosen, O. L. Mangasarian, and K. Ritter (Eds.), 1970.

Lemke, C. E., and J. T. Howson, "Equilibrium Points of Bi-matrix Games," *SIAM Journal on Applied Mathematics*, 12, pp. 412-423, 1964.

Lenard, M. L., "Practical Convergence Conditions for Unconstrained Optimization," *Mathematical Programming*, 4, pp. 309-323, 1973.

_____, "Practical Convergence Condition for the Davidon-Fletcher-Powell Method," *Mathematical Programming*, 9, pp. 69-86, 1975.

_____, "Convergence Conditions for Restarted Conjugate Gradient Methods with Inaccurate Line Searches," *Mathematical Programming*, 10, pp. 32-51, 1976.

_____, "A Computational Study of Active Set Strategies in Nonlinear Programming with Linear Constraints," *Mathematical Programming*, 16, pp. 81-97, 1979.

Lenstra, J. K., A. H. G. Rinnooy Kan, and A. Schrijver, *History of Mathematical Programming: A Collection of Personal Reminiscences*, C WI-North-Holland, Amsterdam, The Netherlands, 1991.

Leon, A., "A Comparison Among Eight Known Optimizing Procedures," in *Recent Advances in Optimization Techniques*, A. Lavi and T. P. Vogl (Eds.), 1966.

Levenberg, K., "A Method for the Solution of Certain Problems in Least Squares," *Quarterly of Applied Mathematics*, 2, 164-168, 1944.

Liebman, J., L. Lasdon, L. Schrage, and A. Waren, *Modeling and Optimization with GINO*, Scientific Press, Palo Alto, CA, 1986.

Lill, S. A., "A Modified Davidon Method for Finding the Minimum of a Function Using Difference Approximations for Derivatives," *Computer Journal*, 13, pp. 111-113, 1970.

_____, "Generalization of an Exact Method for Solving Equality Constrained Problems to Deal with Inequality Constraints," in *Numerical Methods for Nonlinear Optimization*, F. A. Lootsma (Ed.), 1972.

Lim, C., and H. D. Sherali, "Convergence and Computational Analyses for Some Variable Target Value and Subgradient Deflection Methods," *Computational Optimization and Applications*, to appear, 2005a.

_____, "A Trust Region Target Value Method for Optimizing Nondifferentiable Lagrangian Duals of Linear Programs," *Mathematical Methods of Operations Research*, to appear, 2005b.

Liu, D. C., and I. Nocedal, "On the Limited Memory BFGS Method for Large-Scale Optimization," *Mathematical Programming*, 45, pp. 503-528, 1989.

Loganathan, G. V., H. D. Sherali, and M. P. Shah, "A Two-Phase Network Design Heuristic for Minimum Cost Water Distribution Systems Under a Reliability Constraint," *Engineering optimization*, Vol. IS, pp. 311-336, 1990.

Lootsma, F. A., "Constrained Optimization via Parameter-Free Penalty Functions," *Philips Research Reports*, 23, pp. 424-437, 1968a.

_____, "Constrained Optimization via Penalty Functions," *Philips Research Reports*, 23, pp. 408-423, 1968b.

_____ (Ed.), *Numerical Methods for Nonlinear Optimization*, Academic Press, New York, NY, 1972a.

_____, "A Survey of Methods for Solving Constrained Minimization Problems via

Unconstrained Minimization," in *Numerical Methods for Nonlinear Optimization*, F. A. Lootsma (Ed.), 1972b.

Love, R. F., J. G. Morris, and G. O. Wesolowsky, *Facility Location: Models and Methods*, North-Holland, Amsterdam, The Netherlands, 1988.

Luenberger, D. G., "Quasi-convex Programming," *SIAM Journal on Applied Mathematics*, 16, pp. 1090-1095, 1968.

_____, *Optimization by Vector Space Methods*, Wiley, New York, NY, 1969.

_____, "The Conjugate Residual Method for Constrained Minimization Problems," *SIAM Journal on Numerical Analysis*, 7, pp. 390-398, 1970.

_____, "Convergence Rate of a Penalty-Function Scheme," *Journal of Optimization Theory and Applications*, 7, pp. 39-51, 1971.

_____, "Mathematical Programming and Control Theory: Trends of Interplay," in *Perspectives on Optimization*, A. M. Geoffrion (Ed.), pp. 102-133, 1972.

_____, *Introduction to Linear and Nonlinear Programming*, Addison-Wesley, Reading, MA, 1973a (2nd ed., 1984).

_____, "An Approach to Nonlinear Programming," *Journal of Optimization Theory and Applications*, 11, pp. 219-227, 1973b.

_____, "A Combined Penalty Function and Gradient Projection Method for Nonlinear Programming," *Journal of Optimization Theory and Applications*, 14, pp. 477-495, 1974.

Lustig, I. J., and G. Li, "An Implementation of a Parallel Primal-Dual Interior Point Method for Multicommodity Flow Problems," *Computational Optimization and Its Applications*, 1(2), pp. 141-161, 1992.

Lustig, I. J., R. E. Marsten, and D. F. Shanno, "The Primal-Dual Interior Point Method on the Cray Supercomputer," in *Large-Scale Numerical Optimization*, T. F. Coleman and Y. Li (Eds.), SIAM, Philadelphia, PA, pp. 70-80, 1990.

Lustig, I. J., R. Marsten, and D. F. Shanno, "Interior Point Methods for Linear Programming: Computational State of the Art," *ORSA Journal on Computing* 6(l), pp. 1-14, 1994a.

_____, "The Last Word on Interior Point Methods for Linear Programming-For Now," Rejoinder, *ORSA Journal on Computing* 6(1), pp. 35, 1994b.

Lyness, J. N., "Has Numerical Differentiation a Future?" in *Proceedings of the 7th Manitoba Conference on Numerical Mathematics*, pp. 107-129, 1977.

Maass, A., M. M. Hufschmidt, R. Dorfman, H. A. Thomas Jr., S. A. Marglin, and G. M. Fair, *Design of Water-Resource Systems*, Harvard University Press, Cambridge, MA, 1967.

Madansky, A., "Some Results and Problems in Stochastic Linear Programming," Paper P-1596, *RAND Corporation*, Santa Monica, CA, 1959.

_____, "Methods of Solution of Linear Programs Under Uncertainty," *Operations Research*, 10, pp. 463-471, 1962.

Magnanti, T. L., "Fenchel and Lagrange Duality Are Equivalent," *Mathematical Programming*, 7, pp. 253-258, 1974.

Mahajan, D. G., and M. N. Vartak, "Generalization of Some Duality Theorems in Nonlinear

Programming," *Mathematical Programming*, 12, pp. 293-317, 1977.

Mahidhara, D., and L. S. Lasdon, "An SQP Algorithm for Large Sparse Nonlinear Programs," Working Paper, MSIS Department, School of Business, University of Texas, Austin, TX, 1990.

Majid, K. I., *Optimum Design of Structures*, Wiley, New York, NY, 1974.

Majthay, A., "Optimality Conditions for Quadratic Programming," *Mathematical Programming*, 1, pp. 359-365, 1971.

Mangasarian, O. L., "Duality in Nonlinear Programming," *Quarterly of Applied Mathematics*, 20, pp. 300-302, 1962.

_____, "Nonlinear Programming Problems with Stochastic Objective Functions," *Management Science*, 10, pp. 353-359, 1964.

_____, "Pseudo-convex Functions," *SIAM Journal on Control*, 3, pp. 281-290, 1965.

_____, *Nonlinear Programming*, McGraw-Hill, New York, NY, 1969a.

_____, "Nonlinear Fractional Programming," *Journal of the Operations Research Society of Japan*, 12, pp. 1-10, 1969b.

_____, "Optimality and Duality in Nonlinear Programming," in *Proceedings of the Princeton Symposium on Mathematical Programming*, H. W. Kuhn (Ed.), pp. 429-443, 1970a.

_____, "Convexity, Pseudo-convexity and Quasi-convexity of Composite Functions," *Cahiers Centre Etudes Rechérche Opérationélle*, 12, pp. 114-122, 1970b.

_____, "Linear Complementarity Problems Solvable by a Single Linear Program," *Mathematical Programming*, 10, pp. 263-270, 1976.

_____, "Characterization of Linear Complementarity Problems as Linear Programs," *Mathematical Programming Study*, 7, pp. 74-87, 1978.

_____, "Simplified Characterization of Linear Complementarity Problems Solvable as Linear Programs," *Mathematics of Operations Research*, 4(3), pp. 268-273, 1979.

_____, "A Simple Characterization of Solution Sets of Convex Programs," *Operations Research Letters*, 7(1), pp. 21-26, 1988.

Mangasarian, O. L., and S. Fromovitz, "The Fritz John Necessary Optimality Conditions in the Presence of Equality and Inequality Constraints," *Journal of Mathematical Analysis and Applications*, 17, pp. 37-47, 1967.

Mangasarian, O. L., R. R. Meyer, and S. M. Johnson (Eds.), *Nonlinear Programming*, Academic Press, New York, NY, 1975.

Mangasarian, O. L., and J. Ponstein, "Minimax and Duality in Nonlinear Programming," *Journal of Mathematical Analysis and Applications*, 11, pp. 504-518, 1965.

Maranas, C. D., and C. A. Floudas, "Global Optimization in Generalized Geometric Programming," *Working Paper, Department of Chemical Engineering*, Princeton University, Princeton, NJ, 1994.

Maratos, N., "Exact Penalty Function Algorithms for Finite Dimensional and Control Optimization Problems," Ph. D. thesis, Imperial College Science Technology, University of London, 1978.

Markowitz, H. M., "Portfolio Selection," *Journal of Finance*, 7, pp. 77-91, 1952.

_____, "The Optimization of a Quadratic Function Subject to Linear Constraints," *Naval Research Logistics Quarterly*, 3, pp. 111-133, 1956.

Markowitz, H. M., and A. S. Manne, "On the Solution of Discrete Programming Problems," *Econometrica*, 25, pp. 84-110, 1957.

Marquardt, D. W., "An Algorithm for Least Squares Estimation of Nonlinear Parameters," *SIAM Journal of Industrial and Applied Mathematics*, 11, pp. 431-441, 1963.

Marsten, R. E., "The Use of the Boxstep Method in Discrete Optimization," in Nondifferentiable Optimization, M. L. Balinski and P. Wolfe (Eds.), *Mathematical Programming Study*, No. 3, North-Holland, Amsterdam, 1975.

Martensson, K., "A New Approach to Constrained Function Optimization," *Journal of Optimization Theory and Applications*, 12, pp. 531-554, 1973.

Martin, R. K., *Large Scale Linear and Integer Optimization: A Unified Approach, Kluwer Academic*, Boston, MA, 1999.

Martos, B., "Hyperbolic Programming," *Naval Research Logistics Quarterly*, 11, pp. 135-155, 1964.

_____, "The Direct Power of Adjacent Vertex Programming Methods," *Management Science*, 12, pp. 241-252, 1965; errata, ibid., 14, pp. 255-256, 1967a.

_____, "Quasi-convexity and Quasi-monotonicity in Nonlinear Programming," *Studia Scientiarum Mathematicarum Hungarica*, 2, pp. 265-273, 1967b.

_____, "Subdefinite Matrices and Quadratic Forms," *SIAM Journal on Applied Mathematics*, 17, pp. 1215-1233, 1969.

_____, "Quadratic Programming with a Quasiconvex Objective Function," *Operations Research*, 19, pp. 87-97, 1971.

_____, *Nonlinear Programming: Theory and Methods*, American Elsevier, New York, NY, 1975.

Massam, H., and S. Zlobec, "Various Definitions of the Derivative in Mathematical Programming," *Mathematical Programming*, 7, pp. 144-161, 1974.

Matthews, A., and D. Davies, "A Comparison of Modified Newton Methods for Unconstrained Optimization," *Computer Journal*, 14, pp. 293-294, 1971.

Mayne, D. Q., "On the Use of Exact Penalty Functions to Determine Step Length in Optimization Algorithms," in *Numerical Analysis*, "Dundee 1979," G. A. Watson (Ed.), Lecture Notes in Mathematics, No. 773, Springer-Verlag, Berlin, 1980.

Mayne, D. Q., and N. Maratos, "A First-Order, Exact Penalty Function Algorithm for Equality Constrained Optimization Problems," *Mathematical Programming*, 16, pp. 303-324, 1979.

Mayne, D. Q., and E. Polak, "A Superlinearly Convergent Algorithm for Constrained Optimization Problems," *Mathematical Programming Study*, 16, pp. 45-61, 1982.

McCormick, G. P., "Second Order Conditions for Constrained Minima," *SIAM Journal on Applied Mathematics*, 15, pp. 641-652, 1967.

_____, "Anti-zig-zagging by Bending," *Management Science*, 15, pp. 315-320, 1969a.

_____, "The Rate of Convergence of the Reset Davidon Variable Metric Method," MRC Technical Report 1012, Mathematics Research Center, University of Wisconsin, Madison, WI, 1969b.

_____, "The Variable Reduction Method for Nonlinear Programming," *Management Science Theory*, 17, pp. 146-160, 1970a.

_____, "A Second Order Method for the Linearly Constrained Nonlinear Programming Problems," in *Nonlinear Programming*, J. B. Rosen, O. L. Mangasarian, and K. Ritter (Eds.), 1970b.

_____, "Penalty Function Versus Non-Penalty Function Methods for Constrained Nonlinear Programming Problems," *Mathematical Programming*, 1, pp. 217-238, 1971.

_____, "Attempts to Calculate Global Solutions of Problems That May have Local Minima," in *Numerical Methods for Nonlinear Optimization*, F. A. Lootsma (Ed.), 1972.

_____, "Computability of Global Solutions to Factorable Nonconvex Programs," I: Convex Underestimating Problems, *Mathematical Programming*, 10, pp. 147-175, 1976.

_____, "A Modification of Armijo's Step-Size Rule for Negative Curvature," *Mathematical Programming*, 13, pp. 111-115, 1977.

_____, *Nonlinear Programming*, Wiley-Interscience, New York, NY, 1983.

McCormick, G. P., and J. D. Pearson, "Variable Metric Method and Unconstrained Optimization," in *Optimization*, R. Fletcher (Ed.), 1969.

McCormick, G. P., and K. Ritter, "Methods of Conjugate Direction versus Quasi-Newton Methods," *Mathematical Programming*, 3, pp. 101-116, 1972.

_____, "Alternative Proofs of the Convergence Properties of the Conjugate Gradient Methods," *Journal of Optimization Theory and Applications*, 13, pp. 497-515, 1974.

McLean, R. A., and G. A. Watson, "Numerical Methods of Nonlinear Discrete L_1 Approximation Problems," in *Numerical Methods of Approximation Theory*, L. Collatz, G. Meinardus, and H. Warner (Eds.), ISNM 52, Birkhauser-Verlag, Bask, 1980.

McMillan, C. Jr., *Mathematical Programming*, Wiley, New York, NY, 1970.

McShane, K. A., C. L. Monma, and D. F. Shanno, "An Implementation of a Primal-Dual Interior Point Method for Linear Programming," *ORSA Journal on Computing*, 1, pp. 70-83, 1989.

Megiddo, N., "Pathways to the Optimal Set in Linear Programming," in *Proceedings of the Mathematical Programming Symposium of Japan*, Nagoya, Japan, pp. 1-36, 1986. (See also Progress in Mathematical Programming-Interior-Point and Related Methods, Nimrod Megiddo (Ed.), Springer-Verlag, New York, NY, pp. 131-158, 1989.)

Mehndiratta, S. L., "General Symmetric Dual Programs," *Operations Research*, 14, pp. 164-172, 1966.

_____, "Symmetry and Self-Duality in Nonlinear Programming," *Numerische Mathematik*, 10, pp. 103-109, 1967a.

_____, "Self-Duality in Mathematical Programming;" *SIAM Journal on Applied Mathematics*, 15, pp. 1156-1157, 1967b.

_____, "A Generalization of a Theorem of Sinha on Supports of a Convex Function,"

Australian Journal of Statistics, 11, pp. 1-6, 1969.

Mehrotra, S., "On the Implementation of a (Primal-Dual) Interior-Point Method," *Technical Report 90-03, Department of Industrial Engineering and Management Sciences*, Northwestern University, Evanston, IL, 1990.

_____, "On Finding a Vertex Solution Using Interior Point Methods," *Linear Algebra and Its Applications*, 152, pp. 233-253, 1991.

_____, "On the Implementation of a Primal-Dual Interior Point Method," *SIAM Journal on Optimization*, 2, pp. 575-601, 1992.

_____, "Quadratic Convergence in a Primal-Dual Method," *Mathematics of Operations Research*, 18, pp. 741-751, 1993.

Mereau, P., and J. G. Paquet, "A Sufficient Condition for Global Constrained Extrema," *International Journal on Control*, 17, pp. 1065-1071, 1973a.

_____, "The Use of Pseudo-convexity and Quasi-convexity in Sufficient Conditions for Global Constrained Extrema," *International Journal of Control*, 18, pp. 831-838, 1973b.

_____, "Second Order Conditions for Pseudo-convex Functions," *SIAM Journal on Applied Mathematics*, 27, pp. 131-137, 1974.

Messerli, E. J., and E. Polak, "On Second Order Necessary Conditions of Optimality," *SIAM Journal on Control*, 7, pp. 272-291, 1969.

Meyer, G. G. L., "A Derivable Method of Feasible Directions," *SIAM Journal on Control*, 11, pp. 113-118, 1973.

_____, "Nonwastefulness of Interior Iterative Procedures," *Journal of Mathematical Analysis and Applications*, 45, pp. 485-496, 1974a.

_____, "Accelerated Frank-Wolfe Algorithms," *SIAM Journal on Control*, 12, pp. 655-663, 1974b.

Meyer, R. R., "The Validity of a Family of Optimization Methods," *SIAM Journal on Control*, 8, pp. 41-54, 1970.

_____, "Sufficient Conditions for the Convergence of Monotonic Mathematical Programming Algorithms," *Journal of Computer-and System Sciences*, 12, pp. 108-121, 1976.

_____, "Two-Segment Separable Programming," *Management Science*, 25(4), pp. 385-395, 1979.

_____, "Computational Aspects of Two-Segment Separable Programming," *Computer Sciences Technical Report 382*, University of Wisconsin, Madison, WI, March 1980.

Miele, A., and J. W. Cantrell, "Study on a Memory Gradient Method for the Minimization of Functions," *Journal of Optimization Theory and Applications*, 3, pp. 459-470, 1969.

Miele, A., E. E. Cragg, R. R. Iyer, and A. V. Levy, "Use of the Augmented Penalty Function in Mathematical Programming Problems; 1," *Journal of Optimization Theory and Applications*, 8, pp. 115-130, 1971a.

Miele, A., E. E. Cragg, and A. V. Levy, "Use of the Augmented Penalty Function in Mathematical Programming; 2," *Journal of Optimization Theory and Applications*, 8, pp. 131-153, 1971b.

Miele, A., P. Moseley, A. V. Levy, and G. H. Coggins, "On the Method of Multipliers for

Mathematical Programming Problems," *Journal of Optimization Theory and Applications*, 10, pp. 1-33, 1972.

Mifflin, R., "A Superlinearly Convergent Algorithm for Minimization Without Evaluating Derivatives," *Mathematical Programming*, 9, pp. 100-117, 1975.

Miller, C. E., "The Simplex Method for Local Separable Programming," in Recent Advances in *Mathematical Programming*, R. L. Graves and P. Wolfe (Eds.), 1963.

Minch, R. A., "Applications of Symmetric Derivatives in Mathematical Programming," *Mathematical Programming*, 1, pp. 307-320, 1974.

Minhas, B. S., K. S. Parikh, and T. N. Srinivasan, "Toward the Structure of a Production Function for Wheat Yields with Dated Inputs of Irrigation Water," *Water Resources Research*, 10, pp. 383-393, 1974.

Minkowski, H., *Gesammelte Abhandlungen*, Teubner, Berlin, 1911.

Minoux, M., "Subgradient Optimization and Benders Decomposition in Large Scale Programming," in *Mathematical Programming*, R. W. Cottle, M. L. Kelmanson, and B. Korte (Eds.), North-Holland, Amsterdam, pp. 271-288, 1984.

______, *Mathematical Programming: Theory and Algorithms*, Wiley, New York, NY, 1986.

Minoux, M., and J. Y. Serreault, "Subgradient Optimization and Large Scale Programming: Application to Multicommodity Network Synthesis with Security Constraints," *RAIRO*, 15(2), pp. 185-203, 1980.

Mitchell, R. A,, and J. L. Kaplan, "Nonlinear Constrained Optimization by a Nonrandom Complex Method," *Journal of Research of the National Bureau of Standards*, Section C, Engineering and Instrumentation, 72-C, pp. 249-258, 1968.

Mobasheri, F., "Economic Evaluation of a Water Resources Development Project in a Developing Economy," Contribution 126, Water Resources Center, University of California, Berkeley, CA, 1968.

Moeseke, van P. (Ed.), *Mathematical Programs for Activity Analysis*, North-Holland, Amsterdam, The Netherlands, 1974.

Mokhtar-Kharroubi, H., "Sur la convergence théorique de la méthode du gradient réduit géntralisé," *Numérisché Mathématik*, 34, pp. 73-85, 1980.

Mond, B., "A Symmetric Dual Theorem for Nonlinear Programs," *Quarterly of Applied Mathematics*, 23, pp. 265-269, 1965.

______, "On a Duality Theorem for a Nonlinear Programming Problem," *Operations Research*, 21, pp. 369-370, 1973.

______, "A Class of Nondifferentiable Mathematical Programming Problems," *Journal of Mathematical Analysis and Applications*, 46, pp. 169-174, 1974.

Mond, B., and R. W. Cottle, "Self-Duality in Mathematical Programming," *SIAM Journal on Applied Mathematics*, 14, pp. 420-423, 1966.

Monteiro, R. D. C., and I. Adler, "Interior Path Following Primal-Dual Algorithms, I: Linear Programming," *Mathematical Programming*, 44, pp. 27-42, 1989a.

______, "Interior Path Following Primal-Dual Algorithms, 11: Convex Quadratic Programming," *Mathematical Programming*, 44, pp. 43-66, 1989b.

Monteiro, R. D. C., I. Adler, and M. G. C. Resende, "A Polynomial-Time Primal-Dual Affine Scaling Algorithm for Linear and Convex Quadratic Programming and Its Power Series Extension," *Mathematics of Operations Research*, 15(2), pp. 191-214, 1990.

Moré, J. J., "Class of Functions and Feasibility Conditions in Nonlinear Complementarity Problems," *Mathematical Programing*, 6, pp. 327-338, 1974.

_____, "The Levenberg-Marquardt Algorithm: Implementation and Theory," in Numerical Analysis, G. A. Watson (Ed.), *Lecture Notes in Mathematics*, No. 630, Springer-Verlag, Berlin, pp. 105-116, 1977.

_____, "Implementation and Testing of Optimization Software," in *Performance Evaluation of Numerical Software*, L. D. Fosdick (Ed.), North-Holland, Amsterdam, pp. 253-266, 1979.

_____, "Convexity and Duality," in *Functional Analysis and Optimization*, E. R. Caianiello (Ed.), Academic Press, New York, NY, 1966.

Moré, J. J., and D. C. Sorensen, "On the Use of Directions of Negative Curvature in a Modified Newton Method," *Mathematical Programming*, 15, pp. 1-20, 1979.

Morgan, D. R., and I. C. Goulter, "Optimal Urban Water Distribution Design," *Water Research*, 21(5), pp. 642-652, May 1985.

Morshedi, A. M., and R. A. Tapia, "Karmarkar as a Classical Method," Technical Report 87-7, Rice University, Houston, TX, March 1987.

Motzkin, T. S., "Beitrage zur Theorie der Linearen Ungleichungen," Dissertation, University of Basel, Jerusalem, 1936.

Mueller, R. K., "A Method for Solving the Indefinite Quadratic Programming Problem," *Management Science*, 16, pp. 333-339, 1970.

Mulvey, J., and H. Crowder, "Cluster Analysis: An Application of Lagrangian Relaxation," *Management Science*, 25, pp. 329-340, 1979.

Murphy, F. H., "Column Dropping Procedures for the Generalized Programming Algorithm," *Management Science*, 19, pp. 1310-1321, 1973a.

_____, "A Column Generating Algorithm for Nonlinear Programming," *Mathematical Programming*, 5, pp. 286298, 1973b.

_____, "A Class of Exponential Penalty Functions," *SIAM Journal on Control*, 12, pp. 679-687, 1974.

Murphy, F. H., H. D. Sherali, and A. L. Soyster, "A Mathematical Programming Approach for Determining Oligopolistic Market Equilibria," *Mathematical Programming*, 25(I), pp. 92-106, 1982.

Murray, W. (Ed.), *Numerical Methods for Unconstrained Optimization*, Academic Press, London, 1972a.

_____, "Failure, the Causes and Cures," in *Numerical Methods for Unconstrained Optimization*, W. Murray (Ed.), 1972b.

Murray, W., and M. L. Overton, "A Projected Lagrangian Algorithm for Nonlinear Minimax: Optimization," *SIAM Journal on Scientific and Statistical Computations*, 1, pp. 345-370, 1980a.

_____, "A Projected Lagrangian Algorithm for Nonlinear 1, Optimization," Report SOL

80-4, *Department of Operations Research, Stanford University*, Stanford, CA, 1980b.

Murray, W., and M. H. Wright, "Computations of the Search Direction in Constrained Optimization Algorithms," *Mathematical Programming Study*, 16, pp. 63-83, 1980.

Murtagh, B. A., *Advanced Linear Programming: Computation and Practice*, McGraw-Hill, New York, NY, 1981.

Murtagh, B. A., and R. W. H. Sargent, "A Constrained Minimization Method with Quadratic Convergence," in *Optimization*, R. Fletcher (Ed.), 1969.

_____, "Computational Experience with Quadratically Convergent Minimization Methods," *Computer Journal*, 13, pp. 185-194, 1970.

Murtagh, B. A., and M. A. Saunders, "Large-Scale Linearly Constrained Optimization," *Mathematical Programming*, 14, pp. 41-72, 1978.

_____, "A Projected Lagrangian Algorithm and Its Implementation for Sparse Nonlinear Constraints," *Mathematical Programming Study*, 16, pp. 84-117, 1982.

_____, "MINOS 5.0 User's Guide," *Technical Report SOL 8320, Systems Optimization Laboratory, Stanford University*, Stanford, CA, 1983.

_____, "MINOS 5.1 User's Guide," Technical Report Sol 83-20R, *Systems Optimization Laboratory, Department of Operations Research, Stanford University*, Stanford, CA (update: MINOS 5.4), 1987.

Murty, K. G., "On the Number of Solutions to the Complementarity Problem and Spanning Properties of Complementarity Cones," *Linear Algebra and Its Applications*, 5, pp. 65-108, 1972.

_____, *Linear and Combinatorial Programming*, Wiley, New York, NY, 1976.

_____, *Linear Programming*, Wiley, New York, NY, 1983.

_____, *Linear Complementarity, Linear and Nonlinear Programming*, Heldermann Verlag, Berlin, 1988.

_____, "On Checking Unboundedness of Functions," *Department of Industrial Engineering*, University of Michigan, Ann Arbor, MI, March 1989.

Myers, G., "Properties of the Conjugate Gradient and Davidon Methods," *Journal of Optimization Theory and Applications*, 2, pp. 209-219, 1968.

Myers, R. H., *Response Surface Methodology*, Virginia Polytechnic Institute and State University Press, Blacksburg, VA, 1976.

Mylander, W. C., "Nonconvex Quadratic Programming by a Modification of Lemke's Methods," Report RAC-TP-414, *Research Analysis Corporation*, McLean, VA, 1971.

_____, "Finite Algorithms for Solving Quasiconvex Quadratic Programs," *Operations Research*, 20, pp. 167-173, 1972.

Nakayama, H., H. Sayama, and Y. Sawaragi, "A Generalized Lagrangian Function and Multiplier Method," *Journal of Optimization Theory and Applications*, 17(3/4), pp. 211-227, 1975.

Nash, S. G., "Preconditioning of Truncated-Newton Methods," SIAM *Journal of Science and Statistical Computations*, 6, pp. 599-616, 1985.

Nash, S. G., and A. Sofer, "Block Truncated-Newton Methods for Parallel Optimization," *Mathematical Programming*, 45, pp. 529-546, 1989.

_____, "A General-Purpose Parallel Algorithm for Unconstrained Optimization," *Technical Report 63, Center for Computational Statistics*, George Mason University, Fairfax, VA, June 1990.

_____, "Truncated-Newton Method for Constrained Optimization," presented at the TIMS/ORSA National Meeting, Nashville, TN, May 12-15, 1991.

Nash, S. G., and A. Sofer, *Linear and Nonlinear Programming*, McGraw-Hill, New York, NY, 1996.

Nashed, M. Z., "Supportably and Weakly Convex Functionals with Applications to Approximation Theory and Nonlinear Programming," *Journal of Mathematical Analysis and Applications*, 18, pp. 504-521, 1967.

Nazareth, J. L., "A Conjugate Direction Algorithm Without Line Searches," *Journal of Optimization Theory and Applications*, 23(3), pp. 373-387, 1977.

_____, "A Relationship Between the BFGS and Conjugate-Gradient Algorithms and Its Implications for New Algorithms," *SIAM Journal on Numerical Analysis*, 26, pp. 794-800, 1979.

_____, "Conjugate Gradient Methods Less Dependency on Conjugacy," *SIAM Review*, 28(4), pp. 501-511, 1986.

Nelder, J. A., and R. Mead, "A Simplex Method for Function Minimization," *Computer Journal*, 7, pp. 308-313, 1964.

_____, "A Simplex Method for Function Minimization: Errata," *Computer Journal*, 8, p. 27, 1965.

Nemhauser, G. L., and W. B. Widhelm, "A Modified Linear Program for Columnar Methods in Mathematical Programming," *Operations Research*, 19, pp. 1051-1060, 1971.

Nemhauser, G. L., and L. A. Wolsey, *Integer and Combinatorial Optimization*, Wiley, New York, NY, 1988.

NEOS Server for Optimization, http://www-neos.mcs.anI.gov/.

Nesterov, Y., and A. Nemirovskii, Interior-Point Polynomial Algorithms in Convex Programming, *SIAM*, Philadelphia, PA, 1993.

Neustadt, L. W., "A General Theory of Extremals," *Journal of Computer and System Sciences*, 3, pp. 57-92, 1969.

_____, *Optimization*, Princeton University Press, Princeton, NJ, 1974.

Nguyen, V. H., J. J. Strodiot, and R. Mifflin, "On Conditions to Have Bounded Multipliers in Locally Lipschitz Programming," *Mathematical Programming*, 18, pp. 100-106, 1980.

Nikaido, H., *Convex Structures and Economic Theory*, Academic Press, New York, NY, 1968.

Nocedal, J., "The Performance of Several Algorithms for Large-Scale Unconstrained Optimization," in *Large-Scale Numerical Optimization*, T. F. Coleman and Y. Li (Eds.), SIAM, Philadelphia, PA, pp. 138-151, 1990.

Nocedal, J., and M. L. Overton, "Projected Hessian Updating Algorithms for Nonlinearly Constrained Optimization," *SIAM Journal on Numerical Analysis*, 22, pp. 821-850, 1985.

Nocedal, J., and S. J. Wright, *Numerical Optimization*, Springer-Verlag, New York, NY, 1999.

O'Laoghaire, D. T., and D. M. Himmelblau, *Optimal Expansion of a Water Resources System*, Academic Press, New York, NY, 1974.

O'Learly, D. P., "Estimating Matrix Condition Numbers," *SIAM Journal on Scientific and Statistical Computing*, 1, pp. 205-209, 1980.

Oliver, J., "An Algorithm for Numerical Differentiation of a Function of One Real Variable," *Journal of Computational Applied Mathematics*, 6, pp. 145-160, 1980.

Oliver, J., and A. Ruffhead, "The Selection of Interpolation Points in Numerical Differentiation," *Nordisk Tidskrift Informationbehandling* (BIT), 15, pp. 283-295, 1975.

Orchard-Hays, W., "History of Mathematical Programming Systems," in *Design and Implementation of Optimization Software*, H. J. Greenberg (Ed.), Sijthoff en Noordhoff, Alphen aan den Rijn, The Netherlands, pp. 1-26, 1978a.

_____, "Scope of Mathematical Programming Software," in *Design and Implementation of Optimization Software*, H. J. Greenberg (Ed.), Sijthoff en Noordhoff, Alphen aan den Rijn, The Netherlands, pp. 2740, 1978b.

_____, "*Anatomy of a Mathematical Programming System*," in *Design and Implementation of Optimization Software*, H. J. Greenberg (Ed.), Sijthoff en Noordhoff, Alphen aan den Rijn, Netherlands, pp. 41-102, 1978c.

Orden, A., "Stationary Points of Quadratic Functions Under Linear Constraints," *Computer Journal*, 7, pp. 238-242, 1964.

Oren, S. S., "On the Selection of Parameters in Self-scaling Variable Metric Algorithms," *Mathematical Programming*, 7, pp. 351-367, 1974a.

_____, "Self-Scaling Variable Metric (SSVM) Algorithms, II: Implementation and Experiments," *Management Science*, 20, pp. 863-874, 1974b.

Oren, S. S., and E. Spedicato, "Optimal Conditioning of Self-scaling and Variable Metric Algorithms," *Mathematical Programming*, 10, pp. 70-90, 1976.

Ortega, J. M., and W. C. Rheinboldt, *Interactive Solution of Nonlinear Equations in Several Variables*, Academic Press, New York, NY, 1970.

_____, "A General Convergence Result for Unconstrained Minimization Methods," *SIAM Journal on Numerical Analysis*, 9, pp. 40-43, 1972.

Osborne, M. R., and D. M. Ryan, "On Penalty Function Methods for Nonlinear Programming Problems," *Journal of Mathematical Analysis and Applications*, 31, pp. 559-578, 1970.

_____, "A Hybrid Algorithm for Nonlinear Programming," in *Numerical Methods for Nonlinear Optimization*, F. A. Lootsma (Ed.), 1972.

Palacios-Gomez, R., L. Lasdon, and M. Engquist, "Nonlinear Optimization by Successive Linear Programming," *Management Science*, 28(10), pp. 1106-1120, 1982.

Panne, C. van de, *Methods for Linear and Quadratic Programming*, North-Holland, Amsterdam, 1974.

Panne, C. van de, "A Complementary Variant of Lemke's Method for the Linear Complementary Problem," *Mathematical Programming*, 7, pp. 283-310, 1976.

Panne, C. van de, and A. Whinston, "Simplicial Methods for Quadratic Programming," *Naval Research Logistics Quarterly*, 11, pp. 273-302, 1964a.

_____, "The Simplex and the Dual Method for Quadratic Programming," *Operational Research Quarterly*, 15, pp. 355-388, 1964b.

_____, "A Parametric Simplicia1 Formulation of Houthakker's Capacity Method," *Econometrica*, 34, pp. 354-380, 1966a.

_____, "A Comparison of Two Methods for Quadratic Programming," *Operations Research*, 14, pp. 422-441, 1966b.

_____, "The Symmetric Formulation of the Simplex Method for Quadratic Programming," *Econometrica*, 37, pp. 507-527, 1969.

Papadimitriou, C. H., and K. Steiglitz, Combinatorial Optimization, Algorithms and Complexity, Prentice-Hall, Englewood Cliffs, NJ, 1982.

Pardalos, P. M., and J. B. Rosen, "Constrained Global Optimization: Algorithms and Applications," *Lecture Notes in Computer Science*, 268, G. Goos and J. Hartmann (Eds.), Springer-Verlag, New York, NY, 1987.

_____, "Global Optimization Approach to the Linear Complementarity Problem," *SIAM Journal on Scientific and Statistical Computing*, 9(2), pp. 341-353, 1988.

Pardalos, P. M., and S. A. Vavasis, "Quadratic Programs with One Negative Eigenvalue is NP-Hard," *Journal of Global Optimization*, 1(1), pp. 15-22, 1991.

Parikh, S. C., "Equivalent Stochastic Linear Programs," *SIAM Journal of Applied Mathematics*, 18, pp. 1-5, 1970.

Parker, R. G., and R. L. Rardin, *Discrete Optimization*, Academic Press, San Diego, CA, 1988.

Parkinson, J. M., and D. Hutchinson, "An Investigation into the Efficiency of Variants on the Simplex Method," in *Numerical Methods for Nonlinear Optimization*, F. A. Lootsma (Ed.), pp. 115-136, 1972a.

_____, "A Consideration of Nongradient Algorithms for the Unconstrained Optimization of Function of High Dimensionality," in *Numerical Methods for Nonlinear optimization*, F. A. Lootsma (Ed.), 1972b.

Parsons, T. D., and A. W. Tucker, "Hybrid Programs: Linear and Least-Distance," *Mathematical Programming*, 1, pp. 153-167, 1971.

Paviani, D. A., and D. M. Himmelblau, "Constrained Nonlinear Optimization by Heuristic Programming," *Operations Research*, 17, pp. 872-882, 1969.

Pearson, J. D., "Variable Metric Methods of Minimization," *Computer Journal*, 12, pp. 171-178, 1969.

Peng, J., C. Roos, and T. Terlaky, "A New Class of Polynomial Primal-Dual Methods for Linear and Semidefinite Optimization," *European Journal of Operational Research*, 143(2), pp. 231-233, 2002.

Perry, A., "A Modified Conjugate Gradient Algorithm," *Operations Research*, 26(6), pp. 1073-1078, 1978.

Peterson, D. W., "A Review of Constraint Qualifications in Finite-Dimensional Spaces," *SIAM Review*, 15, pp. 639-654, 1973.

Peterson, E. L., "An Economic Interpretation of Duality in Linear Programming," *Journal of Mathematical Analysis and Applications*, 30, pp. 172-196, 1970.

_____, "An Introduction to Mathematical Programming," in *Optimization and Design*, M. Avriel, M. J. Rijkaert, and D. J. Wilde (Eds.), 1973a.

_____, "Geometric Programming and Some of Its Extensions," in *Optimization and Design*, M. Avriel, M. J. Rijkaert, and D. J. Wilde (Eds.), 1973b.

_____, "Geometric Programming," *SIAM Review*, 18, pp. 1-15, 1976.

Phelan, R. M., *Fundamentals of Mechanical Design*, McGraw-Hill, New York, NY, 1957.

Pierre, D. A., *Optimization Theory with Applications*, Wiley, New York, NY, 1969.

Pierre, D. A., and M. J. Lowe, *Mathematical Programming via Augmented Lagrangians: An Introduction with Computer Programs*, Addison-Wesley, Reading, MA, 1975.

Pierskalla, W. P., "Mathematical Programming with Increasing Constraint Functions," *Management Science*, 15, pp. 416-425, 1969.

Pietrzykowski, T., "Application of the Steepest Descent Method to Concave Programming," in *Proceedings of the International Federation of Information Processing Societies Congress* (Munich), North-Holland, Amsterdam, pp. 185-189, 1962.

_____, "An Exact Potential Method for Constrained Maxima," *SIAM Journal on Numerical Analysis*, 6, pp. 217-238, 1969.

Pintér, J. D., *Global Optimization in Action*, Kluwer Academic, Boston, MA, 1996.

_____, "LGO IDE An Integrated Model Development and Solver Environment for Continuous Global Optimization," www.dal.ca/ljdpinter, 2000.

_____, *Computational Global Optimization in Nonlinear Systems: An Interactive Tutorial*, Lionheart Publishing, Atlanta, GA, 2001.

_____, "MathOptimizer: An Advanced Modeling and Optimization System for Mathematica Users," www.dal.ca/ljdpinter, 2002.

Pironneau, O., and E. Polak, "Rate of Convergence of a Class of Methods of Feasible Directions," *SIAM Journal on Numerical Analysis*, 10, 161-174, 1973.

Polak, E., "On the Implementation of Conceptual Algorithms," in *Nonlinear Programming*, J. B. Rosen, O. L. Mangasarian, and K. Ritter (Eds.), 1970.

_____, *Computational Methods in Optimization*, Academic Press, New York, NY, 1971.

_____, "A Survey of Feasible Directions for the Solution of Optimal Control Problems," *IEEE Transactions on Automatic Control*, AC-17, pp. 591-596, 1972.

_____, "An Historical Survey of Computational Methods in Optimal Control," *SIAM Review*, 15, pp. 553-584, 1973.

_____, "A Modified Secant Method for Unconstrained Minimization," *Mathematical Programming*, 6, pp. 264-280, 1974.

_____, "Modified Barrier Functions: Theory and Methods," *Mathematical Programming*, 54, pp. 177-222, 1992.

Polak, E., and M. Deparis, "An Algorithm for Minimum Energy Control," *IEEE Transactions on Automatic Control*, AC-14, pp. 367-377, 1969.

Polak, E., and G. Ribiere, "Note sur la convergence de méthods de directions conjuguts," *Revue Française Information Recherche Opérationelle*, 16, pp. 35-43, 1969.

Polyak, B. T., "A General Method for Solving Extremum Problems," *Soviet Mathematics*, 8, pp. 593-597, 1967.

_____, "Minimization of Unsmooth Functionals," *USSR Computational Mathematics and Mathematical Physics* (English translation), 9(3), pp. 14-29, 1969a.

_____, "The Method of Conjugate Gradient in Extremum Problems," *USSR Computational Mathematics and Mathematical Physics* (English translation), 9, pp. 94-112, 1969b.

_____, "Subgradient Methods: A Survey of Soviet Research," in *Nonsmooth Optimization*, C. Lemarechal and R. Mifflin (Eds.), Pergamon Press, Elmsford, NY, pp. 5-30, 1978.

Polyak, B. T., and N. W. Tret'iakov, "An Iterative Method for Linear Programming and Its Economic Interpretation," *Ekonomika i Matematicheskie Metody*, Matekon, 5, pp. 81-100, 1972.

Ponstein, J., "An Extension of the Min-Max Theorem," *SIAM Review*, 7, pp. 181-188, 1965.

_____, "Seven Kinds of Convexity," *SIAM Review*, 9, pp. 115-119, 1967.

Powell, M. J. D., "An Efficient Method for Finding the Minimum of a Function of Several Variables Without Calculating Derivatives," *Computer Journal*, 7, pp. 155-162, 1964.

_____, "*A Method for Nonlinear Constraints in Minimization Problems*," in *Optimization*, R. Fletcher (Ed.), 1969.

_____, "Rank One Methods for Unconstrained Optimization," in *Integer and Nonlinear Programming*, J. Abadie (Ed.), 1970a.

_____, "A Survey of Numerical Methods for Unconstrained Optimization," *SIAM Review*, 12, pp. 79-97, 1970b.

_____, "*A Hybrid Method for Nonlinear Equations*," in *Numerical Methods for Nonlinear Algebraic Equations*, P. Rabinowitz (Ed.), Gordon and Breach, London, pp. 87-114, 1970c.

_____, "Recent Advances in Unconstrained Optimization," *Mathematical Programming*, I, pp. 26-57, 1971a.

_____, "On the Convergence of the Variable Metric Algorithm," *Journal of the Institute of Mathematics and Its Applications*, 7, pp. 21-36, 1971b.

_____, "Quadratic Termination Properties of Minimization Algorithms I, II," *Journal of the Institute of Mathematics and Its Applications*, 10, pp. 333-342, 343-357, 1972.

_____, "On Search Directions for Minimization Algorithms," *Mathematical Programming*, 4, pp. 193-201, 1973.

_____, "Introduction to Constrained Optimization," in *Numerical Methods for Constrained Optimization*, P. E. Gill and W. Murray (Eds.), Academic Press, New York, NY, pp. 1-28, 1974.

_____, "Some Global Convergence Properties of a Variable Metric Algorithm for Minimization Without Exact Line Searches," in Nonlinear Programming: SIAM, AMS Proceedings, Vol. IX, R. W. Cottle and C. E. Lemke (Eds.), New York, NY, March 23-24, 1975, *American Mathematical Society*, Providence, RI, pp. 53-72, 1976.

_____, "Quadratic Termination Properties of Davidon's New Variable Metric Algorithm,"

Mathematical Programming, 12, pp. 141-147, 1977a.

_____, "Restart Procedures for the Conjugate Gradient Method," *Mathematical Programming,* 12, pp. 241-254, 1977b.

_____, "Algorithms for Nonlinear Constraints That Use Lagrangian Functions," *Mathematical Programming,* 14, 224-248, 1978a.

_____, "A Fast Algorithm for Nonlinearly Constrained Optimization Calculations," in Numerical Analysis, "Dundee 1977," G. A. Watson (Ed.), Lecture Notes in Mathematics, No. 630, Springer-Verlag, Berlin, 1978b.

_____, "The Convergence of Variable Metric Methods of Nonlinearly Constrained Optimization Calculations," in *Nonlinear Programming,* Vol. 3, O. L. Mangasarian, R. R. Meyer, and S. M. Robinson (Eds.), Academic Press, New York, NY, 1978c.

_____, "A Note on Quasi-Newton Formulae for Sparse Second Derivative Matrices," *Mathematical Programming,* 20, pp. 144-151, 1981.

_____, "Variable Metric Methods for Constrained Optimization," in *Mathematical Programming: The State of the Art,* A. Bachem, M. Grotschel, and B. Korte (Eds.), Springer-Verlag, New York, NY, pp. 288-311, 1983.

_____, "On the Quadratic Programming Algorithm of Goldfarb and Idnani," in Mathematical Programming Essays in Honor of George B. Dantzig, Part II, R. W. Cottle (Ed.), *Mathematical Programming Study,* No. 25, North-Holland, Amsterdam, The Netherlands, 1985a.

_____, "The Performance of Two Subroutines for Constrained Optimization on Some Difficult Test Problems," in *Numerical Optimization* 1984, P. T. Boggs, R. H. Byrd, and R. B. Schnabel (Eds.), *SIAM,* Philadelphia, PA, 1985b.

_____, "How Bad Are the BFGS and DFP Methods When the Objective Function Is Quadratic?" *DAMTP Report 85NA4,* University of Cambridge, Cambridge, 1985c.

_____, "Convergence Properties of Algorithms for Nonlinear Optimization," *SIAM Review,* 28(4), pp. 487-500, 1986.

_____, "Updating Conjugate Directions by the BFGS Formula," *Mathematical Programming,* 38, pp. 29-46, 1987.

_____, "On Trust Region Methods for Unconstrained Minimization Without Derivatives," *Mathematical Programming* B, 97(3), 605-623, 2003.

Powell, M. J. D., and P. L. Toint, "On the Estimation of Sparse Hessian Matrices," *SIAM Journal on Numerical Analysis,* 16, pp. 1060-1074, 1979.

Powell, M. J. D., and Y. Yuan, "A Recursive Quadratic Programming Algorithm That Uses Differentiable Penalty Functions," *Mathematical Programming,* 35, pp. 265-278, 1986.

Prager, W., "Mathematical Programming and Theory of Structures," *SIAM Journal on Applied Mathematics,* 13, pp. 312-332, 1965.

Prince, L., B. Purrington, J. Ramsey, and J. Pope, "Gasoline Blending at Texaco Using Nonlinear Programming," presented at the TIMS/ORSA Joint National Meeting, Chicago, IL, April 25-27, 1983.

Pshenichnyi, B. N., "Nonsmooth Optimization and Nonlinear Programming in Nonsmooth

Optimization," C. Lemarechal and R. Mifflin (Eds.), *IIASA Proceedings*, Vol. 3, Pergamon Press, Oxford, England, 1978.

Pugh, G. E., "Lagrange Multipliers and the Optimal Allocation of Defense Resources," *Operations Research*, 12, pp. 543-567, 1964.

_____, "On Trust Region Methods for Unconstrained Minimization Without Derivatives," *Mathematical Programming* B, 97(3), 605-623, 2003. "A Language for Nonlinear Programming Problems," *Mathematical Programming*, 2, pp. 176-206, 1972.

Raghavendra, V., and K. S. P. Rao, "A Note on Optimization Using the Augmented Penalty Function," *Journal of Optimization Theory and Applications*, 12, pp. 320-324, 1973.

Rani, O., and R. N. Kaul, "Duality Theorems for a Class of Nonconvex Programming Problems," *Journal of Optimization Theory and Applications*, 11, pp. 305-308, 1973.

Ratschek, H., and J. Rokne, "New Computer Methods/or Global Optimization," Ellis Horwood, Chichester, West Sussex, England, 1988.

Rauch, S. W., "A Convergence Theory for a Class of Nonlinear Programming Problems," *SIAM Journal on Numerical Analysis*, 10, pp. 207-228, 1973.

Reddy, P. J., H. J. Zimmermann, and A. Husain, "Numerical Experiments on DFP Method: A Powerful Function Minimization Technique," *Journal of Computational and Applied Mathematics*, 4, pp. 255-265, 1975.

Reid, J. K., "On the Method of Conjugate Gradients for the Solution of Large Sparse Systems of Equations," in *Large Sparse Sets of Linear Equations*, J. K. Reid (Ed.), Academic Press, London, England, 1971.

Reklaitis, G. V., and D. T. Phillips, "A Survey of Nonlinear Programming," *AIIE Transactions*, 7, pp. 235-256, 1975.

Reklaitis, G. V., and D. J. Wilde, "Necessary Conditions for a Local Optimum Without Prior Constraint Qualifications," in *Optimizing Methods in Statistics*, J. S. Rustagi (Ed.), Academic Press, New York, NY, 1971.

Renegar, J., "A Polynomial-Time Algorithm, Based on Newton's Method for Linear Programming," *Mathematical Programming*, 40, pp. 59-93, 1988.

_____, "On Trust Region Methods for Unconstrained Minimization Without Derivatives," *Mathematical Programming* B, 97(3), 605-623, 2003. "On Duality Without Convexity," *Journal of Mathematical Analysis and Applications*, 18, pp. 269-275, 1967.

Ritter, K., "A Method for Solving Maximum Problems with a Nonconcave Quadratic Objective Function," *Zeitschrift fur Wahrscheinlichkeitstheorie und Verwandte Gebiete*, 4, pp. 340-351, 1966.

_____, "A Method of Conjugate Directions for Unconstrained Minimization," *Operations Research Verfahren*, 13, pp. 293-320, 1972.

_____, "A Superlinearly Convergent Method for Minimization Problems with Linear Inequality Constraints," *Mathematical Programming*, 4, pp. 44-71, 1973.

Roberts, A. W., and D. E. Varberg, *Convex Functions*, Academic Press, New York, NY, 1973.

Robinson, S. M., "A Quadratically-Convergent Algorithm for General Nonlinear Programming Problems," *Mathematical Programming*, 3, pp. 145-156, 1972.

_____, "Computable Error Bounds for Nonlinear Programming," *Mathematical Programming*, 5, pp. 235-242, 1973.

_____, "Perturbed Kuhn-Tucker Points and Rates of Convergence for a Class of Nonlinear Programming Algorithms," *Mathematical Programming*, 7, pp. 1-16, 1974.

_____, "Generalized Equations and their Solutions, Part 11: Applications to Nonlinear Programming," in Optimality and Stability in Mathematical Programming, M. Guignard (Ed.), *Mathematical Programming Study*, No. 19, North-Holland, Amsterdam, The Netherlands, 1982.

_____, "Local Structure of Feasible Sets in Nonlinear Programming, Part 111: Stability and Sensitivity," *Mathematical Programming*, 30, pp. 45-66, 1987.

Robinson, S. M., and R. H. Day, "A Sufficient Condition for Continuity of Optimal Sets in Mathematical Programming," *Journal of Mathematical Analysis and Applications*, 45, pp. 506-511, 1974.

Robinson, S. M., and R. R. Meyer, "Lower Semicontinuity of Multivalued Linearization Mappings," *SIAM Journal on Control*, 11, pp. 525-533, 1973.

Rockafellar, R. T., "Minimax Theorems and Conjugate Saddle Functions," *Mathematica Scandinavica*, 14, pp. 151-173, 1964.

_____, "Extension of Fenchel's Duality Theorem for Convex Functions," *Duke Mathematical Journal*, 33, pp. 81-90, 1966.

_____, "A General Correspondence Between Dual Minimax Problems and Convex Programs," *Pacific Journal of Mathematics*, 25, pp. 597-612, 1968.

_____, "Duality in Nonlinear Programming," in *Mathematics of the Decision Sciences*, G. B. Dangtzig and A. Veinott (Eds.), *American Mathematical Society*, Providence, RI, 1969.

_____, *Convex Analysis*, Princeton University Press, Princeton, NJ, 1970.

_____, "A Dual Approach to Solving Nonlinear Programming Problems by Unconstrained Optimization," *Mathematical Programming*, 5, pp. 354-373, 1973a.

_____, "The Multiplier Method of Hestenes and Powell Applied to Convex Programming," *Journal of Optimization Theory and Applications*, 12, pp. 555-562, 1973b.

_____, "Augmented Lagrange Multiplier Functions and Duality in Nonconvex Programming," *SIAM Journal on Control*, 12, pp. 268-285, 1974.

_____, "Lagrange Multipliers in Optimization," in *Nonlinear Programming*, SIAM, AMS Proceedings, Vol. IX, R. W. Cottle and C. E. Lemke (Eds.), New York, NY, March 23-24, 1975; American Mathematical Society, Providence, RI, 1976.

_____, Optimization in Network, Lecture Notes, University of Washington, Seattle, WA, 1976.

_____, *The Theory of Subgradients and Its Applications to Problems of Optimization, Convex and Nonconvex Functions*, Heldermann Verlag, Berlin, 1981.

Rohn, J., "A Short Proof of Finiteness of Murty's Principal Pivoting Algorithm," *Mathematical Programming*, 46, pp. 255-256, 1990.

Roode, J. D., "Generalized Lagrangian Functions in Mathematical Programming," Ph. D. thesis, University of Leiden, Leiden, The Netherlands, 1968.

_____, "Generalized Lagrangian Functions and Mathematical Programming," in *Optimization*, R. Fletcher (Ed.), Academic Press, London, England, pp. 327-338, 1969.

Roos, C., and J.-P. Vial, "A Polynomial Method of Approximate Centers for Linear Programming," Report, Delft University of Technology, Delft, The Netherlands, 1988 (to appear in *Mathematical Programming*).

Rosen, J. B., "The Gradient Projection Method for Nonlinear Programming, I: Linear Constraints," *SIAM Journal on Applied Mathematics*, 8, pp. 181-217, 1960.

_____, "The Gradient Projection Method for Nonlinear Programming, 11: Nonlinear Constraints," *SIAM Journal on Applied Mathematics*, 9, pp. 514-553, 1961.

Rosen, J. B., and J. Kreuser, "A Gradient Projection Algorithm for Nonlinear Constraints," in *Numerical Methods for Nonlinear Optimization*, F. A. Lootsma (Ed.), 1972.

Rosen, J. B., and S. Suzuki, "Construction of Nonlinear Programming Test Problems," *Communications of the Association for Computing Machinery*, 8(2), p. 113, 1965.

Rosen, J. B., O. L. Mangasarian, and K. Ritter (Eds.), *Nonlinear Programming*, Academic Press, New York, NY, 1970.

Rosenbrock, H. H., "An Automatic Method for Finding the Greatest or Least Value of a Function," *Computer Journal*, 3, pp. 175-184, 1960.

Rothfarb, B., H. Frank, D. M. Rosenbaum, K. Steiglitz, and D. J. Kleitman, "Optimal Design of Offshore Natural-Gas Pipeline Systems," *Operations Research*, 18, pp. 992-1020, 1970.

Roy, S., and D. Solow, "A Sequential Linear Programming Approach for Solving the Linear Complementarity Problem," *Department of Operations Research*, Case Western Reserve University, Cleveland, OH, 1985.

Rozvany, G. I. N., *Optimal Design of Flexural Systems: Beams, Grillages, Slabs, Plates and Shells*, Pergamon Press, Elmsford, NY, 1976.

Rubio, J. E., "Solution of Nonlinear Optimal Control Problems in Hilbert Space by Means of Linear Programming Techniques," *Journal of Optimization Theory and Applications*, 30(4), pp. 643-661, 1980.

Rudin, W., *Principles of Mathematical Analysis*, 2nd ed., McGraw-Hill, New York, NY, 1964.

Rupp, R. D., "On the Combination of the Multiplier Method of Hestenes and Powell with Newton's Method," *Journal of Optimization Theory and Applications*, 15, pp. 167-187, 1975.

Russell, D. L., *Optimization Theory*, W.A. Benajmin, New York, NY, 1970.

RvaCev, V. L., "On the Analytical Description of Certain Geometric Objects," *Soviet Mathematics*, 4, pp. 1750-1753, 1963.

Ryoo, H. S., and N. V. Sahinidis, "Global Optimization of Nonconvex NLPs and MR\JLPs with Applications in Process Design," *Computers and Chemical Engineering*, 19(5), pp. 551-566, 1995.

Sahinidis, N. V., "BARON: A General Purpose Global Optimization Software Package," *Journal of Global Optimization*, 8, pp. 201-205, 1996.

Saigal, R., *Linear Programming: A Modern Integrated Analysis*, Kluwer Academic, Boston, MA, 1995.

_____, *Linear Programming: A Modern Integrated Analysis*, Kluwer's International Series in Operation Research and Management Science, Kluwer Academic, Boston, MA, 1996.

Sargent, R. W. H., "Minimization Without Constraints," in *Optimization and Design*, M. Avriel, M. J. Rijkaert, and D. J. Wilde (Eds.), 1973.

Sargent, R. W. H., and B. A. Murtagh, "Projection Methods for Nonlinear Programming," *Mathematical Programming*, 4, pp. 245-268, 1973.

Sargent, R. W. H., and D. J. Sebastian, "Numerical Experience with Algorithms for Unconstrained Minimizations," in *Numerical Methods for Nonlinear Optimization*, F. A. Lootsma (Ed.), 1972.

_____, "On the Convergence of Sequential Minimization: Algorithms," *Journal of Optimization Theory and Applications*, 12, pp. 567-575, 1973.

Sarma, P. V. L. N., and G. V. Reklaitis, "Optimization of a Complex Chemical Process Using an Equation Oriented Model," presented at 10th International Symposium on Mathematical Programming, Montreal, Quebec, Canada, Aug. 27-31, 1979.

Sasai, H., "An Interior Penalty Method for Minimax Problems with Constraints," *SIAM Journal on Control*, 12, pp. 643-649, 1974.

Sasson, A. M., "Nonlinear Programming Solutions for Load Flow, Minimum-Loss and Economic Dispatching Problems," *IEEE Transactions on Power Apparatus and Systems*, PAS-88, pp. 399-409, 1969a.

_____, "Combined Use of the Powell and Fletcher-Powell Nonlinear Programming Methods for Optimal Load Flows," *IEEE Transactions on Power Apparatus and Systems*, PAS-88, pp. 1530-1537, 1969b.

Sasson, A. M., F. Aboytes, R. Carenas, F. Gome, and F. Viloria, "A Comparison of Power Systems Static Optimization Techniques," in *Proceedings of the 7th Power Industry Computer Applications Conference*, Boston, MA, pp. 329-337, 1971.

Sasson, A. M., and H. M. Merrill, "Some Applications of Optimization Techniques to Power Systems Problems," *Proceedings of the IEEE*, 62, pp. 959-972, 1974.

Savage, S. L., "Some Theoretical Implications of Local Optimization," *Mathematical Programming*, 10, pp. 356-366, 1976.

Schaible, S., "Quasi-convex Optimization in General Real Linear Spaces," *Zeitschrift für Operations Research A*, 16, pp. 205-213, 1972.

_____, "Quasi-concave, Strictly Quasi-concave and Pseudo-concave Functions," *Operations Research Verfahren*, 17, pp. 308-316, 1973a.

_____, "Quasi-concavity and Pseudo-concavity of Cubic Functions," *Mathematical Programming*, 5, pp. 243-247, 1973b.

_____, "Parameter-Free Convex Equivalent and Dual Programs of Franctional Programming Problems," *Zeitschrift für Operations Research A*, 18, pp. 187-196, 1974a.

_____, "Maximization of Quasi-concave Quotients and Products of Finitely Many Functionals," *Cahiers Centre Etudes Rechérche Opérationelle*, 16, pp. 45-53, 1974b.

_____, "Duality in Fractional Programming: A Unified Approach," *Operations Research*, 24, pp. 452-461, 1976.

_____, "Generalized Convexity of Quadratic Functions," in *Generalized Concavity in Optimization and Economics*, S. Schaible and W. T. Ziemba (Eds.), Academic Press, New York, NY, pp. 183-197, 1981a.

_____, "Quasiconvex, Pseudoconvex, and Strictly Pseudoconvex Quadratic Functions," *Journal of optimization Theory and Applications*, 35, pp. 303-338, 1981b.

_____, "Multi-Ratio Fractional Programming Analysis and Applications," Working Paper 90-4, Graduate School of Management, University of California, Riverside, CA, 1989.

Schaible, S., and W. T. Ziemba, *Generalized Concavity in Optimization and Economics*, Academic Press, San Diego, CA, 1981.

Schechter, S., "Minimization of a Convex Function by Relaxation," in *Integer and Nonlinear Programming*, J. Abadie (Ed.), 1970.

Schittkowski, K., "Nonlinear Programming Codes: Information, Tests, Performance," in *Lecture Notes in Economics and Mathematical Systems*, Vol. 183, Springer-Verlag, New York, NY, 1980.

_____, "The Nonlinear Programming Method of Wilson, Han, and Powell with an Augmented Lagrangian Type Line Search Function, I: Convergence Analysis," *Numerical Mathematics*, 38, pp. 83-114, 1981.

_____, "On the Convergence of a Sequential Quadratic Programming Method with an Augmented Lagrangian Line Search Function," *Mathematische Operationsforschung und Statistik, Series Optimization*, 14, pp. 197-216, 1983.

Schrage, L., *Linear, Integer, and Quadratic Programming with LINDO*, Scientific Press, Palo Alto, CA, 1984.

Scott, C. H., and T. R. Jefferson, "Duality for Minmax Programs," *Journal of Mathematical Analysis and Applications*, 100(2), pp. 385-392, 1984.

_____, "Conjugate Duality in Generalized Fractional Programming," *Journal of Optimization Theory and Applications*, 60(3), pp. 475-487, 1989.

Sen, S., and H. D. Sherali, "On the Convergence of Cutting Plane Algorithms for a Class of Nonconvex Mathematical Problems," *Mathematical Programming*, 31(1), pp. 42-56, 1985a.

_____, "A Branch and Bound Algorithm for Extreme Point Mathematical Programming Problems," *Discrete Applied Mathematics*, 11, pp. 265-280, 1985b.

_____, "Facet Inequalities from Simple Disjunctions in Cutting Plane Theory," *Mathematical Programming*, 34(1), pp. 72-83, 1986a.

_____, "A Class of Convergent Primal-Dual Subgradient Algorithms for Decomposable Convex Programs," *Mathematical Programming*, 35(3), pp. 279-297. 1986b.

Sengupta, J. K., *Stochastic Programming: Methods and Applications*, American Elseiver, New York, NY, 1972.

Sengupta, J. K., and J. H. Portillo-Campbell, "A Fractile Approach to Linear Programming under Risk," *Management Science*, 16, pp. 298-308, 1970.

Sengupta, J. K., G. Tintner, and C. Millham, "On Some Theorems in Stochastic Linear Programming with Applications," *Management Science*, 10, pp. 143-159, 1963.

Shah, B. V., R. J. Beuhler, and O. Kempthome, "Some Algorithms for Minimizing a

Function of Several Variables," *SIAM Journal on Applied Mathematics*, 12, pp. 74-92, 1964.

Shamir, D., "Optimal Design and Operation of Water Distribution Systems," *Water Resources Research*, 10, pp. 27-36, 1974.

Shanno, D. F., "Conditioning of Quasi-Newton Methods for Function Minimizations," *Mathematics of Computation*, 24, pp. 641-656, 1970.

_____, "Conjugate Gradient Methods with Inexact Line Searches," *Mathematics of Operations Research*, 3, pp. 244-256, 1978.

_____, "On Variable Metric Methods for Sparse Hessians," *Mathematics of Computation*, 34, pp. 499-514, 1980.

Shanno, D. F., and R. E. Marsten, "Conjugate Gradient Methods for Linearly Constrained Nonlinear Programming," *Mathematical Programming Study*, 16, pp. 149-161, 1982.

Shanno, D. F., and K.-H. Phua, "Matrix Conditioning and Nonlinear Optimization," *Mathematical Programming*, 14, pp. 149-160, 1978a.

Shanno, D. F., and K. H. Phua, "Numerical Comparison of Several Variable Metric Algorithms," *Journal of Optimization Theory and Applications*, 25, pp. 507-518, 1978b.

Shapiro, J. F., *Mathematical Programming: Structures and Algorithms*, Wiley, New York, NY, 1979a.

_____, "A Survey of Lagrangian Techniques for Discrete Optimization," *Annals of Discrete Mathematics*, 5, pp. 113-138, 1979b.

Sharma, I. C., and K. Swarup, "On Duality in Linear Fractional Functionals Programming," *Zeitschrifur Operations Research A*, 16, pp. 91-100, 1972.

Shectman, J. P., and N. V. Sahinidis, "A Finite Algorithm for Global Minimization of Separable Concave Programs," in *State of the Art in Global Optimization*, C. A. Floudas and P. M. Pardalos (Eds.), Kluwer Academic, Dordrecht, The Netherlands, pp. 303-338, 1996.

Sherali, H. D., "A Multiple Leader Stackelberg Model and Analysis," *Operations Research*, 32(2), pp. 390-404, 1984.

_____, "A Restriction and Steepest Descent Feasible Directions Approach to a Capacity Expansion Problem," *European Journal of Operational Research*, 19(3), pp. 345-361, 1985.

_____, "Algorithmic Insights and a Convergence Analysis for a Karmarkar-type of Algorithm for Linear Programs," *Naval Research Logistics Quarterly*, 34, pp. 399-416, 1987a.

_____, "A Constructive Proof of the Representation Theorem for Polyhedral Sets Based on Fundamental Definitions," *American Journal of Mathematical and Management Sciences*, 7(3/4), pp. 253-270, 1987b.

_____, "Dorn's Duality for Quadratic Programs Revisited: The Nonconvex Case," *European Journal of Operational Research*, 65(3), pp. 417-424, 1993.

_____, "Convex Envelopes of Multilinear Functions Over a Unit Hypercube and Over Special Discrete Sets," *ACTA Mathematica Vietnamica*, special issue in honor of Professor Hoang Tuy N. V. Trung and D. T. Luc (Eds.), 22(1), pp. 245-270, 1997.

_____, "Global Optimization of Nonconvex Polynomial Programming Problems Having Rational Exponents," *Journal of Global Optimization*, 12(3), pp. 267-283, 1998.

_____, "Tight Relaxations for Nonconvex Optimization Problems Using the Reformulation-Linearization-Konvexification Technique (FUT)," *Handbook of Global Optimization, Vol. 2; Heuristic Approaches*, P. M. Pardalos and H. E. Romeijn (Eds.), Kluwer Academic, Boston, MA, pp. 1-63, 2002.

Sherali, H. D., and W. P. Adams, "A Decomposition Algorithm for a Discrete Location-Allocation Problem," *Operations Research*, 32(4), pp. 878-900, 1984.

_____, "A Hierarchy of Relaxations Between the Continuous and Convex Hull Representations for Zero-One Programming Problems," *SIAM Journal on Discrete Mathematics*, 3(3), pp. 411-430, 1990.

Sherali, H. D., and W. P. Adams, "A Hierarchy of Relaxations and Convex Hull Characterizations for Mixed-Integer Zero-One Programming Problems," *Discrete Applied Mathematics*, 52, pp. 83-106, 1994.

_____, *A Reformulation-Linearization Technique for Solving Discrete and Continuous Nonconvex Problems*, Kluwer Academic, Boston, MA, 1999.

Sherali, H. D., W. P. Adams, and P. Driscoll, "Exploiting Special Structures in Constructing a Hierarchy of Relaxations for 0-1 Mixed Integer Problems," *Operations Research*, 46(3), pp. 396-105, 1998.

Sherali, H. D., and A. Alameddine, "An Explicit Characterization of the Convex Envelope of a Bivariate Bilinear Function over Special Polytopes," in Annals of Operations Research, Computational Methods in Global Optimization, P. Pardalos and J. B. Rosen (Eds.), Vol. 25, pp. 197-210, 1990.

_____, "A New Reformulation-Linearization Algorithm for Solving Bilinear Programming Problems," *Journal of Global Optimization*, 2, pp. 379-410, 1992.

Sherali, H. D., I. Al-Loughani, and S. Subramanian, "Global Optimization Procedures for the Capacitated Euclidean and FP Distance Multifacility Location-Allocation Problems," *Operations Research*, 50(3), pp. 433448, 2002.

Sherali, H. D., and G. Choi, "Recovery of Primal Solutions When Using Subgradient Optimization Methods to Solve Lagrangian Duals of Linear Programs," *Operations Research Letters*, 19(3), pp. 105-113, 1996.

Sherali, H. D., G. Choi, and Z. Ansari, "Limited Memory Space Dilation and Reduction Algorithms," *Computational Optimization and Applications*, 19(1), pp. 55-77, 2001a.

Sherali, H. D., G. Choi, and C. H. Tuncbilek, "A Variable Target Value Method for Nondifferentiable Optimization," *Operations Research Letters*, 26(1), pp. 1-8, 2000,

Sherali, H. D., and J. Desai, "On Using RLT to Solve Polynomial, Factorable, and Black-Box Optimization Problems," manuscript, Department of Industrial and Systems Engineering, Virginia Polytechnic Institute and State University, Blacksburg, VA, 2004.

Sherali, H. D., and S. E. Dickey, "An Extreme Point Ranking Algorithm for the Extreme Point Mathematical Programming Problem," *Computers and Operations Research*, 13(4), pp. 465-475, 1986.

Sherali, H. D., and B. M. P. Fraticelli, "Enhancing RLT Relaxations via a New Class of Semidefinite Cuts," *Journal of Global Optimization*, special issue in honor of Professor Reiner Horst, P. M. Pardalos and N. V. Thoai (Eds.), 22(1/4), pp. 233-261, 2002.

Sherali, H. D. and Ganesan, V. "A Pseudo-global Optimization Approach with Application to the Design of Containerships," *Journal of Global Optimization*, 26(4), pp. 335-360, 2003.

Sherali, H. D., R. S. Krishnamurthy, and F. A. Al-Khayyal, "An Enhanced Intersection Cutting Plane Approach for Linear Complementarity Problems," *Journal of Optimization Theory and Applications*, 90(1), pp. 183-201, 1996.

_____, "Enumeration Approach for Linear Complementarity Problems Based on a Reformulation-Linearization Technique," *Journal of Optimization Theory and Applications*, 99(2), pp. 481-507, 1998.

Sherali, H. D., and C. Lim, "On Embedding the Volume Algorithms in a Variable Target Value Method: Application to Solving Lagrangian Relaxations of Linear Programs," *Operations Research Letters*, 32(5), pp. 455-462, 2004.

_____, "Enhancing Lagrangian Dual Optimization for Linear Programs by Obviating Nondifferentiability," *INFORMS Journal on Computing*, to appear, 2005.

Sherali, H. D., and D. C. Myers, "The Design of Branch and Bound Algorithms for a Class of Nonlinear Integer Programs," *Annals of Operations Research, Special Issue on Algorithms and Software for Optimization*, C. Monma (Ed.), 5, pp. 463-484, 1986.

_____, "Dual Formulations and Subgradient Optimization Strategies for Linear Programming Relaxations of Mixed-Integer Programs," *Discrete Applied Mathematics*, 20, pp. 51-68, 1988.

Sherali, H. D., and S. Sen, "A Disjunctive Cutting Plane Algorithm for the Extreme Point Mathematical Programming Problem," *Opsearch (Theory)*, 22(2), pp. 83-94, 1985a.

_____, "On Generating Cutting Planes from Combinatorial Disjunctions," *Operations Research*, 33(4), pp. 928-933, 1985b.

Sherali, H. D., and C. M. Shetty, "A Finitely Convergent Algorithm for Bilinear Programming Problems Using Polar Cuts and Disjunctive Face Cuts," *Mathematical Programming*, 19, pp. 14-31, 1980a.

_____, "On the Generation of Deep Disjunctive Cutting Planes," *Naval Research Logistics Quarterly*, 27(3), pp. 453-475, 1980b.

_____, *Optimization with Disjunctive Constraints*, Series in Economics and Mathematical Systems, Publication 181, Springer-Verlag, New York, NY, 1980c.

_____, "A Finitely Convergent Procedure for Facial Disjunctive Programs," *Discrete Applied Mathematics*, 4, pp. 135-148, 1982.

_____, "Nondominated Cuts for Disjunctive Programs and Polyhedral Annexation Methods," *Opsearch* (Theory), 20(3), pp. 129-144, 1983.

Sherali, H. D., B. O. Skarpness, and B. Kim, "An Assumption-Free Convergence Analysis for a Perturbation of the Scaling Algorithm for Linear Programming with Application to the L_1 Estimation Problem," *Naval Research Logistics Quarterly*, 35, pp. 473-492, 1988.

Sherali, H. D., and A. L. Soyster, "Analysis of Network Structured Models for Electric Utility Capacity Planning and Marginal Cost Pricing Problems," in *Energy Models and Studies: Studies in Management Science and Systems Series*, B. Lev (Ed.), North-Holland, Amsterdam, pp. 113-134, 1983.

Sherali, H. D., A. L. Soyster, and F. H. Murphy, "Stackelberg-Nash-Cournot Equilibria: Characterization and Computations," *Operations Research*, 31(2), pp. 253-276, 1983.

Sherali, H. D., and K. Staschus, "A Nonlinear Hierarchical Approach for Incorporating Solar Generation Units in Electric Utility Capacity Expansion Plans," *Computers and Operations Research*, 12(2), pp. 181-199, 1985.

Sherali, H. D., S. Subramanian, and G. V. Loganathan, "Effective Relaxations and Partitioning Schemes for Solving Water Distribution Network Design Problems to Global Optimality," *Journal of Global Optimization*, 19, pp. 1-26, 2001b.

Sherali, H. D., and G. H. Tuncbilek, "A Global Optimization Algorithm for Polynomial Programming Problems Using a Reformulation-Linearization Technique," *Journal of Global Optimization*, 2, pp. 101-112, 1992.

_____, "A Reformulation-Convexification Approach for Solving Nonconvex Quadratic Programming Problems," *Journal of Global Optimization*, 7, pp. 1-31, 1995.

_____, "Comparison of Two Reformulation-Linearization Technique Based Linear Programming Relaxations for Polynomial Programming Problems," *Journal of Global Optimization*, 10, pp. 381-390, 1997a.

_____, "New Reformulation-Linearization- Convexification Relaxations for Univariate and Multivariate Polynomial Programming Problems," *Operations Research Letters*, 21(I), pp. 1-10, 1997b.

Sherali, H. D., and O. Ulular, "A Primal-Dual Conjugate Subgradient Algorithm for Specially Structured Linear and Convex Programming Problems," *Applied Mathematics and Optimization*, 20(2), pp. 193-221, 1989.

_____, "Conjugate Gradient Methods Using Quasi-Newton Updates with Inexact Line Searches," *Journal of Mathematical Analysis and Applications*, 150(2), pp. 359-377, 1990.

Sherali, H. D., and H. Wang, "Global Optimization of Nonconvex Factorable Programming Problems," *Mathematical Programming*, 89(3), pp. 459-478, 2001.

Sherman, A. H., "On Newton Iterative Methods for the Solution of Systems of Nonlinear Equations," *SIAM Journal on Numerical Analysis*, 15, pp. 755-771, 1978.

Shetty, C. M., "A Simplified Procedure for Quadratic Programming," *Operations Research*, 11, pp. 248-260, 1963.

Shetty, C. M., and H. D, Sherali, "Rectilinear *Distance Location-Allocation Problem: A Simplex Based Algorithm*," in *Proceedings of the International Symposium on Extremal Methods and Systems Analyses*, Vol. 174, Springer-Verlag, Berlin, pp. 442-464, 1980.

Shiau, T.-H., "Iterative Linear Programming for Linear Complementarity and Related Problems," Computer Sciences Technical Report 507, University of Wisconsin, Madison, WI, August 1983.

Shor, N. Z., "On the Rate of Convergence of the Generalized Gradient Method," *Kibernetika*, 4(3), pp. 98-99, 1968.

_____, "Convergence Rate of the Gradient Descent Method with Dilatation of the Space," *Cybernetics*, 6(2), pp. 102-108, 1970.

_____, "Convergence of Gradient Method with Space Dilatation in the Direction of the

Difference Between Two Successive Gradients," *Kibernetika*, 11 (4), pp. 48-53, 1975.

_____, "New Development Trends in Nondifferentiable Optimization," translated from *Kibernetika*, 6, pp. 87-91, 1977a.

_____, "The Cut-off Method with Space Dilation for Solving Convex Programming Problems," *Kibernetika*, 13, pp. 94-95, 1977b.

_____, *Minimization Methods for Non-differentiable Functions* (translated from Russian), Springer-Verlag, New York, NY, 1985.

_____, "Dual Quadratic Estimates in Polynomial and Boolean Programming," *Annals of Operations Research*, 25(1/4), pp. 163-168, 1990.

Siddal, J. N., *Analytical Decision-Making in Engineering Design*, Prentice-Hall, Englewood Cliffs, NJ, 1972.

Simonnard, M., *Linear Programming* (translated by W. S. Jewell), Prentice-Hall, Englewood Cliffs, NJ, 1966.

Sinha, S. M., "An Extension of a Theorem on Supports of a Convex Function," *Management Science*, 12, pp. 380-384, 1966a.

_____, "A Duality Theorem for Nonlinear Programming," *Management Science*, 12, pp. 385-390, 1966b.

Sinha, S . M., and K. Swarup, "Mathematical Programming: A Survey," *Journal of Mathematical Sciences*, 2, pp. 125-146, 1967.

Sion, M., "On General Minmax Theorems," *Pacific Journal of Mathematics*, 8, pp. 171-176, 1958.

Slater, M., "Lagrange Multipliers Revisited: A Contribution to Nonlinear Programming," *Cowles Commission Discussion Paper, Mathematics*, No. 403, 1950.

Smeers, Y., "A Convergence Proof of a Special Version of the Generalized Reduced Gradient Method, (GRGS)," *R.A.I.R.O.*, 5(3), 1974.

_____, "Generalized Reduced Gradient Method as an Extension of Feasible Directions Methods," *Journal of Optimization Theory and Applications*, 22(2), pp. 209-226, 1977.

Smith, S., and L. Lasdon, "Solving Large Sparse Nonlinear Programs Using GRG," *ORSA Journal on Computing*, 4(1), pp. 2-15, 1992.

Soland, R. M., "An Algorithm for Separable Nonconvex Programming Problems, 11," *Management Science*, 17, pp. 759-773, 1971.

_____, "An Algorithm for Separable Piecewise Convex Programming Problems," *Naval Research Logistics Quarterly*, 20, pp. 325-340, 1973.

Solow, D., and P. Sengupta, "A Finite Descent Theory for Linear Programming, Piecewise Linear Minimization and the Linear Complementarity Problem," *Naval Research Logistics Quarterly*, 32, pp. 417-431, 1985.

Sonnevand, Gy., "An Analytic Centre for Polyhedrons and New Classes of Global Algorithms for Linear (Smooth, Convex) Programming," Preprint, *Department of Numerical Analysis, Institute of Mathematics, Eotvos University*, Budapest, Hungary, 1985.

Sorensen and R. J.-B. Wets (Eds.), *Mathematical Programming Study*, No. 17, North-Holland, Amsterdam, 1982a.

Sorensen, D. C., *Trust Region Methods for Unconstrained Optimization, Nonlinear Optimization*, Academic Press, New York, NY, 1982a.

_____, "Newton's Method with a Model Trust Region Modification," *SIAM Journal on Numerical Analysis*, 19, pp. 409-426, 1982b.

Sorenson, H. W., "Comparison of Some Conjugate Directions Procedures for Function Minimization," *Journal of the Franklin Institute*, 288, pp. 421-441, 1969.

Spendley, W., "Nonlinear Least Squares Fitting Using a Modified Simplex Minimization Method," in *Optimization*, R. Fletcher (Ed.), 1969.

Spendley, W., G. R. Hext, and F. R. Himsworth, "Sequential Application of Simplex Designs of Optimization and Evolutionary Operations," *Technometrics*, 4, pp. 441-461, 1962.

Steur, R. E., *Multiple Criteria Optimization: Theory, Computation, and Application*, Wiley, New York, NY, 1986.

Stewart, G. W., III, "A Modification of Davidon's Minimization Method to Accept Difference Approximations of Derivatives," *Journal of the Association for Computing Machinery*, 14, pp. 72-83, 1967.

Stewart, G. W., *Introduction to Matrix Computations*, Academic Press, New York, NY, 1973.

Stocker, D. C., *A Comparative Study of Nonlinear Programming Codes*, M.S. thesis, University of Texas, Austin, TX, 1969.

Stoer, J., "Duality in Nonlinear Programming and the Minimax Theorem," *Nurnerische Mathematik*, 5, pp. 371-379, 1963.

_____, "Foundations of Recursive Quadratic Programming Methods for Solving Nonlinear Programs," in *Computational Mathematical Programming*, K. Schittkowski (Ed.), NATO ASI Series, Series F: Computer and Systems Sciences, 15, Springer-Verlag, Berlin, pp. 165-208, 1985.

Stoer, J., and C. Witzgall, Convexity and Optimization in Finite Dimensions, Vol. 1, Springer-Verlag, New York, NY, 1970.

Straeter, T. A., and J. E. Hogge, "A Comparison of Gradient Dependent Techniques for the Minimization of an Unconstrained Function of Several Variables," *Journal of the American Institute of Aeronautics and Astronautics*, 8, pp. 2226-2229, 1970.

Strodiot, J. J., and V. H. Nguyen, "Kuhn-Tucker Multipliers and Non-Smooth Programs," in Optimality, Duality, and Stability, M. Guignard (Ed.), *Mathematical Programming Study*, No. 19, pp. 222-240, 1982.

Swann, W. H., "Report on the Development of a New Direct Search Method of Optimization," Research Note 6413, Imperial Chemical Industries Ltd. Central Instruments Research Laboratory, London, England, 1964.

Swamp, K., "Linear Fractional Functionals Programming," *Operations Research*, 13, pp. 1029-1035, 1965.

_____, "Programming with Quadratic Fractional Functions," *Opsearch*, 2, pp. 23-30. 1966.

Szego, G. P. (Ed.), *Minimization Algorithms: Mathematical Theories and Computer Results*, Academic Press, New York, NY, 1972.

Tabak, D., "Comparative Study of Various Minimization Techniques Used in Mathematical

Programming," *IEEE Transactions on Automatic Control*, AC-14, p. 572, 1969.

Tabak, D., and B. C. Kuo, *Optimal Control by Mathematical Programming*, Prentice-Hall, Englewood Cliffs, NJ, 1971.

Taha, H. A., "Concave Minimization over a Convex Polyhedron," *Naval Research Logistics Quarterly*, 20, pp. 533-548, 1973.

Takahashi, I., "Variable Separation Principle for Mathematical Programming," *Journal of the Operations Research Society of Japan*, 6, pp. 82-105, 1964.

Tamir, A., "Line Search Techniques Based on Interpolating Polynomials Using Function Values Only," *Management Science*, 22(5), pp. 576-586, 1976.

Tamura, M., and Y. Kobayashi, "Application of Sequential Quadratic Programming Software Program to an Actual Problem," *Mathematical Programming*, 52(1), pp. 19-28, 1991.

Tanabe, K., "An Algorithm for the Constrained Maximization in Nonlinear Programming," *Journal of the Operations Research Society of Japan*, 17, pp. 184-201, 1974.

Tapia, R. A., "Newton's Method for Optimization Problems with Equality Constraints," *SIAM Journal on Numerical Analysis*, 11, pp. 874-886, 1974a.

_____, "A Stable Approach to Newton's Method for General Mathematical Programming Problems in R^n," *Journal of Optimization Theory and Applications*, 14, pp. 453-476, 1974b.

_____, "Diagonalized Multiplier Methods and Quasi-Newton Methods for Constrained Optimization," *Journal of Optimization Theory and Applications*, 22, pp. 135-194, 1977.

_____, "Quasi-Newton Methods for Equality Constrained Optimization: Equivalents of Existing Methods and New Implementations," *Symposium on Nonlinear Programming III*, O. Mangasarian, R. Meyer, and S. Robinson (Eds.), Academic Press, New York, NY, pp. 125-164, 1978.

Tapia, R. A., and Y. Zhang, "A Polynomial and Superlinearly Convergent Primal-Dual Interior Algorithm for Linear Programming," in Joint National TIMS/ORSA Meeting, Nashville, TN, May 12-15, 1991.

Tapia, R. A., Y. Zhang, and Y. Ye, "On the Convergence of the Iteration Sequence in Primal-Dual Interior-Point Methods," *Mathematical Programming*, 68, pp. 141-154, 1995.

Taylor, A. E., and W. R. Mann, *Advanced Calculus*, 3rd ed., Wiley, New York, NY, 1983.

Teng, J. Z., "Exact Distribution of the Kruksal-Wallis *H* Test and the Asymptotic Efficiency of the Wilcoxon Test with Ties," Ph.D. thesis, University of Wisconsin, Madison, WI, 1978.

Terlaky, T., *Interior Point Methods of Mathematical Programming*, Kluwer Academic, Boston, MA, 1998.

Thakur, L. S., "Error Analysis for Convex Separable Programs: The Piecewise Linear Approximation and the Bounds on the Optimal Objective Value," *SIAM Journal on Applied Mathematics*, 34, pp. 704-714, 1978.

Theil, H., and C. van de Panne, "Quadratic Programming as an Extension of Conventional Quadratic Maximization," *Management Science*, 7, pp. 1-20, 1961.

Thompson, W. A., and D. W. Parke, "Some Properties of Generalized Concave Functions,"

Operations Research, 21, pp. 305-313, 1973.

Todd, M. J., "A Generalized Complementary Pivoting Algorithm," *Mathematical Programming*, 6, pp. 243-263, 1974.

_____, "The Symmetric Rank-One Quasi-Newton Method Is a Space-Dilation Subgradient Algorithm," *Operations Research Letters*, 5(5), pp. 217-220, 1986.

_____, "Recent Developments and New Directions in Linear Programming," in *Mathematical Programming*, M. Iri and K. Tanabe (Eds.), KTK Scientific, Tokyo, pp. 109-157, 1989.

Toint, P .L., "On the Superlinear Convergence of an Algorithm for Solving a Sparse Minimization Problem," *SIAM Journal on Numerical Analysis*, 16, pp. 1036-1045, 1979.

Tomlin, J. A., "On Scaling Linear Programming Problems," in *Computational Practice in Mathematical Programming*, M. L. Balinski and E. Hellerman (Eds.), 1975.

Tone, K., "Revisions of Constraint Approximations in the Successive QP Method for Nonlinear Programming," *Mathematical Programming*, 26, pp. 144-152, 1983.

Topkis, D. M., and A. F. Veinott, "On the Convergence of Some Feasible Direction Algorithms for Nonlinear Programming," *SIAM Journal on Control*, 5, pp. 268-279, 1967.

Torsti, J. J., and A. M. Aurela, "A Fast Quadratic Programming Method for Solving Ill-Conditioned Systems of Equations," *Journal of Mathematical Analysis and Applications*, 38, pp. 193-204, 1972.

Tripathi, S. S., and K. S. Narendra, "Constrained Optimization Problems Using Multiplier Methods," *Journal of Optimization Theory and Applications*, 9, pp. 59-70, 1972.

Tucker, A. W., "Linear and Nonlinear Programming," *Operations Research*, 5, pp. 244-257, 1957.

_____, "A Least-Distance Approach to Quadratic Programming," in *Mathematics of the Decision Sciences*, G. B. Dantzig and A. F. Veinott (Eds.), 1968.

_____, "A Least Distance Programming," in *Proceedings of the Princeton Conference on Mathematical Programming*, H. W. Kuhn (Ed.), Princeton, NJ, 1970.

Tuy, H., "Concave Programming Under Linear Constraints" (Russian), *English translation in Soviet Mathematics*, 5, pp. 1437-1440, 1964.

Umida, T., and A. Ichikawa, "A Modified Complex Method for Optimization," *Journal of Industrial and Engineering Chemistry Products Research and Development*, 10, pp. 236-243, 1971.

Uzawa, H., "*The Kuhn-Tucker Theorem in Concave Programming*," in Studies in Linear and Nonlinear Programming, K. J. Arrow, L. Hurwicz, and H. Uzawa (Eds.), 1958a.

_____, "*Gradient Method for Concave Programming*, 11," in Studies in Linear and Nonlinear Programming, K. J. Arrow, L. Hurwicz, and H. Uzawa (Eds.), 1958b.

_____, "*Iterative Methods for Concave Programming*," in Studies in Linear and Nonlinear Programming, K. J. Arrow, L. Hurwicz, and H. Uzawa (Eds.), 1958c.

_____, "Market Mechanisms and Mathematical Programming," *Econometrica*, 28, pp. 872-880, 1960.

_____, "Duality Principles in the Theory of Cost and Production," *International Economic Review*, 5, pp. 216-220, 1964.

Vaidya, P. M., "An Algorithm for Linear Programming which Requires $O(((m+n)n^2+(m+n)^{1/5}5n)L)$ Arithmetic Operations," *Mathematical Programming*, 47, pp. 175-201, 1990.

Vaish, H., "Nonconvex Programming with Applications to Production and Location Problems," Ph. D. dissertation, Georgia Institute of Technology, Atlanta, GA, 1974.

Vaish, H., and C. M. Shetty, "The Bilinear Programming Problem," *Naval Research Logistics Quarterly*, 23, pp. 303-309, 1976.

_____, "A Cutting Plane Algorithm for the Bilinear Programming Problem," *Naval Research Logistics Quarterly*, 24, pp. 83-94, 1977.

Vajda, S., *Mathematical Programming*, Addison-Wesley, Reading, MA, 1961.

_____, "Nonlinear Programming and Duality," in *Nonlinear Programming*, J. Abadie (Ed.), 1967.

_____, "Stochastic Programming," in *Integer and Nonlinear Programming*, J. Abadie (Ed.), 1970.

_____, *Probabilistic Programming*, Academic Press, New York, NY, 1972.

_____, *Theory of Linear and Non-Linear Programming*, Longman, London, 1974a.

_____, "Tests of Optimality in Constrained Optimization," *Journal of the Institute of Mathematics and Its Applications*, 13, pp. 187-200, 1974b.

Valentine, F. A., *Convex Sets*, McGraw-Hill, New York, NY, 1964.

Van Bokhoven, W. M. G., "Macromodelling and Simulation of Mixed Analog-Digital Networks by a Piecewise Linear System Approach," *IEEE 1980 Circuits and Computers*, pp. 361-365, 1980.

Vanderbei, R. J., *Linear Programming: Foundations and Extensions*, Kluwer's International Series in Operation Research and Management Science, Kluwer Academic, Boston, 1996.

Vanderbussche, D., and G. Nemhauser, "Polyhedral Approaches to Solving Nonconvex QPs," presented at the INFORMS Annual Meeting, Altanta, GA, October 19-22, 2003.

_____, "A Polyhedral Study of Nonconvex Quadratic Programs with Box Constraints," *Mathematical Programming*, 102(3), pp. 531-558, 2005a.

_____, "A Branch-and-Cut Algorithm for Nonconvex Quadratic Programs with Box Constraints," *Mathematical Programming*, 102(3), pp. 559-576, 2005b.

Vandergraft, J. S., *Introduction to Numerical Computations*, Academic Press, Orlando, FL, 1983.

Varaiya, O., "Nonlinear Programming in Banach Spaces," *SIAM Journal on Applied Mathematics*, 15, pp. 284-293, 1967.

Varaiya, P. P., *Notes on Optimization*, Van Nostrand Reinhold, New York, NY, 1972.

Veinott, A. F., "The Supporting Hyperplane Method for Unimodal Programming," *Operations Research*, 15, pp. 147-152, 1967.

Visweswaran, V., and C. A. Floudas, "Unconstrained and Constrained Global Optimization of Polynomial Functions in One Variable," *Journal of Global Optimization*, 2, pp. 73-99, 1992.

_____, "New Properties and Computational Improvement of the COP Algorithm for Problems with Quadratic Objective Function and Constraints," *Journal of Global*

Optimization, 3, pp. 439-462, 1993.

Von Neumann, J., "Zür Theorie der Gesellschafisspiele," *Mathematische Annalen*, 100, pp. 295-320, 1928.

Von Neumann, J., and O. Morgenstern, *Theory of Games and Economic Behavior*, Princeton University Press, Princeton, NJ, 1947.

Wall, T. W., D. Greening, and R. E. D. Woolsey, "Solving Complex Chemical Equilibria Using a Geometric-Programming Based Technique," *Operations Research*, 34, pp. 345-355, 1986.

Walsh, G. R., *Methods of Optimization*, Wiley, New York, NY, 1975.

Walsh, S., and L. C. Brown, "Least Cost Method for Sewer Design," *Journal of Environmental Engineering Division*, American Society of Civil Engineers, 99-EE3, pp. 333-345, 1973.

Waren, A. D., M. S. Hung, and L. S. Lasdon, "The Status of Nonlinear Programming Software: An Update," *Operations Research*, 35(4), pp. 489-5:03, 1987.

Wasil, E., B. Golden, and L. Liu, "State-of-the-Art in Nonlinear Optimization Software for the Microcomputer," *Computers and Operations Research*, 16(6), pp. 497-512, 1989.

Watanabe, N., Y. Nishimura, and M. Matsubara, "Decomposition in Large System Optimization Using the Method of Multipliers," *Journal of Optimization Theory and Applications*, 25(2), pp. 181-193, 1978.

Watson, G. A., "A Class of Programming Problems Whose Objective Function Contains a Norm," *Journal of Approximation Theory*, 23, pp. 401-411, 1978.

_____, "The Minimax Solution of an Overdetermined System of Nonlinear Equations," *Journal of the Institute for Mathematics Applications*, 23, pp. 167-180, 1979.

Watson, L. T., S. C. Billups, and A. P. Morgan, "Algorithm 652 HOMPACK: A Suite of Codes for Globally Convergent Homotopy Algorithms," *ACM Transactions on Mathematical Software*, 13(3), pp. 281-310, 1987.

Weatherwax, R., "General Lagrange Multiplier Theorems," *Journal of Optimization Theory and Applications*, 14, pp. 51-72, 1974.

Wets, R. I. B., "Programming Under Uncertainty: The Equivalent Convex Program," *SIAM Journal on Applied Mathematics*, 14, pp. 89-105, 1966a.

_____, "Programming Under Uncertainty: The Complete Problem," *Zeitschrift für Wahrscheinlich-ketis-Theorie und Verwandte Gebiete*, 4, pp. 316-339, 1966b.

_____, "Necessary and Sufficient Conditions for Optimality: A Geometric Approach," *Operations Research Verfahren*, 8, pp. 305-311, 1970.

_____, "Characterization Theorems for Stochastic Programs," *Mathematical Programming*, 2, pp. 165-175, 1972.

Whinston, A., "A Dual Decomposition Algorithm for Quadratic Programming," *Cahiers Centre Etudes Recherche Opérationelle*, 6, pp. 188-201, 1964.

_____, "The Bounded Variable Problem: An Application of the Dual Method for Quadratic Programming," *Naval Research Logistics Quarterly*, 12, pp. 315-322, 1965.

_____, "Some Applications of the Conjugate Function Theory to Duality," in *Nonlinear Programming*, J. Abadie (Ed.), 1967.

Whittle, P., *Optimization Under Constraints*, Wiley-Interscience, London, 1971.

Wilde, D. J., *Optimum Seeking Methods*, Prentice-Hall, Englewood Cliffs, NJ, 1964.

Wilde, D. J., and C. S . Beightler, *Foundations of Optimization*, Prentice-Hall, Englewood Cliffs, NJ, 1967.

Williams, A. C., "On Stochastic Linear Programming," *SIAM Journal on Applied Mathematics*, 13, pp. 927-940, 1965.

_____, "Approximation Formulas for Stochastic Linear Programming," *SIAM Journal on Applied Mathematics*, 14, pp. 666-677, 1966.

_____, "Nonlinear Activity Analysis," *Management Science*, 17, pp. 127-139, 1970.

Wilson, R. B., "A Simplicia1 Algorithm for Convex Programming," Ph. D. dissertation, Graduate School of Business Administration, Harvard University, Cambridge, MA, 1963.

Wismer, D. A. (Ed.), *Optimization Methods for Large-Scale Systems*, McGraw-Hill, New York, NY, 1971.

Wolfe, P., "The Simplex Method for Quadratic Programming," *Econometrica*, 27, pp. 382-398, 1959.

_____, "A Duality Theorem for Nonlinear Programming," *Quarterly of Applied Mathematics*, 19, pp. 239-244, 1961.

_____, "Some Simplex-like Nonlinear Programming Procedures," *Operations Research*, 10, pp. 438-447, 1962.

_____, "*Methods of Nonlinear Programming*," in Recent Advances in Mathematical Programming, R. L. Graves and P. Wolfe (Eds.), 1963.

_____, "Methods of Nonlinear Programming," in *Nonlinear Programming*, J. Abadie (Ed.), 1967.

_____, "Convergence, Theory in Nonlinear Programming," in *Integer and Nonlinear Programming*, J. Abadie (Ed.), 1970.

_____, "On the Convergence of Gradient Methods Under Constraint," *IBM Journal of Research and Development*, 16, pp. 407-411, 1972.

_____, "Note on a Method of Conjugate Subgradients for Minimizing Nondifferentiable Functions," *Mathematical Programming*, 7, pp. 380-383, 1974.

_____, "A Method of Conjugate Subgradients for Minimizing Nondifferentiable Functions," in *Nondifferentiable Optimization*, M. L. Balinski and P. Wolfe (Eds.), 1976. (See also *Mathematical Programming Study*, 3, pp. 145-173, 1975.)

_____, "The Ellipsoid Algorithm," *OPTIMA (Mathematical Programming Society Newsletter)*, Number I, 1980a.

_____, "A Bibliography for the Ellipsoid Algorithm," Report RC 8237, IBM Research Center, Yorktown Heights, NY, 1980b.

Wolfram, S. *The Mathematica Book*, 4th ed., Cambridge University Press, Cambridge, MA, 1999.

Wolkowicz, H., R. Saigal, and L. Vandenberge (Eds.), *Handbook of Semidejnite Programming*

Theory, Algorithms, and Applications, Vol. 27 of International Series in Operations Research and Management Science, Kluwer Academic, Boston, 2000.

Womersley, R. S., "Optimality Conditions for Piecewise Smooth Functions," in Nondifferential and Variational Techniques in Optimization, D. C. Sorensen and R. I.-B. Wets (Eds.), *Mathematical Programming Study*, No. 17, North-Holland, Amsterdam, The Netherlands, 1982.

Womersley, R. S., and R. Fletcher, "An Algorithm for Composite Nonsmooth Optimization Problems," *Journal of Optimization Theory and Applications*, 48, pp. 493-523, 1986.

Wood, D. J., and C. O. Charles, "Minimum Cost Design of Water Distribution Systems," OWRR, B-017-DY(3), Report 62, Kentucky University Water Resources Research Institute, Lexington, KY, 1973.

Yefimov, N. V., *Quadratic Forms and Matrices: An Introductory Approach* (translated by A. Shenitzer), Academic Press, New York, NY, 1964.

Ye, Y., "A Further Result on the Potential Reduction Algorithm for the P-Matrix Linear Complementarity Problem," Department of Management Sciences, University of Iowa, Iowa City, IA, 1988.

_____, "Interior Point Algorithms for Quadratic Programming," Paper Series No. 89-29, Department of Management Sciences, University of Iowa, Iowa City, IA, 1989.

_____, "A New Complexity Result on Minimization of a Quadratic Function over a Sphere Constraint," Working Paper Series No. 90-23, Department of Management Sciences, University of Iowa, Iowa City, Iowa, 1990.

_____, *Interior Point Algorithms: Theory and Analysis*, Wiley-Interscience Series, Wiley, New York, NY, 1997.

Ye, Y., O. Guler, R. A. Tapia, and Y. Zhang, "A Quadratically Convergent O(&t)-Iteration Algorithm for Linear Programming," *Mathematical Programming*, 59, pp. 151-162, 1993.

Ye, Y., and P. Pardalos, "A Class of Linear Complementarity Problems Solvable in Polynomial Time," *Department of Management Sciences*, University of Iowa, Iowa City, IA, 1989.

Ye, Y., and M. J. Todd, "Containing and Shrinking Ellipsoids in the Path-Following Algorithm," Department of Engineering-Economic Systems, Stanford University, Stanford, CA, 1987.

Yu, W., and Y. Y. Haimes, "Multi-level Optimization for Conjunctive Use of Ground Water and Surface Water," *Water Resources Research*, 10, pp. 625-636, 1974.

Yuan, Y., "An Example of Only Linear Convergence of Trust Region Algorithms for Nonsmooth Optimization," *IMA Journal on Numerical Analysis*, 4, pp. 327-335, 1984.

_____, "Conditions for Convergence of Trust Region Algorithms for Nonsmooth Optimization," *Mathematical Programming*, 31, pp. 220-228, 1985a.

_____, "On the Superlinear Convergence of a Trust Region Algorithm for Nonsmooth Optimization," *Mathematical Programming*, 31, pp. 269-285, 1985b.

Yudin, D. E., and A. S. Nemirovsky, "Computational Complexity and Efficiency of Methods of Solving Convex Extremal Problems," *Ekonomika i Matematika Metody*, 12(2), pp. 357-369 (in Russian), 1976.

Zabinski, Z. B., *Stochastic Adaptive Search for Global Optimization*, Kluwer Academic, Boston, MA, 2003.

Zadeh, L. A., L. W. Neustadt, and A. V. Balakrishnan (Eds.), *Computing Methods in Optimization Problems*, Vol. 2, Academic Press, New York, NY, 1969.

Zangwill, W. I., "The Convex Simplex Method," *Management Science*, 14, pp. 221-283, 1967a.

_____, "Minimizing a Function Without Calculating Derivatives," *Computer Journal*, 10, pp. 293-296, 1967b.

_____, "Nonlinear Programming via Penalty Functions," *Management Science*, 13, pp. 344-358, 1967c.

_____, "The Piecewise Concave Function," *Management Science*, 13, pp. 900-912, 1967d.

_____, *Nonlinear Programming: A Unified Approach*, Prentice-Hall, Englewood Cliffs, NJ, 1969.

Zeleny, M., Linear Multi-Objective Programming, *Lecture Notes in Economics and Mathematical Systems*, No. 95, Springer-Verlag, New York, NY, 1974.

Zeleny, M, and I. L. Cochrane (Ed.)., *Multiple Criteria Decision Making*, University of South Carolina, Columbia, SC, 1973.

Zhang, J. Z., N. Y. Deng, and Z. Z. Wang, "Efficient Analysis of a Truncated Newton Method with Preconditioned Conjugate Gradient Technique for Optimization," in *High Performance Algorithms and Software for Nonlinear Optimization*, G. Di Pillo and A. Murli (Eds.), Kluwer Academic, Norwell, MA, pp. 383-416, 2003.

Zhang, J. Z., N. H. Kim, and L. S. Lasdon, "An Improved Successive Linear Programming Algorithm," *Management Science*, 31(10), pp. 1312-1331, 1985.

Zhang, Y., and R. A. Tapia, "A Superlinearly Convergent Polynomial Primal-Dual Interior-Point Algorithm for Linear Programming," *SIAM Journal on Optimization*, 3, pp. 118-133, 1993.

Zhang, Y., R. A. Tapia, and J. E. Dennis, "On the Superlinear and Quadratic Convergence of Primal-Dual Interior Point Linear Programming Algorithms," *SIAM Journal on Optimization*, 2, pp. 304-324, 1992.

Zhang, Y., and D. Zhang, "On Polynomiality of the Mehrotra-Type Predictor-Corrector Interior-Point Algorithms," *Mathematical Programming*, 68, pp. 303-318, 1995.

Ziemba, W. T., "Computational Algorithms for Convex Stochastic Programs with Simple Recourse," *Operations Research*, 18, pp. 414-431, 1970.

_____, "Transforming Stochastic Dynamic Programming Problems into Nonlinear Programs," *Management Science*, 17, pp. 450-462, 1971.

Ziemba, W. T., "Stochastic Programs with Simple Recourse," in *Mathematical Programming in Theory and Practice*, P. L. Hammer and G. Zoutendijk (Eds.), 1974.

Ziemba, W. T., and R. G. Vickson (Eds.), Stochastic Optimization Models in Finance, *Academic Press*, New York, NY, 1975.

Zionts, S., "Programming with Linear Fractional Functions," *Naval Research Logistics Quarterly*, 15, pp. 449-452, 1968.

Zoutendijk, G., *Methods of Feasible Directions*, Elsevier, Amsterdam, and D. Van Nostrand, Princeton, NJ, 1960.

_____, "Nonlinear Programming: A Numerical Survey," *SIAM Journal on Control*, 4, pp. 194-210, 1966.

_____, "Computational Methods in Nonlinear Programming," in *Studies in Optimization*, Vol. 1, *SIAM*, Philadelphia, PA, 1970a.

_____, "Nonlinear Programming, Computational Methods," in *Integer and Nonlinear Programming*, J. Abadie (Ed.), 1970b.

_____, "Some Algorithms Based on the Principle of Feasible Directions," in *Nonlinear Programming*, J. B. Rosen, O. L. Mangasarian, and K. Ritter (Eds.), 1970c.

_____, "Some Recent Developments in Nonlinear Programming," in *5th Conference on Optimization Techniques*, R. Conti and A. Ruberti (Eds.), 1973.

_____, *Mathematical Programming Methods*, North-Holland, Amsterdam, The Netherlands, 1976.

Zwart, P. B., "Nonlinear Programming: Global Use of the Lagrangian," *Journal of Optimization Theory and Applications*, 6, pp. 150-160, 1970a.

Zwart, P. B., "Nonlinear Programming: A Quadratic Analysis of Ridge Paralysis," *Journal of Optimization Theory and Applications*, 6, pp. 331-339, 1970b.

_____, "Nonlinear Programming: The Choice of Direction by Gradient Projection," *Naval Research Logistics Quarterly*, 17, pp. 431-438, 1970c.

_____, "Global Maximization of a Convex Function with Linear Inequality Constraints," *Operations Research*, 22, pp. 602-609, 1974.

용어 찾아보기

ㄱ

ㄴ

ㄷ

ㄹ

ㅁ

ㅂ

ㅇ

ㅈ

ㅊ

인명 찾아보기

ㅂ

목타르 S. 바자라 (Mokhtar S. Bazaraa)
조지아 공과대학 산업시스템공학부 교수

하니프 D. 셰랄리 (Hanif D. Sherali)
버지니아 공과대학 산업시스템공학부 교수

C. M. 셰티 (C. M. Shetty)
조지아 공과대학 산업시스템공학부 교수

김영창 (공학박사)
서울대학교 공과대학 전기공학과를 졸업하고 한국전력공사에 입사해 주로 장기투자계획의 근간을 이루는 발전시스템 확장계획 수립에 관한 일을 하였다. 한국과학기술원 경영과학과에서 박사학위를 받았으며, 이후 아주대학교에서 강의하였고, 현재는 전력사업의 계획과 운용에 최적화이론을 적용하는 분야에서 연구활동을 하고 있다. 저서로는 《발전설비투자이론》(IECC 에너지시리즈-3, 2006, 에경M&B), 《전력산업의 이해》(2012, 사단법인 대한전기학회), 《블랙아웃과 전력시스템 운용》(유재국 공저, 2015, 북코리아), 《전력시스템 운용》(Bruce Wollenberg 등, *Power Generation, Operation and Control* 제3판의 번역서, 2018, 북코리아), 전력시스템 다이나믹스(*EPRI Power System Dynamics Tutorial*의 번역서, 2021. 12, 한국전력) 등이 있다.